DER ROTE TEUFEL
und andere Geschichten aus dem Dampfzeitalter

von

David Wardale BSc. Mech. Eng.

Aus dem Englischen übersetzt
von
Dipl.-Ing. Hans-Udo Drees

Bibliografische Information der Deutschen Nationalbibliothek:
Die Deutsche Nationalbibliothek verzeichnet diese Publikation in der Deutschen Nationalbibliografie; detaillierte bibliografische Daten sind im Internet über http://dnb.ddb.de abrufbar.

Originaltitel:
The Red Devil and Other Tales from the Age of Steam
Herausgegeben durch den Autor, Inverness, Schottland

Erste Ausgabe 1998

Nachdruck 1999
Nachdruck 2002
ISBN 0-9529998-0-3

Zweite Ausgabe 9. Mai 2013
Verlag: Camden Miniature Steam Services
ISBN-10: 1909358010
ISBN-13: 978-1909358010

ISBN 978-3-96103-129-0

Umschlagillustration: Camden Miniature Steam Services

www.rediroma-verlag.de
43,95 Euro

Frontispiz. *Spooky* und *Red Devil (Roter Teufel)*. Mit abblasenden Sicherheitsventilen beschleunigen die umgebaute 2D1 Nr. 2644 der Klasse 19D und die 2D2 Nr. 3450 der Klasse 26 der South African Railways am 22. Mai 1982 einen Güterzug von Kimberley nach Bloemfontein auf der Brücke über den Modder River bei Perdeberg. [Aufnahme: I. M. Wardale]

Gewidmet all denen,
die zu der Entwicklung der Dampflokomotive beigetragen haben

INHALTVERZEICHNIS

VORWORT
des Übersetzers

Im Lok Magazin Heft 114, Ausgabe März/April 1982, ist auf der Seite 181 die SAR-Lokomotive Nr. 3450 der neuen Klasse 26 abgebildet. Seinerzeit war ich Maschinenbaustudent und konnte kaum glauben, dass es irgendwo in der Welt noch eine Entwicklungsarbeit an Dampflokomotiven geben sollte, nachdem die „Ölkrise" von 1973/74 in dieser Hinsicht anscheinend nichts ausgelöst hatte. Aber das war offensichtlich eine Einschätzung, die auf meinem eingeschränkten Beobachtungshorizont beruhte. Wie ich später feststellte, war die Weiterentwicklung der klassischen Dampflokomotive auch nach Chapelon nicht zu einem gänzlichen Stillstand gekommen. In China und Indien wurden auch nach 1970 noch Dampflokomotiven im großtechnischen Maßstab gebaut und eingesetzt, wobei es in China, wie wir in diesem Buch lesen werden, bis Mitte der achtziger Jahre staatliche Institutionen gab, die ihre Weiterentwicklung aus wirtschaftlichen Gründen fördern wollten. Bezeichnenderweise gehörten die Chinesischen Staatsbahnen nicht zu diesen Institutionen.

Aber was die Chinesen vor David Wardales Auftritt dort geleistet hatten, bezog sich mehr auf die Produktionstechnik der Dampflokomotive und weniger auf die thermodynamische Verbesserung des Stephenson'schen Prinzips. Dieser schwierigeren Aufgabe widmeten sich nach 1960 im Grunde nur vier Männer: Livio Dante Porta, Dr. Adolph Giesl-Gieslingen, Roger Waller und David Wardale, der Autor dieses bemerkenswerten Buchs. Nachhaltiger kommerzieller Erfolg war aber nur dem Giesl-Ejektor und den leichtölgefeuerten Zahnradlokomotiven von Roger Waller (seinerzeit SLM, heute mit seiner eigenen Firma DLM) beschieden, da hier neben dem technischen Können auch Verkaufstalent und Gespür für den Markt hinzukamen.

Porta aus der Ferne und Wardale vor Ort haben bei den südafrikanischen SAR mit den Lokomotiven Nr. 2644 der Klasse 19D und der Nr. 3450 der Klasse 26 erstaunliche Potentiale der klassischen kohlegefeuerten Dampflokomotive demonstriert, aber auch, wie David Wardale als ordentlicher Ingenieur in objektiver Weise einräumt, ihre Grenzen in Bezug auf die betrieblichen Anforderungen der modernen Eisenbahn an ihre Betriebsmittel. Wie er selbst erläutert, würde die Feuerung mit stückigen Festbrennstoffen, selbst mit dem von Porta entwickelten und in diesem Buch beschriebenen Gaserzeugungs-Verbrennungssystem (GPCS), wahrscheinlich in eine technologische Sackgasse führen, aus der nur die Staubfeuerung einen Ausweg bieten würde. Oder die Feuerung mit flüssigen Brennstoffen. Aber auf diese Option geht David Wardale in seinem Buch nicht ein, obwohl nur damit eine überzeugende Automatisierung des Kesselbetriebs möglich erscheint, weil die Triebfeder seiner Entwicklungsarbeit und seiner Auftraggeber nun einmal die Nutzung der vergleichsweise preiswerten Kohle war.

David Wardale ist aber nicht nur der nüchterne Techniker, der in seinem Berufsleben mehr oder weniger zufällig an eine anspruchsvolle technische Aufgabe gerät, sondern er hat eine Mission: die Erhaltung der klassischen Stephenson'schen Dampflokomotive mit der ihr eigenen Schönheit und betrieblichen Ästhetik. Wie er selbst erklärt, lehnt er die Mitarbeit an Projekten ab, bei denen diese Qualitäten aufgegeben werden, was er in dem Kapitel über die ACE in Amerika deutlich zum Ausdruck bringt. Das ist durchaus ein künstlerischer Ansatz, wie er bei vielen Dampflokomotivkonstrukteuren, besonders in seiner Heimat Großbritannien, zu finden war. Überhaupt kommen in diesem Buch immer wieder soziologische und ästhetische Betrachtungen über eine Eisenbahnwelt vor, die so heute nicht mehr besteht, nie mehr wiederkommen wird und auch schon in der Zeit des aktiven Berufslebens David Wardales nur noch in bedrohten Reservaten existierte. Die Idee der Musemsdampfeisenbahnen scheint David Wardale allerdings nicht besonders anzusprechen.

Es hätte aus diesem Stoff auch ein Buch geschrieben werden können, von einem Mann, der auszog, die bedeutende zivilisatorische Klammer für die Menschheit zu retten, die die Eisenbahn einmal war und die durch den Verlust ihrer Seele, der Dampflokomotive, verlorenzugehen schien. Der moderne Mensch ist jedenfalls durch solche Einrichtungen der Daseinsvorsorge nicht mehr in seinem Stolz und in seiner Identifizierung mit dem Gemeinwesen zu erreichen (es hieß einmal „unsere Bahn", „unsere Post", und so weiter). Was daraus zu schließen ist, müssen andere beantworten. Das Buch ist auch ein weiteres Lehrstück darüber, wie weit ein einzelner Mensch mit einer Vision kommen kann, auch wenn der letztendliche Erfolg und die letzte Genugtuung bis heute für David Wardale ausgeblieben sind.

Dieses Buch ist wegen der Komplexität der Thematik über weite Strecken mühsam zu lesen. Der Lohn ist aber wie bei allen sinnvollen Anstrengungen im Leben Erkenntnis. Diese Erkenntnis mag bei dem Leser dazu führen, dass er den heute von einer Freizeitindustrie angebotenen Dampffestivals und Dampfspektakeln mit ihren unglaublichen Rauchwolken, den ewig geöffneten Zylinderhähnen und dem schier endlosen Tuten der Dampfpfeifen mit gemischten Gefühlen begegnen wird. Auf der anderen Seite wird er aber bei seinen Beobachtungen auf den wenigen verbliebenen kommerziellen Dampfeisenbahnen und der gelegentlichen Dampflokomotiveinsätze auf Hauptbahnen in aller Welt nunmehr in die Lage versetzt sein, einen wirklich professionellen Umgang mit diesen wundervollen Maschinen zu erkennen und zu schätzen.

Hans-Udo Drees

Bad Oeynhausen im November 2016

VORWORT

Wem wird dieses Buch gefallen? Dampflokomotivliebhaber werden es nicht mögen, weil es enthüllt, wie weit die Leistungen der Dampflokomotive hinter den geheiligten Glaubensvorstellungen zurückblieben. Das ist aber notwendig, da es kein abgewogenes Urteil geben kann, solange die Schwächen der Dampftraktion gnädig übersehen und die Stärken ihrer Rivalen ignoriert werden. Gegner der Dampftraktion werden es ablehnen, weil letztendlich etwas glorifiziert wird, was sie möglicherweise nicht verstehen, und etwas, das nicht verstanden wird, wird allzu häufig für falsch gehalten. Die vorgestellten Bahnverwaltungen werden es sicher nicht mögen, weil es zu viel von ihren internen Vorgängen offenlegt. Nicht einmal ich mag es, weil es zu oft das Wort „ich“ enthält, ein Fehler, den man nur akzeptieren kann, weil es sich bei diesem „ich“ um eine Konvention handelt und das tatsächlich gar nicht existiert.

Warum dann überhaupt ein solches Buch schreiben? Grundsätzlich erst einmal, um die Wahrheit aufzuzeichnen, soweit so etwas überhaupt möglich ist. Es sind viele Artikel geschrieben worden über meine Arbeit bei den South African Railways (SAR) – ich habe allein fünfunddreißig in meinem Besitz aus sieben verschiedenen Ländern – und die Klasse 26 im Besonderen wurde nicht nur dort dargestellt, sondern auch in Büchern, Zeitungsberichten, Gedichten, Werbungen, Broschüren zur Eisenbahntouristik, und trotz ihres wohlbekannten Spitznamens, selbst auf einer Weihnachtskarte. Eine Menge dieser Artikel und Berichte enthalten Ungenauigkeiten, und weil meistens in Publikationen für Dampflokomotivliebhaber zu finden, tendierten sie dazu, sich nur auf die erzielten Erfolge zu konzentrieren. Auf der anderen Seite musste ich zur Kenntnis nehmen, dass einige meiner früheren Kollegen bei den SAR das genaue Gegenteil getan haben, indem sie versuchten das Erreichte herabzumindern oder gar als Fehlschlag darzustellen. Angesichts des Wesens der Arbeiten und der Umstände, unter denen sie ausgeführt wurden, nimmt es nicht Wunder, dass die Wahrheit irgendwo dazwischen liegt: die rekonstruierten Lokomotiven hatten sowohl Stärken als auch Schwächen und konnten nicht als uneingeschränkte Erfolge bezeichnet werden, aber sicher auch nicht als Fehlschläge. Dieses Buch ist bemüht, beide Seiten der Medaille zu beschreiben und die Arbeiten zu dem Umfeld in Beziehung zu setzen, in der Hoffnung, dass das zu einem besseren Verständnis davon führt, was, wie und unter welchen Umständen erreicht wurde. Das gleiche gilt für die Kapitel über die American Coal Enterprises und über den Versuch der Modernisierung der Baureihe QJ der Chinesischen Eisenbahnen. Zu dem letzteren Thema ist bisher sehr wenig in Druckform erschienen, aber das könnte daran liegen, dass tatsächlich sehr wenig erreicht wurde, und Kapitel 7 berichtet im Detail, was in Datong auf meisterhafte Weise alles *nicht* erreicht wurde. Ein Thema zieht sich als roter Faden durch dieses Buch, und das ist die Frage Dampf- gegen Diesel- und elektrische Traktion. Sicherlich wird die große Mehrheit der Dampfliebhaber das heute für eine abgeschlossene Begebenheit halten, da uns eine einfache Beobachtung zeigt, dass es so ist, wobei ich aber auch von einigen weiß, die anderer Meinung sind. Aber vor einigen Jahren war das durchaus nicht der Fall, da andernfalls die Arbeit des Autors nicht stattgefunden hätte, und falls es einer Entschuldigung bedarf, über eine abgeschlossene Angelegenheit zu schreiben, dann die, dass viele von uns den Untergang der Dampflokomotive in dem Glauben erlebten, dass sie nicht sterben sollte, ein Erlebnis, das immer noch ein Teil von uns ist. Da sind diejenigen, die selbst heute noch überzeugt sind, dass der Dampfbetrieb, so wie wir ihn kannten, ein Gipfelpunkt war, von dem aus wir einen großen Niedergang erlitten haben - das war tatsächlich so, aber nicht im technologischen Sinne, wie einige Daten in diesen Seiten deutlich aufzeigen werden.

Bei den meisten der dargestellten Ereignisse handelt es sich um Arbeiten, an denen der Autor direkt beteiligt war. Es wurde niedergeschrieben mit dem vorteilhaften Effekt, den zeitlicher Abstand auf das Abkühlen von Leidenschaften und das Erreichen einer ausgewogeneren Betrachtung haben, wobei es aber nicht nur auf die Erinnerung vertraut, da ich auf Empfehlung von Ing. L. D. Porta schriftliche Aufzeichnungen aller wichtigen als auch einer Menger anscheinend trivialer Daten und Ereignisse führte. Damit war ich bei der Niederschrift dessen, was wirklich stattfand, in der Lage, mich nicht nur auf offizielle Dokumente zu beziehen, sondern auch auf zahlreiche schmutzige Blätter, vollgeschrieben mit Notizen zu Beobachtungen während der Probefahrten oder Untersuchungen oder während der Arbeit in Lokomotivdepots oder Werkstätten. Solch kaum leserliches Gekritzel, das sich das Papier mit öligen Fingerabdrücken und verschmierten Kohlestaubflecken teilt und Hinweise auf diese oder jene Betriebsbedingung enthält, wurde nur selten herangezogen, wenn es darum ging, offizielle Dokumente zu erstellen. Und dennoch hilft es, die ganze Geschichte mit Leben zu füllen und ist sehr aufschlussreich in Bezug auf die Gründe, warum die „Fakten“ so waren wie sie waren, Gründe, die nur denjenigen bekannt sind, die zur gleichen Zeit dabei waren. Die Kopien von Briefen, die ich an Porta geschrieben habe, erwiesen sich ebenfalls als wertvolle Informationsquelle, nicht zuletzt, weil sie meinen Gemütszustand und meine Gefühle in Bezug auf meine Arbeit widerspiegeln: manchmal optimistisch, aber gewöhnlich eher eine Form von Realismus, der es nicht vermeiden konnte in Bezug auf das letztendliche Schicksal der Dampftraktion pessimistisch zu sein. Meine Einstellung zu einigen der in diesem Buch dargestellten Begebenheiten hat sich im Laufe der Zeit verändert. Sollte es also den Anschein haben, dass Widersprüche in dem Geschriebenen auftreten, dann deshalb, weil jede Phase der Geschichte in dem Denken und Wissen geschrieben wurde, das mich zur gegebenen Zeit bewegte, statt aus der ein wenig abweichenden Perspektive, die ich heute habe.

Neben einigen Zugeständnissen an die Maßeinheiten im üblichen Gebrauch, wie km h^{-1} für Geschwindigkeit und die metrische Tonne von 1 000 kg für Gewichte[1], sind Zahlendaten technischer Natur in den SI-Einheiten angegeben (*Anm. d. Übers.: **S**ystéme **I**nternational d'unités, internationales metrisches System von Maßeinheiten basierend auf physikalischen Größen, Gesetz in Deutschland seit 1970, Ablauf der Übergangsfristen 1978. Im Alltag halten sich aber hartnäckig unzulässige Einheiten wie „PS“ oder „Pfund“*), weil das SI das bisher beste ist, erleichtert es doch das Verständnis der Beziehung zwischen den physikalischen Parametern, statt sie zu verschleiern, wie es andere Einheitensysteme die Tendenz haben zu tun. Denjenigen, die protestierend einwenden, dass das SI während der Ära des Dampfbetriebs nicht in Gebrauch war, kann geantwortet werden, dass sämtliche hier beschriebenen Arbeiten des Autors in der Tat unter Anwendung der SI-Einheiten durchgeführt wurden. Als Verständnishilfe für diejenigen, die mit den SI-Einheiten nicht vertraut sind, findet sich im Anhang 1 eine Umrechnungstabelle. Soweit es bei den Fachausdrücken zur Lokomotivtechnik Unterschiede im amerikanischen und englischen Sprachgebrauch gibt, wurde der am meisten zutreffende Begriff verwendet *(Anm. d. Übers.: In der Übersetzung wurde auf die Terminologie der historischen Lonorm des deutschen Normenausschusses, soweit möglich, zurückgegriffen, ansonsten auf die termini technici, wie sie in den betreffenden Gebieten der Technik und der Ingenieurwissenschaften heute im Deutschen üblich sind.)* So ist zum Beispiel der amerikanische Ausdruck „Drossel“ dem englischen „Regulator“ vorzuziehen, da es die Steuerung war und nicht die Drossel (Regler), die zur Regulierung des Dampfmassenstroms zu den Zylindern und damit zur Regelung der Lokomotivleistung benutzt werden sollte. Aber der Mann mit seiner Hand am Regler war ganz klar der Lokomotivführer - derjenige der die Lokomotive konstruierte war ein Ingenieur, und abgesehen von der Frühzeit der Eisenbahnen, als derjenige der sie konstruiert hatte auch führte, hätte zwischen diesen beiden ganz klar unterschieden werden sollen *(Anm. d. Übers.: der Autor spielt an auf das amerikanische „engineer“ für Lokomotivführer im Gegensatz zum zutreffenderen englischen „driver“).*

---

[1] Obwohl der Begriff Tonne streng genommen Masse und nicht Gewicht bezeichnet, wurde dieser Begriff bevorzugt, da angenommen wird, dass das dem normalen Leser mehr sagt. Da sämtliche beschriebenen Lokomotiven und Züge sich über die Oberfläche dieses Planeten bewegten, waren sie, praktisch gesehen, einer konstanten Gravitationsbeschleunigung ausgesetzt, was dazu führt, dass die Masse einer Tonne eine Gewichtskraft von 9,81 kN ausübt.

Es wird dem Leser aufgehen, dass nicht nur dieses Buch, sondern auch das meiste von dem, was es beschreibt, nicht existieren würde, ohne die enorme Unterstützung, die dem Autor von L. D. Porta gewährt wurde, dem dankbare Anerkennung gezollt wird. Während vieler Jahre hatte Porta gehofft, selbst ein Buch über moderne Dampflokomotivtechnik schreiben zu können, aber seine ununterbrochene Beteiligung an Arbeiten zur Lokomotiventwicklung haben ihn von der Verwirklichung dieses Ziels abgehalten, wobei die Hoffnung besteht, dass dieses Buch das teilweise ausgleichen kann, obwohl es eher an den technisch interessierten Dampflokomotivliebhaber gerichtet ist als an den Ingenieur. Vieles von den allgemeinen Konstruktionsphilosophien, über die hier geschrieben wird und die Kenntnis über den Grad ihrer Anwendung (oder auch nicht) in den verschiedenen Lokomotivbauschulen, kam ursprünglich über Porta ins Bewusstsein des Autors, und insoweit diese Quelle nicht überall gewürdigt wurde, dann nur, um den Text nicht zu schwerfällig geraten zu lassen. Im Anhang 2 wird der Leser Portas Kommentare zu einigen von mir auf den folgenden Seiten vertretenen ingenieurtechnischen Standpunkten finden, sowohl zustimmende als auch kritische.

Besondere Erwähnung verdienen auch die Informationen und Unterstützung, die mir von P. Girdlestone von der Alfred County Railway in Südafrika zu Teil wurden, von P. Odell bei Spoornet (ehemals die South African Railways) für die Bereitstellung von Daten einschließlich der Betriebsaufzeichnungen von SAR-Lokomotiven, wie sie in Kapitel 3.9 wiedergegeben werden, L. Paxton für seine ausgezeichnete Zeichnung von „Red Devil“, wie auf dem Schutzumschlag abgebildet *(Anm. d. Übers.: nur bei der Erstausgabe)*, A. Wild von British Railways für sein Korrekturlesen und seine Vorschläge zu Verbesserungen des Manuskripts, S. Jones, ebenfalls British Railways, für seine Hilfe und Ermutigung in verschiedenen Stadien der Arbeit, H. Ballantyne für seine Vorschläge zu Textänderungen und A. Sam, ehemals Beijing Science & Technology University für seine große Hilfe bei der Computerbearbeitung des Manuskripts[1]. Eine weitere Danksagung gilt allen anderen, die den Autor bei diesem Buch unterstützten, und ganz besonders denjenigen, die mit ihm zum Wohle der Dampflokomotive gearbeitet haben und durch deren gemeinsame Anstrengung die wie auch immer gearteten Erfolge erreicht wurden.

D. Wardale
Beijing
1996

[1] Im Interesse der Genauigkeit sind einige der Computergrafiken so genannte „Bitmaps“, die eher ein etwas „eckiges“ als sanft gerundetes Aussehen haben, da die dem Autor zur Zeit der Erstellung des Manuskripts zur Verfügung stehende Computersoftware es einfacher machte, genaue Diagrammkurven als Bitmaps zu zeichnen denn als vektorbasierte Linien. Welches Programm auch immer benutzt wurde, die Verbindung von Messepunkten mit einer Kurvenlinie schien ebenso sehr eine Kunst als eine Wissenschaft zu sein, und die in diesem Buch abgebildeten Diagrammkurven sind nur so akkurat, wie die beschränkte Fähigkeit (und Geduld!) des Autors es erlaubte. Die Übertragung von Grafiken von einem Computersystem zu einem anderen während der Druckproduktion des Buchs hat auch nicht zur Verbesserung der Genauigkeit beigetragen.

KAPITEL 1

DER ZAUBERLEHRLING

„Geben Sie niemals auf!“
(L. D. Portas Schlussworte unter den meisten seiner Briefe an den Autor)

1.1 Das gelobte Land

Zum Glück hatte der junge Mann in der Wechselstube am Jan-Smuits-Flughafen ein freundliches Wesen. Er betrachtete die wenigen paraguayischen Guaraní und brasilianischen Cruzeiro *(Anm. d. Übers.: 1994 durch den Real ersetzt)*, was alles Geld darstellte, dass mir nach vier Monaten oft anstrengender, aber manches Mal auch berauschender Reise auf der Suche nach Dampfbetrieb in Südamerika geblieben war. „Ich fürchte wir handeln nicht mit diesen Währungen, Sir, aber ich sammle ausländisches Geld, und falls Sie mir sagen, was das wert ist, werde ich das selbst ankaufen“. Seine Freundlichkeit wurde mit Ehrlichkeit belohnt und so betrat ich Südafrika mit etwas über zwei Rand in der Tasche. Es war Anfang Februar 1974 und der allerletzte Gültigkeitstag meiner Einwanderungserlaubnis als Einreisedokument. Ich hatte es ein bisschen knapp werden lassen.

Seinerzeit fühlte es sich gut an in Südafrika zu sein. Neue Einwanderer wurden – glücklicherweise auf Staatskosten, bis sie Arbeit gefunden hatten – in einem Hotel in Braamfontein untergebracht, nur durch eine Straße von der Eisenbahn getrennt und nah bei dem ausgedehnten Wagenabstellbahnhof für den Bahnhof Johannesburg. Ich lag nachts wach und lauschte den scharfen Auspuffschlägen der Rangierloks der Klasse S2 *(Anm. d. Übers.: Dh2, Schlepptender, Bahn-Nrn. 3701 bis 3800, Krupp 1953)*, die die Wagenparks der Langstreckenzüge zusammenstellten. Es war diese Musik, wegen der ich herkam. Voller Aufregung hatte ich das tiefe Gefühl, dass ich den Ort gefunden hatte, an dem ich sein sollte. Ich lief im Sonnenschein umher und die tiefen Schatten, die über das Land fielen, schienen mich nicht zu berühren.

Das staatliche Arbeitsamt, bei dem sich Einwanderer ohne vor der Einreise abgeschlossenen Arbeitsvertrag jeden zweiten Tag melden mussten, war dafür zuständig, für mich den Kontakt mit der maschinentechnischen Abteilung der South African Railways (SAR) herzustellen, wusste aber nicht, wie es das anstellen sollte. Tage und Wochen vergingen, ohne dass es zu einem Vorstellungsgespräch kam. Schließlich wurde mir mitgeteilt, mich bei einem Personalanwerbungsbüro der SAR in Johannesburg zu melden. Dieses Büro bearbeitete normalerweise Bewerbungen auf solche Dienstgrade wie Gepäckträger und Heizer, und das Personal dort sagte mir, dass ich mich direkt bei der Abteilung des Chief Mechanical Engineer *(Anm. d. Übers.: übliche angelsächsische Bezeichnung für den Leiter des Maschinenwesens einer Bahn, im weiteren wie allgemein üblich mit CME abgekürzt)* in Pretoria. Eine Verabredung wurde deshalb mit dem Personalingenieur des CME getroffen, einem Herrn Hermann. Bei dem Vorstellungsgespräch machte ich sehr deutlich, dass ich nach Südafrika gekommen war, um an Dampflokomotiven zu arbeiten. Kein Problem, sagte Herr Hermann, sie hätten genau den richtigen Job für mich: „stellv. Ingenieur (Zugförderung)“ in der Betriebsabteilung, eine Tätigkeit, bei der es überwiegend um den Dampfbetrieb geht. Ob ich morgen anfangen könne? So einfach war das. Im März 1974, fünf Wochen nach meiner Landung in Südafrika war ich wirklich angekommen.

1.2 Die Traktionspolitik der South African Railways bis 1974

Zum Ende des Jahres 1974 umfasste der aktive Lokomotivpark der SAR 1953 Dampflokomotiven, 1436 elektrische Lokomotiven und 737 Diesellokomotiven[1]. Die Dampflokomotiven waren zahlenmäßig noch dominierend, aber in Bezug auf die Tonnenkilometer, die von den unterschiedlichen Traktionsarten geleistet wurden, konnte die Bahn bereits von sich behaupten, ganz überwiegend keine Dampfeisenbahn mehr zu sein, mit den Diesel- und Elektrolokomotiven überwiegend im Einsatz auf den dicht belegten Hauptstrecken, wo sie intensiver genutzt werden konnten als die vielen Dampflokomotiven im Nebenbahn- und Rangierdienst. Der allmähliche Wechsel im Denken der SAR in Bezug auf die unterschiedlichen Traktionsarten während der vorangegangenen drei Jahrzehnte wird illustriert durch die nachfolgenden Zitate, entnommen aus offiziellen Dokumenten, die sich mit der Traktionspolitik beschäftigen. Im Jahre 1943 wurde eine Untersuchung zu den verschiedenen Behauptungen zur Überlegenheit der Diesellokomotive gegenüber der Dampflokomotive angestellt, ausgelöst durch die öffentliche Aufmerksamkeit, die die Einführung von Rangier- und Streckendiesellokomotiven in den USA erregte. Es wurde der Versuch gemacht, die amerikanischen Zahlen zu den südafrikanischen Bedingungen ins Verhältnis zu setzen. Eine detaillierte Analyse der Betriebseigenschaften und Kosten der beiden damals in Durban eingesetzten Rangierdiesel wurde durchgeführt, zum Zwecke des Vergleichs mit den Werten für SAR-Rangierdampflokomotiven und den amerikanischen Daten. Der Tenor des gesamten Berichts[2] war zugunsten des Dampfbetriebs. Die Kostenanalyse zeigte, dass „es einen kleinen Kostenvorteil für Rangierdampflokomotiven gibt“ und die amerikanischen Behauptungen zum Diesel wurden dahingehend bewertet, dass „sie eher den Eindruck von Propaganda machen als den einer wissenschaftlichen Untersuchung“. Damals gab es keine Hauptstreckendiesellokomotiven im Land, und die amerikanischen Behauptungen zum Hauptstreckeneinsatz wurden mit Rücksicht auf SAR-Bedingungen mit ebensolcher Skepsis behandelt. Zum Beispiel die Brennstoffkosten betreffend: „Die Aussage, dass die Brennstoffkosten für die Diesellokomotiven niedriger sind, kann…für südafrikanische Verhältnisse nicht als zutreffend gelten; sie sind im Gegenteil mindestens doppelt so hoch.“ Nebenbei wurde aus der Untersuchung geschlossen, dass „es sich auszahlt, spezielle moderne Rangierlokomotiven einzusetzen, statt alte Hauptstreckenlokomotiven für diese Zwecke zu nutzen“.

Zu dieser Zeit waren die SAR absolut von der Dampftraktion überzeugt und in den Nachkriegsjahren machte die Bahn große Investitionen in neue Dampflokomotiven für alle möglichen Dienste einschließlich der D-Schlepptender-Klassen S1 *(Anm. d. Übers.: schwere Dh2, Bahn-Nrn. 374 bis 385 und 3801 bis 3825, Salt-River-Werkstätten der SAR 1947 und North British Loco. Co. 1954)* und S2, jeweils speziell für schweren und leichten Rangierdienst erbaut.

Im Jahre 1955 wurde eine wesentlich umfangreichere Vergleichsstudie der drei Traktionsarten im südafrikanischen Umfeld von dem hochrangigen „Ausschuss Dieseltraktion“ bestehend aus dem Chief Civil Engineer *(Anm. d. Übers.: typische angelsächsische Bezeichnung für den Leiter des Bauwesens einer Bahn, im weiteren wie allgemein üblich mit CCE abgekürzt)* als Vorsitzendem, dem stellv. Generaldirektor (Betrieb), dem stellv. CME (Werkstätten), und dem Prüfingenieur Elektrische Anlagen (Neubauten), durchgeführt. Ihre Tätigkeit umfasste auch eine Studienreise zu überseeischen Eisenbahnen, da nunmehr die Entwicklungsrichtung in den entwickelten Ländern nicht mehr zu übersehen war. Und überhaupt war diese Entwicklungsrichtung der Hauptanstoß, die SAR-Traktionspolitik neu zu bewerten. Nordamerika war eindeutig auf dem Weg zur Abschaffung des Dampfbetriebs und Westeuropa würde unzweifelhaft die gleiche Richtung einschlagen. Während dieses Jahres enthüllten auch die Britischen Eisenbahnen ihre Modernisierungspläne und es wurde gesagt,

---

[1] SAR, Büro des Generaldirektors, Johannesburg, Aussagen zur Frage der Lokomotivantriebstechnik vom 01.12.1974.

[2] SAR, Interner Bericht, Gegenüberstellung der Dampf- und dieselelektrischen Lokomotive, 1943.

dass dieser Plan großen Einfluss hatte auf die Bahnverwaltungen in den vielen Ländern hatte, die damals starke Bindungen zu Großbritannien hatten und sich auch dorthin wegen technologischer Anleitung wendeten. Falls dem so war, dann hätte das auch für Südafrika gegolten, und der Tenor des neuen Berichts[1] war durchaus verschieden von dem früheren, war er doch nunmehr durchdrungen von der Vorstellung, dass der Dampfbetrieb tatsächlich technisch überholt sei.

Der Ausschuss machte einen vernünftigen Versuch, die Traktionskosten zu bewerten. Da auch zu diesem Zeitpunkt die beiden oben erwähnten Rangierlokomotiven die einzigen Diesellokomotiven der SAR waren, mussten die Betriebskosten der Diesellokomotiven weiterhin aus den Daten und Informationen ausländischer Quellen ermittelt werden, angepasst an die südafrikanischen Verhältnisse. Der Ausschuss akzeptierte die Richtigkeit dieser Daten nicht so ohne Weiteres. Er musste zugeben, dass die Beschaffung zuverlässiger Daten zu Fragen der Unterhaltungskosten und der zu erwartenden Betriebslebensdauer von Diesellokomotiven schwierig war, und er verschloss auch nicht die Augen vor den möglichen hohen Kosten während ihrer gesamten Lebensdauer. Zusammenfassungen der Kostendaten aus dem Bericht des Ausschusses finden sich in den Tabellen 1,2 und 3. Die Transportkosten für Lokomotivkohle wurden von einem Unterausschuss ermittelt und wurden im Detail in einem Anhang zum Hauptbericht dargestellt. Während der Jahre 1953-54 betrug der Anteil der Transportleistung für betriebliche Lokomotivkohle 8,15 % der Gesamttonnage der SAR-Transportleistung, und wie im Anhang festgehalten „wegen der erheblichen Transportentfernungen der Kohle von den Abbaugebieten (die durchschnittliche Entfernung ist 375 Meilen (600 km) die größte Entfernung I 684 Meilen (2 694 km) sind die Transportkostenanteile pro Tonne Kohle ein wichtiger Faktor bei den Überlegungen zum Traktionswechsel."

Unter der Annahme, dass die Daten in den Tabellen 1,2 und 3 die seinerzeitigen Traktionskosten mit guter Genauigkeit wiedergeben, lassen sich folgende Schlussfolgerungen aufstellen:

1. Für Streckenabschnitte mit höchster Verkehrsdichte ist die elektrische die wirtschaftlichste Traktionsform.
2. Für Nebenstrecken ist die Dieseltraktion generell wirtschaftlicher als die Dampftraktion (die Elektrifizierung von Nebenstrecken wurde für nicht gerechtfertigt gehalten und vom Ausschuss nicht weiter betrachtet).
3. Für Hauptstrecken und für schwere Hauptstreckenlokomotiven gab es für Dampf- oder Dieseltraktion keine eindeutige Überlegenheit, außer im Reef-Gebiet (Süd-Transvaal), wo es Vorteile für die Dampftraktion gab. Die Garratt-Gelenklokomotiven verbesserten die Position der Dampftraktion gegenüber der Dieseltraktion.
4. Im Vorortverkehr gab es für Dampf- oder Dieseltraktion keine eindeutige Überlegenheit. Die vorteilhafte Stellung der elektrischen Traktion in diesem Dienst war hauptsächlich darin begründet, dass keine Kostenanteile für die Oberleitungsinfrastruktur in der Bewertung berücksichtigt wurden.
5. Die Kohlekosten frei Tender waren in hohem Maße abhängig von der Entfernung zur Grube, und dieser Faktor hatte einen großen Einfluss auf die Gesamtkosten des Dampfbetriebs. Im Gegensatz dazu variierte der Preis für Dieselkraftstoff nur wenig von Ort zu Ort, was bedeutete, dass die Gesamtbetriebskosten für Diesellokomotiven über die gesamten SAR betrachtet recht unterschiedslos waren. Ein ganz wesentlicher Grund für diesen Unterschied zwischen den beiden Traktionsarten ist in dem viel höheren Brennstoffverbrauch der Dampflokomotiven zu sehen. Zur Zeit der Studie kostete elektrische Energie in der westlichen Kapregion über dreimal so viel wie im Reefgebiet, und darin ist der Grund für die merklich höheren Kosten für elektrische Traktion am Kap zu sehen.

Trotzdem die Dieseltraktion im Streckenbetrieb keine eindeutigen Kostenvorteile zeigte, kam es in Anbetracht der grundlegenden Ansicht des Ausschusses, dass der Dampfbetrieb veraltet ist, dennoch zur Empfehlung der Diesel- und elektrischen Traktion, um „die Anschaffung weiterer Hauptstreckendampflokomotiven zu vermeiden, die sich in einigen Jahren für die Verwaltung als Peinlichkeit herausstellen könnte". Die Betriebsabteilung hatte dem Ausschuss den Bedarf an neuen Lokomotiven zur Bewältigung der bis 1961 erwarteten Verkehrssteigerungen (ausgenommen Rangierlokomotiven) wie folgt mitgeteilt: einhundertundfünfzig schwere 2D2-Schlepptenderlokomotiven Klasse 25NC *(Anm. d. Übers.: h2, NC = Non Condensing = kein Kondenstender, nicht beschafft, tatsächliche Bahn-Nrn. 3401 bis 3417, North British Loco. Co., 3418 bis 3450, Henschel & Sohn, 1953)*, fünfundsechzig (2D1)(1D2) Garratt-Gelenklokomotiven Klasse GMA/M *(Anm. d. Übers.: h4, Beschaffung ausgeführt, gesamte Bahn-Nrn. 4051 bis 4170, Henschel & Sohn 1954), dreißig leichte 2D1-Schlepptenderlokomotiven Klasse19D (Anm. d. Übers.: h2, nicht beschafft, tatsächliche Stückzahl 235, Bahn-Nrn. 2506 bis 2545, 2626 bis 2720, 2721 bis 2770 und 3321 bis 3370, Lieferanten: Skoda, Krupp, Borsig, Stephenson & Hawthorns und North British, 1937 bis 1949)*, und zwanzig leichte 1D2-Schlepptenderlokomotiven Klasse 24 *(Anm. d. Übers.: h2, nicht beschafft, tatsächliche Bahn-Nrn. 3601 bis 3700, North British 1948 bis 1949)*. Dies stand im Widerspruch zu den Empfehlungen des Ausschusses, obwohl der Ausschuss die sofortige Beschaffung von zusätzlichen Dampflokomotiven bewährter Konstruktion (Garratts der Klasse GMA/M) unterstütze, um einem akuten Mangel an Triebfahrzeugen abzuhelfen, und es geschah deshalb nur, weil es zu der Zeit keine zuverlässigen Alternativen gab, die in der zur Verfügung stehenden Zeit hätten in Dienst gestellt werden können. Damit wurden nur die fünfundsechzig Garratts aus der Liste der Betriebsabteilung tatsächlich beschafft, und es war ihnen bestimmt, die letzten für die Kapspur von 1 067 mm, der „Normalspur" der SAR, gelieferten Dampflokomotiven zu sein.

Die Überlegungen, die zu der Empfehlung des Ausschusses führten, mögen am Beispiel des Vorortbahndienstes Durban – Südküste illustriert werden, für den der Bericht folgendes feststellte:

> „...der Betrieb von 6 - 9-teiligen Diesel-Triebwagengarnituren ist wirtschaftlich im Vergleich mit den Dampfzügen nicht gerechtfertigt. Dennoch, wegen der vielen Vorzüge der Dieseltriebzüge, empfiehlt der Ausschuss deren Einführung auf diesem Abschnitt, [da] die gegenwärtigen [Dampf-] Zuggarnituren modernen Anforderungen nicht genügen..."

Dieser Bericht wurde hier in einer gewissen Ausführlichkeit behandelt, da es sich um den Wendepunkt der Traktionspolitik der SAR handelt – der Beginn der Abkehr von einer Politik, die darauf begründet war, dass die Dampftraktion die richtige Traktionsform für Südafrika war, mit seinen reichlich vorhandenen billigen Ressourcen an Kohle und Arbeitskräften, hin zu einer Politik, die die Dampftraktion als veraltet betrachtete und die ihren Ersatz durch andere Traktionsformen befürwortete. Nicht alle der speziellen Vorschläge des Ausschusses wurden akzeptiert und es bedurfte eines Jahrzehnts, bevor die Verdieselung an Schwung gewann, aber die Saat der Abschaffung der Dampftraktion in Südafrika wurde durch die Arbeit des Ausschusses und seinem Bericht gesät. Dennoch war es möglich, dass im Jahresbericht 1959-60 des Generaldirektors folgendes festgestellt wurde:

> „Die South African Railways betrachten die Dampfkraft und dampferzeugte Elektrizität als ihre wichtigsten Traktionsformen; dies mit Blick auf die niedrigen Produktionskosten für Kohle in Südafrika...Das ultimative Ziel ist die elektrische Traktion auf sämtlichen Strecken mit dichtem Verkehr und besonders wo großen Steigungen auftreten, Dieseltraktion auf den Streckenabschnitten, die am weitesten von den Kohlefeldern entfernt sind und Dampftraktion auf Streckenabschnitten, wo die genannten Bedingungen nicht vorherrschen."

---

[1] SAR, Büro des CCE, Johannesburg, Bericht des Ausschusses Dieseltraktion, 07.11.1957.

Tabelle 1

SAR : Kostenvergleich pro Lokomotiv-Meile[1] und Rangierstunde für Dampf-, Diesel- und Elektrolokomotiven (einschl. Schienentransportkosten)

Gattung[2]	Dampf					Diesel					Elektro[3]			
	Klasse	Kosten in Pence				Klasse	Kosten in Pence				Klasse	Kosten in Pence[4]		
		Kap	Port Elizabeth	Reef	Durban		Kap	Port Elizabeth	Reef	Durban		Kap	Reef	Durban
Rangier-lokomotive (pro Stunde)	S	672,42	663,44	541,46	576,55	800 h.p. Bo-Bo	498,41	498,41	506,29	498,41	1 200 h.p. E.S.	-	353,50	371,60
Nebenstrecke	19D & 24	99,54	97,65	71,34	88,91	1 300 h.p. Bo-Bo	70,87	70,87	72,84	70,87	-	-	-	-
Hauptstrecke	23 & 25	120,00	117,58	84,73	106,66	2 000 h.p. Co-Co oder 1 300 h.p. Doppel-traktion	97,60 125,74	97,60 125,74	100,75 129,68	97,60 125,74	2 000 h.p. 5E	-	52,40	54,41
Schwere Hauptstrecke	Garratt	175,49	171,34	115,04	152,63	2 000 h.p. Co-Co Doppel-traktion	179,20	179,20	185,50	179,20	3 000 h.p. 4E	122,98	72,79	81,99

Anmerkungen.

1. Die Tabellen 1, 2 und 3 wurden direkt aus dem Jahresbericht 1955 des Ausschusses für Dieseltraktion übernommen und sind nicht auf das metrische System umgestellt.
2. Für einen wirklichkeitsnahen Vergleich hätten die in den jeweiligen Zeilen betrachteten Lokomotivklassen die gleiche Zugförderungskapazität haben sollen, aber in der Praxis war das gemäß der vorliegenden Daten ganz und gar nicht so.
3. Die Kosten für die elektrische Traktion enthielten nicht den Aufwand für die Oberleitungsanlagen. Diese wurden wie folgt angegeben:

Bruttotonnenmeilen per annum	Zuschlag für Oberleitungskosten in Pence je 1 000 Bruttotonnenmeilen
5 000 000	40,8
10 000 000	20,4
15 000 000	13,6
20 000 000	10,2

4. Für Port Elizabeth waren keine Kosten für die elektrischeTraktion angegeben.

Tabelle 2
SAR : Kostenvergleich für den Vorortverkehr mit Dampf-, Diesel- und Elektrotraktion

Strecke	Dampf		Diesel[1]		Elektro	
	Wagenzahl	Kosten pro Zug-Meile in Pence[2]	Wagenzahl	Kosten pro Zug-Meile in Pence	Wagenzahl	Kosten pro Zug-Meile in Pence[3]
Durban – Südküste	8 11	159,48 179,18	6 9	184,57 269,49	-	-
Port Elizabeth – Uitenhage	8	180,71	6	184,57	-	-
East London – Cambridge	4	144,24	3	98,65	-	-
Bloemfontein – Lynchfield	4	123,18	3	99,30	-	-
Reef Gebiet	-	-	-	-	8	121,605

Anmerkungen.
1. Zugverbände aus Dieseltriebwagen.
2. Kosten enthalten den Aufwand für den Schienentransport der Kohle.
3. Ohne Kosten für Oberleitungsanlagen.

Tabelle 3
SAR: Preis der Lokomotivkohle pro Short Ton (2 000 lb. = 907,2 kg) für verschiedene Lieferorte und die äquivalenten Treibstoffkosten für Hauptstrecken- und Rangierdiesellokomotiven

Umrechnungsfaktor für Verbrauch: 1 sh ton Dieseltreibstoff ist äquivalent zu 9 sh ton Kohle bei Hauptstreckenlokomotiven und zu 15 sh ton bei Rangierlokomotiven.[1]
Brennstoff-Grundpreise: Kohle: 113 Pence pro sh ton, frei Waggon in Witbank
Dieselöl: 3 683 Pence pro sh ton, frei Waggon im Seehafen

Strecke: Witbank – Kapstadt[2]

Bahnhof	Entfernung von Witbank in Meilen	Äquivalente Kosten einschließlich Schienentransport		
		Kohle ab Witbank	Dieseltreibstoff ab Küstenhafen	
			Hauptstreckendienst	Rangierdienst
Witbank	0	113,00	-	-
Kierksdorp	209	195,35	470,77	282,63
Beaconsfield	402	266,18	458,46	275,24
De Aar	546	319,03	449,27	269,72
Beaufort West	708	382,37	438,62	263,33
Touws River	887	478,50	422,06	253,38
Kapstadt	1 047	552,10	409,29	245,72

Anmerkungen.
1. Diese für die SAR-Dampflokomotiven realistischen Zahlen berücksichtigen sowohl den höheren thermischen Wirkungsgrad der Dieseltraktion als auch den höheren Heizwert des Dieseltreibstoffs.
2. Fünf Routen waren in dem Anhang des Berichts des Ausschusses für Dieseltraktion aufgeführt. Hier ist nur Witbank – Kapstadt dargestellt. Die anderen waren Witbank – Port Elizabeth, Springfontein – East London, Tendeka (Natal) – Durban + Nord-Natal und Südküste, sowie De Aar – Walvis Bay. Der zuletzt genannte Ort war 1 684 Meilen (2 694 Kilometer) von Witbank entfernt, wodurch sich ein Kohlepreis von 1 320,09 Pence pro sh ton ergab, fast zwölfmal ihres Beschaffungspreises frei Waggon.

Das war die möglicherweise klügste Aussage, die die SAR in moderner Zeit zur Traktionspolitik gemacht haben. Aber die Anlieferung neuer Kapspur-Dampflokomotiven hörte 1958 auf und es scheint sehr wahrscheinlich, dass innerhalb der SAR allgemein davon ausgegangen wurde, dass auch in Zukunft keine weiteren mehr bestellt würden, obwohl damals Hersteller für große Dampflokomotiven noch in Deutschland, Japan und auch anderswo existierten. So wie es aussah, waren die öffentlich erklärte Traktionspolitik und die, die tatsächlich verfolgt wurde, unvereinbar, denn falls es das *ultimative* Ziel war, die Dampftraktion dort beizubehalten, wo die Elektrifizierung und Verdieselung als unangebracht angesehen wurden, dann hätte die Weiterentwicklung der Dampflokomotive und die Beschaffung von neuen und besseren Dampflokomotiven nicht eingestellt werden dürfen. Gleichwohl wurde die oben zitierte Traktionspolitik auch im Jahresbericht 1960-61 des Generaldirektors wiederholt.

Den ersten Beginn der Hauptstreckenverdieselung stellte 1958 die Beschaffung von fünfundvierzig vierachsigen Lokomotiven dar, bezeichnet als Klasse 31 *(Anm. d. Übers.: sog. Roadswitcher, UIC-Achsfolge BoBo, General Electric, 1958)*, die von einem speziell errichteten Depot in Germiston eingesetzt wurden, und das erste groß angelegte Verdieselungsprogramm war eines, das im Bericht des Ausschusses Dieseltraktion empfohlen wurde, nämlich betreffend das gesamte Streckennetz in Südwestafrika (heute Namibia), damals ein integraler Bestandteil des SAR-Netzes. In diesem Gebiet waren die Voraussetzungen für die Dampftraktion besonders ungünstig wegen großer Entfernungen zu den Kohlefeldern und einer schwierigen, immer schlechter werdenden Wasserversorgung, so dass hier ein offensichtliches Angriffsziel für die Verdieselung zu erkennen war. Zeitweilig hoffte man dort Kondenslokomotiven einsetzen zu können, aber die 2D2-Kondenslokomotiven Klasse 25 *(Anm. d. Übers.: h2, Bahn-Nrn. 3451, Henschel & Sohn, sowie 3452 bis 3540, North British Loco. Co., 1953)*, eingeführt auf der Kap-Hauptstrecke, waren kein uneingeschränkter Erfolg. Tatsächlich machten sie zu Anfang / Mitte der fünfziger Jahre derartig viele Probleme, dass es ein Leichtes war, die Option des Einsatzes von Kondenslokomotiven in Misskredit zu bringen und so der Dieseltraktion in Südwestafrika die Tür zu öffnen. Die Befürworter der Dieseltraktion nutzten die Gelegenheit, und um 1959–60 übernahmen Diesellokomotiven alle Dienste. In technischer Hinsicht wurden die Umstellungsarbeiten in einer methodischen und professionellen Weise ausgeführt, eine Vorgehensweise, die sämtliche weiteren SAR-Verdieselungsprogramme auszeichnete, und deshalb waren sie so erfolgreich. Damit stand ab Mitte der sechziger Jahre eine bewährte Lösung zur Verfügung, sobald der Verkehr auf bestimmten Streckenabschnitten die Kapazität des Dampfbetriebs überschritt, unter Vermeidung einer kostspieligen Elektrifizierung oder Ausbau auf Doppelgleis: die Dieseltraktion. Die Traktionspolitik wurde entsprechend angepasst, wie der nachstehende Auszug aus dem Jahresbericht 1963-64 des Generaldirektors zeigt:

„Die Elektrifizierung wird von den SAR immer dort angewendet, wo es praktikabel ist, Diesellokomotiven werden nur dort eingesetzt, wo starker Verkehr herrscht, aber nicht stark genug, um eine Elektrifizierung wirtschaftlich zu rechtfertigen. Die dieselelektrische Lokomotive ist in der Lage, schwerere Züge schneller als die Dampflokomotive[1] zu befördern, und da die schnelle Zugförderung bei den gegenwärtigen hohen Verkehrsanforderungen eine besonders zwingende Notwendigkeit ist, wird die Dieseltraktion zwischen Burgersdorp und East London eingeführt.“

Auf ausgewählten Streckenabschnitte, auf denen man feststellte, dass die Dampftraktion in ihrer bestehenden Form nicht in der Lage war, den Verkehrsanforderungen gerecht zu werden, wurde sodann die Dieseltraktion eingeführt, beginnend mit der Verbindung Burgersdorp – East London. Auch das war ein Erfolg. Die Elektrifizierung war ebenfalls vorangekommen: von 1955 bis 1966 wuchs die elektrifizierte Streckenlänge von 1 376 auf 3 510 Streckenkilometer.

Im Jahre 1965 wurde, zumindest teilweise aus Gründen einer Unzufriedenheit mit der Qualität der von den SAR angebotenen Diensten, von der Regierung ein Untersuchungsausschuss ins Leben gerufen, mit der Aufgabe die Koordination von Verkehrsleistungen in Südafrika zu prüfen und sein Bericht wurde 1969 veröffentlicht[2]. Unter den vielen Erkenntnissen und Empfehlungen dieses Ausschusses sind zwei hier von besonderem Interesse. Zum Ersten wurde die SAR-Verwaltung aufgefordert,

„ihr Transportsystem in der Weise aufzustellen, dass es der Öffentlichkeit billige und leistungsfähige Beförderung über mittlere und lange Entfernungen ermöglicht“.

Sechs Maßnahmen wurden angegeben, um das auf den Hauptstrecken zu erreichen, in einer Liste, die sich wie eine Erklärung zur Eisenbahnpolitik liest, wobei ein Punkt lautete:

„der Ersatz der Dampftraktion, die zunehmend als veraltet zu betrachten ist, durch die elektrische und /oder Dieseltraktion“.

Vermutlich wiederholte der Ausschuss in technischer Hinsicht nur Informationen, die ihm von der Bahn zur Verfügung gestellt wurden, und sei es nun absichtlich oder zufällig, so wird das den SAR sicherlich entgegengekommen sein, konnte sie doch nun in Zukunft behaupten, sie würde die Empfehlungen des Ausschusses ausführen. Der zweite beachtenswerter Punkt ist, dass der Ausschuss vorhersah, dass die Veränderungen in der südafrikanischen Industrie mehr Wettbewerb zwischen den verschiedenen Transportmitteln erzwingen wird. Zu diesem Zeitpunkt genossen die SAR ein gesetzlich geschütztes Beinahe-Monopol für den Landtransport - ein seltenes Privileg in einem nicht kommunistischen Land - und es war eben diese Abschirmung der Eisenbahnen von dem Wettbewerb, über die die übrige südafrikanische Industrie sich beschwerte. Unter dem Druck der Industrie, das Eisenbahnmonopol abzuschaffen und wegen großer Verbesserungen im Straßennetz, wurde die Abgabe großer Anteile des hochwertigen Frachtverkehrs (welcher im Finanzjahr 1966–67 nur 16 % des Eisenbahngüterverkehrs, aber 50 % der Frachteinnahmen ausmachte) an den Straßenverkehr als unvermeidlich angesehen. Die zukünftige Rolle der Eisenbahn wurde vorrangig als Träger des Massengutverkehrs über mittlere bis große Entfernungen vorausgesehen. Die Konsequenzen dieser Voraussage wurden von den SAR dahingehend interpretiert, dass sie sich auf Massenverkehre mit langen schweren Zügen konzentrieren sollten. Ein Großteil der Forschungsanstrengungen waren fortan den verschiedenen Betriebsaspekten solcher Züge gewidmet und der Bedarf an extrem hoher Zugkraft, um die vorausgesagten Zuggewichte die Steigungsstrecken der SAR heraufzuschleppen, hat als entscheidender Faktor die Lokomotivpolitik beeinflusst. Von dieser Zeit an scheint das SAR-Management von der Idee der langen Züge geradezu besessen gewesen zu sein. In den späten Siebzigern sagte der Stellvertretende Generaldirektor (Betrieb) in einem Interview, der *einzige* Weg für die Eisenbahnen zum Überleben sei der Betrieb langer Züge, und der Vorsitzende des 1978 eingesetzten Ausschusses zur Überprüfung der Politik der Abschaffung der Dampftraktion erklärte in einer Ausschusssitzung, die optimale Zuglänge sei unendlich. Es ist richtig, dass lange Züge bis zu einem gewissen Grad die Kosten senken und bestens geeignet sind für Massengüter wie mineralische Rohstoffe. Aber für alles andere als solche Massengüter stellen sie nicht die beste Zugform dar. Nach der bei vielen Eisenbahnen vorherrschenden Meinung, müsste der Straßentransport wegen des stark eingeschränkten Gewichts, das pro Fahrzeug und pro Mannschaft befördert werden kann, unerschwinglich teuer sein; das ist aber nicht der Fall. Der Straßentransport in Südafrika als auch anderswo hat auf Kosten der Eisenbahnen dazugewonnen, und man fragt sich, in wieweit die Geisteshaltung der „Politik der langen Züge“ dazu beitrug, die Voraussage des Ausschusses zu einer sich selbst erfüllenden Prophezeiung zu machen.

Das Todesurteil für die Dampflokomotive bei den SAR wurde offiziell in dem Jahresbericht (31.12.1971) der Behörde Eisenbahnen und Häfen wie folgt verkündet:

„Da der Dampfbetrieb im Verhältnis zu moderneren Traktionsarten in vielerlei Hinsicht unwirtschaftlich geworden ist, ist es seit Jahren geübte Praxis, keine neuen Dampflokomotiven zu beschaffen und ein Anfang wurde gemacht mit der allmählichen Ablösung der Dampftraktion zugunsten der Diesel- und elektrischen Traktion. Bis dato wurde die Diesel- und elektrische Traktion gezielt angewendet im Hinblick auf die Bereitstellung zusätzlicher Transportkapazitäten und mit gebührender Berücksichtigung von z.B. Personalengpässen oder Problemen mit der Wasserversorgung.

Abgesehen davon, dass die Dampftraktion mit modernen Transportanforderungen nicht Schritt gehalten hat und praktisch als veraltet zu betrachten ist, sind die South African Railways bereits in das Zeitalter der langen schweren Züge eingetreten. Für den sicheren Betrieb solcher Züge ist die Mehrfachtraktion der Lokomotiven entscheidend, was in effektiver Weise bei der Dampftraktion nicht angewendet werden kann. Mit Hinblick darauf, und eingedenk sowohl der ständig ansteigenden hohen Unterhaltskosten der Dampflokomotiven als auch des akuten Lokomotivpersonalproblems, wurde ein Programm zu Einstellung des Dampfbetriebs aufgestellt, wonach sämtliche Dampflokomotiven – ausgenommen Schmalspurlokomotiven – bis 1986/87 ausgemustert sein werden; das Programm wird allerdings regelmäßig überprüft werden und soweit nötig revidiert, um sich an geänderte Umstände anzupassen, unter gebührender Beachtung der Verkehrsentwicklung, der bereitstehenden Mittel und der physischen Möglichkeiten, die Arbeit durchzuführen.

Aus der Sicht des Personaleinsatzes wird die Ablösung der Dampftraktion durch die Diesel- und elektrische Traktion große Vorteile bringen, da es nicht möglich sein wird, für alle Zeiten mit der Praxis fortzufahren, die einzelnen Lokomotiven jeweils mit zwei Mann zu besetzen. So wie die Dinge derzeit liegen, gibt es große Schwierigkeiten bei der Anwerbung einer ausreichenden Zahl geeigneter junger Männer, die gewillt sind, als Heizer oder Dampflokomotivführer ausgebildet zu werden. Es ist absehbar, dass mit der Diesel- und elektrischen Traktion letztendlich ungefähr

[1] Um der häufig gehörten Behauptung der größeren Beförderungskapazität der Diesel- und elektrischen Traktion gegenüber der Dampftraktion zu widersprechen, arbeitete ich 1977 die Daten aus, die in der Abb. 1 wiedergegeben sind. Diese zeigten, dass nach der verbreiteten Einführung von Diesel- und Elektrolokomotiven die pro Lokomotive jährlich geleistete Verkehrsleistung (dargestellt als Güterzug-Tonnenkilometer) sich nicht von dem schon in der Dampfära abzeichnenden ansteigenden Trend unterschied und hätte möglicherweise bewältigt werden können durch den Einsatz größerer und verbesserter Dampflokomotivtypen, wie z.B. Garratts mit hoher Achsfahrmasse, wäre die Dampflokomotiventwicklung fortgeführt worden.

[2] Bericht des Untersuchungsausschusses zur Koordination von Verkehrsleistungen in Südafrika, Regierungsdruckerei, Pretoria, 1969.

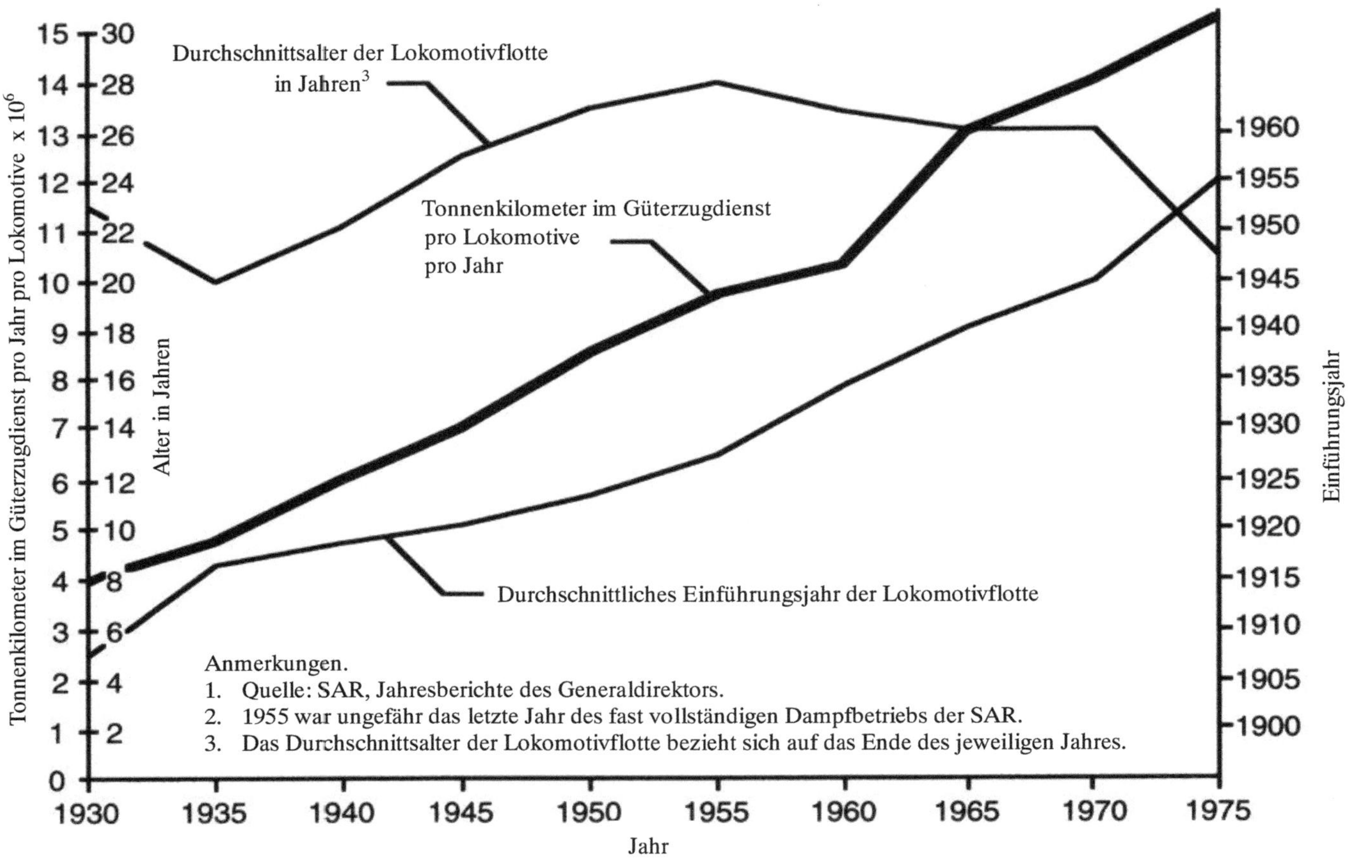

Abb. 1 [siehe Fußnote 1, Seite 5]
SAR: Verkehrsarbeit der Lokomotivflotte und das Alter der Flotte über der Zeit

50 Prozent sämtlicher Züge mit nur einem Lokomotivpersonal befördert werden können.

Ein Gesamtbetrag von etwa 1 135 Millionen Rand wird für das vorgesehene Programm zur Einstellung des Dampfbetriebs benötigt. In dem erwähnten Betrag wurde auch der normale Verkehrsanstieg während der Übergangsphase berücksichtigt. Auf der anderen Seite werden während der Übergangsphase, das heißt bis 1986/87, Nettoersparnisse von um die 200 Millionen Rand durch die niedrigeren Betriebskosten erzielt werden.

Einige Streckenabschnitte werden verdieselt, andere elektrifiziert werden, je nach Verkehrsdichte, geographischer und ökonomischer Verhältnisse etc. Es gilt allerdings als wünschenswert, dass sämtliche Hauptstrecken zu den Seehäfen elektrifiziert werden.

Insgesamt werden etwa 1 738 Diesellokomotiven am Ende des Verdieselungsprogramms in Dienst stehen. Davon sind bereits jetzt 396 im Einsatz während die Beschaffung von 358 Lokomotiven genehmigt wurde.

Ungefähr 1 709 zusätzliche elektrische Lokomotiven, Klasse 6E1 *(Anm. d. Übers.: UIC-Achsfolge BoBo, 3 kV DC, 2252 kW, 11 Serien 1969-85, tatsächliche Stückzahl 960)* werden in Bezug auf die Elektrifizierungen des vorgesehenen Programms zur Einstellung des Dampfbetriebs zu beschaffen sein. Das bedeutet, dass letztendliche 2 892 elektrische Lokomotiven im Dienst stehen werden.

Die Aufwendungen, die für dafür notwendig sind, werden in Anbetracht der zahlreichen Vorteile der Elektrifizierung und Verdieselung gegenüber der Dampftraktion als realistisch und gerechtfertigt angesehen.

Die vollständige Abschaffung der Schmalspurdampflokomotiven wurde nicht in Betracht gezogen. Es besteht allerdings dennoch die Absicht des allmählichen Ersatzes der Schmalspurdampflokomotiven durch Diesellokomotiven, und zwanzig Schmalspurdiesellokomotiven wurden zu diesem Zweck bereits bestellt.

Es stehen derzeit noch etwa 2 300 Kapspur-Dampflokomotiven im Dienst, und da es nicht praktikabel und kostspielig wäre, die Lokomotiven für eine spätere Nutzung vorzuhalten, besteht die Absicht, die Dampflokomotiven nach und nach, allerdings rascher als bisher, auszumustern und auf möglichst vorteilhafte Weise abzustoßen."

Diese Politik wurde anlässlich des Planungskongresses vom 15. März 1971 formuliert, und wurde weiter ausgeführt im Jahresbericht des Generaldirektors für 1971–72. Allerdings änderten sich die Umstände zum Leidwesen der Planer tatsächlich durch die Ölkrise des Jahres 1973. Die Art und Weise, wie die von den SAR bevorzugte Politik beibehalten werden konnte und dennoch gleichzeitig den Anschein erweckte, an die geänderte Realität der Energiesituation angepasst zu werden, wird deutlich in dem Jahresbericht des Generaldirektors für 1973–74:

„Kohle ist in Südafrika reichlich vorhanden und ihre Nutzung empfiehlt sich direkt und indirekt. Basierend auf Steinkohle ist der thermische Gesamtwirkungsgrad der verschiedenen von den South African Railways genutzten Traktionsarten wie folgt[1]:
Dampftraktion...7 Prozent
Dieseltraktion, mit Brennstoff erzeugt aus Kohle von der South African Coal, Oil and Gas Corporation (Sasol)...10 Prozent[2]
Elektrische Traktion, elektrische Energie von Electricity Supply Commission (Escom)...30 Prozent

---

[1] Soweit sie sich auf den (jährlichen) Gesamtenergieverbrauch beziehen, sind alle Angaben von Wirkungsgraden zu hoch.

[2] Sasol erzeugte Kohleöl indem die Kohle zunächst vergast wurde, um dann in einer Synthetisierungsstufe (Fischer-Tropsch-Synthese) zu verschiedenen Kohlenwasserstoffen umgewandelt zu werden. Der thermische Gesamtwirkungsgrad dieses Prozesses zur Herstellung flüssiger Brennstoffe wird mit nur etwa 30 % angegeben.

Bei der Planung der Voraussetzungen modernen Transports sind die jeweiligen wirtschaftlichen Vorteile selbstverständlich von allergrößter Bedeutung. Es ist allgemeine Politik, die Hauptstrecken und solche Nebenstrecken mit hoher Verkehrsdichte zu elektrifizieren und Diesellokomotiven im Rangierdienst und im Zugdienst auf weniger wichtigen Nebenstrecken einzusetzen.“[1]

Der Satz in Kursivschrift (von mir so gesetzt) kann kaum bestritten werden. Es sollte das einzige Kriterium bei der Auswahl der Lokomotiven sein und die „zahlreichen Vorteile der Elektrifizierung und Verdieselung gegenüber der Dampftraktion“ wie im Jahresbericht 1971 der Behörde Eisenbahnen und Häfen geschrieben, sollten sich in einem Gesamtkostenvorteil ausdrücken lassen, falls sie irgendeine Bedeutung für die Lokomotivpolitik hätten. Doch das war nicht das entscheidende Kriterium, das die Traktionspolitik der SAR in den siebziger Jahren mit ihren, wie wir noch sehen werden, massiven Ölpreissteigerungen, beeinflusste.

Zu der Zeit, als ich bei den SAR anfing, wurde die Politik zur Einstellung des Dampfbetriebs systematisch umgesetzt. In den darauffolgenden Jahren wurde sie in Frage gestellt, sogar bedroht und ihre Umsetzung wurde verzögert, aber das Bekenntnis – intellektuell, emotional, finanziell und materiell – zur Verdieselung und Elektrifizierung war zu stark und gab ihnen eine Eigendynamik, die nicht aufgehalten werden konnte. Die kritische Phase für den Dampfbetrieb bei den SAR gab es zwanzig Jahre vorher, als die Auffassung, dass die Dampftraktion grundsätzlich veraltet sei, Fuß fasste, gerade zu der Zeit, als die fortschrittlichsten Dampflokomotivkonstruktionen, die 2D2 der Klasse 25 und die Garratts der Klassen GMA/M und GO *(Anm. d. Übers.: (2D1)(1D2)h4, Bahn-Nrn. 4051 bis 4170, Henschel & Sohn, 1954)* in Dienst gestellt wurden.

1.3 Die Nachkriegsentwicklung der SAR-Dampflokomotiven

In der Dampfära gab es in Südafrika nur wenige originäre Beiträge zur Entwicklung der Dampflokomotivtechnik, obwohl die SAR-Ingenieure sich in aufgeschlossener Weise den Fortschritten anderer in der Kunst der Lokomotivkonstruktion bewusst waren und diese auch bereitwillig erprobten. Zahlreiche der in Amerika entstandenen mechanischen Verfeinerungen wurden an SAR-Lokomotiven angewendet und eine beachtliche Anzahl von Lokomotiven mit ungewöhnlichen Einrichtungen wie Ventilsteuerungen und Kondensausrüstung wurden in Dienst gestellt. Verschiedene Gelenklokomotivtypen wurden erprobt, bevor klugerweise die Garratt als bevorzugte Bauart akzeptiert wurde und so die SAR schließlich zu dem weltgrößten Betreiber von Garratt-Lokomotiven wurden. Schaut man sich aber die umfangreichen technischen Spezifikationen an, die zur Ausschreibung der 2D2 der Klasse 25 aufgestellt wurden, allgemein als höchstentwickelte SAR-Dampflokomotivbaureihe angesehen, so wird deutlich, dass nur sehr wenige Hinweise von einiger Bedeutung auf Ausrüstungen gemacht wurden, die in Südafrika ihren Ursprung hatten oder entwickelt worden waren. Es ist eine Sache, sich der Entwicklungen anderswo gewärtig zu sein und zur eigenen Nutzung zu spezifizieren (und man muss den SAR-Ingenieuren zu Gute halten, dass sie sich dieser Entwicklungen *gewärtig* waren, was man von ihren Zeitgenossen anderswo nicht immer behaupten konnte), eine ganz andere ist es, die Dinge selbst zu entwickeln. Damit ist es wohl angemessen, festzustellen, dass die maschinentechnische Abteilung der SAR keine nennenswerte Tradition der Dampflokomotivkonstruktion und Entwicklung hatte, noch hatte sie eine ausgeklügelte Verfahrenstechnik für Lokomotivversuche und war somit hauptsächlich auf die Unterhaltung und den Betrieb hin ausgerichtet. Dennoch gab es einige interessante Nachkriegsaktivitäten der SAR auf diesem Gebiet, wovon nun einige Beispiele beschrieben werden sollen.

An erster Stelle stand eine Reihe von Kesselversuchen durchgeführt 1949–50 unter der Überschrift „Eine Untersuchung der wesentlichen Einflussfaktoren auf die Kesselleistung, mit besonderer Berücksichtigung des Kessels der Klasse 25 und des Standard-Ersatzkessels Typ 3B.“[2] Die untersuchten Lokomotiven waren drei 2D1 der Klasse 23 *(Anm. d. Übers.: h2, Bahn-Nrn. 2552 bis 2571 und 3201 bis 3316, Henschel & Sohn und L. S. Schwartzkopff 1938)*, von denen jede eine andere Variante des Kesseltyps 3B hatte (einer war Standard, einer hatte einen vergrößerten Überhitzer und einer hatte eine Verbrennungskammer) und eine 2D1 der Klasse 15CB *(Anm. d. Übers.: h2, Bahn-Nrn. 2060 bis 2071, Baldwin Loco. Co. 1925)* mit ihrem normalen Verbrennungskammerkessel. Diese Versuche wurden unternommen auf dem Abschnitt Laingsburg – Pietermeintjies der Kap-Hauptstrecke mit einer Entfernung von 45 km, einem Anstieg um 430 Höhenmeter und einer maßgebenden Steigung von 15,2 ‰. Das wichtigste Ergebnis dieser Versuchsfahrten war, dass es für jede gegebene Kombination aus Rauchkammerausrüstung *(Anm. d. Übers.: gemeint ist die Blasrohranlage mit Funkenfänger bzw. den Einrichtungen zur Selbstreinigung, sogenanntes „self-cleaning front end“)* und Kesselrohrbündelanordnung einen bestimmten Winkel zwischen dem Feuerschirm und dem Verbrennungsrost gab für eine gleichmäßige Primärluftverteilung in Längsrichtung durch das Feuerbett und dass dieser Winkel kritisch war. Speziell bei Lokomotiven mit einer selbstreinigenden Rauchkammer der Bauart Master Mechanics *(Anm. d. Übers.: American Railways Master Mechanics' Association)* und gleichmäßigem Rauchgaswiderstand in den Heiz- und Rauchrohren, wurde als optimaler Feuerschirmwinkel 30° gefunden, mit nicht mehr als +/- 1° Abweichung, sollte der gleichmäßige Primärluftstrom erhalten bleiben. Eine Vergrößerung des Winkels erhöhte die Luftzufuhr und Verbrennungsrate im vorderen Rostbereich, eine Verminderung führte zu diesen Erscheinungen im hinteren Rostbereich. Der Verbrennungswirkungsgrad bei hohen Verdampfungsleistungen und bei der absoluten Spitzenbelastung war in empfindlicher Weise abhängig von der Gleichmäßigkeit der Verbrennung über den gesamten Rost und damit von dem Winkel zwischen Feuerschirm und Rost.

Nicht alle weiteren Schlussfolgerungen aus diesen Versuchen können akzeptiert werden, so zum Beispiel die Empfehlung, der freie Luftquerschnitt des Feuerrosts sollte 30 % der Gesamtrostfläche nicht unterschreiten, eine Zahl, die, wie die Erfahrungen des Autors und anderer belegen, viel zu hoch ist. Dennoch sind die nachstehenden Erkenntnisse von Interesse:

1. Die Querverteilung der Primärluft durch das Feuerbett könnte nachteilig beeinflusst worden sein durch die nicht gleichmäßige Form des freien Gasquerschnitts zwischen Feuerschirm und Feuerbüchsdecke bei Schirmen mit konventionellen Feuerschirmtragrohren oder ganz ohne Tragrohre. Die „Sicherheitszirkulatoren“ *(Anm. d. Übers.: amerikanische Entwicklung von Feuerbüchseinbauten als beheizte Wasserrohre zur angeblichen Verbesserung der Kesselwasserumwälzung und der zuverlässigeren Bespülung der Feuerbüchsdecke auch bei kritischen Betriebszuständen)* wurden in dieser Hinsicht als besser bewertet, da der resultierende Feuerschirm quer zur Feuerbüchse eine fast parallele Öffnung ergibt.
2. Ungleiche Luftverteilung durch das Feuerbett konnte durch Leitbleche im Aschkasten nicht wirksam korrigiert werden. Eine logische Schlussfolgerung war, dass in der Praxis der Primärluftstrom von Faktoren unterhalb des Rosts wenig beeinflusst wurde, aber sehr wohl durch die Verhältnisse vom Rost bis zur Rauchkammer, wo die Gasgeschwindigkeiten weit höher waren.
3. „Die Anordnung einer Verbrennungskammer hat keine maßgebliche Bedeutung für die [thermischen] Betriebseigenschaften eines Lokomotivkessels“. Das steht im Widerspruch zu der allgemein vertretenen Ansicht, wird aber als zutreffend angenommen, obwohl Verbrennungskammern halfen, Schlackenablagerungen („Schwalbennester“) an der Feuerbüchsrohrwand zu vermindern, was man gegebenenfalls auch als

[1] Zur Zeit des Berichts und in nachfolgenden Jahren gab es große Beschaffungen von Diesellokomotiven, die wegen ihrer hohen Achsfahrmasse nicht auf Nebenstrecken eingesetzt werden konnten und die für den Rangierdienst wegen Motor- und Turboladerkorrosion für solche Dienste für untauglich gehalten wurden.

[2] SAR, Abteilung des CME, Pretoria, Versuchs- und Konstruktionsdezernat, Bericht Aktenzeichen (Az.) 4/7/19, 1951.

thermische Betriebseigenschaft betrachten könnte. Tatsächlich ist der Begriff „Verbrennungskammer“ eine irreführende Bezeichnung, und ihr wichtigster Nutzen war die Minderung mechanischer Probleme, wie Risse in der Feuerbüchsrohrwand und in den Bördelrändern der Kesselrohre.

4. Unter ansonsten gleichen Bedingungen wurde festgestellt, dass die mechanische Rostbeschickung wärmetechnisch weniger effizient war als Handfeuerung. Das war allgemein bekannt, aber die Versuche zeigten bei hohen Verdampfungsleistungen Kohleersparnisse von über 20 % zugunsten der Handfeuerung. Dies war vorrangig auf die Bildung von Kohlenklein in der Förderschnecke des mechanischen Stokers zurückzuführen, und dieses ungenässte (nicht verklumpte) Kohlenklein wurde von den Dampfverteilstrahlen des Stokers direkt in den aufsteigenden Gasstrom oberhalb des Feuerbetts geschleudert.

Einige der Erkenntnisse dieser Versuche wurde in die Konstruktion des Kessels der 2D2-Klasse 25 eingearbeitet, aber die als Ersatz für den im Unterhalt kostspieligen Kesseltyp 3B der 2D1-Klassen 15F *(Anm. d. Übers.: h2, Bahn-Nrn. 2967 bis 3056, North British Loco. Co. und Beyer Peacock & Co., 1949, beide GB)* und 23 geplanten Ersatzkessel wurden nie gebaut. Die Genehmigung, die einfachen Änderungen an Feuerschirm und Rost auszuführen, die so deutlich durch Vergleichmäßigung des Primärluftstroms durch das Feuerbett den Feuerungswirkungsgrad verbesserten, wurde erst erteilt, als bereits vier Jahre seit dem Abschluss der Versuche vergangen waren.

Ein interessantes Experiment war die Ausrüstung der 2D1 der Klasse 15AR Nr. 1792 *(Anm. d. Übers.: h2, Bahn-Nrn. 1561 bis 1575, 1781 bis 1828 und 2011 bis 2025, North British Loco. Co., 1839 bis 1858 und 1961 bis 1970, Beyer Peacock, 2080 bis 2100, J.A. Maffei, North British Loco. Co. und Beyer Peacock & Co. 1914 sowie Maffei 1925, ursprünglich Klasse 15 und 15A, das R steht für "Reboilered" = „neubekesselt“)* mit einer „Löscherückführeinrichtung“, zum Zwecke der Verbesserung der Selbstreinigung der Rauchkammer und, um gleichzeitig den Löscheauswurf aus dem Schornstein zu vermindern. Die Einrichtung bestand aus einem Rohrsystem mit einem Dampfejektor, der aus dem rechten Zylinderdampfrohr mit Dampf versorgt wurde und auf diese Weise Lösche aus der Rauchkammer in den Aschkasten förderte, von wo sie bei der nächsten Feuerreinigung mit der Asche entleert wurde. Die Leitbleche der Selbstreinigungseinrichtung der Rauchkammer und der Funkenfänger wurden an die Löscherückführeinrichtung angepasst, wobei das ganze Konzept vermutlich von ähnlichen in Amerika erprobten Einrichtungen abgeleitet war. Die Lokomotive wurde während des Jahres 1946 mit vielversprechenden Ergebnissen erprobt, einschließlich einer Minderung der Saugzugverluste in der Rauchkammer, so dass der Blasrohrquerschnitt vergrößert werden konnte, einer 50- bis 70-prozentigen Minderung des Löscheauswurfs aus dem Schornstein, einer Vereinfachung der Leitbleche in der Rauchkammer mit besserer Zugänglichkeit der Kesselrohre und eines verminderten Risikos des Auswurfs großer Funken aus dem Schornstein. Während der Versuchsfahrten schien ein Verstopfen des Systems durch Löscheablagerungen kein unüberwindliches Problem gewesen zu sein. Ein (thermisches) Recycling der Lösche durch die Kesselfeuerung wurde nicht versucht, wozu der Versuchsbericht[1] bemerkt:

> „es ist zweifelhaft, ob es angesichts der zusätzlichen Komplikationen sinnvoll ist, die Lösche in die Feuerbüchse zurückzufördern.“

Obwohl sich nachweisen lässt, dass bei hohen Verbrennungsleistungen auf großen Lokomotiven die Recyclingrate wahrscheinlich unzulässig hoch geworden wäre, ist es zu bedauern, dass die Versuche nicht um diese Systemvariante erweitert wurden, die bei Stationärkesseln gängige Praxis ist (so genannte „Flugaschenrückführung“). Schließlich wurde die Arbeit an der Löscherückführeinrichtung eingestellt, ohne das Experimentierstadium verlassen zu haben. Allerdings wurden die 2D2-Kondenslokomotiven der Klasse 25 später mit einem ähnlichen System ausgerüstet, dass allerdings die Lösche aus der Rauchkammer mittels eines Dampfstrahlejektors direkt ins Freie ausstieß, um die Erosionsprobleme an den Schaufeln des Saugzuggebläserades zu mindern, die man auf diesen Lokomotiven feststellte *(Anm. d. Übers.: eine Dampflokomotive mit Abdampfkondensation hat kein Blasrohr und damit keine Saugzugwirkung nach dem Stephenson'schen Prinzip. Stattdessen hatte die SAR-Klasse 25 eine Abdampfturbine zum Antrieb eines Saugzuggebläses in der Rauchkammer, wie auch die deutschen Kriegslokomotiven der Baureihe 52 Kondens. Wegen der wesentlich höheren betrieblichen Ausnutzung der konstruktiven Lokomotivleistung zur Zugförderung bei den SAR, aber auch z. B. in den USA und in Frankreich, als es in Deutschland üblich war, kam es hier nun zu sehr problematischen Erosionen durch die abrasive Wirkung der Löschepartikel an den Gebläseschaufeln).*

Mitte der fünfziger Jahre wurden an einer Lokomotive der Klasse 25NC Versuche mit dem Giesl-Ejektor gemacht. Es ist aufschlussreich, im Detail die Geschichte der Bemühungen zu untersuchen, die SAR für den Giesl-Ejektor zu interessieren, weil es eine Einsicht vermittelt, auf welche Art und Weise die Eisenbahnindustrie ihre wichtigen technischen Interessen verfolgte, zumindest in der Dampfära. Der Giesl-Ejektor ist so gut bekannt, dass es an dieser Stelle keiner erneuten Beschreibung bedarf. Eine kritische Bewertung findet sich im Kapitel 3.8.

Im Februar 1955 machte die Arcona (Pty) Ltd. *(Anm. d. Übers.: Pty = Proprietary limited company, Firmenrechtsform nach südafrikanischem und australischem Recht, ähnlich GmbH)*, die südafrikanische Handelsvertretungsfirma des Herstellers des Giesl-Ejektors, der Schoeller-Bleckmann Stahlwerke *(Anm. d. Übers.: Ternitz, Österreich, heute siehe www.sber.at/de/)* ein Angebot über ein komplettes Giesl-Ejektorsystem für Versuchszwecke an einer Lokomotive der Klasse 25NC.

Dr. techn. Adolph Giesl-Gieslingen schrieb selbst zu diesem Vorschlag am 14. Juli 1955. In seinem Brief stellt er die folgenden Behauptungen auf:

> „Die Einrichtung ist einfach und robust, sie ist selbstzentrierend und genormte Ejektoren können in jede vorhandene Lokomotive eingebaut werden. Die Berechnungsmethode zur Ermittlung der richtigen Ejektorgröße für eine bestimmte Lokomotive und gegebene Brennstoffeigenschaften ist so vollständig entwickelt, dass das Erreichen des Optimums immer gesichert ist…eine Erhöhung [der Leistungsgrenze einer Dampflokomotive unter südafrikanischen Verhältnissen] in der Größenordnung von 15 bis 20 % ist ausschließlich durch die Installierung des Ejektors möglich, ohne jedwede weitere Änderungen.“

Das Angebot wurde angenommen, aber der Versuchsejektor ging bei den SAR nicht vor Januar 1957 ein. In einem Brief vom 25. Mai 1956 entschuldigte sich Arcona für die verspätete Lieferung und erklärte:

> „Die von uns vertretene Firma bedauert diese Verzögerung außerordentlich, welche allerdings der Tatsache geschuldet ist, dass die Dampflokomotive der Klasse 25NC eine Sonderausführung des Ejektors benötigt, die ein wenig von der Normausführung abweicht.“

[1] SAR, Abteilung des CME, Pretoria, Zwischenbericht über Versuche mit einer Löscherückführeinrichtung an der Lokomotive der Klasse 15AR Nr. 1792, Bericht Az. 4/13600.1/6, 1946.

In dem Brief wurde auch darauf hingewiesen, dass wegen der Sonderausführung der Preis für die Ausrüstung höher als ursprünglich angeboten ausfallen würde, wobei die SAR der Beschaffung des Ejektors zugestimmt habe, falls sich sein Verhalten als zufriedenstellend erweisen sollte.

Der Ejektor wurde in den Salt-River-Werkstätten ordnungsgemäß in die seinerzeit zum Depot Klerksdorp gehörende Lokomotive 25NC Nr. 3427 eingebaut und dem Betrieb am 15. Mai 1957 zur Verfügung gestellt. Ein Bericht des Büros des Direktionsleiters in Kimberley an den CME stellte Folgendes fest:

> „Die Lokomotive Nr. 3427 wurde versuchsweise eingesetzt und zeigte mangelhafte Verdampfung nach ihrer Ankunft von den Salt-River-Werkstätten.
>
> Die beiden einstellbaren Platten wurden somit über ihren vollen durch die geschlitzten Löcher vorgesehen Weg nach innen verstellt, d. h. ca. 9,5 mm auf jeder Seite. Das ergab einen freien Blasrohrquerschnitt von 315 cm² im Vergleich zu den 325 cm² bei Eintreffen aus der Werkstatt. Noch immer zeigte sich der Kessel verdampfungsunwillig und die Blasrohrdüsen *(Anm. d. Übers.: bekanntlich hat der Giesl-Ejektor mehrere Düsen in Längsrichtung, deshalb seine längliche Form)* wurden weiter auf 262 cm² verkleinert. Es wird darauf hingewiesen, dass der freie Blasrohrquerschnitt der übrigen Lokomotiven der Klasse 25NC 263 cm² beträgt.
>
> Mit dem freien Blasrohrquerschnitt ist die Verdampfungsleistung des Kessels einigermaßen zufriedenstellend und die Lokomotive derzeit mit dieser Einstellung im Einsatz. Obwohl die Verdampfungsleistung derzeit ausreichend ist, weisen Berichte darauf hin, dass es wenig Reserve gibt, um mit den üblichen im Betrieb auftretenden Luft- und Dampfundichtigkeiten fertig zu werden, so dass weitere Änderungen zu einem späteren Zeitpunkt notwendig werden könnten.“

(Man sollte beachten, dass der direkte Vergleich mit dem „freien Blasrohrquerschnitt“ der normalen 25NC-Blasrohranlage nicht gültig ist, da der unterschiedliche Durchflusskoeffizient durch die jeweiligen Düsen nicht berücksichtigt wurde. Was zählte, war der tatsächliche Querschnitt für den Dampfstrom, zu ermitteln durch Multiplikation der tatsächlichen Querschnittsfläche am Düsenaustritt mit einem empirisch festgelegten Durchflusskoeffizienten. Da die normale Blasrohranlage der 25NC aus einer kreisrunden Öffnung mit einem stumpfschneidigen Stegkreuz am Austritt besteht, hatte sie einen niedrigen Durchflusskoeffizienten und ihr wirksamer freier Dampfstromquerschnitt war nennenswert kleiner als der nominelle, was bei der Giesl-Anlage und bei anderen Blasrohrsystemen mit korrekt geformten Düsen nicht der Fall war. *(Anm. d. Übers.: der Autor möchte zum Ausdruck bringen, dass bei der Giesl-Anlage trotz nominell praktisch gleichen Blasrohrquerschnitts ein geringerer Gegendruck bei gegebenem Abdampfmassenstrom und damit eine Leistungssteigerung bzw. eine Kohleersparnis bei gleicher Leistung zu erwarten gewesen ist.)*

Der eher negative Inhalt des oben zitierten Berichts wurde von den SAR an Arcona weitergeleitet, die das wiederum Schoeller-Bleckmann und Herrn Dr. Giesl-Gieslingen zur Kenntnis brachten. Letzterer muss sich wohl etwas unbehaglich gefühlt haben und bat in einer raschen Antwort um weitere Details, wie die exakte Düseneinstellung, Anordnung der Selbstreinigungsleitbleche in der Rauchkammer sowie der Strömungsverteilung in der Ebene der Schornsteinmündung, um notwendige Korrekturen an der Saugzuganlage vorzuschlagen, damit, wie er zurecht urteilt, die „Verdampfung nicht weniger als perfekt anzusehen ist“, bevor die eigentlichen Versuche begonnen werden. Weiterhin schlug er vor, in der Tischplatte *(Anm. d. Übers.: bei der selbstreinigenden Rauchkammer, bei Stokerfeuerung unverzichtbar, werden die Rauchgase in der Rauchkammer durch Leitbleche geführt und zwar zunächst unterhalb des Blasrohrs hindurch nach vorn. Das Blech, durch welches das Blasrohr hindurchtritt wird „Tischplatte“ genannt. Auf diese Weise dient die Rauchkammer nicht als Löscheaufnahme bis zur nächsten Reinigung, sondern ist praktisch immer frei für den ungehinderten Rauchgasdurchtritt und ermöglicht echte Langläufe in Verbindung mit einem Schüttelrost, z. B. der Bauart Hulson. Diese Technik vermeidet den in Europa und anderswo üblichen Zwang zum Lokomotivwechsel wegen „Erschöpfung“ des Kessels. Mit dieser irreführenden Bezeichnung ist die Unmöglichkeit der weiteren Zugförderung durch eine Lokomotive mit Kohlefeuerung wegen Verbrennungsbehinderung gemeint.)* Öffnungen vorzusehen und mit Funkenfänger-Maschendraht abzudecken, um den Gasströmungswiderstand der Rauchkammer auf das Niveau der normalen 25NC zu senken, was dann auch so ausgeführt wurde.

Ein weiterer Brief des Büros des Direktionsleiters Kimberley vom 5. August 1957 berichtet

> „der Abdampf hat erhebliche Abnutzung am hinteren Teil des Diffusors bewirkt“

was soweit ging, dass Löcher im Blech entstanden (diese Art der Abnutzung wird durch abrasive Löschepartikel verursacht worden sein, die vom Abdampfstrahl auf die betroffenen Blechbereiche gerichtet wurden). Der Schaden am Schornstein wurde durch Aufschweißen von Flicken repariert und örtlich wurden Änderungen an den Einstellplatten der Düsen vorgenommen, um weitere Abrasionen durch Lösche tunlichst zu verhindern (in der technischen Literatur, die den SAR zugeschickt worden war, hieß es

> „Reparaturen oder Ersatzeile werden kaum vor zehn oder mehr Jahren Einsatz benötigt“.

Im August 1957 wurden mit Lokomotive Nr. 3427 Versuchsfahrten vor dem Messwagen zwischen Pretoria Nord und Thabazimbi durchgeführt. Der Versuchsbericht[1] wurde im Januar 1958 herausgegeben. Vier Fahrten mit unterschiedlichen Einstellungen des Giesl-Ejektors wurden gemacht, gefolgt von einer Fahrt mit der normalen 25NC-Blasrohranlage und den normalen Rauchkammerleitblechen zu Vergleichszwecken. Drei der ersten vier Fahrten wurden mit falscher Zentrierung von Blasrohr und Schornstein gemacht, obwohl die Verbindungsstücke zwischen diesen beiden Komponenten die Einrichtung angeblich selbstzentrierend machten, wie Dr. Giesl-Gieslingen in seinem ursprünglichen Brief an die SAR behauptet hatte. Versuch Nummer eins wurde mit der kleinsten möglichen Einstellung des freien Querschnitts an der Blasrohrmündung und mit den Öffnungen in der Tischplatte, wie von Dr. Giesl-Gieslingen empfohlen, durchgeführt. Der Versuch Nummer zwei entsprach der Nummer eins, abgesehen davon aber mit dem größtmöglichen freien Querschnitt an der Blasrohrmündung, und Versuch Nummer drei war ebenfalls wie Versuch Nummer eins, aber die Öffnungen in der Tischplatte wurden abgedeckt. Beim Versuch Nummer vier waren Blasrohr und Schornstein korrekt zentriert und die Langlöcher in den Einstellplatten wurden verlängert, so dass noch kleinere Mündungsquerschnitte möglich wurden. Die Auswertung der Versuchsergebnisse und die entsprechenden Schlussfolgerungen sind aus dem Versuchsbericht zitiert:

> „Auswertung der Versuche.
>
> Versuch Nr. I

[1] SAR, Abteilung des CME, Pretoria, Versuchs- und Konstruktionsdezernat, Versuch mit dem Giesl-Flachejektor an der Lokomotive der Klasse 25NC Nr. 3427, Bericht Az. T.E. 68/301, 1958.

Mit der Einstellung [freier Querschnitt an der Blasrohrmündung 287 cm²] wurde festgestellt, dass es keine Reserve gab, obwohl die Verdampfung ziemlich gut war, so dass es bei der Fahrt unter Dampf keine Möglichkeit gab, einen eventuell durch unvorhergesehene Ereignisse abgesunkenen Dampfdruck wieder zu erhöhen. Die Verhältnisse wurden bei höheren Geschwindigkeiten und größeren Steigungen noch ungünstiger. Der Anhang I zeigt, dass der Unterdruck an der Rauchkammerrohrwand wesentlich größer ist, als mit der normalen Saugzuganlage.

Versuch Nr. 2

Mit der Einstellung [freier Querschnitt an der Blasrohrmündung 339 cm²], der größte freie Querschnitt, war die Verdampfung der Lokomotive sehr schlecht und sie konnte die Zuglast kaum auf der maßgeblichen Steigung befördern. Der Ejektor musste verstellt werden, um den Zug bis nach Capital Park zu bringen. Die Ergebnisse dieses Versuchs waren so schlecht, dass keine Aufzeichnungen gemacht wurden.

Versuch Nr. 3

Die Anordnung war die gleiche wie bei Versuch Nr. I, aber die Öffnungen in der Tischplatte waren abgedeckt. Mit dieser Anordnung war die Verdampfung nicht sehr zufriedenstellend. Bei geringer Geschwindigkeit und damit geringer Maschinenleistung, war es nicht möglich den Kesseldruck zu halten. Bei hoher Maschinenleistung war die Situation besser... Der Grund dafür ist anscheinend, dass bei geringer Leistungsentwicklung und damit geringerem Rauchkammerunterdruck der Einfluss des Widerstandes für die Rauchgase unter der Tischplatte größer ist.

Versuch Nr. 4

Mit dieser Anordnung [ordnungsgemäße Ausrichtung von Schornstein und Blasrohr, freier Querschnitt an der Blasrohrmündung 248 cm²] gab es gegenüber Versuch Nr. 3 eine leichte Verbesserung.

Versuch Nr. 5

Die normale Serienanordnung wurde untersucht, um die Ergebnisse zum Vergleich mit dem Giesl- Ejektor zu verwenden.

Mit dieser Anordnung war die Verdampfung wie gewohnt zufriedenstellend.

Schlussfolgerung.

1. aus dem Anhang 2 geht klar hervor, dass bei gleicher Maschinenleistung mit der Giesl-Anlage der Gegendruck wesentlich geringer ist, woraus folgt, dass die Kesseleffizienz größer sein muss. Es ist ohne weitere intensive Versuche nicht möglich anzugeben, wie groß die Verbesserung sein könnte.
2. aus Anhang I geht hervor, dass unter 2 200 h.p. [I 640 kW, *Anm. d. Übers.: 1 h.p. = 1,014 PS = 0,746 kW*] mit der Normalanlage der Gesamtunterdruck und der Unterdruck an der Rauchkammerrohrwand größer sind, als mit der Giesl-Anlage. Bei 2 200 h.p. schneiden sich die beiden Kurven. Diese Lokomotiven arbeiten mit niedriger Geschwindigkeit vor Güterzügen und damit bei geringer Maschinenleistung. Deshalb wird die Verdampfung der Lokomotive in ihrem normalen Einsatz mit der normalen Saugzuganlage besser sein, als mit der Giesl-Anlage.
3. Nachdem die Lokomotive mit der Giesl-Anlage einen Monat Dienst getan hatte, gingen Beschwerden ein über außergewöhnlichen Verschleiß im Schornstein..."

Diese Schlussfolgerungen wurden mit Kurvendiagrammen unterlegt: Rauchkammerunterdruck zu Maschinenleistung und Blasrohrgegendruck zu Maschinenleistung. Dies spiegelte nicht die relativen Leistungen der beiden Saugzuganlagen wider, was ja der Versuchsgegenstand war, und war irreführend, da der bessere *Zylinderwirkungsgrad* durch den geringeren Blasrohrgegendruck der Giesl-Anlage bedeutete, dass für jede gegebene Leistung eine geringere Verdampfung und damit gleichzeitig ein geringerer Rauchkammerunterdruck notwendig war. Auch war die Maschinenleistung nicht allein eine Funktion der Verdampfungsleistung, es war aber die Verdampfungsleistung, die von dem Rauchkammerunterdruck abhängig war. Damit ergibt sich der allgemeine Eindruck, dass diese Versuche auf unprofessionelle Art und Weise ausgeführt wurden: einige Aussagen in dem Versuchsbericht können nicht akzeptiert werden und die Darstellung der Daten war irreführend, dennoch war dieser Bericht von dieser Zeit an der Eckpfeiler für die Einstellung der SAR zur Giesl-Saugzuganlage.

Im Februar 1958 wurden Abschriften des Berichts Arcona zur Verfügung gestellt, die mittlerweile etwa ungeduldig wurden und der begleitende Brief[1] der SAR las sich wie folgt:

„Es wird von Anfang an Wert darauf gelegt, zu unterstreichen, dass die ausgeführten Versuche von vorläufigem Charakter waren, mit dem einzigen Zweck, zu entscheiden, ob die angebotene Apparatur die Leistung und / oder Wirtschaftlichkeit der Lokomotive der Klasse 25 zu steigern in der Lage ist oder nicht.[2] Nun, wo das abgeschlossen ist, könnte die Frage in Betracht gezogen werden, ob weitere ausführliche Versuche angestellt werden sollten, um die Höhe der festgestellten Verbesserungen zu bestimmen.

Nach sorgfältiger Durchsicht des Versuchsberichts scheint der ‚Giesl'-Ejektor den Gegendruck über den gesamten Arbeitsbereich erheblich zu senken. Es kann vernünftigerweise angenommen werden, dass dies zu einer Verbesserung des Leistungsverhaltens und der Wirtschaftlichkeit führen wird.

Allerdings wird der Unterdruck an der Rauchkammerrohrwand nur verbessert, wenn die Lokomotive sehr stark beansprucht wird, d. h. über 2 200 h.p. Sobald die Leistung unter 2 200 h.p. fällt, wird der Unterdruck zunehmend schlechter als mit der 25NC-Normalanlage. Die unmittelbare Auswirkung dieses Phänomens ist, dass die Verdampfungswilligkeit der Lokomotive im unteren Leistungsbereich beeinträchtigt sein wird.

Auf dieser Bahn ist es geübte Praxis, Güterzuglokomotiven bis zur Reibungsgeschwindigkeit bezogen auf ein Viertel des Reibungsgewichts zu belasten *(Anm. d. Übers.: die Reibungs- oder auch kritische Geschwindigkeit ist die Geschwindigkeit, bis zu der eine Lokomotive ihre maximale Zugkraft, wie sie sich aus dem Reibungsgewicht ergibt, ausüben kann. Übersteigt bei einer Dampflokomotive die Fahrgeschwindigkeit diesen Wert, muss die Zugkraft durch Verminderung der Zylinderfüllung reduziert werden, da ansonsten bei Erreichen des Verdampfungsmaximums der Kesseldruck absinken würde. Alle Koeffizienten sind nach wirtschaftlichen Gesichtspunkten für die jeweilige Lokomotivtype festgelegt. Die kritische Geschwindigkeit kann bei den verschiedenen Traktionsarten vorübergehend höher liegen (Stundenzugkraft!))*. Im täglichen Betrieb bedeutet das, dass die hohen Verdampfungsleistungen im Leistungsbereich von I 500 bis 2 000 h.p. [I 119 - I 491 kW] stattfinden. Unter diesen Bedingungen könnten bei dem Einsatz des „Giesl"-Ejektors Verdampfungsprobleme erwartet werden, die mit der Normalanlage nicht beobachtet werden...

Vor dem Beginn der Versuche wurde nach dreimonatigem Betrieb festgestellt, dass der ‚Giesl'-Schornstein durch Löscherosion stark verschlissen war. Nachdem die Blasrohrmündung und der Schornstein, wie im Bericht beschrieben, korrekt ausgerichtet worden waren, gab es weiterhin Anzeichen ungewöhnlichen Verschleißes an dem Schornstein nach sehr kurze Einsatzdauer.

Der einzige Schluss, der in dieser Angelegenheit gezogen werden kann, ist der, dass der Nachteil der Verminderung der Verdampfungsleistung auf Grund des geringeren Unterdrucks an der Rauchkammerrohrwand durch den ‚Giesl'-Ejektor, die möglichen Vorteile durch die Gegendruckabsenkung überwiegt. Deshalb ist nicht beabsichtigt, in diesem Zusammenhang weitere Versuche anzustellen."

[1] SAR, Abteilung des CME, Pretoria, Brief Az. TE. 12/14/329/13(1) vom 24.02.1958.

[2] Später bezeichneten die SAR die Versuche als „ausführliche Erprobungen", was sich ganz anders anhört als „Versuche von vorläufigem Charakter".

Schoeller-Bleckmann antwortete, dass:[1]

„Mangelhafter Saugzug bei geringerer Leistung, als auch einseitiger abrasiver Angriff beweisen, dass die Durchströmung des Ejektors gestört war. Abgesehen davon, dass wegen der ungewöhnlichen, von den beengten Platzverhältnissen erzwungenen Asymmetrie des Standrohrs, möglicherweise Korrekturmaßnahmen notwendig sind, hatten wir von Anfang an um Angaben zu der Strömungsverteilung und den Verdampfungseigenschaften gebeten und angeboten, falls notwendig einen Fachmann zu entsenden, was zu unserem Bedauern, trotz wiederholter Nachfrage, niemals beantwortet wurde. Wir wären gewiss, wie auch in allen anderen Fällen, in der Lage gewesen, die Dinge richtigzustellen.

Da der Ausbau des Ejektors es derzeit unmöglich macht, die in dem Bericht Ihrer Versuchsabteilung offengebliebenen Fragen zu behandeln, und da es unser Wunsch ist, in einer Weise zusammenzuarbeiten, dass ein Weg gefunden wird, um die im dritten Abschnitt Ihres Briefs genannten Vorteile zu nutzen, bitten wir Sie hiermit höflich, uns mitzuteilen, welche Ihrer Lokomotivbauarten häufig an der Kapazitätsgrenze belastet werden, und somit besonders von einer Gegendruckminderung und Verbesserung der Kesselleistung profitieren würden."

Vier Monate nach Eingang dieses Briefs antworteten die SAR am 18. August 1958; relevante Punkte aus diesem Brief werden nachfolgend zitiert:[2]

„Die Strömungsverteilung im Schornstein wurde in Übereinstimmung mit den erhaltenen Anweisungen überprüft und für zufriedenstellend befunden. Der Abrieb durch Lösche wurde für diese vorläufige Erprobung von geringer Bedeutung angesehen.

Es ist nicht möglich anzugeben, dass irgendeine bestimmte auf dieser Bahn eingesetzte Lokomotivbaureihe ‚häufig an der Kapazitätsgrenze belastet' wird, da unsere sämtlichen Lokomotiven Mehrzwecklokomotiven sind und unter den gleichen durchschnittlichen Einsatzbedingungen arbeiten. Wie im Abschnitt 5 meines Briefs dargestellt, erbringen unsere Lokomotiven ihre großen Verdampfungsleistungen im Allgemeinen bei niedrigen Geschwindigkeiten, und genau unter diesen Bedingungen schneidet der ‚Giesl'-Ejektor im Vergleich mit der Normalanlage insofern ungünstig ab, als der Unterdruck an der Rauchkammerrohrwand vermindert war.

Während es unbestritten ist, dass der ‚Giesl'-Ejektor zu einer Minderung des Gegendrucks führt, so zeigen Berechnungen, dass unter Versuchsbedingungen nur ca. 1 – 2 % Brennstoffersparnis zu erwarten sind. Mit der in diesem Land billig verfügbaren Kohle rechtfertigt eine Ersparnis in dieser Größenordnung nicht die Ausrüstung von Lokomotiven mit einer vergleichsweise teuren Einrichtung und ganz besonders dann nicht, falls auch noch die Verdampfungswilligkeit der Lokomotiven beeinträchtigt werden könnte.

Zum Abschluss möchte ich wiederholen, dass keine Absicht besteht, weitere Versuche mit dem ‚Giesl'-Ejektor durchzuführen, da nicht davon ausgegangen wird, dass durch den Einbau der Einrichtung in unsere Lokomotiven irgendwelcher wertvoller Nutzen dieser Bahn erwachsen würde."

So wie es scheint, waren die SAR nicht beeindruckt, aber so einfach gaben Dr. Giesl-Gieslingen und seine Partner nicht auf. Über den Beratenden Ingenieur an der südafrikanischen Botschaft in London wurde ein indirekter Vorstoß gemacht, aber daraus ergab sich nichts. Die Vertretung für den Giesl-Ejektor in Südafrika ging dann über an die Firma Hugh Leamington and Hartley in Durban, welche den Apparat mit einiger Energie anpries und die SAR mit Briefen bombardierte mit überschwängliche Berichten von anderen Nutzern des Ejektors. Möglicherweise um dieser Briefflut Einhalt zu gebieten, wurde diese Firma 1963 aufgefordert, ein Angebot für die Ausrüstung einer Garratt der GO-Klasse abzugeben, einer Lokomotivtype, die auf den 30-‰-Steigungen der Linie Belfast – Steelpoort bis an die Kesselgrenze belastet wurde. Der Gesamtpreis für die Versuchsausrüstung betrug etwa 3 200 Rand, was von den SAR ebenso wie die angebotene Lizenz und die Lizenzgebühren für lokale Fertigung als „ziemlich unrealistisch" angesehen wurde. Ein Auftrag wurde nicht erteilt (die Kosten für eine normale Saugzuganlage der GO-Klasse wurde mit unter 40 Rand angegeben). Im Jahre 1964 wandte sich der Österreichische Handelsattaché für Südafrika wegen Giesl-Ejektoren an den Generaldirektor der SAR und die Angelegenheit wurde dem CME zur Kommentierung weitergeleitet. Der CME zitierte die Ergebnisse des Versuchsberichts von 1958 und machte darüber hinaus die nachstehenden Betrachtungen in seiner langatmigen Antwort:[3]

„Unsere sämtlichen Zuglasten sind auf höchste Leistung in Bezug zum Reibungsgewicht bei 10 – 18 mph [16 – 29 km h^{-1}] in den maßgebenden Steigungen festgelegt. In einem solchen Arbeitsgebiet ist der Giesl-Ejektor nicht in der Lage, den notwendigen Unterdruck an der Rauchkammerrohrwand und damit die benötigte Dampfmenge zu erzeugen. Mit anderen Worten, um die oben genannte Brennstoffersparnis zu erzielen [1 – 2 %], müsste diese Bahn bereit sein, eine nennenswerte Verminderung der Zuglasten zu akzeptieren. (Eine Verminderung der Zuglasten muss im Zusammenhang mit Blockstreckenzeiten und Streckenkapazität gesehen werden).

Offenbar wird nunmehr ein leistungsfähiger Hilfsbläser mit dem Giesl-Ejektor ausgeliefert, um dieses Unvermögen auszugleichen, aber abgesehen von anderen Nachteilen, wie sollen Brennstoff- und Wasserersparnisse bei der Nutzung eines solchen Hilfsbläsers erzielt werden?

Man kann nur zu dem Schluss kommen, dass die verbesserten Leistungen durch den Giesl-Ejektor bei anderen Bahnen durch einen oder mehrere der nachfolgenden Umstände erreicht wurden:

1. Geringe Belastung der Lokomotiven in der Praxis
2. Kesselleistungen weit unter denen der Kessel der SAR-Lokomotiven...[eine höhere Verdampfungsleistung] wird unter unseren Betriebsbedingungen vom Kessel erwartet als bei anderen Bahnen.

Ein wesentliches Funktionsmerkmal des Giesl-Ejektors - und sein Hauptvorteil - ist die Minderung der ‚Stoßverluste'. Um das zu erreichen, ist es eine Notwendigkeit, dass die freie, direkt mit dem Abgas im Kontakt stehende Oberfläche des Abdampfstrahls möglichst klein ist, im Gegensatz zu unserer normalen Saugzuganlage. Das bedeutet, dass der Eintritt für mitgerissene Lösche viel konzentrierter erfolgt, und da alle Lösche am unteren Ende des Schornstein angesaugt wird, ist starker Verschleiß des Schornsteins, besonders bei mechanisch gefeuerten Lokomotiven, unvermeidlich...

Die Behauptungen zu der Leistungssteigerung von mit Giesl-Ejektoren ausgerüsteten Lokomotiven werden als übertrieben angesehen. Uns sind keine ausführlichen Messwagenversuche oder Kesselversuche zur Belegung dieser Behauptungen bekannt..."

Einige Kommentare bezüglich des Verschleißes durch Lösche sind zutreffend, nicht aber die Folgerung, dass SAR-Kessel anderen in irgendeiner Weise überlegen gewesen seien. An den SAR-Lokomotivkesseln war nichts Besonderes. Ihre höchsten Verdampfungsleistungen wurden durch „Forcieren" des Kessels durch starken Saugzug ermöglicht, erreicht durch mittelmäßige Saugzuganlagen auf Kosten eines hohen Abdampfgegendrucks, so dass sie bis oder nahe bis an die Rostgrenze getrieben werden konnten *(Anm. d. Übers.: Als „Rostgrenze"*

[1] Schoeller-Bleckmann Stahlwerke AG, Wien, Brief Az. TtW/E – 5516/DDG/Be vom 25.03.1958.

[2] SAR, Abteilung des CME, Pretoria, Brief Az. TE. 12/14/329/13(1) vom 18.08.1958.

[3] SAR, Abteilung des CME, Pretoria, Memorandum für den Stellvertretenden Generaldirektor (Technik), Az. W.H. 12/14/329/13(1) vom 12.01.1965.

gilt die Brennstoffmenge pro Zeiteinheit, bei der der Flugverlust, also der Energieverlust durch Unverbranntes aus dem Schornstein, 50 % der zugeführten chemischen Energie des Brennstoffs, das ist das Produkt aus Brennstoffmassenstrom und Heizwert, erreicht. Eine weitere Erhöhung der zugeführten Brennstoffmasse führt nicht mehr zu einer Erhöhung der Dampfleistung. Um die Rostgrenze erreichen zu können, muss die Blasrohranlage entsprechend ausgelegt sein, sonst wird die sogenannte „Blasrohrgrenze" vorher erreicht. Als „Blasrohrgrenze" gilt der Abdampfmassenstrom durch die Blasrohrmündung, ab dem, auch bei einer weiteren Steigerung, der aus dem Schornstein geförderte Abgasmassenstrom nicht weiter ansteigt. Damit erreicht dann auch die Luftzufuhr zur Verbrennung ihr nicht mehr steigerbares Maximum. An der Rostgrenze liegt der Kesselwirkungsgrad bereits deutlich unter 50 %, der thermische Gesamtwirkungsgrad unterschreitet oft 4 %!). Diese Technik wurde intensiv in Nordamerika angewendet und war europäischen Lokomotivingenieuren bestens bekannt, die sie allerdings bewusst mieden, wegen der bei dieser Betriebsweise extrem niedrigen Wirkungsgrade des Kessels, der Zylinder und der gesamten Lokomotive. Stattdessen versuchten sie bevorzugt höhere Leistungen durch Beeinflussung des Nenners statt des Zählers in der fundamentalen Gleichung {Leistung = Dampfmenge ÷ spezifischer Dampfverbrauch} zu erreichen.

Im Jahre 1966 übernahm Oberst Cantlie von der Verity-Orient Co., London, nach Aufforderung durch Dr. Giesl-Gieslingen und Schoeller-Bleckmann deren Repräsentanz in Südafrika. Oberst Cantlie war bei der Anwendung des Giesl-Ejektors in anderen afrikanischen Ländern beteiligt, namentlich auf der East African Railways, aber seine Angebote an die SAR konnten niemals den Stolperstein der Versuche des Jahres 1957 überwinden und enthielten Ungereimtheiten, die die SAR-Führung ausnutzen konnten, um ihre eigene Sichtweise zu unterstützen. Oberst Cantlie schrieb, dass der Giesl-Ejektor als der „größte Fortschritt in der Konstruktion von Dampflokomotiven seit dem Überhitzer" angesehen werden könnte. In einem Brief an den Stellvertretenden CME (Konstruktion und Entwicklung) vom 17. Juli 1966 stellte er fest, dass „an dem Giesl-Ejektor so wesentliche Änderungen gemacht wurden, dass Dr. Giesl dafür im Jahre 1962 neue Patente nahm." Von diesen Änderungen wurde angenommen, dass sie den, wie mittlerweile eingestanden, am Versuchsejektor der Klasse 25 vorhanden gewesenen Mangel behoben hätten, das heißt, der ursprüngliche Schornstein war zu weit und behinderte die Mischung von Abdampf und Abgas bei kleineren Kesselleistungen. Der „neue" Giesl-Ejektor könne gegenüber der Originalkonstruktion als eine derartige Verbesserung angesehen werden, dass er bis auf den Namen eine ganz andere Einrichtung darstelle. Indes, trotzdem die SAR wiederholt herausgestellt hatten, dass ihre Lokomotiven meistens im unteren Bereich der Kesselleistung arbeiteten, und dass in diesem Arbeitsbereich der Giesl-Ejektor Probleme gezeigt hatte, behauptete Cantlie auch, dass der „Giesl-Ejektor sich besonders vorteilhaft auf Eisenbahnen erweist, die ihre Lokomotiven an der Kapazitätsgrenze betreiben und damit sehr geeignet für die Verhältnisse in Südafrika erscheint." Er legte dem Generaldirektor der SAR am 25. Mai 1967 vergeblich ein ausführliches Memorandum vor, denn der CME hatte diese Angelegenheit für den Generaldirektor bereits wie untenstehend kommentiert:[1]

> „Es ist zu bemerken, dass Oberst Cantlie vorschlägt, mit einer anderen Lokomotivklasse als der Klasse 25 Versuche zu machen. Dabei kommen einem aber zwei Dinge in den Sinn. Erstens, sollte es darum gehen, festzustellen, ob der sogenannte „Neue Giesl-Ejektor" unter SAR-Bedingungen gegenüber dem alten Ejektor eine Verbesserung darstellt, so kann das nur durch den Vergleich mit früheren Ergebnissen geschehen, und es ist von wesentlicher Bedeutung, dass für die Versuche die gleiche Lokomotivklasse benutzt wird.
>
> Zweitens gesteht der Briefschreiber stillschweigend ein, dass nur ein geringer Nutzen von dem Einbau des Giesl-Ejektors bei der 25er zu erwarten wäre, was gleichbedeutend mit dem Eingeständnis ist, dass vergleichbar gute Resultate mit einer gut ausgewogenen Konstruktion erreicht werden können, ohne die Anwendung des Giesl-Ejektors. In diesem Falle erhebt sich die Frage, warum Lizenzgebühren etc. für eine Einrichtung von unter unseren Betriebsbedingungen zweifelhaftem Wert bezahlt werden sollten, die dazu noch weitere Probleme wie Löscheerosion mit sich bringt.
>
> Schließlich ist kein Nachweis einer entscheidend verbesserten Konstruktion zur Anpassung an die SAR-Betriebsbedingungen verfügbar. Es wird nicht davon ausgegangen, dass die Durchführung weiterer kostspieliger Versuche mit dieser Einrichtung irgendeinem sinnvollen Zweck dienen würde."

Demgemäß antwortete der Generaldirektor an Cantlie:[2]

> „... Während die nunmehr in Bezug auf die geänderte Konstruktion gemachten Beteuerungen zur Kenntnis genommen werden, kann es der Verwaltung nicht übelgenommen werden, wenn sie ein wenig zögerlich ist, mit einer neue Versuchsreihe zu beginnen, besonders unter dem Umstand außerordentlicher Arbeitsbelastung und begrenztem Ingenieurpersonal, dessen Arbeitskraft für andere unerlässliche Aufgaben benötigt wird.
>
> Die ersten Versuche wurden mit dem Verständnis durchgeführt, dass die Einrichtung bereits vollständig entwickelt worden war. Falls es bekannt gewesen wäre, dass es keine Gewissheit gab, dass die dafür gemachten Behauptungen in der Praxis auch erreicht werden, wäre ihre Anwendung nicht in Betracht gezogen worden.
>
> Während anerkannt wird, wie in den Diskussionen auch mit Ihnen herausgestellt wurde, dass es zweifellos viele Lokomotiven anderer Eisenbahnen gibt, wo aus der Einführung dieser Einrichtung Nutzen gezogen werden kann, so ist der mögliche Vorteilsspielraum für die Lokomotiven dieser Verwaltung nennenswert geringer, dank der hiesigen Entwicklungen in der Konstruktion von Kesseln und Saugzuganlagen.[3] Bevor weitere Erprobungen ernsthaft in Betracht gezogen werden können, wird eine belastbarere Zusicherung der erreichbaren Resultate notwendig sein, als die bisher gemachte...
>
> Die Verwaltung ist nur bereit, eine solche Erprobung in Erwägung zu ziehen, falls sie sich zunächst davon überzeugen kann, dass der neue Apparat angemessenes Potential für eine Verbesserung der Leistungen über die gesamte Bandbreite des Einsatzbereichs der Lokomotiven der Klasse 25NC haben wird, von der der von Ihnen vertretenen Firma alle Details übermittelt wurden. Um Ihre Behauptungen prüfen zu können, wird vorgeschlagen, dass Sie vollständige Detailangaben zu dem garantierten Verhältnis zwischen Gegendruck und dem erreichbaren Saugzug über den gesamten Betriebsbereich der Klasse 25 vorlegen, einschließlich Angaben zu den mittleren Zugkräften am Radumfang über den gesamten Geschwindigkeitsbereich bis 55 mph [88 km h^{-1}]. Vollständige Angaben über die Verfügbarkeit der Stahlsorte für den Schornstein, der garantierten Lebensdauer des Schornsteins und zum Unterhalt des Schornsteins sind beizubringen.
>
> Sollten diese Informationen in eindeutiger Weise die Möglichkeit eines angemessenen Verbesserungspotentials erkennen lassen und abhängig von der Verfügbarkeit von Versuchspersonal, wird die Verwaltung solche Versuche erwägen, falls Sie die Ausrüstung zunächst ohne Berechnung liefern und falls Sie die Erstattung der Kosten an die Verwaltung für den Einbau, die Versuchsdurchführung und den Ausbau in dem Fall übernehmen, dass Ihre Behauptungen über die Ausrüstung sich nicht vollständig bewahrheiten. Falls sich die Behauptungen in Bezug auf Leistung, Widerstandsfähigkeit gegen Abrasion und Unterhalt in vollem Umfang bewahrheiten, wird die Verwaltung für die Ausrüstung zahlen..."

---

1 SAR, Abteilung des CME, Pretoria, Brief an den Generaldirektor, Az. W.O. 12/14/329/13(1), vom 02.08.1966.

2 SAR, Büro des Generaldirektors, Johannesburg, Brief an Oberst K. Cantlie, Az. RS. 9/17262 vom 02.08.1967.

3 Versuchsergebnisse zeigen, dass die Leistungen und Wirkungsgrade der SAR-Kessel und Saugzuganlagen nicht über dem allgemein weltweit erreichten Niveau lagen.

Ohne Zweifel war es beabsichtigt, diese Bedingungen für die anderen beteiligten Parteien inakzeptabel zu machen, um eine Angelegenheit zu einem Ende zu bringen, von welcher die SAR befreit werden wollten, aber in einem Brief vom 16. November 1967 akzeptierten sie die Verity-Orient Co. für sich und im Namen von Schoeller-Bleckmann, bis auf den folgenden Einwand:

„...Wir haben bereits zugesagt, die Ausrüstung ohne Berechnung der Bahn zur Verfügung zu stellen und der Bahn die Kosten für Einbau und Ausbau zu erstatten, falls unsere Behauptungen sich nicht bewahrheiten. Wir sind ebenfalls bereit, die Versuchskosten zur erstatten, falls unsere Behauptungen sich nicht bewahrheiten, sind allerdings der Ansicht, dass diese Versuche (soweit es die Kosten betrifft) auf solche beschränkt werden sollten, wie wir sie auf zahlreichen anderen Bahnen für angemessen befunden haben. Diese Versuche werden im normalen Dienst mit abgemessener Kohle und Wasser ausgeführt und mit einfacher Apparatur zur Messung von Feuerbüchsunterdruck, Rauchkammerunterdruck, Schieberkastendampfdruck, Abdampfdruck etc. Unser Repräsentant stellt die Einstellgleitstücke am Ejektor während der Fahrt der Lokomotive ein und achtet danach darauf, dass die Lokomotive angepasst an die neuen Bedingungen gefahren wird. Sonderfahrten sind selten notwendig und ein Messwagen, obwohl willkommen, ist nicht wesentlich und sollte als eine Zugabe auf Kosten der Bahn betrachtet werden...“

Cantlie hatte Recht, dass ein Messwagen nicht notwendig war, um die Leistungen der normalen Blasrohranlage mit der Giesl-Anlage zu vergleichen, und wissend, dass die Kosten für die Nutzung eines Messwagens untragbar sein könnten, hatte er kaum eine andere Wahl, als die Kostenübernahme dafür abzulehnen. Ein Messwagen war aber dennoch notwendig, um den Einfluss des Giesl-Ejektors auf das gesamte Leistungsverhalten und den Wirkungsgrad der Lokomotive zu ermitteln, und so war es ziemlich sicher, dass die SAR Cantlies Vorbehalt nicht akzeptieren würden. Der Ingenieur Maschinentechnik (Versuch und Konstruktion) nannte die vorgeschlagene Versuchsmethode „unwissenschaftlich und daher inakzeptabel“[1]. Die abschließende Antwort der Abteilung des CME, fünf Monate nach Empfang von Cantlies Vorlage, enthielt das Folgende:[2]

„Oberst Cantlie schlägt eine verwässerte Versuchsmethode vor, die nicht befürwortet wird. Die nachstehende Versuchsmethode ist beabsichtigt:

(a) Allgemeiner Versuch unter Betriebsbedingungen, um zweifelsfrei festzustellen, dass die Dampferzeugung der Lokomotive unter allen Einsatzbedingungen einwandfrei ist.
(b) Vorversuche mit dem Messwagen und Verwendung der gleichen Kohle bei der Normal- und der Giesl-Anlage, Messung der Unterdrücke und des Gegendrucks über die Zughakenleistung.
(c) Falls die unter (a) und (b) erzielten Resultate akzeptabel sind, dann verbleibt die Giesl-Anlage für eine längere Zeit im Einsatz, um Ihre Widerstandsfähigkeit gegen Verschleiß durch Flugkoks zu ermitteln
(d) Danach könnten auf Wunsch genauere Versuche durchgeführt werden, um die tatsächlichen Ersparnisse an Kohle und Wasser unter Betriebsbedingungen zu ermitteln.“

Es fällt auf, dass dieser Brief die Vorstellung fortschreibt, dass Unterdruck und Gegendruck eindeutige Funktionen der Lokomotivleistung sind, was, wie erklärt worden ist, nicht zutrifft. Da die in Punkt (b) aufgeführten Versuche offenkundig nur zum Vergleich der Leistungen der Saugzuganlagen vorgesehen sind, benötigen sie auch keinen Messwagen. Der Brief gab auch zu bedenken: „Die Behauptungen zu der Giesl-Anlage sind bei zahlreichen Anlässen immer wieder herausgestellt worden, und die jüngsten Briefe fügen dem nicht wirklich etwas grundsätzlich Neues hinzu.“ Die abschließende Empfehlung war, dass der Giesl-Ejektor damals nicht für eine Bewertung akzeptiert werden sollte.

In der ersten Hälfte des Jahres 1968 besuchte Cantlie Südafrika und machte weitere Eingaben bei der Bahnverwaltung, von denen eine die nachstehende interessante Behauptung enthielt:[3]

„Mit Bezug auf den Giesl-Ejektor füge ich ein weiteres Diagramm bei. Als wir uns getroffen haben, sagten Sie, dass das Diagramm ‚Unterdruck über PS-Leistung‘, wie von Dr. Giesl im Juni 1966 herausgegeben, bei geringen Geschwindigkeiten nur geringfügig besser war, als dasjenige der konventionellen Anlage. Das ist in dem Diagramm tatsächlich so, aber Tatsache ist, dass der Giesl-Ejektor weniger Unterdruck benötigt, als der konventionelle Schornstein, um die gleiche Dampfmenge pro Stunde zu erzeugen, und das ist auf dem Diagramm dargestellt, welches aus dem Bericht von Messwagenversuchen mit dem Giesl-Ejektors entnommen ist, wie sie von den Indischen Staatsbahnen durchgeführt wurden. Diese Versuche erstreckten sich über 18 Monate, so dass es nur wenig Zweifel an ihrer Genauigkeit geben kann, zumal es sich um die Mittelwerte aus zahlreichen Versuchsfahrten handelt...

Der Grund, weshalb der Giesl-Ejektor mit dem gleichen Unterdruck mehr Dampf erzeugt, ist meiner Ansicht nach darin begründet, dass die Diffusorkegel dem Auspuff Gleichmäßigkeit geben und die ständigen schnellen Unterdruckänderungen in der Rauchkammer mildern, wie sie bei anderen Blasrohranlagen üblich sind.“

Beigelegt war ein Diagramm der Abteilung Forschung, Konstruktion und Normen der Indischen Staatsbahn in Lucknow, das eine Verminderung des notwendigen Rauchkammerunterdrucks für eine gegebene Dampferzeugung des Giesl-Ejektors im Vergleich mit der Normalanlage bei der 2C1 der WP-Klasse zeigt *(Anm. d. Übers.: leichte h2-Schnellzug-Schlepptenderlokomotive, Bahn-Nrn. 7000 bis 7754, Beschaffung 1947 bis 1967, u. a. Baldwin, ab 1961 Chittaranjan Locomotive Works, Indien, meistgebaute Pacific der Welt).* Die Minderung variierte von 6 % bei einer Dampferzeugung von 7 000 kg h^{-1} bis zu 20 % bei 13 000 kg h^{-1}. Unglücklicherweise kann wegen unbekannter Einflüsse, wie zum Beispiel die exakte Rauchkammerausführung bei jeder Blasrohranlage während der Versuche, die Gültigkeit von Cantlies Behauptung nicht überprüft werden. Allerdings ist bekannt, dass der notwendige Saugzug für einen gegebenen Gasmassenstrom mit der Verminderung der Strömungspulsationen abnimmt, ebenso, wie auch das Abnehmen von Störungen des Feuerbetts bei gleichmäßigerem Saugzug einen Einfluss gehabt haben mag.

Die Reaktion aus dem Bereich der SAR-Maschinentechnik auf diese jüngsten Eingaben waren im Wesentlichen die gleichen wie zuvor, und die Angelegenheit schien bis 1974 geruht zu haben, als Cantlie einen überarbeiteten Bericht über den Status des Giesl-Ejektors vorlegte. Zu diesem Zeitpunkt hatte sich allerdings auch der Status der Dampftraktion selbst erheblich geändert, und so ist es nicht überraschend, dass dieser Bericht keine Resonanz fand. Ein wenig später brachte ich mich selbst in die Geschichte ein, was in Kapitel 1.6 beschrieben ist, aber

---

[1] SAR, Abteilung des CME, Pretoria, Memorandum Az. TE 12/14/329/13(1) vom 01.04. 1968 vom Ingenieur Maschinentechnik (Versuch und Konstruktion) an den Stellvertretenden CME (Konstruktion und Entwicklung).

[2] SAR, Abteilung des CME, Pretoria, Brief an den Generaldirektor Az. W.O. 12/14/329/13(1) vom 10.05.1968.

[3] The Verity-Orient Co.Ltd., London, Brief an den Stellvertretenden Generaldirektor (Technik) der SAR, Az. OS/GE/SAR-179 vom 08.05.1968.

schon hier kann gesagt werden, dass bis zum Abschluss des Manuskripts seit den Versuchen mit 25NC Nr. 3427 kein Giesl-Ejektor in eine SAR-Lokomotive eingebaut wurde.

Diese nicht ungewöhnliche Vorgangsgeschichte lässt klar erkennen, dass auf beiden Seiten Fehler gemacht wurden, von Menschen, die genauso fehlbar, genauso anfällig für Vorurteile und Chauvinismus waren und sich selbst in unverrückbaren Stellungen eingruben, wie Menschen auch in anderen Lebensbereichen. Die Verliererin war die Dampflokomotive, da unter dem Strich letztlich die Anwendung einer Technologie verhindert wurde, die in der Tat der von den SAR seinerzeit benutzten überlegen war. Mit der Politik der Abschaffung des Dampfbetriebs, wie im Jahresbericht 1971 der Behörde für Eisenbahnen und Häfen formal verkündet, kam auch eine allgemeine Sperre für weitere Entwicklungen des Dampfbetriebs, mit zwei Ausnahmen. Zum Ersten war Entwicklungsarbeit der nachstehenden Art weiterhin erlaubt: die Verbesserung von Herstellmethoden und / oder Materialen für Bauteile, geringfügige Konstruktionsänderungen, die eine einfachere Herstellung oder Montage von Bauteilen ermöglichen, Änderungen der Untersuchungsfristen und / oder -methoden und Änderungen an oder Entfernung von Bauteilen, die betriebliche Probleme verursachen. Solche Arbeiten waren ständig im Gange, teilweise angestoßen durch Vorschläge von dem Personal, das mit dem Betrieb und der Wartung der Lokomotiven beschäftigt war und als Ergebnis von Untersuchungen von betrieblichen Ausfällen. Obwohl oft geringfügiger Natur, so konnten sich doch erhebliche Kostenersparnisse ergeben. Die zweite Ausnahme von der Sperre waren Arbeiten an Funkenfängern. Wegen des trockenen Klimas Südafrikas stellten Dampflokomotiven (besonders solche mit mechanischer Feuerung) ein ernsthaftes Feuerrisiko für Felder dar, falls die Funkenfänger nicht in perfektem Zustand erhalten werden. Farmer wurden angeregt, Brandschneisen anzulegen (Landstreifen von ca. 60 m parallel zur Bahnlinie und von Vegetation freigehalten), aber dennoch wurden jährlich erhebliche Entschädigungen (siehe die Darstellung von Beispielzahlen in Tabelle 4) für Feldbrände geleistet, die tatsächlich oder angeblich von Lokomotivfunken ausgelöst wurden.[1]

Tabelle 4
SAR: Entschädigungszahlungen für Feldbrände (Ernteausfall)

Jahr	Anzahl der Ansprüche	Auszahlung in Rand
1972-73	500	213 967
1973-74	487	229 104
1974-75	242	122 698
1975-76	412	296 732
1976-77 (nur die ersten 10 Monate)	312	435 227

Der einst von den SAR verwendete Normalfunkenfänger war von der amerikanischen Bauart Master Mechanics, mit großen vorn in der Rauchkammer schräg hängend angeordneten Rahmen mit Funkenfängermaschendraht. Diese Rahmen waren anfällig für Beschädigungen bei der Reinigung von eingeschlossenen Löscheteilchen, was allgemein durch Abhämmern, statt wie vorgeschrieben mit Drahtbürsten, gemacht wurde. Als Folge galt es als schwierig, diese Bauart funkensicher zu erhalten, da sich Maschenlücken bildeten, durch die Funken von potentiell gefährlicher Größe hindurchschlüpfen konnten. Ein Zyklonfunkenfänger wurde entwickelt und eingebaut in die Garratt-Klassen GMA/M und GO, aber auch hier schien kein vollständiger Schutz vor dem Brandrisiko gegeben zu sein. Die abschließende Entwicklung war der „Kasten"-Funkenfänger. Bei dieser Konstruktion wurden die vorderen Maschendrahtrahmen der Bauart Master Mechanics durch eine Kastenkonstruktion ersetzt, die teilweise aus geschlossenen Blechen und teilweise aus Lochblechen bestand, die zwischen Tischplatte und Rauchkammermantel rund um Blasrohr und Schornstein angeordnet war. Mit Kastenfunkenfängern waren die meisten Dampflokomotiven ausgerüstet, die in den siebziger und achtziger Jahren noch im Streckendienst eingesetzt waren, das heißt die Klassen 19D, 24 und 25NC und einige der Klassen GMA/M und 15AR. Die Größe der Öffnungen in den als Funkenfänger verwendeten Lochblechen wurde auch von 5 x 11 mm auf 4 x 8 mm verkleinert, wodurch der freie Durchgangsquerschnitt durch das Lochblech von 44 % auf 37 % der Gesamtfläche vermindert wurde.

Zwei weitere Entwicklungsarbeiten an Dampflokomotiven wurden in der Mitte der siebziger Jahre von der allgemeinen Sperre ausdrücklich ausgenommen und genehmigt. Zum Ersten wurden die Kondenslokomotiven der 2D2-Klasse 25 als Auspufflokomotiven rekonstruiert. Mit dem Erreichen der vollständigen Verdieselung des Abschnitts De Aar – Beaufort West im Jahre 1974 gab es keine dampfbetriebene Hauptstrecke mehr, wo die Wasserversorgung so problematisch war, dass der Einsatz von Kondenslokomotiven gerechtfertigt gewesen wäre. Da der Unterhaltungsaufwand für diese Maschinen hoch war – ungefähr doppelt so hoch wie für die als Auspufflokomotiven gebauten 25er – hatte man die Wahl, sie entweder auszumustern oder zu rekonstruieren. Da ihr Umbau in konventionelle Lokomotiven technisch und wirtschaftlich machbar war (es wurde gesagt, dass es billiger war, die Lokomotiven während einer Hauptuntersuchung umzubauen, als sie als Kondenslokomotiven aufzuarbeiten) und sie all ihre guten Eigenschaften behalten würden, bei gleichzeitiger Abschaffung der kostspieligen Kondensausrüstung, wurde der Umbau der gesamten Klasse genehmigt, außer von drei Lokomotiven, die für Museumszwecke im Originalzustand erhalten wurden. Zwei Maschinen der Klasse wurden zunächst versuchsweise umgebaut. Bei einer wurde die äußere Form des Kondenstenders erhalten (Tafel 1), während bei der anderen die Stützkonstruktion, die die Kondensatorelemente trug, entfernt wurde. Grundsätzlich gab man der letzteren Ausführung den Vorzug. Das Umbauprogramm, so schnell wie möglich durchgeführt in den Salt-River-Werkstätten in Kapstadt, war im Januar 1980 abgeschlossen und verlängerte die Einsatzdauer dieser Lokomotiven um durchschnittlich etwa zwölf Jahre.

Zum Zweiten gab es die Konstruktion einer Blasrohranlage mit Funkenfänger, entwickelt von A.W. Smith, seinerzeit ein Ingenieurassistent im Versuchs- und Konstruktionsdezernat. In seiner Universitäts-Diplomarbeit hatte er sich mit Niederdruck-gasstrahlpumpen beschäftigt, und auf dem Papier wies er nach, dass mit geringem Aufwand erhebliche Verbesserungen an den Blasrohranlagen der SAR-Lokomotiven möglich sein sollten. Außerdem schlug er eine andere Funkenfängerkonstruktion vor, und da dieser Aspekt für die Verwaltung weiterhin von Interesse war, wurde die Genehmigung erteilt, diese Einrichtung an einer Lokomotive der Klasse 25NC zu erproben. Die Versuche wurden Mitte der siebziger Jahre an Lokomotive Nr. 3521 ausgeführt. Standversuche wurden im Depot Capital Park, Pretoria, und Streckenversuche auf verschiedenen Abschnitten der von Pretoria ausgehenden Hauptbahnen durchgeführt. Smith nannte seine Blasrohranlage den „K-Ejektor" und führte aus, dass:[2]

> „...[der K-Ejektor] in der Auslegung vergleichbar, aber abweichend im Detail, mit einer Einrichtung [sei], wie sie auf Lokomotiven der Pennsylvania Railroad *(Anm. d. Übers.: PRR, bedeutende Privatbahn in den USA, heute aufgegangen in Norfolk Southern)* verwendet wurde.

[1] Quelle: SAR, Abteilung des CME, Pretoria, Versuchs- und Konstruktionsdezernat, interner Bericht: Versuche mit Lokomotiv-Saugzuganlagen und Funkenfängern, circa 1977.

[2] SAR, Abteilung des CME, Pretoria, Versuchs- und Konstruktionsdezernat, interner Bericht: Versuche mit Lokomotiv-Saugzuganlagen und Funkenfängern, circa 1977.

Das einzigartige Merkmal des K-Ejektors ist die Art und Weise, auf die die Mischung von Dampf und Rauchgas im Ejektor erreicht wird. Die Strömung von Dampf und Gas ist so eingerichtet, dass symmetrische turbulente Mischung eintritt, wenn die beiden Strömungen parallel zueinander und mit ähnlicher Geschwindigkeit fließen. Die vollständige Vermischung der beiden Strömungen ist damit in geringem Abstand oberhalb der Ebene der Blasrohrmündung abgeschlossen und somit ist ein relativ langer Diffusor möglich (eine notwendiges Merkmal einer guten Ejektorkonstruktion)."

Der Funkenfänger wurde als „rezirkulierendes Sieb" bezeichnet und erinnerte ebenfalls ein wenig an eine auf der PRR verwendete Einrichtung.[1] Diese bestand aus einem senkrechten Zylinder aus Funkenfängerlochblech, eingebaut zwischen Blasrohrdüse (der Bauart Kiesel, *(Anm. d. Übers.: William Frederick Kiesel, Jr. * 01.09.1866; † ?; CME der PRR 01.02.1919 bis 01.10.1936))*. Das Ganze war umgeben von einem Abschirmblech in Form eines Kegelstumpfs aus vollem Blech. Der von unten in den Kegelstumpf eintretende Abgasstrom zwang den Löschepartikeln eine nach oben gerichtete, schraubenförmige Bewegung um die äußere Oberfläche des Funkenfängers auf. Löschepartikel, die zu groß waren, um die Öffnungen des Funkenfängerlochblechs zu passieren, wurden durch die ringförmige Öffnung zwischen Funkenfänger und Abschirmblech am Schornsteinfuß ausgestoßen und fielen auf den Rauchkammerboden, von wo aus sie wieder von dem Rauchgasstrom erfasst wurden. Dieser Vorgang wiederholte sich so lange, bis die Partikel in ihrer Größe soweit zerbrochen waren, dass sie den Funkenfänger passieren konnten. Man hoffte, dass diese Bewegung ein Verstopfen des Funkenfängers verhinderte, aber das war nicht der Fall. Zitat aus dem Versuchsbericht:

„Praktische Versuche mit dem ‚R-S'-Funkenfänger und dem ‚K'-Ejektor wurden häufig wegen starker Verstopfung der Funkenfängertrommel abgebrochen. Trotz wiederholter und nachdrücklicher Versuche, diese problematische Erscheinung zu überwinden, konnten keine nennenswerten Fortschritte gemacht werden. Schließlich wurden die Versuche eingestellt, da das bereitgestellte Budget aufgebraucht war…"

Damit musste die Ausrüstung bedauerlicherweise aus 3521 ausgebaut werden und wurde nicht weiter erprobt. Die Leistung des K-Ejektors wird kurz in Kapitel 3.8 dargestellt.

Zu dieser Zeit gab es einige Zusammenarbeit zwischen Smith und mir in Sachen Werbung für die Dampftraktion. In seinem Bericht zu diesen Versuchen stellt Smith zutreffend fest:

„Das Funkenwurfproblem wird *niemals* zufriedenstellend gelöst werden, solange die Angelegenheit nicht nach dem Prinzip ‚Ursache und Wirkung' behandelt wird. Das heißt, dass der Funkenentwicklung an der Quelle Einhalt geboten werden muss, zum Beispiel in der Feuerbüchse. Durch die Einleitung von Sekundärluft in die Feuerbüchse oder, (möglicherweise) noch besser, unter Einbeziehung des Kohlevergasungs-(Generatorgas-) Prinzips, wird definitiv die Menge des Flugverlusts durch Lösche gemindert (und damit der Funkenwurf), wobei gleichzeitig der Verbrennungsprozess verbessert wird."

Deshalb empfahl er, dass „ein Projekt aufgelegt wird, um die Möglichkeiten zu ermitteln, die eine oder andere Form des G.P.C.S. *(Anm. d. Übers.: Gas Producer Combustion System = Gaserzeugungs-Verbrennungssystem, ein wesentlicher Gegenstand der Darstellungen in diesem Buch. Die Funktion wird weiter unten ausführlich erläutert werden)* in die Dampflokomotivflotte der Bahnverwaltung einzubauen." Es war ein Glück, dass ich im Versuchs- und Konstruktionsdezernat in einer höheren Position tätig war, als dieser Bericht herauskam, und ich nutzte die Gelegenheit, ihn in allgemein günstiger Weise zu befürworten.

1.4 Die erste Beförderung

Das Unterdezernat Lokomotiven des Betriebsdezernats, wohin ich versetzt wurde, unterstand dem Stellvertretenden CME (Werkstätten) und führte den Bereich der Werkstätten, der sich unmittelbar mit der Reparatur der Lokomotiven beschäftigte. Der Leiter dieses Unterdezernats war der Ingenieur Maschinentechnik (Lokomotiven) und unter ihm waren drei Stellvertretende Ingenieure Maschinentechnik jeweils verantwortlich für die Überwachung der Arbeiten der Richthallen, Kesselwerkstätten und Radsatzwerkstätten.

Die Werkstätten bewältigten Dampf- und Elektrolokomotivreparaturen, aber die Reparaturen der Diesellokomotiven wurden in neuen Depots ausgeführt, die speziell für solche Arbeiten erbaut worden waren und wo man annahm, dass eine genauere Qualitätsüberwachung möglich wäre. Alle Hauptuntersuchungen und großen Reparaturen an Dampflokomotiven (das heißt, Reparaturen, bei denen der Kessel vom Rahmen abgehoben wird), wurden in den Werkstätten durchgeführt, während Zwischenausbesserungen, von denen im Allgemeinen ein oder zwei zwischen zwei Hauptuntersuchungen anfielen, sowohl in den Werkstätten als auch in den Depots ausgeführt wurden. Im Jahre 1961, als die Auslastung der Dampflokomotiven relativ groß war, wurde eine sogenannte „Zwischenausbesserung Werkstatt / Depot" eingeführt, wobei gemäß der jeweiligen Möglichkeiten ein Teil der Ausbesserung in einer Werkstatt und ein Teil in einem Depot ausgeführt wurde. Das Laufwerk zum Beispiel wurde in einer Werkstatt überholt, wo die Möglichkeiten, zum Beispiel zur Aufarbeitung von Radsätzen und Ähnlichem, besser waren. Allerdings war diese Art der Ausbesserung weitestgehend eingestellt worden, als ich in die SAR eintrat. Die Werkstätten hatten auch die Aufgabe, die meisten der für die Fristuntersuchungen und die laufenden Reparaturen benötigten Bauteile herzustellen.

Ich kam als Stellvertretender Ingenieur unter dem Stellvertretenden Ingenieur Maschinentechnik P. Kennedy, verantwortlich für die Richthallen, zum Einsatz. Es schien eine günstige Zeit zu sein, für die Dampftraktion einzutreten, da Südafrika noch immer mit den Auswirkungen des Jom-Kippur-Kriegs von 1973 und der damit verbundenen Ölkrise zu kämpfen hatte. Der Ölpreis war in die Höhe geschossen und es schien, als ob die Regelmäßigkeit der Versorgung nicht garantiert werden konnte. Das hatte anscheinend innerhalb der SAR ein gewisses Unbehagen ob der zunehmenden Abhängigkeit von importiertem Öl ausgelöst, und zur Zeit der Krise wurde das Verdieselungsprogramm eingefroren und die Ausmusterung von Dampflokomotiven vorübergehend gestoppt. Dennoch erhielt dieses Land auch weiterhin Öl, sein Hauptlieferant war der Iran, und es gab immer auch die Kohleverflüssigung in Südafrika durch die South African Coal Oil and Gas Corporation als eine Versicherung gegen das Ausbleiben von Importen.[2] Mit dem Nachlassen der Besorgnis schwand auch das Interesse an der Dampftraktion. Die Traktionspolitik wurde dahin gehend abgeändert, dass eine schnellere Elektrifizierung und weniger Verdieselung festgelegt wurden. Die Ausmusterung von Dampflokomotiven wurde empfohlen, allerdings wurde nunmehr das „Einmotten" der moderneren Klassen als eine „strategische Reserve" vorgeschlagen, statt sie zu verschrotten.

---

[1] Siehe Wright, R. V., Herausgeber, Locomotive Cyclopedia, 11. Ausgabe, Simmons-Boardman Publishing Corp., New York, 1941, Seite 338.

[2] Siehe Auszug aus dem Jahresbericht des Generaldirektors für 1973-74 auf Seite 11 ff. Wie man in Abschnitt 1.6 sehen wird, war in Südafrika die Kapazität zur Kohleverflüssigung für das nächste Jahrzehnt so begrenzt, dass es für die Eisenbahnen im Falle eines Ölboykotts aus dieser Quelle tatsächlich keine Zuteilungen gegeben hätte.

Sehr bald hatte ich herausgefunden, dass es die wesentliche Aufgabe des Dezernats, dem ich beigetreten war, war, die Lokomotiven nach den Vorgaben der Betriebsabteilung mit den effektivsten und wirtschaftlichsten Mitteln zu unterhalten. Aktive Gestaltung der Politik oder selbst Kritik an der Politik wurde nicht als unsere Aufgabe angesehen. Somit musste ich feststellen, dass meine die Traktionspolitik betreffenden Stellungnahmen als deplatziert angesehen und praktisch ignoriert wurden. Ebenso wurde mir rasch klar, dass Kennedy all die ingenieurtechnischen Aufgaben, die auf ihn zukamen, durchaus ohne Unterstützung bewältigen konnte, so dass ich nach dem Beenden der ein oder zwei kleinen Projekte, wie sie den Anfängern immer gegeben werden, oft gar keine Arbeit zu erledigen hatte. Das war eine frustrierende Zeit, aber ich nutzte die freie Zeit die ich im Büro hatte dazu, mein Wissen über die Dampftraktion durch Lernen zu erweitern, und ohne diese Studien wäre ich der Herausforderung nicht gewachsen gewesen, als sie sich schließlich stellte.

1.5 Die argentinische Verbindung

Einige Monate nachdem ich in die SAR eingetreten war, hatte ich eine dieser Zufallsbegegnungen, die vielleicht keine Zufallsbegegnungen sind. Auf dem Weg nach Bloemfontein an einem Freitag im langsamen Nachtzug, teilte ich ein Abteil mit einem Eisenbahnfreund aus England. Im Laufe der Unterhaltung kamen wir auf Südamerika zu sprechen und mein Reisegefährte erzählte mir, dass er bei seinem Aufenthalt dort nördlich von Tucuman in der Werkstatt von Tafi Viejo der Belgrano-Eisenbahn *(Anm. d. Übers.: Bis zur Privatisierung des argentinischen Bahnen im Jahre 1992 wurde das System von der staatlichen Bahngesellschaft Ferrocarriles Argentinos betrieben. Die traditionellen Schienennetze gehen auf das Bahnsystem des 19. Jahrhunderts zurück, bei dem verschiedene (meist englische) Firmen jede ihr eigenes Netz aufgebaut hatten, die zudem in drei verschiedenen Spurweiten (Schmalspur 1 000 mm, Normalspur 1 435 mm und Breitspur 1 676 mm) angelegt waren. Bei der Verstaatlichung des Netzes in den vierziger Jahren unter Juan Perón wurde jedes dieser Systeme nach einem Nationalheld des Landes benannt. Folgende Untersysteme wurden betrieben: Ferrocarril Domingo Faustino Sarmiento (FCDFS, Breitspur), Ferrocarril General Bartolomé Mitre (FCGBM, Breitspur), Ferrocarril General Belgrano (FCGB, Meterspur), Ferrocarril General Roca (FCGR, Breitspur), Ferrocarril General San Martin (FCGSM, Breitspur), Ferrocarril General Urquiza (FCGU, Normalspur))* den argentinischen Ingenieur L. D. Porta getroffen hatte. Das war ebenfalls ein Zufallstreffen. Der Eisenbahnfreund wollte die Werkstätten besichtigen und Porta, der sich dort zufällig in Verbindung mit Versuchen an den 2D1 der Klasse C16 Nr. 1802 *(Anm. d. Übers.: h2, Schlepptender, General-Belgrano-Eisenbahn, zwei identische Lieferungen, Bahn-Nrn. 1801 bis 1830, Baldwin, 1948, und Bahn-Nrn. 1831 bis 1860, ALCO, 1948)* aufhielt, war vom Werkstattpersonal als Übersetzter herbeigerufen worden. Im Verlauf der Unterhaltung erhielt der Engländer Portas Adresse. Als wir uns begegneten, hatte er sie nicht zur Hand, versprach aber, sie mir nach seiner Rückkehr nach England zu schicken, was er auch pünktlich tat. Zu der Zeit war Porta für mich eine recht geheimnisvolle Persönlichkeit. Ich war seinem Namen einige Male in Artikeln zur Dampftraktion begegnet, und ich wusste ein bisschen über seine Arbeit bei der Rio-Turbio-Eisenbahn *(Anm. d. Übers.: Ramal Ferro Industrial de Rio Turbio (RFIRT oder Rio Turbio Railway))* an der Südspitze Argentiniens, seinerzeit die südlichste Eisenbahn der Welt. Während meiner Südamerika-Reisen hatte ich diese Bahn besucht und war von dem Anblick und dem Klang ihrer 1E1 *(Anm. d. Übers.: h2, Schlepptender, 1. Serie Bahn-Nrn. 101 bis 110 von Mihara-Werke, Mitsubishi, Japan, 1956, 2. Serie Bahn-Nrn. 111 bis 120 von Mihara-Werke, Mitsubishi, Japan, 1964)*, die vor gewaltigen 60-Waggon-Kohlezügen auf nur 750 mm Spurweite dahinschnurrten, beeindruckt. Aber Porta selbst blieb ein bisschen ein Rätsel – jemand, den ich kennen lernen sollte – aber wie? Jetzt hatte ich die Gelegenheit. Es ist unmöglich zu wissen, ob ich Porta ansonsten kontaktiert hätte, aber was man mit Sicherheit sagen kann, ist, dass ohne die Beziehung, die sich zwischen uns ergab, all die sinnvolle Arbeit, die ich schließlich an Dampflokomotiven ausführen konnte, nicht getan worden wäre.

Im August 1974 schrieb ich erstmals an Porta, bat ihn um Informationen zur Rio-Turbio-Eisenbahn und erbot mich im Gegenzug, ihm jedwede gewünschten Daten von SAR-Lokomotiven zu liefern. Er antwortete rasch. Der einleitende Abschnitt seines Briefs las sich wie folgt:

> „Recht vielen Dank für Ihren Brief, der mich überraschte und erfreute. Ich setze darauf, dass unsere Korrespondenz freizügig von Pretoria nach Buenos Aires und umgekehrt weitergeleitet wird."

Das wurde sie in der Tat. In Briefen und technischen Unterlagen, gab er so viel von seinem unerschöpflichen Wissensvorrat über die Dampflokomotive zur Kenntnis, wie er glaubte, dass ich verdauen könnte und auf diese Weise lehrte er mich nahezu alles Nützliche, was ich von dem Aufbau und der Funktion dieser Maschine weiß. Auf dem Höhepunkt unserer Korrespondenz Ende der siebziger, Anfang der achtziger Jahre, verging kaum eine Woche, in der nicht ein langer Brief von Porta eintraf, und manchmal empfing ich sogar mehrere innerhalb weniger Tage. Ich schätze, dass er mir zwischen 1975 und 1985 etwa eine halbe Million Wörter geschrieben hat, über 50 Prozent mehr, als in diesem Buch enthalten sind. Aber gerade seine technischen Unterlagen waren oft von größter Bedeutung, davon waren nicht wenige „speziell für Sie geschrieben"[1], damit, wie er schrieb, „es Sie zum Denken anregt, was, wie ich meine, das mit Abstand wichtigste Vermächtnis ist, das ich Ihnen machen kann"[2]. Diese handgeschriebenen Papiere mit Beschreibungen, Skizzen und wo angebracht mit der passenden Konstruktionstheorie zum jeweiligen Thema, oft auch mit ausgearbeiteten Beispielen, waren seine bevorzugte Art, seine Ideen darzulegen. Mir auf diese Weise seine Kenntnisse zu vermitteln, muss für ihn eine ungemeine Anstrengung gewesen sein, aber er handelte mit der Haltung eines wahren Lehrmeisters, indem er, ohne nach einer Gegenleistung zu fragen, freizügig gab, außer, dass das, was er preisgab, zum besten Nutzen der Dampflokomotive verwendet würde. Da allgemein relativ wenig über Porta bekannt ist, ist es wohl angemessen, an dieser Stelle einige Angaben zu seinem Leben und Werdegang zu machen.

Er wurde 1922 in eine Familie mit einigen Verbindungen zur Eisenbahn geboren *(Anm. d. Übers.: * 21.03.1922 ;† 10.06.2003)*. Lokomotiven waren von früher Kindheit an seine Berufung und energisch verfolgte er eine Karriere als Dampflokomotivingenieur. Obwohl Konstruktion und Entwicklung sein Hauptarbeitsgebiet waren, umfassen seine Kenntnisse viele Facetten des Lokomotivbaus, -betriebs und -unterhalts, einschließlich der Beherrschung der Fähigkeiten des Führens und Heizens, worin er sehr reiche Erfahrung hat *(Anm. d. Übers.: der Autor schreibt von Ing. Livio Dante Porta meistens im Präsens, da er bei der Drucklegung der Originalausgabe noch lebte)*. Seine Orientierung fand er in der Arbeit von André Chapelon *(Anm. d. Übers.: * 26. Oktober 1892 in Saint-Paul en Cornillon, Loire; † 22. Juli 1978 in Paris; international hoch angesehener französischer Dampflokomotivingenieur)*, dessen wichtigste grundlegende Lektion es war, wie er schrieb, dass „es keine praktische Perfektion geben kann, das heißt gültige Antworten auf praktische Probleme, falls die theoretischen Gesetzte verletzt werden"[3] (eine Doktrin von großer Weisheit, ebenso wichtig für das Leben an sich, wie für die Dampflokomotivtechnik). Man sagt, dass Chapelon sich dessen bewusst wurde, als er beobachtete, dass die Art und Weise, in der Dampflokomotiven gefahren wurden, zu den Lehren der Thermodynamik, die er an der Universität gelernt hatte, im Widerspruch stand, so dass er während seiner praktischen

[1] Porta, L. D., persönliche Mitteilung an den Autor vom 20.11.1979.

[2] Porta, L. D., persönliche Mitteilung an den Autor vom 29.10.1979.

[3] Porta, L. D., persönliche Mitteilung an den Autor vom 05.03.1976.

Vorbereitungszeit als Heizer erkannte, dass er deutlich mehr Kohle zu schaufeln hatte, als er hätte sollen. Diese grundlegende Lektion machte Porta die Notwendigkeit klar, bei jedem Problem den fundamentalen Hintergrund richtig zu verstehen.

Nach dem Universitätsabschluss und Bestehen der Lokomotivführerprüfung konstruierte Porta im Alter von siebenundzwanzig Jahren die stromlinienverkleidete meterspurige 2D wie auf Tafel 2 abgebildet (die Photographie wurde 1973 im Depot La Plata bei Buenos Aires aufgenommen, zu welcher Zeit die Lokomotive schon seit Langem zur Aufbewahrung abgestellt war). Diese Maschine war tatsächlich ein Umbau aus einer 2C1 (nach dem Vorbild von Chapelons Umbauten von 2C1 der Paris-Orleans-Eisenbahn in 2D in den dreißiger Jahren), wenn auch außer Teilen des Rahmens und des Tenders nach dem Umbau wenig von der Originalmaschine übrig blieb. Bei dieser kohlegefeuerten Vierzylinder-Verbundlokomotive mit Hochdruckzylindern von 360 mm Durchmesser und 660 mm Hub und Niederdruckzylindern von 580 mm Durchmesser bei einem Hub von 560 mm waren die Dampfkanäle noch weiter ausgebildet als von Chapelon empfohlen. Der Druck des vollständig geschweißten Kessels betrug 19,62 bar und die maximale Dampftemperatur 450 °C. Eine Zwischenüberhitzung zwischen Hoch- und Niederdruckzylindern ergab eine höchste Verbinderdampftemperatur von 317 °C. Eine Kylchap-Saugzuganlage war eingebaut und hohe Verbrennungsleistungen wurden mit einer hohen Brennstoffschicht erreicht, wobei ein Großteil der Verbrennungsluft oberhalb des Rosts zugeführt wurde - im Wesentlichen das Prinzip des Gaserzeugungs-Verbrennungssystems wie im Einzelnen in Kapitel 2.2 beschrieben. Das Betriebsgewicht (ohne Tender) betrug 68 Tonnen, davon 54 Tonnen als Reibungsgewicht bei einer maximalen Achsfahrmasse von 13,5 Tonnen. Der Treibraddurchmesser war 1 270 mm und die konstruktive Höchstgeschwindigkeit war 120 km h^{-1}, wobei allerdings der Streckenzustand ihr Ausnutzen verhinderte. Die höchste aufgezeichnete Geschwindigkeit war 105 km h^{-1}. Man mag die Notwendigkeit einer Stromlinie bei solchen Geschwindigkeiten in Frage stelle, aber eine Stromlinienverkleidung wurde angebracht, weil Porta der Ansicht war, dass sämtliche zu Gebote stehenden Mittel zur Erreichung eines gewünschten Ziels angewendet werden sollten, in diesem Falle für die höchstmögliche Leistung und den höchstmöglichen Wirkungsgrad am Zughaken. Porta hatte wie jeder bedeutende Ingenieur einen feinen Sinn für Ästhetik, und so brachte er diese seine erste Lokomotive sorgfältig in eine Form, die dem Auge schmeichelte. Tatsächlich hatte sie eine bemerkenswerte und harmonische Erscheinung und es muss für den jungen Ingenieur ziemlich aufregend gewesen sein, seine Schöpfung, „der perfekte Ausdruck seines eigenen Seins“ [1], entstehen zusehen.

Im Versuch erreichte diese Lokomotive eine maximale Zughakenleistung von 1 580 kW oder 23,2 kW pro Tonne Lokomotivgewicht. Damit steht sie im direkten Wettbewerb zu Chapelons Klasse 240P *(Anm. d. Übers.: 2Dh4v, Schlepptender, SNCF Bahn-Nrn. 240P 1 bis 25, Umbau aus Klasse 231A, 2C1h4v, der PO-Midi in den Jahren 1940 bis 41 im unbesetzten Teil Frankreichs)* um das günstigste Leistungsgewicht aller Dampflokomotiven. Der niedrigste spezifische Brennstoffverbrauch, gemessen am Zughaken mit Kohle von einem unteren Heizwert von 28 MJ kg^{-1} war 0,30 kg MJ^{-1} *(Anm. d. Übers.: = 1,08 kg kWh^{-1})*, was einen thermischen Gesamtwirkungsgrad am Zughaken von 11,9 % ergibt. Das war ebenfalls ein Weltrekord, obwohl nicht einmal bei der günstigsten Geschwindigkeit und Leistung gemessen. Man nimmt an, dass im Bestpunkt 13 % erreicht wurden. Güterzüge (ungebremst) von 1 200 Tonnen wurde in der Ebene mit Leichtigkeit mit der zulässigen Höchstgeschwindigkeit von 105 km h^{-1} befördert und Züge von 2 000 Tonnen wurden mit 80 km h^{-1} genommen. Die Lokomotive war im Wesentlichen eine Versuchsmaschine, die von Porta mit geliehenem Geld der Industrial Bank gebaut worden war, um die Dampftraktion voranzubringen. Die erreichten Ergebnisse können nur als brillant angesehen werden – ganz besonders bei einem ersten Versuch – und demonstrierten, welche Höhe der thermischen Effizienz durch die Anwendung von Chapelons Grundsätzen erreicht werden könnte. Allerdings war die Lokomotive nicht wirklich für den Alltagsbetrieb geeignet. Porta selbst bemerkt dazu[2]:

> „Bei der Konstruktion wurde gute Zugänglichkeit für die Wartung der Thermodynamik geopfert: es war ein Fehler.“

Nachdem die Lokomotive die seinerzeitigen Grenzen für Leistung und Wirkungsgrad nach 70 000 km Laufstrecke aufgezeigt hatte, wurde sie ausgemustert und im Freien aufbewahrt. Der Autor sah sie in diesem Zustand im Jahre 1973.

Porta unterbreitete den Argentinischen Staatsbahnen[3] Vorschläge für die Modernisierung ihre Lokomotiven, was, unterstützt durch das, was mit der 2D erreicht worden war, zu der Rekonstruktion von nahezu einhundert Maschinen in der kleinen Werkstatt führte, die er für Lokomotivumbauten eingerichtet hatte. Die meisten davon waren breitspurige Tenderlokomotiven. Fünfzig 1C2h3t Klasse 8E *(Anm. d. Übers.: Gesamtstückzahl 55, Vulcan Foundry Works, GB, 1925 bis 1930)* und zwölf 1C1h2t der Klasse 8C *(Anm. d. Übers.: Gesamtstückzahl 30, 1916)* der General-Roca-Eisenbahn (sämtlich ölgefeuert), eingesetzt im intensiven Vorortzugdienst ab Bahnhof Buenos Aires Plaza Constitution, wurden mit dem Ziel der Leistungserhöhung zur Einhaltung der Fahrpläne unter erschwerten Bedingungen geringfügig umgebaut. Die nicht modifizierte Klasse 8E hatte eine Zughakenleistung von etwa 670 kW nach einer Hauptuntersuchung, welche aber unter den durchschnittlichen Wartungsbedingungen bald auf ungefähr 485 kW abfiel. Nach Ausrüstung mit einer Saugzuganlage der Bauart Lempor (Lemaître-Porta), geringen Änderungen an der Dampfverteilung und dem Blindsetzten von 20 Heizrohren um die Überhitzung zu steigern, erhöhte sich die Zughakenleistung auf 895 kW und fiel mit zunehmender Kilometerleistung wesentlich langsamer ab. Mit diesen einfachen Änderungen wurde das gewünschte Ziel erreicht. Die modifizierten Maschinen waren in der Lage, in sämtlichen Vorortzugdiensten die Planzeit zu halten, trotz mancher Verzögerungen in den Stationen wegen überfüllter Züge. Natürlich war die Zughakenarbeit *(Anm. d. Übers.: gemeint ist die physikalische Arbeit der Lokomotive vor dem Zug, also Durchschnittsleistung x Fahrzeit unter Dampf)* hierbei größer als mit den nicht umgebauten Lokomotiven, die in den gleichen Diensten eingesetzt waren, aber Fahrzeit verloren. Damit war der Brennstoffverbrauch pro Kilometer höher, obwohl der thermische Gesamtwirkungsgrad der Umbaumaschinen besser war und sie somit pro Zughaken-MJ weniger Öl verbrannten (das gleiche Phänomen aus dem gleichen Grund trat auch bei einigen von Chapelons Umbauten auf). Das war der Preis, der für die Pünktlichkeit gezahlt werden musste. Es macht ein wichtiges Prinzip deutlich, dessen man sich bei der Bewertung des Brennstoffverbrauchs von verbesserten Lokomotiven bewusst sein sollte und was von Kritikern gern übersehen wird.

Der Erfolg dieser Umbaulokomotiven führte zu der durchgreifenden Rekonstruktion einer 1C1h2t-Maschine der Klasse 8C, Bahn-Nr. 3477, mit Modifizierungen an Kessel, Überhitzer, Zylinder, Steuerung, Sandstreuer, Schmierung, Rahmen und anderen Komponenten. Eine Kylpor-(Kyläla-Porta)-Saugzuganlage wurde installiert. Die höchste Zughakenleistung wurde fast verdoppelt und erreichte 1 045 kW bei der sehr hohen spezifischen Verdampfung[4] von 140 kg m^{-2} h^{-1}. In ihrer Leistungsfähigkeit konnte diese kleine Tenderlokomotive es aufnehmen mit 2C1-Schnellzuglokomotiven etwa doppelter Größe, wie zum Beispiel der dreizylindrigen Klasse PS11 *(Anm. d. Übers.: Armstrong*

---

[1] Lama Anagarika Govinda, „Foundations of Tibetan Mysticism“, Rider & Co. London, 1960.

[2] Porta, L. D., Steam Locomotive Power: Advances Made During The Last Thirty Years: The Future. Vortrag vor dem XVIII Colloque ICOHTEC, Paris 1990, (Original in Französisch). Viele der Angaben zu Portas Arbeit stammen aus diesem Vortragspapier.

[3] Die Argentinischen Staatseisenbahnen (Ferrocarriles Argentinos) waren nach Militärs aus der argentinischen Geschichte benannt, somit wird im Text Bezug genommen zum Beispiel auf „General-Roca-Eisenbahn“ oder „General-Belgrano-Eisenbahn“.

[4] Spezifische Verdampfung = Verdampfungsleistung (kg h^{-1}) ÷ Kesselheizfläche (m^2).

Whitworth, GB, 20 Stück 1930 und Vulcan Foundry Works, GB, 40 Stück 1950 bis 1952) mit Caprotti-Ventilsteuerung. Sie konnte die normalerweise von solchen Lokomotiven geleisteten Dienste erbringen, aber mit einem um 30 bis 50 % reduzierten Brennstoffverbrauch.

Trotz dieser günstigen Resultate wurden keine weiteren Lokomotiven dieser Klasse oder anderer Klassen umgebaut. Die Fortsetzung der Arbeiten Portas wurde nicht erlaubt, obwohl nachfolgend weitere einfache Umbauten von den Argentinischen Staatsbahnen durchgeführt wurden, wie zum Beispiel an den 2Dh3-Schlepptenderlokomotiven Klasse 11C der General-Roca-Eisenbahn *(Anm. d. Übers.: Beyer Peacock, GB, 75 Stück, 1924 bis 1929)* unter der Leitung von Chapelon. Die Argentinischen Eisenbahnen wünschten den Weg der Verdieselung zu gehen, und es gab Mittel und Wege, Portas Arbeit herabzumindern und seine abweichende Meinung zu entmutigen. Zum Beispiel war bei einer Versuchsfahrt mit Nr. 3477 vor einem Milchzug Buenos Aires – Las Flores die Achse eines Paketwagens im hinteren Zugteil mit einer Kette blockiert, was erst in Temperley, einige Kilometer nach der Abfahrt entdeckt wurde. Zu diesem Zeitpunkt hatten sich bereits 200 mm lange Flachstellen in die Radreifen eingeschliffen. Zufällig (?) stand an einem anderen Bahnsteig ein ähnlicher Wagen. Die beiden Fahrzeuge wurden getauscht und die Pakte umgeladen, was insgesamt fünfzig Minuten dauerte. Von da an wurde die Lokomotive voll ausgefahren, kam aber immer noch um zehn Minuten verspätet in Las Flores an. Das war ein probater Tadel für die Maschine, nachdem die wahren Umstände vertuscht worden waren. Porta wäre sicher in der Lage gewesen solcher Sabotage entgegenzutreten, aber als ihm die Anwälte der Eisenbahn abrupt mitteilten, dass der Vertrag zum Umbau von Lokomotiven gekündigt sei, konnte er nichts anderes tun, als die Sache vor Gericht zu bringen, wo ihm später beträchtliche Entschädigungen zugesprochen wurden.

Nunmehr ohne eine Möglichkeit für die Staatsbahnen zu arbeiten, nahm er im Jahre 1957 die Stelle des Leiters der Rio-Turbio-Eisenbahn an. Diese Bahn mit einer Spurweite von 750 mm gehört zur Yacimentos Carboniferos Fiscales (YCF, die Argentinische Kohlebehörde) und verläuft über 255 km vom Hafen Rio Gallegos zu den Rio-Turbio-Kohleminen nah an der chilenischen Grenze. Bei der Eröffnung im Jahre 1951 war sie ursprünglich mit Schienen von 17,4 kg m^{-1} verlegt, was die Achsfahrmasse auf 7,6 Tonnen begrenzte. Die größten (unkompensierten) Steigungen sind 3 ‰ für ostwärts fahrende beladene Züge und 7 ‰ für westwärts fahrende Leerzüge. Allerdings sind es die sehr kalten Südwestwinde, die das größte betriebliche Problem darstellen. Die Winde scheinen in der Südspitze Patagoniens tatsächlich alles zu beherrschen. Fast ständig bläst er mit 100 km h^{-1}, erreicht regelmäßig 150 km h^{-1} im Frühling und im Herbst (Böen von bis zu 220 km h^{-1} sind gemessen worden) und trifft die Leerzüge mit voller Wucht im Winkel von 45°, so dass der Zugwiderstand so weit zunimmt, dass praktisch die gesamte Fahrt nach Westen von der Lokomotive harte Arbeit verlangt. Im Winter können die Temperaturen bis auf -20 °C fallen, manchmal mit Schnee (der so genannte „weiße Wind"), noch öfter aber mit Raureif auf den Schienen, was die Adhäsion beeinträchtigt, besonders da die Winde ein wirkungsvolles Sanden der Schienen fast unmöglich machen.

Bei Portas Ankunft wurde der Verkehr von zehn im Jahre 1956 von Mitsubishi gelieferten 1E1h2-Schlepptenderlokomotiven bewältigt. Sie waren eine verkleinerte Version einer von Skoda erbauten Variante einer 1E1h2-Meterspurkonstruktion der General-Belgrano-Eisenbahn, und nach den seinerzeitigen japanischen Normen erbaut. Das Lokomotivgewicht betrug 48 Tonnen, davon 38 Tonnen als Reibungsgewicht. Die nominale Zugförderungsdauerleistung war mit 520 kW am Zughaken angegeben, aber ihr Einsatz wurde behindert durch die Neigung der Rio-Turbio-Kohle zur Schlackebildung. Aus diesem Grund waren die Lokomotiven bei Versuchen nicht im Stande dauernd 700 kW am Zughaken abzugeben. Während seiner Tätigkeit bei der Rio-Turbio-Eisenbahn entwickelte Porta das Gaserzeugungs-Verbrennungssystem (GPCS, *Anm. d. Übers.: engl. Gas Producer Combustion System, im Weiteren wird die international übliche Abkürzung GPCS auch in der Übersetzung verwendet)*), welches eine hohe Brennstoffschicht mit der Zuführung von Sekundärluft oberhalb des Rosts verbindet (wie bereits zum Teil bei der Versuchs-2D angewendet) und bei dem der Primärluft Dampf zur Beherrschung der Schlackebildung beigemischt wird. Drei der 1E1 wurden mit dem GPCS und einer Kylpor-Saugzuganlage ausgerüstet, was ihre nominale Zughakenleistung auf 895 kW anhob und das Verschlackungsproblem löste. Die Leistung konnte nun dauernd abgegeben werden ohne Zwischenhalt zur Feuerreinigung, da wegen des fehlenden Brandrisikos für Felder Asche während der Fahrt auf die Strecke geleert werden konnte. Häufiges leichtes Schütteln des Rosts wurde praktiziert, um eine gleichförmig reaktive Feuerbetthöhe aufrechtzuerhalten. Die Spezifikation für eine zweite Lieferung von zehn 1E1, geliefert von Mitsubishi im Jahre 1963, enthielt diese Änderungen und zusätzlich sowohl eine Anzahl weiterer Verbesserungen an Kessel, Schieber, Dampfkolben und Sandstreueinrichtung als auch einen höheren Kesseldruck, angehoben von 13,73 bar auf 15,7 bar. Ein interessanter Aspekt war die Anwendung einer Walschaerts-Steuerung *(Anm. d. Übers.: im Deutschen als Heusinger-Steuerung bekannt. International war aber die Bezeichnung Walschaerts üblich und wird im Weiteren in der Übersetzung verwendet)*, die so angeordnet war, dass in Vorwärtsstellung zunehmendes lineares Voreilen mit zunehmender Vorwärtsfüllung eintrat, das Gegenteil dessen, was die meisten Ingenieure bis dato als richtig angesehen hatten. Der Grund für diese Anordnung wird in Kapitel 3.2 erläutert. Die Lokomotiven der zweiten Serie waren in der Lage dauernd 1 000 kW am Zughaken bei 50 km h^{-1} abzugeben (das ist die Streckenhöchstgeschwindigkeit wegen des Zustands des Oberbaus und schlechter Federungseigenschaften der Waggons). Sämtliche von Porta veranlassten Verbesserungen wurden bei Grundüberholungen auch bei den Lokomotiven der ersten Serie vorgenommen.

Diese 1E1 bewältigten normalerweise Kohlezüge von 1 500 bis 1 700 Tonnen ohne Vorspann (siehe Tafel 3), wobei als maximale Zuglast für eine Lokomotive im Betrieb 2 000 Tonnen möglich war.[1] Einige Lokomotiven kamen auf 12 000 km Laufleistung pro Monat. Das waren für 750-mm-Spur bemerkenswerte Zahlen und konnten größtenteils der guten Detailkonstruktion der Lokomotiven zugeschrieben werden, welche zu hoher Leistungsfähigkeit, guter Brennstoffwirtschaft und guter Zuverlässigkeit führte. Als Maßstab für die erreichte Zuverlässigkeit können einige Statistiken, wie von Porta übermittelt, dienen:

1. Laufleistung zwischen zwei Weißmetallausgüssen von Kuppelachslagern = 120 000 km; Gesamtlebensdauer dieser Lager > 480 000 km (180 x 10^6 Kuppelachsumdrehungen).
2. Laufleistungen zwischen zwei Radreifenprofilierungen 70 000 km (Treibraddurchmesser 850 mm, häufig bis an die Reibungsgrenze belastet. Porta brachte ein „Hochadhäsion"-Radreifenprofil bei diesen Lokomotiven an und drehte die Treibräder im Durchmesser um 3 mm größer als die Kuppelräder).
3. Überhitzerelemente: kein Ersatz auf 500 000 km (Höchste Heißdampftemperatur normal 400 °C, absolutes Maximum 420 °C).
4. Kesselrohre: 10 % instandgesetzt auf 400 000 km wegen Längsrisse durch Überdehnung beim Einwalzen, sonst keine Reparaturen.
5. Kesselmantel und Feuerbüchswände: keine Reparaturen während der ersten zwölf Dienstjahre.
6. Stehbolzenbrüche: keine auf 400 000 km Laufleistung.
7. Flanschverbindungen der Hauptdampfleitungen: keine Undichtigkeiten auf 400 000 km Laufleistung.
8. Lebensdauer der Kolbenstangenstopfbuchse ≈ 400 000 km (150 x 10^6 Kuppelachsumdrehungen).
9. Dampfundichtigkeit (Gesamtwert): Maximalwert mehrerer untersuchter Lokomotiven = 1,7 % der maximalen Nenndampfleistung mit Kolben- und Schieberringlaufleistung 70 000 km.

Verglichen mit den anderswo erreichten Ergebnissen, einschließlich denen der SAR, waren einige dieser Zahlen hervorragend. Die thermischen Eigenschaften dieser Lokomotiven waren nicht weniger eindrucksvoll. Bei Versuchsfahrten über die gesamte Streckenlänge

[1] Nur etwa ein Drittel der Waggons der Eisenbahn waren mit Saugluftbremsen (nur an einem Drehgestell) ausgerüstet, so dass die Züge mit etwa zwei Drittel ihre Last ungebremst liefen.

zeigten sie einen Kesselwirkungsgrad im normalen Betriebseinsatz von 80 % bei der Verbrennung von Rio-Turbio-Kohle von 24 MJ kg^{-1} unterem Heizwert. Fahrten vor dem Messwagen ergaben mit Kohle von 31,4 MJ kg^{-1} unterem Heizwert einen spezifischen Kohleverbrauch am Zughaken von 0,37 kg MJ^{-1} *(Anm. d. Übers.: = 1,332 kg* kWh^{-1}*)*, was einen thermischen Gesamtwirkungsgrad am Zughaken für eine vollständige Streckenfahrt von 8,6 % ergibt.

Das waren einige der Ergebnisse von Portas vierjähriger Arbeit bei der Rio-Turbio-Eisenbahn. Im Jahre 1960 ging er zurück nach Buenos Aires, um dem Institutio Nacional de Technologia Industrial (INTI) beizutreten, wo er die nächsten zwanzig Jahre als Leiter der Abteilung Thermodynamik wirkte. Er pflegte weiterhin eine enge Zusammenarbeit mit der Rio-Turbio-Eisenbahn und es war ihm möglich, weiterhin seine Entwicklungen dort anzuwenden. Zum Beispiel wurde das Zyklon-GPCS (ein GPCS, bei dem der Feuerschirm und die Einlassöffnungen der Sekundärluft so angeordnet sind, dass sich ein rotierender Gasstrom in der Feuerbüchse ergibt, um mitgerissene Kohlepartikel durch Wirkung der Zentrifugalkraft aus dem aufsteigenden Gasstrom abzuscheiden) Mitte der sechziger Jahre versuchsweise in die 1E1 Nr. 118 eingebaut. Bei Versuchen mit dieser Lokomotive wurde bei Verwendung von Kohle in der Stückigkeit von Maiskörnern und 11 % Aschegehalt ein Zuggewicht von 3 190 Tonnen in Doppeltraktion befördert, wobei Nr. 118 außer in den Maximalsteigungen allein das Gesamtgewicht übernahm und in der Ebene 30 bis 35 km h^{-1} mit einer Zylinderfüllung von 35 % hielt.

Seine Stellung bei dem INTI ermöglichte es Porta, seine Zusammenarbeit mit den Staatsbahnen in Sachen Dampflokomotiven wieder aufzunehmen. Nachdem die Verwendung von Rio-Turbio-Kohle bei den 1E1 der Rio-Turbio-Eisenbahn erfolgreich war, wurden ähnliche Umbauten an einer meterspurigen 2C1h2 der General-Belgrano-Eisenbahn vorgenommen, um die praktische Verwendbarkeit dieser Kohle auf Hauptbahnen zu demonstrieren. Die dazu benutzte Schlepptenderlokomotive der Klasse 12A Nr. 4674 war 1919 von ALCO erbaut worden und wog gerade mal 48 Tonnen, davon waren nur 27 Tonnen Reibungsgewicht. Im umgebauten Zustand konnte sie 820 kW Zughakendauerleistung abgeben und zog 2 000-Tonnen-Züge in der Ebene. Bei der Verwendung von polnischer Kohle (von höherem Heizwert als die Rio-Turbio-Kohle) zog diese Lokomotive einst Güterzüge von 1 000 bis 1 200 Tonnen in einem 1 200-km-Dienstplan, Santa Fe – Resistencia und zurück, ohne Brennstoff zu bunkern. Obwohl die Eignung der Rio-Turbio-Kohle zur allgemeinen Lokomotivfeuerung erfolgreich demonstriert wurde, war es zu spät, um die Haltung der Eisenbahn zu beeinflussen und keine weiteren Staatsbahnlokomotiven wurden zur Verbrennung dieser Kohle unter Verwendung des GPCS umgebaut.

Es gab allerdings eine Angelegenheit, für die sich die Eisenbahnen interessierten, und das war die verbesserte Wasseraufbereitung. Starke und geradezu epidemisch weitverbreitete Dampfnässe wurde beobachtet, und im Jahre 1969 baten die Staatseisenbahnen Porta um seine Unterstützung bei der Lösung dieses Problems. Das Ergebnis war ein System der Wasseraufbereitung, das auf der Französischen TIA-Methode *(Anm. d. Übers.: Traitement Intégral Armand, benannt nach Louis Armand, * 17.01.1905; † 30.08.1971; er entwickelte seine Methode als Ingenieur bei den SNCF 1940–41)* beruhte, aber mit wesentlich vereinfachter Dosierkontrolle, geeignet für den niedrigeren technischen Stand in Argentinien. Die ölgefeuerte meterspurige 2D1 Nr. 1802 der Klasse C16 wurde für Versuche zur Wasseraufbereitung verwendet, wobei es allmählich möglich wurde, den Kessel nur noch zweimal in einem vollen Jahr auszuwaschen. Kesselreparaturen waren angeblich vernachlässigbar, obwohl die Lokomotive in Gebieten mit hartem Speisewasser eingesetzt war, die lokal als „Kesselfriedhöfe“ bezeichnet wurden. Natürlich ergriff Porta auch die Gelegenheit, die Leistung der Maschine mit den üblichen Maßnahmen zu verbessern (verbesserte Saugzuganlage, Dampfverteilung etc.) was in einer Zughakenleistung von bis zu 1 300 kW resultierte, ungefähr 70 % mehr, als die Ursprungskonstruktion hergab. Die Brennstoffproduktivität, ausgedrückt in Bruttotonnenkilometer pro Kilogramm Heizöl, erhöhte sich ebenfalls um 70 %. Diese Lokomotive wurde auch auf dem Abschnitt Salta – Socompa der Nördlichen Transandenbahn eingesetzt, die bis auf 4 475 m über Seehöhe aufsteigt. Dabei nahm sie die gleiche Zuglast wie die 1E1-Klassen E4 und E5 *(Anm. d. Übers.: h2, Schlepptender, ursprünglich Ferrocarril Central Norte Argentino (F.C.C.N.A.), Klasse E3, Bahn-Nrn. 1311 bis 1329, Baldwin, USA, 1926, weitere Lieferung als E4, Bahn-Nrn. 1330 bis 1345, Henschel & Sohn, 1937 und schließlich als E5, Bahn-Nrn. 1346 bis 1360, Skoda, CSSR, 1949, mit sechsachsigem Tender)* mit der doppelten der normalen Geschwindigkeit dieser Planlokomotiven in den größten Steigungen.

Die erstmalige Anwendung von Portas Entwicklungen außerhalb Argentiniens gab es in Großbritannien während der sechziger Jahre. Vierundsiebzig Cn2-Satteltankmaschinen des National Coal Board *(Anm. d. Übers.: andere Quellen geben 83 Maschinen an, 60 „Austerity“, u. a. The Hunslet Engine Co., Robert Stephenson & Hawthorn, 11 Standard 15" Hunslet, 4 Standard 16" Hunslet, 1 Hunslet Typ 50550, 7 Hudswell Clarke 17" 0-6-0t, allesamt Werkbahntypen)* wurden mit der Kylpor-Saugzuganlage und Verbesserungen an den Schiebern ausgerüstet. Auch wurde eine Variante des GPCS kombiniert mit einer von der Hunslet Engine Company entwickelten Unterschubfeuerung *(Anm. d. Übers.: Eine mechanische Stößelvorrichtung mit Dampfzylinderantrieb presst frische Kohle von unten in das Feuerbett. Da über dem Kohlestößelkanal eine ständige Verbindung zum Bunker hinter dem Führerhaus bestand, kam es vor, dass sich der Kohlevorrat bei Ruhefeuer über Nacht entzündete)* eingebaut. Der Hauptgrund für diese Umbauten war die Bekämpfung der Luftverschmutzung. Für diesen Zweck erwiesen sie sich als sehr erfolgreich. Diese Änderungen machten die Maschinen auch weniger schwerfällig, wobei bei Versuchen durch British Railways eine maximale Zughakenleistung von 670 kW aufgezeichnet wurde. Das ist für diese Art von Lokomotiven eine bemerkenswerte Zahl.

Möglicherweise das interessanteste Projekt an dem Porta während seiner Zeit am INTI arbeitete, war die Konstruktion einer vollständig neuen meterspurigen 1E. Das geschah auf Anfrage des Industrieministeriums, kam aber über das Konstruktionsstadium nicht hinaus. Die Abb.2 zeigt die unvollständig gebliebene Zusammenstellungszeichnung der vorgeschlagenen Lokomotive, auf der sich viele interessante Merkmale erkennen lassen. Unter anderem der Sektionalkessel, bestehend aus (von vorn nach hinten) der Rauchkammer, dem Speisewasservorwärmer (Economiser), dem Überhitzer, dem Verdampfungsrohrbündel und der Feuerbüchse. Es wäre eine Dreizylinderverbundlokomotive geworden, mit beheizten Dampfmänteln um die Zylinder. Die indizierte Nennleistung wäre 3 730 kW gewesen, die Höchstgeschwindigkeit 130 km h^{-1}, und mit einer maximalen Achsfahrmasse von 16,6 Tonnen wäre sie für die meisten Strecken der General-Belgrano-Bahnen geeignet gewesen.

Während seiner Zeit beim INTI war Porta nicht ständig in das Tagesgeschäft des Lokomotivbetriebs eingebunden, was ihm sowohl die Zeit als auch den Abstand gab, um neue Ideen für eine verbesserte Konstruktion zu entwickeln. Damit stammen viele der Fortschritte in der Baugruppenkonstruktion, was das praktische Ergebnis von Portas Forschungen war, aus diesen Jahren, die höchst produktiv waren. Diese Fortschritte können in drei Kategorien gruppiert werden: solche, die mit Zuversicht ohne weitere Forschung angewendet werden konnten, solche, die noch mit Unwägbarkeiten behaftet waren und deshalb noch weiterer Entwicklung bis zu ihrer Anwendung bedurften, die aber sofort anwendbar waren, falls man die Risiken, die mit den Unwägbarkeiten verknüpft waren, in Kauf nahm und solche, die ganz entschieden weiterer Forschungs- und Entwicklungsarbeit bis zu ihrer Anwendung bedurften. Beispiele dieser drei Kategorien waren jeweils die Kolbenschieberkonstruktion, das Zyklon-GPCS und die Abdampfkondensation unterhalb des Atmosphärendrucks *(Anm. d. Übers.: die deutschen Kriegslokomotiven der Baureihe 52 Kondens, die SAR-Klasse 25, die ab 1933 versuchsweise umgebauten und neu gelieferten über 1 400 russischen Eh2* E^{GK} *und* E^{MK}*, 1Eh2* SO^{K} *und 1E1h2* FD^{K}*20, und einige Einzelstücke kondensierten den Maschinenabdampf bei Atmosphärendruck bzw. ca. 100 °C. Bei diesen Maschinen ging es nur um die Rückgewinnung des Dampfkondensats bei dem Einsatz in wasserarmen Gebieten, nicht um die Erweiterung der Dampfexpansion in das Unterdruckgebiet. Die hohe Kondensationstemperatur hat auch den Vorteil, besonders bei hohen Außentemperaturen wie bei der SAR-Klasse 25 in der Karoo-Wüste, wegen der auch dann noch* *bestehenden recht großen Temperaturdifferenz mit relativ kleinen Kühlflächen auskommen zu können)*. Porta definierte auch drei Stufen in der Entwicklung der Dampflokomotive. Unter dem Begriff Dampf der ersten Generation *(Anm. d. Übers.: im Weiteren, wie international üblich, mit First Generation Steam = FGS bezeichnet)* wurden alle existierenden Konstruktionen zusammengefasst. FGS-Dampflokomotiven könnten ohne größere strukturelle Änderungen durch Anwendung von geeigneten Einrichtungen der neuen Technologie verbessert werden, aber was auch immer man veränderte, ihr Betriebsverhalten würde auf dem FGS-Niveau verbleiben, wegen der inhärenten Limitierungen ihrer Bauart. Dampf der zweiten Generation *(Anm. d. Übers.: im Weiteren, wie international üblich, mit Second Generation Steam = SGS bezeichnet)* wurde definiert in dem Sinne, was man neu bauen könnte unter Verwendung der Einrichtungen der damals verfügbaren neuen Technologie, die wenig oder keiner weiteren Forschung bedurfte: ein Beispiel ist die vorgeschlagene Meterspur-1E in der Abb.2.

Dampf der dritten Generation *(Anm. d. Übers.: im Weiteren, wie international üblich, mit Third Generation Steam = TGS bezeichnet)* war die Technologie, die vor ihrer Verwirklichung große Forschungs- und Entwicklungsanstrengungen erfordert hätte, wie zum Beispiel (nach der Meinung des Autors) die ACE-3000-Konstruktion beschreiben in Kapitel 6.3. Bei der Verbrennung minderwertiger Kohlen wurde von Porta erwartet, dass modifizierte FGS-, SGS- und TGS (mit Abdampfkondensator)-Dampflokomotiven, übers Jahr gesehen, thermische Wirkungsgrade von jeweils 10 %, 15 % und 25 % haben würden.

Portas tiefe Einsicht in den grundlegenden Mechanismus der Dampflokomotive sowohl was die Funktion ihrer Einzelteile angeht als auch ihr gemeinsames Zusammenspiel, welches das Funktionieren der Lokomotive als Ganzes ergibt, bildete die Grundlage seiner Arbeit. Nur durch ein tiefes Verständnis dafür, wie die Dinge sind, können die maßgeblichen Einflussgrößen erkannt und in Zahlen ausgedrückt werden und nur dann kann der richtige Weg für eine technische Entwicklung, dem es zu folgen gilt, erkannt werden. Das erscheint offensichtlich, aber es war nicht immer die wegweisende Philosophie für die Dampflokomotivkonstruktion. Allzu viele Entwicklungen beruhten auf der Methode von Versuch und Irrtum und grobe Verhältniszahlen und „Konstruktionsregeln“, oft auf empirischem Wege aufgestellt, ersetzten exakte, auf dem Verständnis der betreffenden mechanischen und thermodynamischen Naturgesetzte beruhende Berechnungen. Diese Herangehensweise führt sicherlich zu Fortschritten - die Unterschiede zwischen einer neuzeitlichen 2D2 und Stephensons „ROCKET“ machen das deutlich - aber es war häufig ein zufälliger Fortschritt und auch einer, der sicherlich größer hätte sein können. Nur zu oft waren diejenigen, die für die Fortentwicklung der Dampftraktion verantwortlich waren, übermäßig selbstgefällig oder ihre Bemühungen gingen einfach in die falsche Richtung. Das ist es, was als die „Gut genug“-Technikmentalität bezeichnet worden ist und die das „Messer mit dem Griff“ der Diesel- und elektrischen Konkurrenz übergab. Aber genau so war es. Wie sonst hätte der Umbau einer Lokomotive der SAR-Klasse 25NC, wie in Kapitel 3 beschrieben, derartig massive Verbesserungen bei der Leistung und dem thermischen Wirkungsgrad bringen können, bei einer Lokomotivtype, die einst innerhalb den SAR, aber auch von einigen außerhalb davon als repräsentativ für das letzte Wort in der Dampflokomotivkonstruktion angesehen wurde? Das eigentliche Thema dieses Buchs ist die Revolution der Dampflokomotivtechnik, die Portas Wirken möglich gemacht hat, und davon werden wir auf den nächsten Seiten viele Beispiele finden.

Das führt uns zurück zu der Zeit, als der Autor und Porta zu korrespondieren begannen und nachfolgende Entwicklungen in Portas Werdegang werden im Fortgang unserer Geschichte dargestellt werden. Es kann an dieser Stelle gesagt werden, dass sich die Ereignisse in einer solchen Weise entwickelten, dass Porta und ich uns ergänzten. Ein Ergebnis von Portas vielen Jahren der Beschäftigung mit Lokomotiven waren seine Empfehlungen zu Konstruktion und Betrieb und das Zusammenführen seines breiten Wissensschatzes in eine für die Anwendung geeignete Form. Beginnend mit dem Jahre 1979 hatte ich die Gelegenheit, seine Doktrin bei den SAR in die Praxis umzusetzen. Im Wesentlichen war Porta der Erfinder, „der ‚Denker“ und ich war der Praktiker, „der „Macher“ (was nicht bedeuten soll, dass Porta nicht machte und ich nicht dachte). Auf diese Weise bildeten wir ein gutes Team.

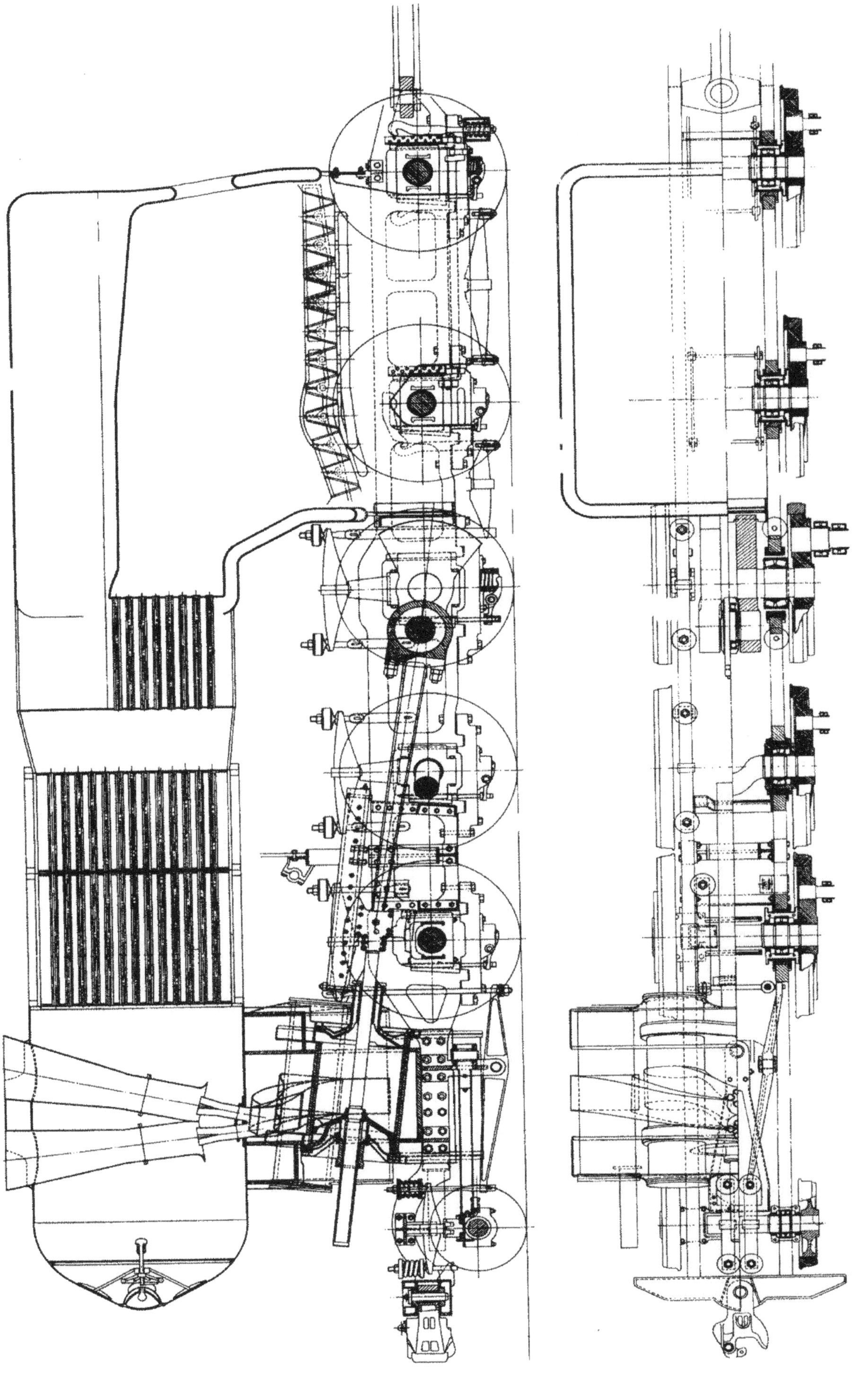

Abb. 2
Entwurf einer 1E mit Dreizylinderverbundtriebwerk für die argentinische Belgrano-Eisenbahn [Originalzeichnung mit freundlicher Genehmigung durch L. D. Porta]

1.6 Der lernwillige Schüler

Die wichtigste Tätigkeit des Autors während der fünf Jahre von 1974 bis einschließlich 1978 war das Studium und das Begreifen von zahlreichen technischen Dokumenten zur Dampflokomotive, die man in drei Kategorien einteilen konnte: interne SAR-Dokumente, wie Versuchsberichte, Akten, Artikel und Bücher (fast ausschließlich überseeischen Ursprungs) aus dem Bestand der ausgezeichneten Bücherei im Untergeschoss des Gebäudes der Generaldirektion in Johannesburg und das von Porta gesendete Material. Die somit gewonnene Kenntnis wurde genutzt, um zu versuchen, die Sache der Dampftraktion voranzubringen. Aus meiner bescheidenen Position innerhalb der Abteilung des CME heraus reichte ich bei meinen Vorgesetzten Vorlagen zu verschiedenen Aspekten der Dampflokomotive ein, denen allen eine Schlussfolgerung zu Grunde lag, welche wie folgt war. *Die Politik der Abschaffung der Dampftraktion beruht auf der Vorstellung, dass die Diesel- und die elektrische Traktion sowohl in Bezug auf Leistung als auch Wirtschaftlichkeit, der Dampftraktion, wie durch die vorhandenen Lokomotiven der SAR repräsentiert, überlegen ist. Indes können die Leistung und die Wirtschaftlichkeit dieser Dampflokomotiven maßgeblich verbessert und ihre Betriebskosten bedeutend verringert werden, vielleicht sogar soweit, dass die Dampftraktion nicht mehr unterlegen ist. Die einzige Möglichkeit, das zu prüfen besteht darin, eine oder mehrere Lokomotiven nach dem gegenwärtigen technischen Standard umzubauen und die erzielten Verbesserungen zahlenmäßig zu bestimmen. Sollten sie hinreichend groß sein, sollte die Politik neu bewertet werden.*

Heute ist es klar, dass die Gründe, die Dampftraktion abzuschaffen, nicht unbedingt etwas mit Kosten zu tun hatten, aber damals war das für mich nicht ersichtlich. Ich blieb bei der Voraussetzung, dass die einzigen Gründe, eine Lokomotivart der anderen vorzuziehen, wirtschaftlicher Art sein sollten – weil jeder Faktor im Lokomotivbetrieb einen zugehörigen Kostenaufwand hat – und dass das dann freilich auch bei den SAR der Fall war, so dass ich meine Argumente entsprechend ausrichten sollte. Allerdings stießen all meine Vorschläge auf ein größeres Hindernis: es war nun mal die Politik, die Dampftraktion abzuschaffen und deshalb würden aus finanziellen Gründen keine Umbauten zur Verbesserung der Leistung und Wirtschaftlichkeit der Dampflokomotiven gestattet werden. Das heißt, es sollte kein Geld für die Verbesserung von etwas ausgegeben werden, von dem die Eisenbahnen dabei waren, es auslaufen zu lassen. Das führte zu einer interessanten Beziehung zwischen Ursache und Wirkung. Das angeblich geringere Leistungsvermögen der Dampftraktion war die Ursache, die angeführt wurde, um die Wirkung, die Politik der Abschaffung der Dampftraktion, zu rechtfertigen. Aber diese Politik wurde wiederum zur Ursache für das Untersagen von Verbesserungen an der Dampftraktion, die dazu hätten führen können, dass ihre Leistungsfähigkeit nicht mehr länger unterlegen gewesen wäre. Auf welche Grundlage also stand diese Politik dann?

Nachdem ich die Stelle des Stellvertretenden Ingenieurs (Zugförderung) übernommen hatte, war es eine meiner Prioritäten, Eindrücke von der Leistungsfähigkeit verschiedener Lokomotivklassen bei Führerstandsmitfahrten zu gewinnen. Während der Ära der Dampflokomotive war es allgemeine Praxis der Eisenbahnverwaltungen, diejenigen, die beruflich mit Lokomotiven zu tun hatten, zu ermuntern, Erfahrungen auf dem Führerstand zu sammeln, was in früheren Jahre anscheinend auch bei den SAR zutraf. Wie auch immer, zu der Zeit, als ich dort beschäftigt war, wurden Führerstandserlaubnisscheine für das Gesamtnetz von dem Technischen Betriebsinspektor am Büro des Generaldirektors ausgestellt, ein Posten, den damals D. Arndt innehatte, der auf das Engste mit der erfolgreichen Einführung der Diesellokomotive auf den SAR verbunden war, aber unter welchem Führerstandserlaubnisscheine zu einer gefährdeten Spezies geworden waren. Da meine Stellung nichts mit dem Betrieb der Lokomotiven zu tun hatte, wurde mein Antrag abgelehnt und nur nach der verständigen Intervention meiner Vorgesetzten wurde schließlich ein beschränktes Mitfahrprogramm erlaubt. Damit fuhr ich gegen Ende 1974 auf den meisten der wichtigeren Klassen, die noch im Streckendienst eingesetzt waren, als auch auf einigen Rangierlokomotiven. Bis heute sind einige Eindrücke lebendig geblieben, wie von dem Heizer, der während zwanzig Minuten ununterbrochen Kohle in die blendend weißen Flammen schaufelte, die die Feuerbüchse einer 2D1 der Klasse 15CA *(Anm. d. Übers.: h2, Schlepptender, Bahn-Nrn. 2039 bis 2059, 2072 bis 2077 und 2801 bis 2857, ALCO, 1926)* erfüllten, die mit fast dem zulässigen Zuggewicht von 700 Tonnen in der 8 km langen Steigung von durchschnittlich 14 ‰ zwischen Bronkhorstspruit und Forfar belastet war, und wie sich die souveräne Steigungsfahrt einer GMAM-Garratt in den 20-‰-Rampen zwischen Machadodorp und Carolina plötzlich in nahezu unkontrollierbares Schleudern verwandelte, als es zu regnen begann. Eine Fahrt wurde auf der leichten 2D1-Schlepptenderlokomotive der Klasse 19D, Nr. 2684, vor dem täglichen Sammelgüterzug mit Personenbeförderung von Graaf Reinet nach Rosmead absolviert, mit einer langen Steigung von maßgeblich ungefähr 25 ‰ den großartigen 1 746 Meter hohen Lootsberg-Pass hinauf. Die Strecke folgte dem Tal des Sundays River für einige Kilometer mit vielen scharfen Kurven. Die Zuglast war nur 230 Tonnen und der Lokomotivführer schien in einer gewissen Eile zu sein. Nicht nur machte er sich nicht die Mühe an den Haltestellen mit wartenden Fahrgästen zu halten, sondern er nahm auch die Kurven mit einem Tempo, für die sie meiner Meinung nach ganz sicher nicht gedacht waren, und nur dadurch konnte ich mich davon überzeugen, dass wir nicht alle im Flussbett enden würden, dass er diesen Abschnitt an jedem Arbeitstag befuhr und offensichtlich noch am Leben war. Nur 65 Minuten vor Plan kamen wir an.

Die am meisten beeindruckende Leistung, die ich bei diesen Fahrten erlebte, erbrachte eine 2D2-Kondenslokomotive der Klasse 25 vor einem 1 160-Tonnen-Güterzug von Beaconsfield nach De Aar. Am Regler stand De Aars renommierter Lokomotivführer Faan Willers und die wild besetzte *(Anm. d. Übers.: eisenbahntechnischer Ausdruck für Lokomotiven eines Einsatzpools, die beliebig für einen Dienst bemannt werden – heute selbstverständlich)* Nr. 3455 wurde von ihm und dem Lokomotivinspektor als „sehr gut – für eine Kondenslokomotive" beurteilt. Während der Fahrt gelang es meinem Klemmbrett von der Lokomotive zu fallen und trotz meiner Proteste bestand Willers darauf anzuhalten und es wiederzufinden. Diese unvorhergesehene Verspätung gab ihm die Gelegenheit, die Lokomotive mit voller Leistung zu fahren, um die verlorene Zeit aufzuholen. Meine Berechnungen ergaben, dass die 25 Kondens bei dem Kunststück, gleichmäßige 64 km h^{-1} in einer Steigung von 5 ‰ mit gleich bleibendem Dampfdruck und Wasserstand zu halten, über Teile des überwiegend ansteigenden Abschnitts Orange River – Behrshoek auf die Ebene bezogene ungefähre 2 100 kW am Zughaken entwickelte.[1] Falls das richtig ist, war diese Leistung etwas höher, als mit einer 25NC möglich war, aber das könnte zumindest teilweise durch die Kondensationseinrichtung erklärt werden, die den Vorteil eines nicht pulsierenden Saugzugs hat, was tendenziell zu einer höheren Rostgrenze führt und durch das heiße Speisewasser (der kondensierte Dampf), was potentiell eine höhere Verdampfungsleistung ergibt, als bei den Lokomotiven mit freiem Auspuff. Was auch immer tatsächlich erreicht worden war, es war genug, damit Willers eine fahrplanmäßige Ankunft in De Aar angeben konnte, nachdem er eine außergewöhnliche Dauerleistung demonstriert hatte.

Nicht lange nachdem diese Zeit der Führerstandsmitfahrten vorüber war, erhielt ich überraschenderweise einen Brief von Porta, in dem er mitteilte, dass die südafrikanische Botschaft in Buenos Aires darüber nachdachte, ihn als Experte in Sachen Dampflokomotiven nach Südafrika einzuladen. Dieser Vorschlag war aufgekommen durch informelle Kontakte eines der Botschaftsangestellten und eines Freundes von Porta, und da Porta und ich zu dieser Zeit bereits eine regelmäßige Korrespondenz unterhielten, wurde mein Name in diesem Zusammenhang erwähnt.

Ich unterstütze diese Idee, indem ich detaillierte Memoranden über das, was ich über Portas Arbeit wusste, an meine Vorgesetzten schrieb und indem ich vorschlug, wie ein solcher Besuch für die SAR von Nutzen sein könnte. Allerdings konnte keine Einladung ohne die

[1] Die in den Kapiteln 1 und 3 angegebenen Leistungsziffern basieren auf den SAR-Widerstandskurve für Güter- und Personenwagen, die möglicherweise etwas zu hoch sind.

Zustimmung des Generaldirektors der Eisenbahnen ausgesprochen werden und die kam nicht. Die Antwort, die dem Staatssekretär für Information, der in dieser Sache an die SAR herangetreten war, gegeben wurde, enthielt Nachstehendes:[1]

> „Im Lichte des gegenwärtigen Programms zur Ablösung der Dampftraktion und unter Bezug darauf, dass es nicht beabsichtigt ist oder erwartet wird irgendwelche größeren Umbauten oder Änderungen an unseren Dampflokomotiven vorzunehmen, wird eine Einladung an Herrn Porta, dieses Land als Gast oder Berater im Hinblick auf die Dampftraktion und damit einhergehender Angelegenheiten zu besuchen, als nicht gerechtfertigt erachtet…“

Ich wurde nicht zu Rate gezogen, obwohl diese Entscheidung ihren Ursprung in der Abteilung des CME gehabt zu haben schien, dem dieser Vorschlag anscheinend vom Generaldirektor weitergeleitet worden war. Später, als ich Porta zum Jahresbeginn 1976 in Buenos Aires traf, entschieden wir, es nochmals zu versuchen, und unter einigem Risiko für meine Stellung bei den Eisenbahnen schrieb ich einen langen Brief an den Botschaftsrat für Informationen an der südafrikanischen Botschaft in Buenos Aires. Darin führte ich im Detail aus, warum ich glaubte, dass Porta eingeladen werden sollte, schließend mit den Worten

> „…es wäre gute Politik für Sie, auf der Einladung Señor Portas zu den SAR zu bestehen, da die vorherige negative Antwort von unserer Seite nur deshalb gegeben wurde, weil die Verantwortlichen den möglichen Nutzen eines solchen Besuchs nicht vollständig einschätzen konnten.“

Es war, wie ich heute einsehe, ein naiver Vorschlag. Die Botschaft leitete diesen Brief an ihr Aufsichtsamt in Pretoria weiter, welches wenig überraschend antwortete, dass es Einladungen an technische Fachleute nicht im Namen der SAR aussprechen könne und empfahl, dass ich mich in dieser Angelegenheit an meine eigene Behörde wende, was ich nach deren jüngster Ablehnung der Idee wohl kaum tun konnte. Nachdem ich im August 1977 einen Vortrag vor dem Verein für Technische Wissenschaft der SAR gehalten hatte, auf den ich später in diesem Kapitel zurückkommen werde und in dem Portas Arbeit im Einzelnen beschrieben wurde, erbaten einige leitende Ingenieure eine Zusammenfassung seiner Arbeit. Als dann im Jahre 1978 die Ölkrise in Südafrika etwas Aufmerksamkeit für die Dampftraktion erzwang, wurde eine technische Mission zur Besichtigung der Lokomotiven der Rio-Turbio-Eisenbahn vor Ort erwogen, aber nicht entsendet. Nachdem die Klasse 26 Nr. 3450 im Jahre 1981 erschienen war, versuchte es die Person, die den ersten Versuch gemacht hatte Porta nach Südafrika einladen zu lassen, erneut. Die Antwort der Eisenbahnen war, ein Besuch Portas wäre „ohne großen Wert“[2]. Ich selbst hatte vorgehabt, die 3450 zum Anlass zu nehmen, um eine Einladung Portas zu erreichen, aber diese Ablehnung hatte den Plan wirkungsvoll vereitelt. Damit überquerten weder Porta noch seine Gegenüber bei den SAR (von mir abgesehen) jemals den Südatlantik, um sich zusammenzutun und aus dem jeweiligen Wissen des anderen über die Dampftraktion Nutzen zu ziehen. Diejenigen, die in der Lage gewesen wären, einen solchen Austausch vonseiten der SAR in Gang zu bringen, schienen davon nicht sonderlich begeistert zu sein, wenn man von der Meinung des Ingenieurs für Konstruktion und Entwicklung, I. Ferriera, ausgeht, wie er sie bei einer Tagung der Kommission zur Abschaffung der Dampftraktion im Jahre 1978 dahingehend äußerte, dass die SAR niemals etwas Lohnenswertes gefunden hätten, das man von südamerikanischen Ingenieuren hätte lernen können.

Kehren wir nun zurück in das Jahr 1975. Zwischen meinen Studien begann ich Nachforschungen zu verschiedenen Belangen der Dampftraktion anzustellen. Zuerst wurde eine gründliche Analyse der Entwicklung der Unterhaltungskosten für die meisten der seinerzeit im Dienst befindlichen Dampflokomotivklassen der Kapspur gemacht. Die Motivation dazu war die Sorge, dass das Programm zum Auslaufen der verschiedenen Dampflokomotivklassen[3] nicht die beste Ausnutzung der anscheinend wirtschaftlichsten Typen beachtete. So wurde zum Beispiel vorgeschlagen, die 2D1-Schlepptendermaschinen der Klasse 15CA, bekannt für ihre relativ niedrigen Unterhaltskosten, vor den weniger zuverlässigen 2D1-Klassen 12A/AR *(Anm. d. Übers.: h2, Bahn-Nrn. 1520 bis 1550 und 2103 bis 2138, North British Loco. Co., 1912 und Henschel & Sohn 1919, einige erhielten neue Standardkessel, Bezeichnung 12AR)* und 15F, auszumustern. All diesen Klassen war es bestimmt, ihre Tage im Rangierdienst zu beenden, wo sie betrieblich gleichwertig waren. (Es sollte beachtet werden, dass, während die Unterhaltungskosten nur ein Posten in den Gesamtausgaben für eine Lokomotive waren, unter den damals bei den SAR herrschenden Verhältnissen die übrigen Kosten, wie für Kohle, Wasser und Personal, tendenziell ähnlich für alle Dampflokomotivklassen vergleichbarer Größe in einem bestimmten Dienst waren.[4] Daher waren die Unterhaltskosten derjenige Ausgabenposten, der eine Klasse am deutlichsten von einer anderen unterschied.) Ich hatte dieses Thema kurz in einem Memorandum, geschrieben im Jahre 1974, erwähnt, und da ich keine Antwort erhielt, entschloss ich mich im Sinne einer Mehrung der Aussagekraft zu einer genauen Untersuchung der Daten zu den Unterhaltungskosten. Die fraglichen Daten waren die monumentalen „Statistiken zu den Unterhaltskosten des Rollmaterials“, die jährlich von dem Büro des CME herausgegeben wurden. Dort fand sich eine ungeheure Menge an Informationen, an die nur sehr wenige Leute zu glauben schienen, es sei denn, dass es ihnen zufällig zupasskam, aber es waren die einzigen in geeigneter Weise verfügbaren Daten und so mussten sie die Grundlage für die Analyse bilden.

Es war beabsichtigt, die zeitliche Zunahme der Unterhaltungskosten für alle Klassen, die auch in Zukunft wahrscheinlich eine wichtige Rolle spielen würden, bis 1986 vorauszusagen, das Jahr, von dem man damals annahm, das es da letzte sein würde, in dem Hauptuntersuchungen an Dampflokomotiven ausgeführt werden würden. Auf diese Weise konnten in jeder Kategorie (jeweils Lokomotiven von geringer, mittlerer und hoher Achsfahrmasse und weiterhin Garratt und Rangierlokomotiven) die wirtschaftlichsten Klassen identifiziert und damit ein rationales Ausmusterungsprogramm aufgestellt werden. Die Unterhaltskosten pro Lokomotivkilometer wurden herangezogen, im Wesentlichen wegen der Vereinbarkeit mit den von den SAR sogenannten „Faktorkosten“ (allgemeine Zahlen jeweils für Dampf-, Diesel- und elektrische Traktion, die die Verwaltung heranzog, um Gesamttraktionskosten wiederzugeben und auf die wir später in diesem Kapitel zurückkommen). Allerdings sank zu dieser Zeit der Nutzungsgrad der Dampflokomotiven (siehe Abb. 3), und es konnte mathematisch aufgezeigt werden, dass es der schwankende Nutzungsgrad selbst ist, der die Unterhaltungskosten pro Kilometer in der in Abb. 4 gezeigten Weise veränderte. Da die in den Statistiken angegebenen Jahreskosten deswegen von der Laufleistung der Lokomotiven einer betreffenden Klasse im fraglichen Jahr abhängig waren, konnten die Daten nicht verlässlich in die Zukunft extrapoliert werden. Daher wurde eine Methode ausgearbeitet, um die Unterhaltungskosten pro Kilometer zur Jahreslaufleistung in Beziehung zu setzen. Damit war es

---

1 SAR, Büro des Generaldirektors, Johannesburg, Brief an den Staatssekretär für Information, Pretoria, Az. P18/4 vom 30.06.1975.

2 SAR, Büro des Generaldirektors, Johannesburg, Brief an das Auswärtige Amt der Regierung und für Information, Az. TL.35/10/1 vom 24.07.1981.

3 SAR, Büro des Generaldirektors, Johannesburg, Vorschlag zur Umsetzung und Ausmusterung von Dampflokomotiven als Folge der Verdieselung und Elektrifizierung, Az. TL 10/101/0/R803 vom 29.06.1973. Ursprünglich für die Periode bis 1977, später erweitert bis 1987.

4 Die niedrigeren Wasserkosten der Kondenslokomotiven der Klasse 25 waren eine offensichtliche Ausnahme von dieser allgemeinen Regel.

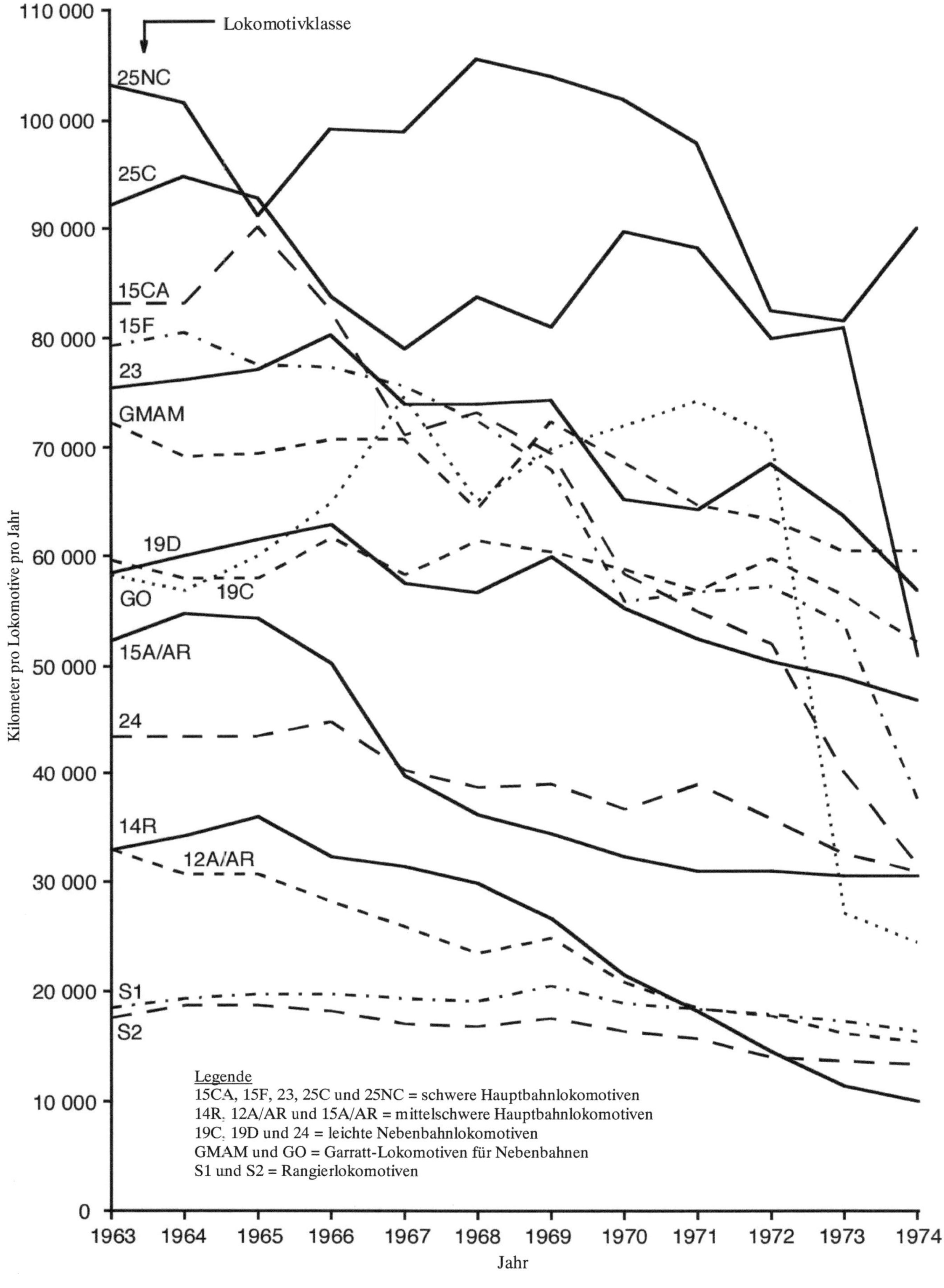

Abb. 3
SAR: Repräsentative Dampflokomotivklassen: Nutzungsgrade über der Zeit

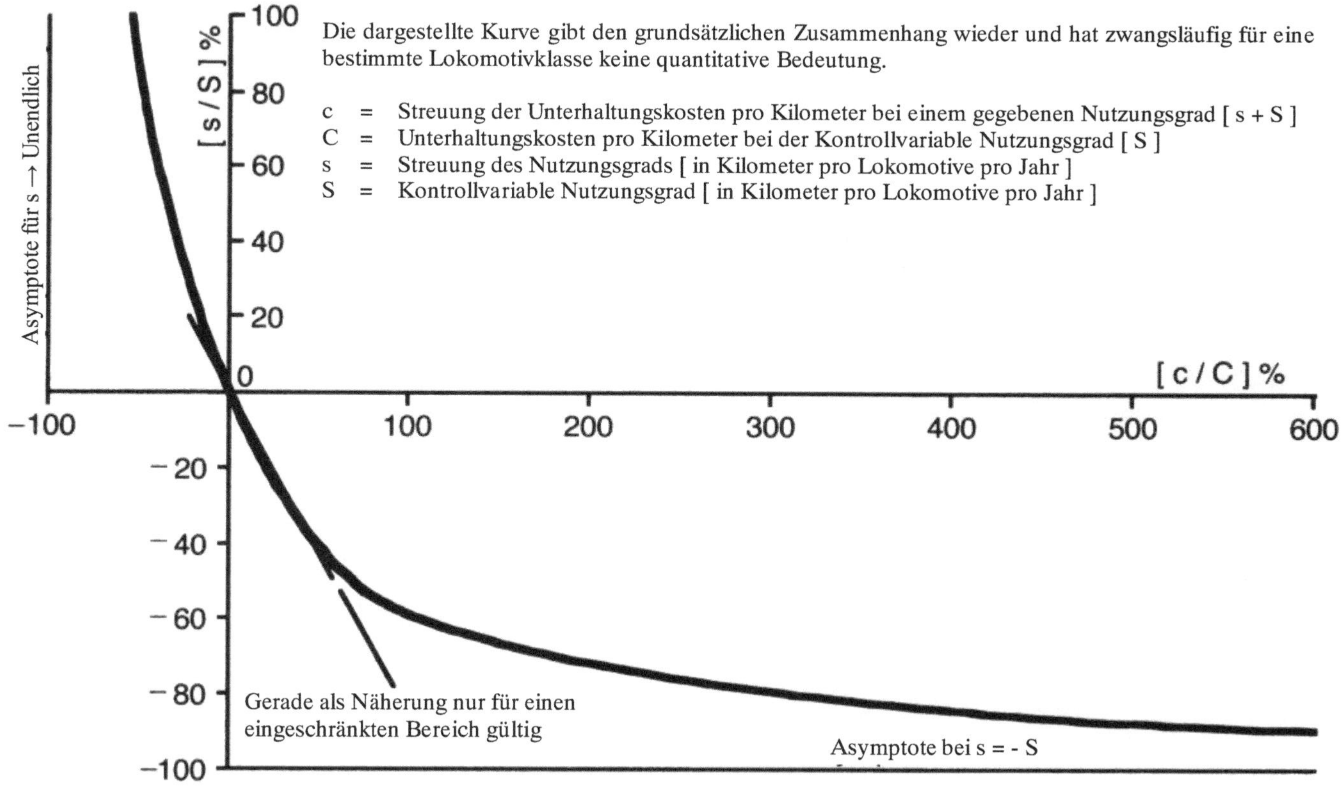

Abb. 4
Zusammenhang zwischen den Unterhaltungskosten pro Kilometer und der Lokomotivnutzungsgrade

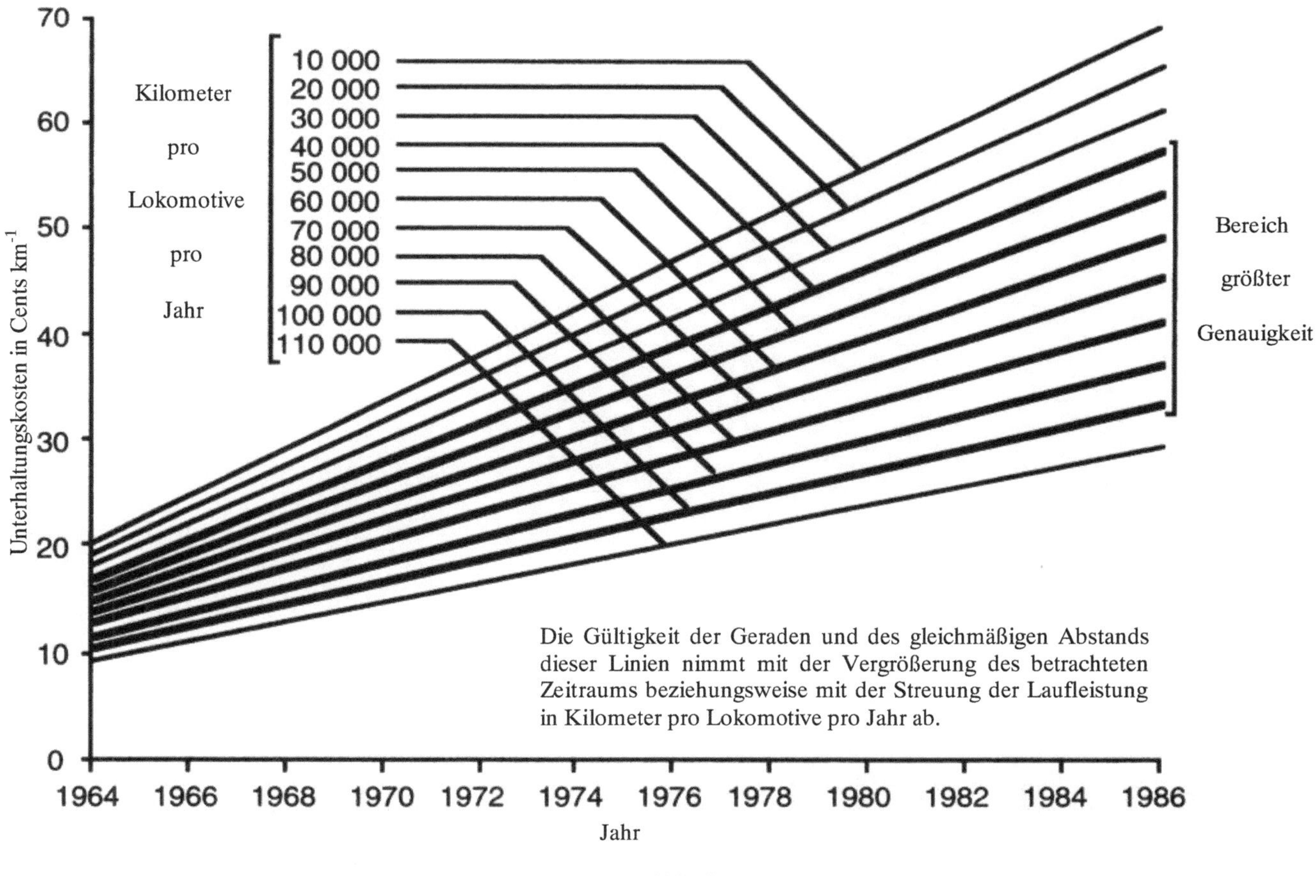

Abb. 5
SAR: 2D1-Klasse 15CA: Unterhaltungskosten über der Zeit bei verschiedenen Nutzungsgraden

Tabelle 5
Zusammenstellung der SAR Dampflokomotivklassen nach Wirtschaftlichkeit der Unterhaltung

Für normale Lokomotiveinsätze, das heißt gemischter Hauptstrecken- und Rangierdienst, bei den für die Mitte der siebziger Jahre typischen Nutzungsgraden in Kilometer per annum.

Klasse	Achsfolge	Durchschnittliche Unterhaltungskosten 1975-1985, in Cents km^{-1}
Garratt-Lokomotiven bei 50 000 Kilometer per annum		
GMA/M	(2D1)(1D2)	56,0
GO	(2D1)(1D2)	73,0
Nebenstrecken-Lokomotiven (größte Achsfahrmasse ≤ 15 Tonnen) bei 40 000 Kilometer per annum		
19D	2D1	38,5
19C	2D1	41,5
24	1D2	50,0
14CRB[1]	2D1	55,0
19A/AR[2]	2D1	58,0
Lokomotiven mit mittlerer Achsfahrmasse von > 15 bis < 17 Tonnen bei 30 000 Kilometer per annum		
12R[3]	2D1	56,0
15A/AR	2D1	64,0
14CRM[1]	2D1	66,5
14R[4]	2D1	72,0
12A/AR	2D1	90,0
Hauptstrecken-Lokomotiven (größte Achsfahrmasse ≥ 17 Tonnen) bei 60 000 Kilometer per annum		
25NC	2D2	24,0
15CA	2D1	40,0
23	2D1	47,0
15CB & 25C	2D1 / 2D2	52,0
15F	2D1	56,0

[1]*Anm. d. Übers.: h2, Schlepptender, Klasse entstanden aus der Neubekesselung, R = reboilered, der Klasse 14C, Bahn-Nrn. 1761 bis 1780, 1881 bis 1900, 1991 bis 2010 und 2026 bis 2038, Montreal Locomotive Works, 1918 bis 1922, durch Änderung am Massenausgleich wurden die Unterklassen 14CRM (M = Main Line = Hauptstrecke) und 14CRB (B = Branch Line = Nebenstrecke) gebildet.*

[2]*Anm. d. Übers.: h2, Schlepptender, Bahn-Nrn. 665-710, Schweizerische Lokomotiv- und Maschinenfabrik SLM, 1929. Fünf Lokomotiven (Nr. 678, 693, 696, 700 und 706) erhielten später den Standardkessel 1A und zumindest teilweise auch ein neues Führerhaus. Die umgebauten Maschinen wurden als Klasse 19AR (R = Reboilered = neubekesselt) bezeichnet.*

[3]*Anm. d. Übers.: h2, Schlepptender, Klasse entstanden aus der Neubekesselung, R = reboilered, der Klassen 12 und 12B, Bahn-Nrn. 1494 bis 1519, North British Loco. Co., 1912 und 1859 bis 1878, Beyer Peacock & Co., 1922.*

[4]*Anm. d. Übers.: h2, Schlepptender, Klasse entstanden aus der Neubekesselung, R = reboilered, der Klassen 14 und 14A, Bahn-Nrn. 1701 bis 1745, Robert Stephenson and Co., 1913 und 1746 bis 1760, Beyer Peacock & Co., 1913.*

Tabelle 6
Zusammenstellung der SAR Dampflokomotivklassen nach Wirtschaftlichkeit der Unterhaltung im Rangierdienst

Klasse	Achsfolge	Durchschnittliche Unterhaltungskosten 1975-1985, in Cents km^{-1}	Klasse	Achsfolge	Durchschnittliche Unterhaltungskosten 1975-1985, in Cents km^{-1}
25NC	2D2	60,0	23	2D1	123,0
12R	2D1	78,0	15A/AR	2D1	124,0
15CA	2D1	103,0	15F	2D1	126,0
S1	D	104,0	14CRB/M	2D1	128,0
19D	2D1	111,0	24	1D2	133,0
14R	2D1	113,0	12A/AR	2D1	134,5
S2	D	114,5	19A/AR	2D1	142,0
25C	2D2	115,0	15CB	2D1	149,0
19C	2D1	116,0	GMA/M	(2D1)(1D2)	205,0
S[1]	D	123,0	GO	(2D1)(1D2)	251,0

[1]*Anm. d. Übers.: h2, Schlepptender, Nrn. 360-373, Henschel, 1928.*

möglich, Kosten-Zeit-Diagramme zu zeichnen, bestehend aus einer Schar von Kosten-Zeit-Geraden, jede für einen einzelnen Nutzungsgrad für die zu betrachtende Hauptstreckenlokomotivklasse: ein Beispiel ist in Abb. 5 dargestellt. Damit konnten für jedes zukünftige Lebensjahr der Lokomotiven die wahrscheinlichen Unterhaltungskosten je nach erwartetem Nutzungsgrad abgelesen werden. Davon ausgehend wurde ein überarbeitetes Ausmusterungsprogramm vorgeschlagen, um den besten Nutzen von den Klassen zu erzielen, deren Unterhalt als billiger vorhergesagt wurde.

Diese Ausarbeitungen fanden nicht die uneingeschränkte Zustimmung meiner Vorgesetzten, zweifellos wegen der fragwürdigen Genauigkeit der Ausgangsdaten, welche zu einigen Unstimmigkeiten in den in dem Bericht angegebenen Kosten-Zeit-Kurvenscharen führten. Dennoch wurde ich gebeten, einfache Tabellen aufzustellen, in denen die Lokomotivklassen gemäß der Erkenntnisse der Untersuchung nach steigenden Unterhaltungskosten aufgeführt sind, wie in Tabelle 5 und 6 wiedergegeben. Diese in Tabellenform aufgestellten Daten wurden nur als ungefähre Anhaltspunkte für die relativen Unterhaltungskosten angesehen. Einige Anomalien sind offensichtlich; zum Beispiel gab es keinen eindeutigen Grund, warum die 2D1-Klassen 19C *(Anm. d. Übers.: h2, Schlepptender, Bahn-Nrn. 2435 bis 2484, North British Loco. Co., 1935)* und 19D billiger als die 1D2 der Klasse 24, noch, warum die Klasse 15CA wesentlich billiger als die sehr ähnliche Klasse 15CB, und die Klasse 23 billiger als die Klasse 15F gewesen sein sollte, letzteres Ergebnis das Gegenteil der üblichen Meinung. Nichtsdestotrotz waren einige der Daten, wie die niedrigen Kosten der Klasse 25NC und die ungefähr doppelt so hohen Kosten der Klasse 25 Kondens im Einklang mit den allgemeinen Ansichten. Die waren natürlich wiederum selbst zu einem geringeren oder höheren Grade beeinflusst von den „Statistiken zu den Unterhaltskosten des Rollmaterials", von denen die Daten abgeleitet wurden. Es war interessant, dass für die 25NC vorausgesagt wurde, dass sie im Rangierdienst die niedrigsten Unterhaltskosten von alle Typen haben, obwohl seinerzeit keine von ihnen in diesem Dienst eingesetzt wurde.

Änderungen an dem zu dem Zeitpunkt aufgestellten Ausmusterungsprogramm wurden in dem Bericht vorgeschlagen, nämlich der Ersatz teurerer Lokomotiven durch günstiger zu unterhaltende, sobald Letztere planmäßig zur Ablösung vorgesehen waren. Durch diese Maßnahmen wurden für den Zeitraum von 1975 bis 1987 Ersparnisse von zehn Millionen Rand *(Anm. d. Übers.: bis 1982 war 1 Rand (ZAR) mehr wert als 1 US-Dollar (USD). Am 5. Juni 1973 war der Wechselkurs am höchsten, als ein Rand 1,49992 USD wert war)* in Aussicht gestellt. Es wurde empfohlen, diesen Vorschlag als Grundlage für Gespräche mit den Mitarbeitern des Generaldirektors zu nutzen, um sicherzustellen, dass sich die Dampflokomotivflotte aus denjenigen Maschinen zusammensetzte, die sowohl niedrige Unterhaltungskosten als auch gute Betriebseigenschaften haben. Offizielle derartige Gespräche fanden jedenfalls unter Teilnahme des Autors niemals statt, aber es ist möglich, dass diese Ausarbeitung einen gewissen Einfluss auf das nachfolgende Ausmusterungsprogramm hatte. Zum Beispiel auf den längeren Erhalt der Klasse 15CA als ursprünglich geplant und auch darauf, dass tatsächlich die meisten der Klassen, die am längsten im Einsatz blieben, im oberen Bereich ihrer jeweiligen Gruppe in Tabelle 5 lagen.

Die Untersuchung wurde erweitert, um auch einige verwandte Aspekte zu erfassen und ergab einige interessante Erkenntnisse. Die insgesamt auflaufenden Unterhaltungskosten der Klasse 25 über ihre kalkulatorisch angesetzte Lebensdauer wurden auf 250 % ihrer Investitionskosten geschätzt.[1] Das war ein Hinweis auf die Zweckmäßigkeit einer Bauweise, die die langfristige Zuverlässigkeit verbessern würde, auch falls diese Bauweise bei den Gestehungskosten teurer wäre. Der Nutzungsgrad war bereits auf einem niedrigen Niveau. Die Analyse eines einzigen Monats der Monatsberichte der Lokomotivdepots ergab einen Nutzungsgrad (das ist der Quotient aus tatsächlicher Einsatzzeit und der betrieblichen Verfügbarkeit einer Lokomotive) für alle Dampflokomotiven von 43,4 %. Die entsprechende Zahl für Diesellokomotiven war 79,1 %. Die Zahl für Dampflokomotiven war niedrig wegen des allgemeinen Überbestands an Dampflokomotiven für die bestehenden Verkehrsbedürfnisse und auch weil die untergeordneten Dienste, zu denen die Dampflokomotiven seinerzeit vermehrt degradiert wurden, keine intensive Nutzung erlaubten, eine Erscheinung, die auch die Nutzungsgrade der Diesellokomotiven mit fortschreitender Verdieselung beeinträchtigte. Die besten Nutzungsgrade der Dampflokomotiven wurden im Rangierdienst erreicht, wie zum Beispiel in der Tabelle 7 angegeben. Im Gegensatz dazu war der höchste Nutzungsgrad aller Hauptstreckendampflokomotiven derjenige der 25 NC in De Aar, die für gerade einmal 50 % ihrer verfügbaren Zeit eingesetzt wurden.

Tabelle 7
SAR Rangierlokomotiven, repräsentative hohe Nutzungsgrade zu Mitte der Siebziger Jahre

Klasse	Achsfolge	Depot	Nutzung in % der Verfügbarkeit
S1	D	Kaserne	84,8
14CR/CRB/CRM	2D1	Paarden Eiland	76,4
S1	D	Germiston	71,6
S2	D	Paarden Eiland	71,5
S	D	Krugersdorp	71,3
S1	D	Krugersdorp	70,9

Von den 1648 Lokomotiven der in der Unterhaltungskostenstudie betrachteten Klassen waren seinerzeit 1063 oder 65 % vollständig oder überwiegend im Streckendienst eingesetzt. Es wurde eine Ersparnis in der Größenordnung von zwanzig Millionen Rand für die angenommene Restlebensdauer der Dampftraktion kalkuliert, falls es gelänge, den Nutzungsgrad der Dampflokomotiven auf den höheren Stand wie zur Mitte der sechziger Jahre zu bringen. Diese Zahl war vielleicht ein bisschen hoch gegriffen, aber qualitativ gesehen war die Variation der Unterhaltungskosten pro Kilometer Laufleistung wie in Abb.4 dargestellt, gültig, und die beste Vorgehensweise wäre es gewesen, die Lokomotiven weiterhin intensiv zu nutzen, auch wenn ihre Anzahl langsam abnahm. Dies war ein Beispiel des umfassenden Grundprinzips, dass in der Auslaufphase der Dampftraktion für sämtliche Betriebsfaktoren, wie Instandhaltung, Fahrtechnik, Feuerungstechnik, Wasseraufbereitung etc., die jeweils höchsten Standards hätten gewahrt bleiben sollen. Standards, die das Ergebnis einer über einhundert Jahre währenden Entwicklung der Dampflokomotive waren, hin zu dem Ziel, von den Lokomotiven den besten Nutzen zu den geringsten Kosten zu erhalten. Für jede Eisenbahnverwaltung sollte der wirtschaftlichste Einsatz sämtlicher Lokomotiven, einschließlich der Dampflokomotiven, das Ziel sein. Nur in der allerletzten Phase des Dampfbetriebs könnte es zugelassen werden, dass gewisse Standards ohne Nachteil für die Zugförderungsaufgaben der Lokomotiven sinken. Solch eine Vorgehensweise scheinen die besser geführten Eisenbahnen, wie die Staatsbahnen in Frankreich, Westdeutschland und die Atchison Topeka & Santa Fe-Bahn in Amerika mehr oder weniger praktiziert zu haben, während an das andere Ende der Skala die Indischen Staatsbahnen platziert werden könnten. Die SAR waren irgendwo dazwischen.

Die Unterhaltungskosten der Dampf-, Diesel- und elektrischen Lokomotiven wurde ebenfalls verglichen, repräsentiert durch die Klassen 25NC, 31 und 4E *(Anm. d. Übers.: Achsfolge 1CoCo1, 3kV DC, Bahn-Nrn. E219 bis E258, GEC/North British, 1952 bis 54)*. Da diese Klassen zeitnah geliefert wurden (jeweils 1953 bis 54, 1958 und 1952 bis 54), lag eine ähnliche Dienstzeit hinter ihnen, und man konnte sie als repräsentativ für das jeweils in der Dampf-, Diesel- und Elektrolokomotivtechnologie in den fünfziger Jahren bestehende Niveau ansehen. Diese beiden Faktoren sind bei einem Kostenvergleich von Bedeutung. Aus den Kosten-Zeit-Kurvenscharen für jeden Typ wurden die durchschnittlichen Unterhaltungskosten des Zeitabschnitts 1963 bis 1986 wie in Tabelle 8 aufgestellt. Die angewendete Methode berücksichtigte die unterschiedlichen Zugförderungskapazitäten der drei Typen, wobei eine Proportionalität zu ihren jeweiligen von Johnson[2] vorgeschlagenen Leistungsbewertungen beachtet wurde. Die Zahlen für die elektrischen Lokomotiven beinhalten einen angemessenen, aus den relevanten Statistiken ermittelten Betrag für die Unterhaltungskosten der Oberleitungsausrüstung, Unterstationen etc., wie für die elektrische Traktion notwendig. Die in der Tabelle 8 wiedergegebenen Ergebnisse dieser Studie waren natürlich auf die drei betrachteten Klassen beschränkt und konnten nicht automatisch pauschal auf die Dampf-, Diesel- und elektrische Traktion übertragen werden, wie ich es zu der Zeit tat. Außerdem war es sehr unglücklich, dass die Dieselklasse eine viel niedrigere Leistungsbewertung hatte, als die beiden anderen; wäre sie höher gewesen, wäre ein Anstieg der Kosten pro Kilometer und ein Abnehmen der Kosten pro 1 000 kW-km zu erwarten gewesen. Dennoch spiegelten die Ergebnisse zumindest ebenso sinnvoll, wie die von der Verwaltung zur Rechtfertigung ihrer Traktionspolitik benutzten „Faktorkosten", die relativen Unterhaltungskosten der drei Traktionsarten wider. Bei der Traktionspolitik wurden eine zumeist alte, technologisch veraltete und unterbeschäftigte Dampflokomotivflotte mit Diesel- und Elektrolokomotiven

---

[1] Auch aus den Daten, wie von E. S. Cox in Kapitel XI in seinem Buch „British Railways Standard Steam Locomotives" (Ian Allan Ltd., London, 1966) angegeben, kann man ableiten, dass die kumulierten Instandhaltungskosten einer Dampflokomotive tendenziell wesentlich höher als ihre Kapitalkosten waren.

[2] Johnson, R. P., The Steam Locomotive, Simmons-Boardman Publishing Corp., New York, 1945.

verglichen, die ein Durchschnittsalter von nur ein paar Jahren hatten und zusätzlich den Vorteil neuer Wartungseinrichtungen und des Einsatzes in Diensten, in denen eine gute Ausnutzung erreicht werden konnte. Zu diesem Teil des Berichts bekam ich keine Antwort, noch zu dem, in dem vorgeschlagen wurde, dass Verbesserungen der Leistung und der Wirtschaftlichkeit der Dampflokomotiven gemacht werden könnten.

Tabelle 8

Vergleich der Unterhaltungskosten, SAR-Lokomotiven der Klassen 25NC, 31 und 4E

Antrieb	Klasse	Mittleres Beschaffungsjahr	Durchschnittliche Unterhaltungskosten pro Kilometer 1963-1986 in Cents	Jährliche Laufleistung als Basis der vorigen Spalte	Unterhaltskosten je Lokomotive während 1963-1986 bei 100 000 km p. a. in Rand	Nominelle Dauerleistung am Radreifen in kW	Durchschnittliche Unterhaltungskosten pro 1 000 kW-km 1963-1986 in Cents
Dampf	25NC	1953	17,46	100 000	419 000	2 020[1]	8,65
Diesel	31	1958	21,75	95 700	521 000	896	24,20
Elektro	4E	1953	22,15	144 200	531 000	1 880	11,80

1. Das ist der Wert aus dem Bericht, der aber als zu niedrig angesehen wird.

Als nächstes wurde die ganze Story um den Giesl-Ejektor analysiert und ein Bericht erstellt, in dem dargelegt wurde, dass die aus den Versuchen des Jahres 1957 gezogenen Schlussfolgerungen nicht dazu dienen sollten, weitere Erprobungen mit dieser Einrichtung abzulehnen. Es wurde geschätzt, dass die Verminderung des Kohleverbrauchs der mit Giesl-Ejektoren ausgerüsteten Lokomotiven der Klasse 25NC die Amortisation der Einbaukosten der Ejektoren in etwas mehr als vier Jahren ermöglichen würde, und dass danach mehr als eine Million Rand während der mindestens erwarteten weiteren Einsatzdauer dieser Klasse – weitere fünf Jahre – erspart werden könnten, falls sämtliche 25NC-Lokomotiven derart modifiziert würden. Dabei wurde seinerzeit unterstellt, dass sämtliche Klasse-25-Kondenslokomotiven zu Auspufflokomotiven umgebaut wurden, so dass die Gesamtzahl einhundertvierzig 25NC-Lokomotiven gewesen wäre. Die erwartete Steigerung der Preise für Lokomotivkohle hatte einen bedeutenden Einfluss auf die Höhe der Kostenersparnis (1974 betrug der Preis für eine metrische Tonne Transvaal-Lokomotivkohle der Güteklasse „A" ab Grube 2,40 Rand, aber 1976 stiegen die Preise um nicht weniger als 50 %, ein wesentlich höherer Anstieg, als ich bei meiner Ausarbeitung angenommen hatte). Es wurde empfohlen, mit dem Lieferanten Bedingungen für Versuche mit einer Giesl-Saugzuganlage neuer Form auf einer Lokomotive der Klasse 25NC auszuhandeln und dass, falls solche Versuche sich als erfolgreich erwiesen hätten, die vollständige Klasse 25NC so ausgestattet werde und auch die Ausrüstung weitere Klassen in Betracht gezogen werden sollte. Diese Vorlage war allerdings etwas provokativ und nichts geschah daraufhin. Später wurde ich von der Überlegenheit von Portas Lempor-Saugzuganlage überzeugt, und als es tatsächlich dazu kam, den Saugzug von SAR-Lokomotiven zu verbessern, war diese die erste Wahl.

Die Politik des „Einmottens" einer strategischen Reserve von Dampflokomotiven, was, wie wir gesehen haben, eine der Konsequenzen der Ölkrise von 1973 war, bedurfte der Aufstellung einer geeigneten Spezifikation für die Konservierung der betreffenden Lokomotiven. Der Ausschuss, der regelmäßig zur Beratung über die Verschrottung von Dampflokomotiven zusammentrat, schlug vor, dass sie so vorzubereiten seien, dass eine Konservierungszeit von drei bis fünf Jahren gewährleistet sei, wonach die Behandlung nach Bedarf für weitere Aufbewahrungsperioden wiederholt würde. Die Abteilung des CME wurde aufgefordert, die Konservierungsmethode im Einzelnen festzulegen, eine Aufgabe, mit der ich betraut wurde. Zusätzlich zu der Angabe detaillierter Anweisungen zum Schutz der verschiedenen Teile der Lokomotiven, von denen ansonsten bei der Abstellung im Freien ein Verfall erwartet werden könnte, enthielt mein Bericht die nachstehenden allgemeinen Punkte:[1]

> „Es wird angenommen, dass die Lokomotiven nur unter außergewöhnlichen Umständen wieder zum Einsatz gelangen werden, so dass es notwendig sein könnte, dass die Lokomotiven so schnell wie möglich mit einem Minimum an Aufwand verfügbar sind. Das setzt zwingend voraus, dass sie in einem annehmbaren mechanischen Zustand aufbewahrt werden, so dass Wartung in Werkstätten, die dann nicht mehr mit der Reparatur von Dampflokomotiven beschäftigt sein könnten, ...nicht sofort notwendig wäre. Idealerweise sollten sie also vor der Aufbewahrung hauptuntersucht werden, aber das würde große Kosten verursachen, ohne Garantie, dass diese Auslagen sich jemals rentieren werden. Als Kompromiss wird empfohlen, dass sämtliche einzumottenden Lokomotiven hauptuntersucht werden und dann während der halben üblichen Frist bis zur nächsten Zwischenuntersuchung eingesetzt und dann abgestellt werden; das wird dann ungefähr ein Jahr Einsatzdauer jeder überholten Lokomotive ergeben und ein Jahr Fristdauer bis zur nächsten Zwischenuntersuchung bei einem Wiedereinsatz aus dem konservierten Zustand. Eine Hauptuntersuchung ist hier spezifiziert, um sicherzustellen, dass der Kessel in gutem Zustand konserviert wird...
>
> Es wird unterstellt, dass Abstellplätze unter Dach nicht verfügbar sein werden; falls für die Lokomotiven eine Abstellung unter Dach vorgesehen wäre, könnten die Konservierungsvorschriften etwas lockerer ausfallen. Für die Abstellung im Freien ist eine trockene Atmosphäre frei von industrieller Luftverschmutzung wesentlich...Glücklicherweise gibt es in Südafrika große solche Gebiete. Weite Teile der inneren Hochfläche haben im Jahresdurchschnitt eine mittlere Luftfeuchtigkeit von unter 40 % (gemessen um 14.00 Uhr), im nordwestlichen Teil sogar unter 30 %...Diese Bedingungen stehen für ein sehr trockenes Klima und ernste Korrosionsprobleme sollte es nicht geben...Deshalb wird empfohlen, dass sämtliche Abstellplätze für konservierte Lokomotiven in den atmosphärisch trockensten und saubersten Gebieten liegen, um den notwendigen Konservierungsaufwand so gering wie möglich zu halten...
>
> Die Gleise, auf denen die Lokomotiven abgestellt werden, sollten eben und ohne Gefährdung durch Überflutungsschäden sein; sie sollten ausreichenden Abstand zu Erschütterungsquellen (zum Beispiel vorbeifahrende Züge) haben, welche zu Lagerschäden führen könnten...
>
> Es wird empfohlen, die Lokomotiven im kompletten Zustand aufzubewahren, um im Falle eines Wiedereinsatzes den Aufwand für den Zusammenbau zu minimieren; das wird dazu führen, dass große Mengen von Buntmetall im Freien aufbewahrt werden, was ein Zielobjekt für Diebstahl ist. Um dem und Vandalismus generell entgegenzuwirken, wird empfohlen sämtliche Abstellbereiche mit Sicherheitszäunen zu umgeben und dass häufige Inspektion im Hinblick auf Zeichen unbefugten Zutritts gemacht werden...
>
> Die nachstehenden Klassen repräsentieren sämtliche Gattungen von Dampflokomotiven mit 1 067 mm Spurweite, die gegenwärtig auf den SAR im Einsatz stehen... und bei denen es sich um geeignete Typen für eine Konservierung handelt: S1, S2, GMA/M, GO, 12R, 12A/12AR, 14R, 14CR, 15AR, 15CA, 15F, 19C, 19D, 23, 24 und 25. Das sind zusammen 1 680 Lokomotiven mit einer Gesamtlänge von 36,3 km. Da eine solche Gesamtlänge geeigneter Abstellgleise wahrscheinlich nicht existiert, wird man speziell für diesen Zweck errichtete Gleise vorsehen müssen...
>
> Viele Einrichtung sind für den Betrieb von Dampflokomotive notwendig, die für die anderen Traktionsformen nicht üblich sind, so dass daraus folgt, dass sie zusätzlich zu den Lokomotiven erhalten werden müssen, da ihre kurzfristige Errichtung nicht praktikabel sein wird; obwohl

1 SAR, Abteilung des CME, Pretoria, Recommendations for the preservation ('mothballing') of steam locomotives after withdrawal from service, Az. PLT 12/1/100 vom 12.08.1975.

bestimmte maschinelle Einrichtungen für die Instandhaltung nicht sofort verfügbar sein müssen, so wird es doch notwendig sein, diese so schnell wie möglich nach der Wiedereinführung der Dampflokomotiven funktionsfähig zu machen, um für die Lokomotiven ein ausreichendes Zuverlässigkeitsniveau im Einsatz sicherzustellen. Der Umfang, in dem diese Ausrüstung benötigt werden wird, wird von der Art und Dauer der Umständen abhängen, die die Wiedereinführung der Dampftraktion erzwingen, aber da diese unbekannt sind, ist vom günstigsten[1] Fall auszugehen, was heißt, dass der Einsatz intensiv und lange sein wird, ansonsten könnte sich das ganze Konservierungskonzept als unzureichend für die tatsächlich eintretenden Umstände erweisen.

Es ist deshalb zu beachten, dass die Dampftraktion nicht allein aus den Lokomotiven besteht, sondern sie muss insgesamt als Traktionssystem aufgefasst werden, mit all den zahlreichen Einrichtungen, ohne die die Lokomotiven nicht funktionieren können...

Es wird davon ausgegangen, dass die hier empfohlenen Maßnahmen ausreichenden Schutz für die im Freien hinterstellten Lokomotiven bereitstellen werden, um zu gewährleisten, dass die Lokomotiven mit geringster Wartung, falls notwendig innerhalb des festgelegten Zeitraums von drei bis fünf Jahren nach der Abstellung, zum Wiedereinsatz gebracht werden können...

Während bei der Konservierung der Lokomotiven selbst keine speziellen technischen Schwierigkeiten auftreten werden, könnte sich die Konservierung des erheblichen [Umfangs von] Ausrüstungen und Einrichtungen, wie sie für den Dampflokomotivbetrieb benötigt werden, als unpraktisch erweisen, besonders, da sie in vielen Fällen an Ort und Stelle bleiben müssen."

Das Ereignis, wegen dem das Einmotten von Dampflokomotiven als notwendig erachtet wurde, das heißt ein Ölboykott gegen Südafrika, bestimmte die Methode der Konservierung. Es wurde als unwahrscheinlich erachtet, dass das Land bei einem solchen Boykott viel Vorwarnung erhalten hätte, und deshalb war es wesentlich, dass abgestellte Lokomotiven *und* ihre Betriebseinrichtungen kurzfristig betriebsbereit gemacht werden könnten, sollten die Lokomotiven eine wirksame strategische Reserve sein. Ein Versagen, dies sicherzustellen, hätte dazu geführt, dass die Lokomotiven gerade dann betriebsunfähig gewesen wären, wenn sie am dringendsten benötigt wurden und somit wäre das ganze Einmotten für eine Krise nutzlos geworden. Falls allerdings die SAR zu jener Zeit wenig Interesse an ihren betriebsfähigen Dampflokomotiven hatten, dann hatten so umso weniger Interesse an einer ordnungsgemäßen Konservierung für ein Ereignis, von dem jeder, außer vielleicht den Dampflokfreunden, hoffte, dass es niemals eintreten würde. Folglich wurde die Konservierung der Lokomotiven nicht vollständig entsprechend der Empfehlungen ausgeführt, und möglicherweise in den meisten Fällen überhaupt nicht. Sie wurden oft vor der Hinterstellung bis zu notwendigen Haupt- oder Zwischenuntersuchungen abgefahren. Sie wurde neben Lokomotivdepots abgestellt, anfänglich in De Aar, Beaufort West und Touws River, die zwar hinsichtlich der atmosphärischen Trockenheit geeignet waren (eingeschränkt durch eine eventuell etwas höhere Feuchtigkeit in der Nachbarschaft eines Dampflokomotivdepots), aber wohl kaum in Bezug auf atmosphärische Reinheit, da die Umgebungsluft sicherlich mit korrosiven Schwefeloxiden relativ angereichert war. Die Lokomotiven wurde in der Nähe von Streckengleisen abgestellt, so dass sie Vibrationen ausgesetzt waren, was zum Einarbeiten der Wälzkörper in die Laufflächen der Rollenachslager führen kann und sie wurden auch nicht gut gegen Vandalismus geschützt. Später wurden ausgemusterte Lokomotiven einfach an ihrem letzten Depot an die Seite gestellt. Gleichzeitig nahm die Infrastruktur und das qualifizierte Personal, das zur Reparatur der Lokomotiven vor ihre Wiederinbetriebnahme notwendig gewesen wäre, immer mehr ab. So sah die Situation in Wirklichkeit aus, aber die SAR verwies wiederholt auf ihre Politik der Vorhaltung einer strategischen Reserve von Dampflokomotiven als Gegenmaßnahme zu einem Ölboykott, wann immer die Klugheit ihrer zunehmenden Abhängigkeit von importierten Brennstoffen in Frage gestellt wurde. Ich habe keine Kenntnis davon, ob die Sprecher, die auf solche Kritiken antworteten, sich der Unwirksamkeit der Konservierungspolitik, so wie sie damals betreiben wurde, wirklich nicht bewusst waren oder ob es ein absichtlicher Versuch war, die Regierung und das Land irrezuführen. Aber im Endergebnis kam es auf dasselbe heraus: das Land wurde dazu gebracht, an das Märchen zu glauben, dass die SAR durch das Einmotten von Dampflokomotiven geeignete Gegenmaßnahmen auf jede Bedrohung ihre Ölversorgung träfen. Als einige Jahre später ein Ölboykott als unmittelbar möglich erschien, schaute sich die Verwaltung die Vorgänge des Einmottens genauer an und entdeckte, wie nutzlos das Ganze tatsächlich war, wie wir später noch sehen werden.

Anlässlich des XIII. Panamerikanischen Eisenbahnkongresses in Caracas im November 1975 hielt Porta einen Vortrag aus meiner Feder mit dem Titel „Ein Vergleich der Lokomotivbetriebskosten für die Dampf-, Diesel- und elektrische Traktion". Porta hatte mich im Mai des Jahres um einen Vortragsbeitrag für den Kongress gebeten, und da ich nun mal bis dahin einiges an Untersuchungen von Unterhaltungskosten angestellt hatte, war die Erweiterung dieser Ausarbeitung auf sämtliche Lokomotivkosten ein logischer Schritt und wurde in geeigneter Weise als Thema dieses Vortrags zusammengestellt. Der Verband des Panamerikanischen Eisenbahnkongresses, eine lose Vereinigung von Eisenbahnfachleuten sowohl aus Nord- als auch Südamerika, stand seinerzeit unter der Präsidentschaft von General de Marchi, einem Argentinier, der den Argentinischen Staatsbahnen während einer Militärregierungszeit vorgestanden hatte und der anscheinend sowohl für Porta als auch für die Dampftraktion einiges an Sympathie übrig hatte. Porta selbst hielt bei der Zusammenkunft in Caracas einen bemerkenswerten Vortrag mit dem Titel „Die Antriebstechnik der Eisenbahn im Zusammenhang mit der Energiekrise". Offensichtlich hatte General de Marchi kein Problem damit, unseren Pro-Dampf-Stimmen Gehör zu verschaffen. Die während der Vorbereitung meines Vortrags durchgeführten Untersuchungen ließen es geraten erscheinen, dass ein sehr ausführlicher Bericht über Lokomotivkosten für den internen SAR-Gebrauch ausgearbeitet werden sollte. Das bildete die nächste größere Aufgabe.

Eine spezielle Zielsetzung war es, aufzuzeigen, in welcher Dienstart und in welchen Landesteilen die Dampftraktion eventuell auch weiterhin wirtschaftlich lebensfähig hätte sein können. Von den drei grundsätzlichen Dienstarten – Rangier-, Hauptstrecken- und Neben- bzw. Zweigstreckendienst – konnte die Erstere nicht betrachtet werden, da bis dato der Rangierdienst fast vollständig mit Dampf geleistet wurde (die ersten Lokomotiven der späteren Standard-Dieselrangiertype der Klasse 36 *(Anm. d. Übers.: dieselelektrische BoBo, später Klasse 36-000, drei Serien, Bahn-Nrn. 36-001bis 36-100, 36-101 bis 36-120, 36-121 bis 36-124, General Electric, 1975 bis 1978, 1981)* waren erst seit einigen Monaten im Dienst, als diese Untersuchung gemacht wurde), so dass es keine sinnvollen Kostendaten des Dieselrangierbetriebs für einen Vergleich mit dem Dampfbetrieb gab. Die Elektrifizierung der Hauptstrecken war bereits langjährige Politik, die durch die Ölkrise des Jahres 1973 weiteren Auftrieb erhalten hatte, so dass es in dieser Phase nicht lohnenswert erschien, sich auf den Hauptstreckendienst zu konzentrieren. Deshalb wurde die verbleibende Dienstart des Neben- und Zweigstreckendienstes gewählt, was im Wesentlichen nur Dampf- und Dieseltraktion betraf. Da die Brennstoff- und Unterhaltungskosten zusammen einen hohen Anteil der Lokomotivgesamtbetriebskosten darstellten (etwa 60 % sowohl für Dampf- als auch Dieseltraktion) wurde eine tiefergehende Analyse gemacht unter Einschluss der elektrischen Traktion. Eine ausführliche Beschreibung der Änderungen, die an den Dampflokomotiven vorgenommen werden könnten und der damit einhergehenden zu erwartenden Verbesserungen ihrer Leistungsfähigkeit und Wirtschaftlichkeit wurde erstellt. Die letzte Fleißarbeit wurde für die 2D1-Schlepptenderklasse 19D gemacht, seinerzeit die anzahlmäßig größte Klasse für den Nebenstreckendienst, wo ja die besten Zukunftsaussichten für die Dampftraktion erwartet wurden. Damit war der Keim für die später schließlich an der Lokomotive Nr. 2644 durchgeführten und in Kapitel 2 beschriebenen Verbesserungen gelegt. Ebenso wurden einige Vorschläge für neue Dampflokomotiven skizziert.

---

[1] Die Reaktion höherer Führungsebenen auf dieses Wort hat mich nie erreicht.

Gemäß der Gesamtabschätzung für Streckenbelastungen des Jahres 1975-76, betrug der Anteil der Strecken der „Klasse 3", so bezeichneten die SAR Strecken mit einer Transportleistung von weniger als vier Millionen Jahrestonnen, 47 % der gesamten Streckenkilometer der SAR. Sie hatten eine durchschnittliche Streckenbelastung von 1,43 Millionen Jahrestonnen auf 1067-mm-Spur und 0,42 Millionen Jahrestonnen auf den Strecken mit 610 mm Spurweite. 81 % dieser Strecken waren Zweigstrecken und hatten zumeist nur eine sehr geringe Verkehrsbelastung. Für diesen beträchtlichen Anteil des Eisenbahnstreckennetzes konnte nicht behauptet werden, dass die Dampftraktion den Verkehr nicht bewältigen könnte und so konnte eine Verdieselung auf dieser Grundlage nicht gerechtfertigt werden. Weiterhin gab es dort keinen generellen Bedarf für die Mehrfachtraktion, was so oft als Hauptvorteil der Diesel- und elektrischen Traktion gegenüber der Dampftraktion angeführt wird *(Anm. d. Übers.: gemeint ist die Fernsteuerung von mindestens einer weiteren Zuglokomotive von einem Führerstand)*. Garratts der Klassen GMA/M und GO, außer auf den schwierigsten Steigungen in ihrer Zugförderungskapazität überschlägig gleichwertig zu zwei Diesellokomotiven mit geringer Achsfahrmasse, konnten eingesetzt werden, wo die Zuggewichte hoch waren. Für die Analyse wurden die Dampflokomotivklassen 19D, 24 und GMA/M und die Dieselklassen 31, 32 *(Anm. d. Übers.: dieselelektrische 1Co Co1, später Klasse 32-000, Bahn-Nrn. 32-001 bis 32-115, General Electric, 1959 bis 1961)* und 35 ausgewählt *(Anm. d. Übers.: dieselelektrische CoCo, später Klasse 35-000, Bahn-Nrn. 35-001 bis 35-070, General Electric, 1972 bis 1973)*. Die Klasse 35 wurde später die Standard-Dieselklasse der SAR für Nebenstreckendienste, aber da Lokomotiven dieser Klasse noch nicht lang genug im Einsatz gestanden hatten, um verlässliche Daten zu den Unterhaltungskosten beitragen zu können, konnten ihre Gesamtbetriebskosten nicht vollständig ermittelt werden. Deshalb wurde die ältere Klasse 31 mit hoher Achsfahrmasse *(Anm. d. Übers.: 18,9 Tonnen zu 13,7 Tonnen bei der Klasse 35)*, aber ähnlicher Leistung, aufgenommen. Bei der betrachteten Art des Einsatzes war eine Lokomotive der Klasse 19D oder 24 in der Zugförderungskapazität ungefähr gleichwertig einer Diesellokomotive.

Zur Untersuchung bestimmter Faktoren des Lokomotivbetriebs, wurden auch die folgenden Nicht-Nebenstreckenlokomotiven in die Studie aufgenommen: Dampf – 25NC und S1; Diesel – 33.200 *(Anm. d. Übers.: dieselelektrische CoCo, Bahn-Nrn. 33-201 bis 33-220, General Motors-EMD, 1966 bis 1967)*; Elektro – 4E und 5E *(Anm. d. Übers.: BoBo, 3kV DC, 3 Serien, Bahn-Nrn. E259 bis E318, English Electric, 1955 bis 1956, E319 bis E363, Vulcan Foundry, 1957 bis 1958 und E536-E590, Vulcan Foundry 1958 bis 1959)*. Die Rangierdampflokomotive der Klasse S1 wurde aufgenommen, damit zu einem späteren Zeitpunkt ihre Kostendaten für einen Vergleich mit der Dieselklasse 36 zur Hand wären, und wird hier nicht weiter berücksichtigt. Die Hauptstreckendiesellokomotiven der Klasse 33.200 war die erste Klasse, die die SAR von General Motors erworben hatten. Sämtliche früheren Standarddiesellokomotiven waren von General Electric geliefert worden, und es wurde gewünscht, festzustellen, ob es irgendwelche merklichen Unterschiede bei den Unterhaltungskosten zwischen diesen beiden Produkten gab.

Die Daten der Unterhaltungskosten wurden gegenüber der Art und Weise in der früheren Studie in einer abweichenden Form dargestellt. Die variablen Kosten der SAR pro Einheit Transportleistung (Transportleistung genommen als gewichtete Summe der gesamten Frachttonnenkilometer und Personenkilometer) wurden über der Zeitachse aufgetragen, Abb.6, und die resultierende Kurve stellt die interne Inflationsrate der Eisenbahn dar. Die Kostensachse bezog sich auf 1953 = 100 % (dem durchschnittlichen Einführungsjahr sämtlicher im Vergleich der Unterhaltungskosten aufgenommenen Lokomotiven), und die Kurve wurde benutzt, um sämtliche Kosten an die Inflation anzupassen und sie auf den Geldwert von 1953 zu beziehen. Da der Personalaufwand und der Großteil der Materialien für die Dampflokomotivunterhaltung ihren Ursprung in Südafrika selbst hatten, wurde angenommen, dass die in der Abb.6 angegebene Inflationsrate direkt auf die Unterhaltungskosten für die Dampftraktion angewendet werden konnte. Die Diesel- und die elektrische Traktion bedurften zahlreicher importierter Ersatzteile und folglich mögen die für sie zutreffenden Inflationsraten von denen in der in Abb. 6, abhängig von den Inflationsraten in den jeweiligen Herstellländern und den Wechselkursschwankungen, abgewichen haben.

Aber jedwede Abweichungen solcher Art waren ein wichtiger Bestandteil im Kostenvergleich zwischen den verschiedenen Traktionsarten, und durch die Korrektur sämtlicher Kosten anhand der internen SAR-Inflationsrate blieb nur dieser Faktor übrig. Die jährlichen Unterhaltungskosten pro Lokomotive bei der repräsentativen jährlichen Kilometerlaufleistung für jede Klasse wurden deshalb auf den Geldwert des Jahres 1953 inflationsbereinigt und eine Tendenz berechnet. Das heißt, für jedes Jahr wurden die Kosten ermittelt aus den

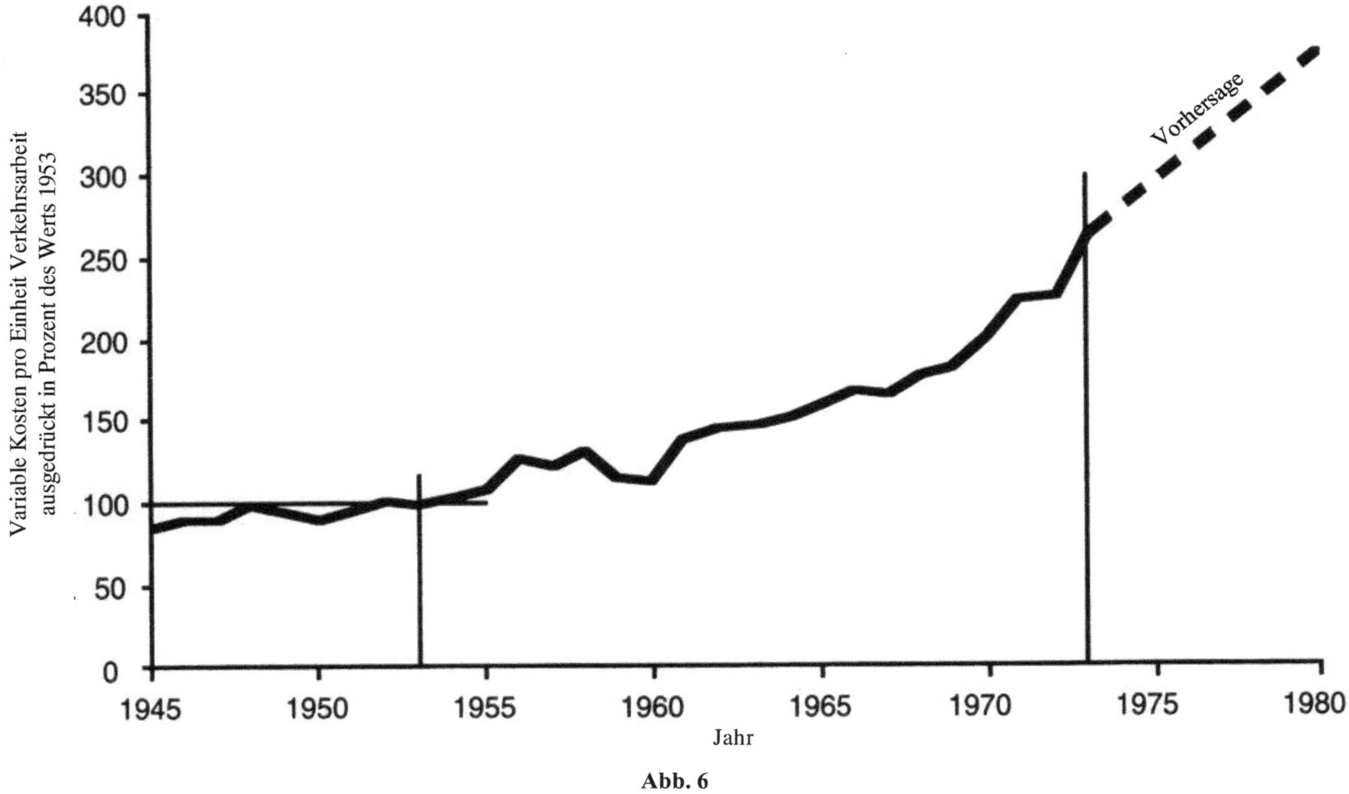

Abb. 6
SAR: Teuerung der variablen Kosten über der Zeit

Gesamtkosten für das fragliche Jahr, für die beiden vorausgegangenen Jahre und für die beiden folgenden Jahre und dann durch fünf geteilt. Diese Methode half möglicherweise auftretende Schwankungen auszugleichen, wie sie beispielsweise durch die Bündelung von Reparaturmaßnahmen in Erscheinung treten könnten. Um diese Kosten zu der betrieblichen Lokomotivleistung ins Verhältnis setzen zu können, wurden die Tendenzzahlen durch die Arbeitsleistung dividiert, errechnet aus der geschätzten Durchschnittsleistung *(Anm. d. Übers.: gemeint ist die tatsächliche durchschnittliche Zughakenleistung, also die eigentliche Produktivität einer Lokomotive)* einer Lokomotivklasse im normalen Einsatz und ihres Nutzungsgrades sowohl in Bezug auf Betriebszeit als auch Laufleistung. Die Ergebnisse wurden über den geleisteten Dienstjahren aufgetragen, wie in Abb.7 dargestellt. Das ergab bei dem gegebenen statistischen Material mit größtmöglicher Genauigkeit ein Bild von den jeweiligen Unterhaltungskosten, die notwendig sind, um von den betreffenden Lokomotivklassen eine gegebene Zugförderungsarbeit zu erhalten, mit der Einschränkung, dass bei den Trends der elektrischen Lokomotiven die Unterhaltungskosten für die elektrische Energieversorgung nicht einbezogen waren und so folglich nicht die gesamten Unterhaltungskosten für elektrische Traktion widerspiegeln. Der genaue Verlauf der Trendkurven wurde von verschiedenen Faktoren beeinflusst, die nichts mit der Lokomotiv-konstruktion zu tun haben, wie zum Beispiel, wie viele Jahre die Auslieferung sämtlicher Lokomotiven einer Klasse in Anspruch nahm, aber sämtliche Klassen zeigten generell ansteigende Trends in den Unterhaltungskosten, selbst nach Korrektur der Geldinflation. Das ist zurückzuführen auf allmähliche strukturelle Verschlechterung durch Ermüdung, Verschleiß, Korrosion etc., bis schließlich der Ersatz größerer Bauteile notwendig wurde und wodurch mit fortschreitendem Alter der Arbeitsaufwand bei den Untersuchungen ständig anstieg. Die Abb. 8 aus amerikanischer Quelle zeigt dieses Phänomen für die meisten Baugruppen, aus denen eine Dampflokomotive besteht: man beachte die hohen Kosten der Kesselunterhaltung, welche aus der ungenügenden Wasseraufbereitung und den erheblichen Wärmedehnungen in Feuerbüchsen amerikanischen Ausmaßes resultiert haben könnten und die geringen Reparaturkosten für die Überhitzer.

Ausgehend von den ersten dreizehn Jahren, das war der maximale Zeitraum, für den für alle Klassen, außer für die 33.200er Diesel, die Zahlen aus den belastbaren Trendkurven, im Gegensatz zu den erwarteten, abgelesen werden konnten, ergaben sich die in Tabelle 9 dargestellten Ergebnisse. Daraus kann man erkennen, dass die Dieseltraktion in den Unterhaltungskosten keine wirtschaftlichen Vorteile gegenüber der Dampftraktion erkennen ließ, in Wirklichkeit war es das genaue Gegenteil. Falls die Dieselkosten weiterhin in ähnlichem, wie seinerzeit bestehendem Maße ansteigen würden, dann würde die Unterhaltung der Dieseltraktion während der Gesamtlebensdauer der Lokomotiven eindeutig erheblich mehr kosten, als die der Dampftraktion. In der politischen Aussage von 1971, wie auf Seite 10 und 11 zitiert, wurden die „ständig ansteigenden hohen Unterhaltskosten der Dampflokomotiven" als ein Faktor gegen die Dampflokomotive gewichtet, aber natürlich steigen die Unterhaltungskosten *sämtlicher* Lokomotiven, die der Diesellokomotiven anscheinend schneller, als die der Dampflokomotiven. Ebenso wenig würden gemäß der Abb. 7 die General Motors-Diesel auf lange Sicht in irgendeiner Weise billiger zu unterhalten sein, als die von General Electric gelieferten. Diese Ergebnisse sind ähnlich derer von H. F. Brown, der in seinem Vortrag „Economic Results of Diesel Electric Motive Power on the Railways of the United States of America"[1] (vielleicht die mit Abstand tiefschürfendste Analyse der vergleichenden Traktionskosten, die je gemacht wurde) aufzeigte, wie viel die Verdieselung die U.S.-Eisenbahnen in Wahrheit gekostet hat. Unglücklicherweise wollten die Eisenbahnverwaltungen zur der Zeit, als die Dampftraktion als veraltet abgestempelt wurde, die Art der Botschaft, wie sie von Brown kam, nicht hören.

Die andere bemerkenswerte Feststellung der SAR-Studie war, wie gut die Klasse 25NC nicht nur gegenüber den anderen Dampflokomotivklassen und der Dieseltraktion abschnitt, sondern selbst gegenüber der elektrischen Traktion. Es zeigte, dass Dampflokomotivkonstruktionsmerkmale zum Zwecke einer verbesserten Zuverlässigkeit, von denen die Klasse 25 mehr hatte als irgendeine andere SAR-Klasse, den gewünschten Effekt zu haben schienen und dass so ausgestattete Dampflokomotiven in Bezug auf die Unterhaltungskosten sehr wettbewerbsfähig sein können.

Tabelle 9
Vergleich der Unterhaltskosten ausgesuchter SAR-Lokomotivklassen bezogen auf eine Einheit Zughakenarbeit im Zugförderungsdienst

Antrieb	Klasse	Durchschnittliche Unterhaltskosten in Rand je Einheit Zughakenarbeit während der ersten 13 Dienstjahre	Durchschnitt für Antrieb	Unterhaltskosten in Rand je Einheit Zughakenarbeit im 13. Dienstjahr	Durchschnitt für Antrieb	Steigerungsrate der Unterhaltskosten zum Ende der Trendlinie in Rand je Einheit Zughakenarbeit	Durchschnitt für Antrieb
Dampf	19D	1,11	1,08	1,43	1,41	0,07	0,085
	24	1,38		1,62		0,13	
	25NC	0,65		0,89		0,02	
	GMA/M	1,18		1,69		0,12	
Diesel	31	1,15	1,16	1,95	2,04	0,22	0,200
	32(SWA)[1]	1,21		1,95		0,14	
	32(WT)[2]	1,11		2,21		0,23	
Elektro[3]	4E	0,42	0,40	0,71	0,66	0,05	0,085
	5E	0,37		0,61		0,12	

Anmerkungen:
1. SWA = Netzteil Südwestafrika.
2. WT = Netzteil West-Transvaal.
3. Unterhaltskosten für die elektrische Versorgung nicht enthalten.

[1] Proceedings of the Institution of Mechanical Engineers, Band 175, London, 1961.

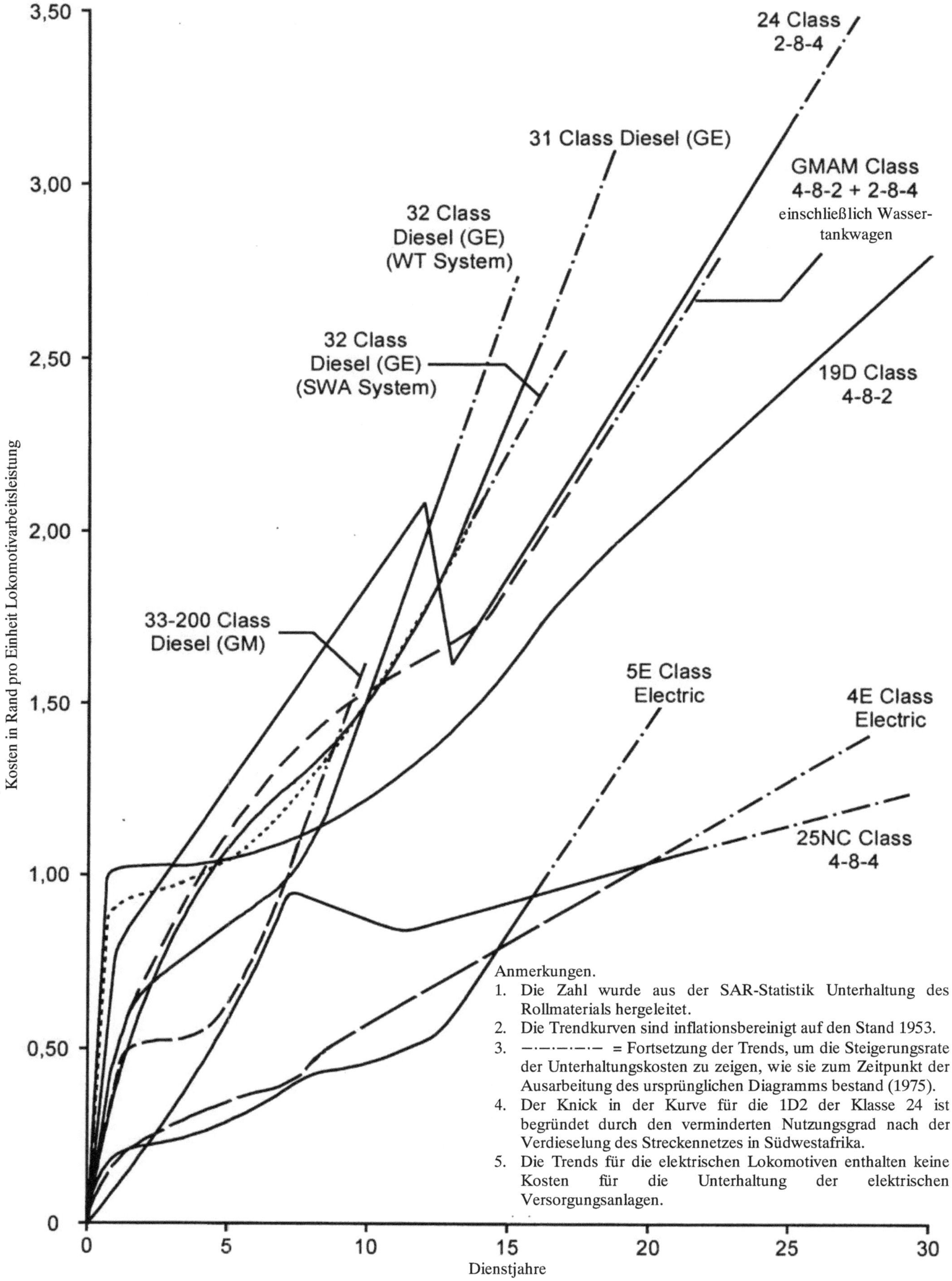

Anmerkungen.

1. Die Zahl wurde aus der SAR-Statistik Unterhaltung des Rollmaterials hergeleitet.
2. Die Trendkurven sind inflationsbereinigt auf den Stand 1953.
3. —·—·—·— = Fortsetzung der Trends, um die Steigerungsrate der Unterhaltungskosten zu zeigen, wie sie zum Zeitpunkt der Ausarbeitung des ursprünglichen Diagramms bestand (1975).
4. Der Knick in der Kurve für die 1D2 der Klasse 24 ist begründet durch den verminderten Nutzungsgrad nach der Verdieselung des Streckennetzes in Südwestafrika.
5. Die Trends für die elektrischen Lokomotiven enthalten keine Kosten für die Unterhaltung der elektrischen Versorgungsanlagen.

Abb. 7

SAR: Trend der Unterhaltungskosten für einige ausgewählte Lokomotivklassen

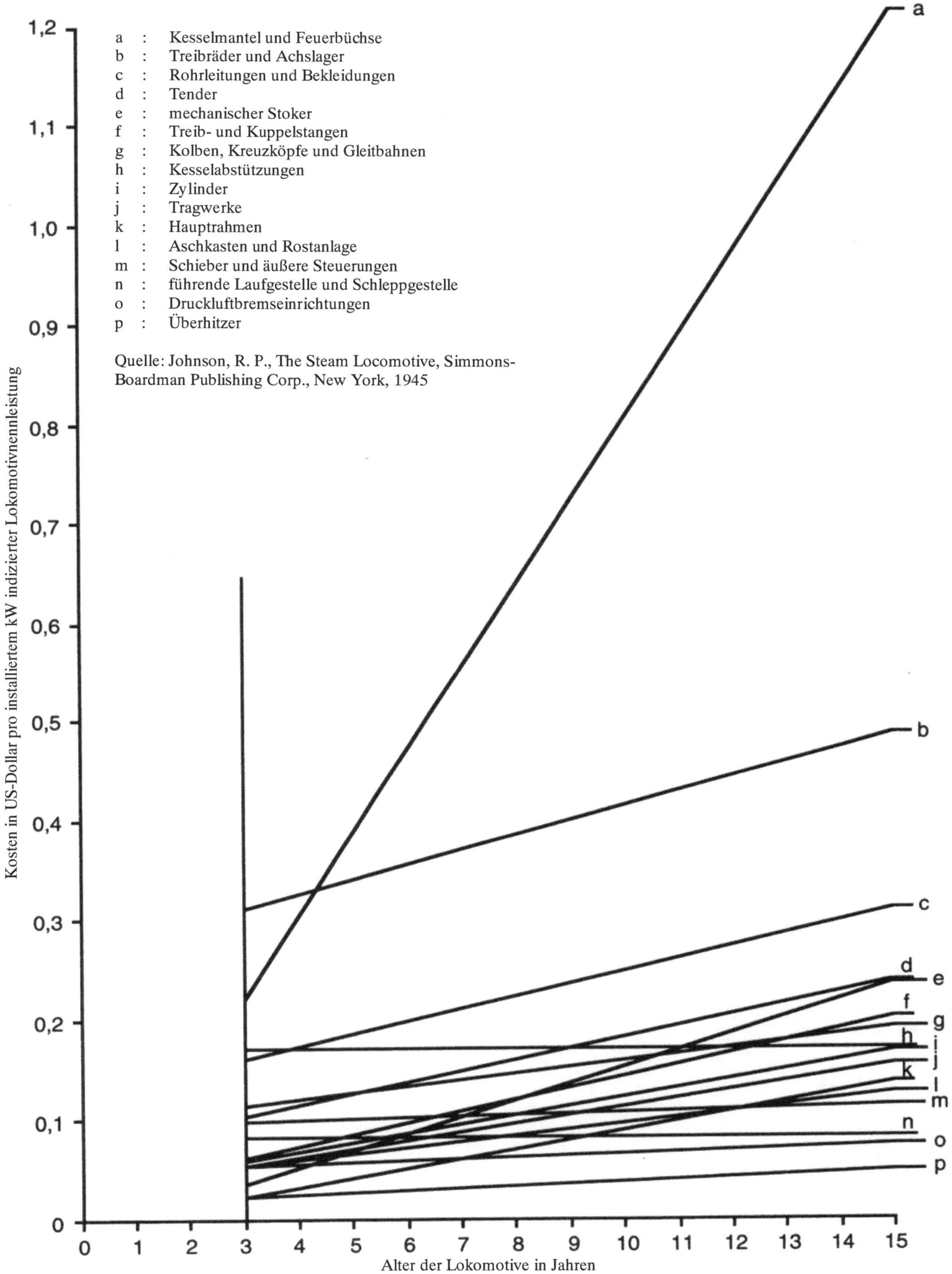

Abb. 8
Trends der Unterhaltungskosten für Lokomotivbauteile (Hauptuntersuchungen)

Die Untersuchung zu den Unterhaltungskosten wurde erweitert im Sinne einer Bestimmung der wirtschaftlichen Lebensdauer der betroffenen Klassen, wobei die wirtschaftliche Lebensdauer definiert wird als die Anzahl von Einsatzjahren, in denen die Gesamtbetriebskosten, einschließlich der Amortisation der Sachinvestition, ihren niedrigsten jährlichen Durchschnittswert erreichen.[1] Die drei einbezogenen variablen Kosten waren die durchschnittlichen jährlichen Kapital-, Zins- und Unterhaltungskosten, deren Summe ein eindeutiges Minimum hat, welches die wirtschaftliche Lebensdauer festlegt. Die Inflation komplizierte das Bild, und die Berechnungen wurden so weit wie möglich anhand inflationsbereinigter Kostendaten gemacht und ergaben damit wirtschaftliche Lebensdauern, wie sie sich unter inflationsfreien Umständen ergeben hätten (die Kosten wurden auf den Geldwert im Jahr der Einführung der betreffenden Lokomotivklasse inflationsbereinigt und waren daher nicht von Klasse zu Klasse vergleichbar, und aus demselben Grund waren die Unterhaltungskosten für jede Klasse nicht unbedingt vergleichbar mit den in der Abb. 7 angegebenen). Eine lange wirtschaftliche Lebensdauer war nicht automatisch eine Tugend, weil sie bedingt sein konnte durch hohe Kapitalkosten und Zinsbelastungen, was unerwünscht ist, aber sie war auch das Ergebnis einer niedrigen Steigerungsrate der Unterhaltungskosten. War die lange wirtschaftliche Lebensdauer eine Konsequenz moderater Kapitalkosten verbunden mit einer geringen Steigerungsrate der Unterhaltungskosten, so war das vorteilhaft, insofern, als dass der notwendige Kapitalabfluss für neue Ersatztriebfahrzeuge reduziert und die Nachteile des Betreibens der Lokomotiven über ihre wirtschaftliche Lebensdauer hinaus minimiert wurden. In den Abb. 9 bis 12 finden sich Beispiele für Lebensdauerkurven und die kompletten Daten sind in der Tabelle 10 angegeben.

Die Tabelle 10 zeigt, dass bei der Anwendung richtiger Kriterien für die wirtschaftliche Lebensdauer, die Lebensdauern sämtlicher Lokomotivarten in der Regel kürzer wären als allgemein angenommen. Allerdings war die strenge Anwendung der Kriterien für die wirtschaftliche Lebensdauer wegen verschiedener Einflussgrößen, wie die Auswirkungen der Inflation, die Verfügbarkeit von Kapital und der technischen Veralterung im wirklichen Leben schwierig. Die jeweiligen Werte für die wirtschaftliche Lebensdauer waren außerdem abweichend, wenn sie auf die Nutzungsgrade der Lokomotiven bezogen wurden. Die Unterhaltungskosten waren abhängig von dem Nutzungsgrad, und somit galt das auch für die wirtschaftliche Lebensdauer, was in der Abb. 9 anschaulich illustriert ist. Dort zeigt sich deutlich die Auswirkung der verminderten Nutzung der 1D2 der Klasse 24 nach 1960, als das Streckennetz in Südwestafrika verdieselt wurde. Die jährliche Steigerungsrate der Unterhaltungskosten geht zurück und folglich verlängert sich die wirtschaftliche Lebensdauer. Was wirklich zählte, war der Nutzen, der von einer Lokomotive während ihrer wirtschaftlichen Lebensdauer erlangt werden konnte, und Tabelle 10 zeigt, dass dann die Position der Dampftraktion wegen der geringeren Nutzung nicht so gut aussah als es schien, wenn man die wirtschaftliche Lebensdauer in Jahren nahm. Dennoch hatte die Klasse 25NC nach Maßgabe aller Dinge die längste wirtschaftliche Lebensdauer von allen betrachteten Klassen.

Tabelle 10
Wirtschaftliche Lebensdauer ausgewählter SAR-Lokomotivklassen

Antrieb	Klasse	Wirtschaftliche Lebensdauer in Jahren	Veranschlagte Gesamtlaufleistung in km je Lokomotive während der wirtschaftlichen Lebensdauer[1]	Veranschlagte Gesamtnutzungsdauer in Stunden je Lokomotive während der wirtschaftlichen Lebensdauer[1]
Dampf	19D	20	1 300 000	78 840
	24	25	1 475 000	98 550
	25NC	42	4 032 000	147 170
	GMA/M	22	1 364 000	96 360
Diesel	31	18	1 656 000	118 260
	32(SWA)	18	2 646 000	118 260
	32(WT)	16	1 584 000	98 110
Elektro	4E	24	3 072 000	136 660
	5E	19	2 090 000	108 190

1. Dieser Wert wurde in dem Bericht anders dargestellt und ist somit hier der Klarheit wegen angegeben.

Um einen direkten Vergleich der durchschnittlichen jährlichen variablen Kosten der verschiedenen Klassen machen zu können, wurden die Kosten auf einen gemeinsamen Wert 1953 umgerechnet, und in Tabelle 11 dargestellt. Auf die Zugförderungsarbeit bezogen, sahen sie innerhalb einer Lokomotivart ähnlich aus und stiegen in der Reihenfolge Dampf – Elektro – Diesel an, falls die Kosten für die elektrische Energieversorgung mit einbezogen wurden.

Die Brennstoffkosten wurden bestimmt, indem zunächst der Jahreswirkungsgrad der verschiedenen Lokomotivklassen unter Anrechnung sämtlicher Brennstoffverbräuche bestimmt wurde, also produktiver und nicht produktiver, siehe dazu Tabelle 12. Als „Brennstoff" der elektrischen Lokomotiven wurde elektrische Energie genommen, und als Wirkungsgrad stellt sich der Anteil der an die Unterstationen der Eisenbahn gelieferten elektrischen Energie dar, der der Schätzung nach in Traktionsarbeit am Radumfang umgewandelt wurde. Das entspricht natürlich nicht dem wahren thermischen Gesamtwirkungsgrad der elektrischen Traktion, bei dessen Bestimmung die Verluste bei der Elektrizitätserzeugung und der Übertragung hätten mit einbezogen werden müssen. Aber zum Zwecke der Kalkulation der Brennstoffkosten war es der am besten geeignete Parameter, weil es ja die elektrische Energie war, die die SAR zum Antrieb ihrer Lokomotiven einkauften. Der entsprechende Wirkungsgrad der Diesellokomotiven war relativ einfach aus den Brennstoffverbrauchsdaten der Hersteller zu errechnen: es wurde unterstellt, dass Diesellokomotiven während Bereitschaftszeiten abgeschaltet wurden, was nicht immer der Fall war. Allerdings waren die kargen Versuchsdaten, die für die Dampftraktion zur Verfügung standen, unzureichend, um eine genaue Beurteilung des thermischen Jahreswirkungsgrads zu ermöglichen. Bei Dampflokomotivversuchen wurden üblicherweise die Verbrauchswerte zur Traktionsarbeit bei konstanten Bedingungen in Beziehung gesetzt, zum Beispiel bei konstanter Geschwindigkeit und Zugkraft oder bei konstanter Verdampfungsleistung mit vollständig durchgewärmter Maschine, ohne Einrechnung von nicht produktivem Brennstoffverbrauch im Leerlauf oder während Bereitschaftszeiten. Was aber bei allen Traktionsarten wirklich zählte, war die Energiemenge im Primärbrennstoff, die aufgewendet werden musste, um die Traktionsarbeit am Zughaken der betroffenen Lokomotiven während eines ganzen Jahres zu erzeugen oder, besser noch, während ihrer ganzen Lebensdauer. Aus mannigfachen Gründen, wie Abstrahlungsverluste des Kessels, Verluste durch Kesselsicherheitsventile, verhältnismäßig schlechte Wirkungsgrade der dampfbetriebenen Hilfsmaschinen, Abschlammverluste, Verluste an Brennbarem beim Feuerreinigen, Brennstoffverbrauch zum Anheizen und so weiter, war der nicht produktive Brennstoffverbrauch sicherlich höher, als der anderer Traktionsarten. Zusätzliche Einflüsse, wie die empfindliche

---

[1] Die genaue Kalkulationsmethode findet der Leser in: Johnson, R. P., The Steam Locomotive, Simmons-Boardman Publishing Corp., New York, 1945.

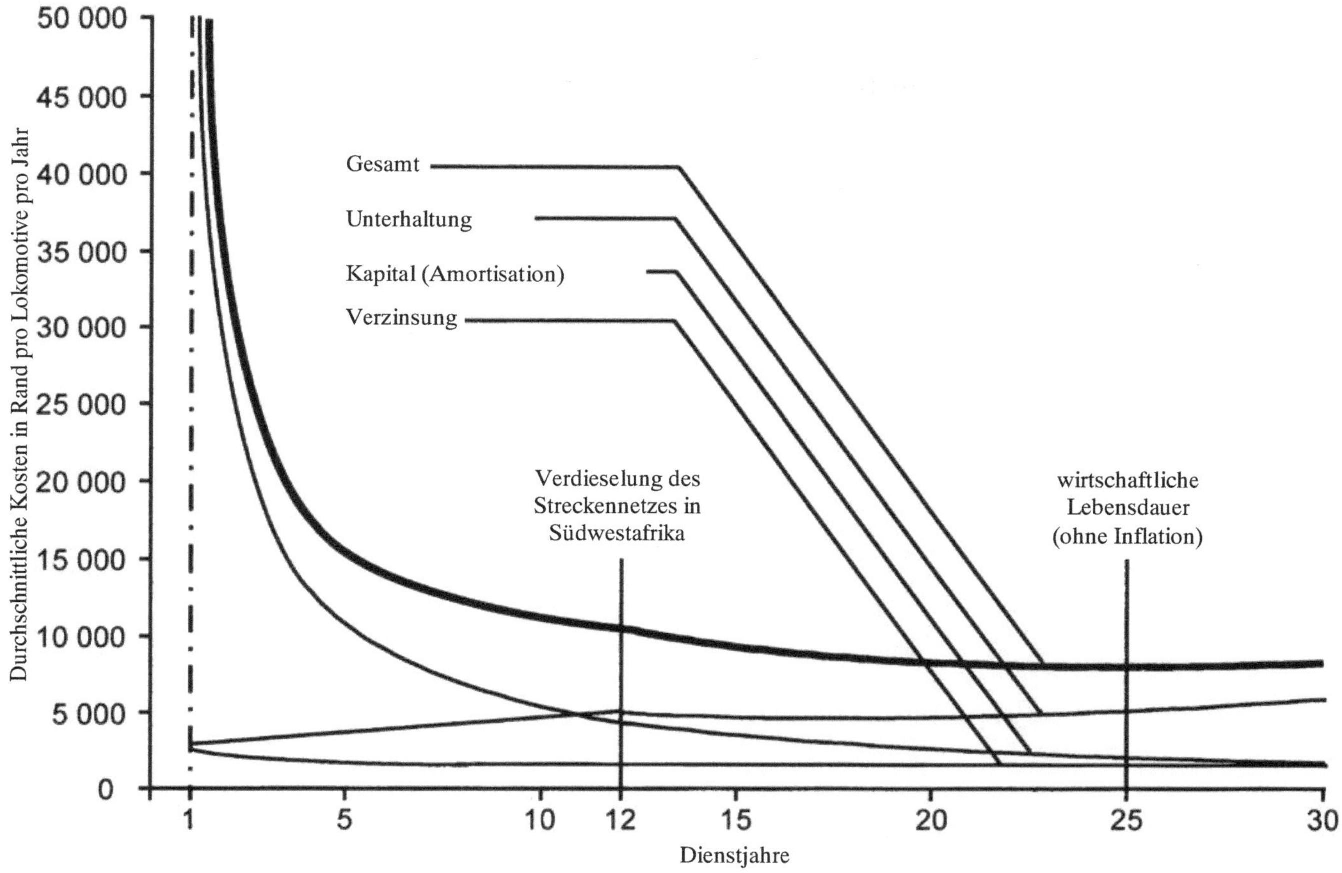

Abb. 9
SAR: 1D2-Klasse 24: Kurve der wirtschaftlichen Lebensdauer

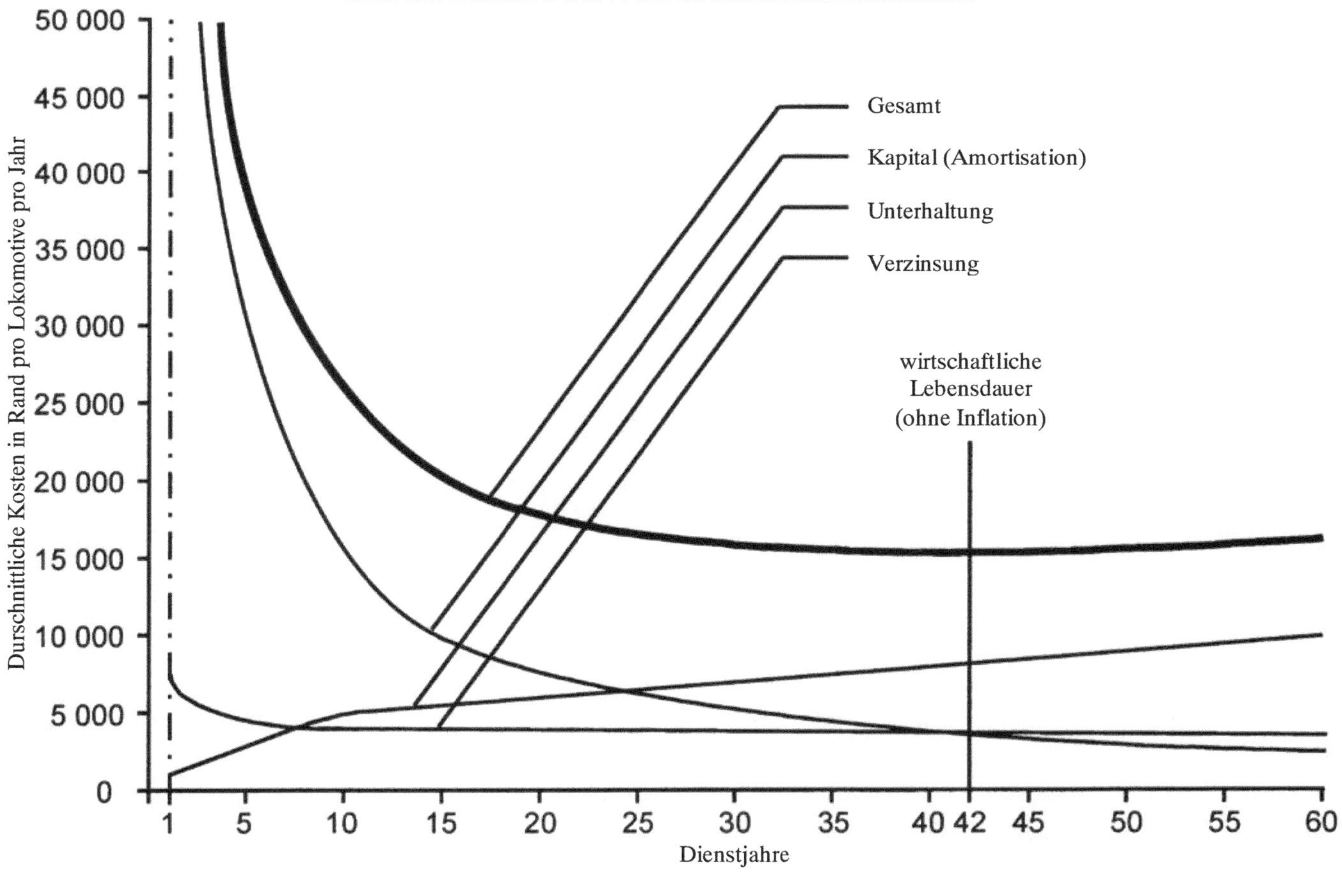

Abb. 10
SAR: 2D2-Klasse 25NC: Kurve der wirtschaftlichen Lebensdauer

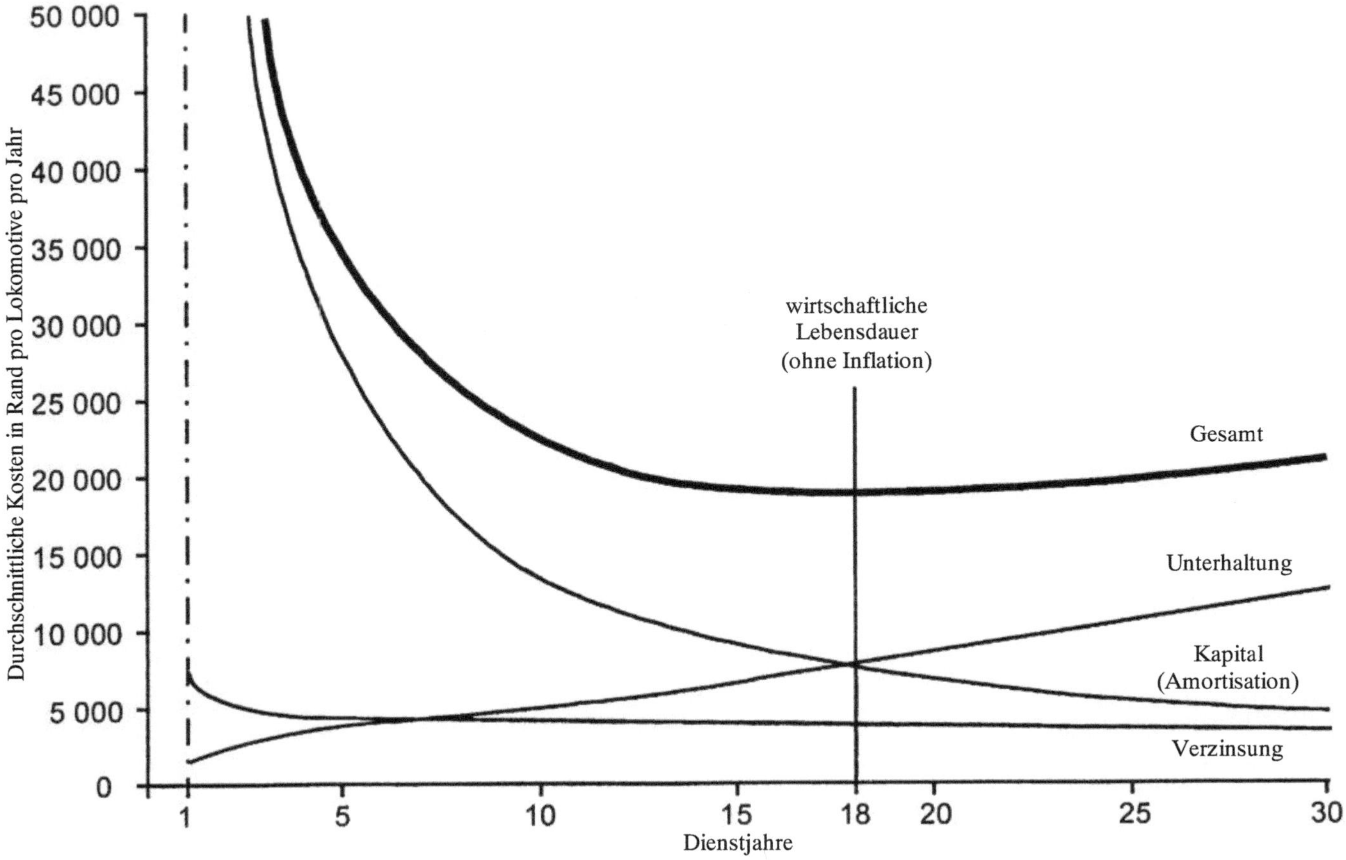

Abb. 11
SAR: Diesellokomotive Klasse 31: Kurve der wirtschaftlichen Lebensdauer

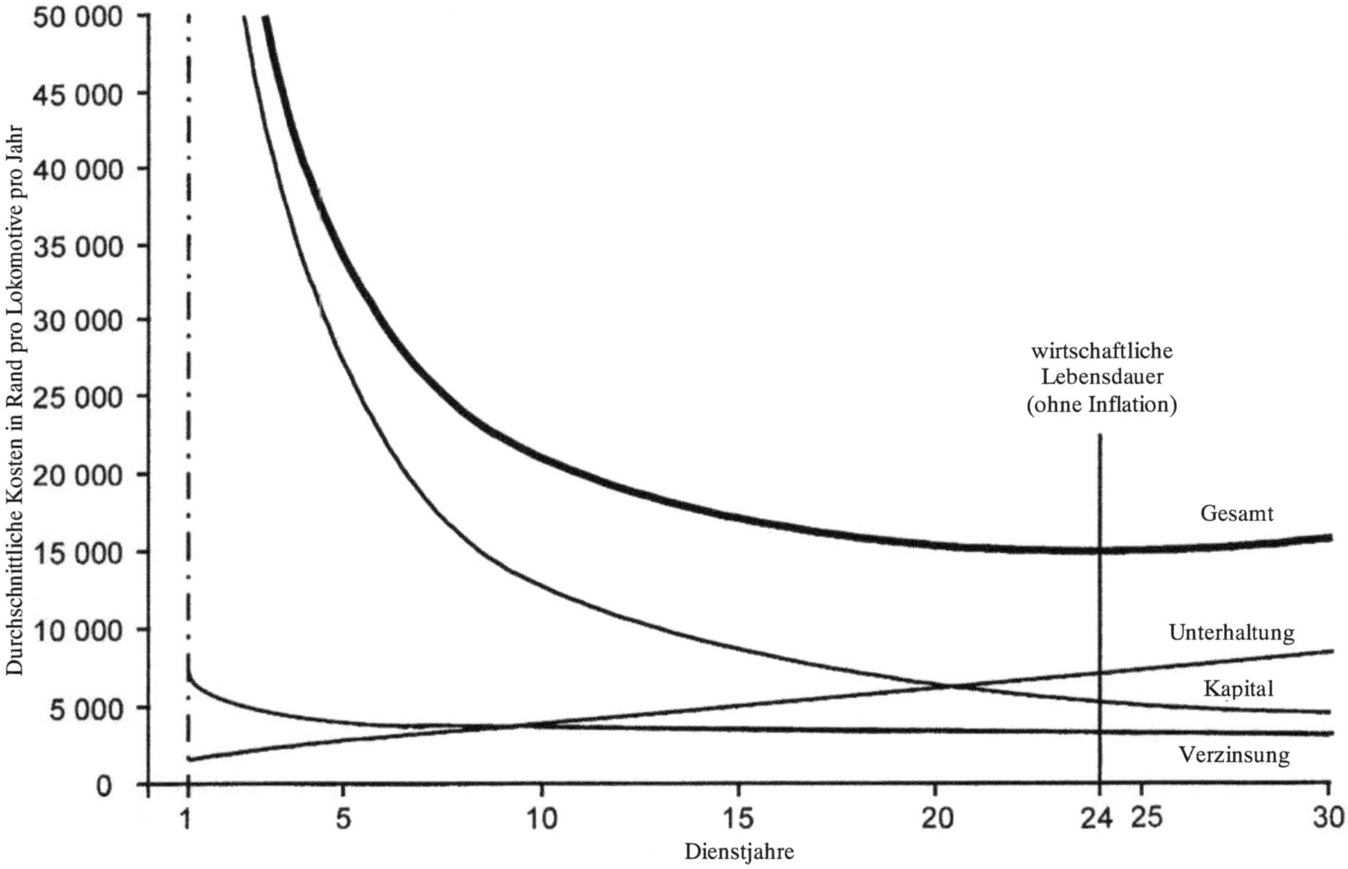

Abb. 12
SAR: elektrische Lokomotive Klasse 4E: Kurve der wirtschaftlichen Lebensdauer

Tabelle 11
Zusammenfassung der durchschnittlichen variablen Kosten ausgewählter SAR-Lokomotivklassen während der wirtschaftlichen Lebensdauer

Antrieb	Klasse	Kleinste jährliche zusammengefasste Durchschnittskosten für Kapital, Zinsen und Unterhalt zum Geldwert 1953		
		Rand pro Jahr pro Lokomotive	Rand pro 1 000 MJ[1]	Durchschnitt für Antrieb in Rand pro 1 000 MJ[1]
Dampf	19D	7 687	2,79	3,13
	24	8 718	3,27	
	25NC	15 792	2,94	
	GMA/M[2]	21 337	3,51	
Diesel	31	14 633	3,99	4,07
	32(SWA)	22 356	4,17	
	32(WT)	20 334	4,06	
Elektro (nur Lokomotiven)	4E	15 814	2,05	2,08
	5E	11 201	2,11	
Elektro (einschließlich der Kosten der elektrischen Anlagen)	4E	24 270	3,15	3,40
	5E	19 409	3,65	

Anmerkungen.
1. In dem SAR-Bericht in Rand pro 1 000 kWh angegeben.
2. Einschließlich Wassertankwagen.

Tabelle 12
Thermischer Gesamtwirkungsgrad ausgewählter SAR-Lokomotivklassen[1]

Antrieb	Dampf				Diesel			Elektro	
Klasse	19D	24	25NC	GMA/M	31	32-000	35-000	4E	5E
Gesamter Brennstoffverbrauch per annum[2]	2 430 Tonnen (Kohle)	2 430 Tonnen (Kohle)	5 900 Tonnen (Kohle)	8 870 Tonnen (Kohle)	345 Tonnen (Diesel)	525 Tonnen (Diesel)	358 Tonnen (Diesel)	9,11 x 10^6 MJ	6,26 x 10^6 MJ
Brennwert des Brennstoffs in MJ kg^{-1}	28,5	28,5	28,5	28,5	46,0	46,0	46,0	-	-
Gesamter Jahresenergie-verbrauch in MJ (x 10^6)	69,28	69,28	168,21	252,88	15,87	24,16	16,47	9,11	6,26
Jahresarbeit am Radreifen[2] in MJ (x 10^6)	2,75	2,67	5,36	6,07	3,67	5,37	3,79	7,72	5,31
Thermischer Gesamt-wirkungsgrad am Radreifen in %	4,0	3,9	3,2	2,4	23,1	22,2	23,0	84,7[3]	84,3[3]
Durchschnittlicher thermischer Gesamtwirkungsgrad für Antrieb in %	3,4				22,8			84,8[3]	

Anmerkungen.
1. Einige kleine arithmetische Korrekturen wurden an den Werten aus dem SAR-Bericht vorgenommen.
2. Der Brennstoffverbrauch und die Arbeit am Radumfang wurden für spezifischen Nutzungsgrad und durchschnittliche Leistung im Betriebseinsatz berechnet. Der Nutzungsgrad der Dampflokomotiven wurde zu dem Niveau angenommen, wie es vor dem Einsetzen weiträumiger Verdieselung bestand. Die durchschnittliche Leistung während des Betriebseinsatzes wurde bei Versuchen mit der Dieseltraktion zu 20 % ermittelt, das heißt, der Belastungsfaktor im SAR-Betrieb war typischerweise nur 0,2.
3. Dieser „Wirkungsgrad“ = {Arbeit am Radumfang ÷ elektrische Energieeinspeisung an den Unterstationen} und spiegelt nicht den tatsächlichen thermischen Wirkungsgrad der elektrischen Traktion wider.

Abhängigkeit des thermischen Wirkungsgrades (und der Leistung im Allgemeinen) von der Kohlequalität und den Arbeitsmethoden der Lokomotivpersonale, hohe spezifische Dampfverbräuche beim Fahren mit großen Zylinderfüllungen, was in Südafrika eher die Regel als die Ausnahme war, und schlechte Leistung im kalten Zustand durch hohe Wärmeleitungsverluste in den Zylindern[1] trugen zu dem geringen Wirkungsgrad bei. Wenn all dies zu dem konstruktionsbedingt mittelmäßigen nominellen Wirkungsgrad der SAR-Dampflokomotiven hinzukommt, so ergeben sich die außerordentlich niedrigen in der Tabelle 12 angegebenen Jahreswirkungsgrade. Es kann sein, dass sie zu pessimistisch sind, aber niemand sollte sich dem Glauben hingeben, dass der thermische Gesamtwirkungsgrad eines traditionellen Dampflokomotivbetriebs, wie es der der SAR darstellte, auch nur annäherungsweise bei dem gewöhnlich angenommenen Wert von 7 % lag. Zu einem gewissen Grade wurde dies später durch die Messwagenversuche mit den Klassen 25NC und 26 *(Anm. d. Übers.: bei dem*

---

[1] Solche Verluste können eine ganz erhebliche Zeit andauern. Es ist geschätzt worden, dass nach einer Anfahrt aus dem kalten Zustand dreißig Minuten scharfer Fahrt unter Dampf notwendig sind, um die Zylinder auf die Sattdampftemperatur zu bringen. Versuche in Vitry *(Anm. d Übers.: auch heute noch aktive Rollenprüfstandsanlage der SNCF)* und von Porta mit einer 2D1 der Klasse C16 Nr. 1802 der Belgrano-Bahn ergaben, dass es bei Volllast eine Stunde dauerte, bis sich in den Zylindern eine Gleichgewichtstemperatur einstellte. Das bedeutet, dass bei Dampflokomotiven im alltäglichen Einsatz kaum jemals ein thermisches Gleichgewicht erreicht wird.

Einzelstück der Klasse 26 handelt es sich um die umgebaute 25NC Bahn- Nr. 3450, auf vielen kommenden Seiten Gegenstand dieses Buchs) bestätigt, wie später im Kapitel 3.5 beschrieben.

In der Abb. 13 sind die durchschnittlichen Preise für die SAR für Kohle, Dieselöl und Elektrizität für den Verbrauch auf den Lokomotiven dargestellt, bezogen auf den Energiegehalt im Brennstoff, sowie die zukünftigen Preisentwicklungen, wie sie zu der Zeit als realistische Schätzung aufgefasst wurden. Die Verdieselungspolitik ging von einem Dieseltreibstoffpreis von 0,08 Cents *(Anm. d. Übers.: 1 Rand = 100 Cents)* pro MJ aus, der sich bis zum Jahr 1974 mehr als verdoppelt hatte (obwohl man sich für die Zukunft auf das Öl aus der Kohleverflüssigung verließ, war der tatsächliche Preis des solchermaßen produzierten Öls, unabhängig von seinen tatsächlichen Produktionskosten, der Weltmarktpreis). Anhand des sehr geringen Kohlepreises ab Grube lässt sich leicht nachvollziehen, warum die SAR wenig Wert auf den thermischen Wirkungsgrad der Dampftraktion gelegt hatten. Es war in der Tat sogar eine bewusste Vorgabe, keine „Verfeinerungen" zur Anhebung der thermischen Effizienz einzubauen, die die Unterhaltungskosten erhöht haben könnten. Allerdings war diese Denkweise aus zwei fundamentalen Gründen kurzsichtig. Zum Ersten hätte die Verbesserung der thermischen Effizienz wegen der Beziehung Ertrag = Aufwand x Wirkungsgrad nicht nur unter dem Gesichtspunkt des verminderten Brennstoffverbrauchs betrachtet werden sollen, sondern auch unter dem der gesteigerten Lokomotivleistung und somit der Produktivität, was sämtliche übrigen ertragsbezogenen Kosten vermindert hätte. Zum Zweiten erhöhte der Kohletransport erheblich die Kosten frei Tender und wertvolle Streckenkapazität wurde gebunden (es gab eine Zeit, da beförderten 10 % aller Güterzüge auf der stark befahrenen eingleisigen Kap-Hauptstrecke Lokomotivkohle). Man hatte ermittelt, dass der durchschnittliche Transportweg der Lokomotivkohle 600 km betrug (siehe Seite 2) und bei diesem Transportweg waren die Transportkosten pro Tonne doppelt so hoch wie der eigentliche Kohlepreis. Damit war Kohle, so billig sie auch ab Grube war, in einiger Entfernung von den Kohlefeldern nicht ganz so billig und ihr Transport vergrößerte das zunehmend feststellbare Kapazitätsproblem auf den eingleisigen Hauptstrecken.

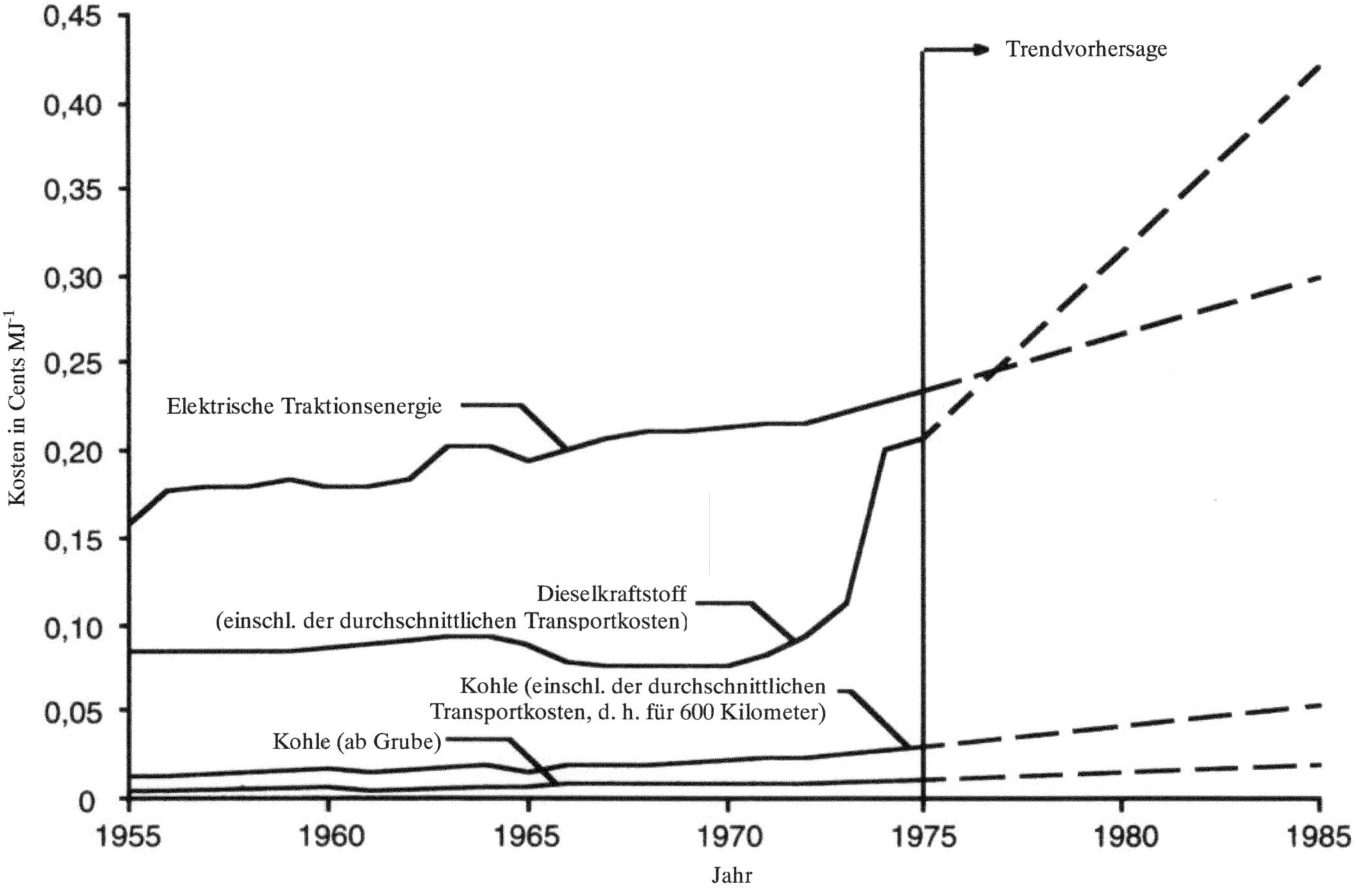

Abb. 13
SAR: Energiekosten der Lokomotiven

Die auf die Lokomotivproduktivität bezogenen Brennstoffkosten und ihr Kehrwert, die aus einem Cent Brennstoffwert gewonnene Traktionsarbeit, sind in der Tabelle 13 angegeben. Trotz des sehr niedrigen Jahreswirkungsgrads der Dampftraktion, zeigte sie in fast allen dargestellten Fällen niedrigere Brennstoffkosten als die Dieseltraktion und war nahe der Kohlefelder in einigen Fällen wettbewerbsfähig mit der elektrischen Traktion. Wie man erkennen kann, lagen Welten zwischen der Lokomotivproduktivität pro Energieeinheit aus dem Brennstoff und den energiebezogenen Brennstoffkosten. Ohne die fundamentale Bedeutung des thermischen Wirkungsgrads schmälern zu wollen, war es aber eine Tatsache, dass die Eisenbahnverwaltung in erster Linie an den Kosten der für ihre Zugförderungsaufgaben notwendigen Brennstoffe beziehungsweise Energie interessiert war. Zum Zeitpunkt der Studie war es die Dieseltraktion, die in dieser Hinsicht am teuersten war, zumindest bis zu einer Entfernung von etwa 700 km von den Kohlefeldern. Vom Standpunkt der Energiekosten aus bestätigte die Studie die in dem Jahresbericht 1959-60 des Generaldirektors angegebene Traktionspolitik (siehe Seite 2). Da die Situation der Ölversorgung, wie es schien, rasch kritisch werden würde, machte diese Politik offensichtlich im Jahre 1975 noch mehr Sinn als 1960. Aus den Untersuchungen konnte auch hergeleitet werden, dass sowohl erheblicher Spielraum für eine Verbesserung des thermischen Wirkungsgrads der Dampflokomotive bestand – aus dem einfachen Grund, dass die vorhandene Effizienz so niedrig war – als auch, dass sich daraus großer finanzieller Nutzen ergeben würde. Obwohl die Dampftraktion im Hinblick auf die Brennstoffkosten immer noch wettbewerbsfähig war, trotz des schlechten thermischen Wirkungsgrads, was wäre dann erst gewesen, falls sich ihre thermische Effizienz hätte verdoppeln lassen, was nicht als technische Phantasie erschien, zumindest nicht mit neuen Lokomotiven, die all die seinerzeit verfügbaren Technologien nutzbar machen würden?

Der Bericht verglich die Gesamtkosten der Dampf- und Dieseltraktion im Nebenstreckendienst auf der Kostenbasis 1975 und auf Basis der vorläufig geschätzten Kostenbasis für 1985, wie jeweils in den Tabellen 14 und 15 angegeben. Die bisher nicht erläuterten Kosten wurden aus den entsprechenden Buchhaltungszahlen entnommen und auf Zugförderungsarbeit der Lokomotiven bezogen. Wegen der Schwierigkeiten bei der Vorhersage der Unterhaltungskosten der Klasse 24 wurden die Dampflokomotivdaten für 1985 nur für die Klassen 19D und GMA/M geschätzt. Es wurde darauf hingewiesen, dass die Zahlen nicht für einen absoluten Vergleich zwischen Dampf- und Dieseltraktion als gültig angenommen werden durften, sondern nur als ein Kostenvergleich der tatsächlichen SAR-Dampf- und Diesellokomotivbetriebe, mit all den Nachteilen, die darin für den Dampfbetrieb enthalten waren (das heißt: Unterbeschäftigung überwiegend alter Lokomotiven von mittelmäßiger thermischer Leistungsfähigkeit und von veralteter mechanischer Konstruktion). Nichtsdestoweniger zeigten die Zahlen, dass sogar diese bestehenden Dampflokomotiveinsätze auf dem Kostenniveau von 1975 bis zu 200 km und auf dem für 1985 vorhergesagten Kostenniveau bis zu 300 km von den Kohlefeldern wirtschaftlicher als die Dieseltraktion waren.

Tabelle 13

Brennstoffkosten bezogen auf die Zughakenarbeit und Brennstoffproduktivität ausgewählter SAR-Lokomotivklassen

Antrieb	Dampf				Diesel			Elektro[1]	
Klasse	19D	24	25NC	GMA/M	31	32-000	35-000	4E	5E
Gesamtbrennstoffkosten in Rand pro 1 000 MJ am Zughaken:[2]									
1975 im Kohlegebiet	2,48	2,56	2,92	3,82	9,31	9,43	9,13	2,79	2,79
1975 600 km vom Kohlegebiet	6,96	7,18	8,50	11,23	9,31	9,43	9,13	2,79	2,79
1985 im Kohlegebiet	4,97	5,12	5,83	7,63	18,63	18,87	18,25	3,54	3,54
1985 600 km vom Kohlegebiet	13,92	14,37	17,00	22,46	18,63	18,87	18,25	3,54	3,54
Lokomotivzughakenarbeit pro Kosteneinheit für Brennstoff, MJ $Cent^{-1}$:									
1975 im Kohlegebiet	4,03	3,91	3,42	2,62	1,07	1,06	1,10	3,58	3,58
1975 600 km vom Kohlegebiet	1,44	1,39	1,18	0,89	1,07	1,06	1,10	3,58	3,58
1985 im Kohlegebiet	2,01	1,95	1,72	1,31	0,54	0,53	0,55	2,82	2,82
1985 600 km vom Kohlegebiet	0,72	0,70	0,59	0,45	0,54	0,53	0,55	2,82	2,82
Durchschnittliche Lokomotivzughakenarbeit für Antrieb pro Kosteneinheit für Brennstoff, MJ $Cent^{-1}$:									
1975 im Kohlegebiet	3,50				1,08			3,58	
1975 600 km vom Kohlegebiet	1,23				1,08			3,58	
1985 im Kohlegebiet	1,75				0,54			2,82	
1985 600 km vom Kohlegebiet	0,62				0,54			2,82	
Durchschnittliche Lokomotivzughakenarbeit pro Kosteneinheit für Brennstoff für Antrieb in % von Dampf:									
1975 im Kohlegebiet	(100 %)				31 %			102 %	
1975 600 km vom Kohlegebiet	(100 %)				88 %			291 %	
1985 im Kohlegebiet	(100 %)				31 %			161 %	
1985 600 km vom Kohlegebiet	(100 %)				88 %			459 %	
Durchschnittliche Lokomotivzughakenarbeit pro Einheit Brennstoffenergie für Antrieb, MJ MJ^{-1},	0,034				0,228			0,848[3]	
in % von Dampf	(100 %)				670 %			2 500 %[3]	

Anmerkungen.

1. Der „Brennstoff" für die elektrische Traktion wurde als elektrische Energie angenommen.
2. Einschließlich der Kosten für den Brennstoffumschlag und Brennstoffanalysen.
3. Die Werte sind so hoch, weil sie sich nur auf die Umwandlung von elektrischer Energie in Arbeit am Radumfang beziehen.

Somit vergrößerte sich mit der Zeit der Entfernungsradius von den Kohlefeldern, bis zu dem die Dampftraktion billiger war. Das betraf eine beträchtliche Anzahl von Strecken, und die Verdieselung irgendeiner dieser Strecken würde schlicht und einfach bedeutet haben, dass ihre Betriebskosten gestiegen wären. Es wurde ebenso aufgezeigt, dass das mögliche Potential der thermodynamischen Verbesserungen durch Umbau von Lokomotiven der Klasse19D so groß war, dass sie auf dem gesamten Streckennetz der SAR wirtschaftlicher als die Dieseltraktion gewesen wären.

Die wichtigsten Empfehlungen des Berichts waren, die bestehenden Dampflokomotiveinsätze in den Gebieten beizubehalten, wo sie wirtschaftlicher als die Dieseltraktion waren, die Klasse 25NC wegen ihrer langen wirtschaftlichen Lebensdauer und betrieblichen Wirtschaftlichkeit für ungefähr weitere zwanzig Jahre einzusetzen, den Einsatz der Rangierdiesellokomotiven der Klasse 36 nicht auf Gebieten in der Nähe der Kohlefelder auszuweiten, bis aus den Einsatzdaten der Nachweis erbracht werden konnte, dass sie dort wirtschaftlicher wären, als die vorhandenen Rangierdampflokomotiven, eine gründliche Studie durchzuführen, um das Leistungsniveau und die Betriebskosten von nach dem neuesten Stand der Technik umgebauten Dampflokomotiven einwandfrei festzustellen, auf der Basis einer solchen Studie eine wohlbegründete Traktionspolitik zu formulieren und das Zusammenstreichen von Dampflokomotiveinsätzen einzustellen, bis das geschehen wäre.

Ein anderer Vorschlag betraf die Farbgebung. Es erschien unfair, dass Dampflokomotiven, um, wie es hieß, Kosten zu sparen, schwarz lackiert wurden, während Diesel- und elektrische Lokomotiven Farbanstriche trugen, die offensichtlich aufwändiger und kostspieliger waren. In alten Zeiten, zum Beispiel in Großbritannien vor dem Zusammenschluss der Eisenbahngesellschaften im Jahre 1923, waren die Dampflokomotiven farbenfroher angestrichen als in späteren Jahren und wurden sauberer gehalten, wobei es heute schwierig ist, zu sagen, welcher Umstand die Folge des anderen war. Der moderne Trend ging wieder mehr in Richtung hellerer, bunterer Farben (nur wenige kämen auf die Idee eine Diesel- oder Elektrolokomotiven schwarz zu lackieren) und somit verstärkte der schwarze Anstrich der Dampflokomotiven ihre allgemeine Wahrnehmung als schmutzig und altmodisch. Es wurde deshalb empfohlen, dass die Dampflokomotiven eine buntere Farbgebung zur Verbesserung ihres Images erhalten sollten und zu gegebener Zeit ergab sich die Gelegenheit, diese Idee in die Praxis umzusetzen.

Als dieser Bericht abgeschlossen war, am Weihnachtstag 1975, gerade bevor meine Frau und ich zu einer sechswöchigen Südamerikareise aufbrachen, umfasste er vierundachtzig Seiten. Berichte von solcher Länge werden üblicherweise nicht gelesen, und Vorgesetzte schätzen im Regelfall nicht sonderlich Untergebene – ganz besonders von den unteren Rängen der Unternehmenshierarchie –, die Ihnen sagen, was sie in Angelegenheiten der Unternehmenspolitik zu tun haben. Es war deshalb nicht verwunderlich, dass keine der Empfehlungen des Berichts direkt ausgeführt wurden (die Klasse 25NC wurde länger im Einsatz gehalten als ursprünglich beabsichtigt, so wie es aussieht aber nicht, weil der Bericht es empfahl). Sollte die Untersuchung irgendeinen größeren Wert gehabt haben, außer mich zu beschäftigen, dann weil es ein Beweisstück war, das bei manchem Ingenieur die Zweifel an der Klugheit der vorherrschenden Traktionspolitik verstärkt haben könnte, Zweifel, die zu der Zeit noch nicht stark genug waren, um Aktivitäten auszulösen, die aber trotzdem da gewesen zu sein schienen. Jede Arbeit dieser Art, die von meinem Büro ausging, schien innerhalb der Abteilung des CME die allgemeine Auffassung zu untermauern, dass ich der „Dampftraktionsexperte“ war, vergleichbar der offiziellen Opposition in der demokratischen Politik, oder ganz einfach das *enfant terrible* der Abteilung, je nach Standpunkt, von dem eine standhafte Unterstützung der scheinbar verlorenen Sache der Dampftraktion erwartet wurde.

Während der Südamerikareise blieben wir ein paar Tage in Buenos Aires, wo wir Porta zum ersten Mal trafen und seine grenzenlose und ansteckende Begeisterung für alles, was mit der Dampflokomotivtechnik zu tun hat, erleben konnten. Als Ergebnis dieser glücklichen Begegnung entschloss er sich, von dieser Zeit an so viel von seinem Wissen an mich weiterzugeben, wie ich aufnehmen konnte. Vielleicht sah er in mir jemanden, der potentiell in einer aussichtsreichen Lage war, seine Lehren anzuwenden und so für ihre Verbreitung zum allgemeinen Nutzen der Dampflokomotive zu sorgen. Bei der Rückkehr erfuhr ich von dem vorzeitigen Tod P. Rousseaus, dem Dezernatsleiter Lokomotiven in der Abteilung des CME. Der Mann, der diesen Posten übernahm, H. Birkholtz, war ein Gießereifachmann

Tabelle 14
Betriebskosten 1975 für ausgewählte SAR-Lokomotivklassen im Neben- und Zweigstreckendienst

Antrieb	Dampf			Diesel		
Klasse	19D	24	GMA/M[1]	31	32(SWA)	32(WT)
Bezeichnung	Kosten pro 1 000 MJ Zughakenarbeit in Rand					
Kapitaldienst und Zinsen	0,56	1,18	2,32	2,96	3,28	3,51
Unterhaltung	10,53	13,12[2]	7,58	5,45	5,41	5,59
Brennstoff:				9,31	9,43	9,43
im Kohlegebiet	2,48	2,56	3,82			
600 km vom Kohlegebiet	6,96	7,18	11,23			
Wasser	0,88	0,89	1,13	0,03	0,02	0,02
Schmierstoffe	0,16	0,15	0,11	0,29	0,30	0,21
Lokomotivpersonal:	5,04	5,20	2,54			
Einfachtraktion Diesel[3]				6,30	4,31	4,31
Doppeltraktion Diesel[3]				3,15	2,16	2,16
Verwaltung	1,64	1,69	0,74	0,83	0,56	0,60
Kosten für Lokomotivdepots	1,38	1,43	0,63	0,23	0,16	0,17
Verschiedenes	0,07	0,07	0,03	0,02	0,01	0,01
Gesamtbetriebskosten:						
im Kohlegebiet	22,74	26,29	18,90			
600 km von Kohlegebiet	27,22	30,91	26,31			
Einfachtraktion Diesel[3]				25,42	23,48	23,85
Doppeltraktion Diesel[3]				22,27	21,33	21,70

Anmerkungen.

1. Soweit zutreffend enthalten die Kosten für die Klasse GMA/M in den Tabelle 14 und 15 den Wassertankwagen.
2. Wegen des geringen Nutzungsgrads der Klasse 24 war es schwierig, die Unterhaltskosten dieser Klasse zu berechnen, und die angegebene Zahl ist als näherungsweise zu verstehen.
3. Die Diesellokomotiven wurden in Einfachtraktion den Klassen 19D und 24, in Doppeltraktion der Klasse GMA/M als gleichwertig angesehen.

Tabelle 15
Prognostizierte Betriebskosten 1985 für ausgewählte SAR-Lokomotivklassen im Neben- und Zweigstreckendienst

Antrieb	Dampf		Diesel		
Klasse	19D	GMA/M	31	32(SWA)	32(WT)
Bezeichnung	Prognostizierte Kosten pro 1 000 MJ Zughakenarbeit in Rand				
Kapitaldienst und Zinsen	0,49	1,80	2,23	2,33	2,49
Unterhaltung	22,66	17,50	16,65	16,13	17,83
Brennstoff:			18,63	18,87	18,87
im Kohlegebiet	4,97	7,63			
600 km vom Kohlegebiet	13,92	22,64			
Wasser	1,77	2,25	0,06	0,04	0,04
Schmierstoffe	0,32	0,21	0,57	0,59	0,43
Lokomotivpersonal:	8,82	4,44			
Einfachtraktion Diesel			11,03	7,54	7,54
Doppeltraktion Diesel			5,51	3,77	3,77
Verwaltung	2,87	1,29	1,44	0,99	1,06
Kosten für Lokomotivdepots	2,42	1,09	0,40	0,27	0,29
Verschiedenes	0,12	0,05	0,03	0,03	0,03
Gesamtbetriebskosten:					
im Kohlegebiet	44,44	36,26			
600 km vom Kohlegebiet	53,39	51,09			
Einfachtraktion Diesel			51,04	46,79	48,58
Doppeltraktion Diesel			45,52	43,02	44,81

mit herstellungstechnischer Orientierung, ein vielseitig interessierter Ingenieur mit scharfem Intellekt sowie einem ruhigen und angenehmen Wesen. Auch war er ohne Vorurteile was die Lokomotiven anbelangte, und meine Wahrnehmung war, dass ich in ihm ein geneigteres Ohr finden könnte. Birkholtz erbte Rousseaus Platz im Ausschuss zur Abschaffung der Dampftraktion und versprach, diejenigen meiner Ideen bekannt zu machen, die er für vernünftig hielt.

Mitte des Jahres 1976 gab es einen Hoffnungsfunken, dass unter der Maßgabe der Reduzierung des Funkenflugs ein Versuchsumbau einer Dampflokomotive gestattet werden würde, was ja ein Bereich war, in dem, wie wir erfahren haben, Entwicklungsarbeit weiterhin möglich war. Das Brandrisiko entlang der Strecken in der trockenen Jahreszeit war immer nach einem regenreichen Vorsommer größer, wegen des üppigeren Gestrüpps nahe an den Bahnstrecken, und der Sommer 1975-76 war ein solcher. Die vorherrschenden Verhältnisse müssen das Interesse an dem Funkenwurfproblem erneuert haben, und ein Kollege aus dem Büro des Leitenden Superintendenten (Technik) (das Verbindungsglied zwischen der Maschinentechnik und den Betriebsabteilungen) fragte an, ob ich eine effektive Maßnahme wüsste, den Funkenwurf auszuschalten. Obwohl für den Winter dieses Jahres, außer einer besonderen Wartung der vorhandenen Funkenfängerapparate und dem Einbau von Kastenfunkenfängern so schnell wie möglich, nicht viel getan werden konnte, um das Brandrisiko zu mindern, gab ich zu verstehen, dass, falls mir eine Lokomotive für Modifikationen und Versuche zur Verfügung gestellt würde, ich erwarten würde, für den folgenden Winter eine geeignete Lösung zu haben. Zu meiner Überraschung gab es für meinen Vorschlage einige Unterstützung und es wurde beabsichtigt, die Arbeiten im Depot Capital Park *(Anm. d. Übers.: in Pretoria)* unter Verwendung von Geldern auszuführen, die für Unterhaltungsarbeiten ausgewiesen waren, so dass tatsächlich keine Kosten für „Verbesserungen“ anfallen würden, ein neuralgischer Punkt. Es wurde entschieden, eine 2D1 der Klasse 19D zu nehmen, eine Lokomotivklasse, die unter dem Aspekt des Funkenauswurfs zur Sorge Anlass gab, und welche, wie wir gesehen haben, im Nebenstreckendienst, wo erwartet wurde, dass die Dampftraktion am längsten erhalten bleiben würde, die zahlenmäßig am stärksten vertretene Dampflokomotivklasse war.

Wenn man das Problem des Funkenauswurfs überdenkt, wird deutlich, dass viele Teile der Dampflokomotive darauf einen Einfluss hatten. Er wurde verursacht durch Kohleteilchen im Feuerbett, die von dem Luftstrom durch das Feuer mitgenommen wurden und Kohleteilchen, die auf ihrem Weg von der Kohlenschaufel oder von dem Verteilertisch des mechanischen Stokers zum Feuerbett von dem aufwärtssteigenden Gasstrom in der Feuerbüchse mitgerissen wurden. Der Fachausdruck in der Lokomotivtechnik für dieses Phänomen war „Flugverlust“, während im Bereich der Wirbelschichttechnik *(Anm. d. Übers.: ein Spezialgebiet der Verfahrenstechnik, bei dem es darum geht, eine Feststoffschüttung durch Luft- oder Gaseinblasen durch einen Düsenboden zu „fluidisieren“, um eine Verbrennung oder eine chemische Reaktion zu unterhalten.)* von „(Wind-)Sichtung“ gesprochen wird. Die Mitnahme von Partikeln war ungefähr dem Quadrat der Luft- bzw. Gasgeschwindigkeit proportional, die wiederum ungefähr dem Quadrat der Dampferzeugung proportional war. Daraus folgt, dass der Flugverlust zunächst einmal durch die Minderung des spezifischen Dampfverbrauchs für eine gegebene Leistung vermindert werden könnte, so dass all die vielen Bauteile einer Dampflokomotive, die einen Einfluss auf den Dampfverbrauch haben – die Zylinder, Kolben, Schieber, Schiebersteuerung, Stopfbuchsen, Isolierung, Überhitzer, Blasrohranlage und viele weitere – ebenfalls den Flugverlust und damit den Funkenauswurf beeinflussten. Das Gaserzeugungs-Verbrennungssystems GPCS war von Bedeutung, indem sein wesentlicher Zweck der war, die Flugverluste dort zu bekämpfen, wo sie zuerst entstanden, in der Feuerbüchse also, ebenso wie auch die Beherrschung der Reibungsverhältnisse, da Funkenauswurf während des Schleuderns am wahrscheinlichsten war. Es gab damit also eine ganze Reihe von Verbesserungen, die unter der Überschrift „vermindert den Funkenauswurf“ gerechtfertigt waren, und es war gewiss meine Absicht, entlang dieser Interpretationsmöglichkeiten weiterzumachen. Die Vorstellung war, dass man schließlich das Betriebsverhalten der Maschine als Ganzes verändern und etwas präsentieren könnte, das bei Weitem eindrucksvoller wäre, als eine „funkenlose“ Lokomotive (wie Porta sie taufte und der Umbauplan sie schaffen sollte). Da ich davon ausging, dass das nicht in einem Anlauf zu erreichen war, schlug ich vor, mit der Verbesserung der Konstruktion der Saugzuganlage und des Funkenfängers zu beginnen. Ich wusste nicht wirklich, welche Funkenfängerkonstruktion die beste wäre, da es eine recht ansehnliche Anzahl von verschiedenen Typen gab, die entweder Siebe verwendeten, um Partikeln ab einer bestimmten Größe den Weg zu versperren oder eine wirbelnde Bewegung erzeugten, um Partikel aus dem Gasstrom abzuscheiden, bis sie auf eine ungefährliche Größe zerfallen waren. Allerdings schien es, dass die exotischeren Konstruktionen im Allgemeinen der einfachen Bauart Master Mechanics nicht vorgezogen worden waren, und gerade diese letztere Konstruktion wurde von den SAR als unbefriedigend angesehen.

Durch eine Fügung des Schicksals blieb mir das Problem, eine Entscheidung in dieser Angelegenheit zu treffen, erspart, da die Arbeiten niemals offiziell genehmigt wurden und deshalb niemals begonnen wurden. Ausgelöst durch die politischen Ereignisse geriet Südafrika während des Winters 1976 in die Fänge einer plötzlichen Wirtschaftskrise und bei den SAR gab es schwere Zeiten. Die Geldausgaben wurden eingefroren, die Beschaffung neuer Lokomotiven entweder storniert oder zeitlich gestreckt, was so auf diese Weise der Dampftraktion ein längeres Leben garantierte. Sämtliche Lagerkäufe wurden für eine Zeitspanne von zwei Wochen verboten, da es für ihre Bezahlung kein Geld gab und die Dampflokomotiven trugen das ihre zu den Einsparungen bei, indem ihre Werkstattaufarbeitungen für sechs Monate um 35 % gekürzt wurden. Um dem allen die Spitze aufzusetzen, ging einigen Lokomotivdepots die Kohle aus, da der Betrieb so chaotisch war, dass eine unzureichende Anzahl von Leerwagen die Bergwerke erreichte, um die Kohle abzufahren (das wiederholte sich 1977, und im Jahre 1978 wurde die Kohle aus dem Witbank-Revier aus dem gleichen Grund auf der Straße nach Johannesburg transportiert). Es war ein Tiefpunkt, belebt nur durch die Possen des Chefbuchhalters in der Abteilung des CME, der scheinbar nichts so sehr liebte wie eine ordentliche Finanzkrise. Während es nicht überraschte, dass in solchen Zeiten ein Programm zur Verbesserung der Dampftraktion ausgesetzt wurde, so war es enttäuschend zu erkennen, dass, obwohl die Dampftraktion länger als ursprünglich beabsichtigt durchhalten musste, die vorherrschende Einstellung ihr gegenüber unverändert blieb. Bei einer Besprechung, die ich mit dem CME persönlich hatte, wurde gesagt, dass die Investitionen in die Dieseltraktion zu groß waren, um eine Rückkehr zur Dampftraktion in Betracht zu ziehen, *selbst wenn nachgewiesen würde, dass die Letztere wirtschaftlicher sei*. Die hoffnungsvolle Stimmung ein paar Monate zuvor verflüchtigte sich, und Gedanken zu Verbesserungen an der Dampflokomotivflotte wurden abgelöst durch Überlegungen, wie die Reparaturprogramme überarbeitet werden könnten, um die Auswirkungen der 35-%-Kürzung der Werkstattuntersuchungen so gleichmäßig wie möglich auf alle Werkstätten aufzuteilen. Aus meiner Korrespondenz mit Porta aus dieser Zeitspanne wird deutlich, dass ich sehr pessimistisch war in Bezug auf irgendeine positive Reaktion in Bezug auf die Frage der Verbesserung der Dampftraktion. Ich erwog auch die Möglichkeit die SAR und Südafrika zu verlassen – aber um wohin zu gehen? Ich hatte dieses Land gewählt, da anscheinend nirgends sonst bessere Bedingungen für die von mir bevorzugte Art von Tätigkeit bestanden, und das schien immer noch der Fall zu sein. Also entschloss ich mich zu bleiben und es weiter zu versuchen, machte aber Porta gegenüber deutlich, dass, falls er mir eine Beschäftigung in Verbindung mit den seinerzeit für die Rio-Turbio-Eisenbahn geplanten Mallet-Lokomotiven anbieten könnte, ich möglicherweise zusagen würde.

Die nächste Ausarbeitung war ein Bericht mit dem Titel: „Der thermische Wirkungsgrad von Dampflokomotiven unter besonderer Berücksichtigung der Klasse 19D“. Es war ein Versuch darzustellen, warum die Werte in den vorangehenden Berichten für den thermischen Gesamtwirkungsgrad der Dampftraktion so niedrig waren und welche Verbesserungen eine moderne Dampflokomotive bieten würde. Die Klasse 19D wurde aus den gleichen Gründen wie zuvor ausgewählt. Erstmals im Jahre 1937 eingeführt wurden diese Lokomotiven allgemein nicht als gleichwertig mit den nach dem Zweiten Weltkrieg gelieferten größeren und mechanisch fortschrittlicheren Lokomotiven angesehen, aber in thermodynamischer *(Anm. d. Übers.: an dieser Stelle sei eine Kurzdefinition des Begriffs „Thermodynamik“ angebracht: „Die Thermodynamik, auch als Wärmelehre bezeichnet, ist ein Teilgebiet der klassischen Physik. Sie beschäftigt sich mit der Möglichkeit, durch Umverteilen von Energie zwischen ihren verschiedenen Erscheinungsformen Arbeit zu verrichten. Die Grundlagen der Thermodynamik wurden aus dem Studium der Volumen-, Druck-, und Temperaturverhältnisse bei Dampfmaschinen entwickelt.“ (aus WIKIPEDIA). Für Wärmekraftmaschinen sind besonders die Erkenntnisse von Nicolas Léonard Sadi Carnot (* 1. Juni 1796 in Paris; † 24. August 1832 in Paris) bis heute gültig)* Hinsicht waren sie diesen späteren Lokomotiven nicht unterlegen. Sie waren wahrhaftig repräsentativ für eine überwältigende Anzahl von Dampflokomotiven, die in der Mitte dieses Jahrhunderts Personen- und Güterzüge auf den Eisenbahnen der Welt zogen und über die gesagt werden kann, dass nichts wirklich schlecht, aber auch nur wenig besonders gut an ihrer Konstruktion, ihrer Leistung und ihrem Wirkungsgrad war. Ausgehend von dem Gewicht der Maschine pro Leistungseinheit am Zughaken bei Höchstleistung als einem vernünftigen Kriterium für die Leistungsfähigkeit stellt die Abb. 14 einen Vergleich dar zwischen dem durchschnittlichen Leistungsniveau, für das die Klasse 19D exemplarisch steht und dem, was hätte erreicht werden können und hätte erreicht worden sein sollen, repräsentiert von dem zweiten Lieferlos der 1E1 der Rio-Turbio-Eisenbahn, eine einfache Konstruktion, die auch selbst noch besser hätte sein können. Der Unterschied ist nur allzu deutlich, doch die durchschnittliche Leistung der Dampflokomotiven wurde als gut genug angesehen – bis zur Infragestellung durch andere Traktionsformen.

Die Dampflokomotive funktioniert durch die Umwandlung der im Brennstoff enthaltenen Energie in Zughakenarbeit und eine Analyse der Wirkungsgrade der daran beteiligten Prozesse wurde durchgeführt, das heißt der Feuerungswirkungsgrad, der Kesselwirkungsgrad, die Wärmeaufnahme im Überhitzer, der Zylinderwirkungsgrad, der „mechanische“ Wirkungsgrad und der Wirkungsgrad am Zughaken wurden untersucht, wobei die beiden letzteren Werte jeweils definiert sind als {Arbeit am Radreifen ÷ indizierte Zylinderarbeit} und {Arbeit am Zughaken ÷ Arbeit am Radreifen}. (Es gab einen weiteren nicht in der Untersuchung behandelten Faktor. Das ist ein Wirkungsgrad definiert als {Wärme im Frischdampf zu den Zylindern ÷ gesamte im Kessel und Überhitzer an das Wasser und den Dampf abgegebene Wärme}, welcher für den Wärmeverbrauch der Hilfseinrichtungen, den Verlusten an den Kesselsicherheits- und Abschlammventilen, den Verlusten durch Leckagen an den Kesselarmaturen und dem Überhitzer usw. steht, deren Summe manchmal weit entfernt davon war, vernachlässigbar zu sein.) Um all die Phänomene zu quantifizieren, die bei der Minderung des Zylinderwirkungsgrads wirksam sind, wurde jedes separat behandelt und ihre Einflüsse auf ein ansonsten ideales Indikatordiagramm herausgefunden *(Anm. d. Übers.: bei Kolbenmaschinen ist es von alters her üblich, den theoretisch nach den Gesetzen der Thermodynamik gefundenen Verlauf des Zylinderdrucks über den Kolbenweg (bzw. -hub) mit einem am realen Zylinder gemessenen Indikatordiagramm zu vergleichen. Die integrierte Fläche des realen Indikatordiagramms ist die indizierte Zylinderarbeit bei einem Kolbenhub. Ist die Drehzahl bekannt und die Zahl der Zylinder, so kann die indizierte Leistung errechnet werden. Der Vergleich mit dem theoretischen Diagramm ergibt den inneren Wirkungsgrad, auch Gütegrad oder isentroper Wirkungsgrad genannt. Der isentrope Wirkungsgrad kann auch aus dem Vergleich der gemessenen Dampfdrücke und -temperaturen bei Dampfeintritt und -austritt mit den idealen Werten bei isentroper Entspannung bestimmt werden. Dazu wird ein Mollier-Diagramm benötigt).* Dazu bedurfte es nicht nur zahlreicher mühsamer Berechnungen, sondern es war auch etwas künstlich, da die betreffenden Faktoren in der Praxis nicht isoliert wirksam sind, sondern bis zu einem gewissen Grade gleichzeitig, und sie beeinflussten sich gegenseitig. Porta, dem ich Kopien von allen wesentlichen von mir erstellten Berichten sendete, war recht kritisch, was diese Methode anbelangte, und die Genauigkeit der Analyse in Bezug auf den Einfluss einzelner Faktoren auf den Zylinderwirkungsgrad war durchaus fragwürdig. Als die wesentlichen negativen Phänomene wurden dort identifiziert: Druckverlust vom Kessel bis zum Schieberkasten (einschließlich des Druckverlusts durch nur teilweise geöffneten Regler), hoher Auspuffgegendruck, Wärmeverlust an die Zylinderwände, große schädliche Räume *(Anm. d. Übers.: bei einem idealen Dampfzylinder läge der Kolben in den Totpunkten an den Deckeln an, das Restvolumen wäre also null, tatsächlich ist das aus verschiedenen Gründen nicht möglich und der schädliche Raum beträgt immer einige Prozent des Hubvolumens)* und die Anwendung großer Zylinderfüllungen. Qualitativ war das wahrscheinlich unter der selbstverständlichen Annahme, dass Dampfleckagen angemessen durch die Schieber, Kolben und Stopfbuchsen verhindert wurden, gültig. Diese Faktoren und verschiedene kleinere Unzulänglichkeiten in der Dampfverteilung trugen dazu bei, dass die Dampfzylinder erheblich schlechter arbeiteten, als es hätte sein sollen. Es wurde aufgezeigt, dass der bei dem günstigsten spezifischen Dampfverbrauch für die Klasse 19D aufgezeichnete innere Zylinderwirkungsgrad nur etwas mehr als 60 % des theoretisch möglichen betrug *(Anm. d. Übers.: zum Vergleich DR 01: 68,9 %, DR 03: 70,9 %, DB 18^{6}: 77,6 %, DB 66: 82 %, SNCF 240A: 82 %).*

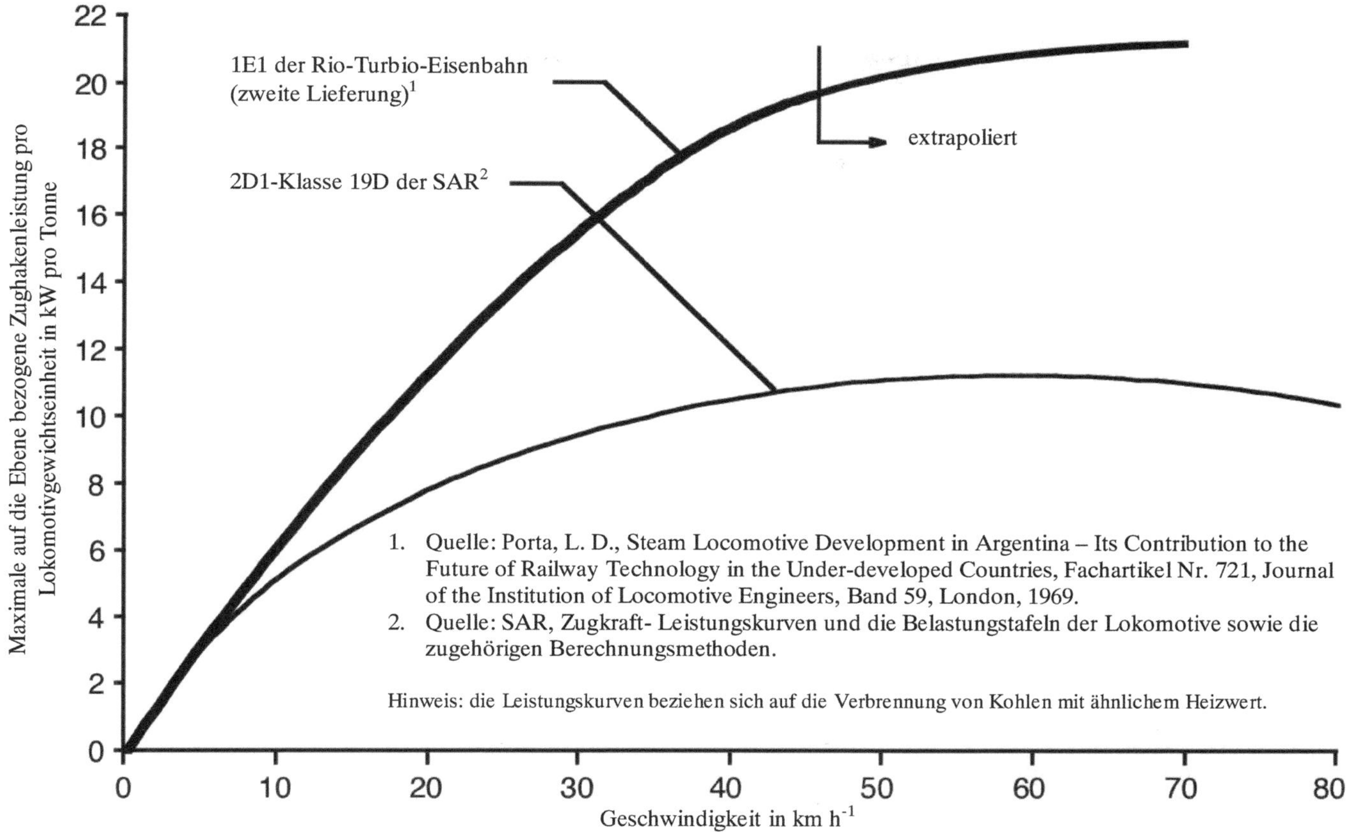

Abb. 14
1E1 der Rio-Turbio-Eisenbahn und 2D1-Klasse 19D der SAR:
Maximale auf die Ebene bezogene Zughakenleistung pro Lokomotivgewichtseinheit über der Fahrgeschwindigkeit

Zu dem Thema der Wärmeverluste an die Zylinderwände bemerkte der Bericht, dass bei einer Stichprobe im Depot Capital Park 36 % der anwesenden betriebsfähigen Lokomotiven mindestens an einem Zylinderdeckel keinerlei Abdeckung hatten und viele Abdeckungen verzogen oder korrodiert und ohne inneres Isoliermaterial waren. Anschließend fand ich heraus, dass die Lokomotivdepots die für die Dampflokomotivisolierung benutzte Glaswolle noch nicht einmal am Lager hatten. Während die 19D Nr. 2644 in Beaconsfield umgebaut wurde, ordnete ich an, dass neue Isolierungen an den Zylindern anzubringen seien, und das Material wurde entsprechend von den Werkstätten beschafft. Der Schlosser, der die Isolierarbeiten an den Zylindern ausführte, erzählte mir, dass er das niemals zuvor angebracht hätte – und er hatte seit mehr als dreißig Jahren an Dampflokomotiven gearbeitet. Natürlich funktionierte die Dampftraktion auch ohne Feinheiten wie eine ordnungsgemäße Zylinderisolierung, und darin lag ihre scheinbare Stärke, unglücklicherweise aber auch eine verborgene Schwäche, weil die Tatsache, dass Dinge wie eine Isolierung nicht notwendig waren, um die Räder rollen zu lassen, nicht bedeutet, dass sie unwichtig waren. Dennoch wurde dies selten so wahrgenommen, wie die oft plumpe Konstruktion von „unwesentlichen" Einrichtungen, von der Kesselbekleidung bis zu einfachen Rohrleitungshalterungen, bewies.

In Bezug auf große Zylinderfüllungen sie angemerkt, dass das Fahren mit möglichst großer Dampfexpansion bei den SAR fast unbekannt war, so dass es verzeihlich war, zu glauben, dass die Lokführer der SAR nur zwei Zylinderfüllungen kannten: eine zum Anfahren und die andere für normale Fahrt. Die normale Zylinderfüllung beim Fahren war selten unter 40 % (und manchmal entsprach sie auch der Anfahrfüllung!) *(Anm. d. Übers.: Bei gegebenem Kesseldruck und Zylinderhubvolumen gibt es einen günstigsten spezifischen Dampfverbrauch bei der vollen Lokomotivleistung. Die zugehörige Füllung bei Einfachexpansionsmaschinen liegt bei etwa 20 bis 30 %. Das bedeutet, dass während 20 bis 30 % des Kolbenwegs Dampf mit vollem Druck zugeführt wird und danach durch die Entspannung des Dampfs bei abgesperrter Dampfzufuhr sein Arbeitsvermögen ausgenutzt wird. Die unausrottbare Vorliebe mit großen Füllungen und gedrosseltem Regler zu fahren, liegt in der schlechten Lagertechnik der klassischen Triebwerke begründet. Die Treibstangenlager und besonders die Abstützung der Treibachse und der Kuppelachsen zum Rahmen hin mit den Achslagergehäusen und Führungen war bei den meisten nicht amerikanischen Dampflokomotiven für die zu übertragenden Kräfte unzulänglich und schon nach kurzem Einsatz nicht mehr spielfrei. Bei dem Fahren mit kleinen Füllungen führen dann die ausgeprägten Druckwechsel zu Stößen und Schäden. Ein Dieselmotor hat bei ähnlichen Betriebsverhältnissen, also hoher Anfangsdruck und relativ niedrige mittlere Drücke, eine ganz anders ausgebildete Kurbelwellenlagerung!).* Die 2D1 der Klasse 19C, die mit Lentz-Ventilsteuerung mit rotierenden Nocken ausgerüstet waren, hatten zumindest in den späteren Einsatzjahren nur vier Füllungen für Vorwärtsfahrt: 80 %, 65 %, 50 % und 35 %.

Mit der Untersuchung war es möglich, den Gesamtwirkungsgrad für die Abgabe von Traktionsarbeit am Radreifen zu ungefähr 7,4 % zu berechnen, also das Produkt aus 86 % Verbrennungswirkungsgrad, 86 % Wirkungsgrad der Wärmeübertragung im Kessel und im Überhitzer, 11 % Zylinderwirkungsgrad *(Anm. d. Übers.: hier ist der thermische Wirkungsgrad der Dampfmaschine gemeint, das Produkt aus dem theoretischen Carnot-Wirkungsgrad und dem inneren Zylinderwirkungsgrad, alles bei gegebenem Dampfdruck, gegebener Dampftemperatur und gegebenem Auspuffgegendruck)* und 91 % mechanischem Wirkungsgrad. Bezogen auf die Abgabe von mechanischer Energie am Zughaken, was aus bestimmten Gründen für diese zahlenmäßige Studie nicht gemacht wurde, obwohl es sich eigentlich um das Kriterium handelt, auf das der Wirkungsgrad hätte bezogen werden sollen, hätte der Wert unter 6 % gelegen. Unter den seinerzeit vorherrschenden Belastungs-, Nutzungs- und Verfügbarkeitsbedingungen leistete die Klasse 19D nur während eines Fünftels ihrer Verfügbarkeitszeit Zugförderungsarbeit. Unter Anrechnung des Kohleverbrauchs neben der eigentlichen Zugförderungsarbeit der Dampfmaschine wurde der thermische Gesamtjahreswirkungsgrad erneut zu unter 4 % errechnet. Es wurde für möglich gehalten, dass dieser recht deprimierende Wert mit neuer Dampflokomotivtechnologie nach Portas Vorstellungen, auf etwa 10 % hätte angehoben werden können. Obwohl ein Gesamtjahreswirkungsgrad von 10 % kläglich aussieht, so hätte ein solcher bedeutet, dass sich die Kohlerechnung der SAR um 60 % vermindert hätte. Die Verhältnisse bei dem Vergleich der Traktionskosten hätten sich damit erheblich verändert. Es wurde auch die Behauptung aufgestellt, dass relativ einfache Änderungen an den vorhandenen Lokomotiven zu einer Verbesserung ihres Gesamtjahreswirkungsgrads um 50 % führen könnten, woraus sich eine Minderung des Kohleverbrauchs von 33 % ergibt.

Die treibende Kraft hinter dieser Ausarbeitung war der stets präsente Wunsch, eine Erlaubnis zur Verbesserung einer Lokomotive zu erhalten, um zu zeigen, was erreicht werden könnte. Empfohlen wurde die Genehmigung zur Ausarbeitung von Detailkonstruktionen für solche Verbesserungen und insbesondere die Bereitstellung einer Lokomotive der Klasse 19D zwecks Umbau und Erprobung in Capital Park. Es wurde vorgeschlagen, die Änderungen im Zusammenhang mit der Frage der Lösung des Problems des Funkenauswurfs zu sehen. Es gab etwas Bewegung daraufhin, und ich wurde gebeten, eine Kostenabschätzung für die Arbeiten aufzustellen. Das konnte natürlich nur gemacht werden, nachdem Werkstattzeichnungen angefertigt worden wären. Obwohl ich mit den Konstruktionsarbeiten aus eigenem Antrieb hätte anfangen können, war ich dazu aber nicht bereit, bevor eine angemessene Zusicherung vorlag, dass ein Umbau einer Lokomotive tatsächlich genehmigt würde. Die beste Gewissheit wäre es gewesen, dass Zeichenbüro von Anfang an an den Arbeiten zu beteiligen, weil das eine einwandfreie Verpflichtung der Abteilung des CME gewesen wäre. Allerdings wurde diese Zusammenarbeit des Zeichenbüros von dem leitenden Controlling-Ingenieur verweigert, was zu einem Mangel an offizieller Unterstützung der Arbeiten führte und die deshalb nicht weitergeführt wurden. Dennoch war es ein kleiner Fortschritt, dass eine Kostenabschätzung angefordert worden war, und es schien, als ob meine Anstrengungen ganz allmählich die mentalen Barrieren gegen die Dampftraktion überwanden, so wie ein steter Tropfen den Stein höhlt.

An dieser Stelle ist es angebracht, die Einwände gegen die Dampftraktion, wie sie vonseiten der SAR vorgebracht wurden, zu betrachten. Gegen Ende des Jahres 1976 stellte ich für Porta eine Liste von Aussagen zur Begründung der Politik der Abschaffung der Dampftraktion zusammen, wie sie von verschiedenen SAR-Leuten in Diskussionen mir gegenüber geäußert worden waren:

1. Umweltverschmutzung.
2. Dampflokomotiven können in Mehrfachtraktion nicht von einer einzelnen Mannschaft bedient werden.
3. Schwierigkeiten bei der Personalanwerbung für die Arbeit mit Dampflokomotiven wegen der Härte der Arbeit und der schmutzigen Bedingungen; es wird qualifizierteres Personal benötigt als für die Dieseltraktion.
4. Dampflokomotiven können nicht einmännig besetzt werden.
5. Dampflokomotiven haben bei geringer Fahrgeschwindigkeit eine schlechte Leistung.
6. Betriebliche Schwierigkeiten wegen der Notwendigkeit häufigen Bekohlens, Wasserfassens und Feuerreinigens.
7. Dampflokomotiven sind teuer im Unterhalt.
8. Lokomotivtender sind eine zu große Totlast.
9. Es gibt keine Hersteller für Dampflokomotiven mehr.
10. Der thermische Wirkungsgrad der Dampflokomotive ist zu niedrig.
11. Jede Rückkehr zur Dampftraktion würde Investitionen in Dampflokomotivbehandlungsanlagen und die Verschrottung von Diesellokomotiveinrichtungen bedeuten.
12. Dampflokomotiven haben eine geringe Verfügbarkeit.
13. Dampflokomotiven sind betrieblich inflexibel – Diesel- und Elektrolokomotiven können je nach Bedarf in beliebiger Zahl in Mehrfachtraktion gekuppelt werden.
14. Hohe Kohletransportkosten und schwierige Handhabung der Kohle.
15. Für Dampflokomotiven werden wesentlich umfangreichere Depotanlagen benötigt.
16. Hohe Wasserkosten für Dampflokomotiven, und in Einsatzgebieten mit schlechtem Wasser gibt es einen hohen Instandsetzungsaufwand für die Kessel.
17. Die Gesamtwirtschaftlichkeit der Dampftraktion kann nicht so gut sein, wie die der Diesel- und elektrischen Traktion.
18. Die Dampftraktion ist schlicht veraltet – welche Eisenbahnen wenden sich heute der Dampftraktion zu?

Die meisten dieser Punkte waren, basierend auf dem Betriebsverhalten der bestehenden SAR-Dampftraktion, mehr oder weniger gültig, einige aber auch nicht. Doch außer der Punkte 17 und 18 (der Erstere eher auf dem *Gefühl* begründet, dass es so sein *müsste*, als auf harten Fakten), waren das alles Einzelfaktoren einer alles umfassenden Größe: die Gesamtkosten. Insofern waren sie als unabhängige Argumente irrelevant, genauso wie die Argumente zugunsten der Dampftraktion, wie geringe Kapitalkosten, Einfachheit und die Nutzung der Kohle als Brennstoff, isoliert betrachtet, ebenfalls irrelevant waren. Nur im Hinblick auf seinen Beitrag zu den Gesamtkosten der Erzeugung von Antriebskraft für eine gegebene Zugförderungsaufgabe hatte jeder Punkt seine Bedeutung. Es ist zu beachten, dass jeder der oben aufgeführten Punkte, außer dem letzten, mit Kosten in Verbindung stand (zum Beispiel hätte das Problem der Umweltverschmutzung beherrscht werden können, falls die nötigen Gelder für eine Lösung ausgegeben worden wären). Damit konnte den Argumenten, wie sie oben aufgelistet sind, in zweierlei Weise begegnet werden: erstens, dass es nur Einzelfaktoren der Gesamttraktionskosten waren und sie somit nicht isoliert betrachtet werden durften, und zweitens, indem, wo möglich, dargestellt wurde, wie das Betriebsverhalten umgebauter oder neuer Dampflokomotiven die Verhältnisse verbessern würde. Allerdings waren eindeutig ungerechtfertigte Argumente wie die Punkte 11 und 18 tatsächlich die am meisten entlarvenden, da in ihnen sich das Denken derjenigen widerspiegelte, die einfach die Dampftraktion unter keinen Umständen wollten. Für solche Leute waren die Argumente gegen die Dampftraktion viel mehr ein Ergebnis der unantastbaren Politik zur Abschaffung der Dampftraktion, mit der sie sich identifiziert hatten, als deren Rechtfertigung, und rationalere Argumente oder Gegenargumente waren für sie nicht wichtig. Der Sinn und Zweck dieser Politik zu dieser Zeit war es, dass sie sie so haben wollten, genauso, wie der Sinn und Zweck meines Kampfs für den Dampf der war, dass ich zufällig Dampflokomotiven mag. In diesem Sinn blieben sie mit ihrem Tun ihren Überzeugungen ebenso treu wie ich mit dem meinigen. Allerdings habe ich das zu spät verstanden. In naiver Weise beantwortete ich jeden Einwand gegen die Dampftraktion mit einem in meinen Augen vernünftigen Gegenargument auf der Basis von „Tatsachen und Zahlen", soweit verfügbar. Die „lächerlichen" Argumente gegen die Dampftraktion nahm ich für bare Münze, das heißt als lächerlich, ohne tiefer nach dem dahinter liegenden Grund zu suchen. Ich begriff nicht, dass, was auch immer ich täte, in den Augen derjenigen geringe Bedeutung haben würde, die sich so bestimmt dem verpflichtet hatten, was sie wollten: die Diesel- und die elektrische Traktion.

Etwa zu dieser Zeit verkündete der seinerzeitige Generaldirektor Dr. Loubser öffentlich, dass die Dampftraktion nicht bis zum Jahre 1986 abgeschafft sein würde, wie ursprünglich geplant, sondern das ihr Fortbestand bis 1991 erwartet wurde. Diese Prophezeiung erwies sich als recht genau, obwohl das für die Dampftraktion in Aussicht gestellte längere Leben nicht irgendeiner positiven Stimmung zu ihren Gunsten geschuldet war, sondern wohl eher einer realistischeren Bewertung der Rate, mit der das notwendige Kapital zur ihrem Ersatz beschafft werden konnte. Besonders auch, weil die neuen Lokomotiven durch den Verkehrsboom aufgrund der raschen Expansion der südafrikanischen Wirtschaft in Anspruch genommen wurden, trotz der gelegentlichen Krisen, wie der des Jahres 1976, welche ansonsten vielleicht zum Ersatz von Dampflokomotiven gedient hätten.

Eine Auswirkung der verminderten Ausmusterungsrate der Dampflokomotiven war, dass die Werkstätten während der Mitte der siebziger Jahre Schwierigkeiten hatten, all die Reparaturen an Dampflokomotiven auszuführen, die von der Betriebsabteilung angefordert wurden. Die vierteljährliche Verteilung von Reparaturaufträgen auf die verschiedenen Werkstätten, eine meiner wenigen offiziellen Verantwortlichkeiten, wurde zunehmend zum Jonglierakt, besonders wenn es zu einer Zusammenballung von anstehenden Reparaturen bei einer bestimmten Lokomotivklasse oder -klassen kam. Die Betriebsabteilung forderte anscheinend Lokomotivreparaturen in dem gleichen Maße wie einige Jahre zuvor an, als die Lokomotivausnutzung höher war, und aus den Werkstätten kamen einige Kommentare, die andeuteten, dass wir die Lokomotiven in der Tat überreparierten, da einige von ihnen bei der Zuweisung zur Werkstatt nicht in einem Zustand waren, der eine Überholung erfordert hätte. Das Programm zum Umbau der Klasse 25 Kondens zu Auspufflokomotiven, was aus politischen Gründen so schnell wie möglich abgearbeitet wurde, bedeutete, dass diese Lokomotiven für eine „Große Umbaureparatur" vor dem Fristablauf in die Werkstätte geschickt wurden. Während der Durchführung dieses Umbauprogramms arbeitete das Ausbesserungswerk Salt River an seiner Kapazitätsgrenze.

Lokomotivreparaturen sind für eine Eisenbahnverwaltung ein Thema von großer Bedeutung. Mit den Reparaturen gebundenes Personal, Material und Einrichtungen sind kostspielig, und ein Versagen bei der fristgerechten und ordnungsgemäßen Ausführung von Reparaturen würde schnell zum vollständigen Zusammenbruch des Betriebs führen. Ein Dokument zu diesem Thema aus der Maschinentechnischen Abteilung der SAR stammend mit dem Titel „Politik der Lokomotivreparatur und die Planung von Reparaturprogrammen" (undatiert, aber vermutlich Mitte der sechziger Jahre geschrieben, als die Ausnutzung der Dampflokomotiven immer noch intensiv war), enthielt einige interessante Beobachtungen, die wie nachstehend zitiert werden:

> „Vor dem letzten Krieg wurden die Lokomotiven den Lokomotivführern und ihren Heizern dauerhaft zugewiesen und es war im Allgemeinen der Fall, dass sie ein persönliches Interesse an ihren Lokomotiven entwickelten, dergestalt, dass sie sie sauber hielten, Messing und Kupfer polierten, und, wesentlich wichtiger, dass sie sich in angemessener Weise um die Schmierung kümmerten, um das Nachstellen der Keile etc., und so generell dafür sorgten, dass die Lokomotiven in einem überdurchschnittlichen mechanischen Zustand waren.
>
> Um die Ausnutzung der Lokomotiven zu verbessern, war die wilde Besetzung unvermeidlich, und dies führte zu einem Verlust an Interesse seitens des Fahrpersonals an dem Zustand der Lokomotiven. Von einem Lokomotivführer konnte man nur noch ein Minimum an Schmierung erwarten, und die Reinigung ging fast vollständig in die Verantwortung des Schuppenpersonals über...
>
> Die Laufleistungen und Zeitintervalle zwischen zwei Untersuchungen variieren abhängig von der Konstruktion und dem zugeteilten Dienst der Lokomotiven erheblich. Eine moderne Hauptstreckenlokomotive mit einteilig gegossenem Rahmen mit integrierten Zylindern, automatischen Franklin-Stellkeilen sowie Rollenlagern an den Achsen und Stangen kann zwischen den Hauptuntersuchungen 240 000 bis 300 000 Meilen [384 000 bis 480 000 km] mit zwei Zwischenuntersuchungen laufen, wobei dieser Zyklus von vier bis zu mehr als fünf Jahren betragen kann. Auf der anderen Seite kann es sein, dass eine Rangierlokomotive nur 45 000 bis 50 000 Meilen [72 000 bis 80 000 km] zwischen zwei Hauptuntersuchungen zurücklegt. Allerdings kann ihr Zyklus wegen ihrer geringen Monatslaufleistung ebenfalls über fünf Jahren liegen.
>
> Ganz allgemein gesprochen hat eine große Anzahl von Lokomotivklassen eine Laufleistung von 100 000 bis 160 000 Meilen [160 000 bis 256 000 km] zwischen den Hauptuntersuchungen, mit Zykluszeiten von drei bis viereinhalb Jahren. Die Mehrheit der Lokomotivklassen erhalten derzeit noch nicht mehr als eine Zwischenuntersuchung zwischen den Hauptuntersuchungen...
>
> Wegen der allgemeinen Fortschritte bei der Kesselspeisewasseraufbereitung und Konstruktionsverbesserungen an den Kesseln wurde in den meisten Fällen festgestellt, dass umfangreiche Kesselreparaturen fünf Jahre nach einer Kesselhauptuntersuchung nicht notwendig waren. Das führt zu der Möglichkeit sowohl bei den meisten modernen als auch bei einigen der alten Lokomotivklassen zwei Zwischenuntersuchungen zwischen den Werkstatthauptuntersuchungen auszuführen. Dadurch wird die Verfügbarkeit der Lokomotiven für die Verkehrsleistungen erheblich erhöht. Obwohl diese Maßnahme der zweifachen Zwischenuntersuchungen seit zwei Jahren eingeführt ist, sind jüngst Zweifel an ihrem Wert geäußert worden wegen der Auswirkungen, die die schweren Dienste, die heute von den größeren Hauptstreckenlokomotiven geleistet werden, in Form von gelockerten Zugkästen und Zylindern haben. Damit könnten diese Bauteile das begrenzende Kriterium werden für die Entscheidung, nach welcher Einsatzzeit für die Lokomotiven eine Hauptuntersuchung notwendig wird. Das kann durchaus bedeuten, dass die zweite Zwischenuntersuchung in Zukunft beschränkt wird auf die modernsten Dampflokomotiven mit integralem Stahlgussrahmen, wie zum Beispiel die Klassen 24, 25, GMA/M und GO. Dieser Aspekt ist unter genauer Beobachtung, und Daten werden gesammelt, auf deren Basis die zukünftige Reparaturpolitik zu begründen sein wird..."

Es wurde auch bemerkt, dass es eine allmähliche Abnahme der erreichbaren Laufleistungen zwischen zwei Untersuchungen mit dem Älterwerden der Lokomotiven gab, in der sich die langsame Verschlechterung des Zustands einer Lokomotive mit zunehmendem Alter widerspiegelte. Der absolute Höhepunkt bei den Hauptuntersuchungen an Dampflokomotiven bei den SAR war eine Anzahl von 720 per annum während der Jahre 1956 bis 1957. In den frühen sechziger Jahren war diese Zahl auf 600 per annum gesunken. Mitte der siebziger Jahre sank die Anzahl der Reparaturen noch weiter, so dass einige der vormaligen Reparatureinrichtungen für Dampflokomotiven nun mit anderen Arbeiten wie der Instandsetzung von elektrischen Lokomotiven beschäftigt waren, und aus diesem Grunde traten Schwierigkeit auf, all die angeforderten Dampflokomotivreparaturen unterzubringen. Diese Situation hielt allerdings nicht lange an, und nach einem raschen Niedergang des Dampfbetriebs zum Ende der siebziger Jahre gab es eher die Schwierigkeit, genügend Dampflokomotivarbeit für die Werkstätten zu finden.

Im Juni 1976 forderte Porta mich auf, Verschleißmessungen an verschiedenen Stellen des Umfangs an den Laufflächen und Spurkränzen von Radreifen der Räder an mehreren Lokomotiven einer einzelnen Lokomotivklasse vorzunehmen. Aus Gründen, die hier erläutert werden, hatten die Laufflächen von Radreifen der Kuppelräder von Dampflokomotiven die Tendenz unrund zu verschleißen, was die Adhäsion beeinträchtigte. Ohne Zweifel wollte Porta dieses Phänomen quantifizieren, um seinen Vorschlag der Entwicklung einer Unterflurmaschine für die Profilbearbeitung von Radreifen durch relativ häufiges Nachschleifen im eingebauten Zustand – er sprach von monatlich – zu unterstützen. Diese Arbeit sollte selbst an Lokomotiven unter Dampf ausgeführt werden. Die Idee entstand aufgrund der Tatsache, dass der Radreifenverschleiß bei den 1E1 der Rio-Turbio-Eisenbahn sehr stark in Beziehung zum Schleudern stand, und es war dieser Verschleiß, der die Fristen zwischen zwei Werkstattuntersuchungen bestimmte. Die Profilbearbeitung im eingebauten Zustand hätte es gestattet, Radsätze nur zum Zwecke der Neubereifung und gleichzeitigen Untersuchung der Rollenlager aus den Lokomotiven auszubauen, und das korrekte Profil wäre während der gesamten Lebensdauer eines Radreifen erhalten geblieben. Damit wäre die Adhäsion verbessert worden und auf lange Sicht der Metallverlust durch maschinelle Zerspanung vermindert worden (Porta behauptete, dass in Argentinien mehr Werkstoff beim Nachdrehen des Profils verschwendet wurde als durch tatsächlichen Verschleiß im Einsatz verloren ging). Ebenso wurde behauptet, dass bei Dampflokomotiven bei der Ausübung von Zugkräften wegen des Spiels in den Kurbelzapfenlagern, Achslagern und Achslagerführungen während des Richtungswechsels des Kolbendrucks Mikroschlupf auftritt, und zwar viermal während einer Kuppelradumdrehung bei einer Zweizylinderlokomotive. Da diese Lagerspiele bei Lokomotiven mit Rollenlagern an den Kuppelstangen und Kuppelachsen und mit federbelasteten automatischen Achslagerstellkeilen geringer sind, hätte der Radreifenverschleiß an solchen Lokomotiven, bei sonst gleichen Bedingungen, ebenfalls geringer sein sollen, und Porta wollte wissen, ob das tatsächlich der Fall war. Schließlich wurde angenommen, dass bei Zweizylinderlokomotiven mit voreilenden rechten Kurbelzapfen, besonders an den Spurkränzen der vorderen führenden Kuppelräder stärkerer Verschleiß auftreten sollte, was ebenfalls zu untersuchen war.

Nach dem Abschluss des Berichts über den thermischen Wirkungsgrad wandte ich meine Aufmerksamkeit dieser Arbeit zu. Ich beschloss die Messungen im Lokomotivdepot Capital Park vorzunehmen und nicht in der örtlichen Ausbesserungswerkstatt (Koedoespoort), wegen der entspannteren Atmosphäre im Ersteren, auch wenn es bedeutete, die Maße der Radreifen direkt an den Lokomotiven abzunehmen. Dennoch war das möglich unter Benutzung der kombinierten SAR-Normlehre für Radreifen – die auch der Messung von Spurkranzstärken diente –, indem die Spurkranzhöhe relativ zum nominellen Laufkreis auf der Lauffläche gemessen wurde. Da die Spurkranzhöhe über der Lauffläche nach einer Profilbearbeitung an jeder Stelle des Radreifenumfangs hätte gleich gewesen sein sollen, und die Spurkranzspitze im Betrieb nicht hätte verschleißen sollen (was bestätigt wurde durch das Vorhandensein von Zerspanungsmarken an den Spitzen der Spurkränze von abgefahrenen Radreifen), waren die Unterschiede der Spurkranzhöhe über den Umfang gleich dem Unterschied im Verschleiß der Lauffläche. Ablesungen wurden vorgenommen an 2D1-Lokomotiven Klasse 15CA mit Gleitlagern an den Kurbelzapfen und Achsen und mit Stellkeilen ohne automatische Federnachstellung. Bewaffnet mir der Radreifenlehre wählte ich fünf Lokomotiven mit abgefahrenen Radreifen aus und maß die Spurkranzhöhe und Stärke in 15°-Abständen entlang des Umfangs der Kuppelräder, beginnend jeweils an der Position der rechten Kurbelzapfen. Das ergab vierundzwanzig Ablesungen pro Rad.

Die augenscheinlichste Ursache für ungleichmäßigen Verschleiß an der Lauffläche war das schwankende Drehmoment während einer Radumdrehung, besonders wenn das zu dem sogenannten „Viertelschlupf" führte (die Neigung der Kuppelräder auf einem Teil einer Umdrehung jeweils an den vier Kurbelstellungen mit dem größten Drehmoment zu rutschen). Die theoretische Zugkraftschwankung *(Anm. d. Übers.: tatsächlich ist die Zugkraftschwankung die nach außen wirksame und messbare Größe)* über die sich ändernden Kurbelstellungen, hier der Klasse 15CA, bei einer Radumdrehung und bei größter Vorwärtsfüllung ist in Abb. 15 dargestellt, wo gleichzeitig auch der zugehörige minimale Reibungskoeffizient angegeben ist, bei dem jeweils gerade kein Rutschen auftrat. Man sieht, dass die Zugkraft recht ungleichmäßig war, eine Eigenschaft aller Zweizylinderlokomotiven, und dass der notwendige Reibungskoeffizient bei den Kurbelstellungen mit der größten Zugkraft so hoch war, dass viermaliges, von selbst aufhörendes Rutschen pro Radumdrehung erwartet werden konnte. Theoretische Untersuchungen zeigten, dass von allen Faktoren, die zu einem ungleichen Radreifenverschleiß beitrugen, dieser der maßgebende hätte sein sollen und zu einem größten Laufflächenverschleiß an den Radstellungen mit der größten Zugkraft hätte führen sollen. Die eigentlichen Messungen zeigten, dass es in der Tat Unterschiede bei dem Radreifenverschleiß an verschieden Umfangspositionen gab, und das resultierende Verschleißmuster entsprach tendenziell dem, was man wegen des „Viertelschlupfs" erwarten würde. An mehreren Rädern wurde eine Maßabweichung des Radreifenradius in der Laufkreisebene von 0,8 mm auf 15°-Kreisbogen gemessen, woraus (mit ungewisser Genauigkeit!) berechnet wurde, dass das betreffende Rad bei 50 km h^{-1} an dieser Stelle des Umfangs vollständig entlastet wird. Da ein solcher Befund im Allgemeinen mit einer Position einer Zugkraftspitze zusammenfiel, bewirkte er eine

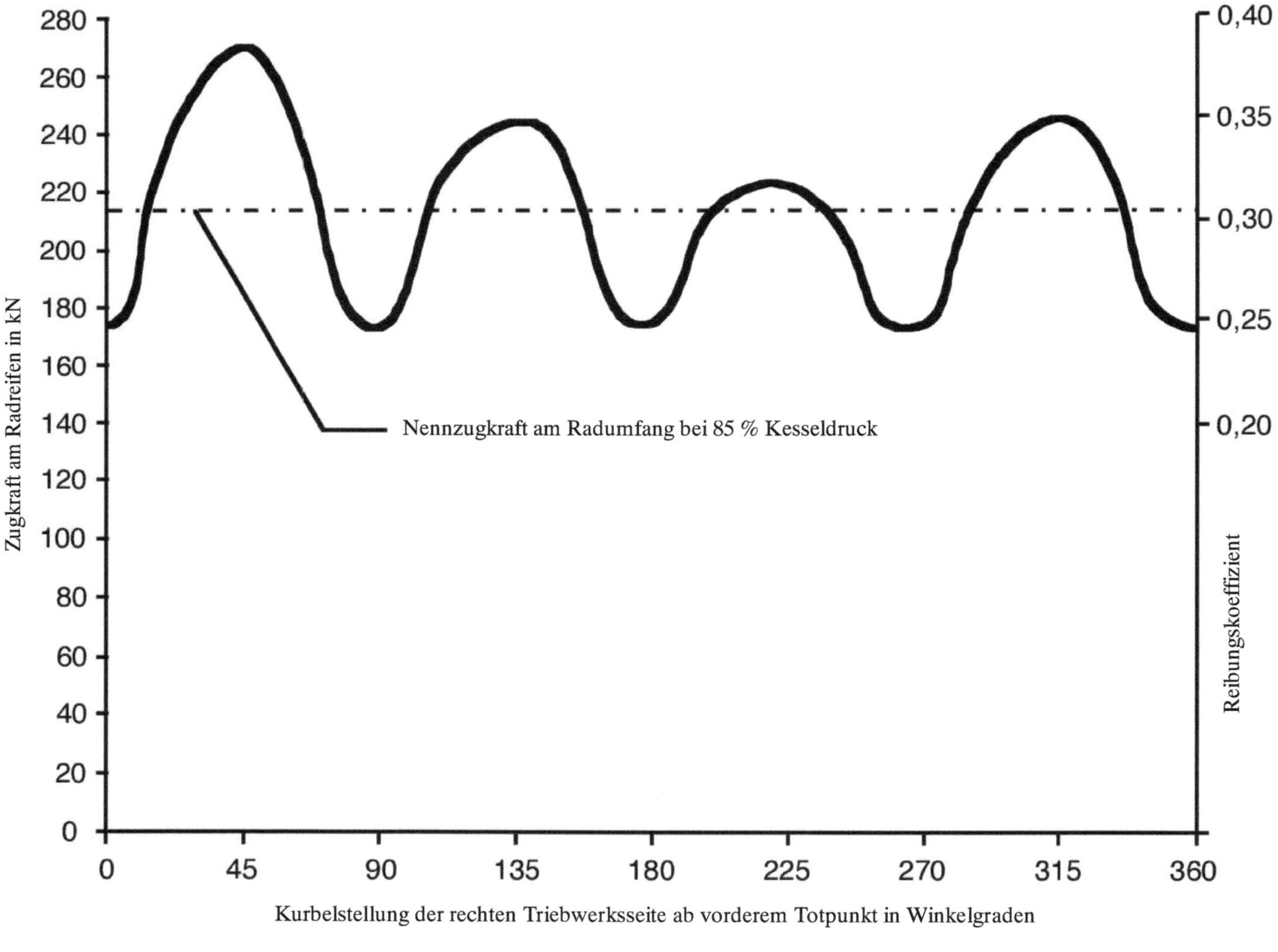

Abb. 15
SAR: 2D1-Klasse 15CA: Theoretische Anfahrzugkraft bei größter Vorwärtsfüllung und der zugehörige Reibungskoeffizient über der Kurbelstellung

Beeinträchtigung der normalen Rad-Schiene-Reaktion gerade dort, wo maximale Reibung benötigt wurde. Damit wurden die Lokomotiven mit dem Verschleiß der Radreifen zunehmend anfälliger für das Schleudern, was wiederum den Radreifenverschleiß im Allgemeinen und den ungleichmäßigen im Besonderen beschleunigte. Das unterstütze die allenthalben gemachte Beobachtung, dass Dampflokomotiven mit dem Verschleiß der Radreifen mehr und mehr anfällig für das Schleudern wurden und dass die Profilwiederherstellung das Schleudern verminderte, obwohl der Raddurchmesser dabei verkleinert und so die Zugkraft noch vergrößert wurde. Weiterhin bestimmte die Stelle mit dem größten Verschleiß in dem kompletten Kuppelachssatz den Durchmesser, auf den sämtliche Radreifen bei der Untersuchung abzudrehen waren, so dass stark ungleichmäßiger Verschleiß zu Materialverschwendung und kurzer Lebensdauer der Radreifen führte. Es gab also wohlbegründete technische Argumente zur Unterstützung von Portas Idee, dass Radreifen durch relativ häufige Profilkorrektur im eingebauten Zustand absolut kreisförmig erhalten werden sollten.

Bedauerlicherweise war es nicht möglich, Porta die andere Information zukommen zu lassen um die er gebeten hatte. Wenn auch viel später P. Odell, ein englischer Lokomotivführer in De Aar, auf meine Veranlassung einige Messungen an mit Rollenlagern und Franklin-Stellkeilen ausgerüsteten Lokomotiven der Klasse 25NC vornahm, so waren diese doch nicht direkt vergleichbar mit den von mir an den 15CA abgenommenen, zumal auch die Einsatzbedingungen der beiden Klassen recht unterschiedlich waren. Die Messungen der Spurkranzstärken zeigten keine auffallende Tendenz der Spurkränze auf einer Seite der Lokomotive mehr zu verschleißen als auf der anderen, da von neunzehn gemessenen Radpaaren zehn schwächere Spurkränze an den linken und neun an den rechten Rädern hatten, wenn auch der größte Verschleiß in der Regel an den führenden linken Kuppelrädern gefunden wurde (die untersuchten Radreifen hatten größeren Laufflächenverschleiß als Spurkranzverschleiß). Sämtliche Spurkränze zeigten ungleichmäßigen Verschleiß, die der rechten Räder verschlissen am meisten ungefähr zwischen 0° and 90° and die der linken Räder in etwa zwischen 180° und 270°, dem rechten Kurbelzapfen voreilend, was auf eine regelmäßige Schlingerbewegung hindeutete.

Nach dem Abschließen des Berichts über Radreifenverschleiß fing ich mit etwas weit umfangreicherem an, dessen Erledigung mich die Hälfte des Jahres 1977 kostete. Die SAR hatten einen Ingenieurverein, ein Zusammenschluss von Mitarbeitern mit einem allgemeinen Interesse an technischen Angelegenheiten, welcher ein Programm von Zusammenkünften hatte, an denen Vorträge zu technikbezogenen Themen gehalten wurden. Die meisten der leitenden Ingenieure der SAR waren Mitglieder und der seinerzeitige Stellvertretende CME (Werkstätten) T. Fowler, regte an, dass es eine gute Idee sein könnte, meine Ideen der Gesellschaft in einem Vortrag vorzustellen. Ich stimmte zu, und mein Vortrag wurde für die Zusammenkunft im August 1977 vorgesehen. Ich beschloss die Gelegenheit zu nutzen, um in einem Dokument eine detaillierte Beschreibung all dessen zu erstellen, was ich seinerzeit über Portas Visionen der modernen Dampflokomotive wusste. Das Ergebnis war eine Abhandlung von 217 Seiten und somit, wie man mir sagte, länger war als sämtliche übrigen Vorträge vor dem Verein in dem Jahr (wegen ihrer Länge wurde sie als Anhang zum Band 36 des „Tätigkeitsberichts des Jahres 1976-77 des Ingenieurvereins der SAR" herausgebracht). Diese Fleißaufgabe hatte dreierlei Ziele. Erstens diente sie dazu, sicher zu stellen, dass ich ein richtiges Verständnis all dessen hatte, was Porta mir zugesendet hatte, zweitens führte sie all die Informationen, die ich hatte, zu einer kohärenten Konstruktionsphilosophie für Dampflokomotiven als ein Referenzwerk zusammen und drittens präsentierte sie diese Informationen den SAR in der Hoffnung, dass sie etwas Einfluss auf die Traktionspolitik haben würden. Die Inhalte der formalen Abhandlung stellten einen einwandfreien Maßstab für die Gesamtbeurteilung einer Lokomotive aus der Sicht des Eisenbahnmanagers dar, gaben eine Beschreibung der traditionellen Dampflokomotive ab, wovon die SAR-Lokomotiven ein Beispiel waren und stellten im Detail zahlreiche technische Fortschritte dar, die in eine moderne Dampflokomotive eingearbeitet werden würden, dabei solche Dinge wie Saugzuganlagen, Kessel, Speisewasservorwärmer, Überhitzer, Zylinder, sonstige mechanische Konstruktion und Reibwertausnutzung behandelnd. Insgesamt wurden etwa 75 Verbesserungen gegenüber der bestehenden Dampflokomotivpraxis der SAR angegeben. Das für die SAR-Lokomotiven und ihre Bauteile typische Betriebsverhalten wurde mit demjenigen verglichen, das von Lokomotiven erwartet wurde, die die beschriebene Technologie nutzen würden, und schließlich wurden die Betriebseigenschaften und Kosten der modernen Dampftriebfahrzeuge denen der traditionellen Dampflokomotiven und der Diesel- und elektrischen Traktion gegenüber gestellt. Ohne Einschränkung wurde Portas Verdienst gewürdigt und es wurde festgestellt, dass „diese Abhandlung überwiegend von der Arbeit Portas handelt, die ‚moderne Dampflokomotive' Wirklichkeit werden zu lassen". Es wurde abschließend vermerkt, dass „ohne Zweifel…die moderne Dampftraktion die optimale Antriebskraft für die SAR ist". Allerdings war klar, dass es Personen gab, die dem nicht zustimmen würden, und so gab ich der Abhandlung den Titel „Die Dampflokomotive – das Triebfahrzeug der Zukunft?". Das Fragezeichen sollte die Vorstellung andeuten, dass, obwohl moderne Dampflokomotiven auf dem Papier unter SAR-Bedingungen wettbewerbsfähig mit der Diesel- und elektrischen Traktion erschienen, ihre Zukunft höchst ungewiss war und sehr von der Haltung der Leser abhing, an die die Abhandlung gerichtet war.

Natürlich war es nicht möglich, eine so umfangreiche Abhandlung bei einer einzigen Zusammenkunft vorzutragen, so dass ich stattdessen die wichtigsten Abbildungen und Daten aus dem Manuskript abphotographierte und diese Diapositive als Grundlage für die Diskussion benutzte. Somit war ich jederzeit in der Lage, die wichtigen Punkte darzustellen. Die Zusammenkunft war gut besucht; die Zuhörerschaft umfasste etwa siebzig Personen, mehr als das Doppelte der gewöhnlichen Anzahl, einschließlich zahlreicher leitender Ingenieure der Maschinentechnischen Abteilung und ein oder zwei einflussreichen Personen aus anderen Bereichen. Meine Präsentation war geradeheraus, möglicherweise sogar einschüchternd, da, obwohl niemand bei der anschließenden Ermunterung zur Diskussion infrage stellte, was ich gesagt hatte, diejenigen, die eine der meinen gegensätzliche Meinung vertraten, die Weisheit des Schweigens in solchen Situationen kannten. Die Wahrheit ist, dass ich zu dem Zeitpunkt bereits dreieinhalb Jahre bei den SAR damit verbracht hatte, geduldig zu versuchen etwas Entwicklungsarbeit an der Dampftraktion in Gang zu setzen. Während dieser Zeit hatte ich lernen müssen, dass ruhig und sachlich ausgesprochene Dinge von allen ignoriert wurden, außer von ein paar verständnisvollen Leuten, die allerdings unglücklicherweise nicht in Positionen tätig waren, wo sie die Traktionspolitik hätten beeinflussen können. So war ich also nun angefangen, die Dinge mit Nachdruck auszusprechen – einige meinten natürlich, mit zu viel Nachdruck – , da die höfliche Methode zu nichts geführt hatte und ich das Gefühl hatte, dass mit einer Änderung meiner Tonart nichts zu verlieren war. Allerdings bedeutete es auch, dass es dann auch welche gab, die nicht nur nicht mochten, was ich zu sagen hatte, sondern auch die Art wie es gesagt wurde.

Ich weiß nicht, welchen Eindruck meine Rede auf die Anwesenden gemacht hatte, aber für fast ein Jahr wurde die Beibehaltung oder Verbesserung der Dampftraktion nicht ernsthaft erwähnt. Als dann schließlich doch Interesse an diesen Themen gezeigt wurde, war es den SAR aus einer ganz anderen Ecke aufgezwungen worden, wie wir bald sehen werden. Als es im Jahre 1978 bekannt wurde, dass die seinerzeitigen Rhodesia Railways Überlegungen zur Wiederaufarbeitung und Verbesserung ihre wichtigsten Garratt-Klassen anstellten, wurde eine Kopie der Abhandlung deren CME, D. Cook, zugesendet. Der Empfang der Abhandlung wurde bestätigt, aber es gab keine weitere Kommunikation, und soweit mir bekannt ist, wurde nicht eine der vielen darin beschriebenen Weiterentwicklungen bei irgendeiner der Garratts während des nachfolgenden Wiederaufarbeitungsprogramms angewendet. Die einzige größere Verbesserung war der Einbau von Rollenlagern an allen Achsen.

Ich selbst habe wohl die Abhandlung für den Ingenieurverein als meine letzte Anstrengung angesehen, da ich für die zehn Monate nach dem Vortrag keine Aufzeichnungen darüber habe, dass ich irgendwelche nennenswerte Arbeit bei den SAR geleistet hätte. Wahrscheinlich wurde ich deshalb befördert: P. Kennedy, mein direkter Vorgesetzter, verließ die SAR und ich übernahm seinen Posten. Als ich darüber offiziell informiert wurde, saß ich in meinem Büro und schrieb einen Brief an Porta, was in jenen Tagen vielleicht meine Hauptbeschäftigung war. Der Mangel an Betätigung bei den SAR zwang mich wiederum, meine Aufmerksamkeit der Möglichkeit zu widmen, auf der anderen Seite des Atlantiks zu arbeiten. Für den im November 1978 in Lima stattfindenden XIV. Panamerikanischen Eisenbahnkongress schrieb ich eine Abhandlung mit dem Titel „Lokomotivantriebskraft" und arbeitete zusammen mit Porta eine gemeinsame Abhandlung aus, mit dem Titel „Dampflokomotiven der dritten Generation als Antwort auf die Energiekrise". Beide Abhandlungen zielten auf Nordamerika ab, wo wir das Gefühl hatten, dass „etwas" passieren könnte. Aber hauptsächlich war es meine Hoffnung, dass das Projekt der Mallets für die Rio-Turbio-Eisenbahn genehmigt werden würde. Ich glaubte, dass mir das nicht nur eine Tätigkeit mit Dampflokomotiven unter dem Meister selbst einbringen würde – schon 1976 hatte Porta davon gesprochen, mich als seinen Assistent bei diesem Programm einzuladen–, sondern auch, viel wichtiger, dass es der Beginn einer Renaissance der Dampftraktion sein könnte, sobald diese Lokomotiven der Welt demonstriert hätten, was die Dampftraktion wirklich leisten konnte. Ein Ausschuss von führenden Fachleuten in Argentinien für die verschiedenen Lokomotivarten hatte Vorschläge zur Anpassung der Zugförderung an die geplante Ausweitung der Kohleförderung in der Rio-Turbio-Grube von 0,85 Millionen Jahrestonnen auf 3 Millionen Jahrestonnen bewertet. Man schlussfolgerte, dass die von Porta bereits im Jahre 1974 entworfene (1E)E1-Verbund-Mallet um den Faktor zwei wirtschaftlicher sein würde als die Dieseltraktion und um den Faktor drei wirtschaftlicher als die elektrische Traktion, hauptsächlich wegen der wesentlichen geringeren Erstinvestition und weil man hoffte, in der Kohlewäsche der Grube aussortierte Kohle „schnorren" zu können. Ursprünglich hatte Porta gehofft, dass die Mallets 1977 im Dienst stehen würden, aber das war abhängig von der tatsächlich eintretenden Erhöhung der Förderung der Grube, da es für den bestehende Verkehr bereits einen Überhang an 1E1-Maschinen gab. Tatsächlich hätte erheblich mehr Verkehr allein durch ordnungsgemäße Instandhaltung und Doppeltraktion dieser Lokomotiven bewältigt werden können.

Im Jahre 1977 wurde die Konstruktion der Mallets vergrößert in eine (1F)F1 von 490 kN Anfahrzugkraft bei einem Reibungswert von 0,3, mit 3 000 kW Dauerleistung am Zughaken und einer Höchstgeschwindigkeit von 75 km h^{-1}. Züge von 8 000 Tonnen hätten ohne Halt über die 255 Streckenkilometer bei 60 bis 70 km h^{-1} befördert werden sollen, alles auf einem Oberbau, der eine maximale Achsfahrmasse von nur 14 Tonnen zuließ. Das Projekt der Erhöhung der Streckenkapazität wurde der Organisation der Vereinten Nationen für industrielle Entwicklung (UNIDO) weitergereicht, die J. Click, den ehemaligen Assistenten von O. Bulleid *(Anm. d. Übers.: Oliver Vaughan Snell Bulleid, * 19. September 1882; † 25. April 1970; besonders bekannt geworden als CME der Southern Railway von 1937 bis zur Verstaatlichung 1948)* bei der englischen Southern Railway, mit einer Untersuchung mit Schwerpunkt auf die Traktionsart beauftragte. Clicks Bericht[1] stellte die vorhandenen 1E1 in einem günstigen Licht dar und unterstütze allgemein Portas Ideen für neue Triebfahrzeuge. Das ganze Programm war für eine Eisenbahn mit 750 mm Spurweite in der Tat sehr ehrgeizig und wäre von der internationalen Eisenbahnwelt sicher nicht unbemerkt geblieben, falls es mit Dampftraktion verwirklicht worden wäre. Aber es hatte nicht sollen sein. Wenn auch Porta die Absicht hatte, die Lokomotiven in Argentinien von Firmen bauen zu lassen, die für den Schwermaschinenbau eingerichtet waren, wie zum Beispiel Schiffswerften, so versuchte der Technische Leiter der YCF „die Bestätigung zu finden" (so Portas Worte), dass keine Lokomotive für 8 000-Tonnen-Züge auf 750-mm- Spur gebaut werden könnten, indem er in der ganzen Welt anfragte (auch in Südafrika), ob irgendjemand solche Maschinen zu liefern bereit wäre. Es wurde allerdings erkannt, dass es bei der Rio-Turbio-Eisenbahn an technischem Niveau mangelte, um so große Lokomotiven und Züge zu betrieben, so dass zu einer Projektphase stattdessen eine Steifrahmen-1F für die Beförderung von 3 500-Tonnen-Zügen vorgeschlagen wurde (die von Click bevorzugte Option). Aber 1978 war das Mallet-Projekt wieder der Favorit, und es schien, als ob die Dinge vorangingen, da Porta den Abschluss von projektbezogenen Verträgen erwartete. Unglücklicherweise verzögerte sich das wegen rechtlicher Probleme, und bevor die gelöst werden könnten, kam eine Finanzkrise dazwischen, und alle Finanzausgaben der YCF wurden gekürzt, was im Endeffekt dem Projekt anscheinend den Todesstoß versetzte. Schließlich sank die Produktion der Kohlebergwerke eher als das sie anstieg, wie überhaupt die Produktion in weiten Teilen der argentinischen Industrie, so dass der schwindende Verkehr auf der Rio-Turbio-Eisenbahn weiterhin von der zunehmend schlechter unterhaltenen Flotte der 1E1 aufrechterhalten wurde.

Zusätzlich gab es zu dieser Zeit einen Vorschlag der Rehabilitierung der Dampftraktion auf den Argentinischen Staatsbahnen durch den Umbau von ölgefeuerten Lokomotiven auf Kohlefeuerung zur Nutzung von Rio-Turbio-Kohle. Für den Musterumbau wurde eine Lokomotive der 2D-Klasse 15B *(Anm. d. Übers.: h2, Schlepptender, 1676 mm Breitspur, General-Roca-Bahn, Vulcan Foundry Works, GB, 1949, 30 Stück)* vorgeschlagen. Porta bemerkte dazu, dass es sich um eine sehr schlechte Konstruktion handelte, die bei ihren über 80 Tonnen Lokomotivgewicht kaum 750 kW am Zughaken entwickelte, obwohl sie zu den modernsten Breitspur-Dampflokomotiven gehörten. Da die Staatsbahnen zu diesem Zeitpunkt praktisch fast vollständig verdieselt waren, nimmt es nicht Wunder, dass das Programm über erste Gespräche nicht hinauskam. Obwohl bei den SAR die Abschaffung des Dampfbetriebs nicht in Frage gestellt wurde, so gab es im Jahre 1978 doch einige Zweifel, wann das denn erreicht werden könnte, und Birkholtz, befasst mit der Planung der Zukunft der Werkstätten, entschied das Büro des Generaldirektors mit dieser Frage zu bedrängen. Alle, die im Werkstattwesen eingebunden waren konnten erhebliche Probleme kommen sehen, sobald Dampflokomotivreparaturen nicht mehr erforderlich sein würden. Das erklärte vielleicht die vagen Anzeichen einer Sympathie für den Dampf im Produktionsbereich zu dieser Zeit. Wie auch immer, die Werkstätten waren dazu da, der Geld verdienenden Abteilung zu dienen, also der Betriebsabteilung, und welche Ideen auch immer Ingenieure wie Birkholtz in Bezug auf die Lokomotiven hatten, die Betriebsleute würden sie sich nicht aufdrängen lassen. Deshalb hatte ich so wenig Hoffnung wie zuvor hinsichtlich einer Kehrtwende in den Ansichten über die Dampftraktion, als plötzlich Ereignisse in einem weit entfernten Land die Dinge in Bewegung brachten.

Im Jahre 1978 lag im Iran eine Revolution in der Luft und damit die Bedrohung, dass das Land die Ölverkäufe direkt an Südafrika einstellen würde, das seinerzeit für etwa 95 % seiner Rohölversorgung auf den Iran vertraute. Falls das eingetreten wäre, so hätte Südafrika möglicherweise weiterhin Öl aus anderen Quellen beziehen können, zu stark erhöhten Spitzenpreisen, aber es schien eine realistische Möglichkeit zu geben, dass Anti-Apartheid-Kräfte in der Lage sein könnten, einen internationalen Ölboykott gegen Südafrika durchzusetzen. Das Land hatte seit einiger Zeit mit den dunklen Wolken dieser Bedrohung gelebt, was ja die Motivation hinter der Politik der Einmottung ausgemusterter Dampflokomotiven war, aber in Wahrheit hatten sich die Eisenbahnen stets so verhalten, als ob Öl jederzeit zu erschwinglichen Preisen erhältlich sein würde. Nun gab es entschieden Grund dafür, daran zu zweifeln, ob das garantiert werden könnte. Die erste ernsthafte Reaktion auf die Möglichkeit eines Ölboykotts auf die ich aufmerksam wurde, war ein Brief vom Büro des Generaldirektors (Nr. RS.4/2220) vom 7. 3. 1978, vorrangig adressiert an die verschiedenen Leiter der Netzdirektionen, und in dem sie aufgefordert wurden, Notfallpläne für die Rückumstellung von dieselbetriebenen Strecken auf Dampfbetrieb für den Eintritt eines solchen Notfalls aufzustellen. Dann wurde Mitte 1978 ein Ausschuss von dem Generaldirektor einberufen mit der Aufgabe, die Politik der Nutzung, Ausmusterung und Einmottung von Dampflokomotiven zu überprüfen. Da das nicht losgelöst von den Verdieselungs- und Elektrifizierungsprogrammen gesehen werden konnte, so vergrößerte der Ausschuss seinen Aufgabenbereich, indem er auch die Traktionspolitik als solche in seine Betrachtungen einschloss. Insbesondere sollten die zukünftige Verfügbarkeit von Dieseltreibstoff für die Eisenbahnen und die Praktikabilität alternativer Energiequellen untersucht werden. Dem Ausschuss saß G. van der Veer vor, seinerzeit ein

[1] Click, J. G., Report on the Transportation of Coal by the Rio Turbio Railway, Y.C.F., Argentinien, 1977.

höherer Beamter unter dem Stellvertretenden Generaldirektor (Betrieb), und die übrigen Mitglieder wurden aus den Betriebs-, Planungs- und CME-Abteilungen ausgewählt. Ich war als „Dampfexperte“ anwesend. Van der Veer schien allen ihm zugeleiteten Informationen sehr aufgeschlossen zu sein, aber der leitende Abgesandte aus der Maschinentechnischen Abteilung, I. Ferreira, Konstruktions- und Entwicklungsingenieur, war ganz sicher kein Freund der Dampftraktion, noch waren es die Abgesandten der Betriebsabteilung. Das Büro des Oberinspektors (Technik), welches, wie wir gesehen haben, die wichtige Verbindung zwischen den Betriebs- und Maschinentechnischen Abteilungen war, wurde von T. Boshoff vertreten, einem ruhigen Ingenieur, der der Dampftraktion durchaus vorurteilsfrei gegenüberstand. Leider schien sein Vorgesetzter, D. Arndt, die Verdieselung ein bisschen zu seiner eigenen Sache gemacht zu haben, und ich hatte das Gefühl, dass Boshoff nicht immer frei sagen konnte, was er wirklich dachte.

Während der Ausschusssitzungen hatte ich als Anwalt der Dampftraktion, wie es nun mal war, zwei Nachteile. Erstens, obwohl Ferreira und ich wohl kaum einer Meinung waren, war er einige Dienstgrade höher gestellt als ich, und ich konnte mit ihm nicht öffentlich in Streit geraten. Er neigte dazu, Gegenargumente zur Dampftraktion vorzutragen, einige zutreffend, einige nicht, und alles, was ich in meiner untergeordneten Stellung tun konnte, war es Vorschläge zu machen, wie diesen Problemen begegnet werden könnte. Allerdings bestand die größte Schwierigkeit darin, dass die Diskussionen fast ausschließlich in Afrikaans geführt wurden, von dessen meisterlicher Beherrschung ich weit entfernt war. Ich hatte mir nicht die Mühe gemacht, mehr als ein sehr rudimentäres Afrikaans zu erlernen, teilweise aus Faulheit verbunden mit der angeborenen Unfähigkeit in Fremdsprachen zu kommunizieren, was ein Charakteristikum der meisten englischsprachigen Leute ist, aber auch, weil die Lage bei den SAR mich nicht dazu ermutigt hatte, anzunehmen, dass ich für lange Zeit in Südafrika sein würde. Das war ein Fehler, der mir schmerzlich bewusst wurde, als ich unfähig war, an dem hitzigen Hin und Herr der dann stattfindenden Diskussion wirkungsvoll teilzunehmen. Ganz besonders aus diesen beiden Gründen konnte ich die Sache der Dampftraktion nicht so gut unterstützen, wie ich es hätte tun sollen.

Die erste Ausschusssitzung wurde Mitte Juni 1978 abgehalten. Die SAR waren zu dieser Zeit in einer kritischen Phase ihres Programms zur Abschaffung der Dampftraktion. Im Jahre 1978 gab es immer noch 1 400 betriebsfähige Dampflokomotiven, aber für diese Zahl wurde ein Absinken auf 800 für 1981 vorausgesagt. Offenkundig musste schnell über eine eventuelle Politikänderung entschieden werden. Eine solche Möglichkeit schien von dem Bewusstsein innerhalb des Ausschusses begünstigt zu werden, was die Auswirkungen einer, wie allgemein angenommen, unmittelbar bevorstehenden Ölkrise bedeuteten, für die Südafrika besonders anfällig war, und van der Veer sprach sogar von „neuen modernen Dampflokomotiven“. Solche Worte waren eine Offenbarung, und es schien, als ob es nicht nur in Südafrika plötzlich Hoffnung für die Dampftraktion gab. Es war genau zu dieser Zeit, dass die Unterschrift unter die Verträge für die Mallets der Rio-Turbio-Eisenbahn erwartet wurde, und in Rhodesien wurde die Möglichkeit des Baus von einhundert neuen Dampflokomotiven in Betracht gezogen, zusätzlich zu der definitiven Entscheidung 87 Garratts wieder aufzuarbeiten. Das hätten Zweizylinder-1E1-Lokomotiven werden sollen, mit 100 Tonnen Reibungsgewicht und 298 kN Anfahrzugkraft bei einem Treibraddurchmesser von 1 219 mm. Rollenlager an sämtlichen Achsen und an den Treib- und Kuppelstangen waren vorgesehen. (Es war vorgesehen, diese Lokomotiven zwischen 1981 und 1985 in Dienst zu stellen, aber veränderte Umstände holten dieses Projekt schließlich ein und es wurde nichts daraus.)

Der SAR-Ausschuss betrachtete die möglichen Auswirkungen auf die Eisenbahnen im Allgemeinen und den Lokomotivbetrieb im Besonderen in fünf Szenarien: (1) ein sofortiger totaler Handelsboykott Südafrikas, (2) ein sofortiger totaler Ölboykott, (3) ein totaler Handelsboykott in 1981, (4) ein totaler Ölboykott in 1981 und (5) die Situation im Jahre 2000. Zwei beunruhigende Tatsachen erregten die Aufmerksamkeit des Ausschusses. Zum Ersten erklärte die Regierung den Eisenbahnen, dass im Falle eines Ölembargos sämtlicher Dieseltreibstoff, der in naher Zukunft von den Kohleverflüssigungsanlagen produziert werden konnte, anderen Verbrauchern zugeteilt werden würde, die ohne nicht auskommen konnten, hauptsächlich die Landesverteidigung und die Landwirtschaft, und für die Zwecke der Eisenbahnen würde nichts übrig bleiben. Obwohl bis zum Jahre 2000 die Produktionskapazität für mehr Öl aus der Kohleverflüssigung zur Verfügung stehen würde, so würde auch der allgemeine Bedarf gestiegen sein, und wegen der für diese Zeit angenommenen Knappheit von Erdölprodukten wurde erwartet, dass keine Erdöltreibstoffe irgendeiner Industrie zugeteilt werden würde, die auch ohne auskäme. Daraus hatte der Ausschuss für alle fünf Szenarien zu folgern, dass für Zugförderungszwecke keine Dieseltreibstoffe verfügbar sein würden.[1]

Zweitens, was war mit den Dampflokomotiven, die just für einen solchen Notfall eingemottet wurden? Zu dieser Zeit waren etwa 110 Lokomotiven hinterstellt. Es wurde erwartet, dass sich diese Zahl bis 1981 auf etwa 650 erhöhen würde und auf 1 300 zu der Zeit der vollständigen Einstellung des Dampfbetriebs, das heißt, vor dem Jahr 2000. Einer meiner Kollegen im Lokomotivdezernat, R. Spavins, arbeitete zu diesem Thema[2] einen Bericht aus, von dem hier Auszüge wiedergegeben werden:

> „Der erklärte Zweck der Einmottungspolitik ist die Verfügbarkeit einer Reserveflotte von Lokomotiven in Krisenzeiten, welche in relativ kurzer Zeit wieder in Betrieb genommen werden können. Dank unserer eigenen ausgedehnten Herstellungsmöglichkeiten wird angenommen, dass diese Lokomotivflotte weder auf Treibstoffe noch auf Ersatzteile überseeischer Herkunft angewiesen sein würde.
>
> Größere Bauteile, wie Kessel, Räder etc., werden nicht vorgehalten. Sollten diese Lokomotiven zu irgendeiner Zeit wieder in Betrieb genommen werden, würden von jeder Klasse eine kleine Anzahl, ungefähr 5 – 10 %, abgebrochen werden und auf diese Weise die größeren Bauteile gewonnen werden…
>
> Die Lokomotiven werden im Allgemeinen in schlechtem Zustand hinterstellt. Die angewendeten Erhaltungsmethoden sind im Wesentlichen eine Korrosionsschutzbehandlung. Die Lokomotiven werden vor der Hinterstellung in keinster Weise mechanisch repariert. In vielen Fällen verspätete sich die Verdieselung oder Elektrifizierung mancher Gebiete, so dass die Dampflokomotiven möglicherweise für eine längere Zeit liefen, als beabsichtigt. Wegen der erwarteten Ausmusterung wurden Werkstattaufarbeitungen eingestellt, und wegen der eingetretenen Verspätung der endgültigen Ausmusterung verschlechterte sich der Zustand der Lokomotiven…
>
> Die gegenwärtige Politik ermöglicht nur die Erhaltung der Lokomotiven an sich und trifft keine Anstalten, irgendwelche der speziellen Einrichtungen zu erhalten, die mit der Werkstattreparatur von Dampflokomotiven verbunden sind. Aus wirtschaftlichen Gründen war es die

---

[1] Die Zahlen, die dem Ausschuss für den Dieseltreibstoffausstoß der SASOL-Kohleverflüssigungsanlagen vorgelegt wurden, waren wie folgt: 1978 ≈ 2,3 % / 1982 ≈ 10,6 % / 1990 ≈ 7,5 % des Gesamtverbrauchs Südafrikas (allerdings wurde in einem der Dokumente des Ausschusses festgestellt, dass SASOL bis 1985-86 nicht mehr als ungefähr 5 % von Südafrikas Bedarf an Dieseltreibstoff würde liefern können. Diese Zahlen lagen so niedrig, weil der Anteil an Dieseltreibstoff aus der gesamten Ölproduktion der SASOL-Anlagen aus technischen Gründen begrenzt war. Ironischerweise erzeugte die erste solche Anlage große Mengen schweren Heizöls, für das die Nachfrage in Südafrika gering war, und nach der Raffination zur Gewinnung von Otto- und Dieselkraftstoffen blieb wahrscheinlich ein Überschuss an Heizöl. Dieses Heizöl, welches in Dampflokomotiven hätte genutzt werden können, war zu dieser Zeit möglicherweise reichlich vorhanden und billig, so dass die Umstellung von Dampflokomotiven von der Kohlefeuerung auf Ölfeuerung mit all ihren betrieblichen Vorteilen vielleicht wirtschaftlich machbar gewesen wäre. Unglücklicherweise habe ich diese Möglichkeit niemals untersucht, und nicht vor 1992 wurde die Ölfeuerung unter ganz anderen Umständen versucht, nämlich um das Risiko von Flurbränden durch die bei den „Safari“-Zügen und Ähnlichem eingesetzten Dampflokomotiven auszuschalten (ähnliche Versuche gab es in den späten vierziger Jahren auf einer 2D1 der Klasse 14R, ebenfalls zur Minderung der Flurbrände, aber seinerzeit waren die Heizölpreise im Verhältnis zur Kohle zu hoch, um groß angelegte Umstellungen zu rechtfertigen).

[2] SAR, Abteilung des CME, Pretoria, Interner Bericht, „Die gegenwärtige ‚Einmottungspolitik‘ und ihre Auswirkungen“, 1978.

übliche Vorgehensweise in einer Werkstatt, entweder die Dampflokomotivreparatur vollständig einzustellen oder sehr stark einzuschränken, so dass in der Folge die Maschinen, Lehren und Vorrichtungen verschrottet wurden. Es muss darauf hingewiesen werden, dass die betreffenden Sondermaschinen sämtlich sehr alt sind und nicht mehr wirtschaftlich repariert werden können. Zusätzlich sind aus wirtschaftlicher Notwendigkeit die Werkstattflächen, die für die Dampflokomotivunterhaltung genutzt worden waren, für Reparaturarbeiten an Lokomotiven anderer Traktionsarten oder gar für ganz andere Arbeiten, wie zum Beispiel der Reparatur von Containern umgestaltet worden, entsprechend der Zunahme in anderen Bereichen.

In einigen Kreisen glaubt man, dass die Erhaltung von Dampflokomotiven einen großen kurzfristigen strategischen Wert hat und dass die Lokomotiven, zum Beispiel im Falle eines Ölembargos leicht wieder in Betrieb genommen werden könnten. Allerdings geht mit dem Zurückgehen von Werkstattauslastung auch ein Verlust an Facharbeitskräften einher. Einer Schätzung zufolge werden zum Ende des Jahres 1981 ungefähr 800 Dampflokomotiven im Einsatz verblieben sein, was ziemlich genau die Hälfte der derzeitigen Flottengröße darstellt. Die gegenwärtige Situation ist dergestalt, dass in einigen Gebieten ein Personalüberhang besteht und die Dienst tuende Personalstärke notwendigerweise sinken muss. Damit wird es umso schwieriger werden, Dampflokomotiven zu reparieren, je weiter es in der Zukunft liegt, Lokomotiven wieder in Betrieb stellen zu müssen…"

Im Weiteren machte der Bericht detaillierte Angaben zu der Reparaturkapazität der einzelnen Werkstätten unter Hinweis darauf, dass im Jahre 1981 einige Werkstätten bereits nicht mehr in Lage sein würden, Dampflokomotiven zu reparieren. Der Bericht betrachtete sodann zwei spezielle Fälle, nämlich die Wiederinbetriebnahme von hinterstellten Dampflokomotiven zum Ende des Jahres 1981, wenn also die Hälfte der seinerzeit betriebsfähigen Dampflokomotivflotte eingemottet gewesen wäre, und die gleiche Aktion, nachdem die Dampftraktion beendet wäre. Für den ersten Fall wurde angenommen, dass es wegen des Abbaus an Facharbeitskräften und Werkstatteinrichtungen für Dampflokomotivreparaturen wahrscheinlich sechs Jahre dauern würde, um sämtliche hinterstellten Lokomotiven wieder in Betrieb zu bringen, abzüglich derer, die zur Gewinnung von Ersatzteilen abgebrochen würden. Für den zweiten Fall stellte der Bericht fest:

„Damit würden praktisch keine Einrichtungen bestehen, und die Wiedereinführung der Dampftraktion würde eine erneute Entwicklung der benötigten Technologie bedeuten, einschließlich sowohl der Nachrüstung der Werkzeugmaschinenindustrie zum Bau der erforderlichen Spezialmaschinen als auch die Errichtung neuer Werkstätten. Der Personaleinsatz und der finanzielle Aufwand wären enorm, und dieser Fall wird nicht als eine praktikable Möglichkeit angesehen. Insofern ist der kurzfristige strategische Wert umso geringer, je mehr Lokomotiven eingemottet sind."

Deshalb wurde folgendes empfohlen:

„Um den strategischen Wert von Dampflokomotiven zu erhalten, ist es deshalb notwendig, die speziellen Kenntnisse und Maschinen zu erhalten…

Abgesehen von den Maschinen und der Ausrüstung…gibt es weiterhin das Problem, dass mit dem Ende der Dampftraktion der Verlust von speziellen Kenntnissen in Erscheinung treten wird, was jetzt schon zu beobachten ist. Es wird als notwendig erachtet, dass zumindest ein großes Depot (das heißt Werkstatt) als ein Zentrum für Dampflokomotivreparaturen langfristig erhalten bleibt. Das würde bedeuten, dass der langfristige Bedarf an Lokomotiven zu ändern ist, da der einzige Weg, eine Werkstatt in Betrieb zu halten, der ist, die Dampftraktion in einigen Gebieten auf Dauer beizubehalten. Das wird einen Grundbestand an Fachwissen bewahren verbunden mit einer nachhaltigen Personalausbildung, von dem in Krisenzeiten Ausbildungsprogramme ausgehen könnten. Hierfür wird das Gebiet um Bloemfontein als geeignet angesehen. Falls nicht so verfahren wird, muss eingesehen werden, dass das Einmotten von Dampflokomotiven keinerlei Wert hat, weil die Möglichkeit sie zu reparieren verloren gegangen sein wird…"

Die Inhalte dieses Berichts waren richtig und schienen von dem Ausschuss anerkannt zu werden. Es wurde erkannt, dass die Empfehlung in meinen Einmottungsspezifikationen, Lokomotiven mechanisch und kesselseitig in brauchbarem Zustand zu hinterstellen, nicht ausgeführt worden war (ebenso wenig, wie viele andere der Empfehlungen). Die Auswirkung war, dass sämtliche hinterstellten Lokomotiven Werkstattreparaturen nötig haben würden, bevor sich ihre Räder wieder im kommerziellen Einsatz drehen konnten. Das machte das ganze Vorgehen des Einmottens für einen Notfall nutzlos, was ja per definitionem eine Situation ist, die mit wenig Vorwarnzeit eintritt. Gerade deshalb hätte die grundlegende Wahrheit von Anfang erkannt werden müssen, dass, um die Einmottungspolitik wirkungsvoll zu gestalten, nicht nur die Lokomotiven, sondern auch die Reparatureinrichtungen und weitere Infrastrukturen hätten „eingemottet" und die zugehörige Facharbeiterschaft in genügender Anzahl hätte erhalten werden müssen. Aber das wäre für einen bloßen Notfallplan bei Weitem zu teuer gewesen, etwas, auf das ich in meinen Einmottungsspezifikationen bereits hingewiesen hatte. *Falls* die Möglichkeit des Rückgriffs auf die Dampftraktion im Falle eines Öl- oder allgemeinen Handelsboykotts als notwendig angesehen wurde, dann hätte sie zusammen mit der zugehörigen Infrastruktur und Facharbeiterschaft im regulären Einsatz gehalten werden müssen. Falls das anerkannt wurde, durfte die Politik der Abschaffung der Dampftraktion einen gewissen Punkt nicht überschreiten, und die moderneren Dampflokomotivklassen hätten unbegrenzt im Betrieb bleiben müssen. Der Ausschuss erörterte das und stimmte zu, dass dem so sei. Einigkeit bestand darin, dass die Dampflokomotiven entweder beibehalten oder verschrottet werden sollten – das Einmotten war ein Kompromiss, der Geld kostet und in Krisenzeit keine Hilfe sein würde.

Da der Gedanke, die Dampftraktion beizubehalten, für einige Ausschussmitglieder unangenehm war, wurde daraus in deren Augen die Frage, ob wir uns bei einer Ölknappheit tatsächlich auf die Dampftraktion verlassen müssten, oder gab es andere nutzbare Optionen? Die Elektrifizierung war eine augenscheinliche Strategie vom Öl unabhängig zu werden, war aber teuer und konnte finanziell nicht gerechtfertigt werden, außer auf Strecken hoher Verkehrsdichte. Auf der anderen Seite musste der Ausschuss während eines Ideenfindungsprozesses feststellen, dass es eigentlich nur drei bewährte Arten der Eisenbahntraktion gäbe, nämlich Dampf, Diesel und Elektrizität (Gasturbinenlokomotiven und Stirlingmotorlokomotiven wurde als Möglichkeiten für die Zukunft angesehen). Falls also die Elektrifizierung für viele Strecken zu kostspielig war und falls die Mehrheit die Dampftraktion nicht in Betracht ziehen mochte, dann blieben nur Diesellokomotiven betrieben mit alternativen Treibstoffen übrig. Anhörungen von Experten auf diesem Gebiet waren nicht sehr ermutigend. Sie gaben an, dass für den Rohölpreis eine Verdoppelung in den nächsten sechs bis neun Jahren erwartet wurde, aber dass Dieselmotoren theoretisch ebenso mit Ethanol oder Methanol wie mit Dieseltreibstoff betrieben werden können, und dass Dieselmotoren mit zusätzlicher Kerzenzündung mit einer Diesel-Benzin-Mischung arbeiten können (die Nutzung von Kohlenstaub wurde nicht erwähnt). Allerdings wurde Ethanol wegen zu hoher Produktionskosten ausgeschlossen und die Nutzung von Methanol, welches aus Kohle hergestellt werden könnte, war noch ziemlich im Experimentierstadium. Die Diesel-Benzin-Mischung erschien attraktiv, da bei einer Umstellung der Kohleverflüssigungsanlagen auf diesen Treibstoff die Umwandlungsrate höher wäre, als wenn Diesel und Benzin getrennt produziert wurden. Ein Nachteil war aber, dass die Dieselmotoren hätten umgerüstet werden müssen, und es kann durchaus weitere gegeben haben, die mir nicht bekannt waren. Die Schlussfolgerung war, dass es zu Dieseltreibstoff zu der Zeit keine praktische Alternative gab, aber dass Forschung und Entwicklung für die

Zukunft eine finden könnten und dass ein solcher Treibstoff im Falle eines Ölboykotts aus Kohle hergestellt werden würde.[1] Die gewaltigen notwendigen Anlageninvestitionen, um den Ausstoß der Kohleverflüssigung zu erhöhen, wurde nicht als Angelegenheit der Eisenbahn betrachtet, und es hätte argumentiert werden können, dass die Kohleverflüssigungsanlagen in jedem Fall notwendig wären, um sämtliche Verbraucher im Land zu versorgen. Da der Anteil der Eisenbahnen an Südafrikas Gesamtverbrauch an Dieseltreibstoff als gering angesehen wurde (ungefähr 15,5 % in 1978, davon ungefähr 12,2 % für Lokomotiven), so wäre auch der Anteil an den Investitionen, den man dem Treibstoffbedarf der SAR hätte zurechnen können, klein gewesen.

Hinsichtlich der Dampftraktion kam van der Veer gleich in der ersten Sitzung direkt auf den Punkt. Er wollte wissen, um wieviel die bestehenden Dampflokomotiven hätten verbessert werden können, wie das zu machen sei und was das koste. Dazu bedurfte es der Ausarbeitung eines konkreten Konstruktionsvorschlags, was von mir für die nächste Sitzung in ungefähr sechs Wochen erbeten wurde. Er wollte außerdem wissen, wie die Leistungsfähigkeit neuer Dampflokomotive nach neuester Technologie aussehen würde. Jemand schlug sogar vor, eine Delegation nach Argentinien zu senden, um Portas Arbeit unmittelbar zu sehen, und es wurde sogar gesagt, dass „falls Dampflokomotiven soweit verbessert werden können, wie Sie sagen, dass es möglich wäre, dann ändert das das ganze Bild". Bis dahin schien es so, als ob nur ich das immer gesagt hätte. Vielleicht hörte sich das für einige meiner Kollegen ziemlich gefährlich an, und besonders Ferreira begann Einsprüche zu erheben. Wie, wurde gefragt, könnten Dampflokomotiven entwickelt werden, um Züge von 6 000 Tonnen über Steigungen von 15 ‰ zu schleppen, wie es mit Diesel- und elektrischen Lokomotiven üblich war? Was war mit der dynamischen Bremse *(Anm. d. Übers.: gemeint ist die verschleißfreie Dauerbremsung unter Nutzung der Antriebsmaschinerie der Lokomotive, um kinetische oder potentielle (Gefällefahrt) Zugenergie abzubauen. Das geht durchaus bei Dampflokomotiven: zum Beispiel mit der Riggenbach'schen Gegendruckbremse, bei der die Dampfmaschine als Kompressor zur Arbeitsaufnahme arbeitet. Die nunmehr Luft komprimierenden Zylinder werden durch geringe Einspritzung von Kesselwasser gekühlt und das Luft-Dampf-Gemisch stufenlos gedrosselt durch einen Schalldämpfer ausgestoßen.)* oder, wenn man schon bei den Bremsen ist, mit der Druckluftbremse, zu deren Einführung die SAR verpflichtet waren *(Anm. d. Übers.: Traditionell hatten viele englisch beeinflusste Bahnen, so auch die SAR und ihre Vorgänger, die Saugluftbremse, deren (Teil-) Vakuum auf den Dampflokomotiven vergleichsweise einfach mit Dampfejektoren erzeugt wurde)*. Dampfluftpumpen wären nicht mehr beschaffbar, und selbst wenn, wäre es nicht möglich gewesen, auf den SAR-Lokomotiven den Einbauplatz zu finden. Wenn auch diese Argumente ohne wirklichen Gehalt waren, so hatte ich doch das Gefühl, dass sie beantwortet werden mussten, und ich verließ die erste Sitzung in dem Wissen, dass ich eine Menge zu tun hätte – und zwar schnell –, aber auch in dem Gefühl, dass hier nun endlich die Chance sich auftat, auf die ich so lange gewartet hatte. Ich war entschlossen, sie nicht ungenutzt zu lassen.

Eine Vorlage wurde für den Ausschuss im Hinblick auf Verbesserungen an den bestehenden Lokomotiven und die Leistungsmöglichkeiten neuer wurde vorbereitet. In Bezug auf Ersteres musste entschieden werden, welche Lokomotivklasse für diese Studie gewählt werden sollte. Falls sie zeigen sollte, um wie viel die Dampftraktion verbessert werden könnte, dann musste das anhand der besten vorhandenen Konstruktion gemacht werden, andererseits hätten Gegner die Gelegenheit gehabt, den Wert dessen, was auch immer erreicht würde, klein zu reden. Bei den SAR wurde allgemein die 2D2-Klasse 25NC als die beste Dampflokomotivklasse angesehen, einer Einschätzung, der ich in vielen Punkten zustimmte. Außerdem hatte die Klasse 25NC anscheinend eine relativ lange Lebenserwartung, war fast ausschließlich im Hauptstreckendienst eingesetzt, und außerdem waren sie in der Vergangenheit, anders als einige andere Kandidaten, bereits Gegenstand von Versuchen gewesen, was einiges an Daten ergab, die für Konstruktionszwecke genutzt werden konnten. Es war meine Entscheidung, welche Klasse herangezogen werden sollte, und die Klasse 25NC war die offensichtliche Wahl, aber es war fast sicher die falsche Entscheidung, wie wir zu gegebener Zeit sehen werden.

Das war der Anfang dessen, was schließlich zu dem *Roten Teufel* führte, wie in Kapitel 3 beschrieben. Die detaillierten Vorschläge, die für den Ausschuss vorbereitet wurden, beinhalteten die nachstehenden Modifikationen:

1. Das Gaserzeugungs-Verbrennungssystem (GPCS)
2. Nachverbrennungsrost im Aschkasten
3. Lempor-Saugzug
4. Kordina
5. Künstlich aufgeraute Kesselrohre (zur Verbesserung des Wärmeübergangs)
6. Überhitzerbooster (Siederohrdrosselklappe)
7. Vergrößerte Schieberkastenvolumina
8. Kolbenschieber mit vielen schmalen Ringen und Auspuffdiffusoren
9. Verbesserte Schieberbuchsen
10. Modifizierte Kolben mit schmalen Ringen
11. Verbesserte Zylinderbuchsen
12. Mehrfach-Segmentkolbenstangenstopfbuchsen
13. Verbesserte Schieber- und Zylinderschmierung

Die Kosten für diese Änderungen wurden für den Prototypumbau auf 20 000 Rand geschätzt. Für den Einsatz auf der Strecke De Aar – Kimberley, auf der seinerzeit viele Maschinen der Klasse eingesetzt waren, wurden Gesamtkohleersparnisse von 32 % vorausgesagt, was einer Verbesserung der Gesamtjahreswirkungsgrads von 47 % entspricht, und eine Gesamtwasserersparnis von 11 %. Die Steigerung der maximalen Zughakenleistung wurde vorläufig zu 36 % angegeben, von 1 860 kW[2] auf 2 525 kW, *aber die angegebenen Ersparnisse an Kohle und Wasser basierten darauf, dass die modifizierten Lokomotiven mit den gleichen Zughakenleistungen betrieben wurden, um die Fahrpläne einzuhalten, wie die Normallokomotiven*, das heißt, dass die eingebaute Leistungsreserve der umgebauten Lokomotiven nicht ausgenutzt würde. Dieser Vorbehalt wurde deutlich in der Vorlage ausgesprochen. Der höchste thermische Gesamtwirkungsgrad der umgebauten Lokomotive am Zughaken wurde zu 8 % bei 1 000 kW am Zughaken erwartet (eine Geschwindigkeit wurde nicht angegeben) gegen 6,1 % für die Serien 25NC, ebenfalls bei 1 000 kW am Zughaken. Allerdings wurde für die Umbaulokomotive wegen des flacheren Verlaufs der Wirkungsgradkurve über die Leistung, hauptsächlich wegen des günstigen Effekts des GPCS auf den Flugverlust, erwartet,

---

[1] Es ist interessant, dem die verschiedenen versuchten Dampflokomotivbrennstoffe gegenüberzustellen. Die nachstehende Liste enthält solche, von denen der Autor Kenntnis hat: Kohle (Anthrazit, Steinkohle (Nüsse, Grus und gemahlener Staub), Braunkohle (Briketts und gemahlener Staub), Koks, schweres Heizöl, Holz, Gas, Torf, Holzkohle, Leinsamenöl, Erdölschlamm, Zuckerbagasse, Weizen, Mais, Pflanzenabfälle, Kaffeebohnen, Fisch und Dungbriketts. Einige sind in der Tat recht bizarr und man fragt sich nach der Verdampfungsleistung, ganz zu schweigen von dem Geruch im Führerhaus bei einigen.

[2] Gemäß der Leistungskurve in dem Versuchsbericht der SAR-Klasse 25NC und der üblichen SAR-Methode, die Radreifenleistung zur Zughakenleistung in Beziehung zu setzen, war die maximale Zughakenleistung der 25NC der Originalkonstruktion etwa 1 980 kW (siehe Abb. 36). Es ist heute nicht mehr bekannt, warum die Zahl 1 860 kW verwendet wurde, aber sie lag tatsächlich über dem, was die 25NC-Maschinen in der Mitte der siebziger Jahre aus den in Kapitel 3 angegebenen Gründen als Dauerleistung hergeben konnten.

dass sie bei 2 525 Zughaken-kW immer noch einen thermischen Wirkungsgrad am Zughaken von 6,4 % haben würde, gegenüber 3,1 % der Serienlokomotive bei 1 860 Zughaken-kW.[1] Es ist zu beachten, dass der Wirkungsgrad der Umbaulokomotive bei höchster Leistung als nicht wesentlich verschieden von dem absoluten Bestwert des Gesamtwirkungsgrad der 25NC-Serienlokomotiven angenommen wurde, obwohl der Einsatzwert für die Betriebsabteilung bei solch hohen Leistungen ganz klar wesentlich besser wäre. Das hat einen wichtigen Einfluss bei der Bewertung dessen, was tatsächlich mit der umgebauten 25NC geschah, als sie in Betrieb genommen wurde.

Unter der Annahme, dass sechzig Lokomotiven für den Plandienst zwischen Kimberley und de Aar benötigt wurden[2], wurden jährliche Ersparnisse an Betriebskosten von etwa 1 515 000 Rand berechnet, denen Gesamtumbaukosten für sämtliche Lokomotiven von 1 200 000 Rand gegenüber standen. Die gesamte Projektlaufzeit vom Beginn bis zum Abschluss der Versuchs- und Einstellphase der Prototyplokomotive wurde mit 10 Monaten angegeben, *unter der Voraussetzung, dass vom Konstruktionsbüro angemessene Unterstützung geleistet werden würde.*

Wegen der begrenzten Zeit, die zur Verfügung stand, war die Konstruktionsarbeit für diese Ausschussvorlage vorbereitender Natur und es wurde klargestellt, dass der Umbauplan deshalb ein bisschen vorläufig war. Es wurde ebenso erklärt, dass die Modifikationen und der resultierende Nutzen für sämtliche SAR-Dampflokomotivklassen ähnlich sein würden. Der Umbauplan wurde als Beispiel für die Modifizierung von Dampflokomotiven der ersten Generation (FGS, First Generation Steam) bezeichnet, mit dem Hinweis, dass ihr mögliches Leistungsniveau wegen der strukturellen Beschränkungen solcher Maschinen auch weiterhin eher niedrig sein würde. Statt sich mit erheblichen strukturellen Änderungen an FGS-Lokomotiven zu beschäftigen, wurde bemerkt, dass es besser wäre, die Anstrengungen in vollständig neue Konstruktionen fließen zu lassen, bei denen die Einschränkungen, die sich durch die gegebenen Eigenschaften vorhandener Lokomotiven ergeben, nicht existierten und so die Aussicht auf ein merklich besseres Betriebsverhalten bestünde.

Van der Veers zweite Bitte wurde durch eine kurze Beschreibung der möglichen Leistungsfähigkeit von Dampflokomotiven der zweiten Generation (SGS, Second Generation Steam) beantwortet, das heißt also, solchen Lokomotiven, die mit bestehender Technologie neu gebaut werden könnten und die nach Porta einen thermischen Gesamtwirkungsgrad am Zughaken von 16 % erzielen würden. Dabei wären die Wasserverbräuche und die Unterhaltungskosten auf die Leistungseinheit am Zughaken bezogen nur etwa halb so hoch wie bei den besten FGS-Lokomotiven. Es wurde die Gelegenheit ergriffen, zu zeigen, wie eine SGS-Lokomotive für die Beförderung von 6 000- Tonnen-Zügen auf Steigungen von 15 ‰ aussehen könnte, siehe Abb. 16. Obwohl ein solcher Entwurf ziemlich fantastisch war, hätte er dennoch aus bewährten Komponenten bestanden. Die Mallet-Garratt-Konfiguration war nicht neu, war sie doch für Beyer-Peacock etwa sechzig Jahre zuvor patentiert worden, und unter Voraussetzung der Ausrüstung mit GPCS und einer modernen Saugzuganlage ist es nicht ganz und gar unglaubwürdig, dass der Kessel zumindest bei niedrigen Geschwindigkeiten den Dampfbedarf der zwölf Zylinder hätte decken können. Allerdings glaubte niemand, ich selbst eingeschlossen, ernsthaft daran, dass jemals eine solche Lokomotive gebaut werden würde, da auch niemand vorschlug, dass Dampflokomotiven für derartig extreme Zugförderungsaufgaben, die in jedem Fall etwas für die elektrische Traktion wären, verwendet werden könnten.[3] Es wurde eigentlich die Idee nur dargestellt, um Ferreiras Bemerkung nicht unbeantwortet im Raum stehen zu lassen. Weiterhin wurden Portas Berechnungen für Dampflokomotiven der dritten Generation (TGS) erwähnt, also solche Lokomotiven, die weitere Forschungs- und Entwicklungsarbeit benötigen würden, in denen aufgezeigt wurde, dass sie einen höchsten thermischen Gesamtwirkungsgrad am Zughaken von 20 % in einer Ausführung für Auspuffbetrieb und über 25 % als Kondenslokomotive erreichen könnten. Damit, so wurde auch deutlich gemacht, wären die thermischen Wirkungsgrade der SGS- und TGS-Lokomotiven besser als und der der umgebauten FGS-Lokomotiven gleich gewesen mit den für Diesellokomotiven, die mit Treibstoff aus der Kohleverflüssigung betrieben werden, behaupteten 8 bis 11 % *(Anm. d. Übers. : bezogen auf den Energiegehalt der in der Kohleverflüssigung eingesetzten Kohle).*

In der Zwischenzeit wurde Porta von der Möglichkeit einer offiziellen Anfrage für eine SAR-Delegation zum Besuch der Rio-Turbio-Eisenbahn unterrichtet, und er wurde gebeten, ob er schnellstmöglich vollständige Werkstattzeichnungen für Dampfluftpumpen der Bauart Westinghouse liefern könnte. Das tat er auch umgehend und wies darauf hin, dass er glaube, in Argentinien seien noch zahlreiche intakte Doppelverbundluftpumpen vorhanden, die den SAR vielleicht billig geliefert werden könnten, falls gewünscht, auch überholt von den Tafi-Viejo-Werkstätten der General-Belgrano-Eisenbahn. Zusätzlich wurde ein Brief abgeschickt an die Firma Wabco Westinghouse Südafrika wegen des Problems der Druckluftbremse im Allgemeinen, die wiederum ihre Stammfirma in Amerika anschrieben und um Kommentare und Ratschläge wegen der Ausrüstung und des Betriebs von Druckluftbremsen auf Dampflokomotiven baten. Die Antwort aus den USA war verständnisvoll, ja nahezu begeistert und erweckte den Eindruck, dass die betroffenen Leute sich auf die Chance freuten, ihre Ausrüstung wieder mal an Dampflokomotiven anbringen zu dürfen. Im Wesentlichen bestätigte der Brief von Wabco die Machbarkeit der Ausrüstung von SAR-Dampflokomotiven mit modernen Druckluftbremseinrichtungen. Besondere technische Schwierigkeiten wurden nicht erwartet, weder bei der Anbringung der Dampfluftpumpen, noch bei dem Beherrschen der Züge. Obwohl eingeräumt wurde, dass die Vorzüge einer dynamischen Bremse nicht vorhanden sein würden, so wurde sie aber doch in Bezug auf die Beherrschung des Zugs einer unabhängigen Lokomotivbremse unter vielen Bedingungen in ihrer Wirkungsweise als gleichwertig angesehen, wie sie es in den USA zu Zeiten des Dampfbetriebs auch tatsächlich gezeigt hätte. In dem Brief von Wabco USA wird erklärt:[4]

> „Die Beherrschung der Züge ist heute einfacher als zu Zeiten des Dampfbetriebs, aber nicht wegen des Ersatzes von Dampf- durch Diesellokomotiven; zum einen Teil ist es ein Folge von Verbesserungen an der Lokomotivbremsausrüstung, zum anderen von Verbesserungen an den Bremseinrichtungen der Wagen; eben diese Verbesserungen wären heute auch Teil einer jeden Bremsausrüstung für Dampflokomotiven.
>
> Wir sind der Ansicht, dass es durchaus nicht ‚unmöglich' ist, Dampfluftpumpen an SAR-Lokomotiven anzubringen…"

Mit diesen hilfreichen Erläuterungen war das Argument, dass aus technischen Gründen SAR-Dampflokomotiven druckluftgebremste Züge nicht würden führen können, wirkungsvoll beantwortet. Das Konstruktionsbüro und ich legten der Direktion Machbarkeitsstudien

---

[1] Der Wirkungsgrad der Klasse 25NC steigt auf 3,3 %, falls die höchste Zughakenleistung zu 1 980 kW eingesetzt wird (siehe Fußnote 2 auf Seite 51). Diejenigen Leser, denen es schwer fällt, zu glauben, dass der Wirkungsgrad von Serienlokomotiven derartig abfallen kann, seien verwiesen an das „Bulletin zu Leistungs- und Wirtschaftlichkeitsversuchen" der 2C1-Standardklasse 8 der British Railways Nr. 71000 *(Anm. d. Übers.: h3, Einzelstück, BR Bahnwerkstatt Crewe, 1954, British-Caprotti-Ventilsteuerung mit rotierenden Nocken, die Lokomotive ist erhalten, wurde einsatzfähig restauriert und technisch verbessert)*, wo in der Abb. 10 die 3 %-Kurve erscheint. Die Lokomotive wird in dem Bulletin als „ultimative" Entwicklungsstufe der Dampflokomotive in Großbritannien beschrieben.

[2] Tatsächlich waren zu jener Zeit nur etwa fünfzig Lokomotiven zwischen Kimberley und De Aar im Einsatz.

[3] Eine realistischere Methode, Mineralöltreibstoffe auf nicht elektrifizierten Strecken mit Schwerlastverkehr zu sparen, wäre es vielleicht gewesen, den Dampflokomotiven die Grundleistung zu überlassen und Zugkraftspitzen mit Zuschaltung ferngesteuerter Diesellokomotiven abzudecken. Das wird in Kapitel 6 weitergehend betrachtet.

[4] Wabco, Westinghouse Air Brake Division, USA, Brief mit der Überschrift „Umbau von SAR-Dampflokomotiven auf Druckluftbremse", Az. IR.NO.11992 vom 13.09.1978, adressiert an Wabco Westinghouse (Railway Brake)(Pty.) Ltd., Südafrika.

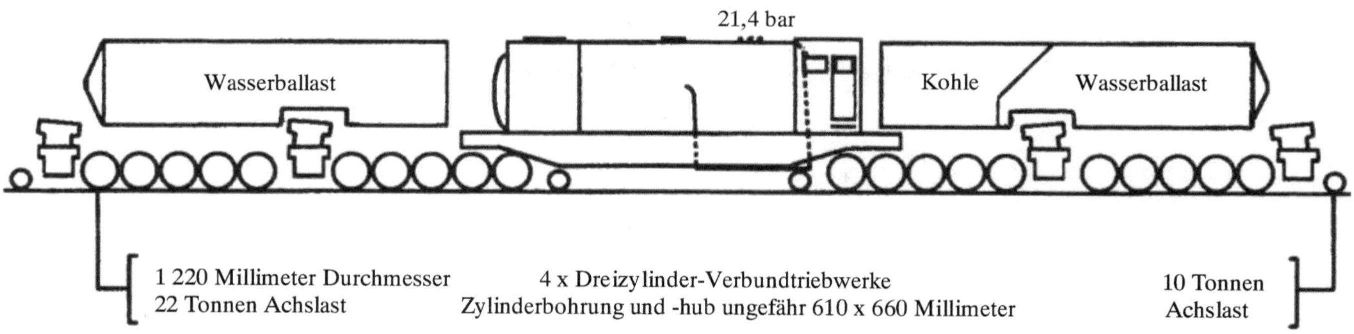

Nennzugkraft am Radumfang = 1 290 kN
Zugkraft am Radumfang bei Reibungskoeffizient 0,25 = 1 078 kN
Zugkraft am Radumfang bei Reibungskoeffizient 0,30 (und einer hydraulischen Kupplung der Triebwerksgruppen) = 1 293 kN
Wasservorrat = 155 m^3 (mitgeführt in Wassertankwagen)
Gesamtbetriebsgewicht der Lokomotive und Vorratswagen = 680 Tonnen
Maximaler thermischer Gesamtwirkungsgrad = 16 %

Abb. 16
SGS-Mallet-Garratt-Lokomotive für die Beförderung von 6 000-Tonnen-Zügen in Steigungen von 15,2 ‰ (1 : 66)

zur Ausrüstung von Dampflokomotiven mit Druckluftbremseinrichtungen vor, einschließlich Richtpreisangeboten von Wabco Westinghouse, aber aus alledem wurde nichts, da die ganze Bremsproblematik nur eine Nebelkerze war, um das *wahre* Problem zu verschleiern, nämlich, dass die Betriebsabteilung und ihre Verbündeten *einfach keine Dampflokomotiven wollten*.

Die Vorlage über Verbesserungen und Möglichkeiten der Dampftraktion wurde bei der nächsten Ausschusssitzung präsentiert, aber ich habe keine Aufzeichnungen über die Diskussion, die sie provozierte, falls es überhaupt eine gab. Während der nachfolgenden Sitzungen wurde eine Gesamtbewertung der fünf weiter oben aufgeführten Szenarien allmählich ausgearbeitet. Es wurde erkannt, dass es im Fall eines allgemeinen Handelsboykotts nicht nur ein Problem mit dem Dieselkraftstoff, sondern auch mit Ersatzteilen für die elektrischen Lokomotiven geben würde, wobei merkwürdigerweise in den schriftlichen Berichten des Ausschusses von Diesellokomotiversatzteilen keine Rede ist. Mögliche politische Vorgehensweisen zu allen Szenarien wären der Bau von neuen Dampflokomotiven, eine beschleunigte Elektrifizierung und der Bau einer „neuartigen Verbrennungsmotorlokomotive“, vermutlich für Alternativtreibstoffe zum Dieselöl, wobei allerdings nicht erläutert wurde, welcher Art eine solche Lokomotive hätte sein können. Im Falle eines allgemeinen Handelsboykotts hätten Elektrolokomotiven mit 100 % nationalem Fertigungsanteil entwickelt werden müssen. Bis zum Jahre 1981 wurde die Wiederinbetriebnahme von hinterstellten Dampflokomotiven noch immer als Option angesehen, obwohl Spavins Bericht deutlich gemacht hatte, dass das zu der Zeit mehrere Jahre in Anspruch genommen hätte. Für das Jahr 2000 wurde das nicht mehr als machbare Option angenommen, und der Weiterbetrieb der bestehenden Dampflokomotivflotte und Infrastruktur wurde herausgenommen. Zusätzlich wurde eine sofortige Beschaffungssperre von Diesellokomotiven als Gegenreaktion auf jedwede Boykottdrohung in 1981 in Betracht gezogen. Als allerdings die Überlegungen des Ausschusses den Stellvertretenden Generaldirektoren verschiedener Bereiche (Planung, Betriebswirtschaft, Technik und Betrieb) und dem Stellvertretenden Generaldirektor (SAR) formell vorgestellt wurden, war diese letztere Möglichkeit weggelassen und ersetzt worden durch „Anpassung von Diesellokomotiven an die Nutzung von Ethanol oder Methanol oder Mischungen aus Ethanol und Diesel oder Mischungen aus Methanol und Diesel als Treibstoff“. Es sei bemerkt, dass hier Mischungen aus Benzin und Diesel hätten mit aufgeführt werden sollen, und diese „Anpassungen“ ersetzten schließlich die eher rätselhafte „neuartige Verbrennungsmotorlokomotive“ in dem früheren Entwurf. Angesichts der Informationen, die dem Ausschuss zuvor von den Fachleuten für Verbrennungskraftmaschinen gegeben wurden, erschien es eher falsch und irreführend, den Eindruck zu erwecken, dass es ein praktikables und wirtschaftliches Vorhaben gewesen wäre, Diesellokomotiven an alternative Kraftstoffe anzupassen.

Selbstverständlich war der Ausschuss an den Betriebskosten der Lokomotiven interessiert, und zu dieser Zeit wurden die „Kostenfaktoren“, die von der Direktion benutzt wurden, diskutiert. In der Tabelle 16 sind die Kostenfaktoren, gültig für April 1976 bis März 1977 aufgeführt, genauso, wie sie dem Ausschuss präsentiert wurden (allerdings aus dem Afrikaans des Originals übersetzt). Ich überlasse es im Prinzip dem (der) Leser(in), seine oder ihre eigenen Schlüsse zu ziehen, aber ich werde sie insoweit kommentieren, als dass es innerhalb der SAR einige Leute gab, die sie recht ernst nahmen. Warum auch nicht, wenn sie so entschieden die Richtigkeit der verfolgten Traktionspolitik bestätigten, zumindest für den Streckendienst? Leute wie van der Veer oder Boshoff waren allerdings nicht so einfach zu vereinnahmen, und denjenigen, die versuchten diese Zahlen zu verteidigen, wurde das Leben ziemlich schwer gemacht. Um nur ein Beispiel zu nennen, inwieweit solche Statistiken in die Irre führen können, sei der Fall erwähnt, dass die Personalkosten pro Lokomotivkilometer sich bei Doppeltraktion halbieren. Das könnte erklären, warum die Personalkosten für Diesel- und elektrische Lokomotiven im Personenzugdienst gegenüber dem Dampflokomotiveinsatz in etwa halbiert waren, aber in Wirklichkeit bedeutete es, aus der Not eine Tugend zu machen *(Anm. d. Übers.: das ist nicht sofort einsichtig. Der Autor will wohl andeuten, dass im schweren Personenzugdienst Dieselleistungen im Gegensatz zum Dampflokomotiveinsatz mangels ausreichender installierter Motorleistung in Doppelbespannung erbracht werden mussten. Statistisch hat ein so beförderter Zug dann die halben Personalkosten* <u>*pro Lokomotivkilometer*</u>*)*. Die Daten der Unterhaltungskosten im Finanzjahr 1976-77 wurden in einer Einzelaufstellung je Lokomotivklasse ebenfalls präsentiert. Dieses Zahlenmaterial stellte die Dampflokomotiven in der Unterhaltung als am teuersten je Kilometer Laufleistung dar. Nicht überraschend, angesichts ihrer Unterbeschäftigung und ihres Alters. Hohe Unterhaltungskosten sind einer der Preise, der zu zahlen ist, wenn Lokomotiven über ihre wirtschaftliche Lebensdauer hinaus im Einsatz gehalten werden, bis sie *wegen ihres Alters und nicht wegen ihrer Art* technisch veraltet sind. Doch die Klasse 25NC stand im Vergleich mit Diesellokomotiv- und Elektrolokomotivklassen ähnlichen Alters gut da, besonders mit Blick auf ihre relativ hohe Leistungsfähigkeit, was wieder einmal darauf hinwies, dass Dampflokomotiven nicht *per se* im Unterhalt teurer sind, als andere Traktionsarten. Dieses Argument war möglicherweise von Bedeutung, denn der Ausschuss erbat die vollständige Historie der Unterhaltungskosten der Lokomotiven der Klassen 15F oder 25NC, 31 und 5E,

Tabelle 16
SAR: Lokomotiv-Kostenfaktoren

Bezeichnung	Kosten in Rand pro Lokomotiv-Kilometer		
	Elektro	Diesel	Dampf
Zugförderungskosten im Streckendienst			
Lokomotivpersonal, Personenzug	0,332	0,323	0,619
Lokomotivpersonal, Güterzug	0,513	0,375	0,564
Depotpersonal und Schmierstoffe	0,010	0,057	0,343
Lokomotivreparaturen	0,145	0,199	1,131
Brennstoff und Energie	0,236	0,531	0,469
Brennstofftransport	-	0,018	0,706
Wasser	-	-	0,113
Summe	1,236	1,503	3,945
Zugförderungskosten im Rangierdienst			
Lokomotivpersonal	3,402	2,705	3,292
Depot-Personal und Schmierstoffe	0,013	0,056	0,311
Lokomotivreparaturen	1,095	1,169	0,712
Brennstoff und Energie	0,284	0,522	0,426
Brennstofftransport	-	0,111	0,428
Wasser	-	-	0,102
Summe	4,794	4,563	5,271

Tabelle 17
Beschaffungspreise ausgewählter SAR-Lokomotivklassen

Klasse	Mittleres Beschaffungs-jahr	Nominelle Leistung kW	Nutzbare Anfahrzugkraft kN	Beschaffungspreis		
				Rand	Rand kW^{-1}	Rand kN^{-1}
25NC	1953	2 125 (am Radreifen)	185 (25 % Adhäsion)	153 725	72	831
31	1958	895 (Dauerleistung der Traktionsmotoren)	178 (25 % Adhäsion)	134 692	150	757
5E	1957	1 298 (Dauerleistung der Traktionsmotoren)	200 (nominell)	121 196	93	606

jeweils die Dampf-, Diesel- und elektrische Traktion repräsentierend, als auch ihre ursprünglichen Beschaffungspreise. Letztere sind in Tabelle 17 enthalten.

Man erkennt, dass die Klasse 25NC kein billiger Kauf war. Das galt ebenso für viele späte Dampflokomotiven mit großen Kesseln, die wiederum viele Laufachsen und große Tender erforderten. Das Ganze war von relativ anspruchsvoller Bauweise und dafür musste bezahlt werden, aber noch immer ergaben sie mehr *nominelle Höchstleistung* je Kosteneinheit des Einkaufspreises als die anderen Traktionsarten. Allerdings war der Trend bei den letzten großen Lieferungen kommerziell gebauter Dampflokomotiven Mitte der fünfziger Jahre der, dass sie ihren Kostenvorteil einbüßten, und bereits zu dieser Zeit zeigten sie einen geringen oder keinen Preisvorteil je Einheit installierter Zugkraft. Wäre es mit den Dampflokomotiven weitergegangen, dann hätten die Hersteller den Grad der Standardisierung ihrer Produkte erhöhen müssen, um zur Erhaltung ihrer Konkurrenzfähigkeit die Produktionskosten zu senken. Das Konzept der Dampflokomotive und Faktoren wie die wechselnden Brennstoffe, die sie verbrennen mussten, machten es allerdings unwahrscheinlich, dass ihre Standardisierung soweit wie bei den Diesellokomotiven hätte vorangetrieben werden können.

Die Abb. 17 zeigt in graphischer Form die zeitliche Entwicklung der Unterhaltungskosten, wie sie für den Ausschuss ausgearbeitet wurden und zusätzlich die Daten der Jahre 1978 bis 1980. Man beachte, dass die Unterhaltungskosten für alle drei Klassen seit der Mitte der siebziger Jahre stark eskaliert sind und dann mit größerer Steigerungsrate – sogar wesentlich größerer bei den Klassen 31 und 5E – anwuchsen, als den seinerzeit von der SAR-Planungsabteilung für sämtliche Lokomotiven angenommenen jährlichen sechs Prozent.

Ein erster Versuch wurde gemacht, die Traktionskosten für einen bestimmten Dienstplan, nämlich dem zwischen Kimberley und De Aar, zu vergleichen. In Verbindung damit wurden Daten ausgearbeitet, um die mögliche Verfügbarkeit und Nutzung der auf diesem Abschnitt eingesetzten Klasse 25NC darzustellen. Die Summe sämtlicher planmäßigen Instandsetzungen, vom Kesselauswaschen bis zur Hauptuntersuchung, wurde zu dreißig Tagen pro Jahr ermittelt, bei dem vorherrschenden (niedrigen) Nutzungsgrad. Das ergab eine maximale Verfügbarkeit von 92 % gegenüber einer allgemeinen tatsächlichen Verfügbarkeit der Klasse 25NC gemäß den monatlichen Kilometermeldungen der Depots von etwa 90 %. (Die vereinfachte Definition der ausgenutzten Verfügbarkeit nahm keine Rücksicht auf verlorene verfügbare Zeit wegen Bekohlung, Wasserfassen, Feuerreinigung, Vorbereitung der Lokomotive, usw., aber die aufgewandte Gesamtzeit für all diese pro Zugfahrt notwendigen Betriebsarbeiten war nicht so groß, als dass sie die Gültigkeit der Analyse beeinträchtigt hätte.) Im Dienstplan Kimberley (Beaconsfield) – De Aar wurde es als angemessen betrachtet, einen vollständigen Umlauf pro Lokomotive und Verfügbarkeitstag zu erwarten. Basierend auf den in den Dienstplänen angegebenen Zeiten, aufgestellt ohne Abschlussdienst, hätten vierzehn Stunden für den 460-Kilometer-Umlauf genügen sollen, woraus sich ein Nutzungsfaktor von 54 % ergibt, was immer noch sehr moderat war, und eine jährliche Laufleistung von etwa 155 000 Kilometer. In der Tabelle 18 sind die tatsächlichen aufgezeichneten Jahreslaufleistungen der Klassen 25C und 25NC bis 1978 zusammen mit denen der Hauptstreckendiesellokomotiven der Klasse 34 *(Anm. d. Übers.: dieselelektrische CoCo, Bahn-Nrn. 34-001 bis 34-125, General Electric und SA GE-DL Locomotive Group, 1971 bis 1973)* angegeben. Diese Angaben sind insofern interessant, als sie zeigen, dass von den weniger zuverlässigen Kondenslokomotiven eine höhere Ausnutzung in Bezug auf Kilometerleistung erreicht wurde, als sie auf der Kap-Hauptstrecke zwischen De Aar und Touws River im Einsatz waren. Die von diesen Lokomotiven 1957/58 und 1961/62 erbrachten jährlichen Laufleistungen waren eine absolute Höchstleistung für eine SAR- Dampflokomotivklasse und waren sehr anerkennenswert für eine Sonderbauart einer Lokomotive auf 1067 mm-Spur, die überwiegend im Güterzugdienst auf einer viel befahrenen eingleisigen Hauptstrecke eingesetzt war. Es gab keinen technischen Grund, der die 25NCs daran gehindert hätte, diese Werte zu übertreffen, besonders während sie überwiegend auf dem zweigleisigen Abschnitt

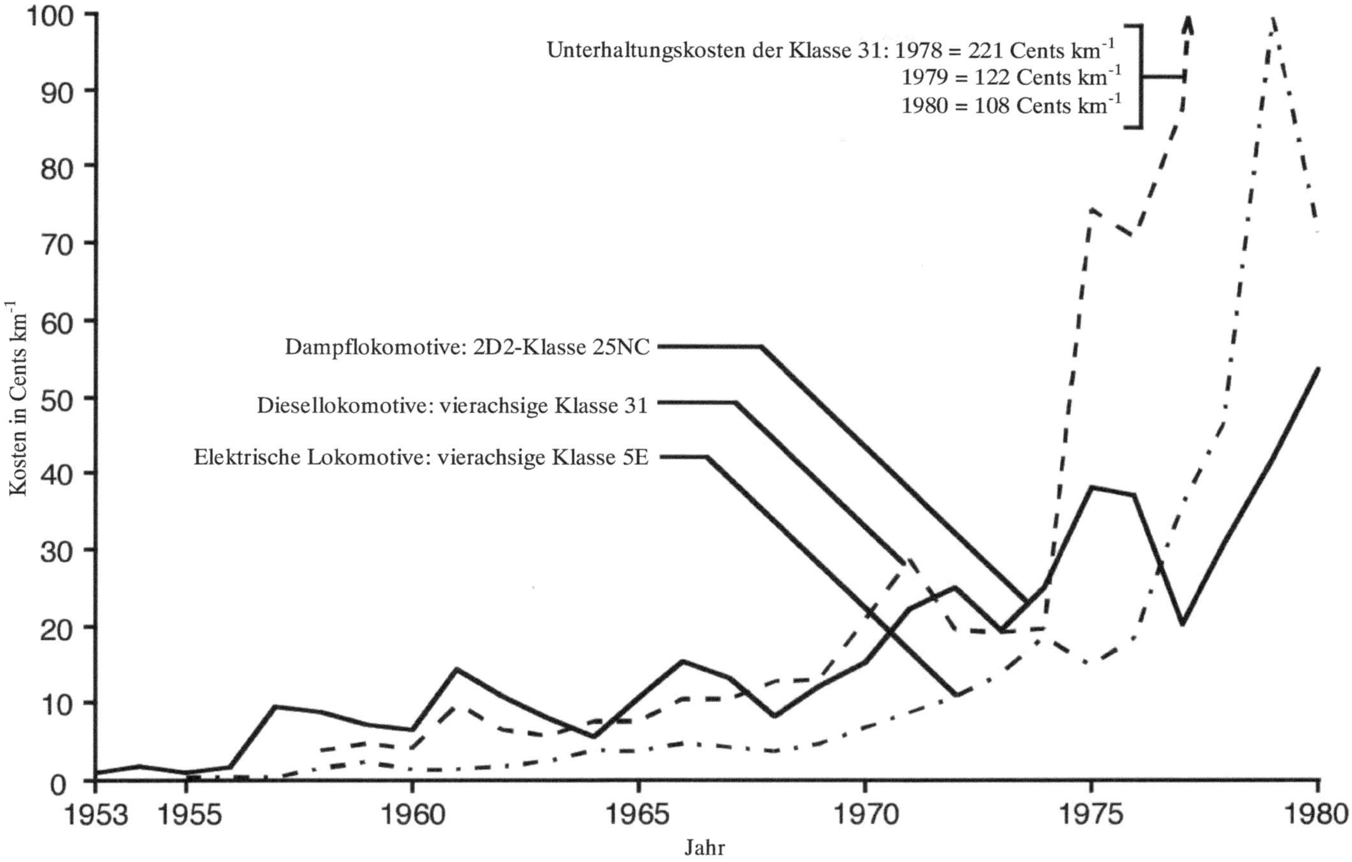

Abb. 17
SAR: Ausgewählte Lokomotivklassen: Unterhaltungskosten (ohne Inflationsausgleich) über der Zeit

Tabelle 18
Nutzungsgrade der SAR-Lokomotivklassen 25C, 25NC und 34

Jahr	Durchschnittliche jährliche Laufleistung pro Lokomotive in km		Jahr	Durchschnittliche jährliche Laufleistung pro Lokomotive in km		
	25C 2D2	25NC 2D2		25C 2D2	25NC 2D2	34 Diesel
1953-54	12 907	70 724	1966-67	79 099	99 188	
1954-55	Zahlen unbekannt		1967-68	83 781	105 609	
1955-56	90 286	102 056	1968-69	81 123	104 086	
1956-57	102 267	99 137	1969-70	89 790	101 964	
1957-58	110 225	91 619	1970-71	88 152	97 939	
1958-59	110 656	94 672	1971-72	79 972	82 425	21 674
1959-60	111 225	87 628	1972-73	80 977	81 510	112 730
1960-61	Zahlen unbekannt		1973-74	50 820[1]	90 031	124 654
1961-62	107 276	95 732	1974-75	54 010	71 319	144 496
1962-63	92 450	103 507	1975-76	47 041	64 240	123 349
1963-64	95 004	101 752	1976-77	35 714	73 732	143 649
1964-65	92 593	91 456	1977-78	18 687[2]	70 688	171 604
1965-66	83 960	99 283				

Anmerkungen.
1. Geringere Nutzung wegen der Verdieselung des Abschnitts De Aar – Beaufort West.
2. Zu dieser Zeit wurden die 25C überwiegend im Rangierdienst eingesetzt.

Kimberley – De Aar eingesetzt waren, und es war eine Ironie des Schicksals, dass die *(Anm. d. Übers: zu Auspufflokomotiven)* umgebauten 25Cs als Lokomotivklasse niemals mehr eine solche Ausnutzung erreichten, wie in ihrer ursprünglichen Form. Obwohl also die Klasse 25NC eine so hohe Ausnutzung wie 155 000 Kilometer im Jahr nicht erreichte, wurde angenommen, dass das eher an betrieblichen Gründen lag, als an irgendwelchen spezifischen Beschränkungen bei den Lokomotiven selbst, und somit hätte sich dieser Wert in dem Plandienst Kimberley – De Aar realisieren lassen müssen (obwohl die Verfügbarkeitsrate der Klasse dann wegen häufigerer Reparaturen gesunken wäre, war aber doch der Unterschied zwischen Verfügbarkeit und Nutzung so groß, dass das ohne Gefährdung der Nutzungsrate kompensiert worden wäre). Offensichtlich hätten auch die Diesellokomotiven der Klasse 34 in diesem Dienstplan ohne Schwierigkeiten das gleiche Niveau der Nutzung erreicht. Wie auch immer, als im Jahre 1983 von einem Unterausschuss des Ausschusses für Traktionspolitik eine genau Studie zu den Traktionskosten der Strecke Kimberley – De Aar gemacht wurde (darauf wird in Kapitel 5 Bezug genommen), wurde angenommen, dass die realistische Jahreslaufleistung für die Klasse 25NC auf dieser Strecke 144 000 Kilometer und für die Diesellokomotiven der Klasse 34 172 000 Kilometer sein würde. Im Gegensatz zu diesem Potential war die Durchschnittslaufleistung für die achtundvierzig 25NC des Depots De Aar im Jahre 1981 nur 87 500 Kilometer.

Mit dieser Arbeit war meine direkte Arbeit für den Ausschuss beendet. Sein Bericht wurde der Unternehmensleitung Ende November 1978 übergeben und enthielt die nachstehenden grundsätzlichen Empfehlungen:[1]

1. Mittel und Wege zur Verbesserung des Wirkungsgrads und zur Minderung der Betriebskosten von Dampflokomotiven müssen untersucht werden, wobei angeraten wird, dem CME Mittel für den experimentellen Umbau einer Lokomotive der Klasse 25NC zur Verfügung zu stellen.
2. Die Elektrifizierung von Magistralen, einschließlich solcher mit Dieseltraktion, und von anderen Strecken, wo es wirtschaftlich gerechtfertigt ist, ist zu beschleunigen.
3. Mit großer Dringlichkeit ist die Erforschung von alternativen Treibstoffen für Diesellokomotiven anzugehen.
4. Der Chief Electrical Engineer *(Anm. d. Übers.: CEE, Chefingenieur Elektrische Einrichtungen)* hat festzulegen, ob die Normen für die Elektrifizierung, besonders für Zweigstrecken) gelockert werden können, um Kapital zu sparen.
5. Eine Arbeitsgruppe ist aufzustellen zur Beratung der Direktion in Sachen Traktionspolitik, und um sie in allen damit verbundenen Belangen auf dem Laufenden zu halten.

Einige der aus den Diskussionen des Ausschusses gezogenen Schlussfolgerungen wurden dem Bericht als Beilagen angehängt. Davon seien einige hier genannt:

1. Die gegenwärtige Politik der Konservierung von Dampflokomotiven ist bis 1981 praktikabel. Danach ist sie nur praktikabel, falls das Fachwissen, die Facharbeiter und die Einrichtungen erhalten werden können und die Lokomotiven nicht ausgemustert, sondern weiterbetrieben werden.
2. Die Einmottungspolitik für Dampflokomotiven muss bis 1981 fortgeführt werden.
3. Die geplante Beschaffung von Diesellokomotiven kann bis 1981 fortgesetzt werden.
4. Neben der sinkenden Wirtschaftlichkeit der Dieseltraktion durch steigende Ölkosten, werden in Zukunft auch die nachstehenden widrigen Faktoren wirksam werden:
   - steigende Unterhaltungskosten mit dem zunehmenden Alter der Lokomotiven
   - steigende Unterhaltungskosten pro Kilometer mit fallender Nutzung, sobald die Dieseltraktion auf weniger intensive Dienste ausgedehnt wird.
5. Die Auftragslage für die beiden nationalen Lieferanten von Diesellokomotiven wird 1981 dürftig, sollte es bei dem gegenwärtigen Verdieselungsprogramm bleiben.[2]
6. Unter der Annahme, dass die Diesellokomotivflotte nach 1981-82 zahlenmäßig konstant bleibt, ergeben vorläufige Berechnungen, dass dann 1995 immer noch 240 Dampflokomotiven im Einsatz sein werden. Falls die Abschaffung der Dampftraktion weitergeführt wird, wird es einen Mangel an Triebfahrzeugen geben.
7. Für die Zeit nach dem Jahr 2000 erscheint die elektrische Traktion als einzige Option.

Der Bericht des Ausschussvorsitzenden provozierte ein Memorandum der Betriebsabteilung[3], in dem erklärt wurde, dass, falls Elektrifizierungsprogramm beschleunigt würde (was ja unterstützt wurde) und falls die frei werdenden Diesellokomotiven nicht zur Ablösung von Dampflokomotiven verwendet würden, so könnte es dann zu viele Diesellokomotiven für die Verkehrsanforderungen geben. Ebenso wurde erklärt, dass keine weiteren Diesellokomotiven beschafft werden dürften, außer denen, für die bereits Verträge bestanden. Die weitere Zurückdrängung der Dampftraktion hätte auf dem Wege der Elektrifizierung zu erfolgen, aber das wurde so interpretiert, dass *Diesellokomotiven, die durch die Elektrifizierung ersetzt würden, zum Ersatz von Dampflokomotiven genutzt werden können.* In diesem Memorandum wurde der Einsatzbestand an kapspurigen Dampflokomotiven im Jahre 1990 zu 485 Stück geschätzt, obwohl die hauptsächlich mit 25NC betriebenen Hauptstrecken (Kimberley – De Aar und Kimberley – Bloemfontein) für 1984 zur Elektrifizierung vorgesehen waren. Abgesehen von der Empfehlung, die Verbesserung von Dampflokomotiven zu unterstützen, war vielleicht die Streichung dieser beiden Strecken von dem Elektrifizierungsprogramm das einzige positive Ergebnis für die Dampftraktion aus dem ganzen „Überdenken" der Traktionspolitik. Damit gab es für die Dampflokomotiven auf diesen Strecken ein paar weitere Jahre, bis sie durch „Elektrifizierung ersetzt" wurden (das heißt, durch andernorts durch Elektrifizierung freigewordene Diesellokomotiven). Die Informationen, die auf den vorangegangenen Seiten angegeben wurden, waren alles, zu dem ich seinerzeit im Hinblick auf die Traktionspolitik Zugang hatte. Es wird dem Leser deutlich geworden sein, dass in diesen Überlegungen manches nicht stimmig war. So wurden zum Beispiel die Jahre 1978 bis 81 als kritisch für die Dampftraktion angesehen, mit einem vorausgesagten Rückgang der Anzahl aktiver Lokomotiven von etwa 1400 auf 800, von denen im Jahre 1981 viele im Rangierdienst eingesetzt wären. Der Anteil der Dampftraktion an den gesamten Verkehrsleistungen wäre zu dieser Zeit ziemlich unbedeutend gewesen. Dennoch wurden trotz der Empfehlung von Verbesserungen an den Dampflokomotiven ihr Ausmusterungsprogramm und das Beschaffungsprogramm für Diesellokomotiven bis zum Jahre 1981 gutgeheißen. Damit wurde es wahrscheinlich, dass Verbesserungen an der Dampftraktion, welcher Art auch immer, keinen Einfluss auf die Traktionspolitik haben würden. Genau dort hätte es den Einfluss geben sollen, aber so wäre die Dampftraktion für die Eisenbahn als Ganzes zu dem Zeitpunkt, wo sich die Verbesserungen als wirksam bestätigt hätten, bereits ganz unbedeutend gewesen. Es ist sehr wahrscheinlich, dass all diejenigen, die in der Traktionspolitik zu der Zeit etwas zu sagen hatten, sich bereits entschieden hatten, dass die Dampftraktion verschwinden musste. Somit war es nur eine Frage, die Umstände an diese Politik anzupassen. Ein weiteres Beispiel für diese Behauptung kann hier angeführt werden. Um das Jahr 1978 wurde von dem Planungsbereich für den Stellvertretenden Generaldirektor (Betrieb) ein Studie gemacht, ob für den Rangierdienst Diesel- oder Elektrolokomotiven beschafft werden sollten, oder ob es wirtschaftlich wäre, überzählige Dampflokomotiven in diesem Dienst einzusetzen.[4] Die Kapital- und Betriebskosten für die 2D1 15F, 36-200 und 8E *(Anm. d. Übers.: elektrische BoBo, Bahn-Nrn. E8001 bis E8100, Konstruktion: BBC-Siemens, Lief.: Union Carriage & Waggon, SA, 1983 bis 1985)* als Repräsentanten für Dampf, Diesel und Elektrizität wurden für die nächsten zwanzig Jahre ermittelt. Die 15F stellte sich als die billigste heraus. Wegen des Alters dieser Lokomotiven von seinerzeit 29 bis 40 Jahren wurden sie als vollständig abgeschrieben betrachtet und ihnen

---

[1] SAR, Büro des Generaldirektors, Johannesburg, Bericht Az. RSL 9/21/komitee vom 22.11.1978. Übersetzungen aus dem Afrikaans des Originals durch den Autor.

[2] In einem Artikel der Financial Mail vom 4. Mai 1979 beklagten sich die Diesellokomotivhersteller (südafrikanische Tochterunternehmen von General Electric und General Motors) bereits über Mangel an Arbeit, und die Möglichkeit, dass sie Vorstöße unternahmen, um die SAR-Traktionspolitik zu ihren Gunsten zu beeinflussen, kann nicht ausgeschlossen werden.

[3] SAR, Betriebsabteilung, Johannesburg, Memorandum Az. RS4/3167, unterschrieben vom Stellvertretenden Bereichsleiter (Betrieb), Datum unbekannt.

[4] SAR, Planungsbereich, Johannesburg, internes Memorandum „Untersuchung der Traktionskosten im Rangierdienst", Az. BKN 28/1, ca. 1978 (genaues Datum unbekannt).

die Kapitalkosten „null“ zugeordnet, und es wurde berechnet, dass 72,97 Millionen Rand bei der Beschaffung von Diesel- und elektrischen Rangierlokomotiven eingespart werden könnten, falls man überzählige 15F und 19D im Rangierdienst einsetzten würde. Dies war eine eindeutige und unvoreingenommene Wertung, dass es am billigsten wäre, die vorhandenen Dampflokomotiven im Rangierdienst einzusetzen, doch die Beschaffung von Diesel- und Elektrolokomotiven für diesen Dienst wurde weitergeführt, weil selbst wenn Dampflokomotiven die billigste Traktionsart wären, so waren sie nicht das, was die Eisenbahn *wollte*.

Seit dem Ende des Jahres 1978 und während fast des ganzen Jahres 1979 gab es in der südafrikanischen Presse eine rege Korrespondenz über Sinn und Unsinn der Traktionspolitik der SAR. Wegen der schwierigen Situation bei der Ölversorgung wurden die zulässigen Fahrgeschwindigkeiten auf den Straßen abgesenkt und die Öffnungszeiten der Tankstellen gekürzt. Die Straßenbenutzer wurden aufgefordert Opfer zu bringen, aber die SAR machten damit weiter, ihren Verbrauch an Dieseltreibstoff zu erhöhen, was doch recht widersprüchlich erschien. Damit stieg der Benzinverbrauch in Südafrika zwischen 1973 und 1978 nur um 4 %, worin sich die den Autofahrern auferlegten Restriktionen widerspiegelten, währenddessen in dem gleichen Zeitraum der Dieselverbrauch um 25 % anstieg. Wenn aber der Import die Menge des nach Südafrika (zu Spitzenpreisen) importierten Rohöls von dem Bedarf an Dieseltreibstoff bestimmt wurde, dann gab es bei den anderen Produkten des Raffinationsprozesses, gemessen an dem Bedarf des heimischen Markts, tatsächlich einen Überfluss.[1] Als Folge hatten die Eisenbahnen einiges an negativer Kritik in der Öffentlichkeit einzustecken. Der Respekt einflößende Dusty Durrant *(Anm. d. Übers.: A. E. Durrant, * 1929; † 1999; englischer Eisenbahntechniker und Fachbuchautor, 1967 Emigration nach Südafrika)*, sicher keiner, der eine Gelegenheit ausließ, für den Dampf die Werbetrommel zu rühren, blieb an der Sache dran, ganz klar zum Ärgernis der Eisenbahnverwaltung, und schließlich provozierte einer seiner Briefe die nachstehende offizielle Antwort:[2]

> „Herr Durrant ist uns als Dampflokomotiventhusiast bestens bekannt. Wir haben auf alle seine Artikel in anderen Publikationen geantwortet und haben auch Gespräche mit ihm geführt.
>
> Obwohl unsere Zahlen auf tatsächlichen Betriebsstatistiken beruhen, werden sie von Herrn Durrant oft bestritten, ohne dass er Belege für seine Auffassung angibt.
>
> Zu Ihrer Information sei erwähnt, dass ein großer Teil unserer Diesellokomotivflotte jetzt 21 Jahre alt ist, währenddessen viele unserer verbliebenen Dampflokomotiven unter 25 Jahre alt sind.
>
> Es hat den Anschein, dass eine weitere öffentliche Diskussion dieser Frage nur sehr wenig Sinn macht, da die ganze Palette von Herrn Durrants Argumenten bereits zuvor behandelt wurde.“

Falls erlaubt, nehme ich mir die Freiheit diese „tatsächlichen Statistiken“ zu bestreiten, wobei ich meine Auffassung *belegen* werde. Der von dem Büro des Generaldirektors herausgegebene „Monatsbericht zur Triebfahrzeugsituation“ (Nr. RSL 8/24/1) für Juli 1979 und das offizielle „Merkbuch der Lokomotiven und Index der Diesellokomotiven“, herausgegeben vom Zeichenbüro der Abteilung des CME, zeigt, dass zur Zeit der oben erwähnten Stellungnahme nur 3 % der Diesellokomotivflotte 21 Jahre (keine einzige war älter) und nur 11 % der aktiven Dampflokomotivflotte unter 25 Jahre alt waren (was auf 12 % anstieg, falls man die abgestellten Lokomotiven einrechnete). Falls er also nicht falsch zitiert wurde, so war der Sprecher der SAR über sein eigenes Unternehmen ziemlich schlecht informiert, oder die Fakten sind schlicht verfälscht gewesen. Dies war nur ein Beispiel dafür, wie die SAR die Öffentlichkeit mit Fehlinformationen versorgte, so dass man schließen konnte, dass es möglicherweise ein vorsätzlicher Versuch war, irrezuführen und abweichende Stimmen zum Schweigen zu bringen. So wurde zum Beispiel in einem Interview der Zeitung Rand Daily Mail im Mai 1979 mit dem Stellvertretenden Planungsdirektor der SAR gesagt:

> „...ein umfangreiches Programm zur Konservierung von Dampflokomotiven und der möglichst raschen Umstellung von Diesel auf Elektrizität brachte Ergebnisse. Dieses Programm wurde nach den Ereignissen im Iran noch weiter beschleunigt...“

Weiterhin hatte der Jahresbericht des Generaldirektors für 1977-78 Folgendes zu sagen:

> „Eines der drückendsten Probleme, mit dem die Verwaltung während und seit dem Ende des abgelaufenen Berichtsjahrs fertig werden musste, war die Energiekrise, die sich auszuweiten droht...
>
> Das gegenwärtige Energieverbrauchsprofil der Eisenbahn ist dergestalt, dass 65 % der Verkehrsleistungen von der Dampf- und elektrischen Traktion, und nur 35 % von der Dieseltraktion erbracht werden. Es ist allerdings beabsichtigt, weitere 2 600 Streckenkilometer zu elektrifizieren, wodurch die Tonnenkilometerleistung der elektrischen Traktion auf 80 % steigen wird...
>
> Wegen des fortgeschrittenen Stadiums des Programms zur Abschaffung der Dampftraktion wäre es keine wirtschaftlich Alternative, die Dampftraktion auf verdieselten Streckenbereichen wieder einzuführen, aber Dampflokomotiven werden so lang wie möglich im Einsatz bleiben. Zu diesem Zweck ist bereits beschlossen worden, Diesellokomotiven, die für den Rangierdienst im Bereich Kapstadt vorgesehen waren, nicht zu beschaffen.“

Der Eindruck, der durch solche Aussagen entstand, war der, dass die Ausweitung der Dieseltraktion beschränkt wurde und die Dampftraktion erhalten blieb, doch wussten diejenigen, die das sagten, nicht, dass die aktive Dampflokomotivflotte in den nächsten drei Jahren nahezu halbiert und durch Diesellokomotiven ersetzt werden sollte? Jede Verlangsamung der Rate der Ablösung der Dampflokomotiven war eher der beschränkten Verfügbarkeit von Kapital geschuldet, als irgendeinem anderen Grund, doch konnte man das nun in günstiger Weise als Reaktion auf die Energiesituation darstellen. Aber, obwohl die Aussagen der SAR über die Erhaltung der Dampftraktion die wahren Absichten der Eisenbahn verbargen und die Öffentlichkeit irreführten, so waren professionelle Beobachter des Eisenbahnwesens nicht so leicht einzunehmen. Ein Artikel in der Railway Gazette International vom Februar 1979 stellte Folgendes fest:

> „Ein jüngst erteilter Auftrag über 75 Diesellokomotiven der Klasse 34[3] bestätigt, dass die South African Railways Zweifel an den nach dem Ölpreisanstieg von 1974 aufgestellten größeren Elektrifizierungsplänen haben. Zugegeben, einige der neuen Lokomotiven werden Einheiten der Klasse 35 ersetzten, die nach South West Afrika (Namibia) umgesetzt werden sollen, so dass die unzuverlässige Klasse 32 verschrottet werden

---

[1] Quelle: Energy – 1980, Energy Research Institute, Universität Kapstadt, 1980

[2] Zeitung The Star, Johannesburg, 18.07.1978.

[3] Van der Veer erklärte während der letzten von mir besuchten Ausschusssitzung, dass eine bestehende Absicht fünfzig Diesellokomotiven der Klasse 34 zu bestellen, aufgegeben werden sollte und dass er ein Memorandum an die Direktion schreiben würde, in dem er die Stornierung dringend empfehlen würde. Stattdessen wurde der Auftrag auf 75 Lokomotiven erweitert. Solche Aktionen ließen bei mir natürlich den Verdacht aufkommen, dass die Direktion sich nicht allzu sehr um die Erkenntnisse des Ausschusses scherte, den sie einberufen hatte, um sie in Sachen Traktionspolitik zu beraten.

kann, aber die Größe dieses Auftrags ist ein Zeichen für den Wunsch, das Ende der Dampftraktion früher zu erreichen, als es der Fall wäre, falls man die Mittel auf die Elektrifizierung konzentriert...Herr Loubser [seinerzeit Generaldirektor der SAR] fügte hinzu, dass die Wirtschaftlichkeitsgrenze für die Elektrifizierung, welche 1974 bei 15 Zügen pro Tag lag, auf 19 Züge pro Tag angestiegen sei, eine Situation, die ‚uns gezwungen hat, die Pläne zur Elektrifizierung bestimmter Strecken zu überdenken'."

Die SAR sprachen in der Tat mit gespaltener Zunge. All die seinerzeit angeschafften Diesellokomotiven waren ein paar Jahre später in geeigneter Weise „Bedarfsüberhang" und es war unvorstellbar, dass überzählige, fast neue Diesellokomotiven statt Dampflokomotiven ausgemustert wurden.[1] Was auch immer sie im Gegensatz dazu sagten, die SAR verfolgten bewusst und so energisch, wie es die Mittelbeschaffung erlaubte, ein Programm des Ersatzes der Dampflokomotiven durch Diesellokomotiven. Das war schon seinerzeit klar für diejenigen, die das SAR-Traktionswesen beobachteten, und es ist heute eine historische Tatsache.

Es war zu dieser Zeit der aufflackernden Hoffnung für die Dampftraktion, dass Chapelon starb. Dazu schrieb mir Porta die nachfolgenden Zeilen:

„Heute brachte mir ein Brief von George [Carpenter] *(Anm. d. Übers.: Dr. George W. Carpenter, London, Übersetzer ins Englische von Chapelons klassischem Werk „La Locomotive á Vapeur" (1952))* die traurige Nachricht, dass Herr Chapelon am vorigen 29. Juni gestorben ist. Ganz sicher werde ich unsere nicht enden wollenden Diskussionen vermissen. An wen soll ich nun in Französisch schreiben? Menschen werden nach ihrem Tod bewertet. Ich sehe eine Lawine von Ehrungen voraus, aber mir wäre es lieber gewesen, dass es das schon zu seinen Lebzeiten als Ausdruck einer besseren Annahme seiner Lehren gegeben hätte."

Der Verlust, den Porta empfand, war wesentlich größer, als es diese wenigen Worte ausdrückten. Chapelon war sein geistiger Führer und Lehrer gewesen und ein guter Freund. Obwohl der Name Chapelons in diesem Buch nicht häufig erscheint, sollte der Leser keine Zweifel daran haben, dass seine Entwicklungen sowohl für vieles in Portas Arbeit die Grundlage war als auch für die anderer Ingenieure. Doch Porta glaubte, dass Chapelons Botschaft nicht vollständig verstanden worden ist und seine Lehren nur teilweise Anwendung fanden, so dass der Fortschritt in der Dampflokomotivtechnik während der kritischen zwanzig Jahre von 1930 bis 1950 verlangsamt war, mit verhängnisvollen Konsequenzen. Das erklärt den letzten Satz in Portas Brief, der ebenso gut unter seinem eigenen Nachruf stehen könnte, wenn die Zeit gekommen ist.

Während der Zusammenkunft des Ausschusses am 18. August 1978 wurde ich gebeten, für den Stellvertretenden Generaldirektor (Planung und Produktivität) eine formale Vorlage auszuarbeiten, in der um die Genehmigung für die versuchsweise Modifizierung von Dampflokomotiven gebeten wurde. Dieses sollte vom CME persönlich unterschrieben werden, mit einer Kopie für den Stellvertretenden Generaldirektor (Betrieb). Einem der Stellvertretenden CME entwarf ich den vom CME zu unterschreibenden Begleitbrief, aber der, der etwa vier Wochen später abgeschickt wurde, war geändert worden und lautete:[2]

„Die Frage ist aufgeworfen worden, ob eine Verbesserung des Wirkungsgrads der Dampflokomotive irgendeinen Einfluss auf das gegenwärtige Ausmusterungsprogramm für die Dampflokomotiven haben würde. Natürlich hat die problematische Situation bei den Erdöltreibstoffen einen deutlichen Einfluss.

Von einigen meiner Mitarbeiter, die sich aus persönlichem Interesse über die jüngsten Entwicklungen (seit 1955 [*sic*], als die SAR die letzten Dampflokomotiven in Dienst stellten) und Ansichten über die Konstruktion von Dampflokomotiven auf dem Laufenden gehalten haben, werden für die Lokomotiven der Klasse 25NC die nachstehenden Verbesserungen geltend gemacht.

(1) Kosten für die Ausführung von bestimmten Änderungen an Kessel und Zylindern an einer Prototyplokomotive während einer Hauptuntersuchung = 20 000 Rand
(2) Verbesserung des thermische Gesamtwirkungsgrad der Kimberley – De Aar-Planleistungen durch diese Änderungen = 50 %, das heißt Verminderung des Kohleverbrauchs um 33 %.
(3) Verminderung des Wasserverbrauchs in diesem Plandienst um 10 %. Gleichzeitig würde die Maximalleistung dieser Lokomotiven um 35 % ansteigen und es würde Verbesserungen bei der mechanischen Zuverlässigkeit geben.
(4) Das Gaserzeuger-Verbrennungssystem allein, als Teil der oben genannten Umbaupläne, würde den thermischen Gesamtwirkungsgrad dieses Plandienstes um 25 % erhöhen, entsprechend einer Kohleersparnis von 20 %, würde aber allein keinen wesentlichen Einfluss auf den Wasserverbrauch oder die Leistungsabgabe haben. Die Kosten für die Umsetzung dieses Konzepts bei einer Lokomotive der Klasse 25NC während einer Hauptuntersuchung werden etwa 500 Rand betragen. Die geschätzten Kosten würden niedriger erwartet, falls es zu Serienumbauten käme.
(5) Während sich die obigen Daten auf eine spezielle Lokomotive in einem speziellen Plandienst beziehen, so dürften die Kosten und Verbesserungen auch für jede andere Dampflokomotivklasse in der gleichen Größenordnung angenommen werden.
(6) Für die Rangierlokomotiven ist das nicht im Detail analysiert worden, aber es wird angenommen, dass auch im Rangierdienst etwas gewonnen werden könnte.

Wohingegen einige dieser Behauptungen scheinbar etwas extravagant klingen, so ist es doch wahrscheinlich, dass merkliche Verbesserungen des Wirkungsgrads der Dampflokomotive erzielt werden können. Der einzige Weg, die Größenordnung solcher Verbesserungen zu bestimmen, ist es, eine Lokomotive zu Versuchszwecken zu modifizieren.

Könnte Sie bitte erkennen lassen, ob solche Verbesserungen die Entscheidung, Dampflokomotiven in bestimmten Diensten weiterhin einzusetzen, beeinflussen würden und ob diese Abteilung die Modifizierung einer Lokomotive zur Überprüfung der oben angegebenen Schätzungen in Betracht ziehen sollte."

Die Botschaften zwischen den Zeilen dieses Briefs sind deutlich, besonders die Zögerlichkeit des CME, in dieser offensichtlich gefühlsgeladenen Angelegenheit die Führung zu übernehmen. Im zweiten Abschnitt (der einige Irrtümer enthielt) spiegelte sich die Empfindlichkeit einiger Leitender Ingenieure wider, von denen die meisten irgendwann einmal mit Dampflokomotiven zu tun gehabt hatten, gegenüber jedweder angedeuteter Kritik an ihrer eigenen früheren Arbeit, die hätte aufgekommen sein können, falls die Lokomotiven, für die sie ehemals verantwortlich gewesen waren, merklich verbessert würden. Das war ein wesentlicher Aspekt und erklärt vielleicht, warum ich während meiner Zeit bei den SAR so wenig Unterstützung von denjenigen erfuhr, die in diesem Bereich in früheren Jahren tätig gewesen waren. Ich war mir dieses Problems bewusst, aber die Lage war dergestalt, dass ich das Anliegen der

[1] Diesellokomotiven, die kurz nach ihrer Beschaffung überzählig wurden, schienen für die Verwaltung weniger peinlich zu sein, als es überzählige Dampflokomotiven gewesen sein könnten. In den neunziger Jahren wurden viele Zweigstrecken stillgelegt, und in Verbindung mit der Elektrifizierung setzte das so viele Diesellokomotiven frei, dass sie in beträchtlicher Anzahl an andere afrikanische Eisenbahnen vermietet wurden. Damit wurden die SAR der „Hertz der Lokomotivwelt" in den Worten eines meiner früheren Kollegen.

[2] SAR, Abteilung des CME, Pretoria, Brief Az. PLT. 15/2/3 vom 19.09.1978.

Dampflokomotive nicht verwässern konnte, und da ich daran glaubte, dass so große Verbesserungen, wie im oben genannten Brief zitiert, möglich waren, habe ich das auch so gesagt. Es ist bedauerlich, dass einige sich vielleicht bemüßigt fühlten, dass als eine Beurteilung ihrer früheren Arbeit aufzufassen, was nicht beabsichtigt war.

Angesichts der scheinbaren Dringlichkeit, die wichtigsten Empfehlungen des Ausschusses umzusetzen und besonders, weil auch der erbetene Geldbetrag unbedeutend war, erwartete ich eine rasche Antwort auf den Brief des CME. Damit hatte ich mich geirrt. Die Monate vergingen und es kam keine Antwort aus der Hauptverwaltung. Aber dann kam unerwartet etwas anderes. Der Leitende Ingenieur der Streckendirektion Nördliches Kap, J. Yspeert, hatte meine Ausarbeitung für den Ingenieurverein gesehen, welche ihm möglicherweise von C. Lewis gegeben worden war, ein Dampflokomotivbegeisterter, der seinerzeit in der Bauabteilung dieser Direktion arbeitete. Yspeert war bestrebt, die Dampftraktion im Gebiet Nördliches Kap zu erhalten und nahm mit mir mit dem nachstehenden Vorschlag Kontakt auf. Er sagte, sie hätten dort erhebliche Verdampfungsprobleme mit den 19D auf der Strecke Mafeking – Warrenton. Falls ich geeignete Änderungen konstruieren könnte, um das abzustellen, würde er für den Umbau einer Lokomotive im Depot Beaconsfield sorgen und die Umbaukosten auf das Konto der Unterhaltungskosten für Rollmaterial buchen. Alles, was er verlangte, war, dass die Ausführung der Umbauarbeiten innerhalb der Möglichkeiten des Lokomotivdepots bliebe. Es war die Chance, auf die ich so lange gewartet hatte, aber scheinbar kam sie zur falschen Zeit. Ich erwartete den Startschuss für das 25NC-Programm und wusste, dass ich für nichts anderes mehr Zeit haben würde, sobald der gegeben war. Aus diesem Grunde sagte ich ab, aber Yspeert gab nicht so leicht auf und bedrängte mich weiter mit dieser Angelegenheit. Anfang 1979 ging meine Frau auf Europaurlaub, und ich wollte sie drei Woche später dort treffen, da ich weniger Urlaub hatte. Drei Wochen allein mit nichts zu tun zu Hause und wenig auf der Arbeit. Noch immer keine Genehmigung für das 25NC-Projekt, und Yspeert drängte mich fortwährend, eine seiner 19D umzubauen. Warum eigentlich nicht? Ich entschied mich, es zu tun, und unterrichtete Yspeert, dass ich ihm die Zeichnungen schicken würde, bevor ich in den Urlaub ginge. Nach beinahe fünf Jahren des Suchens nach einem Anfang, gab es plötzlich hektische Aktivität, die fast für meine übrigen fünf Jahre in Südafrika anhalten sollte.

KAPITEL 2

DIE UMBAULOKOMOTIVE Nr. 2644 DER KLASSE 19D

„Das ist ein Kampf, Herr Wardale, ein Kampf. Und genau das mag ich, ich mag einen guten Kampf."
(sagte H. Pohl, Lokomotivvorarbeiter im Depot Beaconsfield, als er in der Rauchkammer saß, um bei dem Umbau der Lokomotive den Doppelschornstein mit dem Blasrohr auszurichten.)

2.1 Die Klasse 19D

Die Klasse 19D, konstruiert für den Neben- und Zweigstreckendienst auf Schienen mit einem Metergewicht von 30 kg, war eine Kolbenschieber-Variante der älteren 19C-Klasse mit Ventilsteuerung mit rotierenden Nocken. Erstmals im Jahre 1937 eingeführt und von verschiedenen Herstellern bis 1948 geliefert, wurden schließlich 235 Stück von den SAR in Dienst gestellt. Es waren 2D1-Lokomotiven mit einem Reibungsgewicht von 54,6 Tonnen[1] bei einem Dienstgewicht von 81,5 Tonnen[1] (ohne Tender). Es handelte sich um eine typische Konstruktion ihre Zeit, mit mehrteiligem, zusammengebautem Barrenrahmen, zwei Zylindern mit 533 mm Durchmesser und 660 mm Hub, die auf Kuppelräder von 1 372 mm Durchmesser arbeiteten, Kolbenschiebern mit 280 mm Durchmesser, 38 mm Einlassüberdeckung und 0 mm Auslassüberdeckung, Walschaerts-Steuerung, Zylinderschmierung mit Sichtöler *(Anm. d. Übers.: auch Verdrängungs- oder Kondensationsöler. Bei diesen Apparaten wird das eingefüllte Öl durch kondensierten Dampf aus dem Anschlussrohr (Kesseldruck, Anschlussrohr teilweise mit Kühlspirale zur Kondensation) über die Ölleitungen in Richtung der Zylinder und Schieber zwecks Schmierung kontrolliert verdrängt und in den Einströmdampf zerstäubt. Eine befriedigende Schmierung wird damit eigentlich nur bei Nassdampflokomotiven erreicht. In der englischen Lokomotivbauschule hielt man daran merkwürdigerweise bis zuletzt auch bei Heißdampflokomotiven fest (mit allerdings niedrigen Heißdampftemperaturen)*, massiven, fettgeschmierten Treib- und Kuppelachslagern aus Bronze, und Treib- und Kuppelstangenlager mit fettgeschmierten, schwimmenden Buchsen. Sie waren mit dem SAR-Einheitskessel Nr. 1A ausgestattet, mit handgefeuertem Rost von 3,4 m² Rostfläche, einer Rohrlänge zwischen den Rohrwänden von 6147 mm, einer Gesamtverdampfungsheizfläche von 171 m² (wasserseitig) und einem Überhitzer mit 24 Stück Typ-A-Elementen mit einer Heizfläche von 37 m² (dampfseitig). Der Kesseldruck betrug 13,8 bar, das Länge-Durchmesser-Verhältnis der Rauchrohre betrug 106 : 1, das der Heizrohre 108 : 1. Die einfache, runde Blasrohrmündung mit vier Einschnürungen hatte einen freien nominellen Mündungsquerschnitt von 168 cm² und war dank eines zylindrischen Blechs in der Tischplatte tief in der selbstreinigenden Rauchkammer der Bauart Master Mechanics angeordnet. Die nominelle Zugkraft bei 85 % des Kesseldrucks[2] war 161 kN, wofür ein Reibungskoeffizient von 0,3 nötig war. Die Tafel 4 zeigt eine dieser Lokomotiven.

Obwohl die Konstruktion gemessen an dem Niveau ihrer Entstehungszeit annehmbar war, so hatte die Klasse 19D doch einige Unzulänglichkeiten. Der Kessel war im Verhältnis zu dem Zylindervolumen und der Nennzugkraft relativ klein, aber das war ein übliches Charakteristikum von kleinen Lokomotiven mit geringer Achsfahrmasse. Das Feuerbüchsvolumen war besonders beschränkt und der Rost hatte eine Neigung von etwa 9° gegen die Horizontale, ein außergewöhnlicher Winkel, der dazu führte, dass das Feuerbett unter der Einwirkung des Saugzugs nach vorn in Richtung der Feuerbüchsrohrwand wanderte. Diese beiden ungünstigen Eigenschaften hätten durch Höherlegen des Kessels vermieden werden können. Der Überhitzer war ebenfalls zu klein und ergab bei Versuchen nur eine maximale Dampftemperatur von 345 °C.

Im Jahre 1939 wurden auf dem Abschnitt Witbank – Belfast der Östlichen Transvaal-Hauptstrecke vergleichende Versuchsfahrten zwischen den Klassen 19C und 19D, vertreten durch die Lokomotiven 2437 und 2631, vor dem Messwagen durchgeführt, im Wesentlichen, um die Dampfverteilung mit rotierenden Nocken und Ventilen mit derjenigen einer für die damalige Zeit langhubigen Kolbenschiebersteuerung zu vergleichen. Die Art der Dampfverteilung war nicht der einzige Unterschied zwischen den beiden untersuchten Lokomotiven, da die 19D einen etwas größeren Überhitzer hatte und mit einem Abdampfinjektor ausgerüstet war, eine Einrichtung, die seinerzeit von den SAR geprüft wurde. Das wichtigste Ergebnis war, dass der spezifische Dampfverbrauch der 19D 10 % unter dem der 19C lag, wovon 2 % bis 5 % der höheren Überhitzung der 19D zuzurechnen waren und der Rest der anderen Art der Dampfverteilung.[3] Die von beiden Lokomotiven abgenommenen Indikatordiagramme zeigten keinen Vorteil für die Ventilsteuerung und der Versuchsbericht stellte fest:

> „Es wird gelegentlich angenommen, dass die vier Steuerungspunkte im Fall der Ventilsteuerung schärfer definiert seien, besonders bei hohen Geschwindigkeiten; diese Diagramme lassen nur sehr wenige Anhaltspunkte erkennen, die diese Vermutung stützen."

Es wurde vorgeschlagen, dieses durch die Durchführung von weiteren Versuchsreihen zwischen den schweren 2D1-Klassen 15E *(Anm. d. Übers.: h2, Schlepptender, Bahn-Nrn. 2878 bis 2901, Robert Stephenson & Co., GB und Henschel & Sohn, 1935)* und 15F zu überprüfen, die mit Ventilsteuerung mit rotierenden Nocken beziehungsweise Kolbenschiebern ausgerüstet waren. Der Autor hat von dem Ausgang dieses Vorschlags keine Kenntnis, aber später wurde die Entscheidung getroffen, die Walschaerts-Steuerung mit Kolbenschiebern als Norm für zukünftige Lokomotiven festzulegen.

In der Abb. 18 sind die Zughakenzugkräfte und die Zughakenleistungen über dem Geschwindigkeitsverlauf und in Abb. 19 die Zuglasten und Geschwindigkeiten bei Steigungsfahrt angegeben.[4]

---

[1] Durchschnittswert für sämtliche Varianten dieser Klasse.

[2] Bei den SAR war es üblich, die Zugkraft von Dampflokomotiven mit 75 % des Kesseldrucks zu berechnen, aber in diesem Buch wurde durchgängig der sonst übliche Koeffizient verwendet, das heißt 85 % (dieser Koeffizient machte eine Abschlag dafür, dass der volle Kesseldruck nicht während 100 % des Kolbenhubs zur Verfügung stand, auch bei voll ausgelegter Steuerung nicht, und für die Reibung im Antriebsmechanismus von den Kolben bis zu den Radreifen).

[3] SAR, Abteilung des CME, Pretoria, Bericht zu den Messwagenversuchen mit Lokomotiven der Klassen 19C und 19D, vom 28.08.1939, und Anschreiben dazu, Az. 1/11517.1 vom 07.09.1939.

[4] Zur Erstellungen von Belastungstafeln benutzten die SAR für die meisten Lokomotivklassen die technischen Daten der Lokomotiven und die Rollwiderstandskurven der Wagen. Die Tafeln wurden benutzt, um die maximalen Zuglasten zu bestimmen, die die Lokomotiven über jede gegebene Strecke befördern konnten, und wurden generell durch praktische Versuche mit dem Messwagen überprüft. Die Diagramme stimmten mit den praktischen Versuchen bis zu einer Geschwindigkeit von etwa 50 km h^{-1} überein, waren aber bei höheren Geschwindigkeiten recht konservativ. Die Zahlenangaben für die Steigungen sind kompensierte Werte unter Berücksichtigung der Kurvenwiderstände. Die Zuglasten waren ursprünglich in „short tons" *(Anm. d. Übers.: = 2 000 engl. Pfund = 907,2 kg)* angegeben, wurden aber in diesem Buch auf metrische Tonnen umgerechnet, und bezogen sich auf „durchschnittliche Achsfahrmassen", das heißt 12,5 Tonnen pro Achse bei Güterzügen und 10 Tonnen pro Achse bei Personenzügen. Korrekturen der Achszahlen wurden mit dem Wert von zwei Tonnen pro Achse auf diese Zuglasten bei Zügen mit geringerer durchschnittlicher Achsfahrmasse angerechnet, um den höheren spezifischen Rollwiderstand solcher

Andere Aspekte des Versuchsberichts der Klassen 19C/19D von Interesse betrafen den Abdampfinjektor, die Selbstreinigung der Rauchkammer und den Druckabfall vom Kessel bis zu den Zylindern. Zu Ersterem wiesen die Versuche auf eine Kohleersparnis von etwa 5 % durch den Abdampfinjektor hin, aber diese Ausrüstung wurde in der Folge nicht von den SAR eingeführt, vermutlich aus Gründen erhöhter Unterhaltungskosten. Den zweiten Aspekt betreffend hatten beide Versuchslokomotiven gelochte Tischplatten, aber es stellte sich heraus, dass wirkliche Selbstreinigung nicht erreicht werden konnte, bevor sämtliche Löcher in der Platte verschlossen waren. Die selbstreinigende Wirkung und der Zugverlust von Rauchkammern der Bauart Master Mechanics reagierten beide sehr empfindlich auf den Anteil des Gasstroms unter dem Ablenkblech im vorderen Teil der Rauchkammer. Während Lochöffnungen in der Tischplatte den Vorteil hatten, den Zugverlust zu mindern, gab es einen kritischen Punkt, bei dem eine weitere Vergrößerung des Nebenstroms durch solche Öffnungen die Selbstreinigungswirkung aufhob. Es wurde auch herausgefunden, dass eine diagonale Anordnung der Löcher in dem Funkenfänger eher zum Zusetzten mit Löschepartikeln neigte, als wenn sie senkrecht ausgeführt waren, ein merkwürdiges Phänomen.

In Bezug auf den Druckabfall von dem Kessel zu den Zylindern, hatte der Versuchsbericht dieses zu sagen:

„Während der Versuche wurde dem Druckabfall zwischen dem Kessel und dem Schieberkasten bei diesen beiden Lokomotiven Beachtung geschenkt. Obwohl er bei dieser Lokomotivklasse nicht größer war als bei anderen…kommt bei schwerem Arbeiten ein Anstieg des Gegendrucks hinzu, so dass das in den Zylindern verfügbare nutzbare Druckgefälle bei diesen Bedingungen gemindert wird. Merkliche Verbesserungen bei der Reduzierung dieses Druckabfalls sind in Frankreich bei umgebauten Lokomotiven durch Vergrößerung der Dampfströmungsquerschnitte im Überhitzer und in den Dampfleitungen durch strömungsgünstige Gestaltung erzielt worden. Dieser Punkt wird hier erwähnt, weil die Ansicht besteht, dass eine intensivere Beschäftigung mit diesen Dingen zu lohnenden Ergebnissen führen würde. Man kann erkennen, dass bei einer normalen Anstrengung von 100 Pfund pro Quadratfuß und Stunde [das heißt eine Rostbelastung von 488 kg Kohle pro m² Rostfläche und Stunde] der Verlust an nutzbarem Druckgefälle sich auf 10 % beläuft, woran der Gegendruck nur einen sehr geringen Anteil hat.

Der gleiche Effekt stellt sich durch Drosseln mit dem Regler ein, und einige Versuche wurden mit beiden Maschinen gefahren, um die Auswirkung dieser bei den Lokomotivführern recht verbreiteten Praxis zu beobachten…Wenn auch diese Drosselversuche über längere Fahrtzeiten ausgeführt wurden, um Ergebnisse zu erzielen, die über jeden Zweifel erhaben sind, und obwohl es unwahrscheinlich ist, dass jeder Lokomotivführer, wie sehr er auch zu der Fahrweise mit gedrosseltem Regler neigt, dem in der Praxis auch in diesem Maße frönt, so zeigen die Ergebnisse doch für beide Steuerungsbauarten, dass diese Fahrweise nicht so wirtschaftlich ist, wie die, mit voll geöffnetem Regler zu fahren. Die gedrosselte Fahrweise in Verbindung mit einem schlecht Dampf machenden Kessel führt zu einer Verschlimmerung des Problems und zu einer zusätzlichen Belastung des Heizers."

Das von dem CME unterschriebene Begleitschreiben, das mit den Kopien des Versuchsberichts an verschiedene Bereiche versendet worden war, fügte dem hinzu:

„Speziell möchte ich aufmerksam machen auf…den ungünstigen Einfluss einer Fahrweise mit halbgeöffnetem Regler, wie er in den aktuellen Versuchsfahrten einwandfrei festgestellt wurde…Das bestätigt die Altoona-Versuche *(Anm. d. Übers.: Altoona war von 1875 bis 1968 der Standort der berühmten Lokomotivversuchsanlage der Pennsylvania Railroad, USA)* und auch einen Versuche, der vor einigen Jahren mit einer Lokomotive der Klasse 18 *(Anm. d. Übers.: experimentelle 1E1h3, Schlepptender, Bahn-Nrn. 1360 bis 1361, Henschel & Sohn, 1927)* gefahren wurde. Die Leitenden Lokomotivinspektoren täten gut daran, ihre Lehrlokführer auf diese Ergebnisse hinzuweisen und ihnen die verlustreiche Fahrweise mit halbgeöffnetem Regler, wenn Füllungen über 30 % notwendig sind, aufzuzeigen."

Obwohl die Aussage, dass das Fahren mit gedrosseltem Regler zu einer „Verschlimmerung des Problems" führe, nicht korrekt war (da die größeren Füllungen größere Verluste durch unvollständige Expansion in den Zylindern bedeuteten, also folglich mehr Energie im Auspuffdampf für die Arbeitsleistung in der Saugzuganlage), so zeigen die oben zitierten Passagen doch eine eindeutige Kenntnis dieser fundamentalen Angelegenheit. Allerdings liest sich der letzte Satz in dem Bericht wie folgt:

„Jede Maschine wurde während nahezu eines ganzen Monats fast täglich eingesetzt, und keine zeigte während dieser Zeit irgendwelche Defekte, abgesehen von den üblichen kleinen Dingen, um die man sich in den Depots kümmert."

Vielleicht wurde es nicht wahrgenommen, dass jene „üblichen kleinen Dinge", wenn sie bei jeder Lokomotive eines Einsatzparks auftreten, sich zu einer gewaltigen Instandhaltungsbelastung aufaddierten. Es wird geschätzt, dass etwa 50 % der Schlossermannstunden in den Depots für solche „trivialen" Defekte aufgewendet wurden. Darin bestand eine der großen Schwächen der Dampflokomotiven der ersten Generation: Unzuverlässigkeit der Baugruppen verursacht durch schlechte Detailkonstruktion, die nicht in angemessener Weise auf einem ingenieurtechnischen Niveau abgestellt wurde, da jeder Defekt für sich betrachtet als von unbedeutender Natur angesehen wurde.

2.2 Die Umbaulokomotive Nr. 2644 der Klasse 19D : Konstruktion und Umbau

Das Wesen des Umbauplans wurde von den folgenden Kriterien diktiert.

1. Der Aufgabenbereich bezüglich des Ursprungs und der Ziele des Projekts
2. Die Fertigungsmöglichkeiten des Lokomotivdepots in Beaconsfield
3. Kosten
4. Mein eigenes beschränktes Wissen
5. Die Möglichkeit, dass das Umbauprojekt der Klasse 25NC bewilligt würde

Der Aufgabenbereich war ziemlich ungenau festgelegt. Yspeert hatte seine Beweggründe damit angegeben, die Verdampfungsprobleme zu überwinden, die bei den 19D zwischen Mafeking und Warrenton auftraten und welche anscheinend derartige betriebliche Verspätungen verursachten, dass er befürchtete, das würde als Vorwand dienen, den Abschnitt zu verdieseln. Nun können sich Verdampfungsprobleme aus einer Reihe von Gründen ergeben, wie etwa schlechte Konstruktion, schlechte Kohle, schlechte Instandhaltung, schlechte Handhabung durch die Lokomotivmannschaft, schlechte Wasseraufbereitung, Zusetzen der Funkenfänger, undichte Kesselrohre, Stehbolzen, Überhitzerelemente oder Rauchkammern und die Auswirkungen der Dampfnässe. Diese Gründe könnten einzeln jeder für sich oder in jeder denkbaren Kombination gewirkt haben. Schlechte Verdampfung war in der Tat so alt wie die Dampflokomotive, und es war die eine Sache,

---

Züge zu kompensieren. Falls zum Beispiel die angegebene Höchstbelastung 700 Tonnen / 56 Achsen war, und die tatsächliche Zuglast war, sagen wir mal 690 Tonnen / 100 Achsen, dann wäre das als gleichwertig angesehen worden zu (690 + (100-56) x 2) = 778 Tonnen / 56 Achsen, also 78 Tonnen Überlast, und hätte entsprechend reduziert werden sollen.

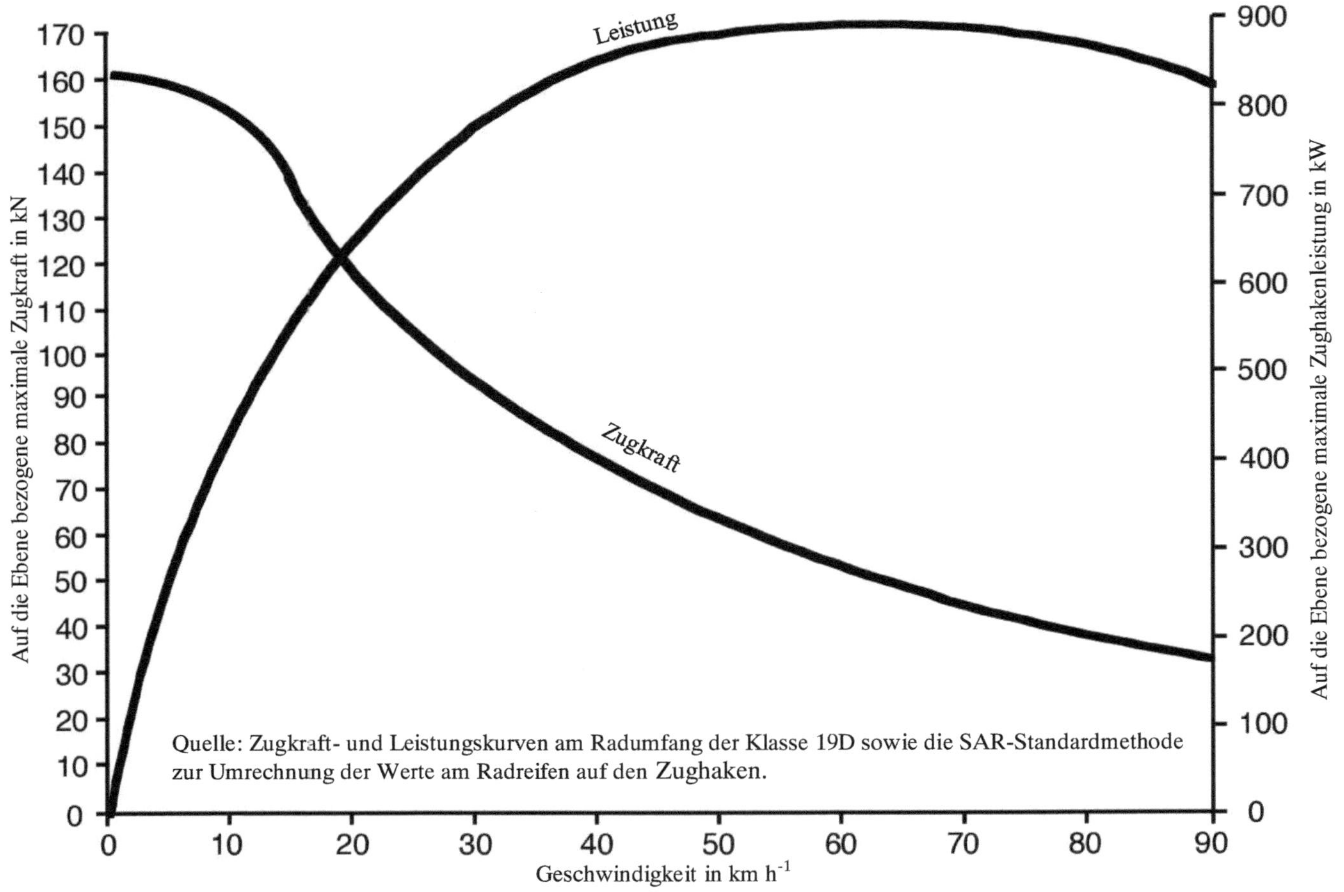

Abb. 18
SAR: 2D1-Klasse 19D: Auf die Ebene bezogene maximale Zugkraft und Zughakenleistung über der Geschwindigkeit

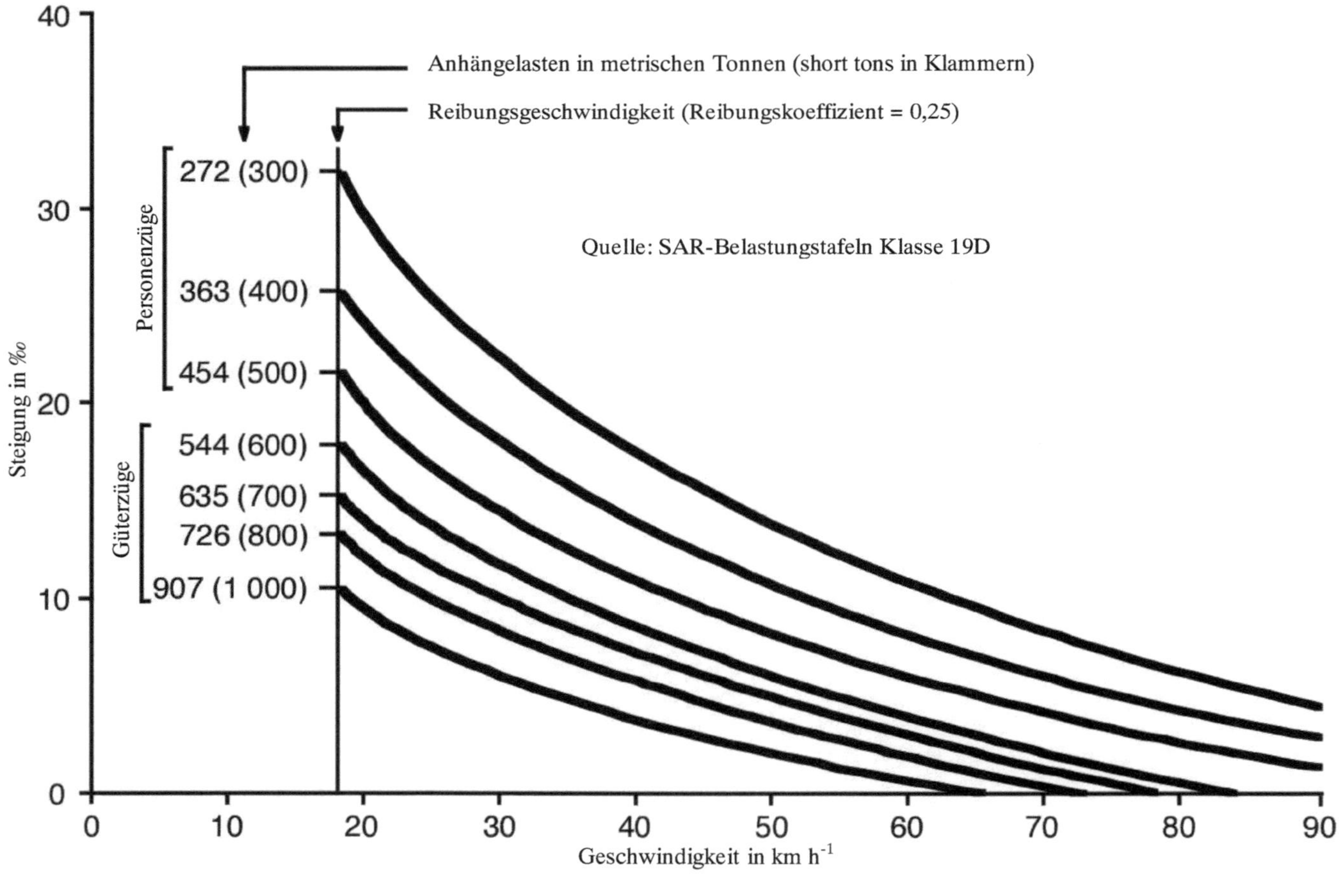

Abb. 19
SAR: 2D1-Klasse 19D: Belastungstafel

die die Mannschaften wirklich hassten, bescherte sie ihnen doch endlose Probleme. Es liegt in der Natur der Sache, dass bei der Dampftraktion genügend Dampf für die Erledigung der Zugförderungsaufgabe erzeugt werden können muss, aber bis zu ihrem Lebensende bleib ihr das Verdampfungsproblem treu und gab ihrem Betriebsverhalten einen gewissen Grad von Unsicherheit, der von der Betriebsabteilung akzeptiert werden musste. Eine interne SAR-Abhandlung mit dem Titel „Verdampfungsmängel bei Lokomotiven", ohne Datum, aber wahrscheinlich aus den sechziger Jahren und mit einer Leidenschaft geschrieben, die eine gewisse Verzweiflung an der Lage erahnen lässt, stellte es ganz offen wie folgt dar:

> „Breit angelegte Beobachtungen in der ganzen Republik haben gezeigt, dass die Lokomotivleistung ernsthaft durch Verdampfungsmängel eingeschränkt wird. Es ist zweifelhaft, ob man auch nur 10 % unserer Lokomotiven als vollständig frei von Verdampfungsmängeln bezeichnen kann. Das alarmierende Auftreten von Verdampfungsmängeln kann man nur der Tatsache zuschreiben, dass das betreffende Personal in ziemlicher Unkenntnis der ernsten Auswirkung solcher Mängel lebt. Solange das Wesen und die Auswirkung solcher Mängel nicht klar von allen Betroffenen verstanden sind, steht zu befürchten, dass keine Besserung eintreten wird…
>
> Wenn auch… viele Lokomotiven mit Verdampfungsmängeln aus den Werkstätten kommen, so wurde in den Lokomotivdepots allgemein festgestellt, dass eine gebührende Beachtung der Verdampfungsmängel, einerlei, ob diese Mängel an aus den Werkstätten zurückgekehrten Lokomotiven vorhanden waren oder ob sie sich im Einsatz entwickelt hatten, in den normalen Wartungsvorgängen nicht enthalten war. Weiterhin stellte sich heraus, dass die Auswirkung solcher Verdampfungsmängel auf die Leistungsfähigkeit der Lokomotive in keiner Weise verstanden wurde, mit dem Ergebnis, dass eine schlechte Lokomotivleistung irrtümlich anderen Gründen zugeschrieben wird, wie undichten Kesselrohren, schlechter Kohle etc. In anderen Fällen, wo keine passende Erklärung für eine schlechte Verdampfung gefunden werden kann, werden undichte Überhitzerelemente diagnostiziert und man verlegt sich auf eine Wasserdruckprobe, wobei viele solcher Wasserdruckproben in einer Art und Weise ausgeführt werden, dass Lecks, selbst wenn sie vorhanden wären, gar nicht erkennbar wären. Falls keine Leckagen gefunden werden, wird die Lokomotive als verdampfungstechnisch geprüft und in Ordnung abgehakt, ohne dass irgendeine Beachtung den offensichtlichsten Mängeln geschenkt wird, die häufig selbst von außerhalb der Rauchkammer erkennbar sind…
>
> …regelmäßige Wartung zur Vermeidung von Verdampfungsmängeln ist praktisch unbekannt, mit dem Ergebnis, dass die meisten Lokomotivkessel im Einsatz ganz und gar nicht in der Lage sind, die Dampfmengen für die Leistung zu erzeugen, für die die Lokomotiven konstruiert wurden. Die Lokomotivleistung wird in so schwerwiegender Weise von Verdampfungsmängeln beeinträchtigt, dass ein sehr großer Prozentsatz aller lokomotivbedingten Verspätungen und des vollständigen Lokomotivausfalls solchen Mängeln zugeschrieben werden kann.
>
> Es ist eine wohlbekannte Tatsache, dass aus der Sicht der Lokomotivmannschaft die willige Verdampfung die wichtigste Anforderung an eine Lokomotive ist. Wo der volle Kesseldruck gehalten werden kann, wird die Lokomotivmannschaft im Allgemeinen das Beste aus einer Lokomotive herausholen, unabhängig von ihrem mechanischen Zustand. Fall sie allerdings mit der Dampferzeugung zu kämpfen hat, und besonders, falls von dem Depotpersonal keine Besserung erzielt werden kann, dann wird jede Schwäche und jeder Fehler einer Lokomotive betont oder gar übertrieben. Unzufriedenheit mit der Lokomotive, auf der sie Dienst tun muss, führt letztendlich zu einem Verlust an Maschinistenstolz und sie wird sich nicht verausgaben, um Verspätungen aufzuholen oder Lokomotivausfälle zu vermeiden…
>
> Das Rohrreinigen, so wie es im Allgemeinen ausgeführt wird, kann nur als Zeitverschwendung betrachtet werden. Die üblicherweise mit dieser Arbeit beschäftigten eingeborenen Arbeiter werden nicht beaufsichtigt, und es wird kein Versuch unternommen, die Rohre systematisch zu reinigen. Es wurden Fälle gefunden, wo zwischen 30 und 40 Rohre nach der üblichen nutzlosen Reinigungsarbeit noch immer vollständig zugesetzt waren…
>
> Die Verkleinerung der Blasrohrmündung wird von vielen als das Allheilmittel bei Verdampfungsproblemen angesehen, die sie weder zuordnen noch beheben können…"

Um die bestehende Lage zu verbessern, gab der Bericht eine Reihe von Empfehlungen, die sich dahingehend zusammenfassen ließen, dass die Lokomotiven in einem ordnungsgemäßen Zustand gehalten werden müssen. Zum Beispiel in der Frage von Dampf- oder Luftundichtigkeiten in der Rauchkammer sagt er zu Recht:

> „Bei der Beurteilung von Undichtigkeiten sollte kein Ermessenspielraum erlaubt sein. Es sollte keine Undichtigkeiten geben."

Als Beleg wurden detaillierte Angaben zu dem Fall eines Depots gemacht, wo das Auftreten von Verspätungen durch Verdampfungsmängel, die meistens undichten Kesselrohren und schlechter Kohle zugeschrieben worden waren, um über 80 % reduziert werden konnte durch die Behebung von Rauchkammermängeln durch einen Schlosser, der speziell für diese Arbeit abgestellt worden war. Als Schlussfolgerung wurde aufgeführt, dass:

> „man Lokomotivvorarbeitern, die über zu viel Büroarbeit klagen, klarmachen sollte, dass intelligente und direkte Hinwendung an die Instandhaltung der Lokomotiven in ihrem Verantwortungsbereich ihre Schreibtischarbeit automatisch vermindert, wovon zur Zeit ein großer Anteil darin besteht, Angaben zu Verspätungen wegen schlechter Lokomotivleistung zu machen, für die plausible Gründe gefunden werden müssen."

Falls all das zutraf, zu einer Zeit, als die Dampftraktion noch eine lebensnotwendige Größe bei den SAR war, um wie viel mehr dann wohl zum Ende der siebziger Jahre, als die Dampftraktion sich dem Ende näherte und vom ingenieurtechnischen Personal gründlich vernachlässigt wurde. Dazu kamen gleichzeitig eine Verschlechterung der Ausbildung, der Fähigkeiten und der Motivation des Führerstandspersonals, sowie eine Abnahme bei der Qualität der für Lokomotivzwecke gelieferten Kohle. Man sieht, dass die Gründe für schlechtes Dampfmachen schlicht darin bestanden, dass die Dinge oft nicht so waren, wie sie hätten sein sollen. Die Lokomotiven waren nicht richtig instandgehalten, wurden nicht richtig bedient und nicht mit der Kohle beschickt, für die sie konstruiert waren.[1] Bei Abwesenheit dieser negativen Faktoren war die Verdampfung der Klasse 19D in Ordnung, denn es war nichts grundsätzlich falsch mit der Konstruktion, was gutes Dampfmachen verhindert hätte. Die Wurzel dieses besonderen Übels mit den 19D bestand in dem allgemeinen Niedergang der Standards, welcher den langsamen Tod der Dampftraktion begleitete, weil sich das Interesse und die Tatkraft der Eisenbahn als Ganzes weg von der Dampftraktion und hin zu ihren Wettbewerbern wandte. Diese Erkenntnis war aus zwei Gründen von fundamentaler Bedeutung. Erstens, die Lösung des Problems hätte wie folgt formuliert werden können: falls alle, die mit dem Lokomotivbetrieb und der Instandhaltung zu tun haben (besonders die Ingenieure), ihre Arbeit gewissenhaft erledigen, dann wird das Verdampfungsproblem weitestgehend verschwinden. Zweitens, ich wurde gebeten, eine Lösung durch Verbesserung der Konstruktion für etwas zu finden, was im

---

[1] Analysen des Südafrikanischen Forschungsinstituts für Brennstoffe während der siebziger Jahre ergaben einen allgemein abnehmenden Trend bei der Qualität der abgebauten Kohle. Eine noch ernstere Verschlechterung gab es wohl bei den Untersuchungsstandards der Kohle, die den SAR für ihre Lokomotiven geliefert wurde.

Grunde ein menschliches Problem war, und, angesichts der immer weiter sinkenden Standards, welche Erfolgschancen hätte eine verfeinerte Konstruktion gehabt? Sie könnte schlicht und einfach gar nicht unter den seinerzeit vorherrschenden Standards des Betriebs und der Instandhaltung funktioniert haben und selbst wenn, hätte sie nur Nachlässigkeit hervorgerufen und die Standards noch weiter absinken lassen, bis ein Punkt erreicht worden wäre, wo die geänderte Konstruktion selbst zu den gleichen Schwierigkeiten geführt hätte. Das war zum Beispiel auf der Rio-Turbio-Eisenbahn der Fall, wo sich die Leistungen der modifizierten 1E1 allmählich verschlechterten, weil die von Porta gesetzten Standards von seinen Nachfolgern nicht aufrechterhalten wurden. Der wesentliche Grund für das Sinken der Standards bei der Dampftraktion bei den SAR war der, dass die Eisenbahn die Dampftraktion nicht wollte. Diese grundlegende Tatsache war fast eine Garantie dafür, dass keine verbesserte Dampflokomotive über beschränkte Erfolge bei Versuchen oder im Dienst hinaus letztendlich erfolgreich gewesen wäre. Ein solcher Erfolg war gegen den Willen der überwältigenden Mehrheit der Leute mit Einfluss auf die Traktionsangelegenheiten nicht möglich und hätte deshalb einer grundlegenden Änderung ihrer gemeinsamen Einstellung gegenüber Dampflokomotiven bedurft, einer Einstellung, die nicht nur bestimmt war von Fragen der Technik oder der Wirtschaftlichkeit. Aber selbst, obwohl ich seinerzeit zu begreifen begann, dass das so war, war es keine Entschuldigung, es nicht zu versuchen, und der erste Schritt war es, meinen eigenen Anforderungskatalog für die Arbeit aufzustellen.

Ebenso wie es möglich war, viele Bauteile der Lokomotive mit dem Funkenwurfproblem in Zusammenhang zu bringen, so war es möglich, viele Dinge mit der Frage der Verdampfungsleistung zu verbinden. „Verdampfungswilligkeit" könnte definiert werden als die Fähigkeit des Kessels, mit weniger als 10 % Rauchgastrübung und ohne besonders sorgfältige Beachtung der Feuerführung durch den Heizer so viel Dampf zu erzeugen wie von der Lokomotive verbraucht wurde. Dazu gehörte auch die Möglichkeit, den Wasserstand im Kessel während der Fahrt unter Dampf bei Aufrechterhaltung des vollen Kesseldrucks und einer geringfügig größeren Rauchgastrübung anheben zu können. Beide Bedingungen kommen innerhalb des Arbeitsbereichs der Lokomotive bei Betrieb mit voll geöffnetem Regler vor. Offensichtlich waren alle Teile des Kessels, die mit der Erzeugung und der Übertragung von Wärme zu tun hatten, in diesen Vorgang einbezogen, ebenso wie auch die folgenden: die Saugzuganlage, die für die notwendige Verbrennungsluft sorgte und die Verbrennungsgase durch den Kessel pumpte; die Rauchkammer, die im Fall der selbstreinigenden Ausführung und mit ihren Funkenfängern einen erheblichen Widerstand für den Rauchgasstrom darstellte; die Vorrichtungen zum Auffangen der Asche; der Überhitzer, der einen Einfluss auf den Gesamtrauchgaswiderstand des Kesselrohrbündels und auf die Effizienz der Dampfausnutzung hatte; das gesamte Triebwerk (Zylinder, Schieber, Steuerung etc.) und die Dampf verbrauchenden Hilfseinrichtungen, deren Wirtschaftlichkeit den Dampfbedarf bestimmte, wobei es im Allgemeinen (aber nicht immer) zunehmend schwierig wurde, genügend Dampf zu erzeugen, als der Bedarf anstieg; Adhäsion, weil starkes Schleudern das Feuerbett aufriss; die Methode der Feuerführung, ob Hand- oder mechanische Rostbeschickung (bei kohlegefeuerten Lokomotiven); die Gestaltung des Führerstands und der Bedienungselemente (einschließlich der Feuertür), welche zum Beispiel die Feuerführung, die Beherrschung des Schleuderns, ob volle oder teilweise Regleröffnung benutzt wurde und die allgemeine Ermüdung der Mannschaft beeinflusste;[1] die Ergonomie des Tenders, welche den Feuerungsvorgang beeinflusste, besonders, aber nicht nur, bei handgefeuerten Lokomotiven; das Laufverhalten der Lokomotive, welches, falls unruhig, die Arbeit der Mannschaft beeinflusste und welches in extremen Fällen Auswirkungen auf die Stabilität des Feuerbetts gehabt haben könnte; Kesselwasseraufbereitung, welche sowohl die Reinheit der Wärme übertragenden Flächen des Kessels und somit auch den Wirkungsgrad des Wärmeübertragungsprozesses bestimmte als auch die Menge übergerissenen Wassers in das Reglerrohr, was wiederum die innere Reinheit des Überhitzers beeinflusste und, falls Dampfnässe auftrat, auch die Stabilität des Feuerbetts; und die Konstruktion derjenigen Bauteile, deren Funktion es war, Luft- und Dampfleckagen in der Rauchkammer zu verhindern. Diese Liste gibt eine Vorstellung davon, wie ganzheitlich das Zusammenspiel aller Teile einer Lokomotive war, und wie das Arbeiten eines Teils Auswirkungen auf weit von seinem Einbauort entfernte Bereiche mit ganz anderer Funktion haben konnte. Zum Beispiel war die Dampfausströmung aus den Zylindern, die von der Dampfverteilung (und bei Kolbenschiebern) von der Form der Ausströmöffnungen in den Schieberbuchsen gesteuert wurde, von großer Bedeutung für die Stabilität des Feuerbetts, und falls die Ausströmeröffnung zu plötzlich erfolgte, konnte das zum völligen Einbrechen der Dampferzeugung führen, was später noch im Einzelnen erläutert werden wird.

Angesichts der Tatsache, dass viele Funktionsbereiche der Dampflokomotive einen mehr oder weniger großen Einfluss auf die Verdampfungsleistung hatten, konnte das Problem der mangelnden Verdampfungswilligkeit benutzt werden, um eine Vielzahl von Modifikationen zu rechtfertigen. Diese Aussage wäre natürlich weniger zutreffend gewesen, hätte man spezifische Ursachen für die mangelnde Verdampfungsleistung erkannt. In diesem Fall hätte jeder Umbauplan direkt auf diese Ursachen abgezielt. Die Bestimmung solcher Ursachen in dem fraglichen Fall hätte einer sorgfältigen und langwierigen Untersuchung bedurft, mit Beobachtungen sowohl auf dem Führerstand als auch der Instandhaltungsmethoden. All das lag in der Verantwortung der örtlichen technischen Personale, die das Problem in der Form „die Klasse 19D bereitet Schwierigkeiten bei der Dampferzeugung, weil…" hätten melden sollen. Die einzige angegebene spezifische Ursache war „schlechte Kohle", welche neben ihrem direkten Einfluss auf die Dampferzeugung für die rasche Bildung von Schlackeablagerungen an der Feuerbüchsrohrwand verantwortlich gemacht wurde. Es wurde gesagt, dass bei den betroffenen 19D manchmal nach jeder 580 Kilometer entsprechenden Planleistung die Rohre gereinigt werden mussten (aus verschiedenen Gründen war der Einbau von Rußbläsern, die das Problem vielleicht etwas entschärft hätten, von den SAR vor langer Zeit aufgegeben worden). Wie auch immer, wie ich bereits andeutete, war es sehr wahrscheinlich, dass eine Kombination anderer Faktoren dafür ebenso verantwortlich war. Auf der einen Seiten blieb ich damit in Bezug auf die genaue Ursache des Problems, das man mich zu lösen gebeten hatte, im Dunkeln, aber auf der anderen Seite gab es mir die Freiheit, mit Rücksicht auf praktische Einschränkungen zu konstruieren, was ich wollte, und das war es, was ich wirklich vorhatte. Damit war der Anforderungskatalog von meiner Seite, das gesamte Betriebsverhalten der Klasse 19D so weit wie möglich zu verbessern, mit einem Schwerpunkt auf solche Punkte, von denen man eine Verbesserung der Dampferzeugung hätte erwarten können, wie das Gaserzeugungs-Verbrennungssystem und ein verbesserter Saugzug.

Im Hinblick auf die praktischen Einschränkungen bei dem Projekt hatte ich eine vernünftige Vorstellung von den Fertigungsmöglichkeiten in einem Lokomotivdepot und konnte entsprechend konstruieren. Zum Beispiel konnten keine Gussteile hergestellt werden, und Schweißkonstruktion mussten recht einfach gehalten werden, unter Verwendung leicht zu beschaffender Materialien. Dieser Aspekt wurde zwischen Yspeert, dem Depotpersonal und mir bei einem Treffen in Beaconsfield im Januar 1979 besprochen, anlässlich dessen sie mir versicherten, dass sie herstellen könnten, was ich konstruiert hatte. Es kann an dieser Stelle festgestellt werden, dass Beaconsfield ausgezeichnete Arbeit leistete. An Porta gesendete Photographien von dort hergestellten Bauteilen lösten seine spontanen Glückwünsche an die beteiligten Mitarbeiter aus, besonders an diejenigen, die für die Schornsteine und die Blasrohrdüsen verantwortlich gewesen waren (die

---

[1] In diesem Zusammenhang sei angemerkt, dass auf einer Dampflokomotive der Lokomotivführer auf der rechten und der Heizer auf der linken Führerstandsseite hätte sitzen sollen. Auf diese Weise kam der Lokomotivführer einem rechtshändigen Heizer nicht in die Quere und er hätte den Regler mit der linken und die Steuerung mit der rechten Hand betätigt, was die Regulierung der Lokomotivleistung mit der bevorzugten Methode, nämlich mit der Steuerung, erleichtert. Damit war bei Dampfbetrieb Bedienung rechts und Fahrt auf dem rechten Gleis auf doppelgleisigen Strecken, wie zum Beispiel in Nordamerika und Deutschland, besser als Bedienung links, wie zum Beispiel in Großbritannien üblich. In Südafrika saß der Lokomotivführer auf der rechten Führerstandsseite, aber Züge auf doppelgleisigen Strecken fuhren auf dem linken Gleis, was den Lokomotivführer für die Signalbeobachtung in ungünstiger Weise auf die falsche Seite brachte.

Ersteren waren gänzlich mit Abweichungen von nur ein bis zwei Millimeter zu den Zeichnungen hergestellt, bei Blechkonstruktionen dieser Größe und Art eine exzellente Genauigkeit). Das wäre nicht erreicht worden, falls das Personal nicht voller Begeisterung gewesen wäre, und es war eine gute Erfahrung, welche zum Teil für die Entscheidung verantwortlich war, in Beaconsfield für das spätere Klasse-25NC-Projekt so viele Bauteile wie möglich machen zu lassen. Da Yspeert entschieden hatte, die Projektausgaben auf sein Konto der Unterhaltungskosten für Rollmaterial zu buchen, hatte ich keine Veranlassung mich mit Kostenfragen zu belasten, eine Haltung, die seitdem ein Merkmal meiner beruflichen Laufbahn war, selbst wenn es nicht so hätte sein sollen. Naturgemäß war das Programm beschränkt durch mein eigenes Wissen. Ich dachte, ich hätte ein recht gutes Verständnis all der Änderungen, die ich ausführen wollte, aber die Dinge sind gewöhnlich schwieriger auszuführen als man denkt, und vollständiges Wissen ergibt sich nicht aus dem Lesen von Büchern oder Abhandlungen allein, sondern auch aus Erfahrung. Zum Beispiel gibt es einige Unterschiede zwischen einem, der glaubt das Fahren durch das Verstehen einer Fahranleitung gelernt zu haben und einem, der tatsächlich die Erfahrung gemacht hat, ein Kraftfahrzeug zu führen. Erfahrung war es, an dem es mir fehlte, und die ganze Aufgabe war damit für mich eine Lernprozess, angefangen mit der Konstruktionsphase, als ich feststellte, dass ich zwar die betreffenden Grundprinzipien begriffen hatte, aber dass es viele praktische Details gab, wo mein Wissen noch immer unzureichend war. Und schließlich wollte ich nicht, dass das 19D-Projekt sich auf das 25NC-Programm störend auswirkte, falls und sobald das Letztere genehmigt würde. Das zwang dazu, die 19D-Modifikationen auf solche zu beschränken, die entweder als unerlässlich oder einfach angesehen wurden, so dass die gesamte Arbeit so schnell wie möglich abgeschlossen werden könnte. Am Anfang wurde nicht vorhergesehen eine wie umfangreiche Lektion selbst dieses relativ bescheidene Programm werden würde, und die Tatsache, dass das 25NC-Projekt nicht freigegeben wurde, bevor nicht wertvolle Erfahrungen mit der 19D gewonnen worden waren (welche vielleicht gar keine relevanten Faktoren waren), war wirklich ein glücklicher Umstand.

Die nachstehenden Änderungen wurden zunächst vorgeschlagen:

1. Das Gaserzeugungs-Verbrennungssystem
2. Eine verbesserte Saugzuganlage
3. Eine höhere Überhitzung
4. Modifizierte Kolbenschieber und Schieberbuchsen
5. Eine verbesserte Schieber- und Zylinderschmierung
6. Eine modifizierte Reglerverriegelung

Das wird nun der Reihe nach beschrieben.

1. Das Gaserzeugungs-Verbrennungssystem

Es ist angebracht, an dieser Stelle eine angemessenen Beschreibung des GPCS einzufügen, welches im Grunde ein sehr einfaches Prinzip war, dessen erfolgreiche praktische Anwendung, wie ich feststellen musste, allerdings nicht ganz so einfach war. Um die Bedeutung des GPCS zu verstehen, muss zunächst das Betriebsverhalten des Lokomotivkessels erläutert werden.

Die klassische, dem Amerikaner Lawford Fry[1] zugeschriebene Darstellung war es, den Kesselwirkungsgrad über dem verfeuerten Brennstoffmassenstrom (üblicherweise als spezifische Rostflächenbelastung bzw. Rostbelastung bezeichnet) aufzutragen. Der entstehende Graph ist ausnahmslos eine Gerade der Form:

$$\eta_k = k_1 - k_2 \cdot b_r \cdot R^{-1}$$

mit η_k = Kesselwirkungsgrad
b_r = Rostbelastung
R = Rostfläche
$k_1\ k_2$ = Konstanten

Es muss betont werden, dass es sich um einen rein empirischen Zusammenhang handelte, wie er sich in zahlreichen Kesselversuchen für kohlegefeuerte Lokomotiven allgemein als richtig erwiesen hatte. Die Lage und die Steigung der Geraden eines bestimmten Kessels und Brennstoffs ergaben sich aus den Konstanten k_1 und k_2, die eine Funktion der Kesselkonstruktion und der Kohleeigenschaften waren, wie dem Gehalt an Feinkohle und dem Backvermögen. Weil zwischen dem Kesselwirkungsgrad und der Rostbelastung dieser Zusammenhang bestand, ergab sich für die Darstellung des Zusammenhangs zwischen Dampferzeugung und Rostbelastung eine Parabel, mit einem absoluten Maximum der Dampferzeugung für jeden gegebenen Kessel und Brennstoff. Das heißt, es wurde ein Punkt erreicht, genannt die „Rostgrenze", ab dem selbst bei einer weiteren Erhöhung der Brennstoff- und Verbrennungsluftzufuhr nicht mehr Dampf erzeugt werden konnte. Die Abb. 20 zeigt ein typisches Beispiel dieser Charakteristiken am Beispiel der SAR-Klasse 25NC.[2] Man beachte, dass selbst ein so moderner und generell gut proportionierter Kessel an der Rostgrenze nur noch 37 % Wirkungsgrad erreichte (es kann mathematisch nachgewiesen werden, dass jeder Kessel, bei dem für den Zusammenhang zwischen Wirkungsgrad und Rostbelastung die Formel $\{\eta_k = k_1 - k_2 \cdot b_r \cdot R^{-1}\}$ Gültigkeit hat, seine maximale Dampferzeugung bei einer Rostbelastung von $k_1R / 2k_2$ haben würde. Bei dieser Belastung wäre der Kesselwirkungsgrad die Hälfte des bei einer Rostbelastung 0 vorhergesagten).

Der Grund für diese Charakteristiken wurde durch Versuche deutlich, bei denen jeder der verschiedenen Verluste, wie sie bei einem Lokomotivkessel auftreten, quantifiziert wurde. Die grundsätzlichen Wärmeverlustquellen waren wie folgt:

Verlust durch Unverbranntes	}	
Verlust durch unvollständige Verbrennung	}	bestimmte die Wirksamkeit des Kessels als Wärmeerzeuger
flüchtiger Bestandteile	}	
Verlust durch unverbranntes Kohlenmonoxid	}	
Abgasverlust	}	bestimmte die Wirksamkeit des Kessels als Wärmetauscher
Strahlungsverlust	}	

[1] Fry, L. H., A Study of the Locomotive Boiler, Simmons-Boardman Publishing Corp., New York 1924.

[2] Quelle: Abteilung des CME, Pretoria, interner Bericht, An Investigation of the Performance of the Class 25NC Boiler and the Effect of Certain Modifications on the Boiler Efficiency with Particular Reference to the Standard 3B Boiler Tests, Az. 12/1/25NC/13, 1956.

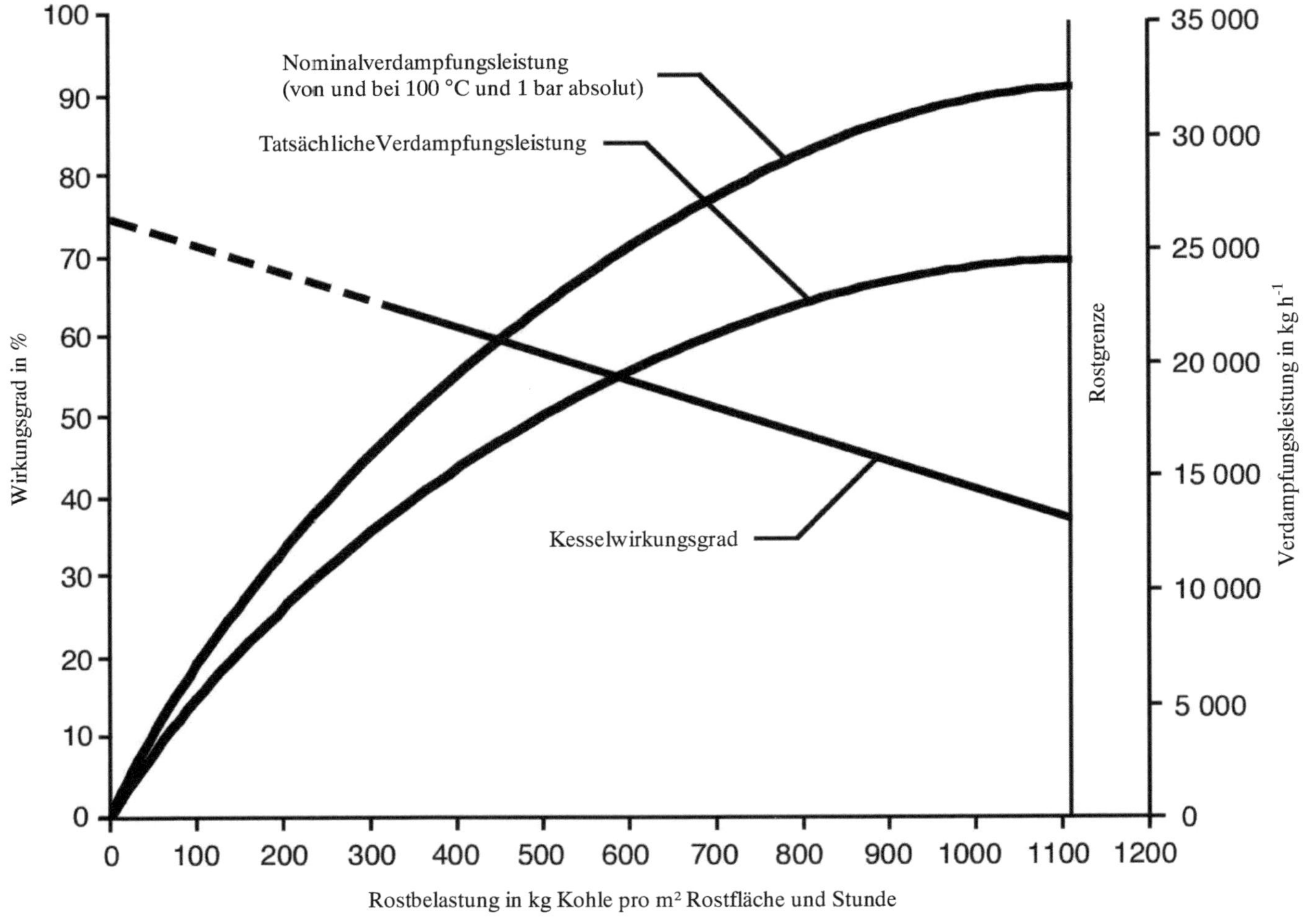

Abb. 20
Typisches Betriebsverhalten des kohlegefeuerten Lokomotivkessels

(2D2-Klasse 25NC der SAR mit 30°-Winkel zwischen Rost und Feuerschirm und mechanischer Rostbeschickung mit der Kohlesorte Albion Rounds)

Die Abb. 21 zeigt die Ergebnisse von Kesselversuchen an einer 2D1 der Klasse M1-a der Pennsylvania Railroad *(Anm. d. Übers.: h2, Schlepptender, Bahn-Nrn. 6700 bis 6799, PRR-Altoona-Werkstätten, 1930, und Lima Locomotive Works, 1930)*, die wegen der sehr hohen Rostgrenze (ausgedrückt als Rostbelastung), die mit dieser Kesselkonstruktion erreicht wurde, von besonderem Interesse sind. Man erkennt, dass der Anteil des Wärmestroms des aufgeworfenen Brennstoffmassenstroms, der unverbrannt aus dem Kessel entweicht, mit steigender Rostbelastung ständig zunimmt. Das war im Wesentlichen der Verlust durch Unverbranntes, wovon das meiste durch den Schornstein entwich, der Rest fiel in den Aschkasten beim Feuerreinigen und wurde bei geringer Dampfleistung und bei Kohlen mit hohem Aschegehalt anteilig größer. Der Verlust durch Unverbranntes erreichte bei der maximalen Verbrennungsleistung 50 % des aufgeworfenen Brennstoffmassenstroms und das definiert die Rostgrenze. Das war der Punkt, an dem die Wärmefreisetzung in der Feuerbüchse ihr Maximum erreichte, was praktisch gesehen eintrat, wenn der vom Saugzug mitgerissene und unverbrannt entweichende Brennstoffmassenstrom gleich wurde dem tatsächlich verbrannten Brennstoffmassenstrom. Hier besteht dann auch ein Zusammenhang mit dem Beginn besonders heftiger Feuerbettfluidisierung. Diese maximale Wärmefreisetzung konnte nicht überschritten werden, da die für mehr Verbrennung benötigte weitere Verbrennungsluft weiteres Mitreißen von unverbrannter Kohle bewirkte, statt die Verbrennungsleistung zu erhöhen. Es ist wichtig zu bemerken, dass bei hohen Verdampfungsleistungen ein im Gasstrom mitgerissenes Kohleteilchen etwa 0,1 Sekunden benötigte, um die Feuerbüchse zu durchqueren, was nur bei einem Teilchen von 0,1 mm Durchmesser oder weniger für eine vollständige Verbrennung ausreichend war. Die benötigte Zeit, um ein Teilchen von 10 mm Durchmesser zu verbrennen (das ist in etwa die Teilchengröße, die in der Nähe der Rostgrenze mitgerissen werden konnte) betrug ungefähr 1 000 Sekunden, beziehungsweise das zehntausendfache der Zeit, die in dem Feuerraum einer Lokomotive bei Volllastbetrieb zur Verfügung stand. (Diese Zahlen sind zutreffend ohne Sekundärlufteinführung; dabei konnte die Verweilzeit der Teilchen im Feuerraum länger sein, da sie abhängig von den Sekundärluftströmen, die sie erfassten, unregelmäßige Wege nahmen.)

Die Charakteristiken von Lokomotivkesseln konnten durch andere Ordinaten als die Rostbelastung wirksamer illustriert werden. Zum Beispiel können die Daten aus der Abb. 20 benutzt werden, um den Kesselwirkungsgrad über der entsprechenden Dampferzeugung (Abb. 22) oder das Verhältnis des tatsächlichen Brennstoffmassenstroms zum theoretisch notwendigen Brennstoffmassenstrom über der entsprechenden Dampferzeugung darzustellen (Abb. 23). Beide Diagramme zeigen den Tribut, der für ein Forcieren des Kessels zu zollen ist, da die höchsten Verdampfungsleistungen wegen des Mitreißens von Kohleteilchen nur mit einer überproportionalen Zunahme des Brennstoffverbrauchs und mit Wirkungsgradeinbuße erreicht werden. Dieser Flugverlust war bei hohen Verdampfungsleistungen der schwerwiegendste Energieverlust der Lokomotive. Er begrenzte die von der Kesselleistung abhängige Höchstleistung und hatte sowohl eine ruinöse Auswirkung auf den Gesamtwirkungsgrad der Dampflokomotiven, falls sie an oder nahe an ihrer Leistungsgrenze betrieben wurden,

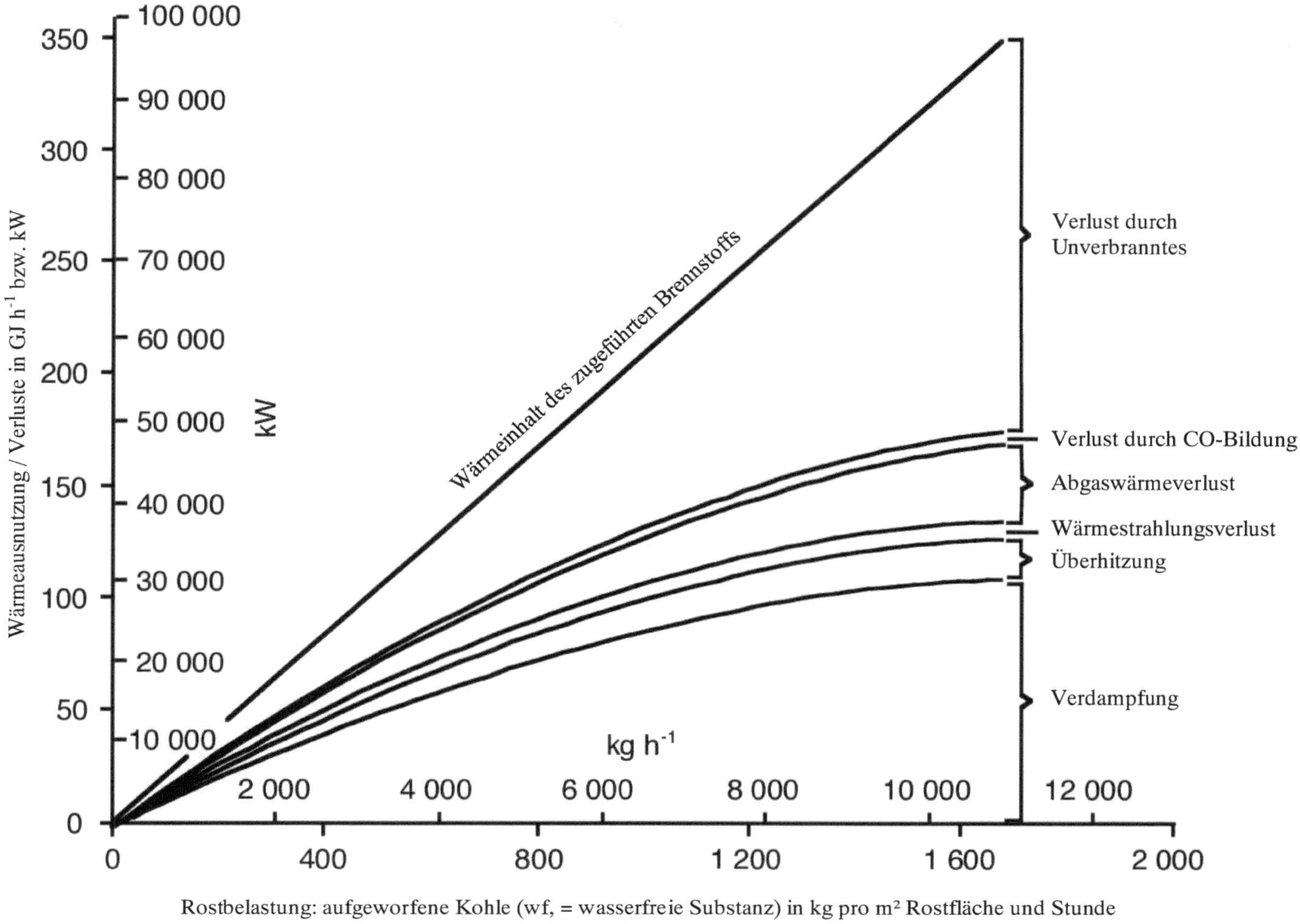

Abb. 21
Pennsylvania Railroad: 2D1-Klasse M1-a:
Wärmeausnutzung und Verluste des Kessels über der Rostbelastung

Quelle: Brand, C. A., The Locomotive Boiler, Transactions of the American Society of Mechanical Engineers, 1939. Man beachte die sehr große Energiezufuhr zu dem Kessel: bei der größten Rostbelastung betrugen die *Kesselverluste* atemberaubende 62 000 kW.

als auch, dass er für solche Probleme wie Funkenwurf und Erosionen im Kessel und in der Rauchkammer die Ursache war. In der Praxis konnte der geringe Kesselwirkungsgrad in der Nähe der Rostgrenze nicht toleriert werden und stellte somit ein Hindernis dar für den allgemeinen Betrieb von Dampflokomotiven mit hoher Leistung, so dass sie üblicherweise für Einsatzzwecke ziemlich weit unter ihrer möglichen Maximalleistung bewertet wurden. Die britische Lösung dieses Problems war es, die Saugzuganlage ganz bewusst mit dem Ziel der Begrenzung der Verbrennungsluftzufuhr zu gestalten. Damit lag die Blasrohrgrenze beträchtlich unter der Rostgrenze, und ein Betrieb der Lokomotive unterhalb eines bestimmten Niveaus des Kesselwirkungsgrads war unmöglich, verhinderte aber auch eine hohe Dauerleistung der Lokomotive unter allen Umständen.

Flugverlust konnte auf zwei Weisen in Gang gesetzt werden. Entweder wurden Kohleteilchen von der Verbrennungsluft vom Feuerbett angehoben oder Kohleteilchen wurden vom aufwärts gerichteten Gasstrom beim Aufwerfen durch das Feuerloch in die Feuerbüchse erfasst. Die Abb. 24, gezeichnet nach Daten der Kohleversuchsanstalt der Britischen Nationalen Kohlebehörde (British National Coal Bord, NCB), zeigt den Zusammenhang zwischen Teilchengröße und der notwendigen Gasgeschwindigkeit, um solche Teilchen vom Feuerbett anzuheben. Bei einer Lokomotive, die nahe an der Rostgrenze arbeitete, lag die Gasgeschwindigkeit der Primärluft im oberen Bereich des Feuerbetts am oberen Ende der Skala in Abb. 24, selbst wenn eine gleichmäßige Strömung angenommen wurde und sicherlich noch oberhalb davon bei den Spitzenwerten des Luftstroms in der realen, pulsierenden Strömung (ganz ohne Zweifel merklich darüber, wenn Luftlöcher im Feuerbett auftraten), so dass mindestens alle Kohleteilchen von 10 mm Größe und darunter dazu neigten vom Feuerbett abgehoben zu werden. Da allerdings nicht die gesamte Verbrennungsluft als Primärluft durch das Feuerbett zugeführt werden musste, konnte das Problem durch Verminderung der Primärluftmenge in Angriff genommen werden, wobei der Ausgleich der Verbrennungsluftmenge als Sekundärluft über dem Feuerbett direkt in den Verbrennungsraum eingeleitet wurde, und zwar, mit Blick auf den kleinstmöglichen Flugverlust, oberhalb der Wurfparabel der aufgeworfenen Kohle.

Der Nutzen von Sekundärluft für den Verbrennungsvorgang war seit Langem bekannt. Wenn Kohle auf ein Feuerbett von einer bei Lokomotiven vorherrschenden Temperatur (etwa 1 400 °C) aufgeworfen wurde, dann wurden Gas, Öl und Teer, als Sammelbegriff mit flüchtige Bestandteile bezeichnet, sehr rasch freigesetzt. Die rasche Erhitzung der Kohle führt auch zu der Zersetzung und Polymerisation (molekulare Umstrukturierung) der Öle und Teere zu Rußteilchen, welche aus dem Schornstein als Rauch in Erscheinung traten. Um dieses Gas und den Ruß zu verbrennen, musste Sauerstoff oberhalb des Feuerbetts zur Verfügung stehen. Auf handgefeuerten Lokomotiven trat

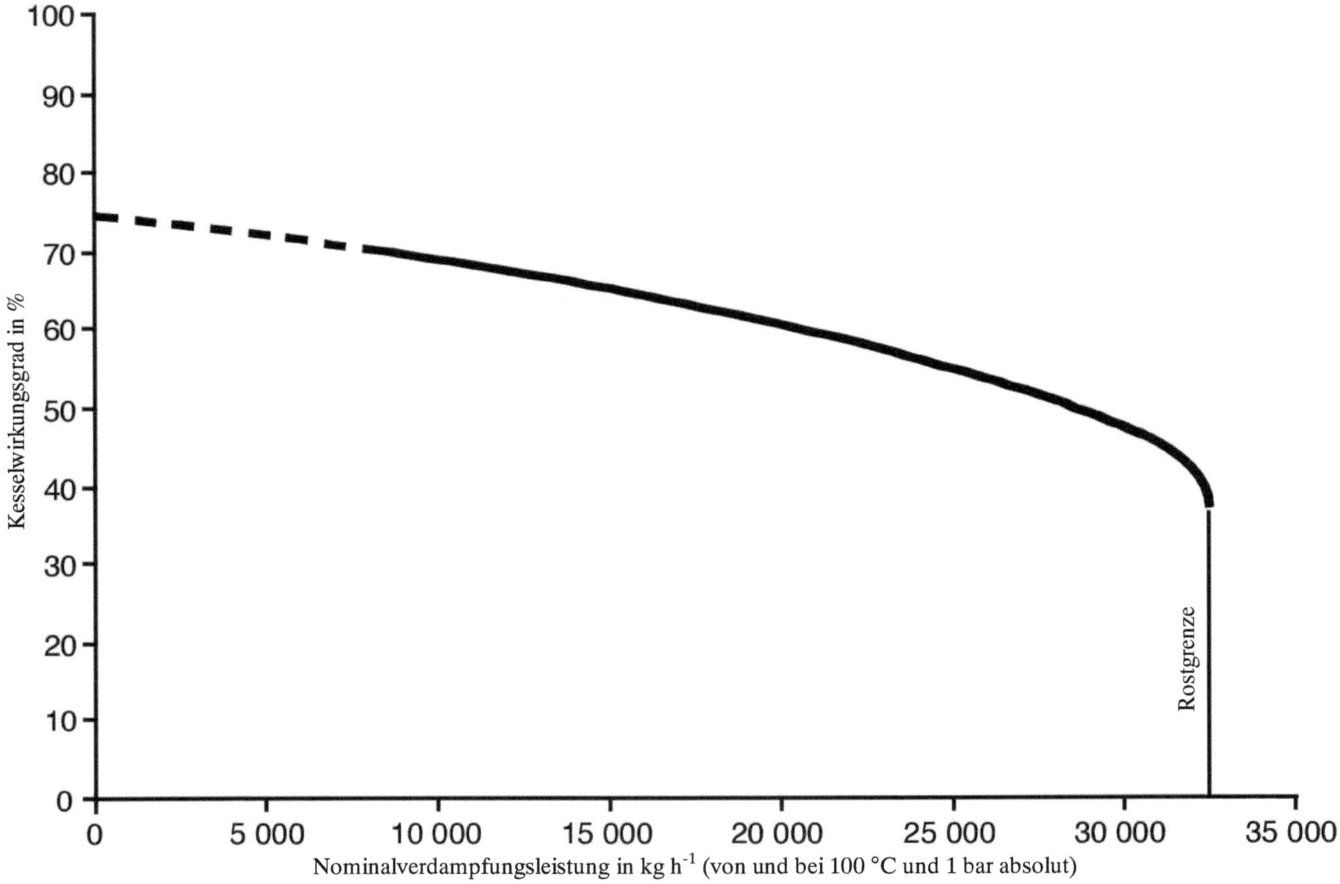

Abb. 22
Typischer Verlauf des Kesselwirkungsgrads über der Verdampfungsleistung (2D2-Klasse 25NC der SAR)

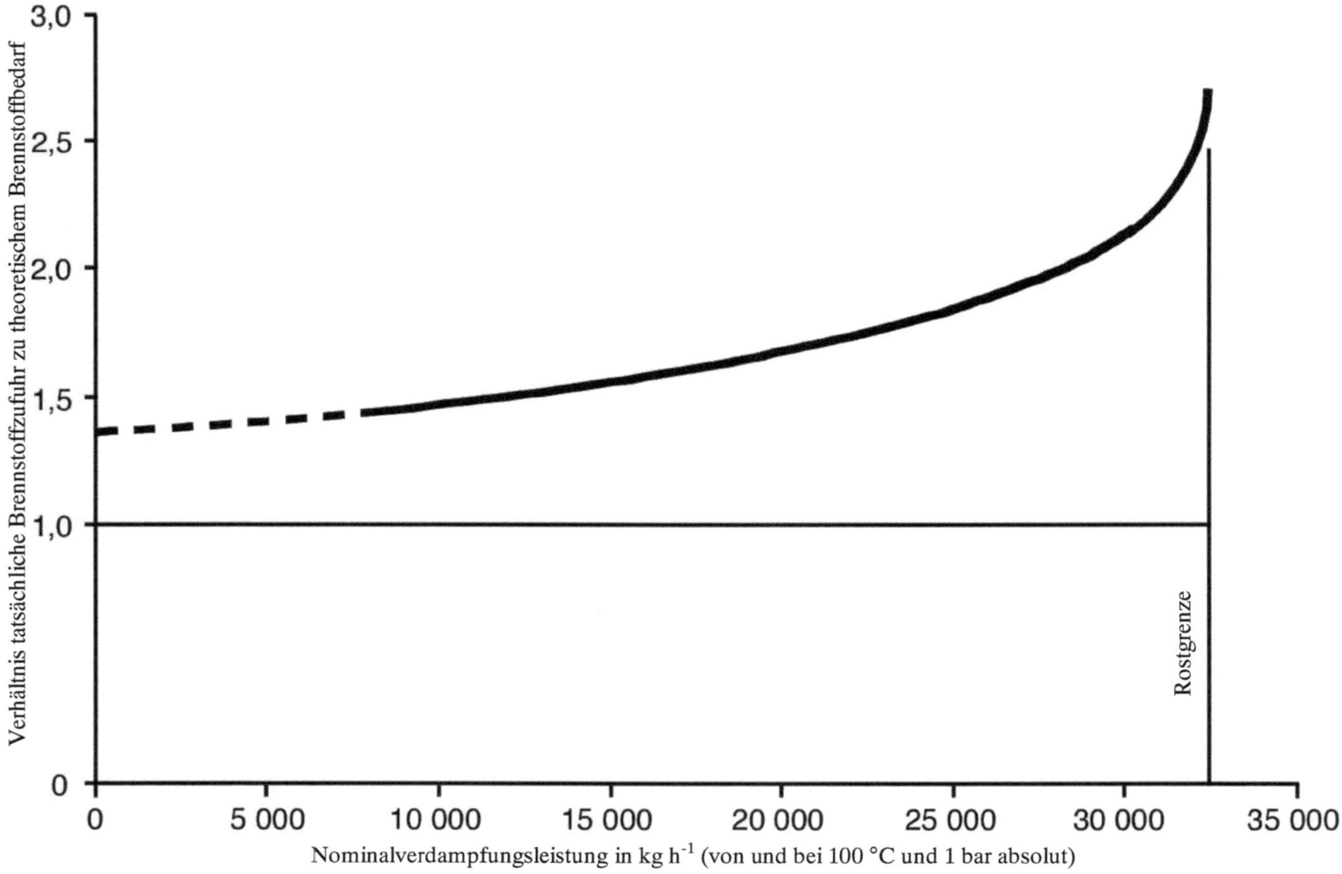

Abb. 23
Verhältnis tatsächliche Brennstoffzufuhr zu theoretischem Brennstoffbedarf: Kessel der SAR-Klasse 25NC

beim Feuern der Kohle stets Sekundärluft durch die Feuertür ein. Unter der Voraussetzung, dass jeweils keine übergroßen Kohlemengen aufgeworfen wurden, also dass die Feuerungsmethode „wenig, aber oft" angewendet wurde und die Feuertür nicht nach jedem Schaufelwurf geschlossen wurde, war die so zugeführte Sekundärluft in der Regel ausreichend, die flüchtigen Bestandteile zu verbrennen und schwarzen Rauch zu vermeiden. Solche Bedingungen waren im Allgemeinen zum Beispiel in Großbritannien zutreffend, wo es bei den Lokomotiven nicht ungewöhnlich war, dass sie während der gesamten Fahrtdauer so gut wie keinen sichtbaren Rauch machten. Auf größeren Lokomotiven ausgerüstet mit mechanischen Stokern war die Situation ein bisschen anders. Da der Stoker in der Lage war, das gesamte Feuerbett kontinuierlich mit Kohle zu versorgen, wurde ein sehr niedriges aktives Feuerbett angestrebt, um Schlackebildung zu vermeiden. Schlacke ist die Bezeichnung für Klumpen aus mineralischen Bestandteilen, die sich bilden, wenn die Kohleasche schmilzt und dann erstarrt. Der Schmelzvorgang ist mit einem Verschmelzen der Ascheteilchen verbunden, wobei die Größe der entstehenden Schlackebrocken von kleinen Klumpen bis zur Größe des gesamten Rosts reicht. Große Schlackebrocken waren eine ernste Behinderung des Lokomotivbetriebs, da sie die Zufuhr von Luft zum Feuer verstopften, und ihr Aufbrechen und ihre Entfernung aus den Feuerbetten großer Lokomotiven in Nordamerika, für die mechanische Stoker ursprünglich entwickelt worden waren, wäre sehr schwierig gewesen. Da die Neigung zur Schlackebildung eine Funktion der Feuerbetthöhe war, war es ganz natürlich, den Vorteil des mechanischen Stokers durch den

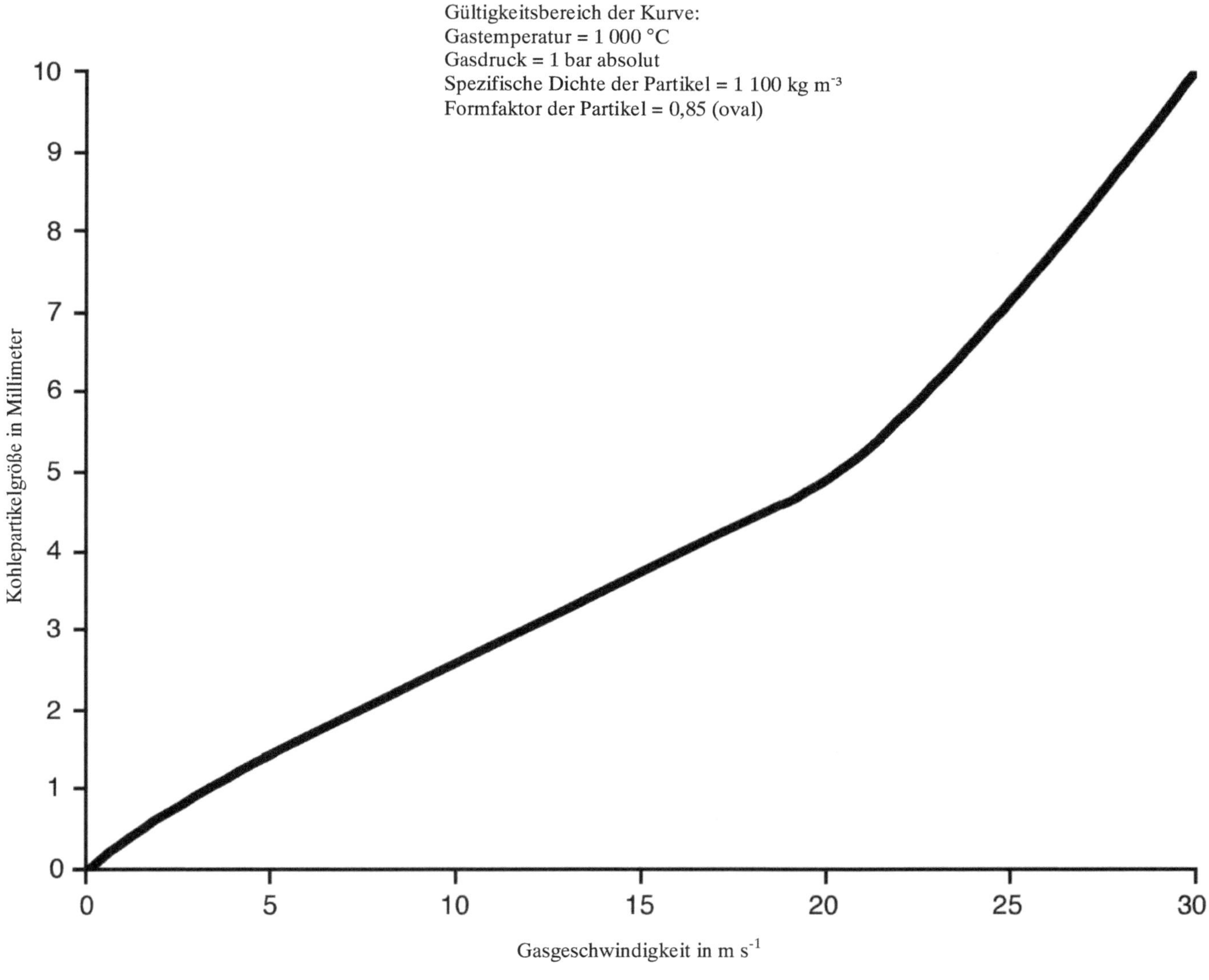

Abb. 24
Kohlepartikelgröße über der minimalen Gasgeschwindigkeit zum Abheben der Partikel vom Feuerbett

Betrieb mit den niedrigstmöglichen Feuerbetten auszunutzen, die sehr durchlässig waren, und es so einem Teil der Primärluft ermöglichten, ohne chemische Reaktionen in den Verbrennungsraum über dem Feuer durchzudringen und dort als Sekundärluft zu wirken. Obwohl auch geringe Sekundärluftmengen als Kühlluft des Stoker-Verteilertisches und durch geschützte Luftlöcher in der Feuertür zugeführt wurden, durchströmte fast die gesamte Verbrennungsluft das Feuerbett. Das Vorangegangene erklärt, warum mechanisch gefeuerte Lokomotiven mit nur sehr geringer Sekundärluftzufuhr direkt über dem Feuer zur Verbrennung der flüchtigen Bestandteile, dennoch in der Lage waren, mit rauchloser Verbrennung zu arbeiten. Das war der Fall, solange das Feuerbett niedrig und durchlässig blieb und die Kohlebeschickung intelligent durchgeführt wurde, wie in den Worten eines amerikanischen Ingenieurs: „die beste Rauchverminderungseinrichtung ist ein Heizer, der sich gewissenhaft um die Rauchvermeidung bemüht."[1] Aber der mechanische Stoker war anfällig für Missbrauch, da große Kohlemengen ohne Anstrengung verfeuert werden konnten, was zu starken Rauchemissionen führte. Das Gleiche konnte auf handgefeuerten Lokomotiven

[1] Eine gegenteilige Haltung konnte manchmal bei den SAR angetroffen werden, wo bestimmte Heizer einen Sport daraus machten, festzustellen, wer am meisten Rauch produzieren konnte.

passieren, falls die Feuerungsmethode „wenig, aber oft“ nicht angewendet wurde. Damit wurden Dampflokomotiven traditionell mit Rauchentwicklung in Verbindung gebracht, und es schien mehr als alles andere die Frage der Rauchminderung gewesen zu sein, die praktische Versuch mit der Vergrößerung der direkt in die Lokomotivfeuerbüchsen eingeleiteten Sekundärluftmenge auslöste.

Es wurde berichtet, dass bereits 1858 Sekundärlufteintritte in die Feuerbüchse mit koaxialen Dampfdüsen zur Luftförderung und Verwirbelung in England benutzt wurden, und ähnliche Anordnungen wurden in Amerika im 19. Jahrhundert ausprobiert[1]. Ein zeitgenössischer Kommentar zu den Versuchen liest sich wie folgt:[2]

> „Wir versuchten das Problem der Rauchvermeidung zu lösen, fanden aber bald heraus, dass die Rauchvermeidung sich nicht mit dem Kohlesparen vertrug. Falls man Rauch vermied, verbrannte man mehr Kohle.[3] Mir ist auf den gesamten Britischen Inseln kein Fall bekannt, wo das nicht so eintrat.“

Allerdings verschwand die Rauchplage nicht von selbst, und in Amerika wurden besonders während der dreißiger und vierziger Jahre Sekundärlufteintritte (Verbrennungsrohre genannt) mit oder ohne Dampfdüsen in die Feuerbüchsen einer großen Anzahl von Lokomotiven eingebaut, einschließlich der (2D)D2 „Big Boy“ *(Anm. d. Übers.: h4, Schlepptender, ähnlich Bauart Mallet, Bahn-Nrn. 4000 bis 4024, ALCO, USA, 1941 und 1944)* der Union Pacific, und es wurde Versuchsarbeit geleistet, um die optimalen Verhältnisse zwischen den verschiedenen Parametern zu bestimmen. Die Gesamtquerschnitte für Sekundärluft waren üblicherweise klein im Verhältnis zur Gesamtrostfläche (typisch 17 cm² pro m² Rostfläche, obwohl die (2D)D2 der UP ungefähr das Dreifache dieses Werts hatten) und hätten aus diesem Grund nicht die benötigte Sekundärluft für die vollständige Verbrennung der flüchtigen Bestandteile zugeführt. Auch werden sie den Luftstrom durch das Feuerbett bei normaler Dampfleistung, das Wirken von Primärluft als Sekundärluft und den Flugverlust nicht nennenswert vermindert haben, werden aber in erster Linie nützlich bei der Rauchverminderung bei geringen Dampfleistungen gewesen sein, was ihre Hauptaufgabe war. Ende der vierziger Jahre war das Problem der Rauchemission in Bahnhöfen, Lokomotivdepots und Rangierbahnhöfen offenkundig für die amerikanischen Eisenbahnen ein drängendes geworden. Es ist von Interesse, dass der Einfluss von Sekundärluft auf den Flugverlust von Kohleteilchen von dem Feuerbett zwar erkannt wurde, aber dieser auf die Leistung und den Wirkungsgrad der Dampflokomotiven wirksame grundsätzliche Faktor schien als etwas von vielleicht zweitrangiger Bedeutung behandelt worden zu sein, verglichen mit dem Rauchproblem. Wahrscheinlich wohl, weil zu der Zeit die Dampftraktion in den USA offensichtlich abgängig war und Anstrengungen folglich nur zur Behebung unmittelbarer Probleme gemacht wurden, statt auf eine langfristigere Entwicklung gerichtet zu sein. In diesem Zusammenhang ist es angezeigt, darauf hinzuweisen, dass, obwohl Rauch auch unverbrannter Brennstoff bedeutete, sich daraus nur eine überraschend geringe Wirkungsgradeinbuße ergab. 50 % Rauchdichte *(Anm. d. Übers.: auch Opazität oder Trübung genannt, Bestimmung des Werts durch Messung der Lichtundurchlässigkeit)* stellte nur einen Verlust von Unverbranntem in der Gasphase von 2,5 % dar.[4]

Zu der Anwendbarkeit von Sekundärlufteinführungen über dem Rost war man in Amerika geteilter Meinung. W. F. Collins, Versuchsingenieur der New-York-Central-System-Eisenbahn kommentierte die Abhandlung von Benton und Engdahl in einer Diskussion wie folgt:

> „Die Ergebnisse unserer bisherigen Untersuchungen ergeben, dass Sekundärluftdüsen über dem Rost zur Rauchvermeidung im Stillstand sehr wirksam sind. Bei betrieblichen Verbrennungsleistungen sind sie bei der Rauchminderung nicht wirksam und ihr Betrieb ist bei diesen Verbrennungsleistungen aus den folgenden Gründen nicht wünschenswert: (a) Der Lärm [der Dampfdüsen] ist störend. (b) Sie stören die ordnungsgemäße Kohleverteilung. (c) Vorläufige Ergebnisse zeigen keine Verbesserung der Wirtschaftlichkeit. (d) Keine sichtbare Verbesserung der Rauchentwicklung. (e) Die automatische Steuerung [für die Dampfversorgung der Düsen] ist nicht absolut zuverlässig und erhöht den Instandhaltungsaufwand.“

Im Jahre 1945 experimentierten die SAR mit der Sekundärluftzufuhr über dem Rost, indem die mechanisch gefeuerte 2D1 Nr. 3289 der Klasse 23 mit Luftrohren versehen wurde. Diese Sekundärluftrohre waren mit Absperrklappen ausgestattet, die mit einem Kolben verbunden waren, der vom Abdampfgegendruck beaufschlagt war. Die Idee war, dass je schwerer die Lokomotive arbeitete, desto größer wurde der Eintrittsquerschnitt für Sekundärluft. Bald wurde erkannt, dass der Klappenmechanismus im Wesentlichen überflüssig war und die Lufteinlässe am besten ganz geöffnet blieben, da der Feuerbüchsunterdruck abhängig vom Verbrennungsluftbedarf auch den Sekundärluftstrom automatisch regulierte. Der Gesamteintrittsquerschnitt für Sekundärluft betrug 428 cm², entsprechend 73 cm² pro m² Rostfläche, ein recht hoher Wert. Der Testbericht gab die relevanten Schlussfolgerungen wie folgt an[5]:

1. Die Sekundärluft verminderte die Rauchdichte deutlich.
2. Die Sekundärluft verminderte den Löscheauswurf aus dem Schornstein geschätzt um 15 %, wegen verminderter Flugverluste aus dem Feuerbett.
3. Die Zufuhr von Sekundärluft veränderte die Gesamtzufuhr an Verbrennungsluft zur Feuerbüchse bei allen Verdampfungsleistungen nur unbedeutend.
4. Die Sekundärluft hatte keinen nachteiligen Einfluss auf die Verdampfungsleistung der Lokomotive.

Trotz dieser ermutigenden Ergebnisse wurden geeignet große Sekundärluftöffnungen kein Merkmal der SAR-Lokomotiven, wurden aber zur Verminderung der Rauchemissionen bei Rangierlokomotiven, die im großstädtischen Umfeld eingesetzt waren, ausprobiert (und anschließend aufgegeben). Auch anderswo wurden sie nach Kenntnis des Autors nicht allgemein eingeführt. Warum nicht? Die Antwort lag möglicherweise in der Tatsache begründet, dass die direkte Zufuhr von Sekundärluft in den Verbrennungsraum einen weiteren Faktor zu der schwierigen Aufgabe, einen Dampflokomotivkessel *unter durchschnittlichen Betriebsbedingungen* zu feuern, hinzufügte, der diese Aufgabe weiter erschwerte und die Verdampfung nachteilig beeinflusst haben wird, ein Thema, dass weiter unten im Detail erläutert wird. Die praktisch ausschließlich geübte Praxis der Heizer, auf handgefeuerten Lokomotiven die Feuertür nach Beendigung des Kohleschaufelns zu

---

[1] Benton, E. D. und Engdahl, R. B., Steam-Air Jets for the Abatement of Locomotive Smoke, Transactions of the American Society of Mechanical Engineers, Januar 1947, Seiten 35-45.

[2] Discussion of overfire air inlets, Proceedings of the American Railway Master Mechanics Association, Band 25, 1893, Seite 188, zitiert in Quelle (1) oben.

[3] Das wird hauptsächlich wegen größerer Abgasverluste durch erhöhten Luftüberschuss gewesen sein.

[4] Porta, L. D., The Burning of Coal on Locomotive Grates – The Classical Combustion, überarbeitete Fassung, 1983 (nicht veröffentlicht).

[5] SAR, Abteilung des CME, Pretoria, interner Bericht, Secondary Air Supply: Class 23 Locomotives, Az. L 13600.23 vom 25.01.1946.

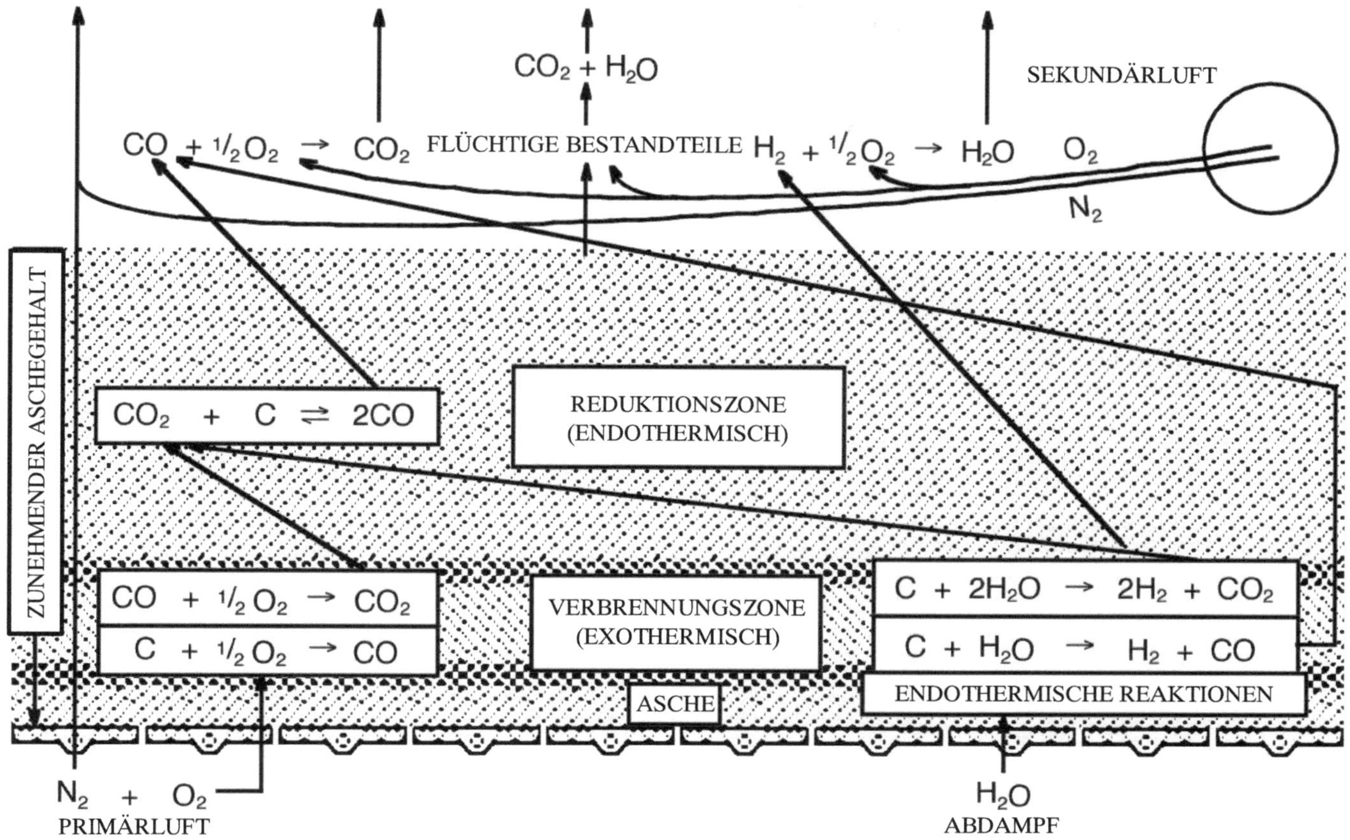

Abb. 25
Gaserzeugungs-Verbrennungssystem: die idealen grundsätzlichen chemischen Reaktionen (vereinfacht)

schließen und auf mechanisch gefeuerten Lokomotiven bei der Fahrt unter Dampf niemals zu öffnen, hatte fundierte praktische Gründe: sie wussten aus Erfahrung, dass die Verdampfungswilligkeit des Kessels besser war, wenn die Feuertür geschlossen war und sämtliche Verbrennungsluft durch das Feuerbett eintrat. Es gab allerdings mindestens eine Ausnahme von dieser Regel: britische Lokomotiven mit tiefen schmalen Feuerbüchse, auf denen Kohle verfeuert wurden, die keine Schlacke bildete, wie zum Beispiel walisische „Steam Coal“ *(Anm. d. Übers.: wörtlich „Dampfkohle“, Qualitätsbezeichnung seit dem 19. Jhdt. für hochwertige walisische Kohle, die besonders für handgefeuerte Dampfkessel zu Lande und zu Wasser geeignet war)*, oft in extrem hohen Feuerbetten – bis zu einem Meter – und mit angemessener Sekundärluftzufuhr durch die offene Feuertür betrieben. Es gab einen grundlegenden Unterschied zwischen einem hohen und einem niedrigen Feuerbett mit guter Verdampfung und relativ einfacher Sekundärluftzufuhr bei dem Ersteren, und das wird verständlich mit Blick auf Abb. 25, welche die wesentlichen beteiligten chemischen Reaktion zeigt.

Die Verbrennung von festen Brennstoffen kann als aufgeteilt in drei Zonen betrachtet werden. Die erste Reaktion der eintretenden Primärluft mit dem Kohlestoff im Brennstoff lautet:

$$C + \tfrac{1}{2}\,O_2 \rightarrow CO \quad (-\,110\ \text{MJ kmol}^{-1})$$ [1]

In der Gegenwart von freiem Sauerstoff ist das CO rasch oxidiert:

$$CO + \tfrac{1}{2}\,O_2 \rightarrow CO_2 \quad (-\,283\ \text{MJ kmol}^{-1})$$

In einem dicht gepackten Feuerbett mit einer Höhe von bis zu vier Kohlepartikeldurchmessern würde die gesamte Primärluft auf diese Weise überwiegend zu CO_2 verbraucht werden, siehe auch Abb. 26.[2] Da traditionelle niedrige Lokomotivfeuerbetten im Allgemeinen aus dieser Oxidationszone bestanden, neigte der feste Kohlenstoff im Brennstoff dazu, fast vollständig innerhalb des Feuerbetts oxidiert zu werden und trat nicht als ein für die Verbrennung in Sekundärluft geeignetes Gas aus. Dazu kam die Tatsache, dass Lokomotivfeuerbetten besonders bei höheren Verdampfungsleistungen oft durchlässig waren, so dass nicht reagierter Sauerstoff gewöhnlich in der Primärluft oberhalb des Feuerbetts vorhanden war. So wird deutlich, dass bei niedrigen Feuerbetten die einzige Notwendigkeit, Sekundärluft direkt einzuführen, darin bestand, einen eventuellen Luftmangel im Verbrennungsraum für die vollständiger Verbrennung der flüchtigen Bestandteile auszugleichen. Falls allerdings das Feuerbett höher war, stellte sich oberhalb der Oxidationszone eine Reduktionszone ein nach folgender Reaktionsgleichung:

$$C + CO_2 \leftrightarrow 2CO \quad (+\,173\ \text{MJ kmol}^{-1})$$

---

[1] Die Zahlenwerte in den Klammern geben die molaren Enthalpieänderungen durch die Verbrennungsreaktionen an. Diese Änderungen sind negativ für exotherme Reaktionen (solche, bei denen Wärme freigesetzt wird) und positiv für endotherme Reaktionen (solche, bei denen Wärme aufgenommen wird).

[2] Der äquivalente Durchmesser der Kohlepartikel im Feuerbett, d, wird beschrieben durch die Gleichung $\{1/d = c_1/\sqrt{(d_1 d_1')} + c_2/\sqrt{(d_2 d_2')} + \ldots + c_n/\sqrt{(d_n d_n')}\}$ mit c_1 = der Anteil am Gesamtbrennstoff im Feuerbett mit Durchmessern zwischen d_1 und d_1' etc. Damit sind bei einem Partikeldurchmesser von 25 mm vier Kohlepartikeldurchmesser = 100 mm, und so weiter.

Diese endotherme Reaktion war reversibel. Die Reduktion zu CO war bei den in Lokomotivfeuern vorherrschenden relativ hohen Temperaturen dominierend und je höher das Feuerbett, desto größer der Anteil an CO im aufsteigenden Gas. Deshalb wurde in hohen Feuerbetten zum Ersten der feste Kohlenstoff zu CO oxidiert und so die Rate der Freisetzung von Kohlenstoff vom Feuerbett pro Gewichtseinheit Primärluft, verglichen mit niedrigen Feuerbetten, verdoppelnd, wobei sich ein Gas ergab, dass zu seiner vollständigen Verbrennung Sekundärluft benötigte, und zum Zweiten wurde der gesamte Primärsauerstoff im Feuerbett verbraucht, so dass für eine Verbrennung oberhalb des Feuers nichts übrig blieb (hohe Feuerbetten waren offensichtlich weniger durchlässig als niedrige, und für Sauerstoff gab es nur eine geringe Chance ohne Reaktion hindurchzutreten, es sei denn, es gab Luftlöcher oder das Feuerbett war fluidisiert). Unter diesen Bedingungen war Sekundärluft zur Verbrennung der flüchtigen Bestandteile und des CO aus der Teiloxidation des festen Kohlenstoffs zwingend notwendig. Tatsächlich beschreibt dieser Vorgang die denkbar einfachste Art der Kohlevergasung. Auf diese Weise gefeuerte Lokomotiven wurden in Wahrheit, wenn auch unbeabsichtigt, mit einem Gaserzeugungssystem betrieben.

Porta hatte mit dieser Methode Erfahrung durch in Argentinien eingesetzte britische Lokomotiven mit tiefen Feuerbüchsen, die walisische Kohle verbrannten, und er sah das auch in Großbritannien bei Besuchen dort. Er begriff den Vorteil der Verwendung hoher Feuerbetten und erkannte, dass dies das Mittel war, um den Anteil der in der über dem Feuer zugeführten Sekundärluft durch Verbrennen der Gasphase entstehenden Anteil an der gesamten Wärmefreisetzung zu maximieren und damit gleichzeitig den Primärluftstrom und das Problem des Flugverlusts zu minimieren.[1] Allerdings gab es in dem hohen Feuerbett ein größeres Verschlackungsrisiko, da die Asche heißer werden konnte (jede Asche, die in der oberen Feuerschicht anfiel, lag direkt über der heißen Oxidationszone) und weil in der reduzierenden Atmosphäre eines hohen Feuerbetts die endgültige Form des in der Kohle vorhandenen Eisens (überwiegend als Pyrite, FeS_2) Eisenoxid, FeO, war, statt Eisen(III)-oxid, Fe_2O_3, wovon das Erstere eine niedrigere Schmelztemperatur hat. Deswegen waren Kohlen, die in hohen Feuerbetten ohne starke Schlackebildung verbrannt werden konnten, die Ausnahme statt die Regel. Während Schlackebrocken aus dünnen Feuerbetten beim Feuerreinigen selbst größerer Roste (sagen wir mal 6 bis 7 m²) händisch entfernt werden konnten, war das mit massiven Schlackenkuchen, die sich in hohen Feuerbetten bilden konnten, absolut unmöglich, so dass ein Weg gefunden werden musste, die Feuerbetttemperatur unter der Ascherweichungstemperatur zu halten. Genau das gleiche Problem gab es in stationären Festbett-kohlevergasern und dort war es die Lösung, mit der Primärluft auch Dampf einzuführen. Der Dampf reagierte mit dem Kohlenstoff in der Kohle gemäß der nachstehenden das Feuerbett kühlenden endothermen Reaktion:

$$C + H_2O \rightarrow H_2 + CO \ (+131 \text{ MJ kmol}^{-1})$$
$$C + 2H_2O \rightarrow 2H_2 + CO_2 \ (+89 \text{ MJ kmol}^{-1})$$

Nicht der gesamte Dampf wird mit dem Kohlenstoff bei seinem Durchtritt durch das Feuerbett reagiert haben, und in dem Fall entzog der Dampf dem Feuerbett physisch Wärme. Die Dampfmenge wurde so gewählt, dass die Feuerbetttemperatur sicher unterhalb der Ascheerweichungstemperatur blieb. Die erste der beiden oben genannten Reaktionen war die vorherrschende bei Temperaturen oberhalb von 1000 °C, welche in Lokomotivfeuerbetten bei der Fahrt unter Dampf normal waren. Man kann deshalb erkennen, dass der Dampf mit dem Kohlenstoff zu brennbaren Gasen reagierte, die den Bedarf an Sekundärluft und die Wärmefreisetzung oberhalb des Feuers weiter steigerten. Hinsichtlich der Minimierung der störenden Einflüsse auf das Feuerbett war Dampf im Vergleich zu Luft das ideale Vergasungsagens, da die Letztere zu 80 % aus inertem Stickstoff bestand, der nur dazu beitrug, das Mitreißen von Kohleteilchen zu vermehren. Allerdings traf auch die folgende Reaktionsgleichung zu:

$$CO + H_2O \leftrightarrow CO_2 + H_2 \ (-42 \text{ MJ kmol}^{-1})$$

Abgesehen von der physischen Kühlung des Feuerbetts, begünstigte Dampfüberschuss deshalb die Bildung von CO_2 im oberen Teil des Feuerbetts und minderte in der Folge den Heizwert des Generatorgases. Somit war die allgemeine Regel, gerade so viel Dampf zuzuführen, dass die Bildung großer Schlackenkuchen verhindert wird. Die resultierende Feuerbetttemperatur, welche in der Praxis im Feuer nicht gleichmäßig gewesen sein wird, war abhängig von dem aufheizenden Effekt der exothermen Reaktionen in der Oxidationszone im Feuerbett, der Strahlung der Verbrennung der Gasphase oberhalb davon, der Kühlwirkung der endothermen Reaktionen mit dem Dampf und in der Reduktionszone des Feuerbetts als auch von dem Wärmetransport in den Verbrennungsgasen hin zu den Feuerbüchswänden. Das vom Feuerbett aufsteigende Generatorgas bestand im Idealfall aus Kohlenmonoxid, Wasserstoff und den flüchtigen Bestandteilen der Kohle (zusätzlich natürlich aus dem Stickstoff der Primärluft), was zur Verbrennung in der Sekundärluft gemäß der nachstehenden prinzipiellen Reaktionsgleichungen ein Gas von hohem Heizwert ergab:

$$CO + \tfrac{1}{2}O_2 \rightarrow CO_2 \ (-283 \text{ MJ kmol}^{-1})$$
$$H_2 + \tfrac{1}{2}O_2 \rightarrow H_2O \ (-242 \text{ MJ kmol}^{-1})$$
$$CH_4 + 2O_2 \rightarrow CO_2 + 2H_2O \ (-802 \text{ MJ kmol}^{-1})$$

(Letztere ist die Verbrennungsgleichung von Methan, ein Gas in den flüchtigen Bestandteilen)

In der Praxis führt die rasche Erhitzung der aufgeworfenen Kohle und in der Folge die schnelle Freisetzung der flüchtigen Bestandteile dazu, dass diese nur zum Teil als Gas anfallen, den Rest bilden Rußpartikel, die in der Schwebe verbrannt wurden. Auch waren Lokomotivfeuerbetten gewöhnlich nicht hoch genug, um die vollständige Umsetzung gemäß der Reaktionsgleichung {$C + CO_2 \rightarrow 2CO$} zu ermöglichen und etwas CO_2 war immer im Generatorgas (siehe Abb. 26) und minderte seinen Heizwert. Zusätzlich führte in der Kohle vorhandener Schwefel zu einem Gemisch aus Schwefeldioxid, Schwefelwasserstoff und Kohlenstoffdisulfid, das vom Feuerbett aufstieg, wovon die beiden letzteren Verbindungen oberhalb des Feuerbetts zu Schwefeldioxid verbrannten, was potentiell sehr korrosiv war. Südafrikanische Kohlen hatten glücklicher Weise einen niedrigen Schwefelgehalt (typisch etwa 1 %).

Das Vorangegangene beschreibt die wesentlichen chemischen Reaktionen, die bei der Erzeugung und Verbrennung von Generatorgas auftreten.[2] Die Anwendung dieser Kohlevergasungstechnologie in der Lokomotivfeuerbüchse ermöglichte die Verwirklichung der Vorteile eines hohen Feuerbetts und einer großen Sekundärluftmenge ohne das Risiko der Bildung großer Schlackebrocken. Porta taufte diese

---

[1] In einem Vortrag über Versuche an australischen Lokomotiven vor der Institution of Locomotive Engineers in London, wurde mit Überraschung zur Kenntnis genommen, dass es zu einer merklichen Kohleersparnis kam, wenn die Feuertür während der gesamten Versuchsfahrt geöffnet blieb. Dies war ein bemerkenswerter Fall des Nichterkennens des Prinzips, auf dem das GPCS aufbaute.

[2] Die Beschreibung basiert auf einem Vortrag mit dem Titel The Chemistry and Theory of Gas Producers, gehalten von T. D. M. Anderson anlässlich des Gas Producer Symposium im August 1974 in Südafrika, veranstaltet von den Transvaal Coal Owners Association.

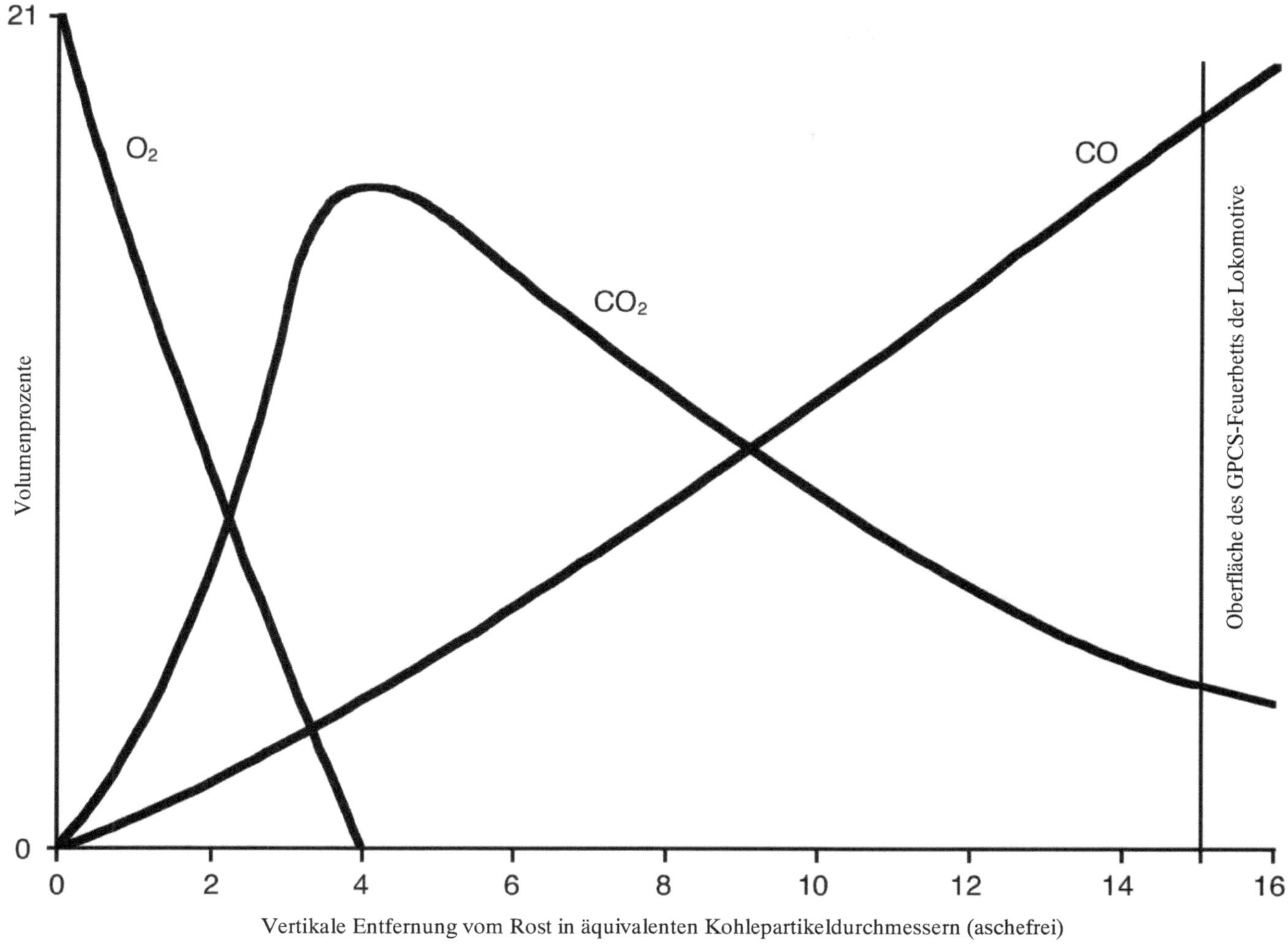

Abb. 26
Schichtung der Gaszusammensetzung im Feuerbett

Entwicklung auf den Namen „Gaserzeuger-Verbrennungssystem". In der Terminologie der industriellen Gaserzeugersysteme würde es als einstufiger Festbettvergaser mit Verbrennung des ungereinigten Generatorgases bezeichnet werden, was den einfachsten industriellen Kohlevergasungsprozess darstellt. Der Hauptgrund für seine Entwicklung war, den Kohleverbrauch durch eine Lösung des Problems der Flugverluste zu mindern und die fundamentale Bedingung für seinen Erfolg war, mit dem größtmöglichen Anteil der Gesamtwärmefreisetzung über dem Feuerbett zu fahren, als Ziel mindestens 70 %, wobei dieser Anteil mit dem Gehalt an flüchtigen Bestandteilen zunimmt. Dazu war aus dem Feuerbett ein Gas mit dem höchstmöglichen Heizwert notwendig, was in Folge den Betrieb mit dem Maximum an Sekundärluft erlaubte, wobei idealerweise etwa 70 % der gesamten Verbrennungsluft über dem Feuer zugeführt wird. Die potentiell dramatische Wirkung, die das auf den Verlust durch unverbrannten Brennstoff haben konnte, ist in den Abbn. 27 und 28 illustriert (diese Zahlen zeigen nur das Ergebnis der Verminderung des Primärluftmassenstroms und berücksichtigen nicht die zusätzliche Minderung der Primärluftgeschwindigkeit durch die niedrigere Feuerbetttemperatur mit GPCS). Das GPCS ergab noch weitere nützliche Nebeneffekte. Da das Feuerbett nicht so heiß war, wie sonst bei der Normalverbrennung auf Lokomotiven (typisch etwa 1000 °C bis 1200 °C gegenüber 1400 °C),[1] was die Freisetzung der flüchtigen Bestandteile langsamer, doch immer noch rasch machte und verminderte die Bildung von Rußpartikeln (da diese eine leuchtende Flamme ergaben, die für einen hohen Strahlungsanteil der Wärmeübertragung in der Feuerbüchse notwendig waren, war die Erzeugung einer gewissen Menge von Rußpartikeln aus dem Feuerbett weiterhin nützlich). Rußverminderung verbunden mit der stetigen Zufuhr von Sekundärluft senkte in erheblichem Maße die Menge und die Dichte der Rauchemissionen. Die Beherrschung der Schlackebildung eliminierte eines der traditionellen Probleme des Lokomotivbetriebs und erlaubte eine zeitlich unbegrenzte Verdampfungsleistung mit nichts weiter, als dem gelegentlichen Schütteln des Rosts, um feine Aschen aus dem Feuerbett zu entfernen. Wegen des geringeren Luftmassenstroms durch das Feuerbett war die negative Steigung der Geraden in der Darstellung des Kesselwirkungsgrads über der Rostbelastung geringer, und die Rostgrenze verschob sich hin zu einer viel höheren Rostbelastung, so dass sie praktisch als ein den Hochleistungsbetrieb behindernder Faktor verschwand. Funkenauswurf, Löscheansammlung in der Rauchkammer, Ascheerosion und Schlackeanbackungen an der Rohrwand (Schwalbennestbildung) wurden ebenfalls gemindert. Längere Fahrten zwischen dem Kohlebunkern konnten gemacht werden, und die Arbeit des Heizers wurde erleichtert, sowohl was die aufzuwerfende Kohlemenge anbelangt als auch bei der unangenehmen Aufgabe des Feuerreinigens.

Die Feuerungsmethode „wenig, aber oft", welche trotz ihres Beitrags zur Wirtschaftlichkeit nicht die bevorzugte Art vieler Heizer war, ihre Arbeit zu erledigen, war zur Erzielung guter Ergebnisse nicht länger notwendig. Jede beliebige Kohlemenge konnte bei einem

---

[1] Für das GPCS gab Porta die Feuerbetttemperatur mit 800 °C bis 1000 °C an (dunkles Kirschrot bis leuchtendes Kirschrot). Das kann mit hochflüchtiger Kohle möglich gewesen sein, und ich beobachtete solch ein rotes Feuer in China bei den Versuchen mit einem Zyklon-GPCS, wie in Kapitel 7.4 beschrieben. Allerdings wird mit der niedrigflüchtigen südafrikanischen Kohle der im Text angegebene Bereich (entsprechend einem leuchtendem Kirschrot bis Gelb) eher normal gewesen sein.

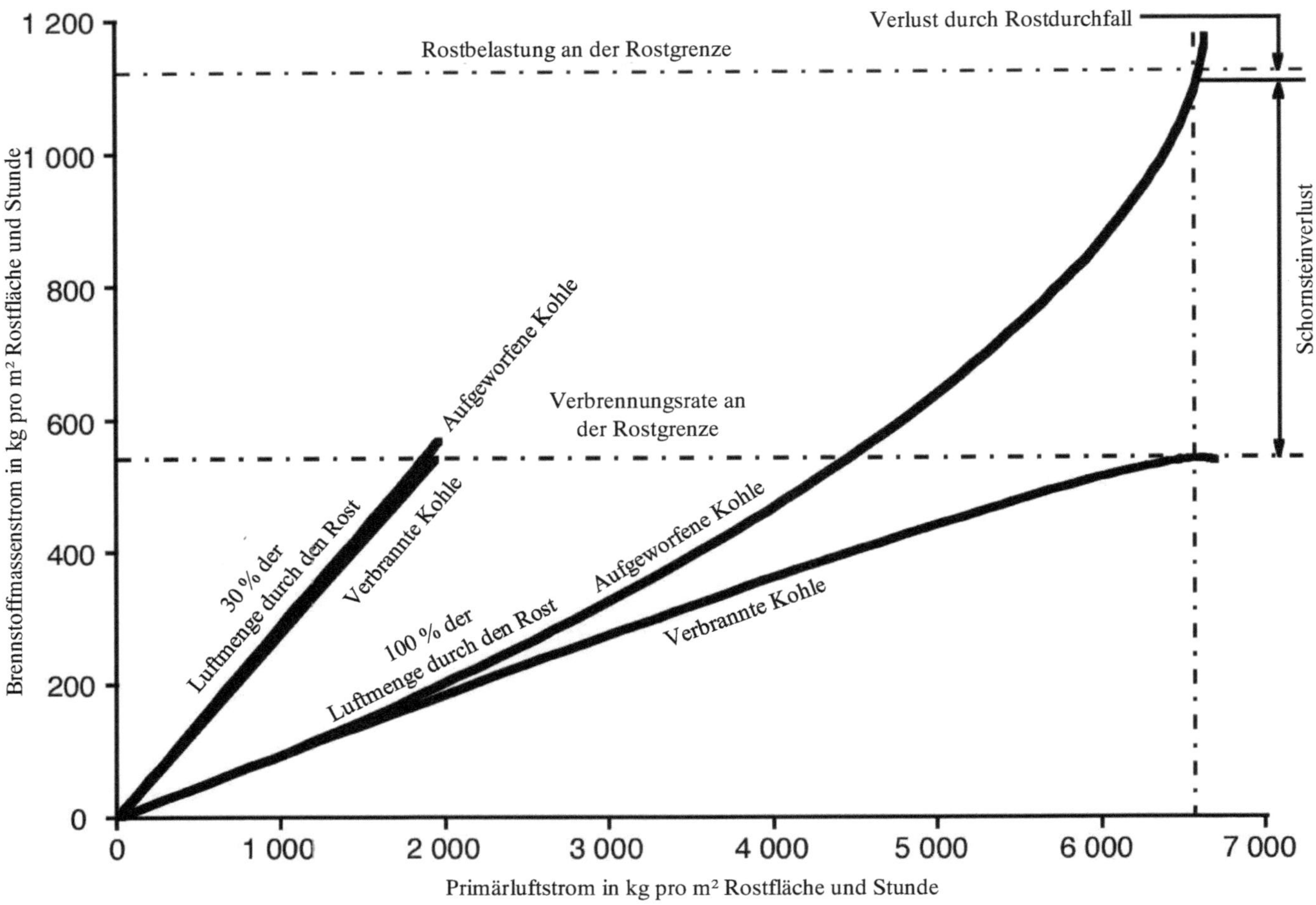

Abb. 27
Einfluss des Primärluftstroms auf den Flugverlust (SAR-Klasse 19D)

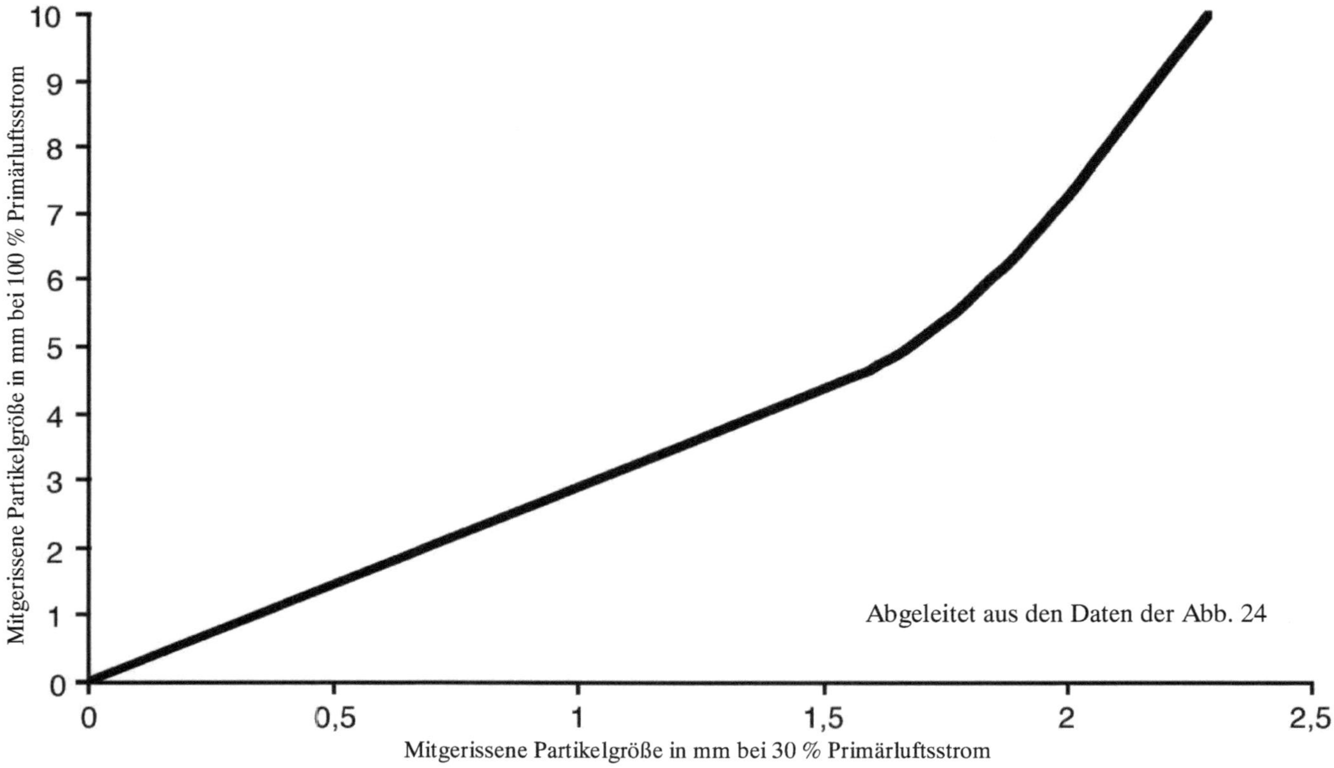

Abb. 28
Verhältnis der Größe der aus dem Feuerbett mitgerissenen Kohlepartikel bei 30 % Primärluftstrom und 100 % Primärluftstrom

Feuerungsvorgang aufgeworfen werden, vorausgesetzt, die Feuertür war so weit geöffnet, dass nur ein leichter Rauchdunst am Schornstein austrat, was ein gutes Maß für eine gute Balance zwischen dem Anteil an vergasender Kohle und der Verbrennungsluftzufuhr war. Auf diese Weise konnte mit jeder vom Heizer angewendeten Heiztechnik, vom kontinuierlichen, stetigen Feuern mit einem mechanischen Stoker über das „Wenig, aber oft"-Feuern von Hand bis zum „Viel, aber selten", Portas „Goldene Regel des Feuerns" erfüllt werden: „Feuere nach dem Schornstein und speise nach dem Kesselmanometer". Das hieß, Feuern und Einregeln der Sekundärluftquerschnitte so, dass immer ein leichter Rauchdunst erschien, was in optimalen Verbrennungsbedingungen ohne zu viel Luftüberschuss resultierte, womit dann die Wärmefreisetzung in der Feuerbüchse dem Dampfbedarf entspricht. Gute Dampferzeugung wurde dann eine Folge der richtigen Rauchgastrübung und die Kesselspeisung wurde so eingestellt, dass der Kesseldruck am Höchstwert blieb. Abhängig davon, wie verdampfungswillig ein Kessel war, konnte dieser Zustand mit einer Rauchgastrübung eingehalten werden, die entweder unter oder über dem Ideal eines leichten Rauchdunstes lag. Keine Trübung (bedeutet mehr Luftüberschuss) also bei einem sehr verdampfungswilligen Kessel, während dunklerer Rauch (bedeutet weniger Luftüberschuss) bei einem weniger verdampfungswilligen Kessel notwendig war. Diese Regel war zweifellos richtig, war aber nicht immer praktisch anzuwenden, weil es zum Beispiel in der Nacht schwierig war, die Rauchgastrübung zu beurteilen.

Eine andere Betrachtungsweise des Verbrennungsvorgangs war es, den Brennstoff als Luft anzusehen, die durch und über ein Feuerbett streicht, dessen Masse und Aufbau vom Heizer, grob gesprochen, unverändert gehalten wurde, also auf maximaler Höhe im Falle des GPCS. Dieser „Luftbrennstoff" wurde von der Saugzuganlage durch den Kessel gepumpt, wobei seine Durchflussmenge automatisch an den Dampfbedarf angepasst wurde und seine Aufteilung in Primär- und Sekundärluft in der Hand des Heizers lag. Solange, wie die Reaktivität des Feuerbetts ausreichend konstant gehalten wurde, war die augenblickliche Verbrennungsrate dann nur von diesen zwei Faktoren der Luftzufuhr und der Verteilung abhängig.

Die für das GPCS an dem Stehkessel notwendigen Änderungen waren im Prinzip einfach und stellten sich wie folgt dar:

1. Der Rost musste so tief wie möglich liegen, um ein hohes Feuerbett aufbauen zu können, wobei der wichtigste begrenzende Faktor für die Feuerbetthöhe der Abstand von Oberkante Rost bis zum Verteilertisch des mechanischen Stokers oder bis Unterkante Feuerloch war. Ein Feuerbett mit einer Höhe von mindestens dem fünfzehnfachen des Kohlepartikeldurchmessers wurde angestrebt. Das war die notwendige Höhe eines dicht gepackten Betts, um ein Gas von wenigstens 80 % des Heizwerts zu erreichen, wie er in einem sehr hohen Bett, wie in industriellen Vergasern angewendet, erreicht werden konnte. Solchermaßen konnte das GPCS richtiger eher als Teil-GPCS beschrieben werden. Je niedriger und durchlässiger das Feuerbett, desto unvollständiger war seine Wirkung. Deshalb bestand auch deutlich unter einer Höhe von fünfzehn Partikeldurchmessern die Notwendigkeit, einen Teil der Verbrennungsluft über dem Feuer zu zuführen (wie aus der Abb. 26 abgeleitet werden kann), mit der daraus folgenden Minderung des Flugverlusts. Es ist wichtig zu beachten, dass sich der „(äquivalente) Partikeldurchmesser" auf den tatsächlichen Zustand der Kohle im Feuerbett bezieht, der ziemlich verschieden von dem der Kohle auf dem Tender gewesen sein konnte. Faktoren wie das Brechen in der Förderschnecke des mechanischen Stokers, thermischer Zerfall, Erschütterungen und selbstredend die Verbrennung bewirkten eine Verkleinerung der Partikelgröße im Feuerbett, ein Zusammenhaften von Partikeln im Fall backender Kohlen, und das Aufschlämmen kleiner Partikel bewirkten eine Vergrößerung.
2. Einlassöffnungen für die Zufuhr von Sekundärluft zur Feuerbüchse wurden vorgesehen. Das Feuerloch fungierte als eine solche Öffnung und versorgte die Mitte des Verbrennungsraums in Längsrichtung mit einer relativ großen Luftmenge. Die übrigen Lufteinlässe bestanden aus Rohren, die durch Stehkessel- und Feuerbüchswand hindurchtraten. Die Anordnung dieser Rohre war mehr eine Kunst, als eine Wissenschaft, da sie die nachstehenden Anforderungen so gut wie möglich zu erfüllen hatte:
   i) Zufuhr der Sekundärluft so gleichmäßig wie möglich über den gesamten Verbrennungsraum in der horizontalen Ebene verteilt, um optimale Luft-Gas-Mischung zu erreichen. Dazu ist eine entsprechende Durchdringung durch die eintretende Luft erforderlich.
   ii) Vermeidung der gegenseitigen Berührung von zwei Luftstrahlen: turbulente Vermischung der Gasphasen musste zwischen Luft und Gas stattfinden, nicht zwischen Luft und Luft.
   iii) Anordnung dergestalt, dass die eintretenden Luftstrahlen von hoher Strömungsgeschwindigkeit so viele wie möglich der aus dem Feuerbett mitgerissenen Kohlepartikeln vom aufsteigenden Gasstrom separierte und auf das Feuerbett zurückschleuderten.
   iv) Anordnung in genügender Höhe und an solchen Positionen, dass keine Kohle vom Feuerbett abgetragen wird und auch allgemein der Feuerungsvorgang nicht gestört wird.
   v) Anordnung genügend niedrig, um den maximalen Flammenweg bis zur Feuerbüchsrohrwand sicherzustellen.
   vi) Anordnung so, dass die zutretende Luft nicht direkt auf heiße Feuerbüchsflächen auftrifft, wie zum Beispiel die Feuerschirmtragrohre
   vii) Anordnung innerhalb der Bereiche der festen Stehbolzen.
   viii) keine Störung der Stehkesselausrüstungen, wie zum Beispiel Reinigungsöffnungen.

   Es wird deutlich werden, dass einige dieser Anforderungen einander widersprechen, und der beste Kompromiss bei der Anordnung der Lufteinlassrohre musste gefunden werden.
3. Dampf wurde in Rohren zum Aschkasten geleitet und dort mit der Primärluft vermischt, um ein homogenes Luft-Dampf-Gemisch zur Beherrschung der Schlackebildung im gesamten Feuer zu erhalten. Der für diesen Zweck verwendete Dampf war üblicherweise Abdampf der Zylinder, ergänzt durch den Abdampf der Hilfsmaschinen.
4. Zur Unterstützung der Kohlepartikelabscheidung und zur Erzeugung von Turbulenzen zugunsten der Gasphasenverbrennung konnten optional in die Feuerbüchse blasende Dampfdüsen vorgesehen werden, die mit Heißdampf aus einem Abzweig hinter dem Regler versorgt wurden. Ungefähr 0,5 % der höchsten Kesselnennleistung wurden für diesen Zweck genutzt. Da gesteigerte Turbulenzen einen geringeren Luftüberschuss ermöglichten, konnte dieser Dampfverbrauch durch Vergrößerung des freien Blasrohrquerschnitts mehr als ausgeglichen werden *(Anm. d. Übers.: wegen des damit geringeren Gegendrucks auf die Dampfkolben sinkt der spezifische Dampfverbrauch).*[1]

Die erste Anwendung erfuhr das GPCS auf den 1E1 der Rio-Turbio-Eisenbahn im Jahre 1958. Es war sehr erfolgreich, und zusammen mit einer verbesserten Saugzuganlage gelang es, die Zughakennennleistung dieser Lokomotiven von 520 kW auf 895 kW anzuheben. Rio-Turbio-Kohle hat eine Ascheerweichungstemperatur zwischen 1 100 °C und 1 200 °C, wobei einige Bestandteile der Asche bei 950 °C zu schmelzen beginnen, so dass sie deshalb hochgradig Schlacke bildend ist, und die Beherrschung der Schlackebildung war deshalb ein bedeutender betrieblicher Vorteil. Die Abb. 29 zeigt die Stehkesselanordnung dieser Lokomotiven nach Umbau auf GPCS.[2]

---

[1] In der weiter oben erwähnten Abhandlung von Benton und Engdahl wurde festgestellt, dass auf den South Australian Railways gute Ergebnisse mit Dampfdüsen in der Stehkesselrückwand erreicht wurden, die zum Vorwärtsblasen von aufsteigenden Kohlepartikeln unter den Feuerschirm benutzt wurden.

[2] Die Abb. 29 wurde von Illustrationen in Portas Abhandlung „Steam Locomotive Development in Argentina – Its Contribution to the Future of Railway Technology in the Under-developed Contries" (Abhandlung Nr. 721, Journal of the Institution of Locomotive Engineers, Band 59, London, 1969) abgeleitet,

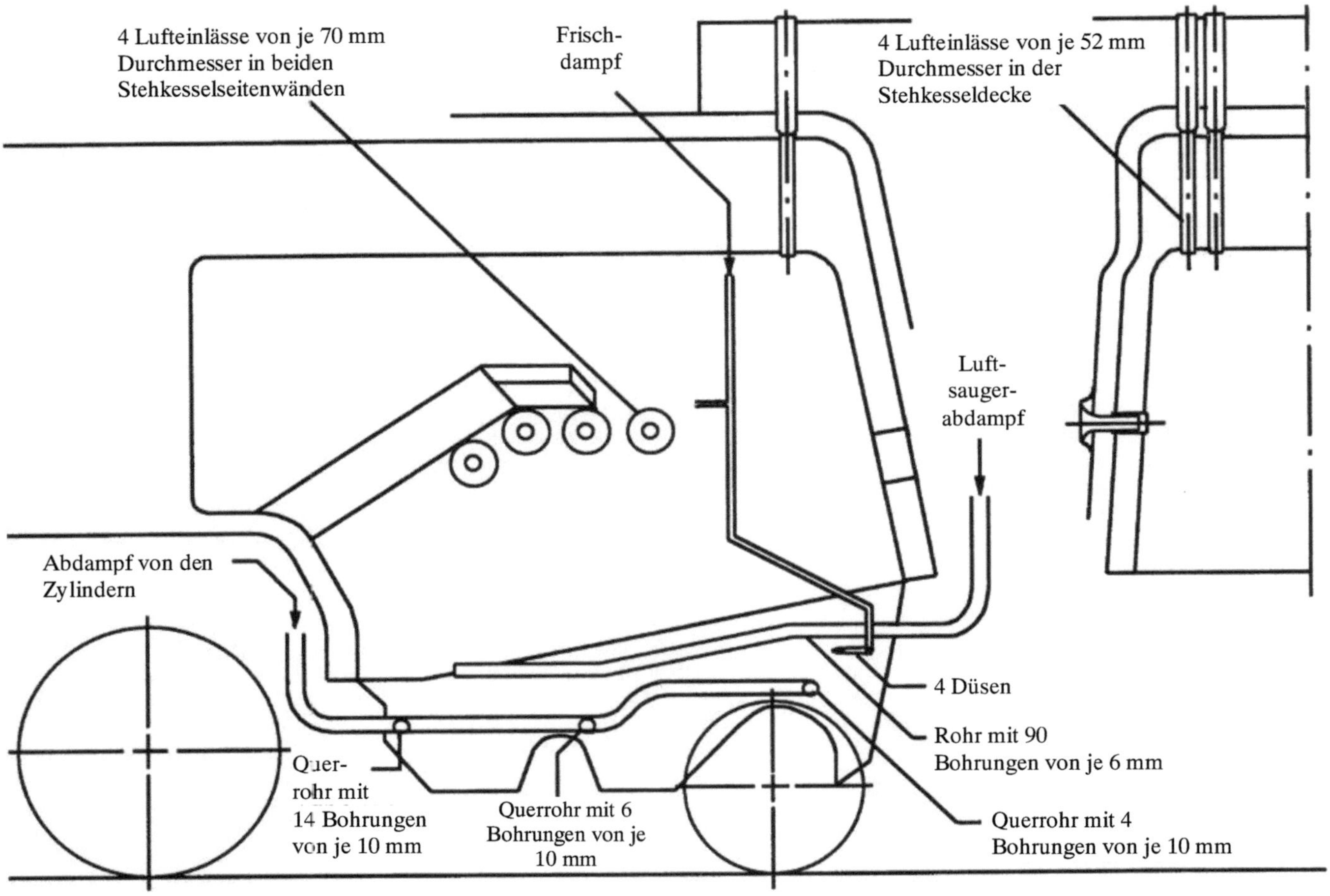

Abb. 29
Anordnung der Gaserzeugungsfeuerbüchse der 1E1-Lokomotiven der Rio-Turbio-Eisenbahn
(schematisch und nicht maßstäblich)

Bei den Überlegungen zu den notwendigen Änderungen für das GPCS an der Klasse 19D war der Autor in der glücklichen Lage, eine Abhandlung Portas mit dem Titel „Handfeuerung in Verbindung mit dem Gaserzeugungs-Verbrennungssystem" als Anleitung zu haben. Porta hatte das zu meiner Unterstützung 1976 geschrieben, als erstmals die Möglichkeit des Umbaus einer 19D aufschien und hatte die Klasse 19D als Beispiel genommen. Allerdings war es wegen der beschränkten Fertigungsmöglichkeiten in Beaconsfield nicht möglich, die meisten der darin enthaltenen konstruktiven Vorschläge zu nutzen und die zunächst gemachten Änderungen waren, wie folgt, etwas abweichend.

1. Der Rost wurde um etwa 50 mm abgesenkt, was die Oberkante der Rostelemente auf die Ebene der Oberkante des Bodenrings brachte. Das war die niedrigste praktikable Ebene, begrenzt durch die Notwendigkeit des Abstands für die Rostschüttelmechanik zum Aschkasten hin, der ebenfalls abgesenkt wurde und ergab somit eine Feuerbetthöhe von ungefähr 350 mm, bei der es vorn bis zu den Feuerschirmtragrohren und hinten bis zur Unterkante Feuerloch stand. Der Rost hatte Schüttel- und Kippsegmente mit Serienrostelementen, die einen freien Luftquerschnitt von etwa 30 % ergaben. Aber die Anordnung der verschiedenen Rostelemente musste geändert werden. Die vorderen Rostelemente waren fest, gefolgt von dem Kipprost und dann die Schüttelrostelemente, entsprechend der originalen Rostanordnung der 19D im Lieferzustand. Die Durchtritte für das Schüttelrostgestänge durch die Wände des Aschkastens wurden so klein wie möglich gehalten, da dort eintretende Luft sich nur schlecht mit dem Sättigungsdampf vermischte.
2. Vierzehn Sekundärlufteintritte, jeweils gebildet aus Kesselrohren von 111 mm Durchmesser, wurden im Stehkessel eingeschweißt, sechs Einlässe an jeder Stehkesselseitenwand (mit paarweise direkt gegenüberliegenden Einlässen, das heißt nicht versetzt), zwei an der Rückwand links und rechts des Feuerlochs. Um für ungehinderten Luftstrom in die Seiteneinlässe zu sorgen, wurden die Umläufe seitlich des Stehkessels abgesenkt. Die Rückwandeinlässe ragten in das Führerhaus, wo sie zum Schutz der Mannschaft vor dem Feuerschein und vor Funken um 90° nach unten umgelenkt wurden. Der gesamte von diesen Einlässen gebildete Sekundärluftstromquerschnitt war 1 355 cm² oder 405 cm² pro m² Rostfläche. Von Anfang an war klar, dass das zu viel war, aber es wurde als vorteilhafter erachtet, zunächst einen zu großen Querschnitt vorzusehen und den dann bei der Feinabstimmung zu verkleinern, als umgekehrt.

Porta machte sich mit Nachdruck stark für den Einbau von Einlässen in der Feuerbüchsrohrwand, mit der Begründung, dass die entstehenden Luftströme aufsteigende Kohlepartikel zur Rückwand zurückblasen würden, wo sie wegen der dort herrschenden relativ geringen Gasgeschwindigkeit eine Chance hätten, in das Feuer zurückzufallen. Diese Anordnung war auf der mit GPCS ausgerüsteten 2C1 Nr. 4674 der Belgrano-Eisenbahn versucht worden und als günstiger, als die Seiteneinlässe beurteilt worden. Interessanterweise existierte eine SAR-Zeichnung, auf der der experimentelle Einbau von zehn Einlässen von 58 mm Innendurchmesser in der Rohrwand einer 1D2 der Klasse 24 dargestellt ist, die die gleiche Feuerbüchse wie die Klasse 19D hatte. Allerdings wäre der Abstand von den Rostelementen bis Unterkante Einlassöffnungen nur etwa 180 mm gewesen, wie man auf der Zeichnung sehen konnte. Das hätte die Feuerbetthöhe ernsthaft beschränkt und ließ folglich Zweifel an der Brauchbarkeit der Anordnung aufkommen, deren Schicksal unbekannt ist. Eine höhere Anordnung in der Feuerbüchsrohrwand hätte größere Änderungen an den Feuerschirmtragrohren erforderlich

auf die der Leser wegen weiterer Informationen zu der Anwendung des GPCS bei den 1E1 der Rio-Turbio-Eisenbahn und Portas Arbeit im Allgemeinen verwiesen wird.

gemacht und hätte möglicherweise immer noch die Feuerbeschickung gestört, da Kohle, die vorn auf den Rost aufgeworfen wurde, die rückwärts gerichteten Luftstrahlen hätte passieren müssen. Aus diesen Gründen wurden solche Lufteinlässe für die 19D als unzweckmäßig angesehen.

3. Die normale horizontale Schiebefeuertür wurde beibehalten, aber es wurde ein Feuerlochluftablenkblech aus hitzebeständigem Stahl eingebaut, um sicherzustellen, dass die durch das Feuerloch eintretende Luft gut unter den Feuerschirm gelenkt wurde. (Der hitzebeständige Stahl machte seinem Namen Ehre und ist im Einsatz nie verbrannt. Er widersetzte sich allerdings den Versuchen, ihn mit dem Sauerstoff-Acetylen-Brennschneider zu schneiden, und Beaconsfield entdeckte, dass die einzige Möglichkeit des Brennschneidens die Lichtbogenschweißmaschine war.) Es bestand die Absicht, mit einer teilweise geöffneten Feuertür zu fahren, so dass die durch das Feuerloch zugeführte Sekundärluft die Mitte des Feuerraums abdeckte, die von den Seiteneinlässen die Seiten und die von den Einlässen in der Stehkesselrückwand die hinteren Ecken.
4. Zwei Düsen von 2 mm Durchmesser, herausgeformt aus einem Ende eines hohlen Stehbolzens, wurden in beide Seitenwände des Stehkessels eingebaut und führten überhitzten Dampf von dem linken Zylindereinströmrohr in die Verbrennungszone ein, um Turbulenzen zu erzeugen.
5. Zylinderabdampf wurde von beiden vorderen Schieberkastendeckeln zu den Lufteintritten im Aschkasten in Rohren geführt. Die Lufteintritte waren nach amerikanischer Bauweise ausgebildet, wobei die Primärluft zwischen den Seiten des Aschkastens und der Unterkante des Bodenrings ohne Luftklappen zutrat. Jedes Rohr war mit sechzehn 6-mm-Düsenbohrungen versehen, deren gesamte Querschnittsfläche 5 % des freien Blasrohrquerschnitts betrug, ein Wert, der von Porta als im Allgemeinen ausreichend zur Vermeidung der Bildung großer Schlackebrocken empfohlen wurde. Die in gleichmäßigem Abstand entlang der vollen Länge der Aschkastenseiten angeordneten Düsen waren auf die Mittellinie des jeweiligen Spalts zwischen dem Aschkasten und dem Bodenring ausgerichtet, mit dem Ziel einer guten Durchmischung von Luft und Dampf. Die Schlackendampfrohre waren mit dem Hilfsbläser verbunden, so dass bei geöffnetem Hilfsbläser keine Asche in die Düsen gesaugt wurde und auch etwas Dampf zum Feuer geleitet wurde.

2. Die verbesserte Saugzuganlage

Die Saugzuganlage war das Herz der Dampflokomotive, eine Einrichtung, die die Funktionen der Wärmefreisetzung in der Feuerbüchse, die Konvektionswärmeübertragung im Kessel und zum Überhitzer und die Dampfausnutzung in den Zylindern miteinander verband. Indem der Verbrennungsgasstrom automatisch an die Dampferzeugung gekoppelt war, stellte sie sicher, dass der relativ schnell reagierende Lokomotivkessel den Dampfbedarf decken konnte. Alles, was der Heizer zu tun hatte, war, dafür zu sorgen, dass das Feuerbett für den angesaugten „Luftbrennstoff" reaktionsfähig war. Diese Eigenschaft des Stephenson'schen Kessels wird nicht oft bewusst betont. Für Chapelon war der Saugzug wichtig genug, um zu empfehlen, dass die Konstruktion der Rauchkammer mit seiner Auslegung beginnen sollte, und jede vernünftige Komplikation, die für eine optimale Konstruktion notwendig war, wurde als gerechtfertigt angesehen. Der Einfluss der Leistungsfähigkeit der Saugzuganlage auf die Konstruktion und den Betrieb der Lokomotive als Ganzes ging weit über die allgemeine Vorstellung hinaus, mit einem erträglichen Gegendruck eine akzeptable Verdampfung zu erzielen. Der Abdampfdruck bestimmte die untere thermodynamische Grenze der Dampfexpansion in den Zylindern, und da der Zylinderwirkungsgrad empfindlicher auf diesen Grenzwert, als auf den oberen, durch die Eintrittsdampfzustände definierten, reagierte, *war jedweder Aufwand, den Abdampfdruck so niedrig wie möglich zu halten, notwendig*. Ein hoher Zylinderwirkungsgrad und ein niedriger spezifischer Dampfverbrauch bedeuteten, dass weniger Kohle verbrannt und weniger Wasser für eine gegebene Leistung verdampft werden musste, was wiederum weniger Verbrennungsluft hieß, damit weniger Pumparbeit zur Gasförderung durch den Saugzug, weniger Flugverlust, einen kleineren Kessel, damit eine geringere Achsfahrmasse oder weniger Achsen und einen kleinerer Tender und damit einen größeren am Zughaken verfügbarer Anteil der Zylinderleistung. Der hohe Zugverlust, der mit einer effizienten Saugzuganlage zulässig ist, erlaubt es, die Kesselparameter auf einen höchstmöglichen Kesselwirkungsgrad und kleinste Kesselgröße hin durch Anwendung von Widerstand erhöhenden Einrichtungen wie GPCS, Zyklonfeuerung, Rohrrippen und/oder aufgeraute Kesselrohre und Überhitzerelemente und Verbrennungsluftvorwärmer, zu optimieren. Die Gesamtabmessungen von Lokomotive und Tender könnten dann weiter verringert werden. Allgemein gilt, je kleiner die Lokomotive, desto geringer ihre Kapitalkosten, desto geringer ihr Unterhaltungsaufwand und desto höher folglich ihre Verfügbarkeit. Die mögliche Leistungsabgabe einer Lokomotive von gegebenen Abmessungen war mehr von der Wirksamkeit der Saugzuganlage abhängig, als von jedem anderen Einzelfaktor. Die Verbesserung der Saugzuganlage von Lokomotiven, ohne jede Änderung an anderen als leistungsrelevant angesehenen Eigenschaften, wie Kesseldruck, Zylinderabmessungen und Rostfläche, konnte sowohl erhebliche Gewinne an Leistung und Wirkungsgrad bringen als auch bei der betrieblichen Zuverlässigkeit, wegen der größeren Reserven bei dem Auftreten widriger Umstände, wie Luft- und Dampfleckagen in der Rauchkammer und minderwertiger Kohle.

Damit war die Saugzuganlage der Schlüssel zur Hochleistung bei der Dampftraktion. Dennoch legten die schlechten bis mittelmäßigen Saugzuganlagen der großen Mehrheit der gebauten Dampflokomotiven Zeugnis darüber ab, wie wenig diese grundlegende Wahrheit verstanden wurde. Porta sprach von der „Dummheit, die mit dem Glauben einhergeht, dass 3 Zoll Abweichung im Treibraddurchmesser einen Unterschied bei der Leistung ausmachte…doch niemand gab den freien Blasrohrquerschnitt als bei Weitem wichtigere Größe an".[1] Nirgendwo wurde das besser deutlich, als bei der Entwicklung der Dampftraktion in Nordamerika. Hier führten im Allgemeinen schlechte Saugzuganlagen (Porta beschrieb einige davon als „schlechter ging es nicht") einerseits zu hohen Abdampfdrücken bei hohem Dampfdurchsatz und damit zu schlechten Zylinderwirkungsgraden, begrenzten Höchstleistungen und hohen spezifischen Dampfverbräuchen bei Volllast, was wiederum hohe Verdampfungs- und Verbrennungsleistungen erforderte, welche zu großen Verlusten von Unverbranntem aus dem Schornstein führten und andererseits zu begrenzten Rauchkammerunterdrücken, was große Kessel für einen gegebenen Dampfbedarf und viele Tragachsen erforderte. Und wir dürfen nicht die riesigen Tender für die zu verbrennende Kohle und das zu verdampfende Wasser vergessen. Da die Konstruktion von Blasrohranlagen mit zunehmender Lokomotivgröße immer schwieriger wurde, verstärkte sich das Problem von selbst, da die Kessel immer noch größer wurden. Zum Beispiel die 2BC2-Klasse der Pennsylvania Railroad *(Anm. d. Übers.: h4 mit Starrrahmen und 2 unabhängigen Triebwerksgruppen, sog. Duplex, ca. 5 880 kW$_i$ bzw. 8 000 PS$_i$ auf dem Prüfstand, Bahn-Nrn. 6131, 6175 bis 6199, Altoona Bahnwerkstätten, 1944 bis 45)*, auf dem Papier möglicherweise die ultimative amerikanische Dampflokomotivkonstruktion, hatte nur einen freien Blasrohrquerschnitt von 374 cm² für einen riesigen Kessel von 11,3 m² Rostfläche und einer gesamten Verdampfungsheizfläche von 573 m². Kein Wunder, dass Abdampfdrücke von bis zu 2,3 bar aufgezeichnet wurden, und das auf der Pennsylvania, wo man bei der Konstruktion von Saugzuganlagen aufgeklärter, als bei den meisten anderen amerikanischen Bahnen war. Dieses Phänomen ist illustriert in Abb. 30, welche die zunehmende Größe amerikanischer Vierkuppler in Bezug auf die Erreichung der hohen Verdampfungsleistung für hohe Leistungen zeigt, ohne jede Zunahme an Zugkraft. So ästhetisch eindrucksvoll diese Mammutlokomotiven auch waren, so sollte erinnert werden, dass Lokomotiven so klein wie möglich sein sollten und nicht so groß wie möglich. Diese Größenzunahme stand für ein technisches

[1] Persönliche Korrespondenz mit dem Autor vom 29.08.1976.

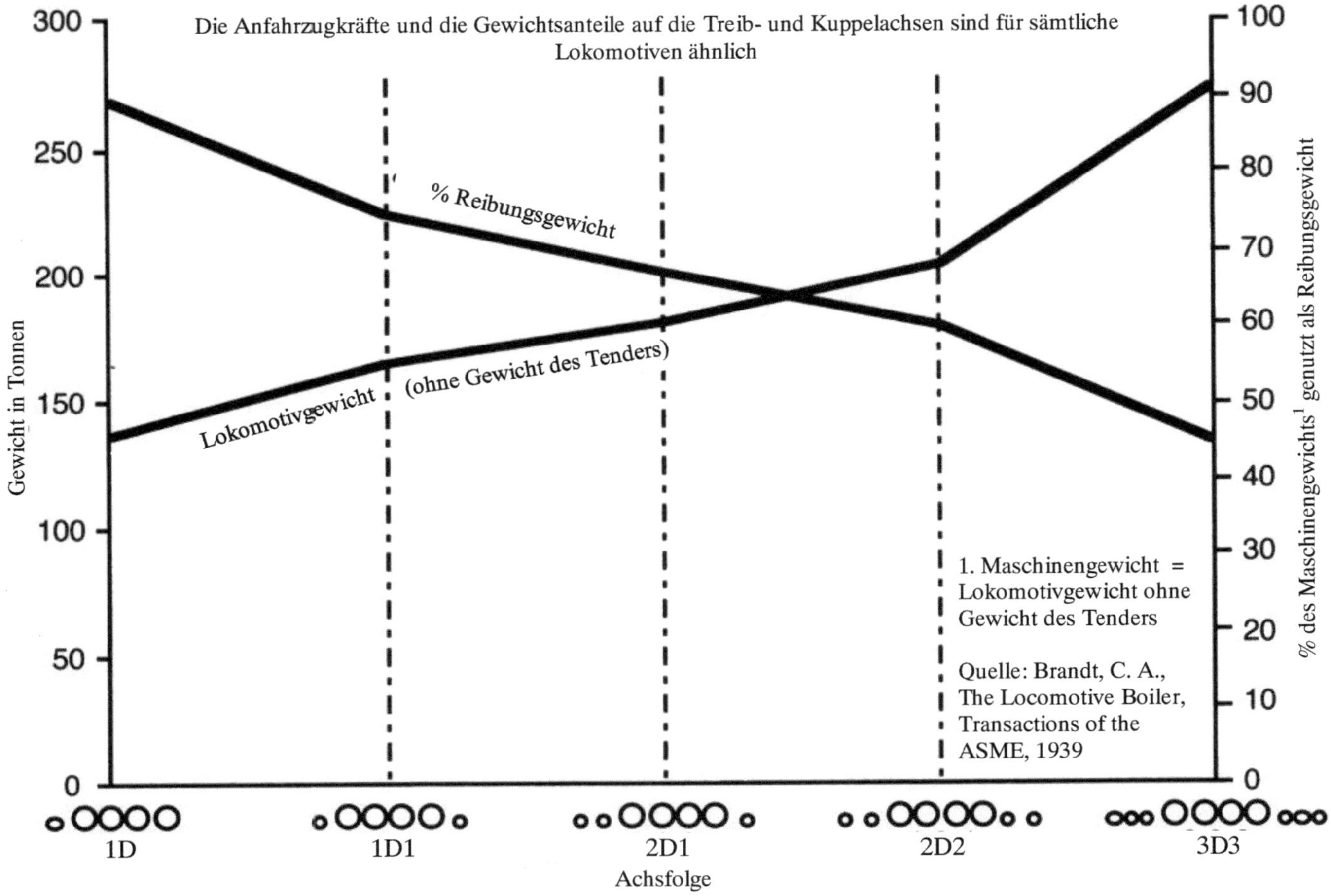

Abb. 30
Einfluss der Kesselgröße auf die Lokomotivgröße

Versagen. Vieles davon hätte vermieden werden können, falls die volle Bedeutung der Wirkung der Saugzuganlage verstanden worden wäre und falls, als ein Ergebnis, bessere Saugzuganlagen entwickelt worden wären.[1]

Obwohl die Konsequenzen schlechter Saugzugkonstruktionen am offensichtlichsten bei amerikanischen Lokomotiven waren, sollte man nicht denken, dass es in der übrigen Welt merklich besser gewesen wäre. Saugzuganlagen, die die wesentlichste aller Grundbedingungen, nämlich die Gewährleistung der Verdampfungsfähigkeit des Kessels nicht erfüllten, waren durchaus nicht selten. Was Großbritannien betrifft, so hatte zum Beispiel E. S. Cox Folgendes über die Konstruktion von Saugzuganlagen zu sagen:[2]

> „Bevor Prüfstandsanlagen zur Verfügung standen, wurde diese Aufgabe in diesem Land nach Faustregeln erledigt und in einigen Ländern des Auslands nach den Ergebnissen mathematischer Berechnungen von beeindruckendem Umfang. Da diese Berechnungen nicht immer auf korrekt ermittelten Daten fußten, ergaben sie nicht unbedingt bessere Ergebnisse als die Faustregeln, und groß ist die Zahl der Lokomotiven, die ihr ganzes Leben unterhalb ihrer potentiellen Leistungsfähigkeit fuhren."

Es war in der Tat eine traurige Feststellung über den Stand der Technik der Lokomotivkonstruktion im Mutterland der Eisenbahnen, dass ein derart wichtiger Bestandteil der Lokomotive wie die Saugzuganlage nach „Faustregeln" konstruiert wurde, und die letzten Worte in diesem Zitat geben ein beredtes Urteil über die Wirksamkeit dieser Methode. In diesem Jahrhundert *(Anm. d. Übers.: gemeint ist das 20. Jahrhundert)* hätte es keine Ausnahme von einer ordentlichen Berechnung der Abmessungen der Saugzuganlage geben dürfen. In Anbetracht ihrer Bedeutung hätten alle notwendigen Werte mit dem erforderlichen Genauigkeitsgrad verfügbar gemacht werden müssen, was entweder durch analytische Methoden oder Versuchsfahrten erreichbar gewesen wäre, Prüfstandsanlagen waren nicht nötig. Das Versagen, entsprechend zu konstruieren, war ein typisches Beispiel dafür, wie die Dampflokomotivingenieure ihren Konkurrenten *(Anm. d. Übers.: gemeint sind die Lokomotivhersteller anderer Traktionsarten)* kampflos in die Hände spielten. Es kann ergänzt werden, dass bis zum Ende der Dampflokomotiventwicklung in Großbritannien, trotz der wohlbekannten Arbeiten von S. O. Ell in Swindon, die einheimischen Saugzugkonstruktionen mittelmäßig blieben. Die Leistungscharakteristiken der Saugzuganlagen der BR-Einheitslokomotiven war nicht besser, als die bei den SAR vorgefundenen (siehe Abb. 34).

Im Jahre 1957 hielten Porta und C. S. Taladriz anlässlich des IX. Panamerikanischen Eisenbahnkongresses in Buenos Aires einen gemeinsamen Vortrag mit dem Titel „Die Saugzuganlage der Lokomotiven". Das ist wahrscheinlich immer noch die umfangreichste Abhandlung, die über die Zugerzeugung auf Lokomotiven vorliegt und die sich mit der Konstruktion der Lempor- und Kylpor-Anlagen beschäftigt. Der wesentliche Unterschied zwischen diesen beiden Typen war, dass die Lempor-Konstruktion einen einfachen Schornstein hatte, in den der gesamte Gasstrom über eine glockenförmige Trichteröffnung in die Mischzone eintrat (siehe Abb. 39), während die Kylpor-

---

[1] Der volle Nutzen aus einer verbesserten Saugzuganlage zur Leistungssteigerung der Lokomotive konnte natürlich nur verwirklicht werden, falls Maßnahmen getroffen wurden, übermäßige Flugverluste zu verhindern. Deshalb wurde eine verbesserte Saugzugkonstruktion am besten mit dem GPCS kombiniert. Beide funktionierten ohne das andere nicht optimal. Das GPCS erforderte eine gute Saugzuganlage wegen der hohen Zugverluste in der Feuerbüchse, verursacht durch turbulente Luft-Gas-Mischung. Ohne GPCS hätte eine effiziente Saugzuganlage zur Steigerung der Rostbelastung ohne Verschlimmerung des Flugverlustproblems nicht genutzt werden können.

[2] Cox, E. S., British Railways Standard Steam Locomotives, Ian Allan, London, 1966, Seite 80.

Ausführung eine vierstrahlige Kylälä-Zwischendüse *(Anm. d. Übers.: Kyösti Kylälä, * 1873; † 1938; finnischer Lokomotivführer)* zwischen der Blasrohrmündung und dem eigentlichen Schornstein hatte, wie bei der Bauart 1K/1T der Kylchap-Anlage. Das ermöglichte das Mitnehmen von Rauchgasen an zwei Stellen entlang der Achse der Anlage, das heißt unterhalb der Kylälä-Zwischendüse und unterhalb des Schornsteins. Chapelon erachtete dieses Merkmal als wichtig bei der Erreichung einer gleichmäßigen Luftströmung durch das Feuer, aber Porta kam letztendlich zu dem Schluss, dass es keinen thermodynamischen Nutzen brachte. Die Reibungsverluste in der Kylälä-Düse waren hoch und wurden verstärkt durch Ölkohleablagerungen (wie bei den Kylpor-Anlagen der 1E1 der Rio-Turbio-Eisenbahn vorgefunden), was zu einer nicht zu vernachlässigenden Minderung in der Wirkung der Saugzuganlage führte, die die Verdampfung beeinflusste. Folglich begann Porta die Lempor-Ausführung zu bevorzugen, die einfacher im Aufbau war und in der Praxis der Kylpor-Anlage wegen der geringeren Gasreibungsverluste in der Mischzone thermodynamisch überlegen war. 1974 überarbeitet er die Lempor-Theorie aus der Abhandlung von 1957, und diese überarbeitete Version wurde für die Konstruktion der 19D-Saugzuganlage verwendet.

Obwohl die Lempor- als auch die Kylpor-Anlage beide aus den gleichen Elementen aufgebaut waren, die auch in anderen Saugzuganlagen angetroffen werden konnten, das heißt Blasrohr, Mischzone oder Mischeinrichtung und Diffusor, so unterschieden sie sich in der Methode der Bestimmung ihrer Hauptabmessungen. So schrieb Porta in seiner Zusammenfassung der überarbeiteten Lempor-Theorie:

> „Sie dient der Konstruktion eines optimalen Ejektors, für den in der Praxis nur ein Minimum an Korrekturen an dem freien Blasrohrquerschnitt nötig ist…
>
> Selbstverständlich bedingt die Genauigkeit entweder der berechneten oder der gemessenen Kesselleistung die Optimierung der Ejektorkonstruktion…“

Zu diesem Zweck waren sowohl die Abhandlung von 1957 als auch die Überarbeitung von 1974 voll von „mathematischen Berechnungen von beeindruckendem Umfang“, welche scheinbar die ältere Ingenieurgeneration so erschreckt haben. Wegen des Fehlens von geeigneten Versuchswerten waren sogar noch mehr Berechnungen notwendig, um die Kessel-, Dampf- und Gasverhältnisse vorherzusagen, für die die Saugzuganlage konstruiert werden musste.

Es ist hier nicht angebracht, in die Ejektortheorie einzusteigen, die auf der Energieerhaltung zwischen dem Eintritts- und Austrittsquerschnitt des Schornsteins beruht, wie ursprünglich vom dem deutschen Ingenieur Strahl formuliert.[1] Der optimale Ejektor war derjenige, der mit einem Minimum an Energiegehalt im Abdampf, gleichbedeutend mit dem minimalen Abdampfgegendruck, die notwendige Pumparbeit leisten konnte. Er musste deshalb so proportioniert werden, dass die *gesamten* Energieverluste innerhalb und hinter dem System (bestehend aus Stoßverlusten bei dem Dampf-Gas-Mischungsvorgang, Gasreibungsverluste und dem Verlust durch kinetische Energie des aus dem Schornstein austretenden Dampf-Gas-Gemisches) ein Minimum wurde. Aus der Theorie ergaben sich Gleichungen, aus denen der maximale freie Blasrohrquerschnitt ermittelt werden konnte, als auch die Schornsteindurchmesser passend zu diesem Querschnitt, also am Eintritt der Mischzone, am Austritt aus der Mischzone (= Eintritt in den Diffusor) und am Austritt aus dem Diffusor. Die Eingabedaten für die Berechnung dieser Abmessungen waren wie folgt: Abdampfmassenstrom und spezifisches Volumen an der Blasrohrmündung, Rauchgasmassenstrom und spezifisches Volumen am Eintritt in die Mischzone, das spezifische Volumen des Dampf-Gas-Gemisches in der Mischzone, der Rauchkammerunterdruck, Koeffizienten für die Gasreibungsverluste und den Diffusorwirkungsgrad (in der Theorie angegeben) und die für den Schornstein verfügbare Länge. Die Eingabedaten standen für die gewünschte maximale Verdampfungsleistung, unter Vermeidung einer zu niedrigen Blasrohrgrenze, wobei die Erfahrung zeigte, dass eine für die Verhältnisse bei der maximalen Verdampfungsleistung korrekt dimensionierte Saugzuganlage bei niedrigeren Kesselanstrengungen zufriedenstellend arbeiten würde. Der Versuchsbericht für die Klasse 19D wurde als Basis für die Berechnungen herangezogen wo immer es möglich war, um diese Größen zu bestimmen. Die interessanten Zahlen aus diesen Berechnungen sind in der Tabelle 19 angegeben.

Tabelle 19
Klasse 19D der SAR: Betriebszustände des Kessels bei größter Anstrengung

Bezeichnung	19 D Serie	19D Umbau[1]
Verbrannte Kohle, kg h^{-1}	1 916	2 000[2]
Unterer Heizwert der Kohle, MJ kg^{-1}	28	27
Aufgeworfene Kohle, kg h^{-1}	3 622	2 294
Gesamte Verdampfung, kg h^{-1}	14 860	14 303
Heißdampf-Massenstrom, kg h^{-1}	14 360	13 803
Heißdampf-Temperatur, °C	331[3]	370[4]
Feuerungswirkungsgrad, %	53	87
Gesamtwirkungsgrad des Kessels, %	44	72
Gesamtunterdruck in der Rauchkammer, mbar	38,83	45,7[5]

Anmerkungen:

1. Es wurden mit der umgebauten Lokomotive keine Versuche durchgeführt, um diese Werte zu bestätigen.
2. Der grundsätzliche Auslegungswert für die Berechnung der Saugzuganlage.
3. Der Wert liegt unter dem auf Seite 60 angeführten, weil der Versuchsbericht bei hohen Rostbelastungen mit steigender Verdampfung eine abfallende Dampftemperatur angab.
4. Wenn auch an dem Überhitzer selbst keine Änderungen vorgenommen wurden, so wurde dieser Wert abgeleitet von der berechneten Auswirkung der Siederohrdrosselklappe (wird weiter unten beschrieben) auf das Verhältnis der Dampfüberhitzung zur Verdampfungsleistung bei der Serien-19D und der Nutzung eines Antischaummittels, von dem angenommen wurde, dass es die Dampfnässe in dem aus dem Kessel austretenden Dampf verhinderte.
5. Der Wert war höher als bei der Serien-19D, hauptsächlich wegen der größeren Rauchgaswiderstände in der Rauchkammer (als Folge der geänderten Anordnung der Selbstreinigungsleitbleche) und in der Feuerbüchse (wegen der turbulenten Mischung von Oberluft mit den Verbrennungsgasen). Letzteres bedeutete, dass ein Teil des Gewinns durch das GPCS in den Zylindern durch den notwendigen höheren Abdampfdruck zu dieser zusätzlichen Zugerzeugung verloren ging. Für Konstruktionszwecke wurde der errechnete Unterdruckwert um 10 % auf 50,3 mbar erhöht, um zusätzliche 5 % Rauchgas über dem Konstruktionswert hinaus als Sicherheitsmarge fördern zu können.

Die Lempor-Theorie empfahl ein Verhältnis Mischzonenlänge zu Durchmesser von 2,5 : 1 und einen Diffusoröffnungswinkel von ≤ 12°.

[1] Zeitung des Vereins Deutscher Ingenieure, Nr. 57, 1913, Seite 1739.

Die maximale Länge des Diffusors, eine Abmessung von großer Bedeutung, war gleich dem verfügbaren Abstand vom oberen Ende der Mischzone bis zur oberen Begrenzungen des Fahrzeugprofils, die auf den SAR bei nur 3 965 mm über SOK (Schienenoberkante) lag. Der Wirkungsgrad einer Ejektorpumpe, wie zum Beispiel einer Lokomotivsaugzuganlage, ist sehr abhängig von ihrem Verhältnis Länge zu Durchmesser, wobei Durchmesser in diesem Sinne die engste Stelle des Schornsteins meint. Je größer das Verhältnis Länge zu Durchmesser, desto höher der Wirkungsgrad, zu allererst deshalb, weil ein langer Diffusor mit einem großen Querschnittsverhältnis einen großen Teil der kinetischen Energie der Strömung in Druck umwandelt. Da der kleinste Schornsteindurchmesser eine Funktion der auszustoßenden Dampf- und Gasmasse war und bei ordentlicher Konstruktion mit der Größe der Lokomotive zunahm, die verfügbare Länge tendenziell mit der Zunahme der Lokomotivgröße aber abnahm, weil das Fahrzeugprofil unverändert blieb und das Unterteil der Rauchkammer bei großen Lokomotiven generell höher lag, so hatten das Verhältnis Länge zu Durchmesser und der Wirkungsgrad die Tendenz geringer zu werden, als die Lokomotivabmessungen wuchsen. Das war der Grund, warum es einfacher war, für eine kleine Lokomotive eine gute Saugzuganlage zu konstruieren, als für eine große.

Zwei wirksame Mittel standen zur Verfügung, um das Verhältnis Länge zu Durchmesser eines Schornsteins zu vergrößern. Das eine war es, den Eintritt in die Mischzone so niedrig wie möglich in der Rauchkammer anzuordnen. Der große senkrechte Abstand zwischen der Blasrohrmündung und der Unterkante des Schornsteineintritts auf den meisten Lokomotiven war einfach nur verschwendeter Platz. Das andere bestand darin, den Auspuffstrom in zwei oder mehr Teilströme aufzuteilen.[1] Das Erstere war bei der Rauchkammer des Typs Master Mechanics nicht einfach umzusetzen, aber die (2D)D2 der Union Pacific hatten eine zu diesem Zweck in der Mitte abgesenkte Tischplatte und eine ähnliche Konstruktion wurde bei der umgebauten 19D benutzt, was eine verfügbare Schornsteinlänge von 1 855 mm ergab, 200 mm mehr, als mit einer ebenen Tischplatte möglich gewesen wäre. Davon wurden 80 mm von der glockenförmigen Eintrittsöffnung eingenommen, so dass 1 775 mm für die Mischzone und den Diffusor übrig blieben. Es ergab sich, dass für diese Länge ein freier Blasrohrquerschnitt von 158,7 cm² für eine einfache Lempor-Saugzuganlage und eine Gesamtquerschnittsfläche von 176,6 cm² für einen Doppelschornstein möglich war. Dieser Zuwachs rechtfertigte sehr wohl die Komplexität eines Doppelschornsteins und welcher deshalb übernommen wurde. Vergleichszahlen für die Serien-19D und die Umbaulokomotive sind in der Tabelle 20 zusammengefasst. Da der Zylindergegendruck ungefähr proportional zu dem Wert $\{\text{Abdampfmassenstrom} \div \text{freier Blasrohrquerschnitt}\}^2$ war, sagen die Werte in der Tabelle 20 für den Doppel-Lempor-Schornstein zusätzliche 43 % Gaspumparbeit bei um 29 % niedrigerem Abdampfdruck voraus, was allein schon ein Maß für seine Überlegenheit gegenüber der Serienausführung darstellt. Der Abdampfdruck im Ausströmkasten im Auslegungspunkt (das heißt 50,3 mbar Rauchkammerunterdruck) wurde zu 0,56 bar vorhergesagt.

Tabelle 20
Klasse 19D der SAR: Daten der Saugzuganlage

Bezeichnung	19D Serie	19D Umbau
Verdichtungsarbeit, kW	124[1]	177[2]
Abdampfmassenstrom im Blasrohr, kg h^{-1}	14 360	13 050[3]
Gesamtquerschnitt Blasrohrmündung, cm²	179,8[4]	176,6
Durchflusskoeffizient Blasrohr	0,9[5]	0,99
Effektiver Gesamtquerschnitt Blasrohrmündung[6], cm²	161,8	174,8
Gesamtquerschnitt Schornsteineinschnürung, cm²	1 552	1 638
Gesamtquerschnitt Schornsteinmündung, cm²	2 027	4 346
Gesamtlänge Schornstein (einschl. Rauchkammereinsatz), mm	1 283	1 855

Anmerkungen.
1. Bei größter Kesselanstrengung.
2. Konstruktionswert.
3. Das war weniger als der Heißdampfmassenstrom, und zwar wegen der Dampfzufuhr zu den Verwirbelungsdüsen, wegen dem als Kühldampf zur Vermeidung von Schlackebildung abgeführten Abdampf und wegen Abschlägen für Leckagen an den Kolbenstangen- und Schieberstangenstopfbuchspackungen.
4. Das war der Nennquerschnitt der später bei den 19D eingebauten Serien-Blasrohrmündungen, aber es ist zweifelhaft, ob die Nenndampfleistung mit dieser Anordnung erreicht werden konnte.
5. Schätzwert. Der Strömungskoeffizient war wegen der stumpfen Spreizstege schlecht.
6. Produkt aus dem Nenngesamtquerschnitt der Blasrohrmündung und dem Blasrohrdurchflusskoeffizient.

Bis dahin konnte die Lempor-Theorie genutzt werden, aber sie macht keine Angaben zu konstruktiven Details (im Jahre 1979 bedrängte ich Porta wegen genauerer Konstruktionsregeln für bestimmte Parameter der Saugzuganlage, die in der Lempor-Theorie nicht erfasst waren, aber seinerzeit konnten definitive Regeln nicht angegeben werden. Erst einige Jahre später wurden in Datong in China Tests unternommen, um zu versuchen, die Lücke bei den für die Konstruktion von Saugzuganlagen verfügbaren Daten zu schließen, wie in Kapitel 7.4 beschrieben wird). Die Schornsteine stellten kein Problem dar und wurden aus unlegierten Stahlblechen angefertigt, die in Beaconsfield vorbereitet wurden und zum Walzen in das Ausbesserungswerk Bloemfontein gebracht wurden. Jeder Schornstein wurde in zwei Teilen ausgeführt, die bei der Montage zusammengeschraubt wurden. Der untere Teil war für Wartungsarbeiten, wie zum Beispiel Arbeiten an den Überhitzerelementen, abnehmbar. Ein Standrohr als Schweißkonstruktion war mit dem Rauchkammersattel verschraubt und teilte den Abdampf in zwei Ströme. Allerdings gab es nur wenig Anleitung für die Konstruktion der Blasrohrdüsen selbst. Meine ursprüngliche eigene Konstruktion, die auf einfache Herstellung abzielte, wurde von Porta ernsthaft kritisiert, als ich ihm Zeichnungskopien von sämtlichen Umbaumaßnahmen zusandte. Deshalb schickte er Zeichnungen aus Argentinien, mit deren Hilfe die bevorzugte Düsenbauart konstruiert werden konnte, und das Personal in Beaconsfield stimmte zu, dass sie das herstellen konnten, obwohl zu der Zeit die Herstellung der früheren Düsenbauart bereits begonnen hatte und die Änderung zusätzliche Arbeit mit entsprechender Verzögerung bedeutete. Die Form der Düsen war für eine gute Dampf-Gas-Vermischung direkt oberhalb der Austrittsöffnung konstruiert. Sie wurde empirisch ermittelt und war gleich der in der Tafel 53 illustrierten Blasrohrdüsen der Klasse 26. Die Düsen wurden hergestellt, indem zunächst eine Stahlform angefertigt wurde, um die herum dann unlegiertes Stahlblech von 1 mm bis 1,6 mm Stärke als Einzeldüse geformt wurde. Diese recht filigrane Arbeit wurde von J. Cronje, dem Stellvertretenden Lokomotivvorarbeiter in Beaconsfield, unternommen, der einer der am meisten begeisterten Unterstützer des Projekts war. Dann wurden vier Düsen zusammen- und dann auf ein gemeinsames Unterteil geschweißt, um dann für die beiden Abzweige des Doppelschornsteins jeweils die Blasrohrdüsengruppe zu bilden.

---

[1] Porta war der Pionier einer dritten Methode, bei der das Fahrzeugprofil ignoriert wurde und die Schornsteinhöhe anhand tatsächlicher senkrechter Abstände zu baulichen Strukturen im Gleisbereich ermittelt wurde. Gemäß dieser Philosophie versah er den Schornstein der 2D1-Klasse C16 Nr. 1802 der Belgrano-Eisenbahn mit einer Schornsteinverlängerung aus dünnem Blech, mit nur 10 mm Sicherheitsabstand nach oben. Alles ging gut, bis die Lokomotive mit neuen Radreifen aus der Werkstattüberholung kam…

Abgesehen von der Form der Blasrohrdüsen musste noch ein anderer Gesichtspunkt bedacht werden: sollten sie von der normalen konvergierenden Ausführung oder konvergierend-divergierend (nach de Laval, *Anm. d. Übers.: Carl Gustaf Patrik de Laval, * 9. Mai 1845 in Orsa, Schweden; † 2. Februar 1913 in Stockholm; Ingenieur und Erfinder*) sein? Die Blasrohrdüsen hatten die Funktion, den Abdampf an der Blasrohrmündung auf den in der Rauchkammer herrschenden Druck zu entspannen und dabei den größtmöglichen Anteil der thermischen Energie im Dampf in kinetische Energie für die Gaspumparbeit umzuwandeln. Eine wichtige Einflussgröße war das Verhältnis des Abdampfdrucks in den Zylindern zu dem Abblasdruck an der Düse. Bei dem kritischen Druckverhältnis (= 1,83 für Heißdampf) erreichte der Dampf die Schallgeschwindigkeit in dem engsten Querschnitt der Düse, und für höhere Druckverhältnisse benötigten die Düsen einen divergierenden Teil in Strömungsrichtung nach dem engsten Querschnitt, um die Expansion des Dampfs auf Überschallgeschwindigkeit fortzusetzen. Wurden solche konvergent-divergenten Düsen allerdings außerhalb des Auslegungsdruckverhältnisses betrieben, konnte in der Strömung im divergenten Teil ein Verdichtungsstoß auftreten, der die Wirksamkeit der Entspannung minderte. Der Auspuff aus einem Dampflokomotivzylinder geschah nicht bei konstantem Druck. Sobald der Schieber die Ausströmöffnung am Ende der Expansionsphase freizugeben begann, war der Dampfdruck relativ hoch, wobei die Höhe hauptsächlich von dem Einströmdampfdruck im Schieberkasten und der Zylinderfüllung abhing, und deshalb lag das Druckverhältnis im Auspuffsystem bei der Ausströmeröffnung wahrscheinlich über dem kritischen Wert, und somit waren konvergierend-divergierende Düsen für eine vollständige Expansion notwendig. Während der Ausströmphase war das Druckverhältnis üblicherweise unterhalb des kritischen Werts, obwohl auf Lokomotiven, die mit mehr als 0,8 bar Gegendruck betrieben wurden, der gesamte Abdampfstrom immer überkritisch war. Solche Bedingungen traten sicher in Nordamerika und anderswo auf, und zumindest eine US-Lokomotivklasse, die 2D2 „Niagaras“ der New York Central *(Anm. d. Übers.: h2, verschiedene Varianten, offizielle Klassenbezeichnung S-1a, S-1b und S-2a, Gesamtstückzahl 27, Bahn-Nrn. 6000 (S-1a), 6001 bis 6025 (S-1b), 5500 (S-2a), ALCO, 1945 bis 1946)* hatte eine Ausführung mit konvergierend-divergierenden Blasrohrdüsen.[1] Es war eine von Portas Doktrinen, so viel wie möglich Saugzugarbeit aus der Energie des Auspuffdampfs während einer sehr raschen ungedrosselten Ausströmung zu gewinnen, mit einem Maximum an Ausströmdampfmenge gegen Ende des Expansionshubes und einem Minimum an Gegendruck auf den Kolben bei dem Gegenhub. Bei diesen Bedingungen, die eine rasche Ausströmeröffnung (wie sie von langhubigen Schiebersteuerungen erreicht werden) und große freie Blasrohrquerschnitte verlangten, strömte viel von dem Auspuffdampf bei einem überkritischen Druckverhältnis, so dass die Notwendigkeit von konvergierend-divergierenden Düsen offensichtlich war. Verglichen mit den üblichen konvergierenden Düsen ergaben sie ein konstanteres Verhältnis zwischen dem Abdampfmassenstrom und dem Rauchgasmassenstrom über den gesamten Bereich der Kesselbelastung, mit dem Ergebnis der besseren Zugerzeugung bei hohen Verdampfungsleistungen. Dadurch wurde eine zu niedrige Blasrohrgrenze verhindert – was wichtig war, da das GPCS tatsächlich die Rostgrenze aufhob – und weniger Luftüberschuss bei geringen Verdampfungsleistungen angesaugt. Da der Abdampfdruck in den Zylinder sich fortwährend änderte, war es notwendig, ein Verhältnis Düsenaustrittsquerschnitt zu kleinster Düsenquerschnitt, geeignet für durchschnittliche Verhältnisse, zu spezifizieren. Es wurde ein Wert von 1,10 : 1 gewählt, was sich bei früheren Studien in Verbindung mit der Abhandlung für den SAR-Ingenieurverein als vernünftiger Kompromiss gezeigt hatte. Mit diesem Querschnittsverhältnis konnte der Abdampf bis zu einer Mach-Zahl von ungefähr 1,36 entspannt werden *(Anm. d. Übers.: Ernst Waldfried Josef Wenzel Mach, * 18. Februar 1838 in Chirlitz-Turas [tschech. Chrlice], Mähren, Kaiserreich Österreich, heute ein Stadtteil von Brünn, Tschechien; † 19. Februar 1916 in Vaterstetten bei München; österreichischer Physiker, Philosoph und Wissenschaftstheoretiker).*

Die Frage des Spitzenwerts des Dampfmassenstroms bei der Ausströmeröffnung, der die gewohnten „Puffe“ aus dem Schornstein einer Lokomotive hervorbrachte, war für das allgemeine Betriebsverhalten einer Lokomotive von großer Bedeutung, aber zur Zeit der Konstruktionsarbeit hatte ich seine Bedeutung nicht vollständig erkannt, andernfalls hätte ich die Sache vielleicht anders gemacht. Chapelon hatte den störenden Einfluss der Unterdruckspitzen auf das Feuerbett bei der Ausströmeröffnung erkannt und versucht, das durch die Anwendung trapezförmiger Ausströmkanalöffnungen in den Schieberbuchsen zu minimieren, die dem Auspuffdampf einen verminderten Strömungsquerschnitt im Augenblick der Ausströmeröffnung anboten. Dieser drosselte die Ausströmung und ergab so einen gleichmäßigeren Saugzug. Das war allerdings nicht unbedingt vorteilhaft für den Zylinderwirkungsgrad, und da das GPCS den Luftstrom durch das Feuerbett erheblich reduzierte, schlussfolgerte Porta, dem trapezförmige Ausströmkanäle ein Gräuel waren, dass rasche Ausströmeröffnungen bei Lokomotiven mit GPCS keine größeren Feuerbettstörungen zur Folge haben würden. Das akzeptierte ich, aber zumindest im Fall der umgebauten 19D zeigte die Erfahrung, dass es nicht so war, und im Nachhinein kann gesagt werden, dass dieses scheinbar so nebensächliche Detail möglicherweise einen großen Anteil an dem mit dieser Lokomotive erfahrenen Problem der Feuerbett-instabilität hatte.

Zu Vervollständigung des Auspuffsystems wurden vier ordnungsgemäß konstruierte Laval-Hilfsbläserdüsen für jeden Schornstein vorgesehen. Die Konstruktionsvorgabe für den Hilfsbläser war die Erzeugung eines Unterdrucks von 4,90 mbar bei einem Hilfsbläser-dampfdruck von etwas unter dem halben Kesseldruck. Dies führte zu Düsen von 6,6 mm Austrittsdurchmesser, was bei acht Düsen eine gesamte freie Bläserdüsenquerschnittsfläche von 274 mm² ergab, verglichen mit den 356 mm² des Hilfsbläsers der Serien-19D. Es wurde dafür Vorsorge getroffen, dass eine Druckluftleitung angeschlossen werden konnte, um beim Anheizen für Zug zu sorgen.

Die Master-Mechanics-Ausführung der Rauchkammer wurde wegen ihrer bewährten Selbstreinigungs- und Funkenfängereigenschaften beibehalten. Allerdings wurde sie als weit entfernt von dem möglichen Optimum angesehen. Hätten es die Umstände erlaubt, wäre mit verschiedenen Rauchkammerkonstruktionen experimentiert worden. Die idealen Eigenschaften einer Rauchkammer waren wie folgt: 100 % selbstreinigend, 100 % Verhinderung des Funkenauswurfs (bei allen Kesselanstrengungen), keine Verstopfung der Funkenfänger-einrichtung, niedriger Rauchgasströmungswiderstand, minimaler Instandhaltungsaufwand, maximaler Freiraum für die Konstruktion der Saugzuganlage und unbehinderter Zugang zur Rauchkammerrohrwand für Wartungszwecke. In der Praxis standen einige dieser Kriterien im Widerspruch zueinander. So zog ich die Smith'sche Ausführung des Funkenfängers (siehe Seite 14 ff.) in Betracht, die entschiedene Vorteile bezüglich Wartung, Zugänglichkeit und Freiraum für die Konstruktion der Saugzuganlage hatte und lehnte sie dann wegen der Gefahr der Funkenfängerverstopfung ab. Eine weitere Alternative war die Rauchkammerkonstruktion der 1E1 der Rio-Turbio-Eisenbahn, die ohne jede Selbstreinigungsleitbleche oder Funkenfänger war und bei der die Blasrohrmündung nur 220 mm über dem Boden der Rauchkammerwand angeordnet war. Das ergab ausgezeichneten Freiraum für die Konstruktion der Saugzuganlage und Zugang zur Rauchkammer, als auch fast 100 % Selbstreinigung, aber natürlich keinerlei Schutz vor Funkenauswurf. Wie bereits erwähnt, wurde die Tischplatte bei der umgebauten 19D in der Mitte um 200 mm abgesenkt und im Sinne der Einhaltung eines gegenüber den Serien-19D unveränderten freien Gasströmungsquerschnitts zwischen dieser Platte und der Rauchkammerwand an den Seiten entsprechend angehoben. Der von vorn gesehene Schnitt durch die so entstandene Tischplatte sah ein bisschen aus wie der griechische Buchstabe Omega. Das bestehende Schornsteinloch im Rauchkammerscheitel wurde geschlossen und zwei neue Löcher ausgebrannt. Die Funkenfänger- und Selbstreinigungsleitblechdetails wurde entsprechend der Anforderungen bei zwei Schornsteinen geändert. Der Abdampf des Luftsaugers *(Anm. d. Übers.: zur Luftentleerung der Saugluftbremse)* wurde bei SAR-Dampflokomotiven zum Blasrohrmündungsaufsatz geführt, aber

[1] Quelle: Dr. A. Giesl-Gieslingen, Anatomie der Dampflokomotive, Verlag O. Slezak, Wien, 1986.

diese Anordnung war bei den neuen Blasrohrdüsen ungeeignet. Der Luftsauger wurde deshalb so eingerichtet, dass er seinen Abdampf über einen Abschlammtopf (hier als Schalldämpfer wirkend) vor dem Führerhausdach direkt in die Atmosphäre entließ.

Die letzte mit dem Saugzugsystem im Zusammenhang stehende Komponente waren die Windleitbleche, die das Aussehen der Lokomotive mehr als alle anderen Umbauten veränderten. Die gesamte Querschnittsfläche am Schornsteinaustritt war um 114 % größer, als die der Serien-19D, womit die Austrittsgeschwindigkeit des Auspuffs bei jeder Massenstromrate um etwa 53 % niedriger lag. Die Serien-19D hatten keine Windleitbleche, da zwischen dem Rauchkammerscheitel und der Schornsteinmündung ein vernünftiger Abstand bestand (über 600 mm), aber im Hinblick auf die niedrigere Austrittsgeschwindigkeit wurden sie für die umgebaute Lokomotive als ratsam angesehen. Um wirksam zu sein, mussten Windleitbleche eine recht große Fläche haben und um eine gewisse Länge über die Rauchkammertürwand nach vorn vorstehen, 500 mm sind angemessen, aber gleichzeitig den Ausblick nach vorn aus dem Führerhaus nur im geringstmöglichen Maße verstellen. Wenn man ihre Entwicklung betrachtete, konnte man erkennen, dass es über die Jahre die Tendenz gab, sie höher anzubringen, und die 19D war für die Art Leitbleiche geeignet, wie sie zum Beispiel an den 1C1 der Baureihe Ol49 der Polnischen Staatsbahn *(Anm. d. Übers.: h2, Schlepptender, Bahn-Nrn. Ol49.1 bis 112, weitere 3 Lokomotiven gingen nach Nordkorea, FABLOK, 1951 bis 1954)* angebracht waren. Eine solche Ausführung wurde für die modifizierte 19D konstruiert und erfüllte sämtliche funktionalen Ansprüche, obwohl die meisten Eisenbahnfreunde sie möglicherweise für ein bisschen hässlich hielten. Sie waren wohl aber nicht hässlicher als die beiden blumentopfförmigen Schornsteine, die sie den Blicken entzogen (vergleiche Tafeln 5 und 6). Allerdings wäre etwas zur Verschönerung des Erscheinungsbilds der Schornsteine getan worden, hätte es die Absicht gegeben, keine Windleitbleche anzubringen. Die vorderen unteren Ecken der Leitbleche erwiesen sich als ziemliche Gefahr für die Köpfe derjenigen, die sich in ihrer Nähe aufhielten, wie der Konstrukteur schmerzhaft feststellen musste, und Beaconsfield wurde angewiesen, sie mit einer Rundung abzuschneiden. Das wurde auch ordnungsgemäß getan, aber als später die Rauchkammer verlängert wurde, betraf das auch die Leitbleche und der größte Teil der abgeschnittenen Anteile wurden dann ersetzt, wobei die unteren Ecken zur Warnung gelb gestrichen wurden (siehe Tafel 8).

Das GPCS und die verbesserte Saugzuganlage waren die wesentlichen Bauartänderungen in dem 19D-Entwurf. Die übrigen ursprünglich ausgeführten Umrüstungen waren die folgenden:

1. Ein „Überhitzerbooster" in Form einer die unteren sechs Reihen Heizrohre (insgesamt 35 Heizrohre) abdeckenden, frei schwingenden Klappe wurde in der Rauchkammer direkt vor der Rohrwand platziert. Ihr Zweck war es, der bei Dampflokomotiven allgemein auftretenden Tendenz der mit abnehmender Verdampfung abnehmenden Überhitzung entgegenzuwirken. Das geschah, weil der Anteil der in der Feuerbüchse freigesetzten Wärme, der durch Strahlung auf die Feuerbüchswände übertragen wurde, mit abnehmender Kesselleistung zunahm, was somit für das Rohrbündel einen entsprechend geringeren Wärmeanteil ergab und somit auch eine niedrigere Dampftemperatur. Es war bekannt, dass Brennstoff- und Wasserersparnisse erzielt werden konnten, falls die Dampftemperatur bei Teillast angehoben werden könnte, ohne die Volllasttemperatur anzuheben, für die allgemein als Grenze die Schmierungsbedingungen in den Zylindern angenommen wurden (obwohl die höchste Dampftemperatur der Klasse 19D diese Grenze eindeutig nicht erreichte). Das bedeutete, dass das Verhältnis Überhitzung zu Kesselanstrengung mit einem flacheren Anstieg zu versehen war, und die British Railways machten einige interessante Versuche auf diesem Gebiet, ohne letztendlich zu einer praktischen Maßnahme zu Erreichung dieses Ziels zu kommen.[1] Die Idee der Klappe (die von Porta stammte) war es, für eine gewisse Drosselung des Rauchgasstroms durch die Heizrohre zu sorgen, der eine Funktion des Saugzugs war und damit der Kesselanstrengung. Die Klappe reagierte auf das Rauchkammervakuum, so dass bei geringen Belastungen mehr heißes Rauchgas durch die Rauchrohre und damit zum Bestreichen der Überhitzerelemente gezwungen wurde, als bei hohen. Es war eine außerordentliche einfache Einrichtung und da die Detailkonstruktion bereits im Zusammenhang mit der Vorlage für den Ausschuss zur Ausmusterung der Dampflokomotiven für die Klasse 25 ausgearbeitet worden war, so war es eine einfache Angelegenheit, die Abmessungen passend für die 19D abzuändern. Ein wichtiges Konstruktionsdetail war es, die Klappenlagerzapfen kugelig auszubilden, um auch in dem (wahrscheinlichen) Fall von Verzug des Ganzen im Betrieb Freigängigkeit sicherzustellen.
2. Kleine Änderungen wurden an den serienmäßigen Kolbenschiebern und Schieberbuchsen vorgenommen zur Verbesserung der Dampfströmung und zur Verringerung der Undichtigkeiten. Der Autor war in dem Besitz von Notizen von Porta über die Konstruktion von Schiebern, die einen grundsätzlich anderen Ansatz zur Lösung dieser Aufgabe beschrieben, als es anscheinend bei der Entwicklung der SAR-Einheitsschieber der Fall gewesen war.[2] Allerdings wurde wegen der Beschränkungen des 19D-Projekts beschlossen, keine vollständig neuen Schieber zu konstruieren, sondern einfach die Einheitsschieber so abzuändern, dass sie besser Portas Kriterien entsprachen (die Konstruktion von Kolbenschiebern, die vollständiger diesen Kriterien entsprechen, wird in Kapitel 3.2 beschrieben). Da bei verschlissenen Schieberkörpern und Buchsen die Voreilung zunimmt und die Füllungen größer und schlechter definiert werden, falls die Einströmung und Füllungsdauer von den Schieberkörpern bestimmt wurden, wurden die innersten Schieberringe um 3 mm verlegt, so dass diese Ereignisses nun von den Ringen gesteuert wurden. Die (jeweils frischdampfseitig) überstehenden Teile des Schieberkörpers wurden nun im Sinne eines besseren Durchflusskoeffizienten geändert. Diese Modifikationen wurden so konstruiert, dass sich eine größerer Präzision bei der Einströmeröffnung und der Füllung ergab und, um den Dampfdruckabfall zu vermindern, der sich bei kleinen Kanalöffnungen ergab (das heißt bei Einströmeröffnung und -ende bei kleinen Füllungseinstellungen), womit sich dann im Indikatordiagramm die sogenannten „Dreiecksverluste" verkleinerten *(Anm. d. Übers.: gemeint sind Verlustflächen des realen Indikatordiagramms gegenüber dem theoretischen durch nur allmähliche, statt rascher Kanaleröffnungen und -abdeckungen)*. Der weniger kritische Ausström- und Kompressionsbeginn, die beide bei hohen Schiebergeschwindigkeiten stattfanden, mussten wegen der auf der Ausströmseite nötigen größeren Überstände weiterhin von den Schieberkörperkanten gesteuert werden, aber auch diese Überstände wurden für einen höheren Durchflusskoeffizienten abgerundet. Ein- und Ausströmüberdeckung blieben wie bei den Einheitsschiebern (38 mm beziehungsweise 0 mm), aber die Anzahl der Schieberringer je Schieberkörper wurde von vier auf fünf erhöht. Die Kanaleinströmkanten in den Schieberbuchsen wurden mit 1,5 mm Radius zur Verbesserung des Durchflusskoeffizienten rund gefeilt, was auch die Auswirkung hatte, dass die Voreinströmung etwas vorverlegt wurde, was nach der Aussage einiger Lokomotivführer das Anfahren mit der umgebauten Lokomotive etwas erschwerte. Die Ausströmkanalkanten wurden scharfkantig belassen, da eine Abrundung wegen der raschen Eröffnung des Ausströmkanals unnötig war. Um zu vermeiden, dass die innersten Ringe über das Ende des zylindrischen Teils der Schieberbüchsen hinausfuhren, wurde dieser auf den Einströmenden um 3,5 mm verlängert. Bereits im Zusammenhang mit den Umbauvorschlägen für die Klasse 25NC waren Gleichungen zur Beschreibung der Bewegungen der Walschaerts-Steuerung abgeleitet worden, so dass die Gelegenheit genutzt wurde, dies auch auf die Steuerung der Klasse 19D anzuwenden, um zu schauen, ob irgendwelche nennenswerten Verbesserungen an der Dampfverteilung ohne allzu große Änderungen erreicht werden konnten. Insbesondere wurden die Auswirkungen untersucht, falls Schieberüberdeckung und Voreilung dem seinerzeit

[1] Siehe Cox, E. S., Chronicles of Steam, Ian Allan, London, 1967, Seiten 84 bis 86.

[2] Porta, L. D., The Mechanical Design of Piston Valves, Buenos Aires, 1975 (unveröffentlicht).

für die umgebaute 25NC angenommen Wert angeglichen würden (55 mm beziehungsweise 6,35 mm). Es wurde herausgefunden, dass die für diese Überdeckung und Voreilung an der 25NC notwendigen wesentlichen Steuerungsänderungen, bei der 19D angewendet, zu einer zum zuverlässigen Anfahren zu geringen größten Füllung bei Rückwärtsfahrt geführt hätten. Auch wären längere Schieberbuchsengussstücke erforderlich gewesen, die in Beaconsfield nicht hätten hergestellt werden können. Das zwang zu der Entscheidung es bei einfachen Änderungen an den Einheitsschiebern zu belassen.

3. Die Schieber- und Zylinderschmierung wurde entsprechend bestimmter Empfehlungen in einer unveröffentlichten Abhandlung von Porta mit dem Titel „Tribologie in Dampfmaschinenzylindern" geändert. Diese Arbeit zeigte auf, dass die Einführung des Schmieröls in die Zylinderdampfrohre, wo es sich mit dem Dampf zu den Zylindern vermischte, zu einer beträchtlichen Zersetzung des Öls führte, bevor es die gleitenden Oberflächen der Schieber, Ringe und Schieberbuchsen erreichte, wo es benötigt wurde. Wurde das Öl dagegen direkt an die Schieberbuchsenbohrungen gebracht, kam es an den zu schmierenden Oberflächen mit einem Minimum an Zersetzung an. Die erstere Methode war sowohl mit Kondensationsölern als auch mechanischen Schmierpumpen weit verbreitet und war die Norm bei den SAR. Die letztere Methode wurde in Deutschland und anderswo angewendet und die britischen Einheitslokomotiven hatten eine Abwandlung davon. Die Zufuhr des Schmieröls direkt an die Schieberbuchsen hatte weitere wichtige Vorteile. Zum Beispiel konnte es an einer Stelle zugeführt werden, die von einigen der Ringe bei allen Füllungen überfahren wurde. Da der Druck in dem Raum „zwischen den Ringen" unter dem Schieberkastendampfdruck lag, war eine regelmäßige Schmierölzufuhr garantiert, selbst wenn der Schieberkastendruck nahezu dem Kesseldruck entsprach *(Anm. d. Übers.: bei Kondensationsölern ein wichtiges Argument, da sonst keine Druckdifferenz zur Schmierölförderung bei voll geöffnetem Regler bestand)*. Weiterhin wurde nun die Temperatur der Gleitfläche und nicht die Dampftemperatur der begrenzende Faktor für die Schmierungsbedingungen, mit wichtigen Konsequenzen, falls die Gleitflächen gekühlt werden könnten. Im Rückblick erscheint es derartig verfehlt, das Schmieröl stromaufwärts vor den Gleitflächen mit dem Heißdampf zu vermischen, statt es genau dorthin zu bringen, wo es gebraucht wird, dass man sich über die Popularität der ersteren Methode nur wundern kann. Es war ganz sicher nachteilig, die Begrenzung der Dampftemperatur viel niedriger anzusetzen, als es mit einer besseren und dennoch ebenso einfachen Schmierungstechnik möglich gewesen wäre.

   Die Klasse 19D hatte einen Kondensationsöler mit vier Ausgängen, die in die Zylinderdampfrohre und an die Zylinderbuchsen förderten. Die Schmierleitungen zu den Zylinderdampfrohren wurden zu in die Schieberkästen eingeschraubten Nippeln umgeleitet, die in eine Schmierbohrung hineinragten, die in der jeweiligen Schieberbuchse 67 mm von der Kante des Einströmkanals entfernt gebohrt wurden. Diese Position ermöglichte es den Schieberringen der Einströmseiten, diese Bohrungen in der Mittelstellung der Steuerung zu überfahren, so dass bei allen Füllungseinstellungen eine Schmierung „zwischen die Ringe" gegeben war. Demgegenüber erreichten die Ringe der Ausströmseite diese Bohrungen auch bei größter Auslegung der Steuerung nicht, womit das Entweichen von Öl und Dampf direkt in den Auspuff verhindert wurde.[1] Gemäß der Konstruktion passierte das Schmieröl für jeden Schieberkasten eine Einheitsölsperre, wonach dann Verzweigungsleitungen jeden Nippel versorgten. Aber diese Anordnung wurde in einem frühen Stadium der Einstellfahrten geändert, indem ein Rückschlagventil vor jedem Schieberschmiernippel angebracht wurde, um ein Überströmen von Dampf durch die Zweigleitungen von einem Ende des Schieberkastens zum anderen zu unterbinden. Es wurde festgelegt, dass die Schmierleitungen ein möglichst gleichförmiges Gefälle haben sollten, ein wichtiger aber oft vernachlässigter Punkt bei Kondensationsölern.

   Die Ausführung der Schmierbohrungen wurde von radialer Ausrichtung zu tangentialer Ausrichtung (in Bezug auf die Schieberbuchse) geändert. Da das meiste Schmieröl während der Ausströmphase in die Zylinder eingeblasen wurde, hatte der Ölanteil, der nicht augenblicklich auf den Zylinderwänden aufgetragen wurde, die Neigung direkt in den Auspuff zu gehen. Tangentiale Bohrungen erhöhten die Chance solcher Auftragungen. Allerdings konnte diese Änderung nur vorgesehen werden, falls neue Zylinderbuchsen eingebaut wurden, so dass das, soweit dem Autor bekannt, nie ausgeführt wurde.

4. Die beiden letzten der ursprünglichen Modifikationen betrafen unmittelbar die Bedienung der Lokomotive bei der Fahrt unter Dampf beziehungsweise im Leerlauf. Betrachten wir zunächst die Fahrt unter Dampf, so kommen wir zu der scheinbar endlosen Kontroverse, ob volle oder teilweise Öffnung des Reglers bei Teillast hätte angewendet werden sollen. Die Lehrbücher sagten Ersteres, die meisten Lokomotivführer taten Letzteres. Warum diese Diskrepanz zwischen Theorie und Praxis? Ein ganzes Buch könnte allein über dieses Thema geschrieben werden, aber hier müssen wir uns auf einige grundlegende Wahrheiten beschränken.

   Eine ideale Dampfmaschine (das heißt eine ohne schädlichen Raum, ohne Wärmeübergang an die Zylinderwände, ohne Reibungsverluste, ohne Dampfundichtigkeit und mit perfekten Indikatordiagrammen ohne Dreiecksverluste) wird bei Füllungsregelung *immer* einen höheren Wirkungsgrad haben als bei Drosselregelung, und diese Tatsache war die Grundlage für die Lehrbuchmethode des Fahrens mit voll geöffnetem Regler und kleinstmöglicher Füllung. Bedauerlicherweise traten in der realen Welt einige Dinge in Erscheinung, die diese Idealvorstellung erschütterten. Davon hier einige:

   i) Mit dem Verkleinern der Füllung verkleinerte sich auch das Verhältnis Mittlerer Effektiver Zylinderdruck zu höchstem Zylinderdruck, was den Anteil der als Reibung verzehrten indizierten Leistung vergrößerte.
   ii) Je höher der Schieberkastendruck und der höchste Zylinderdruck, desto höher die Verluste durch Undichtigkeit.
   iii) Mit der Zunahme des höchsten Zylinderdrucks und des Expansionsverhältnisses nahmen die Verluste durch Wärmeübertragung an die Zylinderwände zu.
   iv) Mit einer normalen Saugzuganlage war die Verdampfungsleistung bei kleinen Füllungen wegen der geringen für die Zugerzeugung zur Verfügung stehenden Auspuffenergie tendenziell schlecht.
   v) Je höher der höchste Zylinderdruck, desto höher war die allgemeine mechanische Verschleißrate.
   vi) Triebwerkschläge durch Lagerspiele und überhaupt Erschütterungen wurden schlimmer, wenn der Regler voll geöffnet wurde.

   Oberhalb einer bestimmten Zylinderfüllung wurden diese Einflüsse durch den thermodynamischen Vorteil einer größeren Dampfdehnung aufgewogen und ergab selbst bei der durchschnittlichen Dampflokomotive bei voll geöffnetem Regler einen besseren thermischen Wirkungsgrad. Unterhalb dieser Füllung war es wirtschaftlicher, die Leistung mit dem Regler zu regulieren. Für diesen Umschlagpunkt konnten keine allgemein gültigen Werte angegeben werden. Je hochwertiger die Konstruktion der Lokomotive (das heißt je näher sie dem thermodynamischen Ideal kam), desto niedriger lag die kleinste nutzbare wirtschaftliche Füllung. Durch gute Konstruktion war es möglich, den Einfluss der oben aufgelisteten Faktoren zu minimieren und die technische Lösung lautete: „theoretisch ergibt das Fahren mit voll geöffnetem Regler die besten Ergebnisse. Falls das in der Praxis nicht Eintritt, dann sind die

---

[1] Diese Parameter bestimmten logischerweise die Anordnung der Schieberschmierungsbohrungen, doch auf der Rio-Turbio-Eisenbahn, wo Porta diese Art der Schmierung einführte, waren bei Lokomotive Nr. 114 die Schmierbohrungen versehentlich auf der *Auspuffseite* der Kanalöffnungen gebohrt worden. Sie arbeitete zufrieden in diesem Zustand lange Zeit, ohne dass jemand irgendetwas Nachteiliges bemerkt hätte.

Ursachen zu identifizieren und ihr Einfluss zu mindern." Eine nach dieser Konstruktionsphilosophie gestaltete Dampflokomotive hätte unter allen praktisch auftretenden Betriebsbedingungen bei voll geöffnetem Regler wirtschaftlicher gearbeitet.[1] Man sagt, Regeln sind dazu da, um gebrochen zu werden, und die Erfahrung lehrt, dass das ignoriert wurde, falls den Lokomotivführern diese Anweisung erteilt wurde. Die Lokomotivführer hatten ihre Gründe, nicht mit voll geöffnetem Regler zu fahren, und davon waren einige berechtigt, einige nicht. SAR-Dampflokomotiven waren mit einem Schieberkastenmanometer ausgestattet, und wegen der Fahrweise mit nur teilweise geöffnetem Regler, konnte man auf diesem Manometer häufig einen wesentlich niedrigeren Druck als auf dem benachbarten Kesselmanometer ablesen. Falls man die Lokomotivführer fragte, warum sie denn einen so niedrigen Druck benutzen, während die Heizer ihr Bestes geben, um den Dampfdruck in der Nähe des Höchstwerts zu halten, war die Antwort üblicherweise, dass ein höherer Druck im Schieberkasten „nicht nötig" wäre. Das scheint unter den Lokomotivführern der Welt die übliche Auffassung gewesen zu sein, aber man fragt sich, wie ihre Reaktion gewesen wäre, falls die Heizer eine ähnliche Einstellung in Bezug auf den Kesseldruck angenommen hätten. Tatsächlich war das Fahren mit nur teilweise geöffnetem Regler, das manchmal bei älteren, schlechter konstruierten oder schlecht unterhaltenen Lokomotiven seine Vorteile gehabt haben mag und auf alle Fälle angenehmer war, eine Angewohnheit geworden, eine schlechte dazu im Fall der besseren Maschinen. Allerdings konnte das in der Praxis durch das einfache Mittel abgestellt werden, das die meisten der Einrastzähne der Reglerverriegelung entfernt wurden, wobei nur noch die entsprechenden für die geschlossene und voll geöffnete Position übrigblieben. Wohl kaum ein Lokomotivführer hätte dann ständig am Regler gehangen, nur um ihn nicht ganz zu öffnen, ausgenommen die wenigen Umstände, bei denen ein voll geöffneter Regler offenkundig nicht nötig war, wie zum Beispiel bei Lokomotivbewegungen in einem Depot. Das wurde deshalb als ein potentiell sehr wirksames Mittel angesehen, um eine gute Fahrtechnik zu erzwingen und wurde für die modifizierte 19D festgelegt. Leider hatte Beaconsfield anfangs nicht den Mut, das anzuwenden, und um ein gutes Verhältnis zu den regelmäßigen Lokomotivführern der umgebauten Lokomotive während der nicht immer ganz einfachen Einfahrperiode zu wahren, bestand ich nicht darauf, mit dem Ergebnis, dass diese Idee auf der 19D niemals verwirklicht wurde und bis zur umgebauten 25NC warten musste.

Die zweite Frage, die des optimalen Leerlaufverfahrens, war ebenso wie das Problem des voll oder teilweise geöffneten Reglers so alt wie die Dampflokomotive. Die von den verschiedenen Eisenbahnen angewendeten Leerlaufverfahren reichten über die gesamte Bandbreite der Füllungseinstellungen, von voll ausgelegt bis Mittelstellung, mit oder ohne etwas Schmierdampf, entweder durch geringe Regleröffnung oder durch ein spezielles Leerlaufdampfventil, mit oder ohne Schnüffel- oder Luftsaugeventile, die vor oder hinter dem Überhitzer angeordnet gewesen sein konnten und mit oder ohne Druckausgleicher, von denen es eine bemerkenswerte Vielfalt gab. Natürlich war jede Eisenbahn davon überzeugt, dass die eigene Methode die richtige war. Es ist lohnenswert, die idealerweise durch das Leerlaufverfahren erfüllten Kriterien zu betrachten. Die Liste ist überraschend lang:

i) Minimaler (idealerweise null) Zylinderdampfverbrauch.
ii) Minimale (idealerweise null) Zylinderleistung.
iii) Keine negative Zylinderarbeit.
iv) der Zylinderdruck bleibt oberhalb des Rauchkammerdrucks, um das Ansaugen von Rauchkammergasen in die Zylinder zu vermeiden.
v) Angemessene Kompression zum Abfangen der hin- und hergehenden Massen am Hubende.
vi) Benötigt keine Schnüffelventile oder Druckausgleicher irgendeiner Art, wobei die Ersteren zur Abkühlung der Zylinder und Beeinträchtigung der Schmierung durch Oxidation des Öls führten und beide waren anfällig für Undichtigkeiten.
vii) Benötigt kein separates Leerlaufventil.
viii) Ergibt einen sanften Lauf der Lokomotive ohne irgendwelche Teil zu beschädigen und ohne Zuckschwingungen, auch nicht im Zug, zu verursachen.
ix) Erfordert seitens des Lokomotivführers keine besondere Aufmerksamkeit, das heißt, seine richtige Anwendung kann im normalen Betrieb vorausgesetzt werden.
x) Erhält bei Anwendung von Schiebern mit dünnen Ringstegen auf der Einströmseite bei hohen Geschwindigkeiten einen angemessenen Schieberkastendruck aufrecht (ungefähr 4 bar), um das Anschlagen der Einströmringe an diese Stege zu vermeiden.
xi) Darf die Zylinder nicht auskühlen.
xii) Ergibt keine übermäßig hohen Zylindertemperaturen, so dass gute Schmierverhältnisse erhalten bleiben.
xiii) Ergibt minimalen Ölverbrauch bei Lokomotiven, bei denen die Förderung der Schmierpumpe mit variablem Hub ausgestattet ist.

Die SAR hatten in den dreißiger Jahren Versuche mit verschiedenen Kombinationen von Schnüffelventilen, Druckausgleichern und Leerlaufventilen ausgeführt und hatten schließlich entschieden, sie allesamt einzubauen. Mit dieser Anordnung der Ausrüstung wurde der Leerlauf bei voll ausgelegter Steuerung angewendet. Porta dagegen behauptete in Bezug auf die obigen Kriterien gute Ergebnisse mit dem Leerlauf bei Mittelstellung der Steuerung. Eine kleine Menge Schmierdampf (wie ihn der Kondensationsöler abgibt) war dann ausreichend, um jeden Unterdruck oder negative Zylinderarbeit zu vermeiden, was auf den Indikatordiagrammen erkennbar war. Es wurde auch gesagt, dass sich die Schmierverhältnisse bei Anwendung dieser Methode verbesserten. Die Überlegungen zu dieser Methode waren wohl fundiert, so dass ich mit der Anwendung bei der 19D nicht zögerte. Im Führerhaus wurde eine Anweisung angebracht, bei Leerlauf die Steuerung auf Mitte zu legen, und die Schnüffelventile auf den Schieberkästen wurden entfernt, ein sichtbares Zeichen, dass die umgebaute Lokomotive von den Serienmaschinen hinsichtlich des Leerlaufs abweichend war, was hoffentlich helfen würde, die Lokomotivführer dazu zu bringen, die Leerlaufanweisung zu befolgen. Das Leerlaufdampfventil wurde beibehalten, ebenso die Druckausgleicher, die jetzt bei Leerlauf keine Funktion hatten, aber immer noch übermäßige Drücke durch Wasser in den Zylindern entlasten konnten. Allerdings wurden sie später ohne nachteilige Folgen ebenfalls entfernt.

Das Vorangegangene beschreibt all die ursprünglich vorgesehenen und bis auf die tangentialen Ölbohrungen in den Zylinderbuchsen und die geänderte Reglerarretierung bei der umgebauten Lokomotive auch ausgeführten Änderungen. Untersucht, aber nicht ausgeführt, wurde eine Anhebung des Kesseldrucks, hauptsächlich, um den Auswirkungen des Druckabfalls zwischen Kessel und Schieberkasten

[1] Der Durchsetzbarkeit halber vereinfacht das Konzept „immer mit voll geöffnetem Regler" die optimale Fahrtechnik. Porta teilte mit, dass es ihm gelungen war, die Lokomotivführer der Rio-Turbio-Eisenbahn dahin gehend anzulernen, dass sie bei Füllungen unter 20 % den Regler nach bestimmten Schieberkastendrücken (angegeben durch farbige Markierungen auf dem Schieberkastenmanometer) bei bestimmten Füllungen einstellten. Es wurde allerdings für eine große Eisenbahn wie den SAR wegen der Schwierigkeit der Durchsetzung als wirklichkeitsfern angesehen, anzunehmen, dass diese (korrekte) Methode angewendet würde. Dass das erzwungene *Fahren mit voll geöffnetem Regler* kein utopisches Ideal war, kann durch eine Geschichte illustriert werden, die von Porta erzählt wurde: Er kannte einen Lokomotivführer in Argentinien, der Langstreckenpersonenzüge mit Zwischenhalten fuhr, indem er bei der Abfahrt im Endbahnhof den Regler vollständig öffnete, den Reglerhebel abnahm, auf dem Tender ablegte und so die gesamte Fahrt nur mit der Steuerung und der Bremse erledigte. Dieser spezielle Lokomotivführer war bei seinen Kollegen als „der Mönch" bekannt, ein passende Bezeichnung in Anbetracht seines erleuchteten Maschinistentums.

entgegenzuwirken, der bei hohen Kesselleistungen als ein signifikanter ungünstiger Faktor angenommen wurde. Allerdings zeigte eine vollständige Untersuchung des Kesselaufbaus nach dem Regelwerk für Kessel und Druckbehälter der American Society of Mechanical Engineers, Abschnitt III, Lokomotivkessel, Ausgabe 1952 (das letzte Jahr, in dem das ASME-Kesselregelwerk einen eigenen Abschnitt für Lokomotivkessel enthielt), dass der Kesseldruck nicht angehoben werden konnte, ohne den von den SAR vorgeschriebenen kleinsten Sicherheitsfaktor zu unterschreiten.

Abschließend wurden Berechnungen zu der von der Umbaulokomotive zu erwartenden Leistung bei der Kesselleistung angestellt, für die die Saugzuganlage konstruiert worden war. Das ergab entsprechend 1 255 kW am Zughaken bei 90 km h^{-1} im Vergleich zu etwa 828 kW bei der Serien-19D, ein Zuwachs von 52 %, also von der gleichen Größenordnung, wie sie Porta bei den 1E1 der Rio-Turbio-Eisenbahn erreicht hatte. Bei dieser nominellen Höchstleistung und maximal zulässigen Geschwindigkeit wurde der Kesselwirkungsgrad zu 71,5 %, der Zylinderwirkungsgrad zu 12,4 %, der indizierte thermische Gesamtwirkungsgrad zu 8,8 % und der thermische Gesamtwirkungsgrad am Zughaken zu 7,3 % erwartet. Das schienen alles realistische Zahlen zu sein, aber unglücklicherweise war es nie möglich, sie durch ordnungsgemäße Versuche mit Messgeräten zu bestätigen. Die entsprechenden Zahlen der Serien-19D bei Volllast, wie aus den Versuchsunterlagen hergeleitet, waren ungefähr 44 %, 9 %, 4 % und 3 %. Die erste, dritte und vierte Zahl waren außerordentlich niedrig, weil sie sich auf den Betrieb in der Nähe der Rostgrenze beziehen.

Um die Arbeiten in Gang zu bringen, entwarf ich im Februar 1979 einen Brief an Yspeert, in dem der Umbau einer Lokomotive der Klasse 19D zur Verbesserung ihrer Betriebseigenschaften und Verdampfungswilligkeit genehmigt wurde. Um einen Streit im Büro des CME wegen der Missachtung der Tatsache zu vermeiden, dass es nicht die Politik war, solche Umbauten auszuführen, unterschrieb ich den Brief selbst, legte eine Kopie in der Akte ab und ging, ohne etwas zu sagen, in Urlaub. Nichts provoziert mehr die eigene Aufsässigkeit als starre Regeln!

Als ich im folgenden Monat aus dem Urlaub zurückkehrte, hoffte ich die Herstellarbeiten beendet vorzufinden oder doch zumindest nahezu. Allerdings war das nicht der Fall, und zum ersten Mal wurde mir bewusst, wie lange es dauern kann, Dinge erledigt zu bekommen, besonders im Umfeld eines Lokomotivdepots, das sich kaum mit Herstellungsarbeiten beschäftigte, ganz zu schweigen von Entwicklungsarbeit. Um fair zu sein muss man sagen, dass das Personal in Beaconsfield sehr daran interessiert war, die Sache in Angriff zu nehmen, als ich im vergangenen Januar mit ihnen gesprochen hatte. So waren sie nun mit der Aufgabe konfrontiert, Bauteile herzustellen, die vollkommen verschieden von den gewohnten waren und dazu noch, dass sie das neben ihren normalen Aufgaben zu erledigen hatten. Die Änderungen an den Blasrohrdüsen bedeuteten weitere Mehrarbeit. Deshalb war es vielleicht wohl doch nicht überraschend, dass die Dinge trotz ihrer Begeisterung länger als erwartet dauerten, wobei sie allerdings nicht von unüberwindlichen Schwierigkeiten bei der Herstellung meiner Konstruktionen berichteten.

Die ausgewählte Lokomotive war Nr. 2644 aus dem Krupp-Lieferlos, ausgeliefert 1938. Sie war ein berüchtigt schlechter Dampfmacher, das wahre schwarze Schaf unter Beaconsfields 19D und eine Lokomotive, an der das Depot zu verzweifeln schien. Was auch immer bei ihr nicht in Ordnung war, das Personal konnte es nicht herausfinden. Es war zu erwarten, dass eine solche Lokomotive ausgewählt würde und ich erhob keine Einwände.[1] Sie wurde vorgeblich für eine „M"-Reparatur (Kolben- und Schieberuntersuchung und andere Arbeiten) abgestellt und stand hinter dem Depot vor sich hin, während ihre neuen Bauteile langsam Form annahmen und eingebaut wurden. Eine „M"-Reparatur benötigte normalerweise ein paar Tage; Nr. 2644 brauchte dafür über vier Monate. Kimberley kommentierte das in den an die Hauptverwaltung gesendeten monatlichen Reparaturmeldungen schlicht mit den Worten „Feuerbüchse und Rauchkammer ändern". Damit war es zu dieser Zeit kein Geheimnis mehr, das etwas im Gange war, was nicht der vorherrschenden Politik entsprach. Tatsächlich wusste die SAR-Führung, was passierte, tat aber nichts, um es aufzuhalten, was ich als stillschweigende Duldung nahm, solange die Dinge ohne Aufsehen ausgeführt wurden.

2.3 Das Einfahren

Gegen Ende Mai 1979 näherten sich die Arbeiten der Vollendung. Der Kesselprüfer des Bezirks hatte den Kessel untersucht, einer eingeschränkten Wasserdruckprobe zur Prüfung des einwandfreien Zustands der Änderungen unterzogen und am 10. Mai eine neue Kesselfristbescheinigung über 12 Monate ausgestellt. Allerdings machte er die zutreffende Bemerkung, dass 2644 keine gute Wahl war, da der Kessel seine letzte Hauptuntersuchung mit voller Wasserdruckprobe im Februar 1973 erhalten hatte, und da seinerzeit die zulässige Frist zwischen zwei Proben neun Jahre betrug, würde die Lokomotive im Jahre 1982 zu einer Hauptuntersuchung in die Werkstatt einrücken müssen. Er sah das als zu früh an, eingedenk der Tatsache, dass bei Hauptuntersuchungen die Kessel üblicherweise getauscht wurden (diese Hauptuntersuchung wurde ordnungsgemäß ausgeführt und die Lokomotive verließ die Werkstatt in der Umbauform ohne Kesseltausch).

Ich hatte Beaconsfield regelmäßig besucht, um so viel wie möglich der fertiggestellten Arbeiten zu prüfen, eine zeitraubende Arbeit, die sich, wie ich entdeckte, als zwingend notwendig herausstellte. Aber vor dem ersten Dampfmachen gab es immer noch Teile, die ich vorher nicht in Augenschein nehmen konnte, einschließlich der Blasrohrdüsen. Zusätzlich hatte ich einen vollständigen Satz Anweisungen für das Führerstands- und Instandhaltungspersonal vorbereitet, in dem die Fahr- und Heiztechniken beschrieben wurden, die zur Erreichung der bestmöglichen Ergebnisse zu beachten waren. Der große Tag wurde für den 6. Juni angesetzt. Der Feuer wurde entzündet und rasch war Dampf aufgemacht. Der Hilfsbläser wurde als sehr stark beurteilt, was jedermann beeindruckte, allerdings erinnerte ich mich an Portas Warnung, dass durch den häufigen Missbrauch eines starken Bläser die Überhitzerelemente beschädigt werden könnten. In neuem Lack erstrahlend zog 2644 einige kalte 25NC-2D2 im Schuppengelände auf und ab und brachte es dabei fertig, ein Sicherheitsventil zu öffnen, während das halbe Depotpersonal dabei zuschaute, wahrscheinlich voller Unglauben.

Der der Lokomotive für Hauptstreckenfahrten zugeordnete Lokomotivführer und Heizer waren beides Freiwillige. Der Lokomotivführer, G. Venter, erwies sich als treuer Verbündeter mit unerschütterlichem Vertrauen in den endgültigen Erfolg der Arbeiten. Er blieb bei 2644 während der gesamten, nicht immer erfolgreichen Einfahrzeit und wurde der Stammlokomotivführer der Maschine, als sie schließlich von Beaconsfield aus im normalen Dienst eingesetzt wurde. Der Lokomotivführer war Brite, einer aus der kleinen Gruppe von Leuten aus Übersee (meistens aus Großbritannien, Australien und Amerika), die speziell nach Südafrika kamen, um auf Dampflokomotiven zu arbeiten. Er war zu der Zeit bereits ein erfahrener Lokomotivführer, und ich erwartete eine gute Mitarbeit von ihm, da ihm als Dampflokomotivliebhaber sicher klar war, dass der Erfolg von 2644 potentiell einen großen Einfluss auf die Zukunft der Dampftraktion in Südafrika haben würde, und zwar als Ausgangspunkt für die mögliche Entwicklung von effizienten modernen kohlegefeuerten Lokomotiven für die SAR. Das dritte Mitglied der Führerstandsmannschaft war A. Botes, der örtliche Lokomotivinspektor, der die meisten Versuchsfahrten begleitete. Auch er ließ nicht locker, bevor die Dinge richtig erledigt waren, obwohl ich den Eindruck hatte, dass er weniger begeistert als Venter über einige meiner Änderungen war. Dampflokomotivleute schienen ein konservativer Menschenschlag gewesen zu sein, die jede Änderung mit Misstrauen betrachteten, und je mehr Erfahrung sie damit hatten, wie die Dinge waren, desto schwieriger schien es für sie zu sein, eine andere Herangehensweise an die Dinge zu akzeptieren. Die argwöhnische und manchmal ausgesprochen feindselige Haltung von

[1] Die erste von Chapelon umgebaute Lokomotive, Paris-Orleans-2C1 Nr. 3566, hatte anscheinend vor ihrer Verwandlung eine ähnliche Reputation.

Lokomotivführern gegenüber Abweichungen von ihrer eigenen Sichtweise war nicht hilfreich für die Entwicklung der Dampftraktion. Es war eine Belastung für die Ingenieure, die zusätzlich zu den technischen Problemen, die untrennbar mit technischer Entwicklungsarbeit verbunden sind, mit dieser Engstirnigkeit zurechtkommen mussten. Es war ein Glück, dass wir mit Venter jemanden hatten, der weitestgehend von solchen Vorurteilen frei war.

Nach den ersten Bewegungen auf und ab in dem Depotgelände, wurde für 2644 die Bespannung eines Sonderzug nach Modder River und zurück arrangiert, eine Fahrtleistung von 64 Kilometer auf der Hauptstrecke zwischen Kimberley und De Aar. Die Anhängelast bestand aus fünf verschiedenen Fahrzeugen mit 130 Tonnen Leergewicht, die normalerweise zu dem Hilfszug von Beaconsfield gehörten und mit einer ordentlichen Zahl von Depotpersonal an Bord (Tafel 5). Von Beaconsfield steigt die Strecke auf 5 Kilometer mit einer Maximalsteigung von 10 ‰ an, um dann bis Modder River fast nur noch abzufallen, mit einem Maximalgefälle von 12,5 ‰. Die Zuglast war in Anbetracht dieser geringen Steigungen sehr moderat. Vor der Abfahrt war die Szenerie manchmal etwas chaotisch, mit vielen Leuten um die Lokomotive herum, die alle ihre Ratschläge gaben. Aus nicht mehr erinnerlichen Gründen stimmte Botes der Ausbildung eines hohen Feuerbetts vor der Abfahrt nicht zu und verstieß so gegen die Grundregel des GPCS. Als wir in Beaconsfield Güterbahnhof abfuhren, waren die Beschleunigung, die leisen, doch scharfen Auspuffschläge und das völlige Fehlen von Rauch allesamt sehr eindrucksvoll, wie auch das Tempo mit dem der Kesseldruck abfiel. Trotz der recht geringen Kesselanstrengung erreichten wir den Brechpunkt der Steigung mit nur ungefähr 9 bar Kesseldruck, 65 % des Maximums. Das Feuer schien hauptsächlich hinten zu brennen, mit nur wenig Luftdurchtritt durch die vordere Rosthälfte. Wegen der längeren und steileren Steigungen war die Rückfahrt schwieriger. Bei der Abfahrt in Modder River wurden die gleichen Verhältnisse wie bei der Herfahrt beobachtet, was einen Zwischenhalt nach etwa halber Strecke erzwang, um sämtliche seitlichen Lufteinlässe abzudecken. Damit wurde die Verdampfung und auch die Gleichmäßigkeit der Verbrennung über dem Rost etwas verbessert, aber alles in allem war es kein vielversprechender Anfang, und es kam noch schlimmer. Die Fahrt wurde am nächsten Tag mit drei zusätzlichen Kohlewaggons wiederholt, wodurch die Last auf 290 Tonnen gebracht wurde. Das Feuer war nach der Fahrt am 6. Juni nicht gereinigt worden und war deshalb bei der Abfahrt relativ hoch, wobei allerdings viel von dieser Schichthöhe Asche war. Die seitlichen Lufteinlässe blieben abgedeckt und die Feuertür blieb außer beim Feuern geschlossen. Aber auch so fiel der Kesseldruck schnell auf 10 bar ab. Ungefähr 10 Kilometer nach der Abfahrt wurde Rauchbildung an beiden Treibstangenlagern beobachtet, und ein Zwischenhalt im Blockabschnitt musste eingelegt werden. Das linke Treibstangenlager hatte tatsächlich Feuer gefangen, und zwanzig Minuten wurden damit zugebracht, die Lager mit Wasser zu besprühen und mit Fett vollzupumpen, bevor die Temperatur als niedrig genug für unsere Weiterfahrt angesehen wurde. Obwohl die Treibstangenlager bis zu unserer Rückkehr nicht wieder heiß liefen, wurde bei der Untersuchung in Beaconsfield festgestellt, dass alle vier schwimmenden Buchsen auf den Treibzapfen festgefressen waren, was ihre Erneuerung einschließlich der in die Treibstangenlagerköpfe eingepressten Stahlbuchsen erforderte. Es war ein seltsames Vorkommnis, weil sie am Vortag keine Probleme gemacht hatten und vor Fahrtbeginn gefettet worden waren.

In Modder River war das Feuerbett bis zum Feuerloch angewachsen, und das Feuer wurde deshalb über den Aschegruben gereinigt. Es wurde eine nennenswerte Schlackebildung festgestellt, und wegen der Anordnung und beschränkten Öffnung des Kipprosts war es schwierig, das aus der Feuerbüchse zu entfernen. Schließlich war auch das erledigt, und auf der Rückfahrt war die Verdampfung mit einem sauberen Feuer und mit allen seitlichen Lufteinlässen abgedeckt besser, allerdings war die ausgestoßene Rauchmenge nicht geringer als bei einer Serien-19D. Bei der Ankunft in Beaconsfield wurde die Rauchkammertür geöffnet, und man konnte sehen, dass der Funkenfänger teilweise zugesetzt war. Es gab auch eine mäßige Anhäufung von Lösche unterhalb der Tür, alles auf der linken Seite der Rauchkammer, was auf einen ungleichförmigen Gasstrom hinwies. Ein zusätzliches Problem war es, dass auf beiden Fahrten die dampfbetätigte Hendrie-Kraftumsteuerung *(Anm. d. Übers.: David Anderson Hendrie, * 31.5.1861, Inverness, Schottland; † 22.4.1940, Pietermaritzburg, SA; CME der Natal Government Railway, einer Vorgängerbahn der SAR)* dazu neigte, sich in Richtung größter Füllung zu verstellen, was dann für die Mannschaft ausreichend Rechtfertigung dafür war, im Leerlauf mit voll ausgelegter Steuerung zu fahren. Alte Gewohnheiten haben ein zähes Leben.

Auf der positiven Seite stand das Gefühl, dass 2644 besser zog als eine Serien-19D, was in Anbetracht des größeren freien Blasrohrquerschnitts selbstverständlich war, aber die Anhängelasten waren für tiefere Erkenntnisse hierzu zu gering gewesen. Ganz sicher war die Lokomotive nicht so gelaufen, wie sie sollte, und nach diesen beiden enttäuschenden Tagen musste ich einen eindeutigen Plan für den Einfahrprozess ausarbeiten, was offensichtlich zur Erreichung eines akzeptablen Betriebsverhaltens notwendig war. Glücklicherweise war die hierzu einzuhaltende Reihenfolge der Maßnahmen ziemlich klar. Die beiden wichtigsten betroffenen Einrichtungen waren die Zugerzeugung und das GPCS. Kein Kessel wird ohne angemessenen Saugzug Dampf machen, egal welches Verbrennungssystem angewendet wird, so dass beschlossen wurde, den Saugzug zunächst mit abgedeckten seitlichen Lufteinlässen und normaler Verbrennung (mit Kühldampf gegen Schlackebildung) in den Griff zu bekommen. Nachdem das erreicht wäre, könnten die seitlichen Lufteinlässe stufenweise geöffnet werden, bis die volle GPCS-Funktion erreicht wäre. Unter der Überschrift „Zugerzeugung“ fielen sowohl die Leistung der Saugzuganlage als auch der Zugverlust in der Rauchkammer.

Vorher musste allerdings eine Lösung für das Verschlackungsproblem gefunden werden. Ein offensichtliches Heilmittel war es, den Abdampf des Luftsaugers als Kühldampf gegen Schlackebildung zu verwenden. Beaconsfield wurde deshalb angewiesen, den Abdampfstrom des Luftsaugers auf zwei Rohre mit jeweils 32 Bohrungen von 8,5 mm Durchmesser aufzuteilen, angeordnet jeweils auf beiden Seiten des Aschkastens und mit den Dampfbohrungen gerichtet auf den Lufteinlass zwischen Bodenring und Aschkasten. Damit vermehrte sich der Dampfstrom zum Feuerbett um etwa 50 % bei der größten nominellen Dampferzeugung. Weil während der überwiegenden Zeit nur der kleine Luftsauger angestellt war, eingestellt auf die zur Aufrechterhaltung des Leitungsvakuums nötigen kleinstmöglichen Dampfmenge, war der Kühldampf gegen Schlackebildung, der von dem Luftsauger kam, in der Praxis bei allen Kesselanstrengungen konstant. Da der Luftsauger oft angestellt war, wenn der Hilfsbläser benutzt wurde, ergab sich zusätzlich eine Verhütung von Schlackebildung unter der Wirkung des Hilfsbläsers. Mit dieser Änderung verschwand auch das unangenehme Geräusch, das der Abdampf des Luftsaugers vor dem Führerhausdach erzeugt hatte, weil der Abschlammtopf als Schalldämpfer nicht ausreichend wirksam war. Der Nachteil war, dass bei angestelltem Luftsauger Dampf bei Stillstand oder langsamer Bewegung der Lokomotive dazu neigte, in das Führerhaus einzudringen, und es war schwierig beim Feuerreinigen in den Aschkasten zu schauen, was allerdings nicht zu größeren Beschwerden der Führerstandsmannschaft führte.[1] Auch dauerte die Vakuumerzeugung etwas länger als mit dem der Serien-19D. Allerdings war vom Tage dieser Änderung an das Schlackenproblem im Prinzip gelöst. Während der restlichen Einfahrzeit war die Schlackebildung entweder gleich null oder ergab kleine Brocken, die leicht durch den Kipprost entfernt werden konnten. Später, im normalen Einsatz, gab es gelegentlich Berichte von der Bildung großer Schlackebrocken bei extrem schlechter Kohle. Da aber der Anteil an Kühldampf gegen Schlackebildung bei solch außergewöhnlichen Umständen bei normalen Verhältnissen übertrieben gewesen wäre, wurden bei der Versorgung mit Kühldampf gegen Schlackebildung keine weiteren Änderungen vorgenommen.

---

[1] Auch bei den 1E1 der Rio-Turbio-Eisenbahn war der Luftsaugerabdampf zum Aschkasten geführt (siehe Abb. 29), aber Porta berichtete von Beschwerden der Lokomotivmannschaften wegen in das Führerhaus eintretendem Dampf, und deswegen war gehofft worden, bei der Umbau-19D auf diese Anordnung verzichten zu können. Bei der 2644 stellte sich heraus, dass das Minimieren sämtlicher Durchbrüche im Aschkasten (zum Beispiel für die Betätigungsstangen zum Schüttelrost) einen wichtigen Beitrag zu Reduzierung dieses Problems leistete.

Beaconsfield wurde auch aufgefordert, den Grund für die einseitige Löscheablagerung in der Rauchkammer aufzudecken, und es wurde herausgefunden, dass die Höhe der Tischplatte ungleichmäßig war. Das wurde behoben, und an der Kraftumsteuerung wurde gearbeitet, um das ungewollte Verstellen zu unterbinden. Nach dem Abschluss dieser Arbeiten wurden zwei Hin- und Rückfahrten gemacht, bei denen ich nicht anwesend war. Zuerst nach Modder River, um den mechanischen Zustand der Lokomotive zu überprüfen und dann nach Pudimoe an der Strecke Warrenton – Mafeking als Demonstrationsfahrt. Die Zuglast zwischen Warrenton und Pudimoe betrug 600 Tonnen und das Betriebsverhalten soll im Wesentlichen gut gewesen sein. In der Zwischenzeit hatte ich Porta von den Ereignissen bei den ersten beiden Versuchsfahrten unterrichtet, und schon bald antwortete er mit einigen nützlichen Ratschlägen, wie üblich verbunden mit dem Versprechen, mir mit aller zur Verfügung stehenden Kraft bei der Arbeit zu helfen. Tatsächlich übersendete er viele Vorschläge zur Anwendung bei der 2644, die aber leider wegen beschränkter Fertigungsmöglichkeiten nicht verwirklicht werden konnten.

Da ich seit einiger Zeit nicht mehr auf einer Serien-19D mitgefahren war, entschied ich mich, eine Führerstandsfahrt auf einer dieser Lokomotiven zu machen, bevor ich mich weiter mit 2644 beschäftigte, so dass ich einen Maßstab für Vergleiche hatte, besonders was die Verdampfungswilligkeit anbelangte. Ich informierte also das Depot Capital Park, dass ich auf dem Führerstand der Zuglokomotive des täglichen Güterzugs mit Personenbeförderung von Pretoria nach Magaliesburg, einem 19D-Plan, am folgenden Tag mitfahren würde, und die Lokomotivmannschaft wurde entsprechend informiert. Als Legitimation für diese Fahrt nahm ich meine jüngst erworbene Mitfahrerlaubnis für den Bezirk Nördliches Kap. Ich brauchte eine Mitfahrerlaubnis für Fahrten auf 2644, die das Büro des Bezirksleiters in Kimberley bereitwillig ausgestellt hatte. Wie ich sehr wohl wusste, war er in dem Bezirk Östliches Transvaal nicht gültig, allerdings war ich mittlerweile in Capital Park bekannt, und ich nahm an, dass niemand sich die Mühe einer Überprüfung machen würde. Voller Vorfreude ging ich zu Bett…

Intermezzo

(Leser mit einer romantischen Vorstellung von dem Leben auf dem Führerstand einer Dampflokomotive sollten zur Kenntnis nehmen, dass die nachfolgende Beschreibung, entnommen meinen vollständigen Aufzeichnungen, die ich bei der Fahrt machte, in jeder Hinsicht der Wahrheit entspricht.)

Es war mitten im Winter und ein für Pretoria ungewöhnlich kalter Tag. Unter Null mit einem heulenden Wind, der scheinbar direkt aus der Antarktis wehte und die Luft mit Staub erfüllte. Ich hätte im Bett bleiben sollen, aber ich hatte die Vorbereitungen getroffen und dachte, dass ich mich daran halten sollte, und so machte ich mich auf nach Capital Park. Die Lokomotive für den Zug nach Magaliesburg an diesem Tag war natürlich keine 19D. Es war eine 1D2 der Klasse 24 (Nr. 3683), eine kleinere Lokomotive. Allerdings war der Kessel sehr ähnlich dem der Klasse 19D, nur der Langkessel war kürzer, und da ich mir die Mühe gemacht hatte, so früh aufzustehen, dachte ich mir, dass ich nun die Fahrt auch genauso gut mitmachen könnte. Ich kletterte auf die Lokomotive. Die Mannschaft war nicht informiert worden, dass ich sie begleiten würde, stimmte aber ohne Weiteres zu, mich mitzunehmen. Wir verließen das Depot um 06.15 Uhr und machten uns als Leerzug auf zum Bahnhof Pretoria, um die zwei Personenwagen abzuholen, die den Personenzugteil des gemischten Zugs bildeten, wobei wir uns so gut es ging vor dem Wind schützten, der durch den Führerstand wehte. Von hier ging es weiter zum Rangierbahnhof Hercules am nördlichen Stadtrand, um den Rest der Zuglast anzuhängen. Es handelte sich um neun Drehgestellwagen, womit die gesamte Anhängelast ab Hercules 326 Tonnen betrug.

Ein kurzes Umsehen auf der Lokomotive ergab nur wenige Unregelmäßigkeiten. Der zulässige Betriebsüberdruck der Kessel dieser Klasse betrug 13,8 bar, aber gemäß dem Kesselmanometer öffnete das erste Sicherheitsventil bei 14,2 bar und schloss bei 13,2 bar, was im Widerspruch zum Kesselregelwerk stand. Das Schieberkastenmanometer fehlte, aber der Lokomotivführer meinte, dass es sich nicht lohnte, das zu berichten, da das Magazin in Capital Park keine hatte. Bei dem Abstoppen der Geschwindigkeit anhand der Kilometersteine wurde festgestellt, dass der Geschwindigkeitsmesser ein klein bisschen vorging, 90 km h^{-1} auf dem Tacho entsprachen echten 55 km h^{-1}. Die rechte Kolbenstangenstopfbuchse und die linken Zylinderhähne waren undicht.

Vor der Abfahrt in Hercules wurde das Feuerbett im hinteren Bereich hoch aufgebaut und dann ging es los. Auf den ersten 29 Kilometer bis Meerhof passierte nichts Besonderes. Die Dampferzeugung war nicht besonders gut, der Kesseldruck stieg bei der Fahrt unter Dampf nicht über 12,0 bar, und die bevorzugte Zylinderfüllung betrug nicht weniger als 50 % mit (selbstverständlich) nur teilweise geöffnetem Regler. Der Hilfsbläser schien die meiste Zeit angestellt zu sein. In Meerhof wurde Wasser genommen und das Feuer gereinigt, wobei es eine beträchtliche Schlackenmenge gab, trotz der relativen Kürze der Fahrtstrecke. Der größte Teil der Schlacken, die zu dem Kipprost geschoben wurden, fielen in die Seiten des Aschkastens, aber die kurzen Stangen zum seitliche Ausschieben von Asche und Schlacke in den mittigen Aschefall fehlten, und so hatte der Heizer die Schlacke mühsam in die Öffnung des Kipprosts zu schieben, dann herunter zu klettern und den Aschkasten mit dem Schüreisen auszukratzen. Das benötigte einige Zeit, aber schließlich war das Feuer gereinigt, Wasser genommen, und wir konnten weiter fahren. Der Regler wurde geöffnet, wir fuhren ein paar Millimeter vorwärts und kamen dann zum Stehen. Voller Kesseldruck, vollständige Regleröffnung, größte Vorwärtsfüllung, volles Bremsvakuum, keine Bewegung. Auch nicht bei Rückwärtsfüllung. Eine Untersuchung des Zugs ergab, dass sämtliche Bremsen sämtlicher Fahrzeuge des Zugs hinter dem Tender angelegt waren, obwohl wir auf der Lokomotive das korrekte Vakuum hatten. Schließlich wurde entdeckt, dass der Saugluftschlauch zwischen dem Tender und dem ersten Wagen vollständig von Eis verstopft war, wegen übergelaufenen Wassers, das an der Verbindungskupplung eingedrungen war, die Luft zog. Der Schlauch wurde ausgebaut, mit heißem Wasser aus der Kohlenässleitung besprüht und wieder eingesetzt, wonach ein erfolgreicheres Anfahren gelang.

Der Kesseldruck pendelte um die 12,0-bar-Marke bis zum Anstieg bei Hekpoort, 33 Kilometer vor Meerhof, wo dann starke Dampfnässe bei voll geöffnetem Regler, ungefähr 50 % Füllung und ein Viertel Wasserstand im Glas, auftrat. Die Dampfnässe hielt für etwa zwei Minuten an, riss das Feuer auf dem Rost nach vorn und senkte den Kesseldruck auf 9,5 bar ab. Der Zug schaffte gerade so eben die Steigung, wobei die Geschwindigkeit mit voll geöffnetem Regler und 70 % Füllung auf 10 km h^{-1} abfiel. Der Kessel war weder in Capital Park, noch während der Fahrt, noch während der Dampfnässe abgeschlammt worden, und der Lokführer sagte, das Abschlammprogramm sei ihm nicht bekannt. Die Kohle, die auf dem Rost nach vorn gerissen worden war, wurde durch Beschicken in den hinteren Bereich ersetzt und das Feuerbett war nun sehr hoch, vorn am Rost bis zu den Feuerschirmtragrohren. Nunmehr stieg der Kesseldruck bei der Fahrt unter Dampf nicht mehr über 10,5 bar, und die meiste Zeit fiel er unter 7,8 bar, sobald der Regler geöffnet wurde.

In Hekpoort wurde ein Waggon abgehängt, was das Zuggewicht auf 290 Tonnen verminderte, und der Rost wurde geschüttelt, um die Feuerschicht herunterzubringen. Im weiteren Verlauf drückte eine Steigung die Geschwindigkeit bis auf nur noch 10 bis 15 km h^{-1}, wobei die Lokomotive mit größter Füllung bei voll geöffnetem Regler und mit 9,0 bis 9,5 bar Kesseldruck arbeitete. Dann trat kurz vor dem Brechpunkt der letzten 25-‰-Steigung vor Magaliesburg starke Dampfnässe auf, und die Lokomotive kam durch Schleudern zum Stillstand, nachdem die Geschwindigkeit auf Schritttempo abgefallen war. Der Kessel wurde noch immer nicht abgeschlammt. Der Zug wurde bis zu einem geraden Streckenstück zurückgesetzt, von wo aus die Steigung erneut in Angriff genommen werden sollte, und es wurde die Sandstreueinrichtung überprüft. Auf beiden Seiten trat kein Sand aus, und es wurde festgestellt, dass der Sand in den Sandkästen feucht war (der Lokomotivführer sagte, die Sandstreuer hätten in Capital Park funktioniert, aber diese Behauptung erscheint zweifelhaft). Die Sandstreudüsen und Leitungen wurden mit dem Hammer bearbeitet, aber das ergab keinen kontinuierlichen Sandfluss. Dann wurde ein zweiter Versuch an der Steigung unternommen. Es trat keine Dampfnässe auf, aber die Lokomotive kam wieder schleudernd zum Stehen. Der Heizer wurde angewiesen, an den kritischen Stellen Schottersteine auf die Schienen zu legen (an Stelle von Sand) und der Zug wurde wieder zurückgefahren. Da die Sandstreueinrichtung noch immer nicht funktionierte, wurde Sand aus einem Sandkasten entnommen und in einen Eimer gefüllt. Der Heizer und ich saßen mit dem Eimer zwischen uns auf der vorderen Pufferbohle und sandeten die Schienen von Hand, aber es war alles umsonst. Der dritte Versuch endete in einem gewaltigen Schleuderausbruch, begleitet von einem Funkenregen aus dem Schornstein, dem es gelang, das angrenzende Feld einer Farm in Brand zu setzen, direkt hinter dem Haus des Farmers. Noch einmal wurde der Zug zurückgesetzt, und erst jetzt dachte jemand mal an den Wasserstand im Kessel. Wir schauten auf die Wasserstandsgläser. Es war kein Wasser zu sehen und das in einer Steigung von 25 ‰! Eine Strahlpumpe wurde angestellt und wir warteten darauf, dass entweder Wasser im Glas erschien oder sonst der große Knall käme. Es dauerte mehr als fünf Minuten, bevor sich unten Wasser im Glas zeigte. Dann wurde der Kesseldruck auf 12,5 bar gebracht, und mit ein Viertel Wasserstandsanzeige wurde der Zug wieder in Gang gesetzt, aber vor dem Brechpunkt trat wieder Dampfnässe auf, und die Lokomotive kam diesmal ohne Schleudern zum Stehen. Viermal war genug, und der Lokomotivführer entschied, die Anhängelast zu teilen. Als wir mit dem halben Zug abfuhren, teilten sich Rauch und Flammen von dem Feld zu unserer Linken und enthüllten eine Person, die uns ziemlich wütend anstarrte…

Auf dem kurzen Stück bis Magaliesburg riss der Kessel übel Wasser über, und wir kamen dort ohne sichtbaren Wasserstand an, was nicht überraschend war, denn nunmehr hatten wir auch kein Wasser mehr im Tender. Bei der Ankunft wurde Wasser genommen und das Feuer gereinigt, wobei diese letztere Tätigkeit etwa dreißig Minuten dauerte, da riesige Schlackebrocken (bis zu 600 mm x 600 mm x 300 mm) auf eine Größe zerkleinert werden mussten, die durch den Kipprost passte. Der hydrostatische Verdrängungsöler hatte kein Schmieröl mehr, und die Steuerung war in größter Vorwärtsfüllung stecken geblieben, was heftiges Hämmern an einer der Schwingenstangen erforderte, um sie gängig zu machen. Der Öler arbeitete immer noch nicht, als wir zu dem abgehängten Zugteil zurückfuhren, und dort erhielten wir die gute Nachricht. Der Zugführer, ein weißhaariger und weitestgehend zahnloser Alter mit mehrtägigen Bartstoppeln an seinem Kinn und der aussah, als ob er seit den Tagen des Baus der Strecke eine feste Größe auf diesem Zug gewesen war, erwartete uns. Übersetzt aus dem ursprünglichen Afrikaans war seine Botschaft in etwa wie folgt: „Hi hi hi, dieser Sch…farmer war halb verrückt vor Sch…wut. Er hat sich die Sch…nummer der Maschine notiert und sagte, dass er euch bei dem Sch…bahnhofsvorsteher anzeigen will, weil ihr bei ihm ein Sch…feuer gelegt habt…“ (jetzt wusste ich zumindest, wofür Lokomotivnummern tatsächlich gut waren). Wir beförderten den Rest des Zugs nach Magaliesburg. Dazu gehörten die beiden Personenwagen, aber ich glaube, zu diesem Zeitpunkt waren die Fahrgäste zu dem Schluss gekommen, dass es schneller wäre, zu Fuß zu gehen und hatten sich davon gemacht.

Die Rückfahrt wurde nur mit den beiden Personenwagen unternommen. Wahrscheinlich traute uns die Fahrdienstleitung mehr nicht zu. Bevor wir Magaliesburg verließen, wurde der Kessel endlich abgeschlammt, wonach keine Dampfnässe mehr beobachtet wurde, was auch gut so war, denn der Öler arbeitete auf den ersten ungefähr zehn Kilometern nicht. Schlacke bildete sich selbst mit einem relativ niedrigen Feuerbett, und folglich konnte der Kesseldruck nicht über 12,0 bar gehalten werden. Vor unserer Ankunft in Pretoria war es dunkel geworden, und die Funktion des Turbogenerators war so unsicher geworden, dass wir ohne Spitzenlicht über einen Streckenabschnitt mit recht vielen unbeschrankten Bahnübergängen weiterfahren mussten. Zum Glück funktionierte die Pfeife (ja, wirklich), so dass wir unseren Mangel an Licht durch Lärm gutmachten. Bei der Annäherung an Hercules wurden wir auf ein Ausweichgleis geleitet, und der Außenrahmen des Schleppgestells der Lokomotive stieß an einige Schwellen, die zu dicht am Gleis aufgestapelt waren, aber zu diesem Zeitpunkt wollte der Lokomotivführer nur noch nach Hause und hielt nicht an, um den Schaden zu untersuchen. Wir kuppelten die beiden Personenwagen im Bahnhof Pretoria ab und kamen endlich um acht Uhr nach Capital Park zurück, wobei wir fast vierzehn Stunden für eine 200-Kilometer-Planleistung gebraucht hatten. Beim Abschied von der Mannschaft macht ich dem Lokomotivführer gegenüber einige Bemerkungen in dem Sinne, dass das ja ein ziemlich ereignisreicher Tag gewesen wäre, worauf er brummelte, dass das „eine Fahrt, wie jede andere“ gewesen wäre.

***

Nun zurück zu 2644. Ich hatte beabsichtigt, weitere Versuchsfahrten in Doppeltraktion mit 25NCs vor Zuglasten für 25NC-Einfachbespannung zwischen Beaconsfield und De Aar zu machen, was es der 2644 ermöglicht hätte, schwer zu arbeiten und im Falle von Schwierigkeiten eine Sicherheit zu haben. Aus mir nicht mehr erinnerlichen Gründen wurde das nicht gemacht, und bei der nächsten für den 20. Juni angesetzten Versuchsfahrt nahm 2644 eine Zuglast von 641 Tonnen ohne Vorspann nach De Aar. Wie auch bei den nachfolgenden Versuchsfahrten waren im Zug ein Werkstattwagen und ein Schlafwagen aus dem Hilfszug eingestellt und immer begleitete uns ein Schlosser aus Beaconsfield. Das Streckenprofil ist in Abb. 31 dargestellt.[1] Die maßgeblichen Steigungen waren 10 ‰ in südlicher und 12,5 ‰ in nördlicher Richtung, was für die 19D zulässige Zuglasten von 820 Tonnen beziehungsweise 730 Tonnen bedeutete. Die der 2644 anvertraute Zuglast war damit deutlich unter der zulässigen für diese Klasse.

Die Fahrt wurde mit normaler Verbrennung unternommen und der Hauptzweck war, ein allgemeines Gefühl für das Leistungsniveau zu bekommen. Mehr war auch nicht möglich, da die vollständige Ausrüstung mit Messinstrumenten zur Untersuchung der Leistung der Saugzuganlage noch nicht angebaut war. Die Kohle wurde als gut beurteilt, und bis Orange River, 119 Kilometer von Beaconsfield, lief alles recht ordentlich. Das erste Sicherheitsventil öffnete etwas zu früh bei 13,3 bar, und der Kesseldruck schwankte zwischen diesem Wert und 12,0 bar bei stabilem Wasserstand. Nicht gerade sehr verdampfungswillig, aber der Kessel hielt durch. Der frühere Eindruck, dass die Lokomotive gut zog und wenig Wasser verbrauchte, bestätigte sich. Das Feuer wurde ein wenig in Modder River und gründlich in Orange River geschüttelt. Nur sehr wenig Schlacke hatte sich gebildet, und die Benutzung des Kipprosts war nicht nötig. Von Orange River aus steigt die Strecke auf 65 der 89 Kilometer bis Behrshoek an, und wir fuhren mit einem sehr niedrigen Feuerbett in die Steigung ein, das von der Primärluft in übler Weise aufgerissen wurde. Die Verdampfung war schlecht und bei Poupan, nach 42 Kilometern, musste mit einem auf 8,0 bar abgesunkenen Kesseldruck und ohne sichtbaren Wasserstand angehalten werden. Die Rauchkammertür wurde geöffnet und gab erstmals den Blick auf ein wesentliches und niemals ganz gelösten Problem frei: der Funkenfänger war fast vollständig mit Lösche zugesetzt und es gab eine große Löscheablagerung unter der Tischplatte. Allerdings hatte die Rauchkammer der Ausführung Master Mechanics mit den vorn gelegenen Funkensieben den Vorteil, dass Verstopfungen durch Lösche leicht zu beheben waren. In ein paar Minuten war die Sache erledigt. Hinter Poupan bleib die Verdampfung mit einem höheren Feuerbett für den Rest der Fahrt akzeptabel. Bei Potfontein wurde ein Halt zum Rostschütteln eingelegt (etwas Schlacke hatte sich gebildet, war aber leicht zu zerkleinern) und wir erreichten am Abend De Aar ohne weitere Vorkommnisse. Allerdings wurde zu dieser Zeit starke „Schwalbennestbildung“ an einigen Rauchrohren beobachtet, von denen einige schließlich komplett zugesetzt waren. Die Rückfahrt wurde am folgenden Morgen um 03.40 Uhr mit einer Zuglast von 619

[1] Aus Platzgründen sind die Streckenprofile in den Abb. 31, 32 und 54 vereinfacht dargestellt. Sie zeigen nicht alle Streckenneigungen, sondern veranschaulichen die wichtigsten Eigenschaften der betreffenden Profile.

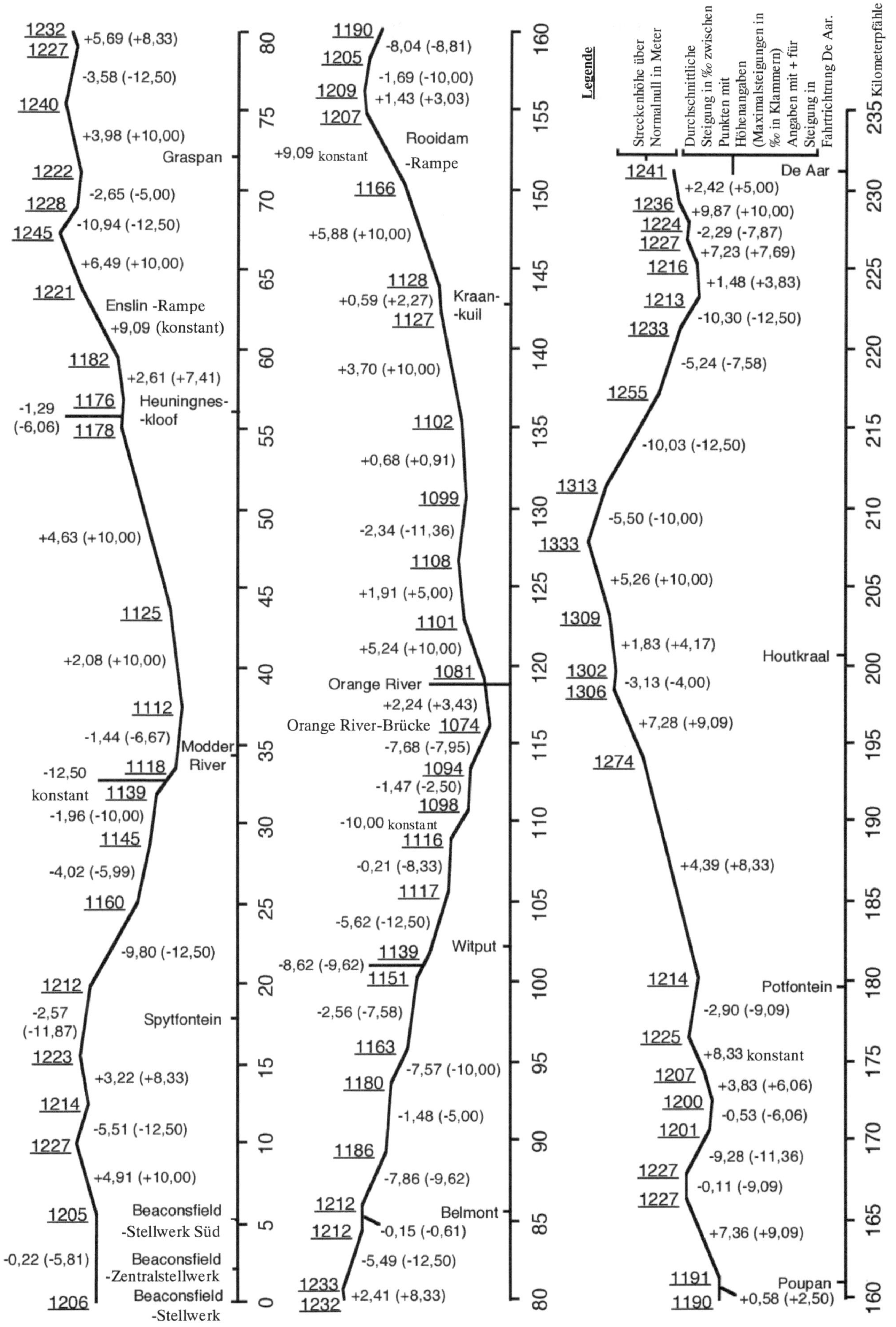

Abb. 31
Vereinfachtes Steigungsprofil der Strecke Beaconsfield (Kimberley) – De Aar (abgeleitet aus der SAR-Zeichnung Nr. KY. 1013. B. 305)

Tonnen angetreten. Das Feuerbett war niedrig und Venter machte für den langen Anstieg hinter De Aar voll auf, wobei er fast 60 km h^{-1} mit voll geöffnetem Regler und 40 % Füllung erreichte. Das führte zu einer Wiederholung der Vorkommnisse des Vortags auf der Steigung hinter Orange River: der Kesseldruck fiel rapide ab auf 9,0 bar, und ein Halt im Blockabschnitt musste eingelegt werden, wobei festgestellt wurde, dass der Funkenfänger zugesetzt war und sich am Rauchkammerboden eine Menge Lösche angesammelt hatte. Das wurde gereinigt, der Zug erneut angefahren und der Brechpunkt erreicht, worauf es nach Orange River fast nur noch bergab ging. Potfontein wurde ohne Wasserfassen durchfahren, aber zwischen Kraankuil und Orange River wollten die Strahlpumpen nicht fördern, ein beunruhigendes Zeichen, und tatsächlich hatten wir den Tender leer gefahren. Wir erreichten Orange River ohne sichtbaren Wasserstand im Glas, ohne Wasser im Tender und mit niedrigem Kesseldruck – genau die gleichen Zustände, wie ich sie mit 3683 einige Tage zuvor in Magaliesburg erlebt hatte, aber zumindest gab es bei 2644 keine Verschlackung.

Beim Inspizieren der Rauchkammer wurde wiederum ein Zusetzten des Funkenfängers entdeckt, und es gab eine Menge Lösche unterhalb der Tischplatte. Nach einem längeren Aufenthalt waren wir in der Lage unsere Fahrt fortzusetzten, und die Dinge entwickelten sich wie zuvor, also ausreichende Dampferzeugung bis der Funkenfänger fast vollständig zugesetzt war. Wir schafften die überwiegend ansteigenden ersten 50 Kilometer ab Orange River und fuhren dann im Leerlauf bergab bis Modder River, wo wir den Funkenfänger wieder verstopft vorfanden. Seine Reinigung ermöglichte den letzten nördlichen Anstieg ohne ungewöhnliche Schwierigkeiten, und wir kamen etwa acht Stunden nachdem wir De Aar verlassen hatten zurück.

Ein spezieller Versuch, der während der Zugfahrt unternommen wurde, betraf den Leerlauf. Während langer Bergabfahrten wurden verschiedene Leerlaufverfahren ausprobiert: Steuerung in Mittelstellung nur mit Schmierölzerstäuberdampf, Steuerung in Mittelstellung nur mit Schmierölzerstäuberdampf und Luftsaugeventil, Steuerung voll ausgelegt und Regler minimal geöffnet *(Anm. d. Übers.: diese Reglerstellung wird auch als „Schmierdampf geben" bezeichnet)* und Steuerung auf 65 % ausgelegt, nur mit Schmierölzerstäuberdampf und Regler minimal geöffnet. Verschiedene Parameter wurden bei jedem dieser Verfahren beobachtet, wie zum Beispiel Geschwindigkeitsänderungen, Klopfgeräusche, Schieberkastendruck, Zugwirkung auf das Feuer und Ausstoß aus den Zylinderhähnen. Leerlauf mit der Steuerung in Mittelstellung und nur mit Schmierölzerstäuberdampf ergab die von mir erwarteten Ergebnisse, und nachdem sich Venter und Botes davon überzeugt hatten, dass bei diesem Verfahren anscheinend nichts Schlimmes passierte und dass die Lokomotive damit ebenso frei ohne Dampf rollte, wie mit dem normalen SAR-Leerlaufverfahren, konnte ich sie überzeugen, dieses zu übernehmen. Von da an war die Dampfversorgung für das Luftsaugeventil am Armaturenstock stets abgesperrt, und zumindest, wenn ich auf dem Führerstand war, wurde im Leerlauf mit der Steuerung in Mittelstellung gefahren (ich schrieb eine Betriebsanweisung, in der ich die Vorteile des Leerlaufs mit der Steuerung in Mittelstellung erklärte, die ich mit der eher vagen Mahnung abschloss, dass „eine Missachtung dieser Anweisungen durch das Lokomotivpersonal als ein ernster Verstoß angesehen wird").

Das erfreulichste Ergebnis der Fahrt war das Ausbleiben von harten Schlacken, selbst bei der normalen Verbrennung, bei der das Feuerbett heißer ist als bei dem GPCS. Wegen der Leichtigkeit des Feuerreinigens gab es die Tendenz, dass der Heizer es übertrieb, besonders wenn der Kipprost geöffnet war, so dass zu wenig Kohle und Asche auf dem Rost zurückblieben, um dem Aufreißen des Feuerbetts und der Bildung von Luftlöchern zu widerstehen. Das Feuer war erfolgreich allein nur durch die Betätigung des Schüttelrosts gereinigt worden, und es wurde entschieden, den Kipprost hinfort nicht mehr zu benutzen, es sei denn die Umstände machten es zwingend notwendig. Da es allerdings kurzfristig nicht beabsichtigt war, mit dem GPCS zu beginnen, wurde der Rost vorübergehend auf seine alte Position angehoben, um mehr Abstand zum Aschkasten zu haben.

Die drängendsten Probleme waren das Zusetzten des Funkenfängers und die Löscheablagerungen in der Rauchkammer. Eindeutig hingen sie zusammen mit den Feuerbettbedingungen, und sie wurden als wesentlich geringfügiger erwartet, sobald das GPCS genutzt würde. Allerdings musste bei der Normalverbrennung etwas zu ihrer Linderung getan werden, um mit dem schrittweisen Einfahrprogramm fortfahren zu können, andernfalls wären diese Probleme zu einer ernsten Behinderung bei der Untersuchung der Saugzuganlage und dem Betrieb der Lokomotive im Allgemeinen geworden. Es war deutlich, dass das meiste Rauchgas unter den erhöhten Seitenteilen der Tischplatte hindurchströmte. Dem wurde durch die Anbringung von Leitblechen vorn vor beiden erhöhten Seitenteilen begegnet, um den Gasstrom in Längsrichtung zu vergleichmäßigen. Das hatte die erwünschte Wirkung, mehr Rauchgas unter dem Mittelteil hindurch zu zwingen, um diesen Bereich von Lösche frei zu fegen, und fortan traten keine ungewöhnlichen Löscheablagerungen mehr auf. Das Zusetzten des Funkenfängers entpuppte sich dagegen als ein wesentlich hartnäckigeres Problem. Ich erkannte, dass der Platz zwischen dem vorderen Schornstein und der Vorderwand der Rauchkammer zu gering war, mit dem Ergebnis, dass die Funkenfängeroberfläche unzureichend und seine Neigung gegen die Vertikale zu gering war. Da eine Neukonstruktion einige Zeit in Anspruch nehmen würde, wies ich Beaconsfield an, die mittlere Lochplatte des Funkenfängers so abzuändern, dass sie sich in ihrem Rahmen lose bewegen konnte. Dahinter stand die Hoffnung, dass diese „lose" Platte sich unter der Wirkung des Saugzugs schlagend bewegen würde und so sich Verstopfungen in der Lochplatte auflösen würden, aber das war nicht vollständig erfolgreich.

Vor der nächsten Fahrt wurden die Unterdruck- und Abdampfmanometer installiert. Die Ersteren bestanden aus zwei 500 Millimeter langen U-Rohr-Wassersäulenmanometer, die in einem hölzernen Kasten im Führerstand angebracht waren. Sie erfassten das Gesamtvakuum vor dem Funkenfänger beziehungsweise an der Rauchkammerrohrwand. Der Abdampfdruck wurde von einem empfindlichen Manometer im Führerhaus gemessen, das mit einer Kupferleitung und über Zweigleitungen mit Gewindebutzen an den beiden Ausströmkästen angeschlossen war. Ein Ablasshahn für Kondensat im Leistungssystem wurde vorgesehen. Dies war die Standardmethode der SAR, aber nicht unbedingt die genaueste. Die Ablesewerte des Abdampfdrucks schlossen die Strömungswiderstände der Abdampfleitungen von der Messstelle bis zur Blasrohrmündung mit ein, so dass diese Widerstände der eigentlichen Saugzuganlage zugerechnet wurden.

Der vorige Umlauf nach De Aar hatte 24 Stunden gedauert, was für unsere Zwecke zu lang war. Normalerweise dauerte es nicht allzu lange, zu entdecken, wo die Funktionsschwäche lag und danach gab es die Notwendigkeit, die nötigen Änderungen so schnell wie möglich zu machen, um die Lokomotive erneut zu erproben. Ich schlug deshalb vor, dass zukünftige Versuchsfahrten nach Orange River und zurück gemacht werden sollten, wobei die Lokomotive auf dem Gleisdreieck in Belmont auf der Hinfahrt wenden sollte, das heißt, die überwiegend im Gefälle liegende Reststrecke von Belmont nach Orange River würde Tender voran zurückgelegt. Dieser Vorschlag, der uns eine Hin- und Rückfahrt in etwa acht Stunden ermöglicht hätte, wurde vor Ort in eine Hin- und Rückfahrt nur bis Belmont abgeändert, eine Gesamtstrecke von 170 Kilometer. Das war bequemer, hatte aber den Nachteil, dass verglichen mit meinem Vorschlag, auf der Rückfahrt relativ wenig Steigungsfahrt anfiel. Allerdings stellte es sich als recht akzeptabel heraus, und das wurde die normale Versuchsfahrtstrecke. Für die Hin- und Rückfahrt blieb die Zuglast gleich, und sie wurde aus den am Fahrttag verfügbaren überzähligen Fahrzeugen zusammen-gestellt. Zusätzlich schlug ich vor, den vorhandenen Tender durch einen Vanderbilt-Tender der Klasse MX zu ersetzen, um den Wasservorrat der Lokomotive um etwa 50 % zu erhöhen, und das wurde rasch ausgeführt.

Am 3. und 4. Juli wurden zwei Fahrten nach Belmont mit 528 beziehungsweise 740 Tonnen unternommen. Direkt vor diesen Fahrten gelang es mir, die Blasrohrdüsen zu inspizieren und nachzumessen. Sie waren ziemlich gut ausgeführt und ihre Form entsprach den Zeichnungen, aber der gesamte freie Blasrohrquerschnitt war wie folgt: engste Stelle = 185 cm^2, Austritt = 201 cm^2, das heißt, die Austrittsfläche war etwa 14 % größer als der berechnete Wert. Dafür gab es zwei Gründe. Erstens, durch einen Fehler, den man nur als kompletten geistigen Aussetzer bezeichnen kann, hatte ich bis dahin den freien Blasrohrquerschnitt, der sich aus der Lempor-Theorie ergab, als auf die engste Stelle anzuwenden interpretiert, falls die Düsen von der konvergierend-divergierenden Form waren. Diese Interpretation wurde zurück bis zu meiner Abhandlung für den SAR-Ingenieurverein so angegeben und war falsch. In der originalen Blasrohrdüsenkonstruktion war die engste Stelle deshalb mit 176,6 cm² und der Austritt mit 1,1 x 176,6 cm² = 194,3 cm² angegeben. Zweitens waren die tatsächlichen Düsen um ein bis zwei Millimeter größer als die Zeichnungsmaße. Zu der Zeit, als ich die Düsen vermaß, war mir mein eigener Fehler noch nicht bewusst, und ich dachte nur, die Düsen wären etwa zu groß. Sie wurden daher wieder in die Lokomotive eingebaut, und die ersten Saugzugmessungen wurden unternommen.

Keine der beiden Fahrten verlief besonders gut. Das Feuer tendierte dazu, auf dem Rost nach vorn zu wandern, wo es zu hoch wurde. Der daraus folgende ungleichförmige Luftströmungswiderstand im Feuerbett führte zu viel zu starker Luftzufuhr zum hinteren Rostbereich, was dort den Aufbau eines stabilen Feuerbetts verhinderte, während durch den vorderen Rostbereich, wo die meiste Kohle lag, zu wenig Luft strömte. Obwohl Kohle nur im hintern Rostbereich aufgeworfen wurde, fand die Kohle rasch ihren Weg nach vorn. Dieses Phänomen, dass das Feuer auf dem stark geneigten Rost (etwa 9° Neigung gegenüber der Horizontalen) nach vorn „hüpfte“, entwickelte sich zu *dem* Hauptproblem während des Einfahrens. Sobald das in irgendeiner Weise auftrat, gab es keine praktische Möglichkeit mehr, die ungleichmäßige Verteilung der Primärluft zu korrigieren, und danach war eine gute Verdampfung nicht mehr möglich. So war es auch auf diesen Fahrten, und trotz eines nur geringfügig zugesetzten Funkenfängers war die Verdampfung schlecht. Da die vorderen Rostelemente nicht zum Schüttelrost gehörten, musste im vorderen Rostbereich eine dicke Ascheschicht durch den Kipprost entfernt werden, was die Schwierigkeiten für den Heizer erhöhte. Es war zu dieser Zeit, dass der britische Heizer für sich entschied, dass 2644 für ihn zu harte Arbeit sei und ausstieg. Von diesem Zeitpunkt an wurden verschiedene Heizer eingesetzt, allesamt Afrikaner, die alle Härten, die die Arbeit mit sich brachte, ohne große Klagen hinnahmen, und ich fand die Arbeit mit ihnen einfacher.

Die Versuche mit der Saugzuganlage ergaben eine Charakteristik der Anlage, definiert durch die Gegenüberstellung von erzeugtem Vakuum und dem Abdampfdruck, die sogar besser war, als die aus den Berechnungen vorhergesagte. Ein Gesamtunterdruck von 49 mbar (500 Millimeter Wassersäule, der maximale Messbereich des U-Rohrs) wurde mit einem Gegendruck von 0,40 bar erreicht, und viele Fahrtabschnitte unter Dampf wurden mit nicht mehr als 0,10 bar Gegendruck zurückgelegt. Da allerdings ein stabiles Arbeiten des Kessels während der Messwertaufnahmen für Unterdruck und Gegendruck nicht allgemein erreicht wurde, konnten die Ergebnisse, aus in Kapitel 2.5 erläuterten Gründen, nicht als wirklich zutreffende Hinweise auf die Leistungen der Lempor-Saugzuganlage angesehen werden. Versuchsweise wurde die Lokomotive bei der Fahrt am 3. Juli sehr hoch beansprucht, wobei die Zuglast von 528 Tonnen in der Steigung in nördlicher Richtung von Modder River, mit voll geöffnetem Regler und 50 % Füllung, vom Stillstand bis auf fast 70 km h^{-1} beschleunigt wurde. Der Abdampfdruck erreichte 1,0 bar und der Unterdruck an der Rauchkammerrohrwand 44,13 mbar, wobei bei dem Manometer für die Messung des Gesamtunterdrucks die Wasserfüllung vollständig abgesaugt wurde. Die maximale Zylinderleistung muss 1 700 kW überstiegen haben. Der Kesseldruck wurde gehalten, aber selbst mit einer angestellten Strahlpumpe fiel der Kesselwasserstand vermutlich rasch ab.

Der Zugverlust in der Rauchkammer, durchschnittlich 33 % des Gesamtunterdrucks (das heißt 50 % des Unterdrucks an der Rauchkammerrohrwand), wurde als zu hoch ermittelt, deutlich über den berechneten 27 %, wobei der entsprechende Wert bei der Serienrauchkammer der 19D nur etwa 19 % betrug. Eine Konstruktionsänderung an der Rauchkammer war deshalb notwendig, sowohl zur Verbesserung des Funkenfängers als auch zur Minderung des Zugverlusts entlang der Selbstreinigungsleitbleche. Es wurden Nachforschungen zu der Konstruktion von Rauchkammern angestellt, und es wurde aus den Versuchsberichten zu dem SAR-Standardkessel 3B (siehe Seite 7) entnommen, dass scheinbar unbedeutende Änderungen in der Anordnung der Selbstreinigungsleitbleche in der Rauchkammer den Zugverlust in der Rauchkammer merklich beeinflussen konnten, der typischerweise bei 25 % des Gesamtunterdrucks für die Master-Mechanics-Ausführung lag. Zu der Zeit schrieb ich „glücklich ist der Konstrukteur, der sich nicht mit diesem Apparat herumschlagen muss“. Dennoch war es möglich, durch Verlängerung der Rauchkammer um 300 mm, ausreichend Platz für einen größeren Funkenfänger bereitzustellen, der einen größeren Winkel zur Senkrechten hatte als der originale. Der Übergang von der Membranplatte *(Anm. d. Übers.: nach den Beschreibungen in der „Locomotive Cyclopedia“ wäre das das Leitblech hinter dem Schornstein, durch das die Rauchgase unter der Tischplatte hindurch und um das Standrohr herum nach vorn gezwungen werden)* zur Tischplatte wurde in einen Radius von 200 Millimeter geändert und das Vorderteil der Tischplatte wurde mit dem Hauptteil des Funkenfängers durch gebogene Funkenfängerlochbleche verbunden, als Hilfsmittel zur Vermeidung von Grenzschichtablösungen durch den Richtungswechsel nach oben bei den hohen Strömungsgeschwindigkeiten. Diese und andere Änderungen wurden konstruiert, um das Rauchkammerinnere so aerodynamisch wie möglich zu machen und gleichzeitig die für gute Selbstreinigung empfohlenen Proportionen aufrechtzuerhalten. Die Rauchkammerverlängerung wurde im Werk Bloemfontein gewalzt und in Beaconsfield an den vorhandenen Mantel angenietet. Das war für ein Lokomotivdepot eine ziemliche bedeutende Arbeit, ebenso, wie einige der gebogenen Abschnitte der inneren Rauchkammerbleche, die sich für Beaconsfield als schwierig herzustellen erweisen. So war denn die Rauchkammer bei dem ersten Versuch nicht ganz zeichnungskonform. Aber auf höchster Ebene der Streckendirektion Nördliches Kap war entscheiden worden, diesen Arbeiten eine Dringlichkeitsstufe zu geben, und von da an waren ein Schlosser und ein Kesselschmied der 2644 dauerhaft zugeordnet, was sehr bei der Beschleunigung der Dinge half. Besonders der Kesselschmied war ein hilfsbereiter und fröhlicher Mann, der, ähnlich wie Venter, größte Zuversicht in den letztendlichen Erfolg des Projekts hatte.

Vor der Änderung der Rauchkammer wurden Versuche mit Blasrohrdüsen von verschiedenem Strömungsquerschnitt gemacht. Die Versuche vom 3. und 4. Juli schienen auf bessere Verdampfung bei höherer Belastung hinzudeuten, und ich dachte, dass wäre vielleicht auf ein zu großes Querschnittsverhältnis der Düsen zurückzuführen. Zwei neue Düsensätze wurden deshalb wie folgt angefertigt:

Tabelle 21
Umgebaute Klasse 19D der SAR: Daten der Blasrohrdüsen

Düsenbauart	Konvergierend-divergierend	Konvergierend
Mündungsquerschnitt, Konstruktionswert, cm²	185,4	176,6
Engster Schornsteinquerschnitt, Konstruktionswert, cm²	176,6	-
Querschnittsverhältnis, Konstruktionswert	1,05 : 1	-
Mündungsquerschnitt, Messwert, cm²	188,7	176,4
Engster Schornsteinquerschnitt, Messwert, cm²	177,5	-
Querschnittsverhältnis, Messwert	1,06 : 1	-

Versuche mit diesen Düsen wurden von dem Personal in Beaconsfield durchgeführt, wozu zwei Fahrten auf dem Rückweg von Belmont in 12,5 ‰ Steigung mit 819 Tonnen, 12 % Überlast für die 19D, mit der konvergierend-divergierenden Ausführung und eine mit der konvergierenden Ausführung gemacht wurden. Die Verhältnisse Unterdruck zu Abdampfdruck waren ähnlich der vorangegangenen Ergebnisse, und es wurde berichtet, dass die Verdampfung mit den konvergierend-divergierenden Düsen nur ausreichend, dagegen mit der konvergierenden Ausführung sehr gut war. Es war diese letztere Information, die mich dazu veranlasste, die Frage zu untersuchen, ob der freie Düsenquerschnitt aus der Lempor-Theorie sich auf die engste Stelle oder auf den Austritt bezieht. Diese Analyse ergab die nachstehenden Erkenntnisse:

1. Bei isentroper Strömung war der Gesamtabdampfdruck abhängig von dem Düsenaustrittsquerschnitt, selbst wenn die Düse in ihrem Verlauf eine Einschnürung hatte.
2. Die Lempor-Theorie ergab den Düsenaustrittsquerschnitt, unabhängig davon, ob es eine einfache oder eine Lavaldüse war.
3. Beim Vergleich von einfachen mit Lavaldüsen gleichen Austrittsquerschnitts ergab die Erstere von beiden bei geringem Abdampfdruck die höhere kinetische Energie, die Letztere bei hohen Abdampfdrücken.
4. Eine Verkleinerung des Querschnitts an der engsten Stelle bei der Lavaldüse verschob ihren optimalen Arbeitspunkt hin zu höheren Abdampfgegendrücken, vergrößerte die Stärke und den Bereich der Stoßzone, verkleinerte die kinetische Energie des Abdampf bei niedrigen Gegendrücken und vergrößerte sie bei hohen Gegendrücken.
5. Das optimale Querschnittsverhältnis war dasjenige, welches das größte Verhältnis Unterdruck zu Gegendruck über den normalen Bereich der Verdampfungsleistungen ergab (sowohl der Abdampfdruck als auch der Unterdruck würden in der Praxis als Durchschnittswerte über die Zeit gemessen werden).
6. Dieses Optimum würde wohl am besten durch empirische Methoden zu finden sein.

Folglich wurde Beaconsfield angewiesen, neue Blasrohrdüsen mit den nachstehenden Strömungsquerschnitten anzufertigen: Austrittsfläche = 176,6 cm², Fläche an der engsten Stelle = 168,2 cm², Querschnittsverhältnis = 1,05 : 1 (die gemessenen Werte waren Austrittsfläche = 174,1 cm², Fläche an der engsten Stelle = 165,9 cm², Querschnittsverhältnis = 1,05 : 1). Diese konnten dann direkt mit den einfachen Düsen gleicher konstruktiver Austrittsfläche im Versuch verglichen werden, wobei die einfachen Düsen für die ersten Fahrten mit der geänderten Rauchkammer eingebaut bleiben. Vor diesen Versuchen wurden einige weitere Arbeiten ausgeführt, einschließlich des Ersatzes der Metall-auf-Metall-Abdichtung der Rauchkammertür, die Luft zog, durch eine mit einer eingelegten Asbestschnur. Auch wurde ein erfolgloser Versuch gemacht, die Verbindung zum Rauchkammersattel, aus der, besonders deutlich bei hohem Abdampfdruck, Abdampf leckte (was durchaus der Grund für die schlechte Verdampfungswilligkeit der 2644 vor dem Umbau gewesen sein kann), abzudichten.

Am 25. und 26. Juli wurden Hin- und Rückfahrten nach Belmont mit 850 Tonnen beziehungsweise mit 828 Tonnen gemacht (16 % beziehungsweise 13 % Überlast auf 12,5 ‰ Steigung). Während der Fahrt unter Dampf wurde das Strömungsgeschwindigkeitsprofil des Auspuffs an den Schornsteinaustritten mit einem Fühler geprüft, und aus diesem Grund wurden die Windleitbleche entfernt. Die Tafel 6 zeigt die Lokomotive in diesem Zustand, wobei die Rauchkammerverlängerung deutlich sichtbar ist. Ohne die Windleitbleche neigte der Auspuff dazu, die Sicht nach vorn zu behindern, und ihre Anbringung wurde damit gerechtfertigt.

Die erste dieser Fahrten war geprägt von ernsthaften Feuerbettstörungen, wobei die Kohle von hohem Aschegehalt und sehr minderwertig war. Kohlestücke von der Größe einer Faust wurde einfach vom hinteren Feuerbereich nach vorn gezogen, und einmal, bei geschlossener Feuertür, entblößte die Kriechbewegung den Bereich direkt unterhalb des Feuerlochs vollständig. Das Feuer wurde nur vor der Abfahrt von Beaconsfield und in Belmont gereinigt. Bis dahin war es die Praxis gewesen, den Rost in Modder River in beiden Richtungen zu schütteln, und jeweils zum Ende des Umlaufs gab es einen Berg von Asche auf dem Rost, wobei das Feuerbett den Feuerschirm im vorderen Teil der Feuerbüchse berührte. Dennoch war das Feuerreinigen mangels Schlackebildung einfach. In einem Versuch die Ascheschicht zu mindern, wurde der Rost bei der Fahrt unter Dampf geschüttelt, aber sobald sich die Rostelemente bei dem Schüttelvorgang in Vorwärtsrichtung bewegten, hatte das überwiegend den Effekt, das Vorwärtskriechen des Feuerbetts noch zu beschleunigen. Es versteht sich von selbst, dass gute Verdampfung unter diesen Bedingungen nicht nachhaltig aufrechterhalten werden konnte. Das Verhältnis Unterdruck zu Abdampfdruck mit den einfachen Düsen war gut, und die Unterdruckmesswerte zeigten, dass die Rauchkammeränderungen die gewünschten Auswirkungen hatten. Der Zugverlust in der Rauchkammer hatte sich bei sauberem Funkenfänger auf durchschnittlich 23 % des Gesamtunterdrucks vermindert (30 % des Unterdrucks an der Rauchkammerrohrwand), also unter dem Berechnungswert. Mit ungefähr 10 % des freien Gasquerschnitts war die Zusetzung des Funkenfängers nicht von Bedeutung, und die selbstreinigende Wirkung war sehr stark, so dass es am Ende der Fahrt keine Löscheablagerungen in der Rauchkammer gab. Die Änderungen an der Rauchkammer wurden deshalb als erfolgreich beurteilt, aber der verminderte Zugverlust führte natürlich zu verstärkter Verbrennungsluftzufuhr und damit zu stärkerem Aufreißen des Feuers. Man erinnere sich, dass die Saugzugberechnungen auf der Basis des rauchgasseitigen Widerstands des Kessels bei Anwendung des GPCS gemacht wurden, dessen Widerstand wegen der turbulenten Mischung von Luft und Gas in der Feuerbüchse höher angesetzt wurde als bei normaler Verbrennung. Falls also jetzt der Saugzug in Ordnung gebracht wurde oder jedenfalls annähernd, so musste man vielleicht erwarten, dass er zu viel Luft bei der Normalverbrennung fördern würde, die bis dahin weiterhin angewendet wurde, mit dem Ergebnis starker Feuerbettstörungen von der Art, wie sie aufgetreten waren. Es war also die Zeit gekommen, die Lufteinlässe in die Feuerbüchse schrittweise zu öffnen. Das wurde auf halbem Rückweg gemacht, indem die Abdeckungen der beiden hinteren Einlässe auf beiden Seiten entfernt wurden und die Feuertür teilweise geöffnet blieb, was eine Gesamtquerschnittsfläche für Sekundärluft von etwa 470 cm² ergab. Mehr zu versuchen waren wir zu der Zeit noch nicht vorbereitet. Es verhinderte nicht das Aufreißen des Feuers, verringerte es aber und ergab eine bessere Verdampfung.

Die zweite Fahrt wurde durchweg mit diesem Sekundärluftquerschnitt absolviert. Es gab nur einmal das Ereignis des Aufreißens des Feuerbetts, und als das eintrat, verschlechterte sich augenblicklich die Dampferzeugung, ansonsten war sie aber gut. Wieder gab es eine merkliche Anhäufung von Asche, aber diesmal wurde der Rost im Leerlauf geschüttelt, statt bei der Fahrt unter Dampf, wodurch die Asche entfernt wurde, ohne das Feuer nach vorn in Richtung Rohrwand zu verlagern. Messungen und Beobachtungen der Arbeitsweise der Saugzuganlage und der Rauchkammer bestätigten die günstigen Eindrücke vom Vortag. Überdies gab die Rückfahrt einen ersten flüchtigen Eindruck von dem anvisierten Leistungsverhalten. Mit dem Kesseldruck auf dem roten Strich, gehaltenem Wasserstand, kaum sichtbarem Rauchdunst vom Schornstein, und mit einer angezeigten Zylinderfüllung von 30 % wurde der 828-Tonnen-Zug auf der Steigung hinter Belmont auf 70 km h^{-1} beschleunigt. Das Feuerbett war stabil mit einer überall gleichmäßigen Verbrennung, die die Feuerbüchse mit dichten weißen Flammen füllte, so wie es sein sollte, wie Porta öfters gesagt hatte. Obwohl der Anstieg nur kurz war, so war es doch eine ermutigende Erfahrung, die eindeutig zeigte, dass es keinen Mangel an Verbrennungsluft gab und dass das Betriebsverhalten hauptsächlich vom Zustand des Feuers abhängig war. Mit einem stabilen Feuerbett war die Verdampfungsleistung des Kessels ausgezeichnet, aber wenn das Feuer nach vorn gerissen wurde, war es unmöglich den Kesseldruck und den Wasserstand zu halten. Dieser eine Faktor machte den Unterschied aus zwischen schneller und sicherer Steigungsfahrt und der Notwendigkeit eines Zwischenhalts, um Dampf zu machen. Mit 2644 hatten wir beides erlebt, manchmal während derselben Fahrt, und offenkundig hatte sich der Zustand der Lokomotive zwischen diesen beiden Extremen nicht verändert. Es war der Zustand des Feuers der sich änderte.

Der Einfluss des Zustands des Feuerbetts auf die Leistung der 2644 war so groß, dass von da an die Anstrengungen des Einfahrens sich darauf richteten, stabile Feuerbetten fortwährend zu erreichen. Das Problem ließ sich formulieren als: „Wie lässt sich mit dem vorherrschenden starken Saugzug ein stabiles Feuerbett aufrechterhalten?“, und es bestand die Hoffnung, dass das Öffnen der

Sekundärlufteinlässe und der Übergang zum GPCS die Lösung liefern würden. Zur Vorbereitung des GPCS wurde Beaconsfield angewiesen, in jeden Sekundärlufteinlass Düsen von 50 mm Durchmesser einzusetzen. Diese Düsen waren ein einfacher Presssitz in den Lufteinlassrohren und konnten bei Bedarf leicht gewechselt werden, selbst während der Fahrt. Falls sie sämtlich eingebaut waren, ergaben sie einen Gesamtsekundärluftquerschnitt von 275 cm². Der Rest an Sekundärluft musste durch das Feuerloch je nach Stellung der Feuertüröffnung zugeführt werden. Um das Abtragen von Kohle von der Oberfläche des Feuers durch diesen Luftstrom zu vermeiden, wurde eine Klappe konstruiert, die ungefähr die unteren 120 Millimeter der beiden Türhälften abgedeckte und die zum Feuern in die hinteren Rostecken aufgeklappt werden konnten. Gleichzeitig wurden die nachstehenden wichtigsten Änderungen an der Konstruktion des Feuerrosts vorgenommen.

1. Die starren Rostelemente und der Kipprost wurde durch Schüttelrostelemente ersetzt, so dass der gesamt Feuerrost vollständig aus Schüttelrostelementen bestand, was wegen des Ausbleibens der Bildung großer Schlackebrocken möglich wurde.
2. Die Rostelemente wurden so angeordnet, dass sie beim Schütteln eine Rückwärts- statt einer Vorwärtsbewegung ergaben, so dass das Schütteln des Rosts der Neigung des Feuerbetts nach vorn zu kriechen, entgegenwirkte, statt sie zu unterstützen. Aus dem gleichen Grund wurden die Rostelemente so konstruiert, dass sie in der geschlossenen Stellung waagerecht lagen, statt parallel zur Neigung des Bodenrings, so dass der Rost nunmehr eine treppenförmige Kontur hatte.
3. Kurze, an die Rostträger angeschraubte, blinde Stahlrostelemente mussten zwischen den hintersten Rostelementen und der Feuerbüchsrückwand angebracht werden, um den Luftstrom an dieser Stelle zu beschränken.
4. Der Rost wurde um 50 Millimeter abgesenkt.

Vor der Ausführung dieser Änderungen unternahm 2644 eine Hin- und Rückfahrt von Warrenton nach Mafeking und eine Versuchsfahrt nach Belmont, davon die Fahrt nach Mafeking im unveränderten Zustand der Lokomotive wie bei der Versuchsfahrt vom 26. Juli und die nach Belmont mit den neuen Blasrohrdüsen mit dem Querschnittsverhältnis 1,05 : 1. Die Hinfahrt nach Mafeking erfolgte vor einem Zug von 680 Tonnen, und die Lokomotive kehrte zurück mit einem Güterzug von 757 Tonnen (maximal zulässige Anhängelast), mit dem sie es schaffte, einen Steigungsabschnitt in 55 Minuten statt der planmäßigen 90 Minuten zurückzulegen. Nachrichten von dieser Heldentat erreichten anscheinend das Büro des Generaldirektors und sorgten für ein bisschen gute „Publicity". Es wurde berichtet, dass die Verdampfungswilligkeit gut war, "solange die Lokomotive korrekt gefeuert wurde", aber es hatte eine starke Zusetzung des Funkenfängers gegeben, die eine Reinigung des Funkenfängers beim Wassernehmen erforderte. Die Versuchsfahrt nach Belmont mit den konvergierend-divergierenden Blasrohrdüsen war nicht erfolgreich, weil die Verdampfung wegen Feuerbettstörungen schlecht war. Der von diesen Versuchen abgeleitete Kurvenverlauf des Unterdrucks über dem Abdampfdruck war nicht nennenswert verschieden von dem mit den konvergierenden Düsen.

Vor dem Beginn weiterer Versuche wurden die konvergierenden Düsen wieder eingebaut, und ich untersuchte die Lokomotive im Hinblick darauf, wo die Selbstreinigungsleitbleche der Rauchkammer, der Funkenfänger und der Feuerrost nicht zeichnungsgemäß waren. Die Rauchkammer wurde in Ordnung gebracht, was zu einer weiteren Absenkung ihres Zugverlusts führte, aber der Feuerrost konnte in der verfügbaren Zeit nicht geändert werden. Der Abstand zwischen den Rostelementen war zu weit, mit übertrieben großen Lücken von bis zu 30 Millimeter zwischen einigen von ihnen, und die hinteren Rostelemente waren so dicht an der Feuerbüchsrückwand, dass die blinden Stahlrostelemente nicht gepasst hatten. Diese Defekte werden Falschlufteintritte begünstigt haben, aber unter keinen Umständen waren sie die einzigen Faktoren, die für die aufgetretenen Feuerbettstörungen verantwortlich waren.

Am 15. und 16 August wurden Testfahrten nach Belmont und zurück mit der versuchsweisen Anwendung des GPCS unternommen. Dabei betrug die Zuglast etwas mehr als 750 Tonnen. Ein Vorrat von nicht backender Erbskohle guter Qualität mit einer Korngröße von 6 bis 25 Millimeter war nach Beaconsfield geliefert worden und in Erwartung dieser Versuche in einer Kammer des Kohlebunkers gelagert worden. Hierbei wurde angenommen, dass solche Kohle notwendig werden würde, um die Feuerbetthöhe von „fünfzehn Partikeldurchmesser" zu erreichen (die übliche Korngröße der normalerweise auf den SAR-Lokomotive verfeuerten Stückkohle lag zwischen 25 und 150 Millimetern). Diese Erbskohle wurde nunmehr benutzt, wobei diejenige auf der ersten Fahrt überwiegend im oberen Korngrößenbereich lag, diejenige der zweiten Fahrt hingegen im mittleren Bereich. Damit stellte es sich als außerordentlich schwierig heraus, stabile Feuerbettverhältnisse zu erreichen, wobei die Tendenz des Feuers, nach vorn zu wandern, mit dieser Kleinkohle sogar noch größer war, als mit der Stückkohle, was man vielleicht hätte erwarten können. Schon bei recht geringer Saugzugeinwirkung bildeten sich Luftlöcher im Feuer, und großflächiges Vorwärtswandern trat auf. Bei stärkerem Saugzug wurde das *gesamte* Feuerbett vom Luftstrom in der Schwebe gehalten, wobei es in der ganzen Feuerbüchse herumtanzte, *selbst mit geöffneten Sekundärlufteinlässen und vollständig geöffneter Feuertür* (durch Variieren der Anzahl der Drosselringe in den Sekundärlufteinlässen und Änderung der Feuertüröffnung, wurde der Gesamtsekundärluftquerschnitt zwischen 275 cm² und nicht weniger als 1 800 cm² verändert). Es war sicherlich einer Wirbelschicht-verbrennung ähnlicher als dem GPCS, was aber weder beabsichtigt noch besonders erfolgreich war.[1] Die folgenden wichtigsten Eindrücke von den Verbrennungsverhältnissen wurden während dieser beiden Fahrten gewonnen.

1. Das Aufwerfen der Kohle geschah fast ausschließlich auf den hinteren Rostbereich, aber da die Kohle ununterbrochen nach vorn „hüpfte", bildete sich ausnahmslos ein keilförmiges Feuerbett, vorn hoch und weitgehend inaktiv und dünn im hinteren Bereich (der vordere Bereich des Feuerbetts war generell etwa 400 Millimeter hoch und häufte sich an bis zu den Feuerschirmtragrohren, aber der hintere Bereich war nur etwa 200 Millimeter hoch und deutlich unterhalb der Unterkante des Feuerlochs). Das tote Feuer im vorderen Rostbereich wurde verursacht dadurch, dass sich dort ständig Kohle anhäufte, ohne der bereits dort liegenden Kohle Gelegenheit zu geben, durchzubrennen und durch ungleichmäßige Primärluftzufuhr, die aus der Form des Feuerbetts resultierte. Im Gegensatz dazu fluidisierte die Konzentration des Primärluftstroms durch den hinteren Rostbereich dort das Feuerbett und initiierte das Nach-vorn-Wandern von Kohlepartikeln. Unter diesen Bedingungen war kein Bereich des Feuers ein guter Gaserzeuger und die Sekundärluft, speziell die der hinteren Einlässe, wirkte wahrscheinlich größtenteils nur als Luftüberschuss.
2. Da Kohle in dem hinteren Bereich des Rosts aufgeworfen werden musste, nur um die zu ersetzten, die nach vorn gewandert war, wurde bei der Fahrt unter Dampf viel mehr Kohle verfeuert, als nur zum Halten des Kesseldrucks hätte nötig sein sollen. Das hohe Feuerbett im vorderen Rostbereich stellte eine merkliche Erhöhung des Wärmeinhalts des Feuers dar, die aber während der Fahrt unter Dampf wegen des relativen Mangels an Primärluft in diesem Teil des Feuers nicht wirkungsvoll genutzt werden konnte.

---

[1] Eine von Portas Techniken, die hier angemessen gewesen wäre, war es, zu untersuchen, wie ein gegebener Effekt erreicht werden konnte, um daraus abzuleiten, was zu tun sei, um ihn zu vermeiden. In diesem Fall also, zu studieren, wie eine Wirbelschichtverbrennung erreicht werden konnte, um zu wissen, wie man das Feuerbett nicht fluidisierte.

3. Längeres Abblasen der Sicherheitsventile konnte nach dem Schließen des Reglers nicht vermieden werden (Tafel 7). Ursprünglich wurde dafür ausschließlich die große Menge an teilweise verbranntem Brennstoff auf dem Rost verantwortlich gemacht, aber es wurde schließlich entdeckt, dass das Hilfsbläserventil defekt war, so dass eine Feinregulierung verhindert wurde.
4. Bei niedrigen bis mittleren Saugzugwirkungen nahmen die störenden Auswirkungen auf das Feuerbett zu, wenn die Sekundärluftmenge vermindert wurde. Trotzdem verbesserte die Verminderung der Sekundärluftmenge die Verdampfungsleistung, wenn das Feuerbett in dem oben beschriebenen Zustand war, da die vermehrte Primärluftmenge dazu führte, die ansonsten brachliegenden Bereiche des Feuers zu aktivieren. Außerdem enthielt bei einem porösen, teilweise fluidisierten Feuerbett das aufsteigende Gas freien Sauerstoff und unreduziertes Kohlendioxid, was den Bedarf an Sekundärluft für eine gute Verdampfung verminderte. Wenn die Sekundärluftmenge verkleinert wurde, stieg gewiss der Grad der Fluidisierung, was zu einer teilweisen GPCS-Funktion führte, die allerdings vom idealen Primärluft : Sekundärluft-Verhältnis weit entfernt war. Aber die Erfahrung lehrte, dass der Versuch, die Fluidisierung durch Vergrößerung der Sekundärluftquerschnitte zu mindern, eine so nachteilige Wirkung auf die Verdampfungsleistung hatte, dass davon abgesehen werden musste.
5. Bei relativ niedrigen Verdampfungsleistungen stellte es sich für kurze Zeitabschnitte als möglich heraus, dass Feuer im hinteren Rostbereich ziemlich stabil zu halten, wobei dann die Verdampfung ausgezeichnet war. Unter diesen Bedingungen wurden gute Ergebnisse erzielt mit Düsen in all den Sekundärlufteinlässen und mit geöffneter Feuertür, was einen Gesamtsekundärluftquerschnitt von 1 000 cm² ergab, also 294 cm² pro m² Rostfläche, was einen akzeptablen Wert darstellte.
6. Falls das Feuerbett zu Beginn eines Fahrtabschnitts unter Dampf niedrig war, so war jeder Versuch, die Feuerbetthöhe durch verstärktes Aufwerfen von Kohle zu erhöhen, erfolglos. Die Wärme, die notwendig war, Kohle auf Feuerbetttemperatur zu bringen, betrug 6 bis 7 % ihres Heizwerts, und übermäßiges Aufwerfen von Kohle führte dazu, dass ein merklicher Anteil der Verbrennungswärme vom Feuerbett selbst absorbiert wurde, was eine sehr nachteilige Auswirkung auf die Verdampfungsleistung haben konnte. Langsames Aufbauen der Feuerbetthöhe ergab deshalb bessere Ergebnisse, aber während das geschah, war das Feuer zu niedrig, um ein guter Gaserzeuger zu sein.
7. Beobachtungen durch das Feuerloch ergaben den Eindruck, dass die Abscheidung von Kohlepartikeln oberhalb des Feuerbetts recht gut war, wobei aufsteigende Kohlepartikel von der seitlich eintretenden Luft durch die Sekundärluftöffnungen in die Mitte des Feuers und von dem Feuertürluftstrom unter den Feuerschirm geschleudert wurden. Da der Primärluftstrom durch die Mitte und den vorderen Teil des Feuers nicht so stark war, hatten dorthin verbrachte Kohlepartikel eine Chance, sich abzulagern. Dieser Eindruck wurde in gewisser Weise bestätigt von der Sauberkeit des Funkenfängers und der Feuerbüchsrohrwand bei beiden Fahrten.
8. Der rückwärts schürende Feuerrost war ein Erfolg, indem er beim Entaschen das Vorwärtswandern des Feuers nicht erkennbar verschlimmerte. Das Fehlen des Kipprosts verursachte keine Probleme.
9. Der Spruch, wonach man „bei guter Verdampfungsleistung Rauch machen können muss, falls man es versucht", was sich auf die Reaktivität des Feuerbetts bezieht, wurde bestätigt. Manchmal konnte selbst mit einem Sekundärluftquerschnitt von nur 600 cm² kein Rauch hervorgebracht werden, und dann war die Verdampfung indifferent. Im Gegensatz dazu ergab das Aufwerfen von Kohle auf ein Feuerbett in besserem Zustand etwas Rauch mit einem Sekundärluftquerschnitt von 1 500 cm² und dann bei guter Verdampfung, aber es erwies sich als schwierig, vor dem Öffnen des Reglers durch Beobachtung des Feuers vorherzusagen, wie es sich verhalten würde. Allerdings war die Verdampfung, bei all den erlebten Feuerbettstörungen und der Neigung des Feuerbetts, dort am niedrigsten zu sein, wo es hätte am höchsten sein sollen, niemals *wirklich* schlecht, was überraschend war.

Eine Analyse der Beobachtungen führte zu dem Schluss, dass, falls das Feuer vom hinteren Rostbereich gezogen wurde, der Luftstrom durch diesen Rostbereich so stark wurde, dass es bei der Fahrt unter Dampf unmöglich war, die Situation zu bereinigen, weil alle im hinteren Bereich aufgeworfene Kohle sofort weggeblasen würde. Im Umkehrschluss wurde gefolgert, dass die Verbrennungsprobleme größtenteils gelöst wären und das GPCS gut funktionieren würde, falls es gelänge, das Vorwärtswandern des Feuerbetts zu unterbinden. Eine „Brainstorming"-Sitzung ergab dreißig verschiedene Maßnahmen, mit denen das Vorwärtswandern des Feuerbetts verringert werden könnte. Die praktikabelsten davon wurden für die Anwendung wie folgt ausgewählt.

1. Neue Rostelemente, im Wesentlichen nach von Porta übermittelten Ideen, wurden konstruiert. Jedes Rostelement hatte 208 Löcher von 10 Millimetern Durchmesser, was dem Rost einen freien Luftquerschnitt von 10 % gab. Die Überlegung hinter einem Rost mit derartig eingeschränktem freien Luftquerschnitt war, dass er eine starke Konzentration des Luftstroms an einem Punkt des Rosts verhinderte, wodurch die Zustände, die zum Aufreißen, zu Luftlöchern und zu örtlicher Fluidisierung führten, verschwanden. Roste mit eingeschränktem Luftquerschnitt waren in Amerika recht weit verbreitet, wo man sogar so weit ging, an den verschiedenen Positionen des Rosts Rostelemente mit unterschiedlichen Luftöffnungen vorzusehen, in dem Versuch, den Primärluftstrom zu vergleichmäßigen. Obwohl 2644 eine ungleichmäßige Primärluftverteilung hatte (vielleicht sogar schlechter als die Serien-19D, wegen einer Zone erhöhten Luftdrucks vorn unter dem Feuerschirm, verursacht durch die große, durch das Feuerloch eintretende Sekundärluftmenge), wurde diese letztere Lösung nicht als attraktiv angesehen, und sämtliche Rostelemente hatten den gleichen freien Luftquerschnitt. Ein unterschiedlicher Luftströmungswiderstand wurde am besten in der üblichen Weise durch nicht gleichmäßige Feuerbetthöhe erreicht. Alle Rostelemente schürten zum Entaschen mit einer Rückwärtsbewegung und nahmen die Form von Tischrosten an, wobei die Fläche jedes Rostelements in geschlossener Position nach hinten geneigt war, um dem Sekundärluftstrom eine nach hinten gerichtete Geschwindigkeitskomponente zu geben. Mit großer Sorgfalt wurde darauf geachtet, sämtliche Lückenspalte im Rost abzudichten, wie zum Beispiel am Umfang der Rostfläche und am mittleren Rostelementeträger. Die Rostelemente selbst überlappten sich und schlossen gegeneinander, so dass in der Betriebsstellung normalerweise keine Lücken zwischen ihnen waren. Ein zusätzlicher Vorteil der neuen Ausführung bestand darin, dass die Öffnung bei maximal geschwenkten Rostelementen doppelt so groß war wie die der Einheitsrostelemente, was die rasche Entaschung erleichterte.

   Diese Rostelemente konnten natürlich nicht in Beaconsfield hergestellt werden, aber mittlerweile stellte es kein Problem mehr dar, die Ausbesserungswerke einzubinden, und dem Werk Salt River wurde ein Herstellungsauftrag erteilt. Sie waren speziell für die Feuerbettbedingungen auf der 2644 konstruiert worden, aber auch die Verwendung von Hulson-Düsenrostelementen, eine in Amerika entwickelte und dort sowie in anderen Ländern weit verbreitete Ausführung, wurde in Betracht gezogen. Rostelemente in dieser Ausführungsform waren für die British-Railways-Einheitslokomotiven der fünfziger Jahre spezifiziert und waren auch in den 1E1 der Rio-Turbio-Eisenbahn eingebaut. Wegen des Erfolgs der neuen Rostelemente wurde nicht weiter über den Einsatz der Hulson-Elemente, die in der Herstellung schwieriger gewesen wären, nachgedacht. Die für den 25NC-Umbauplan konstruierten Rostelemente waren stark von den Elementen für 2644 beeinflusst. Im Nachhinein war das vielleicht etwas unglücklich, da die Hulson-Ausführung möglicherweise für die 25NC besser gewesen wäre.
2. Da die Herstellung der neuen Rostelemente einige Zeit in Anspruch nehmen würde, wurde Beaconsfield angewiesen, an die vorhanden vier hinteren Rostelemente Abdeckbleche zu schrauben. Diese Bleche wurden aus den Resten des hitzebeständigen Stahls für die Herstellung des Feuerlochluftablenkblechs gemacht und mit einer Anzahl von 10 Millimeter-Löchern durchbohrt, um 5 % freien Luftquerschnitt zu erhalten. An ihren Vorderkanten wurden sie um 90° gebogen, um eine 100 Millimeter hohe Kante als echte Barriere

gegen das Vorwärtswandern des Feuerbetts zu erhalten. Gleichzeitig sollten sämtliche Lückenspalte in der vorhandenen Rostanlage mit geeigneten Blechen abgedeckt werden.

3. Abdeckungen wurden an den Lufteintrittsöffnungen über dem Aschkasten angebracht. Jede Abdeckung bestand aus zwei Funkenfängerlochblechen, wobei ein kurzes in der Lufteintrittsöffnung vor dem Abschlammventil und ein langes hinter dem Abschlammventil angebracht wurden. Zwei passende Bleche ohne Perforierung wurden über den Lochblechen angeordnet. Die Abdeckungen waren recht locker eingepasst und waren nicht luftdicht, aber mit dem ungelochten Abdeckblechen in Position war der Lufteintrittsquerschnitt wirklich sehr klein, und mit dem Entfernen von einem oder mehreren der ungelochten Bleche konnte eine größere, aber immer noch begrenzte Luftöffnung genutzt werden. Es wurde auch darüber nachgedacht, die Lufteintrittsöffnungen über dem Aschkasten in Zonen aufzuteilen, so dass die Luft nach Bedarf zu bestimmen Rostbereichen hätte geleitet werden können. Das erwies sich allerdings als nicht praktikabel, und tatsächlich hatte es sich bei den SAR-Versuchen mit dem Kessel 3B in den Jahren 1949-50 herausgestellt, dass es sinnlos war, zu versuchen, eine ungleichmäßige Luftverteilung durch Leitbleche im Aschkasten zu korrigieren.
4. Überlegungen wurden angestellt, den Winkel zwischen Rost und Feuerschirm durch vorderes Anheben des Feuerrosts zu vergrößern und eine senkrecht von oben nach unten öffnende Schiebefeuertür zu konstruieren (eine seit Langem von Porta favorisierte Ausführung), um ein für alle Mal zu verhindern, dass der Luftstrom durch die Feuertür Kohle von der Oberfläche des Feuers abtrennt. Die an den beiden Einheitstürhälften befestigte Klappe war in dieser Hinsicht nicht vollständig erfolgreich. Allerdings wurden vor der definitiven Einführung dieser Änderungen am 27., 29. und 30. August weitere Versuchsfahrten nach Belmont und zurück unternommen, jedes Mal mit um die 700 Tonnen Zuglast und zum ersten Mal mit eingebautem Überhitzerbooster.

Bei der ersten dieser Versuchsfahrten waren von den beschriebenen Änderungen nur die Abdeckungen an den Lufteintrittsöffnungen über dem Aschkasten angebaut worden. Bei der Hinfahrt während des Versuchs war das komplette Klappensystem installiert, so dass Primärluft nur durch vorhandene Spalte eintreten konnte, und auf der Rückfahrt wurden die ungelochten Bleche im vorderen Bereich abgenommen, was einen Luftquerschnitt von ungefähr 9 % der möglichen Gesamtfläche ohne Abdeckungen ergab. Der Zweck war es, festzustellen, ob eine Einschränkung des Luftstroms in Strömungsrichtung vor dem Feuerbett auf diese Weise, den Primärluftstrom auf einen Wert unterhalb desjenigen begrenzen würde, der großflächige Feuerbettstörungen auslöste. Ich war bei diesem Versuch nicht anwesend. Es wurde berichtet, dass die Verdampfung auf der Hinfahrt „OK" war, was recht bemerkenswert ist im Hinblick auf die Tatsache, dass die Aschkastenlufteintrittsöffnungen nominell vollständig abgedeckt waren und was zeigte, von wie geringer Bedeutung für den Verbrennungsprozess die Luftquerschnitte in Strömungsrichtung vor dem Feuerrost waren. Auf der Rückfahrt wurde einiges an besonders feiner Kohle auf dem Tender vorgefunden, welche anscheinend entweder backende Kohle war, oder, was wahrscheinlicher ist, etwas Schlacke bildete und welche den hinteren Bereich des Feuerbetts stabilisierte.[1] Als Ergebnis war es gemäß Lokomotivinspektor Botes unmöglich „den Zeiger des Kesseldrucks vom roten Strich zu bewegen, egal wie stark die Lokomotive angestrengt wurde", das alles mit geöffneten Sekundärlufteinlässen mit eingesetzten Düsen und 275 cm² unveränderlichem Luftquerschnitt und veränderlicher Öffnung der Feuertür mit zusätzlichen 200 bis 400 cm². Verständlicherweise war Beaconsfield, das die Lokomotive mittlerweile inoffiziell „Apollo" getauft hatte, ziemlich aufgeregt angesichts dieser Leistungen, die anscheinend gerade zur rechten Zeit kamen, da bei dem Versuch am 29. August Birkholtz, der Leiter der Lokomotivabteilung im Büro des CME, anwesend sein würde. Für diesen nächsten Versuch blieb die Lokomotive gegenüber der vorherigen Fahrt unverändert mit den Lufteinlässen über dem Aschkasten zu 9 % des möglichen, nicht abgedeckten Querschnitts.

Bei Verwendung der Erbskohle waren die Verhältnisse unglücklicherweise ähnlich derer der Versuche am 15. und 16. August, wenn auch nicht ganz so extrem, und es konnten keine außergewöhnlichen Leistungen demonstriert werden. Wann immer das Feuer nicht von dem hinteren Bereich gerissen wurde, war die Verdampfung gut, aber das Vorwärtswandern der Kohle trat nur allzu leicht mit den mittlerweile vertrauten Konsequenzen in Erscheinung, und es wurde festgestellt, dass das Abdecken der Lufteintrittsquerschnitte über dem Aschkasten allein kein stabiles Feuerbett garantierte. Einige wenige Überlegungen zeigten, dass das wohl auch so sein musste, denn was auch immer an Luft in den Aschkasten einströmte, nahm unweigerlich den Weg des geringsten Widerstands, also durch den hinteren Rostbereich, und, wie bereits vermutet, war es notwendig, den Luftstrom am Rost selbst zu begrenzen. In der Nacht des 29. Augusts brachte de Beer, der der 2644 zugeteilte Kesselschmied, in einer sehr heißen Feuerbüchse arbeitend, Abdeckbleche über den Rostelementen an. Da mehr hitzebeständiger Stahl zur Verfügung stand als ursprünglich angenommen, wurden die hinteren sechs Rostelemente so abgedeckt, dass ein freier Luftquerschnitt von 5 % blieb. Die nächsten sechs Rostelemente wurden mit perforierten Funkenfängerblechen abgedeckt, was einen freien Luftquerschnitt von 11 % ergab, und die vier vorderen Rostelemente blieben unbedeckt. Zusätzlich wurden die beiden Sekundärlufteintritte in der Stehkesselrückwand blind gesetzt, da angenommen wurde, dass ihr Luftstrom bei dem Beschicken der hinteren Rostecken Kohle von der Schaufel blies. Damit blieb ein unveränderlicher Sekundärluftquerschnitt von 236 cm². Sämtliche Arbeiten wurden zeitlich so erledigt, dass die Lokomotive für die Fahrt am nächsten Morgen unter Dampf stand, was ein ausgezeichnetes Beispiel für die zu dieser Zeit von einigen der Belegschaft in Beaconsfield gezeigte Begeisterung war, eine Begeisterung, die ein sehr wichtiger Faktor bei dem allmählich erreichten Erfolg war.

Diese Abänderungen hatten den gewünschten Effekt, den Luftstrom durch das Feuer mehr zu vergleichmäßigen. Tatsächlich war die Fluidisierung des Feuerbetts nun eher am stärksten im vorderen Rostbereich. Es war relativ einfach ein hohes Feuerbett im hinteren Rostbereich aufrechtzuerhalten und die besten Ergebnisse wurden anscheinend erzielt, wenn das Feuerbett hinten 400 Millimeter hoch war und sich dann über die vorderen zwei Drittel des Rosts auf 200 Millimeter verflachte. Insgesamt zeigten die Versuche eine merkliche Verbesserung bei der Feuerbettstabilität, obwohl das Feuer bei hohen Verdampfungsleistungen immer noch die Neigung hatte, nach vorn zu wandern. Die Verdampfung war im Allgemeinen gut, und der Kohleverbrauch wurde als gering beurteilt. Die Hin- und Rückfahrt wurde mit nur zwanzigmaligem Schüren des Schüttelrosts in Belmont absolviert, was mit 700 Tonnen auf 170 Kilometern sehr wenig war. Die Notwendigkeit, den Luftstrom durch den Rost zu begrenzen, wurde als erwiesen angesehen, und es wurde deshalb angenommen, dass die neuen Rostelemente eine bedeutende Rolle bei der Verbesserung der Verbrennungsverhältnisse spielen würden. Auch wurde gezeigt, wie wichtig es war, sich um größere Spalte an jeder Stelle der Rostfläche zu kümmern, da der Luftstrom mit der Begrenzung des freien Luftquerschnitts der Rostelemente dazu neigte, sich auf solche Spalte zu konzentrieren, mit der Folge lokaler Fluidisierung. Nach diesen Versuchen wurde die endgültige Entscheidung getroffen, die Rostanlage vorn um 35 Millimeter anzuheben, womit sich die Neigung des Rost von 9° auf 8° verringerte und sich der Winkel zwischen Rostoberfläche und Feuerschirm von 30° auf 31° vergrößerte, eine vertikal öffnende Schiebefeuertür einzubauen und eine Kohlenässleitung zu installieren, die in den vorderen Bereich des Kohlenkastens sprühte. Die Feuerbettverhältnisse waren mit durchnässter Kohle merklich besser, wobei es bei den SAR üblich war, die Kohle mit dem Schlauch eher

[1] Brüchige Schlacke bildete sich bei den Versuchen am 29. und 30. August, wahrscheinlich, weil bei dem Eintritt der gesamten Primärluft nur vorn am Aschkasten die Vermischung von Luft und Kühldampf nicht mehr ausreichend war. Es wurde erkannt, dass die Feuerbettstabilität mit etwas Schlackebildung besser war, aber eine Feineinstellung des Kühldampfs, um diesen Zustand zu erreichen, war wegen der sehr unterschiedlichen Verschlackungsneigung der auf den SAR-Lokomotiven genutzten Kohle unmöglich.

selten zu nässen. Obwohl der Nutzen der Abdeckungen der Lufteintritte über dem Aschkasten nicht vollständig nachgewiesen werden konnten, wurde entschieden, sie beizubehalten, die Ausführung aber so abzuändern, dass ein begrenzter Luftzutritt ohne Beeinträchtigung der Luft-Kühldampf-Mischung möglich war. Es wurde eine Skizze der notwendigen Änderungen ausgearbeitet, aber mit dem Einbau der neuen Rostelemente schien alle Notwendigkeit für Abdeckungen zur Unterstützung der Feuerbettstabilität hinfällig geworden zu sein. Ich habe keine Aufzeichnungen darüber, dass die geänderten Abdeckungen angebracht wurden, so dass der Aufbau zu der normalen SAR-Ausführung der Lufteintrittsöffnungen über dem Aschkasten ohne irgendwelche Abdeckungen zurückkehrte. Weitere kleine Änderungen wurden ausgeführt, um die Kante des Feuerschirms abzurunden, mit der Maßgabe, den Kontraktionskoeffizienten der Gasströmung und den Druckverlust an dieser Stelle zu verkleinern, und um die Höhe der unteren Klappe an den Einheitstüren vor dem erwarteten Einbau der neuen Feuertür um 50 Millimeter zu vergrößern.

Bei der nunmehr vollständig zeichnungskonformen Rauchkammer und dem eingebauten Überhitzerbooster ergaben die Zugverlustmessungen während dieser jüngsten Versuche, dass die Werte zwischen 8 % bei kleiner Verdampfungsleistung und 20 % bei den größten Leistungen variierten, und das bei einem typisch zu 10 % zugesetzten Funkenfänger. Der Zugverlust in der Rauchkammer war damit nunmehr sehr gering, durchschnittlich unter 40 % des Berechnungswerts und beträchtlich unter dem der Serien-19D. Die selbstreinigende Wirkung war praktisch 100 %. Das waren sehr erfreuliche Ergebnisse, die zeigten, was mit Detailarbeit an der inneren Gestaltung der Rauchkammer erreicht werden konnte. Die Saugzuganlage, noch immer mit den konvergierenden Blasrohrdüsen bestückt, zeigte sich ohne Weiteres in der Lage, einen Gesamtunterdruck von 49,0 mbar zu erzeugen, wovon 41,2 mbar an der Rauchkammerrohrwand zur Verfügung standen. Viele Fahrten unter Dampf vor voll ausgelasteten Güterzügen wurden nun mit Füllungen von 20 % erledigt, manchmal 15 %, Zahlen, die mit den Serien-19D völlig undenkbar waren, deren Verdampfungswilligkeit bei Füllungen unter 30 % normalerweise nicht ausreichte. Botes machte sogar die bezeichnende Bemerkung, dass *2644 unter Dampf nicht mit Füllungen über 20 % gefahren werden sollte*, so intensiv war die Wirkung des Saugzugs. Dennoch wurde weiter nach Verbesserungsmöglichkeiten gesucht, und Beaconsfield wurde angewiesen, neue konvergierend-divergierende Blasrohrdüsen nach den folgenden Auslegungsdaten anzufertigen: Austrittsquerschnitt = 176,6 cm^2, Querschnitt an der engsten Stelle = 160,5 cm^2, Querschnittsverhältnis 1,10 : 1.

Bei Rückkehr nach Pretoria arbeitete ich rasch die Zeichnungen für die neue Feuertür aus. Diese scheinbar so bescheidene Apparatur hatte eine Anzahl von Kriterien zu erfüllen. Zum Beispiel musste sie bequem und einfach zu bedienen sein, musste so eingerichtet sein, dass sie in jeder gewünschte Öffnung in Bezug auf die Anforderungen für das Feuern, das Feuerreinigen und den Sekundärluftbedarf arretiert werden konnte und ein bequemes Beschicken jedes Bereichs des Rosts ermöglichte, musste weitgehend wartungsfrei sein, durfte im heißen Zustand nicht klemmen, musste dem durch sie hindurchtretenden Sekundärluftstrom die richtige Richtung und Form geben, musste so nah wie möglich am Feuerloch angeordnet sein, musste so wenig Platz im Führerstand einnehmen, wie möglich und musste den Zugang zu der Feuerbüchse ohne Demontage ermöglichen. Es konnte auf das alltägliche Betriebsverhalten der Lokomotive einen bedeutenden Einfluss haben, wie gut die Feuertür diese Kriterien erfüllte, da ein Heizer wohl kaum sein Bestes geben würde, falls er sich mit einer ungünstigen und problematischen Feuertür begnügen musste. Oder anders ausgedrückt, hätte die Feuertür, wie auch die anderen Einrichtungen, die die Mannschaft zu bedienen hatte oder um die sie sich kümmern musste, so gestaltet werden müssen, dass sie den oft von Porta betonten Lehrsatz „die geringste Anstrengung muss zusammenfallen mit der korrekten Methode“ erfüllten. Die vielen verschiedenen weltweit angewendeten Arten von Feuertüren lassen erkennen, dass keine allgemein beste Lösung für ihre Konstruktion gefunden wurde. Die waagerechte Schiebetür, wie sie bei den handgefeuerten SAR-Lokomotiven die Norm war, schien bei den Heizern durchaus populär zu sein, obwohl sie zu ihrer Bedienung eine nicht zu vernachlässigende Anstrengung erforderten, was Porta dazu trieb, sie als „könnte nicht schlechter sein“ einzustufen. Der wichtigste Einwand gegen diesen Typ bei der 2644 war, dass er bei teilweiser Öffnung den Sekundärluftstrom zu sehr entlang der Mitte in Längsrichtung der Feuerbüchse konzentrierte und es ihm ermöglichte, Kohle von der Feuerbettoberfläche abzutragen, als auch, dass bei einem hohem Aufbau des Feuerbetts im hinteren Rostbereich, die unteren Laufschienen dazu neigten, sich mit Kohlestückchen zu füllen, was zum Klemmen der Türhälften führte. Die neue Konstruktion, die im Wesentlichen aus senkrechten Laufschienen bestand, in denen eine flache Tür auf- und abglitt, basierte auf Portas Ideen und auch auf einer von ihm übersendeten Zeichnung der Feuertür der umgebauten 2C1 Nr. 4674 der General-Belgrano-Eisenbahn, abgesehen davon, dass diese Tür nach oben öffnete, während die der 2644 nach unten öffnete. Die Bedienung erfolgte durch einen langen Umlenkhebel, der als Gegengewicht wirkte und an dem die Tür mit einer kurzen Verbindungsstange hing. Der lange Handhebel wurde auf der Heizerseite angeordnet, um zu vermeiden, dass der Lokomotivführer die Tür zwischen den Schaufelwürfen schloss. Diese weit verbreitete Praxis war auf der 2644 definitiv nicht gewünscht, da gerade beim Aufwerfen der Kohle das Maximum an Sekundärluft benötigt wurde, und zwar sowohl zur Verbrennung der flüchtigen Bestandteile als auch zum Vermindern der Primärluftmenge, um somit der frischen Kohle eine Chance zur Ablagerung auf dem Feuerbett zu geben. Es wurde allerdings deutlich, dass viele Lokomotivmänner glaubten, es wäre einfach ein dummer Fehler gewesen, den Handhebel auf der falschen Seite des Führerstands anzuordnen! Bei teilweise geöffneter Tür trat die Sekundärluft durch eine etwa rechteckige Öffnung ein, die langen Seiten in der Horizontalen, begrenzt oben durch das Feuerloch und unten durch die Oberkante der Tür. Dies wurde als Optimum angesehen, da so keine Gefahr bestand, dass diese Luft das Feuerbett bestreicht. Auf der anderen Seite war diese Feuertüröffnung, verglichen mit der der Einheitstüren etwas hoch angeordnet, denn idealerweise hätte die Kohle mit einer möglichst flachen Flugbahn aufgeworfen werden sollen, um durch die Zone der geringsten Gasgeschwindigkeit hindurchzufliegen. Es wurde auch angenommen, dass die Heizer einige Zeit brauchen würden, um ihre Beschickungstechnik der geänderten Feuertür anzupassen.

Weitere Konstruktionsarbeit zu diesem Zeitpunkt beinhaltete verschiedene Änderungen an der dampfbetätigten Hendrie-Kraftumsteuerung[1], in dem Versuch, ihre Empfindlichkeit zu verbessern und ihrer Neigung zur selbsttätigen Verstellung zu mindern, wovon keine Aufzeichnungen der Resultate vorliegen, und Verbesserungen der Reibwertausnutzung. Die Einheitsausführung der SAR-Sandstreueinrichtung, bestehend aus einem Sandkasten auf jeder Seite mit Schwerkraftförderung zu je einem Sandstreurohr vor den beiden Rädern der führenden Kuppelachse, kann bestenfalls als primitiv bezeichnet werden. Der Bericht der Fahrt nach Magaliesburg auf 3683 beschreibt, wie „gut“ dieses System häufig funktionierte. Dennoch war wegen des südafrikanischen Klimas der ausnutzbare Reibwert die längste Zeit des Jahres und in weiten Teilen des Landes im Allgemeinen hoch, was vielleicht der Grund war, warum keine besseren Sandstreueinrichtungen entwickelt wurden. Allerdings war gute Adhäsion für den Lokomotivbetrieb von derart fundamentaler Bedeutung, dass es keine Rechtfertigung dafür gab, das dem Zufall zu überlassen. Wegen der hohen Leistung, zu der 2644 nunmehr fähig war und der Möglichkeit, dies für die Beförderung größerer Zuglasten zu nutzen, wurden Verbesserungen der Reibwertausnutzung als wichtig erachtet und nahmen die nachstehenden Formen an. Die vorderen Sandkästen wurden so eingerichtet, dass sie sowohl vor die führenden Kuppelräder

[1] Im Punkt 27.0, Teil 1 des Versuchsberichts zum 3B-Kessel (Quellenangabe siehe Seite 7) wurde festgestellt, dass „Unter den gegebenen Umständen ist es anscheinend unmöglich, diese [Umsteuer-] Einrichtung in einen für eine befriedigende Funktion wünschenswerten Zustand zu bringen oder zu unterhalten.“ Sie gab den Lokomotivführern fortwährend Probleme auf, so dass eine Feineinstellung der Füllung fast unmöglich war und verlangte auf der 2644 ständiges Nachstellen, um im Leerlauf der selbständigen Verstellung aus der Mittelstellung entgegenzuwirken (um die Einhaltung der korrekten Leerlaufverhältnisse zu unterstützen, war auf dieser Lokomotive auf dem Zifferblatt des Schieberkastenmanometers der Bereich von 2,0 bis 4,0 bar grün markiert und die Lokomotivführer wurden angewiesen, bei Leerlauf den Druck durch Einstellen der Steuerung in diesem Bereich zu halten).

als auch die hinteren Drehgestellräder sandeten. Chapelon hatte eine entscheidende Verbesserung der Reibungsverhältnisse gemessen, wenn die führenden tragenden Räder gesandet wurden. Die hinteren Sandkästen (welche seit der Anlieferung der 19D angebracht waren, aber die, zumindest bei den meisten Maschinen, nicht mehr genutzt wurden) wurden reaktiviert und sandeten vor die mittleren Kuppelräder. Der Sanderzug, der mit sämtlichen Sandschiebern verbunden war, wurde von Handbetätigung auf Fußpedalbetätigung umgestellt, weil der Erstere bei schwierigen Reibungsverhältnissen höchst umständlich war. Diese Zugstange wurde zusätzlich mit einem Ventil verbunden, welches Dampf an Düsen leitete, die am Schleppgestell direkt hinter der Schleppachse angebracht wurden, wobei der Dampf den Sand von den Schienen blies und damit den Rollwiderstand des Zuge verminderte – und gleichzeitig auch die Reibungsverhältnisse für eine weitere angekuppelte Lokomotive schwierig machte! Auch das Reibungsgewicht wurde von 54 Tonnen auf 56,4 Tonnen gebracht, indem die Steckbolzen im Ausgleichhebel zum Schleppgestell in die jeweils vordere statt der mittleren von drei vorgesehenen Bohrungen in den beiden Ausgleichshebeln eingesetzt wurden. Diese Änderung hatte allerdings nur ein kurzes Leben, da Venter behauptete, sie gäbe der Lokomotive einen rauen Lauf (ich bemerkte keinen Unterschied), und nach nur einer Fahrt wurden die Bolzen wieder in ihre Normalpositionen umgesteckt.

Wir schreiben nunmehr den September 1979, in welchem Monat schließlich die Genehmigung zum Umbau einer 2D2 der Klasse 25NC erteilt wurde. Das kennzeichnete das Ende meiner intensiven Beschäftigung mit 2644. Von da an bis zu meinem Fortgang aus Südafrika gehörten fast all meine Anstrengungen dem 25NC-Umbauprogramm, und 2644 erhielt nur sehr gelegentliche Aufmerksamkeit. Obwohl sich nunmehr die Geschichten über beide Lokomotiven Seite an Seite entwickelten, wollen wir zunächst mit 2644 weitermachen.

Kurz nach den letzten Versuchsfahrten machte die Lokomotive eine weitere Hin- und Rückfahrt zwischen Warrenton und Mafeking, diesmal vor Personenzügen. Die Hinfahrt erfolgte vor dem internationalen Schnellzug Kapstadt – Bulawayo mit fünfzehn Wagen, seinerzeit wahrscheinlich die schwierigste 19D-Planleistung im ganzen Land. Es wurde berichtet, dass die Leistung sehr gut gewesen war, wobei eine um 19 Minuten verspätete Abfahrt auf den ersten 50 Kilometern aufgeholt wurde, wonach der Zug auf dem ganzen Weg nach Mafeking vor dem Plan lag. Der Kohleverbrauch wurde grob zu etwa 25 % unter dem einer Serien-19D geschätzt. Ich habe keine Aufzeichnungen darüber, welche Leistungen 2644 danach bis Anfang November erbrachte. Zu diesem Zeitpunkt waren sämtliche nach den letzten Versuchsserien beabsichtigten Änderungen ausgeführt worden, einschließlich der neuen Rostelemente und der neuesten Blasrohrdüsen. Es wurden dann zwei Versuchsfahrten nach Belmont und zurück arrangiert, die erste mit 700 Tonnen Zuglast und der Verbrennung von Erbskohle, die zweite mit 783 Tonnen (7 % Überlast auf 12,5 ‰ Steigung) und der Verbrennung von Stückkohle. Auf der ersten Fahrt war deutlich, dass die Rostelemente in Bezug auf die Feuerbettstabilität einen großen Unterschied machten, mit stark gemindertem Aufreißen und Vorwärtswandern des Feuers. Die Verdampfung war gut, wenn auch keine außergewöhnliche Leistungsentwicklung versucht wurde. Die Feuertür klemmte im heißen Zustand und ließ sich nicht in allen Stellungen ausbalancieren, so dass sie bei der Rückkehr dort etwas beschliffen wurde, wo sie in den Schienen glitt, und eine Ausgleichsfeder wurde angebracht, wonach sie so leicht lief und gut ausbalanciert war, dass sie mit einem Finger bedient werden konnte. Bei dieser Fahrt versuchten sich drei Personen beim Feuern und keine hatte wegen der höheren Lage des Schaufelwurfs irgendwelche Schwierigkeiten.

Die zweite Fahrt war eine Offenbarung. Nun endlich sah man hier die Leistungen, die wir angestrebt hatten. Bei der Hinfahrt mit einem Gesamtunterdruck von 35,3 mbar war die Verbrennung gleichmäßig über den ganzen Rost, und es gab praktisch kein Vorwärtswandern des Feuers, so dass das Feuerbett bei der Ankunft in Belmont als parallel mit der Rostebene beurteilt wurde. Die ersten 26 Kilometer der südwärts gerichteten Steigung ab Modder River wurden mit voll geöffnetem Regler und dem Manometerzeiger auf dem roten Strich *und mit dem Füllungsanzeiger auf der 15-%-Stellung* bewältigt und das mit 783 Tonnen hinter dem Tender (die Füllungsanzeige war möglicherweise nicht ganz korrekt, aber es war nichtsdestotrotz eine außergewöhnliche Leistung). Für die letzten 7 Kilometer dieses Anstiegs, meistens bei 9 ‰, wurde die Zylinderfüllung auf nicht mehr als 25 % eingestellt.

Auf der Rückfahrt entschieden wir, festzustellen, zu was 2644 in der Lage war. Auf dem kurzen Anstieg hinter Belmont beschleunigten wir mit voll geöffnetem Regler und 40 % Füllung auf 70 km h^{-1}, wobei wir einen Gesamtunterdruck von 62,75 mbar erzielten.[1] Bei diesem Saugzug wanderte das Feuer definitiv nach vorn, aber bei einer Zylinderleistung von 1 650 kW lagen wir auch weit oberhalb dessen, was von der Lokomotive im normalen Einsatz verlangt werden würde. Wir wurden in Modder River angehalten und vor der Weiterfahrt warf der Heizer ungefähr 50 Schaufeln Kohle auf. Wir warteten etwa zwei Minuten, damit sich die frisch aufgeworfene Kohle erwärmte („Kochen“ in der Sprache der Mannschaften) und dann ging es los. Der erste Anstieg mit 12,5 ‰ wurde mit 35 % Zylinderfüllung genommen, dann folgte das Gefälle mit 25 % bis 15 %, je nach Gradient, wobei die Geschwindigkeit schließlich 85 km h^{-1} bei 15 % Füllung erreichte, bevor der Regler etwas eingezogen wurde. An einer Stellen, mit fast 40 mbar Gesamtunterdruck (das heißt bei sehr hoher Kesselanstrengung), der Feuertür halb geöffnet und einer Strahlpumpe auf voller Förderleistung, stieg der Kesseldruck so schnell an, dass die zweite Strahlpumpe nicht schnell genug angestellt werden konnte, um ein Abblasen der Sicherheitsventile zu vermeiden. Dichte weiße Flammen erfüllten die Feuerbüchse, so dass selbst bei voll geöffneter Feuertür der Feuerschirm nicht sichtbar war. Das GPCS war endlich erreicht. Der Heizer lachte. Sein Name war van Rensburg, ein hundertprozentiger Dampflokomotivmann, der sich nach Beaconsfield wegen der Verdieselung der Strecke Mossel Bay – Oudtshoorn hatte versetzen lassen, wo er GMAMs über den Montagu Pass gefeuert hatte. Es war seine erste Fahrt auf 2644, und es war ihm bestimmt, in unserer Geschichte eine ziemlich wichtige Rolle zu spielen, da er sich später nach Capital Park versetzen ließ und der zugeteilte Heizer auf dem *Roten Teufel* wurde, solange die Maschine dort stationiert war.

Mit diesen beiden Fahrten kam die Einfahrphase der Entwicklung der 2644 zu einem Ende. Weitere Änderungen wurden in der Folge als Ergebnis von Einsatzerfahrungen vorgenommen, waren aber meistens unbedeutender Natur. Ihr Betriebsverhalten wurde für die Erbringung von Planleistungen und für Vergleichsmessungen des Kohle- und Wasserverbrauch mit Serien-19D als geeignet angesehen. Ein wichtiges Ergebnis der beiden oben beschrieben Fahrten war es, dass die Leistung mit normaler Lokomotivkohle anscheinend mindestens ebenso gut wie mit Erbskohle war. Bei den freien Sekundärluftquerschnitten gab es zwischen diesen beiden Kohlesorten unterschiedlicher Körnung keine merklichen Unterschiede (der durchschnittliche Querschnitt war für die beiden letzten Versuche etwa 700 cm^2 gewesen, ein vernünftiger Wert in Anbetracht der hohen Feuerbüchsunterdrücke), und damit erledigte sich die Notwendigkeit, für 2644 spezielle Kohle anzuliefern. Vergleichende Versuche mit den Serien-19D konnten deshalb auf sämtlichen Lokomotiven mit Kohlen gleicher Spezifikation gemacht werden, und so war die *Kohlesorte* als ein Faktor bei diesem Vorhaben ausgeschaltet. Ich hatte das Gefühlt, dass es einiger überzeugender Zahlen bedurfte, um die Skeptiker in der Abteilung des CME von dem Erreichten zu überzeugen, aber ich war sicher, dass die Versuchsergebnisse vorteilhaft sein würden.

2.4 Vergleichsfahrten

Mitte November 1979 wurde 2644 für normale Planleistungen nach Mafeking entsendet. Zu dieser Zeit waren die 2D2 der Klasse 25NC für den unteren Abschnitt der Strecke nach Warrenton freigegeben worden, und die 19D des Depots Mafeking liefen in südlicher

[1] Zu der Zeit dieses Versuchs waren die 500 Millimeter langen U-Rohr-Manometer für die Unterdruckmessungen gegen Röhren von 1 000 Millimeter ausgetauscht worden.

Richtung meistens nur bis Pudimoe, einem Umlauf von 410 km. Das wurde ohne Unterbrechung geleistet und konnte bis zu zwanzig Stunden dauern, was, wie ich erleben sollte, die Mannschaften erschöpfte. In der erleuchteten Art und Weise ihres Menschenschlags hatten sämtliche Lokomotivführer in Mafeking beschlossen, dass sie auf 2644 keinen Dienst machen wollten, ohne sie zuvor überhaupt gesehen zu haben. Schließlich konnte mit ein bisschen Nachdruck doch ein Lokomotivführer mit dem Namen du Plessis überredet werden, sie zu übernehmen, und nach meiner Kenntnis blieb er während der ersten Einsatzperiode in Mafeking ihr einziger Lokomotivführer. Ich war viel zu beschäftigt mit der Konstruktionsarbeit für das 25NC-Programm, um mich um die Maßnahmen, die umgebaute Lokomotive in Mafeking in Betrieb zu setzen und die für die nachfolgenden Versuche zu kümmern. Außerdem war es mein bewusstes Bestreben, andere an der Verantwortung zu beteiligen, da ansonsten die Dinge ohne meine Anwesenheit nicht weitergegangen wären. In diesem Fall lag die Verantwortung bei dem Mechanical Engineer des Bezirks und seinem Personal in Kimberley, aber abgesehen davon, Lokomotivinspektor Botes zu entsenden, um einige Fahrten auf 2644 zu machen, schienen sie die Leute vor Ort im Hinblick darauf, das Beste aus der Lokomotive herauszuholen, sich selbst zu überlassen zu haben.

Während einer vierwöchigen Zeitspanne im November und Dezember machte 2644 eine ordentliche Anzahl von Hin- und Rückleistungen nach Pudimoe. Bei sieben Fahrten wurden die Kohle- und Wasserverbräuche gemessen: Die Ergebnisse der ersten dieser Fahrten wurden wegen einer sehr geringen Zuglast bei der Rückleistung nicht berücksichtigt, womit nur sechs aussagefähige Versuchsfahrten der umgebauten Lokomotive während dieses Zeitabschnitts übrig blieben. Die zu Vergleichszwecken mit 2644 ausgewählte Serien-19D war Nr. 3356, seinerzeit die fest zugeteilte Lokomotive des Oberlokomotivführers in Mafeking, erst kürzlich überholt und in gutem mechanischen Zustand. Auch sie war mit einem Vanderbilt-Tender der Klasse MX ausgestattet. Bei dieser Lokomotive wurden die Kohle- und Wasserverbräuche bei vier Planfahrten gemessen. Zusätzlich wurden die Kohleverbräuche einiger Planfahrten mit anderen 19D gemessen, als Richtschnur für die Leistungen von Lokomotiven in durchschnittlichem mechanischem Zustand. Die betreffenden Lokomotiven waren die Nummern 2532, 2638, 2716, 2758 und 2765, von denen die Nummern 2532 und 2758 die in Kapitel 4 beschriebenen Bauartänderungen hatten. Die Versuche wurden in einer recht provisorischen Art und Weise durchgeführt. Es wurde kein Versuch unternommen, eine einheitliche Fahrweise bei allen Lokomotiven, noch eine einheitliche Kohlequalität sicherzustellen, wobei die Lokomotive die Kohle übernahmen, die zu der Zeit zufällig im Bunker war. Am Ende einer jeden Hin- und Rückleistung wurden die Inhalte der Tenderkohlenkästen in Hunte von 650 kg Fassungsvermögen entladen. Durch Subtrahieren der Anzahl der zum Entleeren des Kohlekastens nötigen Hunteladungen von der Anzahl der zum Auffüllen benötigten konnte der Kohleverbrauch ermittelt werden. Der Wasserverbrauch wurde durch Messen der Wasserstandshöhe im Tender mit einem Peilstab vor jedem Wassernehmen festgestellt.

Als ein Vorteil der 2644 wurde ihre größere Leistungsfähigkeit angenommen, besonders wenn sie zum Befördern größerer Anhängelasten genutzt werden konnte, was in den Augen der Betriebsabteilung und ihrer Verbündeten in den maschinentechnischen Abteilungen ein Faktor von entscheidender Bedeutung war. Die Lokomotive hatte bei den Versuchsfahrten zwischen Beaconsfield und Belmont ihre Fähigkeit, Überlasten zu bewältigen, gezeigt, und ich drängte Kimberley, während der Versuche in Mafeking, für sie nach Möglichkeit schwerere Züge als normal zusammenzustellen. Das wurde auch so gemacht, wie die Tabelle 22 zeigt.[1]

Tabelle 22
Umgebaute Klasse 19D Nr. 2644 der SAR: Zuglasten während der Vergleichsfahrten im November/Dezember 1979

Streckenabschnitt	Maximale Zuglast der Klasse 19D gemäß Buchfahrplan, Tonnen	Durchschnittliche Zuglast für 2644 bei sechs Versuchsfahrten, Tonnen	Maximale Zuglast für 2644, Tonnen	Maximale Überlast für 2644, Tonnen
Mafeking – Pudimoe	757	853	882	16,5 %
Pudimoe – Vryburg	620	640	827	33,4 %
Vryburg – Mafeking	625	627	761	21,8 %

Es ist schwer zu sagen, wie diese höheren Zuglasten die Kohle- und Wasserverbräuche pro Netto-Tonnenkilometer beeinflussten. Sie werden einen günstigen Einfluss gehabt haben, indem sie das Verhältnis von Anhängelast zu Gesamtzuggewicht vergrößerten und einen ungünstigen Einfluss, indem sie die Lokomotive veranlassten, bei einer höheren Leistung zu arbeiten. Bei dieser Art des Zugdienstes bedeutete das größere Zylinderfüllungen und folglich eine Arbeitslage außerhalb des Gebiets des höchsten Zylinderwirkungsgrads. Im Gegensatz dazu wurden bis auf zwei unbedeutende Ausnahmen sämtliche Messfahrten mit den Serien-19D mit Zuglasten unternommen, die unterhalb der festgelegten Grenzlasten lagen.

Obwohl ich die Organisation und Durchführung dieser Versuche vollständig dem Personal vor Ort überließ, arrangierte ich es doch, bei der Fahrt mit 2644 am 19. und 20. Dezember mitzufahren, eine Fahrt, die sich als die letzte in dieser Versuchsserie erweisen sollte. Ich traf die Lokomotive recht schmutzig an, aber ihre Leistungen waren gut. Verdampfungswilligkeit, das Ausbleiben von Schlacke und Rauch, die Einfachheit des Feuerreinigens, alles war entsprechend der Standards der letzten Fahrten nach Belmont. Die Zuglast lag 9,4 % über dem für die 19D auf dem Abschnitt von Mafeking nach Pudimoe festgelegten Maximum, 33,4 % über dem für Pudimoe nach Vryburg und 20 % über dem für Vryburg nach Mafeking.

Der Abschnitt von Pudimoe nach Vryburg enthielt einen langen, kurvenreichen Anstieg von 12,5 ‰, und für eine Lokomotive von nur 54 Tonnen Reibungsgewicht war es eine bemerkenswerte Leistung, in dieser Steigung 827 Tonnen / 80 Achsen zu nehmen. Bei der nächtliche Steigungsfahrt sank die Geschwindigkeit auf 10 bis 12 km h^{-1} ab, bei einer Zylinderfüllung von 45 % und mit der Lokomotive gerade so eben an der Reibungsgrenze, was regelmäßiges Sanden auf die trockenen Schienen erforderte. Es sei angemerkt, dass Überlasten bei den Lokomotivmannschaften nicht sehr beliebt waren (ausgenommen bei denjenigen mit sportlichen Instinkten), da in der Folge immer die Möglichkeit von aufkommenden Problemen bestand und speziell für den Heizer, bei handgefeuerten Lokomotiven, nichts als zusätzliche Arbeit zu erwarten war. Angesichts dessen war es von du Plessis also ganz vernünftig, nicht begeistert davon zu sein, eine solche Zuglast ab Pudimoe zu übernehmen, und nur durch meine sportlichen Ambitionen ließ er sich dazu überreden. Mit Blick auf einen anderen Sport informierte mich der Heizer reumütig darüber, dass 2644 bei den „Rauchkünstlern“ von Mafeking alles andere als beliebt war, und dass der

[1] Zum Ausgleich des Einflusses einer unterschiedlichen Zuglänge auf den Rollwiderstand sind sämtliche Zuglasten für Einfachbespannung in Bezug auf folgende Zuglängen korrigiert worden: Mafeking - Pudimoe 64 Achsen, Pudimoe – Mafeking – Vryburg 80 Achsen. Die angegebenen Zuglasten waren also diejenigen dieser entsprechenden Zuglängen, welche den mit Zügen unterschiedlicher Länge tatsächlich genommenen Zuglasten äquivalent waren. Diese Korrektur wurde auch für die Ermittlung der Nettotonnenkilometer vorgenommen, auf die die Kohle- und Wasserverbräuche bezogen waren. Die tatsächlichen Anhängelasten wurden den Zugbegleitpapieren entnommen, aber in SAR-Akten zurück bis in die dreißiger Jahre wurde zugestanden, dass es bei der Angabe der Zuggewichte im normalen Dienst oft beträchtliche Irrtümer gab. Porta behauptete einmal, dass in Argentinien die wahren Zuggewichte *immer* höher waren, als die angegebenen Zuglasten, aus Gründen, die hier besser nicht zitiert werden.

von diesen Jungs praktizierte Raucherzeugungswettbewerb an Kreuzungspunkten abgesagt werden musste, falls 2644 eine der Lokomotiven war. Es war einfach kein Wettbewerb, da der Heizer der 2644 als Verlierer feststand.

Diese Fahrt ergab einige nützliche Beobachtungen. Wegen der großen Bandbreite der bei voll geöffnetem Regler angewendeten Füllungen (15 bis 45 %), konnte ein entschiedener Zusammenhang zwischen Feuerbettstörungen und der Intensität der Unterdruckspitzen bei der Ausströmeröffnung beobachtet werden, wobei diese Spitzen das allgemeine Unterdruckniveau überlagerten und mit zunehmender Füllung anstiegen. Auch wurde eine beträchtliche Anzahl von potentiell gefährlichen Funken aus den Sekundärluftöffnungen in den Seiten des Stehkessels ausgestoßen, besonders bei der Fahrt mit großen Füllungen bei geringen Geschwindigkeiten. Der Feuerschirm konnte des Öfteren durch die Flamme vorn an der Feuertür hindurch gesehen werden, was als ein Zeichen einer übermäßigen Konzentration von Sekundärluft in der Mitte der Feuerbüchse betrachtet wurde. Der mittlere Luftquerschnitt an der Feuertür während der Fahrt unter Dampf auf der Hinfahrt wurde zu etwa 485 cm^2 geschätzt, was einen durchschnittlichen Gesamtquerschnitt für Sekundärluft von ungefähr 720 cm^2 ergab. Auf der Rückfahrt hatten wir es aus dem hinteren Bereich des Kohlenkastens mit sehr großen Brocken minderwertiger Kohle zu tun, die für eine gute Verdampfung eine etwas kleinere Feuertüröffnung verlangten, und dabei betrug der mittlere Gesamtquerschnitt für Sekundärluft etwa 650 cm^2.[1] Es wurde angenommen, dass bei besserer Verteilung der Sekundärluft, also weniger in die Mitte der Feuerbüchse, die Querschnittsfläche vielleicht noch etwas hätte vergrößert werden können. Trotz des Fehlens von Abdeckklappen bliesen die Sicherheitsventile nach dem Schließen des Reglers nicht ab, und das Problem wurde als erledigt betrachtet.

Als Ergebnis meiner eigenen Beobachtungen, den von du Plessis gemachten Vorschlägen und den Kommentaren auf den Checklisten, die von dem Vorgesetzten auf dem Führerstand für jede Fahrt der 2644 ausgefüllt wurden[2], forderte ich Beaconsfield auf, nach der Beendigung der Versuche unter anderem die nachstehenden Änderungen an der Lokomotive vorzunehmen:

1. Einbau von Dralleinsätzen (um 180° verdrillte Blechsteifen) in allen seitlichen Stehkesselllufteinlässen, um die Eindringtiefe dieser Sekundärluftströme zu verringern.
2. Anbringen von Blechen außen an den Umläufen gegenüber den Stehkesselllufteinlässen, um das Zubodenfallen der aus diesen Einlässen ausgestoßenen Funken zu verhindern.
3. Verbreitern der Feuertür um 50 Millimeter zur einfacheren Beschickung der hinteren Rostecken.
4. Anbringen eines Stoppers am Mechanismus der Feuertür, so dass sie nicht vollständig geschlossen werden konnte. Es sollte eine kleinste Türöffnung von 130 mm beziehungsweise 360 cm^2 Sekundärluftquerschnitt, gleich 40 % desjenigen bei voll geöffneter Tür, immer offen bleiben. Das war nötig, weil ich den Verdacht hatte, dass die Heizer die Tür nach dem Feuern vollständig schlossen, wenn niemand da war, sie daran zu hindern. Damit verbleib nur ein geringer Sekundärluftquerschnitt, mit dem das GPCS nicht wie gewünscht funktionierte. Das wird sicher einen Einfluss auf den Kohleverbrauch der Lokomotive bei den Mafeking-Versuchen gehabt haben.
5. Verlängern des Strahlungsschirms der Feuertür, um die Blendung des Lokomotivführers abzustellen.
6. Entfernen der Druckausgleichventile und Blindsetzten der Flansche.
7. Absenken des Aschkastens im hinteren Bereich, da berichtet worden war, dass sich dort beim Schüren des Rosts Asche anhäufte, die ein richtiges Funktionieren der Rostelemente verhinderte. Es wurde auch empfohlen, die Nässeinrichtung des Aschkastens an den Schlackenhahn anzuschließen, um einen genügend kräftigen Strahl gegen festsitzende Asche zu haben, aber ich habe keine Aufzeichnungen, ob das gemacht wurde oder nicht.

Nach dem Abschluss der Vergleichsfahrten wurde sämtliche Daten an den Mechanical Engineer des Bezirks in Kimberley geschickt, und im darauffolgenden Februar gab er einen Versuchsbericht an den Leitenden Superintendenten (Technik) in Johannesburg heraus, mit Kopien an den CME und den Leitenden Superintendenten (Planung).[3] Die Zahlen für jede Fahrt wurden angegeben, deren Aufsummierungen in der Tabelle 23 wiedergegeben ist.

Tabelle 23
Zusammenfassung der Ergebnisse der Vergleichsfahrten zwischen der SAR-Umbau-19D und Serien-19D

Lokomotive	Anzahl der Fahrten	Summe der Nettotonnen-kilometer	Gesamt-kohlenverbrauch kg	Kg Kohle pro 100 Tonnenkilometer	Gesamt-wasserverbrauch Liter	Liter Wasser pro 100 Tonnenkilometer
2644	6	1 819 192	62 625	3,44	407 166	22,38
3356	4	1 083 123	44 201	4,08	282 422	26,07
Andere 19D (6 Lok.)	4 (2 Doppel-traktionen)	1 277 955	55 638	4,35	-	-
Sämtl. Serien-19D (inkl. 3356)	8	2 361 078	99 839	4,23	-	-

Die Zahlen in der Tabelle 23 zeigen, dass die Ersparnisse für die 2644 an Kohle- und Wasserverbräuchen und die entsprechenden Verbesserungen der Produktivität, gemessen in Tonnenkilometern pro verbrauchter Einheit Kohle und Wasser sich wie folgt ergaben:

Kohleersparnis gegenüber 3356 = 15,7 %, entspricht einer Produktivitätssteigerung von 18,6 %.
Kohleersparnis gegenüber anderen 19D = 20,9 %, entspricht einer Produktivitätssteigerung von 26,4 %.
Kohleersparnis gegenüber allen Serien-19D = 18,7 %, entspricht einer Produktivitätssteigerung von 23,0 %
Wasserersparnis gegenüber 3356 = 14,5 %, entspricht einer Produktivitätssteigerung von 16,5 %.

[1] Während seiner Zeit bei der American Coal Enterprise empfahl Porta eine Kohlekörnung von 25 Millimeter, um die durch den nötigen Wärmeübergang vom Äußeren ins Innere des Kohlestücks bedingte Verzögerung bei der Freisetzung der flüchtigen Bestandteile zu minimieren (thermische Trägheit), aber auf 2644 wurden manchmal Brocken von 150 Millimeter bis 300 Millimeter ins Feuer geschaufelt.

[2] Falls diese Checklisten während des Einsatzes der 2644 von Mafeking aus wahrheitsgetreu ausgefüllt worden waren, dann hatte es mit ihr bemerkenswert wenige Probleme gegeben, abgesehen von gelegentlicher Schlackebildung und daraus folgenden Problemen bei der Feuerreinigung und sehr selten eine Zusetzungen des Funkenfängers; beides ist schlechter Kohle zuzuordnen.

[3] SAR, Büro des Bezirksdirektors, Kimberley, Bericht Az. TLE 2644 vom 08.02.1980.

Der Bericht bemerkte, dass die Fahrt Nr. 6 mit 2644 von dem Autor überwacht wurde und von allen die niedrigsten Verbrauchswerte ergeben hatte, das heißt 3,15 kg Kohle pro 100 Tonnenkilometer und 19,91 Liter Wasser pro 100 Tonnenkilometer, entsprechend Ersparnissen von 22,8 % beziehungsweise 23,6 % verglichen mit der 3356. Es wurde ebenso die Anmerkung gemacht, dass es während des Verlaufs der Versuche bei 2644 generell einen Trend zu besseren Lokomotivleistungen gegeben hatte, „da die Lokomotivmannschaften mehr Erfahrungen mit der Lokomotive sammelten“. Die beförderten Überlasten wurden erwähnt und, dass 2644 trotzdem die Planzeiten gehalten oder unterboten hatte, ebenso das einfache Feuerreinigen wegen des Ausbleibens von Schlacken und dass es kein Zusetzen von Kesselrohren gegeben hatte. Der Bericht sprach die nachfolgenden Empfehlungen aus:

> „Angesichts der ausgezeichneten Ergebnisse, die mit dieser Lokomotive erzielt wurden, wird vorgeschlagen, dass:
> (a) so bald wie möglich Messwagenfahrten durchgeführt werden, um die Verbesserung der Leistung genauer zu bestimmen.
> (b) sämtliche 19D-Lokomotiven im Streckeneinsatz auf diese Weise umgebaut werden.
> (c) Versuche mit Lokomotiven der Klasse 25NC durchgeführt werden.“

Zu gegebener Zeit empfing der CME einen Brief des Büros des Generaldirektors, diesen Bericht betreffend, in dem geschrieben stand:[1]

> „Voraussichtlich werden in naher Zukunft Versuche mit dieser Lokomotive durchgeführt werden, um die von dem Bezirksdirektor erreichten Ergebnisses zu bestätigen.“

Die Abteilung des CME war allerdings entschieden weder beeindruckt noch entgegenkommend. Ihre Antwort, unterzeichnet von H. Scheffel, seinerzeit Stellvertretender CME (Konstruktion und Entwicklung), lautete wie folgt:[2]

> „Umgebaute Lokomotive Nr. 2644 der Klasse 19D; Versuche zum Kohle- und Wasserverbrauch
> Ihr Brief TL 10/100/19D vom 11. März 1980.
> Die Versuchsergebnisse wurden geprüft. Obwohl einige Verbesserungen erzielt wurden, scheinen sie unbedeutend zu sein, wenn man die höchsten und niedrigsten Verbrauchszahlen betrachtet.
> Ein verlässlicher Vergleich kann nur gemacht werden, falls beide Lokomotiven in allen Belangen sorgfältig überprüft werden, um den ‚mechanischen Zustand' als Faktor in diesem Vorhaben auszuschalten. Obwohl Lokomotive Nr. 3356 anscheinend in gutem Zustand war, so wurde sie aber nicht speziell für Versuchszwecke vorbereitet.
> Die Ergebnisse werden deshalb mittels ordnungsgemäß überwachter Versuchsfahrten vor einem Messwagen zu überprüfen sein. Das Personal und die betreffende Ausrüstung sind allerdings zurzeit derartig für wichtigere Arbeiten eingespannt, dass es nicht möglich wäre, solche Versuche vor Juli 1981 durchzuführen.
> In der Zwischenzeit wird empfohlen, dass der Bezirksdirektor Kimberley die Leistungen der Versuchslokomotive überwacht, insbesondere, was die Unterhaltung angeht.“

Liest man zwischen den Zeilen, so scheint die wahre Bedeutung dieses Briefs zu sein „die Dampftraktion hat keine Zukunft bei den SAR, deshalb sind wir an diesem Thema nicht interessiert und möchten nicht damit befasst werden“. Allerdings hatte ich zur der Zeit noch nicht ganz begriffen, dass das so war, und ich glaubte, den Aussagen in diesem Brief, an denen ich natürlich schon in Teilen Anstoß nahm, könnte und sollte mit vernünftigen technischen Argumenten entgegengetreten werden. Auch eine andere Entwicklung hatte stattgefunden, welche es mir ratsam erscheinen ließ, meine Bedenken geltend zu machen. Birkholtz war von der Stellung als Mechanical Engineer (Lokomotiven) versetzt worden und sein Platz war von E. Millson eingenommen worden. Schnell fand ich heraus, dass das aus der Sicht der Dampftraktion keine erfreuliche Veränderung war. Millson fing an, den ganzen Sinn des 25NC-Umbauprogramms, für das die Konstruktionsarbeiten seinerzeit fast abgeschlossen waren, infrage zu stellen, wobei seine Haltung erkennen ließ, dass wir wohl kaum einer Meinung waren. Falls er sich entscheiden hätte, den Fortschritt dieser Arbeiten aufzuhalten, wäre es sehr schwierig gewesen, weiterzumachen, und ich hatte das Gefühl, das geschätzte 25NC-Projekt war in Gefahr (wie es sich ergab, hat Millson nichts dagegen unternommen, aber er schien nie seine Ansicht aufgegeben zu haben, dass es sich um eine Geldverschwendung handelte). Deshalb schrieb ich ein langes Memorandum zur Verteidigung dessen, was mit 2644 bereits erreicht worden war, wobei ich einige Argumente in unserem eigenen Brief an den Generaldirektor widerlegte.[3] Die Frage war, an wen ein solches Memorandum, in dem ich meine eigenen Vorgesetzten kritisierte, gesendet werden konnte. Nach einigen Überlegungen adressierte ich es an den Personalingenieur, J. van der Merwe, ein sympathischer und recht einflussreicher Mann, zu dem ich eine gute Beziehung hatte. Ich hoffte, dass er bei der Abwicklung seiner Vorgänge mit anderen leitenden Ingenieuren die Gelegenheit haben würde, Aufmerksamkeit für meinen Standpunkt zu erzielen. Auch an Yspeert in Kimberley und dem pro Dampf eingestellten Superintendenten (Planung) in der Hauptverwaltung schickte ich im Vertrauen auf ihre Diskretion Kopien.

Zunächst wurde die Berechtigung der Aussage, die Verbesserungen „scheinen unbedeutend zu sein, wenn man die höchsten und niedrigsten Verbrauchszahlen betrachtet.“ in Frage gestellt. Während man sich zur Unterstützung dieser Aussage zweifellos auf die Gesetzte der Statistik berufen konnte, hätte erkannt werden müssen, dass andere Faktoren wirksam waren. Die Kohle- und Wasserverbräuche der jeweiligen Versuchslokomotive waren nicht durchweg gleichmäßig. Das konnte man teilweise auf die recht groben Messmethoden und, soweit es den Kohleverbrauch angeht, auf die unterschiedliche Kohlequalität zurückführen. Obwohl die *Kohlesorte* für sämtliche Versuche nominell die gleiche war, das heißt Stückkohle angeblich nach SAR-Spezifikation, variierten die Eigenschaften der nach dieser Spezifikation gelieferten Kohle in der Praxis in weiten Grenzen. Der Einfluss der Kohlequalität auf den Brennstoffverbrauch konnte viel größer sein, als man nach irgendwelchen Unterschieden im Heizwert vermuten würde (ein Phänomen, das in Kapitel 8 weiter erläutert wird). Da die Kohle generell von Fahrt zu Fahrt unterschiedlich war, so wird dieser Faktor sicher vorhanden gewesen sein und könnte die Verbrauchszahlen der einzelnen Fahrten erheblich beeinflusst haben. Die Begleitumstände der Fahrt, wie zum Beispiel die Anzahl der betriebsbedingten Wartezeiten auf freier Strecke und starke den Zuglaufwiderstand verschlechternde Winde werden ebenfalls Auswirkungen auf die Kohle- und Wasserverbräuche der einzelnen Fahrten gehabt haben. Der Einfluss dieser Faktoren auf die Gültigkeit der Ergebnisse wird mit zunehmender Zahl der Versuchsfahrten tendenziell abgenommen haben, und die aufsummierten Verbrauchswerte waren so offensichtlich verlässlicher, als irgendwelche Einzelzahlen, so dass es schwer einzusehen war, warum erfahrene Ingenieure darüber anders denken sollten, es sei denn, sie suchten nach Mitteln, das Erreichte herabzumindern, als einen Vorwand dafür, die Arbeit nicht zu befürworten. Falls sie wahrhaftig den Standpunkt einnahmen, dass die Unterschiede bei den Verbräuchen der verschiedenen Lokomotiven innerhalb der Messfehler lagen, dann machten sie selbst den Fehler, nicht zu verstehen, dass die Versuche nicht unter konstanten Bedingungen

[1] SAR, Büro des Generaldirektors, Johannesburg, Brief Az. TL 10/100/19D vom 11.03.1980.

[2] SAR, Abteilung des CME, Pretoria, Brief an den Generaldirektor, Johannesburg, Az. DC 15/2/22 vom 01.04.1980 (ein passendes Datum).

[3] Memorandum Az. PLT 15/2/22 vom 06.05.1980.

durchgeführt worden waren, weil zumindest die Kohlequalität von Fahrt zu Fahrt unterschiedlich gewesen sein wird. Falls allerdings darauf bestanden wurde, die maximalen und minimalen Verbrauchszahlen zu wichten, dann ergaben sich die in Tabelle 24 aufgeführten Werte. Die daraus folgenden Ersparnisse waren von der gleichen Größenordnung, wie die der aufsummierten Zahlen in dem Versuchsbericht, und stellten als solche nicht die dort aufgestellten Behauptungen in Frage. Allerdings musste ich später herausfinden, dass der Brief des CME auf einem Vergleich der Maximalverbrauchswerte der 2644 mit den Minimalverbrauchswerten der 3356 aufgebaut war, eine technische Logik, die sich mir in Anbetracht der soeben erwähnten Einflüsse auf die Einzelwerte nach wie vor entzieht. In einem solchen Vergleich vermindert sich die Kohleersparnis der 2644 gegenüber der 3356 auf nur 2,5 %, aber die gleiche „Logik" des Vergleichs des Minimalverbrauchswerts der 2644 mit dem Maximalwert der 3356 ergab eine Ersparnis von 29,2 %.

Tabelle 24
Aufgezeichnete Maximal- und Minimalverbräuche bei den Vergleichsfahrten zwischen der umgebauten Klasse 19D Nr. 2644 und Serien-19D der SAR

Lokomotive	2644	3356	Ersparnis	Andere 19D	Ersparnis
Maximaler Kohleverbrauch, kg pro 100 Tonnenkilometer	3,83	4,45	13,9 %	4,74	19,2 %
Minimaler Kohleverbrauch, kg pro 100 Tonnenkilometer	3,15	3,93	19,8 %	3,79	16,9 %
Maximaler Wasserverbrauch, Liter pro 100 Tonnenkilometer	25,28	28,22	10,4 %	-	-
Minimaler Wasserverbrauch, Liter pro 100 Tonnenkilometer	19,91	22,78	12,6 %	-	-

Des Weiteren wies ich auf das Nachstehende hin:

1. Die Auswirkung, dass 2644 bei den Versuchen auf einem höheren Leistungsniveau betrieben wurde, hätte berücksichtigt werden müssen.[1] Schätzungsweise lag die Zughakenleistung der 2644 im Durchschnitt ungefähr um etwa 18 % über der der 3356. Wäre 3356 bis auf das gleiche durchschnittliche Leistungsniveau wie bei 2644 ausgefahren worden (unter Annahme, dass das möglich gewesen wäre), so wäre die Gesamtersparnis an Kohle auf über 20 % angestiegen.
2. Bei der Bewertung der Ergebnisse wurde die mit der Eingewöhnung des Personals stetige Verbesserung im Betriebsverhalten der 2644 nicht berücksichtigt. Die letzte Fahrt hatte die besten Resultate erbracht, hauptsächlich weil ich den Heizer davon abhielt, die Feuertür zu schließen. Falls die Feuertür, was ich vermutete, bei den vorherigen Fahrten oft geschlossen worden war, so hätte das die Kohleverbrauchs-zahlen in einer nicht zu vernachlässigenden Weise beeinflusst. Damit war die letzte Fahrt möglicherweise die einzige mit korrekt funktionierendem GPCS, und falls größeres Gewicht auf einzelne Versuchszahlen gelegt werden sollte, dann hätte das mit denjenigen dieser Fahrt getan werden sollen. Um aus dem Memorandum zu zitieren:

> „Die letzte Fahrt, vom Verfasser nur insofern überwacht, als dass die richtige Funktion des Gaserzeuger-Verbrennungssystems gewährleistet war und mit Kohle von durchschnittlicher Qualität, ergab, was man eine durchschnittliche Leistung mit einer an diese Lokomotive gewöhnten Mannschaft nennen kann.
>
> Verglichen mit der aufsummierten Leistung der Lokomotive 3356 ergab das eine tatsächliche Brennstoffersparnis von 22,8 % je Tonnenkilometer, gleich einem Zuwachs an Tonnenkilometer je Kilogramm Brennstoff (ein Maß für den thermischen Wirkungsgrad am Zughaken) von 29,5 %. Gleichzeitig wurden mit Zeitgewinn gegenüber den Fahrplänen Zuglasten befördert, die durchschnittlich um 18 % höher lagen, als in den Buchfahrplänen für die betreffenden Streckenabschnitte festgelegt ist... Eine solche Zuglast ist mit der Serien-19D nicht möglich, aber falls die Serienmaschine soweit forciert werden könnte, um diese Leistung zu erreichen, das heißt, das gleiche Niveau an Zugförderungsqualität, dann wären die Ersparnisse der Lokomotive 2644 höher...
>
> Solche Verbesserungen werden anscheinend als ‚unerheblich' angesehen. Allerdings wurden im Hinblick auf einen umfangreicheren Umbau der Klasse 25NC in Aussicht gestellte Verbesserungen (das heißt 33 % Minderung des Kohleverbrauchs und 35 % Anstieg der Maximalleistung) als ‚ein wenig übertrieben' dargestellt [siehe den am Ende des Kapitels I.6 zitierten Brief]...Unter Berücksichtigung der für Lokomotive [Nr.] 2644 aufgezeichneten Ergebnisse schein es nur einen geringen Unterschied zu geben zwischen ‚unerheblichen' Verbesserungen und ‚übertriebenen' Behauptungen."

3. Im Hinblick auf den Faktor „mechanischer Zustand" wurde aufgrund der letzten Reparaturnachweise aufgezeigt, dass der Vorteil eher bei der 3356 gelegen haben sollte. Zu Beginn der Versuche hatte sie nur 4 513 Kilometer seit ihrer letzten Zwischenuntersuchung geleistet, gegenüber 7 078 bei der 2644, und während der jeweiligen Versuchsphasen summierte sich die Kilometerleistung der 2644 auf etwa das Dreifache der 3356.
4. Es wurde der Nachweis geführt gegen die Folgerung im letzten Absatz des Briefs des CME, wonach die Umbauten die Zuverlässigkeit möglicherweise hätten beeinträchtigen können (wobei allerdings die Empfehlung, Leistung und Unterhalt zu überwachen, vernünftig war). Insbesondere wurde darauf hingewiesen, dass bei den im Umlaufplan von Mafeking nach Pudimoe eingesetzten Serien-19D nach jedem zweiten Umlauf die Kesselrohre gereinigt wurden, wohingegen bei der 2644 eine solche Arbeit zwischen zwei Auswaschfristen des Kessels nicht notwendig war.
5. Es wurde bemerkt, dass die bessere Zugförderungsleistung der 2644 aufgrund ihrer Fähigkeit, schwerere Zuglasten innerhalb der Planzeiten zu nehmen und ihre sekundären Vorteile, wie das Ausbleiben von Schlacken und der daraus resultierenden Problemlosigkeit des Feuerreinigens, nicht zu ihrem Gunsten angerechnet wurden. Die Tatsache, dass die Lokomotive bei der Fahrt unter Dampf ohne schwarze Rauchentwicklung arbeitete (im Versuchsbericht nicht erwähnt) wurde ebenso herausgestellt. Es wurde darauf hingewiesen, dass die drei Faktoren, begrenzte Zuglasten, Zusatzzeiten für Unterwegs-Lokomotivwartungen und Luftverschmutzung, was bei der 2644 alles in nicht zu vernachlässigender Weise verbessert worden war, üblicherweise als inhärente Nachteile der Dampftraktion zitiert wurden und dazu dienten, ihre Abschaffung zu rechtfertigen.

---

[1] Der einzige Kommentar, den die Leute beim CME dazu abgaben, war eine Bemerkung im Versuchsbericht, dass die Unterschreitung der Fahrzeiten mit 2644 „impliziert, dass einige Begrenzungen der Fahrgeschwindigkeiten vielleicht nicht beachtet wurden". Tatsächlich war, wie jedermann wusste, zu schnelles Fahren bergab und über Weichenriegel ein weitverbreitetes Übel mit allen Lokomotivarten bei den SAR. Die Möglichkeit, dass mit 2644 Fahrzeit in *Steigungsabschnitten* gewonnen wurde, wurde anscheinend nicht zugestanden.

6. Es wurde abgeschätzt, dass, falls sämtliche SAR-Dampflokomotive auf ähnliche Weise verbessert würden, die jährlichen Ersparnisse allein an Brennstoffkosten für die Verwaltung etwa 7 750 000 Rand gewesen wäre, was eine sehr kurze Amortisationszeit für die Investition ergab.
7. Einige Kommentare wurde zu „wichtigere Arbeiten" abgegeben, mit denen die Versuchspersonale und der Messwagen aussagegemäß beschäftigt waren. Tatsächlich schienen der Messwagen und seine Mannschaft sehr viel ihrer Zeit mit einfachen Messungen vor Planzügen zu verbringen, zum Beispiel, um die Zuglasten und Fahrzeiten neu festzulegen, wenn auf einer gegebenen Strecke der Lokomotivtyp gewechselt wurde. Nach meiner Meinung war das eher eine Verschwendung dieser Ausrüstung, da solche Versuche recht zufriedenstellend auch ohne Messwagen angestellt werden konnten und meines Wissens andernorts auch allgemein so gemacht wurden.

Ich schloss mit einigen boshaften Kommentaren, einschließlich der Betrachtung, dass es die Einstellungen sind, wie sie in dem fraglichen Brief des CME deutlich werden, die so viele junge Ingenieure veranlassen, zu kündigen. Das war als verdeckte Drohung gemeint, aber ich war klug genug, nicht so weit zu gehen, meine Kündigung anzubieten. Die Chance, dass sie angenommen worden wäre, war zu groß. Natürlich rief das Memorandum keine Reaktionen hervor und 2644 wurde nie an einen Messwagen gekuppelt noch wurden andere Maschinen ihre Klasse umgebaut.

2.5 2644 im Einsatz

Schon bald nach dem Abschluss der Vergleichsfahrten wurde 2644 zurück nach Beaconsfield gebracht. Ich kann mich heute nicht mehr daran erinnern, ob das geschah, weil Mafeking sie nicht oder weil Beaconsfield sie haben wollte, wobei sie offiziell immer noch dem letzteren Depot zugeordnet war. Ich hatte den Auftrag gegeben, die auf Seite 99 beschriebenen Änderungen auszuführen und für diese Arbeiten musste sie nach Beaconsfield kommen, aber danach hätte sie eigentlich nach Mafeking zurück überstellt werden sollen, um in dem Plandienst eingesetzt zu werden, für den ihre Verbesserungen ursprünglich gewünscht wurden. Stattdessen behielt Beaconsfield sie und setzte sie mit Venter als zugeteiltem Lokomotivführer im normalen Dienst auf den Linien nach Bloemfontein und De Aar ein. Die dampfbetriebenen Zugförderungsleistungen auf diesen Strecken wurden hauptsächlich von der wesentlich größeren Klasse 25NC beherrscht und da 2644 nicht die voll ausgelasteten Güterzüge der Klasse 25NC befördern konnte, musste mit der Betriebsabteilung jedes Mal, wenn 2644 zum Dienst eingeteilt wurde, das besonderes Arrangement getroffen werden, Züge mit geringerem Gewicht bereitzustellen.

Für den 26. und 27. März 1980 arrangierte ich zwei Versuchsfahrten nach Belmont und zurück mit jeweils etwa 700 Tonnen Zuglast, an denen ich auch teilnahm. Sie dienten hauptsächlich dazu, sich der Wirksamkeit der jüngsten Änderungen zu vergewissern, dienten aber gleichzeitig auch dazu, den Gesamtzustand der Lokomotive zu überprüfen, denn für den 4. April war sie zur Beförderung eines Sonderzugs für Eisenbahnfreunde von Mafeking nach Warrenton eingeteilt, ihr erster Auftritt im Rampenlicht, für den natürlich eine gute Leistung erhofft wurde. Es stellte sich heraus, dass die Dralleinsätze für die Stehkessellufteinlässe nicht gemäß der vorgelegten Skizze angefertigt worden waren, sondern nur 90° Verdrillung statt der 180° hatten, und die freien Düsenquerschnitte waren auch etwas zu klein. Die Flamme war allerdings besser, mit nur wenigen durchsichtigen Zonen in der Mitte der Feuerbüchse. Auch schien es, als ob der Drall vorteilhaft gewesen wäre. Beaconsfield wurde deshalb aufgefordert, die Dralldüsen zu verbessern. Die Anti-Funken-Bleche auf dem Umlauf waren nicht angebracht worden, aber da nunmehr die Ansicht bestand, dass um 180° verdrillte Einsätze den Ausstoß von Funken verhindern würden, schien das keine dringende Angelegenheit zu sein. Ebenso wurde festgestellt, dass das hintere Absenken des Aschkastens das Feuerreinigen tatsächlich erleichterte, welches nunmehr in ungefähr drei Minuten erledigt werden konnte.

Im Verlauf der ersten Versuchsfahrt wurden einige Abschnitte unter Dampf gefahren, bei denen sämtliche Lufteintritte und die Feuertür geschlossen waren, wonach dann der Funkenfänger stark verstopft war. Der Grund dafür war schnell gefunden, denn die Stärke des Saugzugs hatte die oberen Teile des Feuerschirms von den Tragrohren abgehoben. Die fehlenden Formsteine lagen aufgehäuft vor der Rohrwand und blockierten einige Kesselrohre, und mit dem nunmehr deutlich kürzeren Feuerschirm trat übermäßiger Flugverlust auf. Das führt natürlich zu der Idee (die nie verwirklicht wurde), dass der Flugverlust sich durch eine Verlängerung des Feuerschirms über die Normlänge hinaus vermindern lassen könnte. Über dieses Phänomen war nie zuvor berichtet worden, wobei allerdings Porta von zwei Gelegenheiten bei den 1E1 der Rio-Turbio-Eisenbahn berichtete, wo der gesamte Feuerschirm bei höchster Leistungsentwicklung in die Verbrennungskammer gesaugt worden war. Bei der 2644 wurde es den vorherrschenden Unterdruckbedingungen in der Feuerbüchse zugeschrieben, wenn ohne Sekundärluft gefahren wurde und zusätzlich dem Umstand, dass der Feuerschirm neu war und die einzelnen Formsteine noch nicht durch Schlackeablagerungen an ihrem Platz fest eingebunden waren. Der steile Winkel zur Waagerechten (39°) trug ebenfalls dazu bei.

Spät am Abend des 3. April kamen meine Frau und ich in Mafeking an. Am nächsten Tag sollte ich bei der Vier-Provinzen-Sonderfahrt, organisiert von der Railway Society of Southern Africa *(Anm. d. Übers.: Eisenbahnverein Südliches Afrika)* auf der Lokomotive mitfahren, und sie würde das Auto nach Warrenton fahren und mich dort abholen. Wie gingen zum Depot und fanden 2644 in einem angemessenen Pflegezustand. Die Räder waren auf meine Bitte hin rot gestrichen worden, und sie hatte den Namen *Irene* erhalten, den Namen meiner Frau, was auf Eigeninitiative des Depots Beaconsfield geschehen war. Die Abfahrt des Zuges von Mafeking am nächsten Tag war für 08.30 Uhr angesetzt. Allerdings war die Ankunft von Johannesburg hinter GMAM-Garratt Nr. 4080 66 Minuten verspätet, und wegen eines elektrischen Defekts musste ein Wagen aus dem Zugverband herausgenommen und durch zwei andere ersetzt werden, was die Abfahrt noch weiter verspätete. Während dieser Zeit hatte 2644 herumgestanden, wobei ab und zu die Strahlpumpe angestellt wurde, um ein Abblasen zu vermeiden. Als dann der Zug endlich bereit zur Abfahrt war, war der Wasserstand oberhalb des Schauglases. Mit 25 Minuten Verspätung ging es los, aber wegen des recht anspruchslosen Fahrplans und der geringen Zuglast, 11 Wagen von 447 Tonnen, bestand die Hoffnung, dass die gesamte Verspätung aufgeholt werden könnte. Der Lokomotivführer war der seinerzeitige Oberlokomotivführer in Mafeking, S. J. Klopper, der mit der Absicht, gleich von Beginn an Zeit gutzumachen, kräftig beschleunigte (siehe Tafel 8). Das Ergebnis war leider nicht ganz wie beabsichtigt. Wir hätten uns daran erinnern sollen, dass die Bedingungen für Dampfnässe ideal gewesen waren, und genau das passierte auf dem ersten Kilometer. Der obere Bereich des Feuerschirms war immer noch nicht fest im Verband eingebunden, und ich konnte erraten, was die Folgen der Dampfnässe sein würden. Tatsächlich waren zwei Formsteine angehoben und andere verschoben worden, und von da an hatten wir mit einer gestörten Saugzugverteilung über das Feuer auszukommen, verbunden mit starkem Flugverlust und Zusetzen des Funkenfängers, was weitere Bestrebungen nach hohen Leistungen verhinderte. Das Fahren unter Dampf erfolgte meistens bei 20 % Füllung und mit 30 % in den größten Steigungen. Es wurde geschätzt, dass die Leistungsabgabe zu keinem Zeitpunkt 70 % derjenigen überschritt, zu der die Lokomotive fähig war. Dennoch wurde der Zug mit nur noch 47 Minuten Verspätung nach Warrenton gebracht, trotz einer dreißigminütigen Verspätung in Paradise, nördlich von Fryburg, wegen einer schadhaften Kreuzungsweiche und in Summe 5 Minuten anderer Verzögerungen. Damit wurden 113 Minuten zum Plan aufgeholt, davon 72 Minuten echte Fahrzeit und 41 Minuten durch gegenüber dem offiziellen Zuglaufplan verkürzte Bahnhofsaufenthalte.

Nach all dem musste etwas wegen des Feuerschirmproblems geschehen. Es wurde eine Konstruktion ausgearbeitet, die Träger über den beiden hinteren Formsteinreihen vorsah, die somit deren Abheben verhinderten. Diese Träger, die aus hitzebeständigem Stahl gemacht werden sollten, wurden an Halterung angeschraubt, die seitlich an die Feuerbüchswände angeschweißt wurden. Welches Material auch immer benutzt würde, es würde nicht lange dauern, bis sie durchgebrannt waren, aber sie mussten nur so lange halten, bis sich die

Formsteine erneuerter Feuerschirme durch Schlackenablagerungen miteinander verbunden hatten, ein Vorgang, der auf zwei bis vier Wochen Dauer geschätzt wurde. Die Träger wurden ordnungsgemäß eingebaut und keine weiteren Probleme mit dem Feuerschirm wurden berichtet.

Ende Mai 1980 erhielt 2644 eine Zwischenuntersuchung, nachdem sie in den vorangegangenen zwölf Monaten 21 624 Kilometer zurückgelegt hatte. Die Hälfte der Zeit hatte sie in Beaconsfield während der Einfahrzeit gestanden. Es wurden neue Düsen für die Sekundärlufteinlässe eingebaut, die Dralleinsätze mit fast 360° Verdrillung hatten, und die Schieberkörper wurden abgeändert, um 5 Millimeter Ausströmüberdeckung zu ergeben, mit weniger gerundeten Ausströmsteuerkanten. Die letztere Änderung war im Wesentlichen dadurch motiviert, die Intensität der Unterdruckspitzen bei der Ausströmeröffnung zu mindern, als weitere Hilfsmaßnahme zur Verbesserung der Feuerbettstabilität. Allerdings zeigte sich bei etwas Nachdenken, dass auch aus anderen Gründen eine Ausströmüberdeckung vorhanden sein sollte. 2644 wurde überwiegend mit kleinen Füllungen gefahren, 25 % bis herunter zu 15 %, manchmal sogar noch weniger, Füllungen also, bei denen die Ausströmeröffnung früh erfolgte, so dass eine Ausströmüberdeckung notwendig war, um die Expansionsphase zu verlängern. Während des Gegenhubs begann die Kompression wegen der verbesserten Blasrohranlage bei einem niedrigen Anfangsdruck, was bedeutete, dass zu wenig Restdampf verdichtet wurde. Auch in Bezug auf einen früheren Kompressionsbeginn war deshalb die Ausströmüberdeckung nutzbringend, und man konnte es als allgemeine Regel aufstellen, dass, wann immer bei einer Lokomotive die Blasrohranlage verbessert wurde, die Notwendigkeit einer vergrößerten Ausströmüberdeckung entstand. Allerdings blieb der optimale Wert der Ausströmüberdeckung bis zur Aufnahme genauer Indikatordiagramme unbekannt, und die gewählten 5 Millimeter waren einfach eine wohlbegründete Vermutung. (Wie dem Leser deutlich geworden sein wird, gingen viele der Einfahrtätigkeiten mangels einer vollständigen Instrumentierung durch einfache Beobachtungen vonstatten, aus denen sich einige Vorstellungen davon ergaben, was zu tun war, um das Betriebsverhalten zu verbessern, was ganz besonders auf das GPCS zutraf).

Am 29. Mai fuhr ich vor einem planmäßigen Güterzug nach Bloemfontein auf der Lokomotive, um die Auswirkungen dieser jüngsten Veränderungen zu beurteilen. Die Zuglast betrug 726 Tonnen, 60 % der Höchstlast für eine 25NC. Wie das vereinfachte Profil der Strecke in Abb. 32 zeigt, gibt es bis De Brug ein ziemliches Auf und Ab, von wo dann ein 28-Kilometer-Anstieg beginnt, dessen letzte 8 Kilometer überwiegend mit 10 ‰ ansteigen, eine ziemlich beachtliche Rampe. Die Lokomotive arbeitete durchweg gut, und manchmal war es bei der Fahrt unter Dampf möglich, mit fast vollständig geöffneter Feuertür zu fahren. Venter betonte, dass er die 2644 einer 25NC vorzog, weil sie keine Schlacken bildete, was das Feuerreinigen zu einer schnellen und einfachen Arbeit machte. Es traf zwar zu, dass der Funkenfänger manchmal zugesetzt war, aber er benötigte zur Reinigung nur ein paar Minuten während des Wassernehmens. Bei dieser Fahrt wurde in beiden Richtungen in De Brug Wasser genommen und der Rost geschürt. In Bloemfontein wurde das Bekohlen und Wenden der Lokomotive im Depot in nur 15 Minuten erledigt, eine sehr kurze Wendezeit. Die maßgebliche Steigung zwischen Olienhoutplaat und Kloofeind wurde mit 35 km h^{-1} bei 30 bis 35 % Füllung und einem Gesamtunterdruck von 37,25 mbar genommen, was etwa 1 090 kW Zughakenleistung bezogen auf die Ebene ergab. Kohle wurde nur auf den hinteren Teil des Rosts aufgeworfen und auf dem Brechpunkt öffnete ein Sicherheitsventil. Die Zylinderleistung wurde zu 1 300 kW geschätzt, bei einer Gesamtverdampfung von 13 280 kg h^{-1}, was spezifischen Dampfverbräuchen bezogen auf die Zylinderleistung und auf die Zughakenleistung in der Ebene von 2,8 kg MJ^{-1} beziehungsweise 3,4 kg MJ^{-1} entsprach *(Anm. d. Übers.: das entspricht 7,41 kg PS_ih^{-1} beziehungsweise 9,00 kg PS_eh^{-1}. Zum Vergleich : DR BR 01: 6,02 kg PS_ih^{-1} / 7,8 bis 8,7 kg PS_eh^{-1} bei 50 bis 100 km h^{-1}. Ohne Angaben zur Dampfenthalpie vor Eintritt in die Zylinder sagt der reine Verbrauch an Dampfmasse pro mechanischer Arbeitseinheit allerdings nur bedingt etwas über die Wärmewirtschaft der Dampfmaschine aus).* Diese Zahlen können als typisch für den Alltagseinsatz der 2644 angesehen werden und sind erheblich besser, als die in dem Versuchsbericht der Serien-19D angegebenen (Quellenangabe siehe Seite 60).

Die Auswirkung der Ausströmüberdeckung auf die Feuerbettstabilität war nur schwer zu beurteilen. Allerdings kann sie nicht nachteilig gewesen sein, und da außer einem sehr geringen Kompressionsklopfen im Triebwerk bei 15 % Füllung keine nachteiligen Auswirkungen auf die Zylinder- und die Saugzugleistung bemerkbar waren, wurde die Überdeckung von 5 Millimeter beibehalten. Die Dralleinsätze in den Lufteinlässen brachten die erwarteten Vorteile, indem sie das Durchschießen der Seitenluftströme verhinderten und an den Feuerbüchsseiten eine gute Luft-Gas-Mischung ergaben. Aber es wurde erst jetzt erkannt, dass dieses Ergebnis möglicherweise mit einer weniger wirksamen Kohlepartikelabscheidung über dem Feuerbett erkauft wurde. Die erforderte nämlich Luftströme von den Feuerbüchsseiten, welche Kohlepartikel in Richtung der Mitte der Feuerbüchse bliesen, wo sie von dem Luftstrom durch die Feuertür erfasst und unter den Feuerschirm geschleudert werden konnten. Diese Aufgabe der Sekundärluftströme wurde als sehr wichtig angesehen, und im Sinne ihre Optimierung wurde die Seitenlufteinlässe erneut auf schmale, rechteckige Austrittsöffnungen hin geändert, wobei die lange Seiten der Düsen parallel zum Bodenring lagen. Es bestand die Hoffnung, mit dieser Ausführung ein Maximum an Kohlepartikel einzufangen, die von den Seiten des Feuerbetts aufstiegen und gleichzeitig die Luftstrahldurchdringung auf weniger als die bei einfachen runden Düsen zu begrenzen, wegen des geringeren äquivalenten Durchmessers des rechteckigen Querschnitts. Die neuen Düsen hatten Austrittsmaße von 20 x 100 Millimeter, was bei zwölf Düsen einen Querschnitt von 240 cm^2 ergab. Um weiterhin einen Gesamtsekundärluftquerschnitt von 700 cm^2 aufrechtzuerhalten, war eine kleinste Türöffnung von 460 cm^2 notwendig, und der Feuertüranschlag musste entsprechend versetzt werden. Allerdings wurde nachfolgend festgestellt, dass die kleinste Feuertüröffnung um etwa 100 cm^2 hinter diesem Wert zurückblieb. Mangels exakter Kesselversuche wurde als provisorische Methode zur Beurteilung der Wirksamkeit der Kohlepartikelabscheidung die Zusetzung des Funkenfängers überwacht. Ich habe von den Ergebnissen dieser Beobachtungen keine Aufzeichnungen, aber sie müssen günstig gewesen sein, da die Lufteinlassdüsen mit rechteckigem Querschnitt die letztgültige Ausführung blieben, und mit ihrem Einbau wurden auch die Funkenabweisbleche auf den Umläufen montiert.

Während der Zwischenuntersuchung wurden Zylinder und Schieber begutachtet und ein Zustandsbericht an den CME gesendet.[1] Der Bericht enthielt die nachstehenden Beobachtungen:

> „Die vorhandenen Schieberkörper wurden für eine weitere Nutzung vorgesehen. Sie wurden auf Verschleiß und Ölkohleablagerungen hin untersucht. Es gibt keinen Verschleiß an Schieberkörpern und an den Ringen. Es finden sich keine Ölablagerungen in den Einlass- und Auslasskanälen [das heißt an den Kanalkanten]. Sehr wenig Ölkohle hat sich an den Schieberkörpern abgesetzt. Der rechte Kolben zeigte keine Verschleißspuren. Der linke Kolben ist gegenüber einem 19D-Serienkolben um 2 Millimeter verschlissen. Verschleiß und Ölkohleablagerung an der Lok 2644 sind absolut minimal."

---

[1] SAR, Büro des Direktionsleiters, Kimberley, Brief Az. TLE 2644 vom 03.06.1980.

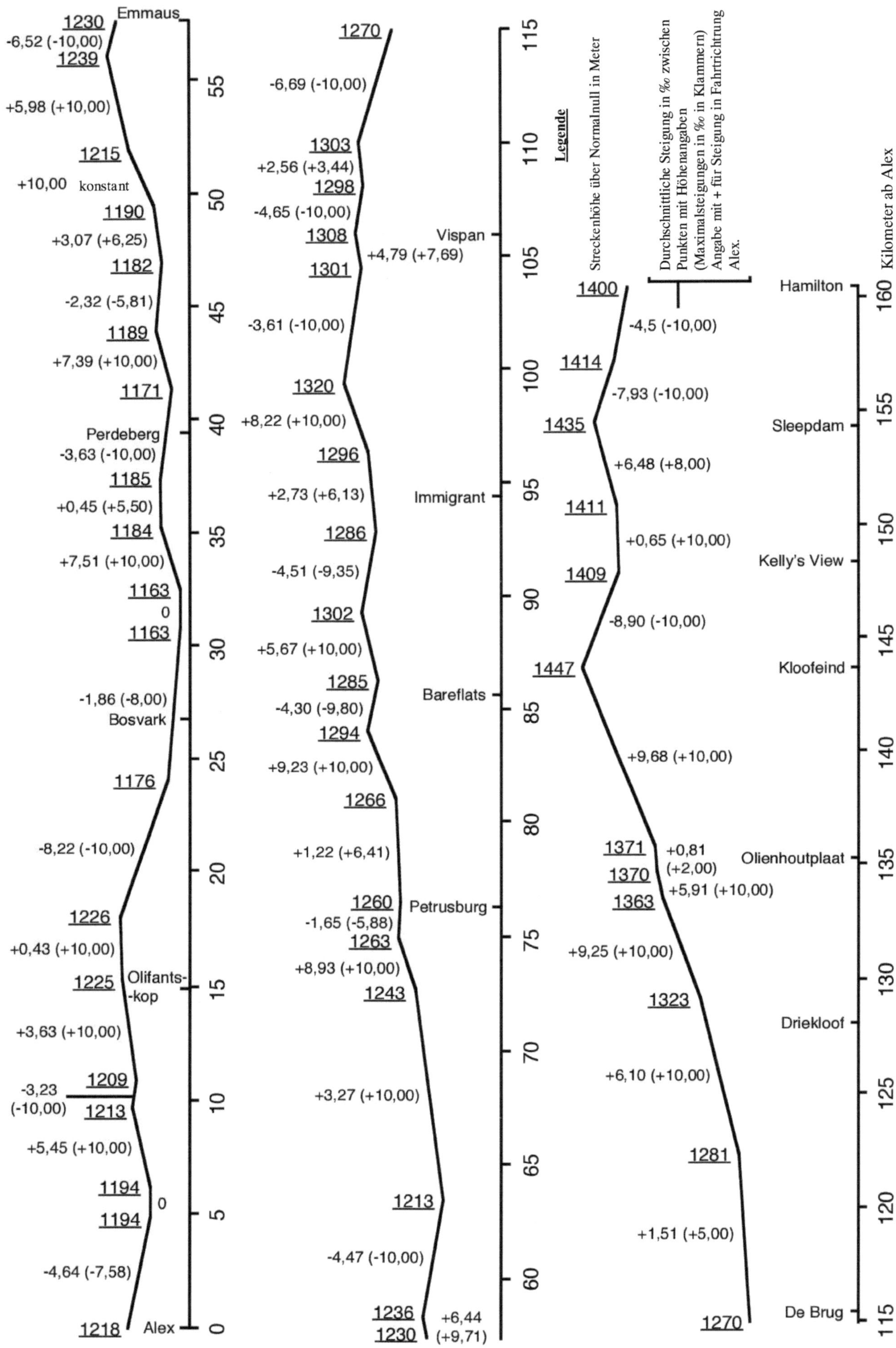

Abb. 32
Vereinfachtes Steigungsprofil der Strecke Alex (Beaconsfield) – Hamilton (Bloemfontein) (abgeleitet aus der SAR-Zeichnung Nr. BFX. 203. B. 302)

Der Verschleiß des linken Kolbens wurde dem Fahren mit einer fehlerhaften Schmierpumpe bei den frühen Versuchen zugeschrieben, wonach die Schmierpumpe ersetzt worden war. Ich leitete diesen Bericht an meine Vorgesetzten weiter, unter Hinweis darauf, dass diese Ergebnisse auf einer Lokomotive ohne Schnüffelventile, ohne Druckausgleicher und auf der das Leerlaufventil nicht benutzt wurde, erreicht worden waren. All diese Einrichtungen wurden bisher für unabdingbar gehalten, aber sie waren unnötig, falls die einfache Methode des Leerlaufs in Mittelstellung der Steuerung angewendet wurde. Wie üblich war die Antwort Schweigen.

Zu dieser Zeit hatte sich die Leistungsfähigkeit der Blasrohranlage mit den konvergierend-divergierenden Blasrohrdüsen mit einem Querschnittsverhältnis von 1,10 : 1 und einem Mündungsquerschnitt von 176,6 cm² bestätigt, und da sie sich als zufriedenstellend herausstellten, wurden sie als die bevorzugte Ausführung übernommen. Die Abb. 33 gibt den Verlauf der Beziehung Gesamtunterdruck zu Abdampfdruck zusammen mit dem der Serien-19D an, und die Abb. 34 stellt die Lempor-Blasrohranlage der 2644 den Saugzuganlagen verschiedener anderer Lokomotivtypen gegenüber. Aus nicht genau bekannten Gründen, möglicherweise aber wegen einer Verbesserung in der Methode der Gegendruckmessung, wurde die definitive Leistungskurve der Blasrohranlage der 2644 schließlich als diejenige genommen, die mit einfachen konvergierenden Blasrohrdüsen bei Versuchen im November 1983 gewonnen wurde, wobei der obere Kurvenbereich für 2644 in den Abbn. 33 und 34 aus deren Verlauf geschätzt wurden, unter Verwendung von Daten, die bei den Versuchen mit der Blasrohranlage der umgebauten Lokomotive Nr. 3450 der Klasse 25NC ermittelt wurden.

Es ist wichtig, die Bedeutung des Kurvenverlaufs der Relation Unterdruck zu Abdampfdruck als ein Maß für das Leistungsvermögen von Blasrohranlagen zu verstehen. Der tatsächliche thermische Wirkungsgrad einer Blasrohranlage ist das Verhältnis zwischen der erbrachten Pumparbeit und der dem Blasrohr zugeführten nutzbaren Energie und wird durch die folgende Gleichung ausgedrückt:

$$E_{ex} = (m_g + m_s)(p_a - p_1)\, v_m \div \tfrac{1}{2}\, m_s\, c_1^2 \text{, mit:}$$

E_{ex} = Wirkungsgrad der Blasrohranlage
m_g = Massenstrom der Rauchgase
m_s = Massenstrom des Abdampfs
p_a = Atmosphärendruck
p_1 = Statischer Dampfdruck an der Blasrohrmündung
v_m = Spezifisches Volumen der Dampf-Gas-Mischung in der Mischzone
c_1 = Geschwindigkeit in der Dampfströmung beim Austritt aus der Blasrohrdüse

Diese Gleichung kann gekürzt werden zu $\{E_{ex} \approx 1{,}4\,(m_g + m_s)(p_a - p_s)\, v_m \div m_s\, v_s\,(p_c - p_1)\}$, mit:

p_s = Rauchkammerdruck direkt oberhalb des Blasrohrs
v_s = Spezifisches Volumen des Abdampfs an der Blasrohrmündung
p_c = Gesamtgegendruck in den Zylindern

Für Heißdampflokomotiven liegen die entsprechenden Werte für $\{(m_g + m_s) \div m_s\}$, v_m und v_s in einem engen Band, so dass für Vergleichszwecke der Ausdruck $\{E_{ex} \propto (p_a - p_s) \div (p_c - p_1)\}$ benutzt werden konnte: $(p_a - p_s)$ war der Gesamtunterdruck in der Rauchkammer und $(p_c - p_1)$ war ungefähr gleich dem Abdampfüberdruck, wobei alle Drücke sich auf zeitliche gemittelte Werte bezogen. Die Wirksamkeit einer Lokomotivsaugzuganlage konnte deshalb mit annehmbarer Genauigkeit dargestellt werden durch das Verhältnis von Gesamtunterdruck zu Abdampfdruck.

Die Abb. 33 bedarf keiner Kommentare. Abgesehen von dem Vorbehalt, dass die Genauigkeit der Messungen auf 2644 niemals bestätigt wurde, zeigt die Abb. 34, dass die Leistung der Lempor-Anlage der 2644 auf gleicher Höhe lag mit derjenigen von Kylpor-Anlagen, die von Porta selbst konstruiert worden waren, falls man für beide von dem Abdampfdruck an der Blasrohrmündung ausging, da nämlich Portas Messungen immer mit Pitotrohren *(Anm. d. Übers.: benannt nach Henri de Pitot (* 3. Mai 1695 in Aramon, Gard; † 27. Dezember 1771 ebenda; französischer Wasserbauingenieur)* in der Nähe der Blasrohrmündung erfolgten.[1] Die deutliche Überlegenheit der Kylpor- und Lempor-Anlagen gegenüber allen anderen Bauarten ist augenscheinlich. Nicht lange nach der Zwischenuntersuchung erklärte die Betriebsabteilung, dass sie die Fortführung des Einsatzes der 2644 auf den Strecken um Bloemfontein und De Aar wegen der beschränkten Zuglasten, die sie nur befördern konnte, nicht wünschte. Sie wurde deshalb nach Mafeking überstellt und zwischen dort und Vryburg während mehr als drei Jahren eingesetzt, wonach dann 25NC-Lokomotiven sämtliche Züge südlich von Vryburg übernommen hatten. Das Überstellungsdatum war mit dem 1. Oktober 1980 angegeben worden, aber die Lokomotive war in Mafeking bereits einige Monate zuvor eingesetzt worden. Vielleicht zögerte Beaconsfield einfach, sie offiziell ziehen zu lassen. Einer Sache trauere ich nach, nämlich dass sie während ihrer Stationierung in Beaconsfield nicht vor einem schnellen Reisezug zwischen Kimberley und De Aar ausprobiert wurde. Obwohl solche Plandienste für 25NC-Traktion aufgestellt waren, war ich der Meinung, dass sie mit einem der leichteren Züge die Fahrzeiten eingehalten hätte, und ich schlug vor, sie vor dem Zug Bulawayo – Kapstadt auszuprobieren, der normalerweise bei etwa 600 Tonnen lag, aber nach meiner Kenntnis wurde das nie in die Tat umgesetzt.

Nachdem 2644 an Mafeking übergeben worden war, schien das Personal dort allmählich seine Vorurteile gegenüber der Lokomotive überwunden zu haben. Ich machte Anfang Juli 1980 einen Umlauf auf ihr mit, wobei sie auf der Hinfahrt 13 % Überlast am Haken hatte. Die bemerkenswerteste Tatsache dieser Fahrt war die Auswirkung des großen Unterschieds in der Qualität der verfeuerten Kohle auf die Leistungsfähigkeit. Auf der Hinfahrt und zum Teil auf dem Rückweg hatten wir sehr schlechte Kohle mit hohem Aschegehalt, und die Verdampfung war mäßig. Die Sache wurde nicht gerade besser durch die Tatsache, dass die Lokomotivmannschaft einige Kilometer mit den Rostelementen in voll geöffneter Stellung fuhr, da die Stellungen für „offen“ und „geschlossen“ des Rostschüttlerventils gegenüber den

[1] Die Thermodynamik schreibt vor, dass der Gesamtabdampfgegendruck *(Anm. d. Übers.: siehe auch Bernoulli'sche Gleichung, demnach der Gesamtdruck einer Strömung aus den Anteilen statischer Druck und Staudruck besteht)* gemessen wird. Dieser entspricht in Gebieten niedriger Strömungsgeschwindigkeit, wie zum Beispiel in den Ausströmkästen, praktisch dem statischen Druck, aber nicht, falls die Messung nahe an der Blasrohrmündung gemacht wurde, besonders bei verbesserten Blasohranlagen. Dieser Umstand war sehr wichtig für das Verhältnis von Unterdruck zu Abdampfdruck als ein Maß für die Leistung der Blasrohranlage. Falls nicht anders angegeben, ist die Grundlage sämtlicher Kurven in der Abb. 34 der Gesamtdruck.

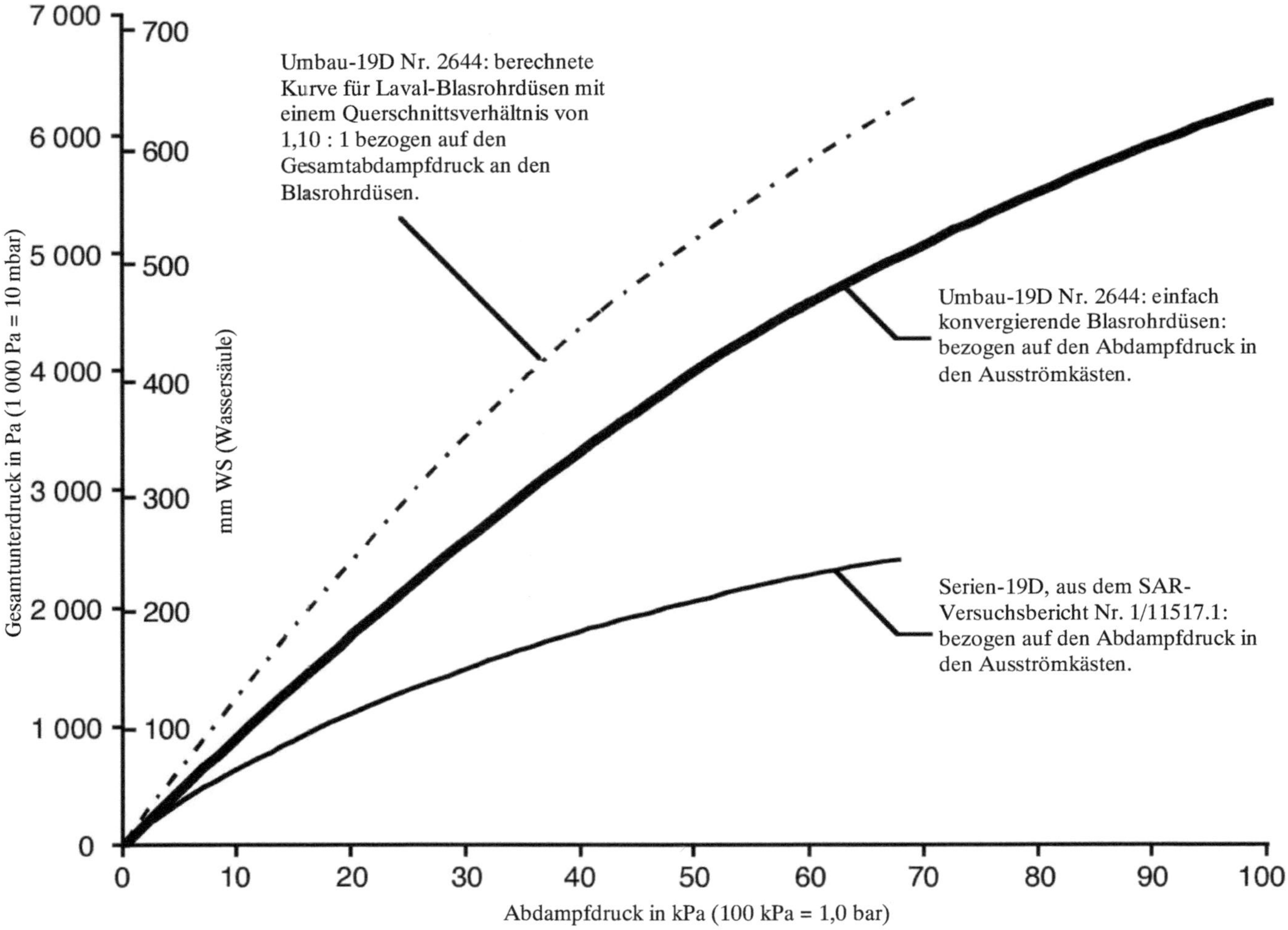

Abb. 33
SAR: Serien- und Umbaulokomotiven der Klase 19D: Leistungskurven der Saugzuganlagen

Serien-19D umgekehrt waren, eine törichte Anordnung, die nach dieser Erfahrung durch die offensichtliche Lösung, Vertauschen der Leitungsanschlüsse, rasch geändert wurde.[1] Auf dem Rückweg war die schlechte Kohle bei Kraaipan aufgebraucht und mit besserer Kohle von dem hinteren Teil des Kohlenkastens wurde die Verdampfungsleistung sofort so gut wie gewöhnlich. All das betonte das Problem, einen vernünftigen kleinsten Sekundärluftquerschnitt auszuwählen. Mit der schlechten Kohle war ein Querschnitt von 600 cm² zu groß, und die Verdampfung wäre mit weniger besser gewesen, während mit der guten Kohle ein größerer Querschnitt hätte genutzt werden können. Aber bis man darauf vertrauen konnte, dass die Mannschaften den Sekundärluftquerschnitt den Verhältnissen anpassen würden (was man nicht konnte), musste der kleinste Querschnitt für schlechte Kohle zu groß festgelegt werden, falls man unter durchschnittlichen Verhältnissen von dem GPCS einen vernünftigen Nutzen ziehen wollte.

Bezüglich der Kohle war es doch verwunderlich, wie es möglich war, dass eine nach einer Lieferbedingung beschaffte Kohle derartig unterschiedlich sein konnte und wie es möglich war, eine zuverlässige Zugförderung zu erwarten, wenn so verschiedene Kohlen angetroffen werden konnten. Die Auswirkung der Kohlequalität auf die Lokomotivleistung wird genauer in Kapitel 8 erläutert, aber an dieser Stelle kann gesagt werden, dass in den späten siebziger Jahren bei den SAR niemand sich Gedanken darüber machte, welche Kohlesorte in den Lokomotivdepots angeliefert wurde, außer den Lokomotivmannschaften selbst. Es blieb dem Fahrpersonal überlassen, das Beste aus dem zu machen, was man manchmal schlicht als entsetzliches Zeug bezeichnen musste. Es ist lohnenswert, einige Angaben zu betrachten, die das Ausmaß des Problems erhellen. Obwohl es in Südafrika eine Menge Kohle gab (nach den Schätzungen des Jahres 1975 besaß es 1,5 % der bekannten Weltreserven und mehr als 80 % der afrikanischen), war sie im Allgemeinen nicht von der besten Qualität. In „The Outlook for Energy in South Africa", herausgegeben vom Südafrikanischen Ministerium für Planung und Umwelt in 1977, stand:

> „Es ist von Interesse anzumerken, dass hochwertige südafrikanische Kohle in Wahrheit im Vergleich zu den Weltstandards sehr geringwertig ist, da nur 2 Prozent der Kohle des Landes mit der überseeischen, sogenannten ‚Normalkohle' vergleichbar ist."

Tatsächlich hatten weniger als 2 % der abbauwürdigen Steinkohlelagerstätten einen Aschegehalt von < 15 % und einen Heizwert von 27 MJ kg^{-1} oder höher. Ein anderes Problem war, dass die SAR-Kohlespezifikation übertrieben locker war, wie denn nach 1974 gemäß der Kohleabnahmeinspektion der Eisenbahn für Lokomotivkohle Folgendes galt:

---

[1] Von einer anderen Mannschaft wurde berichtet, den gleichen Fehler gemacht zu haben, und sie hatten zudem das Pech, dass brennende Kohle unter die Ascheschicht geriet. Schon bald bestand ihr Feuerbett aus fester Schlacke, und sie mussten abspannen und leer in das nächste Depot fahren. Nach dem Abkühlen des Kessels musste die Schlacke mit dem Hammer aufgebrochen werden, bevor sie entfernt werden konnte.

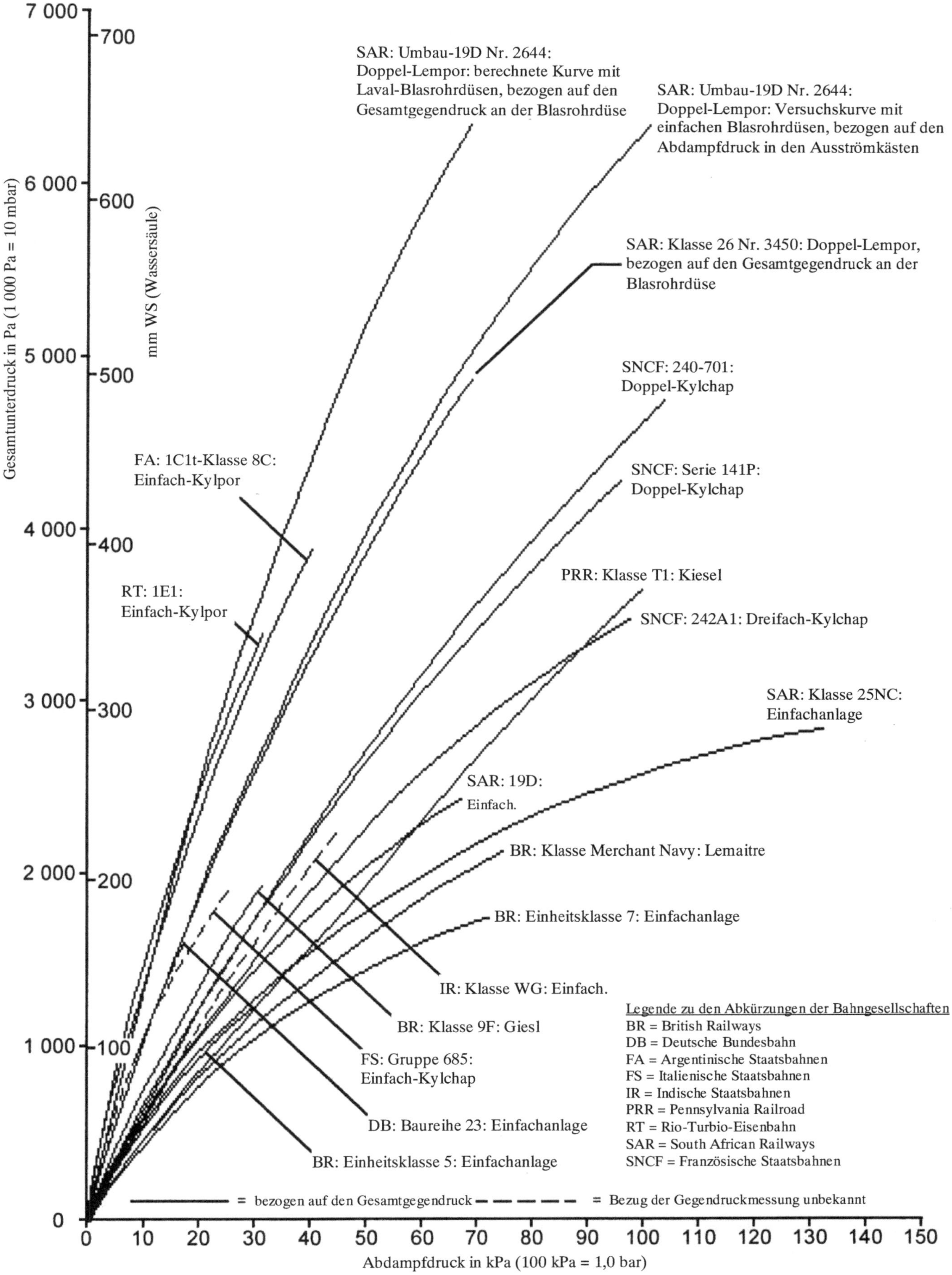

Abb. 34
Vergleich der Leistungskurven der Saugzuganlagen

Aschegehalt	=	9 % – 21 %
Durchschnittliche Aschenfließtemperatur	=	1 360 °C
Gehalt an flüchtigen Bestandteilen	=	16 % – 32 %

Die tatsächlichen Eigenschaften der Kohlen von den verschiedenen Gruben, die die SAR belieferten, waren wie unten in der Tabelle 25 dargestellt.[1]

Tabelle 25
Eigenschaften der Kohle von Grubenlieferungen für die SAR

Bezeichnung	Durchschnittswerte	Bandbreite
Oberer Heizwert, MJ kg^{-1} (lufttrocken)	27,5	26,5 – 28,9
Asche, % (lufttrocken)	15,2	10,6 – 21,5
Kohlenstoff, % (lufttrocken)	56,4	52,5 – 62,3
Flüchtige Bestandteile, % (lufttrocken)	25,8	15,7 – 29,5
Wasser, %	2,6	1,6 – 3,7
Ascheschmelztemperatur, °C	1 375	1 290 – >1 400

Sämtliche Kohlen wurden als nicht backend bezeichnet, mit einer Blähzahl von 1 bis 1,5, und hatten einen geringen Schwefelgehalt (normalerweise um 1 %). Der generell niedrige Gehalt an Flüchtigem und die große Bandbreite der Eigenschaften waren schon schlimm genug, aber es war noch nicht das Ende der Geschichte, da zum Ersten südafrikanische Kohle schwierig zu waschen war, um ein gleichmäßiges Qualitätsniveau herzustellen, und zum Zweiten nur von 5 % der mit Kohle für die SAR beladenen Wagen Proben genommen wurden, wofür die Gruben selbst verantwortlich waren, was sich wie eine offene Einladung zum Betrug ausnimmt. Es sei berichtet, dass kurz bevor ich die SAR verließ, die industrielle Generatorgasanlage für die Werkstätten in Bloemfontein als eine Rationalisierungsmaßnahme mit Lokomotivkohle beschickt wurde. Das Ergebnis war ein massives Verschlackungsproblem, und da kein Versuch, dieses Zeugs zu verbrennen, erfolgreich war, musste auf eine höherwertige Kohle zurückgegriffen werden. Auf der einen Seite zeigt das, wie schwierig die Arbeit mit der südafrikanischen Lokomotivkohle sein konnte und auf der anderen, dass Generatorgasanlagen tatsächlich heikel in Bezug auf die Kohlequalität waren, was vermuten ließ, dass die Behauptung, Lokomotiven mit GPCS könnten für die normale Verbrennung ungeeignete minderwertige Kohlen verbrennen, nicht immer zutreffend gewesen sein mag.

Die Konstruktion der letzten Änderungen an der 2644 wurde ebenfalls im Juli 1980 abgeschlossen. Dies geschah unter meiner Aufsicht durch einen jungen Ingenieur mit dem Namen du Preez, der mich bei dem 25NC-Programm unterstützt hatte, wofür die Konstruktionsarbeit seinerzeit bereits fertig war. Diese Änderung betraf die Sandstreueinrichtung, indem die mit einer Zugstange bedienten Sanddrehschieber durch mit Seilzug betätigte Kegelschieber ersetzt wurden, um die Bedienung der Sandstreuer zu erleichtern und die Dosierung des Sandstroms zu verbessern (die Fußpedalbetätigung wurde beibehalten, aber im Detail geändert). Diese Änderung wurde ordnungsgemäß ausgeführt, und abgesehen von gelegentlichen Drahtseilbrüchen schien das zufriedenstellend funktioniert zu haben.

Einige Zeit nach der Ankunft von 2644 in Mafeking, das zu dieser Zeit seinen Namen in Mafikeng geändert hatte, gab es dort eine Reorganisation des Lokomotivfahrpersonals, das nach Vryburg verlegt wurde, und in Verbindung damit wurden einige Garratts der GMAM-Klasse für den Dienst auf der Strecke Mafikeng – Vryburg umgesetzt. Die GMAM bespannten die meisten der Güterzüge und machten eine Anzahl von 19D überzählig, aber 2644 blieb im Einsatz und wurde des Öfteren im Personenzugdienst eingesetzt. Anfang 1981 erhielt sie eine Zwischenuntersuchung in Beaconsfield und befand sich auch dort, als die umgebaute 25NC nach den Arbeiten in den Salt-River-Werkstätten dort eintraf. Nach dieser Reparatur wurde sie im Rangierdienst des Bahnhofs Kimberley „eingefahren" und hatte Heißläufer an den schwimmenden Buchsen und an den Kreuzkopfschuhen, aber der Rangierdienst war nun wirklich nicht der beste Einsatz zum Einfahren, besonders nicht für eine Lokomotive mit schwimmenden Buchsen in den Stangenlagern. Danach hörte ich bis Ende 1981 nichts mehr von der Lokomotive, als ich darüber informiert wurde, dass sie für den kommenden März für eine Hauptuntersuchung im Werk Uitenhage gebucht war. Besondere Vorkehrungen würden zu treffen sein, damit sie ihre Bauartänderungen behielt, und demgemäß wurde im Dezember 1981 ein Brief an den Technischen Werkleiter in Uitenhage geschickt, mit Empfehlungen für die zu befolgende Vorgehensweise. Der Hauptunterschied zu der üblichen Praxis bei den Hauptuntersuchungen war, dass der Kessel der 2644 nicht gegen einen bereits aufgearbeiteten Kessel getauscht werden sollte. Es wurde deshalb so arrangiert, dass 2644 im Januar 1982 vor Planzügen zu einer Bedarfsausbesserung nach Uitenhage kam, die aus dem Ausbau und der vollständigen Aufarbeitung ihres Kessels bestand. Sobald die Kesselreparatur abgeschlossen war, konnte die Hauptuntersuchung in der üblichen Weise durchgeführt werden, wobei darauf geachtet wurde, die Bauartänderungen zu erhalten, nur die Sekundärlufteinlässe in der Stehkesselrückwand wurden weggelassen. Diese waren bereits seit Langem wegen Problemen mit dem Wegblasen von Kohle von der Schaufel durch die Luftstrahlen beim Beschicken der hinteren Rostecken blind gesetzt gewesen. Sie wurden also bei der Kesselreparatur entfernt und die Stehkessel- und Feuerbüchswände geflickt. Uitenhagen erhielt Zeichnungen sämtlicher Bauartänderungen und bewältigte die Arbeiten ohne weitere Hilfestellung, so dass 2644 voll aufgearbeitet und mit einer neuen Fristbescheinigung für die Wasserdruckprobe von neun Jahren aus dem Werk kam. Auf ihrem Rückweg nach Mafikeng hatte sie in Beaconsfield einen Zwischenaufenthalt für die nach einer Kesselhauptuntersuchung vorgeschriebene Untersuchung und Abnahme durch den örtlichen Kesselprüfer. Es wurde dann die Gelegenheit genutzt, sie in Doppeltraktion mit der Umbau-25NC (nunmehr Klasse 26) Nr. 3450 über das Wochenende am 22. und 23. Mai 1982 vor Güterzügen nach und von Bloemfontein einzusetzen. Das gab übrigens Venter wieder einmal die Chance, seine alte Planlokomotive zu führen. Der erste Umlauf verlief gut und mit 1 783 Tonnen am Haken (83 % der maximalen Zuglast für 25NC-Doppeltraktion) legten die beiden Lokomotiven auf der Hinfahrt ein derartiges Tempo vor, dass Photographen, die den Zug mit dem Auto verfolgten, Mühe hatten, mitzuhalten. An dem Sonntag wurde festgestellt, dass sich an 3450 die Betätigungsstange des Schüttelrosts ausgehängt hatte, so dass der Rost nicht geschürt werden konnte, aber der Lokomotivführer (J. S. Waldeck) war damit einverstanden, trotzdem zu fahren, unter der Voraussetzung, dass 3450 auf der Rückfahrt keine Last zu übernehmen hatte, so dass schließlich beide Lokomotive als Leerzug zurückfuhren. Es war während ihrer planmäßigen Einsatzzeit die einzige Gelegenheit, dass diese beiden umgebauten Lokomotiven gemeinsam in Doppeltraktion fuhren. Sie ergaben ein prächtiges Spektakel (siehe Frontispiz und Tafel 9). Als Ergebnis der guten Leistung der 2644 wurde dem Technischen Werkleiter in Uitenhage ein Dankesschreiben geschickt, mit der Bitte das Lob an die für die Reparaturarbeiten verantwortlichen Leute weiterzugeben.

Danach kehrte 2644 für den Planeinsatz nach Mafikeng zurück, und ich hatte bis November 1983 nichts weiter mit ihr zu tun, als ich, kurz bevor ich Südafrika verließ, zwei letzte Umläufe nach Vryburg auf ihrem Führerstand mitfuhr, unter dem Vorwand, Saugzugversuche zu machen. Die Lokomotive hatte gerade eine Zwischenuntersuchung in Beaconsfield erhalten, ihre erste nach der Hauptuntersuchung. Die Fahrleistung zwischen diesen beiden Untersuchungen lag bei über 40 000 Kilometer, gegenüber den vorgesehenen 20 000 Kilometern, ein

[1] Quelle: The Fuel Research Institute of South Africa, Bericht Nr. 87, 1977.

Zeugnis der Zuverlässigkeit der Lokomotive. Es war interessant, den Zustand der Lokomotive nach so langer Zeit ohne meine Zuwendung festzustellen. Die Rostelemente ließen sich nicht ordentlich schüren, und es schien, als ob die Verbindungsstangen der Rostelemente vorn am Aschkasten anschlugen, was ihren Betätigungsweg begrenzte. Einige der Sekundärluftdüsen waren teilweise verbrannt oder verzogen und vergrößert, und es gab eine Undichtigkeit in der Nähe oder an der Schweißnaht eines der Lufteinlässe in der Seitenwand der Feuerbüchse. Die Feuertür war verzogen, funktionierte nicht leichtgängig und der Anschlag war entfernt worden, so dass sie ganz geschlossen werden konnte. Einige der Formsteine im Feuerschirm hatten sich verlagert, so dass Verbrennungsgase direkt zwischen dem Feuerschirm und den Feuerbüchswänden hindurchströmen konnten. Die Blasrohrdüsen waren von der konvergierenden statt der konvergierend-divergierenden Ausführung. Sie wurden von Löscheerosion angegriffen und hielten nicht lang, weil sie aus dünnem Stahl bestanden. Vermutlich waren diese schlicht und einfach mit dem falschen Formwerkzeug hergestellt worden. Wie auch immer, ihr gesamter freier Austrittsquerschnitt betrug 179,2 cm^2, was in akzeptabler Weise nah am Auslegungswert lag. Die Schieberschmierölleitungen waren über einen Teil ihrer Länge mit Steigung verlegt und das linke Windleitblech war im hinteren Bereich verbogen. Die Lokomotive hatten einen rauen Lauf mit starken Stößen, besonders bei voll geöffnetem Regler (zu der Zeit war ich daran gewöhnt, auf der 3450 mitzufahren, die dank ihrer Rollenlager an den Achsen und Stangen und der automatischen Stellkeile sehr sanft ganz ohne Stöße lief). Nur der Sandstreuer an der führenden Kuppelachse funktionierte, und bei voll geöffnetem Regler geriet die Lokomotive leicht ins Schleudern. Diese Defekte, so schwerwiegend sie sich auch anhören mögen, konnten als typisch für den damaligen durchschnittlichen Zustand der Lokomotiven angesehen werden. Gewiss waren auch bei den Serienlokomotiven einige der Bauteile nicht wie sie hätten gewesen sein sollen.

Die erste Hinfahrt wurde mit einem Sammelgüterzug mit einer durchschnittlichen Zuglast von 500 Tonnen unternommen, die Rückfahrt nur mit dem Begleitwagen des Zugführers. Die zweite Fahrt war vor Personenzügen in beiden Richtungen, hin mit elf und zurück mit dreizehn Wagen. Die Lokomotive wurde wild besetzt, und jedes Mal fuhr eine andere Mannschaft. Alle Heizer neigten dazu, große Kohlemengen auf einmal aufzuwerfen und damit hinten ein hohes Feuerbetts aufbauend, was soweit ging, dass die Hälfte des Feuerlochs verdeckt war. Dies geschah häufig vor dem Wiederöffnen des Reglers, wo dann dem Feuer Gelegenheit gegeben wurde, bei geöffnetem Regler, ohne oder mit wenig weiterem Aufwerfen, herunterzubrennen. Die Methode war erfolgreich. Die Verdampfungsleistung war meistens sehr gut, und es gab nur ein geringes Vorwärtswandern des Feuers, obwohl die Lokomotive gelegentlich extrem angestrengt wurde, ohne dass ich dazu in irgendeiner Wiese ermutigt hätte. Gesamtunterdrücke von 64,7 mbar wurden aufgezeichnet, was einem Dampfmassenstrom von ungefähr 19 800 kg h^{-1} entsprach, deutlich mehr als die Zahl, die für die Auslegung der Blasrohranlage gewählt worden war und damit ganz bestimmt im Bereich des „Prügelns". Auf der Negativseite neigte der Heizer dazu, die Feuertür ganz zu schließen, wenn er nicht feuerte, wobei große Rauchmengen erzeugt wurden. Vielleicht war der Feuertüranschlag entfernt worden, damit 2644 wieder an dem „Rauchmacher"-Wettbewerb teilnehmen konnte. Um zu demonstrieren, wie unnötig das alles war, veranlasste ich den Heizer bei einer Fahrt, die Feuertür in einem Fahrtabschnitt mit großer Lokomotivanstrengung vollständig geöffnet zu lassen (Durchschnittsunterdruck 55,4 mbar, also etwa 18 100 kg h^{-1} Verdampfungsleistung). Der Kesseldruck wurde gegen die voll fördernde Strahlpumpe auf dem roten Strich gehalten. So war das Funktionieren des GPCS beabsichtigt, und da war der Beweis, dass das auch so möglich war, aber alte Gewohnheiten sind schwer auszurotten, und mir war klar, dass die Feuertür wieder geschlossen würde, sobald ich fort war. Die Heizer waren auch recht unintelligent bei ihrer Verwendung der Strahlpumpe, indem sie oft die Strahlpumpe anstellten, sobald der Regler geöffnet wurde, auch wenn der Kesseldruck deutlich unter dem Höchstwert lag und der Wasserstand oben im Glas war, was häufig vorkam. Unter diesen Bedingungen wurde die Strahlpumpe dann bald abgestellt, aber falls dann der Kesseldruck anstieg, musste der Kessel abgeschlammt werden, um den Wasserstand zu senken, bevor sie wieder angestellt werden konnte, um ein Abblasen der Sicherheitsventile zu vermeiden, währenddessen die Feuertür geschlossen war und schwarzer Qualm aus den Schornsteinen quoll. Die goldene Regel „Feuere nach dem Schornstein und speise nach dem Kesselmanometer" war so einfach, aber hier wurde die Sache vollständig anders und unrichtig gemacht. Sicher, die angewendete Methode erzeugte genügend Dampf, aber um welchen Preis in Form von zusätzlichem Kohleverbrauch? Die Heizer machten sich einfach wegen ihrer schlechten Gewohnheiten viel zusätzliche Arbeit, und gleichzeitig schlugen sie weitere Nägel in den bereits fast vollständig dicht geschlossen Sarg der Dampflokomotive. Aber war es deren Fehler? Es schien so, als ob diejenigen, die in Kimberley für die Ausbildung ihrer Mannschaften in Bezug auf eine gute Lokomotivbedienung zuständig waren, nicht sichergestellt hatten, dass meine vorgelegten Instruktionen und die in der Einfahrzeit festgelegten korrekten Verfahrensweisen den Mannschaften ordnungsgemäß vermittelt wurden. Und so wurden die Dinge falsch gemacht, was in einem größeren Zusammenhang einer der Gründe ist, warum die Dampflokomotive unterging.

In einer Hinsicht wiederholte sich auf diesen Fahrten eine Erfahrung der Fahrt im Juli 1980. Am zweiten Tag war die Verdampfung Richtung Vryburg sehr gut, wo frische Kohle gebunkert wurde. Allerdings war die Verdampfung ab Vryburg auf der Rückfahrt alles andere als gut. Die Kohle war grobstückig, sehr schwer, und bildete sogar Schlacke, was auf der 2644 eine seltene Erscheinung war. Beim Wasserhalt in Kraaipan wurde die Schlacke durch das Feuerloch entfernt, und nun war die in Vryburg übernommene Kohle aufgebraucht und wir hatten wieder die Mafikeng-Kohle aus dem hinteren Teil des Kohlenkastens. Die Verdampfungsleistung wurde wieder hervorragend, und der Kessel musste während der Fahrt abgeschlammt werden, um seiner Überfüllung vorzubeugen. Der Unterschied in der Kohlequalität hatte gereicht, um aus einer verdampfungswilligen Lokomotive eine unwillige und dann wieder eine willige zu machen, alles während des Verlaufs eines einzigen Umlaufs. Augenscheinlich war die Empfindlichkeit der 2644 in Bezug auf die Kohlequalität gleich der einer Serien-19D, anscheinend mit bestimmten Kohlesorten sogar noch größer. Die richtige Antwort auf diese Problem war es, sicherzustellen, dass die für Lokomotivzwecke beschaffte Kohle den Vorschriften einer strengeren Spezifikation entsprach, statt zu Versuchen die Konstruktion an Kohlesorten in der Bandbreite von gut bis Abfall anzupassen (es war ähnlich, als ob man von Diesellokomotiven erwartet, an einem Tag mit Dieselöl, am folgenden Tag mit leichtem Heizöl und am nächsten mit Kerosin zu funktionieren, schließlich sind das ja alles Öle!).

Damit sagte ich 2644 Lebewohl. Anscheinend war sie populär geworden, denn nach den monatlichen Lokomotivkilometerstatistiken war sie in den Jahren 1981 bis 1983 einschließlich häufig die meistgenutzte 19D zwischen Mafikeng und Vryburg. Das ist ein sehr geeigneter Maßstab für die Beliebtheit einer Lokomotive[1]. Außerdem wurde sie um einiges sauberer als die anderen in diesem Bezirk eingesetzten Lokomotiven gehalten, ein weiteres positives Zeichen (siehe Tafel 10). Allerdings war es ihr bestimmt, dass ihr weiterer Planeinsatz nur noch kurz war, da im Februar 1984 die amtliche Freigabe des Durchlaufs der 25NC von Warrenton nach Mafikeng erteilt wurde, so dass diese Lokomotiven dort sämtliche 19D und GMAM im Hauptstreckendienst ersetzten. Ich hatte davon gehört, dass Mafikeng die 2644 zu behalten versuchen würde, aber es hat nicht sollen sein. Da sie sich im Planeinsatz als erfolgreich erwiesen hatte und seit der

---

[1] Von 1980 bis Mitte 1981 lag 2644 im Mittelfeld der Laufleistungen der 19D in Mafikeng, aber im August 1981 wurde sie die am meisten genutzte. Dann wurde sie nach Uitenhage zur Hauptuntersuchung überstellt und kam im Juni 1982 zum Betriebseinsatz nach Mafikeng zurück. Während vierzehn der folgenden fünfzehn Monate (bis einschließlich August 1983, dem letzten Monat, für den dem Autor Aufzeichnungen vorliegen) war sie dort unter den ersten drei meistgenutzten 19D, davon acht Monate als die meistgenutzte von allen.

letzten Hauptuntersuchung weniger als zwei Jahre im Dienst gestanden hatte, wurde sie den anderen nach wie vor 19D einsetzenden Bezirken angeboten. Der Bezirk Östliches Transvaal war anscheinend interessiert, sie zu übernehmen, aber die Überstellung schlug fehl, als der dortige dampffreundliche Bezirksingenieur Maschinentechnik, P. Aucamp, in den Ruhestand trat. Kein anderer Bezirk wollte sie. Ihr sinnvollster Einsatz wäre auf der Strecke zwischen Alicedale und Port Alfred gewesen, aber die Leute vor Ort wollte sie nicht, weil sie einen Tender der Bauart MX hatte, womit sie für die Drehscheiben der Linie zu lang war. Das war eine äußerst schwache Ausrede, da jedermann wusste, dass die Tender austauschbar waren – der Leser wird sich erinnern, dass 2644 bei dem ersten Umbau einen kurzen Tender hatte. Da kein neues Zuhause für sie gefunden werden konnte, wurde die Lokomotive zum Depot Millsite in der Nähe von Krugersdorp zur Aufnahme in den dortigen Lokomotivpool für Sonderzüge überstellt. Damit war ihr normaler Planeinsatz beendet.

Zu dieser Zeit hatte ich Südafrika bereits verlassen und die übrige Geschichte der 2644 kann nur in Kurzform erzählt werden. Während ihrer Zeit in Millsite wurde sie vor Sonderzügen für Eisenbahnfreunde eingesetzt, überwiegend bei von der Railway Society of Southern Africa (RSSA) organisierten Tagesfahrten von Johannesburg in die Gegend von Magaliesburg, aber auch bei den gelegentlichen längeren Ausflügen. Da es den örtlichen Heizern bei solchen relativ unregelmäßigen Einsätzen nicht möglich war, sich mit der korrekten Feuerungstechnik bei dieser Lokomotive vertraut zu machen (und es ist zweifelhaft, ob sie jemals ordnungsgemäß im Hinblick auf das GPCS instruiert wurden), ist es unwahrscheinlich, dass 2644 bei diesen Ausflügen ihr Bestes geben konnte. Es wurde überlegt, sie in die Sammlung historischer Lokomotiven des SAR-Museums aufzunehmen, aber das Museum entschied sich ebenfalls gegen sie. Bei meinem Besuch des Museums im Jahre 1991 wurde mir gesagt, dass das geschah, weil einige Leute der Ansicht waren, dass sie keine reine SAR-Entwicklung war, was seltsam war, da alles, was mit den Umbauten zusammenhing, von den SAR ausgeführt worden war. Das war bei der Konstruktion der meisten anderen Klassen der SAR weitaus weniger zutreffend, speziell bei den neueren, bei denen die Anteile „fremder“ Technologien dominierend waren. Die Lokomotive wurde deshalb 1988 von der Museumsabteilung der RSSA erworben und zur Zentralstelle der Gruppe in der Nähe des Depots Millsite überführt. Später fuhr sie unter eigenem Dampf für einen befristeten Einsatz zum Witbank Steam Railway Trust. Anschließend kam sie zurück zur musealen Zentralstelle, welche zwischenzeitlich zum South African National Railway and Steam Museum (SANRASM) geworden war. Dort war es, wo ich sie im Juni 1991 auf Wunsch des SANRASM inspizierte. Sie war fast vollständig im Zustand der letzten Konstruktionsänderungen, wie sie in Mafikeng im regulären Planeinsatz gestanden hatte, nur die Feuertür war als einziges Bauteil auf die Serienausführung zurückgerüstet worden. Bis zum Schluss hielt sich die Behauptung, dass die senkrecht gleitende Feuertür die Beschickung der hinteren Rostecken erschwerte. Wie der Leser erfahren hat, gab es für die Entfernung der Einheitsfeuertür berechtigte Gründe, und ihr Wiedereinbau erschein nicht als die beste Lösung, da die mit ihr verbundenen Probleme sicher wieder in Erscheinung traten.

2.6 2644 – Eine abschließende Beurteilung

Die Arbeit an der 2644 führte nicht zu weiteren ähnlichen 19D-Umbauten und hatte somit keinen maßgeblichen Einfluss auf die schwierige Situation, wie sie zur Zeit des Projektstarts auf der Strecke Mafeking – Warrenton vorherrschte. Das war nicht überraschend, denn zu der Zeit, als 2644 sich bewährt hatte, war das Ende der 19D auf dieser Strecke absehbar. Die SAR-Führung wusste außerdem, dass die 19D allgemein abgängig waren und hatte kein Interesse an ihrer Verbesserung. Dennoch, wäre sie nicht vom 25NC-Programm überschattet worden, so wäre es möglich gewesen, dass 2644 größere Bedeutung erlangt hatte. Wäre das 25NC-Programm nicht zu der Zeit genehmigt worden, wie es geschah, und hätte ich in der Folge eine aktivere Rolle bei den Vergleichsfahrten Ende 1979 übernommen, besonders im Hinblick auf das ordnungsgemäße Funktionieren des GPCS, dann ist es wahrscheinlich, dass Gesamtersparnisse an Kohle und Wasser von 20 bis 25 % aufgezeichnet worden wären. Mit dem Vorliegen solcher Zahlen, ganze zwei Jahre bevor irgendwelche Ergebnisse von der umgebauten 25NC präsentiert werden konnten, ein zeitlicher Faktor von einiger Bedeutung, angesichts der ständig abnehmenden Anzahl von Dampflokomotiven im Einsatz und ohne den entmutigenden Vorbehalt übermäßiger Umbaukosten, könnten sie halt eine positivere Reaktion hervorgebracht haben, als es letztendlich mit den Erfolgen der umgebauten 25NC der Fall war, natürlich unter der Voraussetzung, dass meine Vorgesetzten sich dazu hätten durchringen können, solche Ersparnisse nicht als „unbedeutend“ abzutun. Wie auch immer, so wie die Dinge sich entwickelten, bestand die größte Bedeutung der 2644 möglicherweise in der mit ihr erworbenen technischen Erfahrungen, besonders im Hinblick auf das GPCS, die Saugzuganlage und die Auslegung der Rauchkammer, was sowohl für die Konstruktion als auch das Einfahren der umgebauten 25NC wichtig war. Bevor ich an die 2644 heranging, glaubte ich ein gutes Verständnis von Portas Ideen gehabt zu haben, und so muss es auch gewesen sein, da es eine vielleicht bemerkenswerte Sache bei dieser Aufgabe war, wie rasch ein fast vollständiges anfängliches Versagen in einen Erfolg verwandelt werden konnte, nur durch die „intuitive“ Ingenieursarbeit, ohne die Unterstützung durch umfassende Messungen (was nicht heißen soll, dass das Endergebnis nicht besser gewesen wäre, falls solche Messungen gemacht worden wären). Aber zum September 1979, als die Konstruktionsarbeiten an dem 25NC-Programm begannen, verfügte ich über mühsam erworbene praktische Erfahrungen, die ein Maß an technischer Klugheit zum theoretischen Wissen hinzugefügt haben sollten, und welche mir freilich eine Menge Zuversicht gaben. Ich habe geschrieben, dass die Dinge im Allgemeinen einfacher in der Ausführung erscheinen, als sie es tatsächlich sind, aber nunmehr wusste ich, wie schwierig sie wirklich sein konnten, und daher war ich auf das 25NC-Projekt gut vorbereitet.

2644 war im Versuch und im Planeinsatz ein Erfolg, ein technischer Erfolg von begrenztem Geltungsbereich und alles, was unter den Umständen möglich war. Aber er hätte größer sein können und wäre größer gewesen, falls ich es nicht als notwendig empfunden hätte, dem 25NC-Programm fast meine gesamte Aufmerksamkeit zu widmen, sobald es begonnen hatte. Abgesehen von den relativ geringfügigen Detailverbesserungen, die man hätte machen können, zum Beispiel eine angemessenen Lösung für die Schwierigkeiten der Personale mit der Feuertür zu finden, gab es ein Gebiet, auf dem weitere Arbeit hätte geleistet werden sollen, und das betraf die Auswirkung des plötzlichen Anstiegs des Primärluftstroms auf die Feuerbettstabilität bei der Ausströmeröffnung. Die Argumente zugunsten eines möglichst freien Ausströmens des Dampfs aus den Zylindern sind in Kapitel 2.2 aufgeführt. Darin enthalten ist die Vorstellung, dass, falls ein großer Anteil der Verbrennungsluft nicht durch das Feuerbett hindurch tritt, was bei dem GPCS der Fall war, eine rasche Ausströmung, die sich normalerweise schädlich auf die Feuerbettstabilität ausgewirkt hätte, zugelassen werden konnte, aber heute bin ich nicht so sicher, dass das richtig war. Der geänderte Rost und die geänderte Feuertür schienen bei den Versuchen im November 1979 so erfolgreich bei der Verbesserung der Feuerbettstabilität gewesen zu sein, dass das Problem als gelöst angesehen wurde, aber das weitere Auftreten von Funkenfängerverstopfungen zeigte, dass das nicht so war, und Aufmerksamkeit hätte dem anderen großen Faktor geschenkt werden sollen, der schädlichen Wirkung der Unterdruckspitzen bei der Ausströmeröffnung. Es war die Erkenntnis dieser Tatsache, die zu dem Wechsel zu Kolbenschiebern mit Ausströmüberdeckung führte, aber die Auswirkung von 5 mm Ausströmüberdeckung auf die Feuerbettstabilität mag einfach zu gering gewesen sein, und nichts weiter wurde unternommen. Ich kann mich heute nicht mehr erinnern, ob das so geschah, weil ich entschlossen war, bei Portas Philosophie zu bleiben, aus der Abdampfenergie so viel Pumparbeit wie möglich zu erzeugen, oder ob ich es einfach versäumte, weiter über diese Angelegenheit nachzudenken. Allerdings hätte mir die Tatsache, dass vor dem Einbau des neu konstruierten Rosts schwere Feuerbettinstabilitäten, wie Vorwärtshüpfen des Feuers und vulkanartiges Herausspritzen, selbst bei nur 0,20 bar Abdampfdruck, beobachtet worden waren, sagen sollen, den Einfluss der Unterdruckspitzen bei der Ausströmeröffnung sorgfältiger zu betrachten. Es war bezeichnend, dass diese Probleme bei den Serien-19D nicht so schlimm waren, obwohl sie mit 100 % Primärluft arbeiteten, wenn der Rost nicht gerade beschickt wurde. Die Verlangsamung des Abdampfstroms durch ihre relativ eingeengten Saugzuganlagen war ohne Zweifel zum Teil der Grund dafür, wobei allerdings das Fehlen des Kühldampfs gegen Schlackebildung bei diesen Lokomotiven die Angelegenheit wegen der abweichenden Ausbildung des Feuerbetts komplizierte. Daher bedaure ich, dass ich keine Schieberbuchsen mit trapezförmigen Kanälen versucht habe, was eine einfach auszuführende Modifikation gewesen wäre, und auch keine Kordina-Blasrohrdüse *(Anm. d. Übers.: Zsigmond Kordina, * 1. Februar 1848 in Újszandec; † 3. Juni 1894 in Graz, Österreich; Leitender Ingenieur der ungarischen Lokomotivfabrik MAVAG.).* Beide hätten bis zu einem gewissen Grad das freie Abströmen des Abdampfs während des Ausströmens eingeschränkt.[1] Diese beiden Maßnahmen, in Ergänzung zu den anderen getroffenen, hätten Portas Lehrsatz erfüllt, alle notwendigen Mittel zur Lösung eines Problems gleichzeitig anzuwenden. Die Schwierigkeit bei der Anwendung dieses Lehrsatzes bestand allerdings darin, dass die Kriterien für die beste Lösung in einem Bereich der Lokomotive nicht unbedingt die gleichen waren, wie in einem anderen, und in diesem Fall standen die für die Feuerbettstabilität im Konflikt zu einem unbehinderten Auspuff. Dass 2644 einen unbehinderten Auspuff hatte, stand außer Zweifel, aber das ergab nicht notwendigerweise die beste Leistung der Lokomotive als Ganzes, falls die Feuerbettstabilität in der Folge nachteilig beeinflusst wurde. Im Nachhinein bin ich sicher, dass die Beständigkeit der Leistung der 2644 verbessert worden wäre, falls die oben angegebenen Maßnahmen angewendet worden wären. Ein möglicher Verlust an Zylinderwirkungsgrad wegen der trapezförmigen Kanäle wäre sicherlich unbedeutend gewesen, im Vergleich zu dem Gewinn an Verbrennungswirkungsgrad und Vorhersagbarkeit der Leistung, was sich ergeben hätte, falls eine bessere Feuerbettstabilität damit erreicht worden wäre. Es war in der Tat unglücklich, dass diese Gelegenheit, den Einfluss von trapezförmigen Kanälen bei mit GPCS ausgestatteten Lokomotiven zu bestimmen, verloren ging.

Es kann an dieser Stelle berichtet werden, dass 2644 nicht als einzige unter dem Phänomen zu rasanter Ausströmung litt, welches zum Beispiel weitgehend für die bei der 2C1-Klasse 8 der British Railways *Duke of Gloucester (Anm. d. Übers.: h3, Schlepptender, Einzelstück aus der Reihe der neuen Einheitslokomotiven der BR, Bahn-Nr. 71000, BR Crewe-Werke, 1954; die Lokomotive blieb erhalten, wurde restauriert und modifiziert und erbringt erst heute die seinerzeit erhofften Leistungen)*, ausgerüstet mit Caprotti-Ventilsteuerung mit rotierenden Nocken, aufgetretenen Verbrennungsprobleme verantwortlich war, wobei die geringe Feuerbüchstiefe dieser Lokomotive sie sehr viel anfälliger machte gegen Primärluftstöße, als die erfolgreiche, ebenfalls mit Caprotti Ventilsteuerung ausgestattete 2C-Klasse 5MT *(Anm. d. Übers.: h2, Schlepptender, Mehrzwecklokomotive aus der Reihe der neuen Einheitslokomotiven der BR, Bahn-Nrn. 73000 bis 73171, davon mit Caprotti-Steuerung 73125 bis 73154, 1951 bis 1957, BR Derby-Werke 130 Stück, BR Doncaster-Werke 42 Stück)*, die tiefere Feuerbüchsen hatten und mit höherem Feuerbett arbeiteten.[2] Obwohl Ingenieure manchmal (so auch bei der *Duke of Gloucester*) solche Faktoren wie Erschütterungen der Lokomotive für Feuerbettinstabilitäten verantwortlich gemacht haben, war nach den Erfahrungen des Autors jeder solcher Faktoren gegenüber dem Einfluss des Primärluftstroms vernachlässigbar.[3] Welche andere Einflussgröße hätte faustgroße Kohlestücke vom Feuerbett abheben können oder das gesamte Feuerbett in der Feuerbüchse in der Schwebe tanzen lassen können? Dass solche Bedingungen in Südafrika nicht ungewöhnlich waren, kann anhand einer Bemerkung eines Heizers zu dem Autor gezeigt werden: „die Klasse 15F macht nur Dampf, wenn das gesamte Feuer zehn Zentimeter über dem Rost tanzt".

Dieses Kapitel über 2644 schließt mit Auszügen aus einem Brief, der mir im Oktober 1982 von. J. Gilberthorpe geschickt wurde, einem der britischen Lokomotivmänner bei den SAR, der seinerzeit in Vryburg stationiert war. Diese Beobachtungen von jemandem, der tatsächlich auf dieser Lokomotive gearbeitet hat und der daher in Lage war, sie aus unmittelbarer Erfahrung heraus mit den Serien-19D zu vergleichen, stellen einen interessanten Kontrast dar zu den Schlussfolgerungen der Abteilung des CME, demnach die der 2644 zugeschriebenen Verbesserungen als „unbedeutend erscheinen". Das Zitat ist ohne weiteren Kommentar wiedergegeben, obwohl es darin eine Anzahl von Punkten gibt, wo das Denken eines Ingenieurs von dem eines Lokomotivführers abweichen würde, einschließlich, jedenfalls soweit es den Autor betrifft, der Frage des Geschlechts von Lokomotiven *(Anm. d. Übers.: das grammatische Geschlecht des Substantivs „locomotive" ist im Englischen üblicherweise sächlich, wird aber gern von ihren Freunden in der weiblichen Form verwendet)*!

„...ich hatte umfangreiche Erfahrungen in der Handhabung von 2644 machen können und werde ihnen dazu Einzelheiten und meine Eindrücke von ihr angeben. Ein Lokomotivführer (Janna Steenkamp) und ich selbst fuhren und heizten regelmäßig abwechselnd untereinander während zweier Monate, und für ungefähr fünf Wochen wurde uns 2644 fest zugeteilt. Kein anderer Lokomotivführer in Mafeking wollte sie als Planlokomotive (ich glaube, dass sie irgendwie Angst vor ihr hatten), aber Janna und ich liebten sie und schworen auf sie. Ich würde nicht sagen, kein einziger, weil die jüngeren Lokomotivführer (die nicht *planmäßig* im Streckeneinsatz fuhren) sie übernommen hätten. Die meisten waren sich darin einig zu, dass sie für ihre Klasse außergewöhnlich kräftig war, und *alle* waren sich einig, dass sie außergewöhnlich schnell war, und viele waren wegen ihres Tempos sehr vorsichtig. Die meisten waren auch der Ansicht, dass sie einen sehr leichten Leerlauf hatte. Eine Klage war, dass sie zum Schleudern neigte. Wahrscheinlich lag das an einer Ungeschicklichkeit, da ich fand, dass sie dem Regler schnell gehorchte, und das erste Öffnen musste mit Vorsicht gemacht werden. Einige klagten, sie würde ihren Funkenfänger verstopfen. Das ist ein Fluch *aller* 19D, besonders, falls sie mit dem Kastenfunkenfänger ausgerüstet waren. Sobald sich die verstopfen, stirbt die Maschine natürlich unter Dir weg. Die Lokomotivmannschaften wirken dem in unerlaubter Weise entgegen, indem sie das Frontblech entfernen oder lockern. Das ist der ganze Trick. 2644 ist natürlich nicht so. Nur sehr selten habe ich erlebt, dass sie ihren verstopft hatte. Meistens, wenn Sand statt Kohle ausgegeben worden war, und selbst wenn sie es tat, hielt sie sich besser als eine ‚Dolly' [19D], bei der der Kastenfunkenfänger zusaß. Einige feste Hammerschläge lösten das Problem, wenn es auftrat, aber es bedeutet natürlich anhalten und die Rauchkammertür öffnen, um das machen zu können. Das Pedal für den Sandstreuer war auch eine großartige Idee, und nur ab und zu versagte es wegen eines gerissenen Stahlseils. Der Dampfschienenreiniger schien selten benutzt worden zu sein, weil er ständig undicht war. Wahrscheinlich wegen schlechter Wartung.

Ich kann mich daran erinnern, mit der Maschine von Mafeking nach Vryburg 730 Tonnen Kupfer am Haken gehabt zu haben. Mein Heizer war Piet Rothmann, und er sagte mir, was für eine ausgezeichnete Maschine sie wäre. Meistens galoppierten wir mit voll geöffnetem Regler und 25 % Füllung dahin, gingen in den Steigungen auf 30 %. Spielerisch nahm sie ihre Zuglast und lief so schnell, dass ich anfing, manchmal ein bisschen Angst zu haben. Ich habe festgestellt, dass es bei Füllungen unter 25 % im Triebwerk zu klopfen begann, besonders in den Achslagerkästen, wobei allerdings eine normale 19D bei 25 % mit Sicherheit klopfen würde und Zuckschwingungen am Zugkasten haben würde und auch ihren Auspuffschlag teilweise einbüßen würde, hingegen bei der 2644 keine Spur davon. Es war im Allgemeinen nicht notwendig, die Steuerung über 30 % hinaus auszulegen, es sei denn, die Geschwindigkeit fiel in den Steigungen ab und verursachte Schleudern, wobei dem eine größere Füllung mit eingezogenem Regler entgegenwirkte. Ich hatte meine Zweifel an der für alle südlich fahrenden Zuglasten maßgebenden Steigung, und ich entschied mich, 2644 auszutesten, ob sie es mit nicht mehr als 30 % Füllung und 730 Tonnen schaffen würde. Das ist die Steigung ab Mareestane bis Kilometertafel 241 ½. Kurz vor dem Brechpunkt der 1 : 80-

---

[1] Für eine Beschreibung der Kordina-Düse siehe Seite 127. Ich hatte vor, eine Kordina-Düse für 2644 zu entwerfen, nachdem die der umgebauten 25NC ausgearbeitet war, aber die Belastung durch andere Arbeiten vereitelte das.

[2] Dieses Problem mit der *Duke of Gloucester* war ein klassisches Beispiel dafür, wie ein einziges schwaches Glied in der Kette eine ansonsten (gemessen an den Standards der FGS-Dampflokomotiven) gelungene Konstruktion verdarb.

[3] Ein mögliche Ausnahme, die der Autor aber nicht selbst erlebt hat, waren Zuckschwingungen, die so heftig sind, dass das hintere Feuer sich von der Feuerbüchsrückwand weg bewegt.

Steigung liegt eine scharfe Rechtskurve, die oft für ein Liegenbleiben sorgt. Die Schienen waren glücklicherweise trocken, und 2644 ging voller Tatendrang die Steigung an. Ich konnte es nicht glauben, als sie mit 30 %, voll geöffnetem Regler und gelegentlichem kurzen Sanden um die Kurve ging. Allerdings gefiel ihr diese Behandlung ganz bestimmt nicht, und weitere 10 % mehr Füllung wäre viel besser gewesen und hätte dem Geschwindigkeitsabfall auf dem oberen Steigungsabschnitten besser entgegengewirkt. Eine normale 19D in gutem Zustand hätte mit dieser Zuglast in den oberen Steigungsabschnitten mindestens 50 – 60 % Füllung bei ¾ bis voll geöffnetem Regler benötigt, um sich zum Scheitelpunkt vorzukämpfen. Ihre Maschine machte das mit 30 %. Der Kesseldruck blieb absolut unveränderlich bei 13,3 – 14.0 bar.

Die Maschine ist sehr sparsam im Wasserverbrauch, und wir sind mit ihr häufig an dem Devondale-Wasserhalt in nördlicher Richtung und dem Kraaipan-Feuerreinigungshalt in südlicher Richtung ohne Halt durchgefahren. Übrigens ist sie bei jedermann als *Spooky* bekannt. Eine Lokomotive, die einen Spitznamen erhält, wird normalerweise von den Männern mit einer gewissen Zuneigung betrachtet. Ich glaube, dass sie ihren Namen wegen ihres ‚kurzatmigen' Auspuffs und wegen der Art ihres relativ leisen Dahingeleitens erhielt. Manchmal nennen sie sie auch *Irene*. Ich muss zugeben, dass ich sie nicht immer, wie von Ihnen empfohlen, mit voll geöffnetem Regler fahre. Der Grund ist, dass sie auf unserer Strecke mit ihrer Begrenzung auf 60 Stundenkilometer (Madibogo – Mareetsane 50 km/h) viel zu schnell fahren würde, was sie sowieso häufig tat. Ich habe immer versucht, in Bezug auf die jeweilige Zuglast, mit kleinstmöglicher Füllung und möglichst weit geöffnetem Regler zu fahren…

Eine andere Stelle, wo ich mit meinem 730-Tonnen-Kupferzug überrascht wurde, war der Anstieg hinter Kraaipan bis Kilometer 215. Unser Feuer war in einem so guten Zustand, dass wir in Kraaipan nicht anhielten und mit 30 km/h (wegen der Aschengruben) durchfuhren. Sofort dahinter in südlicher Richtung kommt eine üble S-Kurve und Steigung (1 : 80), aber 2644 schien das bei 30 % Füllung gar nicht zu merken. Auf dem anschließenden geraden Stück mit wesentlich geringeren Steigungen und mit voll geöffnetem Regler nahm ich die Steuerung auf 25 % zurück, wobei sie beschleunigte und nicht unter 60 km/h abfiel. Nur auf den letzten 1,5 Kilometer in 1 : 80 (ermäßigt sich für einige Meter auf 1 : 154 bei ungefähr 2/3 des Anstiegs) begann die Geschwindigkeit etwas abzufallen, dem ich mit einer Auslegung auf 30 % entgegenwirkte, aber nicht mehr. Sie erreichte den Scheitelpunkt mit etwa 50 km/h (in einem Abschnitt mit einer Begrenzung auf 50 km/h!). Niemals ist es mir gelungen, das mit einer normalen 19D und einer solch schweren Zuglast zu wiederholen. Nur in der Nähe des Brechpunkts der Steigung fiel der Kesseldruck etwas ab, aber ich habe sie wirklich schwer geprügelt, so dass ich so etwas erwarten konnte. Der Wasserstand war zu jeder Zeit optimal…

Ein anderes Kunststück war der Sammelgüterzug in südlicher Richtung (Zug 2148). Der Schuppenmann in Mafeking, Jan van Rensburg, bestand darauf, die Feuerbüchse soweit wie möglich mit frischer Kohle voll zu schaufeln. Ich glaube, dass eine normale 19D unter uns eingegangen wäre, falls wir sie so behandelt hätten. Müder gelblicher Rauch trat aus dem Schornstein und wir warteten auf das Abfahrtsignal. Ich hatte eine mäßige Anhängelast von 600 Tonnen. Jan, der Zugführer, ich selbst und der Heizer waren auf dem Führerstand. Plötzlich gab es etwas, das sich wie eine schwache Explosion in der Feuerbüchse anhörte, als das Gas von diesem riesigen Haufen frischer Kohle zündete. Eigentlich waren es zwei ‚Explosionen'. Eine gewaltige Flammenzunge schoss aus der oberen Öffnung der Feuertür direkt auf das Schaufelblech des Tenders, und das Gleiche passierte an allen seitlichen Luftlöchern der Feuerbüchse (einer der Dralleinsätze wurde herausgeblasen, der Bläser war ganz wenig geöffnet). Wenn es nicht so erschreckend gewesen wäre, wäre es sogar recht lustig gewesen. Alle waren augenblicklich vom Führerstand verschwunden, wobei der Heizer und ich uns in unsere jeweiligen Ecken duckten. Ich krächzte ihm zu, er solle sofort den Bläser anstellen. Dieses Feuer brachte uns bis zu unserem ersten Kreuzungsbahnhof Vryburg, 22 Kilometer von Mafeking entfernt (die ersten 20 Kilometer Regler geöffnet, überwiegend bergauf), *ohne die Schaufel anzurühren,* mit regelmäßig abblasenden Sicherheitsventilen und der Strahlpumpe während fast des ganzen Weges voll angestellt. Zusätzlich mussten wir den Kessel häufig abschlammen, um ihn nicht zu überfüllen. Alles in Wirklichkeit ziemlich töricht, aber es zeigt, was sie konnte…

Ich habe sie während vieler Meilen gefeuert. Dabei gab es überhaupt keine Probleme, falls Ihre Anweisungen befolgt wurden. Sie mag die ‚Wenig, aber oft'-Methode nicht so sehr, wie eine gewöhnliche 19D, und benötigt, wie Sie sagen, ein wesentlich höheres Feuerbett. Starkes Feuern in größeren Abständen ist eine viel bessere Methode… Sie war derartig verdampfungswillig, dass wir, nachdem die große frische Kohleladung durchzuzünden begonnen hatte, während langer Fahrtabschnitte mit *ganz* geöffneter Feuertür und mit *ganz* angestellter Strahlpumpe fuhren, und auf der langen Steilrampe von Vryburg nach Kameel und Wirsing konnte man sie mit schwerer Zuglast, 25 % Füllung und voll geöffnetem Regler nicht vom roten Strich runterbringen. Sie war ein echter Traum. Der Kesselwasserstand blieb gleich, und sie lief ohne Weiteres durch bis Kraaipan-Wasserhalt ohne in Devondale Wasser zu nehmen, wie mit den meisten normalen 19D, und auch dann gab der unterste Prüfhahn am Tender immer noch Wasser. Übrigens benutzten die Mannschaften einen Drahthaken an dem Griff der Feuertür, um sie beim Feuern offen zu halten, da sie dazu neigte, sich bei den Vibrationen von selbst zu schließen. Beim Feuerreinigen *spart* man mit ihr gegenüber einer normalen 19D *sehr viel* Zeit. *Niemals* gibt es außer ganz kleinen Aschebrocken, die mit dem Spieß leicht zerkleinert werden können, irgendwelche Schlacken, und es ist nur nötig, den Schüttelrost zu betätigen. Der Aschkasten, *ich betone,* muss nach solchen Einsätzen gründlich gereinigt werden (er ist schwieriger einzusehen, als bei normalen 19D, weil dort Dampf einströmt, was kurzzeitig durch Schließen des kleinen Luftsaugers behoben werden kann), da es zu Klagen kam, dass Rostelemente sich wegen Ascheablagerung um die Zugstangen nicht bewegten. Wenn wir mit ihr fuhren, haben wir das abgestellt und haben dieses Problem nur selten erlebt. Bei sehr *seltener* Gelegenheit habe ich Leute sagen hören, dass sie beim Feuerreinigen Schlacken aus der Feuertür hätten entfernen müssen, aber ich möchte deutlich machen, dass während vieler tausend Meilen, die ich auf ihr fuhr, ich das oder überhaupt irgendwelche Schlacken, *nie* erlebt habe. Ein vollständiger Erfolg des Gaserzeugungssystems, egal welche Kohlen verwendet wurden… Ja, *Spooky* ist eine bemerkenswerte Maschine. Ihre verlässliche Kraft und Geschwindigkeit wird von allen anerkannt…"

KAPITEL 3

DER ROTE TEUFEL

„Diese Maschine ist nicht besser als eine Klasse 25 aus der Serie."

(Aussage von H. J. L. du Toit, Stellvertretender Generaldirektor der SAR, als er die umgebaute 25NC Nr. 3450 vor der auf Seite 197 beschriebenen Fahrt zum ersten Mal sah. Vor der Fahrt hatte die Lokomotive gerade bis zu 37 % mehr Zughakenleistung, 60 % Kohleersparnis und 45 % Wasserersparnis im Vergleich zu einer Serien-25NC bei Fahrten vor dem Messwagen gezeigt. Du Toit war einer der Ingenieure, die in den frühen fünfziger Jahren für die Zusammenstellung der Spezifikationen der 25er verantwortlich waren.)

Wir verließen die Geschichte des Klasse-25NC-Umbauprogramms mit dem Erwarten einer Antwort auf den auf Seite 58 zitierten Brief des CME. Welche Beratungen zu diesem Thema in dem Büro des Generaldirektors stattfanden, ist dem Autor nicht bekannt, aber die lange Verzögerung bei der Genehmigung dieses angefragten kleinen Geldbetrags lässt vermuten, dass es einigen Widerstand gegen diesen Vorschlag gab. Es war natürlich nicht so sehr der Geldbetrag *per se*, der entscheidend war, als das emotionale Problem der Umkehrung der Politik, kein Geld mehr für die Entwicklung der Dampftraktion auszugeben – eine Politik, die jüngst erst an höchster Stelle der SAR wieder bestätigt worden war – und die Anerkennung einer fortgesetzten Bedeutung der Dampftraktion, was eine solche Umkehr implizierte. Diejenigen, die sich nicht zu einer Anerkennung einer zukünftigen Rolle der Dampftraktion überwinden konnten, würden jedes Geldausgeben, wie wenig auch immer, entweder als potentiell gefährlichen Präzedenzfall oder als vollständige Verschwendung betrachtet haben und werden dagegen gewesen sein. Welche inneren Streitigkeiten auch immer auftraten, schließlich kam eine eindeutige Befürwortung der Planungsabteilung in Form eines Briefs an den Stellvertretenden Generaldirektor (Technik) mit einer Kopie an den CME dabei heraus.[1] Er enthielt eine Kostenanalyse, demnach jährlich etwa 76 000 Rand, Kostenbasis 1978-79, pro Lokomotive im Plandienst zwischen Kimberley und De Aar erspart werden könnten, falls die behaupteten Verbesserungen realisiert werden könnten, und zusätzlich wurde herausgestellt, dass der wirtschaftliche Nutzen sich in gewissen Grenzen auch unabhängig von den tatsächlich erreichten Ergebnissen einstellen wird, das heißt, es würde auch dann merkliche Kosteneinsparungen geben, falls die tatsächliche Leistung hinter der erwarteten zurückbleibt, eine Betrachtung, die vermutlich eingefügt wurde, um der Skepsis des CME gegenüber den Behauptungen entgegenzuwirken. Der Brief enthielt das Folgende:

> „Die SAR werden noch auf Jahre hinaus Dampflokomotiven im Einsatz haben, wobei die gegenwärtige Lage bei der Ölversorgung ihr Beibehalten für eine noch längere Zeit notwendig machen wird. In Anbetracht der möglichen Ersparnisse sollte die experimentelle Arbeit zur Überprüfung der aufgestellten Behauptungen schnell erledigt werden. Es wird befürwortet, dass dem Chief Mechanical Engineer Geldmittel für den Umbau einer Lokomotive zu Versuchszwecken zur Verfügung gestellt werden."

Diese Befürwortung hatte den gewünschten Effekt und Mitte September 1979 wurde ich informiert, dass die Bewilligung Nr. 12/47895B über 20 000 Rand gewährt worden war, zu dem Zweck des Umbaus eine Lokomotive der Klasse 25NC, um den möglichen Grad der Verbesserung ihrer Leistung und ihres Wirkungsgrads zu bestimmen. Das war die große Gelegenheit für die Dampftraktion und, soweit es die SAR betraf, ganz sicher ihre letzte, so dass ich neben all der Freude auch das Gefühl einer großen Verantwortung empfand. Es *musste* ein Erfolg werden – eine weitere Chance würde es nicht geben.

3.1 Die Klasse 25NC

Im Jahre 1951 wurden einhundertvierzig 2D2-Hauptbahnlokomotiven von den SAR bestellt. Davon waren neunzig Kondenslokomotiven der Klasse 25C für den Einsatz auf Streckenabschnitten mit ernsten Wasserproblemen, hauptsächlich der Abschnitt De Aar – Touws River der Kap-Hauptstrecke, die übrigen fünfzig waren konventionelle Lokomotiven der Klasse 25NC. Die Konstruktion der beiden Lokomotiven war, abgesehen von den Kondensationseinrichtungen, identisch. Der Auftrag wurde zwischen der North British Locomotive Co. und Henschel aufgeteilt, und die Lokomotiven wurden zwischen 1953 und 1956 angeliefert. Hinweise auf die höheren Unterhaltungskosten der 25C und ihre daraus folgende Rekonstruktion als Auspufflokomotiven wurden in Kapitel 1.3 gegeben. Die Geschichte der 25C soll uns hier nicht weiter beschäftigen und der interessierte Leser sei für eine gute Beschreibung dieser Lokomotiven an eine Abhandlung von Dr.-Ing. Roosen *(Anm. d. Übers.: Richard Otto Roosen, * 13. Oktober 1901 in Hamburg; † 2. März 1980 in Kassel; ab 1929 bis zu seinem Ruhestand Leiter des Büros TB4 „Entwicklungsabteilung" der Lokomotivfabrik Henschel & Sohn, Kassel, nebenher von 1951 – 1973 Honorarprofessor für Eisenbahnfahrzeugbau an der TH Darmstadt)* verwiesen.[2] Sie verlängerten das Leben der Dampftraktion auf den betreffenden Abschnitten der Kap-Hauptstrecke um fast zwanzig Jahre. Die Situation der Wasserversorgung war in den frühen fünfziger Jahren so schlecht (und wurde immer schlechter), dass es unmöglich gewesen wäre, das ständig ansteigende Verkehrsaufkommen mit Auspufflokomotiven zu bewältigen. Es ist interessant, darauf hinzuweisen, dass die Beschaffungskosten je Lokomotive ungefähr £ 67 500 für die 25NC und £ 112 000 (66 % mehr) für die 25C betrugen. Die Kondensationsausrüstung war demnach sehr teuer.

Die Klasse 25 wurde zunächst als Weiterentwicklung der 2D1-Klassen 15F und 23 geplant. Das ursprüngliche vom Büro des CME für die neue Lokomotive aufgestellte Lastenheft Nr. L125 basierte auf der 15F-Lokomotivkonstruktion und der 6-achsigen Tenderkonstruktion Typ EW der Klasse 23. Eine größere Feuerbüchse mit Verbrennungskammer (hauptsächlich aus konstruktiven Gründen) und der größten anwendbaren Rostfläche wurde festgelegt, weswegen ein zweiachsiges Schleppgestell statt einer einzelnen Schleppachse notwendig war, aber das Lastenheft enthielt viele Konstruktionsdetails, wie sie für die Klasse 15F und andere zeitgenössische SAR-Lokomotiven typisch waren, wie zum Beispiel fettgeschmierte Bronzeachslagergehäuse an den Kuppelachsen und Stangenlager mit schwimmenden Buchsen. Die

[1] SAR, Büro des Generaldirektors, Johannesburg, (Stellvertretender Generaldirektor Planungs- & Produktivitätsreferat), Brief Az.. BKN 28/1/1 vom 25.06.1979 – über neun Monate nach der Vorlage durch den CME. Dieser Brief war unterschrieben von H. Hagen, Leitender Superintendent (Planung), der im Sinne der Dampftraktion mit dem Büro des Generaldirektors einen ziemlichen Kampf ausgetragen zu haben schien. Etwas später stand in einem Brief (Az. BKN 79/3/2 vom 18.07.1979) adressiert, unter anderen, an den CME ganz offen, dass die Möglichkeit der Weiternutzung der Dampftraktion und die Abstellung von durch die Elektrifizierung frei gewordenen Diesellokomotiven diskutiert worden war. Im Zusammenhang mit diesem Gedanken war eine Untersuchung gemacht worden, die zeigte, dass für die Periode der nächsten zwanzig Jahre die Kosten für den Einsatz der Dieseltraktion zwischen Kimberley und De Aar wesentlich höher sein würden als für Dampftraktion. Zum Leidwesen der Dampftraktion war Hagens Stimme allein in dieser Angelegenheit. Die zeitliche Einordnung der beiden oben erwähnten Briefe lässt vermuten, dass es der für die SAR ab 8. Juni 1979 beginnende 72-%-Preisanstieg für Diesel war, zusätzlich zu einem Anstieg von 37 % im November 1978, der zum Handeln zwang.

[2] Roosen, R., Class '25' Condensing Locomotives on the South African Railways – Design and Operating Experiences, Fachartikel Nr. 607, Journal of the Institution of Locomotive Engineers, London, 1960.

meisten Zeichnungen, auf die in dem Lastenheft verwiesen wurde, waren von den jüngsten Versionen der 15F und EW-Tender. Die tatsächlich gebaute Klasse 25 wich allerdings wesentlich von diesem Lastenheft ab. Einige Änderungen ergaben sich aus den endgültigen Empfehlungen resultierend aus den Versuchen mit dem 3B-Kessel, welche bei der Anordnung und den Einzelheiten der Rostanlage, der Neigung und Länge des Feuerschirms, der Auslegung des Kesselrohrbündels, der Überhitzergröße, der Auslegung der Rauchkammer und der Saugzuganlage einflossen. Ebenso wurden die allgemeinen Empfehlungen aus dem 3B-Kesselversuchsbericht bezüglich des Kesseldrucks, der Kesselauslegung, der Konstruktion des vollständig geschweißten Stehkessels, der Feuerbüchszirkulationsrohre, der Aschkastenkonstruktion, der äußeren Dampfleitung zur Versorgung der Armaturenstöcke, des Reglerrohres, der Strahlpumpen und der Umsteuerung eingearbeitet. Einiges davon war bereits im ursprünglichen Lastenheft aufgeführt. Andere Änderungen waren vermutlich das Ergebnis von Gesprächen mit den Herstellern, die zusammen mit den Zulieferern der Baugruppen das Gros der Konstruktionsarbeit leisteten.

Viele Merkmale waren amerikanischen Ursprungs beziehungsweise Konstruktion (üblicherweise von amerikanischen Unternehmen oder ihren Tochterfirmen hergestellt), wie zum Beispiel Timken-Rollenachslagergehäuse an allen Lokomotiv- und Tenderachsen, selbstnachstellende Stellkeile Bauart Franklin[1], Rollenlager an Treib- und Kuppelstangen mit Timken-Kreuzkopfbolzenlagern und Stangenlagern, geschmiedete geschüsselte Leichtbaukolben, Koppers-Segmentkolben- und Schieberringe, Paxton-Mitchell-Kolbenstangenstopfbuchsen, längsgeteilte Kreuzköpfe mit keilloser Befestigung der Kolbenstange, Dampfsammelkasten mit Mehrfachventilregler, Feuerbüchszirkulationsrohre, mechanischer Stoker, einteiliger Gussstahllokomotivrahmen mit integrierten Gusszylindern[2], führendes Gussstahldrehgestell mit gewichtsbelasteter Rückstellvorrichtung mit Walzen, zweiachsiges Gussstahlschleppgestell mit gewichtsbelasteter Pendelrückstellung, Verbindung Kessel – Rahmen mit Gleitplatte, Gussstahltenderrahmen mit integriertem Wassertankboden und Gussstahltenderdrehgestelle.

Obwohl einige Einrichtungen von den SAR im Detail spezifiziert waren (wie zum Beispiel die Auslegung der selbstreinigenden Rauchkammer und der Saugzuganlage), beruhten sie dennoch auf der amerikanischen Praxis. Andere Einrichtungen waren rein europäische Konstruktionen, hauptsächlich die vollständige Kondensationsausrüstung der 25C, konstruiert von Henschel und auch solche Dinge wie die Saugluftbremsausrüstung, die mechanische Schmiereinrichtung, der geschweißte U-förmige Bodenring, die Dampfservoumsteuerung (Bauart Hadfield) und die elektrische Beleuchtungsanlage. Die generellen Proportionen und die Auslegung der Lokomotiven waren nach amerikanischen Vorbildern. Es wäre angemessen, die Klasse 25NC im Grunde als späte amerikanische 2D2 en miniature mit einer Anzahl europäischer Zutaten und nach dem SAR-Lastenheft konstruiert zu bezeichnen. Der wesentliche Beitrag der SAR zu dem ausgeführten Entwurf der Klasse war die Ausarbeitung der Hauptabmessungen des Kessels und der Rauchkammer. Es ist interessant, dass in dem ursprünglichen Lastenheft Boxpok-Räder und Buckeye-Tenderdrehgestelle (beides amerikanisch) zugelassen waren, was das Aussehen der Lokomotiven etwas verändert hätte, und dass Überlegungen zur Verwendung von Überhitzerelementen des Typs E angestellt wurden (was nie geschah), aber die SAR-Lokomotiven behielten bis zum Schluss Elemente des Typs A *(Anm. d. Übers.: Typ A und E sind Handelsbezeichnungen der „The Superheater Co.", New York, USA, Handelsname auch Elesco (lautmalerisch für* ***L****ocomotive* ***S****uperheater* ***C****ompany) und in einigen Märkten Melesco (****M****arine and* ***L****ocomotive* ***S****uperheater* ***C****ompany), wobei der Typ A dem üblichen Rauchrohrüberhitzer entspricht, während der Typ E auch als Kleinrohrüberhitzer bezeichnet wird, bei dem alle Kesselrohre gleichen Durchmesser haben und vom Überhitzer belegt sind.).*

Für Schmalspurmaschinen waren die so entstandenen Lokomotiven höchst eindrucksvoll. Ihr Betriebsgewicht betrug 227 Tonnen für die Auspuffvariante und 239,2 Tonnen für die Kondensausführung, was sie zu den schwersten jemals gebauten schmalspurigen Einrahmenlokomotiven machte. Tatsächlich waren sie schwerer als die meisten Normalspurlokomotiven außerhalb Amerikas. Ihr Aussehen ist abgebildet in Abb. 35 und Tafel 11 und eine Zusammenfassung ihrer Hauptabmessungen ist in Tabelle 30 auf den Seiten 170 bis 171 dargestellt.

Obwohl die 25NC in letzter Zeit so etwas wie ein Symbol der anerkannten Zuverlässigkeit der Dampftraktion wurde, so verursachten sie doch bei ihrer Einführung einige Probleme. Es war vielleicht nicht überraschend, dass die Kondensationsausrüstung und die damit verbundenen Hilfseinrichtungen längere Kinderkrankheiten hatten (eine Bewertung einiger davon findet sich in der oben erwähnten Abhandlung Roosens), aber es gab auch ernste Schwierigkeiten mit den für die 25C und 25NC gleichen konventionellen Baugruppen. Dem Autor sind die folgenden bekannt:

1. Versagen der Timken-Stangenlager, besonders der Treibstangenlager, was nach weniger als 32 000 Kilometer auftrat. In der Folge wurden die meisten Lokomotiven auf SKF-Stangenlager umgebaut, ein wirklich kostspieliger Wechsel, da er neue Kuppelstangen etc., mit einschloss. Sämtliche Lokomotiven sollten abgeändert werden, aber nachdem die Probleme mit den Timken-Lagern endlich gelöst waren, behielten die wenigen noch nicht modifizierten Lokomotiven ihre Timken-Anordnung.
2. Verdrehen der Gegenkurbel auf dem Treibzapfen, was zu einem vergrößerten Schieberweg mit entsprechenden Schäden führte. Zur Untersuchung dieses Problems wurden beratende Ingenieure in Deutschland damit beauftragt, die auftretenden Kräfte zu untersuchen und das Ergebnis war eine höchst gelehrte Analyse der Belastungen an Schiebersteuerungen. Die tatsächlich ausgeführte Lösung war eine Passfeder zwischen Gegenkurbel und Treibzapfen. Bei den Lokomotiven, die nachfolgend mit SKF-Lagern ausgestattet wurden, wurden die Treibzapfen und Gegenkurbeln ersetzt durch solche mit quadratischen statt zylindrischen Sitzen.

---

[1] Die Stellkeile wurden vor den Achslagergehäusen angeordnet, eine offensichtliche Vervollkommnung, die erst ganz zum Schluss der Dampflokomotiventwicklung aufkam. Eine weitere Timken patentierte Verbesserung, pro Rad zwei Stellkeile vorzusehen, einer fest, einer mit der Nachstellfeder gespannt, kam für einen Einfluss auf die Praxis der Konstruktion von Dampflokomotiven zu spät.

[2] Der einteilige Stahlgussrahmen wurde bevorzugt, weil anscheinend seinerzeit bei den Klassen 15F und 23 Probleme mit gerissenen und losen Zylindern und losen Rahmenquerversteifungen auftraten. Das weist auf eine schlechte Konstruktion oder Herstellung hin, da die Kolbendrücke dieser Lokomotiven nur 423 kN beziehungsweise 453 kN betrugen, sehr bescheiden im Vergleich zu den Kolbendrücken amerikanischer Lokomotiven, für die Gussstahlrahmen als notwendig angesehen wurden. Selbst der Gussstahlrahmen war nicht immun gegen Ermüdungsbrüche. Der Autor hat einen solchen nahezu in zwei Hälften gebrochenen Rahmen einer GMAM-Garratt gesehen, und die erste ausgemusterte 25er, Nr. 3461 im Dezember 1982, wurde wegen Rahmenbrüchen in dem kritischen Bereich zwischen den Zylindern und den Achslagerausschnitten der ersten Kuppelachse abgestellt. Dass gut konstruierte zusammengebaute Barrenrahmen zuverlässig funktionieren konnten, wurde demonstriert durch die guten Dienste und das lange Leben der Rahmen der Klasse 15CA. Diese Lokomotiven hatten den gleichen Kolbendruck wie die Klasse 15F entsprechend 93 % des Drucks der 25er. In Anbetracht der Verbesserungen bei der Ausführung von Schraubenverbindungen, die auf den Rahmenbau hätten angewendet werden können, war die Notwendigkeit von Stahlgussrahmen bei Lokomotiven von der Größe, wie bei den SAR üblich, alles andere als erwiesen. Er war eine teure Komponente, die den Beschaffungspreis einer typischen Lokomotive um geschätzte 15 % erhöhte. Welche Rahmenbauart auch immer verwendet wurde, es war wichtig ihn angemessen mit dem Kessel zu verbinden, so dass dieser seinen Anteil bei dem Widerstand gegen die auftretenden Kräfte leisten konnte. Das erhöhte sicher die Materialbeanspruchung des Kesselmantels, und es ist interessant, dass solche von außen einwirkenden Kräfte bei den Berechnungen nach den Lokomotivkesselregelwerken nicht berücksichtigt werden mussten, wohl aber in modernen Kesselregelwerken.

3. Verziehen der „Alligator"-Gleitbahnen. Diese wurden folglich durch die überlegenen, in Amerika entwickelten Mehrfachgleitbahnen ersetzt, was auch neue Kreuzkopfschuhe erforderte (fünf Lokomotiven waren mit Mehrfachgleitbahnen als Originalausrüstung geliefert worden).
4. Gelockerte Schieberbuchsen, die mit speziellen Ankern gesichert werden mussten.
5. Falsch konstruierte Schiebersteuerung. Die Gegenkurbeln waren zu lang und die Schwingenstange zu kurz konstruiert, was ein korrektes Einstellen der Schieber verhinderte. Dieser Fehler wurde entdeckt und die Konstruktion rechtzeitig geändert, so dass bei den weiteren Lokomotivlieferungen diese Bauteile die richtige Länge hatten, aber vierundvierzig Lokomotiven mussten in Südafrika nachgebessert werden.
6. Ausbeulen der äußeren Stehkesseldecken knapp oberhalb des Niveaus der Feuerbüchsdecke wegen ungenügender Versteifung, dem durch den Einbau von Queranker begegnet wurde.

All diese Schwierigkeiten traten gleichzeitig bald nach der Lieferung der Lokomotiven in Erscheinung und waren bei den 25C verbunden mit ebenso gravierenden Problemen bei der Kondensationsausrüstung. Diese Lokomotiven stellten eine große Investition in neue Triebfahrzeuge dar, zu einer Zeit, als die SAR noch ganz der Dampftraktion verpflichtet waren, und so wurde fieberhaft nach Lösungen gesucht und auch gefunden, wonach sich die Zuverlässigkeit erheblich verbesserte. Wie wir allerdings in Kapitel 1.2 gesehen haben, war dies für die Dampftraktion bei den SAR eine kritische Zeit, und all diese Probleme mögen bewusst oder unbewusst die Traktionspolitik zu dieser Zeit beeinflusst haben. Hätte es in den achtziger Jahren bei der umgebauten 25NC mechanische Probleme dieser Größenordnung gegeben, dann hätte das das Projekt vollständig sterben lassen.

Wir kommen nun zu der Leistung der Klasse 25, wobei die allgemeine Konstruktionsphilosophie verstanden werden soll. Im Paragraph 1.0 Teil 1 des 3B-Kesselversuchsberichts heißt es zu dem seinerzeitigen Entwurf:

> „Als die Frage nach zusätzlichen Hauptstreckentriebfahrzeugen erörtert wurde, war es notwendig, zu entscheiden, ob weitere Lokomotiven der Klasse 15F bestellt, oder ob Vorkehrungen für eine neue Lokomotivklasse getroffen werden sollten. Der begrenzte zukünftige Zuwachs an zulässiger Achsfahrmasse machte es unmöglich, einen nennenswerten Zuwachs an Zugkraft zu erzielen…da nicht auf einen nennenswerten Zuwachs an Zugkraft hin konstruiert werden konnte, so konnte doch wenigstens die Lokomotivleistung bei höheren Geschwindigkeiten vergrößert werden, indem für eine größere Verdampfungsleistung des Kessels gesorgt wurde…"

Es scheint, als ob akzeptiert worden wäre, dass bei der Zugkraft der Einrahmenlokomotiven ein Höhepunkt bei den SAR erreicht worden war und das Ziel der Neukonstruktion mit ihrem großen Kessel war es, eine höhere Leistung für höhere Betriebsgeschwindigkeiten zu erreichen. Angesichts der Tatsache, dass seinerzeit der Hauptverkehr auf den SAR der Güterverkehr war und auch heute noch ist, und dass ihre Strecken große Neigungen haben, 10 ‰ maßgebliche Steigung gelten als „flach", und Neigungen von 20 ‰ und mehr sind auf Hauptstrecken keinesfalls ungewöhnlich, waren die Betriebseigenschaften einer gemäß der oben genannten Philosophie konstruierten Lokomotive weniger nützlich, als wenn für eine höhere Zugkraft gesorgt worden wäre. Das war ein Manko, das, wie das soeben angeführte Zitat erkennen lässt, seinerzeit erkannt worden war, und das von den Befürwortern der Dieseltraktion später mit großem Erfolg ausgenutzt wurde. Der Grund, warum kein nennenswerter Zuwachs an Zugkraft erreicht werden konnten, konnte auf den Grundsatz der SAR, große Kuppelräder vorzuschreiben, zurückgeführt werden, anscheinend um den Radreifenverschleiß zu minimieren. 1 524 Millimeter (5 Fuß) war der Normdurchmesser für einrahmige Mehrzwecklokomotiven für Hauptstrecken, wobei die Klasse 23 sogar 1 600 Millimeter hatte, was die Anzahl der Kuppelachsen tatsächlich auf vier begrenzte. Durch Verkleinern des Durchmessers der Kuppelräder wären fünf Kuppelachsen möglich gewesen, und obwohl die Abnutzungsrate der Radreifen größer gewesen wäre, so wäre aber auch die Zugkraft größer gewesen und damit die gesamte Eignung der Lokomotive für den Güterzugdienst. So hätte zum Beispiel eine Lokomotive mit fünf Kuppelachsen und einem Raddurchmessern von 1 219 Millimeter (4 Fuß) einen nur um etwa 150 Millimeter längeren gesamten Kuppelachsstand gehabt als der der Klasse 23. Mit der gleichen Achsfahrmasse hätte sie eine um 25 % größere Zugkraft entwickelt und mit ausreichender Sicherheit noch mit 115 km h^{-1} gefahren werden können, weit oberhalb der bei den SAR für Dampflokomotiven festgesetzten zulässigen Fahrgeschwindigkeit von 90 km h^{-1} (die in den späten siebziger Jahren für Rhodesien vorgeschlagenen Lokomotiven dieses Typs hätten eine um 30 % größere Anfahrzugkraft als die Klasse 25 gehabt). Auf den SAR sind Experimente mit fünffach gekuppelten Lokomotiven gemacht worden, was zeigt, dass man sich der möglichen Vorteile einer solchen Bauart bewusst war, aber keine wirklich erfolgreiche und zuverlässige Konstruktion wurde zustande gebracht, obwohl das hätte möglich sein sollen. Viele Konstruktionen fünffach gekuppelter Schmalspurlokomotiven sind eingesetzt worden, wo die Streckenverhältnisse mindestens so schwierig waren wie die in Südafrika. Also beförderten die SAR, wo immer Garratts nicht verwendet wurden, ihren Güterverkehr auf Strecken mit großen Neigungen mit großrädrigen vierfach gekuppelten Lokomotiven. Diese Betriebsweise war vom Ideal weit entfernt, wurde aber mit der Klasse 25 fortgeführt. Bei diesen Lokomotiven waren von dem Betriebsgewicht mit vollen Vorräten nur 33 % als Reibungsgewicht verfügbar, wobei dieser Anteil bei dem durchschnittlichen Tendergewicht (2/3 der Kohle- und Wasservorräte) im Fall der 25NC auf 37 % und auf 35 % entsprechend bei den 25C anstieg. In jedem Fall war das zu wenig, und das machte sie, unverblümt ausgesprochen, für die meistens von ihnen erwarteten Zugförderungsaufgaben ungeeignet. Weiterhin betrug die nominelle Zugkraft der 25er (berechnet mit 85 % des Kesseldrucks) 229 kN, was einen Reibungskoeffizienten von 0,31 verlangte, selbst für das im Allgemeinen trockene südafrikanische Klima zu viel, um sich darauf verlassen zu können, womit sich bei Geschwindigkeiten unter 20 km h^{-1} ein hohes Schleuderrisiko ergab, falls der Regler bei großer Füllung voll geöffnet wurde. In der Praxis war damit ihre Zugförderungskapazität auf den vorherrschenden Neigungen für eine solch große Lokomotive recht begrenzt. Das effektive Zugkraftdiagramm und die zulässigen Zuglasten sind in den Abb. 36[1] und 37 dargestellt, wobei die maximalen Zuglasten mit einem Reibungskoeffizient von 0,25 ermittelt wurden (siehe auch Seite 60 bis 61). Da diese Zuglasten in der Praxis oft erreicht wurden, so war es die verfügbare Zugkraft und nicht die verfügbare Leistung, welche die maximalen Zuglasten bestimmte. Das bedeutete, dass bei ausgelasteten Zügen in den maßgeblichen Steigungen die Geschwindigkeit auf etwa 23 km h^{-1} abfiel, bei der die maximale *effektive* Zughakenleistung nur etwa 1 140 kW betrug, weit unterhalb des absoluten Maximums. In solchen Diensten ist es aber notwendig, hohe Leistungen bei geringen, statt bei hohen Geschwindigkeiten zu entwickeln. Wie in Kapitel 1.6 erwähnt, hatten die 25C eine potentiell höhere Verdampfungs- und Maschinenleistung als die Auspuffmaschinen, aber nach Kenntnis des Autors ist das niemals durch genaue Versuche quantifiziert worden.

Die Versuche, die tatsächlich mit den 25NC angestellt wurden, betrafen zu allererst den Kessel, insbesondere den Vergleich der tatsächlichen Kesselleistung mit der aus den 3B-Kesselversuchen erwarteten. Lokomotive Nr. 3413 (die erste für den Einsatz freigegebene)

---

[1] Wegen weiterführender Informationen zur Leistungsfähigkeit der Klasse 25NC sei der Leser an Artikel des Autors in den Ausgaben Nr. 39 und 57 des Continental Railway Journal verwiesen, herausgegeben von dem Continental Railway Circle, London, ISSN 0306-6177.

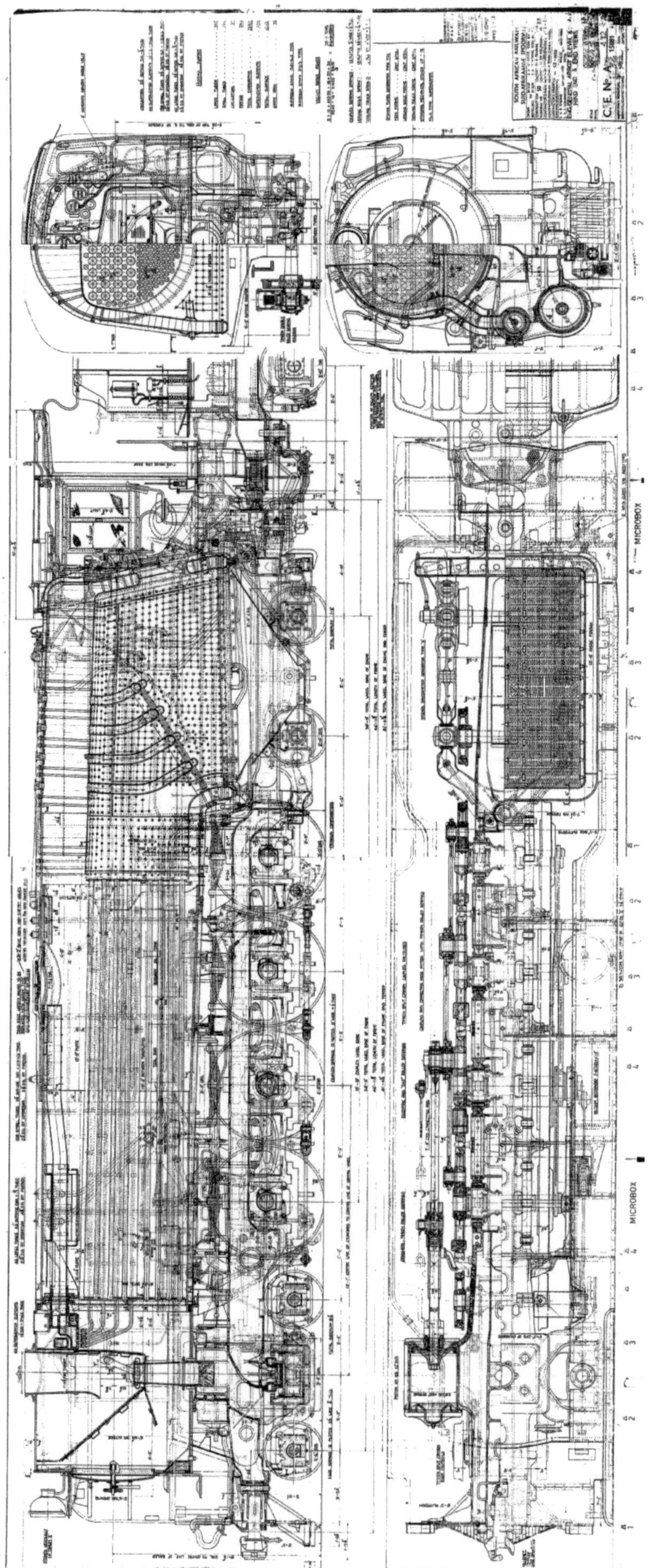

Abb. 35
SAR: 2D2-Klasse 25NC: Zusammenstellungszeichnung der Lokomotive

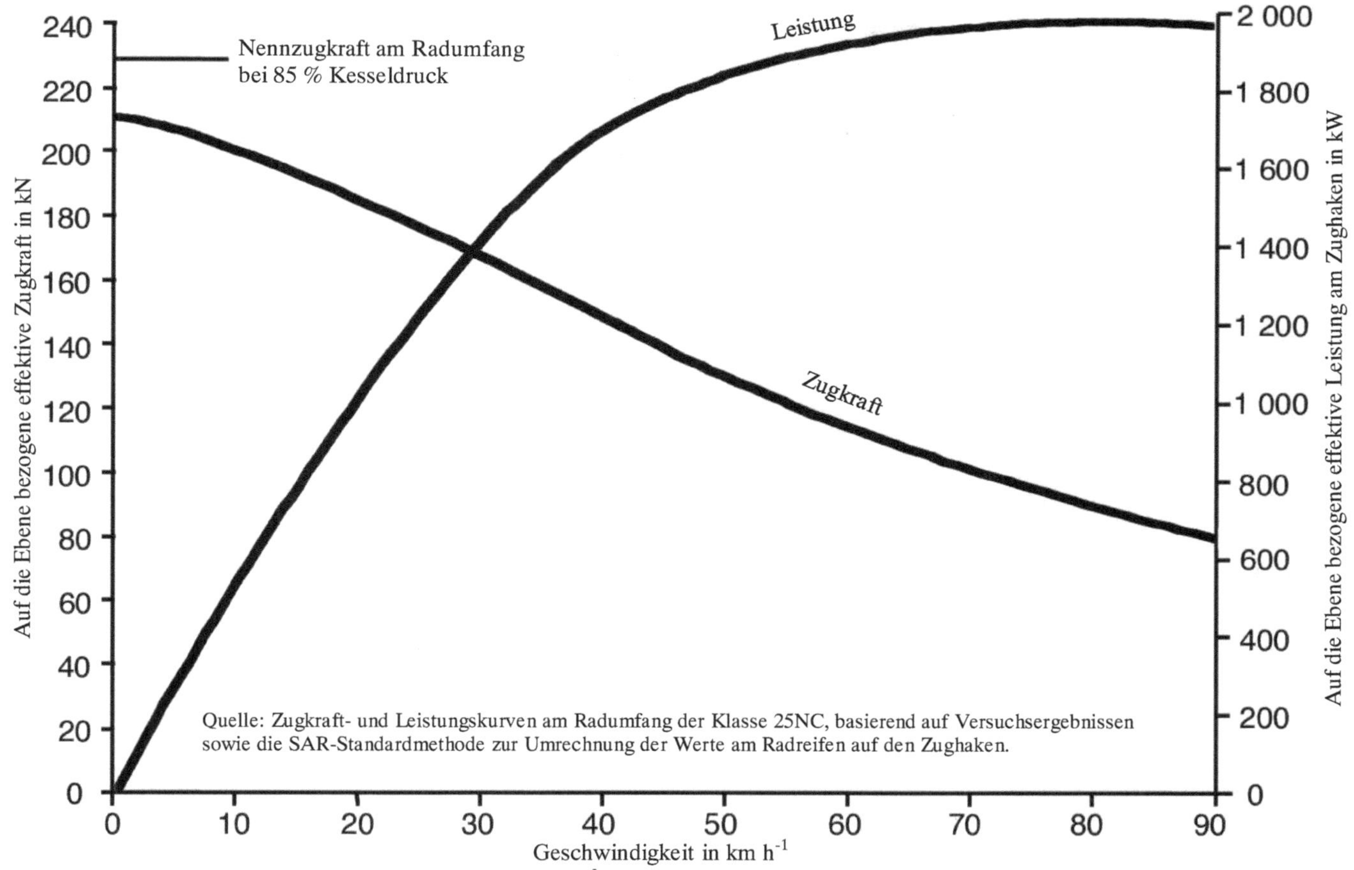

Abb. 36
SAR: 2D2-Klasse 25NC: Auf die Ebene bezogene effektive Zugkraft und Leistung über der Geschwindigkeit

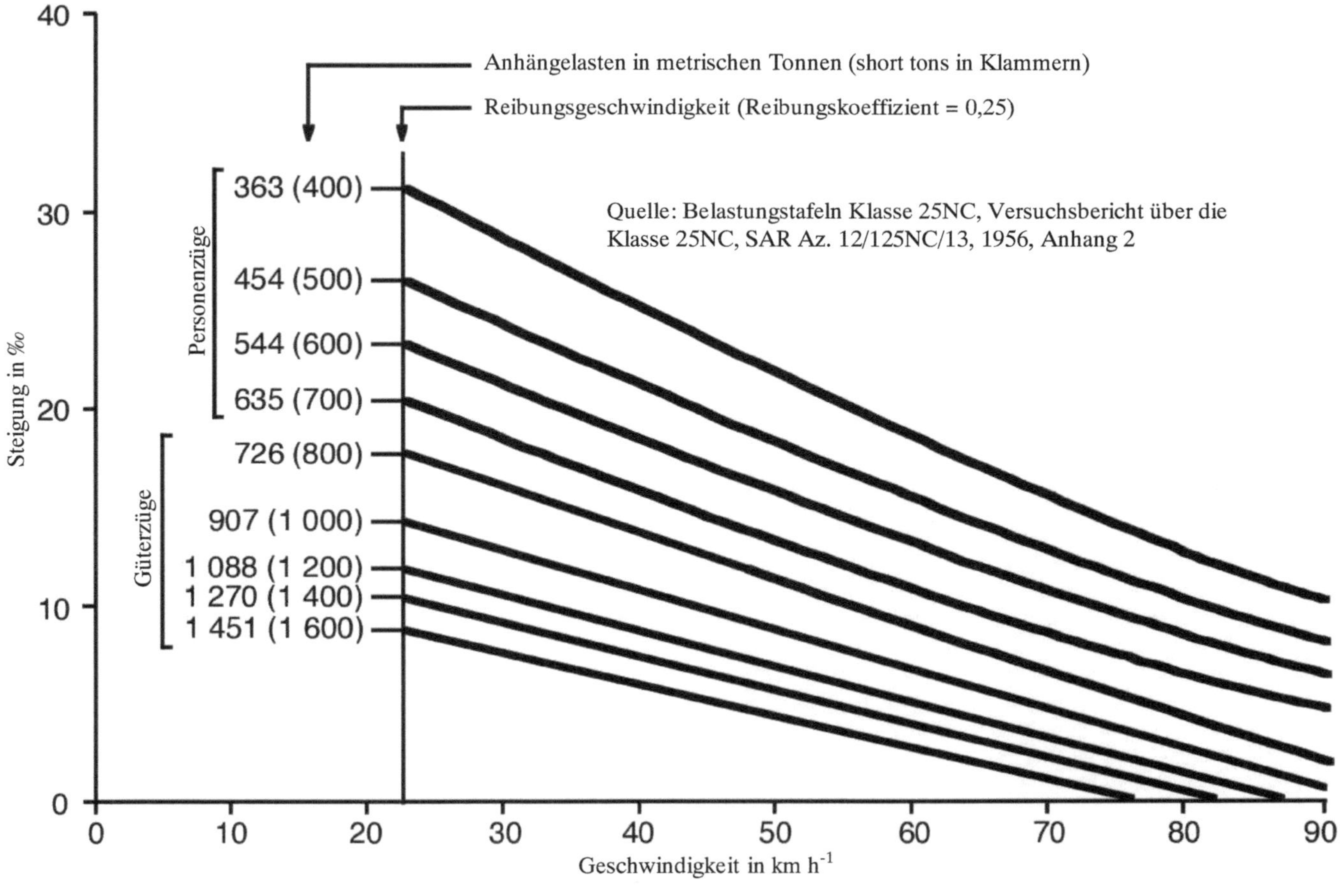

Abb. 37
SAR: 2D2-Klasse 25NC: Belastungstafel

wurde im Mai und Juni 1953 auf den gleichen Streckenabschnitten untersucht, wie sie zuvor für die 3B-Kesselversuche genutzt worden waren. Die gemessenen Kesselwirkungsgrade und das Verhältnis Verdampfung zu Rostbelastung wurden in Abb. 20 dargestellt. Der Bericht zu diesen Versuchen (Quelle siehe Seite 65) enthält die nachstehenden Beobachtungen:

1. Der Wirkungsgrad und die Leistung des Kessels der Klasse 25NC waren nicht so hoch wie erwartet. Eine Verdampfungsleistung von 23 800 kg h^{-1} waren vorausberechnet worden, bei einer spezifischen Rostbelastung von 742 kg m^{-2} h^{-1}, deutlich unterhalb der Rostgrenze, aber bei den Versuchen wurde sie erst mit einer spezifischen Rostbelastung von 879 kg m^{-2} h^{-1} erreicht, nah an der Rostgrenze, und die höchste Verdampfungsleistung betrug 24 940 kg h^{-1}. Das Verhältnis Kesselwirkungsgrad zu spezifischer Rostbelastung verlief etwas schlechter als bei dem 3B-Einheitskessel, der keine Verbrennungskammer hatte.
2. Mit einem Feuerschirmwinkel zum Rost gleich der vorgeschriebenen 30° statt 31,1° wie geliefert, wurde eine bessere Verteilung des Primärluftstroms durch das Feuerbett und ein besserer Kesselwirkungsgrad erreicht. Es wurde gezeigt, dass diese Differenz von 1,1° über den normalen Leistungsbereich des Kessels zu einem Kohlemehrverbrauch von etwa 7 % führte, und das wurde als weiterer Beweis für die entscheidende Bedeutung dieses Winkels angenommen.
3. Die höchste Dampftemperatur betrug 380 bis 385 °C (ungefähr 355 °C waren berechnet worden).
4. Bei einer Verdampfungsleistung von 23 800 kg h^{-1} betrug der Druckverlust zwischen Kessel und Schieberkasten 8% des Kesseldrucks, entsprechend des berechneten Werts.
5. Der Zugverlust in der Rauchkammer war annähernd doppelt so hoch wie erwartet, was einen höheren Abdampfgegendruck notwendig machte, der zu einer entsprechend verminderten Maschinenleistung führte.
6. Mit Handfeuerung statt der mechanischen Feuerung wurden Kohleersparnisse von 15 bis 20 % aufgezeichnet. Versuche mit Handfeuerung wurden erfolgreich bis zu einer Rostbelastung von vier Tonnen pro Stunde und einer Verdampfungsleistung von bis zu 22 675 kg h^{-1} ausgeführt, obwohl es mit der SAR-Einheitsfeuertür, mit der die Lokomotive seinerzeit ausgerüstet war, Probleme durch Klemmen gab (sämtliche Lokomotiven der Klasse 25 wurden schließlich mit amerikanischen „Schmetterling"-Feuertüren ausgestattet, wie sie bei den dreißig 25C mit mechanischen Berkeley-Stokern als Originalausrüstung geliefert worden waren).

3.2 Die Umbaulokomotive der Klasse 25NC : Die Konstruktionsarbeiten

Zu Beginn des Projekts musste eine grundlegende Entscheidung getroffen werden: sollten die Umbauten annährend auf das beschränkt bleiben, was die Basis der Vorlage an den Ausschuss 1978 war, wie auf Seite 51 beschrieben, oder ob mit allen Mitteln, die die vorhandenen Ressourcen erlaubten, versucht werden sollte, Leistung und Wirkungsgrad zu verbessern. Die erstere Methode war angemessen, falls die Reduzierung der Betriebskosten der betreffenden Lokomotiven während ihrer vermutlich beschränkten Restlebensdauer das Ziel war, was zweifellos das war, was die Unternehmensführung im Sinn hatte. Der letztere Weg ergab sich zwangsläufig, falls die Dampftraktion wettbewerbsfähig gemacht und ihr ein neues Leben geschenkt werden sollte. Die Tatsache, dass dieses Projekt als die letzte Chance der Dampftraktion wahrgenommen wurde, und die Möglichkeit, die beträchtlichen Fabrikationsmöglichkeiten der SAR in Anspruch zu nehmen, begünstigten den letzteren Weg. Dafür sprach auch das Gefühl, dass es einer dramatischen Verbesserung der Leistung bedürfen würde, um die Skeptiker zufriedenzustellen, falls sie überhaupt befriedigt werden konnten (man denke an die Aufnahme der mit 2644 erzielten Resultate). Die Wahl bestand dann also zwischen einer konservativen Herangehensweise mit von Allem etwas weniger – weniger Konstruktionsarbeit, weniger Herstellungsarbeit, weniger Kosten, weniger Einfahrzeit, weniger Risiko, aber auch weniger potentielle Verbesserung – und einem kompromisslosen Versuch, die bestmögliche Lokomotive zu schaffen. Von der 2644 wusste ich, was für eine Aufgabe ich mir durch die Wahl des zweiten Wegs stellen würde, aber ich erinnerte mich an Henry Pohls Worte in dem Vorsatz zu Kapitel 2 und ließ mich davon wieder und wieder inspirieren, wenn es mal sehr mühsam wurde. Ich wusste, wofür ich kämpfte. So wie ich es damals sah, für nichts weniger als das Überleben der Dampflokomotive. Dafür war es wert, mit einhundert Prozent zu kämpfen und um keinen Deut weniger, und so entschied ich mich für die einzuschlagende Richtung. Es würde keine halben Sachen geben, keine Entschuldigung dafür, nicht zu *versuchen*, die umgebaute Lokomotive so gut wie möglich zu machen, kein Zufriedensein mit dem „Gut genug", was, wie Porta mich gewarnt hatte, der schlimmste Feind des Besten war.

Ich erkannte, dass es zwei grundsätzlich beschränkte Ressourcen gab: das für das Projekt genehmigte Geld und ich selbst, der alleinige an diesem Projekt arbeitende Ingenieur. Über das Erstere machte ich mir keine allzu großen Sorgen, es würde kosten was es eben kostet, jedoch zeigen meine seinerzeitigen Notizen, dass ich glaubte, die Ausgaben würden sich innerhalb des Budgetrahmens halten lassen, da zahlreiche Bauteile Serienteile ersetzen würden, die selbst während der Rekonstruktion hätten aufgearbeitet oder ersetzt werden müssen. Gemäß dieser Überlegung wären es nicht die tatsächlichen Kosten der Rekonstruktion, die dem bewilligten Budget angerechnet würden, sondern die Differenz zwischen den Kosten der neuen Bauteile und denen für eine Reparatur oder Erneuerung von Serienteilen, die sie ersetzten. Außerdem plante ich, so viele der Fabrikationsarbeiten wie möglich im Depot Beaconsfield ausführen zu lassen, wo die Fertigungsgemeinkosten, verglichen mit denen der Werkstätten, niedrig waren.

Die Beschränkung des Projektumfangs, die sich ergeben würde, falls ich die gesamte Konstruktionsarbeit allein bewältigen müsste, erschein dagegen ernsterer Natur zu sein. Zu Beginn überschlug ich, dass für die Erstellung all der Zeichnungen durch mich selbst 1 400 Mannstunden beziehungsweise 35 Vierzigstundenwochen anzusetzen wären, zuzüglich der notwendigen Zeit für die Berechnungen, die Grundlage für die Zeichnungen sein würden. Aber eine PERT-Chart *(Anm. d. Übers.: Abkürzung für Program (oder Project) Evaluation and Review Technique)* auf Basis eines Konstruktionsteams mit fünf Vollzeitkonstrukteuren wurde erstellt, aus der sich eine Konstruktionszeit von nur elf Wochen ergab. Deshalb war es eine meiner ersten Aktionen, ein Memorandum an meine Vorgesetzten zu schreiben, in dem ich neben anderen Dingen um die Unterstützung von Zeichnern aus dem Lokomotivzeichenbüro bat. Die Antwort war „nein", das Zeichenbüro hätte „wichtigere Arbeit zu erledigen" und niemand könnte abgestellt werden. Das wurde mir von dem Stellvertretenden CME (Neubau und Finanzen), ein sehr gut unterrichteter Mann namens Martin, mitgeteilt, der seiner Überzeugung Ausdruck gab, dass das Programm sinnlos wäre, weil „keiner mehr Dampflokomotiven haben will". In diesem Zusammenhang bedeutet „keiner" niemand in der Eisenbahnunternehmensführung, und, obwohl im wörtlichen Sinne nicht richtig, war es im Grunde zutreffend, was er sagte. Zu der Zeit war diese Entscheidung ein harter Schlag, aber ich vermute, dass ich mehr Zeit und Energie dafür hätte aufbringen müssen, um das Zeichenbüro dazu zu bringen, nach meinen Anweisungen zu konstruieren, als ich tatsächlich damit zubrachte, die Arbeit selbst zu erledigen. Dennoch empfand ich das starke Bedürfnis nach Unterstützung, falls das Projekt sein volles Potential entfalten sollte. Es war nicht so sehr ich, sondern die Dampflokomotive, die um Hilfe bat. Ich nahm zu drei technisch ausgebildeten Personen Verbindung auf, die alle ergebene Dampflokomotiventhusiasten waren. Die Antwort des ersten davon war, mir zu sagen, dass er nicht an Portas Arbeit glaube und er verließ abrupt und Tür knallend mein Büro. Der zweite versprach zu helfen und Arbeitsunterlagen wurden ihm zugesandt, aber keine einzige Zeichnung kam zurück. Die dritte Person, die ich kontaktierte, war „Dusty" Durrant, der über viel Erfahrung mit Dampflokomotivarbeit im Konstruktionsbüro verfügte. Er versprach zu helfen und hielt auch Wort, indem er nach meinen Spezifikationen die Detailzeichnungen der geänderten Schieberkästen und der Stopfbuchsen für die Kolben- und Schieberstangen erstellte. Abgesehen von diesem sehr willkommenen Beitrag sah es so aus, als ob ich die gesamte Konstruktionsarbeit würde allein machen müssen, was mir eine außergewöhnlich hohe Arbeitsbelastung aufbürdete, jedenfalls höher, als es für ein klares analytisches Denken ideal ist, und gleichzeitig machte es den ursprünglich für den Abschluss des Projekts angegebenen Zehnmonatsplan hinfällig. Aber ich war entschlossen, das Programm deswegen so wenig wie möglich leiden zu lassen. Sich ein so hohes Ziel zu stecken, setzte eine Art fanatischer und zielstrebiger Hingabe an die Arbeit frei, wie sie unter diesen Umständen unentbehrlich war.

Zu Beginn hatte ich die Absicht, andere Mitarbeiter in der Abteilung des CME soweit wie möglich einzubeziehen, um das Pflichtenheft des Projekts klar zu definieren und um Einvernehmen mit den Konstruktionsänderungen, den Versuchsmethoden etc. zu erlangen, aber nach der Verweigerung der Unterstützung durch das Zeichenbüro und wegen der offensichtlichen Teilnahmslosigkeit, von mancher Seite sogar Feindseligkeit, wie sie von der Abteilungsleitung gegen das Projekt gezeigt wurde, konnte in dieser Hinsicht nicht viel erreicht werden, außer einer Anweisung, dass das alleinige Ziel der Arbeit sei, die in Bezug auf die Verbesserung der Leistung gemachten Behauptungen zu überprüfen. Allerdings konnte die Gleichgültigkeit meiner Vorgesetzten zum Vorteil gewandelt werden, denn damit war ich befreit von der Einmischung oder Kontrolle durch andere, eine Freiheit, die ich so weit wie möglich ausnutze, nach dem Motto „es gibt keine raffiniertere Form der Macht, als zu tun, was man will, ohne das andere davon wissen" (diese Redewendung bezieht sich auf eine etwas andere Situation, als die nun beschriebene, aber sie ist dennoch für das tatsächlich Geschehene zutreffend). Nun konnte ich mein eigenes Pflichtenheft aufstellen, was zusammengefasst werden konnte mit den Worten „Konstruktion zur Maximierung der für den Betriebserlös relevanten erzeugten Tonnenkilometer pro Einheit der Lokomotivgesamtbetriebskosten", wozu die Rekonstruktion so umfassend wie möglich zu sein hatte.

Bevor die Änderungen im Detail betrachtet werden, muss die einem solch ganzheitlichen Umbauprogramm zugrunde liegende Philosophie erläutert werden. Die Verbesserung von Leistung und Wirkungsgrad bei Dampflokomotiven war im Wesentlichen eine Frage der Minimierung der vermeidbaren Verluste, der „Verlustkontrolle" in moderner Sprache. Das war sowohl im thermischen als auch im mechanischen Sinne anwendbar. Um beim Letzteren zu bleiben, Instandhaltung und nicht optimale Zuverlässigkeit waren beide auf Verluste zurückzuführen: Verschleiß, der in der Folge für einen Großteil der Instandhaltungsaufwendungen verantwortlich war, ist per definitionem der Verlust von Werkstoff, und jede Art von Versagen geht einher mit dem Verlust der Fähigkeit des betreffenden Bauteils, ordnungsgemäß zu funktionieren. Das kann der Verlust der Klemmkraft einer Schraubenverbindung sein, die bricht oder sich dehnt oder Verlust an Wärmeleitfähigkeit einer Wärmeaustauschfläche, die sich mit einem Belag überzieht etc. Im weiteren Sinne bedeutete die mechanische Verschlechterung den Verlust der Fähigkeit einer Lokomotive, so zu arbeiten, wie sie konstruiert wurde, und eine Lokomotive, die in diesem Sinne verlustfrei gewesen wäre, hätte die perfekte Zuverlässigkeit gehabt. Obwohl derartige mechanische Verluste in der Realität nicht alle zu Null reduziert werden können, zum Beispiel war für die Ausübung der Zugkraft ungeschmierter Schlupf zwischen Radreifen und Schienenkopf unerlässlich, was zu Verschleiß führen musste, so sprach aber nichts in den Naturgesetzen dagegen, sie wesentlich kleiner zu machen, als sie es ansonsten bei Dampflokomotiven üblicherweise waren (so konnte zum Beispiel die Verschleißrate von Dampflokomotivzylinderbuchsen, -kolben, -ringen etc. etwa dreißig Mal höher sein, als bei den entsprechenden Komponenten von Diesellokomotiven).

Was die Wärmeverluste angeht, so wird die Leistung jeder Wärmekraftmaschine von den Gesetzen der Thermodynamik bestimmt, und der zugehörige Wärmeverlust ist unvermeidlich. Seine Größe bei jeder gegebenen Arbeitsleistung hängt ab von den oberen und unteren Grenzen des thermodynamischen Kreisprozesses, nach dem die Maschine arbeitet. Die Diskrepanz zwischen diesem theoretisch erzielbaren Wirkungsgrad und dem tatsächlich erreichten stellt Verluste dar, die nicht auf den Gesetzten der Thermodynamik beruhen und deshalb potentiell vermeidbar sind (oder zumindest zu großen Teilen) oder, um es anders auszudrücken, sie ist ein Maß dafür, bis zu welchem Ausmaß die Leistung der tatsächlichen Maschine hinter der im Idealfall erreichbaren zurückbleibt. Im Fall der Dampflokomotiven waren die vermeidbaren Verluste viel zu groß und konnten im schlimmsten Fall einfach erschreckend sein. Nimmt man als Beispiel die Klasse 25NC, so war der Wirkungsgrad des Rankine-Kreisprozesses zwischen den Ein- und Austrittszuständen, mit denen die Maschine arbeitete, das heißt, der von den Gesetzten der Thermodynamik her mögliche Wirkungsgrad, 17 %, aber aus den Messwagenversuchen kann hergeleitet werden, dass bei 90 km h^{-1} und höchster Leistung der thermische Gesamtwirkungsgrad für die am Zughaken erzeugte Nutzarbeit nur 3,3 % betrug, beziehungsweise ein Fünftel dieses theoretischen Maximums. Der Kohleteppich, der Eisenbahnstrecken bedeckte, wo immer kohlegefeuerte Dampflokomotiven hoch beansprucht wurden, ist ein stilles Zeugnis dieser unglücklichen Tatsache. Deshalb musste ein Umbauprogramm für die Verbesserung der Leistung vorhandener Dampflokomotiven die vermeidbaren Verluste aufs Korn nehmen, insbesondere dort, wo sie am höchsten waren. Es war klar, dass es für eine Reduzierung der thermischen Verluste der Klasse 25NC ein großes Betätigungsfeld gab. Zudem zeigten die Kostendaten, dass die Brennstoffkosten dieser Lokomotiven im Planeinsatz zwischen Kimberley und De Aar ungefähr das Dreifache ihrer Instandhaltungskosten ausmachten, weswegen der Bekämpfung der thermischen Verluste die Priorität gegeben wurde. Da Nutzen gleich Aufwand minus Verlust, würde eine solche Verlustkontrolle sowohl eine Verbesserung des thermischen Wirkungsgrads als auch der Leistung bringen. Es war genau diese Philosophie, die Chapelon und Porta geleitet hatte, aber unglücklicherweise viele andere Lokomotivingenieure nicht. Vieles bei der Rekonstruktionsarbeit konnte einfach als Korrektur der Fehler in der Ursprungskonstruktion beschreiben werden, wie zum Beispiel schlechte innere Stromlinie der Dampfwege. Im thermodynamischen Sinn führte sie bei richtiger Anwendung zwangsläufig zum Erfolg und war der Grund dafür, warum scheinbar erstaunliche Leistungssteigerungen erzielt werden konnten, ohne die Gesamtabmessungen von Lokomotiven oder ihre wichtigen Parameter wie Kesseldruck, Rostfläche, Verdampfungsheizfläche oder Zylinderabmessungen zu verändern.

Das Umbauprogramm der Klasse 25NC war eine erweiterte Version desjenigen, das dem Ausschuss 1978 vorgelegt worden war, wobei seine Details in der Zwischenzeit auf Vorschläge Portas hin und wegen der Überarbeitung der grundlegenden Konstruktionsberechnungen erheblich verändert worden waren. Eine meiner dringendsten Aufgaben war das erneute Lesen der von Porta geschickten relevanten Korrespondenzen und Dokumentationen, so dass all seine Ratschläge in dem neuen Entwurf, wo immer es praktikabel war, berücksichtigt werden konnten. Selbstverständlich wurde Porta über den Fortschritt der Konstruktionsarbeiten informiert gehalten, und er assistierte in seiner üblichen Art, indem er Vorschläge machte, wo Verbesserungen gemacht werden konnten. In den ersten fünfzehn Wochen nachdem das Projekt genehmigt worden war, erhielt ich 23 Briefe zu diesem Thema von ihm. Die Modifikationen sind auf der nächsten Seite unter drei Überschriften aufgelistet: (1) solche, die von Anfang an vorgesehen waren und ausgeführt wurden, (2) solche, die in dem Entwurf während des Verlaufs der Konstruktionsarbeit berücksichtigt wurden und (3) solche, die ursprünglich vorgesehen waren, aber nicht ausgeführt wurden.

Der allgemein vorherrschende Grund, warum die Elemente der Spalte (3) nicht weitergeführt wurden, war der Zeitmangel, all die notwendige Konstruktionsarbeit zu erledigen. Eine Analyse des Kesselaufbaus wurde nach ASME-Lokomotivkesselregelwerk *(Anm. d. Übers.: Die American Society of Mechanical Engineers (ASME) ist ein Berufsverband der Maschinenbauingenieure in den USA. Der Verband wurde 1880 gegründet und umfasst rund 120 000 Mitglieder (Stand 2005))* durchgeführt, aber es ergab sich, dass die Längsnähte des ersten und zweiten Langkesselschusses, die Stehkesseldecke und die Stehkesselrückwand eine Anhebung des Kesseldrucks nicht möglich machten, ohne dass die Sicherheitsfaktoren unter die von den SAR festgelegten Mindestwerte fielen. Es wurde vorhergesehen, dass für die sichere Übertragung der erwarteten höheren Leistung ein höheres Reibungsgewicht notwendig sein würde, wobei die nachfolgenden Erfahrungen zeigten, dass das nur allzu nötig war. Berechnungen ergaben, dass bei der Entfernung einer Achse des Schleppgestells und dem

Anbringen von Ballast im Vorderteil der Lokomotive, die Gewichtsverteilung wie folgt hätte geändert werden können (alle Zahlenangaben in metrischen Tonnen):

	Führendes Drehgestell	Führende Kuppelachse	Treibachse	Dritte Kuppelachse	Vierte Kuppelachse	Schlepp-gestell
Serien-25NC	21,4	18,8	19,0	18,9	18,7	23,0
Umbau-25NC	21,5	20,0	22,0	20,0	20,0	17,0

Das hätte das Reibungsgewicht um 6,6 Tonnen beziehungsweise 9 % erhöht. Entsprechend wurde ein Brief an den CCE geschickt, der seine Zustimmung für den Einsatz einer solchermaßen modifizierten Lokomotive zwischen Kimberley und De Aar gab, aber nicht zwischen Kimberley und Bloemfontein. Das wurde nicht als Hinderungsgrund angesehen, denn die Lokomotive hätte im Depot De Aar beheimatet werden können, vielmehr war es die mit diesem Plan verbundene recht beträchtliche Änderung am strukturellen Aufbau der Lokomotive, der das letztendlich ausschloss. Die Möglichkeit einer Aschkastenvergrößerung hing von der Abänderung des zweiachsigen Schleppgestells in ein einachsiges ab, und als das nicht ausgeführt wurde, musste auch der Aschkastenplan an die Seite gelegt werden. Der Aschkastenrost für die Nachverbrennung der normalerweise mit der Asche in den Aschkasten entleerten, nicht vernachlässigbaren Menge an Unverbranntem, wäre bei der vorherrschenden Betriebsweise, die Asche auf dem Rost zu halten, bis er geschürt und der Aschkasten bei den Wasserhalten entleert wurde, von geringem Nutzen gewesen, zumal es während der Fahrt nur wenig Durchfall in den Aschkasten gab. Mangels eines geräumigen selbstentleerenden Aschkastens gab es wenig Spielraum diese Betriebsweise zu ändern, wobei die bei der Betätigung des Schüttelrosts vorgeschriebene Benutzung der Aschkastenbrause jeder im Aschkasten gewollten Verbrennung wohl einen kleinen Dämpfer verpasst hätte! Mit den automatischen Primärluftklappen, den vorderen Kolbentragstangen und einem Zylinderblock-dampfmantel wurde wegen der begrenzten Konstruktionskapazität und der Tatsache, dass es sich nicht um vorrangige Änderungen handelte, nicht weitergemacht. Bei den Dampfmänteln gab es das zusätzliche Problem des geringen Abstands der Zylinder zum Umgrenzungsprofil. Vordere Kolbentragstangen wurden schließlich konstruiert, als die Lokomotive im normalen Planeinsatz stand, wurden aber nie eingebaut. Die Behandlung der Zylinder- und Schieberbuchsen mit dem Sulfinuz- oder Tufftride-Verfahren zur Verbesserung des Verschleiß-widerstands der gleitenden Flächen wurde als unnötig betrachtet, als für ihre Herstellung höherwertiges Gusseisen vorgeschrieben wurde (Spalte 2 Element 4 des Umbauplans). Die Beyer-Peacock „Hadfield“-Dampfservoumsteuerung, wie sie an den 25NC angebaut war, war, obwohl alles andere als perfekt, der Bauart „Hendrie“ der älteren SAR-Lokomotiven im Betrieb weit überlegen, und es wurde entschieden, sie nicht zu ändern, es sei denn, die Betriebserfahrungen würden dazu zwingen. Die Isolierung innerer, nicht gleitender Zylinderoberflächen, im Wesentlichen die Emaillierung der Zylinderdeckel zur Isolierung auf der dampfberührten Seite zur Verminderung der Verluste durch Wärmeübergang, wurde mangels genauer Kenntnisse der zugehörigen Technologie nicht ausgeführt, und auch weil Porta zu bedenken gab, dass ein ordentlicher Ölkohlebelag zumindest teilweise in gleicher Weise wirken würde. Deshalb wurde eine Anweisung herausgegeben, bei dem Umbau die Zylinderdeckel nicht von der Ölkohleablagerung zu befreien.

Kommen wir nun zu den tatsächlich übernommenen Änderungen, wobei bereits in Kapitel 2.2 Beispiele für die ganzheitliche Weise angegeben wurden, wie die verschiedenen Teile einer Dampflokomotive zusammenwirken, das heißt, wie die Funktionen wichtiger Teile nicht isoliert voneinander gesehen werden konnten. Deshalb musste es bei einem so umfangreichen Umbauplan, wie dem hier betrachteten, von Anfang an eine klare Vorstellung davon geben, wie der ganze Plan zusammenpasst und ebenso eine ziemlich genaue rechnerische Vorhersage der Werte der Parameter, die die Funktion der umgebauten Lokomotive beeinflussten. Auch bedurfte es der Zuversicht, dass *sämtliche* dieser zusammenwirkenden Teile auch konstruiert und angebaut werden konnten, weil ein Versagen bei dieser Aufgabe zur Fehlfunktion einiger Teile der Lokomotive und zu einem oder mehreren schwachen Glieder in der Kette geführt haben würde, was den Wert des ganzen Plans eingeschränkt hätte. Als ein Beispiel sei angeführt, dass die größtmögliche Überhitzung wünschenswert war, und der Entwurf sah 450 °C vor, was einen größeren Überhitzer bedeutete. Diese Temperatur zwang zu einer Verbesserung der Schieber- und Zylinderschmierung und zur Kühlung der Schieberbuchsen, aber eine Kühlung konnte nicht ohne Änderung der Konstruktion von Schieberbuchsen und Schieberkästen eingebaut werden. Die Schieberbuchsen mussten zu den neuen Schiebern und ihrer Bewegung passen, wobei Letztere von der Machbarkeit der notwendigen Änderungen an der äußeren Steuerung und von der Möglichkeit der Anbringung von Herdner-Anfahrventilen abhing, deren Konstruktion wiederum von dem Umgrenzungsprofil eingeschränkt wurde. Die Änderung des Überhitzers veränderte den rauchgasseitigen Widerstand im Rohrbündel und die Abdampftemperatur und beides zusammen die Blasrohr-wirkung. Die geänderten Einströmdampfrohre mussten sowohl an die modifizierten Schieberkästen als auch an den Dampfsammelkasten passen, und der musste in die veränderte Rauchkammer passen. Die Größe des Überhitzers für eine gegebene Dampftemperatur war abhängig von der Speisewassertemperatur, das heißt, ob ein Speisewasservorwärmer installiert würde oder nicht. Deshalb musste Gewissheit darüber erlangt werden, ob es möglich sein würde, all diese Änderungen einfließen zu lassen und, wo nötig, mussten Berechnungen zur Vorhersage ihres Verhaltens im Zusammenspiel angestellt werden. Eine wichtige Überlegung während dieses Prozesses betraf die schwierige Frage, die projektierten Dinge in den bestehenden Aufbau der Lokomotive zu integrieren und gleichzeitig größere Änderungen am Grundaufbau auf ein Mindestmaß zu beschränken. Wegen der Einschränkungen durch den gegebenen Aufbau, konnten solche Umbauarbeiten aus der Sicht der Konstruktion schwieriger sein, als wenn die Lokomotivkonstruktion mit einem weißen Blatt Papier anfängt. Es war nicht einfach, den vollen Umbauplan innerhalb des Grundaufbaus der Klasse 25NC umzusetzen und gleichzeitig auf die optimale Funktion der Komponenten hin zu konstruieren, so dass offensichtlich Kompromisse eingegangen werden mussten, um die Dinge unterzubringen. Ein anderer wichtiger Umstand war, dass die verschiedenen konstruktiven Lösungen, die es zu jedem Problem gab und aus denen die beste gewählt werden konnte, nicht wirklich bewertet werden konnten, ohne bis zu einem gewissen Grad im Detail alternative Ideen auszuarbeiten. In den vorherrschenden Umständen, das heißt beschränkte Konstruktionsressourcen und, angesichts der ständig abnehmenden Dampflokomotivflotte, der Zwang zu raschen Ergebnissen, war das nicht möglich. Das Beste, was getan werden konnte, war ein kurzer Überblick über die Möglichkeiten, unter Abwägung solcher Faktoren wie thermische und mechanische Betriebseigenschaften, Einfachheit der Konstruktion, der Herstellung und des Einbaus und der Kosten, und dann gemäß meiner wie auch immer gearteten technischen Intuition die Lösung zu übernehmen, die höchstwahrscheinlich über alles gesehen die beste war. Sowohl die erreichten Erfolge als auch die erfahrenen Probleme mit der umgebauten Lokomotive sollten im Licht dieser alles andere als idealen Bedingungen betrachtet werden, unter denen die Konstruktionsarbeit geleistet werden musste und der Beschränkungen durch den vorhandenen Lokomotivaufbau, für den der Umbauplan maßgeschneidert werden musste.

Die Bauartänderungen werden nun der Reihe nach beschrieben.

Umbauplan der Klasse 25NC (mit einem * gekennzeichnete Elemente wurden bei 19D Nr. 2644 ausgeführt)		
1 Geplant und ausgeführt	2 Während der Konstruktion eingearbeitet	3 Geplant, aber nicht ausgeführt
1. Gaserzeugungs-Verbrennungssystem*	**1.** Schieberstange mit Gelenk	**1.** Erhöhter Kesseldruck
2. Lempor-Saugzuganlage*	**2.** Verbesserte Tragbuchsen für Schieberstangen	**2.** Änderung der Achsfolge in 2D1 zur Erhöhung des Reibungsgewichts
3. Kordina	**3.** Modifizierte Zylinderbuchsen	**3.** Vergrößerter Aschkasten
4. Verlängerte und im Innern aerodynamisch abgeänderte Rauchkammer des Typs Master Mechanics*	**4.** Verbesserter Werkstoff für Zylinder- und Schieberbuchsen	**4.** Nachverbrennungsrost im Aschkasten
5. Oberflächenspeisewasservorwärmer	**5.** Höhergelegte Umläufe	**5.** Automatische Primärluftklappen
6. Vergrößerter Überhitzer	**6.** Geänderte Windleitbleche	**6.** Oberflächenbehandlung der Zylinder- und Schieberbuchsen zur Reibungsminderung
7. Überhitzer-Booster (Heizrohrklappe)*	**7.** Vergrößerter Kohlenkasten	**7.** Innere Isolierungen an nicht gleitenden Oberflächen
8. Geänderte Hauptdampfleitungen	**8.** Einrichtung zur Verteilung von Wasseraufbereitungschemikalien	**8.** Dampfmantel am Zylinderblock
9. Vergrößerte Schieberkästen		**9.** Vordere Kolbentragstangen
10. Neugestaltete gekühlte Schieberbuchsen		**10.** Verbesserte Dampfservoumsteuerung
11. Neugestaltete Schieber		
12. Geänderte äußere Steuerung für die richtige Bewegung der neuen Schieber		
13. Herdner-Anfahrventile		
14. Geänderte Dampfkolben		
15. Verkleinerte schädliche Räume		
16. Verbesserte Kolbenstangenstopfbuchsen		
17. Verbesserte Schieber- und Zylinderschmierung*		
18. Schmierpumpenantrieb mit variablem Hub		
19. Verbesserte Zylinderisolierung		
20. Verbesserte Sandstreuer*		
21. Schienenreiniger*		
22. Verbesserte Rauchkammertürdichtung*		
23. Abstellen von Ursachen für Unzuverlässigkeit (Bauteile, die ständiger Reparatur bedürfen)		
24. Erzwungene Fahrweise mit voll geöffnetem Regler		
25. Leerlauf in Mittelstellung der Steuerung und Entfernen der Schnüffelventile und Druckausgleicher*		
26. Verbesserte Kesselspeisewasseraufbereitung		

1. Das Gaserzeugungs-Verbrennungssystem

Im Kapitel 2.2 sind die Prinzipien des GPCS und ihre Anwendung bei Lokomotivfeuerbüchsen im Allgemeinen und bei der Klasse 19D im Besonderen beschrieben worden. Von den nachstehenden Unterschieden zwischen den Lokomotiven der Klasse 19D und 25NC wurde erwartet, dass sie die GPCS-Betriebseigenschaften bei der Letzteren verbessern würden.

i) Die bessere Primärluftverteilung der 25NC, was bedeutete, dass die besten Ergebnisse mit einer gleichmäßigen Feuerbetthöhe erreicht würden.
ii) Der nahezu waagerechte Rost. Sowohl von (i) als auch von (ii) wurde erwartet, dass dadurch das Vorwärtswandern des Feuerbetts verhindert würde, wie es auf 2644 beobachtet worden war.
iii) Das Zerkleinern von großen Kohlebrocken in dem mechanischen Stoker, was verhinderte, dass solch große Brocken ein zu durchlässiges Feuerbett verursachen (in den Umbauanweisungen wurde vorgeschrieben, den Kohlenbrecher am Ende des Kohlentrogs auf die kleinstmögliche Korngröße einzustellen, aber das war möglicherweise doch nicht vorteilhaft, da es die Menge des entstehenden Kohlengrus vergrößert haben wird. In dieser Hinsicht war es bei industriellen Gaserzeugern die Regel, dass für ein optimales Ergebnis die größten Kohlepartikel die zweifache Größe der kleinsten nicht überschreiten sollten, aber bei Lokomotivkohle, wie sie tatsächlich verfeuert wurde, war die Größendifferenz viel größer).
iv) Die von den Stoker-Verteilerdampfstrahlen ausgehenden starken Turbulenzen in der Verbrennungszone.
v) Der unveränderliche Sekundärluftquerschnitt, der angewendet werden konnte (bei einer handgefeuerten Lokomotive musste er variabel sein, es sei denn, die Feuertür war ständig ganz geöffnet).
vi) Die größere Rostfläche und das größere Feuerbüchsvolumen im Verhältnis zum Zylindervolumen.
vii) Der größere Freiheitsgrad für die optimale Positionierung der Lufteintritte.

Auf der Negativseite wurde erwartet, dass die Bildung von Kohlengrus in der Förderschnecke des Stokers und das Einblasen dieser nicht gebundenen Feinkohle in die Feuerbüchse durch die Verteilerdampfstrahlen, eine ungünstige Auswirkung auf den Verbrennungswirkungsgrad haben werden, genau, wie es bei der Normalverbrennung der Fall war. Jedoch wurde angenommen, dass Flugverluste durch die vernünftige Ausrichtung der Sekundärluftströme vermindert würden, indem schwebende Partikel zurück auf das Feuerbett geschleudert werden. Spätere Erfahrungen mit der mechanischen Stoker-Feuerung auf der chinesischen QJ-Klasse wiesen allerdings darauf hin, dass Feinkohlen mitgerissen wurden, bevor sie sich auf das Feuerbett legen konnten, so dass das bei hohen Verdampfungsleistungen mehr oder weniger unabhängig war von dem Verbrennungssystem. Falls das wirklich so der Fall war, dann wäre der wärmetechnische Nutzen des GPCS bei stokergefeuerten Lokomotiven immer geringer gewesen als bei handgefeuerten. Eine Idee, dieses Problem zu lösen war es, Kohle mit schwerem Heizöl zu vermengen, um so eine klebrige Masse herzustellen, die einer Partikelablösung widersteht, aber der Autor hat keine Kenntnis davon, ob das außer in Experimenten jemals angewendet wurde.

Verschiedene Lektionen, die aus den Erfahrungen mit 2644 gelernt worden waren, wurden von Anfang an bei der Konstruktion der 25NC berücksichtigt, bestehend aus dem folgenden:

1.1 Eine abgesenkte Rostanlage mit begrenztem freien Luftquerschnitt

Die Konstruktion der Rostanlage wurde nach den erfolgreichen Erfahrungen mit Rostelementen von 10 % freiem Luftquerschnitt auf der 2644 ausgeführt und übernahm mehrere von deren Merkmalen. Porta hatte betont, dass wegen des hohen Feuerbetts bei dem GPCS selbst 10 % freier Luftquerschnitt (der Wert, den er auch in Argentinien angewendet hatte) nicht wesentlich zum Primärluftströmungswiderstand beitrug. Vielmehr war immer noch das Feuerbett der Hauptwiderstand, und falls es gestört würde, so würde das auch für den Primärluftstrom gelten. Indem man den Rost zu dem Hauptwiderstand ausbildet, würde sich die Gleichförmigkeit des Luftstroms besser aufrechterhalten lassen, unabhängig von irgendwelchen Feuerbettunregelmäßigkeiten, und um das zu erreichen, empfahl er einen freien Luftquerschnitt von nur 3 %. Die Ausführung einer Konstruktion für einen solch niedrigen Wert bei gleichzeitiger Befriedigung anderer Anforderungen, wie zum Beispiel eine vernünftige Größe für die Luftöffnungen in den Rostelementen einzuhalten und sie gleichmäßig über den gesamten Rost zu verteilen, war nicht einfach, aber Beobachtungen auf 2644 sprachen für die Vorstellung, dass ein freier Luftquerschnitt von unter 10 % vorteilhaft sein würde. Der Lochblendentischrost für die 25NC wurde deshalb mit einem freien Luftquerschnitt von 5 % der Gesamtrostfläche konstruiert. Unter Anrechnung der Luftöffnungen zwischen den Rostelementen und den Rostbalken betrug der gesamte freie Luftquerschnitt des Rosts 6,2 %, und er war so gleichmäßig wie möglich über die gesamte Rostfläche verteilt. Im geschlossenen Zustand überlappte jedes Rostelement das dahinter liegende, und nach vorn ausgeschwenkt war die größte Öffnung 130 Millimeter für eine schnelle Ascheentleerung, über 100 % größer als bei dem Schüttelrost der Serien-25NC. Hitzebeständiges Gusseisen nach einer Werkstoffvorschrift der American Society for Testing Materials (ASTM) wurde für die Rostelemente vorgeschrieben. Ein Kipprost wurde nicht eingebaut.

Die Oberkante der Rostanlage wurde gegenüber der Serien-25NC um 120 Millimeter abgesenkt, womit die niedrigstmögliche Position im Hinblick auf den Schutz des Bodenrings mit U-Querschnitt vor Überhitzung bei eventuellen Schlammablagerungen und im Hinblick auf Freiraum für die Ascheablagerung erreicht war (das Oberteil des Aschkastens musste nichtsdestotrotz vollständig umkonstruiert werden). Damit war eine nutzbare Feuerbetthöhe von bis zu 480 Millimeter möglich, wobei die Schwierigkeit des gleichmäßigen Kohleaufwerfens auf den Rost der begrenzende Faktor war, wenn die Brennstoffschicht bis nah an das Höhenniveau des Verteilertisches des Stokers reichte. Abdeckbleche wurden an den Rostbalken zur Abdichtung aller Spalte an dem mittleren Balkenträger und am Umfang des Rosts zu den Feuerbüchswänden hin angebracht. Kein Luftzutritt war an den feststehenden Teilen der Rostanlage erwünscht, wo das Feuer wegen der angehäuften Asche relativ wenig aktiv sein würde. Die Abdichtbleche am Umfang wirkten auch dem Auftreten von Lufteinbrüchen nah bei den Feuerbüchswänden entgegen, was für die Gaserzeugung wegen der dort herrschenden niedrigeren Feuerbetttemperaturen sehr schädlich war. Die sich auf diesen Abdeckblechen bildende Ascheschicht ergab in Form einer Isolierung auch einen zusätzlichen Schutz gegen das Überhitzen des Bodenrings.

Um es zusammenzufassen, 2644 hatte gezeigt, dass die Konstruktion der Rostanlage für die Feuerbettstabilität bei starkem Saugzug von kritischer Bedeutung sein konnte, und deshalb wurde bei der neuen Rostkonstruktion große Sorgfalt aufgewendet, um einen möglichst gleichmäßigen Primärluftstrom sicherzustellen und als Vorkehrung gegen die Möglichkeit eines Lufteinbruchs und der Kraterbildung. Der Rost ist auf Tafel 12 illustriert.

1.2 Ein Anschluss für Kühldampf gegen Schlackebildung

Die Verbesserung bei der Schlackenvermeidung auf 2644, als der Abdampf des Luftsaugers zum Aschkasten geleitet wurde, beeinflussten die Gestaltung der Dampfversorgung des Aschkastens bei der neuen Konstruktion, die ursprünglich wie folgt aussah:

i) Ungefähr 4 % des Zylinderabdampfs
ii) Der Abdampf des Luftsaugers
iii) Der Abdampf der Kesselspeisepumpe
iv) Der Abdampf des Stoker-Dampfmotors

Bei der nominellen Kesselhöchstleistung, für Konstruktionszwecke zu 30 000 kg h^{-1} angenommen, wurde geschätzt, dass dies etwa 2 200 kg h^{-1} Dampf in das Feuer brachte. Jeder dieser Abdampfströme wurde in Rohren getrennt zum Aschkasten geführt, wobei die Rohrleitungen für die Anschlüsse (i), (ii) und (iii) außerhalb der Aschkastenseiten verlegt waren, mit Düsen, die durch in den Aschkasten gebohrte Löcher hindurchtraten (23 je Rohrleitung, beziehungsweise insgesamt 138 Düsen), und die für Anschluss (iv) auf der Innenseite der Aschkastenseitenwände oberhalb der Kühlbrausenleitungen. Diese Auslegung bedeutete, dass eine beträchtliche Menge Rohrleitungen um den Aschkasten herum vorhanden war, und ihre Halterungen konnten gerade noch innerhalb des Umgrenzungsprofils untergebracht werden, siehe Tafel 13. Der Abstand der Dampfdüsen und Austrittslöcher wurde mit Sorgfalt so gewählt, dass es entlang der Aschkasten-lufteintritte zu einem möglichst gleichförmigen Dampfaustritt kam. Die Halterungen wurden so konstruiert, dass sie die Rohrleitungen in einer Position hielten, in der die Dampfstrahlen zur Erzielung der besten Luft-Dampf-Mischung in dem Luftspalt zwischen Bodenring und Aschkasten ausgerichtet waren. Die Abdampfleitungen von den beiden Zylindern wurden unter dem Führerstand zusammengeführt, in dem Versuch, auf jeder Seite des Aschkastens vier Dampfstöße je Kuppelradumdrehung zu bekommen, ein wichtiger Aspekt im Sinne einer gleichmäßigen Luft-Dampf-Mischung, da ja gleichzeitige Primärluftströme auf jeder Seite während der Ausströmung induziert wurden. Diese Leitungen wurden direkt vor dem Aschkasten mit Venturi-Drosselventilen ausgerüstet, um den Dampfrückfluss von einem Zylinder zum anderen durch die Leitungen zu verhindern.

1.3 Sekundärlufteintritte

Der größte auf der 2644 angewendete freie Sekundärluftquerschnitt betrug etwa 220 cm^2 pro Quadratmeter Rostfläche, was übertragen auf die umgebaute 25NC 1 420 cm^2 bedeutete. Demgegenüber würde der kleinere Primärluftquerschnitt der Rostanlage den für einen gegebenen Primärluftstrom nötigen Rauchkammerunterdruck vergrößern und somit einen entsprechend verringerten Sekundärluftquerschnitt verlangen, um ein wirksames Verhältnis von Primär- zu Sekundärluft beizubehalten. Der aus Rohren durch die Stehkesselwände gebildete freie Sekundärluftquerschnitt wurde deshalb auf knapp über 900 cm^2 festgelegt, mit der Absicht, die Ausgleichsmenge durch das Feuerloch zuzuführen, wobei die optimale Feuertüröffnung während des Einfahrens gefunden werden sollte. Es war durchaus erkannt worden, dass einige Umstände dafür sprachen, den gesamten Sekundärluftstrom durch andere Einlässe, als durch das Feuerloch zuzuführen, womit die Feuertür geschlossen bleiben konnte, was nur bei einem mechanisch gefeuerten Kessel möglich war. Damit wären die Probleme mit der

Blendung und dem Lärm der Kohleverteilerdampfdüsen ausgeschlossen gewesen, wie auch die Möglichkeit, dass die Mannschaft an der Feuertüröffnung herumdokterte. Allerdings war die Feuertüröffnung einfach darzustellen, und von dem sich daraus ergebende Luftstrom wurde erwartet, dass er für die Luftzufuhr in die Mitte der Feuerbüchse und bei der Abscheidung von Kohlepartikeln eine wichtige Rolle spielen würde, wie in Abb. 38 erkennbar ist. Deshalb wurde die Zufuhr eines Teils der Sekundärluft durch das Feuerloch, über alles gesehen, als vorteilhaft betrachtet. Um einen breiten Luftstrahl zu erreichen, wurde eine senkrecht auf- und abgleitende Feuertür als Ersatz für die Schmetterlingsbauart konstruiert. Die Tür öffnete nach oben und war mit einem Leitblech versehen, das den Luftstrahl in die Breite verteilte, siehe Tafel 14.

Je sieben Lufteintritte von 80 Millimeter Durchmesser wurden in den beiden Stehkesselseitenwänden angeordnet, sämtlich oberhalb der Ebene des Stoker-Verteilertisches, und sieben Lufteintritte zu 63,5 Millimeter Durchmesser hinten oben in der Stehkesseldecke. Diese Anordnung war ähnlich der auf den 1E1 der Rio-Turbio-Eisenbahn verwendeten, siehe Abb. 29. Von hinten gesehen lag zwischen dem ersten und zweiten Seitenlufteintritt ein Abstand von acht Stehbolzenteilungen, wobei dieser Zwischenbereich von der Luft der Deckeneintritte bestrichen werden sollte. Sämtliche Seiteneintritte wurden mit einem um 180° verdrillten Drallblech versehen, wobei die vorderen sechs Eintritte in der linken Stehkesselseitenwand einen Drall im Uhrzeigersinn hatten, die hinteren einen Drall gegen den Uhrzeigersinn. Bei den entsprechenden Eintritten in der rechten Seitenwand war der Drall jeweils dazu im Gegensinn. Zusätzlich wurden neun Dampfdüsen, versorgt mit Heißdampf aus dem linken Schieberkasten, angebracht, sieben in der Stehkesseldecke ungefähr über dem oberen Ende des Feuerschirms und jeweils eine in den Stehkesselseitenwänden, die sämtlich nach hinten zeigten. Mit dieser Augenmaßtechnologie wurde erhofft, dass diese Anordnung von Lufteintritten und Dampfdüsen eine gute Luft-Dampf-Mischung und Kohlepartikelabscheidung ergeben würde, wie in Abb. 38 dargestellt. Porta teilte mit, dass diese Vorstellung auch der Rio-Turbio-Anordnung zugrunde lag. Wie bei der 19D machte er sich für Lufteintritte in der Stehkesselvorderwand stark, was das Anheben des Feuerschirmvorderteils erfordert hätte, aber ich war der Ansicht, dass die unbekannten Größen dieser Anordnung, wie zum Beispiel Beeinflussung der Kohleverteilung und mögliche mechanische Probleme, das Risiko zu groß machten.

Sämtliche Lufteintritte wurden in Bereichen mit festen Stehbolzen platziert und ihre Ausführung erfüllte die Anforderungen der SAR- und ASME-Kesselregelwerke. Die Eckanker zwischen der Stehkesseldecke und der Stehkesselrückwand ließen gerade genügend Platz für die Deckenlufteintritte, aber die inneren Rohrverlängerungen der Wasserstandsanschlüsse mussten gekürzt werden, um diesen Einlässen auszuweichen, was seinerzeit zu etwas Bedenken wegen möglichen falschen Wasserstandsanzeigen führte, ein Problem, dass glücklicherweise niemals ernste Konsequenzen hatte, wenn es denn überhaupt bestand.

1.4 Feuerschirmsteinhalter

Unter dem Eindruck der Erfahrungen mit abhebenden Feuerschirmsteinen bei starker Saugzugwirkung auf der 2644 wurden für die 25NC Steinhalter aus hitzebeständigem Stahl für die Fixierung der oberen zwei Steinreihen konstruiert. Allerdings stellten sie sich als verzichtbar heraus und wurden nie eingebaut. Ebenso wurden Primärluftklappen zu einer bestimmten Zeit erwogen, aber es wurden keine eingebaut, weil die Erfahrungen mit 2644 abschließend gezeigt hatten, dass sie unter SAR-Einsatzbedingungen nur von geringem Nutzen waren.

2. Die Lempor-Saugzuganlage und Kordina-Ausströmkrümmer

Aus dem Kapitel 2.2 wird in Erinnerung sein, dass eine gute Leistung der Saugzuganlage der Schlüssel zu hoher Lokomotivleistung und Wirtschaftlichkeit bei einer Dampflokomotive ist und dass die Konstruktion der Saugzuganlage mit der Zunahme der Lokomotivgröße allmählich immer schwieriger wurde. Die Kenngrößen, für die die Saugzuganlage der 25NC konstruiert werden mussten, machten das in der Tat zu einer sehr anspruchsvollen Aufgabe. Die größte Verdampfungsleistung wurde mit mehr als dem Zweifachen der 19D erwartet, dennoch war die Schornsteinlänge geringer als bei der 19D, und die Rauchkammer war äußerst beengt, und zwar in einem Maße, dass selbst der Schornstein der Serien-25NC wegen der Nähe zu dem Leitblech keinen am gesamten Umfang richtig ausgebildeten glockenförmigen Rauchgaseintritt hatte. Interessante Daten aus den Kesselberechnungen, auf denen die Konstruktion der Saugzuganlage beruhte, sind in der Tabelle 26 wiedergegeben.

In dem für den Lokomotivausschuss 1978 ausgearbeiteten vorläufigen Umbauplan war eine Vierfachblasrohranlage in Kleeblattanordnung entworfen worden, aber nunmehr wurde das für ein wenig unpraktisch gehalten. Nachdem verschiedene alternative Konfigurationen sorgfältig geprüft worden waren, konnte erkannt werden, dass eine gute Doppelblasrohranlage nach der folgenden Methode konstruiert werden konnte:

Tabelle 26

Klasse 25NC der SAR: Betriebszustände des Kessels bei größter Anstrengung

Bezeichnung	25NC Serie[1]	25NC Umbau
Gesamte Verdampfung, kg h^{-1}	24 943	30 000[2]
Heißdampf-Massenstrom, kg h^{-1}	23 943	27 349[3]
Heißdampf-Temperatur, °C	366[4]	450[3]
Aufgeworfene Kohle, kg h^{-1}	7 166	4 912
Verbrannte Kohle, kg h^{-1}	3 364	4 000
Unterer Heizwert der Kohle, MJ kg^{-1}	28	27
Feuerungswirkungsgrad, %	47	81
Gesamtwirkungsgrad des Kessels, %	38	65
Gesamtunterdruck in der Rauchkammer, mbar	28,44	44,23[5]

Anmerkungen.

1. Die Werte für die Serien-25NC wurden aus dem Versuchsbericht hergeleitet (Quelle siehe Seite 65) und beziehen sich auf den Betrieb an der Rostgrenze. Eine Neubewertung der Daten in diesem Bericht führte zu sehr geringfügigen Änderungen einiger an anderer Stelle in diesem Buch zitierten Zahlen.
2. Ausgangswert für die Saugzugberechnungen.
3. Diese Zahlen beziehen sich auf den tatsächlich durch den Überhitzer strömenden Dampf vor der Vermischung mit dem Kühldampf der Schieberbuchsen in den Schieberkästen.
4. Geringer als die höchste bei weniger als der größten Kesselanstrengung aufgezeichnete Dampftemperatur.
5. Bei der Konstruktion der Saugzuganlage um 10 % auf 48,65 mbar erhöht. Siehe auch Bemerkung 5, Tabelle 19 (Seite 79).

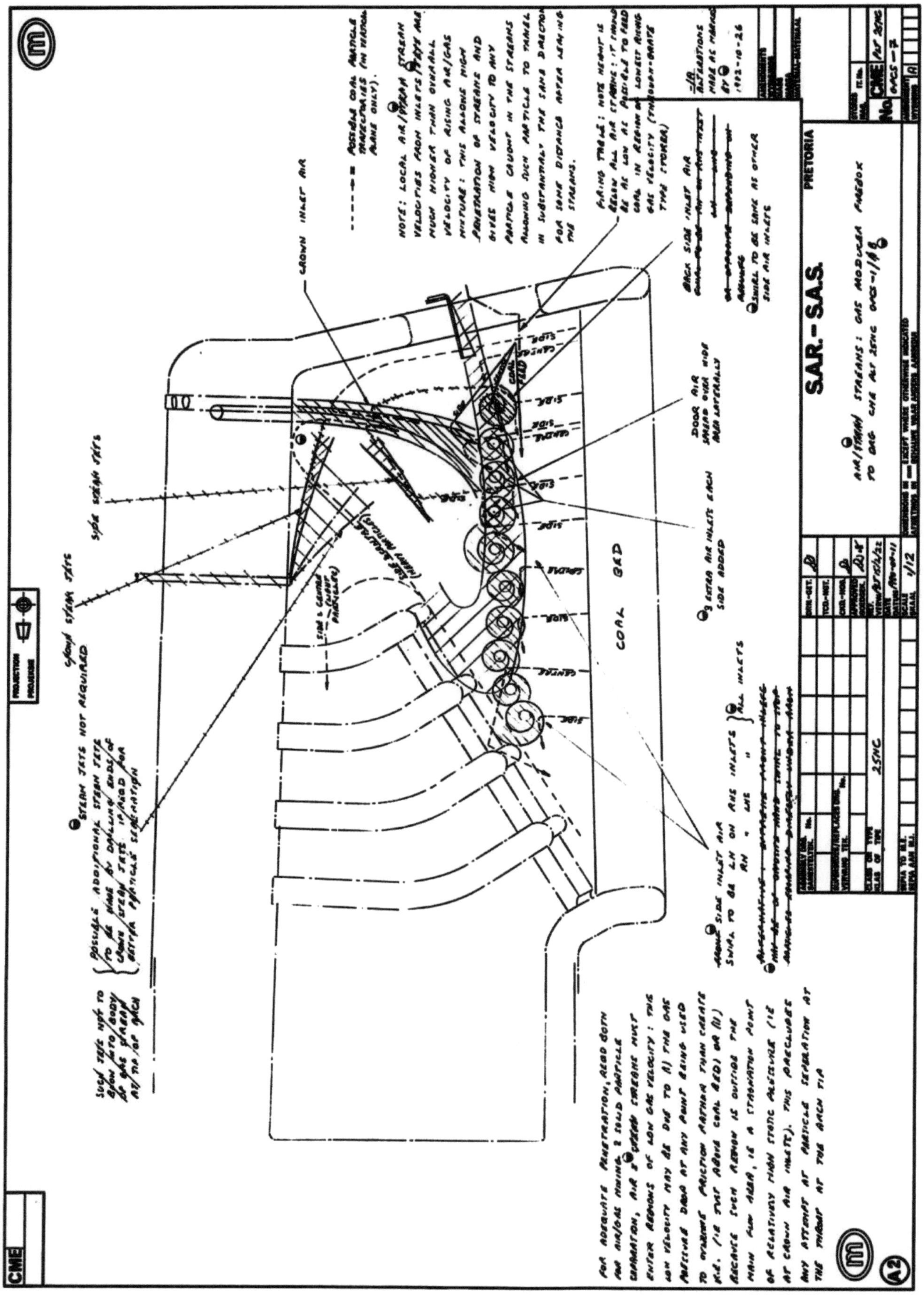

Abb. 38
SAR: umgebaute 2D2-Klasse 25NC: Gaserzeugungsfeuerbüchse: Sekundärluft- und Dampfströme
Diese Zeichnung zeigt die Anordnung der ursprünglichen Konstruktion mit den während des Einfahrens gemachten Änderungen

i) Verlängerung der Rauchkammer soweit wie möglich. Die Verlängerung wurde mit 620 Millimeter festgelegt. Das war das praktikable Maximum, bei dem ein akzeptabler Zugang zur Rauchkammertür erhalten blieb, und es brachte die Vorderwand der Rauchkammer in exakt die gleiche Position, wie bei der Klasse 25C.

ii) Ausnutzung der großen Öffnungen im Gussstahlrahmen der Klasse 25 im Bereich der vorderen Abdampfkanäle. Durch diese Öffnungen wurde Abdampf zu der Saugzugturbine der Kondenslokomotiven geführt, und bei den 25NC waren sie blind gesetzt. Indem ein geeigneter Ausströmkrümmer im Rahmen eingebaut und an diese Öffnungen angeschlossen wurde, bei gleichzeitigem Verschließen der Ausströmkanäle in dem Rauchkammersattel, konnte die gesamte Blasrohranlage nach vorn und weg von dem (größeren) Dampfsammelkasten in den durch die Rauchkammerverlängerung geschaffenen Raum verlegt werden. Obwohl sich dadurch eine verhältnismäßig indirekte Abdampfströmung von den Ausströmkästen zu den Blasrohren ergab, waren die zugehörigen Strömungsgeschwindigkeiten und damit auch die Druckverluste ziemlich gering. Eine weniger direkte Strömung hin zu einem vernünftigen, freien Blasrohrquerschnitt war vorteilhafter als die Alternative, den Dampf durch direkte Kanäle zu einer kleinen Blasrohrdüse zu führen. Anstelle der Saugzugturbine der Kondenslokomotiven war bei den 25NC ein großes Gussteil vor dem Rauchkammersattel angebracht, um das Gewicht auf das führende Drehgestell zu erhöhen. Dieses Gussteil musste entfernt werden, um den Ausströmkrümmer unterzubringen, wurde aber in angemessener Weise ausgeglichen von dem Gewicht der längeren Rauchkammer etc.

iii) Weiterentwicklung der Idee der abgesenkten Tischplatte, wie bei 2644 angewendet, insofern, als der Rauchgasstrom in zwei Teilströme aufgeteilt wurde, die um eine „Insel" herum führten, die von den Selbstreinigungsleitblechen gebildet wurde, mit der Blasrohranlage angeordnet in der Mitte dieser Insel. Durch diese Maßnahme stand praktisch die gesamte Höhe vom Boden der Rauchkammer bis zur oberen Fahrzeugprofilumgrenzung für die Saugzuganlage zur Verfügung.

Die Zusammenstellungszeichnung der Saugzuganlage ist in Abb. 39 wiedergegeben (Details der Selbstreinigungsleitbleche und des Funkenfängers sind nicht dargestellt). Die Schrägstellung der Schornsteine in V-Form erleichterte die Konstruktion des Ausströmkrümmers, schaffte einen willkommenen Platz für die Anordnung des Speisewasservorwärmers und verhinderte, dass der untere Teil des vorderen Schornsteins so weit nach vorn geriet, dass er die Konstruktion des Funkenfängers behindert hätte.

Nachdem sichergestellt war, dass eine Doppelblasrohranlage dieser Bauart ausführbar war, konnten die detaillierten Blasrohrberechnungen angestellt werden, deren Zusammenfassung gemeinsam mit den Daten der Saugzuganlage der Serien-25NC in der Tabelle 27 wiedergegeben ist. Gemäß dieser Zahlenwerte wurde von der doppelten Lempor-Saugzuganlage erwartet, dass sie eine um 107 % größere Pumparbeit leistet, bei um 40 % niedrigerem Abdampfdruck. Diese erwartete Verbesserung war sogar noch größer, als im Fall der umgebauten 19D-Saugzuganlage. Obwohl deutlich war, dass die Leistung der doppelten Lempor-Saugzuganlage der Klasse 25NC nicht so gut sein würde, wie die derjenigen der 2644, hauptsächlich, weil das Verhältnis Länge zu Durchmesser der Schornsteine kleiner war, wurde aber eine solch große Verbesserung wegen der verhältnismäßig schlechten Leistung der 25NC-Seriensaugzuganlage doch für möglich gehalten. Im Auslegungspunkt (48,65 mbar Gesamtrauchkammerunterdruck) betrug der berechnete Abdampfüberdruck im Ausströmkasten 0,77 bar.

Verschiedene Aufbaudetails wurden gemäß Portas jüngsten Überlegungen gegenüber der Anlage der 2644 geändert. Diese Verfeinerungen umfassten die Verringerung des Verhältnisses Länge zu Durchmesser der Mischzone auf 2 : 1 und die Anordnung der Oberkante der Blasrohrdüsen in einer Ebene mit der Unterkante des glockenförmigen Schornsteineintritts, statt auf einer Ebene mit dem Anfang der eigentlichen Mischzone, die nicht konisch, sondern zylindrisch war. Der Ausströmkrümmer, komplett mit Standrohren und Blasrohrdüsen, ist auf Tafel 15 abgebildet und das Oberteil des Sammelrohrs mit den Kordina-Einbauten auf Tafel 16. Der Ausströmkrümmer war ein recht komplexes Gussteil und wurde von den Salt-River-Werkstätten ausgezeichnet ausgeführt, wobei bei der Konstruktion sorgfältig auf kleinstmöglichen Dampfdruckverlust geachtet wurde. Es wurde an den Stahlgussrahmen geschraubt und mit

Tabelle 27
Klasse 25NC der SAR: Daten der Saugzuganlage

Bezeichnung	25NC Serie	25NC Umbau
Verdichtungsarbeit, kW	180[1]	373[2]
Abdampfmassenstrom in dem Blasrohr, kg h^{-1}	23 700[1 & 3]	23 150[4]
Gesamtquerschnitt Blasrohrmündung, cm²	263,4[5]	302,5
Durchflusskoeffizient Blasrohr	0,9[6]	0,99
Effektiver Gesamtquerschnitt Blasrohrmündung = {tatsächlicher Querschnitt x Durchflusskoeffizient}, cm²	237,1	299,5
Gesamtquerschnitt Schornsteineinschnürung, cm²	2 130	2 798
Gesamtquerschnitt Schornsteinmündung, cm²	2 608	6 196
Gesamtlänge Schornstein (einschl. Rauchkammereinsatz), mm	991	1 825

Anmerkungen.

1. Bei größter Rostbelastung.
2. Konstruktionswert.
3. Das entsprach 99 % des Heißdampfmassenstroms unter Berücksichtigung der ständig geöffneten Entwässerungen der Ausströmkästen (mit denen wenig erreicht wurde, außer die Adhäsion zu beeinträchtigen).
4. Entspricht dem Heißdampfmassenstrom zuzüglich des Kühldampfs der Schieberbuchsen, abzüglich der Dampfzufuhr zu den Verwirbelungsdüsen im Stehkessel, abzüglich des Kühldampfs zur Vermeidung von Schlackebildung, abzüglich des dem Speisewasservorwärmer zugeführten Abdampfs und abzüglich der Leckagen.
5. Auf meine Veranlassung hin vermaß P. Odell die Blasrohr-Düsendimensionen von zwölf zufällig im Depot De Aar ausgewählten 25NC. Sämtliche dieser Düsen waren kleiner, als der in der Tabelle angegebene Konstruktionswert, wobei die größte einen Mündungsquerschnitt von 240 cm² und die kleinste von 200 cm² hatte, mit einem Durchschnitt von 220 cm². Da der Gegendruck zu dem Quadrat des Mündungsquerschnitts umgekehrt proportional war, lag der Durchschnittswert für den Abdampfgegendruck dieser Lokomotiven um 44 % über dem Sollwert, mit dem schlimmsten Wert von 73 % darüber. Natürlich liefen die Lokomotiven auch mit solch unterdimensionierten Düsenmündungen, so dass dieser Faktor nicht so wichtig gewesen sein kann, oder…?
6. Schätzwert.

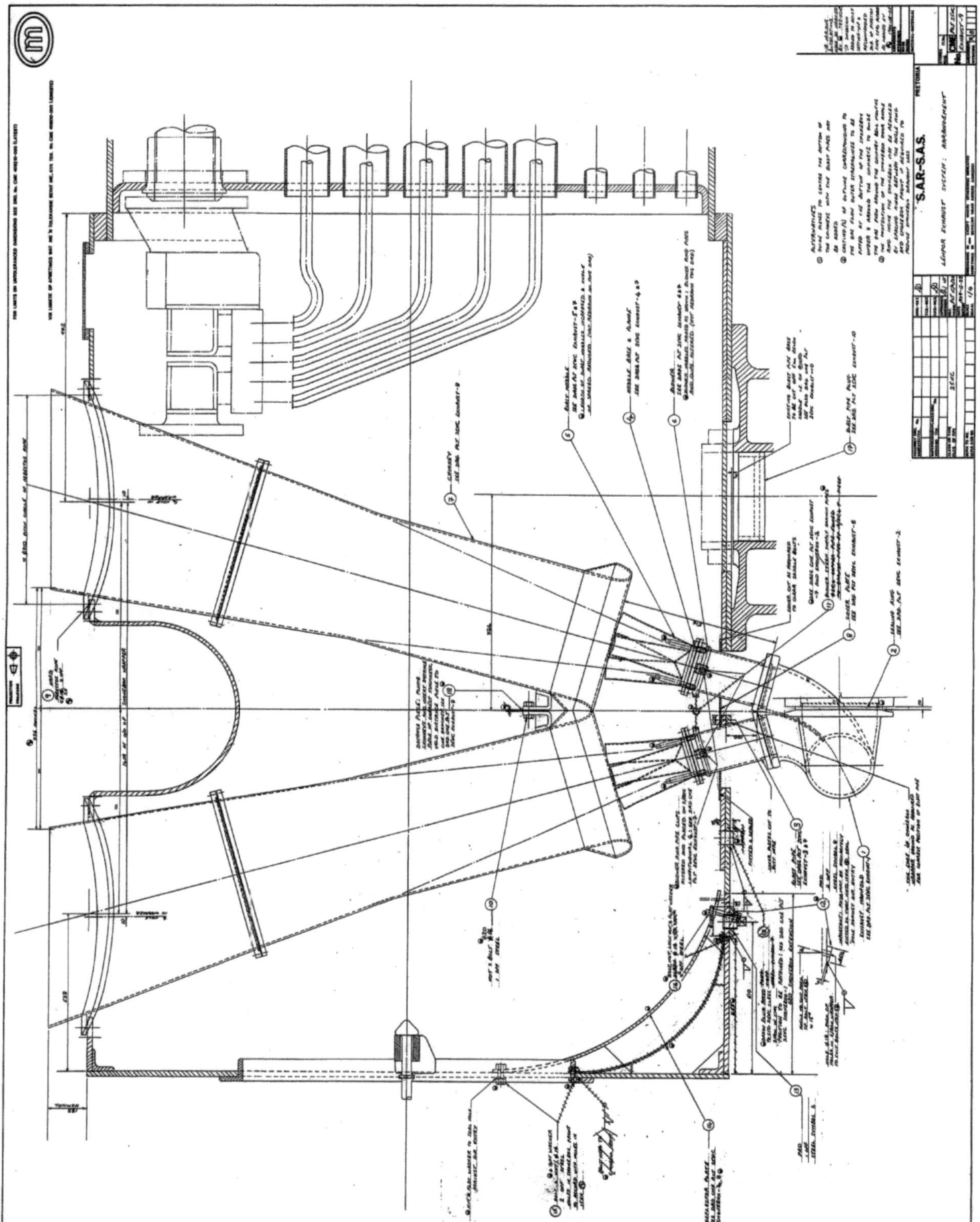

Abb. 39
SAR: umgebaute 2D2-Klasse 25NC: Anordnung der Doppel-Lempor-Saugzuganlage
Diese Zeichnung zeigt die Anordnung der ursprünglichen Konstruktion mit den während des Einfahrens gemachten Änderungen

Asbestschnur umwickelt, um das Maximum an Energie für die Saugzugarbeit in der Blasrohranlage zu erhalten. Im oberen Bereich dieses Ausströmkrümmers verzweigten die Auspuffkanäle von jeder Seite zunächst in die Kanäle zu dem vorderen und hinteren Schornstein, und ganz oben endeten die Trennwände für die separate Führung der Abdampfströme von dem rechten beziehungsweise linken Zylinder. An dieser Stelle war der gesamte Strömungsquerschnitt gleich dem des gesamten freien Austrittsquerschnitts an den Blasrohrdüsenmündungen, und das war das Wesentliche der Kordina-Anordnung. Ihre Aufgabe war es, den Ausströmdampf dort, wo die Abdampfströme der beiden Zylinder zusammenkamen, auf einen niedrigen Druck und hohe Geschwindigkeit zu entspannen, um eine Rückströmung von Abdampf in den gegenüberliegenden Zylinder zu verhindern, was immer dann auftrat, wenn der Strömungsquerschnitt an der Zusammenführung der Abdampfkanäle viel größer war, als an der Blasrohrdüsenmündung. Das war bei FGS-Lokomotiven normalerweise der Fall und zeigte sich durch einen Sprung in der Gegendrucklinie in den Indikatordiagrammen, ungefähr bei halbem Kolbenhub, dem ungünstigsten Punkt. Im Idealfall konnte ein Teil des großen Energiegehalts des Abdampfs genutzt werden, um eine Ejektorsaugwirkung auf den Auspuff des gegenüberliegenden Zylinders zu erzeugen, wobei der Gegendruck in diesem Zylinder sinkt, sogar selbst unter den Atmosphärendruck.

Die ursprüngliche Idee den Ausströmdampf zu diesem Zweck zu nutzen, wird dem deutschen Ingenieur Stumpf *(Anm. d. Übers.: Johannes Stumpf, * 6. April 1862 in Mülheim am Rhein; † 18. November 1936 in Berlin; von 1896 bis 1930 Professor für Kraftmaschinenbau an der Technischen Hochschule Berlin-Charlottenburg, bekannt für seine Entwicklung der Gleichstromdampfmaschine, die auch an einigen preußischen Lokomotiven ausgeführt wurde)* zugeschrieben, aber ihre praktische Anwendung erfolgte durch den Russen Kordina *(Anm. d. Übers.: andere Quellen bezeichnen Kordina als Ungar, siehe oben)*, nach dem die Einrichtung benannt ist. Obwohl eine einwandfreie und einfache Idee, wurde sie bei normalen Blasrohranlagen nicht gern angewendet, weil die Blasrohrmündung und damit der Kordina-Querschnitt im Allgemeinen so klein war, dass unliebsame Drosselungen dort und in Strömungsrichtung vor dem Kordina aufgetreten wären. Bei den verbesserten Blasrohranlagen mit ihren größeren Blasrohren war diese Verengung weniger bedeutsam. Ebenso haben wir gesehen, dass eine extrem ungehinderte Abdampfausströmung auf 2644 für einen wesentlichen Faktor bei der Auslösung von Feuerbettinstabilitäten gehalten wurde. Eine gewisse Drosselung des Ausströmdampfs war deshalb tatsächlich wünschenswert und es könnte gewesen sein, dass Porta deswegen keine Feuerbettstörungen in dem Umfang erlebt hatte, wie sie auf der 2644 aufgetreten waren, weil er auf Lokomotiven in Argentinien mit verbesserten Saugzuganlagen, zum Beispiel den 1E1 der Rio-Turbio-Eisenbahn, die Kordina-Einrichtung benutzt hatte. Falls nun aber etwas Drosselung auftreten musste, dann hätte sie auch gut genutzt werden sollen und die Kordina-Einrichtung erfüllte beide Anforderungen, indem sie einen kleinen, aber nicht zu kleinen, Querschnitt für den Abdampfstrom ergab (wenngleich Porta sogar vorschlug, dass zum Abbau von Unterdruckspitzen die Kordina-Einrichtung einen *kleineren* Querschnitt haben könnte, als die Blasrohrdüsenmündungen) und den Ausströmdampf zur Verbesserung des Zylinderwirkungsgrads nutzte.[1] Wie Tafel 16 zeigt, waren die Kordina-Trennwände gewunden, und zwar ausschließlich nur, um einen Drall (mit 6° Drallwinkel der Strömung) in der Auspuffdampfströmung zur erzeugen. Porta gab an, dass ein Drall für die Dampf-Rauchgas-Mischung im Schornstein vorteilhaft sei, was in Kapitel 7.4 weiter ausgeführt wird.

Die an den Ausströmkrümmer angeschraubten Standrohre traten in die Rauchkammer ein, wobei an die Standrohre angeschweißte und an der Rauchkammer angeschraubte Abdeckbleche die Öffnungen in dem Rauchkammermantel und der Auskleidung abdichteten. Die Standrohre dienten dem Zweck, zwischen der Kordina-Einrichtung und den Blasrohrdüsen einen Abstand herzustellen. Das Verhältnis Gesamtlänge zu lichter Öffnung zwischen der Oberkante der Kordina-Trennwände und der Anströmkante der Blasrohrdüsen betrug 2 : 1, von dem intuitiv (das heißt schätzungsweise) angenommen wurde, dass es gerade ausreichend sei, eine symmetrische Dampfströmung bei Eintritt in die Düsen zu ergeben, ein wichtiger Aspekt, wenn jeder Millimeter für eine bessere Schornsteinwirkung zählte.

Die Blasrohrdüsen entsprachen der auf der 2644 erfolgreich eingeführten Praxis, allerdings waren die neuen Düsen viel länger und waren zum Austritt hin mehr erweitert, um die Strömung mehr gegen den Umfang der beiden Mischräume zu richten. Das sollte bei dem Eintritt in den Diffusor ein möglichst gleichmäßiges Geschwindigkeitsprofil des Gas-Dampf-Gemisches ergeben, was für den Diffusorwirkungsgrad ein wichtiger Punkt ist. Lavaldüsen mit einem Querschnittsverhältnis von 1,10 : 1 und mit einem Gesamtaustrittsquerschnitt von 296 cm² wurden benutzt.[2] Die Konstruktion für „Starksaugzug"-Düsen mit einem Gesamtaustrittsquerschnitt von 251 cm² bei einem Querschnittsverhältnis von 1,10 : 1 wurde ebenfalls durchgeführt, weil es als notwendig erachtet wurde, dass von Beginn an solche Düsen zur Verfügung stehen sollten, falls der Saugzug unzureichend gewesen wäre. Die Schornsteine wurden aus 5 Millimeter starkem Blech in jeweils zwei Schüssen hergestellt und die im Diffusor angeordnete Nahtstelle wurde sorgfältig konstruiert, um auf der Innenseite einen glatten Übergang zu haben. Wegen der beengten Platzverhältnisse waren die elliptischen glockenförmigen Einlaufabschnitte klein und wurden in dem Versuch, Wirbel in der Gasströmung außen an den Schornsteinen zu unterbinden, rund zur Anbindung an die Außenkonturen der Mischzone hin fortgesetzt. Ebenso wurden entsprechend geformte und am Rauchkammerboden aufgelegte Gussteile zur Unterstützung der Aufwärtsbewegung des Rauchgases in den Schornstein zwar konstruiert, aber nicht hergestellt. Harte Asbestschnur wurde vorgeschrieben zwischen den Schornsteinflanschen und dem Rauchkammermantel, um dort für die nötige Dichtheit zu sorgen und um etwas Flexibilität zu ergeben, wie sie für die Ausrichtung von Schornsteinen und Blasrohrdüsen notwendig war.

Der Hilfsbläser war ähnlich ausgebildet wie auf der 2644, abgesehen davon, dass er für die optimale Expansion des Dampfs bei 85 % des maximalen Kesseldrucks ausgelegt war, weil die Erfahrung lehrte, dass der Hilfsbläser meistens in der Nähe des Kesselnenndrucks benutzt wurde. Der gesamte Düsenaustrittsquerschnitt des Hilfsbläsers betrug 402 mm² gegen 356 mm² bei dem Serienhilfsbläser. Um die Gefahr einer möglichen Beschädigung der Hilfsbläserdüsen so klein wie möglich zu halten, wurden sie vollständig in Bohrungen in den Flanschen der Standrohre und Blasrohrdüsen versenkt angeordnet. Eine Rohrleitung verband die Bläserdampfleitung mit zweien der Aschkastenleitungen, um etwas Kühldampf gegen Schlackebildung in den Aschkasten einzuleiten, wann immer der Hilfsbläser angestellt wurde. Schließlich gab es in dem Auspuffsystem noch einen Verschlussstopfen für die Abdichtung der bestehenden Abdampfkanäle. Dazu wurde das Unterteil des Standrohrs bis auf eine Höhe unterhalb des Rauchkammermantels abgeschnitten und der Stopfen dann eingeschweißt. Dieser Stopfen verhinderte nicht nur das Entweichen von Abdampf an dieser Stelle, sondern auch sein Umgehen der Kordina-Einrichtung durch Rückströmen in den jeweils anderen Zylinder durch diese Auspuffkanäle.

---

[1] Eine weitere mögliche Nutzung des Ausströmdampfs bestand darin, einen Teil davon durch den hohlen Schieberkörper mit negativer Ausströmüberdeckung von einem Zylinderraum zum anderen zu leiten, wodurch sich die benötigte Menge an Einströmdampf bei dem Gegenhub vermindert. Diese Anordnung war in Amerika allgemein üblich, war aber vermutlich eine Konsequenz von und funktionierte am besten mit dem üblicherweise engen Blasrohrdüsenquerschnitt amerikanischer Lokomotiven.

[2] Das war die Zahl, die sich aus der ersten Zusammenstellung der Berechnungen der Blasrohranlage ergab. Nachfolgende Konstruktionsänderungen veränderten solche Parameter wie Strömungswiderstand im Kesselrohrbündel und die spezifischen Volumina von Dampf und Rauchgas. Die Zahlenangaben in den Tabellen 26 und 27 stammen aus den zusammenhängenden Berechnungen nach dem Abschluss sämtlicher Komponentenkonstruktionen. Der gemessene Austrittsquerschnitt des ersten Satzes von Blasrohrdüsen betrug 303,7 cm², was nur um 0,4 % größer war, als der endgültige Auslegungswert.

Die Tafel 17 zeigt die vollständige Blasrohranlage noch ohne die Selbstreinigungsleitbleche an ihrem Platz, wie sie während der Montage der modifizierten Lokomotive eingebaut wurde. Die gesamte Saugzuganlage, ausgenommen des Ausströmkrümmers, wurde in Beaconsfield hergestellt. Ihre Ausführung stand der bei der 2644 erreichten Qualität in nichts nach.

3. Rauchkammer

Wie wir gesehen haben, musste die Rauchkammer um 620 Millimeter verlängert werden. Für die Schornsteine, Standrohre, Auspolterung für Speisewasservorwärmer, Einströmrohre, Abdeckungen für Dampfsammelkasten und diverse kleine Ausrüstungsteile mussten neue Löcher in den Rauchkammermantel geschnitten werden und entsprechende vorhandene Löcher geschlossen werden. Obwohl das auf der Zeichnung als Änderung der vorhandenen Rauchkammer dargestellt war, entschied Salt River, wegen der großen Zahl der anfallenden Änderungen, einen vollständig neuen Rauchkammermantel zu fertigen. Die einzigen technischen Bedenken bei der geänderten Konstruktion waren, dass die für den großen Dampfsammelkasten notwendigen Ausschnitte das Oberteil der Rauchkammer direkt vor ihrer Verbindung mit dem Langkessel erheblich schwächten, aber nach der Kenntnis des Autors führte das zu keinerlei Rissen im Mantelblech. Die Anordnung der Selbstreinigungsleitbleche und des Funkenfängers ist in der Abb. 40 dargestellt, und die Tafeln 18 und 19 zeigen die Selbstreinigungsleitbleche auf dem Boden der Zusammenbauwerkstatt in Salt River, beziehungsweise eingebaut in den Rauchkammermantel. Aus diesen Illustrationen kann ihre Gestaltung klar erkannt werden. Die Rauchgase strömten um die zentrale „Insel“, das heißt, durch die von den Selbstreinigungsleitblechen und dem Rauchkammermantel begrenzte Öffnung, bevor sie vorn in der Rauchkammer nach oben aufstiegen und durch die Funkenfängersiebe hindurchtraten. Diese Anordnung war einfach eine modifizierte Form der Master-Mechanics-Rauchkammer und folglich wurden die AAR-Regeln für die Konstruktion von Rauchkammern befolgt, um die relevanten Rauchgasströmungsquerschnitte zu bestimmen, wie in Tabelle 28 angegeben.

Tabelle 28
Rauchgasquerschnitte in der selbstreinigenden Rauchkammer

Querschnitt	Gasquerschnitt in % des kleinsten freien Rohrbündelgasquerschnitts		
	AAR-Empfehlung		Konstruktion der umgebauten 25NC
	Bereich	bevorzugt	
Zwischen Tischplatte und Rauchkammermantel	95 – 110 %	95 %	95 %
Unter dem Umlenkblech	65 – 80 %	75 %	80 %
Zwischen Umlenkblech und Türwand	150 – 170 %	160 %	145 %
Freier Querschnitt des Funkenfängers	120 – 140 %	130 %[1]	124 %

1. Trotz der AAR-Empfehlungen kam ich zu der Schlussfolgerung, dass der Funkenfänger immer so groß wie irgend möglich zu machen war. Falls allerdings die SAR-Funkenfängerlochbleche mit ihrem beschränkten Lochquerschnitt verwendet wurden, verhinderten Platzprobleme bei ebenen Funkenfängereinsätzen den Einbau größerer Funkenfänger, als in dem empfohlenen Bereich angegeben.

Damit lagen sämtliche Gasströmungsquerschnitte, mit einer kleinen Ausnahme, die als unbedeutend angesehen wurde, innerhalb der von der AAR empfohlenen Bereiche. Große Sorgfalt wurde bei der Anordnung aufgewendet, um sie so aerodynamisch wie möglich zu machen, eine Eigenschaft, die bei Rauchkammerkonstruktionen im Allgemeinen durch ihre Abwesenheit auffällt. Alle scharfen Richtungsänderungen für die Gasströmung wurden vermieden, außer der vorn in der Rauchkammer notwendigen Umlenkung nach oben, die durch Grenzströmungsunterdruck unterstützt wurde, der durch eine gebogene Funkenfängersiebplatte erzeugt wurde, wie sie erfolgreich bei der 2644 eingesetzt wurde und in der Tafel 19 sichtbar ist. Deshalb wurde erwartet, dass die sehr niedrigen auf der 2644 aufgezeichneten Rauchkammerzugverluste wieder erreicht werden würden. Die flachen Funkenfängersiebplatten wurden innerhalb des vorhandenen Raums so weit wie möglich gegen die Senkrechte geneigt eingebaut, um die Gefahr der Verstopfung durch Lösche zu minimieren. Angesichts der auf 2644 erlebten Verstopfungen durch Lösche wurde auch ein „Löschebrecher“ zum Einbau in den vorderen Rauchkammerbereich konstruiert. Es bestand aus einem Gehäuse mit geneigten Prallblechen, durch welches der Anteil des Rauchgasstroms hindurch treten sollte, von dem angenommen wurde, dass er den größten Löscheanteil mit sich führen würde. Die Konstruktion wurde vorbereitet für den Fall, dass schwerwiegende Funkenfängerverstopfungen aufgetreten wären, aber glücklicherweise wurde der Löschebrecher nie benötigt. Die abschließenden Rauchkammeränderungen waren zusätzliche Handläufe an der Türwand und eine Türdichtung aus harter Asbestschnur.[1] Porta machte sich für die größtmögliche Tür mit Mittelverschluss und Verschlussbalken nach britischer Praxis stark, aber in der Form mehr konisch, für größere Steifigkeit (wie zum Beispiel bei italienischen Lokomotiven), aber die kleine Serientür wurde beibehalten, um den Konstruktions- und Herstellungsaufwand zu reduzieren.[2]

Fast sämtliche neuen Rauchkammerbauteile wurden in Salt River hergestellt, wo bei den teilweise sehr komplexen Formen ausgezeichnete Arbeit geleistet wurde.

4. Speisewasservorwärmer

Die Bedeutung der Abdampfspeisewasservorwärmung, ebenso wie die, die bestmögliche Saugzuganlage einzubauen, scheint nur selten erkannt worden zu sein, zumal beider Stellenwert nur dann vollständig offenbar wird, wenn die Lokomotivleistung hinsichtlich der Leistungsentfaltung bei einem gegebenen Betriebsgewicht bis an ihre Grenzen getrieben wurde. Normalerweise wurde der Speisewasservorwärmer als eine Einrichtung zum Einsparen von Brennstoff und Wasser angesehen, wobei generell Ersparnisse von 10 bis 15 % für beides behauptet wurden. Diese Zahlen konnten aber im Jahresdurchschnitt im normalen Dienst nur selten erreicht werden. Die verminderte Wärmebelastung des Kessels mit eingebautem Speisewasservorwärmer ermöglichte die gleiche Verdampfungsleistung mit weniger verbranntem Brennstoff, oder umgekehrt, eine höhere Verdampfungsleistung bei der gleichen Rostbelastung. Diese Einflüsse wurden in der Nähe der Rostgrenze sehr bedeutsam. Die Betrachtung einer typischen Darstellung der Verdampfung über der Rostbelastung (Abb. 41) zeigt, dass für die Erzeugung der Wärmemenge, die für die letzten ungefähr 10 % der höchsten Verdampfungsleistung notwendig ist, eine überproportionale Brennstoffmenge aufgeworfen werden muss. Durch Verminderung der Feuerungswärmeleistung des Kessels für eine gegebene Verdampfung ergibt sich die obere Kurve in der Abb. 41, aus der entnommen werden kann, dass in diesem Arbeitsbereich

---

1 Die Ergebnisse mit der Asbestschnurabdichtung waren nicht eindeutig. Sie verhinderte zwar Undichtigkeiten, wurde aber spröde und brach, so dass ihr Ersatz nach jeweils 50 000 Kilometer empfohlen werden musste. Für eine optimale Lösung wurde ein Material als notwendig erachtet, das seine Nachgiebigkeit über einen längeren Zeitraum beibehält.

2 Das feste Verschließen von SAR-Rauchkammertüren wurde keinesfalls unterstützt durch das für diesen Zweck vorgesehene glatte, schwer zu fassende Verschlusshandrad, besonders, wenn es (wie üblich) heiß war. Später habe ich bei der umgebauten 25NC an dieses Handrad vier Stangen als Griffe angebracht.

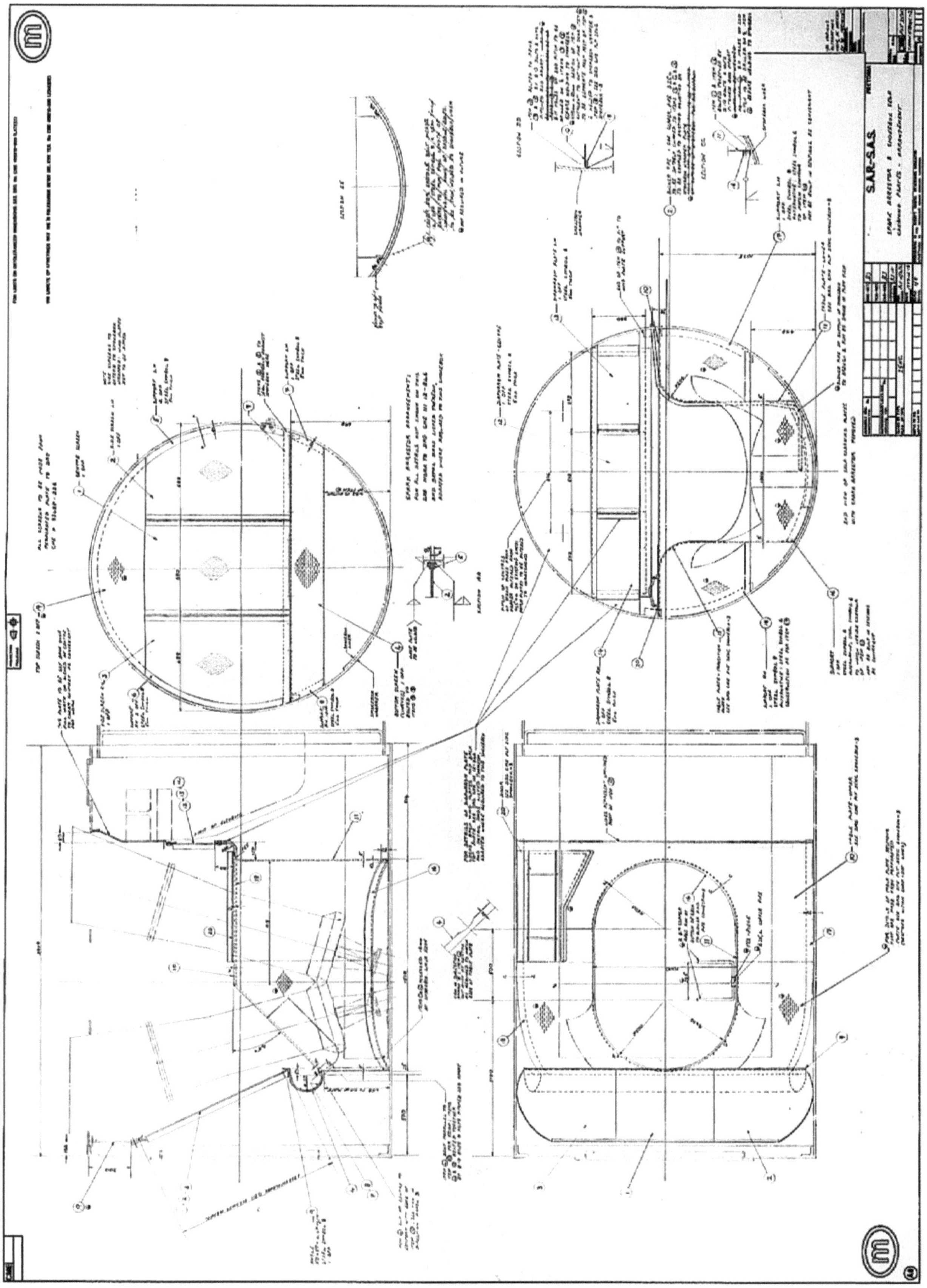

Abb. 40
SAR: umgebaute 2D2-Klasse 25NC: Anordnung der Selbstreinigungsleitbleche und des Funkenfängers in der Rauchkammer
Diese Zeichnung zeigt die Anordnung der ursprünglichen Konstruktion mit den während des Einfahrens gemachten Änderungen

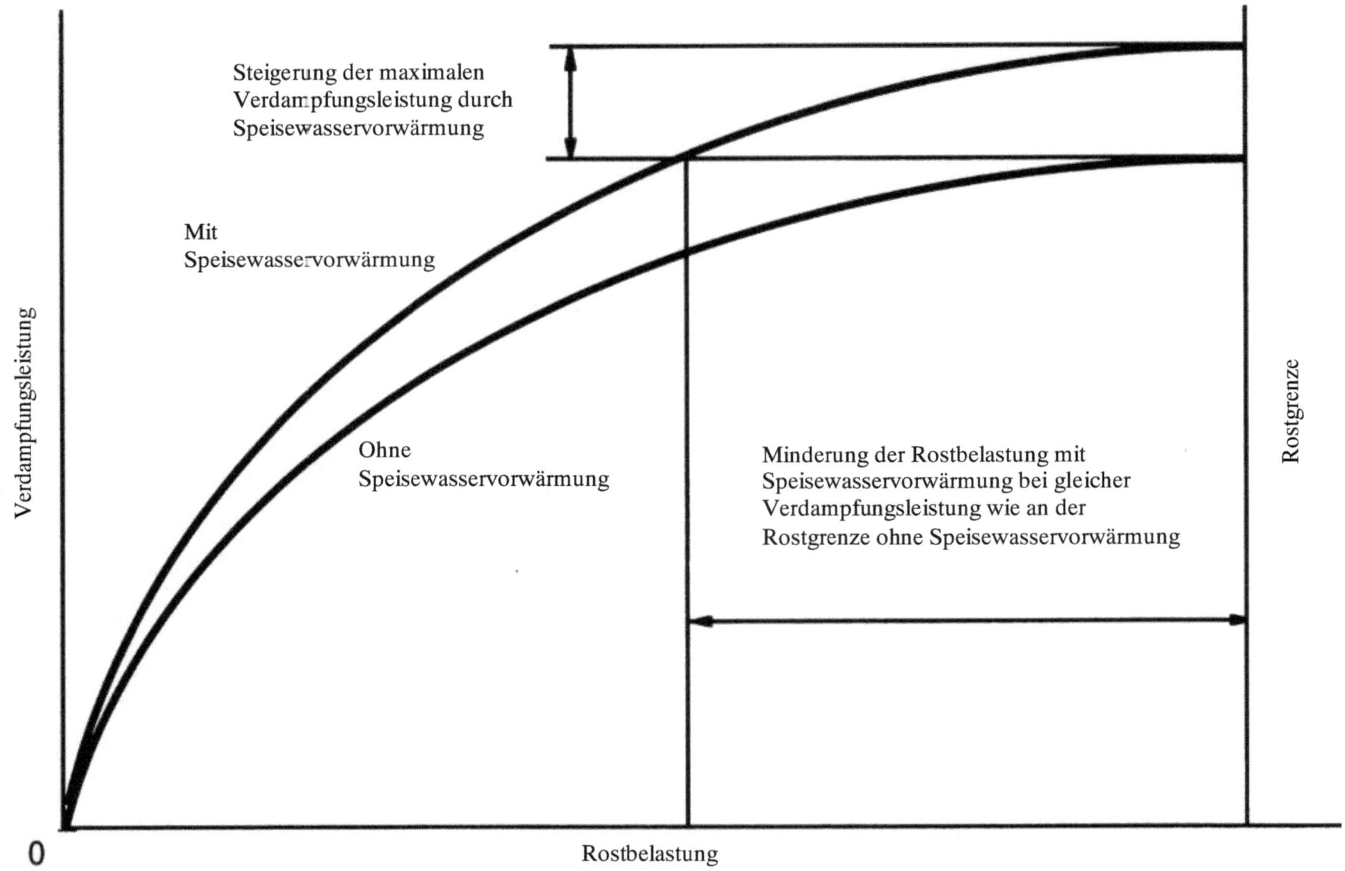

Abb. 41
Qualitative Auswirkung der Speisewasservorwärmung auf die Kesselleistung

entweder eine sehr große Brennstoffersparnis erzielt oder die Kesselleistung wesentlich gesteigert werden konnte. Dieser Aspekt wurde in Amerika gewürdigt: Beschreibungen des Elesco-Oberflächenvorwärmers behaupten eine Erhöhung der Kesseldauerleistung um 15 %, während für den Worthington-Mischvorwärmer eine um 17 % höhere Lokomotivleistung in Aussicht gestellt wurde[1] – all das mit einer Ausrüstung von nur einer oder zwei Tonnen Gewicht auf Lokomotiven, die 200 oder mehr Tonnen ohne Tender wogen. Somit hätte also auf keiner späten Hauptstreckendampflokomotive ein Speisewasservorwärmer fehlen sollen, obwohl das bei vielen der Fall war, einschließlich sämtlicher der SAR.

Es gab zwei Ausführungen des Speisewasservorwärmers: den „Mischvorwärmer“, in dem der Abdampf direkt mit dem Speisewasser vermischt wurde und den „Oberflächenvorwärmer“, bei dem der Wärmeaustausch zwischen Dampf und Wasser mittels eines Röhrenwärmetauschers erfolgte, wobei das hochgespannte Speisewasser hinter der Speisepumpe durch die Rohre geführt und der Abdampf in das umgebende Mantelgehäuse eingeleitet wurde und auf den Rohroberflächen kondensierte. Die Mischvorwärmer ließen sich weiterhin unterteilen in solche mit Wasserpumpen und Mischgehäuse und die Abdampfstrahlpumpe. Von ihren Anhängern wurde Letztere, weit verbreitet in England, als die einfachste und über alles gesehen als die kostengünstigste Ausführung bezeichnet. Diese Behauptung mag für den typischen Betrieb mit FGS-Lokomotiven durchaus zutreffend gewesen sein. Allerdings bestand bei beiden Mischvorwärmerausführungen der Nachteil einer begrenzten erreichbaren Speisewassertemperatur: zum Beispiel war es bei der Bauart der Pumpe mit integrierter Mischkammer nicht zulässig, die dem Saugdruck der Heißwasserpumpe zugehörige Siedetemperatur zu erreichen, was eine Begrenzung auf etwa 90 °C bedeutete. Bei dem Oberflächenvorwärmer traf diese Einschränkung nicht zu, und es gab keinen thermodynamischen Grund, warum das Speisewasser nicht bis fast zur Sättigungstemperatur des Abdampfs aufgeheizt werden konnte. Durch die Entnahme von Abdampf aus den Zylindern, bevor seine Expansion vollständig war, zum Beispiel durch die Entnahme von solchem Dampf bei dem Beginn der Ausströmeröffnung unter Verwendung von Rückschlagventilen in den Abdampfleitungen zum Vorwärmer, die nur höher gespannten Dampf durchließen, hätte die Sättigungstemperatur des den Vorwärmer erreichenden Dampfs und damit die Speisewassertemperatur erheblich angehoben werden können. Wäre die Dampflokomotiventwicklung weitergeführt worden, dann wäre diese wärmetechnische Verfeinerung wesentlich geworden, und die Zukunft der Speisewasservorwärmung hätte sicherlich in dem Oberflächenvorwärmer gelegen. Sein traditioneller Nachteil, die Verschmutzung der Wärmetauscherrohre, war ausschließlich ein Problem der Speisewasseraufbereitung, und Fortschritte in dieser Kunst versprachen die Verringerung solcher Ablagerungen auf eine beherrschbare Größenordnung.[2]

Speisewasservorwärmersysteme waren unterschiedslos Zulieferbauteile und da sie, außer in China, wo nach wie vor Vorwärmer nach der Worthington-Konstruktion gefertigt wurden, aber das zu der Zeit vonseiten Südafrikas nicht zugänglich war, nicht mehr erhältlich waren, wurde zunächst nicht daran gedacht, ein solches in dem Umbauplan vorzusehen. Als ich mich aber wegen der Arbeiten an 2644 in

[1] Locomotice Cyclopedia, 11. Ausgabe (Quelleangabe siehe Seite 15), Seiten 400 beziehungsweise 411.

[2] Da Entnahmedampf aus den Zylindern noch überhitzt war und eine Temperatur haben konnte, die über der Siedetemperatur des Kessels lag, typischerweise etwa 200 °C, wäre es theoretisch möglich gewesen, das Speisewasser bis fast zu dieser Temperatur anzuwärmen, indem zwei oder mehr Wärmetauscher hintereinander geschaltet wurden. Der durch den letzten dieser Wärmetauscher hindurch strömende Dampf würde nicht kondensiert und zu den Blasrohren weitergeleitet. Umfangreiche Berechnungen zum Wärmeübergang und zur Flüssigkeitsströmung wären notwendig gewesen, um zu zeigen, ob dieses Konzept tauglich gewesen wäre oder nicht.

Beaconsfield aufhielt, wurde mir von C. Lewis vorgeschlagen, dass die Verfügbarkeit überzähliger Kesselspeisepumpen von den umgerüsteten Kondenslokomotiven die Anwendung eines Speisewasservorwärmers möglich machte. Ich stimmte zu, und so wurde die Idee zu dieser Modifikation geboren. Die einstufigen Hochdruckturbopumpen *(Anm. d. Übers.: sog. Henschel-Barske-Pumpe der Bauart B, eine doppelflutige, einstufige Zentrifugalpumpe mit Turbinenantrieb für Heißwasser mit kleinem Zulaufdruck)* der Klasse 25C waren auf dem Papier ideal für ein Oberflächenvorwärmersystem. Obwohl ihre Fördermenge bei dieser Anwendung nominell nur 23 500 kg h^{-1} betrug, 78 % der für die Umbaulokomotive festgelegten Konstruktionsverdampfungsleistung, so war das doch, außer für die höchsten Leistungsentwicklungen, ausreichend, und nur eine Pumpe wurde als notwendig erachtet.[1] Ein Brief mit der Frage nach dem Preis einer aufgearbeiteten Pumpe einschließlich Regelventil wurde an das Werk Salt River geschickt, und da der Preis vernünftig war, wurde Salt River gebeten, eine Pumpe mit Ventil zum Einsatz auf der umgebauten 25NC zu überholen und keine weitere Ausrüstung dieser Art von den umgerüsteten 25C zu verschrotten. Zu dem Zustand und der Zuverlässigkeit dieser Pumpen wurden keine Erkundigungen eingeholt, eine Unterlassung, die später zu bereuen war.

Wenn auch die thermodynamische Stichhaltigkeit des Strebens nach einer möglichst hohen Speisewassertemperatur durch die soeben beschriebenen Maßnahmen anerkannt wurde, so wurde doch entschieden, den Wärmetauscher und die Rohrleitungen einfach zu halten. Falls es mit diesem ersten Entwurf klappte, hätten weitere Verfeinerungen zu einem späteren Zeitpunkt ergänzt werden können. Die Abb. 42 zeigt ein Schema des vollständigen Systems sowohl im ursprünglichen Zustand der Konstruktion als auch nach dem Abschluss der Einfahrzeit.

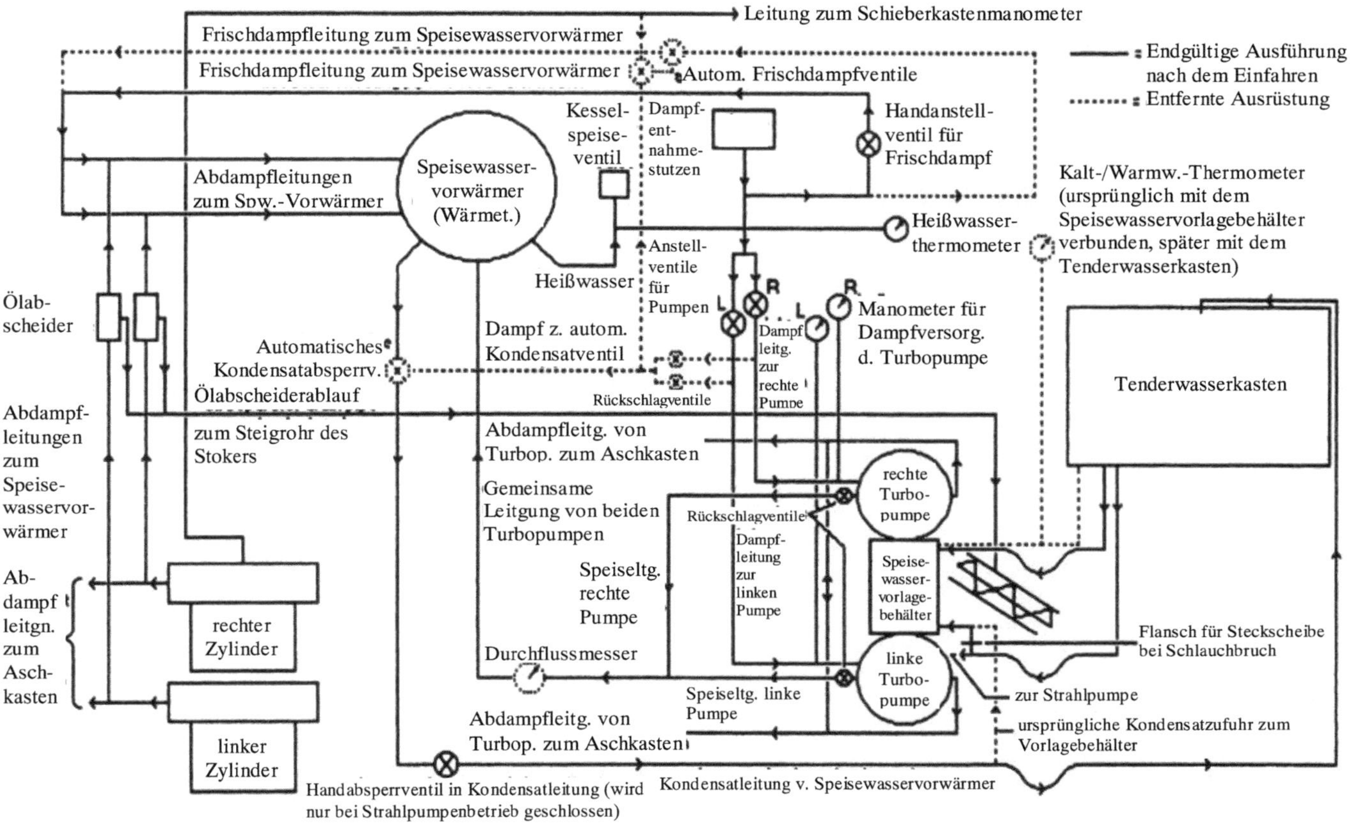

Abb. 42
SAR: umgebaute 2D2-Klasse 25NC: Schema des Speisewasservorwärmsystems
(schematisch und nicht maßstäblich)

Die meiste Konstruktionsarbeit fiel für den Wärmetaucher selbst an (siehe Abb. 43). Es war der größte, der in dem Raum oben in der Rauchkammer zwischen den Schornsteinen und innerhalb des Fahrzeugumgrenzungsprofils untergebracht werden konnte. Ein erster an Porta gesendeter Entwurf wurde zu Recht wegen unzureichender Anzahl der Rohre kritisiert, schließlich beruht der Wärmestrom auf der Wärmeaustauschfläche. Eine Überarbeitung der Konstruktion ermöglichte es, 138 Stück Kupferrohre mit 20 Millimeter lichtem Durchmesser in sechs Zügen zu jeweils 23 Rohren unterzubringen, was eine wasserseitige Wärmeaustauschfläche von 13,3 m^2 ergab, immer noch weniger als die von Porta empfohlenen 18 m^2. Aber mehr konnte nicht untergebracht werden, und es wurde, wie mir später erzählt wurde, fast der gesamte seinerzeitige Lagerbestand der SAR an 20-Millimeter-Kupferrohr aufgebraucht. Damit wurde bei voller Pumpenleistung eine Speisewassertemperatur von 103 °C vorausberechnet. Die Detailkonstruktion des Wärmetauschers beruhte auf der (unvollständigen) Information, die ich damals über die Bauart Elesco hatte, gleichwohl musste aber jede Komponente neu durchkonstruiert werden. Wenn es auch bekannt war, dass der Elesco-Vorwärmer Dralleinsätze zur Turbulenzerzeugung in den Rohren hatte, so wurde gesagt, dass die bei der zu erwartenden Größenordnung der Wassergeschwindigkeiten unnötig wären und wurden deshalb nicht vorgesehen.[2]

[1] Es wurde darüber nachgedacht, zwei Turbopumpen und keine Strahlpumpe einzubauen, aber da beide Turbopumpen den Kessel durch den Vorwärmer gespeist hätten, hätten sie keine zwei unabhängigen Kesselspeisevorrichtungen dargestellt, wie im Kesselregelwerk gefordert. Deshalb wurde entschieden, eine Turbopumpe und eine Strahlpumpe einzubauen.

[2] Diese Empfehlung ist aus Atkinson, T. G., Feed-water Heating on Locomotives, Abhandlung Nr. 302, Journal of the Institution of Locomotive Engineers, Band 23, London, 1933. Demgegenüber gab Porta an, dass Dralleinsätze zur Turbulenzerzeugung unerlässlich seien, und, wie wir sehen werden, stellte es sich heraus, dass er Recht hatte.

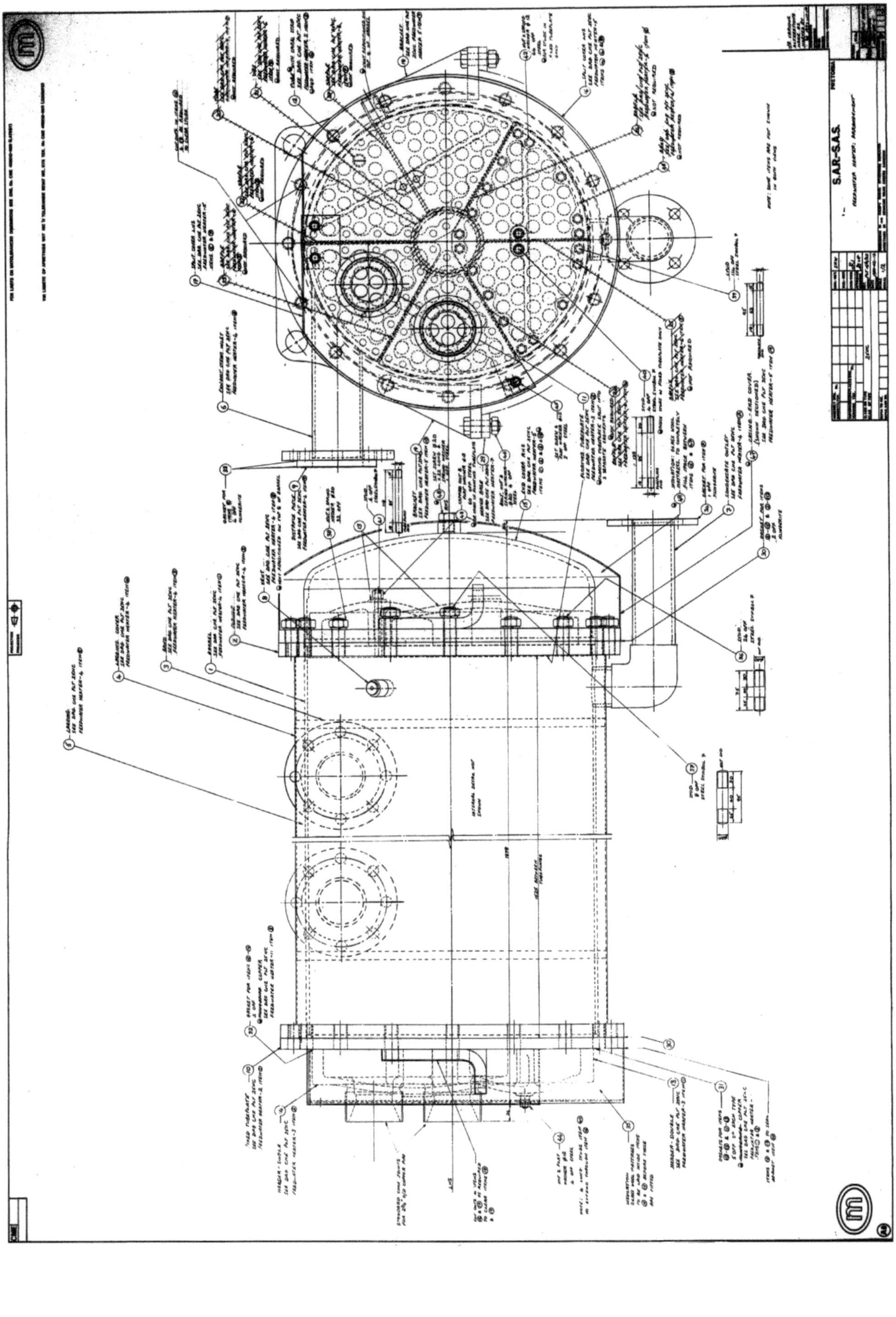

Abb. 43
SAR: umgebaute 2D2-Klasse 25NC: Anordnung des Abdampfspeisewasservorwärmers
Diese Zeichnung zeigt die Anordnung der ursprünglichen Konstruktion mit den während des Einfahrens gemachten Änderungen

Die bewegliche Rohrwand war ebenso aus einem Stück, wobei ich zu spät erkannte, dass sie in drei Sektoren hätte aufgeteilt sein sollen, um die Temperaturspannungen wegen unterschiedlicher Rohrausdehnungen an den Walzverbindungen der Rohre in der Rohrwand möglichst klein zu halten. Nichtsdestotrotz wurden im Betrieb keine Schwierigkeiten mit undichten Rohrverbindungen beobachtet. Eine Verbesserung, jedenfalls glaubte ich das, war es, ein System von Umlenkblechen am Rohrbündel vorzusehen, um den Abdampf im Gegenstrom zu dem Speisewasserstrom zu führen. Wenn auch der Wärmeaustausch im Gegenstrom bei einem kondensierenden, Wärme abgebenden Medium keine Vorteile bietet, so wurde aber erhofft, mit den Umlenkblechen den größten Nutzen aus der Restüberhitzung des Abdampfs zu erzielen. Diese Umlenkbleche können auf der Tafel 20 gesehen werden, auf der das Wärmetauscherrohrbündel während der Wasserdruckprobe gezeigt wird. Abschließend wurde der gesamte Wärmetauscher von außen sorgfältig isoliert.

Der Abdampf wurde der Vorwärmertrommel über zwei Stahlrohre von 100 Millimeter lichter Weite zugeführt, jeweils eins von jedem vorderen Ausströmkastendeckel. Diese Rohre wären vermutlich besser größer gewesen, und es wäre auch besser gewesen, sie an dem Ausströmkrümmer anzuschließen, aber, während die Konstruktion dafür einfach abzuändern gewesen wäre, war die Werkstattzeichnung für den Ausströmkrümmer bereits zur Fertigung freigegeben worden. Man beachte, dass die Kordina-Einrichtung zwei Abdampfrohre zu dem Vorwärmer bedingte, eines von jeder Maschinenseite. Der ölbelastete Dampf von den Ölabscheidern wurde in den Kohlekanal des mechanischen Stokers eingeführt, als ein sehr bescheidener Versuch der Energierückgewinnung und Bindung der Feinkohle!

Unter dem Führerstand wurde ein modifizierter Kondensatbehälter der Klasse 25C montiert. Das war ein kleiner mit dem Tenderwasserkasten verbundener Tank, auf dessen rechter Seite die Turbospeisepumpe angebracht war (die 25C hatten zwei Pumpen, jeweils auf beiden Seiten). Das Abdampfkondensat aus dem Wärmetauscher wurde in diesen Speisewasservorlagebehälter zurückgeleitet, wo es sich mit dem Frischwasser vermischte. Das System war deshalb insgesamt betrachtet eine Kombination aus Oberflächen- und Mischvorwärmer, bestehend aus dem Wärmetauscher und dem Speisewasservorlagebehälter. Es wurde berechnet, dass über 95 % der zurückgewonnene Wärme in dem Wärmetauscher übertragen würde und dass trotz der Mischung von Kondensat und Frischwasser in dem Speisewasservorlagebehälter die Speisewassertemperatur immer noch deutlich unter der zulässigen Pumpenzulauftemperatur bleiben würde. Auf diese Weise konnte fast die gesamte dem Vorwärmer zugeführte Abdampfwärme in den Kessel zurückgeführt werden. Es schien eine ideale Anordnung zu sein, aber was passieren würde, falls die Lokomotive unter Dampf arbeitete, ohne dass die Turbopumpe angestellt war, wurde übersehen. Allerdings war die Antwort bald nach der Inbetriebnahme der Lokomotive gefunden, wie es in Kapitel 3.4 beschrieben werden wird. Es wurde vorausberechnet, dass etwa 13,5 % des Zylinderabdampfs durch den Vorwärmer gehen würde, entsprechend ungefähr 12,5 % der gesamten Dampferzeugung, wobei die letztere Zahl die Wasserersparnis allein nur durch das Vorwärmersystem darstellt. Das war bereits für sich betrachtet eine bedeutsame Zahl, die zu einer größeren Reichweite zwischen zwei Wasserhalten beitrug.

Der Wärmetauscher wurde in eine oben im Rauchkammerscheitel eingeschweißte Einpolterung geschraubt, siehe Tafel 17. An dieser Stelle lag er deutlich über dem höchsten Niveau im Tenderwasserkasten, was die Kondensatrückführung zu dem Speisewasservorlagebehälter durch die Schwerkraft unabhängig vom Wasserstand im Tender ermöglichte und verhinderte, dass Tenderwasser die Zylinder fluten konnte. Es wurden spezielle Ventile konstruiert, die dem Vorwärmer automatisch Frischdampf zuführten, falls die Turbopumpe bei geschlossenem Regler angestellt wurde, womit kein kaltes Wasser in den Kessel eintreten konnte. Thermometer ehemaliger Klasse-25C-Lokomotiven wurden eingebaut, um die Wassertemperatur in dem Speisewasservorlagebehälter und am Austritt des Wärmetauschers zu messen.

In der Vergangenheit wäre das Speisewasservorwärmersystem komplett von einem kommerziellen Lieferanten beschafft worden, so dass der Eisenbahn vielleicht nur die Konstruktion der Rohrleitungen zu erledigen geblieben wäre, aber in diesem Fall mussten sämtliche größeren Komponenten mit Ausnahme der Speisepumpe neu konstruiert werden, und die Belastung durch die Konstruktionsarbeiten war folglich sehr hoch. Es wurden einige Fehler gemacht, und während der Einfahrzeit waren einige Änderungen nötig, aber als schwächstes Bauteil des Gesamtsystems stellte sich die Speisepumpe selbst heraus. Fast der komplette Wärmetauscher und einige weitere Bauteile wurden in Beaconsfield gefertigt, der Zusammenbau und die Wasserdruckprobe mit 17,0 bar wurden in Salt River unternommen.

5. Überhitzung

Die grundlegenden Gesetze der Thermodynamik bestimmen, dass für den besten thermischen Gesamtwirkungsgrad einer beliebigen Wärmekraftmaschine das Arbeitsmedium seine Expansion bei der höchstmöglichen Temperatur beginnen muss. Bei Dampflokomotiven wurde das durch die Überhitzung des Dampfs erreicht. Die Überhitzung verbesserte nicht nur den Wirkungsgrad des idealen Kreisprozesses, sondern ergab auch eine Reihe sehr bedeutender praktischer, nicht mit dem Zweiten Hauptsatz der Thermodynamik *(Anm. d. Übers.: Dieser Hauptsatz macht mehrere Aussagen. Hier trifft zu: „Es gibt keine Zustandsänderung, deren einzige Ergebnisse das Abkühlen eines Körpers und das Heben eines Gewichtes sind." Es ist daher nicht möglich, einer – wie auch immer gearteten – Kraftmaschine einen stetigen Wärmestrom zuzuführen, den diese vollständig in mechanische oder elektrische Leistung umwandelt)* in Verbindung stehender Vorzüge, wie verminderte Wärmeübertragungsverluste an die Zylinderwände, verminderter Druckverlust in der Dampfströmung bei einer gegebenen Volumenstromrate und verminderter Wasserverbrauch. Der durch den Schmidt-Überhitzer im tatsächlichen Einsatz erzielte Nutzen war so groß, dass er zu den wichtigsten Einzelbeiträgen des zwanzigsten Jahrhunderts in der Kunst des Konstruierens von Dampflokomotiven gezählt werden muss. Dennoch wurden, wie auch bei den Saugzuganlagen und der Speisewasservorwärmung, die Möglichkeiten der Überhitzung selten voll ausgenutzt. Die Überhitzungstemperatur hätte die höchstmögliche sein sollen – Ende der Durchsage. Das hätte Motivation genug sein sollen, die Einflussgrößen, wie Schieber- und Kolbenschmierung, denen nachgesagt wurde, dass sie die Temperatur begrenzten, zu verbessern. Allerdings wurde allzu oft die umgekehrte Haltung angenommen, indem diese Faktoren als starre Barrieren für höhere Temperaturen angesehen wurden, und deshalb wurden niedrigere Temperaturen, als die höchstzulässigen akzeptiert – im Sinne des „Gut genug". Das war zum Beispiel sicher bei den SAR der Fall, wo man davon ausging, dass Temperaturen in der Größenordnung von 380 °C als vorübergehende Spitzenwerte wegen des Schmierungsproblems die Grenze des Machbaren darstellte. Noch schlimmer, es wurde von nicht wenigen Ingenieuren bis in die neuere Zeit an den Mythos geglaubt, dass bei einer hohen Überhitzung bloß Energie in dem Auspuffdampf verschwendet würde *(Anm. d. Übers.: Trotz ansteigender Abdampftemperatur steigt wegen η = {zugeführte Wärme – abgeführte Wärme} ÷ zugeführte Wärme der (Zylinder-)Wirkungsgrad).*[1] Andererseits verfolgten Deutschland und Frankreich Wege, die die Anwendung hoher Dampftemperaturen erlaubten. Bei den 1925 in Deutschland erstmals eingeführten Einheitslokomotiven waren 400 °C normal, während auf Chapelon-Lokomotiven Temperatur bis zu 425 °C gemessen wurden. In Argentinien erreichten die 1E1 der Rio-Turbio-Eisenbahn Spitzenwerte von 420 °C.[2]

---

[1] Eine Diskussion zu diesem Thema, an der der Autor teilnahm, fand statt in der Leserbriefkolumne des Chartered Mechanical Engineer (das Magazin der Institution of Mechanical Engineers, London) während der Jahre 1982 – 83. Der interessierte Leser sei wegen einer ausführlicheren Erläuterung der Vorteile hoher Überhitzung an die Februarausgabe 1983 verwiesen.

[2] Die weltweit von verschiedenen Eisenbahnverwaltungen, mit Ausnahme der französischen Staatsbahnen (SNCF), empfohlenen höchsten Dampftemperaturen im Einsatz, lagen im Bereich von 370 °C bis 400 °C. Die SNCF empfahlen 425 °C (Bulletin of the International Railway Congress Association, 1954).

Die Notwendigkeit, die Überhitzung auf der umgebauten 25NC zu steigern, war eindeutig. Nicht nur war die vorhandene Dampftemperatur zu niedrig, sondern die Anwendung eines Speisewasservorwärmers führte immer auch zu einem Absinken der Überhitzung, und dieser Einfluss musste ausgeglichen werden. Der einzige dazu seinerzeit bekannte praktische Weg bestand in einer Vergrößerung des Überhitzers, hauptsächlich durch Vergrößern der Anzahl der Elemente und des Rauchgasanteils, der in die Rauchrohre eintrat und die Überhitzerheizfläche umströmte. Dazu bedurfte es neuer Rohrwände mit mehr Rauchrohren und weniger Heizrohren und eines größeren Dampfsammelkastens, was normalerweise alles teuer in der Herstellung und der Montage gewesen wäre und im Fall des Dampfsammelkastens viel Konstruktionsarbeit verlangt hätte. Allerdings wurde die Vergrößerung des Überhitzers durch zwei Umstände machbar.

i) Bei allen Lokomotiven der Klasse 25 war es bei einer Hauptuntersuchung wegen der Materialabzehrung im Einsatz vorgeschrieben, die Rohrwand der Verbrennungskammer zu ersetzten. Da die Kosten einer geänderten Rohrwand fast gleich der einer Serienausführung wären, würde sich der Mehraufwand durch Modifizierung der Rohrwände praktisch auf den Austausch der Rauchkammerrohrwand beschränken. Es stellte sich heraus, dass es gerade möglich war, eine zusätzliche Reihe von zehn Rauchrohren unterzubringen, womit sich die Gesamtzahl auf 50 gegenüber 40 bei der Serienausführung erhöhte, ohne die Stege in den Rohrwänden auf ein unzulässiges Maß zu verkleinern. Die Einflüsse dieser Maßnahme auf verschiedene Kesselparameter sind in Tabelle 30 angegeben, wobei der bedeutsamste in der Vergrößerung des Anteils der Rauchrohre an dem freien Gasquerschnitts des gesamten Rohrbündels von 49,4 % auf 63 % bestand.

ii) Dampfsammelkästen mit 50 Elementen waren in den Garratts der Klasse GMAM eingebaut. Davon waren einige als Schweißkonstruktion ausgeführt und konnten an die umgebaute 25NC angepasst werden, indem die Anschlussflansche der Einströmrohre abgeschnitten und solche aus Stahlguss angeschweißt wurden. Ersatzsammelkästen dieser Bauart waren verfügbar und die Zeit und die Kosten einer Neukonstruktion und kompletten Neufertigung konnten vermieden werden. Die fraglichen Dampfsammelkästen waren in Deutschland gefertigt worden und waren insofern interessant, als die Nassdampf- und Heißdampfkammern völlig getrennte Teile waren, was unerwünschte Wärmeübertragung durch die Sammlerwände minimierte. In dem Sammelkasten war ein Heißdampfventilregler mit fünf gegenüber vier Hauptventilen bei dem Seriensammelkasten der Klasse 25. Ein beiläufiger, aber wichtiger Vorteil des großen Überhitzers war sein um 25 % größerer dampfseitiger Strömungsquerschnitt. Auf der Negativseite eignet sich ein Dampfsammelkasten nicht unbedingt für eine Schweißkonstruktion, und das Innere war voller scharfer, die Dampfströmung störender Kanten. Darüber hinaus waren die beiden Teile des Dampfsammelkastens schwierig auszurichten, eine gute Ausrichtung war aber wesentlich für die Befestigung der Überhitzerelemente an dem Sammelkasten. Das schlimmste war aber, dass keiner der Dampfsammelkästen in einem guten Zustand war. Nachdem ich mich vergewissert hatte, dass einige vorrätig waren, hielt ich es nicht für nötig, sie persönlich zu inspizieren und dieses Problem wurde zu spät während des Zusammenbaus erkannt. Ein spezieller Defekt bestand darin, dass zahlreiche der angeschweißten Sitze aus unlegiertem Stahl für die Hammerkopfschrauben der Elementflansche sich gedehnt hatten und verformt waren. Das war sicherlich ein Schwachpunkt der Sammelkastenkonstruktion, aber unter den Umständen mussten wir die Ausrüstung so einbauen wie sie war und hoffen, dass die Sitze sich nicht weiter dehnen würden.

Die Serienüberhitzerelemente der Klasse 25NC waren von der Bauart Robinson *(Anm. d. Übers.: entwickelt von John George Robinson CBE (= Commander of the Order of the British Empire),* 30. Juli 1856; † 7. Dezember 1943; CME der Great Central Railway, Großbritannien von 1900 bis 1922)* mit verkürzten Schleifen, was die Wärmeübertragung an den Überhitzer in dem hinteren Bereich des Kessels konzentrierte. Da eine Vergrößerung der Überhitzerheizfläche durch Verlängerung der Überhitzerelemente hätte kontraproduktiv gewesen sein können, weil das den Strömungswiderstand für die Rauchgase durch die Rauchrohre vergrößert und deshalb einen größeren Anteil der an das Rauchgas gebundenen Wärme durch die Heizrohre gezwungen hätte, blieb die Konstruktion der Elemente unverändert. Die ersten vier Reihen Elemente waren vollständig serienmäßig, und die fünfte Reihe unterschied sich nur durch längere Anschlussrohrstücke. Näherungsrechnungen ließen erwarten, dass mit dieser Anordnung die Entwurfsdampftemperatur von 450 °C erreicht würde, gleich dem Höchstwert auf Portas experimenteller 2D (bei der Umbau-25NC bezog sich dieser Wert auf den Dampf am Überhitzeraustritt; nach der Vermischung mit dem Schieberbuchsenkühldampf im Schieberkasten wurde die Dampftemperatur bei dem Eintritt in die Zylinder zu 440 °C berechnet). Für die zuverlässige Erzeugung und Nutzung von Dampf von so hoher Temperatur war eine Beachtung der folgenden Faktoren notwendig: Schmierung, Materialspannungen in den temperaturbeaufschlagten Werkstoffen des Dampfsammelkastens, der Dampfleitungen und Verbindungen, Gefahr des Verbrennens der feuerbüchsseitigen Überhitzerumkehrenden und die Verlässlichkeit der Verbindung der Elemente mit dem Dampfsammelkasten. In einem Brief behandelte Porta jeden einzelnen dieser Faktoren. Da die Schieberbuchsen gekühlt werden würden, wurde die Schmierung nicht weiter als begrenzender Faktor angesehen, obwohl sich die Probleme mit der Schmierung grob gesehen je 15 °C Temperaturanstieg über 400 °C verdoppeln. Allerdings lagen für die anderen betroffenen Bauteile nur erfolgreiche praktische Erfahrungen für Temperaturen unter 400 °C vor. Es wurden keine speziellen warmfesten Stähle eingesetzt und die verschiedenen Schraubenverbindungen waren im Hinblick auf die größeren Ausdehnungen, die auftreten würden, suspekt. Deswegen empfahl Porta 440 °C als Höchstwert, was dem Wert, den ich festgesetzt hatte, nahe kam. Eine höhere Temperatur hätte eine Verbesserung der Konstruktion des gesamten Hochdruckdampfkreislaufs ab Dampfsammelrohr erfordert, was mit den verfügbaren Möglichkeiten nicht geleistet werden konnte, obwohl es wünschenswert war.

Zur Unterbringung des größeren Dampfsammelkastens waren Änderungen am Rauchkammermantel notwendig und neue Sammelkastenunterstützungen und Abdeckungen für die Rauchkammeröffnungen mussten konstruiert werden. Diese waren nicht alle einfach unterzubringen und bedeuteten Konstruktionsarbeit, die für solch bescheidene Einzelteile ziemlich zeitaufwändig war. Auch die Verbindungen des Seitenzugreglers mussten abgeändert werden.

Die Werkstattarbeiten für die Überhitzeränderungen waren verteilt auf die Werke Salt River, Beaconsfield und Koedoespoort (Pretoria). Koedoespoort stellte als die Zentralwerkstätte der gesamten Eisenbahn für die Herstellung von Überhitzerelementen die Elemente her.

Eine Heizrohrdrosselklappe, hergestellt in Beaconsfield, wurde vorn an der Rauchkammerrohrwand angebracht und deckte sämtliche Heizrohre unterhalb der untersten Rauchrohrreihe ab. Die Idee, die mit einem solchen „Überhitzerbooster“ verbunden ist, wurde auf Seite 82 erklärt. Obwohl bei der 19D Nr. 2644 eingebaut, sind auf dieser Lokomotive keine Dampftemperaturmessungen gemacht worden, und die Wirksamkeit dieser Einrichtung blieb unbekannt. Immerhin waren auf 2644 Versuche gemacht worden zur Bestimmung der Beziehung der Drosselklappenbewegung zu dem Unterdruck an der Rauchkammerrohrwand. Das war gemacht worden, indem an dem Lagerzapfen der Drosselklappe eine Verlängerung angeschweißt wurde, die durch ein Nietloch des Rohrwandumbugs und des Langkessels hindurchtrat. Ein an der Verlängerung angebrachter Zeiger lief über eine Winkelgradskala und das Verhältnis Winkelausschlag zu Rohrwandunterdruck war bei stationären Versuchen mit ausgebauten Zylinderdruckausgleichern gemessen worden. Die Versuche zeigten, dass die Klappe mit Gewichten belastet werden musste, um übermäßige Bewegungen zu vermeiden. Deshalb wurde die Klappe für die Klasse 25NC zu diesem Zweck mit einem unten angeschweißten Stahlblock konstruiert, wobei ein maximaler Öffnungswinkel von etwa 50° bei maximalem Unterdruck angestrebt wurde. Die Tafel 21 zeigt die Rauchkammerrohrwand mit dem Überhitzer mit fünfzig Elementen und dem eingebauten „Überhitzerbooster“.

6. Dampfeinströmrohre

Die Änderungen an den Selbstreinigungsleitblechen in der Rauchkammer, dem Dampfsammelkasten und den Schieberkästen machten eine Neukonstruktion der Dampfeinströmrohre erforderlich und bestimmten die Bauartänderungen gegenüber der Serienkonstruktion. Insbesondere mussten die neuen Rohre ab oberhalb der Kesselmitte außerhalb der Rauchkammer verlegt werden, um die Behinderung des Rauchgasstroms zwischen dem Rauchkammermantel und den Selbstreinigungsleitblechen zu vermeiden (siehe Abb. 44). Es wurde das gleiche Rohrmaterial von 152,4 Millimeter lichtem Durchmesser verwendet, wie auf den Serien-25NC. Es war eigentlich klar, dass der lichte Durchmesser hätte größer gewesen sein sollen, sagen wir mal 200 Millimeter, besonders mit Rücksicht auf die erwartete größere Verdampfungsleistung, aber eine größere Rohrdimension war nicht lagerhaltig. Die neue Konstruktion war allerdings geradliniger, verminderte den Dampfdruckabfall und ergab eine bessere Zugänglichkeit zu den Überhitzerelementen. Wegen der relativ geringen Krümmungen war die Konstruktion unnachgiebig und es waren hohe Temperaturspannungen zu erwarten. Deshalb wurde an jedem Rohr direkt über dem Anschluss an dem Schieberkasten ein handelsüblicher Faltenbalgkompensator vorgesehen. Es wurde sorgfältig darauf geachtet, dass die Spezifikation für den Kompensator den im Einsatz auftretenden Längenänderungen, dem Druck, der Temperatur und der Forderung nach seitlicher Stabilität (Widerstand gegen „Verwindung") gerecht wurde, und die Einbauvorschriften des Herstellers wurden strikt befolgt. Zwischen der Verbindung am Dampfsammelkasten und dem an der Rauchkammer angeschraubten Rohrflansch wurde keine Ausdehnungsmöglichkeit vorgesehen, was trotz der geringen Entfernung im Hinblick auf die Unnachgiebigkeit der Anordnung möglicherweise ein Fehler war. Porta kommentierte diesen Punkt und schlug vor, die Flanschverbindung zwischen Einströmrohr und Rauchkammer flexibler zu gestalten, aber das wurde nicht gemacht (die Serieneinströmrohre der Klasse 25 waren ebenfalls starr mit dem Dampfsammelkasten, dem Rauchkammermantel und dem Schieberkasten verbunden, aber sie waren wegen ihres kurvenreichen Verlaufs nachgiebiger, was zweifellos geringere Spannungen zur Folge hatte). Für die geänderten Einströmrohre mussten neue Bekleidungen angefertigt werden. Sie wurden so konstruiert, dass sie gerade so eben den geraden Ausblick aus den Führerstandsfenstern freigaben. Die Tafel 22 zeigt ein Einströmrohr im eingebauten Zustand und auf der Tafel 39 ist eine teilweise zusammengebaute Einströmrohrbekleidung sichtbar.

7. Schieberkästen

Die erwartete höchste Dampftemperatur von 450 °C ergab die Notwendigkeit, die Schieberbuchsen zu kühlen. Das konnte in den bestehenden Schieberkästen nicht zufriedenstellend angeordnet werden, aber die Gussstahlkonstruktion (als Teil des einteiligen Gussstahlhauptrahmens) machte es möglich, sie zwischen den Kanälen auszuschneiden und neue Teile einzuschweißen. Allerdings war von Anfang an klar, dass das keine einfache Arbeit sein würde, und bereits in der Konstruktionsphase musste ich absolut sicher sein, dass der Entwurf machbar war. Die mittleren Abschnitte der Schieberkästen mussten über eine Länge von 515 Millimeter ausgeschnitten werden. Die Schnitte gingen durch die Befestigungen der Druckausgleichventile, aber nach den erfolgreichen Erfahrungen mit dem Leerlauf in Mittelstellung der Steuerung auf 2644 wurden diese nicht mehr benötigt, und ihre Befestigungen konnten abgeschnitten werden. Die diese Ventile mit dem Zylinder verbindenden Dampfkanäle wurden verschlossen. Es wurden neue Gussstahlschieberkästen zum Einschweißen in die ausgeschnittenen Öffnungen konstruiert. Sie mussten den Kontakt der Schieberkastenwände mit den Bereichen der Schieberbuchsen sicherstellen, wo diese mit Kühlkanälen versehen waren. Das hatte zur Folge, dass die Schieberkästen nur über der Mitte um 235 Millimeter ausgestülpt werden konnten, was eine Volumenvergrößerung von nur 7 % ermöglichte, nämlich von 33,2 % auf 35,5 % des Kolbenhubvolumens, gegenüber dem Idealwert von mindestens 100 %.

Da die Zugänglichkeit unzureichend erschien, um die Umfangsschweißnähte zwischen dem neuen Gussteil und dem bestehenden Schieberkasten von außen am vollen Umfang auszuführen, mussten beide Schieberkästen in zwei Teilen ausgeführt werden. Der untere Teil musste zuerst von der Bohrungsseite der Schieberkastenwände aus eingeschweißt und dann das obere Teil von außen eingeschweißt werden. Die oberen und unteren Teile waren dann von außen durch Längsnähte miteinander zu verschweißen. CO_2-Versetztschweißen wurden vorgeschrieben, um die Wärmeeinbringung zu minimieren, und die fertiggestellten Bauteile wurden so weit wie möglich mit der Gasflamme spannungsarm geglüht. Anflachungen und Gewindelöcher für die Dampfleitungen der Schieberbuchsenkühlung, der Schiebermierleitungen, der Schieberkastenentwässerungen, der Schieberkastenmanometer-Anschlussleitung und der Abdampfmanometer-Anschlussleitung wurden vorgesehen. Ebenso mussten angepasste Bekleidungen mit Anschluss an die neuen Zylinderrohrbekleidungen konstruiert werden.

Ich erstellte eine Zusammenstellungszeichnung und eine, auf der sämtliche Änderungen an den vorhandenen Schieberkästen dargestellt waren. „Dusty" Durrant arbeitete dann anhand meiner Zusammenstellung die Detailzeichnungen der neuen Schieberkastengussstücke aus, wobei diese Gussstücke entsprechend der Möglichkeiten in Koedoespoort hergestellt und in Salt River maschinell bearbeitet wurden. Die Tafeln 23 bis 27 zeigen verschiedene Zusammenbaustadien. Der beste verfügbare Schweißer wurde mit den Arbeiten betraut und er arbeitete zuverlässig, ohne sich jemals mit mir über das weitere Vorgehen beraten zu müssen. Es traten keine Probleme auf, aber ich glaube, jeder stieß im Stillen einen Seufzer der Erleichterung aus, als die Arbeiten erfolgreich abgeschlossen waren. Im Betrieb traten keine Risse an den Schieberkästen oder ihren Schweißnähten auf.

8. Schieberbuchsen

Wenn auch wohl der Einbau der neuen Schieberkästen die heikelste Zusammenbauarbeit war, so waren die Schieberbuchsen gewiss die am schwierigsten herzustellenden Einzelteile (siehe Tafel 28). Sie hatten einige fortschrittliche Errungenschaften, wie im Folgenden aufgeführt:

i) Die Schieberbohrungen wurden über den frischdampfbeaufschlagten Bereich des größten Schieberhubs (eine Fläche von 0,15 m^2 je Buchsenende) mit Nassdampf gekühlt. Porta hatte einwandfrei festgestellt, dass vielmehr die Temperatur der gleitenden Flächen als die Dampftemperatur das Schmierungskriterium waren, falls das Öl direkt an die Buchsengleitflächen gebracht wurde, und das führte auf natürliche Weise zu der Möglichkeit der Oberflächenkühlung.[1] In einer Abhandlung zu diesem Thema erläuterte er, wie eine geringe Nassdampfmenge direkt aus der Nassdampfkammer des Dampfsammelkastens entnommen (das heißt, der Überhitzer wird umgangen) und direkt den in dem äußeren Umfang der Buchsen maschinell eingearbeiteten Kühlkanälen zugeführt werden konnte.[2] Diese Kanäle hatten die Form schraubenförmiger Nuten und der Kühldampf ergab bei seinem Durchströmen einen hohen radial gerichteten Wärmestrom, was zu großen Temperaturunterschieden zwischen dem überhitzten Dampf und den Buchsenoberflächen führte. Nach dem

---

[1] Dass es die Gleitflächentemperatur war, auf die es ankam, war fast von Anfang an bei den Verbrennungskraftmaschinen bekannt. Warum dann nicht in der Dampflokomotivtechnik? Das Ergebnis war dann, dass die Temperaturen der Gleitflächen höher und die Schmierungsbedingungen bei den Dampfmaschinen schlechter waren als bei den Verbrennungsmotoren, obwohl die Dampftemperaturen bei Ersteren wesentlich niedriger lagen als die Gastemperaturspitzen in den Motoren.

[2] Porta, L. D., The Cooling of Piston Valve and Liner Rubbing Surfaces, Buenos Aires, 1978 (unveröffentlicht).

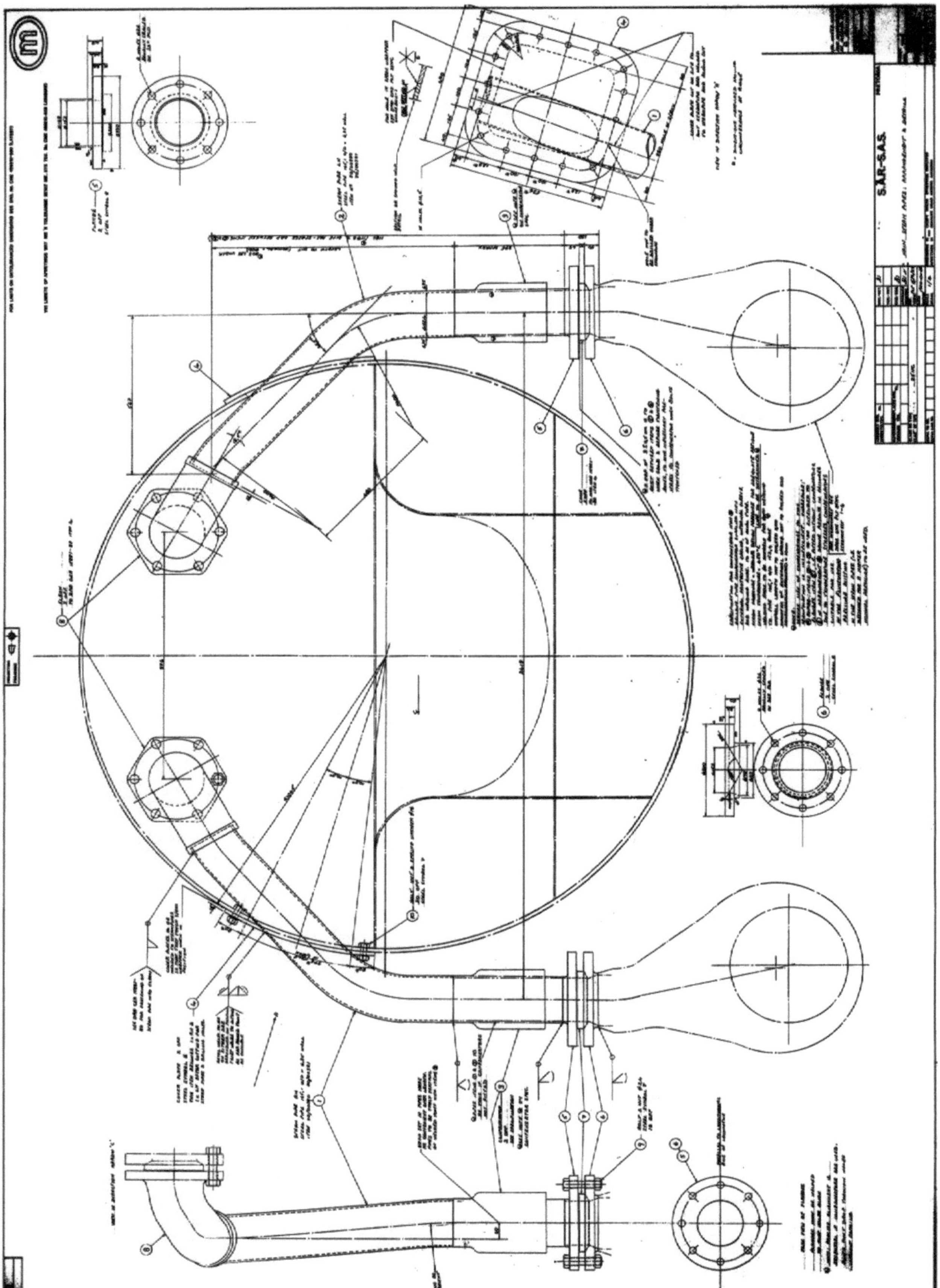

Abb. 44
SAR: umgebaute 2D2-Klasse 25NC: Anordnung der Dampfeinströmrohre
Diese Zeichnung zeigt die Anordnung der ursprünglichen Konstruktion mit den während des Einfahrens gemachten Änderungen

Durchströmen der Kühlkanäle wurde der Kühldampf in die Schieberkästen eingeleitet und vermischte sich dort mit dem überhitzten Dampf. Diese Mischung trat dann in die Zylinder ein. Dadurch ging in dem Gesamtsystem der Lokomotive keine Wärme verloren. Da der Druckabfall von dem Eintritt in den Dampfsammelkasten bis zu dem Eintritt in die Schieberkästen für den überhitzen Dampf als auch für den Kühldampf gleich bleiben würde, würden ihre jeweiligen Massenströme bei allen Verdampfungsleistungen im Wesentlichen zueinander in der Proportion unverändert bleiben, und das System würde damit ohne bewegliche Teile automatisch arbeiten.

Die Konstruktion der eigentlichen Kühlkanäle war von entscheidender Bedeutung. Sie mussten den Kühlflächenbedarf befriedigen, die Bedingungen für den durch den Wärmeübergang festgelegten Dampfstrom erfüllen und einen Druckverlust darstellen, der den gewünschten Dampfmassenstrom ergab, als auch maschinell herstellbar sein und für ein Aufbohren der Buchsen genügend Wandstärke übrig lassen. Der radiale Abstand von der Buchsenbohrung bis zu den Kühlkanälen war ein Kompromiss zwischen den widersprüchlichen Anforderungen, noch genügend Material für ein Aufbohren zu haben und minimaler Wandstärke für gute Wärmeleitung. Aus den Berechnungen sind die folgenden Daten interessant:

Heißdampftemperatur = 450 °C

Oberflächentemperatur der Buchsengleitflächen in der Kühlzone = 325 °C

Kühldampftemperatur bei Eintritt in den Schieberkasten = 292 °C

Anteil des Dampfmassenstroms im Dampfsammelrohr für die Kühlung = 4 %

Aufteilung des Druckverlusts vom Dampfsammelkasten zu den Schieberkästen: 82 % in den Kühlkanälen und 18 % in dem Rohrleitungssystem.

Die Kühlkanäle an beiden Enden der beiden Buchsen bestanden aus zwei parallelen Nuten, jede (nominell) 14 Millimeter tief x 10 Millimeter breit, jede lief viermal um den Umfang der Buchse herum, angeordnet im Sinne eines Gleichstromwärmeaustausches (das heißt, der Kühldampf trat an den Punkten geringsten Abstands in Längsrichtung von der Mitte der Buchse in die Nuten ein und trat an den Punkten geringsten Abstands von den Einströmkanälen wieder aus). Damit sollte eine möglichst gleichförmige Temperaturverteilung auf den Schiebergleitflächen erreicht werden.

Aufteilung des Wärmeübergangswiderstands: Heißdampf zur Buchsenoberfläche = 64 %, Wärmeleitung durch das Buchsenmetall = 19 %, Kühlkanaloberfläche zum Kühldampf = 17 %.

Überschlägig wurde ermittelt, dass die Temperaturen der frischdampfseitigen Schiebergleitflächen bei einer Heißdampftemperatur von 450 °C ohne Kühlung von 375 °C in der Nähe der Einströmkanäle bis zu 440 °C im Bereich des Anschlusses der Einströmrohre variiert hätten. Auf dieser Basis würde die Kühlung eine Absenkung der Oberflächentemperatur von 50 bis 115 °C ergeben, womit die Verhältnisse an den Schieberbuchsen gleich denen von ungekühlten bei einer Dampftemperatur von 370 °C werden, wobei diese Zahlen für die Schmierung sehr wesentlich sind.[1]

Der Kühldampf wurde an einer Stelle in Fließrichtung hinter dem Mehrfachventilregler aus der Nassdampfkammer entnommen und in Rohrleitungen zu in die Schieberkästen oberhalb der Kühlkanäle eingeschraubten Anschlussstutzen geleitet. An beiden Enden des Schieberkastens führte eine kurze Rohrleitung, verbunden mit ähnlichen Anschlussstutzen, den Dampf von dem Austritt der Kühlkanäle zu einer Umfangsnut nahe der Frischdampföffnungen in der Buchse, wo der Dampf durch radiale Bohrungen in das Innere abströmte. Die Tafel 29 zeigt ein Detail der Kühlkanäle, der Abströmnut und der Abströmbohrungen.

ii) Die Schieberbuchsen waren einteilig ausgeführt, das heißt, jeder Schieberkasten hatten nur eine Schieberbuchse, statt der üblichen zwei. Die Vor- und Nachteile von einteiligen oder getrennten Buchsen wurden abgewogen, und Erstere wurde aus einer Reihe von Gründen bevorzugt, insbesondere, weil sie eine perfekte Führung für die Schieberringe beim Ein- und Ausbau der Schieber ergaben und den korrekten Abstand zwischen den Steuerkanten der Dampfkanäle garantierten, was insofern von Bedeutung war, als keine Einstellmöglichkeit für den Abstand der Schieberkörper vorgesehen werden sollte. Die Buchsen wurden an den vorderen Enden der Schieberkästen für ein einfaches Einführen der Schieber verlängert und sie wurden in ihrer Lage durch die vorderen Schieberkastendeckel fixiert. Zusätzlich verhinderte eine Presspassung mit dem Schieberkasten von 0,23 bis 0,30 Millimeter jede Möglichkeit von losen Schieberbuchsen. Fünf Kanalöffnungsbereiche mussten vorgesehen werden (siehe Tafel 28), wobei die im hinteren Bereich notwendig waren, um Schäden bei zu großem Schieberweg zu vermeiden. Die Konstruktion der Kanalöffnungsstege war immer ein Kompromiss zu den widersprüchlichen Anforderungen, zum einen die Kanalquerschnitte zu maximieren und zum anderen für ausreichende Ring tragende Oberflächen zu sorgen. Sie wurden halbwegs schmal gehalten, außer denjenigen im unteren Bereich, welche im Sinne geringer Reibungsdrücke, und um die Schieberringe an ihrem Stoß zu unterstützen, 50 Millimeter breit waren. Schräge Kanalstege mit 30° Neigung zur Mittelachse der Buchse wurden an den zu den Zylindern führenden Kanälen vorgesehen, um Riefenbildung an den Schieberkörpern und Ringen und den Verschleiß der Stege gering zu halten, wobei die Kanalschrägen an beiden Enden gegensätzlich waren, um die Torsion der Schieberstange zu minimieren. Diese Kanäle waren mit 76 Millimeter so breit, wie die Kanäle zu den Zylindern und gleich der Ausströmkanaleröffnung bei 48 % Vorwärtsfüllung. Ihre Einströmkanten waren wie bei der 2644 zur Verbesserung der Dampfströmung, besonders bei Kanaleröffnung, Kanalabschluss und bei kleinen Füllungen, mit einem 1,6-Millimeter-Radius abgerundet. Alle weiteren Kanäle waren so groß wie möglich, und ihre Kanten und sämtliche Stegkanten wurden im Sinne eines guten Dampfströmungskoeffizienten abgerundet.

iii) Die Buchsen wurden aus hoch verschleißfestem perlitischem Chromgusseisen hergestellt. Auf den Zeichnungen wurde eine sehr präzise Werkstoffanalyse nach ASTM-Normen angegeben, welche von der Gießerei in den Bloemfontein-Werkstätten übersehen (oder ignoriert) wurde, und die ersten Buchsen wurden aus normalem Gusseisen für Bremsklötze gemacht. Zum Glück wurde dieser Fehler vor der maschinellen Bearbeitung, später ausgezeichnet ausgeführt in Salt River, bemerkt, und ein zweiter Satz wurde in dem korrekten Werkstoff ausgeführt.

9. Kolbenschieber, Schieberstangen und Schieberstangenstopfbuchsen

Die Lokomotiven der Klasse 25 hatten ursprünglich eine den SAR-Einheitsschiebern mit vier schmalen Ringen ähnliche Kolbenschieberanordnung, waren aber stattdessen mit zwei Sätzen amerikanischer „Koppers“-Segmentbreitringen *(Anm. d. Übers.: Koppers Company, Baltimore, Maryland, USA)* ausgerüstet, wobei jeder Satz aus Bronze- und Gusseisenelementen bestand (auch als „Duplex“-Ringe bekannt). Die Schieber hatten 38 Millimeter Einströmüberdeckung und keine Ausströmüberdeckung. Sämtliche Steuerungsereignisse wurden von den Ringkanten gesteuert. In der späten amerikanischen Dampflokomotivtechnik waren Segmentringe sehr beliebt, weil sie das Gewicht der Kolben und Kolbenschieberkörper trugen und so den Umfangsverschleiß der Schieberkörper verhinderten, aber sie erfüllten nicht das Kriterium für gute Schmierung und Dampfdichtheit und waren eine rückschrittliche Entwicklung. Viele Probleme gab es bei der Klasse 25 auch mit Schäden, die auftraten, wenn die Ringe über die Schieberbuchsenkanäle hinaus glitten, was häufige Erneuerungen der

---

[1] Siehe Ergebnisse der Temperaturmessungen an den Schieberbuchsen der 2D2 Nr. 614 der ehem. C & O auf Seite 372.

Buchsen notwendig machte, und ich meine häufig! Zum Beispiel zeigen die Aufzeichnungen, dass während eines Zeitraums von jeweils dreizehn Monaten in den späten sechziger Jahren bei der Lokomotive Nr. 3419 zwölf Buchsen und bei der Nr. 3438 vierzehn Buchsen erneuert wurden (!). Trotz der Anzeichen, dass die Segmentringe dafür der Hauptgrund waren, lehnte das Büro des CME die Genehmigung zur Umrüstung auf schmale Ringe ab[1], aber leider folgten die Probleme eher ihren eigenen Gesetzmäßigkeiten, als den Verordnungen des CME und hörten nicht auf. Die Lokomotivdepots begannen mit der inoffiziellen Umrüstung und selbst noch im Jahre 1980 wurde von dem Direktionsvorstand in Kimberley der Versuch gemacht, den Umbau offiziell sanktionieren zu lassen, um zu verhindern, dass die Werkstätten in Salt River, die die Maschinen im Serienzustand aufzuarbeiten hatten, während der Instandsetzung eine Rückrüstung auf Segmentringe durchführten. Dieser Brief enthielt die nachstehenden Statistiken von den Depots Beaconsfield und De Aar:[2]

Anzahl der Lokomotiven ausgerüstet mit schmalen Kolbenschieberringen = 73
Anzahl der erneuerten Schieberbuchsen während der 11 Monate Januar bis November 1979 = 0
Anzahl der Lokomotiven ausgerüstet mit Segmentringen = 40
Anzahl der in dem gleichen Zeitraum erneuerten Schieberbuchsen = 45 (28 % von allen)

Von Juli 1978 bis November 1979 wurden auf der Lokomotive Nr. 3489 dreizehn Schieberbuchsen erneuert und die gleiche Anzahl musste auf der Lokomotive Nr. 3498 von November 1978 bis Oktober 1979 erneuert werden. Nur weil ich mit Beaconsfield zu tun hatte, erfuhr ich von diesen Problemen, und ich unterstützte den Antrag aus Kimberley, in dessen Folge (nach meiner Kenntnis) die Umrüstung auf schmale Ringe offiziell bestätigt wurde, aber es war ziemlich traurig, dass 25 Jahre mit den Problemen vergehen mussten, bevor das geschah.

Weder die breiten noch die schmalen Ringe erfüllten die Kriterien für einen guten Kolbenschieber. Deshalb wurde eine komplette Neukonstruktion nach den von Porta empfohlenen Richtlinien ausgearbeitet. Sie war im Prinzip ähnlich der Kolbenschieberkonstruktion der 1E1-Lokomotiven der Rio-Turbio-Eisenbahn.[3] Die Verbesserungen konnten unterteilt werden in solche, die die thermischen Eigenschaften beeinflussten und solche, die die Zuverlässigkeit betrafen. Ersteres betraf die Regulierung des Dampfmassenstroms zu und von den Zylindern und die Beständigkeit gegen Dampfundichtigkeiten, das Letztere betraf die mechanische Festigkeit und die Verschleißfestigkeit. Die Tafel 30 illustriert den zusammengebauten Kolbenschieber mit Schieberstange, und Tafel 31 zeigt eine Nahansicht eines Schieberkörpers. Die Besonderheiten der Kolbenschieber waren wie folgt:

i) Der Durchmesser wurde von den serienmäßigen 305 Millimeter auf 310 Millimeter vergrößert, wobei die bestehende Struktur des Schieberkastens eine (wünschenswerte) weitere Durchmesservergrößerung verhinderte, die Einströmüberdeckung von 38 Millimeter auf 55 Millimeter und die Ausströmüberdeckung von 0 auf 4 Millimeter. Der Vorteil großer Kanalüberdeckungen in Bezug auf die Kanaleröffnungen war seit Langem bekannt, aber es ist ein weiteres Konstruktionsmerkmal, das selten ausgenutzt worden war. Die Einheitsüberdeckung der SAR von 38 Millimeter war typisch für FGS-Lokomotiven und wurde offensichtlich als „gut genug“ angesehen, obwohl sie viel größer hätte gewesen sein können. Die neue Überdeckung von 55 Millimeter war die größte, die in diesem Fall ohne wesentliche Änderungen an der äußeren Steuerung angewendet werden konnte. Ein Ausströmüberdeckung von 4 Millimeter wurde aufgrund der Erfahrungen mit 2644 vorgesehen, und da bei der umgebauten 25NC sowohl eine Ausströmüberdeckung als auch eine Kordina-Einrichtung eingebaut waren, bestand die Hoffnung, den Abdampfstrom unmittelbar bei Ausströmeröffnung vermindern und die daraus folgenden Feuerbettstörungen so klein wie möglich halten zu können.

ii) Die dünnen, schräg zulaufenden, einströmseitigen Ringstege ermöglichten es, die Kanten der Einströmringe im Sinne größerer Präzision als steuernde Kanten zu verwenden und dennoch gleichzeitig einen guten Dampfströmungskoeffizienten zu erhalten. Das war bei kleinen Füllungen, wenn die Kanalquerschnitte klein waren, von großer Bedeutung und in Verbindung mit rascher Schieberbewegung entscheidend für die Verminderung von „Dreiecksverlusten“ *(Anm. d. Übers.: Verlustfläche im Diagramm durch Einströmdrosselung)* im Indikatordiagramm bei Einströmeröffnung, und noch mehr bei Kanalabschluss. Die sanft abgerundeten Vorderkanten der Schieberkörper sollten ebenfalls den Einströmdrosselverlust minimieren. Die ganze Baugruppe wurde mit dem Ziel der bestmöglichen Durchströmung konstruiert. Die Ringstege an den Einströmkanten, auf Tafel 31 deutlich erkennbar, sahen sehr empfindlich aus, und niemand außer Porta und mir erwartete, dass sie besonders lange halten würden. Doch die größte Gefahr für sie bestand in falscher Handhabung der ausgebauten Schieber. Sobald sie in Einbaulage waren, wirkten nur sehr geringe Kräfte auf sie, für die sie angemessen ausgelegt waren. Es wurden keine Probleme damit festgestellt.

iii) Jeder Schieberkörper trug zwölf schmale Ringe aus perlitischem Chromgusseisen. Die Konstruktionsphilosophie lehnte sich stark an die Dieselmotorenpraxis an, die sich bei solchen Einzelteilen zu traditioneller Dampflokomotivkonstruktion verhielt, wie der Tag zur Nacht. Das Ziel war maximale Dampfdichtigkeit über den längstmöglichen Zeitraum ohne *irgendeine* Wartung, obwohl sämtliche Fahrten unter Dampf mit voll geöffnetem Regler gemacht werden würden, mit erwarteten Dampftemperaturen von bis zu 450 °C, was von den Schiebern die äußerste Dampfdichtigkeit verlangte. Ganz bestimmt wurde erwartet, dass die konstruktiv gewährleistete nahezu perfekte Dampfdichtigkeit zwischen zwei Zwischenuntersuchungen (135 000 Kilometer) und möglicherweise noch wesentlich länger erhalten bleiben würde. Damit wäre das Kriterium für eine Schieberuntersuchung nicht mehr länger der Verschleiß, sondern die Dampfundichtigkeit. Die Beziehung zwischen diesen beiden Größen war bei einfachen und fortschrittlichen Schieberkonstruktionen ziemlich verschieden.

Der Ringquerschnitt ergab radial flexible Ringe, bei denen ein großer Anteil der Tangentialspannung auf die Dichtfläche durch den Dampfdruck auf der Rückseite erzeugt wurde, wobei die elastische Spannung relativ gering war. Die geringe axiale Ringbreite (5,1 Millimeter) war bestimmt durch die Forderung nach Verschleißfestigkeit, da schmale Ringe wegen einer größeren Neigung zu hydrodynamischer Schmierung bessere Schmierungsverhältnisse haben.[4] Die Anzahl der Ringe war die höchstmögliche, die bei angemessenen Stegbreiten noch angewendet werden konnte. Dies alles maximierte die Dampfdichtigkeit und verminderte den Verschleiß durch Verkleinerung der mittleren Ringspannung. Sämtliche Ringstöße wurden durch spezielle Feststellschrauben unten an den Schieberkörpern fixiert (siehe Tafel 31), und die Ringenden wurden am Umfang durch die breiten unteren Kanalstege der Schieberbuchsen geführt. Da keine tragenden Schieberstangen vorgesehen waren, und da alle Schieberkörper auf den Schieberbuchsen

[1] SAR, Abteilung des CME, Pretoria, Brief an den Generaldirektor Az. PLT 12/39/2210/13 vom 16.10.1969.

[2] SAR, Büro des Direktionsvorstands, Kimberley, Brief Az. TL 25/2210 vom 07.01.1980 an den Generaldirektor, Johannesburg, Kopie an CME.

[3] Die für die Schieber- und Ringkonstruktion nötigen Informationen waren in den beiden nachstehenden unveröffentlichten Abhandlungen Portas enthalten: Steam Engine Cylinder Tribology und The Mechanical Design of Piston Valves, beide im Jahr 1975 verfasst. Die Letztere war teilweise von der äußerst leicht ausgeführten Schieberkonstruktion der belgischen 2B1-Hochgeschwindigkeitslokomotive Reihe 12 *(Anm. d. Übers.: SNCB, h2i, Schlepptender, Stromlinienverkleidung, Bahn-Nrn. 12.001 bis 12.006, Cockerill, 1939)* inspiriert.

[4] Die geringe Geschwindigkeit von Kolbenschiebern machte vollständige hydrodynamische Schmierung selbst unter den günstigsten Umständen unwahrscheinlich. Bei normalen Lokomotiven, wo viele Umstände gegen eine gute Schmierung zusammenwirkten, war sie unmöglich und deswegen die häufig angetroffenen hohen Verschleißraten.

auflagen, ergab sich eine perfekte Abdichtung an den Ringstößen, selbst wenn die Buchsen später verschleißbedingt etwas weiter wurden. Das Ringmaterial war ähnlich dem Buchsenmaterial, aber eine Stufe härter, wie es für einen minimalen Gesamtverschleiß notwendig war.

iv) Die Kolbenschieber wurden mit Blick auf die kleinstmöglichen Flächendrücke zwischen Schieberkörpern und Buchsen, sowie kleinstmöglicher Massenträgheitskräfte und damit kleinstem Verschleiß an den Schieberkörpern und Buchsen, beziehungsweise kleinster Kräfte auf die äußere Steuerung, so leicht wie möglich ausgeführt. Die Spannungen in jedem kritischen Querschnitt des Schiebers, der Schieberstange, der Gelenkbolzen und dem Kreuzkopf zur Schieberschubstange wurden berechnet, und kritische Querschnitte wurden nach einem vorgewählten Spannungsniveau festgelegt, mit einem Höchstwert mit der mäßigen Zahl von 55 N mm^{-2}. Die Massenträgheitskräfte wurden für die „Durchmessergeschwindigkeit 1,5“ berechnet (dabei entspricht die Höchstgeschwindigkeit in Meilen pro Stunde dem 1,5 fachen Zahlenwerts des Kuppelraddurchmessers in Zoll), entsprechend einer Drehzahl von 504 min^{-1}, dem AAR-Normwert für Hochgeschwindigkeitslokomotiven. Für die 25NC bedeutete das 144 km h^{-1}, 60 % mehr als die zulässige Fahrgeschwindigkeit, und damit ergab sich ein großer Sicherheitsfaktor. Die maximale Schieberbeschleunigung bei 504 min^{-1} betrug 32 g, was möglicherweise bei Schleudern mit voll vorwärts ausgelegter Steuerung erreicht wurde.

Die Schieber waren eine Schweißkonstruktion, wobei die glockenförmigen Übergänge an den Schieberkörpern nach den AAR-Regeln für Leichtbauschieberkörper gestaltet wurden und das verbindende zylindrische Rohrstück aus Feuerbüchszirkulationsrohr gefertigt wurde. Jeder Kolbenschieber mit Schieberstange und Ringen hatte eine Masse von nur 67 Kilogramm, 30 % weniger als die Serienkolbenschieber der Klasse 25NC. Der nominelle Flächendruck der Schieberkörper auf der Buchse war mit 0,0134 N mm^{-2} gegenüber den von der AAR als Maximum für Kolben im Hochgeschwindigkeitseinsatz empfohlenen 0,0345 N mm^{-2} niedrig.

v) Für die Schieberkörper wurden auftragsgeschweißte Bronzetragflächen für hohe Verschleißfestigkeit spezifiziert, die nach der maschinellen Bearbeitung 3 Millimeter dick waren.

vi) Die gelenkigen Schieberstangen glichen jede mögliche Fehlausrichtung zwischen den Schieberbuchsen und den Schieberkreuzkopfführungen aus, wodurch es den Schieberkörpern möglich war, gleichmäßig auf den Buchsen zu tragen und so den Verschleiß sowohl der Schieberkörpern und Buchsen als auch der Schieberkreuzköpfe und Führungen zu minimieren. Jeder Schieber wurde auf das korrekte Voreilen bei Steuerungseinstellung auf Mitte durch exzentrische maschinelle Bearbeitung des äußeren Durchmessers der Buchse in dem hinteren Gelenkauge der Schieberstange um das Maß, das nötig war, um gleichmäßiges Voreilen an den vorderen und hinteren Kanalöffnungen zu erzielen, eingestellt. Die Gelenkbuchse wurde dann mit der richtig eingestellten Exzentrizität in das Gelenkauge der Schieberstange eingepresst und durch Heftschweißen fixiert. Da die wichtigen axialen Maße sowohl der Schieberbuchsen als auch der Schieber mit geringen Toleranzen maschinell bearbeitet wurden, wurde gewährleistet, dass jeder Schieberkörper in Bezug auf seine zugehörige Kanalöffnung in der Buchse korrekt ausgerichtet sein würde, nachdem die Schiebereinstellung durchgeführt worden war. Die Schäfte der Schieberstangen hatten 40 Millimeter Durchmesser gegenüber 54 Millimeter der Serienstangen. Das kleinere Maß war in Anbetracht der geringeren Massenträgheits- und Reibungskräfte der neuen Schieber angemessen. Die vorhandenen Schieberkreuzköpfe wurden im Hinblick auf die Gelenkbolzenverbindung anstelle der serienmäßigen Keilverbindung angepasst. Die hinteren Schieberstangengelenkbolzen wurden mit Weichfett geschmiert, und die vorderen wurden (sollten) von dem ölhaltigen Abdampf geschmiert (werden), der durch die die Schieberkörper verbindenden Rohrstücke hindurchtrat. Dieser Abdampfstrom unterstützte auch die Schieberkörperkühlung und diente dazu, den Abdampfdruck auf beiden Seiten des Schiebers auszugleichen. Versuche der Pennsylvania Railroad hatten ergeben, dass nicht ausgeglichene Abdampfdrücke die äußere Steuerung großen Kräften aussetzte, die vermehrten Verschleiß der Steuerungsgelenkbolzen und Buchsen verursachten, dem man in Amerika durch hohle Verbindungen der Schieberkörper begegnete.

vii) Schwimmende metallisch dichtende Schieberstangenstopfbuchsen ersetzten die starren Asbestpackungen. Diese Stopfbuchsen waren eine Miniaturausführung der weiter unten beschriebenen Kolbenstangenstopfbuchsen und sind auf der Tafel 35 illustriert. Innerhalb ihrer konstruktiven Grenzen kompensierten sie jede Abweichung der Schieberstangen von der idealen Mittellinie der Schieberkästen. Je Packung hatten sie zwei Ringsätze, die von geteilten Gehäusen gehalten wurden, welche in entsprechend angepassten hinteren Schieberkastendeckeln untergebracht waren. Da es keine vorderen durchgehenden Schieberstangen gab, konnten die vorderen Schieberkastendeckel in einfacher Weise dahin gehend geändert werden, dass sie als Entnahmestellen für den zu dem Vorwärmer und dem Aschkasten geleiteten Abdampf fungierten.

Abgesehen von der gegossenen Buchse, aus der die Kolbenringe maschinell hergestellt wurden (durchgeführt in Bloemfontein) und der Herstellung der Feststellschrauben für die Ringe (Beaconsfield), wurde die Anfertigung der Kolbenschiebersätze Salt River anvertraut, wo wiederum erstklassige Arbeit geleistet wurde.

10. Änderungen an der äußeren Steuerung

Die Änderungen an der äußeren Steuerung, um die korrekten Bewegungen für die Kolbenschieber mit größerer Überdeckung zu erhalten, waren durchaus einfach, aber die Arbeit im Hintergrund war nicht so einfach. Ohne größere Änderungen an der äußeren Steuerung, wie zum Beispiel dem Einbau einer längeren Schwinge, konnte eine Vergrößerung der Schieberüberdeckung nur auf Kosten der Größtfüllung und damit der Anfahrzugkraft realisiert werden. Je größer die Überdeckung, desto besser wären die Ein- und Ausströmkanaleröffnungen bei allen normalen Füllungen, besonders bei den kleinen Füllungen. Das würde sich, besonders bei höheren Geschwindigkeiten, als besserer Dampfdurchsatz, völligere Indikatordiagramme, verbesserter Zylinderwirkungsgrad und höhere Zylinderleistung bemerkbar machen. Aber wie wir gesehen haben, erforderte der normale Einsatz der Klasse 25NC kein Fahren bei hohen Geschwindigkeiten mit kleinen Füllungen, sondern eher große Verdampfungsleistungen bei mäßigen bis geringen Geschwindigkeiten im Güterzugdienst auf Steigungen. Die Betriebsabteilung hatte außerdem deutlich gemacht, dass sie viel mehr an einer Umbaulokomotive interessiert war, die schwerere Lasten schleppen konnte, als daran, dass sie die gleichen Zuglasten schneller beförderte, und eingedenk dessen war es fragwürdig, ob eine Verkleinerung der Anfahrzugkraft besonders klug war.

Was war denn dann die von der Umbaulokomotive geforderte Charakteristik der Zugkraft über der Geschwindigkeit? Bereits im Jahre 1978 waren die Alternativen ausgearbeitet worden. Diese sind in Abb. 45 dargestellt, aus der das Nachstehende entnommen werden kann:

i) Falls keine Anfahrventile installiert würden, läge die Zugkraft bei einer Schieberüberdeckung von 55 Millimeter unterhalb des Werts der Serienlokomotiven bei Geschwindigkeiten unter 27 km h^{-1} und betrüge um etwa 15 % weniger bei dem Anfahren mit kalten Zylindern, also ein ernstliches Absinken.

ii) Von den Anfahrventilen (die weiter unten beschrieben werden) wurde erwartet, dass sie die Anfahrzugkraft verglichen mit der Serien-25NC um etwa 5 % vergrößern. Bis zu welcher Geschwindigkeit die Anfahrventile zur Zugkrafterhöhung geöffnet bleiben könnten, war nicht bekannt, wobei das größtenteils von dem Dampfströmungsquerschnitt der Ventile abhing und deshalb war das erhöhte Zugkraftdiagramm sehr vorläufig.

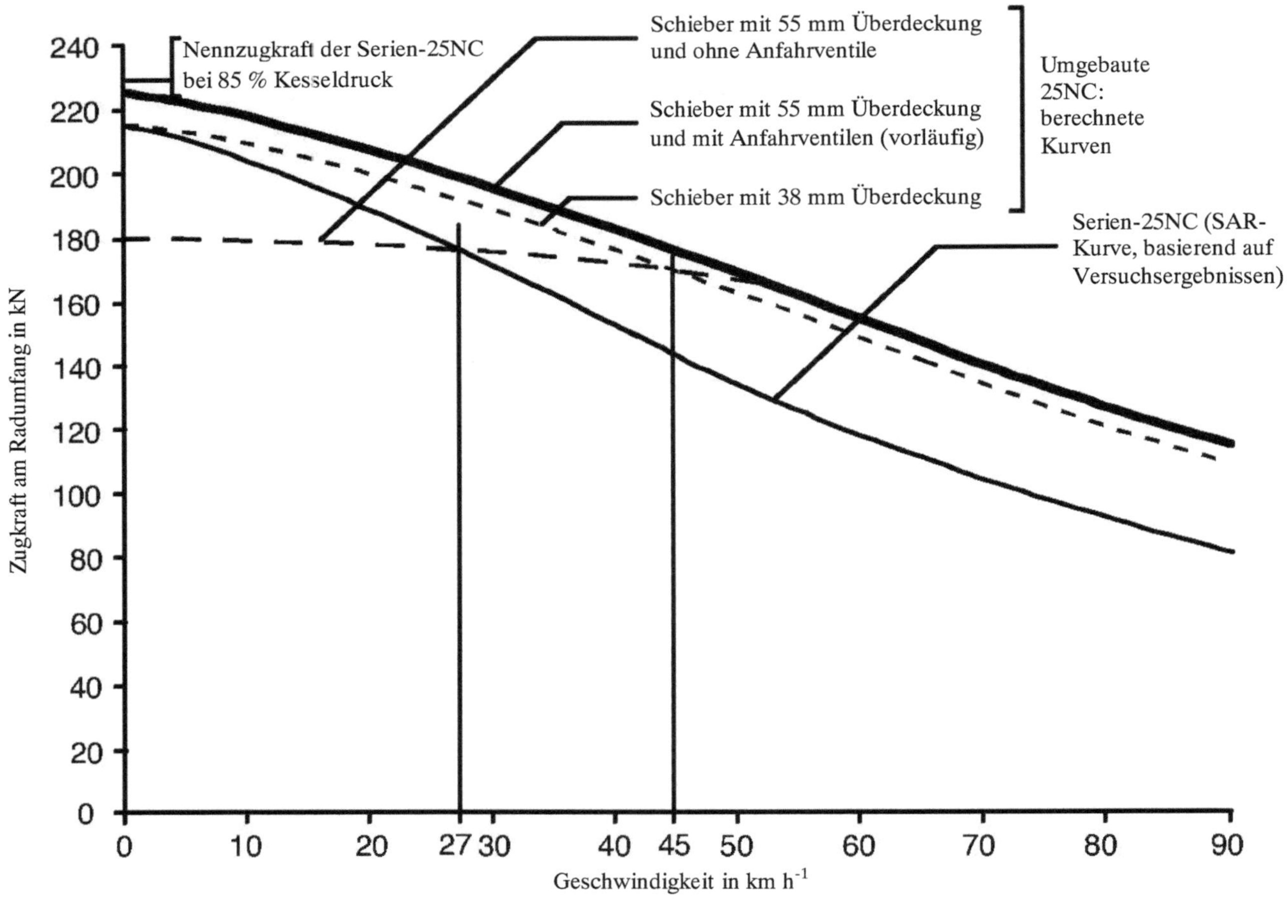

Abb. 45
ZV-Diagramm: SAR-Klasse 25NC und die berechneten Kurven für die umgebaute 25NC

iii) Falls die Schieberüberdeckung nicht verändert würde, würde die Zugkraft beim Anfahren gleich der der Serienlokomotiven bleiben, würde dann aber wegen der größeren Verdampfungsleistung, der besseren Saugzuganlage etc., progressiv besser werden. Allerdings wäre dieser Option oberhalb von 45 km h^{-1} dem Entwurf mit großer Überdeckung ohne Anfahrventile unterlegen, da die letztere Ausführung den Vorzug der größeren Kanaleröffnungen hätte.

Bei dem Abwägen dieser Optionen war natürlich die Berücksichtigung der tatsächlichen Einsatzbedingungen sehr wichtig. Beobachtungen zeigten, dass selbst bei ausgelasteten Güterzügen die Gesamtbetriebszeiten mit sehr niedrigen Geschwindigkeiten und sehr großen Füllungen, zumindest auf der flacheren Strecke Kimberley – De Aar (und natürlich vorausgesetzt der Kessel machte gut Dampf), relativ kurz waren, im Prinzip, weil die Abschnitte mit der maßgeblichen Steigung nicht allzu lang waren und oft mit „Anlauf“ genommen werden konnten. Sicherlich hätte die Anfahrzugkraft nicht niedriger als bei den Serienlokomotiven sein sollen, aber in dem Bereich zwischen 10 und 20 km h^{-1} war anscheinend kein allzu großer Bedarf an höchsten Zugkräften, da die Lokomotiven im Allgemeinen nicht bei solchen Geschwindigkeiten arbeiteten. Die ideale Charakteristik schien die mit den großen Schieberüberdeckungen und Anfahrventilen zu sein, und deshalb wurde diese ausgewählt.[1] Diese Analyse der berechneten Zugkraftdiagramme ist interessant, wenn man sie im Lichte der nachfolgenden Betriebserfahrungen mit der umgebauten Lokomotive betrachtet, wie in den Kapiteln 3.4 und 3.6 beschrieben.

Eine andere wichtige Frage war es, wieviel Voreilung vorgesehen werden sollte. Die beste Voreilung konnte als diejenige definiert werden, die während der Einströmphase den geringsten Druckabfall zwischen den Schieberkästen und den Zylindern ergab. Das war üblicherweise gleichbedeutend damit, dass der Druck in dem Zylinder im Totpunkt den Schieberkastendruck erreichte.[2] Bei den normalen Fahrgeschwindigkeiten war der Einfluss der Voreilung auf die Zylinderleistung sehr deutlich, wobei eine zu geringe Voreilung sofort in Erscheinung trat, indem sie die Leistung verminderte und eine Lokomotive träge machte, insbesondere eine mit großen Zylindern. Aus Indikatordiagrammen, die abhängig von der Winkelstellung des Treibzapfens aufgenommen wurden, wie zum Beispiel die Farnborough-Indikatordiagramme, aufgenommen von den British Railways, ließ sich auch ablesen, dass gemäß der oben gegebenen Definition bei äußeren Steuerungen mit unveränderlicher Voreilung, wie zum Beispiel bei der Walschaerts-Steuerung in normaler Anordnung, die Tendenz die war, dass die Voreilung mit größer werdender Füllung, im Gegensatz zu der üblichen Meinung, abnahm. Es war nicht schwierig einzusehen warum, da der Voreilwinkel (der Winkel des Treibzapfens vor Erreichen des Totpunkts, bei dem der Schieber begann, die Voreinströmung zu öffnen) mit größer werdender Füllung abnahm (siehe Abb. 46). Damit stand bei einer gegebenen Geschwindigkeit umso weniger Zeit für die Voreinströmung zur Verfügung, den Zylinder vor Erreichen des Totpunkts mit Dampf zu füllen, je größer die Füllung war. Das war untrennbar verbunden mit einem späteren Kompressionsbeginn bei größer werdender Füllung. Auch die Geschwindigkeit spielte bei dieser Erscheinung eine Rolle, aber da ältere Lokomotiven nicht die Kesselleistung hatten, bei höheren Geschwindigkeiten mit größeren Füllungen zu arbeiten, wurde das Letztere gleichbedeutend mit kleinen Füllungen, und es herrschte die Ansicht vor, dass bei kleinen Füllungen eine größere Voreilung nötig war. Es ist heute klar, dass dabei die betroffenen Einflussgrößen durcheinandergebracht wurden, und es hätte heißen müssen, dass bei hohen Geschwindigkeiten eine größere Voreilung benötigt wurde. Bei Lokomotiven, die in der Lage waren die Zylinder bei hohen Geschwindigkeiten *und* großen Füllungen zu versorgen, wie das von der umgebauten 25NC erwartet

---

[1] Wie sich der Leser vorstellen kann, war das für den Rangierdienst, ein Dienst, in dem sich auch die 3450 manchmal wiederfand (!), nicht gerade der Idealfall.

[2] Porta, L. D., A Note on the Optimum Value of Lead in Steam Locomotives, Buenos Aires, 1977 (unveröffentlicht).

wurde, wurde die Bedeutung einer angemessenen Voreilung im Bereich von Zylinderfüllungen von 40 % bis 50 % erkannt.[1] Eine große Voreilung hatte einen nicht zu vernachlässigenden Nachteil. Sie war beim Anfahren, besonders bei großrädrigen Lokomotiven wie den 25NC, nicht hilfreich (eine kleinrädrige Lokomotive fuhr müheloser an, als eine großrädrige mit gleicher Voreilung und gleicher nomineller Anfahrzugkraft, da sie ausgehend von dem Anfahren aus dem Stilltand ihren zweiten Zylinder einfacher ins Spiel bringen konnte). Porta machte sich für eine veränderliche Voreilung stark, und er hatte das bei seinen Lokomotiven, einschließlich den 1E1-Maschinen der Rio-Turbio-Eisenbahn ausgeführt, indem er einfach die Gegenkurbel kürzte, wodurch die Voreilung von einem Höchstwert bei größter Vorwärtsfüllung in Richtung Mittelstellung abnahm und bei Rückwärtsfahrt sogar negativ wurde, was unbedeutend war, da die Lokomotiven nicht mit dem Tender voraus eingesetzt wurden. Das hatte den zusätzlichen Vorteil, dass sich eine Sicherheit gegen unzureichende Voreilung durch Verschleißspiel in den Steuerungsgelenkbolzen und Buchsen ergab. Allerdings hatten die betroffenen Lokomotiven sämtlich kleine Kuppelräder, und ich war unsicher, die gleiche Idee, einschließlich Portas empfohlener Voreilung von 13 bis 15 Millimeter bei größter Füllung, bei der Umbau-25NC zu übernehmen. Bei der Walschaerts-Steuerung konnte dieses Problem nicht optimal gelöst werden, und nach reiflicher Überlegung entschied ich mich für eine nur geringe Vergrößerung der serienmäßigen 5,2 Millimeter auf 6,4 Millimeter, entsprechend 8 Millimeter beim Anfahren, wegen der abgerundeten Steuerkanten in den Kanalöffnungen der Schieberbuchsen. Der Nennwert von 6,4 Millimeter stand im Einklang mit Portas Empfehlung bei der Anwendung unveränderlicher Voreilung und entsprach dem der 1E-Güterzuglokomotiven Klasse 9F der British Railways *(Anm. d. Übers.: h2, Schlepptender, 1954 bis 1960, BR Crewe Works 198 Stück, BR Swindon Works 53 Stück, Gesamtstückzahl 251, Bahn-Nrn. 92000 bis 92250)*, die den gleichen Treibraddurchmesser hatten, wohl aber mit dem Vorteil einer um 30 % geringeren Kolbenfläche. Das wurde deshalb für das Anfahren als ein sicherer Wert angenommen, der aber bei hohen Leistungen als unzureichend erwartet wurde, was dann auch exakt der Fall war. An den hinteren Kanalöffnungen hätte etwa 1 Millimeter zusätzliche Voreilung versucht werden können, um den größeren schädlichen Raum an den hinteren Zylinderenden auszugleichen (umgekehrt zur normalen Praxis als Folge der Anordnung der Stellkeile vor den Achslagern), aber diese Verfeinerung wurde nicht übernommen.

Die schließlich gewählten Werte für Überdeckung und Voreilung waren das Ergebnis von Vorarbeiten unter Anwendung maßstäblichen Zeichnens, um die maximal ausführbare Überdeckung festzulegen. Der begrenzende Faktor war die kleinstzulässige Maximalfüllung. Porta riet zu nicht weniger als 70 % ohne Anfahrventile und nicht weniger als 65 % mit Anfahrventilen. Mit 55 Millimeter Überdeckung und 6,4 Millimeter Voreilung wurde ermittelt, dass sich bei warmer Lokomotive die nachstehenden größten Füllungen ergeben:

Vorwärtsfahrt: vorderer Kanal = 67,5 % hintere Kanal = 61,9 % Mittelwert = 64,7 %
Rückwärtsfahrt: vorderer Kanal = 57,5 % hintere Kanal = 61,0 % Mittelwert = 59,25 %

Das wurde als akzeptabel angesehen, wobei der Kleinstwert (Rückwärtsfahrt, vorderer Kanal) gerade ausreichte, um die Anfahrventile korrekt funktionieren zu lassen. Es sollte beachtet werden, dass wegen dieser Einschränkung die gewählte Überdeckung für das bei dieser speziellen Anwendung absolute Maximum gehalten wurde.

Nachdem die Überdeckung und die Voreilung festgelegt waren, konnten die notwendigen Änderungen an der äußeren Steuerung ausgearbeitet werden. Die Voreilhebel wurden zwischen den Bolzenbohrungen an den Schieberkreuzköpfen und an den Schieberschubstangen (durch Abschneiden und Einschweißen von neuen Endstücken) um 47 Millimeter verlängert, die Schwingenstangen wurden (durch Schmieden) um 13 Millimeter verlängert, der vordere Schmiernippel an der rechten Schieberschubstange wurde verlegt, um der Schmierpumpenhalterung auszuweichen, und der größere Neigungswinkel der Schieberschubstangen wurde mit der Länge der neuen Schieberstangen ausgeglichen. Dann wurden die Schieberbewegungen bei verschiedenen Füllungsgraden ermittelt. Vor dem Zeitalter der Computer wäre diese Arbeit normalerweise mit einem Maßstabsmodell erledigt worden, aber da ich keine Möglichkeiten hatte, kurzfristig ein Modell mit dem nötigen Grad an Genauigkeit anzufertigen, leitete ich das von Grundgleichungen ab, die die Stellungen der Schieber und Kolben in Bezug auf den Kurbelwinkel des Treibzapfens angaben. Das waren zwar nur geometrische Gleichungen, sie waren aber dennoch ziemlich lang, wobei einige fast vierzig Größen enthielten. Sie konnten aber wohl mit einem programmierbaren Taschenrechner mit einem vernünftigen Zeitaufwand berechnet werden und erwiesen sich als akkurat. In der Abb. 46 sind einige beispielhafte „Wellendiagramme“ angegeben, wie sie aus den Ergebnissen dieser Berechnungen entstanden sind *(Anm. d. Übers.: In der deutschen Fachliteratur wird das als in sich zurückkehrende Kurven der Schieberbewegungen anders dargestellt und deshalb als „Schieberellipsen“ bezeichnet)*. Sobald nun die Schieberbewegung ermittelt war, konnte sie mit derjenigen der Serien-25NC verglichen werden, wie in den Abb. 47 bis 52 illustriert, wo die viel besseren Einström- und Ausströmkanaleröffnungen erkennbar sind, was das vorrangige Ziel der Änderungen an der äußeren Steuerung war. Es ist wichtig darauf hinzuweisen, dass sich aus der Abb. 50 ergibt, dass selbst bei Mittelstellung der Steuerung mit den geänderten Schiebern die Ausströmkanaleröffnung größer war, als die maximale Kanaleröffnung bei den Serien-25NC, ein Folge der Tatsache, dass die Ausströmkanaleröffnung bei einer gegebenen Füllungseinstellung ungefähr proportional der Einströmüberdeckung ist und der begrenzten Breite der Kanäle in den serienmäßigen Schieberbuchsen. Unter der Voraussetzung, dass der Querschnitt der Blasrohrmündung nicht eingeschränkt war, lässt die Abb. 50 erkennen, dass es bei Langhubschiebern noch reichlich Spielraum für eine weitere Vergrößerung der Ausströmüberdeckung gab.

Die Umsteuerung bedurfte zur Anpassung an die geänderte äußere Steuerung einer Neueinstellung, und eine neue Skala für die Füllungsanzeige musste angebracht werden. Porta schlug eine Verfälschung der Skala vor, damit sie eine größere Füllung als die tatsächlich eingestellte anzeige. Die Idee stammte von seiner vertieften Kenntnis der Mentalität von Lokomotivführern, von denen viele Männer (außer in Großbritannien) ganz aufgeregt werden, falls sie mit Füllungen unter 30 % fahren, bis hin zum Nervenzusammenbruch. Es war eine gute Idee, bei deren Anwendung ich aber zögerte, doch die Skala für die Füllungsanzeige stellte sich später als so ungenau heraus, dass sich genau das per Zufall ergab.

Obwohl die Schieberbewegung eine viel bessere Dampfverteilung als die Seriensteuerung ergab, war sie immer noch keinesfalls ideal. Zum Beispiel ergab die Geometrie der bestehenden äußeren Steuerung ziemlich große Füllungsunterschiede zwischen den vorderen und hinteren Zylinderkanälen und größere Kanaleröffnungen und Füllungen an den hinteren Kanälen, als an den vorderen Kanälen bei Betriebsfüllungen (kleiner als 50 %) in Vorwärtsstellung. Diese letztere Eigenschaft blieb bei der geänderten äußeren Steuerung erhalten, aber es wäre besser umgekehrt gewesen, um die größere Kolbengeschwindigkeit weg vom vorderen Totpunkt verglichen mit der weg vom hinteren Totpunkt, zu kompensieren, wobei es ist immer das Ziel ist, auf beiden Kolbenseiten die gleiche Leistungsentwicklung zu haben.

---

[1] Eine vollständig gegensätzliche (und nach der derzeitigen Meinung des Autors vollständig falsche) Auffassung zur Voreilung findet der Leser bei Cardew, C. A., Some Oberservations on the Practice of Providing Lead with the Piston or Slide Valves of Modern Locomotives, Journal of the Institution of Locomotive Engineers, Paper 306, London, 1932. Die ganze Frage der Voreilung umfasste vielfältige Überlegungen. Zum Beispiel war bei kleinen Füllungen der Schieberhub über die Voreilstellung hinaus ziemlich klein, und im Sinne vernünftiger Kanaleröffnungen war eine gute Voreilung obligatorisch. Allerdings waren all diese technischen Verfeinerungen zur Erzielung des größtmöglichen Einströmdrucks in den Zylindern ziemlich akademisch, falls die Lokomotivführer den Regler nicht vollständig öffneten.

11. Herdner-Anfahrventile

Die dem französischen Lokomotivingenieur der Jahrhundertwende, A. Herdner *(Anm. d. Übers.: Henri Albert Herdner, Chemin de Fer du Midi, * 1853 Bouxwiller (Bas-Rhin); † 1939 Capbreton)*, zugeschriebenen Anfahrventile, ließen Dampf zur Vergrößerung der Zylinderfüllung direkt in die Zylinder eintreten. Sie bestanden hauptsächlich aus einem an jedem Zylinderrohr nominell an der Hubmitte angebrachten Rückschlagventil, welches von einem vom Lokomotivführer bedienten Ventil mit Dampf versorgt wurde. Solange sie eingeschaltet waren, ließen sie Dampf in die Zylinder eintreten, soweit der Dampfdruck in der Ventilkammer höher als der Zylinderdruck war. Da der Dampfdruck an dem Anfahrventil gleich dem Kesseldruck war, würde das Anfahrventil dann öffnen und den Zylinderdruck bis zum Beginn der Ausströmung auf dem Höchstwert halten. Damit definierte dann der Beginn der Ausströmphase die wirksame Füllung beim Anfahren, was bei der Umbau-25NC 90 % in Vorwärtsstellung und 87,5 % in Rückwärtsstellung bedeutete, das heißt also, größer als die Maximalfüllungen der Serienlokomotiven. Während der Ausströmeröffnung und dem weiteren Ausströmen bliebe das Herdner-Ventil geöffnet und sein Dampf würde direkt in den Auspuff gehen, wobei dieser Dampfverlust unbedeutend ist, solange er auf den Anfahrvorgang beschränkt bleibt. Sobald der Kolben dann bei dem Gegenhub den Austrittskanal des Herdner-Ventils in der Zylinderbuchse überfahren hat, würde sich der Vorgang wiederholen. Im ausgeschalteten Zustand wurden die Rückschlagventile durch den Zylinderdruck und eine schwache Rückholfeder auf ihren Sitzen gehalten, wobei die Letztere gegen Ventilschlagen im Leerlauf schützte.

Der Nutzen solcher Anfahrventile für die Anfahrzugkraft bei eingeschränkter Maximalfüllung wird einleuchten. Allerdings wurde angenommen, dass weiterer Nutzen zu erzielen sei, falls die Anfahrventile auch bei sehr niedrigen Fahrgeschwindigkeiten benutzt werden könnten, entweder, um die Gefahr des Steckenbleibens zu überwinden, oder um die Beschleunigung zu verbessern (da die Letztere abhängig ist von dem Unterschied zwischen der Zugkraft und dem Zugwiderstand, kann schon eine geringfügige Zunahme der Zugkraft dann eine große Zunahme der Beschleunigung bewirken, wenn diese beiden Kräfte fast gleich sind). Weil aber der Dampfverlust während der Ausströmphase bei jedem längeren Einsatz der Anfahrventile beträchtlich gewesen wäre, wurden die Ventile für die umgebaute 25NC mit oberen und unteren Sitzen ausgestattet und ein Federsystem wurde konstruiert, dass eine Dampfströmung bei einer geringen bis mäßigen Druckdifferenz am Ventil ermöglichte, aber nicht bei einem großen Druckunterschied, wie er beim Auspuff auftritt, wobei das Ventil in der Mittelstellung zwischen den beiden Sitzen voll geöffnet war.

Da bei der Umbaulokomotive kein Leerlaufdampf benötigt wurde, konnte das Herdner-Anstellventil problemlos die Stelle des Leerlaufdampfventils einnehmen. Für diesen Zweck wurde ein Strahlpumpendampfventil verwendet, das auf der Lokomotivführerseite direkt vor dem Führerhaus angebracht wurde, wobei der Bedienhebel durch das vordere Führerhauswandblech hindurch trat. Dieser Bedienhebel war vom Reglerhebel vollständig getrennt, aber nach Portas Vorschlag hätten sie zusammengefasst werden können, so dass beide Ventile immer gemeinsam geöffnet worden wären und der Bedienhebel des Anfahrventils sich unter Federwirkung geschlossen hätte, sobald die Hand vom Reglerhebel genommen wurde. Dampf wurde von dem überzähligen und in der Größe angepassten Leerlaufdampfanschluss am Armaturenstock entnommen. Von dem Anstellventil führte eine Kupferdampfleitung von 57 Millimeter äußerem Durchmesser zu dem Vorderteil der Lokomotive, von wo aus dann Zweigleitungen die beiden Herdner-Ventile versorgten.

Die Tafel 32 zeigt ein Herdner-Ventil im eingebauten Zustand. Dampfkanäle wurden kurz vor der Hubmitte in beide Zylinderbuchsen und Zylinderrohre eingearbeitet, um die unterschiedlichen Maximalfüllungen (bei Rückwärtsstellung) an den vorderen und hinteren Einströmkanälen auszugleichen (siehe Tafel 24), und ein Sockel für die Ventile wurde an beide Zylinder angeschweißt (siehe Tafel 27). Es war gerade noch möglich, die ganze Anordnung in dem verfügbaren Platz zwischen Schieberkasten und Fahrzeugumgrenzungsprofil unterzubringen. Die Herstellarbeiten waren aufgeteilt zwischen Beaconsfield und Salt River.

12. Zylinderbuchsen

Wegen der notwendigen Dampfeintrittskanäle für die Anfahrventile mussten neue Zylinderbuchsen eingebaut werden. Dabei wurde die Gelegenheit genutzt, die inneren Kanten der Hauptkanäle zur Verbesserung ihres Strömungskoeffizienten abzurunden und die gleiche hochwertige Gusseisenqualität wie bei den Schieberbuchsen vorzuschreiben. Wie bei den Letzteren, wurden die Zylinderbuchsen in der Gießerei des Werks Bloemfontein zunächst in geringerer Gusseisenqualität gegossen, und es mussten deshalb neue Abgüsse hergestellt werden. Diese stellten sich als ziemlich hart heraus und, soweit ich mich erinnern kann, konnten sie nur mit Wolframkarbid-Schneidwerkzeugen bearbeitet werden.[1] Dieses Problem war bei den Schieberbuchsen nicht so akut, was vermuten lässt, dass der Werkstoff dieser beiden Bauteile in Wahrheit nicht der gleiche war. Es musste mehr von dem speziellen Gusseisen vergossen werden, als für die gerade einmal zwei Schieber- und zwei Zylinderbuchsen benötigt wurde, und später entdeckte ich, dass der Überschuss zur Herstellung von Zylinderbuchsen der serienmäßigen Klasse 25 benutzt worden war. Das wird ihnen ausgezeichnete Verschleißwiderstandsfähigkeit gegeben haben, aber sobald schließlich das Aufbohren fällig wurde, wird das mit den Werkzeugen der tragbaren Zylinderbohrmaschine nicht möglich gewesen sein. Der Ausgang dieses durchaus interessanten kleinen Problems ist mir nicht bekannt, aber wir können uns sicher einiges Gefluche der Maschinenbediener vorstellen, als es offenbar wurde.

[1] Von den Kolben- und Schieberringen beziehungsweise den Schieber- und Zylinderbuchsen erreichten nur die Schieberringe die für den betreffenden Werkstoff in ASTM angegebenen Härtewerte (207 bis 255 Brinellhärte für den Buchsenwerkstoff, 217 bis 269 Brinellhärte für den Ringwerkstoff).

1 (oben). 2D2-Lokomotive der SAR-Klasse 25NC Nr. 3452 Maria, eine von zwei Versuchsumbauten von Kondenslokomotiven der Klasse 25 auf Auspuffbetrieb, die dem Umbau fast aller Lokomotiven dieser Klasse vorausgingen. 3452 war die einzige der Umbaumaschinen, bei der die äußere Form des Kondenstenders beibehalten wurde. Allerdings wurde das später entsprechend der anderen Ausführung abgeändert (siehe Tafel 75). Die Lokomotive ist hier in der ursprünglichen Umbauform abgebildet, als sie Mitte der siebziger Jahre einen beschleunigten Personenzug Kapstadt – Pretoria auf der Steigung hinter De Aar befördert.

2 (unten). L. D. Portas experimentelle meterspurige 2D im Depot La Plata im Jahr 1973. Weder der Rost und der Verfall von vielen Jahren der Abstellung im Freien noch der zunehmende argentinische Dschungel können die eleganten Linien der Lokomotive verbergen.

3 (oben). Die 1E1 Nr. 119 der Rio-Turbio-Eisenbahn nähert sich im Dezember 1973 mit einem Kohlezug Rio Gallegos. Das Fahrzeug unmittelbar hinter dem Tender ist ein Wassertankwagen und hinter ihm folgt eine Anhängelast von etwa sechzig Kohlewagen, die sich weit zurück über die öde patagonische Ebene erstrecken.

4 (unten). Serienmäßig in jeder Hinsicht, außer beim Anstrich. Die 2D1-Lokomotive der SAR-Klasse 19D Nr. 2749 fährt im Oktober 1978 an einem Samstag mit dem nachmittäglichen Personenzug nach Pretoria aus Cullinan aus. Die Lokomotive wurde blau lackiert, weil sie im Bahnhof Pretoria zum Rangieren der leeren Zuggarnitur des Blue Trains verwendet wurde. Später wurde sie mit einem Lempor-Mehrfachdüsenblasrohr ausgerüstet. [Aufnahme: I. M. Wardale]

5 (oben). Die umgebaute 19D Nr. 2644 steht am 6. Juni 1979 kurz vor ihrer ersten Hauptstreckenversuchsfahrt in Beaconsfield. Der vor dem Führerhaus austretende Dampf kommt von dem Luftsauger. Diese Anordnung blieb nur für zwei Fahrten bestehen, wonach der Abdampf des Luftsaugers zum Aschkasten als zusätzlicher Kühldampf zur Vermeidung von Schlackebildung geleitet wurde.

6 (unten). 2644 in Modder River während der Versuchsfahrt vom 25. Juli 1979 mit einer Anhängelast von 850 Tonnen. Die Windleitbleche sind entfernt worden, um das Geschwindigkeitsprofil der Auspuffströmung aus den Schornsteinen überprüfen zu können. Man beachte die Rauchkammerverlängerung, die Rohrleitung vor dem Führerhaus, die den Luftsaugerabdampf zum Aschkasten leitet und den Vanderbilt-Großraumtender.

7 (oben). Eine typische Szene aus der Einfahrzeit der 2644. 2644 bläst bei einem Halt im Bahnhof Modder River auf der Fahrt von Belmont nach Beaconsfield überschüssigen Dampf ab, während eine stark rauchende 2D2 der Klasse 25NC mit einem nordwärts fahrenden Güterzug den Versuchszug überholt.

8 (unten). Bei ihrem Debüt im Einsatz vor Sonderzügen für Eisenbahnfreunde beschleunigt 2644 am 4. April 1980 mit dem *Four-Provinces*-Sonderzug der Railway Society of Southern Africa aus Mafeking heraus. Es war bei dieser Fahrt, bei der einige Steine durch Wasserüberreißen aus dem Feuerschirm angehoben wurden und somit die Verbrennungsbedingungen für den Rest der Fahrt nach Warrenton beeinträchtigt waren. [Aufnahme: I. M. Wardale]

9. Frisch aus der Hauptuntersuchung und mit ihrem früheren Stammlokomotivführer G. Venter am Regler, leistet 2644 der Klasse 26 Nr. 3450 vor einem Güterzug Bloemfontein – Kimberley Vorspann. Die Photographie wurde am 22. Mai 1982 in der Steigung hinter Showground aufgenommen, ein paar Kilometer hinter dem Hauptgüterbahnhof von Bloemfontein.

10 (oben). 2644 im Planeinsatz. Die Lokomotive ist hier auf der Strecke Mafeking – Warrenton zu sehen, als sie am 14. August 1981 mit dem internationalen Schnellzug Bulawayo – Kapstadt, bestehend aus 15 Wagen von insgesamt 600 Tonnen, den Fuß der langen Steigung in südlicher Richtung hinter Mareetsane in Angriff nimmt. Gemäß dem Zuglaufprotokoll für diese Fahrt wurden gegenüber der Planzeit bis Vryburg zwanzig Minuten gewonnen.

11 (unten). Die massive Erscheinung der 2D2 der SAR-Klasse 25NC wird hier mit Nr. 3423 deutlich vor Augen geführt, deren Feuer vor der Ausfahrt aus dem Depot Beaconsfield aufgebaut wird. Ursprünglich war diese Lokomotive für die Umwandlung in die Klasse 26 ausgewählt worden, aber dieses Schicksal blieb ihr wegen Verzögerungen bei der Herstellung der modifizierten Bauteile erspart.

12 (oben links). Klasse 26 Nr. 3450: Rostanlage mit nominell 6,2 % freiem Luftquerschnitt. Die Konstruktion hatte zum Ziel, neben den Luftlöchern in den Rostelementen alle anderen Öffnungen auf ein absolutes Minimum zu begrenzen, aber da sich die Rostelemente verzogen, kann man einige unerwünschte Spalte erkennen (diese Aufnahme entstand während der Einfahrperiode nach einem Versuch, solche Spalte zu verringern, so dass der Rost in einem überdurchschnittlichen Zustand dargestellt ist).

13 (oben rechts) Klasse 26 Nr. 3450: außerhalb des Aschkastens liegende Rohrleitungen für Kühldampf zur Schlackevermeidung (von oben nach unten: Abdampf von der Kesselspeisepumpe, Abdampf von dem Luftsauger und die Abdampfzuführungen von den Zylindern). Die ursprünglichen Halterungen, die diese Leitungen an den Seiten des Aschkastens befestigten und die so konstruiert waren, dass sie die Dampfdüsen für eine optimale Mischung von Dampf und Luft ausrichteten, wurden bald durch die abgebildeten ersetzt, weil Herstellfehler im Aschkasten die Ausrichtung unwirksam machten. Die Aufnahme wurde im Dezember 1982 während der Messungen der Sättigungstemperatur der Luft-Dampf-Gemische gemacht und zeigt die Zugdrähte, die zur Positionsänderung der drei Thermoelemente benutzt wurden, um das Temperaturprofil des Luft-Dampf-Gemisches in Längsrichtung unterhalb des Rosts zu erstellen. Die Thermoelemente liegen auf den Rohren neben dem Stehkessel. Erst kurz vor der Messung wurden sie in den Aschkasten eingebracht.

14 (unten links). Klasse 26 Nr. 3450: Feuertür. Die Feuertür ist in der geschlossenen Stellung abgebildet, wo sie an den Anschlägen anliegt, die an ihren Führungen angeschweißt wurden und die eine kleinste Öffnung von 50 Millimeter ergaben. Damit war ein Sekundärluftquerschnitt durch das Feuerloch von mindestens 368 mm^2 garantiert. Das Ablenkblech zur Führung dieser Sekundärluft in die Feuerbüchse ist mit drei Gewindestehbolzen an der Tür befestigt. Die Feuertür neigte zur Schwergängigkeit in ihren Führungen und während der ersten Zwischenuntersuchung der Lokomotive im Jahr 1982 wurden diese ersetzt durch zwei parallele Gelenke, die die Betätigung der Tür erheblich erleichterten.

15 (unten rechts). Klasse 26 Nr. 3450: Ausströmkrümmer, Blasrohre, Blasrohrdüsen und Hilfsbläseranordnung. Zu ihrem Schutz waren die Bläserdüsen, die an die halbringförmigen Leitungen hart angelötet waren, in Löchern der Blasrohre und der Blasrohrdüsenflansche versenkt. Weil sie dadurch aber anfällig für Verstopfungen durch Löscheteilchen waren, wurden später neue Düsen eingebaut, die über die Flansche hinausragten.

16 (oben links). Klasse 26 Nr. 3450: Ansicht des Ausströmkrümmers von oben mit Blick auf die Kordina-Einrichtung. Die Wände zur getrennten Führung des Abdampfs vom rechten und linken Zylinder sind gekrümmt, um dem Abdampfstrom einen Drall zu vermitteln. Zu der Zeit wurde angenommen, dass das die Vermischung von Dampf und Rauchgas in den Schornsteinen verbessern würde. Jedoch zeigten Versuche, wie sie später in Datong ausgeführt wurden, dass eine solche Drallströmung bei Mehrfachdüsenblasrohren keine Vorteile bringt, und dass gerade Trennwände besser gewesen wären.

17 (oben rechts). Klasse 26 Nr. 3450: Doppel-Lempor-Saugzuganlage. Diese Aufnahme ohne die Selbstreinigungsleitbleche zeigt, wie die volle zur Verfügung stehende Einbauhöhe vom Boden der Rauchkammer bis zur Oberkante des Umgrenzungsprofils ausgenutzt wurde. Das ist für die Konstruktion der Saugzuganlage von entscheidender Bedeutung. Zu den weiteren sichtbaren nicht serienmäßigen Merkmalen gehören der verlängerte Rauchkammermantel, der vergrößerte Überhitzer, die Siederohrdrosselklappe, die geänderten Einströmrohre, die untere Auflage für den Speisewasservorwärmer (quer zwischen den Schornsteinen angeordnet) und die gekühlten Schieberbuchsen.

18 (unten links). Klasse 26 Nr. 3450: Aufstellung der Selbstreinigungsleitbleche auf dem Boden der Montagewerkstatt in Salt River vor dem Einbau.

19 (unten rechts). Die Selbstreinigungsleitbleche der Rauchkammer und die gebogenen Funkenfänger der 3450 in der Einbauposition.

20 (oben links). Klasse 26 Nr. 3450: Wasserdruckprobe des Rohrbündels des Speisewasservorwärmers im Ausbesserungswerk Salt River. Die parallel zu den Rohren angeordneten Leitbleche behinderten erheblich den Zustrom des Abdampfs zu dem Vorwärmer und wurden bei der ersten Zwischenuntersuchung der Lokomotive entfernt.

21 (oben rechts). Klasse 26 Nr. 3450: Der Überhitzer mit 50 Elementen und die frei schwingende Siederohrdrosselklappe („Überhitzer-Booster"). Man beachte die geringen Rohrabstände bei den beiden unteren Rauchrohrreihen. Das war notwendig, um die unterste Rohrreihe unterbringen zu können.

22 (unten). Klasse 26 Nr. 3450: Dampfeinströmrohr mit axialem Faltenbalgkompensator. Die Einströmrohre waren nicht zeichnungskonform gebogen und traten deshalb weiter oben aus der Rauchkammer aus, als es konstruktiv vorgesehen war. Deshalb der sichtbare Flicken in diesem neugewalzten Rauchkammermantel über dem richtig angeordneten Rohrdurchtritt. Die Ausdehnungskompensatoren erwiesen sich als ungeeignet, um den Einsatzbedingungen standzuhalten und mussten schließlich durch glatte Rohrstücke ersetzt werden.

23 – 27. Phasen der Umgestaltung der Schieberkästen der 3450.
Im Uhrzeigersinn von oben links: Abtrennen der vorhandenen Schieberkästen; nach Beendigung der Brennschneidearbeiten; Positionierung des neuen Schieberkastens unter der Aufsicht des Meisters der Montagewerkstatt, A. Werner; eines der Schieberkastenunterteile nach dem Einschweißen; die fertiggestellte Anordnung.

28 (oben). Klasse 26 Nr. 3450: gekühlte, einteilige Schieberbuchse aus perlitischem Gusseisen.

29 (unten). Einzelheiten der Kühldampfführungen der Schieberbuchse

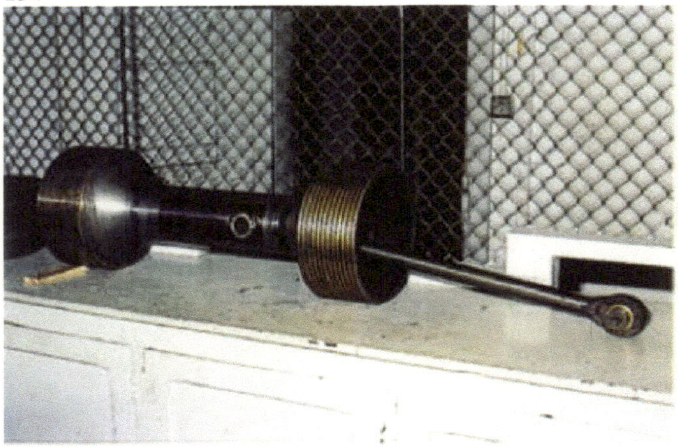

30 (oben links). Klasse 26 Nr. 3450: Kolbenschieber als Schweißkonstruktion mit gelenkiger Schieberstange.

31 (oben rechts). Nahaufnahme eines Schieberkörpers, die den dünnen, aber dennoch ausreichend widerstandsfähigen Ringsteg an der Einströmkante zeigt. Damit wurden die Einströmeröffnung und das Einströmende durch die Ringkante definiert, und es ergab gleichzeitig einen guten Strömungskoeffizienten für den Einströmdampf bei allen Kanalöffnungen. Ebenso sind die Feststellschrauben sichtbar, die die Ringstöße der zusammengebauten Schieber nach dem Einbau in die Lokomotive unten an den Schiebern fixierten.

32 (unten links). Klasse 26 Nr. 3450: Herdner-Anfahrventil in Einbauposition an einem Zylinder.

33 (unten rechts). Klasse 26 Nr. 3450: modifizierter Kolbenkörper mit angeschweißten Schadraumfüllblechen, schmalen Ringen und einer Reibfläche aus Nichteisenmetall. Das letztere Merkmal wurde durch Gasschweißen, statt durch Lichtbogenschweißen aufgebracht, was dazu führte, dass beide Kolben bei der ersten Zwischenuntersuchung der Lokomotive wegen Kupferdiffusion mit Rissbildung der stählernen Kolbenkörper ersetzt werden mussten. An den markierten Stellen wurden Vertiefungen eingefräst, um den Dampfzustrom bei Hubmitte von den Eintrittsöffnungen des Herdner-Anfahrventils zu verbessern.

34 (oben). Ein extremes Beispiel der indischen Lokomotivkrankheit – Dampfundichtigkeiten im vorderen Bereich der Lokomotive: Im Januar 1984 fährt die 2C1 Nr. 7309 der WP-Klasse mit dem 08.00-Uhr-Personenzug Moradabad – Chandausi aus Moradabad aus und ist in austretenden Dampf eingehüllt, der die Sicht nach vorn auf der linken Seite des Führerhauses vollständig vernebelt. Trotz des aufgemalten Flügelmotivs des Depots Moradabad ist es zweifelhaft, ob diese spezielle WP jemals fliegen konnte – aber in Wirklichkeit brauchte sie das auch gar nicht, sie war ja schon in den Wolken.

35 (unten links). Klasse 26 Nr. 3450: schwimmende Metallpackung der Kolbenstangenstopfbuchse mit fünf Dichtelementen. Dargestellt sind die Packungsringe und eine Hälfte des geteilten Stopfbuchsgehäuses.

36 (unten rechts). Klasse 26 Nr. 3450: Stopfen mit schraubenförmiger Kanalführung zur Verbesserung der Schmierölversorgung der Zylinderbuchse. Einbau in die Schmierölanschlussbohrung der Zylinder. Diese Stopfen wurden aus dem falschen Werkstoff angefertigt und zerfielen bald.

37 (oben links). Klasse 26 Nr. 3450: Anordnung des Riemenantriebs für den Luftkompressor der Sandstreueinrichtung. Nie wirklich erfolgreich wurde er bei der ersten Zwischenuntersuchung der Lokomotive durch den auf der Tafel 55 dargestellten Kettenantrieb ersetzt.

38 (oben rechts). Tender der 3450: mit einem Betriebsgewicht von etwa 110 Tonnen mit vollen Vorräten war das für die 1065-Millimeter-Spurweite ein wuchtiges Fahrzeug. Da sich seine Änderungen auf eine Vergrößerung des Kohlekastens beschränkten, war der Tender um einiges eher fertiggestellt – und lackiert – als der Rest der Lokomotive, aber glücklicherweise entging er der Entdeckung durch eine Führungskraft, die mit den SAR-Anstrichvorschriften für Dampflokomotiven vertraut war.

39 (unten). Der *Rote Teufel* nimmt Anfang 1981 in der Montagewerkstatt in Salt River Gestalt an. In dieser Ansicht von besonderem Interesse sind die Asbestschnüre der Rauchkammertürdichtung, die vorn an dem Schieberkasten montierte Vorrichtung zum Einbau des Kolbenschiebers, der Speisewasservorwärmer, das teilweise fertiggestellte Einströmrohr und die Bekleidung des Schieberkastens, sowie die Verlängerungen der Umlaufstützen nach oben.

40 (oben). Der Tafelberg schaut auf 3450 herab, als die Lokomotive während des frühen Nachmittags des 5. Februar 1981 zum ersten Mal angeheizt wird.

41 (unten). Ein neues Image für die Dampftraktion: 3450 aufgenommen am 12. Februar 1981 zwischen Beaufort West und De Aar während der Überführung von Salt River in ihr Heimatdepot Beaconsfield.

42 (oben links). Würden *Sie* von diesen Typen eine gebrauchte Lokomotive kaufen? Von links nach rechts: Schlosser Human, Heizer van Rensburg, der Autor (stehend) und Lokomotivführer Vos. Aufgenommen während sich der *Rote Teufel* und seine Mannschaft bei einer Einfahrfahrt im Jahr 1981 einer etwa einstündigen Pause vor einem roten Signal in einem Ausweichgleis irgendwo zwischen Pretoria und Witbank erfreuten [Aufnahme: G. Haslbeck]

43 (oben rechts). Zwei frühe Änderungen an 3450: Vor den Sekundärlufteinlässen in den Stehkesselseiten wurden Funkenfängerlochbleche angebracht. Damit sollte der Ausstoß von Funken, die Feldbrände verursachten, verhindert werden. Des Weiteren wurden die beiden Herdner-Anfahrventile zur Verbesserung des Anfahrens in großen Steigungen mit separaten Dampfversorgungen ausgestattet. Die beiden Herdner-Anstellventile sind vor dem Führerhaus gut sichtbar und wurden von einem gemeinsamen Handhebel bedient.

44 (Mitte rechts). Nachdem die zweite Kesselspeisepumpe montiert war, gab es unter dem Führerhaus durchaus ein paar ganz wenige Rohrleitungen – der sprichwörtliche „Alptraum eines Klempners".

45 (unten). Am 25. April 1981 wird die frisch lackierte 3450 für die Ausfahrt aus dem Depot Capital Park zum Bahnhof Pretoria vorbereitet, wo sie die Beförderung des Sonderzugs *Eastern Flyer* der Railway Society of Southern Africa übernehmen wird.

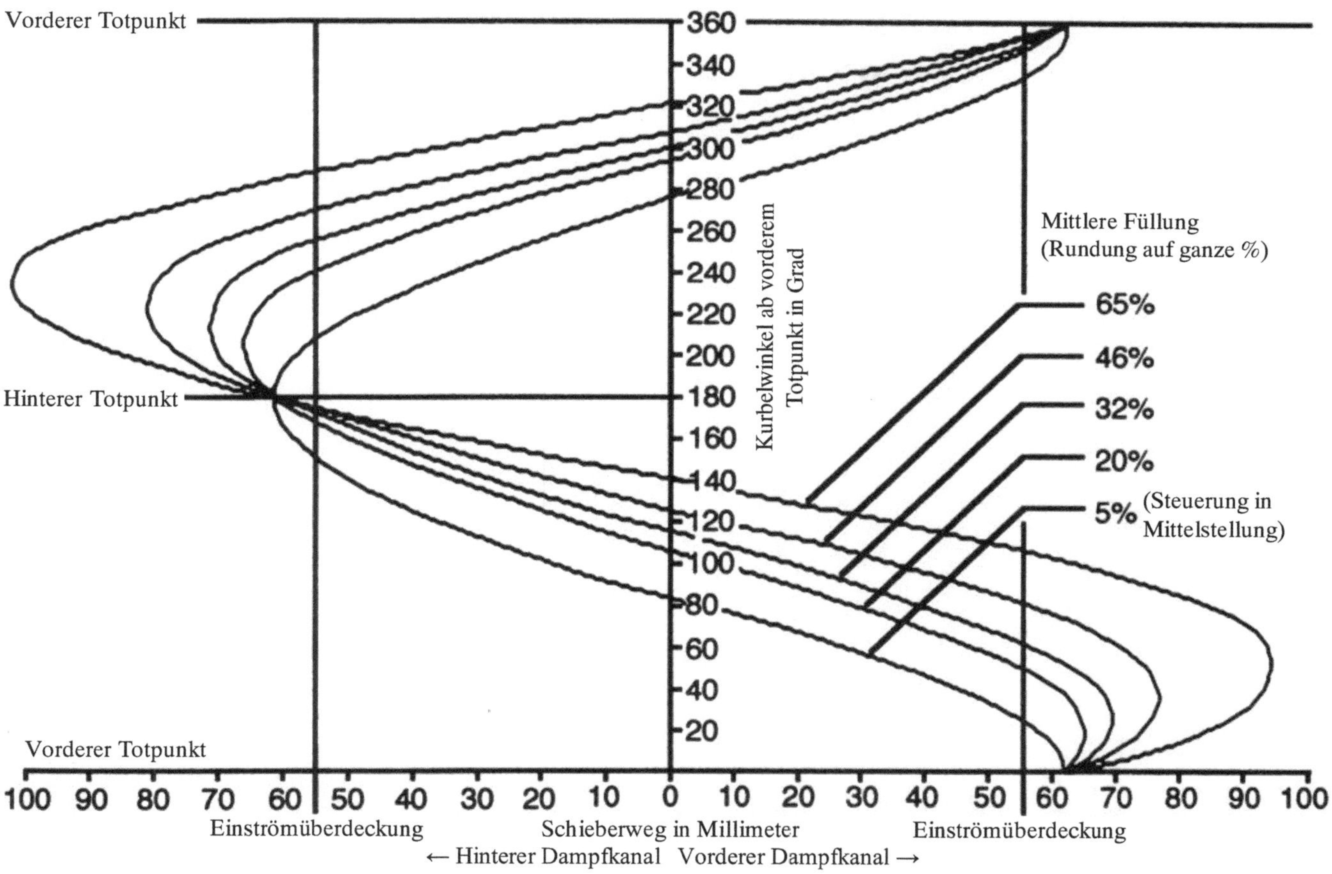

Abb. 46
SAR: umgebaute Klasse 25NC: Schieberwegdiagramme bei Vorwärtsfahrt

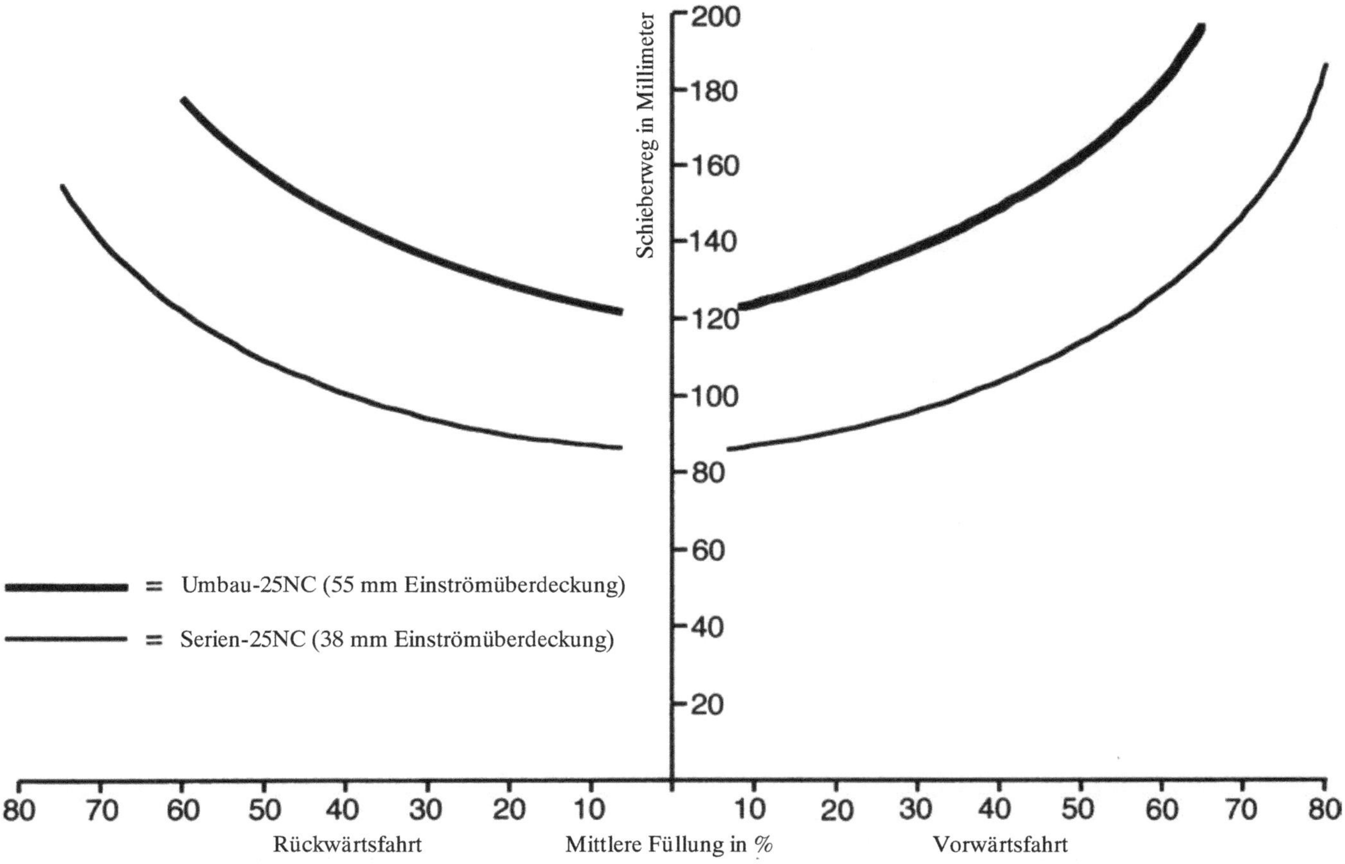

Abb. 47
Schieberweg über Füllung, Serien- und Umbaulokomotive der Klasse 25NC

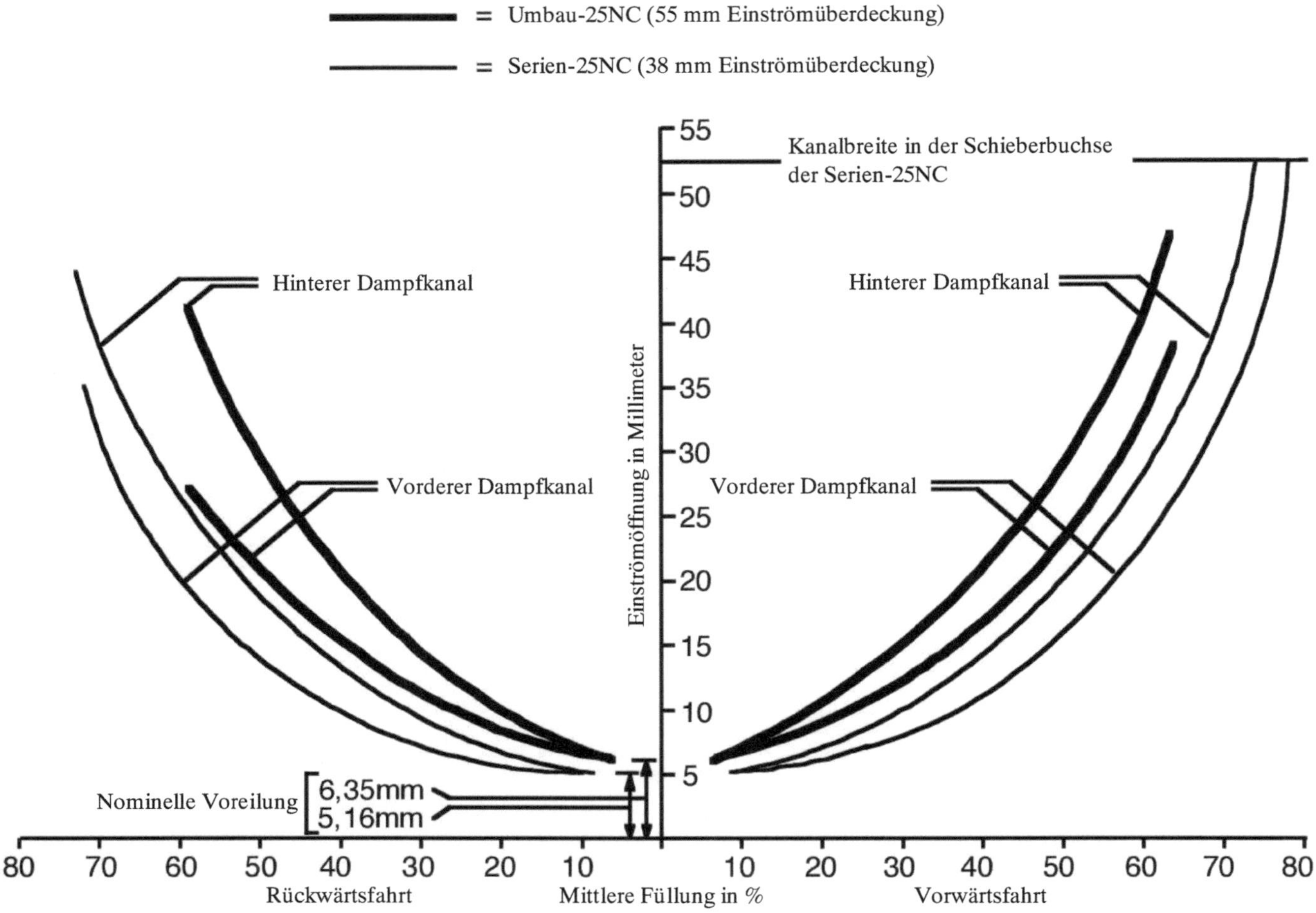

Abb. 48
Einströmöffnung über Füllung, Serien- und Umbaulokomotive der Klasse 25NC

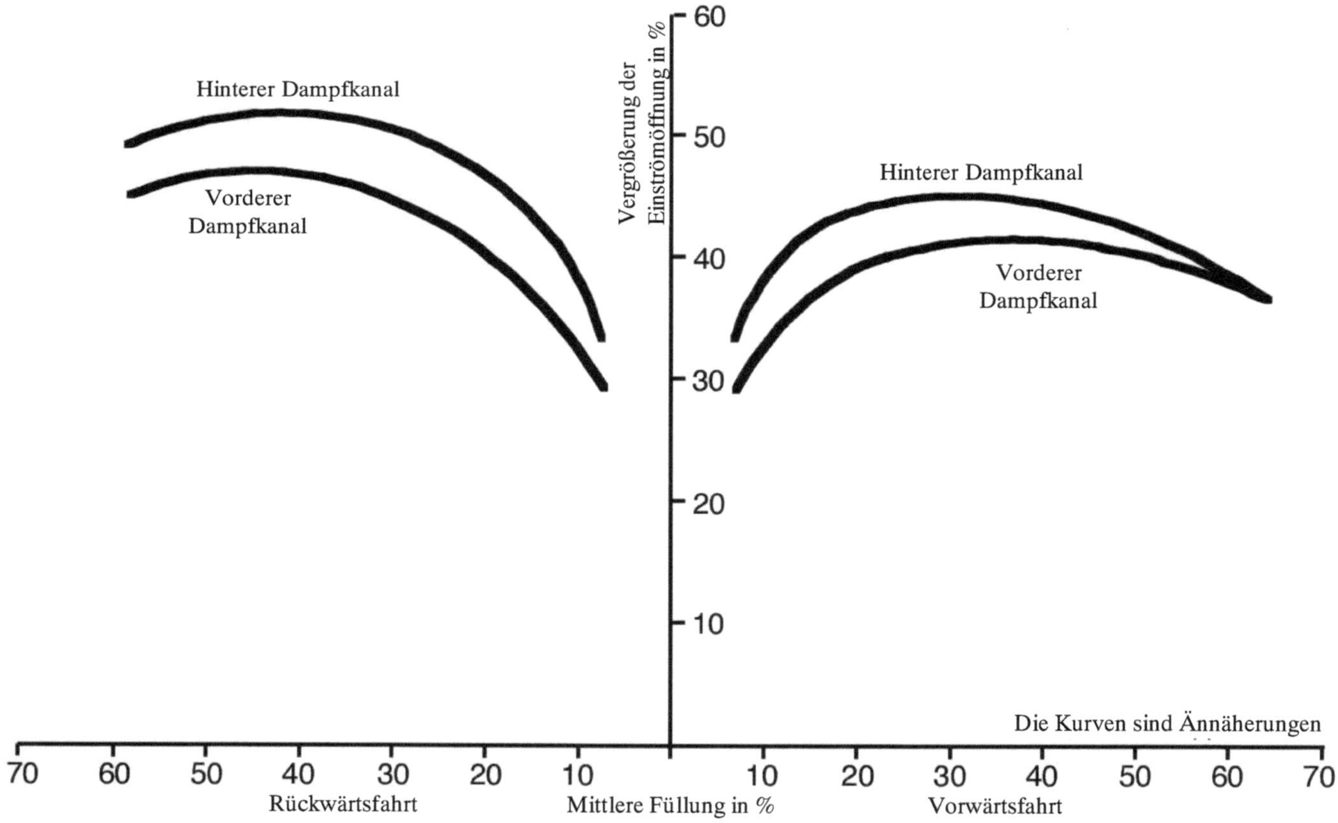

Abb. 49
Vergrößerung der Einströmöffnung, Umbau- gegenüber Serienlokomotive der Klasse 25NC

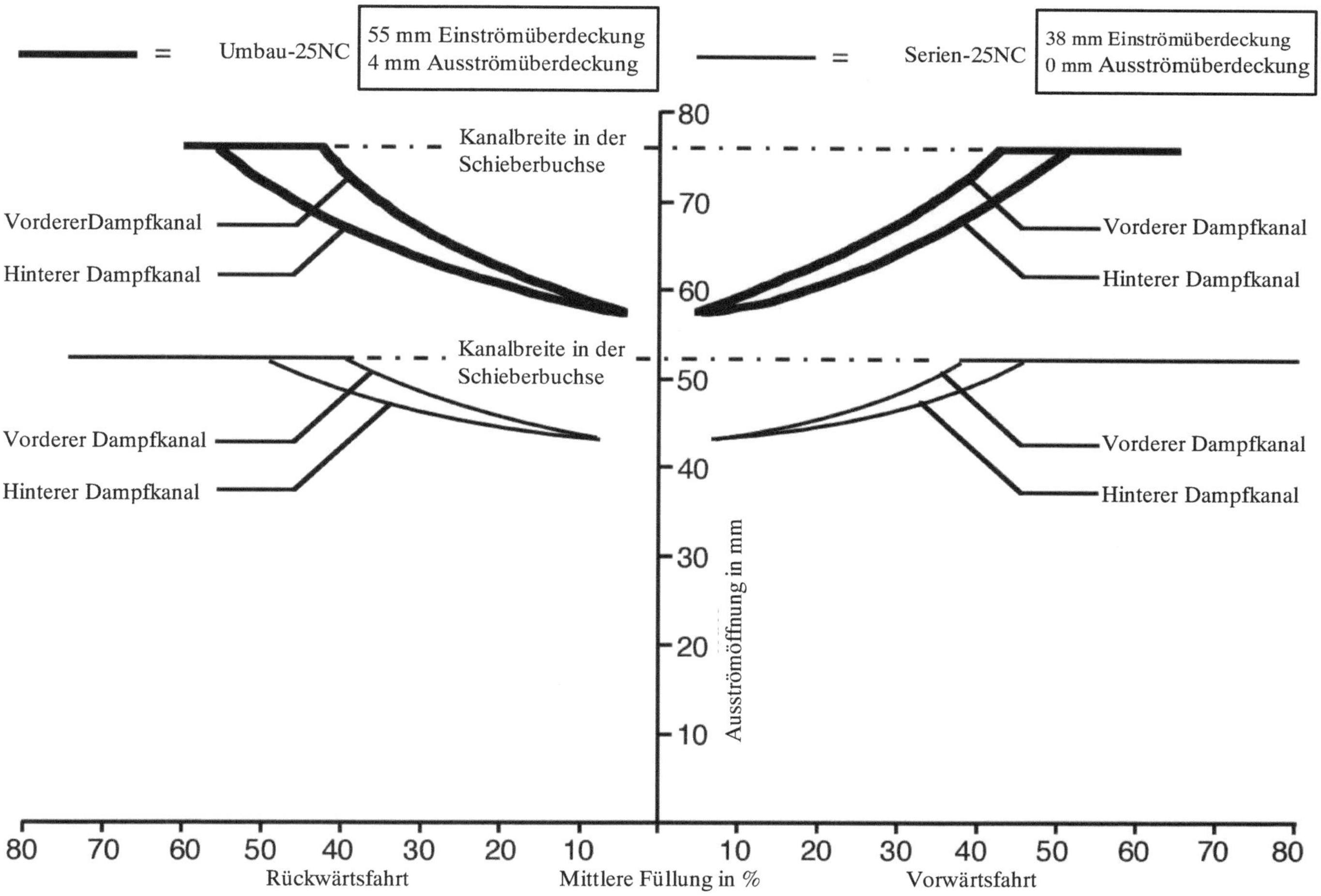

Abb. 50
Ausströmöffnung über Füllung, Serien- und Umbaulokomotive der Klasse 25NC

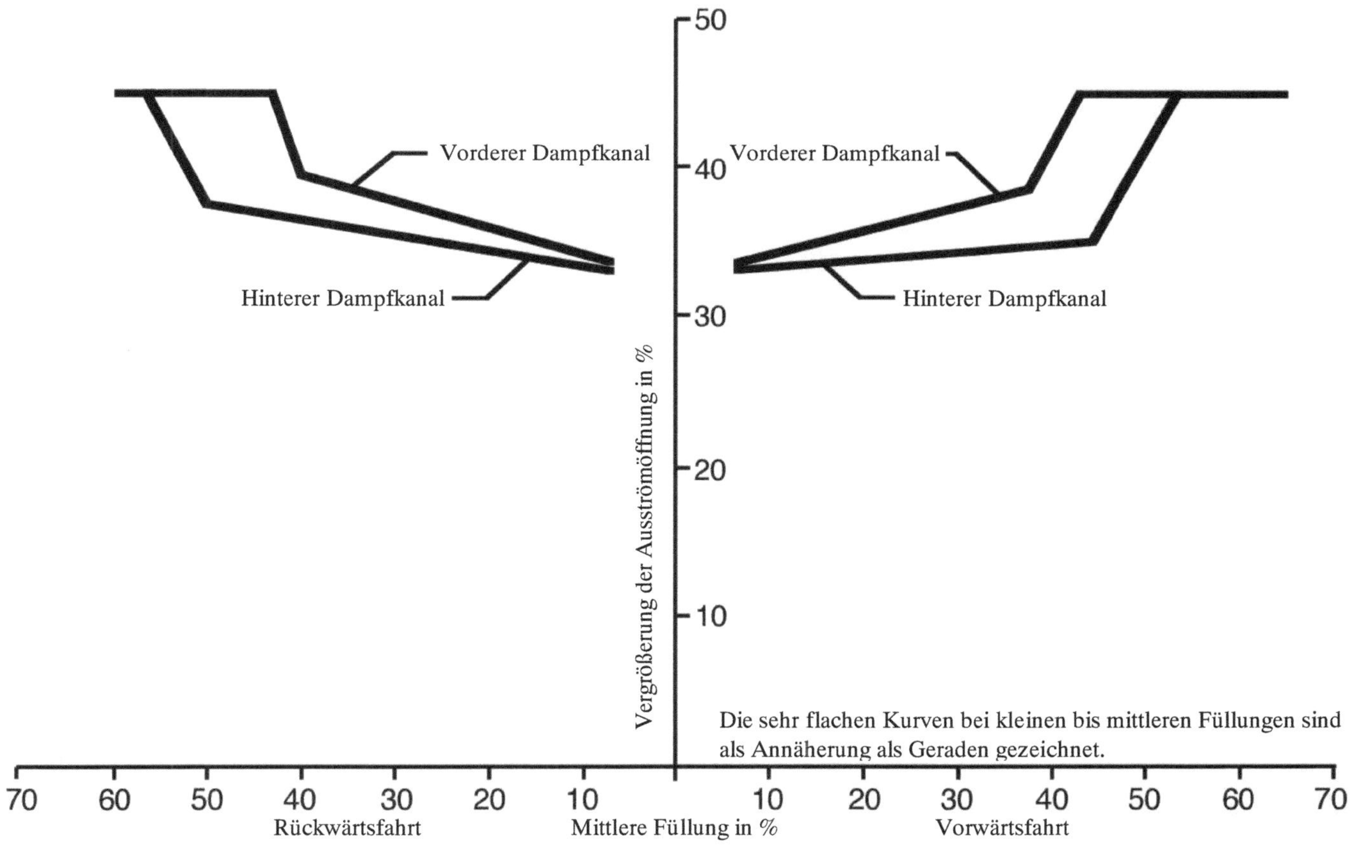

Abb. 51
Vergrößerung der Ausströmöffnung, Umbau- gegenüber Serienlokomotive der Klasse 25NC

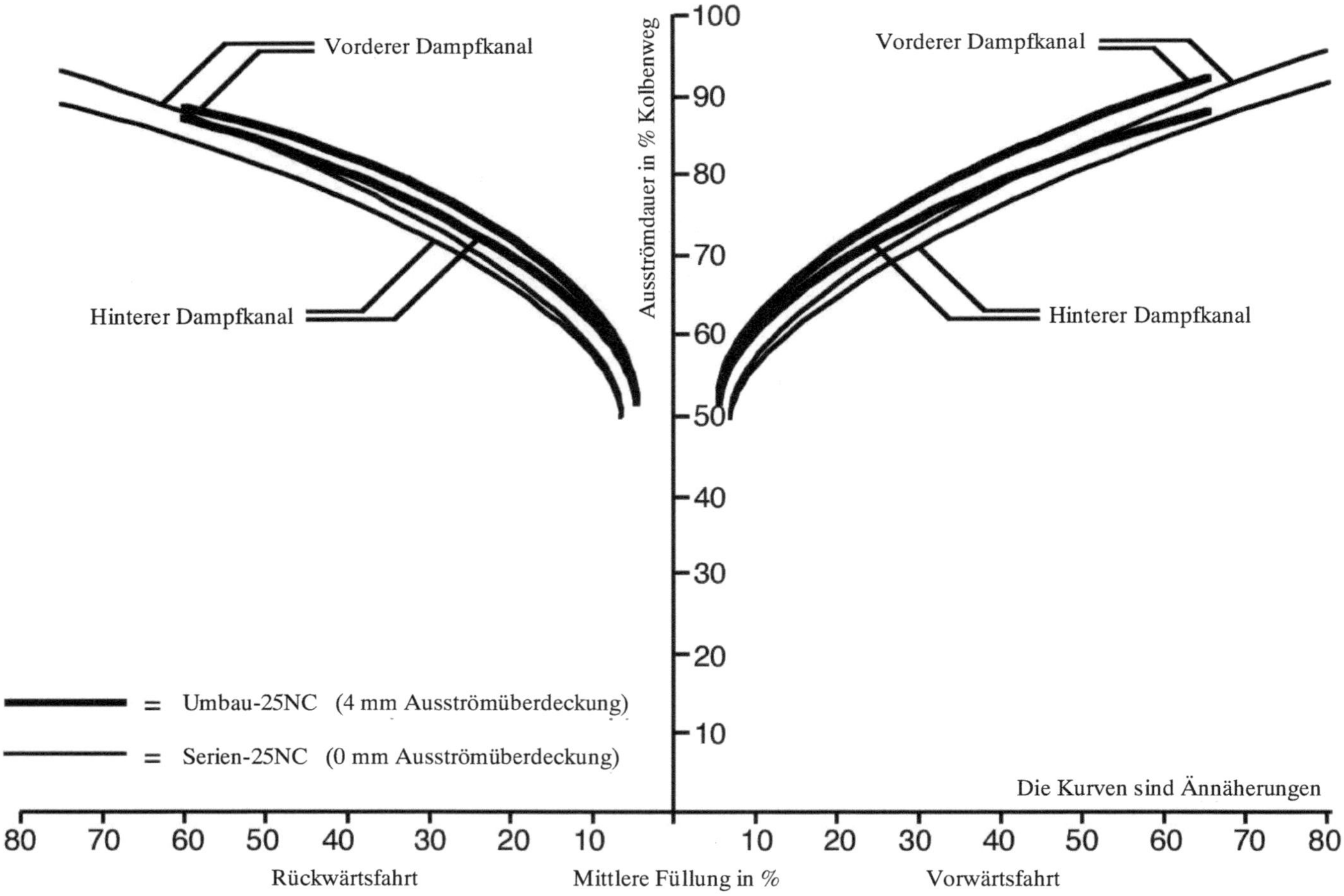

Abb. 52
Ausströmdauer in % Kolbenweg über Füllung, Serien- und Umbaulokomotiven der Klasse 25NC

13. Modifizierte Kolben und verkleinerte schädliche Räume

Die Klasse 25NC hatte geschmiedete geschüsselte Kolben, die jeweils mit zwei Sätzen von Segmentkolbenringen bestückt waren. Wie schon bei den Kolbenschiebern, erfüllen diese Ringe keine erhöhten Leckage- und Verschleißkriterien. Die Kolbenschmierungsbedingungen sollten besser, als die der Schieber gewesen sein, sowohl wegen der niedrigeren Reibflächentemperatur als auch wegen der viel höheren Gleitgeschwindigkeit des Kolbens, die auf einem Teilweg des Kolbenhubs die Chance für echte hydrodynamische Reibung ergab. Allerdings hatte ich Zylinderbuchsen und Kolbenringe der Klasse 25 während der Aufarbeitung untersucht, und beide zeigten tendenziell starke Fressspuren, ein Anzeichen für schlechte Schmierung und allgemein hohen Verschleiß. Zusätzlich passte die Kolbenkontur nicht zu dem vorderen Zylinderdeckel und an dem hinteren Zylinderabschluss *(Anm. d. Übers.: hinterer Deckel angegossen)* nicht zu dem Umfang des Kolbens, was unnötigerweise die schädlichen Räume vergrößerte. Alle diese Eigenschaften wurden durch eine Neukonstruktion der Kolben, die von den Serienkolbenschmiedestücken ausging, verändert. Die Änderungen waren wie folgt:

i) Futterbleche aus 5-Millimeter- (Hinterseite) und 8-Millimeter-Stahlblech (Vorderseite), durch Drücken zu der Kontur der vorderen und hinteren Zylinderabschlüsse geformt, wurden an die Kolben angeschweißt. Da die Kolbenkörper aus Stahl mit mittlerem Kohlenstoffgehalt geschmiedet waren und die Belastungen im Betrieb durch Dampfdruck und Massenträgheitskräfte, der Höchstwert der Beschleunigung betrug über 100 g, hoch lagen, waren die Schweißqualität und die Wärmebehandlung vor und nach dem Schweißen von großer Wichtigkeit. Diese Futterbleche und zusätzlich die Entfernung eines Teils der Druckausgleicherdurchlässe führten zu einer Verkleinerung der schädlichen Räume von 12,4 % auf 10,2 % vorn und von 14,4 % auf 12,6 % hinten.

ii) Drei schmale Ringe je Kolben ersetzten im Sinne einer besseren Dampfdichtigkeit und vermindertem Verschleiß die Segmentringe. Das war die größte Anzahl an Ringen, die untergebracht werden konnte, ohne dass sie die Kanalöffnungen in den Buchsen an den Totpunkten überfuhren, was zum Abstreifen von Öl von der Zylinderbuchse und zu Ringbrüchen geführt hätte oder zum Herausfahren aus dem zylindrischen Teil der Buchse, wenn bei dem Zusammenbau die schädlichen Räume in den Totpunkten durch die sogenannten „Anstoßmarkierungen" festgelegt wurden. Die Ringstöße wurden in gleicher Weise wie bei den Schieberringen durch Feststellschrauben jeweils an der Unterseite der Kolben fixiert, um eine optimale Abdichtung zu erzielen und um zu vermeiden, dass die Ringstöße über die Anfahrventilkanalöffnungen laufen, mit dem daraus folgenden Risiko des Ringbruchs. Der Kolbenringwerkstoff hatte die gleiche Spezifikation wie der der Schieberringe.

iii) Für eine gute Verschleißfestigkeit wurden an die Kolbenkörper aufgeschweißte tragende Gleitflächen aus Bronze vorgesehen. Nach Portas Rat hätten diese unter Verwendung von Elektroden mit hohem Zinngehalt elektrisch aufgeschweißt werden sollen, aber die Schweißwerkstatt in Salt River bevorzugte die Anwendung des Gasschweißens, das heißt Hartlöten, wobei das sowohl die Schieber als auch die Kolben betraf. Ich akzeptierte das, ohne mich durch gehöriges Nachdenken über die Eignung zu vergewissern, und so wurde diese Methode angewendet, was aber, wie wir sehen werden, ein Fehler war. In beide Kolben wurden am Umfang Ausnehmungen an der Position der Anfahrventilkanäle eingearbeitet, um bei einer Kolbenstellung in der Nähe der Hubmitte die Dampfeinströmung von diesen zu verbessern. Der nominelle Gleitdruck an der Kolbenbuchse war 0,032 N mm^{-2} gegenüber 0,047 N mm^{-2} bei den Serienkolben und gegenüber dem von der AAR empfohlenen Maximalwert von 0,0345 N mm^{-2}.

Die konstruktive Gesamtmasse der Kolben lag 15 Kilogramm über der der Serienkolben (nach der Herstellung waren sie tatsächlich noch schwerer), aber das wurde nicht als so bedeutend angesehen, als dass es eine Änderung an dem Massenausgleich der Lokomotive erforderlich gemacht hätte. In gemeinsamer Arbeit wurden die Kolbenkörper und Ringe von dem Depot Beaconsfield und den Werken Bloemfontein, Koedoespoort und Salt River hergestellt, die jeweils die Tätigkeiten übernahmen, für die sie ausgestattet waren.

14. Kolbenstangenstopfbuchsen

Die einteilige Stopfbuchse vom Typ Paxton-Mitchell, die über längere Einsatzzeiten keine Dampfdichtigkeit ohne Wartung garantierte, wurde durch eine mit fünf radial verschiebbaren Metallelementen ersetzt. Einige Zeit zuvor hatte mir Porta eine 1975 erstellte Zeichnung einer Kolbenstangenstopfbuchse seiner Konstruktion für die 1D1 der WG-Klasse der Indischen Staatsbahnen *(Anm. d. Übers.: h2, Schlepptender, Breitspur, 1950 bis 1970, 2450 Stück, erste Lieferung 200 Stück durch North British Locomotive Works, GB, und Chittaranjan Locomotive Works, Indien, weitere Lieferungen aus England, Schottland, Deutschland, Österreich, USA, Japan, Italien und Indien).* Das war informell von einem indischen Ingenieur erbeten worden und war bitter nötig, wie alle bezeugen können, die indische Dampflokomotiven in Aktion erlebt haben (siehe Tafel 34), wurde aber leider niemals angewendet. Das Funktionsprinzip bestand darin, möglichst viele Dichtelemente hintereinander anzuordnen, wobei die Dichtungsaufgabe von allen Elementen anteilig geleistet wurde, also das gleiche Prinzip, dass die größtmögliche Anzahl von Kolben- und Schieberringen verlangt. Die geringere Flächenpressung der einzelnen Elemente führte zu entsprechend kleinerer Verschleißrate und ermöglichte den Erhalt der Dampfdichtigkeit über einen viel längeren Zeitraum als bei den einfachen Packungen.

Die vorgeschlagene WG-Stopfbuchse wurde als Grundlage für die Neukonstruktion benutzt. Eine Beschreibung des Gewünschten wurde an „Dusty“ Durrant übergeben, der damit sowohl die Zeichnungen für die Kolben- als auch für die Schieberstangenstopfbuchse ausarbeitete. Ein geteiltes Packungsgehäuse, abgeleitet von der englischen „Britimp“-Stopfbuchse, wurde verwendet. Diese elegante Anordnung minimierte die notwendige Anzahl von dampfdichten Dichtflächen und machte den Ein- und Ausbau der Stopfbuchsen außerordentlich einfach. Die Gehäusehälften wurden durch Passstifte ausgerichtet und mit Innensechskantschrauben zusammengeschraubt. Sie konnten ohne jede Änderungen anstelle der vorhandenen Stopfbuchsen an den hinteren Zylinderdeckeln angebracht werden. Jedes Packungselement enthielt zwei Ringe, die aus vier in Nuten angeordneten Ringsegmenten bestanden, und Stifte, die die Stöße jedes Segmentpaars um 90° versetzt zu denjenigen des benachbarten Paars hielten, wodurch mögliche Undichtigkeiten entlang der Verbindungsstöße ausgeschlossen wurden. Die Segmente wurden aus einem Gussstück aus der Legierung P66 (eine Blei-Kupfer-Schwefel-Legierung) hergestellt, dem gleichen Werkstoff, wie bei der Paxton-Mitchell-Packung. Sämtliche Einzelteile für die Kolben- und Schieberstangenstopfbuchsen wurden in Salt River hergestellt. Als das entschieden wurde, wusste ich nicht, dass Salt River nicht über die richtigen gekühlten Gusskokillen für den Abguss der P66-Legierung verfügte, die hatte nur Koedoespoort, mit dem Ergebnis, dass die Buchsen, aus denen die Segmente maschinell hergestellt wurden, sehr porös waren. Als das entdeckt wurde, war es für eine Korrektur zu spät und die Packungen mussten in diesem Zustand eingebaut werden. Die Tafel 35 zeigt die Packungsringe und eine Gehäusehälfte auf einer Kolbenstange während des Zusammenbaus.

15. Schmierung

Die Änderungen an der Schmierung folgten den Empfehlungen in Portas unveröffentlichter Abhandlung „Steam Engine Cylinder Lubrication“. Die Klasse 25NC hatte ein umfangreiches mechanisches Schmiersystem, das Zylinderöl an zahlreiche Teile der Lokomotive abgab, sogar an die Schwingensteine. Allerdings wurde das Schieberöl in die Einströmrohre gegeben, und aus in Kapitel 2.2 angegebenen Gründen musste das in eine direkte Schmierung der Schieberbuchsengleitflächen geändert werden. Dabei bestand die Hauptschwierigkeit darin, dass die korrekte Position der Schieberölbohrungen für eine „Zwischen-die-Ringe-Schmierung“ mit den Kühldampfkanälen in den Schieberbuchsen zusammenfiel und so Mittel und Wege gefunden werden mussten, um das Öl an diesen vorbeizubringen, ohne es mit dem Kühldampf zu vermischen oder den jeweiligen Fluss zu stören (es wäre gerade so möglich gewesen, die Ölbohrungen zwischen den Kanalöffnungen und den Kühldampfkanälen anzuordnen, falls die Löcher etwas von der Senkrechten der Schieberbuchse versetzt worden wären, aber in dieser Position bestand die Gefahr, dass das Öl bei voll ausgelegter Steuerung direkt in den Auspuff ging). Die Lösung wurde in der Konstruktion spezieller Nippel gefunden, die in die Schieberkästen eingeschraubt wurden, wobei ihre an dieser Stelle entsprechend vergrößerten Enden durch die Kühldampfkanäle mit einem Presssitz in den Buchsenölbohrungen hindurchtraten (siehe Tafel 29). Allerdings wiesen die Techniker in Salt River während des Zusammenbaus darauf hin, dass es sehr schwierig sein würde, die Konzentrizität zwischen den Gewindebohrungen in den Schieberkästen und den entsprechenden Buchsenölbohrungen einzuhalten, mit dem daraus folgenden Risiko, die Nippelenden abzubrechen. Schnell wurden alternative Methoden ausgedacht, und die sodann angewendete bestand darin, nach dem Einsetzen der Buchsen von innen glatte Bohrungen in die Schieberkästen einzubringen. Diese Bohrungen wurden dann von außen bis 7 Millimeter an den Innendurchmesser der Buchse heran aufgebohrt und aufgerieben, wonach dann hohle Stopfen mit Presssitz eingetrieben wurden. Dann wurden Innengewindebuchsen, nominell konzentrisch mit diesen Stopfen, an die Schieberkästen angeschweißt, und die Ölnippel wurden in diese Buchsen mit Abdichtung an der oberen Stopfenfläche eingeschraubt und dann mit Kontermuttern gesichert. Die ganze Anordnung war recht unbeholfen, erfüllte aber ihren Zweck und verursachte im Betrieb keine Probleme.

Das Schieber- und Kolbenschmieröl wurde kurz hinter den Ölsperren mit Nassdampf in Zerstäuberdüsen vermischt. Ursprünglich waren sämtliche SAR-Klassen mit mechanischer Schmierung mit diesen handelsüblichen Zerstäubern ausgestattet, die aber später entfernt wurden, da ihnen nachgesagt wurde, dass sie die Schmierung nicht unterstützten und Wassereinbrüche in die Schmierpumpen verursachten. Verschiedene Überlegungen zeigten, dass sie auf der Umbaulokomotive benötigt wurden, (i) zur Abgabe von „Schmierdampf“ im Leerlauf, da keine andere Schmierdampfzufuhr vorgesehen war, (ii) um das Schmieröl gleichmäßig an beide Enden des Schieberkastens zu bringen, und (iii), um so weit wie möglich das Vermischen von Öl mit durch die Ölbohrungen, Schmierdüsen und Leitungen zurückströmenden Heißdampf zu vermeiden.[1] Als weitere Maßnahme gegen Dampfrückströmen wurden normale Kugelrückschlagventile auf den Schieberschmierdüsen angebracht, welche die Neigung des Heißdampfs, über die Ölleitungen zwischen beiden Enden des Schieberkastens hin und her zu strömen unterdrückten und die Rückströmung auf die Länge der Stopfen und Schmierdüsen beschränkten (es wurde ein Vergleich der Vorzüge von Drosselventilen, wie auf der 2644 eingebaut, und Rückschlagventilen für diesen Zweck angestellt, mit dem Ergebnis, dass die Letzteren bevorzugt wurden). Die Aufgaben des Zerstäuberdampfs verlangten es, dass er angestellt war, wann immer die Lokomotive in Bewegung war, was sichergestellt wurde, indem der Dampf von der Leitung zur Dampf-Servoumsteuerung abgenommen wurde. Dieser Dampf sollte bei der Abstellung der Lokomotive immer am Armaturenstock abgesperrt und die Zylinderhähne geöffnet werden, und kein Fall kam zur Kenntnis des Autors, bei dem sich die Lokomotive unbeaufsichtigt unter Nichtbeachtung dieser Regel durch Druckaufbau in den Zylindern selbstständig in Bewegung gesetzt hätte. Es passierte allerdings einige Male, während die Lokomotive bemannt war, und bei nicht zeitgleicher Gelegenheit erlebten wir das Vergnügen mit geöffnetem Dachlüfter unter einen geöffneten

---

[1] Diese Aufgaben wären entfallen, falls für jedes Schieberkastenende ein vollständig getrenntes Schmiersystem vorgesehen worden wäre, bei dem die Ölsperren direkt über den Schmierdüsen angordnet gewesen wären und der Schmierdampf aus einer anderen Quelle gekommen wäre. Diese wahrscheinlich überlegene Anordnung wäre an der in Kapitel 7.3 beschriebenen umgebauten QJ verwendet worden.

Wasserkran und unter eine sich entladende Bekohlungsschurre zu geraten. Obwohl handelsübliche Zerstäuber seit Langem bei sämtlichen Lokomotiven ausgebaut worden waren, wurden einige bei einer Suche durch einen meiner Assistenten in reparablem Zustand in einer der Werkstätten aufgefunden, so dass ihr Einbau möglich wurde.

Als ein Versuch, das Ausblasen des Schmieröls direkt in den Auspuff bei der Ausströmung zu unterbinden, wurden die Ölbohrungen in den Zylindern vergrößert und Stopfen mit schraubenförmigen Kanälen eingepresst (siehe Tafel 36). Die von diesen Stopfen erzeugte Wirbelströmung führte zu einer Trennung von Dampf und Öl, so dass der Schmierstoff sich an den Schraubenkanalwänden niederschlug und von dort auf die Zylinderbuchsenoberfläche lief.

Der Schmierpumpenantrieb wurde statt von der Schwinge von dem rechtsseitigen Schieberstangenkreuzkopf abgenommen. Mit diesem Antrieb war die Bewegungsfrequenz des Hebels der Schmierpumpe proportional zur Lokomotivgeschwindigkeit und die Hublänge eine Funktion der Zylinderfüllung, das heißt eine Funktion des Dampfmassenstroms und damit, bei einer gegebenen Geschwindigkeit, des mittleren Zylinderdrucks. Damit wurde soweit wie möglich die Forderung erfüllt, dass die Schmierölzufuhr, speziell zu den Schiebern und Zylindern, aber auch zu den anderen von der Schmierpumpe versorgten Teilen, mit zunehmendem Dampfdurchsatz zunehmen sollte (da die Fahrgeschwindigkeiten der Züge meistens bei der Fahrt der Lokomotiven unter Dampf recht nah beieinander lagen, sagen wir mal 40 bis 60 km h^{-1} bei Güterzügen und 70 bis 90 km h^{-1} bei Personenzügen, bedeuteten größerer Füllungen bei den normalen Fahrgeschwindigkeiten im Allgemeinen höhere Dampfdurchsätze).

Die Abb. 53 zeigt die serienmäßigen und die geänderten Schmierölfördermengen. Der modifizierte Schmierpumpenantrieb wurde so ausgelegt, dass die nominelle Fördermenge, kein merkliches Spiel an dem Ratschenmechanismus der Pumpe vorausgesetzt, bei 25 % Füllung gleich der serienmäßigen Nennfördermenge bei den Davies-and-Metcalfe-Schmierpumpen *(Anm. d. Übers.: Davies and Metcalfe Ltd war ein Hersteller für Eisenbahnausrüstung und Lokomotiven in Romiley, Manchester, Großbritannien, ursprünglich gegründet in Aberystwyth im Jahre 1878. Die Firma ist heute Teil der Sabwabco Davies & Metcalfe Ltd in Leek, Staffordshire, Großbritannien).*[1] Die Förderrate in Mittelstellung der Steuerung betrug 90 % der Menge bei 25 % Füllung, wodurch sich eine Ölersparnis bei Leerlauf in Mittelstellung der Steuerung und beim Arbeiten mit kleinen Füllungen ergab, wo die Schmierungsanforderungen weniger anspruchsvoll gewesen sein sollten. Bei größeren Füllungen nahmen die Förderraten zu, mit einem Anstieg auf 145 % der Rate bei 25 % Füllung bei größter Vorwärtsfüllung, womit dann mehr Schmieröl bei hohem Dampfdurchsatz bereitgestellt wurde.[2] Die Maximalfördermenge wurde bei dem Anfahren mit größter Zylinderfüllung automatisch bereitgestellt, was vorteilhaft war, und konnte auch im Falle des Wasserüberreißens eingestellt werden, ein Verfeinerung, die mit einer festen Ölförderrate nicht besteht. In der Praxis führte der Totgang in der Schmierpumpenratsche dazu, dass die tatsächliche Nockenwellendrehung der Schmierpumpe pro Kuppelradumdrehung kleiner als berechnet war, und damit verkleinerten sich entsprechend auch die Ölförderraten, was die unteren Kurvenlinien für den modifizierten Antrieb in der Abb. 53 ergab. Die Lokomotive lief etwa zwei Jahre mit diesen Ölförderraten, wobei sie sporadische Anzeichen einer schlechten Zylinderschmierung zeigte. Bevor dann in 1983 längere Überhitzerelementschleifen eingebaut wurden, wurden die Förderraten für Schieber-, Zylinder-, und Kolbenstangenschmieröl durch Änderung an den jeweiligen Schmierpumpeneinstellungen geändert, was dann in der Abb. 53 die oberen Linien für den modifizierten Antrieb ergab.

Die tatsächlich umgebaute Lokomotive hatte eine Wakefield-Schmierpumpe *(Anm. d. Übers.: patentiert für Charles Cheers Wakefield, 1st Baron Wakefield, * 12. Dezember 1859; † 15. Januar 1941; gründete 1899 die Wakefield Oil Company, späterer Name Castrol)*, aber da das nicht im Voraus bekannt war, mussten Konstruktionen für den neuen Antrieb sowohl für die Wakefield als auch für die Davies-and-Metcalfe-Schmierpumpe ausgearbeitet werden. Der rechte Schieberstangenkreuzkopf wurde abgeändert und der Anschlussarm wurde daran mit Passschrauben befestigt. Eine Gelenkstange verband diesen Arm mit einem gekürzten Schmierpumpenantriebshebel. Die Anbauhalterung der Schmierpumpe als Teil des gegossenen Gleitbahnträgers musste ebenfalls angepasst werden, um die Position der Schmierpumpe passend zu dem neuen Antrieb zu verlegen und um der geänderten äußeren Steuerung auszuweichen. Der neue Antrieb ist in der Tafel 41 zu erkennen.

Die SAR-Vorschrift für Zylinderöl war nicht sehr streng. Sie besagte, dass das Schmieröl geeignet sein müsste für „Temperaturen, die normalerweise 343 °C nicht übersteigen, aber mit gelegentlichen Temperaturspitzen von 377 °C“, also für die Werte, die tatsächlich auf SAR-Lokomotiven gemessen wurden. Obwohl die Umbaulokomotive konstruktiv für 450 °C ausgelegt worden war und nur die Schieber den Vorzug hatten, auf gekühlten Gleitflächen zu arbeiten, wurde es als nicht praktikabel angesehen, für nur eine einzige Lokomotive ein abweichendes Schmieröl vorzuschreiben. Deshalb wurde das normale Schmieröl verwendet, obwohl klar war, dass es hätte besser sein können, falls es zum Beispiel von niedrigerer Viskosität oder synthetisch gewesen wäre, oder falls es eine geringe Menge kolloidalen Graphits enthalten hätte. Versuche in der Bundesrepublik Deutschland hatten ergeben, dass sich mit Schmieröl, das 0,2 % kolloidalen Graphit enthielt, der Kolben- und Schieberringverschleiß halbieren ließ.

16. Zylinderisolierung

Die Isolierung, anscheinend das Aschenputtel der Dampflokomotivkonstruktion, bedurfte definitiv der Verbesserung. Die Zylinderisolierung war insbesondere im Hinblick auf die ständig wechselnde Leistungsabgabe im Lokomotivbetrieb von Bedeutung. Wenn eine Lokomotive erstmals mit kalten Zylindern anfuhr, musste der gesamte Zylinderblock aufgewärmt werden, was hohe Wärmeverluste durch Wärmeübergang von dem Dampf an die Zylinder- und Schieberkastenwände (durch Kondensation) ergab. Eine gute Isolierung hätte aber einiges an Wärmeverlust von den Zylindern bei geschlossenem Regler vermieden, und der nächste Fahrtabschnitt unter Dampf hätte mit immer noch heißen Zylindern begonnen werden können. Doch die Isolierung der meisten Lokomotivzylinder war nicht ausreichend, um diesen Zustand zu erreichen, und fast jedes Mal, wenn der Regler geöffnet wurde, gab es hohe Wärmeübergangsraten, die natürlich gleichbedeutend mit einer Leistungseinbuße der Lokomotive waren. Porta machte sich für eine „dauerhaft versiegelte Isolierung“ des

---

[1] Im Anlieferungszustand hatten die Lokomotiven der Klasse 25C Davies-and-Metcalfe-Schmierpumpen und die 25NC hatten Wakefield-Schmierpumpen. Diese waren nicht so einfach untereinander austauschbar, da zum Beispiel die Anordnung der Schmierleitungsanschlüsse unterschiedlich war. Deshalb behielten individuelle Lokomotiven, selbst nach dem Umbau zu Auspufflokomotiven, den gleichen Schmierpumpentyp. Obwohl nun beide Typen die gleichen Förderraten gehabt haben sollten, stellte sich heraus, dass das nicht der Fall war, indem die Bauart Wakefield 13 % mehr Öl an die Schieber und 11 % mehr an die Zylinder gab als die Bauart Davies and Metcalfe.

[2] Das Verhältnis der Maximal- zu der Minimalförderrate (bei größter Steuerungsauslegung zu Mittelstellung) betrug 1,61 : 1, wesentlich weniger als die 10 : 1, für die sich Porta in seiner Abhandlung über Zylinderschmierung stark machte. Um ein größeres Verhältnis zu erlangen, hätte der Antrieb von dem Voreilhebel an einer Stelle nahe der Verbindung mit der Schieberschubstange abgenommen werden müssen, aber Bedenken wegen der Materialstärke ließen eine solche Anordnung nicht ratsam erscheinen. Allerdings ließen spätere Erfahrungen vermuten, dass die Schmierungsanforderungen im Leerlauf und bei der Fahrt mit großen Zylinderfüllungen nicht so verschieden waren, wie ursprünglich angenommen. Während also eine gewisse Variation der Schmierölförderrate ohne Zweifel vorteilhaft war, so wurde doch gefolgert, dass sich ein Verhältnis von 10 : 1 als viel zu hoch erweisen würde.

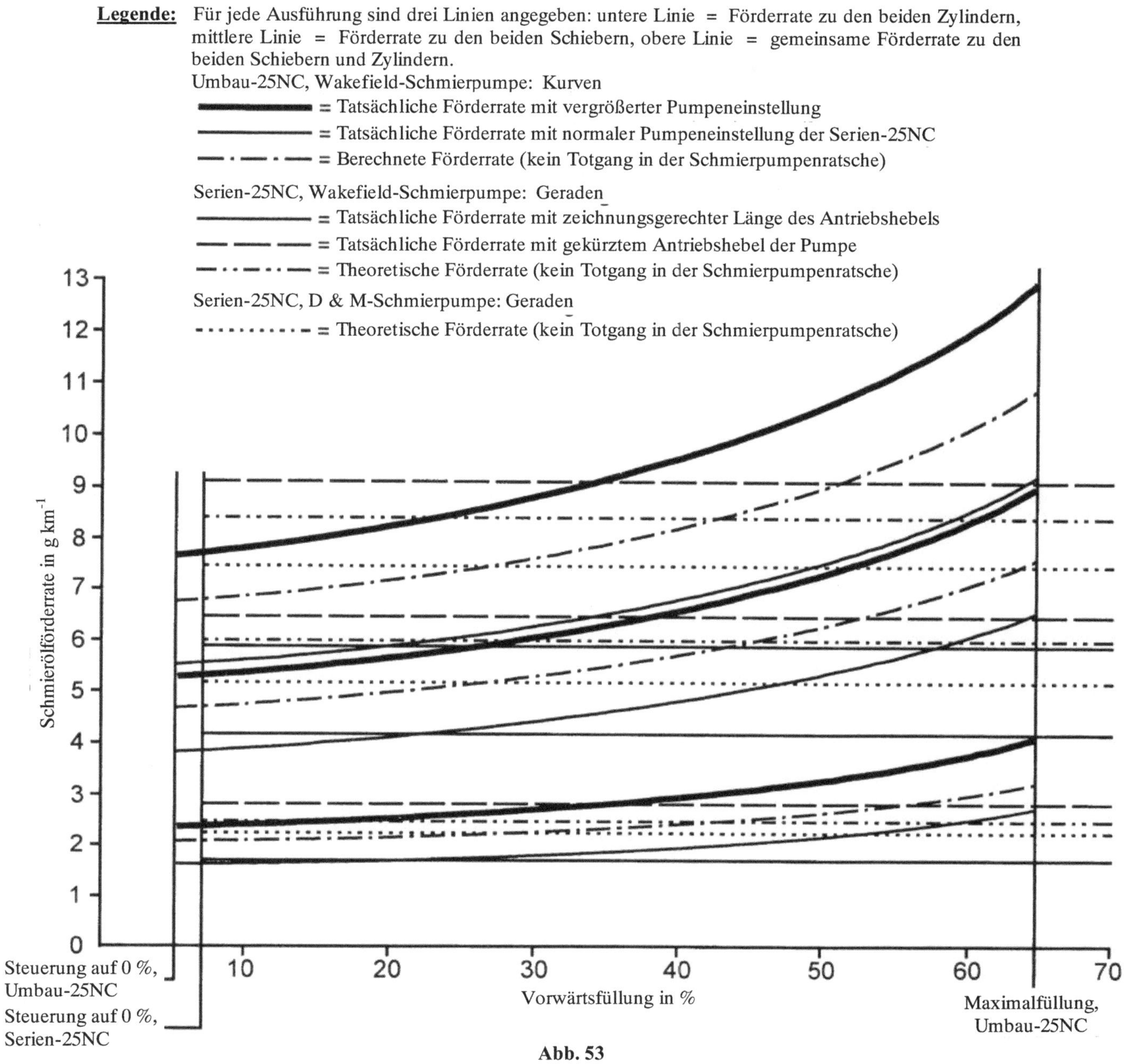

Abb. 53

SAR: Serien- und Umbaulokomotive der Klasse 25NC: Ölförderrate für die Schieber- und Zylinderschmierung über Füllung

gesamten Zylinderblocks (beziehungsweise des Rahmenabschnitts bei angegossenen Zylindern) als einzige akzeptable Lösung stark, mit angeschweißten Bekleidungsblechen, unter denen sich keine zu wartenden Einrichtungen befinden würden, indem zum Beispiel sämtliche Rohrleitungsverbindungen unter der Bekleidung geschweißt würden. Bei der im Kapitel 7.3 beschriebenen Konstruktion der Umbau-QJ wurde auf dieses Ideal hingearbeitet, aber mangels Möglichkeiten konnte bei der umgebauten 25NC nichts weiter unternommen werden, als an der vorhandenen Isolierung dort kleine Verbesserungen zu machen, wo das in einfacher Weise möglich war. Demzufolge wurden ergänzend zu den Bekleidungen für die neuen Einströmrohre und Schieberkästen, Änderungen an der Isolierung mit dem ausdrücklichen Ziel durchgeführt, den Glaswollmatten einen besseren Halt zu geben, da die Erfahrung gezeigt hatte, dass diese dazu neigten sich aufzulösen, falls sie nicht gut gestützt wurden. Außerdem stellte es sich als möglich heraus, Glaswolle in die Gusskernaussparungen der hinteren Zylinderdeckel zu stopfen und diese Aussparungen mit aufgeschweißten Abdeckungen zu versiegeln.

17. Adhäsion

Wie bereits erwähnt, wurde von Anfang an erkannt, dass eine verbesserte Adhäsion notwendig sein würde, falls die vorausberechnete Zylinderleistung der Umbau-25 NC bei allen Schienenzuständen sicher am Zughaken ankommen sollte. Wegen des Elans bei der Adhäsionsforschung, ausgelöst durch die bei der Elektrotraktion möglichen niedrigen Leistungsgewichte als auch durch die Anwendung des Einzelachsantriebs, sowohl bei den elektrischen Lokomotiven als auch bei den Diesellokomotiven, hat das Wissen über die Adhäsion in den letzten Jahre stark zu genommen. Fortschrittliche Schlupfregelungen auf den Lokomotiven führten zu nachgewiesenen Reibungskoeffizienten, von denen man bis dato nur träumen konnte. Auf der anderen Seite war es in den Tagen der Dampftraktion auffallend, wie wenig Beachtung die den wichtigsten Parameter des Eisenbahnbetriebs, die Adhäsion, beeinflussenden Faktoren fanden. Ein gutes Beispiel dafür war die Timken-Ausführung für Kuppel- und Treibstangen mit Rollenlagern, die das Triebwerk (einschließlich der Radreifen) mit Schmieröl verschmutzten. Tatsächlich bestand die Methode der Prüfung eines genügenden Ölstands in den Treibstangenlagern der

Klasse 25, darin, sich davon zu überzeugen, ob „Öl von der Lagerstelle abtropft".[1] Aus der Sicht der Adhäsion wurde es deshalb als erforderlich erachtet, dass die Umbaulokomotive SKF-Stangenlager hatte: obwohl diese Fett abschleuderten, schien das die Laufflächen der Radreifen nicht so sehr zu verschmutzen.

Im Jahre 1976 erarbeitete Porta eine lange Abhandlung mit dem Titel „Adhesion in Advanced Steam Locomotive Engineering Facing the Oil Crisis" *(Anm. d. Übers.: deutsch: Adhäsion in der Technik für fortschrittliche Dampflokomotiven als Antwort auf die Ölkrise)*[2], die voll von Maßnahmen des gesunden Menschenverstands war, um die Adhäsion zu verbessern. Zum Beispiel ist darin der Rat enthalten, dass Entwässerungsleitungen nicht auf die Schienen vor den Kuppelrädern führen sollten. Sollte der Leser glauben, dass das ziemlich offensichtlich ist, so möge sie oder er doch einmal über die Auswirkungen nach vorn blasender Zylinderentwässerungsleitungen nachdenken, wie sie bei britischen Lokomotiven üblich waren, oder über die Schieberkastenentwässerungen bei den deutschen Lokomotiven, die die Schienen und Räder in Dampf einhüllten, oder über die Tatsache, dass die chinesische Klasse QJ – die allerletzte Dampflokomotivtype, die weltweit in größeren Stückzahlen für den Hauptstreckeneinsatz gebaut wurde – Entwässerungsleitungen hinter der vorderen Pufferbohle hatte, die fast direkt auf die Schienenköpfe zielten (Tafel 72). So wundert es nicht, dass in Großbritannien eine nur geringe Reibwertausnutzung als notwendig erachtet wurde, dass die QJ eine schlechte Adhäsion hatten und dass Porta diese Abhandlung mit dem Untertitel „Adhäsion, das Königreich der Eisenbahndummheit"[3] versah.

Von den vielen von Porta vorgestellten Ideen schien die Anwendung einer sehr wirksamen Sandstreuvorrichtung bei der Verbesserung der Reibwertausnutzung der umgebauten 25NC am vielversprechendsten.[4] Wie schon in Kapitel 2.3 beschrieben, war die Einheitssandstreueinrichtung der SAR-Dampflokomotiven etwas aus der Frühzeit der Industrialisierung. Obschon sie auf der 2644 verbessert worden war, so waren doch in Form der amerikanischen Druckluftsandstreueinrichtungen wesentlich bessere Ausrüstungen erhältlich, wie sie auf den Diesellokomotiven eingesetzt wurden. Diese ergaben eine zuverlässigere Sandförderung an die Berührungsstelle zwischen Rad und Schiene, besonders bei Seitenwinden, eine wirtschaftlichere Sandnutzung, und sie war viel schneller und einfacher zu bedienen. Nur ein Handdruck auf den Sandstreuhebel war nötig. Das einzige Problem bestand darin, dass SAR-Dampflokomotiven keine Druckluftquelle hatten, da sie für die Beförderung von saugluftgebremsten Zügen ausgerüstet waren. Angesichts dieses kleinen Problems wäre die Druckluftsandstreueinrichtung vielleicht nicht über den Ideenstatus hinaus gekommen, hätte nicht das Schicksal in Form eines kürzlich diplomierten Ingenieurs mit dem Namen du Preez eingegriffen, der mir im Dezember 1979 als Assistent im Rahmen seiner Einarbeitung zugeteilt worden war. Natürlich war mir jede Hilfe willkommen, und ich wollte ihm eine Konstruktionsaufgabe geben, die er selbst mit einem Minimum an Anleitung meinerseits und ohne besondere Fachkenntnisse ausarbeiten konnte. Die Sandstreueinrichtung war die naheliegende Wahl. In einem Brief im Zusammenhang mit dem 19D-Projekt hatte Porta die Möglichkeit der Verwendungen eines keilriemengetriebenen Lastwagenbremskompressors erwähnt, der von einer auf einer Seite der Kuppelräder auf einer Gegenkurbel befestigten Riemenscheibe angetrieben wurde. Anscheinend stammte diese Idee von einem Herrn Etura, dem Werkstattleiter der Rio-Turbio-Eisenbahn, als über die Möglichkeit des Ersatzes der Schwerkraftsandung durch Druckluftsandung zur Verbesserung der Sandstreuleistung bei starken Seitenwinden diskutiert worden war. Das ist dort aber niemals eingeführt worden, aber es schien einen Versuch wert zu sein. Ich bat du Preez, sich bei der Kraftverkehrsabteilung zu erkundigen, ob dort für uns ein solches Aggregat erhältlich war. Die Antwort war positiv, und so gab ich du Preez eine Zusammenstellung der Systemanforderungen und überließ ihm die Detailkonstruktion, die er dann zu meiner Zufriedenheit erledigte. Es war dazu ein ziemlicher Arbeitsaufwand nötig, und ohne seine Anwesenheit hätte es vermutlich keine Chance gegeben, dieses System zu konstruieren. Stattdessen wäre etwas Ähnliches, wie es für die 2644 entwickelt worden war, wie sich herausstellte, besser gewesen. Es kann an dieser Stelle gesagt werden, dass die Sandstreueinrichtung selbst wie erwartet funktionierte und tatsächlich der Schwerkraftsandung weit überlegen war – soweit Druckluft vorhanden war! Es waren die mit der Drucklufterzeugung aufgetretenen Probleme, die das System im Ergebnis zu einem Misserfolg machten. Man sagt, eine gute Idee ist wie eine Rose mit Dornen, wobei die Letzteren erst später in Erscheinung treten, wenn eine gründliche Analyse gemacht wird, und so erwies es sich in diesem Falle. Leider wurde eine solche Analyse erst gemacht, als im Einsatz Schwierigkeiten auftraten, was eigentlich schon zu spät war. Während der Konstruktionsphase hatte ich über die berührten Grundsatzfragen zu wenig nachgedacht.

So wie ursprünglich entworfen, bestand die Sandstreueinrichtung aus zwei Sandkästen auf jeder Lokomotivseite. Die vorderen sandeten vor die hinteren Räder des führenden Drehgestells und vor die der führenden Kuppelachse, die hinteren vor die Räder der mittleren Kuppelachsen, wie auf der 2644. Die vorderen Sandkästen entsprachen der Einheitsausführung, wurden aber zur Vergrößerung ihres Volumens verlängert, und die hinteren waren 19D-Mittensandkästen. Sämtliche Sandkästen wurden mit einheitlichen Diesellokomotivsandtreppen ausgestattet, die mit Druckluft von Luftanstellventilen beaufschlagt wurden, die wiederum mit Druckluft von einem pedalbetätigten Sandstreuventil im Führerhaus aktiviert wurden.

Ein „Knorr-Bremse"-Bremsluftkompressor aus einem Mercedes-Lastwagen wurde auf eine Plattform aufgebaut, die an eine an einer Stütze des linken Umlaufs vor der letzten Kuppelachse angeschraubten Halterung aufgehängt war. Eine zusammengebaute Riemenscheibe für zwei Keilriemen wurde an einer Gegenkurbel befestigt, die mit Passstiften und Gewindestehbolzen an den linken Kurbelzapfen der letzten Kuppelachse angebracht wurde. Dazu musste eine Öffnung in den Deckel des Kuppelstangenlagers gebohrt werden und eine Fettdichtung aus Gummi zwischen diesem Deckel und der Gegenkurbel vorgesehen werden. Die Riemenscheiben war groß (800 Millimeter wirksamer Durchmesser) und die Kompressorriemenscheibe klein (125 Millimeter wirksamer Durchmesser), um eine hohe Kompressordrehzahl zu erhalten. Eine Feder wurde zwischen der beweglich aufgehängten Kompressorplattform und dem Umlaufblech angebracht, um die Keilriemen bei der senkrechten Bewegung des Kuppelachskastens in seinen Achslagerführungen korrekt gespannt zu halten. Eine Einstellmöglichkeit wurde vorgesehen, um die Federspannung trotz der Streckung und des Verschleißes der Riemen konstant halten zu können. Der Keilriemenantrieb wurde entsprechend der Konstruktionsvorgaben im Katalog des Riemenherstellers ausgearbeitet und entsprach sämtlichen zahlenmäßig berechenbaren Kriterien, wie zum Beispiel Leistungsübertragung pro Riemen, Riemengeschwindigkeit, und so weiter. Der Kompressor benötigte Zwangsumlaufschmierung und zu diesem Zweck wurde eine Ölpumpe direkt mit seiner Kurbelwelle gekuppelt, die Öl aus einem kleinen Tank entnahm. Leider war die Ölpumpenkapazität für diese Aufgabe viel zu groß, und um einen übermäßigen Öldruck zu vermeiden, musste die Ölförderleitung zwischen Pumpe und Kompressor mit einer Bypassleitung

---

[1] Code of Practice No. 25 für Lokomotiven der Klassen 25 und 25NC, herausgegeben von den SAR, Abteilung des CME, überarbeitete Ausgabe, 1961, Paragraph 2.1.2(v).

[2] Eine Überarbeitung des Vortrags „Adherencia", XII. Panamerikanischer Eisenbahnkongress, Buenos Aires, 1968 (in Spanisch).

[3] Es sei angemerkt, dass die Verantwortung für gute Reibungsverhältnisse nicht allein bei den Ingenieuren lag. Die scheinbar glänzenden Schienenköpfe waren alles andere als sauber und Porta riet, ich solle die Schienen mit einem Blatt Papier abwischen und die aufgenommenen Ölflecken den Verantwortlichen unter die Nase halten.

[4] Es wurde darüber nachgedacht, sogenannte „Hochadhäsion"-Radreifenprofile anzuwenden. Das waren Radreifenprofile, die im Hinblick auf die Minimierung der Gefahr der Ölkontamination der Kontaktflächen der Radreifen mit den Schienenköpfen ausgebildet waren, aber dieses Vorhaben wurde zurückgestellt.

ausgestattet werden, die direkt zurück in den Öltank führte. Ein Kugelventil in dieser Leitung regulierte den Öldruck, wobei umso mehr Öl dem Kompressor zugeführt wurde, je weiter es geschlossen wurde. Die Tafel 37 zeigt die ausgeführte Anordnung des Kompressorantriebs.

Die vom Kompressor gelieferte Druckluft wurde in eine Verbindungsleitung zwischen einem kleinen unter dem linken Umlauf angebrachten Vorratsbehälter und dem Sandstreuventil eingeleitet. Im Führerhaus wurden Druckluft- und Kompressoröldruckmanometer installiert, und ein Sicherheitsventil wurde in der Druckluftleitung eingebaut. Der Luftvorratsbehälter wurde direkt mit den Luftanstellventilen verbunden, die den Sandtreppen Luft zuführten, sobald sie durch Druckluft von dem Sandstreuventil im Führerhaus aktiviert wurden. Diese letztere Luft betätigte auch ein Einheitsdruckausgleichventil, das eingesetzt wurde, um den am Schleppgestell in ähnlicher Manier wie bei der 2644 angebrachten Schienenreinigerdüsen Dampf zuzuführen.

Die Hauptarbeit bei der Herstellung der Sandstreuausrüstung wurde in Beaconsfield geleistet, der Rest in Salt River.

18. Verbesserte Zuverlässigkeit

Kurz nach der Genehmigung des Projekts wurde ein Brief an den Leitenden Superintendent (Technik) abgeschickt, in dem um eine Liste der Bauteile der 25NC gebeten wurde, die in den Betriebsdepots häufiger Wartung bedurften und welcher Art diese Arbeiten waren, so dass als Teil des Umbaus solche Mängel konstruktiv hätten abgestellt werden können. Die Wartungsleute neigten dazu, die Arbeiten, die sie verrichteten, als notwendige Wartung anzusehen, im Unterschied zu unnötiger oder zu häufiger Wartung. Sie waren nicht in der Lage, häufige und wiederholte Wartungsarbeiten mit einer mangelhaften Konstruktion in Verbindung zu bringen. In der Antwort wurden aber dennoch zehn Bauteile benannt, wo man Verbesserungen für möglich hielt, von denen sechs angenommen wurden. Einige davon waren von sehr geringfügiger Art, wie zum Beispiel die Verlegung von Schmiernippeln zur besseren Zugänglichkeit. Von den wichtigeren Sachen wurde das Problem der ständig locker werdenden Grundplatte der Dampfservoumsteuerung durch Verbesserung der Verschraubung zwischen der Grundplatte und der Halterung der Umsteuerung und zwischen der Halterung und dem Steuerwellenträger gelöst. Die anderen Dinge betrafen die Umbaulokomotive nicht, entweder wegen anderer Modifikationen oder weil sie sich zu dem seinerzeitigen Stand der Arbeiten nicht für die Berücksichtigung eigneten.

19. Erzwungenes Fahren mit vollständig geöffnetem Regler

Viele für das erfolgreiche Arbeiten mit vollständig geöffnetem Regler und kleinen Füllungen notwendigen Einzelheiten waren in die Umbaumaßnahmen übernommen worden, wie zum Beispiel größtmögliche Dampfdichtigkeit der Schieber, Kolben und Stopfbuchsen, gute Dampfkanalöffnungen, hohe Überhitzung und eine gute Blasrohranlage. Damit musste das Arbeiten mit vollständig geöffnetem Regler obligatorisch sein. Es sollte die gleiche Zwangstechnik wie für die 19D-Umbauten angewendet werden, das heißt, die Entfernung aller Rastzähne auf dem Reglerhebelquadrant, bis auf die der Endlagen. Da das allerdings rasch gemacht werden konnte, wurde entschieden, das nicht von Anfang an auszuführen, sondern zunächst einmal zu sehen, wie sich die Lokomotive während der ersten Einfahrzeit handhaben lassen würde.

20. Leerlauf in Mittelstellung der Steuerung

Das bei der 2644 erfolgreich demonstrierte Leerlaufverfahren sollte von Anfang an bei der Umbau-25NC verwendet werden. Der Zerstäuberdampf der Schmiereinrichtung, zusammen mit der Mittelstellung der Steuerung, wurde als ausreichend angenommen, um im Schieberkasten im Leerlauf für einen Dampfüberdruck zu sorgen. Das jederzeitige Aufrechterhalten eines Überdrucks wurde als besonders wichtig erachtet im Hinblick auf das Drücken der inneren Schieberringe in Auswärtsrichtung weg von den dünnen Ringstegen der Schieberkörper an den Einströmkanten, um so deren Beschädigung zu vermeiden. Luftsauge- oder Druckausgleichventile wurden an den geänderten Schieberkästen nicht vorgesehen, und auch eine separate Schmierdampfversorgung wurde nicht eingebaut. Die Lokomotivführer wurden angewiesen, zunächst die Steuerung in die Mittelstellung zu bringen und dann den Regler zu schließen. Eine entsprechende Hinweistafel zu dem Leerlauf in Mittelstellung der Steuerung wurde im Führerstand vorgeschrieben.

21. Verbesserte Speisewasseraufbereitung

Eine wirksame Kesselspeisewasseraufbereitung hätte eine wesentliche Rolle in den späten Jahren des Dampfbetriebs spielen sollen. Mit „wirksam" ist eine Aufbereitung gemeint, die die drei schwerwiegenden Probleme, Ablagerung, Korrosion und Schäumen, verhindert. Von den Kondenslokomotiven einmal abgesehen, wurden Lokomotivkessel mit 85 % bis 100 % Zusatzwasser betrieben, abhängig davon, ob ein Speisewasservorwärmer mit Abdampfkondensatnutzung vorhanden war oder nicht, und dieses Wasser kam aus den verschiedensten, über das Einsatzgebiet verteilten Quellen. Solchermaßen hatten sie gegenüber den Stationärkesseln einen großen Nachteil in Bezug auf die Wasserversorgung. Die Aufbereitung des Kesselspeisewassers war deshalb bei Lokomotiven auf dem riesigen Gebiet der Wasseraufbereitung im Allgemeinen ein spezieller und schwieriger Fall. Während des 20. Jahrhunderts wurden in Amerika und Großbritannien, und ganz besonders in Frankreich, grundlegende Fortschritte bei der Wasseraufbereitung gemacht.[1] In Frankreich waren die Ergebnisse bei der Anwendung direkt ab Anlieferung auf den Nachkriegs-1D1 der Reihe 141R *(Anm. d. Übers.: h2, Mehrzwecklokomotiven mit Schlepptender, amerikanische Bauart, SNCF Nrn. 141.R.1 bis 141.R.1340, Lieferungen 1945 bis 47 von Baldwin Locomotive Works, Philadelphia, Pennsylvania, American Locomotive Company, Schenectady, New York, und Lima Locomotive Works, Lima, Ohio. Zweites Los mit 640 Maschinen auch von Montreal Locomotive Works, Montreal, Quebec und Canadian Locomotive Company, Kingston, Ontario, 17 Stück gingen verloren, u. a. bei dem Untergang der BELPAMELA 1947 vor Neufundland)* so dramatisch, dass Kesselreparaturen fast aufhörten und in mindestens einem Ausbesserungswerk die Kesselschmiede geschlossen wurde. Allerdings war es trotz dieser Entwicklungen, die die Basis der umfänglichen Wasseraufbereitung der SAR bildeten (die Einrichtungen umfassten sowohl stationäre Enthärtungsanlagen in bedeutenderen Depots und Wasserstationen als auch Dosiereinrichtungen für Chemikalien zur inneren Speisewasseraufbereitung, bei der die Enthärtungsreaktionen innerhalb der Lokomotivkessel stattfanden), deutlich, dass die erzielten Ergebnisse weit von dem Idealzustand entfernt waren. Ganz entschieden waren die Kesselschmieden weiterhin groß im Geschäft bei dem Ersatz korrodierter Materialien und der Behandlung der Auswirkungen von Ablagerungen, wie zum Beispiel Rissen in wiederholt überhitzten und somit überbeanspruchten Feuerbüchsblechen. Die mit den Daten einer Untersuchung aus dem Jahre 1982 aufgestellte Tabelle 29 gibt eine Vorstellung von dem seinerzeitigen Umfang der Kesselarbeiten.

---

[1] In Deutschland ging man das Problem des hohen Reparaturaufwands bei den Feuerbüchsen dadurch an, dass man das mechanische Verhalten von Feuerbüchsen erforschte, was zu einer verbesserten Konstruktion führte. Hier sind die Arbeiten von Tross *(Anm. d. Übers.: Dr.-Ing. Arnold Tross, Henschel, Veröffentlichungen in den vierziger und fünfziger Jahren des 20. Jahrhunderts)* auf diesem Gebiet signifikant. Die besten Ergebnisse wären natürlich durch die Kombination dieser konstruktiven Maßnahmen mit einer verbesserten Wasseraufbereitung erzielt worden. In Amerika bedeuteten die riesigen Lokomotivstehkessel große Unterschiede in den Ausdehnungen, was zu Spannungen jenseits der Streckgrenze und zu kurzen Lebensdauern der Feuerbüchsen führte. Das war sicher ein wichtiger Faktor, der gegen den amerikanischen Dampfbetrieb wirkte. Ob die schließlich dort entwickelte Wasseraufbereitung diese Probleme minderte oder nicht, ist dem Autor nicht bekannt.

Tabelle 29
Kesselreparaturen der SAR-Lokomotivklassen 15F und 25NC

Bezeichnung	Bei Hauptuntersuchung erneuerter Anteil		Angegebener Grund für Erneuerung
Feuerbüchse	15F	25NC	
Rohrwand	50 %	94 %	Sternförmige Risse und Stegrisse an den Rohrbohrungen, Risse und Korrosion auf der Wasserseite der Umbüge
Rückwand: vollständig Rückwand: zur Hälfte Rückwand: Flicken unter Feuerloch Rückwand: untere Ecken	10 % 20 % - -	6 % 45 % 20 % 20 %	Risse um die Stehbolzenbohrungen, Risse in den Ecken, Korrosion um die Stehbolzenbohrungen und am Bodenring, Stehbolzenbohrungen über Verschleißmaß
Decke	25 %	30 %	Stehbolzenbohrungen über Verschleißmaß, Korrosion, Aufpolsterungen
Ganze Seitenbleche	5 %	-	(Keine Angaben)
Halbe Seitenbleche (unten)	25 %	94 %	Risse, Korrosion um Stehbolzenbohrungen, Stehbolzenbohrungen über Verschleißmaß
Komplette Feuerbüchse	50 %	6 %	Schäden wie oben aufgelistet
Stehkessel			
Decke	30 %	-	Stehbolzenbohrungen über Verschleißmaß, Risse
Seitenwände	-	5 %	Bohrungen für Reinigungsstopfen der Zirkulationsrohre über Verschleißmaß
Langkessel			
Reinigung	100 %	100 %	Entfernen von Kesselsteinablagerungen
Flicken	20 %	-	Risse
Andere Kesselbauteile			
Rauchkammerrohrwand	60 %	-	Risse und Korrosion im unteren Bereich, Rohrbohrungen unrund und über Verschleißmaß
Heiz- und Rauchrohre	100 %	100 %	Rohre für Langkesselreinigung ausgebaut
Zirkulationsrohre: Schutzhülsen an der Decke	-	100 %	Erosion durch Kohlepartikel
Deckenstehbolzen	-	30 %	Stehbolzenköpfe feuerseitig erodiert
Bewegliche Stehbolzen	-	40 %	Stehbolzenköpfe feuerseitig erodiert

Gelegentlich traten sehr ernste Probleme auf, die auf unsachgemäße Wasseraufbereitung zurückgeführt werden konnten, zum Beispiel:

i) 1981 wurde von gefährlichen Kesselzuständen in dem Depot Germiston berichtet. Ein Auszug aus dem Bericht des Kesselprüfers über die Kessel der Lokomotiven Nr. 3063 und 3013 der Klasse 15F liest sich wie folgt:[1]

> „In beiden Fällen waren die Schlamm- und Kesselsteinablagerungen an den Seitenwänden sehr dick und reichten an einigen Stellen fast bis zu den Stehkesselwänden. Die Ansammlungen waren recht weich und wurden durch Auskratzen und Waschen vom Langkessel aus entfernt.
>
> Die Ansammlung von Kesselstein auf den Kesselrohren war derartig, dass die Zwischenräume zwischen den Rohren, besonders zur Feuerbüchse hin, fast vollständig geschlossen waren.
>
> Ebenso wurden Ausbeulungen an den Seitenwänden als auch der Feuerbüchsdecke festgestellt."

ii) Starke Schlamm- und Kesselsteinablagerungen wurden in den siebziger Jahren und den frühen achtziger Jahren auf Lokomotiven der Klasse 25NC vorgefunden, was bei mehreren Lokomotiven durch daraus folgender Überhitzung zum Kollaps von Kesselrohren führte. Werkstofftechnische Untersuchungen zeigten, dass die kollabierten Rohre bis zur eutektoiden Umwandlungstemperatur von 723 °C erhitzt worden waren. Es war großes Glück, dass kein Rohr aufgerissen ist und niemand verletzt wurde. Es wurde festgestellt, dass die Zwischenräume der bei dieser Klasse sehr dicht beieinander angeordneten Rohre manchmal vollständig mit Schlamm und Kesselstein ausgefüllt waren. Es musste eine Anweisung ausgegeben werden, bei jeder zweiten Zwischenuntersuchung oder ungefähr alle vier Jahre, 32 Heizrohre und ein Rauchrohr zu entfernen, um den Langkessel zu reinigen. Die Fachgruppe Wasseraufbereitung, Teil des dem CME unterstehenden chemischen Labors, reagierte auf diese Situation mit der einigermaßen überraschenden Antwort „...obwohl die Zustände alarmierend sind, werden sie bei der derzeitig am Einsatzort der Lokomotiven angewendeten Art der Wasseraufbereitung als normal angesehen".[2] Das war umso erstaunlicher, als in einem früheren Brief[3] festgestellt worden war: „Keine Änderungen [an der Wasseraufbereitung] sind im Bezirk De Aar – Kimberley notwendig, da die Wasseraufbereitung zur Zeit als angemessen angesehen wird". Doch mehr als die Hälfte der 25NC, die ausschließlich auf dieser Strecke im Einsatz standen und seinerzeit untersucht wurden, hatten starke Kesselsteinablagerungen im Langkessel.

Im Gegensatz zu dieser Situation stand eine 1975 geschriebene, aber nicht veröffentlichte Abhandlung Portas mit dem Titel „Wasseraufbereitung in Dampflokomotivkesseln", in der eine Aufbereitungsmethode beschrieben wurde, von der behauptet wurde, dass sie zu einem völligen Ausbleiben von wasserbedingten Kesselreparaturen führte. Sie basierte auf in Frankreich und Großbritannien eingeführten Techniken und auf den davon zur Anpassung an die argentinischen Verhältnisse abgeleiteten Entwicklungen, die als Ergebnis von Portas Einbeziehung in Angelegenheiten der Wasseraufbereitung als Folge der in Kapitel 1.5 erwähnten epidemischen Dampfnässe gemacht worden waren. Es wurde erkannt, dass es nicht auf den Zustand des in den Tender gefüllten Wassers ankam, sondern auf den des Wassers im Kessel, und das Ziel war es, mit sehr hohen Gehalten an gelösten Feststoffen *(Anm. d. Übers: hauptsächlich Salze = Leitfähigkeit)* und Schlamm im Kessel zu fahren. Etwa 20 bis 25 % der Leitfähigkeit waren alkalisch, und diese hohe Alkalität verhinderte vollständig jegliche Korrosion (natürlich mussten die Entstehungsbedingungen für Spannungsrisskorrosion vermieden werden). Der hohe Schlammanteil ergab Partikel, an denen sich die neu hinzukommenden Härtebildner vorzugweise als Schlamm abschieden, statt als Kesselstein an beheizten

---

1 Zitiert in Brief Az. K. EXP (R/S) 20/7/4/1/1 des Maschinentechnischen Ingenieurs, Koedoespoort, vom 21.09.1981, an den CME.

2 SAR, Chemisches Labor, Koedoesport, Memorandum an den Stellv. Maschinentechnischen Ingenieur (Dampflokomotiven) im Büro des CME, Pretoria, Az. C.Lab 6/3/1/4CN vom 03.08.1982.

3 SAR, Chemisches Labor, Koedoesport, Brief an den CME, Pretoria, Az. C.Lab 6/2/1/4CN vom 27.05.1981.

Wärmeaustauschflächen. Die hohe Fließfähigkeit des Schlamms verhinderte Schlammansammlungen, die auf den Kesseloberflächen hätten aushärten können. Das Aufschäumen wurde durch ein sehr wirksames Polyamid-Antischaummittel unterdrückt, was der Schlüssel zu der Durchführbarkeit der ganzen Aufbereitung war, da ohne dem ein Kesselbetrieb mit einem Gehalt an gelösten Feststoffen von bis zu 58 000 mg l^{-1} bei einem Wassermitriss bei Versuchen in Argentinien von weniger als 2 mg l^{-1}, dazu geführt hätte, dass „die Blasen aus dem Schornstein" gekommen wäre, um nur einen Ausdruck für starke Dampfnässe zu zitieren.

Die Anwendung dieser inneren Karbonatbehandlung war sehr einfach. Die vier Chemikalien, die im Wesentlichen notwendig waren, wurden in ausreichenden Mengen dem Tenderwasser zugesetzt, um die erforderlichen Kesselbedingungen zu gewährleisten. Diese waren:

i) Natriumkarbonat, Na_2CO_3, das die Kesselstein bildenden Kalzium- und Magnesiumsalze in Schlamm verwandelte und die für die Korrosionsverhütung nötige Alkalität ergab.
ii) Natriumpolyphosphat, $NaPO_3$, das die Ausfällung von Kesselstein in heißen Speiserohren verhinderte, das heißt in Speisewasservorwärmern und Strahlpumpen.
iii) Tannin, eine organische Substanz, die von Bäumen gewonnen wird *(Anm. d. Übers.: auch als Gerbstoff bezeichnet, u. a. in Rotwein und in Schwarz- und Grüntee enthalten)*, das die Ausfällung von Kesselstein in heißen Speiseleitungen verzögerte, die Bildung von Schlamm statt Kesselstein unterstütze und die Fließfähigkeit des Schlamms beeinflusste, das heißt, im Sinne einer gewünschten „dicken Suppe" statt kompakten Schlamms. Quebracho-Tannine (*Anm. d. Übers: argentinische Baumarten)* wurden in Argentinien verwendet, von dem die SAR-Chemiker behaupteten, sie wären besser, als die in Südafrika erhältlichen Akazien-Tannine.
iv) Antischaummittel.

Eine besonders genaue Überwachung der Dosierung der Chemikalien und der Kesselwasserverhältnisse war nicht nötig. Solange der Gehalt an gelösten Feststoffen, die Alkalität, der Gehalt an Antischaummittel etc. die festgesetzten Mindestwerte im Kesselwasser erreichten, würden keine Kesselsteinbildung, keine Korrosion und kein Schäumen auftreten. Falls die Chemikalien in vernünftigen Grenzen über die vorgeschriebene Menge hinaus anwesend sein würden, so würde das nicht schädlich sein. Um den Gehalt an gelösten Feststoffen und Schlamm hoch zu halten, war nur eine sehr geringe Abschlammrate nötig, was Wasser, Brennstoff und Zeit ersparte *(Anm. d. Übers.: Das Argument taucht bis heute immer wieder auch bei den Stationärkesseln auf. Man sollte davon ausgehen, dass es nur bedingt zutrifft, da man zwar mit dem Abschlammen und Absalzen nach einem Kesselwasserwechsel einmal warten kann, bis sich eine gegenüber den üblichen Methoden höhere Konzentration eingestellt hat, aber dann muss bei gegebener Rohwasserqualität wieder wie vorher abgeschlammt werden, will man den Kessel nicht mit Salzen und Feststoffen ganz zufahren. Je nach Dauer der Auswaschperioden mag sich aber zwischen zwei Auswaschungen tatsächlich ein Vorteil ergeben haben.)*

Im Jahre 1978 diskutierte ich Portas Aufbereitungsmethode mit den SAR-Wasseraufbereitungschemikern. Ihre generelle Einstellung war, dass die bestehende Aufbereitung ausreichend war, und die aufgetretenen Kesselprobleme wurden andere Ursachen zugeschrieben, wie zum Beispiel verlängerten Kesseluntersuchungsfristen oder, dass die Abschlamm- und Auswaschtechniken nicht korrekt angewendet wurden. Anscheinend waren sie nicht bereit, eine Änderung der bestehenden Aufbereitungsmethoden in Betracht zu ziehen. Als aber der 25NC-Umbauplan genehmigt wurde, trat ich nochmals an sie heran und zwar im Hinblick auf einen Versuch mit Portas intensiver innerer Aufbereitung auf der umgebauten Lokomotive, wobei ich besonders darauf bedacht war, dass es an den unteren beiden Rauchrohrreihen, die bei der abgeänderten Konstruktion sehr eng beieinander angeordnet waren, nicht zu Schlamm- oder Kesselsteinablagerung käme. Dem wurde bereitwillig zugestimmt, und mit dem Chemischen Labor wurde für diesen Versuch eine Zusammenarbeit aufgebaut. Die erforderlichen Kesselwasserzustände legte ich wie folgt fest: ursprünglich wurde ein durchschnittlicher Gehalt an gelösten Feststoffen von 8 000 mg l^{-1} angestrebt, und als die Lokomotive nach der Einfahrperiode schließlich in Beaconsfield ihren planmäßigen Dienst antrat, wurden 8 000 bis 10 000 mg l^{-1} die Zielmarke, obschon das aus Gründen, wie in Kapitel 3.6 erläutert, selten erreicht wurde. Die Chemiker stellten sowohl genaue Vorschriften für die Dosierung der Chemikalien und die Abschlammraten auf, um die erforderlichen Kesselwasserwerte zu erreichen, als auch für das Vorgehen bei den Kesselwasseruntersuchungen. Ein Dosierrohr für Dosiermittelbriketts wurde an dem Tenderwasserkasten angebaut, wobei die Dosiermittelbriketts in diesem Dosierer eingebracht wurden, der auf die erforderliche Abgaberate der Chemikalien an das Wasser eingestellt werden konnte. Bei der angestrebten hohen Kesselwasseralkalität gab es ein Risiko, dass die Bleifüllungen der Schmelzpfropfen angegriffen wurden. Die beste Lösung dazu war der Einbau amerikanischer Auslösepfropfen *(Anm. d. Übers.: Weiterentwicklung des Schmelzpfropfens mit Füllung aus Schmelzmetall. Der Stopfen im Auslösepfropfen, engl. „drop plug", ist ein Stahlrundstück, das vom Schmelzmetall am Umfang gehalten wird.)*. Da allerdings diese Pfropfen eine Herstellung unter kontrollierten Bedingungen verlangten, wurde entschieden, den Versuch mit den SAR-Einheitspfropfen zu beginnen, die wasserseitig mit einem elektrolytisch aufgebrachten Kupferbelag von 0,025 Millimeter gegen den Angriff des alkalischen Kesselwassers geschützt wurden.

22. Höher gelegte Umläufe, geänderte Windleitbleche und vergrößerter Kohlenkasten

Die Umläufe wurden höhergelegt, um den seitlichen Stehkessellufteinlässen auszuweichen und aus ästhetischen Gründen (siehe Tafel 40 und 41). Die Vorteile hoher Umläufe hatte sich dem Autor – wörtlich genommen – bei den in Kapitel 1.6 beschriebenen Messungen zum Radreifenverschleiß der Klasse 15CA eingeprägt, als es bei mehr als einer Gelegenheit zu unvorhergesehenem und ziemlich schmerzhaftem Kontakt zwischen meinem Kopf und den Umläufen oder dem daran aufgehängten Krempel kam. Der rechtsseitige Umlauf musste im Bereich der Umsteuerung seine serienmäßige Höhe behalten und hatte deshalb zwei Stufen. Da der höhergelegte Umlauf zu schmal war, um den Turbogenerator darauf unterzubringen, wurde dieser direkt hinter die Dampfservoumsteuerung verlegt. Die Änderungen an den Umläufen und der Rauchkammer bedeuteten, dass die Windleitbleche verändert werden mussten, und es wurde beschlossen, vollständig neue zu konstruieren. Die große Rauchkammer der Klasse 25NC war für die Art von Windleitblechen, wie auf der 2644 angebracht, nicht geeignet. Die Neukonstruktion stütze sich auf die deutsche Nachkriegspraxis, speziell auf die Windleitbleche der 2C1 der Baureihen 01^5 der Deutschen Reichsbahn, und ergab in den Augen des Autors ein ansprechendes Erscheinungsbild (siehe Tafel 40). Allerdings wurde wegen der Verlängerung der Rauchkammer ein wichtiges Kriterium für gute Anhebung der Abgase nicht erreicht, nämlich dass die Windleitbleche etwa 500 Millimeter nach vorn über die Rauchkammertürwand überstehen sollten, wobei der tatsächliche Wert nur etwa 230 Millimeter betrug. Die Wände des Kohlenkastens wurden erhöht, wodurch der nominelle Kohlevorrat von 18 Tonnen auf etwa 20 Tonnen vergrößert wurde (siehe Tafel 38). Als besonderer Vorteil des vergrößerten Kohlevorrats wurde erhofft, dass in den Umlaufplänen der Zeitaufwand für das Bekohlen in den Wendedepots für die Rückleistung entfallen könnte.

Die Konstruktionsarbeiten für all diese Änderungen wurden von du Preez geleistet. Die Windleitbleche und die verlängerten Umlaufhalterungen wurden in Beaconsfield, die Kohlenkastenvergrößerung in Salt River hergestellt.

Die restlichen Konstruktionsarbeiten umfassten: Änderungen an den Rohrleitungen, einschließlich einer Zusammenstellungszeichnung der Verrohrung mit 86 Änderungen und Ergänzungen an der serienmäßigen Verrohrung; Spezialwerkzeuge, zum Beispiel für das Einführen der Schieber und Kolben in ihre Laufbuchsen, ohne ihre Ringe zu beschädigen oder zu verformen – ein sehr wichtiger Aspekt; Bedienungstafeln für die Anleitung der Lokomotivmannschaften und an den Anzeigeinstrumenten und ihren Anschlüsse mit den zugehörigen Rohrleitungen. Bei Letzteren wurde eine sehr einfache von Porta vorgeschlagene Methode angewendet, um eine Wassersäule in der Anschlussleitung des Abdampfmanometers zu vermeiden, indem der senkrechte Leitungsabschnitt von den Butzen in den Ausströmkästen bis zur Höhe des Manometers im Führerstand in die Rauchkammer verlegt wurde, wo die Temperaturen zu hoch waren, als dass Kondensation hätte auftreten können.

Die seinerzeit gemachten abschließenden Berechnungen sagten für die umgebaute Lokomotive bei der für die Konstruktion vorgegebenen Nenndampfleistung von 30 000 kg h^{-1} die nachstehenden Leistungswerte voraus, wobei sämtliche thermischen Wirkungsgrade auf den unteren Heizwert des Brennstoffs bezogen sind:

Indizierte Leistung bei 90 km h^{-1} = 3 300 kW
Entsprechende Zughakenleistung bei 90 km h^{-1} = 2 882 kW
Zunahme der indizierten Leistung bei 90 km h^{-1} gegenüber der serienmäßigen Klasse 25NC ≈ 46 %
Zunahme der entsprechenden Zughakenleistung bei 90 km h^{-1} gegenüber der serienmäßigen Klasse 25NC ≈ 57 %
Kesselfeuerungswirkungsgrad = 81 %
Kesselwirkungsgrad als Wärmetauscher = 80 %
Kesselgesamtwirkungsgrad = 65 %
Zunahme der Kesselwirkungsgrade gegenüber der serienmäßigen Klasse 25NC bei der jeweiligen Nenndampfleistung:
Feuerungswirkungsgrad = 73 %, Gesamtwirkungsgrad = 70 %
Zylinderwirkungsgrad bei Höchstleistung = 14,4 %
Faktor Nenndampfmenge zu Zylinderdampfmenge = 0,96 *(Anm. d. Übers.: also 4 % für Nebenverbraucher)*
Indizierter thermischer Gesamtwirkungsgrad bei oben angegebener indizierter Leistung = 9,0 %
Effektiver thermischer Gesamtwirkungsgrad bei oben angegebener Zughakenleistung = 7,8 %
Zunahme des thermischen Gesamtwirkungsgrad gegenüber der serienmäßigen Klasse 25NC bei den entsprechenden Höchstleistungen: 122 % bezogen auf den indizierten thermischen Gesamtwirkungsgrad, 138 % bezogen auf den effektiven thermischen Gesamtwirkungsgrad

Zu Anfang Juli 1980 waren die Konstruktionsarbeiten im Prinzip abgeschlossen, wenn auch zwischen diesem Zeitpunkt und dem tatsächlichen Umbauzeitraum der Lokomotive einige geringfügige Revisionen und Ergänzungen gemacht wurden. Das ganze Programm war durch 101 technische Zeichnungen, auf denen etwa 724 verschiedene Komponenten detailliert oder spezifiziert waren, festgelegt. Die wichtigen Konstruktionsberechnungen wurden gemäß einer von Porta erlernten sehr guten Methode, bei der jedem Posten in den Berechnungen eine Nummer zugeteilt wurde, durchgeführt, so dass der ganze Prozess in einer gegliederten und einfach zu verfolgenden Art und Weise fortschritt. Es gab 1 704 solcher nummerierter Posten in den Berechnungen. Diese Statistiken, die eine Vorstellung von dem Umfang der Konstruktionsarbeiten geben, enthalten weder die vorläufigen Entwurfszeichnungen, wie sie zum Beispiel für die Bewertung von Alternativlösungen für bestimmte konstruktive Probleme gemacht wurden, noch die vielen tausend nötigen kleinen Berechnungen, noch die Arbeiten, die vor dem Beginn der eigentlichen Konstruktionsarbeit erledigt wurden, wie zum Beispiel die Festlegung der Schieberbewegung. Eine Zusammenstellung wichtiger Abmessungen und Verhältniszahlen sind in der Tabelle 30 angegeben.

Tabelle 30
Zusammenfassung der Technischen Daten der 2D2-SAR-Klasse 25NC Serie und Umbau

Bezeichnung	25NC Serie	25NC Umbau
Kessel und Überhitzer		
Zul. Betriebsüberdruck, bar	15,5	15,5
Rostfläche, m^2	6,44	6,44
Heizrohre, Anzahl	158	113
Heizrohre, Innen- / Außendurchmesser, mm	57,6 / 63,5	57,6 / 63,5
Rauchrohre, Anzahl	40	50
Rauchrohre, Innen- / Außendurchmesser, mm	130 / 140	130 / 140
Rohrlänge zwischen den Wänden, mm	5 791	5 791
Überhitzerelemente, Bauform	A	A
Überhitzerelemente, Anzahl	40	50
Überhitzerrohre, Innen- / Außendurchmesser, mm	31 / 38	31 / 38
Heizfläche (wasserseitig), Feuerbüchse, m^2	27,31	27,31
Heizfläche (wasserseitig), Zirkulationsrohre, m^2	3,44	3,44
Heizfläche (wasserseitig), Heizrohre, m^2	182,55	130,56
Heizfläche (wasserseitig), Rauchrohre, m^2	101,64	127,04
Gesamte wasserseitige Verdampfungsheizfläche, m^2	314,94	288,35
Heizfläche (dampfseitig), Überhitzer, m^2	61,59	76,99 (kurze Elemente) 94,23 (lange Elemente)[1]
Feuerbüchsvolumen, m^3	12,23	13,00[2]

Anmerkungen.
1. Im Verlauf des Jahres 1983 wurden, wie in Kapitel 3.7 beschrieben, lange Überhitzerelemente eingebaut.
2. Das Feuerbüchsvolumen vergrößerte sich wegen der Absenkung der Rostanlage.

Tabelle 30 (Fortsetzung)

	25NC Serie	25NC Umbau
Verhältnis Feuerbüchsvolumen / Rostfläche	1,90	2,02
Verhältnis Verdampfungsheizfläche / Rostfläche	48,90	44,77
Verhältnis Überhitzerheizfläche / Rostfläche	9,56	11,95 / 14,63
Verhältnis Länge / äquivalenter Durchmesser, Heizrohre	101,40	101,40
Verhältnis Länge / äquivalenter Durchmesser, Rauchrohre (mit kurzen Überhitzerelementen)	96,50	96,50
Verhältnis Länge / äquivalenter Durchmesser, Rauchrohre (mit langen Überhitzerelementen)	-	112,70
Frischdampfsystem		
Strömungsquerschnitt, Reglerrohr, m²	0,0266	0,0266
Strömungsquerschnitt, Regler, alle Ventile offen, m²	0,0339	0,0420
Strömungsquerschnitt, Überhitzerelemente, m²	0,0302	0,0377
Strömungsquerschnitt, (beide) Dampfeinströmrohre, m²	0,0363	0,0363
Rauchgassystem		
Verhältnis freier Luftquerschnitt / Rostfläche	0,280	0,062
Mittlerer Rauchgasquerschnitt, Heizrohre, m²	0,412	0,295
Mittlerer Rauchgasquerschnitt, Rauchrohre (mit kurzen Überhitzerelementen), m²	0,402	0,503
Mittlerer Rauchgasquerschnitt, Rauchrohre (mit langen Überhitzerelementen), m²	-	0,468
Gesamter Rauchgasquerschnitt, Rohrbündel (mit kurzen Überhitzerelementen), m²	0,814	0,798
Mittlerer Rauchgasquerschnitt, Rohrbündel (mit langen Überhitzerelementen), m²	-	0,763
Verhältnis mittlerer Rauchgasquerschnitt der Rauchrohre / gesamter Rauchgasquerschnitt, Rohrbündel (mit kurzen Überhitzerelementen)	0,494	0,630
Verhältnis mittlerer Rauchgasquerschnitt der Rauchrohre / gesamter Rauchgasquerschnitt, Rohrbündel (mit langen Überhitzerelementen)	-	0,613
Verhältnis mittlerer Rauchgasquerschnitt des Rohrbündels / Rostfläche (mit kurzen Überhitzerelementen)	0,126	0,124
Verhältnis mittlerer Rauchgasquerschnitt des Rohrbündels / Rostfläche (mit langen Überhitzerelementen)	-	0,118
Abdampfsystem		
Strömungsquerschnitt der Abdampfkanäle an der Zusammenführung rechter und linker Zylinder, m²	0,0730	0,0299
Anzahl der Blasrohrdüsen	1	8 (in zwei Gruppen von je 4 Düsen)
Strömungsquerschnitt der Blasrohrdüsen (näherungsweise)	0,90	0,99
Nennmaß Düsenmündungsquerschnitt, m²	0,0263	0,0303
Effektiver Düsenmündungsquerschnitt, m²	0,0237	0,0300
Anzahl der Schornsteine	1	2
Schornsteinquerschnitt an der engsten Stelle, m²	0,213	0,280
Schornsteinquerschnitt an der Mündung, m²	0,261	0,620
Verhältnis engste Stelle / effektiver Düsenmündungsquerschnitt	8,99	9,33
Schornsteinlänge einschließlich Rauchkammereinsatz, m	0,991	1,825
Dampfmaschine		
Zylinder, Anzahl	2	2
Zylinder. Bohrung x Hub, mm x mm	610 x 711	610 x 711
Hubvolumen, vorn, m³	0,208	0,208
Hubvolumen, hinten, m³	0,201	0,201
Verhältnis schädlicher Raum / Hubvolumen, vorn	0,124	0,102
Verhältnis schädlicher Raum / Hubvolumen, hinten	0,144	0,126
Verhältnis Schieberkastenvolumen / mittleres Hubvolumen	0,332	0,355
Kolbenschieber, Durchmesser, mm	305	310
Kolbenschieber, Einströmüberdeckung, mm	38	55
Kolbenschieber, Voreinströmung, mm	5,2	6,4 (Nennwert)
Kolbenschieber, maximaler Hub, mm	188	196
Allgemeines		
Treibräder, Nenndurchmesser, mm	1 524	1 524
Reibungsgewicht, Tonnen	75,4	75,9
Dienstgewicht der Lokomotive (ohne Tender), Tonnen	119,8	123,0
Zugkraft am Radumfang bei 25 % Reibungskoeffizient, kN	185	186

Intermezzo

Als das Gros der sehr schwierigen Konstruktionsarbeit erledigt war, nahmen meine Frau und ich während Februar und März 1980 einen sehr nötigen einmonatigen Urlaub in Argentinien und Chile. Einen Teil verbrachten wir mit Porta sowohl auf der 750-Millimeter-spurigen Zweigstrecke Ingeniero Jacobacci – Esquel der Roca-Eisenbahn im nördlichen Patagonien (landschaftlich eine der schönsten Eisenbahnlinien der Welt, was auch immer Paul Theroux darüber denkt) als auch auf der Rio-Turbio-Eisenbahn. Die Hauptverwaltung und die größeren Betriebsanlagen der Letzteren lagen in Rio Gallegos. Porta brach dahin einige Tage vor uns auf, um unsere Unterbringung zu organisieren und um die Lokomotiven in einen ordentlichen Zustand für eine gute Vorführung zu bringen. Er betonte, dass die Lokomotivleistungen während seiner Zeit als Chef dort und noch einige Zeit danach viel besser gewesen waren, aber der schleichende Niedergang, der immer dann einsetzt, wenn es an Wissen und Disziplin mangelt, hatte seit Langem den Zustand der Lokomotiven so weit absinken lassen, dass Porta die Dinge persönlich in Ordnung bringen musste, falls ein „Gesichtsverlust" vermieden werden sollte.

Meine Frau und ich nahmen das Flugzeug ab Bariloche, ein Flieger, der auf jedem dörflichen Flugfeld zu landen schien, um einkaufende Großmütter oder Ähnliches aufzusammeln. Man war ziemlich froh, als man aussteigen konnte, sowohl wegen der Turbulenzen in der Luft als auch im eigenen Magen, was immer schlimmer wurde, je weiter das Flugzeug nach Süden kam. Wie sich der Leser vielleicht erinnert, wurde einige Zeit lang mein Weggang von den SAR in Erwägung gezogen, um wegen des Plans der Rio-Turbio-Mallet-Lokomotiven nach Argentinien zu gehen, aber nach dem Rundgang durch Rio Gallegos teilte mir meine Frau mit, dass ein Leben dort ganz gewiss ein Grund für die Scheidung sei, obwohl sie sich bei einem Verhältnis von 32 Männern auf jede Frau in der Stadt sicher willkommen gefühlt hätte (vielleicht aber auch wieder *zu* willkommen). Ganz sicher war und zweifellos ist die Stadt ein ziemlich wilder Ort, eine Art Kreuzung zwischen einer Grenzsiedlung und einem Windkanal.

Eine Hin- und Rückfahrt nach Rio Turbio wurde für uns arrangiert, indem ein Personenwagen für die Fahrt nach Westen an einen planmäßigen Leerwagenzug und für die Rückfahrt an einen Kohlezug angehängt wurde. 1E1 Nr. 116 war die Zuglokomotive und Porta und ich waren bei beiden Fahrtabschnitten die meiste Zeit auf dem Führerstand. Obwohl die Hinfahrt mit Leerwagen erfolgte, war eine größere Kesselanstrengung erforderlich als bei der Rückfahrt, wegen der generell ungünstigeren Steigungsverhältnisse und eines Gegenwinds, der ununterbrochen mit Sturmstärke wehte. Wir setzten uns entlang der engen Kurve im Gleisfeld direkt am Südatlantik in Rio Gallegos langsam in Bewegung, und sobald wir in der Geraden waren wurde der Regler vollständig geöffnet, die Zylinderfüllung auf etwa 35 % eingestellt, und mit einem scharfen Auspuff beschleunigte die 116 ihren Sechzigwagenzug in Richtung Inland. Die Leistung der Lokomotive musste mit „bombensicher" bezeichnet werden. Das Kesselmanometer stand auf dem roten Strich und der Wasserstand konnte während einer Fahrt, die achtstündigen Kesselbetrieb mit geöffnetem Regler und mit nur sehr seltenen Atempausen durch Gefälle oder Bahnübergängen erforderte, im obersten Bereich des Schauglases gehalten werden. Obwohl ein mechanischer Stoker eingebaut war, wurde durchweg von Hand gefeuert, weil man herausgefunden hatte, dass die Löscheansammlungen in den Rauchkammern dieser Lokomotiven mit dem Stoker viel größer waren als bei Handfeuerung, was ein Hinweis auf deren besseren Wirkungsgrad ist. Eine interessante Betriebspraxis war es, eine hintere Schurre des Stoker-Fördertrogs offen zu lassen, so dass er, falls er benutzt wurde, keine Kohle aus dem vorderen Bereich des Tenderkohlenkastens förderte, welche ja für die Handfeuerung benötigt wurde. Porta hatte an der Feuertür herumgebastelt, so dass sie nicht geschlossen werden konnten, so wie es ursprünglich der Fall gewesen war, als diese Lokomotiven mit dem GPCS ausgerüstet wurden, aber es war offensichtlich, dass die Mannschaften damit nicht mehr vertraut waren, da alle Heizer versuchten sie zu schließen und mit Überraschung feststellten, dass das nicht möglich war. Es war ein Anzeichen dafür, dass zu dieser Zeit die normalerweise bei diesen Lokomotiven angewendete Sekundärluftmenge nicht so groß war, wie sie hätte sein sollen, und tatsächlich waren bei Nr. 116 sogar einige der runden Sekundärlufteinlässe blind gesetzt worden. Damit waren also sogar hier, der Geburtsstätte des GPCS, anscheinend die Sekundärluftquerschnitte verkleinert worden, vermutlich als eine „Kur" für nicht optimale Verdampfung, die wiederum höchst wahrscheinlich durch die Vernachlässigung anderer Teile der Lokomotive oder der ordnungsgemäßen Ausbildung der Mannschaften verursacht war. Ganz sicher war die Verdampfungsleistung der Nr. 116 mit geöffneter Feuertür perfekt. Brennstoff wurde nach der Methode „wenig, aber oft" aufgeworfen und sie war nach meiner Meinung nicht wesentlich verschieden davon, wie man es bei Normalverbrennung von Kohle mit einem Gehalt an Flüchtigem von 35 bis 40 %, wie sie am Rio Turbio abgebaut wird, gemacht hätte. Das Feuerbett war bei der Abfahrt nicht sehr hoch, und es wurde allmählich aufgebaut, wie bei den SAR-Lokomotiven mit GPCS, wobei es aber anscheinend niemals den Zustand eines echten Feuersbetts mit einer Höhe des fünfzehnfachen Brennstoffpartikeldurchmessers erreichte. Während des Aufwerfens von Kohle gab es nur geringe Rauchstöße, und der Zustand des Feuerbetts wurde bei dem Aschegehalt der Kohle von 15 bis 20 % durch periodisches Schütteln des Rosts bei geöffnetem Regler gleichförmig gehalten.

Als wir nun so unter Dampf westwärts fuhren, bildeten sich vor uns Sturmwolken, die so aussahen, als ob sie sicher heftigen Regen bringen würden, aber die Wolken wurden immer wieder von dem Wind aufgelöst und strahlend blauer Himmel erschien, wo Augenblicke zuvor alles schwarz gewesen war. Als doch einmal ein Schauer kam, war das das einzige Mal, dass die Leistung der Lokomotive ins Wanken geriet, da es erforderlich war, den Regler etwas einzuziehen, um Schleudern zu vermeiden, aber kaum dass der Regen fiel, wurden die Wolken über uns auch schon wieder fortgeweht. Die ständig wechselnden Farben und vom Wind geformten Muster am Himmel waren ein faszinierender Kontrast zu den riesigen trostlosen baumlosen Ebenen, die die Eisenbahn durchquerte. Das Land wurde zur Schafzucht genutzt, wobei zu den einzelnen Farmen gewaltige Gebiete gehörten, die ihren abwesenden Besitzern in Buenos Aires oder Übersee ein Vermögen einbrachten. Gelegentlich wurde ein einsames *Estancia*-Gebäude sichtbar und dann gab Porta lange Pfeifsignale, da er es als notwendig ansah, dass sich menschliche Wesen in solch feindlicher Umgebung immer grüßen.

Wir übernachteten im Gästehaus der Grube in Rio Turbio und kehrten am Folgetag mit ungefähr sechzig beladenen Kohlewagen und dem angehängten Personenwagen zurück. Die meiste Zeit ging es bergab, aber es gab einen Steigungsabschnitt in dem Porta die Lokomotive führte und zeigte, zu was die Lokomotive fähig war, was eine aufregende Steigungsfahrt ergab. Der Heizer war offensichtlich mit dieser Fahrtechnik nicht vertraut und schaufelte mehr Kohle in die Feuerbüchse als verbrannt wurde, so dass die Höhe des Feuerbetts merklich anstieg, aber die Verdampfung blieb ausgezeichnet. Tatsächlich war sie so gut, dass die zur Vermeidung des Abblasens der Sicherheitsventile eingespeiste Wassermenge während einer Phase der Fahrt unter Dampf den Wassersstand im Kessel so weit erhöhte, dass Dampfnässe auftrat. Später verkeilte Porta die Rauchkammertür spaltbreit geöffnet, um den übermäßigen Saugzug etwas zu mildern.[1] Die Rauchkammer bleib frei von Lösche, aber ohne Funkenfänger wurden natürlich eine ziemliche Anzahl von Funken aus dem Schornstein ausgestoßen.

Die ganze Vorstellung war außerordentlich gut, und ich war entsprechend beeindruckt. Gleichzeitig erkannte ich aber auch, dass es dort zwei Faktoren gab, die ununterbrochene hohe Kesselleistungen mit dem GPCS begünstigten. Einer war die Rio-Turbio-Kohle, bei der 50 % ihres Gewichtsanteils an Brennbarem als flüchtige Bestandteile vorlagen[2], die sehr reaktiv war und die in optimaler kleiner Körnung zur Verfügung stand. Damit war sie in dieser Hinsicht ideal für das GPCS. Der andere war das häufige Schütteln des Rosts, das ohne Sorge, die

[1] Eine von Portas Versuchstechniken war es, Lokomotiven absichtlich durch das Schneiden von Öffnungen in die Rauchkammer verdampfungsunwillig zu machen, um herauszufinden, welche Tricks dann als Gegenmaßnahmen beim Feuern nötig waren.

[2] Quelle: Porta, L. D., A note on the boiler efficiency of the Rio Turbio locomotives, Buenos Aires (Argentinien), 1967, unveröffentlicht.

Aschkastenluftzutritte zu verstopfen oder Flurbrände zu verursachen, möglich war. Noch weitere Eigenschaften begünstigten das GPCS. Das nicht existierende Risiko von Streckenbränden erlaubte es, auf Funkenfänger zu verzichten, was einen sehr geringen Strömungswiderstand in der Rauchkammer ergab, der den relativ hohen in der Feuerbüchse kompensierte; der kleine Rost war einfach von Hand zu feuern und es gab keine Schwierigkeiten mit der Kohleverteilung; und der Primärlufteintritt durch die mittige Aschkastenschute ermöglichte die optimale Anordnung der Rohre für den Kühldampf gegen Schlackebildung und schloss jede Störung der Dampfströmung durch Seitenwinde aus. All das machte diesen Anwendungsfall für das GPCS vielleicht ziemlich untypisch.

Nach der Heimkehr schrieb ich ein Memorandum an meine Vorgesetzten, in dem ich darauf hinwies, dass bestimmte Einrichtungen der Rio-Turbio-Lokomotiven und ihre Leistungen der normalen SAR-Praxis überlegen waren und dass eine Delegation zu Studienzwecken dorthin geschickt werden könnte. Bedauerlicherweise war die Reaktion darauf nicht sehr positiv, und es wurde, wie in Kapitel 1.6 bereits erwähnt, nie eine Delegation entsandt.

3.3 Die Metamorphose von der Klasse 25NC zu der Klasse 26

Während der Konstruktionsphase wurden die Zeichnungen für die modifizierten Komponenten zur Herstellung ausgegeben, sobald und in der Form, wie sie fertiggestellt worden waren. Auf diese Weise schritten die Konstruktion und die Herstellung gleichzeitig fort, und es wurde erwartet, dass, wenn die Konstruktionsarbeit als Ganzes beendet gewesen wäre, auch das Gros der Herstellarbeiten erledigt und die Komponenten in dem Anlieferungslager in Salt River eingegangen gewesen wäre. Es wurde deshalb angenommen, dass die für eine Hauptuntersuchung im September 1980 als Werkszugang eingeplante Lokomotive Nr. 3423 die umzubauende Lokomotive gewesen wäre. Eine Auflistung sämtlicher modifizierter Komponenten wurde an den Maschinentechnischen Ingenieur in Salt River geschickt, mit der Bitte, sie zeitgerecht für den Einbau in die Lokomotive bereitzustellen.

Vor dem eigentlichen Umbau war einiges an Vorbereitungsarbeit zu leisten. Viele die Zusammenbauvorgänge betreffenden Punkte waren einfacher mit schriftlichen Anweisungen als auf technischen Zeichnungen erklärt, und somit wurden 32 Seiten mit Zusammenbauvorschriften herausgegeben, mit allein fünf Seiten für die Sandstreueinrichtung. Ein weiterer Punkt, dem Aufmerksamkeit geschenkt wurde, war die Farbgebung. Es wurde bereits erwähnt, dass ich für das Image der Dampftraktion eine buntere Farbgebung als das einfache Schwarz für vorteilhaft ansah, und dies schien eine günstige Gelegenheit zu sein, das in die Tat umzusetzen. Die Fragen waren, welche Farbe sollte verwendet werden und wie sollte es gemacht werden? Ich hätte blau bevorzugt, aber das war in Südafrika gleichbedeutend mit dem „Blue Train“ *(Anm. d. Übers.: Luxuszug zwischen Johannesburg und Kapstadt, etwa 1 600 Kilometer, 1946 als Nachfolger des „Union Limited“ und des „Union Express“ eingeführt)* und deshalb aus „politischen“ Gründen ausgeschlossen. Grün gefiel mir nicht, aber was ist mit Rot, leuchtendes Rot? Rot würde gewiss den Zweck erfüllen, ein neues Image zu erschaffen und die Umbaumaschine hervorzuheben, so dass die Leute kaum umhinkämen von ihr Notiz zu nehmen. Ich hatte rote Lokomotiven auf der Guayaquil & Quito-Eisenbahn in Ecuador gesehen, und in meinen Augen schien es der Umbau-25NC gut zu stehen. Allerdings war sicher, dass niemand den roten Anstrich der Lokomotive genehmigen würde – außer mir. So habe ich diese Maßnahme in einem Brief an den Maschinentechnischen Ingenieur in Salt River selbst autorisiert, der wie folgt lautete:[1]

> „Anstrich der umgebauten Lokomotive.
> Um die Identifizierung der umgebauten Lokomotive zu unterstützen, treffen Sie bitte Vorkehrungen, dass sämtliche Teile der Lokomotive, die normalerweise mit der Farbe nach Spezifikation CSS 183 / 8.00 / 9-103 lackiert sind, anstelle dieser mit der Farbe nach der Spezifikation CSS 183 / 8.00 / 537 lackiert werden.“

Die erstere Spezifikation war für glänzendes Schwarz und die zweite für glänzendes Pufferbohlenrot. Mittels dieses angemessen kryptischen Wortlauts wurde erhofft, dass eine höhere Führungskraft, die zufällig diesen Brief sah, seine Bedeutung nicht erkennen würde. Tatsächlich ging das irgendwie durch bis in die Lackierwerkstatt von Salt River, wo die Anstreicher zu gegebener Zeit vergnügt an die Arbeit gingen, alles rot anzustreichen.

Als es für 3423 Zeit wurde, in die Werkstatt einzurücken, teilte Salt River mit, dass die Herstellungsarbeiten noch nicht genügend fortgeschritten waren, um mit dem Umbau zu beginnen und dass die Arbeiten für einige Monate verschoben werden müssten. So geschah es, dass die für eine Hauptuntersuchung im November 1980 vorgesehene Lokomotive ausgewählt wurde. Durch Zufall war das die Nr. 3450, nummernmäßig die letzte aus der Serie der originalen 25NC. Während der meisten Zeit der Umbauarbeiten verbrachte ich zur Beratung und Überprüfung der Arbeiten drei Tag in der Woche in Salt River, wobei ich jede Woche mit dem Flugzeug pendelte. Während der Weihnachtsferien war das wegen ausgebuchter Flieger nicht möglich, aber die Werkstätten waren zu der Zeit praktisch auch geschlossen, so dass in dieser Zeit wenige Arbeiten verrichtet wurden. Einem der Vorarbeiter in der Richthalle, A. Werner, wurde die Aufgabe übertragen, die Arbeiten zu koordinieren und zu überwachen, etwas, was sowohl guter Menschenführung als auch technischer Fähigkeiten bedurfte. Er leistete ausgezeichnete Arbeit, und wir kamen in den zweieinhalb Monaten bis zum Abschluss der Verwandlung gut miteinander aus.

In Anbetracht der Anzahl der damit einhergehenden Änderungen verlief der Umbau sehr reibungslos. Das war eine Folge der maßlichen Genauigkeit der Konstruktionsarbeit, der guten Organisation der Werkstattarbeit durch das Personal in Salt River und deren hilfsbereite Einstellung zu dem Auftrag, etwas, auf das ich mit erheblicher Nostalgie zurückblickte, als ich mich einige Jahre später mit genau der gegensätzlichen Haltung in Datong in China konfrontiert sah. Bei dem Aufsetzen des Kessels auf den Rahmen konnte ich mir einen Augenblick der inneren Genugtuung nicht verkneifen. Alle waren besorgt, weil die hintere Kante des hinteren Blasrohrausschnitts in dem Rauchkammermantel bündig war mit dem Vorderteil des Rauchkammersattels, was falsch aussah, aber genauso sollte es sein (siehe Abb. 39).

Die potentiell schwierigste Arbeit war das Ausschneiden der vorhandenen Mittelteile aus den Schieberkästen und das Einschweißen der neuen. Wie bereits beschrieben, verliefen diese Arbeiten anstandslos, aber man musste großes Vertrauen haben, als man die Brennschneidearbeiten im unwiderruflichen Stadium beobachtete. Die neuen Schieberkastengussstücke aus dem Werk Koedoespoort waren nicht ganz akkurat, wurden aber durch maschinelle Bearbeitung und Auftragsschweißen passend gemacht. Vor dem Einbau wurden die beiden Hälften der neuen Schieberkästen zusammengespannt und gebohrt, und die Reste der vorhandenen Schieberkästen wurden mit dem gleichen Durchmesser gebohrt. Dann wurden Ringe in diese Bohrungen eingesetzt, um die Teile für das Schweißen zu zentrieren (siehe Tafeln 23 bis 27).

Eine weitere knifflige Arbeit war der Einbau der Schieberbuchsen. Wegen ihres einteiligen Aufbaus, des vorgeschriebenen engen Presssitzes und der ziemlich delikaten Kühlkanäle, wurde es für nötig gehalten, sie gleitend einzuschieben, statt wie sonst üblich, einzupressen. Dazu musste die Temperaturdifferenz zwischen Schieberkästen und Buchsen mindestens 75 °C betragen, um den Presssitz zwischen ihnen zu überwinden. Die Schieberkästen wurden auf die nötige Temperatur mit der Gasflamme erwärmt und die Buchsen

---

[1] SAR, Abteilung des CME, Pretoria, Brief Az. Nr. RLS 15/2/23 vom 20.06.1980.

eingeführt. Aber beide Male dehnten sich die Buchsen aus und bleiben stecken, bevor sie vollständig eingeführt werden konnten, und die Presse musste rasch angebaut werden, wobei selbst das nicht ausreichte, um sie ganz in Position zu zwingen. Zu guter Letzt fehlten an der linken Buchse 2 Millimeter bis zu ihrer korrekten axialen Position und an der rechten 3 Millimeter, welche sich zusätzlich um 5 Millimeter verdreht hatte, gemessen am vorderen äußeren Flanschdurchmesser. Glücklicherweise war keine dieser Maßabweichungen groß genug, um irgendwelche Probleme zu verursachen, zum Beispiel in Bezug auf die Ausrichtung der Kühlkanäle mit den entsprechenden Bohrungen in den Schieberkästen, aber wir hatten wirklich Glück, dass es nicht schlimmer gekommen war. Die richtige Stellung der Schieber relativ zu den Buchsenkanälen konnte noch erreicht werden, indem die Bohrungen in den Gelenkbuchsen der Schieberstangenanlenkungen zu ihrem Außendurchmesser exzentrisch gebohrt wurden, was die Schiebereinstellung ermöglichte, und die Lücken zwischen den Schieberbuchsenenden und den vorderen Deckelflächen der Schieberkästen wurden mit eingehämmerten und mit Heftschweißung befestigten geteilten Distanzstücken geschlossen, als Sicherheitsmaßnahme gegen Lockerung der Buchsen im Betrieb. Vor dem Einsetzten der Schieber wurde Luft nacheinander in die beiden Kühldampfanschlussbutzen eingeleitet, um das Durchströmen der Kühldampfkanäle zu prüfen, zum Beispiel, ob nicht etwa eine Undichtigkeit durch die Ölbohrungen auftrat.

Als eine der bisher noch nicht beschriebenen geringfügigeren Schwierigkeiten waren die Einströmrohre nicht korrekt gebogen, was Änderungen an den Löchern in dem Rauchkammermantel erforderte, und die Kolbenabstände zu den Zylinderdeckeln in den Totpunktlagen waren allesamt geringer als in den Zeichnungen angegeben, zweifelsohne weil die an die Kolbenkörper angeschweißten Schadraumfüllbleche nicht besonders exakt hergestellt worden waren. Die Abweichungen waren nicht gravierend, außer links vorn, wo der Abstand nur 4 Millimeter statt der vorgeschriebenen 9,5 Millimeter betrug. Das wurde unter Verwendung von Kitt berichtigt, mit dem festgestellt wurde, wo genau der Abstand unzureichend war, indem dann die Innenfläche des Zylinderdeckels entsprechend bearbeitet wurde. Ein Tal des Aschkastens musste getrennt und wieder zusammen geschweißt werden, um den Kessel auf den Rahmen aufzubauen. Der Aschkasten wurde etwas schief gegenüber dem Rahmen eingebaut und musste an einer Stelle durch Schneiden und Wiederverschweißen eingezogen werden, um zu vermeiden, dass die Leitung für den Kühldampf gegen Schlackebildung aus dem Umgrenzungsprofil heraustrat. Die Rostelemente schlossen nicht einwandfrei gegeneinander ab, wobei sie Spalte von bis zu 12 Millimeter zwischen benachbarten Rostelementen ließen, was durch Abschleifen der Stellen, an denen sie sich zuerst berührten, in Ordnung gebracht wurde.

Während des Zusammenbaus wurden einige Änderungen an der Sandstreueinrichtung gemacht. Die links an der letzten Treibachse an einer Gegenkurbel befestigte zusammengesetzte Riementreibscheibe stellte sich als recht schwer heraus. Die Spannungen in den Befestigungsgewindebolzen der Gegenkurbel wurden berechnet und ergaben recht hohe Werte, so dass ich unangenehme Phantasievorstellungen davon hatte, was passieren würde, falls sich die Riemenscheibe bei hoher Geschwindigkeit von der Lokomotive lösen würde. Glücklicherweise ergab es sich, dass die Gießerei ein Modell für eine fast identische Riemenscheibe hatte, die nur einen etwas geringeren wirksamen Durchmesser, als die zusammengesetzte hatte (735 Millimeter gegen 800 Millimeter). Die Werkstatt bot an, eine Scheibe in Aluminium zu gießen, ein Angebot, das ich akzeptierte. Die Sandkästen für die mittleren Kuppelräder wurden wegen Platzbeschränkungen und der Überlegung, dass sechs Sandrohre zu schnell die Luft aus dem Vorratsbehälter verbrauchen würden, nicht eingebaut. Die Luftrohre wurden gegenüber der Konstruktion vereinfacht und, ebenfalls aus Gründen der Einfachheit, wurde ein Handsandventil statt des Fußpedals auf dem Führerstand vorgesehen.

Die Schieber wurden in Übereinstimmung mit der normalen SAR-Praxis so eingestellt, dass sie bei sämtlichen Füllungen gleiche Voreilung ergaben, abgesehen davon, dass, weil sie kalt so eingestellt wurden, die Voreilung an den vorderen Kanalöffnungen gegenüber der Voreilung an den hinteren Kanalöffnungen um 2 Millimeter verkleinert wurde. Es war berechnet worden, dass die Ausdehnung der Schieberstange bei normalen Betriebstemperaturen 1 Millimeter betrug, so dass bei Anwendung der oben beschriebenen Einstellprozedur die Voreilungen bei betriebswarmer Lokomotive gleich waren. Eine Überprüfung bei größter Vorwärts- und Rückwärtsfüllung wurde durchgeführt und Übereinstimmung mit den berechneten Werten festgestellt.

Mit dem Fortschritt des Zusammenbaus wurde die rote Erscheinung in der Richthalle größer und größer (siehe Tafel 39) und immer schwieriger vor einer in die Werkstatt kommenden Führungskraft zu verbergen, der die Anstrichvorschriften für Dampflokomotiven bekannt waren. Da Routinebesuche von Personal der Hauptverwaltung in den Werkstätten recht häufig waren, ist es verwunderlich, dass der *Rote Teufel (Anm. d. Übers.: engl. Red Devil)* vor der Fertigstellung der Aufmerksamkeit der Unternehmensleitung entging. Das Personal in Salt River taufte sie sowohl der *Rote Baron* als auch der *Rote Teufel*[1], aber der letztere Namen schien irgendwie angemessener, egal ob man auf die Lokomotive schwor oder schimpfte. Der Name passte zweifellos, und seit dieser Zeit sprachen alle von ihr als der *Rote Teufel*, egal, wie ihre offizielle Bezeichnung lautete. Natürlich konnte sie keine einfache 25NC bleiben, und so bat ich Salt River, die Klassen-bezeichnung auf den Messingnummerntafel von 25NC in 26 zu ändern, was sie mittels ganz neu gegossener Tafel erledigten. Außerdem gossen sie kleine Tafeln mit „Rekonstruiert in Salt River", die an den Führerhausseitenwänden oberhalb der Nummerntafeln angebracht wurden. Leider wurde das in Beaconsfield, wo so viele Komponenten angefertigt worden waren, nicht besonders begrüßt. Nur ein Name war würdig, von der Lokomotive getragen zu werden, und so wurden *L. D. PORTA*-Namenstafeln angefertigt und an den Windleitblechen angebracht.

Während meiner Besuche in Salt River war ich während der normalen Arbeitszeit mit der Beantwortung von Fragen und der Inspektion von Komponenten beschäftigt, aber nachdem die Beschäftigten ausgestempelt hatten, pflegte ich eine Weile in der Richthalle zu verweilen, um Dinge zu überprüfen, Photographien zu machen und darüber zu sinnieren, was da Gestalt annahm. Das Gebäude wurde von hellen Strahlen der Abendsonne erleuchtet, die schräg durch die Oberlichter einfielen und es knarrte unter den immerwährenden Kapwinden, die durch offene Türen und Fenster wehten. Das waren glückliche Stunden, die ich allein in dieser von Menschen leeren aber mit Hoffnungen angefüllten Richthalle verbrachte.

Zu Beginn des Februars des Jahres 1981 (im Jahr des 200. Geburtstags von George Stephenson), etwa zwölf Wochen nach dem Eingang der 3450 in das Werk Salt River, war die Metamorphose fast vollständig, und es kam die Zeit des ersten Anheizens (siehe Tafel 40). Ich flog mit einem Einwegticket dorthin, da ich auf der Lokomotive zurück fahren würde. Natürlich war das eine aufregende Zeit, aber gewiss auch von Besorgnis durchsetzt. Was würde geschehen, sobald schließlich der Regler geöffnet wurde? Als am Nachmittag des 5. Februar der große Augenblick kam und die Lokomotive sich tatsächlich bewegte, habe ich jedenfalls etwas aufgeatmet. Die ersten Bewegungen waren nur auf und ab der Werkstattgleise, und die nach jeder Aufarbeitung üblichen Arbeiten wurden durchgeführt, wie zum Beispiel die Überprüfung der Funktionen der Hilfseinrichtungen und die Behebung von Dampfundichtigkeiten an den Rohrleitungsverbindungen. Am nächsten Tag wurde die erste eigentliche Versuchsfahrt als Leerzug nach Bellville und zurück unternommen, eine Hin- und Rückfahrt von 31 Kilometern. Das verlief ziemlich glatt, und Probleme beschränkten sich auf ein leichtes Brummen eines Dampfkolbens, was auf

---

[1] Im Dezember des folgenden Jahres sendete ein erboster Bürger den unten aus dem originalen Afrikaans übersetzten Brief an den Generaldirektor persönlich:

> „Am 5. Dezember 1981 hörte ich um 13.15 Uhr die SABC-Nachrichten und verfolgte einen Bericht über eine Dampflokomotive, die so verbessert wurde, dass sie schwerere Lasten ziehen kann und auch wirtschaftlicher ist als vorhandene Dampflokomotiven und dass sie zwischen Kimberley und De Aar eingesetzt werden wird. Falls ich das richtig verstanden habe, lautet der Name, der der Lokomotive gegeben wurde, der *Rote Teufel*, was mich wegen seiner eklatanten Unchristlichkeit sehr unglücklich machte. Da ich sicher bin, dass Sie Christ sind, schreibe ich Ihnen voller Vertrauen. Ich schlage Ihnen vor, den obigen in einen ehrenhafteren Namen zu ändern, falls das möglich ist. Ich hoffe auf eine Antwort von Ihnen etc."

Es wurde in gebührender Weise geantwortet, dass *Roter Teufel* ein inoffizieller Spitzname war und der eigentliche Name L. D. Porta lautete.

Ölmangel hinwies und das Abspringen der Keilriemen des Sandstreuer-Luftkompressors aus den Riemenprofilen der Treibscheibe. Die entsprechenden Ölfördermengen wurden als Gegenmaßnahme zu dem ersten Problem vorübergehend erhöht, das für eine lange Zeit nicht wieder auftrat und die Kompressorantriebsriemen wurden abgenommen, da zu dem Zeitpunkt Sandstreuen nicht nötig war. Während des Zusammenbaus hatte es sich gezeigt, dass das Spannen des Riemenpaars bis zum vorgeschriebenen Wert des Herstellers zum Verdrehen der Kompressoranbauplatte führte. Deshalb musste eine geringere Riemenspannung benutzt werden und es bestand die Hoffnung, dass dies die Ursache für das Abspringen der Riemen war (die Kompressoranbauplatte wurde bei der Rückkehr nach Beaconsfield entsprechend versteift und die Riemen dann mit der korrekten Spannung wieder aufgelegt). Nach der Rückkehr von Bellville wurde die Rauchkammertür geöffnet. Es gab keine Löscheablagerungen oder Funkenfängerverstopfungen – ein ermutigendes Zeichen.

Die Belegschaft in Salt River, die während des Umbaus mit so viel Geschick und Begeisterung gearbeitet hatte, erbat eine Fahrt hinter der Lokomotive, und am 9. Februar wurde für sie ein Sonderzug, bestehend aus 3450 und ein paar Personenwagen, auf der Kaphauptstrecke bis Dal Josafat und zurück gefahren. Diese Fahrt verlief ohne Vorkommnisse, aber da die Lokomotive noch nicht aus dem Werk entlassen war, hatte sie keinen Feuerschirm, die bei Werksentlassungen immer im nächstgelegenen Lokomotivdepot eingebaut wurden, und so konnte eine ziemliche Rauchentwicklung nicht vermieden werden. Die Lokomotive wurde auch verwogen und die festgestellten Werte finden sich in Tabelle 31.

Tabelle 31
SAR-Lokomotivklassen 25NC und 26: Achsfahrmassen

Achse	Achsfahrmasse in metrischen Tonnen	
	Klasse 26 gemäß Verwiegung	Klasse 25NC gemäß Lokomotiv-Merkbuch
Führendes Drehgestell (zwei Achsen)	22,3	21,4
Führende Kuppelachse	17,9	18,8
Treibachse	19,8	19,0
Dritte Kuppelachse	19,0	18,9
Vierte Kuppelachse	19,2	18,7
Schleppgestell (zwei Achsen)	24,8	23,0
Reibungsgewicht	75,9	75,4
Gesamtgewicht Lokomotive	123,0	119,8

Erwartungsgemäß war die modifizierte Lokomotive etwas schwerer, aber leider bleib das Reibungsgewicht nahezu unverändert. Die Kuppelradreifen hatten 1 505 Millimeter Laufkreisdurchmesser, 1,25 % weniger als das Maß für neue Radreifen, was eine entsprechend höhere Anfahrzugkraft ergab.

Nachdem alles mehr oder weniger in Ordnung war, konnte 3450 nun an das benachbarte Depot in Paarden Eiland zum Auswaschen des Kessels, Einbau des Feuerschirms und zur Vorbereitung für die Heimreise abgegeben werden, so dass in Salt River wieder der Alltag einkehren konnte. Nun war die Zeit gekommen, den *Roten Teufel* für Publicityzwecke auszunutzen. Während meiner Arbeit in Salt River hatte ich im Hause meines Bruders gewohnt, und da er mit den Eisenbahnen nichts zu tun hatte, stand es ihm frei, die lokalen Nachrichtenmedien einschließlich der Fernsehleute über die Vorgänge zu informieren. Die Zeitungen schickten pflichtgemäß ihre Reporter und Photographen, um die Story zu berichten. Vorausschauend hatte ich den Maschinentechnischen Ingenieur in Salt River mit passenden Fakten und Zahlen für Öffentlichkeitszwecke versorgt. Es kam noch besser, als auch die Fernsehkameraleute eintrafen, um das eindrucksvolle Äußere des *Roten Teufels* zu filmen. Es lief perfekt, und als 3450 sich am 10. Februar von Kapstadt auf den Weg nach Kimberley machte, erschien ihr Bild in Farbe im ganzen Land während der Abendnachrichten auf den Bildschirmen. Als ich einige Tage später in das Büro zurückkehrte, wurde mir mitgeteilt, dass die Mitglieder der SAR-Unternehmensleitung, die das Glück hatten, an diesem Abend fernzusehen, nicht von dem, was sie gesehen hatten, begeistert waren. Aber zur der Zeit war ich auf der 3450 auf dem Weg in das Landesinnere, völlig von der Maschine in Anspruch genommen und unerreichbar für sofortige Bestrafung. Man sollte allerdings nicht denken, dass diese Publicity nur ein leerer Gag war. Sie zielte bewusst darauf ab, 3450 die größtmögliche Aufmerksamkeit zu verschaffen und kalkulierte zusammen mit der roten Farbe darauf, sie fest in der öffentlichen Wahrnehmung zu verankern, um damit die SAR zu ermutigen, ihr eine faire Behandlung zukommen zu lassen.

Die Rückreise nach Kimberley wurde mit zwei Personenwagen im Schlepp unternommen und dauerte mit Personalwechsel in Touws River, Beaufort West und De Aar fast zwei Tage. Die Fahrt verlief nicht ohne ihre Schwierigkeiten. Die Kesselspeisepumpe war nur bei sehr geringen Verdampfungsleistungen in der Lage, den Wasserstand zu halten, was mit der geringen Zuglast von nur zwei Personenwagen meistens der Fall war, aber auf den 25-‰-Steigungen des Hex-River-Passes fiel der Wasserstand beständig, und die Strahlpumpe musste zur Unterstützung der Speisepumpe benutzt werden, mit merklich nachteiligen Folgen für den Kesseldruck. Das Feuer wurde in Touws River gereinigt, wobei Probleme mit Ascheverfestigungen zwischen den Roststäben und den Aschkastenseitenwänden auftraten. Danach ließen sich die Roststäbe nicht richtig in die Schließstellung bringen. Ohne das Feuer herauszuwerfen, konnte daran nichts geändert werden, und so mussten wir in diesem Zustand weiterfahren, aber glücklicherweise schlossen die Roststäbe nach dem nächsten Schüttelvorgang etwas besser. Die Feuertür neigte auch zum Klemmen und blieb die meiste Zeit mit einem Spalt von 50 Millimeter geöffnet, was einen Sekundärluftquerschnitt von etwa 1 320 cm^2 ergab. Die Männer in Beaufort West und De Aar waren mit dem Heizen der 25er besser vertraut, als die Mannschaften weiter westlich und waren deshalb in der Lage, gleichmäßigere Feuerbetten zu erreichen. Mit den bescheidenen nötigen Kesselleistungen lief ab Beaufort West alles gut. Die Tafel 41 zeigt die Lokomotive bei dem Warten auf eine Zugkreuzung mit einem westwärts fahrenden Zug zwischen Beaufort West und De Aar. Der Abzug eines ähnlichen Bilds wurde Porta zugesendet, der sofort ein Glückwunschtelegramm schickte. Schließlich kam 3450 am Nachmittag des 12. Februar zu Hause in Beaconsfield an, und ich zog mich ziemlich schnell in ein lokales Wirtshaus zurück, erhitzt und durstig nach zwei überwiegend auf dem Führerstand verbrachten Tagen.

Eine ordentliche Anzahl von Dingen bedurfte als Ergebnis der Beobachtungen während der Reise von Salt River der Aufmerksamkeit. Der Kessel und der Luftvorratsbehälter der Sandstreueinrichtung mussten von dem örtlichen Kesselprüfer untersucht und abgenommen werden. Am darauffolgenden Tag machte ich mich auf den Weg nach Pretoria, nachdem ich Beaconsfield eine großzügige Frist von etwa zehn Tagen für die Erledigung all dieser Überprüfungen und das Anheizen der Lokomotive für ihre erste Fahrt mit einer echten Zuglast gegeben hatte. Als ich in mein Büro kam, lag eine einfache Nachricht auf meinem Schreibtisch: der CME wollte mich sehen, sofort! Zum Glück war der CME, P. Marais, ein Mann von recht sanften Umgangsformen und nicht der Typ, dem es Spaß macht, jemanden herunterzuputzen. Er informierte mich darüber, dass es nicht den Richtlinien der SAR entsprach, Dampflokomotiven rot anzustreichen.

Warum also hatte ich genau das getan? Meine seit Langem vorbereitete Antwort lautete, dass ich viel Zeit auf die Lokomotive verwenden werde und, um die ständige Zeitverschwendung bei der Suche nach der Lokomotive unter den vielen anderen Maschinen im Depot zu vermeiden, hätte ich es für eine gute Idee gehalten, eine auffällige Farbe zu wählen. Es war keine sehr überzeugende Erklärung und Marais war nicht begeistert, sagte aber, da die Lokomotive ja bereits im Fernsehen erschienen war, würde eine Umlackierung in Schwarz vermutlich mehr Aufregung verursachen als sie rot zu belassen, und somit konnte sie rot bleiben (es war sicher zutreffend, dass der Fernsehauftritt dem roten Anstrich eine gewisse Legitimität gegeben hatte, die ihm andernfalls gefehlt hätte, weil somit impliziert war, dass es die gewählte Farbe der *SAR* war). Dann war da die unbedeutende Frage nach den Kosten der Arbeiten. Zu der Zeit wurden die Umbaukosten auf 118 000 Rand geschätzt. Die endgültige Zahl nach Vorliegen aller Kostenbelege stieg auf 141 107 Rand, was, wie nicht geleugnet werden konnte, eine winzige Kleinigkeit über dem zugewiesenen Betrag von 20 000 Rand lag. Die wahren Kosten lagen allerdings nicht so hoch, wie es den Anschein hatte. Ich bemerkte, dass eine Anrechnung der Kosten für die Aufarbeitung oder Erneuerung von Serienkomponenten, die durch modifizierte Bauteile ersetzt worden waren, nicht, wie ich es von Anfang an beantragt hatte, erfolgt war, wobei etwa 350 Serienbauteile und Baugruppen bei der Umbaulokomotive nicht mehr benötigt wurden. Auch bedeutete das in den Werkstätten angewendete Bonussystem, dass Handwerkern, die Arbeiten ohne bestehende Zeitvorgaben einschließlich experimenteller Arbeiten erledigten, worunter der Umbau der 3450 fiel, ein Zuschlag gezahlt wurde, egal wie schnell (oder langsam) sie arbeiteten. Ohne strenge Überwachung war dieses System anfällig für Missbrauch. Bei der Herstellung des ersten Space Shuttle hatte die NASA ebenfalls das Problem der Kostenüberschreitung, und ich hatte ein entsprechendes Zitat eines amerikanischen Offiziellen zur Hand:

> „Eine technische Herausforderung…mit dem Ziel der Pfennigfuchserei anzunehmen, war schlicht und einfach dumm. Falls Sie neue technologische Ufer erreichen wollen, können Sie nicht nach dem Preis konstruieren.“[1]

Nun war 3450 nicht das Space Shuttle, und der CME machte deutlich, dass man über die fortwährend eskalierenden Kosten nicht begeistert war. Der Stellvertretende CME (Neubau und Finanzen) Martin, derjenige, welcher mir, daran sei erinnert, jede Unterstützung des Zeichenbüros verweigerte, war besonders aufgebracht. Tatsache war, dass, wann immer die Kostenbelege den genehmigten Betrag für die Arbeiten überstiegen und er mehr Geld von dem Büro des Generaldirektors angefordert hatte, die Kostenbelege den neuen Betrag zum Zeitpunkt der Genehmigung schon wieder überstiegen hatten; eine Art eingebautes finanzielles Verfallsdatum. Nun, dachte ich, das ist der Preis, den Sie dafür bezahlen müssen, dass Sie die Arbeiten zunächst ignoriert hatten – der *Rote Teufel* ist nun entstanden, er kann nicht wieder ungeschehen gemacht werden. Und so ging der Sturm, wie alle Stürme, wieder vorüber. Tatsächlich stattete eine Delegation mit dem CME selbst und den meisten Leitenden Ingenieuren (einschließlich Martin) der Lokomotive nach ihrer Ankunft für die Einfahrperiode in Capital Park einen Inspektionsbesuch ab, vielleicht um in Augenschein zu nehmen, wo all das Geld geblieben war. Ihr Auftreten war recht freundlich und ich hatte den Eindruck, dass das Meiste, wenn nicht sogar so ziemlich Alles, vergeben war.[2]

3.4 Das Einfahren

Die Erfahrungen in Beaconsfield mit dem Einfahren der 2644 hatten mir gezeigt, dass die Durchführung solcher Arbeiten, weit entfernt von meinem Dienstsitz, nur zusätzliche Schwierigkeiten brachte. Zum Glück war der Maschinentechnische Ingenieur des Bezirks Östliches Transvaal, P. Aucamp, ebenso wie Yspeert in Kimberley ein Mann der Dampftraktion. Gern nahm er 3450 für die Dauer des Einfahrens in Pretorias Depot Capital Park auf. Dazu gab es einen Präzedenzfall in Form der im Kapitel 1.3 erwähnten Arbeiten von Smith an einer 25NC, ebenfalls in Capital Park ausgeführt. Obwohl es im Jahre 1981 keine von diesem Depot ausgehenden planmäßigen Dampflokomotiveinsätze auf Hauptstrecken mehr gab, die sich für Versuchsfahrten geeignet hätten, waren die Leute vor Ort damit einverstanden 3450 nach Bedarf im Einsatz vor Güterzügen auf der elektrifizierten Strecke Pretoria – Witbank zu akzeptieren. Dieser zumeist eingleisige 115 Kilometer lange Streckenabschnitt hat in beiden Richtungen eine maßgebende Steigung von 20 ‰ und war ein schwieriges Versuchsgelände. Ein vereinfachtes Streckenprofil ist in Abb. 54 dargestellt. Die Grenzlast für 3450 wurde auf 700 Tonnen beziehungsweise 56 Achsen festgesetzt.

Vor der Überstellung der Lokomotive nach Pretoria musste zumindest eine Fahrt von Beaconsfield aus für die Belegschaft dort gemacht werden, die so viele der Bauteile angefertigt hatten. Gegen Ende Februar reiste ich dorthin und verbrachte den ersten Tag im Depot, wobei ich einige Tests mit der unter Dampf stehenden Lokomotive machte. Einer davon war ein Vergleich der Förderleistungen der Strahlpumpe und der Turbopumpe. Die Strahlpumpe erhöhte den Kesselwasserstand um 42 Millimeter in 2 Minuten bei einem Abfall des Kesseldrucks von 15,5 bar auf 15,0 bar, die Turbopumpe dagegen erhöhte den Kesselwasserstand nur um 30 Millimeter in fünf Minuten bei einem Kesseldruckabfall von 15,5 bar auf 13,0 bar. Da der Regler geschlossen war, war notwendigerweise die Frischdampfheizung des Speisewasservorwärmers eingeschaltet (was eine Speisewassertemperatur von 111 °C ergab). So zeigte dieser Test eigentlich nur, dass die Förderleistung der Pumpe anscheinend nur wenig mehr betrug, als die Dampfmenge, die dem Kessel für den Vorwärmer und den Pumpenantrieb entnommen wurde. Es stellte sich auch heraus, dass die Lokomotive mit offenen Zylinderhähnen nur mit den Herdner-Anfahrventilen in Bewegung gesetzt werden konnte. Obwohl das bewies, dass die Anfahrventile grundsätzlich funktionierten, so bedeutete es aber auch, dass sie nicht wie sie sollten auf ihrem unteren Sitz dichtend auflagen, wenn der Zylinderdruck niedrig war.

Am Tag nach diesen Tests, dem 26. Februar, beförderte 3450 ihren ersten schweren Züge, indem sie einen Umlauf nach Bloemfontein mit planmäßigen Güterzügen machte. Auf der Hinfahrt fuhr ich bei einer Zuglast von 1 220 Tonnen auf der Lokomotive, kehrte aber von Bloemfontein direkt nach Pretoria zurück. Der Lokomotivführer war J. S. Waldeck. Botes, der Lokomotivinspektor, war mit auf dem Führerstand. Ein Personenwagen wurde hinter dem Tender eingestellt, in dem verschiedene Leute von Kimberley und Beaconsfield, einschließlich Yspeert, im Zug mitfuhren. Der Heizer wurde bald in den Personenwagen gesteckt und Botes führte die Lokomotive mit Waldeck als Heizer. Der Verlauf der Fahrt führte nicht zu einem eindeutigen Ergebnis. Die Leistung war eindrucksvoll und meistens wurde während der Fahrt unter Dampf mit 20 bis 25 % Füllung gefahren. Es gab keine Anfahrprobleme und die Treibriemen für den Sandstreukompressor, nunmehr korrekt gespannt, bleiben in ihren Riemenprofilen auf der Treibscheibe. Auf der Negativseite stand, dass die Roststäbe sich noch immer nicht richtig in ihre Schließstellung bringen ließen, was zu Lufteinbrüchen durch das Feuerbett führte. Vor dem

---

[1] TIME Magazine vom 12. Januar 1981, Seite 13.

[2] Später wurde für den Ausschuss Traktionsploitik auf Basis eines etwas vereinfachten Serienumbaus statt des Versuchsumbaus eine realistischere Kostenberechnung aufgestellt. Die überarbeitete Zahl lautete etwa 75 000 Rand nach dem Kostenniveau 1980. Im Jahre 1983, als der Ausschuss diese Arbeit bewertete, hatte die Inflation diesen Wert bereits auf 114 000 Rand getrieben (SAR, Abteilung des CME, Pretoria, Brief an den Stellvertretenden Generaldirektor (Betrieb) Az. RLS 15/2/22 vom 03.02.1983.

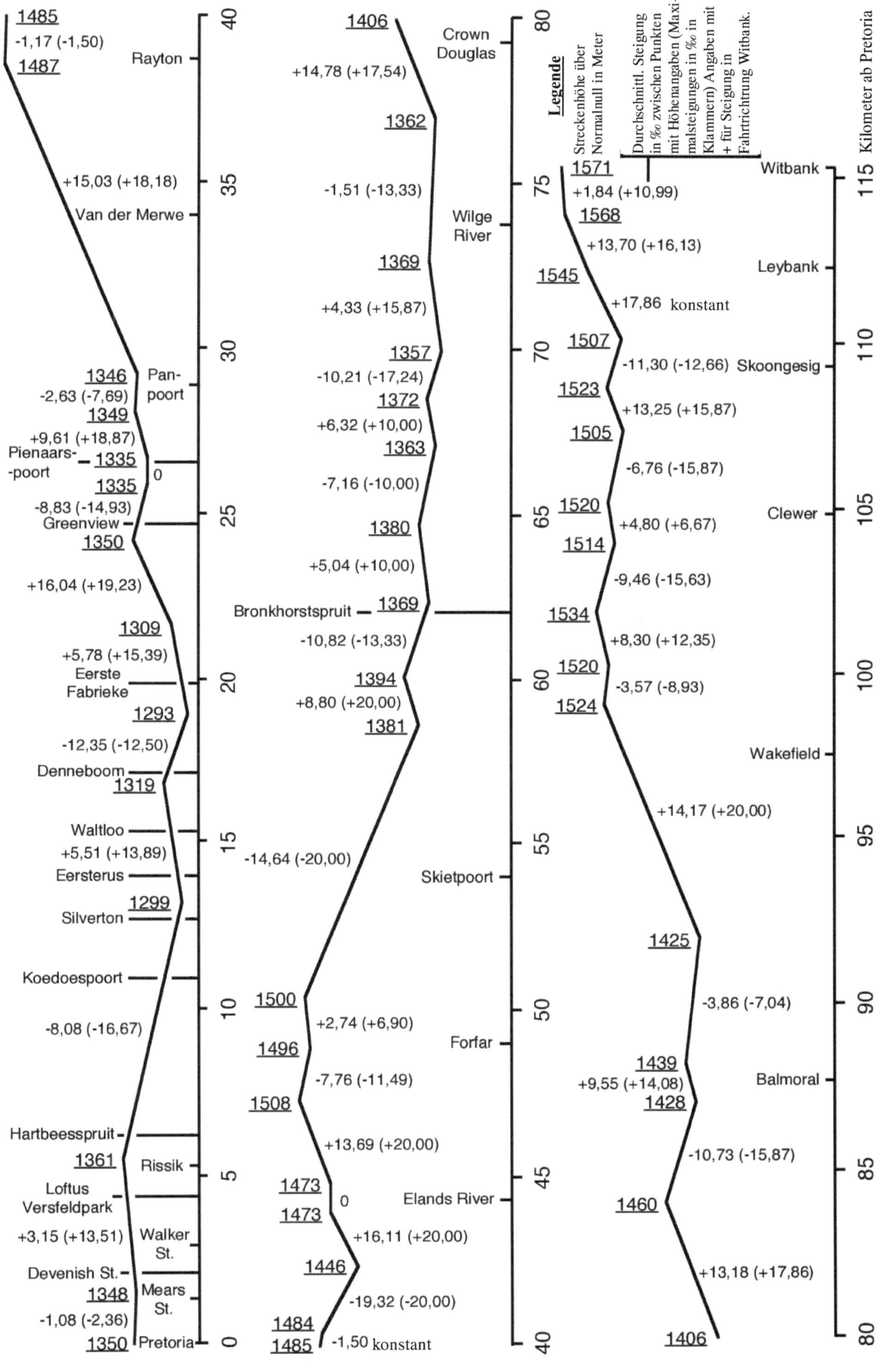

Abb. 54
Vereinfachtes Steigungsprofil der Strecke Pretoria – Witbank (abgeleitet aus den SAR-Zeichnungen Nrn. ABK. 313. B. 301 und 302)
Anmerkung: Das Profil ist in Fahrtrichtung ab Bahnhof Pretoria dargestellt. Vom Rangierbahnhof Pretoria Capital Park bis Koedoespoort wurde eine andere bergigere Route genommen.

Entzünden des Feuers war der Schüttelrost mit Druckluft betätigt worden und hatte, wie schon in Salt River, zufriedenstellend funktioniert, aber sobald die Rostanlage heiß wurde und gewichtsbelastet war, wurde der Mechanismus schwergängig, und die Rostelemente schlossen sich nicht vollständig. Dasselbe geschah auch nach wie vor bei der Feuertür, die Windleitbleche leiteten Rauch und Dampf nicht besonders gut ab, und der Hilfsbläser hatte eine schwache Wirkung, weil die Bläserdüsen (wie sich später herausstellte) dazu neigten, mit Lösche verstopft zu werden. Auf dem hügeligen Streckenabschnitt nach De Brug gab es keine Schwierigkeiten, den Wasserstand zu halten, wobei Waldeck je nachdem sowohl die Speisepumpe als auch die Strahlpumpe benutzte, aber in dem langen Anstieg nach Kloofeind, mit ständig angestellter Speisepumpe und gut gehaltenem Kesseldruck, fiel der Wasserstand ständig weiter, und vor Olienhoutplaat musste Waldeck auch die Strahlpumpe einsetzten, was den Kesseldruck rasch fallen ließ. Mit Dampf- als auch Wassermangel hielten wir im Bahnhof Olienhoutplaat und als der Kesselzustand wieder befriedigend war, nahmen wir die restlichen acht Kilometer Steigung nach Kloofeind ohne weitere Schwierigkeiten. Abgesehen von den Lufteinbrüchen, war das Feuerbett in gutem Zustand und die Lokomotive hätte sich mit Speisepumpe oder Strahlpumpe als verdampfungswillig zeigen sollen, zumal die seitlichen Lufteinlässe für diese Fahrt abgedeckt worden waren und der Sekundärluftquerschnitt der Stehkesseldeckeneinlässe und der Feuertür insgesamt nur etwa 740 cm^2 betrug. Allerdings zeigten Messungen des Gesamtunterdrucks und des Unterdrucks an der Rauchkammerrohrwand, dass der rauchgasseitige Widerstand der Rauchkammer etwa 40 % des Gesamtunterdrucks betrug. Ich konnte diese Zahl einfach nicht glauben und dachte, dass die Vakuumleitung an der Rauchkammerrohrwand Falschluft gezogen haben musste, aber die Ablesungen waren richtig und ein übermäßiger rauchgasseitiger Widerstand in der Rauchkammer wurde nach dem Beginn des Einfahrens in Pretoria bald als Ursache für die schlechte Verdampfungsleistung bestätigt.

Einige Tage später kam 3450 im Depot Capital Park an, mit Waldeck während der ganzen Fahrt am Regler. Das eigentliche Einfahren dauerte von da an bis November 1981, als dann Fahrten vor dem Messwagen unternommen wurde. Während dieser Zeit war ich stark mit in die praktische Arbeit an der Lokomotive eingebunden und stattete meinem Büro in der Hauptverwaltung des CME nur gelegentliche Besuche ab, zur Erledigung oder Delegierung meiner anderen Aufgaben. Niemand drängte auf den Abschluss der Arbeiten innerhalb einer festgelegten Zeit. Ursprünglich waren Fahrten vor dem Messwagen für Juli geplant gewesen, aber da das Einfahren zu dem Zeitpunkt noch nicht abgeschlossen war, wurde eine unbefristete Verlängerung gewährt, und es wurde mir überlassen, zu sagen, wann die Lokomotive schließlich für die Versuche bereit war. Der Werkmeister in Capital Park, G. J. Victor, war einer der bekanntesten Depotleiter im Land und zu einhundert Prozent ein Mann der Dampftraktion. Überflüssig zu erwähnen, dass er mir jede in seiner Macht stehende Unterstützung gab. Aber die allgemeine Lage in Capital Park war ziemlich verschieden von der in Beaconsfield. Elektrifizierung und Verdieselung hatten diesem einstmals größten Dampflokomotivdepot der SAR fast sämtliche Streckeneinsätze von Dampflokomotiven genommen und den Bestand auf etwa achtzig Lokomotiven halbiert, von denen die meisten ihre Arbeitszeit auf den verschiedenen Rangierbahnhöfen Pretorias verbrachten. Für die Dampftraktion war das Ende deutlich absehbar, und in der Folge hatte die Arbeitsmoral der Belegschaft gelitten. Außerdem war 3450 nicht ihre Lokomotive und bedeutete nur zusätzliche Arbeit für sie, am Ende ohne eine Belohnung. Daher war es nicht überraschend, dass sie niemals die Begeisterung der Männer in Beaconsfield und Salt River zeigten, die ja etwas erwarteten, nämlich den Erhalt ihrer Arbeitsplätze, falls die Lebenserwartung der 25NC verlängert werden konnte. Victor teilte einen der besten Schlosser des Depots, Human, in Vollzeit zu der Arbeit ein. Er und sein sympathischer farbiger Assistent, Andries, erledigten gewiss all die Schlosserarbeiten, die erledigt werden *mussten*, aber es ging oft sehr langsam voran, und ich musste immer dabei sein, um dafür zu sorgen, dass die Arbeit ordentlich gemacht wurde. Dieses langsame Tempo beschränkte die ganze Arbeit auf die wesentlichen Dinge und bedeutete, dass das Betriebsverhalten einiger weniger wichtiger Komponenten niemals ganz in Ordnung gebracht werden konnte. Ein Kesselschmied wurde der Lokomotive nicht zugeteilt, und jedes Mal musste ich auf die Kesselschmiede zugehen, wenn ihre Hilfe benötigt wurde, was anfangs recht häufig der Fall war.

Die langen mit 3450 in Capital Park verbrachten Arbeitsstunden erlaubten ausführliche Beobachtungen von dem, was in dem Depot vor sich ging. Der lebhafteste Eindruck war der von der Betreuung für die Kessel der unter Dampf stehenden Reservelokomotiven. Undichtigkeiten von Kesselanbauten waren vorherrschend, und manchmal ließ andauerndes starkes Blasen aus den Zylinderhähnen erkennen, dass eine ernste Undichtigkeit am Regler vorlag. Solche Zustände machten häufige Rundgänge von Schuppenarbeitern notwendig, um Kessel nachzuspeisen und große Mengen Kohle in Feuerbüchsen zu schaufeln. All das schien man als zum Arbeitsalltag in einem Lokomotivdepot gehörend zu akzeptieren. Doch das war nicht zwangsläufig so. Porta hatte es auf der Rio Turbio eingeführt, Reservelokomotiven ohne Beaufsichtigung unter Dampf stehen zulassen, aus der Überlegung heraus, dass nicht genügend Kohle auf dem Rost lag, um in dem vollen Kessel das Wasser bis unter den Niedrigwasserstand zu verdampfen, und das auf Lokomotiven, die wie die SAR-Maschinen keine Aschkastenluftklappen hatten. Der wichtige Unterschied bestand allerding in den Verlustmengen durch Dampf- und Wasserundichtigkeiten. Solche Methoden waren nur durchführbar, wo die Leckageverluste praktisch null waren, wobei ein Schritt in Richtung dieses wünschenswerten Zustands darin bestand, in den kleinen Absperrventilen, wie den Ventilen am Armaturenstock, Dichtelemente aus rostfreiem Stahl vorzusehen.

Die Lokmannschaft auf 3450 bestand aus Freiwilligen und hier hatte ich zwei ausgezeichnete Mitarbeiter, wie sie nicht besser hätten sein können. Der Heizer war J. van Rensburg, an den sich die Leser vielleicht als kurzzeitigen Heizer der 2644 zum Ende ihrer Einfahrzeit in Beaconsfield erinnern können. In der Zwischenzeit war er zum Lokomotivführer im Depot Capital Park befördert worden, und kaum, dass 3450 eingetroffen war, trat er an mich heran, ob ich es arrangieren könnte, dass er bei den Versuchsfahrten als Heizer fuhr, was ich liebend gern tat. Der Name des Lokomotivführers war C. C. Vos. Er mochte Diesel- und elektrische Lokomotiven gar nicht, und zwar in einem solchen Maße, dass er es vorzog bei den Dampflokomotiven zu bleiben, statt zu den anderen Traktionsarten zu wechseln, obwohl das überwiegend Rangierdienst bedeutete. Er hatte eine schwere Hand am Regler und brauchte nicht ermutigt zu werden, mit voll geöffnetem Regler zu fahren. Ich kannte Lokomotivführer, deren Fahrtechnik scheinbar aus nur zwei Zuständen bestand: volle Kraft voraus und Leerlauf. Aber Bos fuhr auch im Leerlauf volles Rohr. Verglichen mit 2644 war die Leistung der Lokomotive während der Einfahrzeit fast von Anfang an gut, und es gab kaum Schwierigkeiten mit der Verdampfungswilligkeit, die die Mannschaft entmutigt hätten. Andererseits war 1981 ein Boomjahr des Verkehrs, und die Strecke Pretoria – Witbank war sehr überbelegt. Durch Verspätungen konnte der 230-Kilometer-Umlauf bis zu zwanzig Stunden dauern. Das machte die Versuchsfahrten nicht nur frustrierend, sondern auch sehr ermüdend, besonders, falls zwei oder drei solcher Fahrten an aufeinanderfolgenden Tagen unternommen wurden. Trotz alledem oder vielleicht gerade deshalb, weil ihr Überstundenzuschlag fantastisch war, ließ die Begeisterung der Mannschaft niemals nach, und wie immer war das ein wichtiger Faktor bei dem schließlich erzielten Erfolg. Human begleitete jede Versuchsfahrt und die Tafel 42 zeigt die ganze Mannschaft zusammen auf dem Führerstand.

Das Einfahren profitierte von den mit 2644 gemachten Erfahrungen, dauerte aber länger, weil es mehr einzufahren gab und weil für die Messwagenfahrten die allerbesten Betriebseigenschaften anzustreben waren und nicht zuletzt, weil die nötigen Änderungen oft sehr schleppend ausgeführt wurden. Es wurden mehr Versuchsfahrten als mit 2644 gemacht, wobei der gesamte Einfahrprozess auf der Strecke Pretoria – Witbank in ungefähr dreißig Umläufen beziehungsweise 7 000 Kilometer abgeleistet wurde. Dieser Teil der Arbeit wird nicht Fahrt für Fahrt beschrieben werden, sondern es werden erst einmal die hauptsächlichen Änderungen an der Lokomotive als Ergebnis dieser Versuche beschrieben, und anschließend folgt eine Darstellung von einigen Führerstandserfahrungen. Obwohl in diesem ersten Teil die

Modifikationen nacheinander beschrieben werden, sollte man sich darüber im Klaren sein, dass die an den verschiedenen Bauteilen notwendigen Änderungen oft gleichzeitig ausgeführt wurden, und dass bei jeder Fahrt sämtliche Bauteile oder Baugruppen beobachtet wurden, von denen angenommen wurde, dass sie nicht optimal funktionierten. Danach wurden sie sämtlich vor der nächsten Versuchsreihe nach Bedarf überprüft. Die in diesem Abschnitt nicht aufgeführten Umbauteile bedurften während der Einfahrzeit keiner Aufmerksamkeit und die gemessenen Baugruppenleistungen werden in späteren Kapiteln erläutert.

1. Das Gaserzeugungs-Verbrennungssystem

Wie bei 2644 wurde der Saugzug erst einmal durch Fahren mit wenig Sekundärluft in Ordnung gebracht, wonach dann das GPCS an der Reihe war. Die von den Merkmalen in der Auflistung auf Seite 121 erwarteten Vorteile wurden in der Praxis realisiert und folglich traten schwerwiegende Feuerbettstörungen, wie sie ursprünglich bei der 2644 beobachtet wurden, nicht auf, so dass ziemlich rasch gute Ergebnisse mit dem GPCS erzielt wurden. Die wesentlichen, zu dieser Zeit an dem System gemachten Änderungen waren wie folgt:

i) Der Einbau der Rostanlage wurde verbessert, um ihre Bewegungsfreiheit zu verbessern und Erhöhungen an den Rostelementen wurden abgeschliffen, damit sie so dicht wie möglich aneinander zu liegen kamen. Dazu war es erforderlich, dass sämtliche Rostelemente gleichzeitig in die Abschlussstellung kamen, weil sie, falls zwei sich vorher berührten, das weitere Schließen der übrigen verhinderten. Nachdem das erledigt war, funktionierten die Rostelemente fast wie gewünscht mit einem (tolerablen) Maximalspalt in der Abschlussstellung von 5 Millimeter, aber die Einstellung ging bald verloren, und wieder traten größere Lücken zwischen den Rostelementen in der Betriebsstellung auf. Ein Hauptgrund dafür bestand darin, dass sich die Rostelemente durch Temperaturspannungen oberhalb der Streckgrenze des Werkstoffs verzogen. Eine im folgenden Jahr durchgeführte Materialuntersuchung enthüllte, dass es sich um niedriglegiertes Bremsklotzgusseisen handelte und nicht um das auf der Zeichnung vorgeschriebene hitzebeständige Gusseisen. Wäre der spezifizierte Werkstoff verwendet worden, wäre das Verzugsproblem vielleicht nicht aufgetreten.[1] Allerdings war die Zuverlässigkeit der Rostelemente ansonsten ziemlich gut, und während meiner restlichen Zeit bei den SAR mussten nur wenige ersetzt werden. Die Lücken zwischen den Rostelementen, die maximal 20 Millimeter erreichten, wurden deshalb hingenommen. Sie verursachten schon Luftdurchbrüche, was bei niedrigerer Brennstoffschicht manchmal durch hellere Querstreifen im Feuerbett über den Lücken erkennbar war und was auch den Wirkungsgrad der Verbrennung vermindert haben wird, aber das beeinträchtigte andererseits nicht merklich das Leistungsvermögen. Ein weiterer Faktor, der gegen das perfekte Schließen der Rostelemente wirksam war, bestand in der allgemein grobschlächtigen Bauausführung der ganzen Rostanlage, und schließlich kam ich zu dem Schluss, dass, obwohl das Merkmal der Überlappung auf dem Papier eine gute Sache war, in der Praxis bessere Resultate mit eng anliegenden, aber nicht überlappenden Rostelementen erzielt werden würden. Die Konstruktion wurde entsprechend geändert, aber nach meiner Kenntnis wurden keine neuen Rostelemente jemals nach der neuen Zeichnung angefertigt. Wie bereits erwähnt, kann im Nachhinein gesagt werden, dass es besser gewesen wäre, Düsenrostelemente der Bauart Hulson zu verwenden.

ii) Die Abdeckung der Spalte am Umfang der Rosts wurde verbessert.

iii) Ein wesentlicher Grund für das Klemmen der Rostelemente bestand darin, dass sie die Asche so schnell abführten, dass der Aschkasten verstopfte und Asche sich zwischen den Seiten des Aschkastens und dem Rost verfestigte, besonders im hinteren Bereich des Aschkastens. Als Gegenmaßnahme wurde die Maximalöffnung der Rostelemente von 130 Millimeter auf 90 Millimeter reduziert, was die zu schnelle Ascheentleerung verhinderte und dennoch ausreichend und notwendig war, um kleine zusammengeschmolzene Brocken entfernen zu können. Von Anfang an gab es keine großen Schlackebrocken. Damit verringerte sich auch die Gefahr der übertriebenen Feuerreinigung, wodurch dann Teile des Feuers tot lagen, was bei der größeren Öffnung tendenziell geschah.[2] Die zur Abdichtung des Spalts zwischen den hinteren Rostelementen und dem Bodenring fest eingebauten Blechplatten wurden durch blinde, an die hinteren Rostelemente angeschraubte Blechplatten ersetzt, wodurch sie an dem Rostschütteln teilnahmen. Eine wirkungsvolle Spüleinrichtung wurde installiert, bestehend aus vierzehn 7-Millimeter-Düsen, die vom hinteren Teil des Aschkastens aus zielten und mit Wasser vom Absalzhahn versorgt wurden, wobei dieses Wasser an den Düsen nachverdampfte. Diese Spülung verhinderte sehr wohl jede Ascheablagerung im hinteren Aschkasten, tatsächlich aber blies sie Asche mehr oder weniger überall hin, verursachte eine Menge Schmutz und führte zu einem raschen Absinken des Kesselwasserstands, so dass sie bei den Mannschaften nicht sehr populär war und später stillgelegt wurde. Es stellte sich im Grunde genommen heraus, dass, wenn die Seiten des Aschkastens gleichzeitig mit dem Schütteln des Rosts ausgekratzt wurden, schwierig zu behebende Blockierungen vermieden wurden. Das wurde durch Schüreisen zur Aschkastenreinigung unterstützt, die speziell so geformt waren, dass sie leicht durch den etwas beschränkten Zwischenraum zwischen dem Aschkasten und den Rostbalken durchgesteckt werden konnten, wobei die Rostbalken unter dem Niveau des Bodenrings lagen. Ganz sicher wurde diese Arbeit aber an den zahlreichen wassergefüllten Schlackekanälen, die nur auf einer Seite einen Laufgang hatten, erschwert. An solchen Anlagen musste die Lokomotive zunächst von dem Kanal fort bewegt werden, bevor die andere Seite des Aschkastens gereinigt werden konnte, was dann schwere Arbeit war, weil sich dort nun eine Menge Asche angesammelt hatte. Falls ich auf der Lokomotive war, half ich immer bei dieser Arbeit und dabei wurde mir wirklich klar, wie viele Probleme dadurch entstanden, dass die für die Serienlokomotiven wahrscheinlich geeigneten Einrichtungen für 3450 unpassend waren.

Um die Position der Rostelemente nach dem Rostschüttelvorgang erkennbar zu machen, wurden seitlich vom Aschkasten aus erkennbare Stahlstäbe an ein Rostelement auf jeder Seite des Rosts angeschraubt, die in der Schließstellung der Rostelemente senkrecht standen. Falls der Rost nicht richtig in die Schließstellung zurückkehrte, klappte es mit einem kurzen Schütteln nach vollständiger Reinigung des Aschkastens dann immer.

iv) Beobachtungen durch das Feuerloch zeigten, dass ab einem Unterdruck von 27 mbar an der Rauchkammerrohrwand das Feuerbett stark aufgewühlt wurde, unabhängig davon, wie groß der Sekundärluftquerschnitt war, ja selbst bei ganz geöffneter Feuertür mit einem Gesamtsekundärluftquerschnitt von 2 400 cm² (dieses Aufwühlen führte allerdings nicht zu einer *Instabilität* des Feuerbetts in dem Sinne, dass das Feuer zu einem Ende des Rosts wanderte, wie es bei der 2644 geschah). Bei hohen Kesselleistungen war die Feuerbüchse mit einem „Schneesturm“ von Kohlepartikeln angefüllt, was auch selbst mit einem so großen Sekundärluftquerschnitt nicht vermieden werden konnte. Da das nun einmal so war, war die Philosophie, einen Querschnitt zu verwenden, der eine gute Abscheidung der Kohlepartikel ergab, ohne die Verdampfungsleistung zu behindern. Als Ergebnis dieser Beobachtungen wurde

---

[1] Im Juli 1982 wurde Kimberley aufgefordert, einen neuen Satz Rostelemente aus dem richtigen Werkstoff von Salt River zu beziehen, aber das letztendliche Ergebnis dieser Anweisung ist dem Autor nicht bekannt.

[2] Selbst die 90-Millimeter-Öffnung der Rostelemente war zu groß, um feine Asche abzuziehen, ohne das Feuerbett erheblich zu stören, und bedauerlicherweise ließ es der dampfbetriebene SAR-Rostschüttelmechanismus nicht zu, den Schwenkwinkel der Rostelemente zu erkennen oder zu kontrollieren. In dieser Hinsicht war ein handbetätigter Schüttelrost oder, noch besser, ein kraftbetätigter der Bauart Franklin überlegen, welche beide eine Kontrolle des Schwenkwinkels der Rostelemente ermöglichten und so nach Bedarf schwächeres oder stärkeres Schütteln erlaubten. Die Antriebsmaschine des Schüttelrosts auf 3450 hätte dazu abgeändert werden müssen, falls das Rostschütteln während der Fahrt unter Dampf zur Einhaltung einer unveränderten Feuerbetthöhe praktiziert worden wäre.

überlegt, dass die Abscheidung der Kohlepartikel durch die Sekundärluft vollständiger wäre, falls drei weitere Lufteinlässe in die Stehkesselseiten eingebaut würden, um die Lücke zwischen den ersten und zweiten Einlässen, von hinten gesehen, zu schließen. Das wurde dann so gemacht, und der Austrittsquerschnitt all der seitlichen Sekundärlufteinlässe wurde von 80 Millimeter auf 50 Millimeter reduziert. Versuche mit diesen Lufteinlässen wurden mit und ohne Dralleinsätze gemacht, und die erstere Ausführung wurde als besser beurteilt. Bei der endgültigen Anordnung hatten alle linksseitigen Einlässe Dralleinsätze mit Rechtsdrall und umgekehrt auf der rechten Seite, so dass die Wirbelbewegungen unten in den Luftströmungen immer nach vorn zeigten. Ein Feuertürspalt von 50 Millimeter wurde als das Äußerste festgestellt, was unter allen Umständen ohne Nachteil für die Verdampfungsleistung genutzt werden konnte. Anschläge wurden in die Laufschienen eingeschweißt, so dass die Feuertür nur bis dahin geschlossen werden konnte.

Die grundsätzlichen Sekundärluftquerschnitte waren alsdann die wie sie in der Tabelle 32 angegeben sind, was zu 155 cm² pro Quadratmeter Rostfläche führte, also etwa 30 % weniger, als der auf 2644 verwendete Größtwert. Das war allerdings nicht notwendigerweise ein Anzeichen für weniger Sekundärluft auf der 3450, weil der weniger durchlässige Rost und ein gleichmäßiger hohes Feuerbett auf der Klasse 26 den Feuerbüchsunterdruck für einen gegebenen Primärluftstrom je Quadratmeter Rostfläche verglichen mit der 2644 erhöhte, wobei der größere Unterdruck die Sekundärluftgeschwindigkeit erhöhte. Darüber hinaus war wegen der durch die Dampfverteilstrahlen des Stokers erzeugten außerordentlich hohen Turbulenz, die die Durchmischung von Luft und Gas verbesserte, weniger Luftüberschuss nötig. Selbstverständlich wurde versucht, mit einem größeren Sekundärluftquerschnitt zu fahren. Dabei wurde ein Querschnitt von 1 300 cm², gleich 202 cm² pro Quadratmeter Rostfläche, erfolgreich angewendet, wenn alles (besonders die Kohlequalität und der Zustand des Feuerbetts) „perfekt" war, aber dann blieb keine Reserve für die widrigen Faktoren, die unter normalen Betriebsbedingungen häufig angetroffen wurden. Auf der anderen Seite wurde mit 1 000 cm² eine gute Verdampfungswilligkeit sichergestellt, es sei denn, es gab ein ernstes Problem mit dem Feuerbett.

Tabelle 32
SAR-Klasse 26 Nr. 3450: Sekundärluft-Einlassquerschnitte

Einlass	Sekundärluftquerschnitt, cm²
Stehkesselseitenwände	377
Stehkesseldecke	222
Feuertür (kleinste Öffnung)	368
Inspektionsöffnungen im Stokersteigrohr	33
Gesamt	1 000

v) Schlackenanlagerungen (geschmolzene Asche) verstopften in kurzer Zeit die in der Feuerbüchsdecke zur Unterstützung der Kohlepartikelabscheidung angebrachten Dampfdüsen, wobei diese Düsen innerhalb zweier oder dreier Fahrten nach dem Reinigen während des Kesselauswaschens wieder vollständig verstopft waren. Für dieses Problem gab es keine eindeutige Lösung und da die Wirksamkeit der Dampfdüsen in den Stehkesselseiten minimal zu sein schien, wurden die Dampfversorgungsleitungen zu all diesen Düsen schließlich entfernt.

vi) Als Hauptursache für das Klemmen der Feuertür wurde das Drehgelenk des Handgriffs erkannt. Ein Zapfen mit größerem Durchmesser und mit fettgeschmiertem Bronzelager löste das Problem, wenngleich im Betrieb weiterhin Schwergängigkeit durch Reibung zwischen Feuertür und ihren Laufschienen auftrat.

vii) Es stellte sich heraus, dass selbst mit den eingebauten 180°-Dralleinsätzen Funken aus den Seitenlufteinlässen herausgeschleudert wurden. Deshalb wurden Abschirmungen aus Funkenfängerlochblech in Höhe dieser Seitenlufteinlässe an die Umläufe geschraubt, um das Risiko von Streckenbränden zu vermeiden (siehe Tafel 43).

viii) Trotz der Vorsichtsmaßnahmen, die dagegen getroffen wurden, hatte der Abdampf des Luftsaugers immer noch die Neigung, bei Stillstand der Lokomotive in das Führerhaus einzudringen, und außerdem wurde das Strömungsgeräusch des Dampfs in den Aschkasten von der Mannschaft als laut bezeichnet. Es wurde daher eine zweite Abdampfleitung mit Austritt ins Freie seitlich der Rauchkammer angebracht. Ein Wechselventil, konstruiert und hergestellt in Beaconsfield, leitete den Ejektorabdampf entweder in den Aschkasten oder nach vorn, wobei das Wechselventil mit dem Betätigungszug der Zylinderhähne so verbunden wurde, dass es den Dampf in den Aschkasten leitete, falls die Zylinderhähne geschlossen waren, das heißt also während der Fahrt. Da die Vermeidung der Schlackebildung von Anfang an gut funktioniert hatte, gab es keinen Grund, die Dampfversorgung in den Aschkasten in diesem Stadium zu ändern, aber als die zweite Speisepumpe montiert worden war (wird weiter unten beschrieben), wurden die Düsen in den Aschkastenleitungen von den Zylindern von einem Anteil von 4 % Maschinenabdampf auf einen von 2 % verkleinert. Das erwies sich im Hinblick auf die Vermeidung von Schlackebildung als akzeptabel, auch wenn sich bei speziellen Versuchen, bei denen nur die Strahlpumpe benutzt wurde, doch Schlacken bildeten, was zeigte, dass die normale Kühldampfzufuhr zum Aschkasten nur so eben ausreichend war. Trotzdem die beiden Zylinderabdampfleitungen hinter dem Aschkasten miteinander verbunden waren, fiel auf, dass nur zwei kräftige Auspuffstöße pro Kuppelradumdrehung aus jeder Leitung zu hören waren, statt der für eine gleichmäßige Vermischung von Dampf und Luft nötigen vier. Die Verbindungsleitung wurde daher entfernt, da nunmehr klar wurde, dass die Leitungen von den Zylindern direkt vor dem Aschkasten hätten verbunden und dann wieder hätten verzweigt werden müssen, um eine gleichmäßige Strömung von Kühldampf zur Vermeidung von Schlackebildung zu beiden Seiten des Aschkastens bei jedem Auspuffstoß zu erhalten. Allerdings wurde diese Verfeinerung niemals eingebaut.

2. Der Saugzug (Blasrohranlage und Rauchkammer)

Die erste Priorität während des Einfahrens war es, den Saugzug in Ordnung zu bringen. Die Blasrohrdüsen für „scharfen Saugzug" mit einem tatsächlichen Mündungsquerschnitt von 260,3 cm², gegenüber den 251,3 cm² in der Konstruktion, wurden eingebaut. Bei der ersten Hinfahrt nach Witbank am 10. März 1981 wurde der Zugverlust in der Rauchkammer genau gemessen. Die Ergebnisse bestätigten die zwischen Beaconsfield und Bloemfontein aufgenommenen Messwerte. Tatsächlich betrug der Zugverlust in der Rauchkammer bei einem gesamten Sekundärluftquerschnitt von 442 cm² (die Lufteinlässe am Stehkessel waren abgedeckt), nicht weniger als 45 % des Gesamtunterdrucks beziehungsweise 83,4 % des Unterdrucks an der Rauchkammerrohrwand. Das bedeutete, dass fast genau so viel Energie für das Fördern der Rauchgase durch die Rauchkammer verbraucht wurde als durch den übrigen Kessel. Angesichts der Tatsache, dass die wichtigen Rauchgasquerschnitte in der Rauchkammer innerhalb oder sehr nah bei den von der AAR empfohlenen Wertebereichen lagen und aerodynamisch gerundet waren, ein höchst unerwartetes Ergebnis. Auf der positiven Seite war die Selbstreinigungswirkung sehr stark und der Funkenfänger blieb zu fast 100 % frei von Verstopfungen durch Lösche. Das lag nicht daran, dass es keinen Flugverlust gegeben hätte, im Gegenteil, dieser war bei höheren Kesselanstrengungen nicht zu vernachlässigen, besonders mit einem solch kleinen Sekundärluftquerschnitt, wie er zu der Zeit benutzt wurde. Es wurde vermutet, und das bestätigte sich bald durch Versuche, dass der hohe Zugverlust in der Rauchkammer und die gute Selbstreinigungswirkung miteinander im Zusammenhang standen, aber warum der Funkenfänger so ohne die bei der 2644 erlebten Verstopfungsprobleme blieb, blieb ein Geheimnis, allerdings eines, dass dankbar angenommen wurde, da sich im Folgenden herausstellte, dass der Funkenfänger niemals vollständig verstopfte, egal wie die Betriebsbedingungen oder die Qualität der Kohle waren.

Um den Zugverlust in der Rauchkammer zu vermindern, wurden Löcher in die Selbstreinigungsleitbleche in Strömungsrichtung vor der engsten Stelle geschnitten und mit Funkenfängerlochblech abgedeckt. Diese Maßnahme war in der Konstruktionsphase berücksichtigt worden (siehe Abb. 40). Die durch diese Öffnung in Richtung Blasrohranlage strömenden Rauchgase umgingen den engsten Querschnitt, führten dort zu einer Absenkung der Strömungsgeschwindigkeit und auch zu einer Minderung der Selbstreinigungswirkung. Die Öffnungen wurden Schritt für Schritt vergrößert, bis die Selbstreinigungswirkung aussetzte und dann wieder von Mal zu Mal etwas verkleinert, bis eine akzeptable Selbstreinigung wiederhergestellt war. Diese Vorgehensschritte sind in der Tabelle 33 dargelegt und die Abb. 55 zeigt in Diagrammform die Auswirkung auf den Zugverlust in der Rauchkammer.

Tabelle 33
SAR-Klasse 26 Nr. 3450: Änderungen im Inneren der Rauchkammer

Anordnung in der Rauchkammer (Nrn. beziehen sich auf d. Abb. 55)	Funkenfänger, freier Querschnitt, m² (1) Vor der Einengung	(2) Hinter der Einengung	(3) Gesamt	(4) (1)÷(2)	(5) Rauchgaswiderstand der Rauchkammer in % des Rauchkammerunterdrucks an der Rohrwand	(6) Selbstreinigungswirkung	(7) Sekundärluftquerschnitt im Versuch, Durchschnitt, cm²
1	0	0,831	0,831	0	83,4 %	100 %	442
2	0,169	0,831	1,000	0,20	55,4 %	100 %	860
3	0,381	0,831	1,212	0,46	29,0 %	100 %	1 069
4	0,844	0,888	1,732	0,95	16,3 %	schlecht	1 000
5	0,648	0,888	1,536	0,73	17,6 %	normal	1 000

Der Rauchgasströmungswiderstand in der Rauchkammer hing in starkem Maße von dem Anteil des Rauchgasstroms durch den engsten Querschnitt ab. Die erreichten Minderungen des Zugverlusts in der Rauchkammer waren nicht so sehr in der allmählichen Vergrößerung der Querschnitte mit Funkenfängerlochblech an sich begründet, als vielmehr in der dadurch möglichen Verkleinerung der Gasgeschwindigkeit durch diesen engsten Querschnitt. Die Selbstreinigungswirkung blieb 100 % bis ein kritischer Geschwindigkeitswert unterschritten wurde. Im Grenzbereich einer akzeptablen Selbstreinigungswirkung reagierte diese empfindlich auf kleine Änderungen des Rauchgasstroms am engsten Querschnitt und konnte am kritischen Punkt durch geringe Änderungen an den inneren Rauchkammerleitblechen merklich verbessert oder verschlechtert werden. Bei der endgültigen Anordnung der Rauchkammereinbauten wurde die selbstreingende Wirkung als besser angesehen, falls das Ablenkblech vorn unten in der Rauchkammer einen größeren Radius hatte (siehe Abb. 39). Obwohl die Selbstreinigung dann nicht 100 % war, so war sie doch etwa gleichwertig der einer Serien-25NC und verursachte keine Betriebsstörungen, wobei das Reinigen der Rauchkammer zu den normalen Routineaufgaben an der Schlackengrube in dem Heimatdepot der Lokomotive gehörte.[1] Die Selbstreinigung zu 100 %, an sich erst einmal wünschenswert, war demonstriert worden, aber dazu zurückzukehren, hätte den Zugverlust der Rauchkammer vergrößert und möglicherweise kleinere Blasrohrdüsen verlangt. Das wurde aber als nicht im Sinne des bestmöglichen Leistungsverhaltens angesehen.

Die Blasrohranlage selbst bedurfte während der Einfahrzeit nur wenig Aufmerksamkeit. Während der Festlegung der optimalen Anordnungen für die Rauchkammer und der Sekundärluft, wurden die Blasrohrdüsen für „scharfen Saugzug“ als Sicherheitsmaßnahme gegen mögliche Probleme mit der Verdampfungswilligkeit benutzt. Die weiteren normalen Düsen wurden vier Monate später wieder eingebaut, als diese Arbeiten abgeschlossen waren. Als die engeren Blasrohrdüsen eingebaut wurden, war die Ausrichtung der Schornsteine zu den Blasrohren überprüft und bei beiden Schornsteinen eine Abweichung um 15 Millimeter aus der Mitte vorgefunden worden. Das Erreichen einer perfekten Ausrichtung stellte sich als schwierig heraus, und das beste seinerzeit erreichte Ergebnis war 2,5 Millimeter Abweichung für den hinteren Schornstein und 10 Millimeter für den vorderen. Während des Wiedereinbaus der normalen Blasrohrdüsen wurde ein weiterer Versuch unternommen, und diesmal gelang die Ausrichtung des vorderen Schornsteins bis auf 1 Millimeter. Die Ausrichtung wurde mit einem in die Blasrohre passenden Lotstab vorgenommen, was somit ein Maß für die Konzentrizität von Schornstein und Blasrohr war. Jede Asymmetrie in dem Aufbau der Blasrohrdüsengruppe beeinflusste die Stellungen der Düsenmündungsquerschnitte relativ zu den Schornsteinen. Allerdings ergaben Messungen mit den eingebauten Blasrohrdüsen, dass nur zwei der acht Düsen ungleichmäßige Abstände von der Schornsteininnenwand hatten, die eine um 3 Millimeter, die andere um 5 Millimeter. Das wurde als unwesentlich angesehen. Während 3450 in Capital Park war, gab es keinen erkennbaren Verschleiß an den Blasrohrdüsen oder den Schornsteinen durch Löscheerosion, und die Ölkohleablagerungen auf den Blasrohrdüsen wurden als geringfügig beurteilt.

Die Wirkung des Hilfsbläsers wurde ständig durch Löschestückchen beeinträchtigt, die die Bläserdüsen verstopften, und es wurde festgestellt, dass der Hilfsbläserdampf auf die Blasrohrdüsen traf. Die Abhilfe für beide Übel war es, die Ebene der Bläserdüsenmündungen um 110 Millimeter anzuheben, was sie um einiges von dem Flansch der Blasrohrdüsen entfernte. Der konstruktiv vorgesehene Schutz der Bläserdüsen ging damit verloren, aber im weiteren Verlauf erlitten sie keine Beschädigungen. Die originalen Düsen wurden beibehalten und sie wurden auf Verlängerungsrohrstücke angebracht, die an die Bläserringleitungen hartgelötet wurden (siehe Tafel 52). Beim Anheizen erwies sich der normale SAR-Anheizringbläser, in beide Schornsteine eingehängt, als wirksamer, als Druckluft in die Lokomotivbläser einzuleiten, und folglich wurde der Druckluftanschluss an dem Bläserknierohr an der Rauchkammer entfernt. Es wurde bemerkt, dass die Schornsteine, obwohl bis an die Profilgrenze geführt, nicht der höchste Punkt der Lokomotive waren. Diese Ehre ging um etwa 80 Millimeter an den Pfeifenventilhebel (tatsächlich ließ die Höhe, bis zu der im Kohlenkasten Brennstoff aufgehäuft werden konnte, vermuten, dass das Höhenmaß des Fahrzeugumgrenzungsprofils unnötig restriktiv war). Die Möglichkeit, eine 100 Millimeter messende Verlängerung aus dünnem Blech an die Schornsteine anzuschweißen, wurde deshalb erwogen und die Blechabwicklung dafür ausgearbeitet, aber die Idee wurde niemals in die Tat umgesetzt.

---

[1] Später stellte sich heraus, dass die Schuppenarbeiter an den Schlackenkanälen die Rauchkammer nicht regelmäßig reinigten, weil der vorn angebrachte Fußtritt nach Art der Serien-25NC hinsichtlich der Sicherheit an der verlängerten Rauchkammer zu klein war und folglich sammelten sich Löscheablagerungen an. Ein größerer und sicherer Fußtritt ersetzte dann den ursprünglichen.

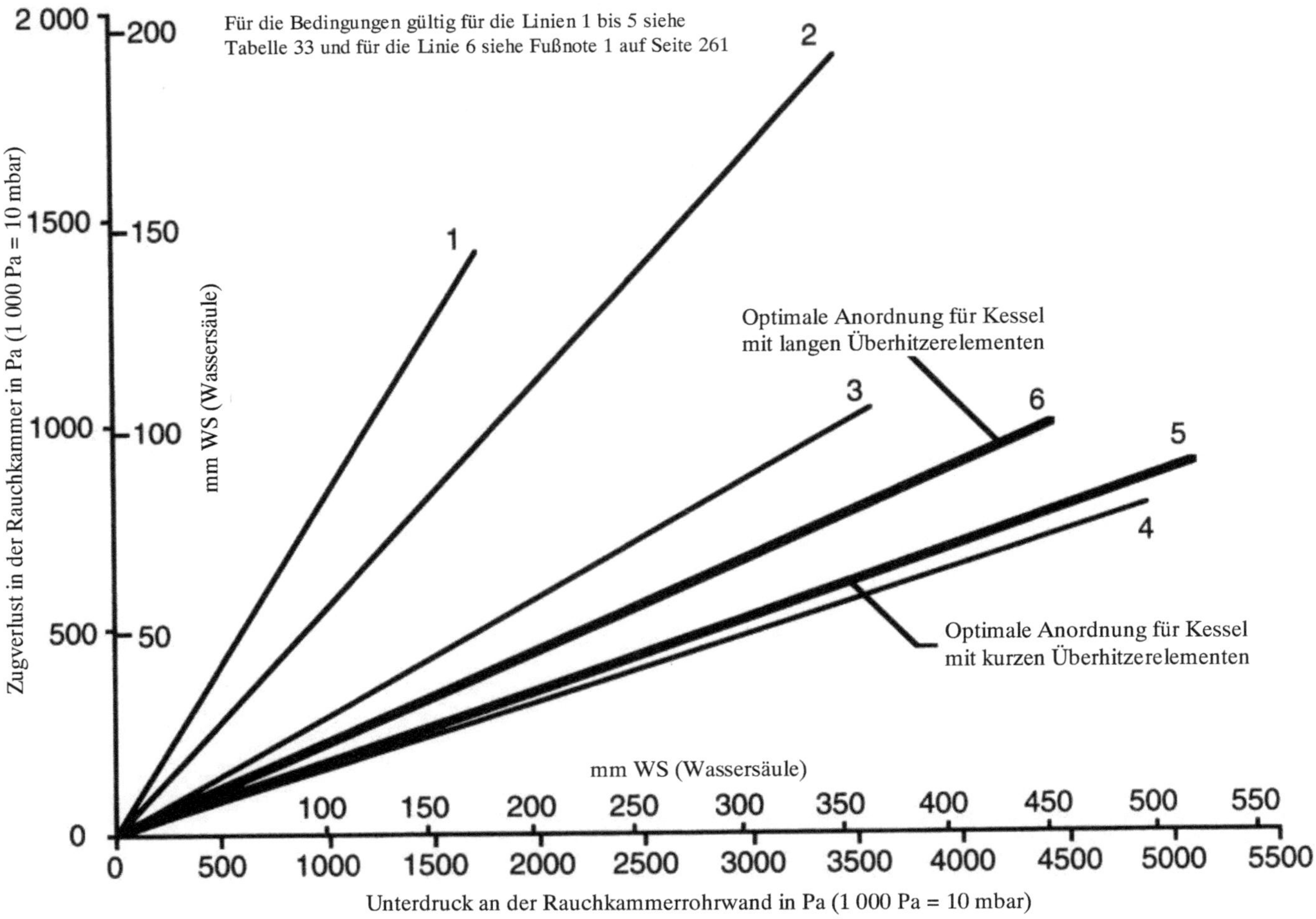

Abb. 55
SAR-Klasse 26: Zugverlust in der Rauchkammer über dem Unterdruck an der Rauchkammerrohrwand

3. Das Speisewasservorwärmsystem

Es wurde bereits erwähnt, dass selbst bei der Fahrt von Salt River nach Beaconsfield, mit nur zwei Personenwagen im Schlepp, Probleme beim Halten des Wasserstands im Kessel mit der Speisepumpe auftraten. Bei der ersten Fahrt von Pretoria nach Witbank, als 670 Tonnen / 80 Achsen über Steigungen von 20 ‰ unter Ausnutzung hoher Kesselleistungen befördert werden mussten, wurde dann die Unzulänglichkeit der Wasserförderung der Speisepumpe sehr offensichtlich. Ich war von Salt River darüber informiert worden, dass es keinerlei Mittel mehr gab, die Pumpen nach der Aufarbeitung zu prüfen, da der Prüfstand verschrottet worden war, nachdem die Kondenslokomotiven zu Auspufflokomotiven umgebaut worden waren. Damit war deutlich, dass eine zuverlässige Pumpenleistung nicht garantiert, ja nicht einmal erwartet werden konnte, aber da der Speisewasservorwärmer ein wichtiger Bestandteil des ganzen Plans war, konnte er nicht einfach wegen dieses Problems aufgegeben werden. Eine Untersuchung ergab, dass es genügend Platz gab, eine zweite Speisepumpe auf der linken Seite des Speisewasservorlagebehälters zu installieren, und somit fiel die Entscheidung, das so auszuführen. Eine Reserve-pumpe wurde vom Kap aus verschickt und eingebaut. Das gefiel mir nicht wirklich, denn nun hatte die Lokomotive drei Vorrichtungen zur Kesselspeisung, zwei Speisepumpen und eine Strahlpumpe, und man sollte niemals mit überzähliger Ausrüstung zufrieden sein. Allerdings funktionierte es und ermöglichte die Nutzung des Speisewasservorwärmers, obwohl die Anordnung durchaus ihre eigenen Probleme hatte. Die Druckleitungen der beiden Speisepumpen mussten vor dem Stehkessel zusammengeführt werden. Jede Pumpe hatte ein Rückschlagventil an ihrem Austritt, aber die Sitze diese Ventile waren so stark angefressen, dass ein Großteil der Wasserförderung seinen Weg durch die andere Pumpe zurück in den Speisewasservorlagebehälter fand. Das lag ausschließlich an der Vernachlässigung der Pumpen[1], und da die herausnehmbaren Sitze mehr oder weniger festgerostet waren, erforderte deren Wiederherstellung ein arbeitsintensives Einschleifen der Ventile, um alle Korrosionsnarben zu entfernen. Die Dampfversorgung der zweiten Pumpe wurde von der Dampfzuleitung der ursprünglichen Pumpe abgezweigt, wobei beide Pumpen ihre eigenen Regulierventile und Manometer hatten, und der Abdampf wurde in die Leitung eingeführt, die den Abdampf der ursprünglichen Pumpe zum Aschkasten führte, wobei die Düsenquerschnitte in den Aschkastenleitungen verdoppelt wurden.

Um die Möglichkeit auszuschließen, dass der Speisewasservorlagebehälter leer gesaugt wurde, wenn beide Speisepumpen eingeschaltet waren, wurde ein zweiter Wassereinlauf in den Vorlagebehälter, wie auf den 25C, für nötig befunden. Da der Tenderwasserkasten nur zwei Austrittsöffnungen hatte, musste die neue Verbindung von der Zulaufleitung zur Strahlpumpe abgezweigt werden, wobei sie in den Speisewasservorlagebehälter an der Stelle eintrat, die ursprünglich für die Wärmetauscherkondensatleitung vorgesehen war. Schnell wurde entdeckt, was passierte, wenn die Lokomotive bei abgeschalteter Speisepumpe schwer arbeitete. Dann gab es keinen Wärmeaustausch im Wärmetauscher und der Abdampfdruck drückte das Wasser in der Kondensatleitung zurück, bis der Abdampf selbst den Speisewasservorlagebehälter erreichte, mit dem Ergebnis, dass dort das Wasser kochte. Die Symptome waren nicht schwer zu erkennen.

[1] Die Aufarbeitungsstandards der Pumpen waren in den letzten Jahren der Kondenslokomotiven bewusst gesenkt worden, da davon ausgegangen wurde, dass die Ausrüstung nicht mehr lange halten musste (zum Beispiel wurden die Pumpenlaufräder aus normalem Gusseisen statt aus Edelstahl gefertigt). 3450 änderte die Situation etwas, und 1981 wurde entschieden, für 3450 und 3511, die letzte betriebsfähig erhaltene 25C, zehn Pumpen mit einem höheren Standard aufzuarbeiten. Allerdings änderte das nichts daran, dass die betroffenen Pumpen unzuverlässig waren.

Wasserstrahlen spritzen aus der Entlüftungsleitung des Speisewasservorlagebehälters am Führerhausdach[1], ein verdächtiges, rumpelndes Geräusch von kochendem Wasser unter dem Führerstandsboden und ein schneller Ausschlag der Nadel der Wassertemperaturanzeige über den Punkt des zulässigen Betriebsbereichs der Pumpe hinaus (82 °C). Das konnte sehr schnell passieren, in weniger als einer Minute, und sobald es einmal eingetreten war, konnten die Speisepumpen nicht benutzt werden, bis sich das Wasser in dem Speisewasservorlagebehälter nach dem Schließen des Reglers wieder abgekühlt hatte (es gab ein Kugelventil in der Kondensatleitung, um das Durchblasen von Abdampf zu vermeiden, wenn nur die Strahlpumpe benutzt wurde, aber Ausflüge auf den Umlauf bei fahrender Lokomotive, um dieses Ventil zu schließen und dann wieder zu öffnen, waren zu gefährlich, um sie in Erwägung zu ziehen). Natürlich hätte eine Pumpe immer angestellt werden können, sobald der Regler geöffnet wurde, aber nicht immer passte das zum Betriebszustand des Kessels. Die Lösung des Problems bestand darin, die Kondensatleitung bis in den Tenderwassertank zu verlängern. Die Temperatur der großen Wassermasse in dem Tender wurde von dem Abdampf während der kurzen Zeit, in der der Regler ohne gleichzeitige Förderung einer Speisepumpe geöffnet sein konnte, wenig beeinflusst. Die Wassertemperaturanzeige wurde versetzt, um die Tenderwassertemperatur anzuzeigen, und gelegentlich wurden im Sommer 40 °C abgelesen, wenn der Tenderwasserstand niedrig war, was dann aber reichte, um das Anlassen der Strahlpumpe schwierig zu machen.

Nachdem die vorerwähnten Änderungen gemacht worden waren, konnte der Kessel ausreichend mittels des Speisewasservorwärmers gespeist werden. Oft reichte eine Pumpe nicht aus, um einen gleichbleibenden Wasserstand zu halten, aber mit beiden angestellten Pumpen war die Speisewasserförderung sehr groß, so dass es bei größeren Verdampfungsleistungen im Allgemeinen notwendig war, die zweite Pumpe je nach Kesseldruck an- und abzustellen. Als ein Versuch, die Pumpendrehzahl zur Erhöhung der Wasserfördermenge durch Anhebung des Dampfdrucks vor den Turbinendüsen zu vergrößeren, wurden die Kanäle in dem Drehschieberventil erweitert und die Drehschieberventile später durch Kugelventile ersetzt. Dadurch ließ sich der an der Pumpe zur Verfügung stehende Anteil des Kesseldampfdrucks von 84 % bei den Serien-Drehschieberventilen auf 95 % bei den Kugelventilen vergrößern. Allerdings schien es im Hinblick auf die damaligen unzureichenden Instandsetzungsmöglichkeiten unmöglich zu sein, etwas gegen ihre allgemeine Unzuverlässigkeit zu tun. Dies äußerte sich auf solche Weisen wie plötzlicher Abfall der Fördermenge, Ölundichtigkeiten der Lager, Lagerdefekte und Anstreifen des Pumpenläufers an das Gehäuse, wobei für all diese Übel die einzige Abhilfe in dem Ersatz der defekten Pumpe bestand. Das war eine recht einfache Arbeit, aber man konnte nie sicher sein, ob die neue Pumpe überhaupt besser als die ersetzte arbeiten würde. Diese wenig zufriedenstellende Situation sollte so lange andauern, wie ich mit der 3450 zu tun hatte. Eine weitere Schwierigkeit bestand darin, dass die Schnellschlusseinrichtungen der Pumpen gegen Überdrehzahl unnötig auslösten, was soweit ging, dass sie üblicherweise ausgebaut und auf dem Tender gelagert wurden. Eine negative Eigenschaft war auch, dass all die zusätzlichen Rohrleitungen der Änderungen des Vörwärmersystems unter dem Führerhausboden einen „Klempneralbtraum" geschaffen hatten. Tatsächlich hätte man den Raum dort als mit Rohrleitungen vollständig ausgefüllt beschreiben können (siehe Tafel 44).

Bei Einsätzen mit abwechselnder Fahrt unter Dampf und Leerlauf, wie zum Beispiel bei häufig haltenden Personenzügen oder auf hügeligen Streckenabschnitten, war die Wirksamkeit von Speisewasservorwärmern immer geringer. Unter solchen Bedingungen war es üblich, den Kessel überwiegend auf den Fahrtabschnitten mit geschlossenem Regler aufzuspeisen, um die Kesseldruckhaltung bei der anschließenden Fahrt unter Dampf zu erleichtern, und um im Leerlauf das Abblasen der Sicherheitsventile zu vermeiden. Um dieser Tendenz entgegenzuwirken, wurde in der Kondensatleitung ein Absperrventil angebracht, das automatisch schloss, wenn die Speisepumpen nicht angestellt waren, unabhängig davon, ob der Regler geöffnet war oder nicht. Das erhöhte den Dampfstrom zu den Blasrohrdüsen und führte zu einem schnelleren Kesseldruckanstieg, so dass die Speisepumpe so schnell wie möglich nach dem Wiederöffnen des Reglers angestellt werden konnte (das Absperrventil hätte auch des Eindringen von Abdampf in den Speisewasservorlagebehälter und zu starkes Erwärmen des Wassers dort verhindert, aber zu der Zeit, als das Ventil eingebaut wurde, war die Kondensatleitung bereits bis in den Tendertank verlängert worden). Im letzten Abschnitt der Einfahrzeit wurden häufig haltende Personenzüge befördert, wofür sich dieses Absperrventil als nützlich erwies. Allerdings erforderten die Einsatzpläne auf den von Beaconsfield aus bedienten Strecken und das Streckenprofil längere Fahrtabschnitte mit geöffnetem Regler, und nachdem 3450 zu ihrem Heimatdepot zurückgekehrt war, war das Absperrventil weitestgehend überflüssig und wurde entfernt.

Die Ventile für die automatische Zufuhr von Frischdampf zu dem Wärmetauscher, sobald eine Speisepumpe bei geschlossenem Regler angestellt wurde, machten keine gute Figur und trotz der Wartung in Capital Park konnten sie bestenfalls als launisch bezeichnet werden. Um nun langwierige Reparaturen an dieser relativ unwichtigen Einrichtung zu vermeiden, wurden sie entfernt und Frischdampf zum Vorwärmer wurde nun mit einem manuell zu betätigenden Ventil im Führerstand angestellt. Auf einer Hinweistafel war angegeben, dass dieses Ventil zu öffnen war, wann immer bei geschlossenem Regler eine Speisepumpe benutzt wurde. Damit wurde natürlich das Risiko eingegangen, dass bei Nichtbeachtung dieser Anweisung kaltes Wasser in den Kessel gespeist wurde, aber Porta hatte mir gegenüber klar gemacht, dass eine frischdampfbetriebene Strahlpumpe normalerweise Wasser von etwa 60 °C einspeiste, also etwa 140 °C unter der Siedetemperatur des Kesselwassers und dass bei einer typischen Tenderwassertemperatur von 15 °C die Differenz dann eben bei Kaltspeisung nur auf 185 °C anstieg. Also kein so großer Unterschied, als dass Ärger wahrscheinlich war, oder anders gesagt, die Frischdampferwärmung war vermutlich unnötig. Wie auch immer, soweit die Speisepumpenfördermenge normal war, wärmte sie das Speisewasser auf 50 bis 70 °C vor, ziemlich genau die Temperatur wie bei der Strahlpumpe, wobei die genaue Temperatur abhängig von der Tenderwassertemperatur und der Sauberkeit der Wärmetauscherrohre war.

Der eigentliche Wärmetauscher war mechanisch zuverlässig. Er war vorsichtshalber einer Wasserdruckprobe unterzogen worden, bei der keine Leckagen aufgetreten waren, aber die Speisewassertemperatur nach Vorwärmer war nicht annähernd ausreichend. Sie erreichte nur 66 bis 82 °C bei konstantem Kesselwasserstand und einer Tenderwassertemperatur von etwa 20 °C, wobei die Temperatur mit steigender Kesselleistung anstieg. Es wurde vermutet, dass die inneren Umlenkbleche den Wärmeaustauschvorgang eher behinderten als förderten, aber da ihr Ausbau mit einem ziemlichen Aufwand verbunden gewesen wäre und im Hinblick auf die langsame Erledigung schon der einfacheren Arbeiten, wurden während der Einfahrzeit an dem Wärmetauscher keine Änderungen vorgenommen.

3. Die Herdner-Anfahrventile

Obwohl vor ihrer Ankunft in Capital Park keine Anfahrprobleme mit der 3450 beobachtet worden waren, stellten sie sich bald auf den steilen Rampen der Strecke Pretoria – Witbank ein, zumal einige Signale in den Höchststeigungen aufgestellt waren. Während der ersten Fahrt, mit 670 Tonnen am Tender, wurde der Zug in der 18-‰-Steigung westlich von Rayton gestellt, und es machte in der Tat erhebliche Mühe, wieder in Gang zu kommen, selbst mit abblasenden Sicherheitsventilen, um den absolut höchstmöglichen Kesseldruck zu haben. Solche Kämpfe wurden ein Merkmal für die Fahrten nach Witbank, und sie wurden, wie der Leser sehen wird, nicht immer gewonnen.

[1] Das trat immer auch dann auf, wenn die Lokomotive mit vollem oder fast vollem Tenderwassertank bremste, aber wir alle kannten die Bereiche des Führerstands, die zu meiden waren, falls uns nicht nach einer Dusche zumute war.

Anscheinend funktionierten die Anfahrventile nicht wie beabsichtigt, und da die Signale vermutlich ihre lästige Gewohnheit, an der falschen Stelle Rot zu zeigen, nicht aufgegeben haben würden, musste etwas geschehen.

Als erstes wurde eine Überprüfung der Maximalfüllungen vorgenommen. Die Ergebnisse sind in der Tabelle 34 angegeben. Die gemessenen und berechneten Werte wurden als ausreichend übereinstimmend betrachtet, und damit lag das Anfahrproblem bei den Herdner-Ventilen. Diese wurden zur Untersuchung ausgebaut, und es wurde festgestellt, dass die Ventile und Sitzflächen Schäden aufwiesen, wie sie durch starkes Aufschlagen (Flattern) der Ventile entstehen. Dieses Problem wurde anschließend auf eine Undichtigkeit am Anstellventil der Anfahrventile, oder noch wahrscheinlicher, der Anfahrventile selbst zurückgeführt. Diese Undichtigkeit ermöglichte den Eintritt von Dampf in die Anstellleitung der Anfahrventile, der sich während der Ausströmphase in die Zylinder entlud, wobei er ein ständiges Öffnen und Schließen der Ventile verursachte. Der Schaden wurde behoben, ein Manometer an die Dampfleitung zu den Anfahrventilen angeschlossen und Stäbe an die Ventilschäfte angeschweißt, die durch die Ventilabdeckungen hindurch traten und so als Anzeiger für die Ventilbewegung dienten. Dann wurden Versuche gemacht, die zeigten, dass die Ventile die steifen Ventilfedern nicht zusammendrückten und damit nicht unter allen Bedingungen auf ihrem unteren Sitz abschlossen, und dass der Druck der Dampfversorgung viel niedriger war als der Kesseldruck. Diese beiden Probleme standen zueinander in Beziehung. Das Erstere bedeutete, dass der Dampf des Anfahrventils während der Ausströmphase direkt in Schornstein entwich, und da die gemeinsame Dampfleitung zu den beiden Anfahrventilen verzweigte, führte das zu einem niedrigen Dampfdruck in der Zuleitung zu dem Ventil an dem anderen Zylinder, so dass dieses Ventil ziemlich unwirksam wurde. Es wurden einige Versuche gemacht, die Ventile dazu zu bringen, während der Ausströmung auf ihren unteren Sitzen abzuschließen, aber diese waren nicht erfolgreich, und so traten weiterhin Schäden an der Ausrüstung durch Schlagen auf, bis hin zu dem glatten Bruch von einigen Komponenten.

Angesichts der Dringlichkeit, das Anfahren zu verbessern, wurde beschlossen, beide Ventile mit einer vollständig getrennten Dampfzufuhr zu versehen. Ein zweites Anstellventil (Anstellventil für Strahlpumpen) wurde deshalb in der Nähe des anderen angebracht, mit einer Dampfentnahme vom linken Armaturenstock. Der Handhebel für die Anfahrventile wurde mit beiden Anstellventilen gekuppelt,

Tabelle 34
SAR-Klasse 26 Nr. 3450: Maximalfüllungen

Stellung der Umsteuerung	Gemessene Füllung				Berechnete Füllung	
	Linker Zylinder		Rechter Zylinder			
	Vorderer Kanal	Hinterer Kanal	Vorderer Kanal	Hinterer Kanal	Vorderer Kanal	Hinterer Kanal
Größtfüllung vw	67,8 %	61,2 %	67,9 %	60,6 %	67,5 %	61,9 %
Größtfüllung rw	58,5 %	59,2 %	56,9 %	62,3 %	57,5 %	61,0 %

so dass bei seinem Betätigen Kesseldampf getrennt zu beiden Anfahrventilen strömte (siehe Tafel 43). Das war eine unbeholfene Anordnung, aber es funktionierte. Gleichzeitig wurden die Ventile selbst zur Verbesserung ihrer mechanischen Zuverlässigkeit abgeändert. Die Idee, dass die Ventile auf unteren Sitzen abschließen sollten, wurde aufgegeben, wobei diese Sitze einfach zu definierten Anschlägen für die vollständig geöffnete Stellung der Ventile wurden. Das bedeutete, dass es nun akzeptiert wurde, dass Dampf während der Ausströmphase direkt in den Schornstein entweichen würde, aber die Betriebserfahrung hatte bereits gezeigt, dass die Herdner-Ventile nur zur Ingangsetzung eines Zugs benötigt wurden, und dass ihr längerer Gebrauch nicht notwendig war. Dieser Dampfverlust wurde deshalb als vernachlässigbar angesehen und konnte die Funktion des Anfahrventils am gegenüberliegenden Zylinder nicht mehr beeinflussen. Zusätzlich wurden neue Pilzventile und neue obere Sitze vorgesehen, welche flache Sitzflächen, statt der konischen hatten und der Ventilhub von nominal 20 Millimeter auf unter 6 Millimeter reduziert.

Versuche in Capital Park nach Fertigstellung dieser Änderungen zeigten, dass der Druck in den Leitungen zu den Anfahrventilen während der Phase der Dampfströmung zur Vergrößerung der Zugkraft zwischen 94 % und 99 % des Kesseldrucks schwankte, abhängig davon, ob die Zylinderentwässerungshähne geöffnet oder geschlossen waren. Das waren zufriedenstellende Werte. Die Streckenerfahrungen bestätigten ebenfalls, dass sich das Anfahrvermögen verbessert hatte, war aber immer noch nicht so gut wie das einer Lokomotive mit der normalen SAR-Maximalfüllung von 80 %, und Anfahrprobleme in großen Steigungen bleiben bestehen. Dennoch wurden keine weiteren Arbeiten an den Anfahrventilen unternommen, da Indikatordiagramme benötigt wurden, um zu sehen, was wirklich ablief. Die Gelegenheit dazu kam erst zwei Jahre später. Da die Neigungen der von Beaconsfield aus bedienten Strecken weniger steil waren, wollte ich auch erst einmal sehen, ob es dort zu ernsten Anfahrproblemen kommen würde, bevor entschieden werden konnte, ob eine verbesserte Funktion der Anfahrventile eine absolute Notwendigkeit war.

5. Schmierung

Der wichtigste Vorfall mit den abgeänderten Bauteilen des Schmiersystems war der Zerfall der Stopfen mit den schraubenförmigen Ölkanälen in den Zylinderrohren. Bei einer Untersuchung wurde festgestellt, dass der eine ganz fehlte und der andere lose war. Er musste mit der Gasflamme ausgeschmolzen werden. Anscheinend waren die Stopfen fälschlicherweise aus Messing gegossen worden, das den Temperaturen und / oder der erodierenden Wirkung des Dampfs nicht widerstand. Da neue Stopfen ohne Ausbau der Zylinderbuchsen nicht eingebaut werden konnten, gab es zum Weiterbetrieb ohne sie keine Alternative.

Einiges an den Schmierleitungen wurde verbessert und gelegentliche Prüfungen des Zustands der Schieber- und Zylinderbuchsen wurden vorgenommen. Diese blieben in einem sehr guten Zustand mit glatten, spiegelblanken Oberflächen. Eine im Juli nach etwa 6 400 Kilometer Laufleistung der Lokomotive nach ihrem Umbau durchgeführte Inspektion des linken Zylinders ergab, dass die Bearbeitungsspuren der Herstellung auf den Buchsen noch sichtbar waren und der Verschleiß des Kolbenkörpers wurde mit fast null bewertet. Geringes Ablösen von Werkstoff an der Oberfläche der Kolbenstangen in dem Bereich, wo sie durch die Stopfbuchsen liefen, gab anfangs Anlass zur Sorge, wurde aber nicht schlimmer und bald ignoriert.

6. Sandstreueinrichtung

Die Druckluftsandstreueinrichtung an sich ergab all die auf Seite 166 angegebenen erwarteten Vorteile – solange es etwas Luft zu ihrem Betrieb gab. Leider war das nicht allzu oft der Fall, da sich die Antriebsriemen des Kompressors ständig verdrehten und abrissen oder aus dem Treibscheibenprofil heraussprangen und verloren gingen. Trotz verschiedener Änderungen, wiederholter Überprüfung der Riemenspannung, des Fluchtens der zwei Scheiben und Versuchen mit anderen Riementypen blieb das Problem bestehen. Als ich herausfand, wieviel diese Riemen kosteten, entschied ich mich zum Aufhören und über andere Möglichkeiten der Drucklufterzeugung nachzudenken. Inspiriert von ähnlichen Vakuumpumpen, die bei der Great Western Railway *(Anm. d. Übers.: eine der großen englischen Privatbahnen, aus denen 1948 die British Railways hervorgingen)* benutzt worden waren, wurde eine Luftpumpe mit Antrieb vom Kreuzkopf konstruiert, aber mit einigen ihrer Details war ich nicht zufrieden. Obwohl einige Bauteile hergestellt wurden, wurde sie nie eingebaut. In der Zwischenzeit hatte Lokomotivführer Vos entdeckt, dass der Rollring der Saugluftbremszylinder die Keilriemen ersetzten konnte; sie bleiben im

Scheibenprofil, hielten aber nicht lang. Allerdings waren sie (vermutlich) billig, und wir hielten einfach einen Vorrat davon auf der Lokomotive und ersetzten sie nach Bedarf. Das war eine einfache Arbeit, da sie ohne Weiteres über die Riemenscheiben gedehnt werden konnten.

Der ursprüngliche Luftvorratsbehälter von ungefähr 0,11 m^3 Inhalt erwies sich als zu klein, und beim Sanden sank der Luftdruck so rasch, dass die Sandung bei 30 km h^{-1} nur für etwa eine Minute benutzt werden konnte, bevor im Vorratsbehälter die Luft ausging. Deshalb wurde ein zweiter Luftvorratsbehälter von 0,24 m^3 Inhalt auf dem Tenderwassertank angebracht, wobei die beiden Behälter miteinander verbunden wurden. Beide Behälter erhielten eine Druckluftschlauchkupplung und ein langer Luftschlauch wurde auf dem Tender mitgeführt, so dass das System vor dem Ausrücken aus dem Depot mit Luft vorgefüllt werden konnte. Der Kompressor brachte dann den Druck schnell auf den maximalen Arbeitsdruck von 10,3 bar (Sand wurde bereits bei 3,4 bar und vielleicht sogar darunter gefördert). Auf diese Weise funktionierte das System, wenn auch unregelmäßig, und wegen der trockenen Jahreszeit gab es keine besonderen Probleme mit dem Schleudern. Natürlich konnten die Rollringe als Ersatz für die Keilriemen nur als Übergangslösung angesehen werden, aber zu der Zeit war keine Zeit, einen besseren Antrieb für den Kompressor auszuarbeiten und diese Weiterentwicklung musste bis zur ersten Werkstattuntersuchung der Lokomotive im Oktober 1982 warten.

Abgesehen von dem Kompressorantrieb, gab es ein weiteres Problem dabei, den richtigen Kompressoröldruck zu gewährleisten. Dieser Druck schien *außerordentlich* empfindlich auf die Einstellung des Überströmventils in der Ölumgehungsleitung zu reagieren. Falls das Ventil zu weit geöffnet war, wurde gar kein Öldruck angezeigt. Wurde es zu weit geschlossen, schoss der Öldruck in die Höhe und der Zeiger des Manometers umrundete ein paar Mal das Zifferblatt, bevor das Manometer zerbrach und in alle Richtungen Öl ausspie. Schließlich wurde eine brauchbare Einstellung gefunden und in der Ölpumpendruckleitung wurde als Vorkehrung gegen den Aufbau eines zu hohen Drucks ein Druckentlastungsventil angebracht. Dennoch schwankte der Öldruck auch weiterhin erheblich in Abhängigkeit von der Drehzahl der Anlage und war bei Rückwärtsfahrt der Lokomotive immer null, was zweifellos alles andere als ideal für die Kompressorlager war.

7. Speisewasseraufbereitung

Das Wasseraufbereitungsmittel in brikettierter Form bildete bei der Aufgabe in das Tenderdosierrohr Schlamm, der den Austritt des Dosierrohrs in den Tendertank verstopfte. Die Chemiker hatten mir zu einem früheren Zeitpunkt versichert, dass das nicht passieren würde. Damit gelangten keine Chemikalien in das Speisewasser. Das war eine sehr ernste Situation, weil 3450 aufgrund einer besonderen Vereinbarung in Capital Park nicht enthärtetes Wasser nahm, denn Wasser mit einem hohen Härtegrad sollte mit der inneren Aufbereitung angeblich am besten funktionieren. Es stellte sich heraus, dass die Neigung, in einer begrenzten Wassermenge Schlamm zu bilden, eine Eigenschaft des von den SAR verwendeten brikettierten Wasseraufbereitungsmittels war. Damit war es für die Auflösung mittels eines Dosierrohrs ungeeignet. Nach dieser Entdeckung wurden die Briketts einfach jedes Mal vor dem Wassernehmen in den Tank geworfen, wobei dieser Methode der Nachteil anhaftete, dass sie unter normalen Betriebsbedingungen nicht überwacht werden konnte.[1] Die Dosierrate der Chemikalien wurde außerdem um 30 % gegenüber dem ursprünglich von den Chemikern festgelegten Wert erhöht. Einigen Ärger gab es wegen schlechter Fertigungsqualität mit den verkupferten Schmelzpfropfen. Bei einem Pfropfen wurde während des Auswaschens festgestellt, dass er wegen eines großen Lunkers in der Bleifüllung fast zusammengedrückt worden war.

8. Windleitbleche

Die Wirkung der Windleitbleche war während der Fahrten vor der Ankunft der Lokomotive in Capital Park als eher schlecht beurteilt worden. Auf der Strecke Pretoria – Witbank wurde die Lokomotive meistens, um einen beliebten Ausdruck der Dampflokomotivfreunde zu benutzen, „gedroschen", so dass, was auch immer aus den Schornsteinen kam, ziemlich schnell herauskam, jedenfalls schnell genug, um nicht in der Luftströmung am Kessel hängen zu bleiben. Gleichwohl gab es einige Verbesserungsversuche indem der Abstand zwischen der Rauchkammer und dem Unterteil der Windleitbleche geschlossen wurde. Diese Änderung zeigte allerdings keine große Wirkung.

9. Isolierung

An den vorderen Schieberkastendeckeln wurden Bekleidungen (von der Klasse 15CA) angebracht und die Isolierungen der Verrohrung wurden verbessert. Um die Rohre gewickelte Asbestschnüre fransten schnell aus und lösten sich auf, aber es stellte sich heraus, dass dem vorgebeugt werden konnte, indem die Schnüre nach der Anbringung gefirnisst wurden.

10. Umsteuerung

Die Hadfield-Dampfservoumsteuerung erwies sich der Bauart Hendrie auf der 2644 als deutlich überlegen, aber selbst damit waren akkurate Füllungsänderungen nicht möglich. Das Abdampfmanometer diente als Durchflussmesser und es erwies sich als schwierig, durch Füllungseinstellung einen konstanten Gegendruck, gleichbedeutend mit einem konstanten Dampfmassenstrom zu den Zylindern, einzuhalten. Da vorgesehen war, die Messwagenfahrten mit der vernünftigsten Methode für Streckenversuche durchzuführen, nämlich der der konstanten Kesselleistung, und da diese Bedingung durch Füllungseinstellung und nicht durch Drosselung mit dem Regler erreicht werden musste, hatten wir ein größeres Problem. Allerdings wurde mir während des Jahres ein weiterer Ingenieurassistent zu Ausbildungszwecken zugewiesen und ich erteilte ihm die Aufgabe, für 3450 eine Handumsteuerung mit Steuerschraube zu konstruieren.

Seit Langem hatte sich Porta für die Vorteile einer Beherrschung des Schleuderns mit der Umsteuerung statt mit dem Regler stark gemacht. Das verlangte eine sehr schnell reagierende Umsteuerung, wie es die Bauart Hadfield tatsächlich war. Mit ihr war es möglich, das Schleudern bei voll geöffnetem Regler zu stoppen. Allerdings hatten die 1E1 der Rio-Turbio-Eisenbahn Handumsteuerung mit Handrad und Schraube, die *sämtliche* Kriterien erfüllte: sie war präzise und verlangte sehr geringe Bedienungskräfte, konnte aber dennoch wegen der großen Steigung der Schraubenspindel innerhalb ungefähr einer Sekunde von, sagen wir mal 40 % Füllung, in die Mittelstellung gebracht werden. Genau das wurde benötigt, eine Umsteuerschraube, die Schnelligkeit und leichte Bedienung mit einer präzisen Füllungseinstellung verbindet. Nun, obwohl eine funktionierende Umsteuerschraube für eine Lokomotive von der Größe der 3450 konstruiert werden konnte, wie es die deutschen Lokomotiven ähnlicher Größe bewiesen, so waren die auftretenden Kräfte doch für eine Schraubenspindel mit einer Gewindesteigung von etwa vier bis fünf Umdrehungen von Größtfüllung vorwärts auf Größtfüllung rückwärts, falls die Umsteuerung zur Beherrschung des Schleuderns hätte geeignet gewesen sein sollen, zu groß. Mit anderen Worten, eine Umsteuerung mit Handrad und

---

[1] Zu einem späteren Zeitpunkt wurde ein „Korbspender" im Tendertank unter dem Wassereinlauf eingebaut. Er bestand aus einem oben offenen Stahlkasten mit geschlossenem Boden, wobei die Seitenwände im oberen Bereich perforiert waren. Die brikettförmigen Chemikalien wurden in diesen Korb eingelegt und jedes Mal, wenn Wasser genommen wurde, umgerührt. Das erhöhte ihre Lösungsrate und brach möglicherweise vorhandenen Schlamm auf. Dabei vermischte sich die chemische Lösung durch die perforierten Wandbereiche des Korbs mit dem Tenderwasser. Es konnten ausreichend Briketts für mehrere Tenderfüllungen in den Korb eingelegt werden.

Schraube, die das Kriterium der Genauigkeit erfüllte, konnte in eine große Lokomotive eingebaut werden, aber keine, die das Kriterium der schnellen Reaktion erfüllte (es sei denn vielleicht, dass ein wirksameres Kräfteausgleichssystem, als das bei der 3450 eingebaute, verwendet worden wäre). Es war schade, dass ich das nicht vorher ordentlich ausgearbeitet hatte, denn der Versuch, bei der 3450 beide Kriterien zu erfüllen, scheint vergeblich gewesen zu sein.

Mein junger Assistent schuf pflichtschuldigst eine Konstruktion, die Bauteile wurden angefertigt und die Hadfield-Dampfservo-umsteuerung ausgebaut und die neue Umsteuerung nicht lange vor dem geplanten Beginn der Messwagenfahrten eingebaut. Sie blieb für gerade einmal zwei Fahrten eingebaut. Zu der Zeit beförderten wir Personenzüge, wobei die Steuerung bei niedrigen Geschwindigkeiten gerade so eben verstellt werden konnte, aber jeder Versuch, die Arretierung bei 80 km h^{-1} oder mehr zu lösen, brachte allerdings Leib und Leben von Lokomotivführer Vos in Gefahr und hatte üblicherweise zur Folge, dass die Schwingensteine von allein in die Stellung der größten Vorwärtsfüllung sausten und dort bis zum Erreichen des nächsten Bahnhofs bleiben mussten. Der Druck der auf die Steuerwelle wirkenden Ausgleichsfeder wurde soweit wie möglich erhöht, um dieser Neigung entgegenzuwirken, aber ohne Erfolg. Bei einer Gelegenheit, auf der Rückfahrt von Witbank mit einer Bruttoanhängelast von 500 Tonnen hinter dem Tender, verklemmte sich der Apparat bei ungefähr 50 % Vorwärtsfüllung, was bei einem häufig anhaltenden Personenzug nicht sonderlich vorteilhaft ist. Wir hatten Befürchtungen, dass wir nicht wieder würden anfahren können, was mit so einer relativ geringen Zuglast peinlich gewesen wären, aber das Problem wurde mit dem universellen Dampflokomotivwerkzeug, einem großen Hammer, behoben, und so schafften wir den Rückweg ohne Unterstützung und kamen sogar sieben Minuten vor Plan in Pretoria an. So musste also die Hadfield-Umsteuerung wieder eingebaut werden, und ganz im Stil dieses kleinen Experiments, kriegten wir das nicht wieder hin, jedenfalls nicht ohne eine Menge Schweiß, Verwünschungen und Fluchen.

Die restlichen in Capital Park während der Einfahrzeit ausgeführten Arbeiten bestanden im Wesentlichen aus der laufenden Unterhaltung und dem Einbau von Anzeigern und Messinstrumenten. Im Hinblick darauf, was dann bei der Rückkehr der 3450 in den normalen Dienst in Beaconsfield geschehen sollte, ist es an dieser Stelle wichtig, darauf hinzuweisen, dass ein Bauteil, das während dieser Zeit keine Probleme machte, der Überhitzer war. Seinerzeit herrschte in Capital Park der Grundsatz, Lokomotiven zum Aufspüren undichter Überhitzerelemente bei jedem Auswaschen des Kessels einer Wasserdruckprobe zu unterziehen. Diese Vorgehensweise hätte nicht notwendig gewesen sein sollen und sie war auch durchaus schädlich, da jedes Mal der Schmierölfilm von den Schieber- und Zylinderbuchsen gewaschen wurde. Ich unterband diese Maßnahme bei 3450 und nur unmittelbar vor den Messwagenversuchen wurde eine Wasserdruckprobe als Vorsichtsmaßnahme vorgenommen, bei der dann keine Undichtigkeiten festgestellt wurden. Es ist hier auch von Interesse, dass nach Aussage der Kesselschmiede selbst das Auswaschen nicht nötig war, so sauber bleib der Kessel der 3450 während ihre Zeit in Capital Park, wobei man allerdings bei der Bewertung dieser Tatsache sich daran erinnern muss, dass die ganze Zeit dort nur einem Monat Einsatz im Hauptstreckendienst entsprach.

Erfahrungen auf dem Führerstand

Dass die Strecke Pretoria – Witbank kein einfaches Versuchsgelände war, wird aus dem in der Abb. 54 angegebenem Streckenprofil deutlich. Witbank lag um etwa 300 Meter höher als Capital Park Rangierbahnhof. Wegen des Berg-und-Tal-Profils der Strecke, die in ihrer Linienführung einer hügeligen Landschaft folgte, betrug die tatsächliche gesamte Hubhöhe 700 Meter in östlicher Fahrtrichtung und 400 Meter auf dem Rückweg. Das war allerdings nicht die einzige Schwierigkeit. Die Verspätungen wegen Überlastung der eingleisigen Strecke und mehr noch der Rangierbahnhöfe an beiden Enden wurden bereits erwähnt. Es war nicht ungewöhnlich in Pretoria oder Witbank an den Zug anzukuppeln, nur um dann gesagt zu bekommen, dass sich die Abfahrt um ein, zwei oder auch mehr Stunden verspäten würde, weil der Rangierbahnhof am anderen Ende den Zug nicht aufnehmen konnte. Bei einer Gelegenheit kuppelten wir an den Zug, um dann die Mitteilung zu bekommen, dass sämtliche Ausweichstellen zwischen dort und Witbank besetzt waren. Kurz gesagt, die Betriebssituation war ein chaotisches Durcheinander, obwohl es sich um einen erst kürzlich elektrifizierte Streckenabschnitt mit CTC *(Anm. d. Übers.: Centralized Traffic Control, eine aus Amerika übernommene zentrale Strecken- und Signalkontrolle durch eine zentrale Dispatcherstelle)* handelte. Dann gab es da noch ein Additionsproblem, um genau zu sein, eines der Addition bis zur Zahl 700, welche, man wird sich erinnern, unsere maximal zulässige Zuglast in Tonnen war. Das Rangierpersonal ging mit dieser Zahl recht großzügig um, und oft genug machten wir uns mit um einiges mehr auf den Weg. Die Einrichtungen zum Wassernehmen, die es in Bronkhorstspruit ungefähr auf halbem Weg gegeben hatte, waren mit der Elektrifizierung entfernt worden, und in der Folge mussten wir einen Wassertankwagen mit einem Gewicht von 20,6 Tonnen leer und 51,5 Tonnen voll mitführen, was zusätzlich zu der Überlast der Züge hinzukam. All das hätte keine besonderen Probleme bedeutet, hätte es nicht die Unsicherheit beim Anfahren gegeben.

Eine weitere Beschränkung war das Fehlen von Anlagen zur Feuerreinigung (Schlackengruben) auf der Strecke, und wegen der elektrischen Oberleitungen war der Gebrauch der Schüreisen, die auf Halterungen hoch an den Tenderseiten gelagert waren, verboten. Das verursachte keine Schwierigkeiten. Das Feuer wurde normalerweise bei dem Wenden im Depot Witbank gereinigt, wobei zehn- bis zwanzigmaliges Schütteln des Rosts üblicherweise genügte, aber einige Male wurde der 230-Kilometer-Umlauf mit voll ausgelasteten Zügen ohne jedes Rostschütteln absolviert. Dabei half die Tatsache, dass die Hinfahrt wesentlich anstrengender als die Rückfahrt war und weil die Kohle im Depot Witbank immer von der Grube Wolvekrans kam und von gleichbleibender guter Qualität war, jedenfalls nach südafrikanischen Maßstäben.[1] Der Kohlenkasten wurde in Witbank immer bis zum Fassungsvermögen gefüllt, und da nur relativ wenig Kohle bis Pretoria verbraucht wurde, musste in Capital Park nur wenig nachgeladen werden, bis der Kohlenkasten wieder voll war. Die typischen Verbrauchswerte waren ungefähr 7 Tonnen bis Witbank und 3 bis 4 Tonnen auf dem Rückweg. Folglich wurden die meisten Fahrten mit Verbrennung dieser einen Kohlesorte von guter Qualität unternommen, was den Einfahrprozess sicherlich einfacher machte, was aber das negative Ergebnis hatte, dass die Fähigkeit der Lokomotive, mit einer großen Bandbreite von Kohlesorten betrieben zu werden, wie sie die meisten Depots erhielten, nicht ordnungsgemäß sicher gestellt war.

3450 hatte einen Standard-Stoker, der von den Heizern wegen seiner besseren Kohleverteilung der Bauart Berkeley vorgezogen wurde, aber als sie erstmals von Capital Park aus eingesetzt wurde, gab es eine Tendenz, dass sich die Kohle in den hinteren Ecken der Feuerbüchse anhäufte. Das war allerdings ein allgemeines Problem bei der Klasse 25NC. Es wurde durch die übliche inoffizielle Abhilfe, dem Abbrechen der Spitzen der äußeren Rippen des Verteilertisches, gelöst. Danach war es im Allgemeinen einfach, eine gleichmäßige Feuerbetthöhe zu halten, wobei die Verdampfungswilligkeit mit einem ganz ebenen und zum Rost parallelen Feuer am besten war. Da die großen Kohlestücke in einem teilweise fluidisierten Feuerbett nach unten sanken, während die kleineren entweder fortgetragen wurden oder über dem Feuerbett „tanzten", hatte das Feuer, wenn nach einer Phase großer Kesselanstrengung der Regler geschlossen wurde, das Erscheinungsbild einer glatten Oberfläche von glühendem Schotter. Die Leichtigkeit, mit der ebene Feuerbetten erreicht wurden, war allerdings trügerisch. Später stellte sich heraus, dass das mit den großen Rostbelastungen auf der Witbank-Strecke zu tun hatte, die wegen der anhebenden Wirkung der Primärluft dazu führten, das Feuerbett einzuebnen. In Beaconsfield stellte es sich dann später als schwieriger heraus, bei kleineren

[1] Gemäß dem South African Fuel Research Institute hatte Witbank-Wolverkrans-Kohle einen Aschegehalt von 15 % bis 16 %. Sie stellte sich als wirklich gute Kohle heraus, bei der sich merklich weniger Asche ansammelte als mit anderen Kohlen. Wieviel Aschegehalt hatte dann erst das miese Zeugs?

Kesselanstrengungen solche optimalen Feuer zu erhalten. Wie bereits erwähnt, gab es gleich von Anfang an keine Schlackenprobleme, was die Mannschaft auf Anhieb zu schätzen lernte.

Die erste Fahrt am 10. März 1981, durchgeführt mit 442 cm^2 Sekundärluftquerschnitt, war bemerkenswert für das erstmalige Auftreten der Anfahrprobleme und auch für Probleme mit den Kesselspeiseeinrichtungen. Die Speisepumpe schien fast kein Wasser zu fördern und eine Flanschdichtung der Dampfleitung zu der Strahlpumpe wurde nach einem Drittel des Wegs nach Witbank herausgeblasen, wonach dann die Strahlpumpe nicht mehr benutzt werden konnte. Witbank konnte nur erreicht werden, indem die Speisepumpe praktisch ununterbrochen angestellt blieb, egal ob in Steigungen oder Gefällen oder beim Warten in Ausweichgleisen. Die Flanschdichtung wurde im Depot Witbank ersetzt und die Rückfahrt erfolgreich unter Benutzung der Strahlpumpe gemacht, wobei das Absperrventil in der Kondensatleitung geschlossen blieb. Während wir in dem Panpoort-Ausweichgleis auf eine Zugkreuzung warteten, etwa 29 Kilometer von Pretoria entfernt, wurde eine Dichtheitsprüfung an der Druckluftanlage der Sandstreueinrichtung durchgeführt. Die Zeit, die wir dafür hatten, 84 Minuten, sagt alles, und während dieser Zeit fiel der Druck von 8,62 bar auf 2,85 bar, was dann wahrscheinlich für das Funktionieren der Sander zu wenig war.

Die Lokomotive lief außerordentlich sanft, ohne irgendwelches Klopfen oder Vibrationen. Bei dem Leerlauf in Mittelstellung der Steuerung wurde dank des Zerstäuberdampfs ein Schieberkastendruck von 4,0 bis 6,5 bar angezeigt, was als Schutz gegen Beschädigung der Schieberkörper ausreichend war. Allerdings zeigte das Abdampfmanometer während des Leerlaufs einen geringen Unterdruck an (10 bis 30 mbar unter Atmosphärendruck, abhängig von der Fahrgeschwindigkeit). Das war nicht das, was es hätte anzeigen sollen, zumal die Zylinderhähne, wenn sie im Leerlauf geöffnet wurden, sichtbar Dampf ausstießen. Bei einer Fahrt wurden das Anstellventil der Herdner-Ventile geöffnet, um zu sehen, was passieren würde. Das erhöhte den Schieberkastendruck um 0,7 bar und ließ den Abdampfunterdruck verschwinden. Das Experiment war nur von kurzer Dauer, weil es merkwürdige und nicht ganz gesund klingende Geräusche im Vorderteil der Lokomotive verursachte. Die Frage, was wirklich im Leerlauf in den Zylindern passierte, musste durch Indizieren geklärt werden, aber da zu der Zeit kein Indikator zur Verfügung stand, konnte eine wissenschaftlichere Untersuchung nicht durchgeführt werden. Um die Möglichkeit zu unterbinden, dass Rauchgase aus der Rauchkammer in die Zylinder gesaugt wurden, wurden die Lokomotivführer angewiesen, bei dem Bergabfahren den Regler ein klein wenig zu öffnen, und diese Methode wurde beibehalten, als die Lokomotive in den normalen Plandienst in Beaconsfield zurückkehrte.

Bevor die Speisepumpe gewechselt werden konnte, mussten weitere Fahrten nur unter Gebrauch der Strahlpumpe gemacht werden. Selbst so stellte es sich heraus, dass Witbank mit einer Wasserfüllung im Tender erreicht werden konnte, und die Ventile in der Wasserverbindungsleitung zwischen Tender und Tankwagen bleiben geschlossen, was die Dosierung der Wasseraufbereitungschemikalien vereinfachte. Das Zeichen, dass das Tenderwasser zur Neige ging, war es, dass die Bremsen anfingen sich anzulegen. Die Konstruktion des Bremsgestänges sorgte dafür, dass die bei vollem Tender korrekt eingestellten Bremsen zu schleifen anfingen, sobald er sich leerte und in seinen Federn erhob. Diese seltsame Eigenschaft, die seit der Indienststellung der Lokomotiven toleriert worden war, brachte 3450 einmal schleudernd auf dem Wendedreieck im Depot Witbank zum Stillstand.

Bei der zweiten Fahrt am 14. März, Hinfahrt 758 Tonnen / 64 Achsen, Rückfahrt mit 726 Tonnen / 52 Achsen[1], zeigte sich wirklich gute Verdampfungswilligkeit bei Kesselleistungen bis zu 24 000 kg h^{-1} (fast gleich der Höchstleistung der Klasse 25NC) mit einem bereits auf 1 000 cm^2 geöffneten Sekundärluftquerschnitt und so gut wie ohne Rauchentwicklung. Für den darauffolgenden Tag, einem Sonntag, war keine Versuchsfahrt vorgesehen, aber Vos und van Rensburg waren erpicht darauf, eine weitere Fahrt allein zu unternehmen. Ich war einverstanden, bat sie aber zu versuchen, welche größte Feuertüröffnung sie nutzen konnten. 3450 muss mich wohl vermisst haben, denn als ich am nächsten Montag in Capital Park eintraf, begrüßte mich der Stellvertretende Werkstattmeister mit den ominösen Worten „Das war Pech mit Ihrer Maschine, nicht wahr?". Es stellte sich heraus, dass bei der Steigungsfahrt nach Rayton mit vollem Kesseldruck (aber ohne Wasserüberreißen) der linke Zylinderdeckel gebrochen war. Es musste von dem Zug abgespannt werden und die Lokomotive kehrte als Leerzug zu dem Depot zurück. Ganz klar war in Salt River durch die maschinelle Bearbeitung bei dem Versuch, ausreichend Abstand zu dem Kolben zu erreichen, zu viel Material von dem Deckel abgenommen worden. An dem Bruch war die Materialstärke nur 10 Millimeter gegenüber dem Zeichnungsmaß von 22 Millimeter, doch mit Bezug auf die maschinell abgenommene Materialstärke ergab sich, dass die gegossene Wandstärke nicht mehr als etwa 17 Millimeter betragen haben konnte. Abgesehen von der weggeflogenen Zylinderdeckel-bekleidung, die aber von der Lokomotivbesatzung wiedergefunden worden war, war kein anderes Bauteil beschädigt worden. Bald war ein neuer aus Beaconsfield geschickter Zylinderdeckel montiert. Der Abstand des Kolbens zum vorderen Zylinderdeckel im vorderen Totpunkt wurde nochmals vermessen und wurde zu nur 3 Millimetern ohne montierte Deckeldichtung festgestellt. Der Abstand war allerdings nicht gleichmäßig und es war offensichtlich, dass die Kontur des auf den Kolben aufschweißten formgepressten Futterblechs nicht genau zu der des Deckels passte, wie es in der Zeichnung vorgeschrieben war. Um einen ausreichenden Abstand zu erhalten (ungefähr 8 Millimeter), wurde der Deckel mit zwei Kupferdichtungen auf Abstand montiert. Die beiden Kupferdichtungen begannen nach einiger Zeit undicht zu werden und wurden schließlich durch eine „Röhrendichtung" ersetzt (eine zu einem Ring geformte und zwischen Deckel und Zylinder zusammengedrückte Kupferröhre).

Noch vor Ende März wurden die Versuche mit Zuglasten von bis zu 774 Tonnen / 68 Achsen, gleich 798 Tonnen / 56 Achsen beziehungsweise 14 % Überlast wieder aufgenommen. Am 27. März wurde der Umlauf erstmals ohne Schütteln des Rosts absolviert, und selbst mit einer dicken Ascheschicht zum Ende der Rückfahrt war die Verdampfungswilligkeit gut, und zwar so gut, dass jede Mal, wenn der Regler *geöffnet* wurde, die Strahlpumpe sofort angestellt werden musste, um ein Abblasen der Sicherheitsventile zu vermeiden. Verdampfungsleistungen von bis zu 25 600 kg h^{-1} wurden erreicht, etwas mehr, als jemals bei einer Serien-25NC gemessen wurde. 1 000 cm^2 Sekundärluftquerschnitt hatte sich bereits als guter Betriebswert etabliert, bei dem der Kesseldruck und -wasserstand mit rauchfreier Verbrennung und ohne ungebührliche Sorgfalt und Aufmerksamkeit des Heizers gehalten werden konnten. Weiteres Aufwerfen von Kohle ergab sichtbaren Rauch und definitiv mehr Dampf mit starkem Abblasen der Sicherheitsventile, sobald der Regler geschlossen wurde. Der Leser wird sich daran erinnern, dass dieses Problem zu einer Zeit auf der 2644 auftrat, aber nach der Reparatur eines Hilfsbläser-ventils weitestgehend verschwunden war. Auf der 3450 war jedoch das Hilfsbläserventil völlig in Ordnung, und ich gewöhnte van Rensburg daran, es im Leerlauf vollständig geschlossen zu halten, so dass die Lokomotive leise, ohne das übliche (und für mich störende) Bläserrauschen vom Schornstein dahinrollte. Vielmehr schien irgendeine Form von automatischer Primärluftklappe notwendig zu sein, falls höhere aktive Feuerbetten genutzt werden sollten. Eine Konstruktion wurde grob ausgearbeitet, aber niemals angefertigt, da mit 1 000 cm^2 Sekundärluftquerschnitt stets gute Resultate erzielt wurden, wofür ein sehr hohes Feuerbett nicht notwendig war und weil, obwohl eine höhere Brennstoffschicht idealerweise den Vorteil von mehr Sekundärluft ermöglicht hätte, es deutliche Anzeichen dafür gab, dass ein signifikant größerer Sekundärluftquerschnitt nicht praktikabel war. Zum Beispiel wurden 1 300 cm^2 bei einigen Fahrten ausprobiert, aber wenn auch die Verdampfungswilligkeit mit der guten Kohle der Grube Wolvekrans im Allgemeinen gut war, so gab es Anzeichen, dass das mit schlechterer Kohle nicht so gewesen wäre.

---

[1] Von nun an verstehen sich die angegebenen Zuglasten einschließlich des Wassertankwagens, falls er mitgeführt wurde.

Bei einer Fahrt kam es einige Male zu starker Dampfnässe, obwohl die festgelegte Menge des Antischaummittels benutzt wurde. Als sie darüber informiert wurden, meinte einer der Chemiker, dass wir die Lokomotive nicht richtig bedienten und dass wir sie mit nur teilweise geöffnetem Regler gedrosselt fahren sollten. Wenn es sich nicht um ein Telefongespräch gehandelt hätte, wäre er vielleicht auch gedrosselt worden, aber nicht nur teilweise. Ich erwähnte diesen „Rat" gegenüber Porta, der einfach antwortete, ich solle den Mann bitten, das in Schriftform vorzulegen. Mein eigenes Gefühl sagte mir, dass das Problem in der schlechten Vermischung des Antischaummittels mit dem Wasser im Tender lag, aber, trotz der Erhöhung der Dosierung von 1 mg l^{-1} auf 3 mg l^{-1} und ab da besonderer Sorgfalt bei der Sicherstellung einer guten Vermischung, traten Aufschäumen und, weniger häufig, Dampfnässe weiterhin auf. Schließlich wurde die Dosierung des Antischaummittels weiter auf 10 mg l^{-1} erhöht, wonach sich die Angelegenheit verbesserte.

Bei einer Hinfahrt am 26. März mit 757 Tonnen / 66 Achsen (11 % Überlast) im Schlepp gab es nach einem Signalhalt in einer 18-‰-Steigung westlich von Forfar große Schwierigkeiten beim Anfahren. Beobachtungen auf Gleisniveau ergaben, dass nach dem Zurückstoßen und Zusammendrücken der Kupplungen des Zugs und nach dem Umsteuern auf größte Füllung vorwärts, die Lokomotive sich nur soweit vorwärts bewegte, bis ein Kolben im Totpunkt war. Das entsprach einem Minimum der Zugkraft, wobei bei einer Zweizylinderlokomotive vier solcher Minima pro Radumdrehung auftreten und bei denen die Zugkraft bei einer Zwillingslokomotive typischerweise 85 % der mittleren und 74 % der maximalen Zugkraft beträgt.[1] Die Lokomotive blieb wiederholt in dieser Position stecken und das Problem bestand einfach darin, genug Schwung zu haben, um über das erste Zugkraftminimum hinwegzukommen. Der vor dem Totpunkt erreichte Schwung hing von der Füllung, der Wirksamkeit der Anfahrventile und der Bremswirkung der Einströmvoreilung ab, und 3450 war in all diesen Beziehungen anders als die Serien-25NC. Sobald die Treibzapfen mit einer merklichen Geschwindigkeit über den ersten Totpunkt hinaus kamen, war das ausreichend, um auch über den nächsten hinwegzukommen und die Lokomotive zog an. Allerdings dauerte es vielleicht zehn bis fünfzehn Minuten, bevor das gelang, und da der Regler voll geöffnet werden musste, gab es den einen oder anderen donnernden Schleuderausbruch. Das Problem wurde weder durch die Rollenachslager der Güterwagen, die vermutlich beim Losbrechen einen geringeren Widerstand hatten als Gleitlager und deshalb das Zusammendrücken des Zugs schwieriger machten, noch durch das Fehlen eines Zugführers gemildert, der in den alten Tagen die Handbremse im Güterzugbegleitwagen zur Unterstützung des Lokomotivführers bei dem Zusammendrücken des Zugs anlegen und wieder lösen konnte, sobald er hörte, dass das Kupplungsspiel wieder aufgehoben war.

Gegen Ende April hatten die Zuglasten 751 Tonnen / 86 Achsen, gleich 811 Tonnen / 56 Achsen, beziehungsweise 16 % Überlast erreicht und damit einen Wert jenseits dessen, was die Lokomotive auf den maßgebenden Steigungen anfahren konnte. Es wurde weiter mit 1 300 cm^2 Sekundärluftquerschnitt gefahren, aber van Rensburg stand für einige Fahrten nicht zur Verfügung und der Ersatzheizer bekam nicht ein so gutes Feuerbett zu Stande, so dass die Verdampfungswilligkeit nur als mäßig aufgezeichnet wurde. Eines Tages gab es für die Hinfahrt nach Witbank keine Zuglast. In dem Anstieg von Panpoort nach Rayton mit 140 Metern Höhenunterschied, bat ich Vos mal ein bisschen Tempo zu machen und wir nahmen die Steigung (maximal 18 ‰) mit etwa 110 km h^{-1}, nur um von einem roten Signal im Bahnhof Rayton angehalten zu werden. Vos benutzte das Telefon an dem Signal, um mit dem CTC-Bediener zu sprechen, und es kam heraus, dass wir so schnell über den Achszähler einer Heißläuferortungsanlage gesaust waren, dass der Zähler null Achsen angezeigt hatte und die CTC-Stelle wollte wissen, ob wir ein Geisterzug oder so etwas gewesen wären.

Am 25. April beförderte 3450 den *Eastern-Flyer*-Sonderzug der Railway Society of Southern Africa zwischen Pretoria und Witbank. Es war ein Maß für unsere Zuversicht, dass wir der Lokomotive einen Einsatz unter den Augen der Öffentlichkeit nach weniger als zweimonatigem Einfahren erlaubten. Die Fahrt verlief völlig problemlos. Der Sonderzug machte eine ziemlich ausgedehnte Tour und war am Vortag von 2644 von Vryburg nach Mafikeng befördert worden, die anscheinend gut gearbeitet und gegenüber dem Fahrplan eine kürzere Fahrzeit erzielt hatte. Der Zug war dann über Nacht mit Dieseltraktion von Mafikeng nach Magaliesburg gefahren und von Magaliesburg nach Pretoria hinter der mit Blasrohrdüsen der Bauart Lempor ausgerüsteten, auf Tafel 4 abgebildeten blauen 19D Nr. 2749 gelaufen, also auch eine modifizierte Lokomotive. Eine 2D1 der Klasse 15F war für die Weiterfahrt ab Pretoria vorgesehen, aber die RSSA war natürlich über den Ersatz durch 3450 erfreut. Zu diesem Anlass war sie in Capital Park neu lackiert worden und hatte vermutlich nie besser ausgehen (siehe Tafel 45). Die Zuglast war mit zehn Wagen, beziehungsweise ungefähr 390 Tonnen Verkehrslast, gering, und der Fahrplan war nicht anspruchsvoll, aber die Abfahrt war verspätet und wir hatten einen längeren Aufenthalt in Panpoort wegen einer Scheinvorbeifahrt für die Photographen (ohne Rauch), so dass es eine Gelegenheit gab, Zeit auf den Steigungen gut zu machen. Es wurden einige hohe Lokomotivleistungen erreicht. Über fünf Kilometer mit einer durchschnittlichen Steigung von 15,5 ‰ zwischen Balmoral und Wakefield wurden mit 52 % Füllung und einer Durchschnittsgeschwindigkeit von etwa 83 km h^{-1} durchfahren, was einer auf die Ebene bezogenen Zughakenleistung von ungefähr 2 800 kW entsprach, und etwa 2 950 auf die Ebene bezogene Zughaken-kW wurden entwickelt, als hinter Wakefield 100 km h^{-1} bei 51 % Füllung erreicht wurden. Etwas weniger dann bei der Beschleunigung in der sieben Kilometer langen durchschnittlich 14,3 ‰ aufweisenden Steigung östlich von Wilge River auf 72 km h^{-1} mit 62 % Füllung. Das stand für die höchste Verdampfungsleistung des Tages von ungefähr 26 800 kg h^{-1}. Dies waren vermutlich die höchsten bisher erreichten Leistungen, die aber immer noch beschränkt waren durch den Gebrauch der Strahlpumpe statt des Speisewasservorwärmsystems, da seinerzeit die zweite Speisepumpe noch nicht eingebaut war. Der Sekundärluftquerschnitt betrug 1 000 cm^2, was von da an als Normalwert benutzt wurde.

Zum Juni waren dann zwei Speisepumpen an Bord und die Kondensatleitung war bis zurück in den Tendertank verlängert worden, so dass von nun an die Kesselspeisung über den Speisewasservorwärmer die normale Betriebsweise war. Am Abend vor der ersten Fahrt mit dieser Anordnung löste ein Schlosser ein Problem mit dem Betätigungszug für die linken Zylinderhähne, indem er einen Zug der Klasse 15F einbaute, welcher unglücklicherweise abweichende Abmessungen hatte und die Hähne nicht öffnen konnte. Das Ergebnis war, dass der Zylinderdeckel bei der Bewegung der Lokomotive nach dem Anheizen, dank der für einen solchen Fall mit einer Sollbruchstelle so konstruierten Zylinderdeckelbolzen, wegflog. Es wurden neue Gewindestehbolzen eingeschraubt und der Deckel wieder montiert, wobei weitere Beschädigungen nicht zu erkennen waren und es war überraschend, dass das relativ dünne an den Kolbenkörper angeschweißte geformte Futterblech diese Tortur überstanden hatte. Allerdings war dann, als nach ein paar Tagen die Versuchsfahrt gemacht wurde, ein klopfendes Geräusch vom linken Zylinder ein Zeichen dafür, dass der Kolbenkörper auf der Kolbenstange lose war. Das kaum hörbare „ping" bei der Ausfahrt aus Pretoria, als hochfrequentes Geräusch bei jeder Kuppelradumdrehung auftretend, wenn der Kolben von dem konischen Sitz auf der Kolbenstange rutschte und beim Gegenhub gegen die Kolbenmutter schlug, war zur Zeit der Ankunft in Witbank ziemlich ohrenbetäubend geworden. Der Zylinderdeckel wurde im Depot Witbank abgenommen und es wurde festgestellt, dass der Kolben mittlerweile 3 Millimeter axiales Spiel auf der Kolbenstange hatte. Die Kolbenmutter wurde angezogen, aber das schlagende Geräusch trat später wieder auf und letztendlich musste eine neue Kolbenstange eingebaut werden. Ein kostspieliges Ergebnis für ein paar Minuten Faulheit.

Bei den Fahrten im Juni gab es mit 782 Tonnen / 76 Achsen gleich 822 Tonnen / 56 Achsen beziehungsweise 17,4 % Überlast einen neuen Rekord. Schließlich kamen wir an einem roten Signal nicht in Gang und mussten von dem nachfolgenden Zug angeschoben werden, aber wenn es keine Signalhalte gab, konnten die Steigungen ohne Schwierigkeiten erklommen werden. Mit Beginn des Winters wurden die Streckenverstopfungen ständig schlimmer, und wir verbrachten immer mehr Stunden damit, einfach herumzustehen, wie es auch die meisten

[1] McArd, G. W., Problems of Locomotive Torque, The Railway Gazette, London, 27.02.1953, Siehe auch Abb. 15.

Diesel- und Elektrolokomotiven taten, die wir sahen, was zu dem Gedanken führte, dass, was auch immer die Vorzüge der einzelnen Traktionsarten sein mögen, keine etwas taugte, wenn alle Signale auf Rot standen. Es gab dabei aber auch gute Seiten. Van Rensburg hatte einen Kochtopf, der an eine Dampfleitung im Führerhaus angeschlossen werden konnte und in dem er erstklassiges Essen zubereitete. Würste, Zwiebeln, Kartoffeln, Tomaten und so weiter kamen in den Topf und köchelten fertig zum Essen in Witbank vor sich hin oder auch eher, falls wir stark verspätet waren. Es war auf jeden Fall besser, als das Essen in der Schaufel durch das Feuerloch zu halten, und das Mittagessen war immer etwas, auf das man sich freuen konnte, besonders, wenn die Verspätungen schlimm waren. Manchmal waren die Dinge so langwierig, dass wir uns entscheiden von Witbank als Leerzug zurückzukehren, und bei einer Gelegenheit brauchten wir für die 39 Kilometer bis Rayton nicht weniger als sechs Stunden. Dort wies ich Vos an, die Betriebsleitung anzurufen und denen dort mitzuteilen, dass wir unseren Zug zurücklassen würden, falls sie nicht für ein besseres Durchkommen sorgen würden, was sie nicht konnten, und so taten wir, wie angedroht. In der Betriebsleitung waren sie über diese Art des Vorgehens unsererseits ebenso aufgebracht, wie ich es über die Sinnlosigkeit war, eine Lokomotive zu testen, die anscheinend für immer in irgendwelchen Ausweichstellen im Stich gelassen wurde. Selbst, als ich einige Zeit später persönlich bei ihnen vorsprach und ihnen die Ziele und Anforderungen an unsere Fahrten zu erklären versuchte, wurde die Sache nicht besser.[1]

Bei vier Fahrten im Juli waren die Zuglasten auf der schwierigeren Hinfahrt 749, 774, 783 und nicht weniger als 929 Tonnen, alles auf 56 Achsen umgerechnet, also etwa 33 % Überlast bei der letzteren Zuglast. Alles ging gut, selbst mit diesem schweren Zug, bis zum ersten roten Signal. Ganz offensichtlich war es nach einem Zwangshalt in einer Steigung sinnlos, das Anfahren überhaupt zu versuchen und so mussten wir auf einen „Anschieber“ warten. Und wie es das Schicksal wollte, war der nachfolgende Zug ein Personenzug, deren sämtliche Verspätungen der Zentralverwaltung gemeldet wurden. Kurze Fahrtabschnitte mit geöffnetem Regler wurden, soweit wie möglich, ohne Aufwerfen von Kohle und mit weit geöffneter Feuertür gemacht, um bei der dann relativ geringen Flammenbildung die Bewegung der Kohlepartikel in der Feuerbüchse studieren zu können. Dabei zeigte es sich, dass die meisten Partikel an den Rändern des Feuerbetts abgelöst wurden und dass die mittleren Bereiche relativ stabil waren, wozu zweifellos auch die große Menge an Sekundärluft durch das Feuerloch beitrug. Viele, aber nicht alle, Kohlepartikel bewegten sich wie erwartet (das heißt, wie in Abb. 38 gezeigt) und die Positionierung der Sekundärlufteinlässe wurde im Hinblick auf die Partikelabscheidung als recht gelungen beurteilt. Eine Fahrt wurde mit auf 1 374 cm^2 vergrößertem Sekundärluftquerschnitt gemacht. Trotzdem die Verdampfungswilligkeit gut war, wurde sie auch dieses Mal der Tatsache zugeschreiben, dass bei dieser speziellen Fahrt eben gerade alles zusammenpasste.

Wie schon vorher beschrieben, wurde im Fortgang des Einfahrens der Flächenanteil der Funkenfängerlochbleche allmählich vergrößert, mit dem Resultat, dass bei diesen Fahrten im Juli festgestellt wurde, dass die selbstreinigende Wirkung aufgehoben war und sich vorn in der Rauchkammer große Löscheablagerungen bildeten, die den Rauchgasstrom rechts um die Einschnürung herum völlig blockierten. Danach wurden die Öffnungen in den Selbstreinigungsleitblechen allmählich wieder verkleinert, bis eine akzeptable Selbstreinigung erneut hergestellt war.

Als diese Versuche gefahren wurden, war Vos auf Urlaub, und sein Ersatzmann konnte nicht davon überzeugt werden, ständig mit vollständig geöffnetem Regler zu fahren. Das war die Gelegenheit, auf die ich gewartet hatte. Persönlich nahm ich den Reglerhebel-quadranten ab und schliff sämtliche Verriegelungszähne bis auf die Endlagen ab. Somit verblieb eine bequeme Feststellungsmöglichkeit für den Reglerhebel bei Leerlauf. Nun würde jeder Lokomotivführer, der mit gedrosseltem Regler fahren wollte, einen steifen Arm bekommen. Es funktionierte, und von dieser Zeit an, bis ich die SAR verließ, arbeitete 3450 unter Belastung immer mit vollständig geöffnetem Regler und Füllungen herunter bis zu 5 % (Mittelstellung der Steuerung) und ohne jedes Problem, was die Handhabung der Lokomotive anbelangt.[2] Die Versuchsfahrt am 16. Juli wurde in Bronkhorstspruit abgebrochen, weil der Rangierbahnhof Witbank den Zug nicht aufnehmen konnte. In der folgenden Woche stand er immer noch abgestellt in Bronkhorstspruit. Am 20. Juli brauchten wir sieben Stunden bis nach Witbank, und als wir vor dem Zug der Rückfahrt um 16.30 Uhr bereitstanden, teilte uns die Betriebsleitung mit, dass der Rangierbahnhof Capital Park voll war und mit einer langen Verspätung zu rechnen sei. Wir mussten abspannen und als Leerzug zurückkehren, da wir am nächsten Morgen um 07.05 Uhr dort Abfahrt hatten. Am folgenden Tag dauerte es fast zwölf Stunden bis Clewer, 10 Kilometer vor Witbank, wo man uns mitteilte, dass der Rangierbahnhof Witbank belegt war. Wir spannten ab, fuhren leer nach Witbank zum Restaurieren und als Leerzug zurück, weil Capital Park keine Züge aufnehmen konnte. Das war einer guten Versuchsarbeit nicht eben förderlich, und da die Verspätungen ständig noch schlimmer wurden, hatte ich Bedenken, ob der Einfahrprozess überhaupt weiter durchgeführt werden konnte. Der Maschineningenieur des Bezirks teilte mit, dass die Situation auf keiner der Hauptbahnen in der Umgebung besser war, und tatsächlich hieß es, dass Umläufe nach Rustenburg, eine ähnliche Entfernung, bis zu vierzig Stunden dauern konnten! Er schlug deshalb vor, die Versuchsfahrten mit Personenzügen zu absolvieren, die zu (mehr oder weniger) festen Fahrplänen verkehrten. Dementsprechend wurde bei dem Büro des Generaldirektors ein Antrag für 3450 gestellt, den Tagespersonenzug Pretoria – Komatipoort bis Witbank zu befördern und als Rückleistung mit dem Gegenzug Komatipoort – Pretoria zurückzukehren. Die Planbespannung waren üblicherweise 2 250 kW-Elektrolokomotiven der Klasse 6E1 und die Vorstellung war, dass die Betriebsabteilung mit genügend Zeitvorlauf informiert werden würde, wann immer ich vorhatte, die 3450 als Ersatz für die elektrische Traktion zum Einsatz zu bringen. Die betreffenden Fahrpläne waren ziemlich anspruchslos, mit normalerweise nicht sonderlich schweren Zuglasten, typisch etwa 400 bis 500 Tonnen, und ich gab an, dass die Fahrzeiten der elektrischen Traktion eingehalten werden könnten.

In der Zwischenzeit wurden die Güterzugversuchsfahrten ebenso wie die Verspätungen fortgesetzt. Bei einer Fahrt im August wurden allein auf der Hinfahrt 6 Stunden und 40 Minuten damit verbracht, vor roten Signalen zu stehen. Dann erhielt ich, einen Monat nachdem die Genehmigungseingabe geschrieben worden war, eine Nachricht, dass 3450 am 31. August für die Beförderung des ostwärts fahrenden Personenzugs bis Witbank benötigt wurde. Als der Tag kam, war die Lokomotive pünktlich im Depot Capital Park vorbereitet worden, aber die Fahrstraße aus dem Depot, die üblicherweise am frühen Morgen sehr belegt war, war blockiert. Als wir endlich herauskamen und bis zum Bahnhof durchgekommen waren, lagen wir bereits etwa zwanzig Minuten hinter der planmäßigen Abfahrtszeit des Zugs. Auf dem Bahnsteig warteten der Forschungsingenieur aus dem Büro des CME, S. Taute, und einer der leitenden Lokomotivinspektoren. Die Verkehrslast des Zugs betrug einschließlich des Wassertankwagens ungefähr 460 Tonnen. Wir fuhren etwa 25 Minuten verspätet ab, aber diese Verspätung wurde zum Vorteil genutzt, indem sie es der 3450 ermöglichte, ihre Leistung und ihre Fähigkeit, Planzeiten zu unterschreiten, zu demonstrieren. Zum Glück war die Lokomotive an diesem Tag in guter Form. Sie wurde voll ausgefahren, die Verdampfungswilligkeit war ausgezeichnet und zu einem Zeitpunkt in dem langen Anstieg nach Rayton ertappte ich den Lokomotiv-

[1] Im Allgemeinen war es für mich besser, nicht direkt mit der Betriebsleitung zu sprechen, weil diese Leute ganz überwiegend Afrikaans sprachen, was ich immer noch sehr schlecht beherrschte.

[2] Die Steuerung nicht weiter als bis zur Mittelstellung auszulegen, war nur eine Konvention. Eine technische Entsprechung der „Kōan“ im Zen-Buddhismus, um den intuitiven Geist zu stimulieren, könnte sein „welche Vorwärtsfüllung entspricht 20 % Rückwärtsfüllung?“. Der Leser ist angehalten, das zu Ende zu denken (ich habe Indikatordiagramme, die auf der Rio-Turbio-Eisenbahn in Rückwärtsstellung während der Vorwärtsfahrt aufgenommen wurden, um zu beweisen, dass es darauf eine vernünftige Antwort gibt).

inspektor dabei, wie er ungläubig auf den Kesselwasserstandsanzeiger schaute, der praktisch bis oben im Glas stand, obwohl die Lokomotive bei 60 km h^{-1} mit voll ausgelegter Steuerung arbeitete. Ich nutzte diese Fahrt, um herauszufinden, ob ein Abblasen der Sicherheitsventile durch vollständiges Öffnen der Feuertür nach Reglerschluss vermieden werden konnte. Das tat es nicht, und einmal setzte dieses Manöver fast den Forschungsingenieur in Brand, der mit seinem Rücken zum Feuerloch stand. Im Verlauf der Reise musste in sechzehn Stationen wieder angefahren werden, wobei bei keiner Anfahrt ein Zurücksetzen nötig war, eine angenehme Abwechslung von dem Güterzugdienst, und jede Zwischenzeit des elektrischen Fahrplans wurde eingehalten oder unterschritten. Es war schade, dass Taute und der Lokomotivinspektor bereits in Bronkhorstspruit ausstiegen, als wir noch hinter dem Plan lagen und von wo aus es dann überwiegend bergauf ging. Ich hatte eine pünktliche Ankunft in Witbank „prophezeit", was eingetreten wäre, hätte es nicht einen Signalhalt kurz vor dem Bahnhof gegeben. Sie waren aber zufrieden mit dem was sie gesehen hatten, und die Berechtigung zur Beförderung von Personenzügen wurde ordnungsgemäß erteilt. Das sollte sich als zweischneidiges Schwert erweisen, weil wegen der zahlreichen Halte und geringen Zuglasten stationäre Belastungszustände nicht besonders lang aufrechterhalten werden konnten (der Wassertankwagen war nicht nötig, wurde aber dennoch mitgeführt, nur um die Zuglast zu vergrößern). Das führte zu der Tendenz, die Lokomotive sehr stark zu beanspruchen, aber nur für kurze Zeit beim Beschleunigen oder bei der Steigungsfahrt, so dass Fahrten vor Personenzügen im Allgemeinen keine so guten Anhaltswerte für das Betriebsverhalten der Lokomotive als Ganzes lieferten. Sie waren aber dennoch nützlich bei der Überprüfung des Verhaltens einzelner Komponenten im Einsatz. Die weiteren Versuche wurden deshalb vor Personen- und Güterzügen absolviert, abhängig davon, was es zu überprüfen gab.

Wegen des auf der 3450 normalerweise guten Zustands des Feuerbetts wurde angenommen, dass sich hier eine angemessene Gelegenheit ergab, die potentiellen Vorteile von Erbskohle zu verwirklichen, und am 16. September wurden die ersten Versuche mit Erbskohle gleicher Spezifikation, wie die der auf der 2644 versuchten gemacht. Dieser Versuch wurde vor Güterzügen durchgeführt, mit 702 Tonnen / 70 Achsen (730 Tonnen / 56 Achsen) auf der Hinfahrt und zurück mit 782 Tonnen / 72 Achsen (814 Tonnen / 56 Achsen). Wie die sonst verfeuerte Wolvekrans-Kohle, so brannte auch die Erbskohle gut (nicht backend). Sie war sehr reaktiv und ergab gute Verdampfungswilligkeit und darüber hinaus die Vorteile eines geringeren Feinkohleanteils im Feuer wegen verminderten Brechens in der Stoker-Schnecke, geringeren Dampfverbrauch des Stokermotors und der Verteilerdüsen und besseres Nachrutschen im Kohlenkasten. Verdampfungsleistungen von 24 000 kg h^{-1} wurden in der Beharrung erreicht, wobei dann aber erkennbar wurde, dass der Flugverlust vom Feuerbett beträchtlich war, aber bei der Ankunft in Witbank wurde anhand des verbliebenen Kohlevorrats auf dem Tender der Kohleverbrauch als ungefähr gleich dem bei Nusskohle beurteilt. Erbskohle erlaubte also mit Sicherheit das Erreichen einer guten Verdampfung und Lokomotivleistung, und so wurde beschlossen, die Verbrauchswerte bei den kommenden Messwagenfahrten mit denen bei Nusskohle zu vergleichen.

Die Personenzugfahrten waren normalerweise ein Vergnügen. Im Normalfall fuhren wir mit hoher Leistung bergan, und es lässt sich nicht verhehlen, dass das Überholen von in den Ausweichgleisen wartenden Güterzügen ein gewisses Maß an Genugtuung mit sich brachte. Die Wendezeit in Witbank betrug drei Stunden, was reichlich Zeit war, um ins Depot zu fahren, die Maschine zu drehen und zu versorgen und um das Mittagessen einzunehmen, dass auf der Hinfahrt in van Rensburgs Topf gegart hatte. Die Planzeit in der ganz überwiegend bergab führenden westlichen Richtung war fast eine halbe Stunde länger, als bei der Zugförderung in östlicher Richtung, und aus Lokomotivsicht war es recht schwierig, nicht vor Plan unterwegs zu sein. Da der Zug in westlicher Richtung normalerweise hinter seiner elektrischen Lokomotive pünktlich in Witbank eintraf, waren wir viel früher zu Hause als vor den Güterzügen. Falls bei der Hinfahrt im Bereich Pretoria Verspätungen auftraten, gab uns das eine günstige Gelegenheit, die Lokomotive zwecks Zeitgewinns voll auszufahren. Bei der Fahrt vom 15. September mit 420 Tonnen Zuglast am Tender, verursachten zum Beispiel verschiedene Signalhalte, dass wir in Eerste Fabriek, zwanzig Kilometer des Wegs, mit neunzehn Minuten Verspätung abfuhren, aber auf den folgenden vierzig Kilometer bis Bronkhorstspruit wurden davon fünfzehn Minuten aufgeholt, und Witbank wurde trotz weiterer Verspätungen unterwegs zwei Minuten vor Plan erreicht. Nur einmal blamierte sich 3450 vor diesem Zug, und zwar auf einer der Fahrten mit der Handumsteuerung. Mit einer relativ schweren Zuglast von 600 Tonnen näherten wir uns Witbank gut im Plan liegend, als der Zug vor einem roten Signal an der Zusammenführung mit der Strecke von Johannesburg, eine berüchtigte Stelle, angehalten wurde. Als das Signal auf grün umsprang, stellte es sich wegen ständigen Schleuderns als unmöglich heraus, die Steigung zu nehmen (es gibt zwar keine Aufzeichnungen darüber, aber vermutlich arbeiteten die Sandstreuer wegen Luftmangels nicht). In der Nähe rangierte eine 2D1 der Klasse 15CA und van Rensburg wurde losgeschickt, sie als Vorspann zu bekommen, was auch zügig arrangiert war, aber dennoch war die Ankunft etwa zwanzig Minuten verspätet. Als Grund des Schleuderns wurde ein undichter Vierwege-Ölverteiler in der Ölleitung von der mechanischen Schmierpumpe gefunden, so dass Öl direkt auf die Laufflächen der Kuppelräder tropfen konnte. Das führte zu der Ansicht, dass sowohl solche Bauteile der Schmiereinrichtung als auch Rohrverbindungen niemals direkt über den Rädern oder den Schienen angeordnet werden sollten. Diese Ansicht hätte sich bei den Eisenbahningenieuren schon zu Beginn des Eisenbahnzeitalters durchsetzen sollen.

Am 28. Oktober beförderte 3450 einen *Steam-Safari*-Sonderzug von Nylstroom nach Pretoria 131 Kilometer über die flachere Eisenbahnlinie von Pietersburg nach Pretoria. Die Hinfahrt wurde als Leerzug mit dem Tender voraus gemacht, wobei es unterwegs einen fürchterlichen Hagelschauer gab, so dass wir allen Grund hatten, für den hohen Kohlenkastenaufbau dankbar zu sein (siehe Tafel 46). Der Zug hatte nur neun Wagen von 360 Tonnen Gesamtzuglast, aber die 2D1-Klasse 15F, Zuglok im Abschnitt Tzaneen – Pietersburg, war wegen Schleuderns bei nassem Wetter bei der Steigungsfahrt im Steilabfall des Drakensberg in Transvaal liegengeblieben, und es wurde uns mitgeteilt, dass der Zug in der Folge in Pietersburg mit 120 Minuten Verspätung abgefahren war. Er wurde von Capital Parks „Lieblings"-15CA Nr. 2850 weiterbefördert, die etwa 60 Minuten aufholte und mit 3450 an der Zugspitze ging es dann mit 67 Minuten hinter Plan von Nylstroom weiter. Es war genau die Art Situation, die Vos mochte, und wir erreichten Pretoria mit nur zwölf Minuten Verspätung, trotz etwa zwanzig Minuten weiterer Verspätungen auf der Strecke, damit also ein Nettogewinn gegenüber Plan von 75 Minuten. Die Fahrgäste mit Stoppuhren hinter uns stoppten uns mit 116 km h^{-1}, der höchsten Geschwindigkeit, die ich jemals auf 3450 vor einem Personenzug erlebte. Mit einer so geringen Zuglast waren dazu allerdings keine großen Lokomotivleistungen nötig.

Zu dieser Zeit war der Bereich Versuch darüber informiert worden, dass die Lokomotive für die Messwagenfahrten bereit war. Mir war bewusst, dass einige Baugruppen, die das Ergebnis dieser Versuche beeinflussen würden, wie zum Beispiel das Speisewasservorwärmsystem, nicht so funktionierten wie sie sollten. Aber sowohl aufgrund des bereits von der Lokomotive als Ganzes erreichten gleichmäßigen Leistungsniveaus als auch wegen des Zeitaufwands, der für weitere Einfahrarbeiten unter den vorherrschenden Zuständen veranschlagt wurde, erschein es ratsam, die Messwagenfahrten nicht weiter hinauszuschieben, und so wurden sie beginnend mit dem 9. November verabredet. Leider fiel das mit van Rensburgs Jahresurlaub zusammen und die Erfahrung hatte gelehrt, dass der Ersatzheizer nicht so gut war, zum Teil, weil er weder mit der Klasse 25NC / 26 vertraut war noch mit der Zugförderung auf Hauptstrecken bei hoher Leistung, da das Gros der Einsätze der Heizer in Capital Park aus bescheidenem Rangierdienst bestand. Das führte bei mir zu einiger Besorgnis, da die Leistungsentfaltung einer kohlegefeuerten Dampflokomotive sehr abhängig von der Geschicklichkeit des Heizers war, und selbstverständlich wollte ich nicht, dass es wegen dieser Einflussgröße zu irgendwelchen Problemen oder Streitigkeiten kam. Der betreffende Heizer bekam durchaus eine faire Chance, zum Beispiel feuerte er auf der soeben beschriebenen *Steam Safari*, aber letztendlich fühlte ich mich gezwungen, Aucamp und Yspeert zu kontaktieren und zu fragen, ob eine Heizer von Beaconsfield für die Dauer der

Versuche an Capital Park ausgeliehen werden könnte. Sie waren einverstanden, und ich bat Yspeert Beaconsfield dazu zu bewegen, ihren besten Heizer hierher zu senden. Das war dann ein gewisser R. van der Merwe, ein angenehmer junger Mann, der die englische Sprache für einen Südafrikaner seines Alters und angesichts seiner Tätigkeit ungewöhnlich gut beherrschte. Um ihm vor Beginn der Versuche ein bisschen Übung auf der 3450 zu verschaffen, arrangierte ich einen weiteren Umlauf vor Güterzügen nach Witbank unter Verwendung von Erbskohle. Nichts Besonderes passierte auf der Hinfahrt, wobei die Leistung der Klasse 26 seinerzeit ziemlich vorhersehbar war. Van der Merwe hatte keine Probleme, gute Verdampfungsleistungen zu erzielen, obwohl es seine erste Fahrt auf der Lokomotive war. Die Rückfahrt war allerdings die bemerkenswerteste Fahrt, die ich jemals auf 3450 vor planmäßigen Zügen erlebte.

Gemäß dem Bremszettel hatten wir ungefähr die maximal zulässige Zuglast am Tender und machten uns bei Einbruch der Abenddämmerung in Witbank auf den Weg. Bis Clewer, zehn Kilometer des Wegs, lag die Strecke meistens im Gefälle, und nach der Durchfahrt des Bahnhofs Clewer legte Vos für die kurze 16-‰-Steigung dahinter die Steuerung auf etwa 45 % aus. Auf der Lokomotive war alles bestens, aber wir beschleunigten nicht, wie wir es mit einer solchen Zuglast hätten tun sollen. Als ich zurückschaute, sah ich, dass das Zugende viel weiter entfernt war, als es hätte gewesen sein sollen, falls die Zugpapiere in Ordnung waren. Ich sagte erst einmal nichts und wartete bis zu unserem ersten Signalhalt in Balmoral, bis dahin ging es ab Clewer meistens bergab, wo ich dann zurückging und die Wagen zählte. Bei der Rückkehr auf den Führerstand sagte ich zu Vos, dass wir lieber eine Liste aller Wagen mit ihren Bruttogewichten machen sollten, da der Zug ein bisschen länger zu sein schien als in den Papieren stand. Die tatsächliche Zuglast betrug 985 Tonnen / 88 Achsen, gleich 1 049 Tonnen / 56 Achsen beziehungsweise fast genau 50 % Überlast. Diesmal schien auch Vos' sportliche Einstellung von ihm zu weichen, aber ich sagte, wir würden weiterfahren. Falls wir durchkämen, dann gut, falls wir liegen blieben, dann wüssten wir nichts von der wahren Zuglast und wir hatten ein Stück Papier, das bestätigte, dass es nur 700 Tonnen waren. Falls dann etwas anderes festgestellt würde, könnte man uns nicht die Schuld geben. Die wesentliche Steigungsfahrt vor uns lag zwischen kurz hinter Bronkhorstspruit und Forfar, ein Anstieg mit einer durchschnittlichen Steigung von 15 ‰, aber mit Abschnitten von bis zu 20 ‰ und einem langen Stück von 17 ‰ bei der Annäherung an den Brechpunkt. Vor Rayton gab es zusätzlich zwei Kilometer mit einer Durchschnittssteigung von 19,3 ‰ und ein acht Kilometer langer weniger steiler Anstieg von Silverton nach Rissik und weitere unbedeutendere Steigungen. Das Gesamtgewicht des Zugs einschließlich der Lokomotive betrug ungefähr 1 200 Tonnen. Das verfügbare Reibungsgewicht lag bei etwa 76 Tonnen und auch bei optimistischster Bewertung konnten nur etwa 220 kN Zugkraft am Radumfang ausgeübt werden, was beides nicht ausreichte, um den Zug in den Maximalsteigungen in Bewegung zu halten.[1] Die Einfahrten in die Steigungen mussten deshalb bei höchstmöglicher Geschwindigkeit erfolgen. Diese Geschwindigkeiten mussten zum Aufbau genügender kinetischer Energie in den flacheren Abschnitten der längeren Steigungen für die steilen Anstiege erreicht werden. Auch der Kesseldruck musste auf dem roten Strich gehalten werden.

Nachdem das Signal auf Grün umsprang, wurde der kurze Anstieg hinter Balmoral leicht genommen, gefolgt von einem Gefälle nach Wilge River und dem mehr oder weniger flachen Streckenverlauf nach Bronkhorstspruit. Dann kam der große Anstieg. Direkt davor lag ein kurzes Stück mit 20 ‰ Gefälle und dann ging es mit 0,75 Kilometer in 20 ‰ los, also ein Neigungswechsel von 40 ‰, was den Anstieg noch furchterregender erscheinen ließ. In dem Gefälle öffnete Vos immer vollständig den Regler und diesmal fuhren wir mit allem was drin war die 20 ‰ *abwärts*. Dann ging es auf der anderen Seite aufwärts, bald dann mit voll ausgelegter Steuerung, die Nadel des Kesselmanometers stand wo sie stehen *musste*, der Wasserstand wurde gehalten. Die Lokomotive gab ihr Äußerstes und es gab nichts weiter zu tun, als Zeuge zu sein dieses Kampfs zwischen der Macht des Dampfs und den Kräften der Gravitation und der Reibung. Das charakteristische Auspuffgeräusch der 3450, tiefer als das der 2644, besonders bei großen Füllungen und ein bisschen „hohl", aber klar und knackig, wurde als lautes Echo von den die Bahnlinie säumenden Eukalyptusbäumen zu uns zurückgeworfen. Der Rhythmus der Auspuffschläge war in der Dunkelheit das beste Maß für unser Vorankommen und eine gute Warnung für beginnendes Schleudern, wovor Vos ständig auf der Hut sein musste. Wäre es eine feuchte Nacht gewesen, hätten wir es ganz sicher nicht geschafft, aber es war trocken, die Räder behielten ihre sichere Adhäsion auf den Schienen und während der gesamten Steigungsfahrt fiel die Geschwindigkeit nicht unter 17 km h^{-1}. Sobald Forfar erreicht war, waren wir zuversichtlich, dass wir es nach Hause schaffen würden und mit einem beträchtlichen Triumphgefühl brachte Vos die Zuglast in den Rangierbahnhof von Pretoria. Es war eine gute Prüfung für van der Merwe gewesen, der sich als ebenso fähiger Heizer erwies wie van Rensburg, so dass aus der Sicht der Lokomotive und der Mannschaft alles so bereit für die Messwagenversuchsfahrten war, wie es die Umstände erlaubten.

3.5 Die erste Versuchsreihe vor dem Messwagen

In dem Zeitraum vom 9. bis zum 25. November 1981 wurden mit 3450 und der Serien-25NC Nr. 3428 Vergleichsfahrten mit dem Messwagen auf der Strecke Pretoria – Witbank durchgeführt. Es sei gleich zu Beginn die Feststellung erlaubt, dass eine exakte Versuchsarbeit mit Dampflokomotiven weit schwieriger war, als es denjenigen erschienen sein mag, die das niemals versucht haben. Selbst das Aufnehmen von relativ einfachen Messwerten zu dem Betriebsverhalten von Baugruppen während der Einfahrzeit war anfällig für alle Arten von Problemen und Ungenauigkeiten. Eine erfolgreiche Versuchsarbeit verlangte vor allem anderen Erfahrung. Mit Erfahrung ist diejenige gemeint, die als Ergebnis aus dem systematischen Überwinden all der Schwierigkeiten gewonnen wurde, die sich mit der Lokomotive, den Instrumenten, dem Personal und der Betriebsweise während der Entwicklung der Versuchsmethodik ergeben konnte, so dass der ganze Vorgang zu guter Letzt so etwas wie eine Routine mit einem hohen Grad an Vorhersagbarkeit wurde und durch welche eine gute Genauigkeit garantiert wurde. Das größte Fachwissen auf diesem Gebiet gab es möglicherweise in den fünfziger Jahren des 20. Jahrhunderts bei den British Railways. Dazu gehörte auch das Verfahren der „kontrollierten Streckenversuche", wie es von S. O. Ell in seinem Fachartikel „Developments in Locomotive Testing" beschrieben wurde.[2] Dabei wurde eine Lokomotive bei einer konstanten Verdampfungsleistung überprüft, wobei sich je nach Streckenneigung die entsprechende Geschwindigkeit und Hakenzugkraft von selbst einstellte. Durch eine klare Auffassung von der Zugdynamik konnte Ell zeigen, dass das im Hinblick auf die Führung der Lokomotive nicht nur eine zweckdienliche Versuchsmethode war, sondern dass dabei auch all die Daten gewonnen werden konnten, für die bis dato die erzwungene Überwachung der Geschwindigkeit und der Zugkraft als notwendig angesehen worden war.

Meiner Meinung nach fehlte uns die nötige Erfahrung, um überhaupt irgendeine Versuchsmethode auf Anhieb zum Erfolg zu führen, aber die von Ell beschriebene, die das Ergebnis einer sehr langen Geschichte der Streckenversuche in Großbritannien war, erschien als die am besten geeignete. Entsprechend übermittelte ich dem Stellvertretenden Maschinentechnischen Ingenieur (Zugdynamik), der leitende Ingenieur der Unterabteilung, die den Messwagen einsetzte, eine Kopie von Ells Artikel, zusätzlich mit eigenen Anmerkungen zu der meiner Meinung nach anzuwendenden Methodik und der erforderlichen Messgeräteausstattung. Leider wurde mein Rat nicht befolgt, und

---

[1] Zum Vergleich mit der sich der 3450 stellenden Aufgabe sei angemerkt, dass die 2C1 der „Merchant Navy"-Klasse der Britisch Railways *(Anm. d. Übers.: h3, Schnellzuglokomotive mit Schlepptender der ehemaligen Southern Railway (SR), entwickelt von CME O. V. S. Bulleid, Bahn-Nrn. 35001 bis 35029, SR Eastleigh Works, 1941 bis 49)* mit 66 Tonnen Reibungsgewicht und etwa 145 kN Zugkraft, normalerweise Nachschub bekamen, falls die Zuglast in der 20-‰-Steigung zwischen Weymouth und Dorchester über ungefähr 200 Tonnen lag.

[2] Fachartikel Nr. 527, Journal of the Institution of Locomotive Engineers, Band 43, London, 1953.

stattdessen entschied sich die Versuchsabteilung, die Lokomotiven bei verschiedenen konstanten Geschwindigkeiten und Hakenzugkräften, das heißt bei konstanten Zughakenleistungen, zu untersuchen. Das war mit Diesel- und Elektrolokomotiven als Bremslokomotiven möglich, die mit dynamischen Bremsen ausgestattet waren, wobei die Überlegung die war, dass die untersuchte Lokomotive bei konstanter Geschwindigkeit arbeitete und die Bremslokomotiven eine konstante Bremskraft entwickelten, unabhängig von der Streckenneigung. Der Bediener im Messwagen beobachtete die Geschwindigkeit und auch die Hakenzugkraft und gab den jeweiligen Lokomotivmannschaften über Funk ständig Anweisungen zur Regulierung der Geschwindigkeit und Bremskraft, um die festgelegten Versuchsbedingung einzuhalten. Allerdings berücksichtigte diese Versuchsmethode nicht die Neigungsverhältnisse von ± 20 ‰ auf der Strecke und kümmerte sich tatsächlich nur wenig um die Grundprinzipien der Zugdynamik. Wenn man bedenkt, dass die zu untersuchende Lokomotive mit durchschnittlichen Tendervorräten über 200 Tonnen wog, dann betrug der Unterschied der Zugkraft am Radumfang beziehungsweise in den Zylindern bei der Einhaltung einer konstanten Hakenzugkraft, zwischen der Fahrt in 20 ‰ bergan und in 20 ‰ bergab etwa 80 kN. Mit anderen Worten, die Lokomotive müsste in der maßgebenden Steigung etwa 80 kN mehr Zugkraft aufbringen, als im gleichen Gefälle, beziehungsweise entsprechend 667 kW, 1 111 kW und 1 778 kW Leistung in den Zylindern beziehungsweise am Radumfang bei den festgelegten Versuchsgeschwindigkeiten von 30, 50 und 80 km h^{-1} entwickeln! Bei der Bergabfahrt würde von dem Hangabtrieb aus der Gewichtskomponente der Lokomotive parallel zum Gleis ein messbarer Anteil der Hakenzugkraft beigesteuert, so dass die Lokomotiven bei der Bergfahrt eventuell stark belastet und bergab mit geringer Leistung arbeiten würden. Damit waren höchst ungleichmäßige Arbeitsbedingungen für die Lokomotiven vorprogrammiert, genau das Gegenteil dessen, was angestrebt wurde, womit die Versuchsmethode in der Tat „unwissenschaftlich" war, um einen bevorzugten Ausdruck der Versuchsabteilung zu verwenden. Ich sah das voraus und machte einen kurzen Einwand, aber es war klar, dass die Versuchsleute die Sache auf ihre Weise machen würden und vermutete, dass sie jedwede entschlossene Einmischung meinerseits in die Versuchsmethodik als Versuch ansehen würden, die Angelegenheit zugunsten der 3450 zu beeinflussen. Im weiteren Verlauf war es dann, wie wir sehen werden, sogar gerade ihre Methodik, die der umgebauten Lokomotive zum Vorteil gereichte.

Bevor wir zu den Versuchsfahrten selbst kommen, sollten ein paar Worte zu dem Messwagen gesagt werden. Die Zugkraftmesseinrichtung und Instrumentierung waren von der Schweizer Firma Amsler und damit vermutlich von guter Konstruktion. Von einem der für den Unterhalt des Wagens verantwortlichen Techniker hatte ich einige Zeit zuvor gehört, dass die Zugkraftmesseinrichtung während einer Versuchsfahrt vor einem schweren Zug mit mehreren elektrischen Lokomotiven durch Überlastung beschädigt worden war und dass seiner Meinung nach dieser Schaden niemals ordentlich repariert worden war. Andererseits war mir unmittelbar vor Beginn der Versuche bestätigt worden, dass die Ausrüstung erst kürzlich kalibriert worden war und eine Genauigkeit von 2 bis 3 % aufweise. Wie auch immer der genaue Zustand des Wagens bei diesen ersten Messfahrten mit 3450 und 3428 gewesen war, so ließen spätere Versuche Zweifel an seiner Genauigkeit aufkommen. In diesem Zusammenhang ist die nachstehende Geschichte von Porta interessant und ich gebe sie hier (mit einigen kleinen Ergänzungen zu seinem Englisch) wieder, wie sie in einem seiner Briefe erzählt worden war:

> „Als ich meine experimentelle 2D baute, rüsteten wir auch einen inoffiziellen Messwagen aus, der aus einem einfachen hydraulischen Zylinder und einem kalibrierten ehemaligen Kesselmanometer bestand. Wir hatten nichts anderes, doch wir nahmen an, dass die Werte innerhalb einer gewissen Fehlerbreite liegen würden, sagen wir mal etwa ± 2 %. Ein Automobiltachometer vervollständigte die Ausrüstung, das auf einfache Weise mit einer Stoppuhr kalibriert worden war. Die Maschine entwickelte 2 120 PS am Zughaken [1 580 kW] (Lokomotivgewicht ohne Tender 68 Tonnen), und hätte es nicht einige später entdeckte Defekte gegeben, hätte sie noch mehr geleistet. Es kam die Zeit, zu der der offizielle Messwagen feierlich eingeführt wurde, und zu unserer Bestürzung war die Leistung nunmehr deutlich geringer, nämlich 1 600 PS am Zughaken [1 193 kW]. Das brachte uns allesamt in eine ernste Situation, aber ich glaubte fest an meine Zahlen und auch an die Messmethoden. Daher wurde beschlossen, eine dritte Messvorrichtung zu bauen, bestehend aus einem Stahlring, dessen Verformung sorgfältig mittels der Anzeigen einer normalen Amsler-Zerreißmaschine gemessen und kalibriert wurde und zusätzlich mittels genau verwogener Gewichte. Die beiden Messwagen wurden aneinander gekuppelt, wobei sechs festgebremste Lokomotiven als Verankerung für beide Wagen dienten. Eine normale Schraube wurde verwendet, um zu- und abnehmende Kräfte schrittweise aufzubringen. Wie zu erwarten gewesen war, waren die Anzeigen unserer einfachen selbstgebauten Messvorrichtung innerhalb der von einem Kesselmanometer zu erwartenden Genauigkeit mit einer Abweichung von unter ± 2 %. Nun war die Blamage bei der Bahn! Da der offizielle Messwagen zu den von mehreren Generationen von bedeutenden Ingenieuren angebeteten heiligen Kühen gehörte, wurde es vertuscht und der Wagen weggeschickt und vergessen."

Kimberley wurde aufgefordert, eine 25NC in gutem Zustand herzuschicken, und die 3428 war die ausgewählte Lokomotive. Sie hatte fünf Monate zuvor eine Zwischenuntersuchung im Depot erhalten und war seitdem 34 500 Kilometer gelaufen. Im Gegensatz dazu war 3450 seit dem Umbau nur 9 000 Kilometer gelaufen, aber bei beiden Lokomotiven wurde der mechanische Zustand als gut beurteilt. 3428 hatte mit 241 cm^2 einen um 8,5 % kleineren Blasrohrmündungsquerschnitt als der Konstruktionswert, der aber für eine gute Verdampfungswilligkeit nötig war und anscheinend auch größer war, als seinerzeit bei den meisten 25NC (siehe Anmerkung 5, Tabelle 27, Seite 153). Zu Beginn der Versuchsfahrten hatte 3450 die normalen Blasrohrdüsen, welche gegen die Düsen für starken Saugzug im Verlauf der Einfahrzeit ausgetauscht worden waren, aber Letztere mussten zur Erzielung einer guten Verdampfungswilligkeit unter den Versuchsbedingungen wieder eingebaut werden. Sie blieben bis zur Ausführung einiger Arbeiten in Beaconsfield gegen Ende März 1982 in der Lokomotive.

Der Kohleverbrauch wurde indirekt durch einen Umdrehungszähler an der Stoker-Schnecke auf beiden Tendern gemessen. Die Zähler waren bescheidene Fahrradentfernungsmesser, wie sie zur Aufzeichnung der von Radfahrern zurückgelegten Distanzen entwickelt worden waren. Sie wurden an geeigneten Halterungen angebracht und von an das Ende der Stokermotorkurbelwellen angeschweißten Mitnehmern gedreht. Diese Entfernungsmesser waren aus Plastik und nicht besonders robust (zwanzig Jahre zuvor, als der Autor ein eifriger Radfahrer gewesen war, waren sie aus Metall und *waren* robust, aber das ist der „Fortschritt"). Die ganze Anordnung war ziemlich primitiv, aber sie funktionierte generell recht gut. Mehrere Kalibrierungen wurden gemacht, indem die Tender mit vollem Wassertank vor und nach den Versuchsfahrten auf der Gleiswaage der Gießerei im Werk Koedoespoort gewogen wurden. Die entsprechenden Zählerwerte wurden abgelesen und es wurde dafür Sorge getragen, dass sämtliche Kohle mit dem Stoker gefeuert wurde (das heißt, keine Handfeuerung), und dass immer Kohle aus dem Kohlenkasten in die Förderschnecke nachrutschte, so dass sich der Stoker keinesfalls drehte, ohne Kohle zu fördern. Diese letzte Forderung brachte einiges an harter und staubiger Arbeit in den Kohlenkästen mit sich, besonders, als es bei den Hochleistungsversuchen, bei denen die Kohle mit phänomenaler Geschwindigkeit verbraucht wurde, darum ging, sicherzustellen, dass der Förderschneckentrog immer mit Kohle bedeckt war. Dazu musste die bestehende Vorschrift, die es untersagte, dass eine Person sich in dem Kohlenkasten aufhielt, wenn die Förderschnecke arbeitete, diskret ignoriert werden. An den Versuchstagen, an denen keine Kalibrierung vorgenommen wurde, wurde die durchschnittliche Fördermenge je Stokermotorumdrehung (Zeile 4 in der Tabelle 35) mit der gezählten Anzahl der Motorumdrehungen multipliziert, um die verfeuerte Kohlemenge zu bestimmen. Zum Glück fand das nur bei 3450 Anwendung, für die die Kalibrierungsergebnisse beständiger waren als bei 3428. Die oben beschriebene Methode hatte den Vorteil, dass sie mehrere individuelle Versuche in einem Durchgang ermöglichte, ohne die Kohle zu wiegen. Nachdem die Kohleförderrate je Motorumdrehung feststand, waren die Zählerablesungen vor und nach jedem Versuch alles, was nötig war, um die jeweiligen Kohleverbräuche zu ermitteln. Die Ergebnisse der Kalibrierungen finden sich in der Tabelle 35.

Zur Messung des Wasserverbrauchs wurden dünne Kupferröhren in die vier Ecken der Tender eingelassen. Diese Röhren wurden in die Tenderwände eingelötet, um 90° nach oben gebogen und mit durchsichtigen Plastikröhren verbunden, die, angeklipst an die Tenderaußenwände nach oben geführt wurden. Damit konnte die Wasserstandshöhe in jeder Ecke des Tanks gemessen werden und der Durchschnittwert ergab unabhängig von der Steigung oder Seitenneigung die wahre Höhe.

Sorgfältig ausgewählte Proben der verwendeten Kohlen wurden zur Analyse an das Fuel Research Institute geschickt und die gewonnenen Ergebnisse in der Tabelle 36 dargestellt. Die Erbskohle war die gleiche wie die bei dem Einfahren erfolgreich verfeuerte. Sie war nicht backend, aber die Nusskohle schien eine leichte Tendenz zum Verbacken zu haben, der mit gelegentlichem Schütteln des Rosts begegnet wurde. Beide Kohlesorten wurden als gut beurteilt.

In der Tabelle 37 sind die Versuchsbedingungen und Ergebnisse aus dem offiziellen Versuchsbericht, sortiert nach zunehmender Fahrgeschwindigkeit, zusammenfassend dargestellt. *Der wichtige Hinweis sei gemacht, dass die in der Tabelle 37 aufgeführten Werte für die spezifischen Kohle- und Wasserverbräuche sowie für die thermischen Wirkungsgrade stark von den jeweiligen Versuchsbedingungen beeinflusst waren und aus diesem Grund absolut nicht mit den Werten aus anderen Versuchen vergleichbar sind.* Zusätzlich zu den Versuchsfahrten mit den Lokomotiven bei verschiedenen konstanten Geschwindigkeiten und Hakenzugkräften, wurden mit 3428 und 3450 Versuche sowohl bei der Verfeuerung von Erbskohle als auch von Nusskohle gemacht und mit 3450 solche bei Gebrauch der Speisepumpe beziehungsweise der Strahlpumpe.

Der Leser mag sich wundern, wie es bei all den Verstopfungen der Strecke Pretoria – Witbank möglich war, Versuche über größere Wegstrecken bei konstanter Geschwindigkeit zu machen. Die Antwort ist, dass die Versuche in der Nacht gefahren wurden. Warum die Betriebsleitung die Strecke am Tage mit Güterzügen überlastete und nachts kaum ein Zug unterwegs war, war ein Rätsel, aber das waren seinerzeit viele der SAR-Betriebspraktiken. Ein Schlafwagen wurde zwischen dem Messwagen und den Bremslokomotiven eingestellt, aber es gab nur wenig Schlaf, da wir von ungefähr sieben Uhr abends bis sieben Uhr am nächsten Morgen voll beschäftigt waren. Das machte die Angelegenheit für die Beteiligten sehr ermüdend, und die Umstände waren für das nötige Maß an Wachsamkeit sicher nicht die besten. Nach einigen anfänglichen Versuchsfahrten tauchten die Ingenieure der Versuchsabteilung nicht mehr auf, und die Dinge wurden der Lokomotivmannschaft, dem Lokomotivinspektor, dem Messwagenbediener und mir überlassen. Die Tafel 47 zeigt die Szene in Capital Park vor einem dieser langen Nachteinsätze.

Als Bremslokomotiven wurde ursprünglich zwei Diesellokomotiven der Klasse 34 zur Verfügung gestellt, aber das stellte sich als unzureichend heraus. Bei einigen Versuchsfahrten mussten nicht weniger als drei elektrische Lokomotiven der Klasse 6E1 mit Rekuperationsbremse eingesetzt werden, um die Leistung der Dampflokomotive umzuwandeln (Tafel 48). Zunächst war vorgeschlagen worden, die Fahrten zwischen Eerste Fabriek und Bronkhorstspruit, etwa 42 Kilometer, zu machen, zumindest aber mit beiden Lokomotiven bei gegebener Geschwindigkeit und Hakenzugkraft über denselben Streckenabschnitt zu fahren, aber trotz der Absprachen mit den Fahrdienstleitern auf der Strecke, die wussten, dass eine völlig freie Strecke benötigt wurde, gab es immer noch Signalhalte. Manchmal erschienen rote Signale kurz nach unserer Abfahrt von Eerste Fabriek, weil ein langsamerer Zug kurz vor uns auf die Strecke gelassen worden war. Um Zeit zu sparen, begannen dann die Versuchsfahrten dort, wo wir angehalten worden waren. Dennoch mussten manche Versuchsfahrten komplett abgebrochen werden, und wir mussten nach Eerste Fabriek zurückkehren und von vorn anfangen. Zwei Versuchsfahrten mit 3428 mussten wegen niedrigen Wasserstands im Kessel vorzeitig beendet werden, und obwohl beabsichtigt war, mit beiden Lokomotiven Messfahrten bei allen Kombinationen aus Fahrgeschwindigkeit und Zugkraft zu machen, erwiesen sich die höchsten

Tabelle 35
Kalibrierung des Stokermotor-Umdrehungszählers, Versuche vom November 1981

Lokomotivnummer	3428		3450	
Kohlesorte	Nuss	Erbskohle	Nuss	Erbskohle
Anzahl der Kalibrierungen	3	1	2	2
Gemessene Kohleförderung je Umdrehung des Stokermotors[1], kg	0,2273[2]	0,2334	0,1866	0,2449
Maximale Abweichung einer einzelnen Kalibrierung von der Gesamtkalibrierung	+18,3%[3] -7,4 %	-	+3,2 % -3,7 %	+1,4 % -2,6 %

Anmerkungen.

1. Zeile 4 = ∑ gewogene Kohle ÷ ∑ Anzahl der Stokermotorumdrehungen, zusammengefasst über alle entsprechenden Kalibrierungen. Die Anzahl der Stokermotorumdrehungen pro Umdrehung des Zählers war abhängig von der Anordnung des Zählers relativ zu dem Mitnehmer und wurde durch Zählen der Motorkurbelwellenumdrehungen für das Weiterspringen einer Ziffer auf der Zähleranzeige ermittelt.
2. Die merklich größere Fördermenge pro Umdrehung bei 3428 im Vergleich zu 3450 bei Nusskohle wurde dem auf kleine Korngröße eingestellten Brecher in dem Fördertrog der 3450 zugeschrieben, wobei das bei Erbskohle nur einen geringen Einfluss hatte.
3. As unbekannten Gründen ergab eine der Kalibrierungen auf der 3428 mit Nusskohle eine viel größere Fördermenge je Umdrehung als die beiden anderen, wobei eine davon nach Abschluss der Versuche als Kontrolle gemacht wurde. Deshalb die großen Abweichungen.

Tabelle 36
Kohleanalyse, Versuche vom November 1981

Kohlesorte	Erbskohle	Nuss
Grube	Delmas	Witbank Wolvekrans
Heizwert, MJ kg^{-1}	25,9	28,1
Flüchtige Bestandteile, %	28,5	25,3
Asche, %	15,2	14,5
Ascheerweichungstemperatur, °C	> 1 400	> 1 400

Leistungen als zu viel für die 3428. Es war ein Glück, dass das Wetter während des Zeitraums der Messfahrten überwiegend trocken blieb, zumal wir mittlerweile in der regnerischen Jahreszeit waren, weil auch Hochleistungsversuche mit 3450 nur bei absolut trockenen Schienen möglich waren. Mindestens bei einer Gelegenheit fing es bei solch einer Messfahrt an zu regnen, die dann wegen fortwährenden Schleuderns abgebrochen werden musste.

Um die Versuchsmethodik festzulegen, wurde am 9. November ein Probelauf mit 3450 unternommen (bei dem die Lokomotivleistung nicht auf der Höhe war, vermutlich, weil die Mannschaft mit der durch die Versuchsbedingungen erzwungenen Fahrweise nicht vertraut war). Die eigentlichen Messfahrten begannen in der der darauffolgenden Nacht. Die ersten Messfahrten wurden mit der niedrigsten

Geschwindigkeit durchgeführt, nominell 30 km h^{-1}, gefolgt von 50 km h^{-1} und dann 80 km h^{-1}. Einige extra Messfahrten wurden mit 3450 bei 50 km h^{-1} in der letzten Nacht gemacht sowie, auf meine Bitte hin, zwei Messfahrten bei konstanter Kesselleistung, einmal unter Gebrauch der Strahlpumpe und einmal mit Nutzung des Speisewasservorwärmers. Jede Messfahrt begann aus dem Stillstand, wobei die Zylinder mit geöffneten Zylinderhähnen und ganz kleiner Regleröffnung vorgewärmt wurden. Nach Beendigung einer Messfahrt wurden die Bremslokomotiven dazu verwendet, den Zug an den Ausgangspunkt zurückzubefördern Auf diese Weise konnten pro Nacht bis zu drei Messfahrten absolviert werden. Auf einem der Nebengleise in Rayton gab es einen Wasserkran, wo dann bei Bedarf Wasser genommen wurde. Was wir nicht wussten, war, dass dieser Wasserkran an den gleichen Tank angeschlossen war, der den Bahnhof und die Häuser der Eisenbahner mit Wasser versorgte. In der Folge gingen bei dem Bezirksvorstand Beschwerden von dem Personal dort ein, weil am Morgen kein Wasser aus den Hauswasserhähnen kam.

Die Hochleistungsversuche führte zu einigen spektakulären Lokomotivanstrengungen. Auf der 3428 wurden Abdampfdrücke von bis zu 2,0 bar (!) und auf der 3450 bis zu 1,67 bar aufgezeichnet, letzterer Wert bei einer Dampferzeugung von 30 000 kg h^{-1}, also deutlich mehr, als bei den Serienlokomotiven möglich war. Bei einer Messfahrt in der Steigung nach Rayton wurde 3450 *bei 80 km h^{-1} mit voll ausgelegter Steuerung* gefahren, was dem Verb „dreschen“ eine ganz neue Bedeutung gab. Selbstverständlich verursachte das einigen Lärm, der die übliche Ruhe der Nächte zerriss. Aber während 3450 nur ihr scharfes Bellen himmelwärts schleuderte, stieß 3428 ein unaufhörliches donnerndes Getöse aus, begleitet von einer gewaltigen Säule schwarzen Rauchs, die im Sternenlicht deutlich sichtbar war. Wegen des ständig wechselnden Dampfverbrauchs je nach Streckenneigung war die Arbeit des Heizers sehr schwierig, und auf beiden Lokomotiven traten große Schwankungen des Kesselwasserstands nach oben und unten auf, und oft genug war bei der Bergabfahrt kein Wasser im Glas zu sehen. Die Extremwerte auf 3450 waren ein Anstieg um 121 Millimeter auf 42,5 Kilometer und ein Absinken um 102 Millimeter auf 22,2 Kilometer Fahrtstrecke. Auf 3428 ein Anstieg um 27 Millimeter auf 28,9 Kilometer und ein Absinken um 135 Millimeter auf 19,3 Kilometer, wobei dann am Ende auf ebener Strecke kein Wasser mehr im Glas zu sehen war. Sämtliche Schwankungen des Kesselwasserstands wurden selbstverständlich bei der Berechnung der Versuchsergebnisse berücksichtigt.

Einige Vorkommnisse waren nicht nur ein Test für die Lokomotiven sondern auch für unsere Nerven. Das rekuperative Bremssystem der elektrischen Lokomotiven war nicht einhundertprozentig zuverlässig, und die Schutzvorrichtung schaltete es nur allzu oft ganz aus. Bei einer Gelegenheit mit 3450, in der kurzen Bergabpassage von Greenview nach Pienaarspoort, schaltete sie sich ab, statt die Bremskraft zum Ausgleich des Gefälles zu erhöhen. Vos wusste, dass der Regler bei den Messfahrten vollständig geöffnet bleiben musste und so nahm er mit zunehmender Geschwindigkeit einfach die Füllung zurück. Bald war die Mittelstellung der Steuerung erreicht, und bei einer Geschwindigkeit um 120 km h^{-1} geriet der Stoßpuffer der Tenderkupplung in Resonanzschwingung, so dass es zwischen Lokomotive und Tender zu einer so heftigen „Stampfbewegung“ kam, dass die Kohle nach vorn gegen die Wand des Kohlenkastens geschleudert wurde. Ohne die Kohlenkastenerhöhung wären einige Tonnen Kohle auf unsere Köpfe niedergeprasselt. In der gleichen Nacht leitete uns die Fahrdienstleitung zweimal in das Ausweichgleis in Panpoort, um vor uns liegende langsamere Züge zu überholen. Warum *diese* Züge nicht in das Ausweichgleis umgeleitet werden konnten, war ein weiteres Geheimnis der Fahrdienstleitung.[1] Beide Male handelte es sich um 80-km h^{-1}-Messfahrten, und obwohl Vos so viel Respekt vor den Weichen hatte, um auf etwa 60 km h^{-1} abzubremsen, wurden bei der Einfahrt in das Ausweichgleis sämtliche Personen und losen Gegenstände im Führerhaus zuerst auf die Lokomotivführerseite und dann auf die Heizerseite geschleudert, und das Ganze in umgekehrte Reihenfolge bei der Ausfahrt aus dem Ausweichgleis. Wieviel uns dabei von einer Katastrophe trennte, weiß ich nicht, aber für den Heizer war es nah genug, um zu bemerken, dass er sich krank melden würde, falls wir das noch einmal machten. Und dann war da noch die Bremslokomotive, die im Gefälle mit 3428 vom dynamischen Bremsen auf dynamisches Schieben ging, so dass wir mit voll angelegter Saugluftbremse mit 65 km h^{-1} an einem roten Signal vorbeirauschten. Zum Glück wurde das Problem gelöst, bevor wir auf etwas auffuhren, aber der Lokomotivinspektor hatte den Fahrdienstleitern einige schwierige Erklärungen zu geben.

Trotz dieser Ereignisse überlebten Mensch und Maschine die Messfahrten, deren Ergebnisse anschließend analysiert wurden. Die angewendete Versuchsmethodik und die während der Versuche tatsächlich aufgetretenen Bedingungen, wie zum Beispiel die betriebsbedingten Verzögerungen, ergaben keine Daten, die für einen streng wissenschaftlichen Vergleich der beiden Lokomotiven geeignet waren. Tatsächlich sind in der Tabelle 37 viele Inkonsistenzen enthalten. So sind die aufgenommenen Geschwindigkeits- und Zugkraftwerte manchmal von den festgelegten Werten ziemlich abweichend, was im Lichte des soeben beschriebenen nicht allzu überraschend ist. Nichtsdestotrotz wurde größtmöglicher Nutzen aus den Messwerten gezogen. Um die in den verschiedenen Abschnitten der Versuchsstrecke ermittelten Werte mit größerer Aussagekraft miteinander vergleichen zu können, wurde zu der auf dem Messstreifen bei jeder Messfahrt gemessenen Zughakenarbeit die von der Lokomotive bei der Vergrößerung ihrer potentiellen Energie in dem Versuchsstreckenabschnitt geleistete Arbeit hinzugezählt, um die Zughakenarbeit bezogen auf die Ebene zu ermitteln, siehe Spalte 10 in der Tabelle 37. Teilte man dieses Ergebnis durch die Länge der Versuchsstrecke beziehungsweise durch die Versuchszeit, so ergaben sich die mittlere effektive auf die Ebene bezogene Zugkraft und Leistung, siehe Spalten 11 und 12. Die gemessenen Kohle- und Wasserverbräuche wurden durch die auf die Ebene bezogene Zughakenarbeit geteilt und ergaben die spezifischen Kohle- und Wasserverbräuche, siehe Spalten 15 und 16, und durch Division der auf die Ebene bezogenen Zughakenarbeit durch den Energieinhalt der aufgeworfenen Kohlemenge ergab sich der thermische Gesamtwirkungsgrad für jede Messfahrt, siehe Spalte 18.

Es bedurfte keiner Detailanalyse der Ergebnisse, um zu belegen, dass 3450 in Bezug auf Leistung und Wirkungsgrad der 3428 mit großem Abstand überlegen war, was allen klar war, die das jeweilige Betriebsverhalten miterlebt hatten. Tatsächlich war der Charakter der Versuchsfahrten dergestalt, dass viele der Fahrten mit geöffnetem Regler nahe oder gar an der Kesselgrenzleistung der 3428 absolviert wurden, da diese Lokomotive bei den Steigungsfahrten bis zu ihrer Leistungsgrenze ausgefahren werden musste, um mit Leistungsentwicklungen mitzuhalten, die bei der 3450 noch ohne Weiteres innerhalb ihrer Zugförderungskapazität lagen. Es sei daran erinnert, dass die Leistungen der Lokomotiven in den größten Steigungen erheblich höher lagen, als die in Spalte 12 der Tabelle 37 angegebenen Durchschnittsleistungen der Versuche. Unter diesen Bedingungen wurde 3428 dann, besonders bei den Fahrten mit 80 km h^{-1}, in Annäherung an die oder gar bis zu der Rostgrenze forciert, wobei ihr thermischer Gesamtwirkungsgrad dann außerordentlich niedrig lag, aber eben auch in Übereinstimmung mit dem Wirkungsgrad an der Rostgrenze, wie er aus den ursprünglichen Versuchen mit der Klasse 25NC aus dem Jahre 1956 abgeleitet wurde. Diese Begleitumstände begünstigten 3450, und der Vorteil der umgebauten Lokomotive, wenn auch immer noch bedeutend, war bei den Versuchsfahrten mit kleinerer Leistung geringer. Bei geringen Kesselanstrengungen war auf 3450 sogar ein Problem aufgetreten, welches der Tatsache zugeschrieben wurde, dass dann bei Gebrauch der Speisepumpen dem Feuer zu viel Kühldampf zugeführt wurde. Unter diesen Bedingungen musste dann mehr Kohle als nötig aufgeworfen werden, mit dem Ergebnis, dass die Brennstoffmasse auf dem Rost im Verlauf einer solchen Versuchsfahrt zunahm. Das erklärt die relativ hohen spezifischen Kohleverbräuche bei den Fahrten am 11. November mit 30 km h^{-1} und 100 kN, am 19. November mit 50 km h^{-1} und 80 kN und schließlich ebenfalls am 19. November mit 50 km h^{-1} und 60 kN. Dieses Problem wurde in der Folge gelöst. Eine Fahrtwiederholung am 26. November mit 50 km h^{-1}

[1] Dieses Ausweichgleis lag direkt am Fuß der durchgehenden Steigung nach Rayton, der Hauptsteigung auf der Messstrecke, was zum Teil erklärt, warum die Durchschnittsgeschwindigkeiten mit 3450 um einiges niedriger lagen, als die festgelegte Versuchsgeschwindigkeit von 80 km h^{-1}.

Tabelle 37

Ergebnisse der Messwagenvergleichsfahrten zwischen der SAR-Klasse 26 Nr. 3450 und Klasse 25NC Nr. 3428, Versuche vom November 1981

Datum	Lok.-Nr.	Konst. Geschw., km h^{-1}	Konst. Zugkraft am Zughaken, kN	Kohle-sorte	Kolben-speise-pumpe oder Strahl-pumpe	Versuchs-strecke (siehe Anm. 1)	Länge der Versuchs-strecke, km	Tatsächl. Arbeit am Zughaken, MJ	Arbeit am Zughaken (auf die Ebene bezogen), MJ	Mittlere Zughaken-kraft (auf d. Eb. bezogen.), kN	Mittlere Leistung am Zughaken (auf d. Eb. bezogen), kW	Aufge-worfene Kohle, kg	Wasser-verbrauch, kg	Spezif. Kohle-verbrauch (auf die Ebene bezogen), Kg MJ^{-1}	Spezif. Wasser-verbrauch (auf die Ebene bezogen), kg MJ^{-1}	Durch-schnittl. Geschw. km h^{-1}	Therm. Gesamt-wirkungs-grad %
10.11.1981	3450	30	140	Erbsk.	K	EF – F	29,45	3 974	4 410	149,8	1 145	2 593	14 309	0,59	3,24	27,54	6,57
11.11.1981	3450	30	120	Erbsk.	K	EF – F	29,45	3 222	3 664	124,4	1 006	1 967	12 306	0,54	3,36	29,11	7,19
11.11.1981	3450	30	100	Erbsk.	K	P – F	22,20	2 030	2 375	107,1	885	1 589	8 576	0,67	3,61	28,77	5,77
12.11.1981	3428	30	140	Erbsk.	S	EF – R	19,30	2 491	2 893	150,0	1 040	2 983	13 224	1,03	4,57	24,96	3,75
12.11.1981	3428	30	100	Erbsk.	S	EF – F	28,90	2 815	3 235	112,0	959	2 645	14 540	0,82	4,49	30,83	4,72
17.11.1981	3450	50	125	Erbsk.	K	EF – B	42,35	5 080	5 260	124,1	1 554	4 341	18 731	0,83	3,56	45,05	4,68
17.11.1981	3450	50	100	Erbsk.	K	EF – B	42,50	3 928	4 107	96,6	1 245	2 333	12 649	0,57	3,08	46,36	6,80
19.11.1981	3450	50	125	Nuss	K	EF – B	42,45	5 011	5 191	122,3	1 565	3 160	17 367	0,61	3,35	46,07	5,85
18.11.1981	3450	50	100	Nuss	K	EF – B	42,40	4 126	4 309	101,6	1 326	2 061	13 618	0,48	3,16	46,96	7,44
19.11.1981	3450	50	80	Nuss	K	EF – B	42,45	3 143	3 323	78,2	1 019	1 916	10 626	0,58	3,20	46,85	6,17
18.11.1981	3450	50	60	Nuss	K	P – F	23,00	1 289	1 642	71,3	1 013	560	5 837	0,34	3,55	51,11	10,43
19.11.1981	3450	50	60	Nuss	K	EF – F	29,30	1 760	2 171	74,1	948	1 457	8 076	0,67	3,72	46,06	5,30
26.11.1981	3450	50	60	Nuss	K	EF – F	29,50	1 793	2 236	75,8	1 022	882	8 559	0,39	3,83	48,56	9,02
23.11.1981	3450	50	100	Nuss	S	EF – B	42,50	4 075	4 259	100,2	1 270	2 475	14 745	0,58	3,46	45,64	6,12
23.11.1981	3450	50	80	Nuss	S	EF – B	42,45	3 092	3 272	77,1	990	1 517	11 720	0,46	3,58	46,23	7,68
26.11.1981	3450	50	60	Nuss	S	EF – F	29,50	1 613	2 038	69,1	925	1 061	7 888	0,52	3,87	48,20	6,83
16.11.1981	3428	50	100	Nuss	S	P – F	22,10	1 739	2 073	93,9	1 118	2 203	11 288	1,06	5,45	42,91	3,35
16.11.1981	3428	50	80	Nuss	S	EF – B	42,30	3 028	3 203	75,8	1 023	2 600	14 527	0,81	4,54	48,62	4,39
16.11.1981	3428	50	60	Nuss	S	EF – F	29,40	1 642	2 022	68,8	932	1 431	9 520	0,71	4,71	48,77	5,03
25.11.1981	3450	80	90	Nuss	K	EF – B	42,40	3 157	3 341	78,8	1 396	2 198	12 591	0,66	3,77	63,79	5,41
25.11.1981	3450	80	70	Nuss	K	EF – B	42,40	2 729	2 905	68,6	1 309	1 809	10 539	0,62	3,65	68,76	5,72
25.11.1981	3450	80	50	Nuss	K	EF – R	19,15	1 109	1 501	78,4	1 463	761	5 197	0,51	3,46	67,19	7,02
24.11.1981	3428	80	60	Nuss	S	EF – B	42,50	1 807	1 984	46,6	854	2 129	11 862	1,07	5,98	65,89	3,32
24.11.1981	3428	80	50	Nuss	S	EF – B	42,45	1 894	2 074	48,8	893	2 147	12 046	1,04	5,81	65,81	3,44
24.11.1981	3428	80	40	Nuss	S	EF – R	19,30	785	1 156	59,9	1 014	1 619	7 383	1,40	6,39	60,95	2,54[2]

Bemerkungen.
1. Legende zu den Versuchsstrecken: B = Bronkhorstspruit; EF = Eerste Fabriek; F = Forfar; P = Pienaarspoort; R = Rayton.
2. Teilweise arbeitete 3428 während dieser Messfahrt mit einem Verbrennungsluftmassenstrom oberhalb der Rostgrenze.

und 60 kN unter Gebrauch der Speisepumpen ergab ein Ergebnis im Einklang mit dem Gros der übrigen Messwerte.

Die in der Tabelle 37 aufgelisteten Daten eignen sich nicht für eine graphische Darstellung. Obwohl daraus für den Versuchsbericht Diagramme als Hilfsmittel zur Klarstellung der Ergebnisse gezeichnet wurden, werden sie hier nicht wiederholt. Stattdessen seien im Folgenden die wesentlichen Schlussfolgerungen aus den Ergebnissen aufgelistet:

1. Verglichen mit 3428 ergab 3450:
   i) Ersparnisse bei dem spezifischen Kohleverbrauch im Bereich von etwa 30 % bei den kleinsten Geschwindigkeiten und Hakenzugkräften bis zu etwa 60 % bei den höheren Geschwindigkeiten und Zugkräften, einhergehend mit einem Gewinn an thermischen Gesamtwirkungsgrad von 43 % beziehungsweise 150 %.
   ii) Ersparnisse bei dem spezifischen Wasserverbrauch im Bereich von etwa 20 % bei den kleinsten Geschwindigkeiten und Hakenzugkräften bis zu etwa 45 % bei den höheren Geschwindigkeiten und Zugkräften.
2. Die höchsten auf die Ebene bezogenen Durchschnittsleistungen für eine abgeschlossene Versuchsfahrt betrugen bei der Lokomotive
   3428 = 1 118 kW bei 42,9 km h-1 über eine Strecke von 22,10 Kilometer
   3450 = 1 565 kW bei 46,1 km h-1 über eine Strecke von 42,45 Kilometer
   Wie zuvor schon erwähnt, konnten die Dauerleistungen bei der Steigungsfahrt um einiges über der Durchschnittsleistung liegen. Das Problem mit der 3428 war, dass sie bei den größeren Leistungen in den Steigungsabschnitten derartig stark belastet wurde, dass weder Kesseldruck noch Kesselwasserstand gehalten werden konnten, was einen Leistungsabfall im Verlauf der Versuchsfahrt bedeutete. Natürlich wurde 3450 noch stärker angestrengt, aber sie vertrug das besser, hauptsächlich, weil das GPCS die Rostgrenze und die Lempor-Saugzuganlage mit Laval-Blasrohrdüsen die Blasrohrgrenze nach oben verschoben. Die von 3450 entsprechend dem Messwagenprotokoll entwickelten Maximalleistungen sind nachstehend in der Tabelle 38 aufgeführt:

Tabelle 38
Maximalleistungen der SAR-Klasse 26, Versuche vom November 1981

Geschwindigkeit, km h^{-1}	Zylinderfüllung, %	Auf die Ebene bezogene Hakenzugkraft, kN	Auf die Ebene bezogene Zughakenleistung, kW	Mehrleistung gegenüber Versuchsdurchschnitt
22,5	65 (voll ausgelegt)	186,6	1 166	2 %
29	60[1]	175,0	1 410	23 %
47,5	65 (voll ausgelegt)	168,6	2 225	43 %
49	65 (voll ausgelegt)	167,7	2 283	46 %
67	65 (voll ausgelegt)	124,2	2 311	- (Fahrt mit konstanter Kesselanstrengung)
74	55	122,8	2 540	82 %
86	55	102,2	2 442	75 %

1. Das ist der aufgezeichnete Wert für die Zylinderfüllung. Der wahre Wert lag wahrscheinlich bei 65 %.

Außer der letzten, die hier aus der Kesselreserve gefahren wurde, aber gefühlsmäßig auch weiter hätte gehalten werden können, waren sämtliche oben aufgelisteten Leistungsabgaben Dauerleistungen über angemessene Zeiträume, so dass damit die graphische Darstellung der Leistung über die Fahrgeschwindigkeit zulässig war. Dabei wurde auf einen Vergleich mit den Maximalleistungen der 3428 verzichtet, welche aus den bereits erwähnten Gründen kein zuverlässiger Maßstab für das Leistungsvermögen dieser Lokomotivklasse waren. Stattdessen wurde die Maximalleistungskurve verwendet, wie sie aus den Versuchswerten der Klasse 25NC im Lieferzustand hergeleitet worden waren. Sie lag höher als das, was den 25NC in den achtziger Jahren zugemutet werden konnte, hauptsächlich wegen des höheren Rauchkammerwiderstands durch die Umstellung von den Funkenfängern Bauart Master Mechanics auf die Kastenfunkenfänger, der mit einem Verlust an Zylinderleistung bezahlt werden musste. Aus den beiden Diagrammkurven ergibt sich für 3450 eine Steigerung der Leistung am Zughaken um 37 % und trotz ihrer begrenzten Maximalfüllung ungefähr bei über 16 km h^{-1} eine höhere effektive Zugkraft, so dass sie sogar besser zum Schleppen schwerer Züge geeignet war als die Serienmaschinen, vorausgesetzt die Adhäsion war gut, was leider tatsächlich nicht immer der Fall war. Weitere Betrachtungen zu der Relation der Leistung und der Zugkraft über die Geschwindigkeit werden in Kapitel 3.7 angestellt.

Aus den Zahlenwerten der Tabelle 38 können zwei Feststellungen getroffen werden. Erstens wird aus der Spalte 2 ziemlich deutlich, dass die Leistungsfähigkeit der 3450 durch ein in Bezug auf die Verdampfungsleistung des Kessels unzureichendes Zylindervolumen (neben anderen Dingen) eingeschränkt wurde, und man kann sich nur fragen, wie die Maximalleistung mit besserer Dampfexpansion ausgesehen hätte. Zweitens war die notwendige Leistung während der Bergabfahrt um ähnliche Prozentwerte wie in der ganz rechten Spalte niedriger als die Durchschnittsleistung, was bedeutete, dass die in den Zylindern der Lokomotive tatsächlich entwickelte Leistung *um den Faktor zehn* während einer Messfahrt mit konstanter Fahrgeschwindigkeit und Hakenzugkraft variieren konnte. Dabei erwies sich zum Beispiel die Serienlokomotive, egal wie sehr sie angestrengt wurde, bei den 80-km h^{-1}-Versuchen nicht in der Lage, den Zug auf den steilsten Abschnitten mit dieser Geschwindigkeit zu befördern, doch bei der Bergabfahrt konnte sie die nominellen Versuchsbedingungen mit der Steuerung in Mittelstellung einhalten. Soviel zu „konstante" Versuchsbedingungen!

3. Fasst man sämtliche Versuchsdaten zusammen, so erzeugte 3450 eine auf die Ebene bezogenen Zughakenarbeit von 56,0 x 10^3 MJ *(Anm. d. Übers.: = 15 556 kWh)* bei einer auf die Ebene bezogenen Durchschnittsleistung von 1 182 kW mit einem spezifischen effektiven Kohleverbrauch von 0,58 kg MJ^{-1} *(Anm. d. Übers.: = 2,088 kg* kWh^{-1} *= 1,535 kg* PS_eh^{-1}*)*. Die entsprechenden Zahlen für die 3428 lauteten 18,64 x 10^3 MJ, 976 kW und 0,95 kg MJ^{-1} *(Anm. d. Übers.: = 5 178 kWh, 3,42 kg* kWh^{-1} *und 2,515 kg* PS_eh^{-1}*)*. Damit wurde die Umbaulokomotive mit einer um 21 % höheren auf die Ebene bezogenen Durchschnittsleistung gefahren und hatte einen um 39 % niedrigeren spezifischen Kohleverbrauch als die Serienmaschine. Es war offensichtlich, dass 3450 bei einer bedeutend höheren Leistung wirtschaftlich betrieben werden konnte als die Serienmaschine. Das GPCS wurde als wesentlicher Faktor bei diesem Erfolg bestätigt.
4. Der spezifische Kohleverbrauch der umgebauten Lokomotive stieg bei der Verbrennung von Erbskohle statt Nusskohle um etwa 20 % bis 35 % an. Das zeigte, dass zumindest bei größeren Rostbelastungen die Vorteile der Erbskohle in Bezug auf den Betrieb des GPCS und die geringere Bildung von Feinkohle in der Stoker-Schnecke mehr als aufgewogen wurde durch einen hohen Flugverlust der kleinen Kohlestückchen. Aus dem gleichen Grund erwies sie sich für die Serienlokomotive als ziemlich ungeeignet und danach wurden keine weiteren Versuche mit der Erbskohle durchgeführt.

5. Der Betrieb der 3450 mit der Strahlpumpe statt mit dem Speisewasservorwärmsystem, erhöhte den spezifischen Kohle- und Wasserverbrauch um näherungsweise 30 % beziehungsweise 10 %. Die erstgenannte Zahl, die ziemlich überhöht erscheint, bestätigt tendenziell den in Abb. 41 qualitativ dargestellten Effekt.

Die Frischdampf-, Abdampf-, Rauchkammergas- und Kesselspeisewassertemperaturen wurden auf der 3450 während der Messfahrten ermittelt. Besondere Sorgfalt war bei der Messung der Abdampftemperatur erforderlich, und um das Thermoelement an der Blasrohrdüse herum wurde ein „Beruhigungsschild" angebracht, um diese Temperatur korrekt bei niedriger Dampfgeschwindigkeit zu messen. Zur Bestimmung der Zylinderleistung war die Methode der Abnahme des Wärmeinhalts im Dampf vorgesehen, wobei die Blasrohrdüsen bereits kalibriert worden waren, so dass der Dampfmassenstrom aus den Messwerten des Abdampfdrucks errechnet werden konnte. Allerdings war ich mit den Temperaturmessungen nicht zufrieden, so dass diese Methode nicht angewendet wurde. Die Temperatur des Einströmdampfs war viel kleiner als erwartet, mit nur gelegentlichen Spitzen von über 400 °C und einem einmaligen Maximum von 420 °C. Zwischen der Rauchgastemperatur und der Heißdampftemperatur gab es nur eine geringe Übereinstimmung im Verlauf. Bei manchen Messfahrten war die Einströmtemperatur von den beiden die höhere, bei den anderen die niedrigere. Spätere Versuch zeigten dann allerdings, dass diese Messwerte vielleicht doch nicht so ungenau waren, wobei die niedriger als erwarteten Heißdampftemperaturen ihre Ursache in der Verwendung der serienmäßigen Überhitzerelemente der Klasse 25NC und zweifellos in der Dampfnässe gehabt haben. Deren Ausmaß wird die Relation zwischen der Heißdampftemperatur und der Gastemperatur in der Rauchkammer bestimmt haben. Einige der Messfahrten führten zu recht konstanten Kesselbetriebszuständen über eine sinnvolle Zeitdauer, und die dabei aufgenommenen Messdaten wurden bei der Bestimmung der entsprechenden Kesselwirkungsgrade verwendet, was im Kapitel 3.8 erläutert wird.

Rasch wurde ein Versuchsbericht ausgearbeitet und über den CME an das Büro des Generaldirektors geschickt. Die enthaltenen Zahlen stießen vermutlich bei vielen auf Unglauben, besonders bei denjenigen, die sich zu Anfang ihrer Karriere mit der Dampftraktion beschäftigt hatten. Dennoch waren die Ergebnisse und Schlussfolgerungen *unter den besonderen Versuchsbedingungen* gültig. So erstaunlich wie eine Vergrößerung des thermischen Gesamtwirkungsgrads um 150 % auch geklungen haben mag, so war das nur zu erwarten, wenn eine Lokomotive an und die andere weit entfernt von ihrer jeweiligen Rostgrenze arbeitete, um die gleiche Leistung zu entwickeln. Da der thermische Gesamtwirkungsgrad der Klasse 25NC an der Rostgrenze, in dem Zustand wie sie damals eingesetzt wurden, nur etwa 3 % betrug, hieß das, dass 3450 *bei gleicher Leistung* bei 7,5 % thermischem Gesamtwirkungsgrad lag, eine keinesfalls unglaubwürdige Zahl.

Was auch immer die Zahlen bei den leitenden Ingenieuren und Managern auslösten, so wollten sie sich die Lokomotive zumindest einmal anschauen, und ich wurde angewiesen, sie am 3. Dezember zu einer offiziellen Inspektion vor dem Personenzug Pretoria – Komatipoort bereitzustellen. Als sie den Bahnhof von Capital Park aus kommend zum Glück rechtzeitig erreichte, war der Messwagen vor dem Zug angekuppelt, und eine ziemliche Anzahl wichtiger Leute wartete auf dem Bahnsteig, einschließlich des Stellvertretenden Generaldirektors (du Toit), des Assistenten (Technik) des Generaldirektors (Fenske), des CME (Marais), des Leitenden Superintendenten (Technik) (Arndt), des Assistenten (Werkstätten) des CME (Mouton) und des Assistenten (Konstruktion und Entwicklung) des CME (Scheffel). Es war bei dieser Gelegenheit, dass du Toit mir gegenüber die zu Anfang des Kapitels 3 zitierte ermutigende Bemerkung machte. Es lief hinaus auf „Wardale, Sie haben nichts erreicht", eine recht interessante Umkehrung der oft zitierten Worte, die Chapelon gegenüber während einer Demonstrationsfahrt seiner umgebauten 2C1 Nr. 3566 der Paris-Orléans-Bahn *(Anm. d. Übers.: h4v, Schnellzuglokomotive mit Schlepptender, erbaut ab 1909, Umbau im P.-O.-Werk Tours 1929, Ahnherrin aller Chapelon-Verbundlokomotiven, die sämtlich durch Umbau entstanden)* geäußert wurden („Chapelon, da haben Sie aber etwa erreicht!"). Im Gespräch mit du Toit schien es, als ob sein Stolz es ihm nicht erlaubte, die große Verbesserung der Klasse anzuerkennen, an deren Konstruktion er dreißig Jahre zuvor beteiligt gewesen war. Das war in der Tat sehr unglücklich.

Die meisten der leitenden Offiziellen fuhren abwechselnd über Teile der Fahrstrecke auf der Lokomotive. Ich bin sicher, dass sie von Vos und van Rensburg ein positives Urteil über sie erhielten, die sich alle Mühe gegeben hatten, den Führstand zu reinigen (siehe Tafel 49). Zunächst einmal fuhr ich im Messwagen mit, wo ein großer Tisch mit Erfrischungen aufgestellt worden war. Die Abfahrt im Bahnhof Pretoria verlief nicht allzu glücklich. Vos öffnete den Regler mit einigem Schwung, aber ohne zu pfeifen und die versammelten V.I.P. benötigten einige Zeit, um sich die Speisen und den Kaffee von den Kleidern zu wischen, wobei einige spitze Bemerkungen gemacht wurden über das ruckartige Anfahren von Dampflokomotiven. Ich beantwortete die mir gestellten Fragen so gut ich konnte, aber all die üblichen Einwände gegen die Dampftraktion wurden vorgebracht, und der allgemeine Eindruck war schon ziemlich entmutigend, nur Scheffel schien bereit, anzuerkennen, was erreicht worden war und die Auswirkungen zu überdenken. Die Leute, die Erfahrungen mit dem Einsatz von Dampflokomotiven hatten, wie du Toit und Marais, waren schon zu lange nicht mehr mit dieser Arbeit vertraut, um zwischen dem Leistungsverhalten der 3450 und einer Serien-25NC unterscheiden zu können und scheinen die praktische Bedeutung solcher Faktoren, wie der Vermeidung von Schlackebildung, nicht zu würdigen.

Die Fahrt selbst gelang auf dem üblichen Niveau. Die Zuglast bestand aus zehn Personenwagen und dem Messwagen, gleich 460 Tonnen, und der Zug lag durchweg vor dem Plan, schon in Rayton waren wir zehn Minuten zu früh. Es wurde kein Wassertankwagen mitgeführt, da der Verbrauch bis Witbank etwa 39 m³ oder gleich 82 % der Tenderkapazität betrug. Die V.I.P. stiegen in Witbank aus dem Zug aus und kehrten mit Autos nach Pretoria zurück. 3450 übernahm den westwärts zurückfahrenden Zug, und mit einer Zuglast von vierzehn Wagen einschließlich des Messwagens, gleich 580 Tonnen, fuhren wir in Witbank mit fünfzehn Minuten Verspätung ab. Außerhalb Pretorias wurden wir fünf Minuten vor Plan von einem roten Signal angehalten.

Zwei Tage später absolvierte 3450 ihre Abschiedsfahrt von Capital Park, wiederum vor einem Personenzug, aber diesmal speziell für die lokalen Eisenbahnfreunde zusammengestellt, von denen etwa dreißig im Zug mitfuhren und noch mehr den Zug auf der Strecke photographierten. Wegen eines Missverständnisses hatten die Betriebsleute den Messwagen im Zugverband eingestellt und die Eisenbahnfreunde im Zug hatten das Privileg, in ihm mitzufahren. Bis auf einen Geschwindigkeitsmesser waren aber keine Messinstrumente aktiv. Der Wassertankwagen wurde wiederum nicht mitgeführt, und die Zuglast betrug 500 Tonnen nach Witbank und 530 Tonnen auf dem Rückweg. Auf der Hinfahrt kam der Zug vor Plan in Clewer an, wo es wegen einer gebrochenen Schiene zu einem unvorhergesehenen Aufenthalt kam, so dass wir bei der Ankunft in Witbank eine Minute verspätet waren. Auf dem Rückweg erfolgte die Abfahrt mit zehn Minuten Verspätung, Ankunft in Pretoria dann zehn Minuten zu früh. Die Besonderheit des Tages war die Steigungsfahrt von Balmoral nach Wakefield, die niemals besser gelungen war. Ich hatte eine Geschwindigkeit von mindestens 80 km h^{-1} versprochen, aber ich hatte nicht gewusst, dass es am Fuß der Rampe eine Langsamfahrstelle wegen Gleisbauarbeiten gab, so dass sie nicht mit den üblichen 100 km h^{-1} in Angriff genommen werden konnte. Wir fuhren mit 85 km h^{-1} in die Steigung ein, beschleunigten auf 90 km h^{-1} auf dem weniger steilen Abschnitt und hielten dann gemäß dem Geschwindigkeitsmesser im Messwagen in einer Steigung von 15,5 ‰ konstante 82 km h^{-1}, bei einer Füllung von 55 % und einem abblasenden Sicherheitsventil. Das war praktisch eine genaue Wiederholung der mit dem *Eastern-Flyer*-Sonderzug in dem gleichen Abschnitt erreichten Geschwindigkeit, aber mit über 100 Tonnen größerer Zuglast. Die dabei entwickelte auf die Ebene bezogene Zughakenleistung wurde berechnet zu 2 984 kW (4 057 PS). Der ganze Tag war ein gelungener Abschied von der Stationierung der Lokomotive in Capital Park. Ich glaube, viele Leute waren recht traurig darüber, sie ziehen zu sehen, besonders Vos und van Rensburg, aber die Anordnungen für ihre Rückführung nach Beaconsfield mussten getroffen werden. In der folgenden Woche traf Waldeck ein, um sie nach Hause zurückzufahren.

3.6 Betrieb und Versuche im normalen Einsatz

Seinerzeit war es in Beaconsfield üblich, Planlokomotiven den dienstälteren Lokomotivführern fest zuzuteilen. Während man durchaus sagen kann, dass die Einfachbesetzung in der Vergangenheit, als die Lokomotiven nicht so weit entwickelt und mechanisch zuverlässig waren, ihre Vorzüge hatte, so hätte diese Praxis bei der 25NC und ähnlichen Maschinen ganz gewiss nicht notwendig sein sollen. Diese Lokomotiven hatten fast sämtliche Verfeinerungen für die Verbesserung der Robustheit und Zuverlässigkeit an ihrer mechanischen Konstruktion, und falls sie dann immer noch zur Verbesserung ihres Betriebsverhaltens einfach besetzt werden mussten, dann war das ein trauriges Armutszeugnis, was ein schlechtes Licht auf die Dampftraktion warf, verglichen mit der Diesel- und Elektrotraktion, für die eine solche Einsatzweise auf Eisenbahnen wie den SAR niemals auch nur angedacht wurde. Die Notwendigkeit zu demonstrieren, dass die Einfachbesetzung keinesfalls erforderlich war, lag auf der Hand, falls die Dampflokomotive fortentwickelt und ihre Wettbewerbsfähigkeit bewiesen werden sollte. Andererseits war die 3450 eine besondere Lokomotive mit abweichenden Anforderungen an die Fahr- und Heiztechnik. Diese Techniken mussten ordnungsgemäß gelehrt und von denjenigen, die die Besetzungspläne machten, verstanden werden. Unter den vorherrschenden Umständen davon auszugehen, sämtlichen Lokomotivführern und Heizern ordnungsgemäße Belehrungen mit Übungsfahrten zur Handhabung der 3450 zu geben, wäre schlicht und einfach naiv gewesen. Das gibt einen Hinweis darauf, warum die Einfachbesetzung weiterhin angewendet wurde. Es waren nicht so sehr die Lokomotiven, als die Männer, die sie erforderlich machte.

Der Leser wird sich erinnern, dass die 25NC im Wesentlichen eine verkleinerte Version der späten amerikanischen Dampflokomotive waren. Die amerikanische Konstruktionsweise hatte auf einen erfolgreichen Betrieb bei intensiver wilder Besetzung abgezielt. Die amerikanischen Verhältnisse machten eine Einfachbesetzung dort undenkbar, ja während des Verlaufs einer Fahrt kam es durchaus vor, dass mehrere Mannschaften eine Lokomotive nacheinander fuhren. Der Unterschied zwischen dort und Südafrika lag sicherlich in der Qualität der Organisation des Dampfbetriebs, insbesondere bei der Unterweisung und Überwachung der Lokomotivmannschaften und des Wartungspersonals. Zum Beispiel bemerkte Chapelon während seines Amerikabesuchs im Jahre 1938, dass „Alle auf dem Führerstand lächeln. Wenn unterwegs die Mannschaften sich ablösen, dann ist die Begegnung höchst angenehm. Die abgelöste Mannschaft berichtet den neuen Männern über den Zustand der Lokomotive, die sich auf diesen Bericht verlassen.“[1] So hätte es sein sollen, und wo eine gut ausgebildete, verantwortliche und disziplinierte Belegschaft die Lokomotiven nach präzisen Anweisungen betrieb, die von Ingenieuren aufgestellt worden waren, konnte die wilde Besetzung erfolgreich sein. Leider lagen die Dinge oft etwas anders, und wo diese günstigen Bedingungen nicht bestanden, wurde die wilde Besetzung als notwendiges Übel geduldet, mit vielen Beschwerden über den schlechten Zustand der Lokomotiven, wobei die Mannschaften dem Wartungspersonal die Schuld gaben und umgekehrt. Zum Unglück fielen die SAR in die letztere Kategorie. Während es durchaus gutes und gewissenhaftes Personal auf beiden Seiten gab (die Lokomotivführer Venter und Vos zum Beispiel), so waren sie doch die Ausnahme und nicht die Regel, und solange die Qualität des Lokomotivmanagements zu großen Teilen von den Kenntnissen und der Motivation der Belegschaft abhing, konnten mit der durchschnittlichen Mannschaft keine guten Ergebnisse erzielt werden. Erst mit den „narrensicheren“ Bedienungsorganen der Diesel- und Elektrolokomotiven besserte sich dann die Lage.

Die widersprüchlichen Überlegungen für oder wider die wilde Besetzung führten dann als Lösung dazu, 3450 einer kleinen Gruppe von fünf dienstälteren Lokomotivführern fest zuzuordnen, von denen jeder von Botes, dem Lokomotivinspektor, auf der Lokomotive anhand von schriftlichen Betriebsanweisungen des Autors eingewiesen wurde.[2] Alle Heizer konnte eingesetzt werden, aber jeder musste seine erste Fahrt mit van der Merwe machen, der die Lokomotive während der Messwagenfahrten gefeuert hatte. Leider verursachte dieser scheinbar so vernünftige Kompromiss unvorhergesehene Probleme, und es wäre vermutlich besser gewesen, die Lokomotive gleich nur Waldeck anzuvertrauen. Er war ganz offensichtlich von 3450 begeistert und hätte sie gern als seine Planlokomotive gehabt. Mir war der Wert eines gewissenhaften und kooperativen Lokomotivführers bekannt, aber ich war davon überzeugt, dass 3450 demonstrieren musste und konnte, dass sie weder besondere Pflege noch Wartung erforderte (abgesehen von der Einhaltung der vorgeschriebenen Handhabung), um erfolgreich zu sein.

Die fünf Lokomotivführer wurden von Beaconsfield ausgewählt. Da sie alle Dienstältere waren, hatte jeder seine planmäßige 25NC. Um sicherzustellen, dass die umgebaute Lokomotive nicht untätig herumstand, wurde eine Anweisung erteilt, dass, wann immer 3450 bei dem Dienstantritt eines dieser Lokomotivführer zur Verfügung stand, er sie gegenüber seiner Planlokomotive zu bevorzugen hatte. Soweit wie möglich sollten die betreffenden fest zugeteilten 25NC ihren eigenen Lokomotivführern vorbehalten werden, so dass diese Männer ihre eigenen Maschinen fuhren, wenn sie nicht auf der 3450 Dienst taten. Daran wurde sich allerdings nicht immer gehalten, und schließlich begann ich von diesen Männern Gemoser zu hören, dass man ja „neuerdings seine eigene Maschine überhaupt nicht mehr sieht“. Zu guter Letzt bestand der Einsatzpool nur aus dreien der benannten Lokomotivführer, nämlich Waldeck, D. J. Koekemoer und P. B. Botha. Die beiden anderen verweigerten sich von Anfang an. Warum überhaupt Männer ausgewählt worden waren, die kein Interesse hatten, bleibt ein Rätsel und warum Venter nicht eingesetzt wurde, ein anderes.

Ich reiste nach Kimberley, um bei den ersten beiden von 3450 absolvierten Umläufen auf dem Führerstand dabei zu sein. Der erste führte am 14. Dezember nach Bloemfontein. Die Hinfahrt war vor dem Zug Nr. 2228, dem frühnachmittäglichen Güterzug und zurück vor dem Nachtpersonenzug. Waldeck war der Lokomotivführer mit van der Merwe als Heizer, und mit einigen der Vorgesetzten aus Beaconsfield an Bord konnte 3450 zeigen, was in ihr steckte. Die lange Steigung von De Brug nach Kloofeind, die bei der Fahrt im vorherigen Februar Probleme gemacht hatte, wurde nun mit 1 145 Tonnen / 120 Achsen im Schlepp mit Leichtigkeit genommen. Ich bat Waldeck von Olienhoutplaat bis zum Brechpunkt mit 55 % Füllung zu fahren und mit rauchfreiem Auspuff fuhren wir dort hinauf, vermutlich schneller als jemals ein ausgelasteter Güterzug zuvor, wobei wir auf dem gesamten Abschnitt allmählich beschleunigten. 15 % bis 20 % Füllung wurde auf den weniger steilen Abschnitten eingestellt und auf allen steileren Anstiegen, außer dem nach Kloofeind, 35 % bis 40 %. Der Rost wurde unterwegs nicht geschüttelt. Der Personenzug der Rückleistung wog leer nur 543 Tonnen und 3450 hatte mit ihrer Zuglast leichtes Spiel. Wir liefen fünfzehn Minuten vor Plan in Kimberley ein, trotz einiger hinderlicher Zugkreuzungen. Vor diesem Zug feuerte ich während des Großteils der Fahrt, und obwohl ich nie ein guter Heizer war, man musste das täglich machen, um gut zu sein, schaffte ich es, den Manometerzeiger mit beiden Speisepumpen voll angestellt auf dem roten Strich zu halten, und bei schwer arbeitender Lokomotive in der Steigung hinter Bosvark stieg der Wasserstand rasch an.

Am folgenden Tag beförderte 3450 den Trans-Karoo-Express zwischen Kimberley und De Aar. Dieser Zug war die wichtigste Schnellzugverbindung zwischen Johannesburg und Kapstadt und keine leichte Fuhre, besonders zum Höhepunkt der Ferienzeit um Weihnachten herum. Bei der fraglichen Fahrt bestand er aus neunzehn Drehgestellwagen von 755 Tonnen Verkehrsgewicht. Obwohl die Planzeit von 3 Stunden 57 Minuten für die 247 Kilometer Fahrtstrecke sich nicht besonders schnell anhört, waren darin Halte in Modder

[1] So berichtet in dem Bulletin Officiel de L'association Francaise des Amis des Chemin de Fer, Numero 130, Mai – Juin 1939, hier zitiert, wie von L. D. Porta ins Englische übersetzt.

[2] Präzise schriftliche Wartungsvorschriften wurden als Anleitung für das Personal im Depot Beaconsfield ebenfalls geliefert.

River und Orange River (Letzterer von 15 Minuten Dauer zum Wassernehmen und Feuerreinigen) und ein Gelegenheitshalt in Belmont enthalten. In Anbetracht des hohen Zuggewichts wurde der Trans-Karoo-Express als der schwierigste in Südafrika verbliebene Dampfplan angesehen. Botha war der Lokomotivführer, van der Merwe diente wiederum als Heizer, mit Botes ebenfalls auf der Lokomotive. Der Zug wurde in Kimberley um nicht weniger als 75 Minuten aufgehalten, anscheinend wegen zwei Passagieren (vermutlich V.I.P.), die nach Kimberley zum Zug per Flugzeug kamen. Kaum waren wir losgefahren, als wir an erloschene Farblichtsignale kamen, wo wir anhalten mussten und die Fahrdienstleitung per Telefon um die Erlaubnis zur Weiterfahrt anrufen mussten. Danach konnten wir es wenigstens laufen lassen und das Zuglaufprotokoll (gestoppt von P. Odell) ist in Kapitel 3.9 wiedergegeben. Ich wies Botha an, so zu fahren, dass sich ein Abdampfdruck von 0,75 bar einstellte, was bei einem Mündungsquerschnitt der Blasrohrdüsen von 260 cm^2 einer Verdampfungsleistung von 25 000 kg h^{-1} entsprach. Die schwierigeren Fahrtabschnitte unter Dampf nach Orange River wurden überwiegend mit dieser Kesselanstrengung absolviert, was bei 100 km h^{-1} ungefähr 35 % Füllung erforderte. Zwischen Graspan und Belmont gab es eine kurze Phase mit 1,00 bar Abdampfdruck, das heißt etwa 28 000 kg h^{-1} Verdampfungsleistung. Ohne Botes' Mahnungen zur Zurückhaltung wären noch höhere Geschwindigkeiten als die aufgezeichneten erreicht worden. Der Lokomotivinspektor beharrte korrekterweise auf der Einhaltung der Geschwindigkeitsbegrenzung auf 90 km h^{-1} bei der Bergabfahrt. Somit mag dies das erste Mal gewesen sein, dass der Trans-Karoo-Express schneller bergauf als bergab fuhr. Eine Feuerreinigung in Orange River war nicht erforderlich, und es musste nur wenig Wasser genommen werden, so dass wir fünf Minuten nach der Ankunft bereit zur Abfahrt waren, wobei uns die Signale aber einen längeren Aufenthalt bescherten. Auf den steileren Anstiegen südlich von Orange River wurde die Füllung so ausgelegt, dass sich 1,00 bar Abdampfdruck ergaben, was bei 90 km h^{-1} etwa 40 % erforderte. Als diese Geschwindigkeit in der Steigung von 9,1 ‰ zwischen Kraankuil und Poupan auf dem Geschwindigkeitsmesser gehalten wurde, wandte sich Botha, der sich zuvor skeptisch geäußert hatte, ob 3450 überhaupt besser als seine Planlokomotive sein könnte, an mich und sagte schlicht „Ich kann sehen, dass da ein Unterschied besteht". Es war ein wohl verdienter Kommentar, und ich freute mich, dass er sehen konnte, was du Toit nicht erkennen konnte. Ganz gewiss gab es da einen Unterschied, denn auf den Steigungsabschnitten entwickelte 3450 beständig eine Zughakenleistung um 2 500 kW bezogen auf die Ebene, weit oberhalb der Möglichkeiten der Serienlokomotiven. Die reine Fahrzeit für die gesamte Strecke wurde zu 3 Stunden und 2 Minuten geschätzt. Unter der Voraussetzung, die zehn Minuten bei dem Halt in Orange River hätten sich vermeiden lassen, wäre bei durchweg freier Strecke der Fahrtzeitgewinn gegenüber Plan, fast ohne Geschwindigkeitsüberschreitungen bergab, 49 Minuten gewesen. Damit war meine scherzhafte Prophezeiung einer planmäßigen Ankunft in De Aar bei unserer Abfahrt in Kimberley gar nicht so abwegig, wie sie schien.

Vor der Rückkehr nach Pretoria besprach ich mit Yspeert und Steyn (Pohls Nachfolger als Lokomotivmeister in Beaconsfield) die Vorkehrungen zur Messung der Kohle-, Wasser- und Schmierölverbräuche von 3450 und ausgewählter 25NC im normalen Einsatz. Immer waren es die Gesamtverbräuche im tatsächlichen Zugförderdienst mit den wechselnden Zuglasten, Fahrzeiten, Zuglaufstörungen, Lokomotivhandhabungen, Kohlequalitäten und klimatischen Bedingungen, die wirklich zählten, im Gegensatz zu den bei den künstlichen Bedingungen kontrollierter Messfahrten aufgezeichneten Verbrauchswerten. Dank der Methode der Umdrehungszählung des Stokermotors wurde nunmehr angenommen, dass ein brauchbarer Vergleich des Kohleverbrauchs über einen längeren Zeitraum erreicht werden konnte. Die betreffenden 25NC waren die Betriebsnummern 3428, 3439, 3440, 3441, 3472 und 3520. Außer 3428 hatten sie sämtlich einen zugeteilten Lokführer und 3440, 3441 und 3471 waren die regulären Planlokomotiven von Koekemoer, Botha und Waldeck. Alle waren serienmäßig, außer 3439, die Blasrohrdüsen der Bauart Lempor hatte. Ihre jüngeren Werkstatthistorien zu Beginn der Vergleiche sind in der Tabelle 39 wiedergegeben.

Tabelle 39
Werkstatthistorien der für die Verbrauchsmessungen im Planeinsatz ausgewählten Lokomotiven

Lokomotivnummer	Laufleistung seit Haupt- oder Zwischen-untersuchung zu Beginn der Messungen, km	Laufleistung seit Zwischenausbesserung zu Beginn der Messungen, km
3450	22 750 (HU)	Keine ZA seit HU
3428	50 780 (ZU)	0
3439	24 500 (ZU)	Keine ZA seit ZU
3440	90 580 (ZU)	41 200[1]
3441	123 970 (ZU)	13 200
3472	83 120 (ZU)	27 580
3520	118 500 (ZU)	18 680

1. 3440 erhielt während der Versuchsdauer eine Zwischenausbesserung.

Jede Lokomotive erhielt einen Umdrehungszähler für den Stokermotor. Auf allen Lokomotiven wurden die Zähler in gleicher Weise installiert und in mit Vorhängeschloss gesicherten Gehäusen untergebracht, um unbefugten Zugriff zu unterbinden. Alle Lokomotiven hatten Standard-Stoker und die Kohlebrecher in dem Stoker-Fördertrog wurden untereinander auf ± 1,6 Millimeter genau eingestellt. Es wurde angenommen, dass auf diese Weise sämtliche Zählerablesungen zur tatsächlich verfeuerten Kohle im gleichen Verhältnis stehen würden. Als dann allerdings die Ergebnisse schließlich analysiert wurden, gab es einige Anhaltspunkte, dass das nicht der Fall gewesen war. Zur Messung des Wasserverbrauchs hatten die Lokomotiven 3450, 3428, 3429, 3440 und 3441 die gleichen Vorrichtungen wie sie bei den Messwagenversuchen benutzt worden waren. Die Schichtleiter in Beaconsfield waren für die Ablesungen der Stoker-Zähler vor und nach jedem Umlauf und für den guten Zustand der Zähler verantwortlich. Für das Ablesen des Tenderwasserniveaus vor jedem Wassernehmen waren die Lokomotivführer verantwortlich. Sie wurden angewiesen, dafür zu sorgen, dass die Tender dabei immer vollständig gefüllt wurden. Die Leute vom Schmierölmagazin in Beaconsfield zeichneten nur für 3450, 3428 und 3440 die Verbräuche der Schmierpumpen auf, die alle Wakefield-Schmierpumpen hatten. Für jede Fahrt war ein extra Zuglaufprotokoll vorgesehen, um die Tonnenkilometer zu ermitteln, und all die Daten wurden wöchentlich an das Büro des CME zur Auswertung weitergeleitet. Die Lokomotivführer wurden angewiesen, 3450 nicht mit höherer Geschwindigkeit (das heißt Leistung) zu fahren, als sie es mit ihren regulären Lokomotiven tun würden, aber aus den übermittelten Daten war es möglich zu belegen, dass diese Anweisung nicht befolgt wurde.

Die Datenerfassung sollte beginnen, sobald die Lokomotiven mit der erforderlichen Ausrüstung versehen waren. Dabei gab es einige Verzögerungen und die Aktion begann erst am 15. Februar 1982. Die Kohle- und Schmierölverbräuche wurden bis zum 4. Juli 1982, die Wasserverbrauchsablesungen bis zum 22. Mai 1982 erfasst sowie bei einigen Fahrten außerhalb dieser Zeitperiode. Obwohl bei diesem Arrangement die gesamte Verantwortung für die Datenerfassung bei der örtlichen Belegschaft lag und es Probleme mit Lücken in den übermittelten Daten gab, bei einigen Lokomotiven mehr als bei anderen, lief der Versuch recht gut ab. Er ergab ein gutes Bild davon, wie sich 3450 gegenüber den Serienlokomotiven im normalen Einsatz mit nicht überwachten Mannschaften tatsächlich verhielt. Solchermaßen hatte dieser Vergleich für die Verwaltung potentiell mehr Bedeutung, als alle anderen zwischen der Umbau- und den Serienlokomotiven durchgeführten.

Nach der Festlegung der für diese Versuche zu befolgenden Methodik in präzisen schriftlichen Anweisungen verließ ich Südafrika für einen fünfwöchigen Urlaub in Europa. Mit 3450 schien alles gut zu laufen, und nachdem ich für das Wohl des Projekts alles getan hatte, war es das Beste, eine Weile von der Szene zu verschwinden, um der örtlichen Belegschaft die Gelegenheit zu geben, sich mit der Lokomotive vertraut zu machen und sie erfolgreich im Plandienst einzusetzen.

Während der ersten paar Monate nach ihrem Eintreffen in Beaconsfield genoss 3450 dort eine Zeit der „Flitterwochen". Abgesehen von einer Fahrt vor dem häufig haltenden Personenzug nach De Aar, bei der Lokomotivführer Botha in Belmont wegen einer heiß gelaufenen rechten Kolbenstange abspannte – der Fehler wurde schließlich einer defekten Schmierpumpe zugeschrieben, die ausgetauscht wurde – lief alles im Prinzip recht gut. Sie wurde oft in den schwierigsten Personenzugplänen eingesetzt, dem Trans-Karoo und dem Orange-Express. Am 21. Januar 1982 reisten der Generaldirektor Dr. Loubser und seine Frau in dem Trans-Karoo-Express von Johannesburg nach Kapstadt, und 3450 beförderte den Zug von Kimberley nach De Aar. Die Zuglast betrug 725 Tonnen und Lokomotivführer Koekemoer stand am Regler. P. Odell stoppte die Fahrzeiten und berichtete mir im Nachhinein, dass gegenüber dem Plan 13 ½ Minuten an Fahrzeit gewonnen worden waren, trotz offensichtlich zurückhaltender Fahrweise und genauester Einhaltung aller Geschwindigkeitsbeschränkungen. Mit einer solchen V.I.P. an Bord war die Fahrdienstleitung beispielhaft, und auf der gesamten Fahrtstrecke gab es keinen Signalhalt. In Orange River wurde das Feuer nicht gereinigt, und es gab dort reichlich Zeit für Dr. Loubser von seinem Salonwagen am Zugende zur Lokomotive vorzugehen und mit der Mannschaft zu sprechen.[1]

Anzeichen für eine schlechte Schieber- und Zylinderschmierung traten gelegentlich im Leerlauf wieder auf, und im Februar machte ich eine Fahrt auf der Lokomotive, um dem auf die Spur zu kommen. Der Grund dafür wurde allerdings während meiner restlichen Zeit bei den SAR niemals wirklich ausgemacht, wenn auch Beaconsfield zu einer Zeit verstopfte Ölzerstäuber vermutete. Wegen des Vorhandenseins von Rückschlagventilen oben auf den Schieberschmiernippeln war es für die Schieberschmierung sehr wichtig, dass die engsten Querschnitte der Zerstäuber nicht verstopften, und da sie aber ziemlich dazu neigten, wurden die Kugeln in den Rückschlagventilen schließlich als Vorsichtsmaßnahme entfernt. Zur Vermehrung der Ölzufuhr wurde auch der Leerlauf mit 25 % Füllung und ganz wenig geöffnetem Regler versucht, aber bald wurde zum Leerlauf in Mittelstellung der Steuerung zurückgekehrt. Im Hinblick auf diese sporadischen Anzeichen schlechter Schmierung, wurde der rechte Kolben im März für eine vorsorgliche Untersuchung seiner bronzenen Laufschicht ausgebaut. Diese war augenscheinlich in akzeptablem Zustand, aber als die Kolbenstangenstopfbuchse zerlegt wurde, fand man, dass die Segmente gebrochen waren und sie zerfielen in kleine Stücke. Das war der erste Schaden an einer modifizierten Komponente seit die Lokomotive nach Beaconsfield zurückgekehrt war. Wegen der Porosität des Materials (siehe Seite 163) war das nicht ganz unvorhergesehen, aber trotz ihres Zustands war die Packung bis zu ihrem Ausbau völlig dampfdicht geblieben. Ersatzsegmente waren nicht verfügbar, so dass als Ersatz die normalen Paxton-Mitchell-Packung eingebaut wurden musste.[2] Der rechte Kolbenkörper löste sich im April während der weiter unten in diesem Kapitel beschriebenen Messwagenfahrten auf der Kolbenstange, wobei diese beschädigt wurde und ersetzt werden musste. Damit wurden also innerhalb von achtzehn Monaten nach dem Umbau der Lokomotive sowohl die rechte als auch die linke Kolbenstangen, ziemlich teure Bauteile, erneuert.

Als wesentlich hartnäckigeres und schwerwiegenderes Problem stellten sich Undichtigkeiten am Überhitzer dar, die erstmals im März auftraten, nachdem die Lokomotive seit ihrem Umbau etwa 30 000 Kilometer gelaufen war. Nachdem die Lokomotive den Trans-Karoo-Express befördert hatte, wurden bei einer Wasserdruckprobe sieben undichte Elemente festgestellt. Ich fuhr zu einer Untersuchung dorthin und stellte fest, dass die betreffenden Elemente Löcher durch Löscheerosion in den vorderen Umkehrenden hatten. Diese Umkehrenden waren Schmiedeteile, und es schien, als ob die Wandstärke durch den Schmiedeprozess unzulässig vermindert war. Als nach einiger Zeit wegen des chronischen Auftretens dieses Problems eine gründlichere Untersuchung angestellt wurde, bestätigte sich tatsächlich diese Diagnose, und der Fehler ließ sich auf fehlerhafte Schmiedewerkzeuge zurückführen. Zu der Zeit, als die Löcher erstmals auftraten, wurde die offensichtliche Lösung vorgeschlagen, die Wandstärke durch Auftragschweißen zu vergrößern, aber Beaconsfield wünschte als Vorsichtsmaßnahme den Austausch der meisten Elemente. Da die Zeit nicht reichte, sie alle aufzuschweißen, wurden tatsächlich nur wenige der eingebauten Elemente in dieser Weise bearbeitet. Auch im Dampfsammelkasten wurde ein Loch gefunden, das nur schwer zu erkennen und noch schwieriger zu schweißen war, so dass diese Arbeit so gut wie es die Umstände erlaubten ausgeführt wurde.

Anlässlich derselben Untersuchung wurden verschiedene Undichtigkeiten an der Rauchkammerrohrwand gefunden, nämlich an den Heizrohrverbindungen, an Nieten und an einer Reinigungsschraube, die alle behoben werden konnten. An den Rohren des Speisewasservorwärmers wurde ein weicher Kesselsteinbelag von 0,5 Millimeter festgestellt, der mit einer Säurereinigung entfernt wurde. Die Mischzone des vorderen Schornsteins war durch Löscheerosion angegriffen, an zwei Stellen durchlöchert und sehr dünn an einer anderen, wobei die betroffenen Bereiche mit der Strömungsrichtung des aus den Blasrohrdüsen austretenden Abdampfs übereinstimmten. Die entsprechenden Blechstücke wurden herausgeschnitten und Flicken eingeschweißt. Die Hilfsbläserdüsen waren in Capital Park von den Verlängerungsröhren abnehmbar gemacht worden, und eine hatte es anscheinend geschafft sich abzulösen. Sie konnte nirgends gefunden werden und musste aus dem Schornstein geblasen worden sein. Ein Ersatz wurde eingebaut. Beide Bläserringleitungen hatten Löcher und mussten erneuert werden. Der aus einem der Löcher austretende Dampfstrahl hatte das benachbarte Blasrohr durchbohrt, welches durch Schweißen repariert wurde. Die Blasrohrdüsen für verstärkten Saugzug hatten einen ordentlichen Ölkohlebelag, durchschnittlich 3 bis 4 Millimeter an den vorderen Düsen und 2 bis 3 Millimeter an den hinteren, mit einem Maximum von 7 Millimeter an den kleinsten Radien. Ein bemerkenswertes Phänomen bestand darin, dass während sich die Blasrohrdüsen und Vorwärmerrohre mit zunehmender Kilometerleistung mit Ölkohle beziehungsweise Kesselstein belegten, der durch den Ölkohlebelag sich verschärfende Saugzug die abnehmende Speisewassertemperatur kompensierte und damit eine gleich bleibend gute Verdampfungsleistung unterstütze. Dennoch wurde angenommen, dass die Blasrohrdüsen im normalen Einsatz alle drei Monate entkokt werden sollten. Die Blasrohrdüsen für verschärften Saugzug wurden ausgebaut und wieder durch die Normaldüsen ersetzt.

Während die Selbstreinigungsleitbleche für die Arbeiten an den Überhitzerelementen entfernt waren, wurden sechs Heizrohre in der Mitte des Rohrbündels gezogen, um den Zustand des Kesselinneren zu untersuchen, welches als sehr sauber vorgefunden wurde. Die Wasseranalysen zeigten allerdings, dass 3450 mit nur 4 000 bis 5 000 mg l^{-1} an vollständig gelösten Feststoffen im Kesselwasser fuhr, also um einiges unter dem vorgeschriebenen Wert von 8 000 bis 10 000 mg l^{-1}. Ein Grund dafür war das undichte Absalzventil, was in Ordnung gebracht wurde.

---

[1] Nach meiner Kenntnis war die andere V.I.P., die ihren Fuß auf die 3450 setzte, der Verkehrsminister, der im September 1983 von Kimberley nach Modder River auf dem Führerstand mitfuhr, eine kurze Strecke und überwiegend bergab, zu einer Zeit, als ich ebenfalls außer Landes war. In Modder River hielten alle, die an Bord waren, eine große Party ab, wonach der Zug nach De Aar weiterfuhr, mit nur dem Lokomotivführer und dem Heizer auf der Lokomotive.

[2] Die Wichtigkeit, genügend Ersatzteile von nicht serienmäßigen Komponenten vorzuhalten, war vorausgesehen worden. Bereits im September 1980 waren Anweisungen zur Anfertigung der verschiedensten Ersatzteile herausgegeben worden. Diese Teile wurden sporadisch an das Lager in Beaconsfield geliefert. Als die Lokomotive den regulären Plandienst aufnahm, erinnerte ich alle beteiligten Parteien daran, dass Ersatzteile gemäß der 1980 aufgestellten Liste bereitgehalten werden mussten, aber ich bezweifle, ob diese Anweisung jemals vollständig erfüllt worden war.

Obwohl die oben beschriebenen Arbeiten für ein Lokomotivdepot nicht untypisch waren, so waren sie aber doch recht beträchtlich und markierten möglicherweise für 3450 das Ende der „Flitterwochen". Von den Einsatzpersonalen der Lokomotive hörte ich nur wenige Beschwerden, hauptsächlich über die Schwierigkeit der Aschkastenreinigung. Das war bereits untersucht worden und während der Einfahrzeit in einen, wie angenommen wurde, tolerablen Zustand gebracht worden. Dennoch wurde zur weiteren Verbesserung der Situation eine mit der Strahlpumpe verbundene Sprühleitung eingebaut, mit der der Aschkasten ausgespült werden konnte. Die größeren Sorgen der Lokomotivführer schienen ihre geliebten regulären Planlokomotiven zu betreffen, an die nun die Lokomotivführer des Pools ihre schmutzigen Hände legten. Niemals hörte es auf mich in Erstaunen zu versetzten, wie anscheinend abgebrühte Männer leuchtende Augen bekamen, wenn von „ihrer" Lokomotive die Rede war und von ihr immer wie von einer Frau sprachen. Eine Lokomotive ist nachweislich eine Sache, ein Neutrum, aber falls eine Lokomotive mit den Eigenschaften der menschlichen Geschlechter verglichen werden soll, dann ist sie in ihrem Charakter dem dynamisch-männlichen Wesen sehr viel ähnlicher, als dem alles umarmenden weiblichen.

Die Ablesungen der Versuche zum Kohle-, Wasser - und Schmierölverbrauch wurden weiterhin an mein Büro geschickt. Während des Verlaufs der Vergleichsmessungen wurden weiter Messwagenfahrten vor Güter- und Personenzügen durchgeführt, deren Werte in den Dauerversuch einbezogen wurden. Die Ergebnisse des Letzteren sind in den nachstehenden, aus dem Versuchsbericht übernommenen Abbildungen dargestellt.[1]

Abb. 56 bis 62 : Kohleverbrauch der einzelnen Lokomotiven ausgedrückt als kumulierte, während der Fahrten aufgelaufene Stoker-Zählerwerte (das heißt, ohne Standby-Verbräuche) über kumulierte Bruttotonnenkilometer.[2]

Abb. 63 : Vergleich der Kohleverbräuche der einzelnen Lokomotiven, nur Einfachtraktion.

Abb. 64 bis 68 : Wasserverbrauch der einzelnen Lokomotiven.

Abb. 69 : Vergleich der Wasserverbräuche der einzelnen Lokomotiven, nur Einfachtraktion.

Abb. 70 : Vergleich der Schmierölverbräuche

Anhand der der Abb. 63, 69 und 70 ergaben sich die für 3450 zutreffenden Ersparnisse, wie in der Tabelle 40 zusammengestellt.

Tabelle 40
Gemessene Ersparnisse im Planeinsatz, Klasse 26 zu Klasse 25NC

Kohleersparnis pro Bruttotonnenkilometer : 3450 zu :						
3428	3439	3440	3441	3472	3520	Durchschnitt
16 %	7 %	9 %	12 %	24 %	18 %	15 %
Wasserersparnis pro Bruttotonnenkilometer : 3450 zu :						
3428	3439	3440	3441			
17 %	20 %	25 %	23 %			21,5 %
Schmierölersparnis pro Kilometer : 3450 zu :						
3428	3440					
26 %	26 %					26 %

Besonders die Kohleersparnisse waren wesentlich geringer, als die während der Messwagenfahrten auf der Strecke Pretoria – Witbank aufgezeichneten, und ein wenig detektivische Arbeit an den Ergebnissen enthüllte zumindest einen Grund dafür. Die Zuglaufprotokolle ermöglichten die Aufteilung der Verbrauchszahlen zwischen Einfach- und Doppeltraktion. Bei Doppeltraktion wurde unterstellt, dass beide Lokomotiven sich die Zuglast teilten, das heißt, sie fuhren jede die Hälfte der Nettotonnenkilometer dieser Fahrt ein. Diese Annahme bedeutete das gleiche wie die Aussage, beide Lokomotiven in der Doppeltraktion arbeiteten während der gesamten Fahrt mit der gleichen Zughakenleistung. Allerdings wurde auf dieser Basis festgestellt, dass die Kohleverbrauchslinien (Abbn. 56 bis 62) für Einfach- und Doppeltraktion einer gegebenen Lokomotive, außer bei 3472, verschieden waren, was bedeutete, dass die obige Annahme nicht richtig war. Falls die Verbrauchslinie für Doppeltraktion über der Linie für Einfachtraktion lag, so implizierte das, dass die betreffende Lokomotive mehr als die halbe Zuglast übernommen hatte, dass sie also stärker angestrengt worden war als die andere Maschine. Das Umgekehrte galt, falls die Verbrauchslinie für Doppeltraktion unter der Linie für Einfachtraktion lag. Mit Hilfe der verfügbaren Daten war es möglich, dieses Phänomen ungefähr zu quantifizieren. Die Ergebnisse waren wie in der Tabelle 41 aufgeführt.

Tabelle 41
Rechnerische relative Leistungsabgaben im Planeinsatz: SAR-Lokomotivklassen 25NC und 26

Durchschnittliche, anteilige Leistung der jeweiligen Lokomotive in % der Durchschnittsleistung der Lokomotiven bei einer Doppeltraktion, berechnet aus den Kohleverbrauchswerten (näherungsweise) :						
3450	3428	3439	3440	3441	3472	3520
133 %	92 %	89 %	92 %	127 %	100 %	113 %
Wie oben, aber berechnet aus den Wasserverbrauchswerten (näherungsweise) :						
122 %	100 %	100 %	100 %	127 %	-	-

[1] South African Transport Services (Nachfolgeunternehmen der SAR), Büro des CME, Pretoria, 26 Class Lokomotive No. 3450: Coal Water and Oil Consumption Tests in Traffic: Results, Bericht Az. RLS 15/2/22 vom 11.08.1982.

[2] Bruttotonnenkilometer = Bruttozugmasse (Anhängelast + Lokomotive) x von einem Zug dieser Masse zurückgelegte Fahrstrecke. Lokomotivmasse = geschätzte Durchschnittsmasse der Lokomotive während der Fahrt unter Berücksichtigung der unterwegs abnehmenden Vorräte. Die Größe Bruttotonnenkilometer wurde gegenüber den Nettotonnenkilometern, basierend nur auf der Masse des angehängten Zugs, bevorzugt, weil die Kohle- und Wasserverbräuche pro Nettotonnenkilometer je nach Verhältnis Nettozugmasse : Bruttozugmasse sehr unterschiedlich ausfielen, falls die Nettozugmasse klein wurde und letztlich sogar unendlich groß war für Leerfahrten der Lokomotive. Wegen Lücken in den übermittelten Daten waren die von jeder Lokomotive während der Versuchszeit geleisteten gesamten Bruttotonnenkilometer größer, als in den Abbn. 56 bis 62 und 64 bis 68 dargestellt.

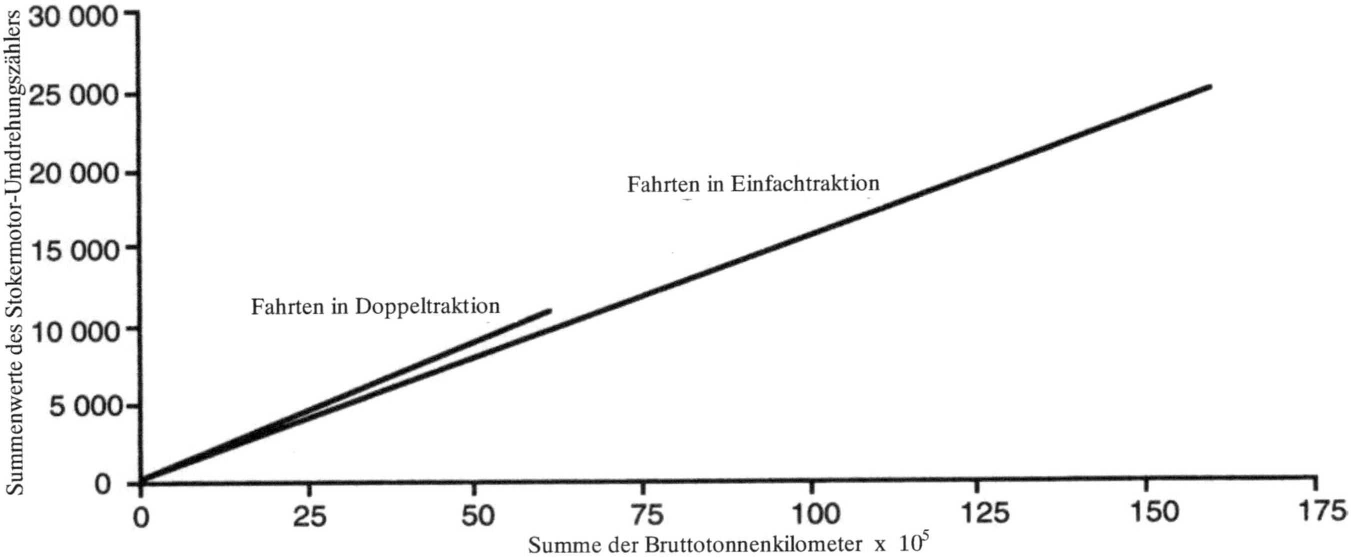

Abb. 56
SAR-Klasse 26, Lokomotive Nr. 3450: Kohleverbrauch im Einsatz

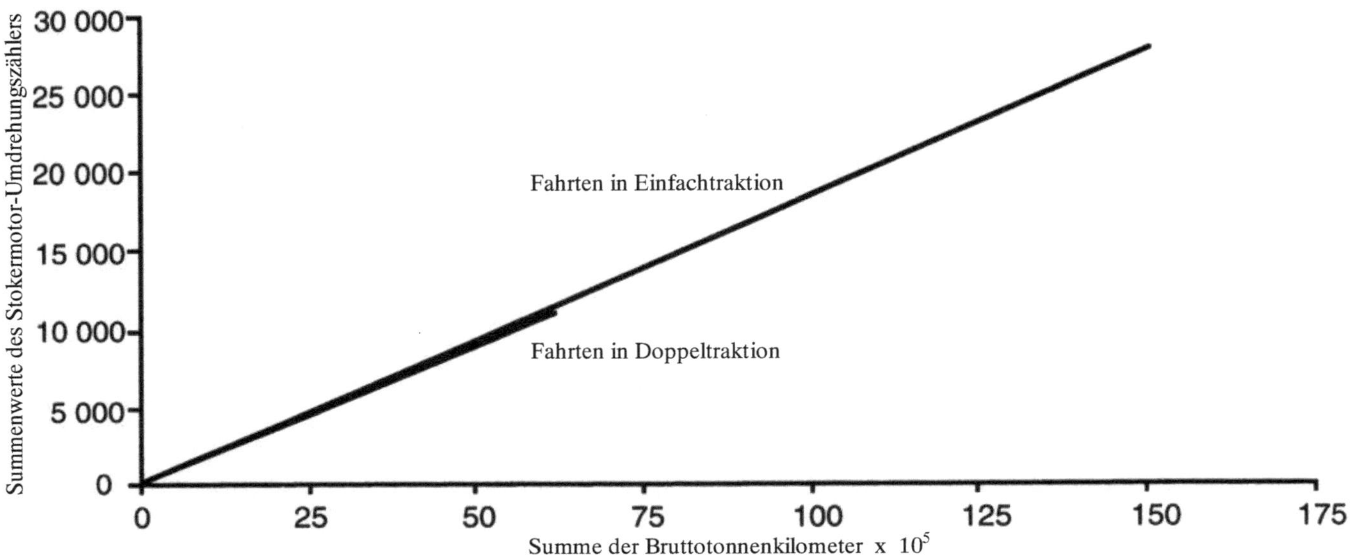

Abb. 57
SAR-Klasse 25NC, Lokomotive Nr. 3428: Kohleverbrauch im Einsatz

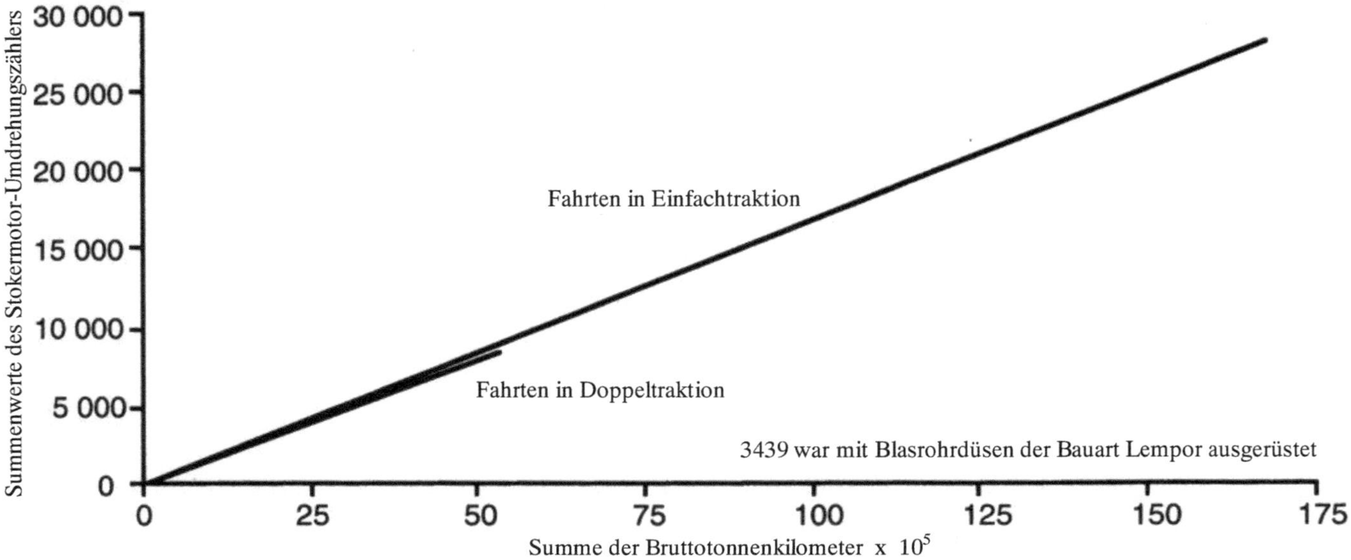

Abb. 58
SAR-Klasse 25NC, Lokomotive Nr. 3439: Kohleverbrauch im Einsatz

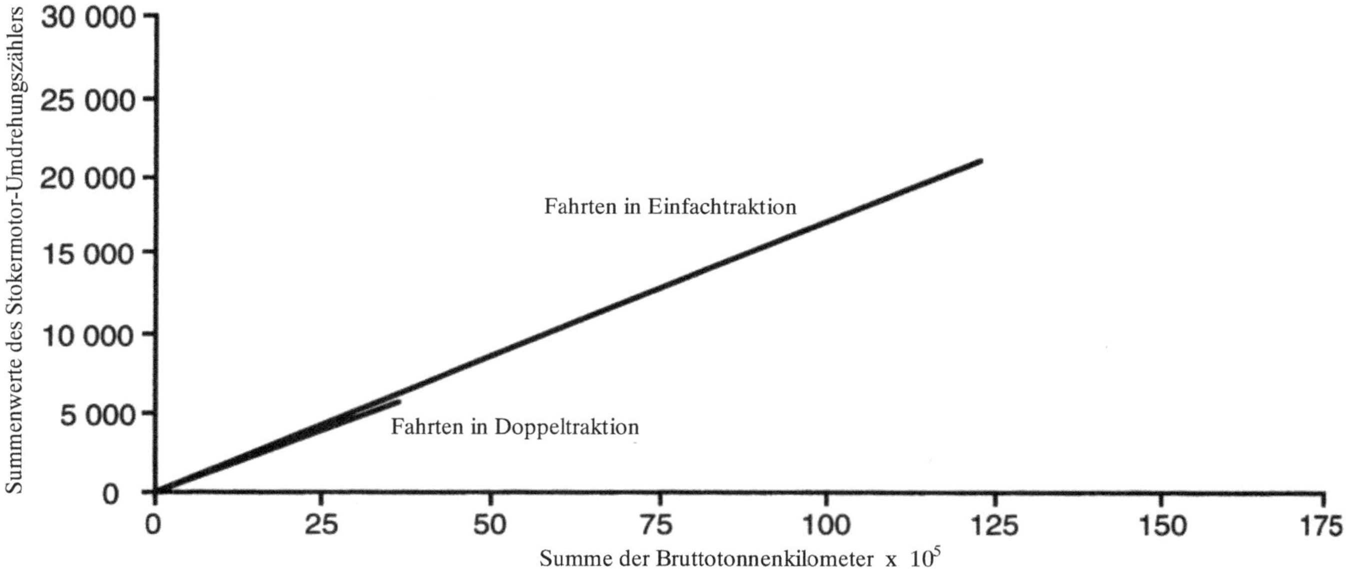

Abb. 59
SAR-Klasse 25NC, Lokomotive Nr. 3440: Kohleverbrauch im Einsatz

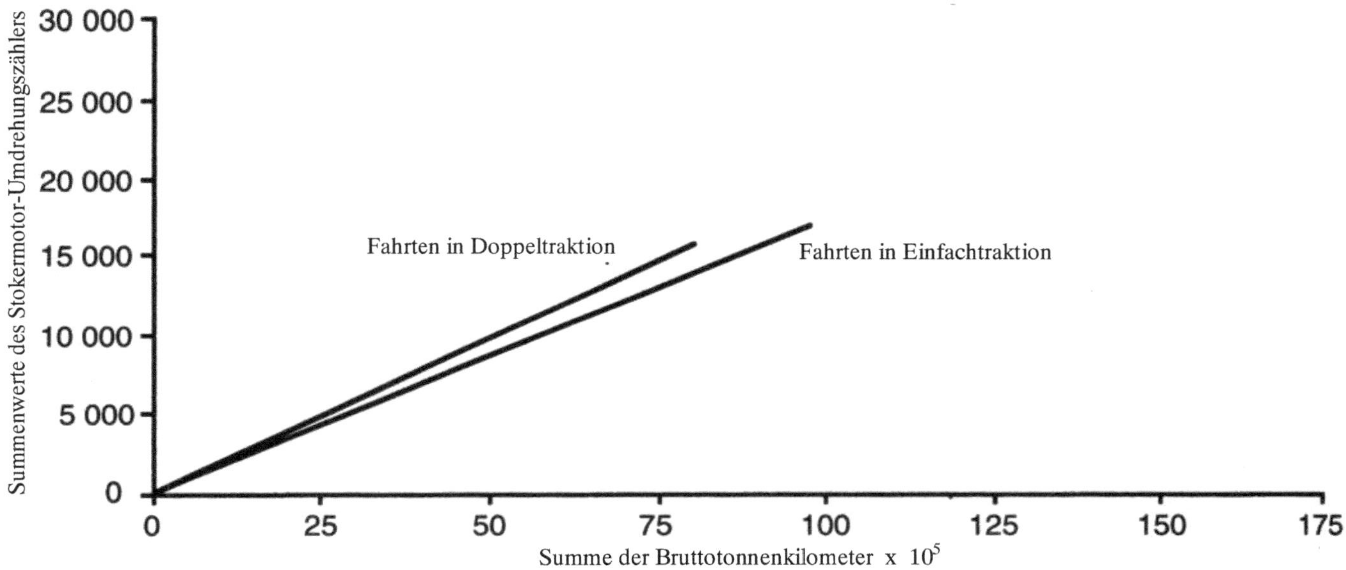

Abb. 60
SAR-Klasse 25NC, Lokomotive Nr. 3441: Kohleverbrauch im Einsatz

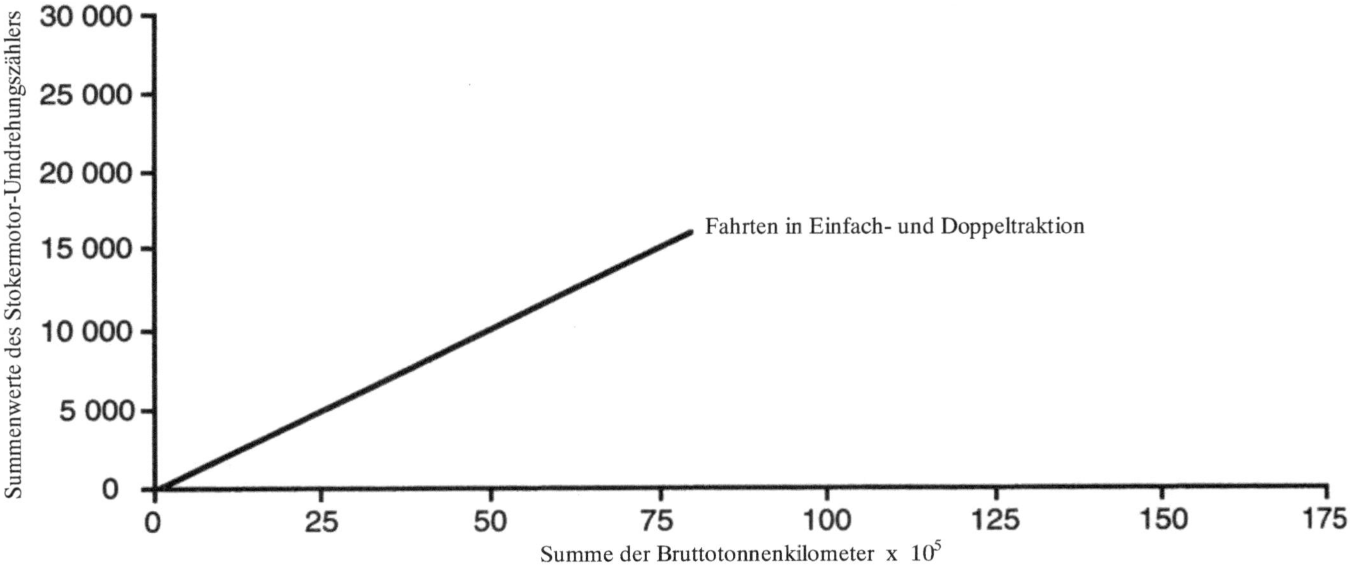

Abb. 61
SAR-Klasse 25NC, Lokomotive Nr. 3472: Kohleverbrauch im Einsatz

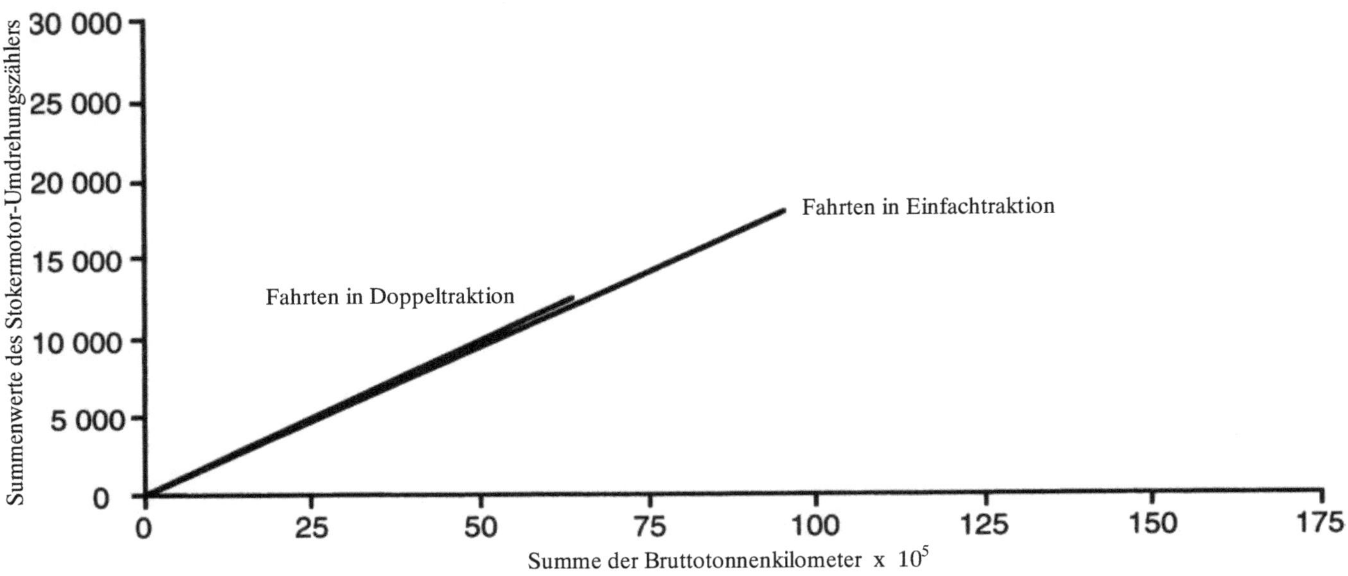

Abb. 62
SAR-Klasse 25NC, Lokomotive Nr. 3520: Kohleverbrauch im Einsatz

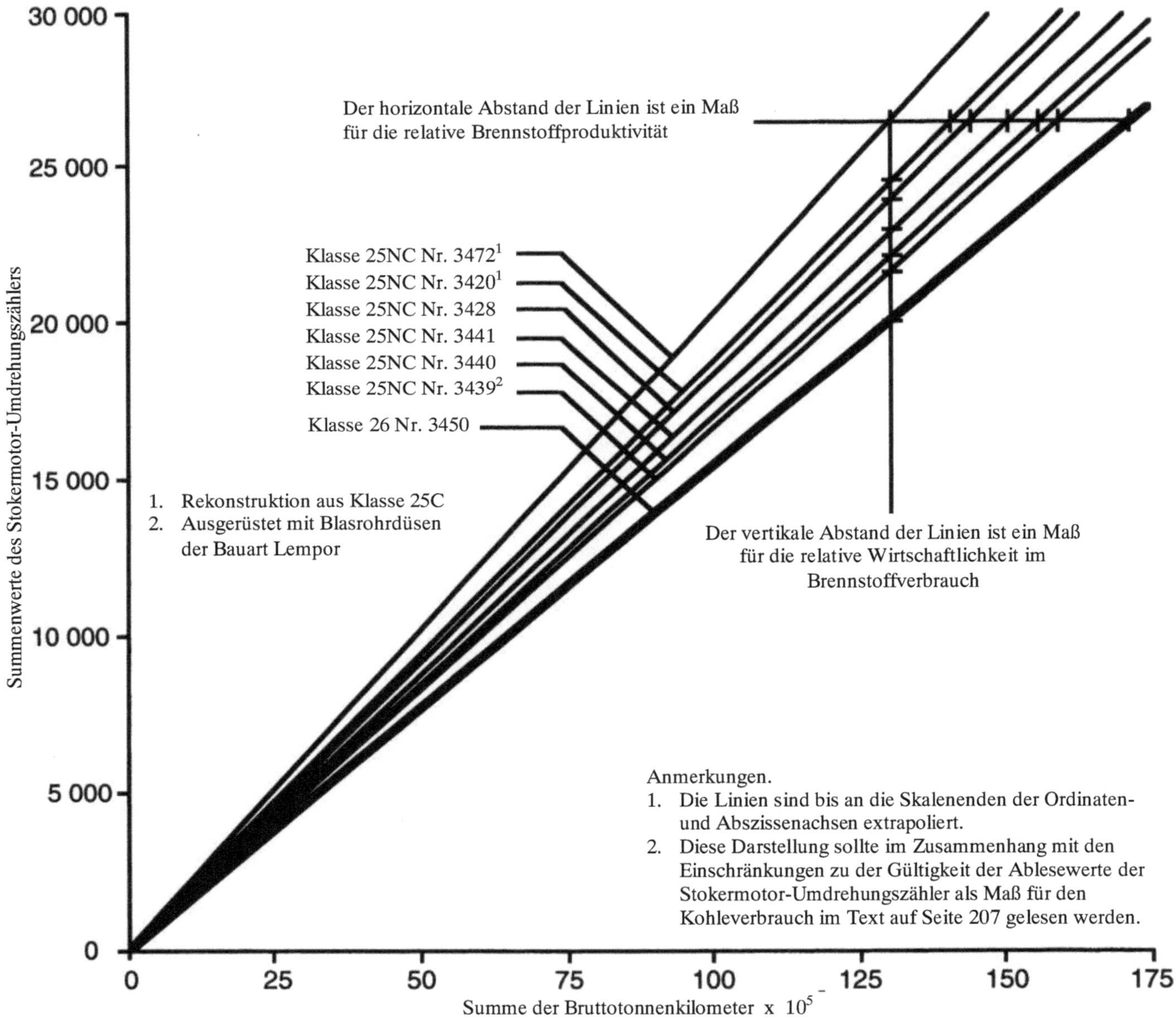

Abb. 63
Lokomotiven der SAR-Klassen 25NC und 26: Vergleich der Ablesewerte der Stokermotor-Umdrehungszähler im Einsatz: Fahrten in Einfach- und Doppeltraktion

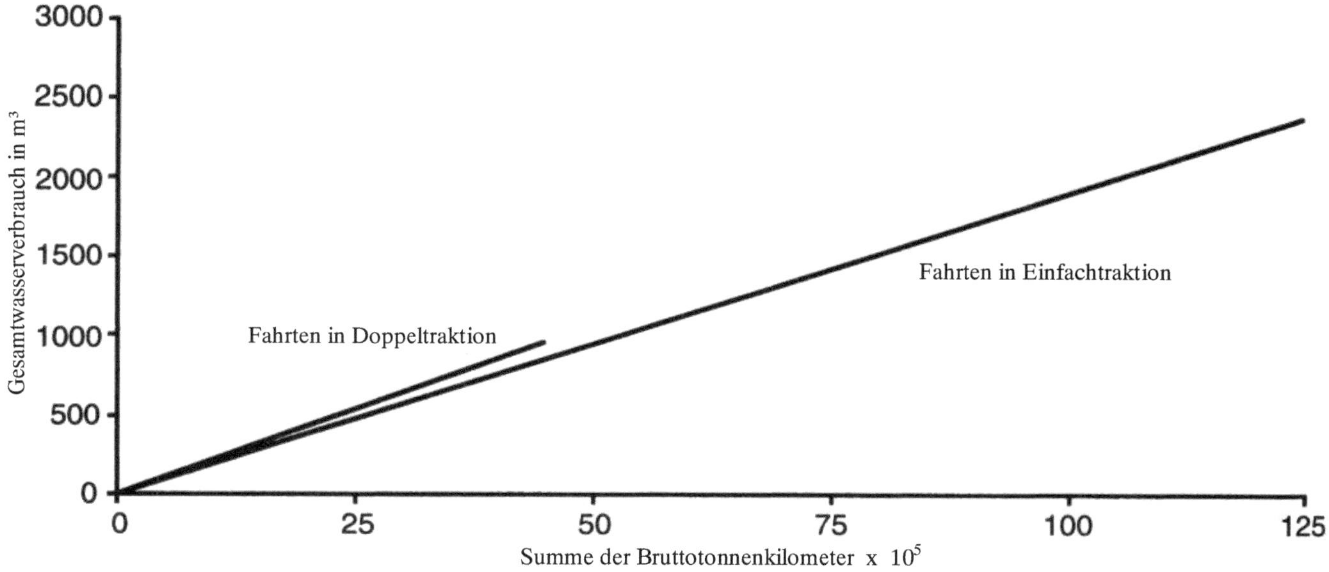

Abb. 64
SAR-Klasse 26, Lokomotive Nr. 3450: Wasserverbrauch im Einsatz

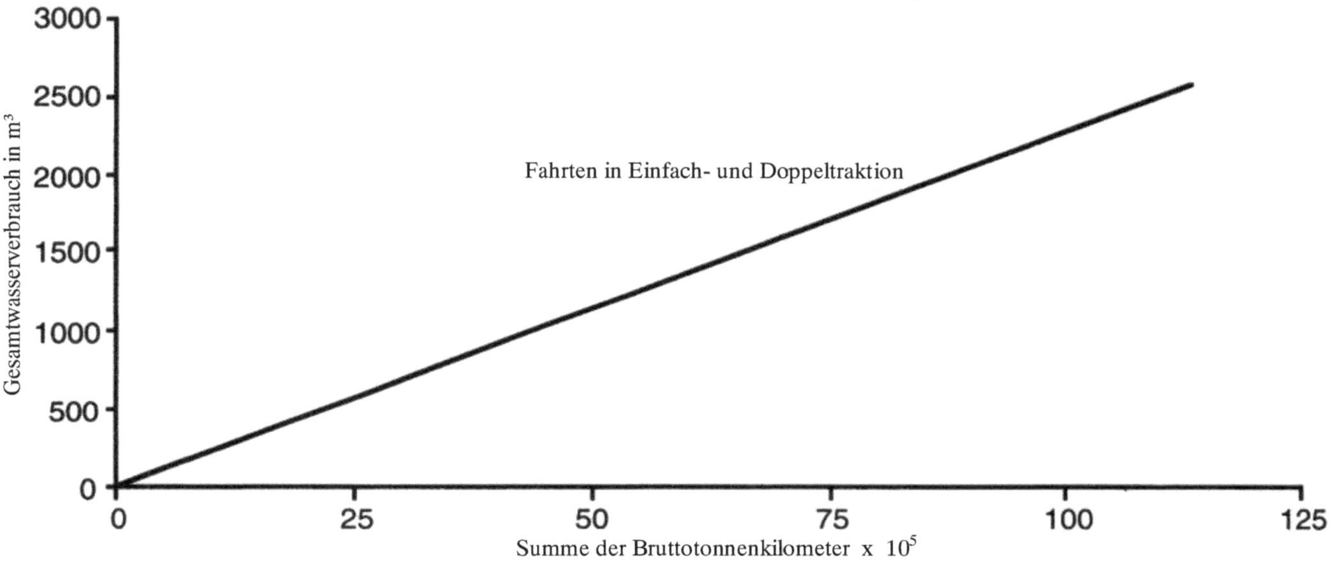

Abb. 65
SAR-Klasse 25NC, Lokomotive Nr. 3428: Wasserverbrauch im Einsatz

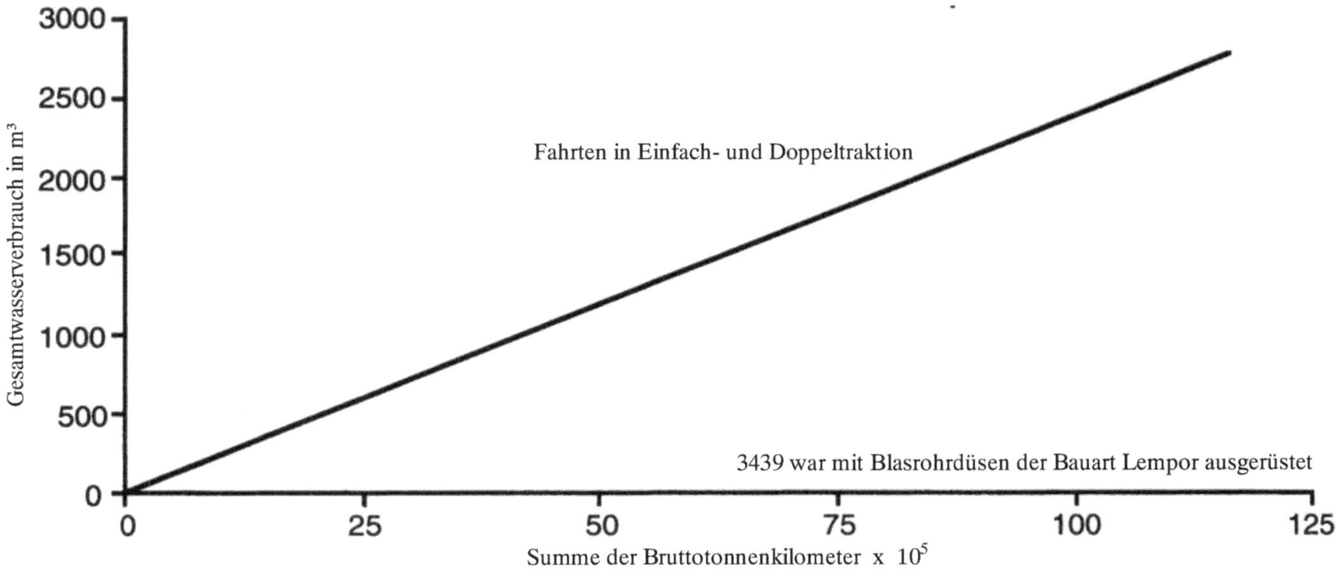

Abb. 66
SAR-Klasse 25NC, Lokomotive Nr. 3439: Wasserverbrauch im Einsatz

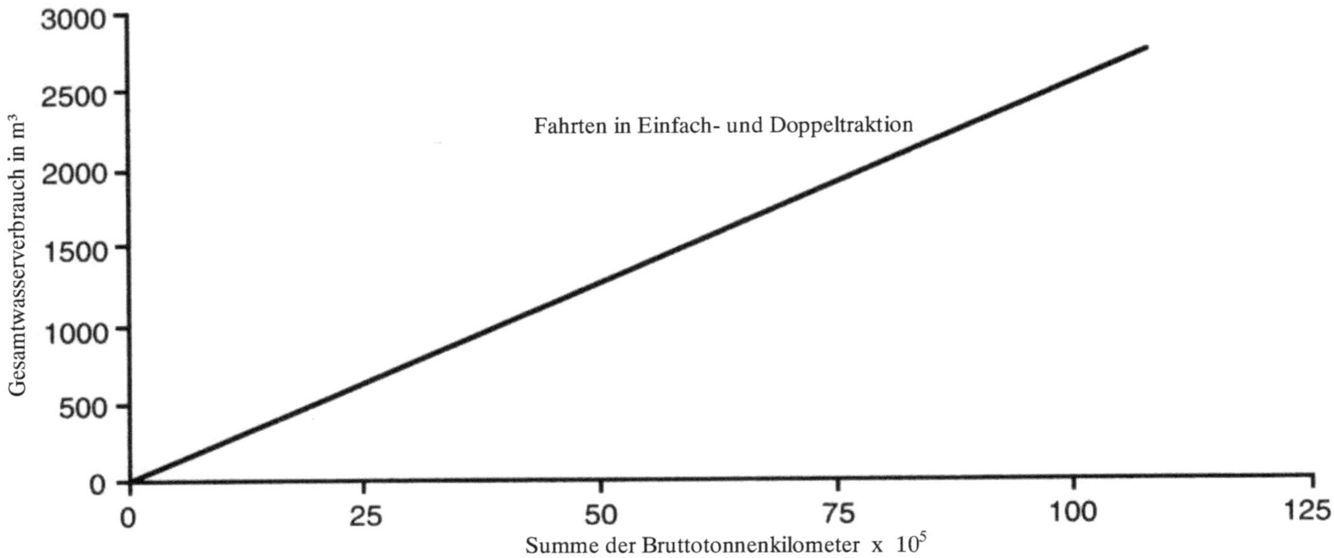

Abb. 67
SAR-Klasse 25NC, Lokomotive Nr. 3440: Wasserverbrauch im Einsatz

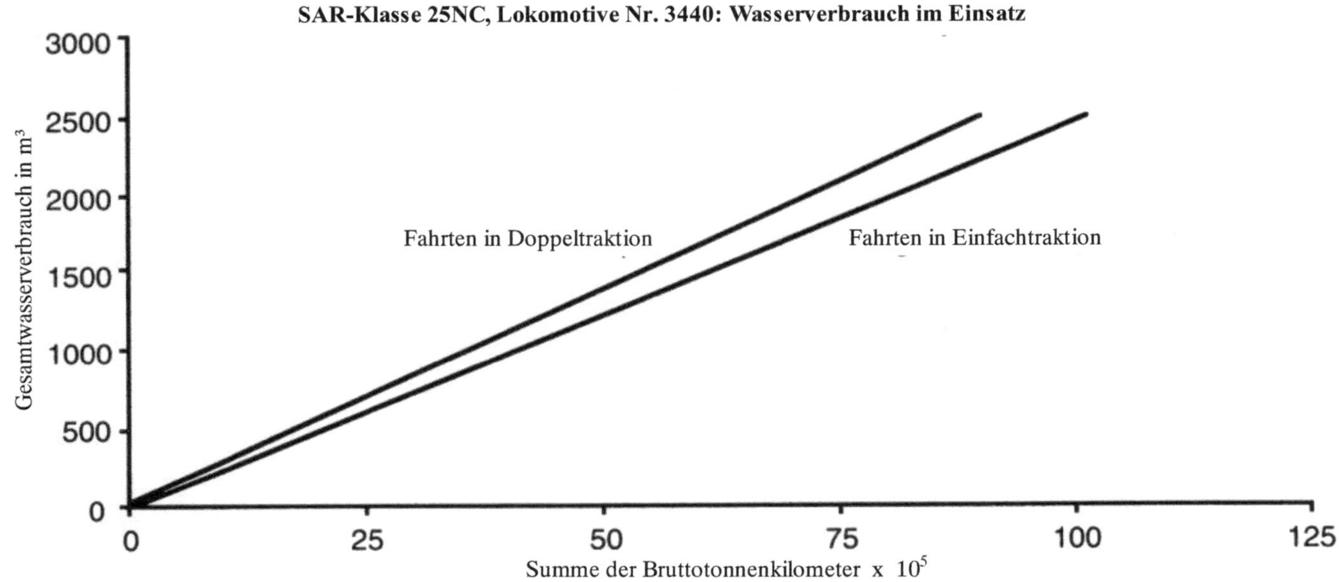

Abb. 68
SAR-Klasse 25NC, Lokomotive Nr. 3441: Wasserverbrauch im Einsatz

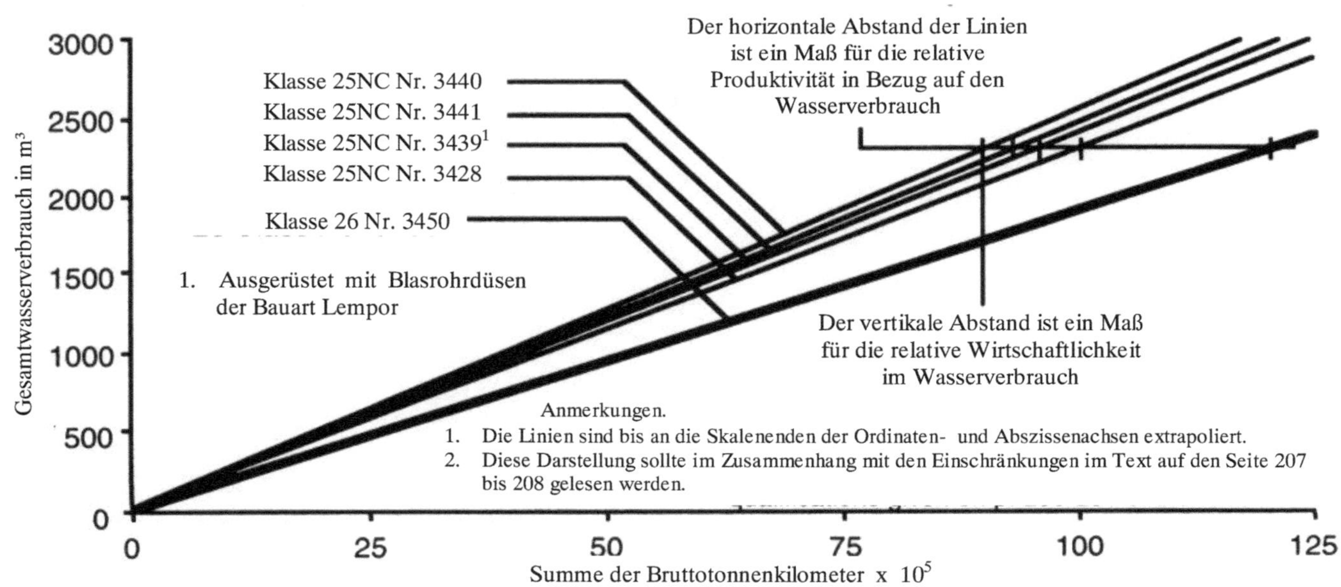

Abb. 69
Lokomotiven der SAR-Klassen 25NC und 26: Vergleich der Wasserverbräuche im Einsatz: Fahrten in Einfachtraktion

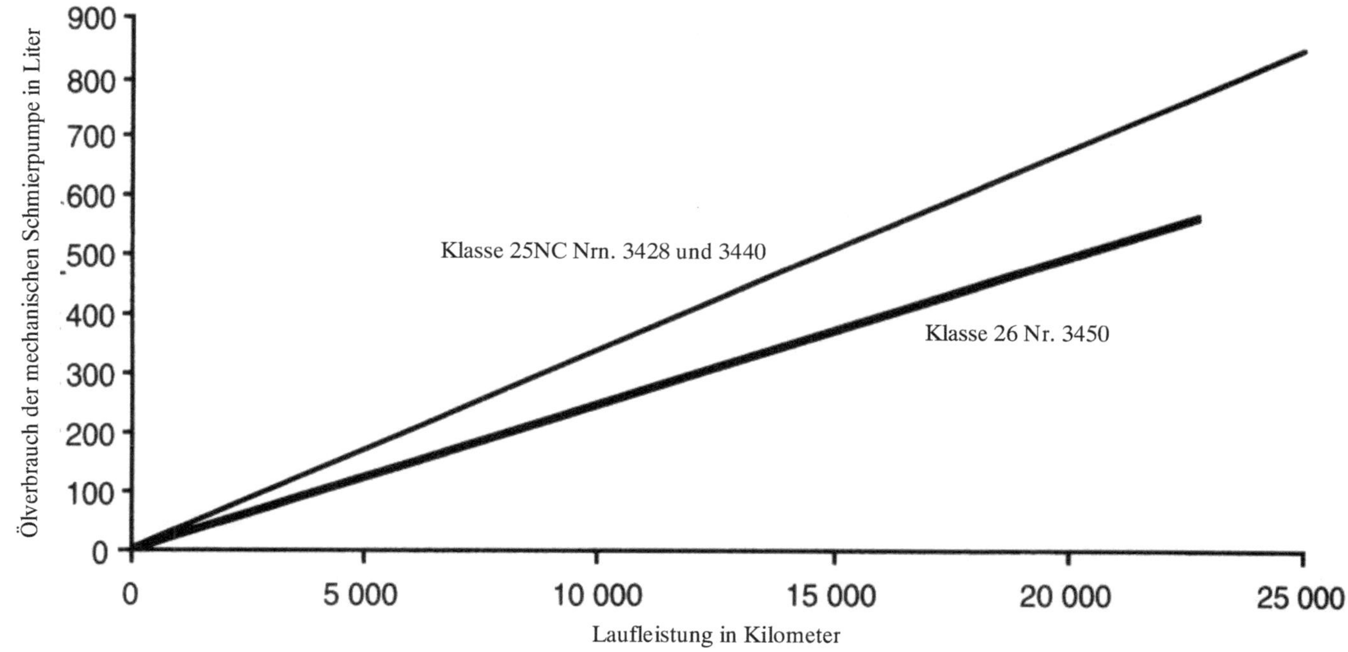

Abb. 70
Lokomotiven der SAR-Klassen 25NC und 26:
Vergleich der Schmierölverbräuche im Einsatz

Diese Ausarbeitung zeigte, dass 3450 und 3441 vor Zügen in Doppeltraktion merklich stärker angestrengt worden waren als die anderen Versuchslokomotiven, und es war eine vernünftige Annahme (basierend auf Erfahrungen), dass diese beiden Lokomotiven zu jeder Zeit mit einer höheren Leistung gefahren worden waren als die anderen, sowohl in Einfach- als auch in Doppeltraktion. Das ergab für die Betriebsabteilung eine bessere Zugförderungsqualität, und da diese Lokomotiven bei Doppeltraktion mehr als ihren Anteil an der Zuglast nahmen, sparten sie bei solchen Zügen Kohle und Wasser bei den jeweils zweiten Lokomotiven. Es gab nur eine Fahrt der 3450 in Doppeltraktion mit einer der anderen Versuchslokomotiven (3439), für die sämtliche Versuchsdaten aufgezeichnet worden waren. Aus den Kohleverbrauchszahlen ergab sich für diese Fahrt, dass 3450 eine ungefähr 69 % höhere Leistung abgegeben hatte, und aus den Wasserverbrauchszahlen ergaben sich 50 % mehr Leistung als für 3439. Es gab also einige Gründe, zu unterstellen, dass 3450 üblicherweise wesentlich stärker angestrengt worden war als 3439. Der niedrige Kohleverbrauch der letzteren Lokomotive mag wohl mehr damit zu tun gehabt haben, wie sie gefahren wurde, als mit ihren Blasrohrdüsen der Bauart Lempor, die, wie aus Kapitel 4 ersichtlich werden wird, nur einen geringen Einfluss auf ihr Leistungsverhalten gehabt haben können.

Die Hinweise darauf, dass 3450 stärker angestrengt wurde, als es bei den 25NC der Normalfall war, könnte die, verglichen mit allen anderen Lokomotiven, niedriger als erwartet ausgefallenen Kohleersparnisse erklären, außer bei 3441, die anscheinend ungefähr ebenso stark angestrengt worden war wie 3450. Allerdings gab es weitere Anhaltspunkte, die das Gesamtbild weiter komplizierten. Wie erwähnt, wurden während der Planeinsatzversuche auch einige Versuche unter kontrollierten Bedingungen mit den Lokomotiven 3450 und 3428 gefahren. Bei drei dieser Versuchsfahrten war der Kohleverbrauch durch Auswiegen ermittelt worden, und gleichzeitig waren die Umdrehungszähler der Stokermotoren kalibriert worden. Die Kalibrierungen als Durchschnitt der drei Kalibrierungen pro Lokomotive waren: 3450 = 20,23 kg Kohle pro Zählereinheit; 3428 = 22,52 kg Kohle pro Zählereinheit. Damit waren die Kohleförderraten nicht gleich, obwohl die Stoker-Einstellung und der Zähleranbau nominell bei beiden Lokomotiven identisch waren. Die Multiplikation der obigen Kohleförderraten mit der Steigung der Kohleverbrauchslinien für Einfachtraktion ergab unter normalen Einsatzbedingungen einen Kohleverbrauch von 0,0314 kg je Bruttotonnenkilometer für 3450 und 0,0414 kg je Bruttotonnenkilometer für 3428. Die Förderrate je Zählereinheit war abhängig von der Kohlesorte, welche bei den kontrollierten Versuchsfahrten für beide Lokomotiven die gleiche war, variierte aber im normalen Einsatz. Daher wurden diese Kohleverbrauchszahlen je Bruttotonnenkilometer im absoluten Sinne nur als Näherungswerte betrachtet, gaben aber nichtsdestoweniger eine gute Vorstellungen von den relativen Verbräuchen von 3450 und 3428 und deuteten auf eine Ersparnis von 24 % zugunsten der umgebauten Lokomotive hin. Das war um die Hälfte mehr, als die 16-%-Ersparnis, die sich aus dem Vergleich der Zählereinheiten allein ergab. Das zeigte, dass selbst ein scheinbar geringer Unterschied in den Kalibrierungen der Umdrehungszähler der Stokermotoren die Daten der Kohleersparnis in einem beträchtlichen Maße beeinflussen konnten.

Die Kohle- und Wasserverbrauchszahlen je Bruttotonnenkilometer der anderen Lokomotiven waren ebenfalls miteinander nicht konsistent. Nach steigendem Verbrauch geordnet sind sie in der Tabelle 42 dargestellt. Da sämtliche 25NC nominell identische Kessel hatten, hätten die Kohle- und Wasserverbrauchszahlen der Versuchslokomotiven in der gleichen relativen Reihenfolge sein müssen. Die in der Tabelle 42 aufgeführten tatsächlichen Reihenfolgen ließen darauf schließen, dass die Stoker der Lokomotiven 3439, 3440 und 3441 möglicherweise mehr Kohle je Zählereinheit gefördert hatten, als der der 3428. Das impliziert, dass die wahren Kohleersparnisse von 3450, verglichen mit diesen drei Lokomotiven, noch größer gewesen sein mögen, als es die Zahlen in der Tabelle 40 angeben.

Tabelle 42

	Kohleverbrauch gemessen mit den Zählerwerten	Wasserverbrauch
Niedrigster Verbrauch	3450	3450
	3439	3428
↓	3440	3439
	3441	3441
Höchster Verbrauch	3428	3440

Unter Berücksichtigung sämtlicher Faktoren waren die Kohle- und Wasserersparnisse ermutigend. Verglichen mit den ursprünglichen Behauptungen in dem Brief des CME vom 19. September 1978[1] (wiedergegeben auf Seite 58) mit 33 % Minderung des Kohleverbrauchs, 10 % Minderung des Wasserverbrauchs und 35 % Leistungserhöhung, hatten sich die Wasserersparnisse mehr als verdoppelt, und der Leistungszuwachs war bereits bei den Messwagenfahrten in Pretoria bestätigt worden. Die verlässlichste Zahl zur Kohleersparnis (gegenüber 3428) war 24 %, nicht allzu weit entfernt von den behaupteten 33 % und sogar noch erreicht, während 3450 anscheinend mit einer um etwa ein Drittel höheren Leistung als 3428 betrieben worden war. Man wird sich daran erinnern, dass die ursprünglichen Behauptungen auf der Seite 51 *ausdrücklich auf Basis gleicher Lokomotivleistungen* aufgestellt worden waren. Die gemessenen Ersparnisse sollten im Lichte von Bemerkungen Chapelons in einer Mitteilung zu Portas Vortrag „Steam Locomotive Development in Argentina – Its Contribution To The Future Of Railway Technology In The Under-Developed Countries“ (Quellenangabe auf Seite 75) betrachtet werden. Er schrieb:

> „…eine verbesserte Lokomotive, die höhere Leistungen bei höherem Gesamtwirkungsgrad entwickelt, kann je Tonnenkilometer oder je Meile im Brennstoffverbrauch höher liegen, falls man nicht die tatsächlich geleistete Zughakenarbeit in Betracht zieht. Die Lokomotivmannschaften nutzen die gesteigerte Leistungsfähigkeit verbesserter Lokomotiven, die bei einer gegebenen Zylinderfüllung mehr Leistung entwickeln und somit eine bessere Zugförderungsarbeit leisten, für die mehr PS-Stunden erforderlich sind.“[2]

Bevor wir uns den Schmierölverbräuchen zuwenden, können noch zwei weitere interessante Informationen aus den Versuchsdaten erwähnt werden. Zum ersten konnten die Umdrehungen der Stokermotoren während der Fahrt mit denen während der Einsatzbereitschaft verglichen werden, weil die Umdrehungszähler vor und nach jeder Fahrt abgelesen wurden. In der Tabelle 43 sind die aufaddierten Umdrehungen während der Einsatzbereitschaft im Lokomotivschuppen, ausgedrückt in Prozent derjenigen, die während der Fahrten gezählt wurden, aufgeführt („Fahrt“ ist definiert mit Abfahrt im Depot Beaconsfield bis zur Rückkehr in dieses Depot, womit unproduktive Lokomotivleerfahrten eingeschlossen sind). Die Zahlenwerte in dieser Tabelle sind recht niedrig und schienen einen niedrigeren Verbrauch während der Einsatzbereitschaft zu bedeuten, als ich in meinen früheren im Kapitel 1.6 beschriebenen Arbeiten zum Lokomotivwirkungsgrad geschätzt hatte. Allerdings *sollten* die Lokomotiven im Schuppen von Hand gefeuert werden, und vielleicht waren die während der Einsatzbereitschaft angefallenen Zählereinheiten darum sehr inkonsistent. Die wahren Kohleverbräuche während der Einsatzbereitschaft mögen viel größer gewesen sein, und wegen dieser Unsicherheit wurden nur die Zähleranzeigen der Fahrten für die Vergleiche des Kohleverbrauchs verwendet.

Die Verbräuche während der Einsatzbereitschaft stehen in Beziehung zu den Nutzungsgraden der betreffenden Lokomotiven während der gesamten Versuchsdauer und sind in Tabelle 44 wiedergegeben. Sie sehen ganz schön dürftig aus, sind aber typisch für den Dampfbetrieb der SAR in den achtziger Jahren, als es ganz allgemein zu viele Lokomotive für die Planleistungen gab. Zumindest war der Nutzungsgrad der 3450 und damit einhergehend ihre Zuverlässigkeit auf dem gleichen Niveau wie bei der Klasse 25.

Tabelle 43
Anteiliger Stillstandskohleverbrauch, SAR-Lokomotivklassen 25NC und 26

Lokomotivnummer	(Stillstands-Zählerwerte / Fahrt-Zählerwerte) x 100 %
3450	10 %
3428	6 %
3439	8 %
3440	11 %
3441	9 %
3472	8 %
3520	8 %
Durchschnitt	9 %

Tabelle 44
Nutzungsgrade, SAR-Lokomotivklasse 25NC und 26

Lokomotivnummer	Nutzungsgrad
3450	33 %
3428	37 %
3439	33 %
3440	35 %
3441	34 %
3472	35 %
3520	33 %

Der Vergleich der Ölverbräuche der mechanischen Schmierpumpe ergab für 3450 eine Ersparnis von 26 % im Vergleich mit 3428 und 3440 (Abb. 70). Das war interessant, um nicht zu sagen „unmöglich“, da selbst in der Mittelstellung der Steuerung der berechnete Ölverbrauch der 3450 nur um 20 % unter dem Verbrauch gelegen hätte, den die 25NC mit Wakefield-Schmierpumpe hätten gehabt haben sollen. Ebenso war klar, dass, wie schon bei den Ausführungen über die von 3450 entwickelte höhere Leistung erwähnt, die umgebaute Lokomotive die meiste Zeit mit weit größeren Füllungen als der Mittelstellungen betrieben worden war. Eine Untersuchung ergab, dass die Antriebshebel der Schmierpumpen auf den Serienlokomotiven nicht die Zeichnungsmaße hatten, sondern örtlich und inoffiziell gekürzt worden waren, um die Ölförderraten zu erhöhen, da es Anzeichen einer mangelhaften Schieber- und Zylinderschmierung gab (siehe Abb. 53). Ausgehend davon waren die Ölförderraten auf 3450 bei allen Füllungen unterhalb ungefähr 64 % geringer, als die auf den 25NC tatsächlich eingestellten. Bei einer typischen Betriebsfüllung von 30 % betrug die Ersparnis etwa 31 % und in der Mittelstellung ungefähr 40 %. Die Füllungseinstellung, bei der die Ersparnis 26 % betrug, war ungefähr 40 %. Beides erklärte die größer als erwartet ausgefallene Schmierölersparnis und ergab einen weiteren Hinweis auf die hohe Leistungsentwicklung, mit der 3450 gefahren wurde. Da im Leerlauf in

[1] Die behaupteten Ersparnisse waren bezogen auf die Einsätze zwischen Kimberley und De Aar, während die meisten Planeinsätze der Lokomotiven von Beaconsfield zwischen Kimberley (Beaconsfield) und Bloemfontein stattfanden. Allerdings hatte das keinen Einfluss auf die Behauptungen.

[2] Als ich mich bei einem Ingenieur der Versuchsabteilung des CME darüber beschwerte, dass 3450 stärker als die Serien-25NC angestrengt wurde, antwortete er schlicht und einfach: „Falls Sie den Lokomotivführern mehr Leistung geben, werden sie sie auch ausnutzen“.

der Mittelstellung gefahren wurde, mussten die Füllungen bei der Fahrt unter Dampf des Öfteren deutlich über 40 % gelegen haben, um auf eine Gesamtersparnis an Schmieröl von 26 % zu kommen.

Obwohl die oben beschriebenen Vergleichsversuche die Leistungsverbesserungen durch die Umbauten nicht abschließend quantifizierten, so ergaben sie doch zahlreiche interessante Daten, aus denen überzeugend festgestellt werden konnten, dass 3450, verglichen mit den Serienlokomotiven, sowohl in Bezug auf die Zughakenleistung als auch die Wirtschaftlichkeit bessere Dienste leistete. Ich betrachtete die ganze Veranstaltung als äußerst aussagekräftig, eben weil sie frei war von den Künstlichkeiten kontrollierter Versuchsbedingungen, aber da andere Ingenieure die gleichen Fakten vielleicht anders beurteilten und sie als „nicht wissenschaftlich" interpretierten, erfolgte auf den Versuchsbericht keine Reaktion. Um genauere Daten zu gewinnen, wurden vor allen Dingen robustere und genauer kalibrierte Umdrehungszähler für die Stokermotoren sowie strengere Disziplin benötigt, und mit diesen Voraussetzungen sprach vieles für die ganze Vorgehensweise. Eine Konsequenz des Mangels an Disziplin war, dass die Lokomotivführer mehr oder weniger die Anweisung ignoriert hatten, 3450 nicht mehr anzustrengen, als sie es normalerweise bei einer 25NC getan hätten, was aber gemäßigt wurde durch die Tatsache, dass sie tatsächlich bis zu einem gewissen Punkt besser lief, je mehr sie angestrengt wurden. Der Hauptgrund dafür war, dass es bei geringen bis mäßigen Rostbelastungen mit der Stoker-Feuerung relativ schwierig war, optimale Feuerbetten aufzubauen. Dieser Faktor wird weiter unten noch mehr im Detail erläutert werden.

Im April und Mai 1982 wurden Messwagenfahrten zur Gewinnung von Zahlen zum Kohle- und Wasserverbrauch sowie der Fahrzeitverbesserungen sowohl vor Güter- als auch vor Personenzügen zwischen Bloemfontein und Beaconsfield und zwischen Kimberley und De Aar vor Personenzügen durchgeführt (siehe Tafel 50). Die ausgewählten Lokomotiven waren 3450, 3428, 3439 und 3440. Allerdings wurde 3439 während des Versuchsablaufs herausgenommen, da sie wegen ihrer Ausrüstung mit Lempor-Blasrohrdüsen nicht serienmäßig war und ebenso 3440, die verdampfungsunwillig war, vermutlich, weil ihre Kesselrohre sehr stark mit Kesselstein belegt waren, dessen ganzes Ausmaß erst bei der nächsten Hauptuntersuchung entdeckt wurde. So wurde es wieder einmal zwischen 3450 und 3428 ausgemacht. Zu Beginn der Versuche hatte 3450 eine Laufleistung von 32 000 Kilometer seit der Hauptuntersuchung und 3428 74 000 Kilometer seit einer Zwischenuntersuchung und 8 000 Kilometer seit einer Bedarfsausbesserung. Kohle der Grube Steenbok wurde verwendet, die aber für die ersten wenigen Fahrten nicht zur Verfügung stand. Die Lokomotiven mussten dann also die Kohle übernehmen, die zu der Zeit zufällig in der Bekohlungsbühne vorhanden war. Damit waren diese Fahrten, einschließlich aller mit 3439 und 3440, ungültig für einen Vergleich des Kohleverbrauchs. Die Versuche zwischen Bloemfontein und Beaconsfield wurden als Umläufe ohne Nachbunkern von Kohle gefahren, was mit 3428 gerade noch möglich war, nachdem ihr Kohlenkasten auf die gleiche Art wie bei der 3450 vergrößert worden war. Die Tender wurden vor und nach jeder Fahrt zur Ermittlung des Kohleverbrauchs auf der Brückenwaage der örtlichen Werkstatt gewogen, was auch dem Kalibrieren der Umdrehungszähler diente. Diese wurden zu Bestimmung des Kohleverbrauchs auf den Versuchsfahrten nach De Aar benutzt, da ein Umlauf von Kimberley nach De Aar ohne Nachbekohlung als außerhalb der Möglichkeiten von 3428 angesehen wurde, selbst mit dem vergrößerten Kohlenkasten. Es wurden ungefähr die in den Umlaufplänen angegebenen maximalen Zuglasten befördert, und beide Lokomotiven wurden stark angestrengt, um zu sehen, was die Umbaulokomotive im Hinblick auf Fahrzeitverkürzungen zu bieten hatte. Das führte dazu, dass 3450 stärker angestrengt wurde, wo immer es die Streckenverhältnisse erlaubten, wie zum Beispiel auf langen Steigungsabschnitten, was natürlich einen Einfluss auf die relativen Verbräuche an Kohle und Wasser hatte.

Als 3450 in Bloemfontein für die Versuche eintraf, berichtete der Lokomotivführer, dass ihre Verdampfungswilligkeit zu wünschen übrig lasse. Also wurde eine Wasserdruckprobe ausgeführt, und der Aufenthalt in der Rauchkammer unterhalb des Dampfsammelkastens ähnelte dem in einem Duschbad. Die Leckagen an den Flanschverbindungen der Überhitzerelemente waren erschreckend, doch erst vor *drei Wochen* waren sämtliche Elemente ausgebaut und durch überwiegend neue ersetzt worden. Es gab keine andere Wahl, als die Rauchkammer auszuräumen, die Elemente auszubauen, die Flanschdichtflächen zu überarbeiten und alles wieder zusammenzubauen. In der Erinnerung dauerte all das zwei Tage, um 3450 bereit zu machen, und in der Zwischenzeit wurden die Versuche mit den anderen 25NC begonnen. Bei einer Messfahrt gab es auf 3450 auch Ärger mit einer ausgehängten Betätigungsstange des Schüttelrosts, so dass nur eine Seite des Rosts geschüttelt werden konnte, und sowohl auf 3450 als auch auf 3428 mit starkem Aufschäumen des Kesselwassers, das sich voll zu schwerem Wasserüberreißen ausbildete. Während einer Messfahrt mit 3450 beeinträchtigte Dampfnässe in der Steigung nach Olifantskop bei nur einem Viertel Wasserstand im Glas derartig den Kesseldruck und den Wasserstand, dass ein Halt eingelegt werden musste. Der Kesselwasserstand wurde wieder hochgebracht, ungefähr eine Glashöhe Wasser abgeschlammt und dann Wasserstand und Kesseldruck erneut hochgebracht, wonach dann die Messfahrt ohne weitere Schwierigkeiten fortgesetzt wurde. Die Zugabe von Antischaummitteln und die Abschlammrate vor der Dampfnässe hatten mit den Anweisungen der Chemiker übereingestimmt, und der Gehalt an gelösten Feststoffen im Kesselwasser wurde nicht als hoch angesehen. Das Chemische Labor wurde konsultiert und mir wurde erklärt, dass das emulsionsartige Antischaummittel vor der Ausgabe von dem Lageristen vermutlich nicht ordnungsgemäß aufgerührt worden war. Das war durchaus eine schlechte Erfahrung, die sich als Vorläufer hartnäckiger Probleme mit Aufschäumen und Dampfnässe erwies, die die 3450 verfolgten und die Schwierigkeiten mit den Dampfleckagen an den Flanschverbindungen der Überhitzerelemente verschlimmerten.

In der Tabelle 45 sind die Ergebnisse dieser Messfahrten zusammengestellt. Ich wehrte mich gegen einen direkten Vergleich der Kohle- und Wasserverbräuche ohne Bezugnahme auf die höhere Lokomotivanstrengung der 3450. Anhand einer mühsamen Analyse der Versuchsergebnisse unter Zuhilfenahme der vorangegangenen Messungen in Pretoria war es möglich, den Kohleverbrauch zu schätzen, den 3450 gehabt hätte, falls ihr Anstrengungsgrad der gleiche gewesen wäre wie der der 3428. Es wurde eingeräumt, dass diese Korrektur näherungsweise war, aber es ging um das Prinzip, und in einem solchen Fall ist es besser, einen Näherungsfaktor zur Korrektur anzuwenden, als gar keinen. Die so ermittelten Korrekturen flossen in die Zahlenwerte der *„äquivalenten Kohleersparnisse"* in der Tabelle 45 ein (Zeitmangel schloss eine ähnliche Korrektur der Wasserverbrauchswerte aus). Aus dieser Analyse ergaben sich einige interessante in der Tabelle 46 angegebene Zusammenhänge. Die Gesamtzeiten, in denen die beiden Lokomotiven angemessene Nutzleistungen erzeugten, ergaben sich als recht kleine Bruchteile der gesamten Laufzeiten bei allen Messfahrten, die ja, wie man sich erinnern wird, ausdrücklich mit hohen Leistungen gefahren wurden. Das illustriert eine bedeutende Facette des Eisenbahnbetriebs, nämlich, dass Faktoren wie Streckenhöchstgeschwindigkeiten, Geschwindigkeitsbeschränkungen in Bahnhofsdurchfahrten und in Kurven, Fahren in der Ebene oder bergab, allesamt die Nutzung hoher Lokomotivleistungen verhinderten. Je besser das Leistungsgewicht einer Lokomotive war, desto größer war der Einfluss solcher Beschränkungen. Daher konnte die zusätzliche Leistung der 3450 immer nur für relativ kurze Zeitabschnitte genutzt werden. Auch wenn die umgebaute Lokomotive eine um etwa 50 % größere Zughakenleistung als die 25NC entwickeln konnte und bei diesen Messfahrten zeigte, dass sie in langen Steigungen die Fahrzeiten der 3428 um 25 % unterbieten konnte, so war das nicht genug, um die von den 25NC erzielbaren Fahrzeiten signifikant zu verbessern, wie es die Tabelle 45 zeigt (es ist allerdings bemerkenswert, dass beide Lokomotive gegenüber den *Planzeiten* erheblich an Fahrzeit gewannen, im Fall der 3450 bis zu eine Stunde). So wie die Dinge lagen, bestand die einzige Möglichkeit zu erheblichen Fahrzeitverkürzungen durch zusätzliche Lokomotivleistung in der außerordentlichen Verminderung des Leistungsgewichts, wie es die elektrische Traktion ermöglichte. Porta wies in einem Brief darauf hin, dass in einem relativ laxen betrieblichen Umfeld wie auf den SAR, etwa 100 % mehr Leistung zur Verfügung gestellt werden mussten, bevor die

Betriebsleute die Leistungssteigerung wirklich zur Fahrplanverbesserung nutzen konnten. Allerdings ist es auch zutreffend, dass die gesamte Eisenbahn durch Anhebung der Geschwindigkeitsbegrenzungen verbessert werden musste, falls die Vorteile höherer Leistungen, wie die der 3450, voll genutzt werden sollten.

Das Studium der Messstreifen zeigte, dass die während Fahrtabschnitten von annehmbarer Dauer entwickelte Zughakenleistung der 3428 im Allgemeinen im Bereich von 1 100 bis 1 300 kW, und die der 3450 von 1 300 bis 1 600 kW lag. Die höchsten Zughakendauerleistungen betrugen bei der 3428 1 360 kW bei 46 km h^{-1} und nicht aufgezeichneter Füllung, sowie 2 100 kW bei 53 km h^{-1} und 55 % Füllung bei der 3450, beides vor Güterzügen. Die Spitzen der Zughakenleistung erreichten bei der 3428 gewöhnlich 1 600 bis 1 750 kW mit einem absoluten Maximum von 1 820 kW bei 70 km h^{-1} vor dem Personenzug zwischen Kimberley und De Aar. Im Gegensatz dazu erreichte oder überschritt 3450 2 000 kW bei jeder Messfahrt, mit einem absoluten Höchstwert von 2 140 kW bei 53 km h^{-1} und 55 % Füllung bei einer Güterzugmessfahrt zwischen Beaconsfield and Bloemfontein. Die höchste Leistung bei den Personenzugmessfahrten betrug 2 100 kW bei 70 km h^{-1} und 55 % Füllung in der Steigung in westlicher Richtung nach Olifantskop. 2 000 kW am Zughaken wurden auch bei 90 km h^{-1} erreicht, wobei all diese Zahlen tatsächliche Zughakenleistungen waren, die unter den entsprechenden auf die Ebene bezogenen Zughakenleistungen lagen. Bei der Versuchsfahrt am 22. April 1982 beschleunigte 3450 ihre Zuglast von 715 Tonnen von 30 km h^{-1} bei der Durchfahrt durch Olienhoutplaat in dem 10-‰-Anstieg nach Kloofeind auf 76 km h^{-1}, also schneller als die zugelassenen 60 km h^{-1} in der

Tabelle 45
Ergebnisse der Messwagenvergleichsfahrten zwischen der Klasse 26 Nr. 3450 und der Klasse 25NC Nr. 3428, April bis Mai 1982

Personenzüge, Anhängelast = 715 t / 76 Achsen				Güterzüge, Anhängelast = 1 209 t / 104 Achsen	
Bloemfontein – Beaconsfield – Bloemfontein, 320 km, gesamte Planfahrzeit = 317 min.		Kimberley – De Aar – Kimberley, 470 km[1], gesamte Planfahrzeit = 421 min.		Bloemfontein – Beaconsfield – Bloemfontein, 320 km, gesamte Planfahrzeit = 434 min.	
3450	3428	3450	3428	3450	3428
Tatsächliche Gesamtfahrzeiten in Minuten					
274	281	360	373	384	395
Gemessener Kohleverbrauch, metrische Tonnen / kg Tonnen-km^{-1} [2]					
14,77 / 0,0646	17,41 / 0,0761	14,58 / 0,0443	17,43 / 0,0530	13,09 / 0,0338	16,29 / 0,0421
Tatsächliche Kohleersparnis 3450 zu 3428					
15 %		16 %		20 %	
Errechnete äquivalente Kohleersparnis auf Basis gleicher Lokomotivleistung					
24 %		25 %		26 %	
Gemessener Wasserverbrauch, m^3 / m^3 Tonnen-km^{-1} ($x\ 10^{-5}$) [2]					
68,37 / 29,9	79,69 / 34,8	78,37 / 23,8	98,19 / 29,9	74,55 / 19,3	95,37 / 24,7
Tatsächliche Wasserersparnis 3450 zu 3428					
14 %		20 %		22 %	

Anmerkungen:

1. In dem von der Versuchsabteilung ausgearbeiteten Bericht wurde die Strecke für diese Messfahrten versehentlich mit Beaconsfield – De Aar angegeben und die Umlauflänge mit 460 Kilometer, wobei die Tonnenkilometer mit dieser Zahl ermittelt wurden.
2. Die großen Abweichungen bei kg Kohle Tonnen-km^{-1} und bei m^3 Wasser Tonnen-km^{-1} bei beiden Lokomotiven waren eine Folge unterschiedlicher Lokomotivanstrengungen bei den verschiedenen Messfahrten, verschiedener Zugzusammenstellungen mit verschiedenen Zugmassen und Unterschiede in der Kohlequalität. Die bei den Messfahrten mit Personenzügen zwischen Bloemfontein und Beaconsfield verwendete Kohle wurde als sehr schlecht beurteilt.

Tabelle 46
Analyse der aufgezeichneten Daten der Messfahrten in der Tabelle 45

Bezeichnung	Messfahrten vor Personenzügen Bloemfontein – Beaconsfield – Bloemfontein	Messfahrten vor Personenzügen Kimberley – De Aar – Kimberley	Messfahrten vor Güterzügen Bloemfontein – Beaconsfield – Bloemfontein
Anteil der Fahrtzeit mit geöffnetem Regler an der Gesamtfahrtzeit[1]	29 %	32 %	24 %
Durchschnittliche Zughakenleistung der 3428 während der Fahrt mit geöffnetem Regler	1 167	1 190	1 110
Durchschnittliche Zughakenleistung der 3428 während der Fahrt mit geöffnetem Regler	1 363	1 450	1 288
Korrekturfaktor für den tatsächlichen Kohleverbrauch der 3450 für äquivalenten Kohleverbrauch	0,9	0,85	0,92

1. „Fahrt mit geöffnetem Regler“ meint alle Fahrtabschnitte, bei denen der Regler zumindest für einige Minuten geöffnet war, ohne zum Beispiel zu zählen, wenn der Regler kurz zum Ingangsetzen des Zugs im Gefälle oder bei höherer Geschwindigkeit zur Überwindung eines kurzen Anstiegs geöffnet wurde.

Kurve in der Nähe des Brechpunkts. Da es sich aber um eine Messfahrt handelte, bei der sämtliche Geschwindigkeitsbeschränkungen genau eingehalten wurden, mussten in dieser Steigung die Bremsen betätigt werden, vielleicht ein einmaliger Vorgang. Diese Steigungsfahrt wurde mit 55 % Füllung absolviert, wobei eine maximale Zughakenleistung von 1 955 kW aufgezeichnet wurde (entsprechend mindestens 2 400 kW bezogen auf die Ebene). Bei derselben Messfahrt wurden *tatsächliche* 2 000 kW am Zughaken bei 84 km h^{-1} und 55 % Füllung in einer Steigung *und* bei weiter steigender Geschwindigkeit aufgezeichnet. Auch geriet die Lokomotive einmal bei 90 km h^{-1} auf nassen Schienen ins Schleudern, eine interessante Demonstration ihrer Kraft, die alle an Board beeindruckte. Bei der Güterzugmessfahrt, bei der eine Dauerleistung von 2 100 kW am Zughaken aufgezeichnet wurde, wurde die Zuglast von 1 209 Tonnen in der Steigung von Olienplaat nach Kloofeind von 28 km h^{-1} auf 54 km h^{-1} beschleunigt, wozu eine auf die Ebene bezogene höchste Zughakenleistung von 2 450 kW erforderlich war. All das wurde geleistet mit einer als geringwertig bis schlecht eingestuften Kohlequalität, aber leider wurden wegen eines Versehens keine Proben für eine Analyse eingesammelt.

Eine Sache, zu der bei diesen Messfahrten Zweifel aufkamen, war die Genauigkeit des Messwagens. Je schneller ein Zug über einen gegebenen Streckabschnitt bei ruhigem Wetter gezogen wird, desto höher ist die Hakenzugkraft und desto größer die über diesen Streckenabschnitt geleistete Arbeit, aber dem Planimeter zur selbstständigen Integration der Zughakenarbeit gelang es, diesem Grundgesetz der Dynamik zu widersprechen. Das in der Tabelle 47 angegebene Beispiel zeigt eine von vielen solcher Anomalien in den Ablesungen. Diese Zahlen passten einfach nicht zusammen.[1] Die Leistung, dargestellt als Leistungslinie auf den Messstreifen, war ebenfalls beständig größer, als sie sich aus dem Quotienten Zughakenarbeit ÷ Zeit ergab. Was ist denn dann mit all den übrigen vom Messwagen gelieferten Daten?

Tabelle 47
SAR-Messwagen: Beispiele für inkonsistente Messungen

Strecke: Kimberley – Orange River. Personenwagen, Anhängelast 715 Tonnen, 76 Achsen (Zugverband bei beiden Fahrten derselbe)		
Messfahrt-Nummer	A766	A767
Datum	04.05.1982	05.05.1982
Lokomotivnummer	3428	3450
Wetter	schön, windstill	schön, windstill
Verspätungen auf der Strecke	keine	keine
Geschwindigkeitsbeschränkungen	alle eingehalten	alle eingehalten
Aufgezeichnete Fahrtstrecke, km	123,40	123,48
Fahrtzeit Start – Stopp, Minuten	102,02	98,99
Durchschnittsgeschwindigkeit, Start –Stopp, km h^{-1}	72,6	74,8
Aufgezeichnete Zughakenarbeit, MJ	3 446,10	2 881,26
Durchschnittliche Zughakenleistung, kW	563	485

Da die oben beschriebenen Versuche nicht bei für beide Lokomotiven gleicher Leistung gefahren worden waren, räumte die Versuchsabteilung ein, dass die wahren Kohle- und Wasserersparnisse unter identischen Einsatzbedingungen noch nicht ermittelt worden waren. Folglich wurden im Juni und Juli 1982 weitere Versuche vor Güterzügen zwischen Beaconsfield und De Aar ohne den Messwagen gefahren. Zu dieser Zeit hatte 3450 einen neuen Lokomotivführer, A. F. Koekemoer (nicht verwandt mit dem Koekemoer in der ursprünglichen Lokomotivführergruppe). Vor ihrem Umbau war 3450 seine Planlokomotive gewesen, aber als sie nach Beaconsfield zurückkehrte, war er mit der Ausbildung junger Heizer beschäftigt gewesen. Als diese Aufgabe erledigt war, kehrte er in den Fahrdienst zurück und wünschte sich seine 3450 zurück. Ich erkannte wohl, dass die kleine Lokomotivführergruppe nicht ewig funktionieren würde, da die zugehörigen Lokomotivführer zu starke Gefühle für ihre eigenen Lokomotiven hatten, außer Waldeck, der 3450 gern für sich gehabt hätte. Nur ungern willigte ich ein, dass Koekemoer 3450 zurückerhielt, womit sie nun eine persönliche Planlokomotive wurde, wie so viele von Beaconsfields Hauptstrecken-25NC. Koekemoer hatte einen festen Heizer, P. Swart, und mit dieser Mannschaft erledigte ich fortan das Gros der Arbeiten. Mit Koekemoer kam es zu einem guten Verhältnis, aber da Swart ein etwas undurchsichtiger Charakter war, wusste ich nie, was er von den Angelegenheiten hielt.

Um auf die Versuche zurückzukommen, so wurden drei Umläufe nach De Aar geplant, jeweils einer mit 3428 und 3450, unter möglichst genauer Einhaltung der Fahrzeiten des Buchfahrplans und ein Hochleistungsversuch mit 3450, um den Anstieg der Kohle- und Wasserverbräuche bei einer solchen Betriebsweise zu quantifizieren und solchermaßen eine gewisse Bestätigung der Korrekturfaktoren zu finden, wie sie auf die Kohleverbräuche früherer Messfahrten angewendet worden waren. Diesmal wurden die Tender nach jeder Hin- und Rückfahrt mit der Dehnungsmessmethode zur Bestimmung des Kohleverbrauchs gewogen. Wieder wurde die Witbank-Wolvekrans-Kohle verfeuert, aber ihre Analyse ergab etwas von denen in der Tabelle 36 abweichende Werte (siehe Tabelle 48).

Tabelle 48
Kohleanalyse, Versuche vom Juni und Juli 1982

Oberer Heizwert, MJ kg^{-1}	26,9
Flüchtige Bestandteile, %	23,9
Ascheanteil, %	16,8
Ascheerweichungstemperatur, °C	> 1 400

Trotzdem diese Werte, abgesehen von der hohen Schmelztemperatur der Asche, recht dürftig waren, so handelte es sich um eine merklich bessere Kohle, als die bei den vorangegangenen Versuchen verfeuerte. 3450 hatte ein Anzahl von Schäden, einschließlich eines verbrannten Luftleitblechs im Feuerloch, Spalte in der Rostlage, ein zerstörtes Herdner-Anfahrventil, das beständig durchblies und (nunmehr der Normalfall) undichte Flanschverbindungen an den Überhitzerelementen. Der Verteilertisch des Stokers hing durch, was das Aufwerfen von Kohle im vorderen Rostbereich schwierig machte, eine Plastikröhre der Tenderwasserstandsanzeige war gebrochen, was zu einem ständigen Wasserverlust führte und nur eine der vier Sandstreuleitungen war angeschlossen und lieferte Sand. 3428 wurde von mir nicht überprüft, aber wahrscheinlich hatte sie genauso viele *kleinere* Defekte, weder genügend schwerwiegend für eine Stillsetzung noch anscheinend für eine Reparatur.

Bei den beiden ersten Versuchsfahrten, Ergebnisse siehe Tabelle 49, lief alles gut. Allerdings musste der Hochleistungsversuch mit 3450, der direkt am Tage nach ihrer Fahrt mit niedriger Leistung in Angriff genommen wurde, wegen schlechter Verdampfungswilligkeit abgebrochen werden, die sich erstmals auf der südwärts führenden Steigung hinter Modder River zeigte. Eine Inspektion ergab, dass ein Überhitzerelement aufgeplatzt war und das wurde als Ursache angenommen, obwohl ich bis zum heutigen Tage nicht so sicher bin, ob dass der *einzige* Grund war. Was auch immer der wahre Grund war, die Lokomotive kämpfte sich mit einem Streckenhalt zum Dampfmachen bis De Aar durch, und auf der Rückfahrt bleib sie in der Steigung Richtung Behrshoek nahe dem Brechpunkt mit einem Kesseldruck von etwa

[1] Die Möglichkeit, dass schleifende Bremsen der Grund für die augenscheinlich unstimmigen Ergebnisse waren, kann nicht ganz ausgeschlossen werden, aber da die Zugkomposition für beide Lokomotiven dieselbe war und da solche Diskrepanzen während der ganzen Versuche auftraten, wird diese Möglichkeit als wenig wahrscheinlich angesehen.

12,0 bar (77 % des Nenndrucks) stecken. Selbst mit diesem Druck hätte sie die Steigung bewältigen sollen, aber eine Untersuchung des Zugs ergab, dass bei mehreren Fahrzeugen im Zugverband die Handbremsen angezogen waren, und das bei einem Versuchssonderzug. Das kalte und regnerische Wetter entsprach nicht der Jahreszeit, und wir benötigten einen Anschub durch den nachfolgenden Zug, um wieder in Gang zu kommen, ein Pretoria – Witbank-Déjá-Vu. Augenscheinlich war die ganze Fahrt als Messfahrt nutzlos, und so wurde der Zug in der Gegend von Orange River abgestellt, um unsere Rückkehr nach Beaconsfield zu beschleunigen. Die Messfahrt wurde nicht wiederholt.

Tabelle 49
Ergebnisse der Vergleichsfahrten zwischen
Klasse 26 Nr. 3450 und Klasse 25NC Nr. 3428, Juni bis Juli 1982

Beaconsfield – de Aar, 230 km, Zuglast = 1 303 Tonnen / 124 Achsen gesamte Planfahrzeit = 308 min.		De Aar – Beaconsfield, 230 km, Zuglast = 1 071 Tonnen / 84 Achsen gesamte Planfahrzeit = 282 min.	
3450	3428	3450	3428
Tatsächliche Fahrzeiten in Minuten[1]			
295	282	290	274
Gemessener Kohleverbrauch, metrische Tonnen / kg Tonnen-km^{-1}			
7,65 / 0,0255	10,64 / 0,0355	6,35 / 0,0258	8,69 / 0,0353
Kohleersparnis 3450 gegenüber 3428			
28 %		27 %	
Gemessener Wasserverbrauch, m^3 / m^3 Tonnen-km^{-1} (x 10^{-5})			
48,97 / 16,3	66,51 / 22,2	45,85 / 18,6	67,50 / 27,4
Wasserersparnis 3450 gegenüber 3428			
27 %		33 %	

1. Die Unterschiede in den Fahrzeiten waren in den Schwierigkeiten begründet, die Lokomotivgeschwindigkeiten in den Streckenabschnitten genau an die Fahrzeiten im Buchfahrplan anzupassen, die ziemlich großzügig waren und beiden Lokomotiven nur mäßige Leistungen abverlangten.

Mit den Resultaten dieser letzten Messfahrten kamen wir einer Quantifizierung der wahren Wirtschaftlichkeit der 3450 im Verhältnis zu den Serienlokomotiven so nah, wie wir es jemals schaffen sollten. Den Ersparnissen bei den Messfahrten mit 27,6 % Kohle und 29,2 % Wasser standen die Voraussagen von 33 % beziehungsweise 10 % gegenüber, so dass unter Einbeziehung der bereits bestätigten Leistungssteigerung die „etwas übertriebenen" Behauptungen per saldo nachgewiesen worden waren. So hoffte ich, dass meine Vorgesetzten zufriedener sein würden, als sie es mit den „marginalen" Verbesserungen der 2644 gewesen waren.[1] Aus den Daten in den Tabellen 45 und 49 konnten keine Schlussfolgerungen hinsichtlich der Unterschiede der Niedrig- und Hochleistungsmessfahrten gezogen werden (man vergleiche die Werte für Güterzüge). Die niedrigeren Kohleverbräuche der letzten Messfahrten waren ohne Zweifel von der dabei eindeutig besseren Kohle beeinflusst. Demgegenüber war die bei den Messfahrten mit Personenzügen zwischen Bloemfontein und Beaconsfield verfeuerte sehr schlechte Kohle teilweise für die hohen Kohleverbräuche auf diesen Touren verantwortlich. Es war auffallend, dass, über die gesamten Versuchsreihen betrachtet, die pro Tonnenkilometer verbrauchte Kohle um mehr als den Faktor zwei variiert hatte und der Wasserverbrauch fast um den Faktor zwei, und das bei beiden Lokomotiven, wobei sich die höchsten Zahlen selbstverständlich bei den leichteren, schneller fahrenden Personenzügen eingestellt hatten.

Von der Versuchsabteilung wurde ein Versuchsbericht mit einer Zusammenfassung der Ergebnisse der drei Versuchsreihen erstellt, die sie mit 3450 und 3428 durchgeführt hatten. Dieser Bericht wurde an den Stellvertretenden Generaldirektor (Planung und Produktivität) gesendet, mit einem Anschreiben unterschrieben vom CME persönlich.[2] Ergänzend zu den bereits vorgestellten Daten, wurden die nachstehenden weiteren Vorzüge der umgebauten Lokomotive aufgeführt (die Anmerkungen in Klammern sind nicht in dem Versuchsbericht enthalten).

i) Sie konnte in den Umläufen zwischen Beaconsfield und Bloemfontein und zwischen Beaconsfield und De Aar voll ausgelastete Güterzüge ohne Nachbekohlung befördern. [Das hätte genutzt werden können, um Wendezeiten und die Menge der nach De Aar transportierten Kohle zu vermindern, das 230 Kilometer weiter von den Kohlelagerstätten entfernt lag als Beaconsfield. Allerdings rutschte die Kohle in den Kohlekästen nicht von selbst nach, und die Lokomotivmannschaften bevorzugten das Nachbunkern an der Wendestation, um für den Heizer das Besteigen des Kohlekastens und Vorziehen der Kohle im späteren Fahrtverlauf zu vermeiden. Unter dieser Voraussetzung hatte das Vergrößern des Kohlenkastens nur dazu gedient, dass die Menge der ständig unproduktiv hin und her gefahrenen Kohle vergrößert worden war, und so wäre es viel besser gewesen, den Kohlenkasten so geändert zu haben, dass die Kohle von selbst nachrutschte, obwohl das sein Fassungsvermögen etwas *verkleinert* hätte. Das dafür beim Kohlenkasten gewonnene Volumen hätte mit dem Wassertank zur Vergrößerung des Wasservorrats verbunden werden können, womit größere Zuglasten ohne Halt zwischen Kimberley und Bloemfontein / De Aar hätten befördert werden können.]

ii) Sie konnte schnelle Personenzüge in beiden Richtungen zwischen Kimberley und De Aar ohne Wassernehmen befördern. [Das war auch zwischen De Aar und Kimberley und (gerade so eben) zwischen Kimberley und De Aar möglich. Da in diesen Plänen ein Feuerreinigen unterwegs ebenso unnötig war, wären Personenzugpläne ohne Halt zwischen Kimberley und De Aar / Bloemfontein, mit einer geringfügigen Vergrößerung des Wassertank als Vorsichtsmaßnahme für die Relation Kimberley – De Aar im Bereich des Möglichen gewesen.]

iii) Bestimmte Wasserstationen könnten aufgelassen werden [falls sämtliche Lokomotive derart umgebaut würden.]

iv) Sie stieß keinen schwarzen Rauch aus. Bei Fahrt unter Dampf trat nur eine leichte Abgastrübung auf.[3]

---

[1] Die etwas geringere Kohleersparnis konnte der für die Einhaltung der Buchfahrzeiten mit ausgelasteten Zügen erforderlichen niedrigen durchschnittlichen Leistung zugeschrieben werden. Unter solchen Bedingungen konnten die Vorzüge der 3450 nicht voll ausgeschöpft werden. Die größere Wasserersparnis war teilweise bedingt durch die späte Aufnahme des Speisewasservorwärmersystems in das Projekt und zum Teil durch Unterschätzung der Dampfersparnis durch die Änderungen an den Zylindern samt Schieber und Kolben und dem Überhitzer. Sowohl die Kohle- als auch die Wasserersparnisse wären von der 3450 in ihrem endgültigen Zustand, das heißt mit langen Überhitzerschleifen und verbessertem Speisewasservorwärmer, übertroffen worden.

[2] Brief Az. DC 15/2/22 vom 08.09.1982.

[3] Es war ganz richtig, dass diese Verbesserung bestätigt wurde, weil in der Septemberausgabe des Vorjahrs des SAR-Magazins „SASSAR" 3450 scharzen Rauch ausstossend auf dem Titelblatt abgebildet war. Dieses Bild war gerade nach dem Schließen des Reglers vor einem roten Signal in der Nähe von Balmoral an der Strecke Pretoria – Witbank aufgenommen worden. Dies waren die einzigen Umständen, bei denen die Entwicklung von größeren Rauchmengen wahrscheinlich waren und deshalb gänzlich untypisch.

v) Sie bildete keine Schlacken, was das Feuerreinigen erleichterte und den Verlust an Unverbranntem in der Asche reduzierte.[1]
vi) Sie hatte ein wesentlich geringeres Auspuffgeräusch und verminderte deshalb das Problem des Lokomotivlärms in Stadtgebieten.

Die Nachteile der umgebauten Lokomotive im Zustand zur Zeit der Versuche wurden wie folgt angegeben:

i) Die Dampfzufuhr zum Aschkasten konnte bei kühler Witterung die Sicht nach vorn behindern.
ii) Bei geringer Lokomotivanstrengung konnte der Abdampf herabgezogen werden und die Sicht nach vorn behindern.
iii) Die zusätzliche Leistung der Lokomotive konnte wegen des hohen Schleuderrisikos nicht immer genutzt werden.
iv) Die Druckluftversorgung für die Sandstreueinrichtung und damit die Einrichtung selbst war unzuverlässig.
v) Wegen der offenen Feuertür zur Zufuhr von Sekundärluft für das GPCS war die Lärmbelastung im Führerhaus von den Verteilerdüsen des Stokers größer. Das könnte für die Besatzung zu gesundheitlichen Schäden führen und macht das Wahrnehmen der Explosion einer Knallkapsel schwierig.
vi) Die niedrige Austrittsgeschwindigkeit des Auspuffs führte zum Niederrieseln eines beträchtlichen Teils der vom Schornstein ausgestoßenen Löschepartikel auf oder in die Nähe der Lokomotive und dem vorderen Teil des Zugs.[2]

Alle diese oben genannten Punkte waren während des Versuchsverlaufs von dem Versuchspersonal kommentiert worden. Ihre Kommentare wurden ernst genommen, und dort wo möglich wurden Schritte zur Linderung dieser Nachteile unternommen. Sie waren die einzigen negativen Bemerkungen zu 3450 in dem gesamten Versuchsbericht, der daher alles in allem sehr günstig war.

Nachdem die Versuche abgeschlossen waren, verblieb 3450 mit Koekemoer und Swart im regulären Einsatz bis zu ihrer ersten Zwischenuntersuchung im September / Oktober 1982. Sie wurde im Juli versuchsweise auf der Strecke Bloemfontein – Bethlehem eingesetzt, aus keinem anderen Grund, als dass ich einige Photos von ihr auf dieser Route haben wollte. Weil das der wahre Grund war, wurde die ganze Sache diskret zwischen den Depots in Beaconsfield und Bethlehem arrangiert, und soweit ich weiß, fand man höheren Orts nie heraus, was eigentlich geschehen war. Eines Donnerstags beförderte 3450 den Güterzug Nr. 2228 nach Bloemfontein, dessen Rückleistung der Personenzug Bloemfontein – Kimberley um 22.10 Uhr war. Im Depot Bloemfontein tauschten die Personale ihre Lokomotiven, wobei Koekemoer und Swart die Bethlehem-Maschine zurück nach Kimberley führten, und die Bethlehem-Mannschaft übernahm 3450 vor dem Personenzug Bloemfontein – Bethlehem um 22.00 Uhr. Die beiden Züge standen an benachbarten Bahnsteigen und es war vielleicht ganz gut so, dass es für die höheren Ränge zu spät in einer kalten Winternacht war, um zu bemerken, dass die beiden Lokomotiven offenbar vor den falschen Zügen standen. Ich war ab Beaconsfield auf 3450 mitgefahren und blieb auf der Lokomotive, um die Mannschaft aus Bethlehem einzuweisen. Swart gab dem Heizer eine ernste Warnung wegen der Schwäche der Kesselspeisepumpen und so stellte der neue Mann eine Pumpe an, sobald der Regler geöffnet wurde, was weder nötig noch besonders hilfreich für den Kesseldruck war. Bis Sannaspos, 32 Kilometer des Wegs, gab es keine längeren Steigungen und bis dahin hatte er das Feuern und Speisen des Kessels bereits im Griff und erreichte eine ausgezeichnete Verdampfungswilligkeit. Der erste lange Anstieg begann in Likhatlhong, 37 Kilometer hinter Bloemfontein, und von da an gab es auf der Strecke reichlich Steigungen mit einer maßgeblichen Neigung von 20 ‰. Die Zuglast war gering (neun Wagen), so dass trotz der starken Steigungen oft mit kleinen Füllungen gefahren wurde, und die Kohle- und Wasserverbräuche wurden von der Mannschaft als sehr niedrig beurteilt. In Fouriesburg, 250 Kilometer hinter Bloemfontein, ging ich gegen 06.00 Uhr am folgenden Morgen von Bord, um einen Freund mit einem Auto zu treffen. Am nächsten Tag beförderte 3450 den Personenzug Bethlehem – Ficksburg um 07.45 Uhr, siehe Tafel 51, kehrte mit dem leeren Zugverband zurück, und an dem Samstag zog sie den Personenzug nach Bloemfontein um 09.20 Uhr. Dort wurde sie wieder an Koekemoer und Swart übergeben. Die ganze Sache war reibungslos über die Bühne gegangen.

Die einzigen bemerkenswerten Fahrten, die ich zu der Zeit auf der Lokomotive unternahm, waren die am 8. und 10. September, ungefähr eine Woche vor ihrer Zwischenuntersuchung. Bei der Fahrt am 10. vor Zug 2228 und mit einer Zuglast von 1 193 Tonnen / 102 Achsen ließ Koekemoer die Steuerung in der Steigung von Olienhoutplaat nach Kloofeind voll ausgelegt, wobei der Zug von 39 km h^{-1} auf 53 km h^{-1} beschleunigte, wozu eine durchschnittliche auf die Ebene bezogene Zughakenleistung von 2 170 kW erforderlich war, mit einem Anstieg auf etwa 2 460 kW kurz vor dem Brechpunkt.[3] In Bezug auf Geschwindigkeit und Leistung wurden mit dieser Darbietung fast die Werte bei den Messwagenfahrten im vorherigen April wiederholt, verlangten diesmal aber 65 % Füllung, statt der 55 % bei den Messfahrten. Die tatsächlichen Füllungen könnten von den auf der Skala angezeigten Werten abgewichen haben, aber die Notwendigkeit einer solchen Zunahme war recht wahrscheinlich, da zur Zeit der Fahrt im September die Blasrohrdüsen mit Ölkohle verschmutzt waren, was den Gegendruck erhöhte (sie waren außerdem durch Löscheerosion abgezehrt, aber trotz ihres ziemlich traurigen Aussehens, siehe auf Tafel 52, war die Saugzugleistung nicht merklich beeinträchtigt). Die Fahrt am 8. September war wegen des dabei aufgetretenen Problems des Aufschäumens des Kesselwassers bemerkenswert, von dem Koekemoer bemerkte, dass das bei 3450 „ziemlich normal" sei.

Ungefähr zu dieser Zeit erhielt ich zwei Assistenten, deren Berufung die Dampftraktion war. Es waren dies Dr. P. Le Sueur aus England und R. Waller aus der Schweiz. Es ist interessant, dass die SAR selbst noch 1982 Leute mit einer solchen Berufung gern beschäftigten. Le Sueur hatte am Queen Mary College der Universität London bei den Professoren M. Thring und Dr. J. Sharpe studiert, wo er seinen Dr. phil. gemacht hatte. Im August 1980 war er für eine Weile nach Argentinien gegangen, wo er an Portas Institut und auf der Rio-Turbio-Eisenbahn gearbeitet hatte. Am Ende seiner sechs Monate bei Porta erkundigte er sich schriftlich bei mir über die Möglichkeit bei den SAR im Bereich der Dampftraktion zu arbeiten. Darauf antwortete ich ihm, dass angesichts seiner Qualifikationen und dem chronischen Mangel an Ingenieuren bei den SAR seine Anstellung eine Formalität sei, vorausgesetzt, er folge dem von mir vorgezeichneten Weg durch die Bürokratie. Das tat er mit Erfolg, und nachdem die SAR ihn angenommen hatten wurde er mir zugeteilt. Im Wesentlichen den gleichen Weg schlug (etwa schneller) Waller ein, der Ingenieur bei der Schweizerischen Lokomotiv- und Maschinenfabrik (SLM) in Winterthur war, und er wurde mir ebenfalls zugeteilt. Leider erschienen sie erst ziemlich spät in dieser Geschichte, da ich zu dieser Zeit bereits ahnte, dass trotz der Erfolge mit 3450 die Dampftraktion auf den SAR tatsächlich vom Untergang bedroht war. Entsprechend plante ich, dass 1983 mein letztes vollständiges Jahr dort sein würde. Ihre Dienste wären im Jahre 1979 während der Konstruktionsarbeit für 3450 ganz gewiss von größtem Wert gewesen, aber auch so spät wie sie kamen, war ihre Anwesenheit immer noch sehr nützlich und ermöglichte Arbeiten für 3450, die ich allein nicht bewältigt hätte, besonders die 1983 durchgeführten Indizierversuche. Waller und Le Sueur hatten recht verschiedene Persönlichkeiten, wobei Waller die fundierten praktischen Erfahrungen hatte, die man von jemandem von der SLM erwarten konnte, während Le Sueur viel mehr ein Theoretiker war. Er war auch so etwas wie ein Original. Er trug zum Beispiel ständig vier Taschen-

---

[1] Tatsächlich aber wurde der Verlust durch Brennbares in der Asche bei 3450 (und 2644) nicht ermittelt. Bei der Rio-Turbio-Eisenbahn wurde der Anteil mit nicht mehr als 11 % in der Asche angegeben. Als aber später in China Versuche mit der mit GPCS ausgerüsteten 1E1 Nr. 8001 der Baureihe QJ angestellt wurden, war der Anteil bei der chinesischen Staubkohle extrem hoch, wie in Kapitel 7.4 beschrieben.

[2] Das war natürlich eines der Geheimnisse der Brennstoffökonomie der 3450, da sie durch sorgfältige Aerodynamik so konstruiert war, dass eine Menge der ausgestoßenen Lösche in den Kohenkasten zurückfiel. Seitenwinde neigten dazu, diesen schlauen Plan zu vereiteln!

[3] Diese Zahlen wurden von A. Wild, einem Ingenieur der British Railways, der im Zug mitfuhr, unter Anwendung der BR-Wagenwiderstandsformeln berechnet.

uhren bei sich, eine mit der lokalen Ortszeit, eine mit GMT, eine war eine Stoppuhr und eine weitere als Reserve. Als wir allerdings einmal gemeinsam von Pretoria nach Kimberley fahren sollten, verhinderten all diese Zeitmesser es nicht, dass er den Zug verpasste, weil, wie er mir später erzählte, die Uhr für die Lokalzeit stehengeblieben war, und immer, wenn er darauf geschaut hatte, war reichlich Zeit bis zur Abfahrt des Zugs geblieben. Oder die Sache mit dem zusammengerollten Regenschirm, den er mit geradezu religiösem Eifer während der ganzen trockenen Sommerzeit bei sich trug, als kaum jemals eine Wolke am Himmel erschien. Als die Sommerregenzeit schließlich kam und wir zusammen in einem Schauer draußen waren, fragte ich ihn, warum er ihn nun nicht benutzen würde. „Weil er nicht funktioniert" war die Antwort. Das ist der Stoff, aus dem der Prototyp des zerstreuten Professors gemacht wird, doch falls es ein Problem gab, bei dem es auf das gründliche Verständnis der theoretischen Zusammenhänge ankam, dann war Le Sueur ein ausgezeichneter Mann. Ich habe sie beide stark in Anspruch genommen, zumindest weiß ich, dass sie so dachten, aber niemals so stark wie mich selbst.

Als 3450 ihre erste Zwischenuntersuchung hatte, die normalerweise aus einer Kolben- und Schieberuntersuchung und weiteren Arbeiten bestand, hatte sie bereits 52 500 Kilometer erreicht, gegenüber der für eine 25NC vorgesehenen Laufleistung von 45 000 Kilometer. Ihr Betriebsverhalten war überwacht worden, und, wo nötig, waren Konstruktionsänderungen zur Verbesserung der Betriebseigenschaften, der Zuverlässigkeit und als Antwort auf berechtigte Kritik der Lokomotiv- und Versuchsmannschaften vorgenommen worden. Es war entschieden worden, diese Änderungen alle auf einmal bei der Zwischenuntersuchung auszuführen, die dadurch zu einem ziemlichen Unterfangen wurde und von Mitte September bis Ende Oktober dauerte. Die ausgeführten Arbeiten konnten im Wesentlichen unter den nachstehen Überschriften eingeteilt werden:

1. Untersuchung der modifizierten Bauteile auf Verschleiß etc.
2. Bauartänderungen
3. Normale Reparaturen an Serienbauteilen

Arbeiten, die unter die Punkte (1) und (2) fallen, sind in den nachstehenden Abschnitten beschrieben.

1. Untersuchung der modifizierten Bauteile

Dabei ging es vorrangig um die Feststellung der Verschleißrate von Zylinderbauteilen und umfasste die Zerlegung aller entsprechenden Teile und Vermessung der Verschleißteile im Vergleich mit den Ursprungsmaßen. Die Vermessungen wurden von den Technikern ausgeführt, deren Arbeitsgenauigkeit vom Autor nicht überprüft wurde. Die Ergebnisse können wie folgt zusammengefasst werden:

i) Zylinderbuchsen : durchschnittlicher Verschleiß am senkrechten Durchmesser = 0,32 mm
durchschnittlicher Verschleiß am waagerechten Durchmesser = 0,13 mm
Oberflächenzustand : gut (poliert)
ii) Schieberbuchsen : durchschnittlicher Verschleiß am senkrechten Durchmesser = 0,49 mm
durchschnittlicher Verschleiß am waagerechten Durchmesser = 0,32 mm
Oberflächenzustand : gut (poliert)
iii) Schieberkörper : durchschnittlicher Verschleiß am senkrechten Durchmesser = 0,25 mm
durchschnittlicher Verschleiß am waagerechten Durchmesser = 0,13 mm
Oberflächenzustand : gut (poliert)
iv) Schieberringe (keiner gebrochen) : axialer Verschleiß = kein messbarer Verschleiß
durchschnittlicher radialer Verschleiß = 0,08 mm[1]
Vergrößerung Ringspalt (Einbauzustand) = 1,12 – 2,70 mm
(Nennringspalt im Neuzustand = 1,5 mm)
v) Schieberstangen : durchschnittlicher Durchmesserverschleiß = 0,12 mm
vi) Schieberstangenstopfbuchsen : durchschnittlicher Durchmesserverschleiß der Segmente in der Verschleißebene = 3,44 mm
durchschnittliche Zunahme des Axialspiels zwischen Gehäuse und Segmentgruppe = 0,46 mm

Es gab etwas (nicht übermäßige) Ölkohleablagerung auf den Schieberbuchsen. Porta hatte den Verdacht, dass es sich dabei überwiegend um Kesselschlamm handelte, der bei dem Aufschäumen und in der Dampfnässe mitgerissen worden war. Eine chemische Analyse der Ablagerungen hätte das bestätigen können, wurde aber nicht gemacht. Falls es allerdings so gewesen wäre, dann wären auch die Kühldampfkanäle der Schieberbuchsen mit Kesselstein belegt gewesen, was ihren Wärmeübergang behindert hätte (es wurde nie herausgefunden, ob das so war, aber solche Ablagerungen hätten mit Säure wie bei den Rohren des Speisewasservorwärmers entfernt werden können). Die Ölkohleablagerungen an den Buchsenstegen in der Mitte mussten während des Ausbaus der Schieber von den Ringen des hinteren Kolbenschieberkörpers abgestreift werden, was diese Operation schwierig machte. Tatsächlich mussten die Schieber von einer anderen Lokomotive herausgezogen werden. Trotzdem kam es zu keiner Beschädigung. Mögliche, aber nicht eingeführte Lösungen des Problems, bestanden in dem Einsprühen mit Ölkohlelösemittel vor dem Schieberausbau, Erweitern der Schieberbuchsenbohrung an diesen Buchsenstegen mit sehr geringer Konizität an beiden Enden oder in hinteren Schieberkörpern und Buchsenbohrungen mit kleinerem Durchmesser als die vorderen. Ablagerungen am Teil des Umfangs der zu den Zylindern führenden Kanalöffnungen verschlechterten die Abrundungen der Kanalkanten und wurden abgekratzt. Ablagerungen in den Schieberringnuten führten auch zum Festsitzen einiger Ringe in ihren Nuten und einige Schieberringe brachen bei dem Abnehmen zum Zweck der Vermessung, wofür die Anfertigung und der Einbau neuer Ringe nötig wurden. Die Gelenkbolzen, mit denen die Schieberstangen mit den Schieberkörpern gekuppelt waren, saßen wegen Ölkohleablagerungen fest, wodurch die Schieberkörper praktisch starr mit der Schieberstange verbunden waren. Weil aber die Gelenkbolzen nicht einfach demontiert werden konnten, eine Kraft von 12 Tonnen in einer Presse reichte nicht aus, sie zu bewegen, mussten die Schieber in diesem Zustand wieder eingebaut werden. Nach Portas Angaben war so etwas bei den 1E1 der Rio-Turbio-Eisenbahn nie aufgetreten und eine Lösung wäre gewesen, sämtliche Details der Konstruktion der Gelenkverbindung auf diesen Lokomotiven zu kopieren. Der Verschleiß der hinteren Schieberstangengelenke war vernachlässigbar. Drei der 24 Feststellschrauben für die Schieberringe waren lose, wahrscheinlich durch Passungsrost in den Gewinden, und wurden erneuert. Die Segmente der Schieberstangenstopfbuchspackung wurden befeilt, um die ursprünglichen 5-Millimeter-Spalte zur Verschleißaufnahme wiederherzustellen. Falls man sie so belassen hätte, hätten sie bis zum

[1] Eine alternative und vielleicht bessere Methode, um den Kolbenringverschleiß zu bestimmen, bestand in der Bestimmung des Gewichtsunterschieds zwischen Neuzustand und verschlissenem Zustand.

vollständigen Schließen der Spalte 75 000 Kilometer durchgehalten, wonach die Packungen zu lecken angefangen hätten. Auch dann wäre es eine einfache Arbeit gewesen, sie auszubauen und zur Wiederherstellung der Spalte zu befeilen.

Trotz der oben erwähnten Befunde war der Zustand der betreffenden Bauteile dergestalt, dass die Funktionen der Dampfverteilung und des Dichthaltens gegen Dampfaustritt kaum beeinträchtigt waren. Die Bauteile hätten deshalb zu diesem Zeitpunkt nicht unbedingt angerührt werden müssen, da es diese Kriterien und nicht Verschleiß *per se* waren, die bestimmten, wann eine Arbeit nötig war.[1] Die Verschleißrate an ihnen war extrem niedrig, besonders im Hinblick auf die nachstehenden Angaben:

i) Keiner der Werkstoffe, außer der für die Schieberinge und -stangen, entsprach vollständig der Spezifikation. Das hatte zweifellos einen Einfluss darauf, dass der Verschleiß der Schieberringe geringer war als der der Schieberbuchsen. Das Material der Gleitflächen der Schieberkörper war ganz falsch, nämlich Messing statt Bronze, und in Anbetracht dessen war der geringe Verschleiß der Schieberkörper höchst verwunderlich.
ii) Seit dem Beginn des Einsatzes der Lokomotive von Beaconsfield aus war es regelmäßig zum Aufschäumen des Kesselwassers und zu Dampfnässe gekommen. Verschleiß tritt auf durch metallischen Kontakt, und der Zweck eines Ölfilms ist es, die Berührung der metallischen Oberflächen und den daraus folgenden Verschleiß auf eine Minimum zu reduzieren, wobei der Verschleiß umso geringer ist, je besser der Ölfilm ist. Falls ein die Bauteile trennender Ölfilm von 0,1 μm ständig aufrechterhalten werden kann, ist der Verschleiß fast null, falls er über 99,99 % der Betriebszeit aufrecht erhalten werden kann, ist der Verschleiß unbedeutend, aber falls er nur während 99,9 % der Betriebszeit aufrecht erhalten werden, dann ist der Verschleiß nicht mehr tolerabel.[2] Verschleiß wird zwingend bestimmt davon, ob die ordnungsgemäße Schmierung beeinträchtigt wird, und da Wasserüberreißen den Ölfilm abwäscht, kam es hauptsächlich unter eben diesen Bedingungen zu Verschleißvorgängen. Ein Kilometer Fahrt mit Dampfnässe verursacht mehr Verschleiß als 1 000 Kilometer mit guter Schmierung. Auf der Grundlage deutscher Erfahrungen schätzte Porta auch, dass 2 % Dampfnässe wegen der mitgeführten gelösten Kesselsalze, die die Zylinder als Feststoffe erreichten und wie eine Schleifpaste wirkten, die Lebensdauer der Ringe auf die Hälfte vermindern konnte.
iii) Gelegentlich gab es Ärger mit der Schmierungseinrichtung mit vergleichbaren Auswirkungen wie bei dem Wasserüberreißen. Auch die Aufzeichnungen der Schmierstoffverbräuche lassen erkennen, dass die Ölzufuhren zu gering waren. Es stellte sich heraus, dass die Passfeder zwischen Antriebsratsche und der Nockenwelle in der Nut Spiel hatte, so dass bei kleinen Füllungen kaum Bewegung auf die Nockenwelle übertragen wurde. Bei der Zwischenuntersuchung wurde die Schmierpumpe folglich ausgetauscht, aber die Lokomotive muss eine beträchtliche Zeit mit diesem Defekt in Betrieb gewesen sein.

Keiner der oben genannten Faktoren war ein Problem der Konstruktion der modifizierten Bauteile. Der erste lag an nicht ordnungsgemäßer Herstellung, der zweite an mangelhafter Wirkung des verwendeten Antischaummittels und der dritte an der Unzuverlässigkeit von Zulieferteilen. Hätte es diese drei negativen Einflüsse nicht gegeben, wären die Verschleißraten phänomenal niedrig gewesen, entsprechend einer Vergrößerung der Zuverlässigkeit. So wie es nun einmal war und basierend auf dem *tatsächlich* gemessenen Verschleiß wurden die nachstehenden Fristen ermittelt:

i) Zylinderbuchsen : ≈ 450 000 km zwischen Aufbohrungen
≈ 1 800 000 km zwischen Erneuerungen
ii) Schieberbuchsen : ≈ 250 000 km zwischen Aufbohrungen
≈ 1 000 000 km zwischen Erneuerungen
iii) Schieberkörper : Erneuern der Bronzegleitflächen nur bei Aufbohren der Schieberbuchse (das heißt in Intervallen von etwa 250 000 km)
iv) Schieberringe : Erneuern nur bei Aufbohren der Schieberbuchse (das heißt ≈ 250 000 km Lebensdauer).
v) Schieberstangen : Überschleifen alle 250 000 km. Lebensdauer ≈ 2 000 000 km ausgehend von einem zulässigen Minimaldurchmesser von 32 mm.
vi) Schieberstangenstopfbuchsen : Befeilen der Segmente zur Wiederherstellung der Verschleißspalte in Intervallen von ca. 75 000 km. Segmentlebensdauer ≈ 150 000 km.

So gut diese Werte auch sind, sie wären besser gewesen, falls negative Einflüsse nicht am Werk gewesen wären. Es war deutlich, dass die Konstruktion ein großer Schritt war, die Lücke zwischen den Verschleißraten von Dampfmaschinen und Dieselmotoren zu schließen. Allerdings erging es den übrigen Maschinenkomponenten aus den nachstehenden Gründen nicht so gut.

Die Kolbengleitflächen *(Anm. d. Übers.: Es sei daran erinnert, dass die Klassen 25 und 26 Schleppkolben hatten. Der Kolben glitt also wie hier mit seinem Gewicht selbst auf dem unteren Zylinderhalbrund oder er wurde von den Tragringen der amerikanischen Segmentringe, z. B. Fabrikat Koppers oder Hunt-Spiller, getragen. Die in Deutschland und Europa weit verbreiteten „Schwebekolben" mit vorderer Tragstange waren international nicht sehr häufig. Auch die in großen Stückzahlen gebaute chinesische QJ hatte Schleppkolben und Tragringe nach amerikanischem Vorbild)* waren stark verschlissen und hatten Beschädigungen erlitten, wie zum Beispiel das Verdrücken in die Ringnuten, mit der Folge festsitzender Ringe, die teilweise ausgebrochen waren. Damit war ein Abdrehen zum Entfernen der Gleitflächen nötig, bevor neue durch Schweißen aufgetragen werden konnten. Bei dem Abdrehen der stählernen Kolbenkörper zeigte sich, dass sie mit Oberflächenrissen bedeckt waren, meistens unter 1 Millimeter tief, aber an einzelnen Stellen auch bis zu 10 Millimeter tief. Die Kolbenkörper konnten damit nicht wiederverwendet werden, und in der Tat war es ein Glück, dass keiner von beiden im Betrieb auseinandergefallen war. Das setzte eine Untersuchung in Gang, die offenlegte, dass der Rat der Schweißwerkstatt, die Tragbronze autogen statt durch elektrische Lichtbogenschweißung aufzutragen, nicht hätte angenommen werden sollen. Nicht nur war der Auftrag Messing statt Bronze, sondern der Schweißprozess hatte die Kolbenkörper auf über 720 °C erwärmt, was die Penetration des Kupfers in den Stahl und anschließende Rissbildung zur Folge hatte. Ich hatte bereits den Verdacht gehabt, dass dieses Schweißverfahren nicht ideal war und Salt River im vorangegangenen März angewiesen, Ersatzkolben und Schieber unter Anwendung des Lichtbogenschweißens mit speziellen Bronzeelektroden herzustellen. Eine Probestück wurde mit diesem Verfahren hergestellt und an das Werkstofflabor geschickt, wo ermittelt wurde, dass das Lichtbogenschweißen die Kupferpenetration vermindert, aber nicht eliminiert hatte. Weiter kam diese Untersuchung nicht, und da zur Zeit der Zwischenuntersuchung keine modifizierten Ersatzkolben zur Verfügung standen, mussten 25NC-Serienkolben mit Duplex-Ringen eingebaut werden. Es war deutlich, dass die modifizierten Kolben zur richtigen Funktion vordere Tragstangen haben mussten, da sonst die unausgeglichenen Dampfkräfte auf die Bereiche des Kolbenkörpers außerhalb der Ringe mit dem Verschleiß des Kolbens übermäßige Reibflächenbelastungen verursachten. Vermutlich war das der wirkliche Grund für die Verschlechterung der tragenden

---

[1] Die Ergebnisse von Leckageversuchen sind in dem Kapitel 3.8 wiedergegeben.

[2] Quelle: Porta, L. D., Steam Engine Cylinder Tribology (unveröffentlicht), unter Bezug auf Arbeiten von Aue, einem Spezialisten für die Tribolgie von Verbrennungskraftmaschinen.

Kolbenflächen und der damit verbundenen Probleme. Bereits zu Beginn des Jahres 1981 war eine Tragstangenkonstruktion fertiggestellt und einige Teile angefertigt worden. Allerdings ist diese Konstruktion dann in 1983 abgeändert worden in eine, bei der der Kolbenkörper mit der Kolbenstange und der Tragstange verschweißt wurde. Diese Schweißkonstruktion war inspiriert von der Anordnung der englischen LNER *(Anm. d. Übers.: London and North Eastern Railway, Großbritannien, bestand vom 1. Januar 1923 bis zum 1. Januar 1948, als sie in den staatlichen British Railways aufging. Vorgängergesellschaften der LNER waren verschiedene kleinere Privatbahnen)*, bei der Kolben und Kolbenstange aus einem Stück geschmiedet waren, eine gute Konstruktion im Hinblick auf Zuverlässigkeit und geringe Masse. Die vordere Tragstange wurde von einem federbelasteten Lager gehalten, wie von Porta favorisiert, um den Lagerverschleiß auszugleichen und den Kolbenkörper jederzeit von der Buchse fernzuhalten. Die vordere Kolbenstangenstopfbuchse war identisch mit der Kolbenstangenstopfbuchse in Tafel 35. Die Schmierung erfolgte von der mechanischen Schmierpumpe. Eine schriftliche Eingabe zur Herstellung dieser Komponenten wurde ohne Erfolg gemacht, und 3450 musste ihren Dienst weiterhin mit Serienkolben und -ringen versehen. Wie zu erwarten, verschlissen die Ringe wegen der höheren Dampftemperatur (und Häufigkeit der Dampfnässe) rascher als bei den 25NC und hielten die normale Frist von 45 000 Kilometer bis zum Erneuern der Kolbenringe nicht durch.

Es gab verschiedene weitere Mängel an den Kolben. Zwei Kolbenringe, einer je Kolben, waren gebrochen, der Kolbenringverschleiß war verglichen mit dem der Schieberinge hoch, und einige Feststellschrauben waren lose oder fehlten ganz. Es wurde davon ausgegangen, dass diese Mängel mit dem Versagen der aufgebrachten Gleitbeschichtungen an den Kolbenkörper im Zusammenhang standen und dass die Verwendung von vorderen Kolbentragstangen sie eliminieren würden. Der linke Kolben hatte sich auf der Kolbenstange gelockert, also der dritte lose Kolben auf 52 500 Kilometer. Das wurde den Auswirkungen des Wasserüberreißens und schlechter Werkstattarbeit zugeschrieben, wobei Letztere auf 3450 schon nach kurzer Zeit wegen des Betriebs mit vollständig geöffnetem Regler zu Tage trat. Dieses Problem hätte sich durch die Anwendung der oben beschriebenen Schweißkonstruktion vollständig erledigt, was ja neben der minimalen Masse einer der Beweggründe dafür war. Schlussendlich fanden sich an einem Kolben Risse an der Schweißnaht der Schadraumfüllbleche, und es stellte sich auch heraus, dass diese Baugruppen nicht zeichnungskonform angefertigt worden waren, so dass sie um einiges schwerer als berechnet gewesen sein müssen.

Zur Zeit der Zwischenuntersuchung war nur die linke Kolbenstangenstopfbuchse von der modifizierten Bauart, nachdem die rechte im vorangegangenen März gegen die Bauart Paxton-Mitchell getauscht worden war. Die modifizierte Stopfbuchsenpackung war völlig dampfdicht geblieben und wäre es geblieben, falls sie nicht geöffnet worden wäre, aber bei der Zerlegung fanden sich zahlreiche gebrochene Ringsegmente. Die Problemlösung war sehr einfach: der richtige Gusswerkstoff! Aber leider führten die Serienkolben dazu, dass die Kolbenstangenmittellinie zu weit unter die Zylindermitte absank, als dass die modifizierten Stopfbuchsenpackungen hätten verwendet werden können. Solange also Serienkolben zum Einsatz kamen, und ihre Verwendung stellte sich wegen der gerade angegebenen Gründe als dauerhaft heraus, mussten Paxton-Mitchell-Stopfbuchspackungen verwendet werden. Diese leisteten sehr schlechte Dienste und ließen trotz häufiger Wartung viel Dampf durch. Damit wurden die modifizierten Stopfbuchspackungen, die sich als wesentlich besser als die Bauart Paxton-Mitchell erweisen hatten, nicht weiterverwendet. Die Konstruktion hätte an die Serienkolben angepasst werden könne, was aber nicht gemacht wurde. Ein Grund war, dass die Probleme mit den Stopfbuchspackungen die Rechtfertigung für die geplante Schweißkonstruktion waren. Da sämtliche 25NC von dieser geänderten Konstruktion profitiert hätten, falls die nötigen Anpassungen gemacht worden wären, ist es wohl recht bedauerlich, dass das nicht weiterverfolgt wurde.

Einige Zeit vor der Aufarbeitung war das rechte Herdner-Anfahrventil gebrochen. Das war nunmehr das dritte Mal und die vermutliche Ursache wurde auf Seite 184 erklärt. Diesmal war das Pilzventil selbst ausgebaut worden. Aus der Erinnerung heraus war das geschehen, ohne es dem Lokomotivführer Koekemoer mitzuteilen. Er berichtete nichts Nachteiliges, sagte aber auch, dass er die Anfahrventile ohnehin nur sehr selten benutzen würde. In Anbetracht dessen, dass die Probleme mit ihnen nicht völlig gelöst worden waren, und da sie anscheinend auf den jetzt weniger steilen Einsatzstrecken der 3450 nur sehr selten nötig waren, wurden beide Ventileinrichtungen bei der Zwischenuntersuchung komplett ausgebaut, wobei sich das linke Anfahrventil als gut im Zustand erwies. Koekemoer wurde angehalten, jegliche auftretenden Anfahrprobleme zu berichten, aber Tatsache war, dass die 3450 auch mit den Anfahrventilen nicht so leicht anzog wie eine 25NC. Dieses Charakteristikum schien von den auf ihr arbeitenden Mannschaften als eine ihrer tolerierbaren Eigenarten akzeptiert worden zu sein, obwohl sie das ohne Zweifel bei dem Dienst vor Sammelgüterzügen ein wenig verflucht haben werden. Die Anfahrventile kamen während der Stationierung der Lokomotive in Beaconsfield nie wieder zum Einsatz und wurden nur vorübergehend wieder eingebaut, als sie nach Capital Park zu den Indizierfahrten zurückkam. Dabei funktionierten sie während einer Dauer von fünfzehn Wochen mit akzeptabler mechanischer Zuverlässigkeit.

Neben den Bauteilen der Dampfzylinder waren Reparaturen an den nachstehenden modifizierten Baugruppen notwendig.

i) Überhitzer

In Kapitel 3.2 wurde beschrieben, dass der Dampfsammelkasten bei dem Einbau in einem schlechten Zustand war, und im Einsatz hatte er sich weiter verschlechtert. Zur Zeit der Zwischenuntersuchung war er stark undicht, und die Platten, die die Sitze für die Hammerkopfschrauben der Elemente bildeten, waren nicht nur stark verformt, sondern brachen stellenweise sogar aus. Da das bekannt war, war ein Ersatzdampfsammelkasten (ehem. Klasse GMAM, Scheißkonstruktion, mit für die Klasse 26 passenden Flanschen) im Werk Koedoespoort angefordert worden, mit der Maßgabe, die Sitzplatten für die Hammerkopfschrauben zu erneuern und ganz allgemein den Sammler voll aufzuarbeiten. Der Austausch eines Dampfsammelkastens war immer ein ziemliches Unterfangen für ein Betriebswerk und wohl selten so wie in diesem Fall. Der Flansch für das Dampfsammelrohr war nicht korrekt angeschweißt worden, mit dem Ergebnis, dass der ganze Sammler um 20 Millimeter nach einer Seite hing. Wie der Leser sich vorstellen kann, gab es bei dem Einbau der Einströmrohre seitens der Arbeiter einige nicht ganz stubenreine sprachliche Äußerungen. Die sphärischen Einsenkungen für die Kugelköpfe der Elementanschlüsse waren alle unterschiedlich tief, und die äußeren Heißdampfkammern waren verzogen, so dass die Elementbohrungen nicht teilungsgerecht waren. Nicht schlecht für einen in der Werkstatt frisch aufgearbeiteten Sammelkasten. Irgendwie gelang es Beaconsfield alles wieder zusammenzubauen, aber es verhieß für die Zukunft nichts Gutes in Bezug auf weitere Überhitzerprobleme. Eigentlich wäre es besser gewesen, den alten Sammelkasten zu reparieren und wieder einzubauen, dessen Aufarbeitung als Ersatzteil vorgesehen war, aber die Mängel des neuen wurden erst festgestellt, als er eingebaut war, da alle angenommen hatten, dass Koedoespoort bei der Aufarbeitung ordentliche Arbeit geleistet hatte. Sämtliche Überhitzerelemente wurden durch Auftragsschweißen an den kritischen Stellen der Umkehrenden aufgearbeitet. Die Lokomotive war zuletzt mit einem fehlenden Element gelaufen, das aufgerissen, aber nicht ersetzt worden war.

ii) Dampfeinströmrohre

Mit den Faltenbalgkompensatoren in den Dampfeinströmrohren hatte es Probleme gegeben. Der rechte war im Juni nach etwa 40 000 Kilometer ausgefallen und gegen ein Ersatzteil getauscht worden. Auch der linke war nun undicht und wurde erneuert. Beide Ersatzkompensatoren versagten im weiteren Verlauf, wurden durch gerade Rohrstücke ersetzt und führten damit zu den hohen Temperaturspannungen, die die Kompensatoren konstruktiv vermeiden sollten. Aber während meiner restlichen Zeit bei den SAR führte das nicht zu Problemen an den Dampfeinströmrohren, die mit Materialspannungen im Zusammenhang standen. Eine Untersuchung der

Kompensatoren ergab Risse in dem Faltenbalgteil in axialer Richtung, verursacht durch Materialermüdung als Ergebnis des Auftretens von geringen Druckschwankungen zweimal je Radumdrehung in jedem Dampfeinströmrohr.

iii) Blasrohranlage

Die Blasrohrdüsen waren nicht nur mit Ölkohle verkrustet, sondern auch durch Lösche erodiert. Auf den 25 000 Kilometer seit der letzten Reinigung hatte sich eine Ölkohleschicht von durchschnittlich 1,8 Millimeter Dicke gebildet, mit einem Höchstwert von 4 Millimeter. Somit war die durchschnittliche Rate der Belagbildung 0,07 Millimeter pro 1 000 Kilometer, was tolerierbar war. Die Erosion durch Lösche war nicht gleichmäßig. Teile des vorderen Düsensatzes waren an der Spitze um bis zu 30 Millimeter komplett abgetragen, während andere Teile unbeschädigt waren (siehe Tafel 52). Diese Düsen wurden zur Verminderung der Löscheerosion durch gehärtete ersetzt (siehe Tafel 53). Der gemessene Austrittsquerschnitt der neuen Düsen betrug 299 cm^2 bei einem Querschnittsverhältnis von 1,10 : 1. Die Mischzone des hinteren Schornsteins war ebenfalls von Lösche durcherodiert und wurde mit einem Flicken repariert.

iv) Rostanlage

Drei Rostelemente waren derartig verzogen, dass sie ersetzt werden mussten. Die Bohrungen in den Verbindungsstangen der Rostelemente und in den Elementaugen waren stark verschlissen. Angesichts der Tatsache, dass diese Teile nicht gehärtet waren, und dass sie in einer hoch abrasiven Umgebung betrieben wurden, war ein solcher Verschleiß nicht verwunderlich und war eine Eigenschaft solcher Mechanismen auf allen Dampflokomotiven der SAR. Er war allerdings höchst unerwünscht, da er bei dem Schütteln des Rosts zu kleineren Schwenkwinkeln führte und, was auf 3450 noch schlimmer war, zu Übertragungsspiel, was bei einigen Rostelementen dazu führte, dass sie abkippten und im Betrieb wahllos große Zwischenspalte bildeten. Die Problemlösung (für sämtliche Lokomotiven) bestand darin, abriebfeste Buchsen in die Stangen- und Elementaugen einzupressen in Verbindung mit ebenso abriebfesten Bolzen. Die Konstruktionszeichnung der Rostanlage wurde entsprechend ergänzt, aber auch diese Änderung wurde niemals ausgeführt. Das gänzliche Aushängen der Schüttelmechanik, wie es sowohl bei den Messwagenfahrten im vorangegangenen April als auch bei der Doppeltraktion von 2644 und 3450 nach Bloemfontein aufgetreten war, hatte seinen Grund in falsch angebrachten Sicherungssplinten, also in schlechter Werkstattarbeit. Wenn man das alles bedenkt, wird deutlich, dass ein Lokomotivrost alles andere als wartungsfrei ist, und seine Detailkonstruktion war in den Augen des Autors einfach nicht durchdacht. Mit den daraus gezogenen Lehren wurde später bei der Konstruktion der Umbau-QJ ein ernsthafter Versuch gemacht, die Dinge zu verbessern.

2. Änderungen

Wir kommen nun zu der zweiten Kategorie der Sonderarbeiten während der Zwischenuntersuchung der 3450. Die wesentlichen an den modifizierten Baugruppen ausgeführten Änderungen waren die folgenden.

i) Speisewasservorwärmer

Die inneren Leitbleche, die in dem Verdacht standen, für die niedriger als erwartete Speisewassertemperatur verantwortlich gewesen zu sein, wurden entfernt (später ließ sich aus Versuchen ableiten, dass diese Änderung den Dampfmassenstrom zu dem Wärmetauscher um etwa 40 % vergrößerte, aber die Speisewassertemperatur nur um etwa 11 %, wie in Kapitel 3.7 ausführlich beschrieben). Diese Arbeit bedeutete den Ausbau und die Zerlegung des Wärmetauschers, das Abschneiden der Kupferrohre, das Abtrennen der Leitbleche von der festen Rohrwand und das Wiedereinwalzen der Rohre in die Rohrwand. Es wurden dieselben Rohre wiederverwendet, wobei ihre Länge und damit die Wärmeaustauschfläche des Rohrbündels um 4 % verkleinert wurden. Anlässlich dieser Arbeiten wurde die Gelegenheit genutzt, den Wärmetauscher gründlich zu untersuchen. Eine vor dem Heraustrennen des Rohrbündels ausgeführte Wasserdruckprobe zeigte, dass nur drei der eingewalzten Rohrverbindungen leicht undicht geworden waren (nur langsames Tropfen). Allerdings war eine Dichtung der Kammer an der beweglichen Rohrwand undicht. Diese Dichtungen waren aus einem asbestartigen Material angefertigt worden, und bei dem Zusammenbau des Wärmetauschers wurden sie allesamt durch Kupferdichtungen ersetzt. Die Rohre hatten auf der Innenseite einen braunen 0,25 Millimeter starken recht festen Belag. Das war in Anbetracht der Laufleistung von 23 000 Kilometer seit der letzten Reinigung nicht übermäßig viel und ergab grob 0,01 Millimeter pro 1 000 Kilometer, und der Belag wurde mit Säure entfernt. Der Reinigungsprozess glich im Prinzip demjenigen für die Vapor-Clarkson-Heizwagen, die im Winter nicht dampfbespannte Reisezüge heizten. Hätte man es so eingerichtet, dass die Vorwärmerrohre ungefähr bei jedem zweiten Kesselauswaschen in dieser Weise gereinigt worden wären, dann hätte sie das in ausreichender Weise sauber gehalten. Äußerlich waren die Rohre mit einer dünnen öligen Ablagerung überzogen, die mit einer Mischung aus Dampf und Lösemittel abgewaschen wurde. Daraus folgte, dass die Ölabscheider in den Abdampfleitungen nicht hundertprozentig wirksam waren, aber ganz sicher separierten sie etwas Öl aus dem Abdampf, da einmal bei einer Undichtigkeit an einer Verbindung in der Ausblaseleitung vom Ölabscheider zum Kohleförderrohr des Stokers stark ölhaltiger Dampf in das Führerhaus gesprüht wurde. Bei der Zwischenuntersuchung wurden die Ölabscheider geprüft und es stellte sich heraus, dass sie in ihrer ringförmigen Öffnung zu 5 bis 10 % mit einer Ölkohleablagerung verstopft waren, die abgekratzt und abgewaschen wurde.

ii) Gaserzeugungs-Verbrennungssystem

Die Düsen für den Kühldampf gegen Schlackebildung wurden neu ausgerichtet, um den Dampf mehr von den Rostbalken wegzuleiten, im Sinne eines besseren Eindringens dieses Dampfs in die Primärluftströmungen und gleichzeitig seine Tendenz zur Behinderung der Sicht nach vorn zu mindern. Dadurch wurden die Dinge jedoch nicht besser, da bei Seitenwind der Dampf aus der Leeseite des Aschkastens herausgeblasen wurde. In einem Versuch, die Wirkung von Seitenwinden zu mindern, wurden Scharnierklappen zur Abdeckung der Aschkastenlufteintritte angebracht, die aber auch nicht ganz die gewünschte Wirkung hatten und das Problem wurde auf 3450 nie ganz gelöst. An der Feuertür wurde ein Schirm zur Minderung der Blendwirkung und des Lärms der Verteilerdüsen des Stokers im Führerhaus angebracht. Das war ebenfalls nur teilweise wirksam, da der Sekundärluftquerschnitt der Feuertür unbehindert bleiben musste, wobei ich jedoch den Verdacht hatte, dass die Mannschaften ihn möglicherweise verschlossen hatten, weil das Luftleitblech im Feuerloch an den Ecken vom Feuer abgezehrt war. Swart gestand später, dass das in der Praxis tatsächlich so gemacht wurde. Die Feuertür selbst war nie wirklich in ihren Führungen frei beweglich gewesen. Waller schlug vor, sie ganz wegzulassen und zwei parallele Verbindungen zu benutzen, um die Mittenachse der Tür senkrecht zu halten. Das war eine gute Idee die in der Praxis gut funktionierte.

iii) Windleitbleche

So schön wie sie auch aussahen, so waren die Windleitbleche der Bauart Deutsche Reichsbahn *in der an der 3450 montierten Form* nicht wirksam gewesen. Um das Anheben von Rauch und Dampf zu verbessern, wurden sie zu voller Größe gebracht. Die Umläufe auf dem Niveau der Windleitbleche, als auch das Schrägblech von der Pufferbohle zur Rauchkammer wurden entfernt. Der Überstand der Windleitbleche über die Vorderkante der Rauchkammer hinaus wurde auf 430 Millimeter vergrößert. Das brachte die Vorderkante der Windleitbleche auf eine Linie mit der Zentralkupplung, und damit war in etwa der größtmögliche Überstand erreicht, der zulässig war, ohne mit anderen vorn angekuppelten Fahrzeugen in einer Kurve mit Minimalradius zusammenzustoßen. Auf dem Gleisdreieck im

Depot Beaconsfield wurde das einem praktischen Test unterzogen. Koekemoer wünschte sich in den Windleitblechen eingelassene Ausschnitte für Fußtritte, nutzbar bei Reinigungsarbeiten, aber sie sahen sehr hässlich aus (siehe Tafel 54) und wurden in der Praxis nicht benutzt, so dass ich sie, als 3450 im folgenden Jahr in Capital Park war, schließen ließ (Tafel 59). Die vergrößerten Windleitbleche und die flankierenden Maßnahmen verbesserten tatsächlich das Anheben von Rauch und Dampf und hatten die zusätzlichen Vorzüge der verbesserten Zugänglichkeit zu den Zylindern von vorn und überraschenderweise einer besseren Sicht aus dem Führerhaus nach vorn.

iv) Sandstreueinrichtung

Bis dahin hatte sich die Sandstreueinrichtung nicht als der beste der ursprünglichen Umbauten erweisen. Sollten die Vorzüge einer Druckluftsandstreueinrichtung auch wirklich in Anspruch genommen werden können, dann musste ein zuverlässiger Kompressorantrieb gefunden werden. Die auf dem Papier einige Monate zuvor ausgearbeitete Lösung bestand darin, den Kompressor vorn auf dem Tender zu montieren und ihn mit einer Kette von einer Verlängerung der Stokermotorkurbelwelle anzutreiben. Abgesehen von der besseren Zuverlässigkeit des Antriebs, hatte dies den Vorzug, dass es so dem Kompressor möglich war, den Luftdruck zu erhöhen, bevor die Lokomotive unter Last anfuhr. Dabei wurde der Stoker fast immer betrieben und es ergab eine hohe Drehzahl für den Kompressor bei starkem Ziehen der Lokomotive mit niedriger Geschwindigkeit, da unter solchen Bedingungen der Stoker normalerweise recht schnell laufen würde. Eine Duplex-Kette mit ½ Zoll Teilung wurde verwendet, mit einem großen Kettenritzel am Abtrieb mit 76 Zähnen und einem angetriebenen Ritzel mit 15 Zähnen. Die Kette erhielt Tropfschmierung aus einem Schmiergefäß. Das große Ritzel wurde auf einer kugelgelagerten Welle montiert und mit einem Kardangelenk mit der Kurbelwelle des Stokermotors verbunden. Der Kompressor wurde auf einem an einer Verlängerung des Tenderrahmens angeschweißten Tisch aufgebaut, unter Verwendung geeigneter Mittel zu seiner Ausrichtung zwecks Erhalts der richtigen Kettenspannung. Die ganze Einrichtung passte schön in die vordere rechte Tenderecke, direkt unter dem Tenderfußbodenblech und war vom Führerstand aus sichtbar (siehe Tafel 55). Es war gegenüber dem Riemenantrieb, dessen sämtliche Überreste entfernt wurden, eine sehr viel hochwertigere Einrichtung. Der Kompressor wurde der Kraftwagenabteilung zur Aufarbeitung zugeschickt, wo sich herausstellte, dass er Schäden hatte, die nicht wirtschaftlich repariert werden konnten. Das Fehlen von Luft- und Ölfilter, ganz zu schweigen von der etwas unberechenbaren Schmierung, hatten ihren Tribut gefordert (in Bezug auf die Schmierung schloss der neue Antrieb, der praktisch gesehen nur in eine Richtung lief, alle Probleme mit dem Ausbleiben der Schmierölförderung bei Rückwärtslauf aus). Ein zur Verschrottung vorgesehener Lastwagen lieferte den neuen Kompressor, der geprüft und für in gutem Zustand befunden wurde. Ein Luftfilter (aber kein Ölfilter) wurde angebracht und im Ölkreislauf eine Lochblende zur Regulierung des Öldrucks installiert, deren günstigster Lochdurchmesser von 1,6 Millimeter durch Versuch ermittelt wurde.

Die oben unter (ii) bis (iv) beschriebenen Änderungen bezogen sich auf die meisten der in dem von der Versuchsabteilung zusammengestellten Bericht aufgeführten Kritikpunkte. Eine weitere Änderung, die ich gern ausgeführt hätte, aber dann doch nicht tat, war die wesentliche Vergrößerung des Wassereinlaufs des Tenders. Die SAR-Wasserkräne bestanden einfach aus einem senkrechten Rohr mit Absperrschieber, das von einem waagerechten Oberrohr abzweigte. Bei dieser Anordnung gab es keinerlei Bewegungsspielraum, und da der Tenderwassereinlauf durchweg klein war, musste der Tender auf den Punkt genau unter dem Rohraustritt platziert werden. Das dadurch manchmal verursachte Hin und Her, oft mit nicht wenig Schleudern der Lokomotive verbunden, wäre recht lustig gewesen, falls es nicht so dumm gewesen wäre, weil Kohle, Wasser, Radreifen, Schienenwerkstoff und die Energie der Leute verschwendet wurden. Ganz zu schweigen von den berechtigten Beschwerden der Passagiere und des Speisewagenpersonals, was alles dazu beitrug, der Dampftraktion ein schlechtes Image zu geben. Aufgrund von Sicherheitsüberlegungen war eine Verlängerung des Wassereinlaufs nicht so einfach wie es klingt, und obwohl eine passende Lösung ausgedacht wurde, unterblieb die Umsetzung in Werkstattzeichnungen und der Einbau.

Die Zwischenuntersuchung mit den Änderungen fand unter schwierigen Umständen statt. Die SAR war in einer ihrer periodischen Finanzkrisen und Überstunden waren untersagt, was bedeutete, dass die Belegschaft in Beaconsfield die Arbeiten an 3450 irgendwie zwischen ihren normalen Aufgaben erledigen mussten. Das führte natürlich dazu, dass die Dinge langsam vorangingen und es bedeutete auch, dass der Belegschaft, die dies zu Recht als zusätzliche Arbeit betrachtete, keine Überstunden für ihre Mühen bezahlt wurden. Das war einer der Gründe für die deutliche Änderung der Attitüde in Beaconsfield zu dieser Zeit. Der tiefer liegende Grund war aber ohne Zweifel, dass die Männer ahnten, dass trotz all der Anstrengungen mit 2644 und 3450 für die Dampftraktion keine wirkliche Hoffnung bestand und sie somit all diese zusätzliche Arbeit vergebens machten. Der Wendepunkt in ihrer Moral schien mit der Entscheidung zu kommen, den Trans-Karoo-Express zum 1. November 1982 aufgrund kürzer Fahrzeiten und schwerer Zuglasten zu verdieseln. Ob das tatsächlich die Gründe waren oder nur Vorwände, bleibt unklar. In dieser Anweisung wurde auch dargelegt, dass die Absicht bestand, auch die übrigen Personenzugleistungen zwischen Kimberley und De Aar zu gegebener Zeit zu verdieseln.[1] Dagegen wurde von Yspeert aus wirtschaftlichen Gründen angegangen. Er berechnete, dass die beabsichtigte Verdieselung des Trans-Karoo-Expresses und eines Schnellgüterzugs täglich in beide Richtungen einschließlich der Rückleistungen, jährliche Mehrkosten von 1 928 104 Rand verursachen würden. Falls sämtliche Personenzugleistungen mit ihren Rückleistungen verdieselt würden, dann würde diese Zahl auf 2 183 064 Rand pro Jahr ansteigen. Das war jedoch alles umsonst, und die Entscheidung zur Verdieselung des Trans-Karoo stand. Das war ein schwerer Schlag für Beaconsfield. Nicht nur würden die Dampflokomotivführer einen ihrer Lieblingsumläufe verlieren, viele ließen es vor den Schnellzügen mal so richtig „krachen", sondern wegen des vorherrschenden geringen Verkehrsaufkommens waren sie unterbeschäftigt, und der Verlust des Trans-Karoo bedeutete Einkommensverlust.[2] Auch das Wartungspersonal war stolz darauf, für die Schnellzugdienste Lokomotiven bereitzustellen, wobei einige es sich nicht nehmen ließen, die schnellfahrenden Züge bei der Vorbeifahrt an dem Depot zu beobachten. Zu Recht sahen sie in dem Verlust des Trans-Karoo den Anfang vom Ende, den Beginn der schleichenden Verdieselung, dem sie nichts würden entgegensetzen können, und damit verloren sie das Interesse an 3450. Auch andere Einflussfaktoren trugen dazu bei, zum Beispiel waren Pohl (pensioniert) und Cronje (versetzt) nicht mehr da, und die Leute, die deren Arbeit übernahmen, waren nicht an den Arbeiten an 2644 und 3450 beteiligt gewesen. Man konnte von ihnen nicht die gleiche Begeisterung dafür erwarten. Die Arbeiten an 3450 schienen für einige Mitarbeiter schwierig und endlos, und nun, da ich zwei Assistenten hatte, war die Anwesenheit von Leuten des Büros des CME im Depot durchgängiger, was auch seine Schwierigkeiten verursachte. Es gab einen allgemeinen Verfall der Arbeitsmoral und der Bereitwilligkeit, was nie ausgesprochen wurde, aber merklich war, und von da an wurden Arbeiten an 3450 ohne den Enthusiasmus ausgeführt, der drei Jahre zuvor bei dem Einfahren der 2644 da gewesen war. Eher im Gegenteil, sie wurden als zusätzliche und unerwünschte Mehrarbeit betrachtet.

Yspeert wollte demonstrieren, dass die für den Trans-Karoo für Dieseltraktion festgelegte höchste Zuglast von zweiundzwanzig Wagen (was selten, wenn überhaupt nach der Verdieselung des Zugs vorkam) von Dampflokomotiven im seinerzeitigen Fahrplan befördert werden konnten und plante für 3450, dass sie diese Zuglast bei der letzten planmäßigen Dampfbespannung am 31. Oktober beförderte. Wegen der Probleme mit dem Ersatzdampfsammelkasten erschien die Fertigstellung der Lokomotive unwahrscheinlich, aber alle Arbeiten waren einige Tage vor dem betreffenden Datum erledigt, und die Weiterverfolgung dieses Vorhabens wurde beschlossen. 3450 machte am 30. Oktober

[1] Brief des Büros des Generaldirektors an den Direktionsleiter in Kimberley, Az. RS.4/2220/2 vom 27.09.1982.

[2] Yspeert stellte fest, dass es zu der Zeit auf die gesamten SAR bezogen keinen Mangel an Dampflokomotivpersonalen gab. Einer der ursprünglich zutreffenden Gründe, der der Abschaffung der Dampftraktion Nachdruck verlieh, der Mangel an Fahrpersonal, stellte in den achtziger Jahren kein Problem mehr dar.

mit Waller an Bord einen Umlauf nach Bloemfontein, und ich bereitete mich auf die Begleitung des Trans-Karoo vor. Als ich Waller in Beaconsfield traf, berichtete er von mangelhafter Verdampfungswilligkeit am Vortag, aber ich dachte, dass es wohl daran gelegen haben könnte, dass sich Swart nach sechs Wochen Heizerdienst auf 25NC erst wieder an 3450 gewöhnen musste. Wie auch immer, wir trieben die Sache voran, und drei leere Wagen wurden im Bahnhof Kimberley an den Trans Karoo angekuppelt, um die Anhängelast auf eine Gesamtmasse von 870 Tonnen, gleich 22 Wagen, zu bringen. Yspeert war bei der Abfahrt des Zugs auf dem Bahnsteig und warnte uns davor, verspätet in De Aar anzukommen. Das Wetter war für die Jahreszeit kalt und stürmisch dazu. Ein heftiger östlicher Wind blies während der gesamten Fahrt, der den Zug in den ungeschützten Ebenen der Karoo von der Seite traf. Der Laufwiderstand wurde dadurch derart erhöht, dass die Geschwindigkeit bergab stellenweise bei geschlossenem Regler abnahm, wo sie normalerweise angestiegen wäre. Auf der Rooidam-Steigung gab es zwischen Kraankuil und Poupan Regen, der selbst bei nur 35 % Füllung zu Schleudern führte.

Wir fuhren also los und was passierte, fast augenblicklich nach dem Öffnen des Reglers? Der alte Fluch des Aufschäumens, das so schwerwiegend wurde, dass es zu praktisch fortwährender Dampfnässe auf alle Abschnitten der Strecke von Kimberley nach Heuningneskloof kam, auf denen mit geöffnetem Regler gefahren wurde. Soviel also zu dem Antischaummittel (wieder einmal). Bei Orange River wurde eine *sehr* große Dosis von diesem Zeug in den Tender gekippt, wonach dann keine weitere Dampfnässe auftrat, aber es war klar, dass es, verabreicht in der üblichen Dosierung, nur eine geringe Wirkung hatte. Die linke Kesselspeisepumpe arbeitete nicht, und die rechte konnte allein den Kesselwasserstand nicht halten, besonders nicht während der Dampfnässe. So musste also die Strahlpumpe zusätzlich zur Kesselspeisepumpe angestellt werden, was zu Druckabfall im Kessel führte. Zu Anfang war das Feuer gut, verschlechterte sich aber während der Fahrt, indem es vorn und in den hinteren Ecken zu hoch wurde. Das war eine Folge falsch justierter Verteilerdüsen des Stokers, war aber während der Fahrt mit geöffnetem Regler nicht leicht zu erkennen, weil dann der vordere Rostbereich durch die Flammen hindurch nicht einsehbar war. Die Verdampfungswilligkeit war mit frischem Feuer in Kimberley und nach dem Feuerreinigen in Orange River akzeptabel, aber wegen des unvollkommenen Feuerbetts betrug der Kesseldruck während des Fahrens mit geöffnetem Regler meistens nur 14 bar (90 % des Höchstwerts) und manchmal waren es sogar nur 12 bar. Die Kohle schien ein gewisse Tendenz zum Backen zu haben. In Anbetracht so widriger Faktoren wie hohe Zuglast, starke Seitenwinde, Dampfnässe, defekte Kesselspeisepumpe und Störungen im Feuerbett, wäre es wohl fair zu sagen, dass die Fahrt unter schwierigen Bedingungen absolviert wurde. Dennoch liefen wir in De Aar, trotz eines Signalhalts von zweieinhalb Minuten vor Houtkraal, zwei Minuten vor Plan ein. Alle Fahrzeiten in den jeweiligen Streckenabschnitten der Fahrt (Kimberley – Modder River, Modder River – Orange River und Orange River – De Aar) lagen innerhalb von dreißig Sekunden der Planzeiten. Der Nettogewinn gegenüber den Planzeiten wurde auf 8 ½ Minuten geschätzt, wobei zwei Minuten bei den in Orange River vorgesehenen Zeiten für Wassernehmen und Feuerreinigen gespart wurden. Damit war die insgesamt gegenüber dem Fahrplan gewonnene Fahrzeit etwas über zehn Minuten und das unter den denkbar widrigsten Umständen. Die Dampfnässe kostete fünf Minuten und die träge Verdampfung weitere fünf, so dass mit dieser Zuglast und bei dem Wind zwanzig Minuten hätten gewonnen werden können, falls alles gut gelaufen wäre. Im Gegensatz dazu lief der nächste südwärts fahrende Trans-Karoo, gezogen von zwei Diesellokomotiven der Klasse 34, mit der normalen Zuglast für Dampftraktion von 19 Wagen mit 3 ½ Minuten Verspätung in De Aar ein.[1]

Für die nächsten vier Monate blieb 3450 im normalen Planeinsatz, bei dem Versuche zur Messung verschiedener Parameter bezüglich des Betriebsverhaltens von Baugruppen gemacht wurden. Die Versuche wurden von Waller und mir durchgeführt, während Le Sueur sich auf die Vorbereitungsarbeiten für die Indizierfahrten konzentrierte, die ich in 1983 durchzuführen beabsichtigte. Das Betriebsverhalten der Baugruppen wird in Kapitel 3.8 näher erläutert, und so werden wir uns hier auf nur einige Ereignisse während dieser Einsatzphase beschränken.

Um es gelinde auszudrücken, hatte mich das Problem mit dem Aufschäumen, der Dampfnässe und mit der Wasseraufbereitung generell, mittlerweile schier zur Verzweiflung gebracht. Zur Vermeidung des Aufschäumens wurde der Kessel häufig abgeschlammt, wobei der Gehalt an gelösten Feststoffen möglichst weit unter den nunmehr vorgeschriebenen 3 000 bis 5 000 mg Liter^{-1} gehalten wurde, womit dann die geforderten Kesselwasserbedingungen nicht eingehalten wurden. Das ganze Vorhaben schien als Versuch zur Kesselwasseraufbereitung sinnlos. Alles, was es einbrachte waren Probleme: Aufschäumen, Dampfnässe, Undichtigkeiten am Überhitzer und erhöhter Verschleiß, um nur ein paar aufzuzählen. Wie bereits erwähnt, stand fest, dass das Antischaummittel wirkungslos war, falls es nicht vor dem Ausgeben gründlich umgerührt wurde, da der Wirkstoff dazu neigte, sich auf dem Boden des Fasses abzusetzen. Trotzdem dieser Aspekt allen Beteiligten eingeimpft worden war, handelte es sich bei dem soeben beschriebenen Erlebnis vor dem Trans-Karoo-Express nicht um ein Einzelereignis. Obwohl zu der Zeit häufiges Abschlammen als wahrscheinlichster Grund für die anhaltend niedrigen Salzgehaltswerte, wie sie bei den Kesselwasserproben offenbar wurden, erkannt worden war, unterblieben Maßnahmen, um an die Wurzel des Übels vorzudringen. Der Verantwortliche für die Wasseraufbereitung in Beaconsfield untersuchte Wasserproben, wenn sie für das Labor genommen wurden, was nicht so oft geschah, wie es hätte sein sollen, ordnete aber nur eine Verringerung der Abschlammrate an. Das war zwar an sich richtig, wurde aber wegen des Problems des Aufschäumens von der Mannschaft ignoriert. Auch gab es Anzeichen dafür, dass die Lokomotivmannschaft dem Tender die Chemikalien nicht gemäß den Anweisungen zuführte, wieder aus dem Grund heraus, das Risiko des Aufschäumens zu minimieren. Trotz dieser unbefriedigenden Lage der Dinge wurde von dem Kessel der 3450 berichtet, dass er sauber blieb, während zu dieser Zeit in vielen Kesseln die Menge an Kesselstein und Schlamm wirklich alarmierend war (siehe Seiten 168 bis 169). Einer der Gründe dafür war der Niedergang der Dampftraktion und der damit verbundenen Zögerlichkeit, Geld für mehr Wasseraufbereitungsanlagen auszugeben, wobei es an einigen Wasserhalten gar keine gab. Portas Argument und der Grund für die Experimente mit 3450 war, dass teure Enthärtungsanlagen nicht nötig waren und dass kesselstein- und rostfreie Kessel nur mit preiswerter und sofort einführbarer innerer Wasseraufbereitung möglich waren. Die allgemein beunruhigende und schlechter werdende Kesselsituation war Anlass für eine recht hochkarätige Konferenz der Chemiker und der Ingenieure im November 1982, als deren Folge ein ausgedehnterer Versuch mit der bei 3450 angestrebten Art der Wasseraufbereitung genehmigt wurde.[2] Es wurde beschlossen, mit 3450 im Abschnitt Beaconsfield – Bloemfontein Versuchsfahrten zur Bewertung der Wirksamkeit des Korbspenders bei der Verteilung der Aufbereitungschemikalien zu unternehmen, und auf der Strecke Bloemfontein – Bethlehem, wo die Wasserkräne in Tweespruit, Ficksburg und Fouriesburg immer noch unaufbereitetes Wasser abgaben. Zur Festlegung der inneren Aufbereitung auf diesem Abschnitt wurde für diesen Versuch 3450 ausgewählt, weil sie den Korbspender bereits hatte.

Gemäß dieser Entscheidung machte 3450 in der Zeit vom 7. bis zum 10. Dezember 1982 zwei Umläufe von Bloemfontein nach Bethlehem vor dem Tagespersonenzug. Kurz zuvor wurde sie wegen mangelhafter Verdampfung gemeldet und wurde in Beaconsfield überprüft und einer Wasserdruckprobe unterzogen. Dem Bericht zufolge waren zwei Überhitzerelemente aufgeplatzt, was recht unwahrscheinlich war, da alle bei der Zwischenuntersuchung an den kritischen Stellen aufgeschweißt worden waren. Tatsächlich war keines aufgeplatzt, wie sich bei einer späteren Wasserdruckprobe herausstellte, aber beide wurden ausgebaut und *nicht ersetzt*. Der Dichtkegel des rechten Zylindereinströmrohrs am Dampfsammelkasten war stark undicht, was kein Wunder war, da er aus Messing angefertigt worden war,

---

[1] Gemäß Informationen von P. Odell, von dem auch die detaillierten Fahrzeiten des letzten Trans-Karoo mit 3450 stammten.

[2] Der Ausgang dieser Versuche in den Direktionen Orange Free State, Western Transvaal und Cape Northern ist dem Autor nicht bekannt.

nicht unbedingt der Werkstoff für 400 °C. Ein neuer aus Stahl, dem vorgeschriebenen Material, wurde hergestellt und eingebaut. Außerdem fehlten nicht weniger als sechs der acht Hilfsbläserdüsen. Ganz eindeutig waren sie bei dem Einbau anlässlich der Zwischenuntersuchung nicht richtig angezogen worden. Neue wurden angefertigt und eingebaut, aber eine anschließende Untersuchung ergab, dass sie nicht zeichnungsgerecht waren. All das nur einen Monat nach der Zwischenuntersuchung. Es gab in der Tat keine Hoffnung mehr, wenn die Standards so weit abgesunken waren.

Die Fahrten auf dem Abschnitt Bloemfontein – Bethlehem wurden von demselben Lokomotivführer gemacht (Pienaar), der diese Lokomotive im vorangegangenen Juli gefahren hatte. Abgesehen von der offensichtlichen Tatsache, dass Salzgehalt und Alkalität sich bei der Zugabe von Chemikalien zum Wasser verbesserten, habe ich keine Aufzeichnungen der Ergebnisse der Kesselwasseruntersuchungen, aber interessante Beobachtungen in Bezug auf das Betriebsverhalten der Lokomotive wurden gemacht. Der Wasseraufbereitungslaborwagen wurde angekuppelt, womit die Zuglast bei sämtlichen Fahrten fünfzehn Wagen betrug, einer mehr als die Grenzlast für diesen Personenzugplan auf dieser Strecke mit 20 ‰ Neigung betrug. Der Heizer (Coetze) war zuvor noch nicht auf 3450 gewesen, und er brauchte seine Zeit, den Stoker für die Erzielung eines ebenen Feuerbetts einzustellen, wonach dann die Verdampfungswilligkeit gut war. Bei der ersten Fahrt nach Bethlehem machte ich von den Betriebsbedingungen keine detaillierten Aufzeichnungen, außer dass oft sehr kleine Zylinderfüllungen gefahren wurden. Mit einer Zuglast von 551 Tonnen leer wurde der Anstieg von 103 Höhenmetern von Marseilles nach Hoogfontein, mit einer durchschnittlichen Steigung von 8 ‰, in Gänze mit 15 % Füllung nach der Anfahrt bewältigt. Der Abschnitt von Slabberts nach Retiefsnek, ein weiterer Anstieg um 103 Höhenmeter, aber diesmal mit 10,3 ‰ Durchschnittssteigung und Abschnitten mit 20 ‰, wurde mit 35 % Füllung und einer kleinsten Fahrgeschwindigkeit von 30 km h^{-1} genommen. Die Ankunft in Bethlehem war 10 Minuten vor Plan.

Von der Rückfahrt am darauffolgenden Tag mit einem Leergewicht von 571 Tonnen gibt es genauere Aufschreibungen der Betriebsbedingungen der Lokomotive. Die Ausfahrt aus Bethlehem war schwierig. Direkt hinter dem Bahnhof begann eine Steigung mit bis zu 20 ‰, die der Lokomotive keine Chance zum Durchwärmen oder dem Feuerbett zur besten Durchbildung gab, bevor die Bergfahrt begann. Die Verdampfung der 3450 war nach der Abfahrt oft träge, weil ein kühles Feuer kein guter Gaserzeuger ist und die Sekundärluft somit ungenügend brennbares Gas fand. Auch diesmal gab es keine Ausnahme und 55 % Füllung waren nötig, um den Brechpunkt mit 15 km h^{-1} zu überwinden, wobei dann der Kesseldruck auf 13 bar abgefallen war. Danach wurden sämtliche Bergauffahrten mit dem Kesselmanometer auf dem roten Strich gemacht. Die meisten Steigungen wurden mit Füllungen zwischen 25 % und 35 % befahren, mit gelegentlichen 40 %. 35 % bis 40 % ergab 50 km h^{-1} auf einem 20-‰-Anstieg zwischen Barnea und Retiefsnek, wobei beide Kesselspeisepumpen zur Vermeidung des Abblasens der Sicherheitsventile angestellt waren. Das war die erste Bergfahrt nach der unmittelbaren Steigung ab Bethlehem und zeigte, wie empfindlich die Lokomotivleistung auf den Zustand des Feuerbetts reagierte. Oft wurden Zylinderfüllungen unter 25 % angewendet und ich habe Aufzeichnungen von 15 %, 10 % und sogar von Steuerung in Mittelstellung, Letztere bei der Beschleunigung des Zugs auf 80 km h^{-1}. Es bereitete Pienaar keine Schwierigkeiten, die Lokomotive bei voll geöffnetem Regler nur mit der Steuerung zu fahren, was zeigte, wie einfach das war (es war unwahrscheinlich, dass er diese Methode in gleichem Maße bei einer 25NC angewendet hätte, und gewiss nicht mit so kleinen Füllungen). Trotz der Überlast arbeitete die Lokomotive also sehr wirtschaftlich. Auch schaffte Pienaar jede Anfahrt ohne zurückzudrücken. Seine Technik bestand darin, die Steuerung auf 40 % auszulegen und dann den Regler zu öffnen. Falls sich dabei mit vollem Schieberkastendruck nichts rührte, legte er die Steuerung voll aus, was den Zug jedes Mal in Gang brachte. Diese Methode hatte gegenüber der üblichen, bei der zunächst die Steuerung ganz ausgelegt und dann der Regler geöffnet wurde, tatsächlich Vorteile bei schwierigen Anfahrten und war ein vorbildliches Beispiel des intelligenten Führens einer Lokomotive.

Leider hatte Pienaars Monopol auf 3450 in Bethlehem eine weniger intelligente Reaktion zur Folge. Vor der Ausfahrt aus dem Depot am 8. Dezember war die Rauchkammertür nicht ganz geschlossen, auf einen Blick nur schwer zu erkennen, aber doch genug, dass es in der ersten Steigung zusätzliche Schwierigkeiten gab. Es wurde Sabotage vermutet, die sich bei der zweiten Rückleistung bestätigte (die ich nicht begleitet hatte), als direkt nach der Abfahrt starkes Aufschäumen und Dampfnässe mit den sprichwörtlichen Blasen aus dem Schornstein auftrat. Pienaar hatte den Verdacht, dass jemand Reinigungsmittel in den Tenderwasservorrat gefüllt hatte, was durch eine Wasseranalyse bestätigt wurde. Vermutlich war erwartet worden, dass der Zug in der ersten Steigung gleich liegengeblieben wäre, aber man teilte mir mit, dass der Anstieg gleich beim ersten Versuch geschafft worden war und dass die Dampfnässe nach sehr langem Abschlammen und reichlichem Gebrauch des Antischaummittels aufhörte.

Mein eigenes Versuchsprogramm wurde überwiegend im Güterzugdienst auf der Strecke nach Bloemfontein abgewickelt, aber gelegentlich auch vor Personenzügen mit Güterzügen als Rückleistung. Der Orange-Express und die häufig haltenden Personenzüge blieben bis nach meinem Weggang von den SAR dampfbespannt. Der Orange-Express war für Hochleistungsversuche geeignet. Am 21. Dezember 1982 erfolgte die Abfahrt in Kimberley mit 718 Tonnen Zuglast (leer) mit zehn Minuten Verspätung (wie laut Buchfahrplan zulässig!) und die Ankunft in Orange River war 21 Minuten vor Plan nach 93 Minuten Fahrzeit und Bummeln mit nicht mehr als 80 km h^{-1} im Gefälle nach Belmont. Für die ebene Strecke hinter Modder River reichten 10 % Füllung aus für 100 km h^{-1}. Einen Tag vor einer weiteren Fahrt vor diesem Zug am 1. Februar 1983 war ich im Depot mit einigen Arbeiten an der Lokomotive beschäftigt, als ein japanischer Eisenbahnfreund, weiß Gott selten in Südafrika, vorbeikam. Ich versuchte ihm klar zu machen, dass 3450 am nächsten Tag vor dem Orange-Express zum Einsatz käme, aber es dauerte eine Weile, bis er die Botschaft verstand. Schließlich begannen seine kleinen Augen zu leuchten: „Ah, Lokomotive gestlichen lot damit kann Maschine ziehen Olange-Expless!“ Vielleicht hatte er damit eine bessere Begründung für die rote Farbe gefunden, als irgendjemand sonst. Die betreffende Fahrt war insgesamt die schnellste, die ich je auf der Lokomotive begleitete. Konvergierende Blasrohrdüsen waren zu Versuchszwecken eingebaut, und ich wollte die Unterschiede messen, die sich dadurch für die Leistung der Saugzuganlage über den Arbeitsbereich der Lokomotive ergaben. Um Ablesungen bei hohen Verdampfungsleistungen machen zu können, wurde Koekemoer gebeten, etwas zu forcieren, was er sich nicht zweimal sagen ließ. Die Aufschreibungen des Fahrtverlaufs finden sich in den Tabellen 55 und 56(I). Die Abfahrt in Kimberley erfolgte fünf Minuten vor Plan, mit dem Erfolg, dass einige Passagiere auf dem Bahnsteig zurückblieben, deshalb der Halt in Beaconsfield, wohin sie mit dem Auto gebracht wurden, um sie aufzunehmen (man fragt sich, wie oft dieses kleine Drama, angesichts der Diskrepanz zwischen dem öffentlichen Fahrplan und der laut Buchfahrplan frühest zulässigen Abfahrt aufgeführt wurde). Ab dort sprechen die Geschwindigkeiten bei den Bergfahrten ihre eigene Sprache. Der Höhepunkt war vielleicht die dauernde Einhaltung von 100 km h^{-1} bei 40 % Zylinderfüllung auf der 9,1-‰-Steigung zwischen Heuningneskloof und Graspan, was einer auf die Ebene bezogenen Zughakenleistung von 3 200 kW entsprach. Eine noch größere Leistung wurde bei der Beschleunigung nach einem Signalhalt bei Poupan erbracht, während der der Gesamtunterdruck auf 68,6 mbar anstieg, eine ganz schöner Wert für eine kohlegefeuerte Lokomotive. Die konvergenten Blasrohrdüsen erwiesen sich allerdings tatsächlich der Laval-Bauart unterlegen, so dass die Leistung der Lokomotive mit den Normaldüsen besser gewesen wäre.

Obwohl noch immer nicht gänzlich fehlerfrei, funktionierte die Sandstreueinrichtung nun viel besser als zuvor. Allerdings stellte sich nach der Ankunft in Bloemfontein mit einem Güterzug am 27. Januar 1983 heraus, dass das große Ritzel des Kettenantriebs des Kompressors in vier Teile zerbrochen war. Das brachte das Fass zum Überlaufen und ich beschloss, nicht mehr an der Sandstreueinrichtung weiterzuarbeiten. Das (ideale) Schema des Systems in seiner letzten Ausführung, Abb. 71, zeigt unbeabsichtigt den Grund für die Aufgabe der Einrichtung. Es gab einfach zu viele Ausrüstungsteile von zu empfindlicher Beschaffenheit, speziell in einem Wartungsumfeld, in dem selbst die Auffindung und Behebung einer einfachen Luftundichtigkeit eine größere Angelegenheit war. Eine Druckluftsandstreueinrichtung war einer Schwerkraftsandung zweifellos überlegen, aber unter den SAR-Bedingungen ließ sie sich wirklich nur rechtfertigen, falls eine Druckluftversorgung für die Bremse oder andere Hilfseinrichtungen bereits vorhanden war. Es war mein Fehler, das nicht von Anfang an erkannt zu haben. Also musste zur Schwerkraftsandung zurückgekehrt werden, aber das serienmäßige Betätigungsgestänge konnte wegen verschiedener im Weg stehender Rohrleitungen und anderer Komponenten nicht so einfach angebaut werden. Die Lösung war der Einbau der Anordnung der Klasse GMAM, bei der Dampfzylinder die Einheitssandschieber betätigten. Damit war dann nach all den Anstrengungen die Sandung nicht einmal so gut wie bei 2644. Wenigstens konnten bei dieser Anordnung die Schienenreinigerdüsen beibehalten werden, die direkt aus der Leitung zu den Betätigungszylindern mit Dampf versorgt wurden.

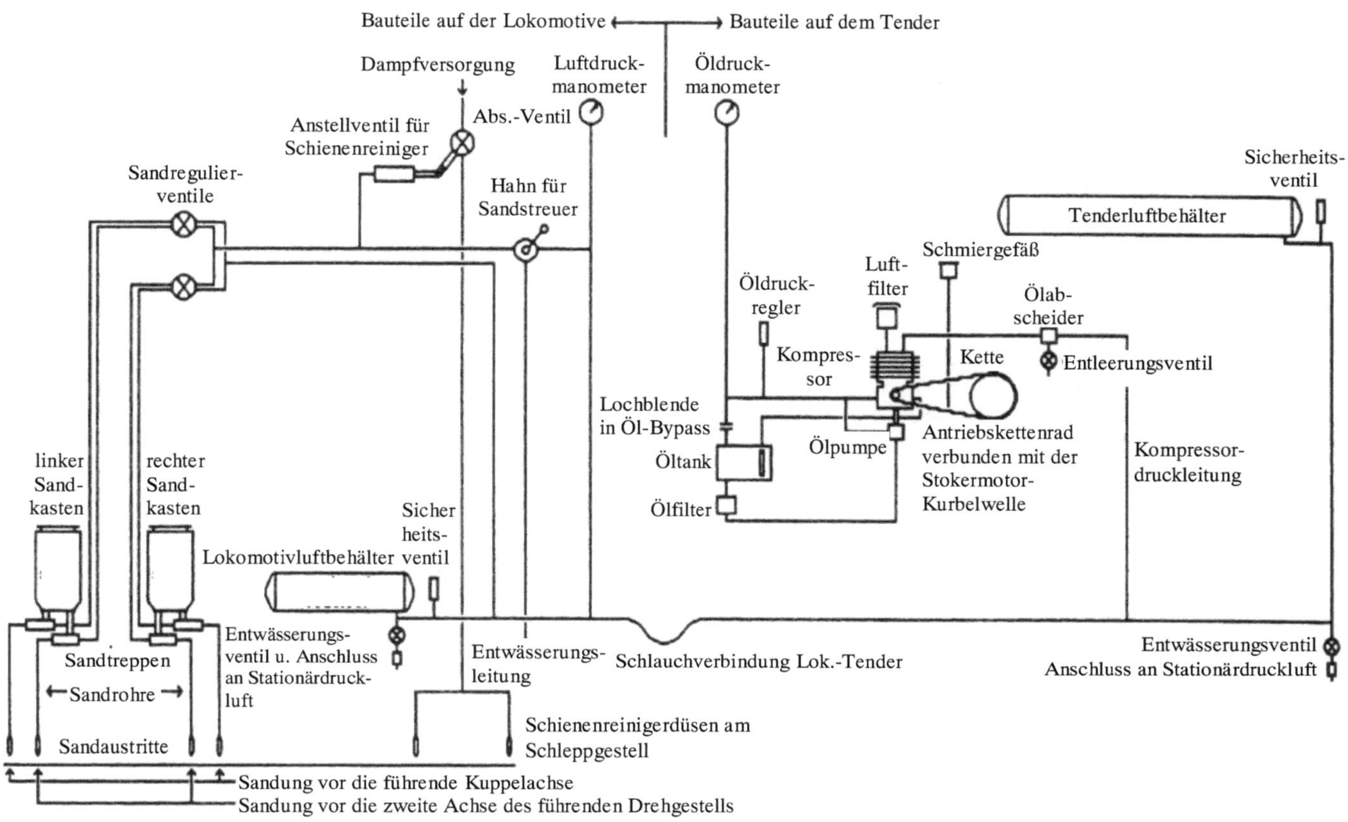

Abb. 71
SAR: 2D2-Klasse 26 Nr. 3450: Schema der Sandstreueinrichtung
(schematisch und nicht maßstäblich)

Anfang Januar 1983 wurde festgestellt, dass sich der linke Kolben (wieder einmal) auf der Kolbenstange gelockert hatte. Sechs Kolbenringsegmente auf diesem Kolben waren ebenso wie die Packung der Kolbenstangenstopfbuchse gebrochen, all das nur 10 000 Kilometer nach der Zwischenuntersuchung. Es wurde berichtet, dass der Zylinder sehr trocken war und die Ringbrüche wurden dem durch das Wasserüberreißen verursachten Schmierölmangel zugeschrieben (das Problem mit dem Aufschäumen und der Dampfnässe verfolgte uns weiter, und bei einem Umlauf nach Bloemfontein hörte das Aufschäumen erst 20 Kilometer vor der Rückkehr der Lokomotive nach Beaconsfield auf, trotz häufigen Abschlammens). Zu Anfang Februar war dann auch die rechte Kolbenstangenstopfbuchse ziemlich stark undicht. Es sei daran erinnert, dass das nunmehr alles Serienbauteile waren. In einem Versuch die Lage zu verbessern wurden die Ölförderraten zu den Schiebern, Zylindern und Kolbenstangen durch Änderung an den entsprechenden Schmierpumpeneinstellungen vergrößert. Daraus ergaben sich für 3450 die oberen Kurvenlinien in der Abb. 53, indem für die Schieber die Größtmengen eingestellt worden waren.[1] Nach dieser Änderung wurden im Vergleich zu den 25NC mit Wakefield-Schmierpumpen und deren *tatsächlichen Betriebsförderraten* diejenigen der 3450 wie folgt berechnet:

Ölförderrate Zylinder niedriger bei 3450 unterhalb etwa 26 % Füllung
Ölförderrate Schieber niedriger bei 3450 unterhalb etwa 38 % Füllung
Ölförderrate kombiniert (Zylinder + Schieber) niedriger bei 3450 unterhalb etwa 34 % Füllung

Da keine weiteren Förderraten als die oben erwähnten geändert wurden, wird sich die gesamte Ersparnis der 3450 an Schmieröl gegenüber den 25NC nicht wesentlich geändert haben, was aber nie nachgemessen wurde.

Etwa zu dieser Zeit erhielt 3450 ihre neue Dampfpfeife. Ich hatte schon immer den tiefen Ton der amerikanischen Mehrklangpfeifen bewundert, und mir fielen zwei Artikel in die Hände, die geeignete Informationen enthielten, wie man eine Pfeife mit einem vorbestimmten

[1] Es gab mehr als eine Begründung dafür, warum eine größere Ölförderrate eine bessere Schmierung ergab. Eine war die Spülwirkung des Öls gegen abrasive Verschleißpartikel von den reibenden Oberflächen. Während eine übermäßige Ölversorgung einfach nur eine Verschwendung war, so gab es aber gute Gründe, nicht mit dem absoluten Minimum zu arbeiten, und Porta vermutete, dass sehr niedrige Ölförderraten, wie zum Beispiel in Deutschland üblich, möglicherweise Sparen an der falschen Stelle war.

Ton konstruiert.[1] Die wurden verwendet, um eine Pfeife mit sechs Resonanzkammern zu konstruieren, die einen ähnlichen Ton wie die Pfeife für Personenzuglokomotiven der Firma Nathan *(Anm. d. Übers.: Nathan Manufacturing Company, New York, N. Y., traditionelle Zulieferfirma, u. a. auch für Strahlpumpen, Schmierpumpen etc.)*. Mittlerweile hatte ich innerhalb der SAR gute Beziehungen, immer nützlich, wenn darum geht, Sachen zu machen, die nicht gemacht werden sollten, und zu gegebener Zeit tauchte der in Bronze gegossene und zum Einheitspfeifenventil der SAR passende Pfeifenkörper auf meinem Schreibtisch in Pretoria auf. Schnell wurde er nach Capital Park gebracht und an einer 15CA montiert. Das Resultat entsprach ziemlich genau den Erwartungen, aber manchmal schlug der Ton in eine Art fürchterliches Kreischen um, das an die Geräusche erinnerte, die sich in China hinter dem Euphemismus Peking-Oper verbergen. Es ließ sich aber durch schnelles Schließen und erneutes Betätigen der Pfeife abstellen. Bei der nächsten Gelegenheit wurde die Pfeife mit nach Beaconsfield genommen und auf 3450 montiert. Dann kam für Koekemoer die Zeit, die Lokomotive aus dem Depot heraus zu fahren und er gab das vorschriftsmäßige Pfeifensignal, zog eine Grimasse und knurrte „was ist *das* denn?" „Eine neue Pfeife, Alec, gefällt Sie Ihnen?" Die Antwort war ein Grunzen, das sich nicht allzu begeistert anhörte. Kurz nachdem die Pfeife eingebaut war, machte ich in der Gegend um Kloofeind Tonbandaufnahmen von 3450 vor arrangierten Zügen, wobei Koekemoer angewiesen worden war, an vorbestimmten Stellen mit der Pfeife zu spielen. Das fand nach Einbruch der Dunkelheit statt, wenn die Bedingungen für Tonbandaufnahmen günstiger waren, und ich blieb die ganze Sommernacht auf einem Berghang in der Nähe der Strecke wach, wo ich auch die anderen Züge aufnahm, einschließlich eines phänomenalen Schleuderausbruchs einer 25NC, der auch 3450 stolz gemacht hätte. Die Pfeife blieb an ihrem Platz, solange ich bei den SAR war, gehörte aber zu den ersten Dingen, die nach meinem Weggang zusammen mit dem modifizierten Reglerquadranten (das war wohl zu erwarten) entfernt wurden. Diese ganze Eskapade war eine riskante Angelegenheit, denn, wie mir zu der Zeit klar wurde, wäre 3450 in einen Unfall verwickelt worden, der von der Signalpfeife verschuldet war, dann wäre das eine ernste Sache gewesen.

3.7 Indizierungen und weitere Versuche in Pretoria

Die Indizierfahrten waren für Ende April 1983 geplant, und da das gesamte Personal und die Ausrüstung dafür in Pretoria waren, wurde 3450 vorübergehend zurück in das Depot Capital Park umbeheimatet, wo sie zu Anfang März eintraf. Etliche weitere Versuche, die Änderungen an der Lokomotive betreffend, mussten ebenfalls gemacht werden, und da die Stimmung in Beaconsfield etwas aufrührerisch wurde, erschein es besser, auch diese Arbeiten in Pretoria durchzuführen. Für diese letzteren Versuche musste die Lokomotive vor Güterzügen nach und von Witbank laufen, wobei die Arrangements genau die gleichen waren wie in 1981. Allerdings gab es, verglichen mit den Umständen vor zwei Jahren, einige Änderungen zum Besseren.

i) Das Verkehrsaufkommen war derartig zurückgegangen, dass nur wenige Verspätungen auftraten. Einmal schafften wir es sogar nonstop von Capital Park Rangierbahnhof bis in die Vororte von Witbank. Solchermaßen waren die Versuchsbedingungen vor Güterzügen ideal. Als wir allerdings dort so entlangfuhren, gelegentlich anscheinend der einzige Zug auf den Schienen, wunderte man sich schon über all die Investitionen in die Elektrifizierung einer Strecke, die jetzt eindeutig unterbelegt war. Die klare Schlussfolgerung war, dass die Anlageinvestitionen stets so gering wie möglich gehalten werden sollten, da die Aufrechterhaltung eines Niveaus des Verkehrsaufkommens, das hohe Investitionen rechtfertigt, nicht garantiert werden konnte. Eine Eisenbahn, deren Anlagevermögen nur das notwendige Minimum beträgt, ist in gewissem Sinne flexibler. Die Betriebskosten einer nicht elektrifizierten Strecke mögen bei hohem Verkehrsaufkommen höher sein, wären aber bei abnehmendem Verkehr niedrig, oder anders ausgedrückt, die Gesamtkosten der Verkehrsdienstleistung würden mit der Verkehrsdichte mehr korrespondieren, als das bei einer elektrifizierten Strecke der Fall wäre. Bei Letzterer gibt es keine Möglichkeit, die hohen festen Kosten bei einem Verkehrsrückgang zu verkleinern. Das schien die Unternehmensführung der SAR nicht weiter zu berühren, die unbekümmert die Elektrifizierungsprogramme mit Nachdruck vorantrieb, bis die Eisenbahn möglicherweise ein erheblich überzogenes Anlagevermögen hatte, besonders, als die lukrativen Güterverkehrsarten wegen der ständigen Konkurrenz durch den Straßenverkehr abnahmen. Dieser Trend war in den achtziger Jahren deutlich erkennbar.
ii) Victor, der Werkstattmeister in Capital Park, stellte einen ausgezeichneten Vollzeitschlosser für 3450 ab. Sein Name war T. van Rensburg, der eifrig und hilfsbereit war. Durch ihn wurden die Arbeiten prompt und ordentlich erledigt.
iii) Die Beheimatungen von Dampflokomotiven in Capital Park waren zusammengeschrumpft und das Depot hatte nunmehr Überkapazitäten, was die Erledigung von Arbeiten durch die Kesselschmiede oder in der Dreh- und Fräserei schneller als zuvor machte.

Dieses Mal war 3450 für etwas über drei Monate in Capital Park, und wegen der oben beschriebenen Faktoren war der Arbeitsfortschritt besser, als zu jeder anderen Phase seit der Rekonstruktion. Der vorherige Lokomotivführer Vos und Heizer van Rensburg waren noch da und waren die automatische Wahl bei der Besetzung der Lokomotive. Die wesentlichen Versuche neben den Indizierungen waren wie folgt.

1. Messung der Heißdampf- und Rauchgastemperaturen mit den langen Überhitzerelementen. Die mit dem Serienüberhitzer mit 50 kurzen Elementen erreichten Heißdampftemperaturen entsprachen nicht den Erwartungen, und die Rauchgastemperatur in der Rauchkammer war zu hoch. Der Überhitzer hatte eindeutig eine zu geringe Wärmeaufnahme, obwohl die Elemente der Serienbauart verwendet worden waren, aus Sorge ansonsten zu viel Rauchgas und damit Wärme durch die Heizrohre zu zwingen. Spätere Analysen ergaben aber, dass, obwohl mit längeren Elementschleifen weniger Rauchgas durch die Rauchrohre geströmt wäre[2], doch zum Ausgleich eine größere Wärmemenge an den Überhitzerelementen übertragen worden und die Heißdampftemperatur angestiegen wäre. Im Werk Koedoespoort wurde deshalb ein kompletter Satz Überhitzerelemente bestellt, die sich ab dem ersten Umkehrende über 80 % des Abstands bis zur Feuerbüchsrohrwand erstreckten, statt 45 % bei den Serienelementen. Mit diesen neuen Elementen stieg die Heißdampftemperatur fast bis auf den Konstruktionswert von 450 °C an und die Rauchgastemperatur in der Rauchkammer nahm ab.
2. Messung der Temperatur des Luft- / Dampfgemisches (Sättigungstemperatur) im Aschkasten. Mit diesem Parameter wurde die Menge an Kühldampf gegen Schlackebildung bis zum angenommenen Optimalwert eingestellt. Die Ergebnisse dieser Versuche und der Überhitzerversuche werden in Kapitel 3.8 ausführlich besprochen.
3. Messung der Speisewassertemperatur nach Einbau von Turbulatoren in die Wärmetauscherrohre. Der Ausbau der inneren Leitbleche in dem Vorwärmer in Beaconsfield hatte zu einem Ansteigen der mittleren Speisewassertemperatur von etwa 74 °C auf 82 °C geführt. Das war immer noch ein ganzes Stück unter dem Sollwert, und die letzte Option war der Einbau von Turbulatoren, um den Konvektionswärmeübergang an das Wasser zu verbessern, von deren Notwendigkeit Porta die ganze Zeit gesprochen hatte. Die Turbulatoren nahmen die Form von verdrillten Kupferstreifen mit einer Nennsteigung von 150 Millimeter an. Nach ihrem Einbau stieg die mittlere Speisewassertemperatur im Beharrungszustand (gleichbleibender Kesselwasserstand) auf 102 °C an. Das war nah an dem

---

[1] Decker, M., Prototype Whistle Dimensions, Live Steam Magazine, November 1975, und Ellsworth, D. H., Whistle Engineering, Live Steam Magazine, April 1976.

[2] Diese Tendenz nahm mit einer Zunahme des Zahlenverhältnisses Rauchrohre : Heizrohre ab. Sie war bei der Klasse 26 geringer als bei der Klasse 25NC, weil der freie Gasquerschnitt der Rauchrohre bei Ersterer 63 % gegenüber 49 % bei Letzterer betrug. Die Tendenz wurde zu null, falls sämtliche Kesselrohre mit Überhitzerelementen belegt waren, wie das bei einigen amerikanischen Lokomotiven mit Überhitzer Typ E der Fall war. Deshalb war der Freiheitsgrad bei der Konstruktion des Überhitzers auf höchste Konvektionswärmeübertragung umso größer, je größer das Verhältnis der Gasquerschnitte war, weil der Strömungswiderstand unweigerlich vergrößert wurde.

Konstruktionswert von 103 °C, und an dem Speisewasservorwärmsystem wurden keine weiteren Änderungen ausgeführt. Zur Erzielung einer höheren Speisewassertemperatur, die bei einer Fortsetzung der Arbeiten das Ziel hätte sein sollen und die auch möglich war, wäre eine größere Heizfläche nötig gewesen (es wurde erkannt, dass der Vorwärmer für die Verdampfungsleistung des Kessels recht klein war, aber Platzbeschränkungen verhinderten jegliche wesentliche Vergrößerung ohne größere Änderungen des Aufbaus der Rauchkammer. Kleinere Rohre hätten neben einer Vergrößerung der Heizfläche des Rohrbündels im gleichen Vorwärmermantel auch eine größere Verzögerung der Wasserströmung in den Rohren durch Kesselsteinablagerungen gebracht). Die 102 °C Speisewassertemperatur trafen zu, wenn die Vorwärmerrohre vollständig sauber waren. Bei durchschnittlicher Verschmutzung mit Kesselstein auf der Wasserseite und öligen Ablagerungen auf der Dampfseite reduzierte sich das auf 95 °C. Bei dieser Speisewassertemperatur und einer Temperatur des Tenderwassers von 20 °C errechnete sich die auf den Vorwärmer entfallende Kohleersparnis zu 8 bis 10 % über den normalen Arbeitsbereich der Lokomotive, das heißt bei einem Dampfmassenstrom zu den Zylindern von 10 000 bis 25 000 kg h^{-1}. Dabei wurde unterstellt, dass alles Kesselspeisewasser durch den Vorwärmer gefördert wurde, aber das war in der Praxis nicht der Fall, so dass die Gesamtkohleersparnis kleiner gewesen sein muss, was allerdings nie quantifiziert wurde. Auf der anderen Seite wäre die Kohleersparnis bei einem Dampfmassenstrom zu den Zylindern von ungefähr 34 000 kg h^{-1}, ohne dass in der Praxis bei Nutzung der Strahlpumpe diese scheinbare Rostgrenze jemals erreicht wurde, durch den Vorwärmer auf näherungsweise 18 % angestiegen. Die Anwendung des Speisewasservorwärmersystems statt der Strahlpumpe erhöhte innerhalb des oben definierten normalen Arbeitsbereichs der Lokomotive den Wärmestrom zu den Zylindern bei jeder gegebenen Rostflächenbelastung um etwa 6 %. Die Wasserersparnis durch den Vorwärmer betrug nach Entfernen der inneren Leitbleche etwa 8 %. Bei all diesen Zahlen ist dem Dampfverbrauch der Kesselspeisepumpe Rechnung getragen worden, der nicht so niedrig war, wie man es sich gewünscht hätte.

4. Messung des Massenstroms an Schieberbuchsenkühldampf und sein Temperaturanstieg mit den langen Überhitzerelementen eingebaut. Aus diesen Daten war es möglich, die nachstehenden Dinge abzuleiten.
   i) Der Massenstrom an Schieberbuchsenkühldampf betrug ungefähr 3,4 % des gesamten Dampfmassenstroms zu den Zylindern, das heißt etwa 96,6 % des Zylinderdampfs ging durch den Überhitzer. Im Vergleich dazu waren die Konstruktionswerte 4 % beziehungsweise 96 % und sie bleiben über die Bandbreite der untersuchten Verdampfungsleistungen, breiter als bei dem normalen Arbeitsbereich der Lokomotive, konstant.
   ii) Die Oberflächentemperaturen der Schieberbuchsen wurden vorläufig, wie in der Tabelle 50 angegeben, berechnet. Die Ergebnisse waren zufriedenstellend und lagen nah bei den Konstruktionswerten von 325 °C bei 450 °C Heißdampftemperatur. Da sowohl die Messungen als auch die Berechnungen Gegenstand einiger Unsicherheiten waren, bestand diese Relation vielleicht mehr auf dem Papier als in der Wirklichkeit. Dennoch waren der geringe Verschleiß der Schieberringe und der Buchsen, trotz der widrigen Einflüsse, ein Hinweis darauf, dass die Kühlung erfolgreich war.[1]

Tabelle 50

SAR-Klasse 26 Nr. 3450: Berechnete Temperaturen an den gleitenden Oberflächen der Schieberbuchsen

Dampfmassenstrom zu den Zylindern, kg h^{-1}	Bei Kesselspeisung mit Vorwärmer		Bei Kesselspeisung mit Strahlpumpe	
	Heißdampftemperatur, °C	Temperatur an den gleitenden Oberflächen der Schieberbuchsen, °C	Heißdampftemperatur, °C	Temperatur an den gleitenden Oberflächen der Schieberbuchsen, °C
5 000	327	281	345	299
10 000	368	306	383	314
15 000	384	306	404	319
20 000	401	307	427	320
25 000	418	309	449	321
30 000	435	308	-	-

Die vorgenannten Versuche wurden im Rahmen der Indizierfahrten vor Güterzügen unternommen. Die ersten Fahrten fanden am 10. und 11. März 1983 statt, die Erstere also auf den Tag genau zwei Jahre nach der allerersten Fahrt auf 3450 zwischen Pretoria und Witbank. Es lag ein Gefühl des Déjà-vu über den Vorgängen. Beide Fahrten erfolgten in beiden Richtungen mit Überlast, so dass die mathematischen Fähigkeiten des Personals des Rangierbahnhofs sich anscheinend nicht zum Besseren gewendet hatten. Bei der ersten Hinfahrt war die Zuglast 818 Tonnen / 60 Achsen gleich 826 Tonnen / 56 Achsen beziehungsweise 18 % Überlast. Alles lief gut bis zu einem Signalhalt in Wakefield in 20 ‰ Steigung. Die Herdner-Anfahrventile waren wieder eingebaut worden, und der Zug wurde mit überraschend wenigen Problemen wieder in Gang gebracht, aber das Schicksal wollte uns nicht so einfach davon kommen lassen. Nach nur kurzer Fahrtstrecke geriet die Lokomotive auf trockenen Schienen ins Schleudern und kam zum Stillstand. Wir hatten keinen Sand, und es stellte sich heraus, dass Vos die Schließstellung des Sandschiebers mit der Offenstellung verwechselt hatte, so dass sich die Sandkästen vermutlich seit der Abfahrt von Capital Park entleert hatten. Danach kamen wir nicht wieder in Gang. Bei jedem weiteren Anfahrversuch geriet die Lokomotive ins Schleudern, trotz der Schottersteine, die statt Sand auf die Schienen gelegt wurden. So verbrachten wir die nächsten neunzig Minuten, bevor wir aufgaben und bei dem Fahrdienstleiter um Erlaubnis nachsuchten, bis zum Bahnhof Wakefield zurückzusetzten. Nachdem der Personenzug vorbeigelassen war und den Blockabschnitt verlassen hatte, bekamen wir wieder grünes Signallicht und diesmal, immer noch ohne Sand, nahmen wir die Steigung im ersten Anlauf. So spielt das Leben.

Van Rensburg hatte bei diesen ersten Fahrten Schwierigkeiten mit der Einstellung der Verteilerdüsen und Kohleleitbleche des Stokers, was zu einer Fehlverteilung der Kohle, Problemen mit dem Feuerbett und zu einer trägen Verdampfungswilligkeit führte. Das wurde in der Folge abgestellt, so dass bei der zweiten Rückfahrt von Witbank mit einer gleichmäßigen Feuerbetthöhe eine gute Verdampfungsleistung erzielt wurde, aber erstmals stellte ich in meinen Notizen über 3450 fest, dass „die Leistung von Dampflokomotiven wohl immer unregelmäßig bleiben wird, es sei denn, diese Feuerbettprobleme können ausgeschlossen werden“. Zu dieser Zeit beschäftigte ich mich bereits mit der Möglichkeit der Kohlenstaubfeuerung, wovon später mehr berichtet werden wird.

Bei einer allgemeinen Untersuchung der Lokomotive am 10. März wurden (neben anderen) die folgenden Mängel festgestellt:

---

[1] Die Oberflächentemperaturen der Schieberbuchsen wurden mit der Kenntnis des Wärmestroms an den Kühldampf und aus den Messungen des Dampfmassenstroms und der Temperaturen nach der Theorie der Wärmeübertragung errechnet. *Sie müssen als außerordentlich unsicher angesehen werden, da belastbare Ablesungen der Kühldampfaustrittstemperatur während der Versuche nur schwer zu erhalten waren.* Zu der Zeit dieser Messungen könnten die Kühldampfkanäle auch wegen des Aufschäumens und der Dampfnässe während der vorangegangenen Betriebsjahre mit Kesselstein belegt gewesen sein, was den Wärmeübergang beeinflusst hätte.

i) beide Kolbenstangenstopfbuchsen undicht.
ii) rechter Dampfkolben auf der Kolbenstange gelockert (das fünfte Mal seit der Rekonstruktion ein gelockerter Kolben, dreimal linke Seite, zweimal rechts).
iii) Verbindung der Ölleitung zum rechten Zylinder an der Ölsperre undicht.
iv) beide Kesselspeisepumpen haben schlechte Leistung.
v) Verbindung rechter Ausströmkrümmer zum Rahmen undicht.
vi) Reglerstopfbuchse undicht.
vii) Kolbenstangenstopfbuchse des Dampfzylinders der Servoumsteuerung undicht und Umsteuerung schwergängig bei der Bedienung.
viii) Wasserventil der Strahlpumpe undicht.
ix) fehlende Betätigungsstange für rechtes Abschlammventil.
x) Tenderwasserkasten gerissen und undicht.

Keiner dieser Defekte machte den Einsatz der Lokomotive unmöglich, aber sie machte ihr *ordnungsgemäßes* Arbeiten unmöglich, und die meisten durften einfach nur 16 000 Kilometer nach einer Überholung nicht auftreten. Der gelockerte Dampfkolben wurde an seinem typischen Klopfen erkannt, das ständig schlimmer wurde und repariert werden musste. Es stellte sich heraus, dass der Kolben etwa 3 Millimeter axiales Spiel auf dem Kolbenstangenkonus hatte und dass die Unterlegscheibe zwischen Kolbenkörper und dem Ansatz auf der Kolbenstange 12,7 Millimeter statt der festgelegten 11,1 Millimeter stark war. Falls die Kolbenstange zeichnungsgerecht für einen Spannweg von 3,2 Millimeter auf dem Stangenkonus bearbeitet worden war, dann betrug der tatsächliche Spannweg wegen der dickeren Unterlegscheibe nur noch 1,6 Millimeter, das heißt also nur die Hälfte des korrekten Werts, was den Presssitz des Kolbenkörpers auf der Kolbenstange erheblich verringerte. Das war dem Lockern des Kolbenkörpers auf der Kolbenstange sicher förderlich und war wohl kein Zufall. In den Depots bestand die Methode, einen Kolben auf die Kolbenstange zu montieren, darin, die Stange auf Holzblöcke zu legen und mit Ketten zu befestigen, um dann den angewärmten Kolbenkörper mit der Kolbenstangenmutter und mittels Ringschraubenschlüssel und einem dicken Hammer gegen den Konus anzuziehen. Diese in ihrer Primitivität kaum zu überbietende Technik war sehr harte Arbeit, und es wäre nicht überraschend, falls sich die Schlosser ihre Arbeit mit einer dickeren Unterlegscheibe zur Verkleinerung des Spannwegs etwas einfacher gemacht hätten. Ob das bei dem fraglichen Zusammenbau geschah, oder ob es schlicht und einfach ein Fehler gewesen war, ist nicht bekannt. In jedem Fall war das Ergebnis noch ein weiterer lockerer Kolben und ein neuer Kolben mit Kolbenstange musste von Beaconsfield angeliefert werden, da keines der Originalteile wiederverwendet werden konnte.[1] Es gibt einen technischen Merksatz, der in etwa wie folgt lautet: „ein einmaliges Versagen kann jede denkbare Ursache haben, ein zweimalige Versagen ist ein böses Omen, bei dreimaligem Versagen ist mit großer Wahrscheinlichkeit etwas mit den beteiligten Bauteilen nicht in Ordnung“. In dem Fall der Verbindung Kolben – Kolbenstange war vielleicht einfach die Konstruktion nicht angemessen, um den bei 3450 an den Kolben auftretenden großen Druckunterschieden standzuhalten, aber weitere Faktoren, wie das häufige Wasserüberreißen und die zweifelhafte Werkstattarbeit, machten es mit den vorhandenen Daten unmöglich, festzustellen, ob das wirklich der Fall war.

Die Indizierfahrten wurden zwischen dem 28. April und dem 10. Mai vor Sonderzügen aus leeren Personenwagen von 590 bis 630 Tonnen Zugmasse durchgeführt. Sie waren ein schönes Beispiel guter Zusammenarbeit zwischen meinem Team, Capital Park, der Versuchsabteilung, der Fahrdienstleitung und den Universitäten von Pretoria und Witwatersrand, welche die mechanische Indiziereinrichtung zur Verfügung stellten. Die Messfahrten ergaben zahlreiche wertvolle Daten sowohl zu den Zusammenhängen zwischen Kesselleistung, Geschwindigkeit, Zylinderfüllung und der indizierten Zugkraft, der Leistung und dem thermischen Wirkungsgrad als auch in Bezug auf das Betriebsverhalten von Baugruppen, die die Dampfausnutzung beeinflussten, wie zum Beispiel Kolbenschieber und Kordina-Einrichtung, dem Betriebsverhalten der Anfahrventile und der optimalen Leerlaufmethode. Da zur elektronischen Indizierung nur für einen Zylinder genügend Ausrüstung vorhanden war, wurde der andere Zylinder (der linke) unter Verwendung eines Kolbenindikators für Dieselmotoren der Bauart Dobbie-McInnes *(Anm. d. Übers.: Dobbie McInnes Ltd, Glasgow, Schottland. Hersteller der McInnes-, McInnes-Dobbie- und Dobbie McInnes-Indikatoren von 1903 bis 1921, und dann noch einmal von 1937 bis in die späten fünfziger Jahre des 20. Jahrhunderts)* indiziert. Schon im Januar 1981 war der Antriebsmechanismus für den Indikator konstruiert und hergestellt worden und war dann für einige Zeit vor Beginn der Messfahrten eingelagert worden. Zur Übertragung der Bewegung von dem Mechanismus auf den Indikator wurde Pfeifenzugschnur verwendet. Der Indikator wurde in einem Schutzgehäuse vor den Zylindern eingebaut, wobei der Bediener vorn auf der Pufferbohle saß (siehe Tafel 56).

Le Sueur hatte mit der Versuchsabteilung in Bezug auf die beste Methode der elektronischen Indizierung Kontakt aufgenommen. Die Druckmessung ließ sich mittels zweier Druckmessumformer, je einer an beiden Enden des rechten Zylinders, recht einfach darstellen. Diese Druckmessumformer mussten gekühlt werden und erhielten zu diesem Zweck einen ständigen Wasserzulauf vom Tender, sobald die Lokomotive in Bewegung war. Das Signal für den Kolbenweg war ein schwierigeres Problem. Le Sueur arbeitete einen geistreichen Antrieb aus, bei dem ein Drehpotentiometer von einer Rollenkette mit Ritzeln hin- und hergedreht wurde, die auf der Gleitbahn aufgebaut waren, wobei die Kette von einem Hebelarm vom Kreuzkopf aus bewegt wurde (siehe Tafel 57). Mit besonderer Sorgfalt wurde darauf geachtet, dass dieser Antrieb spielfrei arbeitete. Die Signale für Druck und Kolbenweg wurde an ein Oszilloskop in dem direkt hinter dem Tender gekuppelten Messwagen geleitet und erzeugten kontinuierliche Druck-Volumen-Diagramme von beiden Kolbenseiten gleichzeitig auf dem Bildschirm des Oszilloskops, wobei die x-Achse, normalerweise die Zeitachse, den Kolbenweg darstellte. Die elektrische Stromversorgung übernahm ein kleiner Benzingenerator in dem Messwagen. Die Diagramme wurden mit einer an einem Scharniergestell an dem Oszilloskop befestigten Polaroid-Kamera aufgenommen, wobei es möglich war, ausgewählte Bereiche eines Diagramms zur genaueren Untersuchung zu vergrößern. Wir wussten nicht, ob diese Art der Indizierung jemals zuvor bei einer Dampflokomotive durchgeführt worden war. Deshalb hatten wir keine Kenntnis von zuvor ausgeführten Arbeiten auf diesem Gebiet, an denen wir uns bei der Instrumentierung und der Vorgehensweise hätten orientieren können. Unsere Methode funktionierte, und für einen ersten Versuch waren die Ergebnisse gut, aber im Verlauf der Versuche lernten wir, wo Verfeinerungen nötig waren, die leider mit den verfügbaren Mitteln nicht realisiert werden konnten. Ein spezielles Manko bestand darin, dass mit nur einem Oszilloskop mit zwei Kanälen für Drucksignale nur der Zylinderdruck angezeigt werden konnte, während die Linien des Atmosphären- und des Schieberkastendrucks von simultan aufgenommenen mechanischen Indikatordiagrammen hergeleitet werden mussten. Idealerweise hätte ein sechskanaliges Oszilloskop je Zylinder verwendet werden sollen, das Kessel-, Schieberkasten-, Zylinder-, Blasrohrdüsen- und Atmosphärendrucklinien in einem Diagramm dargestellt hätte. Eine weitere Möglichkeit hätte darin bestanden, Diagramme auf der Basis des Kurbelwinkels zu erzeugen, unter Anwendung eines von einer Gegenkurbel statt vom Kreuzkopf angetriebenen Messwertgebers.

---

[1] Es bestand natürlich auch die Möglichkeit, dass eine dickere Unterlegscheibe zur Erzielung des korrekten Spannwegs angefertigt werden musste, weil der Innenkonus im Kolben oder der Konus auf der Stange oder beide nicht die nominellen Maße hatten.

Die für jedes Diagramm gemachten Ablesungen umfassten den Abdampfdruck in den Ausströmkästen (mittels eines an Ort und Stelle mit einem Quecksilbermanometer kalibrierten Druckmessers), die Geschwindigkeit (mittels des Geschwindigkeitsmessers der Lokomotive, der bei der letzten Versuchsreihe nach dem Geschwindigkeitsmesser des Messwagens kalibriert worden war), den Kessel- und Schieberkastendruck (mittels der Manometer der Lokomotive) und die Zylinderfüllung. Da die Füllungsanzeigeskala im Führerhaus ungenau war, wurde an dem Gabelstück der Umsteuermaschine ein 10-Millimeter-Stahlstab fest angebracht und nach hinten bis vor das Führerhaus verlängert. Ein daran angeschweißter Zeiger lief über eine Füllungsanzeigeskala, die nach der ursprünglichen Steuerungsanalyse erarbeitet wurde und nur für Vorwärtsfüllungen auf einer Messingplatte markiert wurde. Der Zeiger wurde erstmals eingestellt und regelmäßig mit der Steuerung genau in Mittelstellung bei unter Dampf stehender Maschine überprüft. Da seine Bewegung gleichsinnig mit der Kolbenbewegung der Umsteuermaschine verlief, wurden damit sämtliche Füllungen akkurat wiedergegeben. Die Kommunikation unter den verschiedenen Versuchspersonalen erfolgte mit Funkgeräten, aber es stellte sich heraus, dass es in dem Schutzgehäuse für den Indikator zu laut war, um das Funkgerät ohne Kopfhörer zu verstehen. Die mechanischen Indikatordiagramme wurden deshalb mittels Handsignalen vom Führerstand aufgenommen. Es sei erwähnt, dass seine Position das Indikatorschutzgehäuse im Fall einer Frontalkollision oder eines abgesprengten Zylinderdeckels zu einem gefährlichen Aufenthaltsort machte, und die Aufnahme der mechanischen Indikatordiagramme (meistens von Waller gemacht) war bei niemandem eine beliebte Tätigkeit.

Insgesamt wurden fünf Messfahrten jeweils von Pretoria nach Witbank und zurück unternommen. Die erste diente der Überprüfung der Instrumente und bei der letzten Fahrt wurde der Messwagen zwischen den Wagen des Versuchszugs und der Lokomotive gekuppelt, um die Hakenzugkraft und Zughakenleistung aufzuzeichnen. Damit konnte das Verhältnis zwischen der indizierten und der auf die Ebene bezogenen Hakenzugkraft bestimmt werden. Bei dieser Fahrt wurde der Wassertankwagen nicht mitgeführt (siehe Tafel 58). Bei der ersten Fahrt gab es einige Schwierigkeiten, wie zum Beispiel das Verlieren der Kette des Drehpotentiometerantriebs, und nach der Rückkehr nach Capital Park musste sofort daran gearbeitet werden, für die am 4. Mai vorgesehene erste eigentliche Messfahrt alles funktionsfähig herzurichten. Darüber hinaus hatte die Lokomotive Probleme mit der Schmierung bekommen. Die rechte Kolbenstange war blau angelaufen und der Kolben brummte bei der Ankunft in Pretoria. Das Schmiersystem wurde gründlich untersucht. Als Defekt wurde die durch Schmutzeintritt festsitzende Hochdruckölsperre in der Ölleitung zum rechten Schieberkasten identifiziert, so dass als Folge davon der rechte Schieber zumindest auf einem Teil der Fahrt an Ölmangel gelitten hatte. Die Tatsache, dass es der Kolben und die rechte Kolbenstange waren, die Warnsignale einer schlechten Schmierung abgaben, zeigte, wie wichtig die Schieberschmierung für die gesamte Dampfzylinderschmierung war, aber abgesehen von zusätzlichem Verschleiß schien nichts beschädigt worden zu sein.

Die langen Überhitzerelemente wurden erst nach den Indizierfahrten eingebaut, und die niedrigeren Dampftemperaturen mit den kurzen Elementen werden einen Einfluss auf Leistung und Wirkungsgrad gehabt haben. Ebenso entsprachen bei den Indizierfahrten die folgenden die Zylinderleistung beeinflussenden Bauteile der Serienausführung der 25NC, statt der modifizierten Konstruktion:

i) Kolben (ergaben größere schädliche Räume).
ii) Kolbenringe (ergaben größere innere Dampfleckagen).
iii) Packungen der Kolbenstangestopfbuchsen (ergaben größere äußere Dampfleckagen; beide Packungen waren leicht undicht).

Die Ergebnisse der Indizierfahrten sind in den Abb. 72 bis 99 wie folgt dargestellt.[1]

Abb. 72. Vergleich von gleichzeitig auf elektronischem und mechanischem Wege aufgenommenen Indikatordiagrammen. Angesichts der Tatsache, dass es für alle beteiligten Personen der erste Versuch war, eine Lokomotive zu indizieren und dass es eine Menge Einflussfaktoren auf die Genauigkeit der Diagramme gab, wurde die Korrelation als recht gut angesehen. Die mechanisch gewonnenen Diagramme tendierten dazu, etwas höhere Zylinderleistungen, als die entsprechenden elektronisch gewonnen Diagramme zu ergeben, wobei ein Faktor die Verdrehung in der Steuerwelle war, die im linken Zylinder größere Füllungen als im rechten ergab. In der anschließenden Analyse wurden die indizierte Zugkraft und die Zylinderleistung immer konservativ als zweimal der Wert der elektronischen Indizierung angenommen.

Abbn. 73 bis 76. Auswahl elektronischer Indikatordiagramme, geordnet nach vergleichbaren Geschwindigkeiten und veränderlichen Füllungen / Kesselleistungen, abgesehen von den drei Diagrammen bei größter Vorwärtsfüllung.

Abb. 77. Auswahl mechanischer Indikatordiagramme. Ganz allgemein ergab der mechanische Indikator nur bei niedrigeren Geschwindigkeiten gute Diagramme.

Die wichtigsten Schlussfolgerungen aus den Diagrammen in den Abbn. 73 bis 77 waren wie folgt.[2]

i) Die Diagramme bei kleinen Füllungen, besonders die bei sehr kleinen Füllungen und hohen Geschwindigkeiten, wurden allgemein als gut bewertet und bestätigten die beobachtete Tatsache, dass 3450 für die gleiche Leistung eine geringere Füllung benötigte als eine 25NC. Die Diagramme bei großen Füllungen und mittleren bis hohen Geschwindigkeiten zeigten die Steuerungscharakteristiken, wo weitere Verbesserungen nötig waren.
ii) Der größte Mangel bestand darin, dass Kompression und Voreinströmung nicht ausreichten, um zu Beginn des Kolbenhubs den vollen Druck zu erreichen. Die Ursachen waren:
    - Unzureichende Kompression, besonders bei großen Füllungen. Eine Vergrößerung der Ausströmüberdeckung der Schieber war nötig.
    - Schädliche Räume zu groß. Verkleinerung durch Einbau der geänderten Kolbenkonstruktion mit vorderer Tragstange.
    - Unzureichende Voreilung. Die Diagramme zeigten mit zunehmender Füllung bei konstanter Geschwindigkeit Unregelmäßigkeiten der Kompressions- und Voreinströmungskurven, was die auf Seite 140 bis 141 geäußerte Ansicht bestätigte, dass bei Fahrt mit größeren Füllungen mehr Voreilung nötig war. Bei dem schlechten Anzugsvermögen der 3450 ist es allerdings zweifelhaft, ob mehr Voreilung bei größter Füllung hätte zugestanden werden können.

---

[1] Soweit nichts anderes angegeben ist, entsprachen sämtliche Daten in diesem Teil des Buchs den Versuchsmessungen. Unsere Fertigkeiten bei der Versuchsdurchführung erreichten offenkundig nicht das in Europa und Nordamerika zur Dampfzeit erreichte Niveau, und ich kann für die Genauigkeit der Ergebnisse nicht garantieren. Sie waren mit den verfügbaren Mitteln einfach das Beste, was wir erreichen konnten, aber selbst, falls sie einer mikroskopischen Untersuchung nicht standhalten, so spiegeln sie vielleicht doch die Leistungsfähigkeit der 3450 wider.

[2] Die Diagramme zeigten einige Eigenschaften, wie zum Beispiel unterschiedliche Arbeitsabgaben der beiden Kolbenseiten, die der von der Klasse 25NC geerbten Steuerungscharakteristik oder der Schiebereinstellung zuzuschreiben waren und damit in ihrer Bedeutung als sekundär angesehen wurden.

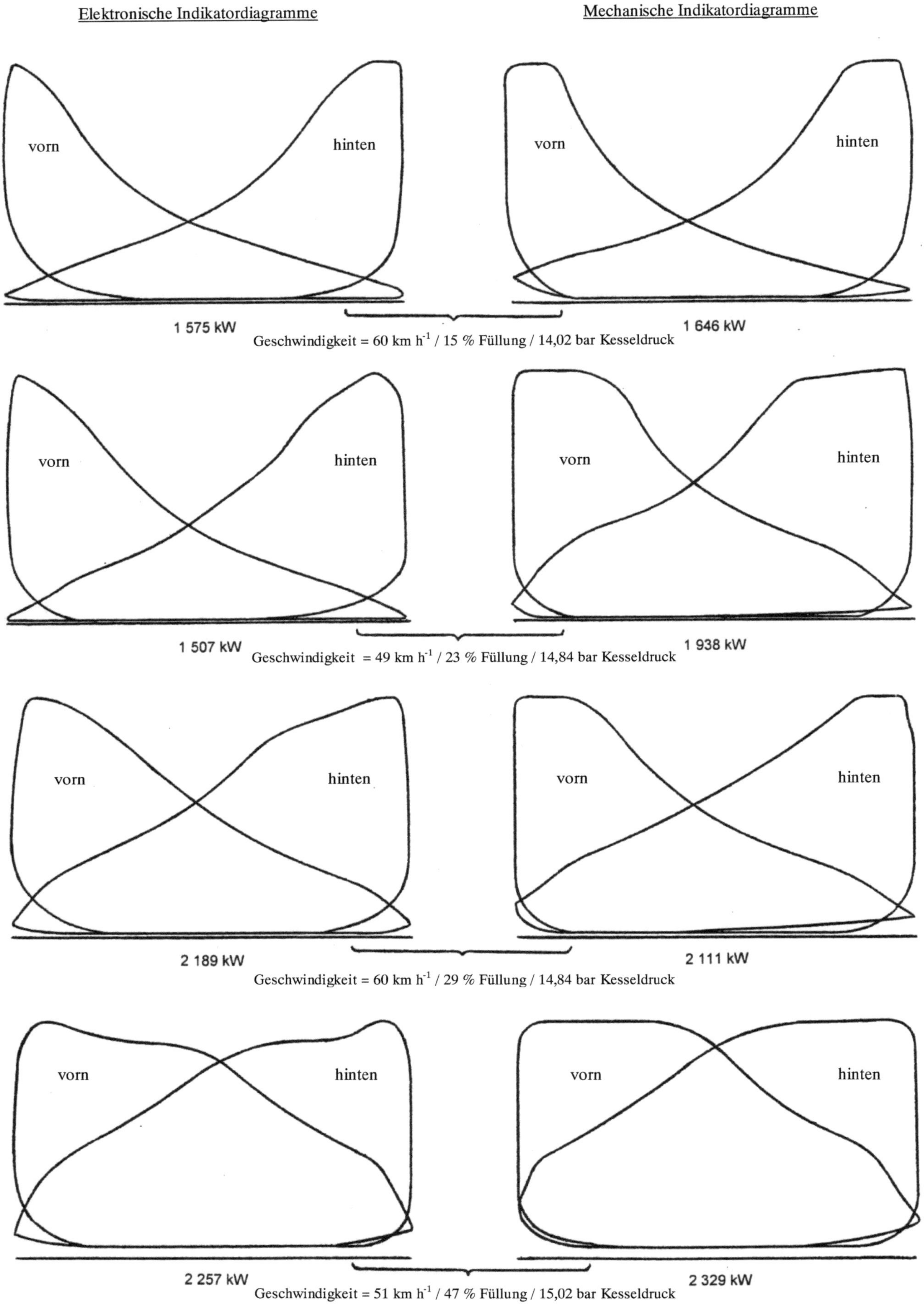

Abb. 72 (I)
SAR: 2D2-Klasse 26 Nr. 3450:
Gegenüberstellung der gleichzeitig elektronisch und mechanisch aufgenommenen Indikatordiagramme

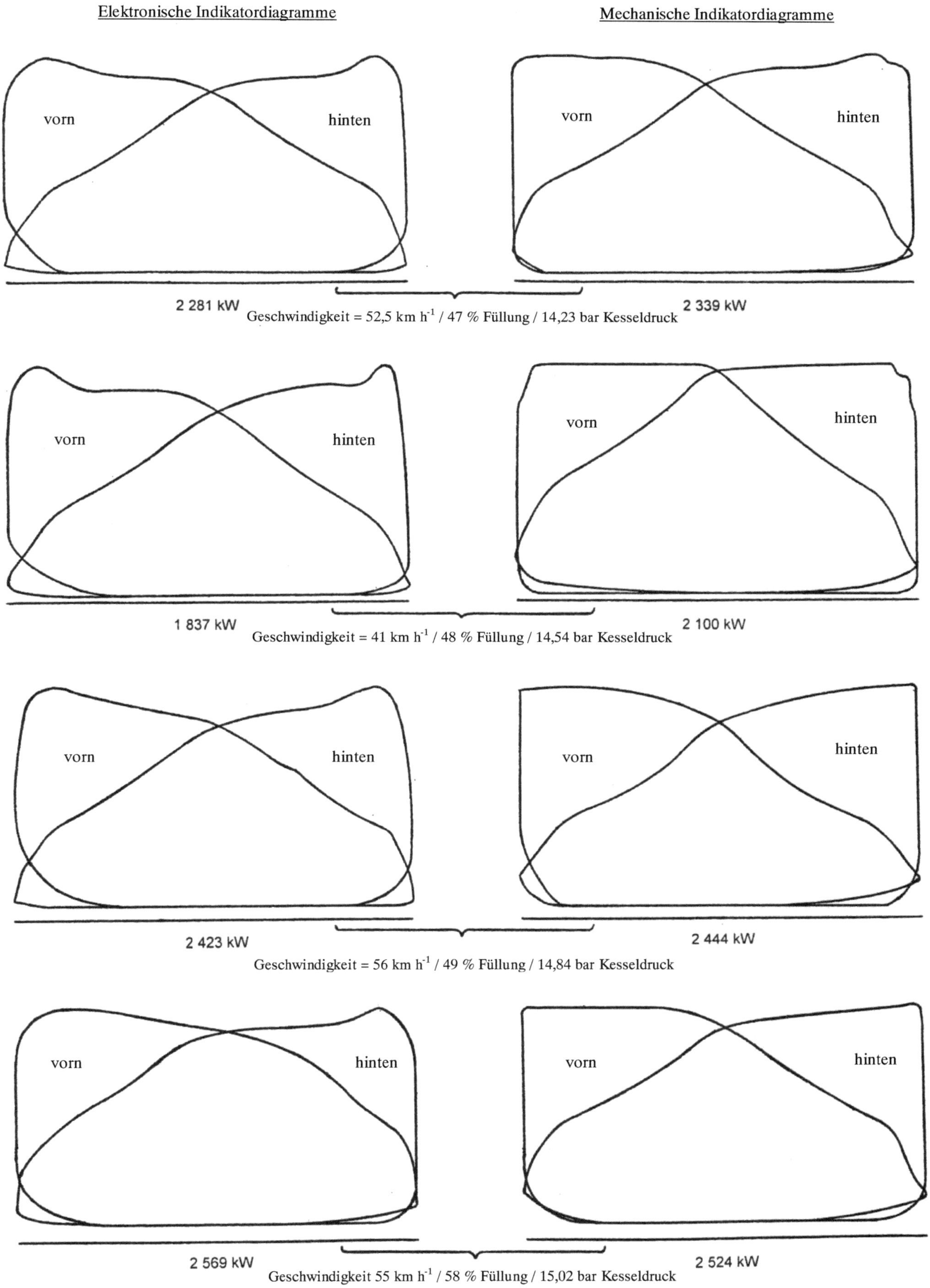

Abb. 72 (II)
SAR: 2D2-Klasse 26 Nr. 3450:
Gegenüberstellung der gleichzeitig elektronisch und mechanisch aufgenommenen Indikatordiagramme

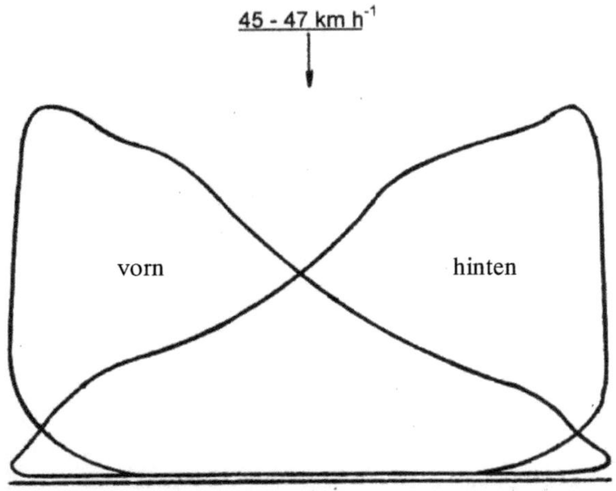

Geschwindigkeit = 45 km h^{-1} 30 % Füllung 14,93 bar Kesseldruck
Zylinderdampfmassenstrom = 15 000 kg h^{-1} 1 682 kW indizierte Leistung

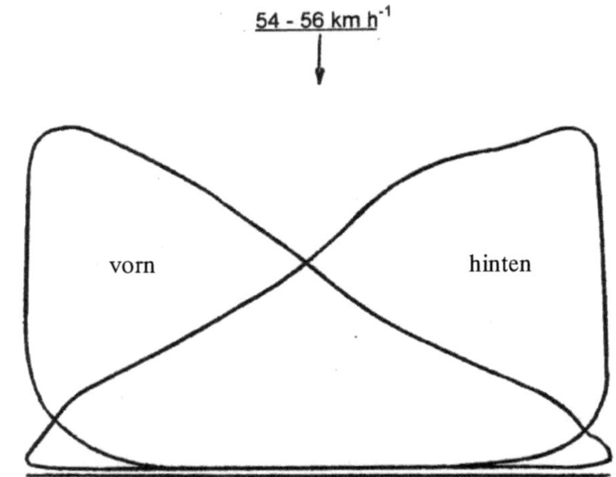

Geschwindigkeit = 54 km h^{-1} 32 ½ % Füllung 14,34 bar Kesseldruck
Zylinderdampfmassenstrom = 17 500 kg h^{-1} 1 969 kW indizierte Leistung

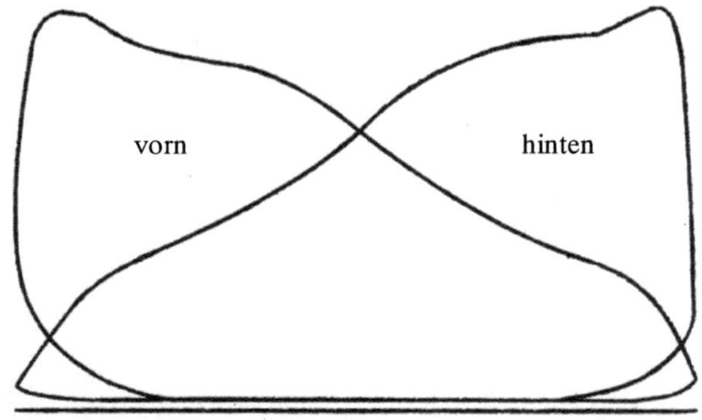

Geschwindigkeit = 47 km h^{-1} 39 % Füllung 14,34 bar Kesseldruck
Zylinderdampfmassenstrom = 20 000 kg h^{-1} 1 891 kW indizierte Leistung

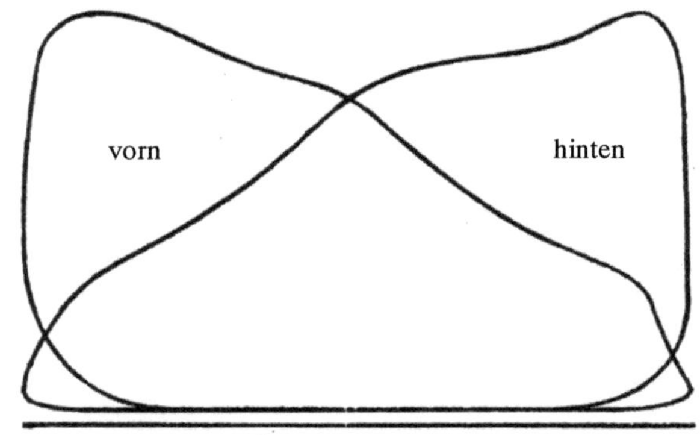

Geschwindigkeit = 54 km h^{-1} 41 % Füllung 15,22 bar Kesseldruck
Zylinderdampfmassenstrom = 22 500 kg h^{-1} 2 362 kW indizierte Leistung

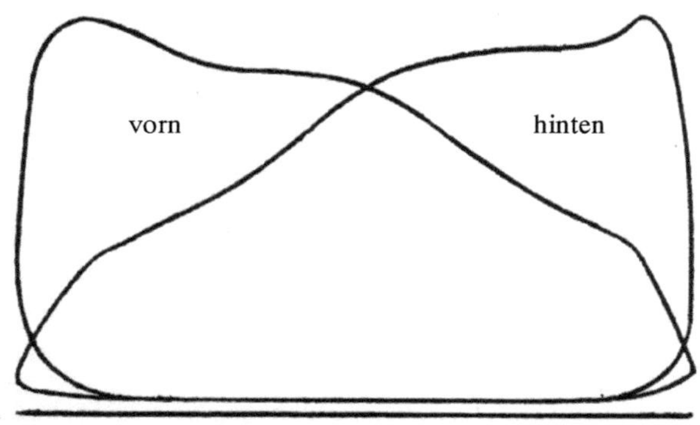

Geschwindigkeit = 47 km h^{-1} 46 % Füllung 14,83 bar Kesseldruck
Zylinderdampfmassenstrom = 22 500 kg h^{-1} 2 069 kW indizierte Leistung

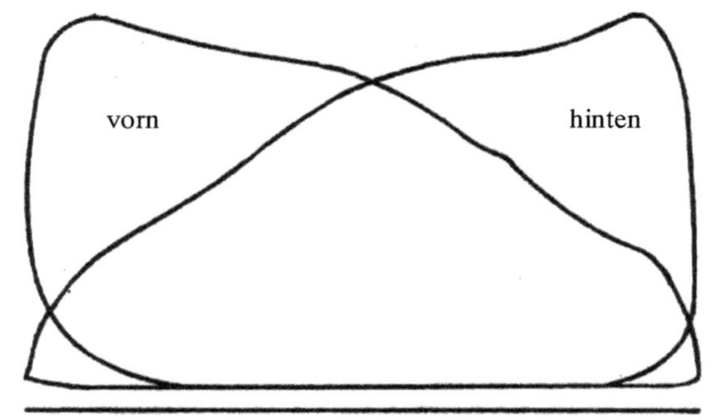

Geschwindigkeit = 56 km h^{-1} 49 % Füllung 14,84 bar Kesseldruck
Zylinderdampfmassenstrom = 25 000 kg h^{-1} 2 423 kW indizierte Leistung

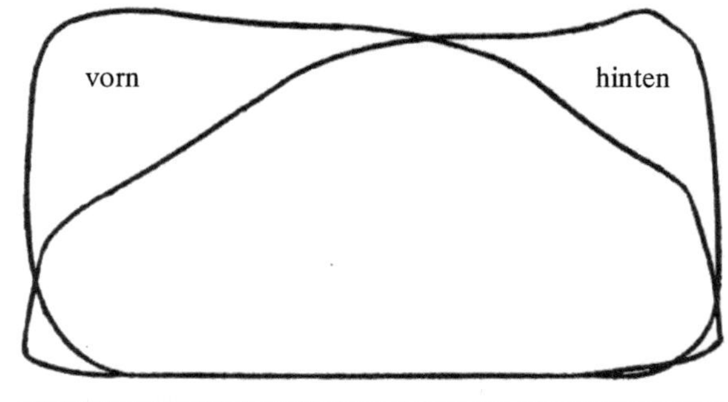

Geschwindigkeit = 56 km h^{-1} 59 % Füllung 14,64 bar Kesseldruck
Zylinderdampfmassenstrom = 27 500 kg h^{-1} 2 574 kW indizierte Leistung

Abb. 73
SAR: 2D2-Klasse 26 Nr. 3450: Beispiele elektronischer Indikatordiagramme

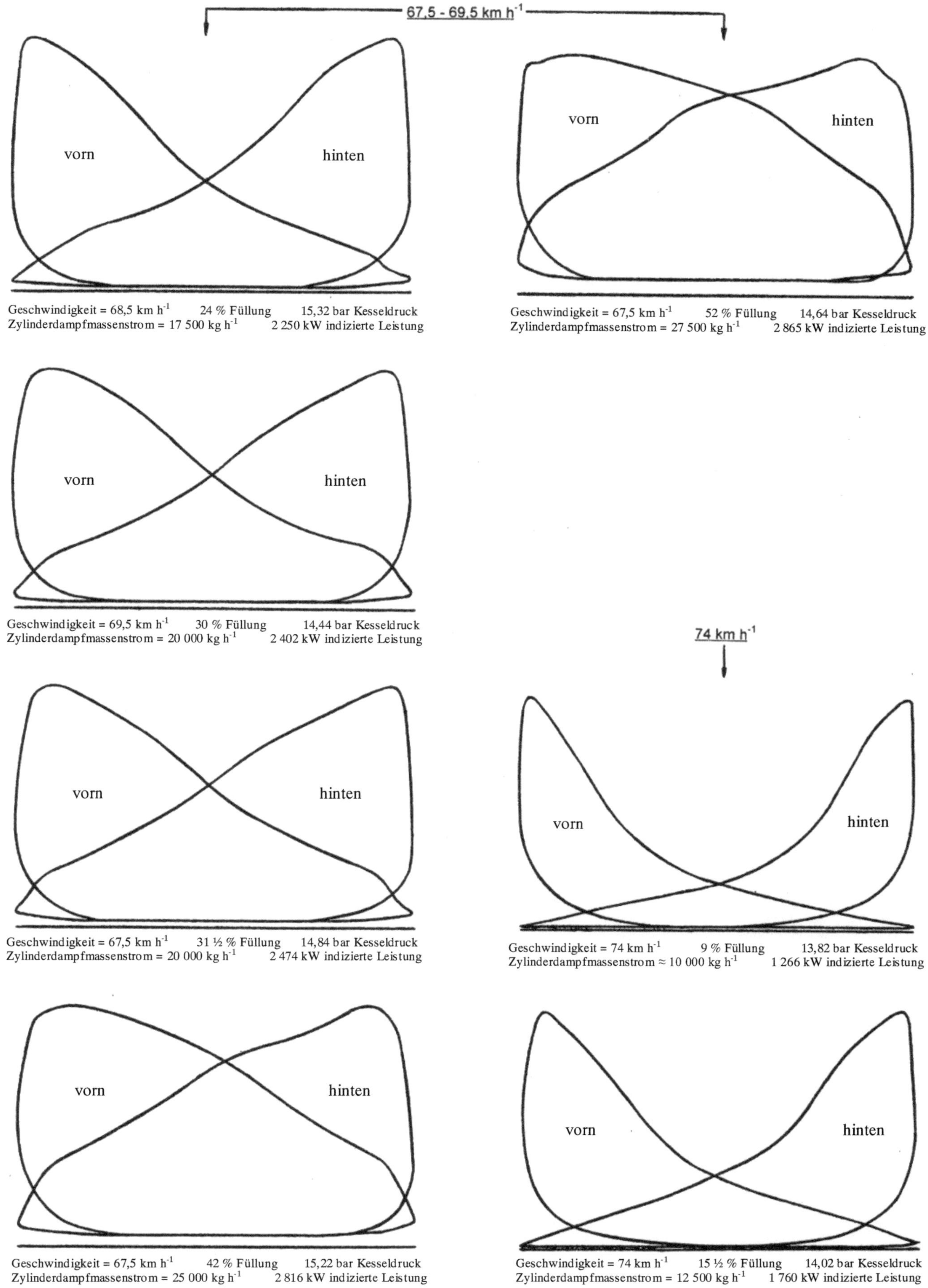

Abb. 74
SAR: 2D2-Klasse 26 Nr. 3450: Beispiele elektronischer Indikatordiagramme

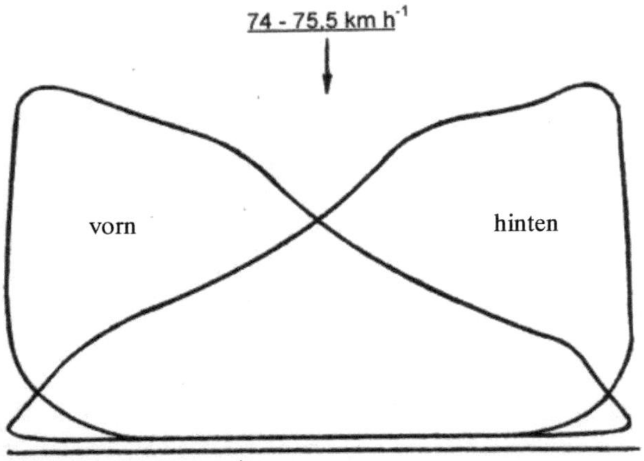

Geschwindigkeit = 74 km h^{-1} 32 % Füllung 14,84 bar Kesseldruck
Zylinderdampfmassenstrom = 22 500 kg h^{-1} 2 839 kW indizierte Leistung

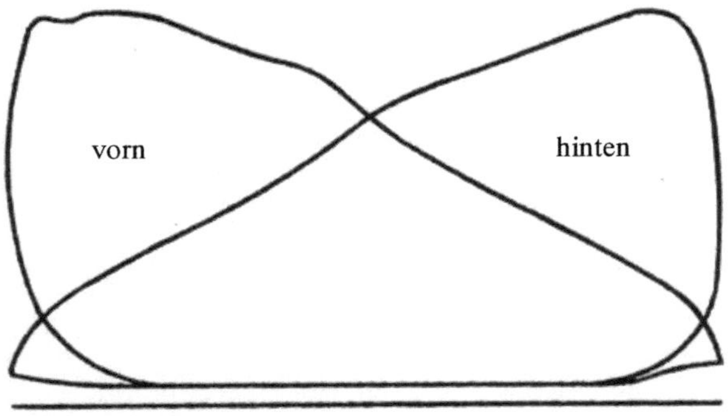

Geschwindigkeit = 74 km h^{-1} 41 % Füllung 14,34 bar bar Kesseldruck
Zylinderdampfmassenstrom = 25 000 kg h^{-1} 2 846 kW indizierte Leistung

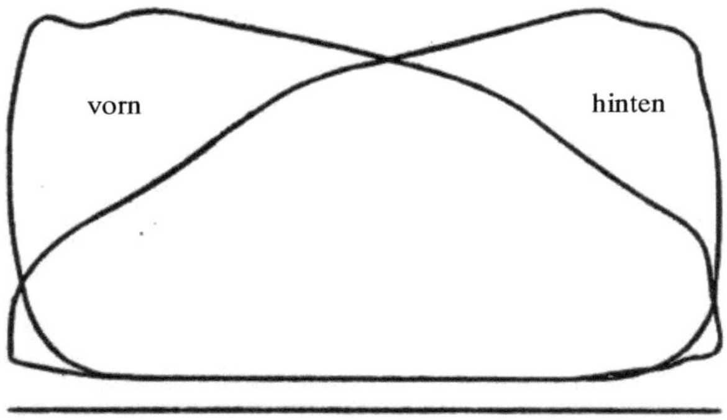

Geschwindigkeit = 74 km h^{-1} 52 % Füllung 14,84 bar Kesseldruck
Zylinderdampfmassenstrom = 28 200 kg h^{-1} 3 333 kW indizierte Leistung

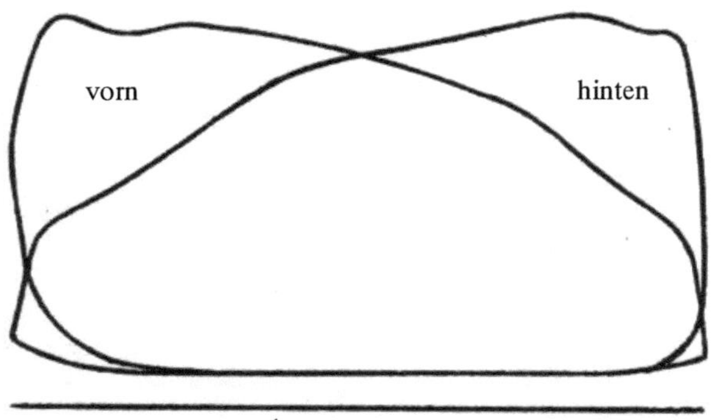

Geschwindigkeit = 75,5 km h^{-1} 55 % Füllung 14,84 bar Kesseldruck
Zylinderdampfmassenstrom = 29 200 kg h^{-1} 3 347 kW indizierte Leistung

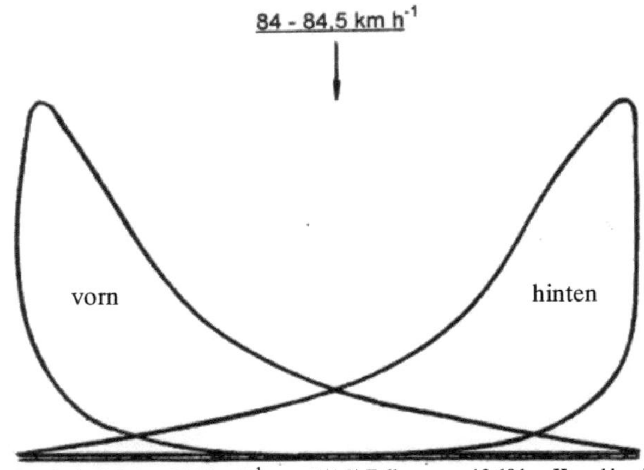

Geschwindigkeit = 84,5 km h^{-1} 8 ½ % Füllung 13,60 bar Kesseldruck
Zylinderdampfmassenstrom ≈ 10 000 kg h^{-1} 1 493 kW indizierte Leistung

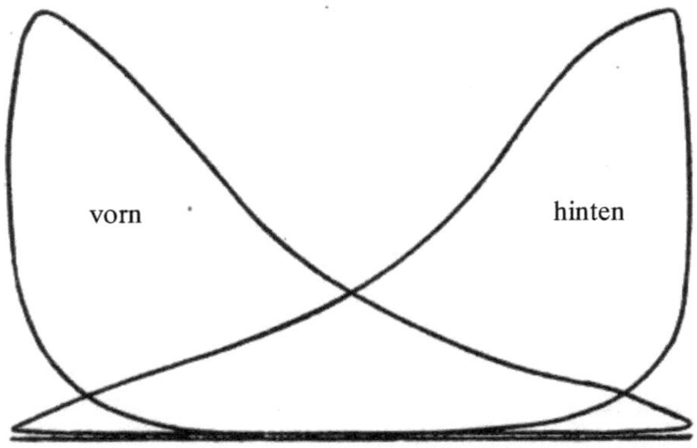

Geschwindigkeit = 84 km h^{-1} 18 % Füllung 15,02 bar Kesseldruck
Zylinderdampfmassenstrom = 15 000 kg h^{-1} 2 352 kW indizierte Leistung

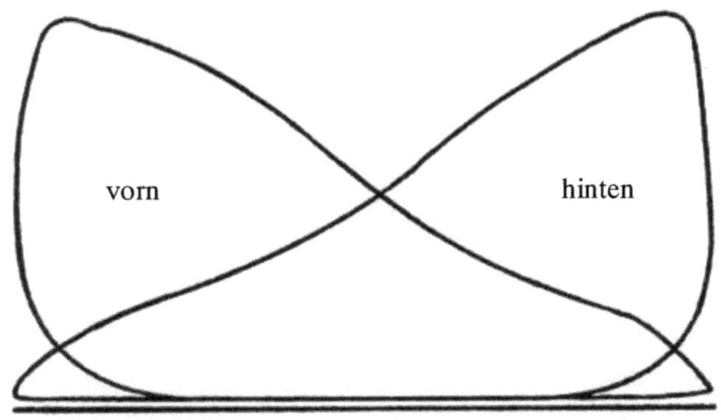

Geschwindigkeit = 84 km h^{-1} 28 % Füllung 14,02 bar Kesseldruck
Zylinderdampfmassenstrom = 20 000 kg h^{-1} 2 737 kW indizierte Leistung

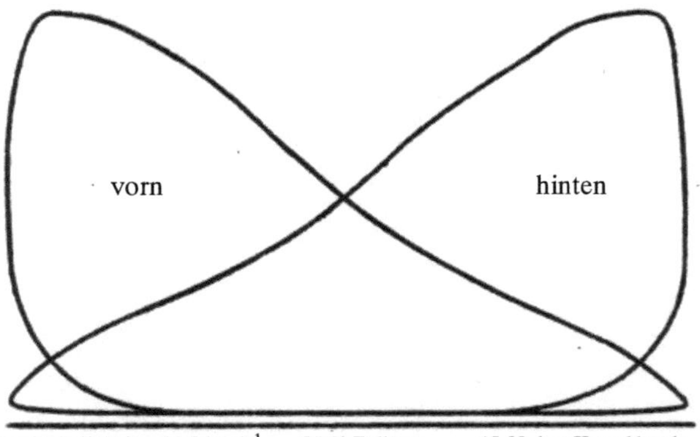

Geschwindigkeit = 84,5 km h^{-1} 29 % Füllung 15,22 bar Kesseldruck
Zylinderdampfmassenstrom = 22 500 kg h^{-1} 3 012 kW indizierte Leistung

Abb. 75
SAR: 2D2-Klasse 26 Nr. 3450: Beispiele elektronischer Indikatordiagramme

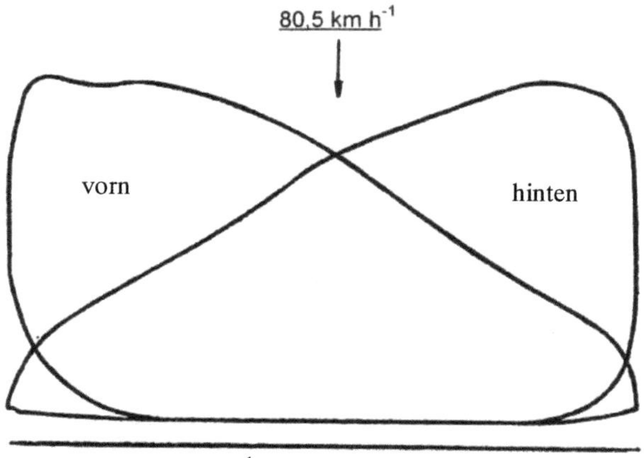

Geschwindigkeit = 80,5 km h^{-1} 43 ½ % Füllung 15,22 bar Kesseldruck
Zylinderdampfmassenstrom = 27 500 kg h^{-1} 3 359 kW indizierte Leistung

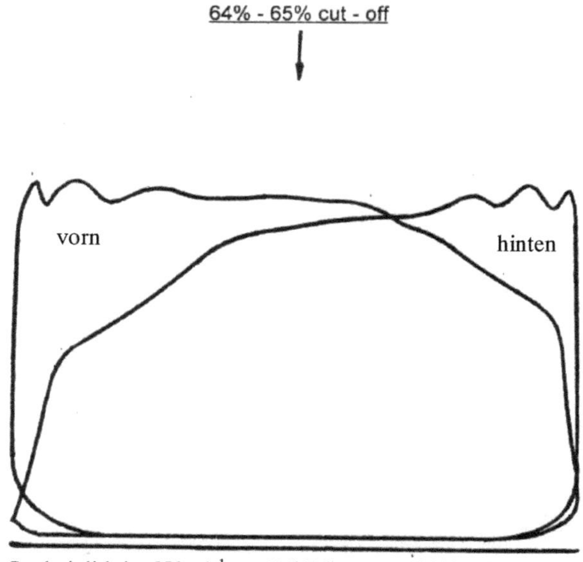

Geschwindigkeit = 25 km h^{-1} 64 % Füllung 15,31 bar Kesseldruck
Zylinderdampfmassenstrom = 22 500 kg h^{-1} 1 401 kW indizierte Leistung

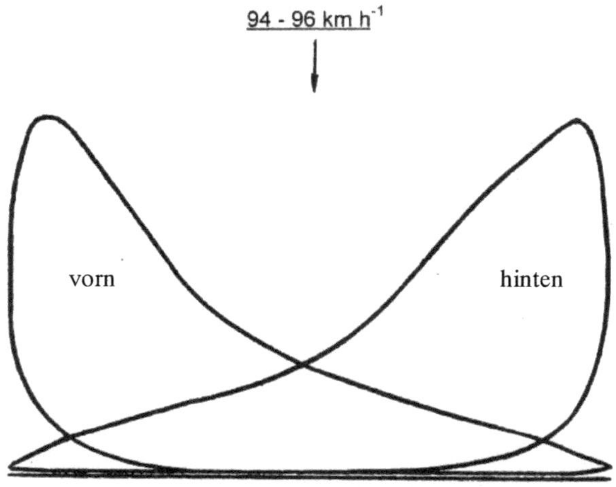

Geschwindigkeit = 96 km h^{-1} 15 % Füllung 14,44 bar Kesseldruck
Zylinderdampfmassenstrom = 15 000 kg h^{-1} 2 499 kW indizierte Leistung

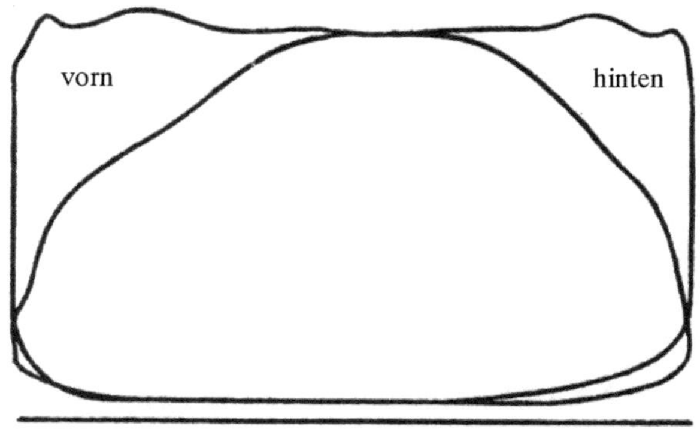

Geschwindigkeit = 34 km h^{-1} 65 % Füllung 15,02 bar Kesseldruck
Zylinderdampfmassenstrom = 25 000 kg h^{-1} 1 841 kW indizierte Leistung

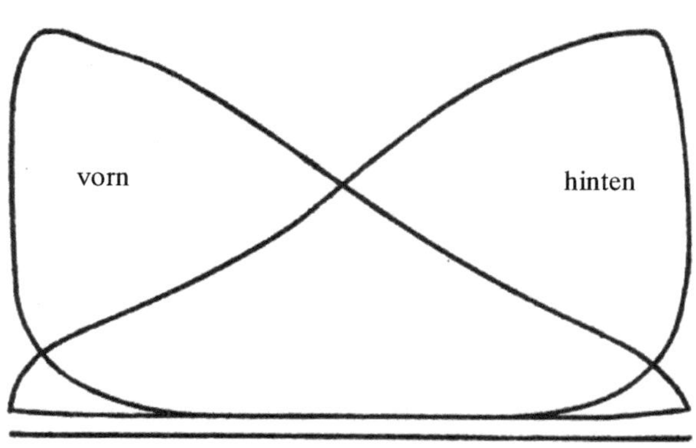

Geschwindigkeit = 94 km h^{-1} 31 ½ % Füllung 14,74 bar Kesseldruck
Zylinderdampfmassenstrom = 25 000 kg h^{-1} 3 405 kW indizierte Leistung

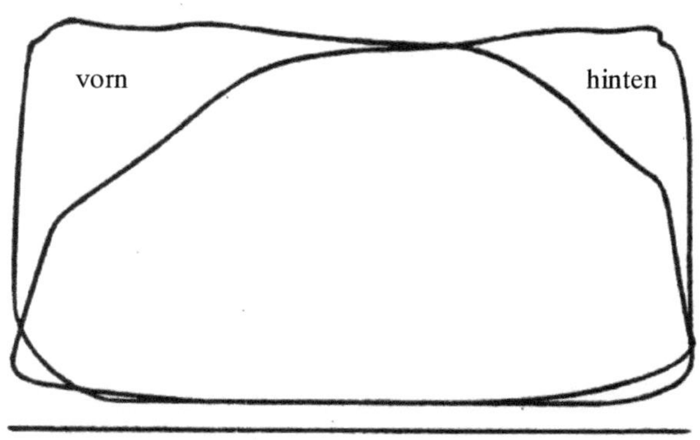

Geschwindigkeit = 41 km h^{-1} 65 % Füllung 14,84 bar Kesseldruck
Zylinderdampfmassenstrom = 27 500 kg h^{-1} 2 189 kW indizierte Leistung

Abb. 76
SAR: 2D2-Klasse 26 Nr. 3450: Beispiele elektronischer Indikatordiagramme

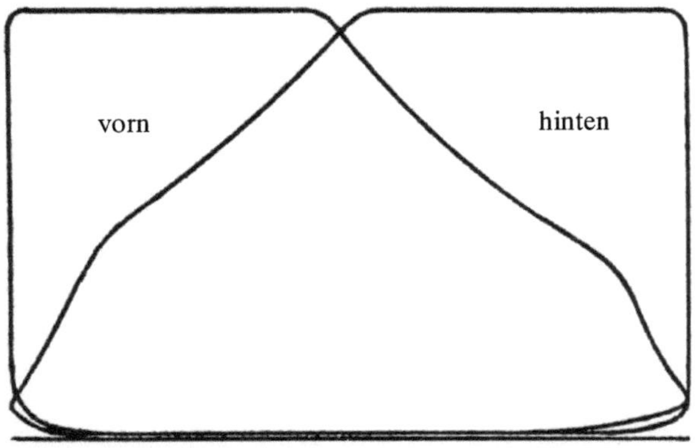

Geschwindigkeit = 14 km h^{-1} 45 % Füllung 14,84 bar Kesseldruck
Zylinderdampfmassenstrom = 10 000 kg h^{-1} 762 kW indizierte Leistung

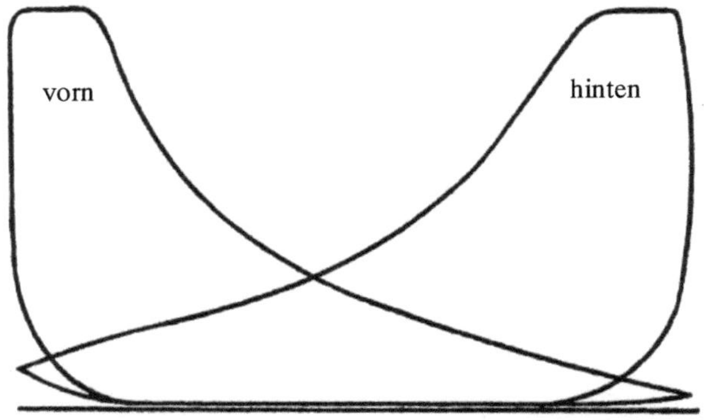

Geschwindigkeit = 60 km h^{-1} 15 % Füllung 14,02 bar Kesseldruck
Zylinderdampfmassenstrom = 11 000 kg h^{-1} 1 646 kW indizierte Leistung

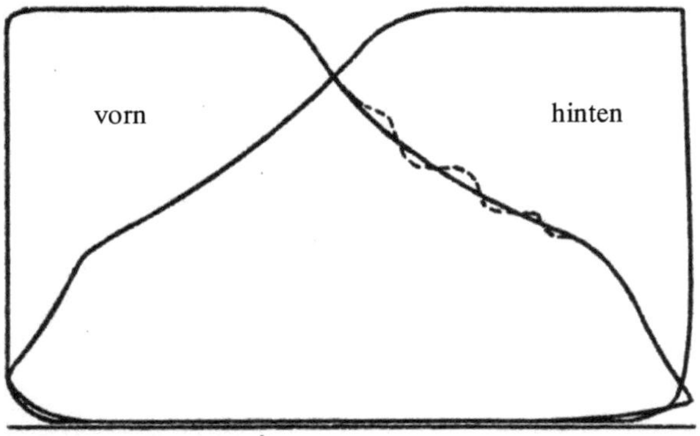

Geschwindigkeit = 29 km h^{-1} 40 % Füllung 14,54 bar Kesseldruck
Zylinderdampfmassenstrom = 15 000 kg h^{-1} 1 405 kW indizierte Leistung

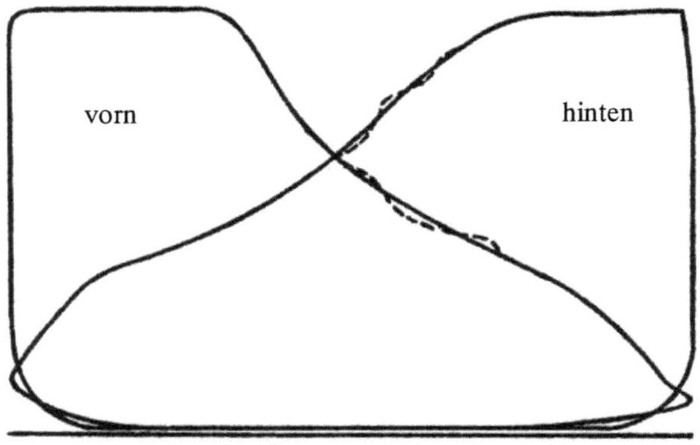

Geschwindigkeit = 35,5 km h^{-1} 33 % Füllung 14,64 bar Kesseldruck
Zylinderdampfmassenstrom = 15 000 kg h^{-1} 1 553 kW indizierte Leistung

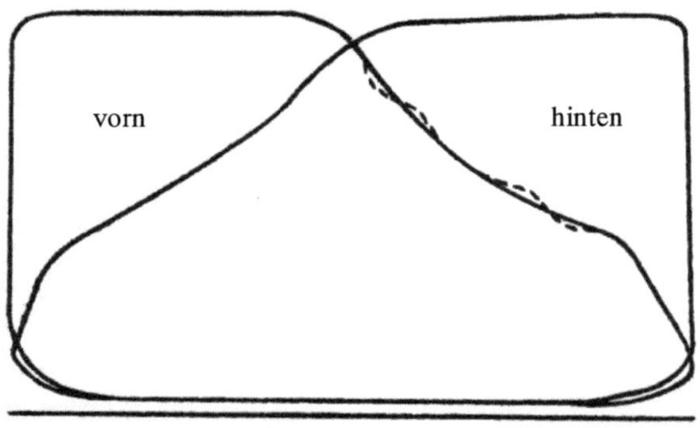

Geschwindigkeit = 47,5 km h^{-1} 48 % Füllung 14,44 bar Kesseldruck
Zylinderdampfmassenstrom = 22 500 kg h^{-1} 2 259 kW indizierte Leistung

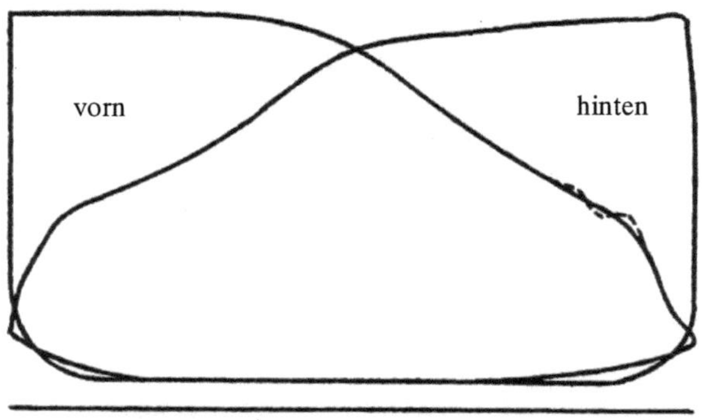

Geschwindigkeit = 55 km h^{-1} 58 % Füllung 15,02 bar Kesseldruck
Zylinderdampfmassenstrom = 27 5000 kg h^{-1} 2 524 kW indizierte Leistung

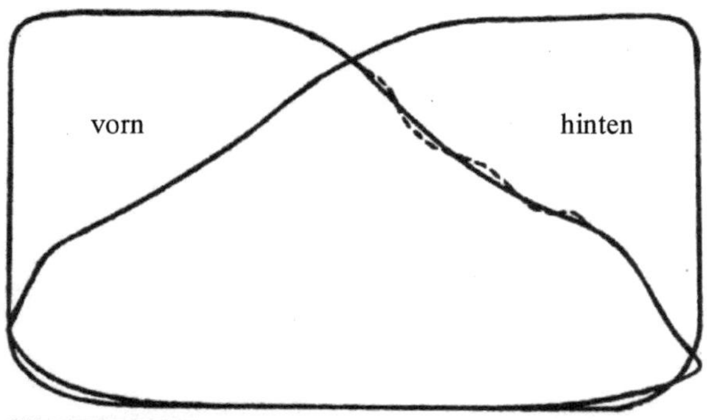

Geschwindigkeit = 51 km h^{-1} 47 % Füllung 15,02 bar Kesseldruck
Zylinderdampfmassenstrom = 25 000 kg h^{-1} 2 329 kW indizierte Leistung

Abb. 77
SAR: 2D2-Klasse 26 Nr. 3450: Beispiele mechanischer Indikatordiagramme

Geschwindigkeit = 23 km h^{-1} 46 % Füllung 15,02 bar Kesseldruck
Zylinderdampfmassenstrom = 15 600 kg h^{-1}
Schieberkastennenndruck = 14,15 bar

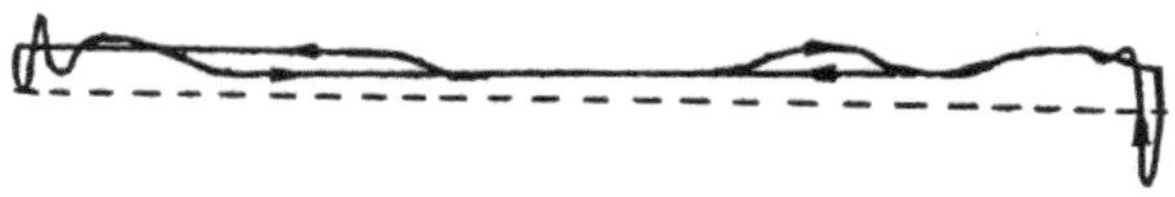

Geschwindigkeit = 43km h^{-1} 59 % Füllung 14,02 bar Kesseldruck
Zylinderdampfmassenstrom = 24 000 kg h^{-1}
Schieberkastennenndruck = 12,40 bar

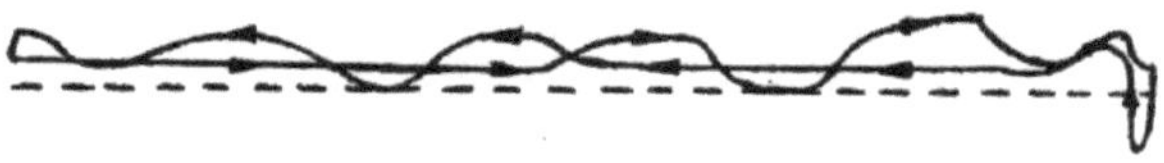

Geschwindigkeit = 33 km h^{-1} 46 % Füllung 14,74 bar Kesseldruck
Zylinderdampfmassenstrom = 18 500 kg h^{-1}
Schieberkastennenndruck = 13,70 bar

Geschwindigkeit = 50,5 km h^{-1} 59 % Füllung 14,20 bar Kesseldruck
Zylinderdampfmassenstrom = 26 200 kg h^{-1}
Schieberkastennenndruck = 12,60 bar

Geschwindigkeit = 68 km h^{-1} 50 % Füllung 15,02 bar Kesseldruck
Zylinderdampfmassenstrom = 27 000 kg h^{-1}
Schieberkastennenndruck = 13,20 bar

Geschwindigkeit = 73 km h^{-1} 47 % Füllung 14,64 bar Kesseldruck
Zylinderdampfmassenstrom = 26 800 kg h^{-1}
Schieberkastennenndruck = 13,00 bar

Anmerkungen.
Die Pfeile geben die Bewegungsrichtung des Kolbens an. Der Schieberkastennenndruck ist mit der Punkt-Linie dargestellt: er wurde von dem Schieberkastenmanometer im Führerstand abgelesen und liegt gegenüber der Linie des Druckschreibers etwas niedrig. Die Werte für den Zylinderdampfmassenstrom korrespondieren mit dem momentanen Abdampfdruck bei Aufnahme der Diagramme

Abb. 78 (I)
SAR: 2D2-Klasse 26 Nr. 3450: Beispiele von Schieberkastenindikatordiagrammen

Geschwindigkeit = 36,5 km h^{-1} 33 % Füllung 14,74 bar Kesseldruck
Zylinderdampfmassenstrom = 15 400 kg h^{-1}
Schieberkastennenndruck = 14,10 bar

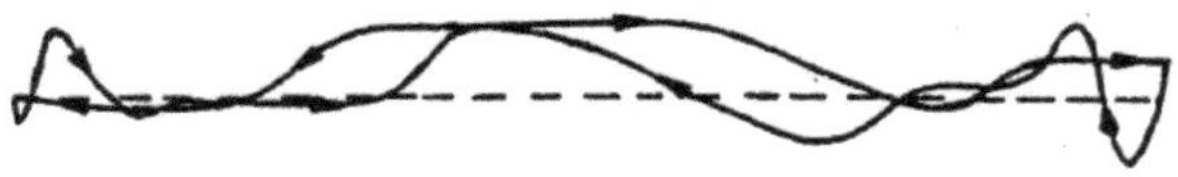

Geschwindigkeit = 75,5 km h^{-1} 31 % Füllung 13,40 bar Kesseldruck
Zylinderdampfmassenstrom = 19 600 kg h^{-1}
Schieberkastennenndruck = 12,80 bar

Geschwindigkeit = 46 km h^{-1} 33 % Füllung 14,54 bar Kesseldruck
Zylinderdampfmassenstrom = 16 300 kg h^{-1}
Schieberkastennenndruck = 13,85 bar

Geschwindigkeit = 49,5 km h^{-1} 35 % Füllung 14,64 bar Kesseldruck
Zylinderdampfmassenstrom = 19 300 kg h^{-1}
Schieberkastennenndruck = 13,70 bar

Geschwindigkeit = 54 km h^{-1} 33 % Füllung 14,80 bar Kesseldruck
Zylinderdampfmassenstrom = 18 200 kg h^{-1}
Schieberkastennenndruck = 14,00 bar

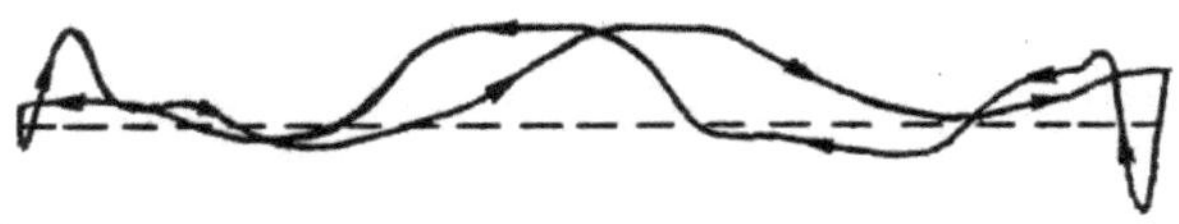

Geschwindigkeit = 72 km h^{-1} 35 % Füllung 15,31 bar Kesseldruck
Zylinderdampfmassenstrom = 23 400 kg h^{-1}
Schieberkastennenndruck = 14,15 bar

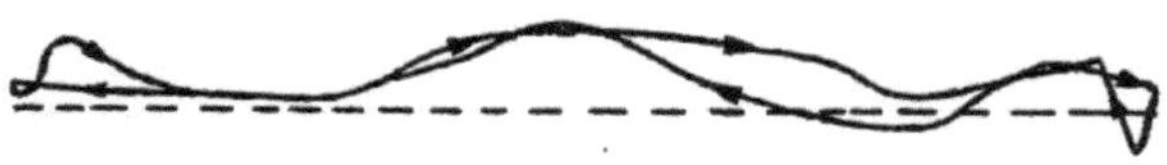

Geschwindigkeit = 64 km h^{-1} 33 % Füllung 14,74 bar Kesseldruck
Zylinderdampfmassenstrom = 21 800 kg h^{-1}
Schieberkastennenndruck = 13,70 bar

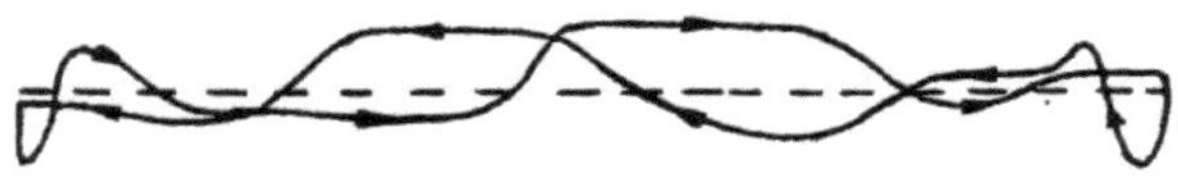

Geschwindigkeit = 79,5 km h^{-1} 35 % Füllung 14,92 bar Kesseldruck
Zylinderdampfmassenstrom = 22 700 kg h^{-1}
Schieberkastennenndruck = 13,95bar

Abb. 78 (II)
SAR: 2D2-Klasse 26 Nr. 3450: Beispiele von Schieberkastenindikatordiagrammen

Elektronische Indikatordiagramme

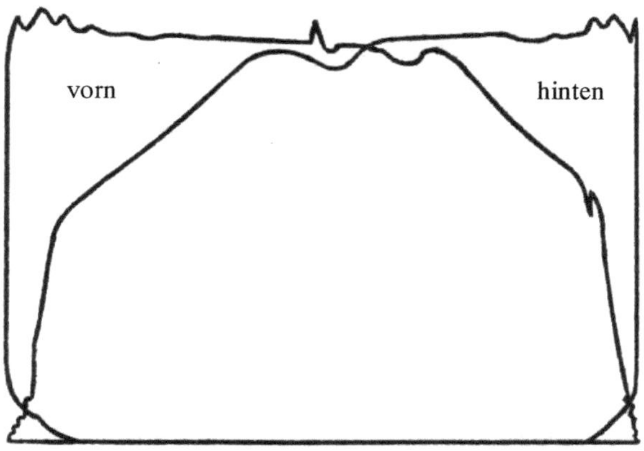

Klasse 26 65 % Füllung Anfahrventile geschlossen
Zylinderzugkraft = 224,8 kN

Mechanische Indikatordiagramme

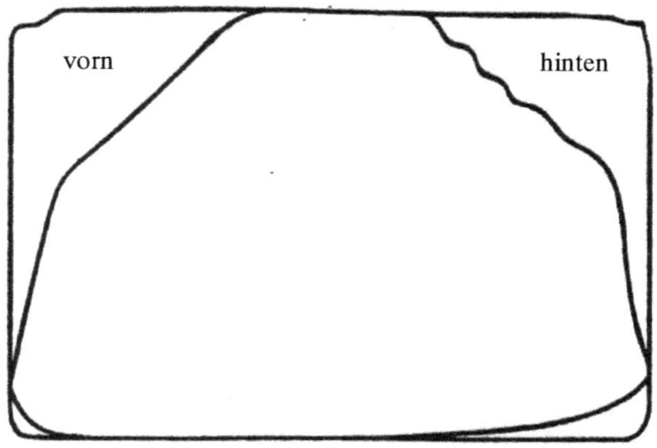

Klasse 26 65 % Füllung Anfahrventile geschlossen
Zylinderzugkraft = 236,9 kN

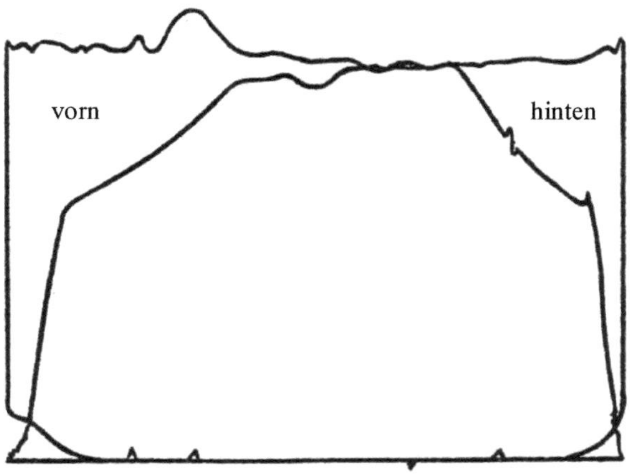

Klasse 26 65 % Füllung Anfahrventile geöffnet
Zylinderzugkraft = 230,4 kN

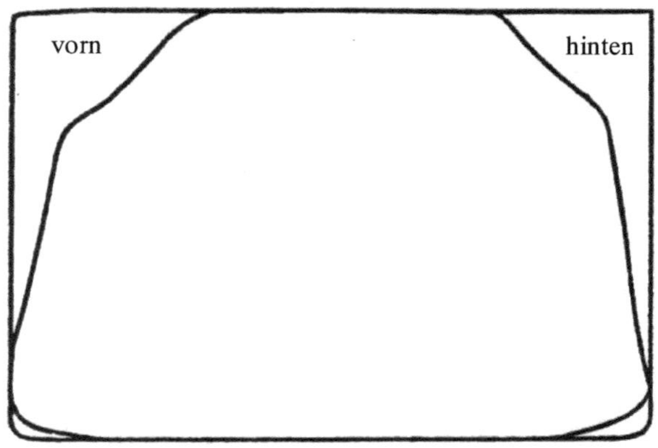

Klasse 26 65 % Füllung Anfahrventile geöffnet
Zylinderzugkraft = 249,4 kN

Für alle Diagramme gilt:
Geschwindigkeit = 5 bis 10 km h^{-1}, Kesseldruck = 15,50 bar
Die elektronisch aufgenommenen Diagramme haben unregelmäßige Linien, wahrscheinlich wegen elektrischen Rauschens.
Diese Unregelmäßigkeiten wurden bei der Ermittlung der Diagrammflächen geglättet oder ignoriert.

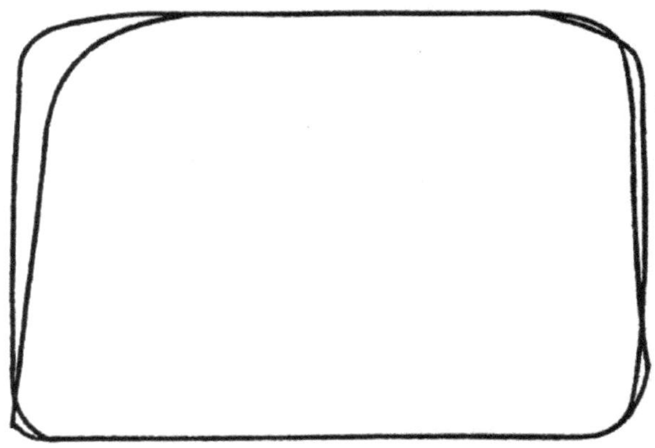

Klasse 25NC (Lokomotive Nr. 3460) 80 % Füllung
Zylinderzugkraft = 252,1 kN

Abb. 79
SAR: 2D2-Klasse 26 Nr. 3450: Anfahrindikatordiagramme

iii) Die „Dreiecksverluste“ während der Einströmung waren alles andere als vernachlässigbar, und trotzdem sie gemäß der vorherrschenden Standards niedrig waren, zeigten sie die Notwendigkeit weiter verbesserter Einströmung mit größeren Schiebern mit noch mehr Einströmüberdeckung, größerer Schieberkästen und verbesserter Strömungskoeffizienten an den Kanalöffnungen in der Schieberbuchse. Die Druckspitzen während der Einströmung und die abgerundeten Spitzen der Voreinströmlinien passten zu den Dampfdruckschwankungen in den Schieberkästen, siehe Abb. 78. Diese Schwankungen nahmen mit dem Dampfmassenstrom zu. Sie wurden bei höheren Geschwindigkeiten und größeren Füllungen recht ausgeprägt, was ein deutlicher Hinweis auf die Notwendigkeit von größeren Schieberkästen und von Dampfwegen mit maximalen Strömungsquerschnitten war.

iv) Die Wirksamkeit der Kordina-Einrichtung bei der Verhinderung des Überströmens von Ausströmdampf von einem Zylinder zum anderen konnte anhand der Tatsache gezeigt werden, dass keine der Gegendrucklinien um die Mitte des Kolbenwegs herum einen Sprung machte, auch nicht in den Diagrammen, die unter Verwendung einer schwachen Feder, zur Vergrößerung des Diagrammanteils mit niedrigen Drücken, mechanisch aufgenommen wurden.

Abb. 79. Indikatordiagramme der Klasse 26 beim Anfahren mit geöffneten und geschlossenen Herdner-Anfahrventilen und von der normalen Klasse 25NC, aufgenommen bei größter Vorwärtsfüllung und vollem Kesseldruck bei 5 bis 10 km h^{-1}. Von diesen Diagrammen wurden die *indizierten* Anfahrzugkräfte berechnet zu:

Klasse 26 : 65 % Füllung, Anfahrventil geschlossen :	aus elektronischem Indikatordiagramm	= 224,8 kN
	aus mechanischem Indikatordiagramm	= 236,9 kN
	Durchschnitt	= 230,85 kN
Klasse 26 : 65 % Füllung, Anfahrventil geöffnet :	aus elektronischem Indikatordiagramm	= 230,4 kN
	aus mechanischem Indikatordiagramm	= 249,4 kN
	Durchschnitt	= 239,9 kN
Klasse 25NC : 80% Füllung :	aus mechanischem Indikatordiagramm	= 252,1 kN

Diesen Zahlen stehen die Zugkräfte am *Radumfang*, die für die umgebaute Lokomotive zu 224,7 kN mit und zu 180,2 kN ohne Anfahrventile berechnet worden waren, und die nominelle Anfahrzugkraft der 25NC von 229 kN bei 85 % des Kesseldrucks gegenüber.

Die Abweichungen zwischen den elektronisch und den mechanisch aufgenommenen Diagrammen waren ziemlich hoch, aber da der Einfluss der Verdrehung der Steuerwelle eine Einflussgröße gewesen sein wird, so ergaben die Durchschnittswerte wahrscheinlich für die Lokomotive insgesamt die sinnvollsten Zahlen. Basierend auf diesen Zahlen erhöhten die Anfahrventile die indizierte Anfahrzugkraft nur um 4 %, also von 91,5 % auf 95 % der Werte der 25NC. Das war deutlich weniger als erwartet. Der wesentliche Grund dafür war anscheinend der eingeschränkte Strömungsquerschnitt für den Dampf sowohl in den Anfahrventilen als auch in ihren Anstellventilen. Damit die Anfahrventile einen echten Vorteil bringen, musste die Konstruktion des Systems geändert und das berücksichtigt werden. Nach der letzten Fahrt auf der Strecke Pretoria – Witbank wurden sie entfernt und nie wieder eingebaut.

Abbn. 80 und 81. Laufwiderstand der Lokomotive.

Er wurde aus der Differenz zwischen der indizierten und der auf die Ebene bezogenen Hakenzugkraft bei verschiedenen konstanten Geschwindigkeiten während der letzten Messfahrt mit angekuppeltem Messwagen ermittelt. Der sich daraus ergebende spezifische Laufwiderstand ist für 3450 in der Abb. 80 über der Geschwindigkeit aufgetragen und ebenso für einige British-Railways-Lokomotiven, deren Werte aus offiziellen Versuchsberichten (BR Performance and Efficiency Bulletins) hergeleitet wurden. Es gab keinen erkennbaren Grund, warum der spezifische Laufwiderstand der 3450 bei den höheren Geschwindigkeiten hätte größer gewesen sein sollen als der der anderen Lokomotiven (niemand sollte aber denken, es gäbe eine Zusammenhang mit der größeren Anzahl der Schieberringe. Dem war definitiv nicht so). Eine Untersuchung des Messstreifens des Messwagens ergab außerdem, dass die aufgezeichneten Geschwindigkeiten, Hakenzugkräfte und Zughakenleistungen nicht konsistent waren, insofern, dass die Zughakenleistungen immer kleiner, als das Produkt aus Hakenzugkraft und Geschwindigkeit waren. Das alles ließ wieder Zweifel an der Genauigkeit der Messwagenmessungen aufkommen. Da allerdings keine anderen Messergebnisse vorlagen, wurden die Kurven für den Gesamtlaufwiderstand und für die Leistung zur Eigenbewegung der Lokomotive aus den spezifischen Widerstandskurven in der Abb. 80 bei Anwendung auf ein durchschnittliches Lokomotivgewicht (212 Tonnen bei 2/3 Vorräten) ermittelt und über der Geschwindigkeit aufgetragen (Abb. 81). Falls diese Kurven, wie befürchtet, zu hoch lagen, wären die aus den daraus folgenden Charakteristiken abgeleiteten Hakenzugkräfte und Leistungen, sowie sämtliche damit im Zusammenhang stehenden Faktoren, schlechter als die wahren Werte.

Abbn. 82 und 83. Indizierte Zugkraft beziehungsweise Leistung bei verschiedenen Dampfmassenströmen zu den Zylindern, aufgetragen über der Geschwindigkeit. Die Dampfmassenströme wurden während der Messfahrten aus den Ablesewerten des Abdampfdrucks abgeleitet, unter Verwendung der kürzlich gemachten Kalibrierung des Dampfmassenstroms der Blasrohrdüsen.

Abbn. 84 und 85. Auf die Ebene bezogene Hakenzugkraft beziehungsweise Leistung bei verschiedenen Dampfmassenströmen zu den Zylindern, aufgetragen über der Geschwindigkeit.

Abbn. 86 und 87. Vergleich des Leistungsverhaltens der Klassen 25NC und 26. In der Abb. 86 sind zwei Kurven für die Klasse 25NC wiedergegeben. Die erste wurde von der Kurve Leistung über Geschwindigkeit in dem Versuchsbericht über die Klasse 25NC abgeleitet und bezieht sich auf diese Lokomotiven in ihrer ursprünglichen Ausführung. Die zweite basierte auf Indizierfahrten, die mit der Lokomotive Nr. 3460 nach den Messfahrten mit 3450 gemacht worden waren. 3460 hat einen Kastenfunkenfänger und war damit für den seinerzeitigen Betriebszustand der 25NC repräsentativ. In beiden Fällen wurden die Differenzen zwischen den indizierten und den effektiven auf die Ebene bezogenen Zughakenwerten aus den Kurven der spezifischen Laufwiderstandswerte der 3450 gemäß der Abb. 80 errechnet. Sie wurden dann auf das durchschnittliche Gewicht der Klasse 25NC angewendet, errechnet aus dem Wert in dem Lokomotivmerkblatt (205 Tonnen bei 2/3 Vorräten). Die Leistungseinbuße der 25NC wegen höheren Gegendrucks nach Änderung der Funkenfängerkonstruktion war sehr augenfällig, und deshalb ist in der Abb. 87 der Vergleich der 3450 mit der 25NC der Ursprungsausführung dargestellt, welche die bestmögliche Leistung der Serienlokomotiven repräsentiert. Dabei gelten folgende Beobachtungen:

i) Bei allen Geschwindigkeiten über 16 km h^{-1} hatte die Umbaulokomotive eine höhere Zughakenleistung.

ii) Die Fahrgeschwindigkeit, bei der die höchste Zughakenleistung entwickelt wurde, stieg von etwa 80 km h^{-1} bei der 25NC auf 100 km h^{-1} bei der Klasse 26, hauptsächlich wegen des besseren Leistungsgewichts der Letzteren.

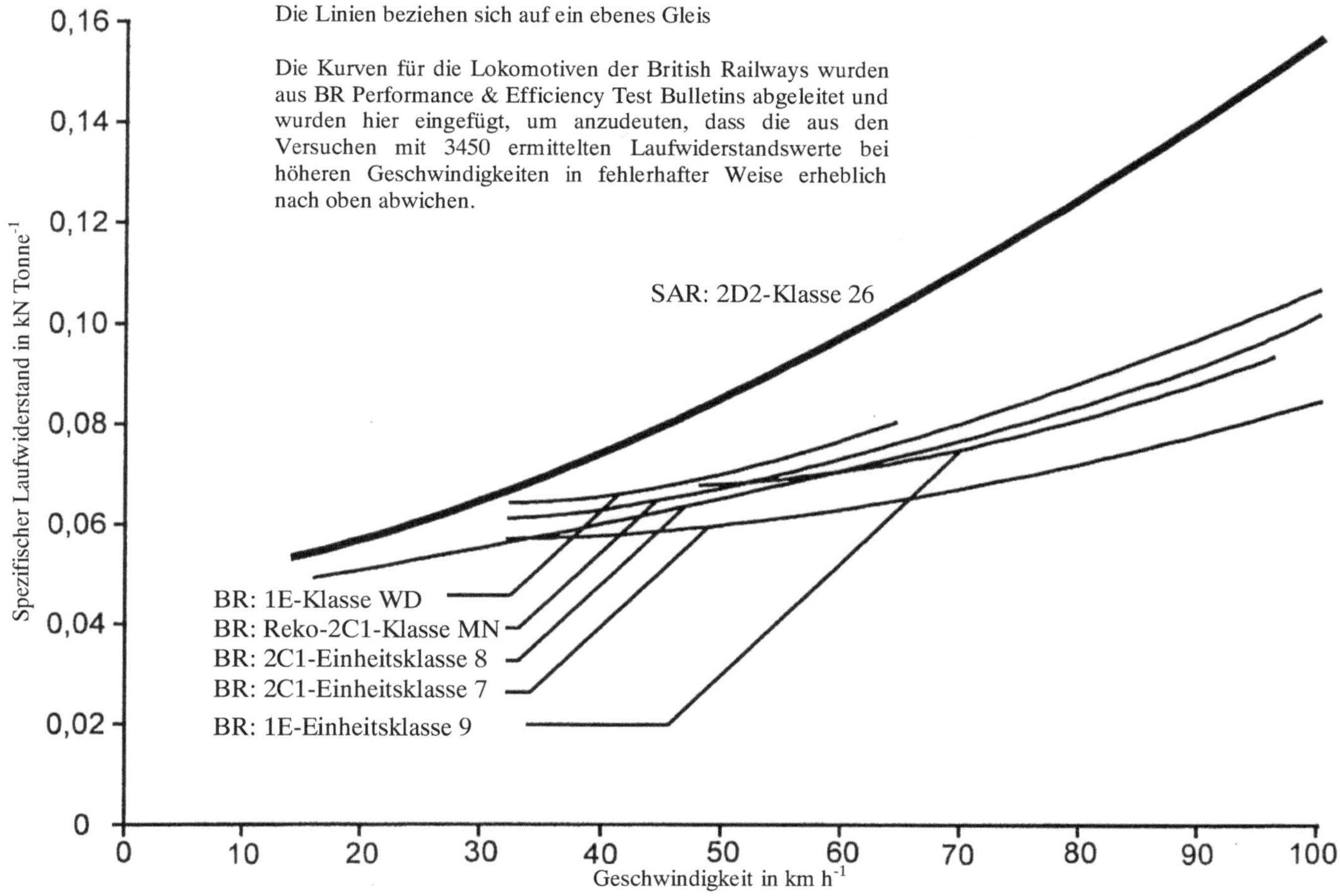

Abb. 80
Spezifischer Laufwiderstand von Lokomotiven über der Geschwindigkeit

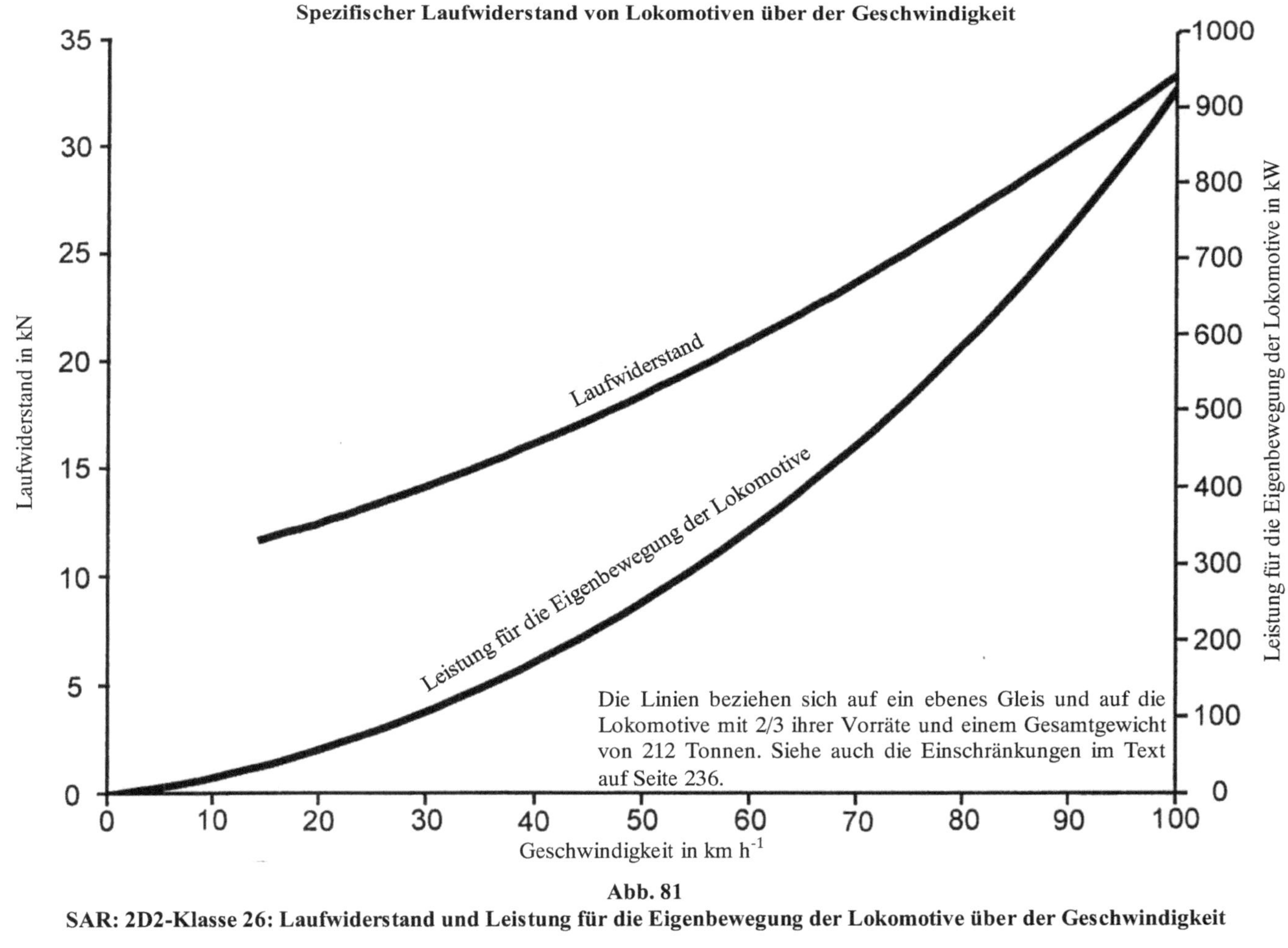

Abb. 81
SAR: 2D2-Klasse 26: Laufwiderstand und Leistung für die Eigenbewegung der Lokomotive über der Geschwindigkeit

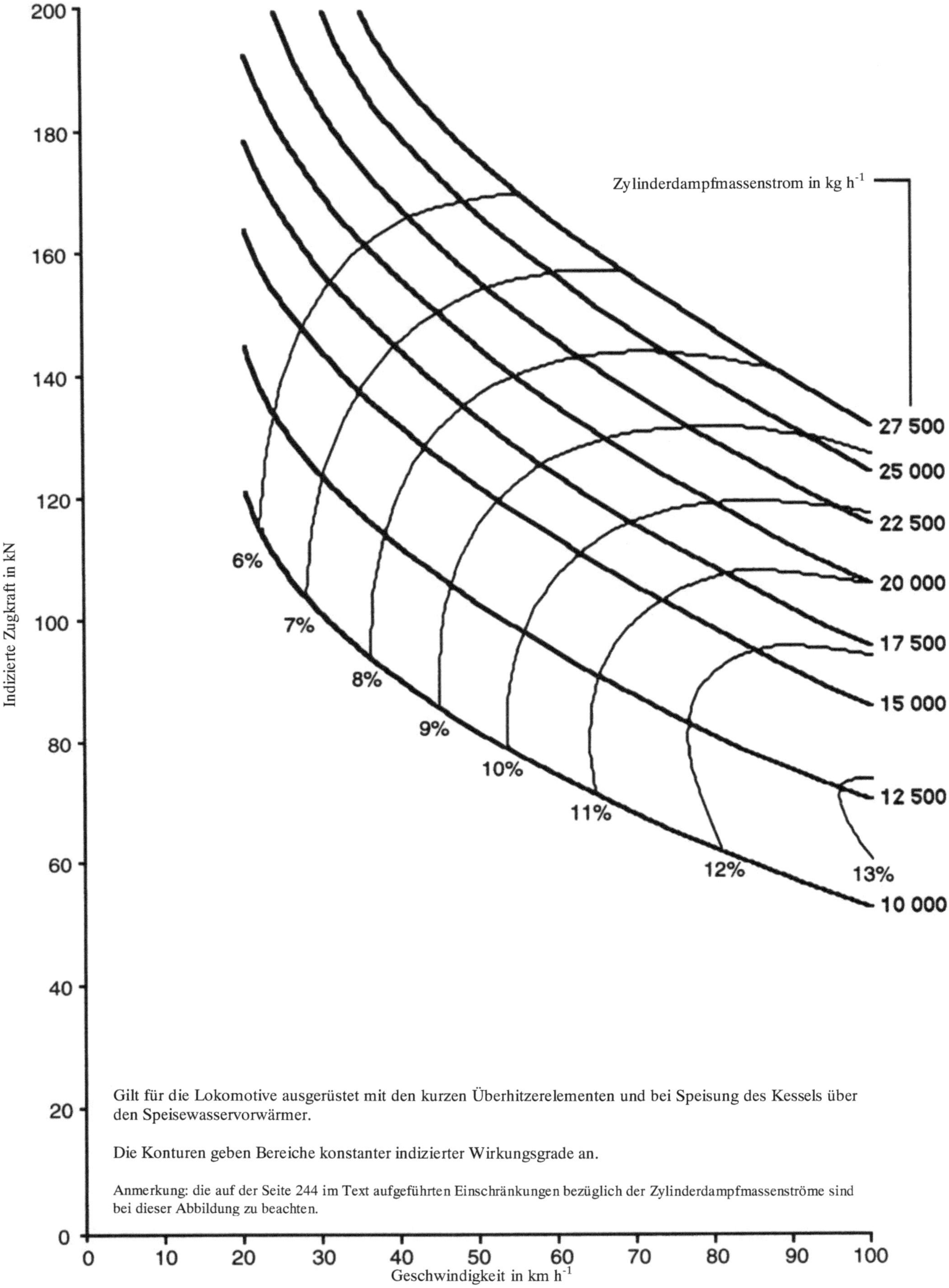

Abb. 82
SAR: 2D2-Klasse 26 Nr. 3450: Indizierte Zugkraft über der Geschwindigkeit

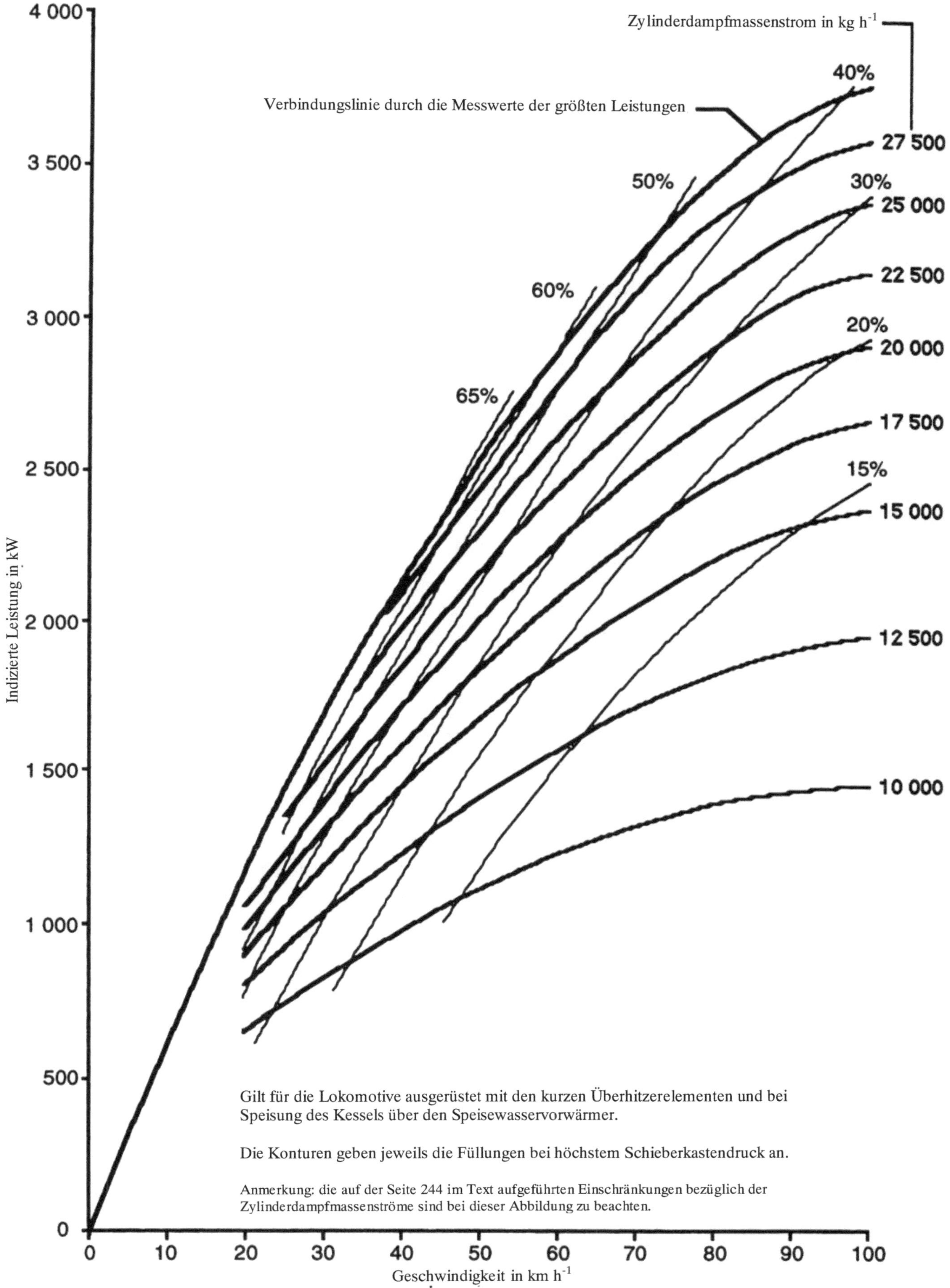

Abb. 83
SAR: 2D2-Klasse 26 Nr. 3450: Indizierte Leistung über der Geschwindigkeit

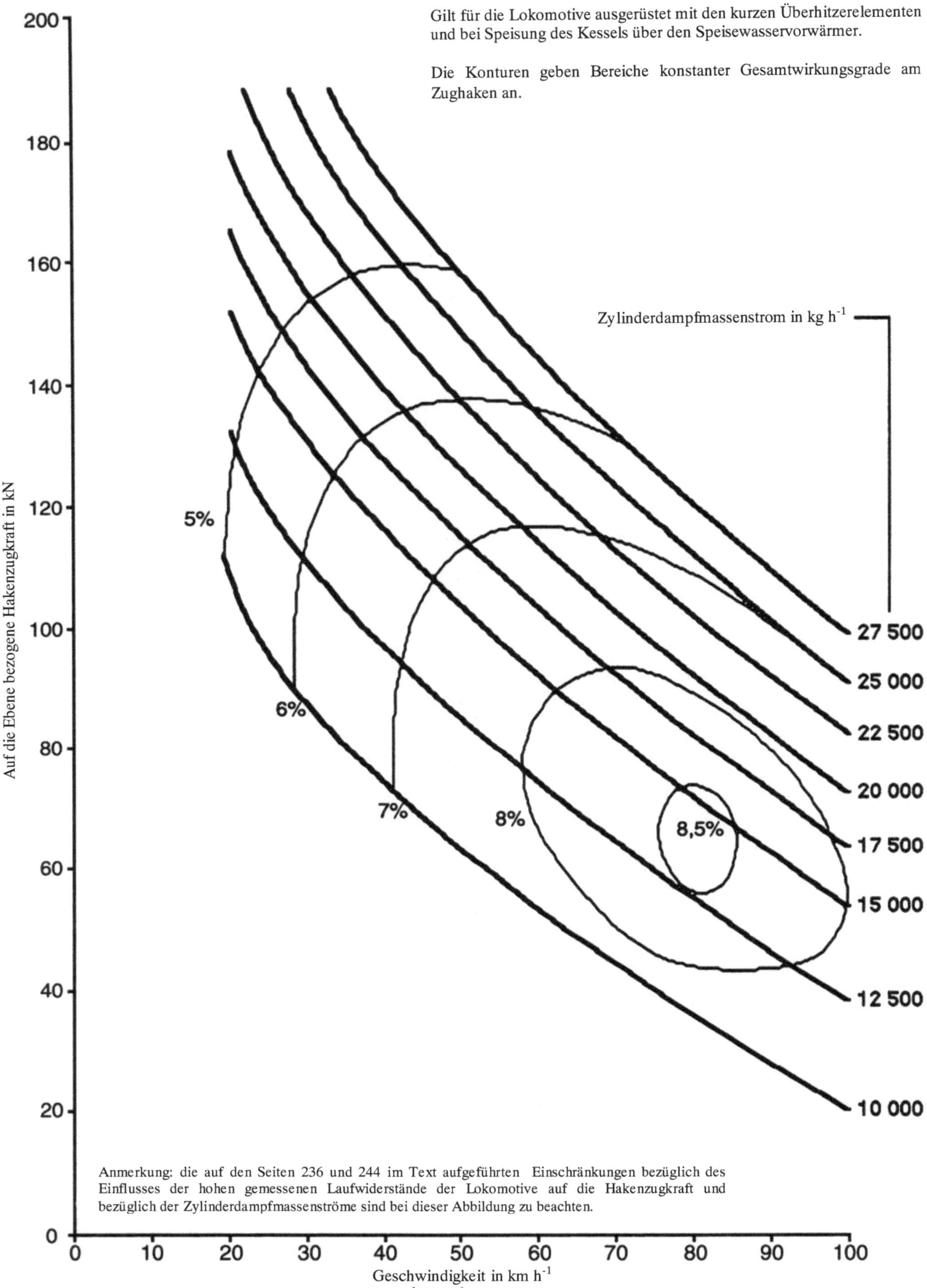

Abb. 84

SAR: 2D2-Klasse 26 Nr. 3450: Auf die Ebene bezogene Hakenzugkraft über der Geschwindigkeit

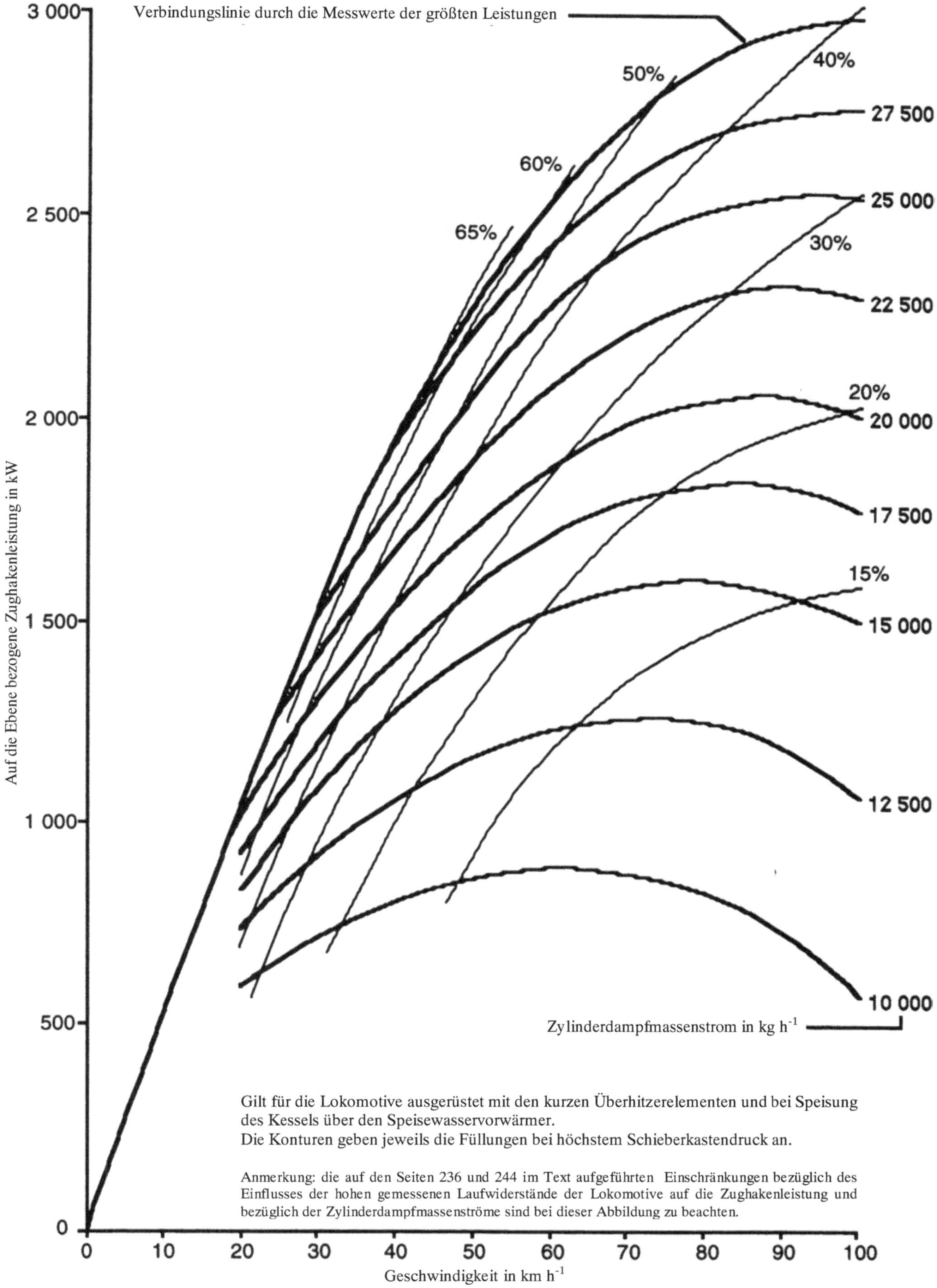

Gilt für die Lokomotive ausgerüstet mit den kurzen Überhitzerelementen und bei Speisung des Kessels über den Speisewasservorwärmer.
Die Konturen geben jeweils die Füllungen bei höchstem Schieberkastendruck an.

Anmerkung: die auf den Seiten 236 und 244 im Text aufgeführten Einschränkungen bezüglich des Einflusses der hohen gemessenen Laufwiderstände der Lokomotive auf die Zughakenleistung und bezüglich der Zylinderdampfmassenströme sind bei dieser Abbildung zu beachten.

Abb. 85
SAR: 2D2-Klasse 26 Nr. 3450: Auf die Ebene bezogene Zughakenleistung über der Geschwindigkeit

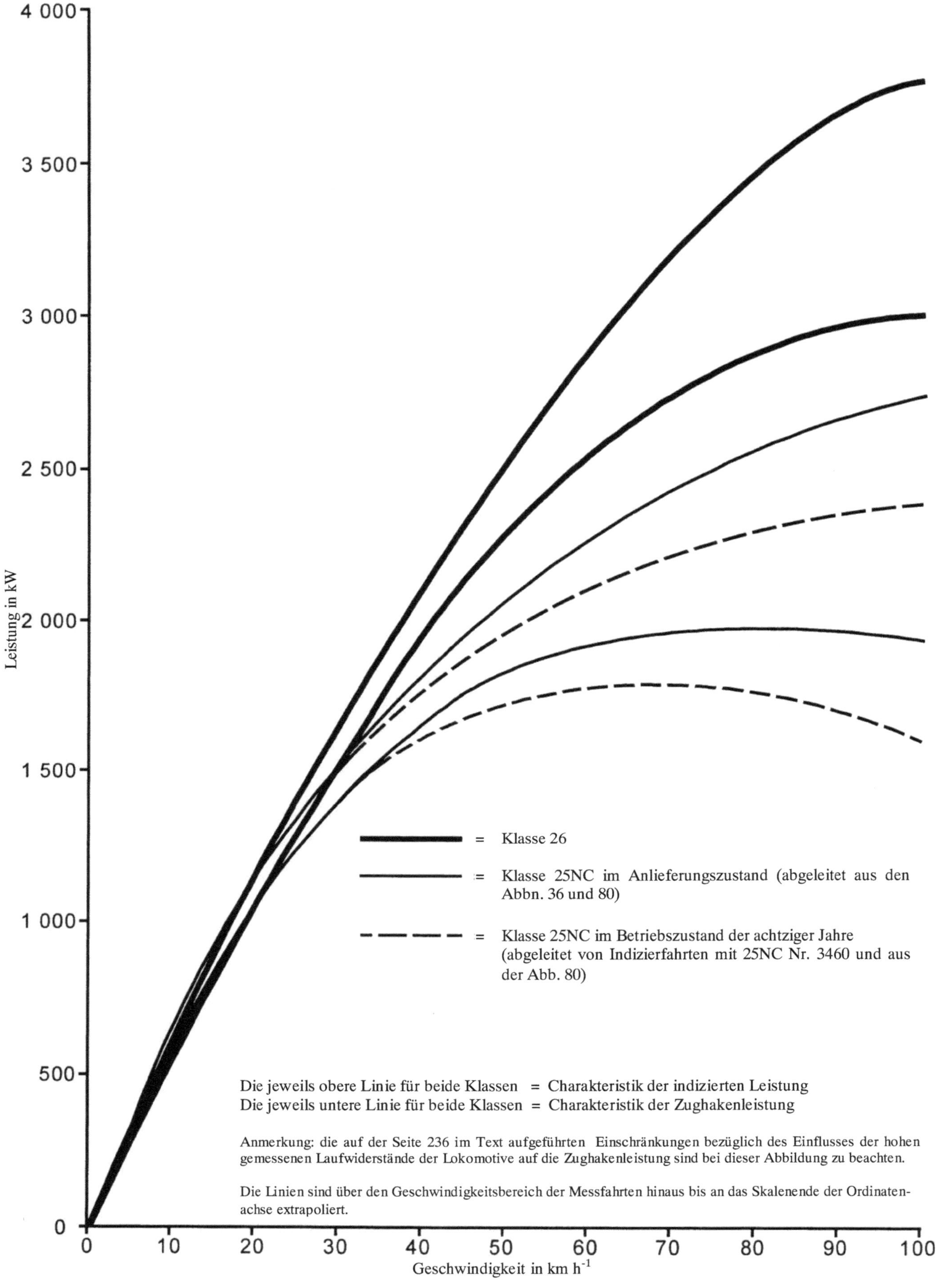

Abb. 86
SAR: 2D2-Klasse 25NC und 26: Leistungscharakteristiken

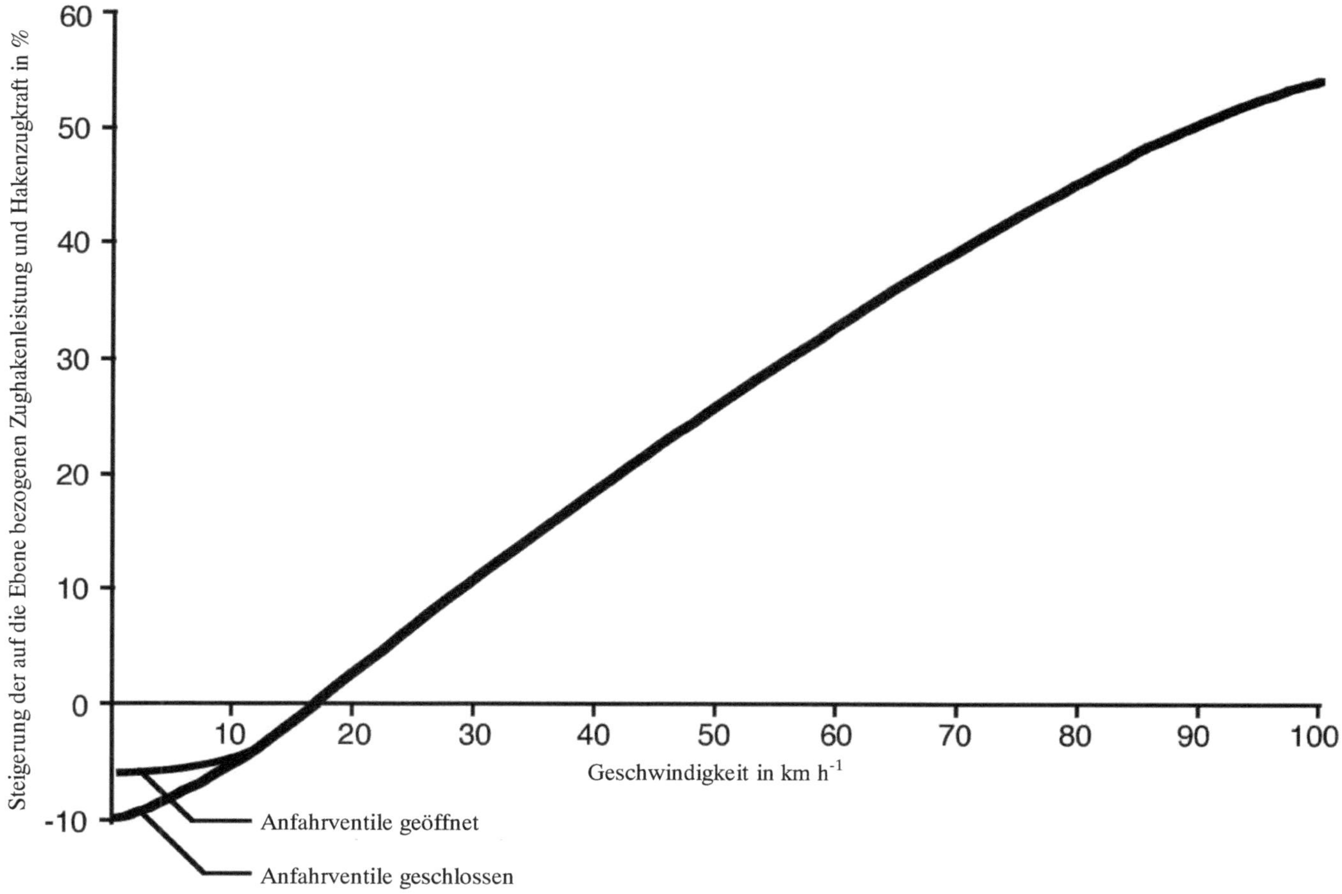

Abb. 87

Steigerung der auf die Ebene bezogenen Zughakenleistung und Hakenzugkraft über der Geschwindigkeit, SAR-Klasse 26 gegenüber Klasse 25NC (Anlieferungszustand)

iii) Die maximale auf die Ebene bezogene Zughakenleistung der 25NC in der Ursprungsausführung betrug 1 980 kW bei 80 km h^{-1}. Bei der gleichen Geschwindigkeit konnte die 3450 2 870 kW entwickeln, eine Zunahme um 45 %. Die höchste Dauerleistung am Zughaken während der Indizierfahrten betrug 2 824 kW bei 74 km h^{-1}, also um 43 % mehr als das Maximum der Klasse 25NC. Das wurde als Weltrekord für eine Schmalspurdampflokomotive angesehen. Diese Leistung war auf der Steigungsfahrt von Bronkhorstspruit nach Forfar bei der letzten Messfahrt entwickelt worden. Dabei war die Steuerung auf 52 % Füllung ausgelegt gewesen, der Abdampfdruck betrug etwa 1,2 bar und die gesamte Verdampfungsleistung ein wenig mehr als 31 000 kg h^{-1}. Der Zeiger des Kesselmanometers stand dabei auf dem roten Strich, der Kesselwasserstand fiel etwas mit einer oder beiden Speisepumpen angestellt, und auf dem Brechpunkt blies ein Sicherheitsventil sofort nach dem Schließen des Reglers ab.

iv) Gemäß der Abb. 85 war für 3450 ein absoluter Höchstwert für die auf die Ebene bezogene Zughakenleistung von 3 000 kW bei 100 km h^{-1} berechnet worden, also 52 % mehr als der absolute Höchstwert der Klasse 25NC. Leistungen dieser Größenordnung sind auch im normalen Betrieb aufgezeichnet worden (siehe Seiten 198, 199 und 220). Das wahrscheinliche Maximum der Zylinderleistung lag bei 3 750 kW bei 100 km h^{-1} oder etwas über dieser Geschwindigkeit.

Es ist nun die Frage, wie eine solche Zunahme der Leistungsfähigkeit möglich war, ohne den Kesseldruck zu erhöhen, ohne die Zylinderabmessungen und die Rostfläche oder irgendeine andere Komponente zu vergrößern, die allgemeinen Vorstellungen zur Folge einen wesentlichen Einfluss auf die Leistung haben (tatsächlich waren sowohl die Maximalfüllung als auch die Heizfläche verkleinert worden)? Die Antwort lautet im Kern: durch Augenmerk auf die Details. Details, die die Anwendung der Naturgesetzte, nur diese bestimmen ja in Wirklichkeit die Leistung einer jeden Maschine, zum besten Nutzen ermöglichten. Falls diese Gesetzte nicht richtig verstanden oder beachtet werden, so wird das Ergebnis unharmonisch sein, was sich im technischen Sinn als schlechtes Betriebsverhalten manifestiert. Es waren Chapelon und Porta, die das wirklich verstanden und bei ihrer Arbeit praktiziert hatten. Die Metamorphose, die die Leistung der im thermodynamischen Sinn mittelmäßigen Klasse 25NC in die der Klasse 26 verwandelte, war einfach die Anwendung dieser grundlegenden Doktrin. Technisch ausgedrückt kann das anhand einer Variante von Portas fundamentaler Gleichung {Leistung = erzeugte Dampfmenge ÷ spezifischer Dampfverbrauch} illustriert werden:

$P = m_s \times \Delta h_{isen} \times \eta_{isen}$ mit
P = Zylinderleistung
m_s = Dampfmassenstrom zu den Zylindern
Δh_{isen} = isentrope Enthalpiedifferenz des Dampfs in den Zylindern
η_{isen} = isentroper Wirkungsgrad *(Anm. d. Übers.: auch innerer Wirkungsgrad genannt)*

Der Wert für jeden Term der Gleichung auf der rechten Seite des Gleichheitszeichens war vergrößert worden. Der Dampfmassenstrom zu den Zylindern war durch Anheben der Verdampfungsleistung des Kessels durch das GPCS und den verbesserten Saugzug vergrößert worden. Die isentrope Enthalpiedifferenz des Dampfs wurde durch Erhöhung der Dampftemperatur und Senkung des Abdampfdrucks vergrößert. Der isentrope Wirkungsgrad wurde durch Verbesserung der inneren Stromlinie der Dampfwege vergrößert, zum Beispiel durch Verminderung des Druckabfalls vom Kessel zu den Schieberkästen (hauptsächlich wegen des größeren Überhitzers) und durch Verbesserung der Kolbenschieber, der äußeren Steuerung, der Kanalöffnungen der Schieberbuchsen usw. Einige dieser Modifikationen hatten eine größere Auswirkung, einige eine geringere, aber sie waren alle notwendig, da jede ihren Anteil beitrug. Daraus ergab sich dann, was Lokomotivführer Botha bei seiner Fahrt auf 3450 als „Unterschied" bemerkte. Etwa 50 % Leistungszunahme konnte man schon als Unterschied bezeichnen, *war aber dennoch weit von dem entfernt, was man hätte erreichen können, da es bei der 3450 kaum ein Teil gab, das nicht wesentlich besser hätte sein können.* Das galt sowohl für die strukturellen Limitierungen der Konstruktion der Klasse 25NC (zum Beispiel der Aufbau des Kessels, der die Anwendung eines höheren Kesseldrucks verhinderte) als auch dafür, dass wegen der Tatsache, dass 3450 ein Prototyp war, erst nach seiner Erprobung und seinem Einsatz der Weg voraus für weitere Verbesserungen klar erkannt werden konnte.

Das Leistungsgewicht bezogen auf die Zughakenleistung und basierend nur auf dem Maschinengewicht (das heißt ohne das Tendergewicht) betrug 23,0 kW t^{-1}, errechnet aus der höchsten aufgezeichneten auf die Ebene bezogenen Zughakendauerleistung bei 74 km h^{-1}, und 24,4 kW t^{-1} basierend auf der rechnerischen höchsten Zughakenleistung bei 100 km h^{-1}. Für einige andere kohlegefeuerte Hochleistungslokomotiven hatte das auf die Zughakenleistung bezogene Leistungsgewicht in kW pro Tonne Maschinengewicht folgende Werte:

British Railways 2C1, „Coronation"-Klasse : 17,1 (britischer Bestwert bei Nutzung der Kesselreserve)[1]
(Anm. d. Übers.: h4, Schnellzuglokomotive, London Midland and Scottish Railway, LMS, Crewe Works 1937 bis 48, Bahn-Nrn. 6220 bis 6257)
Deutsche Reichsbahn 1E1-Baureihe 45 : 17,5 (ungefähr)[1]
(Anm. d. Übers.: h3, Güterzuglokomotive, Henschel 1936 bis 37, Bahn-Nrn. 45 001 bis 028)
SNCF 2D-Baureihe 240P : 23,3
New York Central 2D2-Baureihe „Niagara" : 18,8 (repräsentativer Wert für allerbeste amerikanische Ausführung)
Rio-Turbio-Eisenbahn 1E1 : 20,6 (bei 50 km h^{-1}, gleich Streckenhöchstgeschwindigkeit)
Portas experimentelle 2D : 23,2

Trotz ihrer Bauart als Zweizylinderlokomotive mit einfacher Dampfdehnung, mäßigem Kesseldruck und der Verbrennung mittelmäßiger Kohle, Letzteres ein wesentlicher Faktor, da Hochleistungen von Dampflokomotiven im Allgemeinen auf der Verbrennung hochwertiger Kohle beruhten, war 3450 damit auf der Höhe der bisher erreichten besten Niveaus. Dennoch sollte sich niemand der Vorstellung hingeben, dass das die mit der klassischen Dampflokomotive Stephenson'scher Bauart erreichbaren Höchstwerte repräsentierte. Portas SGS-1E-Entwurf in der Abb. 2 war für ein nominelles auf die Zughakenleitung bezogenes Leistungsgewicht von 32,5 kW t^{-1} konstruiert. Selbst mit einfacher Dampfdehnung wären wohl 29 kW t^{-1} für eine Maschine für mittlere Fahrgeschwindigkeiten möglich gewesen, falls man mit der Konstruktion auf einem weißen Blatt Papier beginnt (oder einem leeren Computerbildschirm, wie es wohl heutzutage der Fall wäre).

Abb. 88. Indizierter spezifischer Dampfverbrauch, aufgetragen über verschiedenen indizierten Leistungen. Für den spezifischen Dampfverbrauch wurde nur der Dampfmassenstrom zu den Zylindern berücksichtigt. Der Kurvenverlauf ist der übliche, aber der indizierte Dampfverbrauch von 1,74 kg MJ^{-1} *(Anm. d. Übers.: 6,26 kg kWh^{-1})* bei etwa 14 000 kg h^{-1} Dampfmassenstrom zu den Zylindern, 100 km h^{-1} und 2 200 indizierten kW, ist sehr niedrig, 16 % niedriger, als bisher bei einer Einfachexpansionslokomotive, der 2C1-Dreizylindermaschine *Duke of Gloucester* der British Railways mit Caprotti-Steuerung, aufgezeichnet wurde. Er wäre noch niedriger gewesen, falls die langen Überhitzerelemente eingebaut gewesen wären. So gut die Zylinderleistungen der 3450 bei hohen Geschwindigkeiten und kleinen Füllungen auch waren, ein solch niedriger indizierter spezifischer Dampfverbrauch war höchst unwahrscheinlich. Bei gegebenem Vertrauen in die Messverfahren der indizierten Leistungen, weist das darauf hin, dass der wahre Dampfmassenstrom höher war, als sich aus den Kalibrierungen der Blasrohrdüsen ergab. Diese Schlussfolgerung gilt für sämtliche in diesem Buch wiedergegebenen Angaben zu den Dampfmassenströmen der 3450. Falls dem so war, dann war der wahre innere Zylinderwirkungsgrad etwas schlechter als gemessen und der wahre Kesselwirkungsgrad etwas besser, so dass die Werte für den spezifischen Kohleverbrauch und den thermischen Gesamtwirkungsgrad davon unbeeinflusst blieben. Die günstigsten indizierten spezifischen Dampfverbrauchswerte bezogen sich auf eine Zylinderfüllung von etwa 14 %. Das ist ein sehr niedriger Wert, der die Richtigkeit der Fahrweise mit voll geöffnetem Regler bei möglichst kleinen Füllungen bestätigte, sofern die Saugzuganlage für diese Betriebsweise konstruiert war.

Abb. 89. Indizierter spezifischer Kohleverbrauch, aufgetragen über der indizierten Leistung. Das galt für Kohle mit einem unteren Heizwert von 27,5 MJ kg^{-1} und war aus der Abb. 88 und der zuvor gemessenen Kesselleistung abgeleitet. Der Minimalwert betrug etwa 0,28 kg MJ^{-1} *(Anm. d. Übers.: 1,01 kg kWh^{-1})* bei ungefähr 12 500 kg h^{-1} Dampfmassenstrom zu den Zylindern, 100 km h^{-1} und 2 000 indizierten kW. Bei dieser Arbeitslage betrug der höchste indizierte thermische Wirkungsgrad der Lokomotive 13,1 %.

Abb. 90. Spezifischer Dampfverbrauch am Zughaken, aufgetragen über der auf die Ebene bezogenen Zughakenleistung.

$$\text{Spezifischer Dampfverbrauch am Zughaken} = \frac{\text{Indizierter spezifischer Dampfverbrauch}}{\left\{1 - \left\{\frac{\text{Leistung zur Eigenbewegung der Lokomotive}}{\text{indizierte Leistung}}\right\}\right\}}$$

Er wurde somit beeinflusst von der zur Eigenbewegung der Lokomotive benötigten Leistung. Da die tatsächlich für diesen Parameter gemessenen Werte als zu hoch angesehen wurden, waren die Werte für den spezifischen Dampfverbrauch am Zughaken verzerrt, besonders bei höheren Geschwindigkeiten und kleineren Kesselleistungen (aus der Gleichung ist leicht zu erkennen, dass der spezifische Dampfverbrauch am Zughaken einer Lokomotive, die ein schlechtes Leistungsgewicht hatte, bei hohen Geschwindigkeiten stark anstieg, wie gut auch immer der spezifische indizierte Dampfverbrauch war, Beispiel: *Duke of Gloucester*).

[1] Im normalen Einsatz überschritten britische und deutsche Lokomotiven selten 15 kW t^{-1}.

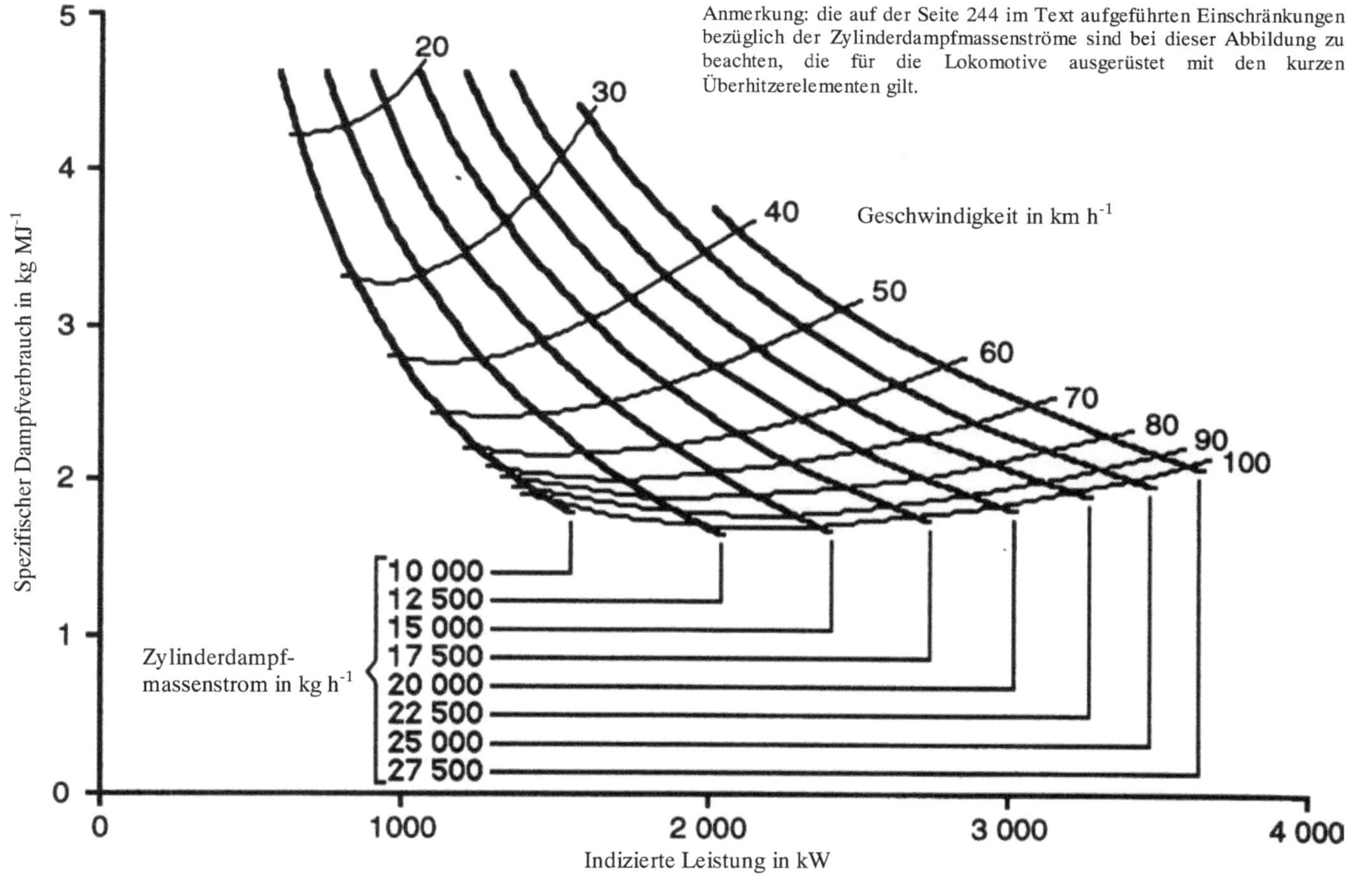

Abb. 88
SAR: 2D2-Klasse 26 Nr. 3450: Indizierter spezifischer Dampfverbrauch über der indizierten Leistung

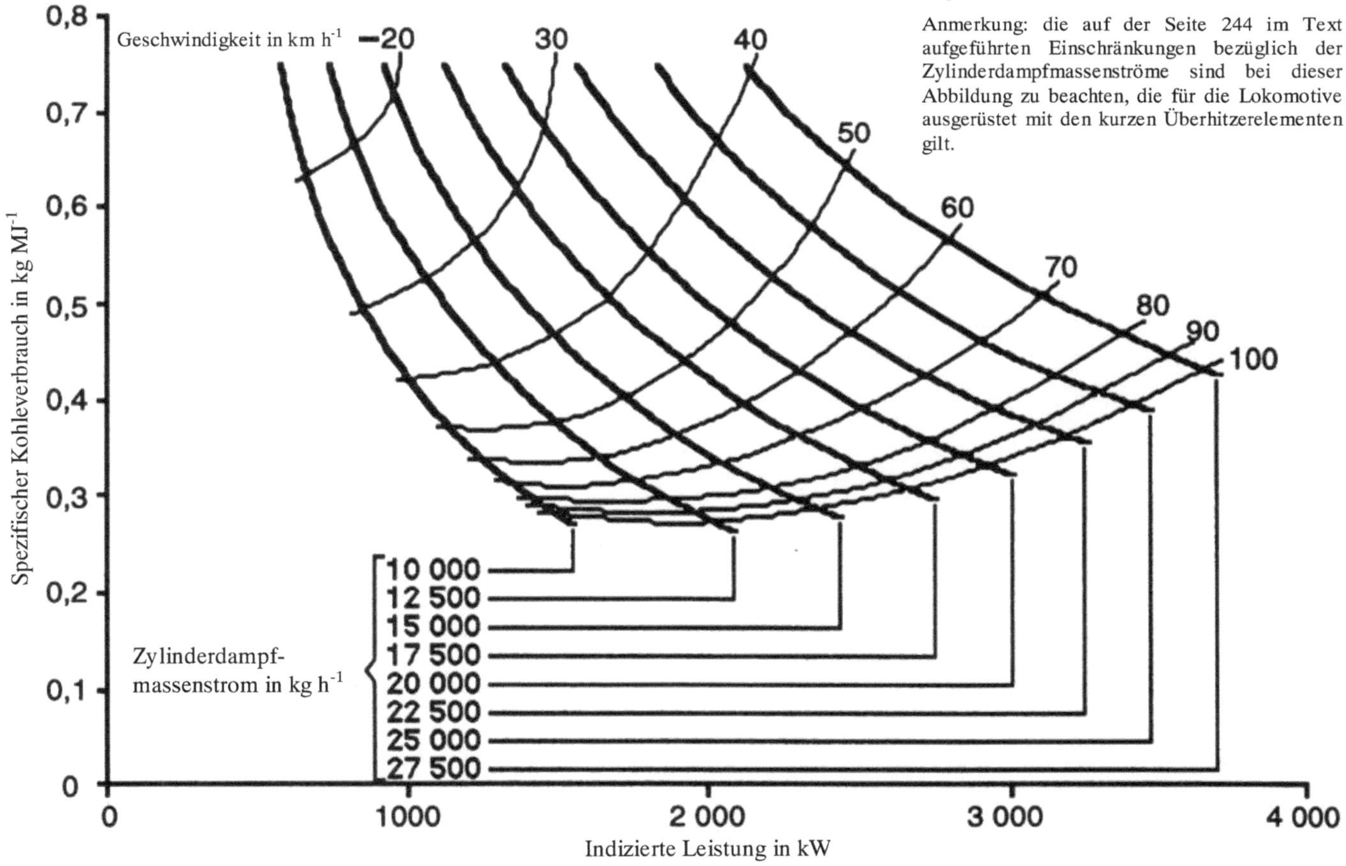

Abb. 89
SAR: 2D2-Klasse 26 Nr. 3450: Indizierter spezifischer Kohleverbrauch über der indizierten Leistung (für Kohle mit einem unteren Heizwert von 27,5 MJ kg^{-1})

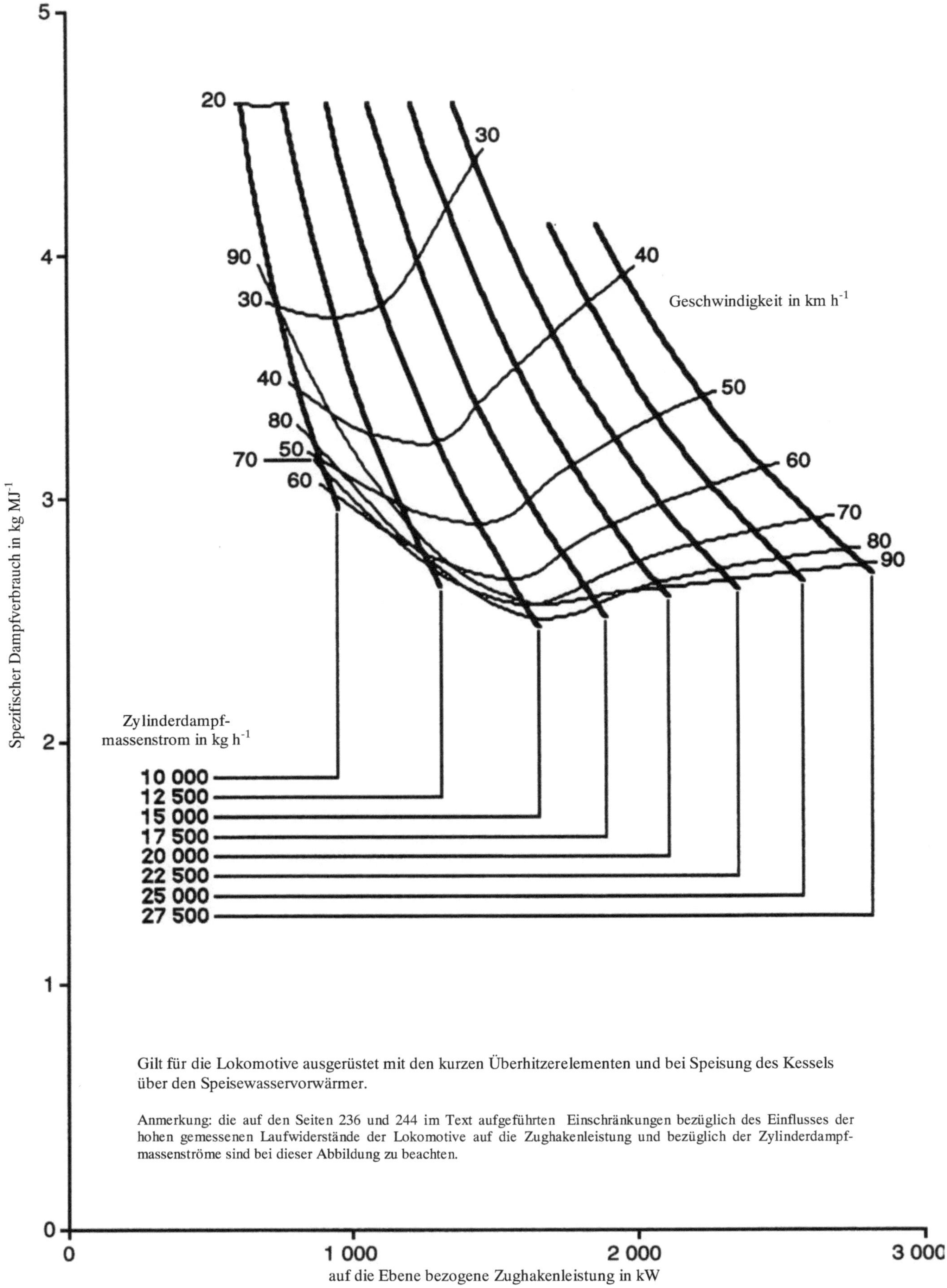

Gilt für die Lokomotive ausgerüstet mit den kurzen Überhitzerelementen und bei Speisung des Kessels über den Speisewasservorwärmer.

Anmerkung: die auf den Seiten 236 und 244 im Text aufgeführten Einschränkungen bezüglich des Einflusses der hohen gemessenen Laufwiderstände der Lokomotive auf die Zughakenleistung und bezüglich der Zylinderdampfmassenströme sind bei dieser Abbildung zu beachten.

Abb. 90

SAR: 2D2-Klasse 26 Nr. 3450: Effektiver spezifischer Dampfverbrauch über der auf die Ebene bezogenen Zughakenleistung

Abb. 91. Spezifischer Kohleverbrauch am Zughaken, aufgetragen über der auf die Ebene bezogenen Zughakenleistung. Dieses Verhältnis wurde von drei Faktoren beeinflusst: thermischer Wirkungsgrad der Dampfmaschine, Kesselwirkungsgrad und der Laufwiderstand der Lokomotive. Der Kurvenverlauf war verzerrt durch die für den letzteren Parameter gemessenen, offenbar übertriebenen Werte.

Abb. 92. Thermischer Wirkungsgrad der Dampfmaschine, aufgetragen über der indizierten Leistung. Das waren näherungsweise die Kehrwerte der spezifischen indizierten Dampfverbräuche aufgetragen über der Leistung in der Abb. 88. Der höchste thermische Wirkungsgrad der Dampfmaschine ergab sich zu 18,2 %, bei gleicher Arbeitslage wie der des günstigsten spezifischen indizierten Dampfverbrauchs. Es ergab sich dabei allerdings, dass der isentrope Wirkungsgrad (der Anteil, der aus der theoretisch möglichen Zylinderleistung tatsächlich erzielt wurde) bis zu 96 % erreichte. Das war allerdings eine unwahrscheinliche Zahl und ein Höchstwert von 90 % wäre annehmbarer gewesen. Die in der Abb. 92 angegebenen thermischen Wirkungsgrade der Dampfmaschine wurden deshalb als etwas zu hoch angesehen, und zwar überwiegend aus denselben Gründen, aus denen die spezifischen indizierten Dampfverbrauchswerte zu niedrig waren.

Abbn. 93 und 94. Thermische Gesamtwirkungsgrade, aufgetragen über der indizierten Leistung beziehungsweise über der auf die Ebene bezogenen Leistung am Zughaken.[1] Das waren näherungsweise die Kehrwerte der spezifischen Kohleverbräuche, aufgetragen über der Leistung, in den Abbn. 89 und 91, und die gleichen Einflussgrößen sind zutreffend. Insbesondere war der thermische Gesamtwirkungsgrad am Zughaken, wegen des gemessenen hohen spezifischen Laufwiderstands, niedrig, verglichen mit dem indizierten thermischen Gesamtwirkungsgrad. Die entsprechenden Werte waren 8,6 % beziehungsweise 13,1 %. Wäre der spezifische Laufwiderstand der 3450 von der gleichen Größenordnung wie bei den anderen Lokomotiven in der Abb. 80 gewesen, dann wäre der thermische Gesamtwirkungsgrad am Zughaken auf etwa 9,8 % bei einem Dampfmassenstrom von 15 000 kg h^{-1} zu den Zylindern und 90 km h^{-1} angestiegen. Der vermutete Fehler bei der Messung des Laufwiderstands hat also die Werte für die thermischen Gesamtwirkungsgrade am Zughaken merklich beeinflusst. Es gab Grund zu der Annahme, dass der wahre Höchstwert des thermischen Gesamtwirkungsgrads am Zughaken im Bereich von 10 % lag. Tatsächlich war dieser Wert während einer gesamten Fahrt überschritten worden, falls man den während der Messwagenfahrten 1981 in Pretoria aufgezeichneten Messungen Glauben schenken kann (siehe Tabelle 37). Ebenso wie die Leistungsfähigkeit der 3450 stellte der thermische Wirkungsgrad nicht die Obergrenze für die klassische Dampftraktion dar. Bei einer auf einem weißen Blatt Papier begonnenen Konstruktion hätte auch eine einfache Zwillingslokomotive mit einem thermischen Wirkungsgrad von 12 % am Zughaken konstruiert werden können, also etwa rund die Hälfte der Werte für zeitgenössische Diesel- und Elektrotraktion.

Abbn. 95 und 96. Thermische Gesamtwirkungsgrade bezogen auf die indizierten beziehungsweise die Zughakenleistungen, aufgetragen über der Geschwindigkeit. Der gleichmäßige Abstand der Kurven des Dampfmassenstroms bei den höheren Kesselleistungen weist darauf hin, dass der Kessel noch weit entfernt von der Rostgrenze betrieben wurde. Die relative Lage der Kurven bei hohen Geschwindigkeiten in der Abb. 96 zeigen, dass der negative Einfluss des Laufwiderstands der Lokomotive den positiven Einfluss eines hohen Kesselwirkungsgrads bei kleinen Verdampfungsleistungen überwog. Bei noch höheren Geschwindigkeiten als in diesem Diagramm dargestellt, hätte sich der höchste thermische Gesamtwirkungsgrad am Zughaken bei der höchsten Kesselleistung eingestellt, obwohl dann der Kesselwirkungsgrad am niedrigsten war. Die Moral aus der Geschichte lautet, dass bei dem Betrieb mit hohen Geschwindigkeiten ein günstiges Leistungsgewicht entscheidend ist, was einen kleinen Kessel mit hochwirksamem Saugzug und ein hochwirksames Verbrennungssystem für hohe Rostbelastungen erfordert. Wird das so nicht in die Praxis umgesetzt, so bedeutet es, dass bei hohen Geschwindigkeiten der größte Teil der Lokomotivleistung zum Bewegen der Lokomotive selbst verbraucht wird. In der Tat gibt es für jede Lokomotive eine Geschwindigkeit mit null Zughakenleistung und einem thermische Gesamtwirkungsgrad am Zughaken von null, bei der die gesamte Leistung zur Eigenbewegung aufgezehrt wird, wobei diese Geschwindigkeit im Großen und Ganzen von dem erreichten Leistungsgewicht abhängig ist. Das Leistungsgewicht war der wesentliche Grund, warum Dampflokomotiven für die Verkürzung der Fahrzeiten der Verkehrsangebote, die besonders von den europäischen Bahnverwaltungen für den Erhalt der Wettbewerbsfähigkeit des Schienenverkehrs als unverzichtbar angesehen wurde, als ungeeignet angesehen wurden. Das war allerdings nur ein inhärenter Faktor der FGS-Lokomotiven und nicht der Dampftraktion *per se*.

Abbn. 97 und 98. Leistungstafeln für Personen- und Güterzüge für die Klassen 25NC und 26. Diese Tafeln zeigen den Wert der 3450 als Triebfahrzeug für die Zugförderung. Sie wurden nach der SAR-Standardmethode unter Verwendung der darin enthaltenen Laufwiderstandskurven für Rollmaterial ermittelt, die als etwas zu hoch angesehen wurden und etwas niedrige Beharrungsgeschwindigkeiten ergaben, was sich gelegentlich bei dem Einsatz der 3450 belegen ließ und basierten auf den jeweiligen Höchstleistungen der Klassen 25NC und 26. Die Letztere entwickelte ihre Leistungen bei einer wesentlich größeren Wirtschaftlichkeit.

Abb. 99. Ausgewählte Leerlaufdiagramme. Für drei verschiedene Leerlaufmethoden wurden Indikatordiagramme aufgenommen: Steuerung in Mittelstellung und Regler geschlossen, Steuerung in Mittelstellung mit ganz wenig geöffnetem Regler und Steuerung voll ausgelegt mit geschlossenem Regler. Die Diagramme zeigen, dass die erste dieser drei Methoden alle Kriterien außer Punkt (iv) in der Liste der Leerlaufkriterien auf Seite 84 erfüllte, soweit sie mit Indikatordiagrammen gemessen werden konnten. Ein geringer Unterdruck war während eines Teils des Kolbenhubs erkennbar, was zeigte, dass etwas mehr Dampf, als von den Zerstäubern kam, benötigt wurde, um eine Rückströmung von den Blasrohrdüsen in die Zylinder vollständig zu unterbinden. Mit ganz wenig geöffnetem Regler war der Dampfmassenstrom zu groß, und der Leerlauf mit voll ausgelegter Steuerung war völlig inakzeptabel. Da sich der Leerlauf in Mittelstellung der Steuerung sowohl auf der 2644 als auch auf 3450 bewährt hatte und, wie die Indikatordiagramme gezeigt hatten, im Prinzip zufriedenstellend war, wurde die Methode zur Anwendung auf sämtlichen SAR-Dampflokomotiven empfohlen, aber es gab auf diesen Vorschlag keine Reaktion.

Bei Messfahrten auf dem Streckenabschnitt Beaconsfield – Bloemfontein im Oktober 1983 wurde die Serien-25NC Nr. 3460 mit derselben Messausrüstung wie bei 3450 mechanisch indiziert. Die Lokomotive hatte seit einer Zwischenausbesserung gerade einmal 5 000 Kilometer zurückgelegt und wurde nach den seinerzeit vorherrschenden Standards als in recht gutem Zustand befindlich angesehen. Der Hauptgrund für dieses Unterfangen war der Vergleich der Dampfverteilung bei den Klassen 25NC und 26. Zu diesem Zweck können die Diagramme in den Abb. 100 und 101 mit denen der Abb. 77 verglichen werden. Obwohl kein Versuch unternommen wurde, die Leistungsfähigkeit der Klasse 25NC systematisch nach Art der 3450 zu untersuchen, wurde die Lokomotive so hoch wie möglich angestrengt. Die maximal aufgezeichneten Leistungen wurden herangezogen, um die Kurve der indizierten Leistungen für die Klasse 25NC mit Kastenfunkenfänger in der Abb. 86 zu zeichnen. Diese Höchstleistungen wurden generell unter Inanspruchnahme der Kesselreserve entwickelt und führten zu instabilen Betriebszuständen des Kessels. Die Kesselleistung war im Bereich der Höchstleistungen erkennbar heikel, und sobald der Dampfbedarf (vermutlich) über die Rostgrenze anstieg, fiel der Kesseldruck rapide ab.

---

[1] Die Werte aus diesen Darstellungen wurden beim Zeichnen der Linien konstanten thermischen Wirkungsgrads der Kennlinienfelder in den Abbn. 82 und 84 verwendet.

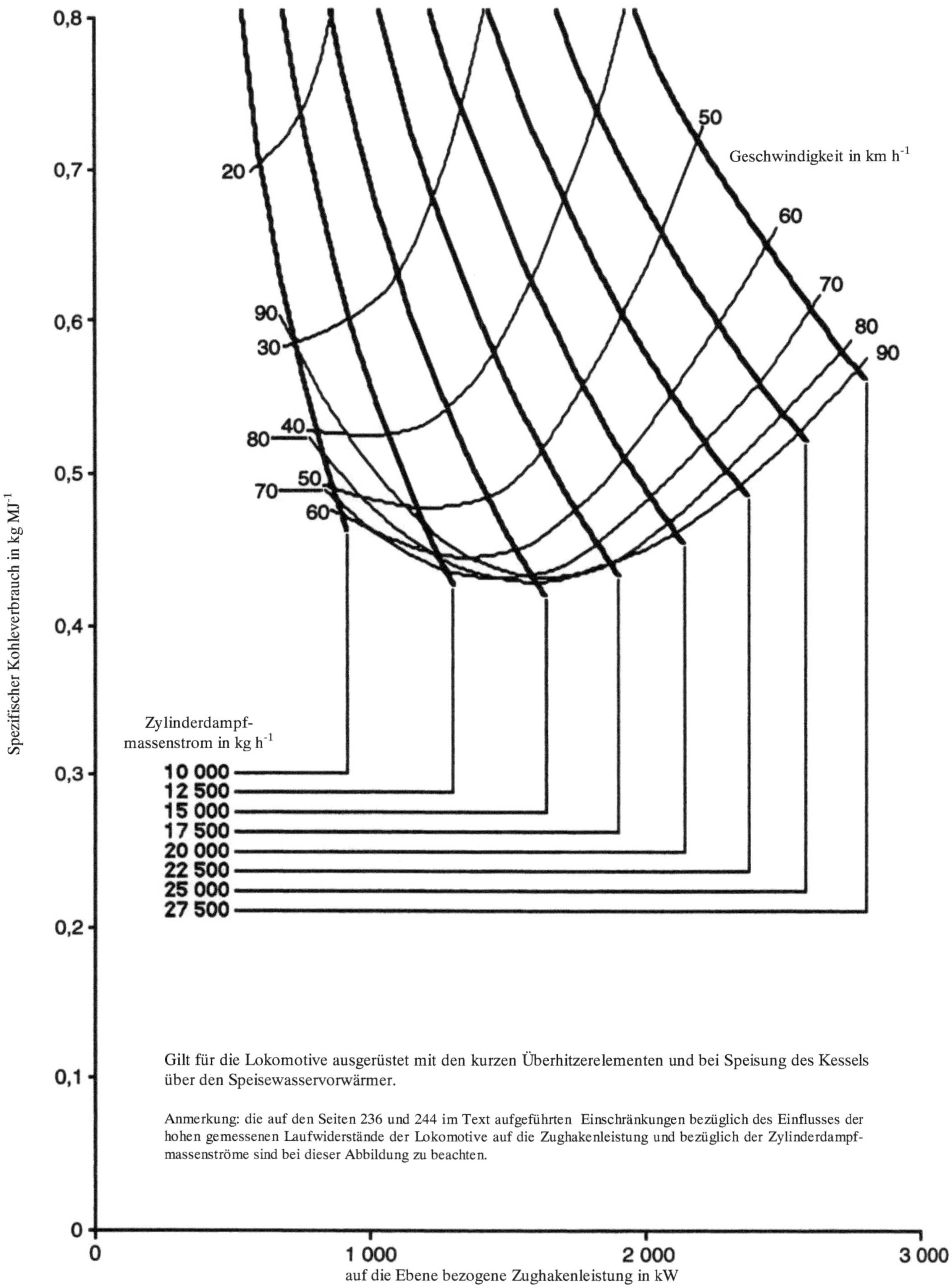

Gilt für die Lokomotive ausgerüstet mit den kurzen Überhitzerelementen und bei Speisung des Kessels über den Speisewasservorwärmer.

Anmerkung: die auf den Seiten 236 und 244 im Text aufgeführten Einschränkungen bezüglich des Einflusses der hohen gemessenen Laufwiderstände der Lokomotive auf die Zughakenleistung und bezüglich der Zylinderdampfmassenströme sind bei dieser Abbildung zu beachten.

Abb. 91

SAR: 2D2-Klasse 26 Nr. 3450: Effektiver spezifischer Kohleverbrauch über der auf die Ebene bezogenen Zughakenleistung (für Kohle mit einem unteren Heizwert von 27,5 MJ kg^{-1})

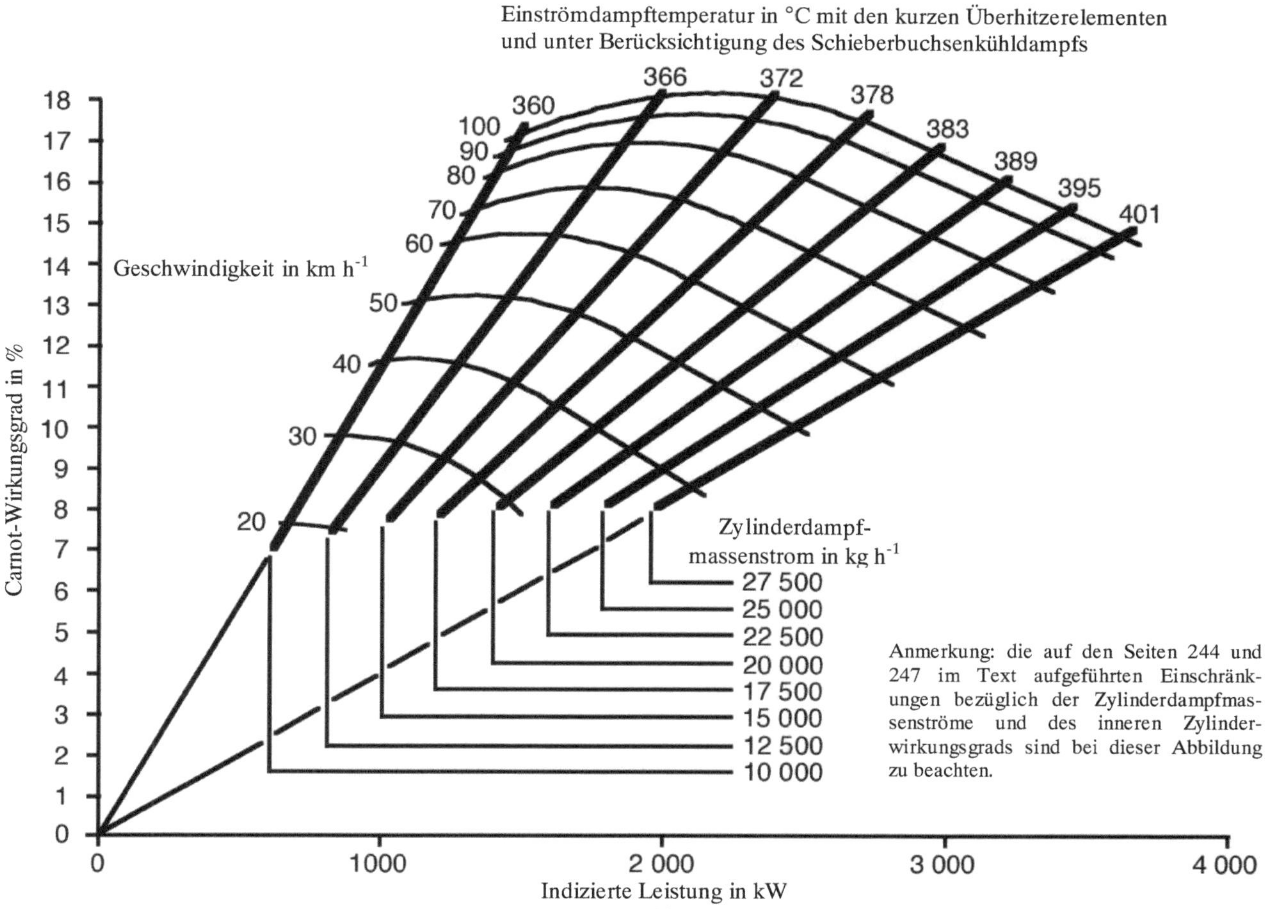

Abb. 92
SAR: 2D2-Klasse 26 Nr. 3450: Carnot-Wirkungsgrad über der indizierten Leistung

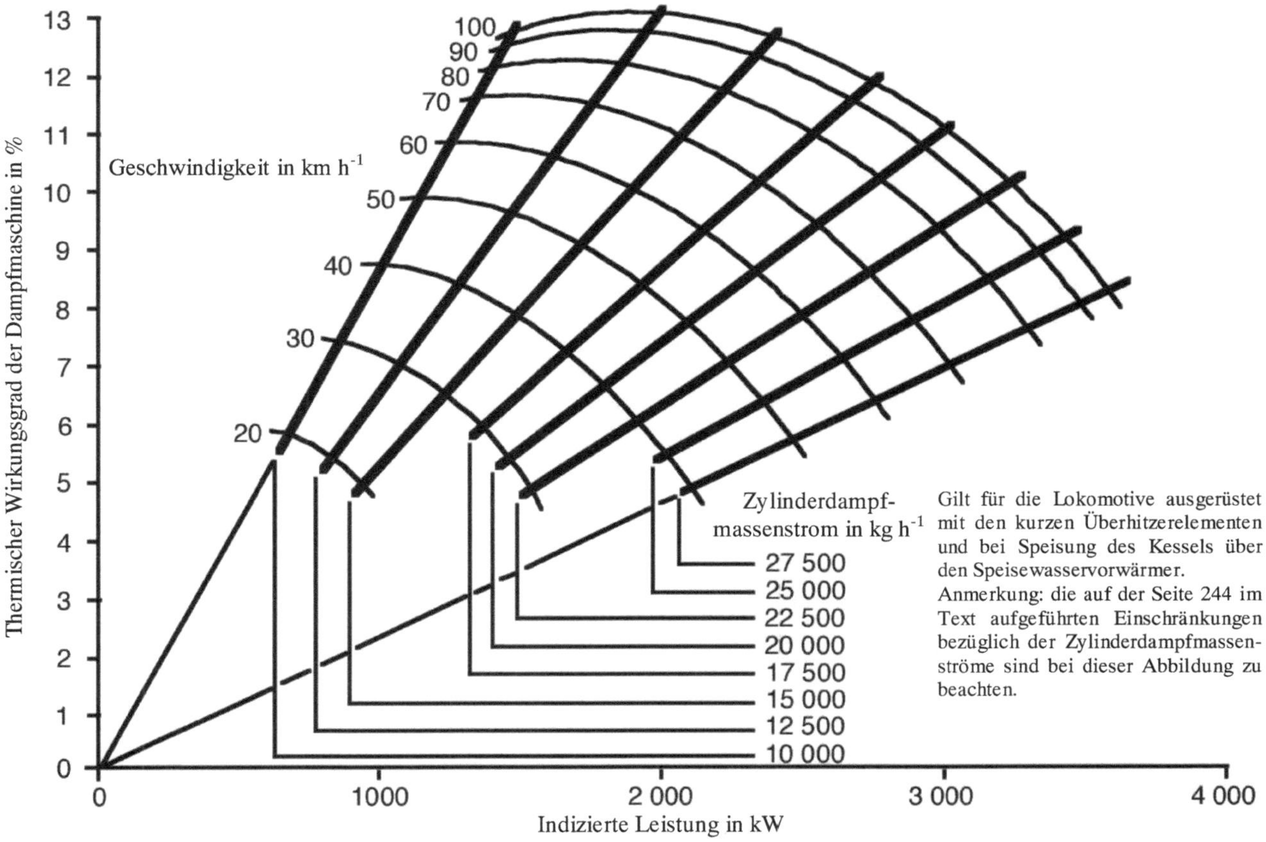

Abb. 93
SAR: 2D2-Klasse 26 Nr. 3450: Thermischer Wirkungsgrad der Dampfmaschine über der indizierten Leistung (für Kohle mit einem unteren Heizwert von 27,5 MJ kg^{-1})

Anmerkung: die auf den Seiten 236 und 244 im Text aufgeführten Einschränkungen bezüglich des Einflusses der hohen gemessenen Laufwiderstände der Lokomotive auf die Zughakenleistung und bezüglich der Zylinderdampfmassenströme sind bei dieser Abbildung zu beachten.

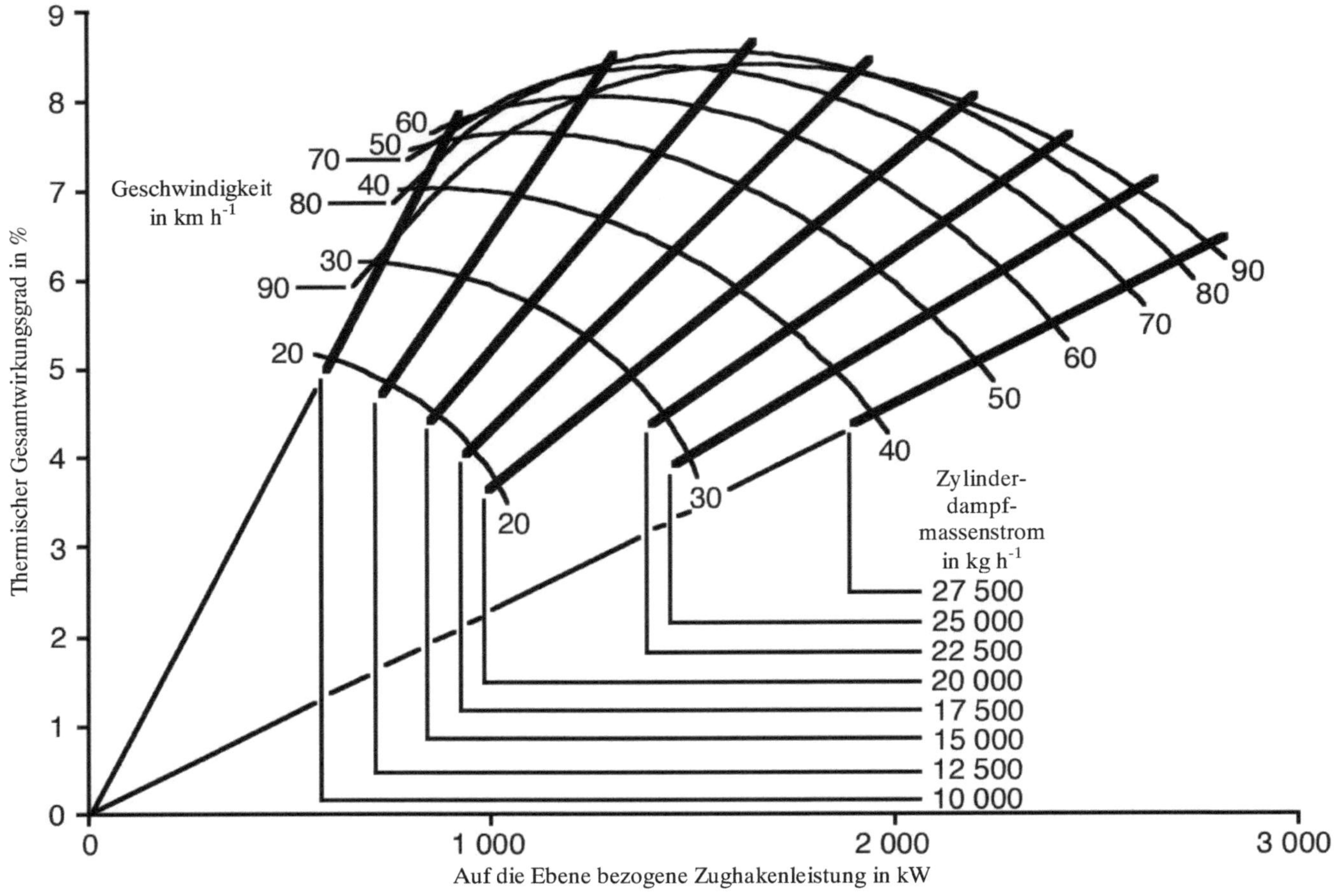

Abb. 94
SAR: 2D2-Klasse 26 Nr. 3450: Thermischer Gesamtwirkungsgrad über der auf die Ebene bezogenen Zughakenleistung (für Kohle mit einem unteren Heizwert von 27,5 MJ kg^{-1})

Im Gegensatz dazu arbeitete 3450 unter den gleichen Bedingungen in einer „Grauzone". Grauzone nur deshalb, weil für Höchstleistungen alles, besonders das Feuerbett, genau richtig sein musste. Der Unterschied war der Tatsache zuzuschreiben, dass bei dieser Lokomotive die Rostgrenze niemals angefahren wurde. Die Messungen auf der 3460 erlaubten die Voraussage, dass selbst bei Ausnutzung der Kesselreserve die indizierte Leistung der 25NC in ihrem damaligen Betriebszustand ungefähr 2 400 kW (bei 100 km h^{-1}) nicht überschreiten würde. Der wesentliche Grund dafür war, dass bei diesen Lokomotiven der fünfziger Jahre Chapelons Lehren über die innere Stromlinie der Dampfwege nicht richtig beachtet worden waren. Die für die 25NC verantwortlichen Ingenieure hatten, wie ihre Zeitgenossen anderswo, die Botschaft, die in den dreißiger Jahren in der für die Dampftraktion kritischen Zeit aus Frankreich kam, nicht in ihrer ganzen Tragweite verstanden.

Nachdem die Indizierversuche mit 3450 abgeschlossen waren, verbrachte die Lokomotive einen weiteren Monat in Capital Park, währenddessen die ausstehenden vorgesehenen Änderungen und Versuche durchgeführt wurden. Den Abschluss stellten Temperaturmessungen dar, nachdem die langen Überhitzerelemente eingebaut worden waren. Die letzte Fahrt auf der Witbank-Route fand am Samstag, dem 11. Juni 1983 statt, und zwar hin und zurück vor dem Personenzug mit Halt auf allen Stationen unter Nutzung der alten Genehmigung für diese Dienstart. Die örtliche Gruppe von Eisenbahnfreunden wurde im Voraus informiert, und für Mitfahrende wurden drei zusätzliche Personenwagen vorn an den Zug gekuppelt, wodurch das Leergewicht auf über 500 Tonnen anstieg. Die Lokomotive wurde zuvor neu angestrichen und überhaupt herausgeputzt. Selbst die Lokalpresse erschien, um Lebewohl zu sagen, so dass der *Rote Teufel* einen weiteren ruhmreichen Augenblick in der Tagespresse hatte. Die Fahrten verliefen gut, und der Tag war ein weiterer gelungener Abschluss für die Stationierung der 3450 in Pretoria (siehe Tafel 59). Nach zweieinhalb Jahren harter praktischer Arbeit sah ich das Betriebsverhalten als so gut an wie es zu erreichen möglich gewesen war, es sei denn, es gab einen weiteren Anstoß seitens einer in ihrer Einstellung zur Dampftraktion sich ändernden Unternehmensführung. Mit anderen Worten, eine bedeutsame Entwicklungsarbeit der Dampftraktion war ohne weitere Ermunterung bei den SAR praktisch am Ende angelangt. Wir waren so weit gekommen wie es möglich war. Als ich 3450 vor diesen Zügen dahinstürmen sah (ich verfolgte sie mit Freunden im Auto und machte Photographien und Tonbandaufnahmen, während Waller auf dem Führerstand fuhr, um Temperaturmessungen zu machen), hatte ich das Gefühl, dass damit ein endgültiger Höhepunkt erreicht war und es von da an nur noch abwärts gehen könne. So wie es dann auch tatsächlich eintrat.

Bevor die Lokomotive nach Beaconsfield zurückkehrte, wurde alles Überflüssige wie die Herdner-Anfahrventile und sämtliche Anschlüsse für die Messinstrumente entfernt. Sie war äußerlich in einem erstklassigen Zustand, und ein Brief mit der Aufforderung, dafür

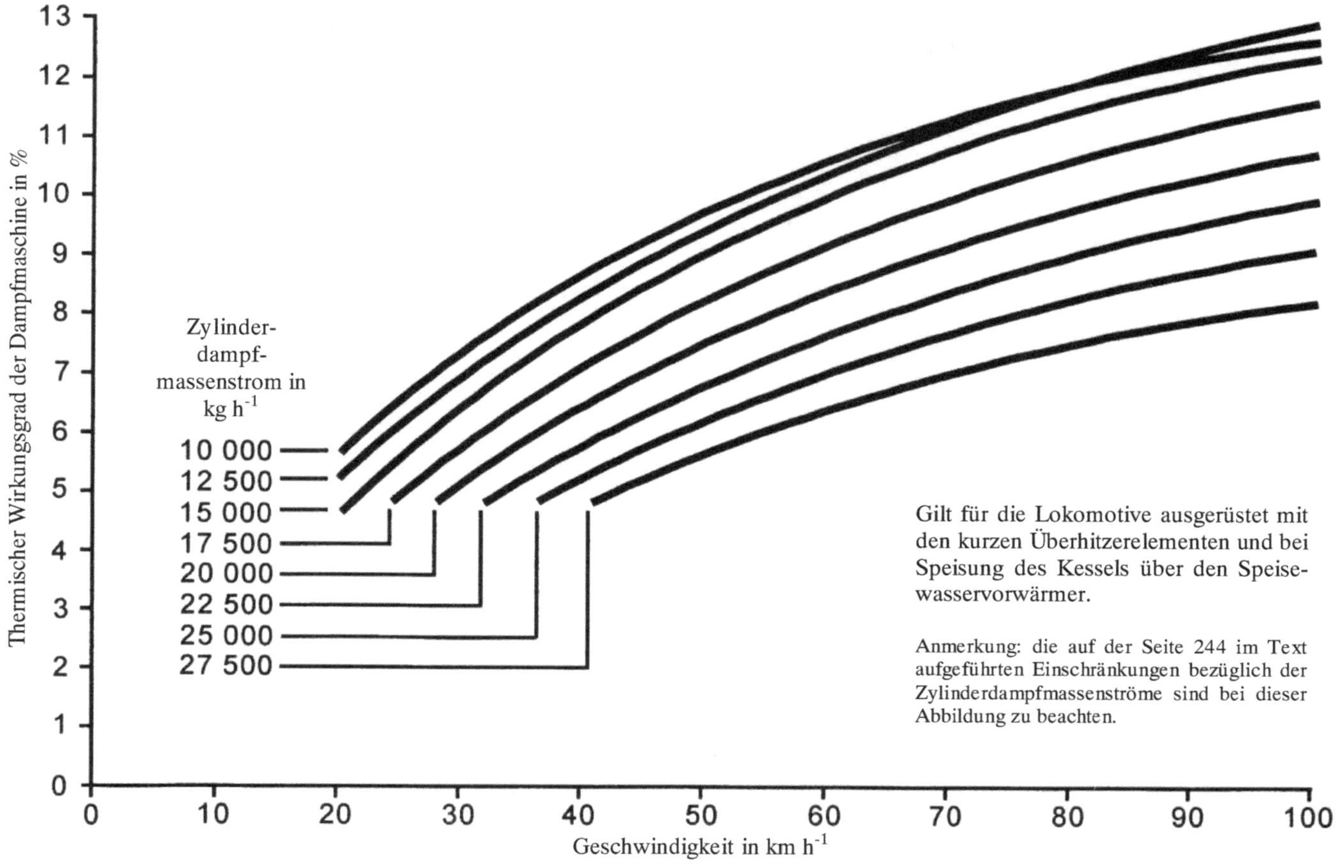

Abb. 95
SAR: 2D2-Klasse 26 Nr. 3450: Thermischer Wirkungsgrad der Dampfmaschine über der Geschwindigkeit (für Kohle mit einem unteren Heizwert von 27,5 MJ kg^{-1})

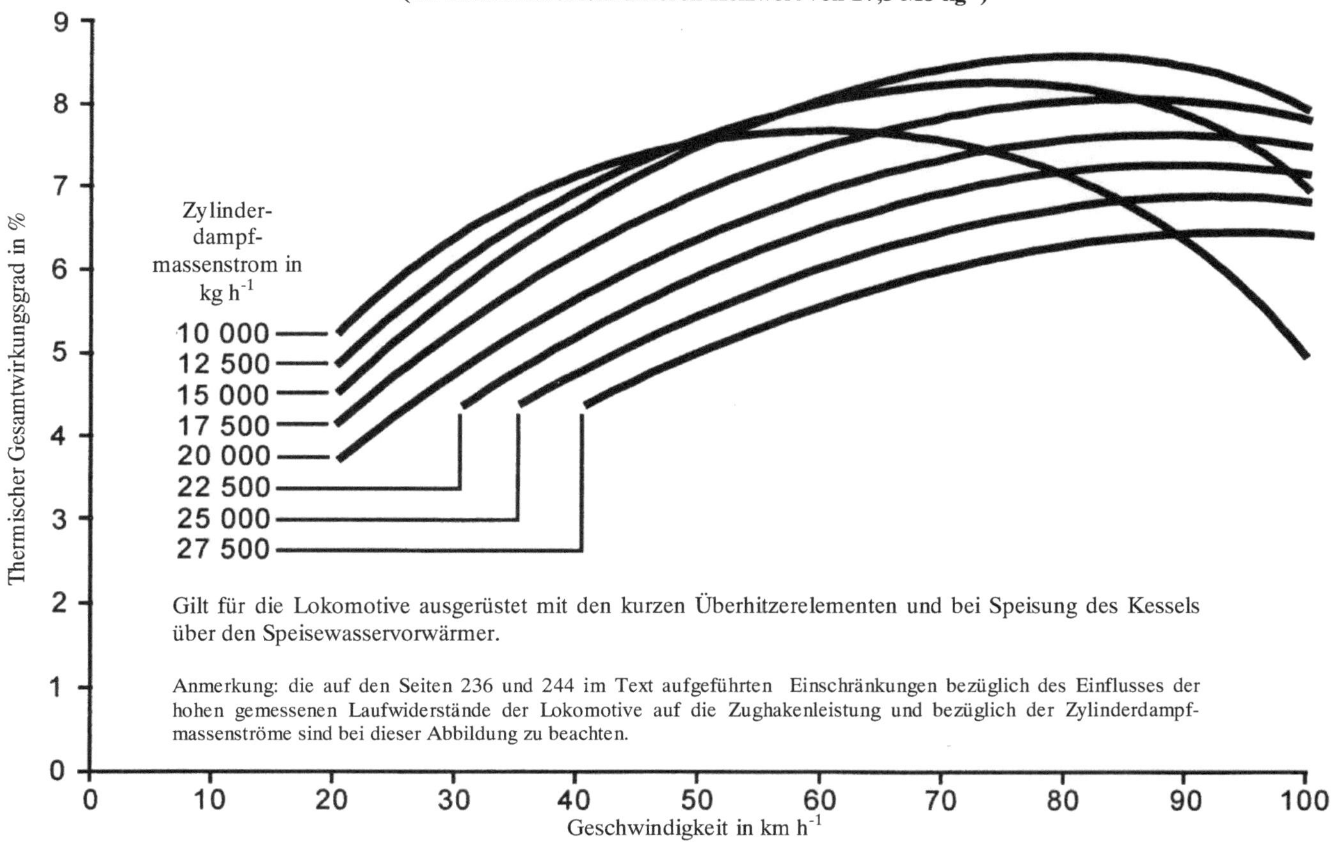

Abb. 96
SAR: 2D2-Klasse 26 Nr. 3450: Thermischer Gesamtwirkungsgrad über der Geschwindigkeit (für Kohle mit einem unteren Heizwert von 27,5 MJ kg^{-1})

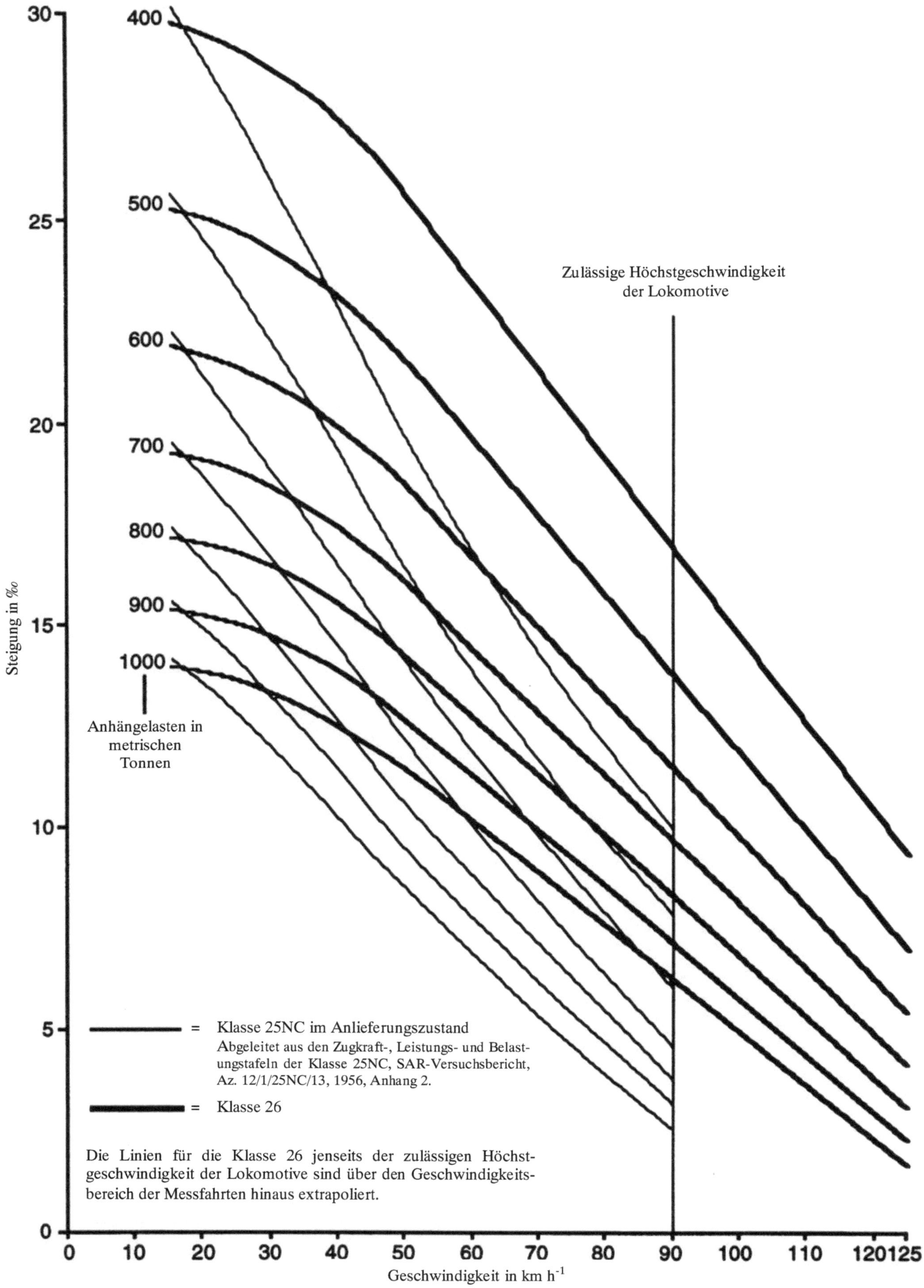

Abb. 97
SAR: 2D2-Klassen 25NC und 26: Belastungstafel für Personenzüge

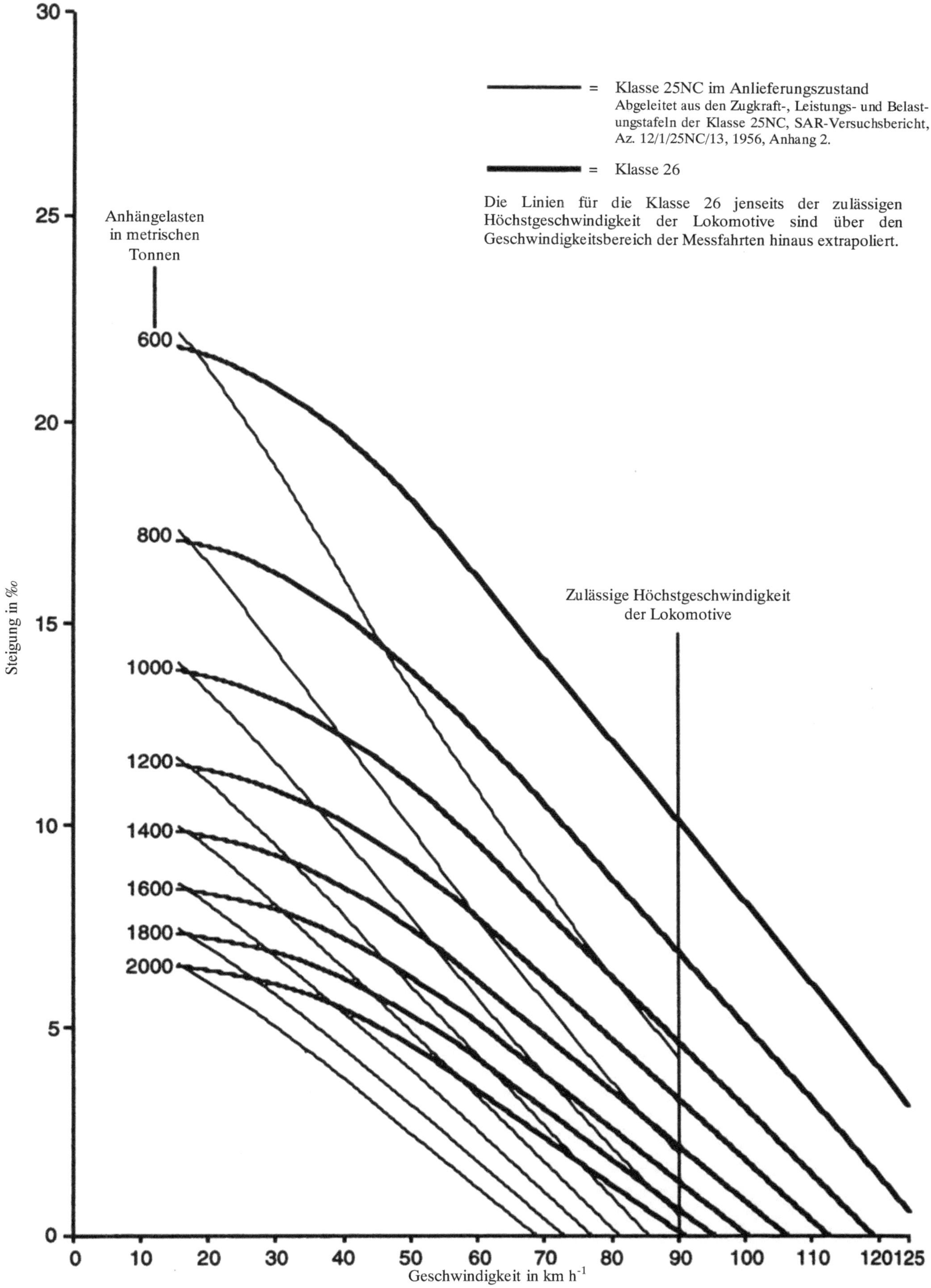

Abb. 98
SAR: 2D2-Klassen 25NC und 26: Belastungstafel für Güterzüge

Leerlauf in Mittelstellung der Steuerung mit geschlossenem Regler

Elektronisches Indikatordiagramm

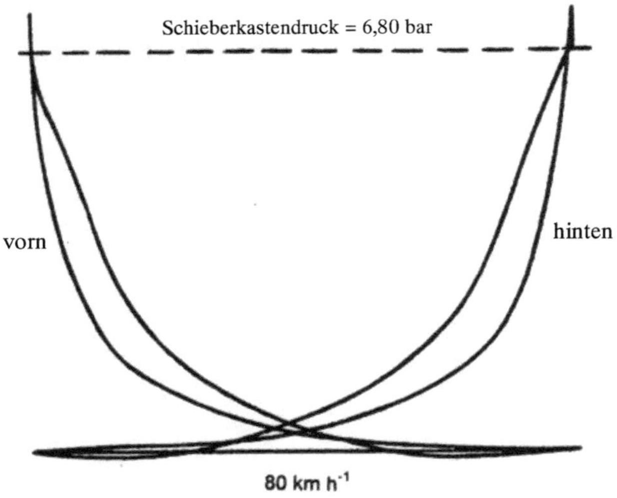

Mechanisches Indikatordiagramm

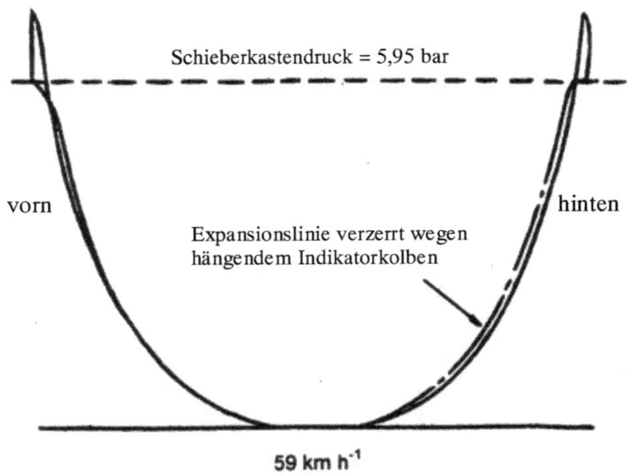

Leerlauf in Mittelstellung der Steuerung mit ganz wenig geöffnetem Regler

Elektronisches Indikatordiagramm

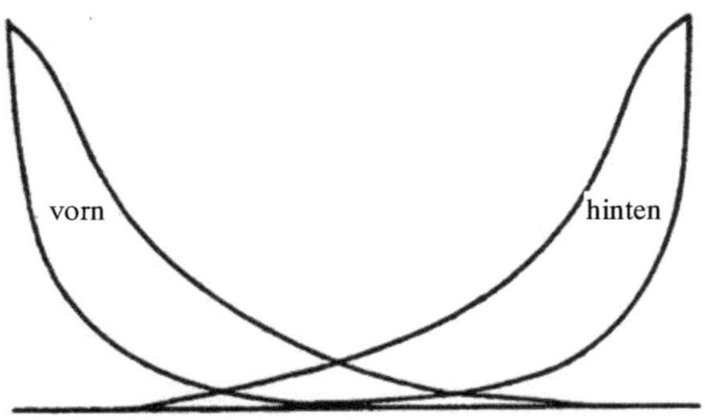

83,5 km h^{-1} Schieberkastendruck = 8,90 bar

Mechanisches Indikatordiagramm

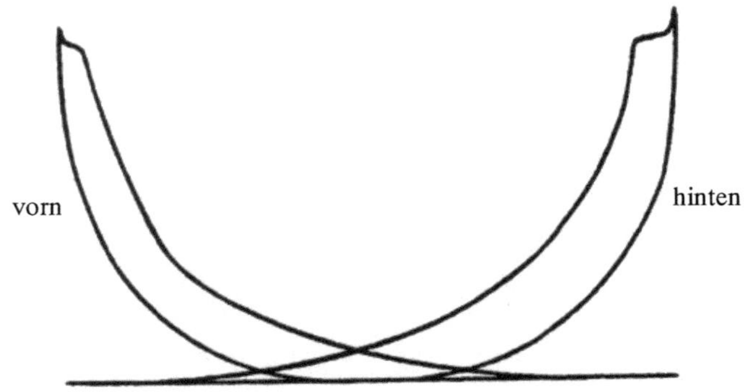

68,5 km h^{-1} Schieberkastendruck = 8,60 bar

Leerlauf mit voll ausgelegter Steuerung und geschlossenem Regler
Nur elektronische Indikatordiagramme
(Lage der Atmosphärenlinie unbekannt)

45 km h^{-1} Schieberkastendruckanzeige auf Manometer im Führerhaus = 0 bar

62 km h^{-1} Schieberkastendruckanzeige auf Manometer im Führerhaus = 0 bar

Abb. 99
SAR: 2D2-Klasse 26 Nr. 3450: Beispiele von Leerlaufindikatordiagramme

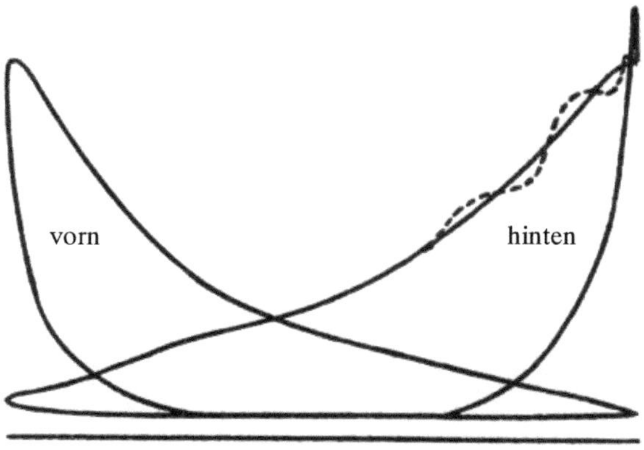

Geschwindigkeit = 56 km h^{-1} 15 % Füllung 14,70 bar Kesseldruck
1 050 kW indizierte Leistung

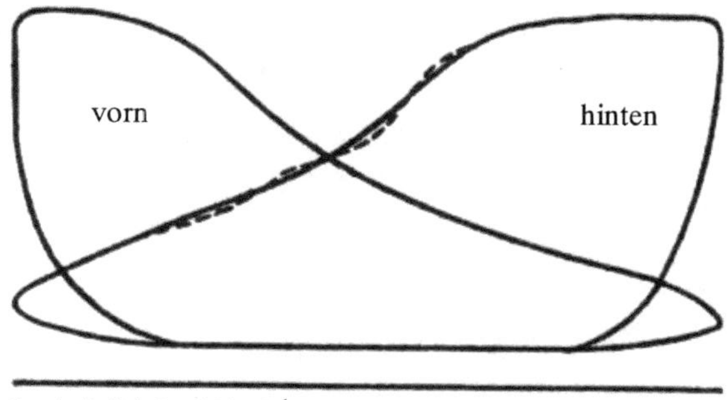

Geschwindigkeit = 56 km h^{-1} 40 % Füllung 14,20 bar Kesseldruck
1 689 kW indizierte Leistung

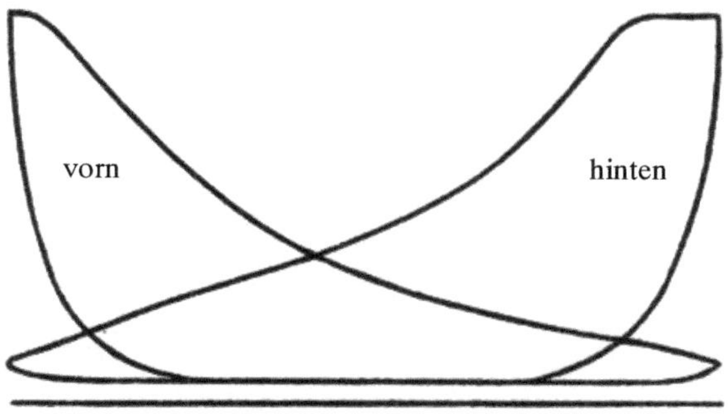

Geschwindigkeit = 54 km h^{-1} 20 % Füllung 14,70 bar Kesseldruck
1 211 kW indizierte Leistung

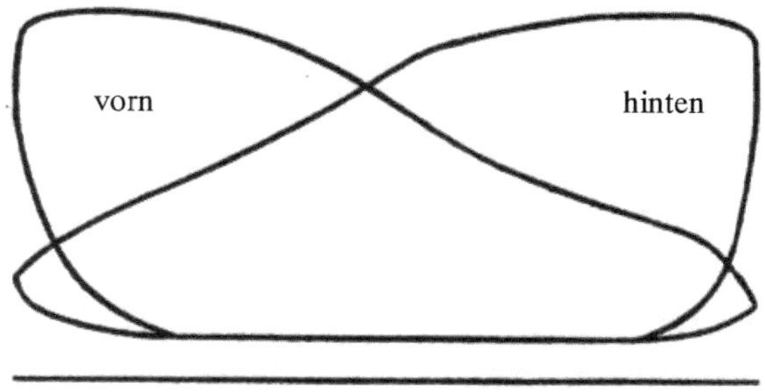

Geschwindigkeit = 55 km h^{-1} 50 % Füllung 13,70 bar Kesseldruck
1 841 kW indizierte Leistung

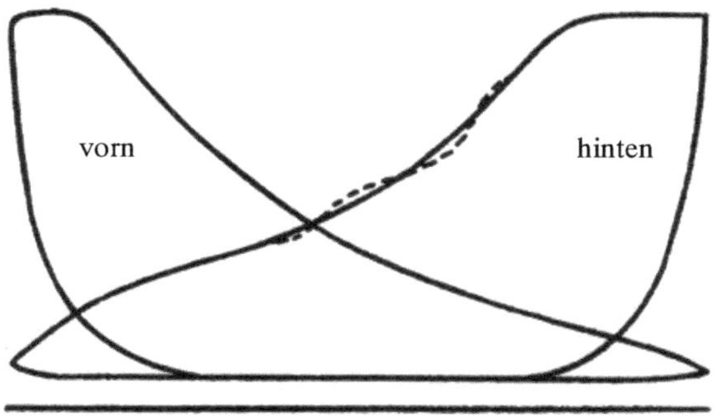

Geschwindigkeit = 54 km h^{-1} 25 % Füllung 14,90 bar Kesseldruck
1 411 kW indizierte Leistung

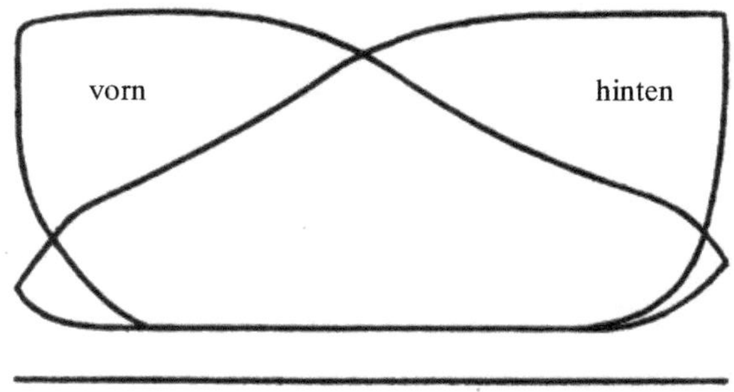

Geschwindigkeit = 54 km h^{-1} 55 % Füllung 14,00 bar Kesseldruck
2 007 kW indizierte Leistung

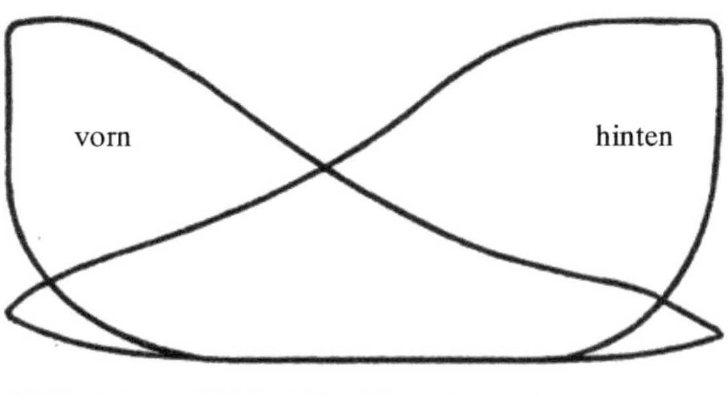

Geschwindigkeit = 55 km h^{-1} 35 % Füllung 14,70 bar Kesseldruck
1 594 kW indizierte Leistung

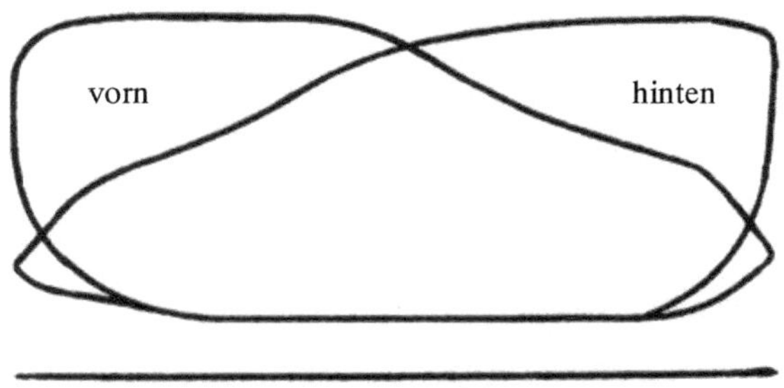

Geschwindigkeit = 51,5 km h^{-1} 60 % Füllung 13,20 bar Kesseldruck
1 723 kW indizierte Leistung

Abb. 100
SAR: 2D2-Klasse 26 Nr. 3450: Beispiele (mechanischer) Indikatordiagramme

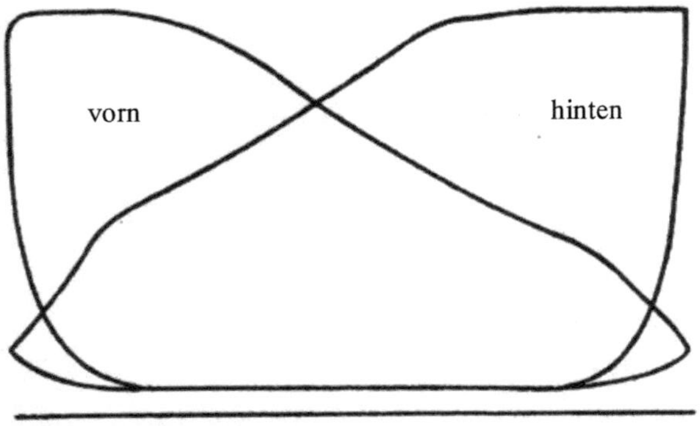

Geschwindigkeit = 34 km h^{-1} 50 % Füllung 14,40 bar Kesseldruck
1 429 kW indizierte Leistung

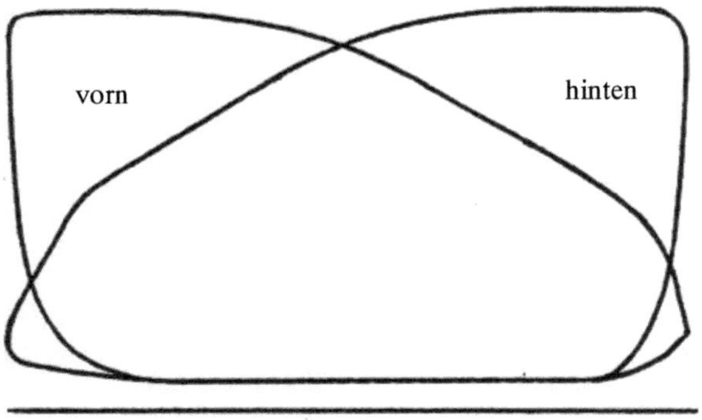

Geschwindigkeit = 29,5 km h^{-1} 65 % Füllung 14,40 bar Kesseldruck
1 398 kW indizierte Leistung

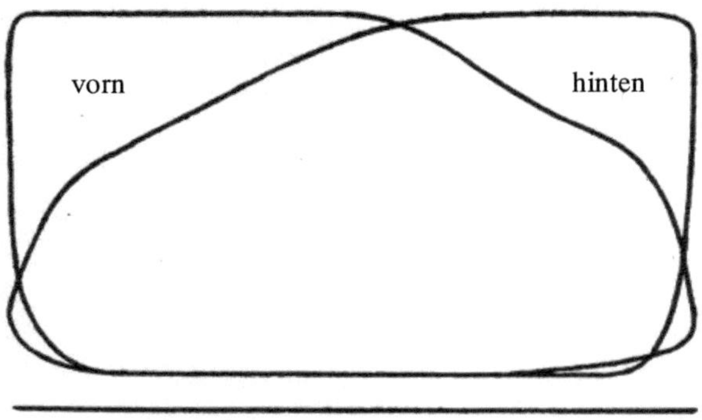

Geschwindigkeit = 28,5 km h^{-1} 70 % Füllung 14,20 bar Kesseldruck
1 420 kW indizierte Leistung

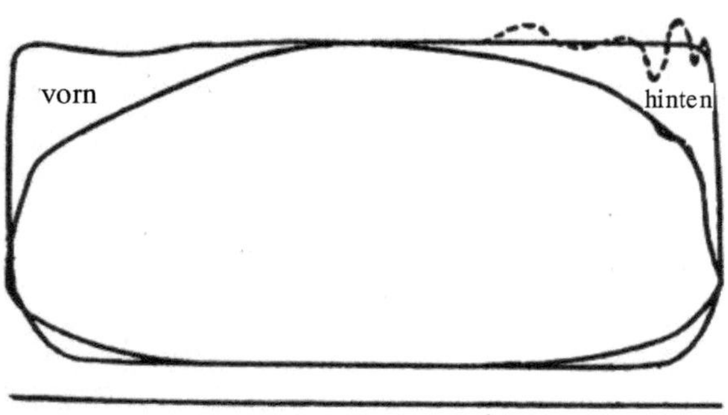

Geschwindigkeit = 34 km h^{-1} 80 % Füllung 14,10 bar Kesseldruck
1 603 kW indizierte Leistung

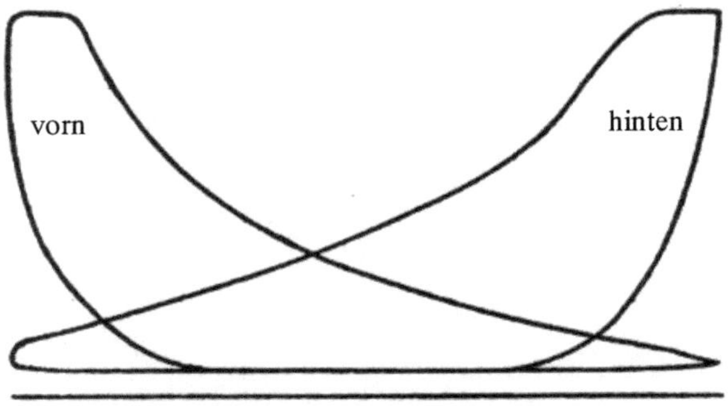

Geschwindigkeit = 73,5 km h^{-1} 20 % Füllung 13,90 bar Kesseldruck
1 472 kW indizierte Leistung

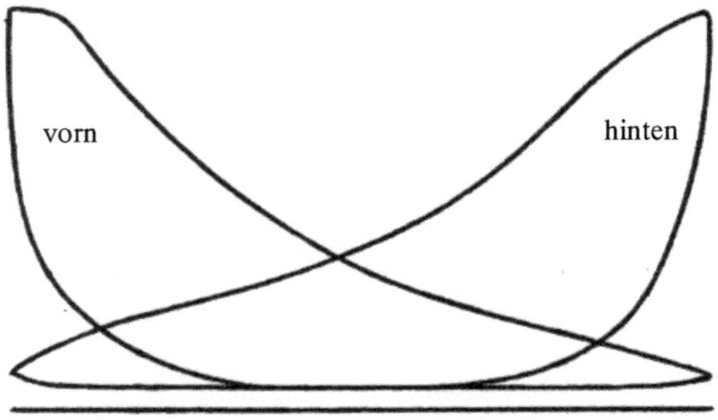

Geschwindigkeit = 66,5 km h^{-1} 25 % Füllung 14,00 bar Kesseldruck
1 499 kW indizierte Leistung

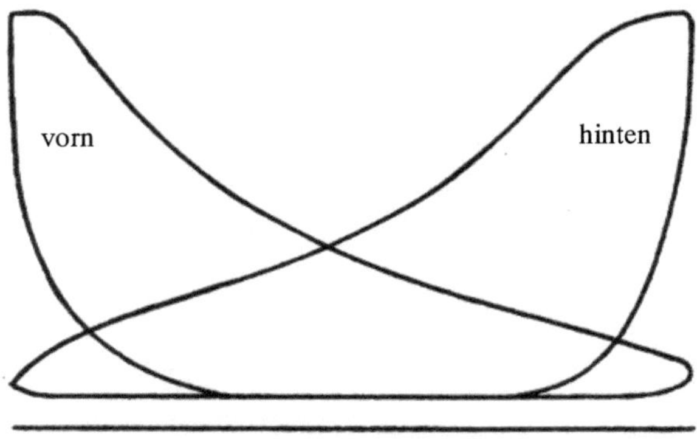

Geschwindigkeit = 67 km h^{-1} 30 % Füllung 15,00 bar Kesseldruck
1 794 kW indizierte Leistung

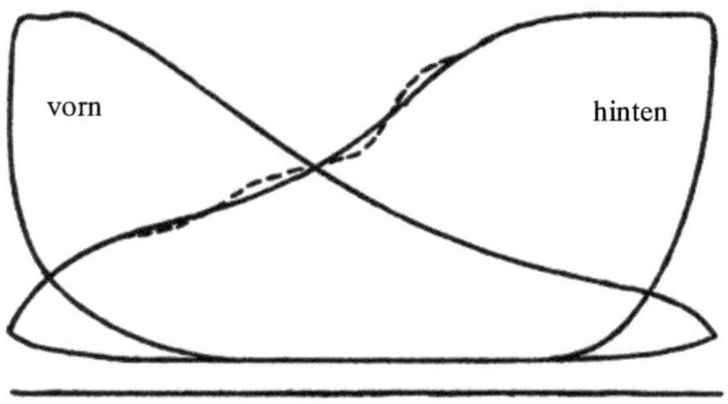

Geschwindigkeit = 63 km h^{-1} 40 % Füllung 14,20 bar Kesseldruck
1 931 kW indizierte Leistung

Abb. 101
SAR: 2D2-Klasse 26 Nr. 3450: Beispiele (mechanischer) Indikatordiagramme

Sorge zu tragen, dass das so blieb, wurde an die betreffenden Stellen geschickt. Es war allerdings wohl unrealistisch, und zu gegebener Zeit berichtete Yspeert, dass, welche Reinigungsmethode auch immer angewendet wurde, eine Farbveränderung von Signalrot zu Orangerot nicht verhindert werden könnte. Koekemoer und Swart erschienen ordnungsgemäß zur Abholung. Ich traf sie in Capital Park, um sie über die gemachten Änderungen ins Bild zu setzten, aber es sollte nicht lange dauern, bis ich sie in ihren Heimatgefilden wiedersehen sollte, da, kurz nachdem 3450 wieder im regulären Einsatz stand, berichtet wurde, dass bei ihr starke Schlackebildung auftrat. Eine Untersuchung ergab, dass die seinerzeit verwendete Kohle von sehr schlechter Qualität war, aber es war letztlich mein Fehler, da ich die Kühldampfzufuhr gegen Schlackebildung sehr fein nach Messungen der Sättigungstemperatur in dem Luft-Dampf-Gemisch eingestellt hatte. Während das bei der Verbrennung von Kohle der Grube Wolvekrans mit einer Ascheerweichungstemperatur von über 1 400 °C gut funktionierte, hätte ich aufgrund früherer Erfahrungen daran denken sollen, dass bei anderen Kohlen unter Umständen mehr Kühldampf gegen Schlackebildung nötig sein könnte. Um dieses Mehr an Kühldampf zur Verfügung zu stellen, mussten etwa 60 % des Abdampfs des Luftsaugeejektors zwecks Einblasens in den Aschkasten umgeleitet werden, sobald er angestellt war. Das war die letzte größere Änderung an 3450 unter meiner Anleitung.

Der letzte Versuchsgegenstand, an dem 3450 beteiligt war, war unsere alter Freund (?), das Antischaummittel. Das verwendete Antischaummittel in Emulsionsform war bei ordnungsgemäßer Ausgabe durchaus wirkungsvoll. Da es aber bei Lagerung die Eigenschaft hatte, sich in zwei Schichten abzusetzen, einer aktiven und einer inaktiven, und da dem Ausgabepersonal nicht dahingehend vertraut werden konnte, dass es das Mittel vor dem Ausschütten kräftig umrührte, war seine Wirksamkeit in der Praxis nicht zu garantieren, und dieses „kleine“ Problem hatte bei der umgebauten Lokomotive zu großem Kummer geführt (die Möglichkeit, dass das Antischaummittel durch die lange Verweilzeit im Tenderwasser, welches dazu tendierte sich durch das Kondensat aus dem Vorwärmer zu erwärmen, unwirksamer wurde, wurde eine Zeit lang erwogen, dann aber verworfen, da das Mittel dann *immer* unwirksam gewesen wäre, was nicht der Fall war). Ich hatte mich den Chemikern gegenüber mit ziemlich deutlichen Worten darüber beschwert, mit dem Ergebnis, dass im August 1983 Versuche von dem Wasseraufbereitungspersonal mit den Antischaummitteln verschiedener Hersteller angestellt wurden, wobei 3450 auf der Strecke Beaconsfield – Bloemfontein benutzt wurde (siehe Tafel 60). Die Chemikalienlieferanten wurden zunächst aufgefordert, Proben all ihrer Antischaummittel für Vorversuche zu schicken. Von diesen Proben wurden nur diejenigen Mittel auf der Lokomotive ausprobiert, die nicht die Neigung hatten, sich in Schichten abzusetzen. Es blieben vier Produkte übrig, mit denen jeweils drei Fahrten durchgeführt wurden, wobei der Kessel nach jeder Versuchsreihe ausgewaschen wurde. Der Kessel wurde während der Versuchsdauer, bei der etwa 4 000 Kilometer gefahren wurden, nicht abgeschlammt. Dennoch war der höchste aufgezeichnete Wert an gelösten Feststoffen nur 8 240 mg l^{-1}, und er lag fast immer unter dem angestrebten Bereich von 8 000 bis 10 000 mg l^{-1}, wofür allerdings keine Begründung geliefert wurde. Drei der vier geprüften Produkte wurde als erfolgreich bewertet. Als Ergebnis dieses Versuchs und wegen der mit dem vorhandenen Antischaummittel aufgetretenen Problemen, wurde die Spezifikation für diesen Betriebsstoff erweitert, vermutlich, um Produkte auszuschließen, die nicht homogen blieben, aber was aus dieser Änderung resultierte ist dem Autor nicht bekannt.

Ein Hochgeschwindigkeitsversuch war etwas, das beantragt, aber nicht genehmigt wurde. Ich hatte das bereits im Jahre 1982 mit der Abteilung für Zugdynamik diskutiert und ging mit der Idee schwanger, auszuprobieren, wie schnell 3450 würde fahren können, vielleicht auf der elektrifizierten Eisenerzstrecke Sishen – Saldanha, wo die Oberbauverhältnisse ideal für Schnellfahrten waren. Bei den Vorbereitungen für die Indizierfahrten machte ich eine schriftliche Eingabe zu Genehmigung eines solchen Versuchs zum Zweck der Erlangung von technischen Daten bei hohen Geschwindigkeiten und aus Publicity-Gründen. Ich gab an, dass 160 km h^{-1} auf ebener gerader Strecke mit acht normalen Personenwagen erreichbar sein sollten, bei der seinerzeit vorliegenden Datenlage eine konservative Schätzung, was aber immer noch für eine schmalspurige Dampflokomotive einen Weltrekord bedeutet hätte. Kurze Zeit später erfuhr ich, dass eine Schnellzugverbindung mit hoher Geschwindigkeit zwischen Pretoria und Rustenburg in der Planung war, und dass die Bespannung mit Diesellokomotiven der Klasse 37 mit angepasster Übersetzung vorgesehen war. Ich schickte ein weiteres Memorandum, in dem ich aufzeigte, dass die Bespannung solcher Züge mit der Klasse 26 viel billiger wäre und demonstrierte anhand von Leistungstafeln, dass sie viel besser für Zugförderungsaufgaben mit hohen Geschwindigkeiten geeignet war als die Klasse 37. Diese hatte auf ebener gerader Strecke eine Beharrungsgeschwindigkeit von 94 km h^{-1} mit 500 Tonnen Zuglast gegenüber mindestens 150 km h^{-1} der Klasse 26. Mit dem für das neue Zugangebot geplanten Zuggewicht wäre unterwegs kein Halt zum Wassernehmen oder Feuerreinigen erforderlich gewesen. Ich wiederholte den Antrag auf Genehmigung eines Hochgeschwindigkeitsversuchs mit der Begründung, dass die daraus gewonnenen Daten bei einer Entscheidung zur Traktionsart für das vorgesehene beschleunigte Schnellzugangebot vorliegen sollten. Im Gegensatz zu den meisten meiner anderen Eingaben bewirkten diese Memoranden eine Antwort. Die Antwort war „nein“. Wie auch immer, die bei Geschwindigkeiten bis zu 100 km h^{-1} gewonnenen Daten gaben einen Hinweis darauf, dass 3450 für Zugförderungsaufgaben mit hohen Geschwindigkeiten bestens geeignet gewesen wäre. Ihr (nomineller) Treibraddurchmesser von 1 524 Millimeter war wegen der guten inneren Stromlinie der Dampfwege kein Hindernis. Eine Konsequenz der inneren Stromlinie war das große Schluckvermögen der Dampfzylinder bei hohen Drehzahlen. Hohe Geschwindigkeiten wurden traditionell mit großen Treibraddurchmessern in Verbindung gebracht, hauptsächlich wegen der zu engen, nicht strömungsgünstigen Dampfwege. In Südafrika wurde gemeinhin die Klasse 16E *(Anm. d. Übers.: 2C1h2, Schlepptender, Bahn-Nrn. 854 bis 859, Henschel 1935)* einzig und allein nur wegen ihres Treibraddurchmessers von 1 829 Millimeter als die schnellste Dampflokomotivbauart angesehen. Aber das traf nicht zu, was zählte war Zughakenleistung bei höheren Geschwindigkeiten. In der Abb. 102 sind die auf die Ebene bezogenen Hakenzugkräfte der Klassen 16E und 26 dargestellt, aufgetragen über der Fahrgeschwindigkeit, und die Abb. 103 zeigt, was das für 3450 im Vergleich mit der 16E in Bezug auf höhere Beharrungsgeschwindigkeiten mit verschiedenen Personenzuglasten bedeutet hätte. Es ist wirklich schade, dass das nie durch geeignete Versuche bestätigt werden konnte, aber für die Geschichtsschreibung sei gesagt, dass 3450 im Jahre 1991 mit 125 km h^{-1} vor dem Trans-Orange-Express bergab zwischen Belmont und Witput gestoppt wurde. Dabei betrug die Zuglast 21 Personenwagen mit einem Leergewicht von 845 Tonnen (Verkehrsgewicht ungefähr 870 Tonnen), die höchste Geschwindigkeit einer SAR-Dampflokomotive, die jemals im planmäßigen Einsatz offiziell bestätigt wurde.[1]

3.8 Das Betriebsverhalten der Baugruppen

In diesem Abschnitt wird das messtechnisch erfasste Betriebsverhalten wichtiger Lokomotivbauteile besprochen (einige sind bereits im Einzelnen dargestellt worden, zum Beispiel die Dampfzylinder, die Herdner-Anfahrventile, der Kühldampf für die Schieberbuchsen, das Speisewasservorwärmsystem etc., und werden hier nicht weiter betrachtet).

1. Der Kessel

Die folgenden Messungen wurden an dem GPCS vorgenommen.

[1] Information durch P. Odell.

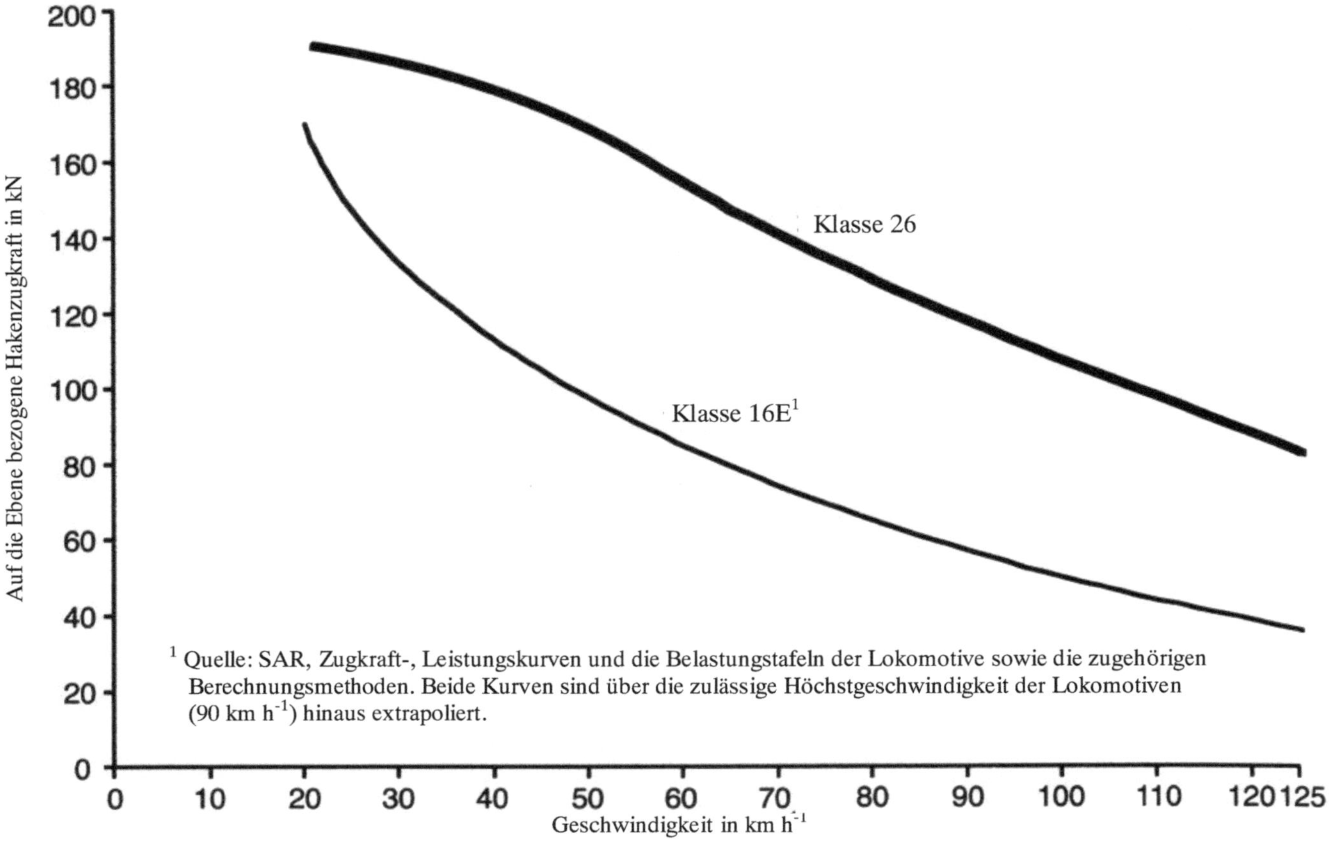

Abb. 102
SAR: 2C1-Klasse 16E und 2D2-Klasse 26: Auf die Ebene bezogene Hakenzugkraft über der Geschwindigkeit

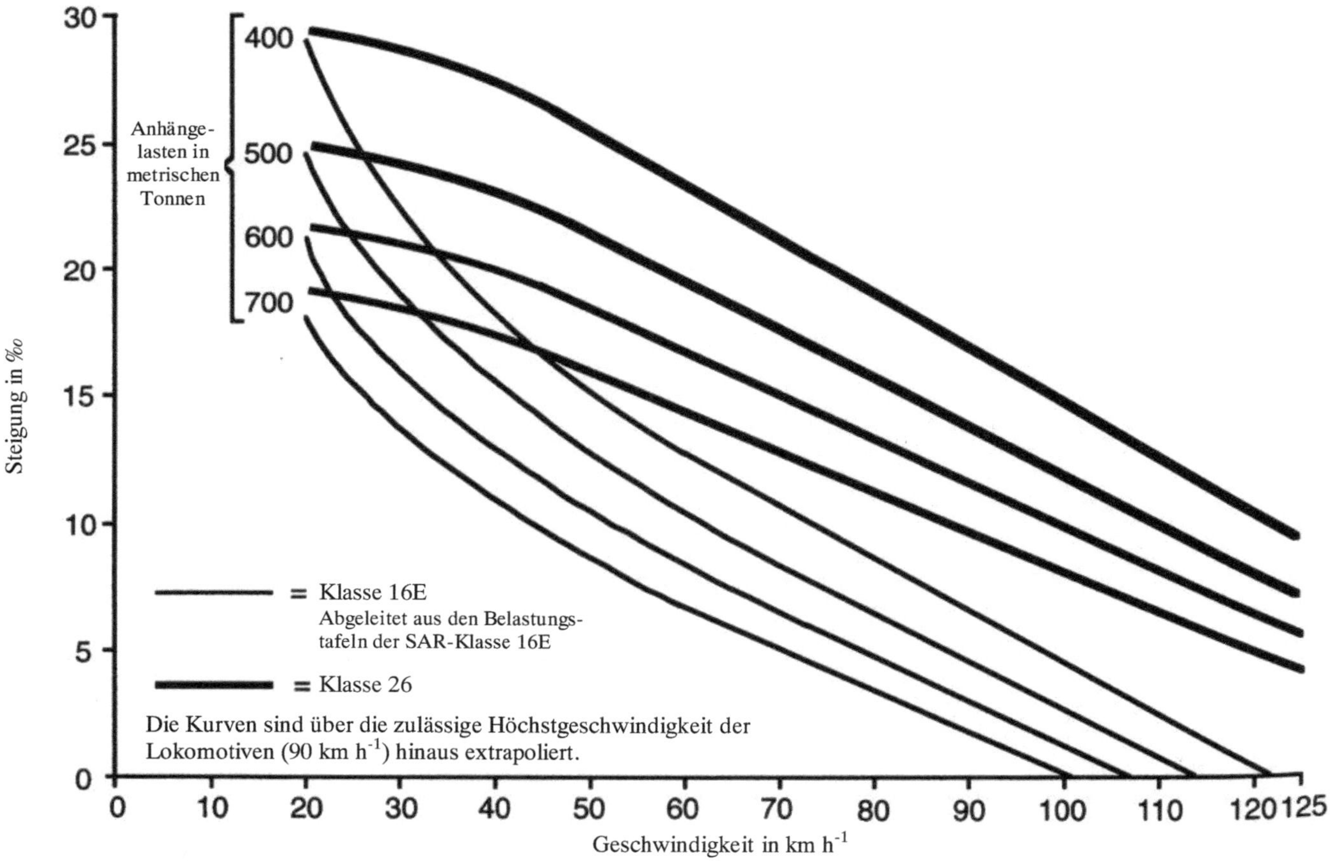

Abb. 103
SAR: 2C1-Klasse 16E und 2D2-Klasse 26: Belastungstafel für Personenzüge

i) Sättigungstemperatur des Luft-Dampf-Gemisches.

Dieser aus der Praxis der stationären Gaserzeuger entliehene Begriff wurde für die Temperatur des Luft-Dampf-Gemisches vor dem Eintritt in das Feuerbett verwendet. Es war das üblicherweise als Maß für die jeweiligen durch das Feuer strömenden Mengen an Dampf und Luft in der Mischung verwendete Kriterium. Das Mischungsverhältnis war insofern von Bedeutung, als zu wenig Dampf zur Schlackebildung führte und zu viel zu einer Verminderung des Heizwerts des Gases[1] – sehr viel zu viel konnte das Feuer sogar vollständig löschen! – wobei es einen relativ schmalen Bereich gab, bei dem ein gutes Gas ohne Verschlackung des Feuerbetts abgegeben wurde. Die Sättigungstemperatur war eindeutig kein präziser Richtwert für die Zusammensetzung des Luft-Dampf-Gemisches, da der thermodynamische Zustand des Dampfs (sein Druck und sein Dampfgehalt X oder seine Überhitzungstemperatur) und die atmosphärischen Bedingungen die Temperaturmessungen erheblich beeinflussen konnten. Bei stationären Gaserzeugern, die zur Vermeidung von Schlackebildung im Allgemeinen mit einer Entnahme von trocken gesättigtem Dampf bei Atmosphärendruck aus dem Manteldampferzeuger des Vergasungsschachts arbeiteten, lag der normale Bereich der Sättigungstemperatur zwischen 50 °C und 60 °C, was die nachstehenden Luft-Dampf-Gemische ergab:[2]

Tabelle 51
Sättigungstemperaturen verschiedener Luft-Dampf-Gemische

Sättigungstemperatur °C	kg Dampf / kg Luft
50	0,086
55	0,115
60	0,153

Es gilt zu beachten, dass der Dampfanteil in dem Gemisch bei nur 10 K Anstieg der Sättigungstemperatur um 78 % zunahm, was als Hinweis auf die nur bedingte Tauglichkeit der Sättigungstemperatur als Maß für den Dampfanteil dienen soll.

Der konstruktive Wert für den Dampfanteil in dem Gemisch war 0,156 kg kg^{-1}, also eine Sättigungstemperatur von etwa 60 °C nach der obenstehenden Tabelle. Da allerdings der Kühldampf gegen Schlackebildung auf einer Lokomotive im Allgemeinen eine höhere Temperatur hatte als der eines normalen Gaserzeugers, wurden höhere Sättigungstemperaturen erwartet. Zur Messung der Sättigungstemperatur wurden drei Thermoelemente im Aschkasten angeordnet, jeweils eines vorn, in der Mitte und hinten. Für die erste Messfahrt waren sie an Stangen aufgehängt und mit zum Führerstand zurückführenden Zugdrähten verbunden (siehe Tafel 13). Die Thermoelemente wurden zunächst in der Längsachse der Lokomotive ausgerichtet und dann durch Ziehen an den Drähten allmählich zu den Außenseiten des Aschkastens hin bewegt, wobei in jeder Position bei konstanter Anstrengung der Lokomotive Temperaturablesungen gemacht wurden (diese Ablesungen wären stark von der Wärmestrahlung auf die Thermoelemente durch das Feuer darüber beeinflusst worden, und deshalb wurden sie erst gemacht, nachdem sich eine einigermaßen dicke Ascheschicht gebildet hatte). Damit war die Temperaturverteilung im Aschkasten in Längsrichtung ermittelt, und es zeigte sich, dass sie, außer in der Mittelposition, recht gleichmäßig um 55 °C lag, wobei die Temperatur in der Mitte, vermutlich durch Strahlung vom Bodenringqueranker und seinem Untersatz, beeinflusst wurde. Bei den nachfolgenden Messfahrten wurden dagegen Maßnahmen ergriffen, indem bei jeder Fahrt die Thermoelemente einfach in auf dem Aschkasten ruhenden Halterungen mit unveränderlichen Positionen platziert wurden. Die Ablesewerte für die Sättigungstemperatur wurden über dem Dampfmassenstrom zu den Zylindern aufgetragen. Wie man hinsichtlich der einwirkenden Störeinflüsse vielleicht erwarten konnte, zeigten die Messwerte große Abweichungen. Allgemein konnten die Messpunkte nie mit einer einzelnen aussagekräftigen Kurve verbunden werden, vielmehr wurden für jedes Mal obere und untere Kurven zu Eingrenzung des Bereichs der Messwerte gezeichnet und dann dazwischen eine Linie gleichen Abstands zu den beiden anderen als Mittelwertkurve. Zunächst ergaben sich zwei Tendenzen: Die Sättigungstemperatur war bei kleineren Kesselanstrengungen zu hoch und vorn im Aschkasten höher als in der Mitte oder hinten. Die Kühldampfzufuhr gegen Schlackebildung wurde demzufolge stufenweise eingestellt, bis eine gleichförmigere Temperatur von der korrekten Größenordnung erreicht wurde. Diese Arbeiten waren im Dezember 1982 in Beaconsfield begonnen und in Capital Park fortgesetzt worden. Die dabei erzielten Fortschritte können der Abb. 104 entnommen werden.

Der erste Schritt bei dieser Arbeit war es, den Abdampf des Luftsaugers nunmehr ständig über die Rauchkammer an die Atmosphäre abzugeben, womit die Sättigungstemperatur der Sekundärluft unter dem Rost dann nicht mehr so stark von der Kesselleistung abhängig war, aber nun allgemein zu niedrig lag. Der nächste Schritt bestand darin, den zum Aschkasten geleiteten Anteil des Maschinenabdampfs zu vergrößern und schließlich die Größe der Düsen in den Aschkastendampfrohren zu verändern (zum hinteren Bereich hin größer werdende Durchmesser), um diesen Dampfmassenstrom in Längsrichtung entlang des Aschkasten zu vergleichmäßigen. Das Endergebnis, der Fall (v) in der Abb. 104, wurde in jeder Hinsicht als akzeptabel erachtet, das heißt in Bezug auf Gleichförmigkeit der Sättigungstemperaturen vorn, in der Mitte und hinten, in Bezug auf Gleichförmigkeit der Sättigungstemperatur bei wechselnder Kesselanstrengung und in Bezug auf den Durchschnittswert der Sättigungstemperatur. Bei dieser Anordnung wurde der Dampfanteil in der Primärluft bei einem Dampfmassenstrom zu den Zylindern von 25 000 kg h^{-1} zu 0,140 kg kg^{-1} errechnet, das heißt also im oberen Bereich der oben dargestellten Tabelle. Bei Verbrennung von Kohle der Grube Wolvekrans wurde bei allen Kesselanstrengungen gute Verdampfungswilligkeit erzielt, und an keiner Stelle im Feuerbett bildeten sich große Schlackebrocken. Das ergab genügend Zuversicht, um die Abdampfleitung des Luftsaugers in dem Aschkasten und das Umschaltventil vor der Rückkehr der 3450 im Juni 1983 von Capital Park nach Beaconsfield zu entfernen. Wie aber bereits zuvor berichtet dauerte es nicht lange, bis größere Verschlackungsprobleme bei der Verbrennung von Kohle minderer Qualität auftraten und diese Ausrüstung wieder eingebaut werden musste, wonach die Berichte über Schlackebildung aufhörten. Anscheinend war das Problem der Schlackebildung auf 3450 trotz des Kühldampfs schlimmer als bei den 25NC (die, wie man mir sagte, aber auch mit dieser Kohle zu kämpfen hatten), wohl wegen des bei Ersterer gefahrenen dickeren Feuerbetts. Sobald sich Schlackebrocken bildeten, konnte man sie mangels eines Kipprosts schlecht wieder loswerden. Das war ein gutes Beispiel für die allgemeine Regel, dass ein grobschlächtiges System mit widrigen Umständen besser fertig wird, als ein relativ fein abgestimmtes.

---

[1] Das war deshalb der Fall, weil dann die Enstehung von CO_2 im Feuerbett zunahm und weil ab einer Sättigungstemperatur von 56 °C nicht reagiertes H_2O durch das Feuerbett hindurchtrat.

[2] Quelle: Howel, A. N., Blast Saturation and Types of Blast Distributors, Gas Producer Symposium, The Transvaal Coal Owners Association, Südafrika, 27.08.1974.

Dampf zum Aschkasten: die Linien geben jeweils die gemessenen Minimal-, Maximal- und Durchschnittstemperaturen an.

	Maschinenabdampf[1]	Abdampf einer Speisepumpe	Abdampf des Stokermotors	Abdampf des Luftsaugers
(i)	2 %	✓	✓	✓
(ii)	2 %	✓	✓	—
(iii)	3,5 %	✓	✓	—
(iv)	4,8 %	✓	✓	—
(v)	4,7 %	✓	✓	—

1. Die Zahlen für % Maschinenabdampf zum Aschkasten sind Näherungswerte. Die Fälle (iv) und (v) beziehen sich auf eine ungleichmäßige Aufteilung der Düsenquerschnitte für den Maschinenabdampf im Aschkasten (mehr nach hinten als nach vorn).

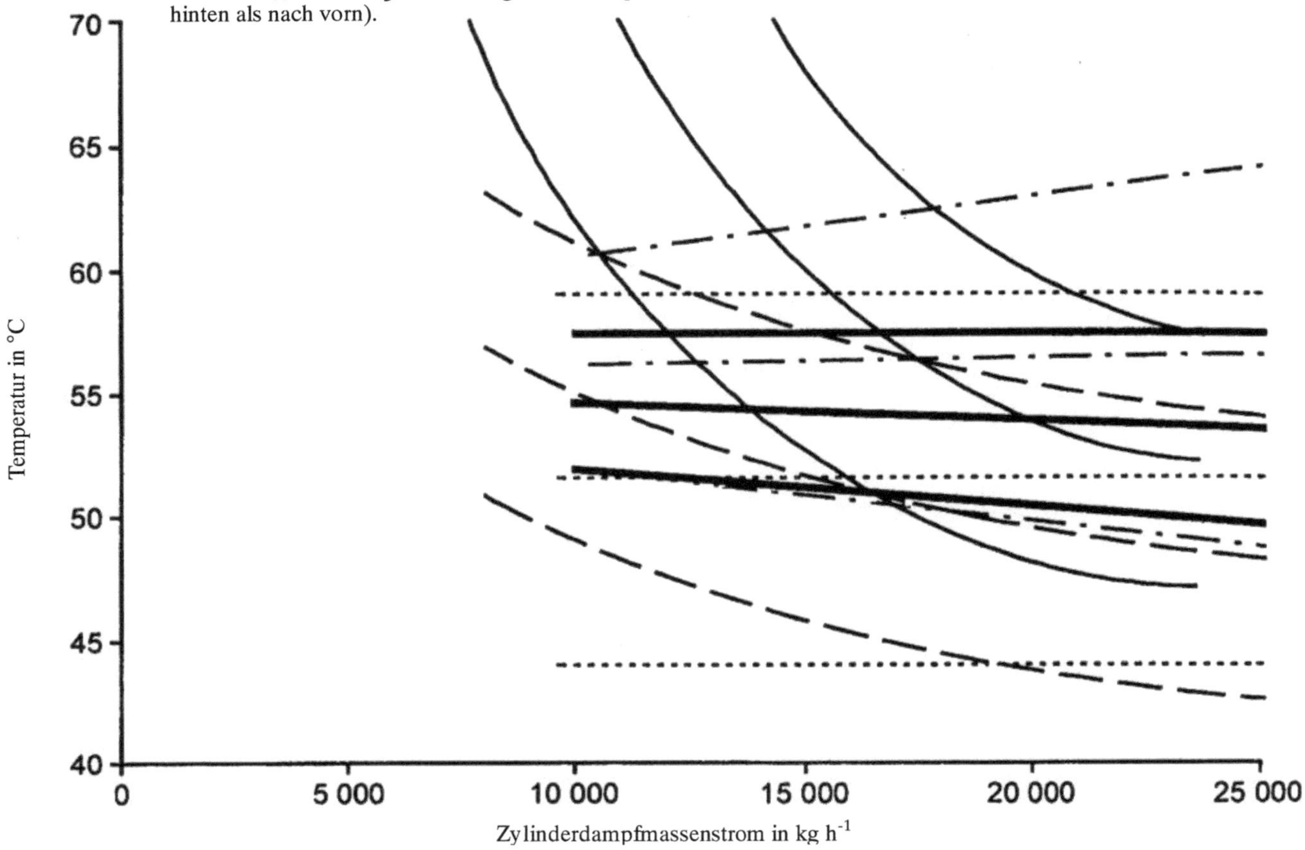

Abb. 104
SAR: 2D2-Klasse 26 Nr. 3450: Sättigungstemperatur des Luft-Dampf-Gemisches über dem Zylinderdampfmassenstrom

Der hohe Grad an Abweichungen der Messwerte der Sättigungstemperatur war überwiegend eine Folge der Faktoren, die das Luft-Dampf-Gemisch in dem Aschkasten der 3450 beeinflussten. Aus den nachstehenden Gründen war es nicht einfach, dieses Gemisch in seiner Zusammensetzung konstant zu halten:

a) Wind. Seitenwinde neigten dazu, den Dampfanteil auf der Leeseite ansteigen und auf der Luvseite abnehmen zu lassen. Das war ein inhärentes Problem der Seitenlufteinlässe am Aschkasten amerikanischer Bauart und die schließlich über den Lufteinlässen angebrachten Klappen waren die einzigen (und nicht sehr wirkungsvollen) Maßnahmen zur seiner Minimierung.
b) Schwankender Kühldampfmassenstrom bei konstanter Kesselanstrengung, abhängig von der momentanen Drehzahl des Stokermotors und davon, ob jeweils eine, zwei oder gar keine Speisepumpen angestellt waren.
c) Kesselspeisung mit der Strahlpumpe. Falls aus irgendeinem Grund die Strahlpumpe statt der Speisepumpen angestellt wurde, fiel deren Abdampf vollständig weg, und die Messwerte der Sättigungstemperatur unter diesen Bedingungen ließen auf ein hohes Verschlackungsrisiko schließen.

Aus all diesen Dingen wurde als wichtigste Lektion gelernt, dass, obwohl es richtig war, eine möglichst gleichmäßige Sättigungstemperatur anzustreben, eine Feineinstellung des Luft-Dampf-Gemisches unter SAR-Bedingungen nicht möglich war. Das wäre vielleicht dort möglich gewesen, wo Kohle von gleichbleibender Qualität verwendet wurde und wo der Luftstrom zum Aschkasten nicht in dem Maße von Seitenwinden beeinflusst wurde. Das GPCS reagierte eindeutig empfindlich auf den jeweiligen Massenstrom an Kühldampf gegen Schlackebildung: auch zu viel hatte seine Probleme, aber zu wenig ergab weitaus schlimmere, und es musste genügend Dampf zur Verfügung stehen, um mit den widrigen Umständen, insbesondere stark zum Verschlacken neigende Kohle, wie sie oft im Betrieb vorkam, fertig zu werden.

ii) Rauchgasanalyse.

Rauchgasproben aus der Rauchkammer wurden bei fünf Umläufen vor planmäßigen Güterzügen auf der Strecke Beaconsfield – Bloemfontein im Jahre 1983 entnommen. Sie wurden unmittelbar nach der Entnahme in einem vom Fuel Research Institute entliehenen

Orsat-Apparat *(Anm. d. Übers.: benannt nach seinem Erfinder M. H. Orsat; Arbeitsgerät zur chemischen Gasanalyse, bei dem das zu untersuchende Gasgemisch durch eine Reihe hintereinanderliegender Absorptionsflüssigkeiten gepresst wird; aus deren chemischen und physikalischen Veränderungen kann dann die Zusammensetzung des Gemisches ermittelt werden.)* in Bezug auf die prozentualen Anteile von CO_2, CO und O_2 analysiert. Die Kohlesorten änderten sich, und verschiedene Heizer kamen zum Einsatz, aber die Verdampfungswilligkeit war generell gleichbleibend, und der Kesselbetrieb war repräsentativ für die normale Praxis auf 3450. Die Gasproben wurden meistens mit 1 000 cm^2 Sekundärluftquerschnitt bei laufendem Stoker, einer angestellten Speisepumpe, zur Rauchkammer geleitetem Luftsaugeejektorabdampf und bei einer Rauchgastrübungen von null bis leichte Schwärzung, die meiste Zeit nur eine ganz leichte Trübung, entnommen. Einige Proben wurden bei mittels der Feuertür auf 2 100 cm^2 vergrößertem Sekundärluftquerschnitt entnommen. Das führte allgemein zu einer Vergrößerung des Luftüberschusses und ergab instabilen Kesselbetrieb, egal wie gut das Feuer war, selbst wenn die Rostbelastung vergrößert wurde. Die Werte für den aus den Gasanalysen ermittelten Luftüberschuss zeigten bei einem Auftragen über dem Dampfmassenstrom zu den Zylindern ziemliche Unregelmäßigkeiten. Der Durchschnittswert war etwa 25 % Luftüberschuss und der durchschnittliche Gehalt an CO betrug 0,15 %. Falls diese Werte richtig waren, dann waren das gute Zahlen. Der geringe Luftüberschuss in Verbindung mit einem niedrigen CO-Gehalt und geringer Rauchgastrübung wiesen auf eine gute turbulente Durchmischung von brennbarem Gas und Sekundärluft in der Verbrennungszone hin, womit die Sekundärlufteinlässe eine der an sie gestellten Anforderungen erfüllten. Es ist hier von Interesse, dass ein erwarteter definitiver Zusammenhang von Feuerbettdicke und Luftüberschuss nicht gefunden wurde. Als Grund dafür wurde angenommen, dass bei dünneren Feuerbetten, die weniger gute Gaserzeuger waren, das Vergasungsagens, das heißt die Primärluft, relativ reichlich vorhanden war, und mit dicker werdendem Feuerbett und besserer Gaserzeugung wurde der als Primärluft eintretende Anteil der Gesamtverbrennungsluft reduziert. Diese beiden Faktoren glichen sich tendenziell gegenseitig aus und führten über einen weiten Bereich der Feuerbettdicke zu einer brauchbaren Balance zwischen Gaserzeugung und Verbrennung. Die Bandbreite der Feuerbettdicke für gute Verdampfungswilligkeit wurde zu 120 bis 480 Millimeter, Kohle plus Asche, festgelegt. Eine andere Erkenntnis betraf das Vorhandensein von Luftüberschuss zur Verbrennung von noch mehr Kohle bei großen Kesselanstrengungen, das heißt, eine Blasrohrgrenze trat bis zu den im Versuch gefahrenen größten Verdampfungsleistungen nicht in Erscheinung.

iii) Der Einfluss des GPCS auf den Strömungswiderstand des Kessels.

Der Zugverlust in dem jeweiligen Querschnitt eines Kessels war ein Maß für den Strömungswiderstand in diesem Querschnitt. Dabei handelte es ich im Prinzip um einen konstanten Anteil des Gesamtunterdrucks des Kessels, unabhängig von der Kesselanstrengung und gemessen in Strömungsrichtung vor dem Funkenfänger. Das bedeutete, dass die über dem Gesamtkesselunterdruck bei einer beliebigen Kesselanstrengung aufgetragenen Werte für den Unterdruck an einer beliebigen Stelle des Kessels, beziehungsweise für den Zugverlust an einem beliebigen Querschnitt des Kessels, eine Gerade ergaben. Obwohl das GPCS direkt nur den Strömungswiderstand durch das Feuerbett und die Feuerbüchse beeinflusste, ist es hier von Vorteil die Zugverluste an allen Querschnitten des Kessels zu betrachten. Die Abb. 105 zeigt die Strömungswiderstände in den Kesseln der Klassen 25NC und 26, aufgetragen über dem Rauchgasmassenstrom. Die Kurven für die Klasse 25NC gelten für den Funkenfänger der Bauart Master Mechanics, diejenigen für die Klasse 26 gelten für den Kessel mit langen Überhitzerelementen und für den verminderten freien Querschnitt am Funkenfänger in Strömungsrichtung hinter der Einschnürung des Gasstroms in der Rauchkammer. Der gesamte freie Rauchgasquerschnitt des Funkenfängers war von 1,536 m^2 auf 1,485 m^2 reduziert worden, als Gegenmaßnahme gegen eine verminderte Selbstreinigungswirkung nach der Änderung der Überhitzerelemente.[1] In der Abb. 106 ist ein Vergleich der Strömungswiderstände der einzelnen Querschnitte der Kessel der Klassen 25NC und 26 bei einem Rauchgasmassenstrom von 40 000 kg h^{-1} mit Werten aus der Abb. 105 dargestellt, und die Abb. 107 stellt den gleichen Vergleich dar, allerdings mit eingebauten kurzen Überhitzerelementen bei der Klasse 26.

Es wird deutlich, dass das GPCS den Strömungswiderstand durch die Feuerbüchse erheblich vergrößert, tatsächlich sogar weit mehr, als es die Konstruktionsberechnungen ergaben. Es war ein Maßstab für die erforderliche Energie für die turbulente Durchmischung der Sekundärluftströme mit hoher Strömungsgeschwindigkeit mit dem vom Feuerbett aufsteigenden Gas. Dass diese Energie vorteilhaft genutzt wurde, kann aus den Ergebnissen der Rauchgasanalyse im vorigen Abschnitt abgelesen werden. Trotz des geringeren Primärluftstroms war der Zugverlust durch den Rost und das Feuerbett, verglichen mit der Klasse 25NC, wegen des Rosts mit verkleinertem Luftquerschnitt und dem dickeren Feuerbett ungefähr doppelt so hoch. Diese Zunahme des Strömungswiderstands verlangte nach einem verbesserten Saugzug, um nicht die Vorteile durch das GPCS größtenteils durch hohen Abdampfgegendruck zunichtezumachen, was passierte, als 25NC Nr. 3519 mit einer vereinfachten Version ausgestattet wurde, wie in Kapitel 4 beschrieben.

Ein Vergleich der Abb. 106 und 107 zeigt die Zunahme des Strömungswiderstands durch Wechsel von den kurzen zu den langen Überhitzerelementen mit den nötigen zugehörigen Rauchkammeränderungen. Die Auswirkungen der relativ geringfügigen Änderungen an der Rauchkammer waren abermals sehr bedeutsam, indem sie den nötigen Energieaufwand für den Durchgang der Rauchgase durch die Rauchkammer mit akzeptabler Selbstreinigungswirkung auf praktisch das gleiche Niveau wie bei der nicht aerodynamisch gestalteten Rauchkammer der Klasse 25NC brachten. Das bezieht sich allerdings auf die Klasse 25NC im Anlieferungszustand. Verglichen mit den bei diesen Lokomotiven in den siebziger Jahren eingebauten Kastenfunkenfängern, gab es bei 3450 eine Minderung des Zugverlusts in der Rauchkammer um 60 % mit für die kurzen und um 46 % mit für die langen Überhitzerelemente geeigneten Einbauten.

Zusammenfassend kann gesagt werden, dass 50 % mehr Pumparbeit zur Förderung einer gegebenen Rauchgasmenge durch den Kessel der Klasse 26 in seiner endgültigen Form, das heißt mit den langen Überhitzerelementen, gegenüber der Klasse 25 im Anlieferungszustand von der Saugzuganlage geleistet werden musste, durchaus kein vernachlässigbarer Wert. Da die Zunahme des Strömungswiderstands wegen des GPCS und des geänderten Kesselrohrbündels hingenommen werden musste, war die einzige Einrichtung, an der in Bezug auf eine Minderung des Zugverlusts etwas hätte getan werden können, die Rauchkammer. Forschungs- und Entwicklungsarbeit war auf diesem Gebiet dringend erforderlich, um den doppelten Fluch der Kompliziertheit und des hohen Zugverlusts von selbstreinigenden Rauchkammern abzuschwächen.

---

[1] Im Vergleich mit den auf der Seite 181 aufgeführten Daten gilt das Folgende (siehe auch Abb. 55, Linie Nr. 6):

Freier Gasquerschnitt des Funkenfängers, m^2				Rauchgaswiderstand der Rauckammer in % des
Hinter Einschnürung (1)	Vor Einschnürung (2)	Gesamt	(1) ÷ (2)	Unterdrucks an der Rauchkammerrohrwand
0,597	0,888	1,485	0,67	22,5 %

Das war während der Zeit des Autors bei den SAR die endgültige Anordnung in der Rauchkammer.

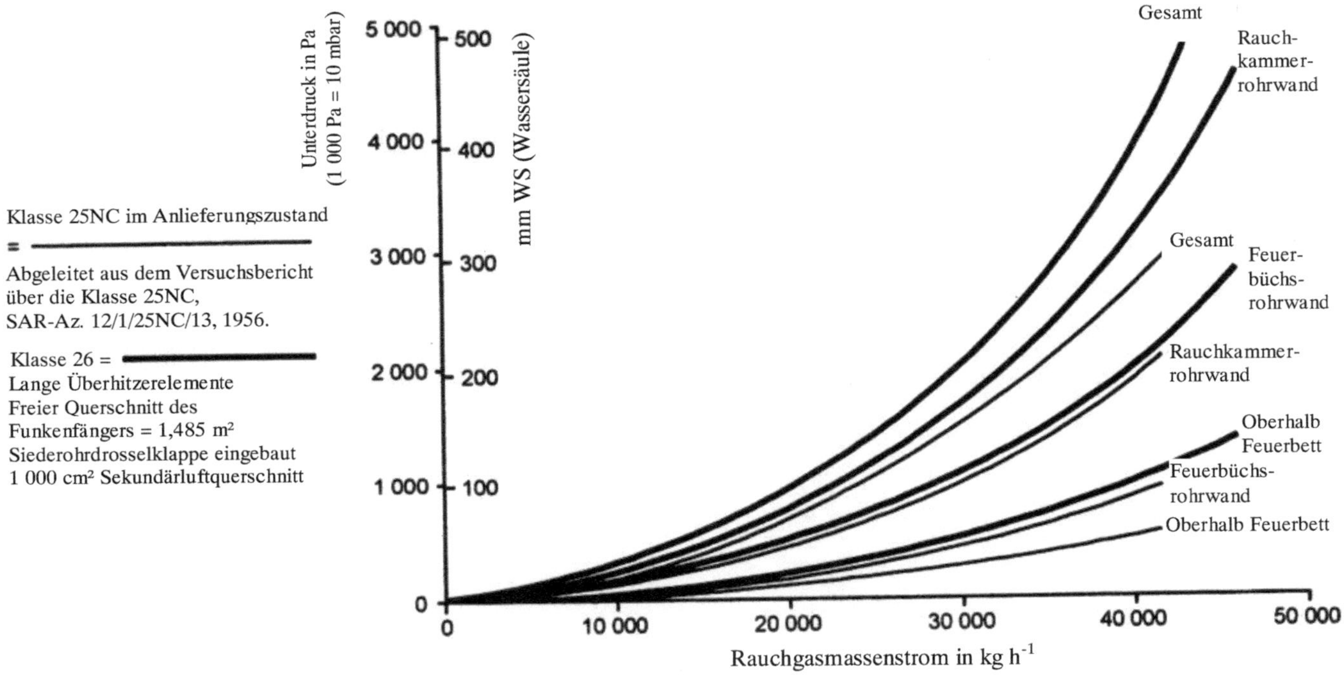

Abb. 105
SAR: 2D2-Klasse 26 Nr. 3450: Strömungswiderstände des Kessels über dem Rauchgasmassenstrom

iv) Der Einfluss des GPCS auf den Kesselwirkungsgrad und die Verdampfungsleistung.

Der Feuerungswirkungsgrad, auf den das GPCS Auswirkungen hat, wurde analytisch aus den Messungen des Gesamtkesselwirkungsgrads bestimmt. Es ist von Vorteil, an dieser Stelle neben der Optimierung des Verbrennungsprozesses auch die allgemeine Verbesserung der Kesselleistung zu betrachten. Die Kesselleistung ist bei verschiedenen anderen Versuchen mit der Lokomotive immer dann gemessen worden, wenn die Umstände eine längere Zeit gleichbleibende Kesselbelastung erlaubten. Diese Methode war den Umständen geschuldet und war sicher nicht die genaueste. Das sollte bei der Bewertung der in diesem Abschnitt dargelegten Ergebnisse berücksichtigt werden. Der Kohleverbrauch wurde durch das Ablesen des Umdrehungszählers am Stokermotor vor und nach jeder Phase konstanter Kesselanstrengung gemessen, wobei die Kohleförderrate je Umdrehung der jeweils verwendeten Kohle durch Wiegen des Tenders ermittelt wurde. Die kumulierten Gesamtumdrehungen des Stokermotors wurden in regelmäßigen Zeitabständen notiert, um sicherzustellen, dass die jeweiligen Rostbelastungen in vernünftigen Grenzen konstant waren. Vor und nach jeder Messfahrt wurden die üblichen Prüfungen des Zustands des Feuerbetts, des Wasserstands etc. durchgeführt. Konstante Kesselbelastungen wurden durch Verstellen der Füllung zur Einhaltung eines gleichbleibenden Abdampfdrucks aufrechterhalten, wobei es wegen der Ungenauigkeit der Umsteuerung zu gewissen Abweichungen von dem Mittelwert kam. Da die Kesselmessungen im Rahmen anderer längerer Messreihen liefen, konnte die im Kessel verdampfte Wassermenge nicht direkt von dem fallenden Wasserstand im Tender abgelesen werden, sondern musste aus der Dampfmengenkurve der Kalibrierung der Blasrohrdüsen und dem Abdampfdruck der betreffenden Messung ermittelt werden. Es ist bereits erwähnt worden, dass die so ermittelten Verdampfungsleistungen mit an Sicherheit grenzender Wahrscheinlichkeit zu niedrig lagen. Die Kesselleistung war somit vermutlich größer, als die nachstehenden Werte angeben. Soweit nicht anders angegeben, beziehen sich diese Angaben auf den Kessel mit langen Überhitzerelementen und auf Kesselspeisung mittels des Speisewasservorwärmers. Messungen des Kesselwirkungsgrads wurden nur vorgenommen, als die Lokomotive mit den kurzen Überhitzerelementen ausgestattet war, und das Verhalten mit den langen Elementen wurde durch Berücksichtigung aller verfügbaren Informationen berechnet. Es stellte sich heraus, dass die normale Arbeitslage des Kessels im Planeinsatz im Bereich von Dampfmassenströmen zu den Zylindern von 10 000 kg h^{-1} bis 25 000 kg h^{-1} lag, was damit in der Praxis den Bereich darstellte, für den Daten zum Betriebsverhalten des Kessels am wichtigsten waren. Dieser Bereich ist in den betreffenden Abbildungen gekennzeichnet. Die Angaben für die Klasse 25NC wurden aus den besten Werten gebildet, beziehungsweise aus den besten Werten des originalen Versuchsberichts dieser Klasse hergeleitet (siehe Quellenangabe Seite 65).

Abb. 108. Kesselwirkungsgrad aufgetragen über der spezifischen Rostflächenbelastung. Das war die traditionelle Methode, um den Kesselwirkungsgrad auszudrücken und war insofern vorteilhaft, als es bei kohlegefeuerten Kesseln eine Gerade war. Auch für die Klasse 26 ergab sich eine Gerade, aber mit geringerer negativer Steigung, wegen der verminderten Zunahme der Flugverluste mit zunehmender Kesselanstrengung dank des GPCS.

Abb. 109. Feuerungs- und Wärmeübertragungswirkungsgrad aufgetragen über der spezifischen Rostbelastung. Da die Wärmeübertragungswirkungsgrade der Kessel der Klasse 25NC und der Klasse 26 mit langen Überhitzerelementen praktisch gleich waren, war die gesamte Verbesserung des Kesselwirkungsgrads dem gesteigerten Feuerungswirkungsgrad mit dem GPCS zuzuschreiben.

Abb. 110. Wärmebilanz des Kessels nur für Klasse 26.

Abbn. 111 und 112. Tatsächliche Kesselleistung und Nominalverdampfung (von und bei 100 °C, *Anm. d. Übers.: im angelsächsischen Kesselbau übliche Leistungsangabe für Dampfkessel, bei der die Verdampfungswärme für trocken gesättigten Dampf bei 1 bar absolut und 100 °C zugrunde gelegt wird*) aufgetragen über der spezifischen Rostbelastung, für Kohle mit einem unteren Heizwert von 27,5 MJ kg^{-1}. Die Extrapolierungen der Kurven für die Klasse 26 wurden analytisch aus der Abb. 108 abgeleitet und erlaubten es, die Rostgrenze abzuschätzen. Sie war deutlich oberhalb sowohl der im Versuch erreichten Rostbelastungen als auch der normalerweise im Planeinsatz genutzten. Das zeigte, dass das GPCS für diese Lokomotivklasse mit ihrem ziemlich großen Rost die Rostgrenze zu einem Limit hin verschoben hatte, wo es den Betrieb der Lokomotive nicht mehr beeinflusste, da an der Rostgrenze der Dampfmassenstrom oberhalb dessen lag, was die Zylinder bei zulässiger Güterzuggeschwindigkeit selbst bei voll ausgelegter Steuerung schlucken konnten.

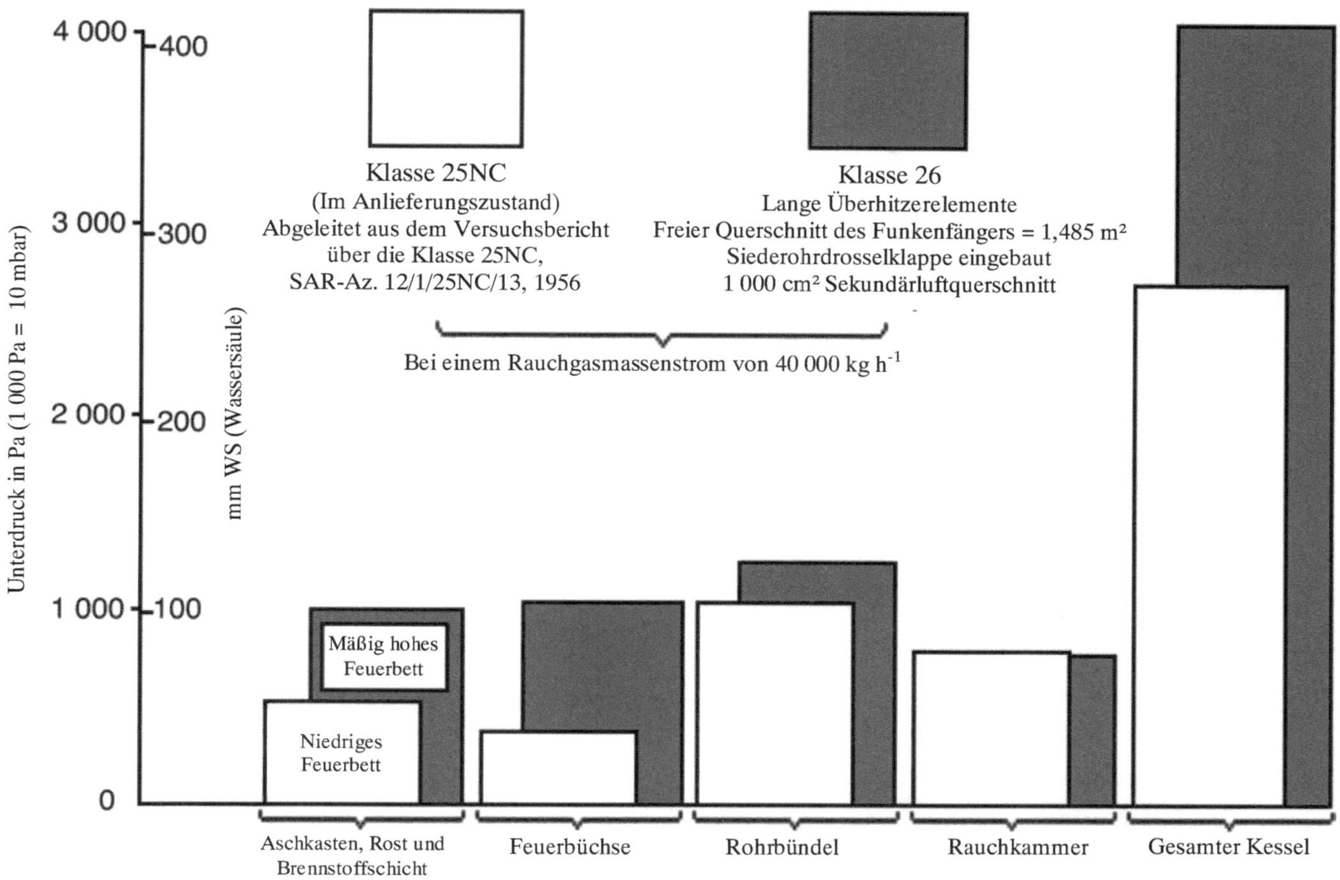

Abb. 106
SAR: 2D2-Klassen 25NC und 26: Vergleich der Strömungswiderstände des Kessels

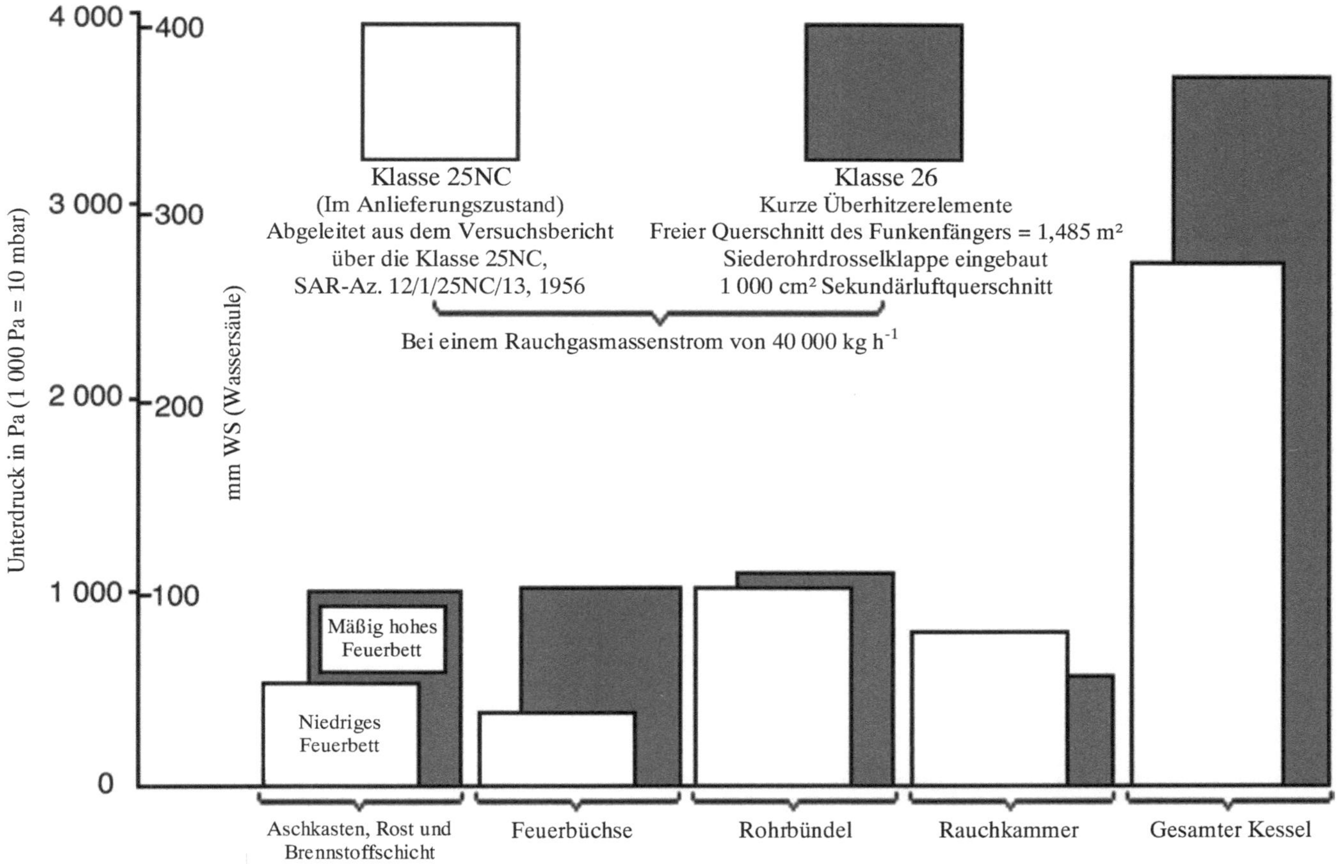

Abb. 107
SAR: 2D2-Klassen 25NC und 26: Vergleich der Strömungswiderstände des Kessels

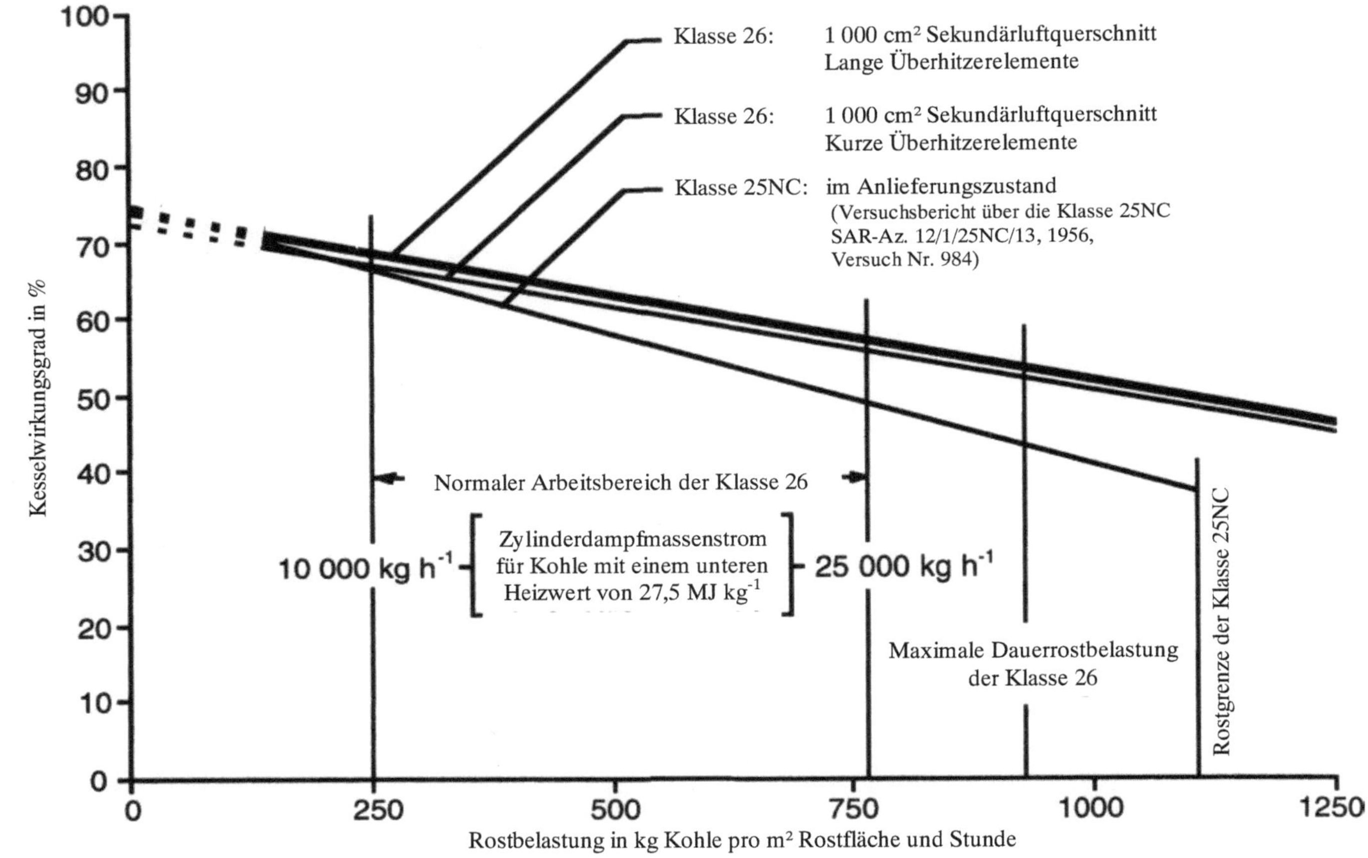

Abb. 108
SAR: 2D2-Klassen 25NC und 26: Kesselwirkungsgrad über der Rostbelastung

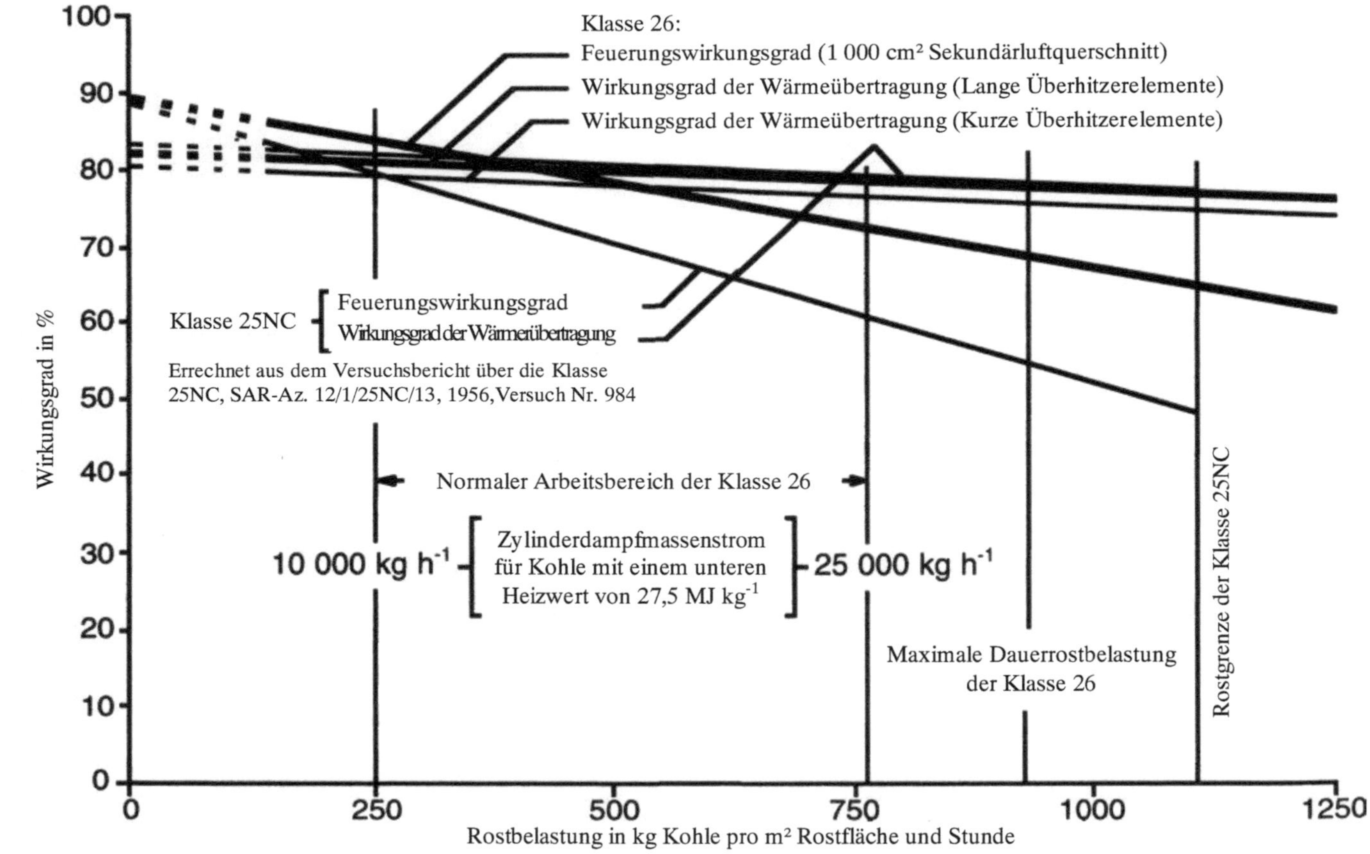

Abb. 109
SAR: 2D2-Klassen 25NC und 26: Feuerungswirkungsgrade und Wirkungsgrade der Wärmeübertragung im Kessel über der Rostbelastung

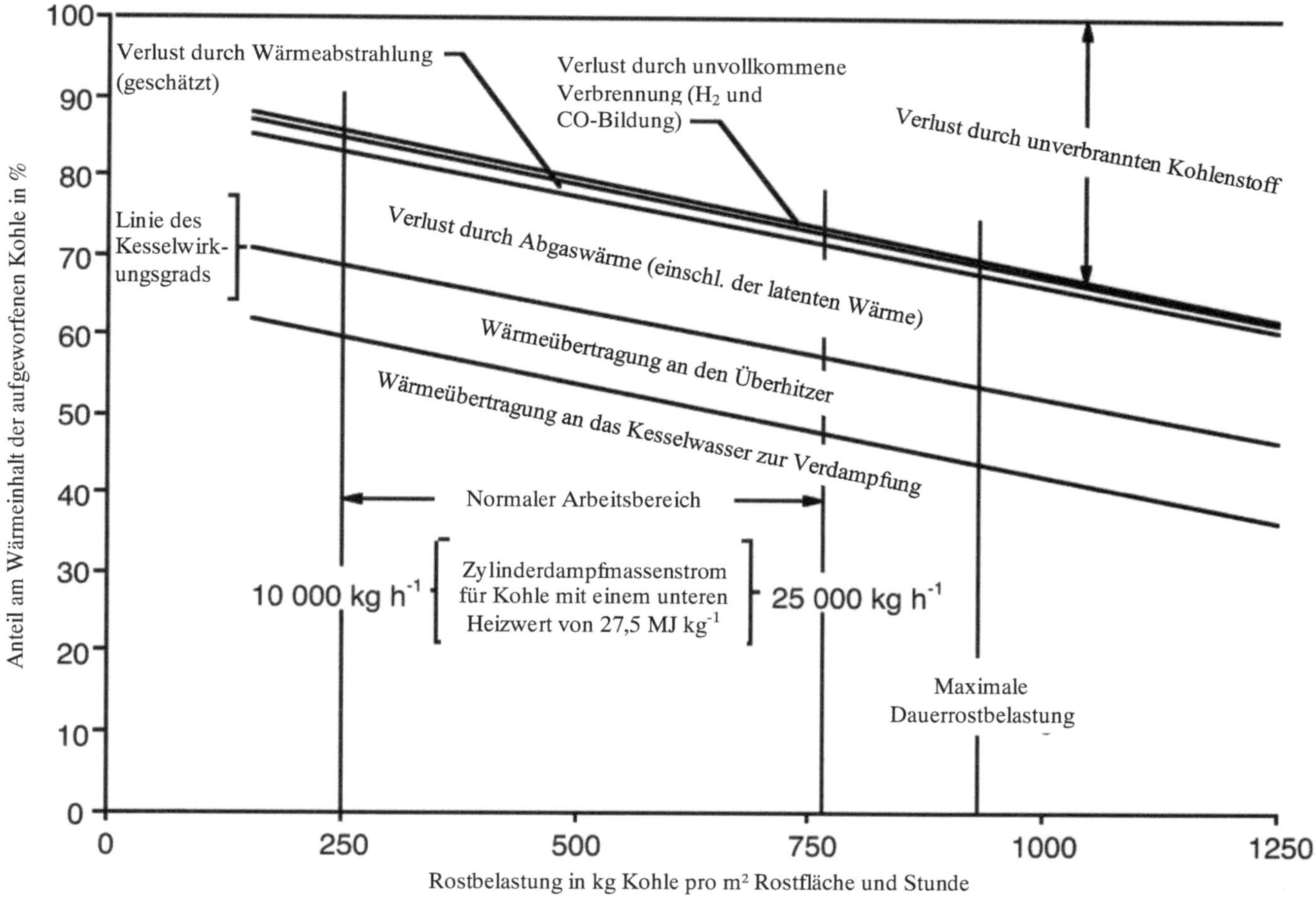

Abb. 110
SAR: 2D2-Klasse 26: Wärmebilanz des Kessels (lange Überhitzerlemente)

Da die Enthalpiezunahme des tatsächlich verdampften Wassers von den Speisewasser- und Heißdampftemperaturen abhing, sind die Kurven in der Abb. 111 kein wirklicher Maßstab für die relativen Kesselleistungen. Dafür muss Abb. 112 herangezogen werden, und die in dieser Abbildung dargestellte große Zunahme an Nominalverdampfung war ausschließlich dem GPCS und dem verbesserten Saugzug zuzuschreiben. In der Abb. 111 wird der Vorteil durch den Speisewasservorwärmer deutlich.

Obwohl die Kesselleistung gewöhnlich auf die Energiezufuhr (das heißt auf die aufgeworfene Kohlemenge) bezogen wurde, wie in den Abbildungen 108 bis 112 geschehen, musste der Kessel in der Praxis eine gegebene Dampfmenge erzeugen, um die Zylinderleistung zu entwickeln, die zur Einhaltung der Zugfahrpläne erforderlich war. Deshalb war es aussagekräftiger, die Wirkungsgrade über der Dampferzeugung statt über der Brennstoffzufuhr aufzutragen. So dargestellt war die Verbesserung des Kesselwirkungsgrads sogar noch deutlicher, wie die nachstehenden Abbildungen zeigen (alles bezogen auf Kohle mit einem unteren Heizwert von 27,5 MJ kg^{-1}).

Abb. 113. Kesselwirkungsgrad aufgetragen über der Nominalverdampfung.
Abb. 114. Kesselwirkungsgrad aufgetragen über der tatsächlichen Kesselleistung.
Abb. 115. Feuerungs- und Wärmeübertragungswirkungsgrad aufgetragen über der Nominalverdampfung.
Abb. 116. Feuerungs- und Wärmeübertragungswirkungsgrad aufgetragen über der tatsächlichen Kesselleistung.
Abb. 117. Wärmebilanz des Kessels aufgetragen über der tatsächlichen Kesselleistung, nur für Klasse 26.

Die Zahlen lassen Folgendes deutlich werden:

a) Die rasche Abnahme des Feuerungswirkungsgrads und des Kesselgesamtwirkungsgrads, sobald die Verdampfung sich der zugehörigen Rostgrenze näherte.
b) Die durch das GPCS nach oben verschobene Rostgrenze, die einen normalen Betrieb des Kessels in einem Bereich rapide fallenden Feuerungswirkungsgrads verhinderte (Abb. 116).
c) Im planmäßigen Einsatz wurde 3450 über die Kesselkapazität der Serienlokomotiven hinaus angestrengt (Abb. 114).
d) Der bedeutende Einfluss des Speisewasservorwärmers in der Nähe der Rostgrenze (Abb. 114).

Abb. 118. Tatsächlich verbrannte Kohle aufgetragen über der aufgeworfenen Kohle.
Abb. 119. Kohleersparnis aufgetragen über der Kesselleistung (angegeben als Nominalverdampfung).
Abb. 120. Minderung des Flugverlusts aufgetragen über der tatsächlichen Kesselleistung.

Diese Diagramme in den Abbildungen zeigen, dass das GPCS sein Hauptziel der Minderung des Flugverlusts im Bereich der Rostgrenze der Serienlokomotive sehr wirkungsvoll erfüllte, indem bei dieser Rostbelastung der Wärmeverlust durch unverbrannte Kohle um fast 70 % vermindert wurde. Die Abbildungen 119 und 120 stehen für zwei Arten der Bewertung von Ersparnissen, entweder als Ersparnis an aufgeworfener Kohle oder als Minderung der Verluste. Obwohl die Minderung der Verluste, wie in Abb. 120 illustriert, sehr groß sein konnte, so wären die Ersparnisse an aufgeworfener Kohle zwangsläufig begrenzt gewesen, falls diese Verluste nicht ein großer Anteil der aufgeworfenen Kohle gewesen wären. Was letztendlich zählte waren die Ersparnisse an aufgeworfener Kohle, aber aus technisch-konstruktiver Sicht war es die Minderung der Verluste, auf die sich konzentriert werden musste, um die Beherrschung der Verlust zu erreichen. Es war klar, dass mit dem GPCS nur dort merkliche Ersparnisse an aufgeworfener Kohle erreicht werden konnten, wo die Kohleverluste mit der Normalverbrennung hoch waren, das heißt bei (nach FGS-Maßstab) hohen Kesselanstrengungen. Es war dies ein spezieller Anwendungsfall des allgemeinen Grundsatzes, dass nennenswerte Verbesserungen des Gesamtbetriebsverhaltens durch Bekämpfen

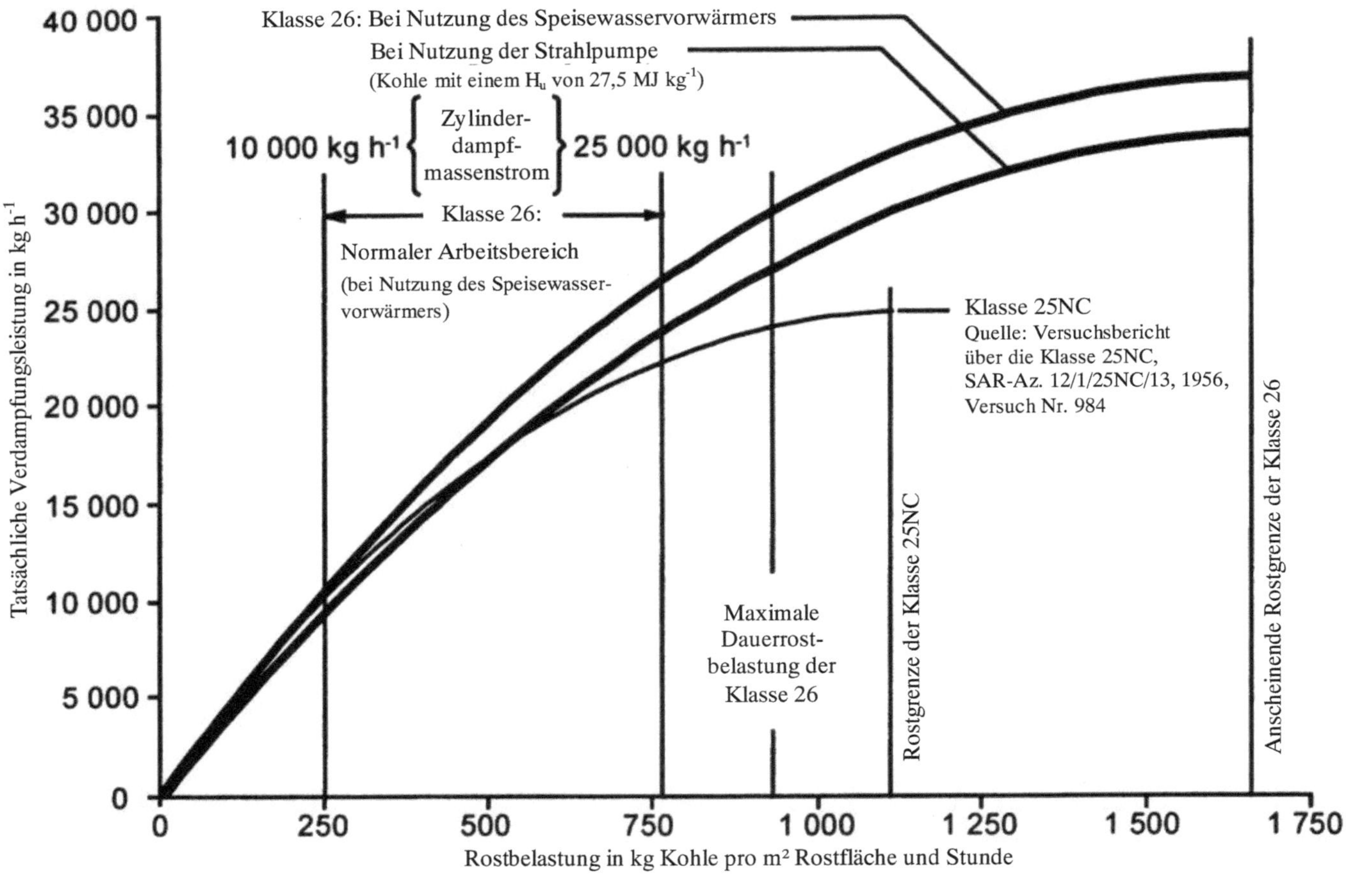

Abb. 111
SAR: 2D2-Klassen 25NC und 26: Tatsächliche Verdampfungsleistung über der Rostbelastung

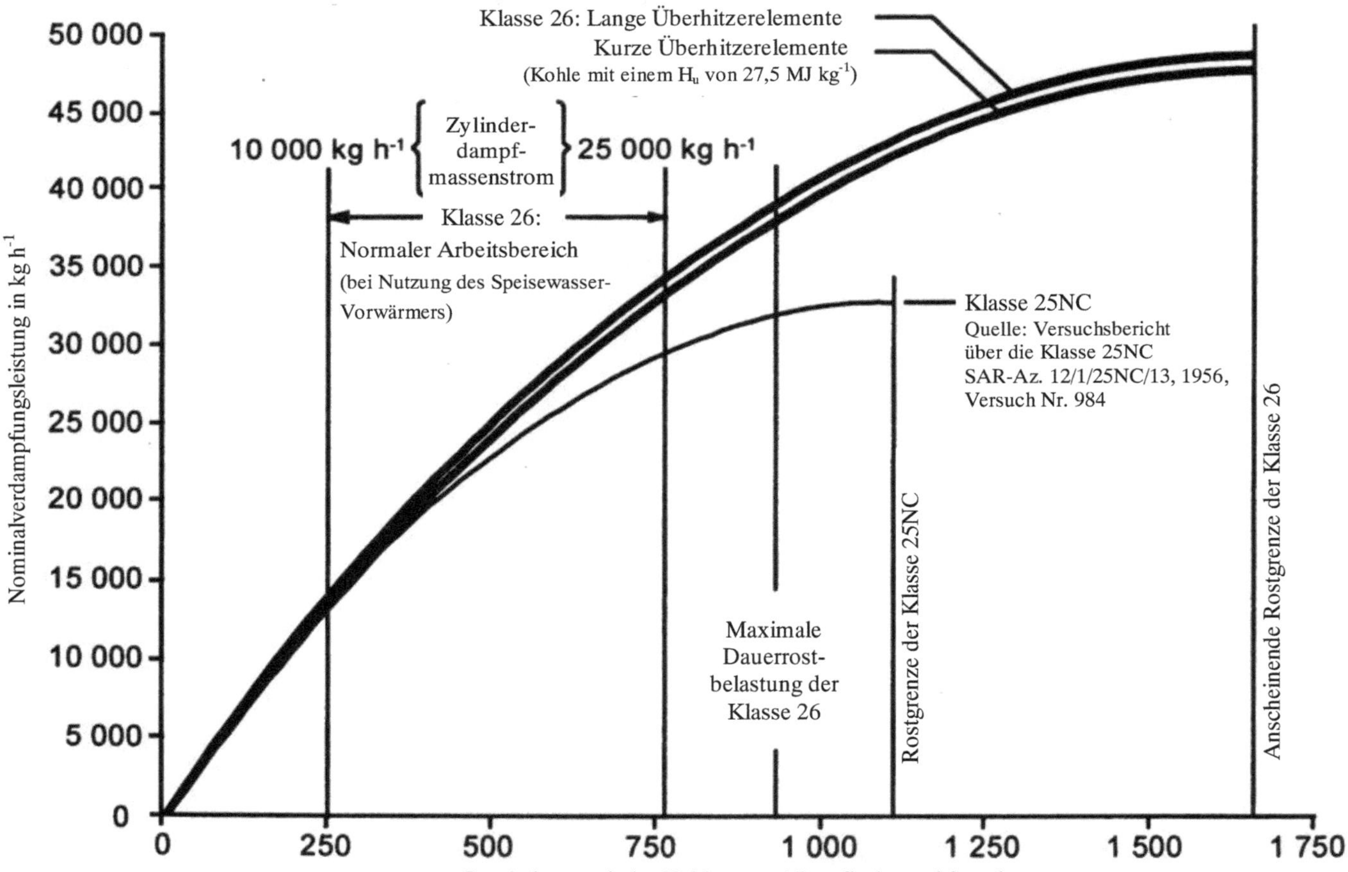

Abb. 112
SAR: 2D2-Klassen 25NC und 26: Nominalverdampfungsleistung über der Rostbelastung

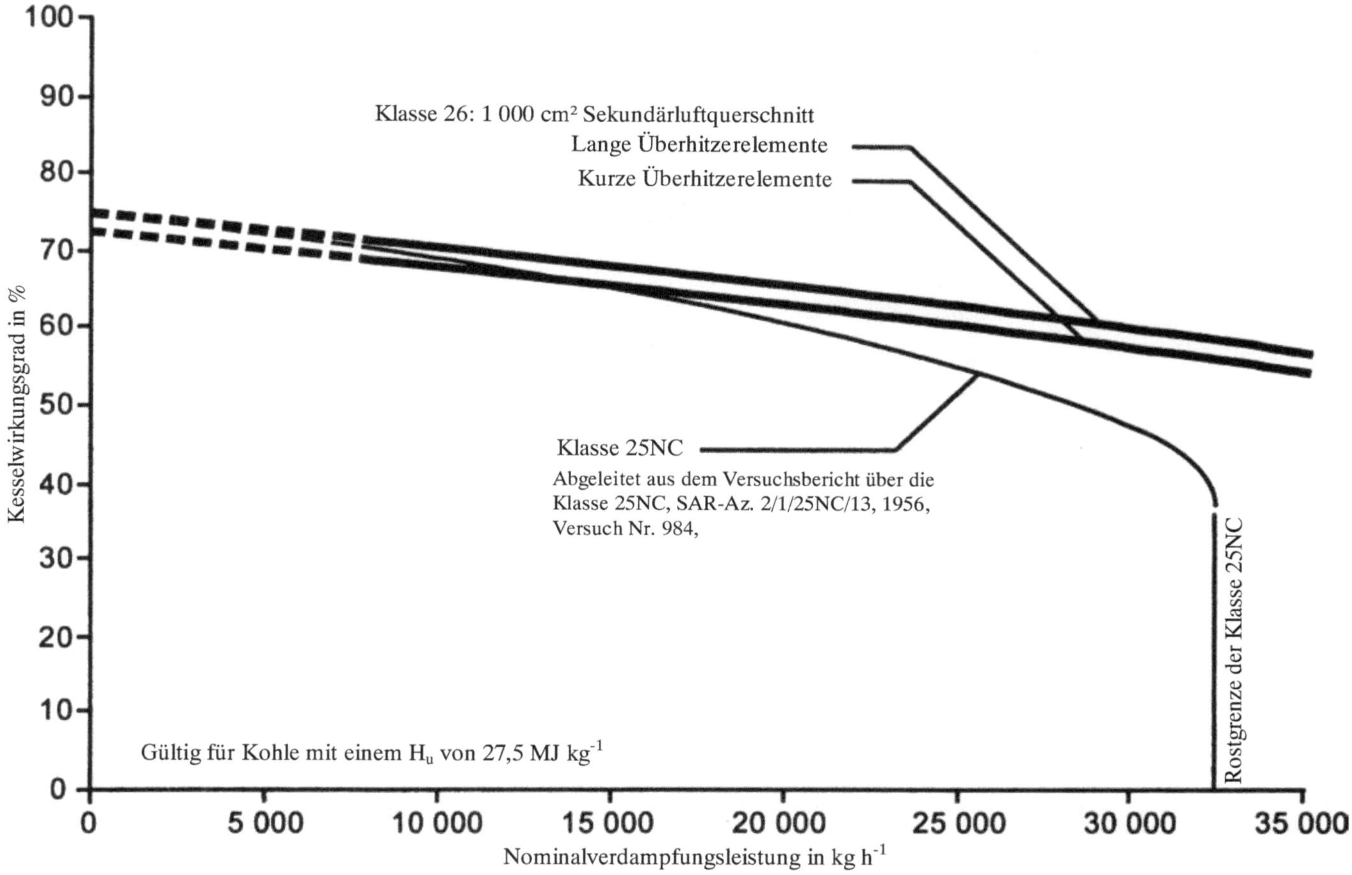

Abb. 113
SAR: 2D2-Klassen 25NC und 26: Kesselwirkungsgrad über der Nominalverdampfungsleistung

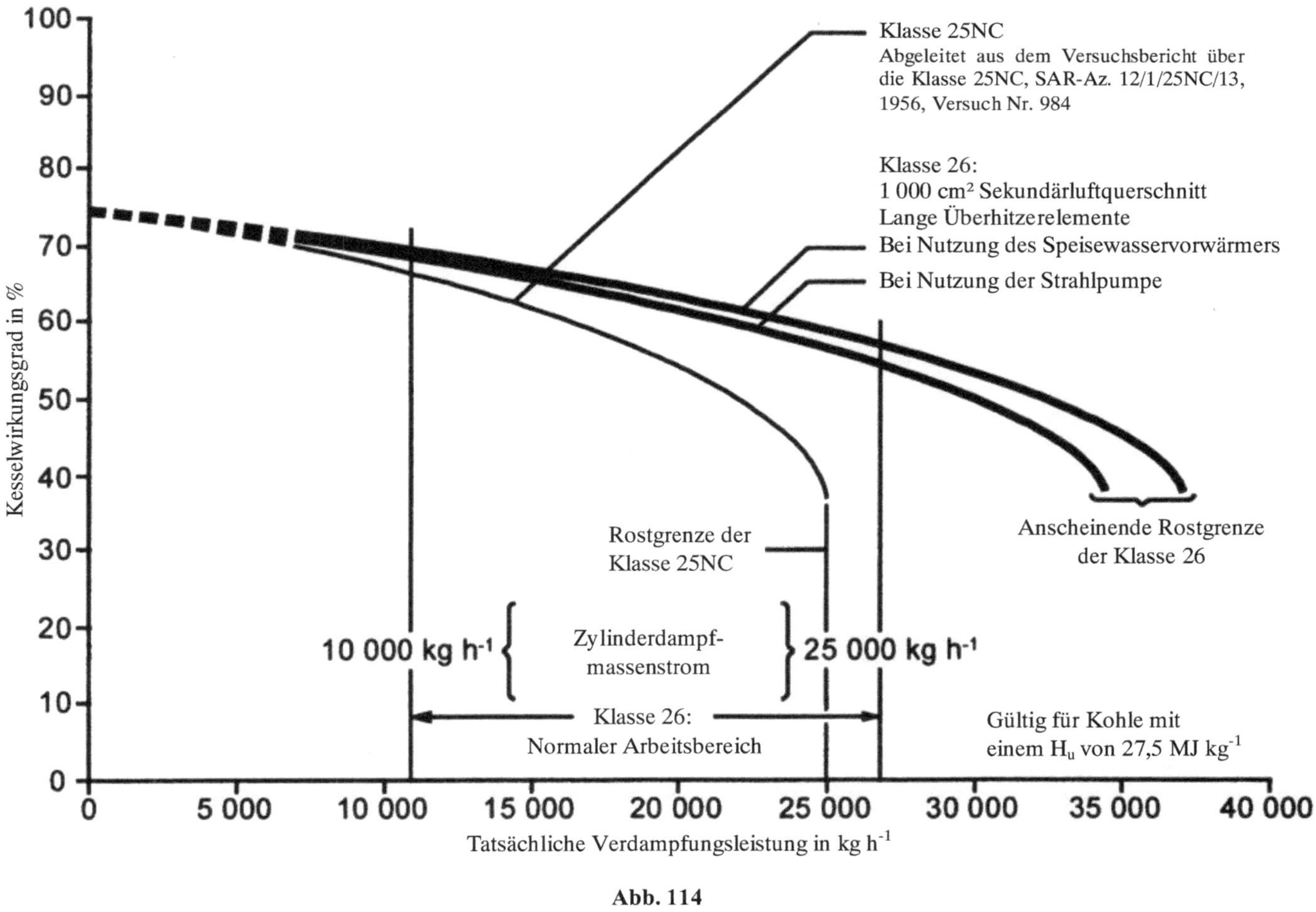

Abb. 114
SAR: 2D2-Klassen 25NC und 26: Kesselwirkungsgrad über der tatsächlichen Verdampfungsleistung

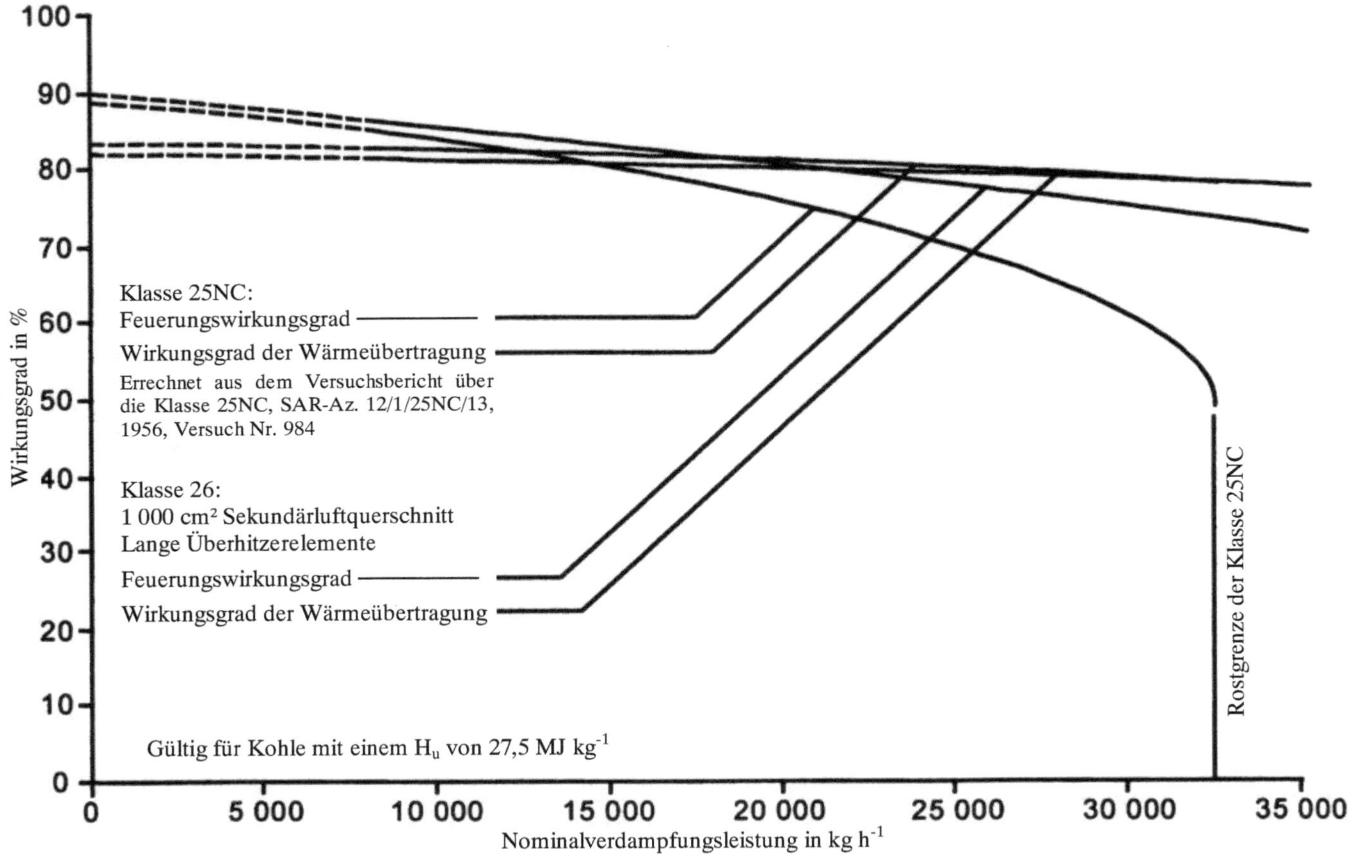

Abb. 115

SAR: 2D2-Klassen 25NC und 26: Feuerungswirkungsgrade und Wirkungsgrade der Wärmeübertragung im Kessel über der Nominalverdampfungsleistung

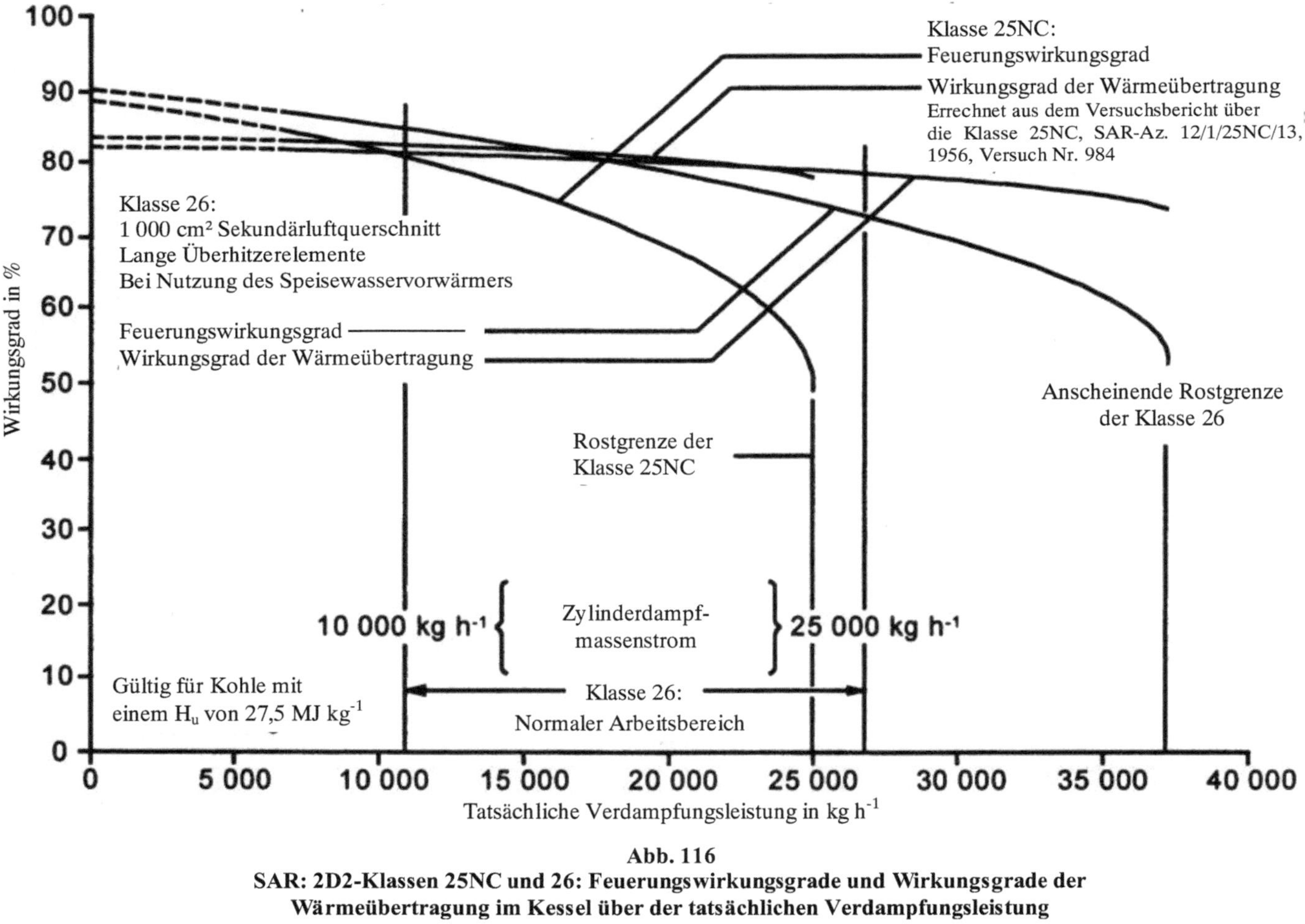

Abb. 116

SAR: 2D2-Klassen 25NC und 26: Feuerungswirkungsgrade und Wirkungsgrade der Wärmeübertragung im Kessel über der tatsächlichen Verdampfungsleistung

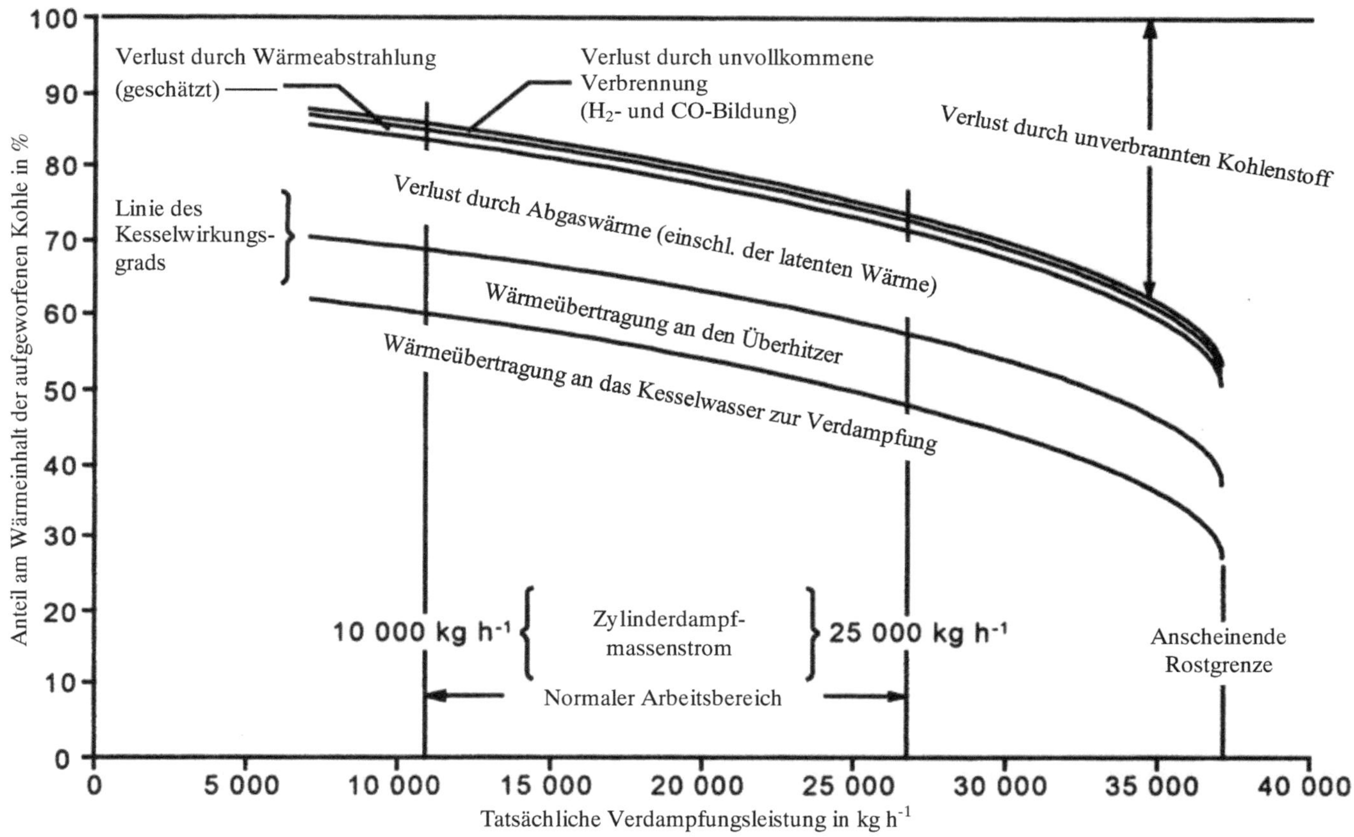

Abb. 117

SAR: 2D2-Klasse 26: Wärmebilanz des Kessels über der tatsächlichen Verdampfungsleistung

(Für Kohle mit einem H_u von 27,5 MJ kg^{-1}, Kessel mit langen Überhitzerelementen und bei Nutzung des Speisewasservorwärmers)

der größten Verlustquellen erreicht werden mussten, die in der Praxis nicht unbedingt diejenigen waren, die am meisten reduziert werden konnten.

Abb. 121. Flugverlust aufgetragen über dem Unterdruck über dem Feuerbett. Der dramatische Unterschied zwischen den Klassen 25NC und 26 hatte seine Ursache in dem beschränkten Luftquerschnitt des Rosts der Letzteren, dem dickeren Feuerbett und der Rezirkulationswirkung der Sekundärluft auf die Kohlepartikel.

Abb. 122. Verhältnis aufgeworfene Kohle zu theoretischer Kohlemenge aufgetragen über der Nominalverdampfung. Dieses Diagramm zeigt allzu deutlich die erschreckende Auswirkung der Rostgrenze, aber auch, dass das GPCS noch um einiges von dem Erreichen eines wirklich hohen Feuerungswirkungsgrads entfernt war, wenn es auch auf der 3450 die Situation nachhaltig verbesserte. Bei der Suche nach den Gründen dafür sei daran erinnert, dass das GPCS nach einem dicht gepackten Feuerbett verlangt, aber je dichter es gepackt war, desto kleiner war sein freier Gasquerschnitt. Der freie Gasquerschnitt zwischen gleichen Kreisen in einer dichten hexagonalen Kugelpackung *(Anm. d. Übers.: aus WIKIPEDIA: …Eine dichteste Kugelpackung ist die geometrische Anordnung unendlich vieler Kugeln gleicher Größe, so dass die größtmögliche Dichte erzielt wird, also der Anteil an Leerraum minimal ist. Eine solche Anordnung ergibt sich, wenn viele Kugeln schichtweise gestapelt werden. Innerhalb einer Schicht berührt dabei jede Kugel sechs Nachbarkugeln…; also eine idealisierte Modellvorstellung der Anordnung von Kohlestücken in einem Feuerbett)* beträgt nur 9,3 % der Gesamtfläche, und noch weniger, falls die Zwischenräume mit Kohlenklein gefüllt waren. Deshalb musste die Gasgeschwindigkeit umso größer sein, je dichter das Feuerbett gepackt war, was dann offensichtlich zum „Entpacken" des Feuerbetts und schließlich zur Fluidisierung und zu Flugverlust führte, siehe Abbildung 24. Tatsächlich war *angesichts der Einschränkungen bei Lokomotiven hinsichtlich der Rostfläche, der Dicke des Feuerbetts und der praktikablen maximalen Größe der Kohlestücke ein wirklich dicht gepacktes Feuerbett bei der im Lokomotivbetrieb erforderlichen Größenordnung des Primärluftstroms nicht möglich, und eine merkliche Störung des Feuerbetts war bei hohen Leistungen unausweichlich. Dies war unter Berücksichtigung der technischen Standards zum Ende des zwanzigsten Jahrhunderts eine wesentliche Einschränkung für das GPCS.* Es sei hier auch darauf hingewiesen, dass die Kohlestücke, wie auch immer ihre Größe beim Aufwerfen war, sich beim Abbrennen verkleinerten, und falls sie wegen fehlender geschmolzener Asche und Backfähigkeit nicht gebunden wurden, erreichten sie eine Größe, bei der sie zwangsläufig vom Feuerbett fortgeblasen wurden.

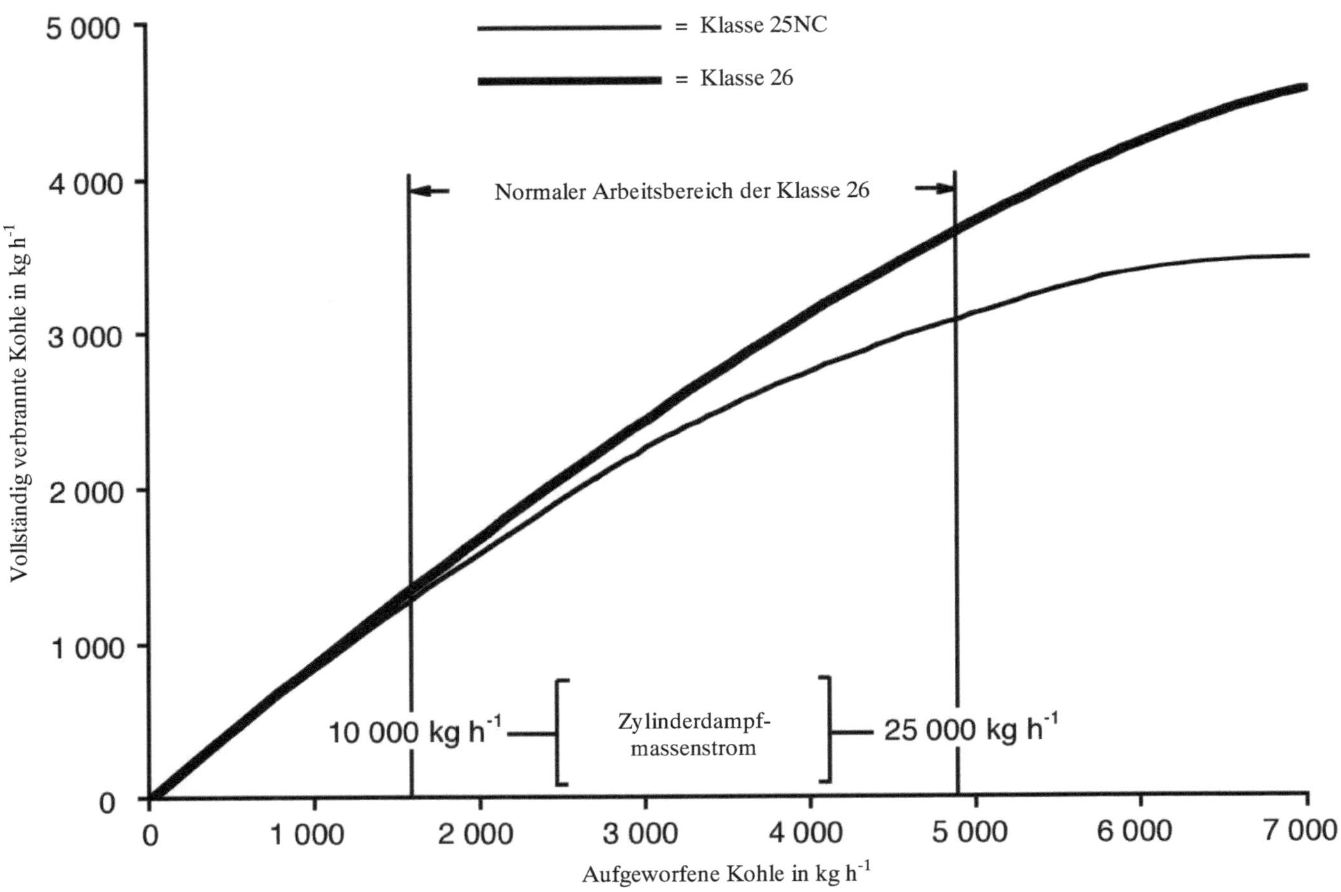

Abb. 118
SAR: 2D2-Klassen 25NC und 26: Vollständig verbrannte Kohle über aufgeworfene Kohle

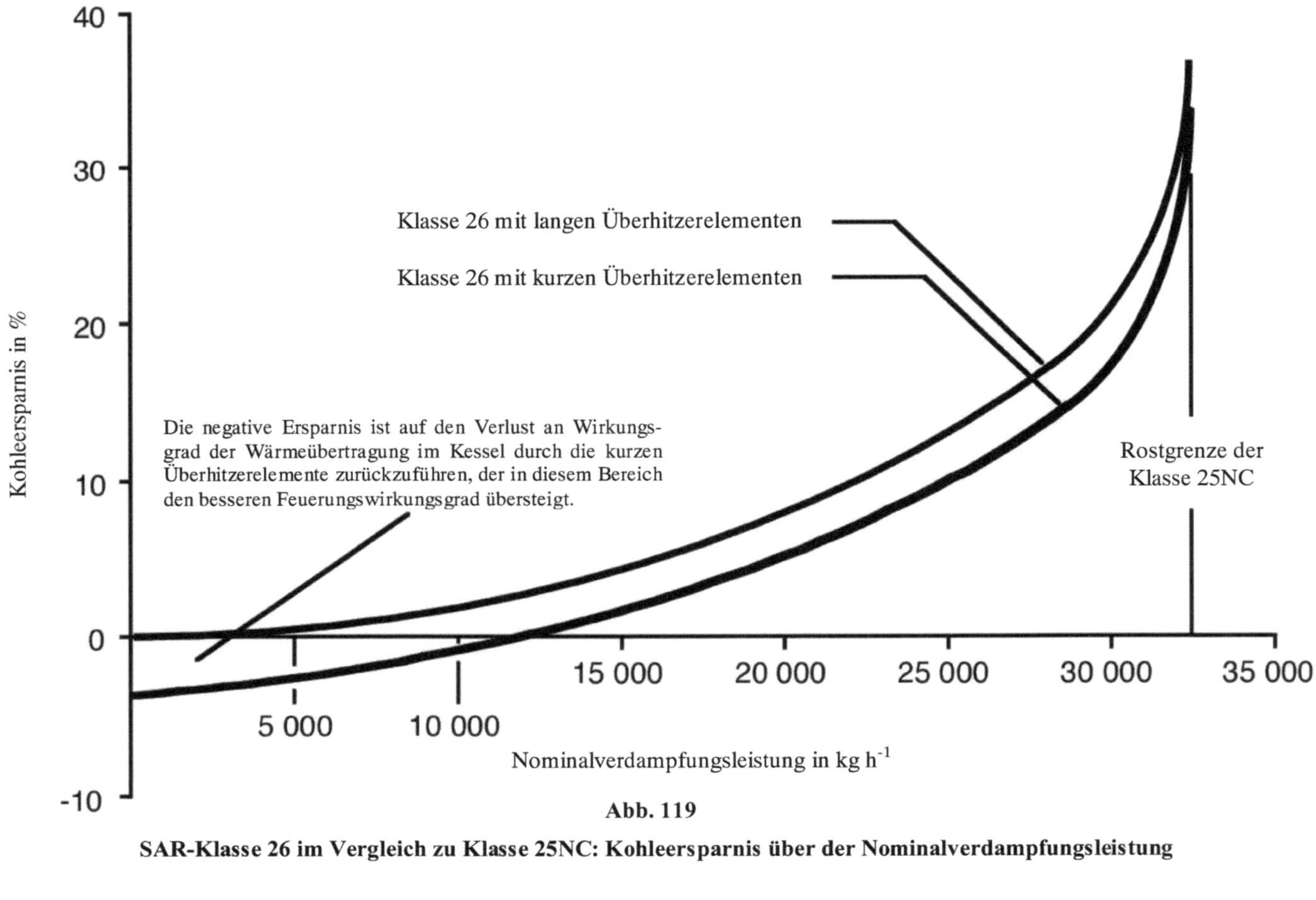

Abb. 119
SAR-Klasse 26 im Vergleich zu Klasse 25NC: Kohleersparnis über der Nominalverdampfungsleistung

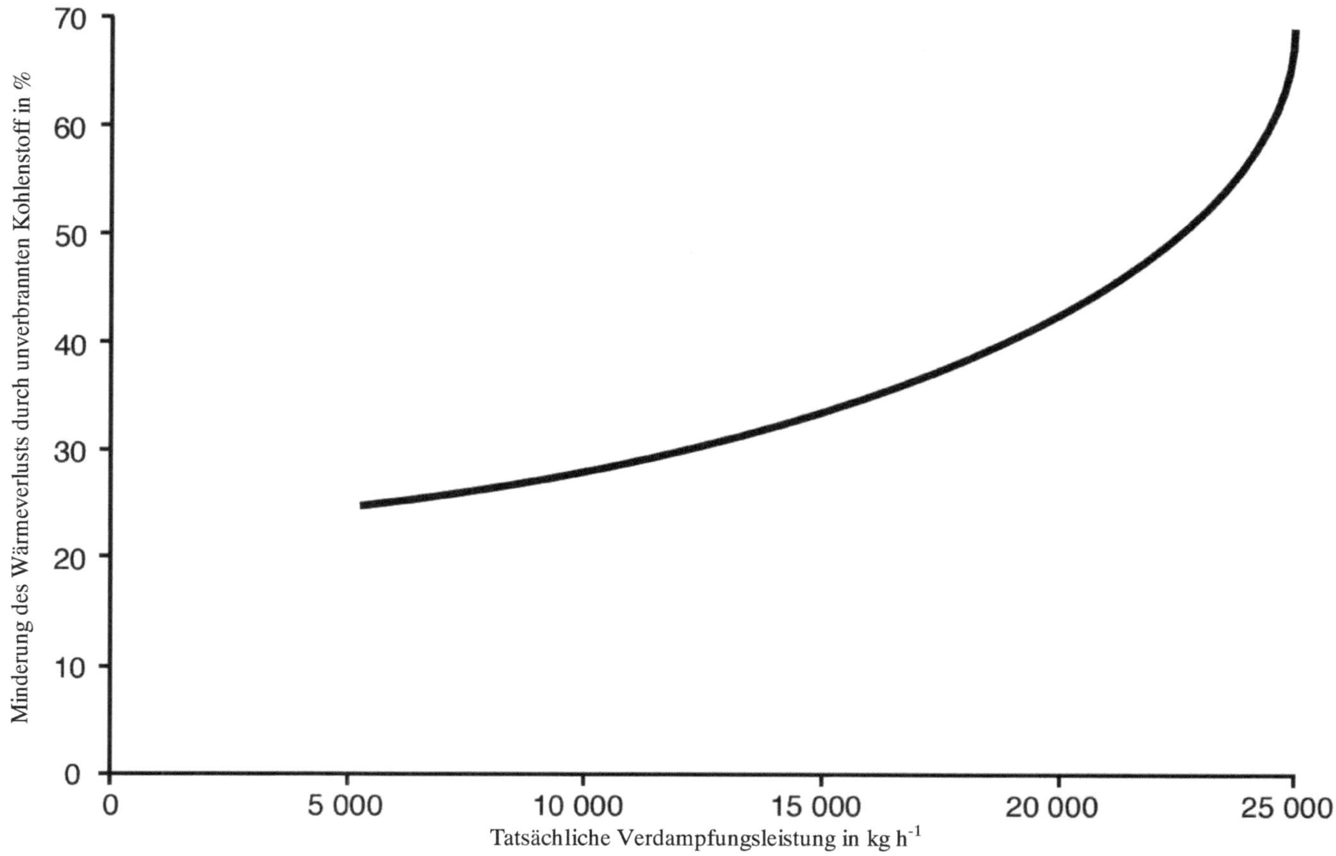

Abb. 120
SAR-Klasse 26 im Vergleich zu Klasse 25NC: Minderung des Wärmeverlusts durch unverbrannten Kohlenstoff über der tatsächlichen Verdampfungsleistung (Kohle mit einem H_u von 27,5 MJ kg^{-1})

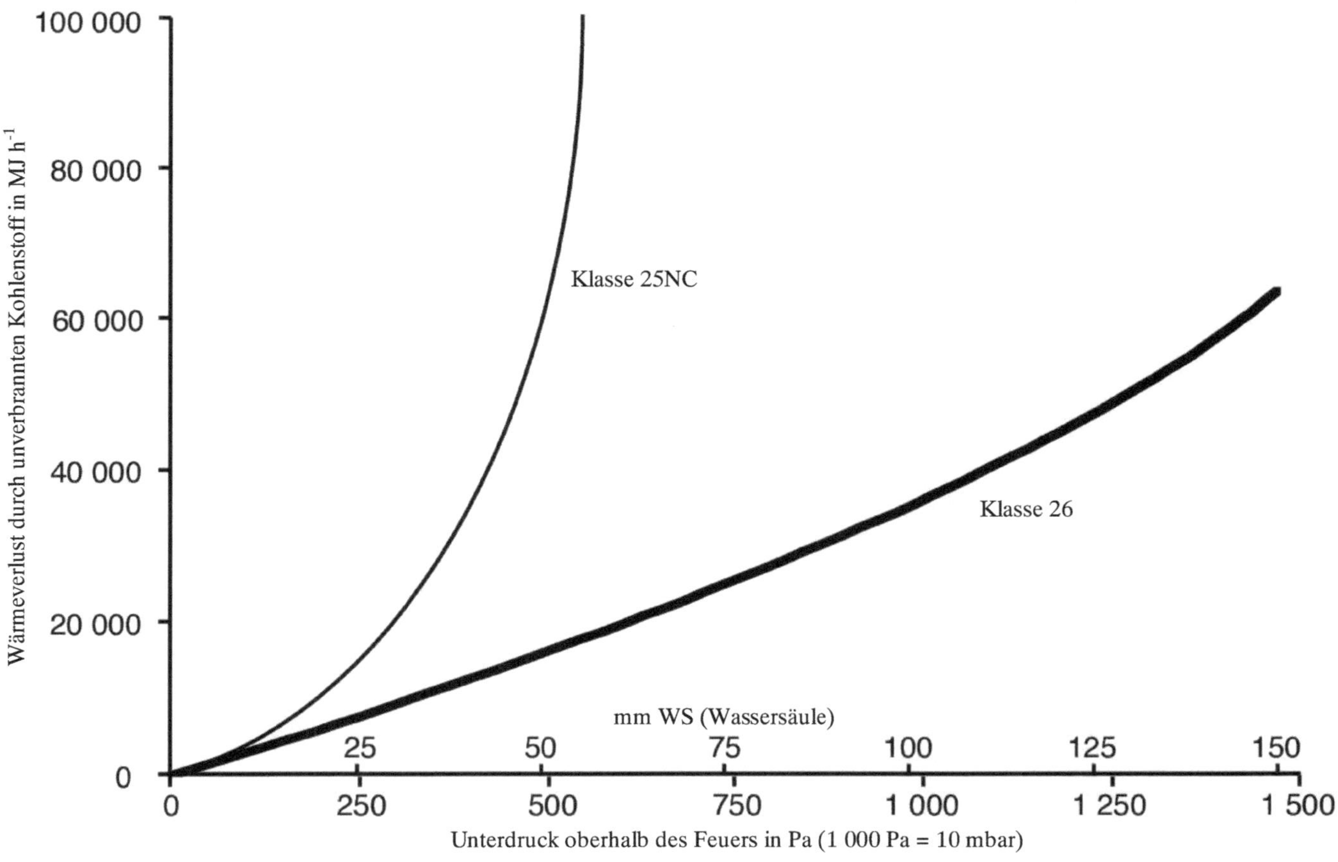

Abb. 121
SAR: 2D2-Klassen 25NC und 26: Wärmeverlust durch unverbrannten Kohlenstoff über dem Unterdruck oberhalb des Feuers (Kohle mit einem H_u von 27,5 MJ kg^{-1})

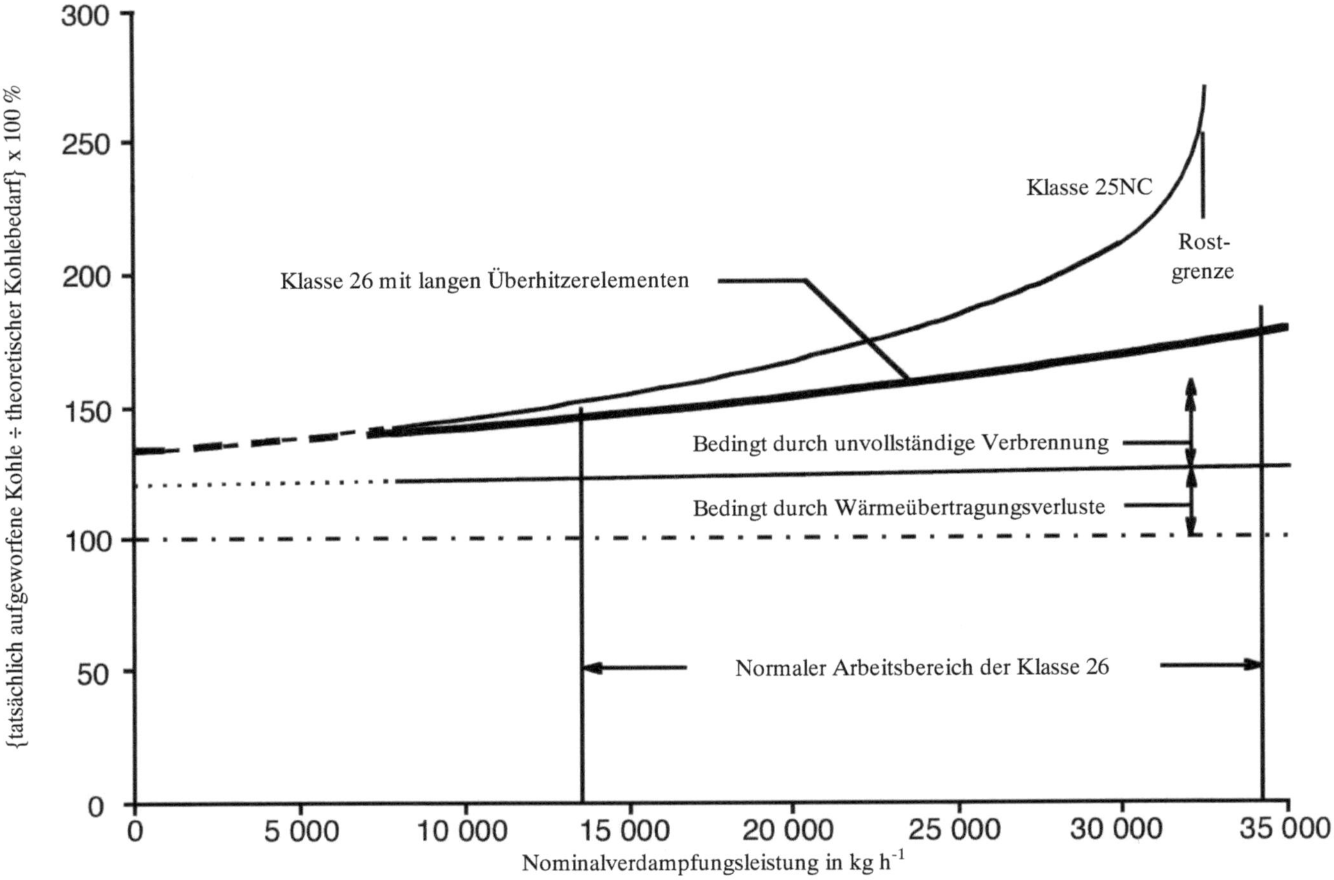

Abb. 122
SAR: 2D2-Klassen 25NC und 26: Verhältnis zwischen der tatsächlich aufgeworfenen Kohle und dem theoretischem Kohlebedarf über der Nominalverdampfungsleistung

2. Die Blasrohranlage

Die Wirksamkeit der Kordina-Einrichtung wurde auf der Seite 236 besprochen, und in Kapitel 2.5 wurde die Verwendung des Verhältnisses Gesamtunterdruck zu Abdampfdruck als ein vernünftiges (aber nicht endgültiges) Maß für die Leistungsfähigkeit einer Blasrohranlage erläutert. Im Fall der 3450 wurden Messungen des Abdampfdrucks sowohl an den Ausströmkästen als auch an den Blasrohrdüsenunterteilen gemacht. Die letzteren Messungen wurden mit Pitot-Rohren gemacht, um den thermodynamisch korrekten stationären Druck zu erfassen. Sie waren notwendig, um die Blasrohrdüsen als Durchflussmengenzähler zu kalibrieren. Diese Messungen ermöglichten es, den Druckabfall zwischen Ausströmkästen und Blasrohrdüsen zu ermitteln, siehe Abbildungen 123 und 124. Dieser Druckabfall stand für Reibungsverluste in den Ausströmwegen, den Ausströmkrümmern, der Kordina-Einrichtung und den Blasrohren. Dadurch lag der Gesamtgegendruck in den Ausströmkästen um 28 % höher als der Abdampfdruck beim Eintritt in die Blasrohrdüsen, wobei nur dieser letztere Druck für die Saugzugleistung zur Verfügung stand. Das war verantwortlich für eine nennenswerte Gegendruckerhöhung um über 0,20 bar bei der normalen maximalen Kesselleistung und war ein Hinweis auf die Notwendigkeit von Abdampfwegen größerer Querschnitte mit optimalen Strömungskoeffizienten und der Anordnung der Kordina-Einrichtung so nah an den Blasrohrdüsen, wie es sich mit der Forderung nach gleichmäßigem Massenstrom in alle Düsen vereinbaren ließ. Die einzigen thermodynamisch relevanten Bauteile der Blasrohranlage, die während des Einfahrens und der Messfahrten geändert wurden, waren die Blasrohrdüsen[1]. Die Saugzugcharakteristik der verschiedenen Düsenkonstruktionen ist in der Abbildung 125 dargestellt. Die Kurven für die Lavaldüsen waren alle sehr ähnlich und merklich besser als die der einfachen konvergierenden Blasrohrdüsen, was die grundsätzliche Richtigkeit von konvergierend-divergierenden Düsen bei Lokomotivblasrohranlagen zeigte, nicht aber die des optimalen Querschnittsverhältnisses solcher Düsen. Versuche mit Düsen von größerem Querschnittsverhältnis wurden vorgeschlagen, aber nie durchgeführt. Die Kurven der Saugzugwirkung mit den Lavaldüsen von 299 cm² wurden bei den Messfahrten noch übertroffen, als die Lokomotive ohne Sekundärluftzufuhr untersucht wurde. Das war dann die beste mit dem Saugzug der 3450 erzielte Kurve. Gültig für die Sekundärluftzufuhr null, war sie gleichzeitig auch die am besten zutreffende für den Vergleich mit den Kurven der Saugzuganlagen der Klasse 25NC, siehe Abbildung 126. Sämtliche Charakteristiken der 25NC, für die verschiedenen Blasrohranlagen den jeweiligen Versuchsberichten entnommen, waren auf den Abdampfdruck in den Ausströmkästen bezogen und dieser musste deshalb die Vergleichsbasis sein. Das war für die Blasrohranlage der 3450 weniger günstig als wenn der Absolutdruck an der Blasrohrdüse (thermodynamisch das geeignetere Kriterium) verwendet worden wäre. Die Kurve der Wirksamkeit der Doppel-Lempor-Anlage ist sichtbar besser, als die der Serien- und Giesl-Anlagen, und es ist klar erkennbar, dass diese Konstruktionen nicht in der Lage gewesen wären, die für einen Hochleistungsbetrieb der 3450 erforderliche Gaspumparbeit zu erbringen. Mit anderen Worten, sie hätten der Lokomotivleistung durch eine Blasrohrgrenze eine Beschränkung auferlegt. Die Kurve für den K-Ejektor ist ebenfalls dargestellt, die auf dem Unterdruck in Strömungsrichtung ein wenig hinter der Rauchkammerrohrwand beruhte und deshalb mit den anderen Kurven

[1] In der endgültigen Anordnung waren die Düsen 60 Millimeter länger als ursprünglich konstruiert, um die Düsenspitzen auf eine Ebene mit dem Eintritt in die eigentliche Mischzone zu bringen, und gegenüberliegende Düsen hatten nun einen eingeschlossenen Spreizwinkel von 12° statt der ursprünglichen 18°, um die Löscheerosion an den Schornsteinen zu vermindern.

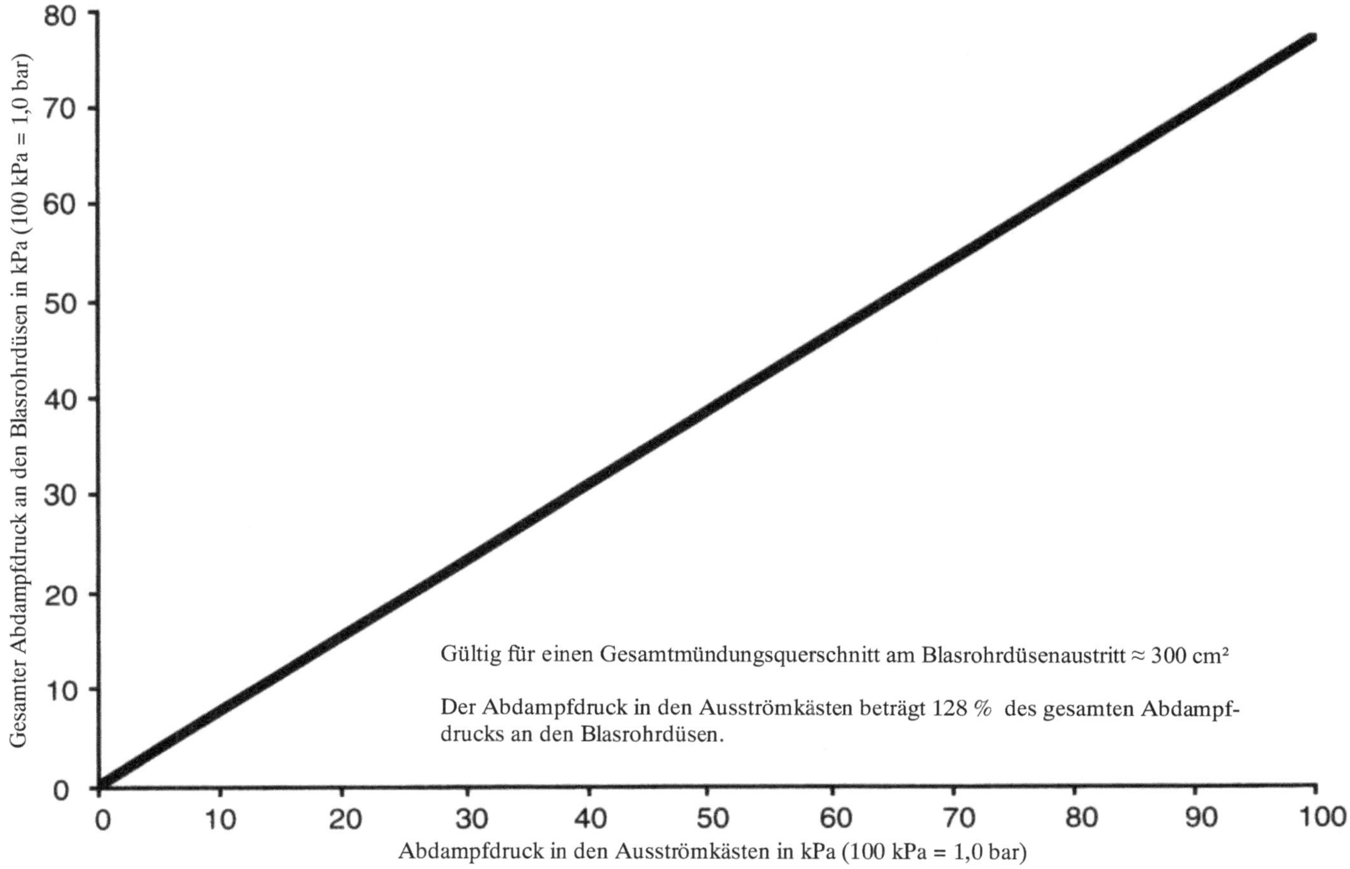

Abb. 123
SAR: 2D2-Klasse 26 Nr. 3450: Gesamter Abdampfdruck an den Blasrohrdüsen über dem Abdampfdruck in den Ausströmkästen

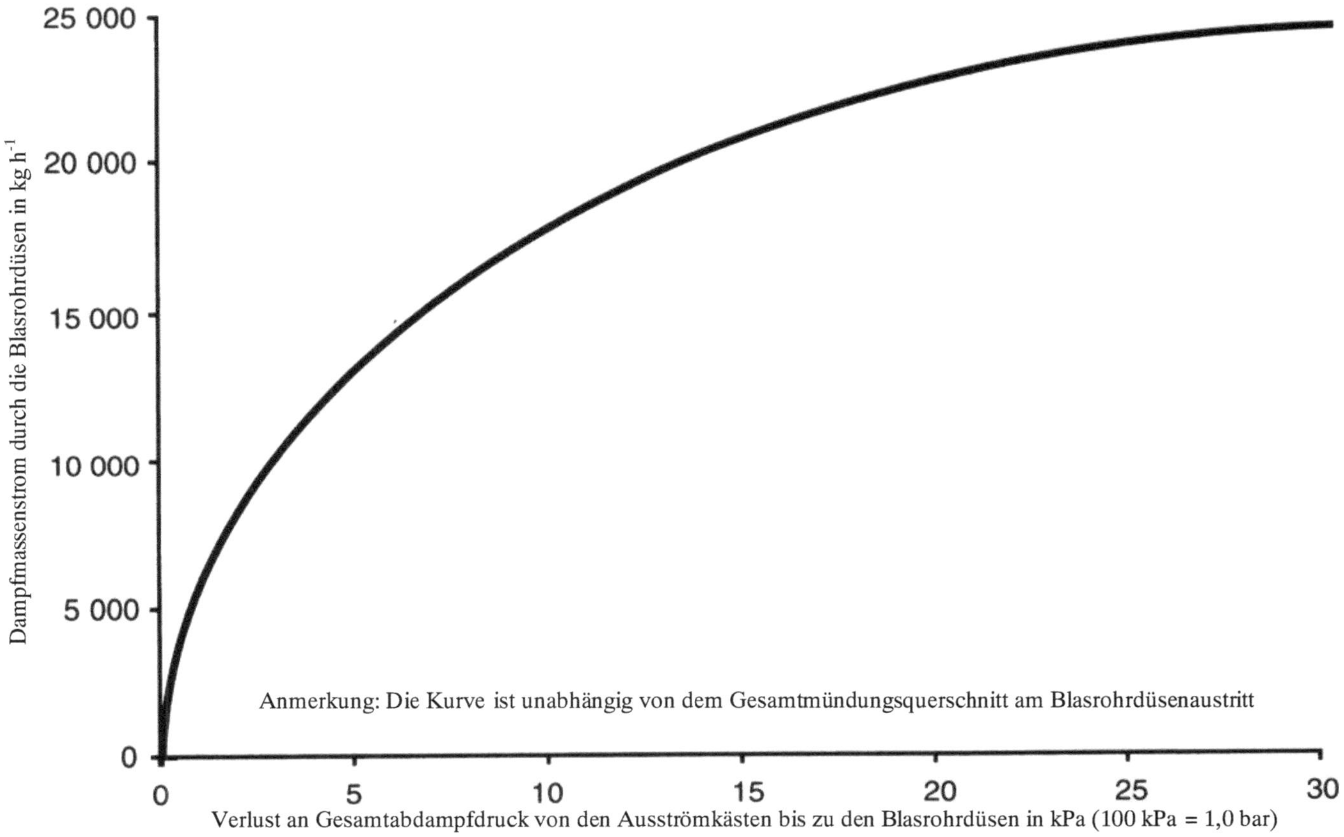

Abb. 124
SAR: 2D2-Klasse 26 Nr. 3450: Dampfmassenstrom durch die Blasrohrdüsen über dem Druckverlust von den Ausströmkästen bis zu den Blasrohrdüsen

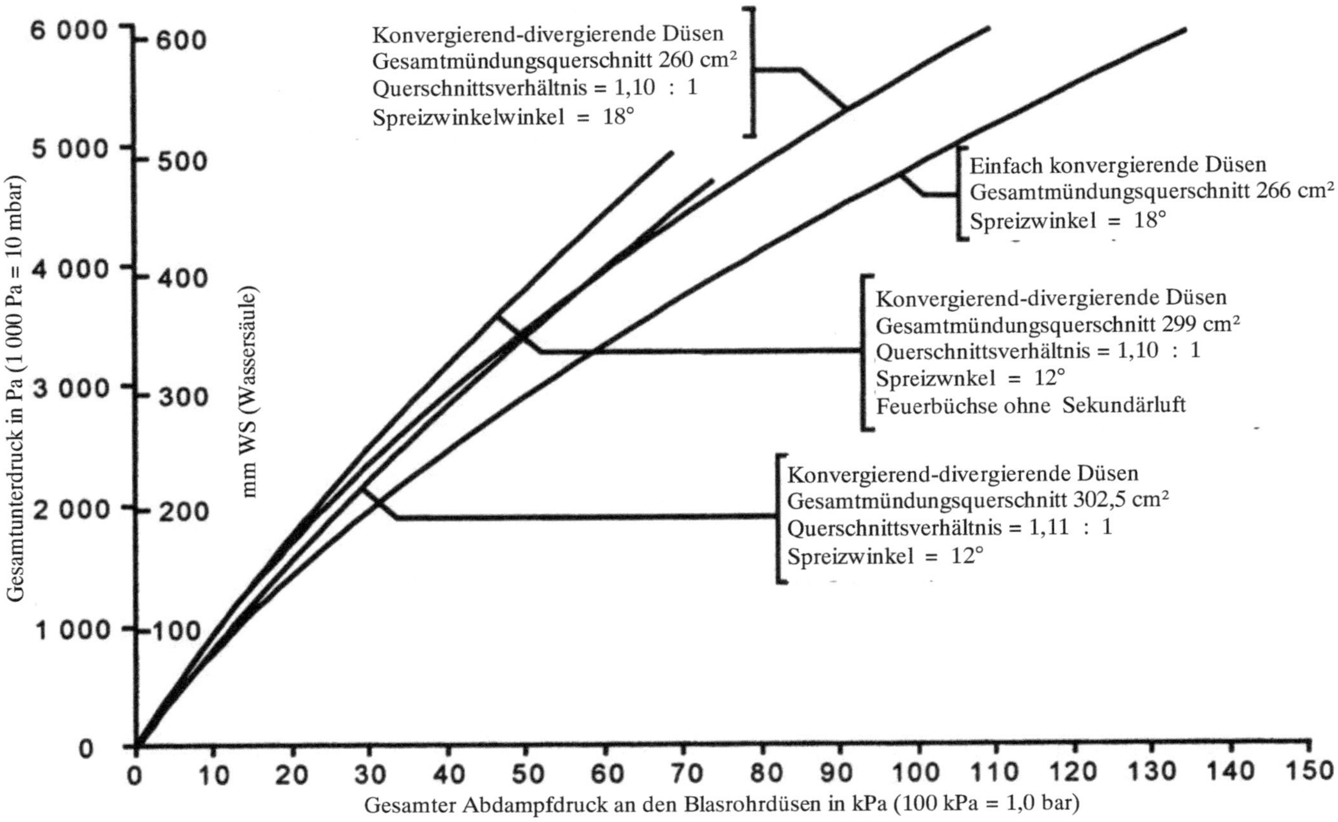

Abb. 125
SAR: 2D2-Klasse 26 Nr. 3450: Doppel-Lempor-Saugzuganlage: Leistungskurven mit verschiedenen Blasrohrdüsen

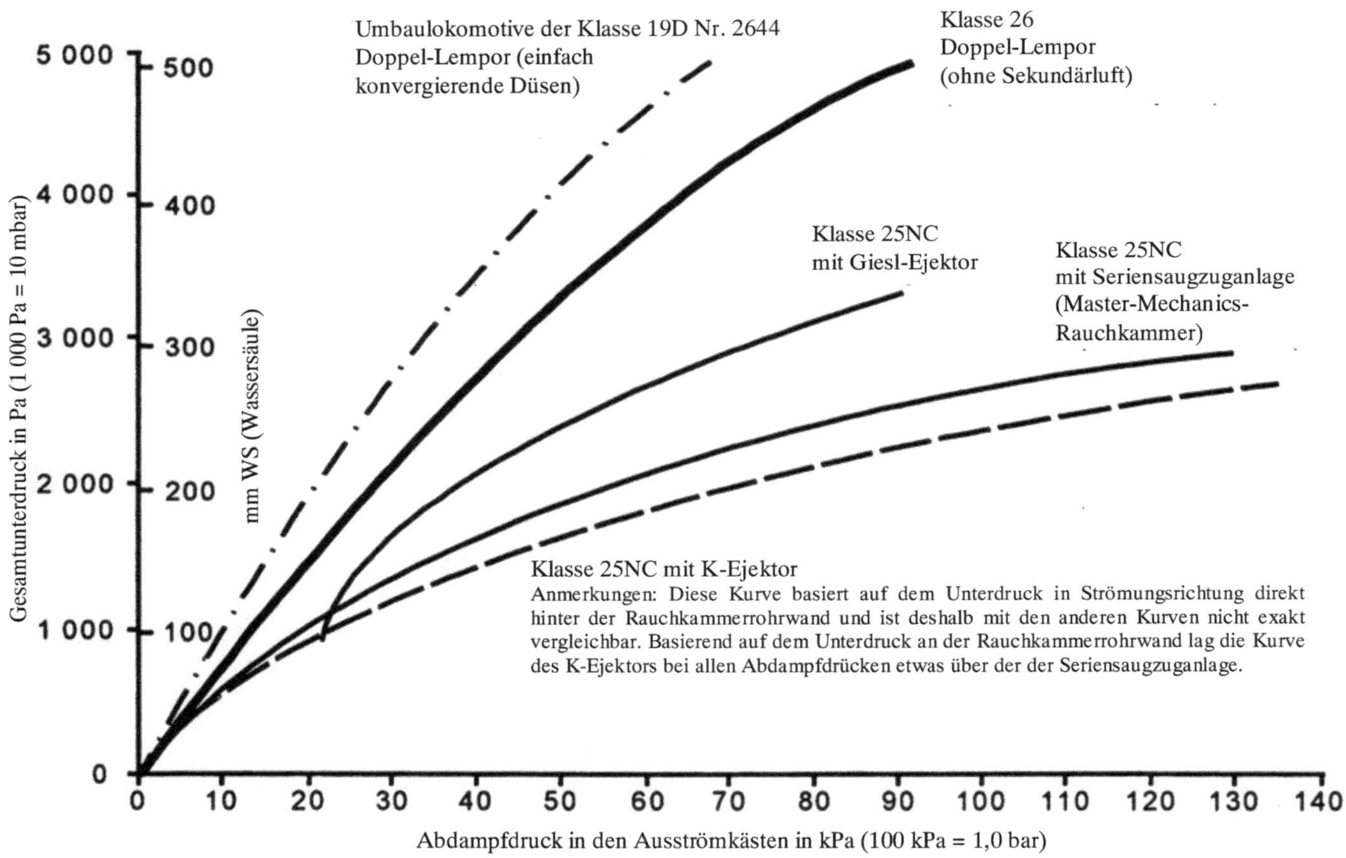

Abb. 126
SAR: 2D2-Klassen 25NC und 26: Leistungskurven der Saugzuganlagen

nicht direkt vergleichbar. Nimmt man diesen Bezug der Messwerte, dann war die Wirksamkeit des K-Ejektors etwas besser als die der Serienblasrohranlage, aber dem Giesl-Ejektor oberhalb von 0,50 bar Abdampfdruck unterlegen.

Die Abb. 126 gibt auch die Leistungskurve der Doppel-Lempor-Blasrohranlage der Klasse 19D Nr. 2644 wieder, die besser war als die Anlage der 3450, was man aus den wichtigsten Dimensionen der Schornsteine auch erwarten konnte, die selbst schon die zuvor bereits beschriebene Schwierigkeit widerspiegelten, mit zunehmender Lokomotivgröße optimale Schornsteinproportionen zu erhalten (siehe Tabelle 52).

Tabelle 52
Vergleich der Schornsteindimensionen der Lokomotiven 2644 und 3450

Bezeichnung	Klasse 19D Nr. 2644	Klasse 26 Nr. 3450
Gesamtlänge des Schornsteins, m	1,845	1,825
Verhältnis Länge ÷ Durchmesser der Mischzone	2,63 : 1	2,0 : 1
Querschnittsflächenverhältnis im Diffusor	2,65 : 1	2,21 : 1

Es gab eine Reihe von Details an der Blasrohranlage der 3450, die möglicherweise nicht optimal waren, nämlich die von der Lempor-Theorie nicht angegebenen Eigenschaften, wie zum Beispiel der soeben erwähnte Abstand von der Kordina-Einrichtung bis zu den Blasrohrdüsen und das Querschnittsverhältnis der Blasrohrdüsen. Mit diesem Vorbehalt war die Gesamtanordnung wohl so gut gelungen, wie eine Doppel-Blasrohranlage für diese bestimmte Lokomotive eben sein konnte, und eine Leistungsverbesserung hätte eine weitere Aufteilung in eine Dreifach- oder Vierfachanlage erforderlich gemacht. Es sei daran erinnert, dass Letztere die ursprüngliche Idee war, und im Nachhinein wäre es vielleicht einen Versuch wert gewesen, da die zusätzliche Komplexität der Blasrohranlage selbst durch eine einfachere Anordnung der Selbstreinigungsleitbleche in der Rauchkammer ausgeglichen worden wäre.

An dieser Stelle ist es angebracht, einige allgemeine Betrachtungen zur Leistung des Giesl-Ejektors anzustellen. Von dem „neuen" Ejektor wurde behauptet, dass er bessere Ergebnisse, als der auf der 25NC versuchte erbringen würde (siehe Seite 11), aber während das so gewesen sein mag, gibt es keine dem Autor bekannten Anhaltspunkte, die darauf hindeuten, dass er dem Lempor-Blasrohr gleichgekommen wäre. Der Giesl-Ejektor war tatsächlich eine thermodynamische Verbesserung gegenüber den typischen schlichten Blasrohranlagen. Womöglich wegen des energischen Anpreisens durch seinen Erfinder und durch andere, schien er weithin als *das* ideale Blasrohrsystem anerkannt worden zu sein. Ursprünglich kam Dr. Giesl auf die Idee eines länglichen Ejektors durch die Vorstellung, eine Batterie von in einer Reihe angeordneten Ejektoren mit kreisförmigem Querschnitt in einem Flachejektor zu vereinigen.[1] Das war eine geistreiche Schlussfolgerung, deren streng thermodynamisch begründete Stichhaltigkeit dem Autor nicht bekannt ist, aber die Proportionen des sich daraus ergebenden Schornsteins schienen nicht ideal zu sein. Giesl scheint sich darauf konzentriert zu haben, die Verluste bei der Vermischung der Dampf- und Rauchgasströme durch einen relativ kleinen Schornsteinquerschnitt in der Mischungszone zu vermindern. Das wird zu dem gewünschten Ziel geführt haben, aber nicht nur dieser Verlust musste minimiert werden, sondern vielmehr die *zusammengefassten* Verluste durch Vermischung, Reibung und die kinetische Energie des Gemisches an der Schornsteinmündung. Eine Konsequenz des kleinen Strömungsquerschnitts des Giesl-Ejektors in der Mischungszone war ein relativ kleiner Querschnitt an der Schornsteinmündung und dadurch ein hoher Verlust durch kinetische Energie[2], und der kleine Strömungsquerschnitt und die längliche Form (die einen kleineren hydraulischen Radius hat als ein kreisförmiger Querschnitt) begünstigten hohe Reibungsverluste. Demgegenüber zielten die Lempor- und Kylpor-Anlagen auf eine Minimierung der *Gesamtverluste* als dem alleinigen Kriterium für den maximalen thermischen Wirkungsgrad der Saugzuganlage als Ganzes. Im Grunde war der Strömungsquerschnitt des Giesl-Schornsteins an der engsten Stelle zu klein. Während das bei kleinen und mäßigen Kesselanstrengungen nicht so sehr in Erscheinung getreten sein wird, so würde es aber den Gemischmassenstrom bei den auf 3450 erreichten Verdampfungsleistungen gedrosselt haben. Hinweise darauf sind im Kapitel 7.4 aufgeführt. Gemäß Dr. Giesls Angaben hätte eine Erweiterung des Strömungsquerschnitts des Schornsteins zu dem bei dem Ejektor der Klasse 25NC beobachteten Abfall der Leistung bei geringen Kesselanstrengungen geführt, so dass für Hochleistungen auch für den Giesl-Ejektor eine Aufteilung in zwei oder mehr Schornsteine wohl ebenso notwendig gewesen wäre, wie für alle anderen Blasrohranlagen. Es gibt eben keine Zauberformel gegen unzureichende Schornsteinhöhe. Das wäre wegen der Notwendigkeit der nebeneinander liegenden Anordnung mit dem Risiko eines ungleichmäßigen seitlichen Rauchgasstroms in jeden Schornstein verbunden. Die Leistung des Giesl-Ejektors reagierte sehr empfindlich auf dieses Phänomen, wie ich später bei der chinesischen Baureihe QJ erleben musste, indem eine ungleichförmige Rauchgasströmung den Dampfstrahl seitlich ablenkte, wegen der geringen Breite des Schornsteins mit verhängnisvollen Folgen.

Giesls und Portas Nutzung ihrer jeweiligen Entwicklungen war recht unterschiedlich. Der Giesl-Ejektor war durch Patente und Herstellungsrechte geschützt und konnte ein recht kostspieliger Apparat sein, wie wir in Kapitel 1.3 gesehen haben. Dieser Umstand sprach aus Sicht der SAR und wahrscheinlich auch anderer Verwaltungen gegen ihn. Im Gegensatz dazu machte Porta die Theorie des Lempor- und Kylpor-Blasrohrs der Eisenbahnwelt frei zugänglich. Alles, was es bedurfte und alles, was Porta wollte, war, dass sie von den Ingenieuren verstanden wurde und dass sie sie zum Nutzen der Dampflokomotive anwendeten; wie ich zuvor schon geschrieben habe, die Haltung eines wahren Meisters. Bedauerlicherweise schien Giesl das als Konkurrenz, statt als eine parallele Entwicklungsrichtung zum Wohl der Maschine angesehen zu haben, an die beide so leidenschaftlich glaubten. Zu 3450 schrieb er:[3]

> „Diese rotlackierte Maschine, RED DEVIL benannt und propagandistisch reiflich ausgeschlachtet ... blieb vereinzelt und die Lempor-Anlage, deren geringe Verbreitung von ihren Anhängern beklagt wird, weist keine Merkmale auf, die sich von lange bekannten wesentlich unterscheiden...Solange die Lempor-Anlage nicht so genau untersucht wird, wie dies 1959 in Rugby mit meinem Flachejektor geschah, steht die Behauptung einer Überlegenheit in Zweifel ..."

Dr. Giesls Einstellung wird hierin recht deutlich. Demnach hat die Lempor-Anlage keine wichtigen Eigenschaften, die nicht schon seit Langem bekannt waren. Das gilt auch für das Rad, aber es ist immer noch der beste Weg, Dinge zum Rollen zu bringen. Portas Blasrohranlagen beruhten tatsächlich auf früheren Konstruktionen anderer Ingenieure, deswegen ja *Lem*por und *Kyl*por. Der Unterschied war aber eine verfeinerte Theorie, die es ermöglichte, für jede gegebene Anwendung die besten Proportionen zu finden, und dazu gehörte gewiss die Tatsache, dass für den größten Gesamtwirkungsgrad dem angesaugten Rauchgasstrom eine bestimmte Geschwindigkeit gegeben

---

[1] The Railway Gazette, London, 20. März 1959.

[2] Der Ausstrittsquerschnitt des in Kapitel 1.3 beschriebenen Giesl-Ejektorschornsteins der Klasse 25NC betrug nur 4 022 cm², 35 % weniger als bei dem Doppel-Lempor-Schornstein der 3450, wodurch sich bei jedem gegebenen Gemischmassenstrom ein um das 2,37-fache höherer Verlust durch kinetische Energie ergab.

[3] Giesl-Gieslingen, Dr. A., Anatomie der Dampflokomotive, Verlag O. Slezak, Wien, 1986, Seite 154f.

werden musste. Optimale Proportionen und nicht irgendwelche ungewöhnlichen Formen waren der kritische Punkt. Hinsichtlich der „Behauptung“ der Überlegenheit von Portas Saugzuganlagen reicht ein Blick auf die Abbildung 34, in der ihre jeweiligen charakteristischen Kurven, als auch die der Giesl-Anlage auf der Klasse 9F der British Railways dargestellt sind, die Gegenstand der Untersuchungen in Rugby im Jahre 1959 war und die anscheinend auch in Dr. Giesls Augen die Leistung seiner Blasrohranlage richtig widerspiegeln.[1] Obwohl, ich möchte es noch einmal sagen, dass das Verhältnis Unterdruck zu Abdampfdruck kein eindeutiges Maß für die Leistung einer Blasrohranlage ist, aber es ist doch eine Richtschnur von akzeptabler Genauigkeit, und die daran gemessene Überlegenheit der Kylpor- und Lempor-Blasrohranlagen war so groß, dass in dieser Sache kein Zweifel bestehen bleiben konnte. Porta hat den Versuchsbericht der mit Giesl-Ejektor ausgerüsteten 9F selbst analysiert und aufgezeigt, dass der Plan im Wesentlichen deshalb fehlschlug, weil die Verbrennung minderwertiger Kohle (das war das vorrangige Ziel) nicht möglich war, falls Schlackebildung auftrat, egal wie gut der Saugzug war. In seinen Briefen an mich erwähnte er außerdem wiederholt, dass er, wegen seines alleinigen Interesses an der Entwicklung der Dampftraktion, nur zu gern selbst den Giesl-Ejektor übernommen und publik gemacht hätte, falls er besser als seine eigenen Konstruktionen gewesen wäre, aber das war nicht der Fall, weil seine Proportionen nicht optimal waren. Außerdem wies er darauf hin, dass das Verhältnis des Mündungsquerschnitts der Blasrohrdüsen zu dem freien Gasquerschnitt des Kesselrohrbündels ein weiteres gutes Kriterium zu Bewertung der Leistungsfähigkeit einer Blasrohranlage war und dass seine Konstruktionen merklich bessere Werte für dieses Verhältnis aufwiesen als alle anderen Anlagen. Bei dem Vergleich der Giesl-25NC mit der Klasse 26 ergab Erstere mit Blasrohrmündungsquerschnitten von 248 cm² bis 287 cm² kaum angemessene Verdampfungsleistungen, währenddessen der bei 3450 angewendete normale Mündungsquerschnitt etwa 300 cm² betrug, *und das bei einem Kessel mit über 50 % größerem Rauchgaswiderstand und einer deutlich höheren Verdampfungsleistung.*

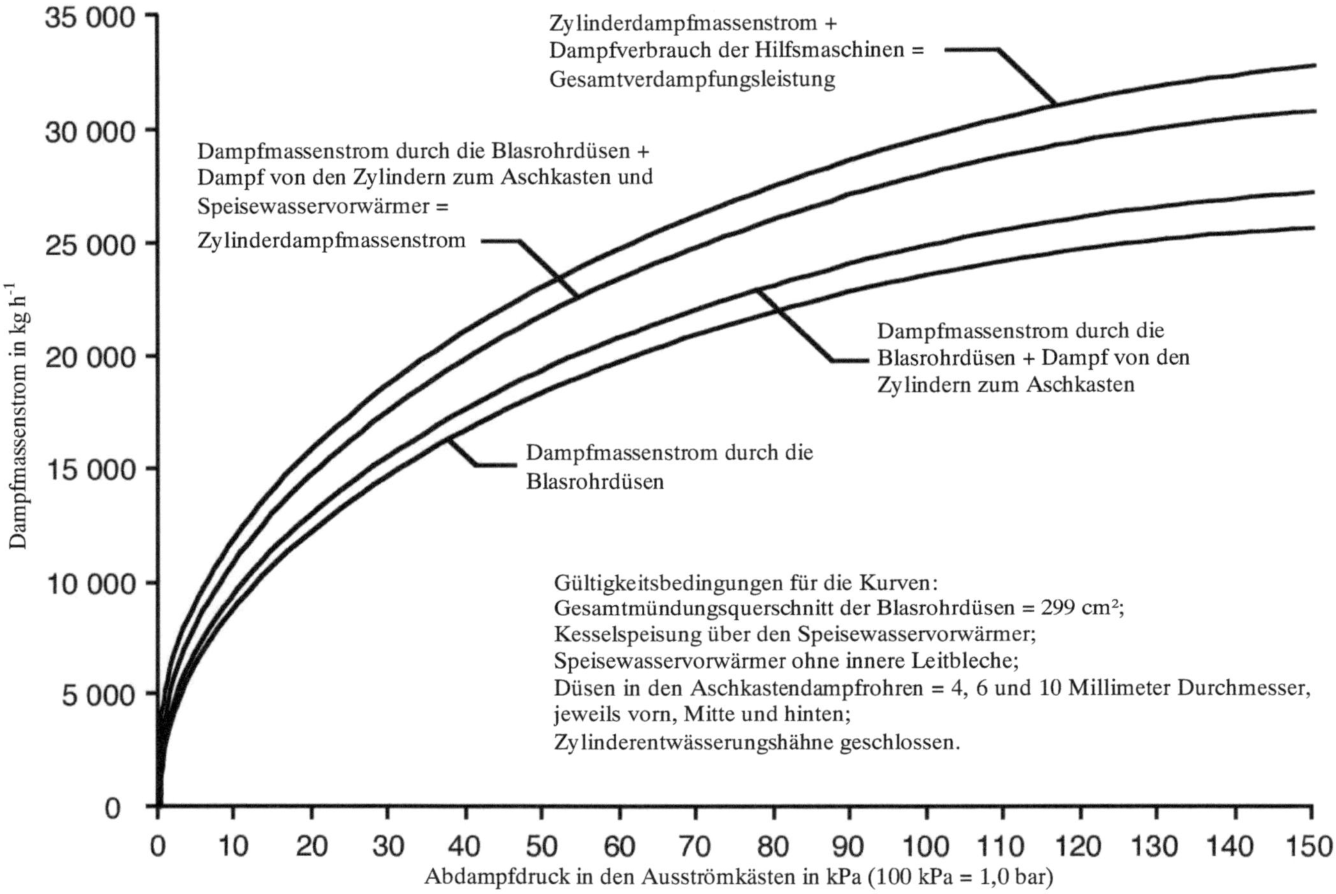

Abb. 127
SAR: 2D2-Klasse 26 Nr. 3450: Dampfmassenstrom über dem Abdampfdruck

Damit wurde hoffentlich genug geschrieben, um zu zeigen, dass die Überlegenheit von Portas Blasrohranlagen keine bloße „Vermutung“ war. Es war sehr bedauerlich, dass durch die Parteilichkeit einiger die objektive Bewertung der Kylpor-, Lempor- und Giesl-Anlagen zu einem Streit verkam. Da keine dieser Konstruktionen meine eigene war, hatte ich keine Motivation, die eine gegenüber der anderen zu bevorzugen, abgesehen von der, nach Möglichkeit die beste zu übernehmen. So unterstütze ich den Giesl-Ejektor direkt nach meinem Eintritt bei den SAR, bis ich zu dem Schluss kam, dass Portas Blasrohranlagen tatsächlich besser waren. Ganz bestimmt brauchte die Dampflokomotive nicht das Zweitbeste.

In der Abb. 127 finden sich die Kurven der Dampfmassenströme dargestellt über dem Abdampfruck für 3450 in ihrem endgültigen „feinjustierten“ Zustand. Diese Kurven wurden hergeleitet aus Messungen des Gesamtabdampfdrucks am Blasrohrdüsenunterteil und der Ausströmkästen, der thermodynamischen Abdampftemperatur an den Blasrohrdüsen und des Rauchkammerunterdrucks. Das erlaubte es, den Dampfmassenstrom zu den Zylindern, eine fundamentale Größe, aus der viele andere Daten abgeleitet werden können, aus den Ablesungen des Abdampfmanometers zu bestimmen. Der Dampfverbrauch der Hilfseinrichtungen stand nicht in einem festen Verhältnis zu

[1] In einer persönlichen Mitteilung an den Autor gab Dr. Giesl an, dass der bei dem Ejektor der Klasse 25NC erkannte Defekt bei der Konstruktion für die 9F korrigiert worden war, „wo der Mangel an Bauhöhe vergleichbar“ war mit der 25NC. Allerdings war die von der 9F geforderte Kesselleistung nur etwa halb so groß wie die der 25NC, was es auf Ersterer merklich einfacher machte, gute Blasrohrproportionen zu erreichen. Es sei vermerkt, dass auch die betreffende 9F innerhalb ihrer Baureihe das einzige Exemplar mit einem Giesl-Ejektor blieb, und Cox stellte fest, dass „...Nr. 92250 [die so ausgerüstete Lokomotive] sich in ihrem Heimatdepot gegenüber ihren Schwestermaschinen nicht auszeichnete.“ (Cox, E. S., British Railways Standard Steam Locomotives, Ian Allen, London, 1966, Seite 142).

dem Dampfmassenstrom zu den Zylindern (er variierte je nach Einstellung des Stokermotors und der Verteilerdüsen, was von der Kohlesorte abhängig war, ob der Turbogenerator lief oder nicht oder ob die Dampfheizung angestellt war etc., und die Kurve für die Gesamtverdampfung entsprach einem angenommenen durchschnittlichen Hilfsdampfverbrauch. Jeder einzelne Zustand der Lokomotive hinsichtlich der Größe der Blasrohrdüsen, des Düsenquerschnitts der Aschkastendampfleitungen von den Zylindern und je nachdem, ob die inneren Leitbleche in dem Speisewasservorwärmer eingebaut waren oder nicht, hatte sein eigenes Verhältnis von Dampfmassenstrom zu Abdampfdruck. Für jede dieser Anordnungen mussten entsprechende Kurven gezeichnet werden. Als Richtschnur für den Lokomotivführer war das Abdampfmanometer unter Zuhilfenahme der Abb. 127 so gekennzeichnet, dass der jeweils ausgenutzte Bruchteil des maximalen Dampfmassenstroms zu den Zylindern erkennbar war, wobei der Höchstwert im Sinne der Brennstofföкonomie konservativ zu 25 000 kg h^{-1} festgelegt wurde. Wie bereits zuvor bemerkt, ergaben sich aus der Analyse der Daten der Indizierfahrten ziemlich niedrige spezifische indizierte Dampfverbräuche. Da aber davon ausgegangen wurde, dass die Indikatordiagramme recht genau waren, so nährte sich der Verdacht, dass die Kurven für die Dampfmassenströme zu niedrig lagen.

Die andere untersuchte Komponente der Blasrohranlage war der Hilfsbläser. Trug man den von ihm erzeugten Gesamtunterdruck über dem Kesseldruck auf, so ergab sich eine Gerade mit Werten von 1,5 mbar bei 8,0 bar Kesseldruck bis zu 3,25 mbar bei 15,5 bar. Das war ähnlich wie bei dem serienmäßigen Hilfsbläser der Klasse 25NC, wobei die Werte ein bisschen besser oberhalb 11,0 bar und ein bisschen schlechter unterhalb davon waren. Der Auslegungswert war 2,45 mbar bei 13,25 bar, und der gemessene Unterdruck bei diesem Kesseldampfruck betrug 2,7 mbar. Bei dem gemessenen Unterdruck wurde kein Unterschied festgestellt, ob ohne oder mit 1 000 cm^2 Sekundärluftquerschnitt, aber ohne Sekundärluftquerschnitt war die Reaktion eines „kalten“ Feuers und die Drucksteigerungsrate des Dampfdrucks im Kessel näherungsweise doppelt so hoch.

3. Überhitzung

Wie bereits in Kapitel 3.7 festgestellt, erhöhte sich die Dampftemperatur nach dem Austausch der kurzen gegen die langen Überhitzerelemente. In den Abbn. 128 beziehungsweise 129 sind die Dampftemperaturen für diese beiden Elementausführungen über dem Dampfmassenstrom aufgetragen und in den Abbn. 130 und 131 werden die Dampftemperaturen einschließlich derer der Klasse 25NC im Vergleich dargestellt.[1]

Die Kurven in den Abbn. 128 bis 131 entsprechen den Temperaturen, die aufgezeichnet wurden, wann immer die Umstände konstante Kesselanstrengungen über eine vernünftige Zeitdauer erlaubten und repräsentieren damit den Beharrungszustand, soweit das bei

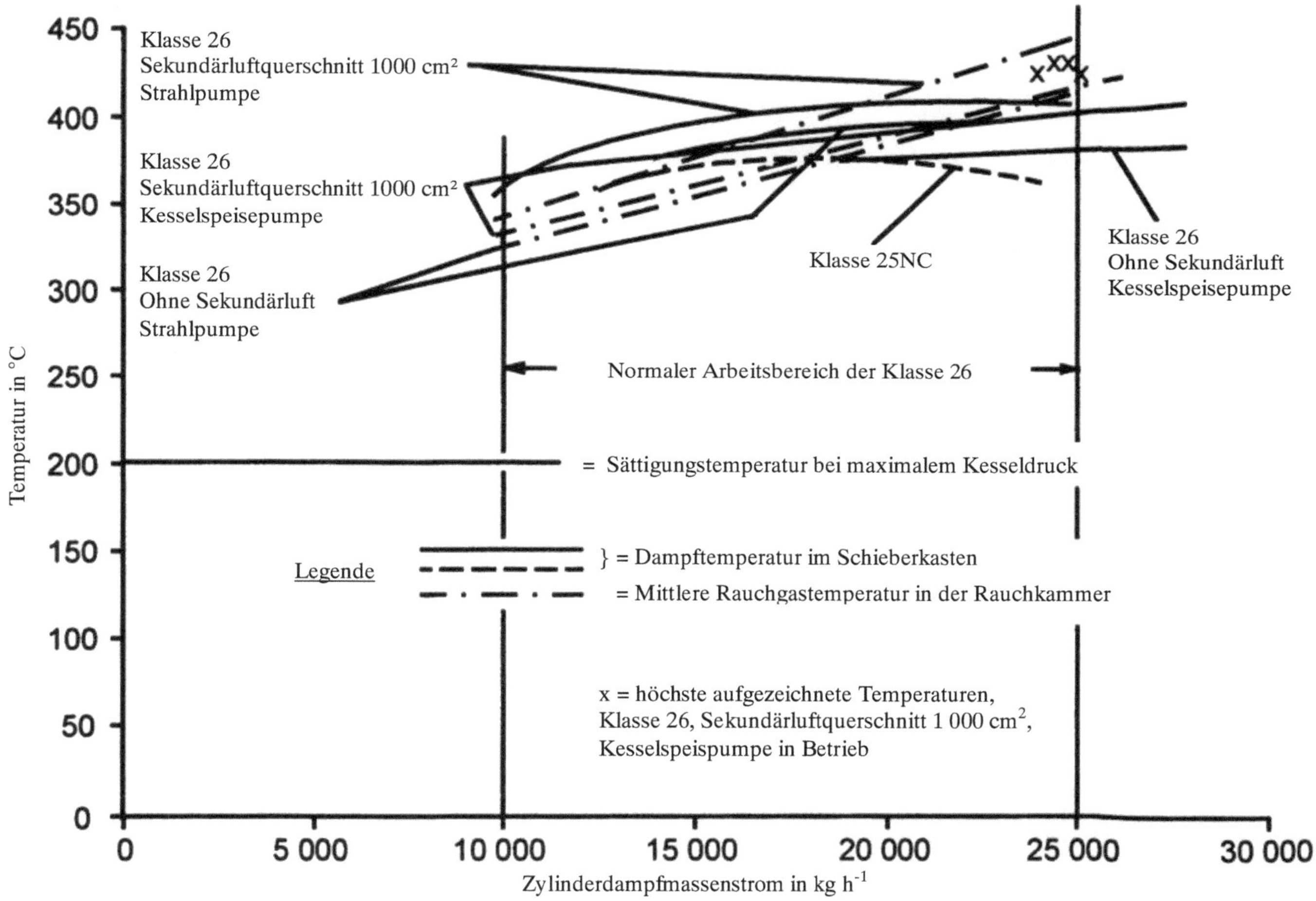

Abb. 128
SAR: 2D2-Klassen 25NC und 26: Einströmdampf- und Rauchgastemperatur über dem Zylinderdampfmassenstrom (Klasse 26 mit kurzen Überhitzerelementen)

[1] Auf der 3450 wurde die Dampftemperatur in der Nähe der Mitte in Längsrichtung des rechten Schieberkastens gemessen. Die Temperatur in der Heißdampfkammer des Dampfsammelkastens wurde ebenfalls gemessen und festgestellt, dass sie nur um 1 bis 3 K höher lag. Die Temperatur des tatsächlich in die Zylinder eintretenden Dampfs (Heißdampf und Kühldampf der Schieberbuchsen vermischt) wurde im Bereich der normalen Lokomotivanstrengungen zu 6 bis 8 K niedriger berechnet.

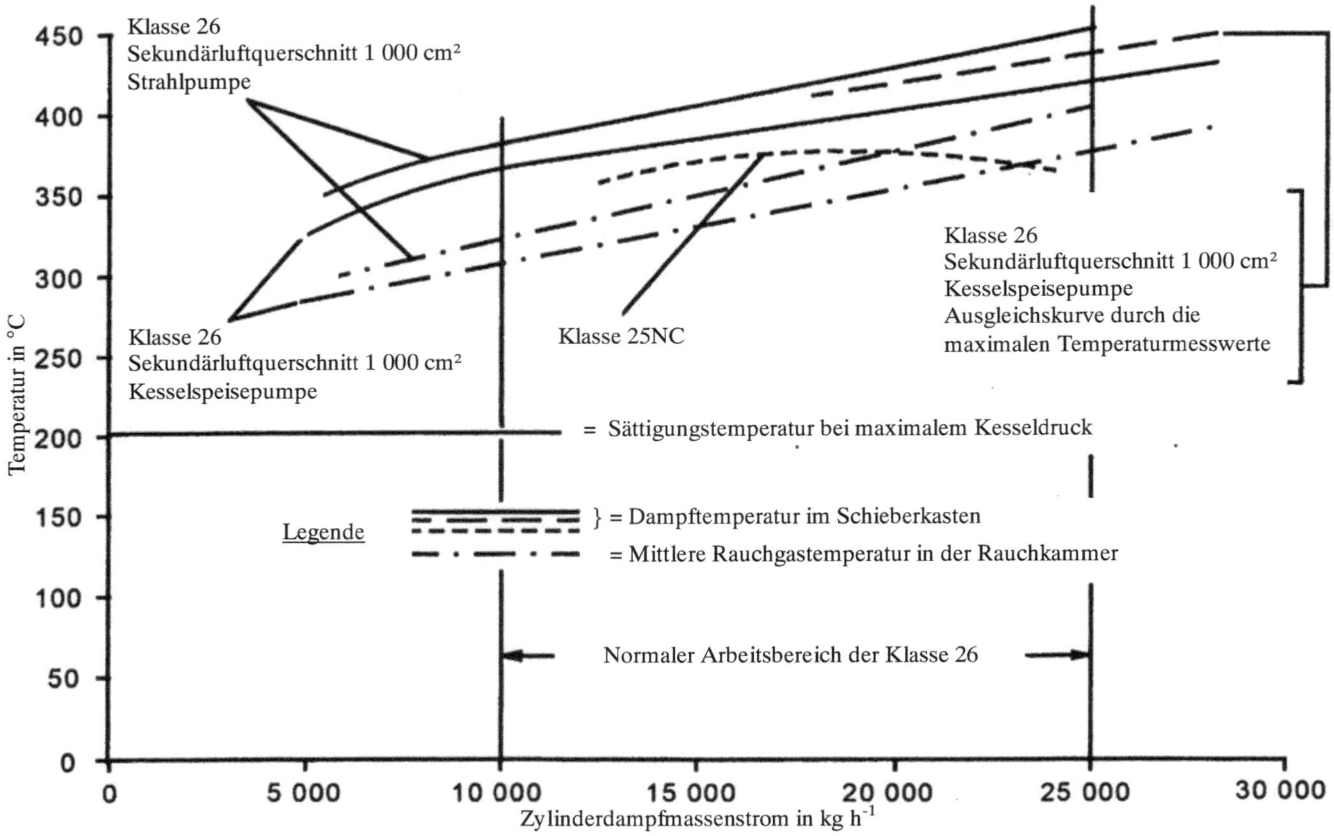

Abb. 129
SAR: 2D2-Klassen 25NC und 26: Einströmdampf- und Rauchgastemperatur über dem Zylinderdampfmassenstrom (Klasse 26 mit langen Überhitzerelementen)

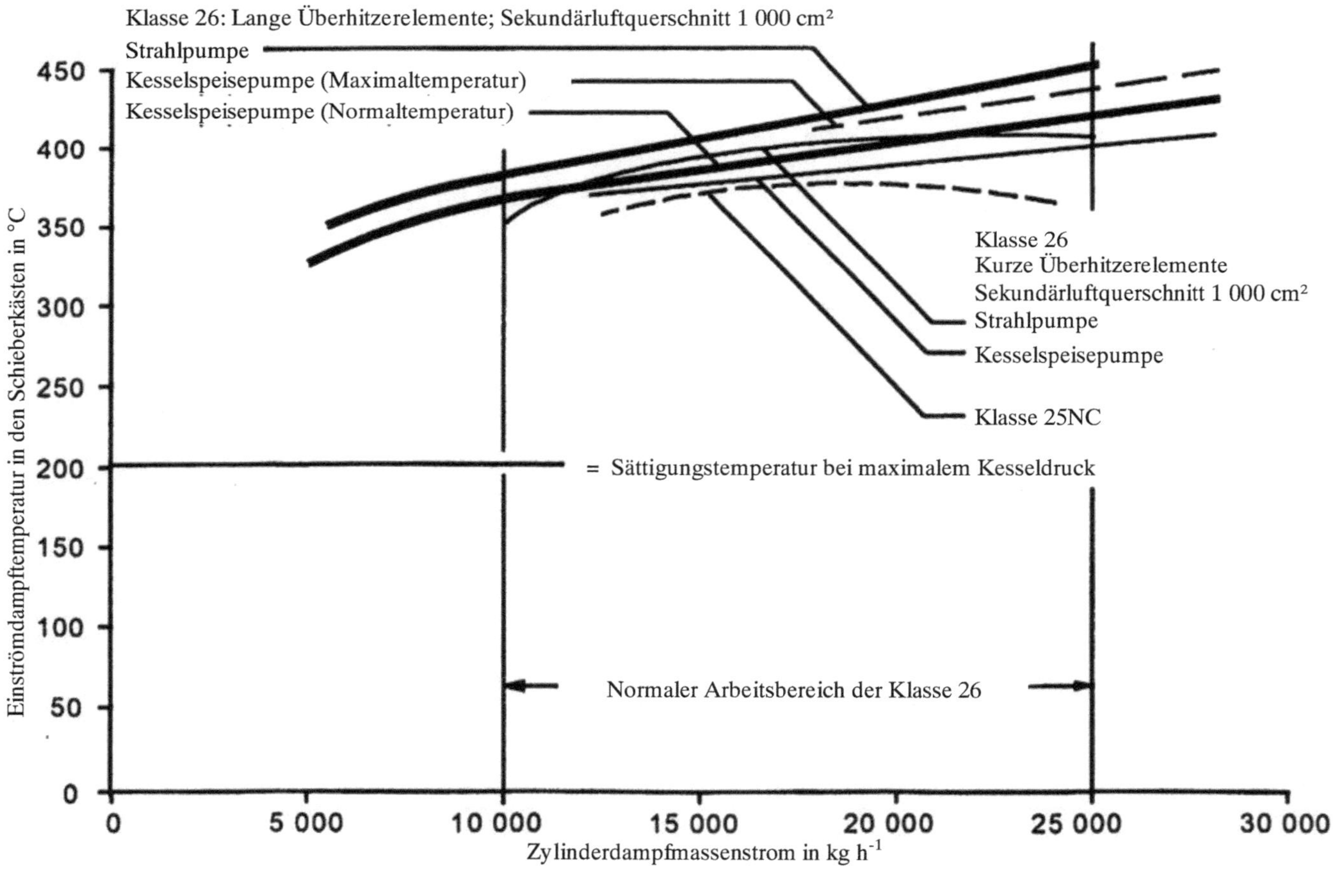

Abb. 130
SAR: 2D2-Klassen 25NC und 26: Einströmdampftemperatur über dem Zylinderdampfmassenstrom

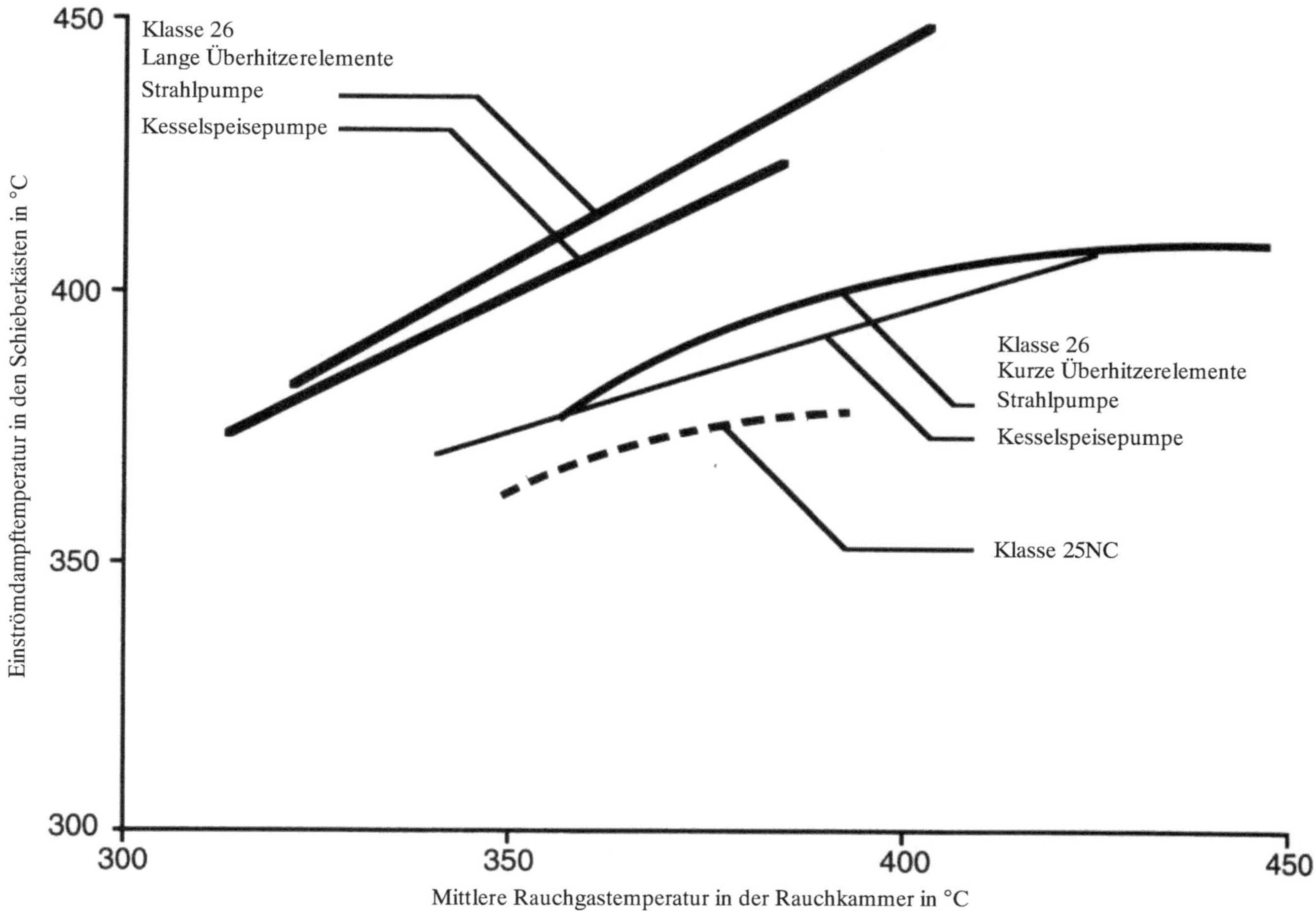

Abb. 131
SAR: 2D2-Klassen 25NC und 26: Einströmdampftemperatur über der Rauchgastemperatur

Streckenversuchen der Art, wie wir sie durchführen konnten, überhaupt möglich war. Die merkliche Verbesserung der relativen Werte von Dampf- und Rauchgastemperaturen in der Rauchkammer aufgrund der langen Überhitzerelemente ist offensichtlich. Da allerdings die Messungen mit den kurzen Elementen nicht unter ansonsten gleichen Bedingungen durchgeführt wurden – in der Zwischenzeit war der Speisewasservorwärmer verbessert worden – war die wahre Erhöhung der Dampftemperatur durch die langen Elemente sogar noch etwas besser, als es die Kurven für Speisepumpenbetrieb in der Abb. 130 angeben. Nichtsdestotrotz wurde aber auch mit diesen Elementen der Konstruktionswert von 450 °C bei Speisung des Kessels über den Speisewasservorwärmer nicht erreicht. Nur bei Speisung mit der Strahlpumpe wurde sie gerade so erreicht, wobei die 15 bis 30 K höhere Dampftemperatur bei Nutzung der Strahlpumpe statt des Speisewasservorwärmsystems normal war. Da nur zwei Arten von Überhitzerelementen auf 3450 versucht wurden, war es durch Messung nicht möglich die optimale Länge der Elemente herauszufinden. Zu diesem Zweck hätten noch längere Elemente, sagen wir mal bis ganz nach hinten an die Feuerbüchsrohrwand, ausprobiert werden sollen, aber die Umständen erlaubten nicht, das in die Tat umzusetzen. Zur Bemessung des wahren Nutzens der Änderungen am Überhitzer aus der Abb. 130 sollte die Temperaturkurve der Klasse 25NC mit der oberen Kurve der Klasse 26 bei Betrieb der Strahlpumpe verglichen werden, um den Einfluss des Speisewasservorwärmers auszuschalten. Die Zunahme der Dampftemperatur reichte von 35 K bis 80 K.

Die Versuche führten zu folgenden Beobachtungen und Schlussfolgerungen:

i) Die Dampftemperaturen waren mit einem Sekundärluftquerschnitt am Stehkessel von 1 000 cm² höher als ohne Sekundärluft.
ii) Es machte bei der Auftragung der Heißdampftemperaturkurven über dem Dampfmassenstrom zu den Zylindern keinen Unterschied, ob die Siederohrdrosselklappe (Überhitzerbooster) montiert war oder nicht.
iii) Es wurde davon ausgegangen, dass die nachstehenden Faktoren die Dampftemperatur beeinflussten:
   a) Wasserüberreißen, was möglichweise zu einem größeren oder kleineren Grade die meiste Zeit auftrat, selbst unterhalb der Wahrnehmungsschwelle.
   b) Feuerbettbedingungen, welche die Eintrittstemperatur der in das Rohrbündel eintretenden Gase beeinflussten und damit die Dampftemperatur. Es stellte sich heraus, dass die Ablesungen der Gastemperaturen bei jeder Messreihe ziemliche Abweichungen zeigten, wenn sie über dem Dampfmassenstrom zu den Zylindern aufgetragen wurden. Das wurde den sich ständig ändernden Verbrennungsbedingungen zugeschrieben. Auch konnte für diese Temperaturunterschiede von Messung zu Messung zumindest teilweise die wechselnde Kohlequalität verantwortlich gemacht werden.
   c) Aufheizzeiten, welche dazu führten, dass Beharrungstemperaturen in den Zeiten, in denen die Kesselanstrengung konstant gehalten wurde, nur selten erreicht wurden.

Als Konsequenz aus dem Punkt (c) wurde angenommen, dass im normalen Einsatz mit wechselnder Kesselanstrengung, Leerlauf und Halte die Beharrungswerte nicht erreicht wurden und dass die Dampftemperaturkurven (wie in den Abbn. 128, 129 und 130 wiedergegeben), die in den Lokomotivversuchsberichten erschienen, vermutlich wenig Ähnlichkeit mit den Temperaturen bei den entsprechenden Kesselanstrengungen im tatsächlichen Einsatz hatten. Um das zu überprüfen, wurde eine Reihe von Messfahrten mit 3450 vor Güter- als auch vor Personenzügen gemacht, bei denen die Heißdampftemperatur, die Gasmischtemperatur in der Rauchkammer und der Dampfmassenstrom zu den Zylindern über die Zeit der gesamten Fahrt aufgezeichnet wurden. Beispielhafte Ergebnisse werden in den Abbn. 132 bis 135 gezeigt.[1]

Abb. 132: Güterzug Pretoria – Witbank. Diese Fahrt fand unter idealen Bedingungen statt, das heißt, gute Kohle, guter Heizer, minimale Verzögerungen, überwiegend Fahrt mit geöffnetem Regler und gemäß dem Abstand zwischen den Dampf- und den Rauchgastemperaturen in der Rauchkammer nur geringe Dampfnässe. Diese Fahrt ergab die beste Temperatur-Zeit-Relation aller Messfahrten, aber dennoch war das zeitliche Mittel der Dampftemperatur nur in der Größenordnung von 375 °C gegenüber einer Spitze von 433 °C.

Abb. 133: Diese Fahrt vor dem Tagespersonenzug Pretoria – Komatipoort (Fahrt illustriert in Tafel 59), war bestimmt durch häufigen Wechsel zwischen starker Kesselanstrengung und Leerlauf beziehungsweise Halt. Nicht nur fehlte es damit an Zeit, die Beharrungstemperaturen zu erreichen, sondern die relativ kleine Differenz zwischen den Dampf- und den Rauchgastemperaturen in der Rauchkammer war auch ein Anzeichen für Dampfnässe, die bei Minute 164 dann schwerwiegend wurde. Damit waren die Dampftemperaturen trotz der höheren Kesselanstrengungen niedriger als bei der Fahrt in Abb. 132. Spitzen über 400 °C wurden nur bei vier Gelegenheiten aufgezeichnet, mit einem absoluten Höchstwert von 410 °C.

Abb. 134: Güterzug Beaconsfield – Bloemfontein. Bei dieser Fahrt war die Siederohrdrosselklappe mit einem Zusatzgewicht belastet, um zu sehen, ob das die Dampftemperatur erhöhen würde (tat es nicht). Bei Minute 66 und 102 trat wegen zu hohen Wasserstands Dampfnässe auf. Nach der Minute 100 verlief die Fahrt (ungewöhnlicherweise) ohne Unterbrechung, was stetigere Temperaturen ergab. Der Steigungsfahrt von De Brug nach Kloofeind, verantwortlich für die vierzig Minuten ziemlich konstanter Kesselanstrengung ab Minute 190, führte nicht zu den zuvor aufgezeichneten Beharrungswerten für die Dampf- und Rauchgastemperaturen in der Rauchkammer (siehe Abb. 129), trotz guter Feuerbettbedingungen und Verdampfungswilligkeit. Auf der gesamten Fahrt betrug die maximale Dampftemperatur 388 °C und auch das war nur eine vereinzelte Spitze. Es wurde das Auftreten ansonsten nicht bemerkter Dampfnässe vermutet.

Abb. 135: Güterzug Bloemfontein – Beaconsfield. Die Ergebnisse waren für diese Einsatzart ziemlich typisch, indem die Fahrtabschnitte mit geöffnetem Regler allgemein von kurzer Dauer waren und bei dieser vorwiegend bergab führenden Fahrt zudem in großen zeitlichen Abständen voneinander auftraten (vergleiche mit Abb. 134). Wenn der Regler geöffnet wurde, waren die Kesselanstrengungen meistens recht hoch, aber von unzureichender Dauer, um entsprechend hohe Dampftemperaturen zu ergeben. Bei Minute 104 und 150 trat Dampfnässe bei weniger als halbem Wasserstand auf. Ab Minute 150 gab es ein gutes Beispiel für den während dieser Versuche fast immer beobachteten Trend, dass die Dampftemperatur stufenförmig im Verlauf nacheinander folgender Fahrten mit geöffnetem Regler anstieg. Außer einer begannen alle folgenden Fahrtabschnitte mit geöffnetem Regler bei einer höheren Dampftemperatur als die vorangegangene und ergaben einen höheren Spitzenwert, da die Lokomotive anscheinend allmählich, aber niemals ganz, durchwärmte. Die Rauchgastemperatur in der Rauchkammer folgte einem ähnlichen Trend.

Diese Versuche schienen die Annahme zu bestätigen, dass die intermittierende Art und Weise des Lokomotivbetriebs nur selten das Erreichen von Beharrungstemperaturen ermöglichte, wenn auch das wahllose Auftreten von Aufschäumen es unmöglich machte, zu dem endgültigen Schluss zu kommen, ob das wirklich so war (andere, einschließlich Porta, berichteten von einem rascheren Erreichen der vollen Dampftemperatur, als bei 3450 aufgezeichnet wurde). Basierend auf all diesen Temperaturmessungen über die Zeit während des normalen Einsatzes der 3450, also vor Güterzügen zwischen Beaconsfield und Bloemfontein, lieferte sie offensichtlich Dampf von einer Durchschnittstemperatur von ungefähr 350 °C auf der anstrengenderen Hinfahrt. Auf der Rückfahrt erreichte sie 350 °C oder mehr nur während eines kurzen Zeitanteils der gesamten Fahrtdauer mit geöffnetem Regler. Über alles betrachtet wäre die Durchschnittstemperatur höher gewesen, aber es fällt auf, dass eine Dampftemperatur von 400 °C oder höher zwischen Beaconsfield und Bloemfontein während dieser speziellen Messungen niemals aufgezeichnet wurde, obwohl sie bei anderer Gelegenheit in diesem Dienst überschritten wurde. Sicher war Dampfnässe einer der Gründe dafür, doch, wie bereits beklagt, musste man dort damit leben. Es handelte sich um ein hartnäckiges Problem, das den Leuten solange verborgen blieb, bis das Aufschäumen im Wasserstandsglas sichtbar oder vom Schornstein hörbar wurde.

Zum Vergleich wurden ähnliche Messungen an einer Serien-25NC durchgeführt, deren Ergebnisse in der Abb. 136 dargestellt sind. Die Dampftemperaturen waren in der Tat sehr niedrig und erreichten nur 325 °C. Geht man davon aus, dann waren die während der Rekonstruktion der 3450 gemachten Änderungen am Überhitzer absolut gerechtfertigt. Ganz gewiss stellten diese Messungen die Bedeutung des Ziels möglichst hoher maximaler Dampftemperaturen deutlich heraus, um im normalen Einsatz mit seinen wechselnden Kesselanstrengungen wenigstens einigermaßen vernünftige Dampftemperaturen zu erreichen. Von zusätzlichem Interesse sind in der Abb. 136 die mit vier verschiedenen Leerlaufmethoden aufgezeichneten Schieberkastentemperaturen, aus denen man entnehmen konnte, dass unter dem Temperaturaspekt der Leerlauf in Mittelstellung der Steuerung mit ganz wenig geöffnetem Regler die besten Bedingungen ergab. Die niedrige Temperatur bei Leerlauf mit voll ausgelegter Steuerung und geöffnetem Druckausgleicher kam von kalter Luft, die durch die Schnüffelventile angesaugt wurde, ein ernster Mangel, der zu einem Abkühlen der Zylinder bei jeder Fahrt im Leerlauf führte. Demgegenüber wies die Ähnlichkeit der Temperaturen der Schieberkästen und der Rauchgase in der Rauchkammer darauf hin, dass die Kolben Rauchgase in die Zylinder saugten, wenn bei voll ausgelegter Steuerung der Druckausgleicher geschlossen war. Die vergleichsweise hohe Temperatur bei Steuerung in Mittelstellung mit vollständig geschlossenem Regler und ohne Schmierdampf (Schmierölzerstäuber nicht eingebaut) wurde der Verdichtung von in die Zylindern gesaugtem Rauchgas zugeschrieben.

Die Siederohrdrosselklappe ergab keine messbare Erhöhung der Überhitzung, selbst bei einer größeren Gewichtsbelastung als konstruktiv vorgesehen. Es kann sein, dass sie die Dampftemperatur bei sehr geringen Kesselanstrengungen erhöhte, aber Dampfmassenströme zu den Zylindern unter 10 000 kg h^{-1}, wo noch keine Verbesserung festzustellen war, traten selten auf, so dass ein solcher Temperaturanstieg von geringem praktischen Nutzen war. Die Siederohrdrosselklappe blieb dennoch an Ort und Stelle, da sie offensichtlich hilfreich dabei war, den hinteren Bereich der Rauchkammer von Lösche frei zu halten.

In der Abb. 137 ist der Druckverlust zwischen Kessel und Schieberkasten über dem Dampfmassenstrom zu den Zylindern aufgetragen. Der Verlauf des Kurvenzugs für die Klasse 25NC, wie aus dem originalen Versuchsbericht für diese Lokomotivklasse abgeleitet, war nicht stetig und seine Genauigkeit deshalb fragwürdig. Wie auch immer, der Druckverlust war in jedem Fall bei der Klasse 26 geringer, hauptsächlich wegen der Vergrößerung der Anzahl der Elemente von vierzig auf fünfzig, aber auch wegen der fünf (statt vier) Hauptventile in dem eingebauten Ventilregler aus der Klasse GMAM und der begradigten Zylindereinströmrohre. Die Verbesserung war natürlich bei hohen Kesselanstrengungen am größten. Der interessanteste Parameter war das in den Zylindern verfügbare Druckgefälle vom Schieberkasten bis zum Ausströmkasten als prozentualer Anteil des zulässigen Betriebsüberdrucks des Kessels, wie er in der Abb. 138 über dem Dampfmassenstrom zu den Zylindern aufgetragen ist. Dieser Anteil nahm mit zunehmendem Druckverlust zwischen Kessel und Schieberkasten und steigendem Abdampfdruck ab. Zusammen mit den Druckverlusten beim Ein- und Ausströmen des Dampfs in den Zylindern, die in der Abb. 138 nicht erscheinen, war das ein Maß für die innere Stromlinie einer Lokomotive.

Drei Faktoren sind aus der Abb. 138 erkennbar.

[1] Aus den bereits erwähnten Gründen wird angenommen, dass die Dampfmassenströme zu den Zylindern in den Abbn. 132 bis 135 zu niedrig sind.

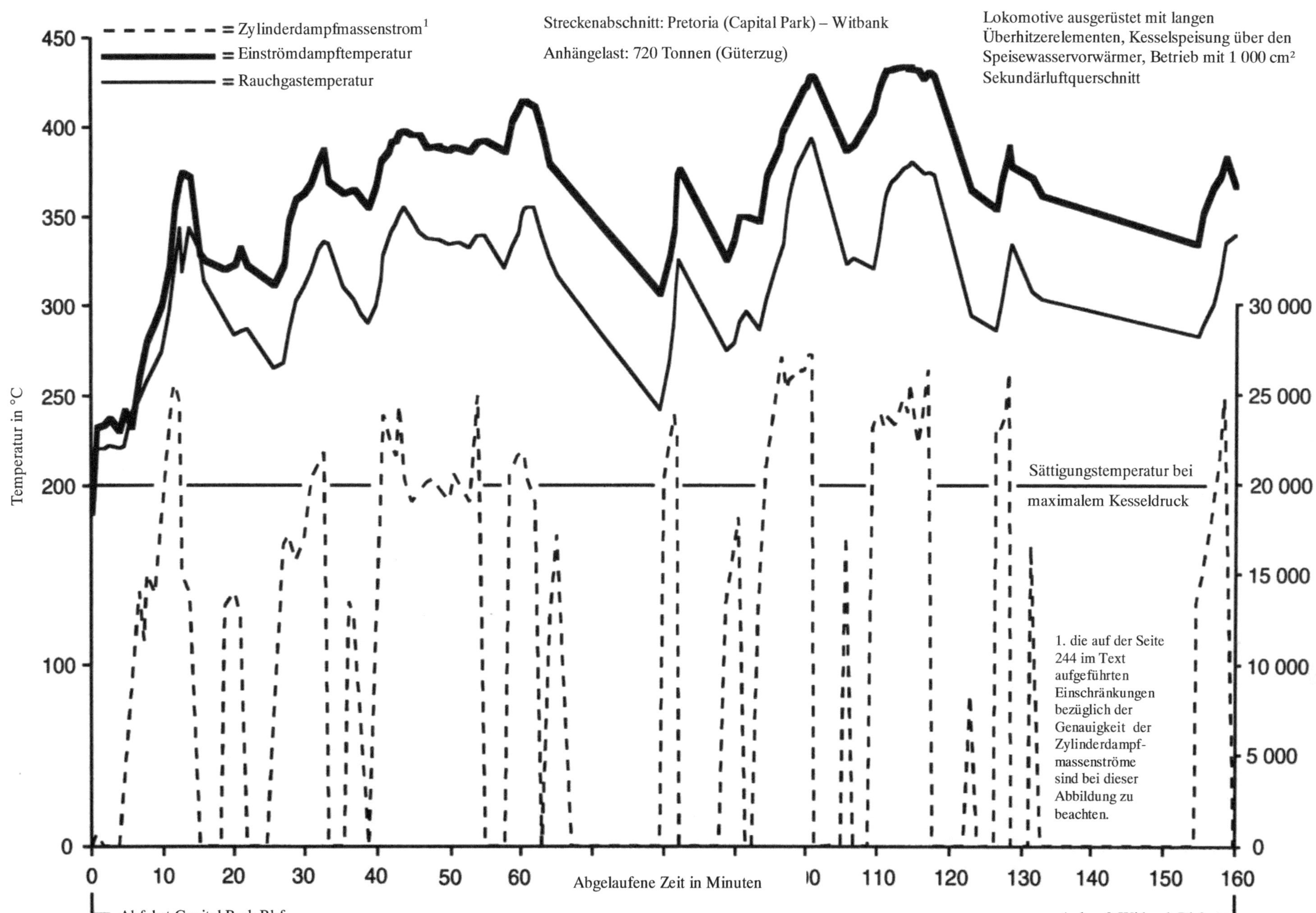

Abb. 132

SAR: 2D2-Klasse 26 Nr. 3450: Einströmdampf-, Rauchgastemperatur und Zylinderdampfmassenstrom über der Zeit

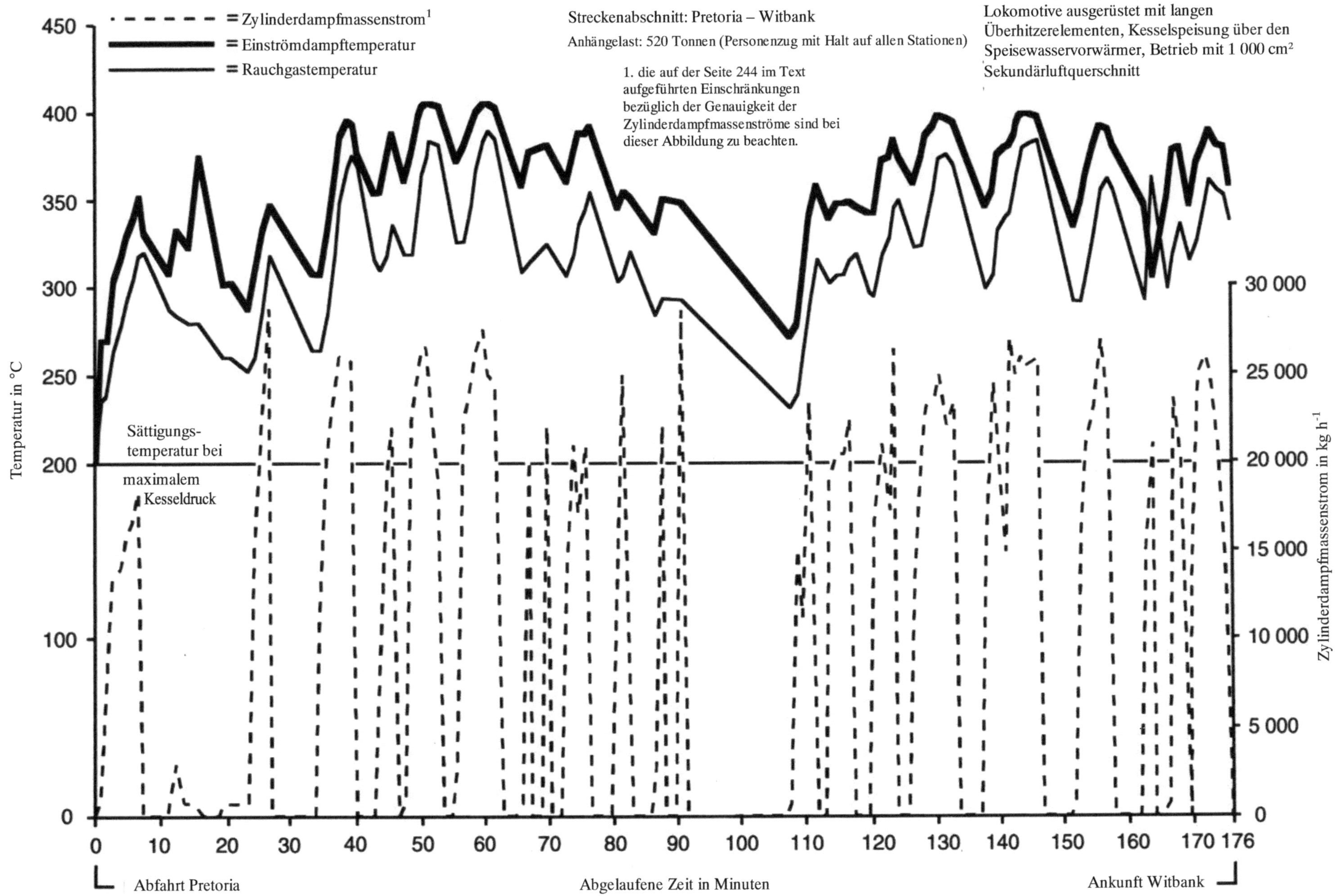

Abb. 133

SAR: 2D2-Klasse 26 Nr. 3450: Einströmdampf-, Rauchgastemperatur und Zylinderdampfmassenstrom über der Zeit

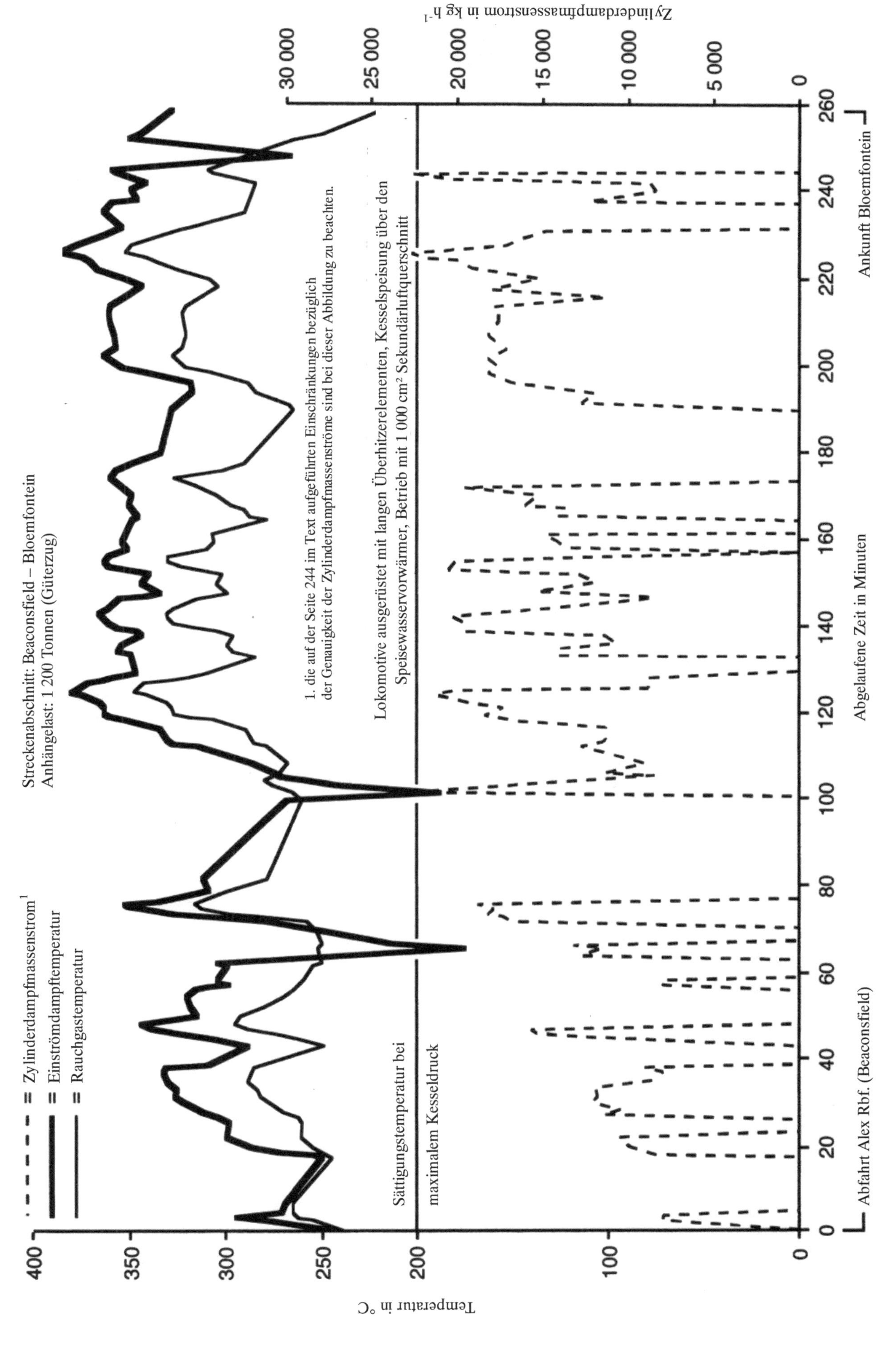

Abb. 134
SAR: 2D2-Klasse 26 Nr. 3450: Einströmdampf-, Rauchgastemperatur und Zylinderdampfmassenstrom über der Zeit

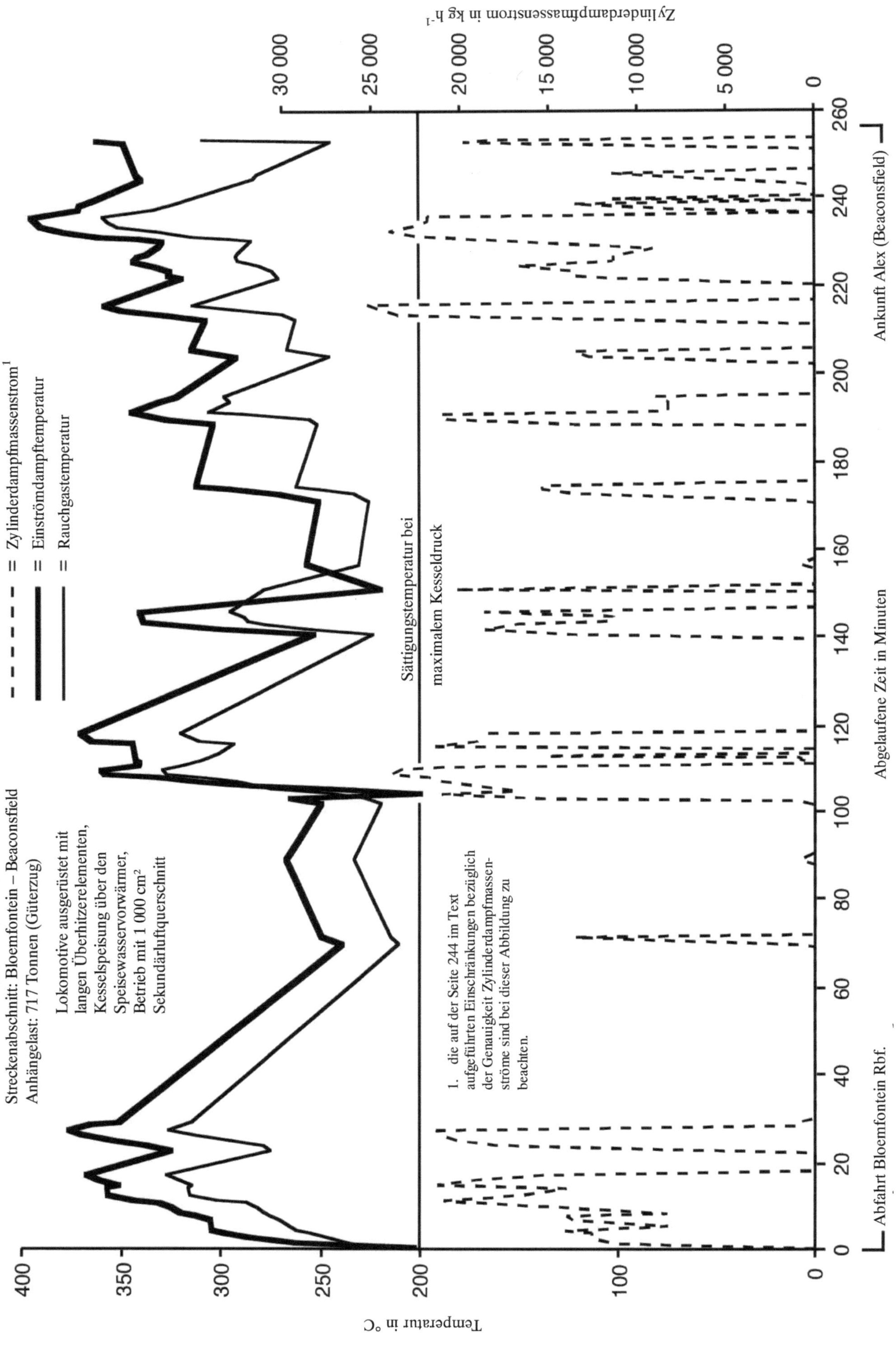

Abb. 135

SAR: 2D2-Klasse 26 Nr. 3450: Einströmdampf-, Rauchgastemperatur und Zylinderdampfmassenstrom über der Zeit

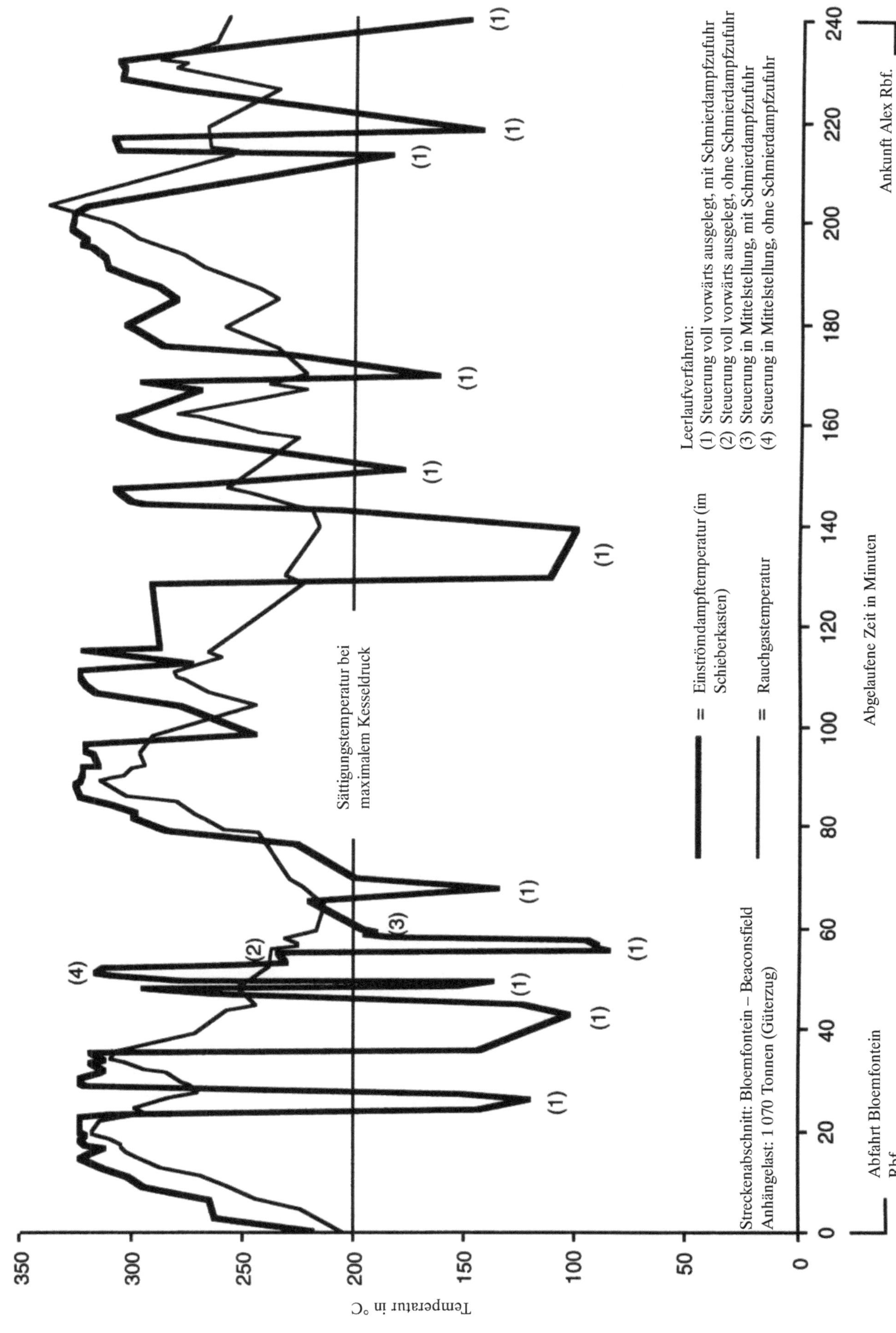

Abb. 136

SAR: 2D2-Klasse 25NC Nr. 3460: Einströmdampf- und Rauchgastemperatur über der Zeit

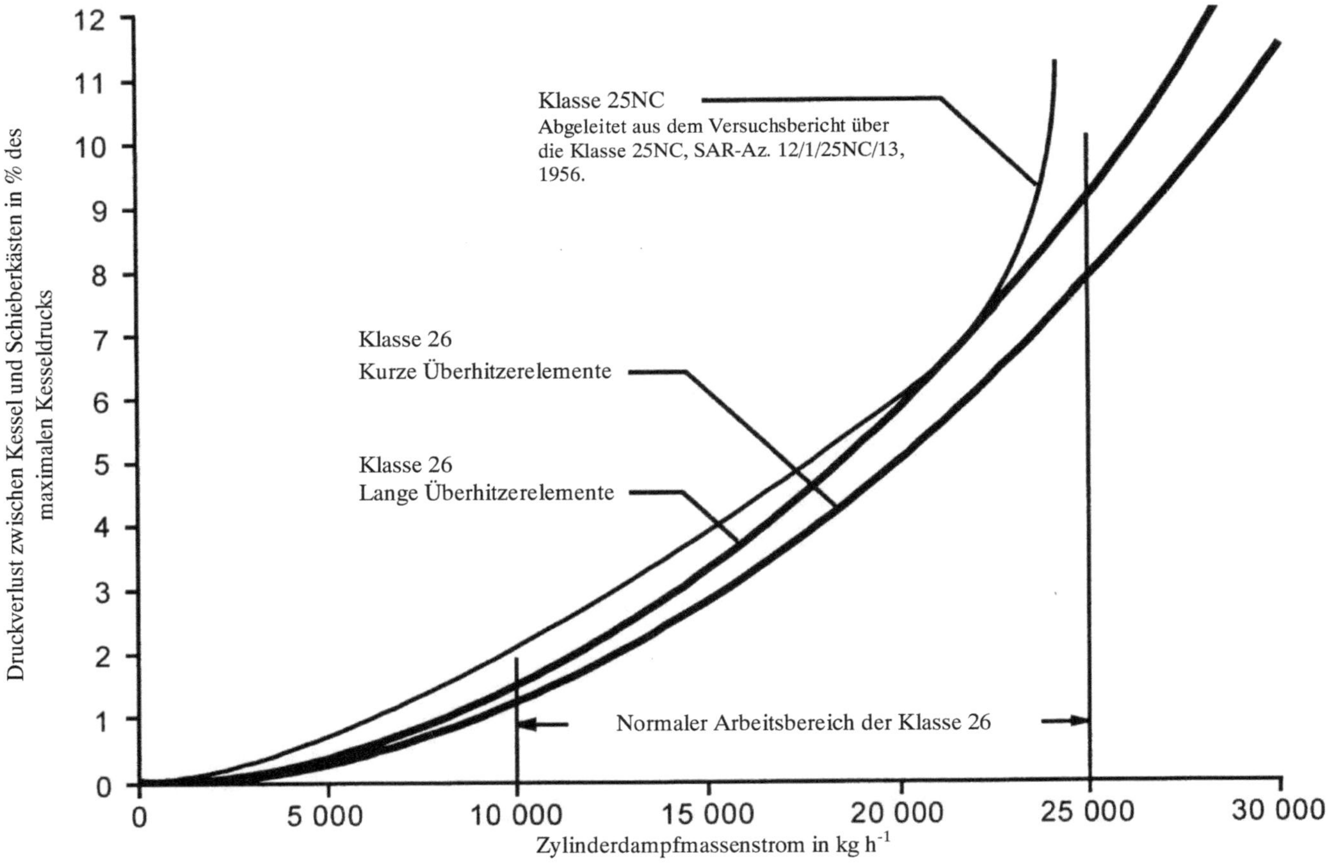

Abb. 137
SAR: 2D2-Klassen 25NC und 26: Druckverlust zwischen Kessel und Schieberkasten über dem Zylinderdampfmassenstrom

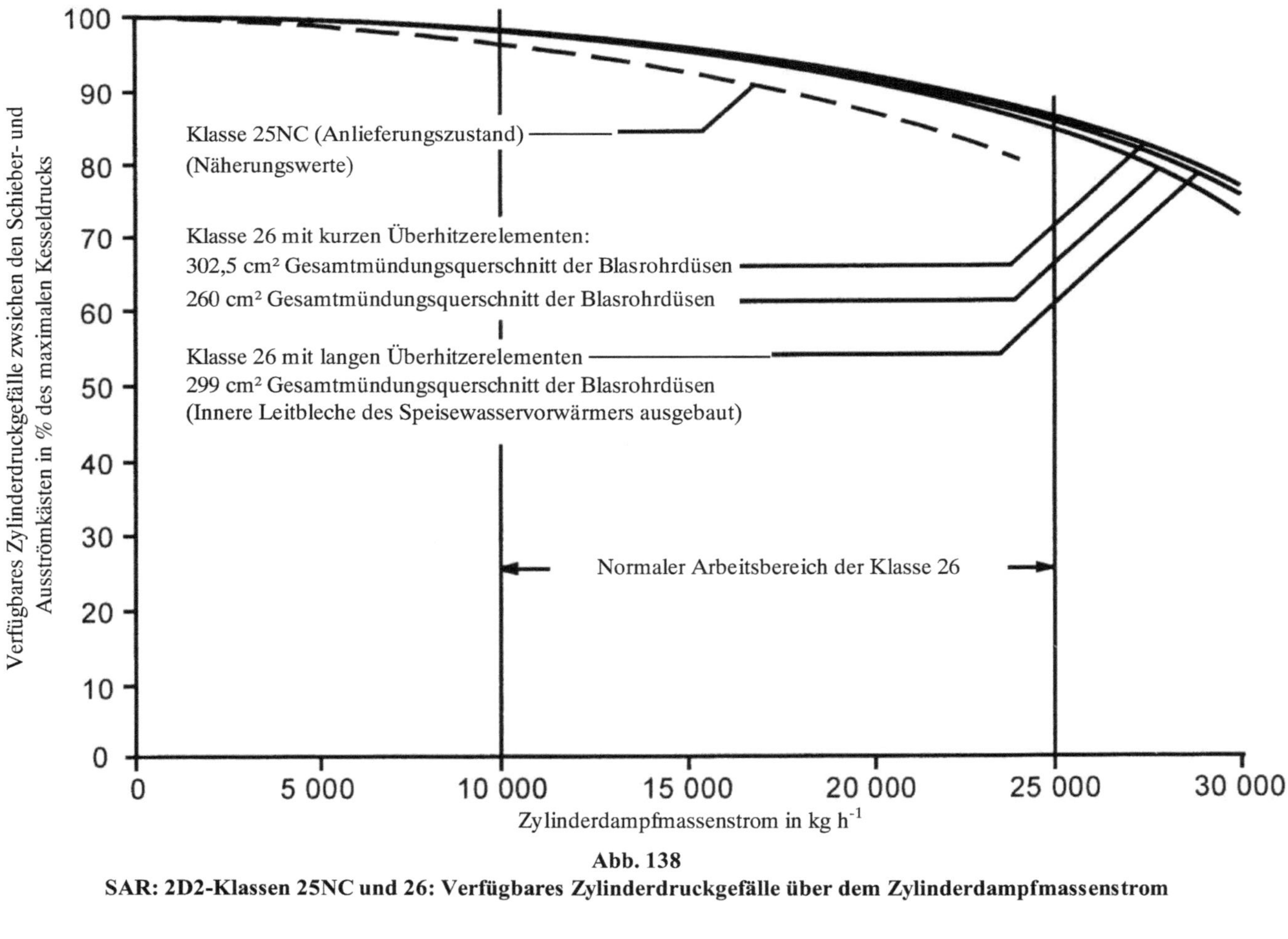

Abb. 138
SAR: 2D2-Klassen 25NC und 26: Verfügbares Zylinderdruckgefälle über dem Zylinderdampfmassenstrom

i) Die Abnahme des verfügbaren Druckgefälles, die ungefähr proportional dem Quadrat des Massenstroms zu den Zylindern war, wurde bei hohen Kesselanstrengungen kritisch. Nicht wenige Ingenieure konnten die Dampfwege ihrer Lokomotiven nur deshalb als stromlinienförmig betrachten, weil die Maschinen, wie zum Beispiel in Großbritannien und Deutschland (mit der möglichen Ausnahme einiger ölgefeuerter Lokomotiven), nie mit wirklich hoher Leistung betrieben wurden.

ii) Falls die Klasse 25NC zu den mit 3450 möglichen höchsten Kesselanstrengungen in der Lage gewesen wäre, dann hätte sich das verfügbare Druckgefälle von den Schieberkästen bis zu den Ausströmkästen auf 50 % des auf dem Kesselmanometer angezeigten Drucks reduziert, und das wirksame Druckgefälle an den Dampfkolben wäre noch kleiner gewesen. Damit wäre eine Schluckgrenze erreicht worden, an der als Folge der schlechten inneren Stromlinie keine weitere Steigerung der Zylinderleistung mehr möglich gewesen wäre. Das gleiche konnte bei dem über der Zylinderleistung aufgetragenen spezifischen Dampfverbrauch beobachtet werden, wobei Chapelon aufgezeigt hatte, dass die Verbrauchskurve bei einer gegebenen Geschwindigkeit ab einer von der inneren Stromlinie der betreffenden Lokomotive abhängigen Leistung stark anstieg, bis die Kurve schließlich senkrecht verlief, was dann das Limit für die Zylinderleistung bedeutete.

iii) Obwohl die Situation bei der umgebauten Lokomotive besser war, änderte das nichts daran, dass der Verlust an potentiell in den Zylindern zur Verfügung stehendem Druckgefälle bei der üblichen Arbeitslage der Lokomotive weiterhin sehr schwerwiegend war. Das zeigte, dass ihre innere Stromlinie und damit ihre Leistung und Wirtschaftlichkeit beträchtlich hätten verbessert werden können. Also selbst 3450, so gut wie jede andere Dampflokomotive vor ihr in Bezug auf das Verhältnis ihrer Leistungsfähigkeit zu ihrer Größe, war weit von einer wirklichen inneren Stromlinie entfernt, wie sie Chapelon so nachhaltig vertrat. Wie wäre dann erst die Leistungsfähigkeit eine Dampflokomotive gewesen, die über diese Eigenschaft verfügte?

4. Dichtigkeitsversuche

Es bestand die Möglichkeit Versuche zu machen, um bei einer Lokomotive die Dampfleckagen an bestimmten Komponenten zu identifizieren und zu quantifizieren. Die Französische Staatsbahn führte solche Versuche im Rahmen ihres allgemeinen Versuchsprogramms für Lokomotiven durch, nachdem Chapelon Leckageraten gemessen hatte und herausgefunden hatten, dass sie alles andere als vernachlässigbar sind.[1] Diese Arbeit führte die Franzosen zu dem Konzept der „globalen“ Dampfundichtigkeit der Lokomotive bei der Fahrt, welche sie zu 75 % der bei Stillstand der Lokomotive mit geöffnetem Regler und den Schiebern in Mittelstellung gemessenen Leckagerate feststellten. Porta führte diese Arbeit fort, indem er bei den 1E1 der Rio-Turbio-Eisenbahn Dichtigkeitsversuche machte und diese Technik an mich weitergab. Hauptsächlich ging es um zwei Dinge. Erstens, herauszufinden, wo der größte Energieverlust auftrat, so dass die Konstruktionsarbeit zur Verbesserung sich auf die wichtigsten Verlustquellen konzentrieren konnte, und zweitens, um Undichtigkeit statt Verschleiß als Kriterium für die Wartung zu nutzen. Es wurde bereits aufgezeigt, dass der Widerstand gegen Dampfleckage einer der Hauptparameter war, die die Zylinderbauteile der umgebauten Lokomotive zu erfüllen hatten. Wegen der verbesserten Konstruktion wurde erwartet, dass die Beziehung zwischen Verschleiß und Undichtigkeit bei der 3450 ziemlich verschieden von dem der SAR-Serienlokomotiven war. Damit war der interessierende Faktor nicht mehr Verschleiß an sich, sondern eher mechanische Unzuverlässigkeit und Dampfleckage als seine Folgen. Nur letzterer Faktor hätte die Häufigkeit von Wartungsarbeiten bestimmen sollen, wo immer Verschleiß die mechanische Zuverlässigkeit nicht gefährdete, wie zum Beispiel bei den Kolben- und Schieberringen und den Packungen der Kolben- und Schieberstangenstopfbuchsen. Dampfdichtigkeitsversuche ermöglichten es deshalb, die Minderung des Dampfverlusts durch Konstruktionsverbesserungen quantifizieren zu können und eine völlig neue Instandhaltungsphilosophie zu entwickeln, die auf einer zulässigen Dampfundichtigkeit beruhte, statt auf (willkürlich festgelegtem) zulässigen Verschleiß. Das Verfahren war recht einfach. Zunächst einmal mussten äußere Undichtigkeiten wie leckende Zylinderentwässerungshähne und innere Leckagen, wie zum Beispiel der Überhitzerelemente, wie sie durch die traditionelle Wasserdruckprobe erkannt werden konnten, abgestellt werden. Die Lokomotive wurde dann unter Dampf auf einem ebenen Gleis aufgestellt, mit der linken Triebwerkskurbel um 45° nach dem vorderen Totpunkt und der Steuerung in Mittelstellung. Eine andere Lokomotive wurde zum Festhalten der zu untersuchenden Lokomotive angekuppelt und auf beiden Lokomotiven wurden die Handbremsen angezogen. Der Kesselwasserstand wurde bis zum oberen Glasrand angehoben, der Kesseldruck bis etwas unter dem Höchstwert gebracht und sämtliche Dampfentnahmeventile sowie die Zylinderentwässerungshähne wurden geschlossen. Dann begann der Test. In regelmäßigen Intervallen von, sagen wir einmal zwei Minuten, wurden der Kesselwasserstand und der Kesseldruck aufgezeichnet, wobei genügend Ablesungen vorgenommen wurden, um die ständige Leckagerate des Kessels und der Kesselanbauten (die allgemeinen Undichtigkeiten) bestimmen zu können. Dann wurde der Regler geöffnet und wiederum Ablesungen vorgenommen, wobei sich nach einer anfänglichen Anwärmphase der Einströmröhre und Schieberkästen die ständige Leckagerate für Sonstiges, des Überhitzers und der Schieberringe ergab. Die Steuerung wurde anschließend voll auf Vorwärtsfahrt ausgelegt und nach einer anfänglichen Anwärmphase des linken Zylinders ergab sich die ständige Leckagerate für Sonstiges, des Überhitzers, der Kolbenschieber und des linken Kolbens *(Anm. d. Übers.: zutreffend nur bei Schleppkolben ohne vordere Tragstange, sonst einschließlich auch der Leckage der Packung der vorderen Kolbenstangenstopfbuchse).* Zuletzt wurde die Steuerung voll auf Rückwärtsfahrt ausgelegt, und nach einer anfänglichen Anwärmphase des rechten Zylinders ergab sich die ständige Leckagerate für Sonstiges, des Überhitzers, der Kolbenschieber, des rechten Kolbens und der Packung der rechten Kolbenstangenstopfbuchse. Die Lokomotive konnte dann verfahren werden, bis die linke Triebwerkkurbel auf 45° nach dem hinteren Totpunkt stand. Der Test wurde wiederholt, um die Leckageraten für Sonstiges, des Überhitzer, der Kolbenschieber und des rechten Kolbens in voller Rückwärtsstellung der Steuerung und in voller Vorwärtsauslegung für Sonstiges, Überhitzer, Kolbenschieber und linken Kolben und der linken Packung der Kolbenstangenstopfbuchse zu erhalten. Oder, um Zeit zu sparen, konnte auch unterstellt werden, dass die Kolben- und Stopfbuchsenleckagen für beide Zylinder gleich waren, wie das bei den auf den SAR gemachten Tests der Fall war. Die Undichtigkeiten an den einzelnen Bauteilen wurden aus den Differenzen der verschiedenen gemessenen Leckageraten ermittelt.

Es bestand die Hoffnung, für 3450 präzise Angaben zu der Leckage in Bezug auf den Verschleiß machen zu können, aber der Austausch der modifizierten Kolben und Kolbenstangenstopfbuchsen gegen Serienkomponenten bei der ersten Zwischenuntersuchung vereitelte diesen Plan. Die Abb. 139 zeigt die Ergebnisse des ersten mit dieser Lokomotive durchgeführten Dichtigkeitsversuchs, und die interessanten Auswertungen der sechs Dichtigkeitsversuche, die glaubwürdige Ergebnisse erbrachten (zwei mit 3450 und vier mit 25NC-Lokomotiven), sind in der Tabelle 53 zusammengestellt.

Die einzigen sinnvollen Erkenntnisse, die aus den Undichtigkeitswerten gewonnen werden konnten, waren die große Zunahme der Leckageraten der Kolben und Kolbenstangenstopfbuchsen auf 3450 nach dem Austausch der modifizierten Komponenten durch serienmäßige, die sehr geringe Undichtigkeit der Kolbenschieber der 3450 und die generell sehr viel größere Gesamtundichtigkeit der 25NC-Lokomotiven gegenüber der Klasse 26 in ihrer ursprünglichen Form. Es war deutlich, dass mit 3450 der richtige Weg in Richtung der

[1] Quelle: Porta, L. D., On Steam Locomotive Piston and Valve Ring Leakage, Buenos Aires, 1982 (unveröffentlicht).

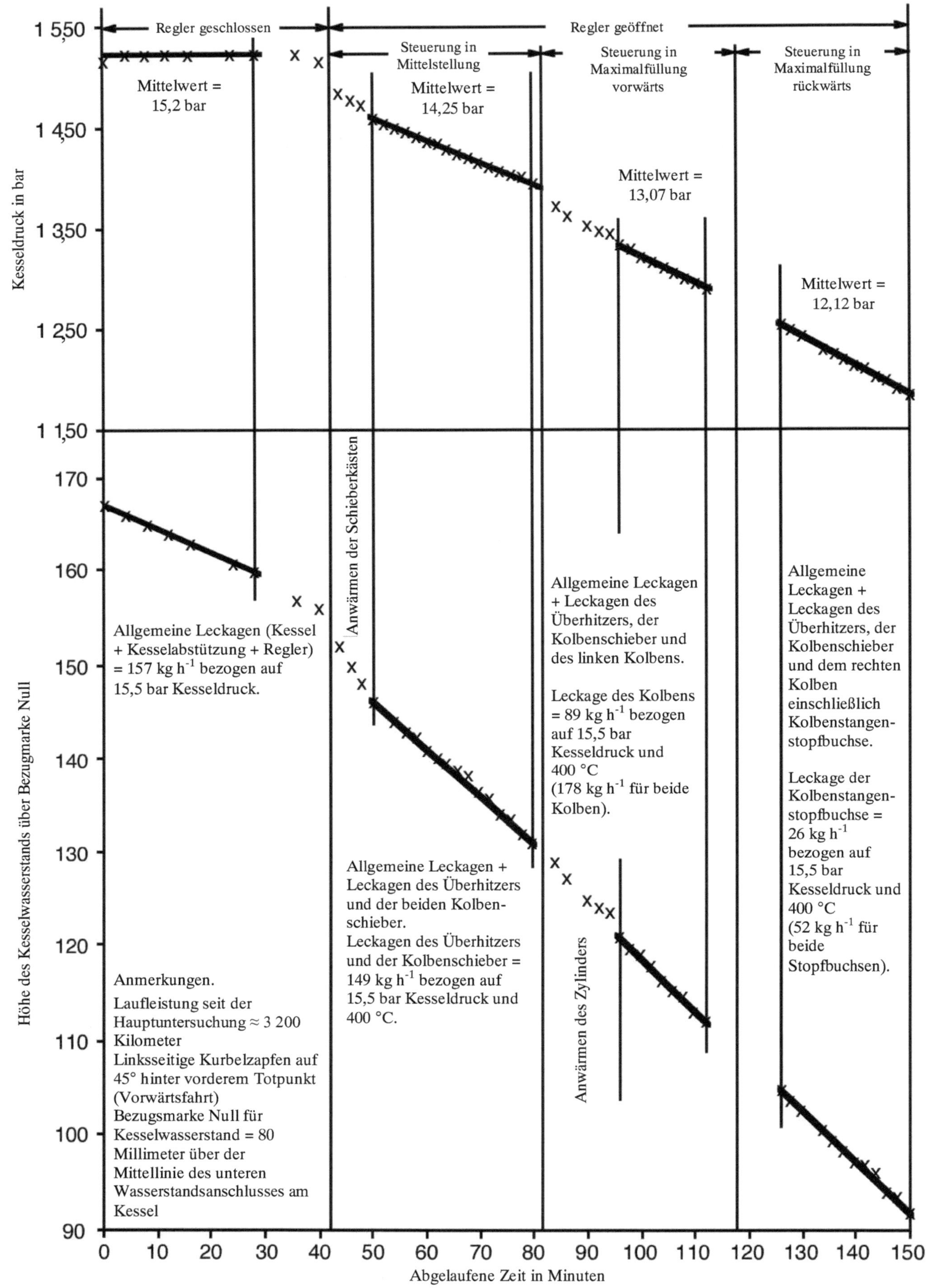

Abb. 139
SAR: 2D2-Klasse 26 Nr. 3450: Ergebnis des Dichtigkeitsversuchs vom 29. März 1983

Bewältigung des Undichtigkeitsproblems beschritten wurde, welches, wie man aus diesen Zahlen erkennen kann, durchaus nicht vernachlässigbar und *dennoch kaum jemals während der gesamten Geschichte der Dampflokomotive quantifiziert worden war.* Wie auch immer, in dem letztgültigen Versuchsbericht über 3450 (Quellenangabe siehe Seite 297) hatte ich dazu das Folgende zu sagen:

„In der gegenwärtig vorherrschenden Instandhaltungssituation…ist nicht nur die Durchführung zuverlässiger Dichtigkeitsversuche wegen gewohnheitsmäßiger Undichtigkeit von Bauteilen wie Regler, Verbindungsflanschen der Überhitzerelemente und Zylinderentwässerungshähnen schwierig, sondern die Undichtigkeiten von Maschinenbauteilen sind oft derart , dass es keines Dichtigkeitsversuchs bedarf, um zu erkennen, dass sie zu groß sind (das heißt sichtbare starke Undichtigkeit der Packungen der Kolbenstangenstopfbuchsen)…Kolbenstangenstopfbuchspackungen der Bauart Paxton-Mitchell hielten auf der Lokomotive 3450 manchmal nur 10 000 Kilometer, bevor starke Undichtigkeit einen Austausch der Packung verlangte. Diese Lage der Dinge ist eine Folge des allmählichen Niedergangs bei den Standards der Dampflokomotivreparaturarbeiten, der typisch ist, wenn die Dampftraktion abgängig ist. Die korrekten Verfahrensweisen und Qualitätsmaßstäbe bei der Werkstattarbeit werden sowohl in den Ersatzteilwerken als auch in den Betriebswerken wegen des allgemeinen Mangels an Interesse und der anderweitigen Beschäftigung des zuvor mit der Arbeit an den Dampflokomotiven befassten ingenieurtechnischen Personals nicht mehr ordnungsgemäß durchgesetzt…“

Tabelle 53 : SAR-Klassen 25NC und 26 : Ergebnisse der Dichtigkeitsversuche[1]

Klasse	26	26	25NC	25NC	25NC	25NC
Lokomotivnummer	3450	3450	3448	3508	3515	3520
Art der letzten Untersuchung	HU	ZU	HU	ZU	HU	ZU
Laufleistung seit letzter Untersuchung, km	3 200	11 600	35 000	20 000	44 000	2 800
Sonstige Leckagen, kg h^{-1}	157	339	334	756	374	155
Überhitzer + 2 x Schieberleckagen, kg h^{-1}	149	214[2]	1 022	481	408	702
2 x Kolbenleckagen, kg h^{-1}	178	-	102[3]	263	-	369
2 x Kolbenstangenstopfbuchsleckage, kg h^{-1}	52	-	360	162	-	410
2 x Kolben- und Kolbenstangenstopfbuchsleckagen[4], kg h^{-1}	-	678	-	-	1 520	-
Gesamtleckage, kg h^{-1}	536	1 231	1 818	1 662	2 302	1 636
Gesamtleckage in % der nominellen Kesselleistung[5]	1,79 %	4,10 %	7,27 %	6,65 %	9,21 %	6,54 %

Bemerkungen.

1. Sonstige Leckagen beziehen sich auf den zulässigen Kesselüberdruck (15,5 bar) and andere Leckagen auf den zulässigen Kesselüberdruck und auf Dampftemperaturen von 400 °C bei der Klasse 26 und 370 °C bei der Klasse 25NC.
2. Man beachte, dass die Schieber der 3450 bei der Zwischenuntersuchung nicht aufgearbeitet wurden, abgesehen von dem Ersatz einiger zum Zwecke der Verschleißmessung abgenommener Ringe. Damit steht diese Zahl tatsächlich für die Schieber nach etwa 64 000 Kilometer Laufleistung. Sie betrug 0,71 % der nominellen Kesselleistung, ein sehr niedriger Wert.
3. Diese Zahl fällt aus dem Rahmen der Übrigen heraus und ist fragwürdig.
4. Für die betreffenden Versuche konnten für die Kolben und Kolbenstangenstopfbuchsen keine getrennten Leckageraten unterschieden werden.
5. Angenommen zu 30 000 kg h^{-1} für die Klasse 26 und zu 25 000 kg h^{-1} für die Klasse 25NC.

3.9 Betriebliche Leistungen

Obwohl ich zahlreiche Fahrten auf dem Führerstand der 3450 machte, war ich immer eher an dem Betriebsverhalten der Lokomotive als Maschine interessiert, als an dessen Ergebnis, der Beförderung des Zugs. Aber P. Odell, Lokomotivführer zuerst in De Aar und später in Beaconsfield während des letzten Jahrzehnts regulären Dampfbetriebs in diesem Gebiet, war ein engagierter Zeitnehmer in Zügen und hatte einige Fahrten hinter 3450 aufgezeichnet, neben einer viel größeren Anzahl hinter 25NC-Lokomotiven. Eine Auswahl dieser Protokolle findet sich in den Tabellen 54 bis 58. Da 3450 vor Personenzügen normalerweise nur zwischen Kimberley und De Aar eingesetzt wurde, wird ihre Leistungsfähigkeit am besten von Protokollen von südwärts auf diesem Streckenabschnitt fahrenden Zügen illustriert. Der Autor ist nur im Besitz eines einzigen Zuglaufprotokolls dieses Lokomotiveinsatzes in nördlicher Richtung ab De Aar, und zwar dem der Messwagenfahrt am 5. Mai 1982, und das ist in den Tabellen 57 und 58 wiedergegeben, wobei die Tabelle 57 nur die Einzelheiten der Steigungsfahrt hinter De Aar darstellt, weil der Rest des Streckenabschnitts bis Orange River fast nur bergab ist und daher hinsichtlich der Lokomotivleistung uninteressant ist. P. Odell hat im Jahre 1984 auch eine Fahrt mit 3450 und Lokomotivführer A. Kriel vor dem Orange-Express zwischen Kimberley und Bloemfontein mit der Stoppuhr dokumentiert. Mit einem Verkehrsgewicht des Zugs von etwa 655 Tonnen wurde eine größte Geschwindigkeit von 103 km h^{-1} hinter Petrusburg aufgezeichnet, aber in der Steigung von De Brug nach Kloofeind wurde nichts Besonderes geleistet, was insofern vielleicht nicht überraschend war, als der Zug gut vor Plan lag und dementsprechend 33 Minuten vor der Ankunftszeit des Buchfahrplans in Bloemfontein eintraf!

Die in den Tabellen zum Vergleich dargestellten 25NC-Zugläufe sind die allerbesten der vielen von P. Odell und seiner Frau J. M. Warner-Odell aufgezeichneten. Während die Gesamtnettofahrzeiten der Bespannungen mit 3450 und die dieser besten 25NC-Läufe nicht wesentlich verschieden sind, so wird aber sorgfältiges Studieren der Zuglaufprotokolle im Zusammenhang mit dem in der Abb. 31 dargestellten Steigungsprofil der Strecke zeigen, dass die Art und Weise, wie die Fahrzeiten sich ergaben, doch sehr unterschiedlich war. Die Aufmerksamkeit sollte sich nicht so sehr auf die Gesamtzeiten und Geschwindigkeiten richten, sondern auf die Aufrechterhaltung nahezu konstanter oder sogar zunehmender Geschwindigkeiten in langen Steigungen. Dabei sollte man beachten, dass hohe Minimalgeschwindigkeiten am Brechpunkt nicht unbedingt ein Zeichen für eine große Lokomotivleistung waren, falls die Steigung mit hoher Anfangs-, aber im Anstieg rasch abfallender Geschwindigkeit genommen wurde. Mit den vorherrschenden Zuglasten konnte 3450 im Bedarfsfall fast über die gesamte Länge der betroffenen Streckenabschnitte mit der zulässigen Höchstgeschwindigkeit für Personenzüge von 90 km h^{-1} betrieben werden. Tatsächlich war sie oft in der Lage, in Steigungen die zulässige Höchstgeschwindigkeit zu übertreffen, so dass mit dieser Lokomotive die höchsten Geschwindigkeiten manchmal bergauf verzeichnet wurden. Geschwindigkeitsüberschreitungen bei der Bergabfahrt, um Zeit aufzuholen, waren nicht notwendig, was die Anwendung der von den SAR bevorzugten Methode der Zugförderung erlaubte.[1] Im Gegensatz dazu enthielten die 25NC-Läufe im Allgemeinen immer einen Gutteil von Geschwindigkeitsüberschreitungen im

---

[1] SAR, Handbook on the Steam Locomotive for Enginemen and Running Shed Staff, Pretoria, 1956, Seite 126: “…es ist immer sicherer in einer Steigung schneller als normal zu fahren, als es in Gefällen ist…Fahrzeit sollte soweit wie möglich in Steigungen gut gemacht werden, statt durch übermäßiges Schnellfahren in Gefällen…“ Das war der korrekte professionelle Standpunkt, der von den Enthusiasten, die einfach nur hohe Geschwindigkeiten wollten, auch wenn sie bergab erreicht wurden und hinsichtlich der Lokomotivleistung wenig bedeuteten, nicht immer geschätzt wurde. Bei den hier diskutierten Geschwindigkeiten und Streckenneigungen war der Rollwiderstand des Zugs von der gleichen Größenordnung wie sein Steigungswiderstand beziehungsweise Hangabtrieb, so dass hohe Bergabgeschwindigkeiten einfach durch Nichtbetätigen der Bremse erreicht werden konnten. Manchmal bemerkte ich zu Odell scherzhaft, dass das auch mit einer D-Rangierlokomotive der Klasse S1 gemacht werden könnte, falls jemand den Mut hätte, es zu versuchen.

Gefälle und über spitz befahrenen Weichen. Die in der Tabelle 58 dargestellten Zuglaufprotokolle der kontrollierten Messfahrten mit 3428 und 3450 vor Personenzugverbänden zeigen den Vorteil der Klasse 26, falls alle Geschwindigkeitsbeschränkungen beachtet wurden. Wie in Kapitel 3.6 erwähnt, verhinderten allerdings verschiedene Faktoren die ständige Nutzung der größeren Leistungsfähigkeit der 3450, so dass dieser Vorteil nicht ganz so groß war, und im nicht überwachten Einsatz könnte er sogar ganz verschwinden, falls die Überschreitung der zulässigen Geschwindigkeit bei der Bergabfahrt praktiziert wurde. Die Zuglaufprotokolle in den Tabellen 54 bis 58 lassen in der Tat vermuten, dass 3450 die Fahrzeiten der Buchfahrpläne noch weiter unterschritten hätte, falls größtmöglicher Nutzen aus ihrer besseren Wirtschaftlichkeit durch Wegfall von Halten zum Wasserfassen und Feuerreinigen gezogen worden wäre. Auf diese Weise wäre nicht nur Fahrzeit, sondern auch das Maximum an Kohle und Wasser gespart worden.

Dort wo in den Fußnoten zu den Tabellen 54 bis 58 Hinweise auf die Zylinderfüllungen und Dampfmassenströme gegeben werden, ist zu beachten, dass Erstere von der Skala mit zweifelhafter Genauigkeit an der Umsteuerschraube abgelesen wurden und Letztere aus dem mit einem nicht kalibrierten Manometer und deshalb ebenso nur ungefähr gemessenen Abdampfdruck, berechnet worden waren.

Tabelle 54

Zugförderungsleistungen der Lokomotiven : Modder River – Orange River

Lokomotivklasse / Nummer			26 / 3450			25NC / 3441		
Datum			15.12.1981			09.08.1991		
Zug			Trans-Karoo			Trans-Orange		
Wagenanzahl / t tara / t brutto			19 / 728 / 755			18 / 731 / 750		
Lokomotivführer			P. Botha[1]			P. Odell[2]		
Heizer			R. v. d. Merwe			P. Gouws		
Km	Streckenpunkt	Neigung ‰[3]	Plan Min.	Ist Min. Sek.	Geschw. Km h^{-1}	Plan Min.[4]	Ist Min. Sek.	Geschw. Km h^{-1}
0,0	Modder River	- 1,3	0	00 00	-	0	00 00	-
1,8	Km-Pfahl 36	+ 2,7		2 47	66		-	-
3,3	Km-Pfahl 37,5	eben		3 54	87		4 00	81
6,3	Km-Pfahl 40,5	eben		5 52	93		6 06	86
9,3	Km-Pfahl 43,5	+ 1,9		7 41	103		8 04	96
11,3	Km-Pfahl 45,5	+ 4,5		8 51	101		-	-
12,8	Km-Pfahl 47	eben		9 45	99		-	-
13,3	Km-Pfahl 47,5	+ 3,8		-	-		10 41	91
16,3	Km-Pfahl 50,5	eben		11 46	101		-	-
16,8	Km-Pfahl 51	+ 3,8		-	-		12 59	87
18,3	Km-Pfahl 52,5	+10,0		12 57	96/gebremst		-	-
21,7	Heuningneskloof	eben	18	15 21	77[5] / 83	19	16 27	86
23,3	Km-Pfahl 57,5	+ 1,9		-	94		-	-
24,3	Km-Pfahl 58,5	+ 3,0		17 00	100		18 10	96
26,3	Km-Pfahl 60,5	+ 9,1		18 13	94		19 27	90
27,8	Km-Pfahl 62	+ 9,1		19 11	88		20 31	80
29,3	Km-Pfahl 63,5	+ 9,1		-	82		-	-
29,8	Km-Pfahl 64	eben		20 36	85		22 05	75 / 81
31,3	Km-Pfahl 65,5	+10,0		21 38	85		-	-
33,3	Km-Pfahl 67,5[6]	eben		23 03	81		24 48	73
37,8	Graspan[7]	+ 0,8	33	26 16	72[5] / 83	31	27 36	104
41,3	Km-Pfahl 75,5	+ 6,1		28 46	81 / 94		29 35	94
44,3	Km-Pfahl 78,5	- 1,1		30 43	95		31 17	112
46,3	Km-Pfahl 80,5	eben		32 06	78 / 90		32 22	107/112
51,3	Belmont	- 0,6	46	35 55	26[8] / 92	42	35 09	96
56,3	Km-Pfahl 90,5	- 3,0		40 47	85		38 10	98
61,3	Km-Pfahl 95,5	- 5,0		44 17	86		-	-
68,0	Witput	- 2,5	60	49 09	77[5] / 91	55	45 22	101
71,8	Km-Pfahl 106	- 0,4		51 39	86		-	106/94
75,8	Km-Pfahl 110	-10,0		54 25	92		50 18	105
84,5	Orange River	eben	75	63 03	-	70	56 48	-
Nettofahrzeit in Minuten				63			56,8	
Nettodurchschnittsgeschwindigkeit, km h^{-1}					80,5			89,3

Anmerkungen.

1. Das war Lokomotivführer Bothas erste Fahrt auf 3450 nach dem Umbau.
2. Das Zuglaufprotokoll dieser Fahrt wurde von J. M. Warner-Odell aufgenommen und ist angeblich die beste bestätigte Steigungsfahrt einer 25NC vor 18 Personenwagen zum Brechpunkt bei Kilometerpfahl 67,5.
3. Alle Neigungsangaben in den Tabellen 54 bis 58 sind bei Anstieg in Fahrtrichtung mit einem + versehen.
4. Buchfahrplan für Dieseltraktion.
5. Geschwindigkeitsbeschränkung bei spitz befahrenen Weichen 75 km h^{-1} (1991 auf 100 km h^{-1} angehoben). Lokomotivinspektor Botes war anwesend, um diese Beschränkung durchzusetzen und Geschwindigkeitsüberschreitungen bei der Talfahrt zu verhindern. Als Folge davon ist der Geschwindigkeitsunterschied zwischen den beiden Lokomotiven auf überwiegend steigenden und überwiegend fallenden Streckenneigungen recht ausgeprägt.
6. der Kilometerpfahl 67,5 ist der Brechpunkt der Enslin-Rampe.
7. Zur Zeit des Zuglaufs mit 25NC Nr. 3444 war der Bahnhof Graspan geschlossen und die Weichen entfernt worden.
8. Vorgeschriebene Langsamfahrstelle wegen Bedarfshalts auf Signal des Zugführers.
9. 3450 wurde bei voll geöffnetem Regler bis Heuningneskloof mit meistens 35 % Füllung, mit 37 % Füllung bis Brechpunkt Enslin und mit einer größten Füllung von 45 % bis zum Brechpunkt bei Kilometerpfahl 75,5 gefahren. In den Steigungen wurde ein Kesseldruck von 14,5 bis 15,2 bar gehalten. Der Abdampfdruck in dem Ausströmkasten blieb zwischen Modder River und Brechpunkt Enslin recht konstant bei 0,75 bar, das heißt gleichbleibende Kesselanstrengung und stieg auf einen Höchstwert von 1,0 bar in der Steigung zum Kilometerpfahl 75,5.
10. Bei der Fahrt mit 3450 wurde das Feuer am Wasserhalt Orange River nicht gereinigt.

Tabelle 55
Zugförderungsleistungen der Lokomotiven : Kimberley – Orange River

Lokomotivklasse / Nummer				26 / 3450		26 / 3450		25NC / 3440[1]	
Datum				01.02.1983		20.12.1983		03.01.1984	
Zug				Orange-Express		Orange-Express		Orange-Express	
Wagenanzahl / t tara / t brutto				16 / 636 / 650		20 / 794 / 820		20 / 797 / 820	
Lokomotivführer				A. Koekemoer		A. Kriel		J. du Toit	
Heizer				P. Swart		J. Steenkamp		-	
Km	Streckenpunkt	Neigung ‰	Plan Min.	Ist Min. Sek.	Geschw. Km h^{-1}	Ist Min. Sek.	Geschw. Km h^{-1}	Ist Min. Sek.	Geschw. Km h^{-1}
0,0	Kimberley	-	0	00 00	-	00 00	-	00 00	-
4,4	Beaconsfield	eben	7	6 31	56 / 65	6 30	-	6 00	-
6,5	B.Zentr.-Stw.	+ 0,9	10	Signalhalt	-	8 05	86	7 35	83
9,6	B. Stw.-Süd	- 2,0	13	20 28	83	10 00	105	9 37	96
14,9	Km-Pfahl 10,5	-12,5		23 59	93	13 03	103	13 13	81
17,9	Km-Pfahl 13,5	+ 3,0		25 44	98 / 86	14 47	99	15 04	100
22,4	Spytfontein	- 2,5		28 36	101	17 29	99	17 46	95
27,9	Km-Pfahl 23,5	-12,5		31 54	97/102	20 48	101	21 16	90
30,9	Km-Pfahl 26,5	- 6,0		-	-	22 33	103	23 10	94
35,9	Km-Pfahl 31,5	- 3,0		36 48	83	25 28	96 / 71	26 28	83
38,7	Modder River[2]	- 1,3	36	39 23	50	27 32	80[3]	28 20	87
41,9	Km-Pfahl 37,5	eben		42 01	96	29 51	88	30 28	98
44,9	Km-Pfahl 40,5	eben		43 51	100	31 52	90	32 20	91
47,9	Km-Pfahl 43,5	+ 1,9		45 33	112[4]	33 45	101	34 16	95
51,4	Km-Pfahl 47	eben		47 34	101	35 53	96	36 39	83
54,9	Km-Pfahl 50,5	eben		49 32	105	37 58	99 / 89	39 06	80 / 69
60,3	Heuningneskloof[5]	eben	54	52 47	93	41 22	94[6]	43 23	78
62,9	Km-Pfahl 58,5	+ 3,0		54 17	106	42 56	101	45 12	89
63,9	Km-Pfahl 59,5	+ 7,4		54 50	108	-	-	-	-
64,9	Km-Pfahl 60,5	+ 9,1		55 23	105[7]	44 09	90	46 33	82
65,9	Km-Pfahl 61,5	+ 9,1		55 57	100	-	-	-	-
66,4	Km-Pfahl 62	+ 9,1		56 15	100	45 13	80	47 43	70
66,9	Km-Pfahl 62,5	+ 9,1		56 33	100	-	-	-	-
68,4	Km-Pfahl 64	eben		Signalhalt	-	46 52	66 / 68	49 34	61 / 67
71,9	Km-Pfahl 67,5	eben		66 42	59 / 86	50 10	56	52 52	57
76,4	Graspan[5]	+ 0,8	68	69 59	87 / 98	53 30	85 / 92	56 09	90
79,9	Km-Pfahl 75,5	+ 6,1		72 12	94	55 51	85 / 98	58 33	80
82,9	Km-Pfahl 78,5	- 1,1		74 06	91	Signalhalt	-	60 28	101
84,9	Km-Pfahl 80,5	eben		75 22	103/92	62 31	62 / 92	61 39	95
89,9	Belmont[5]	- 0,6	77	78 25	90/100	65 56	87	64 44	96
94,9	Km-Pfahl 90,5	- 3,0		81 37	100	69 10	100	67 44	92
97,9	Km-Pfahl 93,5	eben		83 36	85	71 02	91/100	69 49	83 / 94
106,6	Witput[5]	- 2,5	90	89 30	88	76 25	98	75 37	85/100
110,4	Km-Pfahl 106	- 0,4		92 01	92	78 40	98	77 56	94
116,4	Km-Pfahl 112	eben		96 04	87	82 17	98	81 43	93
120,4	Km-Pfahl 116	eben		98 42	94	84 48	86	84 13	100
123,2	Orange River	eben	104	102 25	-	89 05	-	87 34	-
Nettofahrzeit in Minuten				86,6[8]		85,4		87,6	
Nettodurchschnittsgeschwindigkeit, km h^{-1}					85,4		86,6		84,4

Anmerkungen.

1. Von P. Odell als der „mit Abstand beste jemals gemachte Nonstop-Lauf Kimberley – Orange River" bezeichnet.
2. Über den Schlackengruben von Modder River sollte die Geschwindigkeit 40 km h^{-1} nicht überschritten haben.
3. Nach Modder River trat Dampfnässe auf.
4. Zylinderfüllung verringert, um übermäßige Geschwindigkeitsüberschreitung zu vermeiden.
5. Hier Geschwindigkeitsbeschränkung auf 75 km h^{-1} wegen spitz befahrener Weichen.
6. Starker Seitenwind hinter Heuningneskloof, dann Regen in der Steigung zum Brechpunkt der Enslin-Rampe bei Kilometerpfahl 67,5, was bei der Lokomotive in der Steigung von 9,1 ‰ zum Schleudern führte und die anwendbare Zylinderfüllung auf 35 % begrenzte.
7. Zylinderfüllung auf 40 % eingestellt. Rechnerisch wurden auf die Ebene bezogene 3 200 kW am Zughaken in dieser Steigung bis zum Signalhalt entwickelt.
8. Die von Odell angegebene Nettofahrzeit erscheint übertrieben konservativ. Der Autor errechnet sie zu 83,8 Minuten, was eine Nettodurchschnittsgeschwindigkeit von 88,2 km h^{-1} ergibt.

Tabelle 56(I)
Zugförderungsleistungen der Lokomotiven : Orange River – De Aar

Lokomotivklasse / Nummer				26 / 3450		26 / 3450	
Datum				01.02.1983		20.12.1983	
Zug				Orange-Express		Orange-Express	
Wagenanzahl / t tara / t brutto				16 / 636 / 650		20 / 794 / 820	
Lokomotivführer				A. Koekemoer		A. Kriel	
Heizer				P. Swart		J. Steenkamp	
Km	Streckenpunkt	Neigung ‰	Plan Min.	Ist Min. Sek.	Geschw. Km h^{-1}	Ist Min. Sek.	Geschw. Km h^{-1}
0,0	Orange River	eben	0	00 00	-	00 00	-
7,8	Km-Pfahl 126,5	+ 5,0		8 45	92	9 28	87
11,8	Km-Pfahl 130,5	-11,4		11 09	98	12 12	82
15,3	Km-Pfahl 134	+ 0,9		13 39	67 Signalhalt	14 34	95
20,8	Km-Pfahl 139,5	+ 3,3		17 41	91	17 45	107
24,1	Kraankuil[1]	eben	21	19 44	94	19 40	100
28,8	Km-Pfahl 147,5	+ 8,0		22 35	97	22 30	93 / 88
31,8	Km-Pfahl 150,5	+ 9,1		24 25	101	24 28	90
32,8	Km-Pfahl 151,5	+ 9,1		25 00	100	25 08	87
34,8	Km-Pfahl 153,5	+ 9,1		26 15	94	26 34	78
35,8	Km-Pfahl 154,5	+ 9,1		26 53	92[5]	-	-
36,3	Km-Pfahl 155	+ 3,0		27 12	92	27 45	73
36,8	Km-Pfahl 155,5[3]	eben		27 31	98 / 107	-	-
42,1	Poupan[1]	+ 2,5	36	31 38	13 Signalhalt	31 51	90
43,3	Km-Pfahl 162	+ 5,7		33 36	42	32 38	88
45,3	Km-Pfahl 164	+ 9,1		35 30	75	34 01	83
46,3	Km-Pfahl 165	+ 9,1		36 17	78[4]	-	-
47,3	Km-Pfahl 166	+ 4,2		37 03	80	35 28	76
52,3	Kalkbult	- 2,3		Signalhalt	-	38 48	101
57,8	Km-Pfahl 176,5	+ 8,3		47 18	81	42 19	85 / 94
60,8	Potfontein[1]	- 2,3	51	49 20	93	44 16	91
63,8	Km-Pfahl 182,5	+ 5,0		51 10	100	-	-
65,8	Km-Pfahl 184,5	+ 6,1		52 22	100	47 19	98
69,8	Km-Pfahl 188,5	eben		54 40	105	50 42	35 Signalhalt
71,8	Km-Pfahl 190,5	+ 5,0		55 47	105	-	-
73,8	Km-Pfahl 192,5	+ 5,0		56 56	104	54 39	74 / 82
76,8	Km-Pfahl 195,5	+ 9,1		58 40	97	56 55	76
78,8	Km-Pfahl 197,5	+ 9,1		59 55	95[5]	-	-
79,8	Km-Pfahl 198,5[6]	eben		60 32	86 Signalhalt	59 14	78
81,8	Houtkraal[1]	+ 1,3	68	62 13	61 Signalhalt	60 37	91
84,8	Km-Pfahl 203.5	+ 5,7		64 24	93	62 28	97
88,8	Km-Pfahl 207,5	+ 5,0		66 57	92	-	-
89,3	Km-Pfahl 208[7]	eben		-	-	65 23	86
91,3	Behrshoek	- 5,1		Signalhalt	-	66 43	93
98,3	Km-Pfahl 217	- 8,0		80 12	97	70 55	97 dann Bahnüb.
105,3	Km-Pfahl 224	+ 0,9		84 42	90	77 13	78
110,3	De A. Stw.-Nord	+10,0	92	89 24	Signalhalt b. Km-	87 40	Signalhalt b. Km-
112,1	De Aar	eben	96	93 40	Pf. 226	93 21	Pf. 226,9
Nettofahrzeit in Minuten				78		84,3	
Nettodurchschnittsgeschwindigkeit, km h^{-1}					86,2		79,8

Anmerkungen.

1. Hier Geschwindigkeitsbeschränkung auf 75 km h^{-1} wegen spitz befahrener Weichen.
2. Auf die Ebene bezogene Zughakenleistung an dieser Stelle ungefähr 2 850 kW.
3. Der Brechpunkt der Rooidam-Rampe liegt nördlich kurz hinter dieser Stelle.
4. Man beachte die Beschleunigung in dieser Steigung, für die etwa 2 600 auf die Ebene bezogene Zughaken-kW erforderlich waren.
5. Die durchschnittliche Geschwindigkeit in der 18-Kilometer-Steigung von Potfontein bis Kilometerpfahl 197,5 war 102,1 km h^{-1}, für die etwa 2 250 auf die Ebene bezogene Zughaken-kW erforderlich waren.
6. Zwischenbrechpunkt in dem Anstieg hinter Potfontein.
7. Brechpunkt des Anstiegs hinter Potfontein und der höchste Punkt in dem Streckenabschnitt Kimberley – De Aar.

Tabelle 56(II)
Zugförderungsleistungen der Lokomotiven : Orange River – De Aar

Lokomotivklasse / Nummer			26 / 3450				26 / 3450		25NC / 3501[1]	
Datum			15.12.1981				21.09.1990[2]		04.05.1991	
Zug			Trans-Karoo				Trans-Orange		Trans-Orange	
Wagenanzahl / t tara / t brutto			19 / 728 / 755				17 / 670 / 685		18 / 716 / 735	
Lokomotivführer			P. Botha				J. Hanekom		P. Odell	
Heizer			R. v. d. Merwe				-		J. Dondolo	
km	Streckenpunkt	Neigung ‰	Plan Min.	Ist Min. Sek.	Geschw. Km h^{-1}	Plan Min.	Ist Min. Sek.	Geschw. Km h^{-1}	Ist Min. Sek.	Geschw. Km h^{-1}
0,0	Orange River	eben	0	00 00	-	0	00 00	-	00 00	-
7,8	Km-Pfahl 126,5	+ 5,0		8 13	91		9 36	-	8 24	83
11,8	Km-Pfahl 130,5	-11,4		10 41	91		12 22	98	-	-
15,3	Km-Pfahl 134	+ 0,9		12 58	93		-	109	-	100
20,8	Km-Pfahl 139,5	+ 3,3		-	-		-	102	-	-
24,1	Kraankuil	eben	24	18 38	76[3]	19	19 13	101	18 48	90
28,8	Km-Pfahl 147,5	+ 8,0		-	-		22 05	91	22 03	80
29,3	Km-Pfahl 148	+ 8,0		22 08	88		-	-	-	-
31,8	Km-Pfahl 150,5	+ 9,1		23 48	90		24 12	85	24 25	78
32,8	Km-Pfahl 151,5	+ 9,1		24 28	88[4]		24 55	-	25 12	74
34,8	Km-Pfahl 153,5	+ 9,1		25 52	81		26 29	81	26 54	64
36,3	Km-Pfahl 155	+ 3,0		26 59	78		27 47	66	28 21	55
36,8	Km-Pfahl 155,5	eben		27 21	84		28 13	-	28 50	62
42,1	Poupan[5]	+ 2,5	42	31 10	80[3]	33	31 52	-	32 37	99
43,3	Km-Pfahl 162	+ 5,7		31 58	83[6]		-	-	-	-
47,3	Km-Pfahl 166	+ 4,2		34 50	80 / 86		35 13	81	36 13	73
52,3	Kalkbult	- 2,3		38 16	92		38 28	110	39 33	109
55,3	Km-Pfahl 174	+ 4,2		-	-		40 09	105	41 14	102
57,8	Km-Pfahl 176,5	+ 8,3		41 45	81		41 43	90	42 50	85
60,8	Potfontein	- 2,3	59	44 13	66 Sighlt.	47	43 38	-	44 50	100
62,3	Km-Pfahl 181	+ 5,0		45 21	80		-	-	-	-
63,8	Km-Pfahl 182,5	+ 5,0		46 25	86		45 22	-	46 38	91
69,8	Km-Pfahl 188,5	eben		50 16	98		49 14	95	50 42	90
71,8	Km-Pfahl 190,5	+ 5,0		51 27	100		-	-	-	-
73,8	Km-Pfahl 192,5	+ 5,0		52 40	98		51 48	95	53 25	86
76,8	Km-Pfahl 195,5	+ 9,1		54 29	93		-	-	-	80
78,8	Km-Pfahl 197,5	+ 9,1		55 45	93[7]		55 07	89	-	-
79,8	Km-Pfahl 198,5	eben		-	-		-	-	57 51	78
81,8	Houtkraal	+ 1,3	78	57 54	62 Bahnüb.	63	57 04	-	59 09	90 / 96
84,8	Km-Pfahl 203.5	+ 5,7		-	- Bahnüb.		58 50	97	61 06	96
89,3	Km-Pfahl 208	eben		-	-		61 36	93	64 07	83
91,3	Behrshoek	- 5,1		70 58	43 Bahnüb.		-	98	65 22	105/98
98,3	Km-Pfahl 217	- 8,0		76 16	88		-	-	69 27	100
105,3	Km-Pfahl 224	+ 0,9		80 59	90/Sighlt.		71 12	-	73 29	109
112,1	De Aar	eben	109	92 30	-	91	79 22	-	81 28	-
Nettofahrzeit in Minuten				82,7[8]			79,4		81,5	
Nettodurchschnittsgeschwindigkeit, km h^{-1}					81,3			84,7		82,5

Anmerkungen.

1. Dieses von J. M. Warner-Odell aufgenommene Zuglaufprotokoll ist angeblich die schnellste bestätigte Fahrt einer 25NC vor 18 Personenwagen über diesen Streckenabschnitt.
2. Zum Zeitpunkt der Aufnahme dieses Zuglaufprotokolls durch J. M. Warner-Odell waren die in Kapitel 3.10 beschriebenen Änderungen an 3450 ausgeführt worden, die die Ausgewogenheit der Konstruktion beeinträchtigten, so dass die Steigungsfahrten nicht auf dem bisherigen Niveau lagen, obwohl die Gesamtfahrzeit schnell war.
3. Die Geschwindigkeitsbeschränkung auf 75 km h^{-1} vom Lokomotivinspektor durchgesetzt.
4. Errechnete Zughakenleistung an dieser Stelle = 2 880 kW, auf die Ebene bezogen, bei 40 % Füllung, 14,75 bar Kesseldruck und einem Dampfmassenstrom zu den Zylindern von 28 000 kg h^{-1}. Zeitweises Aussetzen der Kohleförderung durch den mechanischen Stoker senkte den Kesseldruck, was zu einem Geschwindigkeitsabfall im oberen Teil der Rooidam-Rampe führte.
5. Bahnhof Poupan Mitte der achtziger Jahre geschlossen.
6. Errechnete durchschnittliche Zughakenleistung zwischen Kilometerpfahl 162 und 166 = 2 430 kW, auf die Ebene bezogen, bei 45 % Füllung, 14 bar Kesseldruck, Dampfmassenstrom zu den Zylindern 28 000 kg h^{-1}. Der größte Dampfmassenstrom zu den Zylindern betrug 30 000 kg h^{-1} bei 46 % Füllung zwischen den Kilometerpfählen 175 und 176.
7. Errechnete durchschnittliche Zughakenleistung über die 16,5 Kilometer zwischen den Kilometerpfählen 181 und 197,5 = 2 465 kW, auf die Ebene bezogen, bei 42 % Füllung, 14,5 bar Kesseldruck, Dampfmassenstrom zu den Zylindern 28 000 kg h^{-1}.
8. Odells Berechnung. Der Autor errechnet die Nettofahrzeit zu 82 Minuten, was eine Nettodurchschnittsgeschwindigkeit von 82 km h^{-1} ergibt.

Tabelle 57
Zugförderungsleistungen der Lokomotiven : De Aar – Brechpunkt, Kilometerpfahl 208

Lokomotivklasse / Nummer Datum Zug Wagenanzahl / t tara / t brutto Lokomotivführer Heizer			26 / 3450 05.05.1982 Messzug : Leerwagen + Messwagen 19 / 719 / 720 D. Koekemoer R. v. d. Merwe			25NC / 3424 09.11.1986[1] Trans-Karoo 20 / 785 / 805 P. Viljoen -	
km	Streckenpunkt	Neigung ‰	Ist Min. Sek.	Geschw. Km h^{-1}	Auf die Ebene bezogene Zughakenleistung kW[2]	Ist Min. Sek.[3]	Geschw. Km h^{-1}
0,0	De Aar	eben	00 00	-	-	00 00	-
4,8	Km-Pfahl 226	- 7,6	6 07	81	-	5 28	92
6,8	Km-Pfahl 224	- 0,9	7 57	48 Signalhalt	-	-	100
7,8	Km-Pfahl 223	+ 7,6	8 56	64	1 860	-	-
8,8	Km-Pfahl 222	+12,5	9 47	68	2 100	-	-
9,8	Km-Pfahl 221	+ 4,5	-	68	2 205	8 37	83
10,8	Km-Pfahl 220	+ 5,0	11 28	74	2 200	-	-
11,8	Km-Pfahl 219	+ 6,7	12 12	81	2 160	10 04	82
12,8	Km-Pfahl 218	+ 5,0	12 55	84	1 965	-	-
13,8	Km-Pfahl 217	+ 8,0	-	-	2 115	11 33	78
14,3	Km-Pfahl 216,5	+ 8,0	13 58	83	2 110	-	-
15,3	Km-Pfahl 215,5	+ 9,1	-	-	2 110	12 42	66
16,3	Km-Pfahl 214,5	+12,5	15 26	76	2 325	-	-
17,3	Km-Pfahl 213,5	+11,4	16 14	72	2 385	14 44	57
18,8	Km-Pfahl 212	+12,5	17 26	75	2 285	-	-
19,3	Km-Pfahl 211,5	+12,5	17 50	75	2 480	16 50	56 mind.
19,8	Km-Pfahl 211	+ 1,3	18 14	74	2 125	-	-
20,8	Km-Pfahl 210	+ 5,1	19 00	79	2 085	18 17	-
21,8	Km-Pfahl 209	+ 8,3	19 43	80	2 070	-	-
22,8	Km-Pfahl 208	eben	21 03	34 Signalhalt	-	-	-

Anmerkungen.

1. Dieses Zuglaufprotokoll wurde während der kurzen Rückkehr der Dampftraktion für Schnellzüge auf den Streckenabschnitten Kimberley – De Aar und Kimberley – Bloemfontein Ende 1986 aufgenommen und ist nach Darstellung P. Odells die beste Steigungsfahrt einer mit mehr als 19 Personenwagen belasteten 25NC auf der Rampe hinter De Aar. Ganz bestimmt war es eine bessere Zugförderungsleistung, als die der 25NC Nr. 3428 während der Messwagenversuchsfahrten vom Mai 1982. Mit der gleichen Anhängelast und freier Fahrt voraus lief 3428 in der Senke bei Kilometerpfahl 224 mit 91 km h^{-1}, fiel dann aber in der 12,5-‰ -Steigung bei den Kilometerpfählen 212 – 211,5 bis auf gehaltene 42 km h^{-1} ab und brauchte 23 Min. und 44 Sek. bis zum Brechpunkt bei Kilometerpfahl 208.
2. Die auf die Ebene bezogene Zughakenleistung ist aus der vom Messwagen aufgezeichneten tatsächlichen Zughakenleistung errechnet. Die höchste tatsächliche Zughakenleistung betrug 2 088 kW am Kilometerpfahl 212,2. Der Kesseldruck stieg von 14,5 bar bei der Abfahrt auf 15,15 bar am Kilometerpfahl 224 und stabilisierte sich dann bei 14,8 bar, immer mit vollem Wasserstand im Glas. Allerdings begann der sehr große Verbrennungsluftstrom das frisch gereinigte und relativ niedrige Feuerbett nach vorn wandern zu lassen, was zu einem Abfall des Kesseldrucks auf 13,8 bar mit ¾-Wasserstand bei Kilometerpfahl 215 führte. Das wurde durch Senken des Dampfdrucks an den Kohleverteilerdüsen des Stokers, um mehr Kohle im hinteren Rostbereich aufzuwerfen, korrigiert, wonach der Kesseldruck wieder auf 14,8 bar bei konstantem ¾-Wasserstand anstieg. Die Zylinderfüllung betrug ungefähr 45 %. Diese Leistungen waren repräsentativ für die von 3450 bei den höchsten Kesselanstrengungen während der verschiedenen im Jahre 1982 durchgeführten Messwagenfahrten erreichten.
3. Die Zeitmessung erfolgte im fünfzehnten Wagen, wogegen das Zuglaufprotokoll der 3450 vom ersten Wagen hinter dem Messwagen aufgenommen worden war.
4. Die jeweiligen Unterschiede in den Geschwindigkeiten der beiden Züge am Kilometerpfahl 224, dem Fuß der Rampe, und bei Kilometerpfahl 211,5, dem Ende der größten Steigung, springen in dieser Tabelle sehr deutlich ins Auge.

Tabelle 58
Zugförderungsleistung der Lokomotiven : Orange River – Kimberley

Lokomotivklasse / Nummer				26 / 3450		25NC / 3428		25NC / 3454[1]		
Datum				05.05.1982		04.05.1991		18.01.1986		
Zug				Messzug, leere Pw[2]		Messzug, leere Pw[2]		Trans-Orange		
Wagenanzahl / t tara / t brutto				19 / 719 / 720		19 / 719 / 720		18 / 713 / 725		
Lokomotivführer				D. Koekemoer		D. Koekemoer		P. Abbott		
Heizer				R. v. d. Merwe		R. v.d. Merwe		S. Nel		
Km	Streckenpunkt	Neigung ‰	Plan Min.	Ist Min. Sek.	Geschw. Km h^{-1}	Ist Min. Sek.	Geschw. Km h^{-1}	Plan Min.	Ist Min. Sek.	Geschw. Km h^{-1}
0,0	Orange River	eben	0	00 00	-	00 00	-	0	00 00	-
2,8	Km-Pfahl 116	eben		3 43	81	4 28	76		4 12	70
5,8	Km-Pfahl 113	+ 2,5		5 53	84 / 93	-	70 / 85		-	-
8,8	Km-Pfahl 110	+10,0		7 54	86	9 06	80 / 90		9 16	78
13,8	Km-Pfahl 105	+ 5,7		11 24	86	12 42	85		13 03	85 / 80
16,6	Witput	+ 2,5	18	14 36	27[3]	16 12	30[3]	14	15 08	83
23,3	Km-Pfahl 95,5	+ 5,0		21 39	-92	23 24	80		-	86
25,3	Km-Pfahl 93,5	+10,0		23 00	84	24 56	76		21 29	78
28,3	Km-Pfahl 90,5	+ 3,0		25 00	88	27 07	87		23 38	90
30,3	Km-Pfahl 88,5	+10,0		26 22	83	28 28	83		24 59	85
33,3	Belmont	+ 0,6	34	28 58	60	30 57	65	27	27 18	82
38,3	Km-Pfahl 80,5	eben		32 56	79	34 49	78 / 91		30 51	82
40,8	Km-Pfahl 78	+11,4		34 48	80 / 86	36 30	90		32 29	100
43,3	Km-Pfahl 75,5	- 6,1		36 34	81	38 12	80		34 00	90 / 97
46,8	Graspan	- 0,8	47	39 22	65	41 09	65	38	36 16	88
49,3	Km-Pfahl 69,5	+ 5,0		-	-	43 01	85		37 52	92
49,8	Km-Pfahl 69	+ 2,0		41 38	84	-	-		-	-
51,3	Km-Pfahl 67,5[4]	eben		42 41	76 / 88	44 34	70		39 14	79
54,8	Km-Pfahl 64	eben		45 06	85	47 01	90		41 32	96
58,3	Km-Pfahl 60,5	- 9,1		47 28	90	49 20	91		-	103
62,9	Heuningneskloof	eben	61	51 53	28[3]	54 11	29[3]	50	46 34	86
68,3	Km-Pfahl 50,5	eben		57 05	90	59 11	90		-	106
71,8	Km-Pfahl 47	eben		59 27	85 / 90	61 34	80 / 90		51 53	96/ 90
78,3	Km-Pfahl 40,5	eben		63 58	81	66 15	75		56 04	91/101
84,5	Modder River	+ 1,3	80	69 06	37[5]	71 49	39[5]	66	60 03	90
85,8	Km-Pfahl 33	+12,5		-	-	73 44	35		-	-
86,8	Km-Pfahl 32	+12,5		71 57	50	75 35	32		-	-
87,3	Km-Pfahl 31,5	+ 3,0		72 31	59	76 22	49		61 58	70
90,3	Km-Pfahl 28,5	+ 5,7		74 28	85	-	-		-	-
92,3	Km-Pfahl 26,5	+ 6,0		76 18	90	80 50	80		65 43	84
95,3	Km-Pfahl 23,5	+12,5		78 22	79 / 73	83 10	68		67 55	73
98,8	Km-Pfahl 20	+12,5		81 11	74	6 32	58		71 15	59
100,8	Spytfontein	+ 2,5		82 41	88	88 16	74		73 02	74
103,8	Km-Pfahl 15	+ 5,0		84 43	83	90 24	88		75 11	86
105,3	Km-Pfahl 13,5	- 3,0		-	-	-	-		76 09	96/106
106,3	Km-Pfahl 12,5	eben		86 29	84	92 05	88		-	-
113,6	Beaconsfield Süd	+ 2,0	110	91 46	66	97 17	61	91	81 06	86
118,8	Beaconsfield	eben		96 54	62	102 38	70	97	85 33	80 / 86
123,2	Kimberley	-	125	103 30	-	109 40	-	105	91 52	-
Nettofahrzeit in Minuten				97,4		103,3			91,9	
Nettodurchschnittsgeschwindigkeit, km h^{-1}					75,9		71,6			80,4

Anmerkungen.

1. Diese Lokomotive hatte eine modifizierte Saugzuganlage, wie in Kapitel 4 beschrieben, und erreichte, was Odell als beste jemals aufgezeichnete Fahrzeiten mit Dampftraktion bis zum Brechpunkt bei Kilometerpfahl 67,5 und nach Kimberley bezeichnete, wobei der Zug zu dieser Zeit einen Diesel-Fahrplan hatte.
2. Das waren offizielle Versuche mit strikter Einhaltung aller Geschwindigkeitsbeschränkungen.
3. Zug wegen Belegung der Hauptstrecke umgeleitet.
4. Brechpunkt der Steigung hinter Orange River.
5. Geschwindigkeitsbeschränkung über den Schlackengruben 40 km h^{-1}. Der Unterschied in den Geschwindigkeiten, die 3450 und 3428 auf der anfänglichen Steigung von 12,5 ‰ hinter dieser Langsamfahrstelle erreichten, ist beachtenswert.

3.10 Der Rote Teufel : Schlussfolgerungen

Nach den Versuchen mit den Antischaummitteln im August 1983 hatte ich nur wenige weitere Berührungspunkte mit 3450. Koekemoer blieb nicht weiter ihr Planlokomotivführer (als einer aus der ersten Gruppe von Oberdampflokomotivführern von Beaconsfield machte er während des Jahres 1983 einen Lehrgang auf Diesellokomotiven und wurde Anfang 1984 zur Dieseltraktion versetzt) und für eine Weile wurde die wilde Besetzung der 3450 ausprobiert, aber letztendlich wurde die Lokomotive wieder einem Planlokomotivführer, A. Kriel, zugeteilt. Meine Hauptaufgaben vor dem Weggang von den SAR waren die Vervollständigung meiner eigenen Versuchsberichte von der Lokomotive und alle offenen Aspekte des Projekts in Ordnung zu bringen, wie zum Beispiel die Herausgabe überarbeiteter Instandhaltungs- und Fahrbetriebsanweisungen, um den verschiedenen bis Ende 1983 an 3450 ausgeführten Änderungen Rechnung zu tragen. Der Versuchsbericht[1] war eine in sich geschlossene Darstellung der Gesamtarbeit, mit folgenden Beschreibungen: Bauartänderungen, Einfahren der Komponenten, Versuche und Leistungsverhalten, Erfahrungen im Betriebseinsatz und offene Probleme sowie deren mögliche Lösungen. Insgesamt waren es 115 Textseiten, 259 Abbildungen und 97 Seiten Anhänge, womit er ganz sicher in die Kategorie „wird niemals gelesen" fiel, ausgenommen vielleicht in den Augen jener Wenigen, die ein besonderes Interesse an der Dampftraktion hatten. Das vorrangige Ziel des Berichts war es, eine Referenz für mich selbst und für die SAR zu sein. Eine Referenz, aus der der in Gestalt der 3450 gemachte Fortschritt für die Dampftraktion leicht nachvollzogen und der Weg voraus zu weiteren Entwicklungen im Umfeld der SAR klar erkannt werden konnte. Obwohl ich wenig Hoffnung hatte, dass nach meinem Weggang die Entwicklung der Dampftraktion dort in irgendeiner Weise weitergeführt werden würde, so musste der Bericht doch so gestaltet werden, dass er für meine Nachfolger die bestmögliche Grundlage bildete, falls die Arbeiten tatsächlich doch fortgeführt würden. Es sei hier aus der Einleitung des Berichts zitiert:

> „Die Hauptanliegen dieses Berichts sind die folgenden.
> Die Darstellung der gemessenen Daten zum Leistungsverhalten und sämtliche relevanten Beobachtungen der einzelnen Komponenten, die zusammen die vollständige Rekonstruktion der Lokomotive darstellen. Ebenso werden die Einzelheiten von Änderungen an diesen Komponenten als Ergebnis von Versuchen und Betriebserfahrungen angegeben. Diese Informationen gemeinsam mit der auf den Konstruktionsberechnungen für diese Umbauten basierenden Konstruktionsmethodik...dienen als ein umfassender Überblick über die Konstruktion und das betriebliche Verhalten dieser Komponenten, um als Richtschnur für weitere Entwicklungen oder für die Übernahme der Änderungen für andere Lokomotivklassen zu dienen.
> Die Darstellung der Daten des Betriebsverhaltens und der Gesamtwirkungsgrade von Kessel, Dampfmaschine und der Lokomotive als Ganzes.
> Die Kenntlichmachung von Änderungen, die zur Verbesserung ihres Betriebsverhaltens weiterer Entwicklungsarbeit bedürfen...
>
> Das Aufzeigen von möglichen ergänzenden Entwicklungen an der Dampftraktion, um das Kosten-Nutzen-Verhältnis zu verbessern."

Ich konnte allerdings den einen oder anderen passenden Kommentar zu den Bedingungen, unter denen die Arbeiten stattgefunden hatten, nicht lassen. Zum Beispiel in Abschnitt 2.3:

> „Seit dem ersten Umbau ist an der Lokomotive 3450 in den Lokomotivdepots Capital Park und Beaconsfield eine erhebliche Abstimmungs- und Entwicklungsarbeit geleistet worden. Die damit verbundene Versuchsarbeit, auf der dieser Bericht basiert, wurde überwiegend vor normalen Planzügen, sowohl Güterzügen als auch Personenzügen, abgewickelt, mit jeder Art von Kohle, die gerade verfügbar war (das heißt von unterschiedlicher Qualität). Es muss deshalb ins Protokoll aufgenommen werden, dass trotz der Begeisterung eines Teils der beteiligten Mitarbeiter sowohl die Entwicklungs- als auch die Versuchsarbeit unter außerordentlich schwierigen Bedingungen bewerkstelligt wurden, weil (i) ein Betriebswerk nicht für Entwicklungsarbeit vorgesehen ist und (ii) Planzüge, die allen möglichen Eventualitäten ausgesetzt sind, nur zu oft nicht ideal für die Versuchsarbeit mit Lokomotiven sind. Die angewendeten Versuchsmethoden und erreichten Ergebnisse sollten im Licht der beschränkten vorhandenen Möglichkeiten für die Entwicklungs- und Versuchsarbeit betrachtet werden. Allerdings haben die Messfahrten vor Planzügen dazu geführt, dass das Betriebsverhalten der Lokomotive festgestellt wurde, wie es sich im normalen Betrieb tatsächlich darstellt, wo die Lokomotivbetriebszustände, wie Kesselanstrengung, Geschwindigkeit, Leistung etc. sich ständig ändern. Was zählt, ist wie sich die Lokomotive unter diesen Bedingungen verhält, ohne künstlich eingestellte Versuchsbedingungen, und es ist deutlich, dass wegen der Trägheit des Erreichens des thermischen Gleichgewichtszustands Parameter wie zum Beispiel die Dampftemperaturen in der Praxis nicht den Werten entsprechen, die man von Messungen unter konstanten, über einen langen Zeitraum aufrecht erhaltenen Bedingungen, erwarten würde."

Allerdings war es der letzte Textabsatz, der meine wahren Gefühle zum Ausdruck brachte und der sicherlich niemals von einem Gegner der Dampftraktion gelesen wurde, außer vielleicht von solchen, die die Angewohnheit haben, die letzten Seiten zuerst zu lesen:

> „Der Gegenstand aller Forschungs- und Entwicklungsarbeit an der Dampftraktion ist die Verminderung der Kosten durch ein verbessertes Betriebsverhalten. Im Hinblick auf die Vorhersage von weltweit anerkannten Autoritäten, dass die Ölvorräte endlich sind und erschöpft sein werden, wenn Kohle weiterhin reichlich verfügbar ist, als auch auf die unerschwinglichen Kosten der Elektrifizierung...würde es sinnvoll erscheinen, etwas Aufwand in kohlegefeuerte Dampflokomotiven zu investieren, so dass ihre Vorteile weiterentwickelt und ausgenutzt werden können, bei gleichzeitiger Minimierung oder Eliminierung ihrer gegenwärtigen Nachteile. Falls allerdings die technische und verwaltungsseitige Unterstützung, wie sie die gegenwärtige Entwicklungsarbeit an Dampflokomotiven bei dieser Bahnverwaltung erfahren hat, auf dem heutigen Niveau weitergeführt wird, so wird eine solche Arbeit im Großen und Ganzen eine sinnlose Übung bleiben."

Wir wissen heute, dass ich zumindest in Bezug auf die Auswirkung eines Ölmangels voreilig war, aber auch, dass ich richtig lag, was die Sinnlosigkeit anging, etwas zu tun, das in eine andere Richtung zielte, als der allgemeine Fluss des „Fortschritts" und das die Entscheidungsträger nicht wünschten.

Kurz vor Weihnachten 1983 begab ich mich zwecks einiger letzter Fahrten auf der Lokomotive nach Kimberley und machte je einen Umlauf nach Bloemfontein und De Aar. Kriel war der Lokomotivführer und sein ausgezeichneter Heizer war J. Steenkamp. Auf diesen letzten Fahrten zeigte 3450 noch einmal die ganze Bandbreite ihrer Stärken – und ihrer Schwächen! Bis De Brug, wo Wasser genommen und der Rost geschüttelt wurde, lief alles gut vor Güterzug 2228 nach Bloemfontein. Dann bestand Kriel darauf, abzufahren bevor das Feuer über der ganzen Rostfläche richtig brannte, und das trotz meiner Warnung, dass das zu Problemen führen würde, was auch tatsächlich so kam, da der Kesseldruck beständig abnahm und der Zug nach etwa zehn Kilometer, wo die Steigung zunahm, steckenblieb. Schnell waren

[1] South African Transport Services (ehemals South African Railways & Harbours), Abteilung für Maschinentechnik, Büro des CME, Pretoria, Prototype 26 Class Locomotive No. 3450 : Performance and Efficiency Test Report, Bericht Az. RLS 15/2/22 vom 30.12.1983. Zahlreiche der in diesem Buch angegebenen Daten zum Betriebsverhalten wurden diesem Bericht entnommen.

Druck und Wasserstand wieder angehoben, aber jeder Anfahrversuch endete mit einem donnernden Schleuderausbruch trotz trockener Schienen. Schließlich wurde der Zug geteilt (die allergrößte Schmach!) und in zwei Abteilungen nach Olienhoutplaat gebracht. Das alles brauchte Zeit und wir erreichten Bloemfontein erst zu der planmäßigen Abfahrtszeit unserer Rückleistung mit dem nächtlichen Personenzug. Der sollte in Kimberley planmäßig zu der nicht sonderlich angenehmen Zeit von 2 Uhr 25 min. in der Nacht ankommen, und ich vermute, kaum jemand störte sich sonderlich an ungefähr einer Stunde Verspätung, aber all dieser Ärger hätte durch das Warten von ein paar Minuten, bis das Feuer ordentlich angebrannt war, vermieden werden können. Am folgenden Tag bespannte 3450 den Orange-Express nach De Aar und erbrachte die ausgezeichneten Zugförderungsleistungen auf der vollen Höhe ihres besten Leistungsverhaltens, die in den Tabellen 55 und 56 im Einzelnen dargestellt sind.[1] Allerdings zogen Wolken auf, als wir mit dem Güterzug der Rückleistung aus De Aar ausfuhren und mit den allerersten Regentropfen setzte Schleudern ein. Der Regen wurde schlimmer und mit ihm das Schleudern, und wieder blieben wir auf dem Anstieg Richtung Kilometerpfahl 208 stecken. Natürlich funktionierten die Sandstreuer nicht, obwohl Kriel sagte, er habe sie vor der Abfahrt in De Aar ausprobiert. Zu meiner Überraschung gelang es ihm dieses Mal, den Zug ohne Hilfe bei der Nässe in Gang zu setzten und in Bewegung zu halten, indem er das Schleudern mit der unabhängigen Lokomotivbremse kontrollierte, die auf die Kuppelräder wirkte. Hinter Orange River, wo der Rost nicht geschüttelt wurde, forderte Steenkamp mich auf, das Heizen zu übernehmen, was ich bereits ziemlich oft mit passablen Ergebnissen getan hatte, aber ich hätte es besser wissen sollen als mein Schicksal bei meiner allerletzten Fahrt herauszufordern. Es war dunkel und damit schwierig die Rauchdichte zu beurteilen, und ich warf zu viel Kohle auf, ein fataler Irrtum auf 3450, aus dem es keinen Ausweg mehr gab, sobald ein gewisser Punkt erreicht war. Wohl schafften wir den Anstieg bis hinter Belmont, aber erreichten den Brechpunkt mit nur noch etwa 9 bar auf dem Kesselmanometer und herzlich wenig Wasser – alles mein Fehler und ein ziemlich trauriger Ausklang.

Am 30. Dezember 1983 verließ ich die South African Transport Services, wie es nun hießen, wobei meine letzte Tätigkeit darin bestand, den Versuchsbericht auf den Schreibtisch meines Chefs zu legen.[2] Von all den leitenden Ingenieuren kam allein nur der CME zu mir herunter um Auf Wiedersehen zu sagen, wobei er mir hauptsächlich für all die gute Publicity dankte, die ich der Eisenbahn gebracht hatte. Da diese Öffentlichkeitswirkung sich überwiegend um die Tatsache drehte, dass eine Lokomotive rot lackiert worden war, schien es so, als ob der CME mir für genau das dankte, wofür er mich drei Jahre zuvor getadelt hatte. Als wir in dieser Nacht abflogen und das allmähliche Schwinden der Lichter von Johannesburg beobachteten, war ich nicht traurig, dass ich fortging – und zumindest hatte ich etwas mehr Geld in der Tasche, als bei Ankunft fast zehn Jahre zuvor. Der Pfad des Lebens ist wie eine Spirale, mit der Zeit – gewunden in die nächste Dimension und deshalb grenzenlos – als ihrer Achse: Ich hatte eine vollständige Umdrehung gemacht und konnte herunterschauen, wo genau diese Umdrehung begonnen hatte.

Ich ging fort, aber der *Rote Teufel* blieb. Ich glaube, es würde der Wahrheit entsprechen, zu sagen, dass danach niemand in Südafrika verblieb, der in rein technischer Hinsicht noch im weiteren Sinn von seiner Rolle ein fundiertes Verständnis von ihm hatte, beziehungsweise von der Dampftraktion im Allgemeinen im Umfeld der SAR. Die meisten Leute bei der Bahn konnten oder wollten nicht erkennen, dass die Dampftraktion auch weiterhin wirtschaftlich und zum Nutzen der Gesellschaft als Ganzes genutzt werden konnte. Die wenigen „Dissidenten", die davon abwichen, zumindest diejenigen, die ich persönlich kannte, pflegten eine recht naive Hingabe an die Dampflokomotive und konnten oder wollten die bestehenden augenscheinlichen Beschränkungen der Dampftraktion nicht erkennen. Somit war es ein weiterer Beweggrund für den umfangreichen Testbericht, zu versuchen, die von mir mühsam gewonnenen Erkenntnisse, zumindest, was das Verständnis von 3450 als eine einzigartige Maschine angeht, weiter zu geben. Aber wer von denjenigen, die „zählten", würde ihn jemals lesen oder gar versuchen, ihn zu verstehen und seine Aussagen unparteiisch bewerten? Wer die Botschaft zwischen den Zeilen lesen, dass 3450 nicht die letztgültige Antwort auf die Unzulänglichkeiten der Dampflokomotive war, aber den Weg dahin aufzeigte, dass die Dampftraktion hier steht, aber dort stehen könnte, wer gar mit dem „hier" als Grundlage erkennen, wie weit wir auf diesem Weg gekommen waren? Nein, diejenigen, die die Eisenbahnen seinerzeit führten, hatten nicht die Vision, auf dem Weg fortzuschreiten, vielleicht nicht einmal, um seine Existenz überhaupt zu erkennen. Aber ich glaubte, dass dieser Weg für jedermann, dessen Blick nicht von einem subjektiven und beschränkten Begriff von „Modernität" getrübt war, offen vor uns lag.

In den vorangegangenen Kapiteln ist viel über die mit 3450 erreichten Erfolge geschrieben worden. Diese sind genau beschrieben worden und waren durchaus real, aber vor etlichen Seiten schrieb ich etwas, zu dem es nun zurückzukehren gilt: Ein wirklich erfolgreiches Konzept darf keine Schwachpunkte haben. Schwachpunkte hatte die Lokomotive aber ganz gewiss. Lassen Sie uns nun die schwerwiegenderen betrachten.[3]

1. Das Gaserzeugungs-Verbrennungssystem

Das GPCS war der Grundstein für den ganzen Umbauplan und der Leser wird erkannt haben, dass es durchaus im Sinn einer Verminderung des Flugverlusts in der von seinem Erfinder vorgesehenen Weise funktionierte. Folgendes schrieb ich in den Versuchsbericht:

> „…es gibt keinen Zweifel daran, dass das bei der Lokomotive Nr. 3450 ausgeführte GPCS der normalen Verbrennung bei den hohen unter SAR-Bedingungen notwendigen Kesselanstrengungen überlegen ist und im täglichen Einsatz zusätzlich zu den verminderten Brennstoffkosten zahlreiche praktische Vorteile bietet."

Falls alles gut lief, war es der Traum eines jeden Heizers. Man erinnere sich an die Umläufe zwischen Pretoria und Witbank (230 Kilometer mit 20-‰-Neigungen) und Beaconsfield – Bloemfontein (330 Kilometer mit 10-‰-Neigungen) vor voll ausgelasteten Güterzügen mit nur einmaligem Schütteln des Rosts. Es gab keine Schlackebildung und keine Schwierigkeiten, genügend Dampf zu erzeugen, und das bei Kesselanstrengungen, die mit der 25NC unerreichbar waren. Aber so war es nicht immer, und die folgenden Unzulänglichkeiten waren offenbar:

i) Die Schwierigkeit der gleichmäßigen Kohleverteilung mit dem mechanischen Stoker.

---

[1] Dieser Zug war zu Anfang Februar 1984 für die Verdieselung vorgesehen, und, ebenso wie bei dem Trans-Karoo-Express führte 3450 den Zug bei der letzten offiziellen Dampfbespannung in südlicher Richtung am 31. Januar 1984. Allerdings kehrte der Zug später zur Dampfbespannung zurück, um dann schießlich wieder mit Diesel zu fahren.

[2] Einige Jahre später behauptete einer der lautstärkeren Verfechter der Dampftraktion, dass ich „mit Hunden" aus Südafrika vertrieben worden wäre (David Tomhills's Worldwide Report, Zeitschrift Steam Railway, April 1990). Das Gegenteil ist wahr, da ich die SAR ganz und gar aus eigenem Antrieb wegen der auf der Seite 213 und in Kapitel 6.4 aufgeführten Gründe verließ. Mir war, ohne dass Druck in Bezug auf eine Annahme ausgeübt worden wäre, eine weitere Beförderung innerhalb der Abteilung Maschinentechnik angeboten worden, die ich abgelehnt hatte, weil sie mich von der Entwicklungsarbeit an der Dampftraktion weggeführt hätte. Tatsache war, dass keine höhere Rangstufe verfügbar war, auf der ich meine angestammte Arbeit hätte fortführen können.

[3] Wir betrachten hier Schwachpunkte, die das alltägliche Betriebsverhalten von 3450, wie sie tatsächlich da stand, beeinflussten, statt der Dinge, wo die Versuche gezeigt hatten, dass eine weitere Entwicklung möglich war, wie zum Beispiel bessere innere Stromlinie der Dampfwege. Nicht behandelt werden auch einige Einzelteile, die im vorangegangenen Text besprochen wurden, wie zum Beispiel Konstruktion und Werkstoff der Rostelemente.

Wie auch die Serien-25NC verlangte 3450 für beste Verdampfungswilligkeit ein ebenes Feuerbett (im Idealfall hätte das Feuerbett in der Nähe der Feuerbüchswände etwas höher sein sollen, um die dort vorherrschende etwas geringere chemische Reaktivität und den geringeren Strömungswiderstand auszugleichen, aber diese Verfeinerung war bei mechanischer Feuerung nicht zu erreichen). Einige Unregelmäßigkeiten, wie eine höhere Feuerschicht im hinteren Bereich oder in den hinteren Ecken, wirkten sich weniger störend auf die Verdampfungswilligkeit aus, aber andere, wie zu viel Kohle in der Mitte oder vorn auf dem Rost, konnten schwerwiegende Auswirkungen haben. Nun hatte der Verteilertisch des Stokers der Bauart Standard HT fünf Rippen, die den Tisch in sechs Teile mit entsprechend sechs Dampfdüsen zur Kohleförderung auf den Rost aufteilten. Dass diese Anordnung in der Lage wäre, die Kohle gleichförmig auf einer Rostfläche von 6,44 m^2 zu verteilen, die, verglichen mit der vieler Lokomotiven in Amerika, wo der mechanische Stoker seinen Ursprung hatte, recht bescheiden war, erschien recht unwahrscheinlich. Tatsächlich schien die erfolgreiche gleichmäßige Kohleverteilung bei dem Stoker mit Streuaufgabe zu einem großen Teil auf der umverteilenden Wirkung des Primärluftstroms zu beruhen. Diese Schlussfolgerung ergab sich aus zahlreichen Beobachtungen, demnach es bei mechanisch gefeuerten Lokomotiven immer einfacher war, ein ebenes Feuerbett zu erhalten, wenn die Lokomotive stark beansprucht wurde, als während geringer Kesselanstrengungen, zumindest falls die Verteilung der Primärluft über dem Rost, wie es bei den Klassen 25NC und 26 der Fall war, hinreichend gleichförmig war. Die einebnende Wirkung des Primärluftstroms war so groß, dass falls sich auf 3450 ein ungleichförmiges Feuerbett ausbildete, die Abhilfe darin bestand, für ein oder zwei Minuten mit sehr hoher Kesselanstrengung zu fahren. Das gesamte Feuer wurde angehoben und sank, besser über den Rost verteilt, wieder zurück. Demzufolge war es auf 3450 für den Heizer bei großen Verdampfungsleistungen leichter, eine gleichmäßige Feuerbetthöhe zu erhalten, was die allgemein übereinstimmende Meinung der Lokomotivmannschaften erklärt, dass die Lokomotive umso besser lief, je angestrengter sie arbeitete. Es erklärt auch, warum sie im normalen Planeinsatz gewohnheitsmäßig stärker angestrengt wurde, was natürlich ihre Kohle- und Wasserersparnisse verkleinerte. Dieses Problem trat auf den 25NC wegen ihres größeren Primärluftstroms wesentlich weniger in Erscheinung. Während dieser auf einer 25NC bei mäßigen Kesselanstrengungen ausreichte, das Feuerbett einzuebnen, war das auf 3450 nicht der Fall, welche für das gleiche Ergebnis eine sorgfältigere Beobachtung des Feuers und Einstellung der Kohleverteilerdüsen verlangte. Ein aufmerksamer Heizer tat genau das und erzielte gute Resultate, und nach dem, was man mir erzählte, bevorzugten solche Heizer 3450 ganz entschieden gegenüber den Serienlokomotiven. Aber es gab auch solche, die nicht auf diese Weise ihre Arbeit erledigten, unter denen 3450 die Reputation erlangte, „schwierig zu feuern“ zu sein. Zu deren Verteidigung sollte angeführt werden, dass, obwohl es einfach ausgesehen haben mag, die Kohle mit dem mechanischen Stoker zu verteilen, das nicht immer der Fall war, und die Berichtigung eines Kohleverteilungsproblems während der Fahrt mit geöffnetem Regler und sinkendem Kesseldruck war manchmal keine einfache Angelegenheit, was alle diejenigen bestätigen werden, die es versucht haben.[1] Der weniger Geübte würde also dazu neigen, einfach mehr Kohle auf den gesamten Rost aufzuwerfen, um einem Mangel an einer gegebenen Stelle auszugleichen, was, abgesehen von einer Zunahme des Kohleverbrauchs, seine eigenen Probleme mit sich brachte, wie die Ausbildung von Haufen unverbrannter Kohle und ein allgemeines Absinken der Feuerbetttemperatur, was, wie wir gesehen haben, sich äußerst nachteilig auf die Verdampfungswilligkeit auswirken konnte.

Die Leistungsentwicklung einer Dampflokomotive war immer abhängig von dem Zustand des Feuerbetts, und 3450 machte hier keine Ausnahme. Falls es also dem Heizer nicht gelang, das für eine gute Verdampfungswilligkeit nötige Feuerbett aufzubauen, dann litt darunter das gesamte Betriebsverhalten der Lokomotive. Aus zwingenden Gründen wurden sämtliche der zahlreichen in diesem Buch beschriebenen ausgezeichneten Lokomotivleistungen nur erzielt, wenn das Feuerbett in einem guten Zustand war, aber es hatte auch andere Gelegenheiten mit weniger geschickten Heizern gegeben, bei denen die Verdampfungswilligkeit alles andere als perfekt war, und dann konnten keine guten Zugförderungsleistungen erwartet werden. In den achtziger Jahren schienen sich die Ausbildung und die Fähigkeiten der Lokomotivmannschaften in die falsche Richtung zu entwickeln, so dass sich diese Problematik wohl kaum gebessert haben dürfte.

ii) Träge Reaktion des Feuers und des Kessels bei frisch angelegten Feuern.

Wann immer das Feuer aus irgendwelchen Gründen „kalt“ war, zum Beispiel bei dem Wiederaufbau nach dem Rostschütteln, war es kein guter Gaserzeuger, und die Sekundärluft erhöhte überwiegend nur den Luftüberschuss. Es gab dann nur wenig Verbrennung in der Gasphase, die Wärme in das Feuer zurückstrahlen konnte, und deswegen und wegen des eingeschränkten Primärluftstroms dauerte das Durchzünden eines solchen Feuers über den gesamten Rost relativ lange, ebenso wie das Ansteigen des Kesseldrucks und das Erreichen einer guten Verdampfungswilligkeit nach einem kühlen Beginn. Diese Vorgänge liefen schleppender ab, als auf einer 25NC. Zum Beispiel hätte es das auf Seite 297 beschriebene Problem nach der Abfahrt mit einem nicht vollständig durchgezündeten Feuer mit an Sicherheit grenzender Wahrscheinlichkeit auf einer der Serienlokomotiven nicht gegeben. Dieses Reaktionsverhalten war nicht wiederzuerkennen, sobald die Sekundärlufteinlässe verschlossen wurden, aber jede Art eines Verschlusses war eine Einladung zum Missbrauch und konnte deshalb nicht als normale Ausrüstung eingebaut werden.

iii) Empfindlichkeit gegenüber der verwendeten Kohlesorte.

Obwohl 3450 weniger empfindlich auf die Kohlequalität reagierte als 2644, so gab es doch einige Kohlen, vermutlich solche mit einem geringen Gehalt an Flüchtigem, die anscheinend sehr wenig reaktiv[2] waren, was die Verdampfungswilligkeit möglicherweise mehr beeinflusste als bei Lokomotiven mit 100 % Primärluftzufuhr. Bei solchen Kohlen, die regelmäßig vorkamen, konnte der kleinste Sekundärluftquerschnitt nicht über die gewählten 1 000 cm^2 hinaus vergrößert werden, ohne das Risiko schlechter Verdampfungswilligkeit einzugehen.

iv) Nachteilige Folgen der Aschanreicherung auf dem Rost.

Bei allen kohlegefeuerten Lokomotiven wurde Asche mit dem Primärluftstrom mitgerissen. Amerikanische Versuche hatten gezeigt, dass der Anteil der im Primärluftstrom mitgerissenen Asche an dem gesamten Ascheanfall in der Funktion einer Geraden mit der Rostbelastung anstieg. Auf der 3450 wurde dieses Phänomen von gegensätzlichen Faktoren beeinflusst: die Asche war feiner als üblich wegen des Ausbleibens von größeren Schlackebrocken, aber der Primärluftstrom war geringer. Porta bat mich während des Jahres 1981 bei 3450, als die Lokomotive von Capital Park aus eingesetzt wurde, eine Aschebilanz aufzustellen, was ich entsprechend tat. Deren

---

[1] Diese Punkt wird auch in Clicks Bericht über die Rio-Turbio-Eisenbahn aufgegriffen (Quellenangabe siehe Seite 48), wo es über die 1E1 der Bahn heißt: „Bei Schwierigkeiten wird der mechanische Stoker abgeschaltet und auf Handfeuerung zurückgegriffen, um das optimale Feuerbett zu erhalten.“ Das ist aber nur bei Lokomotiven mit einer kleinen Rostfläche eine realistische Option.

[2] Reaktivität bedeutet die Leichtigkeit, mit der die chemischen Reaktionen zwischen Kohlenstoff und Sauerstoff bei relativ niedrigen Temperaturen, wie sie in der Reduktionszone des Feuerbetts eines Gaserzeugers vorherrschen, stattfinden. Sie ist verbunden mit der Diffusionsgeschwindigkeit gasförmiger Reaktionsprodukte in der Porenstruktur der Kohle. Dieser Faktor war es, der die Höhe eines dicht gepackten Feuerbetts bestimmte, wie es für eine gegebene Gasqualität nötig war. Je reaktiver die Kohle war, desto niedriger konnte das Feuerbett sein. (Quelle: private Korrespondenz des Autors an Porta vom 01.11.1992).

Ergebnisse zeigten ganz grob, dass 50 % der Asche des tatsächlich verbrannten Brennstoffs bei den gegebenen Umständen, für die die Berechnung gemacht worden war, aus dem Schornsteinen ausgestoßen worden waren. Der Rest blieb auf dem Rost, und wegen der Ausführung des Aschkastens konnte davon nicht allzu viel in den Aschkasten während der Fahrt entleert werden, ohne den Primärluftstrom einzuschnüren. Der Rost musste deshalb tief genug angeordnet werden, um die Asche aufzunehmen und gleichzeitig ein aktives Feuerbett von ausreichender Höhe zu ermöglichen. Das GPCS musste also mit unterschiedlichem Strömungswiderstand für die Primärluft zurechtkommen, während sich die Ascheschicht aufbaute.[1] Der Rost war so niedrig wie möglich angeordnet worden und erfüllte die oben genannten Funktionen, führte aber dazu, dass der Aschkasten verglichen mit der 25NC schwierig zu reinigen war. Das wurde von den Mannschaften zwar toleriert, aber nicht gut gelitten. Es war einfach ein Fall von sich widersprechenden Anforderungen im Wettstreit um die verfügbare Einbauhöhe. Die geeignetste Anordnung für die bestmögliche betriebliche Zweckmäßigkeit wurde nie gefunden.

Es wurde ein Versuch unternommen, den Einfluss der zunehmenden Feuerbetthöhe auf die Luftströmungsparameter zu quantifizieren. Bei dem gemessenen Einzelfall zeigte sich, dass es bei verdoppeltem Widerstand für den Primärluftstrom nur eine vernachlässigbare Änderung des Gesamtluft-, des Verbrennungsgasstroms und des Rauchgaswiderstands des Kessels gab, dass aber gleichzeitig der Anteil der als Primärluft zugeführten Gesamtluft von (ungefähr) 41 % auf 33 % abnahm. Entsprechend stieg der Anteil, der als Sekundärluft zutrat, von ungefähr 59 % auf 67 %, womit das Verhältnis Primärluft zu Sekundärluft um 29 % abfiel. Diese letztere Zahl bedeutete einen Verlust an Gaserzeugungsagens (Primärluft) relativ zu dem Gasverbrennungsagens (Sekundärluft). Das wurde bis zu einem Grade, der von dem Zustand des Feuerbetts abhing, kompensiert durch die bessere Gaserzeugung mit einem hohen Feuerbett. Sie konnte sogar besser sein, selbst wenn ein großer Anteil der Masse des Feuerbetts Asche war, weil die Ascheschicht den Primärluftstrom fein zu verteilen schien. Dieser war von vornherein minimiert durch den Rost mit sehr kleinem freien Luftquerschnitt, der einen hohen unveränderlichen Strömungswiderstand darstellte, welcher natürlich mit zusätzlicher Saugzugleistung und damit höherem Abdampfdruck erkauft war. Um es in wenigen Worten zu sagen, wo eine mehr oder weniger konstante Feuerbetthöhe und -zusammensetzung nicht eingehalten werden konnte, wie das auf 3450 der Fall war, musste für die Aufteilung des Luftstroms in Primär- und Sekundärluftströme ein Kompromiss gefunden werden. Unter den wechselnden Feuerbettbedingungen führte genau diese Aufteilung zu einer zusätzlichen Komplikation bei der nicht immer einfachen Aufgabe, einen großen Lokomotivkessel zu bedienen. Zum Beispiel konnte die hochgradige Empfindlichkeit gegen ein Zu viel an Brennstoffzufuhr, welche in kürzester Zeit zu den ungünstigsten Kesselbetriebszuständen führen konnte und deren Korrektur unmöglich war, solange der Regler geöffnet bleib, direkt auf die Aufteilung des Luftstroms in Primär- und Sekundärluftströme zurückgeführt werden, also de facto auf eben genau die Funktionsweise des GPCS.

v) Störung des Feuerbetts beim Rostschütteln.

Die Methode des Ascheabzugs aus dem Feuer, die sich bei der 3450 geradezu zwangsweise ergab, das heißt gründliches Reinigen bei den Wasserhalten, brachte das Feuerbett in Unordnung. Während einiger Zeit nach dem Reinigungsvorgang litt dadurch die erzeugte Gasqualität. Dieses Phänomen war in der Betriebspraxis der stationären Gaserzeuger wohlbekannt, wobei intermittierender Ascheabzug als schlechtes Merkmal angesehen wurde, der bei seiner Anwendung aschearme Kohle erforderte.[2] Nach dem Schütteln des Rosts konnte ein gutes Gaserzeugungsfeuerbett nicht einfach durch das einmalige Aufwerfen von vielleicht einer Tonne Kohle oder so aufgebaut werden, die das Feuer ohne ausreichende Zeit zum Anbrennen erstickt hätte, Zeit, die die Fahrpläne nicht immer bereithielten. Stattdessen musste es allmählich aufgebaut werden, und während dieser Zeit war die Vergasung nicht optimal, besonders weil das Feuerbett die Neigung hatte, bei der Abfahrt „kalt" zu sein und auch weil der größere Primärluftstrom in dem niedrigen Feuerbett das Aufwühlen steigerte.

vi) Über weitere ungelöste Probleme mit dem GPCS wurde bereits berichtet, einschließlich der Notwendigkeit einer großen Menge an Kühldampf gegen Schlackebildung, um für die schlechtesten vorkommenden Kohlen vorzusorgen, der Sichtbehinderung durch diesen Dampf bei Seitenwind und kalter Witterung und der Blendung und Geräuschbelästigung durch die Kohleverteilerdüsen im Führerhaus wegen der offenen Feuertür.

Zusammenfassend war das GPCS eine der großen Stärken von 3450, wenn es gut arbeitete, aber es war auch ein Quell betrieblicher Schwierigkeiten. Man sollte sich darin erinnern, dass es sich um die erste Anwendung des GPCS auf einer großen Hauptstreckenlokomotive mit mechanischer Feuerung handelte und nach Kenntnis des Autors auch um die einzige, die über einen bloßen Versuch hinausging.[3] Verschiedene Faktoren gab es hier, die bei anderen Anwendungen, zum Beispiel in Argentinien, nicht zutrafen: ein großer mechanisch beschickter Rost, die Nichtdurchführbarkeit häufigen Rostschüttelns und eine sehr unterschiedliche Kohlequalität. Die beiden letzteren Faktoren waren von besonderer Bedeutung. Ein kontinuierlicher, statt des intermittierenden Ascheabzugs, hätte die oben in (ii), (iv) und (v) aufgezeigten Schwierigkeiten praktisch ausgeräumt und man konnte ein solches Merkmal als fast unumgänglich für den ordnungsgemäßen Betrieb des GPCS betrachten, außer vielleicht bei der Verbrennung von sehr aschearmen Kohlen. Jedenfalls dachte Porta in diese Richtung, indem er soweit ging, dass er ein von der Steuerung angetriebenes System für das kontinuierliche Rostschütteln auf den 1E1 der Rio-Turbio-Eisenbahn konstruierte, das aber nach Kenntnis des Autors nie eingebaut wurde. Auch bei seiner im Kapitel 6 beschriebenen Arbeit bei ACE wies er eindringlich darauf hin. Wenn auch höchst wünschenswert, so war ein solches System bei Lokomotive nicht leicht zu installieren, besonders nicht bei einer vorhandenen. Es so einzurichten, dass es den sehr unterschiedlichen Aschegehalten südafrikanischer Lokomotivkohlen gerecht wurde, wäre möglicherweise ein schwieriges Problem geworden. Für den Erfolg des GPCS schien hinsichtlich der Kohle eine *gleichbleibende* Qualitätskohle der richtigen Sorte (geringer bis mittlerer Aschegehalt, gute Reaktivität, hoher Gehalt an Flüchtigem, nicht oder nur schwach backend und gleichförmige kleine Körnung) einen äußerst wichtigen Anteil gehabt zu haben.

Gestützt auf all meine Erfahrungen bei den SAR war ich der Meinung, dass man das GPCS zum damaligen Zeitpunkt nicht als bis zu dem Grade entwickelt betrachten konnte, der es für die Betriebsabteilung im Allgemeinen und für die Lokomotivmannschaften im Besonderen vollständig akzeptabel machte und bei dem man uneingeschränkten Erfolg bei jeder Anwendung hätte garantieren können. Es blieben weiterhin einige der betrieblichen Nachteile erhalten, wie sie der schnellen Verbrennung von Stückkohle auf Feuerrosten eigentümlich sind und ein paar neue eigene kamen hinzu. Hauptsächlich bereitete mir die Verknüpfung des Feuerbettzustands mit dem

[1] Bei einer gegebenen Schichthöhe stellte eine Ascheschicht für den Primärluftstrom einen geringeren Widerstand dar als Kohle, teilweise, weil es eben Luft war und nicht das durch die oberen Schichten eines Feuerbetts strömende Verbrennungsgas von wesentlich höherem spezifischen Volumen. Deshalb war die Auswirkung einer hohen Ascheschicht auf die Kesselleistung geringer, als man annehmen sollte, vorausgesetzt, es gab keine Schlacken.

[2] Quelle: G. Harrison, Fuels. Bituminous Coal, Anthracite and Coke, Gas Producer Symposium, The Transvaal Coal Owners Association, Südafrika, 28.07.1974.

[3] Wie in Kapitel 4 beschrieben, war 25NC Nr. 3519 vor der 3450 mit einer Spielart des GPCS ausgerüstet worden, aber es war ein sehr halbherziger Versuch, bei dem man kaum von einer ordnunungsgemäßen Anwendung sprechen konnte.

Betriebsverhalten der Lokomotive als Ganzes Sorge, und ich war mir nur allzu sehr der Abhängigkeit bewusst, die für das Letztere von dem Ersteren auch mit dem GPCS weiterhin Gültigkeit hatte.[1]

2. Der Überhitzer

Die Dampfundichtigkeit des Überhitzers trat erstmals zutage, nachdem 3450 in Beaconsfield etwa drei Monate lang im Planeinsatz gestanden hatte und von da an handelte es sich schlicht und einfach um eine Plage. Die Gründe dafür und die Lösungen waren recht gut definiert:

i) Der von der Klasse GMAM stammende Dampfsammelkasten wurde in schlechtem Zustand benutzt. Ein gusseiserner Dampfsammelkasten hätte konstruiert und eingebaut werden müssen.

ii) Die Überhitzerelemente waren schlecht hergestellt worden. Die Umkehrenden waren oft nicht richtig geschmiedet worden, was zu einer übermäßigen reduzierten Wandstärke gerade an den Stellen führte, wo sie hätte größer sein sollen, um der Löscheerosion zu widerstehen. Abgesehen davon, den Schmiedeprozess richtig durchzuführen, mussten die kritischen Bereiche durch Auftragsschweißen verstärkt werden und das Konstruktionsbüro wurde aufgefordert, die Konstruktion entsprechend abzuändern. Die Schweißverbindung zwischen den balligen Dichtflächen und den Elementrohren war oft schlecht, was an dieser Stelle zu Rissen führte. Einige der auf 3450 eingebauten langen Überhitzerelemente hielten tatsächlich nur fünf Monate, bevor sich an diesen Stellen Risse bildeten, in einigen Fälle auf 80 % des Umfangs, wobei dann die Durchschweißung völlig unzureichend war.

iii) Die balligen Dichtflächen zwischen Sammelkasten und den Elementen wurden nicht korrekt hergestellt. Hier kam ausschließlich eine geschliffene Oberfläche in Frage und kein Schlosser, der seines Namens würdig war, hätte darüber anders denken sollen, aber eine Untersuchung ergab, dass Beaconsfield Elemente mit ziemlich rauen Dichtflächen einbaute. Die lahme Ausrede war, dass die „Schleifwerkzeuge stumpf sind“, so dass ich für die Überstellung einiger geschärfter Werkzeuge sorgte. Musste Ihnen wirklich jemand aus dem 600 Kilometer entfernten Büro des CME erklären, dass sie stumpfe Werkzeuge ersetzen sollten?

iv) Verlust der Vorspannung in den Schrauben der Elemente. Diese Schrauben waren kurz und deshalb viel zu steif, so dass jeder Materialverlust, sei es durch Passungsrost an den balligen Dichtflächen oder sei es durch eine Nachgiebigkeit in dem Verbindungsaufbau zu einem Abnehmen an Vorspannung führte. Porta hatte auf der 2D1-Klasse C16 Nr. 1802 der Belgrano-Eisenbahn das gleiche Problem erkannt und hatte lange Schrauben installiert, die wesentlich elastischer waren. Er schlug eine noch bessere Lösung vor, nämlich die Schrauben gegen Tellerfedern zu spannen. Das wäre auf 3450 dringend nötig gewesen.

v) Dampfnässe. Die hatte eine katastrophale Auswirkung auf den Zustand des Überhitzers und auf 3450 gab es nur allzu viel davon. Warum? Hauptsächlich, weil das verwendete Antischaummittel das Aufschäumen nicht verhinderte, was nur allzu oft zu Dampfnässe führte. Es war also ein wirksames Antischaummittel erforderlich.

Das Problem der Überhitzerundichtigkeiten, das keine der Folgen der Bauartänderungen als solchen war, sondern eher der Unzulänglichkeit der Normalausführung verbunden mit schlechter Werkstattarbeit, war der gravierendste Schwachpunkt von allen. Es beeinträchtigte in übler Weise die Verdampfungswilligkeit und damit ganz allgemein das Betriebsverhalten und war für die Werkstattleute eine schwere Belastung mit daraus folgendem Nachlassen der Bereitwilligkeit. Solche Probleme waren auch bei den Serienlokomotiven durchaus nicht unbekannt, wurden aber auf 3450 verschärft durch das Fahren mit vollständig geöffnetem Regler, durch die häufigere Dampfnässe in Folge der anderen Wasseraufbereitung und durch die höheren Dampftemperaturen. Aber waren die Überhitzerundichtigkeiten eine Entschuldigung dafür, nicht mit vollständig geöffnetem Regler zu fahren oder keine gute Wasseraufbereitung zu betreiben oder auf hohe Dampftemperaturen zu verzichten? Wäre es nicht besser gewesen, die Wurzel des Übels zu beseitigen? Das hätte erreicht werden können, die Lösungen waren bekannt, es fehlte nur das richtige Umfeld für die Umsetzung.

3. Die Kesselspeisepumpen

Die Schwachpunkte des Speisewasservorwärmersystems waren die Turbokesselspeisepumpen aus der Klassen 25C. Die Probleme damit wurden in Kapitel 3.4 beschrieben und hörten nicht auf. Demzufolge bat ich Le Sueur, die Konstruktion der Pumpe zu analysieren, um festzustellen, ob ihm etwas Besseres einfiele. Insbesondere bedurfte es einer verbesserte Zuverlässigkeit und der Möglichkeit, mit nur einer Pumpe den Kessel bis zu seiner nominellen maximalen Verdampfungsleistung mit geringem Dampfverbrauch zu speisen. Der Einbau von zwei Pumpen, daran sei hier erinnert, geschah nur wegen ihrer schwächelnden Leistungsfähigkeit, wobei es immer das Ziel war, zu einer Speisepumpe und einer Strahlpumpe zurückzukehren. Le Sueur stellte seine Erkenntnisse im Dezember 1983 vor. Daraus ging hervor, dass das Grundübel in dem geringen Wirkungsgrad der Beschaufelung der Turbine lag, so dass die nötige Wasserförderleistung ohne Überdrehzahl nicht erreicht werden konnte. Er arbeitete neue Entwürfe für die Turbinenbeschaufelung und das Pumpenlaufrad aus, die für eine Erhöhung der Drehzahl von 10 000 min^{-1} auf 20 000 min^{-1} geeignet waren, was zusammen mit einem geänderten Diffusorring zu einer rechnerisch gegenüber der Nennleistung von 23 500 kg h^{-1} der vorhandenen Pumpen um 50 % gesteigerten Wasserförderrate geführt hätte, und das ohne Zunahme des Dampfverbrauchs. Sein Bericht empfahl die Herstellung eines Teilesatzes für einen Einbau zusammen mit einer Serienpumpe zu Versuchszwecken, so dass die Leistungsfähigkeit der beiden hätte verglichen und unter normalen Einsatzbedingungen überwacht werden können. Ich hatte großes Vertrauen in Le Sueurs Arbeit und unterstütze seinen Vorschlag bei meinen Vorgesetzten, aber er wurde nicht befolgt und der Schwachpunkt blieb daher erhalten.

4. Unzureichende Adhäsion

3450 neigte sehr stark zum Schleudern und bei nicht idealem Schienenzustand war es die Adhäsion, beziehungsweise der Mangel an ihr, der die mögliche Lokomotivleistung begrenzte. Das war nicht überraschend. Im Versuch hatte die Lokomotive dauerhaft 840 indizierte kW je Kuppelachse mit einer mittleren Achsfahrmasse von nur 19 Tonnen entwickelt, was bei höheren Geschwindigkeiten, als bei den Messfahrten möglich, bis auf etwa 940 kW je Achse angestiegen wäre. Die Abb. 140[2] zeigt, dass 3450 in der Lage war, bei höheren Geschwindigkeiten relativ zu Ihrem Reibungsgewicht eine merklich größere Hakenzugkraft auszuüben, als andere Dampflokomotiven mit niedrigem Leistungsgewicht, ausgenommen die 1E1 der Rio-Turbio-Eisenbahn, die in dieser Disziplin eine außerordentliche Leistung

[1] Zugunsten des GPCS muß gesagt werden, dass die Entwicklungsarbeit, die daran in Argentinien und Südafrika geleistet worden war, leider im Wesentlichen nur nach dem gesunden Menschenverstand erfolgt war. Mit der von den American Coal Enterprises (siehe Kapitel 6.3) vorgeschlagenen Versuchsverbrennunganlage hätten sich vielleicht einige der ausstehenden Probleme auf eine methodischere und wissenschaftlichere Art und Weise lösen lassen.

[2] Die Daten in der Abb. 140 für die Lokomotivklassen J, S1b, die umgebauten Merchant Navy und die SNCF 242A1 wurden von A. Wild bereitgestellt. Die Kurve für 3450 sollte unter dem Gesichtspunkt der möglicherweise zu klein berechneten Hakenzugkraft betrachtet werden (idealerweise sollte die Zugkraft am Radumfang als Wert auf der Y-Achse erscheinen, aber diese Werte sind nicht verfügbar). Es fällt auf, dass die Merchant-Navy-Klasse, allgemein als zum Schleudern neigende Baureihe beurteilt, bei hohen Geschwindigkeiten von allen in der Abb. 140 betrachteten Lokomotiven die niedrigste Ausnutzung des Reibungsgewichts hatte.

zeigte, teilweise wegen ihrer sehr kleinen Treibräder, die bei niedrigen Zuggeschwindigkeiten bereits eine hohe Maschinendrehzahl ergaben. In Bezug auf die Adhäsion gab es keine Zauberformel, mit der das unter allen Umständen möglich war. Es gelang nur auf trockenen Schienen, wie die Abb. 141 klar aufzeigt. Allerdings wurde die Adhäsion nicht nur bei der Höchstleistung kritisch, sondern 3450 schien auch bei durch nasse Schienen erzwungenen mäßigeren Leistungen mehr zum Schleudern zu neigen, als die Serienlokomotiven, was nur der verbesserten Dampfmaschine und / oder dem erzwungenen Fahren mit vollständig geöffnetem Regler zugeschrieben werden konnte. Das war vorhergesehen und die richtige Maßnahme getroffen worden, nämlich die Anwendung der Druckluftsandung, aber leider war diese wegen der störanfälligen Einzelteile nicht erfolgreich. Wie auch immer, die Lösung war wiederum ziemlich eindeutig. Falls die Dampftraktion weiterhin Bestand gehabt hätte, dann wären die Lokomotiven mit Dampfluftpumpen für die Beförderung von druckluftgebremsten Zügen ausgerüstet worden, wonach dann eine Druckluftsandung, falls nötig an sämtlichen Kuppelrädern, kein Problem dargestellt hätte. Andere Maßnahmen, wie Portas „Hochadhäsion"-Radreifenprofil, standen ebenfalls zur Verfügung. Leider gab es keinen Übergang zur Druckluftbremse, da das Schicksal der Dampftraktion bereits besiegelt war. Soweit es die Sandstreueinrichtung auf 3450 betraf, hieß es zurück an den Anfang, also das Auskommen mit der SAR-Variante einer Sandstreueinrichtung aus der dunklen Zeit der Anfänge des Industriezeitalters. Und so bleib es bei einem weiteren Schwachpunkt.

5. Aufschäumen und Dampfnässe

Dieses Problem war ein Fluch und *musste* abgestellt werden. Alles, was dazu nötig war, bestand in einem Antischaummittel, das bei dem relativ geringen Salzgehalt im Kessel der 3450 zu jeder Zeit wirksam gewesen wäre. Vielleicht wurde ein solches Produkt als Ergebnis der Antiaufschäumversuche vom August 1983 gefunden. Aber nach diesen Versuchen hatte ich so wenig direkten Kontakt mit der Lokomotive, dass ich nicht weiß, was dabei herausgekommen war.

6. Saugzuganlage und Rauchkammer

Ein unmittelbares Problem an der Saugzuganlage stellte der Verschleiß der Blasrohrdüsen und der Schornsteine durch Lösche dar. Diese waren als Schweißkonstruktionen aus unlegiertem Stahl angefertigt worden, weil das bis zur endgültigen Festlegung der Konstruktion aus den Versuchsergebnissen als die geeignetste Bauweise erschien. Im weiteren Verlauf wurden aber nur geringfügige Änderungen an den Blasrohrdüsen gemacht, wonach die der Erosion durch Lösche ausgesetzten Bauteile noch einmal aus widerstandsfähigerem Material hätten angefertigt werden sollen, das heißt Gusseisen für die Blasrohrdüsen (mit eingegossenen Kanälen für den Hilfsbläserdampf) und einem härteren Stahlblech für die Schornsteine. Die Rauchkammer selbst bereitete keine speziellen Probleme, aber für Arbeiten an den Überhitzerelementen mussten die Selbstreinigungsleitbleche komplett ausgebaut werden. Da der Aus- und Wiedereinbau dieser Leitbleche ein größeres Unterfangen war, so machte das mehr als alles andere 3450 bei dem Werkstattpersonal in Beaconsfield unbeliebt. Aber die Konstruktion war nicht darauf abgestellt, dass alle paar Monate oder so Überhitzerelemente reparaturbedürftig werden könnten. Eine solche Häufigkeit von Überhitzerreparaturen war völlig inakzeptabel und hatte eindeutige Gründe, wie sie oben unter (2) aufgeführt sind. Es soll hier nur wiederholt werden, dass einer dieser Gründe schlechte Werkstattarbeit war, und wären die Reparaturen an den Elementen ordentlich ausgeführt worden, dann hätte sich das betreffende Personal eine Menge Arbeit in der Rauchkammer erspart, wegen der es 3450 ablehnte.

7. Kolben und Kolbenstangenstopfbuchspackungen

Die Serienteile, die die modifizierten Konstruktionen aus Gründen, wie auf den Seiten 215 bis 216 beschrieben, ersetzten, waren sehr unzuverlässig. Die Kolbenringe hielten zwischen zwei Zwischenuntersuchungen ohne Austausch nicht durch und die Packungen der Kolbenstangenstopfbuchsen blieben nur bis zu einer Laufleistung von etwa 10 000 Kilometer dampfdicht. Die Lösung bestand in dem Einbau von Komponenten nach der endgültig modifizierten Konstruktion, wozu auch die Hinzufügung von vorderen Kolbentragstangen gehörte. Bei dieser Konstruktion wurden die Kolbenkörper mit den Kolbenstangen verschweißt, wodurch dann auch das Lockerwerden der Kolbenkörper, eine weitere Geißel, abgestellt worden wäre. Die Anfertigung dieser Komponenten wurde nie genehmigt, obwohl die Werkstattzeichnungen vollständig ausgearbeitet wurden, so dass dieser Schwachpunkt ebenfalls bestehen blieb.

8. Sonstige Schwachpunkte

Probleme von geringerer Bedeutung, als die oben aufgelisteten, waren:

i) Schwieriges Anfahren in Steigungen[1], wofür die beste Lösung darin bestanden hätte, die äußere Steuerung so umzugestalten, dass die Maximalfüllung 70-75 % mit den Schiebern mit 55 Millimeter Überdeckung erreicht hätte.

ii) Unzuverlässigkeit der Einzelteile der mechanischen Wakefield-Schmieranlage, die für die gelegentlich aufgetretenen Schmierungsprobleme verantwortlich gemacht wurde. Zur Verbesserung dieser Situation hätte es nur der genauen Untersuchung der Fehlfunktionen dieser Ausrüstung und der anschließenden Verbesserung ihrer Detailkonstruktion bedurft.

iii) Vorzeitiges Versagen der Dehnungskompensatoren in den Dampfeinströmrohren, wie Kapitel 3.6 beschrieben. Alle vier als Katalogbauteile eines Zulieferers zur Erstausrüstung und Ersatz beschafften Kompensatoren bildeten Risse und wurden schließlich durch einfache Rohrpassstücke ersetzt. Diese Änderung erledigte das Kompensatorenproblem, aber die Konstruktion war nun sehr unnachgiebig und machte hohe Temperaturspannungen mit nachfolgendem Materialversagen wahrscheinlich. In diesem Fall hätten entweder geeignetere Kompensatoren gefunden oder die Form der Rohre im Sinne größerer Flexibilität abgeändert werden müssen.

Soviel zu den Schwachpunkten der Lokomotive selbst. Einige waren dem ungenügenden Betriebsverhalten von Serienbauteilen zuzuschreiben, einige entstanden neu durch modifizierte Komponenten selbst. Es lag nicht an prinzipiellen Dingen, sondern nur an den Besonderheiten dieser einzelnen Lokomotive, und die Verantwortung für all diese Beschränkungen lag ausschließlich bei mir. In der Technik sagt man im Allgemeinen, dass nach einem Prototyp eine zweite Maschine gebaut werden muss, um die Dinge richtigzustellen. Falls dem so ist, dann war der erste Versuch nicht gar so schlecht, insbesondere, weil wegen der Dringlichkeit der Lage keine Zeit für eine allmählichere und gründlichere Forschungs- und Entwicklungsarbeit war. Eine Klasse 27 wäre sicher besser gewesen als die 26, aber leider ergab sich nie die Gelegenheit, das zu beweisen. 3450 wurde als ein Endprodukt, statt als ein Zwischenschritt in einem (endlosen) Entwicklungsprozess angesehen. Sämtliche Bereiche, die weiterer Verbesserungen bedurften, wurden in dem endgültigen Versuchsbericht, verbunden mit dem Vorschlag der einzuschlagenden Richtung zu ihrer Abstellung, anerkannt. Diese Vorschläge sind in den vorangegangenen Zeilen beschrieben worden, mit Ausnahme meiner Empfehlungen bezüglich der Verbrennungsprobleme. Während meiner letzten zwei Jahre bei den SAR führten die erkennbaren Beschränkungen des GPCS in Bezug sowohl auf seine betrieblichen Probleme als auch auf seinen noch immer unzureichenden Feuerungswirkungsgrad dazu, dass ich mich der Kohlenstaubfeuerung zuwandte, für die ich mich bereits ein Jahrzehnt zuvor interessiert hatte.

[1] Das war natürlich nur von geringerer Bedeutung, sofern die Lokomotive auf Streckenabschnitten mit geringeren Steigungen eingesetzt wurde.

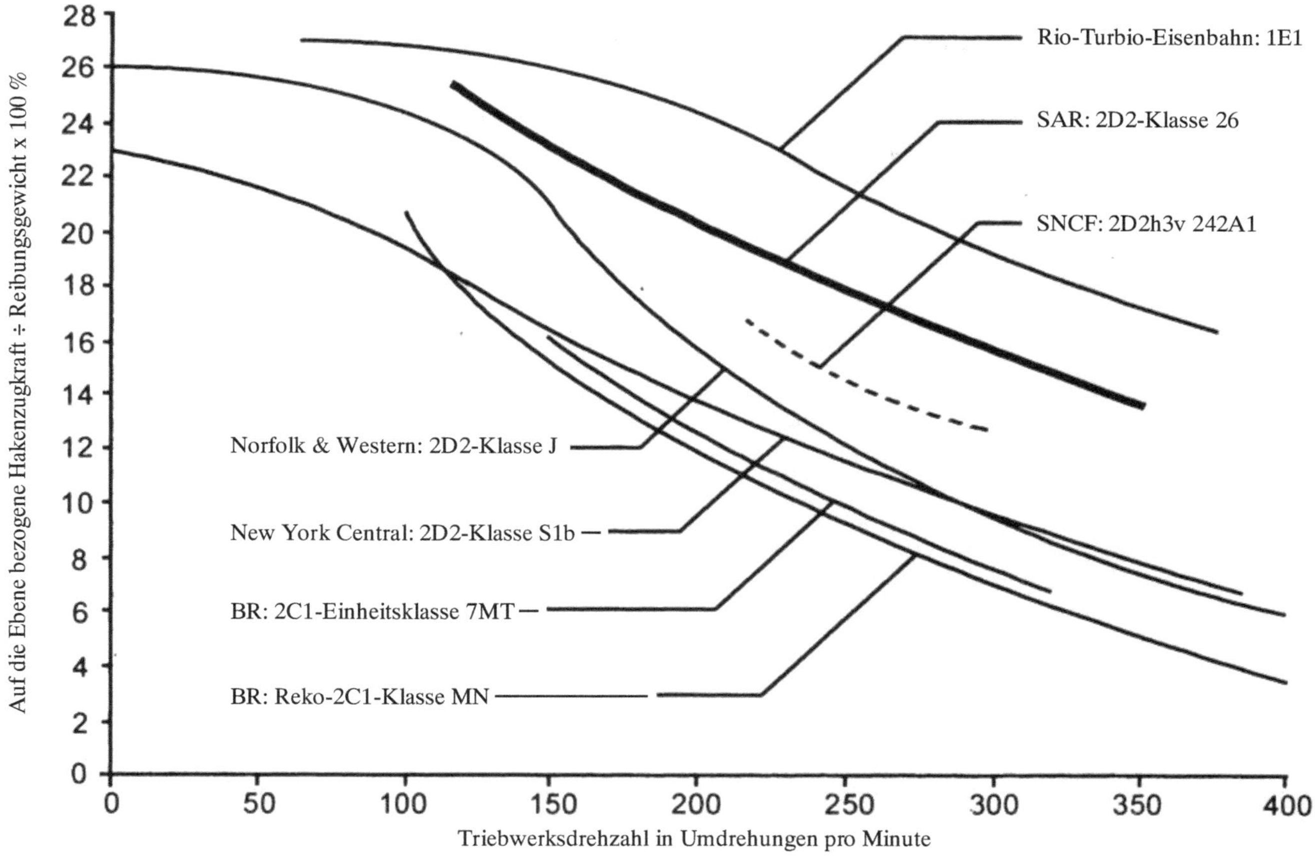

Abb. 140
Auf die Ebene bezogene Hakenzugkraft in % des Reibungsgewichts über der Triebwerksdrehzahl

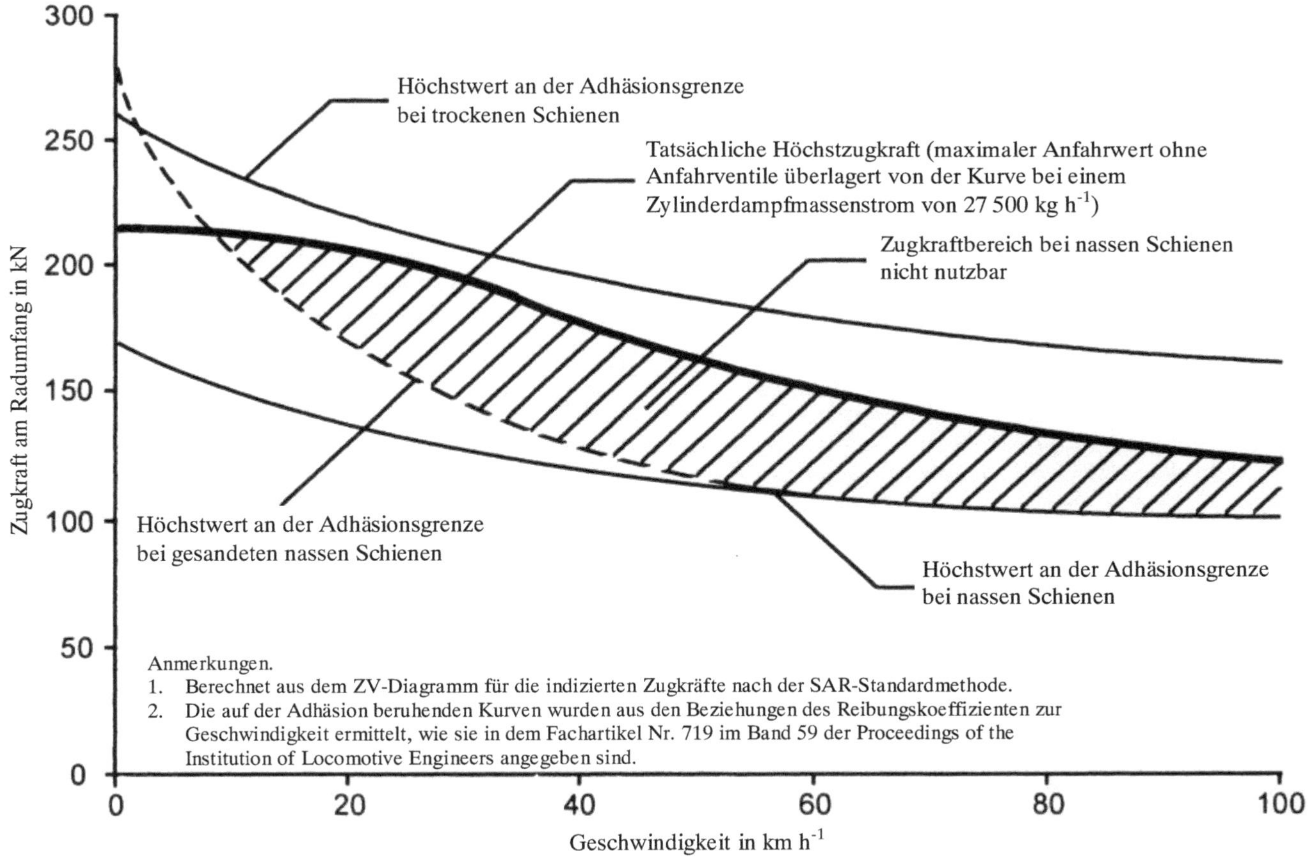

Abb. 141
SAR: 2D2-Klasse 26 Nr. 3450: Zugkraft am Radumfang über der Geschwindigkeit: Tatsächliche Höchstwerte und wahrscheinliche Höchstwerte basierend auf der Adhäsion

Viele Jahre zuvor hatte die Kohlenstaubfeuerung von Lokomotiven im Versuch vielversprechende Ergebnisse gezeitigt. Zum Beispiel wurde berichtet, dass die Verfeuerung von Steinkohlenstaub auf der Lokomotive Nr. A629 der Klasse U der Southern Railway *(Anm. d. Übers.: England, 1Ch2, Schlepptender, Bahn-Nrn. A610–A639 und A790–A809 für die Umbauten aus 1C2 Pt-Klasse K, 50 Stück, Bahnwerkstätten Ashford, Brighton und Eastleigh, 1928 bis 31)* in den dreißiger Jahren erfolgreich war. In den achtziger Jahren war die Technologie der Verbrennung von Kohlenstaub oder richtiger von feinstgemahlener Kohle – die Kohle wurde auf Korngrößen im Bereich von tausendstel Millimetern herunter gemahlen – gegenüber diesen Experimenten jener Tage und der Braunkohlenstaubverbrennung in Deutschland und Australien weit fortgeschritten. Die Staubverbrennung hatte eine große Zahl potentieller Vorteile, unter anderen die nachstehenden:

1. Sehr hoher Feuerungswirkungsgrad mit vernachlässigbar abnehmender Tendenz bei steigender Kesselanstrengung. Abgesehen von der offensichtlichen Kohleersparnis, hätte das die Lage des höchsten thermischen Gesamtwirkungsgrads am Zughaken viel näher an den Bereich der höchsten Leistungsentwicklung herangebracht, wo er auch hingehörte.
2. Ein für alle Mal wäre das Feuerbett als ein die Lokomotivleistung beeinflussender Faktor weggefallen.
3. Die Bedienung der Feuerung hätte vonseiten des Heizers keine besonderen Fähigkeiten verlangt.
4. Geringstmögliche Empfindlichkeit gegenüber der Kohlequalität.
5. Die Kessel- und die Lokomotivleistung wären wegen der möglichen höheren Feuerungswärmeleistung vergrößert worden, womit die Rostgrenze endgültig der Vergangenheit angehört hätte.
6. Aus verbrennungstechnischer Sicht hätte jede Verdampfungsleistung unbegrenzt durchgehalten werden können, das heißt, sie wäre nicht länger durch die Ansammlung von Asche auf dem Rost zeitlich begrenzt gewesen.
7. Feuerreinigen und Ascheentleerungen und alles, was man damit einhergeht (schwere körperliche Arbeit, Schmutz, Schlackengruben, Unterwegshalte) wären entfallen. Wendezeiten in den Depots wären entsprechend kürzer gewesen und die Vorbereitung des Feuers vor jeder Dienstschicht wäre nicht erforderlich gewesen.
8. So schreckliche Dinge wie Funkenfänger und konventionelle selbstreinigende Rauchkammern wären nicht mehr nötig gewesen, wobei sich im Nebeneffekt damit zusammenhängende Verbesserungen, wie geringerer Rauchgaswiderstand in der Rauchkammer, mehr Freiheitsgrade bei der Konstruktion der Saugzuganlage und bessere Zugänglichkeit des Überhitzers ergeben hätten.
9. Wegfall der Gefahr von Flurbränden.
10. Wegfall oder Minderung der Löscheerosion von Kessel- und Schornsteinwerkstoffen.
11. Verbesserte Reaktion des Kessels auf rasche Änderungen des Dampfbedarfs.
12. Minimale Brennstoffverbräuche während Bereitschaft und Stillstand und zu jeder Zeit minimiertes Risiko des Abblasens der Sicherheitsventile.
13. Verminderte Schornsteinemissionen bei mittleren bis hohen Kesselanstrengungen.
14. Wegfall des mit der Handhabung von Stückkohle verbundenen Schmutzes und der Verluste.
15. Verbesserte Anheizbedingungen in den Depots.
16. Als Letztes, aber nicht abschließend, schien die Kohlenstaubfeuerung die einzige praktische Möglichkeit einer automatischen Lokomotivkesselfeuerung mit Kohle darzustellen, und damit auch der Möglichkeit der Fernbedienung (Mehrfachtraktion) von kohlegefeuerten Dampflokomotiven, worauf bei den SAR und auch anderswo so viel Wert gelegt wurde.

Das war eine recht eindrucksvolle Liste und ich betrachtete die Kohlenstaubfeuerung als den nächsten großen Schritt bei der Fortentwicklung der Dampftraktion. Sicher wäre das mit größeren technischen Herausforderungen verbunden gewesen, hauptsächlich auf dem Gebiet der Vermahlung, der sicheren Lagerung und des sicheren Transports der Kohle, aber die waren dazu da, bewältigt zu werden. Um die Sache in Gang zu bringen, nahm ich mit einer südafrikanischen Firma namens Combusteng, die zu einer amerikanischen Spezialfirmen für Feuerungsanlagen gehörte, der Coen Company aus Kalifornien, Kontakt auf. Einer von Combustengs Ingenieuren fuhr mit mir auf 3450 und erhielt alle Informationen, die er benötigte, um sich mit den Problemen der Feuerung eines Lokomotivkessels vertraut zu machen. In Zusammenarbeit mit Coen reichte Combusteng dann einen technischen Vorschlag für eine umfängliche Erprobung der Feuerungsanlage auf einer Lokomotive der Klasse 25NC bei den SAR ein, der auch Zusammenstellungszeichnungen enthielt, wie der Brenner auf der Lokomotive eingebaut werden sollte. Der Lieferant der Ausrüstung berechnete, dass bei der maximalen Verdampfungsleistung der Klasse 25NC (angenommen mit 25 000 kg h^{-1}) ein Feuerungswirkungsgrad von 99 % erreicht worden wäre. Das war gewiss bei Weitem mehr, als bei irgendeinem bekannten Verbrennungsverfahren für Stückkohle möglich war. Was das für die Kohleersparnis bedeutete, ist in der Abb. 142 dargestellt. Es gibt Anhaltspunkte dafür, dass die Größe der Ersparnisse den Energieaufwand für das Vermahlen der Kohle mehr als aufgewogen hätte. Die Kosten für den Versuch hätten sich für die SAR auf 125 000 Rand belaufen.

Ich stellte einen Antrag für den Stellvertretenden CME (Konstruktion und Entwicklung) zusammen, in dem sämtliche Vorzüge der Kohlenstaubfeuerung aufgeführt waren und bat um die Genehmigung, mit der Versuchsanwendung gemäß der Eingabe von Combusteng und Coen zu beginnen.[1] Ich kann mich nicht entsinnen, jemals eine Antwort bekommen zu haben. Aber das änderte nichts an meiner Auffassung, dass die Kohlenstaubfeuerung der richtige Weg war, und schrieb in dem Versuchsbericht der 3450:

> „…die Kohlenstaubfeuerung hat das größte Potential, wenn es um das Erreichen des besten Feuerungswirkungsgrads und betrieblicher Annehmlichkeit mit minimaler Instandhaltung, Anforderung an das Bedienungspersonal und Umweltverschmutzung geht…sie wird die Annehmlichkeiten der Ölfeuerung haben, jedoch nicht deren Kosten…“

Nicht alle 3450 betreffenden Schwachpunkte hatten ihren Ursprung in der Lokomotive selbst, sondern viele betrafen das Umfeld, in der sie ihren Dienst tun musste. Für den erfolgreichen Betrieb einer weiterentwickelten Dampflokomotive musste auch ihre Behandlung weiterentwickelt werden. Es machte keinen Sinn, zu glauben, dass ein fortschrittlicherer Dampfbetrieb sich in das bestehende Umfeld einfügen lassen konnte oder sollte. Die Unordnung in der Organisation des Dampfbetriebs war immer schon recht groß, hatte aber zu der Zeit meiner Arbeiten ein alarmierendes Maß erreicht, und das Umfeld war erfüllt von negativen Faktoren. Als der Dampfbetrieb langsam einschlief, ging das einher mit einem zunehmenden – in den achtziger Jahren möchte ich sagen fast völligen – Mangel an Interesse bei der Bahnverwaltung und einer schlechten Arbeitsmoral aufseiten der Belegschaft. Die Ingenieure hatten keine ordnungsgemäßen technischen Kenntnisse von den Dampflokomotiven unter ihrer Aufsicht, was bedeutete, dass sie sich gegen Leute wie die Werkmeister in den Depots nicht durchsetzen konnten, deren Kenntnisse selbst nur sehr bescheiden waren. Die Arbeitsüberwachung in den Depots war nachlässig, die Einrichtungen schlecht und aufseiten großer Teile der Belegschaft fehlte es in traurigem Maße an Können und Motivation. Die Ausbildung

[1] SAR, Abteilung des CME, Pretoria, Brief Nr. RLS 15/2/22 vom 05.04.1983.

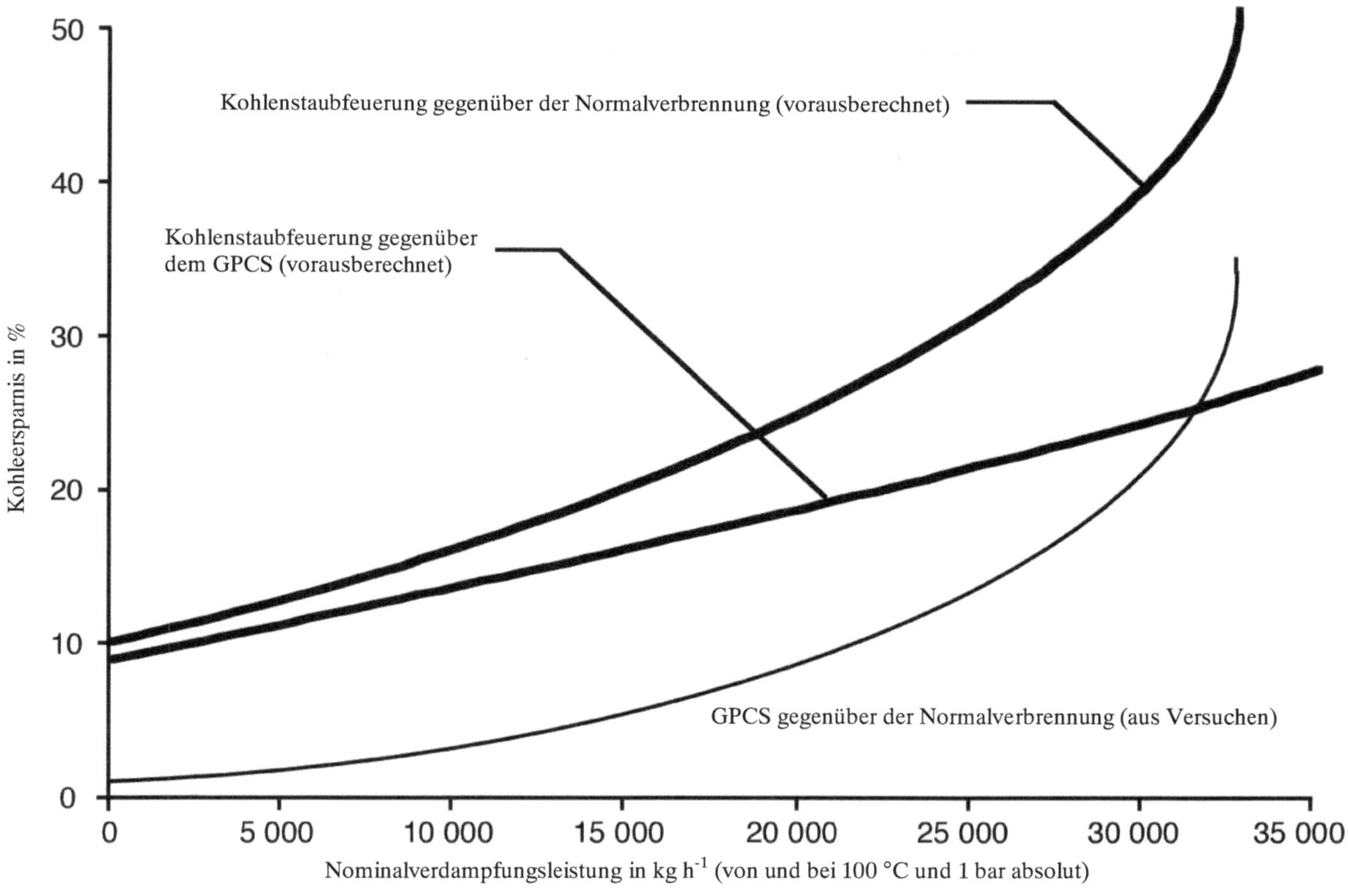

Abb. 142
SAR: 2D2-Klasse 25NC: Verbrennungssysteme: Kohleersparnis über der Nominalverdampfungsleistung

des Lokomotivfahrpersonals wurde den Lokomotivmannschaften überlassen, die ihrerseits selbst unter Umständen ein Arbeitsleben damit verbracht hatten, die Dinge auf die falsche Weise zu tun, wie zum Beispiel das gewohnheitsmäßige Fahren mit nur teilweise geöffnetem Regler. Anscheinend gab es nur wenige Bestrebungen, die Lieferung von Kohle ordnungsgemäßer Qualität sicherzustellen, und von der Wasseraufbereitung reden wir vielleicht besser gar nicht. Es gab durchaus einige Ausnahmen, wie zum Beispiel das von der Belegschaft in Beaconsfield erreichte Niveau, die bei den Bauteilen für 3450 trotz ihrer beschränkten Einrichtungen sehr gute Arbeit leistete, wie auch die generell gute Qualität der Arbeit in dem Ausbesserungswerk Salt River. Das wurde in dieser Geschichte anerkannt, aber die entscheidende Sache ist, dass es Ausnahmen *waren*, einige wenige Lichtstrahlen in einer alles durchdringenden Finsternis. Alles, was in einer solchen Umgebung überleben konnte, wenn auch nur so eben, war der traditionelle Dampfbetrieb, hauptsächlich weil das etwas sehr Vertrautes war und sein Weiterfunktionieren deshalb wenig Denkarbeit erforderte, eben eine ständige, immer schlechter werdende Wiederholung der traditionellen Arbeitsweise aus alter Zeit mit immer schlechter werdendem Betriebsverhalten und Zuverlässigkeit als Ergebnis. Setzte man aber etwas anderes einer solchen Umgebung aus, etwas, das für sein Wohlergehen, wie jeder technische Fortschritt, einen entsprechenden Fortschritt im Niveau des Umfelds erforderte, dann funktionierte es nicht. Aus diesem Grunde haben die SAR und die meisten anderen Eisenbahnen gar nicht erst versucht, die Unterhaltung der Diesel- und Elektrotraktion in solchen Dampfbetriebswerken zu etablieren. Wäre das so gewesen, dann hätten sich die Räder solcher Lokomotiven wohl kaum gedreht, im Gegensatz zu den Dampflokomotiven, die das taten, was aber kein Kompliment bedeuten soll, sondern eher eine traurige Betrachtung der gesamten Infrastruktur des Dampfbetriebs. Ein Erfolgsfaktor der Diesellokomotiven auf den SAR war ihr Unterhalt in vollständig neuen Einrichtungen mit straffer technischer Überwachung. Die Dieselleute wussten, dass mit den Arbeitsmethoden des Dampfbetriebs vollständig gebrochen werden musste, und ich beneidete sie dafür, dass ihnen das gelang. Bei 3450 gelang das leider nicht, und obwohl sie einen Fortschritt bei der Konstruktion von Dampflokomotiven darstellte, musste sie in einer Umgebung Dienst tun, die zweifellos schlechter war, als dreißig Jahre zuvor bei der ersten Einführung der Klasse 25. Das sich die beiden nicht gut vertrugen, war nicht überraschend. Die Geschichte lehrt uns, dass selbst, als die Dampftraktion in voller Blüte stand, nur wenige radikal andersartige Einzellokomotiven im normalen Planeinsatz erfolgreich waren. Wie sagte Chapelon zu Porta: „Man kann sich nicht auf das Wohlwollen der Betriebsleute verlassen“, aber Wohlwollen war in so einem Fall von entscheidender Bedeutung, weil die Bedienung und Unterhaltung von etwas Neuem von den Männern die Mühe, etwas zu lernen und die Dinge anders zu machen abverlangte, was sie ohne Wohlwollen nicht taten. Geht man von den Problemen mit ihr aus, so gab es bei einer einzelnen neuen Maschine die Tendenz, sie in ungeeigneter Weise einzusetzen und zu unterhalten, so dass sie dementsprechend erfolglos bleib, wobei die Erfolglosigkeit nur allzu oft der Konstruktion angelastet wurde, statt dem fehlenden Verständnis derselben. In der Lokomotivgeschichte[1] hat es viele solcher Fälle gegeben, und 3450 hielt tatsächlich länger durch, als meisten dieser „Waisen“, denn nachdem ich die SAR verließ, war sie ganz sicher eine Waise. Ich hatte mein Bestes gegeben, um sicherzustellen, dass die Dinge richtig *gemacht* wurden, was sein musste, falls die Dinge richtig *funktionieren* sollten. Falls zum Beispiel eine bestimmte Gusseisenqualität für die Schieber- und Zylinderbuchsen vorgeschrieben war, dann gab es dafür einen Grund, egal wie die Gießerei darüber dachte, und die nur allzu weit verbreitete Praxis, dass die Werkstattleute die Dinge auf ihre, statt auf die richtige Weise machten, war nicht mehr hinnehmbar. Als

[1] Daran hatten auch die SAR ihren Anteil, zum Beispiel die 1E1 der Klasse 18 und die 1E2 der Klasse 21. Man wundert sich, was aus der Klasse 25 Kondens geworden wäre, falls nur eine Versuchsmaschine statt eines Lieferloses von neunzig Stück bestellt worden wären.

richtig hatte für sie das in der Konstruktion Vorgegebene zu gelten, egal ob richtig oder falsch.[1] Und wer war denn nach meinem Weggang in der Lage, es auf sich zu nehmen, dass die Dinge ordentlich gemacht wurden?

Zusammenfassend gesagt, war die vorherrschende Infrastruktur der Dampftraktion bei den SAR in den achtziger Jahren für höher entwickelte Dampflokomotiven nicht geeignet. Die logische Folgerung daraus war, dass es vergeblich war, die Dampftraktion zur Anwendung in einem solchen Umfeld zu verbessern. Zur Verbesserung des Umfelds hätte es vonseiten der ganzen Bahn ein gewisses Maß des Wünschens und Wollens geben müssen, die sich aber ganz offensichtlich nicht in Richtung des Dampfbetriebs lenken ließ, jedoch hätte es selbst mit den vorhandenen Lokomotiven, ohne irgendwelche Umbauten, eine merkliche Verbesserung des Betriebsverhaltens gegeben, falls dem so gewesen wäre. 3450 musste weiterhin in diesem Milieu Dienst tun. Bei der Beschreibung der Konstruktionsphase stellte ich heraus, dass es sich um einen integralen Plan handelte, bei dem jede Modifikation eine genau definierte Rolle in dem Ganzen zu spielen hatte. Deshalb konnte an der Lokomotive nicht herumgebastelt werden, ohne dass die Beziehungen zwischen den Einzelteilen verstanden waren. Der abschließende Versuchsbericht, von dem eine Kopie an den Maschinentechnischen Ingenieur der Direktion Kimberley ging, führte im Einzelnen aus, wo weitere Verbesserungen erforderlich waren und zeigte Weg auf, wie das erreicht werden könnte. Die darin enthaltenen Empfehlungen hätten ausgeführt werden sollen, aber stattdessen wurden Stück für Stück Dinge geändert, ohne den Zusammenhang zu sehen, und die wie auch immer aussehende Ausgewogenheit, die die Konstruktion einst besaß, ging allmählich verloren.[2] Es fing an mit der einzigen sinnvollen Änderung, dem Austausch der Sechsklangpfeife gegen eine Einheitspfeife, aber dann kam ein serienmäßiger Reglerquadrant, dann ein serienmäßiger Schmierpumpenantrieb, und so weiter (die Abänderung des Schmierpumpenantriebs änderte nichts an einem erkannten Problem mit der Zylinderschmierung, dessen Ursachen anderswo lagen, und so wurde er anscheinend wieder gegen den modifizierten Antrieb getauscht und dann wieder zurück zum Serienantrieb…).

Nichts Wesentliches schien verändert worden zu sein, bis 3450 in einen größeren Frontalzusammenstoß im Lokomotivdepot Bloemfontein im Oktober 1984 verwickelt war. Der Schaden war so erheblich, dass Beaconsfield über die Ausmusterung nachdachte, aber die Verwaltung hatte wegen ihres Publicitywerts Bedenken, und so wurde sie repariert und Ende Januar 1985 wieder dem Betrieb übergeben. Der Speisewasservorwärmer schien bei dem Zusammenstoß beschädigt worden zu sein, was als Entschuldigung nur allzu gelegen kam, das ganze Speisewasservorwärmsystem auszubauen und durch eine Strahlpumpe zu ersetzten. Nichts wurde getan, um den damit verbundenen Ausfall des Speisepumpenabdampfs als Kühldampfzufuhr gegen Schlackebildung zum Aschkasten zu kompensieren und damit war das Risiko der Schlackebildung viel größer geworden, wovor ich Beaconsfield in einem Brief warnte. Wegen der Einbuße des Speisewasservorwärmers war es 3450 von dieser Zeit an nicht mehr möglich, an das alte Niveau ihrer Leistungsfähigkeit anzuknüpfen. So war es denn vielleicht angemessen, dass zu dieser Zeit die *L. D. PORTA*-Namensschilder verschwanden und durch solche mit mehr lokalem Bezug ersetzt wurden.

Kriel wurde für den Unfall verantwortlich gemacht und wurde für einige Zeit zum Dienst als Schuppenarbeiter degradiert, so dass 3450 mit G. Venter einen neuen Planlokomotivführer bekam, derselbe, der auch 2644 gefahren hatte. Er fuhr 3450 bis zu seiner Versetzung zur elektrischen Traktion im Februar 1987. Die Lokomotive stand nicht ständig im Plandienst, zweitweise war sie reserviert als „Prestigelokomotive“ nur für den Einsatz bei Prestigeveranstaltungen, zu anderen Zeiten war sie auch im täglichen Einsatz. Sie beförderte oft Sonderzüge, wie zum Beispiel ihre Zuteilung zur Bespannung der „Astor“-Schiffszüge auf dem Abschnitt Klerksdorp – Kimberley. Auch wurde sie zu einer Art Chamäleon, indem sie Ende 1985 dunkelblau und dann Mitte 1986 ganz schwarz lackiert wurde, wobei das Rot anschließend für einige Bauteile wie die Windleitbleche wieder auftrat, bis sie schließlich wieder ganz in Rot erschien. Von allen ausgeführten Modifikationen schein der rote Anstrich die einzige gewesen zu sein, die vollständig verlassen und dann wieder eingeführt wurde. Vielleicht war das mein herausragender Beitrag zu der Kunst der Konstruktion von Lokomotiven. Tatsächlich erwiesen mir sowohl Porta (in Paraguay) als auch P. Girdlestone (auf der Alfred County Railway in Südafrika) die Ehre, das nachzuahmen, aber auch ich hatte das in Wirklichkeit von der Guayaquil & Quito Railway *(Anm. d. Übers.: Ecuador, gehört zu Ferrocarriles del Ecuador Empresa Publica (FEEP), 1997 und 1998 teilweise durch Naturgewalten zerstört, Wiederaufbau 2013 abgeschlossen)* abgekupfert. Unvoreingenommen kann man sagen, dass der rote Anstrich seinen ursprünglichen Zweck, eine Art Schocktherapie, erfüllte, erwies sich aber für das soeben beschriebene Umfeld als ungeeignet, welches sich weit von zum Beispiel dem viktorianischen England entfernt hatte, wo selbst eine weiß angestrichene Lokomotive in sauberem Zustand hätte erhalten werden können. Ich sah Photographien von 3450 in Schwarz und fand, dass das gut aussah. Möglicherweise wäre es das Beste gewesen, sie so zu belassen, vielleicht mit roten Rädern, um ein bisschen Farbe ins Spiel zu bringen.

Das nächste Opfer war der Dampfsammelkasten (und zwar der bei der Zwischenuntersuchung im Oktober 1982 eingebaute), bei dem um Juni 1985 herum Risse festgestellt wurden. Die Lokomotive erhielt dann ihre erste Bedarfsausbesserung, in deren Verlauf ein Serienüberhitzer der Klasse 25NC mit vierzig Elementen eingebaut wurde. Als Folge davon war die untere Reihe von Rauchrohren nicht mit Elementen belegt, noch wurden irgendwelche Drosseleinsätze eingebaut, um die Rauchgasströmung durch diese Rohre zu vermindern. Abgesehen von dem störenden Einfluss auf die Rauchgasmassenstromverteilung in dem gesamten Kessel, war das potentiell gefährlich, weil die unteren beiden Rauchrohrreihen sehr eng beieinander lagen. Hätte sich nämlich der Wasserraum um die Rohre der unteren Reihe mit Kesselstein oder Schlamm zugesetzt, dann hätte die ernste Gefahr der Überhitzung und des Versagens dieser Rohre bestanden, durch die nun eine ungewöhnlich große Menge an heißem Rauchgas strömte. Es war der klassische Fall einer unüberlegten fahrlässigen Handlung, und sobald ich davon erfuhr, schrieb ich das mehr oder weniger in diesen Worten an Yspeert in Kimberley. Natürlich missbilligte ich diese Veränderung, gab aber Yspeert dennoch den Rat, dass er dafür zu sorgen haben würde, dass das Kesselinnere sauber gehalten wird und dass Drosseleinsätze mit 50 Millimeter Bohrungsdurchmesser in die leeren Rauchrohre eingebaut werden, falls er die Lokomotive in diesem Zustand sicher betreiben wollte. Dieser Brief schien einige Aufregung in Kimberley verursacht zu haben (das sollte er auch) und am 9. September 1985 wurde 3450 vorübergehend abgestellt. Nach Rücksprache mit der Hauptverwaltung wurden die Drosseleinsätze schließlich eingebaut und die Lokomotive kam zurück in den Plandienst. Etwa zu der gleichen Zeit wurden die Schieberschmierstellen an den Schieberkästen entfernt und an die Einströmrohre (!) verlegt. Druckausgleichsventile wurden eingebaut, aber der Leerlauf in Mittelstellung der Steuerung wurde glücklicherweise beibehalten. Mit den herausragenden Lokomotivleistungen war es nun vorbei, aber es war immer noch etwas davon vorhanden, denn während der kurzen Rückkehr zur Dampfbespannung[3] der Schnellzüge auf den Abschnitten

---

[1] In dieser Hinsicht war die Organisation der SAR-Dieseltraktion viel besser. Das Fachwissen für die Herstellung war in den GM- und GE-Fabriken konzentriert, wo die Qualitätskontrolle derjenigen in den Bahnwerkstätten weit überlegen war. Wegen der Normung konnten Bauteile in großen Einzellosen in garantierter Qualität angefertigt werden. Sie waren nicht billig, aber sie waren zuverlässig, und verlangten von der Bahn nur ein Minimum an intellektuellem Aufwand und angewendeten Fähigkeiten, was ihr durchaus recht war.

[2] Durch Kontaktpersonen, die häufig Gelegenheit hatten, sie zu untersuchen, blieb ich über 3450 auf dem Laufenden, und die Beschreibung der Änderungen an der Lokomotive nachdem ich Südafrika verlassen hatte, entspricht den mir von diesen Personen zugesendeten Informationen.

[3] Diese Rückkehr zur Dampftraktion war Yspeerts Behauptung zu vedanken, dass jährlich 1 800 000 Rand durch die Dampfbespannung eingespart werden könnten. Als Folge davon wurden sämtliche Personenzugleistungen, außer der Blue Train, zum Stichtag 03.11.1986 wieder auf Dampfbespannung umgestellt. Aber die neuen Fahrzeiten waren viel kürzer, als bei den Versuchen mit einer 25NC vor dieser Umstellung, und sie waren offensichtlich zu knapp für eine 25NC in Einfachtraktion, so dass innerhalb von zwei Wochen zwischen Kimberley und De Aar wieder die Diesellokomotiven in Doppeltraktion

Bloemfontein – Kimberley – De Aar im Jahre 1986 machte 3450 vor dem Trans-Karoo bei der Fahrt in südlicher Richtung, wahrscheinlich die schwierigste Zugförderungsaufgabe, Zeit gegenüber dem Plan gut, dahingegen konnten die meisten 25NC die knappen Fahrzeiten nicht einhalten. Weiteres Herumbasteln an der Kühldampfzufuhr führte nun fortwährend zur Schlackebildung, so dass der Rost wieder mit den Serienelementen einschließlich eines Kippsegments ausgerüstet wurde. Während 3450 einstmals regelmäßig vor Schnellzügen von Kimberley bis De Aar durchgelaufen war, ohne auch nur den Rost zu schütteln, wurde nun von ihr einmal berichtet, dass sie schlecht Dampf machte, nicht richtig zog, 25 Millimeter große Kohlebrocken durch die Kesselrohre (!!) riss, die Rauchkammer mit Lösche anfüllte, Schlacke bildete und dass das Feuer bei jedem Wasserhalt gereinigt wurde. Das war die Folge ihrer Vorgehensweise, ihres Unverständnisses und ihres Nichterkennens der Zusammenhänge. Aber das Beste kommt noch. Eine meiner Kontaktpersonen entdeckte, dass der Kühldampf für die Schieberbuchsen, der wohl nach den Änderungen am Überhitzer kaum noch benötigt wurde, nunmehr an dem linken Einströmrohr abgenommen wurde, das heißt, es war Heißdampf (!!!). Soweit war nun alles in Unordnung geraten, urkomisch und tragisch zur gleichen Zeit.

Ich hatte nicht damit gerechnet, meine Bekanntschaft mit 3450 jemals wieder zu erneuern, aber auf einer Reise durch Südafrika kamen meine Frau und ich im Juli 1991 durch Kimberley und wir machten Halt in Beaconsfield, um nach ihr zu sehen. Zusätzlich zu den bereits erwähnten, beobachtete ich eine Reihe weiterer relativ geringfügiger Abänderungen. Davon war die nachteiligste die Anbringung von Funkenfängerlochblechen über jedem Sekundärlufteinlass in den Stehkesselwänden, die drosselnd auf den Sekundärluftstrom gewirkt haben werden. Man konnte auch erkennen, dass unter der Verkleidung der Einströmrohre kein Isoliermaterial vorhanden war. Der Farbton der Lokomotive hatte sich zu einem hellen Dunkelrot verändert und sie trug Namenstafeln mit den Aufschriften *Kimberley* und *Red Devil*. Der letztere Name war offensichtlich offiziell geworden, und man fragt sich, ob den frommeren der von ihr beförderten Fahrgäste klar war, wie nah sie dem glühenden Ofen waren *(Anm. d. Übers.: siehe Die Bibel, Altes Testament, Daniel 3)*. Nominell stand sie noch im Plandienst und bespannte mit einem schrumpfenden Bestand von 25NC die von der Verwaltung noch erlaubten Dampfumläufe auf der überwiegend verdieselten Strecke Kimberley – De Aar. Überraschenderweise gehörte dazu auch der wieder dampfbespannte Orange-Express (nunmehr Trans-Orange genannt) und wir legten unseren Besuch in Kimberley zeitlich auf die Abfahrt des südwärts fahrenden Zugs. Ich stand auf der Straßenbrücke direkt südlich vom Depot Beaconsfield, und der Zug kam pünktlich heran mit seiner glänzenden 25NC unter Volldampf bei etwa 90 km h^{-1}. In diesem Moment überwältigten mich eine Menge Gefühle, Erinnerungen an Zeiten, als ich auf 3450 vor dem gleichen Zug war, an Zeiten, als man sich gegen alle Anzeichen des Gegenteils vorstellte, dass noch eine Hoffnung für die Dampftraktion bestand. Aber nun war das Ende wahrhaftig nah, es gab keinerlei Hoffnung mehr, und im folgenden Jahr wurde der Dampfbetrieb auf den Hauptbahnen untersagt, was mit dem Brandrisiko auf Feld und Flur begründet wurde. Ironischerweise war 3450 die Hauptschuldige, indem sie einige Grasbrände bei einer Fahrt vor dem Trans-Orange verursachte. Es sei an Kapitel 1.6 erinnert, demnach die Minderung des Brandrisikos die wahrscheinlichste Motivation für Entwicklungsarbeiten an den Dampflokomotiven in den siebziger Jahren war, so dass anscheinend auch diese Arbeit einen vollen Kreis auf ihrer Spiralbahn ausgeführt hatte. Allerdings war es merkwürdig, dass 3450 während der ganzen trockenen Jahreszeit auf der elektrifizierten Strecke Pretoria –Witbank, die keine Brandschutzstreifen hatte, oft mit hoher Leistung eingesetzt war, ohne jemals auch nur einen einzigen Brand verursacht zu haben, oder nicht?

---

zurückkamen, wonach dann die Fahrzeiten fast umgehend *verlängert* wurden. Auch auf dem Abschnitt Kimberley – Bloemfontein kehrte man einige Zeit später zur Dieseltraktion zurück. Die Durchführung der ganzen Angelegenheit hatte den Anschein einer sorgfältig geplanten Sabotageaktion, wobei Yspeert zu dieser Zeit bereits in den Ruhestand eingetreten war.

KAPITEL 4

WEITERE DAMPFLOKOMOTIVUMBAUTEN BEI DEN SAR

Ab dem Jahr 1979 wurden an einer Anzahl von SAR-Lokomotiven kleinere Umbauten nach den Entwürfen des Autors vorgenommen. Das nahm seinen Anfang zu der Zeit des Einfahrens der 2644, als Yspeert und einige Mitarbeiter in Beaconsfield nach einem relativ einfachen schnell und billig an den Serienlokomotiven auszuführenden Umbau fragten. Darauf war ich gar nicht so erpicht, weil es keine schnellen Lösungen zur Verbesserung des Betriebsverhaltens gab – wie sollte das auch bei einer so hochintegrierten Maschine der Fall sein? – und war der Ansicht, dass solche Mühe besser in etwas gesteckt würde, was wirklichen Fortschritt versprach, wie zum Beispiel 2644. Auf der anderen Seite sprach die Dringlichkeit, etwas für das Betriebsverhalten der Dampftraktion zu tun, für ihre Idee. Zu der Zeit war klar, dass die Arbeit an 2644 zu einer längerfristigen Lösung führte und das zu einer Zeit, als die Lage auf der Strecke Warrenton – Mafeking kritisch war. Die Begeisterung in Beaconsfield war damals auf dem Höhepunkt, und ich wollte sie in keinster Weise dämpfen. So willigte ich in meine Mitarbeit ein. Die Lempor-Blasrohrdüsen hatten sie beeindruckt, und sie wollten die Serienblasrohrmündungen unter Beibehaltung des Serienschornsteins dadurch ersetzten. In diesem Sinne wurde eine Konstruktion solcher Düsen für die Klasse 19D ausgearbeitet. Die Ausführung des Hilfsbläsers war ähnlich der der 2644, und für den Abdampf des Luftsaugers gab es zwei Optionen: Vorzugsweise sollte er wie auf 2644 in den Aschkasten geleitet werden, die Alternative war eine Zuführung zu einem Rohrring außerhalb des Bläserrings mit Abströmung in den Schornstein. Der freie Mündungsquerschnitt der konvergierenden Düsen betrug 147,5 cm², was mit einem Strömungskoeffizienten von 0,99 einen effektiven Mündungsquerschnitt von 146 cm² ergab, gegenüber 161,8 cm² der Serienblasrohrmündung. Eine gute Verdampfungswilligkeit war das Hauptziel.

Die ersten solchermaßen ausgerüsteten 19D waren die Betriebsnummem 2532 (eine Beaconsfield-Lokomotive) und 2758 (aus Mafeking). Die Erstere hatte die Einleitung des Luftsaugerabdampfs in den Aschkasten und außerdem in der gleichen Weise wie bei der 2644 modifizierte Kolbenschieber und Schieberbuchsen, die Letztere hatte nur die geänderten Blasrohrdüsen mit Ableitung des Luftsaugerabdampfs in den Schornstein. Auf keiner dieser Lokomotiven bin ich je gefahren, noch habe ich eine davon versuchstechnisch überprüft, hörte aber vorteilhafte Berichte über sie und glaube, dass eine Reihe weiterer 19D ähnlich umgebaut wurde. Das beschränkte sich nicht nur auf die Direktion Nördliches Kap. Es war auch der Direktion Östliches Transvaal zu Ohren gekommen und Beaconsfield lieferte ihr Düsen (oder Düsen-Formwerkzeuge): Capital Parks blaue 19D Nr. 2749 wurde damit ausgerüstet und eine oder mehrere der auf der Zweiglinie Nylstroom – Vaalwater eingesetzten 1D2 der Klasse 24 erhielten ebenfalls Düsen nach diesem Entwurf.

Der nächste Umbau war der Versuch eines vereinfachten GPCS bei einer 25NC. Yspeert hatte darum hauptsächlich wegen des Problems des Löscheauswurfs gebeten, welcher im Personenzugdienst Gegenstand von Beschwerden der Fahrgäste gegen die Dampftraktion war. Die Umbaupläne wurden Ende Dezember 1979 ausgearbeitet, kurz bevor die Konstruktion des Stehkessels für die Klasse 26 erfolgte und waren in der Tat sehr einfach gehalten. Der Abdampf des Luftsaugers und ein Teil des Maschinenabdampfs wurden als Kühldampf gegen Schlackebildung zu dem Aschkasten geleitet. Die Zufuhr von Sekundärluft musste durch die Serienfeuertür der Schmetterlingsausführung erfolgen, die bei der Fahrt mit geöffnetem Regler so weit wie möglich geöffnet werden musste. Um den nötigen zusätzlichen Saugzug zu erzeugen, und um den zu dem Aschkasten geleiteten Anteil des Maschinenabdampfs auszugleichen, wurde der Kreuzsteg vergrößert, so dass der freie Mündungsquerschnitt sich auf etwa 80 % der Serienausführung verkleinerte. Der Leerlauf in Mittelstellung der Steuerung war ebenso vorgesehen. Dazu wurden die Luftsaugeventile entfernt und die Anschlüsse für die Druckausgleicher blindgeflanscht. In der Folge wurden diese Änderungen an der 25NC Nr. 3519, einer Maschine in wilder Besetzung, ausgeführt, die dann so in den Einsatz zurückkehrte, anscheinend ohne irgendwelche erklärende Dokumentation oder von der lokalen Verwaltung herausgegebener Betriebsanweisung für die Lokomotivmannschaften. Etwa fünf Monate nach den Umbauten fuhr ich schließlich im Juli 1980 die achtzig Kilometer von Beaconsfield nach Petrusburg auf 3519 mit. Ich stellte fest, dass die anwesende Lokomotivmannschaft keine Ahnung von dem Zweck der Änderungen hatte, ja noch nicht einmal wusste, dass sie mit geöffneter Feuertür und einem höheren Feuerbett fahren sollten. Der wichtigste Kommentar des Lokomotivführers war, dass Dampf in das Führerhaus eindringe und ihm eine Lungenentzündung einbrächte. Ich konnte mich nur wundem, wie Yspeert sich die Verminderung des Löscheauswurfs vorstellte, falls die Dinge auf diese Weise angegangen wurden.

3519 machte sehr gut Dampf, egal ob die Feuertür zur Hälfte bis zu zwei Drittel geöffnet oder ganz geschlossen war. Die Augen mit einer Schweißbrille geschützt, spähte ich in das Feuer und konnte sehen, dass es eine merkliche Minderung der über den Feuerschirm entweichenden Kohlestückchen gab, falls die Feuertür ziemlich weit geöffnet wurde. Je weiter die Feuertür geöffnet wurde, desto mehr Kohlestückchen wurden durch den Feuertürluftstrom auf den Rost zurückgeschleudert. Das war besonders deutlich zu erkennen, wenn der mechanische Stoker lief, da die von dem Verteilertisch nach vorn geworfene Kohle durch den Feuertürluftstrom, der direkt über sie hinweg strömte, nicht aufsteigen konnte und der die Kohle unter den Feuerschirm beförderte. Allerdings ergaben die Schmetterlingsflügel der Feuertür nicht die richtig geformte Sekundärluftöffnung und die offene Tür führte im Führerhaus zu übermäßiger Blendung und Lärmentwicklung durch die Kohleverteilerdüsen des Stokers, so dass ich Yspeert mitteilte, dass eine Tür nach dem Entwurf der Klasse 26 eingebaut werden sollte (ich kann mich heute nicht mehr daran erinnern, warum nicht die viel einfachere Alternative des unteren Abschneidens der Schmetterlingstüren versucht wurde). Ebenso war die Lokomotive wegen des kleinen freien Querschnitts an der Blasrohrmündung sehr leistungsschwach und deshalb schlug ich den Einbau von Blasrohrdüsen der Bauart Lempor vor. Das Problem des Dampfeintritts in das Führerhaus lag hauptsächlich an dem auch bei stehender Lokomotive einströmenden Luftsaugerabdampf, und ich schlug ein Wechselventil vor, mit dem dieser Dampf entweder in den Aschkasten oder direkt in die Atmosphäre geleitet werden konnte. B. Ebing, der Stellvertretende Werkmeister in Beaconsfield, der maßgeblich an all der dort geleisteten Entwicklungsarbeit beteiligt gewesen war, entwarf ein geeignetes Ventil, dass mit dem Zug der Zylinderentwässerungshähne verbunden wurde, um Missbrauch zu unterbinden, und genau so ein Ventil wurde während ihres Einfahrens nachträglich auch bei der 3450 eingebaut.

Die Vorschläge wurden wiederum ohne ordnungsgemäße nachfolgende Erprobung, Betriebsanweisungen und Personalschulungen übernommen. Das hatte ich ausdrücklich den Leuten vor Ort überlassen, verbunden mit dem Hinweis, dass sie bei dieser Art von Entwicklungsarbeit die Verbesserungen des Feuerungswirkungsgrads quantifizieren müssten, bevor weitere Schritte unternommen wurden. Schließlich hörte ich, dass die Lokomotivpersonale sich über eine übermäßige Schlackebildung auf der 3519 beklagten, was etwas merkwürdig erschien, weil sie von allen 25NC die einzige mit Kühldampf gegen Schlackebildung war. Eine Untersuchung ergab, dass die Lokomotive auch nach dem Einbau der senkrecht öffnenden Feuertür weiterhin mit geschlossener Feuertür betrieben wurde, so dass Kohle von dem Verteilertisch auf die Unterseite des Luftleitblechs der Feuertür auftraf und so eine große Anhäufung in der Mitte des Rosts bildete. Ich teilte Beaconsfield mit, einen Anschlag anzubringen, der eine minimale Feuertüröffnung von 75 Millimeter gewährleistete, was eine Sekundärluftöffnung von etwa 90 cm² pro Quadratmeter Rostfläche ergeben hätte. Das waren 58 % des Werts der 3450, und angesichts der guten Verdampfungswilligkeit mit offener Feuertür, wie ich sie persönlich auf dieser Lokomotive erlebt hatte, durchaus nicht übertrieben. Das wurde so gemacht, aber der Anschlag wurde bald herausgebrochen und die Klagen über starke Schlackebildung begannen aufs Neue.

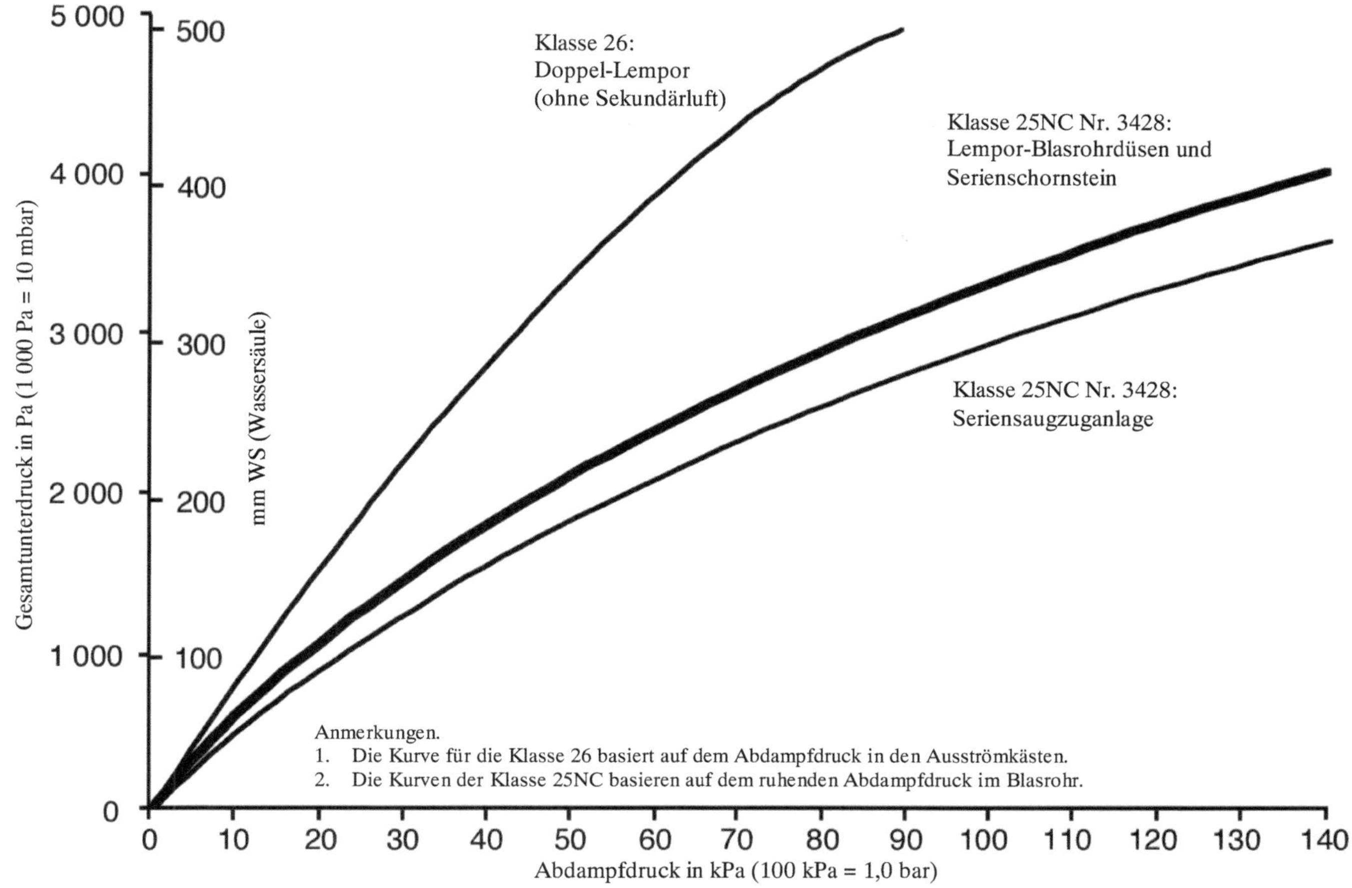

Abb. 143
SAR: 2D2-Klassen 25NC und 26: Leistungskurven der Saugzuganlagen

Ich teilte dann mit, dass die Laufschienen der Feuertür zugeschweißt werden sollten, aber es war mein letzter Kommentar zu dieser speziellen Lokomotive. Ich hörte nichts weiter von ihr, was ich auch nicht wirklich wollte. Vielleicht kann der Leser anhand dieser kurzen Beschreibung erkennen, wie schwierig das alles sein konnte, und es waren dabei keine Diesel- oder Elektrointeressen am Werk, um die Dinge zu sabotieren. Das geschah alles zu deren Vorteil ohne eigenes Zutun.

Nach dem offensichtlichen Erfolg der Lempor-Düsen bei der Klasse 19D wünschte sich Beaconsfield eine ähnliche Konstruktion für die 25NC. Wegen meiner Hauptbeschäftigung mit der Konstruktionsarbeit für die Klasse 26 war für deren Ausarbeitung bis Juli 1980 keine Zeit, bis dem dann durch die gerade erwähnten Beobachtungen auf 3519 ein neuer Anstoß gegeben wurde. Im Ergebnis handelte es sich um Lavaldüsen mit einem Querschnittsverhältnis von 1,10 zu 1, einem Gesamtmündungsquerschnitt von 238 cm², und einem effektiven Mündungsquerschnitt von 236 cm² bei einem Strömungskoeffizienten von 0,99, gegenüber 237,1 cm² bei der Serienanlage. Die Hilfsbläserdüsen waren ähnlich wie die der Klasse 26. Ursprünglich war vorgesehen gewesen, den Luftsaugerabdampf in den Aschkasten zu leiten, aber, vielleicht um epidemische Lungenentzündungen unter den Lokomotivführern zu vermeiden, wurde das nicht ausgeführt und er trat stattdessen aus einem Rohrring rund um das Unterteil der Blasrohrdüsen aus. Eine ziemliche Anzahl von 25NC wurde dergestalt abgeändert, einschließlich der Planlokomotive von De Aars berühmtem Lokomotivführer Faan Willers, und alle schienen mit den Ergebnissen zufrieden zu sein, obwohl niemand wusste, worin sie bestanden. Im Jahre 1982 kam ich dazu, diese Anlage messtechnisch auf unserer alten Freundin 3428 zu untersuchen, die ausgewählt worden war, weil sie einige der nötigen Messgeräteanschlüsse von vorherigen Versuchen hatte.[1] Zuerst wurde die Serienausführung untersucht, dann wurden die Düsen eingebaut und die Messungen wiederholt. Keine der beiden Mündungsquerschnitte war zeichnungsgerecht, mit nur 222,4 cm² bei der Serienmündung und 247,9 cm² bei den Lempor-Düsen, wobei Letztere mit ihrem höheren Strömungskoeffizienten einen um etwa 23 % größeren effektiven Mündungsquerschnitt ergab als Erstere. Die üblichen Überprüfungen der Ausrichtung von Blasrohr und Schornstein sowie der Rauchkammer bezüglich Luft- und Dampfundichtigkeiten wurden vor jeder Messfahrt gemacht, und die Lokomotive machte mit beiden Anordnungen gut Dampf. Das Verhältnis Unterdruck zu Abdampfdruck war mit den Lempor-Düsen tatsächlich etwas besser als mit der Serien-Blasrohrmündung, indem sie 10 - 15 % mehr Unterdruck bei einem gegebenen Gegendruck ergaben (siehe Abb. 143). Aber es war weit entfernt von den Verhältnissen auf 3450, was erwartungsgemäß zeigte, dass diese kleine Änderung auch nur einen kleinen Gewinn eingebracht hatte, und dass das kein Ersatz für eine ordnungsgemäß durchkonstruierte Saugzuganlage war.

Im Verlauf dieser Messfahrten wurde die Gelegenheit genutzt, den Strömungswiderstand in der Rauchkammer mit dem Kastenfunkenfänger zu messen. Der stellte sich zu 77 % des Unterdrucks an der Rauchkammerrohrwand heraus, ein unannehmbar hoher Wert, was erklärte, warum die 25NC seinerzeit gewöhnlich einen Blasrohrmündungsquerschnitt hatten, der kleiner war als in der Konstruktionszeichnung und vielleicht auch, warum der Kessel während der Messfahrten mit 3428 keine Verdampfleistung aufrechterhalten konnte, zu der ein Abdampfdruck von über 1,0 bar gehörte, und zwar mit beiden Blasrohranlagen nicht. Ich schrieb ein Memorandum zu

[1] Der die U-Rohr-Manometer einhausende verschlossene Kasten hatte auf 3450, gefahren von zugeteiltem Planpersonal, siebzehn Monate gehalten. Er wurde für diese Versuche auf 3428 umgesetzt, aber da diese Lokomotive wild besetzt war, dauerte es nicht lange, bis diese Ausrüstung böswillig zerstört worden war.

diesem Thema an meine Vorgesetzten[1], indem ich die messtechnische Untersuchung sämtlicher Kastenfunkenfängerkonstruktionen verbunden mit daraus folgenden Vorschlägen von Maßnahmen zur Verminderung der Strömungsverluste, sollten sie zu groß gewesen sein, anbot (diese Funkenfänger waren seinerzeit bei den Lokomotivklassen 19D, 24 und 25NC eingebaut, sowie bei einigen 15AR, aber sämtliche damit ausgerüsteten Hauptstrecken-GMAM waren wegen starkem Zusetzen mit Lösche bei der Kastenbauart wieder mit der Wirbelbauart ausgestattet worden[2]). Eine Genehmigung, mit diesen Untersuchungen fortzufahren, wurde nie erteilt.

Vor den Versuchen mit den Blasrohrdüsen der Klasse 25NC wurden im Februar 1982 Blasrohrdüsen der Bauart Lempor für die Klasse GMAM nach dem Wunsch Yspeerts konstruiert, der herausfinden wollte, ob damit die damals auf der Strecke Vryburg – Mafikeng mit diesen Lokomotiven aufgetretenen Probleme mit der Verdampfungswilligkeit gelindert werden konnten. Die Konstruktion war derjenigen für die 25NC ähnlich, aber der Gesamtmündungsquerschnitt am Blasrohrdüsenaustritt betrug nur 175 cm^2, gleich einem effektiven Querschnitt von ungefähr 173 cm^2 gegen näherungsweise 190 cm^2 der Seriendüse, was den hohen Saugzugbedarf auf den Garratt-Lokomotiven widerspiegelt, wo ein Kessel vier Zylinder versorgen musste. Im Dezember 1982 führte Waller Versuche mit der GMAM Nr. 4065 aus, um den charakteristischen Verlauf des Gesamtunterdrucks über den Abdampfdruck für die serienmäßige und die modifizierte Anlage zu ermitteln. Diesmal waren die Versuchsergebnisse umgekehrt, dergestalt, dass die serienmäßige Anlage für Abdampfdrücke über 0,5 bar 10 % mehr Unterdruck ergab. Während der Messfahrten mit der GMAM wurden Gesamtunterdrücke von um die 50 mbar gemessen, etwa 20 % mehr als das bei den Messfahrten mit 3428 aufgezeichnete Maximum, und bei dem Vergleich der Serienanlagen hatte die GMAM eine merklich bessere Charakteristik als die 25NC. Es bestand die Auffassung, dass durch Verbesserung der Konstruktion der Lempor-Düsen ihr Wirkungsgrad hätte verbessert werden können, aber nicht um sehr viel, und so empfahl ich die Weiterverwendung der serienmäßigen Blasrohrdüsen auf den GMAM.

Direkt vor den Messfahrten hatte 4065 in Beaconsfield eine Zwischenuntersuchung erhalten, kehrte aber nach Mafikeng mit den nachstehenden Mängeln zurück: linke Schwingenträgerstütze des vorderen Triebgestells gebrochen, was wegen zu langem Hubs zu Schäden an den Kolbenschieberringen und an dem Gegenkurbelzapfen samt Lager geführt hatte; Dichtfläche einer Überhitzerelementverbindung versetzt mit der Folge einer starken Dampfleckage in die Rauchkammer und entsprechenden Problemen mit dem Dampfmachen; falscher Rauchkammereinsatz des Schornstein eingebaut (nämlich der für den Funkenfänger der Kastenbauart, 4065 hatte aber einen Wirbelfunkenfänger); zwei Rostelemente in den Aschkasten gefallen; beschädigte Betätigungsstange für die Rostanlage und schließlich eine defekte Reglerverriegelung, die zum selbsttätigen Schließen des Reglers während der Fahrt führte. Diese Mängel wurden in Mafikeng abgestellt, was zu einer Verzögerung des Versuchsbeginns um einen Tag führte, wonach 4065 dann mit beiden Saugzugausführungen gut Dampf machte. Allerdings war nun der Punkt erreicht, an dem das Offensichtliche ausgesprochen werden musste. Der Begleitbrief zu dem Versuchsbericht an den Direktionsleiter in Kimberley enthielt den nachstehenden Absatz.[3]

> „Es wird deutlich, dass der Zustand der Lokomotive Nr. 4065 für eine Maschine, die direkt aus der Zwischenuntersuchung kommt, völlig inakzeptabel war. Sollte dies repräsentativ für den allgemeinen Zustand der im Streckeneinsatz stehenden Lokomotiven sein, so ist klar, dass Probleme wie schlechtes Dampfmachen in dem schlechten Zustand der Lokomotiven begründet sind und nicht in inhärenten Konstruktionsfehlern. Vermutlich werden Sie das Thema mit den zuständigen Mitarbeitern aufgreifen."

Nicht sehr feinsinnig, und zweifellos machte dies mich oder meine Assistenten bei den Leuten in Kimberley und Beaconsfield nicht beliebter, aber hätte ich nichts sagen sollen? Es war schön und gut, die Lempor-Düsen haben zu wollen, aber weder sie, noch irgendetwas sonst waren ein Heilmittel gegen die durch grobe Vernachlässigung der Lokomotiven verursachten Probleme. Ich kann nur wiederholen, dass keine Anti-Dampf-Lobby erforderlich war, um das Schicksal der Dampftraktion bei den SAR zu besiegeln.

Die letzte Lempor-Düsenkonstruktion war für die 2D1 der Klasse 15CA, und zwar auf Wunsch der Direktion Östliches Transvaal. Sie wurde im März 1982 ausgearbeitet. Aus Gründen der Einfachheit waren einfache, konvergierende Düsen mit einem Mündungsquerschnitt von 180 cm^2 vorgesehen. Die Zeichnung enthielt sämtliche Details für die Anschlüsse zur Messung des Unterdrucks und des Abdampfdrucks, aber ich habe keine Aufzeichnungen über Versuchen mit Lokomotiven der Klasse 15CA, noch darüber, ob die Düsen überhaupt jemals bei einer Maschine eingebaut wurden.

Eine weitere interessante Entwicklung nahm ihren Lauf, nachdem ich Südafrika verlassen hatte, aber noch zu der Zeit, als Dampflokomotiven bei den SAR weiterhin im normalen Dienst standen. Le Sueur, mein ehemaliger Assistent, war im Verlauf des Jahres 1983 zu dem Büro des Direktionsleiters in Kimberley versetzt worden, und Yspeert, der 3450 als „zu kompliziert" bezeichnete, bat ihn, eine einfache Einrichtung zur Kohleersparnis zu konstruieren.[4] Le Sueur entschied sich dafür, sich auf die Saugzuganlage zu konzentrieren und erstellte eine Konstruktion, aber bevor die hergestellt werden konnte, wurde er zurück nach Pretoria versetzt. Anscheinend war das, was schließlich gebaut und auf 25NC Nr. 3454 montiert wurde, nicht ganz das, was er vorgesehen hatte. Es war eine Doppelanlage mit den beiden Schornsteinen nebeneinander und die so ausgerüstete Lokomotive schien sehr gut Dampf gemacht zu haben, aber ausgehend von mir zugegangenen Berichten über ihren Löscheauswurf war zweifelhaft, ob sie wirklich Kohle sparte.[5] Sie wurde nach B. Ebing benannt, dem Stellvertretenden Werkmeister in Beaconsfield, der es tatsächlich verdient hatte, dass eine der Lokomotiven, die er so gut betreut hatte, seinen Namen trug, und sie bekam einen festen Planlokomotivführer, P. Abbot (vielleicht war das der Mann, den wir als Exorzist bei *Roter Teufel* hätten einsetzten sollen). Es wurden einige Versuche mit ihr angestellt, aber es sind mir keinerlei Ergebnisse bekannt, und es blieb bei dieser einen Ausführung. Urteilt man nach den von P. Odell gemachten Zuglaufprotokollen, in der Tabelle 58 ist ein guter Zuglauf mit 3454 dargestellt, dann könnte sie etwas leistungsfähiger als eine Serien-25NC gewesen sein, vorausgesetzt, die Blasrohrdüsen waren nicht übermäßig durch Ölkohleablagerungen verengt. Während der kurzen, auf Seite 306-7 beschriebenen Rückkehr zur Dampftraktion bei den Personenzügen, verlor 3454 etwa sieben „der Lokomotive zuzuschreibende" Minuten mit einem südwärts fahrenden Trans-Karoo-Express

---

[1] SAR, Abteilung des CME, Pretoria, Memorandum Az. RLS 15/2/8/16 vom 07.03.1983.

[2] Das Zusetzen mit Lösche konnte auch bei den anderen Klassen mit eingebauten Kastenfunkenfängern ein Problem sein, und wie auf der Seite 111 beschrieben, lösten oder entfernten die Lokomotivführer auf den 19D manchmal die Frontplatte des Funkenfängers, um dem entgegenzuwirken, wodurch dann der Funkenfänger funktionslos wurde.

[3] SAR, Abteilung des CME, Pretoria, Brief Az. RLS 15/2/22 vom 24.12.1982.

[4] Dinge, bei denen man sich nicht die Mühe macht, sie zu verstehen, erscheinen immer komplziert, „was ich nicht verstehe, muss komplziert sein", wie Porta es ausdrückt, ist eine allzu weit verbreitete Haltung.

[5] Nachstehend ein Zitat aus einem Brief von P. Odell an mich: „…unsere erste Begegnung mit dieser Lok war vor [dem] 07.55 [Personenzug Kimberley – De Aar] am 04.06.85. Wir warteten direkt südlich von Beaconsfield Süd (Posten 8), als wir dieses erstaunliche Brausen + Heulen hörten, von dem wir sicher waren, dass es von den nahen Start- und Landebahnen der S.A.A. kommen musste! Es stellte sich heraus, dass es Abbot war, der 3454 gnadenlos durch die Kurven in Beaconsfield prügelte. Wir machten unser Photo und suchten mit eingezogenen Köpfen nach Schutz vor dem Hagel aus großen Löschestücken, die aus den beiden Nüstern dieses ‚Drachens' ausgestoßen wurden…Abbot sagt, dass die Rauchkammer innen ganz sauber bleibt, was ich gern glauben möchte, war doch in Orange River der größte Teil ihres Inhalts auf seinem Gesicht…"

von 19 Wagen, wie P. Odell angab, der die Fahrt am 10. November 1986 protokollierte. Im Grunde war die Aufgabenstellung für dieses Projekt falsch. Es gab keinen „einfachen Umbau“, der unter den vorherrschenden Umständen eine bedeutsame Menge an Kohle erspart hätte. Hätte es den gegeben, dann wäre er sicher auch ausgeführt worden. Nein, für das Betriebsverhalten der bestehenden Dampftraktion kam nur der Begriff großer Disharmonie in Betracht, zu der es gehörte, dass die Naturgesetzte, die bei der Umwandlung der in der Kohle gebundenen Energie in Zugförderungsarbeit am Zughaken am Werk waren, nicht ganz verstanden waren und deshalb nicht zum größten Nutzen angewendet werden konnten. Um ihre innere Harmonie zu verbessern, musste die Dampflokomotive in ihrer Gesamtheit gesehen werden und als das, was sie wirklich war: eine in allen ihren Teile dynamisch zusammenhängende „Einheit“. Eine Aufteilung in „dies“ und „das“ bedeutete, das Wesentliche nicht zu begreifen und war, wie es immer für eine wirkliche Erkenntnis ist, verhängnisvoll.[1] Sobald man die Dinge auf diese Weise betrachtete, konnte erkannt werden, dass es keine einfachen oder schnellen Lösungen gab. Ich bin der Ansicht, dass auf dem bei allzu vielen Dampflokomotivleuten bevorzugten einfachen Weg nicht viel erreicht werden konnte und er somit eine vergebliche Mühe war. Nicht nur die jüngere Geschichte der Lokomotive zeigt, dass das zutraf, aber zu wenige begriffen das, bevor es zu spät war.

[1] “Wie bei allem Lebendigen…ist das Ganze mehr als die Summe seiner Teile. Die Kenntnis der Teile kann uns bei dem Verständnis des Ganzen nur dann helfen, wenn wir uns weiterhin ihres organischen Zusammenhangs bewusst bleiben. Die organischen Zusammenhänge sind so bedeutend, dass es nicht ausreicht, jedes Teil zu untersuchen, zu analysieren und anschließend eins nach dem anderen miteinander zu verbinden, sondern wir müssen das Ganze zu jeder Zeit im Blick behalten…“ (Lama Anagarika Govinda, Foundations of Tibetan Mysticism, Rider & Co., London, 1960).

KAPITEL 5

DIE SOUTH AFRICAN RAILWAYS – SCHLUSSBETRACHTUNGEN

„Die Dampftraktion hat keinen Platz auf einer modernen Eisenbahn"
(sagte H. Scheffel, Stellvertretender CME (Konstruktion und Entwicklung), um 1983 zu R. Waller)

Zu Anfang des Jahres 1992 war der reguläre Dampfbetrieb der „Spoornet", der Nachfolgerin der Eisenbahnabteilung der South African Transport Services, ehemals SAR, auf die Zweiglinie George – Knysna zusammengeschrumpft, die im Sinne eines arbeitenden Museums der Dampflokomotive erhalten bleiben sollte. Dazu kamen einige Umläufe zwischen Kimberley und De Aar, um den Anfragen von Enthusiasten gerecht zu werden. Diese letzteren Einsätze wurden allerdings kurze Zeit später verdieselt, vordergründig wegen des Brandrisikos, und somit war der erstmals in dem Jahresbericht 1971 der Behörde für Eisenbahnen und Häfen verkündete Plan zur Abschaffung des Dampfbetriebs, mehr oder weniger nach dem überarbeiteten Plan von Mitte 1976, praktisch ausgeführt. In der Abb. 144 ist die Anzahl der während der Zeit des Autors dort bei den SAR im Einsatzbestand befindlichen Lokomotiven angegeben, entnommen aus den offiziellen Angaben zum Triebfahrzeugeinsatz. Sie zeigt die unnachgiebige Abkehr von der Dampftraktion und entlarvt die Erklärungen der SAR während der Ölkrise, dass die Eisenbahnen ihre Abhängigkeit von der Dieseltraktion vermindern, als unwahr. Obwohl der Lokomotivausschuss von 1978 die Aufnahme von Entwicklungsarbeiten an den Dampflokomotiven empfahl, wurde dies nicht vor Ende 1979 genehmigt und konnte erst 1981 einige Resultate vorweisen, falls man das mit 2644 erreichte außer Acht lässt, wozu meine Vorgesetzten anscheinend geneigt waren, und die finanziellen Auswirkungen des verbesserten Betriebsverhaltens konnten erst 1983 beziffert werden. Während dieser kritischen Zeit gab es bei dem Tempo der Verdieselung kein Innehalten, woran man nur zu gut die wahren Absichten der SAR erkennen konnte. Auch die Abnahme der Anzahl der aktiven Dampflokomotiven erzählt nur die halbe Wahrheit, da es gleichzeitig zu einer Verminderung des Nutzungsgrads der Lokomotiven kam, wie in Tabelle 59 dargestellt.

Tabelle 59
Beispielzahlen für die Nutzungsgrade der SAR-Dampflokomotiven

Klasse	Durchschnittliche Jahreslaufleistung aller Lokomotiven 1964 / 65 Km $Jahr^{-1}$ $Lokomotive^{-1}$	Durchschnittliche Jahreslaufleistung nur der Hauptstreckenlokomotiven[1] 1981 / 82 Km $Jahr^{-1}$ $Lokomotive^{-1}$
GMA/M	71 200	29 400
15AR	54 500	21 500
15F	78 000	21 200
19D	61700	36 500
24	43 800	22 100
25C / NC	92 200	70 600

1. Der Nutzungsgrad in gefahrenen Kilometern aller Lokomotiven war 1981/82 sogar noch niedriger als hier angegeben, da zu dieser Zeit zahlreiche Lokomotiven dieser Klassen im Rangierdienst standen. Die aufgeführten Lokomotivklassen waren die letzten auf der Kapspur, die zu der Zeit immer noch regelmäßig Hauptstreckendienst leisteten.

So war also die Situation. Hätte in den späten siebziger und frühen achtziger Jahren etwas getan werden können, um den Trend abzuschwächen oder gar zu stoppen? Abgesehen von einem totalen Ölboykott Südafrikas, glaube ich eher nicht.[1] Aber wir wollen hier betrachten, was tatsächlich geschah und was für einen wirkungsvolleren Kampf für die Dampftraktion hätte getan werden können.

Der Ausschuss zur Traktionspolitik am Büro des Generaldirektors war zu Anfang 1982 wieder zusammengekommen und hatte einen Unterausschuss zur exakten Bestimmung der Traktionskosten gebildet. Diesmal war ich zu keiner der Zusammenkünfte eingeladen, aber die Interessen der Dampftraktion waren recht gut vertreten. Der Vorsitzende des neuen Unterausschusses war E. van der Merwe, ein leitender Ingenieur in der Planungsabteilung, der anscheinend der Beibehaltung und Weiterentwicklung der Dampftraktion wohlwollend gegenüberstand (der pro Dampf eingestellte H. Hagen war mittlerweile Stellvertretender Generaldirektor (Planung)). T. Boshoff vom Büro des Leitenden Superintendenten (Technik) war anwesend und wurde anscheinend mit den steigenden Rechnungen für die Diesellokomotiversatzteile immer dampffreundlicher. Ebenfalls im Unterausschuss waren Yspeert und C. Lewis, die beide überzeugte Befürworter der Dampftraktion waren. Das Büro des CME war durch meinen direkten Vorgesetzten J. Chiole und durch J. Venter, Maschinentechnischer Ingenieur (Zugförderung) vertreten, der im Prinzip ein Anhänger der Dieseltraktion war. Weitere Mitglieder waren von den Abteilungen Finanzen, Betrieb und der des CEE ausgewählt worden. Ich habe keine Aufzeichnungen von den Beratungen während der Zusammenkünfte, aber von Zeit zu Zeit wurde ich von Chiole gebeten, sie mit Informationen zu versorgen, einschließlich der Versuchsergebnisse mit 3450 und der überarbeiteten Kostenberechnung für die Umbauten. Zudem wurden von der Abteilung für Zugdynamik Brennstoffverbrauchsmessungen an Lokomotiven der Dieselklasse 34 im Güterzugdienst zwischen Kimberley und De Aar vorgenommen, um die Kosten für den Dieseltreibstoff genau bewerten zu können.

Der Bericht des Unterausschusses wurde am 11. März 1983 herausgegeben.[2] Für seine Analyse nahm er den Streckenabschnitt Kimberley – De Aar als Grundlage, zu der Zeit eine der verkehrsreichsten Eisenbahnlinien des Landes mit einem jährlichen Transportaufkommen von zwanzig Millionen Tonnen, wobei er zu Recht die Feststellung traf, dass die Ergebnisse der Studie nur auf diese Eisenbahnlinie zutrafen und dass für jede Strecke, für die ein Traktionswechsel vorgesehen war, eine ähnliche Studie gemacht werden sollte. Die Resultate wurden in Diagrammen dargestellt und sind hier in den Abb. 145 bis 147 wiedergegeben. Die Abb. 146 und 147 unterscheiden sich insofern, als dass in Letzterer die Kapitalkosten für die Dampf- und Diesellokomotiven, außer den Kapitalkosten für die Umbauten von 25NC in 26, ausgeklammert sind, da beide Lokomotivarten bereits im Dienst standen. Die Gültigkeit dieser Vorgehensweise

[1] In einem Brief an Porta vom 26.12.1981 schrieb ich, dass die Chancen für die unbefristete Beibehaltung und Weiterentwicklung der Dampftraktion anscheinend 50 zu 50 stünden, aber zu der Zeit war ich vielleicht zu Trunken von dem Erfolg der 3450 bei den jüngsten Messwagenfahrten, um eine nüchterne Beurteilung abzugeben.

[2] South African Transport Services, Hauptverwaltung, Johannesburg; Motive Power Policy: Report of the Traction Policy Sub-committee into the relative economics of the three available forms of traction, Bericht Az. BKN.28/1 vom 11.03.1983.

46 (oben). 3450 pausiert am 28. Oktober 1981 im Bahnhof Warmbaths, als sie mit dem Tender voraus von Pretoria nach Nylstroom unterwegs war, um einen *Steam-Safari*-Sonderzug zu übernehmen. Ein heftiger Hagelschauer hatte den Boden mit Eis bedeckt und so aus diesem Frühlingstag in der subtropischen Provinz Transvaal eine winterliche Szenerie gemacht. Die Lokomotive war nicht in dem extra polierten Pflegezustand, wie er von einer Zuglokomotive eines Safari-Zugs erwartet wurde, aber die Einfahrarbeiten hatten keine Zeit für eine gründliche Reinigung gelassen.

47 (unten). Die 2D2 Nr. 3428 der Klasse 25NC wird im abendlichen Sonnenlicht für eine ganze Nachtschicht mit Versuchsfahrten im November 1981 im Depot Capital Park vorbereitet. Der Messwagen und ein Schlafwagen sind hinter dem Tender angekuppelt.

48 (oben links). 3450 im Bahnhof Koedoespoort nach den nächtlichen Versuchsfahrten auf der Strecke Pretoria – Witbank. Alle Versuchsfahrten wurden in östlicher Richtung gemacht. Die drei elektrischen Lokomotiven der Klasse 6E1, die bei den Versuchen als Bremslokomotiven dienten, wurden für die Rückführung des Zugs an den Startpunkt der Messfahrten bei Eerste Fabriek und für die Fahrt zurück nach Capital Park am Ende jeder Versuchsserie genutzt. Rechts im Hintergrund befindet sich der Gebäudekomplex des Ausbesserungswerks Koedoespoort, wo die Tender der 3428 und 3450 zur Ermittlung der Relation zwischen Kohleverbrauch und Umdrehungszahl des Stokermotors verwogen wurden. Der geringe Abstand der Bahnsteigkante zur Lokomotive zeigt deutlich, wie eng das Umgrenzungsprofil der SAR ist.

49 (oben rechts). Der Führerstand der 3450 anlässlich der Demonstrationsfahrt für leitende Ingenieure und Verwaltungsleute am 3. Dezember 1981. Die Plakette über dem Kesselmanometer gehörte dem Heizer van Rensburg und bedeutet frei ins Deutsche übersetzt „ein angenehmer Ort zum Arbeiten“.

50 (unten). Mit Lokomotivführer D. J. Koekemoer und Heizer R. van der Merwe auf dem Führerstand erklimmt 3450 am 5. Mai 1982 die 9,1-‰-Steigung der Enslin-Rampe zwischen Heuningneskloof und Graspan mit einem Versuchszug von 715 Tonnen, bestehend aus dem Messwagen und leeren Personenwagen. Laut dem Messstreifen des Messwagens hielt die Lokomotive konstant 80 km h^{-1} bei 30 % Füllung und entwickelte an dieser Stelle am Zughaken ungefähr 1 980 auf die Ebene bezogene kW.

51 (oben). 3450 lässt im Juli 1982 mit dem nur am Samstag verkehrenden 07.45-Uhr-Zug Bethlehem – Ficksburg Barnea hinter sich. Die Aufnahme entstand während der ersten Einsatzperiode der Lokomotive auf der steigungsreichen Strecke Bloemfontein – Bethlehem.

52 (unten links). Die vordere Mehrfachblasrohrdüse, aufgenommen zu Beginn der Zwischenuntersuchung der 3450 im September 1982. Die Düsen aus dünnem unlegiertem Stahl waren an einigen Stellen vollständig von Lösche erodiert worden, dennoch wurde im normalen Einsatz kein Abfall der Saugzugleistung bemerkt. Man beachte die kleinen Verlängerungsrohre, auf denen die Bläserdüsen angebracht waren.

53 (unten rechts). Lempor-Blasrohrdüsen der 3450: links die im Oktober 1982 eingebauten gehärteten Düsen und rechts die ältere Konstruktion. Die neuen Mehrfachblasrohrdüsen hatten einen geringeren Spreizwinkel, als einem Versuch, den Erosionsangriff der Lösche in den Mischzonen der Schornsteine zu reduzieren. Dadurch wurden sie länger, um einen ausreichenden Mittenabstand der Düsenaustritte zu erhalten.

54. 3450 Ende 1982 als Vorspann vor einem Güterzug De Aar – Beaconsfield kurz nach ihrer ersten Zwischenuntersuchung. Die wesentlichen Änderungen, die das Aussehen der Lokomotive betrafen, waren die vergrößerten Windleitbleche (hier in vollständiger Form abgebildet und mit einem gelösten Handlauf) und die Entfernung der schrägen Frontschürze zwischen Pufferbohle und Rauchkammer. Man beachte auch das Fehlen der Herdner-Anfahrventile und des Riemenantriebs des Kompressors der Sandstreueinrichtung.

55. Der Luftkompressor der Sandstreueinrichtung, eingebaut in der vorderen linken Ecke des Tenders und mit Kettenantrieb von einer Verlängerung auf der Kurbelwelle des Stokermotors. Die Aufnahme wurde vom Führerstand aus mit Blick nach unten gemacht.

56. Antrieb des mechanischen Indiziergeräts, wie es zur Indizierung des linken Zylinders der 3450 genutzt wurde.

57. Dies ist der von Dr. Le Sueur ausgearbeitete Mechanismus für die Erzeugung des Signals der Kolbenbewegung für das elektronische Indizieren des rechten Zylinders der 3450. Die Kette wurde von dem am Kreuzkopf befestigten Arm mitgenommen und versetzte so die beiden Kettenräder in eine hin- und hergehende Drehbewegung. Das hintere Kettenrad war mit einem Drehpotentiometer verbunden, so dass die Drehbewegung des Potentiometers proportional zu der linearen Kolbenbewegung war.

58 (oben). Eine Szene vom letzten Tag der Indizierfahrten mit 3450 auf der Strecke Pretoria – Witbank im Mai 1983. Die Aufnahme zeigt den Versuchszug in Clewer während des Austausches eines defekten Drehpotentiometers. Die Anhängelast besteht aus dem konventionellen Messwagen, dem Messwagen mit der Ausrüstung für die elektronische Indizierung, 13 leeren Personenwagen und einem Zugführerbegleitwagen. Man beachte das Schutzgehäuse für die mechanische Indiziereinrichtung, die Leitung zur Heranführung von Wasser vom Tender zur Kühlung des Druckmessumformers am rechten Zylinder, den oberhalb der Rauchkammer austretenden Abdampf des Luftsaugers, weil die Leitungen zur Einleitung dieses Abdampfs in den Aschkasten ausgebaut worden waren und die Herdner-Anfahrventile, die für die Dauer des Einsatzes der Lokomotive zwischen Pretoria und Witbank wieder eingebaut worden waren. Eine Stunde nach dieser Aufnahme wurde in der Steigung von Bronkhorstspruit nach Forfar bei 75,5 km h^{-1} eine indizierte Leistung von 3 347 kW aufgezeichnet. Mit großer Wahrscheinlichkeit war das die höchste jemals bei einer Schmalspurdampflokomotive aufgezeichnete Dauerleistung.

59 (gegenüberliegende Seite, oben). Zu der letzten Leistung der 3450 auf der Strecke Pretoria – Witbank gehörten die auf allen Stationen haltenden Tagespersonenzüge am 11. Juni 1983, die im Plan der elektrischen Traktion fuhren. Hier sehen wir den ostwärts fahrenden Zug bei der Ausfahrt aus Bronkhorstspruit. Der Pflegezustand der Lokomotive und ihr Betriebsverhalten waren so gut, wie sie jemals werden sollten. Man beachte die Entfernung der Fußtritte und der Handläufe an den Windleitblechen.

60 (gegenüberliegende Seite, unten). 3450 führt einen Güterzug in den Vororten von Bloemfontein während der Versuche mit den Antischaummitteln im August 1983. Die Garratt der Klasse GMAM in dem Zugverband hatte auf der Hinfahrt mit 3450 in Doppeltraktion gearbeitet, aber Probleme mit der Verdampfungswilligkeit, die auf eine gebrochene Berstscheibe gegen Wasserschlag in einem der Zylinder zurückgeführt wurden, hatten zum Auslösen eines Schmelzpfropfens geführt, und sie musste ohne Feuer nach Hause zurückgeschleppt werden. Das Fahrzeug hinter der Garratt ist der Laborwagen für Wasseraufbereitung.

61 (oben). Hier zeigt eine 2D1 der Klasse 15F die Art von Rauchwolke, von der Photographen träumten, die aber bei der allgemeinen Öffentlichkeit weniger gut gelitten war. Die Maschine stampft im Juni 1978 mit dem letzten *Drakensberg*-Luxusexpress von Kapstadt nach Durban die Steigung nach Kloofeind herauf.

62 (unten). Eine (2D1)(1D2)-Garratt der Klasse GMAM im Jahr 1974 im Depot Mason's Hill, Pietermaritzburg. Diese für die 1065-Millimeter-Spur gewaltigen Lokomotiven waren potentiell viel bessere Schleppmaschinen für schwere Güterzüge als die 25NC, und als solche wären sie vielleicht die bessere Klasse für einen Umbau gewesen. Man beachte den Wassertankwagen, der dazu führte, dass das Reibungsgewicht konstanter bleib, als wenn der Wasservorrat auf der eigentlichen Lokomotiven untergebracht gewesen wäre.

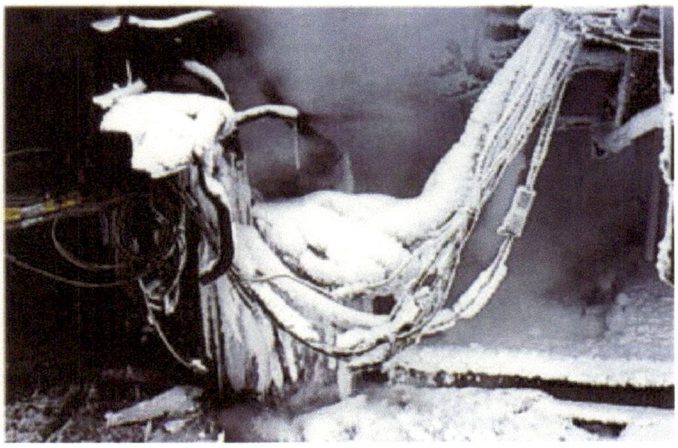

63 (oben). Die 2D2 Nr. 614, ehemals Chesapeake & Ohio Klasse J-3a, führt im Januar 1985 einen Kohlenzug zwischen Huntington und Hinton, West Virginia. Man beachte die auf den Tender aufgemalten Firmenlogos und den Slogan und die beiden Wassertankwagen. Die Strecke hat Signaleinrichtungen in beiden Fahrtrichtungen, so dass beide Gleise beliebig befahren werden können.

64 (unten links). Im schwindenden Licht eines trüben Nachmittags bietet 614 ein spektakuläres Schauspiel, als sie mit einer Anhängelast von 4 893 metrischen Tonnen die langgezogene Kurve bei Quinnimont durchfährt. Die Aufnahme wurde am 7. Januar 1985 gemacht, dem Tag, an dem der Booster der Lokomotive in der Steigung hinter Cotton Hill beschädigt wurde und für den Rest des Monats nicht mehr einsatzfähig war. In dem Wagen hinter dem Wassertankwagen fuhr die Versuchsmannschaft samt der Messinstrumente und der Werkzeuge mit.

65 (unten rechts). Am Morgen des 21. Januars 1985 gab es ein kleines bisschen Eis an den Messkabeln.

66 (links). 614 führt einen ostwärts fahrenden Kohlezug. Blick aus dem Versuchswagen am 25. Januar 1985 in der Nähe von Hawk's Nest. Während der Fahrt trat meistens dichter schwarzer Rauch aus dem Schornstein, und ein paar Kilometer vor Hinton hatte die Lokomotive ihren Kohlevorrat vollständig aufgebraucht.

67 (unten). Ein weiterer Blick auf 614 in der Quinnimont-Kurve, diesmal am 30. Januar 1985 mit dem *Cardinal*-Express Chicago – New York der Amtrak. Zusätzlich zu den Wagen des *Cardinal* zog 614 die Diesellokomotive des Zugs, den Firmenwagen der ACE, den Versuchswagen und zwei Wassertankwagen, was hinter dem Tender eine Anhängelast von ungefähr 1 350 Tonnen ergab.

68 (gegenüberliegende Seite). Hat jemand Interesse an sauberer Kohletechnologie? Hier wird gezeigt, wie es gemacht wird…(614 vor einem Leerzug in westlicher Richtung im Januar 1985. Für diese Aufnahme war nicht um eine brauchbare Imitation eines größeren Vulkanausbruchs gebeten worden - laut dem Heizer kam der Rauch „von selbst einfach so heraus".)

69 (oben). Einige der Verbindungen für die Messinstrumente an der 614. Man beachte die Dehnungsmessstreifen an der Treibstange und den Kuppelstangen und die Methode, wie ihre Kabel an einen Festpunkt geführt wurden. Ebenso sind die Kabel der Thermoelemente an den Schieber- und Zylinderbuchsen zu erkennen.

70 (unten). Eine 1E1 aus einer frühen Bauserie der Klasse QJ der Chinesischen Eisenbahnen mit vierachsigem Tender fährt mit einem auf allen Stationen haltenden Personenzug nach Nancha im Oktober 1989 aus Jiamusi aus. Man beachte den seitlichen Erker an dem Führerhaus auf Höhe der Seitenfenster.

71 (oben). Eine QJ mit einem sechsachsigen Tender führt im Januar 1992 einen auf allen Stationen haltenden Personenzug auf dem Streckenabschnitt Zhongwei – Gantang.

72 (rechts). In nahezu perfekter Anordnung zur Beeinträchtigung der Adhäsion lässt hier eine Entwässerungsleitung vor dem rechten Zylinder einer 1E1 der QJ-Klasse Dampf und Wasser entweichen. Vielleicht, um eine unzulässige Torsionsbeanspruchung der Kuppelachsen zu vermeiden, tut eine Entwässerungsleitung an ähnlicher Stelle auf der linken Seite der Lokomotive das Gleiche.

73 und 74. Diese beiden Aufnahmen illustrieren den außerordentlich rauchfreien Auspuff, wie er für den chinesischen Dampflokomotivbetrieb charakteristisch ist und der einen interessanten Vergleich mit der Tafel 68 ermöglicht. **73 (oben).** Eine QJ nimmt im Dezember 1987 die 20-‰-Steigung durch die Daqing-Berge in der Nähe von Baotou mit einem Leerzug für die Eisenerzgrube bei Bayan Obo in Angriff.

74. Zwei QJ im Dezember 1986 mit einem schweren südwärts fahrenden Güterzug auf der langen und anstrengenden Steigung hinter Dijiatai.

75 (oben). Die 2D2 Nr. 3528 *Valerie* (eine ehemalige Kondenslokomotive) der SAR-Klasse 25NC erklimmt im Jahr 1977 mit Volldampf vor einem südwärts fahrenden Güterzug die Steigung hinter Orange River. Die charakteristische Aufteilung des Auspuffstroms einer Zweizylinderlokomotive in linke und rechte Teilströme kann in der Abdampfwolke über dem Zug klar erkannt werden.

76 (unten). Ein seltener Vogel. Eine meterspurige GELSA-1D2, in den frühen fünfziger Jahren in Frankreich für Brasilien erbaut, steht leise vor sich hin glucksend in der Mittagshitze im Depot Roboré in Bolivien, auf halbem Wege der Strecke Corumbá – Santa Cruz. Die allgemeine Erscheinung der Lokomotive ist amerikanisch, selbst die Glocke vor der Rauchkammer ist vorhanden, aber verschiedene Details geben Hinweise auf ihren Ursprung, wie zum Beispiel die Rauchkammertür, die Form des Tenders, die voluminösen Schieberkästen und die langen Schwingen. Aufnahme im Januar 1976.

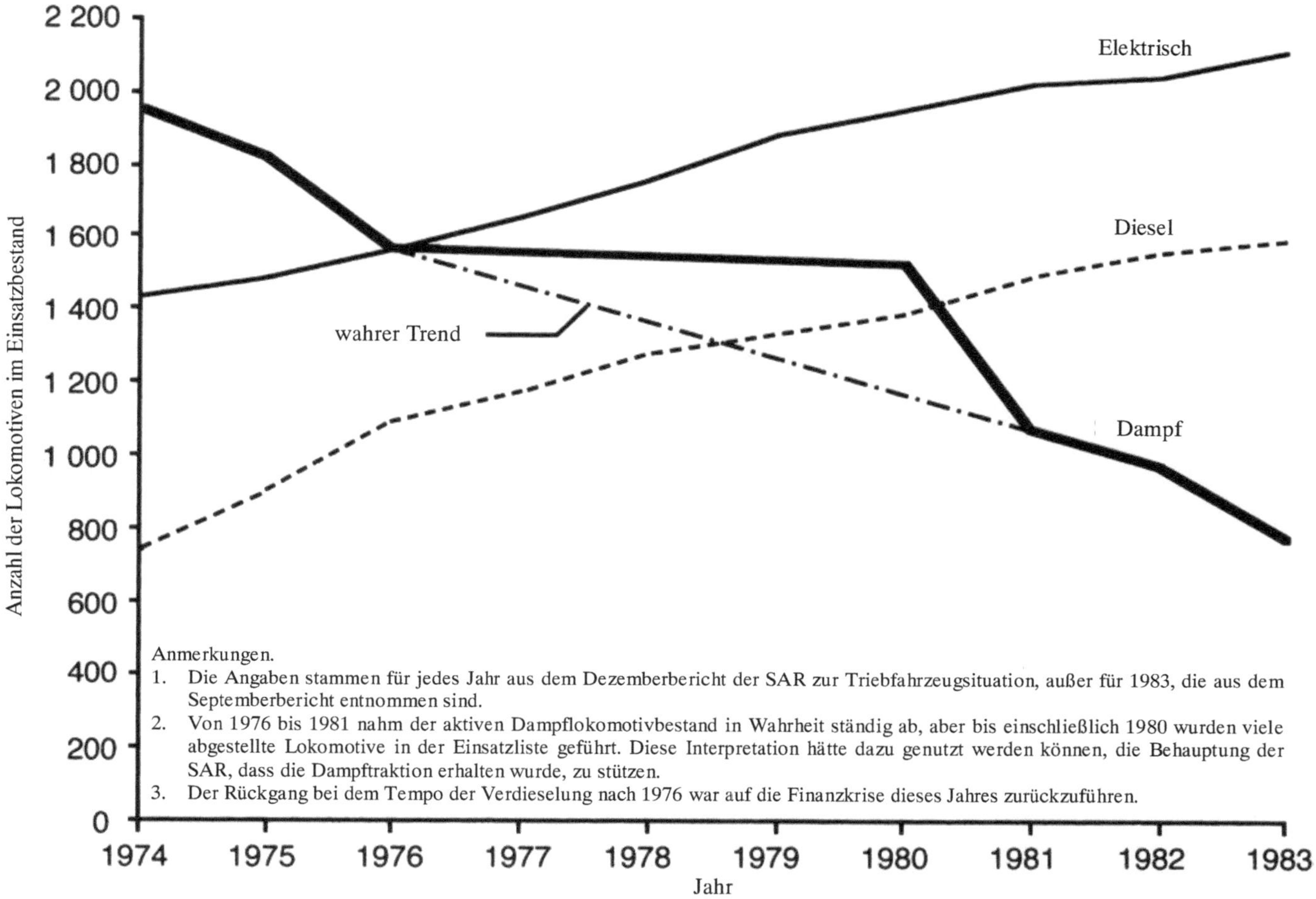

Abb. 144
SAR: Einsatzbestand der Lokomotiven über der Zeit

mag in Frage gestellt werden, da zwar die Klasse 25NC zu Recht als vollständig abgeschrieben galt, das aber auf die Diesel-Klasse 34 nicht zutraf, aber auch so ließ sich zeigen, dass die Dampflokomotiven unabhängig von der Vergleichsgrundlage immer billiger als die Diesellokomotiven waren. Die Klasse 26 war je nach Vergleichskriterium 10 bis 12 % billiger als die Klasse 25NC. Die Situation der elektrischen Traktion (25 kV A.C., Lokomotiven der Klasse 7E, *Anm. d. Übers.: 50 Hz, CoCo, 3 000 KW, 100 Stück, Bahn-Nrn. E7001 bis E7100, 1978 bis 79, Union Carriage and Wagon, Südafrika*) wurde durch verschiedene Faktoren kompliziert, wie zum Beispiel die Unsicherheit bei den Kosten für die Abschirmung der Signalkabel gegen die Einflüsse der Wechselstromversorgung und der Tatsache, dass bei Zügen mit Saugluftbremse (bei den SAR auf 160 Achsen begrenzt) die Zugförderungskapazität dieser Lokomotiven nicht ausgenutzt werden konnte.[1]

Der Ausschussbericht brachte entsprechend die nachstehenden Argumente an:

1. Die bisher zur Bewertung der Lokomotivbetriebskosten herangezogenen „Faktorkosten“ (siehe Seite 53) ergaben für die Dampftraktion bei Anwendung auf den Dienst auf der Strecke Kimberley – De Aar eine Zahl, die *dreifach überhöht* war. Der Fehler ist dem inflationären Ansteigen der „Faktorkosten“ durch die landesweit schlechten Nutzungsgrade der Dampflokomotiven zuzuschreiben.[2]
2. Eine große Anzahl von Hauptstreckendampf- und Diesellokomotiven wurde ineffektiv genutzt. Es wurde empfohlen, diesen Befund gründlich zu untersuchen (bei der Zusammenkunft des Ausschusses zur Traktionspolitik am 16.03.1983 wurde offengelegt, dass zu der Zeit wegen geringen Verkehrsaufkommens ungefähr 10 % der Diesellokomotivflotte überzählig zu dem Bedarf waren, so dass ungefähr einhundert Diesellokomotiven abgestellt waren, was der Leser im Zusammenhang mit den Angaben in der Abb. 144 bedenken sollte).
3. 62,5 % der Betriebskosten der Diesellokomotiven entfielen auf den Treibstoff. Damit reagierte die Dieseltraktion sehr empfindlich auf den Preis für Dieselöl, und es wurde herausgestellt, dass die Wirtschaftlichkeit der Dieseltraktion stark ansteigen würde, sollte dieser Preis fallen (allerdings wäre auch das Gegenteil richtig gewesen, falls das eingetreten wäre).

Die interessanteste Empfehlung des Unterausschusses war die Beibehaltung der Dampftraktion auf der Strecke Kimberley – De Aar, bis sich die der Studie zugrunde gelegten Parameter drastisch ändern sollten, und dass im Fall der Annahme dieser Empfehlung etwa zehn weitere 25NC zu 26 umgebaut werden sollten, um weitere Erfahrungen mit der modifizierten Bauart zu sammeln und um zu sehen, ob sich

---

[1] Etwas, was in dem Unterausschussbericht nicht auftaucht und über das nur wenig diskutiert wurde, war die strategische Vorhaltung von Diesellokomotiven auf elekrifizierten Strecken für Notfälle (Ausfall der elektrischen Versorgung), deren Kosten gerechterweise der elektrischen Traktion hätten zugerechnet werden sollen.

[2] Obwohl die „Faktorkosten“ während der Zusammenkünfte des Ausschusses im Jahre 1978 ernsthaft in Frage gestellt wurden, blieben sie weiter in Verwendung. Zum Beispiel wurden in einem Artikel von H. Loots, seinerzeit Stellvertretender Generaldirektor, mit dem Titel „The role of the South African Transport Services in energy conservation and export“ und veröffentlicht in Rail International, Ausgabe September 1982, die Traktionskosten pro Kilometer für die Dampftraktion zu 11 Rand, für die elektrische Traktion zu 3 Rand und für die Dieseltraktion zu 5 Rand angegeben, wodurch Loots sich berechtigt fühlte, zu schreiben, „dass die Kosten für die Dampflokomotiven viel höher liegen als die für die Diesel- und Elektrolokomotiven“. Dann ist es aber befremdlich, dass zwischen Kimberley und De Aar die Dampftraktion sich als die billigste herausstellte. Dieser Artikel unterstellte außerdem, dass die SATS noch im Jahre 2020 Dampflokomotiven in erheblicher Stückzahl einsetzten würden!

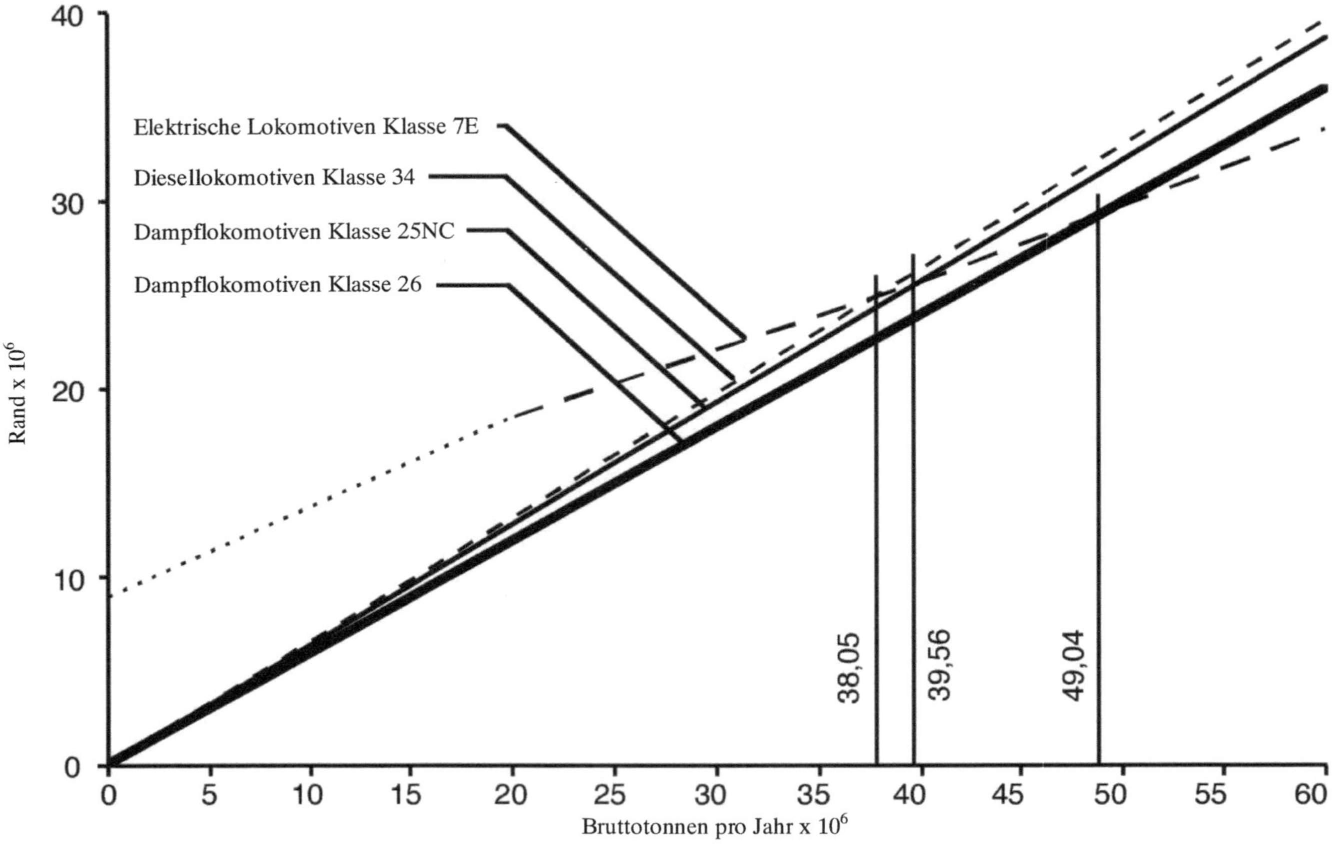

Abb. 145
SAR: Vergleich der jährlichen Traktionskosten auf der Strecke Kimberley – De Aar auf dem Kostenniveau von 1982-83

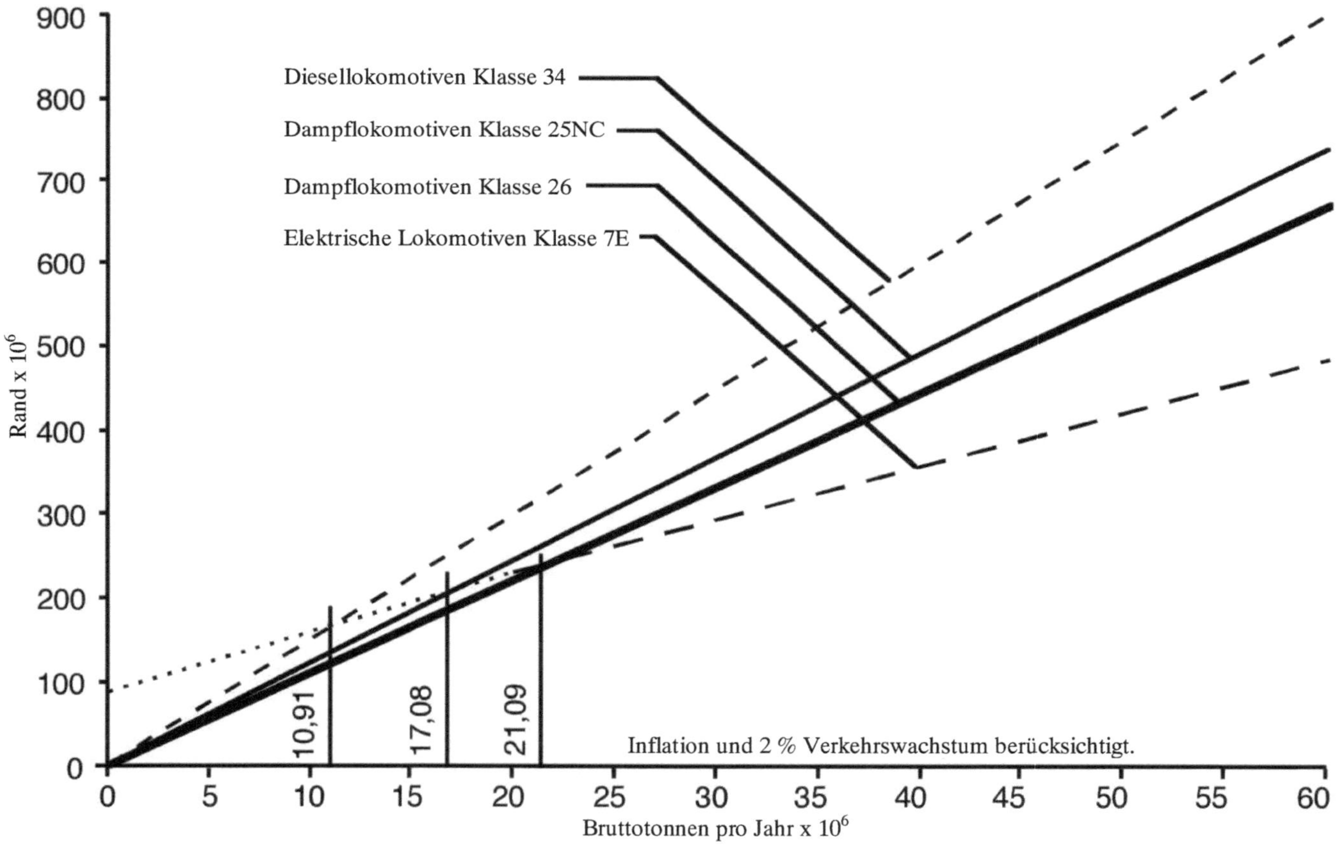

Abb. 146
SAR: Vergleich der Traktionskosten auf der Strecke Kimberley – De Aar: Kostenentwicklung in den nächsten 20 Jahren bezogen auf Preisstand 1983 unter Einschluss der Kapitalkosten aller Lokomotiven

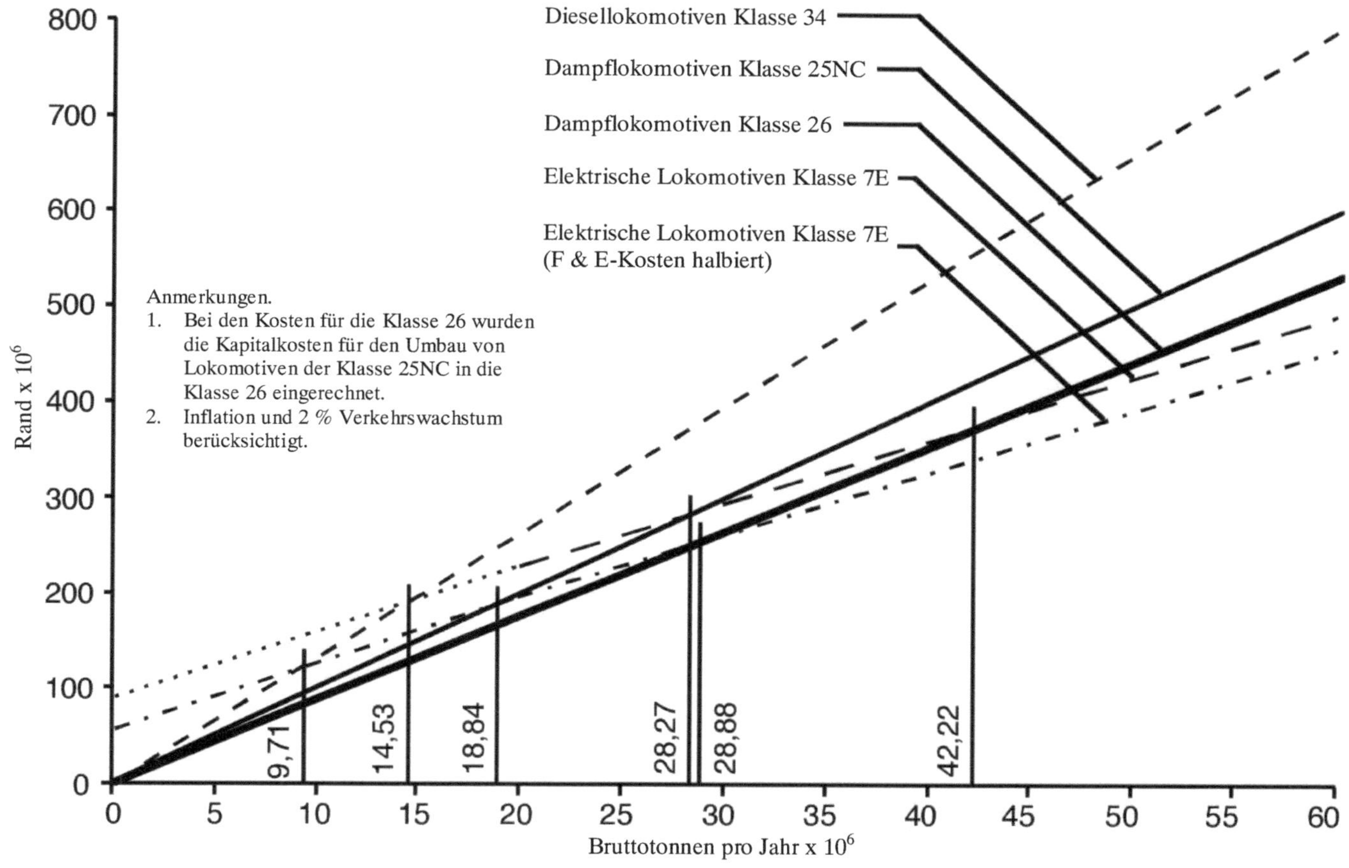

Abb. 147
SAR: Vergleich der Traktionskosten auf der Strecke Kimberley – De Aar: Kostenentwicklung in den nächsten 20 Jahren bezogen auf Preisstand 1983 ohne Kapitalkosten der Dampf- und Diesellokomotiven

die Vorzüge des Prototyps auch für eine Flotte solcher Lokomotiven würden realisieren lassen. Der Bericht zu den Traktionskosten stellte fest, dass sich die Umbaukosten in etwa 2,5 Jahren amortisieren würden. Falls alle für die Dienstpläne der Relation Kimberley – De Aar benötigten Lokomotiven so umgebaut würden, dann betrügen die Kosten dafür auf dem Preisniveau 1983 1 513 000 Rand. Yspeert und Lewis waren allerdings mit den Kostenansätzen des Unterausschusses nicht einverstanden und verweigerten ihre Unterschrift unter dem Bericht. Hauptsächlich stellten Sie die Zahlen für den Transport der Lokomotivkohle in Frage und verfassten einen Nebenbericht, der dem Hauptbericht beigefügt wurde. Das zerstörte den Schulterschluss des Hauptberichts. Es sei daran erinnert, dass den oben angegebenen Pro-Dampf-Empfehlungen auch von den Repräsentanten der Diesel- und Elektrointeressen zugestimmt worden war. Abweichende Daten in dem Nebenbericht hätten dazu Anlass geben können, die allgemeine Überzeugung bestätigt zu finden, wonach Statistiken in einer Weise beeinflusst werden können, dass sie aussagen, was immer man wollte und deshalb nicht zuverlässig waren.

Der eigentliche Ausschuss zur Traktionspolitik verlor keine Zeit und hatte für den 16. März 1983 eine Zusammenkunft zur Diskussion der Ergebnisse des Unterausschusses anberaumt. Der Vorsitzende des Hauptausschusses war J. Raydn von der Betriebsabteilung und er hatte Mitglieder aus den Betriebs-, Planungs-, CME- und CEE-Abteilungen, von dem Büro des Leitenden Superintendenten (Technik) und weitere sechs Mitglieder aus dem Unterausschuss, darunter van der Merwe und Boshoff. Das Sitzungsprotokoll dieser Zusammenkunft war recht bemerkenswert. Der Ausschuss akzeptierte die fortgesetzte Anwendung der Dampftraktion zwischen Kimberley und De Aar, *kurzfristig, und unter der Voraussetzung, dass keine anderen Umstände aufkamen, die eine Verdieselung begünstigten.* Ebenso wurde die Empfehlung, einige weitere 25NC in 26 umzubauen, unterstützt, aber der Ausschuss beschloss, die Angelegenheit an den CME zur endgültigen Entscheidung über die Durchführung weiterzuleiten. Der Repräsentant des CME in dem Ausschuss war Ferreira, der seiner grundsätzlichen Zustimmung zu diesem Vorschlag Ausdruck verlieh, aber bezweifelte, ob die Dampftraktion lange genug weiter beibehalten werden würde, um die Umbaukosten wieder einzufahren. Er brachte auch erneut alte Angelegenheiten auf, wie der Übergang zur Druckluftbremse und die Unmöglichkeit, mit Dampflokomotiven sehr lange Züge zu befördern. Es mag vielleicht einige im Ausschuss gegeben haben, die der Ansicht waren, dass verbesserte Dampflokomotiven auch zeitlich unbegrenzt weiter verwendet werden könnten, aber die Mehrheit schien sich auf die Vorstellung versteift zu haben, dass die weitere Lebensdauer der Dampftraktion begrenzt war, komme was da wolle, und dass Verbesserungen an ihr nur durch eventuelle Einsparungen an Betriebskosten innerhalb dieser Restlebensdauer zu rechtfertigen waren. Diese abweichenden Standpunkte waren die Crux der ganzen Angelegenheit. Es sei daran erinnert, dass der 25NC-Umbauplan, wie tatsächlich ausgeführt, zum Ziel hatte, zu zeigen, dass Dampflokomotiven soweit verbessert werden konnten, dass sie wirklich konkurrenzfähig und damit für die Gegenwart und Zukunft als eine der Traktionsarten akzeptabel wurden. Ich war der Auffassung, dass die erreichten Ergebnisse in ausreichender Weise demonstrierten, dass dies kein Hirngespinst war, und ich glaube, dass ich zu der Zeit bei den SAR nicht der einzige war, der so dachte. Aber solange die vorherrschende Sichtweise der Idee verhaftet blieb, dass die Dampflokomotive *abtreten musste*, wurde es schnell klar, dass es wenig Nutzen brachte, Lokomotiven so kurz vor dem Ende ihres Arbeitslebens so umfänglich umzubauen und folglich diese Arbeiten nicht ausgeführt werden würden. Genau so kam es dann auch. Für den Umbau weiterer 25NC wurde keine Genehmigung erteilt, und auf der Strecke Kimberley – De Aar wurden die Dampflokomotiven allmählich durch die Dieseltraktion ersetzt. Hiermit war also der Punkt der größten Annäherung an eine Wiedergeburt der Dampftraktion auf den SAR erreicht, und ich weiß nicht, wie nah diese Annäherung tatsächlich war.[1]

Tatsächlich hatte der Bericht des Unterausschusses, wie auch meine eigene Arbeit, keine wirkliche Bedeutung, weil im Widerspruch zu der offensichtlichen Marschrichtung stehend, zu der die SAR entschlossen waren. Die Fakten und Zahlen waren schön und gut, aber sie bedeuteten nichts angesichts des Strebens und Willens der Spitzenleute, die Dampftraktion abzuschaffen. Das war es, was sie wollten und sie würden es bekommen, falls nötig unter Erarbeitung ihrer eigenen „Fakten und Zahlen" zugunsten ihrer Sache, aber es war noch einfacher, Gegenstimmen zu ignorieren und den eigenen Weg weiterzugehen. Das war sicherlich die Praxis in der Abteilung des CME, wie es dem Leser bereits klar geworden sein wird, und kurz bevor ich die SAR verließ, machte ich eine Liste aller meiner unbeantwortet gebliebenen schriftlichen Anfragen und Vorschläge bezüglich der Dampftraktion.[2] Es war eine eindrucksvolle Liste und enthielt ein auf Wunsch des Ausschusses für Traktionspolitik verfasstes Memorandum an den CME bezüglich des versuchsweisen Umbaus von zehn 25NC in 26.[3] Falls sich die SAR für die Dampftraktion interessiert hätten, wäre die Lage anders gewesen. Im Großen und Ganzen hatte 3450 die ursprünglichen Behauptungen in Bezug auf die Eigenschaften einer umgebaute 25NC bestätigt, und gemessen an diesem Kriterium sollte sie als Erfolge betrachtet werden. Unzweifelhaft wären ihre Leistungen anerkannt worden, falls diese Arbeiten dreißig Jahre früher durchgeführt worden wären. Es wäre dies der Ausgangspunkt für weitere Entwicklungen gewesen, idealerweise in Form vollständig neuer Lokomotiven, um aus den Erfolgen Gewinn zu ziehen und die ungelösten betrieblichen Probleme (die schwachen Glieder der Kette) auszuschalten. Aber nicht in den achtziger Jahren, eher im Gegenteil. Zum Beweis sei angeführt, dass die Probleme besonders als Begründung hervorgehoben wurden, keine weiteren Lokomotiven umzubauen.

Wenn man bedenkt, dass die meisten Führungskräfte im Büro des CME von der mehr oder weniger planmäßigen Abschaffung des Dampfbetriebs wussten, mag man sich wundern, warum es mir möglich war, so lange mit 3450 herumzuspielen und mir sogar eine recht gute Zusammenarbeit vonseiten verschiedener Dezernate innerhalb der Abteilung gewährt wurde, speziell vom Versuchsdezernat während der Indizierfahrten im Jahre 1983. Die Antwort besteht möglicherweise darin, dass es aus Sicht der Öffentlichkeitswirkung gut war, sagen zu können, dass die Dampftraktion weiterentwickelt wurde, jedenfalls solange es um geringe Geldbeträge ging. Aber so wie ich meine Schliche angewendet hatte, um den Umbau der 25NC nach meinen Vorstellungen ohne Wissen meiner Vorgesetzten zu gestalten, so benutzten sie nun, wie es aussah, umgekehrt den gleichen Trick, indem sie stillschweigend die Forderungen aus den Arbeiten ignorierten, insbesondere, sobald es um eine große Summe für den Umbau von zehn Lokomotiven ging. Außerdem sorgten die leitenden Ingenieure nach meinem Weggang von den SAR dafür, dass die Entwicklungsarbeiten an der Dampftraktion nicht durch Le Sueur und Waller fortgeführt wurden. Waller hatte Ende 1983 die Aufgabe bekommen, zu prüfen, ob die Zugkraft der (1C1)(1C1)-Lokomotiven auf 610-mm-Spur, Klasse NGG16 *(Anm. d. Übers.: h4, Garratt, Bahn-Nrn. 85 bis 88, 109 bis 116, 125 bis 131, 137 bis 143, 149 bis 156, 34 Stück in 5 Lieferlosen; Cockerill, Beyer-Peacock und Hunslet-Taylor, 1937 bis 68)*, vergrößert werden könnte, um einem Verkehrsansturm zu begegnen, der zu der Zeit auf einer der Schmalspurstrecken in Natal aufgetreten war. Aber schon bald wurde er von dieser Arbeit abgerufen und in dem Ausbesserungswerk Bloemfontein eingesetzt, nur um schon bald wieder nach Pretoria zur Arbeit in der Abteilung Zugdynamik versetzt zu werden. Da er es zu jeder Zeit klar gemacht hatte, dass er nur nach Südafrika gekommen war, um an den Dampflokomotiven zu arbeiten, kündigte er darauf und kehrte zur SLM zurück. Aufgrund seiner beharrlichen Bemühungen war er schließlich in der Lage, mit der H2/3-Baureihe die Dampflokomotiventwicklung wieder aufzunehmen. Diese Maschinen, deren erste im Mai 1992 an die Brienz-Rothorn-Bahn geliefert wurde, kamen für verschiedene Touristenbahnen zur Ausführung. Die Konstruktion enthielt einige neuartige Merkmale zur Verbesserung der betrieblichen Leistungsfähigkeit, die dazu führen könnten, die Zukunft der Dampftraktion auf Touristen- und Museumseisenbahnen, *wo die Unternehmensleitung ausdrücklich Dampflokomotiven wünscht oder wegen der Publikumswünsche haben muss* und wo die Bereitwilligkeit der Betreiber deutlicher hervortreten sollte, als bei anderen gewerblichen Unternehmungen, zu verbessern. Um auf Le Sueur zurückzukommen, so war er bereits im Jahre 1983 nach Kimberley versetzt worden, aber mit der Übernahme der dortigen Direktion durch ein weniger dampffreundliches Individuum im folgenden Jahr wurde er im August 1984 nach Pretoria zurückgeschickt, wo er schließlich auf dem Posten eines Stellvertretenden Ingenieurs (Dampflokomotiven) landete, anscheinend mit der Maßgabe, dass er nicht an der Dampftraktion arbeitete! Es ist nicht weiter überraschend, dass auch er und die SAR nach ein paar Monaten getrennte Wege gingen.

Bevor wir darauf eingehen, wie der Kampf für die Dampftraktion vielleicht wirkungsvoller hätte geführt werden können, ist es erforderlich die Sache aus der anderen Perspektive zu betrachten und sich im Einzelnen anzuschauen, warum die SAR-Unternehmensführung die Dampftraktion nicht länger wollte. Es können nicht nur die Kosten gewesen sein, weil in dem Fall die Reaktion auf die Kostenstudie von 1983 eine andere gewesen wäre. Ein Artikel in der Zeitung *Rand Daily Mail* vom 30. Dezember 1976 kommt der Wahrheit näher. Der seinerzeitige Generaldirektor der SAR, Dr. Loubser, sagte dem Artikel zufolge, dass „man nicht nur auf die Kosten schauen sollte, sondern auch auf die Betriebseigenschaften der Triebfahrzeuge". Ob man dem nun zustimmt oder nicht, so war das zweifellos die Sichtweise der Betriebsabteilung. Das war keine Überraschung. Als der Geld einnehmende Teil der Eisenbahn und damit mächtigsten Abteilung, wünschte sie sich natürlich den Einsatz der leistungsfähigsten Lokomotiven. So wie eine Person ein Kraftfahrzeug hauptsächlich nach der Leistungsfähigkeit beurteilt und dasjenige kauft, welches für ihn oder sie die beste Leistung erschwinglich macht, so wollte die Betriebsabteilung die leistungsfähigsten Lokomotiven, die sich die Eisenbahn leisten konnte und nicht unbedingt die billigsten. Es gab natürlich den Unterschied, dass die Einzelperson ihr eigenes Geld ausgab, wohingegen Eisenbahnen öffentliche Gelder ausgaben, aber den Betriebsleuten kann nicht wirklich für den Versuch, zu bekommen, was sie für das Beste hielten, ein Vorwurf gemacht werden. Es erhebt sich nun die Frage, ob die betriebliche Leistungsfähigkeit der Diesel- und elektrischen Traktion der Dampftraktion wirklich überlegen war? *Basierend auf den drei Traktionsformen, wie sie während meiner Zeit dort bei den SAR tatsächlich im Einsatz standen*, muss die Antwort ein uneingeschränktes Ja sein. Ich bin sicher, dass es für manchen Leser diese Buchs wie Ketzerei erscheint, aber es ist die Wahrheit und diese Tatsache zu verkennen ist eine große Täuschung.

---

[1] Der Bericht zu den Traktionskosten sickerte nach Außen durch und wurde von den Dampflokomotivliebhabern als letzte Wahrheit gefeiert (zum Beispiel R. Freeman, Steam is More Economical Than Diesel Traction, Railway World, September 1985). Als es offensichtlich wurde, dass der Bericht auf die Triebfahrzeugentwicklungen der SAR keinen Einfluss hatte, war die Fangemeinde natürlich etwas verwirrt und enttäuscht. Ein wenig mehr Wissen um die wirklichen inneren Vorgänge auf der Führungsebene einer Eisenbahn, das heißt, dass es im Wesentlichen nach den Wünschen der Führungskräfte läuft, hätte jede Illusion über den möglichen Einfluss eines solchen Berichts in Luft aufgelöst. Alles, was für die Dampflokomotivfreunde übrig blieb, war eine Verpflichtung auf dem Papier zur Erhaltung von Lokomotiven.

[2] Manchmal schien es an 3450 mehr Interesse aus Übersee zu geben, als innerhalb meiner eigenen Abteilung, da aus solchen Ländern wie den USA, Großbritannien und Australien technische Anfragen kamen. Das South African Department of Mineral and Energy Affairs zeigte sich ebenfalls interessiert und erhielt Ende 1982 entsprechende Informationen einschließlich einer Kopie des offiziellen Versuchsberichts vom September 1982. Verständlicherweise war dieses Ministerium an der Nutzung südafrikanischer Bodenschätze interessiert, und ich setzte einige Hoffnung darauf, dass es Druck auf die Eisenbahnen ausüben würde, weiterhin Kohle zu nutzen, aber nichts kam dabei heraus.

[3] Memorandum Az. RLS 15/2/22 vom 20.05.1983. Eine wesentliche Aussage in diesem Memorandum war, dass [nach dem Abschluss der Versuche mit 3450] „die Konstruktionsarbeiten für weitere Lokomotiven abgeschlossen werden können", aus der deutlich gemacht wurde, dass ich 3450 nicht als das Endprodukt des Entwicklungsprozesses ansah.

Wenn auch die Dampftraktion scheinbar in einigen Fällen in Bezug auf geleistete Tonnenkilometer pro Rand die größte Produktivität aufwies, so hatten die anderen Traktionsformen eine wesentlich höhere Produktivität in Bezug auf Tonnenkilometer je Mannstunde und Tonnenkilometer je Gewichtseinheit verbrauchten Brennstoffs, und das war es, was für die Betriebsleute zählte. Bleiben wir zunächst bei dem Letzteren, so muss man sagen, dass für jede Traktionsart oft pauschale thermische Wirkungsgrade genannt wurden, die für den ganzjährigen Betrieb nicht zutreffend sind. Kein einziger Wert für den thermischen Wirkungsgrad kann auf diesen bezogen werden, außer solchen, die die gesamte Zughakenarbeit zu dem gesamten Energieaufwand für die Durchführung eines Plandiensts über einen längeren Zeitabschnitt, sagen wir ein Jahr, in Beziehung setzen. Darin sollten nicht nur der direkte Brennstoffverbrauch der Lokomotiven enthalten sein, sondern auch indirekte Verbräuche, wie zum Beispiel die Energie für deren Herstellung, Unterhaltung und Reparatur, für das Anfertigen und Transportieren von Ersatzteilen, die Errichtung, Instandhaltung, Beheizung und Beleuchtung der Einrichtungen zur Unterhaltung, Wartung und Herstellung, für den Abbau, Aufbereitung und Transport aller verbrauchten Brennstoffe, und so weiter. Mir ist nicht bekannt, ob so eine wahrhaftige Messung des Gesamtwirkungsgrads jemals akkurat durchgeführt worden ist und könnte mir vorstellen, dass die Ergebnisse für alle Traktionsformen ziemlich beunruhigend wären. Mit dem Wissen, dass es mit den bei den SAR verfügbaren Zahlen unmöglich war, den Versuch einer Berechnung eines pauschalen Werts zu machen, unternahm ich es im Jahr 1982 eine genaue Berechnung des auf die Ebene bezogenen thermischen Gesamtwirkungsgrads bei konstanten 50 km h^{-1} und 70 % der Nominalleistung am Radumfang anzustellen, was als repräsentativ für die gewöhnlichen Zugförderungsverhältnisse bei Güterzügen der SAR angesehen wurde.[1] Die Ergebnisse sahen so aus:

Dampftraktion: Klasse 25NC: 5,6 %
Elektrische Traktion: Klasse 6E1 (3 000 V Gleichstrom): 21,1 %
Dieseltraktion: Klasse 35 (General-Motors-Lieferung): 25,1 %

Es war interessant, dass der Wert für die elektrische Traktion unter dem der Dieseltraktion lag, was hauptsächlich eine Folge des zu der Zeit relativ niedrigen Wirkungsgrads der elektrischen Energieerzeugung in Südafrika, 28,1 %[2], war, was dazu führte, dass der Wirkungsgrad für die Energieumwandlung von der Rohkohle bis zur elektrischen Energie in den Oberleitungen der SAR nur 24,1 % betrug. Die thermischen Gesamtwirkungsgrade der drei Lokomotivarten verhielten sich wie 1,0 : 3,77 : 4,48 oder anders gesagt, von der gleichen Größenordnung, wie allgemein angenommen. Allerdings ergaben die Versuche des Jahres 1982 für einen Umlauf zwischen Beaconsfield und De Aar die Ergebnisse in der Tabelle 60.

Tabelle 60
Ergebnisse von Verbrauchsmessfahrten zwischen Beaconsfield und De Aar, SAR Dampf- und Diesellokomotiven

	Dampflokomotive Klasse 25NC	Dampflokomotive Klasse 26	Diesellokomotive Klasse 34
Anhängelast, Hinfahrt, Tonnen	1 303	1 303	1 705
Anhängelast, Rückfahrt, Tonnen	1 071	1 071	1 332
Gesamtfahrzeit, Minuten[1]	556	585	560
Brennstoffverbrauch	19,33 Tonnen	14,00 Tonnen	2705 Liter / 2,21 t
Gesamttonnenkilometer	$5{,}46 \times 10^5$	$5{,}46 \times 10^5$	$6{,}99 \times 10^5$
Brennstoffproduktivität, tkm kg^{-1}	28,25	39,00	316,07
H_o[2] des Brennstoffs MJ kg^{-1}	26,9	26,9	46,0
Energieproduktivität, tkm MJ^{-1}	1,05	1,45	6,86

Anmerkungen:
1. Siehe Anmerkung 1, Tabelle 49, zur Erklärung der unterschiedlichen Fahrzeiten von 3428 und 3450.
2. *Anm. d. Übers.: Übliche Abkürzung für „oberer Heizwert" in der deutschen Techniksprache.*

Bei diesen Messfahrten war das Verhältnis der Energieproduktivität wie 1,0 : 1,38 : 6,54 für die Klassen 25NC, 26 und 34, beziehungsweise war die Überlegenheit der Diesellokomotive größer als in meinen Berechnungen. Was aber für die Betriebsleute wirklich zählte, war die Brennstoffproduktivität mit den entsprechenden Werten von 1,0 : 1,38 : 11,19, das heißt, eine weitere Verschiebung zugunsten der Diesellokomotive, wegen des im Vergleich zum Dieselkraftstoff wesentlich geringeren Heizwerts der Kohle, eine unabänderliche Tatsache, die den Dampfbetrieb der SAR belastete. Vergleicht man also Diesellokomotiven mit konventionellen Dampflokomotiven, das war der Vergleich, den man zu der Zeit, als sich die Traktionspolitik zugunsten der Diesellokomotive verhärtete, anstellen musste, so benötigte man *elfmal mehr* Brennstoff, um eine Tonne einen Kilometer weit mit einer Dampflokomotive über die Strecke Kimberley – De Aar, die wegen ihrer relativ geringen Steigungen für die Dampftraktion besonders vorteilhaft war, zu befördern als mit einer Diesellokomotive. Es sei auch darauf hingewiesen, dass der Bericht zur Dieseltraktion von 1955 (siehe Seite 1) Vergleichszahlen zum Brennstoffverbrauch von verschiedenen Eisenbahnen zitierte, die im Streckendienst ähnliche Verhältniszahlen wie oben ergaben. Sie variierten von einem Kleinstwert von 8 in Deutschland bis zu einem Größtwert von 13,5 bei Union Pacific Railway in den USA. Im Ergebnis nahm der Untersuchungsausschuss an, 9 Tonnen Kohle bei der Dampflokomotive entsprechen einer Tonne Dieselöl bei der Diesellokomotive, was unter den typischen SAR-Verhältnissen möglicherweise ein Irrtum zugunsten der Dampftraktion war. Im Rangierdienst war die Lage noch schlechter. Es wird davon berichtet, dass Dampflokomotiven hier fünfzehn- bis zwanzigmal so viel Brennstoff verbrauchten wie Diesellokomotiven. Der Ausschuss übernahm die Zahl fünfzehn. Selbst unter Berücksichtigung der abweichenden Heizwerte von Kohle und Dieselöl waren diese Dampflokomotivverbräuche gegenüber den Diesellokomotiven sogar noch höher, als nach den entsprechenden nominellen Wirkungsgraden vorauszusehen war. Doch die SAR-Versuche bestätigten den jeweiligen Wert im Streckendienst und deuteten an, dass der tatsächliche thermische Wirkungsgrad der Dampftraktion im täglichen Dienst um einiges unter dem gemeinhin angenommenen Wert von 6 bis 7 % liegen musste. Für die Betriebsleute ergaben sich daraus ungeheure Konsequenzen. Es bedeutete das Befördern von nicht produktiven, erlösfreien Zügen zum Transport der Lokomotivkohle und das Vorhalten und Unterhalten von Bekohlungseinrichtungen, wofür die Aufwendungen im Fall der Strecke Kimberley – De Aar gegenüber den Erfordernissen für die Dieseltraktion, grob gesprochen etwa um den gleichen Faktor wie oben von 11 : 1, höher lagen. Bei der elektrischen Traktion brauchte die Betriebsabteilung die Kohle nur in die Kraftwerke zu fahren, ein Erlös einfahrender Verkehr, und danach hatte sie mit der Übertragung der elektrischen Energie nichts mehr zu tun.

---

[1] Zum Verständnis dafür, dass die Zahlen für den thermischen Gesamtwirkungsgrad am Zughaken sehr von den Umständen abhängen, sollte beachtet werden, dass der Wert für jede Lokomotive bei der Kombination aus Steigung und Geschwindigkeit null ist, bei der sie ihre gesamte Leistung zur Eigenbewegung aufbraucht. Für jede Lokomotive gibt es eine Geschwindigkeit mit dem Wirkungsgrad null, die mit der Steigung variiert.

[2] Quelle: Vortrag Nr. 3.1., Conference on Energy and Its Future in South Africa, Universität Kapstadt, vom 28.04.1975 bis zum 01.05.1975.

In Zeiten florierenden Verkehrs mit bis an die Grenze belasteten eingleisigen Hauptstrecken sah die Betriebsabteilung die erlösfreien Züge des betrieblichen Eigenbedarfs sehr ungern. Nicht nur war die Zugförderungskapazität der Dampftraktion geringer, sondern solche Züge, wie die für die Lokomotivkohle, verringerten auch noch die Zahl der möglichen Erlös einfahrenden Züge, und sie mussten darüber hinaus auch noch vorrangig abgewickelt werden oder der ganze Dienstplan wäre kollabiert. Zusätzlich enthielt Lokomotivkohle in Südafrika 15 bis 20 % Asche, so dass also bis zu einem Fünftel des Gewichts der in die Depots transportierten Kohle nur Ballast war, und das, was davon nicht aus den Schornsteinen ausgestoßen wurde, musste wieder auf der Schiene abgefahren und entsorgt werden. Es mussten Entaschungsanlagen vorgesehen werden, die an verkehrsreichen Stellen wie Orange River die Form ganzer Dörfer eingeborener Arbeiter annahmen und für die alle die Betriebsabteilung zuständig war. Damit ergaben sich aus der ineffektiven Verbrennung mittelmäßiger Kohle praktische Konsequenzen, die in den Augen der Betriebsleute sehr schwerwiegende Beeinträchtigungen darstellten. Es ergaben sich daraus auch Beschwerden des Publikums, wegen des Problems des Löscheauswurfs bei Reisezügen und wegen der allgemeinen Verschmutzung überhaupt, die die Betriebsseite beantworten musste (siehe Tafel 61). In gleicher Weise umstritten war die Notwendigkeit, Einrichtungen zur Wasserversorgung und Wasseraufbereitung vorhalten und unterhalten zu müssen, was in einem im Wesentlichen trockenen Land nicht immer ganz einfach war. Es kam nicht selten vor, dass erlösfreie Züge mit Wassertankwagen an die Wasserversorgungsstellen gefahren werden mussten, wo die örtliche Versorgung vorübergehend ausgetrocknet war oder dass der Erlös einbringende Frachtanteil von Zügen verringert werden musste, weil Wassertankwagen für die Lokomotiven eingestellt werden mussten. Für die Betriebsabteilung war das bei der Dampftraktion einfach notwendig, nicht aber bei der Diesel- und Elektrotraktion. Das Ausmaß dieser betrieblichen Unzuträglichkeiten wäre geringer gewesen, falls die Dampftraktion der SAR effektiver gewesen wäre als sie war. Die Politik, sich nicht um den bestmöglichen thermischen Wirkungsgrad zu kümmern, „weil Kohle in Südafrika billig ist", war letztendlich verhängnisvoll für die Dampftraktion, da sie die weiter reichenden Auswirkungen des geringen Wirkungsgrads, wie oben erörtert, nicht in Betracht zog.

Wir kommen nun zu dem anderen Produktivitätskriterium, den Tonnenkilometern je Mannstunde. In der Abb. 148 ist die maximale Zugkraft am Radreifen über der Geschwindigkeit für die Dampfklassen 25NC und 26, die Dieselklassen 34 und 37, sowie für die elektrische 25kV-Wechselstrom-Lokomotivklasse 7E dargestellt. Die Überlegenheit von Diesel- und Elektrolokomotiven bei der Beförderung von schweren Güterzügen über große Steigungen, wo rohe Zugkraft das Haupterfordernis war, ist offensichtlich, doch in der Praxis war sie sogar noch größer, als es sich aus dieser Abbildung ergibt, weil die Dampflokomotiven ein Betriebsgewicht mit vollen Vorräten von 225 bis 230 Tonnen hatten, gegenüber den 111 Tonnen der Klasse 34, den 126 Tonnen der Klasse 37 und den 124 Tonnen der Klasse 7E. Damit war der Anteil der Radumfangszugkraft zur Eigenbewegung der Lokomotive bei den Dampflokomotiven größer, besonders auf größeren Steigungen, was einer der Faktoren war, der die Auffassung der inhärenten Nichteignung der Dampflokomotive für sehr große Steigungen unterstütze. (Bei der Fahrplanaufstellung war es normale SAR-Praxis, die Maximalzugkraft der Diesellokomotiven beim Anfahren zu 25 % und für die größte Dauerzugkraft zu 20 % des Reibungsgewichts anzunehmen. Bei der elektrischen waren diese Werte 30 % beziehungsweise 20 bis 25 %. Für die Dampflokomotiven waren die Anhängelasten so festgelegt, dass sie keine höhere Radumfangszugkraft als 25 % des Reibungsgewichts erforderten.) Bei der Annahme einer vernünftigen Bergaufgeschwindigkeit für Güterzüge von 25 km h^{-1} gelten die Daten in der Tabelle 61.

Tabelle 61
Vergleich der Zugkräfte ausgewählter Dampf-, Diesel- und Elektrolokomotiven der SAR

Maximalzugkraft am Radumfang bei 25 km h^{-1}	Klasse				
	25NC	26	34	37	7E
In kN	185	200	218	245	300
In % des Betriebsgewichts der Lokomotive mit vollen Vorräten	8 %	9 %	20 %	20 %	25 %

Für die vorherrschenden Plandienste und für das hügelige bis gebirgige Terrain, durch das die meisten Züge gefahren werden mussten, waren die Diesel- und Elektroklassen für die Betriebsabteilung ganz klar viel brauchbarer, was eine Folge der im Wesentlichen schlechten Ausführung der SAR-Dampflokomotivkonstruktionen in Bezug auf die betrieblichen Anforderungen war. Selbst auf der „flachen" Route Kimberley – De Aar wird die praktische Überlegenheit der Klasse 34 als Betriebsmittel sowohl gegenüber der Klasse 25NC als auch der 26 aus den Angaben in der Tabelle 60 deutlich, aus der hervorgeht, dass sie in praktisch der gleichen Fahrzeit 28 % mehr Tonnenkilometer produziert hatte, obwohl ihre Maximalleistung *geringer* als die der Dampflokomotivklassen war, aber eben nicht die bei den Bergaufgeschwindigkeiten von Güterzügen. Wiederum war die Überlegenheit der Diesellokomotive größer als es aus den Zahlen hervorgeht, und zwar dank der Tatsache, dass es bei ihr keine lokomotivbedingten Zwischenhalte auf der Strecke gab und wegen der kürzeren Wendezeiten in De Aar, so dass, obwohl die eigentlichen Fahrzeiten in den Blockabschnitten ähnlich waren, die Gesamtzeit für den Umlauf bei der Diesellokomotive merklich kürzer war. Bei dem Einsatz vor Reisezügen auf relativ flachen Routen sah die Sache anders aus. Aber obwohl aus der Abb. 148 für die 25NC ein Zugkraftvorteil gegenüber den Diesellokomotiven bei den Reisezuggeschwindigkeiten erkennbar ist (und überraschenderweise bei den höchsten Geschwindigkeiten sogar eine größere Zugkraft als bei der 7E), war eine 25NC in der Praxis einer Diesellokomotive der Klasse 34 kaum überlegen. Bei der auf Seite 306-7 beschriebenen Rückkehr zur Dampftraktion der Reisezüge zwischen Kimberley und De Aar im Jahr 1986 wurde eine Diesellokomotive der Klasse 34 in Einfachtraktion bei einem Umlauf mit dem Trans-Karoo-Express ausprobiert, nachdem die 25NC die Fahrzeiten nicht einhielten und schaffte es in etwa ebenso gut, wobei ihr das Fehlen lokomotivbedingter Unterwegshalte einen klaren Vorteil verschaffte. Da Angebote für Langstreckenreisezüge in Südafrika während der achtziger Jahre praktisch verschwanden, war eine mögliche Überlegenheit modifizierter Dampflokomotiven für solche Einsätze im Großen und Ganzen akademischer Natur.

Die oben angeführten Vergleiche beziehen sich bei den Dampf-, Diesel- und Elektrolokomotiven jeweils auf die Einfachtraktion. Nun ist allerdings einer der betrieblichen Hauptvorteile der Diesel- und Elektrotraktion ihre Fähigkeit, unter der Führung einer Lokomotivmannschaft in Mehrfachtraktion arbeiten zu können, eine ideale Eigenschaft unter den Bedingungen auf den SAR-Hauptstrecken. Damit wurden lange und schwere Züge nunmehr eine praktikable Möglichkeit, und dadurch konnten sowohl die Streckenkapazität als auch die Produktivität der Lokomotivmannschaften erheblich vergrößert werden. Mehr als alles andere sah die Betriebsabteilung das als den fundamentalen Vorteil der Diesel- und Elektrotraktion an und das zu ihrer Abkehr von der Dampftraktion führte, geradeso wie es in Nordamerika zwanzig Jahre zuvor geschehen war. Dieser Vorteil bestand tatsächlich, aber unglücklicherweise schien er die Betriebsleute und ihre Verbündeten in den maschinen- und elektrotechnischen Abteilungen zu hypnotisieren und blind zu machen gegenüber der Tatsache, dass es viele betriebliche Situationen gab, in der das nicht genutzt werden konnte. Allerdings würden sie darauf antworten, dass sie die Option hätten, das je nach den Umständen zu nutzen oder nicht, eine Option, die man also als „betriebliche Flexibilität" bezeichnen könnte.

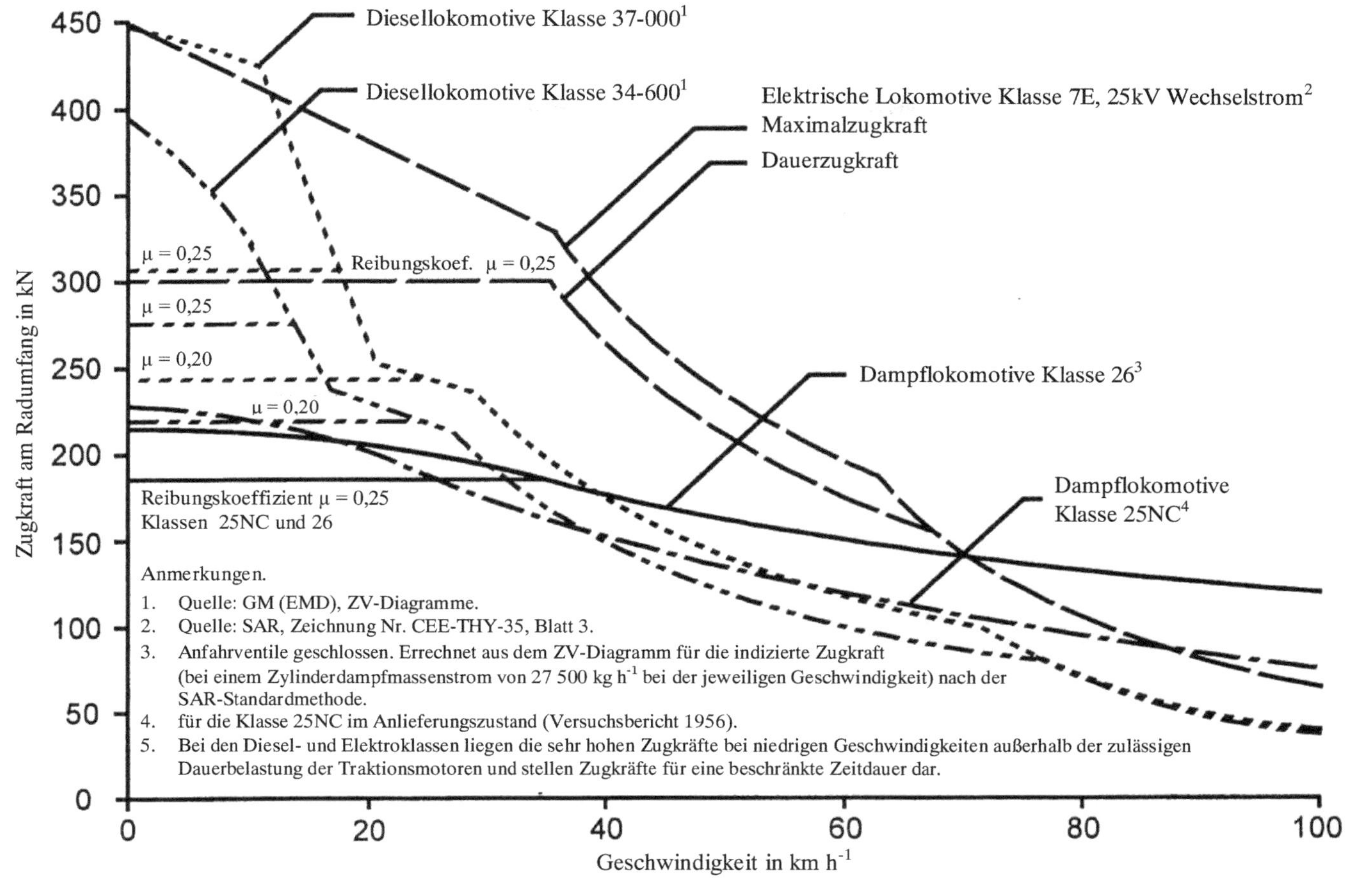

Abb. 148
SAR: Ausgewählte Dampf,- Diesel- und Elektrolokomotivklassen: Zugkraft am Radumfang über der Geschwindigkeit

In den Augen der Betriebsleute gab es in Bezug auf die verbesserte Produktivität bei der Abkehr von der Dampftraktion noch mehr zu gewinnen, und das bestand in den wesentlich geringeren Wartungsanforderungen der Diesel- und Elektrotraktion. Ein Beispiel wird genügen, um diesen Standpunkt zu erläutern. Auf der Strecke Worcester – Port Elizabeth gab es zu Zeiten des Dampfbetriebs Depots und Lokomotivstationen in Worcester, Riversdale, Voorbai, Oudtshoorn und Klipplaat sowie Rosmead und Graaf Reinet für die Strecke zwischen Klipplaat und Rosmead. Dazu kamen die Depots in Noupoort und Sydenham (Port Elizabeth), die ebenfalls Lokomotiven für diese Routen unterhielten. Nach der Verdieselung wurden sämtliche Diesellokomotiven für diese Planleistungen in einem Depot unterhalten, nämlich in Bellville in der Nähe von Kapstadt. Es mussten nur Kraftstofftankanlagen und ein Minimum an Unterhaltungseinrichtungen für den laufenden Lokomotivbetrieb vorgehalten werden, während dort ehemals eine beträchtliche Infrastruktur der Dampftraktion diente. Die Personaleinsparung und die Abschaffung so zahlreicher, lästiger kleiner Depots war für die Betriebsabteilung ein bedeutender Faktor.

Des Weiteren beklagte sich die Betriebsabteilung zunehmend über die Unzuverlässigkeit der Dampflokomotiven. Die genaue Definition von Zuverlässigkeit geht um einiges weiter in die Tiefe als die Vorstellung des Laien, die darauf beruht, ob eine Lokomotive vor einem Zug ausfällt oder nicht. Das wird in Kapitel 8 ausführlicher erläutert, aber hier war die Betriebsabteilung tatsächlich nur wegen des akuten Ausfalls besorgt. Da das allgemeine Niveau bei der Dampftraktion überall im Niedergang begriffen war (bei der Arbeitsüberwachung, der Unterhaltung, der Fahrtechnik, der Heiztechnik, bei der Kohle- und Wasserqualität), wurde die Dampftraktion so etwas wie eine Bürde auf bestimmten Streckenabschnitten. Sicher, bei den meisten Dingen lag die Verantwortung bei der Betriebsabteilung, dass die korrekten Standards eingehalten wurden, aber das zu sagen brachte einen nicht viel weiter, denn für sie war die Dampftraktion einfach zu alt, ein Betriebsmittel, mit dem sie nicht länger arbeiten konnten. Eine Studie der „Verspätungsmeldungen im Reisezugdienst“[1] für die zwölf Monate ab März 1978 offenbarte das Folgende:

Tabelle 62
Lokomotivausfallstatistik der SAR, Reisezugdienst, März 1978 bis Februar 1979

	Dampf	Elektro	Diesel
Gesamtzahl der lokomotivbedingten Verspätungen	298	967	359
Aktiver Bestand an Hauptstreckenlokomotiven in dem Zeitraum	650[1]	1 610	1 109

1. Nach meiner Abschätzung waren zu der Zeit über die Hälfte der aktiven Dampflokomotiven überwiegend oder ausschließlich im Rangierdienst eingesetzt.

Da der Nutzungsgrad in Kilometer pro Jahr und pro Lokomotive bei den Diesel- und Elektrolokomotiven seinerzeit dreimal so hoch war wie bei den Hauptstreckendampflokomotiven, konnte aus den oben genannten Daten abgeleitet werden, dass sich die Verspätungen pro Lokomotivkilometer für Dampf-, Elektro- und Dieseltraktion ungefähr wie 1,00 : 0,43 : 0,23 verhielten, das heißt, bei der Bewertung der Zugverspätungen im Reisezugdienst verursachten die Dampflokomotive zweimal so viele Verspätungen wie die Elektro- und viermal so viele wie die Diesellokomotiven. Bedenkt man dann noch, dass Dampflokomotiven im Reisezugdienst oft besonders ausgewählt wurden, dann könnte die Lage im Güterzugdienst durchaus noch schlechter gewesen sein (nach meiner Kenntnis wurden für Güterzüge keine

[1] Monatliche Ausgabe durch das Büro des Generaldirektors unter dem Az. TL 10/108/0.

Statistiken geführt, aber bei der in Kapitel 3.4 beschriebenen Form des betrieblichen Chaos wären sie auch ziemlich bedeutungslos gewesen). Das widerspricht der üblichen Auffassung des Laien, dass die Dampftraktion sehr zuverlässig ist, aber in Wahrheit verhielt es sich eher umgekehrt. Sie war ganz allgemein die unzuverlässigste Traktionsart, wobei diese Tatsache im täglichen Dienst durch die ständige Wartung verschleiert wurde, die die Dampflokomotiven im Vergleich zu den Diesel- und Elektrolokomotiven erhielten. Als die Standards ins Rutschen gerieten, was zu der Zeit des Autors bei den SAR ganz gewiss bereits eingetreten war, machte sich diese Gegebenheit mehr und mehr bemerkbar. Es war bezeichnend, dass nicht weniger als 42 % der Verspätungen bei der Dampftraktion auf Dampfmangel zurückzuführen waren, und davon wurden fast 70 % minderwertiger Kohle zugeschrieben. Aber aus der Sicht der Betriebsabteilung war das bei der ständig abnehmenden Kohlequalität unvermeidbar und musste der Dampftraktion selbst angelastet werden. Der Leser wird sich daran erinnern, dass Probleme mit der Verdampfungswilligkeit der Beweggrund zum Umbau der 2644 waren, und die Lage wurde auch nicht besser, als Garratts der GMAM-Klasse die meisten 19D nördlich von Vryburg ablösten. Auch andere Streckenabschnitte waren oft in Schwierigkeiten, wie zum Beispiel Rosmead – Graaf Reinet, als dort die GMAM eingeführt worden waren oder Oudthoorn – Klipplat, bedient von 19D, und die Betriebsabteilung sah immer zu, Diesellokomotiven einzuführen, wann immer dieses Problem auftrat.

All die auf den letzten Seiten angegebenen Argumente gegen die Dampftraktion wurden das eine oder andere Mal verwendet, um ihre Abschaffung voranzutreiben. Die meisten wurden auch bei Zusammenkünften des Lokomotivausschusses von 1978 aufgebracht, an denen ich teilnahm. Weitere wurden angeführt, wie zum Beispiel das Fehlen einer dynamischen Bremse, die Unausweichlichkeit letztendlich auf den Dampflokomotiven die Druckluftbremse einbauen zu müssen (wurden 1978 als „unmöglich“ betrachtet, war aber 1983 bloß noch „sehr teuer“; die ursprüngliche Beurteilung war zu dieser Zeit unhaltbar geworden, weil einige Kohlegruben das „Unmögliche“ getan hatten, indem sie ihre ehemaligen SAR-Dampflokomotiven mit Druckluftbremsen ausgestattet hatten), die Unmöglichkeit Personal vom „richtigen Kaliber“ für die Arbeit mit den Dampflokomotiven rekrutieren zu können, die zunehmenden Schwierigkeiten und Kosten der Instandhaltung der immer älter werdenden Lokomotiven, die Unannehmlichkeit des häufigen Kesselauswaschens, die Schadensersatzansprüche wegen Feldbränden ausgelöst durch Lokomotiven und die Verspätungen durch Wasserhalte und Feuerreinigen (gravierender im Reisezugdienst). Alle diese Argumente waren in einem kleineren oder größeren Maße für die Art von Dampflokomotiven, wie sie die SAR einsetzten, und für die dort vorhandene allgemeine Infrastruktur der Dampftraktion gültig. Ob sie für die Dampftraktion auf dem Stand des späten zwanzigsten Jahrhunderts Gültigkeit behalten hätten, steht auf einem anderen Blatt, aber es war unwahrscheinlich, dass sich diejenigen, die der sich selbst erfüllenden Prophezeiung folgten, dass die Dampftraktion „auf einer modernen Eisenbahn keinen Platz hat“, darüber viele Gedanken machten. Natürlich wurden alte Dampflokomotiven mit der neuen Diesel- und Elektrotraktion zu einer Zeit raschen technologischen Wandels verglichen, der in kurzer Zeit fast alles veralten ließ. Die 25NC waren Lokomotiven der fünfziger Jahre und es war unvernünftig, von ihnen zu erwarten, dass sie in den achtziger Jahren und darüber hinaus wettbewerbsfähig waren, aber das Argument lautete, dass *dies die Dampflokomotiven sind, die wir haben und damit diejenigen sind, die wir mit der Diesel- und Elektrotraktion vergleichen können und werden.*

Es gab allerdings einen subtileren Grund, warum die Eisenbahn im Allgemeinen und die Betriebsabteilung im Besonderen die Dampflokomotiven loswerden wollte, der vielleicht gar nicht bewusst war und über den nie gesprochen wurde. Um von Dampflokomotiven gute Ergebnisse zu erzielen, musste die Eisenbahn selbst auf allen Ebenen wesentlich mehr in Form von Mühe, Fähigkeiten und Intelligenz beitragen, als sie es bei der Diesel- und Elektrotraktion tat. Bei diesen letzteren Traktionsarten war das Denken überwiegend bereits von den Lokomotivherstellern erledigt worden, die nicht nur die Lokomotiven bereitstellten, sondern auch genaue Vorschriften zu ihrer Handhabung und Unterhaltung, wobei beide Tätigkeiten hier einfacher als bei den Dampflokomotiven war. Mit den Dampflokomotiven war es so etwas wie eine Kunst, oft mit erheblichen Mühen verbunden, um sie zum Laufen zu bringen, wohingegen das bei einer Diesel- oder Elektrolokomotive selbst von einem Kind bewerkstelligt werden konnte. Bei diesen lag die Kunst eher auf dem Gebiet der Zugförderung, besonders bei langen Zügen. Und die normale Unterhaltung beschränkte sich auf den Austausch von Teilen gegen neue aus den Fabriken der Hersteller, wozu nur wenig von der Handwerkskunst wie bei der Dampflokomotive nötig war.[1] In technischer Hinsicht benötigte die Eisenbahn bei dem Übergang auf Diesel- und Elektrotraktion wesentlich weniger eigene Ressourcen, da auch hier das technische Fachwissen bei den Lokomotivherstellern konzentriert war. All das gab der Eisenbahn mehr Spielraum bei dem, was sie zu Recht als ihre wesentliche Funktion ansah, nämlich Züge zu betreiben, ohne eine große Organisation für die Lokomotiven selbst vorhalten zu müssen, die letztendlich ja nur Betriebsmittel waren. Wenn Lokomotiven aus einem Katalog bestellt, im Wesentlichen durch einfaches Befolgen eines Baugruppenaustauschprogramms nach Weisung des Herstellers mit überwiegend zugekauften Ersatzteilen unterhalten, mit einem Minimum an Fachkenntnis gefahren, mit Brennstoff oder Energie bei größtmöglicher Einfachheit versorgt und mit einer viel kleineren Belegschaft betrieben werden konnten, dann hatten sich die lokomotivbezogenen Probleme, die die Eisenbahn selbst lösen musste, erheblich verkleinert. Mit einer Ausnahme, nämlich das alles zu bezahlen, da die Umstellung *in keinem Fall* billig war. Aber sobald das Geld zur Verfügung stand, und das war in Südafrika offensichtlich der Fall, dann würde es ausgegeben werden, um das Leben für die Eisenbahner aller Dienstgrade ein bisschen leichter zu machen, von denen, die sich mit dem Problem der Streckenkapazität herumzuschlagen hatten, bis zu dem bescheidenen Heizer, der sich auf dem komfortablen Führerstand einer Diesel- oder Elektrolokomotive ausruhen konnte, statt schwitzend Kohlen zu schaufeln und Schlacken aus den Feuern zu heben. Somit bleibt als letzte große Frage, bevor wir die SAR verlassen, zu klären, wie weit wir mit der Dampftraktion hätten kommen können, um diese Anforderungen einer modernen Eisenbahn zu erfüllen, die Lokomotivleistung und Einfachheit des Betriebs als mindestens ebenso wichtig ansah, wie die Kosten?

Die Frage verbietet sich gleich von selbst, denn für die Dampflokomotive gab es nichts Vergleichbares zu General Motors, zu General Electric oder zu der 50-Hz-Arbeitsgemeinschaft, an die sich die SAR wegen fertiger Lösungen der Probleme der Dampftraktion hätten wenden können. Sie hätten sich selbst die Mühe machen und all das Nachdenken selbst machen müssen. Ich wiederhole, dass seit der Mitte der siebziger Jahre die Organisation des Dampfbetriebs im Ausklingen war, im Wesentlichen wegen eines Mangels an Interesse, der in der sich selbst erfüllenden Prophezeiung seinen Ursprung hatte, dass die Dampftraktion abgängig war, und in den achtziger Jahren war diese Auflösung so weit fortgeschritten, dass die Organisation in der Tat sehr krank war. Um die Dampftraktion für die Betriebsabteilung attraktiver zu gestalten, hätte zuallererst dieser Niedergang der Standards umgekehrt und sie wieder soweit hochgebracht werden müssen, dass die Arbeiten im Normalfall ordnungsgemäß erledigt wurden. Die Bauteile mussten ordentlich hergestellt werden, die Unterhaltung musste ordentlich erfolgen, die Kohleanalyse musste ordentlich erfolgen, das Antischaummittel musste ordentlich aufgerührt werden und so weiter. Jede einzelne Nachlässigkeit wirkte sich letztendlich als Hindernis für ein anständiges Betriebsverhalten der Lokomotiven aus, und falls mehrere Dinge zusammenkamen, was sie oft taten, dann waren die Ergebnisse verhängnisvoll. Falls Überhitzerelemente nicht richtig hergestellt wurden, so dass sie rissen oder aufplatzten oder nicht richtig eingebaut wurden, so dass sie an den Verbindungen undicht waren, falls das Antischaummittel nicht ordnungsgemäß ausgegeben wurde und die Kohle nicht der Liefervorschrift entsprach, so dass sie wenig Wärme, aber viel Schlacke produzierte, wie sollte eine Dampflokomotive dann funktionieren? Die Antwort lautete: sehr schlecht und es ist kein Wunder, dass die Betriebsleute, besonders die seit Langem leidgeprüften Lokomotivmannschaften sich mit Erleichterung den Diesel-

[1] Ich hörte, dass davon gesprochen wurde, dass es während der Ablösung der Dampflokomotive in Nordamerika eine der wesentlichen Behauptungen der Diesellokomotivhersteller war, dass die Eisenbahnen mit der Abschaffung des Dampfbetriebs ihre Lehrwerkstätten würden schließen können.

und Elektrolokomotiven zuwandten. Und wer war für diese Zustände verantwortlich? Es waren die Leute, die für die Dampftraktion verantwortlich waren, besonders die Ingenieure, und solange solche Leute glaubten, dass sie ihre Aufgaben vom Bürostuhl aus erledigen konnten, ohne sich jemals ihre Hände schmutzig zu machen, war auch keine Besserung zu erwarten. Damit war es die Verantwortung aller, die die Angelegenheiten der Dampftraktion kontrollierten, genau das zu tun, nämlich sie zu kontrollieren und durch das Vorbild gewissenhafter Arbeit ihre Untergebenen dazu zu veranlassen, das Gleiche zu tun. Das war alles leicht gesagt, aber nicht so einfach umzusetzen, denn die SAR litten unter einem chronischen Mangel an Ingenieuren, ein Problem ohne einfache Lösung, welches aber von der Diesel- und Elektrotraktion dadurch gemildert wurde, dass beide weniger technischen Einsatz vonseiten der Eisenbahn selbst erforderten. Das Höchste, was man hoffen konnten, war, dass diejenigen, die wirklich die Beibehaltung der Dampftraktion wollten, von der grundlegenden Wahrheit dessen überzeugt werden konnten, was ich soeben geschrieben habe und dass es auf ihre gezielten Anstrengungen wirklich ankam, damit die Dampftraktion eine Überlebenschance bekam. Falls es möglich gewesen wäre, die Anstrengungen dieser Leute zu koordinieren und auf die Verbesserung spezieller dampfbetriebener Bezirke zu konzentrieren, wie zum Beispiel auf den Routen De Aar – Kimberley – Bloemfontein – Bethlehem und Warrenton – Mafeking, wo sich im Jahre 1980 der Hauptstreckendampfbetrieb hauptsächlich abspielte, dann hätte durch *bloße harte Arbeit* das allgemeine Niveau angehoben werden können. Ein wesentlicher Anteil dieser Arbeit wäre die Verbesserung der Zuverlässigkeit der Lokomotiven durch sorgfältige Untersuchung der Gründe von Ausfällen und der häufigen Reparaturen gewesen und die Verbesserung von Konstruktion, Unterhaltungsmethoden und der Qualitätskontrolle, auch der Kohlequalität. Falls das alles gemacht worden wäre, hätte die Dampftraktion eventuell eine Chance gehabt, aber ohne ein solches Aufraffen hatte sie das sicher nicht.

Unterstellen wir nun, dass es ein solches Aufraffen zur Anhebung des Niveaus gegeben hätte, was hätte ich tun können, um wirkungsvoller für die Sache der Dampftraktion zu arbeiten? Es gab einige Bereiche, wo ich es hätte besser machen können, wie zum Beispiel dem Budget mehr Aufmerksamkeit zu schenken, aber vielleicht am wichtigsten wäre der Umbau einer geeigneten Lokomotivklasse gewesen. In Kapitel 1.6 schrieb ich, dass die Klasse 25NC die auf der Hand liegende Wahl war, aber sie auch fast sicher die falsche. Was wäre also dann die richtige Wahl gewesen? Im Nachhinein glaube ich, dass es die GMAM-Garratt gewesen wäre (Tafel 62). Es gab natürlich gute Gründe, keine GMAM gewählt zu haben, wie zum Beispiel die im Jahr 1978, als die Wahl getroffen wurde, nur noch relativ kurz erwartete Einsatzdauer dieser Klasse, ihr immer schlechter werdender Ruf wegen Verdampfungsunwilligkeit mit schlechter Kohle, die langen Ein- und Ausströmleitungen, die einer guten inneren Stromlinie der Dampfwege entgegenstanden (dabei war auch auf der Einströmseite der niedrige zulässige Betriebsdruck des Kessels von 13,8 bar nicht hilfreich), die vier Dampfzylinder, die eine Verdopplung des Herstellaufwands für die Modifikationen der Dampfmaschine bedeuteten, schlechte Kurbelzapfenkonstruktion und das Fehlen von Rollenlagern an den Stangen und eines steifen Hauptrahmens zur Lagerung der Triebgestelle. Diese letzten drei Mängel ließen Zweifel daran aufkommen, ob die Lokomotive ohne mechanische Schäden höhere Leistungen verkraftet hätte. Dazu kamen die allgemeine Wahrnehmung der 25NC als der besten Dampflokomotivklasse und die Notwendigkeit, die Umbauten an der modernsten vorhandenen Bauart zu erproben. Da aber die GMAM zur gleichen Zeit wie die 25NC konstruiert wurde und die letzten an die SAR gelieferten Kapspur-dampflokomotiven wurden, hätte sich diese Sichtweise vielleicht ohne allzu große Schwierigkeiten ändern lassen.

Konstruktive Unzulänglichkeiten treten erst wirklich bei der Detailkonstruktion zu Tage, aber mit diesem Vorbehalt ergab ein augenscheinlicher Vergleich der Klassen GMAM und 25NC die folgenden Punkte, die der Erfahrung nach bei einem Umbauplan von Bedeutung waren. Die GMAM hatten eine tiefere Feuerbüchse. Die mittlere nutzbare Feuerbetthöhe war um 30 % größer, als bei der 25NC und nur geringfügig kleiner, als bei 3450 mit ihrem abgesenkten Rost. Der Aschkasten der GMAM (im Wesentliche eine Rutsche, um die Asche in die Schlackengrube zwischen den Schienen zu leiten) war relativ zum Rost tiefer angeordnet als bei 3450, mit wesentlich steileren Wänden, so dass ein Verstopfen des Aschkastens während des Feuerreinigens nicht aufgetreten wäre. Mit dem Aschkasten viel tiefer angeordnet als bei den 25NC wäre auch das Risiko der Behinderung der Sicht nach vorn aus dem Führerhaus durch den Kühldampf gegen Schlackebildung kleiner gewesen. Dieses Problem wäre gar nicht in Erscheinung getreten, falls die Lokomotiven, wie bei den GMAM üblich, mit dem Kohlenbunker voraus betrieben worden wären. Die Rostfläche war um 9 % kleiner als die der 25NC, was aber bei dem GPCS keinen großen Nachteil bedeutete, aber der Rost war geneigt angeordnet. Ob das zu ähnlichen Schwierigkeiten wie den bei der 2644 aufgetretenen geführt hätte oder nicht, wäre von der Unterschiedlichkeit der Intensität des Primärluftstroms in Längsrichtung abhängig gewesen. In die Kesselaufnahme hätten für die Sekundärluftzuführungen Löcher geschnitten werden müssen, was aber kein Problem hätte darstellen sollen, und die Aufnahme hätte bei Bedarf in einfacher Weise verstärkt werden können. Wichtig für die Konstruktion der Saugzuganlage war, dass bei der GMAM der senkrechte Abstand von der Tischplatte in der Rauchkammer bis zum Fahrzeugum-grenzungsprofil 1 894 Millimeter betrug, 18 % mehr als bei der 25NC und somit 86 % des entsprechenden Maßes der 3450. Mit geringen Änderungen an den Einströmrohren wäre die Rauchkammer der GMAM für eine quer zur Fahrtrichtung angeordnete Doppelanlage, wie bei der umgebauten 25NC Nr. 3454, geeignet gewesen. Es erscheint wahrscheinlich, dass eine gute Konstruktion für die Saugzuganlage ohne größere Änderungen an der Rauchkammer hätte ausgearbeitet werden können. Es war von relevanter Bedeutung, dass der kurze dicke Garratt-Kessel im Hinblick auf den Saugzug die viel besseren Proportionen hatte als normale Lokomotivkessel. Im Vergleich zu dem Kessel der 25NC hatte der GMAM-Kessel nur 6 % weniger Verdampfungsheizfläche, aber ungefähr 23 % mehr freien Gasquerschnitt im Rohrbündel und einen um 29 % kleineren Abstand zwischen den Rohrwänden. Kordina-Düsen, falls vorgesehen, wären bei beiden Triebgestellen an der Zusammenführung der Ausströmrohre der beiden Zylinder erforderlich gewesen. Diese Einrichtungen hätten sorgfältiger Überlegungen bedurft, wobei ein Diffusor in Strömungsrichtung hinter jeder Kordina-Düsen sicherlich nötig gewesen wäre, um einen möglichst großen Anteil der beträchtlichen kinetischen Energie wieder in Druckenergie zurückzuverwandeln.

Nur wenige Änderungen wären an dem Überhitzer erforderlich gewesen. Die GMAM hatten fünfzig Elemente und im ursprünglichen Lieferzustand eine Überhitzerheizfläche von 69,4 m², also etwa 15 % mehr als bei der 25NC. Damit ergaben sich Heißdampftemperaturen von etwa 400 °C, die die SAR für zu hoch hielten, und in der Folge wurden die Überhitzer durch Kürzen der Elemente auf 59,1 m² verkleinert. Durch die Rückrüstung auf die langen Elemente und durch Blindsetzten einiger Heizrohre wäre eine hohe Heißdampftemperatur leicht erreichbar gewesen, natürlich unter der Voraussetzung, dass nicht *zu viel* Wasser in den Überhitzer eindrang, wobei bei den GMAM zur Verhütung dessen die Dampfentnahme wesentlich günstiger angeordnet war als bei den 25NC. Es gab reichlich Platz zum Einbau aller Komponenten der Speisewasservorwärmeranlage. Der Wärmetauscher hätte viel größer als auf der 3450 ausgeführt werden können und wäre oben vor der Rauchkammer montiert worden, mit bequemer Kondensatrückführung in den Wassertank des vorderen Triebgestells. Die Speisepumpe wäre unter dem Kesselrahmen anstelle einer der Strahlpumpen montiert worden, und zwar in einer für die Einleitung des Pumpenabdampfs in den Aschkasten günstigen Position. Mit den Änderungen an der Dampfmaschine hätte es keine besonderen Probleme geben sollen, außer in Bezug auf die Kosten, da alle Sachen viermal, statt zweimal hätten hergestellt werden müssen. Die vier Zylinder hätten mit der begrenzten Maximalfüllung allgemein ein besseres Anfahrverhalten als zwei Zylinder gezeigt, und die Herdner-Anfahrventile hätten weggelassen werden können. Mit der Begrenzung der Maximalfüllung auf, sagen wir mal 70 %, hätte auch die Dampfverteilung verbessert werden können. Die GMAM wurden mit Schiebern mit breiten Ringen von 41 Millimeter Überdeckung ausgeliefert, mit 1,6 Millimeter Vorausströmung und nur 3 Millimeter Voreinströmung. Die Maximalfüllung betrug 75 % und mit all diesen Werten hätte jongliert werden müssen, um eine Verbesserung zu erzielen. Der wichtige Verhältnisparameter Schieberdurchmesser zu Zylinderdurchmesser war aber bei den GMAM um 26 % größer als bei den 25NC. Wie bei den Anfahrventilen, hätten auch gekühlte Schieberbuchsen zu schwierigen zusätzlichen Rohrleitungen geführt und hätten am besten ganz weggelassen werden sollen, indem darauf vertraut worden wäre, das Schmieröl direkt an die Reibflächen der Schieberbuchsen zu bringen. Auch von der verbesserten Schieberkonstruktion (Gewichtsverminderung, schmale Ringe) konnte bei den im normalen Einsatz zu erwartenden Dampftemperaturen eine gute Schmierung erwartet werden. Ein veränderlicher Antrieb für die Schmierpumpen und wahrscheinlich auch vordere Kolbentragstangen hätten ausgeführt werden können.

Die Sandstreueinrichtungen auf den GMAM hätten kaum spärlicher sein können. Nur die jeweils äußeren Kuppelräder der gesamten Lokomotive wurden gesandet. Zusammen mit anderen Faktoren machte das den Betrieb dieser Lokomotiven bei schlechten Reibungsverhältnissen recht schwierig, und nach einer Vergrößerung der Dampfwege wäre er ohne Verbesserung der Sandung noch schwieriger geworden. Aber für diese sehr wichtige Angelegenheit hätte eine vernünftige Lösung gefunden werden können. Es gab kein Problem damit, zusätzliche Sandkästen einzubauen, entweder eingelassen in den Wassertank und den Kohlenbunker oder an diesen mit Halterungen befestigt und auch seitlich der Rauchkammer. Da die mechanischen Sandstreuer mit Dampfzylindern betätigt wurden, hätten Leitungen zu weitere Dampfzylindern in einfacher Weise von der bestehenden Dampfzufuhr abgezweigt werden können. Gezählt vom Wassertankende der Lokomotive aus, hätten der erste, dritte und fünfte Kuppelradsatz für Vorwärtsfahrt gesandet werden können und die entsprechenden Radsätze vom Kohlenbunkerende aus gezählt für die Rückwärtsfahrt. An den beiden äußeren Drehgestellen wären Schienenreinigungsdüsen, angeschlossen an die Dampfzufuhr der Sandstreueinrichtung, angebracht worden und das gesamte System mit einem Ventil im Führerhaus sowohl für Vorwärts- als auch Rückwärtssandung betätigt worden. Während dabei die Nachteile der Schwerkraftsandung erhalten geblieben wären, so hätte doch Anlass zu der Hoffnung bestanden, dass zumindest einer der zwölf Sandstreuer zu einem gegebenen Zeitpunkt funktionsfähig gewesen wäre. Natürlich hätte die ganze Sache durch den Einbau einer Druckluftsandstreueinrichtung nach Einführung der Druckluftbremse wesentlich verbessert werden können, jedenfalls war für die Luftpumpe vor der Rauchkammer genügend Platz.

Bis hierher erscheint die GMAM für Umbauten besser geeignet als eine 25NC. Aber das Problem des Druckverlusts von dem Kessel bis zu den Schieberkästen und von den Ausströmkästen bis zu den Blasrohrdüsen war von recht ernster Natur. Die allgemeine Gleichung für die Bestimmung des Druckverlusts eines Fluidstroms durch eine Rohrleitung lautet:

$$\Delta P = \tfrac{1}{2}\,(m/a)^2\ \{\,(\,4 \cdot f \cdot l/d_e + \sum k\,)\,v\,\}$$

mit
- ΔP = Druckverlust
- m = Massenstrom des Fluids
- a = Strömungsquerschnitt der Rohrleitung
- f = Reibungsverlustzahl
- l = Länge der Rohrleitung
- d_e = Hydraulischer Durchmesser der Rohrleitung *(Anm. d. Übers.: bei nicht kreisförmigen Querschnitten)*
- v = spezifisches Volumen des Fluids
- $k_1\ k_2 \ldots k_n$ = Koeffizienten für Widerstände in der Leitung, zum Beispiel an Biegungen, plötzliche Vergrößerungen und Einengungen etc.

Bei Vereinfachung dieser Gleichung ergibt sich, dass bei einem gegebenen Dampfmassenstrom von gegebenem spezifischen Volumen durch eine einfache gerade Rohrleitung ΔP proportional war zu $\{\,(\,1/a^2\,)\ x\ (\,l/d_e\,)\,\}$, beziehungsweise zu l/d^5 für eine Rohrleitung mit kreisförmigen Querschnitt. Auf dieser Grundlage errechnet sich der Druckverlust bei einem gegebenen Zylinderdampfmassenstrom von dem Dampfsammelkasten zu den vorderen Schieberkästen bei der GMAM zu ungefähr dem Sechsfachen und zu den hinteren zu etwa dem Dreizehnfachen dessen bei der 25NC. Nur etwa 4 % des gesamten Druckverlusts zwischen Kessel und Schieberkästen wurden bei der 25NC für die Einströmrohre errechnet, aber selbst damit wäre der Druckverlust zu den vorderen und hinteren Zylindern einer GMAM bei dieser Näherungsrechnung in der Größenordnung von 25 % beziehungsweise 50 % des gesamten Druckverlusts zwischen Kessel und Schieberkästen einer 25NC gewesen. Tatsächlich wäre die Lage noch schlechter gewesen, da es in der Rohrleitungsführung einige scharfe Umlenkungen gab, die in der vereinfachten obigen Berechnung nicht berücksichtigt wurden, und bei der GMAM war wegen des niedrigeren Kesseldrucks das spezifische Dampfvolumen größer. Rechnet man zu diesen Druckverlusten noch diejenigen in dem Dampfsammelrohr, in dem Regler und dem Überhitzer, Letzterer ist üblicherweise die Einzelkomponente mit dem größten Beitrag zu dem Gesamtdruckverlust, dann wird klar, dass der Dampf viel von seinem nutzbaren Arbeitsvermögen verloren hatte, wenn er an den Zylindern ankam. Das gleiche Phänomen trat wegen der langen Abdampfleitungen auf der Abdampfseite in Erscheinung, mit dem Ergebnis eines hohen Gegendrucks auf die Kolben. Der Auspuff einer Garratt-Lokomotive hörte sich gewiss nicht scharf und definiert an, und er war die Antithese zu Portas Forderung nach einem ungehinderten Auspuff.

Wenn schon die innere Stromlinie der Klasse 25NC, wie in Abb. 138 dargestellt, nicht gut war, dann war die der GMAM zweifellos schlechter und setzte der Leistung und Wirtschaftlichkeit dieser Klasse bei großen Kesselanstrengungen eine schwerwiegende Grenze. Das war eine Folge davon, dass die GMAM Mitte der fünfziger Jahre (in England und Deutschland) unter ungenügender Beachtung von Chapelons Doktrin der inneren Stromlinie, deren Bedeutung ein Vierteljahrhundert zuvor hinreichend demonstriert worden war, erbaut worden waren. Wegen des sehr hohen spezifischen Dampfverbrauchs wurde der Garratt-Kessel so dick wie möglich ausgeführt, was den Platz für die Ein- und Ausströmrohre seitlich des Kesselrahmens beschränkte, was wiederum einer der Gründe für den hohen Dampfverbrauch war. Das hätte man in der Tat anders konstruieren können, angefangen mit einer aufgeklärteren Beachtung der Gleichung {Leistung = Kesseldampfmenge ÷ spezifischer Dampfverbrauch}. Die Ein- und Ausströmrohre mussten deshalb durchweg vergrößert werden, erforderlichenfalls auch verdoppelt bei beengten Platzverhältnissen, wie zum Beispiel neben dem Kesselrahmen. Dazu wäre eine Menge Arbeit für Detailkonstruktionen nötig gewesen, die man als Korrekturarbeit an den Fehlern der Ursprungskonstruktion bezeichnen konnte. Falls keine gekühlten Schieberbuchsen zum Einbau gekommen wären, dann mussten die Schieberkästen nicht angerührt werden, aber eine Methode zur Linderung der Auswirkungen der schlechten inneren Stromlinie auf der Einströmseite wäre ihr direkter Anschluss an große Zusatzeinströmkammern, eingebaut zwischen den Zylindern, gewesen. An beiden Enden der Lokomotive stand dafür Platz zur Verfügung und sie hätten während der Einströmphase als Dampfreservoirs zur Minimierung des Druckabfalls in den Schieberkästen gewirkt.

Falls das alles erfolgreich so gemacht worden wäre, dann wäre die GMAM in eine ziemlich großartige Lokomotive verwandelt worden, besonders für die wichtigste Zuggattung, dem schweren Güterzugdienst. Das Reibungsgewicht der serienmäßigen GMAM-Lokomotiven betrug 124 Tonnen mit vollen Vorräten, beziehungsweise 119 Tonnen mit 2/3 Vorräten, das sind 63 % beziehungsweise 57 % mehr als 3450 hatte. Bei jeder gegebenen Geschwindigkeit war das Gesamthubvolumen der Zylinder um 51 % größer, als das einer 25NC, was bedeutete, dass bei gegebener Dampferzeugung des Kessels dieser Dampf in ein um so viel größeres Zylindervolumen entspannen konnte. Das war ein sehr bedeutender Faktor. Die grundlegende Limitierung der Leistungsabgabe der 3450 bei den SAR-üblichen Geschwindigkeiten – unzureichendes Zylindervolumen und damit große Füllungen mit großen Verlusten durch unvollständige Expansion[1] – gab es im Großen und Ganzen bei der GMAM nicht, allerdings bis zu einem gewissen Grade abgelöst durch die unvorteilhaften Dampfwege. Was das in Bezug auf das Leistungsvermögen bedeutet hätte, ist in der Abb. 149 illustriert, welche zeigt, wie die auf die Ebene bezogene Hakenzugkraft über der Geschwindigkeit ausgesehen haben könnte, falls sie sich bei der GMAM-Klasse in dem Maße hätte verbessern lassen, wie es bei der 25NC der Fall war. In der Abb. 149 sind auch die Zugkraftkurven der Klasse 26 und der Diesel-Klassen 34, 35 und 37 dargestellt. Die Zugkraftcharakteristik der umgebauten GMAM wäre ganz erheblich brauchbarer für die Betriebsabteilung gewesen als die der 3450. Anscheinend hätte Letztere im oberen Geschwindigkeitsbereich dank ihrer potentiell größeren Kesselleistung und besseren inneren Stromlinie mehr Zugkraft gehabt und wäre auf geringeren Steigungen die bessere Schnellzuglokomotive gewesen, aber bei den Schleppgeschwindigkeiten bergwärts fahrender Güterzüge wäre die Zugkraft der Garratt die größere gewesen. Die GMAM hätte um 50 % größere Lasten als die Klasse 26 nehmen können, zum Beispiel ungefähr 2 000 Tonnen zwischen Kimberley und De Aar mit 1 600 Tonnen in der Gegenrichtung oder 1 850 Tonnen zwischen Kimberley und Bloemfontein, und 1 200 Tonnen auf den 20-‰-Steigungen der Strecke

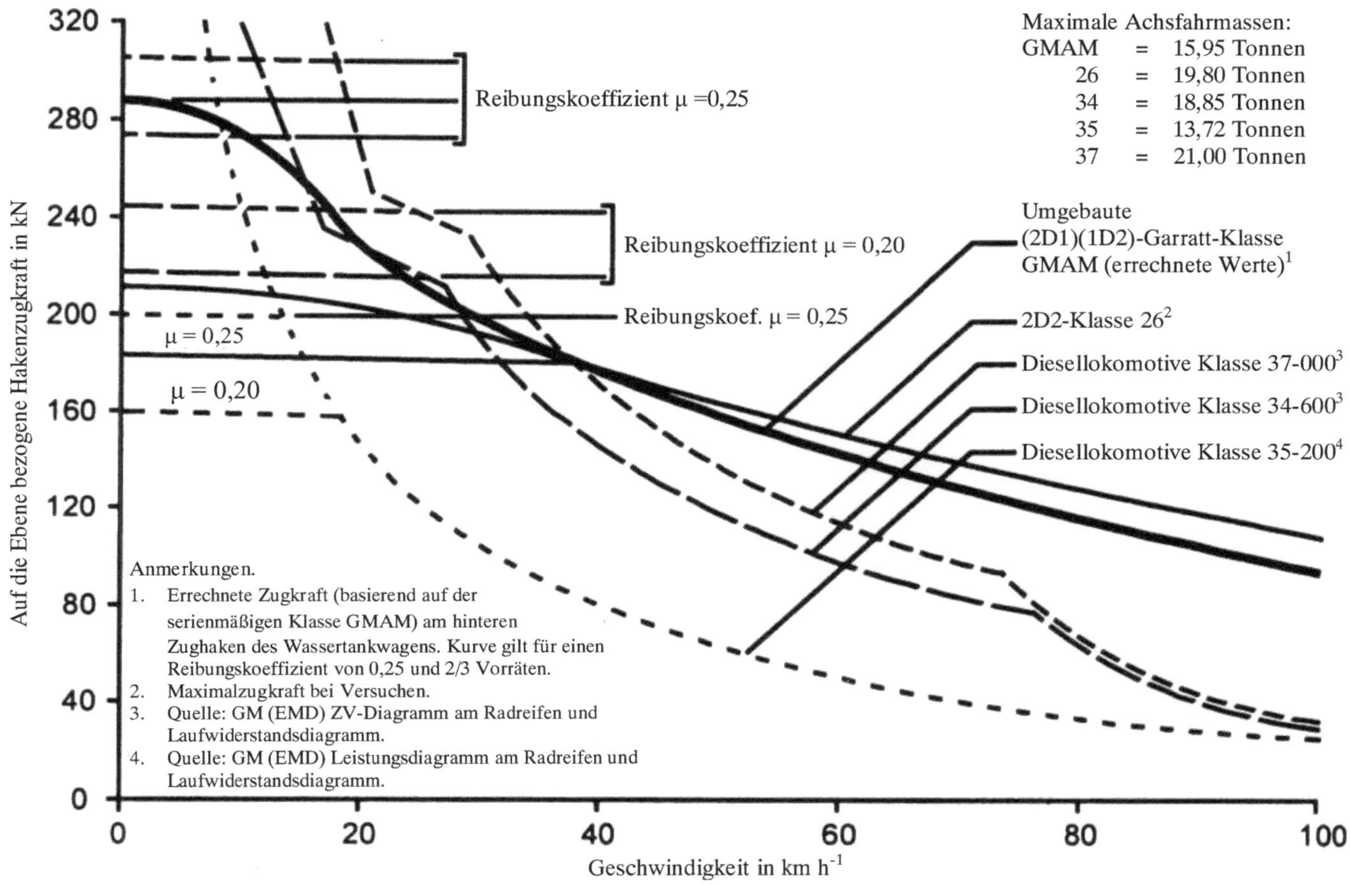

Abb. 149
SAR: Umgebaute Garratt-Klasse GMAM und ausgewählte andere Lokomotivklassen: Auf die Ebene bezogene Hakenzugkraft über der Geschwindigkeit

Bloemfontein – Bethlehem. Auf all diesen Routen, außer der Letzteren, hätten GMAM in Doppeltraktion die Kapazität gehabt, Züge bis zur oder über der zulässigen Grenzlast für Rollmaterial mit Saugluftbremse zu befördern. Im Vergleich der umgebauten GMAM mit der Dieseltraktion hätte sie eine Lokomotive der Klasse 35 in Einzeltraktion unter allen Umständen übertroffen, Lokomotiven der Klasse 34 und 37 unter den meisten Umständen und bei Doppeltraktion dieser Klassen bei hohen Geschwindigkeiten, aber nicht bei mittleren bis niedrigen Geschwindigkeiten. Es sei darauf hingewiesen, dass die GMAM nicht für schwere Schienenprofile gebaut waren. Die maximalen Achsfahrmassen der betreffenden Lokomotiven sind in der Abb. 149 angegeben. Von den betrachteten Lokomotivklassen war sie also in Bezug auf die Streckenzulassung die vielseitigere von allen Klassen, von der Klasse 35 einmal abgesehen, obwohl das in den achtziger Jahren kein größer Vorteil mehr war, da auf den meisten Strecken, auf denen umgebaute GMAM zum Einsatz hätten kommen können, bereits schwerere Schienen verlegt worden waren.

Die Umbauten hätten ein ernstes betriebliches Problem der GMAM ausgemerzt, nämlich unzureichende Kohle- und Wasservorräte. Eigentlich waren die Vorräte selbst nicht unzureichend, sondern die etwas extravaganten Verbräuche der Lokomotive ließen sie so erscheinen, so dass es Streckenabschnitte gab, auf denen sie nicht voll ausgelastet werden konnten, weil sie es ohne Nachbekohlen nicht geschafft hätten. Ihre Vorräte betrugen 14,2 Tonne Kohle und 40,45 m³ Wasser (davon 30,88 m³ in einem Wassertankwagen und 9,57 m³

---

[1] Es sei daran erinnert, dass 3450 versuchsweise bei 80 km h^{-1} mit voll ausgelegter Steuerung gefahren worden war. Das sind 89% ihrer zulässigen Höchstgeschwindigkeit und 33 % *schneller* als die zulässige Höchstgeschwindigkeit der meisten Güterzüge.

auf dem führenden Triebgestell), und sobald der thermische Gesamtwirkungsgrad in dem gleichen Maße angehoben worden war, wie es bei der 3450 demonstriert wurde, wären diese Mengen ausreichend gewesen. Allerdings wäre die Verwendung eines größeren Wassertankwagens von weiterem Nutzen gewesen, und schlussendlich wäre die Beistellung eines modernen Wagens mit einem hohen Nutzlastverhältnis das Richtige gewesen.

Das war es also, was hätte getan werden können, um der Betriebsabteilung eine verbesserte Dampflokomotive zur Verfügung zu stellen, die für ihre Bedürfnisse besser geeignet war, als die modifizierte 25NC. Ihr Umbau hätte grob gerechnet das Gleiche gekostet, wobei der Aufwand für die zusätzliche Dampfmaschine und die Vergrößerung der Ein- und Auslassdampfleitungen ausgeglichen worden wäre durch die einfacheren Änderungen für das GPCS, für die doppelte Lempor-Saugzuganlage, für die vergrößerte Überhitzung und durch das Weglassen bestimmter Modifikationen, wie der Herdner-Anfahrventile, der gekühlten Schieberbuchsen und des angehobenen Umlaufblechs. Es war tatsächlich bedauerlich, dass ein solcher Umbau nicht ausgeführt wurde, da er die Grenze der Leistungsfähigkeit der bestehenden SAR-Dampftraktion als ein Betriebsmittel definiert hätte. Damit wäre es – vielleicht – für die Betriebsabteilung und die Eisenbahn insgesamt etwas problematischer geworden, zu sagen, dass sie es nicht haben wollten. Man kann sich ein Szenario vorstellen, in dem der Wert einer solchermaßen verbesserten Dampftraktion gewichtet und anerkannt und so zum Ausgangspunkt für weitere, bessere Umbauten wurde, basierend auf dem Prototyp, aber umgesetzt in einer Serienfertigung. Und auch für Entwicklungen, wie der Kohlenstaubfeuerung, dem automatischen Kesselbetrieb, ja vielleicht sogar für gänzlich neue Lokomotivkonstruktionen. Aber so kam es nicht, und persönlich bin ich davon überzeugt, dass auch eine „Super-GMAM" keinen Einfluss auf etwas gehabt hätte, was zum Ende der siebziger Jahre bereits eine abgeschlossene Angelegenheit war. Formuliert man es negativ, so waren konstruktive Änderungen zur Verbesserung des Betriebsverhaltens der Dampftraktion für eine Betriebsabteilung, die entschlossen war, den Dampfbetrieb abzuschaffen, nicht unbedingt sehr willkommen, ebenso wenig, wie es die Bemühungen eines Ford-Verkäufers für jemanden wären, der sich entschlossen hat, einen Volkswagen zu kaufen. Falls dem so war, dann war es nicht sehr wahrscheinlich, dass die Betriebsabteilung ihren (unabdingbaren) Beitrag dazu leistete, einem Programm zum Erfolg zu verhelfen, und ihre Kooperation wäre vielleicht umso zurückhaltender gewesen, je besser – oder bedrohlicher, je nach Blickwinkel – eine verbesserte Dampflokomotive gewesen wäre.

Bei einem letzten Blick auf das, was bei den SAR hätte gewesen sein können, betrachten wir die Vorschläge, die ich in einem Memorandum vom 29.04.1983 mit dem Titel „Traktionspolitik: Beibehaltung von Dampflokomotiven"[1] leitenden Ingenieuren zukommen ließ. Darin war ein Programm angegeben, wie Dampflokomotiven auch weiterhin zum Nutzen der Eisenbahnen hätten eingesetzt werden können, und das Potential der weiteren Entwicklung der Dampftraktion wurde herausgestellt. Jeder Vorschlag zur Beibehaltung der Dampftraktion musste die bereits für die Diesellokomotiven und ihre Einrichtungen verauslagten Investitionen in Betracht ziehen (nur der Diesellokomotiven, denn es war undenkbar, dass irgendjemand den Ersatz der Elektro- durch die Dampftraktion unterstützt hätte). Selbst wenn man diese Investition als nicht allzu sinnvoll ausgegebenes Geld betrachtete, so war es aber doch Fakt, dass es ausgegeben war und dass die SAR das Beste aus ihrer Investition machen mussten. Die Kostenanalyse des Unterausschusses für Traktionspolitik hatte aufgezeigt, dass der größte Anteil der Betriebskosten der Diesellokomotiven auf die Treibstoffkosten entfiel, und somit konnten die Kosten der Dieseltraktion am besten in einer Dienstart reduziert werden, in der der Treibstoffverbrauch relativ niedrig war, das heißt im Rangierdienst. Über die Hälfte der seinerzeit noch im Einsatz befindlichen Dampflokomotiven waren im Rangierdienst eingesetzt, aber abgesehen von der Dh2-Klasse S1 (zu der Zeit bereits im Auslaufbetrieb, das heißt, sie erhielten keine Werksausbesserungen mehr), waren das alles zum Rangierdienst herabgestufte alte Hauptstreckenlokomotiven, die dafür im Prinzip ungeeignet waren, so dass sie mit außerordentlich niedrigem thermischen Wirkungsgrad arbeiteten und oftmals hohe Unterhaltungskosten verursachten. Deshalb wurde vorgeschlagen, die meisten dieser Lokomotiven auszumustern und durch überzählige Hauptstreckendiesellokomotiven zu ersetzten.[2] Diese wären in betrieblicher Hinsicht überlegen gewesen und hätten einmännig besetzt werden können. Weiterhin wurde die Fortführung des Einsatzes von Dampflokomotiven im Streckendienst vorgeschlagen, wo dies die wirtschaftlichste Traktionsart war. Es wurde gezeigt, dass das für den Streckenabschnitt Kimberley – De Aar zutreffend war. Obwohl zu Recht festgestellt wurde, dass dieses Ergebnis speziell nur für diese Route galt, so konnte aber abgeleitet werden, dass andere weniger stark geneigte Strecken oder stärker geneigte Strecken mit geringem Verkehrsaufkommen, die aber näher an dem Kohlegebiet lagen als die Strecke Kimberley – De Aar, aus rein ökonomischen Gründen Kandidaten für den Dampfbetrieb waren. Diese Gesamtstrategie hätte den Vorteil der vergleichsweise niedrigen Brennstoffkosten der Dampftraktion voll ausgenutzt und die Ersparnisse an Dieselkraftstoff maximiert, ohne die Investitionen in die Dieseltraktion abzuschreiben. Es wurde eine Liste nicht elektrifizierter Strecken in der Mitte und im Norden des Landes angegeben, von denen angenommen wurde, dass sie möglicherweise wirtschaftlich mit Dampf betrieben werden konnten. Diese Strecken enthielten die meisten der bestehenden Dampfbezirke mit geringer Entfernung zu den Kohlegebieten und eine ziemliche Anzahl von Neben- und Zweigstrecken, die bereits verdieselt waren. Bei dieser Auswahl war die Nähe zu Einrichtungen zur Unterhaltung der Lokomotiven ein wichtiger Faktor. Die Depots, die zu diesem Zweck für die Dampftraktion erhalten geblieben wären, waren De Aar, Beaconsfield, Bloemfontein, Bethlehem, Kroonstad und Waterval Boven, einschließlich verschiedener Lokomotivstationen wie Warrenton und Mafikeng, wobei alle Lokomotiven auf der Strecke zwischen den zuletzt genannten Orten für sämtliche Fristarbeiten, außer dem Kesselauswaschen, nach Beaconsfield kamen.

Zur Abwicklung des Betriebs auf den betreffenden Streckenabschnitten wurden die nachstehenden Anzahlen von Lokomotiven für nötig erachtet:

137	x	2D2-Klasse 25NC (der gesamte damalige Restbestand)
99	x	(2D1)(1D2)-Klasse GMAM (der gesamte damalige Restbestand)
25	x	(2D1)(1D2)-Klasse GO (der Gesamtbestand)
40	x	2D1-Klasse 19D und 1D2-Klasse 24 (für Nebenstrecken und Schuppendienste)

Zu der Zeit waren die meisten der GMAM und sämtliche GO als Reserve abgestellt und hätten zur Wiederinbetriebnahme Hauptuntersuchungen nötig gehabt, aber da sie auch umgebaut worden wären, hätte man beide Arbeiten bequem gleichzeitig ausführen können. Die Rentabilität dieser Investition wurde als höher angesehen als die der Weiterführung der Reparaturen alter Lokomotiven für die Verwendung im Rangierdienst.

Um doppelte Vorhaltung von Betriebsanlagen zu vermeiden, wurde vorgeschlagen, dort, wo auf den Hauptstrecken Dampfbetrieb herrschte, auch im Rangierdienst vorzugweise bei den Dampflokomotiven zu bleiben. Zu diesem Zweck hätten die 2D1 der Klasse 15CA und die D-Schlepptenderlokomotiven der Klasse S1 im Einsatz bleiben können, so dass sich ein Gesamtbestand von etwa 400

[1] South African Transport Services, Abteilung des CME, Pretoria, Memorandum Az. RLS 20/7/P. *(Anm. d. Übers.: Originaltitel „Traction Policy: Retention of Steam Locomotives").*

[2] Obwohl das Dezernat für Diesellokomotiven behauptete, die Hauptstreckendiesellokomotiven seien für den Rangierdienst ungeeignet, kann das auch nur eine Ausrede gewesen sein, um eine solche Verwendung zu vermeiden. Sie wären wohl kaum weniger geeignet gewesen als die fünfzig bis siebzig Jahre alten Hauptstreckendampflokomotiven, die zu jener Zeit diesen Dienst verrichteten.

Dampflokomotiven ergeben hätte. Sämtliche Maschinen wären entsprechend der mit der 3450 gemachten Erfahrungen umgebaut worden, angefangen mit den Hauptstreckenlokomotiven, danach dann die Rangierlokomotiven, bei denen für beste Ergebnisse die Herangehensweise etwas anders gewesen wäre. 400 Lokomotiven wäre genau die richtige Anzahl gewesen, um das Ausbesserungswerk Bloemfontein wirtschaftlich auszulasten, dem einzigen benötigten Zentrum für die Werksausbesserungen der Dampflokomotiven. Mit diesem Vorschlag wäre nicht nur die wahrscheinlich wirtschaftlichste Traktionsart für die betreffenden Strecken sichergestellt gewesen, sondern er hätte auch die ganze Organisation der Dampftraktion, also Lokomotiven, Einrichtungen und Fähigkeiten des Personals, am Leben erhalten. Das war als Notwendigkeit durchaus anerkannt worden, falls die Dampftraktion jemals die Rolle einer strategischen Reserve spielen sollte.

Hinsichtlich der weiteren Entwicklung der Dampftraktion ergaben sich verschiedene Gebiete, auf denen von einer Verbesserung gegenüber dem mit 3450 erreichten Betriebsverhalten gerechnet werden konnte, zum Beispiel durch Anwendung der Kohlenstaubfeuerung. Es wurde angegeben, dass mit solchen Mitteln ein höchster effektiver thermischer Gesamtwirkungsgrad von 12 % von allen in Betrieb bleibenden Lokomotiven erreicht werden konnte. Das wurde als das durch Umbau vorhandener SAR-Lokomotiven realistisch erreichbare Maximum angesehen, wobei weitere Fortschritte (zunächst auf die 15 % der SGS) völlige Neukonstruktionen verlangten. Andere Aspekte des Betriebsverhaltens blieben ebenfalls nicht unbeachtet und der dringende Bedarf einer Untersuchung der Zuverlässigkeit wurde erwähnt.

Die ganze Angelegenheit ging sauber auf. Ein Kernbestand der besten Dampflokomotivklassen, umgebaut zur Verbesserung ihres Betriebsverhaltens, eingesetzt in wirtschaftlich günstigen Regionen, die dem Land Dieselkraftstoff und importierte Ersatzteile ersparten, die unterhalten wurden in wenigen Depots und in nur einem recht zentral gelegenen Ausbesserungswerk, während die Diesellokomotiven den Rangierdienst erledigten und das sicherlich besser, als es die veralteten Dampflokomotivklassen konnten. In Anbetracht dessen, was mit 2644 und 3450 demonstriert worden war, und eingedenk der Schlussfolgerungen, die sich aus der Kostenstudie der Strecke Kimberley – De Aar ergaben, schien ein solcher Plan zumindest etwas Sinn zu machen. So wurde also das Memorandum zu dem Zweck ausgearbeitet, anzufragen, ob die darin gemachten Vorschläge als Grundlage für eine Vorlage zur Beibehaltung der Dampftraktion bei dem Ausschuss zur Traktionspolitik dienen konnten. Und die Antwort? Ein beredtes Schweigen.

KAPITEL 6

ACE – DER AMERIKANISCHE TRAUM

„ACE wird die Diesellokomotive in Amerika erledigen"
(geäußert von W. Benson, Geschäftsführer der American Coal Enterprises (ACE), gegenüber leitenden SAR-Ingenieuren während einer Besprechung im Zentralbüro des CME in Pretoria im Juli 1983.)

„Neunzig Prozent der Eisenbahnfachleute in Amerika halten uns für verrückt".
(R. Rowland, Vorstandsvorsitzender und Hauptgeschäftsführer, in einem Gespräch mit dem Autor im September 1983.)

6.1 Die Geburt der American Coal Enterprises

Im April 1980 fand in einem Hotel in Washington, D.C., eine Zusammenkunft zur Abwägung der folgenden zwei Fragen statt. Erstens, war es der richtige Zeitpunkt, die Ablösung der Dieseltraktion der amerikanischen Eisenbahnen durch kohlegefeuerte Lokomotiven vorzuschlagen, und zweitens, falls ja, wie sollten solche kohlegefeuerten Triebfahrzeuge aussehen? Die treibenden Kräfte dieser Zusammenkunft waren R. Rowland und W. Benson, beide recht wohlhabende Unternehmer und Dampflokomotivliebhaber. Ihre wahrscheinliche Motivation war eine Mischung aus Leidenschaft für die Dampflokomotive, dem Wunsch Geld zu verdienen und der Vorstellung, dass die Gelegenheit gekommen sei, beides miteinander zu verbinden. Natürlich hatten sie die gleichen Fragen auch schon sich selbst gestellt, und in dem Gefühl, dass die Antworten tatsächlich positiv sein könnten, hatten sie die Zusammenkunft arrangiert, um die Möglichkeiten zu untersuchen. Unter den geladenen Teilnehmern waren Fachleute für Kesselkonstruktion (C. Hamilton, ehemals Babcock & Wilcox, der mit dem Kessel der turbo-elektrischen Lokomotive „Jawn Henry" der Norfolk & Western zu tun gehabt hatte *(Anm. d. Übers.: Bahn-Nr. TE1-2300, Versuchseinzelstück, (CoCo)+(CoCo), 3400 kW, Baldwin, 1954)*), Wirbelschichtverbrennung, Dampf- und Gasturbinen, Eisenbahnelektrifizierung und natürlich Leute, die Rowland und Benson als Befürworter der Dampftraktion bekannt waren. Darunter waren W. Withuhn und L. T. Cover aus Amerika, Dr. J. Sharpe aus England und Porta, wobei es wichtig ist, darauf hinzuweisen, dass von all diesen nur Porta weitreichende praktische Erfahrungen in der Entwicklung von Dampflokomotiven hatte.

Die Antwort auf die erste Frage war ein ausdrückliches „Ja". Bei der Zusammensetzung der Gruppe war das wohl auch zu erwarten gewesen, aber gleichzeitig schien eine solche Antwort auch gerechtfertigt zu sein. Es gab düstere Warnungen einer unmittelbar bevorstehenden Ölkrise, und es war deutlich, dass die USA immer mehr von Öllieferungen aus solchen Gebieten wie dem Mittleren Osten, deren Verlässlichkeit nicht garantiert werden konnte, abhängig würden. Im Gegenzug verfügte Amerika über riesige Vorkommen an Kohle von guter Qualität. Bei den zu der Zeit vorherrschenden Ölpreisen machten sich die Eisenbahnen über die Höhe ihrer Treibstoffkosten Sorgen, die rasch zu dem größten Einzelposten der Gemein- und Betriebskosten von Diesellokomotiven in den USA angestiegen waren. Tatsächlich zeigten die Statistiken der AAR *(Anm. d. Übers.: Association of American Railroads)*, dass für das Jahr 1981 die Treibstoffkosten für die Streckenlokomotiven von der gleichen Höhe waren, wie die Summe aller anderen Lokomotivkosten. Man erwartete, dass die Möglichkeit mit Kohle zu fahren, den Eisenbahnen gegenüber dem Straßentransport einen potentiellen Kostenvorteil verschaffen würde und damit dazu beitragen würde, ihre Wettbewerbsfähigkeit und Profitabilität, beides hatte seit dem Zweiten Weltkrieg ständig abgenommen, zu verbessern.

Nachdem man sich darüber einig geworden war, dass die Zeit reif für die Rückkehr zu kohlegefeuerten Triebfahrzeugen war, wandte sich die Aufmerksamkeit der Gruppe der Frage zu, wie diese aussehen konnten. Über genau diese Frage hatte Porta schon einige Jahre nachgedacht und hatte einen Entwurf für eine 1E-Dampflokomotive der zweiten Generation (SGS) mit einer Zughakennennleistung von 4 475 kW (6 000 h.p.) und geeignet für Betriebsgeschwindigkeiten bis 160 km h^{-1} zur Hand. Im Prinzip handelte es sich um eine vergrößerte Version der meterspurigen Konstruktion für die Argentinische Staatsbahn, wie in der Abb. 2 illustriert, und nach wie vor erkennbar eine Dampflokomotive in der klassischen Form. Wie Porta später selber schrieb, war sein Entwurf ein erster Schritt in die Richtung der Entwicklung einer fortschrittlicheren Dampftraktion, bei dem „von der klassischen Lokomotive die Dinge übernommen wurden, die gut waren (im Grundsatz das Stephenson'sche Konzept), dazu die seit 1950 gemachten Fortschritte",[1] wobei Letztere vielfach auf Portas eigene Technologie zurückgingen, die auch die großen Fortschritte in verwandten Technikgebieten auf die Dampflokomotive übertrug. Bei der Zusammenkunft fand die Vorstellung, in einem ersten Schritt eine SGS-Lokomotive zu bauen, Zustimmung, denn er bedeutete ein Minimum an technischen Risiken, aber gegenüber Portas Entwurf wurden einige wichtige Änderungen gemacht, zum Beispiel:

1. Sharpe machte sich mit Erfolg für die Kondensation stark, weil es die verbreitete Wiedereinführung der Wasserversorgungseinrichtungen vermied, womit nach Sharpes Worten nun daraus eine Konstruktion der „Generation 2 ½" wurde.
2. Withuhn schlug den Gegenkolbenantrieb vor, für den er sich einige Jahre zuvor eingesetzt hatte[2], und auch das wurde später übernommen, als Antwort auf die möglichen Befürchtungen der Eisenbahnen in Bezug auf Schäden am Oberbau durch den Hammerschlag von Kolbendampflokomotiven.

Porta war weder von der einen, noch von der anderen Idee wirklich begeistert, aber als sie Teil der ACE-Doktrin wurden, musste er sich mit der Sichtweise der Mehrheit arrangieren.

Nachdem der Ausgang der Zusammenkunft günstig war, beschlossen Rowland und Benson, die Konstruktion einer Dampflokomotive der „Generation 2 ½" voranzutreiben, und die Firma ACE wurde im Jahre 1980 offiziell gegründet. Porta wurde im Juni 1980 zu einem längeren Aufenthalt in die USA eingeladen. Während dieser Zeit entwickelten er und ein kleines Team die Konstruktion der ACE 3000, über die bald mehr berichtet werden wird.

Es ist an dieser Stelle angezeigt, darauf hinzuweisen, dass ACE nicht allein war in dem Glauben, dass die Zeit für eine fortschrittliche Dampftraktion gekommen war. Zu dieser Zeit wurden den SAR verschiedene Vorschläge gemacht, und von anderen hörte ich durch Porta. Unter den Ersteren war der eines Ingenieurs für eine turbo-elektrische Lokomotive mit Abdampfkondensation unterhalb des Atmosphärendrucks und mit einem Wasserrohrkessel mit Wirbelschichtfeuerung, wobei die ganze Sache aus drei separaten Fahrzeugen bestand, die auf insgesamt zwölf oder achtzehn Achsen standen, die sämtlich angetrieben waren. Eine andere Eingabe eines Australiers skizzierte eine gewaltige 1F2 mit 1 524 Millimeter Treibraddurchmesser, Zylinder mit 711 Millimeter Bohrung und 864 Millimeter Hub und einem achtachsigen Tender mit Dampf-Boostermaschinen *und* elektrischen Traktionsmotoren, die unter elektrischen Fahrdrähten über Pantographen versorgt wurden. Das Betriebsgewicht mit vollen Vorräten hätte nur unbedeutende 440 Tonnen betragen – und das auf

[1] Siehe auch Fußnote 2 auf Seite 17. Die hier wiedergegebenen Beschreibungen der Vorgänge bei der Zusammenkunft in Washington entstammen Information, die Porta in Briefen an den Autor mitteilte.
[2] Withuhn, W., Did we scrap steam too soon?, Trains Magazine, Juni 1974.

Kapspur! All diese Vorschläge ließen einen Mangel an Einsicht in die Eisenbahnrealität erkennen, wie er bei Nichteisenbahnern recht häufig zu beobachten war (und ist). Diese Vorschläge wurden von den SAR zu Recht höflich abgelehnt.

R. Deem in Amerika, ein ehemaliger beratender Ingenieur für Lima *(Anm. d. Übers.: amerikanischer Lokomotivhersteller, ursprünglich Lima Machine Works, Lima, Ohio, zuletzt bis 1968, nach Zusammenschlüssen, Baldwin-Lima-Hamilton Corporation)*, hatte für einige Zeit vergeblich versucht, Leute für den Bau einer Lokomotive entsprechend Chapelons vorzeitig im Bau abgebrochener SNCF-Reihe 152P zu gewinnen, einer 1E2h3v-Konstruktion aus den vierziger Jahren. Im weiteren Verlauf tat er sich mit P. Shoemaker zusammen, einem pensionierten Eisenbahnvorstandsvorsitzenden und dann Berater für Transporttechnik, um die North American Locomotive Co. zu gründen. Deem hatte in Bezug auf seine Entwürfe Verbindungen zu Oberst Cantlie und G. Carpenter in England. Seine Vorschläge bezogen sich nicht nur auf die 152P, sondern auch auf eine (2D)D2-Mallet mit Kondensation, deren Möglichkeiten Porta auf über 10 000 kW am Zughaken schätzte, weit über dem, was mit ihrem Reibungsgewicht übertragbar gewesen wäre. Eine „Big Boy" der Union Pacific *(Anm. d. Übers.: (2D)D2h4, Klasse 4000, Bahn-Nrn. 4000 bis 4024, Alco 1941 und 1944)* sollte als Pilotprojekt für diesen Vorschlag wiederbelebt und auf Abdampfkondensation umgebaut werden. Zwei Teilnehmer des Treffens in Washington hatten bereits eigene Pläne ausgearbeitet. Dr. Sharpe war bekannt für seine „Yeoman"-Entwürfe und Cover arbeitete an verschiedenen kohlegefeuerten Alternativen zur Dieseltraktion: Lokomotiven mit Gasturbine und elektrischer oder hydraulischer Kraftübertragung, mit Dampfturbine und elektrischer oder hydraulischer Kraftübertragung sowie Verbundkolbendampflokomotiven, wobei alle Dampflokomotiven mit Kondensation vorgesehen waren. Seine Entwurfsvorschläge für die Dampfturbinen- und Kolbenmaschinenbauarten sahen folgendermaßen aus: Dampfturbinenlokomotive mit 3 355 kW (4 500 h.p.), bestehend aus drei Einzelfahrzeugen mit vierzehn Achsen, Kolbendampflokomotive mit 3 355 kW (4 500 h.p.), bestehend aus drei Einzelfahrzeugen mit sechzehn Achsen, aber nur sechs angetriebenen Achsen in zwei Gruppen zu drei Achsen, Dampfturbinenlokomotive mit 1 120 kW (1 500 h.p.), bestehend aus zwei Einzelfahrzeugen mit acht Achsen, Kolbendampflokomotive mit 1 120 kW (1 500 h.p.), bestehend aus zwei Einzelfahrzeugen mit zehn Achsen, aber nur vier angetriebenen Achsen in zwei Gruppen zu zwei Achsen. Der Autor dieser Zeilen war seinerzeit der professionellen Meinung und ist es bis heute geblieben, dass sämtliche oben genannten Entwürfe, ebenso wie ähnliche andere, die von Zeit zu Zeit auftauchten, mehr in das Reich der Phantasie gehörten, als dass sie praktische, den Eisenbahnanforderungen des späten zwanzigsten Jahrhunderts genügende Vorschläge gewesen wären. Wie es schien, wurde diese Ansicht von den Eisenbahnverwaltungen geteilt, denn es gab keinerlei Anstalten irgendeine dieser Konstruktionen tatsächlich zu bauen. Ein Wesenszug der meisten war ihre Größe und Kompliziertheit in Bezug auf die gebotenen Leistungen und Zugkräfte, als auch mangelnde betriebliche Flexibilität, was dem praktischen Eisenbahner sicher nicht gefallen hätte.

P. Lewty, ein Spezialist für Rohstofftransporte, der für eine Tochterfirma der Canadian Pacific Railway arbeitete, wählte eine realistischere Herangehensweise. Zuerst hatte er die Idee, eine konventionelle einrahmige SGS-Lokomotive mit einem Tender zu kuppeln, der mit Hydraulikmotoren von hohem Drehmoment für Zugkraftspitzen beim Anfahren und bei niedrigen Geschwindigkeiten ausgestattet sein sollte, wobei das Drucköl von einer dampfgetriebenen Ölpumpe geliefert werden sollte, so dass der Entwurf in diesem Betriebszustand 100 % Reibungsgewicht gehabt hätte. Lewty hatte ebenso wie ich wenig Vertrauen in die komplizierten Entwürfe, wie sie seinerzeit bevorzugt wurden, und er glaubte nicht an die praktische Durchführbarkeit ferngesteuerter Dampflokomotiven in Mehrfachtraktion. Dem konnte ich nur zustimmen, es sei denn, die Kohlestaubfeuerung wäre zur Anwendung gekommen. Allerdings sah er schließlich ein, dass selbst eine solche Lokomotive nach seinem Vorschlag für die Beförderung der meisten nordamerikanischen Güterzüge keine ausreichende Zugkraft gehabt hätte. Nach dem Abwägen all der verschiedenen Faktoren kam er zu der Schlussfolgerung, dass die praktikabelste Methode, wieder kohlegefeuerte Triebfahrzeuge in den USA und Kanada einzuführen, darin bestünde, Dampf- und Dieseltraktion bei hohen Zugkraftanforderungen gemeinsam zu nutzen, wobei die Dampflokomotive (sagen wir einmal Portas SGS-1E) als führende Lokomotive die Grundlast übernahm und die dahinter eingereihten ferngesteuerten Diesellokomotiven zusätzliche Zugkraft bereitstellten, sobald sie benötigt wurde. Die Idee war nicht neu und war anscheinend während der Übergangsperiode von der Dampf- zur Dieseltraktion in den USA während der fünfziger Jahre gelegentlich angewendet worden. Für die Situation, wie sie sich in den frühen achtziger Jahren zu entwickeln schien, hielt ich sie für von möglicherweise großer Bedeutung und wir werden später darauf zurückkommen.

Gewiss nicht zuletzt, waren sich auch die etablierten und mächtigen Großkonzerne in Amerika der Situation durchaus bewusst und hatten ihre eigenen Pläne, wie einer sich verschlechternden Energiesituation zu begegnen sei. General Motors und General Electric untersuchten die Nutzung von nicht erdölbasierten Treibstoffen, wie zum Beispiel Kohlenstaub, in Dieselmotoren und die Ölgesellschaften investierten in großem Stil in Kohlegruben und zwar in einem solchen Ausmaß, dass sie zum Ende der siebziger Jahre über mehr Energiereserven in Form von Kohle verfügten als von Erdöl.[1] Die Tatsache, dass diese großen und miteinander verflochtenen Industrien in der Lage waren, ihre Märkte zu beherrschen, war ein wichtiger Faktor, und im Fall einer Rohölknappheit wäre es durchaus möglich gewesen, dass die mit gegenseitigem Nutzen verbunden gewesene Errichtung von Kohleverflüssigungsanlagen ausgeführt worden wäre, wobei die Eisenbahnen bei der Dieseltraktion geblieben wären, die man dann als „kohlegefeuert" bezeichnet hätte.

6.2 Die Entwicklung der Dampflokomotive in Amerika

Es ist an dieser Stelle nicht vorgesehen, die technische Geschichte der Dampftraktion in den USA im Detail zu beschreiben. Das ist von anderen, die dafür viel besser als der Autor dieses Buchs geeignet waren, bereits gemacht worden.[2] Es besteht vielmehr die Absicht, zu zeigen, warum die amerikanische Dampflokomotive bei all ihren Tugenden eine große Schwäche hatte, die von der Dieselkonkurrenz leicht ausgenutzt werden konnte.

Betrachtet man zunächst die starken Seiten, so ist zu bemerken, dass die amerikanische Eisenbahnbranche in der späten Dampfzeit durch ein Ausmaß an Wettbewerb charakterisiert war, wie es seinerzeit anderswo unbekannt war. Die Eisenbahnen waren ebenso wie die Lokomotivhersteller (nur wenige Bahnen bauten ihre eigenen Lokomotiven) und die Firmen der sehr ausgeprägten Zulieferindustrie für Lokomotivbauteile, die alles herstellten, von den Stahlgusshauptrahmen bis zu Schrauben und Muttern, Privatunternehmen. In ihren entsprechenden Geschäftsfeldern stand jedes Unternehmen im Wettbewerb zu den anderen Marktteilnehmern, und alle arbeiteten in dem außerordentlich dynamischen industriellen Umfeld, dass für die USA zu der Zeit typisch war und das ohne Zweifel ein für Innovationen günstiges Milieu förderte. Auf der einen Seite stellten die Eisenbahnen zunehmend härtere Betriebsanforderungen an ihre Triebfahrzeuge, so dass die Hersteller Lokomotiven für die Beförderung immer schwererer Züge über immer größere Entfernungen ohne Lokomotivwechsel zu liefern hatten, was größtmögliche Zuverlässigkeit erforderte. Dazu kam der Trend, dass Produkte der Lokomotivteilezulieferer auf für jede Neuerung aufgeschlossenen Bahnen ausprobiert und dann übernommen wurden. Sämtliche Einrichtungen amerikanischer Konstruktion, wie sie für die Lokomotiven der Klasse 25 der SAR spezifiziert wurden (aufgelistet auf der Seite 114), waren auf diese Weise entstanden. Es ist natürlich richtig, dass diese Vorgehensweise auch andernorts zutraf, aber in den USA schien das sehr viel energischer geschehen zu sein, und folglich war Amerika allgemein in der mechanischen Konstruktion der Lokomotivkomponenten und der Details in der Welt führend.

---

[1] Quelle: Automotive Engineering, Band 86 Nr. 11, November 1978.

[2] Eine gute Zusammenfassung findet der Leser bei Cox, E. S., World Steam in the Twentieth Century, Ian Allan, London, 1969.

Das führte dazu, dass die besten amerikanischen Dampflokomotiven höhere monatliche Laufleistungen erzielten als je zuvor oder jemals wieder – bis zu 40 000 Kilometer wurden in den späten dreißiger Jahren mit Schnellzuglokomotiven im *Monat* erreicht[1] – eine Zahl, über die heutige Eisenbahningenieure einmal nachdenken sollten. In der Tat waren die amerikanischen Lokomotiven gemessen an den Ansprüchen ihre Zeit robust und zuverlässig und hielten sich bei Export in Ländern mit ähnlichen Betriebsbedingungen wie in den USA im Vergleich üblicherweise besser als europäische Maschinen. Damit kam es zu einer Bevorzugung von Lokomotiven amerikanischer Bauart in solchen Ländern wie der Sowjetunion, Südafrika, Australien und Indien. In Frankreich stellten die nach dem Krieg in Amerika *(Anm. d. Übers.: und in Kanada)* gebauten 1D1h2 der Reihe 141R alle einheimischen Produkte in Bezug auf Zuverlässigkeit komplett in den Schatten. Chapelon selbst besuchte die USA im Jahre 1938 für einen Monat und war oft von der mechanischen Konstruktion der Lokomotiven beeindruckt. Zu Recht führte er deren gute Merkmale darauf zurück, dass die Lokomotivindustrie nachdrücklich Antworten auf Probleme suchte, was dazu führte, dass die ganze Branche große Anstrengungen unternahm, Details zu verbessern, die die Zuverlässigkeit beeinträchtigen.[1]

Trotzdem unterlag die Dampftraktion in den vierziger Jahren rasch der Herausforderung durch die Diesellokomotive. R. Le Massena stellte in einem Artikel in der Juni-Ausgabe von 1974 des Trains Magazine fest, dass „die Aussichten für die Dampflokomotive im Jahre 1940 ... schlecht [waren], sehr bedrohlich im Jahre 1945 und hoffnungslos im Jahre 1950". Wie konnten Dampflokomotiven, die zu einem solchen Grad der mechanischen Vervollkommnung entwickelt waren und die offenbar sehr erfolgreiche Maschinen gewesen waren, auf so dramatische Weise verdrängt werden?[2] Um zu glaubwürdigen Antworten zu kommen, betrachten wir zunächst die Standpunkte von zwei Amerikanern, die versucht haben, genau diese Frage zu beantworten. W. Withuhn, einer der Teilnehmer an dem Gründungstreffen der ACE, führte in einem Artikel im Trains Magazine vom Juni 1974 die folgenden Argumente an:

1. Die damaligen Dampflokomotiven entwickelten nicht genügend Leistung bei geringen Geschwindigkeiten. Das war es aber, was die Eisenbahnen wollten, und die Diesellokomotive gab es ihnen. Ihr großer Vorteil war die Entwicklung der Nennleistung über einen weiten Geschwindigkeitsbereich. Er behauptete, dass die amerikanischen Eisenbahnen ihre Dampflokomotiven oft in erheblichem Maße „schindeten", indem sie Maschinen zum Schleppen von Güterzügen mit 15 - 30 km h^{-1} einsetzten, die ihre größte Leistung im Bereich von 50 - 100 km h^{-1} erreichten. „Anscheinend war das Konzept, schnellfahrende Lokomotiven in schnellen Diensten einzusetzen und tatsächlich langsam fahrende Lokomotiven in langsamen Diensten, nur schwer zu begreifen".
2. Der Hauptgrund, warum gute langsam fahrende („zerrende") Lokomotiven nicht gebaut wurden, lag in den Problemen des Massenausgleichs bei Lokomotiven mit kleinen Rädern. "Das Problem des Massenausgleichs der Treibräder war bei dem üblichen direkten Stangenantrieb unüberwindlich...Massenausgleich der Treibräder war eines der...absolut zentralen Probleme bei der Antwort auf die Herausforderung durch die Diesellokomotive". Als eine Lösung dieser Schwierigkeit beschreibt er eine Gegenkolben-Vierzylinderverbundmaschine, die sowohl die Probleme des Massenausgleichs erheblich verkleinert hätte als auch gegenüber der Einfachexpansion den Vorteil des besseren thermischen Wirkungsgrads und den guter Zylinderleistung über einen weiten Geschwindigkeitsbereich ergeben hätte. Wie bereits erwähnt, wurde diese Anordnung für die Konstruktion der ACE 3000 übernommen.
3. Die Gesamtbetriebskosten für zeitgenössische Dampf- und Dieseltriebfahrzeuge waren ähnlich. Diese Behauptung beruhte auf dem bekannten Vergleich der New York Central Railroad aus dem Jahre 1946 zwischen ihren 2D2 „Niagaras" und der Dieseltraktion.[3] [Die Ergebnisse zeigten für diesen besonderen Fall praktisch Kostengleichheit. Weder die Dampf- noch die Diesellokomotiven konnten je nach Betrachtungsweise der Daten als die wirtschaftlichere betrachtet werden. Allerdings bezog sich das auf den Reisezugdienst in recht ebenem Gelände. Im Güterzugdienst, besonders dort, wo es größere Steigungen zu bewältigen gab, wären die Zahlen für die Dampftraktion kaum so günstig ausgefallen.]
4. Während dieser kritischen Zeit zeigten die Dampflokomotivhersteller schlechte Marketing- und Verkaufsmethoden für ihre Produkte. Im Gegensatz dazu war General Motors, die Haupttriebkraft hinter der Dieselrevolution, bestens aufgestellt in Sachen aggressiver und fähiger Verkaufstätigkeit und bot attraktive Finanzierungsmöglichkeiten und unterstützende Serviceleistungen im Einsatz an.
5. Mit Beginn der dreißiger Jahre isolierten sich die Dampflokomotivhersteller und die Eisenbahnen selbst von ausländischen Entwicklungen. Zum Beispiel fanden demzufolge die vollständigen Auswirkungen von Chapelons Arbeiten keinen Eingang in die amerikanische Praxis [wie auch fast überall sonst nicht, könnte man hinzufügen!].
6. Es setzte sich die Vorstellung fest, dass der freche Neuling, die Diesellokomotive, von Natur aus der Dampflokomotive überlegen sei – „In der Branche kam die Haltung auf, dass, *egal wie* sich die Dampflokomotive in den kommenden paar Jahre entwickeln mag, die Überlegenheit der Diesellokomotive in den Bereichen Wirkungsgrad, Verfügbarkeit und Flexibilität vielleicht uneinholbar bleiben würde."

Auf der Basis der seinerzeit im Einsatz befindlichen Dampflokomotiven erkannte Withuhn die Überlegenheit der Diesellokomotive als sehr real an, und daraus ergab es sich, dass bei anstehendem Ersatz älterer Dampflokomotiven die Diesellokomotive automatisch gewählt wurde, anstatt wettbewerbsfähigerer Dampflokomotivtypen, die in der vierziger Jahren hergestellt werden konnten. Die New York Central zum Beispiel, wurde trotz ihrer eigenen Erkenntnisse, dass es keinen eindeutigen finanziellen Grund dafür gab, zumindest im Reisezugdienst, zügig verdieselt.

In einem Kommentar zu Withuhns Artikel stimmte R. Le Massena überwiegend damit überein. Er schrieb, dass „...die Hersteller dampfgetriebener Triebfahrzeuge, abgesehen von einigen oberflächlichen Verbesserungen, einigen Hochdruckideen von zweifelhaftem Wert und einigen turbo-elektrischen Konstruktionen von völlig unbekanntem Langzeitverhalten, praktisch keinerlei fortschrittliche Konzepte anzubieten hatten. Die Dampflokomotive als Triebfahrzeugeinheit mit zwei oder vier Zylindern hatte die physischen Grenzen von Gewicht und Abmessungen erreicht..." und „Die ganz zum Ende der Ära erbauten Dampflokomotiven verfügten über sehr viele Verbesserungen jedweder Art, aber keine stellte eine wesentliche Verbesserung der Grundkonstruktion dar...infolgedessen hatten die Hersteller von Dampflokomotiven auch dem wohlwollendsten Käufer nur wenig anzubieten." Er war der Ansicht, dass „Was die meisten Eisenbahnen wünschten, war eine bessere *langsam* fahrende Lokomotive und eine, die keine völlig unbekannte Größe war, aufgebaut aus unerprobten Komponenten", wobei hohe Leistung bei geringer Geschwindigkeit „der Schlüssel zum Verständnis der Dieselrevolution" war.

Aus der räumliche und zeitlichen Entfernung und besonders, wenn beides zutrifft, ist eine akkurate Bewertung der Ereignisse schwierig, weil viele Faktoren zu dem Verlauf der Dinge beitrugen, über die man nichts weiß, nicht zuletzt die tatsächlichen Überlegungen der Entscheidungsträger. Allerdings würden die nachstehenden vertiefenden Ausführungen zu den oben genannten Punkten sinnvoll erscheinen.

---

[1] Quelle: Bulletin Officiel de L'association Française des Amis de Chemin de Fer, Numero 130, Mai - Juin 1939 (ein Bericht über Chapelons USA-Reise im Jahre 1938).

[2] Das Tempo der Ausmusterung der Dampflokomotiven in den USA war wirklich dramatisch. Die Anzahl der auf Eisenbahnen der Katergorie 1 im Dienst stehenden Dampflokomotiven sank in den zehn Jahren von 1949 bis 1959 von 28 964 auf 875 (Quelle: Hollander, R., All Abord!, Workman Publishing Co. Inc., New York, 1981, Zitat aus der New York Times).

[3] Die Ergebnisse dieses Vergleichs wurden in dem Fachartikel „A Practical Evaluation Of Railroad Motive Power" von Kiefer, P. W., Steam Locomotive Research Institute Inc., New York, 1947, veröffentlicht.

Der tiefere Grund für die Dieselrevolution in Amerika muss etwas Dramatisches gewesen sein. Keine Industriebranche hätte eine derartige Umwälzung so schnell wegen eines unbedeutenden Nutzens durchgeführt. Da sich all die verschiedenen Pros und Kontras für die Dampf- und Dieseltraktion auf zwei teilweise von einander abhängige Kernpunkte reduzieren lassen, nämlich Gesamtbetriebskosten und Betriebsverhalten, hier definiert als die Zweckmäßigkeit als Betriebsmittel, so sind es diese beiden Hauptaspekte, unter denen wir nach den Gründen für den Erfolg der Diesellokomotive suchen müssen. Ausgehend von den mir bekannten Dokumenten hat es den Anschein, als ob die leitenden Eisenbahner in der Anfangszeit der Diesellokomotive im Allgemeinen sehr skeptisch waren in Bezug auf die behaupteten niedrigeren Lebensdauerkosten der Dieseltraktion. Die Beschaffungskosten der Diesellokomotiven für die installierte größte kW-Leistung waren verglichen mit der Dampflokomotive sehr hoch[1], und die Diesellokomotive wurde als eine komplexe Maschine wahrgenommen, was zu ernsten Vorbehalten in Bezug auf ihre Unterhaltungskosten und Lebensdauer führte. Es gab für die Eisenbahnbranche keine Möglichkeit zu wissen, wie teuer denn nun genau Diesellokomotiven über ihre gesamte Einsatzdauer verglichen mit Dampflokomotiven sein könnten. Die einzige zeitgenössische detaillierte Untersuchung, die mit bekannt ist, die der New York Central, wies alles in allem keinen Kostenvorteil für die Diesellokomotive aus, so dass es, falls die Eisenbahnen in diesem Punkt nicht plötzlich sehr leichtgläubig wurden, nicht an den Gesamtbetriebskosten gelegen haben kann, dass die Diesellokomotive der Dampflokomotive als derartig überlegen angesehen wurde. Zu dem zweiten Kernpunkt, dem Betriebsverhalten, kann man sagen, dass die Dieseltraktion im Reisezugdienst die Dampflokomotiven der vierziger Jahre ganz klar leistungsmäßig nicht übertraf, außer vielleicht auf großen Steigungen (es ist zwar richtig, dass die Verdieselung im Reisezugdienst vor dem Güterzugdienst begann, aber das ist vielleicht eher der Bedeutung eines „modernen" Images in der Werbung zuzuschreiben als allem anderen). Die Vergleichsstudie der New York Central zeigte, dass selbst eine Diesellokomotiven aus drei Einheiten die Leistung einer einzelnen 2D2 der Niagara-Klasse bei Reisezuggeschwindigkeiten nicht erreichte, wobei die Dampflokomotive über 80 km h^{-1} eine größere auf die Ebene bezogene Zughakenleistung entwickelte. Auch in Bezug auf den anderen Aspekt des Betriebsverhaltens, dem der Zuverlässigkeit, wies die Diesellokomotive nur einen geringfügigen Vorteil auf. Wenn man einmal den Sonderfall des Rangierdienstes vernachlässigt, dann bleibt nur die Leistungsfähigkeit im Güterzugdienst. Tatsächlich konnte die Diesellokomotive hier einen Vorteil demonstrieren, der groß genug war, um die rasche Ausmusterung der Dampflokomotiven zu begründen. Dieser Vorzug bestand im Wesentlich darin, dass sich durch die Anwendung der Mehrfachtraktion mit Diesellokomotiven außerordentlich hohe Zugkräfte beim Anfahren und bei niedrigen Geschwindigkeiten ergaben, die mit nur einer Lokomotivmannschaft beherrscht werden konnten. Das ist aus technischer Sicht sicher „der Schlüssel zum Verständnis der Dieselrevolution", wie von Withuhn und Le Massena behauptet.[2] Wegen der Bedeutung dieses Aspekts lohnt sich dessen genauere Betrachtung.

In dem oben erwähnten Fachartikel „A Practical Evaluation Of Railroad Motive Power" sind Zugkraftkurven für konkurrierende Dampf- und Diesellokomotivbaureihen im Güterzugdienst angegeben. Die interessanten Daten dieser Kurven sind in der Tabelle 63 angegeben.

Tabelle 63
Vergleich der Leistung und Zugkraft ausgewählter Lokomotivklassen der NYC

Antriebsart	Dampf		Diesel	
Klasse	L4[1] 2D1	S1 2D2	3 Einheiten	4 Einheiten
Maximale auf die Ebene bezogene Zughakenleistung, kW	3 207	3 766	2 709	3612
Geschwindigkeit bei der höchsten Zughakenleistung, km h^{-1}	96	101	14-32	14-32
Auf die Ebene bezogene Hakenzugkraft bei 30 km h^{-1}, kN	237	248	324	432
Auf die Ebene bezogene Hakenzugkraft bei 20 km h^{-1}, kN	255	265	492	656
Auf die Ebene bezogene Hakenzugkraft beim Anfahren, kN	266	274	762	1 106

1. *Anm. d. Übers.: letzte Ausführung der NYC-Mowhawks (L1 bis L4), h2, Schlepptender, von der Version L4 wurden 50 Stück von Lima im Jahre 1943 erbaut.*

Bei Geschwindigkeiten um 100 km h^{-1} hatten die Dampflokomotiven etwas mehr Leistung als die entsprechenden Dieselklassen, aber diese entwickelten bei niedrigen Geschwindigkeiten wesentlich höhere Zugkräfte, und im Güterzugdienst war es eben diese Eigenschaft, die von den Betriebsleuten als nützlicher bewertet wurde.

Bei der Betrachtung der Leistungs- und Zugkraftcharakteristiken sind zwei einfache, aber grundlegende Gleichungen von Bedeutung:

1. Leistung = Zugkraft x Geschwindigkeit
2. Maximal mögliche Zugkraft am Radumfang = Reibungsgewicht x Reibungskoeffizient zwischen Rad und Schiene

Die erste dieser Gleichungen sagt uns, dass bei jeder gegebenen Geschwindigkeit ein Vergleich der entsprechenden Leistungen und Zugkräfte verschiedener Lokomotive, die gleichen relativen Werte ergeben wird. Das heißt, falls die Leistung einer Lokomotive doppelt so groß ist wie die einer anderen, dann hat ihre Zugkraft ebenfalls den doppelten Wert. Somit sind eine Darstellung der Leistung über der Geschwindigkeit und eine der Zugkraft über der Geschwindigkeit einfach nur verschiedene Ausdrucksformen der im Wesentlichen gleichen Parameter. Die Erstere wurde im Allgemeinen zu Dampfzeiten benutzt, aber die Letztere stellt die Leistungsabgabe in einer aussagekräftigeren Form dar, weil es auf die von der Lokomotive bei der jeweiligen Geschwindigkeit erreichbare Zugkraft ankommt. Mittlerweile ist das die bevorzugte Darstellung der Lokomotivleistung.[3] Aber es ist die Leistung, die die Züge befördert, nicht Zugkraft. Das kann man sich durch die Vorstellung klarmachen, dass man, falls es so etwas wie eine reibungsfreie Kraftübertragung gäbe, die Leistung von 1 kW eines Rasenmähermotors so übersetzten könnte, dass ein Zug von beliebigem Gewicht gezogen werden kann, aber eine schwere Last würde er nur im sprichwörtlichen Schneckentempo bewegen können. Warum aber waren die Dampflokomotiven, die ja bei der Höchstleistung den Diesellokomotiven ebenbürtig waren, derartig benachteiligt? Der Grund bestand darin, dass ihre Höchstleistung erst bei höherer Geschwindigkeit *(Anm. d. Übers.: beziehungsweise bei höherer Triebwerksdrehzahl)* zur Verfügung stand, während die Leistung der Diesellokomotive über einen weiten Geschwindigkeitsbereich halbwegs konstant war. Dieser Bereich umfasste durchaus auch die niedrigen Geschwindigkeiten, was bedeutet, dass die Charakteristik der Diesellokomotive der einer Konstantleistung nahe kam. Wegen der oben angegebenen Gleichung (1) führte das zu einer sehr hohen Zugkraft bei niedriger Geschwindigkeit und wegen Gleichung (2) war das nur

[1] In der Untersuchung der New York Central waren die Festkosten (Abschreibung, Zinsen und Versicherungen) in Bezug auf die Nennleistung am Zughaken für die Diesellokomotiven etwa 140 % höher als für die Dampflokomotiven.

[2] Es ist oft behauptet worden, dass die Diesellokokomotive die Dampflokomotive in den USA wegen „unsauberer Geschäftspraktiken" verdrängte. Ohne bestreiten zu wollen, dass die Diesellokomotivindustrie alle ihr zur Verfügung stehenden aggressiven Verkaufsmethoden angewendet haben wird, ist es aber doch unwahrscheinlich, dass sie damit Erfolg gehabt hätte, falls das verkaufte Produkt keinen grundlegenden Vorteil hatte.

[3] Die Leistungs- und Zugkraftkurven ergänzen sich in Wirklichkeit. Weil die Leistung gegen Null geht, wenn die Geschwindigkeit gegen Null geht, wie groß auch immer die Anfahrzugkrfat ist, gibt die Leistungskurve kein „Gefühl" für die größte Zugkraft, während die Zugkraftkurve kein „Gefühl" für die größte Leistung bei hoher Geschwindigkeit ergibt.

möglich dank des hohen Reibungsgewichts durch den Antrieb aller Achsen. Da das größte Zuggewicht, das gezogen werden konnte, von der Höchstzugkraft der Lokomotive abhing, konnten von nur einer Lokomotivmannschaft gesteuerte Diesellokomotiven in Mehrfachtraktion wesentlich schwerere Züge schleppen als irgendeine einzelne Dampflokomotive.

Der Bedarf an schwereren Güterzügen verbunden mit den hohen Gehältern der Lokomotivmannschaften hatte bereits die Entwicklung von Gelenkdampflokomotiven angeregt, die bei niedriger Geschwindigkeit erheblich höhere Leistungen entwickelten als Steifrahmenlokomotiven, bei denen das Zylinderhubvolumen und das Reibungsgewicht die begrenzenden Faktoren waren, wohingegen bei hohen Geschwindigkeiten die Kesselleistung und die innere Stromlinie der Dampfwege von größerer Bedeutung waren. Es war deutlich, dass die amerikanischen Gelenklokomotiven mit der Anordnung der Triebwerke nach Mallet mit vier Hochdruckzylindern[1], mit Lokomotiven, wie den (2D)D2 der Union Pacific, so ziemlich ihre machbaren Abmessungsgrenzen erreicht hatten. Selbst diese gewaltigen Maschinen hatten nur 602 kN Nennzugkraft, also um 21 % beziehungsweise 41 % weniger als die Dreifach- und Vierfacheinheiten der Diesellokomotiven in der Studie der New York Central. Demzufolge hatte die Dampflokomotive diesem Aspekt der Dieselherausforderung nichts entgegenzusetzen. Alles, was ihre Befürworter tun konnten, war es, die Dampflokomotive als „Schnellgüterzugtriebfahrzeug" zu bezeichnen, wegen ihre relativ hohen Leistung bei höherem Tempo und herauszustellen, dass die Höchstleistung der Diesellokomotive nicht sehr groß war, trotz ihrer sehr hohen Zugkraft bei geringer Geschwindigkeit. Das bedeutete, dass bei Belastung der Diesellokomotiven entsprechend ihrer Zugkraft beim Anfahren und bei geringer Geschwindigkeit, das gesamte Leistungsgewicht solcher Züge sehr viel schlechter war als bei dampfgeführten Güterzügen und sie damit für alle Zeit zu langsamen Diensten verurteilt waren. Eine solche Behauptung war scheinbar zutreffend, war es aber in der Praxis aus den folgenden Gründen nicht:

1. Im Güterzugdienst wurde die volle Leistung öfter bei niedriger Geschwindigkeit benötigt, zum Beispiel bei der Bergfahrt und bei dem Beschleunigen nach Signal- und Planhalten. Unter solchen Bedingungen lag die Leistungsentwicklung von Dampflokomotiven weit unterhalb ihres Höchstwerts (Withuhn schrieb in seinem Artikel von 1974 in „Trains", dass „Big Boys *kommerziell* nutzbare Leistung nicht so sehr von ihren 6 200 h.p. bei 35 [Meilen pro Stunde] bestimmt wurde, weil ihr Limit bei 20 nur bei 5 200 h.p. lag") und das gesamte Leistungsgewicht der Dampf- und Dieselzüge war dann, ebenso wie die Durchschnittgeschwindigkeiten und die Beschleunigungszeiten, vergleichbar.[2]
2. In der Ebene konnte die zur Verfügung stehende Leistung der Diesellokomotive selbst sehr lange Güterzüge bis auf ihre zulässige Höchstgeschwindigkeit bringen, wohingegen die Dampflokomotiven, die wegen ihres unzureichenden Reibungsgewichts Züge schleppten, die relativ zu ihren Leistungen bei hohen Geschwindigkeiten um einiges leichter waren, wohl oft genug ihre volle Leistung nicht einsetzten konnten, ohne die Geschwindigkeitsbegrenzungen zu überschreiten (siehe Seite 209).
3. Die Geschwindigkeiten bei Talfahrt waren für Dampf- und Diesellokomotiven tendenziell die gleichen.
4. Der Wegfall der Unterwegshalte zum Wasserfassen und zur Feuerreinigung gab der Dieseltraktion einen deutlichen Zeitvorteil.
5. Die Dieseltraktion ermöglichte Fahrzeitersparnisse durch verminderten Einsatz von Vorspann- und Schublokomotiven. Üblicherweise wurden Betriebshalte zum Ankuppeln der Vorspann- oder Schubhilfe am Fuß von Steigungen eingelegt, was nicht nur direkte zusätzliche Planzeit bedeutete, sondern auch indirekte, weil es so nicht möglich war, Steigungen mit Schwung in Angriff zu nehmen. In dieser Hinsicht wurde gesagt, dass in den USA die Verdieselung nicht so sehr zu schwereren Züge führte, sondern zu einer Verminderung des Einsatzes von Hilfslokomotiven, indem die Zugkraft, um die Züge auf maßgeblichen Steigungen zu befördern, nunmehr während der gesamten Fahrt zur Verfügung stand. Das war ein betrieblicher Luxus, der durch die ferngesteuerte Mehrfachtraktion möglich war. Falls das zutreffend war, dann war die Triebfahrzeugleistung bei höheren Geschwindigkeiten vor den Güterzügen bei Diesel- und Dampftraktion wahrscheinlich ähnlich, und die Verdieselung hatte nicht zu einer Abnahme der Zuggeschwindigkeit auf weniger steigungsreichen Abschnitten geführt.

Die Aussagen der oben aufgeführten Punkte 1 bis 4 wurden von den Messfahrten mit Güterzügen bei den SAR, wie auf Seite 333 beschrieben, genau bestätigt. Obwohl die *Höchstleistung* der Diesellokomotive der Klasse 34 etwa 23 % unter der der Dampflokomotivklasse 25NC lag, produzierte die Diesellokomotive 27 % mehr Tonnenkilometer in der Stunde bezogen auf die reine Fahrzeit und um 43 % mehr bezogen auf die gesamte Umlaufzeit, und das auf einer ebenen Strecke, die die Dampftraktion begünstigte und im Vergleich der Dampflokomotive mit nur einer Diesellokomotiveinheit, das heißt, ohne Berücksichtigung des Vorzugs der Fähigkeit der Dieseltraktion zur ferngesteuerten Mehrfachtraktion. In dem Fachartikel „A Practical Evaluation Of Railroad Motive Power" wurde herausgestellt, dass es bei Dieseltraktion mit geringerer Nennleistung als bei Dampftraktion besser gelang die schnellsten Reisezugpläne einzuhalten, vermutlich weil ihre höhere Leistung bei niedrigen Geschwindigkeiten eine bessere Beschleunigung nach Plan- und Signalhalten ergab. Falls das bei Reisezügen wirklich so war, dann wäre es bei Güterzügen noch mehr so gewesen. Und tatsächlich ließ sich das aus den Statistiken herauslesen, indem nach der Umstellung auf Dieselzugförderung die Durchschnittsgeschwindigkeiten der Güterzüge geringfügig anstiegen, obwohl sie mit um die 30 km h^{-1} auch weiterhin kaum atemberaubend waren.

Dieser grundlegende Sachverhalt der Leistungscharakteristiken von Lokomotiven war in den siebziger Jahren Gegenstand einiger recht umfangreicher Korrespondenzen zwischen Porta und dem Autor, in der es besonders um die Frage „wie eine für Nordamerika geeignete Dampflokomotive auslegen" ging. Ich argumentierte sehr zugunsten der Eigenschaft der annähernd konstanten Leistung der Dieseltraktion, wobei ich hauptsächlich darauf hinwies, dass Züge durch Leistung befördert werden. Wenn es schon so viele Dollars kostet, die gegebene Traktionsleistung einzubauen, dann sollte sie auch über den größtmöglichen Geschwindigkeitsbereich zur Verfügung stehen, so dass der Betreiber innerhalb dieses Bereichs immer die vollständige eingekaufte Leistung nutzen könnte. Um aus einer Lokomotive ihre höchste mögliche Tonnenkilometerleistung je Zugstunde herauszuholen, musste die Zuggeschwindigkeit an die Geschwindigkeit der höchsten Zughakenleistung angepasst werden, was in der Praxis nur möglich war, falls diese Geschwindigkeit einen größeren Bereich hatte. Dazu war ein angemessenes Verhältnis zwischen der installierten Leistung der Lokomotive und ihrem Reibungsgewicht erforderlich, so dass die Leistung (im Fall der Dampflokomotive die Kesselleistung) bei den üblichen niedrigen Geschwindigkeiten der meisten Güterzugdienste voll ausgenutzt werden konnte. Für die Dampftraktion bedeutete das eine wesentlich höhere Nutzung des Gesamtgewichts der Lokomotive als Reibungsgewicht und ein entsprechend größeres Zylinderhubvolumen, falls die Investition in den Kessel und damit verbundene Einrichtungen bei niedrigen Geschwindigkeiten nicht teilweise verschwendet werden sollte. Wie Withuhn es in seinem Artikel in Trains Magazine schrieb, war „...der größte Vorteil der Diesellokomotive ihre Fähigkeit, praktisch die volle Nennleistung bei fast jeder Zuggeschwindigkeit entwickeln zu können und nicht nur bei einer". Porta, auf der anderen Seite, hielt nicht so viel von einer Lokomotive mit konstanter

---

[1] In den USA war die Verbund-Mallet weitgehend aufgegeben worden. Ihre Leistung litt zumeist unter dem, was Porta als „entsetzliche, kriminell schlechte Dampfwege" bezeichnete.

[2] Gemäß der auf der vorherigen Seite angegebenen Gleichung gilt bei niedrigen Geschwindigkeiten Leistung = {Reibungsgewicht x Reibungskoeffizient x Geschwindigkeit}, das heißt, dass die Leistung unter allen Umständen proportional dem Reibungsgewicht ist, also genau dem Faktor, bei dem die Dampftraktion im Nachteil ist. Es ist zwar richtig, dass es Dampflokomotiven wegen des flacheren Verlaufs ihrer Zugkraftkurve möglich war, Zuggewichte, die unter dem lagen, was sie gerade noch ziehen konnten, bei Bergfahrt mit größerer Durchschnittsgeschwindigkeit und mit größerer Produktivität in Tonnenkilometern pro Stunde zu befördern, aber Zuggewichte nur wegen dieser Eigenschaft zu vermindern, war etwas, was die Betriebsleute nur unwillig taten und deshalb wurden die amerikanischen Dampflokomotiven „geschunden".

Leistungsabgabe, deren Zugkraftkurve man sich ja als Hyperbel vorstellen musste. Er wies darauf hin, dass eine Lokomotive, deren Maximalleistung bei niedriger Geschwindigkeit zur Verfügung steht, per definitionem ein schlechtes Leistungsgewicht hat. Das kann man herleiten aus der einfachen Gleichung {Leistung ÷ Reibungsgewicht = Reibungskoeffizient x Geschwindigkeit}. Stattdessen bevorzugte er viel mehr eine Lokomotive mit nahezu konstanter Zugkraftcharakteristik, wobei eine solche Lokomotive bei allen Geschwindigkeiten ihr Reibungsgewicht voll ausnutzen könnte *(Anm. d. Übers.: Die Fachliteratur gibt an, dass der Reibungskoeffizient mit der Geschwindigkeit durch das dynamische Verhalten der Fahrwerkskonstruktion und durch pulsierende Drehmomente abnimmt.)*, so dass ihre Leistung mit der Geschwindigkeit kontinuierlich zunähme. Das war natürlich das betriebliche Ideal, da, wie wir ja zuvor erfahren haben, die von der Lokomotive ausübbare Hakenzugkraft der wirklich interessante Parameter ist, und was könnte folglich besser sein als die maximal möglich Zugkraft, bestimmt durch das Reibungsgewicht, bei allen Geschwindigkeiten zur Verfügung zu haben? Ein solches Ideal konnte näherungsweise mit der elektrischen Traktion erreicht werden und zu einem geringerem Grad mit einem modernen Dampflokomotivtypus, wie sie Porta für Nordamerika im Sinn hatte. Zwischen den beiden lag allerdings ein bedeutender Unterschied. Während eine individuelle Dampflokomotive so gestaltet werden konnte, dass sie die Leistungscharakteristik einer individuellen Elektrolokomotive erreichte, so bliebe Letzterer aber die gleiche Eignung zur ferngesteuerten Mehrfachtraktion wie bei der Dieseltraktion und damit für extrem hohe Zugkräfte (und in diesem Fall auch für hohe Leistung, vorausgesetzt die elektrischen Versorgungseinrichtung hatten eine ausreichende Übertragungskapazität). Zusammenfassend kann man sagen, dass Diesellokomotiven Zugkräfte ermöglichten, die bei niedrigen Geschwindigkeiten sehr hoch sein konnten, aber eher eingeschränkt bei hoher Geschwindigkeit, dass Dampflokomotiven geringe Zugkräfte bei niedrigen Geschwindigkeiten abgaben, die aber mit zunehmender Geschwindigkeit nicht so stark abnahmen und dass die elektrischen Lokomotiven hohe Zugkräfte bei allen Geschwindigkeiten abgeben konnten. Damit musste die elektrische Traktion als die wahrhaft vielseitigste angesehen werden, indem sie ebenso für das Schleppen maximaler Güterzug-Tonnagen geeignet war wie für den Einsatz bei hoher Geschwindigkeit. Sie konnte die Anhängelasten der Dieseltraktion schleppen, aber mit höherer Geschwindigkeit, wohingegen die klassische Dampflokomotive in ihrer Schleppleistung mit nur einem Lokomotivpersonal grundsätzlich beschränkt war. Damit war sie, vom Standpunkt des praktischen Betriebs aus gesehen, für den Güterzugdienst unter amerikanischen Bedingungen weder der Diesel- noch der Elektrotraktion ebenbürtig.

Es lohnt sich an dieser Stelle zu betrachten, was die Dampflokomotivkonstrukteure zur Befriedigung der Ansprüche an Güterzugtriebfahrzeuge in den vierziger Jahren anzubieten hatten. Dazu sollen zwei Beispielen gegeben werden. Zunächst wollen wir einen Blick auf die tatsächlich endgültige Entwicklung der Dampflokomotive in Amerika werfen. Die Meinungen darüber, welcher Baureihe dieser Titel gebührt, werden unterschiedlich sein, aber meine Wahl fällt auf die 2BC2-Klasse Q2 der Pennsylvania Railroad. Als größte Steifrahmenlokomotiven der Welt waren sie tatsächlich größer als viele Gelenklokomotiven. Allein das Lokomotivgewicht betrug 282 Tonnen, die Rostfläche maß 11,3 m², die Verdampfungsheizfläche 573 m² und die Überhitzerheizfläche 337 m². Ihre vier Zylinder gaben ihr auf dem Gebiet der inneren Stromlinie der Dampfmaschine einen deutlichen Vorteil gegenüber den üblichen Zweizylindermaschinen. Bei Versuchen zeigte sich der Kessel bei der Verfeuerung guter Kohle in der Lage, über 62 000 kg h^{-1} Wasser zu verdampfen. Eine höchste indizierte Leistung von 5 956 kW *(Anm. d. Übers.: = 8 100 PS!)* wurde erzielt, angeblich die größte jemals bei Dampflokomotiven gemessene Zylinderleistung. Dennoch hatten diese Mammutlokomotiven nur 175 Tonnen Reibungsgewicht, also etwa 38 % ihres Gesamtgewichts einschließlich Tender, und damit annährend das gleiche wie eine einzelne sechsachsige Diesellokomotive, welche sie deshalb in Bezug auf das Zuggewicht nicht übertrafen. Es ist allerdings richtig, dass die Q2 im Flachland eingesetzt wurden, wo sie lange Züge mit erheblichen Geschwindigkeiten ziehen konnten, aber das hätten auch Diesellokomotiven gekonnt und wären zusätzlich leistungsfähige Bergsteigerinnen gewesen. Die Pennsylvania hatte also, wie die übrige Branche auch, keine Dampflokomotive mit dem Grad an Vielseitigkeit einer Diesellokomotive hervorgebracht, und in keiner Weise wies die Q2 die Betriebseigenschaften auf, die die Dieseltraktion so populär machten.

Falls die Q2 für die fortschrittlichste ausgeführte Dampftechnik in den USA standen, welche anderen Entwicklungen waren denn im Gange, die durch die Dieselrevolution zu einem vorzeitigen Ende kamen? Der Entwurf, von dem angenommen wurde, dass er für die klassische Dampflokomotive die meiste Hoffnung bringen würde, war die 2D3 von Lima.[1] Mit 1 778 Millimeter (70 Zoll) Treibraddurchmesser wurde dieser Entwurf als Schnellgüterzuglokomotive bezeichnet und war bis auf die nachstehenden Abweichungen ähnlich wie bestehende 2D2-Bauarten:

1. Ein dreiachsiges Schleppgestell ermöglichte eine größere Feuerbüchse. Die Rostfläche sollte 12,35 m² betragen.
2. Ein „doppelter Belpaire-Kessel“ war vorgesehen, der eine größere Fläche der Verbrennungskammerrohrwand und damit einen größeren freien Gasquerschnitt im Rohrbündel ermöglichte und einen größeren Überhitzer.
3. Franklin-Ventilsteuerung mit rotierenden Nocken.

Der Wert dieser Fortentwicklung beruhte auf diesen grundsätzlichen Eigenschaften, aber sie waren nicht wesentlich genug, um einen Durchbruch bei dem Betriebsverhalten zu bewirken, selbst wenn alle gleichzeitig angewendet wurden. Die Rostfläche war nicht sehr viel größer als die einiger existierender Lokomotiven mit zweiachsigem Schleppgestell. So war sie zum Beispiel nur um 9 % größer als die der Klasse Q2. Die Feuerbüchse von geringer Tiefe wurde beibehalten, die, wie bereits erläutert, für die Anwendung großer Sekundärluftmengen ungeeignet ist. Geht man also davon aus, dass damit das Gros der Verbrennungsluft durch das Feuerbett hindurchtreten musste, so hätte selbst diese Rostgröße einen großen Flugverlust an Unverbranntem bei hoher Leistung nicht verhindern können. Der doppelte Belpaire-Stehkessel hätte nur mäßige Verbesserungen der Kesselproportionen gebracht. Ein Entwurf zur Ausrüstung einer 2C2 der Klasse J-3a der New York Central *(Anm. d. Übers.: h2, Schlepptender, letzte Ausführung der berühmten „Hudson“ der NYC, 50 Stück, davon 10 Stück stromlinienverkleidet, Alco, 1937 bis 38)* mit einem solchen Kessel zeigte jeweils 7 % Zuwachs bei dem freien Gasquerschnitt im Rohrbündel, der Verdampfungsheizfläche und bei der Überhitzerheizfläche. Keine dieser Vergrößerungen war groß genug, um wirklich eine Bedeutung zu haben. Außerdem handelte es sich um eine unerprobte Idee, und bei den hohen Kosten für die Feuerbüchsinstandsetzungen bei amerikanischen Lokomotiven wäre sie mit einigem Vorbehalt betrachtet worden. Die Franklin-Ventilsteuerung mit rotierenden Nocken war ebenfalls nicht einsatzerprobt, und anscheinend waren die Erfahrungen mit dem ziemlich komplizierten Ventilantrieb mit schwingenden Nocken derselben Firma nicht völlig zufriedenstellend. Zwar war es mit der Ventilsteuerung mit rotierenden Nocken im Gegensatz zu einer Schwingensteuerung möglich, die Steuerzeiten der Ventile völlig von einander zu entkoppeln, aber das führte im Allgemeinen nicht zu einem besseren Gesamtwirkungsgrad. Die mit gut konstruierten Kolbenschiebern und Walschaerts-Steuerung erreichbare Dampfverteilung konnte der eines Zylinders mit Ventilen gleichwertig sein, was nicht der einzige Weg zu einem besseren Zylinderwirkungsgrad war. Eine gute Saugzuganlage, als eine Einrichtung, die wirklich den thermischen Wirkungsgrad verbessern konnte, war, so wie es aussah, nicht Teil der Konstruktion. Es war also immer noch nicht verstanden worden, dass die ganze verbesserte innere Stromlinie, die sich durch die Ventile und anderes ergeben sollte, von geringem Nutzen war, falls der Dampfstrom an einer kleinen Blasrohrdüse gedrosselt wurde. Die innere Stromlinie musste auf den *gesamten* Dampfkreislauf angewendet werden.

[1] Die Daten zu diesem Entwurf wurden dem Buch Lima – The History von E. Hirsimaki, Hundman Publishing Inc., Edmunds, 1986, entnommen.

In Bezug auf ihre Zugkraftcharakteristik hätte sich die vorgeschlagene 2D3 nicht von den üblichen der Dampftraktion abgesetzt. Selbst mit eingeschaltetem Booster hätte die Lokomotive nur über 37 % ihres Gesamtgewichts als Reibungsgewicht verfügt, was eine Anfahrzugkraft von 387 kN ermöglichte. Das war einfach zu wenig für eine Lokomotive mit einem Gewicht von über 400 Tonnen und die für den Güterzugdienst vorgesehen war. Welche Leistung sie auch immer bei höherer Geschwindigkeit erzielt haben würde, so hätte sie nicht genügend schiere Zugkraft gehabt, um mit den Diesellokomotiven zu konkurrieren. Sie hätte den Verlauf der Lokomotivgeschichte nicht verändert. Kurz gesagt hatte die amerikanische Dampflokomotive keine gültige Antwort auf die Herausforderung durch die Diesellokomotive und schien in eine Sackgasse geraten zu sein. Im Gegensatz dazu hatte die neuartige Diesellokomotive bereits die Leistungsmerkmale der Dampflokomotive in einigen Bereichen erreicht und in anderen übertroffen, da sie neben ihrem Hauptvorteil, der höheren Zugkraft bei niedriger Geschwindigkeit, andere demonstriert hatte, wie den höheren thermischen Wirkungsgrad, weniger betriebliche Unterhaltung und Wartung, weniger Verschmutzung und bessere Arbeitsbedingungen für die Mannschaften. All das war bereits nach nur 10 % der Entwicklungszeit, die die Dampflokomotive gehabt hatte, vorhanden, was den Eisenbahnleuten den Eindruck vermittelt haben muss, dass das Potential der Diesellokomotive bei Weitem noch nicht ausgeschöpft war.

Gab es denn in den vierziger Jahren einen wirksameren Weg für die Kolbendampflokomotive, sich der Diesellokomotive zu stellen? Vielleicht. Withuhns Antworten standen in seinem Artikel im Trains Magazine und umfassten Vorschläge für steifrahmige Lokomotiven mit dem Gegenkolben-Vierzylinderverbundtriebwerk, für das er sich zur Überwindung des Problems des Massenausgleichs stark machte. Diese wahrhaft gigantischen Entwürfe, die Güterzugvariante war eine 2EB2 mit einem fünfachsigen Kohletender und einem achtachsigen Wassertankwagen, insgesamt zwanzig Achsen, und mit einer den (2D)D2 der Union Pacific vergleichbaren Anfahrzugkraft, trotz um 20 % höherem Gesamtgewicht, hätten kein Betriebsverhalten gezeigt, dass sich wesentlich von dem der Dampflokomotiven der vierziger Jahre unterschieden hätte. Der Grund lag darin, dass auch bei ihnen der Anteil des Reibungsgewichts am Gesamtgewicht zu gering war, um ihnen bei niedrigen Geschwindigkeiten eine Leistung zu geben, die im rechten Verhältnis zu ihrer Gesamtgröße stand. Die maximale Anfahrzugkraft der Güterzugvariante wurde mit 596 kN (134 000 englische Pfund) angegeben, sicher nicht genug für eine Lokomotive, die ein Gesamtgewicht von 650 Tonnen gehabt hätte und weniger, als eine Diesellokomotive bestehend aus drei CoCo-Einheiten entwickeln konnte. Diese Zugkraft konnte bis zu einer Geschwindigkeit von 24 km h^{-1} (15 mph) ausgeübt werden, entsprechend einer Leistung am Radumfang von 3 970 kW bei dieser Geschwindigkeit, was nur etwa 70 % der maximalen Nennleistung der Lokomotive entsprach. Wie schon bei der 2D3 von Lima, fällt es schwer zu erkennen, wie das für einen Kunden attraktiv gewesen sein sollte, der von einer Leistungscharakteristik nach Art der Diesellokomotive begeistert war. Ein anderer Weg wäre die Entwicklung automatischer Steuerungen für das Fahren und Feuern gewesen, so dass die Dampflokomotiven sehr hohe Zugkräfte – bei niedrigen Geschwindigkeiten und große Leistungen bei hohen Fahrgeschwindigkeiten – unter der Kontrolle nur einer Lokomotivmannschaft hätten anbieten können. Das war leichter gesagt als getan. Auf diesem Gebiet hat es einige Entwicklungsarbeiten gegeben, wie zum Beispiel die Ausrüstung einer im Rangierdienst eingesetzten 2D der Norfolk and Western mit einer automatischen Kesselsteuerung im Jahre 1947[1], und angeblich hatten Wabco-Ingenieure in den vierziger Jahren Patente erhalten für die Konstruktion von pneumatischen und elektro-pneumatischen Steuerungseinrichtungen für die Fernsteuerung von Dampflokomotiven in Mehrfachtraktion.[2] Allerdings waren diese Entwicklungen immer noch weit von einer Einführung einer absolut zuverlässigen Methode entfernt, um konventionelle kohlegefeuerte Hauptstrecken-dampflokomotiven unter Einsatzbedingen automatisch steuern zu können. Obwohl ein solches System durch den Wettbewerb mit der Diesellokomotive wünschenswert geworden war, so waren die Auswirkungen der Verdieselung so groß, dass sie jedes mögliche Interesse an der Entwicklung einer automatischen Steuerung für Dampflokomotiven tatsächlich im Keim erstickten. Selbst die Norfolk and Western übertrug ihre Pionierleistung nicht auf konventionelle Hauptstreckenlokomotiven.

Allerdings gab es eine weitere Möglichkeit, die den amerikanischen Konstrukteuren offen stand und die ganz und gar einsatzerprobt war: die Garratt-Lokomotive. Ich kann bereits die reflexartige Antwort hören: „die Garratt hätte hier nicht funktioniert, weil ihr Reibungsgewicht mit abnehmenden Vorräten kleiner wird", aber Reibung ist Reibung, auf der ganzen Welt, und falls das so zutreffend gewesen wäre, dann hätte die Garratt nirgendwo funktioniert, wo Lokomotiven bis an die Grenze des bei ihrem Reibungsgewicht Zulässigen belastet wurden, wie zum Beispiel in Südafrika. Ich werde mit einer unverblümten Aussage antworten: das Unterlassen der Einführung der Garratt-Lokomotive durch die amerikanische Eisenbahnindustrie war für die Dampftraktion in Nordamerika eine Tragödie und indirekt für die ganze Welt, weil die Welt den USA auf dem Weg in die Verdieselung folgte. Warum wurde sie nicht eingeführt? Waren die Amerikaner wirklich so kurzsichtig, dass sie keine Lösung ihres offenkundigen Problems mit dem Reibungsgewicht sehen konnten und blind waren für all die Vorzüge der Garratt, oder war es einfach nur Chauvinismus? Was auch immer die Gründe waren, es war der Garratt niemals vergönnt zu demonstrieren, wie wirkungsvoll sie unter amerikanischen Bedingungen als Zugmaschine für schwere Güterzüge gewesen wäre. Wir werden nun einige relevante Punkte betrachten.

1. Adhäsion

Die Reduzierung des Reibungsgewichts durch Abnahme der Vorräte hätte sich als geringer herausgestellt, als man nach den Zahlenwerten vermutet hätte. Das kann am Beispiel zweier erfolgreicher Garratt-Konstruktionen aufgezeigt werden, der Klasse 59 der East African Railways (EAR) und der Klasse GMAM der SAR, von denen die Erstere sämtliche Vorräte auf der Lokomotive beförderte und die Andere das Gros ihres Wasservorrats in einem einfachen Wassertankwagen. In beiden Fällen wird das kleinste Reibungsgewicht bei 20 % der Vorräte angesetzt, was in etwa der kleinsten zulässigen Reserve im normalen Einsatz entspricht, und es wird unterstellt, dass die prozentuale Abnahme der Achsfahrmasse mit dem Leichterwerden der Lokomotive für sämtliche Achsen, das heißt Kuppel- und Tragachsen, gleich war.[3] Die wichtigsten Daten sind in der Tabelle 64 aufgeführt, aus denen abgeleitet werden kann, dass falls der Reibungswert mit vollen Vorräten auf 0,23 festgesetzt worden wäre, dann wäre er auf 0,27 bei der Klasse 59 beziehungsweise 0,255 bei der Klasse GMAM angestiegen, *wobei alle diese Werte innerhalb des Bereichs der Reibungswerte liegen, die bei der Dampftraktion in Amerika tatsächlich angewendet wurden.* Damit wird anhand dieses praktischen Beispiels erkennbar, dass eine Garratt hätte konstruiert werden können, bei der der Reibungswert bei normalen Betriebsbedingungen innerhalb der in den USA akzeptierten Werte gelegen hätte.

Es sei darauf hingewiesen, dass die in der Tabelle 64 angegebenen Zylinderzugkräfte für Schmalspurlokomotiven mit mäßiger Achslast (Meterspur und 21,3 Tonnen bei der Klasse 59 beziehungsweise 1 065 Millimeter *(Anm. d. Übers.: obwohl die Kapspur allgemein mit 3 ½ englischen Fuß = 1 067 Millimeter definiert wird, gibt Südafrika offiziell die Spurweite für etwa 20 500 Streckenkilometer mit 1 065 Millimeter an)* und 15,9 Tonnen bei der Klasse GMAM) sehr respektabel sind. Sie waren größer als bei einer ganzen Anzahl von

[1] Quelle: The Railway Mechanical Engineer, August 1947.

[2] Informationen gemäß einer privaten Korrespondenz des Autors mit R. V. Lewis, Wabco, 1978.

[3] Mit einem auf den Federausgleich wirkenden „Reibungsverstärker", wie bei den chinesischen QJ eingebaut, hätte sich die Abnahme der Achsfahrmasse der Tragachsen mit abnehmenden Vorräten zugunsten der Kuppelachsen vergrößern lassen, obwohl das auf die Laufstabilität der Lokomotive einen nachteiligen Einfluss gehabt haben könnte.

Tabelle 64
Zugkraftrelevante Daten einiger ausgewählter Garratt-Konstruktionen

Lokomotivklasse	59	GMAM
Achsanordnung	(2D1)(1D2)	(2D1)(1D2)
Brennstoffvorrat[1], Tonnen	12,0 (Öl)	14,2 (Kohle)
Wasservorrat[1], Tonnen: auf der Lokomotive	39,0	9,6
in einem Tankwagen	0	30,9
Gesamt	39,0	40,5
Abnahme des Lokomotivgewichts nach Verbrauch von 80 % der Vorräte[2], Tonnen: Gesamt	40,8	19,0
Reibung	25,9	12,1
Reibungsgewicht mit vollen Vorräten, Tonnen	162,1	124,1
Reibungsgewicht mit 20 % der Vorräte, Tonnen	136,2	112,0
Verlust an Reibungsgewicht in %	16 %	9,8 %
Zylinderzugkraft bei 85 % des Kesseldrucks, kN	327	306
Reibungswert mit vollen Vorräten	0,21	0,25
Reibungswert mit 20 % der Vorräte	0,245	0,28

Anmerkungen.

1. Relativ zu ihrer Größe entsprachen die Brennstoff- und Wasservorräte der Lokomotiven im Verhältnis grob denjenigen der amerikanischen Gelenklokomotiven.
2. Die Werte für die GMAM unterstellen eine gleichmäßige prozentuale Abnahme der Wasservorräte auf der Lokomotive und im Wassertankwagen. Allerdings hätte der Wasservorrat auf der Lokomotive durch Absperren in etwa konstant gehalten werden können, so dass in diesem Fall der Verlust an Reibungsgewicht nach Verbrauch von 80 % der Vorräte bei etwa 6,6 % hätte gehalten werden können.

amerikanischen Güterzuglokomotiven. Die (2D1)(1D2) der SAR-Klasse GL *(Anm. d. Über.: h4, Garratt, Bahn-Nrn. 2350 bis 2357, 1929 bis 30, Beyer Peacock)* hatten eine Nennzugkraft von 396 kN bei 19 Tonnen Achsfahrmasse, also eine höhere Zugkraft als die Mehrzahl der in der Locomotive Cyclopedia, Ausgabe 1941, als Güterzuglokomotiven bezeichneten amerikanischen Lokomotivbaureihen. Die vorgeschlagene Klasse 61 der EAR, die wegen des Erfolgs der Klasse 59 bei der Bewältigung des Verkehrs nicht gebaut wurde, hätte eine Zugkraft von 489 kN gehabt, hätte also in der Liga der amerikanischen Mallets gespielt, *aber auf Meterspur.*

2. Vorräte

Die begrenzten Brennstoff- und Wasservorräte wurden ebenfalls als Argument gegen die Garratt vorgebracht, aber das konnte sich eindeutig nur auf die Wasservorräte beziehen, da sich auf dem hinteren Triebgestell ein großer Brennstoffbunker unterbringen ließe. Die Antwort darauf war die Mitführung eines Wassertankwagens zur Vergrößerung der Vorräte der Lokomotive, wie bei den südafrikanischen Klassen GM *(Anm. d. Übers.: (2D1)(1D2)h4 (Garratt), Bahn-Nrn 2291 bis 2306, Beyer Peacock, 1938)*, GMA/M und GO. Man könnte argumentieren, dass solch ein Wassertankwagen das Gesamtgewicht der Lokomotive vergrößerte und im Grunde nichts anderes als ein Tender war, aber tatsächlich war ein solches Fahrzeug sehr viel einfacher als ein Tender. Es hätte auch von normaler Tankwagenbauart sein können und damit billiger bei der Beschaffung und Unterhaltung und es könnte mit einem sehr guten Nutzlastverhältnis gebaut werden. Es war, versehen nur mit den Wasser- und Bremsschlauchverbindungen zur Lokomotive, leicht abkuppelbar. Jede Bauart einer Dampflokomotive ohne Abdampfkondensation benötigte einen Wasservorrat. Seine Mitführung in solch einem Fahrzeug war sicher insgesamt die billigste Lösung. Die Garratt-Lokomotive mit ihrem Kohlevorrat auf dem hinteren Triebgestell war dafür besonders geeignet.

3. Die prinzipiellen Vorzüge der Garratt

Die wichtigsten Vorteile der Garratt gegenüber den in Amerika verwendeten Dampflokomotivbauarten waren wie folgt:

i) Der Anteil des Reibungsgewichts an dem Gesamtgewicht der Lokomotive war größer.
ii) Sie hatte eine größere Kesselleistung. Der Aufbau der Garratt führte automatisch zu einem kurzen dicken Kessel mit maximiertem freien Rauchgasquerschnitt im Rohrbündel. Dieser Faktor war von großer Bedeutung. Nach Brandt[1] galt:

> „Die Leistung des Lokomotivkessels ist durch seinen Durchmesser begrenzt, denn der bestimmt den Gasquerschnitt der Kesselrohre, durch den die gesamten Verbrennungsgase hindurchtreten müssen; zusätzlich muss er die Unterbringung des Überhitzers ermöglichen, durch den der gesamte erzeugte Dampf strömen muss. Er bestimmt die Rohrheizfläche, die je Längeneinheit des Rohrbündels eingebaut werden kann, die Verdampfungsoberfläche und das Dampfraumvolumen im Kessel oberhalb des Wasserstands. Diese letztere Größe ist von entscheidender Bedeutung und ist in Wahrheit der limitierende Faktor im Hochleistungsbetrieb, wofür die großen Probleme mit dem Wasserüberreißen in den Überhitzer und in die Zylinder bei vielen Kesseln den Beweis liefern."

Brandt unterstrich seine Aussagen mit verschiedenen Betrachtungen, die die Bedeutung des freien Rauchgasquerschnitts im Rohrbündel als einen ganz wesentlichen Faktor für die Kesselleistung herausstellten. So war es tatsächlich, und bei der Garratt war mehr Gasquerschnitt möglich als bei jeder anderen Lokomotivbauart, einschließlich Limas „Doppel-Belpaire"-Entwurf, wobei die Pumparbeit für die Rauchgase durch den Kessel sich verringerte und damit der Abdampfdruck, dieses überaus wichtige Kriterium. Darüber hinaus ergaben sich bei der Garratt große Freiheitsgrade bei der Gestaltung von Stehkessel und Aschkasten. Da es unter dem Stehkessel keine Räder gab, konnte er tief ausgeführt werden, und es gab keine Hindernisse, die zu einer Verkleinerung des Aschkastenvolumens führten, im Gegensatz zu den flachen Stehkesseln und den beengten Aschkästen auf amerikanischen Lokomotiven. Abgesehen von der Möglichkeit höherer Feuerbetten, mit denen Sekundärluft effektiv angewendet werden konnte (das war der Schlüssel zu einem besseren Feuerungswirkungsgrad bei der schnellen Verbrennung von Stückkohle), maximierte eine tiefe Garratt-Feuerbüchse das Feuerraumvolumen und die Strahlungsheizfläche unter dem Feuerschirm, wo es wirklich nötig war, und die kurzen Kesselrohre machten eine

[1] Brandt, C. A., The Locomotive Boiler, Transactions of the ASME, Juli 1940. Obwohl dieser Fachartikel den Stand der Technik der Kesselkonstruktion in Amerika zusammenfasste, war er fast eine Liste der Bereiche, wo es an Erkenntnis fehlte. In Portas Worten ließ der Artikel „...den Leser mit leeren Händen zurück", wenn es um nützliche Angaben zur Kesselkonstruktion ging.

Verbrennungskammer überflüssig, die teuer in der Herstellung war und nur wenig brachte bei der Verbesserung der Verbrennung, falls überhaupt etwas (siehe Seite 7).

iii) Der Rauchkammerboden lag bei einer Garratt tiefer, so dass mehr Höhe für den Schornstein zur Verfügung stand, eine kritische Forderung für eine gute Saugzugkonstruktion. Zusammen mit den oben genannten Eigenschaften gab das dem Garratt-Kessel potentiell eine unübertroffene Kesselleistung im Verhältnis zu seiner Größe.

iv) Der vordere Tank und der Brennstoffbunker konnten als mittragendes Element der Triebgestelle konstruiert werden, in gleicher Weise, wie der Kessel bei einer Steifrahmenlokomotive, aber ohne die Komplikation, eine Relativbewegung für die Ausdehnung möglich machen zu müssen. Zur Vermeidung vorzeitiger Rahmenprobleme war das ein wichtiger Aspekt, und obwohl ausgeführte Garratts dieses Merkmal nicht hatten, hätten sie es aber haben können. Dagegen war das bei dem führenden Triebgestell einer Gelenklokomotive nach Art der Mallet nicht machbar, es sei denn der Kessel wäre so kurz gewesen, dass er die hintere Triebwerkseinheit nicht überragte.

v) Ein Dreizylindertriebwerk war in den beiden Triebgestellen einfach unterzubringen, wobei der vordere Tank und der Brennstoffbunker nach Bedarf geformt wurden, um Freiraum und Zugänglichkeit zu den Innenzylindern zu gewährleisten, die bei normalen Lokomotiven unter der Rauchkammer lagen.

vi) Die Garratt hatte ausgezeichnete Laufeigenschaften und war ohne Einschränkung in beiden Fahrtrichtungen einsetzbar. Falls von dieser Eigenschaft bei Lokomotiven mit Wassertankwagen Gebrauch gemacht werden sollte, wäre an den Endbahnhöfen eine einfache Umfahrung ausreichend gewesen, um den Tankwagen an das andere Ende der Lokomotive zu bringen. Durch Abkuppeln des Tankwagens hätten sehr große Garratts auf die vorhandenen Drehscheiben gepasst.

Welche Gestalt hätte eine Garratt-Herausforderung für die amerikanische Güterzugdiesellokomotive der späten vierziger Jahre annehmen können? Die Abb. 150 zeigt eine Möglichkeit. Mit 1 524 Millimeter ist der Treibraddurchmesser der gleiche wie in Withuhns auf Seite 348 beschriebenem Entwurf. Bei sechsfacher Kupplung in den beiden Triebgestellen hätte der Kuppelachsstand etwa 8 Meter betragen, also über 14 % weniger als bei den 2F1 der Union Pacific *(Anm. d. Übers.: h3, G-Schlepptender, Bahn-Nrn. 9000 bis 9087, Alco, 1926 bis 30)* und ungefähr gleich dem einiger Fünfkuppler mit größeren Rädern. Die Geschwindigkeit bei Anwendung der Regel „1,5 x Raddurchmesser" *(Anm. d. Übers.: die AAR empfahlen als zulässige Geschwindigkeit die sogenannte „diameter speed rule", das heißt 1 Meile pro Stunde pro Zoll Raddurchmesser = 336 min* $^{-1}$*. Mit der Entwicklung von Leichtbautriebwerken, Rollenlagern und besseren Massenausgleichsmethoden wurden auch 1,5 Meilen pro Stunde pro Zoll Raddurchmesser zugelassen = 504 min* $^{-1}$*)* hätte 144 km h^{-1} (90 Meilen pro Stunde) betragen, deutlich mehr als die wahrscheinliche höchste Betriebsgeschwindigkeit der Lokomotive. Für eine dem Reibungsgewicht angemessene Zylinderleistung hätte jedes Triebgestell drei Zylinder gehabt. Dreizylinderlokomotiven hatten sich in Amerika als erfolgreich erwiesen, insofern, als sowohl die 2E1 der Southern Pacific *(Anm. d. Übers.: G-Schlepptender, Bahn-Nrn. 5000 bis 5048, Alco, 1925)* als auch die 2F1 der Union Pacific in für die USA großen Stückzahlen, 49 beziehungsweise 88 Stück, gebaut worden waren und relative lange Einsatzleben hatten. Die vielen mechanischen Verfeinerungen, die in den vierziger Jahren im Vergleich zu den zwanziger Jahren, in denen diese beiden Bauarten konstruiert worden waren, zur Verfügung standen, hätten den Wartungsaufwand für die Innentriebwerke erheblich reduziert. Bei einem nominellen Kurbelwinkel von 120° der Dreizylindertriebwerke hätte auf den Ausgleich der hin- und hergehenden Massen verzichtet werden können, wie zum Beispiel geschehen bei den 2C1 der englischen Southern Railway *(Anm. d. Übers.: S-Schlepptender mit Stromlinienverkleidung, „Merchant Navy"-Klasse: Bahn-Nrn. 21C1 bis 21C20 und 35021 bis 30 für das dritte Baulos, Eastleigh Works, 1941 bis 49; „West Country"-Klasse: Bahn-Nrn. 21C101 bis 21C148 und 34091 bis 108 für das dritte Baulos, Brighton und Eastleigh Works, 1945 bis 50; „Battle of Britain"-Klasse: Bahn-Nrn. 21C149 bis 21C170 und für das zweite und dritte Baulos 34071 bis 110, Brighton Works 1946 bis 51)*, wodurch das Problem des Massenausgleichs in Verbindung mit kleinen Raddurchmessern beseitigt worden wäre.

Geht man von der Achsfolge (1F1)(1F1) aus, mit einer nominellen Achsfahrmasse von 30 Tonnen bei den Kuppelachsen und 25 Tonnen bei den Tragachsen, dann wäre die Anfahrzugkraft mit einem Reibungswert von 0,23 812 kN gewesen, also um 35 % mehr als bei der (2D)D2 der Union Pacific und das bei 15 % geringerem Lokomotivgewicht (beziehungsweise etwa 7 % mehr, falls das volle Betriebsgewicht des Wassertankwagens mitgezählt wurde). Das hätte bei niedriger Geschwindigkeit 35 % mehr Leistung bedeutet und ungefähr 35 % mehr Schleppkapazität für ungefähr den gleichen Bauaufwand. Wegen der im Verhältnis zur Größe höheren Leistung des Garratt-Kessels, wäre dieser Vorsprung bis in das Gebiet höherer Geschwindigkeiten erhalten geblieben. Damit wäre Withuhns Kriterium, die Fähigkeit zur praktisch vollen Leistungsabgabe in dem Geschwindigkeitsbereich von 16 – 112 km h^{-1} (10 – 70 mph) gut erfüllt worden.

Eine solche Maschine wäre eine wesentlich effektivere Güterzuglokomotive gewesen, sowohl bei niedrigen als auch hohen Geschwindigkeiten, als jedes andere in Amerika eingesetzte Dampftriebfahrzeug und auch als Withuhns Entwurf. Aber obwohl 35 % mehr Zugkraft und Leistung als bei einem „Big Boy" eine ganze Menge ist, wäre es auch genug gewesen und für wie lange? Die Garratt hätte ungefähr die gleiche Anfahrzugkraft wie eine Güterzug-Diesellokomotive bestehend aus drei Einheiten gehabt und wäre sowohl einer Diesellokomotive bestehend aus drei als auch aus vier Einheiten ab 20 km h^{-1} überlegen gewesen. Somit wäre sie, falls sie zur rechten Zeit entwickelt worden wäre und Mitte der vierziger Jahre als erprobte Technologie verfügbar gewesen wäre, vielleicht gegenüber der Diesellokomotive für weitere etwa fünf Jahre konkurrenzfähig geblieben, vielleicht sogar länger, falls sie erfolgreich nach dem Bauprinzip Mallet-Garratt vergrößert worden wäre (Abb. 16). Aber zu dieser Zeit hätten dann automatische Steuerungen entwickelt werden müssen, um die Wettbewerbsfähigkeit zu erhalten. Leider ist von all dem nichts geschehen, und die Amerikaner haben niemals die betriebliche Überlegenheit der Garratt entdeckt, wie sie sich bei vielen anderen Eisenbahnverwaltungen zeigte, die mit der Notwendigkeit der Beförderung schwerer Lasten unter schwierigen Bedingungen konfrontiert waren.[1]

6.3 Die ACE 3000

Wir überspringen jetzt dreißig Jahre, von 1950, als die Aussichten für die Dampftraktion in den USA „hoffnungslos" waren, in das Jahr 1980, als die ACE gegründet wurde und die Hoffnung zurückgekehrt zu sein schien. Was war in den dreißig Jahren auf den Eisenbahnen geschehen? Zum Ersten hatten sie ihre Vormachtstellung im Transportwesen Amerikas verloren. Abgesehen von dem elektrifizierten Nordost-Korridor (New Haven – New York – Washington), war der Langstreckenpersonenverkehr fast vollständig an die Fluggesellschaften verloren worden und zur Bedeutungslosigkeit geschrumpft. Viel hochwertiger Güterverkehr über kurze bis mittlere Entfernungen war zur Straßenverkehrskonkurrenz abgewandert. Zwischen 1945 und 1973 war der Anteil der Eisenbahnen an dem Güterverkehr zwischen den Städten von 70 % auf 38 % gesunken. In dem Jahr waren die Einnahmen im Güterverkehr auf den Straßen mehr als fünfmal so groß wie die

[1] Dieses Thema wurde auch behandelt in dem Buch The Garratt Locomotive von A. E. Durrant, David & Charles, Newton Abbot, 1969.

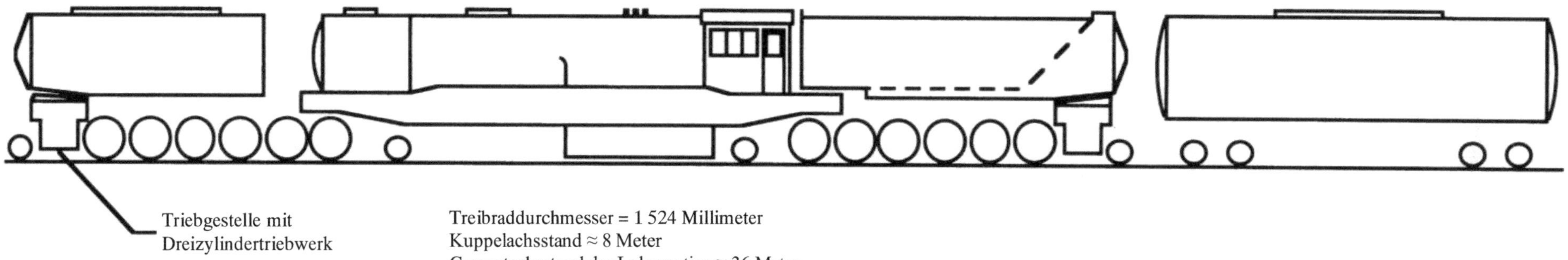

Abb. 150
(1F1)(1F1)-Garratt-Lokomotive mit sechs Zylindern und großer Schleppleistung für nordamerikanische Betriebsbedingungen

des Schienengüterverkehrs.[1] Ein großer Teil des weiterhin auf der Schiene beförderten Frachtaufkommens war niedrig tarifiert, und der Massentransport, wie zum Beispiel der Rohstoffverkehr und der Langstreckenverkehr, waren die einzigen Gebiete, auf denen der Schienentransport weiterhin wichtig war. Damit war die Eisenbahnindustrie sicher nicht mehr die Macht, die sie in der ersten Hälfte des zwanzigsten Jahrhunderts dargestellt hatte. Zu Beginn der sechziger Jahre war die Dampflokomotive tatsächlich verschwunden, und die Dieseltraktion stand unangefochten an erster Stelle. Die Elektrifizierung spielte nur eine untergeordnete Rolle und war für die Diesellokomotive keine Bedrohung. Ein Artikel im Trains Magazine, Ausgabe Oktober 1977, formulierte es wie folgt:

> „Die Eisenbahnen haben nicht genügend Geld, beziehungsweise können sich nicht genügend Geld leihen, um allein in ein Elektrifizierungsprogramm zu investieren...es ist sehr eindeutig geworden, dass es in den Vereinigten Staaten außerhalb des Nordostens keine nennenswerte Elektrifizierung von Eisenbahnen geben wird, es sei denn, Uncle Sam sagt ‚macht das' und unterschreibt den Scheck."

Das scheint auch etwa fünfzehn Jahre später, als dieses Buch geschrieben wird, weiterhin zutreffend zu sein. Demzufolge waren die Eisenbahnen mit der Diesellokomotive verheiratet, und ihre Betriebsmethoden und die Eigenschaften der Dieseltraktion haben sich zu einer harmonischen Ehe entwickelt. Zwei Hersteller haben das Monopol bei der Lieferung von Hauptstreckendiesellokomotiven, General Motors und General Electric, und während zur Dampfzeit das Fehlen von Vereinheitlichungen auffiel, so waren die Diesellokomotivbauer mächtig genug, um den Eisenbahnen erfolgreich vorzuschreiben, was sie erhalten konnten. Somit waren die universellen vier- und sechsachsigen „Haubenmaschinen" überall zu sehen, was unzweifelhaft zu stückzahlbedingten Ersparnissen bei der Herstellung und der Unterhaltung führte. Genauso wie die amerikanische Dampftraktion in dreißiger und vierziger Jahren weltführend in Bezug auf die mechanische Konstruktion gewesen war, so scheinen auch die Produkte von GM und GE international allgemein als die besten überhaupt lieferbaren Diesellokomotiven anerkannt zu sein (die SAR kaufte für den Hauptstreckeneinsatz keine anderen). Deshalb war die Triebfahrzeugsituation bei den amerikanischen Eisenbahnen sehr stabil. Es stimmt allerdings, dass das einst von H. F. Brown in seinem Fachvortrag von 1961 für die Institution of Mechanical Engineers ernsthaft in Frage gestellt wurde[2], und das sehr umfangreiche statistische Material, das er angesammelt hatte, konnte in der Weise interpretiert werden, als dass es aufzeigte, dass die Diesellokomotive wesentlich zu dem Abrutschen der amerikanischen Eisenbahnen in die Insolvenz beigetragen hatte. Aber Brown war ein Rufer in der Wüste, leicht zum Schweigen gebracht und bald vergessen. Es gab keine Anfechtung der Macht von GM und GE über die US-Eisenbahnen und noch bis zu den Vorhersagen einer Ölkrise auch nur einen ernsthaften Gedanken daran. Die war dann der Katalysator, der die Gründung der ACE auslöste.

Bevor wir uns mit der Konstruktion der ACE 3000 beschäftigen, muss man sich klar machen, dass sie drei grundsätzliche Kriterien zusätzlich zu ihrem Daseinszweck als wirtschaftlichere Alternative zur Dieseltraktion erfüllen musste.

1. Sie musste grundsätzlich das sein, was die Eisenbahnen wollten.
2. Sie musste vermeiden, im Prinzip das zu sein, was die Eisenbahnen nicht wollten.
3. Sie musste von einer Konstruktion sein, von der man begründet annehmen konnte, dass sie im Betrieb erfolgreich war.

Die beiden ersten Kriterien rühren von der Tatsache her, dass ACE den Eisenbahnen auf keinen Fall etwas aufzwingen konnten, so wie das GM und GE möglicherweise tun konnten. Natürlich wandte sich ACE an die Eisenbahnen, um herauszufinden, was sie wollten. Wenig überraschend erhielt sie die Antwort, dass eine Lokomotive gewünscht wurde, die so weit wie möglich den Betriebs- und Instandhaltungseigenschaften der Dieseltraktion entsprach. Tatsächlich wurde ermittelt, dass die Annahme einer Lokomotive umso unwahrscheinlicher wäre, je mehr sich die für irgendeinen Lokomotiventwurf erforderlichen Einsatz- und Unterhaltungspraktiken von den seinerzeit üblichen unterscheiden würden. Die Eisenbahnen wollten nichts zu tun haben mit irgendetwas, das an die Dampflokomotive von vor dreißig Jahren erinnerte. Vielleicht, sowohl weil sich niemand vorstellen konnte, dass die klassische Dampflokomotive soweit verbessert werden konnte, dass ihre Leistungsfähigkeit in einer ganz anderen Liga spielen würde als die der amerikanischen Dampflokomotiven der ersten Generation (FGS), als auch weil die Verwendung solcher Lokomotiven als ein Schritt rückwärts angesehen worden wäre, etwas, das in sich falsch und undenkbar war für eine Branche in einem stark wettbewerbsorientierten Umfeld.[3] Also musste ACE mit ihrer Konstruktion nicht nur mit den Eigenschaften der Diesellokomotive gleichziehen, sondern musste sie auch so einkleiden, dass sie nicht wie eine Rückkehr in die Vergangenheit aussah. ACE definierte die Konstruktionsziele wie folgt:[4]

Umweltverträglich
Effektive Nutzung von Ressourcen
Zuverlässig, geringer Unterhaltungsaufwand
Geeignet für die Betriebspraxis der Eisenbahnen
Möglichst geringe Auswirkungen auf vorhandene Betriebs- und Versorgungseinrichtungen
zweijährige Entwicklungszeit

Das Ergebnis war die ACE 3000 in der Abb. 151. Ihr konstruktives Konzept wurde während sechs Wochen im Jahre 1980 von einem Team ausgearbeitet, dem Porta, Hamilton, Withuhn und Dr. D. Berkowitz, ein weiterer Teilnehmer der Zusammenkunft in Washington und Fachmann für computergesteuerte Systeme für Feuerungen und Kraftwerke, angehörten. Sie ist in einer Anzahl von Artikeln[5] beschrieben worden, aber hier wird eine detailliertere Beschreibung gegeben, die hauptsächlich aus ACEs US-Patentantrag (Nr. 185 601, angemeldet am 09.09.1980) entnommen wurde und sich darauf beschränkt, was der Autor dieses Buchs als wichtige Punkte betrachtet.

Die Grundkonzeption bestand aus einer Mehrzweck-2D1 mit Vierzylinder-Verbundtriebwerk, Abdampfkondensation und einem sechsachsigen Tender, der nunmehr Versorgungseinheit genannt wurde. Beide Lokomotivteile hatten einen klimatisierten Führerstand für den Einsatz in beiden Fahrtrichtungen. Es war eindeutig, dass die Lokomotivmannschaften und ihre Gewerkschaften eine Rückkehr zu den Arbeitsbedingungen, die man mit den FGS-Lokomotiven assoziierte, nicht dulden würden. Die nachstehenden Leistungsdaten und Abmessungen wurden angegeben (Informationen aus verschiedenen Quellen zusammengestellt):

---

[1] Quelle: Jane's World Railways, Ausgabe 1974-75.

[2] Siehe auch die Quellenangabe auf Seite 31. Mir wurde gesagt, dass der Amerikaner Brown die Absicht hatte, diesen Vortrag vor der ASME zu halten, daran aber von mächtigen Interessengruppen gehindert wurde. Deshalb wurde er stattdessen vor der British Institution of Mechanical Engineers gehalten.

[3] Der Direktor für Forschung und Entwicklung der Burlington Northern Railway wurde in einem Artikel im Wall Street Journal vom 30. Januar 1985 mit den Worten zitiert: „Das Wort ‚Dampflokomotive' beschwört das Bild altmodischer Lokomotiven und altmodischer Eisenbahnen herauf. Die Burlington Northern hält sich selbst für fortschrittlicher als so etwas." Er hätte genauso gut für praktisch alle anderen normalen kommerziellen Eisenbahnen in der Welt sprechen können.

[4] Berkowitz, Dr. D. A., Benson, W. B., und Withuhn, W. L., A New Coal-fired Steam Locomotive for a New Era, Präsentation vor der Rail Transportation Division der ASME, Datum unbekannt.

[5] Der Leser wird verwiesen an: Armstrong, J. H., Solid-fuel railroading in the '80's?, Raiway Age, 13. Oktober 1980; Boyd, J., The ACE-3000 – Tomorrow's Steam Locomotive, Railfan & Railroad, Januar 1981; Soaring fuel bills force a new look at steam traction, International Raiway Journal, Juli 1982.

Nennleistung am Zughaken von 24 km h^{-1} bis 112 km h^{-1} = 2 237 kW (3 000 h.p.)
Maximale Zughakenleistung = 2 983 kW (4 000 h.p.)
Maximale Achsfahrmasse = 27,2 Tonnen
Gesamtgewicht mit vollen Vorräten = 295 Tonnen
Maximaler thermischer Gesamtwirkungsgrad = 18 %
Durchschnittlicher thermischer Gesamtwirkungsgrad im Einsatz = 15 %
Kohlevorrat = 30 Tonnen (33 US-Tonnen)
Wasservorrat = 37,8 m^3 (10 000 US-Gallonen)
Ungefähre Reichweite mit dem Kohlevorrat = 800 Kilometer (entsprechend der Laufstrecke, nach der nach den zeitgenössischen Vorschriften ein Zughalt mit Sichtprüfung vorgeschrieben war)
Ungefähre Reichweite mit dem Wasservorrat = 1 600 Kilometer
Treibraddurchmesser = 1 372 Millimeter
Zulässige Höchstgeschwindigkeit = 130 km h^{-1} (81 mph, entspricht der Regel „1,5 x Raddurchmesser“ für Treibräder mit 1 372 Millimeter (54 Zoll) Durchmesser)
Kesseldruck = 20,68 bar
Rostfläche = 6,5 m^2
Ungefähres Feuerraumvolumen = 10,8 m^3
Ungefähre Rohrheizfläche des Kessels = 93 m^2 (89 Millimeter äußerer Rohrdurchmesser)

Der Kessel war in der Antriebseinheit untergebracht und enthielt eine Belpaire-Feuerbüchse mit Zyklon-GPCS ohne Verbrennungskammer und ein kurzes Flammrohr, beides vollständig geschweißt. Die Kohle sollte mit Förderschnecken von der Versorgungseinheit herangebracht und auf dem Rost mit Stößel oder Wurfbeschicker und / oder Dampf- oder Luftdüsen verteilt werden, wobei Portas Abneigung gegen Verteilerdüsen, wegen ihres negativen Einflusses auf den Feuerungswirkungsgrad, die Wurfbeschicker zur bevorzugten Option machten. Ein Vorschubrost mit Rundloch-Rostelementen (Antrieb nicht beschrieben) sollte die Asche kontinuierlich in einen Aschkasten unter und hinter dem Stehkessel entfernen, wobei die Asche periodisch mit einem Dampfstrahl in einen Aschebehälter am hinteren Ende der Antriebseinheit und über Rostniveau liegend gefördert wurde. Dieser herausnehmbare Behälter hatte ein Fassungsvermögen von etwa 5 Tonnen, wobei die Verbrennung von Kohle mit einem Aschegehalt von bis zu 15 % vorgesehen war. Eine Feuerbetthöhe von nur etwa 300 Millimeter war beabsichtigt, was für das GPCS ziemlich niedrig war. Die Verbrennungsluft sollte durch eine Regelklappe strömen und dann durch zwei Luftvorwärmer, beheizt mit Abdampf aus den Niederdruck- beziehungsweise Hochdruckzylindern. Dann teilte sie sich in Primär- und Sekundärströme auf, wobei der Erstere, etwa 35 % der Gesamtluftmenge, mit Abdampf von den Niederdruckzylindern vermischt wurde, um Schlackebildung zu vermeiden. Es wurden Vorkehrungen dafür getroffen, dass ein Teil der Sekundärluft mit einem Roots-Gebläse mit Dampfturbinenantrieb bei Bedarf für zusätzliche Turbulenz und zur Unterstützung der Zyklonströmung in die Feuerbüchse eingeblasen werden konnte. Der dem Kessel entnommene Dampf strömte zunächst durch ein kombiniertes Druckregel- und Absperrventil. Die Druckregelung war ein Zugeständnis an die Tatsache, dass der volle Kesseldruck nicht zu jeder Zeit garantiert werden konnte, mit der Konsequenz, dass die Dampfmaschine für einen Eintrittsdampfdruck hinter dem Regelventil konstruiert wurde, der etwas unter dem höchsten Kesseldruck lag. Das war eine unabdingbare Ausstattung, falls die Nennleistung einer Lokomotive trotz der unvermeidbaren Kesseldruckschwankungen jeder Zeit abrufbar sein sollte, hieß aber auch, dass der Kessel für einen höheren Druck konstruiert werden musste, als die Zylinder tatsächlich nutzen würden, was kein besonderes Problem darstellte, solange der Kessel relativ klein war. Der Dampf strömte dann durch einen Überhitzer des Typs E *(Anm. d. Übers: übliche amerikanische Bezeichnung für den Kleinrohrüberhitzer, zur Unterscheidung von dem Typ A, dem Großrohrüberhitzer)* mit Rippenrohrelementen, danach durch die Antriebsturbine der Saugzuggebläse (zwei Gebläse waren vorgesehen) und dann zu den Hochdruckzylindern durch zwei Regler der Bauart Wagner, die direkt über den beiden Schieberkästen angeordnet waren.

Der Abdampf der Hochdruckzylinder, abgesehen von dem abgezweigten Anteil für den Oberflächenspeisewasservorwärmer und dem einen Luftvorwärmer, gelangte in zwei miteinander verbundene Verbinderrohre. Der Niederdruckauspuffdampf wurde aufgeteilt auf die Verbrennungsluftvorwärmung, den Kühldampf zur Vermeidung von Schlackebildung, das Kohlenässen und auf zwei Abdampfturbinen (eine je Zylinder), die die folgenden Hilfseinrichtungen antrieben: zwei Kondenswasserumwälzpumpen, Kesselspeisepumpe, Roots-Gebläse für Verbrennungsluft und den Stromgenerator. Hinter den Turbinen wurde der Abdampf mit dem Kondenswasser in zwei Einspritzkondensatoren vermischt und das entstehende Kondensat bei hohem Druck in die Versorgungseinheit zurückgepumpt. Das Kondensat des Speisewasservorwärmers und der beiden Verbrennungsluftvorwärmer wurde ebenfalls mittels Ejektoren in den Wassertank der Versorgungseinheit zurückgeleitet. Nach dem Austritt aus der Zyklonbrennkammer strichen die Verbrennungsgase durch das Kesselrohrbündel, durch eine Rauchgaskammer, weiter über einen Rippenrohreconomiser und dann in eine Gruppe von Zentrifugalstaubabscheidern, bevor sie von den Saugzuggebläsen durch den Schornstein ausgestoßen wurden. Die von dem Rauchgasstrom abgeschiedenen Feststoffpartikel wurden in einem von den übrigen Aschebehältern getrennten Kasten gesammelt. Das Kesselspeisewasser passierte nach der Speisepumpe zunächst den regenerativen Speisewasservorwärmer und dann den Economiser, wo es vor Eintritt in den Kessel bis nah an die Siedetemperatur aufgewärmt werden sollte.

Sämtliche Zylinder hatten Kolbenschieber mit 381 Millimeter Durchmesser, je ein Schieber mit innerer Einströmung für die Hochdruckzylinder und je zwei Schieber mit äußerer Einströmung und paarweisem Antrieb für jeden Niederdruckzylinder. Sie wurden von einer Walschaerts-Steuerung mit einem größten Schieberhub von 229 Millimeter bewegt. Die Füllungen der Hoch- und Niederdruckzylinder sollten in einem festen Verhältnis zueinander stehen. Zur Füllungseinstellung war ein Druckluftzylinder mit einem ziemlich konventionellen Gestänge vorgesehen oder alternativ mit einem direkt mit den beiden Schieberschubstangen verbundenen Druckluftzylinder mit elektronischer Ansteuerung zur genauen Einstellung und Einhaltung der Füllung. Die Konstruktion der Dampfmaschinenteile hatte eine gewisse Ähnlichkeit mit der der 3450, außer dass vordere Kolbentragstangen und Massenträgheitsausgleichsgewichte für die Schieber angeordnet waren. Die Niederdruckzylinder sollten mit Dampfmänteln zur Warmhaltung versehen werden, um die schlechte Leistung bei „kalten“ Zylindern zur vermeiden. Es wurde berechnet, dass wegen der Kondensation der Auspuff der Niederdruckzylinder einen Absolutdruck von 0,5 bara haben würde, der in der Dampfturbine für die Hilfsantriebe weiter auf ungefähr 0,2 bara entspannt würde. Die Einspritzkondensatoren, von denen je einer direkt hinter einer der beiden Turbinen saß, sollten den Auspuffdampf durch Vermischen mit dem Umwälzwasser kondensieren und auf diese Weise das nötige Vakuum aufrechterhalten. Der dafür nötige Massenstrom an Wasser wurde zu dem etwa Vierzigfachen des Massenstroms an kondensiertem Auspuffdampf berechnet, das heißt fast 600 000 kg h^{-1} bei Volllast. Da aber das spezifische Volumen von Wasser gering war, wurde die Umwälzung dieser Wassermenge zwischen der Antriebs- und der Versorgungseinheit als praktikabel angesehen und als besser, als den Abdampf direkt auf die Kühlelemente der Versorgungseinheit zu

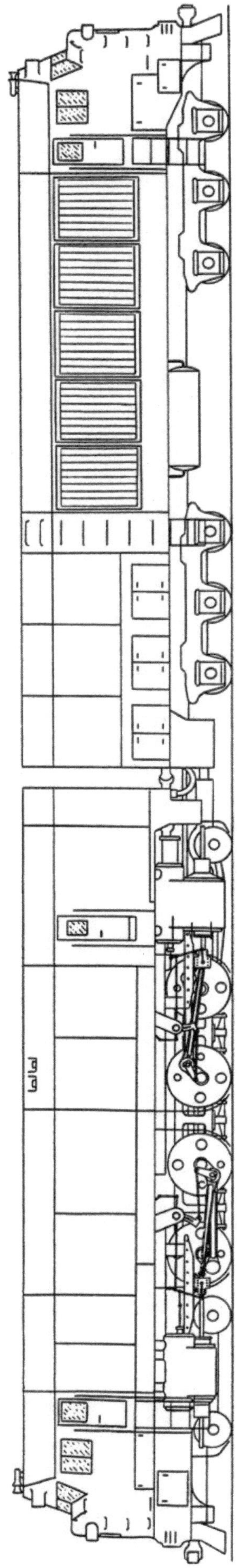

Abb. 151
Entwurf der ACE 3000-Lokomotive

leiten. Zur Bewältigung dieses Massenstroms wurden zwei Schläuche von 200 Millimeter Durchmesser zwischen den beiden Einheiten festgelegt, wobei derjenige zur Rückführung des Wassers zur Versorgungseinheit für hohe Drücke geeignet sein musste, in jedem Fall eine schwierige Aufgabe.

Der Rahmen der Antriebseinheit war ein geschweißter Barrenrahmen. Eine Dreipunktabstützung mit Federausgleich, untenliegenden Federn und oben angeordneten Ausgleichshebeln wurde für die gekuppelten Achsen angewendet. Nummeriert man die gekuppelten Achsen ab dem Drehgestell mit 1 bis 4, dann waren die Nummern 1 und 4 seitenverschieblich mit federbelasteten Rückstelleinrichtungen ausgeführt, so dass der nominelle feste Radstand nur der zwischen den Achsen 2 und 3 von etwa 1 980 Millimeter war, womit die Lokomotive Kurvenradien von 88 Metern durchfahren konnte. Die Hochdruckzylinder trieben die Achse Nummer 2 und die Niederdruckzylinder die Nummer 3 an. Der automatische Massenausgleich war dadurch gewährleistet, dass die Kurbeln der Achsen Nummer 1 und 2 auf beiden Treibwerksseiten durch zwei innere Kuppelstangen zwischen den Achsen Nummer 2 und 3 immer um 180° zu denen der Achsen 3 und 4 versetzt blieben. Normalerweise mussten die inneren Kuppelstangen nur eventuelle Ungleichförmigkeiten bei der Zugkraftentwicklung zwischen dem ersten und zweiten Paar Kuppelachsen ausgleichen. Withuhn hatte in seinem Artikel von 1974 im Trains Magazine unterstellt, dass die Unterhaltung solcher Kuppelstangen im Vergleich zu den mit dem Innentriebwerk von Dreizylinderlokomotiven verbundenen Problemen einfach sein würde, aber die Beanspruchung bei dem Wechsel zwischen Schlupf und erneutem Greifen der Räder konnte außerordentlich groß sein, und die Lokomotivgeschichte lehrt, dass Kuppelstangen mehr Probleme bereiteten als Treibstangen. Die Kurbeln auf der linken und rechten Triebwerkseite waren um die üblichen 90° versetzt. Die Kropfachsen Nummer 2 und 3 sollten entweder aus mehreren Teilen gebaut oder als ein Stück geschmiedet werden. Sämtliche Achsen, Treibstangen, Kuppelstangen und Triebwerkbolzen sollten mit abgedichteten Wälzlagern ausgerüstet werden, die im Betrieb nicht nachgeschmiert werden mussten. Die Gleitflächen der Kreuzkopfgleitbahnen sollten aus einem nicht näher benannten synthetischen selbstschmierenden Material bestehen, während die üblichen Kreuzköpfe der Schieberstangen ersetzt wurden durch Hängeeisen für die Voreilhebel.

Wenden wir uns nunmehr der Versorgungseinheit zu, die auf zwei dreiachsigen Drehgestellen aufgebaut war. Die Kohle sollte in modularen, bereits in der Kohlegrube befüllten Behältern angeliefert werden, um Verschmutzungen gering zu halten. Bis zu drei solcher Behälter von jeweils 10 Tonnen konnten untergebracht werden. Sie sollten in den dafür auf der Versorgungseinheit vorgesehenen Raum abgesenkt werden und ihre Bodentüren durch einen angetriebenen Zahnstangenmechanismus geöffnet werden, so dass die Kohle direkt auf die Förderschnecke des Stokers fiel. Die Bodentüren mussten in der Lage sein, beim Wechsel eines nur teilweise entleerten Behälters gegen den Widerstand von Kohlestücken zu schließen. Das unter Druck von der Antriebseinheit zurückgepumpte Umwälzwasser samt Abdampfkondensat trieb zunächst fünf Hydromotoren für die Lüfterräder der Rückkühlelemente, um dann zu einem weiteren Hydromotor für den Antrieb der Stokerschnecke geleitet zu werden. Der gesamte Wasserstrom ging durch die Kühlschleifen der zehn Rückkühlelemente, um durch Abgabe einer ausreichenden Wärmemenge an die Atmosphäre den thermodynamischen Kreisprozess in Gang zu halten, wonach dieses Wasser dann in den Wasservorratsbehälter von 37,8 m³ floss.

Dieser ganze Ablauf wurde als selbstregulierend angesehen, da die Kohleförderschnecke, die Verbrennungsluftgebläse, die Kesselspeisepumpe und die Kühlerlüfter allesamt entweder direkt oder indirekt von Dampfturbinen angetrieben wurden, die Zylinderdampf erhielten. Vorausgesetzt, diese Einrichtungen waren in geeigneter Weise aufeinander abgestimmt, so ergab sich damit ein automatisches Zusammenspiel von Kohleförderung, Verbrennungsluftstrom, Speisewassermenge, Kondenswasserfluss und Kühlluftstrom passend zum Dampfmassenstrom. Allerdings bestand die Notwendigkeit Kohle und Speisewasser auch zu fördern, wenn der Regler nicht geöffnet war, so dass ein Hilfsantrieb für den Stoker und eine Hilfsspeisepumpe, beide mit Kolbendampfmaschinen, vorgesehen waren als auch ein Hilfsturbogenerator. Der Hilfsantrieb für den Stoker konnte im Fall unzureichender Kohleförderung oder Blockieren der Förderschnecke zur Vergrößerung der Leistung des Hydraulikmotors verwendet werden. Zwei Westinghouse-Doppelverbundluftpumpen waren spezifiziert und es war je eine elektrische Batterie in Einbaufächern in jeder Ecke der beiden Führerstände vorgesehen. Die Ausrüstung sollte weitestgehend in modularer Form installiert werden, so dass Instandsetzungen durch Ersatz von Baugruppen, wie zum Beispiel dem Kessel, erfolgen konnten, um die Ausfallzeit der Lokomotive zu minimieren.

Zur Leistungsregelung der Lokomotive war ein achtstufiger Leistungshebel wie bei den Diesellokomotiven ins Auge gefasst worden, wobei jede Stufe einer bestimmten Leistung entsprechen sollte. Sämtliche Funktionen der Krafterzeugung sollten von Mikroprozessoren entsprechend der Stufenwahl an dem Leistungshebels gesteuert werden. Obwohl der Krafterzeugungsprozess nominell selbstregulierend war, musste natürlich eine von Mikroprozessoren gesteuerte Feineinstellung solcher Parameter wie der Drehzahl der Kohleförderschnecke und der Verbrennungsluftgebläse vorgesehen werden, um mit nicht stationären Betriebszuständen fertig zu werden. Eine Gegendruckbremse sollte als dynamische Bremse eingebaut werden, mit einem ebenfalls achtstufigen Regulierhebel. Für eine volle Tauglichkeit zur ferngesteuerten Mehrfachtraktion sollten der Leistungshebel und der Regulierhebel der dynamischen Bremse Stellungssignale an die entsprechenden Bedienelemente anderer hinter einer ACE-3000-Lokomotive gekuppelten ACE-3000-Lokomotiven oder Diesel-lokomotiven übertragen. Ein automatischer Schleuderschutz war vorgesehen worden, bei dem die Signale der Schleuderdetektoren den Leistungshebel, die Füllungseinstellung und Zylinderdruckentlastungsventile ansteuern sollten. Da das Drehmoment nicht gleichmäßig gewesen wäre und je nach Kurbelstellung nach Art einer Zweizylinderlokomotive geschwankt hätte, wäre die Schleuderschutzeinrichtung bei Höchstzugkraft wohl ganz schön beschäftigt gewesen.

In Bezug auf das Zugkraftverhalten bei niedriger Geschwindigkeit sollte die ACE 3000 einer vierachsigen Diesellokomotive von 2 237 kW (3 000 h.p.) im Bereich von 8 bis 24 km h^{-1} gleichwertig sein. Allerdings machte es ihr schwankendes Drehmoment und ihr hoher Gewichtsanteil auf nicht angetriebenen Achsen (ungefähr 185 Tonnen, gleich 63 % des Gesamtgewichts und immer noch von der für FGS-Lokomotiven typisch gewesenen Größenordnung) zweifelhaft, ob die ACE 3000, besonders auf großen Steigungen, die gleiche Schleppleistung wie solch eine Diesellokomotive gehabt hätte, obwohl sie bei höheren Geschwindigkeiten einen Leistungsvorteil aufgewiesen hätte.[1] Die schlechte Ausnutzung des Lokomotivgewichts für die Reibung wurde taktisch erkannt und später wurde eine Alternativkonstruktion entwickelt, bei der die Versorgungseinheit angetrieben war. Dabei waren dann die Kohlebehälter in einer Mitteleinheit zwischen der Antriebs- und der Versorgungseinheit untergebracht, so dass sich die Achsfolge 2D2 + 2D2 *(sic!)* ergab. Der Kessel wurde nicht vergrößert, so dass die Höchstleistung gleich geblieben wäre, aber die Zugkraft beim Anfahren und bei niedrigen Geschwindigkeiten hätte sich bei einer nur geringen Zunahme des Gesamtgewichts der Lokomotive verdoppelt. Diese Konfiguration wäre der offensichtlichen Wunschvorstellung der Eisenbahnen nach einer Maschine mit konstanter Leistung nähergekommen. Sie wurde zur Unterscheidung von der Basiskonstruktion, der ACE 3000-4, als ACE 3000-8 bezeichnet. Allerdings fühlte sich ACE trotz der Tatsachen des schwankenden Drehmoments und des hohen Gewichtsanteils auf nicht angetriebenen Achsen weiterhin in der Lage, festzustellen, dass

---

[1] Zu dem Thema des Gewichtsanteils auf nicht angetriebenen Achsen sei darauf hingewiesen, dass die Anwendung der Abdampfkondensation das Gewicht der Versorgungseinheit der ACE 3000 ziemlich konstant gehalten hätte, im Gegensatz zu dem eines normalen Tenders, das mit dem Verbrauch des Wasservorrats erheblich abnahm (die Tender der Kondenslokomotiven der Klasse 25 der SAR wogen etwa 20 % mehr als die Tender der Klasse 25NC mit dem durchschnittlichen 2/3-Wasservorrat).

die Basisausführung der ACE 3000 „für die gegenwärtige Betriebsweise der Eisenbahnen vollständig geeignet ist. In gemischten Diensten sind die betrieblichen und leistungstechnischen Eigenschaften denen der modernsten Diesellokomotiven zumindest ebenbürtig.“ [1]

An dieser Stelle ist es erforderlich, eine Liste der wichtigsten in der Grundkonstruktion der ACE 3000 vorgesehenen Bauteile und Komponenten aufzustellen. Die lautete wie folgt: zwei Fahrzeugteileinheiten, dreizehn Achsen (davon zwei Kropfachsen), ein Kessel, ein Kohletransport- und Verteilungssystem, ein Druckregelventil, ein Überhitzer, ein Economiser, ein Abdampfspeisewasservorwärmer, ein Mehrfachzentrifugalabscheider für Abgas, drei Aschebehälter, ein Aschetransportsystem, drei Dampfturbinen, zwei Verbrennungsluftvorwärmer, zwei Kesselsaugzuggebläse, vier Verbrennungsluftgebläse, zwei Regler, vier Zylinder, vier Triebwerke, zwei innere Kuppelstangen, vier äußere Steuerungen, sechs Kolbenschieber, zwei Wasserumwälzpumpen sehr hoher Leistung, zwei Einspritzkondensatoren, zwei Kesselspeisepumpen, zwei elektrische Generatoren, sechs Hydromotoren, fünf Kühlerlüfter, zehn luftdurchströmte Rückkühler, ein Hilfsstokermotor, zwei Doppelverbundluftpumpen, drei Kohlebehälter, dynamische Gegendruckbremse, automatischer Schleuderschutz und alles mit Mikroprozessorsteuerung. ACE stellte das alles als etwas im Grunde relativ Simples vor, was ohne Weiteres im gewünschten Sinn funktionieren würde, weil es sich bekannter und bewährter Technologien bediente:

> „Die ACE 3000 ist eine neue Lokomotive für eine neue Ära. Bei ihr sind bedeutende Innovationen bei der Verbrennungstechnik, der Maschinenkonstruktion und der Lokomotivsteuerung eingeflossen, von denen jede in verwandten Anwendungen angemessen demonstriert wurde [*sic*]... und so einen sauberen, effizienten, zuverlässigen und wartungsarmen Betrieb *sicherstellen* [*sic*] ...“[1] (Hervorhebung in Kursivschrift von mir)

In einer Werbeschrift an die Southern and Southwestern Railway Association vom 23. April 1981 wird Withuhn wie nachstehend zitiert:[2]

> „Wir sind davon überzeugt, dass eine kohlegefeuerte Alternative nur dann wirtschaftlich erfolgreich sein wird, falls es sich um etwas Robustes, Zuverlässiges, einfach zu unterhaltendes und von einfacher Konstruktion handelt. In dem schwierigen und gnadenlosen Umfeld des Eisenbahnbetriebs ist eine komplizierte Konstruktion der sichere Weg zum Misserfolg.“

Angesichts dieser Binsenwahrheit fuhr Withuhn fort die Konstruktion zu beschreiben, *„wobei als die übergeordnete Eigenschaft der ACE 3000 ihre Einfachheit angeführt sei“*.[3] Nun, nein, ganz sicher nicht, zumindest war das zu der Zeit meine Meinung und ist es auch noch immer. Insgesamt war, verglichen mit allen anderen vorherigen Kolbendampflokomotivkonstruktionen, ein großer Sprung in Richtung Komplexität getan worden (abgesehen vielleicht von den verrückten Entwürfen, von denen der akademische Zweig der früheren Sowjetischen Eisenbahnen träumte), besonders was die Automatisierung anbelangte. Es schien ein naives Vertrauen darin zu geben, dass die tatsächlich ausgeführte Technik wie berechnet und vorausgesagt funktionieren würde. In einigen Bereich der Technik mag das seine Berechtigung haben – neue Flugzeuge fliegen wirklich (meistens jedenfalls) –, aber in diesem Fall sprachen die nachstehenden zusammenwirkenden Faktoren ganz entschieden dagegen.

1. Die Komplexität des Krafterzeugungsprozesses, bei dem die Kohleförderung und Verteilung, der Zustand des Feuerbetts, der Ascheabzug, der Verbrennungsluftstrom und seine Verteilung, der Kesseldruck, die Speisewassermenge, der Dampfzustand, der Kondensatmassenstrom und die Kühlluftmenge alle miteinander verknüpft waren und möglichst nah an den Konstruktionswerten gehalten werden mussten, damit die Lokomotive funktionierte. Eine solche Verknüpfung kann in stationären oder Schiffsmaschinenanlagen durchaus automatisch funktioniert haben, aber der Betrieb einer Eisenbahnlokomotive war demgegenüber eine ganz andere Geschichte. Das Versagen nur eines Glieds in dieser Kette hätte zu einem Leistungsabfall oder gänzlichem Versagen geführt.[4]
2. Die kritische Bedeutung des Zustands des Feuerbetts. In Kapitel 3.10 wurde erläutert, dass auch bei dem GPCS der Zustand des Feuerbetts für den Lokomotivbetrieb ein sehr wichtiger Faktor war und dass der Aufbau eines guten Feuerbetts mit dem Stoker bei dem GPCS manchmal schwieriger war als bei einer Verbrennung mit 100 % Primärluftzufuhr. Damit würde sich die bisher völlig unbekannte und unerprobte automatische Beschickung einer großen GPCS-Feuerung bei den sehr raschen und sehr großen Lastschwankungen, wie sie für den Lokomotivbetrieb typisch sind, als großes Problem herausgestellt haben, besonders, falls, wie beabsichtigt, ein unerprobtes Kohleverteilsystem verwendet werden sollte. Keines der Mitglieder des ACE-Teams hatte in dieser Angelegenheit irgendwelche Erfahrungen, die beschränkten sich seinerzeit auf 3450, aber sie waren klug genug, eine Versuchsverbrennungsanlage als erste ausgeführte Baugruppe zu planen (eigentlich ein Kessel in voller Größe), um die Durchführbarkeit des Entwurfs nachzuweisen. Nichtsdestotrotz waren eine erfolgreiche Verbrennung und ihre automatische Steuerung von zentraler Bedeutung für die Konzeption der ACE 3000 und die Erfüllung dieser Anforderungen wurde anscheinend von Leuten, die von den möglichen Schwierigkeiten keine Kenntnis aus eigener Erfahrung hatten, als kaum mehr als eine Formalität angesehen.
3. In die Leistungsfähigkeit des GPCS und seine Fähigkeit, die verschiedensten Kohlesorten verbrennen zu können, wurde zu viel Vertrauen gesetzt. In ACEs ASME-Präsentation stand zu lesen, dass „das Verfahren des Gaserzeugungs-Verbrennungssystems...aufgrund seiner Funktionsweise ein weites Spektrum von Kohlesorten verbrennen kann, von Kohlen mit hohem Heizwert und niedrigem Aschegehalt bis hin zu Kohlen von niedrigem Heizwert und hohem Aschegehalt...“ Wenn auch diese Aussage an sich richtig war, so war sie doch eine grobe Vereinfachung, und meine SAR-Erfahrungen waren die, dass es durchaus Kohlesorten gab, die für das GPCS nicht geeignet waren. Die Zyklonbrennkammer war ebenfalls nicht vollständig erprobt, war sie doch bisher nur einmal versuchsweise kurz auf einer der sehr kleinen Lokomotiven der Rio-Turbio-Eisenbahn ausprobiert worden. So wie sie in den Abbildungen 2 und 13 des Patentantrags gezeichnet war, erschienen mir die Zyklonbrennkammer zu beengt, das Feuerbett zu niedrig und die Sekundärlufteintritte zu nah am Feuerbett. Auch gab es erhebliche Zweifel daran, ob in einer Brennkammer mit rechteckigem Grundriss eine für die erfolgreiche Kohlepartikelabscheidung ausreichende Zyklonströmung erreicht werden konnte.
4. Es gab zu viele hochtourige Maschinen, die sich in Eisenbahntriebfahrzeugen oft als problematisch erwiesen hatten – zum Beispiel waren Turbolader selbst in der achtziger Jahren noch eine größere Störungsquelle bei Diesellokomotiven.
5. Wenn auch die meisten Einrichtungen sich in anderen Anwendungen bewährt hatten, so zählte aber doch nur ihr Verhalten wenn sie in einer Lokomotive kombiniert wurden. Das konnte aber niemand wissen, noch konnte es zuverlässig vorausgesagt werden, bis eine solche Lokomotive in Betrieb genommen war. Es gab zahlreiche Fälle, wo „erprobte“ Einrichtungen bei der Anwendung auf

---

[1] Präsentation vor der Rail Transportation Divison der ASME, Quellenangabe siehe Fußnote 4 auf Seite 352.

[2] Quelle: Trains Magazine, August 1981.

[3] Quelle: Armstrong, J., Power : The coal-fired alternative, Railway Age, 11.05.1981. Hervorhebung in Kursivschrift von mir.

[4] In ACEs ASME-Präsentation war Folgendes zu lesen : „...die automatische Steuerung wird den Feuerraum, den Kessel und die Maschine überwachen und die Betriebsparameter auf einem Display im Führerstand darstellen, um den Lokomotivführer bei ungewöhnlichen oder gefährlichen Betriebszuständen auf einer ACE-3000-Lokomotive einer Mehrfachbespannung zu alarmieren.“ Man könnte sich vorstellen, dass der Lokomotivführer ganz schön beschäftig gewesen sein würde.

Lokomotiven versagt hatten, genau weil die Arbeitsbedingungen so „schwierig und gnadenlos“ waren. Deshalb gab es für die Annahme, dass diese Einrichtungen bei der ACE 3000 anstandslos funktionieren würden, keine Grundlage und die aus dieser Annahme abgeleiteten Behauptungen konnten nicht ernst genommen werden. Meiner Meinung nach bezog sich das besonders auf die gesamte Automatisierungstechnik.

Natürlich ging ACE in seinen Werbeunterlagen nicht näher auf diese Probleme ein, was den Entwurf hinreichend vernünftig erscheinen ließ, um diejenigen zu überzeugen, die keine relevante praktische Erfahrung hatten, um etwas dagegen einwenden zu können. Das schien besonders für das ACE-Team selbst zutreffend gewesen zu sein, mit der offensichtlichen Ausnahme von Porta, der die Position eines Stellvertretenden Direktors für Forschung und Entwicklung bekleidete. Er war gar nicht glücklich über die Verwandlung seines ursprünglichen Entwurfs in die ACE 3000, schloss sich diesem aber an, da er einsah, dass sich seine Konstruktion anscheinend nicht verkaufen ließ, weil sie zu sehr an das erinnerte, was man vor dreißig Jahren hinter sich gelassen hatte und als Zugeständnis daran, dass er nur eine von vielen Stimmen innerhalb der ACE war. Ganz gewiss hatte er eine andere Philosophie als ich in Bezug auf das, was wir als Komplexität bezeichnen können. Er begnügte sich damit, dass es eine Frage der guten Konstruktion, speziell guter Detailkonstruktion war, um bei einer Komponente oder einem System eine gute Zuverlässigkeit zu erlangen und dass so selbst die komplizierteste Maschine zuverlässig arbeiten würde. Er nannte Beispiele wie Atom-U-Boote und Kernkraftwerke, die ganz sicher nicht simpel seien und dennoch eine viel größere Zuverlässigkeit erreichten als viele einfache Maschinen wie Fahrräder und Schreibmaschinen, ganz zu schweigen von Dampflokomotiven. Auf dem Gebiet der Lokomotiven könnte eine Mehrzylinderverbundlokomotive zuverlässiger sein als eine Zwillingslokomotive und wäre es wohl auch, falls ihre Detailkonstruktion besser ausgeführt wäre. Das war durchaus richtig, aber damit wurde die Frage zur Antwort, denn Tatsache war, dass der Stand der Technik in der Dampflokomotivkonstruktion allgemein nicht eine Höhe erreicht hatte, wo die Zuverlässigkeit von Bauteilen gut oder auch nur nach den Maßstäben des späten zwanzigsten Jahrhunderts akzeptabel war (obwohl die Erfahrung mit 3450 bei einigen Dingen zeigte, dass sie sich der Erfüllung dieser Maßstäbe annäherten), und deshalb waren die Unterhaltsanforderungen weiterhin zu hoch. Daher war meine Philosophie, die Dinge als möglichst einfaches System zu betrachten, so dass sich möglichst wenig Maschinerie ergab, die unterhalten werden musste oder defekt werden konnte. Es ist ein grundlegendes Naturgesetz, dass etwas, dass falsch laufen kann, auch früher oder später falsch laufen wird. Porta widersprach dem und das, was ich als außergewöhnliche Komplexität der ACE 3000 empfand, störte ihn nicht *per se*. Allerdings erkannte er an, dass es doch einige Bereiche gab, wo die Kenntnisse unzureichend waren, um die Leistung und das Verhalten im Betrieb vorherzusagen und dass die Detailkonstruktion schwierig wäre. Auch war er skeptisch, was die Machbarkeit der automatischen Steuerung anbelangt. Er schrieb ein Memorandum zu dem Thema mit der entlarvenden Feststellung, dass „es…ein Wunder sein [wird], falls die ACE 3000 zu einer Lokomotive führt, deren Zuverlässigkeit mit derjenigen moderner Diesellokomotiven vergleichbar ist.“[1]

Es ist sehr wahrscheinlich, dass ACEs Beurteilung dessen, was die amerikanischen Eisenbahnen akzeptieren würden und was nicht, richtig war. Das bestimmte in vielerlei Hinsicht die Art der Konstruktion. Die Kriterien 1 und 2 auf der Seite 352 wurden deshalb wahrscheinlich erfüllt und der Konzeption der ACE 3000 muss deshalb ein gewisser Grad an Marktfähigkeit zugestanden werden, jedenfalls sicher mehr als jedem anderen Dampflokomotiventwurf der damaligen Zeit. Leider war das Ergebnis eine Maschine, die nach meiner Meinung sehr geringe Chancen hatte, die Forderung nach einem erfolgreichen Betrieb zu erfüllen. Sie war zu komplex, enthielt zu viele Unwägbarkeiten, und nach meiner Auffassung blieb ihr zumindest ein großes Problem, nämlich das des Feuerbetts, was durch die automatische Steuerung noch verschlimmert wurde.

Während das Konzept der ACE 3000 entwickelt wurde, waren Rowland, der Vorstandsvorsitzende und Hauptgeschäftsführer, sowie Benson, der Firmenchef, eifrig damit befasst, Werbung für den Entwurf zu machen und Geld aufzutreiben. Es wurde berechnet, dass ACE-3000-Lokomotiven bei Serienproduktion nach damaligem Preisstand 1 bis 1,25 Millionen Dollar pro Stück kosten würden, gegenüber 750 000 bis 900 000 für eine entsprechende Diesellokomotive, aber wegen der erwarteten Ersparnisse bei den Brennstoffkosten wurden wesentlich niedrigere Gesamtlebensdauerkosten behauptet.[2] Eine weitere Behauptung ging davon aus, dass es finanziell eine weit bessere Alternative als die Elektrifizierung war.[3]

Obwohl das Energieministerium der Regierung aktiv die Politik der „Technologie der sauberen Kohle“ als Ölersatz verfolgte und sich über die Anwendungsmöglichkeit auf dem Gebiet der Eisenbahntraktion bewusst war, wurde eher Privatkapital gesucht als staatliche Fördergelder. Der ursprüngliche Plan sah vor, fünfundzwanzig Millionen Dollar, später auf dreißig Millionen Dollar erhöht, für Forschung und Entwicklung, Konstruktionsarbeiten, Versuche (speziell die Versuchsverbrennungsanlage) und dem Bau von zwei Prototypen einzusammeln. Es waren zwei Prototypen erforderlich, um die Eignung zur ferngesteuerten Mehrfachtraktion unter Beweis zu stellen. Zu Beginn des Jahres 1981 bestand die Hoffnung, jeweils fünf Millionen Dollar von einer größeren Bahngesellschaft, einem Stahlbauunternehmen, einem Kesselhersteller und als Beteiligungskapital zu erhalten und dass die Prototypen zwei Jahre später einsatzbereit gewesen wären. Obwohl allerdings fünf Millionen Dollar für solche Quellen kein großer Betrag hätte gewesen sein sollen, besonders mit Blick auf die potentiell hohen Gewinnchancen, stellte sich die Geldbeschaffung als schwierig heraus. Man kann daraus nur schließen, dass angehende Investoren in Bezug auf die Erfolgschancen des Projekts, zumindest innerhalb des von ACE angegebenen Zeit- und Budgetrahmens, genügend skeptisch waren, um davon Abstand zu nehmen, sich von ihrem Geld zu trennen. Nichtsdestotrotz zeigten drei größere Unternehmen ernsthaftes Interesse: zwei Bahngesellschaften, einmal die Chessie System (ehemals Chesapeake & Ohio, Baltimore & Ohio, Western Maryland und angeschlossene Bahnen) und die Burlington Northern Railroad (ehemals Great Northern, Northern Pacific, Chicago Burlington & Quincy, Spokane Portland & Seattle und Tochtergesellschaften) und der Kesselhersteller Babcock & Wilcox. Die Gründung einer gemeinsamen Firma, bekannt als die Coal Oriented Advanced Locomotive Systems Ltd. („COALS“) zur Entwicklung und Produktion der ACE-Technik war beabsichtigt, und die Verhandlungen zwischen ihnen bewegten sich in Richtung eines Vertragsabschlusses über diesen Handel.

Das war grob der Zeitpunkt, zu dem ich mit ACE zu tun bekam. Porta hatte ihre Gründer gleich zu Beginn über meine Existenz informiert und hatte den Wunsch geäußert, dass ich als sein Assistent angeworben werde. Zu der Zeit, als ich seine Technologie bei den SAR[4] angewendet hatte, hatte sich eine gute Partnerschaft herausgebildet, und er wünschte meine Unterstützung, um den Vorgehensweisen der ACE, mit denen er nicht allzu glücklich war und die er mit „allgemeinem Mangel an Weisheit“[5] bezeichnete, etwas entgegenhalten zu können. Ich hatte meiner Absicht, die SAR zu verlassen, bereits Ausdruck verliehen. Die Arbeit an der 3450 war an einem Punkt

---

[1] Porta, L. D., The Design of the ACE 3000 Locomotive – My Uncertainty Areas, Januar 1983.

[2] DOE / JPL: coal is the way to go, Railway Age, 13.07.1981. Im Jahre 1980 betrugen die Energiekosten in den USA auf Kohlebasis nur 23 % des Preises von Energie auf Erdölbasis, bezogen auf die Lieferung frei Haus, und ab Grube war der Preis sogar noch niedriger.

[3] Armstrong, J., Power: The coal-fired alternative, Railway Age, 11.05.1981.

[4] Es war typisch für Porta, dass er darauf bestanden hatte, dass sein Vertrag mit ACE es ihm erlaubte, mich weiterhin bei 3450 zu unterstützen.

[5] Persönliche Korrespondenz mit dem Autor vom 22.07.1980.

angekommen, wo es mangels echter Unterstützung kein Fortkommen mehr gab, und so war mein Weggang in Sichtweite. Im Prinzip stimmte ACE Portas Wunsch zu, so dass anscheinend nichts meinem Eintritt in deren Team entgegenstand. Aber es gab die ACE 3000. Ich habe weiter oben in diesem Buch geschrieben, dass ich im Wesentlichen für die Dampflokomotive arbeitete, weil ich sie mochte. Um es präziser auszudrücken, sie sprach mich auf eine Weise an, wie es sonst nichts tat, und ich fühlte eine tiefe natürliche Zuneigung. Falls ihr Aufbau in dem Maße verändert werden sollte, wie das bei der ACE 3000 der Fall gewesen wäre, dann wäre sie nicht mehr etwas gewesen, in dem ich Schönheit erblickte, und dann hätte es für mich keine Veranlassung mehr gegeben, für sie zu arbeiten – *und zwar keinerlei Veranlassung*. Andere mögen für die Dampftechnik gearbeitet haben, weil sie sich für dieses Technikgebiet interessierten oder weil sie die Menschheit vor ihrer Unvernunft bewahren wollten, ihre ganzen Ölvorräte aufzubrauchen oder weil sie viel Geld verdienen wollten oder weil es eben ein Job war, so gut wie jeder andere. Meine Gründe waren ganz andere. Es ging darum, diesen speziellen Aufbau zu erhalten, und falls die Dampflokomotive der Zukunft wie die ACE 3000 aussehen würde und wie die ACE 3000 klingen würde, dann wäre sie nur den Buchstaben nach eine Dampflokomotive, aber nicht dem Geiste nach, und das interessierte mich einfach nicht.

Dr. Berkowitz, der stellvertretende Vorstandsvorsitzende (Technik), trat im Jahre 1981 in eine Korrespondenz mit mir ein, in der er die Ziele der Firma darlegte und fragte, ob ich an einer Mitarbeit interessiert wäre. In meiner Antwort ließ ich meine Zurückhaltung gegenüber der ACE 3000 deutlich werden, im Prinzip, weil ich sie für zu kompliziert und ihr Hinausgehen über bisherige Dampflokomotivtechnologie in nur einem Schritt für zu weitgehend hielt. Kurz gesagt, ich hielt das Projekt für zu ehrgeizig. Ich verglich sie mit Bulleids „Leader“-Klasse der Southern Railway in England *(Anm. d. Übers.: (C)(C) h6 Mehrzweck-Tenderlokomotive mit wagenkastenartiger Verkleidung und zwei Endführerständen. Im Wesentlichen eine Kitson-Meyer-Lokomotive mit folgenden Besonderheiten: Kupplung der Antriebsachsen der Maschinengestelle mit Außenrahmen durch äußere Ketten in geschlossenem Ölbad, Dampfverteilung durch Hülsenschieber zwischen Kolben und Zylinderwänden mit kombinierter Hub- und Drehbewegung, Kessel mit „trockener“, ausgemauerter Feuerbüchse, getrennter Heizerstand, Verbindungsgang entlang des Kessels, Bahn-Nrn. 36001 bis 005 (BR), Brighton Works, 1946 bis 49, nur eine Maschine vollendet und erprobt. Alle im Jahre 1951 verschrottet wegen hoffnungsloser Untauglichkeit, speziell der Hülsenschieber und der Antriebsketten)*, ebenfalls ein fortschrittliches Konzept, aber mit vielen technischen Unbekannten und in größter Eile nach einem strengen Zeitplan wegen der anstehenden Verstaatlichung erbaut. Sie war ein völliger Fehlschlag, ein Schicksal, das ich auch für die ACE 3000 als höchst wahrscheinlich unterstellte. Ich ließ erkennen, dass es meine Vorgehensweise wäre, zunächst als einen ersten Schritt etwas viel einfacheres und mit größerer Aussicht auf zuverlässiges Funktionieren zu bauen und von dort aus nach Bedarf in Richtung so schwieriger Aufgaben wie der automatischen Steuerung weiterzugehen. Die Frage nach meiner Bereitschaft zur Mitarbeit bei ACE ließ ich offen, indem ich darauf hinwies, dass ich durch meiner Arbeit an der zu der Zeit fertiggestellten Klasse 26 für mindestens ein Jahr gebunden war. Aber ich bot sehr wohl in jeder Weise nach meinen Möglichkeiten meine Unterstützung für ACE an, falls sie Informationen über die SAR-Dampflokomotiven benötigte, zum Beispiel über die Kondenslokomotiven. Berkowitz sprach in seiner Antwort von ACEs Zuversicht, dass ihr Lokomotiventwurf im Eisenbahndienst zuverlässig wird betrieben werden können. Er hatte meine Botschaft genau verstanden und schrieb, „Ich nehme an, dass wir keine die grundlegende Form der klassischen Stephenson’ schen Lokomotive verlassende Innovation machen können, die ihre Zustimmung finden würde.“, was im Wesentlichen korrekt war. Gleichwohl ließ er auch vonseiten der ACE die Möglichkeit meiner Mitarbeit in seinem Team offen. Unsere weitere Korrespondenz konzentrierte sich auf Fragen wie Zuverlässigkeit, die automatischen Steuerungen, die Kondensation, die Anforderung an jeden Entwurf, dass er den Eisenbahnen zusagen musste und ästhetische Aspekte. In Bezug auf die Abdampfkondensation hatte ich meiner Meinung einige Zeit zuvor nachdrücklich Gehör verschafft, denn sobald ich von Porta erfahren hatte, dass diese bei der Zusammenkunft in Washington im April 1980 übernommen worden war, schrieb ich auf, was gegen Kondenslokomotiven sprach, indem ich all die Probleme mit den 25C der SAR aufführte, wie ihre hohen Kapital- und Unterhaltungskosten, und die Tatsache, dass die SAR gerade ihren Umbau in Auspufflokomotiven abgeschlossen hatte, um Geld zu sparen. Ich erklärte, dass die Daseinsberechtigung von Kondenslokomotive nachgewiesen werden sollte, statt, wie es schien, als gegeben angenommen zu werden und dass nach dem gegenwärtigen Stand der Technik für Kondenslokomotiven 50 % höhere Unterhaltungskosten gegenüber Auspufflokomotiven angenommen werden sollten. Das schickte ich Porta zur Weiterleitung an Rowland und Benson, um sie dazu anzuhalten, sich auf die Konstruktion einer Auspufflokomotive zu konzentrieren. Porta erklärte sich einverstanden, hatte aber den Eindruck, als ob meine Kommentare eine Wirkung ähnlich der eines „Eisbades“ hatten. Es sei darauf verweisen, dass trotz ACEs Behauptung, die Einspritzkondensatoren würden die bei den 25C aufgetretenen Probleme ausschalten, die meisten dieser Probleme mit rotierender Maschinentechnik auftraten, von der die ACE 3000 reichlich hatte.

Kommen wir zurück auf den Dialog zwischen Berkowitz und mir. Unsere Herangehensweise an die Sache ging innerhalb der übergeordneten Aufgabenstellung des Bekanntmachens eines kohlegefeuerten Dampftriebfahrzeugs von grundsätzlich verschiedenen Positionen aus. Er wollte eine Konstruktion nach den angegebenen Zugförderungsanforderungen der Eisenbahnen maßschneidern. Obwohl ich darauf hinwies, dass das vielleicht nicht die Vorgehensweise von vor über vierzig Jahren war, welche von General Motors erfolgreich angewendet worden war, weil die Eigenschaften der Diesellokomotive so anders als die der Dampflokomotive war. Hätte man die Eisenbahnen damals nach ihren Wünschen gefragt, hätten sie sicher geantwortet, dass sie sich eine Diesellokomotive wünschten, deren betriebliches Verhalten wie bei einer Dampflokomotive war. Das war schließlich die einzige Erfahrung, die die meisten Eisenbahnen hatten, aber in der gänzlich anderen Situation der achtziger Jahre hatte Berkowitz sicher Recht damit, dass Geld nur zur Entwicklung von etwas verfügbar sein würde, was die Anforderungen der Eisenbahnen erfüllte und dass diese Anforderungen somit im Großen und Ganzen die Form bestimmten, die die ACE-Lokomotive anzunehmen hatte. Soweit es die amerikanische Eisenbahnbranche betraf, war es entweder die ACE 3000 oder etwas sehr ähnliches oder sie würden ansonsten bei den Diesellokomotiven belieben. Meiner Ansicht nach konnte von der ACE 3000 nicht erwartet werden, dass mit ihr ein zuverlässiger Betrieb möglich war (falls sie überhaupt funktionierte), so dass es, obwohl sie die Kriterien der Eisenbahnen auf dem Papier erfüllt haben mag, nur eine geringe Chance gab, dass sie das auch in der Praxis tat. Es schien eine Situation ohne Aussicht auf Erfolg zu sein, und im Nachhinein betrachtet war sie das vielleicht wirklich. Das, was ich für machbar hielt, hielt ACE für definitiv unverkäuflich, und von dem, was ACE für marktfähig hielt, war ich überzeugt, dass es nicht funktionieren würde. Aber wirklich entscheidend war mein vorrangiges Anliegen, die grundsätzliche Form der Dampflokomotive zu erhalten. Das wurde von der ACE 3000 nicht erfüllt, und falls ich mich geirrt hätte und sie sich wirklich als betrieblich erfolgreich erwiesen hätte, dann wäre die Erhaltung dieser Form noch schwieriger geworden. Offensichtlich konnten unsere Auffassungen nicht unter einen Hut gebracht werden und unsere Korrespondenz wurde zunehmend freimütiger. Porta war darüber nicht allzu glücklich und bedrängte mich, um der Dampfkraft im Allgemeinen willen flexibler zu sein, aber wegen der Frage der Ästhetik war mein Standpunkt unabänderlich. Schließlich forderte mich Berkowitz heraus zu beweisen, dass mein Konzept einer Dampflokomotive auf die Anforderungen an ein amerikanisches Triebfahrzeug die bessere Antwort sei als die ACE 3000. Meine Rückäußerung bestand im Wesentlichen darin zu sagen, dass ich unter der Voraussetzung, dass ACE das Geld und die Mittel bereitstellt, jede beliebige vorhandene US-Dampflokomotive der ersten Generation (FGS) nach Wahl der ACE in Bezug auf ihr Betriebsverhalten in eine SGS-Lokomotive umwandeln würde, um damit Betriebsversuche in

Konkurrenz zur Dieseltraktion und der ACE 3000 selbst durchzuführen. Schließlich ist der einzige relevante Beweis das tatsächliche Betriebsverhalten der realen Lokomotiven. Für diese Arbeit, und nur dafür, wäre ich zur Mitarbeit bei ACE und zum Umzug nach Amerika bereit. Zu gegebener Zeit machte ACE dann ein Angebot, dass mit meinem Vorschlag konform ging.[1]

6.4 Die American Coal Enterprises Development Co.

In den späten siebziger und frühen achtziger Jahren waren es nicht nur die amerikanischen Eisenbahnen, die die Auswirkungen höherer Ölpreise zu spüren bekamen. Es war ein weltweites Phänomen. ACE war sich deshalb im Klaren darüber, dass es auch außerhalb Nordamerikas einen Markt für ihre Technologie gab, besonders in Entwicklungsländern, die über reichliche Kohlevorräte verfügten und in einigen Fällen noch Dampflokomotiven einsetzten. Man hatte Südafrika, Indien, China, die Türkei und Brasilien im Sinn und auch Argentinien, falls das Programm für neue Lokomotiven für die Rio-Turbio-Eisenbahn Gestalt annehmen sollte. Es schien, als ob die Amerikaner zunächst Lokomotiven nach Art der ACE 3000 für solche Anwendungen ins Auge fassten, aber zu Recht überzeugte Porta sie davon, dass eine solche hochentwickelte Maschine nicht geeignet war und dass der wirkliche Bedarf sich auf verbesserte Lokomotiven von klassischem Aufbau bezog, das heißt echte SGS-Lokomotiven. Bereits 1980 hatte er vorhergesehen, dass die ACE in zwei zusammenhängende Geschäftszweige aufgeteilt werden könnte. Der eine zur Erarbeitung fortschrittlicher Konstruktionen für die USA und weitere potentielle Kunden in hochentwickelten Ländern wie Kanada und Australien, und der andere konstruiert konventionellere Lokomotive für den Export in technologisch noch nicht so entwickelte Länder. Die grundsätzliche Technik wäre die gleiche, aber die fortschrittlicheren Konstruktionen hätten zusätzlich zum Beispiel automatische Steuerungen und Abdampfkondensation, wie es für die hochentwickelten Länder als unabdingbar angesehen wurde. Wohl wissend, wie ich mir eine Dampflokomotive vorstellte, was nicht wesentlich von seinen Vorstellungen abwich, sah er mich als Leiter des Geschäftsbereichs Export vor. Anschließende Kontaktaufnahmen mit Leuten, von denen man annahm, dass sie sich in den Eisenbahnbelangen einiger der betreffenden Länder gut auskannten, schien zu bestätigen, dass die Möglichkeit, SGS-Lokomotiven und SGS-Technologie zu liefern, wirklich bestand, und ACE betrachtete das als etwas, das mit Profitaussicht verfolgt werden könnte. Ziemlich unerwartet wurde im Jahre 1983 die Türkei als wahrscheinlichster Kunde angesehen und Porta verfasste im Eilverfahren ein Dokument von einhundert Seiten, in dem er die Verbesserungen auflistete, die an vorhandenen Lokomotiven gemacht werden könnten, wobei er die türkischen Dreizylinder-1E (ehemalige deutsche Baureihe 44; *Anm. d. Übers.: eigentlich ehemalige 150 X der SNCF, die 1955 48 Stück an die TCDD verkauften. Die World Bank Data gibt für die TCDD für das Jahr 1983 an: Dampflokomotiven: 488 Stück, Hauptstreckendiesellokomotiven: 485 Stück, elektrische Hauptstreckenlokomotiven: 18 Stück. Der Dampflokomotivbestand sank bis 1990 auf 58 Stück und wird seit 1995 konstant mit 50 Stück angegeben*) als Beispiel nahm. Er teilte mir mit, dass Benson über die Gründung einer Tochterfirma zur Bedienung dieses Markts nachdachte, und im Juli 1983 kam Benson nach Südafrika, um mit mir über meine mögliche Mitarbeit bei diesem Vorhaben zu reden. Diesmal konnte ich mich dafür interessieren, und angesichts der Lage der Dampftraktion bei den SAR, fiel es mir recht leicht, dem Grunde nach auf Bensons Angebot einzugehen. Während er sich in Südafrika aufhielt, arrangierte ich für ihn eine Zusammenkunft mit leitenden SAR-Ingenieuren, bei der er das ACE-3000-Projekt erläuterte, das den SAR natürlich bekannt war und das sie im Auge behielten. Er fuhr dann auch mit mir wegen einer Fahrt auf 3450 nach Kimberley. Es war gerade die Zeit ernster Verschlackungsprobleme, die meine Beurteilung vor Ort erforderlich machte (siehe Seite 257). Wir machten eine Fahrt vor einem Güterzug von Beaconsfield nach Bloemfontein, während der die Leistung der Lokomotive etwas unstet war. Bis Te Brug lief alles gut, aber Heizer Swart hatte den Rost bei dem dortigen Reinigen des Feuers nicht ausgeschlackt, weil das mangels eines Kipprosts schwierig war. Im Ergebnis fuhren wird mit einiger Schlacke auf dem Rost los, und auf der Steigung nach Kloofeind musste Koekemoer das Feuern übernehmen, und ich fuhr die Lokomotive. Wir schafften die Steigung ganz gut, aber es war nicht die beste Vorführfahrt.

Als Ergebnis von Bensons Besuch wurde es arrangiert, dass meine Frau und ich auf Kosten der ACE in die USA reisten und uns die Sache dort selbst anschauten. Falls alles in Ordnung wäre, würde ich einen Vertrag mit der American C. E. Development Co. unterschreiben, wie der Geschäftsbereich Export genannt werden sollte. Wir reisten im September 1983 nach Akron, Ohio, dem Sitz der ACE aus dem einfachen Grunde, weil Benson dort zufällig lebte, kamen mit den übrigen Mitgliedern des ACE-Teams zusammen und feierten ein glückliches Wiedersehen mit Porta und seiner Frau. Eines der Dinge, die ich in Amerika erledigte, war die Besichtigung von Rowlands 2D2 Nr. 614 der ehemaligen Chesapeake & Ohio, die im ehemaligen Rundschuppen der Western Maryland Railway in Hagerstown untergestellt war. Das führt uns direkt zu nächsten Teil unserer Geschichte.

Die Möglichkeit der Überholung der 614 und ihr nachfolgender Einsatz als Vorführmaschine war gleich bei Gründung der ACE in Betracht gezogen worden. Porta war gefragt worden, ob die Leistung um 40 % vergrößert werden könnte, was er bestätigt hatte, und das sogar bei rauchfreier Verbrennung, aber die Idee war zurückgestellt worden, hauptsächlich weil selbst eine solche verbesserte Lokomotive noch weit von der Erfüllung der Forderungen der Eisenbahnen entfernt wäre. Die Überlegung, konventionelle Dampflokomotiven für den Export zu entwickeln, änderte die Lage und gab einer solchen Vorführmaschine viel mehr Sinn. Benson bat mich, mir die Lokomotive anzuschauen und zu ermitteln, was getan werden könnte. 614 war eine sehr imponierende Lokomotive, gewiss die eindrucksvollste, die ich je gesehen hatte (Tafel 63). Als allerletzte von einem kommerziellen Hersteller (Lima) für eine US-Eisenbahn erbaute 2D2, gehörte diese vom ästhetischen Gesichtspunkt aus hervorragend gelungene Maschine zu den fünfzehn von 1935 bis 1948 an die Chesapeake & Ohio für den schweren Reisezugdienst gelieferten Lokomotiven. Die ersten Lokomotiven erhielten die Klassenbezeichnung J-3, die späteren J-3a. Die nachstehenden Daten beziehen sich auf die Klasse J-3.[2]

Dienstgewicht der Lokomotive = 216 Tonnen
Reibungsgewicht (nur Kuppelachsen) = 124 Tonnen
Tendergewicht mit vollen Vorräten = 173 Tonnen
Gesamtradstand, Lokomotive und Tender = 30 Meter
Treibraddurchmesser = 1 829 Millimeter
Zylinder (2), Durchmesser x Hub = 699 x 762 Millimeter
Kolbenschieber, Durchmesser = 356 Millimeter
Einströmüberdeckung = 40 Millimeter

[1] Porta und ich hatten die Idee, eine vorhandene amerikanische Dampflokomotive solchermaßen zu modifizieren, bereits 1976 diskutiert. Ich ging davon aus, dass ich die Herausforderung gewinnen würde, nicht weil das, was eine umgebaute FGS-Lokomotive darstellte, für die US-Eisenbahnen von wirklichem Interesse gewesen wäre – das wäre es sicher nicht gewesen –, sondern kampflos, denn falls sich die ACE 3000 als so unzuverlässig erwies, wie ich erwartete, dann wäre sie für die Eisenbahnen ohne jedes Interesse gewesen.

[2] Quelle: Railway Mechanical Engineer, Februar 1936. Der Autor hat keine Angaben für die J-3a, aber sie müssen gleich oder sehr ähnlich in Bezug auf die angegebenen Zahlenwerte gewesen sein.

negative Ausströmüberdeckung = 5 Millimeter
Größter Schieberhub = 191 Millimeter
Voreilung = 6 Millimeter
Größte Füllung = 80 %
Kesseldruck = 17,24 bar
Rostfläche = 9,3 m²
Gesamte Verdampfungsheizfläche = 514 m²
Überhitzerheizfläche (Bauart E) = 218 m²
Nennanfahrzugkraft mit Booster = 360 kN
Tendervorräte: Kohle = 23 Tonnen
Wasser = 83 m³

Die Lokomotivklasse war mit einem Worthington-Mischvorwärmersystem und einem Standard-Stoker Typ MB (Kohleförderung von unten durch einen hinteren Rostteil auf den Verteilertisch) ausgerüstet. Der Stehkessel hatte sechs Lufteintritte über dem Rost von 51 Millimeter Durchmesser, was einen ziemlich vernachlässigbaren Sekundärluftquerschnitt von 13 cm² je m² Rostfläche ergab. Die 614 gehörte zu der späteren Klasse J-3a und hatte gegenüber der Konstruktion der Klasse J-3 die nachstehenden grundsätzlichen Abweichungen:

1. Einen einteiligen Stahlgussrahmen mit integrierten Zylindern statt eines gebauten Barrenrahmens und separater Zylinder.
2. Rollenlager anstelle von Gleitlagern an allen Achsen und im Triebwerk. Die Stangen mit Rollenlager waren von der Bauart Timken, ölgeschmiert, und hatten keine Gelenkbolzen zwischen den Kuppelstangen *(Anm. d. Übers.: sogenannte Tandem-Kuppelstangen).*
3. Baker-Steuerung statt der Walschaerts-Steuerung.
4. Sicherheitszirkulationsrohre in der Feuerbüchse statt zweier Thermosiphone und zweier Feuerschirmtragrohre.
5. Acht statt sechs Lufteintritte, womit der Sekundärluftquerschnitt je m² Rostfläche auf 17 cm² anstieg, immer noch viel zu wenig, um einen wirklichen Einfluss auf den Feuerungswirkungsgrad zu haben.

Im Jahre 1983 war 614 nicht mehr im Anlieferungszustand. Die wesentlichen an ihr vorgenommenen Veränderungen waren der Ausbau des gesamten Speisewasservorwärmersystems, angeblich wegen Schwierigkeiten bei der Unterhaltung, wobei der Kessel nunmehr mit zwei Frischdampfstrahlpumpen gespeist wurde, und eine Vergrößerung des Kohlevorrats im Tender von 23 Tonnen auf etwa 50 Tonnen, bei einer entsprechenden Verkleinerung des Wasservorrats. Mit dieser Änderung sollte die Lokomotive besser an den Sonderzugdienst für Eisenbahnfreunde angepasst werden, wobei zusätzlicher Wasservorrat in einem oder mehreren Tankwagen (dort „Erfrischungsstände" genannt) hinter den Tender gekuppelt mitgeführt wurden. Zusätzlich waren die Lufteintritte blindgesetzt worden, so dass es anscheinend selbst mit dieser sehr geringen Sekundärluftmenge Unannehmlichkeiten gegeben hatte. Anstelle des Stokers Typ MB war ein Typ HT eingebaut, aber es war nicht bekannt, ob das eine Bauartänderung war, oder ob die späteren Lokomotiven den Stoker Typ HT als Originalausrüstung hatten.

Ich verbrachte einige Stunden mit der Untersuchung der Lokomotive. Im Grunde war sie eine wesentlich größere Version der SAR-Klasse 25NC (in Bezug auf das Lokomotivgewicht 80 % größer) mit vielen Ähnlichkeiten im Detail, aber dennoch in einigen Bereichen nicht so fortschrittlich. Zum Beispiel war die Zylinderkonstruktion nicht so gut, denn 356 Millimeter Schieberdurchmesser waren zu wenig für Zylinder von 699 Millimeter Durchmesser. Auch hatte der Schüttelrost überraschenderweise keinen Kraftantrieb. Seine sechs Felder mussten manuell geschüttelt werden, was eine Vielzahl von Gestängen im Aschkasten erforderlich machte. Es gab keinen Kipprost als deutliches Zeichen dafür, dass er nur für die Verbrennung von nicht Schlacke bildender Kohle konstruiert worden war. Weil sie der 25NC im Prinzip ähnlich war, gab es die gleichen Einschränkungen für einen Umbau, wie zum Beispiel eine beengte Rauchkammer, unzureichende Bauhöhe für die Saugzuganlage und ganz besonders einen überaus flachen Stehkessel und Aschkasten. Das alles, so konnte ich voraussehen, würde zu einer Wiederholung all der bei der 3450 in Bezug auf den Betrieb des GPCS aufgetretenen Schwierigkeiten führen. Während ich mich in Hagerstown aufhielt, konnte ich per Telefon mit S. Wickersham sprechen, Chef der Crew, die 614 betrieb und instand hielt. Er kannte die Lokomotive in- und auswendig, und sein Wissen wäre für Umbauarbeiten wertvoll gewesen, aber er stand einem solchen Vorhaben sehr ablehnend gegenüber und war der Ansicht, dass 614 aus historischen Gründen so bleiben sollte wie sie war.

Trotz der möglichen Schwierigkeiten, ließ ich mich nicht abschrecken, und am 29. September 1983 schrieb ich auf der Grundlage meiner Untersuchung einen Bericht für die ACE, in dem ich im Einzelnen ausführte, was man machen könnte. Es war der Rekonstruktion der 3450 sehr ähnlich und umfasste im Wesentlichen das Folgende:

1. Aufschneiden der kompletten Schieberkästen an den Dampfzuführungen und Einschweißen neuer Kästen von größtmöglichem Volumen (eine spätere Analyse ergab, dass das zu einer Reihe von Schwierigkeiten führen würde und es wurde durch eine der 3450 ähnlichere Lösung ersetzt, bei der sämtliche Mittel zur Vergrößerung des Schieberkastenvolumens und des Durchmessers der Schieberbuchse ausgeschöpft wurden).
2. Verbinden des rechten und linken Schieberkastens durch ein vor dem Rauchkammersattel liegendes Dampfreservoir.
3. Einbau von Kolbenschiebern ähnlich denen der 3450, aber von größtmöglichem Durchmesser, die in gekühlten Schieberbuchsen laufen.
4. Anwendung der größtmöglichen Schieberüberdeckung und Änderung der äußeren Steuerung zur Erlangung der korrekten Schieberbewegung, ohne dass die Maximalfüllung wesentlich verkleinert wird.
5. Änderung der negativen Ausströmüberdeckung in ungefähr 10 Millimeter positive Überdeckung.
6. Verbesserung der Schieberschmierung (wie bei 3450).
7. Änderung der mechanischen Schmierpumpenantriebe, um die Ölförderraten mehr an die Füllungseinstellung anzupassen (der Antrieb für die Schmierpumpen der 614 wurde von den Voreilhebeln an einem Punkt unterhalb der Anlenkung an die Kreuzköpfe der Schieberstangen abgenommen).
8. Einbau von Schmierölbehältern mit großem Inhalt.
9. Einbau von mehrteiligen Stopfbuchsenpackungen für die Kolben- und Schieberstangen sowie direkter Ölzufuhren an die Kolbenstangen.
10. Einbau von Kolben mit angeschweißten Kolben- und vorderen Tragstangen, wie für 3450 vorgesehen. Die Kolben haben eine mehrfache Anordnung schmaler Ringe.
11. Verbesserung der Saugzuganlage und Einfügen einer Kordina-Düse. Ein dreifacher Lempor-Saugzugapparat in Kleeblattformation schien die geeignetste Anordnung zu sein, was eine Verlängerung der Rauchkammer um 1 800 Millimeter erforderte.
12. Einbau eines Oberflächenvorwärmers mit großer Heizfläche mitsamt dem zugehörigen Pumpensystem.
13. Installation des GPCS. Ich stellte klar, dass die Stehkessel- und Aschkastenanordnung dafür alles andere als ideal seien, indem ich schrieb, dass „nicht davon auszugehen ist, dass die zahlreichen bei der Lokomotive 3450 aufgetretenen Schwierigkeiten bei der Nr. 614 geringer werden, vielleicht eher das Gegenteil". Ich ging davon aus, dass als bestmögliche Maßnahme der Rost nur hinten so weit wie möglich abgesenkt würde und dass neue Sekundärlufteinlässe eingebaut würden, da die vorhandenen zu wenige und zu tief angeordnet waren.

Die Aussicht, vielleicht mehr als 6 000 indizierte kW aus 614 herausholen zu können, war in der Tat eine unwiderstehliche Herausforderung, und obwohl ich ein ungutes Gefühl gegenüber dem hatte, was ich bei der ACE gesehen hatte, die ganze Organisation war augenscheinlich für die anstehenden Aufgaben gänzlich unzureichend, wurde am 30. September 1983 ein Dreijahresvertrag als Technischer Direktor der American C. E. Development Co. unterschrieben. Er sah vor, dass ich der ACE (das heißt für die ACE 3000) für maximal 45 Tage während der dreijährigen Vertragslaufzeit als Berater zur Verfügung stehen sollte. Dieses Zugeständnis hielt ich für akzeptabel. Benson erklärte, dass die Kapitalbeschaffung über die Partnerschaft mit COALS „eine Formalität" sei und das Geld im November verfügbar sein würde und dass er mich zu diesem Zeitpunkt gern in Amerika hätte. Allerdings würden die abschließenden Arbeiten in Bezug auf 3450 bis zum Ende des Jahres andauern und danach hatten meine Frau und ich eine dreimonatige Reise nach Indien und Nepal geplant. Also wurde vereinbart, dass meine Anstellung am 15. April 1984 beginnen würde.

Alsdann kehrten wir nach Pretoria zurück und bereiteten unseren Fortgang aus Südafrika vor. Als wir damit schon ziemlich weit fortgeschritten waren, rief Benson an, um mitzuteilen, dass die Beschaffung der Geldmittel zur Finanzierung der ACE 3000, von denen der Aufbau des Geschäftsbereichs Export abhing, nun doch durchaus keine reine Formalität gewesen war. Tatsächlich war der Handel geplatzt und die Partnerschaft mit COALS war beendet. Zu dieser Zeit war der geschätzte, bis zum Bau zweier Prototypen benötigte Betrag auf fünfzig Millionen Dollar eskaliert, zu dem die drei größeren COALS-Partner jeweils fünfzehn Millionen beisteuern sollten. Die Chessie System brachte ihren Anteil ein, aber sowohl die Burlington Northern als auch Babcock & Wilcox hatten kalte Füße bekommen und waren ausgestiegen. Die Begründungen für ihren jeweiligen Ausstieg waren ein „in Bezug auf die finanziellen Bedingungen inakzeptabler Vertrag" bei Babcock & Wilcox, und „Zweifel in Bezug auf die Ressourcen der Unternehmung" bei der Burlington Northern[1], wobei dieser letztere Grund sicher ein realistischer Vorbehalt war. Die ACE, sicher nur ein kleiner Fisch im Vergleich zu den Großunternehmen und nicht in der Lage, das notwendige Kapital selbst aufzubringen, war der COALS-Partnerschaft treu geblieben, selbst als sie zu einem Zeitpunkt anscheinend fürchten musste, von einer oder mehreren der größeren Firmen geschluckt zu werden. Aber nunmehr war man praktisch wieder bei der Ausgangssituation angekommen, wobei allerdings die Chessie loyal blieb und erklärte, sie würde weiterhin ihren Kapitalanteil einbringen, aber unter der Voraussetzung, dass andere Partner als Ersatz für die beiden ausgestiegenen gefunden würden. Unter diesen Umständen gab mir Benson den Rat, in Südafrika zu bleiben, aber es war zu spät. Wir hatten uns aber bereits darauf eingerichtet zu gehen und blieben dabei.[2]

Während unserer dreimonatigen Reise nach Asien würde keine Kommunikation mit ACE möglich sein, und so schrieb ich Benson unmittelbar vor der Abreise einen langen Brief, indem ich meine Enttäuschung darüber nicht verhehlte, dass sich die Finanzierung nicht so entwickelte hatte, wie er es gesagt hatte, und in dem ich meine Gedanken aufführte, unter anderen die nachstehenden:

1. Die Ziele der beiden Projekte (die ACE 3000 und eine klassische Dampflokomotive) waren sehr unterschiedlich. Obwohl ein Teil der Technologie für beide gleich gewesen wäre, sollten sie vonseiten der Unternehmensführung völlig getrennt behandelt werden.
2. Das Projekt der Entwicklung der klassischen Dampflokomotivtechnologie für den Export hatte gute Aussichten auf technischen und finanziellen Erfolg und brauchte nicht viel Kapital. Für den Anfang nur das Geld zur Rekonstruktion der 614. Deshalb sollte damit sofort angefangen werden, und die Situation des ACE 3000-Projekts sollte darauf nicht hemmend wirken. Erfolg bei Ersterem könnte sich nur günstig auf Letzteres auswirken, weil 614 dazu benutzt werden könnte, einige Merkmale der fortschrittlichen Technologie zu demonstrieren, obwohl sie als vollständige Lokomotive nicht das darstellte, was sich die amerikanischen Eisenbahnen wünschten.
3. Ich wäre bereit, allein die Konstruktion für den Umbau der 614 auszuarbeiten, was die Kosten für die Konstruktionsarbeiten minimiert hätte, aber auch so würde es möglich sein, die Arbeit innerhalb des Dreijahresvertrags abzuschließen. Noch besser wäre es natürlich, falls Porta und ich uns die Projektarbeit teilen würden, wobei sich Porta auf das GPCS konzentriert.
4. Sich ausschließlich dem GPCS zu verschreiben wäre ein Fehler.

Zu der Zeit hatte ich gerade sämtliche Erfahrungen mit 2644 und 3450 durchgearbeitet und war nicht davon überzeugt, dass das GPCS der richtige Weg war. Bereits in einem früheren Brief hatte ich Benson ein schrittweises Vorgehen zu dessen Entwicklung auf 614 vorgeschlagen, um diese Angelegenheit zu klären, und zwar auf folgende Weise:

i) Erprobung der Lokomotive im normalen Zustand und Bewertung ihrer betrieblichen Zweckmäßigkeit.
ii) Allgemeiner Umbau der Lokomotive, abgesehen von dem Verbrennungssystem.
iii) Erneute Erprobung und Bewertung ihrer betrieblichen Zweckmäßigkeit.
iv) Installation des GPCS und Wiederholung von (iii).
v) Installation einer Kohlenstaubfeuerung und Wiederholung von (iii).

Das schien ein vernünftiges erstes Angehen des Verbrennungsproblems zu sein. Allerdings war die Feuerbüchse für das GPCS nicht sonderlich geeignet, sowenig wie auch die vieler anderer Lokomotiven von potentiellen ACE-Kunden in Übersee, wie zum Beispiel Indien oder China. Bei solchen Lokomotiven, besonders bei denjenigen, die nicht mit größerer Leistung betrieben wurden, hatte ich Vorbehalte, ob die wirtschaftlichen Gewinne durch das GPCS seine eventuellen betrieblichen Unzulänglichkeiten überwogen hätten. Die durch die Anwendung der anderen Merkmale von Portas Technologie mögliche Absenkung des spezifischen Dampfverbrauchs war so groß, dass die Kesselleistung für eine gegebene Zughakenleistung wesentlich gesenkt werden konnte und damit gleichzeitig der Flugverlust. Soweit also nicht andere Faktoren, wie die Kohlesorte und die Konstruktion der Feuerbüchse augenscheinlich für das GPCS geeignet waren, musste der Möglichkeit ins Auge gesehen werden, dass die normale Verbrennung insgesamt das beste Betriebsverhalten ergab. Andererseits war ich sicher, dass für fortschrittlichere Lokomotiven die Kohlenstaubfeuerung die richtige Lösung war.

Während der Monate Januar und Februar 1984 bereisten meine Frau und ich Nordindien, wo wir sehen konnten, wie tief die Dampflokomotive sinken konnte, sobald jede Disziplin in der Belegschaft abhandengekommen war. Zwei Beobachtungen werden genügen. Als Erstes fiel auf, dass die Lokomotiven fast immer hinter ihrem eigenen Leckagedampf verschwanden, sobald der Regler geöffnet wurde. Die Tafel 34 illustriert ein gutes Beispiel dieses Phänomens. Das meiste davon kam von Undichtigkeiten der Kolbenstangenstopfbuchspackungen, was so einfach mit Mehrfachelementpackungen abgestellt werden konnte, die bei richtiger Konstruktion für die Zeit zwischen zwei Werkstattuntersuchungen hielten. Ihre Wirksamkeit wäre also nicht länger von dem in den Depots augenscheinlich vorherrschenden niedrigeren Qualifikationsniveau abhängig gewesen. Einige Jahr zuvor hatten die Inder genau dieses Problem Porta gegenüber erwähnt, aber sie hatten seine bereitwillig aufgezeigte Lösung nicht eingeführt. Zum Zweiten beobachtete ich etwa 6 Millimeter Spiel zwischen Schwingensteinen und Schwingen bei einer 1D1 der Klasse WG im Bahnhof Varanasi. Da die fragliche Lokomotive im Bahnhofsverschub beschäftigt war, nahm ich an, dass man diese Zustände für einen so bescheidenen Dienst halt geduldet hatte. Um mich zu vergewissern, ging ich über die Gleise zu einer Meterspur-2C1 der Klasse YP *(Anm. d. Übers.: h2, Personenzug-Schlepptender,*

[1] Quelle: Railway Age, April 1984. Die Burlington Northern entschied sich stattdessen, in bescheidenem Maß in das General Electric Forschungs- und Entwicklungsprogramm zur Untersuchung der Möglichkeiten für kohlegefeuerte Lokomotiven zu investieren.

[2] Nach Bensons Besuch bei den SAR im vorigen Juli hatten meine Vorgesetzten ja gesehen, was da vor sich ging, und so war es für sie keine Überraschung, sondern vielleicht sogar eine Erleichterung, als ich meine Kündigung einreichte.

Chittaranjan Locomotive Works, TELCO und europäische Hersteller, 2870(?) Stück, Baujahre 1950(?) bis 1970), die dort vor einem Schnellzug nach Allahabad wartete. Das Spiel zwischen den beiden betreffenden Bauteilen war in etwa das gleiche. Kein Wunder, dass ein indischer Eisenbahnbeamter einst zu einer Besuchergruppe von Eisenbahnfreunden sagte, „seit der Unabhängigkeit haben wir uns mit der Buchhaltung beschäftigt, aber nicht mit dem Unterhalt der Lokomotiven". Es war wirklich ein schwieriges Problem, eine moderne Dampflokomotive zu konstruieren, die eine derartige Vernachlässigung ertrug, aber keins, das man nicht doch einmal angehen sollte, wie sich herausstellte. Ich hatte angeboten, im Namen der ACE Präsentationen bei den Indischen Staatsbahnen zu machen, tat es aber schließlich doch nicht, und nach einem Monat in den Himalaya-Bergen in Nepal reisten wir Anfang April nach Deutschland, dem Heimatland meiner Frau, wo wir Nachrichten von ACE vorzufinden erwarteten.

Es sah nicht gut aus. Es gab eine gewisse Beteiligung der Regierung an den Überlegungen, zu kohlegefeuerten Lokomotiven auf den Eisenbahnen der Nation zurückzukehren, aber noch immer kein Geld für ACE 3000. Schlimmer war, dass die US-Einwanderungsbehörde mir die Aufenthalts- und Arbeitserlaubnis verweigert hatte. Vielleicht nahm man an, dass es im Jahr 1984 reichlich Entwicklungs-ingenieure für Dampflokomotiven gab, oder lag es daran, dass ACE meine Angelegenheit schlecht besorgt hatte? Was auch immer die Gründe waren, so war es doch etwas verwirrend, im Railway Age vom April 1984 zu lesen, ich sei bereits in den USA. In demselben Artikel ("In search of a new coal-burner") stand:

> „Zuverlässigkeit im täglichen Einsatz ist oberstes Gebot; es gibt kaum einen Anreiz für eine Eisenbahn, sich der Einführung eines neuen Typs von Triebfahrzeugen zu verschreiben, der seine Eignung für die heutigen Betriebs- und Einsatzanforderungen nicht während einer wesentlichen Laufleistung über hochbelastete Verkehrsrouten zur Zufriedenheit von ziemlich konservativen Leuten demonstriert hat"

Das war ganz offensichtlich eine für eine Lokomotive auf dem Zeichenbrett unmöglich zu erfüllende Bedingung und wohl kaum eine Philosophie, die dazu geeignet war, Investoren zu ermutigen. Einstweilen blieb mir nichts anderes übrig, als in Deutschland zu warten, in der Hoffnung, dass ACE das erforderliche Kapital auftreiben würde, aber es sollte nicht sein. Mitte Juni rief Benson an, um mir mitzuteilen, dass ACE auf nur noch Rowland und Porta zusammenschrumpfte. Ein paar Tage später schrieb Rowland, dass jede kurzfristige Hoffnung auf Kapitalbeschaffung geschwunden war und folglich entband mich ACE von meinen vertraglichen Verpflichtungen.

Seit geraumer Zeit war meine zuvor intensive Korrespondenz mit Porta zurückgegangen, aber der Gang der Geschehnisse hatte die offensichtliche Anspannung, die sich innerhalb der ACE aufgebaut hatte, von ihm genommen. Er begann nun, mir mehr Einzelheiten darüber mitzuteilen, was während seiner Zeit in Amerika geschehen war und was er über das alles dachte. Es wäre nicht klug, das hier alles offenzulegen, abgesehen von den folgenden Punkten.

1. Porta selbst hatte die Lücke erkannt zwischen dem, was marktfähig war und – zumindest in einem ersten Schritt – tatsächlich gebaut werden konnte. Er bezweifelte, ob irgendein anderer Entwurf als die ACE 3000 die Eisenbahnen überzeugt hätte, sagte aber gleichzeitig ihr desaströses Versagen in der Praxis voraus, falls das Projekt nach den Vorstellungen der ACE weiter vorangetrieben würde.
2. Er stand der Vergabe eines großen Teils der Werkstattarbeit an Zulieferer, wobei ACE im Wesentlichen den Zusammenbau übernähme, skeptisch gegenüber. Ein solches Vorgehen war zu der Zeit in Amerika allgemein üblich, und selbst im vorhergehenden Dampfzeitalter wurden viele Lokomotivbauteile von Zulieferern bezogen, statt dass die Lokomotivbauer sie selbst herstellten. Der Unterschied bestand aber darin, dass in jenen Tagen alle mit der Dampflokomotive und ihren Einsatzbedingungen vertraut waren. Dieses Wissen fehlte in den achtziger Jahren, so dass dieses Vorgehen im Fall der ACE 3000 in Portas Augen ein „schrecklicher Fehler" gewesen wäre.
3. Er beklagte den Mangel an Erfahrung und Wissen in dem ACE-Team in Bezug auf die selbstgestellte Aufgabe, was dazu führte, dass es Dinge als Fakt ansah und nach außen darstellte, die nicht machbar waren. Er nannte das Beispiel einer Präsentation, in der erklärt wurde, dass Schleudern innerhalb eines einzigen Kolbenhubs durch Öffnen eines Druckentlastungsventils am Zylinder beendet werden könnte. Obwohl Porta vermutete, dass „Menschen getäuscht werden wollen", fügte er hinzu „aber nicht dermaßen".
4. Portas Position innerhalb der ACE-Organisation war nicht stark genug gewesen, als dass sie ihm ermöglicht hätte, dem Projekt eine andere Richtung zu geben, ja nicht einmal, um Phantasievorstellungen, wie das Beispiel in (3) oder die Vorstellung von einer Entwicklungszeit von nur zwei Jahren, richtigzustellen. Letzteres verglich er zusammen mit der Vielfalt der Zulieferer mit der Idee „drei Frauen dazu zu veranlassen, in drei Monaten gemeinsam ein Baby auszutragen". Er fühlte sich zunehmend isoliert, und mit der in seinen Augen zunehmend unrealistischer werdenden Sache sah er sich in der unangenehmen Lage wieder, an einem Arbeitsprozess teilzuhaben, mit dem er grundsätzlich nicht einverstanden war. Schließlich konnte er das nicht länger auf sich nehmen, und kurz bevor ACE zusammenbrach, teilte er Benson mit, dass er sich strikt an seinen Vertrag würde halten müssen, das heißt mehr in der Form eines Beraters zu agieren, falls das Projekt in der geplanten Weise weitergeführt werden sollte.

Ich hatte erwartet, dass der Untergang der ACE endgültig war, aber Rowland war kein Mann, der so einfach aufgab. Bis dahin hatte er die Tagesgeschäfte Benson überlassen, aber nun übernahm er die Führung selbst und suchte nach Mittel und Wegen, das Projekt wiederzubeleben. Richtigerweise erkannte er, dass ACE nur einen echten technischen Aktivposten hatte, nämlich Porta, und dass dieser Aktivposten bis dato nicht sehr klug genutzt worden war, indem es anderen, ohne Portas Erfahrungen, erlaubt worden war, die technischen Angelegenheiten zu bestimmen. Die Leute waren nun gegangen, zumindest waren sie in den Hintergrund getreten, und Porta hatte nunmehr wesentlich freiere Hand, um sich für seine Vorstellung des weiteren Vorgehens einzusetzen. Die bestand im Wesentlichen in einer schrittweisen Herangehensweise an eine weiterentwickelte Lokomotive, die zum damaligen Zeitpunkt nur hinsichtlich einiger idealer Parameter beschrieben werden sollte, die letztendlich erfüllt werden könnten. Der erste Schritt in diesem Entwicklungsprozess sollte eine echte SGS-Lokomotive sein, im Prinzip sein ursprünglicher Entwurf einer 1E. Es sei daran erinnert, dass diese Vorgehensweise diejenige war, auf die man sich vier Jahre zuvor bei der Zusammenkunft in Washington, die zur Gründung der ACE führte, zunächst verständigt hatte, die sich dann aber anschließend völlig geändert hatte. Die Notwendigkeit einer zumindest teilweisen Automatisierung im Vergleich zu den Bedienungselementen einer FGS-Lokomotive wurde klar erkannt, und deren Entwicklung sollte parallel zu der Konstruktion der SGS-Lokomotive vorangetrieben werden, ohne aber deren Arbeitsfortschritt zu bedingen. Die Automatisierung sollte stufenweise zur Anwendung kommen, wenn ihre Entwicklung genügend ausgereift war. Statt Berkowitz' Idee der „Konstruktion durch Konsens" sollte Porta ein Konstruktionsteam wirklich führen, wobei es ihn dabei unterstützen sollte, seinen Gesamtentwurf in Detailkonstruktionen der Bauteile umzusetzen. Zwei SGS-Prototypen sollten so schnell wie möglich auf die Schiene gebracht werden. Porta hielt zwei Jahre für ausreichend, was, obwohl gleich der bei der ACE 3000 erwähnten Zeit, realistischer war, weil die konstruktiven Unwägbarkeiten und der Herstellungsaufwand erheblich geringer waren. Eine solche Konstruktion sollte nicht als ultimative Antwort auf die Bedürfnisse der amerikanischen Eisenbahnen präsentiert werden, sondern eher als *ein erster und absolut notwendiger Schritt auf dem Entwicklungsweg zu einer fortschrittlicheren Maschine*. Das war wohl richtig, aber da die Eisenbahnen bestimmten, eine wie fortschrittliche Lokomotive sie sich wünschten, hoffte Porta, dass mit der Vorführung einer SGS-Lokomotive diese selbst positiv beurteilt werden würde, insbesondere falls gezeigt werden könnte, dass Einrichtungen wie zum Beispiel die Abdampfkondensation dem Betreiber netto keinen finanziellen Vorteil bringen würden.[1]

Vom rein technischen Standpunkt aus schien dieses Vorhaben weitaus vernünftiger zu sein als das der ACE 3000. Allerdings war ein Problem, dass ACE auf der ACE 3000 als alleinige Lösung beharrt hatte und so der Weg zu einer Alternative versperrt worden war, und das hatte mehr geschadet als genützt. Wie konnte zum Beispiel nun eine Auspufflokomotive vorgeschlagen werden, wo doch die Abdampfkondensation als unabdingbar dargestellt worden war, selbst in einem ersten Schritt? Damit würde Portas Entwurf, so realistisch er auch in technischer Hinsicht war, ganz eindeutig schwierig zu verkaufen sein.

Nach dem Rückzug von Babcock & Wilcox bekundete ein anderer großer amerikanischer Kesselhersteller, die Foster Wheeler Corporation, sein Interesse. Eine Vereinbarung wurde getroffen, dass B. Dawson, ein leitender Ingenieur der Foster Wheeler Energy Applications, einer Tochterfirma für Forschung und Entwicklung, in Zusammenarbeit mit Porta das Projekt bewerten und entwickeln sollte. Etwa zur gleichen Zeit traf sich Rowland mit einer Delegation der Volksrepublik China, die anscheinend Interesse daran hatte, sich an der Weiterentwicklung der Dampftraktion zu beteiligen, und mit der Chessie nach wie vor im Boot konnte er Ende August 1984 schreiben, dass die Lage viel besser aussah. Im November lud er mich zu einer Besprechung der zukünftigen Entwicklung nach Lebanon, New Jersey, ein, wo er wohnte, und auch Porta war mittlerweile in die Nähe gezogen. Es schien so, als ob ACE nach Portas Vorstellungen weitermachen und sich auf den Bau seines SGS-Entwurfs konzentrieren würde, der nun ACE Mark 1 genannt wurde. Ich konnte dem nur beipflichten und war mir der Annahme einer Stellung als Portas Assistent einverstanden, was sich jener seit Langem gewünscht hatte. Ich nun wiederum wünschte mir P. Girdlestone, der technische Leiter der Ffestiniog Railway *(Anm. d. Übers.: berühmte touristische Schmalspurbahn in Wales, Großbritannien, Spurweite ein englischer Fuß und elf Zoll = 597 Millimeter, Gründung 1832(!), älteste noch existierende Privatbahn der Welt, Streckenlänge 21,93 Kilometer, überwiegend Dampfbetrieb, auch mit Fairlie-Lokomotiven)*, als meinen Assistenten, mit dem ich seit meinen SAR-Tagen in Korrespondenz stand. Rowland stimmte meinem Wunsch nachträglich zu, und außerdem machte ich mich stark für die Anstellung von Le Sueur, damals noch bei den SAR, den ich für genau den richtigen Mann für schwierige analytische Aufgaben hielt. Ein neuer Vertrag musste aufgesetzt werden, und ACE musste meinen Antrag auf Aufenthaltsgenehmigung und Arbeitserlaubnis erneuern. Für die Zwischenzeit erklärte ich mich damit einverstanden, mir nach Deutschland zugeschickte Arbeit gegen Bezahlung zu erledigen. Das vordringlichste Vorhaben war allerdings, die 614 betriebsfähig herzurichten und sie im folgenden Januar vor Kohlezüge auf der Chessie System einzusetzen, vordergründig um für die Konstruktionsarbeiten nötige technische Daten zu gewinnen. Rowland wollte mich als Versuchs-Chefingenieur vor Ort, womit ich mich gern einverstanden erklärte.

Im vorangegangenen Januar, als etwas privates Kapital erwartet wurde, hatte sich plötzlich die Frage nach dem Umbau der 614 gestellt, und von dem ACE-Team war unter Portas Anleitung eiligst ein Umbauplan ausgearbeitet worden. Mich konnten sie nicht erreichen, weil ich zu der Zeit in Indien war, obwohl die Art dieser Arbeit im Wesentlichen das war, wofür ich dann angestellt wurde. Der von ACE ausgearbeitete Umbauplan war recht ehrgeizig und unterschied sich von meinem Vorschlag wie folgt. Eine Art Schürrost mit kontinuierlichem Aschabzug und Förderung in einen Aschebehälter auf dem Tender war vorgesehen. Die Verbrennungsluft sollte vorgewärmt werden und der Feuerschirm so umkonstruiert werden, dass er eine Zyklonströmung im Feuerraum ergab. Ein vollständig neues Kesselrohrbündel einschließlich neuer Rohrwände und abgeänderter Überhitzerelemente sollte eingebaut werden, die Zylinder sollten Dampfmäntel erhalten und eine begrenzte Anzahl von automatischen Steuerungen (zum Beispiel zur Regelung des Dampfdrucks und des Wasserstands) sollten zum Einsatz kommen. Die Forschungs- und Entwicklungsarbeit an der Versuchsbrennkammer für das Zyklon-GPCS sollte gleichzeitig mit dem Umbau der 614 geleistet werden. Das ganze Vorhaben mitsamt der umfangreichen Versuche mit der Lokomotive vorher und nachher wurde mit etwa sechs Millionen Dollar budgetiert und sollte acht Monate dauern, was ein sehr optimistischer Zeitplan war. Aber das erwartete Geld war nicht eingegangen und zur Zeit meiner Gespräche mit Rowland und Porta im November hatte die Absicht, Portas SGS-Konstruktion als Demonstrationsobjekt sowohl für die amerikanischen Eisenbahnen als auch für potentielle ausländische Kunden zu bauen, das Rekonstruktionsvorhaben der 614 abgelöst. Selbstverständlich konnte man von einer neuen Lokomotive ein weit besseres Betriebsverhalten als von einer umgebauten 614 erwarten, so dass das Sinn machte. Der Januar 1985 war deshalb für 614 als einzige Zeit ausersehen, wo sie einmal nicht nur im Eisenbahnfansonderzugdienst im Rampenlicht stand.

6.5 Die Messfahrten mit der Lokomotive 614

Dieses Kapitel ist in zwei Teile aufgeteilt, wobei der erste eine allgemeine Beschreibung der Ereignisse während der unvergesslichen vier Wochen des Einsatzes der Lokomotive vor Kohlezügen auf der Chessie System vermittelt und der zweite sich auf die ausgeführten Messungen und die daraus gezogenen Schlüsse konzentriert.

Nach dem Treffen mit Rowland and Porta im November 1984 kehrte ich nach Deutschland zurück und nahm an den Arbeiten zur Wiederinbetriebnahme der 614 nicht teil. Sie war nach ihrer letzten Einsatzperiode vor Ausflugszügen drei Jahre in Hagerstown abgestellt gewesen, und um für die kommenden Messfahrten ihre Zuverlässigkeit zu gewährleisten, wurde sie dort, so gut es die Zeit und Einrichtungen erlaubten, überholt. Das wurde von ihrer Mannschaft, einer Gruppe junger Männer, die für Rowland unter dem Namen der Steam Locomotive Corporation of America (SLCA) tätig waren, mit Unterstützung durch Ingenieure von Foster Wheeler und Zulieferfirmen wie Timken, geleistet. Vor dieser Maßnahme hatte die SLCA-Truppe natürlich woanders gearbeitet, einige von ihnen an den Dampflokomotiven der Norfolk Southern, und so musste sie in großer Eile rekrutiert werden, aber wenn in Amerika genügend Geld in solche Vorhaben gepumpt wurde, dann konnten die Dinge ziemlich rasch erledigt werden. Die Reparaturarbeiten wurden rechtzeitig erfolgreich abgeschlossen, so dass die Lokomotive zu ihrer Einweihungsfahrt am 2. Januar 1985 im Amtrak-Bahnhof Huntington, West Virginia, bereit stand.

Die Versuchsstrecke ging von Huntington nach Hinton über 234 Kilometer entlang der alten Hauptstrecke der Chesapeake & Ohio Railroad. Von Huntington bis Handley (der Kanawha-Unterabschnitt der Strecke) ist die Strecke ziemlich eben, mit einem Höhenanstieg von nur 23 Meter auf 120 Kilometer. Die wirkliche Steigung beginnt etwa 15 Kilometer östlich von Handley in dem Unterabschnitt New River. Von diesem Punkt aus steigt die Strecke um 220 Meter auf 100 Kilometer, wobei der schwierigste Anstieg die 30 Kilometer von Kanawha Falls nach Sewell waren, durchschnittlich meist in 3,8 bis 4,0 ‰, mit einem Maximalwert von 6,1 ‰. Diese letzten 100 Kilometer nach Hinton verlangen von den Lokomotiven der Kohlezüge eine hohe Dauerleistung und wurden einst bedient von den berühmten (1C)C3 der Klasse H8 der C & O *(Anm. d. Übers.: h4, Güterzug-Schlepptender, ähnlich der Mallet-Bauart, Bahn-Nrn.: 1601 bis 1660, 60 Stück, Lima Locomotive Works, 1941 bis 48)*, die mit den (2D)D2 der Union Pacific um den Titel der größten Lokomotive der Welt wetteiferten, aber es lag fast dreißig Jahre zurück, dass die letzte H8 mit den Steigungen durch die Allegheny-Berge gekämpft hatte. Die ganze Gegend

[1] Eine Kostenstudie aus dem Jahr 1985 für Kohlezüge auf dem Streckenteil Russell – Hinton der Chessie System sagte für Auspufflokomotiven einen Kostenvorteil von 10 % gegenüber Kondenslokomotiven voraus, auch wenn man die Kapitalkosten für die Errichtung von Wasserstationen mitberücksichtigte.

war durch und durch Kohlebergbaugebiet. Kohle war das Hauptfrachtaufkommen der Eisenbahn, und immer wieder zweigten Anschlüsse von der Hauptstrecke zur Bedienung der Kohlegruben ab. Allerdings waren „König Kohle“ wie auch die Eisenbahnen in den achtziger Jahren nicht mehr die Macht, die sie einst waren, und die Gegend vermittelte eher den Eindruck des Niedergangs. Zum Glück führte die Steigung nach Hinton hauptsächlich durch die landschaftlich reizvolle New-River-Schlucht, ein einsames, vom Rest der Welt durch bewaldete Hügel weitgehend abgeschiedenes Gebiet.

Wenn auch wiederholt gesagt wurde, dass 614 zur Gewinnung technischer Daten für die ACE-Ingenieure zur Konstruktion der ACE-Mark-1-Lokomotive genutzt wurde, so war der wahre Zweck des Einsatzes der Lokomotive zum Schleppen von Kohlezügen Publicity. Gewiss, die Gelegenheit würde genutzt werden, jede mögliche Messung vorzunehmen, die uns möglich war, und Porta stellte eine umfangreiche Liste der Bauteile auf, an denen er Messinstrumente haben wollte, aber die Versuche waren in Wahrheit nur ein Vorwand für die ganze Aktion. In jedem Fall wurde für brauchbare Messungen alles in viel zu großer Hast gemacht, und auch der Januar war für Messfahrten kein geeigneter Monat. Aus Sicht der Publicity war der Januar allerdings ideal, denn falls die Dampftraktion es im tiefsten Winter schaffte, dann schaffte sie es zu jeder Zeit. Aber in Wahrheit wurde die Dringlichkeit dadurch erzwungen, dass die Regierung der Wirtschaft eventuell 750 Millionen Dollar für eine „saubere Kohletechnologie“ zur Verfügung stellen würde. Dieses Geld war ursprünglich für ein Programm für synthetische Brennstoffe bestimmt gewesen, aber es wurde erwartet, dass es Mitte 1985 unter Firmen aufgeteilt werden würde, die in der Lage waren, direkt kohlegefeuerte Anlagen zu produzieren. Da die Versuche, privates Kapital für die Pläne der ACE zu beschaffen, gescheitert waren, hatte die Firma nun die Hoffnung, sich einen Anteil an diesem Geld zu sichern. Zu diesem Zweck war es unerlässlich, große Präsenz zu zeigen und so bald wie möglich gute Publicity zu bekommen. Somit war die ganze Aktion, wie eine Zeitschrift es ausdrückte, eine „dramatische öffentliche Geste“, um das Projekt in das Bewusstsein der Eisenbahnbranche und der Regierung zu bringen. Es war deshalb nicht überraschend, dass bei der Einweihungsfahrt sowohl zwei Senatoren und ein Kongressabgeordneter, allesamt aus östlichen kohlefördernden Bundesstaaten, als auch der Vorstandsvorsitzende der CSX Corporation und die Finanzwelt und die Presse anwesend waren. Zunächst gab ACE eine Pressekonferenz im Holiday-Inn-Hotel in Huntington, von wo aus das Ganze in eine Zeremonie im Amtrak-Bahnhof überging. Der Zug bestand aus neun Reisezugwagen, fünfzehn beladenen Kohlewaggons und dem Güterzugbegleitwagen. Die 2D2-Lokomotive war in 614T umbenannt worden (es wurde gesagt, das „T“ stünde für „Test“) und die Firmenlogos der Chessie System, ACE und Foster Wheeler waren auf die seitlichen Tenderwände gemalt worden, zusammen mit dem Slogan „Wir arbeiten zusammen, um Ihnen die ACE 3000 zu geben, die Lokomotive für morgen schon heute“. Hinter der Lokomotive befanden sich zwei Hilfswassertankwagen, beide ehemalige Tender von 1D2-Lokomotiven der Klasse M-1 der Louisville & Nashville *(Anm. d. Übers.: h2, Güterzug-Schlepptender, Bahn-Nrn. 1950 bis 1991, Baldwin und Lima, 1941 bis 1949)*, dergestalt umgebaut, dass sie nur noch Wasservorrat hatten, aber davon je 94,5 m³. Damit betrug der Gesamtwasservorrat etwa 258 m³ (68 200 US-Gallonen). Nachdem alle diese eindrucksvolle Ansammlung von Stahl und Eisen bewundert hatten und die Zeremonie beendet war, fuhren die versammelten Gäste die 80 Kilometer bis Charleston im Zug mit, wo dann einige ausstiegen, während die übrigen den ganzen Weg bis Hinton fuhren, von wo aus sie mit Bussen nach Huntington zurückgebracht wurden. 614 kehrte mit den Reisezugwagen am nächsten Tag zurück.

Ich hatte mich entschieden, nicht an der Einweihungsfahrt teilzunehmen, da ich im Hinblick auf mein Touristenvisum und bei so vielen anwesenden VIP mein Gesicht lieber nicht zeigen wollte. Stattdessen flog ich an diesem Tag von Deutschland aus in die USA und traf mich am Flughafen Huntington mit Porta, der ebenfalls auf die Pressetour verzichtet hatte, um dazubleiben und mich zu begrüßen. Wir hatten deshalb am folgenden Tag die Gelegenheit, unter vier Augen zu sprechen, und Porta informierte mich über das, was seit November geschehen war. Wir arbeiteten unsere Strategie für die Messungen aus, die am nächsten Tag beginnen sollten. ACEs Plan, der auch eingehalten wurde, sah vor, jeden Montag, Mittwoch und Freitag Kohlezüge in östliche Richtung zu befördern und jeweils am Dienstag, Donnerstag und Samstag Leerzüge als Rückleistung zu fahren. Die Sonntage waren offiziell Ruhetage, aber sie würden sich für die SLCA-Truppe, die die Lokomotive zu warten hatte, sicher als die arbeitsreichste Zeit herausstellen. In Huntington war 614 in einer Lackierhalle in den Werkstättenanlagen[1] untergestellt, während sie am anderen Ende in Hinton im Lokomotivdepot im Freien abgestellt blieb (Hinton hatte immer noch seinen Kohlehochbunker aus Beton. Außer bei Notreparaturen wurden alle Arbeiten unter Dach in Huntington ausgeführt, wo die Arbeitsbedingungen und Werkstatteinrichtungen viel besser waren. Neben der SLCA-Truppe von etwa sieben Mann unter der Leitung von Wickersham waren noch drei Ingenieure von Foster Wheeler anwesend, und zwar B. Dawson, der wie erwähnt, mit Porta seit dem vergangenen September an der Machbarkeit des Projekts gearbeitet hatte, dann R. Poeter und schließlich H. Hertenstein. Der zuletzt Genannte war für die Instrumentierung verantwortlich und erwies sich als wirklich sehr brauchbarer Mann. Sämtliche Messwertaufnehmer auf der Lokomotive übertrugen ihre Signale an Anzeigeinstrumente, die in dem kombinierten Mannschafts-, Werkzeug- und Messwagen namens „Conneaut“, einem schweren, sechsachsigen Fahrzeug, aufgebaut waren. Das machte das Verlegen der Kabel mit geeigneten Verbindungen zwischen allen Fahrzeugen entlang des Tenders und der beiden Wassertankwagen erforderlich. Hertenstein war ziemlich damit beschäftigt, alles so einzurichten, dass Portas gewünschte Messungen vorgenommen werden konnten und alles unter recht widrigen Bedingungen auch funktionsfähig zu halten. Der Messwagen wurde für jede Fahrt angehängt, und manchmal war der etwas komfortablere Firmenwaggon der ACE, der „Independence“, mit im Zugverband, um die Unterbringung zusätzlicher mitfahrender Gäste zu ermöglichen. Rowland und Wickersham wechselten sich als Lokomotivführer ab, während diejenigen der SLCA-Mannschaft, die geprüfte Heizer waren, sich bei dieser Tätigkeit abwechselten. Ein Lotse der Chessie System mit Streckenkenntnis war immer mit auf dem Führerstand, von denen einer noch als Heizer in der Dampfzeit gearbeitet hatte.

Bei der ersten Messfahrt am 4. Januar bestand der hinter dem Messwagen angehängte Zug aus neununddreißig beladenen Kohlewagen und einem Begleitwagen, was eine Anhängelast von ungefähr 4 800 Tonnen[2] ergab. Ich fuhr durchweg auf der Lokomotive mit, um mich mit ihr vertraut zu machen, während die Ingenieure in dem Messwagen das Arbeiten der bereits vorhandenen Instrumente überprüften. Aus Zeitmangel waren zu Beginn der Messfahrten noch nicht alle Messgeräte installiert. Während des Verlaufs des Monats wurden weitere aufgebaut, aber einige der von Anfang an eingebauten Ausrüstungen versagten in der Folge. Trotz Hertensteins erheblicher Anstrengungen funktionierten zu keinem Zeitpunkt alle Geräte gleichzeitig, was bei der Datengewinnung nicht gerade hilfreich war. Auf dieser ersten Fahrt verhielt sich 614 im Großen und Ganzen so, wie ich es erwartet hatte. Rowland fuhr die ganze Zeit, und sein etwas großspuriger Stil führte dazu, dass die Lokomotive ganz schön hart arbeiten musste. Die Verdampfungswilligkeit war allgemein gut, reagierte aber erwartungsgemäß oberhalb von 15 km h^{-1} empfindlich auf den Gebrauch des Boosters, der auf den größten Steigungen zugeschaltet wurde. Wenn auch

[1] Die Werkstätten in Huntington, das größte Lokomotivausbesserungswerk der Chessie System, waren im Jahre 1872 gegründet und in den späten zwanziger Jahren vollständig umgebaut worden. Danach wurde es als das größte Lokomotivausbesserungswerk der Welt bezeichnet, mit einer Belegschaft von 2 500 Mitarbeitern und der Kapazität von fünfzig Lokomotivhauptuntersuchungen pro Monat. Eine vollständige Beschreibung fand sich in einem Artikel in der Zeitschrift Railway Mechanical Engineer vom Mai 1931. Huntington war darüber hinaus Sitz der technischen Leitung der Chessie System. Das wussten Porta und ich zu der Zeit nicht, und Porta meinte später, dass es ein schwerer Fehler der Repräsentanten der ACE gewesen wäre, dort keinen Höflichkeitsbesuch abgestattet zu haben.

[2] Sämtliche Zuggewichte in diesem Kapitel, angegeben in *metrischen* Tonnen, beziehen sich auf das Gewicht hinter dem Tender der 614 und beinhalten deshalb das Durchschnittsgewicht der Zusatztankwagen (das heißt, das Gewicht bei dem durchschnittlichen Wasserstand auf jeder Fahrt).

die Zuglast ohne Schwierigkeiten befördert wurde, so war doch deutlich, dass es der Lokomotive für ihre Größe an Leistung mangelte, besonders wegen ihrer unzulänglichen Saugzuganlage. Der vorgefundene Blasrohrquerschnitt betrug 251 cm^2, was bei einem Durchflusskoeffizient von 0,925 einen effektiven Querschnitt von nur etwa 232 cm^2 ergab. Das war nicht nur um 22 % weniger als bei der 3450, sondern sogar weniger als der Konstruktionswert der Klasse 25NC, die ja viel kleinere Lokomotiven als die 614 waren und die mit erheblich minderwertigerer Kohle betrieben wurden. Ein solcher Blasrohrmündungsquerschnitt war für eine Lokomotive von der Größe der 614 viel zu klein und begrenzte zwangsläufig ihre Leistung. Das Schornsteingetöse bei großer Anstrengung sprach seine eigene Sprache, und man brauchte kaum auf das Abdampfdruckmanometer zu schauen, um sich davon zu überzeugen, dass der Gegendruck übermäßig war (er betrug häufig mehr als 1 bar und stieg manchmal bei für die Größe des Kessels recht bescheidenen Verdampfungsleistungen auf über 2 bar an). Zudem war der Auspuff nicht nur laut, sondern er brach auch Äste überhängender Bäume ab, so dass das Herauslehnen aus dem Führerhaus mit einem gewissen Risiko verbunden war. Abgesehen von der Einschränkung der unzulänglichen Saugzuganlage schien alles in guter Ordnung zu sein. Die Auspuffschläge blieben während der Dauer der Messfahrten gleichmäßig und in der Blasrohrdüse gab es fast keine Ölkohleablagerungen. Auf dem Führerstand war die Einfachheit in der Bedienung der Strahlpumpen sehr eindrucksvoll. Beide wurden mit einem einzigen Hebel bedient, so dass man sich fragte, warum die Bedienungseinrichtungen von Strahlpumpen so häufig in der Bandbreite von einfach nur umständlich bis absolut unberechenbar lagen.

Die Rückfahrt am nächsten Tag mit dem Leerwagenzug verlief ohne besondere Vorkommnisse. Am darauffolgenden Tag, einem Sonntag, wurde versucht, so viele der Messgeräte wie möglich zum Laufen einzubauen, so dass am Montag ernsthaft mit den Messungen begonnen werden konnte. Während einer Inspektion in der Feuerbüchse wurde festgestellt, dass zwei Rauchrohre an der Rohrwand in der Verbrennungskammer von Lösche bis auf die Kupferdichtringe durcherodiert waren, und diese Rohre wurden als Vorsichtsmaßnahme blindgesetzt. Das und einige Risse im Blech der Feuerbüchse waren die ersten Anzeichen für die Feuerbüchsprobleme, die 614 während der Abwicklung der Versuchsfahrten plagen sollten.

Ich erkannte, dass sich das hier wahrscheinlich als einmalige Angelegenheit darstellen wird, und wohl wissend, dass es im Messwagen und auf der Lokomotive genügend Leute gab, um alle Instrumente abzulesen, erhielt ich Rowlands Erlaubnis, am Montag, dem 7. Januar, bei einem Eisenbahnfreund im Auto bei der Verfolgung des Zugs mitzufahren, um einige Photos zu machen, was ich im Verlauf des Monats noch zweimal wiederholte. An dem Tag gab es einen unglücklichen Fahrtverlauf. Die Anhängelast betrug vierzig Kohlewaggons und eine Gesamtzuglast von 4 893 Tonnen. Wickersham stand am Regler und alles lief gut bis zu der Steigung durch Cotton Hill nach 147 Kilometer, als das Zahnradgetriebe der Booster-Maschine beim Zuschalten beschädigt und betriebsunfähig wurde. Der Ausfall des Boosters bedeutete eine Verminderung der Zugkraft der Lokomotive bei geringen Geschwindigkeiten um 17 %. Bei dem herrschenden schlechten Wetter und der nicht einwandfrei funktionierenden Sandstreueinrichtung hatte Wickersham gewaltige Probleme damit, den Zug in Bewegung zu halten. Er schaffte es so eben, und obwohl die Geschwindigkeit in der Nähe von Hawk's Nest bis auf 3 km h^{-1} abfiel, blieb die Lokomotive nicht stehen. Die Tafel 64 zeigt den Zug an dem Tag, wie er auf geringerer Steigung durch Quinnimont donnert. Für die verbleibende Zeit der Messfahrten blieb der Booster betriebsunfähig, und die größte Zuglast musste proportional zu dem Verlust an Zugkraft reduziert werden. Von dieser Zeit an wurden bei den Kohlezügen in östlicher Richtung etwa dreißig Wagen angehängt, wobei die Anhängelast zwischen 3 212 und 3 904 Tonnen variierte, aber bei den Zügen in westlicher Richtung blieb es unverändert bei neunzig leeren Kohlewaggons mit einer durchschnittlichen Anhängelast von 2 690 Tonnen.

Die nächste Fahrt in westliche Richtung verlief einwandfrei und war insofern bemerkenswert, als es auf der ganzen Fahrt nur einen einzigen Halt von nur einer Minute gab. Ich fuhr wieder auf der Lokomotive und schrieb die Werte der Führerstandsanzeigen auf. Die Füllung betrug normalerweise 30 bis 40 %, wenn auch Einstellungen mit 25 % und sogar 15 % ausprobiert wurden[1], und die Verdampfungswilligkeit war meistens gut. Am nächsten Tag wurde der Zug in St. Albans, 60 Kilometer hinter Huntington, übernommen. Bei einer Anhängelast von 3 650 Tonnen und mit Rowland am Regler wurden auf dem ebeneren Abschnitt vor Handley bei voll geöffnetem Regler einige sehr kleine Zylinderfüllungen benutzt, wobei 15 %, 10 % und sogar Mittelstellung der Steuerung vermerkt wurden. Der Kessel mochte das allerdings nicht, und der Hilfsbläser musste zur Verstärkung des Saugzugs genutzt werden. In die hinteren Rostecken wurde zu wenig Kohle aufgeworfen, was zu Löchern im Feuerbett führte, sobald die Zylinderfüllung vergrößert wurde.[2] Mit einem auf 13,4 bar abgesunkenen Kesseldruck und ohne sichtbaren Wasserstand wurde die Lokomotivleistung zurückgenommen und etwas von Hand Kohle aufgeworfen. Damit erholte sich der Kesseldruck, aber der Wasserstand blieb bis zum Ende der Fahrt nah am unteren Anzeigebereich des Glases. Der Kessel war also so eben in der Lage den Dampfbedarf zu decken. Nach der Ankunft in Hinton enthüllte ein Blick in die Feuerbüchse ein sehr ungleichmäßiges Feuerbett, der Hauptgrund für die laue Verdampfungswilligkeit, aber weit bedeutsamer war es, dass zahlreiche Decken- und Wandstehbolzen (zwölf beziehungsweise zwanzig wurden gezählt) und zwei Schweißnähte der Lufteintrittsrohre undicht waren. Das trug natürlich zu dem Abfall der Verdampfleistung bei und blieb für den Rest des Monats ein Grund ernster Sorge. Alles in allem traten während der Dauer der Messfahrten die nachstehenden Feuerbüchsschäden in Erscheinung.

1. Undichte Deckenstehbolzen
2. Undichte Wandstehbolzen
3. Stehbolzenbrüche
4. Risse in den Feuerbüchsblechen
5. Undichte Schweißnähte an den Lufteinlassrohren
6. Undichte Schweißnähte an den Zirkulationsrohren
7. Starker Verschleiß in den Kesselrohren durch Löscheerosion

Einige dieser Defekte beeinträchtigten nicht nur die Verdampfungswilligkeit und das allgemeine Betriebsverhalten der Lokomotive, sondern sie verursachten auch zu jeder Zeit einen hohen Wasserverbrauch, so dass der Kesselwasserstand während der Abstellzeiten rasch abfiel. Fünfmal musste unterwegs ungefähr auf halbem Weg angehalten werden, damit die örtliche Feuerwehr den Wasservorrat auffüllen konnte. Um aus dieser misslichen Lage jeweils das Beste zu machen, wurde der Ort für diese Übung sehr sorgfältig so gewählt, dass er direkt gegenüber eines Schnellrestaurants der Kette „Kentucky Fried Chicken“ lag, das dann zur Stärkung der Lokomotivmannschaft diente. An jedem Sonntag musste große Mühe aufgewendet werden, um die undichten Stehbolzenköpfe dicht zu stemmen. Dies war eine sehr schwere Arbeit und schließlich hatte einer der Kesselschmiede der SLCA-Truppe, wie Porta es ausdrückte, „Mordabsichten ins Gesicht geschrieben“. Später vermerkte ich in dem Versuchsbericht „Unter normalen Umständen würde eine Lokomotive mit einer Feuerbüchse in diesem Zustand nicht für Messfahrten herangezogen (noch für den normalen Betriebseinsatz zugelassen)“. Schwierigkeiten mit der Verdampfungswilligkeit führten natürlich

[1] An der Umsteuerung war keine Füllungsskala angebracht und so musste die Zylinderfüllung geschätzt werden. Die Angaben sind deshalb nur sehr näherungsweise.

[2] Der übermäßig kleine Winkel zwischen Rost und Feuerschirm erzwang ein höheres Feuer auf dem hinteren Rost. Zum Ende der Fahrten, wenn das ganze Feuerbett ziemlich hoch geworden war, gelang es allerdings nicht mehr, diese Unterschiedlichkeit in der Schichthöhe aufrechtzuerhalten, was zu einem übermäßigen Luftstrom mit entsprechendem Flugverlust im hinteren Rostbereich führte. Es wäre besser gewesen, der Rost wäre etwas horizontaler gewesen.

dazu, dass die Lokomotive gelegentlich mit sehr niedrigem Wasserstand betrieben wurde, und ich weiß nicht, wie nah wir an der endgültigen Katastrophe einer nachgebenden Feuerbüchsdecke waren, aber die Dingen lagen ganz sicher sehr im Argen.

Am nächsten Morgen hatten wir eine frühe Abfahrt, weil die Gleisbaurotte später am Tag auf der Strecke zu arbeiten hatte. Die Lokomotive wurde um etwa 05.30 Uhr auf ihren Dienst vorbereitet und Ausfahrt aus Hinton war um 06.43 Uhr[1]. Ein genauer Blick in die Feuerbüchse ließ erkennen, dass aktuell ungefähr fünfundzwanzig Deckenstehbolzen undicht waren und dass ein hinterer Formstein im Feuerschirm fehlte. Dennoch hielt der Kessel auf der gesamten Rückfahrt durch, obwohl der Heizer Probleme bei der Kohleverteilung mit dem mechanischen Stoker hatte, der Kesseldruck wurde recht gut gehalten und meistens war auch irgendwo im Glas ein Wasserstand erkennbar. Bei Charleston lag Neuschnee und während 45 Minuten gab es ständig Schleudern in Kurven und Weichen, selbst bei 60 bis 70 km h^{-1}, 35 bis 40 % Zylinderfüllung und nicht ganz geöffnetem Regler, wobei es der Adhäsion nicht zuträglich war, dass die Timken-Stangenlager Öl auf die Räder schleuderten. In Bezug auf die Durchschnittsgeschwindigkeit war es dennoch mit knapp über 50 km h^{-1} die schnellste Messfahrt mit den Güterzügen.

Trotz der Undichtigkeiten in der Feuerbüchse wurden bei der nächsten Fahrt in östlicher einige sehr gute Verdampfungsleistungen erzielt. Bei schwerem Arbeiten der Lokomotive hatten die Undichtigkeiten offensichtlich weniger Einfluss auf die Saugzugwirkung, und unter solchen Bedingungen und wenn das Feuerbett gerade genau stimmte, war es dann möglich, den Kesseldruck fast auf dem roten Strich zu halten und den Wasserstand anzuheben. Während der gesamten 100 Kilometer Steigungsfahrt nach Hinton, überwiegend mit 30 bis 40 % Füllung befahren, war die Verdampfungswilligkeit die beste bisher beobachtete. Das einzige Negativereignis auf dieser Fahrt war, dass sich der Güterzugbegleitwagen mit mehreren wichtigen Gästen an Bord, einschließlich eines Gasts von Chessie System, durch Entgleisung in Hinton blamierte, was glücklicherweise, obwohl sich 614 am anderen Ende des Zugs befand, nicht der Dampftraktion angelastet werden konnte. Bei der Rückfahrt nach Huntington am nächsten Tag sah die Sache dann allerdings ganz anders aus. Obwohl die Strecke von Hinton aus im Gefälle lag, waren die Neigungen gering und der Rollwiderstand von neunzig leeren Kohlewaggons war groß genug, um von der Lokomotive Traktionsleistung zu erfordern, um westwärts fahrende Züge in Bewegung zu halten. Bei relativ geringen Kesselanstrengungen beeinträchtigten die immer weiter zunehmenden Feuerbüchsleckagen die Saugzugwirkung in einem solchen Maß, dass ein stabiler Kesselbetrieb nicht aufrechterhalten werden konnte. Lokomotivführer Wickersham entschied, vom Zug abzuspannen und so schnell wie möglich nach Huntington zu gelangen, um sowohl der realistische Gefahr eines aufgebrauchten Wasservorrats zu entgehen als auch, um möglichst viel Zeit für Reparaturen zu haben, da der folgende Tag ein Sonntag war. In der Folge wurde der Zug in Rush Run, nur 56 Kilometer vor Huntington, abgestellt und die ganze Fahrt blieb als Messfahrt unberücksichtigt.

Nach den Feuerbüchsreparaturen war die Verdampfungswilligkeit wieder gut. Auf der ersten Fahrt in östlicher Richtung ließen sich Kesseldruck und Wasserstand sehr gut halten, so dass die Kohle- und Wasserverbräuche je Tonnenkilometer wieder auf dem zu Beginn der Messfahrten aufgezeichneten Niveau lagen. Auch die nachfolgende Rückfahrt mit Rowland als Lokomotivführer verlief in Bezug auf die Lokomotive reibungslos, obwohl die Kohle- und Wasserverbräuche dramatisch anstiegen, aber ziemlich unvorsichtiges Bremsen führte zu einer Zugtrennung in der Nähe von Hawk's Nest, wie es der mit uns fahrende Lokomotivführer der Chessie Systems voraussagte, kurz bevor es tatsächlich passierte. Das führte zu einer Verspätung von 28 Minuten, während der eine neue Kupplung eingebaut wurde. Die Abfahrt am nächsten Tag erfolgte mit dreistündiger Verspätung, weil das Rolltor vor der Einfahrt des Gebäudes, in dem 614 untergestellt war, auf den Tender heruntergefahren war und dort blockiert hatte, anscheinend wegen der Kondensation von Dampf in der Schalteinrichtung des elektrischen Antriebs. Dies und weitere Verzögerungen unterwegs resultierten in einer sehr späten Ankunft in Hinton. Aus diesem Grund und wegen des niedrigen Drucks in der Füllleitung für Tender und Wassertankwagen wurde über Nacht nicht genügend Wasser nachgefüllt. Deshalb wurde dafür gesorgt, dass die Feuerwehr in Montgomery auf der Rückfahrt für Wassernachschub sorgen würde. Dieser Vorgang dauerte eine ganze Stunde. Während auf der Hinfahrt die Verdampfungswilligkeit unerschütterlich gewesen war (einmal war während neunzig Minuten der Kesseldruck auf dem „roten Strich" gehalten worden bei einem konstanten Wasserstand von 1/3 Glas), traten im Gefälle hinter Hinton wieder Probleme auf, und in Rush Run musste ein Halt zum Dampfmachen und Aufspeisen eingelegt werden. Da zu dieser Zeit viele der Messgeräte nicht mehr funktionierten, die rauen Betriebsbedingungen hatten von den Druckmessumformern, Dehnungsaufnehmern, Thermoelementen, elektrischen Kabeln, Plastikröhren und so weiter ihren Tribut gefordert, wurde ein Versuch unternommen, Messwerte bei größter Anstrengung der Lokomotive zu erhalten, solange die verbliebenen Instrumente noch arbeiteten. Das wurde ab Charleston in Angriff genommen und in der Steigung hinter St. Albans wurde eine Verdampfungsleistung von fast 31 000 kg h^{-1} erreicht, die aber nicht aufrechterhalten werden konnte, weil der Wasserstand zu schnell abfiel. Bei dem letzten Umlauf der Woche wiederholten sich viele Dinge des vorangegangenen. Abfahrt von Huntington war zwei Stunden verspätet, weil der zum Bekohlen benutzte Greiferkran ausfiel, aber erst einmal unterwegs verhielt sich die Lokomotive normal. Allerdings konnte der Generator im Messwagen nicht zum Laufen gebracht werden, so dass die Messgeräte mangels elektrischen Stroms nicht benutzt werden konnten. Zu dieser Zeit hatte es die Wasserversorgung in Hinton schwer, mit den Leckageverlusten in der Feuerbüchse Schritt zu halten und es wurde errechnet, dass über Nacht vier Tonnen Kohle verbraucht worden waren, um den Wärmeverlust durch die Kesselwasserleckage auszugleichen, und auf dem Rückweg musste wieder das Wasserfassen in Montgomery organisiert werden. Auf der Rückfahrt war die Verdampfungswilligkeit schlecht. Der Schüttelrost wurde etwa dreimal betätigt, und der Kohleverbrauch von 0,091 kg pro Tonnenkilometer war der höchste der gesamten Versuchsperiode. Die Betriebsabteilung wünschte den Zug in Handley abzustellen, so dass Huntington recht früh erreicht wurde. An einem trüben Nachmittag zogen wir uns in das Holiday Inn in Huntington zurück, ohne zu ahnen, was wir am nächsten Tag vorfinden würden.

Als ich am nächsten Morgen erwachte, herrschte im Zimmer ein seltsam weißes Licht, was, wie sich herausstellte, darauf zurückzuführen war, dass die Fenster völlig verreist waren; von innen, wohlgemerkt! Weil auch die Hydraulik des Aufzugs eingefroren war, nahm ich die Treppe, um in den Speiseraum im Erdgeschoß zu gelangen. Ich hatte Hertenstein versprochen, ihm bei den Messgeräten zu helfen, und so machte ich mich nach dem Frühstück auf den halbstündigen Fußweg zum Abstellort von Lokomotive und Messwagen. Es war kalt, um nicht zu sagen bitterkalt. Tatsächlich war es das kälteste Wetter, das bis dato jemals in Huntington aufgezeichnet worden war. Ein starker nördlicher Wind, den sie dort Alberta Clipper nannten, hatte die Temperatur auf -27 °C absinken lassen, mit einer gefühlten Temperatur von -50 °C in ruhender Luft (ja, wirklich). Genau das richtige Wetter, um im Freien Messleitungen entlang von Zusatztankwagen zu verlegen und ein interessanter Kontrast zu der Ausführung ähnlicher Arbeiten in Beaconsfield bei +40 °C im Schatten. Nun ja, wir stellten fest, dass wir etwa fünf Minuten arbeiten konnten, bevor wir völlig steif gefroren waren und uns an geschützter Stelle auftauen mussten, aber irgendwie wurden die Kabel angebracht. In der Zwischenzeit hatte die Mannschaft der 614 ihre eigenen Probleme mit ungefähr einem Dutzend einfrierender Leitungen, was zum Platzen mindestens einer Armatur führte, nämlich dem Wasserrohrflansch der rechten Strahlpumpe. Wahrscheinlich die einzigen unter uns, die nicht Gefahr liefen, sich Frostbeulen zu holen, waren die Kesselschmiede, die verzweifelt versuchten die Feuerbüchsundichtigkeiten zu stoppen. Diesmal waren ihre Anstrengungen nicht gänzlich erfolgreich und als

[1] Von Hinton aus musste des Öfteren früh abgefahren werden, manchmal vor 06.00 Uhr, was von bestimmten Leuten der SLCA-Mannschaft ein geschicktes Vorgehen erforderte, weil augenscheinlich nicht nur die Lokomotive in der Nacht gewartet wurde. Jedenfalls war die volle Punktzahl für Stehvermögen wohl verdient.

Dampf aufgemacht wurde, stellte sich heraus, dass noch immer einige Decken- und Wandstehbolzen, sowie drei Schweißnähte von Lufteintrittsrohren leckten.

Die Kälte ließ auch in der folgenden Nacht nicht nach und die Szenerie am Montagmorgen war ein Eiskunstwerk. Die Heizung und Lüftung in dem Gebäude, in dem die Lokomotive untergestellt war, waren für solche Verhältnisse unzureichend und austretender Dampf hatte alles im Inneren mit einer Eisschicht überzogen. Auch draußen war alles vereist, wie die Tafel 65 zeigt. Überlaufendes Wasser von dem vorderen Wassertankwagen hatte eines der Achslagergehäuse des Wagens in Eis eingeschlossen und fest mit der Schiene verschweißt (der Tender und die Wassertankwagen hatten Heizschlangen, die während der Unterstellung an die Dampfversorgung der Werkstatt angeschlossen waren, um ein Einfrieren des Wasservorrats im Inneren zu verhindern). Als alles Eis weggehackt und alle Leitungen aufgetaut waren, lagen wir beim Ankuppeln an den Zug bereits etwa fünf Stunden hinter der Zeit, aber soweit mich meine Erinnerung nicht trügt, waren wir immer noch der erste Zug an dem Tag, weil auf der ganzen Eisenbahn Chaos herrschte. Es erübrigt sich zu erwähnen, dass nur wenige Messgeräte funktionierten, und so wurde das Aufzeichnen von Messwerten eingestellt. Ausfahrt aus Huntington war dann endlich um 13.45 Uhr, in Pratt wurde Wasser genommen, und Hinton wurde erst nach 10.00 Uhr abends erreicht. Obwohl das Führerhaus beheizt war, waren die Verhältnisse im Inneren doch derart, dass sie wohl nur den überzeugtesten Dampflokomotivliebhaber nicht abgeschreckt hätten. Das Führerhausdach war nicht mit Holz verkleidet, so dass sich dort reichlich Kondenswasser bildete, von wo es auf den Führerstandsboden tropfte und dort Eisflächen bildete. Es war ein seltsames Gefühl, auf einem vereisten Führerstand herumzurutschen, während sich kaum ein Meter davon entfernt 9,3 m² eines weißglühenden Feuers befanden. Noch bizarrer war, dass es nach der Ankunft in Hinton nicht möglich war, den vorderen Teil des Schüttelrosts zu bewegen. Der Schüttelmechanismus direkt unter diesem Höllenfeuer war festgefroren. So sah der Betrieb von Dampflokomotiven bei Kälte aus, und während das in diesem Fall einfach als eine interessante Erfahrung hingenommen werden konnte, sahen das diejenigen, die im Verlauf ihres normalen Arbeitslebens öfter unter solchen Bedingungen arbeiten mussten, weniger philosophisch, wie mir das später in China bewusst gemacht werden sollte. Abfahrt in Hinton am nächsten Morgen war erst nach 10.45 Uhr. Zu Beginn betrug der Kesseldruck 17,24 bar mit halbvollem Wasserstandsglas, aber innerhalb von 13 Kilometer war er auf 13,1 bar gefallen und wir hatten keinen sichtbaren Wasserstand mehr. Es sah so aus, als ob es eine schwierige Fahrt werden würde, aber durch massives Aufwerfen von Kohle stieg zunächst der Kesseldruck und dann der Wasserstand, wonach dann die Verdampfungswilligkeit gut war.

Von diesem Zeitpunkt an gelang es bei immer weniger Messgeräten, sie zum Funktionieren zu bringen, und es wurde nicht mehr viel versucht, um Messwerte zu gewinnen. Erst kürzlich war aber ein Umdrehungszähler an dem Stokermotor angebracht worden. Er bestand aus einem von der Antriebwelle zum eigentlichen Stoker betätigten Schalter, der elektrisch an einem Digitalzähler im Messwagen angeschlossen war. Damit wurden die Umdrehungen des Stokermotors für jede Fahrt aufgezeichnet und die Kohleförderrate pro Umdrehung wurde durch Kalibrierung nach Abschluss der Messfahrten ermittelt. Bis dahin waren die Kohleverbräuche anhand von Skalenmarkierungen im Kohlekasten des Tenders ermittelt worden, was nun wirklich eine sehr grobe Methode war. Nahm man nun die von dem Stoker-Zähler gelieferten genaueren Zahlen, so stellte sich heraus, dass der Verbrauch generell um etwa 50 % höher lag, als es die Markierungen im Kohlekasten andeuteten, wobei dann die Zahlenwerte der vorangegangenen Messfahrten entsprechend angepasst wurden. Nachdem die restlichen Fahrten mit nur wenigen arbeitenden Messgeräten absolviert wurden, wurden nur wenige Aufzeichnungen über die Betriebsbedingungen der Lokomotive gemacht. Die Feuerwehr hatte die Nase voll von der Wasserversorgung und weigerte sich, sie weiter zu übernehmen. Somit musste die Fahrt in westlicher Richtung am 24. Januar ohne Wasserhalt gemacht werden. Dieses kleine Problem wurde allerdings bald dadurch gelöst, dass man dem Feuerwehrhauptmann eine Mitfahrt im Zug ermöglichte, wonach diese Dienste wieder aufgenommen wurden. Die Verdampfungswilligkeit blieb unberechenbar und gelegentliche Halte zum Dampfmachen und Hochspeisen mussten eingelegt werden, auch auf mindestens einer Fahrt in östliche Richtung. Der Tiefpunkt des Monats war vielleicht die Fahrt nach Hinton am 25. Januar. Zweimal musste zum Dampfkochen angehalten werden, dem Schornstein entwich ständig dichter schwarzer Rauch (siehe Tafel 66) und kurz vor Hinton wurde der letzte Kohlebrocken in das Feuer gefördert. Nach dem Stoker-Zähler waren 53 Tonnen verbraucht worden. Es wurde angehalten, um einige an der Strecke liegenden Holzschwellen in das Führerhaus zu hieven und 614 beendete die Fahrt als holzgefeuerte Lokomotive. Das war alles nicht so wie es geplant oder erwartet worden war, und Rowlands Gesicht verriet seine Enttäuschung darüber, wie die Dinge liefen.

Bis zum 30. Januar gab es keine weiteren besonderen Vorkommnisse. An diesem Tag zog 614 Amtraks „Cardinal"-Express Chicago – New York zwischen Huntington und Hinton. Rowland war im Vorstand der Amtrak und war deshalb in der Lage, diesen Höhepunkt der Arbeit eines Monats zu arrangieren, unter dem Vorwand Daten für höhere Geschwindigkeiten zu gewinnen als sie im Güterzugdienst zulässig waren. Das war natürlich im Sinne der Publicity eine ganz ausgezeichnete Sache und ACE sorgte dafür, dass die Medien anwesend waren, um über die Fahrt zu berichten, indem Presseleute eingeladen wurden, im Zug an Bord des „Independence" mitzufahren. Obwohl das für 614 eine Einsatzart war, für die sie gebaut worden war, gingen die örtlichen Lokomotivführer, die uns als Lotsen begleitet hatten, davon aus, dass sie erheblich an Fahrzeit verlieren würde. Der Fahrplan erforderte eine Durchschnittsgeschwindigkeit von 74 km h^{-1}, einschließlich dreier Zwischenhalte. Für einen Hauptstreckenzug auf Normalspur war das nicht sehr schnell, aber die Strecke führte bergauf, und weil 614 die Zusatzwassertankwagen, den Messwagen, den „Independence" und die Diesellokomotive des Zugs zusätzlich zu den Personenwagen ziehen würde, würde das keine einfache Sache werden. Die Anhängelast hinter dem Tender wurde zu etwa 1 350 Tonnen berechnet. Bei dem damaligen Zustand der Messgeräte war nicht viel an Messwertaufzeichnung zu tun, und so wählte ich wiederum die Teilnahme an der Autoeskorte zur Verfolgung des Zugs. Der Zug fuhr in Huntington mit sechs Minuten Verspätung ab und verlor unterwegs weitere 33 Minuten, was weniger war, als die Chessie-Leute vorhergesagt hatten. Angesichts des Zustands der Lokomotive und der schweren Zuglast war das gar nicht so schlecht. Meine letzte Sicht auf 614 war in Quinnimont, wo sie um die Kurve kommend und mit rauchlosem Auspuff einen schönen Anblick bot (Tafel 67). Am nächsten Tag kehrte sie vor einem Schnellgüterzug nach Huntington zurück, aber zu der Zeit war ich bereits auf dem Heimflug und versuchte geistig zu verarbeiten, was in den vier Wochen zuvor tatsächlich geschehen war.

Mit Fortschreiten des Monats hatte sich zunehmend das Gefühl der Sinnlosigkeit dieser Ereignisse entwickelt, dass sie eine großartige Show darstellten, mit wenig Substanz dahinter und dass sie weniger die Wiederbelebung der ACE, als vielmehr ihre letzten Zuckungen vor dem vollständigen Untergang bezeugten. Es sei daran erinnert, dass der Hauptzweck der ganzen Übung das Erreichen öffentlicher Aufmerksamkeit war. In Bezug auf die Medien hatte sie dieses Ziel erreicht. Über die Messfahrten wurden von so führenden Zeitungen wie der New York Times (27.01.1985) und dem Wall Street Journal (30.01.1985) als auch im Fernsehen berichtet. Aber diese Berichterstattungen waren überwiegend im Sinne eines allgemeinen Interesses und enthielten die unvermeidlichen Ansammlungen von Stilblüten (gemäß der New York Times zum Beispiel, hatte Rowland „seine linke Hand auf dem Regler und seine rechte Hand schaltete die Gänge…"). Das Wall Street Journal druckte offen und ehrlich, was sein Reporter gesehen hatte:

> „Falls es irgendwelche Zweifel daran geben sollte, warum die Dampflokomotive vor 30 Jahren von den Schienensträngen der Nation verschwand, dann werden sie durch eine Fahrt auf der Lokomotive Nr. 614 der ACE zerstreut. Auf einer einzigen Fahrt verbraucht 614 enorme Menge Kohle, Wasser und menschliche Anstrengung und spuckt Ruß und Asche aus."

Leider war das grundsätzlich richtig (siehe Tafel 68). Was 614 tatsächlich jedem demonstriert hatte, war das Betriebsverhalten einer 37 Jahre alten Lokomotive, die in thermodynamischer Hinsicht gegenüber ihrem Ursprungszustand durch Entfernen des Speisewasservorwärmers verschlechtert worden war, die vor Zuggattungen eingesetzt wurde, für die sie nicht konstruiert worden war, und das alles auf einer Eisenbahn, die nicht mehr die ordnungsgemäßen Einrichtungen für Ihre Wartung hatte und deren Feuerbüchse in einem derart schlechten Zustand war, dass sie nicht diensttauglich war. Es war also nicht überraschend, dass ihre Leistungen nicht besonders gut waren. Unter der Voraussetzung, dass sich die Leute über die im vorigen Satz aufgeführten Gründe im Klaren waren, wäre das nicht so schlimm gewesen, aber es war deutlich, dass sie vielen Leuten nicht bewusst waren, und dass sie das Betriebsverhalten der 614 mit dem der Dampftraktion im Allgemeinen gleichsetzten. Zum Beispiel glaubte ein junger Ingenieur der Chessie System im Gespräch mit mir, dass die jeden Sonntag erforderlichen hektischen Reparaturen unvermeidlich sein, weil „die Dampflokomotive für so intensive Einsätze nicht gedacht war". Ganz eindeutig wusste er nichts von den monatlichen Laufleistungen amerikanischer Dampflokomotiven von 40 000 Kilometer 45 Jahre zuvor, wohingegen 614 im Gegensatz dazu gerade einmal 6 100 Kilometer in dem gleichen Zeitabschnitt gelaufen war, in etwa die gleiche Laufleistung, wie sie seinerzeit von den sehr unterbeschäftigten Hauptstrecken-25NC der SAR erbracht wurden. Angesichts der aufgetretenen mechanischen Probleme[1], den Undichtigkeiten der Feuerbüchse, den außerordentlichen Kohle- und Wasserverbräuchen, der Umweltverschmutzung, der schlechten Arbeitsbedingungen für die Mannschaften und so weiter, war 614 wahrscheinlich höchst erfolgreich darin gewesen, die Branche in ihrer Sichtweise zu bestätigen, dass die Dampflokomotive völlig deklassiert war und man von vornherein gut daran getan hatte, sie loszuwerden. Tatsächlich war das Betriebsverhalten der 614 um einiges hinter dem von der Dampftraktion einige Jahrzehnte zuvor erreichten Niveau im täglichen Betrieb zurückgeblieben. Sie hatte dem Ansinnen, eine SGS-Lokomotive als Demonstrator für Amerika zu bauen, was Porta und ich für die beste Lösung hielten, viel mehr geschadet als genutzt. Das war vielleicht von Anfang an vorauszusehen gewesen. Ich hatte eine Menge Chauvinismus in der Haltung einiger ACE-Leute gespürt, zugleich arrogant und naiv – Prahlereien über 614 nach dem Motto „sie muss gut sein, weil sie amerikanisch ist" fassten das am besten zusammen –, der vielleicht ihre Urteilsfähigkeit beeinträchtigt hatte. Das war allerdings nicht der Fall bei den Foster-Wheeler-Ingenieuren. Porta und ich setzten uns an dem letzten Sonntag mit ihnen in Huntington zusammen, um zu einer nüchternen technischen Bewertung des Projekts zu kommen. Zurück in Deutschland hatte ich einen Versuchsbericht zu schreiben, und die vorangegangenen Gegebenheiten beeinflussten die Präsentation der Messwerte, da ich das Gefühlt hatte, dass es einen dringenden Bedarf für ein großes Maß an Realismus in der ACE gab, auch wenn es dem Sprung in eiskaltes Wasser glich.

Der Versuchsbericht beschäftigte sich im Prinzip mit zwei Aspekten: dem allgemeinen Betriebsverhalten der 614 und den aus speziellen Messungen abgeleiteten technischen Erkenntnissen. Bei Letzterem ergab sich die Gelegenheit, einige schmerzhafte Wahrheiten zu verkünden und die nachstehenden Feststellungen wurden gemacht. Die allgemeinen Umstände, unter denen das Vorhaben in Bezug auf die große Eile bei der Vorbereitung ausgeführt worden war, die Unmöglichkeit, alle Messgeräte zur gleichen Zeit zum Laufen zu bringen, die Wetterbedingungen und so weiter, waren einer umfassenden und genauen Versuchsdurchführung nicht förderlich.

1. Der Zustand der Feuerbüchse machte die Lokomotive für Messfahrten untauglich.
2. Die angewendeten Messtechniken, das Fehlen von Prüfungen der Anzeigegenauigkeit der Messgeräte und Lücken in den Messwerten, die durch Rechnung oder Annahme geschlossen werden mussten, hinterließen Unsicherheiten in Bezug auf die Genauigkeit von einigen Versuchsergebnissen, die besser aus den vorhandenen Daten nicht abgeleitet werden konnten.
3. Kesselleistung. Der Kesselwirkungsgrad konnte nur näherungsweise für eine ganze Fahrt berechnet werden. Die Werte schwankten zwischen 34,5 % als Minimum und 57 % als Bestwert, mit einem Durchschnitt von 45 %. Die mittlere Verdampfungsziffer betrug ungefähr 5,4 Kilogramm Wasser pro Kilogramm Kohle. Die höchste für kurze Zeit erreichte Verdampfungsleistung war 31 000 kg h^{-1}, entsprechend etwa 28 800 kg h^{-1} Dampfmassenstrom zu den Zylindern, und eine Dampfmenge von 32 650 kg h^{-1} wurde bei Erreichen der Rostgrenze berechnet. Die größte ursprünglich für die Klasse J-3 errechnete Verdampfungsleistung war 36 120 kg h^{-1} (Quellenangabe siehe Seite 359), enthielt aber einen Zuschlag von 8 % für die Wirkung des Speisewasservorwärmers. Zieht man das ab, dann ergab sich ein Wert, der ungefähr dem aus den Messungen bei 614 abgeleiteten entsprach.
4. Zylinderleistung. Nur am vorderen Abschluss des linken Zylinders war ein Druckmessumformer installiert worden, aber sein Signal folgte einem Taktgeber und konnte nicht so ohne weiteres zur Berechnung der Zylinderleistung herangezogen werden. Diese musste deshalb als Produkt aus dem Dampfmassenstrom zu den Zylindern und aus der Enthalpieänderung in den Zylindern ermittelt werden. Das wurde so für eine Anzahl von Dampfmassenströmen zu den Zylindern von bis zu 27 120 kg h^{-1} (60 000 lbs h^{-1}) gemacht, ergab aber mit höchstens 2 655 kW zu niedrige Ergebnisse, also deutlich unterhalb dem für die Klasse J-3 erwarteten Maximalwert von 3 730 kW (Quellenangabe siehe Seite 359). Ein Fehler in dem Messwert der Abdampftemperatur, die mit einiger Genauigkeit schwierig zu erfassen war, hätte diese Berechnung beeinflusst. Also wurde eine Überprüfung durch Berechnung der bei den Versuchen erreichten maximalen auf die Ebene bezogenen Zughakenleistungen gemacht. Das wäre einfach gewesen, falls die Hakenzugkraft gemessen worden wäre. Wenn auch Dehnungsmessstreifen an der Kupplung des vorn laufenden Wassertankwagens angebracht worden waren, so konnten aber damit keine vernünftigen Hakenzugkräfte ermittelt werden, so dass dieser Parameter durch Berechnung des Laufwiderstands der Züge bei Gelegenheiten bestimmt werden musste, bei denen die Messwerte eine gleichmäßige Geschwindigkeit auf einer konstanten Steigung anzeigten.[2] Die Ergebnisse, die nur als Näherungswerte angesehen werden konnten, wurden dazu benutzt, um die auf die Ebene bezogene Zughakenleistung in einem Diagramm über der Geschwindigkeit darzustellen. Die Kurve zeigte ein Maximum von 2 983 kW (4 000 h.p.) bei 80 km h^{-1}. Bei Geschwindigkeiten über 48 km h^{-1} lag die Kurve der auf die Ebene bezogenen Zughakenleistung oberhalb der berechneten größten Zylinderleistung von 2 655 kW, was schlicht und einfach hieß, dass eine oder beide Leistungsermittlungen falsch waren. Im Hinblick darauf haben die Werte für den thermischen Wirkungsgrad der Zylinder, maximal 11,4 %, beziehungsweise für den isentropen Wirkungsgrad, maximal 77,8 %, wenig Gewicht. Der so auf Basis der Zylinderarbeit errechnete günstigste spezifische Dampfverbrauch betrug 2,75 kg MJ^{-1} *(Anm. d. Übers.: entsprechend 9,90 kg kW_ih^{-1} = 7,28 kg PS_ih^{-1}).*
5. Innere Stromlinie. Hauptsächlich wegen des großen Überhitzers war der Druckabfall zwischen Kessel und Schieberkasten recht gering, aber der Abdampfdruck war hoch, so dass bei einem Dampfmassenstrom von 27 210 kg h^{-1}, einem bescheidenen Wert für eine Lokomotive von der Größe der 614, das in der Dampfmaschine nutzbare Druckgefälle nur 82 % des höchsten Kesseldrucks betrug. Dieser Wert fiel bei weiter steigendem Dampfmassenstrom rasch ab, was zeigte, dass die Grenze des Schluckvermögens des Dampfkreislaufs schnell erreicht war. Der Versuchsbericht stellte fest, „die nachteilige Auswirkung davon auf die Lokomotivleistung kann in

---

[1] Neben dem Ausfall des Boosters gab es eine ziemliche Anzahl kleinerer Probleme, die die für FGS-Lokomotiven typischen kleinen Bedarfsreparaturen erforderten. Darunter ein ausgefallener Turbogenerator, unregelmäßige Funktion des Druckreglers der Luftpumpe, verschiedene Schäden an dem Bremsgestänge und (was sonst) eine unzuverlässige Sandstreueinrichtung.

[2] Die höchste bei höherer Geschwindigkeit aufgezeichnete Leistung war die Beförderung eines Zugs von 2 630 Tonnen mit konstant 68 km h^{-1} auf ebenem Gleis bei einem Dampfmassenstrom zu den Zylindern von 27 700 kg h^{-1}, was eine rechnerische auf die Ebene bezogene Zughakenleistung von 2 860 kW ergab.

ihrer Bedeutung gar nicht genug betont werden und ist ein wesentlicher Grund für die im Verhältnis zu ihrer Größe schlechte Leistung der Lokomotive 614T". Natürlich war die Hauptschuldige die Saugzuganlage.

6. Allgemeines Betriebsverhalten und Wirkungsgrade. Der thermische Gesamtwirkungsgrad, mit dem 614 ihre Züge während der Zeit der Messfahrten beförderte, betrug 3,65 %. Bei dessen Berechnung wurden die Kohleverbräuche während der Abstellzeiten und für Lokomotivbewegungen ohne Zugförderung abgezogen, so dass der Wirkungsgrad über alles sogar noch niedriger gewesen wäre. Ohne Zweifel war das für die ACE ein Schock und wurde wahrscheinlich angezweifelt. Der Wirkungsgrad lag aber auf einem Niveau mit dem, was ich bei den SAR berechnet (Tabelle 12) und aus einigen SAR-Messfahrten hergeleitet hatte und war absolut glaubwürdig. Die nachstehenden Werte wurden für die Umwandlung der Energie in der Kohle in Zughakenarbeit angegeben.[1]

Wärmeverlust im Kessel :	55,00 % der Brennstoffwärme
Wärme im Dampf der Nebenverbraucher :	2,90 % der Brennstoffwärme
Wärmeverlust im Zylinderabdampf :	37,80 % der Brennstoffwärme
Wärmeverbrauch zur Eigenbewegung der Lok. :	0,65 % der Brennstoffwärme
Wärme umgewandelt in Zughakenarbeit :	3,65 % der Brennstoffwärme
Summe :	100,00 %

So schlecht diese Zahlen auch waren, es kam noch schlimmer. Um ein Gefühl für das Betriebsverhalten der Dieseltraktion im gleichen Dienst wie dem der 614 zu bekommen, hatten Porta und einer der Foster-Wheeler-Ingenieure einen Umlauf von Huntington nach Hinton auf Diesellokomotiven gemacht. Die Hinfahrt vor einem Kohlezug und die Rückfahrt vor einem normalen Güterzug. Sie hatten genügend Daten gesammelt, um die in der Tabelle 65 angegebenen Werte für den Kohlezugdienst in östlicher Richtung zu präsentieren. Mit gebührendem Vorbehalt im Hinblick auf die Genauigkeit der Messungen kann daraus abgeleitet werden, dass der durchschnittliche Energieverbrauch der 614 pro Tonnenkilometer *sechzehn Mal höher war als der der Diesellokomotiven*, was sogar den Wert von 3,65 % für den thermischen Gesamtwirkungsgrad optimistisch erscheinen lässt. Um bei den Brennstoffkosten gleichzuziehen, hätte der Preis der Kohle pro MJ auf dem Tender ein Sechzehntel desjenigen von Dieseltreibstoff sein müssen. In Bezug auf die Produktivität der Lokomotiven leistete jede Diesellokomotive 64 % mehr Tonnenkilometer als 614 im Durchschnitt, obwohl die SD50 *(Anm. d. Übers.: Typenbezeichnung des Herstellers General Motors Electro-Motive Division, Achsfolge CoCo, Produktion 427 Stück, Baujahre 1980 bis 87)* (Nennleistung 2 636 kW am Radumfang) nominell schwächer als 614 waren und 45 % mehr als ihr Bestwert, trotz geringerer erreichter Zuggeschwindigkeiten. Die örtliche Praxis bestand darin, die Diesellokomotiven bis zur Grenze ihrer Schleppleistung zu belasten. Falls nötig, sollten die Lokomotiven oberhalb der Dauerbelastung ihrer Traktionsmotoren laufen, um die Züge in Bewegung zu halten, und uns wurde gesagt, dass Lokomotivmannschaften eine Abmahnung für das unentschuldigte Liegenbleiben eines Zugs erhielten, aber nicht für das Überhitzen von Traktionsmotoren![2] Falls diese Praxis des Fahrens von Zügen mit maximaler Tonnage so weit getrieben wurde, dass man das Risiko von Lokomotivschäden in Kauf nahm, dann musste es dafür einen guten Grund gegeben haben. Dieser Grund war im Wesentlichen eine größere Gesamtproduktivität. Selbst die 614, obwohl keine Güterzuglokomotive, ganz zu schweigen davon, ob sie für schwere Schleppdienste geeignet gewesen war, leistete bei erhöhter Anhängelast tendenziell mehr Tonnenkilometer pro Stunde. All das waren gute Argumente für eine Lokomotivbauart mit hohem Reibungsgewicht und hoher Leistung bei niedriger Geschwindigkeit. Es war ganz eindeutig, dass eine Dampflokomotive für Kohlezüge in Amerika, und nur Eisenbahnen mit Kohleverkehr hatten überhaupt Interesse an der ACE gezeigt, für diese Betriebspraxis geeignet sein musste.

Tabelle 65
Vergleichswerte, 2D2-Klasse J3-a, ehem. C & O, gegen Diesellokomotiven

Bezeichnung	614 Durchschnitt	614 Bestwerte[1]	Dieseltraktion[2]
Anhängelast, Tonnen	3 826[3]	4 893[3]	15 910[4]
Durchschnittsgeschwindigkeit, km h^{-1}	41,0	46,4	32,3
Tonnenkilometer pro Lokomotivstunde	156 780	177 608	256 791
Tonnenkilometer pro Zugstunde	156 780	177 608	513 582
Brennstoffverbrauch, kg tkm^{-1}	0,0428	0,0334	0,0019[5]
Brennstoff, oberer Heizwert MJ kg^{-1}	31,41[6]	31,41[6]	42,81
Energieverbrauch MJ tkm^{-1}	1 345	1 051	82

Anmerkungen.

1. Die Werte in dieser Spalte sind jeweils die aufgezeichneten Bestwerte der gesamten Versuchsdauer und beziehen sich in keinem Fall auf dieselbe Fahrt.
2. Klasse SD50 aus dem Baujahr 1984. Das Leistungsvermögen dieser Klasse ist zum Zeitpunkt der Niederschrift bereits von späteren Bauarten übertroffen worden.
3. Entspricht der Anhängelast hinter dem Tender, also der Nutzlast, falls die Lokomotive im normalen Einsatz, mit Wassernahmestellen unterwegs, gestanden hätte.
4. Zwei SD50 in Doppeltraktion, somit 7 955 Tonnen je Lokomotive. In der Dampfzeit war die Nennlast für eine 1CC3 auf der maßgebenden Steigung in östlicher Richtung 6 800 Tonnen (7 500 US-Tonnen)(Quelle: Railfan & Railroad, Mai 1985).
5. Der tatsächlich aufgezeichnete Dieselverbrauch war geringer. Der Wert enthält gewisse Zuschläge, um ihn mit dem Verbrauch der 614 direkt vergleichbar zu machen.
6. Wie von Foster Wheeler ermittelt und hier unverändert wiedergegeben.

Wenn auch der Vergleich 614 zu SD50 sicher nicht vergleichbar war mit einem Vergleich einer SGS-Lokomotive mit der Dieseltraktion, so enthüllte er dennoch eine besorgniserregende Kluft zwischen den Niveaus der jeweiligen Betriebseigenschaften. In dem Versuchsbericht stand, dass die Zahlen „hilfreich sind, um den technologischen Abstand zu illustrieren, der überbrückt werden muss, um die zum Ende der vorigen

[1] Das sind die Werte, wie sie im Versuchsbericht aufgeführt sind. Es ist offensichtlich, dass die Genauigkeit der etwas kruden Versuchsverfahren und Messmethoden nicht hinreichend war, um solche Werte mit zwei Dezimalstellen anzugeben.

[2] Bei Portas Mitfahrt auf der Diesellokomotive in östlicher Richtung stand der Leistungsregler während erstaunlicher 65,7 % der siebenstündigen Fahrtzeit auf Stufe 8 (Volllast). Bei beiden Fahrten wurde von der dynamischen Bremse ausgiebig Gebrauch gemacht, die Druckluftbremse wurde nur zum endgültigen Anhalten benutzt. Die Mannschaften urteilten sehr positiv über die Leichtigkeit der Bedienung der Diesellokomotiven und den Komfort ihrer Führerstände. Porta musste anerkennen, dass die Laufeigenschaften der Diesellokomotive wesentlich besser als die der 614 waren, die ihrerseits für eine FGS-Lokomotive bei Weitem nicht die schlechteste war.

Dampfzeit bestehenden Betriebseigenschaften der Dampflokomotiven auf das gegenwärtig von der Dieseltraktion erreichte Niveau zu bringen." Auch wenn erkannt wurde, dass das Betriebsverhalten der 614 nicht auf einer Stufe mit den besten mit der Dampftraktion in den vierziger Jahren erreichten Ergebnissen stand, so bestätigte die Größe des Abstands diese Aussage. Die Betonung dieser Tatsache sollte die ACE dazu bringen, sich der Größe der Aufgabe zu stellen, die sie sich vorgenommen hatte. Zur Ermutigung wurden Vergleichsdaten von 614 und 3450 tabellarisch dargestellt. Die interessantesten Werte finden sich in der Tabelle 66, aus der erkennbar wird, wie sehr die Technik der FGS-Lokomotiven durch Anwendung von Portas Technologie verbessert worden war. Tatsächlich übertraf die 3450 die wesentlich größere 614 in Bezug auf die Leistungsabgabe bei höheren Geschwindigkeiten. Um diesen Aspekt des verbesserten Betriebsverhaltens weiter zu illustrieren, wurde auch ein Diagramm erstellt (siehe Abb. 152), dass die auf die Ebene bezogene Hakenzugkraft in Prozent des maximalen (Anfahr-)Werts über der Drehzahl der Dampfmaschine darstellte. Doch diese Zahlen allein erzählten nicht die ganze Wahrheit, weil auch ein anderer wichtiger Faktor eine Rolle spielte, nämlich die Kohlequalität. Während der Versuche mit 614 wurden drei verschiedene Kohleproben während der insgesamt neun Messfahrten genommen und anschließend von Foster Wheeler analysiert. Die in der Tabelle 67 aufgeführten Analysewerte rechtfertigten die Bezeichnung „Schwarze Diamanten". Da sie zusätzlich auch noch überwiegend von geringer Stückgröße war (eine Siebanalyse ergab, dass fast alles durch ein Rundmaschensieb von 76 Millimeter Maschendurchmesser ging, aber nur wenig durch Maschen von 25 Millimeter Durchmesser), konnte diese Kohle als ideale Lokomotivkohle angesehen werden und wegen ihres hohen Anteils an flüchtigen Bestandteilen auch als perfekt für das GPCS. Im Gegensatz dazu hatte eine typische südafrikanische Lokomotivkohle 15 % weniger oberen Heizwert, 30 % weniger flüchtige Bestandteile und dreimal mehr Ascheanteil, mit einer Ascheerweichungstemperatur, die um über 200 K niedriger liegen konnte. Wären die SAR-Lokomotiven mit West-Virginia-Kohle gefeuert worden, dann hätte es dort eine Menge glücklicher Heizer und abblasende Sicherheitsventile gegeben, während 614 mit südafrikanischer Kohle nicht weit gekommen wäre. Daran sollte man bei einem Vergleich der Leistungen von 3450 und 614 immer denken.

Tabelle 66
Vergleich der 2D2 der SAR-Klasse 26 Nr. 3450 mit der 2D2 der Klasse J3-a der ehem. C & O

Bezeichnung	Verhältnis der Werte 3450 zu 614
Lokomotivgewicht, ohne Tender	0,57
Reibungsgewicht	0,61[1]
Anfahrzugkraft, Nennwert	0,768[1]
Rostfläche	0,70
Verdampfungsheizfläche	0,56
Überhitzerheizfläche	0,43[2]
Kesseldruck	0,90
Zylinderhubvolumen, Nennwert	0,71
Verhältnis Schieberdurchmesser x Überdeckung : Zylinderdurchmesser[2]	1,58
Wirksamer Austrittsquerschnitt der Blasrohrdüse(n)	1,24
Verhältnis Austrittsquerschnitt der Blasrohrdüse(n) : Rostfläche	1,77
Verhältnis Austrittsquerschnitt der Blasrohrdüse(n) : Verdampfungsheizfläche	2,21
Verhältnis Austrittsquerschnitt der Blasrohrdüse(n) : Gasquerschnitt des Rohrbündels	1,60[3]
Verhältnis Austrittsquerschnitt der Blasrohrdüse(n) : Zylinderhubvolumen	1,73
Größte auf die Ebene bezogene Hakenzugkraft bei einer Maschinendrehzahl von 250 min^{-1}	1,105
Wie oben, pro Tonne Lokomotivgewicht pro Tonne Reibungsgewicht	1,95 1,80
Größte auf die Ebene bezogene Zughakenleistung	1,01[4]
Wie oben, pro Tonne Lokomotivgewicht	1,77
Größte Verdampfungsleistung (mit Speisewasservorwärmung)	1,02[4]
Wie oben : pro Einheit Rostfläche pro Einheit Verdampfungsheizfläche pro Tonne Lokomotivgewicht	1,46 1,83 1,80
Höchste Heißdampftemperatur	1,11

Anmerkungen.

1. Werte der Klasse J3-a ohne Booster.
2. Gültig für 3450 mit langen Überhitzerelementen.
3. Dieses Verhältnis war in dem Versuchsbericht nicht angegeben.
4. Da die größten Verdampfungsleistungen und Zughakenleistungen der beiden Lokomotiven sehr ähnlich waren, lässt sich schließen, dass ihre spezifischen Dampfverbräuche in etwa gleich waren. Das galt nur bei den Höchstleistungen, weil dann bei der 3450 das Verhältnis des Dampfmassenstroms zu dem Zylindervolumen um 44 % höher lag als bei der 614, was bei der zulässigen Höchstgeschwindigkeit sehr große Füllungen erforderte, die zu hohen Verlusten durch unvollständige Dampfdehnung und zu niedrigen thermischen Dampfmaschinenwirkungsgraden führten. Die Zylinder der 3450 waren für ihre Kesselleistung einfach zu klein, aber bei Dampfmassenströmen passend zu ihren Zylindergrößen war ihr spezifischer Dampfverbrauch merklich geringer als der der 614.

Tabelle 67
Brennstoffanalyse der bei den Messfahrten mit 614 verwendeten Kohle

Oberer Heizwert, MJ kg^{-1}	32,4
Kohlenstoff	56,3 %
Flüchtige Bestandteile	37,9 %
Asche	5,8 %
Ascheschmelztemperatur, niedrigster Werte : erste Erweichung Fließpunkt	1 434 °C 1 508 °C

Um für die Konstruktion nützlich Daten zu ermitteln, sind die nachstehenden Größen bei der 614 gemessen worden.
Drücke: Kessel, Schieberkasten, linker Zylinder (nur vorderes Volumen), Ausströmkasten (statischer Druck) und Blasrohr (Gesamtdruck).
Unterdrücke: innerhalb des Funkenfängers, an der Rauchkammerrohrwand und an der Rohrwand der Verbrennungskammer.

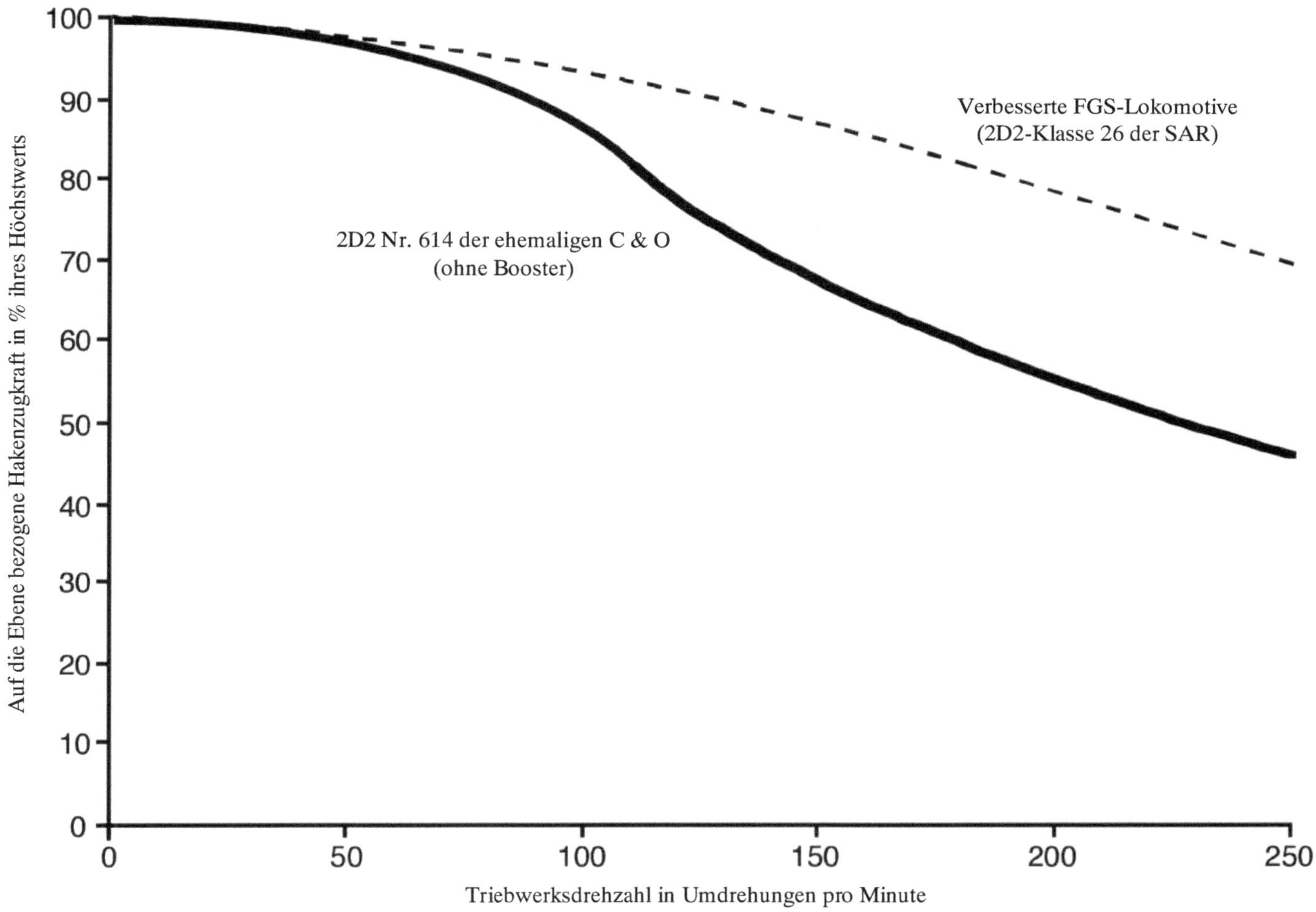

Abb. 152
Auf die Ebene bezogene Hakenzugkraft über der Triebwerksdrehzahl, 2D2 Nr. 614 der ehemaligen C & O und eine verbesserte FGS-Lokomotive

Temperaturen: Rauchgas in der Rauchkammer, Dampf im Einströmrohr, Abdampf, Schieberbuchse (Einströmende, Mitte und Ausströmende), Zylinderbuchse (vorn, zwischen vorn und Mitte, Mitte und hinten), Kolbenstangenoberfläche, Schieberstangenoberfläche.
Materialspannungen: Hauptrahmen (oben hinten am linken Achsausschnitt der vorderen Kuppelachse), linker vorderer Achsgabelsteg (oben, unten, äußere und innere Flächen), linke Treibstange (Außenflächen an beiden Enden auf der Längsmittellinie der Stange), linke, mittlere (Tandem-)Kuppelstangen (Außenflächen beider Stangen auf der Längsmittellinie). Die Tafel 69 zeigt die Dehnungsmessstreifen an den Stangen und die Art und Weise, wie die Messkabel entlang der Lenkerstange, dem Voreilhebel und dem Schmierpumpenantrieb zu einem Fixpunkt geführt wurden.
Rauchgaszusammensetzung in der Rauchkammer: % O_2 und CO.

Ohne Erfolg verliefen die Versuche, die nachstehenden Parameter zu messen: Hakenzugkraft, Fördermenge der Strahlpumpen, Dampfreinheit, Rauchgastrübung, Temperaturen an der Rohrwand der Verbrennungskammer, Temperatur an der Kreuzkopfgleitplatte und die Belastung des Blechs der Abstützung unter dem Langkessel (letzterer Wert wurde für die Berechnung der Zusatzbelastung des Kesselmantels durch die Kolbenkräfte benötigt und war laut Porta vielleicht der wichtigste Messwert von allen). Allerdings gelang es den Chessie-Ingenieuren, die von 614 und den Diesellokomotiven verursachten Kräfte auf die Schienen an einer Stelle auf der Versuchsstrecke zu messen. In ihrem Bericht machten sie geltend, dass die von 614 verursachten senkrechten Kräfte im Durchschnitt um 20 % über denen der Diesellokomotiven lagen und die Querkräfte um fünfzig bis zu mehreren hundert Prozent darüber.

Die momentanen Dampfmassenströme zu den Zylindern wurden anhand des Abdampfdrucks und der Abdampftemperatur errechnet und diese Parameter wurden gemeinsam mit einigen Temperaturwerten über dem Zeitablauf für verschiedene Messfahrten aufgetragen, um das Ausmaß und die Schnelligkeit von Kessellaständerungen im normalen Dienst zu illustrieren. Die Darstellung diente auch dazu, zu zeigen, wie weit die momentanen Temperaturen auf der Basis der Verdampfungsleistungen von ihren Werten im Gleichgewichtszustand wegen der thermischen Trägheit abwichen. Die Reaktionszeit von Parametern wie der Rauchgastemperaturen und der Dampftemperaturen auf Kessellaständerungen wurde in Minuten gemessen, doch der Dampfbedarf richtete sich augenblicklich nach den Änderungen der Geschwindigkeit, der Regleröffnung und der Füllungseinstellung, die sich rasch und häufig ändern konnten, wie es in der Praxis ja auch geschah. Als Folge davon war die ganze Lokomotive selten in einem Gleichgewichtszustand. So konnten zum Beispiel unter bestimmten Bedingungen die Rauchgas- und Dampftemperaturen ansteigen, während die Verdampfungsleistung abnahm. Es wurde auch darauf hingewiesen, dass es den Heizern nicht immer gelungen war, für einen ausgeglichenen Kesselbetrieb zu sorgen, obwohl ihre Streckenkenntnis es ihnen bis zu einem gewissen Maß ermöglichte, den Dampfbedarf im Voraus zu kalkulieren und so ihre Rostbeschickung auf die thermische Reaktionsträgheit des Feuerbetts einzurichten (gemäß der alten Regel für Stückkohle: „wirf die Kohle ein oder zwei Stationen vorher auf"; je geringer der Anteil an flüchtigen Bestandteilen, desto früher das Aufwerfen). Automatische Steuerungen würden aber einen definierten Gleichgewichtszustand anstreben, und insofern ließ das alles darauf schließen, dass das dynamische Verhalten einer Dampflokomotive mit einem Feuerbett für eine Vollautomatisierung ein äußerst schwieriger Anwendungsfall sein würde.

Das kontinuierlich arbeitende Rauchgasanalysegerät zeigte deutlich, wie ungleichmäßig die Verbrennungsbedingungen tatsächlich waren. Selbst bevor die Feuerbüchsundichtigkeiten die Arbeit der Heizer erschwerten, traten wahllos Unterschiede in der Rauchgaszusammensetzung mit allen möglichen O_2 / CO-Kombinationen auf, sowohl beide Werte niedrig, beide hoch, hoch / niedrig und niedrig / hoch. Die erstere Kombination war die gewünschte und jede andere Zusammensetzung deutete auf spezielle Unregelmäßigkeiten bei der Verbrennung hin. Das tat auch die Rauchgastrübung, die zwischen klarem Abgas und dichtem schwarzem Rauch wechselte (zum Vergleich siehe Tafeln 67 und 68). Also kein „Feuere nach dem Schornstein" hier, denn es war gar nicht so einfach, sich bei einer Lokomotive mit einem so großen Rost und sich ständig änderndem Dampfbedarf an diese Regel zu halten, um Dampfdruck und Wasserstand zu halten. Die Verbrennungsvorgänge waren derartig unterschiedlich, dass man von den O_2-Messwerten auf Luftüberschusswerte im Bereich von 1,01 bis zu 5,0 schließen konnte!

Die Unterdruckanzeigen ließen erkennen, dass ungefähr 44,5 % des gesamten Rauchgaswiderstands des Kessels in Aschkasten, Rost, Brennstoffschicht und Feuerbüchse auftraten, 42,5 % in dem Kesselrohrbündel und die restlichen 13 % in Rauchkammer und Funkenfänger, Letzterer ein sehr niedriger Wert. Der Funkenfänger der Bauart „Venetian" war in einem Gehäuse rund um die Saugzuganlage eingebaut. Diese Bauart erlaubte eine tiefe Anordnung der Blasrohrdüse und die selbstreinigende Wirkung war 100 %, so dass die Konstruktion des Rauchkammerinneren gelungen gewesen zu sein schien.

Nachstehend einige interessante Daten von den anderen Messstellen. Es wurden während der ersten Messfahrten regelmäßig recht hohe maximale Dampftemperaturen erreicht (400 bis 405 °C), wobei die Dampftemperaturen gewöhnlich etwa 55 K höher lagen als die Abgastemperaturen in der Rauchkammer. Das waren gute Werte dank des großen Überhitzers. Mit dem Einsetzen ernsthafter Feuerbüchsleckagen sanken sowohl die Abgastemperaturen, als auch die Einströmdampftemperaturen über den normalen Betriebsbereich des Kessels um 30 bis 40 K. Danach wurde eine Dampftemperatur von etwa 370 °C nicht mehr überschritten.

Die für die Schieber- und Zylinderbuchsen aufgezeichneten Höchsttemperaturen waren wie folgt.

Tabelle 68
Lokomotive Nr. 614, Maximale Temperaturen an den Schieber- und Zylinderbuchsen

Messpunkt	Schieberbuchsentemperatur	Messpunkt	Zylinderbuchsentemperatur
Einströmseite	405 °C	Enden	307 °C
Mitte	374 °C	Mitte	293 °C
Ausströmseite	299 °C		

Die Temperatur der Schieberbuchsen auf der Einströmseite war im Allgemeinen gleich der des Frischdampfs. Die Temperatur in der Mitte, dort, wo die Schieber meistens arbeiteten, lag näher an derjenigen der Einströmseite als an der der Ausströmseite und oft über 325 °C (eine vernünftige Grenze für gute Schmierung) und bestätigte die Notwendigkeit einer Kühlung. Andererseits war die Temperatur der Zylinderbuchsen oft zu niedrig. Bei geringer Leistungsentwicklung lag sie oft deutlich unter der Sattdampftemperatur bei vollem Kesseldruck (207 °C), und selbst bei hohen Verdampfungsleistungen konnte es dreißig Minuten dauern, bis die Sattdampftemperatur nach einem kalten Anfahren erreicht wurde. Es wurde berechnet, dass die Gleichgewichtstemperatur an den Enden der Zylinderbuchsen die Sattdampftemperatur erst bei einem Dampfmassenstrom von 10 000 kg h^{-1} erreichte und sie lag immer unter dem Mittelwert der Ein- und Ausströmdampftemperaturen. Dem Mittelwert näherte sie sich mit zunehmender Verdampfungsleistung asymptotisch an (was auf die Notwendigkeit einer Kühlung der Zylinderbuchse des Hochdruckzylinders einer Dreizylinderverbundmaschine mit hoher Überhitzung deutete, falls übermäßige Verschleißraten vermieden werden sollten). Vor den ersten Bewegungen der Lokomotive nach der nächtlichen Abstellung in Hinton bei einer Umgebungstemperatur von etwa -7 °C wurden Messungen gemacht. Es ergab sich, dass die Schieber- und Zylinderbuchsen bei 72 bis 81 °C lagen, das heißt also 126 bis 135 K unter der Sattdampftemperatur. Bei den Rangierfahrten der unbelasteten Lokomotive an den Zug erwärmten sie sich nur geringfügig weiter, so dass das Anfahren mit hohen Wärmeleitungsverlusten an die Zylindermetallmasse erfolgte. Kein Wunder also, dass die Leistungsentwicklung von Dampflokomotiven bei kaltem Anfahren so träge war, und es wurde deutlich, dass Heizdampfmäntel für den ganzen Zylinderblock notwendig waren.

Die Oberflächentemperatur der Kolbenstange konnte während der Fahrt nur einer Stelle gemessen werden, die im vorderen Totpunkt außerhalb der Stopfbuchspackung lag. Aber nach einer längeren Fahrt mit geöffnetem Regler wurde die linke Triebwerkseite in den hinteren Kolbentotpunkt gebracht. Die Temperaturen am vorderen Ende der Kolbenstange wurden mittels Thermoelement und einem tragbaren Messgerät abgenommen, um den Temperaturverlauf entlang der Stange zu ermitteln. Daraus wurde abgeleitet, dass die Temperatur der Kolbenstangenoberfläche, die in der Packung glitt, zu jeder Zeit für eine gute Schmierung niedrig genug lag, selbst unter (ungünstigen) oxidierenden Bedingungen. Es war nicht verwunderlich, dass sie unter der entsprechenden Temperatur der Zylinderbuchse lag und der Teil der Kolbenstange, der im hinteren Totpunkt weiterhin im Zylinder bis zum hinteren Abschluss der Packung lag, würde die Sattdampftemperatur als Gleichgewichtstemperatur erst bei einer Verdampfungsleistung von 19 000 kg h^{-1} erreicht haben, wenn die Umgebungstemperatur bei 0 °C lag. Die Temperatur der Schieberstange war wie erwartet immer recht niedrig.

Wenn auch diese Temperaturmessungen interessante Ergebnisse brachten, so waren sie strenggenommen nur bei der Lokomotive 614 oder ihr ähnlichen Maschinen zutreffend. Die Temperaturen der Bauteile des Hochdruckzylinders einer Dreizylinderverbundmaschine, wie in dem Entwurf der ACE Mark 1, hätten wegen der hohen Abdampftemperatur weit höher gelegen, weil bei einer solchen Lokomotivbauart nur ein Drittel des Gesamtwärmegefälles im Hochdruckzylinder abgebaut wird. Die Messungen waren deshalb nur von begrenztem Wert für die Konstruktion einer SGS-Lokomotive und waren darüber hinaus mehr oder weniger von den niedrigen Umgebungstemperaturen während der Versuchszeit beeinflusst.

Die potentiell interessantesten Daten waren die Ablesungen der Dehnungsmessstreifen. Zum Beispiel war vorgesehen, zu prüfen, bis zu welchem Grad die Tandem-Kuppelstangen der 614 die Treibachse und ihre Treibzapfen von dem Kolbendruck entlasteten. Während Ausdrucke von den Messwerten der Dehnungsmessstreifen erstellt wurden, fehlte es an den übrigen nötigen Daten und die Analyse wurde deshalb nie durchgeführt. Deshalb konnten zur Zeit der Versuche nur qualitative Beobachtungen angestellt werden, wie zum Beispiel die Feststellung hoher Spannungsspitzen in den Kuppelstangen bei Kurvenfahrt, ein Anstieg der Materialspannung in den Kuppelstangen bei zunehmender Leistung mit gleich bleibender Dampfdruckspitze in dem Zylinder, das Auftreten von Spannungen in den Kuppelstangen bei sehr niedrigen Geschwindigkeiten und ohne Leistungsentwicklung (die sogenannten „Klemmspannungen", wie sie der mechanischen Kupplung von Achsen innewohnen) und starke Schwingungen in dem Oszillatorsignal der Kuppelstange kurz vor und während des Schleuderns (hätte man das für eine Schleuderschutzeinrichtung nutzen können?). Leider konnte die Untersuchung zu diesen Befunden nicht fortgesetzt werden, aber zumindest war demonstriert worden, dass die seinerzeit verfügbaren Messtechniken Antworten hätten geben können auf solche Fragestellungen wie den Materialspannungen in Kuppelstangen, die nie endgültig analytisch beantwortet worden waren. Ich bedauerte, dass ich solche Ausrüstungen, ganz zu schweigen von Hertenstein zu ihrem Aufbau, in Südafrika nicht gehabt hatte.

6.6 ACE : Das bittere Ende

Während der Gespräche in Huntington zwischen Porta, Foster Wheeler und mir, waren wir uns darüber einig, dass es ACE anscheinend an einer wohlüberlegten, glaubwürdigen und in sich schlüssigen Strategie und an einem Sinn für die Realität mangelte. Zum Beispiel fand ich es verwirrend, dass die ACE 3000 immer noch weiter angepriesen wurde. Sie nahm einen prominenten Platz in dem auf den Tender der 614 gemalten Slogan ein, obwohl man mir im Jahr zuvor zu verstehen gegeben hatte, dass sie von Portas 1E-Konstruktion, der ACE Mark 1, abgelöst worden war, und ich hatte das Gefühl, dass es in diesem Punkt innerhalb der Firma ganz allgemein mit dem Konsens haperte. In der Folge arbeiteten wir für Rowlands weitere Überlegungen eine technische Grundsatzerklärung aus und unterschrieben sie. Die wichtigsten Punkte darin waren wie nachstehend aufgeführt:

1. Das ursprüngliche technische Ziel des Projekts war der Bau des Mark-1-Prototyps als ersten Entwicklungsschritt in Richtung einer hochentwickelten Lokomotive. Die ACE 3000 sollte als eine erste konzeptionelle Konstruktion betrachtet werden. Sie war von der vorläufigen Mark-1-Konstruktion abgelöst worden, die gegenüber dem ursprünglichen ACE-3000-Konzept einen Fortschritt darstellte.
2. Die Verwirrung zwischen der ACE 3000 und der Mark 1, die in den öffentlichen Erklärungen der ACE scheinbar bestand, musste aufhören.
3. Als vordringlichste Angelegenheit mussten sich alle auf wohldefinierte und realistische technische Zielvorgaben einigen.
4. Die Stelle eines Projektkoordinators musste eingerichtet werden, um die Kommunikation zwischen sämtlichen Personen zu verbessern.
5. Zeitpläne mussten realistisch sein und unrealistische sollten nicht veröffentlicht werden.
6. Zu den Eisenbahnen musste eine enge Beziehung geknüpft werden, damit es zwischen ihnen und ACE zu einer Einigung über die Eigenschaften der Mark 1 kam. Das Ziel war es, sicherzustellen, dass die endgültige Konstruktion des Prototyps grundsätzlich für potentielle Kunden akzeptabel war (das war meiner Ansicht nach von größter Wichtigkeit).
7. Im Fall eingeschränkter Finanzierungsmöglichkeiten hatte die Versuchsfeuerungsanlage höchste Priorität und sollte zur Festlegung des für Lokomotivkessel am besten geeigneten Verbrennungssystems genutzt werden, angefangen mit dem GPCS. Auch sollte die Möglichkeit einer automatischen Steuerung untersucht werden (Ich blieb bei meinem Vertrauen in die Kohlenstaubfeuerung, daher dieser Vorbehalt).
8. Die Lokomotive 614 sollte nicht genutzt werden, um das GPCS oder andere Errungenschaften zu demonstrieren, da der technische Aufwand und die Ressourcen für ihren Umbau besser für eine Neukonstruktion aufgewendet würden.
9. Für die Ermittlung von Geschäftsmöglichkeiten mit ausländischen Eisenbahnen musste mehr Mühe aufgewendet werden.

Anscheinend fand unsere Erklärung bei Rowland und seinen Partnern breite Zustimmung, und deshalb nahm ich an, dass das nun die technische Richtung der ACE bestimmen würde. Der Ingenieur R. Nielsen, der bei ACE vor dem Zusammenbruch von 1984 gewesen war, trat im Februar 1985 erneut mehr oder weniger in der Funktion eines Koordinators in die Firma ein. Für diese Position war er gut geeignet, weil er vom rein geschäftlichen Standpunkt aus vielleicht der Besonnenste von uns allen war. Zum Beispiel hatte er nicht meine angeborene Abneigung gegen alles, was nicht so aussah, wie eine Dampflokomotive aussehen *sollte*. Außerdem änderte ich meine bisherige Haltung, demnach ich in die ACE als Portas Assistent nur dann eintreten würde, falls die volle Finanzierung des Projekts gewährleistet war und bot an, sofort nach Amerika zu gehen, um den Aufbau der technischen Strategie und der Achtbarkeit der Firma zu unterstützen. Wegen meiner zehn Jahre Erfahrung bei den SAR, verbunden mit der dadurch gewonnenen Vertrautheit mit der Denkweise der Eisenbahnleute, hielt ich mich dafür qualifiziert. Allerdings wurde das Angebot wegen weiterhin bestehender finanzieller Schwierigkeiten der ACE nicht angenommen (nach den Versuchen im Januar zahlte die Chessie 500 000 Dollar, aber das wurde alles von offenen Rechnungen aufgezehrt. Die Kosten der Aktion mit der 614 waren auf eine halbe bis eine Million Dollar geschätzt worden).

In der Zwischenzeit unterlag die Mark 1 einer fortwährenden Metamorphose von dem einfachen Konzept einer 1E-SGS-Lokomotive, nunmehr die Mark 1-A, zu einer als marktfähiger angesehenen, aber sicher weniger ästhetischen 1E1 ohne Abdampfkondensation mit zwei Endführerständen, der Mark 1-B, siehe Abb. 153 und 154. Sowohl die A- als auch die B-Version waren Entwürfe mit 4 476 kW am Zughaken (6 000 h.p.) und daher als ACE 6000 bezeichnet. Das bedeutete die doppelte Leistung der ACE 3000, was anscheinend eine ausreichende Rechtfertigung dafür war, den Entwurf als Fortschritt gegenüber dem originalen Konzept zu bezeichnen. Die Leistungssteigerung ergab sich aus der Tatsache, dass die Dampflokomotive auf natürliche Weise vielmehr als die Diesellokomotive dafür geeignet war, in einer Einheit eine große Leistung zu entwickeln. Angesichts dieses Charakteristikums war es Portas Philosophie, das bis zum Letzten auszunutzen. Tatsächlich sah er die Mark 1-B als ersten Schritt hin zu einem „Idealziel“ von 20 000 h.p. (etwa 15 000 kW). Die Mark 1-B hatte einige interessante Merkmale.[1] Die Konfiguration von Lokomotive und Tender folgte dem Vorbild der 2D(D1) mit Frontführerstand der Southern Pacific *(Anm. des Übers.: Achsfolge angegeben in der Hauptfahrtrichtung, h4, Güterzug-Schlepptender, ähnlich der Bauart Mallet, Schwerölfeuerung der in Fahrtrichtung vorn liegenden Feuerbüchse, Klassen AC4 bis AC8 und AC10 bis AC12, Bahn-Nrn. 4100 bis 4294, Baldwin, 1928 bis 44)* mit der Feuerbüchse vorn und der Rauchkammer hinten zum Tender weisend. Die Kohle sollte mit zwei Schneckenförderern zu fünf Eintritten auf jeder Längsseite der Feuerbüchse gebracht werden, wo sie dann per Schwerkraft und unterstützt durch Wurfbeschicker auf das Feuerbett des GPCS fallen sollte. Eine doppelte Belpaire-Feuerbüchse und ein außenliegendes Reglerrohr waren vorgesehen, und ein Druckreduzierventil sollte den Dampfdruck vor den Zylindern auf 19,65 bar begrenzen, obwohl der zulässige Kesseldruck 24,82 bar sein sollte. Eine dreifache Lempor-Anlage war spezifiziert. Es sollte ein Dreizylinderverbundtriebwerk mit Heizdampfmänteln angewendet werden, wobei der Hochdruckzylinder links angeordnet war, um die Kräfte auf die Rahmenwangen auszugleichen. Eine Southern-Steuerung war spezifiziert, da damit eine dritte außenliegende Steuerung für den Innenzylinder (zwei Kolbenschieber je Zylinder) ohne innenliegende Steuerungsteile möglich war. Die hin- und hergehenden Massen sollten nicht durch zusätzliche Gegengewichte in den Rädern ausgeglichen werden.

Trotz ihrer hohen Leistung war die Mark 1 in ihrer Maximalzugkraft immer noch sehr beschränkt, und als Abhilfe wurde ein Booster-System mit Antrieb der Tenderräder für notwendig erachtet. Zwei Alternativen wurden entworfen: entweder eine konventionelle Booster-Dampfmaschine, die die Tenderräder über ein Getriebe und Kuppelstangen antrieb (eine modernisierte Form des Bethlehem-Tender-Boosters *(Anm. d. Übers.: Bethlehem Steel Corporation, Bethlehem, Pennsylvania, USA, einst zweitgrößter Stahlproduzent der USA)* oder Hydro-Boostermotoren, angetrieben von Drucköl aus einer dampfgetriebenen Pumpe nach Vorschlag von P. Lewty (siehe Seite 343). Durch diese Maßnahmen sollte die Nennanfahrzugkraft von 440,5 kN auf 617 kN gesteigert werden. Die erstere Zahl, bezogen auf das Reibungsgewicht von 136 Tonnen auf den fünf Kuppelachsen, hätte einen sehr optimistischen Reibungskoeffizienten von 0,33 erfordert. Das war die Folge davon, dass man die höchste Zugkraft anstrebte, ohne 100 % des Lokomotivgewichts als Reibungsgewicht zu nutzen.

---

[1] Porta, L. D., Description of the Mark 1-B Advanced Coal Burning Steam Locomotive, First Preliminary Scheme, ACE, November 1984.

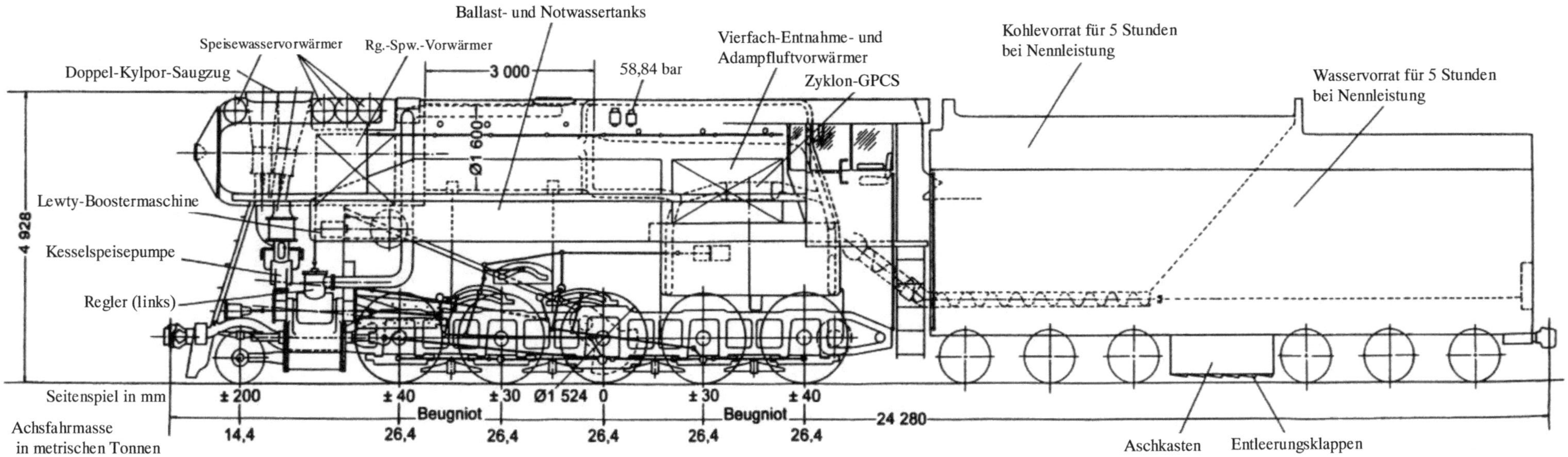

Abb. 153
1E-Third-Generation-Steam-Lokomotive mit Dreifachexpansionsauspuffmaschine

So hätten sich die Dinge entwickeln können. Dieser Entwurf für Nordamerika mit einer Nennleistung am Zughaken von 4 475 kW (6 000 h.p.) wurde von Porta im Jahr 1978 ausgearbeitet. Der sehr kleine Kessel war eine Folge der sehr sparsamen Dampfmaschine und der Gleichung {Leistung = erzeugte Dampfmenge ÷ spezifischer Dampfverbrauch}. Die ACE-Mark-1-A wäre diesem Entwurf in vielerlei Hinsicht ähnlich gewesen, aber ihre weniger sparsame Zweifachexpansionsmaschine hätte für die gleiche Leistung einen etwas größeren Kessel erforderlich gemacht. [Originalzeichnung mit freundlicher Genehmigung durch L. D. Porta]

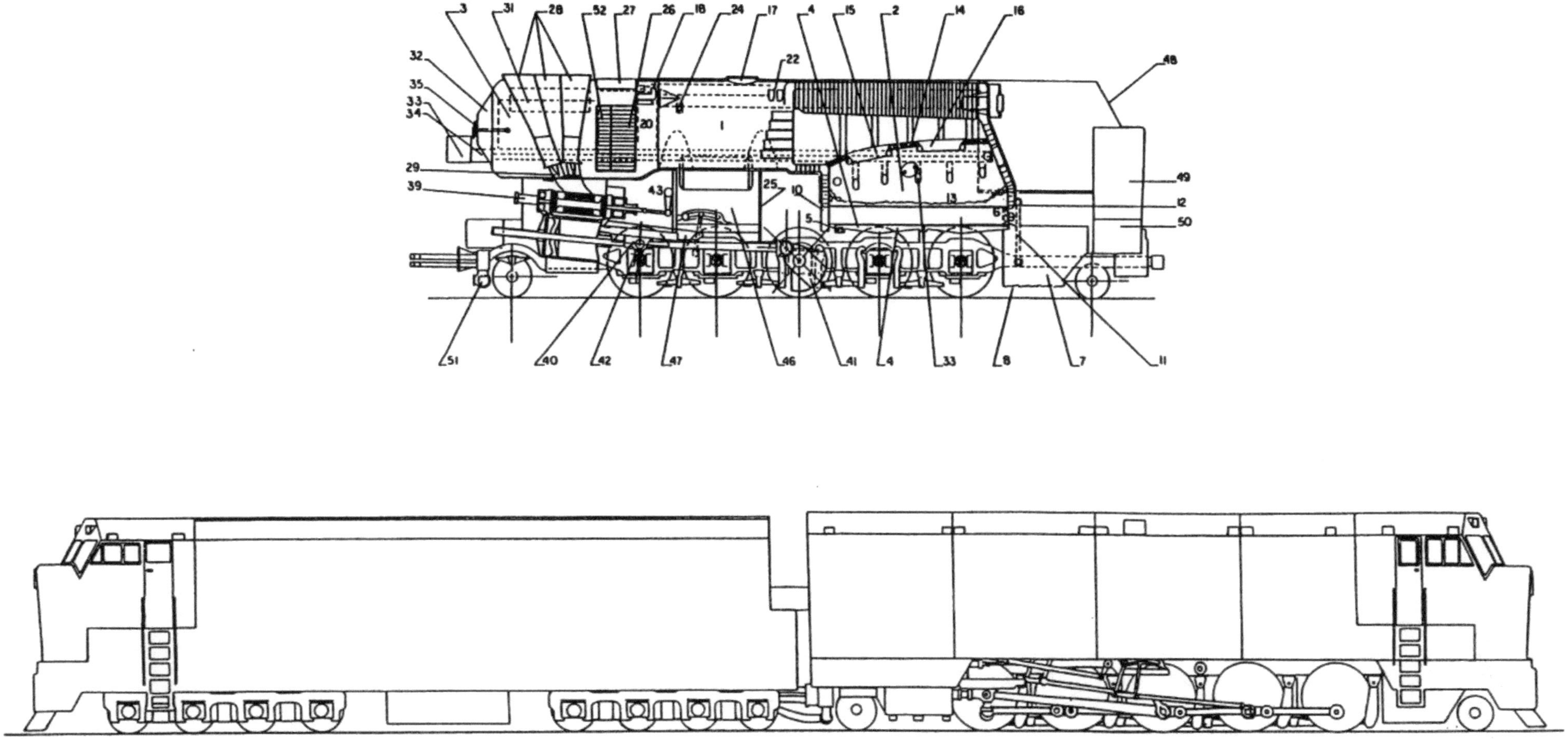

Abb. 154
Entwurf der ACE-Mark-1-B-Lokomotive

Die obere Zeichnung zeigt Einzelheiten der Antriebseinheit, die untere den Aufbau der gesamten Lokomotive.
Die Positionsnummern in der oberen Zeichnung beziehen sich auf eine Beschreibung in dem ACE-Geschäftsplan von 1985, die hier nicht wiedergegeben ist.

Viele andere Details stimmten mit der ACE 3000 überein, die ja, man wird sich erinnern, ihrerseits selbst auf Portas ursprünglichem Entwurf von 1980 beruhte, und im Wesentlichen die 1E Mark 1-A darstellte. Damit war ein Großteil der Detailkonstruktion für die „einfache“ 1E, die ACE 3000 und die 1E1 Mark 1-B gleich. Die Letztere repräsentierte einen Konstruktionsstand zwischen den beiden anderen, technologisch ähnlich der 1E aber ohne Abdampfkondensation, die Porta zu Recht als ökonomisch nicht gerechtfertigt ansah und die weitere erhebliche Unwägbarkeiten zu der Konstruktion beitragen würde[1], aber äußerlich wegen der besseren Verkaufschancen gestaltet wie die ACE 3000. Porta beschrieb die Konstruktion „als einen Kompromiss zwischen (i) der kürzest möglichen Zeit bis zu einem Vorführprototyp; (ii) überschaubaren Anfangsinvestitionen; (iii) einem Minimum an technischen und geschäftspolitischen Risiken, und (iv) einer Auswahl der umzusetzenden Weiterentwicklungen“[2]. In Bezug auf Punkt (iii) benannte er vier größere und sechsundzwanzig kleinere Bereiche, in denen nach wie vor Forschung und Entwicklung notwendig war. Zu den Ersteren gehörten die dynamische Bremse (Riggenbach oder hydraulisch), das Booster-System, der Schleuderschutz und die Automatisierung, zu Letzteren das Kohleverteilungssystems, das Ascheaustragsystems, die Kohlevergasung, die Zyklonströmung im Feuerraum, die Zylinderschmierung und die Konstruktion der Saugzuganlage.

Aus der vorstehenden Beschreibung wird man erkennen, dass die Mark 1 gegenüber dem relativ einfachen Konzept des 1E-Entwurfs rasch an Komplexität zunahm, um spezielle Anforderungen, wie „Endführerstand in beiden Fahrtrichtungen“ zu erfüllen. Allein die sechsundzwanzig kleineren Bereiche mit Bedarf an Forschung und Entwicklung stellten einen gewaltigen Arbeitsaufwand dar. Die Anwendung zweier völlig verschiedener Einrichtungen zur Zugkrafterzeugung, Hauptmaschine und Booster, führte zu einer erheblichen Vermehrung der Konstruktionsarbeit und war keine elegante Technik. Dennoch erschein mir der Entwurf vom rein technischen Standpunkt aus durchführbar, mit Ausnahme einiger Aspekte des Verbrennungsverfahrens, wie zum Beispiel die Art der Kohleverteilung auf das Feuerbett und der Feuerraum mit doppeltem Zyklon. Ich ließ Porta wissen, dass ich davon ausging, dass der Entwurf im Bereich der Verbrennungstechnik nicht ohne erheblichen Forschungs- und Entwicklungsaufwand wie gewünscht funktionieren würde (falls überhaupt). Ich wiederholte meinen Standpunkt, dass es besser wäre, sich auf die Kohlestaubfeuerung zu konzentrieren, falls eine automatische Feuerung unbedingt notwendig war, was unter nordamerikanischen Bedingungen sicher zutraf. Aber die schlimmste Eigenschaft der Mark 1-B war für mich ihre äußerliche Ähnlichkeit mit der ACE 3000, so dass wir hier wieder am Anfang standen. Nach meiner Rückkehr von Amerika nach Deutschland glaubte ich, dass es an der Zeit war, einen Gegenvorschlag auszuarbeiten.

Die ACE Mark 1-C, wie ich sie nannte, ist in der Abb. 155 dargestellt. Sie war eine reine Konzeptstudie, nichts mehr als eine Alternative zu den Konzepten der Mark 1-A und 1-B. Dahinter stand die Überzeugung, dass es die Beförderung von Kohlezügen war, bei der sich eine ACE-Lokomotive würde bewähren müssen, und das sowohl aus wirtschaftlichen Gründen, weil die Lokomotiven in einem solchen Dienst Kohle verbrennen könnten, die zu Preisen ab Grube bezogen wurde, als auch weil es ein Sinnbild für die Anwendung von Kohle wäre. Dabei handelte es sich im Wesentlichen um Schleppdienste, für die die hohe Leistung bei hoher Geschwindigkeit, wie von einer „Schnellgüterzuglokomotive“ nach Art der Mark 1-A und Mark 1-B, nicht benötigt wurde, sondern hohe Zugkraft bei geringer Geschwindigkeit. Angesichts der Beziehung zwischen Hakenzugkraft und Reibungsgewicht war es nicht ausführbar, in einer einzigen Lokomotive die zum Schleppen der Kohlezüge erforderliche Zugkraft zu erzeugen. Die Flexibilität der Diesellokomotiven, durch die die nötige Zugkraft durch die Zusammenfassung einzelner kleiner Lokomotiveinheiten erlangt werden konnte, war wirklich eine sehr gute Eigenschaft und musste erhalten bleiben. Mit anderen Worten hieß das, dass ACEs eigene frühere Schlussfolgerung, wonach jeder Lokomotiventwurf der eingeführten Betriebsweise der Eisenbahnen genügen musste, zu beachten war. Falls die Eisenbahnen als Folge der Dampftraktion herausfänden, dass es profitabel wäre, die Betriebsweise zu ändern, in Ordnung, es ihnen aber von Anfang an aufzuzwingen war nicht in Ordnung. Das Konzept der Mark 1-C sah deshalb vor, die besten auf der Chessie System vorhandenen Diesellokomotive, die Klasse SD50 von General Motors, eins zu eins zu ersetzen. Das bedeutete zum Beispiel, dass zwei Mark 1-C in Doppeltraktion in der Lage sein mussten, 16 000-Tonnen-Züge zwischen Russell (westlich von Huntington) und Hinton ohne Halt zur Vorratsergänzung zu befördern. Wie die Diesellokomotiven musste auch der Dampflokomotiventwurf eine wahre Mehrzwecklokomotive sein, deren Vielseitigkeit sie sowohl für die schnellsten Dienste, als auch für die Kohlezüge geeignet machte.

Wie aus der Abb. 155 erkennbar, war die Mark 1-C im Wesentlichen eine Garratt-Lokomotive, aber ohne den üblichen Wassertank. Der Wasservorrat wurde in einem Tankwagen mit hoher Nutzlast mitgeführt, abgesehen von einem kleinen Vorrat von 10 m³ in einem Wasserkasten unter dem Langkessel. Man könnte sie deshalb als eine Kreuzung aus einer eigentlichen Garratt-Lokomotive und einer Kitson-Meyer ansprechen, ein Hybrid, den man ohne weiteres auch die „ACE-Bauart“ hätte nennen können. Sie hatte die sehr wichtige Eigenschaft, dass sie keinerlei Ähnlichkeit mit einer der früheren nordamerikanischen Dampflokomotiven hatte und dennoch die grundlegenden ästhetischen Qualitäten der Dampflokomotive beibehielt. Die Konstruktion sah uneingeschränkten Zweirichtungsbetrieb vor, aber unter der Annahme, dass der Tankwagen bevorzugt am Rauchkammerende gekuppelt werden würde, wird in der folgenden Beschreibung das Bunkerende als „vorn“ bezeichnet.

Auf dem führenden Triebgestell war der Kohlenbunker vor dem Führerstand angebracht und zum Zweck guter Sicht nach vorn oben in der Breite eingezogen. Die Reihenfolge Kohlenkasten-Führerstand-Stehkessel war also die normale, so dass die sperrige Kohleförder-einrichtung der Mark 1-B entfiel. Der Wasserkasten, der mit einem Schwimmerventil aus dem Tankwagen versorgt wurde, war normalerweise voll (das heißt bis zu einem eingestellten Niveau) und sein Wasservorrat wurde dann genutzt, wenn die Lokomotive aus irgendeinem Grund von dem Tankwagen abgekuppelt wurde. Damit beschränkten sich die Änderungen des Reibungsgewichts im Einsatz auf den Verbrauch des Kohlevorrats, ganz ähnlich, wie sich das Reibungsgewicht der Diesellokomotiven mit dem Verbrauch des Treibstoffvorrats veränderte. Es war eigentlich beabsichtigt, dass die Lokomotive auf zwei dreiachsigen Triebgestellen ruhen sollte, dem genauen Gegenstück der dreiachsigen Diesellokomotivdrehgestelle, und damit 100 % Reibungsgewicht gehabt hätte. Doch die Laufsicherheit solcher Triebgestelle mit überhängenden Zylindern an einem Ende war unbekannt, so dass die Konstruktion mit jeweils einer Laufachse an dem äußeren Ende beider Treibgestelle dargestellt wurde.

Die Konstruktion der Baugruppen wäre ähnlich der der Mark 1-B gewesen, indem die gleiche Technologie in einer anderen Konfiguration angewendet wurde und die einige grundlegende Vorteile brachte. Der Freiheitsgrad für die Konstruktion von Stehkessel, Rost und Aschkasten war offensichtlich einer davon, wohingegen die beengte Anordnung auf der Mark 1-B mit dem Stehkessel über den Kuppelachsen wie ein großer Fehler wirkt. Ein weiterer Vorteil war ein größerer Durchmesser des Langkessels, der einen größeren Überhitzer ermöglichte. Der kurze Radstand zwischen den Treibachsen der Triebgestelle vereinfachte das Laufwerk und bedeutete, dass die

[1] “Im Gegensatz zu den Wasserversorgungseinrichtungen verlangt die Abdampfkondensation die mehr als zwanzigfache Investition und zehnmal mehr technischen Aufwand“ (Quellengabe siehe Fußnote (1) auf der Seite 373, dort Seite 67.4). Hinter dieser Aussage stand die Überzeugung, dass SGS-Lokomotiven nur ein Drittel der Wasser- und Brennstoffverbräuche von FGS-Lokomotiven haben würden. Von der Mark 1-B wurde erwartet, dass sie mit einem Tenderwasservorrat 380 Kilometer lief, was sich mit einem zusätzlichen Wassertankwagen auf 1 150 Kilometer steigern ließe. Damit wäre das Wassernehmen beschränkt auf Unterwegshalte mit Personalwechsel.

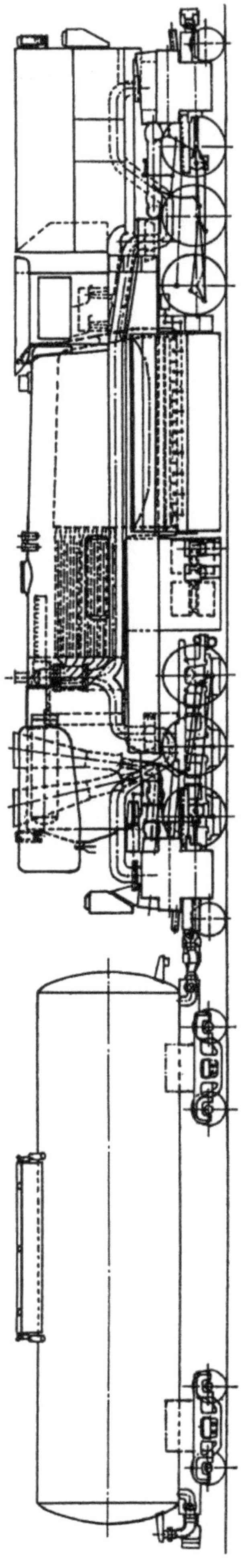

Abb. 155
Entwurf der ACE-Mark-1-C-Lokomotive

Mark 1-C überall dorthin fahren konnte, wohin auch eine sechsachsige Diesellokomotive fahren konnte. Ein wichtiger Aspekt war, dass die Grubenanschlussstrecken, die bei den Versuchen mit 614 beobachtet werden konnten, anscheinend einen *sehr* schlechten Oberbau hatten. Sämtliche Antriebskräfte der Lokomotive wurden in den beiden Triebgestellen erzeugt , die untereinander in Bezug auf die Zylinder, Räder, Treib- und Kuppelstangen und so weiter identisch waren, und es war kein Booster-System erforderlich. Beide Triebgestelle hatten eine Dreizylinderverbundmaschine von mäßiger Größe. Die jeweiligen Kolbenkräfte waren klein und führten zu geringen Beanspruchungen der Treibwerksteile und der Gestellrahmen, wobei das nachlaufende Gestell keine Versteifung durch Aufbauten hatte. Der Kessel war auf einem konventionellen Garratt-Brückenrahmen aufgebaut und hatte keinerlei äußere Kräfte aufzunehmen, wie sie normalerweise vom Hauptrahmen der Lokomotive eingeleitet werden, was die Erfüllung der modernen Kesselregelwerke erleichterte, in denen solche Kräfte berücksichtigt werden mussten.[1] Die Ein- und Ausströmrohre mussten selbstverständlich den größtmöglichen Querschnitt haben. Für die Einströmrohre wurde 25 % der Hochdruckkolbenfläche empfohlen, und der Abdampf für Zwecke der Speisewasser- und Verbrennungsluftvorwärmung und der Kühldampf gegen Schlackebildung sollten von der vorderen Maschine kommen, womit dann der meiste Abdampf für die Lempor-Saugzuganlage von den hinteren Zylindern über kurze Ausströmrohre kommen musste. Für die Konstruktion der Saugzuganlage waren die Platzverhältnisse günstig, weil die Rauchkammer nicht direkt über den Zylindern lag und es wurde berechnet, dass die Mark 1-C 40 % mehr Diffusorlänge ermöglichte als die Mark 1-B, ein nicht zu vernachlässigender Vorteil. Der Brückenrahmen und der Wasserkasten dienten zwanglos als die Bauteile, an die Hilfseinrichtungen wie die Kesselspeisepumpen und die Luftpumpen angebracht werden konnten, wo sie dann für Untersuchungen und Wartungsarbeiten sehr gut zugänglich waren. Das Kondensat von dem Speisewasser- und den Verbrennungsluftvorwärmern sollte dem Wasserkasten zugeführt werden, der deshalb in günstiger Weise als Heißwasservorrat diente, wie er für Portas fortschrittliches Wasseraufbereitungsverfahren erforderlich war. Der Tankwagen sollte auf kreuzversteiften Drehgestellen laufen und ein sehr hohes Nutzlastverhältnis wurde angestrebt (obwohl die Abb. 155 einen zylindrischen Tank zeigt, wäre möglicherweise ein rechteckiger Tank, der das Fahrzeugprofil besser ausfüllte, benutzt worden). Seine Detailkonstruktion und sein Aufbau basierte auf den Spezifikationen der ACE und hätten gänzlich einem Hersteller von Güterwagen überlassen werden können. Einige Merkmale, zu denen ich kein rechtes Vertrauen hatte, wie zum Beispiel die automatische Steuerung des GPCS, der automatische Schleuderschutz und die Eignung zur ferngesteuerten Mehrfachtraktion, waren Bestandteile des Mark-1-C-Entwurfs, da sein Zweck ja gerade darin bestand, zu zeigen, wie die Baugruppen im Rahmen der von ACE für sich reklamierten Technologie für eine bessere Wirksamkeit (und Ästhetik) neu angeordnet werden konnten. Ein Vergleich der wichtigsten Eigenschaften und technischen Daten der Mark-1-B- und 1-C-Entwürfe (für Ersteren aus Portas Beschreibung, Quellenangabe siehe Seite 373) ist unten in der Tabelle 69 angegeben.

Tabelle 69
Vergleich der Entwürfe Mark 1-B und Mark 1-C

Bezeichnung	Mark 1-B	Mark 1-C	Verhältnis der Werte Mark 1-C zu 1-B
Achsfolge	1E1	(1C)(C1) bzw.(C)(C)	
Versorgungseinheit (VE)	d'd'-Triebtender	2'2'-Tankwagen	
Maximale Achsfahrmasse, Tonnen	27	31,75	1,18 : 1
Gesamtgewicht, Lokomotive u. VE, ½ Vorräte, ca. Tonnen	308,5	287	0,93 : 1
Zughakendauerleistung, kW	4 474	4 920	1,10 : 1
Hakendauerzugkraft[1], kN	440,5	585	1,33 : 1
Anfahrzugkraft, kN	617[2]	585	0,95 : 1
Reibungsgewicht bei Dauerzugkraft, ½ Vorräte, ca. Tonnen	135	180,85	1,33 : 1
Treibraddurchmesser, mm	1 524	1 524	1,00 : 1
Anz. der Zylinder: HD	1	2	2,00 : 1
ND	2	4	2,00 : 1
Gesamthubvolumen, Liter	1 104	1 460	1,32 : 1
Maximaler Kolbendruck, kN	448	297	0,66 : 1
Rostfläche, m²	11	11	1,00 : 1
Feuerbüchsvolumen, m³	23	26	1,13 : 1
Kohlevorrat, Tonnen	48	23[3]	0,48 : 1
Wasservorrat, m³	100	111,5	1,12 : 1

Anmerkungen.
1. Das Booster-System der Mark 1-B war nicht für den Dauereinsatz vorgesehen und seine Zugkraft im Vergleich nicht berücksichtigt.
2. Die zusätzliche Zugkraft des Mark-1-B-Booster war begrenzt durch die große Abnahme des Gesamtgewichts der Versorgungseinheit durch Verbrauch der Vorräte.
3. Das war mehr als ausreichend für den Abschnitt Russell – Hinton mit einem voll ausgelasteten Zug.

Alles in allem ging ich davon aus, dass die Mark 1-C (i) weniger in der Herstellung als die Mark 1-B kosten würde, (ii) weniger Konstruktionsaufwand verursachen würde, was angesichts des Ziels, möglichst schnell eine Vorführlokomotive zu bauen, wichtig war, (iii) wegen ihrer höheren Dauerzugkraft bei geringen Geschwindigkeiten eine bessere Lokomotive für schweres Schleppen wäre, (iv) wegen ihrer höheren Zughakenleistung und ihres um 18 % besseren Leistungsgewichts eine bessere Schnellgüterzuglokomotive wäre und (v) überhaupt vielseitiger einsetzbar wäre. Eine Mark 1-C hätte die Schleppleistung einer SD50-Diesellokomotive gehabt, aber ihre höhere Leistung hätte höhere Zuggeschwindigkeiten erlaubt, wo das zulässig war. Sie hätte die gleichen Streckenzulassungen gehabt wie die Diesellokomotiven und die gleiche Höchstgeschwindigkeit. Sie hätte bei abgekuppeltem Wasserwagen auf einer 21-Meter-Drehscheibe (70

[1] Bei den früheren Regelwerken für Lokomotivkessel brauchte die Einwirkung äußerer Kräfte und Momente nicht berücksichtigt werden, aber sie forderten hohe Sicherheitsfaktoren für die von dem Dampfdruck verursachten Kräfte (zwischen 4 und 5, in Wahrheit ein „Unwissenheitsfaktor"). Risse im Langkessel der 2D1 der Reihe 241P der SNCF *(Anm. d Übers.: h4v, Schnellzug-Schlepptender, Bahn-Nrn. 241 P 1 bis 35, Schneider in Le Creusot und Chalon-sur-Saône, 1948 bis 52)* veranlassten Chapelon, die Belastung im Langkessel mittels Dehnungsmessstreifen zu ermitteln. Es stellte sich heraus, dass die Belastungsschwankung zyklisch und im Einklang mit den Treibradumdrehungen war.

Fuß) gewendet werden können. Ihre Anordnung war harmonisch und stand im Einklang mit der natürlichen Form der Dampflokomotive und folgte doch dem von den Diesel- und Elektrolokomotiven vorgegebenen Trend, den Aufbau auf angetriebene Drehgestelle zu setzen.[1]

Im März 1985 sandte ich Porta eine Beschreibung der Mark 1-C zu. Sie war ein Versuch, der Realität des nordamerikanischen Eisenbahnwesens, wie ich sie sah, insofern gerecht zu werden, als es die betrieblichen Anforderungen betraf. Ich fügte auch meine Beurteilung der Mark 1-B hinzu, die ich zunehmend als grundsätzlich ungeeignet für die USA ansah. Der springende Punkt war, dass ACE-Lokomotiven entweder einem Betriebskonzept basierend auf hoher Leistung oder auf hoher Zugkraft gerecht werden mussten. Die Mark 1-B war für das erstere Konzept maßgeschneidert, aber Kohlezüge und viele andere Dienstarten verlangten das Letztere. Porta hatte das natürlich selbst gesehen und hatte sich bereits im Jahr 1984 für eine Garratt stark gemacht, aber der Vorschlag wurde von Rowland nachdrücklich abgelehnt – alte Vorurteile haben ein langes Leben. Doch angespornt von der Mark 1-C griff er die Idee einer Garratt wieder auf und, der Versuchung, eine große Lokomotive zu bauen nicht widerstehen könnend, präsentierte er eine (1D)(D1), die ACE 6000-G. Auf dem Papier war sie etwas wirtschaftlicher, als die Mark 1-B (und als die Dieseltraktion) bei der jährlichen Beförderung der 42 Millionen Tonnen Kohle, die seinerzeit zwischen Russell und Hinton transportiert wurden. Porta schrieb: „Es kann kein Zweifel daran bestehen, dass die ACE 6000-G im schweren Güterzugdienst besser als die ACE 6000 ist. Bei gleichem Konstruktionsgewicht kann sie 30 % mehr Zuggewicht schleppen, wenn auch mit geringerer Geschwindigkeit auf den Steigungen, da ja die Leistung gleich bleibt."[2]

Es war bemerkenswert, das die ACE nach fünfjährigem Bestehen immer noch keinen einzigen Entwurf hatte, dem alle Mitglieder als dem richtigen Konzept zustimmen konnten. Sollte es nun die ACE 3000, Mark 1-A, Mark 1-B, Mark 1-C, ACE 6000-G oder was sonst sein? Nielsen machte einen beherzten Versuch, ACEs allgemeine Strategie, Fähigkeiten, Zeitpläne und Finanzen in der Form des im April 1985 entworfenen ACE-Geschäftsplans festzulegen. Darin wurde die ACE 6000 (das heißt die Mark 1-B) als die zu entwickelnde Lokomotive angegeben. Dieser Plan diente einem doppelten Zweck. Vorrangig zielte er darauf ab, Investoren anzulocken, aber er diente auch als ein Leitfaden für die ACE selbst, so dass Erklärungen von Firmenmitarbeitern übereinstimmend wären, denn noch im März 1985 gab es weiterhin öffentliche Werbung für die ACE 3000, nunmehr ACE Mark II (!) genannt, von der Porta und ich glaubten, dass sie seit Langem erledigt gewesen wäre. Eine Kopie des Geschäftsplans wurde an die Chessie System geschickt, und nachdem deren Manager und Techniker den Inhalt studiert hatten und die Ingenieure technische Punkte mit den ACE-Leuten einschließlich Porta in einer Zusammenkunft besprochen hatten, wurde für den 11. Juni 1985 eine weitere Besprechung zwischen verschiedenen Top-Mitarbeitern der CSX Corporation, Repräsentanten von Foster Wheeler und Rowland anberaumt. Bei der Besprechung lehnten die Eisenbahnmanager den Plan der ACE ab, mit der Begründung, dass die ACE 6000 die nachstehenden Kriterien nicht erfüllte:

1. Die Lokomotive musste in der Lage sein, von Baltimore nach Chicago (1 500 Kilometer) ohne lokomotivbedingte Betriebshalte durchzulaufen.
2. Sie musste über Abdampfkondensation verfügen und dem „Stand der Technik" entsprechen.
3. Sie musste in drei Jahren als marktfähiges Produkt zur Verfügung stehen.

Rowland berichtete, dass die Chessie „die ACE 6000 ausschließlich als evolutionären und experimentellen Zwischenschritt wahrnahm, ohne die notwendigen Voraussetzungen zu haben, die ihr einen Markterfolg bringen würde."[3] Wie vorauszusehen war, hatte die Glaubwürdigkeit der ACE bei der Chessie gelitten, weil sie die ACE 3000, die ja immerhin als *die* Lösung angepriesen worden war, zugunsten der ACE 6000 aufgegeben hatte. Mangels eines ernsthaften technischen Dialogs zwischen der ACE und den Eisenbahnen war dieser Wechsel nicht richtig erläutert worden. Mir wurde auch zugetragen, dass die Lage nicht dadurch besser wurde, dass mindestens einer von den Leuten, die an der Konstruktion der ACE 3000 gearbeitet hatten, sich weiterhin hinter den Kulissen auf Kosten der ACE 6000 für sie einsetzte. Ob die Aussagen bei der Besprechung nun die wahren Überlegungen der Chessie darstellten oder nicht, was die Eisenbahn wirklich zum Ausdruck bringen wollte, war, dass sie nicht länger an einer Kooperation mit der ACE zur Entwicklung einer kohlegefeuerten Lokomotive interessiert war, besonders falls keine weiteren Eisenbahnen mitmachten. Diese Ablehnung durch den bis dato treuesten Mitstreiter der ACE beendete tatsächlich das Projekt.

Die ACE verfolgte weiterhin andere Möglichkeiten der Finanzierung und suchte Fertigungseinrichtungen, wobei die Behörden des Bundesstaats West Virginia, die Gewerkschaft United Mine Workers und die Newport News Industrial (NNI, ein Schiffsbauunternehmen) Interesse zeigten. Abgesandte der zuletzt genannten Firma besuchten im August 1985 die Chessie, um deren Standpunkt aus erster Hand zu erkunden, und man sagte ihnen, dass die Eisenbahn kohlegefeuerte Lokomotiven als Absicherung gegen eine Ölknappheit und daraus folgendem Preisanstieg betrachteten, aber dass man erwartete, dass die Lokomotivbauer sogar noch fortschrittlichere Technologien als die ACE 3000 entwickeln würden, sollte der Bedarf dafür entstehen, und dass andere Firmen aus der Eisenbahnbranche Interesse zeigen müssten, bevor die Chessie sich zu einer Beteiligung an einem gemeinsamen Entwicklungsprogramm verpflichten würde. Die maßgeblichen Chessie-Leute bestanden auch auf einer dynamischen Bremse und auf einer Lokomotive mit den gleichen Mehrzweck-eigenschaften wie bei den Diesellokomotiven. Wahrscheinlich waren sie skeptisch, ob die Dampflokomotive die sehr wichtige betriebliche Zweckmäßigkeit der Diesellokomotive jemals erreichen würde. Sie führten aus, dass die Chessie zunächst nur ein oder zwei Lokomotiven für Vorführzwecke benötigte, was das Interesse der NNI (und anderer möglicher Hersteller) erlöschen ließ, deren Hauptbestreben in der Herstellung und nicht in der Entwicklung von Lokomotiven lag.

Es gab einige Hoffnung auf Regierungsgelder aus dem Fond für Clean Coal Technology, und im Jahre 1985 bat das Energieministerium sogar um die Vorlage von Entwürfen für kohlegefeuerte Lokomotiven. Nachdem die Chessie die ACE 6000 abgelehnt hatte, sah es Rowland anscheinend als Fehler an, die ACE 3000 aufgegeben zu haben und fing wieder an, dafür Reklame zu machen, und somit war sie die Basis für die Vorlage bei dem Ministerium. Aber diese Vorlage brachte keinerlei Regierungsgelder, nicht einmal für die Versuchs-verbrennungsanlage als minimale Zielvorgabe. Die letzte Hoffnung waren ausländische Gelder, und Rowland führte Gespräche mit Vertretern der Volksrepublik China, um auszuloten, ob eine Art Gemeinschaftsunternehmen zur Entwicklung und dem Bau von Dampflokomotiven gegründet werden könne, mit folgenden Zielen:

1. Modernisierung vorhandener chinesischer Lokomotiven.
2. Modernisierung vorhandener Lokomotiven in anderen Entwicklungsländern wie zum Beispiel Indien.
3. Bau neuer fortschrittlicher Lokomotiven für den Einsatz in China und für den Export in Länder wie Brasilien und Indien.
4. Bau von ACE-3000-Lokomotiven für den Export zu amerikanischen Eisenbahnen.

Die Chinesen hatten Interesse an der ACE-Technologie bekundet und mit dem chinesischen Markt fest im Blick erfuhr die ACE Mark 1 ihre letzte Metamorphose, um in der einfachst möglichen Form das thermodynamische Verhalten eine SGS-Konstruktion zu demonstrieren.

---

[1] Die Anwendung von angetriebenen Drehgestellen mit 100 % Reibungsgewicht war ein Merkmal von Bulleids „Leader"-Klasse, die, wie untauglich sie auch im Detail war, vielleicht exakt die Form vorwegnahm, die die Dampflokomotive hätte annehmen müssen, um wettbewerbsfähig zu bleiben. Aber musste sie eine derartige ästhetische Katastrophe sein?

[2] Porta, L. D., The ACE 6000-G Locomotive: An Exploration About A Garratt Configuration, ACE, Juni 1985.

[3] Persönliche Korrespondenz mit dem Autor vom 18.06.1985.

Diese Option stand für die ACE eigentlich gar nicht mehr offen, aus Gründen, die im nächsten Kapitel deutlich werden, obwohl Rowland Anfang 1986 für weitere Gespräche nach China eingeladen wurde.

Und so hauchte die ACE ihr Leben aus und der Traum von dem großen Comeback der Dampflokomotive verblasste. Was ihn tatsächlich beendete war der fallende Ölpreis. Im Jahr 1981 erreichte der Preis für Dieseltreibstoff mit $ 0,28 pro Liter seinen Höchststand und Ende 1985 war er auf etwa $ 0,19 pro Liter abgesunken und fiel weiterhin. Der Trend setzte sich fort und noch bevor das Jahrzehnt zu Ende war, waren die OPEC-Mitglieder, weit davon entfernt, die Welt zu erpressen, damit beschäftigt, zu versuchen ihre Förderquoten zu manipulieren, um die niedrigen Öleinkünfte auszugleichen. Diese Taktik drückte den Ölpreis noch weiter nach unten. Während wir Befürworter der Dampflokomotive uns natürlich auf die Seite der größten Pessimisten in Bezug auf eine weltweite Ölknappheit gestellt hatten, war das keine allgemein vorherrschende Sichtweise. Die Burlington Northern erklärte in ihrem Bericht zur allgemein günstigen Beurteilung der ACE 3000:

> „Aus der Studie geht hervor, dass der Ölpreis eine der heikelsten Einflussgrößen auf den wirtschaftlichen Nutzen [des Lokomotivbetriebs] ist. In weiten Grenzen variierende Preisvorhersagen prominenter Experten zeigen die Volatilität dieser kritischen Größe."

Solange sich die Eisenbahnbranche nicht *sicher* war, dass die Ölpreisspirale weiter nach oben ging, war es unwahrscheinlich, dass sie viel Geld in kohlegefeuerte Triebfahrzeuge investieren würde, besonders weil sie sich darüber im Klaren war, dass ein solcher Ölpreistrend ihre Wettbewerber viel härter treffen würde, denn der Eisenbahntransport ist wesentlich energieeffizienter als andere Verkehrsträger. Dies und die wahrscheinlich allgemeine Auffassung, dass die ACE der gestellten Aufgabe nicht gewachsen war, führte dazu, dass sich die Geldgeber der ACE zurückzogen, sobald es darum ging, für größere Summen Verpflichtungen zu übernehmen.[1]

Obwohl die ACE keinen Erfolg hatte, schien sie ihm doch näher gekommen zu sein, als die anderen zeitgenössischen Vorschläge für Dampflokomotiven, die von dem Plan zum Import chinesischer 1E1 der QJ-Klasse, die bei der Norfolk Southern zu Demonstrationszwecken modifiziert werden sollten, bis zu der Idee der National Steam Propulsion Company, vorhandene Dieselmotoren umzurüsten, damit sie mit Dampf von 69 bar und 540 °C aus einem Kessel mit Wirbelschichtfeuerung betrieben werden konnten *(Anm. d. Übers.: der Betrieb von Verbrennungsmotoren mit Dampf ist prinzipiell durchaus möglich. Die amerikanischen GM-EMD-Lokomotivmotoren sind seit Jahrzehnten Zweitaktmotoren mit Spül- bzw. Einlassschlitzen und Auspuffventilen im Zylinderkopf. Das Zweitaktverfahren ist identisch mit dem Prozess auf einer Kolbenseite einer Lokomotivdampfmaschine)*. Solche Vorschläge litten möglicherweise noch mehr unter mangelnder Glaubwürdigkeit als die ACE. Aber das führt uns zu der Frage, wie denn ein wirklich glaubhafter Entwurf einer Dampflokomotive für nordamerikanische Eisenbahnen ausgesehen hätte? Unterstellen wir einmal, die Situation bei der Ölversorgung wäre so bedrohlich geworden, dass es die Eisenbahnen angespornt hätte, sich um alternative Energien zu kümmern (ein solches Szenario ist die Grundvoraussetzung für das Vorhaben, denn ohne gab es und wird es in der vorhersehbaren Zukunft in Nordamerika keinen Ersatz der Dieseltraktion im größeren Stil geben). Die wahrscheinlichste Reaktion wäre die Bitte um staatliche Hilfe bei der Elektrifizierung von Hauptstrecken gewesen, der möglicherweise wohlwollend begegnet worden wäre, da die Magistralen der Eisenbahnen für die Nation auch weiterhin eine Bedeutung hatten. Zusätzlich wären wohl Kohleverflüssigungsanlagen gebaut worden. Aber weder die Elektrifizierung eines derart ausgedehnten Bahnnetzes noch die Errichtung von Anlagen für synthetische Brennstoffe ist über Nacht durchführbar, und die Eisenbahnen hätten sich vielleicht als Übergangslösung und auf weniger belasteten Strecken der Dampftraktion zugewandt. Während die drei auf Seite 352 aufgelisteten grundlegenden Kriterien weiterhin Gültigkeit gehabt hätten, hätte ein großer Unterschied bei den Kohle- und Ölpreisen den wirtschaftlichen Vorteil der Dampftraktion vergrößert, und in der Folge hätten die Eisenbahnen, unter der Voraussetzung wirtschaftlicher Vorteile, vielleicht weniger strenge Anforderungen für Dampflokomotiven akzeptiert. Die ACE oder ähnliche Organisationen hätte von einer solchen Lage profitieren können, falls sie die Tatsache klar ins Auge gefasst hätte, dass sich der technische Fortschritt im Allgemeinen Schritt für Schritt vollzieht und folglich die Weiterentwicklung der Dampftraktion dort hätte beginnen müssen, wo sie aufgehört hatte. Man kann nicht einfach eine Generation überspringen, so dass das für den Anfang eine echte SGS-Lokomotive wie Portas 1E bedeutete, die tatsächlich nicht mehr war, als eine Dampflokomotive von klassischem Aufbau, der sich in der Vergangenheit als so erfolgreich erwiesen hatte, aber so verfeinert, dass sie auf der Höhe des Stands der Technik lag. Das war in Bezug auf die Hoffnung auf problemloses Betriebsverhalten das Beste, was man erreichen konnte und der grundlegende Ausgangspunkt, von dem aus Merkmale wie Mikroprozessorsteuerungen und die Tauglichkeit zur ferngesteuerten Mehrfachtraktion Schritt für Schritt hätten entwickelt werden können. Dabei wäre jede Stufe mit den verfügbaren Mitteln erreichbar und vor dem Übergang zur nächsten Stufe voll einsatzerprobt gewesen. Diese Maschine hätte als Studienobjekt gedient und mit ihr hätten die nötige Erfahrung, die erforderliche Kenntnis und das Fachwissen angesammelt und Glaubwürdigkeit eingebracht werden können.

Die Lokomotiven, die zu Beginn der Wiedereinführung und Weiterentwicklung der Dampftraktion hätten angeboten werden können, wären nicht in der Lage gewesen, im üblichen Sinne in Mehrfachtraktion zu arbeiten. Wie hätten sie also in den üblichen Betriebsablauf gepasst? Die Antwort wäre die Anwendung des auf Seite 343 erwähnten Vorschlags von P. Lewty gewesen, Dampf- und Diesellokomotiven gemeinsam einzusetzen. Die Zugkraftkennlinien der beiden Antriebsarten waren verschieden. Bei einem gegebenen Betriebsgewicht hatte die Dampflokomotive die höhere Leistung bei höheren Geschwindigkeiten, die Diesellokomotive bei geringen Geschwindigkeiten. Unter speziellen Bedingungen war deshalb die eine Antriebsart geeigneter als die andere. Aber, wie Lewty herausstellte, bei einem gemeinsamen Einsatz ergänzten sie sich in wunderbarer Weise, indem sie sozusagen das Beste aus zwei Welten zusammenführten, hohe Leistung von der Dampflokomotive und hohe Zugkraft von der Diesellokomotive.[2] In einer solchen Kombination aus Dampf und Diesel hätte die Dampflokomotive die Grundleistung erbracht und die ferngesteuerten Diesellokomotiven wären zur Verstärkung der Zugkraft auf die für die Schlepplast und die maßgebliche Steigung erforderliche beigestellt worden. Die Anwendung von Hilfslokomotiven mit Funkfernsteuerung wurde bereits dort praktiziert, wo Diesellokomotiven mit relativ geringem Leistungsgewicht wie die GM GP40X *(Anm. d. Übers.: BoBo, 2 600 kW, Stückzahl 23, GM-EMD, 1977 bis 78)* die verbreitetsten Triebfahrzeuge waren und war somit eine eingeführte Betriebsweise. Die Dampflokomotive hätte die ganze Zeit Leistung abgegeben und das Gros der Zugförderungsarbeit wäre somit unter Verbrennung von Kohle geleistet worden. Die Diesellokomotiven wären nur bei Bedarf zugeschaltet worden, sowohl für die Zugkraft in Steigungen als auch für die dynamische Bremsung bergab. Es wäre eine erhebliche Einsparung an Dieseltreibstoff erzielt worden (aber offensichtlich weniger als 100 %). Je größer die Dampflokomotive, desto größer wäre diese Einsparung gewesen, und es wäre ganz klar ein Fall für eine Garratt nach Portas Vorstellungen von der ACE 6000-G gewesen, wo immer die Art der Zugförderung häufig hohe Zugkräfte verlangte. Zwei Bauarten hätten man sich vorstellen können, zum Beispiel eine 1E und eine (1E1)(1E1)-Garratt mit vielen Gleichteilen. Ausgehend von einer Studie von Lewty über Zuglasten konnte abgeleitet werden, dass solche Lokomotiven ungefähr 50 % der Güterzüge in Nordamerika ohne oder mit nur geringer Hilfe bewältigt hätten, speziell die schnellen Züge von 2 000 bis 3 000 Tonnen mit Hochtarifgütern (TOFC, COFC und

---

[1] Das, was die ACE vorhatte, die Firma aufzubauen und gleichzeitig das Projekt abzuarbeiten, war unmöglich. Die Aufgabe verlangte nach einer Organisation mit dem Reifegrad einer Firma wie General Motors, als sie anfing, in den dreißiger Jahren Diesellokomotiven zu entwickeln.

[2] Lewty, P. J., Reciprocating Steam, 1978 (unveröffentlichstes Manuskript).

Autotransportzüge; *Anm. d. Übers.: TOFC = Trailer On Flat Car / LKW-Auflieger auf Flachwagen; COFC = Container On Flat Car / Container auf Flachwagen*), ein lukrativer Verkehrsmarkt, für den die Eisenbahnen wettbewerbsfähiger geworden wären, falls ihre Betriebskosten durch kohlegefeuerte Lokomotive, deren bauartbedingte Leistungscharakteristik für solche Dienste geeignet waren, erheblich gesenkt worden wären.[1] Obwohl Betriebseinrichtungen sowohl für Diesel- als auch Dampflokomotiven nötig gewesen wären, so wären deren Kosten von der reduzierte Wartung und der Lebensdauerverlängerung des nunmehr nur teilweise genutzten Diesellokomotivparks ausgeglichen worden.

Diese Lösung hätte relativ kurzfristig eingeführt werden können, weil vergleichsweise die Entwicklungszeit für SGS-Lokomotiven kurz und die Beschaffungskosten niedrig gewesen wären. Sie ergab auch den großen Vorteil der weiteren Nutzung der Investitionen in die Dieseltraktion und ihre Betriebseinrichtungen, während der Dampftraktion Zeit gewährt wurde, bis sie so weit entwickelt war, dass sie die Diesellokomotiven vollständig ablösen konnte. Falls die Eisenbahnen einer solchen Lösung als einem vernünftigen Ausgangspunkt für die Wiedereinführung der Dampftraktion zugestimmt hätten, so hätte sich die Kluft zwischen dem, was sie zu akzeptieren bereit waren und dem, was machbar war, überbrücken lassen. Falls die Eisenbahnbranche allerdings weiterhin darauf bestanden hätte, dass ein Dampflokomotiventwurf ein Lastenheft wie die ACE 3000 zu erfüllen hatte, dann war die Kluft so groß, dass zu ihre Überwindung gewaltige geistige und finanzielle Ressourcen erforderlich gewesen wären, die die Möglichkeiten einer Firma wie der ACE sicher weit überfordert hätten. Infolgedessen waren die Chancen eines Erfolgs vor der Desillusionierung der Eisenbahnen minimal gewesen. Leider traten die Umstände für die Rückkehr der Dampftraktion in der soeben beschriebenen Weise nicht ein, und je länger es dauert, bevor das so ist, denn Öl wird eines Tage gewiss knapp werden, desto schlechter stehen die Chance für die Wiedereinführung der Dampftraktion in zumindest annähernd ihrer klassischen Form.

Nach Ablehnung des ACE-Geschäftsplans durch die Chessie und der Erfolglosigkeit, irgendwo sonst echtes Interesse zu erwecken, verliefen sich die Leute schließlich, die mit der ACE zu tun hatten. Porta sicherte sich einen zweimonatigen Vertrag bei Foster Wheeler, um die sonstigen nicht lokomotivbezogenen Anwendungsmöglichkeiten seiner Technologie auszuloten, speziell des GPCS, was vielleicht die ganze Zeit Foster Wheelers Hauptinteresse war, und ging danach im Januar 1986 nach Argentinien zurück. Von uns allen hatte er am meisten gegeben und verloren. Nach der Ausarbeitung des Entwurfs der Mark 1-C und Vervollständigung des Versuchsberichts der 614, teilte ich der ACE mit, dass ich ohne Bezahlung nichts weiter für die Firma tun würde, aber Mitte 1985 schaute ich für meine Zukunft bereits nach Osten statt nach Westen. Anscheinend versuchten Rowland und Nielsen weiterzumachen, bis die Verhandlungen mit der Chessie schließlich ergebnislos abbrachen. Die ganze Veranstaltung hatte sechs Jahre gedauert und vier Millionen Dollar verschlungen. Hätte man diese Zeit und dieses Geld nicht sinnvoller einsetzen können? Damals wie heute denke ich, dass das möglich gewesen wäre. Zur Zeit des Anfangs wurde Rowland zitiert mit den Worten „Das Einzige, was einer kohlegefeuerten Lokomotive bei den Eisenbahnen Glaubwürdigkeit verschaffen wird, ist ein Prototyp, der Züge befördert.“[2] Das stimmte, aber die ACE 3000 war ein *un*glaubwürdiger Entwurf, auf den man nötigenfalls hätte hin arbeiten können, aber sicher kein sinnvoller erster Schritt. Das Geld hätte lieber für den Bau einer SGS-Lokomotive konventionellen Aufbaus ausgegeben werden sollen oder als Minimallösung für die gründliche Rekonstruktion einer kleinen Lokomotive, wie zum Beispiel einer importierten chinesischen 1D1 der Klasse SY *(Anm. d. Übers.: h2, Schlepptender, Einheitslokomotive für Industriebahnen, Bahn-Nrn. SY 0001 bis 1772, SY 2001 bis 2024, SY 3001 bis 3024, Lokomotivfabriken Tangshan, Sifang, Tongling, Jinan, Changchun, 1960 bis 1999, Serienbau ab 1967)*, die definitiv Züge befördert und im weiteren Verlauf vieles demonstriert hätte: sehr geringes Leistungsgewicht, gute Zuverlässigkeit und nahezu rauchlose Verbrennung. Mit einer solchen Vorführlokomotive wäre nicht nur in Amerika, sondern in der ganzen Welt der Eisenbahn und dort, wo das Interesses an modernen Dampflokomotiven relativ leicht zu wecken gewesen wäre, die Überzeugung gewachsen, dass ACE etwas zu bieten hatte. Was konnte stattdessen nach der Ausgabe von vier Millionen Dollar vorgewiesen werden? Eigentlich nichts, außer einer großartigen Aufführung für die Enthusiasten im Januar 1985, die der Dampftraktion keinerlei Glaubwürdigkeit gab.

[1] Es gab Anhaltspunkte dafür, dass die amerikanischen Eisenbahnen in kommerzieller Hinsicht von dem Fahren kürzerer, schnellerer Züge profitieren würden, zumindest bei Hochtarifgütern (zum Beispiel: Leilich, R. H., A Study of the Economics of Short Trains, National Technical Information Service, Springfield Va., 1974, wovon Auszüge in der Zeitschrift Railway Age vom 29.07.1974 wiedergegeben waren, und How FEC [Florida East Coast Railway] runs short trains at a profit, Zeitschrift Railway Gazette International, Januar 1977).

[2] Railway Age, Ausgabe vom 13.07.1980, Seite 37.

KAPITEL 7

CHINA – DAS LETZTE REICH DER DAMPFLOKOMOTIVE

Seit vielen Jahren gab es an dem Eingang zum Bahnhof Peking eine Zugangsbarriere, über der eine Tafel mit englischer Aufschrift forderte „Zeigen Sie mir bitte Ihren Fahrausweis". Der Fahrkartenschalter war auf der anderen Seite der Barriere. Ein solches Land ist China. Die einfachen Dinge, wie der Erwerb eines Fahrausweises für eine Zugfahrt werden schwierig gemacht, die wirklich schwierigen Dinge können mehr oder weniger unmöglich sein.

7.1 Die Reise in den Osten

Für den Anfang meiner Mitwirkung an dem fast sicher letzten ernsthaften Versuch der Weiterentwicklung der klassischen Stephenson'schen Lokomotive im großen Maßstab auf diesem Planeten müssen wir in das Jahr 1981 zurückgehen, das Jahr, in dem der *Rote Teufel* fertiggestellt wurde. Zu der Zeit hatte China seine Tore für westliche Besucher geöffnet und Teilnehmer an einer der ersten Reisen für Eisenbahnfreunde in dieses Land war Dusty Durrant. Er hatte ein Kopie meines Vortrags „Die Dampflokomotive – Triebfahrzeug der Zukunft" für den SAR-Ingenieurverein dabei, die er Zhu Qi[1] übergab, einem dem Auswärtigen Büro des Eisenbahnministeriums zugehörigen Ingenieur. Im Jahre 1982 arbeiteten Durrant und ich kurz für einen Bericht zusammen, der eine Beschreibung der Modifikationen der 3450 und die mit der Lokomotive bis dato aufgezeichneten Versuchsergebnisse enthielt. Darin wurde erklärt, dass das Maß der mit 3450 erzielten Leistungssteigerung von jeder in ähnlicher Weise modifizierten Dampflokomotive erreichbar war. Dieser Bericht wurde von Durrant an einige der bei seinem Besuch Chinas im Vorjahr gemachten Kontakte geschickt. Von den Chinesen kam keine Rückäußerung, und ich nahm an, dass die Eingaben kein Interesse geweckt hatte, aber das war tatsächlich nicht der Fall. Sie hatten eine Saat gesät, die aufgehen sollte, als die Bedingungen günstig waren.

Der nächste Akteur in unserer Geschichte war M. Thorp, ein junger Engländer und Verkehrsplaner von Beruf, der mir im Jahr 1983 schrieb, er sei „im Begriff, eine neue Firma für den Bau und Betrieb von modernen Dampflokomotiven aufzubauen" und fragte an, ob ich an einer Anstellung bei ihm interessiert wäre. Da ich nicht davon ausging, noch wesentlich länger in Südafrika zu bleiben und wenig erfreut war über das, was ich seinerzeit über die ACE wusste, bekundete ich mein Interesse an seinem Angebot, vorausgesetzt, seine Firma verfügte über angemessene Ressourcen. Die Korrespondenz ging weiter, aber als Resultat von Besuchen sowohl Thorps in England als auch der ACE in Amerika im Verlauf des Septembers 1983 hatte ich den Eindruck, dass ACE, trotz meiner Vorbehalte ihr gegenüber, die besseren Erfolgsaussichten hatte (von der 614 einmal ganz abgesehen!). Daher stimmte ich der Mitarbeit bei der ACE, statt der in der Firma Thorps, der Steam Locomotive Designs Limited (SLD), zu, aber wegen ACEs Misserfolg bei der Kapitalbeschaffung blieb ich mit Thorp weiter in schriftlichem Kontakt. Als die ACE dann ihren Vertrag mit mir nicht einlösen konnte, entschloss ich mich, Thorp mehr zu unterstützen, in der Hoffnung, dass realistische Entwürfe, gerichtet an die richtigen Stellen, vielleicht einige Reaktionen hervorrufen könnten. Dementsprechend erklärte ich mich mit der zunächst unbezahlten Stellung als Technischer Direktor der SLD einverstanden und arbeitete Thorp die nachstehenden technischen Vorlagen zu.

1. Eine mögliche Produktpalette für neue Lokomotive. Vier Typen wurden zur Abdeckung eines weiten Bereichs von Betriebsbedingungen vorgeschlagen: Konstruktionen für 1E1 und (1E1)(1E1)-Garratts mit geringer Achsfahrmasse für Nebenstrecken und Konstruktionen gleicher Achsfolge und großer Achsfahrmasse für Hauptstrecken. Es sollte größtmögliche Vereinheitlichung der Baugruppen angestrebt werden, und im Fall der Garratts wurde gezeigt, dass eine einzige Konstruktion genügte, indem die 30 % größere Achsfahrmasse ausschließlich durch Wasserballast auf den Triebgestellen erreicht und der Speisewasservorrat in einem Tankwagen mitgeführt wurde. Mit dieser Lösung war es möglich, dass ein und derselbe Lokomotivtyp über Strecken mit unterschiedlichen zulässigen Achsfahrmassen einfach durch Variieren des Ballastwassergewichts betrieben werden konnte. Die entsprechende Steigerung der Zugkraft wäre durch Einstellung des Kesselsicherheitsventils gemacht worden, wobei alle Komponenten für den höheren Druck ausgelegt gewesen wären. Bei den beiden 1E1 wären nur die Kessel verschieden gewesen, und die meisten Baugruppen wären mit denen der Garratts austauschbar gewesen (Porta ging davon aus, dass die wegen der hocheffizienten Zylinder und Saugzuganlagen möglichen sehr kleinen Kessel Wasserballast bei allen modernen Dampflokomotiven erforderlich gemacht hätten; falls sich das als zutreffend herausgestellt hätte, dann wäre die für die Garratts vorgeschlagene Methode zur Änderung des Reibungsgewichts auch bei den 1E1 angewendet worden).
2. Ein Entwurf zur Verbesserung der (2D1)(1D2)-Garratts der 20. Klasse der Staatsbahnen von Zimbabwe *(Anm. d. Übers.: geliefert an Rhodesia Railways (RR), Bahn-Nrn. 700 bis 760 (Klasse 20 und 20A), Beyer Peacock, 1954, durch die politischen Veränderungen später auf mehrere Länder verteilt).*
3. Eine Eingabe für die Indischen Staatsbahnen, die sich hauptsächlich mit den Details von Verbesserungen an den vorhandenen Lokomotiven beschäftigte, wie zum Beispiel den 2C1 der Klassen WP und YP und den 1D1 WG und YG *(Anm. d. Übers.: h2, Güterzug-Schlepptender, Meterspur, 1074 Stück, Baujahre bis 1972, hauptsächlich von Tata und Chittaranjan)*, aber ging auch kurz auf neue Lokomotivkonstruktionen ein.
4. Eine Eingabe ähnlich der unter Punkt (3) für die Chinesischen Staatsbahnen (CR), einschließlich eines speziellen Entwurfs zur Verbesserung der 1E1-Klasse QJ (*Quian Jin*, gleich „Fortschritt").

Die Entwürfe für Zimbabwe, Indien und China beruhten überwiegend auf meinen Erfahrungen bei den SAR. Mit Eisenbahnen in sogenannten Entwicklungsländern als Zielgruppe waren sie in Bezug auf dass, was in einer solch technisch einfachen Umgebung möglich gewesen wäre, realistisch. Die Betonung lag dabei auf der Bedeutung solcher Verbesserungen für die Betriebsabteilungen, die, wie ich wusste, die eigentlichen Kunden waren. Hier ein Zitat aus dem Einleitungsabschnitt des Entwurfs für die QJ:

> „Der nachstehende Entwurf ist ein umfassendes Umbaupaket, um die Dampflokomotiven der Klasse ‚QJ' auf die Höhe der heutigen Technik zu bringen. Es handelt sich um ein Maßnahmenpaket ohne Schnickschnack, bei dem jeder Punkt unter den chinesischen Bedingungen substantiellen betrieblichen und ökonomischen Nutzen bringen wird. Soweit möglich, werden in dem Entwurf bestehende Komponenten von veralteter Konstruktion durch solche moderner Konstruktion ersetzt, statt den Aufbau der Lokomotive zu komplizieren. Das geschieht im Einklang mit dem Prinzip größtmöglicher Einfachheit."

---

[1] Sämtliche chinesischen Wörter sind in Pinyin wiedergegeben, der bevorzugten *(Anm. d. Über.: und seit 1956 offiziellen)* Transkription des Chinesischen in das lateinische Alphabet.

Die vorgesehenen Modifikationen der QJ umfassten die bei der Rekonstruktion der 3450 angewendeten Dinge sowie zusätzlich das Zyklon-GPCS, neu konstruierte Zylinder, veränderliche Voreilung, mit dem Kolben verschweißte hintere und vordere Kolbenstangen, höherer Kesseldruck und verbesserte Hilfsmaschinen. Die in Aussicht gestellten Verbesserungen der Leistungsfähigkeit fußten auf dem mit 3450 Erreichten, plus Zuschlägen für die weiterführenden Umbauten (speziell die neuen Zylinder) und dafür, dass die QJ in Bezug auf die ihr zugedachten Aufgaben im Prinzip eine ausgewogenere Konstruktion war als die 25NC. Folgende Verbesserungen wurden versprochen:

i) Steigerung der maximalen auf die Ebene bezogenen Zughakenleistung von ungefähr 2 300 kW auf ungefähr 3 900 kW, also eine Zunahme von 70 %.
ii) Zunahme des thermischen Gesamtwirkungsgrads von 8,42 %[1] auf ungefähr 12 %[2], mit den Einzelwerten 75 % Kesselwirkungsgrad, 19 % Zylinderwirkungsgrad und 85 % für den zusammengefassten Wirkungsgrad der mechanischen Verluste und des Eigenwiderstands bis zum Tenderzughaken, was eine Minderung des günstigsten spezifischen Kohleverbrauchs um 30 % bedeutete.

Zusätzlich zu diesen speziellen Angaben für die QJ wurden für die moderneren chinesischen Bauarten (1D1-Klassen JF, JS und SY, 2C1-Klasse RM und die 1E1-Klasse QJ *(Anm. d. Übers.: **JF**: h2, Güterzug-Schlepptender, Bahn-Nrn. 71 bis 500, 575 bis 2100, 2101 bis 2500 und 4001 bis 4101, 1952 bis 1961?; **JS**: h2, Güterzug-Schlepptender, Bahn-Nrn. 5001 bis 6135, 6201 bis 6558 und 8001 bis 8423, 1916 Stück, 1957 bis 65 und 1981 bis 88; **SY**: h2, Güterzug-Schlepptender, Bahn-Nrn 0001 bis 1772, 2001 bis 2024 und 3001 bis 3014, 1960 bis 99, Serienbau ab 1967; **RM** : h2, Personenzug-Schlepptender, Bahn-Nrn. 1001 bis 1258, 1958 bis 66)*) die nachstehenden Zahlenwerte für die Größenordnung der im normalen Hauptstreckendienst mit der Anwendung eines solchen Umbaupakets möglichen Verbesserungen der Betriebseigenschaften angeführt.

1. Minderung des Kohleverbrauchs um 25 % je Tonnenkilometer, entsprechend einer Steigerung der Produktivität in Tonnenkilometer je aufgeworfener Tonne Kohle um 33 %.
2. Minderung des Wasserverbrauchs um 15 % je Tonnenkilometer, entsprechend einer Steigerung der Produktivität in Tonnenkilometer je verbrauchtem Liter Wasser um 18 %.
3. Steigerung der Produktivität der Lokomotiv-Tonnenkilometer pro Jahr um 25 %.
4. Steigerung der maximalen auf die Ebene bezogenen Zughakenleistung um 40 bis 70% je nach Lokomotivklasse.
5. Steigerung der Streckenkapazitäten um 20 %.
6. Minderung der Umweltemissionen je Tonnenkilometer um 50 %.

Zu den verschiedenen Vorlagen machte Thorp noch seine eigenen Ergänzungen und verschickte sie Ende 1984 an seine eigenen und die von der britischen Regierung angegebenen Kontakte. Zusätzlich verfassten wir einen gemeinsamen Artikel für die Zeitschrift Developing Railways[3], in dem wir Argumente für eine verbesserte Dampftraktion lieferten, wo die Verhältnisse dafür günstig waren, und ein Entwurf dieses Artikels wurde auch den CR im Jahre 1984 zugesendet. Nichts davon führte zu einer sofortigen Reaktion, obwohl einige kurze Pressenotizen zu der Zeit darauf hinwiesen, dass China an einer Entwicklung der Dampflokomotive interessiert war. Die Railway Gazette International vom Januar 1985 zum Beispiel behauptete, dass die Lokomotivfabrik Datong in dem Jahr eine neue Dampflokomotive nach den Vorbild des *Roten Teufels* herausbringen würde, und ein Mitglied der Chinesischen Akademie für Eisenbahnwissenschaften wurde mit seiner Vorhersage zitiert: „die Dampftraktion hat eine neue Zukunft“. Dann aber, im darauffolgenden Mai, als ich gerade dabei war, an der ACE zu verzweifeln, wurde eine Delegation der SLD kurzfristig nach China eingeladen, und so kam es, dass Thorp, sein Vater, ein pensionierter Produktionsingenieur und Fertigungsleiter der Firma, und ich Anfang Juni 1985 zu einem zweiwöchigen Besuch nach Peking flogen. Es gab die obligatorischen Besuche touristischer Attraktionen und auch einen bei der neun Kilometer langen Versuchsringstrecke der Akademie für Eisenbahnwissenschaften in Peking, aber die Hauptaktivität war ein Mini-Symposium in Datong zu dem Thema „der systematische Umbau der Klasse QJ“ gemäß der technischen Vorschläge in unserer Vorlage.

Bei der Zusammenkunft waren zugegen Repräsentanten der Lokomotivfabrik Datong, verschiedener Abteilungen aus der Zentrale des Eisenbahnministeriums, der Akademie für Eisenbahnwissenschaften, der Regionalverwaltung von Harbin und des Amts für Energieeinsparung der Staatlichen Planungskommission. Der Hauptvortragende[4] war ich, und meine Ausführungen bestanden in einer genauen Darstellung der Arbeiten in Südafrika und darin, zu zeigen, wie diese Technologie durch Minderung vermeidbarer Verluste die Leistung und den Wirkungsgrad steigerte. Das Ausmaß dieser Verluste wurde durch die Tatsache illustriert, dass der ideale thermische Wirkungsgrad der QJ-Klasse, basierend auf ihrem teils offenen, teils geschlossenen Rankine-Prozess die Größenordnung von 23 % hatte, also etwa dreimal besser als das, was tatsächlich am Zughaken erreicht wurde. Es wurde erläutert, dass die Technologie weiter verbessert und bei der Klasse QJ angewendet werden konnte. Die resultierenden Nutzeffekte wurden angegeben, zum Beispiel wurde beschrieben, wie die angeführte große Leistungssteigerung durch gleichzeitiges Herangehen an die grundlegenden leistungsbegrenzenden Faktoren, die Blasrohrgrenze, die Rostgrenze und das Schluckvermögen der Zylinder, erreicht werden konnte. Das praxisbezogene Wesen dieser Umbauten wurde betont, ebenso, dass man von ihnen vernünftigerweise das Funktionieren in dem gegenwärtigen Umfeld der Eisenbahn erwarten konnte und die Notwenigkeit, die Anforderungen der Betriebsabteilung zu befriedigen.

Die Chinesen waren hauptsächlich da, um zuzuhören und untereinander das Gehörte zu diskutieren, aber sie lieferten uns einige interessante Informationen.[5] Ein Vertreter der Akademie für Eisenbahnwissenschaften erklärte, dass es die erklärte Politik gewesen war, die Dampftraktion abzuschaffen, aber die Eisenbahnen nunmehr aus Energiegründen verpflichtet waren, sie beizubehalten. Die Wirtschaftslage begünstigte die Beibehaltung und Verbesserung der vorhandenen Lokomotivklassen und den Bau neuer verbesserter Bauarten. Die Verbesserung des thermischen Wirkungsgrads der Klasse QJ wurde als Ausgangspunkt für diese Weiterentwicklung der Dampftraktion angesehen. Diese Wirkungsgradverbesserung wurde von den Chinesen als wichtigster Faktor betrachtet, mit dem Ziel, den thermischen Gesamtwirkungsgrad am Zughaken auf mehr als 11 % zu steigern. Aus diesem Grund waren sie an den speziellen Vorschlägen für bessere Wirkungsgrade in den SLD-Vorlagen interessiert. Nachrangig zu dem thermischen Wirkungsgrad waren eine verbesserte Zuverlässigkeit, höhere Leistung, verminderte Emissionen und verbesserte Arbeitsbedingungen für die Mannschaften erstrebenswerte Merkmale. Eine

[1] Das war der offizielle von den Chinesischen Saatsbahnen für die Klasse QJ angegebene Wert, aber wie ich später herausfand, bezog er sich auf den Radumfang und nicht auf den Zughaken.

[2] Die ACE hatte, basierend auf Portas Arbeiten, behauptet, der Maximalwert für den thermischen Gesamtwirkungsgrad könnte ohne Anbau neuer Zylinder auf 12,4 % gesteigert werden.

[3] Modern Steam Locomotives – Traction For The Future?, Zeitschrift Developing Railways 1985, Seiten 30 bis 35.

[4] Alle hatten Glück, dass sie einen zusammenhängenden Vortrag zu hören bekamen, denn bei dem Begrüßungsbankett am Vorabend bedachten mich die Chinesen mit ihren Trinksprüchen unter Verwendung ihres etwas scharfen Schnapses. Ich machte bei dem Spiel mit und überlebte so eben.

[5] Es gibt immer gewisse Zweifel in Bezug auf die Genauigkeit von Informationen und Daten. Ich sollte erfahren, dass es für die Chinesen zum Leben dazu gehört, Fehlinformationen (mein Euphemismus) zu geben. Zusätzlich konnte das Gesagte bei der Übersetzung erheblich entstellt werden, indem langatmige Antworten von Chinesen manchmal einfach mit „ja“ oder „vielleicht“ übersetzt wurden. Die Genauigkeit sämtlicher Daten aus chinesischen Quellen ist deshalb Gegenstand dieser Vorbehalte.

höhere Leistung sollte vorzugsweise dazu verwendet werden, um schwerere Züge zu schleppen, statt mit den gleichen Zuglasten schneller zu fahren. Gleichwohl betonte der Chefingenieur der Lokomotivfabrik Datong, Xu Hong Pei, dass sie kein Interesse an der Fertigung von Garratt-Lokomotiven hatten. Die Bemühungen mussten sich auf die Verbesserung der QJ-Klasse konzentrieren und sie wünschten innerhalb von zwei Jahren einen Prototyp auf der Schiene zu haben.

Angeblich verbrauchten die Dampflokomotiven mehr als zehn Millionen Tonnen Kohle im Jahr. Die maximalen Güterzuglasten waren üblicherweise 3 500 Tonnen, mit fast 4 000 Tonnen auf einigen Strecken, obwohl allerdings 10 000-Tonnen-Züge auf dem Versuchsring in Peking gefahren worden waren.[1] Die Länge der Güterzüge war durch die Länge der Ausweichgleise begrenzt, die im Bereich von 650 bis 850 Meter lag, also Platz für 45 bis 60 Wagen boten. Wurde mehr als eine Lokomotive benötigt, dann war es unabhängig von der Traktionsform üblich, alle Lokomotiven zu bemannen.[2] Güterzuggeschwindigkeiten waren auf maximal 80 km h^{-1} festgelegt (zufällig (?) ist das auch die zulässige Höchstgeschwindigkeit der QJ-Klasse). Die maximalen Zuglasten der Reisezüge betrugen seinerzeit um die 1 000 Tonnen entsprechend einem Zwanzigwagenzug, aber die Eisenbahnen gingen von einer Erhöhung um 50 % aus, was jedoch zum Zeitpunkt der Niederschrift noch nicht umgesetzt worden war. Die höchste Reisezuggeschwindigkeit betrug 120 km h^{-1}. Die Belegschaft der Fabrik in Datong betrug angeblich 8 000 Mitarbeiter, darunter 600 Techniker und Ingenieure, von denen mehr als 60 mit Konstruktionsaufgaben beschäftigt waren.[3] Die Fabrik war in etwa 60 Werkstattabteilungen und Büros aufgeteilt und produzierte zu der Zeit sowohl 1E1-QJ und 1D1-JS als auch Baugruppen für Diesellokomotiven. Die Planung für den Bau kompletter Diesellokomotiven war im Gang, und dafür war bereits Werkstattfläche bereitgestellt worden. Der Preis in China für eine QJ wurde umgerechnet mit 125 000 US-Dollar angegeben, aber vertraulich wurde zu verstehen gegeben, dass das nicht die wahren Herstellungskosten widerspiegelte. Die Nennleistung dieser Klasse am Radreifen wurde zu 2 222 kW (2 980 h.p.) angegeben, aber als Grenzwert bei Versuchen wurden 2 670 kW (3 580 h.p.) geltend gemacht, entsprechend 20,1 kW je Tonne Maschinengewicht. Bei 10 km h^{-1} betrug die gemessene Zugkraft 271 kN.

Während unseres Aufenthalts in Datong wurden wir durch die Fabrik und das Lokomotivdepot geführt, mit der Möglichkeit, die QJs unmittelbar zu begutachten. Im Depot erfuhren wir, dass die Hauptstreckenlokomotiven zwischen den monatlichen Kesselauswaschungen durchschnittlich 8 800 Kilometer zurücklegten. Jede Lokomotive war drei festen Mannschaften von jeweils drei Mann, einem Lokomotivführer und zwei Heizern, zugeteilt, die für ihren Zustand und ihre Sauberkeit verantwortlich waren. Zwischen zwei Auswaschungen wurden die Lokomotiven ununterbrochen im Dienst gehalten, es sei denn, ein Defekt trat auf, der von der Mannschaft nicht behoben werden konnte. Zum Ende der Schicht einer Mannschaft wartete bereits die nächste bereit zur Dienstübernahme, und mit diesen Maßnahmen wurde eine recht hohe Produktivität der Lokomotiven erreicht, wenn auch nicht von dem Personal. Im damaligen Umfeld in China war das eine vernünftige Regelung, denn dort waren aus Sicht der Produktivität Maschinen wertvoller als Arbeiter. Die Auswascharbeiten nahmen achtzehn Stunden in Anspruch. Das Auswaschen selbst dauerte nur vier Stunden, aber der vollständige Ablauf ähnelte einer Zwischenausbesserung bei den SAR, indem auch zum Beispiel die Kolben- und Schieberringe und die Packungen der Kolbenstangenstopfbuchsen nachgesehen wurden (aber nicht immer alles bei jedem Auswaschen; die Ringe zum Beispiel, wurden bei jedem zweiten Auswaschen untersucht und nach etwa 40 000 Kilometer gewechselt). Die Zylinder- und Schieberbuchsen wurden ungefähr alle 80 000 bis 100 000 Kilometer ausgebohrt und die Radreifen alle 100 000 Kilometer neu profiliert. Die Lokomotiven waren mit Mischvorwärmersystemen ausgerüstet (eine Kopie der amerikanischen Bauart Worthington), die eine Speisewassertemperatur von 90 °C ergaben, welche aber angeblich hohe Unterhaltskosten verursachten, indem der Vorwärmer bei jedem Auswaschen von Kesselstein gereinigt wurde.

Von irgendwelchen Schwierigkeiten mit den Lokomotiven wurde kaum gesprochen. Probleme mit der Verdampfungswilligkeit und mit Schlackebildung bei den schlechteren Kohlesorten wurden eingeräumt. Es wurde eine sehr niedrige Ascheerweichungstemperatur von 1180 °C genannt, trotz derer angeblich keine Schlackeablagerungen an der Rohrwand in der Verbrennungskammer auftraten, obwohl ich einige sah, als ich in eine Feuerbüchse kletterte. Die kleinste normal angewendete Zylinderfüllung betrug wegen Problemen mit Triebwerkschlägen angeblich 30 bis 35 % und die Chinesen waren bei einer Leistungssteigerung sehr besorgt um die Adhäsion, ein Hinweis darauf, dass auch bei den Serienlokomotiven die Adhäsion zu wünschen übrig ließ, was sich später bei meinen Führerstandsmitfahrten bestätigen sollte. Weitere Probleme traten im Bereich der Wasseraufbereitung auf. In Datong wurde die innere Speisewasseraufbereitung praktiziert, wobei die Chemikalien dem Tenderwasser von den Lokmannschaften zugegeben wurden. Allerdings wurde kein Antischaummittel ausgegeben, und 10 % des Speisewassers mussten zur Vermeidung des Aufschäumens abgeschlammt werden. Das war ein sehr hoher Wert, so dass die Kesselwasserkonditionen von dem hohen Gehalt an gelösten Salzen, dem hohen Schlammgehalt und der hohen Alkalität weit entfernt waren, die Porta für eine erfolgreiche innere Aufbereitung empfahl. Im weiteren Verlauf sollte ich erfahren, dass die landesweit üblichen Abschlammraten bei 10 bis 15 % lagen oder sogar darüber in Bezirken mit schlechter Speisewasserqualität, und als höchster Gehalt an gelösten Salzen waren 2 200 mg $Liter^{-1}$ zugelassen, beziehungsweise 4 000 mg $Liter^{-1}$, falls Antischaummittel verwendet wurden.

Um uns eine Vorstellung von den täglichen Betriebsleistungen einer QJ machen zu können, baten Thorp und ich um eine Führerstandsmitfahrt und das wurde nach unserer Rückkehr von Datong nach Peking pünktlich arrangiert. Die Fahrt ging von Fengtai, Pekings Hauptgüterbahnhof, über 52 Kilometer auf der Hauptstrecke nach Guangzhou bis Zhou Xian. Eine weibliche Dolmetscherin begleitete uns, die, wie sie sagte, nun zum ersten Mal, und ich vermutete, dass sie hoffte auch zum letzten Mal, auf einer Dampflokomotive mitfuhr. Der Zug war ein Güterzug nach Shijiazhuang, 266 Kilometer südlich von Fengtai und die erste geschäftige Großstadt an dieser Route. Die Zuglast betrug 3 073 Tonnen / 212 Achsen, wobei die Grenzlast auf diesem Abschnitt mit einer maßgeblichen Steigung von 6,3 ‰ 3 500 Tonnen war (in Ausnahmefällen 3 800 Tonnen). Wir hatten in Fengtai keine Probleme, unsere Lokomotive ausfindig zu machen, denn sie war die einzige saubere. Ihre Nummer lautete 1525 und das Baujahr war 1973. Allerdings war ihr Lauf, trotz ihres sauberen äußeren Zustands und nur 1 Millimeter hohl abgefahrenen Treibradreifen, ein Anzeichen dafür, dass sie vor nicht allzu langer Zeit überholt worden war, außerordentlich unruhig mit starken Zuckschwingungen, Stampfen an der Tenderkupplung und Schlingern. Der Lokomotivführer sagte, dass das bei den QJ normal war, und auf fast allen Maschinen dieser Klasse, auf denen ich im weiteren Verlauf mitfuhr, sollte ich ähnliche Laufeigenschaften erfahren. Gegenüber den sanft laufenden 2D2 der SAR, die ich gewohnt war, war das eine ziemliche Umstellung. Auch war der Führstand verschmutzt, eine weiter Abweichung von den SAR-Erfahrungen, wo auch schmutzige Lokomotiven saubere Führerstände haben konnten und was, wie ich fand, recht befremdlich bei einer Lokomotive mit fester Besetzung war. Eine Art Vorwarnsystem für die Signalstellungen war auf dem Führerstand installiert, und auch ein Funkgerät war an Bord. Die Abschlammung wurde in der Form häufiger kurzer Ventilöffnungen ausgeführt. Der Regler war auf dem Quadranten nie mehr als bis zur Hälfte geöffnet und die betrieblichen Zylinderfüllungen lagen bei 30 bis 40 %, wobei 40 % Regleröffnung und 30 % Füllung für die

---

[1] Auf das gesamte Streckennetz bezogen betrug die durchschnittliche Zuglast Ende 1986 angeblich 2 291 Tonnen (Quelle: International Railway Journal, Juli 1987).

[2] Obwohl es in China durchaus einige Strecken mit großen Neigungen gibt, sind doch die meisten Hauptbahnen ziemlich eben. Deswegen und wegen der niedrigen Arbeitskosten für die Besetzung von Lokomotiven war die Eignung von Lokomotiven zur Mehrfachsteuerung von geringerer Bedeutung als in Nordamerika oder Südafrika. Zur Zeit der Niederschrift wird die Mehrheit der CR-Züge weiterhin von nur einer Lokomotive befördert, sei es mit Dampf, Diesel oder elektrisch, und somit war die Hauptmotivation zur Abschaffung der Dampftraktion in China nicht vorhanden.

[3] In einem Artikel über die Fabrik in einer Beilage zu der Tageszeitung China Daily waren die Zahlen mit 9 400 Mann Belegschaft, davon 1 000 Techniker, angegeben.

Einhaltung von 85 km h^{-1} auf dem Geschwindigkeitsmesser ausreichten. Der Leerlauf erfolgte mit geschlossenem Regler und 15 % Zylinderfüllung. Die Lokomotiven hatten Trofimoff-Schieber mit automatischem Druckausgleich für den Leerlauf.

Von den Heizern bediente einer Feuerung und Kessel, während der andere die Strecke beobachtete, wobei sie ihre Aufgaben nach jeweils 45 Minuten tauschten. Die Rostbeschickung erfolgte von Hand mit einer gründlich genässten Kohle, was angeblich mit der verwendeten Kohle, zu 90 % Staub, einen wesentlich niedrigeren Kohleverbrauch als mit dem Stoker ergab. Es war den jeweiligen Mannschaften überlassen, ob sie mit dem Stoker oder von Hand feuerten, aber da Kohleprämien gezahlt wurden, bestand jeder Anreiz, die Schaufel zu benutzen, und ich erlebte im weiteren Verlauf, dass die Handfeuerung allgemein bevorzugt wurde. Diese wurde durch die druckluftbetätigten Schmetterlingsfeuertüren stark erleichtert und erschien eine recht leichte Arbeit zu sein, trotz einer Rostfläche von 6,8 m^2 und der schweren Zuglast. Wir zählten die aufgeworfenen Schaufeln und ich berechnete später, dass die Rostbelastung bei etwa 300 kg m^{-2} h^{-1} oder 2 Tonnen je Stunde gelegen hatte, also recht moderate Zahlen. Beim Anfahren gab es ein merkliches Aufreißen des Feuers durch die starken Saugzugstöße und es konnte beobachtet werden, dass das Beschicken fast ausschließlich auf den hinteren Teil der Rostfläche und an die hinteren Seitenwände erfolgte, ein Hinweis auf eine ungleichmäßige Primärluftverteilung und / oder, dass das Feuer bei geöffnetem Regler nach vorn wanderte. Dennoch war das Feuer durchweg in einem guten Zustand und der Kesseldruck konnte gut gehalten werden, allerdings ließ man den Wasserstand absinken, vielleicht weil die Mannschaft wusste, dass der Zug ziemlich häufig auf Ausweichgleise geschickt wurde, um Reisezüge überholen zu lassen. Die Schüreisen wurden nicht benutzt und ich hielt die Kohle potentiell gut geeignet für das GPCS (fälschlicherweise, wie sich herausstellte).

Während des letzten Tags der Gespräche in dem Eisenbahnministerium in Peking tauschten Thorp und die Chinesen Ideen darüber aus, welche Form eine Zusammenarbeit zwischen SLD und Datong annehmen könnte. Die Vertreter der Fabrik Datong wollten so viel Arbeit wie möglich in China konzentrieren und äußerten sich dahingehend, dass der vorrangige Grund für eine Zusammenarbeit darin bestand, die Arbeit in den Bereichen zu beschleunigen, wo ihre Ingenieure keine Erfahrung hatten. Sie gaben auch ihrer Sorge wegen der Kosten dieser Umbauten Ausdruck und teilten Thorp mit, dass der Preis, den er ihnen angegeben hatte, nicht mit dem anderer Firmen konkurrenzfähig war und deshalb inakzeptabel war. Das war ohne Zweifel ein großes Problem, eingedenk der Tatsache, dass wir über Dampflokomotiven redeten, und speziell über harte Währung. Tatsächlich hatten die Chinesen SLD nur gebeten, eine Delegation zu entsenden, weil sie vermuteten, dass ich dabei war und weil sie prüfen wollten, was ich zu bieten hatte. Zu gegebener Zeit nahmen sie die billigste Option, mich selbst nach China einzuladen, um die Arbeit mit der Belegschaft in Datong zu erledigen.

Ich glaubte, dass hier nun zu guter Letzt die goldene Chance bestand, die Dampflokomotive am Leben zu erhalten. Die Dampflokomotiven waren noch immer eine wichtige Größe auf den Chinesischen Eisenbahnen. Sie stellten etwa 70 % des Gesamtbestands an Triebfahrzeigen dar, bewältigten etwas mehr als 60 % der Verkehrsleistungen, und ungefähr die Hälfte der jährlich produzierten 600 neuen Lokomotiven waren Dampflokomotiven.[1] Aber über allem stand, dass es hier eine Eisenbahnverwaltung gab, die ihr Engagement für die Beibehaltung und Entwicklung der Dampftraktion erklärt hatte. Es hörte sich zu gut an, um wahr zu sein, und so war es auch. Eine etwas gründlichere Reflektion des Gehörten hätte mir das auch schon zu jener Zeit gesagt, denn es gab gewiss einige Ungereimtheiten. Zum Beispiel, warum bereitete sich die einzige verbliebene Fabrik Chinas für die Herstellung von Hauptstreckendampflokomotiven auf die Aufnahme des Baus von Diesellokomotiven vor, falls doch die Eisenbahn sich für die Dampftraktion engagierte? Mir sollte später klar werden, dass die Dinge in der Tat nicht so lagen, wie man den Anschein erweckt hatte. Es wurde erwähnt, dass Vertreter des Amts für Energieeinsparung der Staatlichen Planungskommission an dem Symposium in Datong teilnahmen, und anscheinend übte dieses mächtige Ministerium der Regierung auf die Eisenbahnen Druck aus, ihren Verbrauch an Dieseltreibstoff zu minimieren. Dieser Druck hatte eine Neubewertung der Dampftraktion als einziger mittelfristig verfügbarer ölunabhängiger Option erzwungen, da die schnelle Elektrifizierung aus finanziellen Gründen außer Frage stand. Die Dampftraktion war also alles andere als die Wunschlösung der Eisenbahnführung selbst, sondern einer wahrscheinlich zögerlichen Verwaltung von einer anderen Regierungsbehörde aufgezwungen. Der Unterschied zwischen dieser tatsächlichen Lage und der von mir angenommenen waren praktisch die Garantie für den Misserfolg des Projekts, weil es nicht das war, was die Eisenbahnen wirklich wollten.

Ohne diese Dinge zu ahnen, bereitete ich meinen Aufbruch in das „Reich der Mitte“ vor, und nach meinem Rücktritt von meinem (immer noch unbezahlten) Posten bei SLD, wurde ich Anfang 1986 Technischer Berater der Datong Lokomotivfabrik. Die mir anvertraute Aufgabe bestand in der Konstruktion einer „Super-QJ“ als einem ersten Schritt, wie man hoffte, auf dem Weg in eine „neue Zukunft der Dampftraktion“.

7.2 Die Klasse QJ[2]

Die QJ basierte auf der russischen 1E1-Klasse LV, von der vor dem abrupten Ende der Dampflokomotivproduktion durch die Sowjetischen Staatsbahnen im Jahr 1956 über 500 Stück erbaut worden waren. Während der Periode enger Zusammenarbeit der UdSSR mit China in den fünfziger Jahren wurden russische Ingenieure, Techniker und Ausrüstungen nach China entsandt, um sowjetische Eisenbahntechnologie dorthin zu transferieren. Mit dieser Hilfe wurde die Fabrik in Datong eingerichtet, um QJ-Lokomotiven herzustellen, wenn auch die ersten Exemplare der Klasse anderswo in China gebaut wurden.

Seit der Mitte der dreißiger Jahre war der russische Lokomotivbau stark von der amerikanischen Praxis beeinflusst worden. Im Jahr 1931 waren einige Lokomotiven von Alco und Baldwin importiert und viele ihrer Einzelheiten kopiert worden. Allerdings fügten die Russen einige eigene markante Merkmale hinzu, wie zum Beispiel ein außenliegendes Dampfrohr von dem Dom bis zu dem vorn liegenden Regler, der oberhalb des Dampfsammelkastens aufgebaut war, extrem große Überhitzer des Typs A und Trofimoff-Kolbenschieber. Diese russisch-amerikanische Mischung wurde nach China exportiert und ihr Bau dort mit nur wenigen Änderungen für die ungefähr dreißig Jahre ab 1957, die die QJ in Produktion war, fortgeführt. In dieser Zeit wurden knapp über 4 700 Maschinen in Dienst gestellt, die fast alle in Datong erbaut worden waren. Somit waren ganze Baugruppen, wie das Bremssystem, die Kraftumsteuerung, der mechanische Stoker, die kraftbetätigte Feuertür, das Speisewasservorwärmsystem, die mechanische Schmierpumpe und die Schüttelrostmechanik nichts weiter als Kopien oder Abwandlungen amerikanischer Konstruktionen aus den dreißiger Jahren. Das schien aber einige Chinesen, mit denen ich arbeitete, zu überraschen, wenn ich ihnen die Illustrationen der Ausrüstung, mit der sie so vertraut waren, in einer alten AAR Locomotive Cyclopedia zeigte.

Die Klasse QJ war eine Mischung aus gut und schlecht. Das Beste war ihr grundlegendes Konzept, das im Einklang stand mit dem Dienst, für den ihre Konstruktion gedacht war, nämlich Güterzugdienst auf Hauptstrecken. Die Überlegenheit der QJ in dieser Hinsicht über

---

[1] Der Lokomotivbestand der CR im Jahre 1984 umfasste 7 551 Dampf-, 3 102 Diesel- und 484 Elektrolokomotiven, Gesamtbestand 11 137 Triebfahrzeuge. Zum Ende 1985 war die Gesamtzahl auf 11 772 Lokomotiven angestiegen. Zusätzlich war die große Mehrheit der Industrielokomotiven Dampflokomotiven.

[2] Für weitere Information über die QJ sei der Leser an ein Buch in chinesischer Sprache verwiesen, mit dem Titel Die Dampflokomotive der Bauart *Qian Jin*, herausgegeben von dem China Rail Publishing House im Jahre 1975, mit einer aktualisierten Neuauflage im Jahr 1984. Es beschrieb recht detailliert die Konstruktion der Klasse und machte Angaben zu den Versuchsergebnissen.

die SAR-Klasse 25NC wird anhand der Zahlen in der Tabelle 70 deutlich, aus denen erkennbar wird, dass bei einem nur um 11 % größeren Lokomotivgewicht *(Anm. d. Übers.: ohne Tender)* die QJ bei jedem gegebenen Reibungskoeffizienten 33 % mehr Zugkraft hergab, beziehungsweise sogar 41 % mehr, wenn der Reibungsverstärker eingeschaltet war. Das war für das Schleppen schwerer Zuglasten ein wesentlicher Faktor. Der Reibungsverstärker bestand aus mit dem Federausgleich verbundenen Druckluftzylindern, die bei ihrem Einschalten zusammen 6 Tonnen Gewicht von den Laufachsen auf die Kuppelachsen verlagerten. Diese Einrichtung wurde von dem Lokomotivführer bedient, aber Datong arbeitete an einer Verbindung zu dem Geschwindigkeitsmesser, so dass sie automatisch unterhalb von 30 km h^{-1} eingeschaltet würde. Allerdings war selbst bei eingeschaltetem Reibungsverstärker ein Reibungskoeffizient von 0,27 erforderlich, um die Nennzugkraft der Lokomotive zu übertragen, zumindest etwas realistischer als der Wert von 0,31 bei der 25NC, aber sicher höher, als dass er zuverlässig immer erreicht werden konnte.

Tabelle 70
Vergleich der CR-Klasse QJ mit der der SAR-Klasse 25NC

Klasse	QJ	25NC	Verhältnis QJ : 25NC
Achsfolge	1E1	2D2	-
Gesamtgewicht der Lokomotive, Tonnen	133,5	120	1,11 : 1
Reibungsgewicht, Tonnen	100,5	75,4	1,33 : 1
Reibungsgewicht in % des Lokomotivgewichts	75 %	63 %	1,19 : 1
Nennzugkraft bei 85 % Kesseldruck, kN	282	229	1,23 : 1
Maximalleistung am Radumfang, kW	2 670	2 125	1,26 : 1

Die QJ hatten große Kessel mit 6,8 m² Rostfläche, 255,3 m² Verdampfungsheizfläche und einen sehr großen Überhitzer mit einer Heizfläche von 148,7 m², gleich 58 % der Verdampfungsheizfläche. Die Kesselkonstruktion war von den Chinesen soweit verfeinert worden, dass er nunmehr vollständig geschweißt war und keine einzige Niete mehr verwendet wurde. Die ersten Lokomotiven hatten keine Verbrennungskammern, weil die Russen (richtigerweise) der Ansicht waren, dass sie keinen Nutzen für die Verbrennung hatten, aber wegen des relativ hohen Gehalts ihrer Kohle an Flüchtigem, erachteten die Chinesen eine Verbrennungskammer für notwendig und fügten sie in der Folge in die Konstruktion ein (Versuchsergebnisse zeigten, dass diese Änderung eine Verbesserung der Kesselleistung brachte, aber selbstverständlich war wegen „Gesichtsverlusts" kein anderes Ergebnis zu erwarten gewesen). Die Schüttelrostmechanik der Bauart Franklin ermöglichte das Rütteln des Rosts in vier unabhängigen Zonen, eine Verbesserung gegenüber der SAR-Anordnung, bei der Rost nur als Ganzes geschüttelt werden konnte.

Es wurden gebaute Barrenrahmen mit angeschraubten Stahlgusszylindern verwendet, wobei die Rahmenwangen aus Gussstahl 140 mm stark waren. Die Achsstellkeile der Kuppelachsen hatten einen federbelasteten Nachstellmechanismus. Es waren Kolbenschieber mit sehr langem Hub eingebaut, mit 50 Millimeter Überdeckung und 8 Millimeter linearem Voreilen, wirklich gute Werte, die aber etwas durch den für einen Zylinderdurchmesser von 650 Millimeter recht kleinen Schieberdurchmesser von nur 300 Millimeter abgewertet wurden. Die größte Zylinderfüllung betrug 72 % und von Anfahrproblemen wurde nicht berichtet (bei dem Datong-Symposium wurde erwähnt, dass einige QJ versuchsweise mit 60 Millimeter Schieberüberdeckung im Einsatz waren, was eine maximale Zylinderfüllung von 67 % ergab. Das mag im Prinzip thermodynamisch gesehen gut gewesen sein, würde aber praktisch nur geringe Auswirkungen gehabt haben, wie es in der Tat auch der Fall war, weil die Lokomotiven selten mit weniger als 30 % Füllung arbeiteten). Etwa die Hälfte der Gelenkverbindungen der äußeren Steuerung und das vordere Treibstangenlager waren als Nadellager ausgeführt. Eine umfangreiche mechanische Schmierung mit zwei Schmierpumpen von je 14 Ölanschlüssen wurde angewendet, wobei die rechte Zylinderöl zu den Triebwerksteilen und die linke Achsöl zu allen Achskästen der Lokomotive, den Kreuzkopfgleitbahnen, dem Drehzapfen des Schleppgestells und zu der Stoßvorrichtung zwischen Lokomotive und Tender förderte. Der ursprüngliche Tender mit zwei zweiachsigen Drehgestellen war durch eine größere Konstruktion mit dreiachsigen Drehgestellen mit Zylinderrollenachslagern abgelöst worden (siehe Tafeln 70 und 71).

Es gab einige Beispiele für im Grunde überflüssige Ausrüstung. Nicht weniger als drei verschiedene Speiseeinrichtungen für den Kessel waren vorgesehen: das Speisewasservorwärmsystem mit Heiß- und Kaltwasserpumpe, eine nicht saugende Strahlpumpe und eine selbstansaugende Strahlpumpe. Letztere war in einzigartiger Weise unberechenbar und auf einigen Lokomotiven tiefer nach unten versetzt und so in eine nicht saugende Strahlpumpe verwandelt worden. Angeblich wegen der Anforderungen des automatischen Signalwarnsystems waren zwei Turbogeneratoren installiert, und sogar ein Drucklufthorn war neben der Dampfpfeife vorhanden. Natürlich wurden für all diese überflüssigen Ausrüstungen gute Gründe angeführt, aber ein *Drucklufthorn* an einer Dampflokomotive anbringen…nun, das war einfach ein Sakrileg. Ein interessantes Merkmal auf dem Führerstand war die Betätigung von Pfeife, Horn und Zylinderentwässerungsventilen über Pedale, eine vernünftige aber selten angewendete Methode.

Zu den schlechten Merkmalen der Klasse gehörten die unterdimensionierten Treib- und Kuppelachsen, Kurbelzapfen und Stangen, die vielleicht als ausreichend erschienen, solange die Lokomotiven mit nur teilweise geöffnetem Regler gefahren wurden, die aber bei Betrieb mit vollständig geöffnetem Regler nicht lange gehalten hätten. Das gleiche galt für die Achs- und Stangenlager, und speziell die Ersteren verspritzten Schmierstoff, überzogen die Räder mit einem Ölfilm und beeinträchtigten die Adhäsion. Die Kuppelräder hatten keinen dynamischen Massenausgleich, obwohl in Datong äußerst gelehrte Analysen des Problems des Massenausgleichs von Dampflokomotiven in russischen Lehrbüchern zur Verfügung standen. Stattdessen wurde zum korrekten Ausgleich der außermittig angreifenden Massen der Zapfen und Stangen die ungewöhnliche Maßnahme ergriffen, die Treibradsterne links und rechts in verschiedener Form zu gießen. Als Fahrzeuge waren die Lokomotiven instabil und zeigten eine charakteristische Schlingerbewegung, die möglicherweise durch die Konstruktion der Schwerkraftpendelrückstellung des führenden Laufachsgestells angeregt wurde. Das Schlingern und der schlechte Massenausgleich in Verbindung mit den auf die Gleitlager zurückzuführenden Schlägen führte zu starken Erschütterungen, die den schwächlicheren Teilen der Aufbauten nicht besonders guttaten, so dass sich Armaturen, Halterungen, Rohrleitungen etc. ständig lockerten. Die Anzahl der Brüche von gewindelos eingeschweißten Feuerbüchsstehbolzen schien sich auf einem alarmierenden Niveau zu befinden. Man teilte mir mit, dass landesweit bei 17,4 % der Lokomotiven bei den Auswascharbeiten ein oder mehr gebrochene Stehbolzen vorgefunden werden, und 21,6 % hatten mindestens eine gerissene Stehbolzenschweißnaht im mittleren Bereich der Stehkesselseitenwände. Diese Defekte traten üblicherweise nach einer Dienstzeit der Lokomotive von drei bis vier Jahren erstmals auf und bedeuteten für die Unterhaltung in den Lokomotivdepots eine große Belastung. Eine ziemliche Anzahl kleiner Einzelheiten waren ebenfalls nicht Stand der Technik. Das reichte von eher subtilen Details, wie der falschen Anordnung der Schrauben von Achsgabelstegen in der Mitte der Maulöffnungen (was die Öffnungen spreizte; *Anm. d. Übers.: Stege amerikanischer Ausführung wurden formschlüssig von unten unter die Achsgabeln geschraubt*), bis zu der Dummheit, die Austritte von Entwässerungsleitungen vorn an der Lokomotive über den Schienenköpfen anzuordnen, siehe Tafel 72. Allerdings sei der Fairness halber auch erwähnt, dass es auch Einzelteile gab, deren Konstruktion dem mir von Südafrika her gewohnten überlegen war, wovon im folgenden Kapitel Beispiele angegeben werden sollen. Eine Tabelle mit den wichtigsten Abmessungen der QJ und denen der modifizierten Konstruktion sind auf der Seite 415 zu finden.

Bei der Bewertung von Leistung und Wirkungsgrad der chinesischen Lokomotiven muss daran erinnert werden, dass die Kohle, die sie verbrannten, überwiegend aus Staubkohle bestand, die man in vielen Ländern als für die Lokomotivfeuerung ungeeignet eingestuft hätte. Ich hatte gehört, dass zu bestimmten Versuchszwecken auch Stückkohle vorgesehen wurde, aber die dabei erzielten Ergebnisse konnten mit der im normalen Einsatz verfeuerten Kohle nicht wiederholt werden. Deshalb also die Diskrepanz zwischen der Maximalleistung am Radreifen von 2 670 kW bei Versuchen und der Nennleistung von 2 222 kW, die im normalen Dienst wahrscheinlich auch nur selten erreicht wurde. Der Leistungshöchstwert wurde bei einer Geschwindigkeit von 66 km h^{-1} und bei einer Heizflächenbelastung von 95 kg m^{-2} h^{-1} erreicht, die Nennleistung entsprechend bei 70 km h^{-1} und einer Heizflächenbelastung von 75 kg m^{-2} h^{-1}.[1] Die zugehörigen, auf dem Dampfmassenstrom zu den Zylindern basierenden, günstigsten spezifischen Dampfverbräuche betrugen 2,67 beziehungsweise 2,53 kg MJ^{-1} *(Anm. d. Übers.: 7,1 beziehungsweise 6,7 kg PSh⁻¹)*. Der günstigste aufgezeichnete spezifische Dampfverbrauch bezogen auf eine Leistung von 1 640 kW am Radumfang bei 70 km h^{-1}, 55 kg m^{-2} h^{-1} Heizflächenbelastung und 30 % Zylinderfüllung betrug 2,50 kg MJ^{-1} *(Anm. d. Übers.: 6,62 kg PSh^{-1})*. Der höchste auf den Radumfang bezogene thermische Gesamtwirkungsgrad von 8,42 % wurde bei 65 km h^{-1}, 25 % Zylinderfüllung, Heizflächenbelastung 45 kg m^{-2} h^{-1} und 1 280 kW am Radumfang aufgezeichnet. Der auf den Radumfang bezogene thermische Gesamtwirkungsgrad bei der Nennleistung von 2 222 kW betrug 7,09 %. Die größte indizierte Leistung erreichte 3 065 kW und an der nominellen Kesselgrenze von 75 kg m^{-2} h^{-1} betrug die maximale indizierte Leistung 2 595 kW. Der beste festgestellte Zylinderwirkungsgrad *(Anm. d. Übers.: auch indizierter Wirkungsgrad genannt, entspricht dem Produkt Carnot-Wirkungsgrad x innerer Wirkungsgrad)* betrug etwa 16,8 %, und der günstigste indizierte spezifische Dampfverbrauch wurde zu 2,08 kg MJ^{-1} (ein sehr niedriger Wert; *Anm. d. Übers.: 5,5 kg PSh^{-1}*) bei 30 % Füllung und 70 bis 80 km h^{-1} ermittelt, wobei dann etwa 2000 kW_i entwickelt wurden. Der Versuchsbericht machte keine auf den Zughaken bezogenen Angaben, aber von den Ingenieuren in Datong war berechnet worden, dass der maximale thermische Gesamtwirkungsgrad am Zughaken 7,8 % betrug und die größte Zughakenleistung 2 338 kW, wobei die letztere Zahl meine ursprüngliche Berechnung von 2 300 kW in der Vorlage für SLD im Jahre 1984 bestätigte.

In Bezug auf das Niveau von FGS-Lokomotiven waren diese Werte über alles gesehen recht ordentlich und im Allgemeinen auf einer Höhe mit den Werten später europäischer Lokomotiven und besser als die bei SAR-Serienlokomotiven aufgezeichneten Bestwerte. Allerdings zeigten die Werte auch deutlich das Wirken der typischen Faktoren bei der Beschränkung der Leistung der FGS-Lokomotiven, wie zum Beispiel ein schneller Abfall des Kesselwirkungsgrads mit steigender Kesselanstrengung am oberen Limit der Kesselleistung wegen Annäherung an die Rostgrenze, wobei die nominelle größte Heizflächenbelastung vernünftigerweise bei einem Wert festgelegt wurde, bevor dieser Abfall des Kesselwirkungsgrads wirklich schwerwiegend wurde. Um die Lokomotive im Bereich des maximalen thermischen Gesamtwirkungsgrads zu betrieben, musste die Leistung am Radumfang auf etwa 1 280 kW abfallen, also auf nur 48 % der Höchstleistung und 58 % der Nennleistung. Der Grund dafür sind wieder einmal die Flugverluste bei größeren Lokomotivanstrengungen. Allerdings arbeiteten die QJ im normalen Dienst, meistens die Bespannung von schweren Güterzügen bei mäßigen Geschwindigkeiten über recht ebene Strecken, tatsächlich nahe an ihrem optimalen thermischen Gesamtwirkungsgrad.

Um ein Gefühl für das Leistungsverhalten der Klasse QJ im normalen Dienst zu bekommen, erbat ich gleich bei meiner Ankunft in Datong ausgiebige Mitfahrgelegenheiten auf dem Führerstand dieser Lokomotiven. Nachdem alle Ausflüchte, warum es nicht möglich war, das zu arrangieren, sich erschöpft hatten, fuhr ich im März 1986 insgesamt 900 Kilometer vor Güterzügen auf dem Abschnitt Datong – Shuo Xian der Linie Datong – Taiyan und auf dem steileren Abzweig Datong – Yungang, beide heute elektrifiziert, auf dem Führerstand mit. Die Züge nach Shuo Xiang bestanden aus unbeladenen Waggons und die Rückleistungen waren Kohlezüge von etwa 4 000 Tonnen mit Vorspann. Auf dem Abzweig nach Yungang wurden Leerzüge bestehend aus ungefähr fünfzig Wagen von 1050 bis 1 100 Tonnen über eine kurvenreiche Steigung von maximal 12 ‰ gefahren, wobei die Rückleistungen mit Kohlezügen von geringem Interesse waren. Meine Beobachtungen bestätigten sowohl die grundsätzliche Richtigkeit der QJ-Konstruktion für den schweren Güterzugdienst als auch die Tatsache, dass es viele Bereiche gab, wo die Detailkonstruktion verbessert werden musste, um die Klasse auf den aktuellen Stand der Technik zu bringen.

Nur selten wurden die Lokomotiven bei größeren Leistungen betrieben. Der in meinem Beisein von der Lokomotive 6473 erreichte Höchstwert war errechnete 2 160 kW Zylinderleistung, als die Lokomotive auf meine Aufforderung hin vor einem Leerzug nach Shuo Xian stärker angestrengt wurde (Regler voll geöffnet, 40 % Füllung bei 50 km h^{-1}). Vereinzelte Maximalwerte im Bereich von 1 900 bis 2 000 kW Zylinderleistung wurden erreicht, aber selbst die lagen weit oberhalb des üblichen Leistungsniveaus.[2] Bei den Fahrten nach und von Shuo Xian wurde der Kesseldruck üblicherweise am oder nahe am Höchstwert gehalten, aber oft genug sank der Wasserstand ab, wobei die Fahrtabschnitte mit geöffnetem Regler zu kurz waren, als das daraus irgendwelche Probleme erwachsen konnten. Allerdings begann der Anstieg in dem Abzweig nach Yungang kurz nach einer „kalten Anfahrt“, und der Kesselbetrieb war oftmals nicht stabil, wobei Druck und Wasserstand sanken. Bei der *besten* Steigungsfahrt auf dieser Linie fiel auf ungefähr zwanzig Kilometer Fahrstrecke der Kesseldruck von 14,7 bar auf 13,25 bar und der Wasserstand von einem ¾ Glas auf ½ Glas, alles bei einigem Arbeiten mit vollständig geöffnetem Regler, Füllungen von 35 bis 40 % und Geschwindigkeiten von 18 bis 35 km h^{-1}. Im Hinblick auf die verwendete sehr feinkörnige Kohle war es nicht überraschend, dass es oft in erheblichem Maße zu einer Fluidisierung des Feuerbetts kam, das wegen der Rostneigung und dem geringen Winkel zwischen dem Rost und dem Feuerschirm die Tendenz hatte, nach vorn zur Feuerbüchsrohrwand zu wandern. Falls die hinteren Ecken des Rosts und, mit geringerer Auswirkung, die Seiten nicht ausreichend beschickt wurden, nahm die Verdampfungswilligkeit ab, und anscheinend war bei der Benutzung des mechanischen Stokers die Handbeschickung der hinteren Ecken obligatorisch. Die Methode der Feuerführung unterschied sich von Mannschaft zu Mannschaft ganz erheblich. Die Feuerung von Hand wurde bevorzugt, aber nur ein Heizer arbeitete ausschließlich nur mit der Schaufel. Andere ließen den Stoker laufen ohne die Verteilerdüsen anzustellen, um die hintere Mitte zu beschicken und feuerten den Rest von Hand, während dessen wieder andere das Gros der Kohle mit dem Stoker aufwarfen und nur die hinteren Ecken von Hand bedienten. Ähnlich lagen die Unterschieden bei dem Nässen der Kohle, von ganz leicht, bis zu dem Grad, wo die Kohle praktisch zu Schlamm wurde. Falls die Kohle sehr nass war, bildete sich rasch eine Schlammschicht auf dem Kohleverteilertisch, die regelmäßig mit der Schaufel entfernt werden musste. Der geringe Abstand zwischen Rost und Verteilertisch (nur 415 Millimeter) führte dazu, dass das Feuerbett in kurzer Zeit bis auf die Höhe des Verteilertisches reichte und er war selbst für die Normalverbrennung eindeutig unzureichend. Es hieß, die Kohle sei aus einer Grube in der Nähe von Shuo Xian, und sie hatte einen hohen Ascheschmelzpunkt. Sie war sehr reaktiv und schien eine leichte Neigung zum Verbacken zu haben, bildete aber keine *harten* Schlacken, so dass ich die Benutzung des Kipprosts nicht beobachten konnte, weil der in vier Zonen zu bedienende Schüttelrost für die Feuerreinigung sehr wirksam war. Die Aschkastenspritzrohre wurden im Winter nicht benutzt, da das Wasser in den Aschefällen zur Eisbildung neigte und die Bodenklappen blockierte.

---

[1] Diese und die nachfolgenden Angaben wurden dem offiziellen Versuchsbericht der Klasse QJ entnommen.

[2] Als Beispiel für die den QJ auf Routen mit größerer Streckenneigung abverlangten Leistungen sei der Fahrplan des Schnellzugs Peking – Lanzhou (Zug-Nr. 43) auf dem berühmten Abschnitt Zhongwei – Gantang, überwiegend bergwärts mit 12,5 ‰, genannt, für den etwa 1 500 kW auf die Ebene bezogene Zughakendauerleistung erforderlich waren.

Im normalen Betrieb wurden die Lokomotiven nicht mit vollständig geöffnetem Regler gefahren und Füllungen unterhalb von 30 % wurden nicht angewendet. Die typische Fahrweise war ein zur Hälfte bis zu zwei Dritteln geöffneter Regler und ungefähr 40 % Füllung. Als Gründe dafür nannte der Lokomotivinspektor zunehmende Triebwerksstöße und vermehrten Unterhaltungsaufwand bei dem Betrieb mit vollständig geöffnetem Regler. Ein weiteres Problem war Dampfnässe, weil es tendenziell zu Dampfnässe kam, wenn der Regler voll geöffnet wurde, trotz des im Dom hoch und beträchtlich über dem Wasserspiegel angeordneten Dampfeintritts in das Reglerrohr und trotzdem der Kessel häufig abgeschlammt wurde, was übrigens mangels eines Pralltopfs übermäßig laut war. Auf meinen Wunsch hin wurde auch für einige Zeit mit Füllungen bis herunter zu 15 % gefahren, bei der das Betriebsverhalten gut zu sein schien, was auch bei der vergleichsweise gut gestalteten Saugzuganlage nicht anders zu erwarten war. Der volle Nutzen einer Einströmüberdeckung von 50 Millimeter geht nämlich verloren, wenn Füllungen unter 30 % nicht angewendet werden. Die Stöße waren auch nicht schlimmer als bei größeren Füllungen, was auch kaum möglich gewesen wäre. Ebenfalls auf meinen Wunsch hin wurde bei einer Fahrt den Yungang-Abzweig hinauf bei Auftreten von Schleudern der Regler ganz geöffnet gelassen, und stattdessen die Steuerung in Mittelstellung zurückgenommen, und auf diese Weise das Schleudern leicht beendet.

Mit sämtlichen Kesselspeisesystemen gab es Probleme. Die selbstansaugende Strahlpumpe war gemeinhin so schwierig in Gang zu bringen, dass sie die Geduld des Heizers auf eine ernste Probe stellte. Sie war vor dem Führerhaus angeordnet und Undichtigkeiten von ihren Packungen trafen das rechte vordere Führerstandsfenster und bedeckten es im Winter mit Eis. Auch die nicht saugende Strahlpumpe nahm ihre Arbeit oftmals nur langsam auf. Ihre aus nur einem Handhebel bestehende Bedieneinrichtung war unbequem zu handhaben, da sie nah am Führersitz angebracht war und es so unmöglich machte, das Überlaufwasser aus dem Schlabberrohr zu beobachten. Sie hatte eine große Fördermenge, die anscheinend nicht einfach zu regulieren war, so dass bei ihrem Anstellen der Kesseldruck unweigerlich rasch absank, infolgedessen die Mannschaften die saugende Strahlpumpe trotz ihres unberechenbaren Anstellverhaltens vorzogen. Das Speisewasservorwärmsystem wurde nicht so häufig wie es sollte benutzt. Die Mannschaften berichteten von seiner allgemeinen Unzuverlässigkeit und gaben als häufige Störung eine unzureichende Fördermenge der Kaltwasserkreiselpumpe an, so dass höchstens 50 % der Speisewassermenge durch den Vorwärmer gingen. Bei Fahrt mit geöffnetem Regler und angestellten Speisepumpen sank der Wasserstand fast immer ab und der Ausgleich musste von einer Strahlpumpe erbracht werden.

Abgesehen von den Pedalen war die Anordnung der Führerstandsausrüstungen generell unbequem. Das doppelte Kesselmanometer war um 90° gedreht zu seiner normalen Stellung eingebaut und die Zifferblätter zeigten jeweils zu den Sitzen des Lokomotivführers und des Heizers. Das wäre gut gewesen, solange man mit zwei Mann Besatzung gefahren wäre und die Rostbeschickung mit dem mechanischen Stoker erfolgt wäre, aber bei Handfeuerung konnte der Mann, der tatsächlich feuerte, das Manometer nicht bequem ablesen. Das Manometer war auch gegenüber der Wärmeabstrahlung der Stehkesselrückwand nicht isoliert, was zu einer zu hohen Anzeige geführt haben könnte. Die Reflexionswasserstandsanzeiger waren nicht so einfach abzulesen wie die Glasrohrbauart, waren aber insofern interessant, als ihr Gehäuse Markierungen für den niedrigsten zulässigen Wasserstand in verschiedenen Steigungen hatten.

Alle Lokomotiven, auf denen ich mitfuhr, hatten instabile Fahrzeuglaufeigenschaften. Schlingern konnte bereits unterhalb von 30 km h^{-1} auftreten, wobei die Stärke der Erscheinung generell von der Laufleistung der Lokomotive seit der letzten Überholung abhing. Lokomotive Nr. 364, angeblich einen Monat vor ihrer nächsten Aufarbeitung stehend, war besonders schlecht. Der Ausschlag der Schlingerbewegung zwischen Lokomotive und Tender betrug etwa 50 Millimeter bei 30 km h^{-1} und erreichte 100 Millimeter bei höheren Geschwindigkeiten. Solche Arbeitsbedingungen waren bei der Aufgabe, einen Feuerrost von 6,8 m² auf einer Hauptstreckenlokomotive vor einem 2 000-Tonnen-Güterzug von Hand zu beschicken, nicht gerade förderlich. Tatsächlich war es für den Heizer ziemlich schwierig, überhaupt das Gleichgewicht zu halten, ganz abgesehen davon, seinen Fuß auf das Pedal für die Feuertürbetätigung zu setzen und die Schaufel zielsicher zu schwingen. Neben dem Schlingern traten bei einigen Lokomotiven Zuckschwingungen auf, wenn ich auch an der Verbindung zwischen Lokomotive und Tender kein Schlagen erlebte. Der Fahrzeuglauf war sehr hart und mindestens eine Lokomotive hüpfte richtiggehend. Die Lokomotivklasse litt unter verschiedenen Stoßerscheinungen, die alle stark genug waren, um eine allmähliche Verschlechterung im Aufbau der Lokomotive zu bewirken, die wiederum die Stöße verschlimmerte. Es war deutlich, dass dieses Problem bei den Umbauten angegangen werden musste. In den Führerhäusern waren normalerweise immer starke Erschütterungen zu spüren, die anscheinend hauptsächlich eine Funktion der Geschwindigkeit waren, und nur bei hohen Geschwindigkeiten verstärkten sich tatsächlich die Erschütterungen, wenn der Regler ganz geöffnet wurde. Die Führerstandsanbauten vibrierten im Takt der allgemeinen Erschütterungen und folglich waren sie ohne Ausnahme in schlechtem Zustand. Auf der Lokomotive Nr. 364 schepperten alle Anbauten im Führerhaus und an der Tendervorderwand heftig und viele waren lose. Einige Holzbretter der inneren Dachverschalung hatten sich teilweise vom Dach gelöst und wippten fröhlich über unseren Köpfen. Die Bauweise im Inneren des Führerstands war häufig schwächlich und völlig unzureichend, um den Kräften infolge von Erschütterungen zu widerstehen. Zum Beispiel waren viele Führerstandsanbauten an hölzerne Strukturen mit Nägeln statt mit Schrauben angebracht.

Man wird nach der vorstehenden Beschreibung bemerken, dass der Eindruck, den der Zugbeobachter von den majestätisch vor langen Güterzügen vorbeiziehenden QJ hatte, sich etwas änderte, wenn man auf ihren Führerständen fuhr, obwohl die Schlingerbewegung, wenn man speziell danach ausschaute, auch vom Streckenrand aus klar erkennbar war. Ganz sicher waren die Bedingungen auf dem Führerstand weit von der idealen Anordnung der Dinge entfernt, bei der die korrekte Bedienung zugleich auch die bequemste ist und die Mannschaften nicht von ärgerlichen oder ermüdenden Arbeitsbedingungen abgelenkt wurden, so dass sie sich auf eine gute Lokomotivleistung konzentrieren konnten. Tatsächlich gehörten die QJ zu den am schlechtesten laufenden Lokomotiven, auf denen ich jemals gefahren bin, die schlechtesten waren wahrscheinlich die Lokomotiven der Baureihe 52 der ehemaligen Deutschen Reichsbahn in Österreich. Doch überraschenderweise war der raue Lauf nicht die größte Sorge der Mannschaften, die ich begleitete, vielmehr beklagten sie sich darüber, dass die Führerhäuser im Winter trotz einer Heizung zu kalt und im Sommer zu heiß waren. Auch die Sicht nach vorn war wegen zu kleiner Führerhausfrontfenster schlecht. Dieses letztere Problem wurde bei Lokomotiven, die in Direktionsbezirken eingesetzt waren, wo das Umgrenzungsprofil es erlaubte, durch Anbau seitlicher Erker auf Fensterniveau gemindert (siehe Tafel 70). Bezüglich der Hitze im Sommer, so wird sie durch die unbrauchbar gewordene Isolierung der Rohrleitungen im Führerhaus verschlimmert worden sein, wie überhaupt der Zustand der Isolierungen der Lokomotiven, auf denen ich fuhr, allgemein schlecht war, trotz der bestehenden Vorschrift, dass die Depots in Nordchina sie vor Einbruch des Winters in einen guten Zustand zu bringen hatten.

Manchmal war auch bei einem Anfahren in der Ebene ein Zurückstoßen notwendig, was erkennen ließ, dass die Maximalfüllung von 72 % nicht verkleinert werden sollte, und es stellte sich heraus, dass der Reibungsverstärker selten in Gebrauch kam, selbst wenn die Betriebszustände Schleudern verursachten, wobei die Lokomotivführer behaupteten, dass er die Lokomotive abbremste. Die Mannschaften berichteten von übermäßigen Ölundichtigkeiten der Achslager. Diese Klage wurde unterstützt von der Menge an Öl auf der Innenseite der Treibradscheiben. Bei Aufenthalten war es üblich, dass ein Heizer um die Lokomotive ging und die Ölvorräte der Achslager auffüllte. Da das Auffüllen sogar während der Feuerreinigung erfolgte, muss auch eine ziemliche Menge Schmutz mit dem Öl in die Achslager gelangt sein. Diese Ölundichtigkeit war ein Beispiel für die negativen Folgen von Bauteilkonstruktionen, die nicht auf der Höhe sind. Auf den Lokomotiven, auf denen ich mitfuhr, gab es eine Anzahl weiterer, die zu schlechter Funktion von so wichtigen Einrichtungen wie dem mechanischen Stoker, dem Speisewasservorwärmsystem und dem Geschwindigkeitsmesser führten. Mit einigen Ausnahmen, wie zum

Beispiel den Packungen der Kolbenstangenstopfbuchsen, die nur minimale Undichtigkeit zeigten, schien die Bauteilzuverlässigkeit in keiner Weise besser zu sein, als ich es von den SAR gewohnt war. Wahrscheinlich lag es nur an der Wartung, die die Mannschaften als Teil ihrer Dienstpflichten den Lokomotiven zu Teil werden ließen, dass es möglich war, die QJ von Auswaschen zu Auswaschen unter Dampf zu halten.

Ein sehr positives Merkmal des Dampfbetriebs in China war die Rauchfreiheit der Lokomotiven, wenn sie mit geöffnetem Regler fuhren. Wenn auch manchmal dichte schwarze Rauchemissionen auftraten, so waren sie sehr die Ausnahme und der Normalfall war ein klares Abgas, wodurch die perfekt weißen Abdampfwolken zu Stande kamen, wie sie im Winter beobachtet werden konnten (siehe Tafeln 73 und 74). Die Gründe dafür bestanden aus einer Kombination der nachstehenden Faktoren:

1. Der normale Plandienst verlangte nur mäßige Kesselanstrengungen und lag somit im Bereich großer Luftüberschüsse.
2. Es wurde die Handbeschickungsmethode des „Wenig, aber oft“ angewendet.
3. Die Feuerbetten waren porös und ermöglichten den Durchtritt von Primärluft, um als Sekundärluft wirksam zu werden.
4. Die druckluftbetätigte Feuertür wurde allgemein so eingestellt, dass sie für jeden Schaufelwurf voll öffnete, und sie hatte eine Verzögerungswirkung, die sie für einige Sekunden geöffnet hielt, nachdem der Fußhebel losgelassen war. Dieses günstige Merkmal ergab reichlich Sekundärluft gerade dann, wenn sie gebraucht wurde, um die neu freigesetzten flüchtigen Bestandteile zu verbrennen.

Somit verzeichnete ich während meiner 900 Kilometer Führerstandsmitfahrten nur zwei Gelegenheiten, bei denen dichter schwarzer Rauch erzeugt wurde und schloss daraus, dass Umweltverschmutzung bei Streckenfahrt der Lokomotiven nicht das Problem war, obwohl die Sache in der Nähe von Lokomotivdepots anders aussehen konnte.

7.3 Die modifizierte QJ

Gleich zu Anfang muss festgestellt werden, dass die modifizierte Lokomotive der QJ-Klasse nie gebaut wurde. Ihre Konstruktion wurde fast abgeschlossen, und insofern existiert sie auf dem Papier, aber eben nur auf dem Papier. Deshalb kann in diesem Kapitel nur beschrieben werden, was konstruiert wurde, und in den folgenden Kapiteln kann nur beschreiben werden, warum diese sehr reale Chance zur Weiterentwicklung der Dampftraktion zu einer Farce verkam. Es ist an dieser Stelle angebracht, zunächst zu beschreiben, was nach meiner Ankunft in Datong geschah, da das die Grundlage für die anschließenden Arbeiten bildete, und es ließ in etwa erkennen, was ich von meinen neuen Mitarbeitern zu erwarten hatte.

Für beide Seiten war es notwendig, dem Plan zuzustimmen und auf Wunsch der Fabrik brachte ich den Ball ins Rollen, indem ich meinen Entwurf vorstellte. Bevor ich zu den eigentlichen Konstruktionsänderungen kam, trug ich eine Einführung vor, die besondere Betonung auf die nachstehenden Punkte legte:

1. Zu Beginn war eine korrekte Definition der Ziele des Projekts von grundlegender Bedeutung. Diese musste auf der Grundlage von Überlegungen zu generellen Entwicklungen in solchen Bereichen wie Zuggewichte, Geschwindigkeiten, Achsfahrmassen und so weiter erfolgen, um möglichst genau die Betriebsbedingungen vorherzusehen, unter denen die neuen Lokomotiven würden arbeiten müssen. Kurz gesagt, was waren die Betriebsanforderungen, die die modifizierte QJ zu erfüllen hatte, und was waren die wichtigsten Merkmale des Umfelds, in dem sie arbeiten würde? Nur von dieser Warte aus konnten die Ziele und die Grenzen des Projekts klar erkannt werden. Nur soweit die Ziele in Bezug auf die zukünftigen Anforderungen an die Triebfahrzeuge genau definiert und die Grenzen vollständig bekannt waren, konnte eine zufriedenstellende technische Lösung aufgestellt werden. Diese Vorarbeit war das Fundament, auf dem das ganze Projekt ruhte. Ihre Stichhaltigkeit würde letztendlich über Erfolg oder Misserfolg der neuen Lokomotive im Hinblick auf ihre Eignung für die zukünftigen Verkehrsbedingungen und ihre Akzeptanz bei der Eisenbahn insgesamt entscheiden.
2. Ein integraler Plan, der *keine schwachen Glieder* im Endprodukt zurücklässt, war unerlässlich (siehe Abb. 156). Es wurde erläutert, dass die Art des Aufbaus der Dampflokomotive es notwendig machte, jedes Teil für sich mit dem Ziel der Optimierung seines Betriebsverhaltens *und das der Lokomotive in ihrer Gesamtheit* zu optimieren. Jedes Teil musste als Teil eines dynamischen Ganzen angesehen werden, wobei sich die Teile gegenseitig beeinflussten und deshalb nicht isoliert betrachtet werden durften. Auf diese Punkte wurde immer und immer wieder hingewiesen, weil ich wusste, dass nur bei der Umsetzung eines solchen Plans überhaupt Hoffnung auf einen langfristigen Erfolg der bevorstehenden Aufgabe bestand und ich das Gefühl hatte, dass die Chinesen das nicht so ganz einsahen. Doch durch Erfahrungen aus der Vergangenheit wusste ich nur zu gut um die Unterschiede in der idealen und realen Welt der Technik, so dass ich auch einige Wort über Harmonie und Kompromiss verlor, dass perfekte Harmonie das ideale Ziel sei, aber dass in der realen Welt Kompromisse gemacht werden mussten. Im technischen Sinne wurde die Kunst des Kompromisses benutzt, um die größtmögliche Gesamtharmonie innerhalb der bestehenden Grenzen zu erreichen, eine Kunst, die vor allem das Verständnis der Lokomotive als ein dynamisches Ganzes verlangt. Der Unterschied zwischen unausweichlichen und künstlichen Grenzen musste ebenfalls deutlich gemacht werden. Zum Beispiel musste die Lokomotive die Streckentunnel passieren können, aber zu sagen, dass alle verwendeten Rollenlager aus chinesischer Produktion stammen mussten, wie es Datong seinerzeit forderte, war inakzeptabel zu einer Zeit, als das Land für hunderte von Millionen Dollar Eisenbahnausrüstung importierte. Wo es wegen unausweichlicher Grenzen keine Alternative zu einem Konstruktionskompromiss gab, da musste er gemacht werden, ansonsten sollten aber Kompromisse gegenüber der optimalen Konstruktion nicht erlaubt sein.
3. Nur falls meinen Empfehlungen für den Gesamtplan in Gänze Folge geleistet würde, würde ich Verantwortung für den technischen Erfolg des Gesamtvorhabens oder eines Teils davon übernehmen. Falls der Plan nicht vollständig umgesetzt würde, dann könnte wegen seiner gesamtheitlichen Natur das Funktionieren eines Teils davon beeinträchtigt werden, und die Verantwortung würde bei demjenigen liegen, der gegen meinen Plan entschied.
4. Ein Großteil der Arbeit könnte als Forschung und Entwicklung bezeichnet werden, wobei das Verständnis des Wesens dieser Tätigkeiten von Bedeutung war. Es gab zum Beispiel keine Erfahrung mit der Verbrennung von chinesischer Kohle in dem Zyklon-GPCS, noch eine genauere Theorie, das Verhalten vorherzusagen und damit keine bestehenden Daten, die eine optimale Konstruktion der Feuerbüchse im ersten Versuch ermöglichen würden (außer durch reines Glück). Es müsse das Verständnis dafür geben, dass in solchen Fällen der erste Entwurf der bestmögliche innerhalb dieser Einschränkungen war und dass nur mit den gewonnenen Versuchsresultaten auf die optimale Konstruktion hingearbeitet werden konnten, weshalb Versuche ein notwendiger Teil des gesamten Konstruktionsprozesses wären, die die Zuteilung einer „Versuchs-QJ“ zu der Fabrik zu diesem Zweck erforderlich machten und dass die gewünschte Leistungsfähigkeit sich nicht sofort, sondern erst nach sorgfältiger Versuchsarbeit einstellen würde.

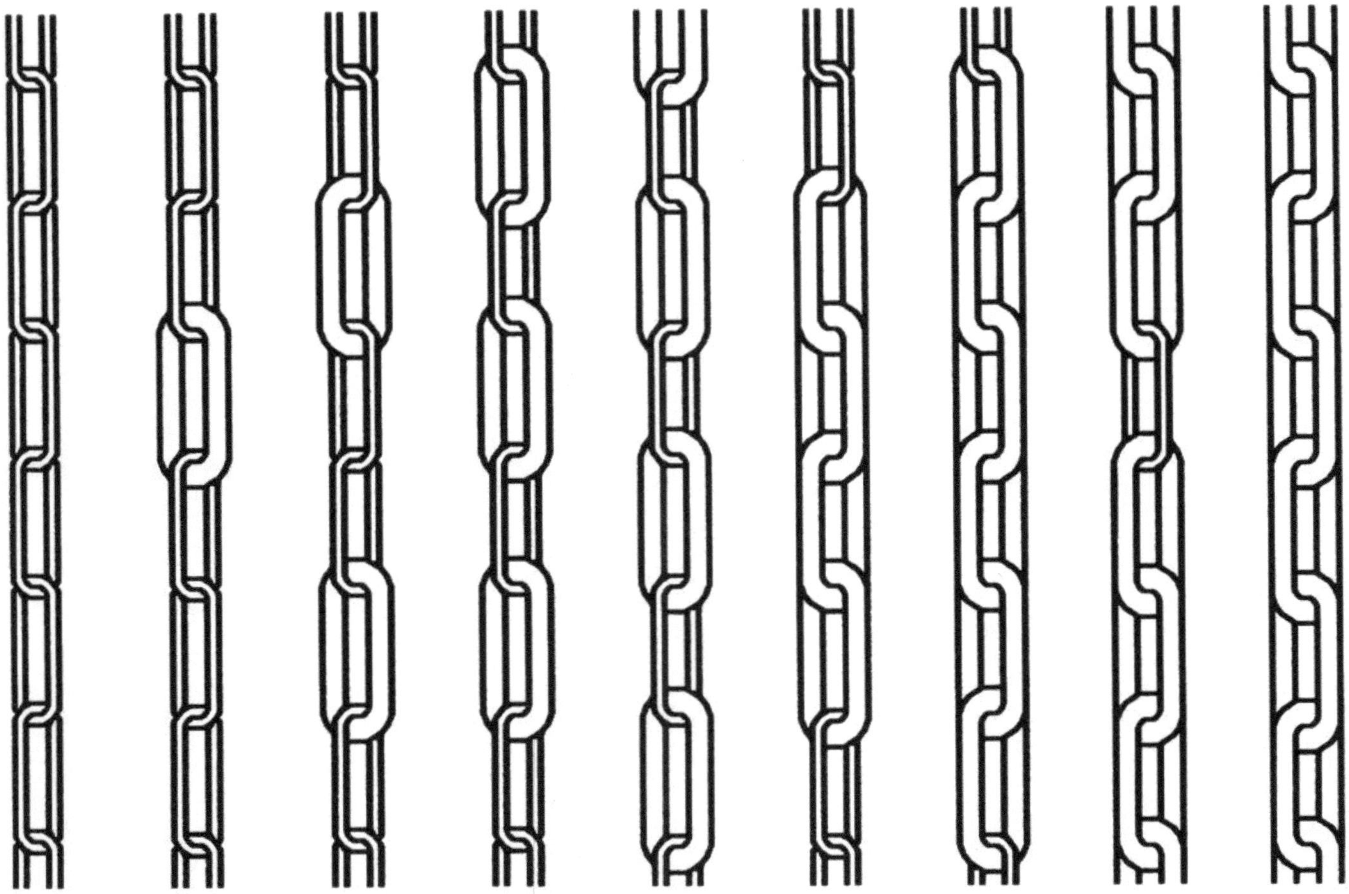

Abb. 156
Beispiele schwacher Glieder (die einzige feste Kette ist die ganz rechts abgebildete)

Nach diesen Einführungen stellte ich meinen Plan vor, der auf der Vorstellung basierte, dass neue Lokomotiven nach der abgeänderten QJ-Konstruktion in die Produktion aufgenommen werden würden. Die von dem Entwurf betroffenen Teile sind auf den folgenden Seiten aufgeführt und das ganzheitliche Wesen des Gesamtplans ist in dem Faltblatt Anhang 3 illustriert. Im Prinzip war das das, was ich zur Erfüllung der Forderungen des Eisenbahnministeriums für notwendig erachtete und was in dem Vertrag zwischen Datong und mir stehen sollte, das heißt:

i) Allgemeine Verbesserungen: erhöhter thermischer Gesamtwirkungsgrad, erhöhte Zuverlässigkeit, erhöhte Leistung, verminderte Umweltverschmutzung und verbesserte Arbeitsbedingungen für die Mannschaften.
ii) Spezifische Zielvorgaben: 12 % thermischer Gesamtwirkungsgrad
25 % Reduzierung des Kohleverbrauchs pro Tonnenkilometer im normalen Plandienst
3 900 kW auf die Ebene bezogene größte Zughakenleistung

Das bedeutete eine Steigerung des thermischen Gesamtwirkungsgrads der Serienkonstruktion um 54 % und eine der Höchstleistung am Zughaken um nicht weniger als 67 %. Ich machte deutlich, dass es nicht einfach sein würde, diese Zahlen zu erreichen, weshalb der vorgeschlagene Konstruktionsänderungsplan so umfangreich war. Doch die Vertreter der Fabrik lehnten ihn ab, mit der Begründung, dass das zu viel Arbeit sei und erklärten, *dass der Bedarf in dem Umbau vorhandener Lokomotiven bestand, nicht darin, neue zu bauen.* Sie schlugen eine Vorgehensweise in zwei Schritten vor. Zuerst sollten die vorhandenen Lokomotiven verbessert werden und dann neue nach einer weitergehend modifizierten Konstruktion gebaut werden. Ich erwiderte, dass mein vollständiger Plan umgesetzt werden musste, falls man eine Chance haben wollte, die Leistungsziele zu erreichen. Ein kritischer Punkt war die Frage der Änderung der Zylinderkonstruktion, die die Chinesen nicht wollten, die ich aber für unabdingbar hielt. Unter Beachtung von Portas grundlegender Gleichung {Leistung = Dampfmenge ÷ spezifischer Dampfverbrauch} und mit der Erkenntnis, dass mit der chinesischen Staubkohle die Kesselanstrengung so niedrig wie möglich gehalten werden musste, um die Kohle auf dem Rost zu halten, war zu erkennen, dass ein niedriger spezifischer Dampfverbrauch von eminenter Bedeutung war. Mein Plan sah alle bekannten Maßnahmen zur Verbesserung der Zylinderkonstruktion für eine verbesserte Dampfausnutzung vor, auch Dinge, die bei den vorhandenen Zylindern nicht berücksichtigt werden konnten.[1] Als Nächstes fasste ich die Vor- und Nachteile von Datongs Vorschlag zusammen, wobei ein bedeutender Nachteil die Beibehaltung von Schwachpunkten der bestehenden Konstruktion war, die den ganzen Plan gefährden konnten. Ich spürte allerdings, dass sich Datong unweigerlich durchsetzen würde (schließlich war ich nur der Berater und nicht der Diktator), und um sich abzeichnendes weiteres zähes Feilschen zu vermeiden, stimmte ich dem Plan der Fabrik zu, unter der Voraussetzung, dass seine Beschränkungen von allen Betroffenen anerkannt wurden. Ich stellte eine Liste der Modifikationen aus meinem Plan auf, die für eine Übernahme im Sinne eines integralen Konzepts bei den vorhandenen Lokomotiven geeignet waren, erklärte aber, dass die besten Werte, die dann unter Versuchsbedingungen erzielbar waren, 3 355 kW (4 500 h.p.) auf die Ebene bezogene Zughakenleistung und 11 % thermischer Gesamtwirkungsgrad betrugen. Der zuletzt genannte Wert entspricht

[1] Dazu gehörten besonders große miteinander verbundene Schieberkästen für die Aufnahme von Kolbenschiebern mit 450 Millimeter Durchmesser und 75 Millimeter Einströmüberdeckung. Ein extrem langer Schieberhub sollte durch Übersetzungshebel zwischen Voreilhebel und Schieberschubstange erreicht werden. Die Zylinder sollten Dampfmäntel erhalten.

der bei dem Symposium in Datong im Vorjahr angegebenen Mindestanforderung der Eisenbahn. In Bezug auf die Leistungen im Planeinsatz machte ich keine Angaben, weil ich Schwachstellen voraussah, die die Realisierung des vollen Nutzens der Verbesserungen im normalen Einsatz vereiteln würden. Von all den Projektzielen wäre die Kohleersparnis im Plandienst, bei dem sich falsche Lokomotivfahr- und Feuerführungstechniken, schlechte Wartung und das Unvermögen der Betriebsabteilung, die Lokomotiven richtig auszunutzen, gegen die volle Ausschöpfung des potentiellen Sparpotentials verschwören, das am schwierigsten zu erreichende gewesen. Andererseits war es aber auch mit großer Wahrscheinlichkeit das wichtigste Ziel und später einigte man sich im Vertrag auf eine Zahl von 20 % Minderung des Kohleverbrauchs pro Tonnenkilometer.

Anscheinend akzeptierten die Ingenieure der Fabrik das von mir Gesagte, und nach separaten langwierigen Diskussionen erhielten sie die Zustimmung des Eisenbahnministeriums mit dem Projekt nach Maßgabe ihres Vorschlags fortzufahren, mit den revidierten Leistungsdaten als den neuen Zielvorgaben. Als sie mich von dieser Entscheidung informierten, bestanden sie allerdings darauf, dass in dem Vertrag aufzunehmen war, dass die umgebauten vorhandenen Lokomotiven zuverlässiger als die Serien-QJ waren. Das konnte ich nicht akzeptieren, da ich sie bereits mehrfach davor gewarnt hatte, dass ein Teilumbauplan Schwachpunkte unausgemerzt lassen würde, deren eine Folge sicher Unzuverlässigkeit wäre, und ich erwiderte, dass der einzige Weg eine bessere Zuverlässigkeit zu garantieren, darin bestand, meinen Plan ohne Abstriche umzusetzen. Datong bestand auf der Unabdingbarkeit einer verbesserten Zuverlässigkeit und übergab eine Liste der unzuverlässigen Bauteile, in der so wichtige Dinge wie der Hauptrahmen, die Treibstangen, die Kuppelstangen und die Treib- und Kuppelzapfen enthalten waren (wovon keines auf dem Symposium im Vorjahr erwähnt worden war!). Es war klar, dass die Zuverlässigkeit dieser Teile nicht von selbst besser werden würde und dass etwas zur Verbesserung ihrer Konstruktion getan werden musste. Solche Bauteile mussten also in den Plan mit aufgenommen werden, und mit der Begründung der Zuverlässigkeit bestand ich auch auf den Einbau von Rollenlagern an allen Achsen, Treib- und Kuppelzapfen. Die vertragliche Pattsituation wurde schließlich überwunden, indem Einigung darüber erzielt wurde, dass nach dem Wortlaut des Vertrags die Verantwortung der Zielerreichung zu gleichen Teilen bei der Fabrik und mir lag. Nur mit dieser Änderung war ich mit der Aufnahme der verbesserten Zuverlässigkeit als einem Punkt der Vertragserfüllung einverstanden. Der Vertrag wurde dann unterschrieben. Er definierte das zweistufige Wesen des Projekts und machte Angaben zu dem entsprechenden Leistungsniveau, das von den Umbau- und den Neubaubaulokomotiven erreicht werden musste.

Nach der Unterschrift des Vertrags beschrieb ich dem Konstruktionsteam, mit dem ich arbeiten würde, im Detail die Einzelheiten meiner Vorschläge, die sich für die erste Projektstufe eigneten. Das dauerte einen ganzen Tag, und von den anwesenden 25 Leuten schienen viele zumindest zeitweise einzuschlafen. Bis dahin hatte Datong noch keine speziellen eigenen Vorschläge gemacht. Das tat die Fabrik dann schließlich, und ihr Plan enthielt viele Punkte, die mit meinen übereinstimmten und zusätzlich einige neue, mit denen ich aber allesamt einverstanden war. Wir kamen deshalb überein, alle Punkte ihres Vorschlags und alle meiner reduzierten Version in einem gemeinsamen Projektplan aufzunehmen. Nunmehr erklärte aber der Sprecher des Konstruktionsbüros, dass der Grundgedanke darin bestand, die Konstruktion so weit wie möglich zu verbessern und somit *nicht* alle Modifikationen für die vorhandenen Lokomotiven geeignet sein mussten. Verwirrung schien zu herrschen, und alles, was ich darauf erwidern konnte, war, dass das in Ordnung war und wir dann meinem ursprünglichen Plan folgen werden. Anscheinend war man damit nunmehr einverstanden, aber als Konstruktionszeit gab ich 18 Monate an, was aus Produktionsgründen nicht in Frage kam, da die Fabrik dann laut Plan ein Los von 1D1 der Klasse JS bauen sollte. Stattdessen wünschte die Fabrik die Fertigstellung der Prototyplokomotive innerhalb von 18 Monaten, womit dann die restlichen 18 Monate des Dreijahresvertrags für das Einfahren, die Versuche und die Auswertung der Betriebsergebnisse verblieben, was zu der Zeit als ein machbarer Zeitplan angesehen wurde. Falls es die Zeit vor Ablauf der drei Jahre gestattete, konnte mit der Arbeit an der „neuen“ QJ begonnen werden. Nachdem also nur der Zeitplan das Konstruktionsbüro davon abhielt, den vollständigen Entwurf zu akzeptieren, so erwies er sich aber doch als der entscheidende Faktor, und deshalb einigten wir uns schließlich auf die Umsetzung des gemeinsamen Plans. Wie sich herausstellen sollte, wurden nicht einmal dafür die Konstruktionsarbeiten jemals fertiggestellt.

Die vorgesehenen Änderungen waren wie unten aufgeführt, wobei von Datong einbrachte Punkte mit * gekennzeichnet sind (Indizes beziehen sich auf Anmerkungen am Ende der Zusammenstellung):

i) Modifikationen an dem Kessel

1. Gaserzeugungs-Verbrennungssystem (GPCS)
2. Zyklonbrennkammer
3. Verbesserte Saugzuganlage, nach Möglichkeit mit Kordina-Einrichtung
4. Bezüglich größerer Stabilität geänderte Rauchkammer*, Anpassung an die Saugzuganlage und Entfernen des Funkenfängers und der Selbstreinigungsleitbleche, falls durch die Partikelabscheidung in der Feuerbüchse zulässig
5. Verbesserter Überhitzer (unter Beibehaltung der serienmäßigen Elementenzahl) für höhere Dampftemperatur, geringeren Dampfdruckverlust und bessere Zuverlässigkeit)
6. Anhebung des Kesseldrucks
7. Verbesserte Stehbolzen, speziell Deckenstehbolzen*
8. Verbesserte Kesselisolierung*
9. Verbesserte Wasserstandsanzeigegläser*
10. Verbesserte Speisewasseraufbereitung

ii) Modifikationen an den Zylindern und dem Triebwerk

1. Verbesserte Kolbenschieber, Schieberringe und Schieberstangen
2. Änderungen an der äußeren Steuerung zur Erzielung der korrekten Bewegung für die neuen Schieber, einschließlich variabler Voreilung, und für bessere Zuverlässigkeit
3. Verbesserte Umsteuerung (Genauigkeit)
4. Gekühlte Schieberbuchsen in verbesserter wärmetechnischer Ausführung und aus besserem Werkstoff
5. Gekühlte Zylinderbuchsen aus besserem Material
6. Verbesserte Kolben, einschließlich Ersatz der Segmentringe durch einteilige Ringe[1]
7. Verbesserte Packungen für die Kolben- und Schieberstangenstopfbuchsen[1]
8. Dampfmäntel für die Zylinder[1]
9. Verbesserte Zylinderisolierung
10. Verbesserte Zylinderschmierung
11. Verbesserte Kreuzköpfe
12. Verbesserte Treibstangen
13. Verbesserte Kuppelstangen

14. Verbesserte Treib- und Kuppelzapfen, einschließlich Rollenlager, falls möglich
15. Erzwungene Fahrweise mit vollständig geöffnetem Regler

iii) Modifikationen an dem Rahmen und dem Laufwerk
1. Verbesserte Rahmenwangen (Ersatz des Gussstahls durch Walzstahl)
2. Verbesserte Achsgabelstege
3. Rollenlagerachsen: Treib- und Kuppelachsen, führende und hintere Laufachse (Hauptrahmen und Laufgestellrahmen sollten nicht geändert werden*)
4. Verbesserte Laufwerksschmierung
5. Verbesserte Adhäsion
6. Verbesserte Laufeigenschaften

iv) Verschiedene Modifikationen
1. Verminderung der Erschütterungen
2. Verbesserte mechanische Schmierung
3. Verbesserte Ergonomie
4. Erhöhte Konstruktionsgeschwindigkeit (85 km h^{-1} gefordert*)
5. Verschiedene kleinere Änderungen

v) Modifikationen an dem Tender
1. Tausch der sechsachsigen Tender gegen vierachsige[2]
2. Rollenlager für die vierachsigen Tender[3]
3. Verbesserte Tenderhandbremse (nach Art der Diesellokomotiven)*[3]
4. verbesserte Wassereinlauföffnung
5. Verbesserte Tenderbrücke zwischen Lokomotive und Tender*
6. Verbessertes Bremssystem für sechsachsigen Tender, falls der vierachsige nicht übernommen wurde*

Anmerkungen.
1. Diese Modifikationen wurden später gestrichen.
2. Der kleinere Tender wurde wegen seines niedrigeren Gewichts bevorzugt. Der höhere Wirkungsgrad der modifizierten Lokomotive ermöglichte mit dem kleinen Tender ungefähr die gleiche Reichweite, wie sie die Serienlokomotive mit dem großen hatte. Es wurde berechnet, dass der höchste thermische Gesamtwirkungsgrad um 0,2 %, sagen wir einmal von 10,8 % auf 11 %, durch die Verwendung des kleineren Tenders gestiegen wäre. Allerdings wurde zu gegebener Zeit von den Chinesen entschieden, die sechsachsige Bauart beizubehalten (und später, als der QJ-Bestand abnahm, wurden kleine Tender durch überzählige große ersetzt.
3. Die Konstruktionen dieser Modifikationen waren von dem Konstruktionsbüro bereits ausgeführt worden.

Die wichtigsten Punkte, die aus meinem vollständigen Plan für die erste Stufe der Arbeit weggelassen wurden, sind nachstehend aufgeführt (mit * markierte Punkte waren vorläufige Vorschläge):

1. Verbrennungsluftvorwärmer
2. Löscherückführung auf den Rost
3. Geändertes Kesselrohrbündel (vergrößerte Anzahl der Rauch- und Heizrohre zur Reduzierung des Abgasverlusts und des Strömungswiderstands im Kessel)
4. Vergrößerter Überhitzer (Erhöhung der Anzahl der Elemente von 69 auf 80 für eine höhere Dampftemperatur und einen geringeren Druckverlust vom Kessel zu den Zylindern)
5. Ersatz des Speisewassermischvorwärmers durch einen Oberflächenvorwärmer (Begründung siehe Seite 130)
6. Neue Zylinder
7. Hintere und vordere Kolbenstangen mit den Kolben verschweißt
8. Herdner-Anfahrventile von verbesserter Konstruktion als die der bei 3450 eingebauten*
9. Innere Isolierung nicht gleitender Zylinderoberflächen
10. Geteilte ausgeglichene Kreuzköpfe der Bauart Timken*
11. Verbesserte Hilfsmaschinen (zum Beispiel Stokermotor, Luftpumpe, Kesselspeisepumpen) für reduzierten Dampfverbrauch und größere Zuverlässigkeit
12. Korrosionsschutz der Rauchkammer*
13. Heißwasserreservoir in dem Tenderwasserkasten im Zusammenspiel mit dem Speisewasservorwärmer, zur Maximierung der zurückgewonnenen Abdampfwärme
14. Verbesserte äußere Stromlinie zur Minderung des Luftwiderstands und zur Begünstigung der Ablenkung von Rauch und Dampf (zum Beispiel durch Anbringung einer kegeligen Rauchkammertürverkleidung ähnlich der der Klasse WP der Indischen Staatsbahnen)

Der vollständige Plan, bestehend aus den Punkten der oben angegebenen Auflistungen, einschließlich einiger hier nicht erwähnter geringfügiger Änderungen, war ein Maßnahmenpaket, das mit der Maßgabe gestaltet war, zu versuchen, die Dampflokomotive im China des späten zwanzigsten Jahrhundert, und folglich auch in anderen Entwicklungsländern in ähnlicher Lage, gegenüber der Diesel- und elektrischen Traktion konkurrenzfähig zu machen. In Bezug auf die wichtigsten Punkte war der Plan ähnlich dem, den Porta ausgearbeitet hatte, als es so aussah, als ob ACE mit der Verbesserung der QJ-Konstruktion zu tun bekommen würde.[1] Porta beschrieb seinen Plan als „Plan der *bestmöglichen Lösungen*“, bei dem es „...im Zuge der Aufstellung eines wirklich ausgewogenen Umbauplans darum geht, ...das Weglassen bestimmter Vorschläge zu rechtfertigen und nicht um die Rechtfertigung ihres Einschlusses“. Das war richtig für einen Plan, der zum Ziel haben sollte, die in den vorangegangenen dreißig Jahren fast völligen Fehlens einer praktischen Entwicklung der Dampflokomotivtechnik verlorene Zeit aufzuholen und eine fast verlorene Sache noch zu retten. Meine Wahrnehmung der Situation war die, dass, falls die

[1] Porta, L. D., The Potential of Locomotive Rebuilding. An Example: The Chinese QJ Series, ACE-internes Dokument, September 1983. Geschrieben mit Portas üblicher Gründlichkeit, stellte es für den Autor eine große Hilfe bei der Formulierung seines eigenen, detaillierten Umbauplans dar.

Rekonstruktion der Klasse 25NC die letzte Chance der Dampftraktion bei den SAR war, dann das QJ-Projekt ihre letzte Chance zum Überleben im umfänglichen normalen kommerziellen Einsatz *überhaupt* war.

Aus den anfänglichen Gesprächen, die ich mit den Ingenieuren in Datong führte, ließ sich erkennen, dass sie diese Wahrnehmung einer kritischen Situation für die Dampftraktion, des Umfangs der nötigen Umgestaltung, um die Dampftraktion konkurrenzfähig und annehmbar für die Eisenbahnverwaltung zu machen, der Dringlichkeit dieser Umgestaltung und des Aufwands für diese Aufgabe, nicht teilten. Deshalb wurde ein durch die Umstände erzwungener Plan mit den bestmöglichen Lösungen nicht als notwendig erachtet, sondern einfach nur als zu viel Arbeitsaufwand, der entsprechend nach unten zu fahren war. Es ist wohl richtig, dass von der Absicht gesprochen wurde, sämtliche Modifikationen in die Konstruktion der neuen Lokomotive, die ja die zweite Stufe des Projekts bildete, einließen zu lassen, aber die Diesel- und Elektrokonkurrenz würde nicht auf der Stelle treten, und zum Zeitpunkt des Beginns der zweiten Stufe würde sie umso härter sein. So kam es, dass ich von Anfang an das Gefühl hatte, dass die Dinge nicht in den richtigen Bahnen verliefen, und es dauerte nicht lange, bis aus diesem Gefühl eine absolute Überzeugung wurde. Dieser Aspekt der Geschichte wird in dem Kapitel 7.5 abgehandelt, und an dieser Stelle werden wir uns auf die Konstruktion der Modifikationen beschränken, aber vorher müssen zwei Dinge erwähnt werden. Erstens, Porta gewährte wiederum seine großzügige Unterstützung. Es gab verschiedene Bereiche, wie zum Beispiel das Zyklon-GPCS, in denen ich weder relevante Erfahrungen noch ausreichende theoretische Kenntnisse hatte, und ich bombardierte ihn regelrecht mit Fragen. Trotzdem es für ihn wegen des endgültigen Zusammenbruchs der ACE eine bedrückende und schwierige Zeit war und trotz seiner Rückkehr von den USA nach Argentinien, war seine Reaktion großartig, und die erbetenen Informationen kamen unverzüglich und vollständig. Weder die Dampflokomotive noch ich hatten jemals einen treueren Freund als ihn. Zweitens, ergänzend zu der Genehmigung einer Anhebung der Höchstgeschwindigkeit von 80 km h^{-1} auf 85 km h^{-1} wurde vom Eisenbahnministerium entschieden, dass für die umgebaute QJ 21 Tonnen Achsfahrmasse statt der 20,1 Tonnen der Serienmaschine zulässig war.[1] Das betraf die Treib- und Kuppelachsen bei ausgeschaltem Reibungsverstärker. War er eingeschaltet, würde sich die maximale Achsfahrmasse auf 22,2 Tonnen erhöhen. Kommen wir nunmehr zu der modifizierten Konstruktion, die Punkt für Punkt beschrieben wird.

1. Das Gaserzeuger-Verbrennungssystem

Um die angestrebte auf die Ebene bezogene Zughakenleistung von 3 355 kW zu erzielen, wurde berechnet, dass eine Gesamtdampferzeugung von 32 650 kg h^{-1} benötigt wurde. Dazu war wiederum die *Verbrennung* von 5 200 kg h^{-1} Kohle von 24 MJ kg^{-1} unterem Heizwert (das wurde als repräsentativ für die durchschnittliche Kohlequalität in ganz China bezeichnet) erforderlich, womit die grundlegende Anforderung an den Verbrennungsvorgang definiert war. Ursprünglich bestand ja die Absicht, das GPCS mit Zyklonbrennkammer anzuwenden, aber die im Jahr 1986 mit dem experimentellen Zyklon-GPCS auf der QJ 7036, beziehungsweise 1987 mit dem Normal-GPCS auf der QJ 8001 ausgeführten Versuche (beide werden im nächsten Kapitel beschrieben), brachten, insgesamt betrachtet, keine schlüssigen Ergebnisse. Es ist allerdings wahrscheinlich, dass die modifizierte QJ letztendlich das Normal-GPCS gehabt hätte, im Prinzip wie bei der QJ 8001 ausgeführt, was eine Weiterentwicklung des bei der 3450 angewendeten Systems war.

Auch bei der QJ gab es das übliche Problem der geringen Höhe des Feuerbetts bei Lokomotiven mit breiter Feuerbüchse. Der senkrechte Abstand der vorderen Rostfläche zum Feuerschirm betrug akzeptable 600 Millimeter, aber der hintere Rostbereich lag nur 415 Millimeter unter dem Kohleverteilertisch des Stokers. Eine weitere Schwierigkeit bestand darin, dass die Änderungen für das GPCS die Gewichtsbelastung des Schleppachsgestells, das ohnehin bereits überlastet war, nach oben trieb. Hinter vorgehaltener Hand wurde darüber gesprochen, dass die Schleppachsfahrmasse tatsächlich über den offiziell angegebenen 20 Tonnen lag, was aber nicht so einfach bestätigt werden konnte, da Datong anscheinend keine Möglichkeit hatte, seine Lokomotiven zu verwiegen! Folglich wurde der massive Bodenring durch einen geschweißten Bodenring mit U-Querschnitt, bestehend aus Gussstahlecken[2] und gedrückten geraden Stücken und von unterschiedlichem Querschnitt (hinten tiefer), ersetzt. Er war leichter und führte den Wasserraum weiter herunter, so dass es möglich war, den Rost hinten gegenüber der Serienkonstruktion der QJ um 143 Millimeter abzusenken. Damit ergab sich dann hinten eine mögliche Feuerbetthöhe von 560 Millimeter. Die Rostneigung wurde von 5° auf 2,5° halbiert und der Aschkasten wurde so abgeändert, dass der normale Abstand von 200 Millimeter zwischen Bodenring und den Längsseiten des Aschkastens erhalten blieb. Die thermischen und mechanischen Aspekte der Rostkonstruktion wurden mit großer Sorgfalt berücksichtigt. Rostelemente der Bauart Hulson wurden verwendet, deren Konstruktion anhand von Photographien in der Locomotive Cyclopedia ausgearbeitet wurde. Der gesamte freie Luftquerschnitt des Rosts betrug 12,3 %, wovon 9,6 % auf die Luftlöcher in den Rostelementen entfielen und 2,7 % auf verschieden Spalte, die auf ein Minimum beschränkt wurden. Wie bei den Serien-QJ waren die hinteren Rostelemente nicht beweglich, alle anderen waren durch umkonstruierte Betätigungsstangen mit dem Serienrostschüttelantrieb verbunden. Der Rost konnte in vier Sektionen zur Entaschung geschüttelt werden, mit einer größten Öffnungsweite von 100 Millimetern. Ein Kipprost war nicht vorgesehen. Die Einzelteile des Rosts wurden für geringstmöglichen Verschleiß konstruiert. Zur Erzielung eines geringen Flächendrucks hatten die Rostelementträger ungewöhnlich große Zapfen (Durchmesser 70 Millimeter), für die eine Oberflächenhärte von 450 bis 500 Brinell empfohlen wurde, was eine besondere Gusseisenqualität erforderte. Die Zapfenlöcher in den neuen seitlichen und mittleren Rostbalken waren mit Buchsen aus verschleißfestem Gusseisen versehen. Für sämtliche Bolzen und Buchsen in dem Betätigungsgestänge der Rostelemente war einsatzgehärteter Stahl oder Manganstahl vorgeschrieben.

Sekundärluft trat durch jeweils neun Eintritte von 68 Millimeter Durchmesser, in gleicher Weise ausgestattet mit Dralleinsätzen wie bei 3450, in den beiden Stehkesselseitenwänden ein, weil bei Anwendung von Feuerschirmtragrohren statt der Zirkulationsrohre die Anbringung von Lufteintritten in der Feuerbüchsdecke ungünstig war. Der konstruktive gesamte Sekundärluftquerschnitt der seitlichen Eintritte betrug 629 cm^2 und der des Feuerlocheintritts 567 cm^2, in Summe also 1 196 cm^2 oder 176 cm^2 je m^2 Rostfläche. Das sind 13 % mehr als bei der 3450, wegen der besser (so wurde vermutet) geeigneten chinesischen Kohle. Um die Probleme mit dem Feuerschein und dem Lärm der Kohleverteilerdüsen bei teilweise geöffneter Feuertür zu vermeiden, wurde eine Abdeckhaube zur Anbringung über dem oberen Teil des Kohlesteigrohrs des Stokers konstruiert, die die Sekundärluft am Führerhausboden ansaugte. Ein Luftablenkblech für das Feuerloch wurde nicht angebracht, aber die Abdeckung wurde so gestaltet, dass der Luftstrom leicht nach unten abgeleitet wurde. Die Schmetterlingsfeuertür wurde höher gesetzt und im geschlossenen Zustand gegen die Abdeckhaube abgedichtet, womit die oben genannten Probleme völlig eliminiert waren, um den Preis, dass die Handfeuerung schwieriger wurde, weil die Unterkante der Feuertüröffnung nun um etwa 90 Millimeter höher lag als auf den Serienlokomotiven. Diese Unbequemlichkeit wurde als nicht allzu schwerwiegend angesehen, da

---

[1] Bei den anderen Traktionsarten waren wegen des Fehlens der dynamsichen Triebwerkskräfte Achsfahrmassen von 23 Tonnen zulässig und 25 Tonnen waren in Planung (Quelle: International Railway Journal, Juli 1987).

[2] Es wurden Gussstahlecken vorgeschrieben, weil aus vorhergehenden Konstruktionen von Bodenringen mit U-Querschnitt die Erfahrung bestand, dass aus Blech gekümpelte Ecken Probleme mit Spannungsrisskorrosion machen konnten. Allerdings ignorierte Datong das und verwendete bei der QJ 8001 ohne Rücksprache mit mir gekümpelte Ecken, mit der Begründung, dass die in der Fabrik erzeugten Gussstahlstücke für eine solche Anwendung zu minderwertig waren.

die Hoffnung bestand, dass das GPCS die Beschickung des Rosts überwiegend mit dem Stoker ermöglichen würde, um die Arbeitsbedingungen der Mannschaften zu verbessern, und es bestand die Option den Führerhausboden als Gegenmaßnahme anzuheben, was auf der QJ 8001 auch tatsächlich geschah.

Die auf der 3450 beobachteten betrieblichen Schwierigkeiten, wie langsame Reaktion des Kessels, wenn das Feuer kühl war, oder die Sicht nach vorn behindernder Kühldampf zur Vermeidung von Schlackebildung, wären in China nicht toleriert worden, und dem wurde durch jeweils einen Lufteinlasskasten zwischen Umlaufblech und dem verbreiterten Aschkasten auf beiden Seiten des Stehkessels begegnet. Beide Kästen waren im Prinzip begrenzt durch die Führerhausvorderwand und den Führerhausboden, das Umlaufblech, den Aschkasten, die Stehkesselbekleidung und einer äußeren senkrechten Wand, die die Kanten des Umlaufblechs und des Aschkastens verband. Angepasste Bleche schlossen die übrigen Lücken. Die Lufteinlassöffnung, ausgestattet mit einer Klappe mit Druckluftzylinder, befand sich vorn. Ein von dem Reglerhebel betätigtes Ventil gab Druckluft auf die Betätigungszylinder, wobei die Anordnung so getroffen war, dass die Klappen immer voll geöffnet waren, soweit der Regler geöffnet, und unter der Wirkung von Federn geschlossen, wenn der Regler geschlossen war. Die Druckluftleitung erhielt ein parallel geschaltetes Ventil für den Heizer, so dass die Klappen auch bei geschlossenem Regler geöffnet werden konnten. Auf der QJ 8001 hatten die Klappen elektrische in Reihe geschaltete Endlagenschalter, so dass im Führerhaus ein Lichtsignal leuchtete, wenn beide Klappen ganz geöffnet waren, als Rückmeldung ihrer ordnungsgemäßen Funktion. Beide Lufteinlasskästen hatten in ihrer äußeren Wand eine lange Öffnung direkt über dem Aschkasten, die von einer manuell vom Boden aus zum Reinigen des Aschkastens zu öffnenden Klappe verschlossen war. Eine innere Trennwand teilte den eintretenden Luftstrom in Primär- und Sekundärluftströme auf und verhinderte, dass Luft in die Sekundärluftpassagen eintrat, wenn die Einlassklappe geschlossen war. Der Kühldampf zur Vermeidung von Schlackebildung kam von den Auspuffwegen der Dampfzylinder, etwa 8 % des Zylinderabdampfs wurden dafür genutzt, und von dem Abdampf des Stokermotors und der Kaltwasserpumpe, wobei in der ursprünglichen Konstruktion der Abdampf der beiden Letzteren zusammengeführt wurde. Dieser Dampf wurde dann zu zwei senkrechten Rohren in Strömungsrichtung direkt hinter den beiden Lufteinlässen geführt. Düsenbohrungen in diesen Rohren waren so angeordnet, dass eine gute Durchmischung von Luft und Dampf sichergestellt wurde. Zusätzlich trat über ein Rohr, parallel zur Unterkante der Stehkesselbekleidung in beiden Lufteinlasskästen, Dampf von der Hilfsbläserleitung aus, wobei die Düsenbohrungen nach unten in Richtung der unterhalb des Bodenrings durchströmenden Primärluft zeigten. In den Außenwänden der Lufteinlasskästen waren für die Waschluken geeignete Einpolterungen vorgesehen, und abnehmbare Abdeckungen machten die Abschlammventile zugänglich. Die untere vordere Führerhausecke musste zurückversetzt werden, um den hintersten Stehkessellufteintritten auszuweichen. Die zum Öffnen der Führerhausstirnwandtür nötige Stufe in dem rechten Umlaufblech musste entfernt und die Tür entsprechend gekürzt werden (diese Stirnwandtür wurde recht häufig benutzt, um von dem Umlaufblech aus das Abschlammventil des Langkessels zu betätigen und zum Glück hatten die zwergenhaften chinesischen Heizer mit dem Durchschlüpfen durch die gekürzte Tür keine Schwierigkeiten, wobei die Serientüren zweifellos für vergleichsweise riesige Russen konstruiert worden waren). Die Gesamtanordnung der Lufteinlasskästen brachte ungefähr 700 Kilogramm Mehrgewicht im hinteren Teil der Lokomotive. Sie dienten den folgenden Vorteilen:

i) Sie nutzten bei Vorwärtsfahrt den Staudruckeffekt und minderten den Zugbedarf des Kessels.
ii) Sie führten wegen der Länge und der Form des Primärluftwegs in Strömungsrichtung hinter den Kühldampfrohren zu einer guten Vermischung der Primärluft mit dem Kühldampf zu Vermeidung von Schlackebildung.
iii) Sie verhinderten den Austritt von Kühldampf zu Vermeidung von Schlackebildung ins Freie, vorausgesetzt es gab keine Spalte in den Wänden der Lufteinlasskästen.
iv) Sie verhinderten den Luftzutritt zu den seitlichen Stehkessellufteintritten, wenn die vorderen Klappen geschlossen waren. Während des Anheizens und des Feuerreinigens waren nur die Abdeckungen für die Aschkastenreinigung geöffnet, und so konnte im Sinne einer schnelleren Reaktion von Feuer und Kessel nur Primärluft in die Lufteinlasskästen eintreten, wobei über das Feuerloch zur Rauchvermeidung immer noch einiges an Oberluft zugeführt wurde.
v) Sie minimierten das Risiko des Abblasens der Sicherheitsventile bei Leerlauf, da die Lufteinlassklappen bei Schließen des Reglers automatisch zugingen, wobei dann nur noch Sekundärluft über das Feuerloch in die Feuerbüchse eintrat.
vi) Die Rohrleitungen für den Kühldampf zu Vermeidung von Schlackebildung verlegten nicht die Öffnung für die Aschkastenreinigung.
vii) Es ergab sich eine wirkungsvolle Dämpfung des Geräusches des austretenden Kühldampfs zur Vermeidung von Schlackebildung.

Für die chinesischen Betriebsbedingungen wurden die Lufteinlasskästen als wesentlich angesehen. So hätte zum Beispiel der Austritt von Kühldampf zur Vermeidung von Schlackenbildung dort, wo die Umgebungstemperaturen auf -40 °C sinken können, zu einem massiven Sichtproblem geführt. Die beschriebene Ausrüstung wurde auf der QJ 8001 eingebaut, und obwohl ihre Bauausführung recht grobschlächtig war und einiger Verfeinerung bedurfte, zeigten die Betriebserfahrungen, dass wir auf dem richtigen Weg waren.

2. Saugzuganlage und Rauchkammer

Es sollte eine Dreifach-Lempor-Anlage mit den Einzelschornsteinen in Längsanordnung eingebaut werden. Diese Anordnung ergibt gute Proportionen für die Saugzuganlage, ohne allzu große Änderungen an der Rauchkammer erforderlich zu machen. Ihre Konstruktion beruhte auf Portas Lempor-Theorie und berücksichtigte auch andere Erkenntnisse auf diesem Gebiet.[1] Die meisten der von der Lempor-Theorie nicht erfassten Fragen der Detailkonstruktion wurden bei einer in der Fabrik aufgebauten Versuchsanlage untersucht (wird im nächsten Kapitel beschrieben), und mit der QJ 8001 durchgeführte Versuche lieferten Daten in Bezug auf den Bedarf an Kühldampf zur Vermeidung von Schlackebildung und der Rauchgaswiderstände an verschiedenen Kesselquerschnitten. Ergänzend zu der Tatsache, dass die Konstruktion der QJ-Saugzuganlage auf vollständigeren Daten beruhte, bestand für sie im Vergleich zu den SAR-Lokomotiven, auf denen ich gearbeitet hatte, der Vorteil einer weniger beengten Rauchkammer und eines wesentlich höheren Fahrzeugumgrenzungsprofils[2], wobei die zulässige Höhe 4 800 Millimeter über Schienenoberkante (SOK) betrug, gegenüber 3 965 Millimeter bei den SAR, eine ganz wesentliche Vergrößerung für die Konstruktion einer Saugzuganlage. All dies führte zu einer besser proportionierten Anlage als auf der 2644 oder 3450, die dann auch bei der Auslegung auf dem Zeichenbrett so aussah, wie es sein sollte.

In der Tabelle 71 findet sich ein Vergleich zwischen den Saugzuganlagen der Serien-QJ, der modifizierten QJ und der Doppel-Lempor-Anlage der 3450. Während der wichtige Parameter des Verhältnisses des Blasrohrdüsenquerschnitts zu dem Abdampfmassenstrom bei der modifizierten QJ gegenüber den Serienlokomotiven nur geringfügig besser war und sogar schlechter als bei der 3450, so muss das im Zusammenhang mit der notwendigen Erzeugung eines sehr hohen Rauchkammerunterdrucks bei der modifizierten QJ und der daraus

---

[1] Dazu wurden zwei von Porta geschickte Fachaufsätze verwendet: Kentfield, J. A. C. und Barnes, R. W., The Prediction of Optimum Performance of Ejectors, Proccedings of the Institution of Mechanical Engineers, Band 186 54/72, 1972, welche ähnliche Ergebnisse wie die Lempor-Theorie ergaben, sowie Klein, A., Effects of Inlet Conditions on Conical Diffuser Performance, Transactions of the ASME, Journal of Fluids Engineering, Band 103, Juni 1981, welcher Informationen lieferte, die in der Lempor-Theorie nicht enthalten waren.

[2] Bei den Serien-QJ war die Oberkante des Schornsteins auf 10 Millimeter unter der Profilhöhe festgelegt, offenbar als Marge für das Nicken und den Anstieg der abgefederten Massen bei abnehmendem Kesselwasserstand. Ich bat das Konstruktionsbüro um die Begründung dafür, erhielt aber keine Antwort und konstruierte die modifizierte Saugzuganlage bis an die Profilobergrenze.

resultierenden großen Pumparbeit für die Rauchgasförderung gesehen werden. Diese Pumparbeit war um 71 % größer als bei der 3450 bei den jeweiligen Höchstleistungen. Unter diesen Bedingungen ließen die Konstruktionsdaten für die Dreifach-Lempor-Saugzuganlage der QJ einen um 12 % höheren thermischen Wirkungsgrad gegenüber dem des Doppel-Lempor der 3450 erwarten.

Die Saugzuganlage bestand zunächst einmal aus einem gusseisernen Standrohr, das zu den Serienzylindern der QJ passte und das sich dann vierfach verzweigte, ein Zweigrohr für jeden Schornstein und ein vorderes zur Versorgung des Speisewasservorwärmers. Die berechnete Aufteilung des Abdampfmassenstroms war 83 % zu den Blasrohrdüsen, 9 % zu dem Speisewasservorwärmer und 8 % zu dem GPCS. Eine Kordina-Einrichtung als Längswand zur Trennung der Abdampfströme vom rechten und linken Zylinder wurde in die Konstruktion integriert. Der Dampfströmungsquerschnitt verengte sich von 1 019 cm² am Eintritt auf 339 cm² fünf Millimeter in Strömungsrichtung oberhalb der Stelle, an der die Kordina-Trennwände in den drei Zuströmungen zu den Blasrohrdüsen endeten. Das war 15 % mehr als der Konstruktionswert für den Blasrohrdüsenquerschnitt, aber es wurde für wahrscheinlich gehalten, das Letzterer während der Einfahrphase vergrößert werden konnte, und in Erwartung dessen wurde der Kordina-Querschnitt etwas großer gewählt, um die Anfertigung eines neuen Standrohrs zu vermeiden, zumal das Gussstück ziemlich kompliziert war. Große Sorgfalt wurde bei der Konstruktion darauf verwendet, den Druckverlust der Dampfströmung durch die Dampfführungen des Standrohrs auf ein Minimum zu beschränken. Drei Blasrohraufsätze aus Gussstahl wurden auf das Standrohr geschraubt. Die Blasrohraufsätze wurden äußerlich so gestaltet, dass sie die Aufwärtswendung des in die Schornsteine eintretenden Rauchgasstroms unterstützten und innerlich mit einem fast konstanten Strömungsquerschnitt, um den Dampf mit minimalem Druckverlust zu den Blasrohrdüsen zu führen. Vier konvergierend-divergierende Stahldüsen wurden mit jedem Blasrohraufsatz verschweißt. Sie hatten kreisförmigen Querschnitt und waren vollständig maschinell bearbeitet, wobei die äußeren Oberflächen oberhalb der Schweißzone gegen Verschleiß durch Löscheerosion einsatzgehärtet waren. Es wurden zwei Sätze Blasrohrdüsen spezifiziert, mit Querschnittsverhältnissen von Mündung zu engster Stelle von 1,12 : 1 beziehungsweise 1,25 : 1, wobei der Erstere zunächst eingebaut werden sollte, bei welchem alle Düsen einen Austrittsdurchmesser von 56 Millimeter hatten. Dampfkanäle für den Hilfsbläser waren in die Blasrohraufsätze eingegossen und vier Bläserdüsen auf Verlängerungsrohrstücken wurden mit den Blasrohraufsätzen verschweißt. Die Bläserdüsen und ihre Verlängerungsrohrstücke wurden außerhalb der Schweißzonen ebenfalls einsatzgehärtet. Diese De-Laval-Bläserdüsen waren denen auf der 3450 sehr ähnlich und hatten einen Austrittsdurchmesser von 6,5 Millimeter, was einen Gesamtaustrittsquerschnitt für den Hilfsbläserdampfmassenstrom von 398 mm² ergab und ein Querschnittsverhältnis von 3,45 : 1.

Die drei Schornsteine waren zur Vereinfachung der Fertigung als separate Bauteile ausgeführt (die Alternative wäre ein gemeinsames Gussteil der oberen Schornsteinteile gewesen, wie bei dem Dreifach-Kylchap auf Chapelons 2D2 Nr. 242A1). Jeder Schornstein, bestehend aus einem glockenförmigen Eintrittsstück, einer Mischzone mit konstantem Durchmesser und einem Diffusor, war zweiteilig und wurde in der Nähe des Diffusorunterteils zusammengeschraubt. Als Werkstoff war hartes Gusseisen vorgeschrieben und die inneren Oberflächen der Schornsteine sollten maschinell bearbeitet werden. Bei der Gestaltung der glockenförmigen Schornsteineintritte wurde von den Vorteilen einer Gusskonstruktion Gebrauch gemacht, um den mit der Richtungsänderung des Rauchgasstroms an den Eintritten verbundenen Druckverlust so gering wie möglich zu halten. Die Blasrohrdüsen ragten in die Schornsteine hinein, und ihre Mündungen lagen auf der Ebene des Anfangs der Zone konstanten Schornsteindurchmessers. Ein gutes Merkmal der Serien-QJ war ein gegossener Schornsteinfuß, der mit dem Rauchkammermantel verschweißt war und der, wo der Schornsteinflansch verschraubt wurde, eben war. Unter der Voraussetzung, dass der ursprüngliche Einbau korrekt erfolgte, schien diese selten verwendete Anordnung viel besser zu sein, als den Schornstein mit einem gekrümmten Flansch direkt an der Rauchkammer zu befestigen und wurde deshalb bei der modifizierten Lokomotive beibehalten, wobei ein neuer gegossener Schornsteinfuß passend für die drei Schornsteine konstruiert wurde.

Tabelle 71
Vergleich der Saugzuganlagen der CR-Klasse QJ und der SAR-Klasse 26

Klasse	Serien-QJ[1]	Mod. QJ[2]	SAR 26[3]
Gesamtdampferzeugung, kg h^{-1}	27 150	32 650	30 000
Dampfmassenstrom zu den Zylindern, kg h^{-1}	25 550	31 000	28 346
Abdampfmassenstrom durch Blasrohr, kg h^{-1}	23 250	25 905	23 150
Heißdampftemperatur, °C[4]	400	460	440
Verbrannte Kohle, kg h^{-1}	3 950	5 200	4 000
Unterer Heizwert der Kohle, MJ kg^{-1}	23,8	24	27
Gesamtunterdruck in der Rauchkammer, mbar	39,22	77,66	44,23
Pumparbeit für Rauchgasförderung, kW	-	638	373
Anzahl der Schornsteine	1	3	2
Gesamter Blasrohraustrittsquerschnitt, cm² (A)	254,5	296	302,5
Strömungskoeffizient der Blasrohrdüse	0,99	0,99	0,99
Effektiver Blasrohraustrittsquerschnitt, cm²	252	293	299,5
Gesamter kleinster Schornsteinquerschnitt, cm² (B)	2 206	2 489	2 798
Gesamter Schornsteinaustrittsquerschnitt, cm²	3 422	7 390	6 196
Gesamte Schornsteinlänge mit Eintritt, mm	1 778	2 056	1 825
Diffusorlänge, mm	945	1 301	981
Verhältnis B : A	8,7 : 1	8,4 : 1	9,2 : 1
Verhältnis Mischzonenlänge : Durchmesser	1,03 : 1	2 : 1	2 : 1
Diffusoröffnungswinkel	8°	10,3°	12°
Diffusorquerschnittsverhältnis	1,55 : 1	2,97 : 1	2,21 : 1

Anmerkungen

1. Die Daten für die Serien-QJ beziehen sich auf den einfachen runden Schornstein und wurden direkt aus dem offiziellen QJ-Versuchsbericht übernommen oder hergeleitet. Sämtliche Werte für Verdampfung etc. beziehen sich auf den maximalen im Versuch erreichten Dampfmassenstrom zu den Zylindern.
2. Die Werte für die modifizierte QJ wurden aus der Berechnung der Saugzuganlage für die Nennleistung übernommen.
3. Die Konstruktionswerte sind für die 3450 angegeben (siehe Kapitel 3.2).
4. Die angegebenen Temperaturen beziehen sich auf den Dampf am Eintritt in die Zylinder.

Die Änderungen an der Rauchkammer der Bauart Master Mechanics zur Unterbringung der neuen Saugzuganlage waren vergleichsweise gering, wobei die Erfahrungen mit den Versuchs-QJ 7036 und 8001 ergaben, dass die Selbstreinigungs- und Funkenfängerwirkung unbedingt erhalten bleiben mussten. Der Rauchkammermantel und die Tischplatte wurden um 150 Millimeter verlängert und die Tischplatte wurde in der Mitte etwas abgesenkt und an den Seiten etwas angehoben (weniger als auf der 19D Nr. 2644 der SAR). Der senkrechte Abstand der Mitte der Tischplatte zu den glockenförmigen Schornsteineintritten betrug 190 Millimeter. Die Rauchgasströmungsquerschnitte, gebildet durch die Selbstreinigungsleitbleche und durch den Funkenfänger, waren ähnlich derer der Serien-QJ, und sämtliche wichtigen Querschnitte waren größer als in den AAR-Empfehlungen. Vor der Auslegung der Rauchkammer und der Saugzuganlage übergab ich dem Konstruktionsbüro eine lange Liste mit Fragen bezüglich der Wartungsgepflogenheiten, um sicherzustellen, dass die Konstruktion in den Lokomotivdepots keine Schwierigkeiten verursachte. In den Antworten fand sich unter anderem das Folgende:

i) Die Rauchkammertür wurde zwischen zwei Kesselauswaschungen normalerweise nicht geöffnet.
ii) Ein Zusetzen der Funkenfänger trat nur selten auf. Das war wie erwartet, denn es wurden Maschendrahtfunkenfänger verwendet mit größeren Öffnungen als bei den Lochblechen der SAR. Die QJ-Konstruktion schrieb einen geneigten Funkenfänger an der konventionellen Position und einen zylindrischen zwischen Tischplatte und Schornstein vor, das heißt zwei in Serie geschaltete Funkenfänger. Die zylindrischen Funkenfänger waren offenbar nur auf Lokomotiven eingebaut, die in Gegenden mit erhöhtem Streckenbrandrisiko eingesetzt waren, hauptsächlich in bewaldeten Gebieten im Nordosten Chinas.
iii) Es bestand eine Neigung zu Kohleablagerungen an der Rauchkammervorderwand und an der Rauchkammerrohrwand. Die Ablagerungen im vorderen Bereich konnten sich entzünden und verursachten Verformungen, die den luftdichten Abschluss der Rauchkammertür schwierig machten.
iv) In dem Rauchkammermantel waren Besichtigungsöffnungen mit Schnellverschlüssen zur Inspektion des Überhitzers vorgesehen. Damit war es nicht notwendig, irgendetwas in der Rauchkammer zu demontieren, um den Überhitzer auf Undichtigkeiten zu untersuchen, was bei einer unter Dampf stehenden Lokomotive durchgeführt werden konnte. So einfach und so praktisch! Warum haben wir so etwas bei den SAR nicht angewendet?
v) Risse im Rauchkammermantel waren bei den ersten QJ ein Problem gewesen, was aber bereits durch Vergrößerung der Mantelwandstärke gelöst worden war. Damit gab es eigentlich keinen Grund, die Rauchkammer weiter zu verstärken (warum hatte das Konstruktionsbüro das dann in seinem Plan aufgelistet?).

Die Detailkonstruktion der Rauchkammer der modifizierten QJ folgte überwiegend der Praxis der Serien-QJ. Die Tischplatte bestand aus rechtem und linkem Teilstück, verschraubt mit dem Oberteil des Blasrohrs. Wie bei der 2644 und der 3450 bestand der Funkenfänger unten aus einem gebogenen Schirm mit einem flachen geneigten Schirm darüber, deren gemeinsamer freier Gasquerschnitt ungefähr 193 % des kleinsten freien Gasquerschnitts des Rohrbündels betrug, gegenüber 170 % der Serien-QJ und den von der AAR empfohlenen maximal 140 %. Die Windleitbleche wurden oberhalb der vorderen Handläufe um 350 Millimeter verlängert, was in Bezug auf die Vorderwand der verlängerten Rauchkammer einen Überstand von 1 070 Millimeter im Vergleich zu nur 870 Millimeter bei den Serien-QJ ergab, ließen aber noch genügend Sicherheitsabstand, sollten zwei Lokomotiven mit verlängerten Windleitblechen in einer Kurve Kopf an Kopf gekuppelt sein. Das war das beste zur Verfügung stehende Mittel zur Anhebung von Rauch und Dampf im Sinne einer guten Streckensicht, welche in Anbetracht des großen gesamten Schornsteinaustrittsquerschnitts und der oft auftretenden niedrigen Umgebungstemperaturen ein potentielles Problem darstellte. Die Saugzuganlage, die verlängerte Rauchkammer und die verlängerten Windleitbleche, die Verlagerung des Speisewasservorwärmers um 150 Millimeter nach vorn und die innere Gusskonstruktion der Windleitbleche ergaben im vorderen Teil der Lokomotive eine nützliche Gewichtszunahme, von der angenommen wurde, dass sie zur Verbesserung der Laufruhe benötigt wurde.

3. Der Überhitzer

Die höchste bei der Serien-QJ erreichte Dampftemperatur betrug 400 °C bei einer Heizflächenbelastung von 95 kg m^{-2} h^{-1}. Bei einer Heizflächenbelastung von 75 kg m^{-2} h^{-1}, entsprechend der Nennleistung, betrug sie 388 °C, und bei den unter normalen Einsatzbedingungen erzielten Verdampfungsleistungen überstieg sie wahrscheinlich nur selten 350 °C. Es war klar, dass ein Betrieb der Umbaulokomotive mit maximaler Leistung nur selten erforderlich sein würde, und so wurde es als sinnvoller erachtet, den Konstruktionswert der Heißdampftemperatur bei dem am häufigsten zu erwartenden Dampfmassenstrom festzulegen, und zwar mit den Werten 425 °C und 21 000 kg h^{-1}. Bei der Maximalleistung (Dampfmassenstrom zu den Zylindern = 31 000 kg h^{-1}) wurde berechnet, dass die Dampftemperatur auf 460 °C ansteigen würde. Diese beiden Temperaturen bezogen sich auf die Temperatur der Mischung von Überhitzerdampf und dem Kühldampf der Schieber- und Zylinderbuchsen bei Eintritt in die Zylinder, also jeweils 92 % beziehungsweise 8 % des Gesamtdampfmassenstroms. Das erforderte eine Dampftemperatur direkt am Überhitzeraustritt von 480 °C bei maximaler Volllast. Diese Höchsttemperaturen waren sehr hoch, jedoch akzeptabel, falls sie selten erreicht wurden und unter der Voraussetzung, dass für ihre Zulässigkeit alle nötigen Vorsichtsmaßnahmen getroffen wurden. Da die Modifikationen für die vorhandenen Lokomotiven ohne größere strukturelle Umbauten geeignet sein mussten, wurde von einer geänderten Aufteilung des Rohrbündels abgesehen und somit mussten die höheren Dampftemperaturen allein durch konstruktive Änderungen an den Überhitzerelementen erreicht werden.[1] Die Rückkehrschleife der Elemente der Bauart A wurde auf etwa 3 000 Millimeter gekürzt und im hinteren Bereich des Elements je drei Rippen an den vier Elementrohren angeschweißt. Damit wurde die rauchgasseitige wärmeübertragende Oberfläche des Überhitzers in dem hinteren Bereich des Kessels konzentriert, wobei das Verhältnis der Überhitzerheizfläche zu der Rohrheizfläche und damit der Anteil der an den Überhitzer übertragenen Rauchgaswärme an der Stelle vergrößert wurde, wo die Rauchgase am heißesten waren. Der durch die Rippen vergrößerte Rauchgaswiderstand wurde durch die kürzere Länge der Rückkehrschleifen kompensiert, so dass der Gesamtrauchgaswiderstand über die Rauchrohre und damit der Anteil der die Elemente bestreichenden Rauchgaswärme den Werten der Serien-QJ ähnlich waren. Bei beiden Konstruktionen gingen ungefähr 82 % der Rauchgaswärme durch die Rauchrohre und 18 % durch die Heizrohre. Es bestand keine Veranlassung, den Rauchgasstrom durch die Heizrohre zu drosseln. Das erste Überhitzerumkehrende wurde ebenfalls bis auf 500 Millimeter, gegenüber 550 Millimeter bei der Serienkonstruktion, an die Verbrennungskammerrohrwand herangeführt.[2] Als Vorsichtsmaßnahme gegen die bei den SAR erlebten Abzehrungsprobleme wurden die Umkehrenden selbst modifiziert. Es wurden angeschweißte Stützen und Abstandshalter nach Art der SNCF vorgeschrieben, um das Risiko der Werkstoffüberhitzung zu minimieren.

Die Überhitzerleistung wurde durch iterative Berechnungen des Wärmeübergangs ermittelt, aus denen hervorging, dass die gewünschte Dampftemperatur damit ohne Vergrößerung des Überhitzers möglich war. Es wurde darüber hinaus erwartet, dass der Anstieg der Heißdampftemperatur mit zunehmendem Dampfmassenstrom weniger steil als bei den Serienelementen erfolgen würde. Wegen der gekürzten Schleife wäre der Druckverlust bei jedem gegebenen Heißdampfmassenstrom gegenüber der Serienkonstruktion um 15 % geringer gewesen. Das wurde dazu genutzt, durch das Einbringen von schraubenförmigen Drahtwickeln in die hintersten 300 Millimeter

---

[1] Die Konstruktion basierte auf einer von Porta in einem Fachaufsatz mit dem Titel A New Superheater - Economiser Element for Advanced Steam Locomotive Technology, Buenos Aires, 1980 (unveröffentlicht), empfohlenen.

[2] Im Hinblick auf die Vermeidung übermäßiger Werkstofftemperaturen in den Überhitzerumkehrenden, hätte das erste mit dem zweiten Elementrohr verbindende Umkehrende der Verbrennungskammerrohrwand am nächsten sein sollen. Da allerdings alle Elemente einer Reihe identisch waren, war das hinterste Umkehrende abwechselnd dasjenige, das das erste mit dem zweiten und das dritte mit dem vierten Elementrohr verband. Das war offenbar ein Fehler in der Serienkonstruktion und wurde erst bemerkt, als die modifizierten QJ-Elemente gezeichnet wurden.

eines jeden Elementrohrs auf der Dampfseite eine turbulente Strömung des Dampfs an der Rohrwand zu erzeugen, um dort den Wärmeübergangskoeffizienten zu verbessern und damit auch einer Überhitzung des Elementrohrs vorzubeugen. Mit dieser Einrichtung zur Verbesserung des Wärmeübergangs wäre der Druckverlust durch den Überhitzer bei jedem gegebenen Heißdampfmassenstrom ungefähr gleich dem der Serien-QJ gewesen, aber geringer bei einem gegebenen Dampfmassenstrom zu den Zylindern, da nur 92 % des Zylinderdampfs durch den Überhitzer gingen.

Sämtliche Überhitzereinzelheiten wurden einer gründlichen Analyse unterzogen, und wo nötig wurden Änderungen zur Verbesserung der Zuverlässigkeit vorgenommen. Die Erfahrungen mit der 3450 wegen schlechter Konstruktion von Überhitzerbauteilen, schlechter Wartung und schlechter Montage sollten sich nicht wiederholen! Insbesondere wurde die Elastizität der Verbindungsteile der Überhitzerelemente mit dem Dampfsammelkasten vergrößert, wie es von Porta empfohlen wurde, um die Gefahr des Verlusts der Vorspannkraft, die wegen des Auftretens von Kriechvorgängen an den Bolzen und von Spannungen oberhalb der Streckgrenze des Werkstoffs oder Passungsrost bestand, zu verkleinern. Das wurde durch das Einschalten von je sechzehn Tellerfedern in zwei parallelen Paketen zu acht Federn in Reihenschaltung je Bolzen erreicht. Die Elastizität der Verbindung wurde um mehr als den Faktor elf vergrößert, was bedeutete, dass, falls die Anordnung um ein Maß nachgab, das bei der Serienausführung zum Verlust der gesamten Vorspannung führte, dann hätte die modifizierte Verbindung immer noch etwa 92 % der ursprünglich Vorspannkraft und mit dieser Maßnahme bestand die Hoffnung, den Fluch der undichten Verbindungen auszuschalten. Eine ähnliche Anordnung wurde auch für die Schraubenverbindungen der Einströmrohre mit dem Dampfsammelkasten und den Schieberkästen konstruiert.

Zur Überprüfung der berechneten Überhitzerleistung machte ich den Vorschlag, acht Versuchselemente anzufertigen und zusammen mit geeigneten Messinstrumenten in die Versuchslokomotive für die Zyklonbrennkammer, QJ 7036, einzubauen, einige mit und einige ohne die schraubenförmigen Drahtwickel zur Verbesserung des Wärmeübergangs und mit unterschiedlichen radialen Rippenabständen, und nach dem Versuch diese Elemente dann in eine Serien-QJ im Plandienst einzubauen, um ihre Zuverlässigkeit zu überwachen. Leider behinderte Tao Zuo, der Stellvertretende Chefingenieur der Fabrik, alles, mit dem er nicht einverstanden war, und folglich wurden nur zwei Versuchselemente tatsächlich angefertigt. Das führte natürlich zu weniger umfänglichen Versuchsdaten, als es hätten sein sollen, und gültige Schlussfolgerungen waren schwieriger zu erlangen. Nichtsdestotrotz ließ sich aus den Versuchen mit QJ 7036 ableiten, dass die modifizierten Elemente im Vergleich zu der Serienkonstruktion einen um 17 % gesteigerten Wärmeübergang ergaben und dass sie eine Dampftemperatur von etwas über dem Auslegungswert von 425 °C bei einem Dampfmassenstrom zu den Zylindern von 21 000 kg h^{-1} bringen würden. Die Elemente wurden dann in der von dem Depot Datong aus eingesetzten QJ 6455 eingebaut. Die Ergebnisse von den Versuchen mit QJ 7036 wiederholten sich, und da keinerlei Berichte von betrieblichen Problemen mit den Versuchselementen eingingen, wurde angenommen, dass die Konstruktion erfolgreich sein würde.

4. Erhöhter Kesseldruck

Die QJ-Kesselkonstruktion wurde nach dem ASME-Regelwerk für Lokomotivkessel, Ausgabe 1952, überprüft. Für Einzelheiten, die in diesem Regelwerk nicht erwähnt sind, wurden auch das deutsche TÜV-Regelwerk von 1953 und die British Standard Specification für Großwasserraumkessel in Schweißkonstruktion, BS 2790, Teil 1, Ausgabe 1969, herangezogen. Die Nachrechnung ergab, dass der zulässige Betriebsüberdruck der nach den seinerzeitigen Normen gebauten QJ-Kessel von 14,71 bar (15 kp cm^{-2}) auf 16 bar hätte heraufgesetzt werden können, unter der Voraussetzung geringfügiger Änderungen an den Schweißnähten einiger der Feuerbüchsstehbolzen, was an den vorhandenen Kesseln eine einfache Sache gewesen wäre. Eine weitere von der Fabrik gewünschte Nachrechnung ergab, dass die Kesselanbauten und die ohne Erstabsperrventile angebrachten Armaturen ebenfalls für den höheren Druck geeignet waren, der dann als gesetzter Wert für die Umbaulokomotive übernommen wurde.

Der Hauptgrund für die Anhebung des Kesseldrucks war wie immer der, jedweder Unzulänglichkeit der inneren Stromlinie der Dampfwege entgegenzuwirken. Die Berechnung ergab, dass der höhere Druck den Zylinderwirkungsgrad und die Leistung ungefähr um einen Faktor 1,05 bei normalen Kesselleistungen und um noch mehr bei maximaler Anstrengung verbesserte. Er ermöglichte auch die Reduzierung des Bohrungsdurchmessers der Zylinderbuchsen von 650 Millimeter auf 642 Millimeter, so dass Kühlkanäle in diese Buchsen eingearbeitet werden konnten. Trotz dieser Verkleinerung vergrößerte sich der Nennkolbendruck und die Nennanfahrzugkraft um 6 % gegenüber der Serien-QJ, was durch eine ähnliche Vergrößerung des Reibungsgewichts kompensiert wurde.

5. Verbesserte Kesselstehbolzen

Wie bereits in dem Kapitel 7.2 angemerkt, war das Auftreten von Stehbolzenproblemen bei den QJ etwas alarmierend. Häufig wurden gebrochene Stehbolzen in den Stehkesselseiten- und Rückwänden, gebrochene feste und bewegliche Deckenstehbolzen und Risse in den Schweißnähten der Stehbolzen im mittleren Bereich der Feuerbüchsseitenwände gemeldet. Das hatte mit den Kräften aus dem Dampfdruck wenig zu tun und ich musste die Chinesen davon überzeugen, dass eine Anhebung des Kesseldrucks eine vernachlässigbar geringe Auswirkung auf dieses Problem und die Kesselunterhaltung im Allgemeinen haben würde. Vielmehr hatte es mit einigen oder sämtlichen der nachstehenden Faktoren zu tun: übermäßige Temperaturspannungen, Korrosion, unvollkommene Stehbolzenkonstruktion, falsche Aufteilung zwischen festen und beweglichen Stehbolzen, Werkstoffmängel und mangelhafte Arbeitsausführung. Die Anzeichen deuteten darauf hin, dass Temperaturwechselbeanspruchungen über die Streckgrenze hinaus ein bedeutender Faktor waren, da die Häufigkeit von Stehbolzenbrüchen dort höher war, wo die Lokomotiven stärker angestrengt wurden, so dass es bei ihnen zu einer intensiveren Wärmestromdichte durch die Feuerbüchswände kam. Das Problem hätte sich bei den erforderlichen höheren Kesselleistungen der Umbaulokomotive zweifellos vergrößert, und deshalb wurden die nachstehenden Verbesserungen vorgeschlagen:

i) Verbesserung der Kesselwasseraufbereitung zur Vermeidung von Korrosion und von Ablagerungen, wodurch sich die Widerstandsfähigkeit der Stehbolzen gegen Ermüdung verbessert und die Wandtemperatur der Feuerbüchsbleche vermindert und damit die Ausdehnungen und die Temperaturspannungen.

ii) Änderung der Verfahrensweise beim Kesselauswaschen. Es wurde berichtet, dass die Kessel nach dem Auswaschen mit heißem Wasser gefüllt wurden. Das war aus der Sicht der thermischen Belastung der Feuerbüchse eine unzweckmäßige Vorgehensweise, weil sich dabei die Richtung des Wärmestroms gegenüber einem beheizten Kessel unter Dampf umkehrt.

iii) Auswechseln der vierten Reihe Deckenstehbolzen gegen Gelenkstehbolzen.

iv) Anwendung von Stehbolzen mit verjüngtem Schaft bei Stehbolzen mit hohen Biegespannungen, zum Beispiel in der Nähe beweglicher Stehbolzen. Die Stehbolzen mit verjüngtem Schaft nach Bauart Henschel-Tross wurde von der Deutschen Bundesbahn als Norm übernommen und ergaben die beste Kombination aus Flexibilität und Gleichförmigkeit der Werkstoffspannungen.

v) Ersatz der beweglichen Stehbolzen mit Kreuzgelenk gegen solche mit Kugelkopf (vorläufiger Vorschlag).

vi) Änderung des Stehbolzenwerkstoffs hin zu einer weicheren Stahlsorte mit weniger Phosphor- und Schwefelgehalt als bei der seinerzeit gebräuchlichen.

vii) Wo immer Stehbolzenschweißnähte in den Feuerbüchswänden zur Rissbildung neigten, sollten versenkte Schweißnähte verwendet werden. Bei dieser von dem deutschen Ingenieur Tross, zu seiner Zeit die wichtigste Autorität in Bezug auf das mechanische Verhalten von Feuerbüchsen, angegebenen Konstruktion wurde der Stehbolzen innerhalb seiner Wandbohrung verschweißt, statt eher auf der Feuerseite des Wandblechs. Das hatte den Vorteil, dass die Schweißnaht im Wesentlichen in dem Bereich der neutralen Biegeachse lag, also in einem Bereich kleinster Blechverformung, zum Teil auch gegen Wärmebeaufschlagung und Partikelerosion abgeschirmt war und auch noch Gewicht sparte. Die Abb. 157 stellt den bei der QJ benutzten einfachen geraden Stehbolzen dem Stehbolzen mit verjüngtem Schaft gegenüber. Beide erfüllen im Prinzip die gleiche Funktion mit den gleichen Mitteln, aber der Letztere hat eine verbesserte Gestalt, um den bei der Serienausführung beobachteten Problemen zu begegnen. Es handelt sich um ein gutes Beispiel für die Wichtigkeit der Aufmerksamkeit bei der Detailkonstruktion. Es wurden einige Versuche mit versenkten Stehbolzenschweißnähten gemacht. Zugversuche in der Fabrik zeigten, dass die Stehbolzen eher als die Schweißnähte brachen und sie bei dem vorgeschlagenen Kesseldruck von 16 bar einen höheren Sicherheitsfaktor als im Kesselregelwerk vorgeschrieben ergaben. Eine Anzahl solcher Stehbolzen wurden in die Feuerbüchse der Versuchs-QJ Nr. 8001 eingebaut und es ist zu keiner Zeit von Problemen berichtet worden.

viii) Es wurde ein Bodenringqueranker vorgeschlagen, um dem angeblichen Auswandern der Stehkesselseitenwände entgegenzuwirken.

6. Verbesserte Kesselisolierung

Die einzige unter dieser Überschrift gemachte Änderung betraf den Ersatz von wasserbeständigem Asbestschaum, Datongs bevorzugtem Isoliermaterial, gegen die zuvor benutzte Asbestpaste. Die seinerzeit in Datong hergestellten Lokomotiven wurden tatsächlich bereits mit diesem neuen Material ausgestattet, zu dem unten noch mehr gesagt werden wird. Bei den SAR verschoben sich manchmal die Spannbänder der Kesselbekleidung in Längsrichtung und legten die Stöße zwischen den Bekleidungsblechen bloß. Da das in den Lokomotivdepots nur schwer zu reparieren war und in deren Augen den Betrieb der Lokomotiven nicht beeinträchtigte, wurde das Problem oft ignoriert. Deshalb machte ich den Vorschlag, außen an den Bekleidungsblechen kleine Bleche anzuschweißen, um die Spannbänder in Längsrichtung in ihrer Position zu fixieren, aber diese sehr einfach Änderung wurde von der Fabrik mit der Begründung abgelehnt, dass ein Verschieben der Bänder „niemals" auftrat.

7. Verbesserte Wasserstandsgläser

Bei den Serien-QJ war der linke Wasserstandsanzeiger (Lokomotivführerseite) an einer außenliegenden „Flasche" nach amerikanischer Gepflogenheit angebracht, während der rechte Anzeiger direkt mit dem Kessel verbunden war. Die Flasche hatte keine Prüfhähne, wie es auf einer amerikanischen Lokomotive der Fall gewesen wäre, und erfüllte somit keinen sinnvollen Zweck. Beobachtungen auf dem Führerstand zeigten, dass sie keinesfalls scheinbare Wasserstände, ausgelöst durch Kesselwasserzirkulationen, berichtigten. Es wurde deshalb vorgeschlagen, die Flasche wegzulassen, den linken Wasserstandsanzeiger direkt mit dem Kessel zu verbinden und die Wasseranschlüsse beider Anzeiger gemäß SAR-Praxis nach innen in den Wasserraum mit Rohrstücken von 290 Millimeter zu verlängern, als ein wirksames Mittel, um genauere Wasserstandsablesungen zu erhalten. In einer von dem Projekt unabhängigen Entwicklung wurde ein Anzeigeglas hergestellt, das für Wasser und Dampf unterschiedliche Farben anzeigte und somit leichter abzulesen war, kam aber über Versuchs-

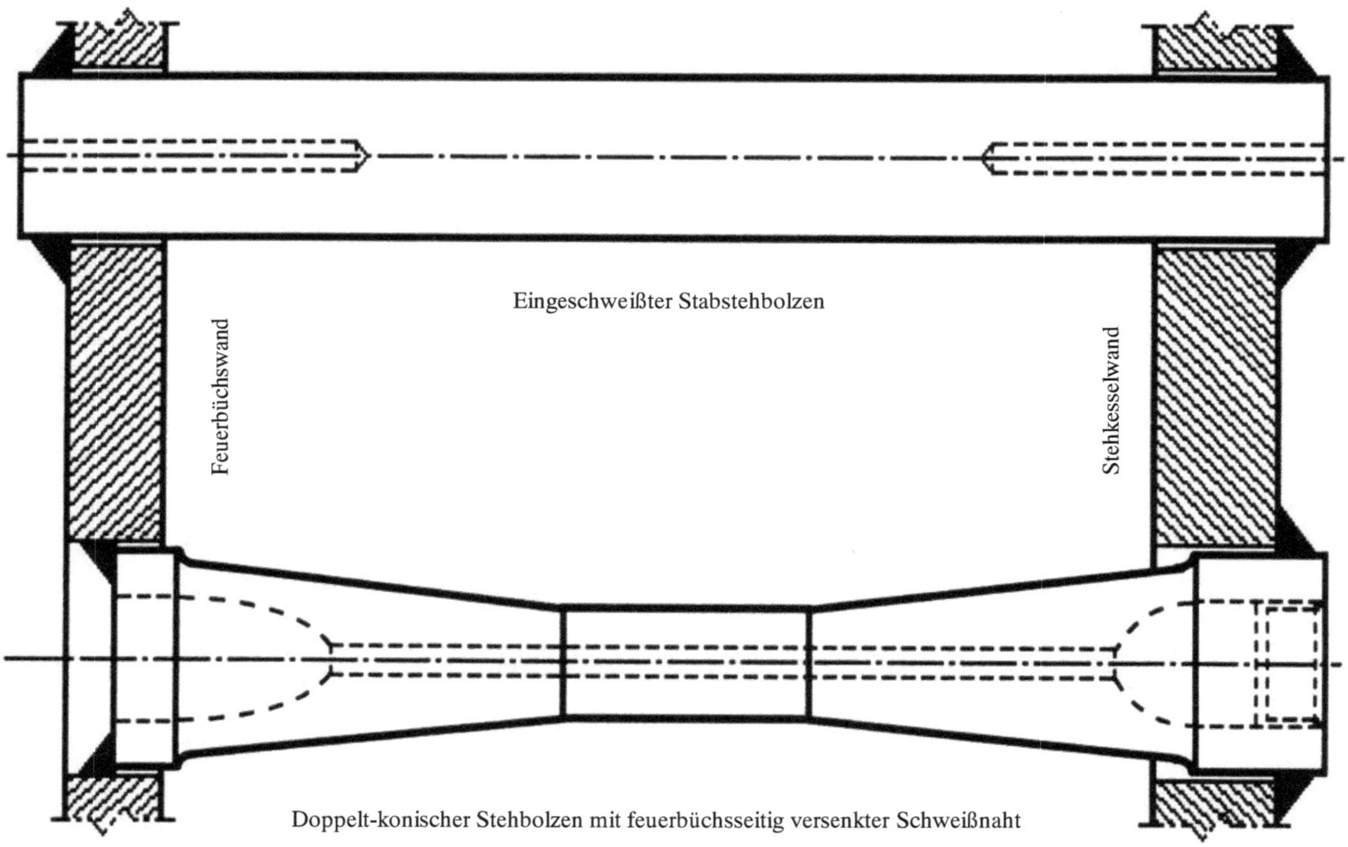

Abb. 157
Vergleich von Stehbolzenkonstruktionen

anwendungen bei CR-Lokomotiven nicht hinaus.

8. Verbesserte Speisewasseraufbereitung

Aufgrund solcher Anzeichen, wie übermäßiges Abschlammen und der Neigung der Kessel zur Dampfnässe, hatte ich den Verdacht, dass die Wasseraufbereitung der CR zu wünschen übrig ließ. Bei den modifizierten QJ hätte es allerdings weder Ablagerungen noch Korrosion noch Aufschäumen noch Dampfnässe geben sollen. Dementsprechend arbeitete ich eine Liste mit Fragen bezüglich der Wasseraufbereitung und der Kesselunterhaltung aus und forderte die Fabrik auf, die Antworten von den Chemikern, den Depots und den Werkstätten einzuholen. Zu gegebener Zeit kam ein Bericht zurück mit der Behauptung, „unsere Eisenbahn verfügt über ein perfektes System zur Kesselwasseraufbereitung", wobei aber gleichzeitig eine Anzahl von Problemen aufgelistet wurde, die man mit der Chemie des Kesselwassers in Verbindung bringen konnte. Jedenfalls mangelte es den Kesselwerkstätten der CR nicht an Arbeit.[1] Da ich selbst mit den Konstruktionsaufgaben vollauf beschäftigt war, wollte ich, dass sich Porta des Wasseraufbereitungsproblems annahm, und mit der Zustimmung des Chefingenieurs der Fabrik schickte ich ihm eine Kopie des Berichts und bat ihn um seine Stellungnahmen. Porta antwortete umgehend und stellte seine eigene Methode dem gegenüber, was sich aus dem Bericht entnehmen ließ. Er zeigte auf, auf welche Weise sein Verfahren zu einer drastischen Verminderung des Aufwands bei der Kesselunterhaltung und zu besseren Betriebsbedingungen führen würde. Folglich empfahl ich, dass für die modifizierte QJ Portas intensive Karbonat-Wasseraufbereitung, wie wir sie bei der 3450 versucht hatten, angewendet würde. Zu der Empfehlung gehörte auch, Porta durch das Eisenbahnministerium als Berater für diesen Versuch und für Wasseraufbereitungsangelegenheiten im Allgemeinen einzuladen, war er doch auf diesem Gebiet unbedingt viel kompetenter als ich. Wegen der Aufgabe des Projekts, eine modifizierte QJ zu entwickeln, bleib dieser Vorschlag leider ohne Folgen.

9. Verbesserte Kolbenschieber, Schieberringe und Schieberstangen

Die Trofimoff-Schieber der QJ waren aus verschiedenen Gründen für die Umbaulokomotive ungeeignet, nicht zuletzt, weil sie extrem schwer waren, und zwar so schwer, dass nach den Angaben das Verbiegen der Schieberschubstangen ein Problem war. Es wurden deshalb neue Kolbenschieber, basierend auf Portas Arbeiten[2] und den Schiebern für 3450, konstruiert, allerdings unter Berücksichtigung weiterer Verbesserungen an der SAR-Konstruktion, besonders, um den Zusammenbau und die Aufarbeitung der Schieber zu erleichtern. Die wesentlichen konstruktiven Merkmale waren die nachstehenden:

i) Der Schieberdurchmesser von 300 Millimeter wurde wegen der Weiterverwendung der Serienzylindergussstücke gezwungenermaßen beibehalten, aber die Einströmüberdeckung von 50 Millimeter auf 56 Millimeter vergrößert, dem größten praktikablen Wert bei den vorhandenen Schieberkästen, ohne die Maximalfüllung zu verkleinern.

ii) Die Ausströmüberdeckung wurde von null auf 7 Millimeter vergrößert, wie für die verbesserte Saugzuganlage erforderlich.

iii) Die Schieberstange zwischen den Schieberkörpern war massiv ausgeführt statt eines Rohrs, weil sie in dem nicht allzu großen Schieberkasten weniger Raum einnahm, als die Rohrausführung wie bei 3450 es getan hätte. An beiden Enden der Verbindungsstange waren zwei konische Schieberkörper angeordnet, die nach den AAR-Regeln für geschüsselte Leichtbaukolben ausgebildet waren. An die konischen Schieberkörper waren die Ringträger aus perlitischem Gusseisen, dem gleichen Material wie die Schieberbuchsen, angeschraubt. Das machte die Aufarbeitung leicht, indem die Ringträger einfach bei Erreichen der Verschleißgrenze durch neue ersetzt wurden. Außerdem konnte durch Einfügen von Abstandsringen zwischen Ringträger und Schieberkörper die axiale Position der die Steuerzeiten bestimmenden Schieberringe beim Einregulieren der Schieber eingestellt werden, da die Entscheidung für zwei Schieberbuchsen je Schieberkasten statt einer wie bei 3450 gefallen war und sich somit die Toleranz der Abstände zwischen zwei Kanalöffnungen vergrößerte.

iv) An jedem Schieberkörper waren zehn schmale Ringe vorgesehen (es hätten noch mehr Ringe untergebracht werden können, aber die Anzahl zehn wurde zur Senkung des Flächendrucks zwischen Schieber und Buchse gewählt). Die Ringe Nummer 4, 6 und 9, gezählt jeweils von der Einströmkante des Schieberkörpers aus, sollten aus Bronze mit einem minimalen Zinngehalt von 10 % sein, um auf die bei den normalen Betriebsfüllungen, angenommen zu 25 %, von den Schiebern bestrichenen Schieberbuchsenoberflächen Bronze abzulagern. Auf diese Weise würde sich eine gute Reibpaarung zur Verschleißminderung bilden und somit die gleiche Funktion erfüllen, wie die Bronze auf den Tragflächen der Schieberkörper der 3450. Die übrigen Ringe waren aus perlitischem Gusseisen nach ASTM-Vorschrift A159 Gütegrad G4000, mit einem Anteil von 0,5 bis 1,25 % Chrom und 0,4 bis 0,6 % Molybdän und sollten um 20 bis 30 Brinell-Härtegrade härter sein als das Buchsenmaterial (die Ringe der Serien-QJ wurden auch gehärtet, aber das wurde als ungünstig angesehen, weil der Härteprozess zu einer Änderung der perlitsichen Mikrostruktur führte). Ein angemessenes Spiel der Ringe in ihren Nuten ermöglichte ihr Abkippen, wie es für eine hydrodynamische Schmierung notwendig ist. Zur Verschleißminderung während des Einfahrens wurde für die äußere Ringfläche eine ballige Kontur vorgeschlagen.

v) Die Gelenkverbindung zu der Schieberschubstange wurde direkt hinter den Ringträger des hinteren Schieberkörpers gelegt. Die Schieberstange wurde bis zu diesem Punkt verlängert und gegabelt. Ein Kegelstift in der Gabel bewegt sich in einer in das Auge der weiterführenden Schieberstange gepressten Buchse, wobei sowohl Stift als auch Buchse aus Kohlenstoffstahl C45 bestanden und auf ihren Berührungsflächen gehärtet waren. Der Schaftdurchmesser der weiterführenden Schieberstange wurde von 60 Millimeter bei der Serien-QJ auf 45 Millimeter verkleinert, aber die übliche Praxis der Oberflächenhärtung in dem Bereich, der in der Stopfbuchsenpackung lief, wurde beibehalten. Die bestehende bewegliche Metallpackung, die nur ein wirksames Dichtelement hatte, wurde an den kleineren Schieberstangendurchmesser angepasst, wenn auch mit einer sinnvollen Ergänzung in Form einer äußeren Schmutzdichtung, bleib aber ansonsten unverändert. Die serienmäßige Verbindung der Schieberstange mit dem Kreuzkopf mittels Kegelbolzen und Keil wurde beibehalten, das heißt, die Verbindung hatte nur ein Gelenk, wie bei den 1E1 der Rio-Turbio-Eisenbahn, statt deren zwei wie bei der 3450. Die Länge des Kreuzkopfs der Schieberstange musste um 10 Millimeter gekürzt werden, um bei dem vorgesehenen längeren Schieberhub nicht mit der Stopfbuchse zu kollidieren. Zur Erleichterung des Abschmierens der Lager des Voreilhebels im Schieberkreuzkopf wurden entsprechend der SAR-Praxis 180 Millimeter lange Verlängerungsrohre für die Schmiernippel spezifiziert. Wegen des Wegfalls der vorderen Schiebertragstangen wurden die vorderen Schieberkastendeckel unter besonderer Beachtung ihrer Isolierung umkonstruiert.

Die übrigen wichtigen Schiebereinzelheiten ähnelten denen der 3450. Die einbaufertigen Schieber hatten eine berechnete Masse von nur 64,9 kg[3], 49 % leichter als die Ausführung der Serien-QJ, und leicht genug, um auf einen Massenträgheitsausgleich verzichten zu können,

---

[1] Von besonderem Interesse war in dem Bericht die Aussage, dass Korrosion auf der „nassen und dunklen Seite der Feuerbüchse" aufträte, wo auch immer das gewesen sein mag.

[2] Quellenangabe siehe Fußnote 3 auf Seite 138.

[3] Basierend auf der Verwendung von Stahl mit mittlerem Kohlenstoffgehalt für Schieberstange und Schieberkörper. Bei Einsatz von unlegiertem Stahl hätte sich die Masse um 14 % vergrößert.

trotz einer möglichen Schieberbeschleunigung von 36 g.[1] Der nominelle Flächendruck zwischen Schieber und Buchse betrug 0,0105 N mm^{-2}, sogar weniger als bei 3450 und etwa acht Mal weniger als an der vorderen Schiebertragstange in den Tragbuchsen bei der Serien-QJ. In der schriftlichen Beschreibung, die mit den Zeichnungen an das Konstruktionsbüro geschickt wurde, hieß es „...das...stellt ein gutes Beispiel für eine ganzheitliche Konstruktion dar...Die ganze Konstruktion zielt auf das Erreichen der bestmöglichen Verbindung aus guter thermodynamischer Durchbildung (= beste Dampfverteilung), angemessener mechanischer Festigkeit, minimalem Gewicht und der bestmöglichen Schmierungsbedingungen ab. Falls diese Merkmale nicht alle gleichzeitig berücksichtigt werden, so wird das Ergebnis unbefriedigend sein". Über einige weitere Verfeinerungen wurde nachgedacht, zum Beispiel über eine Isolierung der konischen Schieberkörper, um den Wärmedurchgang zu mindern oder über Ausströmdiffusoren zur Verbesserung der Kühlung der Ringträger, aber im Sinne einer vereinfachten Herstellung wurden diese Zutaten zurückgestellt.

10. Änderungen an der äußeren Steuerung

Die bei der 3450 aufgetretenen Anfahrprobleme und die eingeschränkte Wirksamkeit der bei dieser Lokomotive eingebauten Herdner-Anfahrventile hatten einen Einfluss auf die Entscheidung, dass die Maximalfüllung der modifizierten QJ nicht kleiner als die der Serienlokomotive sein sollte. Das war einer der grundlegenden Parameter, der von der äußeren Steuerung erfüllt werden musste, ein anderer war die Beschränkung des Schieberhubs auf 260 Millimeter wegen der bestehenden Schieberkästen. Zur Erlangung einer vorläufigen Vorstellung von den Schieber- und Steuerungsparametern wurden einige Vorarbeiten geleistet, wo nötig mit Hilfe von Reuleaux-Schieberdiagrammen *(Anm. d. Übers.: so benannt nach dem deutschen Ingenieur Franz Reuleaux; * 30. September 1829 in Eschweiler-Pumpe; † 20. August 1905 in Berlin-Charlottenburg; u. a. Rektor der TH Charlottenburg)*, von denen ausgehend dann eine genauere Untersuchung erfolgte. Die relevanten Werte und die der Serien-QJ sind in der Tabelle 72 wiedergegeben.

Tabelle 72
Vergleich der Ergebnisse der äußeren Steuerung der Serien- und Umbaulokomotive

Bezeichnung	Serien-QJ	Modifizierte QJ Vorläufige Berechnung	Modifizierte QJ Endgültige Werte[1]
Größter Schieberhub, mm	212	260	251
Größte Vorwärtsfüllung, Durchschnittswert vorderer und hinterer Kanalöffnung	72 %	72 % mindestens	72,1 %
Größte Schieberauslenkung aus der Mittelstellung bei größter angenommener Betriebsfüllung (55 % Vorwärtsfüllung), mm	85	100	98
Ausschlagwinkel der Schwinge, Grad	45,4	50 maximal	48,7
Füllung an den vorderen und hinteren Kanalöffnungen bei einer mittleren Vorwärtsfüllung von 25 %	23 % / 27 %	25 % / 25 %	23 % / 27 %
Voreilung in Mittelstellung, mm	8	8	9
Voreilung bei größter Vorwärtsfüllung, mm	8	18	18
Unterschied der Voreilungen zwischen vorderer und hinterer Kanalöffnung bei allen Vorwärtsfüllungen, mm	0	1 maximal	0
Größte Rückwärtsfüllung, Durchschnittswert vordere und hintere Kanalöffnung	71 %	-	70 %
Voreilung bei größter Rückwärtsfüllung., mm	8	-	2
Schiebereinströmüberdeckung, mm	50	56	56
Schieberausströmüberdeckung, mm	0	10	7

1. Das sind die besten Werte, die seinerzeit erarbeitet werden konnten. Sie wurden als akzeptabel betrachtet, wenn auch nicht unbedingt als optimal.

Eine weitere Forderung bestand darin, dass der Schwingenradius gleich dem der Serien-QJ sein sollte und dass das Steinspringen bei allen normalen Füllungseinstellungen, das heißt unter 55 %, möglichst gering sein sollte. Beide Forderungen wurden erfüllt, und das Steinspringen bei Vorwärtsfüllungen unter 55 % war geringer als bei den Serienlokomotiven.

Die Berechnungsmethode, die ich bei der Untersuchung der Steuerungskinematik für die modifizierte 25NC angewendet hatte, war langwierig und etwas unbeholfen. Deshalb schlug ich vor, dass die erforderlichen Änderungen an der äußeren Steuerung mit Hilfe eines Modells bestimmt wurden, was von Porta gutgeheißen wurde, der einmal geschrieben hatte „zur Hölle mit den Gleichungen" für die Steuerungsauslegung. Also wurde ein gutes Modell der äußeren Steuerung im Maßstab 1 : 4 gebaut und die Untersuchungen wurden von Jia Feng in Angriff genommen, einem jungen Ingenieur aus dem Konstruktionsbüro. Er stellte fest, dass die Änderungen an der äußeren Steuerung doch etwas umfangreicher waren als ursprünglich vorgesehen, was dann wiederum zu einigen Änderungen an dem Modell führte. Wegen der erwarteten Dauer dieser Änderungsarbeiten entschied sich Jia, die Auslegung mit einem Computer fortzusetzen, unter Anwendung einer ähnlichen mathematischen Analyse der Steuerungskinematik, wie ich sie in Südafrika entwickelt hatte. Diese Vorgehensweise erwies sich als wesentlich langwieriger, als es bei Verwendung des Modells der Fall gewesen wäre. Für die endgültigen Ergebnisse wurden etwa zehn Monate in Anspruch genommen. Im Vergleich zu dem Modell hatte diese Vorgehensweise auch den Nachteil, dass ich keine Möglichkeit hatte, die Genauigkeit der Arbeit rasch zu überprüfen. Wäre die modifizierte QJ jemals gebaut worden, so wäre die Stunde der Wahrheit erst bei der Einstellung der Schieber gekommen. Dennoch, trotz dieses Vorbehalts war die Arbeit von Jia und seinen Helfern sehr wertvoll und war eines der wenigen wirklich kreativen Dinge auf konstruktivem Gebiet, die von der Fabrik beigetragen wurden.

Die einzige Abweichung der Steuerungskinematik von der konventionellen Praxis war die variable Voreilung, deren Begründung auf der Seite 140 dargelegt wurde. Die gewählten Voreilungen waren für betriebsübliche Vorwärtsfüllungen bemessen und hätten die Zylinderleistung wesentlich verbessert, speziell bei hohen Leistungen und ziemlich großen Füllungen. Das war genau die Betriebsweise, die die modifizierte QJ hätte erbringen müssen, falls sie eine Streckenkapazität durch die Beförderung schwerer Güterzüge bei höheren Geschwindigkeiten in Steigungen hätte steigern sollen. Die Verkleinerung der Voreilung bei Rückwärtsfüllungen war unbedeutend, da die QJ nur wenige Lastkilometer bei der Fahrt mit dem Tender voraus leisteten, zumal die Voreilung bei 25 % Rückwärtsfüllung immer noch

[1] Zum Abfangen der Massenträgheitskräfte der Schieber und zur Verkleinerung der Kräfte in den Steuerungsteilen von schnellfahrenden Lokomotiven mit sehr langem Schieberhub sprach sich Porta für die Anwendung von Massenträgheitsausgleichern aus, in denen abwechselnd komprimierender und expandierender Dampf auf einen mit der Schieberstange verbundenen und in einem kleinen Zylinder gleitenden Kolben wirkte.

vernünftige 5 Millimeter betragen hätte. Allerdings war die Auswirkung auf die Anfahrzugkraft eine andere Sache. Einfache, auf nominellen ungünstigsten Annahmen basierende Berechnungen zeigten, dass in dem Augenblick, in dem ein Schieber die Voreinströmung freigab, mit der vorgeschlagenen äußeren Steuerung die Anfahrzugkraft um 22 % gegenüber einer solchen mit der Voreilung *null* verkleinerte. Die tatsächliche Verkleinerung des mittleren Zugkraftwerts über eine volle Radumdrehung, verglichen mir den Verhältnissen bei der Anwendung der Voreilung von 8 Millimeter der Serienausführung, wäre viel geringer gewesen, aber der Nachweis der Praxistauglichkeit einer so großen Voreilung wäre nur durch Betriebserfahrungen möglich gewesen, wobei glücklicherweise schwere Anfahrten in Steigungen in China selten vorkamen.

Die Änderungen an der äußeren Steuerung und damit zusammenhängender Bauteile waren wie folgt:

i) Die Länge der Gegenkurbel wurde verkleinert und ihr Winkel relativ zum Treibzapfen zur Vergrößerung der Exzentrizität geändert. Zusätzlich musste die Gegenkurbel an den rollengelagerten Treibzapfen angepasst werden.

ii) Die Schieberstange wurde verlängert.

iii) Als Ersatz für die offene Serienschwinge wurde eine völlig neue geschlossene Schwinge konstruiert, und die Mittellinie der Zapfen der Schwingenlager wurde ein klein wenig nach vorn versetzt. Die Schwinge war länger als die Serienausführung, wie es erforderlich war, um die gleiche Maximalfüllung mit Schiebern mit größerer Überdeckung zu erreichen, hatte aber zum Ende hin sich verjüngende Querschnitte mit dem größten Querschnitt an den Lagerzapfen und hatte so ein auf die Lagerachse bezogenes Trägheitsmoment, das 16 % geringer war als das der Serienschwinge. Das bedeutete, dass die maximalen Kräfte auf die Gegenkurbel und die Schwingenstange durch das Trägheitsmoment der Schwinge, trotz größeren Ausschlagwinkels und höherer zulässiger Geschwindigkeit der Lokomotive, fast denen bei der Serien-QJ gleich waren. Die Seitenteile der Schwingen waren bis auf ein Loch zum Einbringen des Bolzens in den Schwingenstein massiv und standen vorn und hinten über, um maximalen Schutz gegen Schmutzpartikel auf den gleitenden Flächen zu gewähren. Es wurde ein neuer Schwingenstein aus Stahl mit gehärteten Gleitflächen konstruiert, mit nur zwei Nadellagern an seiner Drehachse (die Konstruktion der Serien-QJ hatte drei, wovon eines offensichtlich überflüssig war, ein Irrtum, der auch an anderer Stelle der äußeren Steuerung der QJ auftrat). Die wesentlich geringere Masse der neuen Schieber verminderte die Kräfte auf diese Lager ganz erheblich. Es wurde dafür gesorgt, dass die Nadellager und die Gleitflächen der Schwingensteine, wie bei den SAR-Lokomotiven der Klasse 25, über einen mit der Schieberschubstange verbundenen Schlauch Schmieröl von der linksseitigen Schmierpumpe erhielten. Dieses wichtige konstruktive Merkmal verbesserte ganz entscheidend die Schmierung des Schwingensteins und entschärfte diesen Schwachpunkt der Walschaerts-Steuerung.

iv) Eine neue Schieberschubstange mit der Anlenkung des Hängeeisens hinter der Schwinge wurde konstruiert, um das Steinspringen zu vermindern.

v) Der obere Teil des Voreilhebels wurde um 20,9 Millimeter verlängert.

vi) Die Steuerwelle wurde um 60 Millimeter gekürzt und in ihrer Position um etwa 318 Millimeter nach vorn verlegt. Diese Verlegung machte Änderungen an dem Abschlammventil am Langkessel erforderlich. Neue Aufwerfhebel und Steuerstangenhebel mussten konstruiert werden, wobei die Aufwerfhebel nun länger waren und nach hinten zeigten, was eine Verlegung der Luftbehälter nach hinten erforderte, während der Steuerstangenhebel der gekürzten Steuerwelle und dem erforderlichen Winkelweg angepasst werden musste, da der Hub des Umsteuerservozylinders unveränderlich war. Das wiederum machte Änderungen an der Länge und Stellung der Steuerstange notwendig.

vii) Die Hängeeisen und ihre Bolzen wurden den neuen Aufwerfhebeln angepasst.

viii) Die Konstruktion des Schwingenträgers wurde der neuen Position der Schwingenlager und der Steuerwelle angepasst und, wo erforderlich, an den notwendigen Freigang für die geänderten Bauteile der äußeren Steuerung.

ix) Die Anordnung der Ausgleichsfeder an der Steuerwelle musste der neuen Position und der geänderten Bewegung der Steuerwelle angepasst werden, wobei die Federkraft auf die Steuerwelle nunmehr gegenüber den Serienlokomotiven eine umgekehrte Drehwirkung ausüben musste.

x) Sämtliche Gleitlagerbuchsen der äußeren Steuerung wurden von ölgeschmierten Stahlbuchsen auf fettgeschmierte Bronzebuchsen gemäß der SAR-Praxis umgestellt.

Die konstruktiven Änderungen zum Zweck der Erlangung der erforderlichen Schieberbewegung waren sehr tiefgreifend und betrafen fast sämtliche Bauteile der äußeren Steuerung. Doch einige waren sehr einfach, aber da die chinesische Kohle für eine sehr hohe Kesselanstrengung nicht geeignet war und somit die Minimierung des spezifischen Dampfverbrauchs unerlässlich war, erschien es mir unzulässig, sie wegzulassen, falls die thermischen Zielvorgaben erreicht werden sollten. Gegenüber den chinesischen Ingenieuren, die wie viele andere den Kessel als das „Herz" der Lokomotive ansahen (tatsächlich war es die Saugzuganlage), betonte ich, dass der Zylinderwirkungsgrad typischerweise um den Faktor vier bis fünf niedriger lag als der Kesselwirkungsgrad, also jedes Prozent Verbesserung des Zylinderwirkungsgrads die gleiche Auswirkung auf den thermischen Gesamtwirkungsgrad hatte, wie eine Verbesserung von 4 bis 5 % des Kesselwirkungsgrads und somit alle vernünftigen Maßnahmen zu einer besseren Dampfausnutzung rechtfertigte.

11. Verbesserte Einstellgenauigkeit der Umsteuerung

Die Druckluftservoumsteuerung der Bauart Alco erfüllte nicht alle Anforderungen an eine gute Umsteuerung, als da wären zum Beispiel eine feine Füllungseinstellung und eine eindeutige Verriegelung jeder gewählten Einstellung, aber eine Analyse ihre Zeichnungen zeigte, dass ohne eine vollständige Neukonstruktion nur wenig zu ihrer Verbesserung getan werden konnte, die zu der Zeit aber als nicht gerechtfertigt angesehen wurde. Da allerdings die Betätigungseinrichtung der Servoumsteuerung im Führerhaus zur Anpassung an die neue Bewegung der Steuerwelle angepasst werden musste, wurde die Gelegenheit ergriffen, ihre Bedienungsfreundlichkeit zu verbessern, indem der Bedienhebel 100 Millimeter näher zu dem Lokomotivführersitz hin verlegt wurde. Wegen der leichteren Kolbenschieber und der besseren Schmierung, was zu kleineren Kräften in der äußeren Steuerung führte, wurde erwartet, dass die Servoumsteuerung sich als reaktionsschneller als auf den Serienlokomotiven erweisen würde. Die bequeme Beherrschung der Leistung und des Schleuderns mit der Umsteuerung bei voll geöffnetem Regler wurde deshalb als realistisch betrachtet, wobei die Beherrschung des Schleuderns mit der Umsteuerung bei meinen Führerstandsmitfahrten bereits demonstriert worden war.

12. Schieberbuchsen

Die den geänderten Schiebern angepassten gekühlten Schieberbuchsen folgten der bei der 3450 angewendeten Praxis, ausgenommen die nachstehenden Merkmale:

i) Je Schieberkasten wurden zur Vereinfachung der Herstellung und der Montage statt nur einer Buchse deren zwei verwendet. Drei breite Verlängerungsstege an jeder Buchse in Richtung Schieberkastenmitte hielten die Schieberringe beim Ein- und Ausbau der Schieber zusammen. Zur Vereinfachung des Herausziehens der Schieber bei Ölkohleablagerungen war dort der Bohrungsdurchmesser erweitert, verbunden mit einem schwach konischen Übergang zu der eigentlichen Buchsenbohrung. Die Buchse stellte für den einströmenden

Dampf kein Hindernis dar und ergab nur einen vernachlässigbaren Verlust an Schieberkastenvolumen. Im Gegensatz dazu hatten die Serien-QJ eine mittlere Buchse, die die Ringträger der Kolbenschieber der Bauart Trofimoff bei Leerlauf aufnahm. Dieses unschuldig aussehende Bauteil verkleinerte das ohnehin nicht übermäßig große Schieberkastenvolumen um etwa 25 %.

ii) Die Buchsen gingen nicht ganz bis zu den Enden der Ausströmkästen, so dass volle Kanalstege in den Ausströmkammern nicht notwendig waren. Auf der Ausströmseite waren die Buchsen auf einer Länge ohne Kanalöffnungen, die etwas größer war als der Weg, den die äußersten Ringe bei der größten Füllung im Betrieb, zu 55 % angenommen, zurücklegten, um zu vermeiden, dass sie Öl in den Auspuff abstreiften. Jenseits davon waren die Buchsen in der üblichen Weise geschlitzt, um den Ausströmquerschnitt nicht zu beschränken.

iii) Während die Kühlkanäle ähnlich denen der 3450 waren, wurde die umständliche Durchleitung des Schieberöls durch sie hindurch dadurch vermieden, dass auf dem Scheitel eine Ölbohrung angebracht war, und dass die Kühlkanäle nur bis auf 20°, von den Enden aus gesehen, an den Scheitel herangeführt wurden. Die Ölbohrungen wurden in der Längsachse so positioniert, dass die äußersten Ringe bei Füllungen unter 63 %, also bei allen zu erwartenden normalen Füllungen, nicht über sie hinweg liefen. Die innersten Ringe liefen bei allen Füllungen auf gekühlten Flächen der Einlassenden der Buchsen, wobei die Berechnungen des Wärmeübergangs eine maximale Temperatur der Gleitflächen von 325 °C bei einer Temperatur des Einströmdampfs von 460 °C erwarten ließen.

iv) Die Breite der Kanalöffnungen wurde zu 75 Millimeter wie bei den Serien-QJ gewählt, gegenüber einer Kanalbreite im Zylinder von 85 Millimeter. Der Kanalöffnungsquerschnitt war entsprechend Portas Kriterium für eine ausreichende Bemessung etwas größer, als der bei 40 % Füllung von dem Schieber freigegebene Ausströmquerschnitt.

An den inneren Oberflächen der Schieberkästen waren für die neuen Schieberbuchsen keine Änderungen erforderlich, aber außen mussten ein paar Untersätze für Rohrleitungsverbindungen und für die Sicherungsschrauben der Schieberbuchsen angeschweißt werden. Der Buchsenwerkstoff war gleich dem für 3450 vorgeschriebenen.

13. Zylinderbuchsen

Die Hinweise für die Notwendigkeit die Zylinderbuchsen zu kühlen, waren widersprüchlich. Auf der einen Seite waren bei der 3450 Probleme mit der Kolben- und Kolbenringschmierung aufgetreten. Offenkundig war die Verschleißrate der Segmentringe bei dieser Lokomotive größer als bei den Serien-25NC, was natürlich auch mit anderen Faktoren, als der Temperatur der gleitenden Oberflächen zusammenhängen konnte, zum Beispiel mit den Problemen des Aufschäumens und der Dampfnässe. Auf der anderen Seite ließen die Messungen an 614 keine Zylinderbuchsentemperaturen erkennen, die eine Kühlung erforderlich machten, eher im Gegenteil waren sie oft zu niedrig. Allerdings ließen diese Messungen auch erkennen, dass sich bei sehr großen Dampfmassenströmen an den Enden der Zylinderbuchsen die Durchschnittstemperatur aus dem Frischdampf und dem Abdampf einstellen würde, was bei der modifizierten QJ bis zu 350 °C bedeutete. Bei einer solchen Temperatur konnte die Zylinderschmierung bereits schwierig werden, besonders angesichts der Entscheidung, die Kolben mit Segmentringen der Serien-QJ beizubehalten, statt Kolben mit schmalen Ringen und vorderer Kolbentragstange einzubauen. Es wurde deshalb beschlossen, gekühlte Zylinderbuchsen zu konstruieren. Letztendlich wäre es ja sehr einfach gewesen, den Kühldampfanschluss stillzulegen, falls er sich als unnötig erwiesen hätte, jedoch wohl wesentlich schwieriger eine Kühldampfversorgung aufzubauen, nachdem die Lokomotive gebaut war. Zur Begrenzung des Kühldampfstroms und weil die Enden der Zylinderbuchsen am schwierigsten zu schmieren waren, wurden nur die äußeren 35 % der von den Kolben überfahrenen Flächen gekühlt. Die Kühlkanäle waren denen in den Schieberbuchsen ähnlich und die Konstruktionsberechnungen ergaben eine Oberflächentemperatur in den gekühlten Zonen von 285 °C bei einer Temperatur des Einströmdampfs von 460 °C.

An den Zylindern waren für die neuen Buchsen, die gegenüber der QJ-Serienkonstruktion weitere Unterschiede hatten, keine inneren Änderungen erforderlich. Zum Ausgleich des höheren Kesseldrucks wurde der Nenndurchmesser von 650 Millimeter auf 642 Millimeter reduziert, und die Schmierbohrungen am Scheitel und an der Sohle wurden tangential zur Buchsenachse ausgerichtet. Diese Idee war ursprünglich für die Umbau-19D vorgeschlagen worden und wurde bisher nicht realisiert, da die modifizierte QJ nicht fertiggestellt wurde. Der Strömungskoeffizient der Kanalöffnungen in den Buchsen wurde wo immer möglich verbessert, und die Werkstoffvorschrift entsprach der der Schieberbuchsen, wobei die Chinesen gewarnt wurden, dass wegen der Härte dieses Werkstoffs sämtliche Zerspanungswerkzeuge für die Bearbeitung solcher Werkstücke wie Schieber- und Zylinderbuchsen Schneiden aus Wolframkarbid haben mussten.

14. Kühl- und Schmierdampf für Leerlauf

Für die erste Stufe des Projekts waren die Modifikationen sehr einfach. Zwischen Regler und Überhitzereintritt wurde ein Rohr angeschweißt, das Kühldampf über Zweigleitungen den beiden Schieberkästen zuführte, von wo aus der Dampf dann zu den Kühldampfeinlässen der Schieberbuchsen und jeweils zu den beiden Enden der Zylinderbuchsen verrohrt wurde. Wegen der versiegelten Isolierung des Zylinderblocks mussten die unmittelbaren Verbindungen mit den Zylindern geschweißt werden, vorzugsweise unter Verwendung von speziellen Fittings mit zu einem Ende hin zunehmender Wandstärke und bei denen das starkwandige Ende mit dem Zylindergussteil verschweißt wurde. Alle verschraubten Leitungsverbindungen mussten außerhalb des Isoliermantels liegen, eine Forderung, die auch für die Verbindungen der Schmierleitungen galt. Nach dem Austritt aus den Kühlkanälen an beiden Enden der Zylinderbuchsen wurde der Dampf durch Ringspalte zwischen der Buchse und der Zylinderbohrung zu einer gemeinsamen Austrittsleitung in der Mitte des Zylinders geleitet, während der Kühldampf der Schieberbuchsen in der Nähe der Zylinderkanäle austrat. Für die Austrittsdampfleitungen gab es unter der Isolierung ebenfalls keine Schraubverbindungen. Sie wurden zusammengeführt und mündeten schließlich in das Einströmrohr kurz oberhalb des Schieberkastens. Das Rohrleitungssystem wurde auf einen geringen Druckverlust hin ausgelegt, wobei etwa 90 % des Gesamtdruckverlusts des Kühldampfstroms in den Kühlkanälen auftrat. Etwa 8 % des Zylinderdampfs wurde als Kühldampf abgezweigt, davon 1 % zu jeder Schieberbuchse und jeweils 1 % zu beiden Enden der Zylinderbuchsen.

Der Leerlauf sollte in Mittelstellung der Steuerung mit einer Schmierdampfversorgung von etwa 1 bis 2 % des maximalen Nenndampfmassenstroms zu den Zylindern erfolgen (300 bis 600 kg h^{-1}). Ein Druckausgleicher oder Schnüffelventile waren nicht vorgesehen. Das hatte sich aus den Ergebnissen der Leerlaufversuche mit 3450 und 3460 ergeben, wobei es besonders wichtig war, bei höheren Geschwindigkeiten einen minimalen Schieberkastendruck von 3 bar aufrechtzuerhalten, um zu vermeiden, dass die innersten Ringe an den dünnen Ringstegen auf der Einströmseite der Schieberkörper anlagen. Zusätzlich hatte Porta angedeutet, dass die bei 3450 gelegentlich im Leerlauf aufgetretenen Schmierprobleme etwas mit zunehmender Reibungswärme zu tun gehabt haben könnten. Das war ein potentielles Problem bei sehr guter Zylinderisolierung, wie sie auch bei der modifizierten QJ vorgesehen war und die dann eine gewisse Menge an Schmierdampf zur Wärmeabfuhr ratsam erscheinen ließ. Die übrigen Funktionen des Schmierdampfs, also zum Beispiel die Vermeidung eines Unterdrucks in den Zylindern, die Schmierölverteilung, falls keine Ölzerstäuber eingebaut waren und eine gewisse Dampfpolsterwirkung zum Ende des Kolbenhubs waren natürlich auch von Bedeutung. Gleichwohl bedurfte es großer Mühen, der Fabrik Datong all das verständlich zu machen. Die Serien-QJ hatten durch die Kolbenschieber der Bauart Trofimoff sehr große Druckausgleichsquerschnitte, und obwohl diese Funktion nicht ganz und gar wirksam gewesen sein kann, da von Ascheteilchen in den Ausströmwegen die Rede war, ein Hinweis auf eine Rauchgasströmung rückwärts durch das Blasrohr bei Leerlauf, wurde das dennoch als ausreichend angesehen, um auf Schmierdampf verzichten zu können. Deshalb wurde die vorherrschende Auffassung meines Vorschlags von einem älteren Ingenieur namens Wang Yongchun zu Ausdruck gebracht, der in gebrochenem Englisch rief, wobei er seine Stimme allmählich zu einem Crescendo steigerte, „daas iist…DAMPFVELSCHWENDUNG!“ Daraufhin erläuterte ich all die Vorzüge der Anwendung von etwas Schmierdampf und machte deutlich, dass er bei der neuen Kolbenschieberkonstruktion unumgänglich war und dass wegen der Überlegenheit dieser Konstruktion der bei Leerlauf verbrauchte Dampf zehnmal bei der Fahrt mit geöffnetem Regler wieder eingespart würde. Ich dachte die Botschaft wäre nun angekommen, aber nachdem Wang eine Zeit lang darüber nachgedacht hatte, rief er wieder „daas iist…DAMPFVELSCHWENDUNG!“ Meine Stellung in Bezug auf Angelegenheiten der Detailkonstruktion war glücklicherweise so, wenn auch nicht ganz die eines Alleinherrschers, dass ich ihnen, falls die Überzeugungskünste nicht ausreichten, einfach sagen konnte „macht das so“.

Der Schmierdampf sollte von dem Anschluss an dem Armaturenstock kommen, der bei den Serien-QJ für die Zylindervorwärmung diente, eine Funktion, die er auch weiterhin erfüllte. Der Schmierdampf wurde über ein Ventil ähnlich dem Einheitsschmierdampfventil der SAR geregelt. Dieser Dampf wurde in die Kühlkanäle der Schieber- und Zylinderbuchsen eingeleitet, womit ein Teil des Dampfs die Schieberkästen über die Kühlkanäle und der andere Teil über den Überhitzer erreichte. Der Dampf durch die Kühlkanäle sorgte für eine wirksame Ableitung der Reibungswärme von den Buchsen und der andere Teil kühlte die Überhitzerelemente, insgesamt also eine treffliche Anordnung.

15. Kolben und Kolbenstangen

Wegen des Arbeitsumfangs für die übrigen Modifikationen wurde der Vorschlag neuer Kolben mit angeschweißten Kolben- und Tragstangen auf die zweite Projektstufe verschoben. Als Folge wurde die Beibehaltung der Segmentkolbenringe statt neuer schmaler Ringe bis zu dem Einbau vorderer Kolbentragstangen beschlossen. Die Konstruktion der QJ-Segmentringe war der der SAR-Lokomotiven überlegen und jeder Kolben hatte drei Sätze Ringe, die zu einer akzeptablen Flächenpressung führten und eine vernünftige Dampfdichtheit erwarten ließen. Allerdings erzwangen die gesteigerten Anforderungen bei der modifizierten QJ, zum Beispiel um 6 % höherer Kolbendruck, um 6,25 % höhere Fahrgeschwindigkeit und erzwungener Betrieb mit vollständig geöffnetem Regler, eine Überprüfung der Konstruktion aller Triebwerkskomponenten, überwiegend nach den AAR-Konstruktionsregeln[1], mit dem Ergebnis, dass bestimmte Abmessungen der Kolben, Kolbenstangen und Kolbenstangenmuttern geändert werden mussten, wenn auch die grundsätzliche Gestalt dieser Komponenten erhalten blieb. Zum Beispiel mussten der Kolbenstangendurchmesser von 115 Millimeter auf 120 Millimeter, die Nabe des geschüsselten Dampfkolbens von 175 Millimeter auf 190 Millimeter und die Länge der Kolbenstangenmutter von 62 Millimeter auf 82 Millimeter vergrößert werden.[2] Zusätzlich mussten der Kolbenkörper und die Ringe der verkleinerten Bohrung der Zylinderbuchse angepasst werden. Die Kolbenringsegmente sollten jeweils zur Hälfte aus Gusseisen und aus Bronze gefertigt werden, statt alle aus Gusseisen wie bei den Serienlokomotiven und beide nach den entsprechenden Werkstoffvorschriften der Schieberringe. Einige der soeben beschriebenen Änderungen bedingten eine Umkonstruktion der Zylinderdeckel, und deshalb wurde vorgeschrieben, die Abstände zwischen Kolben und Zylinderdeckel von 12,5 Millimeter vorn und hinten bei den Serien-QJ auf 12,5 Millimeter im vorderen und 8 Millimeter im hinteren Totpunkt zu ändern. Die Summe der die Kolbenstellung bestimmenden Bauteiltoleranzen war recht groß (mehr als ± 3 Millimeter), so dass der nominelle Abstand zu den Deckeln groß sein musste, aber es machte bei einer Lokomotive mit den Stellkeilen hinter den Achslagergehäusen keinen Sinn, den gleichen Abstand im hinteren Totpunkt wie vorn zu haben. Dennoch war dies ein weiterer Punkt zu dem der alte Ingenieur Wang Yongchun „überzeugt“ werden musste, die Dinge richtig zu sehen.

16. Verbesserte Kolbenstangenstopfbuchspackungen

Wie bereits erwähnt, waren die Packungen der QJ-Kolbenstangenstopfbuchsen dampfdicht. Das war die Folge einer häufigen Wartung und einer recht ordentlichen Konstruktion. Die Packungen hatten drei voll bewegliche metallische Dichtelemente in Reihenschaltung und eine Schmutzdichtung. Dennoch waren potentielle Probleme mit der Kolbenstangenschmierung bei höheren Dampftemperaturen ein Grund zur Besorgnis, weil die Schmierung der Kolbenstange generell schwierig war, da Teile der Stange immer wieder in die Atmosphäre austraten, mit dem Ergebnis einer raschen Oxidation des Öls. Bei der zu Versuchszwecken für eine Heißdampftemperatur von 450 °C geänderten QJ 6191[3] hatte es Probleme gegeben, und das Extrapolieren der Messungen an 614 ließ vermuten, dass die Temperatur der die Packung durchlaufenden Oberfläche der Kolbenstange bei einer Heißdampftemperatur von 460 °C bis auf 400 °C ansteigen konnte. Diese Sorge, gemeinsam mit dem Wunsch nach Vereinfachung der Wartung, war die Motivation für die Entwicklung einer neuen Packungskonstruktion. Zwei verschiedene Entwürfe wurden von dem Autor zur Beurteilung durch das Konstruktionsbüro ausgearbeitet. Der eine machte Gebrauch von überwiegend serienmäßigen QJ-Bauteilen und der andere sah ein geteiltes Gehäuse nach Art der 3450 vor. Dieser letztere Entwurf schien die meisten Vorteile zu bieten, aber die Antwort des Konstruktionsbüros (ja, der Leser rät richtig, wieder einmal Wang Yongchun) lief darauf hinaus, die vorhandenen Packungen zu verbessern, ohne sie überhaupt zu ändern. Schließlich einigte man sich darauf, dass das recht schwierig sein würde, und mit ein bisschen mehr „Überzeugung“ wurde die Bauart mit dem geteilten Gehäuse akzeptiert. An dem hinteren Zylinderdeckel waren dafür geringe Änderungen erforderlich. Ihre wichtigsten Merkmale waren wie folgt:

i) Die Anzahl der Dichtelemente wurde von drei auf fünf erhöht, um die Dampfdichtheit über einen längeren Zeitraum, mindestens 100 000 Kilometer waren das Ziel, ohne Untersuchung aufrechtzuerhalten. Die Packungsringe aus einem Gusseisen mit hohem Phosphorgehalt waren von ähnlicher Konstruktion wie die der Serien-QJ.
ii) Die Packungen wurden durch Zufuhr einer geringen Menge des Förderstroms der Kaltwasserpumpe in Kühlkanäle, die in die Packungsgehäuse eingearbeitet waren, gekühlt. Das Wasser ging dann vor dem Vorwärmer wieder in den Hauptstrom. Die Packungen wurden so automatisch gekühlt, da die Kaltwasserpumpe bei allen längeren Fahrten mit geöffnetem Regler in Betrieb sein sollte. Das System wurde auf eine Oberflächentemperatur auf der Kolbenstange bei Volllast von nicht über 300 °C ausgelegt, was für eine gute Schmierung angemessen niedrig war.

---

[1] Die trügerisch einfachen AAR-Regeln für solche Bauteile wie Trieb- und Laufwerkskomponenten, wurden als die besten verfügbaren angesehen. Allerdings stammten sie auch aus einer ganz anderen Technikära, als der nach der „Computerrevolution“, und es wurde erkennbar, dass die Entwicklung verfeinerter, auf modernen Analysetechniken beruhender Konstruktionsmethoden, dringend nötig war. Leider konnte so etwas nicht als Teil von solchen Projekten, wie der Umbaulokomotiven 25NC oder QJ geleistet werden, bei denen wegen des Zeitdrucks das genutzt werden musste, was bereits zur Verfügung stand.

[2] Diese Querschnittsvergrößerungen wären bei Beibehaltung des Serienwerkstoffs erforderlich gewesen. Wie zu der Zeit angegeben, wäre die chinesische Stahllegierung 40CrNiMo mit ähnlichen Eigenschaften wie der Timken-„High Dynamic“-Stahl verwendet worden, falls Betriebserfahrungen es erforderlich gemacht hätten, einige Bauteile zur Verkleinerung der hin- und hergehenden Massen oder der Flächenpressung des Kolben leichter zu machen.

[3] QJ 6191 hatte auch eine Giesl-Saugzuganlage und eine sogenannte Abdampfdruckausgleichskammer, um die Stärke der Unterdruckspitzen des Saugzugs bei der Ausströmeröffnung zu mindern. Nach der 6191 wurden an einigen weiteren QJ (man sagte mir 13 Stück) die gleichen Änderungen vorgenommen und von verschiedenen Depots aus versuchsweise eingesetzt, mit anscheinend ergebnislosem Ausgang. Die Abdampfdruckausgleichskammer diente dem gleichen Zweck wie Chapelons trapezförmige Ausströmkanalöffnungen. Die Chinesen schienen von dieser wesentlich einfacheren Einrichtung keine Kenntnis gehabt zu haben.

17. Zylinderblockheizdampfmantel

Verschiedene Versuche einschließlich derer mit 614 hatten gezeigt, dass der Zylinderblock sich während Stillständen deutlich unter die Sattdampftemperatur abkühlen konnte, dass es nach Öffnen des Reglers lange Zeit bis zur Wiedererwärmung dauerte und dass es während dieser Periode große Verluste durch Wärmeübergang an den Zylinderwänden gab. Das minderte den Zylinderwirkungsgrad und die Leistung und trug bei zu dem trägen Leistungsverhalten einer kalt anfahrenden Dampflokomotive. Der Wärmeübergangskoeffizient des Wärmeübergangs zwischen Dampf und Metall war bei Kondensation ganz wesentlich größer, als der des Wärmeübergangs in der „Gasphase". Falls also Kondensation verhindert werden konnte, so würde sich diese nachteilige Erscheinung entsprechend weniger bemerkbar machen. Die Funktion eines Dampfmantels bestand also darin, bei geschlossenem Regler zu verhindern, dass sich Zylinder und Schieberkästen unter die Sattdampftemperatur abkühlten und so einen Wärmeübergang durch Kondensation zwischen dem Einströmdampf und den Zylinderwänden zu verhindern, sobald der Regler wieder geöffnet wurde. Es ist wichtig, darauf hinzuweisen, dass die Isolierung den Wärmeverlust der Zylinder an die Umgebung verhinderte und nicht die Dampfmäntel. Die Isolierung sollte immer so vollständig wie möglich sein, unabhängig davon, ob ein Dampfmantel vorhanden war oder nicht. Was der Dampfmantel bewirken konnte, war, die Auswirkungen eines Wärmeverlusts aus dem Zylinderraum an das unter die Sattdampftemperatur abgekühlte Metall der Zylinder umzuwandeln in eine Kondensation des Heizdampfs innerhalb des Dampfmantels bei gleichbleibender (Sättigungs-) Temperatur.

Die drei möglichen Ausführungen von äußeren Dampfmänteln an den Zylinderblockwänden, im Gussstück integriert, aufgeschweißt oder aus an die entsprechenden Oberflächen gelegten Rohren gebildet, waren entweder unausführbar oder bei den vorhandenen Zylindern unpraktisch. Allerdings war es möglich, die Kühlkanäle der Schieber- und Zylinderbuchsen als Dampfmantel zu nutzen. Dazu waren an den Zylindern keine weiteren Änderungen nötig, aber ein Ventilsystem wurde gebraucht, um die richtige Funktionsweise sicher zu stellen, das heißt Kühlung bei geöffnetem Regler und Beheizung bei geschlossenem Regler. Es wurde ein geeignetes System mit Nockenscheiben an dem Reglerhebel ausgearbeitet, wobei die ganze Angelegenheit ziemlich kompliziert war und umfangreiche Änderungen an den Rohrleitungen nach sich zog. Zum Beispiel musste nunmehr die Hauptleitung zu den Kühlkanälen vor dem Regler abgezweigt werden, um die Kanäle bei geschlossenem Regler mit Heizdampf zu versorgen, was bedeutete, dass das Verhältnis Heißdampfstrom zu Kühldampfstrom nur bei vollständig geöffnetem Regler richtig war, und es mussten besondere Vorkehrungen getroffen werden, dass das Heizdampfkondensat nicht in die Zylinder gedrückt wurde, sobald der Kühldampf zu strömen begann. Aufgrund des geringen Volumens der Kühlkanäle konnte sich dort nur wenig Kondensat als Folge des Wärmeverlusts des Zylinderblocks und damit zur Aufrechterhaltung der Temperatur der Zylinder bilden. Näherungsrechnungen ergaben, dass es bei einer Umgebungstemperatur von 0 °C nur 1,5 bis 3 Stunden gedauert hätte, bis sich die Kühlkanäle bei Nutzung als Dampfmantel komplett mit Heizdampfkondensat gefüllt hätten. Die tatsächliche Zeit hing von der Wirksamkeit der Zylinderisolierung ab, und es folgte daraus, dass der entsprechende Temperaturabfall in der Metallmasse der Zylinder relativ gering sein würde, falls eine solche Dampfbeheizung nicht angewendet würde. Es hatte demnach nicht den Anschein, als ob die Komplexität des Systems die Vorteile der Nutzung der Kühlkanäle als Heizdampfmäntel rechtfertigte. Ich sprach mich in meinen Empfehlungen dagegen aus und dafür, den Heizdampfmantel für die Stufe zwei der Arbeiten aufzusparen, wenn er gleich zusammen mit den neuen Zylindern und mit reichlicher Kapazität konstruiert werden konnte.

18. Verbesserte Zylinderisolierung

Zu Mitte der achtziger Jahre hatte ich genug von diesem erbärmlichen Gelumpe, das bei den meisten Dampflokomotiven als Zylinderisolierung durchgehen sollte. Ein paar verbeulte Bleche, die die Zylinder halb bedeckten, mit ebenso viel Luft wie Isoliermaterial dahinter und ebenso unvernünftig, wie in Nordchinas sibirischem Winterwetter mit einem leichten offenen Übermantel und kurzen Hosen darunter nach draußen zu gehen. Eine sinnvolle Arbeit war es wert, richtig getan zu werden, und mit diesem Gedanken im Hinterkopf wurde die Zylinderisolierung der modifizierten QJ ausgelegt. Ihr wesentliches Merkmal bestand darin, dass sie im wahrsten Sinn des Wortes den ganzen Zylinderblock, einschließlich üblicherweise unisolierter Teile, wie die Abdampfwege, den Rauchkammersattel und den Teil zwischen den Rahmenwangen, mit einer Schicht Isoliermaterial von mindestens 50 Millimeter Dicke bedeckte und dass die Bekleidungsbleche, wo immer möglich, angeschweißt und so die Isolierung dauerhaft „versiegelt" war. Dabei mussten zwei Dinge beachtet werden. Zum Ersten mussten alle Verbindungen unter der verschweißten Bekleidung ebenfalls auf eine Weise verschweißt sein, dass für sie nach vernünftigen Maßstäben völlige Wartungsfreiheit garantiert werden konnte. Zum Zweiten hatte das Isoliermaterial einer strengen Spezifikation zu genügen, besonders im Hinblick auf seine Beständigkeit gegen Verfall durch mechanische Einflüsse. Es wurde ein Liste mit sechzehn Punkten zu den Kriterien aufgestellt, die das Isoliermaterial erfüllen musste. Die Fabrik wurde gebeten, unter den in China erhältlichen Materialien die geeignetsten auszuwählen und in Laborversuchen ihre Erfüllung dieser Kriterien zu überprüfen. Die Antwort des Konstruktionsbüros lautete, dass es bereits ein Isoliermaterial gab, das allen Anforderungen genügte und dass Laborversuche deshalb überflüssig waren, und zwar den „wasserbeständigen Asbestschaum". Nach einigen Diskussionen, in denen auf den ausgezeichneten Qualitäten besagten Materials bestanden wurde, nahm ich die Fabrik in dieser Angelegenheit beim Wort. Falls die modifizierte QJ gebaut worden wäre, dann wäre wasserbeständiger Asbestschaum verwendet worden. Es war allerdings keine wirkliche Überraschung, als ich einige Jahre später erfuhr, dass bei Serienlokomotiven, die damals erstmals in die Werkstätten kamen und mit diesem Material ausgerüstet waren, entdeckt wurde, dass die Isolierung sich fast völlig aufgelöst hatte und tatsächlich in viel schlechterem Zustand war, als die zuvor benutzte Asbestpaste. Damit hätte Datongs übliche leere Versprechung dazu geführt, dass die erforderliche Wirksamkeit der Zylinderisolierung bei Weitem nicht den Anforderungen entsprochen hätte. Obwohl bei der Konstruktion geeignete Abstützungen vorgesehen waren, die verhindern sollten, dass die Isolierung unter ihrem eigenen Gewicht zerbrach, wäre ein rascher Verfall zweifellos dennoch aufgetreten.

Ein interessantes Merkmal der Konstruktion war die wegen der ungünstigen äußeren Form innen angebrachte Isolierung der hinteren Schieberkastendeckel, wo sie gleichzeitig an dieser Stelle den Abdampfströmungskoeffizienten verbesserte. Die Isolierung der Einströmrohre wurde ebenfalls verbessert, wobei die geänderte Konstruktion das Eindringen von Falschluft in die Rauchkammer an den Rohrdurchtritten garantiert verhinderte. Die Isolierung der in der Rauchkammer liegenden Teile der Einströmrohre und der Heißdampfkammer des Dampfsammelkastens wurde in Betracht gezogen, aber nach einigen Voruntersuchungen wurde entschieden, das erst in der Stufe zwei anzugehen.

19. Verbesserte Zylinderschmierung

Die meisten Änderungen zur Verbesserung der Schmierungsverhältnisse innerhalb der Zylinder sind bereits aufgeführt worden, zum Beispiel die Kühlung der Schieber- und Zylinderbuchsen, verbesserte Werkstoffe für die Buchsen, Ringe und Schieberkörper, leichtere Schieber, gelenkige Schieberstangen, die Anwendung von Schmierdampf im Leerlauf und verbesserte Schmierölbohrungen. Weitere Änderungen bestanden in der Verwendung eines Schmieröls mit einem Anteil von 0,2 % kolloidalen Graphits, dem Einbau von Membranölsperren[1] und von Rückschlagventilen an den Schmierölaustritten der Kolben- und Schieberstangen. Die Serien-QJ hatten vollständig getrennte Schmierölversorgungen für jede Schieberbuchse, mit einem Hochdruckrückschlagventil an jedem Ende der beiden Schieberkästen direkt über der Schmierölbohrung, und dieses gute Merkmal wurde beibehalten. Damit entfiel der Bedarf für Ölzerstäuber und die Möglichkeit einer Rückströmung von einem Ende des Schieberkastens zum anderen, wie auf Seite 177 erwähnt. Die Rückschlagventile waren bei den Serien-QJ mit Stoffabdeckungen isoliert, um die Ölviskosität bei sehr kalter Witterung niedrig zu halten, es ist aber zweifelhaft, ob diese dünnen Abdeckungen wirklich halfen. Falls eine Isolierung wirklich erforderlich war, dann war mein Rat, es richtig zu machen und eine Stahlabdeckung gefüllt mit Isoliermaterial zu verwenden.

Der Antrieb der QJ-Schmierpumpe war von einer oben an dem Voreilhebel angebrachten Verlängerung abgeleitet und ergab bei voll ausgelegter Steuerung etwa 15 % mehr Ölförderung als in Mittelstellung. Aus verschiedenen Gründen fiel die Entscheidung, diesen Antrieb bei der Umbaulokomotive nicht zu ändern, aber wegen des veränderten Schieberhubs wurde das Verhältnis der Ölförderung bei voll ausgelegter Steuerung zur Mittelstellung auf etwa 1,09 : 1 herabgesetzt. Sämtliche Schmierölförderraten wurden proportional von denen der SAR-Klasse 25NC abgeleitet, mit gebotenen Anpassungen dort, wo die zu schmierenden Flächen unterschiedlich groß waren oder ob es sich um gekühlte oder ungekühlte Flächen handelte etc., und die Einstellungen der Schmierpumpe waren entsprechend vorzunehmen.

Als ein Beispiel für den Gesamteffekt der Verbesserung der Schmierverhältnisse sei genannt, dass die Zielvorgabe für die Laufleistung zwischen zwei Schieberuntersuchungen 200 000 Kilometer war.

20. Verbesserte Kreuzköpfe

Von dem Kreuzkopf konventioneller Konstruktion der Serien-QJ mit Keilverbindung zur Kolbenstange hieß es, dass die Zuverlässigkeit zu wünschen übrig ließ. Tatsächlich gab es zur Zeit meiner Ankunft in Datong einen recht unglücklichen Fall eines im Einsatz an einer nagelneuen Lokomotive gebrochenen Kreuzkopfs, vermutlich wegen fehlerhaften Gusses. Um hier Abhilfe zu schaffen, bestand ursprünglich die Absicht, die Umbaulokomotive mit geteilten Kreuzköpfen nach Art der SAR-Klasse 25NC auszustatten, deren Konstruktion im Vergleich zu der Serienausführung etliche Vorzüge hatte. Allerdings war ein solcher Austausch bei der Rekonstruktion vorhandener Lokomotiven nicht zu rechtfertigen und wurde deshalb auf die Stufe zwei der Arbeiten verschoben. Stattdessen wurde der Serienkreuzkopf nach den AAR-Konstruktionsregeln untersucht und seine Materialquerschnitte wo nötig vergrößert, um diese Regeln bei dem größeren Kolbendruck der modifizierten Lokomotive zu erfüllen und zur Anpassung an den größeren Durchmesser der Kolbenstange. Speziell um die Kreuzkopfbolzenbohrungen wurde mehr Material vorgesehen, um die dort recht hohe Flächenpressung des Lagers zu verkleinern und, um hoffentlich das Auftreten von Oberflächenrissen rund um diese Bohrungen zu verringern, was einer der Problembereiche war. Gleichzeitig wurde die Dicke der Kreuzkopfgleitbahnen etwas vergrößert, um die maximalen Werkstoffspannungen bei dem größeren Kolbendruck innerhalb der von den AAR-Konstruktionsregeln festgelegten Grenzen zu halten. Weitere geringfügige Änderungen wurden an den Gleitbahnen vorgenommen, wobei aber die grundsätzliche Bauart sowohl des Kreuzkopfs als auch der Gleitbahnen unverändert blieb (wie bei den meisten Lokomotiven ohne führendes Drehgestell waren die QJ-Gleitbahnen in unvorteilhafter Weise an den Enden abgestützt und nicht an der Stelle der größten Krafteinleitung ungefähr in der Mitte, was nur mit Schwierigkeiten zu ändern war).

21. Rollenlager in den Stangen

Die Rollenlagerung der Stangen und Achsen erwies sich als die schwierigste aller Konstruktionsaufgaben für die Umbaumaßnahmen. Bis zu einem gewissen Grad sträubten sich auch die Chinesen wegen der damit verbundenen Änderungen dagegen und wegen der Kosten der importierten Rollenlager, da im Lande keine geeigneten Lager produziert wurden. Aber meiner Meinung nach waren sie kein Luxus. Natürlich fuhren die Serien-QJ mit Gleitlagern herum, aber diese waren selbst bei den sehr bescheidenen Leistungen und Kolbendrücke, bei denen die QJ meistens gefahren wurden, nicht zu 100 Prozent zuverlässig. Im Gegensatz dazu sollte die modifizierte QJ nicht nur einen größeren Kolbendruck und eine höhere zulässige Geschwindigkeit als die Serienlokomotiven haben, sondern die erzwungene Fahrweise mit vollständig geöffnetem Regler hätte während der Fahrt unter Dampf das fast fortwährende periodische Auftreten des vollen Kolbendrucks bedeutet. Das kritische Bauteil in Bezug auf die Stangen war der Treibzapfen der Treibachse (3. Achse). Falls die Abmessungen des serienmäßigen Gleitlagers beibehalten worden wären, dann wären die Flächenpressungen der Treib- und Kuppelstange auf diesem Zapfen um 20 % größer gewesen, als nach den AAR-Empfehlungen zulässig. Welche Verbesserungen auch immer an den Gleitlagern gemacht werden konnten, es war unwahrscheinlich, dass es bei dem Betrieb mit vollständig geöffnetem Regler nicht zu ernsten Problemen mit der Zuverlässigkeit gekommen wäre, besonders wenn die Zylinder eine Maximalleistung von ungefähr 3 800 kW entwickelten. Ein anderer wesentlicher Faktor, Rollenlager zu bevorzugen, lag in der Verminderung der Stoßbelastungen und Erschütterungen durch ihre Anwendung. Den Unterschied in dieser Hinsicht zwischen einer vollständig mit Rollenlagern ausgestatteten Lokomotive und einer mit Gleitlagern musste man erlebt haben, um es zu glauben (Gleitlagerlokomotiven konnten direkt nach einer Werkstattüberholung so sanft laufen wie solche mit Rollenlagern, aber dieser Zustand verschlechterte sich rasch und bei durchschnittlichem Verschleißzustand lag der Vorteil klar bei den Rollenlagern, besonders, weil diese bis zum Erreichen der Lagerlebensdauer praktisch „wie neu“ blieben). Abgesehen von der langsameren stoßbedingten Verschlechterung des strukturellen Zusammenhalts der Lokomotive bei Rollenlagern, hielt ich es für entscheidend, dass sich die Lokomotivmannschaften nicht gegen die Anwendung des voll geöffneten Reglers, so wichtig für das Erreichen bester Wirtschaftlichkeit im normalen Einsatz, aufgrund von stärkerem Klopfen sträubten. Nach meiner Erfahrung konnten das nur Rollenlager garantieren. Darüber hinaus waren nach Datongs eigenem Eingeständnis selbst bei den Serien-QJ die Stangen, Treib- und Kuppelzapfen selbst unzuverlässige Bauteile, und einige wären für die anspruchsvolleren Betriebsbedingungen der Umbaulokomotive, also höherer Kolbendruck und höhere Geschwindigkeit, das heißt höhere Leistung, nicht geeignet gewesen. So war zum Beispiel bei den Serien-QJ die Maximalspannung in den Treibzapfen um 7 % größer, als die von der AAR empfohlene Obergrenze, was bei der Umbaulokomotive auf 14 % angestiegen wäre. Somit wäre zur Erfüllung der vertraglichen Forderung nach größerer Zuverlässigkeit eine Umkonstruktion dieser Bauteile, an sich schon eine größere Änderung, unabdingbar gewesen, ob nun Rollenlager eingebaut werden sollten oder nicht. Um es kurz zusammenzufassen, die Rollenlagerung der Stangen und Achsen war wesentlich in Bezug auf die Einhaltung der Zielvorgaben für einen gesteigerten thermischen Wirkungsgrad und höhere Leistung, größere Zuverlässigkeit und verbesserte Arbeitsbedingungen für die Mannschaften, und zwar nicht nur einmal auf der Versuchsstrecke, sondern im täglichen Betrieb. Oder in einem weiteren Zusammenhang ausgedrückt, um die QJ im späten zwanzigsten Jahrhundert konkurrenzfähig zu machen.

Zu sagen, dass Rollenlager unverzichtbar waren, war eine Sache, eine ganz andere war es, sie in den bestehenden Aufbau einzufügen. Zwei wesentliche Schwierigkeiten stellten sich der Konstruktion der rollengelagerten Stangen entgegen. Zum Ersten der geringe Abstand

[1] Diese Bauart war bei den QJ durch eine andere Konstruktion abgelöst worden, von der ich glaubte, dass bei ihr der Ölaustritt abhängig von dem jeweiligen Dampfgegendruck war. Ich stellte klar, dass solche Ölventile nur in Frage kamen, falls das Konstruktionsbüro bereit war, verschiedene Garantien hinsichtlich ihrer Funktion zu übernehmen, so dass mir keine Verantwortung für irgendwelche Schmierungsprobleme zufiel, die auf deren Verwendung zurückzuführen waren. Das Konstruktionsbüro war aber so klug, meine Empfehlung, die Membranölsperren wieder einzusetzen, anzunehmen.

zum Umgrenzungsprofil bei der tiefsten Stellung der Radzapfen und der minimalen Radreifenstärke und zum Zweiten die Seitenverschieblichkeit der Kuppelachsen. In Bezug auf das erste Problem wurde die ganze Sache bei großen, aber kleinrädrigen Lokomotiven für den Treibzapfen kritisch, weil Rollenlager einen beträchtlich größeren Durchmesser haben als Gleitlager, und entsprechend waren dem zulässigen Zapfendurchmesser und der radialen Höhe des Zapfenauges in der Tiefststellung Beschränkungen auferlegt (außer der Versuchsausrüstung einiger deutscher 1E der Baureihe 50 in den vierziger und fünfziger Jahren[1] sind dem Autor keine Fünfkuppler mit rollengelagerten Stangen bekannt und möglicherweise lag der Hauptgrund in diesen grundsätzlichen Beschränkungen). Bei den QJ betrug der Abstand der Mittelachse des Treibzapfens zum Fahrzeugumgrenzungsprofil mit abgefahrenen Radreifen und bei tiefster Zapfenstellung nur 255 Millimeter. Die Anwendung von Rollenlagern erwies sich nur mit Treibzapfen aus dem legierten Stahl 40CrNiMo als möglich, von dem angenommen wurde, dass er ungefähr dem Timken-„High Dynamic"-Stahl entsprach, womit ein kleinerer Treibzapfendurchmesser möglich war, als es bei dem üblichen 0,4-%-Kohlenstoffstahl zulässig gewesen wäre und durch Spezifizieren einer speziellen Abziehhülse für das Kuppelstangenlager auf diesem Zapfen. Die zur Verfügung stehenden 255 Millimeter wurden an dem Treibzapfen wie folgt ausgenutzt:

Tabelle 73
Abmessungen der Rollenlager auf den Treibzapfen der QJ-Umbaulokomotive

Bezeichnung	Treibstange	Kuppelstange
Zapfenradius, mm	95	105
Radiale Höhe des Rollenlagers (inklusive Abziehhülse), mm	85	95
Radiale Höhe des Stangenauges senkrecht zur Stangenlängsmittenachse, mm	75	55[1]

1. Die geringe radiale Höhe am Kuppelstangenauge wurde durch ein großes Axialmaß ausgeglichen und das Auge als Ganzes erfüllte die AAR-Konstruktionsrichtlinien.

Betrachtet man nun die Seitenverschiebung der Kuppelachsen, berechnet unter der Annahme, dass die betreffenden Bauteile an ihrer ungünstigsten Toleranzgrenze lagen, dann betrug das maximale Seitenspiel bei neuen Lokomotiven für die Kuppelachsen 1 und 5 ± 11 Millimeter, für die Kuppelachsen Nummern 2 und 4 ± 2 Millimeter und für die Kuppelachse Nummer 3 (Treibachse) ± 1 Millimeter. Unter Berücksichtigung des betrieblichen Verschleißes musste die Konstruktion der rollengelagerten Stangenanordnung für die nachstehenden Seitenverschieblichkeiten bemessen werden: Achsen 1 und 5 ± 14 Millimeter, für die Achsen Nummern 2 und 4 ± 5 Millimeter und für die Achse Nummer 3 ± 3 Millimeter. Das waren große Werte, weiterhin kompliziert durch die kumulierten Toleranzen der Anordnung der Rollenlager auf den Zapfen quer zur Lokomotivlängsachse von ± 1,5 Millimeter. Es gab drei Wege, diesen geometrischen Ausrichtungsfehlern zu begegnen. Einer war die Timken-Methode die Stangenaugen über den Lageraußenring gleiten zu lassen[2], ein zweiter bestand in der Anwendung von Zylinderrollenlagern mit geeigneter axialer Verschieblichkeit und ein dritter war die Anwendung von Pendelrollenlagern. Die erste Lösung wäre wahrscheinlich vergleichsweise einfach gewesen, insbesondere weil damit die Gelenkbolzen in den Kuppelstangen entfielen, aber der starke Ölverlust an den Schnittstellen zwischen Kuppelstange und Lager, der ein häufiges Nachschmieren erforderlich machte und der die Adhäsion der Treibräder beeinträchtigte, war ein großer Nachteil. Die zweite Lösung wurde aus Gründen verworfen, die nicht festgehalten wurden, eventuell wegen unzureichenden axialen Spiels und wegen der Unmöglichkeit, die elastischen Verformungen des Triebwerks aufnehmen zu können. Zu Letzterem ist zu sagen, dass die Belastungen durch die Kolbendrücke sehr hoch waren und merkliche elastische Verformungen auftraten, obwohl man annehmen konnte, dass die Stangen, Zapfen und Achsen recht steif waren. Deren Ausmaß wurde dem Autor einst bewusst, als er nah an der 3450 stand, während der Regler zur Überprüfung der Dampfkolben auf festen Sitz geöffnet wurde. Die sich zeigenden Verformungen sahen wirklich gefährlich aus, und um nicht fluchtartig auf einen sicheren Abstand auszuweichen, musste man sich klar machen, dass das viermal pro Treibradumdrehung bei einer Umdrehungszahl von über fünf pro Sekunde geschah. Nur mit Pendelrollenlagern waren solche Verformungen zu beherrschen, die außerdem jede Torsionsbelastung in den Treib- und Kuppelstangen vermieden, die sonst wegen des Wankens der gefederten Lokomotivmasse und durch die Verschränkung der Achsen bei Streckenunebenheiten auftrat. Also wurde die dritte Lösung gewählt und die Konstruktion auf der Grundlage der SAR-Klasse 25 mit SKF-Stangenlagern ausgearbeitet. Allerdings musste von der SAR-Anordnung wegen der möglichen relativ großen Verschränkungen zwischen den verschiedenen Kuppelstangen eine Abweichung gemacht werden, die die Ausführung der Gelenkbolzen in den Kuppelstangen als sphärische Gelenklager erforderte. Somit saß also jede Kuppelstange auf einem Pendelrollenlager an jedem Ende, die eine sehr große Seitenverschieblichkeit der Achsen zuließen, die aber auch dazu führten, dass die Stangen um ihre Längsachse kippen konnten. Das war eine unerwünschte aber unvermeidliche Eigenschaft, bei der die Schwenkbewegung der Lager zum Tragen gekommen wäre, mit daraus folgendem Verschleiß der Labyrinthdichtungen der Rollenlager. Um dem entgegenzuwirken, sollten die Kuppelachsen Nummern 1, 2, 4 und 5 Platten aus Manganstahl (11 bis 14 % Mangan) an den inneren Abdeckungen der Stangenlager und auf den Oberflächen der Radsterne um die Sitze der Zapfen erhalten. Diese Platten waren so angebracht, dass sie das Ausrichten der Stangen zum Ausgleich der Seitenverschiebung der Achsen ermöglichten, das Kippen aber verhinderten. Es wurden durchweg SKF-Pendelrollenlager mit Abziehhülse und Fettschmierung vorgeschrieben, abgesehen von dem Kreuzkopfbolzen, für den sich herausstellte, dass die in China produzierten Nadelrollenlager der Serien-QJ beibehalten werden konnten.[3] Die kugeligen Gelenkbolzen der Kuppelstangen waren genormte SKF-Gelenklager mit Fettschmierung. Wegen der stark variierenden Kräfte auf die Radzapfen, war es sehr schwierig, vernünftige äquivalente dynamische Lagerbelastungen für die Lagerauswahl und die Berechnung der Lebensdauer zu ermitteln. Die Auswahl der Stangenlager folgte deshalb der erfolgreichen Ausrüstung der SAR-Klasse 25 mit den nötigen Anpassungen an die abweichenden Belastungen bei der modifizierten QJ. Obwohl die Lebensdauer der Rollenlager so nicht korrekt berechnet werden konnte, wäre sie wohl ähnlich der bei den Lokomotiven der Klasse 25 erreichten gewesen, das heißt L_{10}-Lebensdauer > 1 000 000 Kilometer, tatsächlich aber unter der Vorsausetzung *ordnungsgemäßer* Sauberkeit beim Abschmieren wesentlich größer.[4] Sämtliche Lager waren für die erwarteten maximalen geometrischen

[1] Illmann, A. und Obst, H. K., Wälzlager in Eisenbahnwagen und Dampflokomotiven, Verlag von Wilhlem Ernst und Sohn, Berlin, 1957, Seiten 96 bis 111.

[2] Diese Methode, der Seitenverschieblichkeit zu begegnen, unterschied sich nicht von der bei gleitgelagerten Stangen. Allerdings wurde Letztere bei den Serien-QJ nicht ganz erfolgreich angewendet, da ich bei einer in einem Gleisbogen der Fabrik in Datong stehenden QJ beobachten konnte, dass einige der Verschiebewege der Kuppelstangenlager auf den Zapfen bis zum Anschlag ausgenutzt waren und dass die entsprechenden Kuppelstangen sichtlich gebogen waren.

[3] SKF-Lager wurden für die Prototyp-Lokomotive aus rein technischen Gründen vorgeschrieben. Doch ich fand heraus, dass die leitenden Ingenieure der Fabrik glaubten, dass ich für meine Empfehlung ein Bestechungsgeld angenommen hätte. Vielleicht konnten sie sich einfach nicht vorstellen, dass jemand etwas aus anderen, als den in China gemeinhin üblichen Beweggründen tat. Die einzige „Bestechung" die ich erhielt, waren etwas Kuchen und Schokolade, die freundlicherweise von dem SKF-Vertreter bei seinem Besuch in Datong aus Hong Kong mitgebracht worden waren. Das wurde an einem Ort, an dem zivilisiertes Essen Mitte der achtziger Jahre noch nicht bekannt war, mit Dankbarkeit angenommen.

[4] Sauberkeit war im Lokomotivbetrieb „eine Tugend, die durch Abwesenheit glänzte" (Porta). Die Norfolk & Western Railway in Amerika wusste es besser, und ihre weiß gefliesten Abschmierstände waren kein Luxus.

Fehlstellungen ausgelegt. Die Treib- und Kuppelstangen, Zapfen und Gelenkbolzen in den Kuppelstangen wurden völlig neu konstruiert und erfüllten in jeder Hinsicht die AAR-Konstruktionsrichtlinien[1], wobei außer für die Treibzapfen Serienwerkstoffe benutzt wurden. Es wurde große Sorgfalt bei der Konstruktion all dieser Bauteile darauf verwendet, Spannungsspitzen so klein wie möglich zu halten, dem entscheidenden Faktor für eine lange problemlose Einsatzdauer. Darüber hinaus wurde sorgfältig analysiert, ob die Stangen bei der Ausrüstung mit Pendelrollenlagern an beiden Enden nicht seitlich ausknicken würden. Die Auslegungskräfte auf die Zapfen und Lager der Kuppelachsen Nummer 2 und 4 waren doppelt so groß angenommen wie die der Kuppelachsen Nummer 1 und 5, damit solche höheren Kräfte zulässig waren, abhängig von den augenblicklichen Stangenlagerspielen. Das war eine strengere Annahme als in den AAR-Konstruktionsregeln, die für alle Zapfen außer für den Treibzapfen die gleichen Kräfte annahmen, war aber in Übereinstimmung war mit den für die SAR-Klasse 25 angewendeten Konstruktionskriterien. Die Gelenkbolzen in den Kuppelstangen entsprachen der Bauart Fischer mit einer konischen Buchse am Mutternende, um in beiden Gabelaugen der Kuppelstange für gleiche Belastungen zu sorgen.[2] Nach dem Abschluss der Konstruktionsarbeiten für die Stangenlageranordnung wurden die Zusammenstellungszeichnungen zur Freigabe an SKF geschickt, verbunden mit einigen Fragen zu Details, über die ich mir nicht zu 100 % sicher war. Die endgültigen Zeichnungen enthielten gemäß den SKF-Empfehlungen einige kleine Ergänzungen.

22. Erzwungene Fahrweise mit vollständig geöffnetem Regler

Die Notwendigkeit für diese Maßnahme ist in den vorangegangenen Kapiteln ausführlich erläutert worden. Der QJ-Reglerhandhebel war dem der SAR-Bauart ähnlich. Es wurde die bei der 3450 erfolgreich angewendete Lösung des Entfernens der meisten Zähne auf dem Reglerhebelquadranten vorgeschlagen. Allerdings wurden als Verbesserung auf einer Bogenlänge von 140 Millimeter von der Schließstellung aus gesehen Zähne für die Sperrklinke vorgesehen, um die Feststellung des Reglers für sehr kleine Öffnungen zu gestatten, ausreichend für Leerfahrten der Lokomotive, aber nicht für die Beförderung von Zügen normaler Länge. Es wurde auch vorgeschrieben, die Muttern für den Quadranten mit den Schrauben zu verschweißen, um einen unberechtigten Ausbau zu verhindern.

23. Verbesserter Rahmen und Achsgabelstege

An den Rahmen der QJ traten Ermüdungsrisse auf, besonders in den Rahmenwangen zwischen den Zylindern und der Treibachse. Das Entstehen solcher Risse würde sich bei höheren Kolbendrücken und Leistungen beschleunigen, einer der Schwachpunkte bei dem Vorhaben der Rekonstruktion bestehender Lokomotiven. Die Konstruktion der seitlichen Rahmenwangen wurde nach Maßgabe der Konstruktionsnormen der Baldwin Locomotive Works untersucht. Es stellte sich heraus, dass die Stärke der Rahmenwangen (140 Millimeter) für die Nennkolbendrücke sowohl der Serien- als auch der modifizierten QJ ausreichend war, aber es gab eine Anzahl von Querschnitten, wo die senkrechten oder horizontalen Maße zu klein waren. Es wurde empfohlen die Konstruktion so zu ändern, dass sie in jeder Hinsicht den Baldwin-Normen entsprach. Ein weiterer Faktor war der Rahmenwerkstoff. Die Rahmen der Serien-QJ waren aus Stahl mir einem Kohlenstoffgehalt von 0,22 bis 0,3 % gegossen, der keine gute Zähigkeit hatte (Widerstand gegen Ermüdung). Im Westen hatte während der Dampfzeit die Forderung nach mehr Zähigkeit zu der Einführung von Vanadiumstahl geführt. Ich übergab Datong Angaben zu der chemischen Zusammensetzung und zu den mechanischen Eigenschaften von zwei für gegossene Lokomotivrahmen geeigneten Vanadiumstählen, die beide deutlich höhere Streckgrenzen, Zugfestigkeiten und Dauerfestigkeiten hatten als der Serienwerkstoff. Das Konstruktionsbüro erkannte die Notwendigkeit eines zäheren Materials an, entschied sich aber für Walzstahl und Brennschneiden statt Gussstahl. Angesichts dieses vorgesehenen Wechsels der Produktionstechnik ergab sich die günstige Gelegenheit, die Weite der Achslagerführungen an die Aufnahme von Achslagergehäusen für Rollenlager anzupassen und die Stellkeile konstruktiv vor statt hinter den Achslagergehäusen anzuordnen. Egal, ob nun neue Rahmen nur für neue Lokomotiven als erforderlich angesehen wurden oder als Ersatz für gebrochene Rahmen vorhandener Lokomotiven, es schien wenig Sinn zu machen, die Beschränkungen des Serienrahmens fortzuführen. Besser war, zwei verschiedene Konstruktionen für Achslagergehäuse mit Rollenlagerung zu haben, eine für die bestehenden Rahmen und eine bessere für die neuen Rahmen. Obwohl ich das der Fabrik gegenüber schriftlich darlegte, wurde meine Empfehlung nicht angenommen, und obwohl die neue Rahmenkonstruktion von dem Konstruktionsbüro nach den Baldwin-Normen ausgearbeitet wurde, blieb es bei den Achslagerführungen mit der schmalen Öffnung zwischen den Führungen, die die Konstruktion des Achslagergehäuses mit Rollenlagerung so schwierig machte.

Zusätzlich wurden die folgenden Änderungen vorgenommen, die sowohl bei den bestehenden als auch bei den neuen Rahmen zur Erhöhung der Steifigkeit geeignet waren:

i) Die Pendelbleche zwischen Kessel und Rahmen wurden von einem 10-Millimeter-Blech auf zwei 8-Millimeter-Bleche je Verbindung geändert, einem Merkmal der 2D1 der SAR-Klasse 15CA. Da die gebauten Barrenrahmen dieser Lokomotiven während ihrer sechzigjährigen Einsatzdauer sehr wenig Probleme bereitet hatten, wurden ihre Zeichnungen dem Konstruktionsbüro in Datong mit der Maßgabe überlassen, alle Einzelheiten, die für besser als bei der QJ gehalten wurden, für die Konstruktion der modifizierten Rahmen zu übernehmen, besonders aus solchen Bereichen wie den Kuppelkästen, Rahmenverbindungen und Schraubenverbindungen.
ii) Die Achsgabelstege wurden verbessert. Der vorrangige Grund für das Anbringen von Achsgabelstegen war Rahmensteifigkeit in Längsrichtung, die solche Ermüdungsrisse in den Rahmenwangen oberhalb der Achslagerführungen, wie sie bei den QJ auftraten, verhinderte. Die Längenänderung der Achsgabelstege bei Beanspruchung stand im umgekehrten Verhältnis zu ihren Querschnitten, die deshalb bei der modifizierten Konstruktion um 28 % in der Mitte der Achsgabelstege vergrößert wurden. Sämtliche Achsgabelstegschrauben wurden außerhalb der Stegmäuler angeordnet, um ein Aufweiten der Mäuler und daraus folgendem Lockerwerden und Fressen zu vermeiden. Der Werkstoff für die Achsgabelstege sollte Walzstahl wie bei den neuen Rahmenwangen

---

[1] Zusätzlich zu den AAR-Konstruktionsregeln (Stresses in Locomotive Rods and Motion Work, Ausgabe 1943) wurden die folgenden Veröffentlichungen, entweder zur Überprüfung der oben genannten Konstruktionsregeln oder für in ihnen nicht behandelten Berechnungen angewendet: Phillipson, E. A., Steam Locomotive Design: Data & Formulae, The Locomotive Publishing Company, London, 1936; Andrews, H. I., Stresses in Locomotive Coupling and Connecting Rods, Fachartikel Nr. 517, Journal of the Institution of Locomotive Engineers, Band 42, London, 1952; Tuplin, W. A., Loads in Locomotive Coupling Rods, The Engineer, London, 02.09.1952; Eisenbahnministerium, China, Design Rules for Locomotive Rods. Der Artikel von Andrews ermöglichte eine genauere Berechnung der Kräfte in dem geraden Teil der Kuppelstangen als die AAR-Methode und zeigte, dass Letztere die maximal mögliche Belastung in der Kuppelstange fast um den Faktor zwei zu niedrig bewertete, wobei das dadurch ausgeglichen wurde, dass basierend auf den zu klein berechneten Kräften eine niedrige zulässige Spannung vorgeschrieben wurde, das heißt durch Vorschrift eines hohen Sicherheitsfaktors. Die gemäß der Methode von Andrews berechneten Spannungen für Kuppelstangen, die nach den AAR-Konstruktionsregeln ausgelegt waren, ergaben immer noch Sicherheitsfaktoren von 1,58 bis 1,86, bezogen auf die Streckgrenze des Stangenmaterials. Die kritische Drehzahl der Kuppelstangen, das heißt, die Triebwerksdrehzahl, die der Eigenfrequenz der Treibstangenschwingungen entsprach, wurde ebenfalls unter Beachtung von Tuplins Arbeiten berechnet, wobei sich herausstellte, dass die Eigenfrequenzen der Stangen um einiges oberhalb der im Betrieb auftretenden Erregungsschwingungen lagen und dass deshalb Resonanzschwingungen nicht in Erscheinung treten würden.

[2] Porta, L. D., The Fischer Knuckle Pin in Advanced Steam Locomotive Engineering, 1986 (unveröffentlicht).

sein, aber für die Schrauben wurde zu hochfestem Legierungsstahl übergegangen, um sehr hohe Schraubenspannungen zu ermöglichen. Die neuen Achsgabelstege waren für die Achslagergehäuse mit Rollenlagerung geeignet, aber eine Änderung, die bei dem Einbau der Achsgabelstege in die vorhandenen Rahmen nicht möglich war, bestand in Stegmäulern mit zwei schrägen Flächen, statt nur einer bei der Serienausführung.

Weiterhin wurden die Schraubenverbindungen der Zylinder zu dem Rahmen und zwischen den beiden Zylindern untersucht.[1] Eine für die höheren Kolbendrücke geeignete verbesserte Konstruktion wurde erarbeitet, bei der für die Verbindung der Zylinder mit dem Rahmen Schrauben mit größerem Durchmesser und darüber hinaus durchweg hochfeste Schrauben verwendet wurden.

24. Rollenlagerung der Achsen

Die Rollenlagerung der Achsen war für den Einsatzerfolg der modifizierten QJ ebenso unabdingbar, wie die Rollenlagerung der Stangen und rechtfertigte jede Anstrengung für eine geeignete Konstruktion. Das Haupthindernis war die geringe Weite der Rahmenöffnungen für die Achslagerführungen in dem Lokomotivhauptrahmen und in dem Rahmen des führenden Laufachsgestells, da die Achslagergehäuse bei Rollenlagerung naturgemäß breiter waren. Ein weiteres bestand in der Schlingerbewegung der QJ, deren völlige Eliminierung auch für die modifizierte Lokomotive nicht garantiert werden konnte und die die Rollenlager der Achsen mit hohen Axialkräften belastet hätte, ja sich in einigen Achsen sogar als Stoßbelastung dargestellt hätte. Zum Dritten waren die radialen Belastungen größer, als bei den Serienlokomotiven. Die radialen Höchstbelastungen der Treib- und Kuppelachslager entstanden durch den Kolbendruck, der nun größer war, und durch die Nennachsfahrmassen, die ebenfalls größer waren, besonders im führenden Laufachsgestell, wo zur Verbesserung der Laufeigenschaften eine Vergrößerung der Achsfahrmasse von 13 auf 18 Tonnen angestrebt wurde. Somit mussten die Rollenlager eine gute radiale und axiale Tragfähigkeit haben. Zum Glück war das bei den Pendelrollenlagern der Fall. Diese Bauart wurde wegen ihrer Eignung zur Aufnahme elastischer Verformungen der Achsen bevorzugt, wenn auch zu einer Zeit während der Konstruktionsarbeiten vierreihige Kegelrollenlager wegen ihrer im Verhältnis zur Tragfähigkeit relativ kleinen Durchmesser in Betracht gezogen wurden. Die von Timken in den vierziger Jahren produzierten „Quad"-Lager gehörten zu dieser Bauart und waren speziell für Eisenbahnachslager gedacht, wo es Beschränkungen für den Lageraußendurchmesser gab. Diese Lager wurden allerdings schon seit Langem nicht mehr hergestellt und Timken war zu einer Wiedereinführung nur zu bewegen, falls die Bestellmengen ausreichend und die Festlegung auf ihren Einsatz sicher waren. Dieses Erfordernis konnte im Prototypstadium nicht erfüllt werden. Die seinerzeit hauptsächlich für Walzwerke hergestellten vierreihigen Lager waren laut SKF für den Einsatz an Eisenbahnachsen ungeeignet.

Wenn auch das Zusammenspiel von hohen Belastungen und beschränktem äußeren Lagerdurchmesser die Auswahl der Lager und die Konstruktion für die Unterbringung der Achslagergehäuse schwierig machten, so waren diese Faktoren an dem führenden Laufachsgestell und an den Kuppelachsen Nummer 1, 2, 4 und 5 nicht allzu schwerwiegend, und für sie wurden normale geteilte gemeinsame Gehäuse für beide Achslager einer Achse mit Fettschmierung konstruiert. Das Gestell der führenden Laufachse musste allerdings etwas abgeändert werden, um Platz für das Achslagergehäuse zu schaffen. Das konnte durch Ausschneiden und Schweißen des vorhandenen Rahmens geschehen oder mittels eines neuen Gussstücks. Die Scheibenkörper der Räder des führenden Laufachsgestells wurden an die völlig neu konstruierte Achse angepasst, die für eine Achsfahrmasse von 18 Tonnen geeignet war, aber den gleichen Lagerdurchmesser hatte wie die Serienachsen. Die Weite der Achslagerführungen der Kuppelachsen wurden nicht geändert, aber die Ausrundung an jedem vorderen Rahmenausschnitt musste geändert werden, um Platz für das Oberteil der Achslagergehäuse zu schaffen. Das konnte an den vorhandenen Rahmen durch Schleifen nach einer geeigneten Profillehre gemacht werden. Zur Aufnahme der Achslagergehäuse der Kuppelachsen in die serienmäßigen Achslagerführungen mussten allerdings die Stellkeile, die Zwischenlagen und die Gleitplatten der Achslagerführungen geändert werden. Gleitplatten konnten an den Gleitflächen der Achslagergehäuse zwischen Zwischenlage und den Gleitplatten der Achslagerführungen nicht angebracht werden, so dass die Oberflächen flammgehärtet wurden. Neue Kuppelachsen mit einem Lagerdurchmesser von 260 Millimeter gegenüber den serienmäßigen 240 Millimeter wurden konstruiert, für die dann auch die Radkörper geändert werden mussten. Aber neue Treib- und Kuppelradkörper waren wegen der abweichenden Anforderungen an den Massenausgleich ohnehin zwingend notwendig, wie später erläutert wird. Die Detailkonstruktion der Achsen, Achslagergehäuse, Fettdichtungen usw. folgte den besten bekannten Ausführungen für solche Einzelheiten, wie sie zum Beispiel auf den Zeichnungen für das gemeinsame Gehäuse für Pendelrollenlager an einer Achse bei SAR-Lokomotiven zu finden waren. Die Ausführung für die Kuppelachsen Nummer 1 und 5 unterschied sich von der der Kuppelachsen Nummer 2 und 4 nur in der maschinellen Bearbeitung der Achslagergehäuseführungen in Bezug auf die erforderliche größere Seitenverschieblichkeit.

Der Schleppgestellrahmen legte dem Lagerdurchmesser keine ungebührlichen Beschränkungen auf und wurde bis auf das Bohren von Schmierlöchern für die Achslagergehäuseführungen nicht verändert. Hier lag aber die Schwierigkeit darin, dass es gemäß dem Konstruktionsbüro bei den serienmäßigen ± 6 Millimeter Seitenspiel zwischen der Achse und ihren Lagern bleiben musste. Der wirtschaftlichste außengelagerte Radsatz war eine AAR-Normachse mit Lagergehäusen mit AP-Pendelrollenlagern, und es wurde berechnet, dass eine Achse der Reihe „F" mit Änderungen von bestimmten axialen Maßen zur Anpassung an die QJ-Anwendung und AP-Lager der „F"-Reihe ausreichend war. Eine solche Anordnung erlaubte allerdings keine Relativbewegung zwischen der Achse und dem Außenring des Lagers. Deshalb wurde vorgeschlagen, dass zwischen dem Außenring und dem Achslagergehäuse so viel Spiel vorgesehen wurde, dass sich ± 6 Millimeter seitliche Bewegung zwischen dem Außenring und dem Achslagergehäuse ergaben. Um einem hohen Verschleiß der betreffenden Oberflächen vorzubeugen, wurde eine Schmierung und Härten der Gehäusebohrung für den Außenring in Betracht gezogen, beziehungsweise die Anwendung von Gleithülsen zwischen Lageraußenring und Lagergehäuse. Das Lagergehäuse sollte von geschlossener Ausführung sein, eigentlich also ein richtiges Achslagergehäuse, und basierte auf denen der in China eingesetzten Diesellokomotiven der Klasse ND-5 von General Electric *(Anm. d. Übers.: CoCo, GE-Modellbezeichnung C36-7, 2 550 kW, Bahn-Nrn. ND5 0001 bis 0422, Baujahre 1984 bis 86)*. Die Konstruktion wurde in der Tat vollständig ausgeführt, aber SKF hielt nicht viel von der Idee und behauptete, dass es an dem Lageraußenring selbst bei Schmierung der Oberflächen zu übermäßigem Verschleiß käme. Die beste Lösung wäre ein Zylinderrollenlager, bei dem die seitliche Bewegung zwischen den Zylinderrollen und dem Lagerinnenring stattfand. Diese Empfehlung wurde akzeptiert, wobei eigentlich schon von Anfang an erkannt worden war, dass das technisch offensichtlich die beste Lösung war, aber die Motivation für die Idee mit dem AP-Lager waren niedrigere Beschaffungskosten. Damit waren dann die Verhältnisse wieder so wie bei den Serien-QJ, insofern als die seitliche Achsverschiebung von ± 6 Millimeter mit zu vernachlässigender Reibung erfolgte. Allerdings zeigte sich bei einer Durchsicht des SKF-Katalogs, dass es für ein solches Maß an seitlicher Beweglichkeit kein Normlager gab und dass Zylinderrollenlager zwar einiges an axialer Belastung aufnehmen können, aber empfindlich auf axiale Stöße reagieren, wie sie bei der Schlingerbewegung hätten auftreten können. Das erste dieser beiden Probleme wurde gelöst durch Festlegung auf (ansonsten normale) Zylinderrollenlager, zwei je Achslagergehäuse, mit einem speziellen breiten gemeinsamen Innenring, und das zweite durch die Aufnahme der axialen Belastung durch ein Rillenkugellager, bei dem der Außenring in einer drehfesten Hülse saß, die in der Bohrung des Achslagergehäuses hin- und hergleiten

---

[1] Unter Anwendung der Methode von Porta, L. D., wie angegeben in On The Design Of Cylinder Bolted Connections in Two Cylinder Locomotives (unveröffentlicht).

konnte.[1] Alle diese Lager waren fettgeschmiert. Die letztgültige Konstruktion war technisch einwandfrei und hatte den Vorzug, dass die vorhandenen Achswellen nach entsprechender Bearbeitung weiterverwendet werden konnten. Aber die Zylinderrollenlager waren als Sonderbauart sehr teuer, im Stückpreis um 62 % teurer, als das an der Treibachse verwendete nächstteure Lager, so dass der Versuch mit dem AP-Lager vielleicht doch die Sache wert gewesen war.

Das wahre Rollenlagerproblem stellte die Treibachse dar. Nicht nur, dass es auch die zuvor angegebenen Probleme mit der beschränkten Weite der Achslagerführung im Rahmen und der höheren Lagerbelastungen gab, sondern die vorhandene Achse war definitiv unterdimensioniert. Die Materialspannungen bei der Serien-QJ, berechnet nach der AAR-Methode, lagen bei Kolbennenndruck um 15 % über dem zulässigen Wert und hätten ihn mit dem höheren Kolbendruck der modifizierten Konstruktion um 22 % überschritten.[2] Zur Erfüllung der AAR-Konstruktionsregeln waren neue Achswellen mit von serienmäßig 265 Millimeter auf 280 Millimeter vergrößertem Lagerdurchmesser zwingend notwendig, was die zulässige radiale Lagerhöhe verringerte. In dem SKF-Katalog wurde kein einziges für eine solche Anwendung geeignetes Lager gefunden, das mit dem verfügbaren Platz auskam und bei den berechneten äquivalenten dynamischen und statischen Lagerbelastungen eine akzeptable Lebensdauer ergab. Damit wurde die Möglichkeit, ein gemeinsames beide Lagerseiten der Achse verbindendes Gehäuse zu verwenden, ausgeschlossen, weil diese Bauart nur bei jeweils einem Lager je Radseite machbar ist. Allerdings konnten bei separaten Achslagergehäusen je Radseite zwei Pendelrollenlager verwendet werden. Bei einem Achslagergehäuse, das in die vorhandenen Führungen passte, und unter Beachtung der Kriterien für die Lagerbelastung und Lebensdauer erwies sich solch eine Anordnung als gerade noch möglich.

Erst nach einer ganzen Weile mit Probeanwendungen von verschiedenen Lagertypen und Größen in den Berechnungen und auf dem Zeichenbrett war eine solche anscheinend befriedigende Konstruktion ausgearbeitet, aber kaum war das erledigt und die Lagerauswahl der SKF mitgeteilt, als die Firma per Fernschreiben antwortete, dass die Konstruktion „erheblich überdimensioniert“ war. Das war der Ausgangspunkt einer interessanten technischen Diskussion zwischen SKF Europa und dem Autor. Die Firma behauptete, dass die Lagerbelastung an der Treibachse und den Kuppelachsen einfach aus der aufgrund der aus der abgefederten Masse resultierenden statischen Last, multipliziert mit verschieden Faktoren, zu bestimmen war und unterstellte, dass die Kräfte aus dem Kolbendruck von zweitrangiger Bedeutung waren. Unter Anwendung dieser Methode gab SKF eine alternative Lagerauswahl an und erklärte zu meiner Verwunderung, dass diese Methode seit vierzig Jahren für ihre Dampflokomotivanwendungen benutzt worden war. Die Lagerauswahl und Lebensdauer sind in kritischer Weise abhängig von der äquivalenten dynamische Lagerbelastung, die im Einsatz erwartet wird, und die Kommentare der SKF zwangen mich, meine strengere Berechnung dieser Belastung in einem fünfzehnseitigen Memorandum an Datongs Chefingenieur zu rechtfertigen, indem gezeigt wurde, dass die von SKF angegebene Methode „dem Grunde nach unrichtig ist, weil sie die auftretenden Kräfte nicht genau berücksichtigt“. Auch sprach ich mich darin von jeder Verantwortung für die Bewährung der Rollenlager frei, falls meinen Empfehlungen nicht Folge geleistet wurde. Die radialen Spitzenbelastungen sowohl in der Treibachse als auch in den Kuppelachsen waren ein Folge der durch die Treibstangen und Kuppelstangen übertragenen Kolbendrücke. Das war an der Treibachse besonders ausgeprägt und es ließ sich zeigen, dass während eines Teils jeder Radumdrehung die Horizontalkraft auf die Treibachslager etwa *fünfzehnmal* so groß sein konnte wie die vertikale Kraft. Im Gegensatz dazu ergaben die Berechnungen der SKF für die Treibachse eine niedrigere äquivalente dynamische Lagerbelastung als für die Kuppelachsen, weil für die Treibachse wie üblich die statische Lagerbelastung kleiner war. Folglich empfahl SKF für diese Achse Lager von geringerer Tragfähigkeit als für die Kuppelachsen und behauptete gleichzeitig eine um 58 % größere L_{10}-Lebensdauer für die Treibachslager gegenüber den Kuppelachslagern. Die *statische* Tragzahl der somit für die Treibachse ausgewählten Lager betrug allerdings nur 70 % des nach meiner Berechnung erforderlichen Werts, so dass sie in kurzer Zeit versagt hätten. Zum Glück gab es einen Berg von Unterlagen, die meine Auffassung unterstützen (einige sogar in Chinesisch!) und ich konnte auf die Zeichnungen der Timken-gelagerten Radsätze der SAR-Klasse 25 verweisen, auf denen für die Treibachse Lager dargestellt waren, die eine um 60 % größere Tragzahl aufwiesen, als die der Kuppelachsen. Dusty Durrant, der seinerzeit für SKF in Afrika tätig war und nicht unmaßgeblich daran beteiligt war, mir dringend benötigte Informationen zu den Komponenten für SKF-Rollenlagerungen für Lokomotiven in Südafrika und Simbabwe zuzusenden, stieg auch in die Diskussion ein, indem er in einem Brief an seine Hauptverwaltung in Schweden[3] herausstellte, dass sie selbst es tatsächlich waren, die die „betreffenden Kräfte in erheblichem Maß unterschätzen“. Schließlich stimmte SKF der Anerkennung meiner Lagerauswahl zu, erklärte aber gleichzeitig, dass sie keinen Grund sahen, ihre Berechnungsmethode neu zu bewerten, da die danach vorgesehenen Lager sich im Betrieb bewährt hatten. Das stimmte zwar, doch die Methode war im Prinzip falsch – ein interessantes Paradoxon. Um das zu erforschen, untersuchte ich die Anwendung von SKF-Pendelrollenlager bei den Garratts der SAR-Klasse GMAM. Es zeigte sich, dass obwohl diese Lokomotiven um 20 % geringere statische Lagerbelastungen hatten als bei der modifizierten QJ und einen um 43 % geringeren Nennkolbendruck, die dynamischen Tragzahlen ihrer Treibachs- und Kuppelachslager um 63 % beziehungsweise um 52 % größer waren, als die von SKF für die modifizierte QJ vorgeschlagenen.[4] Es wurde errechnet, dass die Lebensdauer der Lager an der Treibachse, ausgedrückt in Anzahl der Radumdrehungen, bei der GMAM etwa *vierunddreißigmal größer* gewesen wäre, als bei dem SKF-Vorschlag für die modifizierte QJ. Damit war es nicht verwunderlich, dass die Firma behaupten konnte, ihre früheren Anwendungen wären erfolgreich gewesen, da sie ja wohl etwa robuster ausgelegt waren als ihr jetziger Vorschlag! Es muss allerdings betont werden, dass die SKF sich wirklich um Hilfestellung bemühte, indem sie eine in ihren Augen technisch akzeptable und wesentlich billigere Lösung für das Konstruktionsproblem vorschlug. Tatsächlich zeigte die Firma einiges Interesses für das Projekt, indem sie eine Menge wertvoller Informationen für kleine, aber wichtige Details, wie zum Beispiel Toleranzen für Labyrinthdichtungen, zur Verfügung stellte.

Kommen wir nun zu den Einzelheiten der geteilten Treibachslagergehäuse für Fettschmierung, wobei die Verwendung von zwei Lagern je Radseite einer solchen Achse sorgfältig überdacht werden musste. Es ist generell unmöglich, die verschiedenen Lagerbelastungen, außer der Federkraft, gleichmäßig auf beide Lager zu verteilen. Das Achslagergehäuse konnte zur gleichmäßigen Aufnahme der horizontal eingeleiteten radialen Kräfte nicht ausschwenken, die deshalb von dem Lager mit der geringeren inneren Toleranz aufgenommen wurden. Es wurde vorgeschrieben, die inneren Toleranzen sämtlicher Lager der Treibachse vor dem Einbau zu messen, Lager mit möglichst ähnlichen

---

[1] Die sechsachsigen QJ-Tender hatten einen recht ähnlichen Aufbau der Achslagergehäuse unter Verwendung von im Land produzierten Lagern. Die radialen Belastungen wurden von Zylinderrollenlagern aufgenommen und die seitlichen von Axialrillenkugellagern. Zwei Bauarten waren konstruiert worden, eine davon hatte seitliche Stoßdämpfung durch eine Gummifeder (die vielleicht auch in dem führenden Laufachsgestell vorteilhaft gewesen wäre) und eine war ohne dieselbe. Da Axialrillenkugellager immer eine axiale Belastung haben sollten, waren sie eigentlich für diese Achslagergehäusekonstruktion ungeeignet, und mir kam zu Ohren, dass diese Lageranordnung sich als unzuverlässig erwies. Eine Verbesserung dieses Konstruktionsmerkmals war in dem Plan nicht vorgesehen.

[2] Der für die Achsen verwendete Werkstoff war Stahl mit 0,5 % Kohlenstoff, also näherungsweise gleich dem Stahl AAR M126-D, auf dem die Konstruktionsregeln basierten.

[3] SKF South Africa (Pty) Ltd., Brief Az. 1983/AED/LMvdM/71-801.

[4] Das bezog sich auf die Lager in dem SKF-Katalog von 1981. Durch Fortschritte in der Lagerkonstruktion werden die in den fünfziger Jahren gelieferten ursprünglichen Lager geringere Tragzahlen gehabt haben, aber nicht um *so* viel.

Toleranzen zu paaren und dass von den Paaren diejenigen mit der kleineren Toleranz außen zu montieren waren, also dem Radkörper am nächsten. Nur die inneren Lager sollten axial in dem Achslagergehäuse festgelegt werden und die Auslegungswerte für die Belastungsverteilung waren die folgenden: äußeres Lager = 100 % der horizontalen radialen Belastung + 50 % der vertikalen Belastung; inneres Lager = 100 % der axialen Belastung + 50 % der vertikalen radialen Belastung. Im Fall, dass die inneren Lagertoleranzen identisch waren, entweder zu Beginn oder durch Verschleiß, hätten sich die horizontalen radialen Belastungen gleichmäßig auf beide Lager verteilt.

Die an dem Lokomotivrahmen, den Stellkeilen, den Zwischenlagen und Gleitplatten der Achslagerführungen erforderlichen Änderungen, um den Einbau der Achslagergehäuse der Treibachse in die bestehende Weite der Achslagerführungen zu ermöglichen, waren ähnlich der für die Achslagergehäuse der Kuppelachsen, obwohl bei der Treibachse genügend Platz für das Anschweißen von Gleitplatten an die Gleitflächen der Achslagergehäuse war. Damit konnten mit diesen relativ geringen Änderungen sämtliche Achslagergehäuse in dem vorhandenen Rahmen verwendet werden.

Bei den Konstruktionsarbeiten für den Wechsel von gleitgelagerten Achsen zu rollengelagerten Achsen wurden auch die nachstehenden darauf bezogenen Änderungen vorgenommen.

i) Mit Ausnahme der Achslagergehäuse der Kuppelachsen, wurden sämtliche Gleitflächen, Flansche, Sattelscheiben, Federdruckplatten, Stellkeile, Achslagerführungsflansche, Achslagerführungen der Laufachsen und Endflächen mit Manganstahlgleitplatten versehen.
ii) Sämtliche Gleitflächen der Achslagergehäuse und die Flansche wurde von der linksseitigen Schmierpumpe mit Öl versorgt, mit Ausnahme der Flansche der Achslagergehäuse in dem führenden Laufachsgestell, weil diese unmittelbar am Rad lagen und ungeschmiert blieben, um eine mögliche Beeinträchtigung der Adhäsion zu unterbinden. Bei der Umkonstruktion der Stellkeile, Zwischenlagen und Gleitplatten der Achslagerführungen wurden die die Schmierung beeinflussenden Details verbessert.
iii) Sämtliche Gleitplatten zwischen Stellkeilen und Achslagerführungen beziehungsweise zwischen Stellkeilen und Zwischenlagen wurden ebenfalls von der linksseitigen Schmierpumpe zwangsgeschmiert.
iv) Sämtliche Gleitplatten in den Achslagerführungen wurden mit Passschrauben an dem Rahmen befestigt, um Reibkorrosion zwischen den Gleitplatten und dem Rahmen zu verhindern (bei den Serien-QJ waren die Gleitplatten in den Achslagerführungen lose, wohingegen bei den späteren SAR-Konstruktionen für deren festen Sitz gesorgt wurde).
v) Die Seitenverschiebung der gekuppelten Radsätze erfolgte nicht mehr durch Verschieben der Achsen in den Achslagergehäusen, sondern auch durch Verschieben der Achslagergehäuse selbst, wobei alle Radsätze die gleiche Seitenverschieblichkeit hatten wie bei den Serien-QJ. Um die große Seitenverschieblichkeit der Achslagergehäuse der Kuppelachsen Nummer 1 und 5 zu ermöglichen, wurden die entsprechenden Federgehänge an den Bolzenaugen für die Aufnahme von SKF-Gelenklager umkonstruiert, um ihr ungehindertes Ausschwenken zu ermöglichen. An den Sattelscheiben der Kuppelachsen gab es kleine Änderungen, um den Freigang zwischen Sattelscheiben und Rahmen beziehungsweise Federgehänge und Rahmen zu gewährleisten. Ansonsten wurden die Achslagergehäuse passend zu der serienmäßigen Tragfederanordnung konstruiert.
vi) Die nominellen Federdrücke der selbstnachstellenden Stellkeile der Achslagergehäuse der Treibachse und der Kuppelachsen mussten um den Faktor 7,0 beziehungsweise 3,7 vergrößert werden, weil die Stellkräfte mit der serienmäßigen Federeinstellung als viel zu niedrig beurteilt wurden. Damit bewegten sich die Stellkeile im Einsatz durch die Kräfte der Achslagergehäuse nur allzu leicht nach unten, was zu Stoßbelastungen und Erschütterungen führte. Bei dieser Änderung spielten auch die relativ konstante Temperatur von rollengelagerten Achslagergehäusen gegenüber solchen mit Gleitlagerung und die Schmierung aller sich berührenden relevanten Oberflächen als Faktoren eine Rolle.

Die empfindliche Abhängigkeit der Rollenlagerlebensdauer von der äquivalenten dynamischen Lagerbelastung und die Schwierigkeit, diese Belastung für die Achslager der QJ zu bestimmen, besonders wegen der unbestimmten Axialkräfte durch Schlingern, machte eine genaue Vorhersage der Lagerlebensdauer unmöglich. Im Allgemeinen wurden für die nicht genau bestimmbaren Lagerbelastungen die oberen zulässigen Werte angenommen, so dass die daraus resultierenden äquivalenten dynamischen Lagerbelastungen eher hoch (auf der sicheren Seite) lagen. Die entsprechenden L_{10}-Lebensdauern schwankten zwischen 1 135 000 Kilometer und 2 437 000 Kilometer, je nach Einbauort des Lagers. Die Ausnahmen waren die Achslager in dem Schleppachsgestell, also die Zylinderrollenlager, die keinerlei Axialkräften ausgesetzt waren und die sehr hohe L_{10}-Lebensdauer von 12 495 000 Kilometer hatten, während sie für die Axialrillenkugellager, basierend auf der Annahme ständiger hoher Stoßbelastung, nur 810 000 Kilometer betrug. Falls die Laufeigenschaften der QJ verbessert worden wäre, was bei einer Fortsetzung der Entwicklungsarbeiten sicher irgendwann geschehen wäre, dann wäre die Lebensdauer aller Lager mit Axialbelastung erheblich größer geworden. Zum Beispiel wäre die L_{10}-Lebensdauer der Kuppelachslager von 1 135 000 Kilometer für den hypothetischen Fall der Axialbelastung null auf nicht weniger als 6 215 000 Kilometer angestiegen. Die tatsächlichen Lagerlebensdauern hätten irgendwo zwischen diesen Extremwerten gelegen und die von SKF für eine solche Anwendung empfohlenen 3 000 000 Kilometer erschienen realistisch.

Wie bereits zuvor erwähnt, gab es vonseiten der Chinesen aus Kostengründen Widerstände gegen die Anwendung von Rollenlagern, und ganz besonders deswegen, weil die Lager importiert werden mussten. Selbst das Amt für Energieeinsparung, das ja die treibende Kraft des Projekts war, sträubte sich gegen einen Import der Lager. Allerdings retteten die technischen Argumente für Rollenlager die Situation, und sicherlich auch meine Weigerung, Verantwortung für irgendwelche Folgen der Beibehaltung des Schwachpunkts der Gleitlagerung zu übernehmen. Zu gegebener Zeit wurde der SKF ein Auftrag über sämtliche Rollenlager, Gelenklager, Abziehhülsen, die Hydraulikmuttern für das Abziehen der Hülsen und ein Induktionsheizgerät zu Erwärmung der Achslager vor der Montage erteilt. Die Anzahl der bestellten Lager und Hülsen war um etwa 50 % größer als der Bedarf für eine Lokomotive, um bei Beschädigungen einen gewissen Ersatzvorrat zu haben. Die Kosten der für eine Lokomotive erforderlichen Ausrüstung beliefen sich auf 77 244 Singapur-Dollar, damals umgerechnet 36 783 US-Dollar. Der Preis wurde durch darin enthaltene nicht serienmäßige Teile (zum Beispiel mussten die Stangenlager mit Sonderkäfigen ausgeführt werden, obwohl sie selbst Normlager waren, was sie zu „Sonderlagern“ machte) und durch die sehr kleine Bestellmenge solcher Sonderteile beeinflusst. Für die Stückzahlen für eine Umrüstung des gesamten QJ-Bestands hätte es erhebliche Preisnachlässe gegeben, so dass man dann über 25 000 bis 30 000 US-Dollar pro Lokomotive gesprochen hätte beziehungsweise über ungefähr 3 % der Kosten für den Import einer Diesellokomotive mit gleichem Nutzen für das Gemeinwesen wie die modifizierte QJ, also mit anderen Worten ein Schnäppchen.[1]

Als letzter Kommentar zu der Rollenlagersaga sei bemerkt, dass der Vertrag mit SKF vom 15. Januar 1988 datierte. Zu dieser Zeit war klar, dass Datong nicht die Absicht hatte, die modifizierte QJ zu bauen. Die Bestellung der Lager schien nicht viel mehr als ein Täuschungsmanöver zu sein, um gegenüber Peking den Anschein zu erwecken, dass das Projekt noch am Leben war. Zu der Zeit, als die Lager dann schließlich eintrafen, funktionierte diese Täuschung nicht länger, und der Kauf wurde von der Fabrik damit gerechtfertigt, dass die Lager an einer Serien-QJ verwendet werden konnten. Das konnten sie durchaus, vorausgesetzt man änderte die Achswellen, Radkörper, Zapfen, Kuppelstangen, Stellkeile, Zwischenlagen, Führungsgleitplatten…

---

[1] Die Lager mit ihren Zubehörteilen waren nicht die einzigen Teile, die importiert werden mussten, da zum Beispiel China anscheinend den für die verschiedenen Gleitplatten erforderlichen Manganstahl nicht produzierte. Die Kosten für alle diese Importteile wären aber vergleichsweise gering gewesen.

25. Verbesserungen an der Schmierung

Aus verschiedenen Gründen war die Zentralschmierung mit mechanischen Schmierpumpen anderen Methoden der Schmierung vorzuziehen. Sie war deshalb so umfänglich wie möglich auszubilden, und die Anzahl der von den beiden serienmäßigen Schmierpumpen mit jeweils vierzehn Anschlüssen versorgten Bauteile der Umbaulokomotive wurde erhöht durch die Nutzung bisher nicht gebrauchter Pumpenanschlüsse und von Vierwegeverteilern in der folgenden Weise:

1. Rechtsseitige Schmierpumpe für Zylinderöl

Die serienmäßigen Anschlüsse zu den Zylindervorderenden (4 Anschlüsse[1]) und für die vorderen Schiebertragstangen wurden nicht benötigt. Zusätzliche Schmierstellen wurden an den Sohlenmitten der Zylinder, den Gleitbahnen und den Führungen der Schieberkreuzköpfe vorgesehen.

2. Linksseitige Schmierpumpe für Achsöl

(Es wäre wohl am besten gewesen, generell nur Zylinderöl zur Schmierung aller Bauteile zu verwenden, aber wegen der außerordentlich hohen Viskosität von Zylinderöl bei niedrigen Umgebungstemperaturen wurde Achsöl zur Schmierung des Laufwerks beibehalten).

Die nicht benötigten serienmäßigen Anschlüsse waren: die der Gleitbahnen (nunmehr mit Zylinderöl von der rechtsseitigen Schmierpumpe geschmiert), die der Stützlager und Achslager des führenden Laufachsgestells, die der Gleitlager der Treibachse und der Kuppelachsen und die der Achslager des Schleppachsgestells. Die Schmiergefäße der Treibachs- und Kuppelachslagergehäuse entfielen ebenfalls. Die zusätzlichen Anschlüsse bei der Umbaulokomotive waren die nachstehenden:

i) Die Führungen der Achslagergehäuse
ii) Die Stellkeile sämtlicher Treibachs- und Kuppelachslagergehäuse
iii) Sämtliche Drehpunkte der Ausgleichshebel
iv) Der Drehzapfen des führenden Laufachsgestells
v) Die Gleitflächen der Schwingensteine und die Wälzlager am Schwingenstein

Der vermehrte Gebrauch der mechanischen Schmierpumpen kann aus der folgenden Tabelle ersehen werden:

Tabelle 74
Umfang der mechanischen Zentralschmierung, Vergleich der Serien-QJ zu der modifizierten QJ

	Serien-QJ	Modifizierte QJ	Zunahme
Anzahl der von der rechten Schmierpumpe versorgten Stellen	16	18	12,5 %
Anzahl der von der linken Schmierpumpe versorgten Stellen	20	52	160 %

Die Ölförderraten zu jeder Schmierstelle und die zugehörige Schmierpumpeneinstellung wurden aus den entsprechenden Förderraten der SAR-Klasse 25NC berechnet. Dabei wurde die Änderung des Voreilhebels berücksichtigt, die Einfluss auf den Schmierpumpenantrieb hatte. Niederdruckrückschlagventile wurden so nah wie möglich an den zu schmierenden Oberflächen in allen Leitungen der Zentralschmierung angeordnet, die keine Ölsperre hatten. Es wurde die Anbringung von Tropfblechen vorgeschlagen, die ablaufendes Öl, zum Beispiel von den Achslagerführungen und Stellkeilen, von den Schienen weg leiteten, sobald durch Betriebserfahrungen bekannt wurde, wo sich solches Öl sammelte.

Beide Schmierpumpen sollten von Hilfsölbehältern mit 114 Litern Inhalt versorgt werden, die zwischen ihnen und dem Umlaufblech angeordnet waren. Damit vergrößerte sich die Reichweite der Lokomotive zwischen zwei Ergänzungen des Schmierölvorrats um den Faktor elf. Von den beiden rechts- und linksseitigen Schmierölpumpen der Serienlokomotiven mit einem Vorrat von zehn Liter hieß es, sie wurden alle 280 Kilometer beziehungsweise 350 Kilometer aufgefüllt. Diese Zahlen erschienen viel zu niedrig und bezogen sich ganz sicher nicht auf einen Verbrauch der vollen zehn Liter. Basierend auf den nun festgelegten Pumpenförderraten wurde mit den Hilfsölbehältern eine Vergrößerung diese Reichweiten auf ungefähr 9 200 Kilometer beziehungsweise 15 500 Kilometer berechnet. Ganz offensichtlich wäre es von Vorteil gewesen, die Füllmenge des rechten Tanks weiter zu vergrößern, um bei beiden Schmierpumpen die gleiche Reichweite zu haben und damit gleichzeitig sicher über der Laufleistung zwischen zwei Kesselauswaschungen zu bleiben. Dann hätten die Lokomotivmannschaften von der Verantwortung des Nachfüllens der Öltanks befreit und sie dem Depotpersonal übertragen werden können, die in *sauberen* Abschmierständen gearbeitet hätten. Sie hätten dann anlässlich des Kesselauswaschens einen ordnungsgemäßen Schmierdienst einschließlich des Abschmierens der Zapfenrollenlager leisten können. Die Vorteile einer solchen Abschmiermethode hinsichtlich Sauberkeit der Lager, ihrer Lebensdauer, des Ölverschüttens und der größeren Bequemlichkeit im Dienst hätten ins Auge springen sollen, doch es war überraschend, wie sehr sich das Konstruktionsbüro gegen die Hilfsölbehälter als „überflüssig" wehrte.

Weitere konstruktive Änderungen zur Verbesserung der Schmierung sind bei der Beschreibung der betreffenden Bauteile erwähnt worden. Zusätzliche Empfehlungen waren die farbliche Kennzeichnung der Schmierstellen, wie zum Beispiel der Öltanköffnungen, Ölgefäße und Schmiernippel nach Art der National Railways of Zimbabwe, als Hilfestellung für die Verwendung der richtigen Schmiermittel an jeder Stelle, und die Verwendung von Zylinderöl mit einem Zusatz von 0,2 % kolloidalem Graphit sowie von Achsöl mit Hochdruckadditiven (E.P., = Extreme Pressure).

26. Verbesserung der Adhäsion

Das rechnerische Reibungsgewicht der Umbaulokomotive betrug 106,9 Tonnen beziehungsweise 113 Tonnen mit eingeschaltetem Reibungsverstärker. Die Nennzugkraft betrug 299 kN, die bei Erreichen der Verschleißgrenze von Zylinderbuchsen und Radreifen auf 335 kN anstieg. Hier die dazu erforderlichen Reibungskoeffizienten zwischen Rad und Schiene:

Neue Lokomotive ohne Reibungsverstärker = 0,285
Neue Lokomotive mit Reibungsverstärker = 0,270
Lokomotive mit Zylindern und Radreifen an der Verschleißgrenze:
ohne Reibungsverstärker = 0,320
mit Reibungsverstärker = 0,302

Das sind alles hohe Werte, besonders unter den klimatischen Bedingungen in China. Im Nordosten des Landes gibt es viel Frost und Schnee und im Süden viel Regen im Winter. Beide Regionen haben auch im Sommer einigen Regen und nur der Nordwesten hat im Wesentlichen ein trockenes Klima.

[1] Die Serienlokomotiven hatten eine recht merkwürdige Schmiermethode für die Zylinder. Jeder Zylinder hatte eine Schmierstelle oben in Scheitelmittel und zwei am Vorderende.

In Anbetracht der hohen Reibungsausnutzung und der bekannten Schleuderneigung von Lokomotiven mit verbesserten Saugzuganlagen und Zylindern, musste jede vernünftige Maßnahme zur Verbesserung der Adhäsion angewendet werden. Zum Glück hatten die QJ bereits Druckluftsandstreueinrichtungen, die in folgender Weise verbessert werden konnte:

i) Alle Treibräder, statt nur die Kuppelradsätze Nummer 1, 2 und 3, wurden bei Vorwärtsfahrt gesandet.
ii) Hinter dem Dampfdom wurde ein neuer Sandkasten auf dem Kesselscheitel platziert, der die Kuppelachsen Nummer 4 und 5 sandete.
iii) Die Räder des führenden Laufachsgestells wurden aus eigenen Kästen gesandet.
iv) Der Durchmesser der Sandrohre wurde auf 50 Millimeter vergrößert und der Winkel zur Horizontalen wo immer möglich auf $\geq 45°$.
v) Die Sandrohre wurden im Sinne einer optimalen Positionierung der Sandstreudüsen (senkrechter Abstand und seitliche Ausrichtung) in Bezug auf die Schienen an den Achslagergehäusen befestigt. Bei der Konstruktion der neuen Achslagergehäuse wurden dafür Vorkehrungen getroffen.
vi) Die Verbindungen der Sandstreurohre waren garantiert wasserdicht.
vii) Die Sandrohre wurden mit einer Abtropfeinrichtung versehen, damit an ihnen herunter laufendes Wasser nicht auf die Schienen fiel.
viii) Anstellhähne zum Druckluftsandstreuer nach amerikanischer Bauart wie bei den Diesellokomotiven der Klasse ND-5 wurden vorgeschrieben.
ix) In den Füllöffnungen der Sandkästen wurden Siebe vorgesehen.
x) An den Achslagergehäusen des Laufachsschleppgestells wurden Schienenreinigungsdüsen für Kesselwasser befestigt, um den Sand hinter den Kuppelrädern von den Schienen zu spülen. Die Druckluftleitung zur Betätigung der Schienenreinigungsdüsen sollte ein Absperrventil im Führerhaus erhalten, das bei Vorspann der Lokomotive vor eine andere geschlossen werden musste. Die Chinesen hatten Vorbehalte gegen den Gebrauch des Schienenreinigers bei kalter Witterung auf sehr stark befahrenen Hauptstrecken, deren Gültigkeit nach den Betriebserfahrungen zu beurteilen gewesen wäre.

Die weiteren Vorschläge zur Verbesserung der Adhäsion sahen wie folgt aus:

i) Die Anwendung von „Hochadhäsion“-Radreifenprofile ähnlich der Bauart der Rio-Turbio-Eisenbahn.
ii) Ausrüstung der Kuppelräder mit einer vom Lokomotivführer betätigten Anti-Schleuder-Bremse (Lokomotivzusatzbremse).
iii) Verwendung einer zuverlässigen automatischen geschwindigkeitsabhängigen Steuerung des Reibungsverstärkers.
iv) Verlegung sämtlicher Dampf-, Wasser- und Öldrainageaustritte in weitem Abstand von den Schienen und Radreifen; die Betonung liegt auf *weitem*, denn selbst, falls die Drainagen nicht direkt über den Schienen oder Radreifen austraten, so konnten sie aber von Seitenwinden, die den Laufwiderstand des Zugs erheblich vergrößern konnten, auf die Schienen- und Radreifenoberflächen verfrachtet werden, gerade dann, wenn es auf bestmögliche Adhäsion ankam.

Einige der anderen Modifikationen, wie zum Beispiel Verbesserung der Laufeigenschaften und verminderte Erschütterungen, hätten auch ihren Teil zur Verbesserung der Adhäsion beigetragen, besonders die rollengelagerten Stangen und Achsen hätten den Mikroschlupf, der zu starkem Schleudern führen konnte, praktisch ganz unterbunden und verminderten ganz erheblich die Ölverschmutzung der Radreifenlaufflächen, die bei den Serien-QJ hauptsächlich von den Achslagern herrührte. Das war also eine weitere wichtige Rechtfertigung für die Rollenlagerung, die ich gegenüber den chinesischen Ingenieuren mit der Feststellung untermauerte, dass „bei den Serien-QJ die Adhäsionsverhältnisse unmöglich [für die angestrebte Zughakenleistung von 3 355 kW] ausreichend sein würden…“ Ein Nebeneffekt der rollengelagerten Stangen war eine Zunahme des Massenträgheitsmoments des gesamten Kuppelachssystems um 13 %, was zu einer entsprechenden Abnahme der Winkelbeschleunigung des Systems bei einem gegebenen Drehmomentüberschuss über dem durch Adhäsion übertragbaren führte. Damit reduzierte sich die Gefahr, dass sich aus „Viertelschlupf“ starkes Schleudern entwickelte.

Die oben aufgeführten verschiedenen Maßnahmen zu Adhäsionsverbesserung stellten diejenigen dar, die man mit vernünftigem Aufwand bei der Umbaulokomotive berücksichtigen konnte. Sie folgten den allgemeinen Empfehlungen in Portas Fachartikel zur Adhäsion (siehe Quellenangabe auf Seite 166). Gegenüber der Serien-QJ wurde eine erhebliche Verbesserung des Reibungskoeffizienten erwartet, und zusätzlich bestand die Hoffnung, dass die Lokomotivführer in der Anwendung geeigneter Methoden zur Unterbindung und Beherrschung des Schleuderns unterwiesen werden konnten.

27. Verbesserung der Laufeigenschaften

Anscheinend waren die chinesischen Ingenieure der Ansicht, dass Dampflokomotiven grundsätzlich für hohe Geschwindigkeiten ungeeignet waren. Falls ihre Meinung auf der Qualität der Laufeigenschaften der QJ-Klasse beruhte, dann war das wohl verständlich, aber Dampflokomotiven *mussten* sich nicht so aufführen, als ob sie mit den Schienen in einem Streit lägen, bei dem sie selbst und der Oberbau zu Schaden kamen. Die Laufeigenschaften von Fahrzeugen sind ein komplexes Gebiet, auf dem ich leider überhaupt keine relevanten Erfahrungen hatte noch wusste ich allzu viel darüber. Nach den Angaben in einem ziemlich alten Fachartikel[1] führte ich eine einfache Stabilitätsuntersuchung aus, die ergab, dass die QJ bei normalen Fahrgeschwindigkeiten immer unruhig laufen würde, egal wie groß die Vorspannung der Rückstellkraft in dem führenden Laufachsgestell (innerhalb vernünftiger Grenzen) auch sein würde. Diese Arbeit bestätigte also nicht meine intuitive Überlegung, dass eine Erhöhung der Richtkraft des führenden Laufachsgestells die Laufeigenschaften verbessern würde. Allerdings war das mathematische Modell des Lokomotivfahrgestells zur Vereinfachung der Berechnungen gegenüber der Wirklichkeit etwas abgewandelt worden, was die Untersuchung sicher nicht zu 100 % zuverlässig machte, und daher wurde es für die weiteren Versuche zur Festlegung der Konstruktion eines einwandfreien Laufwerks nicht mehr benutzt. Stattdessen wurde der „gesunde Menschenverstand“ eingesetzt, indem die Charakteristik der Rückstellkraft des führenden Laufachsgestells in Bezug auf den Seitenausschlag mit der der SAR-Klasse 25NC verglichen wurde, die ein vergleichbare Masse und die ausgezeichnete Laufeigenschaften hatte.

Bei der QJ-Klasse wurden die Führungskräfte durch Ausschlag des führenden und nachlaufenden Laufachsgestells an beiden Gestellen durch Wiege und Pendelrückstelleinrichtungen erzeugt. Das führende Laufachsgestell hatte eine anfängliche Rückstellkraft von 0,224 w und dann auf 0,455 w bei vollem Ausschlag (± 125 Millimeter) ansteigend, mit w = senkrechte Belastung der Wiegenpendel. Währenddessen hatte das Laufachsschleppgestell eine konstante Rückstellkraft von 0,160 w bei allen seitlichen Ausschlägen des Gestells. Im Gegensatz dazu hatten sowohl das führende Drehgestell als auch das zweiachsige Schleppgestell der Klasse 25NC konstante Rückstellkräfte, Ersteres mit Schwerkraftrückstellung durch Walzen auf schiefen Ebenen mit 0,2 w, Letzteres mit Wiegenpendel und 0,1 w. Setzt man nun Zahlenwerte für „w“ ein, so ergaben sich nachstehende Rückstellkräfte.

[1] Carter, F. W., The Running of Locomotives, with reference to their Tendency to Derail, The Institution of Civil Engineers, circa 1932.

Tabelle 75
Vergleich der Rückstellkräfte bei Seitenausschlag von führendem Laufachsgestell und Schleppgestell / Drehgestell, CR-Klasse QJ und SAR-Klasse 25NC

	Serien-QJ	Modifizierte QJ[1]	25NC
Führendes Laufachsgestell / Drehgestell, kN	24,1 - 49,0	28,7 - 58,2	32,0
Schleppgestell, kN	16,45	17,1	11,0

1. Bei der errechneten Belastung des führendenden und nachlaufenden Laufachsgestells der modifizierten QJ, aber mit der serienmäßigen Rückstelleinrichtung.

Eine gewisse Asymmetrie der Rückstellkräfte des führenden und des nachlaufenden Laufachsgestells wird dabei deutlich, was eigentlich günstig war. Um die Symmetrie noch weiter zu zerstören, schlug Porta vor, den Radreifen der führenden Laufachse eine größere Konizität als der Schleppachse zu geben (zum Beispiel 1 : 20 beziehungsweise 1 : 40), was er auch bei seiner Versuchs-2D getan hatte, wobei er allerdings eingestand, dass die Auswirkung dieser Maßnahme erst bei einer Fahrt der Lokomotive erkennbar würde.

Wegen der großen Seitenverschieblichkeit der Schleppachse und der Kuppelachsen Nummer 1 und 5 bei der QJ wurde jedem Abweichen der Hauptmasse der Lokomotive von der korrekten gleisparallelen Bewegung sofort durch das Rückstellmoment des führenden Laufachsgestells begegnet. Dieses war allerdings relativ zu dem Trägheitsmoment der Hauptmasse der Lokomotive gering und ergab nur 57 % des Verhältnisses Rückstellmoment zu Trägheitsmoment der Klasse 25NC. Umgekehrt war aber bei großem Ausschlag der Laufachsgestelle gegenüber dem Lokomotivrahmen das Rückstellmoment ebenfalls groß, und in diesem Fall war dann das Verhältnis Rückstellmoment zu Trägheitsmoment 50 % größer als bei den 25NC. Somit schien das anfängliche Rückstellmoment der QJ zu klein und bei vollem Ausschlag der Laufachsgestelle zu groß gewesen zu sein, was zu einer Schlingerbewegung der Lokomotive führte. Um das bei der modifizierten QJ abzustellen, wurden als Gegenmaßnahme die Pendel und Wiegen des führenden Laufachsgestells so umkonstruiert, dass sich eine konstante Rückstellkraft von 1/3 w ergab, entsprechend 42,7 kN bei der angenommen senkrechten Last auf die Pendel. Das führte zu Rückstellmomenten, die denjenigen der 25NC schon näherkamen, doch weil das führende Laufachsgestell erst stabilisierend wirksam werden konnte, wenn die Seitenverschieblichkeit der Laufachse ausgeschöpft war, waren die Verhältnisse für die Querstabilität im Gleis immer noch nicht ideal. Doch mit der höheren Achsfahrmasse im führenden Laufachsgestell gab es weiteren Spielraum zur Erhöhung der Rückstellkraft dieses Gestells[1], wobei die getroffenen Maßnahmen als Ausgangspunkt für weitere Experimente angesehen wurden, bis hoffentlich die Schlingerbewegung ausgeschaltet werden konnte.

Es wurden keine weiteren speziellen Änderungen zur Verbesserung der Laufeigenschaften vorgeschlagen, wenn auch langfristig ein Stoßdämpfer der Bauart Franklin zwischen Lokomotive und Tender empfohlen wurde ebenso wie federbelastete Rückstellvorrichtungen für die seitenverschieblichen Kuppelachsen Nummer 1 und 5. Allerdings wurde herausgestellt, dass moderne computerisierte Berechnungsmethoden die Lokomotive als einen elastischen Körper behandelten, der sich entlang eines elastischen Gleisoberbaus bewegt und bei dem beide Erregungskräften und einer Dämpfung ausgesetzt sind. Damit konnte eine streng mathematische Lösung gefunden werden, mit präzisen Angaben zu den Maßnahmen, die erforderlich waren, um über die gesamte Laufleistung zwischen zwei Fahrwerksuntersuchungen gute Laufeigenschaften zu garantieren. Es wurde als unwahrscheinlich angenommen, dass bestehende Computerprogramme für die Berechnung der Laufeigenschaften von Eisenbahnfahrzeugen für Dampflokomotiven, wegen des grundlegend abweichenden Aufbaus eines Dampflokomotivfahrgestells gegenüber der üblichen Bauweise mit zwei Drehgestellen, geeignet waren, aber die Entwicklung eines geeigneten Berechnungsverfahren hätte für Fachleute kein Problem darstellen sollen. Deshalb empfahl ich nachdrücklich die Kontaktaufnahme des Eisenbahnministeriums mit einem entsprechenden Berater, um eine Computeranalyse der Laufeigenschaften der QJ zusammen mit konkreten Empfehlungen zu ihrer Verbesserung zu erhalten. Mein Vorschlag war Transmark, die Beratungsabteilung von British Rail, von denen ich annahm, dass sie Zugriff auf das Forschungszentrum der BR hatten, wo eine solche Analyse hätte ausgeführt werden können. Es wurde aber darauf hingewiesen, dass auch anderswo ähnliche Einrichtungen bestanden, ganz sicher in Deutschland, Frankreich und Japan. Soweit ich weiß, wurde meine Empfehlung nicht beachtet, obwohl die Kosten für einen solchen Auftrag durch weniger Wartungsaufwand an den QJ mehrfach wieder hereingeholt worden wäre.

28. Verminderung der Erschütterungen

Die Reduzierung der bei den Serien-QJ vorherrschenden ziemlich unerträglichen Erschütterungen war nicht nur für den guten Zustand des Lokomotivaufbaus wichtig, sondern auch für den Betrieb mit vollständig geöffnetem Regler eine Grundvoraussetzung. Von der gemeinsamen Auswirkung der Erhöhung der Federspannung auf die Achslagerstellkeile der Treibachse und der Kuppelachsen, dem generell geringeren Verschleiß durch verbesserte Schmierung und Werkstoffe, den (hoffentlich) verbesserten Laufeigenschaften und besonders von den rollengelagerten Achsen und Stangen wurde eine erheblich Verminderung der Erschütterungen erwartet. Der andere wichtige Faktor war der Ausgleich der umlaufenden und der hin- und hergehenden Massen. Mit dem Einbau von rollengelagerten Stangen musste der Massenausgleich geändert werden. Die dazu notwendige rechnerische Untersuchung zeigte, dass der Massenausgleich der Serien-QJ schlecht war, da die Kuppelachsen keinen dynamischen Massenausgleich hatten *(Anm. d. Übers.: das heißt, sie hatten nur statischen Ausgleich, bei dem angenommen wird, dass die Massenkräfte alle in der Radebene angreifen. Das ist aber nicht der Fall, sondern sie haben unterschiedliche Abstände von der Radebene. Das wird durch Ausgleichsmassen in dem gegenüberliegenden Rad berücksichtigt, so dass die Gegengewichte bei Lokomotiven mit dynamischem Ausgleich den Zapfen nicht genau gegenüberstehen, sondern bei der üblich Voreilung der rechten Triebwerkskurbel nach vorn verschwenkt sind.)*. Der Nettoeffekt dieses Mangels äußerte sich als mangelhafter Ausgleich des Momentes aus den hin- und hergehenden Massen. Der für die Umbaulokomotive ausgearbeitete dynamische Massenausgleich erhöhte den ausgeglichenen Anteil des störenden Moments aus den hin- und hergehenden Massen von 18 % auf 36,5 %, während der Ausgleich der Kräfte resultierend aus den hin- und hergehenden Massen fast unverändert blieb (36,5 % gegenüber den serienmäßigen 38,5 %). Der Anteil der nicht ausgeglichenen hin- und hergehenden Massen überstieg entsprechend der jüngeren amerikanischen Praxis nicht den Wert von

[1] Es hatte die Hoffnung bestanden, die Achsfahrmasse in dem führenden Laufachsgestell auf 18 Tonnen zu erhöhen, aber trotz der verlängerten Rauchkammer und der damit zusammenhängenden Änderungen, wie dem Sandkasten am vorderen Laufachsgestell, Einbau eines schweren Gussteils als Standplattform vor der Rauchkammer und Auffüllen aller Hohlräume des vorderen Kuppelkastens mit Blei, betrug die schließlich berechnete Achsfahrmasse nur ungefähr 14,9 Tonnen zu 13 Tonnen bei den Serienlokomotiven. Die Ingenieure in Datong glaubten, dass die Achsfahrmasse des führenden Laufachsgestells auf 60 % der jeweiligen Achsfahrmasse der Kuppelachsen begrenzt sein sollte. Die Gründe dafür blieben im Dunkeln (wahrscheinlich eine von den Russen übernommene Gepflogenheit). Bei den amerikanischen Lokomotiven gab es für eine solche Begrenzung keine Hinweise. Die Achsfahrmasse einachsiger führender Laufachsgestelle betrug bis zu 88 % der Kuppelachsfahrmasse und ich hielt das Ganze für eine willkürliche Begrenzung.

1/285 der Lokomotivmasse.[1] Die dynamische Vergrößerung der Achsfahrmasse jeder Achse, verursacht durch den dynamischen Massenausgleich bei 5 sek^{-1}, entsprechend der neuen zulässigen Höchstgeschwindigkeit von 85 km h^{-1}, blieb innerhalb der in der britischen Praxis üblichen Grenze von 25 % der statischen Achsfahrmasse, beziehungsweise 49,8 kN (5 Imperial tonf).[2]

Die Änderungen am Massenausgleich der Kuppelräder wurden an dem anteiligen Gegengewicht in den gegossenen Radkörpern vorgenommen. Bei den Gussstücken der Treibradkörper mussten wegen der großen Massenkonzentration umlaufender Bauteile und wegen der beschränkten Platzverhältnisse in diesen Radkörpern die Gegengewichte mit Blei ausgegossen werden. Deutlich zeigte sich das von Withuhn aufgezeigte Problem des ordnungsgemäßen Massenausgleichs bei großen Lokomotiven mit kleinen Rädern (Seite 344). Selbst bei der Anwendung von Blei gab es gerade genug Volumen, um die umlaufenden Massen an den Rädern der Treibachse korrekt auszugleichen. Der Ausgleich der hin- und hergehenden Massen wurde gleichmäßig auf die Kuppelräder verteilt, wobei an den Rädern der Treibachse mangels Platz überhaupt kein Ausgleichsgewichtsanteil für diese Kräfte vorgesehen war. Die Praxis des präzisen Ausgleichs der Masse der Gegenkurbel und des umlaufenden Anteils der Schwingenstange bei den Serien-QJ wurde beibehalten, was zu unterschiedlichen linken und rechten Radkörpern auf der Treibachse führte. Das Erfordernis neuer Gussstücke für die Radkörper wurde dazu ausgenutzt, den Durchmesser der Radkörper um 10 Millimeter zu vermindern, so dass die Radreifen dicker wurden. Das war eine weitere Maßnahme zur Vergrößerung des Massenträgheitsmoments im Kampf gegen das Schleudern.

29. Verbesserung der Ergonomie

Die Bequemlichkeit der Bedienung und der Unterhaltung war ein konstanter Faktor bei den Konstruktionsüberlegungen zu den Modifikationen, aber abgesehen von der Verlegung des Umsteuerhebels wurde während der Konstruktionsphase die manchmal nicht ideale Anordnung der bestehenden Ausrüstung nicht verändert. Es wurde als das Beste angesehen, die Bequemlichkeit der Bedienungseinrichtungen bei dem Zusammenbau und dem Einfahren zu beurteilen und dann gegebenenfalls nötige Änderungen vorzunehmen.

30. Verschiedene Änderungen

Von den verschiedenen sonstigen Änderungen lohnt es sich, die nachstehenden zu erwähnen.

i) Hilfsmaschinen

Um ihren Dampfverbrauch zu reduzieren, war für solche Ausrüstungen wie Stokermotor, Luftpumpe und Kesselspeisepumpe eine gründliche Umkonstruktion erforderlich. Bei der Rekonstruktion vorhandener Lokomotiven waren umfangreiche Änderungen an diesen Hilfsmaschinen allerdings nur schwer zu rechtfertigen, so dass diese Arbeit keine Priorität hatte, und angesichts des Projektstatus zu der Zeit, als die wichtigeren Arbeiten beendet waren, bestand wenig Anreiz, das zu tun. Was aber ohne großen Aufwand gemacht werden konnte, war die Verminderung der Wärmeverluste von diesen Hilfsmaschinen und ein Plan für geänderte Bekleidungen der Dampf- und Wasserzylinder der Kesselspeisepumpe wurde ausgearbeitet. Das Konstruktionsbüro wurde gebeten, ähnliche Verbesserungen an der Isolierung des Stokermotors vorzunehmen und für den Dampfzylinder der Luftpumpe, für den eine Vollisolierung wegen der großen Anhäufung von Rohrleitungen und Armaturen in seiner Nähe nicht machbar war, eine eng anliegende Haube zu konstruieren.

ii) Durchgehende Verkleidung auf dem Kesselscheitel

Die vorhandene Verkleidung sollte von dem neuen Sandkasten hinter dem Dampfdom bis zu der des Armaturenstocks verlängert werden. Der Hauptgrund dafür war ästhetischer Natur, aber ich betonte, dass, indem diese einfache Änderung die Erscheinung der Lokomotive erheblich verwandeln würde, sie die wichtige Funktion hatte, den Eindruck einer „neuen" Konstruktion zu erwecken, und damit die Chancen einer Akzeptanz der modifizierten QJ durch die Eisenbahnverwaltung erhöhte.[3]

iii) Speisewasservorwärmsystem

Bei den ersten Zusammenkünften, die zur Festlegung des Plans einberufen worden waren, war entschieden worden, das Mischvorwärmerprinzip beizubehalten. Die Ingenieure der Fabrik hatten bei diesen Besprechungen keine Hinweise auf Probleme mit dem Betriebsverhalten dieser Einrichtung gemacht, aber bei meinen verspäteten Führerstandsmitfahrten auf Serien-QJ und dann während der Versuche mit den QJ 7036 und 8001 wurde ihre Unzuverlässigkeit offensichtlich und war Anlass zur Besorgnis. Ich war ziemlich sicher, dass die Kapazität des Systems für die größte Verdampfungsleistung der Umbaulokomotive nicht ausreichend sein würde, doch gerade bei der Spitzenleistung war seine Nutzung am wichtigsten (siehe Seite 128). Ich wies das Konstruktionsbüro schriftlich auf diesen Umstand hin, wobei ich betonte, dass ohne ein einwandfrei zuverlässiges Vorwärmsystem von ausreichender Durchsatzleistung die Zielvorgabe von 11 % größtem thermischen Gesamtwirkungsgrad um einen vollen Prozentpunkt verfehlt werden konnte. Ich erinnerte die Ingenieure der Fabrik daran, dass in meinem ursprünglichen Entwurf ein Oberflächenvorwärmer mit nur einer Pumpe vorgesehen war. Da sie selbst es gewesen waren, die die Entscheidung zur Beibehaltung der bestehenden Einrichtung getroffen hatten, sollten sie nunmehr *dringend* die Konstruktion überprüfen und eventuell ändern, um sicherzustellen, dass sie den für die Umbaulokomotive ins Auge gefassten Speisewassermengen gerecht wurde. Nunmehr zeigte es sich, dass meine Befürchtungen tatsächlich richtig waren, da die Kapazität des Systems nur 18 Tonnen pro Stunde betrug, also weit weniger als die größte Verdampfungsleistung selbst der Serien-QJ und nur 55 % der für die Umbaulokomotive erwarteten. Nichtsdestotrotz weigerte sich das Konstruktionsbüro mehr oder weniger mit der üblichen Entschuldigung, dass niemand für diese Arbeit zur Verfügung stünde, in der Sache irgendetwas zu unternehmen. Nach dem Austausch einiger zunehmend schärfer werdenden Memoranda zwischen uns, erhielt ich den Bescheid, dass „der thermische Wirkungsgrad von *12 % auf 11 %* absinken darf, weil wir den vorhandenen Speisewasservorwärmer beibehalten" (kursive Hervorhebungen durch mich). Das war ein gutes Beispiel für die Falschheit der Fabrik, denn alle Beteiligten wussten nur zu gut, dass die Absenkung von 12 % auf 11 % eine Folge ihres Verweigerns der Anwendung umkonstruierter Zylinder war, was dann auch die Kernaussage meine Antwort war. Diese sollte sich in dieser Angelegenheit als das letzte Wort erweisen.

31. Änderungen des Tenders

Von den in dem Plan übernommenen Änderungen wurde die Konstruktion des verbesserten Bremssystems einschließlich der Handbremse ganz dem Konstruktionsbüro überlassen. Der verbesserte Tenderwassereinlauf wurde aus heute nicht mehr bekannten Gründen

---

[1] Johnson, R., The Steam Locomotive, Simmons-Boardman, New York, 1944. Weiterentwickelte Stoßdämpfer zwischen Lokomotive und Tender, zum Beispiel die der Bauart Franklin, machten die Tendermasse in Bezug auf horizontale Kräfte zu einem integrierten Anteil der Lokomotivmasse, so dass die unausgeglichenen Kräfte aus den hin- und hergehenden Massen jeder Maschinenseite damit auf 1/285 der Lokomotiv- plus Tendermasse festgelegt werden konnten. Damit wurden entsprechend die Anforderungen an den Massenausgleich reduziert, was so weit ging, dass bei einigen Zweizylinderkonstruktionen auf den Ausgleich der hin- und hergehenden Massen ganz verzichtet wurde.

[2] Locomotive Engineer's Pocket Book, The Locomotive Publishing Co. Ltd., London.

[3] In Bezug auf das „Imageproblem" ging ich davon aus, dass die Chancen, die Lokomotive rot lackieren zu lassen, selbst im roten China schlecht standen.

nicht konstruiert, aber vermutlich wegen der Anfang 1988 offensichtlichen, aber nicht erklärten Absicht, das Projekt nicht zu Ende zu führen.

Die wichtigeren Merkmale und Abmessungen der Serien- und Umbaukonstruktion sind in der Tabelle 76 zusammengefasst und die Abb. 158 zeigt, wie die Umbaulokomotive ausgesehen hätte. Der Gesamtumfang der Konstruktionsarbeiten für die modifizierte QJ kann aus den

Tabelle 76
Zusammenfassung der Einzelheiten der Serien-QJ und der modifizierten QJ

Bezeichnung	Serien-QJ[1]	Modifizierte QJ[2]
Achsfolge	1E1	1E1
Achsfahrmasse des führenden Laufachsgestells, t	13,0	14,9
Reibungsgewicht, t	100,5[3]	106,9[4]
Achsfahrmasse des Schleppachsgestells, t	19,8	20,6
Gesamtgewicht der Lokomotive ohne Tender, t	133,3	142,4
Größte Achsfahrmasse, t	20,1	21,6[5]
Gesamtgewicht des Tenders bei vollen Vorräten[6], t	119,0	119,0
Gesamtgewicht der Lokomotive bei vollen Vorräten, t	252,3	261,4
Kohlevorrat des Tenders[6], t	21,5	21,5
Wasservorrat des Tenders[6], m³	50,0	50,0
Gesamtlänge über Kupplungen, mm	29 181	29 181
Nennzugkraft, kN	281,8	299,0
Treibraddurchmesser, mm	1 500	1 500
Zulässige Höchstgeschwindigkeit, km h^{-1}	80	85
Kesselüberdruck, bar	14,71	16,0
Rostfläche, m²	6,8	6,8
Anzahl der Rauchrohre	69	69
Anzahl der Heizrohre	80	80
Anzahl der Feuerschirmtragrohre	4	4
Wasserseitige Heizflächen, m² : Feuerbüchse	32,5	32,5[7]
Heizrohre	68,5	68,5
Rauchrohre	154,3	154,3
Gesamt	255,3	255,3
Dampfseitige Überhitzerheizfläche, m²	144,1	98,3[8]
Gesamtheizfläche des Kessels, m²	399,4	353,6
Feuerbüchsvolumen, m³	13,6	13,6[7]
Freier Gasquerschnitt im Kesselrohrbündel, m²	0,714	0,741
Dampfströmungsquerschnitt der Überhitzerelemente, m²	0,052	0,052
Anzahl der Zylinder	2	2
Zylinderdurchmesser x Kolbenhub, mm x mm	650 x 800	642 x 800
Schieberdurchmesser, mm	300	300
Einströmüberdeckung, mm	50	56
Ausströmüberdeckung, mm	0	7
Voreilung in Mittelstellung der Steuerung, mm	8	9
Voreilung bei größter Vorwärtsfüllung, mm	8	18
Größter Schieberhub, mm	212	251
Größte Vorwärtsfüllung, %	72	72,1

Anmerkungen.

1. Entnommen aus der amtlichen Beschreibung der QJ, Seite 417, Fußnote 2.
2. Auslegungswerte.
3. 106,5 Tonnen bei eingeschaltetem Reibungsverstärker.
4. 113 Tonnen bei eingeschaltetem Reibungsverstärker.
5. Das war der Rechenwert für die Treibachse. Auch sämtliche Kuppelachsen überstiegen die zulässige Achsfahrmasse von 21 Tonnen, aber da die maximale Überschreitung nur 3 % betrug, machte ich mir darüber nicht allzu viele Gedanken, zumal nach den Ergebnissen einer seltenen tatsächlichen Verwiegung einer QJ ihre Achsfahrmasse das festgelegte Maximum von 20,1 Tonnen um 4 % überschritt.
6. Werte gelten für den sechsachsigen Tender.
7. Die Zunahme an Feuerbüchsheizfläche und -volumen durch Absenkung des Rosts wurde wegen des Betriebs mit einem höheren Feuerbett nicht berücksichtigt.
8. Obwohl die dampfseitige Überhitzerheizfläche gegenüber der Serienausführung um 32 % kleiner war, wurde die Gesamtwärmeübertragung um 17 % vergrößert (siehe Seite 397).

Zahlen in der Tabelle 77 ermessen werden. Wie auch bei dem Vergleich zwischen der SAR-Klassen 25NC und 26, lassen die Daten in der Tabelle 76 keine größeren Unterschiede erkennen. Die Leistungssteigerung sollte im Wesentlichen durch die Minderung vermeidbarer Verluste als Ergebnis von Detailarbeit erzielt werden. Auf welche Weise der thermische Gesamtwirkungsgrad angestiegen wäre, ist aus der Tabelle 78 erkennbar, die zeigt, dass für keine einzige Komponente in der Kette der Leistungserzeugung und -übertragung unrealistische Verbesserungen angenommen wurden, doch der Beitrag eines jeden kleinen Gewinns summierte sich zu einem eindrucksvollen Gesamtergebnis (die Zahlen beziehen sich auf die Verhältnisse bei dem besten thermischen Wirkungsgrad). Jede Modifikation hatte zum Erreichen der Gesamtsteigerung des Wirkungsgrads ihre Rolle zu spielen, und wegen des Zusammenhangs {Nutzen = Aufwand x Wirkungsgrad} galt das Gleiche für die Leistungssteigerung. Nach einigem Fortschritt bei den Konstruktionsarbeiten wurde eine maximale Zylinderleistung von über 3 800 kW vorausberechnet, was eine Zughakenleistung von 3 430 kW ergeben hätte, also um 47 % höher, als bei der Serienlokomotive gemessen wurde. Die erwarteten Verbesserungen der Leistung und des thermischen Wirkungsgrads, so groß sie auch erschienen, waren mit den Ergebnissen bei 3450 auf einer Linie und hätten Wirklichkeit werden können – falls die Chinesischen Staatsbahnen das wirklich gewollt hätten.

Tabelle 77

Vergleich des Umfangs der Modifikationen bei den SAR-Lokomotiven 2644 und 3450 sowie der CR-Klasse QJ

Bezeichnung	SAR-Klasse 19D Nr. 2644	SAR-Klasse 26 Nr. 3450	Modifizierte QJ[1]
Anzahl der Berechnungen in dem Konstruktionsplan[2]	464	1 704	9 459
Anzahl der Zeichnungen zur Darstellung der Modifikationen	17[3]	101[3]	141[4]
Anzahl der modifizierten Bauteilkonstruktionen[5]	79[3]	724[3]	1 120[6]

Anmerkungen.
1. Einschließlich der Berechnungen von Bauteilen für die Versuchsarbeit.
2. Ohne Vor- und Überschlagsberechnungen.
3. Ohne Bauteile, die während des Einfahrens konstruiert wurden.
4. Nur die Anzahl der vom Autor erstellten Zeichnungen (neue Zeichnungen und Änderungen an Serienzeichnungen).
5. Einschließlich neu konstruierter und spezifizierter Bauteile sowie geänderte Serienbauteile.
6. Ohne Bauteile in alleiniger Verantwortung des Konstruktionsbüros.

Tabelle 78

Vergleich der Einzelwirkungsgrade zwischen Serien-QJ und modifizierten QJ-Lokomotiven

Bezeichnung	Serien-QJ[1]	Modifizierte QJ[2]	Verbesserungsfaktor
Feuerungswirkungsgrad	78 %	87 %	1,115[3]
Kesselwirkungsgrad als Wärmetauscher	78,2 %	80 %	1,023
Zylinderdampfanteil[4]	93,1 %	94 %	1,010
Zylinderwirkungsgrad	16,4 %	19,05 %	1,162
Triebwerkwirkungsgrad[5]	89 %	93 %	1,045
Zughakenwirkungsgrad[6]	94 %	95 %	1,011
Gesamtwirkungsgrad (= Produkt aller oben aufgeführten Werte)	7,8 %	11,0 %	1,410

Anmerkungen.
1. aus Versuchsergebnissen
2. Berechnungswerte
3. Es ist erkennbar, dass der Beitrag des GPCS zu dem höchsten thermischen Gesamtwirkungsgrad relativ bescheiden war, weil bei dem Betriebszustand des höchsten thermischen Gesamtwirkungsgrads der Wirkungsgrad der normalen Verbrennung recht hoch war. Das wurde gegenüber den Chinesen deutlich gemacht, einmal, um ihnen zu zeigen, dass das GPCS allein das Erreichen der Zielvorgabe für den Wirkungsgrad nicht ermöglichen würde und zum anderen, um die Bedeutung der übrigen Verbesserungen zu betonen.
4. Definiert als {zugeführte Wärme im Zylinderdampfmassenstrom ÷ Gesamtwärme im Dampfmassenstrom vom Kessel}.
5. Definiert als {Arbeit am Radreifen ÷ Zylinderarbeit} (oft auch als „mechanischer Wirkungsgrad" bezeichnet).
6. Definiert als {Zughakenarbeit ÷ Arbeit am Radreifen}.

7.4 Versuchsarbeiten in Datong

1. Die Zyklon-GPCS-Versuchslokomotive QJ 7036

Das Funktionsprinzip des Zyklon-GPCS war einfach. Bei dem GPCS war die Zufuhr des Großteils der Verbrennungsluft oberhalb des Feuerbetts erforderlich. Durch die geeignete Änderung des Feuerschirms und der Anordnung der Sekundärlufteintritte konnte die Oberluft dazu gebracht werden, innerhalb des Feuerraums eine kreisende (zyklonische) Strömung zu veranlassen. Dabei wurden aufsteigende Kohlepartikel nach außen in Richtung der Feuerbüchswände geschleudert und fielen zurück auf das Feuerbett. Diese Idee war bei der 1E1 Nr. 118 der Rio-Turbio Eisenbahn ausprobiert und von Porta als Erfolg verkündet worden (siehe Seite 19). Sie erschien als der nächste logische Schritt bei der Verringerung der Verluste durch unverbrannten Brennstoff.

Bei der Übernahme dieser Lösung in den QJ-Plan war die staubförmige Beschaffenheit der chinesischen Kohle der entscheidende Faktor. Im Jahre 1978 hatte Porta in einem Brief an den Autor geschrieben, dass „…Feinkohlen im Lokomotivbrennstoff unerwünscht sind. Unterhalb einer bestimmten Korngröße sind sie zu klein, um sie in dem Feuerraum halten zu können, aber doch zu groß, um als staubförmiger Brennstoff, selbst auch nur mit eingeschränkter Vollständigkeit, zu verbrennen". Der Großteil der in die chinesischen Tender geladenen Kohle schien genau in diese Kategorie zu fallen. Meine Erfahrungen bei den SAR hatten gezeigt, dass das konventionelle GPCS den Anstieg der Verluste an Unverbranntem auf ein bedeutendes Niveau bei großen Kesselanstrengungen nicht verhinderte und dass sich der Flugverlust bei kleineren Korngrößen vermehrte. Selbst die südafrikanische Erbskohle hatte eine wesentlich größere Korngröße als der in den chinesischen Lokomotiven verfeuerte „schwarze Reis", so dass ich sicher war, dass die Flugverluste bei größter Leistung nicht akzeptabel waren, wenn ich auch davon ausging, dass das GPCS mit der chinesischen Kohle in Bezug auf das Reaktionsvermögen und die Verdampfungswilligkeit gut funktionieren würde. Angesichts der Tatsache, dass die Staubfeuerung bei den vorherrschenden Bedingungen in China technisch zu ehrgeizig war und deshalb nicht in Frage kam, war das Zyklon-GPCS das einzige bekannte Mittel zur wirkungsvollen Bekämpfung des Problems der Flugverluste bei hohen Kesselanstrengungen, und zu einem Versuch damit schien es keine wirkliche Alternative zu geben. Nichtsdestotrotz hatte ich meine Vorbehalte. Die experimentelle Ausrüstung einer Lokomotive, die nicht nach strengen Versuchskriterien untersucht und in der Folge wieder zurück gebaut worden war (warum?), war kaum dazu angetan, viel Vertrauen zu erwecken. Und an Porta schrieb ich 1985 „…es ist beunruhigend, dass wir in Entwicklungen wie der Zyklonbrennkammer, von denen wir doch so wenig wirklich wissenschaftliche Daten haben, so viel Vertrauen setzen". Obwohl Porta gemeinhin von der Zyklonbrennkammer ganz begeistert war und, wie wir gesehen haben, ihre Anwendung bei der ACE 3000 beabsichtigte, stieß ich bei der Recherche zu diesem Buch auf folgende gegenteilige Meinung seinerseits vom 18.08.1979: „Obwohl die Lokomotive Nr. 118 sehr gut funktionierte, so traf das nicht zu auf die Zyklonwirkung, was auf die Beschränkungen durch die originale Feuerbüchskonstruktion zurückzuführen war." Diese entlarvende Information war leider unter einem Berg von Papieren begraben, die immer noch in Südafrika lagen und war deshalb in Vergessenheit geraten, als das QJ-Projekt zustande kam. Freilich mangelte es mir an Vertrauen, die Zyklonbrennkammer für die modifizierte QJ vorzuschlagen, ohne zuvor praktische Erfahrungen damit zu sammeln. Obwohl sie also in meinen Plan aufgenommen wurde, gab ich Datong die Empfehlung, sie zuvor in einer Serien-

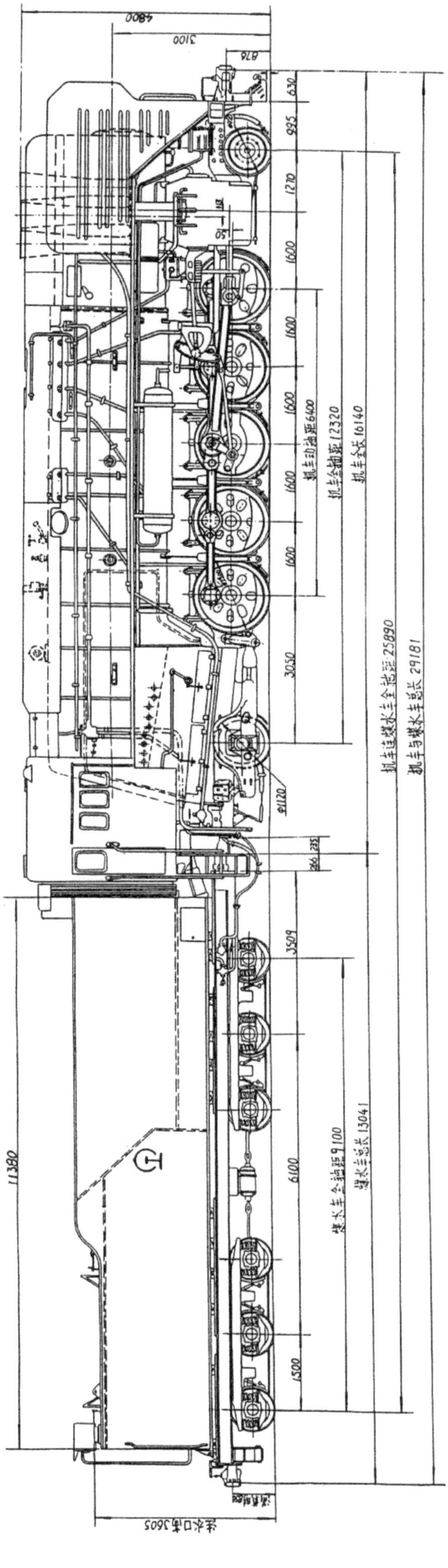

Abb. 158
Die 1E1 der modifizierten QJ-Klasse der Chinesischen Eisenbahnen

lokomotive zu erproben und zu bewerten. Dieser Rat wurde angenommen. Wenn auch die Fabrik zu Anfang 1986 ein Lieferlos von 1D1 der Klasse JS produzierte, so waren drei QJ auf dem Fabrikgelände abgestellt, von denen man mir sagte, sie waren wegen Mängeln von dem Eisenbahnministerium nicht abgenommen worden, und in eine davon, der QJ 7036, wurde das Zyklon-GPCS eingebaut. Ursprünglich hatte ich 7036 als allgemeine Versuchslokomotive betrachtet, auf die alle möglichen Dinge zu Beurteilung ihre Funktion montiert werden konnten, aber das galt nur so lange, bis ich heraus fand, wie schwierig es war, Datong zu solchen Arbeiten zu bewegen. Letztendlich diente sie nur den Versuchen mit dem Zyklon-GPCS und den neuartigen Überhitzerelementen.

Die Wirkung der Partikelabscheidung der Zyklonbrennkammer basierte auf dem allgemeinen Prinzip von Zyklonabscheidern, aber die Anwendung in der Feuerbüchse einer vorhandenen Lokomotive wurde von den folgenden Faktoren behindert:

i) Der Grundriss der Feuerbüchse war rechteckig und nicht rund, wie er hätte sein sollen.
ii) Die verfügbare Höhe zwischen Feuerbett und Feuerschirm war außerordentlich eingeschränkt. Das Verhältnis Länge zu „Durchmesser“ der Zyklonkammer lag daher weit unter dem Idealwert.
iii) Zur Erzeugung der Zyklonströmung konnte nur Sekundärluft verwendet werden, da das aus dem Feuerbett austretende Gas parallel zur Rotationsachse des Zyklons strömte.

Jeder dieser Faktoren führte tendenziell dazu, eine kreisende Strömung zu behindern und alle wirkten gleichzeitig. Dennoch ergaben die Konstruktionsberechnungen, dass trotz der Umlenkung der Gasströmung in der Zyklonbrennkammer, wegen der unvorteilhaften Geometrie um nur 90°, das Entkommen von Kohlepartikeln größer als 0,15 Millimeter verhindert wurde.[1] Das war eine sehr kleine Korngroße und schien ermutigend.

Die Änderungen an der QJ 7036 waren recht einfach.[2] Der Feuerschirm wurde so verändert, dass sich ungefähr in der Mitte über dem Rost eine ovale Öffnung ergab (die Zyklonmündung). Die Auslegungsmaße des Größt- und Kleinstdurchmessers der Mündung waren 1 400 Millimeter beziehungsweise 900 Millimeter. Der größere Durchmesser lag auf der Längsachse der Lokomotive und ergab einen Mündungsquerschnitt von 0,99 m². Die beiden inneren Feuerschirmtragrohre wurden in der Ebene dieser Öffnung nach außen gebogen und bildeten die Begrenzung der Mündung, außer in der Hauptachse, wo speziell geformte Feuerfeststeine verwendet wurden. Abgesehen von der zentralen Öffnung wurde der Anteil der Feuerbüchse bis zu der Ebene der Feuerschirmtragrohre mit normalen Formsteinen ausgemauert, die der Kontur der inneren Tragrohre angepasst wurden. Von der Seite aus gesehen wurde der Verlauf der Feuerschirmtragrohre so geändert, dass sich zwischen Feuerbett und Feuerschirm ein größerer Abstand ergab. Vier große Sekundärlufteintritte, einer in jeder Feuerbüchsecke, wurden installiert und in einer Weise angeordnet, von der angenommen wurde, dass sie zur Erzeugung einer Zyklonströmung von oben gesehen gegen den Uhrzeigersinn am günstigsten war. Es bestand die Absicht, direkt über der Zyklonmündung einen Sekundärlufteintritt in der Feuerbüchsdecke anzubringen, was sich aber wegen der Lage der Dampfleitung zu dem Armaturenstock als unmöglich erwies. Der gesamte gleichmäßig auf die vier Eintritte verteilte Sekundärluftquerschnitt betrug 880 cm². Mit 129 cm² pro Quadratmeter Rostfläche war dieser Querschnitt relativ klein, was aber wegen der Notwendigkeit einer hohen Sekundärluftgeschwindigkeit zur Erzeugung einer rotierenden Zyklonströmung anders nicht möglich war und nach der Zyklontheorie berechnet wurde. Jeder Sekundärlufteintritt bestand aus einem Rohr in dem Wasserraum zwischen den Stehkessel- und Feuerbüchswänden, mit einem an die Stehkesselbekleidung angeschraubten trompetenförmigen Stück, welches in das Rohr hinein verlängert war und mit einer Düse innerhalb des Trompetenstücks. Die Düsen waren an ihren Enden nach unten gebogen, um die Sekundärluftströme etwas nach unten zu richten. Die Düsen konnten aus den Rohren leicht herausgezogen werden, um den Wechsel während der Versuche zu erleichtern. Da es in der Stehkesselvorderwand nicht genügend Platz gab, musste der linke vordere Sekundärlufteintritt in der Stehkesselseitenwand angeordnet werden. Die Luftdüse dieses Eintritts ragte über die Feuerbüchswand hinaus und wurde in der horizontalen Ebene gebogen, um den Luftstrom im Sinne der Zyklonströmung nach hinten zu richten. Sie wurde aus wärmebeständigem Gusseisen gefertigt und überstand die Versuche ohne Abbrand, wenn auch auf lange Sicht ihr Schutz durch Feuerfestmaterial erforderlich war. In jedem Sekundärlufteintritt waren koaxiale Dampfdüsen angebracht, die bei einem Verbrauch von etwa 250 kg h^{-1} die Sekundärluftströme bei der Erzeugung der Zyklonströmung unterstützen, wobei Anstellventile in jeder zuführenden Dampfleitung das An- und Abstellen der Düsen nach Bedarf ermöglichten.

Der Rost wurde nicht abgesenkt, noch wurden die Rostelemente, trotz der SAR-Erfahrungen, dass das ratsam war, geändert. Es gab Gründe, dass dies nicht gemacht wurde, darunter der Zeitfaktor und die Annahme, dass sich übermäßiger Flugverlust schon durch die Zyklonwirkung erledigen würde, aber im Nachhinein erwies sich das Versäumnis, die Konstruktion der Rostanlage für die QJ 7036 von Anfang an zu überarbeiten, als kardinaler Fehler. Nur anschraubbare gusseiserne Blöcke für die Rostelemente wurden angefertigt, die dort zum Einsatz kommen konnten, wo sich der Primärluftstrom durch Spalten und Lücken als zu stark erwies. Deren Einsatznotwendigkeit wurde direkt unter der Feuerschirmöffnung erwartet, wo der statische Gasdruck über dem Feuer in einem echten Zyklon am geringsten war. Lufteintrittskästen wurden nicht angebaut, und die Primärluft trat auf dem üblichen Weg über die Seiten des Achskastens ein. Als Kühldampf gegen Schlackebildung wurden 8 % des Zylinderabdampfs an den Abdampfleitungen zu Rohrleitungen abgezweigt, die an den Aschkastenseiten verlegt waren, und von den Stokermotor- und Speisepumpenabdampfleitungen zu Rohren, die direkt unter die äußeren Ecken des Bodenrings führten. Dies erwies sich nach einigen Anpassungen zu Beginn der Versuche als ausreichend, um die Bildung von großen festen Schlackebrocken mit der sehr zur Schlackebildung neigenden in Datong verwendeten Kohle zu vermeiden (die Ascheschmelztemperatur lag angeblich bei etwa 1 100 °C). Wohl bildeten sich große weiche Schlackebrocken, die aber wegen ihrer Brüchigkeit leicht von dem Schüttelrost zerkleinert wurden. Wann immer der Hilfsbläser geöffnet war, wurde Bläserdampf in die gemeinsame Abdampfleitung des Stokermotors und der Speisepumpe unter dem Bodenring eingeleitet. Für den Notfall eines größeren Bedarfs an Kühldampf gegen Schlackebildung, der zum Glück niemals eintrat, gab es zu diesen Leitungen auch eine Frischdampfzufuhr mit Anstellventil von dem Armaturenstock aus.

Die serienmäßigen handbetätigten Luftklappen an den Lufteintritten des Aschkastens wurden beibehalten, aber es wurde ein anderer Verstellmechanismus eingebaut, mit dem die Klappenöffnung genau eingestellt werden konnte. Durch Verkleinern dieser Öffnung konnte der Primärluftstrom reguliert werden, aber nicht seine Aufteilung durch den Rost, und so wurde ein ausreichender Feuerbüchsunterdruck für

[1] Die wichtigsten Parameter der Zyklonbrennkammer wurden unter genauer Befolgung der Methoden und Empfehlungen in Porta, L. D., The C-GPCS : Cyclonic Gas Producer Combustion System. Teil 1 : Coal Burning Locomotives, Buenos Aires, 1978 (unveröffentlicht), ermittelt.

[2] In Bezug auf seinen Aufbau hatte das Zyklon-GPCS gegenüber dem normalen GPCS bei der Rekonstruktion vorhandener Lokomotiven sowohl Vor- als auch Nachteile, die sich über Alles betrachtet gegenseitig aufhoben. Betrieblich hatte es im Vergleich mit dem normalen für die QJ-Klasse konstruierten GPCS den Vorzug, dass das Feuerloch nicht als Lufteintritt diente und daher für manuelles Feuern kein Hindernis darstellte. Dagegen hätte die durch die geöffnete Feuertür bei Handbeschickung eintretende Luft die Zyklonströmung nicht gerade gefördert.

die erforderliche große Strömungsgeschwindigkeit der Sekundärluft erreicht. Um dem erwarteten Anstieg des Rauchgaswiderstands entgegenzuwirken und als Ausgleich für den zu dem Aschkasten geleiteten Abdampf, wurde die serienmäßige Blasrohrmündung mit Stegen versehen, die ihren Strömungsquerschnitt von 254,5 cm^2 auf 170 cm^2 verkleinerte. In diesem Fall war die Zylinderleistung uninteressant, nur auf genügend Saugzug kam es an, so dass die deutliche Verkleinerung des Mündungsquerschnitts der Blasrohrmündung ohne Bedeutung war. Seltsamerweise führten die Stege jedoch zu einem merklichen Abfall der Saugzugleistung und wurden bald entfernt. Schließlich wurden noch verschiedene Messinstrumente angebracht, um die erforderlichen Daten zur Bewertung der Funktion des Zyklon-GPCS und zur Verfeinerung seiner Konstruktion angebracht.

Diese Arbeit hatte besondere Priorität. Die Konstruktionsberechnungen und -zeichnungen wurden schnell fertiggestellt und Ende März 1986 war der angestrebte Termin für die Fertigstellung der Umbauten an der QJ 7036. Das wurde nicht eingehalten und es wurde Ende April, bevor die Lokomotive fertig war, was aber dennoch die beste Termintreue war, die die Fabrik in Bezug auf die mit dem Projekt in Zusammenhang stehenden Herstellungszeitpläne je erreichte. Auch die Qualität der Werkstattarbeit sollte sich als die beste je abgelieferte herausstellen, auch wenn sie nur ungefähr auf dem Niveau lag, das ich von den Lokomotivdepots der SAR her kannte. Während die Qualität in diesem Fall akzeptabel war, so wies ich die Fabrik doch darauf hin, dass bei den Arbeiten für die Umbaulokomotive eine bessere Übereinstimmung mit den Werkstattzeichnungen notwendig sein würde. Am 28. April 1986 absolvierte 7036 erfolgreich ihre Dampfprobe und der Stellvertretende Chefingenieur Tao Zuo, der leitende Ingenieur Wang Nancun und ich selbst einigten uns darauf, das Feuer herauszunehmen und die Lokomotive unmittelbar für die stationären Kesselversuche im hinteren Fabrikgelände vorzubereiten. Ich empfahl Tao und Wang, die Lokomotive nicht auf der Hauptstrecke einzusetzen, aber nachdem sie dem zugestimmt hatten, sahen sie kein Problem darin, sie zwei Tage später ohne weitere Rücksprache mit mir, ohne irgendwelche Anweisungen an das Lokomotivpersonal und selbst ohne bei der Hinfahrt anwesend zu sein, vor Güterzügen nach Shuo Xian, das ist ein Umlauf von 250 Kilometer, in Doppeltraktion zu verwenden. Was sie sich von dieser unethischen und ziemlich törichten Handlungsweise versprachen, weiß ich nicht. Was sie aber erreichten, war mein bleibendes Misstrauen und meine Feindseligkeit. Zum Glück ging bei der Fahrt alles gut und Tao erklärte das zu einem großen Erfolg, obwohl ich ziemlich sicher bin, wem er andernfalls die Schuld zu geben versucht hätte. So wie die Dinge sich entwickelten, sollte dies die einzige Hauptstreckenfahrt der QJ 7036 in ihrem Umbauzustand bleiben.

Für die stationären Kesselversuche wurde die Lokomotive auf einem nicht benutzten Gleis aufgestellt. Die Kolbenschieber wurden ausgebaut, so dass der Dampf bei geöffnetem Regler direkt in das Blasrohr einströmte und unter gleichmäßigem Getöse aus dem Schornstein entwich, wobei die Kesselanstrengung mit der Regleröffnung bestimmt wurde. Diese Methode erlaubte auf einfachste Weise die Kesselleistung zu messen und die Verbrennung zu beurteilen. Im Nachhinein könnte man sagen, dass solche Versuche auch mit 2644 und 3450 hätten ausgeführt werden sollen (es bestand seinerzeit die vage Absicht). Allerdings gab es zusätzlich zu der Tatsache, dass die Lokomotive nicht fuhr, zwei wichtige Unterschiede gegenüber dem normalen Betrieb, nämlich:

i) Der Saugzug war kontinuierlich und nicht pulsierend.
ii) Da der Dampf in den Zylindern keine Arbeit leistete, hatte er mehr Energie zur Zugerzeugung in der Saugzuganlage. Zum Ausgleich dafür hätte der Dampf vor Eintritt in das Blasrohr enthitzt werden können (die normale Methode bei stationären Versuchen) oder die Rauchkammertür hätte zu Minderung des Unterdrucks etwas geöffnet werden können. Doch die Art der Versuche mit der 7036 ließen das unnötig erscheinen und es wurde nichts davon gemacht.

Die stationären Versuche, beginnend im Mai 1986, führten über einen Zeitraum von fünf Monaten. Die eigentlichen Versuche konnten rasch erledigt werden, und die meiste Zeit davon verging für die Ausführung von Änderungen an der Lokomotive oder präziser ausgedrückt, für das Warten darauf, dass solche Änderungen gemacht wurden. Ich forderte für diese und für die später mit QJ 8001 durchgeführten Versuche Lokomotivkohle aus verschiedenen Landesteilen an, was aber angeblich „unmöglich" war, weil es nicht die gängige Politik war Kohle *nach* Datong zu transportieren, auch nicht, falls sie dort für ein wichtiges, von der Regierung bezahltes Projekt benötigt wurde. Also wurde durchweg mit Lastkraftwagen direkt von einer der örtlichen Gruben angelieferte Datong-Kohle verwendet. Sie wurde neben der Lokomotive abgekippt und mit einem Greiferkran in den Tender geladen, zusammen mit einer Auswahl an Dreck und Steinen von dem Untergrund unter dem Kohlenhaufen. Obwohl sie einen hohen Heizwert hatte, angeblich 30,6 MJ kg^{-1}, und einen vernünftigen Anteil an flüchtigen Bestandteilen (25 bis 30 %), bestand diese Kohle zu 75 bis 90 % aus Staub. Viele der in den Kohlenkasten verladenen ordentlich aussehenden Brocken erwiesen sich als Steine, die den mechanischen Stoker blockierten, was zu Versuchsabbrüchen führte. In Bezug auf die Alternative Stoker- oder Handbeschickung, war von Anfang an entschieden worden, dass es das Ziel war, die Umbaulokomotive mit dem Stoker zu feuern. Das fand meine Unterstützung, weil es (i) sehr schwierig gewesen wäre, das volle Leistungsvermögen der Lokomotive mit Handfeuerung auszuschöpfen, weil es (ii) mit der Forderung nach besseren Arbeitsbedingungen für die Lokomotivbesatzungen konform ging, und weil es (iii) für das Problem, Dampflokomotiven mit zwei statt drei Mann zu besetzten, was wegen der steigenden Löhne unbedingt kommen *musste*, ein wichtiger Faktor gewesen wäre. Folglich wurde beschlossen, die Versuche mit QJ 7036 unter Verwendung des mechanischen Stokers durchzuführen und nur bei Bedarf von Hand zusätzlich zu beschicken. Die Verwendung des Stokers machte das Kohlenässen wirkungslos und sie wurde trocken verfeuert. Auch das schien vernünftig, da die Zyklonbrennkammer, die ja der Hauptgegenstand der Versuche war, mit dem Mehr an Flugverlust aus dem Feuerbett gegenüber der Handbeschickung mit genässter Kohle hätte fertig werden sollen. Ein anderer Faktor bei der ganzen Geschichte war die Lokomotivmannschaft. Lokomotivführer und Heizer gehörten zur Fabrik und arbeiteten normalerweise im Rangierdienst oder auf der drei Kilometer langen Strecke, die der Fabrik für Probefahrten vor der Auslieferung neuer Lokomotiven zur Verfügung stand. Mit dem nicht weit von der Pensionierung entfernten Lokomotivführer Yu Zhenhai gab es kein Probleme, aber der Heizer war es nicht gewohnt, eine QJ längere Zeit bei hohen Kesselanstrengungen zu heizen, was Versuche mit der manuellen Feuerbeschickung praktisch ausschloss. Nur ein Versuch wurde für dreißig Minuten bei recht bescheidener Kesselleistung gemacht, nur um nachzuweisen, dass die Handfeuerung möglich war (Tao behauptete nach der Fahrt Shuo Xian – Datong, dass die manuelle Beschickung wegen Funkenflugs durch die geöffnete Feuertür in das Führerhaus unmöglich war, was es zu widerlegen galt). Die generell sehr unflexible Vorgehensweise in China hatte zur Folge, dass im Streckendienst eingesetzte Lokomotivmannschaften des Depots Datong nicht zur Unterstützung abgeordnet werden konnten. Selbst bei den Streckenversuchen mit QJ 8001 war die Lokomotive mit der gleichen Fabrikmannschaft besetzt, die auch auf der 7036 gearbeitet hatte, begleitet von einem Streckenlotsen.

Die Versuche hatten ein doppeltes Ziel, nämlich das Einfahren des Zyklon-GPCS und den Vergleich des damit erreichten Kesselwirkungsgrads mit dem einer in gleicher Weise untersuchten Serien-QJ. Das erste dieser beiden Ziele wurde nicht erreicht, weil es sich als sehr schwierig herausstellte, für die Gaserzeugung günstige Feuerbetten zu erlangen, und vielleicht teilweise als Folge davon, stellten sich richtige Zyklonströmungen in der Feuerbüchse der Lokomotive nicht ein. Die Schlüsselkomponente für das erste Problem schien der Rost zu sein. Wegen seines großen freien Luftquerschnitts (27 % der Rostfläche) kam es sehr leicht zu Luftdurchbrüchen und Fluidisierungen auf Teilen des Rosts. Hatte das erst einmal angefangen, war es fast unmöglich, etwas dagegen zu tun, da die sehr feinkörnige Kohle, die aufgeworfen wurde, um solche fluidisierten Bereiche oder Luftlöcher zu stopfen, sofort vom Feuerbett fortgeblasen wurde (daraus wurde geschlossen, dass ein solch großer freier Luftquerschnitt und nur grob eingepasste Rostelemente bei den Serien-QJ nur annehmbar waren, weil diese Lokomotiven mit verschlacktem und / oder zusammengebackenem Feuerbett liefen). Die Gussblöcke wurden dort montiert, wo wiederholt Fluidisierung aufgetreten war und sie bedeckten schließlich einen beträchtlichen Flächenanteil des Rosts, aber das Problem bestand weiterhin. Ärger gab es auch dabei, mit dem Stoker eine gleichmäßige Kohleverteilung zu bewerkstelligen, vielleicht wegen störender Einflüsse durch die Sekundärluftströme, was alles zu den Schwierigkeiten beitrug. Trotz der Maßnahmen an dem Rost und Änderungen an dem Kohleverteilertisch des Stokers wurde ein stabiler Kesselbetrieb nur selten erreicht. Oft mussten die Versuche abgebrochen werden, da der Kesselwasserstand nicht auf einem sicheren Niveau gehalten werden konnte, wobei die Dinge durch eine hartnäckige Neigung des Kessels zu Dampfnässe bei hohen Verdampfungsleistungen nicht einfacher wurden. Ein Versuch, der eine halbe Stunde andauerte, wurde als gelungen betrachtet, aber manchmal liefen die Dinge schon wenigen Minuten aus dem Ruder, selbst falls das Feuerbett zu Beginn in einem ausgezeichneten Zustand war. Dennoch *funktionierte* es bei einigen Gelegenheiten durchaus und die Verdampfungswilligkeit konnte dann unbegrenzt aufrechterhalten werden. Es schien so, als ob das bei dem Vorhandensein von mehr geschmolzener Asche auf dem Rost als üblich eher eintrat, durch die Kohlepartikel in dem Feuerbett festgehalten wurden. Selbstverständlich würde die geschmolzene Asche beim Abkühlen sofort Schlacke bilden und die Grenze zwischen nützlicher geschmolzener Asche und einem verschlackten Feuer, das die Luftzufuhr komplett verstopfte, war viel zu heikel, als dass die Möglichkeit bestanden hätte, den Kühldampf gegen Schlackebildung im Betrieb derart fein einzustellen, um einen solchen Zustand herbeizuführen. Wohl deshalb wurde auch die Auswirkung einer Verminderung der Kühldampfzufuhr gegen Schlackebildung auf den Verbrennungsprozess nicht untersucht. Wann immer das Feuerbett stabil war, wurden ausgezeichnete Gaserzeugungsbedingungen beobachtet. Wenn man durch die großen Sekundärlufteintritte schaute, konnte man sehen, dass das Feuer dann leuchtend kirschrot war (ungefähr 1 000 °C), und weiße Flammen entstanden genau dort, wo die aufsteigenden Gase mit den Oberluftströmen in Berührung kamen. Dank der kleinen Korngröße der Kohle konnte das auch eintreten, wenn das Feuerbett gar nicht so hoch war, natürlich nur unter der Voraussetzung, dass keine Fluidisierung auftrat, aber leider ließ es sich weder zuverlässig erreichen, noch konnte es normalerweise lange aufrecht erhalten werden.

Die unvollkommene Funktion des GPCS hatte auf die Zyklonbrennkammer Auswirkungen in zweierlei Hinsicht. Erstens, da nur die Sekundärluftströme die Zyklonströmung erzeugten, musste das Verhältnis Sekundärluft zu Primärluft für ein Funktionieren des Systems groß sein. Wie wir bereits gesehen haben, war das nur bei gut für die Gaserzeugung geeigneten Feuerbetten möglich, ohne dass die Stabilität des Kesselbetriebs litt. *Die Wirksamkeit einer Zyklonbrennkammer war unbedingt abhängig von der richtigen Funktion des GPCS.* Zweitens, die als Folge der Luftdurchbrüche auftretenden konzentrierten Primärluftströme wurden von der Zyklonströmung oberhalb des Feuerbetts nicht umgelenkt, sondern strebten eher direkt zu der zentralen Öffnung in dem Feuerschirm. Doch selbst bei gleichförmig hohen Feuerbetten mit stabilem Kesselbetrieb wurde beobachtet, dass eine richtige Zyklonströmung in der Feuerbüchse immer noch nicht auftrat. Das traf sowohl bei ein- als auch ausgeschalteten Dampfdüsen für die Zyklonunterstützung zu, und keine der im Verlauf der Versuche ausgeführten Änderungen an der Feuerschirmöffnung und den Lufteintritten führte zu irgendwelchen Verbesserungen. Zum Beispiel brachte die Verkleinerung der Öffnung der Zyklonmündung auf nur noch 0,5 m² nur eine Vergrößerung des Rauchgaswiderstands der Feuerbüchse, aber sonst fast nichts. Es war bemerkenswert, dass der Rauchgaswiderstand von dem Feuerbett bis zur Verbrennungskammerrohrwand mit Zyklonmündungen von etwa 0,9 bis 1,0 m² geringer als bei der Feuerbüchse der Serien-QJ war, ein weiterer Hinweis auf eine mangelhafte Zyklonströmung. Als Hauptübel wurde die ungünstige Geometrie angesehen, die der Zyklonströmung zu viel Widerstand entgegensetzte, dessen einzige Abhilfe, eine im Grundriss weniger rechteckige Feuerbüchse, für vorhandene Lokomotiven nicht praktikabel erschien. Im Ergebnis strebten die von dem Feuerbett aufsteigenden Kohlepartikel und die in der Feuerbüchse entwickelten Flammen tendenziell direkt nach oben und einwärts, ohne erkennbare kreisende Zyklonbewegung, in die Richtung zu der Feuerschirmöffnung, selbst bei den günstigsten auf der QJ 7036 angetroffenen Bedingungen, das heißt, selbst wenn das GPCS *richtig* arbeitete.[1] Sämtliche von den Sekundärluftströmen erfassten Kohlepartikel folgten deren Richtung, wobei diese Ströme in den Feuerraum einzutreten schienen, ohne von ihrer ursprünglichen Richtung abzuweichen, bis sie auf die gegenüber liegende Feuerbüchswand trafen, aber da es nur vier Lufteintritte gab, kamen die meisten Kohlepartikel mit der Oberluft gar nicht in Berührung. Im Ergebnis war die Wirksamkeit der Kohlepartikelabscheidung des Zyklons wesentlich geringer, als in den Berechnungen angenommen. Diese Tatsache ließ sich in einfacher Weise durch Haarekämmen nach einem Versuch erhärten! Vielleicht hätte sich das mit einem Plexiglasmodell, das die Geometrie der QJ-Feuerbüchse darstellte und in dem farbige Flüssigkeiten zur Sichtbarmachung der Strömungsmuster verwendet wurden, erkennen lassen. Es gab solche Überlegungen, aber, zumindest teilweise wegen der Dringlichkeit der Lage, wurde es vorgezogen, die Zyklonbrennkammer direkt an einer Lokomotive zu erproben, obwohl, so wie die Dinge ausgingen, es wahrscheinlich besser gewesen wäre, zunächst mit einem solchen Modell zu experimentieren.

Als die aus den Versuchsdaten errechneten Kesselwirkungsgrade über der spezifischen Rostflächenbelastung aufgetragen wurden, zeigten sie ein hohes Maß an Streuung. Sowohl die verschiedenen während der Versuchsperiode an der Feuerbüchse vorgenommenen Änderungen, als auch das Ein- oder Ausschalten der Dampfdüsen zur Unterstützung der Zyklonströmung, machten keinen erkennbaren Unterschied bei der Kesselleistung und dem Wirkungsgrad, insofern, als die Versuchspunkte für jeden speziellen Zustand der Feuerbüchse wahllos in dem Bereich der Gesamtstreuung lagen. So waren zum Beispiel *einige* Ergebnisse mit einer Zyklonmündung von 1,032 m² besser als *einige* mit einem Mündungsquerschnitt von 0,531 m², ganz sicher das Gegenteil von dem, was bei einem ordnungsgemäß funktionierenden Zyklon geschehen wäre und ein deutliche Hinweis auf eine schwache Zyklonströmung. Selbstverständlich war der Zustand des Feuerbetts der Faktor, der die Ergebnisse beeinflusste, und je besser der war, desto höher lag der Kesselwirkungsgrad, unabhängig von der jeweiligen Auslegung der Feuerbüchse. Das konnte eventuell etwas damit zu tun gehabt haben, dass die Partikelabscheidung in der Brennkammer besser war, wenn der Gasstrom von dem Feuer gleichförmiger war, aber meistens ganz eindeutig damit, dass der Flugverlust von dem Feuerbett selbst kleiner war.

Zu Vergleichszwecken wurden mit der fabrikneuen Serien-QJ Nr. 7091 die gleichen Versuche durchgeführt. Obwohl man bei 100 % Primärluftzufuhr Störungen des Feuerbetts erwarten würde, gab es nur wenige Probleme, einen gleichmäßigen Kesselbetrieb auf-

[1] Diese Schlussfolgerung gründete auf der Beobachtung von Kohlepartikelbewegungen in der Feuerbüchse. Da es dort generell einen ganzen Schwarm von fliegenden Partikeln gab, war die Unterscheidung ihrer Flugbahnen nicht einfach, so dass ich die Fabrik um die Benutzung ihrer Videoausrüstung als Hilfsmittel bat, eine Bitte, die nie erfüllt wurde.

rechtzuerhalten, eine sehr wichtige Tatsache, und mit nur fünf Versuchen hatten wir genügend konsistente Punkte, um eine wohldefinierte Wirkungsgradkurve über der spezifischen Rostflächenbelastung zu erhalten. Während die Verdampfungswilligkeit des Serienkessels wesentlich vorhersagbarer als die der 7036 war, so war sein Wirkungsgrad doch definitiv schlechter. Die schlechtesten Ergebnisse mit 7036 lagen nah an der Kurve des Kesselwirkungsgrads der 7091 und die besten lagen um einen Faktor von 45 % darüber. Diese Tendenz war sogar augenscheinlich, bevor die Versuchsergebnisse ausgearbeitet waren, denn während 7036 den Boden um sich herum mit Lösche bestreut hatte, so hatte 7091 ihn ganz damit bedeckt. In der Abb. 159 sind die Kesselwirkungsgradkurven für 7036 und 7091 wiedergegeben. Die Kurven für 7036 sind wegen der großen Streuung der Messpunkte vorläufig. Es muss darauf hingewiesen werden, dass *diese Kurven nur unter den Bedingungen dieser speziellen Versuche zutreffend sind*, welche für den Kesselwirkungsgrad wohl nicht ungünstiger hätten sein können. Ihre relativen Werte haben einige Bedeutung, ihre absoluten aber nicht. So lagen zum Beispiel die Ergebnisse der 7091 deutlich unter den bei Versuchsfahrten auf der Strecke festgestellten Werten. Die Schlussfolgerungen in dem von mir und Wang Li Jie, einem jungen Ingenieur aus dem Konstruktionsbüro, mit dem ich ein gutes Arbeitsverhältnis aufbauen konnte, gemeinsam unterschriebenen Versuchsbericht waren im Wesentlichen die folgenden:

i) Die Zyklonbrennkammer zeigte nicht das von den Berechnungen her erwartete Betriebsverhalten.
ii) Wegen ihrer Form war das Erreichen einer guten Zyklonströmung in der QJ-Feuerbüchse unwahrscheinlich.
iii) Die Kesselleistung der QJ 7036 beruhte fast ausschließlich auf dem Zustand des Feuerbetts, aber es war wegen der Kohlesorte und der Konstruktion des Rosts generell schwierig, gute Feuerbetten zur Gaserzeugung aufzubauen.
iv) Trotz des oben Geschriebenen, war der Kesselwirkungsgrad der QJ 7036 unter den speziellen Bedingungen dieser Versuche fast durchweg besser als bei der Serien QJ 7091, und immer, wenn sich ein gutes Feuerbett aufbauen ließ, war er bedeutend besser.
v) Wegen der oben aufgeführten Punkte (i) und (ii) wäre das GPCS für den Feuerungswirkungsgrad der QJ-Klasse von größerem Nutzen als die Zyklonbrennkammer.
vi) Mechanisch hatten die Feuerbüchsänderungen an der QJ 7036 gut durchgehalten, abgesehen von den Feuerfeststeinen an beiden Enden der Mittenachse durch die Zyklonmündung, die zum Brechen neigten. Zur Lösung dieses Problems bedurfte es einiger Änderungen an ihre Gestaltung.

Im Hinblick auf die mit 7036 erzielten ermutigenden Kesselwirkungsgrade, schienen weitere Bestrebungen, das Feuerbettproblem zu überwinden und weitere aussagefähigere Versuche mit der Lokomotive zu unternehmen, lohnenswert zu sein, insbesondere damit ihr Feuerungswirkungsgrad mit dem des normalen GPCS verglichen werden konnte, dessen Erprobung dann ebenfalls vorgeschlagen wurde. Es wurde deshalb der Einbau eines Rosts der Bauart Hulson mit verkleinertem freien Luftquerschnitt empfohlen. Zu der Zeit war bereits solch ein Rost für die modifizierte QJ konstruiert worden, und zur Anpassung an 7036 waren nur einige maßliche Änderungen erforderlich, besonders, weil diese Lokomotive keinen Bodenring aus U-Profilen hatte. Eine einfache Aufgabe, deren Erledigung ich den Fabrikingenieuren überließ. Das ist aber nie gemacht worden, und 7036 stand auf dem Hinterhof der Fabrik herum, bevor sie im Sommer 1988 zurück in den Serienzustand gebracht wurde und für Rangieraufgaben an ein Kraftwerk in der Provinz Ningxia verkauft wurde. Und

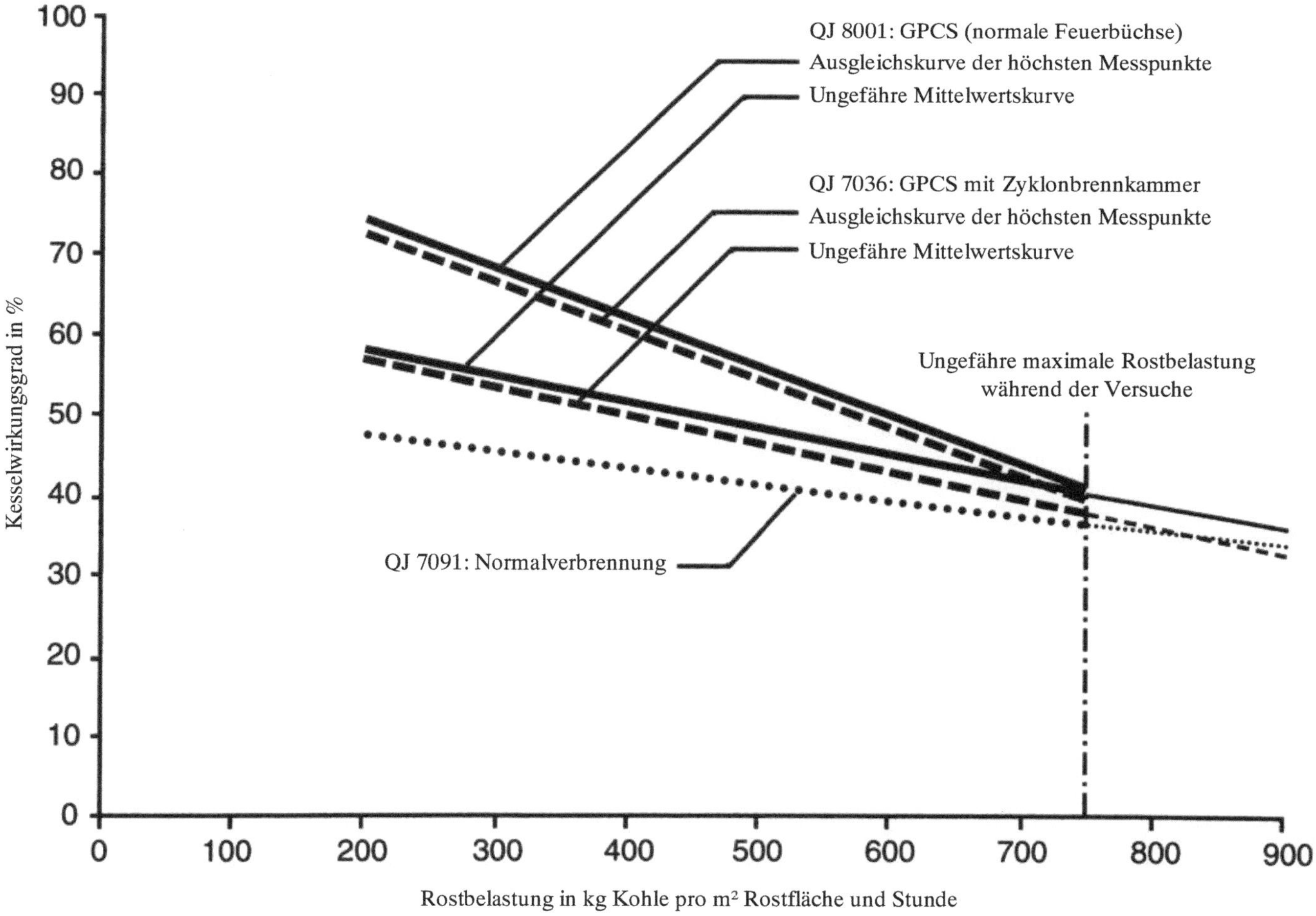

Abb. 159
CR: QJ-Klasse: Kesselwirkungsgrad über der Rostbelastung bei stationären Kesselversuchen

so kam die Geschichte des Zyklon-GPCS für die QJ zu einem vielleicht vorzeitigen Ende. Spätere Erfahrungen mit QJ 8001 ließen darauf schließen, dass Rostelemente der Bauart Hulson die Stabilität des Feuerbetts auf 7036 tatsächlich wesentlich verbessert hätten, und dabei wurde klar, dass es ein Fehler war, so lange an dem Serienrost festgehalten zu haben, zumindest als deutlich wurde, dass damit ein stabiles Feuerbett im Großen und Ganzen reine „Glücksache" war (das heißt also, etwas, das wir nicht beherrschten, weil wir uns über seine wahre Natur nicht im Klaren waren). Ich hätte die noch ausstehenden Versuchen unterbrechen und eine vollständig neue Rostanlage konstruieren und einbauen sollen. Trotz allem ist es zu bedauern, dass Datong meine Vorschläge zur Weiterentwicklung der QJ 7036 nicht umsetzte, denn falls das Betriebsverhalten ihres Kessels unter den Bedingungen stationärer Versuche durchgängig auf das Niveau der besten Ergebnisse der Versuche des Jahres 1986 hätte angehoben werden könne, dann wäre wirklich etwas Wesentliches erreicht worden.

Intermezzo

Gegen Ende der Versuche mit QJ 7036 wurde eine der eher bizarren Lokomotive, die dort während der Dampfzeit entstanden sind, in der Fabrik Datong fertiggestellt, die sogenannte „Lokomotive mit Gasgeneratortender". Anscheinend hatten die Chinesen einige Jahre zuvor von dem Gaserzeuger-Verbrennungssystem gehört und vermutet, dass es sich dabei um die Anwendung der Technologie der industriellen Kohlevergasung bei Lokomotiven handeln musste. In dieser Vorstellung könnten sie Kenntnis von den experimentellen „Stalinets"-Lokomotiven, erbaut 1939 von den Kolomna-Lokomotivwerke in der UdSSR, bestärkt haben *(Anm. d. Übers.: 1E1h2 und vier Gasmotorzylinder mit acht Gegenkolben, Bahn-Nr. TP1- 1. Jury Leonid Koffman bezeichnete diese Maschinen im Lok-Magazin Nr. 60 zusammen mit weiteren russischen Dampf-Diesel-Lokomotiven als „Thermo-Dampflokomotiven". Der Gasgenerator auf dem Tender lieferte nach Abkühlung, Reinigung und Druckerhöhung das Treibgas für die Zweitakt-Gasmotorzylinder mit Kerzenzündung, die die Räder ebenso wie die Dampfzylinder über Umlenkhebel direkt antrieben. Vergast wurde angeblich staubförmige Steinkohle und zusätzlich wurde der Kessel aus der 1C1h2-S Baureihe S" mit Kohlenstaub gefeuert. Der Abdampf wurde auf dem Tender kondensiert, für den Lokomotivführer gab es einen zweiten vorn liegenden Führerstand. Von der Gesamtleistung von 3 000 bis 3 500 PS entfielen 1 000 bis 1 500 auf die Dampfmaschine).* Im weiteren Verlauf nahm diese Idee als QJ_2 0001 Gestalt an, bei der ein industrieller Kohlevergaser und die zugehörigen Apparate mitten auf dem Tender platziert waren. Eine dicke Gasleitung führte zu den in einem Feuerkasten unter der Feuerbüchse installierten Brennern, und es gab eine Menge zusätzlicher Skalen und Anzeigen. Der Rest entsprach mehr oder weniger einer Serien-QJ. Sie wurde im September 1986 vor den Kameras der lokalen Fernsehstation enthüllt und war in einem schönen Dunkelblau lackiert (Hätte mir der Chefingenieur der Fabrik nicht das Photographieren verboten, würde es in diesem Buch ein Bild von ihr geben[1]).

Sie machte drei Streckenfahrten in Doppeltraktion vor Güterzügen nach Shuo Xian, die alle mit irgendwelchen Ausfällen endeten. Die erste dieser Fahrten wurde im September oder Oktober 1986 unternommen, wonach dem verantwortlichen Ingenieur angeraten wurde, stationäre Kesselversuche wie bei der QJ 7036 zu machen, bevor die Lokomotive wieder auf die Strecke geschickt wurde. Dieser Rat wurde nicht angenommen, aber es wurde August 1987, bevor QJ_2 0001 ihre zweite Versuchsfahrt machte, die mit einem völligen Versagen endete. Ein großes Problem war die Verschlackung der Gasbrenner durch Flugkoks aus dem Kohlevergaser. Die Brenner wurden dann durch einfache senkrechte Rohrenden an der Hauptgasleitung ersetzt und Mitte September 1987 wurde eine dritte Versuchsfahrt mit etwa 2 000 Tonnen am Haken unternommen. Das Schlackenproblem war verringert worden, aber auf der Hinfahrt wurde die Hauptgasleitung an der Gelenkverbindung zwischen Maschine und Tender leck, und die Leute auf dem Führerstand erstickten fast, weil die Kohlevergasung nicht heruntergefahren werden konnte. Die Versuchsfahrt musste abgebrochen und QJ_2 0001 von der zweiten Lokomotive nach Hause geschleppt werden. Vermutlich wären bei Fortführung der Versuche Gasmasken ausgegeben worden, aber nach dieser Fahrt wurde die Lokomotive in einer dunklen Ecke der Fabrik versteckt, bis sie in den Serienzustand versetzt und 1992 an eine Industriebahn verkauft wurde. Damit wurde sie mit größter Wahrscheinlichkeit zur letzten Neulieferung einer Dampflokomotive der Fabrik Datong.

2. Die GPCS-Versuchslokomotive QJ 8001

Wegen des Fehlschlags mit dem Zyklon-GPCS in Bezug auf sein erwartetes Betriebsverhalten ordnete das Eisenbahnministerium Ende 1986 an, ein normales GPCS in eine Serien-QJ einzubauen und es dann in Versuchen und im Betriebseinsatz zu bewerten. Da das GPCS in den Augen der Chinesen die Grundlage des ganzen Plans war – sie hatten in dem Vertrag zwischen Datong und mir ausdrücklich darauf bestanden, dass die modifizierte QJ ein GPCS haben musste – konnte ich mir denken, was sie dabei im Hinterkopf hatten: falls das GPCS nicht funktionierte, wäre das die Entschuldigung gewesen, ein Projekt aufzugeben, dem die Eisenbahnverwaltung bestenfalls Gleichgültigkeit entgegenbrachte. Da die QJ-Feuerbüchse der der SAR-Klasse 25NC ähnlich war, dachte ich mir, die Unsicherheiten wären damit wesentlich geringer als mit der Zyklonbrennkammer, und falls das normale GPCS bei der Umbaulokomotive Verwendung finden sollte, dann wären für eine gelungene Konstruktion keine Vorversuche erforderlich. Die endgültige Optimierung hätte dann während des Einfahrens vorgenommen werden können. Während es jedoch in Bezug auf die Konstruktion der Gaserzeugerfeuerbüchse für die QJ wenig Unsicherheiten gab, so gab es aber mittlerweile einige Zweifel in Bezug auf ihr Betriebsverhalten mit der chinesischen Kohle. Angesichts dessen konnte ich mit der Forderung des Eisenbahnministeriums nicht einverstanden sein. Dennoch stellte ich gegenüber den Chinesen klar, dass vom konstruktiven Standpunkt aus gesehen ein solcher Versuch unnötig war und brachte sie zu dem Zugeständnis, dass es sich um eine Zusatzleistung außerhalb des Vertrags mit Datong handelte. Diese Entscheidung gab mir einen wichtigen Freiheitsgrad für diese Arbeit.

Die Konstruktion des GPCS und der Lufteinlasskästen für diese zweite Versuchs-QJ wurde auf den Seiten 393 bis 394 beschrieben. Die Lokomotive wurde neu mit diesen Merkmale erbaut, aber zur Zeit ihres Baus war jede Begeisterung der Fabrik für die Dampflokomotiventwicklung verschwunden, fall sie überhaupt bestanden hatte, und das zeigte sich sowohl bei der Fertigungsqualität als auch bei der Verspätung, mit der die Dinge erledigt wurden. Die Rostelemente der Bauart Hulson waren außerordentlich schlecht gegossen worden, und statt ein oder zwei Versuchsstücke zu machen, hatte die Gießerei gleich alles auf einmal abgegossen, nur um dann vor Entsetzen die Arme hochzureißen, als ich die Abnahme verweigerte und zu behaupten, dass die Fabrik einen „ökonomischen Verlust" erleiden würde (das stimmte nicht, denn die Arbeiten wurden nicht mit dem Geld der Fabrik bezahlt, aber selbst wenn, dann war ein ökonomischer Verlust tatsächlich die natürliche und richtige Konsequenz einer falschen Vorgehensweise). Die Fabrikleitung weigerte sich unnachgiebig, die Rostelemente zu verschrotten und neue anzufertigen. Schließlich machten sie das Beste daraus, indem sie sie spanend bearbeiteten, wo der Abguss nicht zeichnungsgerecht war. (Später verbesserte die Gießerei ihre Technologie und produzierte wesentlich bessere Mustergussstücke als die ursprünglichen; sie konnten es also, wenn sie wollten). Nach dem Zusammenbau der Rostanlage stellte sich heraus, dass die Rostelemente die Neigung hatten auf den Trägern in einem solchen Ausmaß zu wackeln, dass in Längsrichtung benachbarte Elemente sich berührten und so das Rostschütteln verhinderten. Die Konstruktion würde im Hinblick auf mehr Sicherheit dagegen ergänzt, aber der Hauptgrund war, dass die betreffenden Bauteile nicht nach den ursprünglichen Zeichnungen gefertigt worden waren. Das führte dazu, dass die Aussparungen an den Rostelementen für die Elementträger zu viel Spiel hatten. Dieser Mangel wurde bei der Versuchslokomotive durch das Einfügen von Stahlblechstreifen zum Ausgleich übermäßigen Spiels wo nötig behoben. Generell war die

---

[1] Es sei hier vermerkt, dass ich wegen meiner fast vollständigen Desillusionierung über das Treiben in Datong kein einziges Photo von der Arbeit, mit der ich während meiner drei Jahre dort zu tun hatte, aufgenommen habe, obwohl ich die Erlaubnis der Fabrik dazu hatte.

ganze Rostanlage maßlich ungenau gefertigt worden und dazu hatte ich das Folgende zu sagen, was recht deutlich meine Frustration mit der Fabrik zu der Zeit erkennen lässt:[1]

> „...ein Rost, bei dem der freie Luftquerschnitt klein ist, der aber große Lücken zwischen den Rostelementen hat, macht keinen Sinn, weil die Luft sich dann vorrangig ihren Weg durch diese Lücken suchen wird, was die Ursache für Fluidisierungen des Feuerbetts an solchen Stellen, für große Kohleverluste, für Luftmangel an anderen Stellen des Feuers und für das völligen Versagen des Vergasungsprozesses ist. Deshalb muss die Rostanlage mit angemessener Sorgfalt hergestellt und montiert werden.
>
> Es ist möglich, die Rostanlage nach den in den Zeichnungen angegebenen Toleranzen herzustellen und zusammenzubauen, falls man für eine Werkstattarbeit auf einem Qualitätsniveau sorgt, wie es für den Erfolg der Umbaulokomotive erforderlich ist. Falls dagegen die Qualität der Werkstattarbeit auf einem so niedrigen Niveau liegt wie bei der Versuchslokomotive mit Porta-Feuerbüchse, dann gibt es nur geringe Erfolgsaussichten. ‚Fortschrittliche' Technologie verlangt wirklich ein angemessenes Niveau an Kompetenz in der Herstellung und in der Montage. Es ist sinnlos, den Wunsch nach fortschrittlicher Technologie zu haben, ohne für das nötige Niveau an Kompetenz sorgen zu können. Gegenwärtig entspricht die Technologie derjenigen, wie sie vor 50 Jahre in Amerika angewendet wurde und kann deshalb kaum als besonders hoch entwickelt angesehen werden.
>
> Falls in der Fabrik eine ordnungsgemäße Qualitätsüberwachung existiert, was ja angeblich der Fall ist, warum wurde sie dann bei dieser Lokomotive nicht angewendet? Die Tatsache, dass Bauteile nicht immer den Zeichnungen entsprechen, hätte von der Qualitätssicherungsabteilung bemerkt werden müssen, und sie hätte entsprechend reagieren müssen, bevor sie an der Lokomotive angebaut wurden."

Obwohl die ganze Arbeit eigentlich hätte neu gemacht werden müssen, beschränkte sich die Mangelbeseitigung auf den Ausgleich von Herstellfehlern mit den soeben beschriebenen Mitteln, wie dem Einfügen von Blechstreifen bei zu großen Minus-Toleranzen. Schwierigkeiten gab es auch mit dem Bodenring, und wie auf Seite 393 beschrieben, wurden gekümpelte statt gegossene Bodenringecken verwendet, zu denen ich nur sagen konnte, dass ich jede Verantwortung für Probleme damit ablehnte. In der unteren Reihe der seitlichen Stehbolzen mussten versenkte Schweißnähte verwendet werden, um Platz für die Rostelementträger zu schaffen, mit denen der Schweißer offensichtlich ein Problem hatte. Das hätte sich mit ein bisschen Üben an einem Versuchsstück vermeiden lassen. Für die Lufteinlasskästen gab es in der Richthalle anscheinend „keine Mitarbeiter für diese Arbeit", das heißt, die Abteilung weigerte sich, das zu machen. Also mussten beide Lufteinlasskästen von Mitarbeitern des Konstruktionsbüros an der Lokomotive zusammengebaut werden. Das war eine mühselige Arbeit, für die sie nicht qualifiziert waren und das zu einer Zeit, wo sie mit ihren Konstruktionsaufgaben hoffnungslos im Rückstand waren. Das alles, lieber Leser, war wohl kaum der richtige Weg, um eine Dampflokomotive für das 21. Jahrhundert zu entwickeln.

Schließlich wurde die Lokomotive, die aus irgendeinem Grund QJ 8001 nummeriert wurde, im Juli 1987, vier Monate hinter der Planung, fertiggestellt, wenn auch nicht ganz perfekt, aber immerhin soweit, dass sie zu dem Besuch verschiedener führender Angehöriger des Eisenbahnministeriums und des Amts für Energieeinsparung eiligst angeheizt werden konnte. Anschließend wünschte ich die Durchführung stationärer Kesselversuche in genau der gleichen Weise wie bei den QJ 7036 und 7091, bevor 8001 auf die Strecke ging. Man benötigte nicht weniger als zwei Monate, um die Lokomotive für diese Versuche herzurichten. Vor dem Abschluss der stationären Versuche kam es im Oktober 1987 zu einer weiteren Zusammenkunft mit Leuten aus Peking, um den Status und die Zukunft des Projekts und der Dampftraktion im Allgemeinen zu besprechen. Einige leitende Ingenieure nutzten die Gelegenheit meiner Teilnahme an diesen Gesprächen dazu[2], die Kolbenschieber der Lokomotive wieder einzubauen und sie für den Streckeneinsatz vorzubereiten, ohne die stationären Versuche abzuschließen. Zum Glück bekam ich Wind von der Sache. Es war genau eine dieser Situationen, mit denen ich zu rechnen gelernt hatte. Ich nutzte also die Tatsache aus, dass die Chinesen akzeptiert hatten, dass diese Arbeiten außerhalb des Vertrags geleistet wurden und machte mündlich und schriftlich deutlich, dass ich mich fortan weigerte, irgendetwas an der Lokomotive zu machen, falls sie nicht augenblicklich wieder in den für die stationären Versuche erforderlichen Zustand zurückversetzt würde. Diese Drohung zeigte Wirkung und diesmal wurden die betreffenden Individuen zu einer etwas anständigeren Verhaltensweise als üblich genötigt.

Die stationären Versuche hatten einen schlechten Start, denn, statt die gleiche Kohle wie zuvor verwendet, lieferte die Grube ihre schlechteste Kohlesorte mit einem unteren Heizwert von ungefähr 20 MJ kg^{-1}. Mit diesem Zeug erwies es sich als vollkommen unmöglich, den Kesseldruck und den Wasserstand zu halten. Tatsächlich war es mit abgedeckten Sekundärlufteintritten und geschlossenem Regler bei Benutzung des Hilfsbläsers gerade soeben möglich, den Kesseldruck hoch zu bringen. Wenn dann aber die Feuertür, selbst bei einem guten Feuerbett, das gleichmäßig brannte und mit voll angestelltem Hilfsbläser, auch nur etwas geöffnet wurde, so fiel der Kesseldruck ab. Diese Kohle schien nicht einmal die kleinste Sekundärluftmenge zu vertragen. Nach kurzer Zeit wurde der Brennstoff als Ursache dieses Phänomens erkannt, und sobald die richtige Kohlequalität geliefert war, stellte sich heraus, dass stabile Feuerbetten und gute Verdampfungswilligkeit viel leichter zu erreichen waren als bei QJ 7036, was der Konstruktion des Rosts zugeschrieben wurde. Dennoch war das Kesselverhalten immer noch nicht so vorhersehbar wie bei der QJ 7091. Es wurden Versuche mit einem gemessenen Sekundärluftquerschnitt von 1 140 cm^2 sowohl mit dem serienmäßigen Feuerschirm als auch mit einem um eine Steinreihe verlängerten Schirm ausgeführt, wobei sich aber die Ergebnisse nicht eindeutig unterschieden. Die Streuung der Messwerte war geringer als bei 7036, aber größer als bei 7091, und es konnten zwei unterschiedliche Kurven für die Mittelwerte und für die Maximalwerte des Kesselwirkungsgrads abgeleitet werden (siehe Abb. 159). Die Kurven lagen wegen des Einflusses der Rostanlage oberhalb der entsprechenden der 7036, aber für die jeweiligen Vorzüge der Serien- und der Zyklonfeuerbüchse konnten daraus keine eindeutigen Schlüsse gezogen werden. Für aussagefähige Versuche musste der Rost der Lokomotive mit der Zyklonbrennkammer geändert werden, was, wie wir gesehen haben, nie gemacht wurde.

Wie der Leser in der Abb. 159 vielleicht bemerkt hat, gab es eine merkwürdige Eigenschaft der Versuchsergebnisse. Obwohl die Kesselwirkungsgrade der 7036 und 8001 innerhalb des untersuchten Bereichs der spezifischen Rostflächenbelastungen, die hinauf bis zu den im normalen Einsatz üblichen gingen, über dem der Serien-QJ lagen, war die Steigung der Wirkungsgradkurve über der Rostflächenbelastung dergestalt, dass dieser Vorteil mit dem Anstieg der Kesselanstrengung abnahm und scheinbar wäre ein Punkt erreicht worden, ab dem der QJ-Serienkessel den höchsten Wirkungsgrad gehabt hätte. Das steht in genauem Gegensatz zu den Erwartungen, zumal sich aus den theoretischen Überlegungen ergibt, dass sich mit dem GPCS der Vorteil bei dem Kesselwirkungsgrad stetig mit der Kesselleistung vergrößern sollte, was sich bei den Versuchen mit 3450 auch bestätigt hatte. Warum also lagen die Dinge in diesem Fall anders? Auch wenn die Möglichkeit nicht ganz ausgeschlossen werden kann, dass es sich um die Folge von Messfehlern handelte, so gab es

---

[1] Memorandum an des Konstruktionsbüro betreffend Modified QJ and Porta Firebox Test Locomotive : Firegrate, vom 18.8.1987.

[2] Man hatte mich gebeten, zu den Umbauten einen Vortrag vorzubereiten, was ich auch tat. In privaten Gesprächen mit einigen Unterstützern des Projekts sprach ich offen über die Hindernisse, mit denen ich in der Fabrik konfrontiert war und die das Thema in Kapitel 7.5 sind sowie über meine Einschätzung der Gesamtsituation wie in Kapitel 7.6 beschrieben.

aus den Beobachtungen des Autors Hinweise darauf, dass es sich um eine tatsächliche Tendenz handelte, deren wahrscheinliche Erklärung die folgende ist. Ganz sicher beeinflusste die Beschickungsweise des Feuers die Versuchsergebnisse bei allen drei Lokomotiven in erheblichem Maße. Bei kleineren Verdampfungsleistungen hatte das Gros der aufgeworfenen Kohle die Chance, sich auf dem Feuerbett abzulagern, und damit wäre ihre Verweilzeit im Feuer und ihr Abbrand beziehungsweise die freigesetzte Wärmemenge, bevor die kleiner gewordenen Kohlestücke fortgetragen wurden, abhängig von dem Verbrennungsverfahren gewesen, mit Nachteil für die Normalverbrennung. Mit zunehmender Verdampfungsleistung steigerte sich die Intensität des Gasmassenstroms in der Feuerbüchse, und das führte zum Mitreißen der meisten Kohlepartikel schon beim Beschicken und bevor sie das Feuerbett überhaupt jemals erreichten, was als Phänomen durch den kontinuierlichen Saugzug bei den stationären Versuchen noch verstärkt worden sein könnte. Unter diesen Bedingungen war es nicht so sehr das Verbrennungsverfahren, sondern die Beschickungsmethode, die als Faktor den Kesselwirkungsgrad bestimmte. Da bei allen Versuchen die Beschickungsmethode gleich blieb, hätte sie dazu geführt, dass sich die Kurven der Kesselwirkungsgrade mit zunehmender Verdampfungsleistung annäherten. Wir hätten also intensiv die Beschickungsmethode untersucht, statt des Verbrennungssystems, und die Gestaltung von Feuerbüchse und Rost wäre im Großen und Ganzen für die Ergebnisse irrelevant geworden. Falls das so der Fall gewesen wäre, dann wären die wahren Kurven der Kesselwirkungsgrade von 7036 und 8001 keine Geraden gewesen, sondern hätten sich mit dem gegenüber dem Flugverlust zunehmend überwiegenden dominierenden Einflussfaktor der bei allen gleichen Beschickungsmethode an die der 7091 angeschmiegt und wären nicht irgendwann unter die Kurve der 7091 abgefallen, wie es sich aus der Abb. 159 schließen lässt (allerdings war die Streuung der Messwerte zu groß, um das aus den Einzelresultaten ableiten zu können, und es ließen sich nur Ausgleichsgeraden zeichnen). Dieses Phänomen bedeutete, dass mit der chinesischen Kohle die Kesselleistung selbst mit dem GPCS immer begrenzt gewesen wäre, es sei denn, ein Kohlebeschickungssystem wäre entwickelt worden, dass die Feinkohle nicht weiter zerkleinerte, weil weder mit der Handbeschickung noch mit dem konventionellen mechanischen Stoker genügend Kohle den Rost erreichte. Vielleicht war aber auch noch ein weiterer Faktor beteiligt, in dem Sinne, dass mit zunehmendem Verbrennungsluftstrom die Tendenz der Steigerungsrate der Flugverluste von einem relativ wenig verschlackten GPCS-Feuerbett mit unterstöchiometrischem Primärluftstrom hätte größer gewesen sein können als von einem verschlackten Feuerbett mit Normalverbrennung. Das heißt, dass der Verzögerungseffekt der Schlacken (in ihrem Zustand als geschmolzene Asche vor dem Erstarren), die es ja bei dem GPCS weniger gab, auf den Teilchenmitriss mit steigender Kesselleistung immer wichtiger geworden wäre. In dem Fall könnte es tatsächlich einen Punkt gegeben haben, an dem der Kesselwirkungsgrad mit GPCS unter den mit Normalverbrennung gefallen wäre, und dann wäre das GPCS für einen Hochleistungsbetrieb ungeeignet gewesen, Punktum! Da es durchaus möglich war, dass frisch aufgeworfene Kohle an geschmolzener Asche an der Oberfläche des Feuerbetts, die auf die kleinen Kohlepartikel wie ein Fliegenpapier wirkte, anhaftete, so verhinderten wir mit einem Feuerbett, das zur Vermeidung von Schlackebildung unter der Ascheschmelztemperatur gehalten wurde, vielleicht gerade einen wichtigen Mechanismus bei der richtigen Verbrennung der chinesischen Staubkohle. Die Auswirkung von Schlacke auf den Feuerungswirkungsgrad hätte auf einfache Weise durch stationäre Versuche mit weniger (oder keinem) Kühldampf gegen Schlackebildung untersucht werden können, aber wie schon erwähnt, geschah das nicht. Noch ein weiterer Faktor war, dass eine Schaufelladung genässter Kohle, die auf dem Feuerbett landete, zeitweilig für einen verminderten Primärluftstrom durch diesen Teil des Feuerbetts sorgen konnte. Falls die Kohle eine Neigung zum Backen oder zur Schlackebildung hatte, dann ermöglichte das den kleinen Kohlepartikeln, sich miteinander zu verbinden, bevor der Primärluftstrom wieder zunahm. War das tatsächlich so, dann hätte es bei einem niedrigen Feuerbett besser funktioniert, als bei einem hohen, denn eine Schaufelladung Kohle hätte bei Ersterem prozentual zu einer größeren Zunahme des Feuerbettströmungswiderstands geführt als bei Letzterem.

Nach Abschluss der stationären Versuche machte QJ 8001 in der ersten Novemberhälfte des Jahres 1987 drei Umläufe zwischen Datong und Shuo Xian. Mit einigen Schwierigkeiten konnten die Betriebsleute überredet werden, 8001 für den Streckendienst zuzulassen, da sie nach den Erfahrungen mit QJ_2 0001 bei den Versuchslokomotiven der Fabrik verständlicherweise etwas vorsichtig waren. Unter ähnlichen Schwierigkeiten gelang es mir, die Fabrikingenieure davon zu überzeugen, dass diese Einsätze keine Vergnügungsfahrten waren, sondern ernsthafte Versuche zur Bewertung des Verhaltens der Lokomotive im Streckeneinsatz und, um zu sehen, ob sie für den Hauptstreckendienst taugte. Trotzdem konnte ich nur an den beiden ersten Fahrten teilnehmen, da bei der dritten halb China auf dem Führerstand war. Alle Züge fuhren mit Doppeltraktion und Zuglasten von 3 760 Tonnen bis 3 991 Tonnen, ausgenommen die zweite Hinfahrt, die zu einem Drittel des Wegs nicht sehr hilfreich als Leerfahrt und dann mit nur 415 Tonnen erfolgte. Der Sekundärluftquerschnitt war auf 1 235 cm^2 eingestellt. 8001 war immer die Vorspannlokomotive und dem Lokomotivführer der zweiten Maschine wurde mitgeteilt, den Regler geschlossen zu halten, es sei denn, durch Pfeifsignal wurde seine Unterstützung angefordert. Es wurde die Fabrikmannschaft mit einem Lotsen eingesetzt, was leider bedeutete, dass mit dem Stoker gefeuert werden musste, da der Fabrikheizer verständlicherweise ohne Hilfe nicht in der Lage war, Zuglasten für Doppeltraktion mit Handfeuerung zu bewältigen. Das musste er allerdings auf der ersten Hinfahrt doch versuchen, da ein Blockieren der Förderschnecke (bei den SAR kam das kaum vor, war aber in China eine Plage) den mechanischen Stoker nach kurzer Fahrt außer Gefecht setzte und die Verwendung der Schaufel erzwang. An das Hindernis in Form der Lufteintrittshaube über dem Feuerloch passte er sich rasch an und die Handbeschickung schien kein Problem darzustellen, aber dennoch wurde der Feuerbettzustand schlechter und die zweite Maschine musste Unterstützung leisten. Nach einiger Zeit war die Blockierung behoben und die mechanische Feuerbeschickung wurde wieder aufgenommen. 8001 war dann wieder in der Lage, die ganze Zuglast und die zweite Lokomotive zu schleppen. Ein guter Zustand des Feuerbetts direkt zu Beginn der ersten Rückfahrt versetzten 8001 in die Lage, den ganzen Zug, 4 100 Tonnen einschließlich des Gewichts der zweiten Lokomotive, zu übernehmen. Der alte Rangierlokführer hatte es offensichtlich darauf abgesehen, Spaß zu haben und am Fuß der Rampe nach Huairen, ungefähr zehn Kilometer lang mit maximal 7 ‰ Steigung, machten wir 100 km h^{-1} und bei dem Tempo, mit Volldampf und über 4 000 Tonnen im Schlepp, werden wir einen recht eindrucksvollen Anblick geboten haben. Auf der Steigung fiel die Geschwindigkeit auf 25 km h^{-1} bei voll geöffnetem Regler und 60 % Füllung. Mit leichtem Beschicken auf ein ebenes Feuerbett von etwa 450 bis 500 Millimeter Schichthöhe wurden Kesseldruck und Wasserstand mit der nicht saugenden Strahlpumpe gehalten; wie vorherzusehen, funktionierte die Speisewasservorwärmanlage auf dieser neuen Lokomotive nicht (neben anderen kleinen Mängeln löste sich der Betätigungshebel des rechten Abschlammventils in der Stellung der vollen Öffnung in der Hand des Heizers ab, was einen Nothalt erzwang, um das Ventil vom Boden aus zu schließen). Gegen Ende der Steigung blies ein Sicherheitsventil ab, von unserer Mannschaft bei dem Lärm des Auspuffs und der Kohleverteilerdüsen anscheinend unbemerkt, aber ich war mir sicher, dass das von der Besatzung der zweiten Lokomotive beobachtet worden war (war es, denn der Lokomotivführer der zweiten Lokomotive bemerkte bei dem nächsten Halt, dass sie bei einer Serien-QJ den Wasserstand normalerweise an dieser Stelle in der Steigung absinken lassen würden, um den Kesseldruck zu halten.) Ich war versucht, das Ventil für den Stokermotor um eine weitere halbe Umdrehung zu öffnen, um auch das zweite Sicherheitsventil abblasen zu lassen und damit so etwas wie eine Legende zu schaffen, aber stattdessen drehte ich es in die andere Richtung, trotzdem das Abblasen etwa drei Minuten bei ständig fördernder Strahlpumpe andauerte. Es sollte sich als der einzige Moment der Harmonie in den drei Jahren der Dissonanz erweisen.

Die Lokomotive hatte eine chinesische Version des Giesl-Ejektors. Sie nannten ihn den „ovalen Schornstein“ und statteten eine ziemliche Anzahl von QJ, man nannte mir die Zahl 500, damit aus. Die Konstruktion war aus technischen Veröffentlichungen kopiert worden, ohne Dr. Giesl zu konsultieren, der aber dennoch anerkannte, dass die Chinesen einen in technischer Hinsicht „richtigen“ Giesl-

Ejektor entwickelt hatten.[1] Der Mündungsquerschnitt der Blasrohrdüse bei der ersten Fahrt mit QJ 8001 betrug 252,5 cm², und da die Verdampfungswilligkeit bei guten Feuerbetten übermäßig zu sein schien, wurde er für die zweite Fahrt auf 264,5 cm² vergrößert. Das waren wegen des größeren Feuerbüchswiderstands und des Abzweigens von Kühldampf gegen Schlackebildung 11 % weniger, als bei den Serien-QJ mit Giesl-Ejektor. Die Hinfahrt war durch die geringe Belastung uninteressant, aber die Rückfahrt verlief sehr ähnlich wie die erste. In die Steigung nach Huairen wurde mit geringerer Geschwindigkeit eingefahren, und die größte Füllungseinstellung war erforderlich, um den Anstieg zu bewältigen, wobei der Kesseldruck mit leichtem Beschicken auf ein hohes Feuerbett einfach zu halten war. Nach Einbruch der Dunkelheit war in der Steigung nach Ping Wang, gelegen in den Außenbezirken von Datong, die Mitarbeit der zweiten Lokomotive nötig, und es konnte beobachtet werden, dass aus ihrem Schornstein, ebenfalls ein Giesl-Ejektor, wesentlich mehr Funken herausgeschleudert wurden als bei 8001. Allerdings war es schwierig, die Raucharmut der chinesischen Lokomotiven zu schlagen und in dieser Hinsicht konnte man nicht sagen, dass 7036 oder 8001 besser als die Serien-QJ waren.

Bei diesen Versuchen waren der Zustand der Feuerbetten und die Verdampfungswilligkeit nicht immer gut, aber das wurde eher der Unerfahrenheit der Mannschaft im Hauptstreckendienst mit dieser Lokomotive zugeschrieben als irgendwelchen innewohnenden Mängeln. Es war auf der Strecke allemal einfacher, ebene Feuerbetten zu erlangen als es bei den stationären Versuchen der Fall gewesen war, was auf den pulsierenden Saugzug zurückgeführt wurde. Bei hohen Feuerbetten schien es mit dem Anheben des Feuers in den hinteren Ecken, wie es auf Serienlokomotiven vorkam, wenig Probleme zu geben, eher gab es dort eine Neigung zu Kohleanhäufungen, was zu einem Beschicken dieser Rostbereiche mit der Schaufel nur wenig Veranlassung gab. Im Gegenteil, bei der ersten Fahrt war das Feuerbett normalerweise vorn niedriger, ein Anzeichen für die Notwendigkeit höherer Drücke an den Kohleverteilerdüsen beziehungsweise zusätzlicher Beschickung von Hand in diesem Bereich. Die Verdampfungswilligkeit war am besten, wenn das Feuerbett fast bis an die Ebene des Kohleverteilertisches heranreichte. Stabile Betriebsverhältnisse konnten bei durchschnittlichen Kesselanstrengungen nur bei Feuerbetthöhen größer 300 Millimeter erreicht werden. Das war ein Anzeichen für ein mögliches Problem, denn der Unterschied zwischen einem Feuerbett, das zu niedrig für eine gute Verdampfungswilligkeit und einem, das zu hoch für eine gute Kohleverteilung des Stokers war, war nur klein. Der Grund lag in der Beschränkung der Feuerbetthöhe durch die Konstruktion der QJ, aber mehr als eine Vergrößerung der nutzbaren Feuerbüchstiefe um 30 % durch Anwendung eines Bodenrings mit U-Querschnitt bei 8001 konnte nicht getan werden. Es war allerdings kaum vorstellbar, dass sämtliche vorhandenen Kessel jemals diese Änderung erhalten würden. Es war auch klar, dass die Regel „Feuerbetthöhe gleich fünfzehnfacher Kohlepartikeldurchmesser“ nicht anwendbar war. Ein solches Feuerbett wäre sehr anfällig für das Aufreißen der Brennstoffschicht und sehr instabil gewesen. Ein unverschlacktes Feuerbett von 300 Millimeter hatte bei der typischen chinesischen Lokomotivkohle vielleicht eine Höhe von fünfzig bis einhundert Durchmessern in Bezug auf die Korngröße beim Aufwerfen. Die Festlegung der Feuerbetthöhe als Funktion der Partikeldurchmesser erschien damit sehr abhängig von der Kohlepartikelgröße. Es konnte also unbesehen keine einzelne allgemeingültige Zahl für die erforderliche Schichthöhe eines guten dicht gepackten Kohlevergasers angewendet werden. Tatsächlich musste die Schichthöhe in *Millimeter* mit Feinkohle größer sein, als mit Stückkohle kleiner Korngröße.

Alles in allem bestand der Eindruck, dass der Aufbau von ebenen Feuerbetten mit mittlerer Schichthöhe, die eine gute Verdampfungswilligkeit ergaben, nicht allzu schwierig war und dass die Lokomotive deshalb für den Streckendienst freigegeben werden konnte. Leider stand die Strecke Datong – Shuo Xian, der letzte Hauptbahnabschnitt, auf dem in dem Depot Datong stationierte Dampflokomotiven eingesetzt wurden und die für die Versuche mit 8001 ideal gewesen wäre, kurz vor der Umstellung auf elektrische Traktion. Obwohl es für die QJ in Datong weitere Streckeneinsatzpläne auf den Zweiglinien zu den Kohlegruben gab, wurde die Entscheidung getroffen, die Lokomotive zu dem Depot Hohhot in der Inneren Mongolei umzusetzen, wo der Hauptstreckendienst seinerzeit zu fast 100 % in den Händen der QJ war. Das entsprach ganz und gar nicht meinen Wünschen, wusste ich doch, dass eine Kontrolle der Vorgänge dort über eine Entfernung von fast 300 Kilometer zwischen Datong und Hohhot praktisch unmöglich sein würde. Aber ich konnte keinen Einfluss auf diese Entscheidung nehmen und musste mich damit abfinden. Der für die Lokomotiven in Hohhot verantwortliche Ingenieur, Shao mit Namen, kam nach Datong und beurteilte die Leistung der 8001 bei ihrer dritten Fahrt nach Shuo Xian. Die Hinfahrt wurde anscheinend durch ständige Dampfnässe beeinträchtigt, aber auf der Rückfahrt zog 8001 nicht weniger als 3 991 Tonnen und die zweite Lokomotive, also insgesamt ungefähr 4 240 Tonnen, über die gesamte Strecke von Shuo Xian nach Datong, auch in der schwierigen und kurvenreichen Steigung nach Ping Wang, wo bei den beiden ersten Fahrten Unterstützung nötig gewesen war. Gute Verdampfungswilligkeit wurde berichtet, obwohl das Speisewasservorwärmsystem immer noch nicht funktionierte, und folglich wurde die Lokomotive für den Dienst in Hohhot akzeptiert.

Eine der Mannschaften, denen sie fest zu zugeteilt werden sollte, kam nach Datong, um 8001 in ihre neue Heimat zu überführen. Der Abnahmeinspektor der Fabrik trug nicht weniger als etwa 200 Punkte zur Behebung vor der Auslieferung in die Prüfliste ein, und auch die Mannschaft wollte vor ihrer Abnahme noch ein paar Arbeiten erledigt sehen. Danach fuhr sie dann Anfang Dezember 1987 davon. Die Fabrik wünschte für die ersten Erprobungen in Hohhot meine Anwesenheit dort und machte dafür auch ziemlichen Druck, aber ich weigerte mich. Zuallererst war es ein sehr hartes Jahr gewesen (welches durch das Verhalten der Fabrik nicht einfacher geworden war) und ich brauchte einen Urlaub, und dann war ich der Ansicht, dass es an der Zeit war, dass die Chinesen für den Erfolg des Projekts selbst etwas Verantwortung übernahmen. Ich war dabei, Portas Technologie an die Leute in Datong weiterzugeben[2], und ich erwartete von ihnen, dass sie sie verstehen und ihrerseits weitergeben. Sollte sie bei den gesamten Chinesischen Eisenbahnen erfolgreich eingeführt werden, dann konnte das nicht nur durch mich allein erfolgen. Es steht fest, dass die Tatsache, dass es mir bei den SAR mit meiner Arbeit nicht gelang, auf die dortige Traktionspolitik einen bleibenden Eindruck zu machen, teilweise damit zu tun hatte, dass sich andere nicht die Mühe machten zu verstehen, was da vor sich ging. Selbst falls eine modifizierte QJ gebaut worden wäre, dann wäre ihr Schicksal ähnlich gewesen, falls der gleiche Fehler in China gemacht worden wäre. Fabrikingenieure waren bei den Versuchsfahrten anwesend gewesen, ebenso wie derselbe Lokomotivführer und Heizer. Falls sie nunmehr immer noch nicht wussten, wie das GPCS in der Praxis funktionierte, dann würde sie das nie tun. Ich wollte ihnen also die Gelegenheit geben, unter Beweis zu stellten, dass sie etwas gelernt hatten, indem sie alle auftretenden Probleme mit 8001 in Hohhot selber lösten und sie die Maschine dort erfolgreich einführten. Zu guter Letzt waren es schließlich die Chinesen, die darauf bestanden, die Lokomotive gegen meinen Rat dorthin zu bringen, und damit mussten sie die Verantwortung übernehmen. Tatsächlich hatte ich einiges Vertrauen in den Lokomotivführer Yu Zhendai, der wusste was zu tun war, und ich rechnete mir aus, dass niemand besser als er dafür qualifiziert war, die Lokomotivbesatzungen in Hohhot in die Handhabung der Lokomotive einzuweisen.

Bevor ich in die Ferien ging, erstellte ich als Leitfaden für das Personal in Hohhot eine Beschreibung der Lokomotive einschließlich genauer Anweisungen für den Betrieb und die Wartung. Darin wurde eindringlich betont, dass jede Schwierigkeit mit der Lokomotive sofort nach Datong zu melden sei und dass vor Ort keine Änderungen an der Lokomotive vorgenommen werden durften, ohne zuvor Anweisungen

---

[1] Anatomie der Dampflokomotive (siehe Quellenangabe auf Seite 275), Seite 155.

[2] In dem Vertrag war festgelegt worden, dass ich über die Technologie Vorlesungen für das Personal des Konstruktionsbüros halten sollte, was ich auch ordnungsgemäß tat. Allerdings bekam ich den Eindruck, als ob die Leute, die daran teilnahmen, nicht unbedingt vollständig erleuchtet wurden.

und Zustimmung aus Datong eingeholt zu haben. Zusätzlich übergab ich Wang Li Jie von dem Konstruktionsbüro eine Liste von allen für mich denkbaren Betriebsstörungen an dem GPCS und den zugehörigen Gegenmaßnahmen.

Während meiner Abwesenheit trat die Lokomotive in Hohhot ihren Dienst an. Die erste Fahrt ging über die Strecke nach Jining Nan, einem Abschnitt von 158 Kilometer mit einer langen schwierigen Steigung in östlicher Richtung. Mit dabei waren eine Gruppe von Leuten von der Fabrik, darunter auch Yu und Wang, als auch Shao, der örtliche Vorsteher, der zwischen Datong und Shuo Xian auf der Lokomotive mitgefahren war. Nach Wangs Beschreibung lehnte dieser Herr jeden Rat ab und verwies alle Datong-Leute, auch Yu, von der Lokomotive, wobei er erklärte, 8001 sei auch nur eine Dampflokomotive und er wüsste, wie man damit umzugehen habe. Vielleicht war das so, aber indem er mit einem niedrigen Feuerbett losfuhr, demonstrierte er nichts weiter, als wie man innerhalb der ersten zwanzig Minuten ganz ohne Dampf und Wasser dastehen konnte. Natürlich war die Lokomotive schuld und danach wurde dann mit geöffneten Aschkastenklappen in den Lufteinlasskästen gefahren, so dass garantiert keine Vermischung von Kühldampf und Primärluft im hinteren Bereich des Rosts erfolgte, mit der Folge gewaltiger Schlackebrocken. Möglicherweise war dieses Fiasko gewollt, aber man wundert sich, wie Shao das rechtfertigte, zumal er ja gesehen hatte, zu was die Lokomotive bei richtiger Bedienung in der Lage war. Aus der Sicht der *Dampflokomotive* kein vielversprechender Anfang und anders als bei den Anfängen mit 2644 wurde die Sache nicht viel besser. Es hieß, die Lokomotive sei für starke Steigungen ungeeignet und wurde dem 165 Kilometer langen Flachlandstreckenabschnitt zwischen Hohhot und Baotou zugeteilt. Die ursprünglichen Mannschaften, die normalerweise nur nach Jining Nan fuhren, gingen mit ihr, und obwohl die Handbeschickung auf dieser flachen Strecken die Norm gewesen wäre, benutzten sie zur Beschickung des Rosts ausschließlich den Stoker, so dass der Kohleverbrauch tatsächlich höher lag als bei den Serien-QJ. Ich hatte erwartet, dass mit der Zuteilung der Lokomotive an Mannschaften im Hauptbahndienst zur Maximierung der Kohleprämie überwiegend die Handbeschickung zur Anwendung kam. Sobald ich also von diesen Vorgängen Wind bekam, reiste ich im Januar 1988 mit einigen Leuten von der Fabrik nach Hohhot, um die Dinge ins Lot zu bringen.

Was ich entdeckte war einfach erschreckend. Einige der Arbeiten, die ich der Fabrik vor der Ablieferung in Datong aufgetragen hatte, waren nicht erledigt worden, aber das war keine wirkliche Überraschung. Überraschend war die sehr unberechenbare Verdampfungswilligkeit. Meistens war sie schlecht, sehr schlecht sogar. Nie zuvor hatte ich eine Lokomotive gesehen, die über so lange Zeit mit so wenig Wasser im Kessel betrieben wurde wie diese. Das war höchst alarmierend, zumal die QJ-Wasserstandsanzeiger falsche Anzeigen machten, das heißt, der wahre Wasserstand lag unter dem angezeigten. Aber manchmal war die Verdampfungswilligkeit gut und die Lokomotive zeigte ihre Fähigkeit, den Kesseldruck gegen einen ansteigenden Wasserstand zu halten. Selbstverständlich änderte sich das Verhalten der Lokomotive nicht spontan und der Schuldige war unser alter Freund, das Feuerbett. Eine Schwierigkeit bestand in der Neigung des Feuers zur Fluidisierung, es sei denn die Schichthöhe war so groß, dass es Probleme mit der Kohleverteilung durch den Stoker gab. Abgesehen davon, dass bei laufendem Stoker einiges an Kohle vor Erreichen des Feuers im Gasstrom fortgetragen wurde, konnten definitiv starke Störungen des Feuerbetts beobachtet werden, und wieder stellte sich die Frage, wie die Serien-QJ mit ihren wesentlich niedrigeren Feuerbetten überhaupt betrieben werden konnten. Die Leute in Hohhot machte die abweichende Konstruktion der Rostelemente dafür verantwortlich, und indem sie glaubten, dass die höhere Luftgeschwindigkeit durch den Rost den Flugverlust der 8001 verursachte, wurde deutlich, dass sie von den Gründen für und den Vorteilen von einem Rost mit begrenztem Luftquerschnitt keine Ahnung hatten. Diese Vorstellung war vollkommen falsch und die beste Antwort darauf war die bereits weiter oben gegebene, dass nämlich die Handbeschickung mit genässter Kohle die Partikel genügend zusammenbackte, um das Feuerbett zu erreichen, wo sie sich an geschmolzener Asche anlagern konnten. Dies wiederum war sicherlich der Grund, warum die groben serienmäßigen Roststäbe mit dieser Feinkohle überhaupt verwendet werden konnten. Schlacke, die sich aus der geschmolzenen Asche bildete, musste nicht unbedingt so hart sein, dass sie von dem Schüttelrost bei dem Feuerreinigen nicht zerkleinert wurde. Aber Schlacke, die bei einem niedrigen Feuerbett von Vorteil war, wäre in einem hohen vielleicht katastrophal und konnte in dem GPCS nicht zugelassen werden. Falls diese Hypothese zutraf, dann war es nicht sicher, ob das GPCS sich mit der sehr feinkörnigen chinesischen Kohle letztendlich der Normalverbrennung, selbst unter den Bedingungen der normalen Handbeschickung, überlegen erweisen würde. Vielleicht war das GPCS tatsächlich wegen seiner Eigenschaften für solche Kohle ungeeignet, weil aus der bindenden Wirkung der geschmolzenen Asche wenig Nutzen gezogen werden konnte, da ja gerade das Schmelzen der Asche durch die Beimischung von Kühldampf zu der Primärluft verhindert wurde. Diese Schlussfolgerung kann auch aus der Abb. 24 und den Kommentaren dazu auf der Seite 67 abgeleitet werden. Falls die Partikelgröße der aufgeworfenen Kohle, wahrscheinlich im Durchschnitt kaum größer als fünf Millimeter, durch Anbindung an geschmolzene Asche oder andere Kohlepartikel nicht nennenswert zunehmen konnte, dann bestand für die meisten Partikel die Gefahr, vom Gasstrom fortgetragen zu werden, selbst bei mäßigen Kesselanstrengungen und weniger als 100 % Primärluft, die daraus folgende Fluidisierung verhinderte eine gute Vergasung, wobei ein Betrieb, bei dem der Flugverlust mit einem stark verminderten Primärluftstrom vielleicht annehmbar gewesen wäre, nicht erreichbar war (das heißt, bei dem die Bedingungen in der Abb. 28 erfüllt werden konnten). Es gab durchaus Gelegenheiten sowohl mit 7036 als auch 8001, wo das so nicht zutraf, aber da selbst eine einzige Stelle, an der ein Luftdurchbruch das Feuerbett aufriss, genügte, um die Dinge durcheinander zu bringen, würde das selbstverständliche Erreichen der gewünschten Zustände nicht so einfach werden, wie nach den Versuchsfahrten zwischen Datong und Shuo Xian angenommen.

Ein weiteres Problem in Hohhot war der allgemeine Mangel an Achtsamkeit seitens der Lokomotivbesatzungen der 8001 (das sollte nicht für die chinesischen Lokomotivpersonale verallgemeinert werden, denn einige der Lokomotivführer, mit denen ich gefahren bin, waren recht gewissenhaft). Manchmal verwunderte es nicht, dass die Ausbildung guter Feuerbetten für die Gaserzeugung reiner Zufall war. Die Heizer vor Ort benutzten den Stoker statt der Schaufel, und anscheinend hatte sie nur geringe Übung oder ein geringes Interesse daran, gute Arbeit zu leisten. Im weiteren Sinn machten sie jedenfalls die Sache nicht richtig. Immer wieder hatte ich gegenüber den Chinesen deutlich gemacht, dass die Bedienung des GPCS einiges an Geschicklichkeit und Intelligenz von den Heizern verlangte. Falls sie mit dem System ganz allgemein nicht besser zurechtkamen als die Heizer in Hohhot, dann gab es dafür in China nur geringe Erfolgsaussichten und es machte keinen Sinn, eine Technologie einzuführen, die der durchschnittliche Heizer nicht beherrschen konnte.

Das örtliche Personal klagte über den langsamen Kesseldruckanstieg mit dem Hilfsbläser und, dass sich Schlacke bildete, besonders während der Zwischenaufenthalte in den Depots. In Datong hatte der Hilfsbläser von außen Luft durch den Schornstein eingesaugt, einer der etwa zwanzig Mängel, um deren Abstellung ich die Fabrik ersucht hatte, aber die Fehlfunktion bestand immer noch. Das war der wahrscheinliche Grund für Beschwerde Nummer eins. Die Schlackebildung trat auf, immer wenn der Bläser benutzt wurde, aber da Hohhot unter Missachtung der Anweisungen die Rohrleitung von der Bläserleitung zu dem Aschkasten entfernt hatte, hatten sie sich dieses Problem selbst zuzuschreiben. Verschiedene andere nicht genehmigte Änderungen waren ausgeführt worden, die dem Betriebsverhalten nicht förderlich waren. Sie zeigten sowohl einen Mangel an technischem Verständnis als auch einen schlechten Sinn für gute Zusammenarbeit. Eine durchaus zutreffende Beschwerde bestand darin, dass Steine in der Kohle dazu führten, dass die Rostelemente in der geöffneten Stellung blockiert wurden. Falls das passierte, musste sich die Besatzung entscheiden, entweder die Blockierung durch Schütteln des Rosts zu beheben, mit dem Risiko zu viel Feuerbettmaterial in den Aschkasten zu befördern oder mit den teilweise offen stehenden Rostelementen weiterzufahren. Keine guten Optionen! Aber die Kohle hätte keine Steine enthalten sollen und so hatte die Lokomotivtechnologie das betriebliche Umfeld hinter sich gelassen. Wann immer so etwas geschah, maulten die Chinesen, das es für „die chinesischen Bedingungen nicht geeignet“ war. Sie schienen nicht erkennen zu können, dass eine weiterentwickelte Technologie, die sie ja haben wollten, nur in einem weiterentwickelten Umfeld erfolgreich sein konnte, für das zu sorgen sie selbst die Verantwortung trugen. Während ich also das Problem mit dem Rost zur Kenntnis nahm, so hatte ich aber aus den stationären Versuchen reichliche Belege, dass bei einem Feuerbett mit nur geringem Schlackenanteil dichtschließende Rostelemente wesentlich waren, und das Problem musste von ihnen selbst gelöst werden. Das galt auch für die Beschwerde des Depots Hohhot über angeblich zu kleine Reinigungsschrauben in dem Bodenring. Die serienmäßigen chinesischen Reinigungsschrauben waren sehr groß und ließen sich an einem Bodenring mit U-Querschnitt nicht unterbringen, so dass stattdessen Reinigungsschrauben verwendet werden mussten, die fast identisch mit den SAR-Einheitsschrauben waren. Bei meinem Aufenthalt in Hohhot war ich bei einem Auswaschvorgang der 8001 dabei, und tatsächlich kam nach dem Herausnehmen der Reinigungsschrauben aus dem Bodenring fast nichts heraus. Der Grund bestand darin, dass der Kesselschlamm Ablagerungen von der Farbe und Konsistenz weicher Schokolade bildete. Es bedurfte einigen Stocherns durch die Reinigungsöffnungen, um das zu lösen und das Ausfließen in Gang zu bringen. So viel zu dem angeblich „perfekten" Wasseraufbereitungsverfahren. Selbstverständlich war ein derartig klebriger Schlamm in jeder Hinsicht inakzeptabel und nicht die Reinigungsschrauben waren zu klein, sondern die Wasseraufbereitung mangelhaft. Das Depot hatte keine beziehungsweise verwendete auch keine abgebogenen Waschwasserdüsen, die aber nötig waren, weil der Bodenring mit geraden Lanzen nicht ordnungsgemäß gereinigt werden konnte. Das waren alles keine Mängel an der Lokomotive, sondern ein Versagen im betrieblichen Umfeld, den Erfordernissen der Lokomotive gerecht zu werden. Das musste beides bei der Weiterentwicklung Schritt halten. Die Annahme, eine weiterentwickelte Lokomotive wäre für ein unverändertes Umfeld geeignet, war ein grundsätzlicher gedanklicher Fehler.

Wenn auch das meiste, was ich in Hohhot zu sehen bekommen hatte, außerordentlich entmutigend war, so brachte der Besuch doch immerhin eine interessante Erfahrung. Er fiel zusammen mit einem Kälteeinbruch während der ohnehin kältesten Zeit des Jahres an einem ziemlich kalten Ort. Die Temperaturen gingen auf -29 °C zurück und gaben mir einen unmittelbaren Eindruck davon, was es bedeutet, Dampflokomotiven unter solchen Bedingungen zu betreiben. Die beheizten, von den Russen für sibirische Verhältnisse konstruierten Führerhäuser waren vollständig geschlossen und der Abstand zum Tender mit einem Faltenbalg aus Zeltleinwand abgedichtet. Das war aber alles von geringem Nutzen, wenn die Seitenfenster geöffnet bleiben mussten, weil das Glas nicht von Eis frei gehalten werden konnte. Ein Teil des Eises konnte bei der 8001 auf den Kühldampf gegen Schlackebildung zurückgeführt werden, der den nicht absolut dichten Lufteinlasskästen entwich. Selbstverständlich kamen die Heizkörper nicht gegen die eiskalte Zugluft durch diese geöffneten Fenster an und die Umstände auf dem Führerstand waren nicht sehr komfortabel, um es einmal vorsichtig auszudrücken. Und wie sah es in den Depots aus? Kohleladen, Wasserfassen, Nachfüllen der Schmierpumpen und Ölgefäße, Reinigen des Aschkastens und so weiter waren bei minus dreißig Grad in einer windigen Nacht und in einem schlecht beleuchteten Depotgelände keine besonders angenehmen Tätigkeiten. Die kleinste Dampfundichtigkeit hüllte alles in Nebelschwaden, und das war auch der Grund, warum man den Kühldampfabzweig von der Hilfsbläserleitung entfernt hatte, weil das Schuppenpersonal für die Reinigung der Aschkästen sagte, es sähe nichts, wenn die Kühldampfzufuhr angestellt war und nahm das als Ausrede dafür, dass diese Arbeit nicht erledigt wurde. Im Ergebnis blockierten Aschen und brennende Kohle den Aschkasten, aber selbst dann hätte Hohhot nichts ohne Rücksprache mit der Fabrik ändern sollen. Allerdings wurde mir klar, dass nur eine grundlegende Änderung der Entaschungstechnik zu einer Lösung führen konnte, an der niemand Anstoß nehmen würde.

Auch dem eingeschworensten Dampflokomotivfreund wäre es schwergefallen, seine Begeisterung in der realen Welt des Lokomotivbetriebs im Winter im Norden Chinas aufrechtzuerhalten, wo die Temperatuten bis unter -40 °C fallen können, und es sei daran erinnert, dass die große Mehrheit der chinesischen Lokomotivbesatzungen keine Dampflokomotivfreunde waren. Kein Wunder, dass sie voller Neid auf die Diesel- und Elektrolokomotiven mit ihren warmen Führerständen schauten, wo es praktisch keine äußeren Vorbereitungsdienste gab und die sich nicht selbst in Dampf einhüllten. Natürlich hätte man die Dinge auch bei den Dampflokomotiven verbessern können, und bei der modifizierten QJ wäre das auch geschehen, aber das Niveau des Komforts und der Bequemlichkeit der anderen Traktionsarten wäre nicht annähernd erreicht worden. Es hätte einer mühsamen Anstrengung zur Verbesserung sowohl der Lokomotiven als auch des Betriebsumfelds bedurft. Der entscheidende Punkt war, dass die Diesel- und Elektrotraktion bereits ein viel höheres Niveau erreicht hatten und die Dampflokomotivmannschaften wollten nicht Jahre auf unsere Bemühungen warten, ihr Schicksal zu erleichtern. Sie sahen um wie viel besser die anderen waren und wollten *rasch* die gleichen Arbeitsbedingungen haben, indem sie sich von den Dampflokomotiven weg versetzten ließen. Das zu lesen, mag für Dampflokomotivfreunde schmerzhaft sein, aber die Männer in China teilten nicht deren romantische Vorstellung von dem Leben auf dem Führerstand. Zusammen mit dem Wartungspersonal agitierten sie mit Macht auf eine Änderung hin, und es war nicht sehr wahrscheinlich, dass solche Männer besondere Anstrengungen unternahmen, um einer neuen Dampflokomotivkonstruktion zum Erfolg zu verhelfen.

Sobald ich nach Datong zurückgekehrt war, schrieb ich ein dringendes Memorandum an den Chefingenieur über meine Eindrücke. Insbesondere machte ich mir über die niedrigen Kesselwasserstände Sorgen und schrieb: "…der von mir beobachtete Kesselbetrieb *ist gefährlich* und erfüllt nicht das oberste Gebot der Sicherheit des Lokomotivbetriebs". Ich hatte Visionen davon, zur Zwangsarbeit in den Salzminen zu landen, falls es durch 8001 zu einem tödlichen Unfall kam, was durchaus möglich erschien, falls die Zuverlässigkeit der Schmelzpfropfen nicht besser war als die einiger anderer Sachen, die Datong herstellte. Ich bestand darauf, dass sofortige Maßnahmen gegen den Eintritt einer solchen Möglichkeit ergriffen wurden, indem ich empfahl, die Lokomotivmannschaft der Fabrik nach Hohhot zu entsenden, um den Männern vor Ort Anweisungen zur Feuerführung zu geben, bis sichergestellt war, dass sie damit selbst ordnungsgemäß zurechtkamen. Weiterhin verlangte ich, dass verantwortliche Leute von der Fabrik für die Einsatzdauer der 8001 in Hohhot stationiert wurden, um die Arbeit des örtlichen Personals zu überwachen und als Schutz gegen falsche Behandlung und unberechtigte Änderungen an der Lokomotive. Falls das nicht möglich war, dann wollte ich, dass die Lokomotive unverzüglich aus Hohhot abgezogen und stattdessen dem Depot Datong für weitere Streckenversuche mit Fokus auf den Verbrennungsvorgang zugeteilt wurde. Ganz besonders wichtig war es, eine erfolgreiche Methode der Handbeschickung zu ermitteln, was weder mit der Fabrikmannschaft noch, entgegen meiner Erwartungen, in Hohhot möglich gewesen war. Natürlich war Sicherheit eine wichtigere Angelegenheit als Kohleverbrauch, und ich wies darauf hin, dass das etwas miteinander verbunden war, indem beides von einem guten Feuerbett für die Gaserzeugung abhing. So war denn der hohe Kohleverbrauch, bei den von mir beobachteten Umständen der Feuerbeschickung und der Feuerbettzustände, nicht verwunderlich. Als weiterer Umstand trug dazu bei, dass die schlechte Verdampfungswilligkeit zu einem relativ geringen Gesamtspeisewasserstrom durch den Vorwärmer bei geöffnetem Regler führte, was allein schon zu einem um 5% bis 8% höheren Kohleverbrauch gegenüber einer verdampfungswilligen Lokomotive führte, bei der der Vorwärmer wirkungsvoll eingesetzt werden konnte. Aber das Beste kommt noch! Nachdem sie es geschafft hatten, dass 8001 mehr Kohle verbrauchte als eine Serien-QJ, wurde den Mannschaften ein höherer Kohleverbrauch als normal als Ausgangswert für die Berechnung ihrer Kohleprämie zugestanden. Die Verwendung des mechanischen Stokers mit einer so feinkörnigen Kohle erhöhte den Kohleverbrauch gegenüber einer intelligenten Handbeschickung sehr beträchtlich, aber bei diesem Arrangement gab es für die Mannschaften wenig Anreiz, sich über eine intelligente Feuerbeschickung Gedanken zu machen, konnten sie doch die Kohle einfach laufen lassen und kassierten immer noch ihre Prämie (hätten sie es wirklich versucht und den Kohleverbrauch merklich reduziert, dann hätte man zweifellos den Sollwert auf ein niedrigeres Niveau gesenkt, ihre Mühen hätten also nicht zu einem größeren Bonus geführt). Es ist somit nicht überraschend, dass die Mannschaften mit der 8001 dem Vernehmen nach zufrieden waren und sie behalten wollten. Aber auf der überwiegend ebenen Relation Hohhot – Baotou werden die Serien-QJ ganz oder überwiegend von Hand beschickt worden sein, so dass aus dem Vergleich der Brennstoffverbräuche zwischen den Serienlokomotiven und der GPCS-Lokomotive keine nutzbringenden Schlüsse gezogen werden konnten. Das hätte nur bei übereinstimmenden Betriebsbedingungen getan werden sollen. Doch es war klar, dass ein Fazit gezogen werden würde, und zwar das falsche, es sei denn die Feuerungstechnik wurde berichtigt.

Mein Memorandum an den Chefingenieur der Fabrik war ganz schön scharf formuliert, schließlich hatte ich keine besondere Lust auf die Salzminen, aber natürlich geschah nichts. Die Fabrikleitung hatte zu dieser Zeit schon kein Interesse mehr an der Dampftraktion und nahm die Einstellung an, dass alles, was nun mit 8001 geschah, in der Verantwortung von Hohhot lag und man am besten nichts damit zu tun hatte. Deshalb blieb die Lokomotive dort im Einsatz, wurde weiterhin mechanisch gefeuert und Änderungen erfolgten fortgesetzt ohne Absprache mit der Fabrik. Nach einigen Monaten im Plandienst war der Feuerlochlufteintritt vollständig abgedeckt und Löcher waren in die Klappen der Lufteinlasskästen geschnitten worden. Es wurde von häufiger Rostverschlackung im Einsatz berichtet, so dass wahrscheinlich auch an den Kühldampfleitungen gegen Schlackebildung herumgedoktert worden war. Eine Mannschaft schaffte es, während der Fahrt das ganze Feuer in den Aschkasten zu befördern, anscheinend wegen Nachlässigkeit im Depot bei dem Anhängen der Rostelemente an die Betätigungen. Das führte zu schweren Schäden an der Rostanlage und setzte die Lokomotive für ein oder zwei Monate außer Betrieb. Wie schon Chapelon sagte, kann man sich auf das Wohlwollen des Bedieners nicht verlassen!

Zu den interessanten in Hohhot gemachten Dingen gehörte die Messung des Anteils an Unverbranntem in der Asche. Er erwies sich mit 65 % Kohlenstoff in der Rostasche als sehr hoch, was selbst bei der aschearmen chinesischen Kohle 7 % bis 10 % des aufgeworfenen brennbaren Materials bedeutete. Ich hatte diesen Verdacht schon durch meine eigenen Beobachtungen sowohl auf der 7036 als auch der 8001 und führte es darauf zurück, dass der Kühldampf gegen Schlackebildung die untere Schicht in der Mitte des Feuerbetts ablöschte. Das versprach unter bestimmten Bedingungen (zum Beispiel bei stark Schlacke bildender Kohle mit geringem Gehalt an flüchtigen Bestandteilen) ein echtes Problem zu werden, was dann zu den übrigen Schwierigkeiten mit dem GPCS hinzukommen würde.

Nachdem QJ 8001 sechs Monate im Plandienst gestanden hatte, wurde der „Versuch" als beendet betrachtet. Obwohl den Berichten zufolge die Verdampfungswilligkeit und der Kohleverbrauch sich mit der Zeit etwas verbessert hatten, verbrauchte die Lokomotive auch weiterhin mehr Kohle als die Serien-QJ. Wie viel mehr, wurde mir nicht gesagt und damit wurde die ganze Übung in der Tat eingestellt. Die Lokomotive wurde daraufhin im Depot Hohhot abgestellt, wo sie etwa drei Jahre verblieb, bis sie als Exponat für eine Dampflokomotivausstellung der Fabrik nach Datong zurückgeholt wurde. Es bleibt eine offene Frage, ob die ganze Angelegenheit einfach von der speziellen Vorgehensweise der Chinesen durchsetzt war, bei der man schlimmstenfalls davon ausgehen konnte, das sie zu nichts Gutem führte oder ob es eine Verschwörung war, um ein Projekt zu vereiteln, dass die Eisenbahnen von Anfang an nicht wollten. Beides war möglich, aber was auch immer dahinter steckte, das war der letzte Nagel sowohl im Sarg des Projekts als auch in dem der Dampflokomotive, soweit es den weiträumigen normalen Eisenbahnverkehr betrifft. Alles, was man mit Sicherheit sagen kann, ist, dass QJ 8001 gegenüber der Serienkonstruktion unter identischen Versuchsbedingungen einen deutlich höheren Kesselwirkungsgrad gezeigt hatte, und unter der Aufsicht des Autors wurden gute Feuerbetten zur Gaserzeugung, gute Verdampfungswilligkeit und gute Streckenleistungen erreicht. Nicht immer, das stimmt schon, aber für den Anfang oft genug, und die Beförderung von 4 000 Tonnen von Shuo Xian nach Datong war nun wirklich eine beachtliche Leistung und im Übrigen besser als die anfänglichen Leistungen sowohl von 2644 (bei Weitem) als auch 3450. Die Anweisungen des Autors wurden nach dem Weggang der Lokomotive von Datong, aus welchen Gründen auch immer, nicht beachtet und die Leistungen der Lokomotive waren schlecht. Der Unterschied der Leistungen in Datong und Hohhot war so eklatant, dass zumindest der Verdacht besteht, dass Fairplay nicht immer beachtet wurde. Freilich wurden meine dringenden Forderungen, nachdem ich erkannt hatte, dass die Dinge in Hohhot in eine völlig falsche Richtung liefen und dass die Fabrikingenieure nichts dagegen tun würden, ignoriert. 8001 wurde nicht nur nicht zurück nach Datong geholt, sondern nach der Januar-Reise wurde ich auch daran gehindert, nach Hohhot zu fahren, weil angeblich die Umstände für einen solchen Besuch nie die „richtigen" waren, ja, mir wurde sogar mitgeteilt, dass ich und das Fabrikpersonal dort „nicht willkommen" waren. Das Eisenbahnministerium in Peking hätte die Dinge natürlich „richtig" stellen können, zog es aber vor zu schweigen. Alles, was ich tun konnte, war, verschiedene Memoranda bezüglich der Verbrennungsprobleme an die leitenden Ingenieure der Fabrik und an das Eisenbahnministerium zu schreiben, worin ich neben anderen Dingen betonte, dass das GPCS nicht erfolgreich sein würde, es sei denn, dass auch für zugehörige Dinge, wie der Ausbildung der Lokomotivmannschaften ordnungsgemäß Sorge getragen würde. Es wird nicht überraschen, dass die Memoranda keine Reaktion hervorriefen. Für die Führung der Eisenbahnen sprachen die Berichte über hohe Kohleverbräuche der 8001 in Hohhot eine wesentlich deutlichere Sprache, als meine Ausführungen.

Bei meinen beiden Fahrten mit 8001 auf dem Streckenabschnitt Datong – Shuo Xian machte ich in der genau gleichen Weise, wie bei den SAR Messungen der Leistung des in China konstruierten Giesl-Ejektors. Die Ergebnisse sind zusammen mit den charakteristischen Kurven verschiedener anderer Saugzugsysteme in der Abb. 160 wiedergegeben. Man sieht, dass die Leistung der Saugzuganlage der QJ 8001 bis zu einem Ausströmkastengegendruck von 0,30 bar wirklich sehr gut war, sogar viel besser als bei allen anderen Giesl-Anlagen, von denen der Autor Versuchsdaten hat. Allerdings fiel ihre Leistung oberhalb eines Abdampfdrucks von 0,30 bar ziemlich schnell ab. Der Grund sowohl für ihre gute Leistung bei geringer Kesselanstrengung als auch für ihre relativ schlechte bei großen Anstrengungen lag an ihrem sehr kleinen Schornsteinquerschnitt an der engsten Stelle. Diesbezügliche Daten finden sich in der Tabelle 79. Wie wir schon auf der Seite 275 gesehen haben, war ein kleiner Querschnitt an der engsten Stelle des Schornsteins ein Merkmal des Giesl-Ejektors, um die Stoßverluste bei der Vermischung von Dampf und Rauchgas durch Beschleunigung der Rauchgase in der Mischzone zu vermindern. Das erreichte er auch durchaus, aber auf Kosten relativ hoher Reibung und Verluste durch kinetische Austrittsenergie. Bei geringen Kesselanstrengungen funktionierte diese Philosophie zumindest bei der QJ-Ausführung einwandfrei und das ergab für den Giesl-Ejektor bei den typischen geringen betrieblichen Leistungsanforderungen an die QJ Vorteile. Allerdings waren die Proportionen des Giesl-Ejektors für eine gute Leistung über einen weiten Bereich von Kesselanstrengungen falsch. Das Verhältnis des Sekundär- zu dem Primärströmungsquerschnitt lag weit unterhalb des optimalen Werts und folglich wurde mit steigender Lokomotivleistung der Schornsteinquerschnitt für die durchzuleitenden Rauchgas- und Dampfvolumina zu klein, und diese Drosselung, zusammen mit einem großen Verlust an kinetischer Austrittsenergie, verdarb die Saugzugleistung. Die Chinesen hatten natürlich ihre eigene Beurteilung ihres „ovalen Schornstein" vorgenommen, und die daraus folgende Kurve seiner Charakteristik aus dem Versuchsbericht der QJ 6783 ist in der Abb. 160 mit aufgeführt. Auf der Grundlage dessen erklärten sie seine Überlegenheit gegenüber der Lempor-Anlage, aber sie hatten den Unterdruck an einer Stelle hoher Gasgeschwindigkeit in der Nähe des Schornsteineintritts gemessen. Das war ein grundlegender thermodynamischer Fehler, der den wirksamen Unterdruck größer und die Saugzugleistung besser erscheinen ließen, als sie tatsächlich waren. Das Ziel bei der Arbeit an der Saugzuganlage der QJ 8001 war daher, eine genauere Leistungskurve zu erhalten, um zu sehen, ob eine solche Anlage für die modifizierte QJ geeignet war. Wie man in der Abb. 160 erkennt, war die so entstandene Kurve ziemlich verschieden von der von den Chinesen angegebenen, besonders bei großen Kesselanstrengungen, wo die hohe Gasgeschwindigkeit in der Nähe des Schornsteins bei den chinesischen Versuchen einen *scheinbar* großen Unterdruck ergeben hatten, was den wahren Leistungsabfall der Saugzuganlage kaschierte. Die Schlussfolgerung war, dass der Giesl-Ejektor, obwohl er gute Ergebnisse bei geringer Lokomotivleistung ergab, für die großen Dampf-

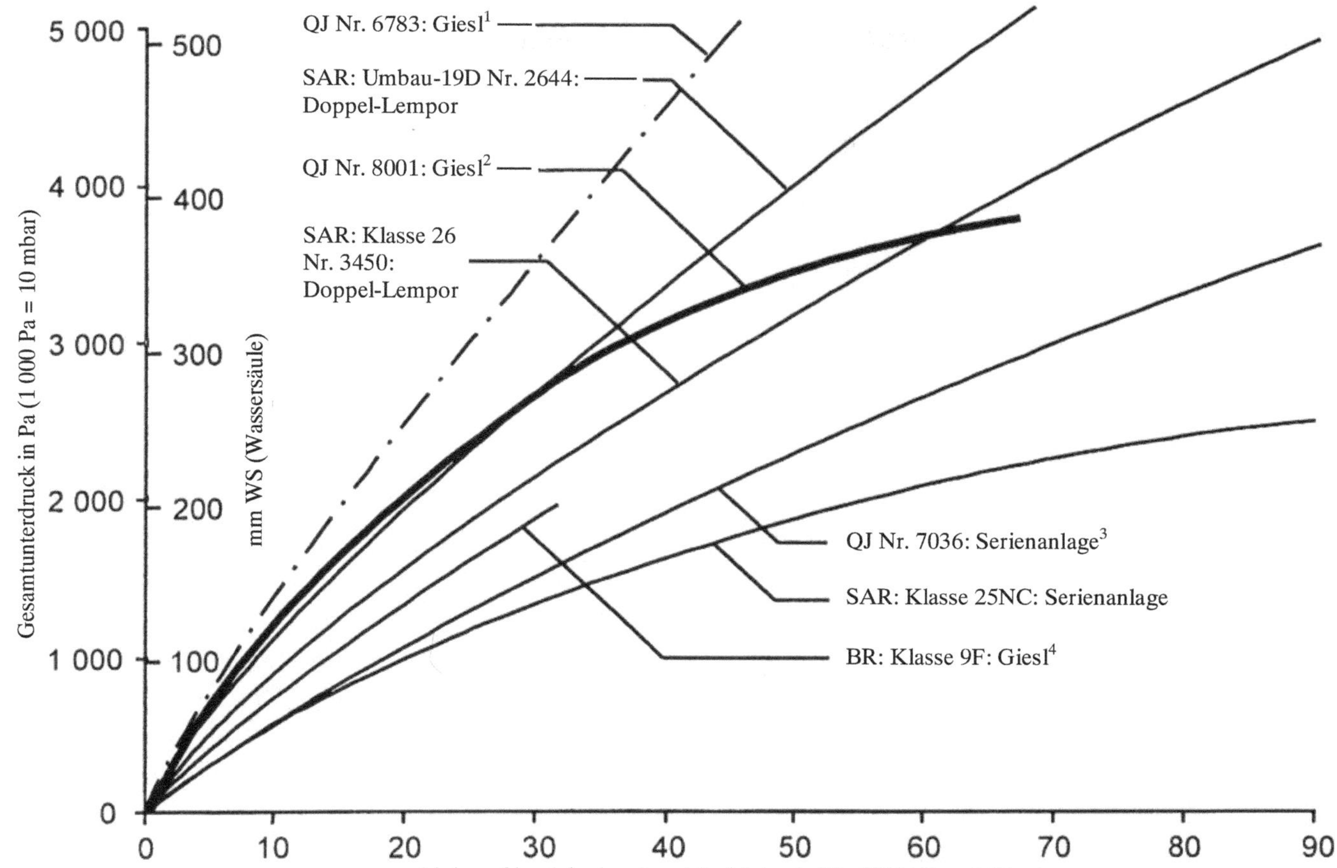

Anmerkungen.

1. Aus dem offiziellen Versuchsbericht. Die Kurve basiert auf thermodynamisch nicht korrekten Messungen und gibt zu hohe Unterdrücke an.
2. Versuchslokomotive mit GPCS. Kurve der besten Messwerte aus Hauptstreckenversuchen.
3. Versuchslokomotive mit GPCS und Zyklonbrennkammer. Messwerte von stationären Versuchen.
4. Lage der Messstelle für den Abdampfdruck unbekannt.

Abb. 160
QJ-Klasse der CR und andere ausgewählte Lokomotiven: Leistungskurven der Saugzuganlagen

und Rauchgasströme und für die erforderlichen großen Unterdrücke bei der vorgesehenen Maximalleistung der modifizierten QJ definitiv nicht geeignet war. Ja, es erschien sogar wahrscheinlich, dass der berechnete größte Unterdruck von 77,66 mbar mit einer solchen Anlage unerreichbar gewesen wäre.

Tabelle 79
Auslegungsdaten der Saugzuganlagen der CR-Klasse QJ und der SAR-Klasse 26

Klasse	Gesamtströmungs-querschnitt an der engsten Stelle des Schornsteins, cm²	Mündungs-querschnitt der Blasrohrdüsen, cm²	Verhältnis Sekundär- zu Primärquer-schnitt	Gesamtaustritts-querschnitt des Diffusors, cm²
QJ-Giesl (serienmäßiger Mündungs-querschnitt der Blasrohrdüsen)	1 530	296	4,2	3 880
QJ 8001-Giesl (reduzierter Mündungs-querschnitt der Blasrohrdüsen)	1 530	264,5	4,8	3 880
Modifizierte QJ-Dreifach-Lempor (Auslegung)	2 489	296	7,4	7 390
SAR-Klasse-26-Doppel-Lempor (Auslegung)	2 798	302,5	8,2	6 196

Am Schluss fiel bei den stationären Versuchen eine der herausnehmbaren Rauchkammersiebtafeln herunter (wieder einmal Datongs Schweißarbeiten). Der sich daraus ergebende ungleichmäßige Rauchgasstrom lenkte den Abdampfstrom einseitig ab, mit der Folge eines um ein Drittel abfallenden Rauchkammerunterdrucks. Dieser lehrreiche Zwischenfall ließ darauf schließen, dass der längliche Giesl-Schornstein gegen ungleiche Gasströmungen quer zur Längsachse sehr viel empfindlicher war als ein runder, also ein weiterer Nachteil dieser Konstruktion. Die Chinesen kamen zu dem gleichen Schluss und wegen der Empfindlichkeit der Anlage gegen schlechte Ausrichtung und gegen Ungleichförmigkeiten der Rauchgasströmung wurde der Giesl-Ejektor Anfang der neunziger Jahre unpopulär und einige Lokomotiven wurden auf kreisrunde Schornsteine zurückgerüstet.

3. Versuche mit der Saugzuganlage

Trotz der Vollständigkeit der Lempor-Theorie für die Berechnung der optimalen Querschnittsflächen der Blasrohrdüsen und der Mischzone, wurde ja schon in Kapitel 2.2 erwähnt, dass darüber hinaus für mehrere für die Saugzuganlage wichtige Parameter nur unzureichende Daten für die konstruktive Auslegung vorlagen. Angesichts der Tatsache, dass es sich bei der Saugzuganlage thermodynamisch gesehen um das Herz der Lokomotiv handelte, war das ein unglücklicher Zustand und Porta hatte selbst seit Langem die Notwendigkeit für ein Versuchsprogramm erkannt, um die Lücken in dem bestehenden Wissen zu schließen. Das QJ-Projekt ergab dazu die Gelegenheit, und schon kurz nach meiner Ankunft in Datong schlug ich den Fabrikingenieuren die Ausführung von Versuchen auf einem Prüfstand vor, was sie auch akzeptierten. Die folgenden Parameter sollten untersucht und optimiert werden:

i) die Bauart der Blasrohrdüsen
ii) das Verhältnis Austrittsquerschnitt der Blasrohrdüsen an der Mündung zu ihrer engsten Stelle
iii) der axialer Abstand von dem Ende der Kordina-Einrichtung bis zum Eintrittsquerschnitt der Blasrohrdüse
iv) der Abstand der Blasrohrdüsenmündung zu dem Schornsteineintritt
v) die Anwendung von Drall in der Abdampfströmung, in der Rauchgasströmung und in beiden gleichzeitig
vi) das Verhältnis der Länge der Mischzone zu ihrem Durchmesser
vii) der Diffusorwinkel

Die Optimierung dieser Dinge durch Versuche mit einer Lokomotive wäre sowohl kostspielig als auch zeitaufwändig gewesen. Also wurde eine Versuchseinrichtung errichtet, mit dem die Betriebsbedingungen eines Lokomotivsaugzugs so gut es ging simuliert werden sollten, und zwar zum Beispiel die pulsierende Strömung[1], das Massenstromverhältnis Dampf zu Rauchgas und das Dichteverhältnis Dampf zu Rauchgas. Die Versuchsausrüstung bestand im Wesentlichen aus einer im Maßstab 1 zu 5 verkleinerten Lempor-Saugzuganlage für eine QJ, die in eine Trommel mit einer Öffnung an einem Ende eingebaut war. Außen an der Öffnung war ein Lufteinlassrohr, an dessen Anfang ein Gasringbrenner die von dem Saugzug angesaugte Luft erwärmte. Dampf aus der zentralen Dampfversorgung der Fabrik wurde mit einem Regulierventil einem Schieberkasten zugeführt, in dem ein Kolbenschieber sich hin- und herbewegte. Damit wurde der Dampf in die zwei Auspuffwege geleitet, die sich vor einer Kordina-Einrichtung unter der Blasrohrdüse vereinigten. Die Kanalöffnungen des Schieberkastens wurden so gestaltet, dass sie die kräftigen Auspuffstöße bei der Kanaleröffnung simulierten und die Strömung ähnelte der einer Zwillingslokomotive. Der Kolbenschieber wurde von einem Kurbeltrieb mit Riemenantrieb durch einen drehzahlgeregelten Elektromotor bewegt. Die festgelegte Höchstdrehzahl des Kurbeltriebs betrug 700 min^{-1}, was die gleiche Auspufffrequenz ergab wie von einer QJ bei einer Fahrgeschwindigkeit von 100 km h^{-1}. Der aus dem Schornstein austretende Auspuff wurde durch einen weiten Kanal aus dem Gebäude, in dem die Versuchseinrichtung aufgebaut war, ins Freie geleitet. Die Versuchseinrichtung war so konstruiert, dass die Komponenten der Saugzuganlage einfach ausgewechselt werden konnten, und das ganze Ding war umfassend instrumentiert. Die Versuche begannen jeweils mit einer kurzen Anwärmphase, nach der dann der Dampfmassenstrom durch Erhöhen des Schieberkastendrucks und /oder der Motordrehzahl gesteigert wurde, wodurch der Abdampfdruck und der Unterdruck zunahmen. Sämtliche Versuche wurden mit einer Erhöhung des Schieberkastendrucks von etwa 0,25 bar auf 1,75 bar in festen Schrittgrößen ausgeführt, und dann ging es in gleichen Schritten wieder zurück auf den Ausgangsdruck. Die Kurven für die Abhängigkeit des Unterdrucks von dem Abdampfdruck wurden direkt aus den abgelesenen Werten gezeichnet. Die Durchführungszeit für jeden Versuch war sehr kurz, und auch der Wechsel von Komponenten der Saugzuganlage ging bei der Versuchseinrichtung rasch vonstatten. Was aber lange dauerte, war die Anfertigung der Bauteile, was besonders im Hinblick auf ihre geringe Größe sehr sorgfältig erfolgen musste.

Die Konstruktion der Versuchseinrichtung, die ziemlich kompliziert war, erfolgte unmittelbar nach der des GPCS mit Zyklonbrennkammer und war praktisch Mitte Februar 1986 fertiggestellt. Ich wünschte eine Fertigstellung der Ausrüstung bis Ende August 1986, gab also sechs Monate Zeit für Herstellung und Zusammenbau, was zumutbar erschien. Wie sich herausstellte, wurde sie erst Ende März 1987 fertig. Bei der Ingangsetzung funktionierte sie gut und hörte sich so an, wie sie sollte, nämlich fast so wie eine wirkliche Lokomotive. Als sie mit 700 min^{-1} betrieben wurde, war der Lärm allerdings ziemlich ohrenbetäubend und für die Bediener mussten Ohrenschützer ausgegeben werden. Einer davon war meine Frau, eine ausgebildete Labortechnikerin. Da mir für eine persönliche Durchführung der Versuche die Zeit fehlte, dachte ich mir, dass die korrekten Vorgehensweisen beachtet wurden, falls sie diese Arbeit übernahm und ich mich auf die Genauigkeit der Ergebnisse verlassen konnte. Die Fabrik hatte einen Mitarbeiter des Konstruktionsbüros für diese Arbeit abkommandiert und die beiden arbeiteten während des ganzen Programms zusammen. Ursprünglich hatte ich Ende Dezember 1986 als zeitliches Ziel für den Abschluss dieser Versuche festgelegt, aber zu der Zeit, als sie tatsächlich begannen, hatte ich über die Verhältnisse in Datongs genug gelernt, um mir nicht weiter die Mühe zu machen, einen Zeitplan aufzustellen, sondern stellte bloß klar, dass die Konstruktionsarbeiten für die Saugzuganlage der modifizierten QJ nicht vor Beendigung der Versuche anfangen würde. Mit Fortschreiten des Jahres 1987 wurde die Bereitstellung von Komponenten für die Versuche vonseiten der Werkstattabteilungen zunehmend immer schleppender, aber zu Anfang des Jahres 1988 waren genügend Daten zur Hand, um zu den nachstehenden Ergebnissen zu gelangen:

i) Mehrfachblasrohrdüsen waren den Einfachdüsen (selbstverständlich) überlegen, aber echte, im Mündungsquerschnitt eiförmige Lempor-Düsen ergaben keine besseren Ergebnisse als Mehrfachdüsen mit kreisförmigen Querschnitten, die viel einfacher herzustellen waren, weil sie mit Werkzeugmaschinen bearbeitet werden konnten. Damit wurden ähnliche Blasrohrdüsen empfohlen, wie sie bisher bei Lempor-Anlagen verwendet wurden, aber mit kreisförmigem Querschnitt.
ii) Konvergierend-divergierende Düsen waren bei den für den Lokomotivbetrieb typischen Abdampfdrücken der rein konvergierenden Ausführung überlegen (was die Versuchsergebnisse mit 3450 bestätigten). Doch die Ergebnisse der drei untersuchten überkritischen Düsen mit Verhältnissen der Querschnitte an der Mündungen zur engsten Stelle von jeweils 1,14 : 1, 1,25 : 1 und 1,387 : 1 waren vergleichbar, so dass eine klare Empfehlung für den optimalen Wert bei einem Lokomotivsaugzug nicht ausgesprochen werden konnte.
iii) Das Verhältnis Länge zu Durchmesser der Blasrohrlänge zwischen Kordina-Einrichtung und der Eintrittskante der Mehrfachblasrohrdüsen konnte ohne Einschränkungen auf 1,0 : 1 herabgesetzt werden, ohne dass eine Auswirkung auf die Gleichförmigkeit der Dampfströmung in die Düsen zu einer messbaren Beeinträchtigung der Ejektorleistung führte.[2]
iv) Die Mündung der Blasröhrdüse sollte eher auf der Ebene des Anfangs der zylindrischen Mischzone liegen, als an irgendeiner Stelle in oder unterhalb des Schornsteineintritts.

---

[1] Unter den Experten auf diesem Gebiet besteht Einvernehmen darin, dass die pulsierende Strömung die Pumpleistung des Ejektors durch Verbesserung des Mischvorgangs und der Arbeitsweise des Diffusors steigerte. Allerdings machten die Ejektortheorien, auch die für die Kylpor- und die Lempor-Anlage, die Annahme einer stetigen Strömung. Auch wurden Versuche im Allgemeinen stets mit stetiger Strömung durchgeführt. Zum Ende des Versuchsprogramms in Datong bestand die Absicht, ausgewählte Versuche mit einer stetigen Strömung zu wiederholen, um die Leistungsunterschiede zwischen stetiger und pulsierender Strömung quantifizieren zu können, aber leider wurde das doch nicht gemacht.

[2] Aus der Beobachtung der Abdampffahne einer schwer arbeitenden Zwillingsdampflokomotive war zu erkennen, dass der Auspuffstrom nicht koaxial zur Schornsteinachse austrat, sondern dazu neigte, sich in einen unterscheidbaren linken und rechten Strom aufzuteilen. Daraus konnte man schließen, dass der Abdampf vom linken beziehungsweise rechten Zylinder die Blasrohrdüse nicht gleichförmig ausfüllte (siehe Tafel 75).

v) Weder dem Abdampf noch dem Rauchgasstrom sollte ein Drall gegeben werden. Dralleinsätze verbesserten zwar die Ejektorleistung mit den einfachen Blasrohrdüsen, besonders bei der Anwendung kurzer Mischzonen, aber nicht soweit, dass sie der mit Lempor-Düsen überlegen wurde. Bei den letzteren verschlechterten Dralleinsätze definitiv die Leistung und die Schraubenform der Kordina-Einrichtung bei der 3450 war mit ziemlicher Sicherheit ein Fehler.

vi) Bei einem Schornstein mit einem Verhältnis Gesamtlänge zu Durchmesser der Mischzone von oder nahe bei 5,0 : 1, bei den Schornsteinen der Versuchseinrichtung betrug der Wert 5,1 : 1, sollte für das Verhältnis Länge der Mischzone zu Durchmesser der Wert 2,0 : 1 gewählt werden. (Da eine kürzere Mischzone einen längeren Diffusor ermöglichte und umgekehrt, wurde bei der Versuchseinrichtung nicht nur die Auswirkung einer Änderung des Verhältnisses Länge zu Durchmesser der Mischzone allein auf den Mischvorgang untersucht, sondern die Auswirkung, die das auf die Leistung von Mischzone *und* Diffusor hatte. Solchermaßen waren die Ergebnisse nur für das spezielle Verhältnis Gesamtlänge zu Durchmesser der Mischzone der Schornsteine der Versuchseinrichtung gültig, aber dieser Wert wurde als typisch für denjenigen gewählt, den man bei gut konstruierten Saugzuganlagen großer Lokomotiven antraf.)

vii) Der Diffusorwinkel sollte $\leq 12°$ sein. Der optimale Wert schien zwischen 10° und 10,5° zu liegen, also etwas kleiner, als ich bis dato angewendet hatte.

Alle diese Ergebnisse aus dem Versuchsprogramm wurden bei der Konstruktion der Dreifach-Lempor-Anlage für die modifizierte QJ berücksichtigt. Das war die letzte noch zu konstruierende wichtige Komponente, und die Zeichnungen des Autors wurden in den ersten beiden Januarwochen des Jahres 1988 fertiggestellt.

4. Weitere Versuchsarbeiten

Über die Dinge, die unter diese Überschrift fallen, wie zum Beispiel Versuche mit den berippten Überhitzerelementen, wurde bereits in dem Kapitel 7.3 berichtet.

7.5 Die Lokomotivfabrik Datong

Der Misserfolg ist keine Schande, die Schande besteht darin, es nicht zu versuchen.

Von dem verstorbenen Deng Xiaoping, Chinas „Großer Führer" während der Zeit meiner Tätigkeit in Datong, wurde berichtet, dass er das Nachstehende während einer Rede am 18. August 1980 bei einer erweiterten Sitzung des Politbüros des Zentralkomitees der Kommunistischen Partei Chinas gesagt haben soll. Das Zitat entstammt der Zeitung China Daily Newspaper vom 1. Juli 1987 (ja, Nachrichten können in China lange brauchen oder sie brauchten sieben Jahre zu entscheiden, ob das zitiert werden konnte).

> „Die Bürokratie bleibt ein großes und weitverbreitetes Problem in dem politischen Alltag unserer Partei und unseres Staates. Ihre schädlichen Auswirkungen sind die folgenden: Abgehobenheit von den Massen, Missbrauch der Macht, Selbstentfremdung von der Realität und den Massen, Aufwendung von viel Zeit und Mühe für die Errichtung einer eindrucksvollen Fassade, sich ergehen in leeren Phrasen, Festhalten an starrem Denken, Engstirnigkeit durch Konvention, personelle Überbesetzung der Verwaltungen, Zögerlichkeit, Ineffizienz und Verantwortungslosigkeit, Wortbrüchigkeit, endloser Aktenumlauf ohne Problemlösung, Weitergabe der Verantwortung und sogar die Annahme der Allüren eines Mandarins, wie die Maßregelung anderer bei jeder Gelegenheit, rachsüchtige Angriffe, die Unterdrückung der Demokratie, das Belügen von Vorgesetzten und Untergebenen, die Willkür und Despotie, die Vetternwirtschaft, die Bestechung, die Teilnahme an gesetzeswidrigen Korruptionsvorgängen und so weiter. Diese Dinge haben sowohl im Inneren als auch in unseren Auslandsangelegenheiten ein unerträgliches Ausmaß angenommen."

Sofern meine Erfahrungen in der Lokomotivfabrik typisch waren, dann hatte Deng den Nagel auf den Kopf getroffen. Wenn mich ausländische Besucher in Datong danach fragten, wie es wäre dort zu arbeiten, dann antwortete ich gewöhnlich, dass es so wäre, als ob man für die Mafia arbeitet. Dieses Urteil war wohl etwas zu hart, aber ob das für Fabrik oder für die Mafia galt, war manchmal kaum zu entscheiden. Somit ist es notwendig, im Einzelnen darüber zu schreiben, wie die Fabrik sich während meiner Zeit dort aufführte, so dass deutlich wird, auf welche Art und Weise das QJ-Projekt zerstört wurde. Falls Sie glauben, verehrter Leser, ich ginge mit Datong auf den nächsten Seiten ein wenig zu streng zu Gericht, dann lassen Sie sich sagen, dass nur meine buddhistischen Überzeugungen meine Feder zügeln.

Die Lokomotivfabrik Datong wurde von einigen Eisenbahnfreunden hoch gepriesen und fast in den Status eines heiligen Ortes der Welt der Dampflokomotive erhoben.[1] Diese Verehrung, falls das das richtige Wort ist, war durchaus verständlich. Datong war die letzte Fabrik der Welt, die Hauptbahndampflokomotiven für den normalen Plandienst baute, und sie baute eine ganze Menge davon, nämlich während der dreißig Jahre bis zur Einstellung der regulären Dampflokomotivproduktion im Jahr 1988 etwa 5 560 Stück (4 680 1E1 der Klasse QJ und 880 1D1 der Klasse JS). Allerdings war die verbreitete Behauptung, die Fabrik produziere „die Lokomotive vollständig aus Rohmaterialien"[2] ganz und gar nicht zutreffend. Während meine Frau und ich dort arbeiteten, wurden von den Nankou-Werken für Lokomotiv- und Rollmaterialausrüstung, gegründet in den sechziger Jahren, zumindest die folgenden Bauteile und Baugruppen zugeliefert: das Gros der Treib- und Kuppelstangen[3], Luftpumpen und ein Großteil der Bremsausrüstung, Kolbenspeisepumpen, Schmierpumpen, selbstansaugende Strahlpumpen, nicht saugende Strahlpumpen, Turbogeneratoren, Scheinwerfer und andere elektrische Ausrüstung, Federn, Wälzlager, Radreifen, Kolbenstangenstopfbuchspackungen und Anzeigeinstrumente. Man teilte mir mit, dass Kesselrohre aus Japan importiert wurden.

Dies, Datongs massiver Personalbestand von über 9 000, und die Tatsache, dass nur zwei Lokomotivbauarten in Serie hergestellt wurden, die Klassen QJ und JS, lassen die Produktionszahlen weniger eindrucksvoll erscheinen. Auch die Qualität der Produktion war fragwürdig. Anscheinend wurden kritische Bauteile, wie Achsen und Kessel, nach chinesischen Maßstäben und innerhalb ihrer konstruktiven Grenzen ordnungsgemäß hergestellt, obwohl man mir sagte, dass die während meiner Zeit dort für die Bestrebung Datongs, eine AAR-Zertifizierung für die Herstellung von Achswellen zu erlangen, nach Amerika geschickten Musterachswellen den AAR-Abnahmeversuch nicht bestanden. Nicht sicherheitsrelevante Bauteile ließen allerdings in jeder Hinsicht einiges zu wünschen übrig.

---

[1] Siehe zum Beispiel Durrant, A. E., Qian Jin: The World's Best Buy in Motive Power, Railways in Southern Africa, August / September 1983, Thomson Publications, Johannesburg, Seiten 4 – 11.

[2] Durrant, A. E., Qian Jin: The World's Best Buy in Motive Power, Railways in Southern Africa, August / September 1983, Thomson Publications, Johannesburg, Seite 6.

[3] Datong hatte durchaus die Fertigungseinrichtungen für Treib- und Kuppelstangen, aber der größte Teil wurde von Nankou zugeliefert, weil sie angeblich für Datong „schwierig" herzustellen waren.

Vielfach war die Ausführung außerordentlich grob und unfertig. Schartige unbearbeitete Brennschneidkanten gab es reichlich und das Qualitätsniveau der Schweißverbindungen an Aufbauten, wie zum Beispiel Bekleidungen, war sehr schlecht. Fast jeder geschweißte Zusammenbau war verzogen und bei dünnen Stahlblechen hielten sich Verschweißungen und Durchbrände die Waage. Die Fertigkeit, Stahlbleche ohne Durchbrand und ohne großen Verzug zu verschweißen, war keine fortschrittliche Technologie, sondern Basistechnologie, und der Fabrik hätte klar sein müssen, dass fortschrittliche Dampflokomotiven nicht hätten erfolgreich produziert werden können, solange etwas so Grundlegendes, wie eine gute Schweißtechnik nicht verfügbar war. Der Autor stellte fest, dass angeschweißte Ausrüstungen an neu gebauten QJ leicht *von Hand* abgebrochen werden konnten. Selbstverständlich hielt eine solche Arbeitsausführung den harten Beanspruchungen des alltäglichen Dienstes nicht lange stand. Zweifellos sorgte das durch die ständige Reparatur kleiner Details für Beschäftigung in den Depots, ausgeführt wahrscheinlich mit dem gleichen Grad an Fertigkeit, wie bei dem ursprünglichen Zusammenbau. Die Tatsache, dass über 200 Mängel an der QJ 8001 vor ihrer Umsetzung nach Hohhot zu Beginn ihrer Phase des Planeinsatzes behoben werden mussten, und das bei einer Lokomotive, bei der Datong besondere Sorgfalt übte oder hätte üben sollen, erübrigt jeden weiteren Kommentar zu Datongs Arbeitsausführung. Trotz dieser Vorbehalte war klar, dass die Fabrik sehr wohl in der Lage war, ihre Produktionszahlen für serienmäßige QJ und JS zu erfüllen. Aber die Produktion von etwas Bekanntem in großen Mengen und die Entwicklung von etwas Neuem waren zwei verschiedene Paar Schuhe. Die folgenden Seiten werden zeigen, dass sich die Lokomotivfabrik Datong für diese letztere Aufgabe alles andere als geeignet erwies und überwiegend für den Untergang des Projekts, eine „Super-QJ" zu bauen und damit auch für das Verschwinden der letzten wirklichen Hoffnung für die Dampftraktion, verantwortlich war.

Die bei den Gesprächen zu Anfang 1986 mit den Mitarbeitern der Fabrik bezüglich des Umfangs der Modifikationen zutage getretene Verwirrung war ein Zeichen, dass das Projekt von Anfang an nicht auf sicheren Füßen stand und zeigte, dass die Chinesen nicht wahrnahmen, wie umfangreich der Plan sein musste, falls die von ihnen selbst gesetzten Leistungsziele erfüllt werden sollten. Ein entlarvender Kommentar eines der leitenden Ingenieure war, dass die Bauteile standardisiert waren und nicht verändert werden konnten. Das hörte sich so an, als ob sie glaubten, die Lokomotive konnte ohne irgendeine Änderung verbessert werden. Nach Aufnahme der Konstruktionsarbeiten wurde deutlich, dass die Fabrik keine wirkliche Vorstellung von dem Vorgehen bei einem solchen Projekt hatte, aber genauso wenig geneigt war, in dieser Sache Ratschläge anzunehmen und dass sie die Dinge auf ihre Weise betreiben würde. Gleich zu Beginn wurden drei Kardinalfehler bei der Vorgehensweise gemacht, die dafür sorgten, dass das Projekt nicht nach dem Plan, den ich aufgestellt hatte und der die Serienproduktion modifizierter Lokomotive nach dem Ablauf von drei Jahre vorsah, würde abgeschlossen werden können.

1. Die leitenden Ingenieure entschieden, dass die Konstruktionsarbeiten vor Aufnahme der Fertigung komplett abgeschlossen sein mussten, anstatt Bauteilzeichnungen in die Fertigung zu geben, sobald sie fertig waren, wie das bei 2644 und 3450 gemacht worden war.
2. Das Konstruktionsbüro bestand darauf, alle meine Zeichnungen zu kopieren. Diese umfassten fast sämtliche Modifikationen und waren detaillierte Werkstattzeichnungen, mit denen die Werkstattleute hätten arbeiten können. Das Konstruktionsbüro hätte einfach nur die Zeichnungshinweise ins Chinesische übersetzen und die Zeichnungen in die Fertigung geben müssen. Das Übertragen erfolgte derartig träge, dass *die bis zu neunzehn Leute, die in dem Konstruktionsbüro für das Projekt arbeiteten, zum Ende der Vertragslaufzeit, ein Jahr nachdem ich die Originalzeichnungen und die zugehörigen Berechnungen in zwei Jahre fertiggestellt hatte, immer noch nicht alle kopiert hatten.* Das war wenig überraschend, da das Gros des der Konstruktionsarbeit zugeteilten Personals jung, unerfahren und unmotiviert war und die Bedeutung des Projekts ihnen egal war. Obwohl sie vorrangig für die geringe Produktivität des Konstruktionsbüros verantwortlich waren, lag der eigentliche Fehler bei der Fabrikleitung, solche Leute für das Projekt abzustellen. Das stand in jeder Hinsicht im Widerspruch zu dem Geist der Kooperation, dem die Fabrik zu Beginn des Projekts zugestimmt hatte.
3. Einige Bauteile waren serienmäßige QJ-Komponenten, die nur in einem oder wenigen Details geändert wurden, für die aber das Konstruktionsbüro ganz neue Zeichnungen erstellte. Damit brauchte es in einigen Fällen Wochen für etwas, was man unter dem Gesichtspunkt, die erste Lokomotive in der Werkstatt fertig zu bekommen, auch mit einem Rotstift in einer Zeichnungskopie des Serienbauteils in fünf Minuten hätte erledigen können.

Die erklärte Begründung für diese Methode war, dass ein „richtiger" Satz Zeichnungen für die Serienproduktion der geänderten Konstruktion benötigt wurde. Aber zuerst musste ein Prototyp gebaut werden, und ganz sicher würden viele seiner Einzelheiten als Ergebnis von Versuchs- und Einsatzerfahrungen geändert werden, so dass die endgültige Konstruktion ganz sicher nicht identisch mit der des Prototyps sein würde. Ihre Arbeitsweise lenkte sie nicht nur von den ihnen anvertrauten relativ wenigen originären Konstruktionsaufgaben ab, sondern bescherte mir die beträchtliche Zusatzarbeit der Kontrolle der übertragenen Zeichnungen. Diese Kontrolle hatte gewissenhaft zu erfolgen, denn technische Zeichnungen *müssen* akkurat sein. Das Auffinden von Fehlern in ihren Übertragungen von meinen korrekt ausgeführten Zeichnungen und in unmittelbar aus QJ-Serienzeichnungen entnommenen Details, war, um es gelinde auszudrücken, frustrierend. Ein Extrembeispiel ihre Leistungen bei der Fehlerproduktion war die Zylinderzusammenstellungszeichnung, die nicht weniger als 168 Fehler enthielt (ja, einhundertachtundsechzig) und die Korrektur der Tuschezeichnungen, die ich selbst vornahm, um ihre Richtigkeit zu gewährleisten, war eine langwierige Angelegenheit. Hatte man wirklich einen ausländischen Fachmann zu einem für chinesische Verhältnisse enormen Gehalt angestellt, um die Fehler von tagträumenden technischen Zeichnerinnen und Zeichnern zu korrigieren? Das Konstruktionsbüro verschwendete weiterhin Zeit bei der Erstellung von Zusammenstellungszeichnungen für größere Baugruppen und Unterbaugruppen. Wollte man, um nur ein Beispiel zu nennen, die Zeichnungsnummer eine Bauteils der QJ-Reglerhebelverriegelung finden, dann musste man sich durch die nachstehenden Zeichnungen wühlen, von denen jede auf die nächste verwies: „Allgemeine Anordnung Reglerbetätigung", „Zusammenstellung Reglerbetätigung" mit mehr Einzelheiten, „Zusammenstellung Reglerhebel, Verriegelung und Quadrant usw.", „Zusammenstellung Reglerhebel (einschließlich Reglerhebelverriegelung)", „Zusammenstellung Reglerhebelverriegelung", „Teilzusammenstellung Reglerhebelverriegelung" und erst dann kamen die Einzelteilzeichnungen diese Bauteils der Verriegelung. Diese Arbeitsweise führte zu einem eindrucksvollen Ausstoß im Sinne der Zeichnungsanzahl, aber ein Großteil davon waren einfach unnötige Wiederholungen. Ich warnte die Fabrik zuerst mündlich, dann schriftlich, dass diese Arbeitsweise untauglich war und die Einhaltung des Projektplans unmöglich machte. Als das zu keiner wirklichen Reaktion führte, sendete ich die gleiche Botschaft an die Behörden in Peking, aber in Datong änderte sich nichts, und tatsächlich wurde die Arbeit des Konstruktionsbüros nicht pünktlich fertig. Allerdings wird das den Bau der Umbaulokomotive vielleicht verzögert, aber nicht verhindert haben, falls es nicht um den April 1986 herum, nur drei Monat nach dem Anlauf des Projekts, zu einem abrupten Richtungswechsel in der Politik gekommen wäre.

Verschiedene Versionen der Ereignisse kamen mir zu Ohren. Eine Version besagte, dass im Rahmen des siebten Fünfjahresplans (1986 bis 1990) die Regierung zumindest auf dem Papier Etatzuteilungen für die Eisenbahnverwaltung einstellte, die dann für ihre eigenen Profite und Verluste verantwortlich wurde. Bis dahin mussten die Betriebsabteilungen diejenigen Lokomotiven akzeptieren, die ihnen von der Zentralplanung zugeteilt wurden, aber nun, da sie für neue Betriebsmittel aus ihren eigenen Einnahmen zahlen sollten, hatten sie wesentlich mehr Freiheit bei der Entscheidung, für welche Traktionsart sie ihr Geld ausgeben wollten, und die Dampftraktion war es nicht. In einer anderen Version war schlicht und einfach bei einem Personalwechsel auf höchster Ebene ein Eisenbahnminister, der die Dampflokomotive favorisierte, gegen einen solchen, der dagegen war, ausgetauscht worden war. Was auch immer der wahre Grund für diesen Politikwechsel war, alle langfristigen Pläne für die Dampflokomotivproduktion wurden annulliert. Um es gelinde auszudrücken, war es wohl der falsche

Zeitpunkt, an einer modifizierten QJ zu arbeiten, während zur gleichen Zeit ihre Produktion auslief, und diejenigen, die diese Entscheidung getroffen hatten, trugen eine Mitverantwortung an den Folgen, die das für das Projekt hatte. Offene Bestellungen auf neue QJ wurden halbiert. Ich hatte den Verdacht, dass die verbliebenen in Datong hergestellten Lokomotiven der Klassen QJ und JS nur angefordert wurden, um die Auswirkungen des Politikwechsels abzufedern. Warum sonst wurden neue QJ in Gebiete geliefert, wo viele Maschinen dieser Bauart in den Depots als überzählig abgestellt waren? Damit verschwand jede Begeisterung, die Datong irgendwann einmal für die modifizierte QJ gehabt haben mag. Sie wussten, dass sie mit dem Bau von Dampflokomotiven keine Zukunft hatten und verloren jedes Interesse daran, Modifikationen zu entwickeln, die nunmehr nur bei bestehenden Lokomotiven angewendet werden konnten. Die Möglichkeit, für viele Jahre Arbeit mit der Rekonstruktion von QJ zu erhalten, falls sich die Modifikationen als erfolgreich erwiesen, wurde von der Fabrikleitung verworfen, weil das nicht die Art von Arbeit war, die sie wollten. Ihrer Aussage nach war das in Datong „unmöglich" (haben wir das Wort nicht schon einmal gehört?), und man teilte mir mit, dass auch die Ausbesserungswerke das gleiche sagten, also wer *hätte* es denn dann gemacht? Die Tatsache, dass es der Fabrik übertragen worden war, eine modifizierte QJ herzustellen und die dafür auch finanzielle Mittel bekommen hatte, spielte anscheinend keine Rolle. Von diesem Zeitpunkt an gab Datong in Bezug auf das Projekt nur noch Lippenbekenntnisse ab, und gab ihm gleichzeitig eine geringe, manchmal scheinbar die geringste Priorität, und den nicht auf die Dampflokomotiven bezogenen Arbeiten teilte man so viel wie möglich des technischen Personals zu.[1] Daraus ergaben im Wesentlichen die folgenden Konsequenzen:

1. Der Projektdolmetscher war zunehmend abwesend. Man teilte mir die Gründe dazu nicht mit, aber in der Folge stellte ich fest, dass es wegen der Arbeit für die Diesellokomotivproduktion war. Schließlich wurde ein Punkt erreicht, an dem überhaupt keine Übersetzungen mehr erledigt wurden.[2] So konnte die Arbeit ganz eindeutig nicht fortgeführt werden, und da ich zu der Zeit schon gelernt hatte, dass es vergebens war, mit der Fabrikleitung über solche Probleme zu reden, informierte ich im August 1986 Peking sowohl über diese Situation als auch über andere Hindernisse, die sich aus der Haltung der Fabrik ergaben. Als eine Folge davon besuchten einige höhere Leute von der Hauptverwaltung Datong und der von ihnen ausgeübte Druck führte zu dem Wiedererscheinen des Dolmetschers, wenn auch zu nichts Weiterem. Allerdings wurde er bald wieder abgezogen, aber diesmal gab es einen Ersatz, aber ich hatte Probleme, sein Englisch zu verstehen, und ich entdeckte, dass das Konstruktionsbüro ähnliche Schwierigkeiten mit seinem Chinesisch hatte. Seine Gedanken waren woanders, als bei den Dampflokomotiven, wie nachstehendes Meisterwerk zeigt, das ich ziemlich unritterlich aus seiner Schreibmaschine zog:

   > „Herzallerliebste:
   > mir schein ich habe Dich seit unser letzte Treffen in
   > Deine Hotel lang nicht gesehen. So vermisse ich Dich zu sehr, um zu lebe.
   > Du bist wirklich mein Allerliebste auf die Wehlt."

   In Folge verschwand er im Hintergrund, um schließlich von einem anderen Teil der Wehlt angezogen zu werden. Sein Ersatz blieb bis zu meinem Fortgang bei dem Projekt. Dennoch blieb das Übersetzen ein größeres Problem, wobei einige meiner schriftlichen Arbeiten über ein Jahr lang nach der Fertigstellung nicht übersetzt wurden und manches Dokument sowie viele der Hintergrundinformationen, die ich der Fabrik übergab, vermutlich überhaupt niemals. Als sich zum Beispiel die leitenden Fabrikingenieure beschwerten, es gäbe keinen Projektplan für die Arbeiten, verwies ich auf den Plan in Anhang 3 und bemerkte, dass er seit einem vollen Jahr in meinem Büro an der Wand hing, aber das er weder übersetzt noch überhaupt von dem Fabrikpersonal eingesehen worden war.
2. Die Anzahl der dem Projekt zugeteilten Konstruktionsmitarbeiter schwand von neunzehn zu Beginn auf etwa zehn zu Anfang 1988, und sank einmal sogar auf zwei, und das trotz der Zusage des Chefingenieurs, dass sie keiner anderen Arbeit zugeteilt wurden, was natürlich doch der Fall war, oft genug einer Arbeit außerhalb der Dampflokomotivtechnik und manchmal unmittelbar nach Abgabe einer solchen Zusicherung. Eine Sache, zu deren Unterstützung sie abgezogen wurden, war das Projekt einer Dieselrangierlokomotive, die sich als kommerzieller Reinfall erwies, weil der Prototyp für den Verkauf zu teuer und ein Weiterbau unwahrscheinlich war.
3. Die Herstellarbeiten und der Zusammenbau wurden immer langsamer, zögerlicher und schlechter ausgeführt. Das Zyklon-GPCS der QJ 7036 wurde einen Monat verspätet fertig, und nachfolgende Änderungen an dieser Lokomotive während der stationären Kesselversuche dauerten bis zu fünfmal länger als vorgesehen. Das Steuerungsmodell wurde drei Monate zu spät fertig, QJ 8001 vier Monate zu spät und die Versuchseinrichtung für die Saugzuganlage sieben Monate zu spät. Wie schon im Kapitel 7.4 beschrieben, musste Personal des Konstruktionsbüros selbst Montagearbeiten an QJ 8001 ausführen, wofür sie nicht ausgebildet waren, weil das Personal der Richthalle „zu beschäftigt mit anderen Arbeiten war". Das war ein Euphemismus für die Tatsache, dass die Leute mit der 8001 nicht belästigt werden wollten und ein gutes Beispiel für die in der Werkstatt der Fabrik Datong vorherrschende Anarchie. Mit Fortschreiten der Zeit wurde die Lage noch schlimmer. Zum Beispiel wurde QJ 8001 gerade rechtzeitig zu einem Besuch maßgeblicher Leute aus Peking im Juli 1987 fertig und stand bei meiner ersten Inspektion unter Dampf. Als der Rost geschüttelt wurde, landete ein großer brennender Kohlebrocken im Aschkasten und ich wies den Lokomotivführer an, die Aschkastenspritze anzustellen. Als er das Ventil aufdrehte, trat ein dünner Wassernebel aus, der die Stehkesselwand etwa 150 Millimeter über dem Bodenring traf! Nach der Abreise der Leute aus Peking verlangte ich die Abreinigung der Asche vom Rost, so dass eine ordnungsgemäße Untersuchung der Feuerbüchse erfolgen konnte. Das Abreinigen der Asche dauerte *sieben Tage*, weil, so der Dolmetscher, „keiner der Arbeiter diese Arbeit machen will". Das Ergebnis der Untersuchung trug ich in einer Liste mit 47 Arbeiten zusammen, die notwendig waren, um die Lokomotive in einen für die stationären Versuche geeigneten Zustand zu bringen, eine davon war das Herausnahmen der Rostelemente, um die Rostbalken und Träger zu inspizieren. Nach zwölf Tagen waren die Rostelemente draußen und die Untersuchung konnte gemacht werden, mit dem Ergebnis weiterer dreizehn Arbeiten. Als ich erschien, um diese Untersuchung zu machen, waren drei „Arbeiter", die der 8001 zugeteilt sein sollten, auf einem Sandhaufen neben der Lokomotive am Schlafen und der leitende Ingenieur Wang Nancun, der dazu kam und der es nie versäumte, mich bei meiner Arbeit zur Eile anzutreiben, verbrachte den ganzen Tag mit ihnen. Zu der Zeit führte ich bereits schriftliche Aufzeichnungen über den Arbeitsfortschritt vonseiten der Fabrik, so dass ich mit solchen Anekdoten weiter machen könnte, aber ich werde den Leser nicht mehr weiter damit langweilen. Es reicht die Anmerkung, dass es weitere 43 Tage dauerte, bis das Feuer in QJ 8001 wieder angezündet werden konnte. Ich übertreibe nicht, wenn ich sage, dass Beaconsfield im günstigsten Fall mit seiner

---

[1] Das Projekt wurde von dem Amt für Energieeinsparung finanziert, welches auch, es sei daran erinnert, die treibende Kraft hinter der Arbeit war. Das war ein großer Fehler, weil weder die Eisenbahnen im Allgemeinen noch Datong im Speziellen ein Interesse daran hatten, dass das Geld zweckgebunden ausgegeben wurde.

[2] Im April 1986 sprach die Fabrikleitung davon, einen zweiten Dolmetscher für das Projekt zu bekommen, weil der eine mit dem Arbeitsanfall nicht fertig wurde. Die Erfahrung zeigte, dass oft das Gegenteil von dem Versprochenen gemacht wurde und so hätte es mich nicht überraschen sollen, als schließlich selbst der eine Dolmetscher von dieser Aufgabe abgzogen wurde.

Handvoll Handwerker für solche Arbeiten das in Stunden benötigt hätte, was die 9 000 Mitarbeiter der Lokomotivfabrik Datong an Anzahl Tagen oder gar Wochen aufwendeten. Viele Chinesen „machten große Anstrengungen, um nichts zu tun", wie Porta einst von seinen argentinischen Landsleuten schrieb.

Es wurde schließlich der Punkt erreicht, an dem das Personal fast jede Tätigkeit für das Projekt verweigerte. Meine Aufzeichnungen erinnern daran, dass im Jahr 1988 Ersatzrostelemente für QJ 8001 gegossen wurden und dass vier Mitarbeiter des Konstruktionsbüros die mühevolle Aufgabe hatten, sie aus der Gießerei in die mechanische Werkstatt zur Bearbeitung zu bringen, weil „kein Arbeiter sich dazu bereitfand". Zu dieser Zeit führte der geringe Ausstoß von 1D1 der Klasse JS und von Diesellokomotiven der Klasse DF_4 (deren Zusammenbau Datong Ende 1986 begonnen hatte; *Anm. d. Übers.: CoCo, 2430 kW, verschiedene Varianten und Baulose, seit 1969 ca. 3 800 Stück, weiterhin in Produktion*) zu Beschwerden der Mitarbeiter, weil der Mangel an Arbeit ihre Lohnzuschläge beeinträchtigte, so dass Entschuldigungen, wie „die Arbeiter sind zu beschäftigt, um diese Arbeit zu erledigen" oder „dafür stehen keine Arbeitskräfte zur Verfügung" zunehmend unglaubwürdig wirkten. Aber sie wurden weiterhin wiederholt, wobei eine Entschuldigung in China etwas Heiliges ist, egal wie lächerlich oder unzutreffend sie ist, ein degeneriertes Überbleibsel einer einst (vielleicht) kultivierten Kunst, die Harmonie durch die Vermeidung des „Gesichtsverlusts" aufrechtzuerhalten. Nur wenige Leute taten überhaupt etwas, statt ihre geistige Energie darauf zu verwenden, sich Entschuldigungen dafür auszudenken, warum sie nichts taten, und nur dank der Anstrengungen dieser Wenigen, besonders von Wang Li Jie, der für das Konstruktionsteam verantwortlich gemacht worden war, wurden überhaupt Arbeiten für dieses Projekt erledigt.

Die Einstellung des Fertigungspersonals wurde auch in der sinkenden Qualität von allem, was sie herstellten, sichtbar. Das brauchbare Qualitätsniveau der Anfangszeit, das heißt bei der Versuchslokomotive für das Zyklon-GPCS und bei dem Steuerungsmodell, nahm mit Fortschreiten der Zeit beständig ab. Zu Ende 1987 wurden nur noch Ausrüstungsteile für die Versuchseinrichtung angefertigt, abgesehen von einigen Ersatzteilen für QJ 8001 und der absolute Tiefstpunkt der Fertigungsqualität wurde mit einer allseitig bearbeiteten Blasrohrdüse erreicht, bei der jedes einzelne Maß von der Zeichnung abwich.

4. Die Kommunikation, die vonseiten der Fabrikleitung nie eine Stärke war (noch war sie das bei den Chinesen im Allgemeinen), wurde immer schlechter. Während ich so viel Information wie möglich lieferte, in Form von Berechnungen, Zeichnungen, schriftlichen Erläuterungen und Hintergrundinformationen, insgesamt wesentlich mehr Arbeit, als sie der zugeteilte Dolmetscher bewältigen konnte, kamen von den Chinesen nur sehr wenige Antworten, die für das Projekt nützlich waren. Daraus entstand der Eindruck, dass ich zwar verpflichtet war, mit ihnen zu kommunizieren, aber sie keinen besonderen Wunsch verspürten, mit mir zu kommunizieren. Zum Glück bestand eine der Aufgaben meiner Frau darin, einige Mitarbeiter der Fabrik in Englisch zu unterrichten, und von denen erfuhr sie oft mehr über die laufenden Vorgänge, als mir offiziell mitgeteilt wurde, womit sie für mich eine nützliche „Hintertür"-Informationsquelle war. Wenn ich spezielle Angaben für Konstruktionszwecke anforderte, wurden sie normalerweise gemacht, wenn auch langsam und / oder inkorrekt. Damit gab es Fälle, wo meine Konstruktion *genau dort verworfen wurde, wo sie auf den Angaben des Konstruktionsbüros beruhte*. Von Zeit zu Zeit warf mir die Fabrikleitung Unverständnis für die „chinesischen Bedingungen" vor. Doch sie konnten anscheinend nicht erkennen, dass mein Verständnis nur so gut wie ihre Informationen sein konnte. Zur Vorbeugung speziell gegen dieses Problem hatte ich von Anfang an vorgeschlagen, dass in dem Projektteam ein Vertreter des Werkstättendienstes und einer der Betriebsabteilung sein sollte, die beide genaueste Kenntnisse der Einsatzbedingungen von Dampflokomotiven bei den CR hätten gehabt haben sollen. Die Forderung war „unmöglich" zu erfüllen (wie zu erwarten). Von wichtigen Vorgängen erhielt ich keine Kenntnis. Zum Beispiel klärte mich das Konstruktionsbüro nicht darüber auf, dass es gerade an Zeichnungen für eine alternative Fertigungsmethode der Rahmen arbeitete, obwohl es die Auswirkungen auf die Konstruktion der rollengelagerten Achslagergehäuse kannte, an denen ich arbeitete. Nur durch Zufall entdeckte ich die neuen Rahmenzeichnungen bei einem Gang durch das Konstruktionsbüro, das auf dem Weg zu meinem eigenen Büro lag.

In Datong war die bevorzugte Methode der Kommunikation die „Besprechung". Besprechungen sind in der Volksrepublik eine einheimische Krankheit und können monströse Proportionen annehmen. Es ist nicht ungewöhnlich, dass ganze Hotels wegen einer „Besprechung" ausgebucht sind. Es dauerte nicht lang, um herauszufinden, dass große Besprechungen im Verhältnis zu den anfallenden Mannstunden nur wenig erreichten. Jede(r) Sprecher(in) leierte ihre / seinen vorgefassten Beitrag herunter, der bei den anderen Gehör finden mochte oder nicht, wobei es durchaus vorkam, dass Teilnehmer fest eingeschlafen waren. Obwohl also die Fabrik der Ansicht war, dass Besprechungen Arbeit waren, fiel es mir schwer, dem zuzustimmen. Sie waren keine Arbeit, noch waren sie ein Ersatz für Arbeit. Sie waren für viele Teilnehmer eine Entschuldigung, überhaupt nichts zu tun und stellten eine einzigartige Zeitverschwendung dar, besonders meiner Zeit, da viel von dem Gesagten nicht übersetzt wurde. Eine sehr wichtige Entdeckung war, dass es den Chinesen oft genügte, einzuräumen, dass etwas geschehen *sollte* oder zu versprechen, dass es getan *würde*. Anscheinend war damit die eigentliche Ausführung überflüssig geworden. Aber Zusicherungen in Besprechungen reichten nicht aus, um eine modifizierte QJ gebaut zu bekommen. Aber sobald ich zu Handlungen aufforderte, kam Streit auf. In dem Vertrag war festgehalten, dass Meinungsverschiedenheiten durch „freundliche Verhandlungen" gelöst werden sollten, aber ich musste erfahren, dass das für die Führungskräfte in Datong bedeute, mit einem Lächeln im Gesicht einen Haufen Lügen zu erzählen.[1] Die von mir mit ernster Miene ausgesprochene Wahrheit war in ihren Augen offensichtlich ein unfreundlicher Akt, doch schon bald stellte ich fest, dass wenig, wenn nicht gar nichts, erledigt wurde, falls ihnen nicht geradeheraus *gesagt wurde, es einfach zu machen*. Diese Methode erfüllte fast immer ihren Zweck, und die Chinesen fühlten sich gleichzeitig in ihrem Eindruck bestätigt, dass Abendländer schlechte Manieren haben und übellaunig sind. Zusammenfassend kann man sagen, dass freundliche Verhandlungen und Anfragen auf normalem Weg im Großen und Ganzen eine Zeitverschwendung waren. Unverblümte Ausdrucksweise und, wo angemessen, auch Drohungen, funktionierten besser, aber die Tatsache, dass Datong mich zwang, die Dinge auf diese Weise zu bewerkstelligen, war für den Projektfortschritt wenig hilfreich und unterwanderte mein einmal vorhanden gewesenes Vertrauen in die Fabrikleitung und meinen Glauben an ihr Engagement für die Arbeit.

Trotz allem, was die Fabrikleitung im Gegensatz dazu erklärte, war das Engagement der Fabrik für den Erfolg des Projekts nie besonders stark und existierte nach dem politischen Wechsel vom April 1986 praktisch nicht mehr. Das Engagement der Fabrik musste nach den von ihr zur Verfügung gestellten Ressourcen beurteilt werden und nicht nach leeren Worten, und die Ressourcen waren nie ausreichend. Dieser Mangel an Unterstützung wurde auf vielfache Weise erkennbar: die Einteilung so weniger erfahrener Leute für die Konstruktionsarbeit, die Versetzung des Dolmetschers in die Diesellokomotivabteilung in 1986, die mangelnde Führung der Werkstattarbeiter, die Dinge für das Projekt herstellen und zusammenbauen sollten, die behindernde Haltung und Handlungsweise gewisser Führungskräfte und die unaufrichtige Vorgehensweise. Alles das zeigte, dass die Fabrik ihrer Verpflichtung zur Zusammenarbeit nicht nachkam. Falls es keine Leute gab, die diese Arbeit erledigen konnten, wie es zu verschiedenen Zeiten von dem Konstruktionsbüro und aus der Fertigung zu hören war, dann hieß das konkret, dass die Fabrik keine Leute für die Zusammenarbeit hatte, was eindeutig ein Bruch des

[1] Bevor ich mich nach Datong auf den Weg machte, erhielt ich von Porta ein nützliches Buch über den chinesischen Verhandlungsstil. Es war von einem Amerikaner chinesischer Abstammung zum Nutzen derjenigen geschrieben worden, die in China Geschäfte zu machen hatten und gab mir eine Ahnung davon, was dort zu erwarten war.

von dem Fabrikdirektor unterzeichneten Vertrags war. Zum Beispiel weigerte sich das Konstruktionsbüro zuerst, die sehr einfachen Zeichnungen für den geänderten Kolben, die Kolbenstange mit Mutter, den Kreuzkopf, die Gleitbahn und die Verschraubung von Zylinder und Rahmen, alles nach von mir vorgelegten Berechnungen, zu erstellen. Nachdem Druck ausgeübt worden war, gab das Büro nach, aber seine ursprüngliche Weigerung sagte eine Menge über seine Auslegung eines Vertragsgeistes der Zusammenarbeit. Weit entfernt davon, keine Leute für die Projektarbeit zu haben, gab es in Wahrheit einen großen Personalüberhang, und es war ein wenig entmutigend, all diese Leute, die die Fabrik „nicht hatte", dabei zu beobachten, wie sie sich während der meisten Zeit des Tages unterhielten, Tee tranken, die Zeitung lasen, Karten spielten und sogar schliefen, wo es doch reichlich für sie zu tun gab. Zu spät erkannte ich, dass man Datong bei der Einhaltung des Geistes einer Vereinbarung nicht vertrauen konnte, und wäre es zu weiteren Verträgen zwischen mir und der Fabrik gekommen, dann hätten darin die Verpflichtungen der Fabrik sehr präzise aufgeführt werden müssen.

Mitte 1986 kristallisierte sich jenseits aller Zweifel heraus, dass die Dinge tatsächlich so liefen, wie in den vorangegangenen Seiten beschrieben, und der einzige Weg, das Projekt zu retten, war die Inkenntnissetzung höherer Stellen. Die Projektarbeit hatte einige Verbündete in dem Amt für Wissenschaft und Technologie des Eisenbahnministeriums und natürlich in dem Amt für Energieeinsparung der Staatlichen Planungskommission. Eines der beiden ließ ich wissen, dass, falls sie ein Ergebnis der Arbeit erwarteten, sie gut beraten wären, mehr Interesse dafür zu zeigen. Sie kamen tatsächlich, machten der Fabrikleitung die Hölle heiß und fuhren wieder ab, wonach die Dinge rasch wieder „normal" wurden. In Wahrheit hätte es der ständigen Anwesenheit jemandes aus Peking bedurft, der die Autorität hatte, die Leute zu ordnungsgemäßer Arbeit zu zwingen, aber so viel durfte man nicht erhoffen, und es kam auch nie so weit, obwohl ich das gefordert hatte.

Neben anderen Schwierigkeiten, denen sich das Projekt ausgesetzt sah, sind die nachstehenden erwähnenswert:

1. Die Einstellung mindestens einiger der leitenden Ingenieure war von dem von den Russen geerbten Denken beeinflusst, wonach neue Entwicklungen vonseiten der Hochschulen ausgearbeitet und überprüft wurden und, dass die Rolle des Ingenieurs darin bestand, „etwas in die Praxis einzuführen, was garantiert erfolgreich sein würde", wie sich Tao Zuo einmal mir gegenüber ausdrückte. Diese Vorstellung war das Gegenteil dessen, was für das fragliche Projekt erforderlich war, bei dem es offensichtliche Unwägbarkeiten gab, wie das Verhalten des GPCS mit chinesischer Kohle und die ohne Erfolgsgarantie geklärt werden mussten.
2. Sachen, die für den QJ-Plan hätten verwendet werden können und sollen, wurden nicht bereitgestellt. Es wurde schon die Videoausrüstung erwähnt und auswärtige Versuchskohle, eine andere war die CO_2-Schweißmaschine, die der „wichtigeren" Dieselarbeit vorbehalten war.
3. Mir wurde mitgeteilt, dass aus dem Projektbudget zwischen 60 000 und 90 000 Yuan (zu der Zeit etwa 15 000 bis 22 500 US-Dollar) an Hohhot für Wartungsarbeiten an QJ 8001 bezahlt worden waren. In der Folgezeit sickerte eine Information durch, demnach Hohhot sich weigerte, die Lokomotive zu warten, weil man dort kaum Geld dafür bekommen hätte. Ob das nur eine Ausrede war oder ob das Geld wirklich „verloren" gegangen war, ist nicht bekannt, aber beides war denkbar, falls die Nachricht stimmte.
4. Unser Postverkehr wurde routinemäßig überwacht. Eine Weise, auf der die chinesischen Behörden Ausländer willkommen heißen, die die Entwicklung ihres Landes unterstützen, besteht darin, ihre Post zu öffnen. Solche Machenschaften konnten allerdings für diejenigen, von denen sie ausgingen, kontraproduktiv sein. Eine Menge dringend benötigter technischer Unterlagen, die ich von Kontakten im Ausland angefordert hatte, „verschwanden" auf dem Postweg und konnten somit nicht verwendet werden.

Wie der Leser vielleicht aus den Beschreibungen der Arbeitsbedingungen erraten haben mag, hörten die Schwierigkeiten nicht am Fabriktor auf. Allerdings musste ich nur einmal für die Hilfe der Britischen Botschaft in Peking in Bezug auf eine Angelegenheit unsere Lebensumstände vorstellig werden. Während der Vertragslaufzeit wurde meiner Frau und mir ein Appartement in dem kleinen Gästehaus der Fabrik zur Verfügung gestellt. Das Appartement war in Ordnung und das Leben darin sogar sicher, nachdem ich die Asbestisolierung der Heißwasserleitungen mit Plastik umhüllt hatte (die Fabrik hatte mir versichert, dass die Isolierung asbestfrei war, aber ich war skeptisch und ließ in aller Stille eine Probe in dem Labor untersuchen, und siehe da, natürlich waren Asbestfasern enthalten). Das größte Problem war die Qualität des Essens. Es schien so, als ob sie uns in die Unterwerfung hungern wollten, und wir führten über ein Jahr lang Krieg mit dem Restaurant des Gästehauses, bis wir schließlich hinausgingen und für den Rest unseres Aufenthalts anderswo aßen. Dann waren da die jungen Damen, die den Appartementservice machten. Meine Frau taufte sie schließlich „Heuschrecken", wegen ihre Neigung, recht wenig zu tun, bis sie aufgescheucht wurden, woraufhin sie auf das Appartement niederfielen wie ein Schwarm dieser besagten Insekten und es in fünf Minuten auf Hochglanz brachten (die Bezeichnung führte sich ein und für den Rest unsere Zeit in China waren Hotelmädchen immer die „Heuschrecken"). Es gab aber auch gelegentliche Entschädigung. Zum Beispiel gelang es mir, die ständige Bedienung an der Bar (mit dem Mädchen verstand ich mich recht gut, weil wir beide den Leiter des Gästehauses nicht ausstehen konnten, dessen Angewohnheiten sie mit urkomischer Genauigkeit zu imitieren pflegte) davon zu überzeugen, dass ein einfacher Whisky der Füllung eines ordentlichen Weinglases entsprach. Es war sogar echter schottischer Whisky, importiert für ausländische Touristen, von denen einige Pauschalreisegruppen in dem Gästehaus der Fabrik untergebracht waren, weil es in Datong nicht genügend Hotelzimmer gab.[1] Es folgten einige alkoholselige Abende, bis uns der Boss auf die Schliche kam und das Mädchen von der Bar in den Souvenirshop versetzte. Ihre Nachfolgerin war etwa um den Faktor zehn geiziger mit den Whisky-Portionen. Aber die wahre Entschädigung war es, an einem frühen Wintermorgen mit dem Fahrrad hinaus an eine der mit QJ betriebenen Strecken in der Nähe zu radeln, wobei die Lieblingsstelle Gushan war, etwa 25 Kilometer nordwestlich unseres Wohnorts. Hier konnte eine Prozession von Zügen in der flachen, aber stetigen Steigung von Datong beobachtet werden, und ihre Dampfwolken waren zwanzig Minuten sichtbar, bevor sie vorbeifuhren. Die Zeiten, in denen ich vor der in der Fabrik vorherrschenden Atmosphäre von Ignoranz, Falschheit und Faulheit fliehen konnte und hier draußen in den friedlichen Hügeln der Lößhochebene mit der Beobachtung der Dampfmaschinen verbrachte, waren wichtig, um mich daran zu erinnern, dass es bei meinem Hiersein um den Versuch ging, solch ein Schauspiel zu erhalten. Das half mir dabei, meine geistige Gesundheit in einer ziemlich kranken Umgebung zu bewahren. Aber selbst in Gushan war es mir nicht vergönnt, zu vergessen, dass ich für eine verlorene Sache kämpfte. Zuerst waren alle Züge dampfbespannt, abgesehen von den internationalen Reisezügen. Dann wurden zu Anfang 1987 die Schnellzüge verdieselt, dann die langsameren Reisezüge, um dann zum Jahresende auch bei den Güterzügen anzufangen. Mitte 1988 waren sämtliche Züge dieser mäßig belasteten doppelgleisigen Strecke mitten in dem wichtigsten chinesischen Kohlerevier verdieselt.[2]

---

[1] Chinesischer Schnaps ist *sehr* stark, normalerweise billig und schmeckt ausgesprochen giftig. Allerdings war sein Konsum bei Festessen unausweichlich, speziell bei denen in Datong, die um eine Größenordnung weniger vornehm waren als die in Peking.

[2] Man sagte mir, dass der Abschnitt Datong – Jining Nan, an dem Gushan lag, verdieselt wurde, weil eine Zunahme des hier abgewickelten Verkehrs von und nach Russland erwartet wurde. Offensichtlich kannte derjenige, der das entscheiden hatte, nicht den Zustand der Strecke durch die Mongolei, über den der ganze Russlandverkehr laufen musste!

Schon von Mitte 1986 an kamen mir Gerüchte aus verschiedenen Quellen innerhalb der Fabrik zu Ohren, wonach die modifizierte QJ nicht gebaut werden würde, die immer hartnäckiger wurden. Zu der Zeit der Fertigstellung meiner ursprünglichen Konstruktionsarbeiten im Januar 1988 schein es sicher, dass sie nicht gebaut werden würde, auch wenn mir das offiziell niemand so sagte. Was sie mir aber sagten, war, dass es von Nutzen wäre, die von einer solchen Lokomotive gelieferten Informationen zu haben. Selbst die Idee, vorhandene Lokomotive umzubauen, schien nunmehr gestorben zu sein. Von da war es nur noch ein kleiner Schritt, zu sagen, dass aufgrund geänderter Umstände selbst ein Prototyp unnötig geworden war. Am 24. Mai 1988 wurde einer Besuchergruppe von Eisenbahnfreunden unzweideutig mitgeteilt, dass die modifizierte QJ wegen der Einstellung des Dampflokomotivbaus zum Ende des Jahres nicht gebaut werden würde. Gegen April 1988 hatte das Eisenbahnministerium einen Projektbericht von der Fabrik angefordert und in seiner vier Monate später verfassten Antwort hatte der Chefingenieur festgestellt, dass die Fabrik die Arbeiten nicht länger(!) fortzusetzen wünschte. Dafür wurden verschiedene Gründe angegeben, wie zum Beispiel mangelndes Interesse und mangelnde Zusammenarbeit seitens der Betriebsabteilung, zusätzlicher Geldbedarf und die Notwendigkeit, an die Zukunft der Fabrik zu denken. Später erfuhr ich, dass das Amt für Wissenschaft und Technologie sowie das Amt für Industrie innerhalb des Eisenbahnministeriums mit Datongs Bericht nicht einverstanden war und die Fortsetzung der Arbeit wünschte, aber gleichzeitig die Notwendigkeit von mehr Zeit und Geld anerkannte. Sie würden diese Ansicht gegenüber führenden Mitgliedern des Ministeriums auf Befragen erklären, ansonsten aber jede dort getroffene Entscheidung akzeptieren. Am unglücklichsten mit dem Ausgang war sicher das Amt für Energieeinsparung, denn deren Geld, es waren 4 750 000 Yuan (nach dem Wechselkurs von 1986 etwa 1 500 000 US-Dollar) bereitgestellt worden, war verloren. Im Juni 1988 tat ich den ungewöhnlichen Schritt, mich mit deren maßgeblichen Leuten in Peking zu treffen, ohne sonst jemanden von dem Zusammentreffen zu informieren. Im Detail berichtete ich ihnen von den Vorgängen in Verbindung mit QJ 8001 und, dass ich mir sicher war, dass die Fabrik nicht die Absicht hatte, die modifizierte Lokomotive zu bauen. Sie sagten, dass sie sich in groben Zügen über die Lage im Klaren waren, dass sie aber auf der Grundlage der von mir angegebenen spezielleren Informationen die Sache mit dem Eisenbahnministerium weiter klären wollten. Doch schienen sie wegen des definitiven politischen Wechsels in Richtung einer beschleunigten Abschaffung der Dampftraktion nicht gerade hoffungsvoll zu sein, das Ministerium zur Fortsetzung der Arbeit umstimmen zu können. Ich wurde von Ihnen höflich empfangen, aber ich nahm war, dass auch sie begriffen hatten, dass der Dampfbetrieb eine verlorene Sache war, und sie hatten selbst jedes wirkliche Interesse an dem Projekt verloren.

Nach Beendigung der Konstruktionsarbeiten verbrachte ich die nächsten paar Monate damit, die Zeichnungen des Konstruktionsbüros zu prüfen und zu korrigieren, aber schließlich wurde auch diese Arbeit immer weniger und ich hatte außer den Vorbereitungen für unsere Abreise zum Ende der Vertragslaufzeit nur wenig zu tun. Das tat ich nicht, ohne vorher den Fabrikdirektor zu konsultieren, und auf typisch chinesische Art und Weise ließ er mich gegen Mai 1988 wissen, dass, erstens, die Arbeiten nicht innerhalb der Vertragslaufzeit abgeschlossen werden könnten, dass es, zweitens, schwierig wäre, die Arbeiten ohne mich abzuschließen und, drittens, dass ich meine Vorbereitungen zur Abreise treffen sollte. Wollte er mir vielleicht mitteilen, dass das Projekt gestorben war? Im September organisierte die Fabrik ein „Internationales Dampflokomotivfestival", für das es mir gelang, einige sehr alte und teilweise verfallene Lokomotive nach Datong zu bekommen. Ganz offenbar war das einfacher zu arrangieren, als einige Wagenladungen mit Kohle für unsere Versuche (einer meiner Kollegen sagte, dass das Festival von dem Eisenbahnministerium unterstützt wurde und dass der Transport der Lokomotiven deshalb möglich gewesen war, woraus man eine offensichtliche Schlussfolgerung in Bezug auf die Unterstützung des Projekts durch das Ministerium ziehen konnte). Das Festival zeigte, wie unbedarft die Fabrik in Bezug auf die weite Welt jenseits ihrer Tore war, denn die erwarteten hunderte von ausländischen Eisenbahnfreunden schmolzen auf ein Paar Touristen zusammen, die zufällig zu der Zeit in Datong weilten. Das hätte ich ihnen auch sagen können, wurde aber nicht um Rat gebeten. Allerdings blieben die Ausstellungsstücke in der Fabrik und bildeten dort eine Art Lokomotivmuseum, dem in der Folge auch QJ 8001 übergeben wurde.

Im August rechnete ich meine gesamten unbezahlten Überstunden zusammen, und basierend darauf sowie auf der zusätzlichen Arbeitsleistung für QJ 8001 verließen meine Frau und ich einfach Datong zu einer zweimonatigen Rundreise im Nordosten Chinas. Es war ein melancholisches „Heimkommen" Ende Dezember, kurz vor Ablauf des Vertrags. Datong hatte soeben seine letzte Dampflokomotive für das Eisenbahnministerium fertiggestellt, wenn auch noch einige für Industriebahnen zu produzieren waren. Das war wahrhaftig das Ende, das Ende des Hauptbahndampflokomotivbaus und das Ende meines Strebens. Während unserer Abwesenheit hatte das Konstruktionsbüro einige weitere Zeichnungen fertiggestellt, von denen ich vor unserer Abreise so viele wie möglich prüfte. Darunter waren die Überhitzerzeichnungen, wie sie von meinen Originalen datiert vom 7. März 1986 übertragen worden waren. Diese mehr als zwei und drei viertel Jahre, die es brauchte, um diese paar Zeichnungsübertragungen zu machen und mir zur Freigabe vorzulegen, sagte alles. Aber das letzte Wort hatte ich. Ein Festessen anlässlich der Abreise eines ausländischen Expertens war selbstverständlich, weil Festessen sowie Besprechungen zur Lebensweise in der Volksrepublik gehören und die Fabrikleitung ließ keine Gelegenheit dazu aus. Einer der alten Portiers an dem Eingang zu dem Gästehaus pflegte das den „Sozialismus der Mahlzeiten" zu nennen, aber nach all dem, was sie für den Untergang des Projekts getan hatte, würden wir uns nicht noch einmal als Anlass dafür hergeben, dass sie sich eine gute kostenlose Mahlzeit verschafften. Also ließ ich sie wissen, dass sie sich nicht bemühen sollten.

Es sei erwähnt, dass Datong, selbst nach dem wohl kaum idealen Maßstab staatlicher Betriebe in China, ziemlich miserabel dastand. Alle die ich kannte und die mit Datong und der Fabrik in Tangshan, die 1D1-Lokomotiven der Klasse SY für Industriezwecke baute, zu tun hatten, berichteten davon, um wie viel besser die letztere in jeder Hinsicht war. Ich lernte D. Conrad kennen, der sowohl Datong als auch Tangshan als Mitglied einer Delegation der Valley Railroad in Connecticut, USA, besuchte, um die Möglichkeit des Kaufs einer neuen Lokomotive zu untersuchen, entweder einer JS oder einer SY, ohne irgendwie in Bezug auf die Vorzüge der jeweilige Lokomotive eine vorgefasste Meinung zu haben. Conrad befand nicht nur die Konstruktion der SY als überlegen, sondern er machte auch einen Unterschied zwischen der kompromisslosen Haltung der Fabrikleitung in Datong und dem relativ offenen und entgegenkommenden Empfang, den er in Tangshan erlebte. Letztendlich kaufte die Valley Railroad eine SY und war damit nach Conrads Auskünften sehr zufrieden, besonders da sie bei gleichen Einsatzbedingungen nur zwei Drittel der Kohlemenge verbrauchte wie die anderen Lokomotiven der Bahn (eine andere amerikanische Touristenbahn, die Boone & Scenic Valley Railroad, entschied sich für eine JS, die anscheinend nicht so gut funktionierte. Ein Bericht spricht von „...enorme[n] schwarzen Qualmwolken, undichten Ventilen und Armaturen etc."). Aber nicht nur Tangshan stellte Datong in den Schatten. Tatsächlich war Letztere anscheinend so etwas wie ein Paria unter den Fabriken des Eisenbahnministeriums. 1988 hörte ich, dass der Leiter des Amts für Industrie, das war Datongs vorgesetzte Behörde, zusammen mit keinem Geringeren als dem Eisenbahnminister die Fabrik besichtigte und zu der Fabrikleitung ärgerlich gesagt hatte, was für ein unbrauchbarer Laden sie wäre. Man sollte also nicht die gesamte chinesische Industrie nach dem in Datong vorherrschenden Niveau beurteilen. Es kann nur bedauert werden, dass Hauptbahndampflokomotiven zufällig dort und nicht in einer der anderen Lokomotivfabriken gebaut wurden, wo es ja eine intelligentere Vorgehensweise gegeben haben könnte.

7.6 Das QJ-Projekt – Eine Rückschau

Genauso, wie wir auf die Entwicklungsarbeit an Dampflokomotiven bei den SAR zurückgeblickt haben, um zu sehen, ob sie wirkungsvoller hätte gemacht werden können, so ergeben die viereinhalb Jahre seit meinem Weggang von Datong und der Zeit der Niederschrift dieses Buchs, genügend Abstand, um über die gleiche Frage China betreffend zu sinnieren. Auch wenn die Dampflokomotive bei den Chinesischen Staatsbahnen im Jahr 1986 eine wesentlich größere Rolle spielte als bei den SAR im Jahr 1979, als dort meine praktische Arbeit begann, so ist es doch schwieriger, zu erkennen, wie ein günstigerer Ausgang hätte erreicht werden können.

Zunächst einmal musste die Arbeit dort erledigt werden, wo Hauptbahndampflokomotiven gebaut wurden, nämlich in der Lokomotivfabrik Datong. Ein ganzes Kapitel ist soeben der Darstellung gewidmet worden, warum Datong für dieses Projekt ein ungeeigneter Ort war, hauptsächlich wegen der vorherrschenden Haltung seiner Belegschaft. Angesichts der Tatsache, dass es offensichtlich keinen anderen Ort gab, um eine verbesserte QJ zu entwickeln und dass die Leute in Datong, mit einigen rühmlichen Ausnahmen, unverbesserlich waren, so ging an dieser Hürde anscheinend kein Weg vorbei.

Die nächste Frage lautet, ob überhaupt eine *andere* Fabrik unter dem Eindruck des Richtungswechsels in der Traktionspolitik von 1986 mit der energischen Verfolgung des Projekts weitergemacht hätte? Wohl kaum, aber dennoch war Datongs Verhalten immer noch verkehrt. Das Geld für die Ausführung der Arbeiten stand zur Verfügung und hätte die Fabrik sich verantwortungsvoll verhalten und die modifizierte QJ innerhalb der Dreijahresfrist erbaut, was sie hätte schaffen können, und falls die Lokomotive erfolgreich gewesen wäre, dann hätte es zumindest eine *Chance* gegeben, das sie zu einem Überdenken der Traktionspolitik geführt hätte. Dagegen bestand, ohne nach Ablauf der drei Jahre eine modifizierte QJ vorzeigen zu können, keinerlei Chance für eine Änderung der Traktionspolitik. Aus diesem Grund übertrage ich die Verantwortung für den Ausgang der Geschichte überwiegend auf Datong, obwohl das Eisenbahnministerium die Fabrik kaum dazu ermutigte, sich anders zu verhalten als sie es tat, weil es für etwas anderes, als eine nur noch kurzfristige Zukunft der Dampftraktion bei den CR keine Anzeichen gab. Falls die Eisenbahn als Ganzes diese Arbeit nicht wünschte, dann konnte sie nicht zu einem erfolgreichen Abschluss kommen. Sollte das Ministerium ihren Erfolg gewünscht haben, dann hätte es diesen Wunsch deutlich machen müssen. Die vergleichsweise geringe Bedeutung des Projekts geht aus den geringen zugeteilten Mitteln hervor. Wenn sich auch die Zahl von etwa 1 500 000 US-Dollar nach viel Geld anhört, so war das für chinesische Verhältnisse nicht so. Es sei bemerkt, dass für ein zeitgleiches Entwicklungsprojekt für die Konstruktion und den Bau dreier Prototypreisezugwagen in der Waggonfabrik Changchun in Zusammenarbeit mit British Rail Engineering Ltd. 8 200 000 US-Dollar zugeteilt wurden, das heißt 450 % mehr Geld für technologisch einfachere Fahrzeuge. Es ist wirklich traurig, sich daran zu erinnern, dass die Versuchsarbeit mit QJ 7036 einstmals wegen eines Streits um dreißig Yuan (damals zehn US-Dollar) Prämie für Lokomotivführer und Heizer unterbrochen wurde.

Es erscheint sicher, dass eine erfolgreiche modifizierte QJ, die Züge beförderte und all ihre Vorzüge zeigte, in der Staatlichen Planungskommission mächtige Befürworter gehabt hätte. Was wäre dann der Ausgang der ganzen Angelegenheit gewesen? Wären so einflussreiche Außenstehende in der Lage gewesen, eine zögerliche Eisenbahnverwaltung zur Weiterverwendung und Weiterentwicklung der Dampflokomotive zu zwingen? Vielleicht, vielleicht auch nicht. Was ich genau weiß, ist, dass bei der Zusammenkunft von Offiziellen sowohl des Eisenbahnministeriums als auch des Amts für Energieeinsparung im Juli 1987 in Datong, die letzteren beunruhigt waren, zu erkennen, wie wenig Bedeutung die Eisenbahnleute der Arbeit zumaßen. Es hieß, dass sich ein ziemlicher Streit wegen der unterschiedlichen Auffassungen über die zukünftige Rolle der Dampftraktion entwickelte. Danach wurden einige leitende Eisenbahner zu dem Stellvertretenden Ministerpräsidenten gerufen, der sie angeblich dafür kritisierte, dass sie der Arbeit zu wenig Unterstützung gaben. Das zeigte, dass das Amt für Energieeinsparung in der Lage war, Hilfe auf höchster Ebene zu erbitten, und ich könnte mir vorstellen, dass eine Zurechtweisung durch den Stellvertretenden Ministerpräsidenten höchstselbst für einen chinesischen Offiziellen eine ziemlich ernste Sache war, doch die Auswirkung davon in der Fabrik war gleich null. Wenn in den alten Tagen der unnachgiebigen Beherrschung Chinas durch Peking die Regierung etwas anordnete, dann wurde es ausgeführt, wenn auch zweifellos zähneknirschend, aber es wurde dennoch gemacht. Falls die Regierung sagte, dass 1 900 Dampflokomotiven zu bauen sein (das ursprünglich in dem Fünfjahresplan 1986 bis 1990 vorgesehene Produktionsziel), dann hatte es sich damit. Unter solch einem System konnte man sich vorstellen, dass der Einfluss anderer Regierungsstellen auf das Eisenbahnministerium relativ groß war, immerhin hatten es solche Stellen vermocht, das Eisenbahnministerium zur Aufnahme des QJ-Projekts zu bewegen. Die Aussichten für die modifizierte QJ wären dann rosiger gewesen, weil diejenigen außerhalb der Eisenbahn, die ihren Erfolg wollten, ihre politische Macht zur Einflussnahme hätten geltend machen können. Aber der Hauptbestandteil der chinesischen Wirtschaftsreformen war die Abschaffung der zentralen Planung und damit verschwanden auch die Kontrolle der Regierung über die tatsächlichen Aktivitäten und der Einfluss des einen Ministeriums auf ein anderes. Auf allen Ebenen der Industrie gab es zunehmende Entscheidungsfreiheiten mit dem Hauptziel Geld zu verdienen. Eine solche Politik hätte nicht funktioniert, falls die Regierung, wie in diesem Fall, in Bezug auf die von der Eisenbahn zu verwendenden Lokomotivbauarten, die Kontrolle behalten wollte. Die Eisenbahn war nunmehr frei in ihrer Entscheidung[1], und welche Chance bestand für eine neue Dampflokomotive, wie gut sie auch gewesen wäre, angesichts der tief verwurzelten Abneigung der Betriebsabteilung gegen die Dampftraktion?

Bis hierher haben wir unterstellt, dass die modifizierte QJ erfolgreich gewesen wäre und dass es „politische" Kräfte gewesen wären, und nicht technische oder wirtschaftliche Überlegungen, die sie vereitelt hätten. Aber wäre sie wirklich ein Erfolg geworden? Zunächst einmal ist die große Frage, ob Datong sie ordnungsgemäß hergestellt hätte oder nicht. Nichts in der Konstruktion war so hochentwickelt, als dass es jenseits der Fertigungsmöglichkeiten der Fabrik gelegen hätte, so dass sie hätte hergestellt werden *können* (zum Glück konnte ich zum Nachweis der Herstellbarkeit der konstruierten Bauteile auf 3450 verweisen, denn im Wesentlichen wurde von Datong nicht anderes erwartet, als was die SAR-Ausbesserungswerke und Lokomotivdepots bereits geleistet hatten). Aber angesichts der Fähigkeit der Fabrik, Sachen falsch zu machen, Ausflüchte dafür zu finden, warum sie die Sachen nicht richtig machten und zu schwindeln, sah ich massive Probleme bei der ordnungsgemäßen Herstellung der Teile und dem Zusammenbau auf mich zu kommen. In Bezug auf die Fertigungsqualität von Projektbauteilen stellte der Chefingenieur klar, dass bei Meinungsverschiedenheiten zwischen mir und der Fabrik er das letzte Wort in der Angelegenheit hatte. Mir wurde gesagt, dass das die übliche Vorgehensweise in der Fertigung war. Das Produktionssoll war das Sakrileg. Es musste ohne Rücksicht auf Kosten erfüllt werden und die Fabrikleitung konnte die Qualitätsabteilung zwingen, Ausschussarbeit bei Bedarf anzuerkennen, um Produktionsverzögerungen zu vermeiden. Solange etwas das Fabriktor passierte, war alles in Ordnung, falls es draußen auseinanderfällt, ist das jemandes anderen Problem. Das bedeutete, dass man mich ständig unter Druck gesetzt hätte, Ausschussarbeiten zu akzeptieren. Meine Einstellung wäre gewesen, nein, das akzeptiere ich nicht und, falls Sie darauf bestehen, dann

---

[1] Die Freiheit führte Mitte der achtziger Jahre zu der Beschaffung von 420 Diesellokomotiven von GE in Amerika, gegen die es anscheinend starke Opposition seitens einiger Fraktionen in der Regierung und innerhalb der Eisenbahn selbst gegeben hatte, die aber nicht verhindert werden konnte. Mit ihrer Beschaffung hörte die Verwendung kostbarer Devisen aber nicht auf, und später wurde der Import von Ersatzteilen für diese Lokomotiven als ein Beispiel für die hohen Ausgaben an harter Währung durch die Eisenbahnen angeführt (China Daily Newspaper, Rubrik Business Weekly, 9.10.1988). Diejenigen, die gegen die ursprüngliche Beschaffung waren, hatten wahrscheinlich wenig Verständnis für die Unterhaltungsprobleme mit diesen Lokomotiven, die mit der Zeit ein ziemliches Thema wurden. Doch Fakt bleibt, dass die Betriebsleute, die die GE-Diesel wollten, ihren Willen bekamen.

müssen Sie die Konsequenzen für nachteilige Folgen tragen. Das hätte mich zwar entlastet, wäre aber keine Hilfe bei der Herstellung einer zeichnungsgemäßen Lokomotive gewesen.

Wir wollen nun unterstellen, dass ein Wunder geschehen und eine Lokomotive gebaut worden wäre, die den Zeichnungen entsprach. Hätte ihr Betriebsverhalten den Erwartungen entsprochen, und wären die Zielvorgaben für den thermischen Wirkungsgrad und die Leistung erreicht worden? Mit einer Ausnahme, der des GPCS, hatte ich in die Konstruktion aller den thermischen Wirkungsgrad beeinflussenden Komponenten ausreichendes Vertrauen, um ihre erfolgreiche Funktion, nach der üblichen Einfahrzeit, zu erwarten. Nicht, dass ich das völlige Versagen des GPCS erwartete, aber ich war auch nicht davon überzeugt, dass es ein Erfolg werden würde. Ich wusste wirklich nicht, wie es sich letztendlich in der modifizierten Lokomotive bei der Verbrennung chinesischer Kohle bewährt hätte, weil die Erfahrungen mit QJ 8001, solange sie unter meiner Aufsicht stand, nur ermutigend, aber nicht endgültig waren. Deswegen auch die etwas widersprüchlichen in Kapitel 7.4 zum Ausdruck gekommenen Gedanken. Zwischen Shuo Xian und Datong konnten gute Feuerbettbedingungen und Verdampfungswilligkeit demonstriert werden, wenn die Schichthöhe des Feuerbetts *sehr* groß war. Unter Berücksichtigung der Tatsache, dass ein solches Feuerbett für besondere Versuchsfahrten vorbereitet werden konnte, ging ich davon aus, dass das GPCS seinen Beitrag zum Erreichen der Werte in der Zielvorgabe auf dem Versuchsring in Peking geleistet hätte. Aber über den Aufbau und Erhalt von geeigneten Feuerbetten im täglichen Einsatz war ich mir weniger sicher, und 1988 war es offensichtlich, dass eine längere Zeitphase mit praktischer Arbeit nötig war, um die korrekte Feuerführung mit einem GPCS im normalen Dienst festzulegen. Das war genau das, was ich mit 8001 vorhatte, aber wie wir gesehen haben, wurde ich daran gehindert. Ein weiterer Faktor, der sich definitiv nachteilig in Bezug auf das Erreichen der Zielvorgaben, speziell der Höchstleistung, ausgewirkt hätte, war die ungenügende Fördermenge des Speisewasservorwärmsystems, woran Datong auch nichts ändern wollte.

Fall sich die gewählte GPCS-Konstruktion mit chinesischer Kohle für den normalen Planeinsatz als untauglich und die Zyklonbrennkammer in einer Feuerbüchse mit rechtwinkligem Grundriss, selbst nach Verbesserung des Rosts, wirklich als unausführbar erwiesen hätten, welche Optionen wären dann zur Verbesserung des Feuerungswirkungsgrads verblieben? Eine wäre die Beibehaltung der Normalverbrennung mit niedriger Brennstoffschicht gewesen, unter Anwendung des für das GPCS konstruierten Rosts mit eingeschränktem freien Luftquerschnitt der Bauart Hulson, zusammen mit einem längeren Feuerschirm, trapezförmigen Ausströmkanalöffnungen in den Schieberbuchsen und/oder einer engeren Kordina-Einrichtung. Obwohl diese Option vordergründig wenig Vorteile gegenüber der Normalausführung zu bieten schien, haben wir aber schon gesehen, wie viel durch Detailarbeit erreicht werden konnte. Ich war der Ansicht, dass sich das unter den vorherrschenden Betriebsbedingungen mit relativ geringen Leistungsanforderungen, bei denen der Wirkungsgrad der Normalverbrennung durchaus respektabel war, insgesamt als die beste Lösung hätte erweisen können. Das galt aber nicht, falls die Leistung erheblich gesteigert werden musste, um die Streckenkapazitäten zu erhöhen. Dieser Bedarf schien allerdings rasch immer dringlicher zu werden. Dazu hatte ich bereits in dem Versuchsbericht zur 3450 geschrieben:

> „...das GPCS ist nur von eingeschränktem Nutzen, wo die Lokomotiven deutlich unterhalb ihrer Rostgrenze betrieben werden. Falls eine Leistungssteigerung durch Anheben der Verdampfungsleistung nicht gewünscht wird, ist es in solchen Fällen fraglich, ob das GPCS überhaupt einen Nettovorteil bietet...“

Dieses Verbrennungsverfahren hätte den Vorteil der Vereinfachung der Modifikationen gehabt, hätte von den Mannschaften keine andere Technik bei der Feuerführung verlangt, was überaus wichtig war, und hätte dennoch die Nutzung der übrigen neuen Technologien ermöglicht. Es hätte deshalb ein sinnvoller erster Schritt sein können, mit der Möglichkeit, viele Verbesserungen zu zeigen, und dadurch zu weiterer Arbeit an dem schwierigen Verbrennungsproblem zu ermutigen. Ich teilte das den Chinesen so mit, aber sie waren in ihrem Denken so auf das GPCS als dem Patentrezept für die Verbrennung fixiert, dass sie leider auf diese Idee nicht eingingen.

Eine zweite Option wäre es gewesen, die auf der Seite 122 erwähnte Idee der Mischung von schwerem Heizöl mit der Kohle auszuprobieren, um die Partikel wirklich zu binden. Die Vermischung hätte in dem Schneckenrohr des mechanischen Stokers vorgenommen werden können und die entstandene ölgetränkte Kohle wäre entweder auf ein normales Feuer oder auf ein GPCS-Feuerbett aufgeworfen worden. Die dritte Möglichkeit war natürlich die Kohlenstaubfeuerung und eingedenk ihrer auf der Seiten 304 aufgeführten potentiellen Vorzüge, erschein sie eindeutig als die beste langfristige Option, besonders weil die chinesische Kohle ohnehin nach dem Versand von der Grube praktisch zu Staub zerfiel. Aus dem bereits angegebenen Grund, dass sie für die Eisenbahnen zu diesem Zeitpunkt ein zu großer Schritt nach vorn war, setzte ich mich bei meiner Ankunft in China nicht für die Kohlenstaubfeuerung ein. Doch meine Erfahrungen dort verminderten nicht meinen Glauben daran, dass das der Weg gewesen wäre, den wir zur Minimierung der Probleme bei der Verbrennung von Kohle auf Lokomotiven hätten beschreiten sollen. Auch darüber setzte ich die Chinesen in Kenntnis, doch wieder gab es keine Reaktion.

Fahren wir mit unseren Phantastereien fort und unterstellen wir, dass eine technisch erfolgreiche modifizierte QJ gebaut worden wäre. Wäre sie das gewesen, was sich die Betriebsabteilung wünschte? Für die Beantwortung dieser Frage ist die Tatsache von grundlegender Bedeutung, dass die staatliche chinesische Eisenbahn chronisch überlastet war. Mitte der achtziger Jahre bewältigte sie 60 % des Fernreiseverkehrs im Lande und 70 % der Gütertransporte auf einem Streckennetz von nur 52 000 Kilometer. Das war für eine Bevölkerung von über einer Milliarde Menschen kaum genug, und später in dem Jahrzehnt wurde es zunehmend unzureichend für die Menge der zu transportierenden Güter und Passagiere. Das würde jeder bestätigen, der als „Hartsitzer“ in einem chinesischen Fernreisezug unterwegs war. Die Chinesen haben ein Sprichwort: „mit dem Zug fahren heißt für das Leiden bezahlen“ (aus China Daily Newspaper, 11.7.1988) und die Chinesischen Eisenbahnen waren womöglich die einzige Bahn der Welt, die öffentlich ihre Absicht erklärte, durch Erhöhung der Fahrpreise im Reisezugverkehr Fahrgäste abzuschrecken, da es einfach zu viele gab! Im Güterzugverkehr machte der Kohletransport Mitte der achtziger Jahre etwa 40 % des Frachtaufkommens der CR aus, und über die seit Langem bestehende Unfähigkeit der Eisenbahnen, genügend Kohle aus den Abbaugebieten zu den Verbrauchern zu befördern, wurde häufig geklagt. Das war zum Beispiel der Grund, warum Kohle aus Südafrika für Kraftwerke in den östlichen Landesteilen der Volksrepublik zu einer Zeit importiert wurde, als diese beiden Länder ideologisch verfeindet waren und offiziell keinerlei Beziehungen unterhielten. In diesem Umfeld ging es um Lokomotiven, die die Streckenkapazitäten maximierten. Es wurde zuvor bereits erläutert, dass die chinesischen Streckenverhältnisse von denen Südafrikas recht verschieden waren und dass sehr hohe Zugkräfte bei niedrigen Geschwindigkeiten nicht so von Bedeutung waren wie bei den SAR. Infrastrukturelle Merkmale der Eisenbahn, wie die Länge von Ausweichgleisen und der Gleise in den Rangierbahnhöfen, verhinderten den Einsatz von Mammutzügen nach nordamerikanischer Art, und die Betriebsbedingungen begünstigten entschieden Hochleistungslokomotiven mittlerer Größe.[1] Das Eisenbahnministerium wollte Maschinen, die ohne Vorspann auf den vielbefahrenen, aber neigungsarmen Hauptabfuhrbahnen 4 000 Tonnen mit 80 km h^{-1} befördern konnten. Die modifizierte QJ sollte dieser Forderung genügen. Die Abb. 161 zeigt den Verlauf der auf die Ebene bezogenen Hakenzugkraft über der Geschwindigkeit für die Klasse QJ und die Klasse DF_4

[1] Die ACE-Konstruktion Mark 1-A wäre für den in den achtziger und neunziger Jahren vorherrschenden Betriebsablauf ideal gewesen und man fragt sich, ob sie in China realisiert worden wäre, falls ich dahin gegegangen wäre und sich die Chinesen anschließend an die ACE gewendet hätten.

(während der späten achtziger Jahre als Standarddiesellokomotive für den Güterzugdienst in Massenproduktion) und die berechnete Kurve für die modifizierte QJ. Die höhere Zugkraft der Diesellokomotive bei geringer Geschwindigkeit war auf Chinas flachen Eisenbahnstrecken von relativ geringem Nutzen, und selbst die Serien-QJ hatte zumindest auf dem Papier bei den normalen Betriebsgeschwindigkeiten der Güterzüge einen ziemlichen Leistungsvorsprung, doch trat dieser Vorteil wegen der Eigenschaften der verwendeten Kohlesorte im Plandienst vermutlich nicht zu Tage. Die modifizierte QJ hätte bei 80 km h^{-1} ungefähr die doppelte Zughakenleistung der DF_4 abgegeben. Vorausgesetzt, diese Leistung hätte zuverlässig und wirtschaftlich in dem normalen Dienst erzeugt werden können, dann wäre das in Bezug auf eine Steigerung der Verkehrsleistung schon ein Wort gewesen.

Kurz- und mittelfristig wurde für die meisten Dienste keine größere Lokomotive als die QJ benötigt. Allerdings bemühte sich die CR selbstverständlich, die Eisenbahn für schwerere Zuglasten herzurichten, für die elektrische Zugförderung geplant war. Die erste dieser elektrifizierten Schwerlastbahnen war die Kohlebahn Datong – Qinhuangdao, auf der leuchtend orange 6 400-kW-Doppellokomotive des Herstellers Alsthom *(Anm. d. Übers.: heutige Schreibweise Alstom)* eingesetzt wurden. Elektrische Lokomotiven boten eine Leistungsfähigkeit, die auch eine modifizierte QJ nicht erreichen konnte und stellten die einzige Traktionsart dar, die den Vorstellungen des Betriebsmanns von einer wirklich modernen Eisenbahn entsprachen. Und China legte großen Wert darauf, modern zu werden oder zumindest so zu erscheinen. Angesichts dessen und der Tatsache, dass die Eisenbahnen in zunehmendem Maß ein Flaschenhals in der Entwicklung der Volkswirtschaft wurden, war sicherlich zu erwarten, dass der Elektrifizierung Priorität bei der allgemeinen Entwicklung des Eisenbahnwesens eingeräumt werden würde. Damit ist es zweifelhaft, ob ein Entwurf für eine Hochleistungsdampflokomotive als

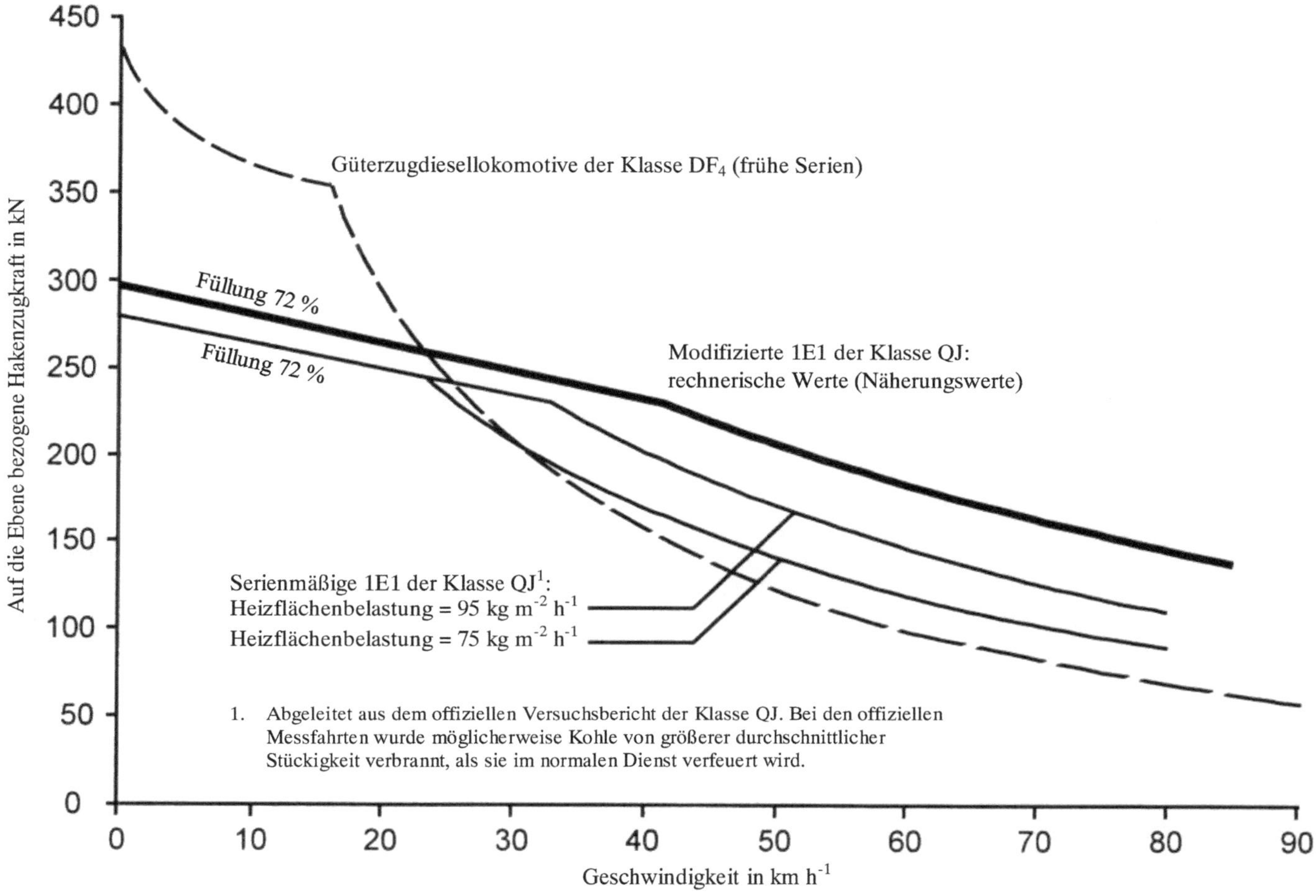

Abb. 161
CR: Lokomotivklassen QJ und DF_4: Auf die Ebene bezogene Hakenzugkraft über der Geschwindigkeit

Alternative zur Elektrifizierung ernst genommen worden wäre. Die Dampftraktion passte einfach nicht zu Chinas Drang zur Modernisierung. Falls doch, dann wäre eine Garratt der richtige Weg gewesen, vielleicht eine „Doppel-QJ" mit der Achsfolge (1E1)(1E1).

Wäre eine modifizierte QJ gebaut und erfolgreich vorgeführt worden, dann hätte man sie als Alternative sowohl zur Dieseltraktion auf weniger stark belasteten Routen sehen sollen als auch zur vorübergehenden Verdieselung von zur Elektrifizierung vorgesehenen Strecken. Allerdings ergab sich das Problem, vorhandene Lokomotiven schnell genug umzubauen, selbst wenn die Betriebsleute anerkannt hätten, dass ihre betriebliche Leistung ihren Anforderungen für solche Dienste genügt hätte. Der Bedarf nach mehr Traktionsleistung war immerhin dringend. Wie wir gesehen haben, war anscheinend niemand an dieser Arbeit interessiert. Datong wollte nicht, die Ausbesserungswerke auch nicht, die vielleicht ohnehin ungeeignet waren. Die anderen Lokomotivwerke waren alle für die Herstellung von Lokomotiven eingerichtet, und zwar fast ausschließlich von Diesel- und Elektrolokomotiven und wären wohl kaum davon begeistert gewesen, QJ zu reparieren und umzubauen. Selbst wenn eine Fabrik oder Werkstatt dazu gezwungen worden wäre, dann musste man einsehen, dass die vollständigen Modifikationen für den Umbau von Lokomotiven zu weitgehend waren. Das war eine unausweichliche Folge der von dem Eisenbahnministerium hoch angesetzten Leistungsanforderungen, den Beschränkungen durch die Merkmale der Serien-QJ und des integralen Aufbaus der Dampflokomotive. Wie schon zuvor erläutert, gab es keine Einfachlösungen zum Erreichen der gewünschten Leistung, was ich den Chinesen von Anfang an gesagt hatte. Meine Erfahrungen bei den SAR sagten mir, dass der Umfang der Änderungen, wie für die QJ vorgeschlagen, ihre Anwendung bei vorhandenen Lokomotiven wahrscheinlich verhinderte. Ich wusste aber auch, dass eine Verwässerung des Plans verhängnisvoll war, weil das Endprodukt nicht gut genug gewesen wäre, um mit seinen Rivalen zu konkurrieren.

Die Beamten des Ministeriums erkannten schließlich, wie viele konstruktive Änderungen nötig waren, und im Juli 1987 wurde mir mitgeteilt, dass sie einen Plan mit weniger umfangreichen Modifikationen wünschten und bereit wären, geringere Zielvorgaben zu akzeptieren. Einfaches Weglassen von Dingen aus dem bestehenden Plan hätte nicht zum Erfolg geführt und seine Ausgewogenheit zerstört. Stattdessen wäre die Ausarbeitung eines neuen Plans erforderlich gewesen, einfacher und billiger, aber auf seine eigene Weise weiterhin ein integraler Plan. Aus heute nicht mehr bekannten Gründen wurde aus diesem Ansinnen nichts. Die Dampftraktion wäre damit unter den damaligen Bedingungen in China nicht am Leben geblieben und noch weniger unter den sich rasch ändernden. Abgesehen davon, dass von einem bescheidenen Anstieg des Gesamtwirkungsgrads unter Versuchsbedingungen in Bezug auf tatsächliche Kohleeinsparungen im täglichen Dienst meistens nur wenig zu merken war und eine ähnlich geringe Leistungssteigerung für die Betriebsabteilung nur von geringem Nutzen war, sollte man nicht vergessen, dass die Motivation für die Arbeit darin bestand, die Verwendung kohlegefeuerter, statt ölbetriebener Triebfahrzeugen fortzuführen. Das bedeutete, dass die modifizierte QJ mit der Dieseltraktion hätte verglichen werden müssen, statt mit den Serienlokomotiven, was wiederum bedeutete, dass ganz wesentliche Verbesserung gemacht werden *mussten*, weil es ganz klar war, dass die Eisenbahnen die Serien-QJ gegenüber den Diesellokomotiven nicht für konkurrenzfähig hielten. Dieser wesentliche Punkt hätte allen mit der Arbeit verbundenen Leuten klar sein sollen. Falls das Eisenbahnministerium die Dinge anders sah, dann weil es nur einige Verbesserungen an den QJ für deren Restlebensdauer wünschte. Das war ein ziemlich abweichender Blickwinkel von meinem eigenen und dem des Amts für Energieeinsparung (letztere schauten sogar über die modifizierte QJ in die Zukunft hinaus und baten mich zu einer Zeit, eine Spezifikation für eine brandneue Lokomotive nach SGS-Standard zusammenzustellen). Bei der Besprechung im Oktober 1987 in Datong sprach ich diesen Punkt mit den Leuten von dem Eisenbahnministerium direkt an, indem ich ausführte, dass gemäß eines ausführlichen Artikels über China in der Zeitschrift International Railway Journal, Ausgabe Juli 1987, für das Jahr 2000 für die Dampftraktion 15 % der Tonnenkilometer geplant waren und dass sogar diese Zahl optimistisch erschein.[1] Falls die Traktionspolitik bereits insoweit festgelegt war, dann gab es in der Tat kaum eine Rechtfertigung, die Arbeit entsprechend der ursprünglichen Vereinbarung auszuführen, die darauf abzielte, eine Dampflokomotive zu schaffen, die die Notwendigkeit einer intensiven Verdieselung vermied und die eine merkliche Verkehrsleistung erbrachte. Bei den meisten Teilnehmern an der Besprechung war die Reaktion darauf wahrscheinlich stillschweigende Zustimmung.

So, wie auch bei den anderen Hürden auf dem Weg zum endgültigen Erfolg, gab es keine einfache Lösung für das Problem der Serienproduktion der modifizierten Lokomotive. Mit der Entscheidung, keine neuen Lokomotiven nach der verbesserten Konstruktion zu bauen, hatten die Chinesen den einzigen Weg ausgeschlossen, auf dem der ganze Plan wirklich Sinn gemacht hätte, aber ich glaube, ihr eingeschränktes Verständnis von dem dynamischen Ganzen einer Dampflokomotive und was zu ihre Verbesserung getan werden musste, hinderte sie daran, das jemals zu erkennen.

Und zu guter Letzt, falls modifizierte QJ in größeren Stückzahlen produziert worden wären, bevor alle Strecken verdieselt oder elektrifiziert waren, was wäre getan worden, um ihr betriebliches Umfeld zu verbessern? Hätten sich die chinesischen Ingenieure die Mühe gemacht, die Konstruktion zu verstehen, damit sie sie hätten bedienen und warten können? Hätten sie dieses Wissen an ihre Untergebenen weitergereicht? Wären die Lokomotivmannschaften und das handwerkliche Personal ordnungsgemäß unterwiesen worden? Hätte man die Wartungseinrichtungen aufgerüstet? Hätte man die Wasseraufbereitung verbessert? Wäre die angelieferte Kohle frei von Steinen gewesen und so weiter? Solche Veränderungen wurden für die Diesel- und Elektrolokomotiven durchgeführt, aber solange die Einstellung bestand, dass eine Dampflokomotive einfach eine Dampflokomotive ist, hätte man nicht eingesehen, dass diese Änderungen für die weiterentwickelte Dampftraktion genauso nötig waren, falls sie erfolgreich im täglichen Dienst eingeführt werden sollte.

In diesem abschließenden Kapitel über den unglücklichen Anlauf zur Weiterentwicklung der QJ-Klasse wurden eine Menge Fragen aufgeworfen: hätte Datong den Prototypen richtig gebaut, hätte sich die führenden Eisenbahnleute überzeugen lassen, ihm eine faire Chance zu geben, hätte er die Erwartungen erfüllt, hätte er die Anforderungen der Betriebsabteilung erfüllt, wäre der Umbau vorhandener Lokomotiven im großen Stil und in kurzer Zeit durchführbar gewesen, wären die Umstände für ihre erfolgreiche Betriebseinführung günstig gewesen? Das sind zu viele offene Fragen, um beantworten zu können, ob die Dampftraktion, deren Fortbestand zu der Zeit an einem seidenen Faden hing, hätte gerettet werden können. Leider kamen die Dinge niemals wirklich so weit voran, dass der Bau eines Prototyps *ernsthaft* in Erwägung gezogen wurde.

Zum Abschluss wollen wir schauen, was aus den an dieser Angelegenheit Beteiligten geworden ist, nachdem sie schließlich zu einem Ende kam. Datong ging über zur Produktion von Diesellokomotiven und baute im Jahr 1989 vierzig DF_4 zusammen (da viele Bauteile von anderen Fabriken angeliefert wurden, ist hier von zusammenbauen und nicht von herstellen die Rede). Damit war sie weit entfernt von ihrer früheren Produktionskapazität von 300 Dampflokomotiven im Jahr. Bedenkt man die Einstellung des Ministeriums zu diesem Standort, schienen sie sich dort auf magere Zeiten einstellen zu müssen, aber irgendwie schafften sie es, die Aufgabe zu bekommen, die sie sich wünschten, nämlich elektrische Lokomotiven zu bauen, und sich so eine gute Zukunftsaussicht zu verschaffen. Bevor das allerdings geschah, nahm Wang Li Jie, der zu meiner „rechten Hand“ in Datong geworden war und der auch Dampf im Blut hatte, wenn auch in geringerer Konzentration als in meinem, eine Stelle am Sitz des Eisenbahnministeriums an, die mit der Dampftraktion zu tun hatte. Das Ministerium tat wahrscheinlich alles, die ganze Sache, die es ohne Zweifel während der ganzen Zeit als Ärgernis betrachtet hatte, zu vergessen. Dennoch war die Erinnerung daran lebendig genug, um eine SAR-Delegation nach den Ergebnissen mit 3450 zu fragen, als sie bei einer Konferenz der International Heavy Haul Association aufeinander trafen. Derjenige, der angeblich darauf antwortete, war einer meiner Feinde. Wenn man ganz entschieden für eine Sache eintritt, besonders wenn man damit gegen den Strom schwimmt, bleibt es nicht aus, dass man sich Feinde macht, und davon habe ich mir einige gemacht. Er teilte dem Ministerium mit, was es wahrscheinlich hören wollte, nämlich dass 3450 kein Erfolg war. Ich wusste, dass die betreffende Person gegen die Dampftraktion eingestellt war, überhaupt nichts mit der Lokomotive zu tun gehabt hatte, und ich bezweifelte stark, dass sie viel über den Unterschied zwischen Überdeckung und Voreilung wusste. Insofern war ihr Urteil für mich ohne besonderes Gewicht. Das Amt für Energieeinsparung machte große Anstrengungen, die noch nicht ausgegebenen Gelder zurückzubekommen und etwas aus dem vergeudeten Kauf der Rollenlager zu machen. Und ich selbst? Ich ging im Juni 1988 zu der indischen Botschaft in Peking und überreichte dem dortigen Handelsattaché eine Eingabe für die Indischen Staatsbahnen, mit Einzelheiten zu möglichen Verbesserungen an deren Dampflokomotiven und verbunden mit einem Angebot meiner Dienstleistung für diese Arbeit. Mein Ansprechpartner versprach die Weiterleitung der Eingabe nach Delhi, machte mir aber wenig Hoffnung auf eine positive Antwort, indem er mir mitteilte, dass die Chinesen den gleichen Vorstoß ohne Erfolg versucht hätten. Wenig überraschend und auch etwas zur Erleichterung meiner Frau hörte ich nichts weiter von den Indern. So musste ich den Schluss ziehen, dass

[1] Ende 1995 wurde die Aufteilung der Tonnenkilometerleistungen in der CR-Statistik wie folgt angegeben: Dampftraktion 11,5 %, Dieseltraktion 63,7 %, Elektrotraktion 24,8 %. Damit waren die Eisenbahnen in hohem Maße abhängig von ölbetriebenen Triebfahrzeugen geworden, genau das Gegenteil der ursprünglichen Intention des Amts für Energieeinsparung. Damit trug die Eisenbahn dazu bei, das China zu dieser Zeit zum Nettoimporteur von Erdöl wurde.

keiner der beiden übriggebliebenen Anwender der Dampftraktion im großen Maßstab auf dieser Welt der Dampflokomotive irgendeine Zukunftschance gab.[1]

Ich hatte für die Dampflokomotive gearbeitet, weil ich ihr Überleben wollte. Ich glaubte an das, was ich tat und 3450 war die Verkörperung dieses Glaubens. Die Arbeit war zu jeder Zeit hart und fordernd, und es gab dabei zahlreiche Enttäuschungen und Frustrationen. Erfolg schien sich nur selten einzustellen, aber wenn er kam, dann wusste ich, warum ich all diese Arbeit auf mich genommen hatte. Wenn auf 3450 alles genau richtig lief und sie Dinge vollbrachte, die keine andere Dampflokomotive ihrer Größe oder noch viel größer, schaffen konnte, wenn die Schornsteinmusik überirdisch war und wenn ich durch die Kraft des Bewusstseins im dynamischen Einklang mit der Maschine war, dann war das eine besondere Erfahrung, ein Verstehen jenseits der Gedanken und Worte. Das war tatsächlich einfach die Belohnung für all die Mühen und Kämpfe, aber in Datong hatte es nur Mühen und Kämpfe gegeben. Auch anderswo sah ich keine Hoffnung für etwas anderes, keine Hoffnung auf ein gutes Ende, nur die Aussicht darauf, missverstanden und von anderen verprügelt zu werden, die keine Vorstellung davon hatten, wie eine Dampflokomotive im technischen Sinn sein könnte und sollte. Bis dahin war es ein großes Abenteuer gewesen, aber nun stand ich vor der Wahl, die Realität auszublenden und in einer Phantasiewelt zu leben, die irgendwie auf die Renaissance der Dampflokomotive vertraute, oder die Wirklichkeit anzuerkennen und die Erkenntnis sicherer Niederlage zu ertragen – oder auszusteigen. Es war nicht mein Wunsch, zu einem fanatischen Verfechter einer verlorenen Sache zu werden, noch fühlte ich mich von der Museumsbahnszene angezogen. So entschied ich, dass der Ausstieg die vernünftigste Option war und damit betrachtete ich mich als pensioniert.

[1] Zur Zeit der Niederschrift dieser Zeilen war die Dampftraktion bei den Indischen Staatsbahnen fast verschwunden. Das Mysterium und die Romantik der Dampflokomotive passte perfekt in dieses absolut geheimnisvolle und romantische Land, und Indien hat vielleicht mehr verloren, dadurch, dass der Geruch von Kohlenrauch und öligem Dampf sich nicht mehr mit dem von Räucherwerk und Gewürzen vermischt, als ihm jetzt bewusst ist. Der Klang der Dampfpfeife ertönt nicht mehr als Begleitmusik zu den rhythmischen Trommelklängen von den Hindu-Tempeln oder zu dem eindringlichen Ruf von den Moscheen in der Dunkelheit vor der Morgendämmerung.

KAPITEL 8

DAS ENDE DER STRECKE?

Was immer die Wesensart hat zu erscheinen, hat auch die Wesensart zu verschwinden.
Da alle Dinge die Wesensart der Leere haben, haben sie weder Anfang noch Ende.
(Buddhistische Weisheit)
(Anm. d. Übers.: eigene Übersetzung)

In den vorangegangenen Kapiteln wurde eine Menge Fakten und Zahlen aufgeführt, aber jemand von größerer Weisheit als ich hat gesagt, dass Fakten unwichtig sind, worauf es ankommt, ist ihre Bedeutung. Das ist wahr, doch die Bedeutung hängt von der Position des Beobachters ab und wird durch eine weitere Tatsache kompliziert, nämlich dass alles, außer dem Absoluten, relativ ist und nicht isoliert dasteht. Damit stehen hinter Fakten andere Fakten, die alle einander bedingen und der ganzen Vorgang des „Schauen[s] der Wahrheit durch Tatsachen", um einen zeitgenössischen chinesischen Wahlspruch zu zitieren, wird unmöglich, weil die gleichen Fakten, von verschiedenen Standpunkten aus betrachtet, zu sehr weit voneinander abweichenden, ja sogar zu widersprüchlichen Schlussfolgerungen führen können und dazu benutzt werden können, fast alles nach Belieben zu beweisen. Angesichts dessen schweigt der weise Mann und lässt die Dinge einfach so wie sie sind. Da ich aber, wie bereits bewiesen, viel zu sehr ein Plappermaul bin, um dem Rang eines Weisen würdig zu sein, kann ich auch ebenso gut für ein letztes Kapitel weitermachen. Darin werden überwiegend Beispiele aus Großbritannien gegeben, weil das mein eigenes Land war, aber im Wesentlichen treffen die Argumente auf alle größeren Anwender der Dampftraktion zu.

Fangen wir mit dem einen Argument an, dem jeder objektive Beobachter der Lokomotivszene des späten zwanzigsten Jahrhunderts zustimmen wird: die Dampflokomotive hielt nicht Schritt mit dem Fortschreiten der Zeit. Kein Widerspruch, aber tatsächlich stand es ja nicht in der Macht der Dampflokomotive selbst, mit dem Fortschreiten der Zeit Schritt zu halten, denn dabei war sie vollständig abhängig von den Männern, die sie entwarfen, konstruierten, bauten, entwickelten, messtechnisch untersuchten, verkauften, betrieben und unterhielten. So kann es also nicht die Dampflokomotive selbst gewesen sein, die aus der Zeit herausfiel. Es muss also die Arbeit derjenigen gewesen sein, die dafür verantwortlich waren, dass sie das nicht tat. Ja, so kommen wir der Wahrheit näher, und es ist unsere erste wichtige, aber unpopuläre Schlussfolgerung, nämlich dass die Hauptverantwortung für den raschen Niedergang der Dampflokomotive, wie wir ihn erlebt haben, nicht so sehr bei der Interessenverfolgung der Hersteller der verhassten Diesel- und Elektrolokomotiven lag, sondern direkt bei den Leuten, die an der Dampflokomotive arbeiteten. Dazu gehören auch einige von den von Dampflokomotivfreunden zu Idolen stilisierten berühmten Ingenieuren und Lokomotivbesatzungen. Es gab keine „Verschwörung" gegen die Dampftraktion, es sei denn, man wollte die etwas skrupellosen Verkaufsmanöver, wie sie untrennbar mit dem kommerziellen Handel verbunden zu sein scheinen und die ja auch den Dampflokomotivherstellern zu Verfügung standen, als Verschwörung bezeichnen. Angesichts des beinahe absoluten, weltweiten Dampfmonopols bis in die vierziger Jahre und der konservativen Haltung der Eisenbahnen, war es äußerst unwahrscheinlich, dass reines Verkaufsgeschick die damals mächtige Dampflokomotivindustrie vertreiben konnte, es sei denn, das, was angeboten wurde, hatte für die Bahnen einige fundamentale Vorzüge. Die Diesel- und Elektroleute verkauften Lokomotiven, die gegenüber dem damaligen Stand der Dampflokomotivtechnik gewisse eindeutige Vorteile hatten, und sie verkauften aggressiv, zweifellos unter Anwendung aller ihnen zur Verfügung stehenden Mittel. Vielleicht waren den Dampflokomotivherstellern solche druckvollen Verkaufsmethoden nicht geläufig, aber falls dem so ist, dann ist es nur eine weitere Facette ihrer fatalen Selbstgefälligkeit. Die Dampflokomotivingenieure gestalteten ihre Produkte in keinster Weise so vorteilhaft, wie sie innerhalb der Grenzen der Naturgesetze hätten sein können. Es war die „Gut genug"-Mentalität, der schlimmste Feind des Fortschritts, wie oft von Porta zum Ausdruck gebracht, die der Herausforderung wirkungsvoller Konkurrenz nicht gewachsen war, während andererseits all die von den Lokomotivmannschaften bei der Dampftraktion verursachten Probleme in der mehr narrensicheren und weniger fordernden Umgebung auf den Führerständen von Diesel- und Elektrolokomotiven verschwanden.[1] Aber vielleicht bin ich ein bisschen zu streng mit den Lokomotivführern und Heizern. Vielleicht sollte man Nachsicht mit ihnen haben, gerade weil so viel von ihnen gefordert wurde. Porta betonte immer, dass auf der menschlichen Seite des Prozesses der Zugkrafterzeugung der Lokomotiven, von der Unterrichtung in den Grundlagen der Mechanik und der Thermodynamik durch Universitätsprofessoren bis herunter zu der Arbeit der Lokomotivpersonale, viel zu viel Verantwortung für eine gute Lokomotivleistung Letzteren überlassen blieb.

Ganz sicher war die scheinbare Einfachheit der Dampflokomotive ein Trugschluss. Zahlreich waren die thermodynamischen Komplexitäten in Bereichen wie der Verbrennung, dem Wärmeübergang und der Gas- und Dampfströmung, die von Generationen von Ingenieuren unerforscht und daher unentdeckt blieben, ja vermutlich nicht einmal erahnt wurden. Wie sonst konnten amerikanische Dampflokomotiven bis zum Schluss mit Saugzuganlagen ausgerüstet sein, wie man sie sich schlechter nicht vorstellen kann, warum sonst spuckten Dampflokomotive Kohle aus ihren Schornsteinen, wenn sie im rechten Verhältnis zu ihrer Größe angestrengt wurden, warum sonst wurde die Fahrweise mit gedrosseltem Regler und großen Füllungen entgegen den Lehren der Thermodynamik so oft angewendet? In der Tat ließ das gesamtheitliche Verständnis der Ingenieure für die Maschinen, die sie schufen, zu wünschen übrig, wovon eine Folge war, dass sie nicht in der Lage waren, den Mannschaften eindeutige Regeln anzugeben, an die diese sich erfolgreich halten konnten. Daher kam es, dass jeder, der mit dem Betrieb von Dampflokomotiven zu tun hatte, glaubte, er wüsste am besten, wie man mit ihnen umging. Einer schwor auf 25 % Füllung bei vollständig geöffnetem Regler, der andere auf drei viertel Regleröffnung und 40 % Füllung und so weiter, und alle fühlten sich im Recht.[2] So etwas gab es bei der Diesel- und Elektrotraktion nicht, bis zu einem gewissen Grade natürlich wegen ihrer

---

[1] In einem wunderbar respektlosen Artikel, den ein Berufseisenbahner gegen Ende der Dampflokomotivära in Großbritannien unter einem Pseudonym schrieb und in dem hauptsächlich Beispiele für die konstruktiven Dummheiten an den Lokomotiven der Midland Railway *(Anm. d. Übers.: 1844 bis 1922, eine der Vorgängerbahnen der London, Midland and Scottish Railway, die wiederum 1948 in British Railways aufging)* aufgelistet waren („die Art von Dampflokomotiven, die für ihren eigenen Untergang sorgten" [Porta], stand das Nachstehende über die zeitgenössische Qualifikation der Lokomotivmannschaften zu lesen: „Die heutigen Lokomotivpersonale, und ich beschränke meine Bemerkungen nicht auf junge Heizer, sind nur noch ein Schatten ihrer selbst (natürlich gibt es erwähnenswerte Ausnahmen). Vielen fehlt das Gefühl für eine Maschine, sie wenden eine einmal festgelegte Vorgehenweise an, experimentieren nur sehr zögerlich und nur wenige setzen ihren Stolz darein, eine Arbeit effektiv zu verrichten. Die Lokomotiven werden größer und größer, um die gleichen Aufgaben zu bewältigen wie vor dem Ersten Weltkrieg, und das tun sie auch noch weniger kompetent. Natürlich liegt das teilweise an der abnehmenden Kohlequalität, aber viel mehr an der schlechter werdenden Qualifikation der Lokomotivpersonale…viele Lokomotivklassen haben das konstruktive Potential, die doppelte Zugförderungsleistung zu erbringen, als ihnen im täglichen Betrieb abverlangt wird. Aber wie oft erlebt man das, selbst im Notfall? Ich glaube, dass das Zeitalter der Diesel- und Elektrolokomotiven gerade rechtzeitig anbricht." (Derby apprentice von „45671", Trains Illustrated Annual 1959, Ian Allen, London) [Experimente waren natürlich die Aufgabe der Ingenieure!]

[2] Eine Ausnahme davon schien Deutschland gewesen zu sein, wo den Lokomotivpersonalen genaue Betriebsanweisungen gegeben wurden, an die sie sich auch hielten, wie man mir sagte.

besonderen Eigenschaften, aber auch weil das technische Verständnis dieser Lokomotiven viel besser war. Im Ergebnis gab es für die Personale nur ein Minimum an Freiheiten und damit auch an Verantwortung für den korrekten Lokomotivbetrieb.

Die kritische Zeitphase für die Dampftraktion in Europa und Nordamerika und damit für den Rest der Welt, der diesen beiden Kontinenten technologisch nacheiferte, lag in den frühen dreißiger Jahren, als sie sich dem Zenit ihre Entwicklung näherte und die Konkurrenz noch in den Kinderschuhen steckte. Die Tatsache, dass die *vollständige* Entwicklung der Dampflokomotive gemäß dem damaligen technischen Wissen in den folgenden zwanzig Jahren ausblieb, besiegelte schließlich ihr Schicksal weltweit. Wir wollen nun einige Bereiche untersuchen, in denen die Dampftraktion *hätte besser sein müssen* und *hätte besser sein können.*

1. Thermischer Gesamtwirkungsgrad

E. S. Cox machte in Bezug auf die von FGS-Lokomotiven erreichten thermischen Gesamtwirkungsgrade die nachstehende Zusammenfassung.[1]

> „...eine repräsentative Lokomotive aus dieser Zeit [der Mitte des zwanzigsten Jahrhunderts] ...hatte einen Zylinderwirkungsgrad nahe an 14 Prozent, in Verbindung mit einem Kesselwirkungsgrad von 72 Prozent und einen Wirkungsgrad von 90 Prozent für die mechanische Übertragung von den Kolben bis zu den Treibrädern. Das ergab zusammen 9 Prozent, wobei es den Franzosen gelang, noch etwas über 10 Prozent hinauszukommen."

So wie von Cox dargestellt, bezogen sich die „Gesamtwerte" von 9 % und 10 % auf die Zahlen gemessen am Radreifen, während der eigentliche thermische Gesamtwirkungsgrad auf den Zughaken bezogen wurde. Mit diesem Vorbehalt können wir die Gültigkeit von Cox's Aussage prüfen, in dem wir uns die tatsächlichen Versuchsergebnisse der 2C1 der Klasse 7MT („Britannia", *Anm. d. Übers.: h2, Schnellzug-Schlepptender, Bahn-Nrn. 70000 bis 70054, BR Crewe Works, 1951 bis 54)* der British Railways anschauen. Diese Lokomotiven wurden ab 1951 in Dienst gestellt und ihre thermodynamischen Eigenschaften repräsentieren das höchste von FGS-Lokomotiven mit einfacher Dampfdehnung erreichte Niveau.[2] Die entsprechenden Daten sind in der Tabelle 80 angegeben, und es lässt sich daraus erkennen, dass in der Tat ein maximaler thermischer Gesamtwirkungsgrad am *Zughaken* von knapp über 9 % verzeichnet wurde. Allerdings galt dieses Maximum nur in relativen schmalen Geschwindigkeits- und Zugkraftbereichen, die nicht mit den normalen Einsatzbedingungen der Lokomotive, überwiegend im Schnellzugdienst, übereinstimmten. Obwohl dann die Linie für 9 % Wirkungsgrad bei Verwendung der South-Kirkby-Kohle den doppelten Geschwindigkeits- und Zugkraftbereich abdeckte wie die Maximallinie für 9,2 %, reichte sie immer noch nicht in den Bereich, in dem die Lokomotiven üblicherweise arbeiteten. Fahrgeschwindigkeiten im Bereich von 112 km h^{-1} waren in Großbritannien für Schnellzüge in den fünfziger Jahren üblich, eine Geschwindigkeit, bei der der Gesamtwirkungsgrad der „Britannias" auf 7,6 % abfiel. Allerdings zwang die Straßenkonkurrenz schon zu dieser Zeit zu höheren Fahrgeschwindigkeiten und bei 130 km h^{-1} konnte kein besserer thermischer Gesamtwirkungsgrad als 6,4 % erreicht werden. Der Hauptgrund für diesen Abfall des thermischen Gesamtwirkungsgrads bei höheren Geschwindigkeiten lag in dem hohen Leistungsgewicht der Lokomotive mitsamt Tender. Jeder Versuch, das zu überwinden und mehr Leistung durch eine größere Kesselanstrengung zu erzeugen, führte zu hohem Flugverlust, der sich, wie wir wiederholt gesehen haben, katastrophal auf den thermischen Wirkungsgrad auswirkte. Mit kohlegefeuerten Dampflokomotive nach Art der „Britannias", die, ich wiederhole, eine repräsentative Bauart in Bezug auf das thermische Verhalten der besten Einfachexpansionsmaschinen zum Ende der Dampflokomotivära darstellten, gab es keine Chance, hohe thermische Wirkungsgrade auch im Bereich der seinerzeit zunehmend nötigen hohen Reisezuggeschwindigkeiten aufrechtzuerhalten.

Als weitere wichtige Erkenntnis kann aus der Tabelle 80 der Einfluss der Kohlequalität gewonnen werden. Die South-Kirkby-Kohle war wirklich sehr gut, und selbst Blidworth-Kohle hatte wesentlich bessere Eigenschaften als die große Mehrzahl der Kohlesorten, die die Dampflokomotiven in aller Welt verdauen mussten. Dennoch war der Abfall im Wirkungsgrad bei der Verwendung von Blidworth-Kohle ziemlich gravierend, was die Abhängigkeit des Leistungsverhaltens der Dampflokomotive von der Kohlequalität deutlich macht. Mit diesem Thema werden wir uns weiter unten näher befassen. Hier genügt es zunächst, zu sagen, dass mit dem Nichtvorhandensein oder Seltenwerden von Qualitätskohle in den meisten Ländern merkliche Abstriche bei Leistung und Wirtschaftlichkeit unausweichlich schienen.

Tabelle 80
Leistungen der BR-Einheitsklasse 7MT, Achsfolge 2C1

Kohlensorte	South Kirkby	Blidworth
Heizwert, MJ kg^{-1}	32,1	29,3
Flüchtige Bestandteile, %[1]	34,7	32,6
Kohlenstoffgehalt, %[1]	57,4	53,8
Asche, %[1]	4,7	5,4
Stückgröße	Stückkohle	Stück/Nuss
Maximaler thermischer Gesamtwirkungsgrad, (Maximallinie), %	9,2[2]	8,3
Geschwindigkeiten mit maximalem thermischen Wirkungsgrad, km h^{-1}	42 - 67	43 - 66
Auf die Ebene bezogene Hakenzugkräfte mit maximalem thermischen Wirkungsgrad, kN	68 - 44	65 - 45
Maximaler thermischer Wirkungsgrad bei 112 km h^{-1} (70 mph), %[3]	7,6	6,9
Entsprechende Zughakenleistung, kW	860	860
Maximaler thermischer Wirkungsgrad bei 130 km h^{-1}, %[4]	6,4	6,0
Entsprechende Zughakenleistung, kW[4]	850	850
Maximale auf die Ebene bezogene Zughakenleistung, kW	1 523	-
Maximale Zughakenleistung bei 112 km h^{-1}, kW	1 380	-

Anmerkungen
1. wie angeliefert (nicht wasserfrei).
2. Der maximale thermische Gesamtwirkungsgrad der zeitgenössischen 1C1-Baureihe 23 der Deutschen Bundesbahn lag geringfügig darüber. Die englische und die deutsche Lokomotivbauschule hatten ähnliche Niveaus bei der Leistung und der Wirtschaftlichkeit erreicht.
3. Die entsprechenden Werte in dem Versuchsbericht sind nur bis zu einer Geschwindigkeit von 70 mph aufgeführt.
4. Näherungswert. Durch Extrapolieren der Versuchswerte errechnet.

[1] Cox, E. S., World Steam in The Twentieth Century, Ian Allan, London, 1969, Seite 178.
[2] British Railways Performance & Efficiency Test Bulletin No. 5, BR Standard Class 7 2-Cyl. 4-6-2 Mixed Traffic Locomotive, 1953.

Damit kann die vorangegangene Aussage von Cox wie folgt abgewandelt werden: nach mehr als 125 Jahren Entwicklung erreichten die besten Einfachexpansion-FGS-Lokomotiven bei mäßigen Fahrgeschwindigkeiten und Zugkräften und bei der Verfeuerung erstklassiger Kohle einen thermischen Gesamtwirkungsgrad von 9 %. Die französischen Verbundlokomotiven erreichten 10 %, aber ich bezweifle, ob sie gegenüber den Einfachexpansionslokomotiven bei ihrem betrieblichen Verhalten mehr Freiheitsgrade in Bezug auf den Arbeitsbereich und die Kohlequalität hatten.[1] *Allerdings hätte der thermische Wirkungsgrad wesentlich höher sein können. Mit dem in dem fraglichen Zeitraum (1930 bis 1950) zur Verfügung gestandenen technischen Wissen hätten Einfachexpansionsmaschinen mit einem maximalen thermischen Wirkungsgrad von mindestens 12 % und mit einem wesentlich breiteren Arbeitsbereich mit hohen Wirkungsgraden gebaut werden können, ohne den geheiligten einfachen konstruktiven Aufbau der Dampflokomotive in Frage zu stellen. Bei der Verbundanordnung wären 14 % möglich gewesen. Damit hätte man sich dem wirklichen Gesamtwirkungsgrad der zeitgenössischen Diesel- und Elektrotraktion genähert.*

Über die jeweiligen Vorzüge der einfachen und doppelten Dampfdehnung ist fast seit Entstehung der Dampflokomotive gestritten worden, meistens von Leuten, wie das auch für den Autor gilt, die weder praktische Erfahrung noch wirkliches Wissen über die Konstruktion von Verbundlokomotiven haben. Die Geschichte lehrt uns, dass die Einfachexpansionslokomotive den Streit in dem Sinn gewann, als dass sie die bevorzugte Bauart war, zum Schluss sogar selbst in Frankreich, doch das heißt nicht, dass sie grundsätzlich überlegen war. Die nachstehende Zusammenfassung von Äußerungen Portas, einem großen Verfechter der Verbundlokomotive, die er gegenüber dem Autor zu diesem Thema machte, ist maßgeblich.

Im Wesentlichen musste die Umwandlung der Wärmeenergie des Dampfs in mechanische Energie durch Expansion des Dampfs erfolgen und die Verbundmaschine bot den grundlegenden Vorzug, ein großes Zylindervolumen für die weitgehende Expansion zu ermöglichen, bei gleichzeitiger Begrenzung des größten Kolbendrucks. Natürlich konnte auch in einem einfachen Dampfzylinder mit hohem Anfangsdruck und kleiner Füllung eine sehr große Dampfdehnung erzielt werden, aber damit waren unvermeidbare Nachteile verbunden. Erstens ergab sich dabei ein schlechtes Verhältnis von mittlerem indizierten Zylinderdruck (p_i) zu Maximaldruck. Die Lokomotivrahmen sowie Trieb- und Laufwerk mussten ausreichend robust sein, um den hohen Spitzenwerten der Kolbendrücke, wie sie nur während eines kleinen Teils einer jeden Treibradumdrehung auftraten, zu widerstehen. Ein solch robuster Mechanismus führte aber zu hohen inneren Reibungswiderständen, die von den ungefähr gleichbleibenden Druckspitzen in den Zylindern abhängig waren, das heißt, der mittlere effektive Reibungsdruck konnte als Bruchteil des Kolbendrucks angesehen werden *(Anm. d. Übers.: dieser Anteil ist nach außen für die Erzeugung von Hakenzugkraft also verloren)*. Die indizierte Zugkraft war abhängig von p_i und beide nahmen mit zunehmendem Expansionsverhältnis ab, bis zu einem Punkt, an dem ein großer Teil der Zylinderleistung für die Überwindung der inneren Widerstände der Lokomotive verbraucht wurde. Bei Verbundlokomotiven, mit ihrem aufgrund größerer Zylinderfüllungen besseren Verhältnis von p_i zu Maximaldruck und ihren geringeren Druckdifferenzen zwischen den beiden Kolbenseiten, war dieser negative Faktor vermindert. Damit hatten Verbundlokomotiven bei gegebener Leistung einen geringeren inneren Widerstand, trotz der größeren Zylinderanzahl. Zweitens stieg der Wärmeübergang zwischen dem Dampf und den Zylinderwänden mit der Zunahme des Temperaturgefälles in einem Zylinder an und war deshalb am größten in einer Einfachexpansionsmaschine, die mit kleiner Füllung arbeitete, während die Verbundmaschine eine Dampfdehnung ergab, die mehr der idealen isentropen Entspannung entsprach, als das bei der Einfachexpansionsmaschine möglich war. Damit war es bei der Verbundmaschine möglich, die Vorteile der Beschränkung der Dampfdehnung je Zylinder durch relativ große Füllungen mit denen einer weitgehenden Gesamtexpansion zu verbinden. Das war in Einfachexpansionsmaschinen aus Prinzip nicht möglich. Das war Allgemeinwissen und jenseits des Technikgebiets des Lokomotivbaus waren Einfachexpansionsmaschinen undenkbar. Warum also wurde sie bei der Lokomotive bevorzugt? Von selbsternannten Experten wurden dafür alle möglichen Gründe angegeben, wie zum Beispiel: kein Platz für ausreichend dimensionierte Lager bei Verbundmaschinen, ihre Untauglichkeit für die im Eisenbahnbetrieb üblichen stark schwankenden Anforderungen an Geschwindigkeit und Zugkraft oder einfach, weil sie zu kompliziert waren. Portas Antwort darauf lautete, dass „...die Einfachexpansionsmaschine auf der ganzen Welt so populär war, weil eine gute Verbundlokomotive viel schwieriger zu konstruieren war“.[2] Er beschrieb die Verbundmaschine weniger als schwierig in mechanischer Hinsicht, sondern als *intellektuell* schwierig und schrieb die Schuld für ihre mangelnde Akzeptanz bei den Lokomotivbauern der Tatsache zu, dass es nicht gelang, das technische Niveau so weit zu heben, dass sie ein Erfolg wurde. Selbst Chapelon, sein großer Freund und Lehrer, war von diesem Urteil nicht ganz ausgenommen, wenn auch Porta die vielen Schwierigkeiten anerkannte, unter denen Chapelon gearbeitet hatte. Die reichten von eifersüchtigen Ingenieurkollegen bis zu der Rekonstruktion von vorhandenen Lokomotiven und dem Zwang, seine Konstruktionen auf Basis vorhandener Bauarten zu machen, mit all ihren Beschränkungen. Auch war er bei der Detailkonstruktion auf die nicht gerade perfekten französischen Zeichenbüros angewiesen, wie sie Porta zu bezeichnen pflegte. So schrieb Porta zu der Klasse 240P „Schauen Sie sich die Zusammenstellungszeichnung an! Man kann einem derartig verrückten Zeichenbüro nicht trauen“[3]. Er war überzeugt davon, dass diese mangelhafte Detailkonstruktion die französischen Verbundlokomotiven zum Untergang verurteilte (und übrigens auch die in Frankreich nach dem Krieg für Brasilien gebauten einfachen Zweizylinderlokomotiven der Achsfolgen 1D2 und 2D2, siehe Tafel 76 *(Anm. d. Übers.: insgesamt 90 Stück von dem Groupement d'Exportation de Locomotives en Sud-Amérique (GELSA) für das Departamento Nacional de Estradas de Ferro (DNEF); Meterspur, erstes Baulos 2D2: Batignolles-Chatillon Nr. 850 bis 861, Baujahr 1951, Bahn-Nrn. DNEF 242F1 bis 242F12, zweites Baulos 2D2: Batignolles-Chatillon 862 bis 873 / 1952/ DNEF 242F13 bis 242F24; Lieferungen 1D2 von Cail und Schneider, 1951 bis 52)*). Es wird für immer ungeklärt bleiben, ob Chapelons 1945 für die SNCF entworfenen Dreizylinderverbundmaschinen besser gewesen wären. Meine eigene Interpretation von Portas Kritik an Chapelon ist, dass selbst diese Koryphäe sich nicht ganz darüber im Klaren war, wie weitgehend ihre eigenen Lehrsätze angewendet werden konnten, wie zum Beispiel auf den Gebieten der inneren Stromlinie, der hohen Überhitzung und der Saugzuganlagen. Ironischerweise waren somit selbst die besten Chapelon-Verbundmaschinen, die gemäß Cox[4] „hervorragendes Betriebs-verhalten und Leistungen zeigten, die im Verhältnis zu ihrer Größe weltweit unübertroffen blieben...“, nicht durch und durch „chapelonisiert“. Wäre es nicht möglich, dass der Konflikt Einfachexpansion oder Verbundanordnung zum Vorteil der Dampftraktion anders entscheiden worden wäre, falls man das Wesen von Chapelons Lehre besser verstanden hätte und bessere Konstrukteure sie kompromissloser angewendet hätten? Immerhin glaubte Porta daran, und in dieser Angelegenheit bin ich geneigt, auf sein Urteil zu vertrauen, aber ich werde an dieser Stelle bei dem bleiben, von dem ich etwas verstehe. Insofern ist in unseren weiteren Betrachtungen zu den denkbaren Verbesserungen der Dampflokomotive die einfache Zwillingslokomotive gemeint, wobei wir im Hinterkopf behalten wollen, dass eine Verbundmaschine noch besser hätte sein sollen.

---

[1] Zumindest vor 1939 wurden die ausgezeichneten Leistungen der französischen Verbundlokomotiven wie auch die höchsten jemals verzeichneten spezifischen Verbrennungsleistungen (auf Chapelons 2D-Lokomotiven) mit den allerbesten Kohlesorten erzielt, zum Beispiel der wallisischen „Steam Coal“, die gerade das richtige Backvermögen hatten. Diese Eigenschaft war für Chapelon für den Feuerungswirkungsgrad bei hohen Leistungen von größter Bedeutung.

[2] Brief an den Autor vom 15.03.1977.

[3] Brief an den Autor vom 15.06.1976.

[4] Cox, E. S., World Steam in The Twentieth Century, Ian Allan, London, 1969, Seite 99.

2. Leistungsvermögen

Wegen der Beziehung {Leistung = zugeführte Wärme je Zeiteinheit x thermischer Wirkungsgrad} ist es grundsätzlich so, dass die Leistungsausbeute hätte gesteigert werden können, falls der seinerzeit erreichte thermische Wirkungsgrad hätte angehoben werden können. *Hohe Leistung ist eine Folge eines hohen thermischen Wirkungsgrads*, das bedarf keiner weiteren Erklärungen. Dennoch wurde zum Beispiel Bulleid, der mehr als seine britischen Zeitgenossen verstanden zu haben schein, dass die Dampflokomotiven höhere Leistungen haben mussten (und die weiteren Entwicklungen gaben ihm Recht), nachgesagt, einst bemerkt zu haben, dass der thermische Wirkungsgrad niemals ein Verkaufsargument gewesen war. Anscheinend konstruierte er auch seine Maschinen entsprechend! Mit etwas mehr Verstand hätten die in der Periode von 1930 bis 1950 entwickelten Dampflokomotiven Leistungsgewichte am Zughaken von 25 kWe pro Tonne Maschinengewicht *(Anm. d. Übers.: ohne Tender)* haben können und müssen. Dagegen erreichte die „Britannia"-Klasse von 1951 gerade einmal 16 kWe t^{-1} und bei der damals typischen Fahrgeschwindigkeit der Reisezüge von ungefähr 112 km h^{-1} gar nur 14,5 kWe t^{-1}.

3. Zuverlässigkeit

Schon in Kapitel 5 sind wir kurz auf dieses Thema eingegangen, wobei behauptet wurde, dass die Dampftraktion die unzuverlässigste der drei wichtigsten Traktionsarten war. Um das zu verstehen, muss ein geeigneter Maßstab für Zuverlässigkeit eingeführt werden. Das übliche Kriterium waren die gefahrenen Zugkilometer zwischen zwei Lokomotivausfällen. Der Lokomotivausfall war als eine durch die Lokomotive bedingte Verspätung von mehr als einer bestimmten Dauer definiert, meistens zehn Minuten oder länger. Das entsprach der Sicht des Laien auf die Zuverlässigkeit von Lokomotiven, und daran gemessen hielten sich die Dampflokomotiven recht gut, aber zum Vergleich von verschiedenen Lokomotivarten war das kein guter Maßstab. Dieses Kriterium war im Wesentlichen eines der Zuverlässigkeit im Plandienst, basierend auf der aus kommerziellen Gründen zwingend notwendigen Pünktlichkeit der Zugförderung, weil die Eisenbahnen, unabhängig von der Traktionsart, ein gewisses Maß an Pünktlichkeit erzielen mussten, um die Kunden zufriedenzustellen, besonders in einem wettbewerbsorientierten Umfeld. Damit wird das Kriterium der Zuverlässigkeit im Plandienst fast bedeutungslos, wenn man es nicht im Zusammenhang mit den zur Einhaltung der Dienstpläne nötigen Aufwendungen betrachtet. Einer meiner Vorgesetzten bei den British Railways sagte einmal zu mir, dass keine Maschine so schlecht konstruiert ist, dass sie nicht eingesetzt werden kann, vorausgesetzt, dass ihre Unterhaltung gut genug ist. Damit gelang es, selbst ziemlich mangelhaft konstruierte Dampflokomotiven mit ausgezeichneter Zuverlässigkeit am Laufen zu halten, allerdings um den Preis enormer Anstrengungen aller an ihrem Betrieb und ihrer Unterhaltung Beteiligten. Porta nannte das Beispiel der argentinischen Buenos Aires & Pacific Railway (später General San Martin Railway), die englische Dampflokomotiven des Technikstands des frühen zwanzigsten Jahrhunderts einsetzte, die Laufleistungen zwischen zwei lokomotivbedingten Fahrzeitüberschreitungen von mehr als 220 000 Kilometer erzielten. Ihre 2C1-Schnellzuglokomotiven von 1925 liefen in Umlaufplänen von 1 000 Kilometer und erreichten bis zu 20 000 Kilometer im Monat, sehr eindrucksvolle Werte angesichts ihrer Technologie, aber Porta fügte hinzu, dass „bekanntermaßen nach jedem Umlauf das Innentriebwerk demontiert und untersucht wurde!" Ganz allgemein gab es bei der Dampftraktion einen immensen Aufwand bei der Durchführung des Plandienstes, wie es sich in der notwendigerweise großen Anzahl von Depots und Werkstätten abzeichnete, die für die Versorgung, den Unterhalt und die Aufarbeitung der Lokomotiven benötigt wurden, ganz zu schweigen von den Mühen der Lokpersonale bei der Schmierung und der laufenden Unterhaltung.

Der andere Grund, warum die fragliche Definition kein genaues Bild von der Zuverlässigkeit der Lokomotiven ergab, bestand darin, dass die Fahrpläne Zeitzuschläge enthalten mussten, unter anderem, um dem nicht vollständig berechenbaren Betriebsverhalten der Dampflokomotive Rechnung zu tragen, was selbst auch eine Erscheinungsform der Unzuverlässigkeit war. Selten funktioniert eine Maschine perfekt so, wie sie soll, und die „normale" Funktion der Lokomotiven blieb sicher um einiges hinter 100 % Perfektion zurück, so dass man einen „Zuverlässigkeitsfaktor" definieren könnte, als das Verhältnis von dem tatsächlichen Betriebsverhalten einer durchschnittlichen Lokomotive zu ihrem idealen. Das Betriebsverhalten einer Lokomotive verschlechterte sich durch Verschleiß, während sie ihre Laufleistung zwischen zwei Aufarbeitungen absolvierte. Dampflokomotiven hatten von allen Traktionsarten mit Abstand die höchsten Verschleißraten und waren in dieser Hinsicht die größten Missetäter, wobei die Dieseltraktion wiederum schlechter, als die Elektrotraktion dastand. Der Erhaltungszustand der Kessel war ein weiterer Faktor, der die Leistungsfähigkeit der Dampftraktion bestimmte. E. S. Cox gibt auf den Seiten 79 bis 80 in seinem Buch Chronicles of Steam[1] einen interessanten Überblick an Mängeln, wie sie bei Lokomotiven vorgefunden wurden, die repräsentativ waren für „den durchschnittlichen Zustand, in dem eine moderne Lokomotive unter dem in den frühen fünfziger Jahren [bei den BR] üblichen Niveau der Unterhaltung im Einsatz gestanden haben könnte". Die „umfangreichen Übel" bei diesen Lokomotiven führten über einen weiten Bereich der Geschwindigkeiten und Kesselanstrengungen zu einem durchschnittlichen Leistungsabfall von 10 % verglichen mit dem Neuzustand, und bei einer dieser abgefahrenen Lokomotive wurde eine Einbuße bei der höchsten Verdampfungsleistung von 27 % gegenüber dem Nennwert festgestellt. Des Weiteren war bei kohlegefeuerten Dampflokomotiven ihre relativ unberechenbare Leistung, wegen der von der Kohlequalität und der Geschicklichkeit und Motivation der Heizer abhängigen Dampferzeugung, ein sehr wichtiger Einflussfaktor bei der Fahrplangestaltung der Züge. All diese Überlegungen führten bei der Dampftraktion zu der Notwendigkeit, relativ große Zeitzuschläge für schwankende Lokomotivleistungen in die Fahrpläne einzubauen, also eine Art „Unsicherheitsfaktor" in Bezug auf das jeweilige Verhalten einer gegebenen Maschine und ihres Personals. Daher kam es, dass es bei der Dampftraktion möglich war, die Fahrzeiten mit Leichtigkeit zu unterbieten, wann mal alles genau „passte", sehr zur Freude der Amateurzeitnehmer, die etwas, was alltäglich hätte sein sollen, als eine Art außergewöhnliches Bravourstück wahrnahmen. Doch falls die Dinge genau andersherum lagen, dann konnten „knappe" Fahrzeiten nicht eingehalten werden, und die Betriebsabteilungen mussten längere Fahrzeiten zugestehen, falls die Pünktlichkeit nicht leiden sollte. Der gute Ruf der Pünktlichkeit, den die Dampflokomotive im Plandienst erlangte, beruhte also auf großzügigen Fahrplankalkulationen, die der suboptimalen Leistung Rechnung trugen.

Ein weiteres von den Eisenbahnverwaltungen gemeinhin verwendetes Maß für die Zuverlässigkeit war der Anteil der Gesamtzeit, für den eine Lokomotive für die Zugförderung zur Verfügung stand. Die genaue Definition der verfügbaren Zeit variierte, aber um für die Dampftraktion aussagekräftig zu sein, mussten all die Zeiten für planmäßigen und unplanmäßigen Unterhalt (laufende Reparaturen), Brennstoffaufnahme, Wasserfassen (aber nicht für das Wasserschöpfen während der Fahrt aus Streckentrögen), das Auffüllen der Schmiergefäße und weiteres Abschmieren, das Ausschlacken, die Vorbereitung des Feuers und das Anheizens, das Wenden und die Leerfahrten zu und von Einrichtungen, die für die obigen Tätigkeiten aufgesucht werden mussten, abgezogen werden. Angesichts all dessen erschien die Dampftraktion in den Augen der Betriebsleute unzuverlässig, aber das war nicht die ganze Wahrheit. Je größer die Nutzung einer Lokomotive, desto mehr Unterhalt und Versorgung benötigte sie, desto geringer war also ihre Verfügbarkeit. Wegen dieser Verknüpfung war also die zeitliche Verfügbarkeit kein guter Indikator bei einem Vergleich von Zuverlässigkeiten, wenn die Nutzungsgrade verschieden waren. Zum Beispiel konnte eine Reservelokomotive 100 % Verfügbarkeit erreichen, was aber 100 % Zuverlässigkeit nur dann bedeutete, falls sie keinen Meter fuhr! Aber auch, weil für die Dampftraktion mehr Versorgung und Unterhaltung anfiel als bei der Diesel-

[1] Herausgegeben von Ian Allan, London, 1967.

oder Elektrotraktion und weil bei ihr in den Wendezeiten eine Marge für Unvorhergesehenes eingeplant werden musste, war der Zeitanteil für die Nutzung einer Lokomotive bei der Dampftraktion generell geringer als bei den anderen.

Bei der Suche nach einem besseren Kriterium für Lokomotivzuverlässigkeit müssen wir die Beziehung zwischen dem normalen Funktionieren der Lokomotive und dem erforderlichen Aufwand, der ihr normales Funktionieren gewährleistet, betrachten und den Bewertungszeitraum. Eine Fahrt ist sicher ganz klar kein zufriedenstellender Zeitraum. Idealerweise hätte die Sache über das gesamte Lokomotivleben hinweg betrachtet werden sollen. Geplanter Unterhalt diente dem Minimieren des Risikos eines Totalausfalls und dazu, den „Zuverlässigkeitsfaktor" über dem Minimalwert zur Aufrechterhaltung des Plandienstes zu halten, während eine laufende Reparatur per definitionem die Folge eines wie auch immer gearteten Versagens war, auch wenn es nur eine lose Schraube war. *Der Unterhaltungsaufwand war deshalb abhängig von der konstruktionsbedingten Zuverlässigkeit einer Lokomotive und nicht andersherum. Das wahre für die Zuverlässigkeit zu verwendende Kriterium war der Gesamtaufwand, am besten gemessen in Mannstunden für den direkten und indirekten Unterhalt und für die Versorgung, der für die Bereitstellung der Lokomotivzughakenarbeit für einen pünktlichen Plandienst nötig war.* Je mehr Mannstunden dafür anfielen, desto geringer war die Zuverlässigkeit der betreffenden Lokomotiven, und nach diesem Kriterium war die Dampftraktion mit FGS-Lokomotiven ganz eindeutig die am wenigsten zuverlässige.

Man kann darüber streiten, ob FGS-Lokomotiven. gebaut nach dem Stand der Technik ihrer Zeit, mit der späteren Diesel- und Elektrotraktion verglichen werden können. Ganz gewiss waren auch die ersten Diesellokomotiven alles andere als zuverlässig, doch ihre Zuverlässigkeit verbesserte sich und übertraf rasch die der zeitgenössischen Dampflokomotiven, weil ihre Hersteller durch den Wettbewerb zur Weiterentwicklung ihrer Produkte getrieben wurden. Ausfälle wurden also sehr sorgfältig analysiert und die Konstruktionen entsprechend abgeändert. Bei den amerikanischen Herstellern, mit ihren großen Verkaufszahlen von Lokomotiven mit standardisierten Baugruppen, war aus dem Verkauf von Tausenden von Lokomotiven das Geld vorhanden, um die Probleme der Zuverlässigkeit sehr sorgfältig zu erforschen und die Ergebnisse kamen weiteren Tausenden Lokomotiven zugute. Dieser Prozess wurde beflügelt durch die Tatsache, dass das Versagen einer Komponente häufig zum Totalausfall der Lokomotive auf der Strecke führte, etwas, was dem Laien als eine spezielle Schwäche der Diesel- und Elektrotraktion erschien. Es erwies sich aber mehr als Ansporn zur Weiterentwicklung, denn als Hindernis, weil ein solches Ereignis Maßnahmen gegen die Fehlfunktion erzwingt, so wie Porta einmal schrieb, „das Ideal ist eine Lokomotive, die nicht fährt, wenn sie nicht in einem ordnungsgemäßen Betriebszustand ist". Fehlfunktionen von Komponenten *mussten* somit bei der Diesel- oder Elektrolokomotive abgestellt werden und wurden es auch im Großen und Ganzen. Auf der anderen Seite führte die Fähigkeit der Dampflokomotive, selbst mit ziemlich schwerwiegenden Defekten noch bis zum Zielbahnhof durchzuhalten, zu einer ziemlich laschen Einstellung in Bezug auf das Betriebsverhalten der Baugruppen, was hinsichtlich der Entwicklung einer besseren Detailkonstruktion, dem Schlüssel zur Zuverlässigkeit, fatal war. Man kann sagen, dass der Betriebsmaschinendienst die Probleme eher förderte als löste, mit dem Ergebnis einer Verschwendung riesiger Mengen von Schlosserstunden in den Lokomotivdepots für so triviale Aufgaben wie dem Anziehen von Schraubenverbindungen, die sich immer wieder lockerten. Das kostete die Eisenbahnen eine Menge Geld.

Wir haben in dem Kapitel 6.2 gesehen, dass die Amerikaner mehr als alle anderen etwas zur Verbesserung der Zuverlässigkeit der Dampftraktion getan hatten, und ihre besten Lokomotiven erreichten in Bezug auf monatliche Laufleistungen eindrucksvolle Ergebnisse, angesichts der Arbeitskosten in den USA vermutlich mit relativ geringem Unterhaltungsaufwand. Die bessere Zuverlässigkeit hatte natürlich ihren Preis, und die Herstellungskosten einer modernen amerikanischen Lokomotive waren auf das Gewicht bezogen teurer als, sagen wir einmal, eine englische. Das diente vielen Verwaltungen vermutlich als Rechtfertigung, auf die Einführung amerikanischer Konstruktionsprinzipien bei dem mechanischen Aufbau der Lokomotiven zu verzichten. Falls dem wirklich so war, dann war das sicher ein Fehler, weil (i) zuverlässige Lokomotiven zu einem geringeren Bedarf an Lokomotiven führten und weil (ii) die gesamten Unterhaltungskosten einer Lokomotive über ihre Lebensdauer gerechnet im Allgemeinen ihre Investitionskosten überstiegen. Für die Konstruktion und den Bau von Lokomotiven hoher Zuverlässigkeit gab es deshalb gute Argumente, die mit dem Anstieg der Arbeitskosten immer stärker wurden. Es war ein verhängnisvoller Fehler, dass es die Dampflokomotivindustrie insgesamt versäumte, mit dem Niveau der Detailkonstruktion in Nordamerika zumindest Schritt zu halten. In weniger gigantischen Lokomotiven mit geringeren Triebwerkskräften (die Krafteinwirkungen auf Triebwerk, Rahmen und Laufwerk bei Lokomotiven mit Kolbendrücken von bis zu 975 kN, das sind praktisch 100 Tonnen, kann man sich gut vorstellen) hätten sich die amerikanischen Bauteile noch besser bewähren sollen, dennoch kam die SAR-Klasse 25NC, die ja, wie wir gesehen haben, im Prinzip eine moderne amerikanische Lokomotive en miniature war, nicht an das Zuverlässigkeitsniveau der fast zeitgenössischen Diesel- und Elektrotraktion, im Sinn des oben eingeführten Kriteriums, heran. Daraus folgt, dass, obwohl die besten amerikanischen Detailkonstruktionen gut waren, Bedarf für eine Weiterentwicklung bestand, und das hätte auch geschehen können, falls die Verantwortlichen für die Dampflokomotivkonstruktion sich besser darüber im Klaren gewesen wären, dass die Zuverlässigkeit der Dampflokomotive besser werden musste, darüber, was ihre Kollegen auf diesem Gebiet unternahmen, und über verwandte Entwicklungen in anderen Industrien, zum Beispiel in der Schiffstechnik, wo unbedingte Zuverlässigkeit zwingend erforderlich war.

4. Adhäsion

Es ist unwahrscheinlich, dass eine Dampflokomotive mit direktem Antrieb jemals die Reibungskoeffizienten hätte erreichen können, wie sie heute bei der elektrischen Traktion mit der Anwendung von Schleuderschutzeinrichtungen möglich geworden sind. Bei diesen habe ich von Werten über 0,40 gelesen. Solche hohen Werte sind das Ergebnis massiver Forschungsprogramme an Diesel- und Elektrolokomotiven seit den sechziger Jahren. Welchen Reibungskoeffizient konnte die Dampflokomotive der fünfziger Jahre im Gegensatz dazu nach ihrer einhundertfünfundzwanzigjährigen Entwicklung aufweisen? Bestenfalls 0,25, aber gewöhnlich wesentlich weniger, wie mir meine Erinnerungen an englische 2C1 sagen, die sich damit abmühten, Züge von 300 bis 400 Tonnen in der Ebene in Gang zu setzten. Sandstreueinrichtungen, die nicht funktionierten, ungünstig angeordnete Bedienungselemente, in alle Richtungen verspritztes Schmieröl, Entwässerungen direkt auf die Schienenköpfe und so weiter. Also genau das, was Porta das „Königreich der Eisenbahndummheit" genannt hatte. Die Dinge hätten hier wirklich besser sein können.

5. Die Arbeitsbedingungen

Züge werden von einer Lokomotive und ihrer Mannschaft befördert. Auf den Dampflokomotiven war der Beitrag der Mannschaft zu einer guten betrieblichen Leistung wesentlich größer als bei der Diesel- oder Elektrotraktion. Es gab durchaus Leute, die das für eine gute Sache hielten. Porta hielt es für das Beste überhaupt, falls die Arbeitsleistung *tatsächlich* auf dem menschlichen Faktor beruhte, weil das dem Leben einen Sinn gab. Einige Männer der schwarzen Zunft hielten den Dienst auf Diesel- und Elektrolokomotiven für einen „verweichlichten und langweiligen Job", wie sich einmal jemand von ihnen mir gegenüber ausdrückte. Was mich selbst anbetrifft, so stimme ich diesen Ansichten zu, und definitiv bevorzugte ich die Arbeit an den Dampflokomotiven, aber ich bin mir über die Gefahr im Klaren, die eigenen Vorlieben in der Vorstellung auch auf andere zu übertragen, besonders, falls die Vorlieben so stark von Begeisterung geprägt sind. Tatsächlich waren Männer, deren Sinne für die ihnen anvertrauten Maschinen geschärft waren und die jeden Tag voller Eifer dazu entschlossen waren, das Beste aus ihnen herauszuholen, mit Fortschreiten des zwanzigsten Jahrhunderts zu einer fast ausgestorbenen Spezies geworden. Wahrscheinlich waren sie sogar nie besonders zahlreich. Meine Erfahrungen mit Lokomotivpersonalen auf fünf Kontinenten waren die, dass die überwiegende Mehrheit von ihnen nur zu gern die „verweichlichten" Arbeitsbedingungen auf den Diesel- und Elektrolokomotiven gehabt hätten. Wie wir in dem Kapitel 7.4 gesehen haben, betrieben sie in China diesen Wechsel sogar mit echtem Nachdruck. Wer waren wir denn, ihnen zu sagen, sie sollten lieber eine „echte Männerarbeit" anstreben? Nein, falls die Dampflokomotive in Zeiten sich rasch verbessernder Arbeitsbedingungen für Industriearbeiter bei der Arbeiterschaft Akzeptanz finden sollte, dann musste sie sich radikal verändern. In zunehmendem Maß bestand die Ansicht, dass der Lokomotivführer da war, um den Zug zu führen und nicht dafür, auch den besten thermischen Wirkungsgrad der Lokomotive zu erzielen. Das war die Aufgabe des Ingenieurs und er hatte sie so zu erledigen, dass dem Lokomotivführer einfache, zweckdienliche, zuverlässige und narrensichere Anweisungen für die Bedienung der Lokomotive zur Verfügung standen, so dass er seine ganze Aufmerksamkeit der Zugförderung widmen konnte. Außer bei den allerkleinsten Lokomotiven hatte es mit der Mühsal der Handfeuerung vorbei zu sein, und es musste ein mechanischer Stoker entwickelt werden, der den Kohleverbrauch, außer um den Betrag, der zu dem Betrieb des Stokers selbst erforderlich war, nicht erhöhte. Das war im Großen und Ganzen eine Frage des Ersatzes der Verteilung der Kohle durch Dampfdüsen durch irgendeine mechanische Methode, was ganz sicher nicht unmöglich war (tatsächlich hatten sogar frühe Stoker solch ein System). Vieles mehr hätte getan werden können, um den Arbeitsplatz Dampflokomotive zu verbessern, wie zum Beispiel bessere Laufeigenschaften und weniger Erschütterungen, abgedeckte Kohlenkästen, Vorrichtungen, um das Wasserfassen komplett vom Boden aus zu ermöglichen, Abschaffung der Schmierpflichten des Fahrpersonals, ergonomisch gestaltete Führerhäuser, Bedienungselemente mit Servounterstützung, gefederte Sitze, wirksame Führerstandsbeleuchtung, Heizung und Belüftung und so weiter. Das hätte alles getan werden könne, aber das meiste unterbleib.

Und wie sah es mit den Arbeitsbedingungen in den Depots aus, wo die Dampflokomotiven versorgt und unterhalten wurden? Diese Aschenputtel der Eisenbahninfrastruktur waren generell düstere und schlecht ausgestattete Orte, die aussahen wie Relikte aus der Zeit der industriellen Revolution. Wenige Lichtstrahlen fielen durch die mit dem göttlichen Duft des Kohlenrauchs geschwängerte Luft, und so behausten unsere Götter diese Tempel und verströmten eine eigene Atmosphäre. Sie waren wunderbare Orte für das Umherwandern des Eisenbahnfreunds, aber sie trugen wohl kaum weder zu dem Wohlergehen der Lokomotiven noch dem der dort Beschäftigten bei, die sich um sie kümmern sollten. Das wahrscheinlich schlagendste Argument gegen diese Stätten bestand darin, dass man während der Ablösung durch Diesel- und Elektrolokomotiven zu Recht erklärte, dass deren Unterhaltung unter solch primitiven Bedingungen nicht möglich war, und gewöhnlich wurden unter großem Kostenaufwand vollständig neue Einrichtungen vorgesehen. Es ist natürlich ein Leichtes, den Verwaltungen vorzuwerfen, warum sie das denn nicht auch für die Dampftraktion getan hatten, aber die Dampflokomotive des Jahres 1950 unterschied sich hinsichtlich ihrer Unterhaltungs- und Versorgungsansprüche nicht wesentlich von ihren dreißig Jahre alten Schwestern, also warum sollte man sie mit besseren Einrichtungen verwöhnen? Es bedurfte einer umwälzenden Verbesserung der Dampflokomotivtechnik, wie sie seinerzeit möglich war, um eine entsprechende Weiterentwicklung ihres Einsatzumfelds zu rechtfertigen und zu forcieren.

Die Botschaft der vorangegangen wenigen Seiten ist die, dass die Qualität der Dampflokomotive als Betriebsmittel in den kritischen Jahren von 1930 bis 1950 einfach nicht gut genug war, aber wesentlich besser hätte sein können. Und wer, wenn nicht die, die mit den Dampflokomotivbelangen zu tun hatten, war dafür verantwortlich zu machen? In der Welt der Dampflokomotive gab es wirklich einen Mangel an Visionen, Kreativität und wirklichem Fortschritt. E. S. Cox, der intensiv mit der Konstruktion der Einheitslokomotiven der British Railways zu tun hatte, schrieb zum Beispiel im Jahr 1951[1]:

> „[Die] Entscheidung zu dem Traktionswechsel ist mehr eine Sache der nationalen Politik bei der Brennstoffversorgung und der langfristigen wirtschaftlichen Entwicklung als eine technische. Noch existiert die Dampftraktion, und wie ihre Konkurrenten kann sie weiterhin in Richtung niedrigerer Kosten und größerer Wirtschaftlichkeit entwickelt werden."

Unglaublich, dass nicht erkannt wurde, dass die Traktionspolitik sich in Bezug auf die Konstruktionen der Ingenieure an deren Wert als Betriebsmittel orientierte und dass alle weiteren Argumente daraus folgten. Falls die BR-Einheitslokomotiven die doppelte Leistung gehabt und eine Halbierung des Gesamtkohleverbrauchs und der Unterhaltungskosten im Vergleich zu ihren Vorgängern ermöglicht hätten, wäre dann die Politik der Brennstoffversorgung und der langfristigen Wirtschaftlichkeit nicht anders ausgefallen? Wenn auch die BR-Einheitslokomotiven gegenüber den bereits eingeführten Bauarten in den meisten Aspekten ein Fortschritt waren, so waren die Verbesserungen in keinster Weise ausreichend. So kann nicht überraschen, dass Cox drei Jahre später schreiben musste: „Ohne jeden Zweifel treten wir nun in die letzte Phase der Dampftraktion in diesem Land ein".[2] Diese engstirnige Sichtweise war nicht auf Großbritannien beschränkt. In den frühen fünfziger Jahren, als die Dampflokomotive auf den meisten Eisenbahnen noch als Königin herrschte, gab die International Railway Congress Association eine weltweite Studie zur Dampflokomotiventwicklung in Auftrag. Ihr ausführlicher Bericht[3] war bemerkenswert in Bezug auf die darin zum Ausdruck gebrachte Wahrnehmung der Stagnation, und Stagnation *bedeutet* Tod. Die wenigen Beispiele echter Innovation, wie Bulleids „Leader"-Klasse, versagten wegen mangelnden Verständnisses der technischen Grundprinzipien. Damit einher ging die Auffassung, dass die Dampflokomotive die Grenze ihrer Entwicklungsmöglichkeit erreicht hatte, wogegen bei den neueren Traktionsformen, die bereits gewisse Vorzüge erkennen ließen, wegen ihrer Neuartigkeit noch von einem weiteren wesentlichen Verbesserungspotential ausgegangen wurde.

Solchermaßen wurde der Übergang von der Dampflokomotive zu anderen Traktionsformen in einer sich rasch wandelnden und immer wettbewerbsorientierteren Welt als Notwendigkeit betrachtet. Berücksichtigt man den Aufwand, den ein solcher Wandel verlangte und angesichts der beträchtlichen Trägheit der relativ entspannten Eisenbahnunternehmen, so bezweifle ich, dass diese Entscheidung überall mit Begeisterung aufgenommen wurde. Aber sobald die Vorzüge der Diesel- und Elektrolokomotiven gegenüber den FGS-Lokomotiven einmal in Erscheinung getreten waren, wurde aus dem Zwang der kollektive *Wunsch* der bedeutenden Eisenbahnen der Welt, auf die „modernen Traktionsformen" umzustellen. Das Wünschen treibt das Wollen an, und sobald diese beiden Kräfte in die gleiche Richtung zielten, wurde die Abschaffung der plötzlich „altmodisch" gewordenen Dampflokomotive zu einem unumkehrbaren Prozess, solange kein großes Ereignis, wie eine weltweite Ölknappheit, dazwischen kam. War das Wollen der Eisenbahnunternehmen einmal auf die Abschaffung der Dampflokomotive fokussiert, so war sicher, dass nur wenige Ressourcen auf ihre Weiterentwicklung verwendet wurden und dass in einer Zeit der explosiven Erweiterung des technischen Wissens all die Forschungsgelder und -anstrengungen ihren Konkurrentinnen zu Gute kamen. Das führte natürlich dazu, dass die Dampftraktion immer weiter zurückfiel, aber ihre traurige Lage war im Wesentlichen die Folge des Ausbleibens ihrer Fortentwicklung, als sie die wichtigste Traktionsform der Eisenbahnen war. Die Wahrheit ist, dass die Dampf-

---

[1] Cox, E. S., British Standard Locomotives, Proceedings of the Institution of Locomotive Engineers, Band 41, London, 1951.

[2] Cox, E. S., Experiences with British Railways' Standard Locomotives, Proceedings of the Institution of Locomotive Engineers, Vortrag Nr. 532, London, 1954.

[3] Bulletin of the International Railway Congress Association, 16th Session, London, 1954: Frage 4: Means and Methods to Improve the Efficiency of the Steam Locomotive.

lokomotive Potential für eine signifikante Weiterentwicklung hatte. Wie konnte das auch anders sein, wenn ihre tatsächliche Leistung so weit hinter dem zurück blieb, was nach den Gesetzen der Thermodynamik möglich war? Angesichts der nur sehr langsamen Verbesserung der tatsächlichen Leistung, kann man den Verantwortlichen für die Traktionspolitik allerdings dafür vergeben, dass sie das anders sahen.

Es soll ein Beispiel dafür gegeben werden, wie das Ansehen der Dampflokomotive in den Augen der Betriebsabteilung hätte gewandelt werden können. Wir werden dazu die typische moderne englische Dampflokomotive nehmen, die bescheidene 2C der Leistungsklasse 5, zuerst von der London Midland & Scottish Railway im Jahr 1934 eingeführt und mit einigen Konstruktionsänderung bis 1957 gebaut, wobei über 1 000 Exemplare in Dienst gestellt wurden. Sie waren sehr einfache Lokomotiven, aber ohne ihre grundsätzliche Einfachheit zu opfern oder ihre Gesamtgröße und ihren Aufbau zu verändern, hätte man eine Konstruktion verwirklichen können, bei der ihre größte Zughakenleistung um über 50 % erhöht und die Leistungsspitze in den Bereich deutlich höherer (und im Reisezugdienst vorteilhafterer) Geschwindigkeiten verschoben worden wäre. In der Abb. 162 sind die auf die Ebene bezogenen Hakenzugkräfte und effektiven Leistungen über der Geschwindigkeit dargestellt, wie sie mit besserer Technik bei im Vergleich zu der Klasse 5 unverändertem Gesamtgewicht hätten erreicht werden können. Zu Vergleichszwecken sind auch die Kurven für die bestehende Klasse 5 und von drei 2C1-Bauarten abgebildet, als repräsentative Werte für die „Endstufe" des englischen Dampflokomotivbaus. In der oberen Hälfte des Geschwindigkeitsbereichs hätte die „bescheidene" 2C, klein, einfach, billig zu bauen und zu unterhalten, jede englische 2C1 in den Schatten gestellt. Ihre Überlegenheit bei hohen Geschwindigkeiten war so groß, dass sie den Reisezugverkehr revolutioniert haben könnte. Es sei darauf hingewiesen, dass im alltäglichen Einsatz auch die Leistungen der vorhandenen Lokomotiven der Klasse 5 denen der zeitgenössischen 2C1 kaum unterlegen waren. In der Tabelle XVIII in dem Buch British Railways Standard Steam Locomotive von E. S. Cox[1] findet sich die Angabe, dass bei einem stündlichem Gesamtkohleverbrauch von 3 000 englischen Pfund (1 360 kg), was unter englischen Betriebsverhältnissen als die einem einzelnen Heizer zumutbare Dauerleistung angesehen wurde, die Verdampfungsleistung des Kessels der Klasse 5 praktisch die gleiche war wie die der wesentlich größeren Kessel der 2C1-Lokomotiven. Auch bei der Zughakenleistung gab es nur geringe Unterschiede, ja bei diesem Stundenverbrauch an Kohle gab die Klasse 5 sogar mehr Leistung ab, als die nicht umgebauten 2C1 der Merchant Navy-Klasse. Kein Wunder also, dass Oberst H. C. B. Rogers in seinem Buch Bulleid Pacifics At Work[2] schreiben konnte:

> „Als die neuen Riddles-2C *(Anm. d. Übers.: Robert Arthur "Robin" Riddles, CBE, MIMechE, MinstLE; * 23 Mai 1892; † 18 Juni 1983; Leitender Ingenieur des Maschinenwesens der British Railways von 1947 bis 1953)* der BR-Klasse 5 Mitte der fünfziger Jahre in den Depots Nine Elms und Stewarts Lane angeliefert wurden, fuhren die Lokomotivführer nur zu gerne mit ihnen auch in den Plänen der nicht umgebauten ‚West Country' [Achsfolge 2C1], denn je stärker sie belastet wurden, desto mehr schienen sie leisten zu können. Es gab Zeiten in Nine Elms, zu denen wegen Abstellungen von Pacifics eine BR ‚5' vor dem ‚Bournemouth Belle' *(Anm. d. Übers.: Pullman-Zug von London-Waterloo nach Bournemouth, verkehrte von 1931 bis 1967)* gespannt wurde. Für die Männer in Nine Elms war es eine Offenbarung, als sie sahen, dass die Maschine den Fahrplan einhielt und der Heizer tatsächlich auch noch weniger Gebrauch von seiner Schaufel machen musste."[3]

Zusätzlich zu der Demonstration der Gleichung {Leistung = Wärmezufuhr x Wirkungsgrad} in der Praxis, weisen diese Erkenntnisse auf einen wichtigen Aspekt hin, nämlich dass mit großen Lokomotiven wenig zu gewinnen war, falls die oberste Grenze der Lokomotivleistung in den physischen Möglichkeiten des Heizers begründet war.[4] Vielleicht eher unbewusst waren die Fahrpläne entlang dieser Beschränkung gestaltet, weshalb dann kleine Lokomotiven große erfolgreich ersetzen konnten. Dabei half die Tatsache, dass eine kleine Lokomotive mit einer tiefen Feuerbüchse einfacher zu feuern war und in größerem Maße forciert werden konnte, als das bei einer großen mit einer breiten, weniger tiefen Feuerbüchse der Fall war. Wie wäre es nun unserer „Super-Klasse 5" in dieser Hinsicht ergangen? Natürlich wäre der stündliche Kohleverbrauch bei Höchstleistung um etwa 50 % größer gewesen, als derjenige, den man in Großbritannien als Dauerleistung betrachtete. Wären allerdings nach einer wissenschaftlichen Untersuchung der Arbeit des Heizers solche Dinge wie eine optimale Kohlenschaufelgröße[5] von geringstem Gewicht (zum Beispiel aus einer Aluminiumlegierung), Feuertüren mit Kraftantrieb, selbstnachrutschende Kohlenkästen, optimale Anordnung des Schaufelblechs in Bezug auf das Feuerloch und gesiebte Kohle ohne übergroße Stücke und natürlich gute Laufeigenschaften eingeführt worden, dann wäre eine wesentlich höhere Heizerdauerleistung als 1 360 kg h^{-1} ohne übermäßige Ermüdung möglich gewesen.[6] Angesichts der relativ einfachen Beschickung einer tiefen schmalen Feuerbüchse ist es recht gut möglich, dass die volle Leistungsfähigkeit der Lokomotive mit Handfeuerung hätte verwirklicht werden können, aber wie wir bereits erwähnt haben, hätte im Sinne der sich ändernden Arbeitsbedingungen nach dem Zweiten Weltkrieg eine wirtschaftliche mechanische Rostbeschickung entwickelt werden müssen.

Wer die Leistung und die Konstruktion der englischen Lokomotiven studiert, wird natürlich nicht glauben, dass die Leistungsfähigkeit der 2C der Klasse 5 um so viel mit der Technologie der dreißiger Jahre hätte gesteigert werden können. Vor dem Umbau der 3450 behauptete ein Freund des Autors bei den British Railways, der solche Studien betrieb, dass bei dieser Lokomotive der nötige mittlere effektive Zylinderdruck, um 4 500 i.h.p. *(Anm. d. Übers.: i.h.p. = indicated horsepower)* (3 356 kWi) innerhalb der zulässigen Fahrgeschwindigkeit „niemals erreichbar" sei, ohne den Kesseldruck anzuheben, und meine Vorhersage einer 35-prozentigen Leistungssteigerung sei „wenig überzeugend, es denn, Du baust einen dritten Zylinder ein!" Zum Glück hatte ich später die Gelegenheit, ihm die Leistung der 3450 unmittelbar zu demonstrieren und ihm zu zeigen, dass das unmögliche Wirklichkeit geworden war. Die Erfahrungen mit dieser Lokomotive zeigen uns, welches Leistungsniveau mit einer englischen Klasse 5 hätte erreicht werden können. Aber wie? Das Wesentliche war in einem Anhang zu dem Versuchsbericht der 3450 enthalten und dort war das Nachstehende festgehalten:

> „Wesentliche Verbesserungen der Lokomotivleistungen können durch Optimierung der grundlegenden Komponenten erreicht werden. Gleichzeitig kann die prinzipielle Einfachheit und Zugänglichkeit erhalten bleiben, die als wesentlich für eine gute Verfügbarkeit der Lokomotiven angesehen wird.

---

[1] Herausgegeben von Ian Allan, London, 1966.

[2] Herausgegeben von Ian Allan, London, 1980.

[3] Der Autor nahm als Jugendlicher viele Zeitprotokolle von Fahrten auf der Strecke Waterloo – Bournemouth auf, von denen die schnellste die mit einer 2C der Klasse 5 war.

[4] Es sieht so aus, als ob die Great Western Railway mit ihrem Festhalten an der 2C selbst für die wichtigsten Reisezüge Recht hatte, statt wie die anderen Bahnen in Großbritannien zur 2C1 überzugehen. Leider spielten aber ihre 2C nicht in der gleichen Liga, wie wir uns das hier vorstellen.

[5] Porta hielt die englische 10-Pfund-Schaufel (4,5 kg) für hohe Feuerungsdauerleistungen für zu klein. Eine 7-kg-Schaufel wie in Frankreich und anscheinend auch in Amerika in Gebrauch (die SAR-Schaufel hatte 6 kg), hätte die Produktivität des Heizers bei gleichem Ermüdungsgrad erhöht.

[6] Bezüglich des Themas der Handfeuerung von FGS-Lokomotiven sei der Leser an den guten Artikel Hand Fired Steam Locomotive Performance von Abbott, R. L., in dem Bulletin Nr. 442 vom August 1974 der Australian Railway Historical Society verweisen.

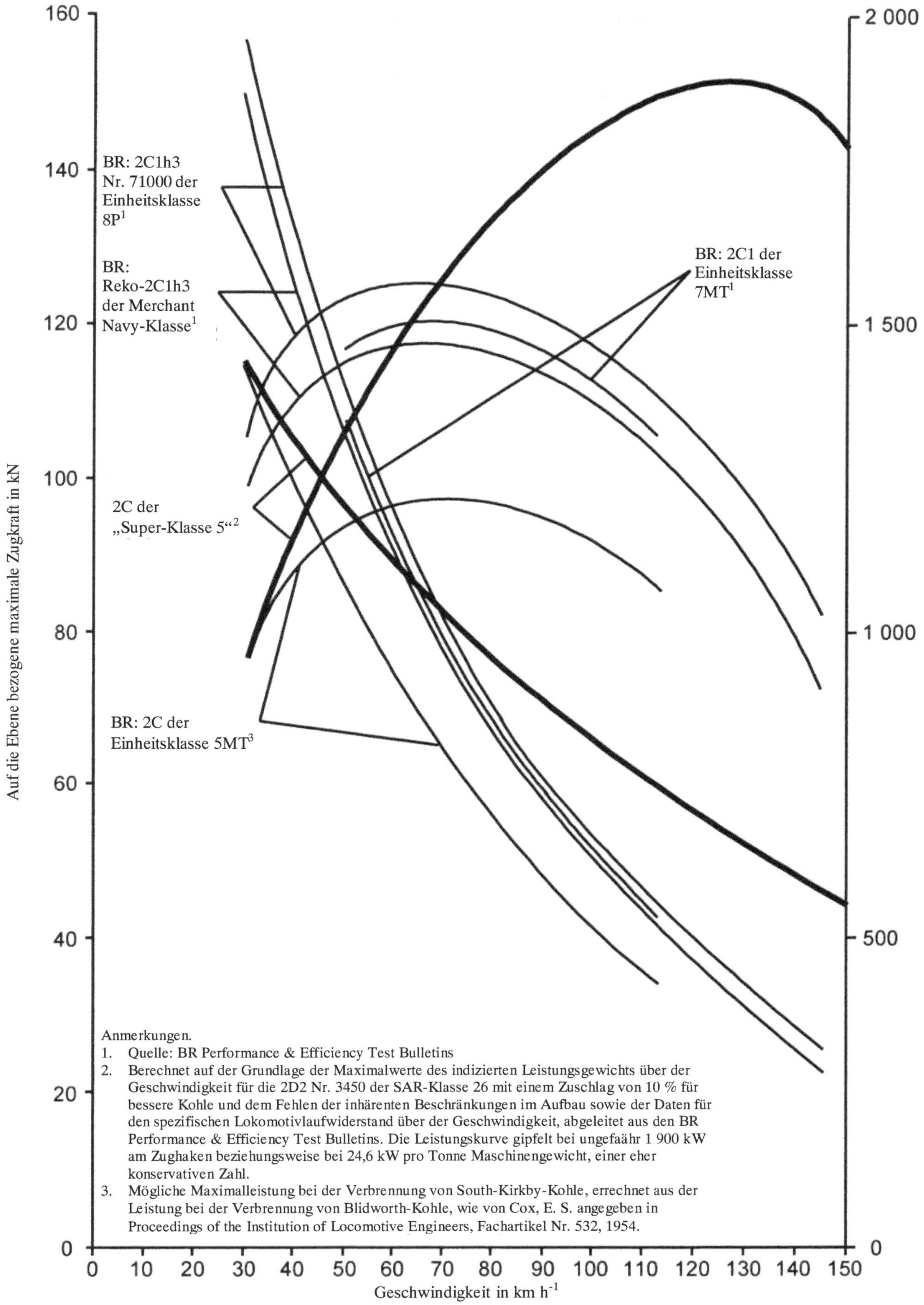

Anmerkungen.

1. Quelle: BR Performance & Efficiency Test Bulletins
2. Berechnet auf der Grundlage der Maximalwerte des indizierten Leistungsgewichts über der Geschwindigkeit für die 2D2 Nr. 3450 der SAR-Klasse 26 mit einem Zuschlag von 10 % für bessere Kohle und dem Fehlen der inhärenten Beschränkungen im Aufbau sowie der Daten für den spezifischen Lokomotivlaufwiderstand über der Geschwindigkeit, abgeleitet aus den BR Performance & Efficiency Test Bulletins. Die Leistungskurve gipfelt bei ungefaähr 1 900 kW am Zughaken beziehungsweise bei 24,6 kW pro Tonne Maschinengewicht, einer eher konservativen Zahl.
3. Mögliche Maximalleistung bei der Verbrennung von South-Kirkby-Kohle, errechnet aus der Leistung bei der Verbrennung von Blidworth-Kohle, wie von Cox, E. S. angegeben in Proceedings of the Institution of Locomotive Engineers, Fachartikel Nr. 532, 1954.

Abb. 162
2C der „Super-Klasse 5“ und andere Lokomotiven:
Auf die Ebene bezogene maximale Zugkraft und Zughakenleistung über der Geschwindigkeit

Das gilt selbst bei den besten bestehenden Konstruktions- und Unterhaltungsstandards. Die folgenden Faktoren sind von besonderer Bedeutung:

1. Maximierung des Kesseldrucks
2. Minimierung des Druckverlusts zwischen Kessel und Schieberkasten. Dazu bedarf es der größtmöglichen Strömungsquerschnitte in den Frischdampfwegen, besonders durch die [Überhitzer-] Elemente.
3. Minimierung des Druckverlusts zwischen Schieberkasten und Zylinder. Dazu bedarf es der größtmöglichen Schieberkästen, des größtmöglichen Durchmessers der Schieber mit möglichst langem Hub und möglichst großem Strömungskoeffizienten sowie Schieberbuchsen mit größtmöglichen Kanalöffnungen mit möglichst großem Strömungskoeffizienten.
4. Minimierung des Abdampfgegendrucks. Dazu bedarf es der größtmöglichen Abdampfwege mit möglichst großem Strömungskoeffizienten sowie eines möglichst niedrigen Rauchgaswiderstands des Kessels, soweit das mit den Forderungen nach Wirkungsgrad und hoher Heißdampftemperatur vereinbar ist.
5. Es ist sicherzustellen, dass die Verhältnisse zwischen Kesseldruck, Zylindervolumen und Treibraddurchmesser im normalen Geschwindigkeitsbereich und bei wirtschaftlichen Füllungen eine hohe Leistung ermöglichen.
6. Minimierung der schädlichen Räume in den Zylindern.
7. Maximierung der Dampftemperatur. Dazu bedarf es des größtmöglichen Überhitzers, dessen Rohrelemente von dem größtmöglichen Anteil der Rauchgasmenge beaufschlagt werden.
8. Maximierung der Speisewassertemperatur. Dazu bedarf es des größtmöglichen Speisewasservorwärmers mit möglichst großem Wärmeübergangskoeffizienten.
9. Minimierung der Verluste an Unverbranntem. Dazu bedarf es der geringstmöglichen Feuerungswärmeleistung, erreicht durch Maximierung der Zylinder- und Zughakenwirkungsgrade und somit der Minimierung der Kesselleistung für die geforderte Leistung sowie des besten Verbrennungssystems.
10. Minimierung des Verbrennungsluftüberschusses. Dazu bedarf es der bestmöglichen Luftverteilung in der Verbrennungszone.
11. Es ist sicher zu stellen, dass die Saugzuganlage und das Verbrennungssystem unter allen Umständen eine gute Verdampfungswilligkeit ergeben, so dass der maximale Kesseldruck in der Praxis gehalten werden kann.
12. Minimierung des Leistungsgewichts der Lokomotive. Dazu bedarf es der größtmöglichen spezifischen Kesselleistung und des besten Zylinderwirkungsgrads, des kleinstmöglichen Kessels, Aufbauten von möglichst geringem Gewicht und des kleinsten, mit den Betriebsanforderungen vereinbaren Tenders.

Falls die oben aufgeführten Punkte beachtet werden, und zwar *nicht nur bis zu einem ‚akzeptablen' Grade, sondern soweit überhaupt möglich* innerhalb der Grenzen der verfügbaren Technologie, dann erreicht die Leistung der Dampflokomotive ein bisher völlig unbekanntes Niveau. Das schließt keine Verbesserungen an anderen Gegebenheiten aus, aber die obigen Punkte, die einfach nur die Anwendung fundierter thermodynamischer Grundsätze bei der Dampflokomotive ohne irgendwelche Kinkerlitzchen betreffen, sind der Schlüssel zu besseren Leistungen."

Die Schlüsselbegriffe sind die in Kursivschrift gesetzten Wörter. Es kann keinen Zweifel daran geben, dass es durch die vollständige Übernahme der oben aufgeführten Punkte bei Neukonstruktionen zu einer grundlegenden Revolution bei der Leistungsfähigkeit der Dampflokomotive gekommen wäre, und zwar im Wesentlichen dadurch, die einfachen Dinge richtig zu machen. Zu gegebener Zeit hätte die Komplexität der Konstruktion weiter vergrößert werden können, um noch größeren Leistungsanforderungen gerecht zu werden. Alle erforderlichen Zutaten hätten von dem Forscherdrang Mitte der dreißiger Jahre entdeckt werden können. Viele waren durchaus allgemeines technische Wissen und andere waren von Chapelon bereits zu Anfang des Jahrzehnts demonstriert worden. Wenn auch die Kesselverluste mit dem niedrigen spezifischen Dampfverbrauch einer effizienten Dampfmaschine minimiert worden wären, so hätte das GPCS nach wie vor eine Schlüsselrolle gespielt. Es war wie geschaffen für die qualitativ hochwertige, wenig oder keine Schlacke bildende und mit einem hohen Gehalt an flüchtigen Bestandteilen ausgezeichnete englische Kohle und für die tiefe Feuerbüchse der 2C-Bauart. Obwohl von Porta in den fünfziger Jahre entwickelt, so waren die wesentlichen Eigenschaften des Systems bereits Jahre zuvor bei den stationären Kohlevergasungsanlagen eingeführt worden. Die Dampflokomotivingenieure brauchten sich nur von der Vorstellung lösen, dass hohe Flugverluste von dem Feuerbett untrennbar mit der Dampftraktion verbunden waren und die Lösung erkennen, die sie wortwörtlich jedes Mal anstarrte, wenn sie in das offene Feuerloch einer Lokomotive schauten, ganz besonders in Großbritannien, wo man die Grundzüge des GPCS bereits praktizierte (siehe Seite 71). Auch die mechanischen Verfeinerungen, wie zum Beispiel die Rollenlagerung, die solch hohe Leistungen ohne Nachteil für die Zuverlässigkeit ermöglicht hätten, waren ebenfalls zeitgenössische Technologien.

In dem Performance and Efficiency Test Bulletin für die 2C1-„Britannia"-Klasse der British Railways wird ausgeführt, dass die hohen Kesselanstrengungen bei den Versuchsfahrten, unter Einsatz von zwei Heizern, „um einiges größer waren, als es für die normale Zugförderung in Großbritannien, selbst für kurze Zeit, erforderlich ist". Die höchste Kesselanstrengung ergab eine auf die Ebene bezogene Zughakenleistung von etwa 1 500 kW und es ist eine Tatsache, dass Leistungen auf diesem Niveau von englischen Dampflokomotiven im Planeinsatz selten abgegeben wurden.[1] Die beteiligten Ingenieure schienen zufrieden damit zu sein, dass sie der Betriebsabteilung mehr Leistung zur Verfügung stellen konnten als sie brauchte, was unterstellt, dass die viel größere Leistung unserer „Super-Klasse 5" ungenutzt geblieben wäre. Doch nur wenige Jahre nach dem Verfassen des Versuchsberichts für die „Britannia"-Klasse begann der Abgang der Dampflokomotive, wobei einer der Gründe ihre mangelnde Leistung für Zugdienste mit höherer Fahrgeschwindigkeit war. Nun konnten sich die Anforderungen an die Lokomotiven nicht in zwei Jahren so dramatisch geändert haben. Ist es nicht auch eher wahrscheinlich, dass 1 500 kW am Zughaken von englischen Dampflokomotiven nicht gefordert wurde, eben weil sie eine solche Dauerleistung nicht erbringen konnten, jedenfalls nicht bei hohen Geschwindigkeiten, nicht mit einem Heizer und nicht ohne raschen mechanischen Verschleiß? Wie schon zuvor erwähnt, wurden die Fahrpläne nach den Leistungen gestaltet, die die durchschnittliche Lokomotive im Alltag bei Handfeuerung mit einem Heizer erbringen konnte. Falls man diese Grenze dramatisch noch oben hätte verschieben können, dann hätte die Betriebsabteilung gern die Fahrzeiten entsprechend gekürzt, denn selbst in den dreißiger Jahren arbeiteten die Eisenbahnen in Großbritannien in einem durch Wettbewerb geprägten Umfeld. Dann wären die Dampflokomotiven sehr viel besser in der Lage gewesen, den Anforderungen der Nachkriegszeit gerecht zu werden und mit den neueren Traktionsformen zu konkurrieren.

---

[1] Ein Beispiel für den Leistungsgipfel im regulären Einsatz war der der 2C1 der LNER-Klasse A4 *(Anm. d. Übers.: h3, Schnellzug-Schlepptender mit Stromlinienverkleidung, Bahn-Nrn. 2509 bis 2512, 4462 bis 4469, 4482 bis 4500 und 4900 bis 4903, Baujahre 1935 bis 38, 1938 erreichte „Mallard" 126 Meilen pro Stunde, gleich 202,8 km h^{-1})* Nr. 4901, die über 40 Kilometer auf praktisch ebener Strecke mit 740 metrischen Tonnen Zuglast eine durchschnittliche Geschwindigkeit von 120 km h^{-1} schaffte. Das war während des Zweiten Weltkriegs, als die Zuggewichte die der Friedenszeiten bei Weitem übertrafen. Selbst für diese Großtat waren rechnerisch nur 1 640 kW am Zughaken erforderlich (2 200 h.p. am Haken). Im Jahre 1939 entwickelte die 2C1 der „Coronation"-Klasse der LMSR *(Anm. des Übers.: h4, Schnellzug-Schlepptender mit Stromlinienverkleidung, Bahn-Nrn. 6220 bis 6257, Baujahre 1937 bis 48)* Nr. 6234 bei ihrer wohlbekannten Versuchsfahrt mit einem Zug von 620 metrischen Tonnen keine Zughakendauerleistung von mehr als 1 491 kW (2 000 h.p. am Haken) über einen längeren Streckenabschnitt. Dennoch war diese Fahrt etwas, was „man bei einer normalen Zugfahrt nicht einmal annäherungsweise zu erleben hoffen durfte" (Allen, C. J., British Pacific Lokomotives, Ian Allan, London, 1962, Seite 74 und Seiten 141-144).

Falls die Entwicklung der Stephenson'schen Dampflokomotive mit der Erweiterung des technischen Wissens Schritt gehalten hätte, welche endgültige Leistungsfähigkeit wäre dann erreicht worden? Die gleiche Frage, speziell auf den thermischen Wirkungsgrad bezogen, wurde mir 1987 von den Vertretern des chinesischen Amts für Energieeinsparung gestellt. Für die in der Tabelle 78 aufgelisteten Einzelwirkungsgrade machte ich in meiner Antwort folgende Angaben:

	Feuerungswirkungsgrad:	95 %
	Kesselwirkungsgrad als Wärmetauscher:	90 %
	Zylinderdampfanteil:	96 %
	Zylinderwirkungsgrad:	22 %
	Triebwerkswirkungsgrad:	94 %
	Zughakenwirkungsgrad:	96 %
=>	Thermischer Gesamtwirkungsgrad:	16,3 %

Nach meiner Einschätzung sind das Maximalwerte, wie sie von einer konventionellen kohlegefeuerten Auspuffkolbenlokomotive erwartet werden konnten. Dazu musste sie alle für das optimale Betriebsverhalten notwendigen Eigenschaften haben, wie zum Beispiel ein hocheffizientes Verbrennungssystem (Kohlenstaubfeuerung; die hätte unter anderem auch das Problem der Umweltverschmutzung gelöst), sehr hohen Kesseldruck und sehr hohe Heißdampftemperatur, eine Verbunddampfmaschine und ein geringes Leistungsgewicht mit einem hohen Anteil an Reibungsgewicht am Gesamtgewicht. Nach dem Zweiten Hauptsatz der Thermodynamik folgt, dass der Verlust an *nutzbarer* Energie durch die Entwertung der Wärmeenergie bei der Umwandlung von der Ausgangstemperatur der Flamme in der Feuerbüchse herunter bis zu der Wassertemperatur im Kessel der begrenzende Faktor für den thermischen Wirkungsgrad der Dampflokomotive ist, selbst wenn dieser Wärmeübergang mit einem Wirkungsgrad vom 100 % erfolgt. Bei keiner Dampflokomotivkonstruktion kann dieses Phänomen ausgeschaltet werden, wie hochentwickelt sie auch sein mag. Höhere Wirkungsgrade können nur durch Ausweitung der Dampfexpansion mittels Kondensation in das Unterdruckgebiet mit niedrigeren Temperaturen erreicht werden, um dem negativen Einfluss der beschränkten Anfangstemperatur des Dampfs auf den Wirkungsgrad des Kreisprozesses entgegenzuwirken, wie es in stationären Dampfkraftanlagen getan wird. Höhere Wirkungsgrade waren also auf dem Papier möglich, aber Papier ist geduldig. Etliche Ingenieure gingen von solchen höheren Wirkungsgraden in, für meine Begriffe, wenig glaubwürdigen Vorschlägen aus[1], aber es besteht ein gewaltiger Unterschied darin, auf dem Papier festzulegen, was eine Lokomotive können sollte und sie dazu zu bringen, es im täglichen Betrieb auch zuverlässig zu tun. Die akademische Kenntnis der Gesetze der Thermodynamik, so wesentlich sie auch ist, reicht nicht aus. Von nicht geringerer Bedeutung ist die Kenntnis auch der letzten Schraube und Mutter der Dampflokomotive, ganz zu schweigen von der Psychologie der Eisenbahner, um in der Lage zu sein, beurteilen zu können, welche Theorie bis zu welchem Grad in dem Umfeld der Eisenbahn in die Praxis umgesetzt werden kann. Meiner beruflichen Meinung nach hätten in einer nüchternen Beurteilung einer Lokomotive als Betriebsmittel, basierend auf ihrer generellen Brauchbarkeit und Wirtschaftlichkeit, die nachteiligen Auswirkungen dieser Vorschläge auf Kapitalkosten und Zuverlässigkeit als Folge ihrer Kompliziertheit die wärmewirtschaftlichen Vorteile bei Weitem übertroffen.[2]

Wenn ich auch mit der früheren Generation von Dampflokomotivingenieuren, wegen ihres Versagens mit der Zeit Schritt zu halten, sehr kritisch zu Gericht gegangen bin, so heißt das nicht, dass ich ein Verlassen des Stephenson'schen Grundprinzips gutgeheißen hätte, wie es so viele Befürworter hocheffizienter Dampflokomotiven in jüngerer Zeit getan haben. Dieses Grundprinzip führte nicht nur zu einer Lokomotivform von großer ästhetischer Anziehungskraft, sondern es war auch im technischen Sinn grundsätzlich richtig für die direkte Umwandlung der Energie in der Kohle in Zugförderungsarbeit mittels des Arbeitsmediums Dampf, so wie runde Räder grundsätzlich richtig für eine rollende Bewegung sind. Jedenfalls hat bisher niemand eine bessere Grundform gefunden. Cox schrieb dazu:[3]

> „...alle Länder...blieben der Stephenson'schen Grundform der Lokomotive treu...eine nachhaltige Anerkennung der prinzipiellen Richtigkeit des Konzepts, solange Feuer, Wasser und Dampf die leistungsfähigste und wirtschaftlichste Traktionsform auf Schienen darstellten."

Dabei wird unterstellt, dass in der Praxis die Grenzen der Stephenson'schen Lokomotive mit denen der Dampftraktion zusammenfielen. Ich hatte 16 % als Grenzwert für den thermischen Gesamtwirkungsgrad angegeben und für das Leistungsgewicht betrug er etwa 33 kW pro Tonne Gesamtgewicht der Lokomotive einschließlich Tender. Damit hätte eine Lokomotive von der Größe der 2C-BR-Klasse 5 mit einem Gewicht von etwa 120 Tonnen bei zwei Drittel Vorräten unter thermodynamischen Gesichtspunkten bei der Verfeuerung erstklassiger Kohle maximal bis etwa 4 000 kW am Zughaken entwickeln können. Das Leistungsgewicht hätte also deutlich unter den mit Diesellokomotiven in Verbindung gebrachten Werten gelegen und wäre von ähnlicher Größenordnung wie das der Elektrolokomotiven gewesen. Für die sichere Übertragung einer solchen Leistung wären wohl sechs angetriebene Achsen erforderlich gewesen und die Fahrgestellauslegung hätte dem Rechnung tragen müssen. Vielleicht in Form einer Anordnung mit zwei Triebgestellen nach dem Garratt-Prinzip, so in etwa wie der Entwurf für die ACE-Lokomotive Mark 1-C, dargestellt in der Abb. 155, wenn auch Wassertröge im Gleis erforderlich gewesen wären, um das zusätzliche Gewicht eines großen Wasservorrats zu vermeiden. Bezüglich der Zuverlässigkeit gab es keinen prinzipiellen Grund, warum die klassische Dampflokomotive nicht auch mindestens das gleiche Niveau wie die Dieseltraktion hätte erreichen können, falls man ihrer Detailkonstruktion die entsprechende Aufmerksamkeit gewidmet hätte. Im gleichen Maße, wie oben beschrieben ihre wärmetechnischen Eigenschaften, hätte auch ihre Zuverlässigkeit entwickelt werden können.

---

[1] Zum Beispiel: Thring, Prof. M. W., Sharpe, Dr. J. E. und Le Sueur, P. K., Steam on Efficient Lines, Spectrum-British Science News, 1978; Sharpe, Dr. J. E., Coal Burning Locomotives in the 1990's (verfasst 1981, Datum der Veröffentlichung unbekannt. In dieser Monographie wurde die technische Konstruktion der „Yeoman"- und „Coalect"-Konzepte beschrieben, mit behaupteten thermischen Gesamtwirkungsgraden von 27 % beziehungshweise 22 %); Coal Gas to Power Locomotives, Progressive Railroading, März 1985 (Beschreibung des Lokomotiventwurfs der Brobeck Corporation mit Kohlevergasung und elektrischer Kraftübertragung); Locomotives 2000, Chartered Mechanical Engineer, November 1981, Institution of Mechanical Engineers, London (Beschreibung verschiedener Entwürfe). Zu dieser Liste exotischer Entwürfe kann die ACE 3000 hinzugefügt werden, und selbst Porta behauptete einen thermischen Gesamtwirkungsgrad von 21 % für ein Third-Generation-Steam-Konzept mit klassischem Aufbau, Auspuffbetrieb und Dreifachexpansion (Porta, L. D., Wardale, D., Third Generation Steam: Facing the Energy Crisis, XIV Pan-American Railway Congress, Lima, 1978) und 17 % bis 18 % für eine Second-Generation-Steam-Lokomotive (Porta, L. D., The Contribution of a New Steam Motive Power to an Oilless World, internationales Seminar über Eisenbahntechnologie, Mexiko, 1987).

[2] In einem Fachartikel mit dem Titel The German Federal Railway Class 120 three-phase drive system : service trials (Railway Engineer, 1984 / Ausgabe 1, Veröffentlichung durch die Railway Division der Institution of Mechanical Engineers, London) gab Dipl.-Ing. A. U. W. Guldenpennig eine ausgezeichnete Beschreibung dessen, auf was die Eisenbahnfachleute bei der modernen Traktion achten. Die Baureihe 120 stellte seinerzeit die Speerspitze der Technologie der Elektrolokomotive dar, dennoch strich der Artikel die Notwendigkeit der Einfachheit heraus, um Zuverlässigkeit und niedrige Gesamtkosten zu erreichen.

[3] Cox, E. S., World Steam in the Twentieth Century, Ian Allan, London, 1969, Seite 179.

Allerdings gab es andere Gebiete, auf denen es sehr schwierig gewesen wäre, das Niveau der Dampftraktion dem der Diesel- und Elektrotraktion anzugleichen. Das Gebiet der Adhäsion haben wir schon erwähnt, ein anderes waren die Arbeitsbedingungen der Lokomotivpersonale. Selbst unter Einbeziehung der technischen Möglichkeit, dass die Kohlenstaubfeuerung zu dem Einmannbetrieb von Dampflokomotiven geführt hätte, ist es fraglich, ob Sicherheitsüberlegungen und die Gewerkschaften das im Hauptbahndienst erlaubt hätten, besonders, falls die Streckensicht vom Führerstand aus eingeschränkt gewesen wäre. Somit wäre möglicherweise eine Besetzung mit zwei Personen in den meisten Diensten weiterhin obligatorisch gewesen, was bei steigenden Arbeitskosten ein schwerwiegender Nachteil ist. Darüber hinaus ist es unwahrscheinlich, dass kohlegefeuerte Dampflokomotiven in der Praxis an den Bedienungskomfort von Diesel- und Elektrolokomotiven herangereicht hätten.

In vielen Einsatzgebieten gibt es einen weiteren, die Leistungsfähigkeit der Dampflokomotiven begrenzenden Faktor in Form der abnehmenden Qualität der zu einem vernünftigen Preis erhältlichen Kohle. Bei den Leistungswerten der „Super-Klasse 5" und den Angaben für die ultimative Stephenson'sche Lokomotive wurde die Verwendung erstklassiger Kohle mit einem Heizwert von ungefähr 32 MJ kg^{-1} und mit günstigen Eigenschaften in Bezug auf flüchtige Bestandteile, Aschegehalt, Ascheschmelzpunkt, Reaktivität und Backvermögen (ASTM-Blähzahl ungefähr 1,5 bis 2,5[1]) angenommen. Wiederholt wurde deutlich gemacht, dass, soweit stückige Kohle auf einem Rost verfeuert wurde, die Leistungsfähigkeit der Dampftraktion sehr sensibel auf die Kohlequalität reagierte. Ein extremes Beispiel für dieses Phänomen stellten die Versuche mit einem Giesl-Ejektor bei der 1E Nr. 92250 der BR-Klasse 9F dar, der für den Nachweis der Behauptung konstruiert worden war, dass der Giesl-Ejektor die Verwendung minderwertigerer Kohlen ermöglichen würde. Die relevanten Versuchsergebnisse finden sich in der Tabelle 81.

Tabelle 81

Versuche mit der Saugzuganlage der BR-Klasse 9F, Abhängigkeit von Kohlequalität und Verbrauch

Kohlesorte	Heizwert MJ kg^{-1}	Heizwert in Prozent der Blidworth-Kohle	Verbrauchssteigerung gegenüber Blidworth-Kohle
Blidworth	29,3	-	-
Whitwick, Stücke	25,1	85,7%	20%
Whitwick, Nuss III	24,1	82,3%	64%
Cossall, Grus	23,5	80,2%	150%

Wie man sieht, steigt mit abnehmender Kohlequalität der Verbrauch unverhältnismäßig stärker an, als es der Abnahme des Heizwerts entspricht. Die drei minderwertigeren Kohlesorten waren nicht schlechter, als einige der in Südafrika angetroffenen, daher die absurden Bewertungen der Versuchsergebnisse, wie sie mit der umgebauten 19D Nr. 2644 (Seite 100) erzielt worden waren, als Folge völliger Unkenntnis der Auswirkungen der Kohlequalität auf den Verbrauch. Der Grund für diesen empfindlichen Effekt besteht darin, dass mit abnehmender Kohlequalität eine Anzahl negativer Faktoren gleichzeitig wirksam werden. Im Fall der normalen Verbrennung auf dem Rost waren das die folgenden: bei gegebenem Luftüberschuss wurden für die gleiche Wärmefreisetzung mehr Verbrennungsgase erzeugt, wofür ein schärferer Saugzug erforderlich war, um diese Menge durch den Kessel zu fördern; der Aschegehalt nahm zu und bildete ein physisches Hindernis für den Luftstrom und erhöhte zusätzlich die von der Saugzuganlage zu erbringende Pumpleistung, er verminderte die chemische Reaktivität in dem Feuerbett und er führte zu einem höheren Feuerbett, das so den Raum oberhalb des Feuers für die Verbrennung in der Gasphase verkleinerte; die Neigung zur Schlackebildung nahm zu; der Wassergehalt nahm zu; die Dichte der verkokten Kohlestücke war meist geringer, was den Flugverlust begünstigte; schließlich war die verfeuerte Kohlemenge für eine gegebene Wärmefreisetzung größer, was den Feinkohleanteil bei mechanischer Rostbeschickung und den Dampfverbrauch des Stokers vergrößerte und bei Handfeuerung den Zeitanteil des Offenstehens der Feuertür und die Ermüdung des Heizers. Die Auswirkung des Aschegehalts wird deutlich erkennbar, wenn man die für eine bestimmte Wärmefreisetzung anfallende Aschemenge betrachtet. Obwohl zum Beispiel die Rio-Turbio-Kohle nur viermal so viel Asche wie die walisische Kohle enthielt, 17 % gegenüber 4 %, so hatte sie aber 5,6-mal so viel Asche pro Heizwerteinheit.[2] Tatsächlich hatten viele und komplexe Faktoren einen Einfluss auf die Verbrennung von Stückkohle, und in der Praxis war der Unterschied zwischen einer guten Kohle und einer schlechten Kohle sehr groß, viel größer, als es die unterschiedlichen Eigenschaften vermuten lassen, was zu unverhältnismäßig großen Beschickungsmengen führte, um die Kesselleistung mit minderwertigen Kohlen zu erzielen (leider war das alles den Heizern viel besser bekannt als den Ingenieuren). Da das nun mal so ist, wird erkennbar, warum die Fähigkeit, unaufbereitete Kohle verbrennen zu können, was als der größte Vorzug der Dampflokomotive angesehen worden war, gleichzeitig auch einer ihrer größten Schwachpunkte war (wann immer keine erstklassige Kohle verfügbar war), was die Qualität und die Vorhersagbarkeit ihres Betriebsverhaltens anbelangt. Das war zweifellos einer der Gründe, warum Länder mit eigenem Kohlebergbau, wie Frankreich, Deutschland und Spanien, teilweise zur Ölfeuerung übergingen.

Wie wir gesehen haben, wurde durch das GPCS die Kohlequalität als Faktor des Betriebsverhaltens der Lokomotive leider nicht ausgeschaltet, sondern führte zu weiteren Schwierigkeiten, die bei der Normalverbrennung nicht auftraten. Das ist nicht unbedingt eine Überraschung. Das GPCS war komplexer als die Normalverbrennung, in dem Sinne, dass dabei der Verbrennungsluft in einen Luftstrom durch das Feuerbett und in Oberluft aufgeteilt wurde und dass das Erfordernis einer dicken Brennstoffschicht wiederum einer Einflussnahme auf die Schlackebildung bedurfte. Damit beruhte der erfolgreiche GPCS-Betrieb auf einer Reihe von Einflussgrößen, die es bei der Normalverbrennung nicht gab. Das Verhältnis von Sekundärluft zu Primärluft durfte nicht zu klein und keinesfalls zu groß sein, die Kühldampfmenge gegen Schlackebildung musste ausreichend sein, aber nicht zu viel, ein hohes Feuerbett musste vorhanden sein, und es durfte keine Schlacke und kein Verbacken geben, aber das Feuerbett durfte auch nicht zu durchlässig sein. Das alles war abhängig von den Eigenschaften der verfeuerten Kohle. Es ist ein technischer Grundsatz, dass, je feinfühliger ein System abgestimmt ist, desto empfindlicher reagiert es auf Unregelmäßigkeiten, und das wirkte sich bei dem GPCS bei stark schwankender Kohlequalität, wie bei den SAR, ganz klar nachteilig aus. Dort, wo die Kohle im Prinzip für das GPCS geeignet und von gleichbleibender Qualität war, gab es gute Ergebnisse, aber anscheinend war ein beständig gutes Funktionieren des GPCS eben nur unter diesen Bedingungen möglich. Anscheinend sind in Argentinien nur zwei Kohlesorten ernsthaft mit dem GPCS ausprobiert worden, nämlich vom Rio Turbio und aus Polen. Erstere hatte als schlechte Eigenschaften einen relativ niedrigen Heizwert (etwa 24 MJ kg^{-1}), einen hohen Aschegehalt (17 % bis 18 %) und einen niedrigen Ascheschmelzpunkt, was aber durch einen hohe Anteil an flüchtigen Bestandteilen (35 % bis 40 %), vernünftige Stückgröße (20 bis 70 Millimeter) und gute Reaktivität ausgeglichen wurde, so dass unter den speziellen Betriebsbedingung der Rio-Turbio-Eisenbahn, die es

[1] Die Bandbreite dieser Blähzahlen bezog sich auf Kohle für handgefeuerte Lokomotiven europäischer Größe. Für große, mechanisch gefeuerte Lokomotiven wurde hingegen nicht backende („gut brennende") Kohle bevorzugt, wegen der Schwierigkeit, auf sehr großen Rosten mit dem Schüreisen verbackene Kohlemengen aufzubrechen.

[2] Porta, L. D., The Burning of Coal on Locomotive Grates - The Classical Combustion, Buenos Aires, Ausgabe 1983 (unveröffentlicht).

zuließen, den Rost häufig, aber nur leicht zu schütteln, diese Kohle für das GPCS gut geeignet war. Polnische Kohle war in jeder Hinsicht gut, hatte einen Heizwert von 31,4 MJ kg^{-1}, etwa 30 % flüchtige Bestandteile und nur 7 % Aschegehalt. Abgesehen von der Arbeit des Autors und der von Porta in Brasilien, von der später die Rede sein wird, gab es zur Zeit der Niederschrift nur zwei weitere Anwendungen des GPCS, von denen Einzelheiten bekannt sind, nämlich bei einer 1D1-Lokomotive *(Anm. d. Übers: h2, Schlepptender, 381 Millimeter Spurweite, Name „River Esk“, Davey, Paxman & Co., 1923, GPCS von 1983 bis 2001)* der Ravenglass & Eksdale Railway in England, von P. Girdlestone bei einer 1B *(Anm. d. Übers.: h2, Schlepptender, 597 Millimeter Spurweite, Name „Linda“, ursprünglich Achsfolge B, Hunslet Engine Co., 1893)* der Ffestiniog Railway in Wales und bei zwei (1C1)(1C1)-Garratt der *(Anm. d. Übers.: ex-SAR)* Klasse NGG 16 bei der Alfred County Railway in Südafrika.[1] Von Ersterer wurde zwar von einem erfolgreichen Betrieb mit unterschiedlichen Kohlesorten berichtet, aber die Ravenglass & Eskdale ist eine Miniatureisenbahn mit so untypischen Betriebsbedingungen, dass ein Vergleich mit dem normalen Lokomotiveinsatz schwierig ist. Sowohl die Ffestiniog Railway als auch die Alfred County Railway haben 610 Millimeter Spurweite *(Anm. d. Übers.: für die Ffestiniog Railway wird allgemein eine Spurweite von 1 Fuß 11 ½ Zoll angegeben, dass entspricht 597 Millimeter. Die Bahn ist heute verbunden mit der Welsh Higland Railway, offiziell ebenfalls mit 597 Millimeter Spurweite. Dort werden derzeit mehrere zurückgeholte ex-SAR NGG16 mit ursprünglich 610 Millimeter Spurweite eingesetzt. Ob Anpassungen an die offiziell schmalere Spur überhaupt notwendig waren, ist nicht bekannt)* und ihre Lokomotiven sind ebenfalls sehr klein. Die Garratt ist natürlich die größte Maschine, hat aber auch nur 1,8 m² Rostfläche. Girdlestone berichtet bei backender Kohle von ernsten Problemen bei der 1B, und für die NGG16 erwies sich eine spezielle Kohle mit den nachstehenden Werten, bezogen auf den luftgetrockneten Zustand, als notwendig:

Tabelle 82
Analyse der auf der Alfred County Railway verwendeten Kohle

Oberer Heizwert, MJ kg^{-1}	28,0
Flüchtige Bestandteile, %	31,2
Kohlenstoffgehalt, %	51,7
Wassergehalt, %	4,1
Aschegehalt, %	13,0
Ascheschmelzpunkt, °C	>1 400
Blähzahl	1 - 2

Nach südafrikanischen Maßstäben war das guter Brennstoff. In der nachstehenden Beschreibung wird erläutert, was geschah, falls diese Kohle aus irgendwelchen Gründen nicht der Spezifikation entsprach oder nicht verfügbar war:[2]

„...es hat einige Probleme mit der Kohle gegeben. Unsere normalen Lieferungen waren nicht ordentlich aufbereitet worden, was zu einigen Verschlackungsproblemen führte, und dann hatte die Entgleisung bei Marianhill eine Verspätung unseres regulären Nachschubs zur Folge, so dass wir drei Wagen mit Kohle von Spoornet in Durban übernehmen mussten. Das war ein schreckliches Zeug und führte bei der 141 zu enormen Verschlackungproblemen. Wie Sie sich vorstellen können, machte sie das bei den Heizern nicht sonderlich beliebt. Es zeigte sich also genau das, was sie in Ihren Erfahrungsberichten über 3450 zu dieser Sache schreiben, nämlich dass normale Maschinen in der Lage sind, mit einer solchen Qualitätsschwankung fertig zu werden, aber dass mit GPCS ausgerüstete Maschinen damit praktisch unbrauchbar werden. Falls unser Lieferant die ordnungsgemäße Aufbereitung der Kohle nicht garantieren kann, dann muss ich den Kühldampfanteil gegen Schlackebildung im Aschkasten vergrößern. Selbstverständlich wird das nicht alle Qualitätsschwankungen abdecken...“

Zusammenfassend lässt sich aus einer großen Bandbreite von Erfahrungen ableiten, dass die nachstehenden Kohlesorten bei dem Stand der Technik in den achtziger Jahren für das GPCS als mehr oder weniger ungeeignet anzusehen waren (was nicht bedeuten soll, dass sie durch zukünftige Entwicklungen des Systems nicht doch brauchbar geworden wären):

1. Stark backende Kohle[3]
2. Kohle mit geringem Gehalt an flüchtigen Bestandteilen
3. Kohle mit geringer Reaktivität
4. Feinkohle (Staubkohle)
5. großstückige Kohle
6. Kohle mit starker Schlackebildung[4]
7. Kohle mit starker Qualitätsschwankung

In der kritischen Zeitphase von 1930 bis 1950 war Kohle ohne die aufgeführten negativen Eigenschaften und die für das GPCS gut geeignet war, relativ preiswert zu haben, aber mit Fortschreiten der Zeit immer weniger, womit dann die Forderung nach immer besserer Leistung und Wirtschaftlichkeit der Dampftraktion immer schwieriger zu realisieren gewesen wäre. Falls die Eisenbahnverwaltungen den Wunsch zur Beibehaltung der Dampftraktion gehabt hätten, dann wäre das vielleicht die Motivation für die Anstrengungen zur Überwindung der technischen Schwierigkeiten mit der Kohlestaubfeuerung gewesen. Damit wäre der Einfluss der Kohlequalität zwar minimiert, aber nicht ausgeschaltet gewesen.

---

[1] Von den Polnischen Staatsbahnen wird berichtet, dass sie das GPCS an einer 1E der Klasse Ty2 *(Anm. d. Übers.: h2, Güterzug-Schlepptender, deutsche Kriegslok der Baureihe 52, insgesamt ca. 6 700 Stück, bei den PKP ca. 1 425 Stück)* Mitte der achtziger Jahre ausprobiert haben, aber dem Autor liegen weder Angaben zur Konstruktion noch zu den Versuchsergebnissen vor.

[2] Persönliche Nachricht an den Autor von P. Girdlestone vom 07.10.1990.

[3] Portas Vorschlag zum Umgang mit stark backender Kohle bestand darin, explosive Partikel von der Größe eines Reiskorns und umhüllt mit Feuerfestmaterial mit der Kohle zu vermischen. Im Feuerbett würden diese dann je nach Isolierwirkung der feuerfesten Umhüllung eines nach dem anderen explodieren und in ihrer Umgebung Zusammenbackungen aufbrechen. Diese geistreiche Idee kam ihm angeblich, als er sah, wie jemand im Scherz eine Knallkapsel in die Feuerbüchse warf.

[4] Obwohl das GPCS auf argentinischen Lokomotiven mit der stark Schlacke bildenden Rio-Turbio-Kohle erfolgreich funktionierte, so wirkte aber der große Anteil an Kühldampf, um in einem *wirklich* hohen Feuerbett die Schlackebildung zu verhindern, der Ezeugung eines guten Gases entgegen. Bei für stationäre Gaserzeuger geeigneten Kohlen wurde angeblich eine Ascheschmelztemperatur von ungefähr 1 350 °C angestrebt (Harrison, G., Fuels: Bituminous Coal, Anthracite & Coke, Gas Producer Symposium, siehe auch Fußnote auf Seite 72).

Was wären denn die langfristigen Konsequenzen gewesen, falls die Dampftraktion um 1950 bis zu den Grenzen ihres Potentials entwickelt gewesen wäre und ihren Konkurrenten keine Steilvorlage gegeben worden wäre? Das wäre natürlich von dem jeweiligen Land abhängig gewesen, aber man kann als ziemlich sicher annehmen, dass der Dieseltraktion das Vordringen dort schwerer gefallen wäre, wo für den Lokomotivbetrieb geeignete Kohlesorten zur Verfügung standen. Unter der Voraussetzung, dass zwischen Dampf-, Diesel- und Elektrolokomotiven kein großer Unterschied in Bezug auf Leistungsfähigkeit und Wirtschaftlichkeit bestanden hätte, hätte es einen stärkeren Trend zu einer Zugförderungspolitik geben können, alle drei Traktionsformen nach bestem Nutzen zu verwenden, statt der vorherrschenden Politik der pauschalen Abschaffung der Dampftraktion. Damit wäre zum Beispiel in Großbritannien die Verdieselung vielleicht auf die Dienste beschränkt geblieben, für die sie am besten geeignet ist, das heißt Nebenstrecken (in Form von Triebwagen) und das Rangieren. Die Elektrifizierung hätte sich, angefangen mit den verkehrsreichsten Magistralen, ausgebreitet und wäre dann bei den weniger wichtigen Hauptstrecken weitergegangen, bis zum tatsächlichen vollständigen Auslaufen der Dampftraktion. Es sei denn, wie es vielleicht in historischer und kommerzieller Hinsicht klug gewesen wäre, eine bestimmte Region wäre dampfbetrieben geblieben, speziell um die Tradition der Dampfeisenbahn wahrhaft lebendig zu erhalten. Das hätte sich mit dem Verschwinden der Dampflokomotive andernorts als große Touristenattraktion erwiesen. In dem europäischen Teil der entwickelten Welt hätte also die Auswirkung darin bestanden, die Zwischenstufe der Hauptstreckenverdieselung auszulassen, was zumindest in Großbritannien ein wahrer Segen gewesen wäre (nicht zuletzt, weil das englische Eisenbahnnetz weiterhin mit diesem Zwischenstadium belastet ist; Mitte der neunziger Jahre sind 70% der Streckenkilometer nicht elektrifiziert[1]). In Nordamerika sah die Situation, wie in Kapitel 6 besprochen, etwas anders aus. Zweifellos wäre es, abgesehen von den wenigen elektrifizierten Strecken, zu einer vollständigen Verdieselung gekommen, wenn auch etwas langsamer in den Gegenden mit Kohlevorkommen von guter Qualität. Die Auswirkungen einer leistungsfähigeren Dampftraktion wären in den Entwicklungsländern, oft reich an Kohlevorkommen, aber arm an Geldmitteln, am größten gewesen. Entwicklungsländer lagen in technischen Dingen per definitionem zurück und folgten den Industrienationen (beziehungsweise versuchten ihnen zu folgen). Indem sie sahen, dass diese die Dampftraktion schließlich aufgegeben haben würden, würden auch sie das zu ihrem ultimativen Ziel gemacht haben, denn wer wagt es zu umarmen, wen sein Fürst verstoßen hat? Doch ein langsamerer Traktionswechsel in Europa und Nordamerika und eine schwächere oder nicht existente Abneigung gegen die Dampflokomotive unter ihren eigenen Bedingungen, hätte dazu geführt, dass vielleicht auch zum Zeitpunkt der Niederschrift dieser Zeilen viele Eisenbahnen in den Entwicklungsländern noch Dampflokomotiven in nennenswerten Stückzahlen betrieben hätten, besonders, falls die Hersteller von Dampflokomotiven endlich aufgewacht wären und die Kunst des Verkaufens durch den Produktnutzen gelernt hätten. Es sei hier bemerkt, dass auch so, wie die Dinge tatsächlich gelaufen sind, selbst noch Mitte der neunziger Jahre Dampflokomotive in China gebaut werden (für Werkbahnen), etwa 45 Jahre nachdem eine solche Maschine zuletzt an eine nordamerikanische Bahn geliefert wurde. Wie die Sache ausgesehen hätte, falls die Dampflokomotive bis an die Grenze ihrer Möglichkeiten entwickelt worden wäre, bleibt eine offene Frage, aber die Annahme ist vernünftig, dass die Produktion um einiges größer gewesen wäre.

Zu der Zeit, als Porta seinen Kreuzzug für die Dampflokomotive begann und ganz bestimmt bevor der Autor ihm zur Seite trat, war es zu spät, um verlorenen Boden wieder gut zu machen. Die sich selbst erfüllende Vorstellung, dass die Zeit der Dampflokomotive abgelaufen war, war bei den Eisenbahnunternehmen und in der Gesellschaft ganz allgemein tief verwurzelt. Das war stärker als alle gegenteiligen Ansichten, wie sie zum Beispiel in Studien zum Ausdruck kamen, die zeigten, dass die Dampftraktion nicht so unwirtschaftlich war, wie allgemein behauptet wurde.[2] Die Dampflokomotive wurde auf das Abstellgleis geschoben, während der Schnellzug des technischen Fortschritts, angetrieben von Milliarden an Forschungs- und Entwicklungsgeldern, vorbeibrauste und sie noch weiter zurückfallen ließ. Sie war einfach „altmodisch", was natürlich die Verfügbarkeit der Mittel vereitelte, um sie „modern" zu machen. Und so ergab es sich, dass, nachdem in den fünfziger Jahren noch Tausende von Dampflokomotiven gebaut worden waren, die Produktion in den sechziger Jahren, von China und Indien einmal abgesehen, auf unter einhundert Stück absank. Die Zahl der weltweit betriebsfähigen Dampflokomotiven fiel von etwa 150 000 im Jahr 1960 auf ungefähr 100 000 nur vier Jahre später.[3] Damit einher ging der rasche Verlust der über einen langen Zeitraum in der Dampflokomotivära aufgebauten und nur durch Disziplin in den technischen und betrieblichen Abteilungen aufrechterhaltenen Traditionen und des Fachwissens. Es ist eine Ironie des Schicksals, dass die FGS-Lokomotiven die Art von fähiger Bedienung und Betreuung verlangte, wie man sie am ehesten von den relativ gut ausgebildeten und disziplinierten Arbeitnehmern in Nordeuropa und Nordamerika erwarten konnten. Aber genau dort lief die Dampftraktion relativ früh aus, und sobald diese Traditionen ausgelöscht waren, wurde es unmöglich die Dampflokomotive am Leben und wohlauf zu erhalten. Denn ab dieser Zeit musste die Dampflokomotive nicht nur eine ausbleibende Entwicklung erdulden, sondern auch die Auswirkungen von fehlerhafter Behandlung durch Arbeiter, die schlecht ausgebildet und inkompetent waren oder einfach gleichgültig und faul. Sie wurde zu einem totkranken Patienten, der noch am Leben war, aber dessen Tod unausweichlich war, weil sein Weiterleben von kaum jemandem gewünscht wurde.

So sah die Situation aus, mit der Porta und ich und wer sonst noch für die Dampflokomotive arbeitete, fertig werden musste. Wir kämpften gegen den Strom der Veränderung (oder „Fortschritt", falls der Leser denkt, dass es das war), waren nicht im Gleichklang mit ihm, boten ihm die Stirn, versuchten etwas weiter zu entwickeln, was die Eisenbahnwelt insgesamt aufgegeben hatte, wo doch dafür dann die Zeit war, als der Bedarf bestand, und das war in technischer Hinsicht zumindest unklug, vielleicht sogar grundsätzlich falsch, weil, technisch ausgedrückt, so etwas wie „Fehler", in diesem Fall die Abschaffung der Dampflokomotive, nur selten allgemeingültig ist. Wir gaben uns große Mühe, die allergrößte Mühe, aber so wenige Leute mit so dürftigen Mitteln konnten den Strom nicht aufhalten, wenn so viele andere Leute mit viel größeren Ressourcen seine Richtung bestimmten. Unser theoretisches und praktisches Fachwissen musste ein viel zu weites Spektrum umfassen, wir mussten technische „Hans Dampf in allen Gassen" sein, zu einer Zeit, als der Umfang des technischen Wissens zur Spezialisierung zwang. Um den notwendigen technologischen Sprung zu schaffen, hätte ein ausschließlich damit befasstes Team von Spezialisten auf Gebieten wie Verbrennungstechnik, Beanspruchungsanalyse, Fahrzeugdynamik, Wärmeübertragung und Tribologie zu unserem Gesamtverständnis der Dynamik der Dampflokomotive eingespannt werden müssen. Die ganze Gruppe hätte in der fortschrittlichen technischen Umgebung der Industrieländer arbeiten müssen und hätte sich nur mit dem Besten zufrieden geben dürfen, nicht mit Kompromissen. Aber wer hätte ein solches Team finanzieren sollen? Dort, wo wir arbeiteten, außer in den USA, wollte man die

---

[1] Quelle: Britain 1995, Central Office of Information, HMSO, London, 1994.

[2] Als Beispiele seien genannt: Kiefer, P. W., A Practical Evaluation of Railroad Motive Power (Quellenangabe Seite 344); Brown, H. F., Economic Results of Diesel Electric Motive Power on the Railways of the United States of America (Quellenangabe Seite 31. 1976 aktualisierte Brown diesen Fachartikel unter Verwendung von Statistiken bis zum Jahr 1974 in einer Studie mit dem Titel A Further Look at the Economics of Diesel-Electric Motive Power in the USA, die seine frühere Arbeit bestätigte); der Triebfahrzeugbericht der East African Railways für 1963, in dem sich die Dieseltraktion im schweren Güterzugdienst um 75 % teurer zeigte, als die mit Giesl-Ejektor ausgestatteten (2D1)(1D2)-Garratts der Klasse 59 (Angaben von Nock, O. S., in dem Artikel Beyer-Garratt Locomotives, The Railway Magazine, Dezember 1966, Seite 697); und die SAR-Studie für die Strecke Kimberley – De Aar von 1983 (siehe Seiten 312 und 329-331).

[3] Quelle: Atkins, C. P., Steam in the 1960's, Railway World, September 1969. In seinem Werk „Über die Entstehung der Arten" zeigte Darwin, dass die Abnahme einer Populationszahl in der Natur das Vorzeichen für sicheres Aussterben ist. In der Welt des Menschen ist das nicht wesentlich anders.

Dampflokomotiventwicklung als Billiglösung, was für sie eine wesentlicher Teil des Anreizes war, aber das kam der Modernisierung eines VW-Käfers aus den Fünfzigern in einer Hinterhofwerkstatt gleich und dann zu erwarten, er wäre mit einem Serienauto nach dem Stand der Technik der Achtziger konkurrenzfähig. Das würde der Leser wohl so auch nicht erwarten. Warum sollte es aber bei Lokomotiven anders sein? Doch Eisenbahnen in Entwicklungsländern, falls sie Millionen von harten Dollar für Lokomotiven hatten, gaben die nicht für Dampflokomotiven aus, und so musste die Beschränkung auf Umbaumaßnahmen akzeptiert werden, falls man auf normalen kommerziellen Eisenbahnen überhaupt etwas unternehmen wollte.

In den siebziger Jahren war die paradoxe Situation eingetreten, dass die Dampflokomotive dort, wo sie eingesetzt wurde, nicht erfolgreich weiterentwickelt werden konnte und dort, wo sie hätte entwickelt werden können, fast oder vollständig verschwunden war. Wir konnten also nur darauf hoffen, dass sich die die Traktionspolitik beeinflussenden Bedingungen irgendwie drastisch zugunsten der Dampflokomotive änderten, was solange eine unwahrscheinliche Möglichkeit war, bis die „Ölkrise" kam. Plötzlich schien das Öl in der Welt zu Ende zu gehen und andere Dinge auch. Sowohl Wissenschafts-, Wirtschafts- und Technikzeitschriften als auch die Boulevardpresse waren voll von Artikeln, die eine Welt ohne Öl vorhersagten und darstellten, wie wir zur Kohle zurückkehren müssten. Wir sprangen auf diesen Zug auf, und in Studien, Berichten, Artikeln und Vorträgen machten wir davon Gebrauch, um die Rückkehr zur Dampftraktion zu rechtfertigen. Die Wiedergeburt der Dampflokomotive schien so unmittelbar bevorzustehen, dass Porta sogar ein Mini-Symposium unter der Schirmherrschaft der Institution of Mechanical Engineers zu dem Thema organisieren wollte, an dem alle bekannten Fachleute auf diesem Gebiet teilnehmen und unseren Vorstellungen Glaubwürdigkeit und Öffentlichkeitswirkung geben sollten. Aber es kam nicht dazu, und die Eisenbahnwelt, die vielleicht wusste, wie unbeständig Vorhersagen sein können, biss nicht an. Die führenden Industrienationen unternahmen Anstrengungen zur Reduzierung des Ölverbrauchs, die akuten politischen Spannungen im Mittleren Osten gingen vorüber und danach schwamm die Welt in Öl. Unsere Chance war verpufft, wenn sie auch in Wahrheit vielleicht außerhalb unserer Vorstellungen von vornherein nie bestanden hatte, weil die Ölknappheit für die Dampflokomotive zu spät kam. Nur wenn die Krise zwanzig Jahre früher eingetreten wäre, als die Dampftraktion noch eine echte Bedeutung hatte, dann hätte sie vielleicht zu einer abweichenden Politik zugunsten der Elektro- und Dampftraktion geführt, wodurch es dann zu den dringend benötigten Investitionen in Forschung und Entwicklung der Dampflokomotive hätte kommen können.

Eines Tages wird Öl tatsächlich knapp und damit teuer werden, wenn auch niemand genau weiß wann, aber es erscheint sicher, dass das geschehen wird, bevor auch die Kohlevorkommen auf ein niedriges Niveau dahingeschwunden sein werden. Zum Ausklang des zwanzigsten Jahrhunderts scheint die Kernkraft an Zustimmung zu verlieren, und falls das wirklich so ist, wird vielleicht die Kohle eines Tage wieder die vorherrschende Energiequelle sein, falls zunehmende Bedenken wegen der CO_2-Emissionen nicht dazwischenkommen. Aber es ist äußerst unwahrscheinlich, dass das irgendeine Rückkehr zur Dampftraktion auslösen wird (einer der Gründe sind hohe CO_2-Emissionen als unausweichliche Folge des relativ geringen thermischen Wirkungsgrads der Dampflokomotive). Kohle ist ein vielseitiger Stoff. Man kann daraus Elektrizität erzeugen und sie kann in einen für Verbrennungskraftmaschinen geeigneten flüssigen Brennstoff umgewandelt werden. Ich bin sicher, dass sie auf diese Weise zum Antrieb der Eisenbahnlokomotiven der Zukunft genutzt werden wird. Der Bedarf des Straßengüterverkehrs wird die fortgesetzte Verfügbarkeit flüssiger Treibstoffe erzwingen und für die erforderlichen Investitionen sorgen, um sie aus Kohle zu gewinnen. Die Eisenbahnen werden ihren Anteil an dieser Produktion haben mit dem Vorteil, dass sie den Treibstoff in Bezug auf den Verbrauch pro Tonnenkilometer weitaus wirksamer nutzen als die Straßenkonkurrenz. Falls die Treibstoffkosten eskalieren, so wird das für die Eisenbahnen einen merklichen Preisvorteil erbringen, also mehr Verkehr und somit mehr Gründe und Geld für die Elektrifizierung. Welches andere Szenario bei Eintritt einer Ölknappheit erscheint denn denkbar, als eine immer weiter ausgedehnte Elektrifizierung? Dann würden Diesellokomotiven und Triebwagen zunehmend auf weniger verkehrsreiche Strecken beschränkt werden, wo ihr Treibstoffverbrauch unwesentlich wäre. Das ist es, was die Eisenbahnunternehmen selbst wollen, bis der technische Fortschritt ihnen etwas bisher Unbekanntes, aber Besseres gibt, was eines Tages so sein wird, und wie wir gesehen haben, werden sie bekommen, was sie sich wünschen.

Angesichts der Art der Weltanschauung, die diese spezielle Phase der Entwicklung der Menschheit vorantreibt, sehe ich keine langfristige Zukunft für die Dampftraktion, abgesehen auf Museums- und Touristeneisenbahnen (einschließlich auf im Wesentlichen touristischen Strecken, die von normalen kommerziellen Bahnen betrieben werden, wie zum Beispiel die Zahnradbergbahnen der Österreichischen Bundesbahnen) und in ganz und gar abgelegenen Regionen, wo sie von der Brennstoffsituation oder anderen speziellen Faktoren begünstig wird, wie zum Beispiel Bahnen auf Zuckerplantagen und Kohlebahnen in Insellage. Obwohl die museale Erhaltung nur den „Körper" der Dampflokomotive bewahrt, nicht ihren „Geist", der sich mit den Zeiten ändert,[1] zeigt die Anzahl der Museums- und Touristeneisenbahnen mit Dampfbetrieb und der erhaltenen Dampflokomotiven vor Ausflugszügen auf ansonsten nicht dampfbetriebenen Eisenbahnen, speziell in englisch- und deutschsprachigen Ländern, dass die Dampflokomotive selbst eine Attraktion ist, die kommerziell ausgewertet werden kann. So lange sich das so fortsetzt, wird die Dampflokomotive zumindest diese Rolle spielen. Bis jetzt bezog sich die museale Erhaltung verständlicherweise auf die Lokomotiven vergangener Epochen, also der Lokomotiven, an deren normalen Einsatz sich viele Eisenbahnfreunde noch erinnern können. Allerdings wird der Dampflokomotiventhusiast der Zukunft über solche Erinnerungen nicht verfügen und keine nostalgischen Gefühle für irgendeine spezielle Baureihe hegen, sondern nur die Dampflokomotive *per se* lieben. Sich von der Sehnsucht nach der Vergangenheit frei machen und die Entschlossenheit, die Dampflokomotive am Leben zu erhalten, sind die nötigen Voraussetzungen für ihre weitere Entwicklung in Bezug auf die Erfüllung der spezifischen Anforderungen und Bedingungen der Museums- , Touristen- und Bahnfanindustrie. Man sollte sich darüber im Klaren sein, dass sie auch dort verschwinden und auf nicht betriebsfähige Museumsstücke beschränkt sein wird, falls sie nicht weiterentwickelt wird. Es gibt bereits Anzeichen dafür, dass es diese Änderung der Haltung gibt. Die Wagemutigeren in der Museumsbahnszene machen bereits diesen Vorschlag[2], und praktische Beispiele sind der Import neuer chinesischer Lokomotiven durch amerikanische Touristenbahnen (siehe Seite 436) und die Lieferung von neukonstruierten Zahnradlokomotiven an verschiedene Bergbahnen durch die SLM (siehe Seite 332). Statt Repliken alter Lokomotiven zu bauen, könnte die Fangemeinde zum Beispiel eine Lokomotive nach Portas Entwurf für die ACE Mark 1-A herstellen, eine neue und aufregende Bauform, die zeigen würde, was eine Dampflokomotive wirklich zu leisten im Stande ist. Oder sie könnte eine „Super-Klasse 5" bauen, aber kein Umbau einer vorhandenen Lokomotive mit all ihren Beschränkungen, sondern eine völlig neue Konstruktion unter Beibehaltung der 2C-Achsfolge und der Zwillingsdampfmaschine mit echter Spitzenleistung. Oder sie könnte die Möglichkeiten ausloten, inwieweit aus einfachsten Konstruktionen, wie dem klassischen englischen C-Kuppler mit Innenzylindern, eine moderne Lokomotivbauart gemacht werden kann, entweder als Einzelfahrzeug oder als Gelenklokomotive mit zwei solcher Triebgestelle, bei der 100 % des Lokomotivgewichts als Reibungsgewicht genutzt werden. Um in eine solche Richtung vorzustoßen, bedarf es einer Vision und des besonderen Unterschieds zwischen einem Träumer und dem- oder derjenigen, der oder die seine oder ihre Träume in die Wirklichkeit umsetzt. Dazu Disziplin und ein

---

[1] Die kommenden Zeiten werden von dem Computer in bisher kaum vorstellbarer Weise beherrscht werden. Das „wahre" Erlebnis der Dampftraktion, dass ohnehin nur in unserem Bewusstsein existiert, wird dann als Virtual Reality Simulation verfügbar sein.

[2] Siehe zum Beispiel Petitjean, W., More Future in the Past?, Locomotive & Railway Preservation, März-April 1993, Interurban Press, Pasadena.

Sinn für die Realitäten der Welt in der wir leben, wo verschiedene Leute für verschiedene Träume arbeiten. Diejenige Person, die am ehesten Träume in etwas Fassbares umsetzt, ist diejenige, die im Einklang mit der Zeit steht, auf ihrer Höhe oder manchmal ihrer Zeit etwas voraus ist, ihr aber niemals nachhinkt. Somit ist ein Gefühl für ein bestimmtes Phänomen im Verhältnis zu der Zeit (beides ist letztendlich nicht verschieden voneinander, wie Begriffe wie die „Dampflokomotivära" zeigen) von größter Bedeutung. Für alles gibt es die richtige Zeit, und Arbeit zur rechten Zeit wird so erfolgreich sein, wie Arbeit zur falschen Zeit vergebens sein wird. Der Dampfzug im normalen kommerziellen Plandienst ist fast überall Geschichte geworden, und wo es noch nicht so weit ist, entwickelt es sich in diese Richtung. Man kann nicht in einen Zug einsteigen, der bereits vorbeigefahren ist. Ich weiß, ich habe es versucht, aber falls dieses Buch von irgendeinem Wert ist, dann vielleicht als Inspiration für diejenigen, die eventuell mit solch einer Arbeit zu tun bekommen, was ja möglich ist, und als Warnung vor dem wahren Feind, dem Kompromiss des „Gut genug".

Wie zum Ende des Kapitels 7.6 erklärt, betrachtete ich mich nach meinem Weggang von Datong als pensioniert. Diesen Status habe ich seitdem mehr oder weniger aufrechterhalten. Aber was ist mit Porta, wie ich ein Exilant der Zeit? Nachdem die ACE schließlich abgewickelt war, kehrte er in sein Heimatland Argentinien zurück, und falls überhaupt jemand die Pensionierung verdiente, dann war er es. Aber das war nicht seine Art. Man kann nicht sagen, dass er nicht so leicht aufgab, sondern er gab einfach nie auf, Punkt. Er versuchte es weiter überall dort, wo auch nur eine kleine Chance bestand, die Dampflokomotive wieder ans Laufen zu bringen. Die Lage auf der Rio-Turbio-Eisenbahn wurde immer schlechter und so wurde nichts aus seinen Vorschlägen für Mallet- und Garratt-Lokomotiven für diese Bahn, aber die Argentinischen Staatsbahnen zeigten einiges Interesse an neuen Rangierdampflokomotiven, und er arbeitete einen sehr schönen Entwurf für eine normalspurige C1h3vt aus, bevor sich das Interesse verflüchtigte. Die Tubarão-Divison der staatlichen brasilianischen Eisenbahngesellschaft *(Anm. d. Übers.: Rede Ferroviária Federal (RFFSA))*, eine Kohlenbahn, schien der Dampftraktion treu bleiben zu wollen und so ging Porta dorthin. Unter seiner Leitung wurde die von Jung gebaute 1D1-Lokomotive Nr. 4 *(Anm. d. Übers.: h2, Güterzug-Schlepptender, Bahn-Nrn. 4 und 5, Jung Nr. 11943 und 11944, 1954)* auf das GPCS umgerüstet (mit Sekundärlufteinlässen in der Stehkesselvorderwand) in Verbindung mit einer verbesserten Saugzuganlage. Als Hauptgrund für diese Arbeiten wurde die Minderung von Rauchemissionen angeführt, ein offenkundiges Problem auf dieser Eisenbahn, wo gemäß Porta „Rauch als wesentliches Merkmal einer Verbrennung angesehen wird". Dieses Ziel wurde erreicht, wobei von einer Reduzierung der Umweltbelastung um 70 bis 80 %, einer Leistungssteigerung um 30 % und einer Kohleersparnis von 15 % berichtet wird.[1] Ein Anfang wurde gemacht bei der Verbesserung der Flotte von 1E1 der Bahn *(Anm. d. Übers.: h2, Güterzug-Schlepptender, alle ex-General-Belgrano-Klasse E5, Argentinien, Skoda 1949)*, indem drei Lokomotiven umgebaut wurden, aber anscheinend wurden wegen der ungewissen Zukunft der örtlichen Kohlegruben und damit der Eisenbahn selbst nur wenige weitere Fortschritte erzielt.

Dann gab es da noch die grandios klingende Ferrocarril Presidente Carlos Antonio Lopez in Paraguay, die in den achtziger Jahre noch zu 100 % mit holzgefeuerten Lokomotiven dampfbetrieben war, aber in Wirklichkeit nicht ganz so grandios war, wie ihr Name vermuten lässt. Tatsächlich handelte es um eine der heruntergekommensten Eisenbahnen der Welt, mit unsichtbaren Gleisen, die unter einem Meer von Gras und Unkraut verschwunden waren und anscheinend auf Federn verlegt waren. Es war eher traurig, dass ein Ingenieur von Portas Format sich mit solch einem Betrieb beschäftigen musste, aber die Argentinischen Staatsbahnen sahen sich mit einer unerwarteten Öffnung für einen verstärkten internationalen Verkehr zwischen den beiden Ländern konfrontiert, und so wurde er dorthin geschickt, um zu schauen, was er tun konnte, um deren Züge schneller und zuverlässiger befördert zu bekommen. Dabei fand er Folgendes vor:[2]

> In Paraguay lerne ich, was Dritte Welt bedeutet und wie die Dampflokomotivtechnologie aussehen muss, die für sie konstruiert wird...die Zustände könnten mangels Fachwissens nicht schlimmer sein. Ich möchte das mit den nachstehenden Beispielen deutlich machen. Technische Arbeiten erfolgen auf einem Niveau unter dem eines jeden argentinischen Depotwerkmeisters; alles wird „geschweißt"; lose Radreifen bekommen Beilagen, oft nur über eine Teil des Umfang; einer von fünf Radreifen bricht, die beiden letzten Radreifen gerade, als die Lokomotive die Werkstatt verließ; die Lokomotivführer haben einen Satz Werkzeuge für Unterwegsreparaturen dabei, darunter einen kleinen Abstandsmesser, um die Schieber einzustellen, falls sie sich auf der Schieberstange lösen sollten; alle fünf Monate wird ein Hilfsheizer in der Dunkelheit einer regnerischen Nacht getötet, wenn er bei dem Sprung von dem Tender zu dem Brennholzvorratswagen unter die Räder gerät; die Verwaltung ist nicht in der Lage, zwischen abgelagertem und frischem Holz zu unterscheiden, und so ist sie überrascht, dass die Maschinen den Fahrplan nicht einhalten können und alle zehn Kilometer zum Dampfmachen anhalten; einige Lokomotivführer und ein Depotwerkmeister können nicht lesen; Rollenlager an den Wagen halten zwei Jahre; Rahmenbrüche sind nicht ungewöhnlich, trotzdem der Schieberkastendruck 80 psi [5,5 bar] nur selten übersteigt; weit verbreitet sind Undichtigkeiten, und das Nachwalzen der Rohre ist gegenwärtig eine Art Sport (Lokomotive Nr. 268, jetzt die Musterlokomotive für die Reparatur und Modernisierung mit argentinischer Unterstützung, hatte 43 Risse in der Rohrwand, die geschweißt werden mussten...selbstverständlich von einem argentinischen Schweißer!); Viele Schienenlaschen haben nur zwei Schrauben eingesetzt, und das nur in einem der beiden Schienenenden; einmal sprach ein Schmelzpfropfen in der Feuerbüchse an, und es stellte sich heraus, dass die Verbindung zum Prüfhahn mehr oder weniger verstopft war; es gibt im Sinne des Wortes keine Zeichnungen, und die wenigen verfügbaren sind nutzlos, weil niemand in der Hauptwerkstätte sie versteht; Der beste Dreher in der Werkstätte war nicht in der Lage, einen Tross-Stehbolzen nach einer äußerst einfachen Zeichnung zu drehen, so dass der Vorarbeiter meiner Truppe ihm jeden einzelnen Schritt erklären musste; gebrochene Kuppelstangen werden elektrisch geschweißt und Schienenlaschen zur Verstärkung in die Ausfräsung der Stangenschäfte eingelegt; Lokomotiven ziehen ein Spur von glimmenden Holzteilchen aus dem Aschkasten hinter sich her, und Brände treten in der Folge häufig auf, so dass in der trockenen Jahreszeit hinter einigen Zügen ein von einem Rottenkraftwagen gezogener Tankwagen zum Feuerlöschen folgt[3]; die (Nassdampf-)Lokomotiven fahren immer mit mehr als 50 % Füllungseinstellung, weil die Schieber bei kleineren Einstellungen gar nicht öffnen; ich habe Stangenbuchsen mit mehr als 10 Millimeter Lagerspiel ausgetauscht; keiner weiß, was das Zentrieren von Schornstein und Blasrohr bedeutet; die originalen Hilfsbläser sind durch ein einfaches Rohr ersetzt worden und verbrauchen mit feuchtem Holz nur etwas weniger Dampf als sie erzeugen; verbrannte und verzogene Roststäbe bilden einen Schrotthaufen, der sich in Tonnen bemisst; das Durcheinander in der Werkstatt ist unbeschreiblich, Ersatzteile und Materialien im Wert von tausenden Dollar sind von Staub bedeckt und dienen den Spinnen als Behausung; keiner kennt die tatsächlichen Kesseldrücke, weil es keine zuverlässigen Manometer gibt. Eines Tages stand ich in fast völliger Dunkelheit auf dem Führerstand und konnte den Druck auf dem schmutzigen Manometer nicht ablesen. Der Heizer sagte „der Zeiger fehlt, aber ich habe ihn gefunden". Und schon drückte er ihn auf das Manometer und alles war OK. Unglaublich!

Es war in der Tat unglaublich, wie weit die paraguayische Eisenbahn in den 27 Jahren seit dem Ende der britischen Verwaltung im Jahr 1961 heruntergekommen war, und was übrig geblieben war, war nicht gerade die neueste Eisenbahntechnologie. Vielleicht war es gut für

---

[1] Terevia (Informationsschrift der Tubarão-Division der RFFSA), November / Dezember 1989.

[2] Die nachstehende Beschreibung fasst Auszüge aus zwei Briefen Portas an den Autor zusammen, mit kleinen sprachlichen Korrekturen.

[3] Während der einzigen Fahrt des Autors auf dieser Eisenbahn in einer heißen Sommernacht des Jahres 1974, mit geöffneten Wagenfenstern, erwachte er und sah sich selbst durch Funken von der Lokomotive in Brand gesetzt.

Portas Reputation, dass ein Führungswechsels in Buenos Aires zu seinem plötzlich Weggang führte, bevor die Idee, dreizehn aufgearbeitete und modernisierte von Henschel gebaute 1E der argentinischen Urquiza-Eisenbahn *(Anm. d. Übers.: h2, Schlepptender, Normalspur, Klasse 3000, Bahn-Nrn. 3001 bis 14(?), Baujahr 1952)* dorthin zu transferieren, in die Tat umgesetzt werden konnte. Es war ihm allerdings gelungen, eine der 1C auf GPCS für Holzfeuerung umbauen zu lassen und nach seinem Weggang wurde berichtet, dass sie nur ein Drittel der Brennstoffmenge der normalen Maschinen verbrauchte. Er schrieb, falls „sie den Paraguayern standhält, ha! *Das* ist eine Prüfung für meine Technologie!" Nur zu wahr, und es wäre interessant zu sehen, wie die Dieselleute ihre Produkte dort zum Laufen bringen würden. Ausgehend von dieser Erfahrung, hatten Porta und ich einige Diskussionen, wie eine narrensichere Lokomotive für die primitiven Verhältnisse, wie sie bei vielen Eisenbahnen in Entwicklungsländern bestanden, zu konstruieren war. Wir kamen schließlich zu dem Schluss, dass das nicht möglich war, denn die Möglichkeiten für eine fehlerhafte Behandlung sind unendlich. Im Grunde genommen war eine „Rekolonisierung" solcher Eisenbahnen nötig, um für geordnete Verhältnisse zu sorgen, aber da das ein unwahrscheinliches Szenario war, hätten nur Schritte in Richtung einer besseren Zuverlässigkeit unternommen werden können. Aus meiner Sicht hätten die hauptsächlich darin bestanden, für eine größtmögliche Einfachheit des gesamten Entwurfs zu sorgen, verbunden mit einer Detailkonstruktion, die darauf abzielte, dass die Lokomotiven nach Möglichkeit zwischen zwei turnusmäßigen Werkstattuntersuchungen, wo die Arbeiten besser überwacht werden konnten, durchliefen, mit einem Minimum an Unterhaltungsarbeiten in den Depots. Zieht man vernünftigerweise das Gesetz des abnehmenden Ertrags zu Rate, so wäre der thermische Wirkungsgrad, wo nötig, für dieses Ideal zu opfern gewesen (siehe Abb. 163).

Im Jahr 1990 wurde Porta zu einem technischen Symposium in Frankreich eingeladen und trug dort eine Art ingenieurtechnischer Autobiographie vor[1]. Das war eine Zusammenfassung seiner Erfahrungen mit der Dampftraktion, in der er, immer Optimist, davon sprach, inwiefern neue Dampflokomotivkonstruktionen für die Industrieländer, die Entwicklungsländer und die unterentwickelten Länder in einer Zukunft des Ölmangels erforderlich wären. Zur Zeit der Niederschrift dieses Buchs versucht er es weiterhin, diesmal in Kuba, das weder Öl,

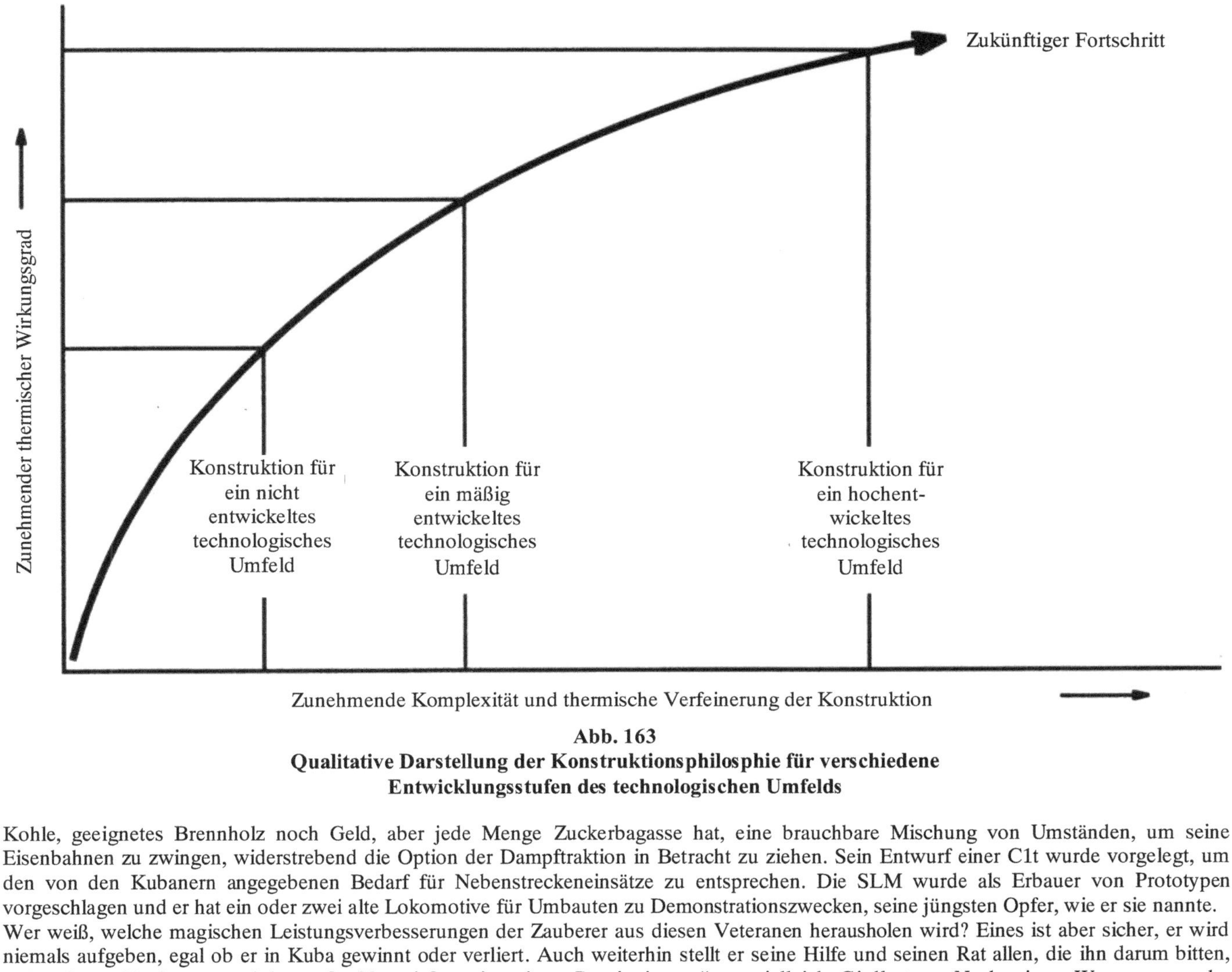

Abb. 163
Qualitative Darstellung der Konstruktionsphilosphie für verschiedene Entwicklungsstufen des technologischen Umfelds

Kohle, geeignetes Brennholz noch Geld, aber jede Menge Zuckerbagasse hat, eine brauchbare Mischung von Umständen, um seine Eisenbahnen zu zwingen, widerstrebend die Option der Dampftraktion in Betracht zu ziehen. Sein Entwurf einer C1t wurde vorgelegt, um den von den Kubanern angegebenen Bedarf für Nebenstreckeneinsätze zu entsprechen. Die SLM wurde als Erbauer von Prototypen vorgeschlagen und er hat ein oder zwei alte Lokomotive für Umbauten zu Demonstrationszwecken, seine jüngsten Opfer, wie er sie nannte. Wer weiß, welche magischen Leistungsverbesserungen der Zauberer aus diesen Veteranen herausholen wird? Eines ist aber sicher, er wird niemals aufgeben, egal ob er in Kuba gewinnt oder verliert. Auch weiterhin stellt er seine Hilfe und seinen Rat allen, die ihn darum bitten, freimütig zur Verfügung und der größte Nutznießer seit meiner „Pensionierung" war vielleicht Girdlestone. Nach seinem Weggang von der Ffestiniog Railway ging er zur Hugh Phillips Engineering Ltd. und hatte mit der Aufarbeitung und geringfügigen Modifikation einiger 1D1 der Sudan Railways *(h2, Güterzug-Schlepptender, Spurweite 1067 Millimeter, Klasse 310, Bahn-Nrn. 301 bis 325(?), North British, 1952, 6 Stück ab 1985 erneuert)* zu tun, um die Beförderungskapazität der Bahn für Hilfslieferungen während einer akuten Hungersnot zu erhöhen, worauf er 1988 nach Südafrika zur 610-Millimeter-spurigen Alfred County Railway wechselte. Dort verbesserte er einige derer (1C1)(1C1)-Garratts der Klasse NGG16 in typischer Porta-Manier und erreichte im normalen Planeinsatz eine sehr achtbare Gesamtminderung des Kohleverbrauchs von 20 %.

Die Motivation der meisten Leute, die sich heutzutage mit der Dampflokomotive beschäftigen, ist ziemlich einfach erklärt: sie mögen sie. Während der fünfzehn Jahre, die ich auf diesem Gebiet aktiv war, bekannten sich davon einige denen ich begegnete zu abweichenden Zielen, die von der Rettung der Welt bis zur Hoffnung auf das große Geld reichten, aber ich bezweifle, dass bei einer Reduzierung dieser

[1] Porta, L. D., Steam Locomotive Power: Advances Made During The Last Thirty Years: The Future (Quellenangabe siehe Fußnote auf Seite 17).

verschiedenen Ambitionen auf das Wesentliche eine sehr viel andere Motivation übrig geblieben wäre, als die, die den Rest von uns antrieb. Schließlich gibt es einfachere Wege, um Geld zu machen. Groß ist die Zahl derer, die in Gedichten, Artikeln und Büchern das Verschwinden der Dampflokomotive beklagt haben und bei den zahllosen Zusammenkünften von Eisenbahnfreunden in Bars und Kneipen, von Kopenhagen bis Kapstadt, von Manchester bis Melbourne. Aber allzu wenige haben sich dem *wahren* Weiterleben dieser rätselhaften Maschine gewidmet, und es ist zu bemerken, dass der Verlauf der Geschichte andernfalls auch ein anderer hätte sein können. Schließlich reflektierte ja wohl die Traktionspolitik die Vorlieben der Entscheider. Von denjenigen, die eine Ausnahme darstellten, war es Porta, der am meisten wusste, am meisten sich kümmerte, am meisten versuchte und sich am meisten einbrachte.

Nun, lieber Leser, falls sie bis hierhergekommen sind, ohne durch Überspringen einiger Seiten oder gar Kapitel zu schummeln, dann haben sie ganz sicher Ausdauer (und womöglich auch Augenschmerzen). Und da wir nun zum Ende unserer Geschichte kommen, können wir uns fragen, was das alles zu bedeuten hatte? Um ehrlich zu sein, fürchte ich die Antwort lautet: nicht das Geringste – in Wahrheit „eine Geschichte, von einem Idioten erzählt, voller Lärm und Wut, die nichts besagt". Ich wette, der Leser wünscht, ich hätte ihm das gleich am Anfang gesagt. Aber bis hierhergekommen zu sein ist wie das Besteigen eines Bergs. Das sollte man auch nicht tun, indem man neun Zehntel des Wegs per Seilbahn zurücklegt. Und jetzt, wo wir fast den Gipfel erreicht haben, müssen wir zugeben, dass die Aussicht nicht gerade klar ist. Von Einstein wird berichtet, er habe gesagt "Das Wirkliche ist uns nicht gegeben" *(Anm. d. Übers.: das vollständige Zitat lautet: „[Das Wertvolle aus Kants Lehre] steckt in dem Satz: Das Wirkliche ist uns nicht gegeben, sondern aufgegeben (nach Art eines Rätsels).")*. Ich sehe mich gezwungen, dem zuzustimmen. Um genau zu sein, ich habe keine Ahnung, was die Dampflokomotive letztendlich ist. Alles, was ich „weiß", ist mein eigenes geistiges Bild von ihr, und wer wollte behaupten, dass das der objektiven Wahrheit entspricht, ist doch die Art der Wahrnehmung der Dinge ein Teil des Wahrnehmenden selbst, ein Produkt seiner eigenen Bewusstseinsebene und nur auf dieser gültig. Es ist allerding die Beziehung zwischen diesem geistigen Bild und dem Bewusstsein, dass es schaut, wo das wahre Geheimnis der Dampflokomotive zu suchen ist. Die Technik ist nur das Wissen um Formen und Funktionen. Dieses Wissen hat seine Gültigkeit nur auf der Ebene der „banalen" Wirklichkeit, aber dasjenige, von dem ich hier rede, ist das Wissen um die Formlosigkeit, das ihre Form aufrechterhält und von wo aus ihre Form entsteht, genauso wie es die Stille der Schienen ist, die wirklich einen Zug bewegt.

Warum die Faszination, nein, seien wir ehrlich, die Verehrung für diese große, schwarze, schmutzige Maschine? Viele haben versucht, dass zu erklären. Die meisten würden wahrscheinlich erklären, die Dampflokomotive sei einfach schön, aber es gibt so etwas, wie eine schöne Sache nicht, Schönheit ist nur eine seelische Empfindung, und wenn man genau hinschaut, dann gibt es nicht einmal so etwas wie eine Sache, nur einen Prozess, einen einzigen Prozess. Andere haben gesagt, sie lebt, was stimmte, aber selbst kalt und bewegungslos behielt sie etwas Ergreifendes, was niemand, der sie in seinem Herzen verstanden hat und einmal durch einen Lokomotivfriedhof voller rostiger und verfallener Maschinen gewandert ist, bestreiten wird. Walker Evans, ein amerikanischer Photograph, der in den fünfziger Jahren arbeitete, sinnierte einmal:[1]

> „Sie waren so ziemlich mit nichts zu vergleichen, diese dampfenden, zischenden, puffenden und kreischenden Ungeheuer. Ihre Tage sind gezählt. Und wenn sie dann für immer ruhen, werden die Leute immer noch für lange Zeit über sie nachdenken und diskutieren, worin ihre einmalige Anziehungskraft bestand. Wahrscheinlich kommen sie zu dem Schluss, dass die Dampflokomotive die Quintessenz einer alles durchdringenden rohen Kraft war."

Raymond Loewy *(Anm. d. Übers.: * 5.11.1893 in Paris, Frankreich; † 14.7.1986 in Monte Carlo, Monaco; amerikanischer Staatsbürger seit 1919)*, Vater des Industriedesigns, der für die Stromlinienform einiger amerikanischer Lokomotiven in den dreißiger Jahren verantwortlich zeichnete, beschrieb sein Erlebnis der Vorbeifahrt der 3BB3-Klasse S1 der Pennsylvania Railroad *(Anm. d. Übers: h4, Schnellzug-Schlepptender, Einzelstück, Bahn-Nr. 6100, Altoona Works, 1939)* mit 190 km h^{-1} mit ähnlichen Worten: „ich war überwältigt von einem unvergleichlichen Eindruck von Kraft."

Stärke, Bewegung, Kraft, das sind die Wesenheiten des Universums und deshalb auch für uns. Es spielt keine, Rolle, dass viele Maschinen die Kraft der Dampflokomotive übertroffen haben, und es spielt auch keine Rolle, dass Auspuffgetöse und turmhohe Wolken von Rauch und Dampf im thermodynamischen Sinn eher ein Zeichen von Kraftverlust als Krafterzeugung sind. Auf was es ankam, war, dass die Dampflokomotive die vier bedeutenden Elemente Erde, Wasser, Luft und Feuer benutzte, um Kraft auf eine Weise zu erzeugen, die man unmittelbar und ganz genau sehen, hören, fühlen und erleben konnte. Es gab keine Verfeinerungen in diesem Prozess, die seine elementare Natur verwässert hätten.[2] Rohe Energie verströmte in weißglühenden Flammen, die brutale Kraft von Dampf unter hohem Druck bewegte die Kolben, die riesige Räder über massive Stange antrieben, und man konnte das alles fühlen. Es gab eine Vielfalt der Bewegungen: die herumwirbelnden Räder, die aufblitzende Stangen und Triebwerkteile, der aus dem Schornstein schießende Dampf und Rauch, das Kommen, Vorbeifahren und Entfernen des Zugs waren alles Formen der Bewegung, der äußerste Ausdruck von Freiheit und dem Wesen des Lebens überhaupt. Und die Dampflokomotive hatte eine Stimme, die aus ihrem Herzen kam und die ihren Zuhörer mit dem Geheimnis ihrer Musik voller Erzählungen von Kampf und Triumph verzauberte, einem Mantra in Rhythmus und Klang. Kurz gesagt, die Dampflokomotive war die formale Manifestation von grundlegenden formlosen Eigenschaften der Natur, die sichtbar wurden, wenn die Lokomotive in Bewegung war und latent in ihr vorhanden waren, wenn sie stillstand. Es hat andere Dinge in unsere Welt gegeben, die Elemente der gleichen Eigenschaften der Natur in sich trugen, aber keines in dem Maße und in dem Grade, wie es die Dampflokomotive tat. Gerade ihre Mängel machten sie perfekt, gaben ihr die ganz wichtige spirituelle Dimension, und es war kein Wunder, dass das Bewusstsein in der Dampflokomotive etwas erkannte, das weit über ihre Zweckdienlichkeit hinaus transzendierte, ein mächtiges Symbol für eine höhere Wirklichkeit. Das brachte für diejenigen, die eins mit ihr wurden, eine Wesensverwandtschaft, die nicht erlernt werden musste, die keinerlei Erklärung bedurfte und die ebenfalls perfekt war – eine Erfahrung der Harmonie mit etwas Tiefem und Unbemerktem in ihnen selbst.

Leider lagen die meisten nicht auf dieser Wellenlänge, und was ich schreibe, werden sie nicht verstehen. Warren Fox, der Verkaufs- und Kundendienstleiter der Elektro-Motive Division von General Motors, sprach für die Mehrheit, als er die Forschungen von GM für eine moderne, kohlegefeuerte Lokomotive mit den Worten beschrieb:[3] „Sie müssen sich von dem inneren Bild eines Dings befreien, dass auf der Strecke dahinschnauft und schwarzen Rauch ausstößt. Alles, was sie tun wird, ist Güter zu befördern und Geld zu verdienen." Ist das also *alles*, was sie tun wird? Wie passend für die kleine Welt des Menschen, dem bloßen Schaum auf einer Welle des unendlichen Ozeans, doch wie armselig.

---

[1] Von einer deutschen Übersetzung des Originals von dem Autor zurück ins Englische übersetzt, Quelle unbekannt *(Anm. d. Übers.: hier von der englischen Übersetzung des Autors übersetzt.)*

[2] Umso verfeinerter ein Prozess, desto weniger berührt er die Seele. Deshalb hätte die Dampflokomotive umso mehr ihre Anziehungskraft verloren, desto weiter sie thermodynamisch entwickelt worden wäre. So gaben die leisen und effizienten französischen Verbundlokomotiven vielleicht einen intellektuellen Nervenkitzel, aber wenn es um das direkte Erlebnis des Wesentlichen der Dampflokomotive ging, der rohen Kraft, dann kamen sie gegen eine mit Volldampf schwer arbeitende 141R nicht an.

[3] Zitat im Wall Street Journal vom 30.01.1985.

Auch die Dampflokomotive beförderte schließlich Güter und verdiente Geld, nicht wahr? Aber das war nicht *alles*, was sie tat, ihr wahrer Wert lag woanders. Vergessen Sie ihre Ansicht, Herr Fox, ihr wahrer Wert bestand in dem donnernden Rauch, den sie so zu hassen schienen. Die Kräfte des Universums haben mit Effizienz und Sauberkeit nichts zu tun und zuallerletzt mit Geldverdienen. Sie sind in überwältigender Weise kraftvoll, wie die Kraft eines Gewitters im Vergleich zu dem monotonen Nieselregen unserer immer künstlicher werdenden modernen Welt. Die Dampflokomotive war von der gleichen Art, wie diese Elementarkräfte. Das sah man in dem wabernden Ausstoß von Dampf und Rauch, man hörte es in der Schornsteinmusik, man fühlte es, wenn die Adhäsion plötzlich ausblieb und Treibräder, Stangen und Triebwerk in einem schwindelerregenden Taumel herumsausten. In deinem Bewusstsein wurdest du eins mit ihr, was dich immer näher zu der Erkenntnis deines eigenen dynamischen Wesens brachte. Nichts anderes und nichts weniger als diese grundlegende universelle Kraft.[1]

Oder man erlebte nichts dergleichen. In dem Fall sah man die gleiche Maschine wie Herr Fox nur als schmutziges Ding, dass die Strecke entlangschnaufte, Güter beförderte und Geld verdiente, aber leider von beidem nicht genug. Die Dampflokomotive spielte in der industriellen und sozialen Revolution eine bedeutende Rolle, weil es ohne sie keine ausgedehnten Eisenbahnnetze gegeben hätte, aber leider wurde sie nach ihrem Gebrauchswert als kommerzielles Betriebsmittel beurteilt und konnte nur bestehen, solange ihre Zeit nach diesem Maßstab währte. Die klassische Form der Dampflokomotive stand grundsätzlich mit sich selbst und ihrer Zeitepoche im Einklang. Beide Bedingungen mussten erfüllt sein, damit diese Maschine sich materialisierte und im Einklang stand mit dem, was die alten Chinesen das „Dao“ nannten, „der rechte Weg“, aber als sie nicht mehr in die Zeit passte, musste die Dampflokomotive abtreten, weil der Versuch, ihre Form den Zeiten anzupassen, ihren grundsätzlichen Einklang mit sich selbst in Frage gestellt hätte. So wie also ein Schauspieler die Bühne verlassen muss, wenn seine Rolle beendet ist, so musste es die Dampflokomotive, als ihre Zeit abgelaufen war, und so werden es auch ihre Nachfolger müssen, wenn deren Rolle zu Ende gespielt ist. Bessere Dampflokomotiven hätten ihre Spielzeit auf der Bühne etwas verlängert, ihr ein paar weitere Einsatzjahre gegeben, in denen man ihre esoterischeren Eigenschaften hätte goutieren können, und vor langer Zeit wurde ich letztendlich deshalb der Zauberlehrling. Und jetzt? Nun, jetzt bin ich der Lehrling eines anderen Zauberers, aber nie werde ich die Dampfmaschinen vergessen. Was soll man sonst noch sagen?

---

1 „Das Absolute ist überall; es kann überall geschaut und gefunden werden...“ (Sri Aurobindo, The Synthesis of Yoga, Sri Aurobindo Ashram, Pondicherry, 1955, nach dem Zitat von Lama Anagarika Govinda in The Foundations of Tibetan Mysticism, Rider & Co., London, 1960; *(Anm. d. Übers: vom Übersetzter stark gekürzt. Deutsche Ausgabe: Die Synthese des Yoga, Verlag Hinder + Deelmann)*. Obwohl dieses Zitat, und das, über was ich schreibe, sich auf eine spirituelle Ebene beziehen, ist das nicht völlig abgetrennt von der physischen Welt. Tatsächlich gibt es eine bemerkenswerte Ähnlichkeit zwischen der kohlegefeuerten Dampflokomotive und dem menschlichen Körper in ihren Funktionen als Wärmekraftmaschinen.

ANHANG 1

UMRECHNUNGSTABELLE DER EINHEITEN

Bezeichnung	SI-Einheiten	Umrechnung in	Umrechnungsfaktor
Länge	mm (m x 10^{-3}) m	Zoll (in) Fuß (ft)	0,039 3,28
sehr kleine Länge	µm (m x 10^{-6})	in x 10^{-3}	0,039
Fläche	mm² (m² x 10^{-6}) cm² (m² x 10^{-4}) m²	in² in² ft²	0,00155 0,155 10,76
Sekundärluftquerschnitt ÷ Rostfläche	cm² m^{-2}	in² ft^{-2}	0,014
Entfernung	km (m x 10^3)	Meile (m)	0,62
Volumen	m³ m³ Liter (m³ x 10^{-3})	ft³ Gallone (gal) Gallone	35,31 220,5 0,22
Masse	kg	Pfund (lb)	2,205
Schienengewicht	kg m^{-1}	lb $yard^{-1}$	2,02
Kraft	kN ((kg m s^{-2}) x 10³)	lbf	224,86
Arbeit / Energie	kWh ((kg m² s^{-2}) x 3,6 x 10^6) (1) MJ ((kg m² s^{-2}) x 10^6)	h.p. - h Btu	1,34 948,0
Heizwert (Hu / Ho)	MJ kg^{-1} ((m² s^{-2}) x 10^6)	Btu lb^{-1}	429,9
Molare Enthalpie	MJ mol^{-1} (= MJ kg-mol^{-1})	Btu mol^{-1} (= Btu lb-mol^{-1})	429,9
Leistung	kW ((kg m² s^{-3}) x 10³)	h.p.	1,34
Druck	kPa ((kg m^{-1} s^{-2}) x 10³)	lbf in^{-2}	0,145
Druck(1)	bar ((kg m^{-1} s^{-2}) x 10^5)	lbf in^{-2}	14,5
Vakuum	Pa (kg m^{-1} s^{-2})	in H_2O (WS)	0,004
Vakuum(1)	mbar ((kg m^{-1} s^{-2}) x 10^2)	in H_2O (WS)	0,401
Materialspannung	MPa ((kg m^{-1} s^{-2}) x 10^6) N mm^{-2} ((kg m^{-1} s^{-2}) x 10^6)(1)	tonf in² tonf in²	0,065 0,065
Spezifischer Verbrauch	kg MJ^{-1} ((m^{-2} s²) x 10^6) kg kWh^{-1} ((m^{-2} s²) x 3,6 x 10^6)(1)	lb $(h.p.- h)^{-1}$ lb $(h.p.- h)^{-1}$	5,93 1,644
Salzgehalt (gelöst)	mg $Liter^{-1}$ ((kg m^{-3}) x 10^{-3})	p.p.m.	1,0
	Weitere metrische Einheiten(2)		
Gewicht	Tonne, t (kp x 10³)	Imp. (long) ton(3) short ton	0,984 1,103
Geschwindigkeit	km h^{-1}	m.p.h.	0,62
Massenstrom	kg h^{-1}	lb h^{-1}	2,205
Spez. Verdampfung / spez. Rostflächenbelastung	kg m^{-2} h^{-1}	lb ft^{-2} h^{-1}	0,205
Leistungsgewicht	kW t^{-1}	h.p. ton^{-1}	1,36
Transportleistung	Tonnenkilometer (tkm)	ton-mile	0,61
Produktivität (Zugförderung)	Tonnenkilometer h^{-1}	ton-mile h^{-1}	0,61
Kohleverbrauch	kg tkm^{-1}	lb $(ton-mile)^{-1}$	3,61
Wasserverbrauch	m³ tkm^{-1}	gal $(ton-mile)^{-1}$	360,85
Energieverbrauch	kJ tkm^{-1}	Btu $(ton-mile)^{-1}$	1,55
Brennstoffproduktivität	tkm kg^{-1}	ton-mile lb^{-1}	0,28
Energieproduktivität	tkm MJ^{-1}	ton-mile Btu^{-1}	0,00064
Temperatur	°C	°F	°F = (1,8 x °C) + 32
Temperatur (Differenz; absolut)	K (Kelvin)	deg. F	1,8

Anmerkungen
(1) *Anm. d. Übers.: Diese SI-Einheiten mit besonderem Namen im Deutschen wurden vom Übersetzer eingefügt.*
(2) Die Einheit Tonne in dieser Spalte bezieht sich durchweg auf die metrische Tonne von 1 000 kp.
(3) Soweit nichts anderes angegeben, bezieht sich die Einheit ton in dieser Spalte durchweg auf Imperial (long) ton von 2 240 lbf (pound-force).

ANHANG 2

KOMMENTARE VON ING. L. D. PORTA

Nicht wenige Male in der Literaturgeschichte hat es sich gezeigt, dass die Bestimmung eines Buchs sich als verschieden von den Absichten des Autors herausstellte. Bei dem vorliegenden Buch zu seinem Vorteil, denn nicht nur die erzählte Geschichte wächst über die ursprüngliche Absicht hinaus, sondern auch der Autor über sich selbst. Ich glaube, dass dieses Buch sich bei der Markteinführung wie warme Semmeln verkaufen wird. Einige Leute werden von der erzählten Geschichte gefesselt werden, andere werden es mit Befriedigung als den Schwanengesang der Dampflokomotive ansehen, viele werden empfinden, dass nichts so romantisch ist, wie der Kampf für eine verlorene Sache, aber nur sehr wenige werden es als eine Quelle von technischen Informationen und Erfahrungen lesen, so wie ich das tue. Wozu war also letztendlich die ganze Mühe gut, die das Schreiben machte? Die Antwort auf diese Frage findet sich zum Schluss dieser Kommentare.

Das oben Gesagte soll nicht heißen, dass nicht technische Inhalte nicht ernst zu nehmen sind, zumal beides enthalten ist. Das Herausragende der Geschichte liegt in ihrem Inhalt, der von demjenigen erzählt wird, der an dem Teil hatte, was dort beschrieben wurde, während, zumindest für mich, die technischen Daten eine Vervollständigung der umständlichen Korrespondenz sind, die ich über die Jahre mit dem Autor geführt hatte. Selbstverständlich lese ich aus dem Buch vielleicht mehr heraus als jeder andere Leser. Die Daten liefern mir einige wichtige Fakten und Werte, zusammen mit den aktuellen Bedingungen, unter denen sie gewonnen wurden und ergeben so eine lebendige technische Erzählung, ganz so, als ob ich bei den Geschehnissen dabei gewesen wäre. Ein Haufen Anregungen drängen sich mir auf und so, wie bei Chapelons Niederschriften, lädt der Text dazu ein, ihn wieder und wieder zu lesen. Meine Erfahrung mit einer Anzahl von Texten ist die, dass erst nach dem vierten oder fünften Lesen die Botschaft vollständig erkennbar wird, *nicht selten über das Beabsichtigte des Autors hinaus*, weil seine unbewussten Intentionen aufscheinen.

So ergibt das Buch zum Beispiel ein wunderbares Bild von den Berufseisenbahnern in Südafrika, welches man so vielleicht auf die ganze Welt übertragen konnte. Menschen unterscheiden sich aufgrund unterschiedlicher Herkünfte, weil sie in unterschiedlichen Umgebungen arbeiten, weil sie unterschiedliche Erwartungen haben und so weiter, aber was die vorliegende Darstellung anbelangt, so würde sie tatsächlich auf die Lokomotivleute in der ganzen Welt zutreffen. Es ist eindeutig klar, dass in Wahrheit nicht die „Diesel-Mafia" für die Niederlage der Dampflokomotive verantwortlich war, sondern die „Dampflokomotiv-Mafia" selbst, wegen ihrer Unfähigkeit, die dramatische Herausforderung durch die Diesellokomotive durch entsprechende Fortschritte zu kontern. Es liegt auf der Hand, *dass eine allzu große Anzahl von „Dummheiten", deren Korrektur einen Großteil der Arbeiten des Autors ausmachte*, ein Erbe von niemand Geringerem war, als den großen Dampflokomotivkonstrukteuren der Vergangenheit selbst. Die Klasse 25 der SAR wurde von vielen als der Gipfel der Dampflokomotiventwicklung betrachtet. Man glaubte, dass sie in einer wohlausgewogenen Art und Weise all die über die Jahre gemachten Erfahrungen verkörperte, verbunden mit der konstruktiven Leistung, eine so gewaltige Maschine mit enormer Leistung auf schmaler Spurweite zu verwirklichen. Das war schon tatsächlich der Fall, aber der Fehler ihrer stolzen Konstrukteure und Betreiber bestand darin, anzunehmen, dass das obere Limit nunmehr erreicht war. Wardale hat gezeigt, dass dem bei Weitem nicht so war. Der Versuch, den alten Glauben durch ein Versuchsprogramm aufrechtzuerhalten, welches anscheinend ausgearbeitet worden war, um die Überlegenheit der Nr. 3450 zu bagatellisieren, führte stattdessen zu dem völligen Versagen der Maschine Nr. 3428, und somit zur Bestätigung von Wardales Standpunkt.

Die SAR-Lokomotive Nr. 3450

Nr. 3450 ist ganz offensichtlich eine Lokomotive für hohe Geschwindigkeiten. Sie ist in der Lage bei 150 km h^{-1} zu arbeiten. Sie stattdessen als Güterzuglokomotive zu bezeichnen und auf Steigungen von 10 ‰ (und darüber) einzusetzen, ist so ähnlich, als ob man ein Rennpferd einspannt, um schwere Artillerie des Jahres 1914 über die deutsch-französischen Schlachtfelder zu ziehen. Das führte zu einer Reihe von Schwierigkeiten, die die Betriebsleute verärgerten, wie schwieriges Anfahren in Steigungen und die mit Einfach-expansionsmaschinen verbundene geringe Leistung bei großen Füllungen wegen der außerordentlichen Verluste durch unvollständige Dampfdehnung. Dieser Aspekt der Dampflokomotivtechnik ist in der Vergangenheit vernachlässigt worden und natürlich ist auch der Autor dieses Problem angegangen, wenn es denn überhaupt gelöst werden konnte. Schließlich war es ein Umbau und keine neue Maschine. Die Eisenbahnen in der Welt scheinen den Personenverkehr vergessen zu haben und denken nur noch an den Güterverkehr und dabei vorrangig an den langsamen Güterverkehr, weil der schnelle Güterverkehr (beschämenderweise) an den Straßentransport verloren gegangen ist. Angesichts dieser Tatsache wäre die alternative Auswahl einer Garratt, die vielleicht die doppelte Anhängelast geschleppt hätte, selbst bei nur gleicher Leistung, eindrucksvoller gewesen. Ob aber diese Lokomotivbauart zukunftsfähige Betriebseigenschaften aufgewiesen hätte, ist eine andere Sache.

Kleine Schwierigkeiten sind ärgerlich, besonders für diejenigen, die einen unbedingt zuverlässigen Betrieb wünschen. Minuten, die während der Fahrt mühsam durch Leistungsentfaltung, Effizienz, Fahrkunst und dem professionellen Pflichteifer der Beteiligten gewonnen wurden, können bei einer schwierigen Anfahrt nach einem Signalhalt wieder verloren gehen. Die Reduzierung der Grenzlast (das übliche Heilmittel) wird die Gesamtsituation nur verschlimmern, und unter diesem Gesichtspunkt war die Klasse 25 keine glückliche Wahl für einen Umbau. Aber wir sollten uns nicht zu sehr mit der Frage nach Alternativen beschäftigen, zumal es ein Wunder war, dass so spät überhaupt noch etwas unternommen werden konnte.

Normalerweise ist es eine gewaltige Aufgabe, ein große Anzahl neuer Ideen zu einer allgemeinen Routine reifen zu lassen. Die Alternative, es so unzulänglich wie gewöhnlich zu machen, und niemand wird einen für das erwartete Versagen verantwortlich machen, ist natürlich der übliche Weg, der von denjenigen eingeschlagen wird, die Leitern emporklettern und hohe Stellungen erreichen (wo sie die Macht der Entscheidung haben), nämlich durch die einfache Vorgehensweise, neue Wege zu meiden. Man denke an die Geschichte eines brasilianischen Generals, der bei einer UN-Party einen japanischen Admiral trifft. Der trug nur einen einzelnen kleinen Orden, einen violetten Ansteckknopf. Der General fragte ihn danach, und der Admiral sagte „oh, das ist dafür, dass ich die halbe amerikanische Flotte vor Okinawa versenkt habe" und so weiter, und eine lange Liste weiterer kriegerischer Taten folgte. Um höflich zu sein, fragte nun auch der Admiral nach einer großen schimmernden Medaille, die der General trug. Die Antwort war schlicht „boa conducta" (gute Führung, wie bei den Schulkindern). Wardale erhielt ganz sicher keine Orden für gute Führung von den Verwaltungen für die arbeitete, wohl aber die Dieseltraktion. Die Diesellokomotivhersteller legten sehr großen Wert auf diese Beurteilung durch die Eisenbahnleute, die diese für die Dieseltraktion als selbstverständlich voraussetzten, ohne sich der zahlreichen Misserfolge auf dem Weg dahin bewusst zu sein. Während meines ganzen Berufslebens als Ingenieur habe ich unter ähnlichen Problemen leiden müssen, wie sie Wardale beschreibt, zuletzt in Brasilien, wo ich mit einem verstopften Aschkasten liegen blieb. Am nächsten Tag gaben sogar Hausfrauen ihren Kommentar dazu ab! In der Vergangenheit wurden solche Ereignisse fälschlicherweise als grundsätzliche Schwierigkeiten angesehen, während doch eigentlich zur gleichen Zeit eine große Truppe kompetenter Leute mit entsprechenden Werkstattkapazitäten zur Verfügung stand, um die Dinge zu korrigieren. Aber in dem Fall der 3450 musste sich ein einzelner gegen den Strom schwimmender Mann um sämtliche Störungsbeseitigungen selbst kümmern.

Nr. 3450 litt unter dem schweren Handikap, dass sie keine Aschkastenkapazität und -anordnung für die Aufrechterhaltung einer gleichbleibenden Zusammensetzung des Feuerbetts hatte. Wie das bei allen SAR-Lokomotiven und auch anderen in der ganzen Welt der Fall war, bleib die Asche auf dem Rost, bis sich die Gelegenheit zur Feuerreinigung ergab. Diese Praxis führt zu einer merklichen Änderung des Strömungswiderstands in dem Feuerbett, mit unerwünschten Störungen der Verbrennungsbedingungen. Das wurde auf der Rio-Turbio-Bahn sehr deutlich. Zunächst war der Strömungswiderstand bei sauberem Feuer niedrig, was zu einem Abweichen von dem gewünschten Verhältnis der Primärluft zu der Sekundärluft führte. Die Dampferzeugung war bei einer dicken Brennstoffschicht zu groß, so dass zu Anfang eine ziemlich niedrige Brennstoffschicht die Regel war, wobei keine Primärluftklappen eingebaut waren. Aber bei 17 % Aschegehalt der Kohle sammelte sich rasch Asche an, so dass schon nach etwa 15 Kilometer die als normal angestrebte Feuerbetthöhe erreicht war. Die Rauchentwicklung hörte auf und regelmäßiges Schütteln des Rosts nach Gefühl bei nachlassender Verdampfungswilligkeit war erforderlich. Das war auf der Rio-Turbio-Eisenbahn möglich, weil die Asche einfach auf das Gleis entsorgt werden konnte. Der daraus resultierende Verlust an unverbranntem Kohlenstoff betrug 11 % des nominellen Ascheanfalls (Click stellte anlässlich seines Besuchs in Rio Turbio 7 % fest), was insgesamt betrachtet ein unbedeutender Verlust war. Zumindest bei Versuchen, speziell vor Leerzügen, war eine konstante Verdampfungsleistung möglich bei ständig angestellter Strahlpumpe der Baugröße 7 und regelmäßigem Schütteln des Rosts alle fünf Minuten. Diese Art des Kesselbetriebs trat besonders gegen Ende von Fahrten mit den Leerwagen hervor (wie von Click bezeugt), und es war deutlich, dass die Verdampfungswilligkeit, ja in der Tat perfekte Verdampfungswilligkeit, als zeitlich unbegrenzt angenommen werden konnte. Das unzureichende Aschkastenvolumen schloss für die 3450 einen solchen Betrieb aus.

Die veränderlichen Feuerbettbedingungen auf 3450 können einer ordnungsgemäßen Verbrennung nicht dienlich gewesen sein. Nach einer langen Fahrzeit mit geöffnetem Regler wird die aktive Schichtdicke der Kohle gering gewesen sein, während der größere Strömungswiderstand des Feuerbetts nach einer Korrektur des Sekundärluftquerschnitts verlangte, als dem einzigen verfügbaren Mittel, um die Verbrennungsbedingungen zu korrigieren. Indem ich das voraussah, schlug ich Wardale vor, die Achsfolge der Maschine von 2D2 in 2D1 mit einer so weit nach hinten wie möglich verlegten seitenverschieblichen Schleppachse der Bauart Henschel zu ändern, um einen großen Aschkasten unterzubringen. Ganz offensichtlich hätte eine derart weitgehende Konstruktionsänderung durch einen tatsächlichen Nutzen gerechtfertigt werden müssen. Sie hätte zu einer geänderten Gewichtsverteilung geführt, die vielleicht das Reibungsgewicht vergrößert hätte, was wiederum für eine höhere Zugkraft hätte ausgenutzt werden können, falls der Kesseldruck hätte angehoben werden können, was technisch (sicherlich) möglich war. Auch hätte das führende Drehgestell wegen seiner geringen Gewichtsbelastung vorteilhaft durch ein führendes einachsiges Laufachsgestell ersetzt werden können – aber der Zwang zum führenden Drehgestell war einer der Mythen der traditionellen Technik. Bei einer Garratt wäre das alles natürlich überflüssig gewesen.

3450 litt unter den konstruktiven Gestaltungsproblemen, wie sie allen großen Lokomotiven zu eigen sind. Es gibt Grenzen für die Höhe der Anordnung des Kessels über den Kuppelachsen, was dazu zwingt, den Stehkessel hinter die letzte Kuppelachse zu verlegen. Das führt zu unnötig langen Kesselrohren oder zu Verbrennungskammern, wobei die Situation durch die scheinbare Notwendigkeit eines führenden Drehgestells noch weiter verschlimmert wird. Die Anwendung eines Drehgestells statt eines führenden Laufachsgestells war das Ergebnis historischer Erfahrungen, wie man der Geschichte der amerikanischen Lokomotive entnehmen kann (vor kurzem habe ich etwas darüber gelesen), aber es gab beachtenswerte Ausnahmen, wie die 1E2 der Santa Fe *(Anm. d. Übers.: h2, Schlepptender, Bahn-Nrn. 5000 bis 5035, drei Lieferlose, Baldwin 1930, 1938 und 1944)* mit einer zugelassenen Höchstgeschwindigkeit von vielleicht 130 km h^{-1} (80 mph) und die 1C1-Klasse V2 der LNER *(Anm. d. Über.: h3, Mehrzweck-Schlepptender, Bahn-Nrn. 3641 bis 3695 und 4771 bis 4899. Doncaster und Darlington Works, 1936 bis 1944)*, die bewiesen, dass hohe Geschwindigkeiten mit perfekten Laufeigenschaften und Sicherheit gefahren werden konnten. Lange Rohre sind darüber hinaus das Ergebnis einer falschen Auffassung ihrer Bedeutung für die Dampferzeugung, bei der man fortgesetzt davon ausging, dass sie von der Größe der Heizfläche abhing. Selbst einige Chapelon-Lokomotiven litten unter unnötig langen Rohren, wie die 242A1 *(Anm. d. Übers.: h3v, Schnellzug-Schlepptender, Prototyp durch Umbau, Compagnie Fives-Lille, 1932 als 241-101 État erbaut, Comp. Saint Chaumond 1943, Umbau)* und auch die Klasse 141P *(h4v, Mehrzweck-Schlepptender, Bahn-Nrn. 141P1 bis 141P318; Schneider et Cie Le Creusot, Soc. Franco-Belge, Comp. Saint Chaumond, Comp. Batignolles, SACM, 1942 bis 1950)*, Letztere eine aus der (ex-PLM) Klasse 141C *(Anm. d. Übers.: h4v, Mehrzweck-Schlepptender, Bahn-Nrn. 141C1 bis 141C680, verschiedene französische Fabriken, 141C1 bis 141C20 von SLM, 1918 bis 1934)* hervorgegangene Konstruktion. Natürlich krankten auch Wagners Konstruktionen daran, und da er nichts von Verbrennungskammern hielt, war er bei seiner Baureihe 05 *(Anm. d. Übers.: DR, h3, Schnellzug-Schlepptender, Bahn-Nrn. 05 001 bis 05 003, Borsig, 1935 und 1937)* zur Anwendung von 7 Meter langen Heizrohren mit dem besonders großen Durchmesser von 70 Millimeter gezwungen, um das Verhältnis Durchmesser zu Länge von 1 zu 100 einzuhalten (durch Experiment von Henry um 1890 entdeckt). Lange Rohre mit großem Durchmesser sind das genaue Gegenteil dessen, was ich für angebracht halte und die Anwendung meiner Konstruktionsphilosophie bei einer Lokomotive wie der 3450 hätte etwa zehn Tonnen Gewicht sparen können, was ein um 10 % besseres Leistungsgewicht ergeben hätte. Das wäre schon nur um seiner selbst willen interessant gewesen.

Zweifellos war die Kohleverteilung auf dem Rost der 3450 mit ansteigender Feuerbetthöhe schwierig, was zu der berichteten Empfindlichkeit der Kesselleistung in Bezug auf die Feuerbettbedingungen führte. Ohnehin muss man zugestehen, dass ein Gaserzeugungsfeuerbett wenig selbstregelnd hinsichtlich der Schichtdicke ist. Das ergibt sich durch die Erfahrungen von Kreisinger *et al.* aus dem Jahr 1916. Ein normales Feuerbett ist in seiner Höhe selbstregelnd, weil die Umwandlungsgeschwindigkeit aus dem festen Zustand zu Gas mit der Höhe zunimmt (wie von der Theorie Verons aufgezeigt), sobald an einer Stelle die Schichtdicke etwas größer wird, aber bei einem Gaserzeugungsfeuerbett ist das nicht unbedingt der Fall. Ein höheres Gaserzeugungsfeuerbett verlangt eine etwas größere Vergasungsaktivität, um selbstregelnd zu sein, aber das ist ein Problem, dem ich bisher nur wenig Aufmerksamkeit geschenkt habe, weil es bei Handbeschickung des Feuers nicht auftritt, wie die Erfahrungen in Rio Turbio und mit der Lokomotive Nr. 4674 der Belgrano-Eisenbahn zeigten. Das bestehende Wissen zu diesem Problem lässt immer noch viel zu wünschen übrig, aber wäre ich an Wardales Stelle gewesen, dann hätte ich für eine bequeme Möglichkeit zur Handbeschickung gesorgt, im Sinne der von mir so genannten Regenschirmtheorie: hat man ihn zur Hand, ist es gut, braucht man ihn nicht, umso besser. Alles in allem halte ich den gewöhnlichen mechanischen Stoker nicht gerade für eine perfekte Einrichtung. Meiner Meinung nach ist ein Art mechanische Kohleverteilung viel besser, zum Beispiel der alte Elvin-Stoker, der versuchte, die Handbeschickung zu imitieren mit ihrer „Muldenbildung“ *(Anm. d. Übers.: nach den üblichen Dienstanweisungen ist die Kohle bei Handbeschickung während der Fahrt vermehrt entlang der Feuerbüchsseiten und der Rückwand aufzuwerfen)*, wobei meine Erfahrungen in Brasilien die sind, dass mit der Muldenfeuerung viel bessere Ergebnisse erreicht wurden, als mit einem Feuerbett von gleichmäßiger Schichthöhe. Zweifellos ist das gegenwärtige Wissen über das GPCS viel zu mangelhaft, aber das darf nicht heißen, dass die Grenzen seiner Möglichkeiten erreicht sind, wie es scheinbar Wardales Vermutung ist, sondern mit Forschungen und Entwicklungen weiterzumachen, für die eine Messtechnik auf einem insgesamt höheren Niveau benötigt wird, als sie Wardale zur Verfügung stand. Nachdem ich in Kuba mit einem (fast in Istzeit anzeigenden) Sauerstoffmessgerät gearbeitet hatte, möchte ich sagen, dass mindestens diese Messung für solche Arbeiten vorhanden sein muss, sonst wird das alles zu einem Blindflug unter den schwierigsten Bedingungen, die man sich vorstellen kann.

Als ich mich in Kuba mit der Verbrennung von Bagasse beschäftigte, sah ich mit denen bei der 3450 vergleichbare Probleme voraus, falls das GPCS in Brennräumen mit Schüttelrosten angewendet wird. Selbst bei normaler Verbrennung (zumindest soweit ich das beobachten konnten, was aber nicht repräsentativ für die tatsächliche Praxis sein muss), brennt Bagasse sehr ungleichmäßig auf dem Rost. Dieser Brennstoff verhält sich sehr ähnlich wie eine stark kokende Kohle, so dass sich große Luftlöcher bilden, die durch häufiges starkes und anstrengendes Schüren korrigiert werden. Im Fall großer Kohlevergaser, wie sie in den USA angewendet werden, ist das „Stochern", das heißt ständiges mechanisches Schüren des Brennstoffbetts, gängige Praxis. Zum Teil ist das Problem das selbsttätige Aufbrechen der großen Kuchen, wie sie sich aus dem Zusammenbacken als Folge des Erweichens kohlenstoffhaltiger Substanzen bei ungefähr 400 °C bilden. Für diesen Zweck habe ich an die Anwendung von kleinen Explosivkörpern gedacht, eine Idee, die nach der Meinung eines Sprengstoffexperten großes Potential hat, aber bisher ist es nur eine von vielen unerledigten Ideen, die einer weiteren Untersuchung bedürfen.

Es ist für mich bemerkenswert, dass Wardale nicht viel über die Unterschiede von Hand- und mechanischer Rostbeschickung bei der 2644 und der 3450 geschrieben hat. Und eine weitere Sache, die er kaum erwähnt hat, ist die Verbrennungsluftvorwärmung mit Dampf. Nach seinen eigenen Angaben beträgt der Wirkungsgrad des Kessels als Wärmetauscher nur etwa 80 % und die Verbrennungsluftvorwärmung ist ein wichtiges Mittel, um diesen Wert zu verbessern.

Von 3450 wird geschrieben, dass sie eine sehr zum Schleudern neigende Maschine war. Es war auch nichts anderes zu erwarten. Auf dieses Problem, das bei allen Lokomotiven mit geringem Leistungsgewicht auftritt, habe ich große Mühen verwendet. Die Schleuderneigung, definiert als die Wahrscheinlichkeit, dass Schleudern eintritt, steigt mit der Reibwertausnutzung steil an. Dabei machen zusätzliche 10 % einen großen Unterschied. Das trifft besonders bei der Kombination von niedriger Geschwindigkeit und hoher Zugkraft zu, wofür eine Lokomotive für hohe Fahrgeschwindigkeiten, wie die 3450 mit ihrem Potential für 150 km h^{-1}, ganz sicher nicht geeignet ist. Bei der Behandlung dieses Problems ist mein Rat, *sämtliche* Empfehlungen aus meinem Fachartikel zu diesem Thema umzusetzen, was weder bei 2644 noch bei 3450 geschah. Eine davon, die ich für sehr wichtig halte, ist die Anwendung des Rio-Turbio-Radreifenprofils, welches der Neigung der Radreifen, mit der Lauffläche auf den verschmutzen Zonen der Schienenköpfe zu laufen, sobald sie etwas abgefahren sind, entgegenwirkt. Das hat sich durch Erfahrungen mit der 2D1 Nr. 1802 der Belgrano-Eisenbahn bestätigt, die von den Lokomotivpersonalen stets für ihre gegenüber ihren Schwestermaschinen bessere Reibungsausnutzung bewundert wurde.

Es gibt einen wichtigen Aspekt bei der Modernisierung von Lokomotiven. Falls dabei die Leistung angehoben wird, dann sollten auch die Dienstpläne umgestellt werden, um die neuen Eigenschaften der rekonstruierten Maschinen auszunutzen. Das geschah bei den verbesserten Lokomotiven der Klassen 8C und 8E der General-Roca-Eisenbahn in Argentinien, die vor Vorortzügen liefen. Von ihrer höheren Leistung wurde aber nicht durch Anhängen weiterer Wagen Gebrauch gemacht, wenn auch die Dreizylinder-1C2 durch die 1C1-Zweizylindermaschinen ersetzt werden konnten. Stattdessen erwies sich die seinerzeit geplante Verlängerung der Fahrzeiten mit Rücksicht auf überfüllte Züge als unnötig, und das allgemeine Niveau der Pünktlichkeit wurde verbessert. Allerdings glaube ich, dass all diese Verantwortung aufseiten Wardales für einen einzelnen Mann zu viel war. Die Sache hätte anders ausgesehen, falls alle anderen ihren Beitrag zum Verständnis und Ausnutzen der neuen Technologie geleistet hätten, aber das war nicht der Fall, weder bei den dieselfreundlichen Leuten noch bei den verbliebenen Dampflokomotivingenieuren, die sich zweifellos in ihrem Stolz von diesem jungen Anfänger verletzt fühlten, der über ihre Zustimmung hinaus nichts machen konnte. Der Tod der Dampflokomotive war bereits beschlossene Sache. Wardale, wie Chapelon, und auch ich selbst kamen zu spät.

Das ACE 3000-Projekt

Bei der von R. Rowland einberufenen Zusammenkunft in Washington wurde eine kluge Idee genau zum richtigen Zeitpunkt präsentiert. Der Preisanstieg bei Dieseltreibstoff, bei nur sehr geringer Aussicht auf baldige Absenkung, hatte zu einer großen Kostensteigerung bei den Eisenbahnen geführt, welche nicht an die Kunden durch höherer Frachtraten weitergegeben werden konnte und die somit den Ertrag der Eisenbahnen aufzehrte. Folglich wurden zwei grundlegende Fragen gestellt: (a) war der Moment gekommen, um kohlegefeuerte Lokomotiven vorzuschlagen, und (b), falls die Antwort positiv war, wie sollte die Maschine aufgebaut sein? Ein Dutzend Fachleute mit dem Ruf, zu den Spitzenleuten auf diesem Gebiet zu gehören, wurden eingeladen. Ich hatte die Ehre, zu dieser Gruppe gerechnet zu werden; zusammen mit Dr. J. Sharpe aus Großbritannien waren wir die einzigen Nicht-Amerikaner. Es waren wirklich Spitzenleute, entweder wegen ihrer Leistungen in der Vergangenheit (wie bei C. Hamilton) oder wegen ihrer allgemeinen Qualifikationen. Wie ich später erfahren musste, waren meine Kenntnisse der amerikanischen Szene ziemlich unzureichend, aber voller Begeisterung ging ich mit meinem Entwurf für eine Dampflokomotive der zweiten Generation *(Anm. d. Übers.: an anderen Stellen in diesem Buch mit SGS bezeichnet)* dorthin. Es handelte sich um eine Schnellgüterzuglokomotive mit 6 000 h.p. am Zughaken, der vorrangig nicht das Ziel hatte, als das zu gelten, was die Eisenbahnen als *die Antwort* auf die zweite Frage betrachten würden (nachdem die erste Frage natürlich mit „ja" beantwortet worden war), sondern als Vorführmaschine zum Nachweis einiger wichtiger Aspekte, zum Beispiel:

i) dass es falsch war, dass die Dampftraktion ihren höchsten Gesamtwirkungsgrad in den Grenzen der Physik und Chemie bereits erreicht hatte.
ii) dass die bewährte Technologie, die den Eisenbahnen in der Vergangenheit lange so gut gedient hatte, mit fortschrittlicher Thermodynamik kombiniert werden konnte, was zu einem Brennstoffverbrauch führen würden, der vielleicht die besten Gesamtergebnisse der Vergangenheit halbieren würde.
iii) dass die vorgeschlagene Maschine mit dem vorhandenen und bewährten Wissen konstruiert und mit gewöhnlichen Produktionseinrichtungen erbaut werden könnte, ohne Erfindungen wie Superschmierstoffen und unrunden Rädern.
iv) dass sie in Umweltbelangen dank des GPCS akzeptabel sein würde etc.

Das sollte als erster Schritt auf dem Weg zur endgültigen Lösung dienen, mit dem speziellen Zweck, ein Team von Ingenieuren und von Kaufleuten aufzubauen, die in der Lage waren, die ganze Botschaft in für die Eisenbahnen im Sinne eines langfristigen Geschäfts verständliche Begriffe umzusetzen. Die Lokomotive wäre noch zweimännig besetzt gewesen, wobei einige Automatisierungen schließlich für den Anfang hätten eingebaut werden können, mit Blick auf eine vollständigere Ausrüstung, aber sie war so ansprechend, dass sie von allen anwesenden Fachleuten *einstimmig* angenommen wurde. Allerdings bestand Dr. Sharpe auf der Abdampfkondensation und ich war dumm genug, das nach dreißig Sekunden Bedenkzeit zu akzeptieren – ein fataler Fehler! Meinem Vorschlag für eine einfach zu konstruierende 6 000-h.p.-Maschine lag mein Verständnis zugrunde, dass sie *nicht* dafür ausersehen war, Diesellokomotiven eins zu eins zu ersetzten, sondern um den Eisenbahnen ein Transportarbeitspferd zu geben, das von der Diesellokomotive so verschieden sein würde wie eine Untergrundbahn von einem Bus. Ganz sicher sind die USA so groß, dass es eine Menge Transportaufgaben geben muss, für die eine solche Lokomotive sich als nützlich erwiesen hätte. Ein attraktiver Aspekt war die Schnelligkeit, mit der das Projekt hätte realisiert werden können: eineinhalb Jahre Konstruktion und ein Jahr Bauzeit für den Prototyp. Ein weiteres Ziel war es, den Eisenbahnen die Möglichkeit zu geben, wiederzuentdecken, dass Züge durch Maschinenleistung befördert werden, nicht durch Zugkraft. Meine Vorstellung war, dass die Eisenbahnen zu einem Versuch hätten überredet werden können und dass dann alle Kritikpunkte, wie kein Zweirichtungs-fahrzeug, keine ferngesteuerte Mehrfachtraktion, keine einmännige Besetzung etc. in Kosten zu ihrer Abstellung ausgedrückt worden wären, und schließlich, angesichts eintretender Schwierigkeiten bei der Dieseltreibstoffversorgung, hätten wir Ihnen sagen könne, „nun, falls sie eine bessere Alternative haben, dann wählen Sie die!". Jeder hätte erkennen müssen, dass dies ein kluger erster Schritt war, wegen der Notwendigkeit, die Konstruktionsarbeiten auszuführen, während gleichzeitig die Firmenorganisation aufgebaut wurde und ein Ingenieursteam angelernt werden musste, bestehend aus Leuten, von denen die meisten vielleicht niemals, außer in Wild-West-Filmen, eine Dampflokomotive gesehen hätten. Weiterhin riet ich, als Teil dieses Trainings eine kleine 1C aus England zu importieren, so dass die Ingenieure an zwei Tagen in der Woche an ihr das Reinigen, Feuern und Fahren lernen konnten, damit sie wussten, was Schlacke ist und die Bedeutung von Rauch als Maß für die Güte der Verbrennung zu deuten lernten.

Aber all das sollte nicht sein. Dr. D. Berkowitz wurde zum Technischen Leiter ernannt. Er und ich zusammen mit W. Withuhn, der sich mir gegenüber als Historiker für Technikgeschichte bezeichnete, C. Hamilton (ehemals Babcock & Wilcox und ein sehr fähiger Ingenieur, der an der Kesselentwicklung für die „Jawn Henry" der N & W beteiligt gewesen war), eine technische Zeichnerin und einige weitere Leute, von denen keiner Ingenieur war, wurden zusammengebracht und mehr oder weniger genötigt, eine vorläufige Konstruktion auszuarbeiten, aber leider für eine wesentlich andere Konzeption, als die in Washington einvernehmlich angenommene. Es handelte sich nunmehr um eine 3 000-h.p.-Maschine, einmännig besetzt, kompatibel für Mehrfachtraktion, natürlich mit Abdampfkondensation und angeblich das, was die Eisenbahnen wollten. Somit war der ACE-3000-Entwurf die beste Antwort, die ich auf die von den Amerikanern vorgegebenen Bedingungen geben konnte, die ja schließlich das Sagen hatten. Der Entwurf enthielt einige gute Ideen, wie der Transport der Kohle in Behältern von der Grube zu den Lokomotiven, die Handhabung auch der Verbrennungsasche in Wechselbehältern und so weiter. Withuhn brachte seine perfekt ausgeglichene Triebwerksanordnung mit zwei Kropfachsen ein *(Anm. d. Übers.: zur Kupplung der beiden Triebwerksgruppen durch innere Kuppelstangen, wie ausgeführt bei den 151A1 bis 10 der Compagnie du chemin de fer Paris-Lyon-Méditerranée, PLM, Achsfolge 1E1h4v, Güterzug-Schlepptender, Schneider et Cie Le Creusot, 1932)*, und schließlich konnte ich die Kondensation doch noch insofern ausnutzen, als dass ich einige Niederdruckturbinen zum Antrieb der Hilfseinrichtungen vorsah. Als ich allerdings zu einem späten Zeitpunkt die Kondensationsparameter berechnete, nunmehr „Kühler" genannt, weil der eigentliche Oberflächenkondensator durch Einspritzkondensatoren ersetzt worden war, stellte ich fest, dass die Rückkühlfläche mehr als doppelt so groß hätte gewesen sein müssen, wie die von einem meiner Kollegen ermittelte. Zum Glück konnte sie auf dem Tender untergebracht werden, jetzt etwas pompös „Versorgungseinheit" getauft, zur Unterscheidung von der „Antriebseinheit".

Die ACE 3000 war nicht die Lokomotive meiner Wahl, und sie war allzu weit von der Maschine entfernt, die bei der Zusammenkunft in Washington beschlossen worden war. Die Amerikaner, gewohnt jedes Problem lösen zu können (einschließlich der Reise zum Mond), redeten sich ein, dass man mit genug Geld und Intelligenz ein Rennpferd durch Konsens statt durch einen Meisterkonstrukteur konstruieren kann (und wie jeder weiß, sieht ein Pferd, das im Konsens konstruiert wurde, am Ende wie ein Kamel aus). Zuallererst Rowland und Benson, aber auch der Rest des Teams, brachten eine enorme Begeisterung ein, aber trotzdem sie außerordentlich intelligente Leute waren, so hatten sie nach meiner Auffassung nicht genügend Erfahrung für den Betrieb einer solchen Technikfirma. Auch ich selbst hatte nicht die notwendigen Erfahrungen, trotzdem ich in Argentinien meine eigene kleine Firma zur Rekonstruktion von Lokomotiven aufgebaut und betrieben hatte und dann eine ganze Eisenbahn geleitet hatte (die Rio-Turbio-Strecke), die ich von einer Art Disneyland-Eisenbahn zu einer echten Kohlebahn umstellen musste, ganz zu schweigen von meinen unzulänglichen Kenntnissen über das Wesen Amerikas. Heute ist mir das alles klar, aber keiner weiß, was er nicht weiß, bis er es weiß. Während ich in Amerika als kluger Ingenieur voll respektiert wurde, besonders nach einem Gespräch mit den führenden Babcock & Wilcox-Ingenieuren, war ziemlich offensichtlich, dass es ACE an technischer Tiefenschärfe für die Durchführung dieser gewaltigen Projektaufgabe mangelte. Kluge Ideen sind eine Sache, die Fähigkeit, sie in eine funktionierende Firma umzusetzen, eine ganz andere.

Ich dachte, dass ich das ganze Projekt zu einem späteren Zeitpunkt mehr in Richtung meiner Ideen würde steuern können, nicht weil ich glaubte, sie wären *die* Lösung auf die amerikanischen Probleme, sondern weil ich keine bessere Alternative sah. Die ACE 3000 war ganz sicher nicht die Antwort. Das ganze Unterfangen war in der Tat zum Scheitern verurteilt, weil ACE mit seinen begrenzten Mitteln (zu wenig Kapital, unzureichende intellektuelle Ressourcen auf den Gebieten der Technik und der Unternehmensführung, keine passende Unternehmensform, keine Produktionserfahrungen und so weiter) nicht das liefern konnte, was die Eisenbahnen wollten. Die glaubwürdige Alternative hätte die nachstehende sein können:

i) Beschaffung einer kleinen englischen 1C der Klasse 4 zur Demonstration, dass rauchlose Verbrennung machbar ist.
ii) Konstruktion und Bau einer 1E-Schnellgüterzuglokomotive mit 6 000 h.p. am Zughaken in einer Zeit von zwei bis drei Jahren. Während man die ACE 3000 als ultimatives Potential herumzeigt, wird die Maschine zum Laufen gebracht. Huntington hätte als betrieblicher Stützpunkt dienen sollen, von wo aus man absolut zuverlässigen Betrieb hätte demonstrieren können. Der Lokomotivtender hätte vielleicht mit einem Booster ausgerüstet werden können, und bei einer zweiten Prototypmaschine hätte man einige automatische Steuerungen einführen können.
iii) Bau einer Lokomotive mit Ballastgewicht (á la Garratt, auch wenn Rowland dieser Type misstrauisch gegenüberstand), 10 000 h.p., Sechszylinderverbundmaschine, vollautomatisch.

Dann nach Abschluss dieser Vorhaben Konfrontation der Eisenbahnen mit den beiden Alternativen:

a) Benutzt weiterhin eure Diesellokomotiven, oder;
b) Benutzt, was wir anbieten. Kauft es oder nicht.

Im Konsens zu konstruieren, was zu dem ACE-Grundsatz wurde, war nach meiner Meinung absolut unrealistisch, so in etwa, als ob man den Amerikanern vorschlug, General Schwarzkopf durch einen Ausschuss zur Führung des Golfkriegs zu ersetzten. Stattdessen hätte ich der Leitende Ingenieur sein sollen, mit Wardale als meine rechte Hand. Dessen Aufgabe wäre es gewesen, meine Ideen in reale Konstruktionen umzusetzen, wofür er eine glückliche Hand hat. R. Dougherty and P. Lewty hätten auch in dem Team sein sollen, alle unter R. Nielsen als Geschäftsführer. Sie alle hätten dafür zu sorgen gehabt, dass verrückte Projekte auf unbestimmte Zeit in der Schublade verschwanden.

Der Vorschlag der ACE versuchte von Anfang an den Kunden zufriedenzustellen (ein geheiligtes amerikanisches Geschäftsprinzip), ohne jemals daran zu denken, dass der Kunde vielleicht davon überzeugt werden könnte, dass seine Vorstellungen nicht unbedingt für seine Bedürfnisse die beste Lösung sind. Aus meiner Sicht sind Dampf, Diesel und Elektrizität drei verschiedene Antworten auf die Frage der

Antriebskraft für den Schienentransport. Angesichts dessen sollte man davon ausgehen, dass die fortschrittliche (besser gesagt *sich weiterentwickelnde*) Dampftraktion eine gültige Alternative ist. Die richtige Fragestellung sollte deshalb lauten:

i) Es gibt eine Transportaufgabe, für die eine Antriebskraft benötigt wird.
ii) Es gibt nur eine Antwort. Berechne die Traktionskosten und vergleiche die Alternativen. Berücksichtige in diesen Kalkulationen auch die versteckten Kosten, wie all die mit den Unwägbarkeiten und der Politik etc., verbundenen.

Das war nicht die Vorgehensweise der ACE und tatsächlich glaube ich, dass der ganze Plan eine andere als die vorherrschende Philosophie gebraucht hätte. Damit ging das Potential der weiterentwickelten klassischen Dampflokomotive, wie ich sie zu Anfang in Washington vorgeschlagen hatte, verloren. Stattdessen begab man sich auf höchst unsicheres Terrain und die große Chance ging vorüber.

Die Zukunft

Ich glaube, die richtige Art und Weise Wardales Arbeit zu analysieren, besteht darin, sie im Zusammenhang mit zukünftigen Entwicklungen zu betrachten. Es gibt eine Anzahl von echten Lektionen aus seinen Erfahrungen, die einige der in der Vergangenheit vorherrschenden Mythen bloßstellen, aber was wirklich zählt, ist die Zukunft. Anlässlich des einhundertsten Geburtstags Chapelons 1992 habe ich das in Firminy, Frankreich, erläutert. Die Industriestaaten sind mit Wohlstand gesättigt. Praktisch jeder hat eine gute Ausbildung, ein Auto, ein gutes Haus, medizinische Versorgung, gutes Essen, Ferien und so weiter, Um also die wirtschaftliche Entwicklung fortzusetzen, gibt es zu Geschäften dort, wo überschüssiges Kapital genutzt werden kann, keine Alternative. Das müssen zwangsläufig die Entwicklungsländer sein. Auch sie wollen zu einer Konsumgesellschaft werden, wobei sie die Industriestaaten unterstützen müssen. Zusammen mit einem großen Bevölkerungswachstum wird das zu einer explosionsartigen Ausweitung von Handel und Industrie führen, was wiederum zu einem enormen Anstieg der Transportleistungen führen wird. Die Knappheit von Öl und das allgemeine Verständnis, dass der Straßentransport für eine Gesellschaft im weitesten Sinne außerordentlich teuer ist, wird zu einem starken Ausbau der Eisenbahnnetze führen, nicht nur für den Transport von Massengütern, sondern auch für den geringeren Verkehr. All das muss energetisch nachhaltig und auch für die Umwelt verträglich sein, wobei die letztere Bedingung durch die Verfeuerung von Biomasse erfüllt wird. Welche Art von Triebfahrzeugen wird angesichts eines solch massiven Ausbaus der Eisenbahnen zur Anwendung kommen? Ich sehe hier die *sich weiterentwickelnde* Dampftraktion.

Das Gesamtproblem der Lokomotivkonstruktion muss deshalb grundlegend neu in Angriff genommen werden. Es wird dabei nicht um Wardales ursprüngliche Absicht gehen, vorhandene Eisenbahnen mit akzeptablen Dampftriebfahrzeugen zu versehen, sondern darum, eine neue Generation von Eisenbahnbetreibern mit neuartigen Dampftriebfahrzeugen zu versorgen, eine Revolution der Lokomotivtechnik ähnlich der Ereignisse vor fünfzig Jahren mit der Diesel- und Elektrotraktion. Die technischen Diskussionen und Streitereien der Vergangenheit werden vergessen sein. Was sich bei der 3450 als gut erwies, ist auch als solches anzuerkennen, aber die Schwierigkeiten sind durch Versuchsarbeit in einer ganz anderen Größenordnung zu lösen, nicht von einem einzelnen Mann bewaffnet mit einem Gegendruckmanometer und zwei Zugmessern, sondern von einem Ingenieurteam mit erheblichen Ressourcen, dessen hohe Kosten auf eine großer Zahl massenproduzierter Lokomotiveinheiten umgelegt werden kann. Das GPCS reagiert also zu empfindlich auf die Feuerbettbedingungen: dann sind eben zur Beantwortung dieser Frage groß angelegte Versuche durchzuführen. Porta hält also das bestehende Stoker-Kohleverteilsystem mit Dampfdüsen für nicht gerade ideal: dann wird eben ein Team von Ingenieuren zusammengestellt, um zehn verschiedene mechanische Vorrichtungen zu entwickeln. Aha, Porta mag also keine Kreiselpumpen: dann kommen Fachleute und passen die beste Knorr-Kolbenpumpenkonstruktion der Vergangenheit an die neuen Umstände an. 3450 neigt also zum Schleudern: dann muss man eben Entwicklungsarbeit von der Art der GM und der GE für ihre Schleuderschutzeinrichtungen leisten und so weiter. Auch die Frage einfache oder doppelte Dampfdehnung ist unter ganz anderen Gesichtspunkten als in der Vergangenheit zu stellen, in der die Verbundwirkung nach meiner Ansicht nur unzulänglich verstanden worden war, sogar von Chapelon selbst. Warum keine Verbundrangierlokomotive? Zu kompliziert? Aber die Erfahrung hat gelehrt, dass eine Diesellokomotive, womöglich hundertmal komplizierter als eine Dampflokomotive, absolut zuverlässig gemacht werden kann, wobei die Kompliziertheit der Verbundwirkung eher intellektueller als physischer Natur ist. Unter den neuen Verhältnissen müssten sich die Eisenbahnen keine Gedanken über ihre Dampftriebfahrzeuge machen, wodurch sie sich ganz und gar ihrem Transportgeschäft widmen könnten. Das wissenschaftliche und technische Denken bliebe allein den Lokomotivbauern überlassen, wie das bei den heutigen Diesellokomotiven der Fall ist. Das ist weit von der früheren Situation auf dem Triebfahrzeuggebiet entfernt, und in diesem Zusammenhang muss Wardales Erörterung bezüglich der Zugkraftkennlinien und der Vergleich mit der Dieseltraktion etc. gesehen werden.

Um es kurz zusammenzufassen, weit davon entfernt, Wardales außerordentlich pessimistische Sicht auf die Zukunft der Dampflokomotive zu akzeptieren, glaube ich, dass im Gegenteil die *sich weiterentwickelnde* Dampftraktion eine große Zukunft hat.

SACHWORTVERZEICHNIS

ANHANG 3

DAS PROJEKT DER UMBAU-QJ: PROJEKTABLAUFPLAN
(entsprechend der Vorschläge des Autors)

(Anm. d. Übers.: die formatgetreue Wiedergabe des graphischen Projektablaufplans war für die Übersetzung aus technischen Gründen nicht möglich. Die Originalgraphik wurde deshalb hier abgedruckt, um der Absicht des Autors zu entsprechen, den hohen Grad an Ganzheitlichkeit und Integration in der Kunst des Konstruierens einer Stephenson' schen Dampflokomotive zu illustrieren. Die Kategorisierungen in kursiven GROSSBUCHSTABEN erfolgten durch den Übersetzer. Soweit irgend möglich, wurden sämtliche sprachlichen Inhalte des Originals nachstehend übersetzt und in eine sinnvolle logische Verknüpfung gebracht, die gegenüber der Graphik vereinfacht oder verkürzt sein kann.)

Die Konstruktionsziele sind die Erfüllung der folgenden Parameter: Vergrößerung des Wirkungsgrads des Rankine-Kreisprozesses, Vergrößerung des Wirkungsgrads des Wärmeaustausches im Kessel, Vergrößerung des Zylinderwirkungsgrads, Vergrößerung des Wirkungsgrads der Saugzuganlage, Vergrößerung des Triebwerkswirkungsgrads, Vergrößerung des Zughakenwirkungsgrads, Verbesserung des Wirkungsgrads der Hilfsmaschinen, Vergrößerung der Leistung, Vergrößerung der Zuverlässigkeit, Verbesserung der Arbeitsbedingungen für das Personal.

APPENDIX 3

THE MODIFIED QJ PROJECT: OVERALL PLAN FOR THE DESIGN WORK IN CHART FORM (according to the author's proposals)

The design aims to satisfy the following parameters: increased Rankine cycle efficiency, increased boiler combustion efficiency, increased boiler absorption efficiency, increased cylinder efficiency, increased draughting efficiency, increased transmission efficiency, increased drawbar efficiency, increased auxiliary efficiency factor, increased power, increased reliability, improved working conditions for the staff.

Key to link lines: A ——→ B = B dependent on or follows A; A ←—— B = A dependent on or follows B; A ←——→ B = A & B interdependent (arrow direction may be tentative). Fundamental data necessary for the design work is boxed and the basic modifications are underlined.

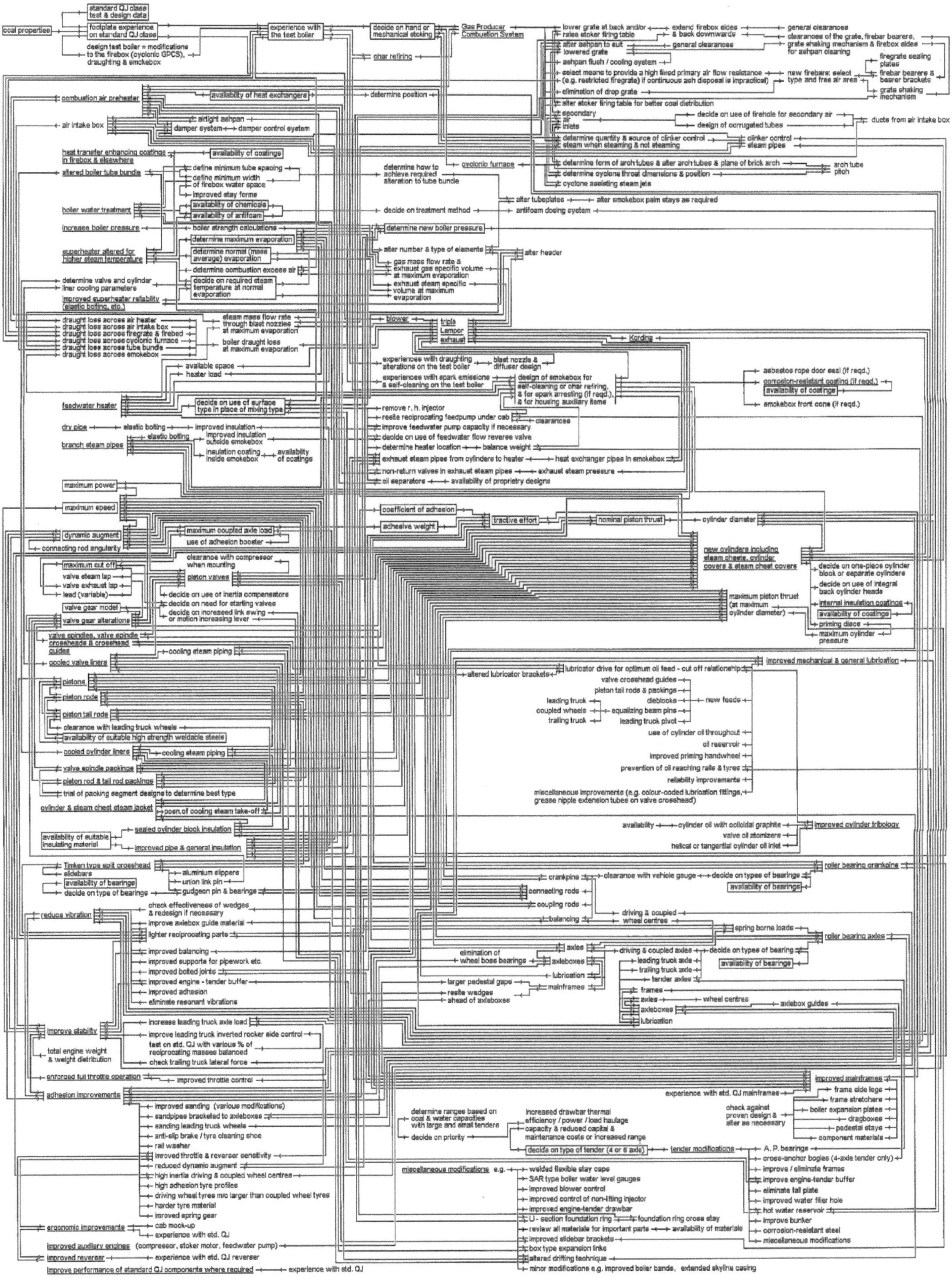

Legende zu den Verbindungslinien: A →→ B = B ist abhängig von oder folgt auf A;
A ←← B = A ist abhängig von oder folgt auf B; A ←→ B = A und B bedingen einander
(Pfeilrichtung kann vorläufig sein). Die für die Konstruktion wesentlichen Daten und Informationen stehen in einem Kästchen und die wesentlichen Modifikationen sind unterstrichen.

DAMPFERZEUGUNG

Kohleeigenschaften

Versuchs- und Konstruktionsdaten der Serien-QJ

Führerstandserfahrungen auf der Serien-QJ

Erfahrungen mit Versuchskessel

Entscheidung Hand- oder mechanische Feuerung

Verfügbarkeit von Wärmetauschern

Verfügbarkeit von Beschichtungen

Verfügbarkeit von Chemikalien

Verfügbarkeit von Antischaummittel

Festlegung neuer Kesseldruck

Festlegung der maximalen Verdampfungsleistung

Festlegung der normalen mittleren Verdampfungsleistung

Entscheidung zur erforderlichen Dampftemperatur bei normaler Verdampfungsleistung

Verfügbarkeit von (korrosionsbeständigen) Beschichtungen

Entscheidung zur Anwendung Oberflächenvorwärmer oder Mischvorwärmer

Maximale Leistung

<u>Flugkoksrückführung</u>

<u>Gaserzeugungs-Verbrennungssystem</u>

<u>Zyklonbrennkammer</u>

<u>Verbrennungsluftvorwärmer</u>

<u>Beschichtungen zur Verbesserung des Wärmeübergangs in der Feuerbüchse und anderswo</u>

<u>geändertes Kesselrohrbündel</u>

<u>innere Speisewasseraufbereitung</u>

<u>Erhöhung des Kesseldrucks</u>

<u>Überhitzeränderungen für höhere Dampftemperaturen</u>

<u>Verbesserte Überhitzerzuverlässigkeit (elastische Verschraubungen etc.)</u>

<u>Hilfsbläser</u>

<u>Dreifach-Lempor-Saugzuganlage</u>

<u>Kordina-Einrichtung</u>

<u>Speisewasservorwärmer</u>

<u>Konstruktion der Rauchkammer für selbstreinigende Wirkung oder für Flugkoksrückführung zur Feuerung, für Funkenfängerwirkung (falls erforderlich) und für die Unterbringung von Hilfseinrichtungen</u>

<u>Reglerrohr</u>

<u>Dampfeinströmrohre</u>

Versuchskesselkonstruktion = Änderungen an der Feuerbüchse (Zyklon-GPCS), Saugzuganlage und Rauchkammer
Hintere Absenkung des Rosts und /oder Anhebung des Stoker-Verteilertisches
Verlängerung der Feuerbüchsseitenwände und der Rückwand nach unten
Freiheitsgrade beachten
Anpassung des Aschkastens an abgesenkten Rost
Freiheitsgrade beachten
Freigang Rost, Rostbalken und Rostschüttelmechanismus und Freiraum zur Aschkastenreinigung
Aschkasten Spül- und Kühlsystem
Auswahl von Mitteln für einen festen hohen Primärluftwiderstand (z.B. Rost mit beschränktem Luftquerschnitt), falls die kontinuierliche Entaschung nicht praktikabel ist
Neue Roststäbe: Auswahl Bauart und freier Luftquerschnitt
Abdichtbleche für Rost
Roststabbalken und Balkenträger
Wegfall des Kipprosts
Rostschüttelmechanismus
Änderung des Kohleverteilertisches für bessere Kohleverteilung
Sekundärlufteinlässe
Entscheidung über Nutzung des Feuerlochs für Sekundärluft

Konstruktion gewellter Rohre
Lufteinlasskasten
Luftdichter Aschkasten
Luftklappensystem
Luftklappenregelung
Kanäle vom Lufteinlasskasten
Festlegung Position Luftvorwärmer
Festlegung der Menge und der Quelle für Kühldampf gegen Schlackebildung bei Fahrt unter Dampf und bei geschlossenem Regler
Rohrleitungen für Kühldampf gegen Schlackebildung
Festlegung der Form des Feuerschirms, der Änderung der Feuerschirmtragrohre und der Höhe
Festlegung der Abmessungen und der Lage der Zyklonmündung
Dampfdüsen zur Unterstützung der Zyklonströmung
Rohrteilung der Feuerschirmtragrohre
Festlegung der minimalen Rohrstege
Festlegung der minimalen Wasserraumbreite in der Feuerbüchse
Verbesserte Stehbolzenbauart
Festlegung, wie die erforderlichen Änderungen am Kesselrohrbündel durchzuführen sind
Änderung der Rohrwände
Änderung der Längsanker der Rauchkammerrohrwand nach Bedarf
Festlegung der Wasseraufbereitungsmethode
Dosiersystem für Antischaummittel
Festigkeitsberechnung Kessel
Festlegung der Parameter für die Kühlung der Schieber- und Zylinderbuchsen
Festlegung des Verbrennungsluftüberschusses
Änderung der Bauart und der Anzahl der Überhitzerelemente
Rauchgasmassenstrom und spezifisches Rauchgasvolumen bei maximaler Verdampfungsleistung
Spezifisches Abdampfvolumen bei maximaler Verdampfungsleistung
Änderung des Dampfsammelkastens
Zugverlust im Luftvorwärmer
Zugverlust des Lufteinlasskastens
Zugverlust des Rosts und des Feuerbetts
Zugverlust der Zyklonbrennkammer

		Zugverlust im Kesselrohrbündel Zugverlust in der Rauchkammer Dampfmassenstrom durch die Blasrohrdüsen bei maximaler Verdampfungsleistung Rauchgaswiderstand des Kessels bei maximaler Verdampfungsleistung Erfahrungen mit den Änderungen an der Saugzuganlage des Versuchskessels Erfahrungen mit dem Funkenauswurf und der Selbstreinigungswirkung der Rauchkammer des Versuchskessels Konstruktion der Blasrohrdüsen und des Diffusors Verfügbarer Einbauraum für Speisewasservorwärmer Vorwärmerleistung Abdichtung der Rauchkammertür mit Asbestschnur (falls erforderlich) Rauchkammertürkonus (falls erforderlich) Verbesserung der Isolierung der Einströmrohre außerhalb der Rauchkammer Wärmedämmende Beschichtung in der Rauchkammer Elastische Schraubenverbindungen für Reglerrohr und Einströmrohre Wegfall der rechten Strahlpumpe Verlegung der Kolbenspeisepumpe unter den Führerstand Freiheitsgrade beachten Verbesserung der Förderleistung der Speisepumpe, falls erforderlich Entscheidung über die Anwendung eines Umkehrventils für die Wasserdurchströmung im Vorwärmer Festlegung der Einbauposition des Vorwärmers Gewichtsausgleich für Vorwärmer Abdampfleitungen von den Zylindern zum Vorwärmer Vorwärmerrohrleitungen innerhalb der Rauchkammer Rückschlagventile in den Abdampfleitungen zum Vorwärmer Abdampfdruck Ölabscheider → Verfügbarkeit von Zukaufteilen

DAMPFMASCHINE, TRIEBWERK, RAHMEN UND LAUFWERK

Höchstgeschwindigkeit Dynamische Vergrößerung der Achsfahrmasse Zulässige Treib- und Kuppelachsfahrmasse Reibungskoeffizient Reibungsgewicht Zugkraft Kolbennennkraft Verfügbarkeit von isolierenden Beschichtungen Maximale Zylinderfüllung Steuerungsmodell Verfügbarkeit geeigneter schweißbarer hochfester Stähle Verfügbarkeit geeigneter Isoliermaterialien	Neue Zylinder einschließlich Schieberkästen, Zylinder- und Schieberkastendeckeln Innere wärmeisolierende Beschichtungen Kolbenschieber Änderungen an der äußeren Steuerung Kolbenschieber Schieberstangen, Schieberstangenkreuzköpfe und Kreuzkopfführungen Gekühlte Schieberbuchsen Kolben Kolbenstangen Vordere Kolbentragstangen Gekühlte Zylinderbuchsen Schieberstangenstopfbuchspackungen Vordere und hintere Kolbenstangenstopfbuchspackungen	Widerstandsmoment der Treibstange Anwendung eines Reibungsverstärkers Zylinderdurchmesser Schiebereinströmüberdeckung Schieberausströmüberdeckung Voreilung (variabel) Freigang mit der Luftpumpe für Schieberaus- und Einbau beachten Entscheidung über Anwendung von Massenkraftausgleich Entscheidung über Notwendigkeit von Anfahrventilen Entscheidung über vergrößerten Schwingenausschlag oder Hebelübersetzung Entscheidung über Zylinderblock oder Einzelzylinder Entscheidung über Anwendung integrierter hinterer Zylinderdeckel Maximale Kolbenkraft (bei maximalem Zylinderdurchmesser) Berstscheiben gegen Wasserschlag Maximaler Zylinderdruck Freigang des führenden Laufachsgestells mit Kolbentragstange beachten Versuche mit Packungssegmenten zur Bestimmung der besten Bauart Rohrleitungen für Kühldampf Anordnung der Kühldampfentnahme Änderung der Schmierpumpenhalterungen Schmierpumpenantrieb für optimale Anpassung der Ölmenge an die Füllungseinstellung Neue Ölzuführungen für: Führungen der Schieberstangenkreuzköpfe, vordere Kolbentragstange und Packung, Schwingensteine, Bolzen der Ausgleichshebel (führendes Laufachsgestell; Treib- und Kuppelachsen; Schleppachsgestell), Drehzapfen des führenden Laufachsgestells

	Dampfmantel für Zylinder und Schieber	Durchgängige Anwendung von Zylinderschmieröl
Verfügbarkeit von Rollenlagern		Schmierölvorratsbehälter
	Versiegelte Zylinderblockisolierung	Verbesserte Schmierpumpenhandkurbel (bei Wasserüberreißen)
	Verbesserte Rohrleitungsisolierung und sonstige Isolierung	Vorkehrungen gegen Ölkontamination von Schiene und Radreifen
		Verbesserte Zuverlässigkeit der Schmierung
	Verbesserte mechanische und allgemeine Schmierung	Verschiedene weitere Verbesserungen am Schmiersystem (z.B. Farbcode der Schmierstellen, Verlängerungen für die Schmiernippel der Schieberstangenkreuzköpfe)
		Zylinderschmieröl mit kolloidalem Graphit (Verfügbarkeit)
	Verbesserte Zylinderschmierung	Schmierölzerstäuber für die Schieber
	Geteilter Kreuzkopf Bauart Timken	Schraubenförmiger oder tangentialer Eintritt für Zylinderschmieröl
		Gleitbahnen
	Rollengelagerte Treib- und Kuppelzapfen	Entscheidung über Rollenlagerbauart
		Aluminium-Kreuzkopfgleitschuhe
	Verminderung von Erschütterungen	Lenkeransatz
		Kreuzkopfbolzen und vorderes Treibstangenlager
	Rollengelagerte Achsen	Kurbelzapfen → Fahrzeugprofil → Entscheidung über Rollenlagerbauart
	Verbesserung der Laufstabilität	Treibstangen
		Kuppelstangen
	Zwangsweises Fahren mit voll geöffnetem Regler	Massenausgleich
		Treib- und Kuppelradkörper
	Verbesserung der Adhäsion	
		Überprüfung der Wirksamkeit der Stellkeile und Konstruktionsänderung, falls erforderlich
		Höherwertigerer Werkstoff für Achslagerführungen
	Verbesserung der Ergonomie	Leichtere hin- und hergehende Bauteile
		Verbesserter Massenausgleich
	Verbesserung der Hilfsmaschinen (Luftpumpe, Stokermotor, Speisepumpe)	Gefederte Massen
		Verbesserte Abstützung von Rohrleitungen und dergleichen
		Verbesserte Schraubenverbindungen
		Verbesserte Kupplung zwischen Lokomotive und Tender
	Verbesserung der Umsteuerung	Verbesserte Adhäsion
		Ausschalten von Resonanzschwingungen
	Verbesserung des Betriebsverhaltens der Bauteile der Serien-QJ, soweit erforderlich	Ausscheiden der Radnabenlager *(Anm. d. Übers.: eine spezielle Ausführung der Timken-Lager)*
		Größere Rahmenausschnitte für Achslager
	Verschiedene Modifikationen	Verlegen der Stellkeile in Fahrtrichtung vor die Achslager
		Achswellen
		Achslager
		Schmierung
		Hauptrahmen
		Treib- und Kuppelachsen
		Achse des führenden Laufgestells
		Achse des Schleppgestells
		Tenderachsen
		Entscheidung über Rollenlagerbauart
		Rahmen
		Achswellen → Radkörper
		Achslager → Achslagerführungen
		Schmierung
		Lokomotivgesamtgewicht und Gewichtsverteilung
		Vergrößerung der Achsfahrmasse des führenden Laufachsgestells
		Verbesserung der gewichtsbelasteten Rückstellvorrichtung des führenden Laufachsgestells
		Versuche an Serien-QJ mit verschiedenen Prozentanteilen des Ausgleichs der hin- und hergehenden Massen
		Überprüfen der Richtkräfte des Schleppachsgestells
		Verbesserte Reglerbetätigung
		Verbesserte Sandstreueinrichtung (verschiedene Modifikationen)
		Sandrohre an den Achslagergehäusen befestigt
		Sandung vor die führende Laufachse
		Bremsschuhe mit Antischlupf- und Reinigungswirkung für die Radreifen
		Schienenreiniger
		Verbesserte Einstellgenauigkeit für Regler und Steuerung
		Verringerung der dynamischen Vergrößerung der Achsfahrmasse
		Radkörper der Treib- und Kuppelräder mit hohem Massenträgheitsmoment *(Anm. d. Übers.: um die Rotationsachse, wirksam gegen beginnendes Schleudern)*
		„Hochadhäsion“-Radreifenprofile
		Laufkreisdurchmesser der Treibräder maschinell größer bearbeitet als Laufkreisdurchmesser der Kuppelräder
		Härterer Radreifenwerkstoff
		Verbesserte Federung

		Erfahrungen mit den Hauptrahmen der Serien-QJ Vergleich mit bewährten Konstruktionen und ändern soweit erforderlich: Rahmenwangen, Rahmenverbindungen, Kesselpendelbleche, Kuppelkästen, Achsgabelstege, Bauteilwerkstoffe Führerstandsmodell Erfahrungen mit der Serien-QJ *(Anm. d. Übers: in Bezug auf Ergonomie)* Erfahrungen mit der Umsteuerung der Serien-QJ Erfahrungen mit der Serien-QJ *(Anm. d. Übers.: in Bezug auf das Betriebsverhalten der Bauteile)* Geschweißte Kugelkappen für Gelenkstehbolzen Kesselwasserstandsanzeiger der Bauart SAR Verbesserte Hilfsbläserregelung Verbesserte Regelung der nicht saugenden Strahlpumpe Verbessertes Hauptkuppeleisen zwischen Lokomotive und Tender Bodenring mit U-förmigem Querschnitt Queranker am Bodenring Nachprüfung der Werkstoffspezifikation für alle wichtigen Bauteile → Verfügbarkeit von Werkstoffen Verbesserte Gleitbahnträger Geschlossene Schwingenausführung Geänderte Leerlaufmethode Geringfügige Modifikationen, wie z. B. verbesserte Kesselspannbänder, erweiterte Verkleidungen auf dem Kesselscheitel Ermittlung der Reichweite basierend auf den Kohle- und Wasservorräten des kleinen und großen Tenders Entscheidung über Priorität → vergrößerter Gesamtwirkungsgrad/Leistung/Schleppleistung/verminderte Kapital- und Unterhaltungskosten oder vergrößerte Reichweite

TENDER

Entscheidung zur Tenderbauart (4- oder 6-achsig)	Modifikationen am Tender	AP™ - Rollenlager *(Anm. d. Übers.: Geschützes Warenzeichen der The Timken Company, Canton, OH, USA)* Drehgestelle mit Querankern (nur 4-achsige Tender) Verbesserte Rahmen bzw. Weglassen des Rahmens *(Anm. d. Übers. : = selbstragender Wasserkasten)* Verbesserte Stoßeinrichtung zwischen Lokomotive und Tender Wegfall der Tenderbrücke Verbesserte Wassereinläufe Heißwasserreservoir Verbesserter Kohlenkasten Korrosionsbeständiger Stahl Verschiedene Verbesserungen